ENCYCLOPÉDIE
THÉOLOGIQUE,

OU

SÉRIE DE DICTIONNAIRES SUR TOUTES LES PARTIES DE LA SCIENCE RELIGIEUSE,

OFFRANT EN FRANÇAIS, ET PAR ORDRE ALPHABÉTIQUE,

LA PLUS CLAIRE, LA PLUS FACILE, LA PLUS COMMODE, LA PLUS VARIÉE
ET LA PLUS COMPLÈTE DES THÉOLOGIES.

CES DICTIONNAIRES SONT CEUX

D'ÉCRITURE SAINTE, — DE PHILOLOGIE SACRÉE, — DE LITURGIE, — DE DROIT CANON, —
DES HÉRÉSIES, DES SCHISMES, DES LIVRES JANSÉNISTES, DES PROPOSITIONS ET DES LIVRES CONDAMNÉS,
— DES CONCILES, — DES CÉRÉMONIES ET DES RITES, —
DE CAS DE CONSCIENCE, — DES ORDRES RELIGIEUX (HOMMES ET FEMMES), — DES DIVERSES RELIGIONS, —
DE GÉOGRAPHIE SACRÉE ET ECCLÉSIASTIQUE, — DE THÉOLOGIE DOGMATIQUE, CANONIQUE,
LITURGIQUE ET POLÉMIQUE, — DE THÉOLOGIE MORALE ET MYSTIQUE,
— DE JURISPRUDENCE CIVILE-ECCLÉSIASTIQUE,
— DES PASSIONS, DES VERTUS ET DES VICES, — D'HAGIOGRAPHIE, — DES PÈLERINAGES RELIGIEUX, —
D'ASTRONOMIE, DE PHYSIQUE ET DE MÉTÉOROLOGIE RELIGIEUSES, —
D'ICONOGRAPHIE CHRÉTIENNE, — DE CHIMIE ET DE MINÉRALOGIE RELIGIEUSES, — DE DIPLOMATIQUE CHRÉTIENNE, —
DES SCIENCES OCCULTES, — DE GÉOLOGIE ET DE CHRONOLOGIE CHRÉTIENNES.

PUBLIÉE

PAR M. L'ABBÉ MIGNE,

ÉDITEUR DE LA BIBLIOTHÈQUE UNIVERSELLE DU CLERGÉ,

OU

DES COURS COMPLETS SUR CHAQUE BRANCHE DE LA SCIENCE ECCLÉSIASTIQUE.

PRIX : 6 FR. LE VOL. POUR LE SOUSCRIPTEUR A LA COLLECTION ENTIÈRE, 7 FR., ET MÊME 8 FR. POUR LE SOUSCRIPTEUR A TEL OU TEL DICTIONNAIRE PARTICULIER.

52 VOLUMES, PRIX : 312 FRANCS.

TOME QUARANTE-DEUXIÈME.

DICTIONNAIRE D'ASTRONOMIE, DE PHYSIQUE ET DE MÉTÉOROLOGIE.

TOME UNIQUE.

PRIX : 8 FRANCS.

S'IMPRIME ET SE VEND CHEZ J.-P. MIGNE, EDITEUR,
AUX ATELIERS CATHOLIQUES, RUE D'AMBOISE, AU PETIT-MONTROUGE.
BARRIÈRE D'ENFER DE PARIS.

1850

DICTIONNAIRE
D'ASTRONOMIE
DE
PHYSIQUE
ET
DE MÉTÉOROLOGIE,

PAR L.-F. JEHAN (de Saint-Clavien),

MEMBRE DE LA SOCIÉTÉ GÉOLOGIQUE DE FRANCE, DE L'ACADÉMIE ROYALE DES SCIENCES DE TURIN, etc.,

Auteur du *Nouveau Traité des Sciences géologiques considérées dans leurs rapports avec la religion*; des *Esquisses des harmonies de la création*, etc., etc.

PUBLIÉ

PAR M. L'ABBÉ MIGNE,

ÉDITEUR DE LA BIBLIOTHÈQUE UNIVERSELLE DU CLERGÉ,
OU
DES COURS COMPLETS SUR CHAQUE BRANCHE DE LA SCIENCE ECCLÉSIASTIQUE

Deus scientiarum Dominus est. (I Reg. II, 3.)

Undique omni ratione concluditur, mente consilioque divino omnia in hoc mundo ad salutem omnium conservationemque admirabiliter administrari.
(Cic., de Nat. Deor. l. II, c. 53.)

Μάλιστα ἂν οὕτω θαυμάσεις τὴν φύσιν, εἰ μηδὲν τῶν ἔργων αὐτῆς ἄσκεπτον παραλίποις.
(GALIEN, *de Usu part.*, l. II.)

PRIX : 8 FRANCS.

S'IMPRIME ET SE VEND CHEZ M. J.-P. MIGNE, EDITEUR,
AUX ATELIERS CATHOLIQUES, RUE D'AMBOISE, AU PETIT-MONTROUGE,
BARRIÈRE D'ENFER DE PARIS.

1850

INTRODUCTION.

Magnificat Dominum, qui magno animo et profundissimis contemplationibus magnitudines creationis considerat, ut ex magnitudine creaturarum et pulchritudine ortus earum contemplotur auctorem. Quanto enim quis altius penetrat rationes quibus condita sunt ac reguntur universa, tanto magis Domini magnificentiam speculatur, et quantum in se est, Dominum magnificat.

S. Basilius, *Homilia in ps.* xxxiii.

L'univers, depuis le plus simple phénomène jusqu'au plus compliqué, présente une immense série de lois harmonieusement ordonnées, et constituant l'unité dans une variété inépuisable. La science a pour but de rechercher ces lois, d'en étudier la fécondité, les rapports intimes, et de s'élever, à l'aide de cette noble contemplation, jusqu'à la glorification du Créateur dont ce vaste ensemble de merveilles exalte la Toute-Puissance, la Sagesse suprême et la souveraine Bonté.

Dans toutes les spécialités scientifiques que nous abordons, deux choses se présentent constamment : de la matière et des forces, des corps et des phénomènes; en d'autres termes, des faits statiques et des faits dynamiques. La matière, les corps sont contenus dans l'*espace*; les forces s'exercent, les phénomènes s'accomplissent dans le *temps*; le temps, l'espace, deux idées générales, mais indéfinissables. Pascal l'a dit : « c'est une double infinité qui nous environne de toutes parts. »

Toutefois, cette double infinité, l'homme l'a rendue pour ainsi dire captive; il lui a appliqué la mesure et le nombre; il a *limité* l'espace et *mesuré* le temps.

Lorsque, à l'aspect des corps répandus dans les profondeurs du ciel, l'imagination, saisie d'un noble enthousiasme, s'élève de sphères en sphères, et s'efforce de concevoir l'espace le plus grand possible; lorsqu'elle s'élance par delà ces mêmes corps célestes déjà placés à des distances incommensurables, elle est obligée de se reposer, pour ainsi dire, dans d'autres limites fictives. Vainement l'esprit ajoute, par une succession sans fin, des espaces à des espaces, il se fatigue, il s'épuise dans un stérile effort, car ses conceptions ne peuvent prendre de netteté qu'à la condition d'être définies, et l'infini ne peut être figuré, imaginé, idéalisé, en un mot, ne peut être défini.

Ce que nous disons de l'espace peut s'appliquer au temps : nous ne pouvons nous en former une idée précise que par la *succession* des faits dynamiques; ce sont ceux-ci qui mesurent le temps, comme les faits statiques limitent l'espace. De même donc que nous pourrions avoir l'idée de l'espace indépendamment de tout ce qui nous environne, et par le simple fait que notre corps a besoin d'un certain espace pour être *contenu :* de même nos sensations intérieures suffiraient pour nous donner une idée du temps, en observant qu'elles ont besoin d'un certain temps pour se *succéder* les unes aux autres.

Ainsi donc les faits statiques, ou *ce qui est* dans l'espace; les faits dynamiques, ou *ce qui se fait* dans le temps, voilà toute la science. Savoir *ce qui est* et *ce qui se fait*, c'est toute la connaissance humaine.

L'idée la plus générale, la plus scientifique que nous puissions nous faire de la matière, en tant qu'elle limite l'espace, c'est qu'elle est une étendue *impénétrable.* Mais cette matière a des formes qui lui sont propres : elle détermine des portions finies de l'espace, autrement elle constitue des fragments régulièrement disposés dans l'espace; en outre, elle éprouve absolument et relativement des accidents : pour motiver la persistance de ces formes de la matière et des accidents qu'elle subit, il faut des *causes*, des *puissances*, des *forces :* c'est là ce qui forme le point de départ de ce que nous avons nommé faits dynamiques.

Après avoir constaté cette double base de la science, passons à ce qui existe réellement, à ce qui s'effectue positivement dans l'ordre des phénomènes physiques, et commençons par tout ce qu'il y a de plus général et de plus indépendant, sous le double rapport de la matière et des forces.

Supposons que, jetés tout à coup sur un point quelconque de ce vaste univers, nos yeux s'ouvrent à la splendeur des cieux, et que nous assistions à ce magnifique spectacle comme au premier jour du monde. Çà et là, dans les abîmes de l'espace, nos regards aperçoivent des fragments de matière, et aussitôt mille questions se présentent à notre esprit : quelle est la nature de ces corps? quelles sont leurs dimensions? quelle est la distance qui respectivement les sépare les uns des autres? sont-ils en repos ou en mouvement? à quel dessein ont-ils été ainsi semés dans le firmament?... toutes questions auxquelles la science est impuissante à répondre. Les astronomes se sont contentés de grouper, de classer tous ces corps; encore cette classification est-elle arbitraire et tout à fait stérile quant à ses résultats scientifiques, puisqu'elle est uniquement basée sur l'ordre de grandeur apparente des astres.

Quant à la nature matérielle des corps stellaires, on n'a pu acquérir sur ce point que des notions vagues et incertaines. Tout au plus peut-on affirmer que ce sont des amas de matières; c'en est assez toutefois pour que nous puissions, même à cet égard, avoir les deux sortes de faits que nous retrouvons partout, les faits statiques et les faits dynamiques. Et, en passant, nous remarquerons que dans la spécialité scientifique qui nous occupe, les faits dynamiques sont mieux appréciés, mieux connus que les faits statiques; ce qu'on peut affirmer de ceux-ci, c'est que, parmi les corps stellaires, les uns sont opaques, les autres lumineux; les uns sont sans doute beaucoup plus volumineux que les autres; l'étendue et l'impénétrabilité sont évidemment aussi les propriétés essentielles des corps qui entrent dans la composition des corps stellaires; ils ont par conséquent un volume donné : dès lors on a dû se demander quel est ce volume et chercher à l'évaluer; mais ces questions n'étaient pas faciles à résoudre : les étoiles semblent bien offrir un disque dans nos puissants télescopes, mais ce disque n'a rien de bien réel, c'est une illusion d'optique. Dans l'impossibilité d'arriver à des indications directes, on a cherché à acquérir du moins des notions indirectes sur le volume de ces corps au moyen d'expériences photométriques. Ainsi le docteur Wollaston a trouvé, par une suite d'expériences de cette nature, que Sirius, la plus brillante étoile du ciel, doit équivaloir, quant à l'éclat intrinsèque, au moins à deux soleils comme le nôtre.

La mobilité et le repos qui se rattachent aux faits dynamiques appartiennent aux corps stellaires, puisque l'observation nous fait voir ces corps en mouvement et en repos, d'une manière relative, bien entendu. En effet, les étoiles dites fixes ont des mouvements propres, mouvements très-lents sans doute, puisqu'il a fallu des siècles pour les constater, et que c'est à peine s'ils ont fini par altérer l'apparence du ciel étoilé. Ils sont réels cependant, et c'est une preuve certaine de l'existence des lois *dynamiques*, de forces régissantes, dans chacun des systèmes dont les étoiles sont les centres. Ce sont les étoiles appelées *doubles* qui ont enfin permis de soulever ces hautes questions. Ainsi on n'a plus de doute aujourd'hui sur la réalité des mouvements *orbiculaires* dans les systèmes stellaires. Ces mouvements ne peuvent être des effets de parallaxe, car la rotation de certaines étoiles autour de quelques autres est de la plus grande évidence : ainsi, dans chacun de ces systèmes reculés, l'empire de la gravitation newtonienne est encore incontestable; ce sont des soleils tournant autour d'autres soleils, entraînant peut-être avec eux des séries de planètes escortées de satellites, et soustraites à nos regards par la splendeur du ciel.

Cette grande loi de Newton, la gravitation universelle, est donc effectivement ce qu'il y a de plus universel, de plus indépendant dans la nature, puisque rien n'échappe à son empire, pas même ces corps lumineux dont la distance et le nombre sont de nature à effrayer l'imagination la plus puissante.

Cette loi, qui sert de lien et de support à tout l'univers matériel, a été ainsi énoncée « Toutes les particules de la matière, répandues dans l'univers, s'attirent mutuellement en raison directe de leurs masses et en raison inverse des carrés de leurs distances. »

Sans doute les corps stellaires ne sont pas des particules de matière : ce sont des amas immenses de particules ; mais cela ne peut empêcher de leur appliquer la loi newtonienne. En effet, ces corps sont de forme sphérique, et dès lors l'attraction est précisément la même que si la masse entière de chaque sphère était réunie à son centre, et la sphère réduite à de simples particules.

On doit en outre à Newton une explication des différents mouvements orbiculaires : « Quand deux corps sphériques, dit-il, sont sollicités par une semblable force attractive, chacun d'eux décrit autour de l'autre, considéré comme fixe, et tous deux décrivent autour de leur centre commun de gravité, des courbes concaves, nécessairement comprises parmi celles que les géomètres désignent sous la dénomination générale de sections coniques. Ces courbes seront, dans chaque cas particulier, des ellipses, des paraboles ou des hyperboles, selon les rapports de vitesse, de distance et de direction ; et les excentricités pourront avoir des valeurs quelconques, d'après les mêmes circonstances ; mais les centres de chacune des sphères et leur centre commun de gravité occuperont nécessairement un foyer des sections coniques décrites. Dans chaque cas enfin la vitesse angulaire avec laquelle se meut la ligne qui joint les centres sera en raison inverse du carré de leur distance mutuelle, et les aires décrites par cette ligne seront égales en temps égaux (1).

(1) Voy. *Principes* de Newton. Tout ce qui avait été fait en Astronomie avant Newton ne peut être envisagé, pour ainsi dire, que comme des tentatives qui avaient pour but de lever les premières difficultés, comme des travaux préparatoires qui étaient destinés à mettre ce grand homme en état de développer toute la puissance de son génie. « Aussi profond mathématicien que physicien habile, dit John Herschell, il sut trouver des méthodes nouvelles, des méthodes inconnues, pour étudier les effets des causes que sa pénétration était parvenue à saisir. Remontant, par une suite d'inductions serrées, compactes, aux premiers axiomes de la dynamique, il réussit à en déduire une explication complète de tous les grands phénomènes astronomiques, à rendre compte de plusieurs de ceux même qui ont moins d'importance et sont plus obscurs. Les mathématiques n'étaient pas assez avancées, à cette époque, pour lever les difficultés que présente ce vaste problème. Tout était à créer pour le résoudre. Mais, loin de le rebuter, cette circonstance ne fit que redoubler son courage, lui fournir l'occasion de développer les ressources de son génie. Les moyens employés ne pouvaient mener au but. Il sut en trouver en lui-même : il inventa la méthode des fluxions, connue aujourd'hui sous le nom de calcul différentiel, et fournit ainsi des moyens de recherches qui sont à ceux dont on faisait précédemment usage ce que la machine à vapeur est aux puissances mécaniques qu'elle a remplacées. Ses découvertes astronomiques attestent la force d'esprit dont l'avait doué la nature. Mais les soins de détail, la patience dont il donna l'exemple, ne sont pas moins dignes d'admiration. De quelque côté que nous tournions nos regards, nous sommes forcés de nous incliner devant son génie. Nous ne pouvons lui refuser une vénération que personne, dans les sciences, n'obtint jamais. Son époque est celle où la raison atteignit, sous ce rapport, une entière maturité. Tout ce qui avait été fait jusque-là peut être comparé aux tentatives imparfaites de l'enfance, ou aux essais d'une adolescence pleine de séve, mais encore inhabile. Quant aux travaux qui ont suivi, quelque grands, quelque prodigieux qu'ils soient, ils ne sauraient être mis en balance avec ceux qui sont consignés dans les *Principes*.

« Newton montre, dans ce grand ouvrage, que tous les mouvements célestes connus de son temps sont la conséquence de la loi « que deux molécules de matière s'attirent en raison directe du produit de leur masse, et en raison inverse du carré de leur distance. » Partant de ce principe, il explique comment l'attraction, qui s'exerce entre les grandes masses sphériques dont notre système se compose, est réglée par une loi dont l'expression est exactement semblable ; comment les mouvements elliptiques des planètes autour du soleil et des satellites autour de leurs planètes, tels que les a déterminés Képler, se déduisent comme des conséquences nécessaires de la même loi, et comment les orbites des comètes elles-mêmes ne sont que des cas particuliers des mouvements planétaires. Passant ensuite à des applications plus difficiles, il fait voir comment les inégalités si compliquées du mouvement de la lune tiennent à l'action perturbatrice du soleil, comment les marées naissent de l'inégalité de l'attraction que le soleil et la lune exercent sur la terre et l'Océan qui l'entoure. Il fait voir, enfin, comment la précession des équinoxes n'est qu'une conséquence nécessaire de la même loi.

« Les successeurs immédiats de Newton eurent assez à faire à vérifier ses découvertes, à étendre, à perfectionner ses méthodes de calcul, qui sont devenues une source inépuisable de connaissances. La découverte faite par Leibniz, découverte simultanée, mais indépendante d'une méthode de recherches tout à fait semblable à celle de Newton, en même temps qu'elle devenait l'objet d'une rivalité nationale qui ne peut main-

Ainsi, les principes de Newton et les lois de Képler sont applicables à tous les phénomènes connus des systèmes solaires ; mais l'observation ne se borne pas là, il est encore d'autres faits généraux et dynamiques qu'il nous est donné de constater dans les systèmes les plus reculés : c'est la lumière et la chaleur. Et ici il y a même lieu à faire une remarque importante : on sait que la lumière blanche est nécessairement composée ; eh bien ! la lumière qui nous vient des corps stellaires a été spécialisée, elle offre des circonstances de coloration toutes particulières, et les raies noires qu'elle présente sont tout à fait différentes de celles qu'on observe dans la lumière solaire et les lumières artificielles.

Mais comment est propagée cette lumière ? Est-ce par des mouvements de *translation* ou de *vibration ?* Nous ne connaissons que ces deux modes généraux de mouvement.

Sans doute la gravitation produit dans ces systèmes des mouvements de translation ; mais il est impossible d'admettre que la lumière y puisse produire d'autres mouvements qu'un mouvement vibratoire ou d'ondulation, et qu'elle soit incessamment projetée des corps célestes jusqu'à nous. Les effets dynamiques lumineux ne peuvent être expliqués d'une manière satisfaisante que dans la théorie des ondulations ; mais en admettant cette hypothèse, il faut supposer que tous les espaces célestes sont remplis d'une matière infiniment ténue et subtile, appelée *éther*, substance dans le sein de laquelle s'opèrent ces mouvements vibratoires, et qui répand ainsi uniformément la lumière dans toutes les profondeurs du ciel. L'éther serait partout ; là où il n'y a rien et là où il y a des corps qui opposent à tout, excepté à lui, une impénétrabilité absolue : c'est l'agent propagateur, mais non producteur de la lumière ; *si donc le Fiat lux n'avait pas été prononcé, jamais l'éther dans ces sombres régions n'aurait été sillonné par le moindre frémissement.*

Mais l'intensité de la lumière, ou, en d'autres termes, les ondulations *sont-elles* également vives, pressées, actives, dans toutes les parties du milieu éthéré ? L'observation constate une décroissance dans les ondes lumineuses ; de là cette loi : que l'intensité de la lumière d'un point lumineux quelconque décroît comme le carré de la distance.

On ne peut donc plus mettre en doute l'*immatérialité* de la lumière ; celle-ci est un fait

tenant que faire pitié, stimulait les géomètres du continent, les excitait à la cultiver, et lui imprimait un caractère plus indépendant de l'ancienne géométrie, à laquelle Newton s'était spécialement attaché. La chose fut heureuse, car on reconnut bientôt (on doit excepter toutefois les travaux de Maclaurin, qui furent continués plus tard, avec la même élégance, par le professeur Robinson d'Edimbourg) qu'il en était de la géométrie de Newton comme de l'arc d'Ulysse, que personne ne pouvait tendre, hors ce prince. On vit que, pour étendre les méthodes de l'auteur des *Principes* au delà des limites où il les avait portées, il fallait les dépouiller de ces formes antiques dont il s'était plu à les revêtir. Les compatriotes de Newton n'osèrent hasarder la chose, et portèrent la peine de leur timidité. Simples spectateurs des efforts que chaque jour éclairait, ils restèrent étrangers aux recherches physico mathématiques qui se poursuivaient avec la même vivacité en France et en Allemagne.

« Les recherches que Newton légua à ses successeurs étaient véritablement immenses. Il leur laissa le soin de déduire les conséquences de la loi de la gravitation ; de rendre compte de toutes les inégalités des mouvements des planètes et de ceux de la lune, qui sont beaucoup plus compliqués, et nous importent davantage ; de trouver, ce que lui-même n'avait jamais essayé de faire, une démonstration de la stabilité et de la permanence de notre système, au milieu des influences qu'exercent sur lui les perturbations intérieures auxquelles il est sujet. Ce travail et la gloire qui devait le suivre étaient réservés au siècle suivant, et furent successivement partagés par Clairault, d'Alembert, Euler, Lagrange et Laplace. Le sujet, néanmoins, est si vaste, les recherches qu'il exige sont hérissées de tant de difficultés, qu'il faudra plus d'une génération encore pour les résoudre. Les découvertes récentes des astronomes ont, d'ailleurs, fourni matière aux investigations des géomètres. Elles ont soulevé une difficulté qui surpasse de beaucoup tout ce qui s'était présenté jusqu'ici. Notre système s'est enrichi de cinq planètes, dont quatre ne sont connues que depuis le commencement du siècle. Celles-ci ont peu d'analogies avec les autres, et présentent des difficultés de théorie qu'on ne soupçonnait pas jusque-là. Et cependant, quelques comètes à très-courte période qu'on a récemment découvertes, et qui décrivent, comme les planètes, des ellipses autour du soleil, en présentent de plus graves encore. Mais, loin de s'épuiser, les ressources de la géométrie moderne semblent croître avec les obstacles ; et déjà on peut compter, parmi les successeurs de Lagrange et de Laplace, une *foule* de noms qui promettent de se rendre non moins célèbres dans les annales des recherches physico mathématiques, que ceux qui les ont devancés. »

purement dynamique ; c'est un mouvement d'ondulation qui s'exécute dans le sein d'une substance essentiellement différente de toute matière pondérable.

Mais il est, dans les systèmes stellaires, un autre fait dynamique que nous voulons signaler en passant, c'est la chaleur. Il y a des ondes calorifiques, comme il y a des ondes lumineuses, lesquelles se propagent aussi avec une prodigieuse rapidité. On en a conclu avec raison que l'origine de la lumière et de la chaleur est la même et qu'il y a identité de marche et de propagation. Puisque toute chaleur rayonnante se propage avec une vitesse du même ordre de grandeur que celle de la lumière, les lois sont donc les mêmes et quant à la propagation et quant à la décroissance d'intensité.

Il resterait maintenant à étudier quelle est la température dans le sein des systemes stellaires ou en dehors de leurs orbes : question difficile, si l'on en juge par les résultats qui ont été donnés par les plus habiles observateurs. Ainsi, comme nous le verrons à l'article Température de ce Dictionnaire, suivant Fourrier, la température des espaces célestes serait de — 50 à — 60°, tandis que M. Pouillet la fixe à — 140°, et que M. Arago la croit notablement inférieure à — 57°.

Outre la lumière et la chaleur, y aurait-il encore d'autres phénomènes dans ces abîmes qui vont sans cesse en se refroidissant et en s'assombrissant? Rien ne le fait présumer, car pour la production du moindre son, par exemple, il faut des fluides bien moins ténus, bien moins subtils que l'éther ; celui-ci ne saurait suffire, l'expérience directe le prouve, pour la propagation des rayons sonores ; ainsi tous les bruits meurent à la surface des globes stellaires ; et quels que soient leur volume et la rapidité de leurs mouvements, ceux-ci accomplissent silencieusement dans l'espace leurs orbes immenses.

Parmi tous ces systèmes, il en est un qui doit particulièrement fixer notre attention, comme offrant à toutes nos théories un moyen plus facile de vérification : c'est le système solaire. Ce système est en quelque sorte perdu dans cette vaste accumulation d'étoiles désignée sous le nom de *voie lactée*. C'est vers le milieu de l'épaisseur de cette immense couche d'étoiles et vers le point où elle se bifurque en deux lames principales, que l'on s'accorde à placer notre système.

Pour procéder avec méthode à l'étude de son economie intérieure, nous devons diviser les faits en deux séries distinctes, c'est-à-dire en faits statiques ou matériels, et en faits dynamiques ou phénoménaux.

Il serait sans doute superflu de nous arrêter à démontrer ici la théorie copernicienne, et à énumérer les faits qui ont porté les astronomes à fixer définitivement le soleil au centre de tous les mouvements exécutés dans ce système. Placé majestueusement au centre de cet univers limité, particularisé, et choisi nécessairement par nous au milieu de tant d'autres, parce que, seul, il nous est bien connu, le soleil occupe constamment un des foyers des ellipses parcourues par les corps planétaires et cométaires ; c'est de là qu'il distribue à tout son cortége, mais à des degrés bien divers, une chaleur et une lumière incessantes.

Les planètes ont été découvertes successivement, ainsi que leurs satellites. C'est Galiléo qui a découvert ceux de Jupiter, époque à jamais mémorable dans l'histoire des sciences, car c'est à partir de là qu'il n'a plus été possible de révoquer en doute la théorie copernicienne. Irrécusable par l'explication des faits dynamiques relatifs à ce système en miniature, cette théorie, en vertu de la méthode analytique, a pu être appliquée au système solaire tout entier ; et cette généralisation a été justifiée. Puis elle a pu être étendue aux systèmes stellaires eux-mêmes, dernière généralisation qu'il ait été possible jusqu'ici de vérifier.

C'est à cette précieuse découverte que la physique générale doit toutes les notions qu'elle possède sur la prodigieuse vitesse de la lumière et sur les phénomènes de l'aberration.

De l'étude des faits statiques relatifs aux corps célestes de notre système, il faut passer à l'étude de la dynamique qui les régit.

Si l'observation a pu déjà distinguer dans les systèmes stellaires des mouvements d'ensemble et des mouvements particuliers, dans le système solaire, les effets de cette loi seront vérifiés avec bien plus d'étendue, de rigueur et de précision. Nous connaissions déjà dans la matière l'existence d'une propriété ou faculté exerçant un effort tel sur d'autres corps matériels placés à *distance*, que ceux-ci étaient obligés de dévier de la ligne droite et de suivre des courbes. Mais ces courbes, qui servent à vérifier tout à la fois et l'existence et la mesure et le mode de tels efforts, n'étaient que peu apparentes pour nous ; dans le système solaire, elles ont pu être appréciées, suivies, décrites, calculées, avec une rigueur et une exactitude qui ne laisse rien à désirer.

Ce sont, d'une part, des mouvements propres au centre d'attraction, puis à chacune des planètes, aux satellites, aux comètes ; d'autre part, il y a les grands effets de lumière et de chaleur produits par le centre d'attraction et reçus par les corps en gravitation. On éprouve une vive admiration à la vue de la merveilleuse concordance qui existe dans le premier ordre de faits dynamiques ; les planètes ne sont plus jetées au hasard autour de leur centre commun, elles sont unies entre elles par des liens systématiques ; elles forment un ensemble harmonique, elles n'ont plus une existence individuelle ; c'est un tout dont il faut étudier simultanément toutes les pièces.

Au milieu de cette majestueuse mécanique céleste en vertu de laquelle tous les astres accomplissent leurs fonctions, nous devons signaler une anomalie. Ces phénomènes ne suivent pas toujours une marche exactement régulière. La norme de ces grandes fonctions est sujette à des altérations, à des modifications, qui portent presque uniquement sur la *distribution du mouvement* : c'est ce qu'on appelle *perturbations*.

A quoi tiennent-elles ? à quelles causes faut-il les rapporter ? Elles ont leur principe, leurs causes dans l'économie même de notre système principal et de nos systèmes secondaires ; elles tiennent à la *réciprocité* d'action des forces ; sans cette réciprocité d'action des planètes les unes sur les autres, les mouvements elliptiques seraient à jamais réguliers, les lois de Képler n'éprouveraient pas la moindre altération.

Il n'en est pas ainsi : les mouvements des planètes autour du soleil et celui des satellites autour des planètes ne sont point parfaitement uniformes et réguliers ; les attractions mutuelles et essentiellement différentes amènent des inégalités très-minimes, il est vrai, mais qui, s'accumulant de siècle en siècle, finissent par modifier d'une manière très-notable les éléments elliptiques du système tout entier.

Newton l'avait déjà remarqué ; les perturbations qu'on observe dans la mécanique céleste ne tiennent point à des causes étrangères, et c'est cette circonstance extrêmement remarquable qui a permis de placer l'astronomie en tête de toutes les sciences, comme étant parfaitement indépendante. Ainsi, des forces de leur nature immuables, des forces essentiellement régulatrices, peuvent devenir et deviennent en effet perturbatrices par le fait seulement de l'arrangement et de la complication d'un système.

La nature de ces forces perturbatrices nous est donc bien connue : elle n'est autre que celle des forces normales ; elles restent même normales dans leur essence ; mais par la réciprocité de leur action, il en résulte des effets anormaux dans un système multiple comme l'est le nôtre : aussi ce n'est pas tant la nature que le mode d'action des forces perturbatrices qu'il faut étudier, et ceci est d'autant plus important, que ces perturbations, par leur continuité, par l'accumulation de leurs efforts, peuvent, en certains cas, aller au point de modifier réellement l'économie du système, d'en altérer en quelque sorte l'équilibre.

Mais, nous l'avons déjà remarqué, les actes anormaux aussi bien que les actes normaux qui ont lieu dans la mécanique céleste, trouvent en eux-mêmes leur cause, leur raison, et ne sont influencés par aucune cause étrangère ; pour les étudier, on n'aura donc pas à sortir des faits déjà connus, à remonter au delà pour trouver la source des perturbations ; c'est là une circonstance digne d'attention, et qui ne se présente pas d'ordinaire dans les autres sciences, où les perturbations viennent le plus souvent d'une autre sphère d'activité. Dans le monde astronomique, les choses se passent d'une manière toute différente : tout peut être prévu, tout peut être soumis au calcul ; ceci tient à ce que les perturbations elles-mêmes ont été ramenées par les géomètres à des lois fixes, à ce que toutes leurs conséquences ont été prévues ; et il en est résulté cette conviction scientifique, qu'elles ne pourront jamais altérer la stabilité de notre système : tout, en effet, ici, est connu, calculé, vérifié dans le passé et vérifiable dans l'avenir. Magnifique histoire que celle qui déroule à nos yeux tout ce qui s'est passé à l'égard de notre système, dans les âges les plus reculés, et qui nous apprend ce qui se passera dans la suite des siècles !

Qu'on nous pardonne de nous être arrêté trop longtemps peut-être parmi ces sphères radieuses de l'espace, et d'avoir énuméré avec une sorte de complaisance, quoiqu'en traits bien pâles, les grands phénomènes qui s'y manifestent. Le lecteur qui aura eu quelquefois l'occasion de contempler le ciel dans une forte lunette de nuit, comprendra l'enthousiasme qu'inspirent ses sublimes aspects. On est alors comme transporté au milieu d'une création nouvelle. Le firmament se déploie, les astres se transfigurent, l'univers prend des proportions inconnues. De l'horizon au zénith, ce ne sont que vastes continents de lumière. Notre satellite, hérissé de pitons flamboyants et tacheté d'ombres, couvre de son orbe élargi tout un pan du ciel. Les planètes ne sont plus de pâles étincelles : Jupiter, avec son horizon paré de quatre lunes brillantes, apparaît aussi grand que la roue d'un char ; le croissant démesuré de Vénus resplendit d'une blancheur éblouissante ; Mars, pareil au bouclier rond qui sort informe de la fournaise, se montre gibbeux et sanglant ; Saturne, à travers plus de trois cents millions de lieues, propose l'énigme de ses mystérieux anneaux, contre lesquels toute cosmogonie échoue ; à l'horizon de notre système, par delà cette prodigieuse étendue, aux confins de laquelle le puissant triangle a su l'aller atteindre, le lent Uranus, à l'année séculaire, nous dévoile son ciel lointain où six lunes se lèvent ; et au delà encore, bien loin au delà, à plus de douze cents millions de lieues du soleil, il faut à la planète de Leverrier plus de deux siècles pour accomplir sa révolution dans son orbite immense.

Les nébuleuses les plus faibles se peuplent de soleils sans nombre ; les astres doubles, changeants, colorés, temporaires, se révèlent en foule, et chaque étoile est un univers.

Et quand la science vous a expliqué l'épouvantable volume de ces corps, l'incommensurable distance qui les sépare, la vitesse effroyable de leur marche que rien n'égale, si ce n'est la régularité de leurs évolutions précises ; quand vous songez combien sont illimités ces espaces où les comètes traînant après elles une chevelure de soixante millions de lieues, se meuvent à l'aise au milieu des systèmes semés partout sur leur route ; quand l'astronome vous dit, avec l'émotion de son âme qui ne peut s'habituer à tant de merveilles, que dans une portion de la voie lactée que couvrirait sans peine la main d'un enfant, gravitent mille soleils entourés chacun des planètes qu'il emporte et qu'il féconde, et centre d'un firmament plus riche que le nôtre ; quand il vous démontre que Sirius est un astre au moins quatorze fois plus grand que celui qui nous dispense la chaleur et la vie ; quand il vous arrête à cette pensée prodigieuse, qu'un soleil menant à sa suite son cortége de comètes, de satellites et de mondes, circulant autour de lui dans un champ de plus de cent mille milliards de lieues de circonférence, avec une vitesse moyenne de six lieues par seconde, vu à la distance qui nous sépare de la plus voisine des étoiles de la voie lactée, n'est plus qu'une imperceptible nébulosité que masquerait un atome de poussière ou le diamètre d'un cheveu : oh ! alors, renversé par tant de gloire, vous vous demandez ce que c'est que l'homme qui n'est rien devant tout cela, et ce que c'est que Dieu devant qui tout cela n'est rien.

Oui, encore une fois, que sommes-nous, grand Dieu ! que sommes-nous au milieu de cet infini ? A quoi tient notre globule terrestre, dont nous sommes si fiers, que nous trouvons si grand et que nous n'apercevons plus au milieu de cette inénarrable universalité des mondes ? Qu'est-ce que notre vie à côté de toutes ces vivantes créations qui rayonnent là haut, qui, sans pâlir jamais, voient passer ici-bas comme des éphémères et des secondes les générations et les siècles ? Qu'est-ce que notre esprit, qu'est-ce que l'étincelle de notre âme en face de tous ces feux célestes, notre intelligence en face de toutes ces clartés ? Oui, qu'est-ce donc, qu'est-ce que l'homme, mortel, infime, au bas de cet univers, au fond de cet océan de vie ?

Eh bien ! l'homme, c'est l'être qui conçoit cet univers, dans lequel peut-être il n'est conçu nulle part qu'au ciel, et par Dieu et ses anges.....

Mais un autre ordre de phénomènes nous appelle. Nous n'avons jusqu'ici considéré notre globe que dans les fonctions générales qu'il accomplit dans la mécanique céleste. Dans l'ordre universel des systèmes stellaires nous avons pris à part le système solaire comme nous présentant des relations particulières qui nous permettent de l'étudier ; de même, rétrécissant de plus en plus le cercle de notre contemplation, nous pouvons prendre à part notre planète, par la raison toute simple que nous avons avec elle des relations plus particulières ; d'où des connaissances plus étendues que nous pouvons maintenant aborder. C'est ainsi qu'au moyen de cet enchaînement naturel des faits nous pouvons passer méthodiquement d'une série de notions scientifiques à une autre série.

Dans le nouvel ordre de choses qui s'ouvre devant nous, le champ des notions est bien plus étendu ; ces notions aussi pourront être plus approfondies, les objets à étudier étant presque tous à notre portée et pour la plupart dans un rapport immédiat avec nous. Nous ne serons plus réduits à la simple observation, nous pourrons y joindre l'expérience. Dans le sein de cette vaste nature dont nous osions sonder les replis cachés, nous n'étions, nous ne pouvions être que de simples observateurs occupés à saisir çà et là quelques indices des lois qui régissent l'univers. Ici notre rôle sera plus actif ; nous ne serons pas seulement observateurs, mais encore expérimentateurs ; nous pourrons renouveler *certains* actes, reproduire les phénomènes, les séparer de toute complication, les isoler pour en étudier à part et les forces et les effets. Ce sera d'abord la série des faits statiques, les propriétés physiques de la matière à l'état solide, à l'état liquide, à l'état *gazeux* ; puis celle des phénomènes dus à ces grandes causes connues sous les noms de pesanteur, de chaleur, de lumière, d'électricité, de magnétisme et d'électro-magnétisme, vaste domaine de la Physique de notre globe.

L'étude de la structure géognostique de notre planète, faisant l'objet d'un Dictionnaire à part dans cette *collection*, nous ne nous en occuperons pas ici, et nous arrivons tout de suite aux *lois*, aux *rapports*, aux *faits* systématiques qui constituent la Physique proprement dite ; c'est une scène pleine d'*activité*, qui va *se mouvoir* devant nos yeux. Nous allons voir les éléments dynamiques animer ce monde et y déployer une foule de *phénomènes*.

La matière *minérale*, inerte de sa nature, comme toute matière, ne peut prendre d'elle-même aucun mouvement ; elle ne pourrait donc tomber perpendiculairement à la surface des eaux tranquilles, si elle n'était sollicitée à le faire par une puissance, par une force générale, force qui agit à la surface de la terre comme elle agit partout ailleurs : c'est la pesanteur universelle, mais *particularisée ;* nous l'avons vue faire mouvoir dans les espaces célestes les grands corps sphériques qui en peuplent les profondeurs ; eh bien ! c'est elle encore qui va présider à des phénomènes *très-divers* en *apparence* dans l'étendue de la sphère terrestre. Ainsi la chute des corps solides, les *mouvements* des liquides qui s'écoulent des vases, des fleuves, d'une mer à l'autre, des courants sous-marins, des vapeurs qui s'élèvent dans l'atmosphère, des corps qui tendent à surnager soit dans les plaines liquides, soit dans celles de l'air, etc., etc., tous ces mouvements, toutes ces tendances, ont leur origine dans la loi de la pesanteur : quelle immense série de faits dynamiques n'aurions-nous pas à rassembler, à grouper sous l'empire de cette seule puissance de la nature, de ce premier élément d'activité !

Après avoir admis en principe que les corps graves suivent dans leur chute une direction *verticale*, si nous étudions ce mouvement en lui-même, nous arriverons à cette proposition : qu'il est uniformément varié et que c'est une force accélératrice constante ; nous reconnaîtrons ensuite que dans les mouvements que la pesanteur imprime à un corps, la vitesse croît proportionnellement au temps, et que l'espace parcouru est comme le carré de ce même temps.

Le *poids* est la pression exercée par le corps pesant à la chute duquel on oppose un obstacle fixe ; cette pression n'est autre chose que la résultante des actions exercées par la pesanteur sur toutes les parties du corps. Aussi les poids des corps sont-ils proportionnels à leurs masses.

Sauf le cas où l'on supposerait aux corps pesants des dimensions immenses, on peut regarder comme ayant une direction parallèle les actions que la pesanteur exerce sur chaque point d'un corps, bien que concourant au centre de la terre. Or, le centre de ces forces parallèles ou égales est ce qu'on nomme *centre de gravité ;* ce centre est invariable, et dès qu'on a trouvé moyen de le soutenir, les corps sont en équilibre. Ce principe approfondi fournit la solution d'une foule de questions relatives à l'équilibre des liquides.

Si de l'étude de la pesanteur universelle considérée dans les cas particuliers des solides à la surface de la terre, nous passons à la recherche des phénomènes qu'elle détermine dans les liquides, ce qui constitue l'*Hydrostatique*, nous verrons que les conditions d'équilibre de ceux-ci ne sont plus les mêmes que pour les solides; que si, pour maintenir les liquides au niveau, un élément dynamique est nécessaire, il faut, pour les mettre en mouvement, une dynamique en quelque sorte plus active.

Etudiée dynamiquement, la couche d'air atmosphérique qui soutient les nuages et donne au ciel sa belle couleur d'azur exige deux sortes de forces comme les liquides : d'abord, de la pesanteur qui agit sur les gaz de même que sur tous les autres corps matériels; puis, des forces moléculaires. Comme l'air est doué de certaines propriétés qui ne tombent pas naturellement sous nos sens, sa pesanteur est un fait dynamique qu'il a fallu découvrir d'abord scientifiquement, puis expérimentalement; en sorte que, longtemps soupçonnée, elle n'a été mise hors de doute que par les expériences de Galilée, de Toricelli et de Pascal.

Quant aux forces moléculaires, adhésives à l'égard des solides et des liquides, elles sont répulsives à l'égard des gaz; de leur action combinée résulte la force élastique ou la tension des gaz.

Maintenant que nous avons su mettre en quelque sorte la matière en action par un premier élément dynamique, par la pesanteur *universelle*, le monde qui nous entoure a reçu une sorte d'animation. *Mais* il est temps d'y introduire un agent dynamique non moins actif, non moins puissant, et qui va faire prendre à la science une vie bien plus énergique, je veux dire la chaleur.

Jusqu'à présent les *faits* présentaient une grande *simplicité*, *soit* qu'on les considérât sous le rapport purement statique, *soit* qu'on les observât sous le rapport dynamique. Au moyen des forces qui leur étaient propres, les corps agissaient et réagissaient les uns sur les autres à des distances diverses; ils étaient à la fois agents et sujets; *ils* commandaient et ils obéissaient suivant la somme de leurs forces, c'est-à-dire suivant leurs masses et leurs distances. Pour remonter aux sources de cette première classe de phénomènes, nous n'avions donc pas à nous éloigner de leur propre observation; maintenant la question ne sera plus la même : le nouvel agent qui va intervenir modifiera la composition intime des corps, en changera l'état, et de solide il pourra les faire passer à l'état liquide, et de l'état liquide à l'état de vapeur.

Le calorique, longtemps regardé comme un corps particulier, comme un fluide distinct, a été en quelque sorte immatérialisé dans ces derniers temps. On le définit aujourd'hui : La cause inconnue des changements de densité et d'état des corps pondérables.

Quelles sont les sources de la chaleur? Outre l'*insolation*, qui en est une source intarissable, le globe terrestre lui-même a un pouvoir d'émission incontestable, soit qu'il faille l'attribuer à une chaleur d'origine ou primitive qui irait en s'affaiblissant, ou à des actions chimiques qui se passent dans son sein.

Les changements de capacité des corps, les vibrations de leurs molécules, l'ignition spontanée, l'électricité, les combinaisons chimiques, sont autant de sources de chaleur.

Si nous l'étudions dans ses propriétés dynamiques, nous trouvons qu'elle exerce une double action sur les corps, l'une qui fait varier le volume des corps, l'autre qui opère des changements d'état dans ces mêmes corps.

Quant aux propriétés essentielles, elles se divisent en deux classes. elles consistent dans le mode de propagation de la chaleur, ou elles sont relatives aux quantités de chaleur et à la mesure de ces mêmes quantités.

Ce ne sont là au reste que de simples modes de manifestation qui ne nous révèlent rien sur la nature essentielle de la chaleur; ce sont ou des actes dynamiques qui se passent dans les corps, mais qui ne leur appartiennent pas, ou des faits relatifs à la propagation et à la mesure de l'intensité de ces actes. Ainsi, toujours des actes, toujours des faits dynamiques dont la cause nous est inconnue.

Jusqu'ici nous nous sommes renfermés dans le cercle des considérations générales sur le mode de propagation de la chaleur dans le vide, ou plutôt dans le sein de l'éther; il convient d'apprécier maintenant les influences que les corps matériels éprouvent de la part des rayons du calorique; et nous arrivons à ce fait dynamique d'une haute importance: *la dilatation de tous les corps par la chaleur*.

Ainsi, dans un système de corps matériels, déterminer le degré de dilatation d'un de ces corps, ou en constater le degré de température, c'est la même chose. Ceci nous fournit un moyen remarquable pour passer de l'*abstrait* au *concret*.

Qu'est-ce ici, en effet, que l'abstrait? C'est la température, c'est le degré de chaleur considéré en lui-même et d'une manière absolue; c'est un fait dont les êtres organisés ne peuvent se rendre compte que par des sensations équivoques. Or, nous ne pourrions avoir rien de positif, rien de mesurable, si nous restions dans le terme abstrait; mais nous passons au concret, nous matérialisons en quelque sorte le fait, nous le rendons mesurable, calculable, en le transformant en cet autre fait, la dilatation des corps. Dans quelles incertitudes, dans quel vague ne serions-nous pas restés, sans cette espèce de métamorphose intellectuelle, sans cette conversion d'un fait immatériel en un fait matériel! C'est donc un admirable rapport que celui qui nous a permis de passer avec autant de rigueur du terme abstrait au terme concret, et de trouver celui-ci équivalent au premier. De l'identité qui existe entre les degrés de dilatation des corps et les degrés de chaleur, il résulte que, pour avoir la mesure, la détermination du degré de chaleur, il suffit d'avoir le degré de dilatation, et dès lors toutes les questions se réduisent à celles-ci : Comment peut-on arriver à déterminer la mesure de la dilatation des corps? Quelles seront les meilleures formules de dilatation linéaire et de dilatation cubique?

Ces faits constatés, expérimentalement, conduisent à ce principe : La puissance de dilatation des corps est égale à la résistance de compression, et *vice versa*, la puissance de contraction des solides est égale à la résistance de traction qu'ils peuvent opposer.

Pour la dilatation des liquides, on est arrivé récemment à ce résultat général : que la concordance entre les degrés de contraction est liée à la densité des vapeurs.

Les gaz éprouvent aussi des dilatations qui sont proportionnées à leur degré de température.

Mais la chaleur va bien au delà d'une simple dilatation, lorsqu'elle s'élève à un haut degré sur les corps pondérables; elle va, comme nous l'avons déjà dit, jusqu'à changer complétement l'état de ces mêmes corps. Ainsi, l'état de solidité et de fluidité n'est plus pour les corps qu'un état relatif, il ne tient pas a leur nature, c'est un fait accidentel et continuellement modifiable par la chaleur.

Mais sous ce rapport, il y a des différences très-notables entre les corps. Parmi les solides, les uns sont facilement fusibles, les autres difficilement; d'autres sont infusibles, réfractaires, du moins eu égard à nos moyens de produire de hautes températures. La transformation des liquides en fluides élastiques s'appelle *vaporisation*. Quand les vapeurs se forment au sein de la masse liquide ou sur les parois des vases, la vaporisation a lieu par *ébullition*; si les vapeurs se forment à la surface des liquides, c'est l'*évaporation*.

Ici nous touchons au domaine de la Météorologie; nous y entrerons tout à l'heure. En ce moment nous devons nous borner à explorer le champ de la Physique proprement dite.

Après avoir pris des notions exactes tant sur les sources de la chaleur que sur ses effets, il faudra rechercher son mode de communication, ou les lois de la conducibilité; car tous les corps de la nature, sans exception, sont capables d'absorber la chaleur et de la répandre dans leurs masses.

La conducibilité est de deux sortes, extérieure et propre : d'où la pénétrabilité et la perméabilité. Mais le calorique ne se propage pas seulement par voie de continuité des corps ou de contiguïté, en un mot par *conducibilité*; il se propage d'une manière bien plus active, bien plus rapide, par le *rayonnement*. Ces faits étudiés, on s'occupera de déterminer la mesure, non plus seulement des effets de la chaleur, mais bien de la capacité des corps pour le calorique.

Ici se ferme le cercle des considérations que nous avions à présenter sur l'agent le plus puissant qui existe dans la nature, sur la chaleur. Nous passons maintenant à une autre grande cause de phénomènes physiques, la lumière, ce fluide merveilleux, qui paraît avoir avec la chaleur des rapports de coïncidence remarquables.

Nous venons de voir la chaleur agir sur les corps, les corps agir les uns sur les autres au moyen de la pesanteur; ici, au contraire, ce sont les corps qui agiront plutôt sur la lumière ou, si l'on veut, sur la direction des rayons lumineux.

Le milieu est-il homogène, la direction du rayon se fait en ligne droite ; est-il hétérogène, ou présente-t-il des différences de densité, il imprime des modifications nombreuses soit à la marche, soit même à la nature des rayons lumineux. C'est l'étude de ces modifications, c'est leur systématisation qui constitue toute la théorie de la lumière, laquelle embrasse ainsi deux sortes de faits dynamiques suivant que la direction seule des rayons est altérée, ou que les modifications portent sur la nature de ces mêmes rayons. De là plusieurs divisions scientifiques secondaires :

1° Systématisation spéciale des faits relatifs à la réflexion de la lumière, ou *catoptrique ;*

2° Systématisation spéciale des faits relatifs à la réfraction de la lumière, ou *dioptrique ;*

3° Systématisation spéciale des faits relatifs aux altérations essentielles des rayons lumineux, ou *polarisation* de la lumière.

Cette théorie, comme on le voit, est dominée par ce fait, que ce n'est plus un agent qui vient ici modifier le corps : ce sont les corps pondérables qui modifient la lumière. D'où vient aux corps cette propriété ou cette puissance ? De leurs formes, de leur composition.

Il y a encore ici un autre fait dominant bien digne d'être remarqué, c'est que la *matière* n'agit pas seule sur les rayons lumineux ; des observations d'une extrême délicatesse ont prouvé que, malgré son immatérialité, la lumière contrariée, pour ainsi dire, par la rencontre de certains corps, finit par agir *sur elle-même.* Cette action *mutuelle* des rayons lumineux, dont Fresnel a donné des preuves directes et irréfragables, est ce qu'on a appelé *interférences de la lumière,* principe qui a fait prévaloir la théorie des ondulations sur celle de l'émission présentée par Newton, et encore défendue, dit-on, par un illustre membre de l'Institut de France, M. Biot.

Passons à l'électricité. Ici on a cru devoir admettre l'existence d'un double fluide, l'un qu'on a nommé *résineux,* l'autre *vitré.* Dans l'état naturel des corps, ces deux fluides seraient tellement combinés entre eux qu'il en résulterait une neutralisation complète.

Ici encore les phénomènes sont mieux connus que la cause première et que la raison de leur mode de production. On soupçonne que le fluide est répandu dans les espaces interstitiels des corps, et assez libre toutefois pour traverser rapidement leurs masses, en sortir ou s'y accumuler.

Quant aux diverses causes qui développent l'électricité, la science se borne à donner des énumérations et nous laisse à peu près dans une ignorance absolue sur les causes premières de la séparation des deux fluides. On aura donc à examiner les effets de la *pression,* de la *chaleur,* du *contact,* des différentes sortes de *piles,* etc. On passera ensuite aux *forces électriques,* à cette loi, par exemple, découverte par Coulomb, que les attractions et les répulsions électriques sont en raison composée des quantités de fluides et en raison inverse du carré des distances. On étudiera en même temps les faits relatifs à la communication de l'électricité, c'est-à-dire à la communication des corps et à l'étendue de leur surface. La communication à distance offrira le phénomène curieux de l'étincelle électrique.

L'étude des phénomènes électriques conduit à celle du *magnétisme.* Le magnétisme est une sorte d'attraction élective, mais d'un ordre particulier, qui n'agit pas d'atome à atome, et qui ne doit pas être confondue avec les affinités chimiques. Tout aimant a une ligne moyenne et deux pôles, et le fer se trouve à son égard dans les mêmes conditions que les corps à l'égard du globe terrestre. L'étude des phénomènes magnétiques, bien qu'il y ait attraction élective, ne doit pas être séparée de celle de l'électricité ; car il y a un double fluide à examiner dans la théorie du magnétisme, avec cette différence que les fluides électriques peuvent éprouver des déplacements, s'accumuler dans les corps, en sortir, tandis que les fluides magnétiques ne peuvent éprouver dans les corps qu'un déplacement insensible.

Nous avons dit que les aimants ont deux pôles, l'un est le pôle sud, l'autre le pôle nord ; les pôles de même nom se repoussent, ceux de noms contraires s'attirent. Ces attractions et ces répulsions magnétiques ont été formulées, et Coulomb a démontré qu'elles étaient en raison inverse du carré de la distance.

Une raison péremptoire qui ne permet pas de séparer l'étude du magnétisme de celle de l'électricité, c'est qu'il y a réciprocité d'action entre ces deux ordres de phénomènes. Ainsi les fluides électriques peuvent agir sur le magnétisme, et pour cela il suffit qu'ils soient en mouvement.

Ce n'est pas tout, le magnétisme terrestre et les aimants peuvent à leur tour influencer les courants : de là résulte la nécessité d'étudier d'abord isolément la théorie de l'électricité et la théorie du magnétisme, puis de les étudier simultanément, d'examiner enfin tous les phénomènes compris en physique sous le titre d'électro-magnétisme.

Nous venons de passer en revue, d'une part, les faits matériels nécessaires à l'intelligence des lois générales de la Physique, et, d'autre part, tous les grands faits dynamiques eux-mêmes, c'est-à-dire les théories générales de la pesanteur, de la chaleur, de la lumière, de l'électricité et du magnétisme. Nous terminerons par un tableau des phénomènes et des lois qui constituent la Météorologie.

La Météorologie est cette branche de la physique qui a pour objet l'étude des phénomènes et des modifications de l'atmosphère, qui s'occupe de les analyser et d'en chercher l'explication. Plongés au fond de l'océan atmosphérique dont la terre est enveloppée, nous sommes témoins des changements qui s'y opèrent incessamment. Sereine ou nébuleuse, froide ou chaude, calme ou agitée, l'atmosphère exerce une puissante influence sur tous les êtres organisés. Il n'est point d'homme qui ne se soit demandé quelle est la cause de ces variations continuelles. On comprend toute l'importance de cette recherche pour l'agriculteur, le marin, l'industriel, le médecin. Notre bien-être physique et moral dépend en partie de l'état atmosphérique. Quand le ciel reste couvert de sombres nuages pendant plusieurs jours, notre humeur s'en ressent ; notre âme, au contraire, redevient sereine et s'épanouit, en quelque sorte, sous un ciel d'azur, aux rayons d'un beau soleil. Qui ne sait aussi que le nombre des malades est toujours plus considérable par les temps changeants, humides et froids ?

La Météorologie est réduite à l'observation ; elle constate, elle étudie les phénomènes, mais elle ne saurait les modifier ; elle se borne à les enregistrer. Aussi est-elle loin de marcher d'un pas égal à celui des autres parties de la physique. D'une longue série de faits, à peine parvient-elle à tirer quelques résultats généraux, à établir quelques lois. Pour arriver à la connaissance des lois auxquelles obéissent les phénomènes atmosphériques, il faut non-seulement posséder un grand nombre d'observations, mais il est encore nécessaire de les combiner de telle sorte que les lois générales soient dégagées de toutes les perturbations accidentelles. Ce sont celles-ci qui piquent le plus vivement notre curiosité, mais qu'il est aussi très-difficile d'expliquer. Quiconque a observé pendant quelque temps les instruments météorologiques, et s'est efforcé d'en déduire des lois générales, a dû trouver immanquablement que le résultat auquel il arrivait était en contradiction formelle avec les lois les mieux établies. Ainsi, en général le thermomètre, baisse quand le baromètre monte ; mais que de fois on observe le contraire ! Comment expliquer ces anomalies ? Dira-t-on que la nature a ses caprices ? Nullement ; car ces anomalies sont dues à l'action des mêmes causes qui déterminent les autres phénomènes. Un observateur isolé, de quelque persévérance et de quelque sagacité qu'on le suppose doué, ne saurait arriver à une explication plausible. Ce n'est qu'en comparant ses observations à celles qu'on a faites sur d'autres points qu'il peut trouver un résultat satisfaisant. Mais souvent ces observations n'existent pas, ou bien elles n'embrassent en général que l'Europe. Cependant, pour expliquer certaines perturbations générales, il faudrait posséder des observations d'un grand nombre de stations des quatre parties du monde, afin de voir quelles sont les causes qui ont amené ces perturbations. Nul phénomène n'est isolé : il est toujours lié à ceux de l'atmosphère tout entière. Mais quel homme pourrait se flatter de réunir toutes ces observations ? Et s'il les possédait, aurait-il le temps de les combiner de manière à en extraire tous les résultats qu'elles contiennent ? Il n'y a que des sociétés protégées par des gouvernements qui puissent entreprendre cette tâche, et c'est dans l'association qu'est l'avenir de la Météorologie.

Quoi qu'il en soit, si nous voulons nous faire une idée de l'ensemble des phénomènes que la Météorologie embrasse, nous aurons à distinguer :

1° Les *variations de la pression atmosphérique* : elles comprennent les oscillations horaires du baromètre, espèce de marée atmosphérique, qui ne saurait être attribuée à l'attraction lunaire, et qui varie considérablement avec la latitude géographique, avec les saisons et avec la hauteur du lieu d'observation.

2° *La distribution des climats et de la chaleur* : elle dépend de la position relative des masses diaphanes et des masses opaques et de la configuration hypsométrique des continents; ces relations déterminent la position géographique et la courbure des lignes isothermes, dans le sens horizontal et dans le sens vertical, c'est-à-dire sur une même surface de niveau et dans la série des couches superposées.

3° La *distribution de l'humidité :* elle dépend de la proportion qui existe entre la surface des terres et celles de l'Océan, de la distance à l'équateur et de la hauteur au-dessus de la mer; il faut distinguer, parmi les formes diverses que la vapeur d'eau revêt en se précipitant, car ces formes varient avec la température, la direction et l'ordre de succession des vents.

4° *L'état électrique de l'atmosphère,* dont l'origine est encore très-débattue, quand il s'agit de l'électricité développée par un ciel serein. Sous ce titre, nous avons à examiner à quels rapports rattachent l'ascension des vapeurs à la tension électrique et à la forme des nuages; il faut faire la part d'influence qui revient aux heures de la journée, aux saisons, aux climats, à la configuration des contrées formées de plaines basses ou de plateaux élevés; il faut rechercher les causes de la fréquence ou de la rareté des orages, de leur périodicité et de leur formation en été ou en hiver; il faut signaler enfin les rapports de l'électricité avec la grêle de nuit et avec les trombes (tourbillons d'eau ou de sable) sur lesquelles Peltier a fait d'ingénieuses remarques.

« Une étroite connexité, dit M. de Humboldt, relie entre eux tous les phénomènes de l'atmosphère. Pas un des agents qui, comme la lumière, la chaleur, l'élasticité des vapeurs, l'électricité, jouent, dans l'océan aérien, un rôle si considérable, ne peut faire sentir son influence, sans que le phénomène produit ne soit aussitôt modifié par l'intervention simultanée de tous les autres agents. Cette complication de causes perturbatrices nous reporte involontairement à celles qui altèrent sans cesse les mouvements des corps célestes, et surtout ceux des corps à faible masse, qui se rapprochent beaucoup des centres d'action principaux (les comètes, les satellites, les étoiles filantes). Mais ici la confusion des apparences devient souvent inextricable : elle nous ôte l'espérance de parvenir jamais à prévoir, autrement que dans des limites fort restreintes, les changements de l'atmosphère, dont la connaissance anticipée aurait tant d'intérêt pour la culture des vergers et des champs, pour la navigation, le bien-être et les plaisirs des hommes. Ceux qui cherchent, avant tout, dans la Météorologie, cette problématique prévision des phénomènes, se persuadent que c'est en vain que tant d'expéditions ont été entreprises, que tant d'observations ont été recueillies et discutées : pour eux, la Météorologie n'a point fait de progrès. Ils refusent leur confiance à une science si stérile à leurs yeux, pour l'accorder aux phases de la lune ou à certains jours notés dans le calendrier par d'anciennes superstitions.

« Il est rare qu'il survienne de grands écarts locaux dans la distribution des températures moyennes; d'ordinaire, les anomalies se répartissent uniformément sur de grandes étendues. L'écart accidentel atteint son maximum en un lieu déterminé, et décroît ensuite de part et d'autre de ce point, en allant vers certaines limites. Si l'on dépasse ces limites, on peut trouver de grands écarts en *sens opposés* : seulement ils se produisent plus fréquemment du sud vers le nord, que de l'ouest vers l'est.

« A la fin de l'année 1829 (j'achevais alors mon voyage en Sibérie), le maximum de froid tomba sur Berlin, tandis que l'Amérique du Nord jouissait d'une chaleur insolite. C'est une supposition tout à fait gratuite que d'espérer un été chaud à la suite d'un hiver rigoureux, ou un hiver doux après un été froid. La variété, l'opposition même des conditions accidentelles de la température dans deux contrées voisines, ou sur deux continents producteurs de grains, est un bienfait, car il en résulte une sorte d'égalisation dans les prix d'un grand nombre de denrées.

« On a justement remarqué que les indications du baromètre se rapportent à toutes les couches d'air situées au-dessus du lieu d'observation jusqu'aux limites extrêmes de l'atmosphère, tandis que celles du thermomètre et du psychromètre sont purement locales et ne s'appliquent qu'à la couche d'air voisine du sol. S'il s'agit d'étudier les modifications thermométriques ou hygrométriques des couches supérieures, il faut procéder à des observations directes sur les montagnes ou à des ascensions aérostatiques. Ces moyens directs manquent-ils? Il faut alors recourir à des hypothèses qui puissent permettre d'employer le baromètre comme instrument de mesure pour la chaleur et l'humidité. Les phénomènes météorologiques les plus importants ne s'élaborent pas, en général, sur le lieu même où ils s'observent : leur origine est ailleurs. Ordinairement ils débutent par une perturbation qui survient au loin dans les courants des hautes régions ; puis, de proche en proche, l'air froid ou chaud, sec ou humide de ces *courants* déviés envahit l'atmosphère, en trouble ou en rétablit la transparence, amasse les nuages aux formes lourdes et arrondies (*cumulus*), ou les divise et les dissémine en flocons légers comme le duvet (*cirrus*). Ainsi, la multiplicité des perturbations se complique encore de l'éloignement des causes souvent inaccessibles, et j'ai peut-être eu raison de croire que la Météorologie devait chercher son point de départ et jeter ses racines dans la zone tropicale, région privilégiée, où les vents soufflent constamment dans la même direction, où les marées atmosphériques, la marche des météores aqueux et les explosions de la foudre sont assujetties à des retours périodiques. »

Couronnons cette Introduction par ces pieuses paroles de John Herschell, qui, à l'exemple de son illustre père, a consacré sa vie aux hautes contemplations : « Le moment semble venu, moment admirable, dont nos enfants recueilleront le fruit et que nos pères ne prévoyaient pas, où la Science et la Religion, sœurs éternelles, se donneront la main ; où ces nobles sœurs, au lieu d'engager une lutte déshonorante et funeste, concluront une alliance sublime. Plus le champ s'élargit, plus les résultats favorisent la croyance religieuse, plus les démonstrations de l'*existence éternelle* d'une Intelligence créatrice et toute-puissante deviennent nombreuses et irrécusables. Géologues, *mathématiciens*, astronomes, tous ont apporté leur pierre à ce grand temple de la science, temple élevé à Dieu lui-même. Chaque nouvelle conquête de la science est une preuve en faveur de l'existence de Dieu et de ses glorieux attributs. »

Oui, l'univers est un temple d'où s'élève vers son auteur un chœur de perpétuelle harmonie; mêlons notre voix à l'*hymne* solennel, immense, que chantent à Dieu les créatures sans nombre sorties de ses mains. Les plus abaissées dans l'échelle des êtres comme celles qu'il a douées plus abondamment, le glorifient dans leur langue et font monter incessamment vers lui les accents de la reconnaissance et de l'amour.

DICTIONNAIRE D'ASTRONOMIE, DE PHYSIQUE ET DE MÉTÉOROLOGIE.

A

ABERRATION (*astron.*). — Parmi les conjectures heureuses que l'expérience a confirmées, on peut citer celle de Bacon sur les phénomènes de l'aberration comme l'une des plus remarquables.

« Il s'élève en moi ce doute, dit-il, si nous voyons la face sereine et étoilée des cieux, à l'instant où elle existe réellement, ou si nous ne l'apercevons que quelque temps après; et s'il n'est pas, à l'égard des corps célestes, un temps vrai et un temps apparent, de même qu'à l'égard de sa parallaxe, les astronomes reconnaissent un lieu vrai et un lieu apparent; car il semble impossible que les rayons émis par les corps célestes puissent traverser l'intervalle immense qui les sépare de nous, en un instant, ou que même ils ne mettent pas un temps considérable à parcourir un espace aussi prodigieux. »

Par suite de l'aberration de la lumière, les corps célestes paraissent être à des places où cependant ils ne sont pas. En effet, si la terre était en repos, les rayons partant d'une étoile suivraient la direction de l'axe d'un télescope dirigé vers elle; mais si la terre venait à se mouvoir dans son orbite, avec sa vitesse accoutumée, ces rayons frapperaient contre le côté du tube; il serait donc nécessaire d'incliner un peu le télescope, afin de voir l'étoile. L'angle compris entre l'axe du télescope et une ligne tirée vers la vraie place de l'étoile, est son aberration, qui varie en quantité et en direction pour les divers points de l'orbite de la terre; mais comme elle n'est que de 20" 37, ou 20" 5, elle est insensible dans les cas ordinaires.

La vitesse de la lumière, déduite de l'aberration observée des étoiles fixes, correspond parfaitement à celle que donnent les éclipses du premier satellite de Jupiter (*Voy.* ce mot). Le même résultat obtenu par deux moyens si différents ne laisse aucun doute sur sa certitude. C'est ainsi qu'une foule de coïncidences admirables du même genre, provenant de circonstances en apparence les plus dissemblables et les plus insignifiantes, se manifestent dans l'astronomie physique, et nous indiquent des relations que nous ne saurions déterminer autrement. L'identité de la vitesse de la lumière à la distance de Jupiter, et sur la surface de la terre, démontre l'uniformité de cette vitesse; et s'il est vrai que la lumière consiste dans des vibrations d'un fluide élastique ou éther remplissant l'espace, hypothèse qui s'accorde le mieux avec les phénomènes observés, l'uniformité de sa vitesse prouve que la densité du fluide remplissant toute l'étendue du système solaire doit être proportionnelle à son élasticité.

Comme, en général, les grandes découvertes conduisent à une multitude de conséquences diverses, l'aberration de la lumière fournit une preuve directe du mouvement de la terre dans son orbite, de même que la rotation est prouvée par la théorie de la chute des corps, la force centrifuge due à sa rotation occasionnant le retard des oscillations du pendule, en allant du pôle à l'équateur. L'on voit ainsi quel haut degré de connaissances scientifiques il a fallu pour dissiper les illusions des sens.

ABERRATION (*optique*). — On appelle ainsi la dispersion des rayons de lumière dans les lunettes, et en général dans tous les instruments d'optique. Les causes de l'aberration sont la sphéricité et la réfrangibilité. La première a lieu lorsque les rayons lumineux sont reçus par un verre d'une courbure sphérique qui ne réunit pas en un seul point tous les rayons qu'il reçoit. Pour annuler l'aberration, on se sert d'un miroir concave dont l'ouverture ne dépasse pas 8 ou 10°. L'aberration de réfrangibilité provient de la décomposition du rayon de lumière dont les couleurs ne sont pas toutes également réfrangibles; il en résulte des images qui paraissent entourées des couleurs de l'iris. Pour remédier à cette aberration on fait usage de verres achromatiques. *Voy.* ACHROMATISME.

ABSORPTION DE LA LUMIÈRE PAR L'ATMOSPHÈRE. — La couche d'air située dans le plan de l'horizon est plus épaisse et plus dense que celle située dans le plan vertical; aussi la lumière du soleil est-elle diminuée treize cents fois en la traversant, ce qui nous permet de regarder cet astre sans être éblouis, au moment où il se couche. Par suite de la puissance absorbante de l'atmosphère, la diminution de la lumière, et par conséquent celle de la chaleur, augmente avec l'obliquité d'incidence. Ainsi, par exemple, sur 10,000 rayons qui tombent à la surface de l'atmosphère, 8123 arrivent à un point donné de la terre, s'ils tombent perpendiculairement; 7024 seulement, si l'angle de direction est de 50°; 2831, s'il est de 7°; et 5, enfin, s'ils traversent une couche horizontale. Puisqu'une si grande quantité de lumière se perd en traversant l'atmosphère, l'on comprendra sans peine que certains objets célestes qui, observés d'une position élevée, sont visibles, peuvent être complétement invisibles, observés d'une plaine ou d'une vallée. La diminution de l'éclat et la fausse estimation que nous faisons de la distance, d'après le nombre des objets interposés entre nous et ceux que nous observons, nous font voir le soleil et la lune beaucoup plus grands lorsqu'ils sont à l'horizon, que lorsqu'ils sont à une hauteur quelconque au-dessus de ce plan; quoique alors, au contraire, leurs diamètres apparents soient un peu moindres. C'est le pouvoir réfléchissant de l'air qui embellit la nature des couleurs vermeilles et dorées de l'aurore et du crépuscule, et qui, au lieu des transitions subites de lumière et d'obscurité auxquelles nous serions exposés sans sa bienfaisante entremise, nous amène progressivement le jour et la nuit. Alors même que le soleil est à 18° au-dessous de l'horizon, nous jouissons encore d'une portion de lumière suffisante pour nous prouver qu'à la hauteur de 10 3/4 lieues environ, l'air est encore assez dense pour réfléchir la lumière. L'atmosphère disperse en tous sens les rayons du soleil, et donne au jour sa gaieté et ses couleurs brillantes. Elle transmet la lumière bleue en plus grande abondance que les autres; mais plus nous nous élevons, et plus le ciel se revêt d'une nuance foncée, de sorte que, dans l'étendue de l'espace, le soleil et les étoiles doivent paraître comme des points brillants répandus sur un fond aussi noir que l'ébène.

ABSORPTION DE LA LUMIÈRE (*opt.*) — On a cru longtemps que les verres de couleur, les liquides colorés, etc., *teignaient* la lumière blanche, à peu près comme les terres imprégnées d'une matière colorante teignent l'eau qui vient à les traverser. Mais il est aisé de voir qu'il n'en est pas ainsi. Prenons, par exemple, un verre rouge, et faisons-le passer dans le spectre solaire, nous reconnaîtrons qu'il est transparent pour les rayons rouges, et opaque pour les autres; or, il est évident, d'après cela, que si ce verre transmet de la lumière rouge quand on l'expose directement au soleil, c'est tout simplement parce qu'il laisse passer les rayons rouges et qu'il arrête les autres couleurs. En général, ces couleurs ne sont pas arrêtées par la réflexion, car la lumière réfléchie par les milieux colorés est généralement blanche ou de même couleur que la lumière transmise. Il s'ensuit que les couleurs qui manquent sont absorbées pendant le passage, et nous sommes ainsi amenés à reconnaître que, suivant la nature des milieux, l'absorption s'exerce sur tels ou tels rayons de préférence, de sorte que les couleurs transmises sont le résultat de cette inégalité d'absorption. Ce que nous disons de la lumière du soleil s'applique à celle qui vient des autres corps : si les objets paraissent rouges avec un verre de cette couleur, c'est que ce verre laisse passer les rayons rouges que les objets envoient, tandis qu'il absorbe les autres.

Il est très-rare qu'un milieu absorbe complétement toutes les couleurs, à l'exception d'une seule; en général la *lumière transmise* est encore composée, et sa couleur n'est qu'une teinte dominante.

Indiquons maintenant quelques résultats. Certains verres noirs, qui remplacent aujourd'hui les verres enfumés dans les lunettes astronomiques, font voir le disque du soleil d'un blanc très-pur; cette lumière blanche analysée par le spectre se compose de rouge, de jaune et de bleu. Le soleil paraît également blanc à travers une dissolution de 2 ou 3 millimètres de chlorure de chrome; il n'e passe alors que du rouge et du vert.

Avec certains verres colorés en rouge par le protoxide de cuivre, les couleurs autres que le rouge disparaissent à peu près complétement dans le spectre, de sorte qu'on a une lumière simple, qui est d'un grand emploi dans les recherches d'optique. On la simplifie encore avec un verre d'azur qui ne laisse plus que le rouge extrême.

Les couleurs qu'on isole ainsi par l'absorption sont indécomposables par le prisme, tandis que quelques-unes de celles que donne le prisme peuvent se décomposer par l'absorption. Si, par exemple, l'orangé du spectre était absolument simple, les rayons orangés pourraient bien s'affaiblir à travers les différents milieux, mais ils ne donneraient jamais une autre couleur que l'orangé; or, à travers un verre bleu, l'orangé du spectre disparaît, et à sa place on voit du rouge. Les choses se passent donc comme si l'orangé se composait de rouge et de jaune; mais ce jaune serait d'une espèce particulière, puisqu'il est absorbé par le verre sans que le jaune qui vient ensuite le soit. D'après l'analyse des couleurs prismatiques qu'il a faites ainsi à l'aide de différents milieux, M. Brewster croit que le spectre solaire se compose seulement de *trois* couleurs, le rouge, le jaune, et le bleu. Il pense que ces couleurs superposées occupent chacune l'étendue entière du spectre, de sorte qu'il n'y a qu'un maximum d'intensité dans les points où l'on juge qu'une de ces couleurs existe seule. Mais cette manière de voir est généralement regardée comme inexacte.

Un grand nombre de phénomènes bien connus montrent combien l'épaisseur a d'influence sur l'absorption, et, par conséquent, sur la couleur transmise. Les verres et les liquides colorés en lames très-minces finissent par devenir incolores; au contraire, le verre incolore prend une teinte verdâtre quand il est fort épais. Il en est de même d'une eau profonde; et l'air lui-même donne, comme on sait, une teinte rouge aux rayons du soleil couchant. Dans certains milieux, l'épaisseur change complétement la couleur de la lumière transmise. Ainsi les verres jaunes, en augmentant d'épaisseur, brunissent d'abord, puis passent au rouge; il en est de même de plusieurs liquides, comme l'eau-de-vie, l'infusion de safran, les chlorures de fer, d'or, etc. Le chlorure de chrôme, versé dans un verre conique, est d'un beau vert près du fond; ensuite, à mesure que l'épaisseur augmente, il devient de plus en plus foncé, jusqu'à ce que sa nuance se change en un brun douteux, qui passe enfin au rouge de sang. Pour concevoir ces phénomènes, il faut observer que le jaune ou le vert, donnés par une faible épaisseur, sont des teintes composées dans lesquelles le prisme décèle du rouge, qui, résistant mieux à l'absorption, finit par dominer.

D'après les expériences de Brewster, la chaleur fait varier l'absorption. Ainsi un verre pourpre ayant été chauffé jusqu'au rouge, a laissé passer le vert et le jaune qu'il arrêtait auparavant; mais il a repris sa force primitive d'absorption à la température ordinaire. Un verre rouge sombre est devenu presque opaque par une forte chaleur; il a repris à peu près sa transparence par le refroidissement.

L'absorption n'altère pas seulement la couleur de la lumière transmise, elle altère aussi la lumière réfléchie; elle joue ainsi un rôle très-important dans le phénomène des *couleurs propres* des corps. Pour concevoir son influence, observons d'abord que la réflexion de la lumière ne se fait pas seulement à la première surface; s'il en était ainsi, la couleur d'un corps ne dépendrait jamais de l'épaisseur, et on sait au contraire que dans une foule de cas la teinte change sensiblement, à mesure que le corps devient plus mince. Ainsi les verres colorés, réduits en poudre ou en fils très-fins, ont une teinte beaucoup plus claire; on sait que la peinture se fonce à mesure qu'on multiplie les couches, etc. D'après cela, et si nous nous rappelons qu'il n'y a pas de corps absolument opaque, nous concevrons que les rayons réfléchis profondément doivent être plus ou moins altérés par l'absorption, de sorte que si la lumière incidente est blanche, la lumière réfléchie pourra très-bien être colorée. En général, cette lumière réfléchie a la même couleur que la couleur transmise, avec une nuance plus ou moins foncée, comme on le voit pour les pierres précieuses, les verres, les liquides colorés, et la plupart des corps dits transparents. D'autres fois elle est différente: c'est le cas de certains minéraux, comme l'opale, et de certains liquides qui n'ont qu'une transparence imparfaite; par exemple une décoction d'écorce de marronnier d'Inde paraît jaune par transmission, et violette ou bleue par réflexion. C'est surtout le cas des substances dites opaques : ainsi l'or transmet de la lumière bleue et réfléchit de la lumière jaune; l'argent, qui réfléchit du blanc presque pur, transmet de la lumière verte. Cette différence s'explique, au moins en partie, par la différence de trajet des rayons réfléchis et des rayons transmis.

M. Forbes a constaté que la vapeur d'eau, avant tout commencement de condensation, était parfaitement transparente et sans couleur; quand la condensation est arrivée à un certain terme, la vapeur laisse passer de la lumière rouge; enfin, dans un troisième état, elle est opaque pour de grandes épaisseurs, et avec des épaisseurs moindres, elle laisse passer la lumière blanche sans la colorer. De la vapeur enfermée dans un globe de verre présente ces trois états par de simples changements de température. Quand on analyse la lumière transmise, on trouve que l'absorption commence par le violet et l'indigo; ensuite elle atteint le bleu; avec encore plus d'épaisseur, elle affaiblit considérablement le jaune : il ne reste à la fin qu'un rouge vif et un vert imparfait. Ces expériences montrent que les couleurs rouge de l'aurore et du soleil couchant peuvent être dues à la vapeur dans certaines conditions de précipitation. Quant aux rayons divergents rouges et bleus qu'on voit quelquefois longtemps après le coucher du soleil, ce n'est qu'un cas des rayons divergents ordinaires, avec cette particularité, que les nuages ou les montagnes qui divisent la lumière en faisceaux se trouvent au-dessous de l'horizon; le fond obscur du ciel qu'on voit entre les faisceaux rouges se colorant par contraste, donne l'apparence des rayons bleus. *Voy.* DIFFRACTION.

ABSORPTION DES LIQUIDES. *Voy.* INFILTRATION.

ACCÉLÉRATION *du mouvement de la lune.* Voy. LUNE.

ACCROISSEMENT *de la température à mesure qu'on pénètre dans la terre.* Voy. TEMPÉRATURE.

ACHAZ (CADRAN d'). *Voy.* GNOMONIQUE.

ACHROMATISME (de α privatif et χρῶμα, *coloration*). — Quand un faisceau de rayons solaires tombe sur une lentille, les rayons, diversement colorés, à cause de la différence de réfrangibilité, convergent vers des points différents de l'axe, et produisent ainsi des foyers colorés. C'est à cette diffusion de couleurs dans les images formées par les lentilles, qu'on a donné le nom d'*aberration de réfrangibilité*. On conçoit facilement l'inconvénient d'un pareil phénomène; aussi a-t-on cherché à y obvier. L'achromatisme consiste dans les moyens à employer pour détruire les effets de la décomposition des rayons lumineux. Newton croyait l'achromatisme à peu près impossible. Hall inventa, en 1733, des lunettes achromatiques, mais il ne fit point part de sa découverte. De ce que l'œil d'un homme sain est achromatique, Euler conclut à la possibilité de l'achromatisme, et il chercha les moyens de résoudre le problème. C'est à Jean Dollond que revient la gloire de cette découverte. Cet opticien avait remarqué que différents verres avaient des propriétés réfringentes diverses. Après plusieurs essais, il mesura les qualités réfringentes du *crown-glass* et du *flint-glass;* il réunit ces verres, en ayant égard à leur puissance de dispersion et de réfrangibilité, et il parvint ainsi à exécuter des lunettes achromatiques. Les belles expériences de Dollond furent plus tard soumises au calcul: si la question de l'achromatisme n'est pas encore résolue d'une manière complète, les ressources du calcul et les progrès dans l'art de travailler les verres nous font approcher chaque jour de la perfection dans la confection des lunettes. On a dressé des tables où l'*indice de réfraction* de diverses substances se trouve exprimée en chiffres très-exacts : dans ces tableaux on voit que *l'eau* a la moindre *dispersion*, tandis que le *flint* a la plus grande ; dans l'intervalle se trouvent différentes espèces de flint et de crown-glass.

ACIER (l') prend toutes les propriétés magnétiques des aimants. *Voy.* AIMANT.

ACOUSTIQUE (de ἀκούειν, entendre). — L'acoustique a pour objet de déterminer les lois suivant lesquelles le son se produit dans les corps et se transmet ensuite jusqu'à nos organes. Cette science est du ressort de la physique, parce que les corps, tandis qu'ils retentissent et qu'ils produisent du bruit ou du son, éprouvent dans leur masse des modifications remarquables tout à fait dépendantes des forces physiques qui les constituent. Ils sont alors ébranlés dans toutes leurs parties, et les molécules qui les composent exécutent des oscillations ou des mouvements de vibration si rapides qu'il est impossible d'en compter le nombre par des observations directes. L'étendue et la durée de ces mouvements, la direction suivant laquelle ils se propagent et l'harmonie qui doit exister entre eux pour qu'ils se soutiennent et se perpétuent sans se détruire, sont les phénomènes les plus frappants qui se présentent aux physiciens pour étudier l'arrangement moléculaire des corps, leur élasticité et toutes les circonstances de leur structure intérieure.

Pour prendre une première idée du nombre et de la variété des phénomènes que l'acoustique embrasse, il suffit de remarquer que tous les sons que nous pouvons entendre, que toutes les nuances que notre organe peut saisir entre eux, correspondent certainement à des modifications physiques différentes dans l'air qui nous apporte ces impressions, et dans le corps sonore, plus ou moins éloigné, duquel l'air les a reçues. C'est la série de ces mouvements divers, communiqués de proche en proche depuis le corps sonore jusqu'à nous, qu'il s'agit de développer. Ainsi, l'acoustique prend le son à sa naissance ; elle constate, pour ainsi dire, le mouvement de toutes les molécules du corps qui le produit, elle montre comment il se communique à l'air, comment il en traverse les masses, et comment il vient enfin ébranler les membranes extérieures de notre organe : là, la science est à son terme ; dès que le nerf acoustique est frappé, il n'y a plus de traces perceptibles de modifications matérielles, et, par conséquent, plus de phénomènes physiques.

Ces notions générales font assez voir en quoi l'*acoustique* diffère de la *musique* : la première de ces sciences considère le son hors de nous et des sensations qu'il peut produire; la seconde le considère en nous, dans les émotions qu'il peut faire naître, dans les sentiments ou dans les passions qu'il peut exciter ou modifier. *Voy.* SON et VIBRATIONS (*acoust.*).

ACTINOMÈTRE (d'ἀκτίς, rayon, et μέτρον, mesure), *instrument* proposé par M. Pouillet pour mesurer la *température de l'espace*. *Voy.* TEMPÉRATURE.

ACTION TROUBLANTE *du soleil sur la lune*. *Voy.* LUNE.

ACTIONS MAGNÉTIQUES. A quoi doivent-elles être attribuées ? *Voy.* AIMANT.

ACTION RÉCIPROQUE *des courants électriques*. Voy. ÉLECTRO-DYNAMIQUE.

ADHÉSION (*adhæsio*).— On désigne par ce mot une simple adhérence des corps les uns aux autres, tant des corps solides que des corps liquides et gazeux. C'est ce qui distingue ce mot de celui de *cohésion*, qui exprime une union plus intime, union dont les fibres du bois, les particules des pierres compactes nous offrent des exemples. Pour les corps solides, l'adhésion s'exerce en raison directe de l'étendue et du poli des surfaces en contact. L'adhésion de l'eau aux corps sur lesquels elle passe rend compte de son mouvement dans les lits des rivières, et en général sur les plans inclinés ; car la vitesse de l'eau courante est toujours moindre qu'elle ne devrait l'être d'après les lois de la chute des corps. Les corps, tels que le blé, le papier et les substances hygrométriques en particulier, comme les pierres, les différentes espèces de terrain, absorbent et retiennent une plus ou moins grande quantité d'eau. C'est en partie à ces circonstances qu'un terrain quelconque doit sa fertilité, c'est-à-dire qu'une terre est d'autant meilleure qu'elle pompe mieux et retient plus longtemps l'humidité qu'y laissent la rosée ou la pluie. Lorsque deux filets d'eau sortant de tubes fins sont approchés l'un de l'autre de manière qu'ils se touchent, on les voit aussitôt se réunir en un seul. Dans le cas où l'un des deux est plus épais, l'autre décrit une espèce de spirale autour du premier. Cette expérience démontre évidemment l'adhérence des liquides entre eux.

L'adhésion se manifeste également entre les fluides élastiques. Quelques physiciens regardent l'adhésion comme le premier degré de l'affinité chimique. Pour compléter les éclaircissements relatifs à l'*adhésion*, voyez ATTRACTION et CAPILLARITÉ.

AÉROLITHES. *Voy.* MÉTÉORITES.

AÉROSTAT (de ἀήρ, air, et ἵστημι, je place). On donne ce nom à un appareil arrondi (ballon aérostatique), à l'aide duquel on s'élève dans l'air.

Tout le monde sait que les corps solides, d'une densité moindre que celle de l'eau, y surnagent, et que ceux d'une densité inférieure à celle de l'air, s'élèvent dans l'atmosphère. Mais de même qu'on fait surnager à l'eau des corps d'une densité plus grande que la sienne, en les evidant, et les remplissant avec des substances d'une densité moindre, de même aussi il est possible de faire flotter dans l'air des substances plus denses que ce gaz au moyen d'une compensation analogue. Il s'agit seulement d'obtenir un corps qui, tout pesant qu'il soi, pèse moins qu'un volume d'air égal au sien, ou dont 100 mètres cubes ne dépassent pas 129 kilogrammes.

Depuis la plus haute antiquité, les hommes avaient fait des efforts pour explorer les régions de l'air, comme on explore la mer et l'intérieur de la terre. La fameuse colombe d'Archytas, de Tarente, paraît avoir été plus qu'une invention purement mécanique; si l'on en croit Aulu-Gelle, elle renfermait un air plus léger que l'air atmosphérique. Roger Bacon (en 1292) s'était ingénié à construire une machine pour atténuer le poids d'un homme et lui donner la facilité de se diriger dans l'air comme les oiseaux. Le P. Lana, en 1670, s'était proposé de construire un navire aérien, soutenu par quatre grands ballons en cuivre, vides d'air. Le P. Gallien publia, en 1755, à Avignon, un livre sous le titre : *Art de naviguer dans les airs;* dans ce livre, il propose de faire un immense ballon, rempli d'air pris dans la région de la grêle, afin que ce ballon fût plus léger.

Enfin Cavendish, en 1766, et Cavello, plus tard, firent quelques expériences avec des vessies remplies d'hydrogène. Ces expériences furent répétées en Allemagne par Pickel et Lichtenberg ; mais toutes ces tentatives, faites dans le laboratoire, ne laissaient entrevoir aucune application dont la science pût tirer quelque parti. Il était réservé à Joseph Montgolfier de réaliser ce que d'autres n'avaient, pour ainsi dire, essayé que théoriquement. Le hasard vint ici merveilleusement en aide au génie. Montgolfier brûla un jour des papiers inutiles; parmi ces paperasses se trouvait un sac dont l'orifice était tourné vers la flamme. Il remarqua que ce sac s'élevait rapidement dans l'air et s'y maintenait tant que l'orifice pouvait être chauffé. Il répéta plusieurs fois l'expérience, toujours avec le même succès; et dès ce moment il arrêta dans son esprit le plan d'une montgolfière. Ceci arriva en 1781. L'année suivante, il éleva un ballon à Avignon. L'année d'après, il en fit construire un de quatre-vingt-quinze pieds de diamètre et qui pesait quatre cent trente livres ; il le lesta de quatre cents livres, et le gonfla à l'aide d'un feu de paille, sur lequel on jetait de la laine hachée pour augmenter la production des gaz. L'appareil atteignit environ mille pieds de hauteur et vint tomber à une lieue du point de son ascension.

Montgolfier fut appelé à Paris, où il répéta ses expériences sur une très-grande échelle, et toujours avec le même succès. Enfin Pilâtre des Roziers, directeur du musée de Monsieur, et son ami le marquis d'Arlande donnèrent au monde le premier spectacle d'un voyage aérien. Ce fut au mois d'octobre 1783 qu'eut lieu cet événement mémorable. La machine, de forme ovale, avait quarante-huit pieds de diamètre et soixante-quatorze de hauteur. On avait pratiqué une galerie autour du foyer, afin que les aéronautes pussent entretenir le feu avec de la paille et de la laine hachées menu. Le poids de tout l'appareil, y compris les deux voyageurs et leur provision de combustible, dépassait 1600 livres. Le 21 novembre suivant, ces premiers navigateurs s'abandonnèrent à leur fortune ; ils partirent du château de la Muette, au bois de Boulogne, s'élevèrent à 500 toises, et allèrent descendre, au bout de 15 minutes, à plus de deux lieues du point de départ, après avoir passé sur Paris. Toute la population émerveillée se porta en foule au-devant de ces hommes, dont l'audace et l'intrépidité commandaient un certain respect ; et en effet, le voyage n'avait pas été sans danger : la flamme se dilatant dans les couches plus raréfiées de l'atmosphère, commençait à mettre le feu au fond de l'ouverture du ballon ; Pilâtre des Roziers eut la présence d'esprit d'y appliquer une éponge mouillée, mais il ne fit que retarder le moment de la fatale issue que devaient avoir ses hardies expériences aéronautiques. Cette première et brillante ascension à ballon libre fut aussi la dernière que l'on tenta avec les montgolfières. On s'aperçut de tous les inconvénients qui pouvaient résulter d'un foyer qu'il fallait alimenter sans cesse, et du danger que pouvaient courir les édifices au-dessus desquels il passait. On abandonna donc les montgolfières, et on le fit avec d'autant moins de regret, que Charles venait de découvrir un moyen bien plus efficace de se soutenir dans les hautes régions de l'air : c'était l'emploi du gaz hydrogène. Montgolfier appliquait la chaleur à l'air pour le raréfier, le dilater et en diminuer par conséquent le poids spécifique. Or cette diminution de poids s'effectue en raison du degré d'intensité de la chaleur. Il fallait donc maintenir la température de l'intérieur du ballon à près de 100° pour pouvoir élever l'aérostat à 500 toises ; il y aurait eu danger imminent d'incendie, si l'on avait tenté de s'élever plus haut en augmentant la température. Charles sut habilement mettre à profit la densité de l'hydrogène. Les expériences de Cavendish et de Cavello n'avaient été que des amusements de laboratoire; Charles conçut et exécuta le hardi projet de renfermer de l'hydrogène dans une enveloppe d'une assez grande capacité pour que la différence du poids spécifique du gaz et de l'air pût permettre à la machine de s'élever dans l'atmosphère. Ces données étaient certaines: sous la pression, et la température moyenne, le mètre cube d'air pèse environ 13 hectogrammes, tandis que le mètre cube d'hydrogène impur ne pèse que 1 hectogramme; c'est donc 12 de différence. Il suffit donc de donner au ballon un volume d'autant de mètres cubes, que le nombre douze est contenu dans le poids du ballon, exprimé en hectogrammes. Charles construisit un ballon sphérique en taffetas, enduit d'un vernis de caoutchouc, et de 27 1/2 pieds de diamètre. L'hémisphère supérieur était garni d'un filet qui supportait un équateur, formé par un cercle en bois, d'où pendaient des cordes qui soutenaient une nacelle pour les aéronautes. Le 1er décembre 1784, Charles et Robert partirent du bassin des Tuileries, aux acclamations d'une foule immense, que ce nouveau spectacle surprenait encore plus que le premier. En deux heures de navigation les voyageurs avaient fait sept lieues; mais le ballon ayant perdu du gaz, sa chute devint imminente. Ils regagnèrent la terre; Robert descendit seul; le ballon, allégé de ce poids, enleva Charles dans les hautes régions de l'air; il atteignit 1524 toises. Il fit encore une lieue puis descendit, après 35 minutes de navigation. Cette grande et décisive expérience établit l'incontestable supériorité de la méthode de Charles. On essaya de tirer parti des ballons pour reconnaître, en temps de guerre, les postes occupés par l'ennemi. Il y eut, en 1794, une compagnie d'aérostatiers sous la direction de Conté; et à la bataille de Fleurus, le 28 juin de la même année, des officiers, montés dans un ballon, observaient tous les mouvements de l'ennemi. Ce moyen a été depuis abandonné.

En 1804, MM. Biot et Gay-Lussac firent une ascension utile à la science; M. Gay-Lussac la répéta seul. Il s'éleva à environ 6000 mètres. C'est la plus grande hauteur qu'on ait encore atteinte; on ne pourrait se maintenir longtemps à cette élévation, à cause de la grande raréfaction de l'air: le baromètre, qui était à 0m, 675 avant de partir, descendit durant le voyage à 0m, 328. Le froid qu'on y éprouve est très-vif; la température, au moment de l'ascension, était à 19°,3 centigrades, et le thermomètre descendit à — 9,5, ce qui fait une différence d'environ 30°, que l'aéronaute éprouva dans l'espace de quelques minutes.

Le célèbre physicien, muni d'un ballon vide, alla puiser de l'air dans les hautes régions; et il reconnut, par une analyse postérieure, que la composition en était la même qu'à la surface de la terre. Il reconnut aussi que les oscillations de l'aiguille aimantée diminuaient rapidement d'amplitude; ce qui indique un décroissement de la puissance magnétique terrestre avec la distance. Il vit au-dessus de lui des nuages qui lui paraissaient aussi élevés que ceux qu'on regarde de la terre; ce qui indique dans nos appréciations à cet égard une erreur plus grande qu'on ne l'aurait cru. La sécheresse est extrême dans ces hautes couches d'air; des parchemins, mouillés quelques minutes auparavant, s'y desséchaient et se crispaient comme devant le feu. De la combinaison de cette sécheresse avec la trop faible densité de l'air résulte un trouble notable dans les fonctions physiologiques. L'air fournissant moins d'oxygène dans un temps donné, la respiration doit s'accélérer à proportion, et la circulation sanguine doit par conséquent aussi devenir plus rapide; aussi les pulsations, qui en sont l'indice et la mesure, se sont-elles élevées, pour M. Gay-Lussac, de 66 à 120 par minute. Une fièvre véritable, des vertiges, un bourdonnement d'oreilles, tels sont les phénomènes qui saisissent l'aéronaute. En même temps que la respiration devient difficile, la combustion se montre telle aussi: il est presque impossible d'y entretenir du feu. Du reste, il règne dans ces hautes régions un solennel silence; aucun des bruits de la terre n'y parvient; et le sentiment d'une solitude infinie frappe profondément l'âme du voyageur. L'aérostat est toujours soumis à quelque courant; mais le vent est insensible, parce qu'on a la même vitesse que lui et qu'il n'éprouve aucune résistance. En cédant à son action, l'appareil tourne sur lui-même avec lenteur, comme on en peut juger par l'aspect du ciel.

Un des grands avantages des ballons à gaz hydrogène, c'est que l'aéronaute, une fois qu'il a quitté la terre, n'a plus à s'occuper de sa machine, et peut se livrer à toutes les expériences qui sont le but de son voyage. La seule précaution à prendre, c'est de se munir de lest, afin de pouvoir s'élever à volonté, et surtout d'avoir soin de placer une soupape à la partie supérieure du ballon, pour laisser échapper le gaz lorsqu'on veut descendre, ou pour dégonfler le ballon lorsque le gaz se dilate à mesure que l'on monte, et que l'air devient de plus en plus rare. M. Biot recommande avec juste raison de s'assurer du jeu de la soupape; en effet, c'est le seul moyen de salut de l'aéronaute, lorsque son ballon vient à se distendre, et qu'il peut craindre une explosion. C'est pourquoi il est indispensable de n'enfler l'aérostat qu'aux trois quarts, avant de quitter la terre. Il se gonflera assez vite, à mesure que la densité de l'air diminuera. On ne saurait apporter trop de soin dans le choix des étoffes dont se compose l'enveloppe; chaque pièce doit être essayée avant de l'employer, pour juger de son degré de résistance. On doit en faire autant des cordages qui composent le filet. Le procédé le plus facile pour se procurer l'hydrogène dont on remplit les ballons, consiste dans la décomposition de l'eau par l'action du fer ou du zinc et de l'acide sulfurique. L'appareil dont on se sert est des plus simples.

On a des tonneaux ordinaires que l'on place debout; on perce deux trous au fond supérieur; de l'un, part un tuyau qui se rend dans un plus grand tonneau qui reçoit le gaz de tous les autres, et l'envoie dans le ballon. Par le second trou on introduit de l'eau, de la limaille, ou mieux de la tournure ou des rognures de fer, et de l'acide sulfurique, dans les proportions suivantes :

Fer.	56
Acide sulfurique concentré.	100
Eau.	400

Ces nombres, exprimés en kilogrammes, produiront 2,287 mètres cubes de gaz, en supposant que l'opération soit bien conduite. On peut, d'après ces proportions, calculer le nombre des tonneaux dont on a besoin pour remplir le ballon. La forme à donner au ballon dépend entièrement du but que l'on se propose. Si l'on ne veut que s'abandonner au courant de l'air, la forme sphérique ou toute autre est indifférente; car il est évident que le corps, étant en équilibre, n'opposera aucune résistance, il n'ira ni plus ni moins vite que le courant, puisqu'il est en entier plongé dans un fluide homogène. Un bateau qui suit le fil de l'eau, aura à vaincre la résistance de l'air s'il supporte une charge volumineuse au-dessus de sa flottaison, parce que les deux fluides sont de nature hétérogène et n'ont point de mouvement commun. Mais, si l'on veut aller plus vite que le vent, ou seulement rester stationnaire, la forme n'est plus indifférente : il faut alors adopter celle qui offre le moins de résistance à l'air. Or, cette résistance, qui croît comme le carré de la vitesse, est toujours proportionnelle à la section transversale que l'on présente au courant; la forme qui présentera la moindre section sera donc celle qu'il faudra préférer; c'est celle des poissons. Mais il ne suffit pas d'avoir la forme d'un poisson, il faut en avoir la souplesse et la force; c'est là le vrai problème à résoudre, et c'est le seul, puisque le poisson est, comme le ballon, en équilibre dans un fluide homogène, tandis que l'oiseau est obligé d'employer une partie de sa force à se soutenir.

Les aéronautes doivent donc étudier le mécanisme de la progression du poisson, et surtout le mouvement de flexuosité qu'il imprime à sa colonne vertébrale, et le coup de queue vif qui termine l'ondulation. Mais la première condition pour se diriger, c'est de s'élever au-dessus de la région des courants. Toute tentative de direction, ou même de station au-dessous de 1200 à 1500 toises, n'aura jamais de succès. Il est vrai que les saumons remontent des chutes de 25 et de 30 pieds, mais cet exemple ne pourra point être imité par des machines inertes. Une considération non moins importante est celle de la surface relative des ailes ou des rames. Il n'y a point de poisson qui ne présente, par ses nageoires, au moins un quart de la section transversale de son corps. Quelques-uns, tel que le poisson volant, ont trois fois cette surface. On a parlé récemment d'une vessie natatoire que l'on voulait introduire dans le ballon, et qui devait produire l'effet de celle des poissons. Quand un poisson veut s'élever, il gonfle sa vessie natatoire à l'aide de l'air, qu'il extrait de l'eau, et il expulse cet air quand il veut plonger. Mais où prendrions-nous du gaz plus léger que l'hydrogène, pour gonfler notre vessie natatoire et nous élever? Et de même, où prendrions-nous de l'air plus condensé que l'air avoisinant pour nous faire descendre? Si nous essayons de comprimer l'air par une pompe dans la vessie natatoire, l'enveloppe éclatera, et nous aurons seulement rendu explosif le gaz de notre ballon. Tous les inconvénients d'explosion par distension du gaz diminueraient peut-être en partie, si l'on parvenait à réaliser l'emploi de lames métalliques. On a calculé qu'un ballon de 60 pieds de diamètre, formé de lames de platine de 5/100 de ligne d'épaisseur, aurait une force ascensionnelle de plus de 3000 livres. Tout extravagante que peut paraître cette idée, c'est cependant avec du métal, avec du cuivre, par exemple, qu'il faudra construire les ballons, si jamais l'on parvient à les diriger. Mais malheureusement des expériences récentes ont prouvé que des ballons de cuivre à lames très-minces présentent des chances de rupture si nombreuses (à cause du défaut d'homogénéité du métal) qu'on a dû y renoncer.

Comme l'aéronaute n'a autour de lui aucun objet fixe auquel il puisse rapporter son mouvement, pour savoir s'il descend ou s'il monte, il consulte le baromètre. Lorsque celui-ci s'abaisse, le voyageur s'élève; et, au contraire, le ballon descend quand la colonne barométrique monte. Il peut donc se régler sur le mouvement de cette colonne pour diriger l'emploi des moyens qu'il possède en vue de monter ou de descendre.

Lorsqu'il voudra opérer sa descente, il devra ouvrir une des soupapes et perdre du gaz jusqu'à ce que le ballon commence à se dégonfler. L'appareil deviendra relativement plus lourd; car si l'on perd, par exemple, un mètre cube de gaz hydrogène, qui pèse environ 90 grammes, la perte de poids de l'appareil dans l'air sera diminuée du poids d'un mètre cube d'air, ou 1800 grammes environ; c'est donc comme si le ballon pesait 1210 grammes de plus. Or, dans ce cas, le ballon qui passe de l'état d'équilibre à une surcharge de plus de 1200 grammes, est donc pressé par une force verticale de haut en bas, ou par une impulsion descendante; donc il descendra, en effet, et d'un mouvement accéléré, comme se fait toute chute; mais bientôt la vitesse, par l'effet de la résistance de l'air, deviendra constante. L'augmentation de densité a pour effet de diminuer un peu la vitesse après qu'elle a cessé d'être accélérée; si la densité fût demeurée la même, la vitesse aurait fini par devenir constante.

Lorsque l'aéronaute, après avoir commencé sa descente, s'aperçoit que le lieu sous-jacent n'est pas favorable à cette opération, il jette hors de la nacelle une partie du lest dont il s'est muni. Ce lest est ordinairement du sable. Redevenu plus léger, il arrête ainsi son mouvement de descente, qui peut même se convertir en mouvement d'ascension, et il livre son aérostat à l'action des courants d'air, qui règnent toujours dans ces hautes régions, et qui le transportent dans un lieu qu'il jugera plus propre à la descente. Toutefois, il peut se tromper dans l'appréciation de la localité qu'il ne voit que de loin, et se trouver contraint de remonter encore pour se transporter ailleurs, d'où résulte la nécessité de ménager le lest. Très-souvent c'est près de la surface de la terre que l'aéronaute fait choix du lieu où il doit descendre; en disposant de son lest avec mesure, il peut se poser doucement au point qu'il a choisi. Si, par une cause quelconque, telle qu'une fuite de gaz à son ballon, il se trouve obligé de descendre sans pouvoir disposer du lieu de sa chute, il pourra arriver qu'il rencontre une nappe d'eau quelconque, alors la nacelle lui servira de support; mais il devra couper les cordes qui la rattachent au ballon, sur lequel le vent aurait trop de prise pour ne pas exposer la nacelle à chavirer.

AIGUILLE ASTATIQUE (d'ἄστατος, *qui n'est point stable*). — L'action directrice de la terre est quelquefois incommode et il devient nécessaire de l'annuler. Une aiguille soustraite à cette action est dite *astatique ;* elle peut demeurer en équilibre dans toutes les positions, comme si la terre n'agissait pas sur elle. Voici deux moyens de rendre une aiguille astatique : 1° Qu'on traverse une aiguille par un axe autour duquel elle soit mobile, et qu'on amène cet axe dans la direction de l'inclinaison ; alors le couple terrestre agissant selon cet axe tendra à le briser et à plier l'aiguille, mais il ne pourra la faire mouvoir ; ainsi elle sera complétement astatique, et demeurera en équilibre dans toutes les positions qu'on lui donnera autour de ce même axe. 2° Qu'on suspende verticalement un brin de paille par un fil de soie sans torsion; qu'on implante dans ce brin de paille, perpendiculairement à son axe, deux aiguilles aimantées, parallèles, et à peu près d'égale force, mais tournées en sens contraire, de façon que leurs pôles opposés se regardent ; on aura un appareil complétement, ou presque complétement astatique, parce que les actions de la terre sur les deux aiguilles se détruiront mutuellement.

AIMANT (d'ἀδάμας, *diamant*, ou bien encore *le fer le plus dur*). — On nomme ainsi des substances qui ont la propriété d'attirer le fer et qu'on trouve dans le sein de la terre, souvent même à la surface du sol. Ces substances, quelle que soit leur forme ou leur composition, s'appellent des *aimants naturels ;* autrefois on les appelait *pierres d'aimant*, parce qu'en effet elles offrent dans leur structure une apparence pierreuse plutôt qu'une apparence métallique. Il y a des aimants très *faibles*, c'est-à-dire que, sous un grand volume, ils n'exercent sur le fer qu'une attraction peu sensible ; mis en contact avec de fine limaille, ils peuvent à peine en soulever quelques parcelles : mais il y a aussi des aimants tellement *puissants* qu'ils sont capables de tenir suspendues des masses de plus de cinquante ou même de plus de cent kilogr.

Pour montrer la force attractive qui s'exerce entre le fer et l'aimant, on peut faire les expériences suivantes :

1° Si l'on plonge un aimant, par une de ses extrémités, dans de la limaille de fer, on voit les parcelles de métal s'attacher à la surface, et adhérer les unes aux autres en formant une sorte de chevelure plus ou moins longue : cette adhérence des particules entre elles et leur arrangement est un phénomène digne de remarque, sur lequel nous reviendrons ; pour le moment nous nous bornons au fait principal, qui est une preuve évidente de l'attraction mutuelle du fer et de l'aimant.

2° Si l'on présente à l'aimant, suivant son degré de force, des morceaux de fer plus ou moins volumineux, à peine en sont-ils approchés à quelques millimètres de distance qu'on les sent devenir plus légers : ils sont entraînés, et se précipitent sur sa surface pour y rester suspendus; il faut ensuite un effort plus ou moins considérable pour les en arracher.

3° Si l'on suspend une petite balle de fer à un fil flexible, et qu'on en approche peu à peu la surface de l'aimant, on voit ce petit pendule magnétique dévier sensiblement de sa direction verticale. On peut même, de cette manière, reconnaître quelques caractères essentiels de cette force attractive, et constater : 1° qu'elle s'exerce à distance ; 2° qu'elle s'exerce au travers de l'air, au travers du vide, et au travers de tous les corps, pourvu qu'ils ne soient pas du fer ; 3° qu'elle diminue à mesure que la distance augmente.

Toutes les attractions étant réciproques, on doit conclure que si l'aimant attire le fer, il est attiré par lui avec la même énergie et suivant les mêmes lois. Cette vérité nécessaire peut, au reste, se vérifier directement par des expériences inverses des précédentes : en suspendant l'aimant pour le rendre mobile, et en faisant agir sur lui des morceaux de fer à diverses distances.

Cette force attractive étant distincte de toutes les autres forces naturelles, on lui donne un nom particulier, on l'appelle *force magnétique*, du mot μάγνης, qui était chez les Grecs le nom de la pierre d'aimant ; car les anciens avaient quelque connaissance de ses propriétés. Platon en parle dans plusieurs de ses dialogues, et il faut remonter jusqu'au temps de Pythagore pour recueillir les premières notions qui nous aient été transmises sur ce sujet.

Tout aimant a une ligne moyenne et deux pôles. — Le fer semble être à l'égard de l'aimant ce que sont les corps pesants par rapport au globe de la terre : la masse du globe attire les corps dans tous les sens, et les presse sur sa surface. Essayons de voir s'il en est de même de l'aimant, et si, de tous les points de son contour, il exerce une action pareille pour solliciter les parcelles de fer et pour les attirer vers son centre. Reprenons pour cela le *pendule magnétique*, c'est-à-dire la petite balle ou le petit fil de fer suspendu à un fil de soie. En tenant l'aimant à la même distance du pendule, on reconnaît bientôt que certains points de sa surface lui impriment une grande déviation, tandis que d'autres points ne produisent qu'une déviation nulle ou insensible ; il y a surtout deux régions opposées qui montrent une action très vive, et c'est sur l'intervalle qui les sépare que l'on aperçoit le moindre effet. On est conduit au même résultat en employant, pour cette expérience, soit un aimant naturel avec sa forme irrégulière, soit un aimant artificiel ayant la forme d'un cylindre ou d'un prisme allongé. Dans ce dernier cas la différence est plus frappante, et l'on voit sans peine que les sections transversales qui avoisinent le milieu de l'aimant n'agissent point sur le pendule, tandis que les parties extrêmes agissent avec une grande force. On peut donc, sur la surface d'un aimant, et vers le milieu de sa longueur, tracer une ligne dont les points n'exercent aucune action attractive ; c'est cette ligne que nous appelons *ligne neutre* ou *ligne moyenne;* elle partage l'aimant en deux parties, que nous appelons les deux *pôles* de l'aimant. Ce même mot *pôle* sera pris encore dans deux autres acceptions différentes : nous nous en servirons pour désigner seulement les parties de la surface les plus éloignées de la ligne moyenne, et sur lesquelles l'attraction est la plus forte, et nous nous en servirons aussi pour désigner un point idéal qui sera conçu dans l'intérieur de l'aimant, à peu près comme le centre de gravité est conçu dans l'intérieur des corps, ou dans la masse du globe terrestre qui les attire : car une parcelle de fer n'est pas sollicitée seulement par le point de l'aimant auquel elle vient s'attacher, elle est sollicitée par toute la portion qui est d'un même côté de la ligne moyenne, et la résultante de toutes ces attractions est appliquée en un certain point que nous appellerons le *pôle* de cette portion de l'aimant. Il sera toujours facile de distinguer celle de ces trois acceptions dans laquelle nous entendrons que le mot *pôle* soit employé. Dans tous les cas, on voit qu'un aimant a une ligne moyenne et deux pôles.

Les aimants pouvant être brisés ou coupés suivant la ligne moyenne, il semble, au premier coup d'œil, que les deux portions qui en résultent doivent nécessairement échapper à la proposition dont il s'agit. On pourrait bien supposer que, séparées l'une de l'autre, elles perdent leur propriété magnétique; mais on n'imagine pas que, si elles en conservent quelque chose, elles puissent avoir une ligne moyenne et deux pôles. L'expérience en est facile à faire. Nous verrons plus loin qu'avec de l'acier trempé très-dur on peut faire des aimants qui cassent comme du verre. Prenons un aimant de cette espèce, brisons-le suivant la ligne moyenne, et plongeons dans la limaille chacune de ces moitiés pour observer les modifications qu'elles ont éprouvées : nous trouverons, avec quelque surprise, que chacune d'elles est un aimant tout entier, ayant ses deux pôles et sa ligne moyenne au milieu. En les brisant de nouveau, les moitiés de ces moitiés présenteront les mêmes phénomènes, et l'on pourra pousser ces subdivisions aussi loin que l'on voudra, sans jamais trouver de limite à cette propriété : les derniers fragments seront des aimants entiers, offrant, comme l'aimant primitif, une ligne moyenne et deux pôles.

Les pôles de même nom, se repoussent, et ceux de noms contraires s'attirent. — De part et d'autre de la ligne moyenne, dans les deux moitiés d'un aimant résident deux forces, qui d'abord nous semblaient identiques, parce qu'elles agissaient de la même manière sur le fer, et qui sont en réalité deux forces opposées, puisqu'elles agissent en sens contraire sur les aimants, l'une attirant ce que l'autre repousse. La ligne moyenne est la limite de ces deux forces antagonistes ; elle est le passage de l'une à l'autre, et c'est là ce qui rend raison de la neutralité qu'elle conserve.

Les actions magnétiques peuvent être attribuées à un fluide particulier. — Lorsqu'on cherche à remonter à l'origine des forces qui produisent les phénomènes magnétiques, on reconnaît bientôt qu'elles ne sont pas, comme la pesanteur, une propriété inhérente à la matière pondérable. L'analyse chimique a démontré que les aimants naturels ne sont que des oxydes de fer ou des mélanges d'oxyde de fer à différents degrés de saturation; l'oxygène et le fer sont donc les seuls éléments pondérables qui entrent dans la composition de ces corps singuliers. Or, ni l'un ni l'autre de ces éléments n'ayant la propriété permanente d'exercer des actions pareilles aux actions magnétiques, il est peu probable que leurs molécules prennent, en se combinant, des propriétés essentielles qu'elles n'avaient pas avant leur combinaison; car, dans la matière pondérable, on n'observe jamais que la forme, l'arrangement ou la disposition des molécules donne naissance à des forces nouvelles qui puissent s'exercer à des distances sensibles. D'une autre part, les forces inhérentes à la matière pondérable peuvent bien être augmentées, ou diminuées, ou modifiées de mille manières, mais elles ne peuvent jamais se détruire ou disparaître ; tandis que, dans les aimants, les forces magnétiques ne paraissent qu'accidentellement, car elles peuvent être détruites ou reproduites à volonté. On en donne la preuve, en faisant chauffer un aimant jusqu'à la température rouge ; par cette opération, il ne perd rien de ses éléments matériels, et cependant il perd toutes ses propriétés magnétiques. Après le refroidissement, il est, en ce qui tient à la matière, tout à fait ce qu'il était auparavant; mais en ce qui tient au magnétisme, il n'est plus rien absolument, car il n'exerce plus aucune action sur le fer. On peut ensuite lui rendre ses propriétés magnétiques sans rien lui donner et sans rien lui ôter de pondérable.

C'est par ces raisons, et par d'autres encore, résultant de l'ensemble des phénomènes, que l'on est conduit à regarder le magnétisme comme un fluide d'une espèce particulière, répandu dans la masse pesante de l'oxyde de fer qui constitue l'aimant. Et, puisque nous avons reconnu qu'il y a deux forces magnétiques opposées, nous devons conclure aussi qu'il y a deux fluides contraires, l'un qui *prédomine* dans l'un des pôles, et l'autre qui *prédomine* dans l'autre pôle. Dans tous les aimants, les pôles de même nom auront le même fluide prédominant, et, comme ils se repoussent, nous en conclurons que chaque fluide se repousse lui-même : les pôles de nom contraire auront des fluides différents, et, comme ils s'attirent, nous en concluront que l'un des fluides attire l'autre. Ainsi, nous sommes conduits à ce résultat définitif, qu'il existe deux fluides magnétiques, dont chacun se repousse et attire l'autre.

Ces fluides doivent pareillement exister dans le fer; car, s'ils sont distincts de la matière pondérable, on peut présumer que l'action qui s'exerce sur le fer ne s'exerce pas sur les molécules matérielles du fer, mais bien sur les fluides magnétiques contenus dans les intervalles de ces molécules. Nous avons donc quelque raison de chercher le fluide magnétique dans le fer, et de tenter les expériences qui peuvent nous faire découvrir son mode d'existence.

Sous l'influence de l'aimant, le fer devient lui-même un aimant. — Pour démontrer cette propriété du fer, on peut se servir d'un cylindre de fer soutenu par un aimant; à son extrémité inférieure on présente de la limaille, qui s'y attache en forme de houppe, et qui reste suspendue à l'aimant; mais, si on l'en détache, à l'instant toute la limaille tombe, et l'on n'observe plus aucune force attractive. Ce n'est pas la force de l'aimant qui agit à distance sur la limaille et la maintient suspendue; car si le petit cylindre n'était pas de fer, le phénomène ne se produirait pas; et l'on peut encore bien mieux s'en convaincre, en observant : 1° que les filets de limaille diminuent de longueur, à partir de l'extrémité du petit cylindre; 2° qu'il y a un point, vers la partie supérieure où ils ne peuvent plus s'attacher, ce qui forme la ligne moyenne; 3° qu'au-dessus de ce point ils attachent de nouveau, en se dirigeant en sens contraire. Ainsi, le petit cylindre est bien véritablement un aimant, puisqu'il attire la limaille et qu'il a une ligne moyenne et deux pôles : seulement, sa ligne moyenne n'est pas au milieu.

Ainsi le fer contient, comme l'aimant, les deux fluides magnétiques; mais, dans son état naturel, il les contient *combinés*, c'est-à-dire neutralisés l'un par l'autre. C'est pourquoi le fer n'agit pas magnétiquement sur le fer, car ce qui est attiré par l'un des fluides est repoussé par l'autre avec une force égale, et l'action définitive est tout à fait nulle. Au contraire, quand il est soumis à l'action de l'aimant, ses deux fluides sont *décomposés*; l'un est attiré, l'autre repoussé; une séparation s'opère entre eux : le premier afflue du côté de l'aimant; l'autre afflue à l'extrémité opposée de la masse de fer, et là il devient prédominant au point d'attirer la limaille qu'on lui présente. Aimanter, c'est donc séparer les deux fluides magnétiques; et désaimanter, c'est les réunir ou les recomposer.

Cependant le phénomène de décomposition des fluides magnétiques pouvant se produire de plusieurs manières, nous devons chercher à reconnaître si ces fluides éprouvent réellement, dans la substance du fer, un mouvement de translation par lequel ils passent d'une extrémité à l'autre de sa masse, ou s'ils n'éprouvent qu'un déplacement moléculaire.

Le fluide magnétique ne passe pas de l'aimant au fer, ni même d'une molécule du fer à la molécule voisine. — Avec un aimant on peut aimanter des morceaux de fer aussi longtemps et aussi souvent que l'on veut, sans qu'il perde rien de sa propriété attractive; donc, par cette opération, l'aimant ne perd pas son fluide pour le donner au fer, puisqu'à la longue il finirait par s'épuiser. De plus, on peut remarquer qu'un morceau de fer, qui devient aimant pendant tout le temps qu'il touche un véritable aimant, ne conserve, quand on l'en sépare, aucune trace de ses propriétés magnétiques; donc il ne lui a rien pris, puisqu'il n'a rien gardé. Enfin, et cette observation est encore plus décisive, le cylindre de fer qui touche l'aimant ayant une ligne moyenne et deux pôles, c'est une preuve qu'il possède les deux fluides, et sans doute il n'en pourrait recevoir qu'un seul de l'aimant, si c'était l'aimant qui le lui donnât. Ainsi le fluide magnétique n'est pas transmissible, c'est-à-dire qu'il ne passe pas d'un corps à un autre.

On pourrait penser que du moins il est dans le corps comme dans un vase fermé de toutes parts, et que, s'il ne peut se transmettre au dehors, il peut se déplacer au dedans et se porter tantôt dans un point, tantôt dans l'autre, et s'y accumuler suivant les forces qui le sollicitent. Cependant nous allons voir qu'il n'en est pas ainsi; car, si l'on met un fil de fer en contact avec un aimant, que l'on en coupe l'extrémité pendant que les fluides sont décomposés, l'un paraissant en haut et l'autre en bas, on ne retrouve pas la moindre trace de magnétisme dans la partie que l'on détache. Les apparences sont donc trompeuses, et il faut bien se garder de croire que le fluide magnétique puisse se décomposer comme le fluide électrique, et qu'il puisse voyager d'un bout à l'autre du fil qui le contient. Ce résultat semble un paradoxe inexplicable ; mais avec un peu d'attention, l'on peut concevoir, comme nous le démontrerons, que la décomposition magnétique a lieu dans chaque molécule séparément, que c'est dans cette petite étendue que le fluide peut se mouvoir, de telle sorte qu'il faudrait couper en deux une molécule elle-même pour pouvoir parvenir à isoler l'un de l'autre les deux fluides magnétiques. Voilà le principe des considérations par lesquelles nous pourrons expliquer le phénomène dont il s'agit, ainsi que le phénomène des aimants que l'on brise, et dont chaque moitié devient à l'instant un aimant entier

L'acier prend toutes les propriétés magnétiques des aimants. — La limaille d'acier n'est guère moins attirable que la limaille de fer ; elle s'attache aux aimants, et forme aussi de petits filets ou de petites houppes d'une longueur très-sensible. Les fils d'acier, qui n'ont d'épaisseur que quelques fractions de millimètre, sont encore assez comparables aux fils de fer de même dimension : seulement ils sont plus lents à recevoir l'action magnétique. Mais les morceaux d'acier d'un volume un peu considérable, et surtout les morceaux d'acier fortement trempés présentent des propriétés tout à fait distinctes de celles du fer, car elles paraissent d'abord ne recevoir des aimants aucune espèce d'influence. On s'en assure en essayant de répéter, avec de petits cylindres d'acier trempé, l'expérience que nous avons indiquée plus haut. Le permier cylindre ne pourra pas s'attacher à l'aimant, et il sera impossible de former avec l'acier la chaîne magnétique qui se forme si facilement avec le fer. Cependant les petits fragments d'acier étant attirables, il est naturel de supposer qu'en prenant du volume, cette substance ne perd pas complétement sa sensibilité magnétique, et qu'il suffit seulement de quelques précautions pour la rendre apparente autant qu'elle doit l'être. En effet, que l'on mette l'acier en contact avec l'aimant, et que l'on maintienne ce contact pendant un quart d'heure ou une demi-heure, on observe alors un phénomène remarquable. Ce corps, qui semblait au premier instant si insensible au magnétisme, devient magnétique avec le temps ; il prend de la force de plus en plus, et à la fin il est attiré aussi puissamment que le fer. On peut même, par un autre moyen, suppléer au temps qui paraît nécessaire pour développer sa force ; ce moyen consiste à exercer plusieurs *touches*, c'est-à-dire plusieurs frictions dans le *même sens* sur toute la longueur du morceau d'acier, soit en le faisant passer sur l'aimant, soit en faisant passer l'aimant sur lui. Par exemple, en traitant de la sorte les petits cylindres dont nous parlions tout à l'heure, et sur lesquels l'aimant n'avait pas de prise, on les voit, après quelques frictions, s'attacher à sa surface, adhérer l'un à l'autre, et former enfin une chaîne magnétique qui se prolonge comme celle des cylindres de fer. Le premier caractère de l'acier trempé est donc d'exiger, pour devenir magnétique, ou un contact prolongé avec un aimant, ou des frictions répétées. Un second caractère, très-digne de remarque, c'est qu'après ces opérations il conserve *pour toujours* le magnétisme qu'il a pris.

Du premier caractère que présente l'acier, c'est-à-dire de la lenteur avec laquelle il cède à l'action des aimants, on conclut *qu'il* y a dans sa substance une force, ou plutôt une sorte de résistance qui s'oppose à la séparation immédiate de ses fluides magnétiques, et cette force, on l'appelle *force coercitive*. Du second caractère qu'il présente, c'est-à-dire de la faculté avec laquelle il conserve le magnétisme qu'il a pu recevoir, on conclut *qu'il y a aussi dans sa substance* une force ou une résistance qui s'oppose à la réunion des deux fluides séparés ; car les fluides contraires s'attirent et tendent sans cesse à se recomposer ou à se neutraliser, et, s'il n'y avait pas une force qui s'y opposât, les deux fluides se recomposeraient en effet, et l'acier retomberait à l'état naturel dès qu'il serait séparé de l'aimant qui exerce sur lui son action décomposante. Cette résistance à la recomposition des fluides s'appelle encore *force coercitive*, comme la résistance à leur séparation. On n'est pas sûr toutefois que la force coercitive qui s'oppose à la séparation des fluides, soit identique avec la force coercitive qui s'oppose à leur réunion.

L'acier est peut-être de tous les corps de la nature, celui qui peut passer par les arrangements moléculaires les plus variés, sans qu'il y ait des différences sensibles dans sa composition chimique. Par différents degrés de trempe ou de recuit, on peut en effet donner au même morceau d'acier les propriétés les plus différentes, les plus opposées ; on peut en faire des ressorts parfaitement élastiques, des tiges malléables comme du fer, des limes, des burins, ou d'autres instruments qui sont fragiles comme du verre ; aux différents états correspondent des forces coercitives différentes, et la trempe la plus roide, c'est-à dire celle qui rend l'acier dur et cassant, est en général celle qui lui donne la force coercitive la plus grande.

AIMANTATION. — La communication du magnétisme aux corps non actuellement aimantés s'opère par plusieurs procédés différents ; et d'abord on peut aimanter le fer et l'acier sans avoir d'aimant.

Un fil de fer, tordu sur lui-même jusqu'à rupture, devient magnétique et attire la limaille ; il a acquis par la torsion une force coercitive qui lui permet de conserver le magnétisme acquis. En réunissant en faisceau un certain nombre de fils semblables, on se trouve posséder un aimant assez puissant.

Si on laisse tomber verticalement sur le pavé un barreau de fer, de sorte que, par l'effet du choc, la surface choquante dans le barreau ait subi un léger écrouissage, ce barreau est devenu magnétique, et agit comme un aimant sur une aiguille de boussole. Le pôle sud du barreau est en bas; il attire la pointe bleue de l'aiguille et repousse la blanche. Si l'on retourne le barreau, et que, dans cette position, on renouvelle le choc, ce sera la seconde extrémité qui deviendra le pôle sud : celle qui a choqué la première passera à l'état de pôle nord. On produit un effet semblable en frappant de quelques coups de marteau un barreau de fer tenu dans une position verticale; cela vient de ce que l'action de la terre s'exerce sur le fluide neutre des barreaux qu'elle *décompose*, et de ce que l'écrouissage crée une force coercitive qui maintient les fluides séparés.

C'est de la même manière qu'on explique cet autre procédé qui consiste à attacher le barreau d'acier sur la queue d'une pelle que l'on tient verticale, et à frotter ce barreau de haut en bas avec l'extrémité d'une pincette, tenue elle-même *verticalement*. La pincette verticale devient, par l'action du globe, un aimant passager qui agit sur le barreau d'acier, comme le font les aimants dans les procédés ordinaires d'aimantation. Un faisceau de plusieurs lames soumises successivement à cette action sera un aimant très-fort.

On parvient plus efficacement au but de l'aimantation en se servant d'aimants naturels ou artificiels. On distingue à ce point de vue trois procédés d'aimantation, ce sont : le procédé du *contact*, celui dit de la *touche séparée*, et celui de la *double touche*.

Le procédé du contact consiste à passer, à plusieurs reprises, sur l'une des extrémités du barreau à aimanter, tout ou partie du barreau dont il doit subir l'influence. C'est une friction désordonnée qui a toujours pour effet de séparer plus ou moins les fluides dans le *barreau passif*.

Un procédé de bonne qualité est celui qu'on appelle de la *touche séparée*, ou de *Duhamel*. On place parallèlement l'un à l'autre deux barreaux d'acier réunis par deux parallélipipèdes de fer doux, puis on prend deux barreaux ou deux faisceaux aimantés, dont on place les pôles contraires sur le barreau en les inclinant de 25° ou 30° sur celui-ci, et on le promène sur le barreau en sens contraire, en allant du milieu vers les extrémités. On les fait ainsi glisser un certain nombre de fois, et le barreau se trouve fortement aimanté. On répète cette opération sur l'autre barreau. Il est aisé de comprendre que chacun des pôles des faisceaux glissants attire l'un des fluides de son côté et repousse l'autre au loin : les deux actions sont manifestement conspirantes. La réaction des petits barreaux de fer doux est facile à comprendre. On leur substitue avec avantage des barreaux déjà aimantés. Le procédé de Duhamel est très-bon pour aimanter des aiguilles de boussole, et en général des lames minces.

Mitchell a inventé un moyen d'aimantation qui a été nommé *procédé de la double touche;* il a été perfectionné depuis par Æpinus, et il est encore connu sous le nom de *Procédé d'Æpinius*. On prend deux barreaux fortement aimantés, liés parallèlement entre eux et les pôles inverses en regard et à une distance de 7 à 8 millimètres l'un de l'autre. Après avoir placé en contact plusieurs barreaux égaux, on fait glisser le double barreau à angles droits par une de ses extrémités tout le long de cette ligne; les barreaux intermédiaires acquièrent ainsi une grande puissance magnétique. Pour être certain que le développement du magnétisme est le même, au signe près, dans chacune des deux moitiés, il faut avoir soin d'appliquer le double barreau au centre de celui que l'on veut aimanter, et de faire sur chacune des deux moitiés un nombre égal de frictions. Quand les barreaux sont revenus au centre, on les enlève perpendiculairement, pour ne pas changer l'effet primitivement produit.

En prenant dans les procédés de Duhamel et de Mitchell ce qu'ils ont de plus avantageux, et en apportant dans l'exécution toutes les connaissances qui peuvent résulter d'une longue pratique, Coulomb s'est arrêté aux dispositions suivantes pour former les faisceaux magnétiques : il emploie dans chacune dix barreaux d'acier, trempés cerise-clair, ayant 5 ou 6 décimètres de longueur, 15 millimètres de largeur et 5 d'épaisseur. Il les aimante d'abord autant qu'il le peut avec un aimant naturel ou artificiel, puis, les réunissant par leur pôle de même nom, il en forme deux couches, de 5 barreaux chacune, séparées par de petits parallélipipèdes rectangles de fer très-doux, qui leur servent comme d'armure commune, et qui saillent un peu au delà de leurs extrémités.

Pour conserver intact le pouvoir magnétique, on emploie des *armatures*. On appelle *armure* ou *armature* des morceaux de fer très-doux que l'on applique sur les surfaces polaires de l'aimant, et qui, devenant eux-mêmes magnétiques par influence, augmentent avec le temps son énergie. Les aiguilles libres se trouvent toujours placées, en vertu de leur force directrice, de manière que l'action de la terre agit pour y déterminer une plus grande énergie : aussi cette action leur tient-elle lieu d'armature.

Un phénomène très-remarquable que présentent les aimants, et qui se rapporte aux armatures, est le suivant : supposons qu'à l'un des pôles d'un aimant naturel ou artificiel on applique un morceau de fer doux, qui s'y attache, et auquel soit suspendu un petit plateau de balance dans lequel on puisse placer successivement différents poids. Si l'on met d'abord dans ce plateau toute la charge que l'aimant peut soutenir, et qu'on laisse le contact établi, on trouvera qu'on peut de jour en jour augmenter cette charge d'une petite quantité. Mais si au bout de quelques mois on détache avec effort le morceau de fer, et qu'on essaye aussitôt de le remettre avec toute sa charge, on trouve que l'aimant n'est plus capable de la soutenir : il a perdu instantanément tout l'excès de force qu'il avait acquis par l'influence du fer.

Aimantation par l'action de la terre. — La terre agit continuellement par influence sur les matières susceptibles de devenir magnétiques. Cette force tend continuellement à les aimanter ; mais elle ne produit un effet sensible que sur les corps qui n'ont qu'une force coercitive très-faible, comme le fer doux. Si on prend une barre de fer de 1/2 mètre à 1 mètre de longueur, si on la place dans la direction du magnétisme terrestre ou seulement verticalement, elle prend un pôle austral à la partie supérieure, et un pôle boréal à la partie inférieure. Si on fait tourner la barre vers son milieu, l'intensité des pôles s'affaiblit à mesure qu'elle se rapproche d'une position perpendiculaire à sa première direction : tout indice de polarité disparaît ; puis, si on continue le mouvement, les pôles reparaissent, mais en sens contraire. Ainsi, tous les corps magnétisables deviennent, sous l'influence du globe, de véritables aimants instables ; mais si par un moyen quelconque on peut leur communiquer la force coercitive, leur polarité subsiste malgré leurs changements de position. Ce pouvoir coercitif, ils peuvent l'acquérir par plusieurs actions mécaniques : par la percussion, la vibration, la torsion, l'action de la lime, etc.

Gilbert avait remarqué, en 1600, que le fer devient magnétique quand on le frappe à coups de marteau dans la direction nord et sud du méridien magnétique. On trouve dans la plupart des ouvrages de physique que, dans les ateliers où l'on travaille le fer, presque tous les outils jouissent de propriétés magnétiques très-prononcées. M. le duc de Luynes a vérifié l'exactitude de cette observation, mais seulement pour les outils fabriqués avec de l'acier fondu ; ceux qui sont faits avec de l'acier de cémentation ne présentent point de propriétés magnétiques évidentes.

M. Scoresby a appliqué à la formation des aimants les propriétés magnétiques qu'il a reconnues dans l'acier soumis à la percussion. Il prit deux barres d'acier doux, longues de 71 centimètres et larges de 2 centimètres ; six autres barres plates, d'acier doux, longues de 21 centimètres et larges de 1 centimètre ; et une large barre de fer doux : toutes ces barres n'avaient aucune trace d'aimantation. La large barre de fer fut d'abord frappée dans une position verticale ; on la posa immédiatement, sans changer sa direction, sur les barres d'acier, qu'on frappait ; elles furent aussi frappées l'une sur l'autre. Chacune des petites barres, suspendue aussi verticalement au sommet d'une des larges barres d'acier, fut frappée successivement, et en quelques minutes elles avaient acquis un pouvoir considérable de suspension. Deux des plus petites barres, unies par deux petits parallélipipèdes de fer doux, furent frottées avec les quatre autres barres de la manière indiquée par Mitchell ; elles furent remplacées par deux autres, et celles-ci par les deux dernières. Après avoir ainsi traité chaque paire de lame un certain temps et en les changeant, après les avoir frottées pendant une minute environ, on trouva à la fin que toutes les barres étaient aimantées à saturation.

Voilà donc un excellent procédé pour se procurer des aimants très-puissants sans le secours d'un autre aimant.

J. César, chirurgien à Rumini, remarqua le premier, en 1590, que les barres de fer qui sont exposées à l'air dans une position verticale et qui y sont oxydées, se convertissent en de véritables aimants. Gassendi confirma cette remarque en 1630. Il reconnut que la croix du clocher de Saint-Jean d'Aix, qui était tombée de vétusté, possédait toutes les propriétés d'un aimant.

L'électricité est une cause puissante du développement du magnétisme. C'est la découverte de cette action qui a donné naissance à l'électro-magnétisme, branche nouvelle, mais déjà importante de la physique. *Voy.* Électro-magnétisme.

Puisqu'un courant voltaïque agit sur l'aiguille aimantée, il agit comme le ferait un barreau magnétique, sauf la direction croisée que l'aiguille prend par rapport à son axe. Or, puisqu'un pareil barreau aimante le fer et l'acier, il y a lieu de croire qu'un courant voltaïque pourrait aimanter également. C'est ce que l'expérience confirme d'une manière éclatante : une aiguille d'acier, placée en croix avec le courant, surtout si celui-ci fait plusieurs tours, s'aimante sur-le-champ. On dispose l'expérience comme il suit :

On enroule un fil de métal en hélice autour d'un tube de verre, dans lequel on place l'aiguille, et l'on fait passer le courant. L'aiguille se trouve aimantée de telle sorte que son pôle nord se trouve à gauche du spectateur, qui, regardant l'aiguille, serait appliqué au courant. Si, après avoir tourné le fil dans un sens, on interrompait cette direction pour le tirebouchonner en sens contraire, et qu'on répétât plusieurs fois ces inversions, on aurait sur l'aiguille aimantée autant de points conséquents. Dans cette opération instantanée, l'aiguille s'aimante tout d'un coup à saturation. Qu'on la retourne dans le tube, et elle sera immédiatement aimantée en sens contraire. Cette application de l'électro-magnétisme est de la plus haute importance. C'est par ce moyen exclusivement qu'on aimante aujourd'hui les aiguilles de boussole.

AIR. — L'air est pesant ; 1 litre d'air pèse 1 gr. 2986. Les anciens ignoraient cette propriété de l'air, quoique un grand nombre de phénomènes physiques eussent dû la leur révéler. L'élasticité de l'air est égale à sa pression ; d'où il suit qu'un très-petit volume d'air peut faire équilibre à un poids égal à celui de l'atmosphère.

L'air dissous dans l'eau est plus riche en

oxygène que l'air atmosphérique; il contient environ 33 pour 100 d'oxygène.

L'air est composé, terme moyen, sur cent volumes, de 21 vol. d'oxygène et de 79 d'azote, plus, de 4 vol. d'acide carbonique sur 1000 vol. d'air. La végétation et la respiration des animaux attestent l'existence de l'acide carbonique dans l'air. Les landes de Bordeaux se composent d'un terrain siliceux et alumineux, contenant très-peu de matière organique; et pourtant ce terrain est couvert d'immenses forêts. Les plantes respirent en quelque sorte d'une manière tout à fait inverse de celle des animaux; car elles absorbent pendant le jour, de l'acide carbonique, pour le décomposer en carbone qui se fixe, et en oxygène qui se dégage. Cet acte de respiration n'a lieu que sous l'influence de la lumière. Les animaux, au contraire, absorbent de l'oxygène par l'acte de l'inspiration, et rendent de l'acide carbonique pendant l'expiration.

L'air renferme de l'eau, à l'état de vapeur, à peu près dans la même proportion que l'acide carbonique. Un vase rempli d'eau froide se recouvre, dans un appartement chaud, d'une rosée ou de gouttelettes d'eau qui ruissèlent quelquefois le long des parois du vase; cette eau était en suspension dans l'air à l'état de vapeur.

L'air contient aussi des *molécules de matières organiques*. Lorsque, par une ouverture étroite, on fait pénétrer dans un appartement obscur un rayon direct du soleil, on remarque au milieu de ce rayon une foule de petits corpuscules, semblables à de la poussière, s'agitant en divers sens. Ces corpuscules sont de nature organique: ils proviennent de débris de végétaux et d'animaux.

L'oxygène étant sans cesse absorbé par les corps des trois règnes réunis, on se demande quelle est la source qui supplée à une perte aussi considérable que celle que l'oxygène de l'air éprouve à chaque instant dans la nature. La végétation ne suffit pas pour réparer ces pertes, qui cependant ne font pas diminuer la proportion d'oxygène existant dans l'air. A 6000 mètres au-dessus de la surface de la terre, comme sur la surface de la terre elle-même, la proportion de l'oxygène de l'air reste à peu près la même. De l'air, pris dans une localité où se trouvait un très-grand nombre de personnes réunies (Théâtre Français) n'a pas présenté à l'analyse une diminution notable d'oxygène (1).

L'analyse n'a point jusqu'ici constaté d'hydrogène libre dans l'air. Les gaz qui peuvent se mêler accidentellement à l'air sont: l'ammoniaque, l'hydrogène sulfuré, l'hydrogène protocarboné, l'hydrogène bicarboné et l'hydrogène phosphoré. Ces gaz sont en général produits par la décomposition de substances organiques.

L'air n'est point une combinaison, mais un mélange. Voici les principales raisons qui autorisent à le croire: 1° l'analyse démontre rigoureusement 79 d'azote et 21 à 22 d'oxygène, dont le rapport n'est pas simple; 2° 79 vol. d'azote, unis à 21 vol. d'oxygène, n'amènent aucun changement de température, et ne donnent lieu à aucune condensation de volume: 3° les phénomènes de réfraction de la lumière se comportent comme si l'air était un mélange (Dulong); 4° l'oxygène de l'air se dissout dans l'eau, comme si l'azote n'existait pas; et l'azote, à son tour, s'y dissout, comme s'il existait tout seul dans l'air. Or, l'oxygène étant plus soluble dans l'eau que l'azote, doit s'y dissoudre en plus grande quantité que l'azote: c'est ce qui a lieu en effet. Cette dernière raison est péremptoire.

C'est à l'air pris pour unité que l'on compare le poids de tous les autres gaz. *Voy.* ATMOSPHÈRE.

AIRES. *Voy.* la première loi de Kepler, au mot KEPLER.

AJUTAGE. *Voy.* HYDRODYNAMIQUE.

ALBERT LE GRAND. — Vers le commencement du XIIIe siècle, l'Allemagne donna naissance à un homme qui acquit une grande célébrité. Son nom était Albert Grot, qui, dans notre langage, signifie Albert le Grand. Doué d'un esprit vaste et d'une grande activité, il embrassa toutes les branches de la science de la nature; mais il n'en est aucune qui lui doive quelque degré de perfection. Presque toujours on le voit se *traîner servilement sur les pas d'Aristote*, commenter ses erreurs, et imprimer à ses Commentaires cette obscurité dégoûtante qui accompagne toujours la diffusion.

A en juger par le nombre et la grosseur des volumes qu'Albert le Grand a publiés sur la physique, on ne peut disputer à sa plume le mérite, si c'en est un, de cette espèce de fécondité qui appauvrit au sein même de l'abondance.

Albert le Grand ne s'est véritablement distingué que dans l'art de construire des machines. On lui attribue l'invention, peut-être fabuleuse, d'un automate de figure humaine, qui allait ouvrir la porte de son appartement, et qui avait l'air de répondre à ceux qui demandaient à y entrer.

ALCARAZAS. *Voy.* FROIDS ARTIFICIELS et INFILTRATION.

ALCOOMÈTRE. *Voy.* ARÉOMÈTRE.

ALISÉS. *Voy.* VENTS.

ALMAMOUN. — Les Arabes n'ont sans doute jamais été tout à fait étrangers à la connaissance des merveilles de la nature.

(1) La composition de l'air ne change-t-elle pas avec la série des siècles? Est-elle la même à toutes les hauteurs? Telles sont les deux questions, d'une importance égale pour la météorologie, que MM. Dumas et Boussingault ont cherché à résoudre dans ces derniers temps. La moyenne de six analyses constate que la composition de l'air n'a point changé depuis les essais eudiométriques faits il y a 35 ans par MM. Gay-Lussac et de Humboldt. La différence de 0,01 sur le volume de l'oxygène tient à la moindre perfection des moyens employés à cette époque.

Fondé aussi sur les expériences les plus récentes, on peut dire, jusqu'à preuve du contraire, que l'air a partout la même composition, sauf à la surface de la mer, où la proportion d'oxygène est un peu moindre

Toujours il a existé chez eux, comme chez les autres peuples, une espèce de physique grossière, bornée pendant longtemps à la contemplation stérile des phénomènes les plus frappants. Leur goût pour les sciences et les lettres ne s'est développé qu'après l'invasion d'Alexandrie, par l'influence du calife Almamoun, qui commença à régner à Bagdad, l'an 814 de notre ère. A peine fut-il parvenu au trône, qu'il forma le projet de faire fleurir dans ses Etats les sciences, dont il connaissait tout le prix, parce qu'il en aimait passionnément la culture.

Pour assurer le succès de l'entreprise, il fallait se procurer les bons ouvrages dont la Grèce était en possession, appeler un grand nombre de traducteurs, les exciter au travail par l'aiguillon des récompenses, concentrer les lumières, en rassemblant les savants, présider à leurs conférences, et les encourager par l'exemple. Aucun de ces moyens n'échappa à l'activité du calife. La traduction d'Aristote, d'Archimède et de Ptolomée, fut exécutée avec célérité. Les hommes les plus instruits furent chargés de composer des livres destinés à répandre le goût des sciences naturelles. Des observations nombreuses furent faites avec soin, tantôt en présence d'Almamoun, tantôt par Almamoun en personne. L'histoire de la physique céleste lui fait honneur de deux observations du solstice d'été et de l'obliquité de l'écliptique. Dans la première, qui fut faite à Bagdad, il trouva cette obliquité de 23 degrés 33 minutes. Il la fit réitérer à Damas, l'an 831 après Jésus-Christ; et il eut pour résultat 23 degrés 35 minutes. Un instrument imaginé par Almamoun, et dont il commanda l'usage, avait servi utilement pour cette dernière observation.

La mesure de la terre est une des plus belles entreprises qui aient illustré le règne d'Almamoun. Une immense plaine de la Mésopotamie fut choisie pour cette opération. Des géomètres, réunis d'abord en un même point, se divisèrent pour marcher les uns vers le midi, les autres vers le nord, jusqu'à ce que le pôle se fût abaissé ou élevé d'un degré, et en même temps ils déterminèrent l'espace qu'ils avaient parcouru sur la terre. De retour au point de leur départ, ils s'accordèrent à fixer la valeur du degré terrestre à 56 milles 2/3. Par une évaluation du mille arabe, dont on ne peut garantir l'exactitude, la longueur du degré répond à 63,750 toises. Il y a donc erreur d'environ 6000 toises : ce qui ne peut être attribué qu'à une fausse évaluation du mille arabe, ou au défaut de précision des moyens employés pour exécuter cette mesure.

ALPHONSE X, roi de Castille (XIIIe siècle.) — Les soins que se donna Alphonse pour faire fleurir la physique céleste, semblent attester qu'il la cultivait avec succès. Il appela de toutes les contrées de l'Europe, des astronomes, chrétiens, juifs, arabes. Il les logea avec magnificence dans un de ses palais près de Tolède, et il les fit conférer sur les moyens de faire disparaître les défauts grossiers de l'astronomie ancienne, dont la théorie s'écartait de plus en plus des observations. Quatre années d'un travail opiniâtre suffirent à peine pour remplir cet important objet; et ce fut en 1252, le jour même qu'Alphonse monta sur le trône, qu'on publia ces fameuses tables nommées *Alphonsines*, du nom du prince qui avait commandé leur composition. Je laisse à l'historien de l'astronomie le soin d'apprécier le mérite de l'exécution de cette belle entreprise. Je me borne à dire qu'au moment de l'apparition des Tables Alphonsines, un astronome arabe en fit une critique juste et sévère. Les astronomes d'Alphonse se rétractèrent et publièrent, en 1256, de nouvelles tables plus judicieuses et plus correctes. Le roi de Castille récompensa généreusement leur travail et leur docilité, et bien loin de leur reprocher leurs méprises, il crut devoir les attribuer au vice de la construction de l'univers. C'est sans doute ce qui lui arracha dans un moment d'humeur, cette impie plaisanterie : *Si Dieu m'eût appelé à son conseil lorsqu'il créa le monde, je lui aurais donné de bons avis.*

AMPLIFICATION des lunettes. *Voy.* GROSSISSEMENT.

ANALYSE de la lumière par la réflexion. *Voy.* RÉFLEXION.

ANÉMOMÈTRE (synon. *anémoscope*, du grec ἄνεμος, vent, et μέτρον, mesure, ou σκοπέω, j'observe). — Nous avons déjà décrit au mot VENT un de ces appareils destinés à mesurer la vitesse et la direction de ce fluide en mouvement. L'anémomètre le plus ancien, c'est la girouette, mais elle ne fait connaître que la direction du vent. Voici en quoi consiste l'anémomètre dit *de Bouguer*. C'est un tube de tôle dans lequel se meut sans frottement un piston qui porte des divisions sur sa tige. Celle-ci est terminée en avant par une large plaque. Si une pression quelconque est exercée sur la plaque, le piston est poussé dans le tube, mais il appuie contre un ressort à boudin qui limite son mouvement et résiste d'autant plus que le piston enfonce davantage. Il s'agit de graduer la tige du piston, en appliquant à la plaque des forces atmosphériques de vitesses connues, et qui seront la mesure des vitesses du vent quand il produira sur l'appareil des effets égaux.

Pour cela on établit l'instrument sur un appareil de rotation auquel on peut donner des vitesses à volonté : tels sont, par exemple, ceux des jeux de bagues, qu'on voit partout dans les fêtes publiques. On fait tourner l'anémoscope, la plaque dirigée en avant; cette plaque presse contre l'air avec une force connue; elle éprouve donc le même effet que si l'air venait frapper contre elle avec la même vitesse. On varie ces vitesses à volonté, ce qui fait enfoncer plus ou moins le piston. Un anneau mobile, à frottement sur la tige, indique par sa position jusqu'où le piston s'est enfoncé; on marque en ce point la vitesse correspondante. Supposons, par exemple, que l'appareil relatif ait 4 mètres de rayon, et fasse dix tours dans une minute; il aura parcouru dans 6 secondes une circonférence de 25^m, 12; d'où il résulte que chaque point parcourt 4^m, 2 par seconde : telle est la vitesse avec laquelle l'air est frappé par la plaque; on marquerait donc 4^m, 2 sur le point de la tige qui reste à l'entrée du tube. En variant les vitesses, on aurait autant d'indications analogues.

Cela posé, quand l'appareil est exposé au vent, celui-ci agit sur la plaque, et fait enfoncer plus ou moins le piston. On lit le chiffre de la tige qui correspond à cette position, si toutefois elle est fixe, c'est-à-dire si le vent souffle avec une force à peu près constante. Si l'anneau mobile est arrêté au point marqué 17, 5, on en conclura que la vitesse du vent est de 17,5 mètres par seconde.

C'est ainsi qu'on a dressé le tableau suivant, dont les indications, en ce qui concerne la qualité des vents, n'ont rien de précis, et qu'il ne faut considérer que comme des moyennes.

	Vitesse par seconde en mètres.	*Par heure.* *Mètres.*	*Lieues.*
Vent à peine sensible.	0,5	1,800	0,45
— sensible	1,0	3,600	0,90
— modéré.	2,0	7,200	1,80
— assez fort.	5,5	19,800	4,95
— fort.	10,0	36,000	9,00
— très-fort.	20,0	72,000	18,00
Tempête simple.	22,5	81,000	20,25
Grande tempête.	27,0	97,200	24,30
Ouragan simple.	36,0	104,400	26,20
— des Antilles renversant les édifices.	45,0	162,000	40,50

Outre la vitesse avec laquelle le vent frappe, l'anémomètre permet de déterminer quelle pression le choc du vent exerce sur une surface connue : il suffit de lui donner une position verticale : ou de charger la plaque de poids connus et croissants qui enfonceront le piston jusqu'à tel ou tel numéro.

Voici les résultats auxquels on est parvenu par ce moyen.

	Vitesse. m.	*Pression sur 1 déc. carré.* gr.
Vent à peine sensible.	0,45	0,21
— très-sensible.	0,90	0,86
— frais.	2,25	5,30
Forte brise.	8,94	84,97
Rafale.	15,65	260,50
Tempête.	20,11	450,70
Ouragan.	26,82	765,20
— des Antilles.	44,71	2124,70

On voit qu'un ouragan de premier ordre exerce une pression de 212 kil. par mètre carré; ce qui, sur une surface de 8 mètres de long et de 5 mètres de hauteur, donne 8480 kil. de pression. On conçoit aisément de quels ravages une pareille force est capable.

On reconnaît sur ce tableau que, pour une vitesse double, la pression est quadruple, et qu'elle croît en général comme le carré de la vitesse, ce qui permet de graduer plus facilement l'anémomètre, quand on établit les premières vitesses et les premiers poids correspondants. Supposons, par exemple, qu'à 1^m de vitesse corresponde un poids de 21 grammes, et soit x celui qui répondrait à 5^m; on aura $1 : 25 :: 21 : x = 525$ grammes. Plaçant ce poids sur la plaque, l'enfoncement donnerait la vitesse 5 mètres.

En opposant l'anémomètre au choc de l'eau, ce qui se fait en le traînant dans l'eau, qui est frappée par la plaque, on trouve qu'il faudrait à l'air une vitesse 24 fois plus considérable qu'à l'eau pour produire une égale impulsion. Au reste, cet instrument est un véritable dynamomètre qu'on peut employer dans une foule de cas pour mesurer des forces d'impulsion.

Nous ferons observer qu'on peut connaître sans anémomètre la vitesse du vent au moyen d'un duvet qu'on laisse emporter par l'air, comme on connaît la vitesse d'une eau courante au moyen d'un flotteur, tel qu'un morceau de bois qu'on abandonne au courant. *Voy.* Vent.

ANÉMOSCOPE. *Voy.* Anémomètre.

ANGLE D'INCIDENCE, ANGLE DE RÉFLEXION. *Voy.* Réflexion.

ANIMAUX (*œil et vision chez les*). *Voy.* Vision.

ANIMAUX, effets produits sur eux et sur l'homme pendant les éclipses totales du soleil. *Voy.* Eclipse.

ANIMAUX qui font le vide. *Voy.* Machine pneumatique.

ANNEAUX DE NEWTON. — L'intensité de la lumière dépend de l'amplitude ou de l'étendue des vibrations des particules de l'éther, tandis que sa couleur dépend de leur fréquence. D'après la théorie, la durée de la vibration d'une particule d'éther est en raison directe de la longueur d'une ondulation, et en raison inverse de sa vitesse. Or, comme l'on sait que la vitesse de la lumière est de 77,000 lieues par secondes, si les longueurs des ondulations des différents rayons colorés pouvaient être mesurées, le nombre de vibrations par seconde correspondant à chacun pourrait être calculé; la méthode suivante a fourni les moyens de faire ce calcul. — Toutes les substances transparentes d'une certaine épaisseur, et à surfaces parallèles, réfléchissent et transmettent de la lumière blanche; mais si ces substances sont extrêmement minces, la lumière réfléchie et la lumière transmise par elles, sont colorées. Les nuances éclatantes qui brillent sur les bulles de savon, les couleurs irisées produites par la chaleur sur l'acier et le cuivre polis, les franges colorées qui se laissent apercevoir entre les lames de spath d'Islande et de sulfate de chaux, consistent toutes en une succession de nuances disposées dans le même ordre, totalement indépendantes de la couleur de la substance, et déterminées seulement par son épaisseur, circonstance qui fournit les moyens d'obtenir la longueur des ondulations de chaque rayon coloré, et la fréquence des vibrations des particules qui les produisent. Si au devant d'une fenêtre ouverte, on pose une lame de verre sur une lentille d'une courbure presque insensible, un point noir environné de sept anneaux de couleurs vives, et différant toutes les unes des autres dans chaque anneau, se fait apercevoir au point de contact de la lame et de la lentille, quand on les presse l'une contre l'autre. Dans le premier anneau, les couleurs, à partir du point noir, se succèdent dans l'ordre suivant : noir bleu très-pâle, blanc éclatant, jaune orangé et rouge. Elles sont tout à fait différentes dans les autres anneaux, et dans le septième l'on n'aperçoit qu'un vert bleuâtre pâle, et un rose très-pâle. Il est facile de prouver que ces anneaux sont formés entre les deux surfaces en contact apparent, en appliquant un prisme sur la lentille au lieu de la lame de verre, et en regardant les anneaux à travers le côté incliné du prisme, qui est près de l'œil. A l'aide de cette disposition, on empêche la lumière réfléchie de la surface supérieure de se mêler à celle des surfaces en contact, de sorte que les intervalles qui séparent les anneaux paraissent parfaitement noirs. Cette circonstance est une de celles qui viennent le plus fortement à l'appui de la théorie des ondes ; car, bien que les phénomènes des anneaux puissent être expliqués par les deux hypothèses, il existe entre elles cette différence essentielle, que, d'après la théorie des ondes, les intervalles qui séparent les anneaux doivent être absolument noirs, ce que l'expérience confirme ; tandis que dans l'hypothèse de l'émission, ils doivent être à moitié éclairés, ce qui se trouve démenti par l'expérience. M. Fresnel, dont l'opinion est si imposante en cette matière, jugea cette épreuve décisive. L'on peut donc conclure que les anneaux proviennent entièrement de l'interférence des rayons : la lumière réfléchie de chacune des surfaces en contact apparent, arrive à l'œil par des routes de longueurs différentes, et produit alternativement des anneaux colorés et noirs, suivant que les ondulations réfléchies s'ajoutent ou se détruisent. Les largeurs des anneaux sont inégales : ils deviennent moins larges, et les coul urs se serrent davantage, à mesure qu'elles s'éloignent du centre. Les anneaux colorés sont aussi produits en transmettant la lumière à travers le même appareil ; mais les couleurs sont moins vives et sont complémentaires de celles réfléchies ; conséquemment, le point central est blanc.

La grandeur des anneaux augmente avec l'obliquité de la lumière incidente, la même couleur exigeant une plus grande épaisseur, c'est-à-dire un espace plus grand entre les verres pour la produire, que lorsque la lumière tombe perpendiculairement sur eux. Si l'appareil est placé dans une lumière homogène, au lieu d'être placé dans une lumière blanche, les anneaux seront tous de la même couleur que celle de la lumière employée ; c'est-à-dire, que si la lumière est rouge, les anneaux seront rouges, séparés par des intervalles. La grandeur des anneaux varie avec la couleur de la lumière. C'est dans la lumière rouge qu'ils sont le plus grands, et dans la lumière violette qu'ils sont le plus petits, diminuant de grandeur dans l'ordre des couleurs prismatiques.

L'un des verres étant plan, et l'autre sphérique, il est évident qu'à partir du point de contact, l'espace qui les sépare augmente graduellement, de sorte qu'une certaine épaisseur d'air correspond à chaque couleur qui, dans le système ondulatoire, sert à mesurer la longueur de l'onde qui la produit. A l'aide d'une mesure directe, Newton trouva que les carrés des diamètres des parties les plus brillantes de chaque anneau sont comme les nombres impairs 1, 3, 5, 7, etc. ; et que les carrés des diamètres des parties les plus obscures sont comme les nombres pairs 0, 2, 4, 6, etc. Conséquemment, les intervalles compris entre les verres à ces divers points sont dans le même rapport. Si donc l'épaisseur de l'air correspondante à une couleur quelconque pouvait être trouvée, son épaisseur pour toutes les autres serait connue. Or, comme Newton connaissait le rayon de courbure de la lentille et la largeur exacte des anneaux en fractions de pouce, il lui fut aisé de calculer l'épaisseur de l'air à la partie la plus sombre du premier anneau, laquelle est égale à la 0,000026[e] partie d'un centimètre ; cette épaisseur une fois connue, les autres en furent déduites. Comme dans l'hypothèse des ondes, ces intervalles déterminent les longueurs des ondulations, il paraît que la longueur d'une onde de l'extrême rouge du spectre solaire est égale à la 0,0006756[e] partie d'un millimètre ; que celle d'une onde de l'extrême violet est égale à la 0,0004242[e] partie d'un millimètre ; et, comme la durée d'une vibration d'une particule d'éther produisant une couleur particulière quelconque, est directement comme la longueur d'une ondulation de cette couleur, et inversement comme la vitesse de la lumière, il en résulte que les molécules d'éther qui produisent l'extrême rouge du spectre solaire, accomplissent 458 millions de millions de vibrations par seconde, et que celles qui produisent l'extrême violet, en accomplissent 727 millions de millions dans le même espace de temps. Les longueurs des ondulations des couleurs intermédiaires et le nombre de leurs vibrations étant intermédiaires entre celles du rouge et du violet, la lumière blanche, qui se compose de toutes les couleurs, est par conséquent un mélange d'ondulations de toutes les longueurs, entre les limites de l'extrême rouge et de l'extrême violet. La détermination de ces infiniment petites portions de temps et d'espace, dont chacune a une existence réelle, étant le résultat d'une mesure directe, fait autant d'honneur au génie de Newton, que celle de la loi de la gravitation.

Le phénomène des anneaux colorés a lieu dans le vide aussi bien que dans l'air ; ce qui prouve que c'est la distance seule comprise entre les lentilles, et non l'air, qui produit les couleurs. Cependant, si l'on interpose entre elles de l'eau ou de l'huile, les anneaux se contractent, mais il n'en résulte aucun autre changement; et Newton trouva que l'épaisseur des divers milieux, correspondante à une teinte déterminée, est en raison inverse de leurs indices de réfraction, de sorte que la couleur des lames fournit le moyen de connaître leur épaisseur, qui ne pourrait être mesurée autrement; et comme, dans les anneaux, la position des couleurs est invariable, elles forment un étalon fixe de comparaison, connu sous la dénomination de l'*échelle des couleurs de Newton*; chaque teinte étant calculée, à partir du point central inclusivement, selon l'anneau auquel elle appartient. Non seulement les couleurs *périodiques* que nous avons décrites, mais celles encore que l'on aperçoit dans les lames épaisses des substances transparentes, les nuances changeantes des plumes de certains oiseaux, des ailes des insectes, de la nacre et des substances striées, les franges colorées qui accompagnent les ombres de tous les corps éclairés par un rayon de lumière extrêmement petit, et les anneaux colorés qui entourent le petit rayon lui-même, lorsqu'il est reçu sur un écran, sont autant de phénomènes dus au même principe.

ANNEAUX COLORÉS. *Voy.* POLARISATION CHROMATIQUE.

ANNEAUX PRISMATIQUES. *Voy.* PHARE.

ANNÉE. — Le temps que le soleil emploie pour parcourir le tour entier du ciel, ou plutôt le temps que la terre emploie pour tourner autour du soleil, forme l'année; mais ce mot a quelquefois une signification plus étendue. Le sens primitif du mot latin *annus* était *cercle*, comme l'atteste son dérivé *annulus*, petit cercle ou anneau (Court de Gébelin). C'est pourquoi généralement toute période astronomique, après laquelle se reproduit une même suite de phénomènes, a pu être appelée *année;* comme aussi on l'appelle *cycle*, du mot grec κύκλος, qui signifie également *cercle.* Le langage humain exprime par là une sorte de similitude que l'intelligence perçoit entre des faits relatifs au temps et des faits relatifs à l'espace : année ou cycle, c'est-à-dire succession des mouvements qui, une fois épuisée, se reproduit identique à elle-même, tout comme un cercle dont on aurait parcouru la circonférence.

Année se peut donc appliquer aux révolutions de toutes les planètes comme à celle de la terre, et aussi à d'autres phénomènes. Nous verrons par exemple que les conjonctions de Saturne et de Jupiter se renouvellent tous les 20 ans, mais ne se reproduisent dans les mêmes points du ciel qu'après 800 ans; de là une *grande année* fameuse parmi les astrologues. Les équinoxes, c'est-à-dire les points dans lesquels le soleil rencontre l'équateur, ne sont pas fixes dans le ciel; ils ont un mouvement très-lent, et ne reviennent aux mêmes étoiles qu'après 25,868 ans; et plusieurs auteurs appellent cette période la *grande année.* Mais la période qui mériterait ce nom par excellence est celle qui ferait revenir tous les corps du système planétaire à une même situation; c'est ce que Cicéron exprime très-bien dans ce passage du Songe de Scipion : « Quand tous les astres seront revenus aux points d'où ils sont partis d'abord, et auront rendu au ciel entier son aspect primitif, alors ce sera véritablement le renouvellement de l'année (*tum ille vere vertens annus appellari potest*); mais, ajoute le philosophe romain, je ne saurais dire combien cette année-là renferme de milliers de siècles. » — Et en effet il serait impossible aujourd'hui de le calculer rigoureusement. Lalande, ayant voulu avoir un aperçu du retour des planètes principales à une même position relative, n'a pas trouvé moins que dix-sept mille millions de millions d'années pour le temps d'un pareil retour; et encore il supposait les durées des révolutions autour du soleil composées d'un nombre entier de jours.

« Que serait-ce, s'écrie-t-il, si j'avais tenu compte des heures et des minutes! » — Que serait-ce, ajouterons-nous à notre tour, si on cherchait à supputer la période encore plus générale indiquée ci-dessus!

Le mouvement annuel de la terre produit la vicissitude des saisons, comme son mouvement diurne produit l'alternative du jour et de la nuit. Ces deux mouvements règlent donc l'un et l'autre tous les travaux des hommes; de sorte que le jour et l'année sont deux unités que la nature nous impose, avec une nécessité égale, pour servir à la mesure du temps. Or on ne saurait, sous peine de confusion, employer deux unités distinctes à mesurer une même grandeur, si ces deux unités n'ont pas ensemble un rapport simple; et comme la terre, pour achever son tour, n'emploie pas un nombre exact de jours, l'année dont on se sert pour le comput du temps ne peut pas coïncider d'une manière absolue avec la véritable année, c'est-à-dire avec le *temps de la révolution de la terre. Ainsi il y a lieu de distinguer ici* le fait physique de l'institution sociale, l'année *astronomique* de l'année *civile.* Occupons-nous premièrement de l'année astronomique.

ANNÉE ASTRONOMIQUE. — Les moyens dont la science dispose permettent de déterminer avec beaucoup de précision l'instant où le soleil se trouve dans l'équateur. Si donc on observe exactement le nombre de jours et fractions de jours que cet astre aura employés pour revenir au même équinoxe, on aura la durée de l'année; mais, pour plus de précision, il faut employer les observations très-distantes, et diviser le temps qui les sépare par le nombre d'années qui s'est écoulé entre elles. Ainsi on atténuera presque indéfiniment l'effet des petites erreurs dont toute observation est susceptible : par exemple, si l'observation de l'équinoxe comporte une erreur de deux secondes, le temps compté entre deux équinoxes pourra être en erreur d'une seconde, ce qui deviendra insensible étant réparti entre cent ou deux cents années. Même on conçoit qu'il soit possible d'employer ici avec utilité les anciennes observations des Grecs, bien qu'elles comportent de beaucoup plus grandes erreurs que celles des modernes : leur éloignement peut racheter leur inexactitude, et plusieurs astronomes s'en sont servis, en effet, pour mesurer la longueur de l'année. Delambre pense cependant qu'il y a moins à gagner qu'à perdre à employer pour cet objet les observations d'Hipparque et de Ptolomée. Quoi qu'il en soit, les calculs ont donné pour la durée de l'année 365 jours 5 heures, 48', 51", 6 (Delambre, *Traité d'Astronomie*, chap. XXIV). Les déterminations des autres astronomes sont un peu inférieures ; mais la différence est de 3" au plus (*Ibid.*). Hipparque faisait cette même durée de 365 jours 5 heures 55' 12".

Les anciens déterminaient aussi la longueur de l'année par le retour du soleil aux solstices ; car les *solstices marquent l'été* et l'hiver, comme les équinoxes marquent le printemps et l'automne. Mais la détermination des solstices étant beaucoup plus incertaine, on s'en tient maintenant à celle des équinoxes ; seulement, parce que le lieu des solstices s'appelle aussi tropique, la longueur de l'année que nous venons de rapporter avait reçu des anciens le nom d'*année tropique*; et elle a conservé ce nom chez les modernes, quoiqu'on dût l'appeler plutôt *année équinoxiale*.

Il y a lieu de faire une distinction entre le retour du soleil à l'équateur et son retour aux mêmes étoiles. Ce dernier exige un temps un peu plus considérable, ce qui fait l'excès de l'*année sidérale* sur l'*année tropique*.

Le soleil étant de retour à l'équinoxe, il s'en faut encore moyennement de la petite quantité angulaire de 50" $\frac{1}{10}$ qu'il réponde au même point du ciel ; cette quantité étant comptée sur le cercle qu'il nous paraît décrire Ainsi, dans le cours de l'année tropique, c'est-à-dire en 365 jours 5 heures 48' 50" 6, le soleil n'a pas parcouru 360°, mais seulement 359° 59' 9" $\frac{1}{10}$. D'après cela, et à l'aide d'une simple proportion, il est facile de calculer le temps qui lui est nécessaire pour achever son tour, c'est-à-dire pour parcourir encore 50" $\frac{1}{10}$. On trouve qu'il lui faut 20' $\frac{1}{3}$, et c'est là précisément l'excès de l'année sidérale sur l'année tropique.

Le calcul de l'année sidérale se trouve, comme on voit, fondé en fait sur la détermination de l'année tropique. D'ailleurs, c'est uniquement la longueur de celle-ci qui doit servir de base à l'*année civile*, parce que la vicissitude des saisons dépend des positions du soleil à l'égard de l'équateur, et non pas directement de ses positions à l'égard des étoiles. Il est donc important d'approfondir la nature de la révolution qui produit l'année tropique.

Si on comparait la durée que nous avons assignée à cette révolution avec le temps que donnerait l'observation brute de deux équinoxes consécutifs, on trouverait une différence sensible et dépassant les limites d'erreur que comportent les méthodes d'observer. Bien plus, en déterminant ainsi à des époques diverses la longueur de l'année tropique, on aurait des résultats notablement différents. C'est que la durée que nous avons donnée est celle de l'année tropique *moyenne*, et que l'année *vraie* s'en écarte tantôt en plus, tantôt en moins. En d'autres termes, c'est que *le retour du soleil à un même équinoxe ne s'accomplit pas dans un temps invariable.*

Ceci mérite toute l'attention du lecteur. D'abord, sous le point de vue théorique, l'examen des causes qui font varier l'année tropique est très-propre à préciser plusieurs notions astronomiques, qui sont par elles-mêmes fort intéressantes. Ensuite, sous le rapport pratique, il faut bien voir comment, au milieu de ses variations, cette année oscille autour d'une durée moyenne non arbitraire et nullement variable ; car c'est à cette seule condition que l'année tropique pourra servir de fondement à une unité de temps, c'est-à-dire à l'année civile, vu que l'invariabilité est la première et la plus indispensable condition à laquelle doive être assujettie toute quantité prise pour étalon de mesures.

Si la terre était seule à tourner autour du soleil, elle parcourrait un orbite elliptique de grandeur et de situation invariables ; et dans cette ellipse, son mouvement étant soumis à la loi des aires (*Voy.* le mot AIRE), elle reviendrait toujours dans le même temps à un même point ; et ainsi la durée de sa révolution sidérale serait invariable. Quant à la révolution tropique, comme sa différence avec la révolution sidérale dépend de la figure de la terre et de sa rotation diurne (*Voy.* PRÉCESSION), et que cette figure, comme cette rotation, sont dans un état stable, le temps de la révolution tropique serait donc aussi constamment le même.

Dans cette supposition, la longueur de l'année tropique, et par suite celle de l'année sidérale, seraient données exactement par l'observation brute des équinoxes, sauf toujours les petites erreurs d'observation.

Mais il y a la lune qui tourne autour de la terre, et avec la terre il y a d'autres planètes circulant comme elle autour du soleil. La lune et les planètes, par leur attraction, altèrent incessamment la régularité des mouvements de la terre ; elles peuvent faire varier à la fois la durée de l'année sidérale, et la différence de celle-ci avec l'année tropique. Quelle est la nature de ces variations? ont-elles des limites ? et quelles sont ces limites ? Voilà les questions qu'il faut embrasser pour avoir une idée précise et complète du mouvement annuel de la terre.

Premièrement, la lune est assez voisine de nous pour intervenir dans ce déplacement de l'équateur qui produit, comme nous l'avons montré, le phénomène de la précession. Aussi la lune augmente-t-elle d'une quantité fixe la différence qui aurait lieu, par la seule action du soleil, entre l'année sidérale et l'année tropique ; à la vérité ce premier effet, en influant sur la longueur de l'année tropique, n'y introduit aucun élément de variation ; mais c'est que la lune produit en outre un petit mouvement alternatif d'avance et de recul; par cette cause, le point équinoxial peut s'écarter, en avant et en arrière de sa position moyenne, d'une quantité angulaire variable, qui ne dépasse jamais 16" 46. Conséquemment l'année tropique en peut recevoir un accroissement ou une diminution allant au plus à 6' 41".

Les planètes influent aussi sur la différence de l'année tropique à l'année sidérale, mais non pas de la façon que nous venons d'expliquer pour le soleil et la lune ; non pas en déplaçant l'équateur, mais en déplaçant l'écliptique. Or, le mouvement imprimé à l'écliptique par l'action des planètes n'est pas uniforme et s'exécutant toujours dans le même sens, de façon, par exemple, à produire une modification constante dans la quantité de la précession. C'est au contraire un balancement extrêmement lent, qui s'exécute dans les limites d'un très-petit nombre de degrés (*Voy.* Ecliptique). Il en résulte donc une cause de variation dans l'année tropique. Cette cause tend présentement à diminuer la durée de l'année ; elle nous la fait plus courte d'environ 4" 21 qu'au temps d'Hipparque (*Mécanique céleste*, liv. vi, chap. 16).

Voilà pour ce qui est de la différence des années sidérale et tropique. Mais l'action des planètes introduit aussi des variations très-notables dans la grandeur absolue de ces deux révolutions ; ce que nous allons dire doit s'entendre indifféremment de l'une ou l'autre.

On verra (au mot Perturbation) que les perturbations mutuelles des planètes peuvent être conçues comme partagées en deux classes, les unes affectant les éléments mêmes des orbites, tels que la situation de leurs plans ; dans ces plans la situation des ellipses parcourues, et aussi la forme, la grandeur de ces ellipses..... Ces variations, connues sous le nom d'*inégalités séculaires*, ne se développent qu'avec une excessive lenteur. L'autre classe de variations affecte *dans son orbite actuelle* le mouvement de chaque planète; celles-ci dépendent des configurations des autres planètes entre elles et avec la planète troublée; elles sont renfermées dans des périodes incomparablement plus courtes que les précédentes ; on les appelle *inégalités périodiques*.

En examinant en particulier l'influence de ces diverses sortes de perturbations sur le mouvement annuel de la terre, on trouve d'abord que la partie de variation de l'année qui est due aux inégalités périodiques peut aller jusqu'à la quantité considérable de *vingt minutes*. D'ailleurs, comme cette valeur dépend pour chaque époque, ainsi que nous venons de le dire, de la configuration particulière des planètes, elle n'est pas susceptible d'être ici analysée.

Parmi les inégalités séculaires, nous avons déjà dit quel est l'effet des déplacements de l'écliptique. Il sera également facile de concevoir comment la variation de l'excentricité et le mouvement des apsides peuvent modifier pour leur part la durée de l'année. On sait, par les lois du mouvement planétaire, que les retours d'un astre aux extrémités du grand axe de son orbite ne dépendent que de la dimension de ce grand axe, et nullement de la valeur de l'excentricité. Mais celle-ci a pour effet de régler, dans les situations intermédiaires, la distribution des inégalités du mouvement, inégalités qui disparaissent quand l'excentricité est nulle, c'est-à-dire quand l'orbite parcourue est circulaire. Or, l'excentricité de l'ellipse que la terre parcourt diminue sans cesse : c'est pourquoi, dans deux révolutions consécutives, la terre emploiera un temps différent pour s'écarter à une même distance angulaire de son aphélie, soit, par exemple, pour s'écarter jusqu'à la distance qui la ramène à l'équinoxe. — D'autre part, l'aphélie lui-même se déplaçant, c'est-à-dire l'orbite de la terre ayant dans son propre plan un petit mouvement direct de rotation, le point du ciel qui répond à l'équinoxe se trouve par là situé, dans chaque nouvelle révolution, à une différente distance angulaire de l'aphélie, et comme l'inégalité de mouvement due à la forme elliptique dépend de la grandeur des angles parcourus depuis l'aphélie, il en résulte une nouvelle cause de variation pour l'époque de l'équinoxe. Delambre, soumettant ces effets au calcul, trouve qu'ils rendront pendant longtemps l'année vraie plus courte que la moyenne. La différence est aujourd'hui de 12" environ ; par un milieu entre les quatre cents ans qui commencent en 1800, la différence est de 15" 2. Ainsi, en négligeant les perturbations planétaires (dites périodiques), l'année, pendant quatre siècles, ne serait que de 365 j. 5 h. 48' 37".

Les détails dans lesquels nous venons d'entrer nous permettent d'ajouter un complément indispensable à ce que nous avons dit touchant la détermination de la longueur d'année tropique par l'observation de deux équinoxes. On doit comprendre sans peine que la division du temps intermédiaire par le nombre d'années qui sépare les deux observations, ne donnerait pas l'année moyenne, si on n'avait le soin de corriger ces observations de tout l'effet qui résulte des perturbations planétaires. Mais alors les petites incertitudes de la science, sur les nombreux éléments d'un pareil calcul, et notamment sur les masses des planètes troublantes, affecteront nécessairement le résultat, c'est-à-dire la détermination de l'année. De là l'obligation d'autant plus grande de choisir deux observations d'équinoxes très-éloignées l'une de l'autre, pour que l'erreur possible se trouve convenablement atténuée.

Mais au milieu de toutes ces causes de variations, comment la révolution annuelle de la terre a-t-elle une durée moyenne invariable ? C'est ce qui nous reste à expliquer.

La durée de la révolution sidérale d'une planète dépend uniquement de sa distance moyenne au soleil, c'est-à-dire de la dimension du grand axe de l'ellipse parcourue. Or, notre système planétaire est tellement disposé que, sous l'influence de l'attraction réciproque de tous les corps qui le composent, les grands axes des ellipses parcourues conservent des dimensions moyennes autour desquelles ils ne font que des oscillations peu étendues. Les moyens mouvements sont donc également invariables, c'est-à-dire que les révolutions sidérales de toutes les planètes autour du soleil (et en particulier la révolution sidérale de la terre) ont chacune une moyenne durée invariable. Nous avons vu d'ailleurs que la quantité dont l'année tropique diffère de l'année sidérale est elle-même enfermée entre des variations peu étendues. Finalement l'année tropique a donc une durée moyenne fixe et non arbitraire.

Année civile. — Puisque la marche du soleil à l'égard de l'équateur détermine pour chaque contrée de la terre la marche des saisons, il importe beaucoup de compter le temps de telle sorte qu'une même date (un même *quantième* de l'année civile) réponde toujours, sinon exactement, au moins à très-peu près, à une même position du soleil. Alors on sera sûr qu'à une date déterminée, et en faisant d'ailleurs abstraction des petites irrégularités accidentelles, correspondront toujours à un même degré de température, un même état atmosphérique, un même développement des phénomènes de la végétation. L'agriculteur, le fabricant, l'homme de négoce et de voyage, pourront donc, sur la foi de l'almanach et sans avoir recours à aucune observation directe, combiner à l'avance toutes leurs entreprises.

Si l'année tropique moyenne avait un nombre exact de jours, il n'y aurait aucune difficulté à surmonter pour atteindre le but que nous venons d'indiquer. Mais à cause de la fraction de jour que renferme l'année tropique, il faut employer un artifice particulier pour faire que l'année civile ne s'en écarte pas indéfiniment.

Supposons en effet qu'on voulût donner constamment 365 jours à l'année civile; au commencement de la seconde année, l'équinoxe serait en retard d'environ un quart de jour, puisque l'année solaire est à peu près de 365 jours $\frac{1}{4}$. Au bout de quatre ans, le renouvellement de l'année civile précéderait d'un jour presque plein le renouvellement de l'année solaire; et, en continuant ainsi, on voit que le temps de l'équinoxe parcourrait successivement tous les jours de l'année civile, ou, ce qui revient au même, une même date répondrait, en rétrogradant, à toutes les époques de l'année solaire. Le 21 mars, par exemple, au lieu de marquer toujours le retour du printemps, rétrograderait dans l'hiver, tomberait ensuite dans l'automne, puis dans l'été, et enfin ne reviendrait à l'équinoxe du printemps qu'après 365 fois quatre ans, ou 1460 ans, à supposer l'année tropique de 365 $\frac{1}{4}$; mais cette période d'après la vraie valeur de l'année, est de 1507 à 1508 ans. — C'est précisément ainsi que les anciens Egyptiens comptaient le temps; leur année était de 365 jours, et c'était ce qu'on appelle une *année vague*, parce que l'une commençait toujours plus tôt que la précédente (relativement à la marche du soleil), et que, comme nous venons de l'expliquer, le premier jour de l'an se transportait dans toutes les saisons. A la vérité, cela n'était pas d'un grand inconvénient pour une nation dont les travaux étaient réglés par le débordement de son fleuve. Même, comme ce phénomène tout particulier au pays des Egyptiens ramenait avec l'ordre de leurs travaux l'époque des principales solennités religieuses, il leur paraissait avantageux que ces solennités tombassent successivement à tous les jours de l'année, comme pour les sanctifier. Ils appelaient grande année ou année *sothiaque* la période qui ramenait les saisons aux mêmes époques de l'année.

La coïncidence avec l'année solaire ne peut donc se maintenir que si on fait varier, suivant certaines règles convenables, le nombre de jours que comprend l'année civile. La diversité des règles qu'on a imaginées pour cet usage fait la différence des années civiles des différents peuples.

Chez les Grecs, on trouve, vers l'an 532 avant Jésus-Christ, une année commune de douze mois, formant ensemble 354 jours; mais, pour rétablir les 11 jours excédants, on ajoutait un treizième mois de 30 jours aux troisième, cinquième et huitième années d'une période de 8 ans, nommée *octaétéride*. Cette période comprenait donc cinq années *communes* de 354 jours, et trois années dites *embolismiques* de 384 jours; en tout 2922 jours, ce qui est seulement une heure et demie de trop. On trouve que dans ce système le renouvellement de l'année solaire arrivait à précéder d'un jour entier celui de l'année civile, après 16 octaétérides, c'est-à-dire après 128 ans. Le déplacement des saisons s'y serait donc fait sentir beaucoup plus lentement que dans le système égyptien. Remarquez aussi qu'il aurait eu lieu dans un ordre inverse. Cette octaétéride, imaginée par Cléostrate (Bailly, *Astron. anc.*) ne fut pas généralement adoptée, parce que les Grecs dirigaient en ce temps-là tous leurs efforts vers la composition d'un cycle qui fît concourir les mouvements du soleil et de la lune, et que cette condition n'était pas ici exactement remplie.

Chez les Romains, Numa fit l'année de douze mois et de 355 jours; mais il ajoutait après deux ans un mois intercalaire de 22 jours, et après quatre ans un mois de 23 jours. Comme il s'aperçut que l'année se trouvait trop longue, il régla ensuite que dans la huitième année on n'intercalerait que 15 jours au lieu de 23 (d'Alembert, *Encycl.*—Lalande, *Astron.*). Tout cela donne encore en 8 ans 2922 jours. Mais on dut charger spécialement le collége des pontifes de veiller au maintien d'une règle si compliquée, et cela fut, dans tout le temps de la république, la source des plus graves abus. Les pontifes intercalèrent plus ou moins souvent, tantôt par superstition, et tantôt par politique, lorsqu'ils voulaient allonger ou diminuer la durée des magistratures, ou encore par spéculation, suivant qu'ils étaient favorables ou contraires aux fermiers des revenus de l'État; car ils pouvaient ainsi modifier le temps de leurs baux. C'était donc dans le calendrier romain une extrême confusion. Jules César, étant grand pontife, en ordonna la réforme : aidé de Sosigène, mathématicien de l'école d'Alexandrie, il institua cette règle très-simple, que trois années communes de 365 jours seraient suivies d'une quatrième année de 366 jours, laquelle fut appelée *bissextile*, parce que le jour intercalaire étant placé dans le mois de février, le lendemain du sixième jour avant les calendes de mars (*sextas calendas martii*), fut nommé lui-même pour cette raison, ou parce qu'elle a servi de transition d'un calendrier à l'autre, l'année de *confusion*. Cette circonstance nous montre en quel état était tombé le calendrier romain.

Le mode d'intercalation institué par Jules César a l'avantage de donner bien plus de facilité que les précédents, pour réduire en jours un nombre quelconque de siècles et d'années, ce qui est important pour les calculs chronologiques. *Il suppose d'ailleurs* que l'année solaire est de 365 jours et un quart. Cependant Hipparque avait déjà reconnu qu'elle est sensiblement moins longue, et il la faisait de 365 j. $+ \frac{1}{4} - \frac{1}{300}$. Il est difficile de croire que Sosigène ait ignoré cette détermination. Il aura douté de son exactitude, ou bien il aura jugé la différence de trop peu d'importance. Quoi qu'il en soit, l'année moyenne de 365 j. $\frac{1}{4}$, supposée dans le calendrier Julien est *trop* longue de 11', et 8 ou 10", qui font un jour en 129 ans. Ainsi c'était la même approximation, et dans le même sens que par l'octaétéride de Cléostrate, ou par la règle de Numa; mais cette approximation était obtenue ici par un moyen infiniment plus simple.

Quelque légère que fût la différence de l'année Julienne à l'année solaire, elle était pourtant assez grande pour se *faire* sentir après un petit nombre de siècles. Aussi une nouvelle réforme fut-elle réclamée avec instance dès le commencement du XVe siècle. Elle n'eut lieu cependant qu'à la fin du XVIe, en 1582, sous le pontificat de Grégoire XIII (*Voy.* CALENDRIER). L'institution de Jules César fut alors modifiée en ce sens que, sur quatre années centenaires consécutives, la dernière seulement est bissextile, au lieu que, suivant le calendrier Julien, elles devraient l'être toutes les quatre. Depuis lors, voici la règle que l'on doit suivre pour reconnaître si une année de notre ère est ou non bissextile : — Toute année, exprimée par un nombre qui n'est pas exactement divisible par 4, se compose de 365 jours. Parmi les années séculaires, celles dont le nombre n'est pas divisible par 400, sont également de 365 jours. Toutes les autres en ont 366. Ainsi, 1834 et 1835 n'ont que 365 jours ; mais 1836 en aura 366, parce que son nombre est divisible par 4. 1700, 1800 et 1900 sont des années communes, mais l'an 2000 sera bissextile.

Voyons maintenant jusqu'à quel point la règle grégorienne maintient la coïncidence entre l'année civile et l'année solaire. Selon le calendrier Julien, 400 ans comprenaient 300 années communes avec 100 bissextiles, c'est-à-dire 146,100 jours. Mais le pape Grégoire en retranche trois jours ; ainsi il ne reste dans cette période que 146,097 jours. En même temps si l'on multiplie par 400 la durée de l'année moyenne, on trouvera 146,096 j. 21 h. 44'. En 4000 ans, le calendrier grégorien aura donc 1,460,970 jours, tandis que 4000 années tropiques donneront seulement 1,460,969 j. 1 h. 20'. Ce n'est donc pas une erreur d'un jour entier en quatre mille ans. Cela est très-suffisant pour les besoins ordinaires. Delambre proposait de rendre communes l'an 4000 et ses multiples, qui devraient être bissextiles selon la règle grégorienne, et alors l'erreur ne serait plus que d'un jour en cent mille ans. Mais il est probable que dans l'an 4000 on aura trouvé, pour la valeur moyenne de l'année tropique, une valeur plus exacte et un peu différente de celle dont nous faisons maintenant usage, de sorte qu'on imaginera alors quelque autre correction.

Nous ne devons pas omettre de mentionner le mode d'intercalation très-exact et très-simple adopté par les Perses l'an 467 de l'hégire (1075 de Jésus-Christ), et par conséquent cinq cents ans avant la dernière réforme adoptée par les peuples occidentaux. L'intercalation persane consiste à faire la quatrième année bissextile sept fois de suite, et à ne faire de changement la huitième fois qu'à la cinquième année, de sorte qu'en 33 ans il y a huit intercalations, et par conséquent 12,053 jours. En 4000 années persiennes, il y aura donc 1,460,969 j. 16 h. 44'. C'est plus d'exactitude que dans le système grégorien; mais il y a un peu moins de facilité pour réduire en jours les années et les siècles.

Chez tous les peuples, l'année a été divisée en mois, période qui est donnée par la révolution synodique de la lune. Même plusieurs nations, et particulièrement les Mahométans et les Chinois, règlent leur année civile sur le cours de cet astre, la composant de douze lunaisons qui comprennent 354 jours. C'est ce qu'on appelle une année *lunaire*.

Comme l'année solaire contient environ 12 lunaisons et $\frac{1}{4}$, c'est pour cela qu'elle a été universellement partagée en douze mois. Quelques auteurs rapportent, à la vérité, que Romulus avait fait l'année de dix mois seulement (304 jours) ; mais il est bien douteux qu'une pareille institution, qui déplacerait si rapidement les saisons, ait été jamais en vigueur. On trouve dans Plutarque (*Questions romaines*) que c'était une opinion également accréditée que Numa avait trouvé l'année formée déjà de douze mois, et qu'il en avait seulement déplacé l'origine, la reportant du 1er mars, où Romulus l'avait placée, à l'époque du 1er janvier. Cela semble infiniment plus probable.

Le commencement de l'année a été fixé

parmi nous au 1er janvier, par une ordonnance de Charles IX, de 1564. Précédemment, il avait lieu à Pâques, et dans quelques provinces à l'Annonciation (le 25 mars), ce qui était mieux vu, puisque c'était une époque fixe; et encore auparavant c'était aux fêtes de Noël. Sous la première république française, l'origine de l'année était à l'équinoxe d'automne, et fixée chaque fois par une loi d'après l'époque de l'*équinoxe vrai*. Les Grecs commençaient l'année au mois de septembre, les Romains, sous Romulus, au 1er mars, et depuis Numa, au 1er janvier. *Voy.* TEMPS.

ANNÉE BISSEXTILE. *Voy.* CALENDRIER, TEMPS, ANNÉE.

ANODE. *Voy.* ÉLECTRO-CHIMIE.

ANTHÉLIES (ἀντί, opposé, ἥλιος, soleil). — Si le soleil est près de l'horizon et que l'ombre de l'observateur tombe sur l'herbe, un champ de céréales ou une autre surface couverte de rosée, alors il observe une auréole dont la lueur est vive, surtout dans le voisinage de sa tête, qui va en diminuant à partir de ce centre. Cette lueur est due à la réflexion de la lumière par les chaumes mouillés et les gouttes de rosée; elle est plus vive autour de la tête, parce que les chaumes situés dans le voisinage de l'ombre de la tête lui montrent toute leur portion éclairée, tandis que ceux qui sont plus éloignés lui montrent des parties éclairées et d'autres qui ne le sont pas, ce qui diminue leur clarté proportionnellement à leur distance de la tête. Le chaume ayant une forme cylindrique, il en résulte que l'auréole est un peu allongée dans le sens vertical.

L'anthélie, vu par Bouguer dans les Cordillères, et depuis lui par plusieurs voyageurs dans d'autres contrées, s'explique toujours de cette manière. Scoresby l'a surtout décrit avec détail; suivant ses observations, le phénomène se montre dans les régions polaires chaque fois qu'il y a simultanément du brouillard ou du soleil. Dans les mers polaires, quand une couche de brouillard peu épaisse repose sur la mer et s'élève à la hauteur de 90 à 100 mètres, un observateur placé sur le mât de misaine, à 25 ou 30 mètres au-dessus de la mer, aperçoit un ou plusieurs cercles sur le brouillard. Ces cercles sont concentriques, et leur centre commun se trouve sur une ligne droite qui va de l'œil de l'observateur au brouillard, du côté opposé à celui où se trouve le soleil. Le nombre de cercles varie de un à cinq; ils sont surtout nombreux et bien colorés quand le soleil est très-brillant et le brouillard épais et bas. Le 23 juillet 1821, Scoresby vit quatre cercles concentriques autour de sa tête. Le premier était blanc ou jaune, rouge et pourpre; le second bleu, vert, jaune, rouge et pourpre; le troisième vert, blanchâtre, jaunâtre, rouge et pourpre; le quatrième verdâtre, blanc et plus foncé sur les bords. Les couleurs du premier et du second étaient très-vives; celles du troisième, visibles seulement par intervalles, étaient très-faibles, et le quatrième n'offrait qu'une légère teinte de vert. Les demi-diamètres de ces cercles avaient les longueurs suivantes : demi-diamètre du n° 4, bord interne, 36° 50', bord externe 41 à 42°; demi-diamètre du n° 3, 6° 30 : demi-diamètre du n° 2, 4° 45'; du n° 1, 1° 45'. Le cercle n° 4, auquel Scoresby assigne un diamètre de 40° environ, paraît être fort rare.

APHÉLIE (d'ἀπό, loin de, et ἥλιος, soleil). — On appelle ainsi le point de l'écliptique où le soleil est le plus éloigné de la terre. *Voy.* KÉPLER.

APLATISSEMENT et grosseur de la terre. *Voy.* TERRE.

APOGÉE (d'ἀπό, loin de, etc.). *Voy.* APHÉLIE et KÉPLER.

APPAREILS ÉLECTRO-MAGNÉTIQUES. — L'induction ne donne que des courants instantanés; mais on conçoit qu'on puisse les transformer en courants continus, en rapprochant suffisamment les actions qui les produisent, et c'est ce qu'on a réalisé dans plusieurs curieux appareils qui donnent lieu à des effets remarquablement énergiques, et auxquels la pile est totalement étrangère. L'aimant en est le seul électromoteur; et avec ces appareils, on peut reproduire la plupart, sinon tous les phénomènes dus à l'électricité. Ces machines trop compliquées ne peuvent être décrites ici. Nous mentionnerons l'appareil Pixii, celui de M. Masson, lequel peut déterminer des commotions assez fortes pour tuer un chat en cinq minutes. La machine de M. Clarke se recommande par ses bonnes dispositions et par la puissance des effets qu'elle peut produire. A l'aide de cette machine on a pu effectuer la décomposition de l'eau, brûler des fils métalliques, obtenir des étincelles de diverses couleurs, en un mot produire tous les effets de la pile. C'est une pile permanente qui n'entraîne à aucun frais d'entretien et qui est remarquablement commode pour montrer l'affinité singulière, sinon l'identité complète, des principes électrique et magnétique.

Toutefois, il paraît que l'on vient d'exécuter une machine encore plus simple, puisqu'on y supprime les aimants, et qu'on fait agir le magnétisme terrestre par induction sur des électro-aimants. Un appareil, formé de cylindres creux de fer doux entourés d'hélices de cuivre, est mis en rotation rapide : chaque hélice entre et sort brusquement, par rapport au méridien magnétique qu'elle traverse; de sorte que c'est comme si un aimant entrait brusquement dans l'hélice et en sortait de même. Il y a donc induction, comme avec de véritables barreaux. Il paraît que cette machine, qui décompose l'eau et donne des étincelles et des secousses comme les piles, dévie le multiplicateur plus que la machine de Clarke. Elle est due à deux habiles physiciens italiens, MM. Linori et Palmieri. *Voy.* INDUCTION.

APPAREIL de Cavendish pour prouver l'attraction de la matière par la matière. *Voy.* PENDULE.

APPEL. *Voy.* FUMÉE.

APSIDES (d'ἁψίς, cercle). *Voy.* PERTURBATIONS DES PLANÈTES.

ARAGO (Dominique-François), — né le 26 février 1786, dans la petite ville d'Estagel, près de Perpignan. Son père occupait dans cette dernière ville l'emploi de payeur à l'hôtel des monnaies. Nous n'avons à juger ici que le savant; nous emprunterons à cet égard les appréciations d'un biographe anonyme qui nous a paru assez impartial.

« Les sciences exactes, ainsi que les autres branches des connaissances humaines, comportent généralement deux sortes de travailleurs : les uns, intrépides chercheurs de problèmes, descendent dans les profondeurs de l'abîme pour en extraire le métal brut, c'est-à-dire les lois mystérieuses de l'univers à l'état de formules abstraites ; les autres, moins puissants, mais plus sagaces peut-être, s'emparent de ces formules, les tournent et les retournent, les soumettent à l'action épuratrice et vivifiante de l'analyse, et les assouplissent à la pratique. Ceux-là, pour me servir d'une comparaison empruntée aux arts mécaniques, je les appellerais volontiers les mineurs, et ceux-ci les forgerons. Il semble que M. Arago est jusqu'ici plus spécialement un de ces derniers ; car ses travaux sont bien plutôt des déductions larges et fécondes que des découvertes originales, à part toutefois la découverte du *magnétisme* développé par la rotation, qu'on a cherché à amoindrir, en lui reprochant de l'avoir faite *par hasard*, comme si ce n'était pas aussi par hasard que la chute d'une pomme révéla à Newton les lois sublimes de la gravitation, et par hasard aussi qu'une bulle d'eau savonneuse mit Young sur la voie de sa belle théorie des interférences.

« Cette découverte du magnétisme par rotation, qui constitue aujourd'hui une des branches importantes de la physique, a valu à son auteur la médaille de Copley, qui fut décernée en 1829 par la Société Royale de Londres, distinction d'autant plus flatteuse, remarquent plusieurs écrivains, qu'elle n'avait jamais été accordée à aucun Français, et que M. Arago, qui s'est toujours montré assez rebelle aux prétentions des savants anglais, venait encore tout récemment de leur enlever l'invention des machines à vapeur, pour la restituer à Papin.

« Je ne puis qu'énumérer ici l'invention de plusieurs appareils ingénieux que l'on doit à M. Arago, pour déterminer avec toute la précision possible les diamètres des planètes, en obviant aux causes d'erreur produites par l'*irradiation*, c'est-à-dire l'écartement des rayons que lance le corps lumineux. Je passe également sous silence les travaux de M. Arago sur la question des réfractions comparatives de l'air humide et de l'air sec, sur la scintillation et la vitesse des rayons des étoiles, et beaucoup d'autres travaux précieux dispersés dans le journal de l'Institut et dans un grand nombre de recueils scientifiques.

« Entre toutes les parties de la science, c'est la physique, et surtout l'optique, qui paraît avoir exercé plus particulièrement l'esprit pénétrant et investigateur de M. Arago. On sait que de tout temps les savants se sont occupés d'expliquer le phénomène de la vision. Depuis Newton, le système de l'*émission* avait prévalu, malgré les efforts opposés de Descartes, d'Euler et de plusieurs autres partisans de l'*ondulation*, et l'on considérait généralement la sensation de la vue comme produite par l'action directe des rayons émanés des corps lumineux, lorsque Malus, en observant les modifications diverses subies par la lumière à son passage à travers un milieu cristallisé, découvrit le phénomène de la *polarisation*, et mit sur la voie plusieurs savants qui détruisirent par sa base le système de l'*émission*, et remirent en honneur, en la fortifiant par des expériences nouvelles, la théorie de l'*ondulation*, qui consiste à expliquer le phénomène de la vision comme produit, non plus par une émanation directe du corps lumineux, mais par la mise en mouvement d'un fluide subtil, l'*éther*, qui entoure ce corps et reçoit de lui des vibrations successives qu'il transmet à l'organe de la vue, de la même manière que l'air transmet les sons à l'organe de l'ouïe. M. Arago fut un de ceux qui adoptèrent ce dernier système avec le plus d'ardeur ; il se livra à de nombreuses recherches destinées à le corroborer ; il publia dans ce même but un mémoire du plus haut intérêt, dont le monde savant attend malheureusement depuis 30 ans la seconde partie, et il livra maints combats à armes souvent peu courtoises contre son collègue M. Biot, partisan de l'*émission*. La théorie opposée est restée maîtresse du champ de bataille, en attendant mieux.

« C'est vers la même époque que M. Arago, en se livrant à ses recherches d'optique, fut conduit à observer les singulières propriétés de la substance nommée *tourmaline*, qui scinde en deux parties tous les rayons lumineux qui la traversent. M. Arago s'aperçut que quand la lumière passant par la tourmaline émanait d'un corps opaque, elle était identique dans le double rayonnement produit par cette même tourmaline ; si au contraire la lumière était envoyée par un corps gazeux, elle se réfléchissait, en passant par la tourmaline, sous deux couleurs différentes. En soumettant ainsi à l'action de la *tourmaline* les rayons émanés des corps célestes, M. Arago a été conduit à conclure par induction que le soleil n'était qu'une grande masse de gaz aggloméré dans l'espace. Si cette donnée se confirme, on conçoit quels immenses résultats elle peut avoir pour la science.

« Outre ces travaux et bien d'autres encore, qui rentrent plus ou moins dans le domaine de l'optique, M. Arago s'est livré à de nombreuses recherches sur les lois de l'aimantation de l'acier par l'électricité, sur le magnétisme en général, et sur les perturbations de l'aiguille aimantée. Je ne parlerai ici que pour mémoire des dangereuses et intéressantes expériences de M. Arago sur la force élastique de la vapeur d'eau à des tensions très-élevées, ainsi que des divers travaux insérés dans les *Annales de Physique et de Chimie*, qu'il a fondées de concert avec son savant ami M. Gay-Lussac ; j'ai hâte d'arriver à un genre de production qui m'est un peu plus accessible : je veux parler des intéressantes notices dont M. Arago enrichit tous les ans l'*Annuaire des Longitudes ;* des éloges funèbres de divers savants français et étrangers qu'il a prononcés comme secrétaire perpétuel de l'Académie des Sciences, de ses cours de l'Observatoire, si brillants, si suivis, et malheureusement devenus si rares

« Il paraîtrait que les géomètres et les algébristes font peu de cas de ces trois choses : c'est du moins ce que ferait croire un article fort savant, inséré dans la *Revue des Deux-Mondes*. Dans cet article, que les amis de M. Arago jugent injuste, et qui me semble un peu sévère, on traite assez dédaigneusement les notices lues à l'*Institut*, et il est dit, au sujet des cours et de l'*Annuaire*, que ces travaux ne méritent pas d'occuper un esprit aussi distingué que M. Arago. Comme représentant la classe nombreuse et intéressante des ignorants, je crois devoir protester contre cette décision. La science a-t-elle donc été faite exclusivement pour les savants, et serait-on coupable d'impiété envers cette nouvelle Isis pour l'avoir dépouillée de ses triples voiles, et présentée au vulgaire avide de la contempler? L'*Annuaire* du Bureau des Longitudes est lu par toute l'Europe. Les articles de M. Arago sur la *foudre*, la *vapeur*, et les questions les plus délicates de l'astronomie, ont donné à ce recueil une popularité immense; quant aux cours de l'Observatoire, tout Paris s'y porte, et ce n'est pas, ce me semble, la plus minime qualité d'un savant, qu'on puisse dire de lui avec Voltaire : L'ignorant l'entendit.

« Sans doute, pour ce qui concerne les notices biographiques, il est advenu quelquefois qu'emporté par des préoccupations politiques, l'illustre savant s'est livré à des déclamations hors de propos. Mais dans l'ensemble, quel charme de diction ! quelle élégance de style et de pensée ! comme ce doit être là une pâture agréable et nouvelle pour tout malheureux condamné au régime de la prose scientifique, si lourde, si ténébreuse, si raboteuse d'ordinaire ! Est-il un savant qui possède à l'égal de M. Arago l'art de ranimer par des traits heureux l'attention fatiguée d'un auditoire, et de l'intéresser presque malgré lui aux questions les plus ardues? Voyez plutôt, dans l'Eloge d'Young, cette charmante dissertation sur les hiéroglyphes. Vous seriez-vous douté que ces deux mots, *charmant* et *hiéroglyphe*, pussent un jour marcher de compagnie? Pourtant c'est ici le cas ou jamais. En lisant ces trois ou quatre pages où la lumière jaillit à chaque ligne, vous serez tout étonné, tout fier, tout heureux de comprendre des matières d'une obscurité proverbiale, et vous fermerez le livre, convaincu, non sans raison peut-être, que vous en savez tout autant que feu Champollion.

« Les mêmes qualités de style et de pensée se retrouvent dans les notices de Carnot, de Watt, d'Ampère, etc. Celle de Carnot, à laquelle on peut reprocher par moment quelques bouffissures déclamatoires qui la déparent, a de plus que les autres un mouvement dramatique véritablement entraînant. Je me rappelle un passage où M. Arago peint les grenadiers d'Oudinot, levés avec l'aurore, se préparant à la bataille du jour, en venant silencieusement et à la file passer leurs sabres nus sur la tombe de La Tour d'Auvergne : il y a là une page qui est à elle seule tout un tableau accusé avec une verve d'artiste.

« *Maintenant*, que la science transcendentale trouve mauvais qu'on se livre ainsi dans son sanctuaire à des excursions littéraires et anecdotiques, qu'elle soit gourmande, la science, qu'elle veuille tout pour elle et rien pour nous, c'est son droit. Mais il me semble que la question n'est pas là : ouvrir à deux battants les portes de l'Institut aux hommes et aux femmes du monde, et exiger que devant cette foule élégante, avide d'émotions et très-peu soucieuse de formules, l'illustre secrétaire perpétuel se résigne à ne parler que pour la dixième partie de son auditoire, à faire abstraction complète de tous ces yeux fermés et de toutes ces bouches béantes d'ennui, c'est faire subir à l'orateur et à l'auditoire, qui ne demandent pas mieux que de s'entendre, le supplice de Tantale ; c'est demander une chose à la fois illogique et impossible ; aussi le savant auteur de l'article dont nous parlions tout à l'heure, en s'élevant contre le caractère trop frivole des notices de M. Arago, a-t-il été nécessairement conduit à s'élever aussi contre la publicité des séances de l'*Institut*. Une conclusion entraîne l'autre. Si vous jugez que la science compromette sa dignité en frayant avec le monde extérieur, séquestrez la science ; si vous ne voulez pas de littérature, faites de l'algèbre à huis clos, et que tout soit dit. »

ARC-EN-CIEL. — L'explication du phénomène connu sous ce nom forme maintenant un des chapitres les plus complets de la théorie physique de la lumière ; cette théorie rend compte de toutes les circonstances qui l'accompagnent, des modifications qu'il subit, et donne la valeur exacte de toutes ses dimensions. C'est un cadre où toutes les propriétés de la lumière sont successivement analysées; aussi le phénomène de l'arc-en-ciel se présente-t-il au physicien comme l'expérience la plus féconde qu'il puisse interroger, lorsque, parlant de l'optique, il veut appuyer ses démonstrations sur des faits incontestables.

Pour concevoir cette explication, il faut connaître suivant quelles lois les corps diaphanes réfléchissent, réfractent et dispersent la lumière. Ces lois seront développées et expliquées dans d'autres articles de ce Dictionnaire, où l'on trouvera en outre les descriptions des appareils propres à les constater.

L'arc-en-ciel se projette toujours sur une nuée se résolvant en pluie dans un lieu du ciel opposé à celui qu'occupe le soleil ; cet astre, alors peu élevé au-dessus de l'horizon, est derrière l'observateur, et sa lumière n'est interceptée par aucun nuage. On aperçoit ordinairement deux arcs concentriques différents, dans lesquels on distingue les sept couleurs principales ; dans l'arc intérieur, beaucoup plus vif que l'autre, le rouge est en haut et le violet en bas ; c'est le contraire dans l'arc supérieur, qui est souvent trop pâle pour être bien distingué.

Cette décomposition de la lumière blanche indique que le phénomène est dû au passage des rayons solaires dans des corps différents de l'air, et terminés par des surfaces courbes non parallèles ; on est conduit facilement à penser que ces corps ne sont autres que des gouttes de pluie ; l'opposition du soleil relativement au nuage qui projette l'ondée porte à conclure que la lumière traversant chaque goutte, doit éprouver au moins une réflexion intérieure avant de sortir pour se diriger vers l'œil de l'observateur. Voilà l'explication dont il s'agit de suivre les conséquences.

Une goutte de pluie peut être regardée, dans ces circonstances, comme étant parfaitement sphérique ; car toutes ses parties obéissant en même temps à l'action de la pesanteur, leur attraction mutuelle doit seule déterminer sa forme, et cette forme ne saurait être autre que celle d'une sphère. La chute ou le mouvement vertical des gouttes de pluie n'objecte rien contre les considérations suivantes, où l'on semblera admettre leur immobilité, car l'épaisseur du nuage et le nombre de gouttes qui s'y forment permettent de supposer que, sur tout rayon visuel, mené de l'œil de l'observateur vers l'ondée, il se trouve à tout instant plusieurs gouttes de pluie.

De ce que les couleurs de l'arc-en-ciel ne sont observées que dans certaines directions, on doit conclure que la lumière réfractée dans une goutte, et réfléchie intérieurement avant d'en sortir, ne donne à l'œil la sensation nette d'une certaine couleur que quand la goutte est dans une position particulière ; ou, ce qui est la même chose, que tous les rayons lumineux qui en émergent, lors même qu'ils se dirigeraient vers l'œil, ne sont pas *efficaces*, c'est-à-dire capables de produire l'impression du phénomène. Il est facile de découvrir la condition qu'exige cette efficacité.

Concevons un plan mené par un point du soleil, l'œil de l'observateur et le centre de la goutte ; les rayons solaires venus parallèles sur ce plan éprouveront des déviations très-différentes dans leur marche à travers la goutte, car les angles d'incidence, et par suite ceux de réfraction, changent beaucoup sur toute la surface d'entrée. Lors donc que la lumière sortira, après avoir subi une ou deux réflexions intérieures, elle se trouvera composée de rayons divergents dans un grand nombre de directions différentes.

Or, l'œil placé au loin ne peut percevoir une sensation lumineuse que lorsqu'il reçoit plusieurs rayons parallèles, ou faisant entre eux de très-petits angles ; il faudra donc qu'il existe dans le faisceau général et très-divergent, qui émerge de la goutte, un petit faisceau partiel dont les rayons soient parallèles, et que l'œil se trouve sur sa direction pour que cet organe puisse en être affecté. C'est ce faisceau partiel qui prend le nom de *rayon efficace*.

Le calcul démontre que la lumière divergente, qui est directement réfractée dans l'air, à la face postérieure de la goutte, sans avoir été réfléchie intérieurement, ne comprend pas de rayon efficace ; mais qu'il y en a toujours un dans la lumière qui sort après avoir subi une ou deux réflexions intérieures. Il est facile de concevoir d'ailleurs que deux rayons incidents très-voisins, qui tombent sur la surface antérieure de la goutte en un lieu tel que les deux rayons réfractés concourent en un même point de la surface postérieure, se réfléchiront en ce lieu de manière à sortir parallèles et conséquemment *efficaces*. On concevra pareillement que deux rayons aussi très-voisins, qui tombent et se réfractent de manière à devenir parallèles après la première réflexion, émergeront parallèles après la seconde.

Le calcul donne la valeur générale de l'angle formé par le rayon efficace avec le rayon solaire incident. Cet angle, qu'on peut appeler *déviation*, change avec l'indice de réfraction, c'est-à-dire qu'il est différent pour les sept couleurs principales. La déviation du rayon efficace doit être de 42° 1′ 40″ pour le rouge, et de 40° 17′ pour le violet, dans la lumière qui a subi une seule réflexion intérieure ; dans celle qui sort après deux réflexions, le rayon efficace rouge est dévié de 50° 59′, et le violet de 54° 9′.

Newton a mesuré directement par l'observation tous les angles et les dimensions qui correspondent à l'arc le plus vif en couleur que présente le phénomène de l'arc-en-ciel, et leur a trouvé précisément des valeurs égales à celles que la théorie lui avait indiquées. Ainsi cet arc intérieur est réellement dû à la décomposition de la lumière réfractée dans les gouttes de pluie, et qui s'en échappe après avoir subi une réflexion intérieure. Des vérifications de la même nature ont prouvé que l'arc extérieur, ou le plus faible, est dû à la lumière qui subit deux réflexions dans les gouttes de pluie ; sa pâleur, comparée à la vivacité du premier, s'explique facilement par le plus grand nombre de pertes par réfraction. La théorie indique que la lumière qui sort d'une goutte de pluie, après avoir subi plus de deux réflexions intérieures, comprend toujours un rayon efficace, ce qui peut donner lieu à un troisième arc-en-ciel ; mais la faible intensité de sa lumière empêche presque toujours de le distinguer.

L'arc-en-ciel est d'autant plus étendu, ou comprend une portion d'autant plus grande de la circonférence, que le soleil est plus bas ou plus voisin de l'horizon : ce fait résulte nécessairement de ce que la droite, menée du soleil à l'œil de l'observateur, doit aller passer par le centre du cercle lumineux. Voici encore d'autres conséquences de la théorie vérifiée par l'observation. Lorsque l'astre est plus de 42° au-dessus de l'horizon, l'arc intérieur ne peut être aperçu. Si l'observateur est sur un lieu élevé ; si, de plus, le nuage est très-près de lui ; et que le soleil l'éclaire encore, quoique un peu au-dessous de l'horizon, l'arc-en-ciel peut embrasser plus d'une demi-circonférence.

Si l'œil est suffisamment élevé au-dessus du sol, il pourra même voir un cercle entier. Cela aura lieu toutes les fois que la nuée pluvieuse étant assez proche, le rayon visuel, qui fait avec l'axe un angle de 42° 10', pourra tourner autour de cet axe sans rencontrer le sol en avant du nuage. On démontre par le calcul que, le soleil étant dans l'horizon, un observateur, élevé de 4000 mètres dans un aérostat, verrait le cercle entier, si la nappe pluvieuse n'était pas éloignée de plus de 4500 mètres.

On voit souvent des arcs-en-ciel dans les jets d'eau, quand ils retombent en gouttes ; et l'on peut en faire à volonté, en projetant l'eau qu'on aurait dans la bouche. On y réussit facilement au moyen d'une pompe à pomme d'arrosoir.

C'est à un religieux allemand nommé Théodoric, qui professait à Paris dans la faculté de théologie, vers 1311, qu'on doit la première explication de l'arc-en-ciel. Cet auteur indique assez bien la marche de la lumière dans les gouttes de pluie pour les deux arcs, sans cependant faire attention à la nécessité du parallélisme des rayons émergents pour qu'il y ait l'impression sur l'œil. Comme il ne connaissait pas la composition de la lumière, il ramène la production des couleurs au cas de la réfraction à travers un prisme naturel de cristal de roche. Antoine de Dominis, archevêque de Spalatro, qui écrivait en 1590, a imaginé de présenter au soleil, à différentes hauteurs, des globes de verre pleins d'eau pour reproduire les couleurs des deux arcs. Mais son explication ne vaut pas celle du frère Théodoric ; il se trompe même tout à fait pour l'arc supérieur. Descartes le premier a déterminé par le calcul la marche de la lumière dans les gouttes de pluie ; il a reconnu que de tous les rayons incidents il n'y avait que ceux qui pénétraient sous un certain angle qui pussent revenir à l'œil sans s'écarter les uns des autres. Enfin Newton, par la découverte de l'inégale réfrangibilité des rayons, a complété l'explication de l'arc-en-ciel, dont il a, comme nous l'avons dit, calculé toutes les dimensions. La théorie des arcs surnuméraires est due au docteur Young.

Arcs du méridien. *Voy.* Terre.

ARCHIMÈDE (né à Syracuse, vers l'an 287 avant Jésus-Christ). — Quoique originaire de la Grèce, Archimède n'appartenait ni à la secte ionienne ni à la secte de Crotone. La nature lui avait donné un goût décidé pour les sciences exactes, et en même temps une espèce d'aversion pour ces recherches oiseuses, pour ces conjectures vagues et hasardées, dont les écoles de la Grèce n'avaient cessé de retentir. Il alla en Egypte se nourrir de l'étude de la géométrie qu'Euclide professait à Alexandrie avec la plus grande distinction. Bientôt le disciple égala, surpassa même son maître par la profondeur du génie, par l'importance et par l'utilité des découvertes. Nous passerons sous silence celles qui sont étrangères à la physique, pour ne considérer exclusivement que les principes lumineux dont Archimède a enrichi cette science. Leur sévérité se refuse sans doute aux parures de l'imagination ; mais en parcourant les sentiers de la nature, ne doit-on pas s'attendre au spectacle varié que présentent des champs agrestes et sauvages à côté de ces plaines riantes qu'a embellies l'industrie ?

Libes a apprécié Archimède comme physycien de la manière suivante :

« Aristote n'avait donné dans ses Questions mécaniques qu'un aperçu très-grossier des lois de l'équilibre des solides (1) ; il était réservé à Archimède de les montrer au grand jour avec les développements et les applications qui leur conviennent.

« La vitesse d'un corps en mouvement se mesure par le rapport de l'espace au temps ; et la force qui l'anime se compose de sa vitesse combinée avec sa masse... Une force ne peut agir dans une autre direction que la sienne, si quelque obstacle ne s'oppose en partie au mouvement qu'elle tend à produire : il faut donc qu'il y ait un point d'appui dans une machine, c'est-à-dire, dans un instrument destiné à transmettre l'action d'une force à un corps qui n'est point dans sa direction.

« C'est en combinant ces principes déjà reconnus par Aristote, avec l'idée ingénieuse du centre de gravité dont Archimède a le premier reconnu l'existence, et déterminé la position dans différentes figures, qu'il parvient à établir le fameux principe de la réciprocité des poids avec les distances au point d'appui dans le levier et les balances dont les bras sont inégaux (2).

« Archimède demande qu'on lui accorde, 1° que l'équilibre existe entre deux poids égaux, suspendus à des distances égales du point d'appui ; 2° que si les poids restant les mêmes, l'égalité des distances est détruite, l'équilibre est rompu en faveur du poids dont la distance est plus grande ; 3° que s'il y a équilibre entre des poids situés à certaines distances du point d'appui, l'augmentation d'un des poids suffit pour déterminer sa rupture en faveur du poids augmenté.

« Tels sont les principaux axiomes qui conduisent Archimède à démontrer d'une manière simple et facile l'importante loi qui

(1) Aristot., *Quæstiones mechan.*, tom. II, cap. 4, p. 765.

(2) *Archimedis Opera, de æquiponderantibus*, pag. 150.

nous occupe, et dont la connaissance lui arracha, dans un moment d'enthousiasme, ces paroles remarquables qui frappèrent Hiéron, roi de Syracuse, d'admiration et de surprise : *Donnez-moi un point fixe hors de la terre, et je la remuerai à mon gré.*

« La découverte de cette loi devint entre les mains de son auteur une source féconde d'ingénieuses inventions. Il imagina la poulie mobile, et fit voir qu'en multipliant les poulies, il n'y a point de résistance qu'il ne vînt à bout de surmonter. Il inventa la vis sans fin, qui sert à élever d'énormes fardeaux, et qui diffère de la vis ordinaire en ce que son action est continue dans le même sens, tandis que les vis ordinaires cessent de tourner quand elles ont avancé de toute leur longueur. Il composa, d'un grand nombre d'engins et de leviers, une machine qu'il plaça, dit-on, sur les remparts de Syracuse assiégée par les Romains, et qu'il employa avec adresse à faire pleuvoir sur l'armée de terre des assiégeants une grêle de grosses pierres qui mirent les troupes en désordre.

« Le hasard, le père des découvertes, ne tarda pas à amener une circonstance heureuse qui offrit à Archimède l'occasion d'ajouter à la loi de l'équilibre des solides, une des lois qui fondent la théorie de l'inertie des fluides.

« Hiéron voulant offrir aux dieux un gage de sa reconnaissance, avait donné au plus habile artiste de son royaume une masse d'or très-pur pour la fabrication d'une couronne. L'artiste avait apporté, au temps indiqué, une magnifique couronne d'or du même poids que la matière qu'il avait reçue. Satisfait de l'ouvrage, le roi l'avait dignement récompensé; et la couronne était placée dans le temple, lorsqu'on fit part à Hiéron des soupçons qu'on avait sur la fidélité de l'artiste. Le prince, voulant les confirmer ou les détruire, proposa ce problème à Archimède, qui s'en occupa longtemps sans en trouver la solution.

« Un jour qu'il y pensait en se mettant au bain, il observa qu'en s'enfonçant dans l'eau son corps acquérait une espèce de légèreté. Cette observation fut un trait de lumière qui lui fit entrevoir le principe sur lequel est fondée la solution de ce problème. Transporté de joie, il sort du bain, et sans faire attention à l'état de nudité où il se trouve, on assure qu'il courut chez lui, en criant dans les rues de Syracuse : *Je l'ai trouvé, je l'ai trouvé!* Je laisse au lecteur judicieux le soin d'apprécier le degré de confiance que mérite le rapport de ces circonstances fabuleuses, toujours embrassées avec empressement par le vulgaire trop crédule.

« Un solide plongé dans un fluide perd une partie de son poids, égale au poids du volume du fluide déplacé. Tel est sans doute le principe que l'immersion de son corps dans l'eau fit découvrir à Archimède, quoique les historiens de l'anquité prétendent qu'il ne fit d'autre remarque, si ce n'est qu'à mesure qu'il s'enfonçait dans l'eau, elle montait par dessus les bords.

« Quoi qu'il en soit, Archimède ne pouvait parvenir à la solution du problème proposé sans connaître le rapport des pesanteurs spécifiques de la couronne, de l'or et de l'argent qui entraient dans sa composition ; et voici le moyen qui fut, suivant Vitruve (1), employé par Archimède pour parvenir à cette connaissance.

« Il fit faire deux masses, l'une d'or, l'autre d'argent, de même poids que la couronne, et il plongea dans un vase, exactement plein d'eau, la masse d'argent qui en fit sortir une quantité d'eau proportionnelle à son volume.

« Il fit la même expérience, d'abord avec la masse d'or, ensuite avec la couronne. La quantité d'eau que chacune de ces masses fit sortir du vase exactement plein lui fit connaître leur volume respectif; et comme la pesanteur spécifique n'est autre chose que le rapport du poids au volume, il est visible qu'Archimède a pu connaître, par ce moyen, la pesanteur spécifique de l'or, de la couronne, de l'argent, et parvenir ainsi à la connaissance du rapport des poids des métaux dont la couronne se compose.

« Ce moyen n'est pas rigoureux, parce qu'il n'est pas possible de recueillir exactement toute la quantité de fluide qui s'échappe par les bords d'un vase bien plein dans lequel on plonge un solide ; et puisqu'Archimède a donné une solution rigoureuse du problème proposé, il faut croire que son immersion dans l'eau lui a fait découvrir le principe qui peut seul conduire à la connaissance exacte de la pesanteur spécifique des solides, savoir : qu'un solide plongé dans un fluide perd une partie de son poids, égale au poids du volume du fluide qu'il déplace.

« J'ajoute, pour dissiper tous les doutes qu'on pourrait élever sur cet objet, que ce principe était connu d'Archimède, et qu'il l'a consacré dans son traité *De Insidentibus in fluido*. Quelques lecteurs me sauront gré de montrer ici comment Archimède est parvenu à la connaissance de cette loi, dont la découverte de la balance hydrostatique a longtemps après confirmé l'existence.

« Telle est, dit Archimède, la nature des liquides, que leurs molécules étant supposées égales, et situées les unes à côté des autres, celle qui est soumise à une moindre pression est chassée par celles qui éprouvent la plus grande. Les liquides ont, comme les solides, une tendance vers le centre de la terre, qui constitue leur pesanteur ; cette pesanteur combinée avec l'extrême mobilité des molécules des liquides, détermine la forme sphérique que prend toujours la surface d'un liquide jouissant de sa liberté ; et le centre de la terre est le centre de la sphère à laquelle appartient cette surface.

« Concevons à présent avec Archimède

(1) *Archit.*, lib. IX, cap. 3.

deux plans partant des extrémités de la surface d'un liquide, et aboutissant au centre de la terre. Il se forme un cône que nous pouvons, sans altérer le résultat, supposer entièrement liquide, et que nous concevons partagé en deux cônes égaux A et B, par un troisième plan mené du centre de la terre perpendiculairement à la surface du liquide. Imaginons à présent deux solides de même poids et de même volume, ayant une pesanteur spécifique égale à celle du liquide : l'un est entièrement immergé dans le cône liquide A ; l'autre est supposé n'être plongé qu'en partie dans le cône liquide B. Il est visible que la pression exercée sur les molécules liquides, voisines du sommet dans le cône B, est plus grande que celle qui s'exerce sur les molécules semblablement situées du cône liquide A ; et cet excès de pression égale le poids de la partie non immergée du solide : ce qui détermine une rupture d'équilibre. Il faut, pour son rétablissement, que le solide soit entièrement plongé. Le solide descend donc dans le cône liquide B ; mais du moment qu'il est entièrement immergé, je le vois sollicité par des pressions égales et opposées qui nécessitent le repos.

« Je ne suivrai point Archimède déterminant par des moyens semblables les phénomènes qui doivent résulter de la position d'un solide sur la surface d'un fluide. Le solide doit se précipiter jusqu'au fond, rester immobile du moment qu'il est immergé, ou flotter sur la surface, suivant que sa pesanteur spécifique est plus grande, égale ou moindre que celle du liquide. Dans ce dernier cas, le solide ne peut rester en repos que lorsque la même verticale traverse le centre de pesanteur de la partie plongée et de celle qui ne l'est pas.

« La retraite du Nil causait toujours, par la stagnation des eaux limoneuses qu'il abandonnait dans sa course, une infection qui se répandait dans tous les lieux du voisinage. Archimède trouva un moyen prompt et facile d'épuiser ces eaux sans employer de grandes forces, dans l'invention de cette vis miraculeuse, pour me servir de l'expression de Galilée, qui porte le nom de son auteur.

« Cette vis n'est autre chose qu'un cylindre tournant sur deux pivots, et autour duquel on a roulé en spirale un tuyau creux. On incline le cylindre à l'horizon, et l'on fait plonger dans l'eau l'orifice du canal. Si, par un moyen quelconque, on fait tourner la vis suivant une direction contraire à celle du tuyau spiral, l'eau glisse dans le canal, se porte de spire en spire, et va se décharger par son extrémité supérieure.

« Archimède publia le mécanisme de cette admirable machine, et laissa à ses successeurs le soin d'expliquer les effets qu'elle fait naître. Ils dépendent, non comme on l'a dit trop souvent, de l'action seule du poids de l'eau, mais de cette action combinée avec le mouvement de la spire et avec la résistance qu'elle oppose.

« Que dirai-je de l'embrasement de la flotte de Marcellus au siége de Syracuse, à la faveur d'un miroir ardent imaginé par Archimède ? En vain eût-il tenté une entreprise de ce genre avec un seul miroir de courbure continue, soit sphérique, soit parabolique. Il faut, pour donner de la vraisemblance à l'invention de ce grand homme et au succès qu'on lui attribue, concevoir son miroir formé d'un grand nombre de petits miroirs planes et mobiles, qu'on puisse incliner à volonté, pour diriger les rayons solaires vers un même point. C'est ainsi que Kirker a prouvé la possibilité de la découverte d'Archimède, que Buffon a de nos jours rendue probable, en enflammant du bois à deux cents pas de distance, et à celle de cent cinquante, plusieurs substances métalliques.

« Des observations importantes sur les solstices et l'invention d'une sphère représentant avec fidélité tous les mouvements des corps célestes, donnent à Archimède de nouveaux droits à la célébrité. Il est fâcheux que nous ayons à regretter la perte des ouvrages qui renfermaient ces découvertes.

« Une imagination vive et brillante est sans doute un des présents du ciel les plus précieux et les plus rares. Elle était commune aux philosophes de la Grèce et au physicien de Syracuse. Les premiers, s'abandonnant à ses caprices, exercèrent son activité sur des chimères. Le second, sans cesse tourmenté par la crainte de ses écarts, la soumit à l'empire d'un jugement sain et sévère, la dirigea constamment vers la recherche des lois qui engendrent les phénomènes, et la fit ainsi servir à donner à la physique des bases durables comme la vérité et la nature. »

Archimède a-t-il pu incendier la flotte romaine ? *Voy.* Miroirs comburants et Miroirs courbes.

ARCTIQUES (Régions). — On désigne sous le nom général de *régions arctiques* l'immense espace de terres et de mer compris entre le pôle boréal et les côtes des deux continents.

Les régions arctiques constituent, par leur étendue, par les phénomènes imposants qui les caractérisent, et par les explorations dont elles ont été récemment le théâtre, une des parties du globe les plus intéressantes à étudier. En voici l'imposant tableau tracé par un savant voyageur, M. Lacordaire.

« A partir du détroit de Behring jusqu'à la Nouvelle-Zemble, l'Océan Arctique n'offre qu'un seul archipel de quelque étendue, celui de la *Nouvelle-Sibérie*, ou de *Liakhoff* (135°—150° long. E.), déjà reconnu en 1711 et 1724, puis oublié, et retrouvé en 1774 par l'armateur russe de ce dernier nom. Les quatre îles qui le forment : la *Nouvelle-Sibérie*, *Fadiewewskoï*, *Kototnoï* et *Kamen-Kirriliackh*, sont composées d'argiles et de sables contenant une quantité considérable d'ossements fossiles d'éléphants, dont l'ivoire est aussi blanc et aussi estimé dans le commerce que celui fourni par l'Asie et l'Afrique. Les Sibériens des côtes voisines visitent chaque année ces îles, pour y chercher l'ivoire dont nous parlons, et qui est l'objet d'un commerce assez étendu. A l'est, à l'embouchure de la Kolyma, et à l'ouest, à celle de la Léna, se trouve une immense quantité d'autres îles, qui paraissent formées par les atterrissements de ces deux fleuves, et ne sont qu'un composé de tourbe, de sables et d'ossements analogues à ceux qui précèdent, le tout reposant sur des glaces boueuses qui ne dégèlent jamais.

« La *Nouvelle-Zemble*, située entre les 50°—75° long. E., vis-à-vis la Laponie d'Europe, s'étend, du S.-O. au N.-O., sur une longueur d'environ 600 lieues. Le détroit de Matotchkin, découvert par Litke dans ces dernières années, la partage en deux portions inégales, dont la plus méridionale, suivant le même navigateur, est une terre basse et plate, tandis que l'autre présente des montagnes assez élevées, dont les sommets sont couverts de neiges éternelles. L'une de ces montagnes, nommée *Sarytcheff*, qui est un volcan en activité, constitue le mont ignivome le plus boréal de tout le globe. Des montagnes et des champs de glaces assiégent les côtes de la Nouvelle-Zemble pendant toute l'année; néanmoins, pendant les courts mois de l'été, un peu de verdure se montre çà et là, et réjouit l'œil attristé par l'horreur du climat et le spectacle de la nature expirante. Entre cette terre et le continent se trouvent les îles de *Waïgats* et de *Kalgouef*, dont la première donne son nom à un détroit fameux dans les récits des premiers navigateurs des régions arctiques.

« Les îles de *Loffoden*, et la multitude d'autres qui flanquent les côtes de la Norwége, faisant partie de ce dernier pays, trouveront leur place ailleurs, et nous nous bornerons par conséquent à en faire ici une simple mention.

« Au nord nord-ouest de ces îles, à environ 450 lieues de distance, se trouve le groupe du *Spitzberg*, découvert par Barentz, en 1596, et composé de trois îles : la *Nouvelle-Frieselande* ou le *Spitzberg* proprement dit, qui est la plus considérable; la *Terre du Nord-Est*, la plus boréale, et l'île *Edges*, au sud-est. Au sud de cette dernière sont groupés une multitude d'îlots connus sous le nom d'*Archipel des mille îles*, et il en existe plusieurs autres au nord de la Nouvelle Frieselande. Le Spitzberg n'offre de loin, à l'œil des navigateurs, qu'une masse énorme de pics, de chaînes et de précipices, qui s'élancent subitement du sein de la mer à 3000 et 4500 pieds de hauteur, et dont les glaciers jettent au loin le plus vif éclat. Les teintes brunes, vertes, pourpres, etc., qui les décorent, forment le plus brillant contraste avec les neiges qui les environnent. Un silence solennel, interrompu seulement de temps à autre par les craquements des glaciers et la chute des masses qui s'en détachent, règne sur cette terre de désolation. L'homme attiré par la présence des phoques qui pendant l'été y abondent, la visite chaque année, et les négociants d'Arkhangel ont même établi à Smeeremberg, sur la côte occidentale de la Nouvelle-Frieselande, un poste permanent de chasseurs qu'ils font relever tous les ans. La géologie du Spitzberg a fait quelques progrès dans ces dernières années. La partie orientale, qui est moins abrupte que l'autre, paraît avoir pour base une roche trapéenne grossière, sur laquelle reposent des couches alternatives de calcaire siliceux et coquillier, de schistes et d'argile contenant de rares fragments granitiques. Des ossements de baleines ont été trouvés dans quelques endroits, à une hauteur considérable au-dessus du niveau de la mer, et sembleraient indiquer que cette portion du Spitzberg doit son apparition hors du sein des eaux à un soulèvement de date récente. La partie occidentale et les chaînes de montagnes qui la couvrent sont occupées par des roches primitives, où domine le schiste micacé disposé en couches verticales, et alternant avec des roches quartzeuses, des grès, des gneiss, etc. On y trouve aussi du gypse, et surtout de riches dépôts de lignite et de houille, d'une exploitation facile, et dont les pêcheurs hollandais avaient coutume, il y a quelques années, de se pourvoir pour leur voyage de retour.

« Ce que nous connaissons de la composition géologique de toutes ces terres est dû aux deux expéditions du capitaine Parry, en 1819-20, et 1821-22-23. La côte occidentale de la mer de Baffin, jusqu'à l'entrée du détroit de Lancastre et Barrow, présente des roches cristallines où dominent le gneiss, le schiste micacé et le granit. A l'entrée du détroit, dans la baie de la Possession, on a observé le granit et la syénite, joints à des grès rouges de formation récente, et à des gypses fibreux et granulaires. Les côtes du Devon septentrional sont presque entièrement composées de roches calcaires qui se retrouvent sur les deux bords de la passe du Prince-Régent, mais plus compactes, et avec des dépôts de minerai de fer, de houille, et une grande quantité de débris de coquilles fossiles. On trouve aussi du gypse avec ces calcaires. La petite île de Byam Martin paraît entièrement composée de roches granitiques et quartzeuses. Le havre d'hiver, dans l'île Melville, est formé de granit, de gneiss et de syénite, de roches quartzeuses et de grès contenant des coquilles et des fougères arborescentes fossiles. Des dépôts houillers et ferrugineux se présentent aussi dans plusieurs points. Les terres de l'archipel Baffin-Parry sont, en général, peu élevées au-dessus du niveau de la mer, leur hauteur moyenne étant d'environ 800 pieds, et leurs plus hauts sommets ne dépassant pas 1500. Leurs vallées sont étroites et taillées à pic. Elles sont couvertes, pendant la majeure partie de l'année, de neiges et de glaces, qui brillent des couleurs les plus riches. Le sol qui les recouvre ne dégèle qu'à une profondeur d'un pied tout au plus pendant l'été, et plus bas ne dégèle jamais. La composition géologique de ces pays est assez variable. Les roches cristallines et stratifiées dominent alternativement par placés, et l'on n'a point observé jusqu'ici de formations tertiaire ni volcanique. Les roches stratifiées sont généralement des calcaires de transition : elles renferment des fossiles ; on y a trouvé des madrépores, des trilobites et des coquilles des genres *nautilus*, *trochus*, *orthocères*, caractéristiques sur tout le globe pour les formations de cette époque. On n'a rencontré dans ces îles aucuns dépôts alluvionnaires ; quelques-unes d'entre elles sont couvertes de mornes isolés, souvent de dimensions énormes, composés de blocs roulés de gneiss, de granit et de quartz. Ce phénomène est d'autant plus remarquable, que les îles où il a été observé sont entièrement calcaires, et qu'il n'existe qu'à de fort grandes distances des montagnes de même nature que ces masses erratiques.

« Le climat et le cours des saisons présentent dans les régions arctiques des caractères particuliers et frappants, qui modifient singulièrement l'aspect de la nature entière. Après quelques semaines d'un été brûlant, pendant lequel le soleil, toujours élevé au-dessus de l'horizon, a liquéfié en partie les énormes blocs de glaces qui couvraient la surface du sol, le froid reprend son empire accoutumé. La neige commence à tomber dès la fin d'août, et, avant le mois d'octobre, la terre en est recouverte à deux ou trois pieds de hauteur. Le long des rivages, et dans le fond des baies, l'eau douce fournie par les ruisseaux ou le dégel des neiges anciennes, se convertit subitement en une glace solide. A mesure que le froid augmente, l'humidité contenue dans l'air se dépose sous la forme d'un brouillard intense, qui se convertit en aiguilles de glace, qui continuent de flotter dans l'atmosphère, et semblent percer ou excorier la peau lorsqu'elles la touchent. La mer, qui n'a pas perdu encore toute la chaleur qu'elle a reçue, et qui est à cette époque à une température plus élevée que l'air environnant, dégage d'épaisses vapeurs qui pèsent immobiles à sa surface. Bientôt la cessation de ce brouillard et la sérénité de l'atmosphère annoncent que l'équilibre de température est rétabli, ce qui a lieu ordinairement vers la fin de décembre : une couche uniforme de glace emprisonne la surface unie de la mer, et gagne souvent l'épaisseur d'un pouce pendant une seule nuit. L'hiver s'établit alors dans toute son horreur. Le thermomètre descend jusqu'à 45° au-dessous de zéro, surtout quand soufflent les vents glacés du nord-est. Les malheureux habitants, couverts de fourrures, demeurent claquemurés et pressés les uns contre les autres dans leurs huttes, dont ils bouchent soigneusement les moindres ouvertures. Leurs provisions, quoique renfermées dans la même pièce que celle où ils tiennent du feu constamment allumé, sont souvent gelées, au point que la hache seule peut les entamer. Les parois intérieures de la hutte sont tapissées d'une épaisse couche de glace, et si l'on ouvre un instant une fenêtre pour renouveler l'air, l'humidité de celui-ci se condense subitement, et se précipite sous la forme de flocons de neige. Au dehors règnent un calme et un silence solennels, que troublent seulement de temps à autre de bruyantes explosions, causées par les rochers qui se brisent avec fracas. Le plus léger son se perçoit alors à de grandes distances ; le capitaine Parry rapporte que, pendant son hivernage dans l'île Melville, les hommes de son équipage s'entendaient réciproquement causer à un mille d'éloignement.

« Enfin le soleil reparaît sur l'horizon, et ses rayons languissants commencent à éclairer d'un jour incertain la nature engourdie. La gelée cesse de faire des progrès, et, dès le mois de mai, les habitants affamés sortent de leurs demeures pour aller pêcher sur les bords de la mer. A mesure que le soleil s'élève davantage, ses rayons acquièrent plus de puissance ; la neige disparaît par degrés ; la glace se dissout, et d'énormes fragments, minés en dessous, se détachent des hauteurs, et tombent avec le fracas du tonnerre. L'Océan se dégage à son tour de son enveloppe solide, qui se brise avec des bruits épouvantables. Les énormes champs de glaces, mis ainsi en liberté, sont à leur tour dispersés et brisés par les vents et les courants. Cette dispersion a lieu ordinairement à la fin de juin, mais l'atmosphère se remplit, comme au commencement de l'hiver, d'un brouillard impénétrable, qui, environnant presque constamment les montagnes de glaces, les dérobe à la vue des marins, et rend la navigation excessivement dangereuse. Dans le courant de juillet, l'atmosphère devient de nouveau sereine, et le soleil brille avec une splendeur qui rivalise avec celle qu'il possède dans les régions équinoxiales. Vers la fin de l'été, la chaleur est même insupportable, et produit dans le fond des baies où elle s'accumule des effets presque inconnus dans nos climats ; on voit alors le goudron liquéfié couler le long des flancs des navires, et le thermomètre s'élever, à l'ombre, jusqu'à 33°.

« Les glaces qui, à cette époque de l'année, flottent par milliers dans les mers, sont de deux espèces : celles formées d'eau douce, et celles dues à la congélation de l'eau salée. Ces dernières sont les plus considérables, et couvrent des espaces de plusieurs kilomètres d'étendue en tous sens. Leur hauteur est souvent de plus de cent mètres au-dessus du niveau de la mer. Elles se forment le long des rivages, où les courants et les tempêtes rassemblent et empilent, les uns sur les autres, les fragments de la couche de glace qui s'était formée à la surface de la mer. Détachées ensuite des rivages par les chaleurs de l'été ou d'autres causes, elles sont transportées de côté et d'autre au gré des vagues. Ces champs de glace s'étendent surtout le long de la côte orientale du Groënland, où ils forment une barrière impénétrable qui ne se rompt jamais entièrement, et qui s'étend quelquefois à l'est jusqu'au Spitzberg. Les glaces d'eau douce prennent naissance à terre par la fonte et la congélation alternatives des neiges et des ruisseaux ; elles tombent à la mer pendant l'été, et flottent confondues avec les précédentes, dont elles se distinguent par leur transparence, leur dureté et les couleurs admirables dont elles brillent lorsqu'elles réfléchissent les rayons du soleil. Les marins habitués à ces parages reconnaissent à d'énormes distances, non-seulement chacune de ces deux espèces de glaces, mais encore leur grandeur et celle de leurs fragments, à un éclat particulier dont brille le ciel à l'horizon dans les lieux où elles existent. Rien n'égale les dangers que ces masses prodigieuses font courir aux navires, soit qu'elles s'entrechoquent avec fracas pendant les tempêtes, soit que, chavirant sur elles-mêmes par suite d'une fusion inégale dans quelques-unes de leurs parties, elles engloutissent les bâtiments qui se trouvent dans leur voisinage. Il arrive aussi quelquefois que des fragments, qui se détachent de la portion ensevelie sous l'eau, ou qui ont plongé après être tombés, s'élèvent avec une rapidité toujours croissante jusqu'au-dessus de la surface et crèvent ainsi les navires.

« Les autres phénomènes physiques ne sont pas moins remarquables que ceux produits par ce froid dont nous venons de donner une faible idée. L'année se trouve partagée en deux périodes distinctes, l'une d'obscurité et l'autre de lumière, qui varient dans leur proportion respective selon la latitude, mais qui ont à peu près chacune six mois de durée. Il ne faut pas croire cependant que pendant la période de nuit les ténèbres couvrent la terre sans interruption ; le soleil ne descendant que rarement à 18° au-dessous de l'horizon, terme auquel commence la lueur du crépuscule, les régions arctiques jouissent constamment de cette lueur, dont les glaces et la neige augmentent singulièrement l'éclat ; même au milieu de l'hiver, lorsque le temps n'est pas brumeux, on peut à midi lire sans peine l'écriture la plus fine, ainsi que l'a éprouvé le capitaine Parry pendant son hivernage dans l'île Melville. La durée du crépuscule est ensuite augmentée considérablement par la réfraction des rayons lumineux dans l'atmosphère, qui est beaucoup plus dense que dans nos climats. La réfraction horizontale élève ordinairement le limbe inférieur du soleil et de la lune d'environ la douzième partie de leurs diamètres, d'où il suit que ces deux astres paraissent sur l'horizon quelques jours plus tôt, et y restent autant de jours plus tard qu'ils ne devraient le faire d'après leur position astronomique. Le phénomène de l'aurore boréale est aussi presque permanent pendant la même saison, et ne déploie nulle part plus de magnificence. Pendant l'hiver les rayons lumineux, réfractés par une atmosphère remplie de particules glacées, prennent mille formes bizarres, telles que celles de cercles colorés de vives nuances autour du soleil et de la lune, d'arcs-en-ciel bizarres, de nappes étincelantes qui occupent une partie du ciel. Pendant l'été des orages violents ont quelquefois lieu, mais le bruit du tonnerre se fait rarement entendre, même lorsque les éclairs entr'ouvrent le sein des nuages.

« L'homme, organisé pour vivre sous tous les climats, a étendu son espèce dans les régions arctiques jusqu'aux environs du 78° parallèle. Deux races, que de fortes probabilités indiquent avoir été distinctes dans l'origine, les Groënlandais et les Esquimaux, se sont partagé ces affreuses solitudes ; et des habitants du nord de l'Europe, guidés par des motifs de prosélytisme ou de commerce, ont eu le courage de s'exiler au milieu de la première.

« La nature a déployé également dans ces tristes régions plus de richesses et de variétés qu'on ne serait au premier aspect tenté de le croire. Les mers surtout sont le théâtre de son inépuisable fécondité, et elle a pourvu à la subsistance des créatures gigantesques dont elle les a peuplées, en y répandant avec profusion les êtres gélatineux et inférieurs de la classe des zoophytes. Leur multitude innombrable donne aux mers arctiques une couleur vert-olive foncé qu'on observe rarement ailleurs. M. Scoresby, à qui l'on doit les observations les plus complètes sur ces parages, a établi par un calcul que deux milles carrés en étendue contiennent un nombre d'animalcules microscopiques si considérable, qu'il eût fallu 80,000 personnes, ne faisant que cela depuis l'origine de l'ère du monde, pour les compter. Les crustacés sont, après ces animaux, les plus nombreux, surtout les espèces des genres *crabe*, *chevrette* et *palémon*, qui sont si voraces, au rapport de Parry, qu'on ne peut plonger dans la mer un quartier de viande pendant quelques heures sans qu'il ne soit dévoré jusqu'aux os. Une foule d'autres espèces, surtout des *seiches*, des *actinies*, des *biphores*, etc., et des annélides marines servent aussi de proie aux animaux d'un ordre supérieur.

« Parmi ces derniers les cétacés jouent le premier rôle. Outre la baleine franche (*Balæna mysticetus*), bien diminuée en nombre aujourd'hui par la guerre active que les pêcheurs de toutes les nations lui font depuis deux siècles et demi, les mers polaires possèdent le cachalot (*Physeter microps*), la seule espèce avec la précédente à laquelle s'attaque l'homme ; le gibbar (*Balænoptera gibbar*), la baleine à museau renflé (*Balæna musculus*), celle à bec (*B. rostrata*), la *B. boops*, la petite baleine blanche, le narval, et enfin le dauphin, qui se trouve répandu dans toutes les mers du globe. Les mammifères amphibies comptent parmi leurs principales espèces les suivantes : le *phoque océanique* des côtes de la Laponie, où il ne paraît que l'été ; le *P. groënlandais ;* le *P. veau marin*, qui descend parfois jusque sur nos côtes ; le *P. barbu*, et plusieurs autres espèces encore mal définies ; le *stemmatope à crête*, et le *morse* ou *walrus*. Tous sont impitoyablement poursuivis par les pêcheurs, qui se dédommagent souvent sur eux du peu de succès de la pêche de la baleine. Les autres habitants des mers Arctiques, les poissons, fourmillent sur les côtes pendant le court intervalle de la belle saison ; c'est de leurs profondeurs les plus reculées que partent chaque année ces légions innombrables de harengs, qui, après s'être répandues comme une véritable manne le long des côtes de l'Europe, de l'Amérique, reviennent sous les glaces des pôles réparer les pertes qu'elles ont éprouvées de la part de l'homme et des multitudes d'ennemis qui les suivent dans tout le cours de leurs migrations.

« Les autres mammifères des régions arctiques appartiennent tous à la terre. En tête se présente le redoutable ours blanc, l'effroi de tous les autres animaux de ces régions, et de l'homme lui-même, qu'il attaque toutes les fois qu'il se présente à lui. L'ours blanc rôde toute l'année en quête de sa proie : sa femelle seulement, dont la gestation a lieu pendant l'hiver, se retire à cette époque dans les creux des rochers pour y mettre bas. De nombreuses bandes de loups affamés errent de côté et d'autre pendant la même saison, cherchant à surprendre les chiens (*Canis borealis*) que les Esquimaux ont réduits en domesticité, et qui constituent leur propriété la plus précieuse. L'isatis, ou renard bleu (*Canis lagopus*), et le renard argenté, ne se montrent qu'à cette époque, et annoncent l'hiver par leur présence. A son approche, au contraire, les rennes, les daims et les bœufs musqués, qui sont en petit nombre, émigrent vers le sud, et vont chercher un climat plus doux sur le continent voisin de l'Amérique. Si à ces animaux on ajoute une espèce de lièvre découverte par le capitaine Parry sur l'île Melville, on aura la liste complète des mammifères des régions arctiques.

« Les espèces d'oiseaux entomophages et granivores sont très-rares dans les régions arctiques, et jamais leurs chants, qui font le charme de nos forêts, ne s'y font entendre : l'air ne retentit que des cris rauques d'innombrables oiseaux de mer, tels que les goelands, les mouettes, les pétrels, les labbes, etc., qui obscurcissent les airs de leur multitude. Chaque année des légions d'oies, de canards, de pluviers, de combattants (*Tringa*), de lagopèdes, etc., parties du sud, viennent s'abattre sur les rivages des terres arctiques, et s'en retournent aux approches du froid. L'eider, qui fournit ce duvet précieux que notre luxe a mis à profit, l'édredon, s'empare à cette époque des crevasses les plus inaccessibles des côtes du Groënland, et devient pour les habitants l'objet d'une chasse très-lucrative.

« Le règne végétal ne peut soutenir la comparaison avec celui qui précède. Les pins, les mélèses, les sapins, les bouleaux, qui composent les magnifiques forêts de la Nouvelle-Bretagne et du Canada, ne peuvent braver les rigoureux hivers des régions arctiques, et aux approches du cercle polaire ils échangent leurs formes imposantes contre celles d'arbrisseaux rabougris, atteignant à peine à quelques pieds de hauteur : on ne les rencontre même que dans la partie méridionale de l'archipel Baffin-Parry et du Groënland. A l'île Melville un saule nain (*Andromeda tetragona*) fournit seul aux Esquimaux le bois nécessaire pour la confection de leurs armes et des autres objets analogues : la mer les en dédommage en jetant sur leurs grèves désertes d'immenses quantités de bois que les courants ont enlevés aux continents voisins. Dès les premiers jours de l'été, un petit nombre de plantes phanérogames se développent avec une rapidité surprenante, et brillent au milieu de la neige et des glaces : ce sont des renoncules, des anémones, plusieurs espèces de saxifrages, un beau pavot à corole jaune ; quelques baies sans saveur, surtout celles de l'*Aronia ovalis*, fournissent aux habitants un aliment nouveau dont ils font usage avec délices. Mais les plantes les plus précieuses sont celles que la nature a destinées à fournir un remède contre le scorbut, telles que le cochléaria et diverses espèces d'oseilles qui végètent encore sous la neige, là où la végétation a atteint ses dernières limites. Les cryptogames seules abondent dans les régions qui nous occupent. Des fucus gigantesques forment dans la mer d'immenses forêts qui servent de retraite aux cétacés et aux poissons. Les mousses et les lichens tapissent partout les rochers, et l'un d'eux, le plus précieux de tous (*Lichenus rangiferus*), sert à la fois de nourriture aux rennes et aux Esquimaux, qui, après l'avoir fait bouillir, le convertissent en une espèce de pain grossier. Les champignons et les fougères, d'une organisation plus élevée que les lichens, croissent également en abondance, et les eaux douces se remplissent de conferves aussitôt après le dégel. Nous ne pouvons non plus passer sous silence un cryptogame microscopique d'un rouge éclatant, le *Protococcus nivalis* d'Agardh, qui croît au milieu des neiges, et les fait paraître couleur de sang ; cette plante n'est plus, du reste, propre aux régions polaires, mais se retrouve sur les roches calcaires de l'Ecosse, de la Laponie, et des contrées alpines de l'Europe méridionale.

« Il nous reste maintenant à jeter un coup d'œil sur les plus hautes latitudes atteintes vers le pôle boréal. Nous pouvons regarder comme non avenues les prétentions de quelques anciens capitaines de baleiniers hollandais, qui assurent avoir été poussés, par les vents et les courants, jusque par le 88e et même le 89^e $\frac{1}{2}$ parallèle nord, c'est-à-dire à environ sept lieues du pôle. Ces latitudes, déterminées d'après l'estime de la marche des navires, et non d'après les observations astronomiques, ne méritent aucune confiance. Hudson est encore celui des anciens navigateurs qui se soit avancé le plus près du pôle, ayant atteint 81° en 1609. Après lui Fotherby arriva à 79° ; Maccallam, en 1751, atteignit 83° 50' ; Wilson, en 1754, 81°. La même année Stephens s'éleva au plus haut point qu'on eut encore gagné dans les mers polaires, étant parvenu jusqu'aux 84° 50': Phipps, en 1773, ne put arriver que par les 79°. Cette entreprise de faire le tour du globe, dans la direction du méridien, a été l'objet de remarquables efforts depuis le commencement de notre siècle : Scoresby, qui s'y est particulièrement dévoué, l'a tentée à plusieurs fois sans pouvoir dépasser le 81e parallèle. Le capitaine Sabine, expédié en 1823 par le gouvernement anglais, a été encore moins heureux, et ne s'est élevé qu'à 80° 20'. Enfin une dernière entreprise, la plus audacieuse de toutes, nous reste à mentionner. Jusqu'ici on n'avait tenté de parvenir au pôle qu'à l'aide de la navigation, et lorsque les navires étaient pris dans les glaces, il fallait renoncer à tout espoir de réussite. En 1827, l'infatigable capitaine Parry, de retour de ses trois voyages, conçut l'idée de se servir de la glace elle même pour se frayer une route au pôle, et fit voile sur *l'Hécla* pour le Spitzberg, à partir duquel des traineaux devaient le conduire à son but; mais, après avoir atteint les 82° 40' au milieu de fatigues et de dangers inouïs, il fut obligé de revenir sur ses pas.

« Les observations de toute espèce faites pendant les voyages de ces dernières années ont considérablement avancé nos connaissances sur les régions arctiques, et sont du plus haut intérêt pour toutes les branches des sciences. Ainsi Parry, dans son premier voyage, a déterminé, à très-peu de chose près, la position du pôle magnétique occidental, qu'il a trouvé être situé par les 73° lat. N. et environ 100° long. O. (méridien de Londres). Le volume des *Transactions philosophiques*, pour l'année 1826, contient sur ce sujet, et sur la météorologie en général dans les régions polaires, le corps le plus complet de renseignements qui ait encore été rassemblé sur cette matière. Son auteur est M. Forster, compagnon de voyage de Parry. Les collections d'histoire naturelle qui ont été rapportées, et qui sont maintenant réparties entre les musées de Londres et d'Edimbourg, ont fait connaître une foule d'espèces nouvelles, depuis la classe des mammifères jusqu'à celle des zoophytes. Le catalogue des espèces de ces régions, donné par Otto Fabricius dans le siècle dernier, se trouve aujourd'hui plus que doublé. Les divers appendices joints aux relations des trois voyages de Parry, surtout à celle du dernier par le professeur Jameson d'Edimbourg, sont très-précieux pour les géologues. Les détails sur les Esquimaux nous ont fait connaître l'état social et moral de cette race d'hommes jusqu'ici imparfaitement observée. Enfin, sous le rapport géographique, un coup d'œil suffit pour faire voir les résultats importants obtenus par ces voyages. Nous avons maintenant acquis la certitude que depuis le détroit de Behring jusqu'à celui de la Furie et de l'Hécla, le continent américain décrit une ligne onduleuse, dont les latitudes extrêmes s'étendent du 67e au 71°, et que toutes les terres situées au nord de cette ligne en sont détachées, et offrent entre elles plusieurs passages dans la mer polaire occidentale. Il est probable qu'un jour, dans une année où la fusion des glaces rendra ces passages praticables, quelque navire paraîtra dans l'Océan Pacifique, après avoir fait le tour de la côte boréale de l'Amérique; mais en même temps les illusions que se faisaient nos pères d'ouvrir dans cette direction une nouvelle route commerciale, sont à jamais détruites, et la science seule profitera de cette entreprise exceptionnelle et audacieuse. »

ARÉOMÈTRE (de ἀραιός, léger, et μέτρον, mesure), — Instrument servant à mesurer la densité relative des liquides dans lesquels il est plongé. On lui donne le nom de *pèse-liqueur*, *pèse-sirop*, *pèse-acide*, *pèse sel*, etc., selon ses différents usages. La construction d'un aréomètre repose sur le principe hydrostatique suivant : un corps solide, plongé dans un liquide quelconque, perd une partie de son poids égal à celui du volume de ce liquide déplacé. Un même corps solide plonge d'autant plus profondément que la densité du liquide est plus petite. On peut comparer les densités de deux liquides d'après les volumes qu'en déplace un même corps, pour se maintenir flottant sur l'un et sur l'autre. Si nous désignons par D et d les densités de deux corps dont les volumes sont représentés par V et v, et les poids par P et p, nous avons la relation suivante :

$$D : d :: \frac{P}{V} : \frac{p}{v}$$

Ainsi, lorsque les poids sont égaux en faisant $P=p$, nous avons aussi 1°....... $D : d :: v : V$; c'est-à-dire que les densités sont en raison inverse des volumes. C'est d'après cette formule qu'est construite la première classe des aréomètres. Mais si le corps descend à une égale profondeur dans les divers liquides, ce qu'on peut obtenir en faisant varier son poids, alors les volumes déplacés sont les mêmes ; on aura $V=v$, et par conséquent 2°...... $D : d :: P : p$; c'est-à-dire que les densités sont en raison directe des poids. C'est sur cette formule que repose la construction de la seconde classe des aréomètres. Beaumé inventa un aréomètre qui porte son nom, et qui est le plus usité, malgré ses défauts. Pour point fixe de l'échelle, il choisit l'eau pure et une eau salée (faite avec une partie de sel de cuisine sec et neuf parties d'eau). Il indiqua par 10° et 0° les points de l'instrument plongeant; il divisa l'intervalle en 10 parties égales, et porta encore 40 parties pareilles sur le restant de l'échelle; il crut ainsi pouvoir déterminer tout à la fois le degré de rectification des liqueurs spiritueuses, et leur poids spécifique.

J.-B. Richer fonda la construction de son aréomètre (alcoolomètre) sur le principe que des degrés égaux entre deux points trouvés pour le poids spécifique exactement déterminé donnent immédiatement la densité; les échelles différaient selon l'état de pureté et d'alcool. Il désigna par 0° le point jusqu'où l'instrument plongeait dans l'eau pure, et il prit, pour la détermination du second point normal de l'alcool, de 0, 821 poids spécifique ; il partagea l'intervalle en 100 degrés, et détermina les derniers d'après le tableau de Loewitz sur les poids spécifiques des liquides spiritueux, l'alcool = 0, 791, à 16° R.; puis, d'après ses propres déterminations, il établit l'alcool absolu = 0, 792.

Pour l'usage pratique, on exige souvent que les échelles aréométriques donnent par centièmes les parties d'une substance renfermée dans un mélange, par exemple, de l'alcool dans l'eau-de-vie, du sel dans la saumure, etc. Mais les densités des mélanges ne croissant pas d'après une loi générale, il faut connaître d'abord le rapport du poids spécifique aux parties constituantes d'un mélange. Comme on peut toujours entre deux points donnés graduer des échelles aréométriques pour tout poids spécifique, il n'y a qu'à chercher ces points qui appartiennent aux centièmes indiqués, les marquer sur l'échelle, et écrire à côté les tant pour cent. Soit, par exemple, le poids spécifique de l'eau à une température déterminée, = 1 ; celui d'un mélange d'eau et de 0, 05 d'alcool, = 0, 0919, pour 0, 1 alcool = 0, 9857, pour 0, 15 alcool, = 0, 9802, etc., on déterminera sur l'échelle aréométrique les degrés 1 ; 0, 9919 ; 0, 9857 ; 0, 9802.... et on écrira à côté 0; 05 ;15.... en exprimant par ces nombres les centièmes. A-t-on trouvé de la sorte les centièmes de l'alcool dans l'eau-de-vie, il est facile dès lors de calculer les parties aliquotes du contenu ; par exemple, les litres dans une mesure, ou les hectolitres dans une pipe, et de les indiquer sur l'échelle. Enfin il n'est pas difficile, d'après une division une fois calculée, de partager toute autre échelle aréométrique d'une longueur donnée.

Plus récemment, l'aréométrie a été traitée d'une manière très-développée par Meissner. Ce physicien trouve les difficultés qui s'opposent à la construction d'un aréomètre exact, principalement dans la forme non complétement cylindrique des tubes de verre qu'on peut cependant obtenir d'un calibre exact, par un choix soigneux et réclamé pour la grandeur de l'échelle. Si les tubes à employer dans la construction de l'aréomètre ne sont pas exactement cylindriques, il faudra corriger l'erreur sur l'échelle ; mais Meissner ne donne point à cet égard d'indications spéciales.

La seconde formule $D : d = P : p$ sert de principe à la construction de l'aréomètre avec poids. Ces aréomètres n'ont pas d'échelle fixe ; le poids spécifique des liquides est déterminé par les différents poids d'un corps plongeant d'un égal volume. Nicholson a proposé, sous le nom d'*hydromètre*, un instrument qui exige, à volume égal, des poids variables.

Il consiste en un cylindre fermé en haut et en bas par des surfaces arrondies, en fer-blanc ; à l'extrémité supérieure, dans la direction de l'axe, est fixée une verge de laiton, très-mince, sur laquelle se trouve, à un point déterminé, un petit anneau de fer-blanc, le tout est surmonté par une coupe plate ; un fil d'archal, soudé à l'extrémité inférieure, porte un étrier, et celui-ci un cône renversé ou un godet dont l'extrémité d'en bas est surchargée d'un poids. S'il doit servir à trouver le poids spécifique des liquides, il faut déterminer son poids absolu et celui dont il est surchargé, pour le faire plonger jusqu'à l'anneau du col ; et alors il arrive que les poids spécifiques des deux liquides se comportent comme les poids absolus de l'instrument, lorsqu'il plonge dans l'un et dans l'autre jusqu'au point marqué. L'inventeur ne voulait point l'employer uniquement pour ce but ; car cet instrument devait servir en même temps à la détermination du poids spécifique des corps solides, et à cet égard il est surtout recommandé par Haüy pour la détermination du poids spécifique des minéraux. S'il doit servir à cet usage, il n'est pas nécessaire de connaître son poids absolu. Pour obtenir le poids absolu du corps, on n'a qu'à chercher le poids ajouté avec lequel il plonge jusqu'à la marque du col, mettre le minéral dans la petite coupe, et enlever ensuite assez de poids pour que l'instrument plonge de nouveau jusqu'au point précédent. Mettant alors ce corps dans le petit godet, et le plongeant dans l'eau, il déplacera de l'eau un volume égal au sien. Le poids du dernier doit être remis dans la petite coupe pour rétablir le point normal jusqu'où plonge l'instrument ; ce poids, divisé par le poids absolu, donne le poids spécifique du corps. Ainsi l'aréomètre plongeant jusqu'au trait, avec 400 gr. de poids ajoutés, si l'on met un morceau de spath calcaire dans la coupe, et qu'on retire, à sa place, 250 gr. pour rétablir l'équilibre, qu'ensuite on mette le morceau de spath calcaire dans le petit godet, en y ajoutant 92 gr. pour faire de nouveau plonger l'instrument jusqu'au trait, on aura $\frac{250}{92} = 2,7173$ pour le poids spécifique du spath calcaire à l'égard de l'eau, prise comme unité, à la température pendant l'expérience. Quand on connaît le volume de l'appareil et la finesse du fil d'archal, on peut, par le calcul, déterminer l'exactitude qu'il est possible d'obtenir. Ces aréomètres sont pour la plupart construits avec des lames de laiton ; mais il s'y attache facilement, par le poli, une couche grasse qui empêche l'adhésion de l'eau, et les rend bien moins délicats. Pour que ces instruments soient d'une grande précision, il faut les faire en argent, ou mieux encore en verre. On se sert quelquefois, par économie, d'un moyen très-incertain pour connaître, par exemple, la valeur d'une eau salée, en concentrant cette eau au point qu'un œuf de poule n'y plonge pas au fond ; le résultat qu'on obtient ainsi est très-incertain. Un procédé analogue et plus sûr est celui dont on se sert à Londres pour éprouver les saumures destinées à saler les harengs : il consiste à faire nager dans cette saumure de petites boules de verre dont on connaît le poids.

Groening détermine la valeur de l'alcool dans l'eau-de-vie par la température de la liqueur. L'instrument auquel il donne le nom d'alcoolomètre est fondé sur les principes connus de la vaporisation et de l'ébullition.

Enfin M. Gay-Lussac est venu mettre un terme à toutes les difficultés qui s'élevaient chaque jour pour l'appréciation exacte des eaux-de-vie du commerce. Voici le principe dont M. Gay-Lussac est parti pour faire l'alcoolomètre qui porte son nom : « *La force d'un liquide spiritueux est le nombre de centièmes, en volume, d'alcool pur que ce liquide contient à la température de 15° centigrades.* » L'instrument que M. Gay-Lussac désigne sous le nom d'*alcoolomètre centésimal*, est, quant à la forme, un aréomètre ordinaire; il est gradué à la température de 15° centigrades. Son échelle est divisée en 100 parties ou degrés, dont chacun représente un centième d'alcool : la division 0° correspond à l'eau pure, et la division 100° à l'alcool. Plongé dans un liquide spiritueux à la température de 15°, il en fait connaître immédiatement la force. Des tables calculées avec le plus grand soin par M. Collardeau accompagnent ces alcoolomètres, et font connaître le degré réel à toutes les températures; elles donnent le rapport des degrés correspondants de l'échelle de Cartier et de celle de Beaumé.

Les avantages de l'alcoolomètre de M. Gay-Lussac ayant été bien reconnus, on a fait une loi pour en prescrire l'usage au commerce et à la régie.

ARISTARQUE DE SAMOS (264 avant Jésus-Christ). Les historiens de l'antiquité lui attribuent une longue série d'intéressantes observations sur le mouvement des planètes. Il se distingua par la manière dont il essaya de déterminer la distance de la terre au soleil, au moyen des phases de la lune, et par des idées saines sur l'origine des couleurs (*Aristar. incidentem in subjectas res lucem, colorem esse*). Les efforts qu'il fit pour faire revivre l'hypothèse du mouvement de la terre, lui acquirent surtout une grande célébrité. Il plaçait, dit Archimède (*in Arenario vallis*, t. III, p. 514), le soleil immobile au centre des orbes des planètes; et sur l'objection qu'on lui faisait que le mouvement de la terre devait changer l'aspect des étoiles, il répondit que le diamètre de l'orbe terrestre était insensible par rapport à leur distance.

ARISTOTE, célèbre philosophe grec, surnommé le *Prince des philosophes*, fondateur de la secte des péripatéticiens, né à Stagyre en Macédoine, l'an 384 avant Jésus-Christ, eut pour père Nicomaque, médecin distingué, ami d'Amyuthas III, roi de Macédoine. Il vint vers l'an 368 à Athènes, y suivit pendant vingt ans les leçons de Platon, et commença dès lors à se faire connaître par ses écrits. Après la mort de son maître (348), il quitta Athènes, blessé, dit-on, de n'avoir pas été désigné pour lui succéder, et se retira d'abord en Mysie, auprès d'Hermias, souverain d'Atarné, dont il épousa la sœur Pythias, puis à Mitylène dans l'île de Lesbos. Là il reçut de Philippe (343) une lettre dans laquelle ce prince le priait de se charger de l'éducation de son fils Alexandre, lui disant qu'il se félicitait moins de ce qu'il lui était né un fils que de ce que ce fils était né du temps d'Aristote. Après avoir passé plusieurs années à la cour de Macédoine, il suivit, à ce que l'on croit, son disciple dans ses premières expéditions en Asie, mettant à profit, pour les progrès de l'histoire naturelle, les trésors et les conquêtes du roi; puis il vint se fixer à Athènes vers l'an 331, et y fonda, dans une promenade voisine de la ville et nommée *Lycée*, une école nouvelle, qui prit le nom de *lycée;* on la nomme aussi école *péripatéticienne* (du mot grec περίπατος promenade). A la mort d'Alexandre (323), Aristote, resté en butte à la calomnie et aux attaques de ses envieux, se vit accusé d'impiété : il sortit d'Athènes sans attendre le jugement, voulant, disait-il, épargner aux Athéniens, déjà coupables de la condamnation de Socrate, un nouvel attentat contre la philosophie. Il alla s'établir à Chalchis en Eubée, où il mourut peu après, en 322, âgé de 62 ans. On a répandu, sur le genre de sa mort, les versions les plus contradictoires. On a dit même qu'il avait mis fin à ses jours. — Aristote est le génie le plus vaste de l'antiquité; il a embrassé toutes les sciences connues de son temps et en a même créé plusieurs. Ses écrits forment une sorte d'encyclopédie; pendant un grand nombre de siècles, ils posèrent la borne du savoir humain et jouirent d'une autorité absolue.

Il avait reçu de la nature une âme bouillante, inquiète, passionnée pour la gloire, peut-être même pour la vérité; elle lui arracha souvent des sacrifices, et particulièrement celui de quelques idées chéries qu'il avait puisées à l'école de son maître. A ces qualités précieuses, Aristote joignait un génie vaste qui lui fit embrasser dans ses recherches presque toutes les branches de la philosophie naturelle. Je passe sous silence, et l'histoire des animaux, monument impérissable élevé à la gloire de son auteur, et divers autres ouvrages entièrement étrangers à la physique. C'est surtout dans ceux qui ont pour objet le ciel, le monde, l'âme, les météores, que je vais puiser les éléments dont se compose la doctrine d'Aristote.

Aux deux principes reconnus par Platon, la matière et la forme, Aristote ajoute la privation. Ce qui naît de la matière était privé de la forme avant de toucher au moment de sa naissance : donc il sort du sein de la privation; et, conséquemment, la privation est un principe.

Ces trois principes combinés donnent l'existence aux substances élémentaires, le feu, l'air, l'eau, la terre et la matière éthérée : cette matière dont se composent tous les astres et le ciel qui les renferme; ce fluide incorruptible remplissant l'immensité des espaces célestes, et s'opposant ainsi à l'existence du vide qui tendrait à anéantir la nature, et qui conséquemment ne peut exister, excepté hors du monde.

L'étendue, l'impénétrabilité et la divisibilité sans bornes accompagnent tous les corps de la nature. La pesanteur n'appartient qu'à certains corps; elle caractérise ceux dont le mouvement naturel est rectiligne et qui tendent vers le centre du monde où repose la terre, avec des vitesses proportionnelles aux masses : tels sont l'air, l'eau, la terre : d'autres, tels que le feu, la flamme, qui suivent dans leur mouvement rectiligne une direction contraire à celle de la pesanteur, jouissent de la légèreté. La matière éthérée est la seule qui ne partage aucune de ces propriétés : le mouvement circulaire qu'elle a reçu de la nature lui ôte toute tendance à s'approcher ou à s'éloigner du centre de l'univers.

La pesanteur de l'air est reconnue par Aristote; et néanmoins il attribue à une aversion imaginaire de la nature pour le vide des phénomènes qui dépendent visiblement de la pression de ce fluide. Tel est celui que présentent ces espèces d'arrosoirs, qui s'écoulent ou s'arrêtent, suivant qu'on laisse l'orifice ouvert, ou qu'on le bouche avec le doigt ; telle est l'ascension d'un liquide que renferme l'extrémité d'un tube dont on aspire l'air par l'autre extrémité. Une erreur aussi grossière devrait sans doute exciter de la surprise, si l'histoire des sciences ne nous montrait fréquemment des génies du premier ordre méconnaissant des vérités exposées, pour ainsi dire, à leurs regards.

Aristote fait circuler le soleil et les planètes autour de la terre immobile au centre du monde, et dont la rondeur ne peut paraître équivoque, si l'on observe la forme circulaire de l'ombre qu'elle projette sur la lune. Ce serait ici le lieu de développer les preuves sur lesquelles Aristote fondait l'immobilité de notre habitation, et qui, malgré leur frivolité, ont enchaîné pendant des siècles tous les esprits à sa doctrine. J'en renvoie l'examen dans une des notes du chapitre consacré à l'exposition du système de Copernic.

Le feu, sous le rapport de la couleur, n'a aucun trait de ressemblance avec le soleil, qui jouit d'une blancheur éblouissante. Cet astre n'est donc point un feu réel; c'est un globe immense de matière éthérée : il doit sa faculté échauffante à l'action qu'il exerce en vertu de son mouvement circulaire sur le fluide éthéré qui l'environne.

Les comètes sont des feux passagers qui naissent dans le sein de l'atmosphère : la voie lactée elle-même n'est qu'un cercle d'exhalaisons enflammées par la révolution rapide des étoiles.

La chaleur solaire enlève à la partie solide de la terre des exhalaisons, et à sa partie liquide des vapeurs qui s'envolent, en vertu de leur légèreté, dans les régions atmosphériques. Les premières, spiritueuses et arides, s'enflamment par le mouvement rapide du fluide qui les renferme, et donnent ainsi naissance aux météores ignés dont l'atmosphère est le théâtre ; les secondes, que distingue l'humidité, font naître la grêle, la neige, la pluie, les brouillards, etc., suivant le degré de refroidissement qu'elles éprouvent.

Les vents ont pour cause la présence du soleil, qui détermine une rupture d'équilibre dans les colonnes fluides dont l'atmosphère se compose : ils suivent sans cesse cet astre dans sa course pour engendrer le phénomène des marées.

Aristote fait consister le phénomène du son dans le mouvement de l'air, et celui de l'écho dans la réflexion de ce fluide par une surface concave. Il ne voit dans le phénomène des couleurs qu'une qualité des corps tout à fait indépendante de l'organe de la vision. Il tente d'expliquer l'arc-en-ciel, la manière dont on aperçoit les objets, la rondeur constante de l'image du soleil reçue à travers une ouverture quelconque : mais, il faut l'avouer, les raisonnements sur lesquels il fonde ses explications ont un caractère de frivolité qui me commande leur oubli.

Deux puissances, qui se meuvent avec des vitesses réciproquement proportionnelles, exercent des actions dont l'égalité n'est point équivoque. Ce principe, consacré dans les Questions mécaniques d'Aristote, pouvait facilement le conduire à la découverte des véritables lois de l'équilibre, et lui épargner ainsi la honte d'attribuer à une propriété de cercle le repos qui s'établit entre deux poids inégaux dans un levier ou dans une balance dont les bras sont inégaux.

Ces brillants météores, qui nous offrent plusieurs images de la lune et du soleil ont été connus, mais mal observés par Aristote. Il compare les aurores boréales, tantôt à des tisons enflammés, à des torches ardentes, à des poutres embrasées; tantôt à une flamme dont une fumée épaisse et des vapeurs grossières altèrent l'activité. Le pourpre, le rouge vif et la couleur de sang, sont l'ornement favori de ce magnifique météore, qui n'était propre qu'à inspirer des alarmes, dans un siècle infecté par le souffle des préjugés.

Des axiomes séduisants, des définitions toujours obscures, souvent même inintelligibles, une dialectique hérissée de sophismes captieux, un monde bâti de catégories et souvent embarrassé dans la frivole distinction d'*acte* et de *puissance*, enfin, des hypothèses qui portent l'empreinte ineffaçable de l'erreur : tels sont, j'ose le dire, les principaux traits qui composent le tableau de la doctrine d'Aristote sous le rapport de la physique. Aristote n'en est pas moins un grand homme. Les plus grandes erreurs annoncent souvent les plus hautes conceptions, et sous ce rapport elles caractérisent le génie. Pour juger sainement Aristote, il faut remonter à l'époque où ses opinions ont pris naissance; il faut considérer l'état de faiblesse où la physique était réduite dans ces temps d'ignorance, où la superstition couvrait la terre entière de ses ombres, et où l'art d'interroger la nature, cet art si difficile et en même temps si nécessaire à l'avancement de la science, était encore entièrement étranger.

Aristote et le Lycée : sentiment de cette école sur la matière. *Voy.* Matière.

ARMATURES. *Voy.* Aimantation.

ARTS GRAPHIQUES. *Voy.* Technologie.

ASCENSION DROITE. *Voy.* Lunette méridienne.

Ascension droite du soleil. *Voy.* Translation.

ASTÉROIDES. *Voy.* Météorites.

ASTRES. Sont-ils habités? *Voy.* Astronomie.

ASTROLOGIE.—C'est l'art de prévoir les événements de ce monde d'après l'aspect du ciel, d'après les influences des astres, leurs situations relatives, etc.

Cet art prétendu appartient à l'antiquité la plus lointaine. « C'est, dit Bailly, la maladie la plus longue qui ait affligé la raison humaine; car on lui connaît une durée de cinquante siècles. »

On trouve l'astrologie établie à la Chine dès le commencement de l'empire. Dans l'Inde, à Babylone, en Egypte, il paraît bien que les colléges des prêtres ne s'adonnèrent avec tant d'assiduité à l'observation des mouvements célestes, que pour être en état d'appliquer avec plus de rigueur les règles de l'astrologie. Nous savons particulièrement des anciens Egyptiens qu'ils considéraient la pratique de la médecine comme essentiellement liée à la connaissance des influences célestes, et cette opinion, adoptée par Hippocrate et Gallien, a été reproduite jusque dans les temps modernes par de très-savants médecins.

La Bible condamne en plusieurs endroits les superstitions astrologiques dont sans doute le peuple juif n'aura pas toujours su se défendre.

Chez les Grecs, on voit le progrès de l'astronomie proprement dite s'effectuer indépendamment des spéculations de l'astrologie; mais c'est en vain que la plupart des philosophes grecs et ensuite des philosophes romains dénoncent l'erreur des prédictions fondées sur le cours des astres; l'astrologie compte partout et dans toutes les classes de la société de nombreux partisans. Elle est cultivée et enseignée dans l'école d'Alexandrie. A Rome, et plus tard à Constantinople, les astrologues, quelquefois proscrits, ne perdent jamais leur crédit auprès de la multitude, non plus que chez les grands.

Les Arabes, ayant recueilli l'héritage des sciences antiques maintinrent l'astrologie au même rang que l'astronomie, et c'est sur ce pied qu'ils la transmirent aux nations chrétiennes.

Lorsque l'astrologie se répandit dans l'Europe occidentale, le merveilleux attaché à ses promesses ne fut pas sans doute un des moindres stimulants qui aidèrent à la rénovation des sciences véritables; car les hommes de ce temps qui ont le plus réellement contribué au progrès de l'esprit humain furent presque tous des partisans avoués de l'astrologie. Bientôt il n'y eut prince d'Italie, de France, d'Allemagne, d'Espagne ou d'Angleterre, qui ne s'attachât quelque astrologue, ou au moins qui ne prît conseil des astrologues les plus renommés. Mais on pense bien qu'ainsi interrogés et consultés de toutes parts, ceux-ci se trouvèrent fort souvent en défaut, d'autant plus que, trop confiants dans leur art, ils ne craignirent pas d'avancer quelques-unes de ces éclatantes prédictions qui ne laissent, après l'événement contraire, aucune place aux interprétations subtiles.

C'est ainsi qu'en 1179 tous les astrologues chrétiens, juifs et arabes, s'accordèrent pour annoncer que la conjonction de toutes les planètes, au mois de septembre 1186, amènerait la destruction de toutes choses par la violence des vents et des tempêtes. Cette prédiction répandit partout la terreur, et les sept années qui suivirent furent, pour beaucoup de personnes, des années de deuil et de désolation. Cependant l'année 1186 se passa fort tranquillement de la part du vent et des tempêtes.—Plus tard Stofflet, astrologue allemand, osa encore prédire un déluge qui devait arriver l'an 1524, en même temps que la conjonction des trois planètes supérieures dans le signe des Poissons. Mais le genre humain échappa à ce prétendu déluge, comme en 1186 il avait échappé à la destruction générale.—L'étoile si brillante qui parut tout à coup, en 1572, dans la constellation de Cassiopée, et qui fut, comme on sait, l'occasion, pour le célèbre Tycho-Brahé, de réviser les anciens catalogues des fixes et d'en dresser un nouveau sur ses propres observations, cette étoile donna également lieu à beaucoup de pronostics. Les imaginations effrayées crurent que c'était la même étoile qui jadis avait conduit les mages au berceau de l'homme-Dieu, et que sa nouvelle apparition annonçait la fin du monde.

Le désappointement des astrologues dans la plupart de leurs prédictions générales était un fait notoire qui devait à la longue ruiner leur crédit. A cela se joignaient leurs erreurs, non moins manifestes, dans les pronostics sur la destinée des individus. D'ailleurs, l'aurore d'une vraie philosophie scientifique commençait à poindre et découvrait de plus en plus la vanité d'une doctrine dont toutes les règles paraissaient arbitraires. En vain Tycho-Brahé et Keppler, faisant bon marché des pratiques ridicules recommandées par la superstition ou par le charlatanisme, tentèrent de se défendre contre la réaction générale, et de maintenir au moins quelques principes fondamentaux. L'astrologie perdait chaque jour de son influence, et enfin elle s'évanouit comme une vaine chimère devant la lumière éclatante que les découvertes du XVIIe siècle répandirent sur tous les domaines de l'esprit humain.

On remarquera entre les destinées de l'astrologie et celles de l'alchimie, une conformité singulière. Toutes deux ont été cultivées par des hommes éminents en savoir et en vertus, et toutes deux aussi ont été exploitées par le plus ignoble charlatanisme; toutes deux sont reléguées par la science moderne au rang des pures rêveries, que dis-je, *au rang des plus honteuses maladies de l'esprit humain!* Et cependant, personne ne conteste que toutes deux aient rendu à l'esprit humain d'immenses services; car l'alchimie n'a quitté la scène du monde qu'après avoir donné naissance à la chimie, cette science si féconde en merveilles et si pleine d'utilité. Et d'autre part, l'astronomie avait trop peu d'attraits pour la multitude, et trop de difficultés dans ses commencements pour se suffire à elle-même. Pendant longtemps elle n'a pu se produire et se soutenir que sous le patronage de l'astrologie. C'est là une assertion de Keppler (*Tables Rudolp.*, préf.) dont tous les historiens ont reconnu l'exactitude.

Si le but suprême des chercheurs du grand œuvre a dépassé jusqu'à ce jour toutes les forces de l'homme, il n'avait cependant rien d'absurde en soi, rien qui fût essentiellement contradictoire aux principes de la raison. En est-il de même de l'astrologie? c'est-à-dire, au milieu des absurdités palpables de cet art prétendu, y a-t-il au moins quelque idée plausible qui puisse en expliquer la durée? y a-t-il quelque principe fondamental que la raison puisse avouer? Ou bien croirons-nous, au contraire, que toutes les erreurs, que toutes les extravagances qu'on signale dans les écrits des astrologues, aient pu régner universellement par elles-mêmes, et traverser une si longue suite de siècles sans autre appui que la crédulité des uns et la cupidité des autres?

Entre ces deux suppositions, le sens naturel ne peut hésiter longtemps; car certainement l'erreur ni le mensonge n'ont par eux-mêmes aucun élément de durée; et toute opinion qui a été universellement dominante, quand même elle nous paraîtrait absurde et ridicule, représente nécessairement quelque grande vérité qui aura été déguisée ou altérée. C'est là une règle de critique qu'il conviendrait, ce semble, d'appliquer à l'histoire de la science, comme à l'histoire de la politique et de la religion; car nous n'en sommes plus sans doute à croire que *quelques intrigants* aient jamais eu le pouvoir d'accréditer, d'une façon durable et générale, aucune sorte d'erreur! « La philosophie, dit Mesmer, a fait quelquefois des efforts pour se dégager des erreurs et des préjugés; mais en renversant ces édifices avec trop de chaleur, elle en a recouvert les ruines avec mépris, sans fixer son attention sur ce qu'elles renfermaient de précieux. »

Et de fait, quand nous voyons que l'astrologie a été préconisée ou professée chez les Grecs par des hommes tels qu'Hippocrate et Galien, Ptolomée, Proclus et Porphyre; cultivée chez les Arabes par les plus savants astronomes; justifiée chez les modernes par le célèbre Albert et par son illustre disciple Thomas d'Aquin; défendue enfin et expliquée par Tycho-Brahé et par Keppler, accepterons-nous sans examen, que cette doctrine n'ait jamais été qu'une pâture pour nourrir l'ignorance et la crédulité? Admettrons-nous, sans preuve, que tous ces beaux esprits n'y aient vu rien de plus que ce qu'y voient de nos jours Mathieu Laensberg et ses benoist lecteurs! Non certainement. Nous serons, au contraire, disposés à croire qu'il y a eu au fond de cette doctrine quelque chose d'essentiellement vrai et utile.

La prétention de déterminer rigoureusement tous les accidents de la vie d'un individu d'après l'état du ciel à l'heure de sa naissance, est au contraire extrêmement folle; mais la façon dont l'entendaient Ptolomée et ses commentateurs, et ensuite saint Thomas, Tycho-Brahé, Keppler, etc., n'est pas, à beaucoup près, si choquante. Suivant l'opinion de ces grands hommes, l'action des agents extérieurs, ou, comme on dit, *l'influence du milieu* sur les individus, est beaucoup plus puissante dans les premiers instants de la vie qu'à tout autre âge; d'où ils tirent cette conséquence que l'influence immédiate ou médiate que les corps célestes exercent continuellement sur le corps humain est particulièrement efficace à l'heure de la naissance, et très-capable, par exemple, en cet instant, de déterminer les tempéraments des individus, ou au moins de les douer de certaines prédispositions physiques qui entraînent des prédispositions morales correspondantes. D'ailleurs, comme on sera dans toute la suite de la vie affecté d'une façon différente par telle ou telle influence, selon qu'on possédera telle ou telle constitution, il s'ensuit qu'on peut, jusqu'à un certain point, conjecturer les accidents auxquels chacun est exposé de la part des astres (supposé leur action bien connue) lorsqu'on sait sous quelle influence il est né. Ainsi raisonnaient les défenseurs de l'astrologie. Quant au détail des règles, ils n'avaient rien autre chose à dire, sinon qu'elles étaient le fruit d'observations antérieures, et leur avaient été transmises par les anciens (Ptolomée, *Tetrab.*, lib. I, c. 2).

Ces règles ne supportent pas le moindre examen. Cependant les raisonnements qui précèdent ont paru très-acceptables à des hommes qui n'appartiennent pas du tout *aux siècles d'ignorance et de superstition.* De plus, il faut savoir que tous les auteurs cités précédemment, et même des hommes d'un mérite bien inférieur, tels que Junctin, Campanella, Cardan, Argolus, etc., s'accordent à reconnaître que l'influence des astres à l'heure de la naissance, quoique s'étendant à toute la vie, n'enchaîne pas la volonté des individus, et ainsi n'a aucunement le caractère de la fatalité: *Astra inclinant, non necessitant,* c'est là leur thème. L'homme est attiré soit au bien, soit au mal (moral ou physique), par l'action des astres comme par l'action de tous les êtres qui l'entourent;

mais l'homme, par l'exercice de sa spontanéité propre, peut également favoriser cette attraction, ou bien lui opposer des influences contraires. Or, n'est-ce pas dans cette puissance que les plus grands théologiens et les philosophes vraiment dignes de ce nom ont fait toujours consister la liberté humaine? Le *système* de Bailly sur l'origine et sur la nature de l'astrologie, tel qu'il l'a présenté dans l'*Histoire de l'astronomie ancienne*, est donc complétement faux, puisqu'il suppose cette doctrine issue d'un matérialisme qui nierait complétement la liberté humaine. Cela est directement contraire à la manière de voir de tous les astrologues. Mais Bailly croit qu'une fatalité rigoureuse est essentielle aux prédictions astrologiques, et lorsqu'il entend Tycho-Brahé s'écrier dans une apologie de la science astrologique : « L'homme renferme en lui une force bien plus grande que celle des astres ; il surmontera leurs influences s'il vit selon la justice ; mais s'il suit ses aveugles penchants, s'il descend à la classe des brutes et des animaux en vivant comme eux, le roi de la nature ne commande plus, il est commandé par la nature. » (Tycho, *Discours sur les sciences mathématiques*, prononcé dans l'université de Copenhague, 1574.) Au lieu de reconnaître sa propre erreur sur la nature de l'ancienne astrologie, Bailly trouve que « l'erreur se montre ici à découvert. » Il demande « ce que c'est qu'un pouvoir qui peut être suspendu, et s'il est rien de plus absurde que *la prédiction d'un avenir qui peut ne pas arriver*, etc. » (*Histoire de l'astronomie moderne*, tom. I). Mais Tycho aurait répondu à la première question de Bailly : *C'est un pouvoir qui peut être suspendu*. Et à la deuxième : Oui, il y aurait quelque chose de plus absurde, ce serait *la prédiction d'un avenir inévitable !* Je pourrais montrer que l'opinion si bien exprimée par Tycho est, comme je l'ai dit, celle de tous les astrologues. Ainsi Campanella termine son ouvrage (*Prædict. astrologic.*, lib. VII) par cette sentence remarquable : *Sapiens utitur astris; sensualis servit astris; sanctus dominatur*. Et Ptolomée s'exprime comme il suit dans le Centon : *Sapiens anima confert cœlesti operationi, quemadmodum optimus agricola, arando expurgandoque, confert naturæ. Potest qui sciens est multos stellarum effectus avertere, quando naturam eorum noverit, ac se ipsum ante illorum eventum præparaverit.* (Traducti ondu Centon ou *Carpos* par Junctin.) Sans plus multiplier les citations, je ferai observer que Ptolomée, en raison de tous ces principes, ne fait pas difficulté de reconnaître aux pronostics individuels une certitude bien inférieure à celle des pronostics généraux; il déclare expressément que les premiers peuvent être démentis par l'effet des habitudes volontaires, par l'éducation, etc. (*Tetrab.*, lib. I, c. 2 et 3.) Après cela, il faut bien convenir que Ptolomée et ses commentateurs ou imitateurs se mettent en contradiction manifeste avec les idées que nous venons d'exposer, par le minutieux détail qu'ils font sortir pour chaque individu de son *thème de nativité*. Aussi n'avons-nous pas voulu, Dieu nous en garde, établir la réalité de la science astrologique ; nous avons voulu seulement faire comprendre comment, à une autre époque, des génies du premier ordre ont pu s'appliquer à cette science; ce qui serait tout à fait inexplicable si on s'en tenait à l'opinion du vulgaire sur ses principes fondamentaux.

Nous pensons donc qu'on doit reconnaître à l'astrologie une valeur réelle et positive dans le développement de l'esprit humain. En effet, tous les traités d'astrologie, à commencer par le *Tetrabiblos* de Ptolomée, établissent en principe la réaction physique des astres les uns sur les autres, et c'est même là le fondement essentiel de la doctrine. Bien plus, cette réaction mutuelle des astres a été *exclusivement* du ressort de l'astrologie, jusqu'à ce que Newton, en mettant hors de doute un de ses modes principaux, ait établi au rang des sciences véritables *la physique des astres*. Il paraît donc qu'on doit considérer l'astrologie comme ayant préparé les idées qui constituent aujourd'hui notre *astronomie physique*, et comme ayant été, chez les anciens, le représentant ou l'équivalent de cette partie essentielle de la science moderne.

Ce point de vue paraît confirmé d'abord, parce que la partie de l'astrologie qui se rapporte à la destinée des individus, et dans laquelle l'erreur a été plus grossière, est toujours présentée par les astrologues comme une conséquence et une dépendance de cette astrologie *météorique* dont le principe est l'influence des astres sur l'atmosphère pour produire les marées et les tempêtes, etc. Or, cette astrologie météorique, quoique mêlée encore à beaucoup d'erreurs, renferme bien évidemment les premières idées d'astronomie physique. Ensuite, il n'y aurait qu'à montrer comment l'astrologie même est envisagée et classée par les anciens auteurs. Vossius, par exemple, emploie encore le mot astrologie dans le sens primitif et astrologique qui est la *science des astres;* et il partage cette science générale en deux branches, dont l'une purement *mathématique* ne traite que des mouvements célestes, et l'autre purement *physique* a rapport à l'influence réciproque des astres, et constitue ce qu'on a entendu depuis plus particulièrement par astrologie. (Vossius, *de scientiis mathematicis*). Le lecteur peut recourir aux ouvrages de Keppler, pour y voir comment l'astrologie y est rattachée à un ensemble d'idées qui appartiennent absolument à l'astronomie physique. Il faut lire aussi la très-remarquable division de l'astrologie générale (science des astres), par Junctin, dans le *Speculum astrologiæ* (tom. II, p. 537, Lugdun., 1583); les titres mêmes de l'ouvrage de Campanella, cité plus haut (*Francofurti*, 1360), etc. On peut s'en tenir d'ailleurs, comme autorité tout à fait décisive, à ce que dit Ptolomée lui-même dans le Tetrabiblos. Il débute, en effet, par enseiguer à Syre ou Syrus (le même personnage à qui l'*Almageste* est adressé) que « deux « choses sont indispensables pour pratiquer « l'art de la divination astrologique : l'une « est l'étude de tous les mouvements des as« tres, mouvements d'où résultent leurs si« tuations relatives, leurs configurations, « etc.; l'autre est la connaissance des effets « que ces mouvements, que ces situations « relatives, que ces configurations, etc., pro« duisent sur les êtres naturellement sou« mis à leur influence. » Ptolomée reconnaît d'ailleurs que la première de ces deux sciences préliminaires est par elle-même très-digne d'intérêt, et mérite toute l'attention des hommes, abstraction faite de son application à l'art divinatoire; et il ne fait pas difficulté non plus de reconnaître que cette science des mouvements célestes est beaucoup plus parfaite et plus certaine que celle des influences. Or, je le demande, n'est-ce pas là précisément la division fondamentale donnée par Vossius et par Junctin, et cette division, Ptolomée l'a de fait adoptée, et rigoureusement suivie en s'occupant d'abord exclusivement (dans l'*Almageste*) des mouvements célestes apparents ou réels, pour traiter dans un ouvrage à part (dans le Tetrabiblos) des vertus et qualités particulières de tous les astres, de l'efficace de ces vertus, selon la situation des astres à l'égard les uns des autres, et à l'égard du zodiaque, etc. D'après tout cela, n'est-il pas évident que *si on détourne ses regards* du développement de l'astrologie; si, par exemple, on ne veut accepter de la science des Grecs que le résumé de pure astronomie mathématique qui est dans l'Almageste, et enfin si on n'accorde son attention qu'aux travaux accomplis dans cette même ligne d'astronomie mathématique jusqu'à Keppler et Newton, n'est-il pas évident qu'on risque beaucoup de méconnaître la marche véritable que l'esprit humain a suivie?

Le Tetrabiblos (en latin *liber quadripartitus*) est suivi d'un Centon ou recueil d'aphorismes (en grec, *Carpos*, cité plus haut), qu'on attribue également à Ptolomée; cependant Argolus, Cardan et quelques autres y veulent voir un ouvrage d'Hermès Trismégiste. Le Tetrabiblos et le Carpos sont les plus anciens livres d'astrologie que nous possédions, si toutefois on rejette comme supposé le traité *De revolutionibus nativitatum*, qui a été donné comme ouvrage d'Hermès, mais qui n'existe qu'en latin. (Vossius, *de Scientiis mathemat.*) Porphyre a composé une introduction pour le Tetrabiblos, et Proclus y a joint un assez long commentaire. On possède ces deux ouvrages originaux avec des traductions en latin.

ASTRONOMIE (Histoire de l'). — Le mouvement diurne de la voûte céleste, les diverses constellations, les révolutions du soleil, de la lune et des cinq premières planètes (la terre non comprise) ont pu être reconnus et décrits dès la plus haute antiquité. Mais c'est à l'invention et aux perfectionnements successifs des instruments modernes que la science astronomique doit ses plus brillantes découvertes et la précision admirable de ses observations. Les phases de Vénus, les satellites de Jupiter et de Saturne, les anneaux de Saturne, Uranus et ses satellites, les quatre petites planètes, les étoiles multiples et leurs révolutions, les nébuleuses stellaires et planétaires, nous ont été révélés par le télescope. La détermination de la forme de la terre, la connaissance exacte de tous les éléments les plus importants du système solaire, les catalogues et les cartes comprenant les positions de plus de 120,000 étoiles, sont les principaux résultats de la perfection des instruments destinés à la mesure des angles et du temps.

Les anciens astronomes se bornèrent d'abord à observer le lever et le coucher des principales étoiles, leurs occultations par la lune et par les planètes, et les éclipses. La marche du soleil était fixée par la disparition et la réapparition successive des étoiles du zodiaque au milieu des lueurs du crépuscule; mais l'emploi des gnomons donnait des indications beaucoup plus précises. C'est en employant des instruments de ce genre que les Chinois, plus de 1000 ans avant Jésus-Christ, ont fixé l'inclinaison de l'écliptique avec une exactitude remarquable. A une époque plus ancienne de dix siècles, ce peuple singulier cultivait l'astronomie comme la base des cérémonies religieuses; il avait un calendrier, savait prédire les éclipses, mesurait le temps par les clepsydres, et avait reconnu que la durée de l'année est de 365 jours et un quart environ.

Les Chaldéens, que l'antiquité regarda constamment comme le peuple le plus instruit dans la science des astres, n'ont pas laissé d'autre monument certain de leur savoir que la période de deux cent vingt-trois mois lunaires qu'ils nommaient *saros*, et qui a l'avantage de ramener à peu près la lune à la même position à l'égard de ses nœuds, de son périgée et du soleil. Nous ne connaissons aussi que fort peu de chose sur l'ancienne astronomie des Indous et des Egyptiens.

C'est vers le XIVe siècle avant l'ère chrétienne que les Grecs partagèrent le ciel en constellations. Cependant on ne doit aux Grecs et à leurs colonies que deux observations précises avant la fondation de l'école d'Alexandrie. La première est celle du solstice d'été de l'an 432, par Méton et Euctémon; la seconde est une mesure de la longueur méridienne du gnomon, par Pythéas de Marseille, au solstice d'été, dans cette ville, vers le temps d'Alexandre.

L'école d'Alexandrie, par le perfectionnement des instruments propres à mesurer les angles, donna à l'astronomie un développement tout nouveau. Les positions des étoiles furent mieux déterminées; les inégalités des mouvements du soleil et de la lune mieux connues; les planètes suivies avec plus de soin.

Aristarque de Samos donne un premier

aperçu de la distance du soleil à la terre, essai fort imparfait pour les moyens d'exécution, mais fondé sur une idée ingénieuse. Eratosthènes mesure le globe terrestre, et par un heureux hasard il obtient un résultat très-rapproché de la vérité. Hipparque, le plus grand astronome de l'antiquité, introduit dans les observations une précision inconnue avant lui. Les mouvements du soleil et de la lune sont étudiés de manière à donner une première mesure de l'excentricité de leurs orbites; la parallaxe de la lune est mesurée, et sert à évaluer celle du soleil; un catalogue d'étoiles est dressé, et ce travail important conduit à la découverte de la précession des équinoxes. Près de trois siècles après Hipparque, vers l'an 130 de notre ère, Ptolomée florissait à Alexandrie. C'est à lui que nous devons le précieux dépôt des connaissances astronomiques acquises jusqu'à cette époque, et consignées dans son *Almageste*. Observant lui-même, il découvrit l'évection de la lune, et laissa un catalogue d'étoiles, utile sans doute, mais qui ne peut nous dédommager de la perte de celui d'Hipparque.

L'école d'Alexandrie subsista encore pendant cinq siècles après Ptolomée; mais ses successeurs se contentèrent de commenter ses ouvrages et ceux d'Hipparque, sans ajouter à leurs découvertes. Pour trouver des observateurs dignes d'être cités, il faut aller jusqu'au IXe siècle de notre ère. Vers cette époque, les Arabes se livrèrent avec succès à l'étude de l'astronomie, et perfectionnant les instruments d'observation, ils donnèrent des tables plus exactes que celles de Ptolomée, et fixèrent avec une grande précision la longueur de l'année. Malgré l'autorité de Laplace, les recherches d'un habile orientaliste, M. Sédillot, nous autorisent à dire que l'activité des Arabes ne s'est pas bornée aux observations, et qu'elle s'est étendue à la recherche de nouvelles inégalités. En effet, un manuscrit arabe de la bibliothèque royale prouve d'une manière irrécusable qu'Aboul-Wéfa avait constaté, dès l'an 975, à Bagdad, l'inégalité lunaire, connue sous le nom de *variation*, et dont la découverte est généralement attribuée à Tycho-Brahé.

Les Persans cultivèrent aussi l'astronomie avec succès lorsqu'ils eurent secoué le joug des khalifes. Mais c'est aux Chinois que nous devons les observations les plus précises que l'on ait faites avant le renouvellement de l'astronomie, et même avant l'application du télescope au quart de cercle. Plusieurs de ces observations, qui datent de 1277 à 1280, prouvent d'une manière incontestable la diminution de l'obliquité de l'écliptique et de l'excentricité de l'orbe terrestre depuis cette époque jusqu'à nos jours.

Le dépôt des connaissances astronomiques transmis par les Arabes aux nations de l'Europe moderne ne commença à s'accroître d'une manière notable que vers le milieu du XIIIe siècle. Déjà Copernic avait expliqué le véritable système des révolutions célestes, lorsque parut Tycho-Brahé, l'un des plus grands observateurs des temps modernes. Inventant de nouveaux instruments et perfectionnant les anciens, cet illustre astronome laissa bien loin derrière lui tous ses devanciers. On lui dut un catalogue d'étoiles supérieur à tous ceux qui avaient paru; il découvrit la *variation*, ignorant sans doute les travaux des Arabes à ce sujet; il montra que les comètes se meuvent bien au delà de l'orbe lunaire; il acquit une connaissance assez exacte des réfractions astronomiques; il aperçut le premier l'*équation annuelle* de la lune; enfin, il donna de très-nombreuses observations des planètes, qui servirent bientôt de fondement aux fameuses lois de Keppler.

On peut croire que les bases du système du monde établies par Copernic et par Keppler antérieurement aux brillantes découvertes de l'astronomie moderne, auraient fini par conduire à la connaissance de l'attraction universelle et des faits généraux de la mécanique céleste. Il faut remarquer néanmoins que c'est à l'invention du télescope et à son application aux instruments gradués que l'on a dû les preuves les plus directes et les plus irréfragables du mouvement de translation de la terre. A peine Galilée a-t-il entendu parler de cette invention, il se l'approprie pour ainsi dire en construisant une lunette qu'il dirige vers le ciel. Quel dut être son ravissement à la vue des merveilles nouvelles et inattendues qui s'offraient à ses regards! Il voyait les phases de Vénus, Jupiter et ses satellites, les montagnes et les vallées de la lune, les taches et le mouvement de rotation du soleil, l'anneau de Saturne, les myriades d'étoiles de la voie lactée!

Huygens suit de près Keppler et Galilée. Par son application du pendule aux horloges, il donne à la mesure du temps une précision qu'elle n'avait jamais pu atteindre. D'excellentes lunettes, construites par lui-même, lui révèlent la forme véritable de l'anneau de Saturne, et l'existence de l'un des satellites de cette planète.

Bientôt l'heureuse idée de Picard, qui, le premier, imagine d'adapter le télescope au quart de cercle, achève de renouveler la face de l'astronomie, à tel point que les observations d'Hévélius, astronome très-habile, deviennent inutiles aujourd'hui en comparaison des autres, parce qu'il s'était obstiné à ne pas admettre cette innovation.

Etablie et encouragée par Louis XIV et par Colbert, l'Académie des sciences de Paris devait soutenir dignement la gloire scientifique de la France. Huygens et Romer y figuraient lorsque l'un construisit ses premières horloges à pendules, et lorsque l'autre découvrit la vitesse de la lumière. Mais les travaux de Picard, d'Auzout, l'inventeur du micromètre, et de Dominique Cassini, ne jetèrent pas un moindre éclat sur les premiers temps de l'Académie. Cassini, chef d'une famille célèbre à juste titre, détermina, par l'observation, les mouvements des satellites de Jupiter, découvrit quatre des satellites de Saturne, assigna les valeurs des rotations de Jupiter et de Mars sur eux-mêmes, vit le premier la lumière zodiacale, donna une mesure très-rapprochée de la parallaxe du soleil, calcula la première table de réfractions qui ait été conçue rationnellement, et ne se reposa que lorsque la cécité, qui précéda sa mort de quelques années, vint interrompre cette longue série de travaux utiles. Les noms de Lacaille, de Lalande et de plusieurs autres académiciens français figurent à un rang honorable parmi ceux des astronomes les plus distingués. Mais un des plus beaux titres de gloire de l'ancienne Académie consiste dans la première détermination certaine de la grandeur et de la forme de la terre. Picard, Auzout, Maupertuis, Bouguer, La Condamine, exécutèrent en divers pays et à différentes époques de grandes opérations géodésiques, qui ont contribué pour une part considérable aux progrès de la physique céleste, en vérifiant les conséquences tirées des principes du grand Newton. De nos jours, la France s'est encore trouvée au premier rang, lorsqu'il s'est agi de recommencer ces opérations avec toute la précision que comportaient les progrès les plus récents introduits dans les observations, par l'admirable exécution des instruments de différente nature, et par le principe fécond de la répétition des angles. MM. Méchain et Delambre, Biot et Arago ont commencé et mis à fin la mesure d'un arc de méridien embrassant un espace d'environ 20 degrés, et leur beau travail a fourni la base du système métrique des poids et mesures.

L'Angleterre et l'Allemagne se sont associées à cette suite de découvertes. Flamsted, auquel on doit un catalogue d'étoiles et un bel atlas céleste; Halley, qui prédit le premier le retour d'une comète, et qui indiqua l'observation du passage de Vénus comme propre à la détermination exacte de la parallaxe du soleil; Bradley, à jamais illustre par la découverte de l'aberration et de la nutation, étaient membres de la Société royale de Londres, rivale de notre Académie des sciences. Tobie Mayer, mort à la fleur de l'âge, rendit célèbre l'Observatoire de Gœttingue. On lui doit le principe de la répétition des angles, si fécond depuis les applications heureuses que Borda en a faites, et des tables de la lune où l'observation a été employée avec une admirable sagacité, d'après les indications de la théorie.

La fin du siècle dernier et le commencement du nôtre ont été signalés par des découvertes brillantes. Herschell, muni des puissants télescopes à réflexion, que lui-même avait construits, découvrit Uranus et ses six satellites, dont deux seulement ont été revus depuis; il signala deux nouveaux satellites de Saturne; il vit se résoudre en des myriades d'étoiles, certaines nébuleuses, et en étudiant cette classe remarquable de corps célestes, il put suivre pour ainsi dire le travail de l'enfantement des mondes; il sépara en groupes binaires, ternaires et même quaternaires, des étoiles qui semblaient simples dans des télescopes moins puissants que les siens. Dans la première nuit de notre siècle, Piazzi découvre Cérès, l'une des quatre planètes télescopiques; deux autres, Vesta et Pallas, sont trouvées bientôt après par Olbers; et enfin Junon, par Harding.

Depuis 1804, époque de la découverte de cette dernière planète, un laps de temps considérable s'est écoulé sans qu'aucun fait remarquable dans l'histoire céleste ait été signalé aux astronomes. Aussi quelques personnes ont-elles pu croire que la période des grandes révélations astronomiques devait être considérée comme close, et qu'il ne restait plus à faire que des observations de détail, utiles par leur nombre et par leur précision au perfectionnement des tables astronomiques. Mais ces restrictions peu philosophiques ont été, depuis quelques années surtout, démenties par les faits. Les recherches remarquables d'un astronome français, M. Savary, avaient fixé le temps de la révolution d'une étoile autour d'une autre, et donné la certitude que des observations suivies pendant une longue suite de siècles pourraient conduire à la détermination de la distance absolue d'un de ces groupes binaires à la terre, lorsque M. Bessel, de Kœnigsberg, par des mesures directes prises avec un héliomètre dans le système de Bouguer, a obtenu, à moins d'un quinzième près, la valeur absolue de la parallaxe d'une étoile. Il résulte de sa belle série d'observations, que la 61e du Cygne, l'une des étoiles qui paraissent le plus rapprochées de nous, est à une distance environ 657,700 fois plus considérable que celle qui nous sépare du soleil, et que la lumière emploie plus de dix ans à franchir cet immense intervalle avec une vitesse de 78,000 lieues par seconde. Dès l'année 1812, MM. Arago et Mathieu, en observant la même étoile, étaient arrivés à un résultat assez rapproché de celui-là, comme on peut le voir dans l'*Annuaire des longitudes de 1834*.

Nous sommes encore bien peu avancés dans la connaissance du monde stellaire, puisque nous ne possédons que pour une seule de ces myriades d'étoiles la mesure de l'intervalle qui nous en sépare. Mais le succès obtenu par M. Bessel doit encourager les astronomes et les artistes qui se livrent à la construction des instruments de haute précision. Que les uns et les autres redoublent d'efforts, et nous pouvons espérer que, dans peu d'années, nous connaîtrons les distances mutuelles des étoiles des principaux groupes multiples, et les positions de ces groupes dans l'espace. Grâce au beau travail de M. Savary, les lois de l'attraction newtonienne ont été vérifiées dans ces mondes lointains, et elles serviront à leur tour à fixer les masses des globes qui les composent. L'homme pourra peser un jour un grand nombre de ces astres dont il est séparé par de si prodigieuses distances. Les variations d'intensité et de couleur dans les étoiles, variations dont la loi est inconnue pour le plus grand nombre et dont la périodicité est démontrée pour quelques-unes, offrent aussi des sujets d'étude intéressants. On a vu plusieurs de ces astres paraître subitement et disparaître dans un petit nombre d'années; des nébuleuses ont éprouvé des changements sensibles sous les yeux mêmes des observateurs, et tout nous indique que, dans les champs de l'espace, la force qui préside à l'enfantement et aux transformations des mondes n'a pas cessé de faire sentir son empire. Malgré l'immobilité apparente de l'ensemble des constellations, l'univers entier ne nous offre pas un seul corps dans un état de repos absolu; le soleil lui-même, entraînant avec lui le système planétaire dont notre terre fait partie, se meut rapidement vers un point du ciel où les étoiles semblent s'écarter, tandis que dans la région opposée, l'augmentation de distance a diminué les intervalles de séparation apparente. En un mot, le monde stellaire offre les sujets d'exploration les plus divers et les plus capables de nous intéresser à un haut degré par la grandeur des résultats qu'ils doivent nous révéler.

Mais le système solaire lui-même est loin d'être complétement connu aujourd'hui. Une nouvelle planète (Neptune) ne vient-elle pas d'être découverte tout récemment encore? Que savons-nous de précis sur ces millions d'astéroïdes que notre globe rencontre chaque jour dans l'espace, tantôt isolés, tantôt réunis par groupes innombrables? Leur existence était niée au commencement de notre siècle, et la périodicité de quelques-unes de leurs apparitions n'a été démontrée que depuis un petit nombre d'années. Que savons-nous encore sur le nombre, sur les révolutions, sur les lois générales des apparences physiques des comètes?

Parmi les différents éléments astronomiques que nous ignorons aujourd'hui, les uns peuvent être déterminés par nos moyens actuels d'observation pendant un espace de temps plus ou moins long; la connaissance des autres exige dans nos instruments des perfectionnements sans lesquels ces éléments nous échappent toujours. La mesure des angles et celle du temps sont les moyens d'observation dont l'astronome fait usage le plus souvent. L'invention du vernier, la répétition des angles et l'admirable exécution des instruments modernes permettent d'obtenir des angles quelconques à moins de $\frac{1}{10}$ de seconde près. L'horlogerie exacte a fait assez de progrès pour que l'on ait des pendules astronomiques dont le mouvement diurne ne varie pas de plus de quelques dixièmes de seconde en plusieurs mois, et nos astronomes peuvent répondre du moment de l'observation de certains phénomènes, à moins d'un cinquième ou même d'un dixième de seconde. Il est difficile de concevoir que l'on puisse aller beaucoup plus loin en fait de précision. Néanmoins, on ne serait pas fondé à croire que ces limites ne puissent être encore bien reculées, au moins dans des cas particuliers. L'ingénieux procédé indirect que M. Weastone a employé à la mesure de la durée des éclairs, lui a permis d'assigner à cette durée une valeur moindre que la millième partie d'une seconde. Quant aux angles, il suffira d'augmenter le pouvoir amplifiant des télescopes pour que les micromètres permettent de mesurer aussi des différences angulaires qui nous échappent aujourd'hui.

Le perfectionnement de nos lunettes dépend, avant tout, de l'augmentation d'ouverture de l'objectif. Or, les développements successifs des arts chimiques et mécaniques ont permis d'augmenter constamment cette dimension depuis plusieurs années, et peut-être parviendra-t-on un jour à construire des objectifs susceptibles de supporter, sans altération de la pureté des images, des grossissements beaucoup plus considérables que ceux d'aujourd'hui, qui n'excèdent jamais 1200 fois les dimensions linéaires de l'objet observé. Des grossissements de cinq à six mille fois la grandeur linéaire nous révéleraient dans le ciel des phénomènes dont nous ne soupçonnons pas même l'existence, et nous donneraient une connaissance beaucoup plus exacte d'une foule d'autres qui ne peuvent être qu'imparfaitement étudiés avec nos moyens actuels d'investigation. La technologie est donc appelée à concourir aux progrès de l'uranographie et à augmenter le domaine de la plus sublime des sciences.

Mais on aurait tort de borner à la mesure des angles et des temps les moyens d'observation de l'uranographie exacte. L'analyse des différentes espèces de lumière que nous envoient les corps célestes, la constitution des rayons qui les composent et des spectres qui en résultent, sont dignes d'attirer l'attention des observateurs. Quant aux questions relatives à la chaleur propre du soleil et aux variations de température des différentes régions de l'espace, elles paraissent enveloppées d'un voile que le temps lui-même ne soulèvera peut-être pas, et nous ne les mentionnons ici que pour mémoire.

Nous en avons dit assez dans cet exposé rapide pour que l'on puisse pressentir quels magnifiques résultats l'avenir promet aux veilles laborieuses des astronomes. Si notre imagination franchit une de ces longues périodes séculaires dans lesquelles la vie de l'homme n'occupe qu'un instant, mais qui disparaissent elles-mêmes dans l'éternité, nous voyons l'espèce humaine initiée aux révolutions célestes et aux phénomènes qui s'accomplissent dans des régions de l'espace où notre système planétaire tout entier n'est qu'un point imperceptible. Faisons des vœux pour que notre pays se maintienne au premier rang dans cette longue suite de découvertes que nous promettent les études astronomiques. La France manquerait au rôle qu'elle doit accomplir dans le développement moral du monde, si, trop docile aux enseignements grossiers de la politique des intérêts matériels, elle pouvait négliger une science qui élève nos âmes à la contemplation des œuvres de Dieu.

Astronomie (*philos.*). — C'est la science qui compare et identifie les lois du mouvement observé sur la terre, aux mouvements qui s'opèrent dans les cieux ; qui, par une chaîne non interrompue de déductions du grand principe régulateur de l'univers, détermine les révolutions et les rotations des planètes, et les oscillations des fluides répandus à leurs surfaces ; qui calcule enfin les changements que le système a subis jusqu'ici, ou ceux qu'il pourra éprouver par la suite des temps, changements dont l'accomplissement exige des millions d'années.

Les efforts réunis des astronomes, qui dès l'aurore de la civilisation se sont livrés à la science, ont été nécessaires pour opérer la théorie mécanique de l'astronomie. Le cours des planètes a été observé pendant des siècles entiers avec une persévérance qui étonne, si l'on considère l'imperfection et même le manque d'instruments des premiers observateurs. Les mouvements réels de la terre ont été séparés des mouvements apparents des planètes ; les lois des révolutions planétaires ont été découvertes, et ces lois ont conduit à la connaissance de la gravitation de la matière. D'un autre côté, partant du principe de la gravitation, chaque mouvement du système solaire a été si complétement expliqué, qu'il ne reste plus aujourd'hui un seul phénomène astronomique, connu ou à connaître, dont les lois n'aient été déjà déterminées.

L'astronomie embrasse à la fois la science des nombres et des quantités, celle du repos et du mouvement. Elle nous fait voir l'action d'une force répandue dans tout ce qui existe, aussi bien dans le ciel que sur la terre, et qui, pénétrant chaque atome, règle les mouvements des êtres organiques et inorganiques, et se manifeste d'une manière également sensible dans la chute d'une goutte de pluie et dans la chute du Niagara, dans la pression de l'air et dans les mouvements de la lune. La gravitation lie non-seulement les satellites à leur planète et les planètes au soleil ; mais elle unit encore, dans toute l'étendue sans bornes de la création, les soleils à d'autres soleils, et occasionne toutes les perturbations qui existent dans la nature, en même temps qu'elle est cause de l'ordre qui y règne : chaque mouvement qu'elle excite dans une planète étant transmis immédiatement jusqu'aux limites les plus reculées du système, par des oscillations, dont la durée correspond à la cause qui les produit, comme les notes sympathiques en musique, ou comme les vibrations qui proviennent des sons graves de l'orgue.

Les cieux fournissent l'étude la plus sublime que puisse offrir la science. La grandeur et la splendeur des objets, l'inconcevable rapidité de leur marche, les distances énormes qui les séparent, tout en eux imprime à l'esprit l'idée la plus haute de la puissance infinie qui les maintient dans leurs mouvements, avec une durée dont les bornes échappent à notre faible vue. Et la bonté de ce grand Être ne se manifeste-t-elle pas aussi sensiblement que sa puissance, lorsqu'il donne à l'homme, non-seulement les facultés nécessaires pour apprécier la magnificence de ses œuvres, mais celles encore dont il a besoin pour découvrir avec précision l'accomplissement de ses lois, pour faire servir le globe qu'il habite à mesurer les grandeurs et les distances du soleil et des planètes, et faire enfin du diamètre de l'orbite terrestre le premier degré d'une échelle qui puisse l'élever jusqu'aux étoiles ? En même temps que de telles recherches ennoblissent l'esprit, elles inspirent une profonde humilité, en prouvant qu'il est une barrière que nulle puissance intellectuelle ou physique ne pourra jamais dépasser. Quelque avant que nous puissions pénétrer dans les profondeurs de l'espace, il restera toujours d'innombrables systèmes, lesquels, comparés à d'autres, en apparence très-vastes, feront paraître ces derniers à peine dignes d'attention, et même les rendront tout à fait invisibles : l'homme non-seulement, mais le globe qu'il habite, et même tout le système dont ce globe forme une partie si petite, pourrait être anéanti, sans que son extinction fût seulement soupçonnée dans l'immensité de la création.

La contemplation des ouvrages de la création et l'étude de ces objets sublimes, en ne s'y livrant même que pour le plaisir de s'y livrer, élèvent l'âme bien au-dessus des objets bas et méprisables, et la préparent à ces hautes destinées réservées à tous ceux qui se seront voués à ces nobles recherches.

§ Ier.

Rien de plus chrétien assurément que de retirer un sentiment de piété des œuvres et des phénomènes de la nature. Cette contemplation religieuse a pour elle l'autorité des écrivains sacrés, et Jésus-Christ même lui donne le poids et la solennité de son exemple : *Considérez les lis des champs : ils ne travaillent ni ne filent, cependant votre Père céleste en prend soin* (*Matth.* vi, 26-28 ; *Luc.* xii, 27). Il fait remarquer la beauté d'une simple fleur et en tire le délicieux argument de la confiance en Dieu ; il nous fait voir que le goût peut être uni avec la piété, et que le même cœur peut être occupé de tout ce qu'il y a de sérieux dans les contemplations de la religion, et être en même temps sensible aux charmes et aux beautés de la nature.

Le Psalmiste prend encore un vol plus élevé. Il laisse le monde, et porte son imagination vers cette vaste étendue qui l'environne de toute part ; il s'élance à travers l'espace, et voyage en idée dans ses incommensurables régions. Au lieu d'y trouver une solitude sombre et dépeuplée, il les voit rayonnantes de splendeur et comblées par l'énergie de la présence divine. La création se lève dans son immensité devant lui ; et le monde, avec tout ce qui lui est échu en héritage, se dérobe presque à sa vue, au milieu d'une contemplation si vaste et si au-dessus des forces humaines. Il s'étonne de ce qu'il n'est pas oublié parmi cette multitude d'objets grands et variés qu'il aperçoit de tous côtés, et s'élevant de la majesté de la nature à la majesté de l'architecte de la nature, il s'écrie : *Qu'est-ce que l'homme, pour que vous vous souveniez de lui, et le fils de l'homme, pour que vous le visitiez* (*Ps.* VIII, 5)?

Ce n'est pas à nous de dire si l'inspiration révéla au Psalmiste les merveilles de l'astronomie moderne. Mais, même pour ceux qui sont tout à fait étrangers à la science de ces temps éclairés, les cieux présentent un magnifique spectacle : une voûte immense reposant sur les bornes circulaires du monde, et les innombrables luminaires qui y sont suspendus, se mouvant sur sa surface avec une solennelle régularité. Ce dut être sans doute de nuit que la piété du Psalmiste fut exaltée par cette contemplation, tandis que la lune et les étoiles étaient visibles, et non lorsque le soleil, levé dans toute sa force, répand autour de lui une splendeur qui fait pâlir et éclipse tous les astres du firmament. Et certes, dans les décorations d'un ciel étoilé, il y a bien de quoi porter l'homme à une pieuse contemplation. Cette lune et ces étoiles, que sont-elles? Elles sont séparées de ce monde, et elles élèvent l'âme au-dessus de lui; elle se sent dégagée de la terre; dans une sublime abstraction au-dessus de ce petit théâtre des passions et des inquiétudes humaines, elle s'abandonne à la rêverie, et dans l'extase de ses pensées, elle est transportée vers des régions lointaines que l'homme n'a point explorées. Elle voit la nature dans la simplicité de ses éléments, et voit le Dieu de la nature revêtu des hauts attributs de sagesse et de majesté.

Mais que peuvent être ces luminaires? La curiosité de l'esprit humain est insatiable, et le mécanisme de ces cieux, si pleins de merveilles, a été, dans tous les âges, le sujet de ses méditations. Il était réservé à ces derniers temps de résoudre cette grande, cette intéressante question; les moyens les plus sublimes de la philosophie ont été appelés à concourir à ce travail, et l'astronomie peut maintenant être considérée comme la plus certaine et la mieux établie des sciences.

Personne n'ignore que tout objet visible paraît d'une moindre dimension en s'éloignant de l'œil : le vaisseau le plus grand, à mesure qu'il s'écarte de la côte, devient de plus en plus petit et ne paraît enfin que comme une petite tache au bord de l'horizon; l'aigle, ayant ses ailes déployées, est un noble objet, mais quand il prend son vol vers les régions supérieures de l'air, il se rapetisse à nos yeux et n'offre plus qu'un point noir sous la voûte du ciel. Il en est de même pour les objets de toute grandeur; les corps célestes ne paraissent petits aux yeux d'un habitant de cette terre qu'à cause de l'immensité de leur distance. Lorsque nous parlons de plusieurs millions de lieues, la chose ne doit pas être regardée comme incroyable; car rappelez-vous que nous parlons de ces corps qui sont disséminés dans l'immensité de l'espace, et que l'espace ne connaît point de bornes. La conception est grande et difficile, mais la vérité en est incontestable. Par un procédé qu'il est inutile d'expliquer ici, nous avons déterminé d'abord la distance et ensuite la grandeur de quelques-uns de ces corps qui roulent dans le firmament; nous nous sommes ainsi assurés que le soleil qui se présente à nos yeux sous une forme si réduite, est réellement un globe, qui surpasse plusieurs millions de fois les dimensions de la terre que nous habitons; que la lune elle-même a la grandeur d'un monde; et que même quelques-unes de ces planètes, qui ne paraissent que comme des points lumineux à la simple vue, s'étendent, à l'aide du télescope, présentent de grands cercles, et sont, quelques-unes d'elles, beaucoup plus grandes que la boule qui nous porte, et à laquelle nous donnons orgueilleusement le nom d'univers.

Or, quelle est la conjecture qui se présente naturellement? Le monde où nous vivons est un corps sphérique d'une grandeur déterminée, et qui occupe sa place particulière dans l'espace. Mais quand nous explorons l'étendue illimitée de cet espace qui, de toutes parts, nous environne, nous rencontrons d'autres sphères d'une dimension égale ou supérieure, et d'où notre terre serait ou invisible, ou, tout au plus, ne paraîtrait que comme un de ces points scintillants qu'on aperçoit sur la voûte étoilée. Pourquoi donc supposer que ce petit coin de terre, petit du moins dans l'immensité qui l'entoure, serait exclusivement le séjour de la vie et de l'intelligence? Quelle raison de penser que ces globes supérieurs qui roulent dans d'autres parties de la création, et que nous avons découvert être des mondes sous le rapport des dimensions, ne sont pas aussi des mondes sous le rapport de l'usage et de la dignité? Pourquoi penserions-nous que le grand architecte de la nature, infini dans sa sagesse comme il l'est dans sa puissance, appellerait à l'existence ces magnifiques demeures et les laisserait inhabitées? Quand nous sommes sur le bord de la mer, et que nous portons nos regards vers la côte opposée, nous ne voyons qu'une bande bleuâtre, qui s'étend obscurément à l'horizon dans le lointain. La distance nous empêche d'apercevoir la richesse de son paysage et d'entendre le bruit de ses habitants. Pourquoi ne pas conclure la même chose des parties encore plus éloignées de l'univers? Quels que puissent être ces globes planétaires, du point reculé d'observation où nous sommes, pouvons-nous en voir autre chose que la simple rondeur? Sommes-nous donc fondés à dire qu'ils ne sont que des solitudes vastes et dépeuplées; que la désolation règne dans toutes les parties de l'univers, hors celle que nous habitons; que toute l'énergie des attributs divins s'est épuisée sur un coin insignifiant de ces magnifiques ouvrages; et qu'à cette terre seule appartient la fleur de la végétation, la faveur de la vie, ou la dignité d'une existence raisonnable et immortelle.

Mais ce n'est pas tout. Nous avons à alléguer quelque chose de plus que la simple grandeur des planètes, en faveur de l'idée qu'elles sont habitées. Nous savons que cette terre tourne sur elle-même, et nous observons que tous ces corps célestes, qui sont accessibles à une telle observation, ont le même mouvement. Nous savons que la terre fait une révolution annuelle autour du soleil, et nous pouvons découvrir dans toutes les planètes qui composent notre système, une révolution semblable, et avec les mêmes circonstances. Elles ont la même succession de jour et de nuit; elles jouissent également du changement agréable des saisons. Pour elles aussi la lumière et les ténèbres se succèdent tour à tour, et les charmes de l'été sont suivis des rigueurs de l'hiver. Pour chacune de ces planètes, les cieux présentent un spectacle aussi varié que magnifique, et cette terre, qui exigerait des années de voyages pénibles, si ses faibles habitants voulaient en faire le tour, n'est qu'un des moindres luminaires qui étincellent dans leur firmament. Pour elles, aussi bien que pour nous, Dieu a séparé la lumière d'avec les ténèbres, *et il a nommé la lumière, jour, et les ténèbres, nuit.* Pour chacune d'elles, il a donné le soleil *pour dominer sur le jour*, et pour plusieurs d'elles il a donné des lunes *pour dominer sur la nuit.* Pour elles, *il a fait aussi les étoiles. Et Dieu les a mises dans l'étendue des cieux pour luire sur* leur *terre, et pour dominer sur le jour et sur la nuit, et pour séparer la lumière d'avec les ténèbres, et Dieu a vu que cela était bon* (*Gen.* I, 4-18).

Dans toutes ces magnifiques dispositions de la sagesse divine, nous pouvons voir que Dieu a fait en faveur des planètes les mêmes choses qu'il a faites pour la terre que nous habitons. Et dirons-nous que la ressemblance s'arrête ici, parce que nous ne sommes pas placés de manière à l'observer? Dirons-nous que cette scène si pleine de magnificence n'a été appelée à l'existence que pour le pur amusement de quelques astronomes? Mesurerons-nous les conseils du ciel par l'étroite impuissance des facultés humaines? ou supposerons-nous que le silence et la solitude règnent d'un bout à l'autre des immenses domaines de la nature; que la plus grande partie de la création n'est qu'une vaine parade, et qu'il ne se trouve pas un adorateur de la divinité dans la vaste étendue de ces grandes et incommensurables régions?

Notre raisonnement reçoit une confirmation bien satisfaisante, lorsque, moyennant la perfection croissante de nos instruments, nous pouvons découvrir un nouveau point de ressemblance entre notre terre et les autres corps du système planétaire. Il est maintenant assuré, non-seulement que toutes les planètes ont leur jour et leur nuit, que toutes ont leurs vicissitudes de saisons, et que quelques-unes d'elles ont leurs lunes *pour dominer sur* leur *nuit*, et en diminuer l'obscurité; nous pouvons voir de l'une, que sa surface a des inégalités, qu'elle se renfle en montagnes et se déploie en vallées; d'une autre, qu'elle est environnée d'une atmosphère qui peut soutenir la respiration des êtres animés; d'une troisième, que des nuages sont formés et suspendus sur elle, qui peuvent lui donner toute la beauté et toute la pompe de la végétation; et d'une quatrième, qu'une couleur blanche s'étend sur ses régions boréales à mesure que son hiver avance, et qu'à l'approche de l'été, cette blancheur se dissipe: ce qui donne lieu de supposer que l'élément de l'eau y abonde, qu'elle s'élève par évaporation dans son atmosphère, qu'elle se gèle par l'effet du froid, qu'elle est précipitée sous la forme de neige, qu'elle couvre le terrain d'un manteau de flocons qui se fondent à la chaleur d'un soleil plus vertical; et que d'autres mondes ont une ressemblance avec le nôtre, dans le même retour annuel de changements utiles et intéressants.

Qui assignera une limite aux découvertes des siècles futurs? Qui peut prescrire des bornes à la science, ou renfermer l'active et insatiable curiosité de l'homme dans le cercle des connaissances qu'il a acquises de nos jours? Il est possible de conjecturer d'une manière plausible des choses que nous ne pouvons guère attendre avec confiance. Il se peut cependant que le jour vienne, où nos instruments d'observation seront perfectionnés à un point dont nous ne pouvons nous faire une idée. Il se peut qu'ils démontrent des points de ressemblance encore plus décisifs. Peut-être qu'ils résoudront par le témoignage des sens ces théories qui nous offrent aujourd'hui des preuves si convaincantes par le moyen de l'analogie. Peut-être qu'ils étaleront à nos regards des vestiges incontestables d'art, d'industrie et d'intelligence. Peut-être que nous verrons l'été jeter ses nappes de verdure sur ces vastes contrées, et que nous les verrons dépouillées et décolorées lorsque la vigueur de la végétation disparaît. Dans la suite des âges, nous suivrons peut-être la main de l'agriculture donnant un nouvel aspect à quelque partie d'une surface planétaire; peut-être que quelque grande cité, la métropole d'un puissant empire, deviendra visible au moyen d'un futur télescope. Peut-être qu'un jour la lunette de quelque observateur le mettra à même de tracer la carte d'un autre monde, et d'en dessiner la superficie dans ses moindres détails topographiques. Mais la conjecture n'a point de termes, et nous laissons à ceux qui viendront après nous la pleine certitude de ce que nous pouvons soutenir avec la plus grande probabilité: que ces globes planétaires sont tout autant de mondes, que des êtres vivants les remplissent, et que l'Etre puissant qui préside avec une autorité souveraine sur ces grandes et admirables scènes, y a placé des adorateurs de sa gloire.

Quand même les découvertes de la science s'arrêteraient ici, nous en aurions assez pour justifier l'exclamation du Psalmiste: *Qu'est-ce que l'homme, pour que vous vous souveniez de lui, et le fils de l'homme, pour que vous le visitiez?* Elles agrandissent l'empire de la création bien au delà des limites qui lui étaient assignées autrefois. Elles nous font voir que ce soleil, placé comme sur un trône au centre de son système planétaire, distribue la lumière, la chaleur et la vicissitude des saisons à une étendue de surface plusieurs centaines de fois plus grandes que celle de la terre que nous habitons. Elles déploient à nos yeux un nombre de mondes tournant dans leurs orbites respectives autour de ce vaste luminaire, et prouvent que le globe qui nous porte, avec son énorme fardeau d'Océans et de continents, au lieu d'être distingué des autres, est un des plus petits, et qu'observé de quelques-unes des planètes les plus éloignées, il n'occuperait pas un point visible sur la voûte de leur firmament. Elles nous apprennent que quand même cette terre, si puissante à nos yeux, viendrait, avec toutes les myriades qui l'habitent, à tomber dans le néant, il y a des mondes où un événement si formidable pour nous ne serait ni remarqué ni connu, et d'autres où il ne serait tout au plus que la disparition d'une petite étoile dont la faible lueur aurait cessé. Ce tableau humiliant, quoique juste, devrait nous inspirer des sentiments modestes. Nous devrions apprendre à ne pas considérer notre terre comme l'univers de Dieu, mais comme n'en étant qu'une chétive et insignifiante portion ; reconnaître qu'elle n'est qu'une des *diverses demeures* (*Joan.* XIV, 10) que Dieu a créées en faveur de ses adorateurs, et seulement l'un des divers mondes qui roulent dans ces torrents de lumière que le soleil répand autour de lui jusqu'aux limites extérieures du système planétaire.

Mais n'y a-t-il rien au delà de ces limites ? Le système planétaire a ses bornes, mais l'espace n'en a point, et si nous, y élevons notre imagination, ne voyagerons-nous qu'à travers des régions ténébreuses et inhabitées? Il n'y a que cinq, ou tout au plus six des globes planétaires qui soient visibles à la simple vue. Qu'est donc cette multitude d'autres luminaires qui étincellent dans notre firmament et remplissent toute *la* voûte du ciel d'innombrables *splendeurs?* Les planètes sont toutes attachées au soleil; et, en tournant autour de lui, elles rendent hommage à cette influence qui les oblige à former constamment le cortége de ce grand luminaire. Mais les autres étoiles ne reconnaissent point sa domination, elles ne tournent pas autour de lui. Selon les apparences, elles restent immobiles, et chacune, comme le souverain indépendant de son propre territoire, paraît occuper invariablement la même position dans les régions de l'immensité. Que signifient ces feux innombrables allumés dans les parties reculées de l'univers? Ne sont-ils faits que pour répandre une faible lueur sur ce petit coin du domaine de la nature? ou bien remplissent-ils une fin plus digne d'eux, celle d'éclairer d'autres mondes, et de donner la vie à d'autres systèmes ?

La première chose qui frappe l'astronome qui observe les étoiles fixes est leur incommensurable distance; si la totalité du système planétaire formait un globe de feu, son volume serait des millions de fois plus grand que ce monde, et cependant, de l'étoile la plus voisine, il ne paraîtrait qu'un petit point lumineux. Si du soleil un projectile était lancé avec la rapidité d'un boulet de canon, il mettrait des centaines de milliers d'années avant que de parcourir cet énorme intervalle, qui sépare de notre soleil et de notre système l'étoile fixe la plus proche de nous. Si cette terre, qui, dans son inconcevable vélocité, fait six cent mille lieues par jour, venait à être précipitée hors de son orbite et à s'envoler avec la même rapidité pour parcourir ce stade immense, elle ne serait pas arrivée au terme de sa course après un laps de temps pareil à celui qui s'est écoulé depuis la création du monde. Ce sont de grands nombres et de grands calculs, et notre intelligence sent sa propre impuissance, en tâchant de les saisir ; nous pouvons les spécifier par des mots, nous pouvons les représenter par des figures, nous pouvons les démontrer, à l'aide de la géométrie la plus rigoureuse et la plus infaillible ; mais aucune imagination humaine ne peut s'en faire une conception nette et exacte ; ne peut parcourir dans son vol idéal cette étendue incommensurable ; ne peut embrasser cet effrayant espace dans toute sa grandeur et dans toute son immensité ; ne peut atteindre les dernières limites d'une telle création, ni s'élever jusqu'à la majesté de ce bras puissant et invisible auquel tout est suspendu.

Mais que peuvent être ces étoiles placées si loin au delà des limites de notre système planétaire? Elles doivent être des masses d'une immense grandeur, autrement elles ne pourraient être vues à la distance du lieu qu'elles occupent; la lumière qu'elles donnent doit émaner d'elles-mêmes, car le faible reflet d'une lumière qui viendrait d'ailleurs n'arriverait pas, à travers un tel espace, jusqu'à l'œil de l'observateur. Un corps peut être visible de deux manières : soit par sa propre lumière, comme la flamme d'une bougie, la clarté d'un feu, ou la splendeur de ce brillant soleil, cette lampe du monde qui éclaire tout ici bas; soit par la lumière qui tombe sur lui, comme le corps qui reçoit sa lumière du flambeau qui l'éclaire, comme généralement tous les objets qui sont sur la terre, qui ne paraissent que lorsque la lumière du jour les frappe ; ou comme la lune, qui, du côté qui envisage le soleil, présente une blancheur argentine à l'œil de l'observateur, tandis que l'autre côté forme un espace obscur et invisible dans le firmament ; ou comme les planètes, qui ne brillent que parce que le soleil les éclaire, et qui toutes offrent l'apparence d'une tache noire, du côté qui est privé de ses rayons. Maintenant faisons cette question pour les étoiles fixes. Sont-elles lumineuses d'elles-mêmes, ou tirent-elles leur lumière du soleil, comme les corps de notre système planétaire? La seule idée de leur immense distance suffit pour que la solution de cette question soit évidente. Le soleil, comme tout autre corps, doit perdre de sa grandeur apparente à mesure qu'on s'éloigne de lui. A la distance prodigieuse de la plus proche même des étoiles fixes, il serait nécessairement réduit à n'être plus qu'un point invisible; en un mot, il serait devenu lui-même une étoile, et ne pourrait pas répandre plus de lumière qu'un seul de ces astres qui étincellent par myriades, et dont l'innombrable multitude réunie ne peut dissiper, et peut à peine diminuer les ténèbres, qui, au milieu de la nuit, enveloppent notre monde. Ces étoiles sont visibles pour nous, non parce que le soleil les éclaire, mais parce qu'elles brillent d'elles-mêmes, parce qu'elles sont tout autant de corps lumineux *disséminés* dans l'immensité de l'espace; enfin, parce qu'elles sont *tout autant* de soleils, chacun installé au centre de ses propres Etats, et répandant des torrents de lumière sur la partie qui lui est échue de ces régions auxquelles on ne peut assigner de limites.

A une telle distance pour l'observation, il n'y a guère à supposer que nous puissions trouver beaucoup de points de ressemblance entre les étoiles fixes et l'étoile solaire qui forme le centre de notre système planétaire; cependant il y a un point de ressemblance qui n'a pas échappé à la pénétration de nos astronomes. Nous savons que notre soleil tourne sur lui-même, dans une période régulière de temps; nous savons aussi qu'il y a des taches obscures parsemées sur sa surface, qui, quoique invisibles à la simple vue, se remarquent parfaitement à l'aide de nos instruments. Si ces taches existaient en plus grand nombre d'un côté que de l'autre, il en résulterait que ce côté paraîtrait en général plus sombre, et la rotation du soleil devrait, en pareil cas, nous donner alternativement, dans des périodes régulières, tantôt un côté plus brillant et tantôt un côté plus terne. Or, il y a quelques-unes des étoiles fixes qui présentent ce phénomène: elles nous présentent les variations *périodiques* de la lumière; de l'éclat d'une étoile de la première ou de la seconde grandeur, elles passent à la faible lueur des plus petites étoiles; et l'une d'entre elles, en devenant *invisible*, donnerait lieu de craindre que nous ne l'eussions tout à fait perdue; mais nous pouvons encore la reconnaître à l'aide du télescope, jusqu'à ce qu'enfin elle reparaisse à sa place accoutumée, et qu'après un temps *régulier*, de tant de jours et d'heures, elle recouvre sa splendeur primitive. Or, il est naturel d'en conclure que, comme les étoiles fixes ressemblent à notre soleil, en ce qu'elles sont tout autant de masses lumineuses d'une immense grandeur, elles lui ressemblent en cela aussi que chacune d'elles tourne sur son propre axe, de sorte que s'il y en a quelqu'une qui ait un côté plus brillant que l'autre, cette rotation est rendue évidente par les variations régulières dans le degré de lumière qu'on y remarque.

Dirons-nous donc que ces vastes luminaires furent créés en vain? Ne furent-ils appelés à l'existence à d'autres fins que de jeter des torrents d'inutile splendeur sur les solitudes de l'immensité? Notre soleil n'est simplement qu'un de ces *luminaires*, et nous savons qu'il y a des mondes à sa suite. Pourquoi dépouillerions-nous les autres de ce cortége royal? Pourquoi chacun d'eux ne pourrait-il pas être le centre de son propre système, et donner la lumière à ses propres mondes? Il est vrai que nous ne le voyons pas; mais si l'œil de l'homme pouvait se transporter dans ces régions éloignées, il perdrait de vue notre petit globe, avant qu'il atteignît les limites extérieures de notre système; il verrait disparaître, tour à tour, les plus grandes planètes, avant qu'il eût parcouru une petite portion de cet abîme qui nous sépare des étoiles fixes; le soleil ne serait plus qu'un petit point, et toute sa brillante *suite de mondes* se perdrait dans l'obscurité de *l'éloignement*; cet astre même, enfin, se réduirait à la petitesse d'un atome invisible, et tout ce qu'on pourrait voir de ce magnifique système se bornerait à la lueur incertaine d'une petite étoile. Pourquoi *résister plus* longtemps à la grande et intéressante conclusion, que chacune de ces étoiles peut être l'indice d'un système aussi vaste et aussi brillant que celui dont nous faisons partie? Des mondes roulent dans ces régions lointaines, et ces mondes doivent être *les demeures* de la vie et de l'intelligence. Dans ce pavillon du ciel, parsemé d'or et d'azur, se déploie à nos regards l'immense perspective de l'univers, où chaque point lumineux nous présente un soleil, et chaque soleil un système de mondes où la Divinité règne dans toute la magnificence de ses hauts attributs, remplit l'immensité de ses merveilles, et *voyage dans la grandeur de sa force* (*Isa.* LXIII, 1), sur tous les points d'une monarchie vaste et illimitée.

La contemplation n'a point de limites: si nous nous enquérons du nombre des soleils et des systèmes planétaires, la simple vue de l'homme peut en trouver un millier, et le meilleur télescope que le génie de l'homme ait construit, quatre-vingt millions. Mais pourquoi assujettir les domaines de l'univers à l'œil de l'homme ou à la puissance de son génie? L'imagination peut prendre son vol bien au delà de la portée de l'œil ou du télescope; elle peut s'étendre sur les régions qui sont en dehors de tout ce qui est visible; et aurons-nous la témérité de dire qu'il n'y existe que le néant? que les merveilles du Tout-Puissant ont un terme, parce que nous ne pouvons plus en suivre les traces? que sa puissance infinie est épuisée, parce que l'art de l'homme ne peut plus en observer les effets? que l'énergie créatrice de Dieu s'est reposée, parce que l'imagination affaiblie succombe sous ses efforts, et ne peut plus soutenir son vol à travers ces hautes régions qui s'étendent bien au delà de ce que *l'œil a vu*, ou de ce que *l'esprit de l'homme* a pu concevoir (*I Cor.* II, 9); qui se prolongent indéfiniment, et vont se perdre dans un imposant et mystérieux infini?

Avant que de terminer cette rapide et imparfaite esquisse de notre moderne astronomie, il me paraît à propos de remarquer deux points, dont la méditation est pleine d'intérêt; qui l'un et l'autre servent à agrandir les idées que nous avons conçues de l'univers, et par là à nous donner un sentiment plus vif de l'insignifiance comparative de ce monde que nous habitons. Le premier est suggéré par la considération que, si un corps est frappé dans la direction de son centre, il reçoit de ce choc un mouvement progressif, mais sans qu'aucun mouvement de rotation lui soit en même temps donné : il va simplement en avant, mais ne tourne pas sur lui-même : au lieu que si le choc n'est pas dans la direction du centre, et que la ligne qui joint le point de percussion au centre fasse un angle avec cette ligne dans laquelle l'impulsion fut donnée, le corps est doublement obligé d'aller en avant dans l'espace et de tourner sur son axe. Ainsi chacune de nos planètes peut avoir reçu son mouvement composé, par une simple impulsion; et, d'autre part, si jamais le mouvement de rotation est imprimé par un seul coup, le mouvement progressif doit s'ensuivre également. Afin d'avoir le premier mouvement sans le second, il doit y avoir une double force appliquée au corps, dans des directions opposées; il faut qu'il soit mis en action de la même manière qu'une toupie qui tourne, de façon à se mouvoir autour d'un axe, et à conserver toujours la même situation dans l'espace. Les planètes ont les deux mouvements; et, par conséquent, peuvent les avoir reçus par une seule et même impulsion. Le soleil, nous en sommes certains, a un de ces mouvements : il a un mouvement de rotation. S'il est mû autour de son axe par deux forces opposées, une de chaque côté, il peut avoir ce mouvement, et garder une position immuable dans l'espace; mais si ce mouvement lui fut donné par un seul choc, il doit avoir un mouvement progressif, uni à un mouvement circulaire; ou, en d'autres termes, il se meut en avant, et décrit une orbite dans l'espace, et en se mouvant ainsi il entraîne avec lui toutes ses planètes avec tous leurs satellites.

Mais, au point où nous en sommes, la question n'est seulement qu'une pure théorie, une simple conjecture. La rotation du soleil peut provenir d'une impulsion circulaire; ou, sans recourir du tout à des causes secondaires, ce mouvement peut avoir commencé avec son existence, et l'un et l'autre peuvent dériver de la parole immédiate du Créateur. Mais les cieux nous offrent un phénomène qui change la conjecture en probabilité. Dans le cours des âges, les étoiles d'un quartier de la sphère céleste semblent s'éloigner les unes des autres, et, dans le quartier opposé, elles paraissent se rapprocher entre elles. Si le soleil se rapproche du premier quartier et s'éloigne du dernier, ce phénomène s'explique facilement, et nous avons fait un magnifique pas dans l'échelle des œuvres du Créateur. De la même manière que les planètes, avec leurs satellites, tournent autour du soleil, il se peut que le soleil, avec tous ses tributaires, se meuve, en commun avec d'autres étoiles, autour de quelque centre éloigné, dont émane une influence pour les lier et les subordonner tous. Une force centrifuge peut les empêcher de s'approcher les uns des autres, sans laquelle les lois de l'attraction pourraient consolider, en une masse prodigieuse, tous les globes distincts dont l'univers est composé. Notre soleil donc n'est peut-être qu'un membre d'une famille plus élevée, faisant partie, avec des millions d'autres, d'un système de mécanisme plus éminent, par lequel ils sont tous assujettis à une même loi et à un arrangement unique; décrivant l'aire d'une telle orbite dans l'espace, et complétant la grande révolution dans une telle période de temps, que nos saisons planétaires et nos mouvements planétaires sont réduits à un rang bien inférieur, et à de simples fractions dans l'échelle d'une plus haute astronomie. L'immensité offre assez d'espace pour un tel système; les observations qu'on a faites fournissent même des arguments en sa faveur; et, de toute cette théorie, nous conclurons avec une nouvelle force combien est petite la place de notre monde, et combien son importance est secondaire, au milieu des objets si brillants et si magnifiques qui l'entourent.

Mais il est un autre *champ* qui offre une contemplation très-intéressante, et qui a été ouvert à nos regards par des observations astronomiques encore plus récentes. C'est la découverte des *nébuleuses*. Nous convenons que cette découverte n'a jeté qu'une lumière faible et confuse sur la structure de l'univers; mais cependant elle a déployé devant l'œil de l'intelligence un point de vue bien vaste et bien sublime. Avant cette découverte, l'univers pouvait sembler n'avoir été composé que d'un nombre indéfini de soleils, à peu près à une égale distance l'un de l'autre, uniformément disséminés dans l'espace, et environnés chacun d'un cortége planétaire, semblable à celui qui a lieu dans notre propre système. Mais nous avons maintenant raison de croire qu'au lieu d'être placés uniformément et à une égale distance l'un de l'autre, ils sont arrangés en groupes distincts; que, de la même manière que la distance des étoiles fixes les plus voisines, si prodigieusement supérieure à celle de nos planètes l'une de l'autre, marque la séparation des systèmes solaires, ainsi la distance de deux groupes continus peut être si prodigieusement supérieure à la distance réciproque de ces étoiles fixes qui appartiennent au même groupe, qu'elle marque une séparation également distincte des groupes, et fasse de chacun d'eux un membre individuel de quelque arrangement plus haut et plus étendu. Cette théorie nous élève d'un autre degré dans l'échelle de la magnificence, et nous y laisse en suspens dans le doute, si même cette admirable progression finit ici; et, dans tous les cas, nous donne certainement lieu de conclure que pour un être dont l'œil serait capable d'embrasser l'universalité de la création, la *demeure* qui est destinée à notre espèce pourrait être d'une telle petitesse, qu'elle fût rangée parmi les objets microscopiques; et qu'à l'égard du seul Etre qui possède cet œil universel, nous pouvons bien nous écrier: *Qu'est-ce que l'homme pour que vous vous souveniez de lui, et le fils de l'homme pour que vous daigniez le visiter?*

Et, après tout, quelque difficile qu'il soit de concevoir un ordre de choses aussi sublime, qui peut en douter? Les objets visibles peuvent n'être rien en comparaison de ceux qui sont invisibles; car ce qu'on voit est limité par la portée de nos instruments; ce qui n'est pas vu n'a point de limites; et, quand même tout ce que l'œil de l'homme est capable d'embrasser, ou son imagination de saisir, viendrait à être anéanti, il se pourrait qu'il restât encore un champ tout aussi ample sur lequel la Divinité peut s'étendre, et qu'elle peut avoir peuplé de mondes innombrables. Si toute la création visible venait à disparaître, elle laisserait après elle une vaste solitude; mais pour l'Intelligence infinie, qui peut embrasser dans sa totalité le système de la nature, cette solitude, peut-être, ne serait qu'un petit coin inoccupé dans cette immensité qui l'environne, et qu'elle peut avoir remplie des merveilles de sa toute-puissance. Quand même cette *terre* viendrait *à être brûlée* (*II Petr.* III, 10), quand même la *trompette* de sa *dissolution* viendrait *à sonner* (*Matth.* XXIV, 31: *II Petr.*, III, 11), quand même ce *ciel* viendrait *à se retirer comme un livre que l'on roule* (*Apoc.* VI, 14), et que toute la gloire visible que la main de la Divinité y a imprimée viendrait à s'anéantir pour toujours; cet événement, si formidable pour nous et pour tous les mondes qui nous avoisinent, par lequel tant de soleils seraient éteints, et tant de scènes variées de vie et de population précipitées dans l'oubli, ne serait rien, dans la haute échelle des créations du Tout-Puissant, qu'un lambeau retranché, qui, quoique dispersé dans le néant, laisserait l'univers de Dieu un théâtre complet de grandeur et de majesté. Quand même cette terre et ces cieux viendraient à disparaître, il y a d'autres mondes qui roulent au loin; la lumière d'autres soleils brille sur eux; et le firmament qui les couvre est décoré d'autres étoiles. Y a-t-il de la présomption à dire que le monde moral s'étend jusqu'à ces régions lointaines et inconnues? qu'elles sont peuplées d'habitants? que les tendres affections de famille et de voisinage y existent? qu'on y chante les louanges de Dieu, et qu'on y exalte sa bonté? que la piété y a ses temples et ses offrandes, et que la richesse des divins attributs y est sentie et admirée par d'intelligents adorateurs?

Et qu'est ce monde et ses habitants, auprès de la multitude de mondes qui remplissent l'immensité? L'univers en général souffrirait aussi peu, dans sa splendeur et sa variété, la destruction de nos planètes, que la verdure et la sublime grandeur d'une forêt, la chute d'une simple feuille. La feuille tremble sur la branche qui la soutient; elle est à la merci du moindre accident: un souffle de vent la détache de sa tige, et elle tombe dans le courant de l'eau qui passe au-dessous. En un moment la vie s'éteint pour cette multitude d'êtres dont, à l'aide du microscope, nous savons qu'elle est habitée, et un événement si insignifiant aux yeux de l'homme, et si peu digne de nos observations, amène, pour les myriades qui peuplent cette petite feuille, une catastrophe aussi terrible et aussi décisive que la destruction d'un monde. Or, sur la grande échelle de l'univers, nous, qui occupons cette boule, qui décrit sa petite orbite parmi les soleils et les systèmes que l'astronomie a déployés, nous pouvons avoir le sentiment de la même petitesse et d'un sort aussi précaire. Nous ne différons de la feuille qu'en ce qu'il faudrait l'opération de plus grands éléments pour nous détruire.

Or, c'est cette petitesse et cet état précaire qui nous rendent si chère la protection du Tout-Puissant, et impriment avec tant d'énergie, dans toute âme pieuse, les saintes leçons d'humilité et de reconnaissance. Le Dieu qui est là-haut, et dont l'autorité suprême préside sur tous les mondes, *se souvient de l'homme*, et quoique, en ce moment, sa puissance se fasse sentir dans les parties les plus reculées de la création, nous pouvons nous reposer avec autant de sécurité sur sa Providence, que si nous étions les seuls objets de sa sollicitude. Il ne nous est pas donné d'élever nos pensées jusqu'à cette mystérieuse puissance; mais, tel est le fait incompréhensible, que le même Etre, dont l'œil embrasse tout l'univers, donne la végétation au moindre brin d'herbe et le mouvement à la plus petite goutte de sang qui circule dans les veines du plus chétif animal; que quoique sa pensée renferme dans sa vaste étendue l'immensité et toutes ses merveilles, je lui suis aussi bien connu que si j'étais l'unique objet de son attention; qu'il observe toutes mes idées; qu'il donne naissance à toutes les sensations et à tous les mouvements qui sont en moi; et, qu'en exerçant un pouvoir que je ne puis ni définir ni comprendre, le même Dieu qui siége au plus haut des cieux, et qui règne sur les splendeurs du firmament, est à ma droite pour me donner le souffle que je respire, et tous les biens dont je jouis.

§ II.

Nous avons tâché de mettre sous les yeux du lecteur l'étonnante étendue de cet espace, fourmillant de mondes innombrables, que l'astronomie moderne a introduit dans le cercle de ses découvertes: nous nous sommes hasardé même sur ces sentiers de l'infini qui sont au delà de tout ce que l'œil ou le télescope nous ont fait connaître; nous nous sommes élancé au loin dans ces régions ultérieures qui sont hors des limites de notre astronomie, dans l'intention de faire sentir la témérité qu'il y a d'imaginer que l'énergie créatrice de Dieu, épuisée par la grandeur de ses efforts, expire justement à cette ligne où l'art de l'homme est arrêté, malgré tout ce qu'il a fait pour perfectionner ses instruments de vision ; et sur tout cela nous avons hasardé l'assertion, que quand même tout ce qui est visible aux cieux viendrait à se précipiter dans le néant, et que le *balai* de la colère du Tout-Puissant viendrait à *balayer* (*Isa.* XIV, 23) de la face de l'univers ces millions et ces millions de soleils et de systèmes qui sont à la portée de notre observation actuelle ; que cet événement, qui, à nos yeux, laisserait après lui une si grande et si effroyable solitude, ne serait peut-être, aux yeux de celui qui pourrait embrasser la totalité de la création, que la disparition d'un petit lambeau de ce champ des choses créées, que la main de sa Toute-Puissance avait déployé autour de lui.

Mais, pour se convaincre de cette vérité, il n'est pas nécessaire d'étendre l'imagination au delà de la limite de nos découvertes actuelles : il suffit, pour que nous soyons frappés de l'insignifiance de ce monde et de tous ceux qui l'habitent, de le mettre en parallèle avec cette immense multitude de mondes qui sont étalés aux regards de l'homme, aidés comme ils l'ont été par les inventions de son génie. Quand nous avons parlé des quatre-vingts millions de soleils, occupant chacun son propre et indépendant territoire dans l'espace, et dispensant sa propre influence sur un groupe de mondes tributaires, ce monde n'a pu manquer de paraître bien petit aux yeux de celui qui contemplait la grandeur et la variété des objets qui l'environnent. Nous n'avons donné qu'une faible image de notre insignifiance comparative, quand nous avons dit que la majesté d'une forêt étendue ne souffrirait pas plus de la chute d'une simple feuille, que la majesté de ce vaste univers ne souffrirait si le globe qui nous porte et *tout ce dont il hérite venait à se dissoudre* (*II Petr.* III, 10). Et quand nous élevons nos idées jusqu'à celui qui a peuplé l'immensité de toutes ces merveilles, qui a pour trône la magnificence de ses œuvres, et qui d'une pensée sublime peut embrasser toute l'étendue de cet espace sans bornes qu'il a rempli des trophées de sa divinité, nous ne pouvons que nous résigner à nous joindre de tout notre cœur à l'exclamation du Psalmiste : *Qu'est-ce que l'homme pour que vous vous souveniez de lui, et le fils de l'homme pour que vous daigniez le visiter* (*Psal.* VIII, 4) ?

Remarquez maintenant le tour que le génie de l'incrédulité a donné à tout ceci. Une si chétive portion de l'univers telle que la nôtre, n'a pu jamais être l'objet de ces attentions signalées que le christianisme lui a assignées ; *Dieu* ne se serait pas *manifesté en chair* (*I Tim.* III, 16) pour le salut d'un monde si chétif. Jamais le monarque de tout un continent ne se résoudrait à s'éloigner de sa capitale, à se dépouiller de la splendeur de la royauté et à s'assujettir, pendant des mois ou des années, aux dangers, à la pauvreté et à la persécution, pour aller résider dans quelque petite île de sa domination, telle que si un tremblement de terre venait à l'engloutir, cet événement inaperçu n'ôterait rien à la gloire d'un si vaste empire ; et tout cela afin de regagner l'affection perdue de quelques familles obscures qui l'habitent. Et le Fils éternel de Dieu non plus, lui qui nous est révélé comme *ayant fait tous les mondes* (*Coloss.* I, 16 ; *Hebr.* I), comme *soutenant un empire* (*Isa.* IX, 16), au sein des splendeurs duquel le globe qui nous est échu, est éclipsé dans l'insignifiance, ne voudrait pas se dépouiller *de la gloire qu'il avait avec le Père avant que le monde fût* (*Joan.* XVII, 5), et descendre sur cet indigne théâtre, dans le dessein que lui attribue le Nouveau Testament. Il est impossible que les intérêts de cette chétive planète, qui accomplit son petit cercle au milieu d'une infinité de mondes plus grands, soit d'une telle importance dans les plans de l'Eternel, ou ait fait naître dans les cieux un mouvement si étonnant, que le Fils de Dieu ait dû prendre la forme de notre espèce dégradée, séjourner parmi nous, participer à toutes nos infirmités, et couronner tous ces signes d'humiliation par l'opprobre et les agonies d'un cruel martyre.

Cela a été avancé comme une difficulté dans la voie de la révélation chrétienne, et plusieurs de nos incrédules philosophes se vantent que la lumière du Nouveau Testament est éclipsée et anéantie par la lumière des découvertes modernes ; mais le mal ne s'est pas borné aux philosophes, car l'argument a passé en d'autres mains, et les explications populaires qu'on donne aujourd'hui des plus sublimes vérités de la science ont largement répandu tout le déisme qu'on a greffé sur lui ; le ton tranchant d'un mépris décidé pour l'Evangile est maintenant associé au style léger d'un acquis superficiel, et, tandis que le vénérable Newton, dont le génie ouvrit ces vastes champs de contemplation, trouva dans l'interprétation de la Bible une occupation qui exerçait dignement ses facultés intellectuelles, combien n'y en a-t-il pas qui, quoique marchant à la lumière qu'il mit devant eux, sont séduits par une satisfaction intérieure qu'il ne sentit jamais, et enflés d'un orgueil qui n'entra jamais dans son esprit pieux et philosophique, et qui ne prennent garde à la Bible que pour la ravaler, la tourner en dérision et la démentir !

Avant d'entrer dans ce que nous regardons comme la réponse directe à cette objection, observons préliminairement qu'elle tend à dépouiller la Divinité d'un attribut qui forme un merveilleux surcroît à la splendeur de son incompréhensible caractère. C'est en effet une puissante preuve de la force de son bras, qu'il soutienne tant de millions de mondes ; mais certainement le sublime attribut de sa puissance en serait encore plus éclatant si, tandis qu'elle s'étend sans obstacle parmi les soleils et les systèmes de l'astronomie, elle pouvait, en même temps, imprimer le mouvement et donner la direction aux moindres rouages de cette machine compliquée qui est sans cesse en jeu autour de nous. C'est une noble démonstration de la sagesse de Dieu, que l'action continue et infatigable qu'il donne à ces lois qui maintiennent la stabilité de ce vaste univers; mais cela contribuerait à rehausser cette sagesse d'une manière inconcevable si, tandis qu'elle est proportionnée à la magnifique tâche de maintenir l'ordre et l'harmonie des sphères, elle prodiguait ses inépuisables ressources sur les beautés, les variétés et les arrangements de tous les objets de la création qu'il tira du néant, quelque modestes et quelque petits qu'ils soient. C'est une bien douce preuve des délices qu'il prend à communiquer le bonheur, que la totalité de l'immensité soit ainsi parsemée des habitations de la vie et de l'intelligence; mais cette preuve aurait bien plus de force, elle ferait sur les cœurs une impression bien plus vive et plus profonde, si nous savions qu'en même temps que son regard favorable embrasse l'incommensurable cercle des êtres créés, il n'y a pas une seule famille d'oubliée, et que tout individu, dans quelque coin de ses domaines que ce soit, est observé avec autant d'attention que s'il était l'objet unique et exclusif de ses soins. C'est une suite de notre imperfection que nous ne puissions donner notre attention à plus d'un objet à la fois; mais certainement, toutes nos idées des perfections de Dieu seraient bien plus élevées si nous savions que, tandis que sa vaste intelligence est capable de saisir toute l'étendue de la nature jusqu'à ses bornes les plus reculées, il a l'œil attentivement attaché sur les plus petits de ses objets, pèse toutes les pensées de mon cœur, remarque tous mes mouvements et enregistre dans son souvenir jusqu'aux moindres circonstances de ma vie.

Et enfin, pour appliquer toutes ces considérations au sujet qui nous occupe, supposons que, parmi les myriades innombrables de mondes, il y en eût un qui fût désolé par une contagion morale qui s'étendrait sur tous ses habitants et les assujettirait à la condamnation d'une loi dont la sanction serait irrévocable et immuable, il ne serait pas extraordinaire que Dieu, par un mouvement de juste indignation, fît disparaître de l'univers ce scandale qui le déparait; et nous ne devrions pas être étonnés quand même, parmi la multitude des autres mondes d'où des chants de louange et l'encens d'une pure adoration monteraient vers le trône du Tout-Puissant, il laisserait périr dans sa criminelle rébellion ce monde égaré et solitaire. Mais, dites-moi, ah! dites-moi, le caractère de Dieu ne respirerait-il pas la douceur de la plus exquise tendresse, si nous le voyions employer tous les moyens pour rappeler à lui ces enfants qui s'en étaient éloignés; et quelque petit que fût leur nombre, en comparaison de la multitude de ses fidèles adorateurs, ne serait-ce pas donner à son attribut de compassion tout l'infini de la Divinité, si, plutôt que de perdre le seul monde qui se fût fourvoyé, il envoyait les messagers de paix pour le solliciter affectueusement de revenir à lui? et si la justice demandait un si grand sacrifice, et qu'il fallût que la loi fût entourée de tant de dignité et de solennité, dites-moi si cela ne répandrait pas une sublimité morale sur la bonté de la Divinité, s'il posait sur son propre Fils le fardeau de son expiation afin qu'il pût encore sourire à ce monde et tendre le sceptre d'invitation à toutes ses familles?

Nous sommes donc obligés d'avouer que cet argument de l'incrédule tend à anéantir une des perfections du caractère de Dieu. Ne devrions-nous *pas*, à mesure que nous connaissons davantage l'étendue de la nature, concevoir une plus haute idée de celui dont l'autorité souveraine embrasse les intérêts d'un si vaste univers? Mais n'est-ce pas ajouter à la brillante nomenclature de ses autres attributs, de dire que, tandis que les objets les plus grands n'épuisent point ses forces, les plus petits ne peuvent lui échapper, ni les plus variés lui causer de l'embarras; et que, dans le même moment où les pensées de la Divinité s'étendent au loin sur l'immensité de la création, il n'y a pas une particule de matière, il n'y a pas un seul individu parmi les êtres raisonnables ou animés, il n'y a pas un seul monde dans cette étendue qui en fourmille, que son œil ne discerne aussi constamment, que sa main ne guide aussi sûrement, et que son esprit ne surveille avec autant de soins et de vigilance que s'il était l'objet unique et exclusif de son attention.

La chose est inconcevable pour nous, dont les pensées sont si aisément distraites par le nombre des objets, et c'est là le principe secret et sans exception de l'incrédulité que j'ai maintenant en vue. Pour mettre Dieu au niveau de notre capacité, nous le revêtirions de l'impuissance de l'homme, nous attribuerions à sa merveilleuse intelligence toute l'imperfection de nos propres facultés. Quand l'astronomie nous apprend qu'il a des millions de mondes à surveiller, et ainsi ajoute, dans un sens, à la gloire de son caractère, nous en ôtons dans un autre, en disant que chacun de ces mondes doit être surveillé imparfaitement. L'usage que nous faisons d'une découverte qui devrait rendre plus sublimes toutes les idées que nous avons conçues de Dieu, et nous humilier dans le sentiment de son infinité et de notre néant, est de nous constituer ses juges, et de prononcer un jugement qui le dégrade et le rabaisse à la mesure de notre étroite imagination! La science moderne nous introduit parmi une multitude d'autres soleils et d'autres systèmes, et l'interprétation perverse que nous donnons au fait que Dieu *peut* répandre les bienfaits de sa puissance et de sa bonté sur une telle variété de mondes, est qu'il ne *peut pas* ou ne veut pas témoigner autant de bonté à l'un de ces mondes, que nous l'a annoncé une révélation authentique. Tandis que nous augmentons les provinces de son empire, nous ternissons toute la gloire qui en devait résulter pour sa toute puissance, en disant que tant d'objets réclament ses soins, que celui de chacun en particulier en doit être moins complet, moins vigilant, moins réel. Par les découvertes de la science moderne, nous multiplions les districts de la création; mais en même temps nous voudrions ôter à Dieu la faculté de porter ses regards en tous lieux, pour contempler le bien et le mal; et ainsi, tandis que nous exaltons une de ses perfections, nous le faisons aux dépens d'une autre; pour le mettre à la portée de notre faible capacité, nous voudrions effacer en partie la gloire de ce caractère que nous devons adorer comme au-dessus de toutes pensées, et comme plus grand que toute compréhension.

Je vais en peu de mots reproduire l'objection que nous avons entrepris de combattre. Depuis que l'astronomie nous a découvert un si grand nombre de mondes, il n'est pas croyable que Dieu voulût donner tant d'attention à ce monde, et fît tant de choses merveilleuses en sa faveur que nous l'annonce la révélation chrétienne. Cette objection aura reçu sa réponse, si nous pouvons lui opposer la proposition suivante: savoir, que Dieu, outre la simple faculté de s'occuper d'une multiplicité d'objets dans un seul et même temps, a cette faculté dans une perfection si admirable, qu'il peut fixer son attention aussi entièrement, pourvoir aussi richement, et manifester tous ses attributs aussi éminemment, sur chacun de ces objets, que si le reste n'existait pas, et n'avait aucune place quelconque dans son gouvernement ou dans ses pensées.

Pour l'évidence de cette proposition, nous en appelons en premier lieu à l'histoire personnelle de chaque individu. Accordez-nous seulement que Dieu ne perd jamais de vue aucune des choses qu'il a créées, et qu'il n'y a point de chose créée qui puisse continuer, soit d'être, soit d'agir indépendamment de lui; et alors même, sur la face de ce monde, quelque humble qu'il soit sur la grande échelle de l'astronomie, combien l'attention de Dieu n'est-elle pas diversifiée, et combien n'est-elle pas multipliée! Son œil est ouvert sur toutes les heures de mon existence; son esprit est intimement présent à toutes les pensées de mon cœur; son inspiration fait naître mes moindres volontés; sa main imprime à chacun de mes pas la direction qu'il doit suivre; l'air que je respire est attiré par une énergie que Dieu produit en moi; ce corps qui, au moindre dérangement, deviendrait la proie de la mort ou de cruelles souffrances, est maintenant en repos, parce que dans ce moment il écarte loin de moi mille dangers, et entretient les mille mouvements de sa machine délicate et compliquée; sa souveraine influence m'accompagne dans tout le cours de ma vie, toujours changeante et agitée; quand je marche dans la solitude, il est près de moi; quand je suis au milieu de la foule, j'ai beau l'oublier, il ne m'oublie jamais; dans les veilles silencieuses de la nuit, quand mes paupières sont fermées et que mon âme a perdu le sentiment d'elle-même, l'œil vigilant de celui qui *ne sommeille jamais* (*Ps.* CXXI, 4) est sur moi, je ne puis *fuir* de sa présence (*Ps.* CXXXIX, 7); où que j'aille, il me garde, veille sur moi, et m'accompagne de sa sollicitude; et le même Etre dont l'action se déploie maintenant dans les domaines les plus reculés de la nature et de la providence, est aussi à ma droite pour prolonger chaque moment de mon existence, et me soutenir dans l'exercice de toutes mes perceptions et de toutes mes facultés.

Or, ce que Dieu fait à mon égard, il le fait pour tous les individus de la population de ce monde. Chacun en particulier, et tous en général jouissent de l'intimité de sa présence, de son attention et de sa sollicitude. Sa pensée, aussi libre que si elle n'avait pas le fardeau de la multitude de ses autres travaux, peut se livrer sans distraction à tout ce que demandent le gouvernement et la surveillance de tous les enfants de l'espèce humaine. Et est-ce à nous, au milieu de tous ces exemples journaliers, ingrats que nous sommes, de tracer une limite autour des perfections de Dieu, de déclarer que la multitude des autres mondes a privé celui que nous occupons de la moindre portion de sa bienveillance, ou que celui dont l'œil est sur chaque famille séparée de la terre, ne prodiguerait pas toutes les richesses de ses impénétrables attributs, sur un plan sublime de grâce et d'immortalité, en faveur de ses innombrables générations?

Mais, supposé que la pensée de Dieu fût aussi fatiguée, et aussi remplie du soin des autres mondes que l'objection l'avance gratuitement, ne verrions-nous pas quelques traces de négligence ou d'inattention dans sa manière de conduire le nôtre? N'observerions-nous pas, en mille endroits, la preuve que son maître est surchargé par la variété de ses autres occupations? Un homme accablé par une multitude d'affaires simplifierait et réduirait le travail qui lui serait imposé par quelque nouvel arrangement. Or, montrez un seul indice que Dieu soit ainsi accablé. L'astronomie nous a fait voir tant de royaumes dans la création, dont on n'avait pas ouï parler auparavant, que le monde que nous habitons est réduit à n'être plus qu'une province éloignée et solitaire de cette vaste monarchie. Dites-moi donc si, dans aucun endroit de cette province qui soit accessible à l'homme, vous apercevez le moindre signe que Dieu se soit épargné, que Dieu soit abattu sous le poids de ses autres occupations; que Dieu succombe sous le fardeau de cette vaste surintendance qui repose sur lui; que Dieu soit épuisé, comme le serait un de nous, par le nombre de soins, quelque grand qu'il soit, par leur variété, quelque infinie qu'elle puisse être ; et ne vous apercevez-vous pas, dans cette immense profusion de sagesse et de bonté, qui est répandue partout autour de nous, que les *pensées* de cet Etre *impénétrable* (*Rom.* xi, 33) *ne sont pas nos pensées, et que ses voies ne sont pas nos voies* (*Isa.* lv, 9)?

Quand je porte mes regards sur la merveilleuse scène qui est immédiatement devant moi, et vois que, dans toutes les directions, elle m'offre l'image de l'activité la plus variée et la plus infatigable; quand j'observe toutes les beautés de ces ornements qui la décorent, et toutes les empreintes de dessein et de bienveillance qui y abondent; quand je pense que le même Dieu qui tient l'univers avec tous les systèmes dans le creux de sa main, colore chaque fleur, donne la séve à chaque brin d'herbe, est le principe du mouvement de tous les êtres vivants, et que le poids de ses autres soins ne le met pas hors d'état d'enrichir l'humble coin de la nature que j'occupe des charmes et des commodités de la vie avec la variété la plus illimitée; alors, certainement, si un message, revêtu de toutes les marques d'authenticité, déclarait m'être adressé de la part de Dieu, et m'informait des choses merveilleuses qu'il a faites pour le bonheur de notre espèce, ce n'est pas à moi, en présence de toutes ces preuves, de le rejeter comme une fable mensongère, parce que des astronomes m'ont dit qu'il a tant d'autres mondes et tant d'autres créatures différentes qui réclament son attention; et, quand je pense que ce serait le déposséder de sa suprême autorité sur les êtres qu'il a formés, si un simple *passereau tombait à terre sans sa volonté* (*Matth.* x, 29); en vain la science et l'art des sophistes tenteraient de me ravir ce qui fait ma consolation et mon bonheur; je ne laisserai point aller l'ancre de ma confiance en Dieu; je ne craindrai rien, car *je vaux mieux que beaucoup de passereaux* (*Ibid.* 31).

On sait que ce fut le télescope, qui, en perçant l'obscurité qui est entre nous et les mondes éloignés, mit l'incrédulité en possession de l'argument contre lequel nous combattons. Mais, vers le même temps, un autre instrument fut aussi inventé, qui offrit à nos regards une scène non moins merveilleuse, et récompensa l'esprit investigateur de l'homme par une découverte qui sert à neutraliser totalement cet argument: ce fut le microscope. L'un m'amenait à voir un système dans chaque étoile, l'autre m'amène à voir un monde dans chaque atome. L'un m'enseignait que ce vaste globe, avec tout le fardeau de ses habitants et toute l'étendue de ses contrées, n'est qu'un grain de sable dans le champ incommensurable de l'immensité; l'autre m'enseigne que chaque grain de sable peut être l'asile des tribus et des familles d'une population active. L'un me découvrait l'insignifiance du monde sur lequel je marche; l'autre rachète toute cette insignifiance, car il me découvre que dans les feuilles de chaque forêt, dans les fleurs de chaque jardin et dans les eaux de chaque ruisseau, il y a des mondes remplis d'êtres animés et aussi innombrables que les astres du firmament. L'un m'a suggéré qu'au delà et au-dessus de tout ce qui est visible à l'homme, il peut y avoir des régions inconnues qui étendent indéfiniment la sphère de la création, et portent l'empreinte de la main du Tout-Puissant jusqu'aux parties les plus reculées de l'univers; l'autre me suggère qu'au dedans et au-dessus de tous ces petits objets que l'œil de l'homme a été capable d'explorer avec son aide, il peut y avoir une région d'êtres invisibles; et que, si nous pouvions tirer le rideau mystérieux qui la dérobe à nos sens, nous pourrions y voir un théâtre de merveilles aussi nombreuses que celles que l'astronomie a étalées à nos regards, un univers dans les limites d'un point si petit qu'il échapperait au microscope, mais où le Dieu, dont les œuvres sont merveilleuses, trouve de l'espace pour l'exercice de tous ses attributs, peut créer un autre mécanisme de mondes, et les remplir et les animer de tous les témoignages de sa gloire.

Maintenant, remarquez comment tout ceci peut servir à répondre à l'argument que l'incrédule tire de l'astronomie. Par le télescope on a découvert qu'aucun objet, quelque vaste qu'il soit, n'est au delà du pouvoir de la Divinité; mais par le microscope nous avons aussi découvert qu'aucun objet, quelqu'imperceptible qu'il soit à l'œil de l'homme, n'est au-dessous de la condescendance de son attention. Tout ce qui ajoute à la perfection de l'un de ces instruments, étend les limites de ses domaines visibles; mais, moyennant tout ce qui ajoute à la perfection de l'autre, nous en voyons chaque partie plus remplie qu'auparavant des merveilles de sa main infatigable. L'un agrandit constamment le cercle de son territoire; l'autre en comble aussi constamment les portions séparées, de tout ce qui est riche, varié et exquis. En un mot, par l'un je suis instruit que le Tout-Puissant déploie maintenant sa force créatrice dans des régions plus éloignées que n'en mesurera jamais la géométrie, et parmi des mondes plus nombreux que n'en compta jamais l'arithmétique; mais par l'autre je suis instruit aussi qu'avec une intelligence pour comprendre l'ensemble dans la vaste sphère de sa généralité, il a aussi une intelligence pour concentrer une attention immédiate et distincte sur chacune de ses parties individuelles; et que le même Dieu dont l'influence soutient les sphères et les mouvements de l'astronomie, peut remplir les retraites mystérieuses de chaque atome de l'intimité de sa présence, *et voyager dans* toute *la grandeur* (*Isa.* lxiii, 1) de ses inaltérables attributs sur chaque point et jusqu'aux limites les plus reculées de l'univers qu'il a formé.

Ceux donc qui pensent que Dieu ne manifestera pas en faveur de ce monde une telle puissance, une telle bonté et une telle condescendance que le Nouveau Testament lui attribue, parce qu'il a tant d'autres mondes qui exigent son attention, ont de lui les idées qu'ils auraient d'un homme. Ils bornent leur vue aux informations du télescope, et oublient tout à fait les informations de l'autre instrument. Ils ne trouvent place dans leur esprit que pour son simple attribut d'une surintendance étendue et générale, et bannissent de leur souvenir les preuves également convaincantes que nous avons pour son autre attribut d'une attention spéciale et multipliée à toute cette diversité d'opérations, par laquelle il *opère tout en tous* (*I Cor.* xv, 28). Et quand je pense que, comme l'un de ces instruments d'observation a relevé toutes nos idées du premier de ces attributs, ainsi l'autre n'a pas moins relevé nos idées du second; alors je ne puis plus m'empêcher de conclure que ce serait agir contre toutes les règles d'une saine logique, aussi bien qu'une audace d'impiété, de tracer une limite autour de ce *Dieu impénétrable*, pour circonscrire sa puissance et son activité; et si une révélation qui se déclare venir du ciel, m'instruit d'un acte de condescendance en faveur de quelque monde séparé, si merveilleux que *les anges désirent d'y voir jusqu'au fond* (*I Petr.* I, 12), et que le Fils éternel fut obligé de quitter son trône de gloire pour en amener l'accomplissement, tout ce que je demande, c'est la preuve d'une telle révélation; car quoi qu'elle puisse me dire de Dieu et de sa condescendance en faveur *d'une des provinces de son vaste domaine*, ce n'est pas plus que ce que je vois répandu de tous côtés sous mes yeux, en d'innombrables exemples; que ce que toute la suite de mes observations me retrace; que tout ce que je rencontre dans les diverses observations auxquelles je puis me livrer; et maintenant que le microscope a dévoilé les merveilles d'une autre région, je vois parsemée autour de moi, avec une profusion qui se joue de tous mes efforts pour la comprendre, la preuve évidente qu'il n'y a pas une portion de l'univers qui soit trop petite pour que Dieu s'en occupe, ou trop rabaissée pour qu'il l'honore des témoignages de son amour.

Pour terminer tous ces éclaircissements, je n'ajouterai qu'un simple article sur ce que je regarde comme l'état précis de cet argument.

C'est une chose admirable que Dieu soit si peu embarrassé de tout un univers, qu'il puisse donner une attention constante et spéciale à chaque individu de la population de ce monde. Mais, quelque admirable que cela soit, vous n'hésiterez pas de l'admettre comme véritable, sur l'attestation de vos propres souvenirs. C'est une chose admirable que celui dont l'œil est à chaque instant ouvert sur tant de mondes, ait rempli celui que nous habitons de toutes les marques du dessein varié et de la bienveillance qui y abondent. Mais quelque grande que soit la merveille, vous ne souffrez pas que l'ombre du doute l'obscurcisse, car sa réalité est ce dont vous êtes sans cesse témoins, et vous n'avez jamais eu l'idée de contester l'évidence de l'observation. Il est admirable, plus qu'admirable, que le même Dieu dont la présence se manifeste d'un bout à l'autre de l'immensité, et qui étend son administration protectrice sur toutes ses demeures, tourne ses regards sur tout ce qui nous environne, avec une énergie aussi fraîche et aussi entière que s'il n'avait que commencé l'œuvre de la création, prodigue sur chaque point les trésors inépuisables de sa bonté, et le comble des innombrables variétés de l'existence animée. Mais, quelque incompréhensible que soit la merveille, le plus léger doute ne peut l'accompagner dans votre esprit, parce que vous n'hésitez pas d'ajouter foi au rapport du microscope. Vous ne rejetez point ce qu'il vous apprend, et ne l'abandonnez point comme un moyen incompétent de parvenir à la vérité. Mais pour nous rapprocher encore davantage du point que nous traitons, il y a bien des gens qui n'ont jamais regardé avec un microscope, mais qui ont une foi implicite pour toutes ses révélations; et sur quelle preuve, demanderai-je? Sur la preuve du témoignage, sur la confiance qu'ils donnent aux auteurs des livres qu'ils ont lus, et la croyance qu'ils mettent dans le rapport de leurs observations. Maintenant, je m'arrête à ce point. Il est admirable que Dieu s'intéressât à la rédemption d'un seul monde, au point d'envoyer son *Fils bien-aimé* (*Matth.* III, 17), pour l'accomplir, et que lui dans le même but, *puissant pour sauver*, *voyageât dans la grandeur de sa force* (*Isa.* LXIII, 1), et en déployât toute l'énergie. Mais de semblables merveilles se sont déjà multipliées sur vous; et la preuve de leur vérité étant donnée, vous avez abandonné tous les jugements que vous avez portés sur *le Dieu impénétrable* (*Rom.* XI, 33), et êtes restés dans la foi de ces merveilles. Je demande, au nom de la saine et conséquente philosophie, que vous fassiez la même chose pour le sujet qui nous occupe; que vous le considériez comme une question purement testimoniale; que vous examiniez cet enchaînement de témoignages par lequel les miracles et les enseignements de l'Evangile sont venus jusqu'à vous; que vous n'alliez pas admettre ici comme argument ce qui ne serait pas admis comme argument dans aucun des cas analogues de la nature et de l'observation; et que vous reteniez et mettiez en pratique, dans vos recherches sur ce point, une leçon que vous devriez avoir apprise dans d'autres recherches, savoir, *la profondeur des richesses, de la sagesse et de la connaissance de Dieu, que ses jugements sont impénétrables et ses voies incompréhensibles* (*Ibid.*).

Mais nous n'avons pas encore poussé notre argumentation jusqu'au bout. A peine avons-nous abordé la réponse qu'on fait communément à l'allégation que l'incrédule fonde sur la merveilleuse étendue de l'univers et l'insignifiance de la portion qui nous en est assignée. La manière dont nous avons tâché de triompher de cette allégation consiste à insister sur les preuves qui nous environnent de toutes parts, que Dieu combine la grandeur d'une vaste et puissante inspection qui porte sa surveillance jusqu'aux extrémités les plus reculées de la création, et s'étend sur toute son universalité, avec la faculté de donner une attention aussi soutenue, de manifester *une sagesse* aussi complète et aussi *diverse* (*Ephes.* III, 10) et de prodiguer une bonté aussi libérale et aussi inépuisable sur chacune de ses plus petites *parties*, que si elle formait toute l'étendue de son territoire.

Dans tout le cours de cet argument, nous avons considéré la terre comme tout à fait isolée du reste de l'univers. Mais de la manière dont on rencontre communément l'objection tirée de l'*astronomie*, la terre n'est pas envisagée comme si elle était détachée des autres mondes, et des autres ordres d'êtres que Dieu a appelés à l'existence. Elle est considérée comme faisant partie d'un système plus étendu. Elle est associée à la magnificence d'un empire moral, aussi vaste que le royaume de la nature. On ne soutient pas simplement que, quelque chose que nous puissions connaître par la raison, le plan de la rédemption peut embrasser dans ses influences et ses conséquences, ces créatures de Dieu qui peuplent d'autres régions, et occupent d'autres champs dans l'immensité de *ses domaines*; qu'argumenter, donc, comme si ce plan n'était fait que pour l'avantage exclusif du monde où nous vivons, et de l'espèce à laquelle nous appartenons, est une pure supposition de l'incrédule; et que l'objection qu'il élève sur elle doit tomber à terre, lorsque la frivolité de la supposition est mise au jour. L'apologiste du Christianisme pense qu'il peut aller plus loin, qu'il peut non-seulement exposer l'extrême futilité de l'assertion de l'incrédule, mais qu'il a un fondement positif pour établir à sa place une *assertion opposée* et directement contraire, et qu'après avoir fait rentrer dans son néant le principe qu'il avait posé, en montrant le manque absolu de toute observation en sa faveur, il peut passer au témoignage distinct et affirmatif de l'Ecriture sainte.

Nous pensons que ce témoignage ouvre une voie très-intéressante, non de spéculations bizarres et chimériques, mais des plus légitimes et des plus sages. Désirant ardemment, comme nous le faisons, de mettre dans tout son jour tout ce qui a trait à la cause du Christianisme; sans crainte, comme nous le sommes, pour le résultat du plus rigoureux examen qu'on en puisse faire; et voyant, comme nous y sommes portés, avec le dernier mépris, que quelque philosophe du jour, pygmée littéraire, détaille son scepticisme ambigu à une troupe d'ignorants admirateurs, nous ne sommes pas disposé, il s'en faut de beaucoup, à fermer les yeux sur une seule question qu'on puisse élever au sujet des preuves du Christianisme

§ III.

Il y a une limite, au delà de laquelle les perceptions de l'homme ne peuvent atteindre, et d'où il ne peut recueillir une seule observation pour le guider ou pour l'instruire. Tant qu'il se borne aux objets qui sont proches, il peut s'en procurer la connaissance transmise à son esprit par le ministère de plusieurs de ses sens. Il peut toucher une substance qui est à la portée de sa main. Il peut sentir une fleur qui lui est présentée. Il peut goûter les aliments qui sont devant lui. Il peut entendre un son d'un certain degré d'élévation et d'intensité; et ce sens de l'ouïe étend tellement ses rapports avec les objets extérieurs de la nature, qu'à la distance de plusieurs lieues il peut le mettre à même de savoir ce qui se passe.

Mais de toutes les voies de communication qu'il a plu à Dieu d'ouvrir entre l'intelligence de l'homme et le théâtre qui l'environne, il n'en est aucune par laquelle il multiplie autant sa connaissance des richesses et de la variété de la création, que par l'organe de la vue. C'est cet organe qui donne à l'homme le plus d'empire sur les objets de la nature, qui fait qu'un champ si vaste d'observation lui est soumis, qui lui donne le pouvoir, par l'acte d'un simple instant, d'envoyer un regard explorateur sur la surface d'un paysage étendu, d'occuper son esprit de la totalité des objets qui s'y trouvent, et de remplir sa vision des innombrables nuances qui la diversifient et qui la décorent; qui l'entraîne vers tout ce qui est sublime dans l'immensité de la distance; qui le place comme s'il était sur une plate-forme élevée, d'où il peut contempler d'un coup d'œil une multitude de mondes pareils au sable des rivages; qui déploie devant lui une perspective si grande, que la terre qu'il habite ne paraît être que le piédestal sur lequel il se tient, et d'où il peut apercevoir toute la *magnificence* de ces merveilles que la *Divinité* a si abondamment répandues autour de lui. C'est par le petit organe de l'œil que la pensée de l'homme prend son vol pour parcourir ces routes dorées où, dans toute l'abondance inépuisable de la richesse créatrice, sont disséminés les soleils et les systèmes de l'astronomie. Mais, combien n'est-il pas convenable, combien n'est-il pas bienséant, que le philosophe conserve des sentiments modestes, même au milieu de la marche la plus pompeuse des découvertes scientifiques et des triomphes les plus sublimes de l'esprit humain, quand il pense à cette barrière insurmontable au delà de laquelle la vue la plus étendue et le télescope le plus parfait ne le porteront jamais; quand il pense que derrière elle, il y a une hauteur, une profondeur, une longueur et une largeur, auprès desquelles tout ce que nous voyons de cette voûte azurée, se réduit à l'insignifiance d'un atome; et surtout combien ne devrait-il pas être prêt à rejeter loin de lui *toutes ses vaines imaginations* (*II Cor.* x, 5), quand il pense à ce Dieu qui, *sur le simple fondement* de sa parole, a élevé toute cette majestueuse architecture, et qui continue à la soutenir par la force de sa main protectrice ; et que, si la parole sortait encore de sa bouche, cette terre passerait, et les cieux qui l'environnent retomberaient dans le néant dont elle les avait tirés au commencement. Quoi de plus propre à réprimer l'enflure orgueilleuse de la science, que de penser que le champ entier de ses entreprises les plus ambitieuses peut être tout à fait balayé ; que tout ce qui s'y trouve peut rentrer dans le néant ; et que, devant l'œil de celui qui siége sur le trône, il peut rester encore une immensité que l'homme n'a jamais explorée, qu'il a remplie d'innombrables splendeurs, et sur la surface de laquelle il a inscrit la preuve démonstrative de ses hauts attributs, dans toute leur puissance et dans toute leur manifestation ?

Si, donnant un sublime essor à ses pensées, l'homme quittait ce monde et s'élançait au loin dans ces routes que l'astronomie a ouvertes à la spéculation ; si, déçu par les mystères qui sur la terre l'obsèdent à chaque pas, il prenait un vol ambitieux vers les mystères du ciel, qu'il aille son chemin, mais que la justesse d'une modestie pieuse et philosophique l'accompagne toujours ; qu'il n'oublie pas que, du moment que son esprit tente de s'élever de quelques milliers de toises au-dessus du monde qui le porte, tous ses sens l'abandonnent, un seul excepté; que le nombre, le mouvement, le volume et la figure composent toute la stérilité de ses notions élémentaires; que ces globes ne lui ont envoyé d'autre message que cette faible lueur qui l'informe du simple fait de leur existence; qu'il ne voit point le paysage des autres mondes ; qu'il n'en est pas un dont il connaisse le système moral, et qu'à travers le long espace vide qui se trouve entre deux, où il n'existe aucune route, il prêterait vainement l'oreille au retentissement de leurs nombreuses populations.

Mais la connaissance que l'homme ne peut arracher lui-même, par le ministère d'aucun de ses sens, à l'obscurité de ce théâtre merveilleux, où jamais voyageur ne porta ses pas, pourrait lui être apportée par le témoignage d'un messager compétent. Supposons qu'un être né dans une de ces demeures planétaires vînt à descendre sur la terre, tout ce que nous devrions exiger, serait que sa crédibilité fût pleinement justifiée, afin que nous pussions ajouter foi à tout ce qu'il enseignerait. A l'exception seulement de ce que les instruments d'astronomie nous ont mis à même de découvrir, nous n'avons absolument aucun moyen de le contrôler sur les rapports quelconques qu'il nous ferait du lieu dont il viendrait; et, en conséquence, il suffirait qu'il parût devant nous revêtu des caractères de la vérité, pour que nous ne dussions jamais songer à autre chose qu'à recevoir tout ce qui renfermerait son témoignage, précisément comme il nous l'apporterait.

Il serait convenable qu'une saine philosophie eût appris à ceux qui font profession d'être ses disciples, à acquiescer de la même manière à un autre message, qui en effet est venu au monde; qui nous a informés de choses encore plus éloignées de la portée de l'observation humaine; qui a été envoyé d'une distance plus sublime et plus mystérieuse : savoir, de ce Dieu dont il est dit, que *la nuée et l'obscurité sont la base de son trône* (*Ps.* XCVII, 2) ; et qui, traitant d'un sujet si élevé et si inaccessible que les conseils de cet esprit éternel, dont *la sortie est du commencement et des jours de l'éternité* (*Mich.* V, 2) appelle l'homme à soumettre toutes ses pensées à l'autorité de cette haute communication. Ah ! si les philosophes du jour avaient su tirer aussi bien que leur maître, le grand Newton, la vigoureuse ligne de démarcation qui entoure le champ des découvertes possibles, ils auraient vu le point où cette philosophie devient *vaine*, et où la *science est faussement ainsi nommée* (*I Tim.* VI, 20) ; et de quelle sorte, lorsque la philosophie est conséquente avec ses principes, elle assujettit son fidèle disciple à l'Écriture sainte, et le dispose à *regarder toutes les autres choses comme une perte en comparaison de la connaissance de Jésus-Christ, et de Jésus-Christ crucifié* (*Phil.* III, 8; *I Cor.* II, 2).

Mais qu'on observe bien que le but de ce message n'est pas de nous donner des informations sur l'état de ces régions planétaires; ce n'est point du tout ce dont il est chargé. C'est un message qui vient du trône de Dieu à cette province rebelle de son royaume ; son objet est de révéler l'épouvantable étendue de notre culpabilité et du danger que nous courons, et de mettre devant nous les ouvertures de la réconciliation. Si un pareil message était envoyé de la métropole d'un puissant empire à un de ses cantons reculés qui serait en insurrection, nous ne devrions pas en attendre beaucoup de lumières sur l'état ou l'économie des provinces intermédiaires. Ce serait une digression tout à fait hors de propos ; il pourrait cependant arriver qu'il s'y rencontrât quelques allusions à l'étendue et aux ressources de la monarchie, à l'existence d'un semblable esprit de rébellion dans d'autres endroits du pays, et au principe général de fidélité au souverain qui s'y manifeste. Quelques traits de ce genre peuvent, par occasion, être insérés dans une telle proclamation, ou ne l'être pas ; et c'est précisément dans cet état d'incertitude et de doute que nous ouvrons le rapport de cette ambassade qui nous a été envoyée du ciel, pour voir si nous y pouvons recueillir quelque chose, concernant les autres lieux de la création, qui combatte les objections de l'astronome incrédule. Mais, tout en poursuivant cet objet, prenons garde de pousser la spéculation *au delà* des limites du témoignage *écrit* (*I Cor.* IV, 6) ;

ne perdons jamais de vue la borne actuelle de nos connaissances, afin qu'à chaque pas que nous ferons dans notre discussion, nous puissions conserver cet esprit réservé et modeste, qui caractérise la philosophie de celui qui explora ces cieux éloignés, et qui, par la force de son génie, découvrit le secret de ce merveilleux mécanisme qui les maintient.

Les informations de l'Ecriture sainte sur ce sujet sont de deux sortes : celles dont nous recueillons positivement le fait, que l'histoire de la rédemption de notre espèce est connue dans d'autres endroits de la création éloignés de nous; et celles dont nous inférons confusément le fait, que la rédemption elle-même peut s'étendre au delà des limites du monde que nous occupons.

Et, ici l'on peut remarquer, en passant, que, quoique nous ne connaissions rien ou que peu de chose de l'économie morale et théologique des autres planètes, nous ne sommes pas fondés à en inférer que les êtres qui occupent ces régions, dont l'étendue est si vaste, ne connaissent que peu de chose de la nôtre, quand même ils ne seraient pas plus élevés que nous dans l'échelle de l'intelligence. Nos premiers parents, avant que de commettre cet acte par lequel ils se mirent eux et leur postérité dans la nécessité d'une rédemption, avaient un commerce fréquent et familier avec Dieu. *Il se promenait avec eux dans le jardin* du paradis (*Gen.* III, 8); les anges aussi s'y rendaient habituellement; et si cette innocence pure et sans tache, qui charmait et attirait ces êtres supérieurs sous les ombrages d'Eden, s'est conservée telle dans toutes les planètes à l'exception de la nôtre, il est possible donc que chacune d'elles soit le théâtre de hautes et célestes communications; qu'un chemin ouvert aux messagers de Dieu s'y soit partout maintenu; que leurs habitants soient admis à prendre part aux méditations et aux contemplations des anges, et aient l'esprit familiarisé avec ces choses, *dans lesquelles* il nous est dit que *les anges désirent de voir jusqu'au fond;* et ainsi, comme nous parlons de l'esprit public d'une ville ou de l'esprit public d'un empire, un esprit public pourrait s'être formé dans toute l'étendue de la création de Dieu, par les voies sans cesse fréquentées d'une circulation libre et facile, parmi les êtres intelligents qui n'ont point encore péché, et précisément comme nous lisons souvent que les yeux de toute l'Europe sont tournés exclusivement sur le point où se passe quelque événement important, les yeux de tout un univers pourraient être tournés exclusivement sur le monde où la révolte contre la majesté du ciel avait levé l'étendard, et pour la réintégration duquel, dans le sein de ses sujets fidèles, Dieu, dont la justice était inflexible, mais dont *la miséricorde* par quelque plan d'une sagesse mystérieuse, s'était *élevée par-dessus la justice* (*Jac.* II, 13), manifestait toute *la force et marchait dans toute la grandeur* (*Isa.* LXIII, 1) des attributs qui lui appartiennent.

Mais, pour la parfaite intelligence de cet argument, il faut remarquer que, tandis que dans notre habitation exilée, où tout est ténèbres, révolte et inimitié, la créature s'empare de tous les cœurs, et les affections, de quelque manière qu'elles changent, ne font que passer d'une vanité fugitive à une autre, il n'en est point ainsi dans les habitations de ceux qui ne sont pas déchus de leur innocence primitive. Là, chaque désir et chaque mouvement est subordonné à Dieu. Ils le voient dans tout ce qui existe et dans tout ce qui est répandu autour d'eux; et au sein de la plénitude de ces délices avec lesquelles ils s'étendent sur la bonté et la beauté de ce merveilleux univers, le charme vivifiant qui accompagne toutes leurs contemplations est qu'ils trouvent sur chaque chose visible l'empreinte de l'intelligence qui la conçut et de la *main qui la créa et qui la conserve*. Ici, *Dieu est* banni des pensées de tout *homme naturel* (*I Cor.* II, 14), et, par un acte d'usurpation et constamment maintenu, les choses des sens et du temps exercent un ascendant absolu. Là, *Dieu est tout en tous* (*I Cor.* XV, 28). *Ils marchent dans sa lumière* (*Ep.* IV, 8). Ils se réjouissent dans la béatitude de sa présence. Le *voile* n'est point sur leurs yeux (*II Cor.* III, 16), et ils voient le caractère d'une Divinité qui préside, imprimé sur tout ce qui s'offre à la vue et dans tous les événements auxquels la Divinité a donné naissance. De là vient que le champ de leurs contemplations acquiert sur tous les points de l'importance et est rayonnant de gloire; et quand ils voient une nouvelle révolution dans l'histoire des choses créées, le motif qui les porte à y attacher un œil si attentif, c'est qu'elle leur annonce quelque nouveau développement dans les desseins de Dieu, quelque nouvelle manifestation de ses hauts attributs, quelque pas nouveau et intéressant dans l'histoire de sa sublime administration.

Toutefois, nous devons prendre garde à une chose, qui dans le fond n'ôte rien à la valeur intrinsèque de notre argument, mais qui dans le fait diminue de beaucoup l'impression qu'il ferait: c'est que ce dévouement à Dieu qui règne dans les autres parties de la *création*; cette confiance en lui comme le principe constant et essentiel de tout bonheur; cet intérêt à ce que rien ne ternisse sa gloire; ces délices dans la contemplation de ses perfections et de ses œuvres, sont des sentiments que les hommes de notre monde, dans sa corruption et ses ténèbres actuelles, ne peuvent partager.

Mais pour si peu que nous puissions nous en faire une idée, l'Ecriture sainte nous dit, dans plusieurs passages, que Dieu est tout, pour ses créatures qui ne se sont point écartées de leur fidélité, ni éloignées du Dieu vivant; que l'amour qu'elles ont pour lui a un souverain empire dans leur cœur, et les comble de toute l'extase de la plus profonde affection; que rien de grand n'élève leurs âmes, comme le sentiment de la puissance et de la majesté de l'Eternel; qu'il n'y a pas de perspective dont l'éclat sans nuage, et les tableaux heureux les enchante, comme lorsque, dans les ravissements de l'adoration, ils se prosternent devant le sanctuaire de la sainteté infinie et sans tache; et qu'il n'y a pas de beauté qui les charme et les attire comme cette beauté morale, dont la douceur tempère l'imposante majesté de la Divinité; en un mot, que son image est toujours présente à leurs contemplations, et que la félicité non interrompue de leur innocente existence consiste dans la connaissance et l'admiration de la Divinité.

Faisons un effort, et ne perdons pas de vue cette considération, car les glaces de nos imaginations terrestres rendent un effort nécessaire, et nous apercevrons que, lors même que le monde où nous vivons serait le seul théâtre de la rédemption, il y a quelque chose dans la rédemption même qui est fait pour attirer sur elle les regards d'un univers saisi d'étonnement. Ah! certainement, là où les délices qu'on goûte auprès de Dieu sont la jouissance de tous les moments, et une profonde et intelligente contemplation de Dieu, l'occupation non interrompue, il n'y a rien dans toute la sphère de la nature, ou de l'histoire, qui puisse ainsi captiver l'imagination de ses myriades d'adorateurs, comme quelque nouveau, quelque merveilleux développement du caractère de Dieu. Or, cela se trouve dans le plan de notre rédemption, et je ne vois pas comment, dans quelque conjoncture que ce puisse être entre le souverain Père de l'existence et les enfants qui sont issus de lui, les attributs moraux de la Divinité pourraient, si je puis m'exprimer ainsi, être mis à une si sévère et si délicate épreuve. Il est vrai que les grandes questions du péché et du salut ne font aucune impression sur les oreilles d'un monde indifférent, et dont les affections sont aliénées. Mais ceux qui, pour user du langage de l'Ecriture sainte, *sont lumière dans le Seigneur* (*Ep.* v, 8), considèrent autrement ces choses: ils voient le péché dans toute sa malignité et le salut dans toute sa mystérieuse grandeur. Toutes leurs facultés, indubitablement, durent être absorbées, quand ils virent la rébellion levant l'étendard contre la majesté du ciel; la vérité et la justice de Dieu engagées par les menaces qu'il avait faites contre tous *les ouvriers d'iniquité* (*Ps.* XIV, 4), et la dignité de ce trône auguste, qui a les fermes colonnes de l'immutabilité pour soutiens, enchaînée à l'accomplissement de la loi qui en était émanée; et quand on n'avait rien à attendre, sinon que Dieu, en manifestant la puissance de sa colère, accomplirait toutes ses sentences, défendrait l'inflexibilité de son gouvernement, et par un acte puissant de vengeance éclatante, maintiendrait à la vue de toutes ses créatures la souveraineté qui lui appartenait; oh! avec quel *désir* ne doivent-ils pas avoir considéré ses voies, quand, au milieu de toutes ces demandes urgentes qui semblaient si hautes et si indispensables, ils virent les développements de la miséricorde divine; et comment le suprême Législateur abaissa sur ses coupables créatures un œil de tendresse; comment, dans sa profonde et impénétrable sagesse, il prépara en leur faveur un plan de restauration; comment, pour le mettre à exécution, au milieu de toutes les difficultés dont il était entouré, le Fils éternel fut obligé de s'éloigner du lieu de sa demeure dans le ciel; et comment, après que, par l'efficace de son mystérieux sacrifice, *il* eut magnifié la gloire des perfections divines, *il éleva la miséricorde* au-dessus de toutes les autres (*Jac.*, II, 13), et ouvrit une voie par laquelle nous, pauvres brebis égarées dans le péché, pûmes, avec tout l'éclat du divin caractère, sans que la moindre tache le ternisse, être admis de nouveau en communion avec Dieu, et être ramenés encore dans le sein de sa famille fidèle et affectionnée.

Or le caractère essentiel d'un tel événement, considéré comme une manifestation de Dieu, ne dépend point du nombre des mondes sur lesquels ce péché et ce salut peuvent s'être étendus. Nous savons qu'une telle économie de sagesse et de miséricorde est établie sur ce monde; et quand même ce monde serait le seul qu'elle atteignît, la manifestation morale de la Divinité est principalement et essentiellement la même que si elle embrassait toutes les parties sans exception de cette étendue habitable que l'astronomie nous a fait connaître. Par la désobéissance de ce monde, la loi fut foulée aux pieds; et pour que *la vérité et la miséricorde se rencontrassent* (*Ps.* LXXXV, 10), et qu'elles eussent un harmonieux accomplissement sur les hommes de ce monde, la dignité de Dieu fut mise à la même épreuve; la justice de Dieu parut poser la même barrière immuable; la sagesse de Dieu eut à se frayer un chemin à travers les mêmes difficultés; la clémence de Dieu eut à trouver la même voie mystérieuse pour arriver aux pécheurs d'un monde solitaire, qu'aux pécheurs de la moitié de l'univers. L'étendue du champ sur lequel cette question fut décidée n'a pas plus d'influence sur la question même, que la situation ou les dimensions de ce champ de bataille sur lequel quelque grande question politique fut débattue, n'en ont sur l'importance ou sur les principes moraux de la dispute qui en fut l'origine. L'objection sur la petitesse du théâtre porte avec elle toute la grossièreté du matérialisme. Pour des êtres spirituels et intelligents, ce n'est rien. A leurs yeux, la rédemption d'un monde pécheur tire son principal intérêt de l'explication qu'elle donne de la pensée et des conseils de la Divinité; et quand même ce monde ne serait qu'un simple point dans l'immensité des œuvres de Dieu, il n'en résulte dans leur opinion qu'une plus haute idée de sa tendresse miséricordieuse, qui, plutôt que de perdre un seul monde des myriades qu'il a formées, prodiguerait toutes les richesses de sa bienfaisance et de sa sagesse, dans le but de recouvrer sa coupable population.

Or, quoiqu'il faille admettre que l'Ecriture

sainte ne parle pas clairement ou décisivement de ce que le propre effet de la rédemption se soit étendu à d'autres mondes, elle parle le plus clairement et le plus décisivement de la connaissance qui en est répandue parmi divers ordres de créatures intelligentes autres que nous. Mais si la contemplation de Dieu est leur suprême félicité, il suffit alors que notre rédemption leur soit connue, pour lui donner, quoiqu'elle ne soit que la rédemption d'un monde solitaire, une importance aussi grande que l'univers même. Elle peut répandre parmi les armées de l'immensité un nouveau jour sur le caractère de celui qui est l'objet de toutes leurs louanges, et dans la contemplation duquel toutes les puissances de leur esprit se livrent aux transports d'une solennelle et délicieuse admiration. Le théâtre de l'événement peut être petit par rapport à son étendue matérielle ; tandis que dans l'événement même il peut y avoir une telle dignité morale, qu'elle fasse briller les perfections de la Divinité sur la race de la création; et envoie, de la gloire manifestée de l'Eternel, un torrent d'extase et de vives acclamations d'un bout à l'autre de la vaste étendue des provinces qui sont sous sa dépendance.

Il a plu à Dieu de nous refuser les détails circonstanciés de la manière dont cette merveilleuse économie est étendue ; mais il nous a donné plus d'une fois une idée grande et générale de sa dignité. Il ne nous informe pas si la *fontaine ouverte à la maison de Juda pour le péché et pour la souillure* (*Zach.* XIII, 2) envoie ses ondes vivifiantes à d'autres mondes que le nôtre. Il ne nous informe pas de l'étendue de l'expiation, mais il nous informe que l'expiation même, connue, comme elle l'est, parmi les myriades d'êtres célestes, forme l'hymne sublime de l'éternité, que l'*Agneau qui a été immolé* (*Apoc.* V, 12) est environné des acclamations d'un empire vaste et universel; que la grandeur de ses merveilleux travaux excite des transports d'admiration et de joie parmi les multitudes qui sont autour de son trône; et que là, du milieu des adorateurs de celui *qui nous a lavés de nos péchés dans son sang* (*Apoc.* V, 5), ne cesse de s'élever une voix forte comme d'une multitude innombrable, suave et harmonieuse comme des voix bienheureuses exprimant la joie, lorsque les cieux retentissent des chants de triomphe, et que d'éclatants hosannahs remplissent les régions éternelles.

Un roi pourrait avoir la totalité de son règne remplie d'entreprises glorieuses; l'heureux succès de ses armes et la sagesse de ses conseils pourraient lui donner la réputation d'être le premier des potentats du monde; la richesse qu'il aurait répandue dans les provinces de son empire, et la sécurité dont il ferait jouir ses sujets, pourraient en faire leur idole; et cependant l'on conçoit que l'acte d'un seul jour en faveur d'une seule famille; que quelque visite affectueuse de consolation à une pauvre et solitaire chaumière; qu'un acte de clémence qui procurerait l'élargissement et la délivrance d'un malheureux au désespoir; que quelque mouvement remarquable de sensibilité au récit des misères d'un infortuné; que quelque noble effort de renoncement à soi-même, qui le ferait triompher de tous ses desseins de vengeance, et jetterait le voile d'un généreux oubli sur l'offense de l'homme qui l'aurait insulté et lui aurait fait tort; par-dessus tout, qu'un acte d'amnistie si adroitement ménagé, qui loin de l'exposer, sans moyen d'y parer, à de nouvelles injures, le ferait respecter davantage, imprimassent sur sa personne et sur son caractère une dignité plus inviolable que jamais : oui, il est très-possible, que le plus grand monarque de la terre tirât de la grandeur d'une telle action, faite dans l'espace d'une heure, et dont les effets immédiats ne s'étendraient qu'à une seule maison ou à un seul individu, un lustre qui effacerait l'éclat de toute son administration publique, et qu'un tel exemple de magnanimité ou de mérite, brillant du fond de sa vie privée, excitât dans tous les cœurs une vénération plus profonde que tout ce que l'histoire de sa vie offrait de plus saillant, et qu'il fût transmis à la postérité comme un monument plus durable de grandeur, et l'élevât, par sa sublimité morale, bien au-dessus du niveau des louanges ordinaires, de sorte que, lorsque les hommes des siècles futurs passeraient en revue son règne, ce trait d'une vertu simple, douce et modeste, serait cité peut-être, dans tous les temps, comme l'action la plus sublime et la plus touchante qui honore sa mémoire.

C'est ainsi que *le Roi éternel, immortel et invisible* (*I Tim.* I, 17), environné comme il est des splendeurs d'une monarchie qui n'a de bornes ni dans l'espace ni dans le temps, se tourna vers notre humble habitation; que les pas *de Dieu manifesté dans la chair* (*I Tim.* III, 16) furent empreints sur le morceau de terre que nous occupons; et quelque petite que soit notre demeure parmi les sphères et les systèmes de l'immensité, le *Roi de gloire* (*Ps.* XXIV) y abaissa sa voie mystérieuse, entra dans le tabernacle des hommes, et ayant pris *la forme d'un serviteur* (*Phil.* II, 7), il séjourna pendant des années sous le toit qui couvre notre monde obscur et solitaire. Oui, il n'est qu'un atome presque inaperçu dans cette multitude infinie de mondes qui l'entourent; mais considérez la grandeur morale de l'événement, et non l'étendue matérielle du monde qui en a été le théâtre; et du fond de notre humble retraite, pourra émaner une manifestation de la Divinité, telle que la gloire de son nom se répande parmi tous ses adorateurs. Ici entra le péché. Ici la tendre et universelle bienfaisance d'un père fut payée de retour par l'ingratitude de toute une famille. Ici la loi de Dieu fut outragée, et cela même au mépris de ses manifestes et inaltérables sanctions. Ici la puissante dispute des attributs fut terminée, et quand la justice avançait ses demandes, que la vérité invoquait l'accomplissement de ses avertissements ; que l'immutabilité de Dieu ne voulait pas reculer d'un simple iota, d'aucune de ses positions, et que toutes les rigueurs qu'il avait jamais proclamées contre *les enfants d'iniquité* semblaient s'amasser en un nuage menaçant de vengeance sur la demeure dont nous avons la possession pour quelques instants; la manifestation du *Fils unique* (*Joan.* I, 18) dissipa tous ces obstacles au triomphe de la miséricorde, et quelque insignifiante que la demeure puisse être, enfoncée comme elle est dans l'ombre de son obscurité parmi les habitations plus magnifiques qui l'entourent ; le rappel de sa famille exilée ne sera néanmoins jamais oublié, et la preuve éclatante qui a été donnée ici de la grâce et de la majesté réunies de Dieu, fera à jamais le sujet des hymnes et des acclamations de l'éternité.

§ IV.

Nous avons taché d'établir que l'argument tiré de l'astronomie par l'incrédulité, tend à anéantir une perfection naturelle du caractère de Dieu : savoir, ce merveilleux attribut qui lui appartient, par lequel, dans le même moment, il peut diriger une attention immédiate et vigilante sur une variété innombrable d'objets, et étendre depuis le plus grand jusqu'au plus petit et au plus insignifiant de tous l'intimité de sa puissance et de sa présence. Nous avons aussi remarqué, en passant, que cet argument tendait à affaiblir un attribut moral de la divinité; il tend à affaiblir la bienveillance de sa nature. C'est beaucoup pour la bienveillance de Dieu de dire qu'un seul monde ou un seul système n'est pas assez pour elle, qu'il lui faut l'étendue d'une plus vaste région, sur laquelle elle puisse répandre les flots d'une extrême abondance d'un bout à l'autre de toutes ses parties; qu'aussi loin que ses regards peuvent s'étendre, elle a jonché l'immensité des receptacles flottants de la vie, et a déployé sur chacun d'eux la décoration d'un ciel semblable à celui qui enveloppe notre habitation ; et que même des régions lointaines qui sont au delà de la portée de l'œil de l'homme, les hymnes de reconnaissance et de louange peuvent s'élever maintenant vers l'unique Dieu dont le trône est environné de témoignages de respect de sa grande, universelle et unique famille.

Or, c'est beaucoup pour la bienveillance de Dieu de dire qu'elle envoie ses vastes et distinctes émanations sur la surface d'un territoire si ample, que le monde que nous habitons, enseveli comme il l'est, parmi tant de grands objets qui l'environnent, se réduit à un point qui, peut-être, pour l'œil qui embrasse l'univers, paraîtrait presque imperceptible. Mais cela n'ajoute-t-il pas à la puissance et à la perfection de cet œil universel, qu'au même moment où il embrasse dans sa contemplation l'universalité des choses, il puisse attacher une attention ferme et qu'aucune distraction n'interrompt, sur chacune de ses parties séparées, quelle qu'en soit la petitesse; qu'au moment même où il regarde tous les mondes en masse, il puisse observer chacun d'eux de la manière la plus directe et la plus intelligente; qu'au moment qu'il parcourt rapidement le champ de l'immensité, il puisse fixer toute la vivacité de ses regards sur chaque parcelle distincte de ce champ ; qu'au même moment où il embrasse la totalité de l'existence, il puisse en faire l'inspection la plus complète, et porter sa vue sur ses plus petits détails et sur chacune de ses innombrables variétés? Vous ne pouvez manquer d'apercevoir combien cela ajoute à la puissance de l'œil qui voit tout. Dites-moi donc si cela n'ajoute pas autant de perfection à la bienveillance de Dieu, que, tandis qu'elle s'étend sur le vaste champ des choses créées, il n'y ait pas une portion de ce champ qui soit négligée par elle ; que, tandis qu'elle répand ses faveurs sur la totalité d'une étendue infinie, elle les fasse descendre comme une abondance rosée sur chaque habitation séparée; que, tandis que le bras de Dieu soutient et embrasse tous les mondes, il entre dans l'enceinte de chacun d'eux, et que tous les individus de leur innombrable population soient l'objet de ses soins et de sa tendresse. Ah ! le *Dieu* qui, selon l'Ecriture, *est amour*, ne répand-il pas sur cet attribut de son essence le plus touchant éclat! Si, tandis qu'il siége au *plus haut des cieux*, et épanche les trésors de sa plénitude sur tout le domaine subordonné de la nature et de la providence, il abaisse un regard de compassion sur le moindre de ses enfants, envoie son esprit vivifiant dans tous les cœurs, réjouit par sa présence chaque maison, pourvoit aux besoins de chaque famille, veille auprès du lit des malades, et prête l'oreille aux gémissements de la souffrance; et tandis que le poids du gouvernement de l'univers repose sur son admirable intelligence, ah ! n'est-il pas plus admirable et plus excellent encore, qu'il compatisse à toutes les douleurs et soit prêt à écouter toutes les prières !

Remarquez avec quelle beauté ce trait particulier de la bonté de Dieu, qui nous la rend si chère, est réfléchi sur nous dans l'attitude des anges qui nous est révélée. Des hautes éminences du ciel, ils abaissent un regard vigilant sur les hommes de ce monde pécheur; et la conversion de chacun d'eux répand la joie et de vives acclamations dans toute l'étendue des célestes demeures. Mettez ce trait du caractère angélique en contraste avec l'esprit sombre et atrabilaire d'un incrédule. L'astronomie l'instruit de la multitude des autres mondes, la magnificence de l'idée l'enflamme, il est ébloui par une élévation qui est au-dessus de ses forces, et des régions aériennes où s'égare son imagination, jetant un regard dédaigneux sur l'insignifiance du monde que nous occupons, il le déclare indigne de ces visites et de ces attentions dont nous lisons l'histoire dans le Nouveau Testament. Il est incapable de s'élever sur l'échelle de la perfection morale ou naturelle, et quand on lui fait connaître la merveilleuse étendue du champ sur lequel les richesses de la Divinité sont prodiguées, il s'arrête, il se trouble, et manque tout à fait de cette réflexion essentielle, que la puissance et la perfection de la divinité ne sont pas plus déployées par la grandeur du champ, qu'elles ne le sont par cette multitude de créatures qui le remplissent, où se montrent l'art le plus exquis, l'attention la plus minutieuse, qui ne négligent aucune de ses plus petites parties, impriment sur chacune d'elles la plénitude de la Divinité, et prouvent, par les fleurs du désert le moins frayé aussi bien que par les sphères de l'immensité, à quel point cet Etre impénétrable peut prendre soin de tout, pourvoir à tout, et du mystère trop élevé pour nous, où se trouve son trône, peut, à chaque instant et sans la moindre interruption, fixer un œil attentif sur les diverses choses qu'il a formées, les considérer séparément, et, par un acte de sa profonde intelligence, qui pense à *tout et qui* préside à tout, peut constamment embrasser la totalité des êtres.

Mais Dieu, dans la plénitude de sa gloire, et environné comme il l'est d'*une lumière inaccessible* (*I Tim.* vi, 16), est si loin de notre faible portée et si au-dessus de nos étroites conceptions, que l'esprit de l'homme s'épuise et succombe dans les efforts qu'il fait pour le comprendre. S'il était possible que l'image du Très-Haut fût placée directement devant nous, ce torrent de splendeur, qui sans cesse émane de lui et se répand sur tous ceux qui ont le privilége de le contempler, non-seulement nous éblouirait, mais nous accablerait. Et c'est pour cela que je vous invite à porter vos regards sur le reflet de cette image, afin d'avoir une vue de sa gloire mitigée, et de rassembler les traits de la Divinité sur le visage de ses anges de justice, qui n'ont jamais perdu la ressemblance dans laquelle ils furent créés. Et, incapables comme vous l'êtes de supporter la grâce et la majesté de cette *face*, devant laquelle les voyants et les prophètes des jours d'autrefois *tombaient comme morts* (*Apoc.* i, 16, 17), empruntons une idée de Celui qui siége sur le trône, de ce qui nous est révélé de l'aspect et des actions de ceux qui l'environnent.

L'incrédule donc, à mesure qu'il agrandit le champ de ses contemplations, souffrirait que chacun des objets séparés qui s'y trouvent fût enseveli dans l'oubli ; ces anges, au contraire, s'étendant, comme ils font, sur la sphère d'une universalité plus élevée, sont représentés comme ayant l'œil toujours ouvert sur l'histoire de chacune de ses parties distinctes et subordonnées. L'incrédule, avec son imagination errante parmi les soleils et parmi les systèmes, ne peut trouver place, dans son attention déjà préoccupée, pour cette humble planète qui loge notre espèce et fournit à ses besoins ; les anges, étant placés dans une région plus élevée, et ayant une perspective de la création plus étendue devant eux, sont cependant représentés comme abaissant leurs regards sur ce monde en particulier, et comme remarquant attentivement les diverses épreuves et les besoins divers de toutes ses familles. L'incrédule, en nous rabaissant à une petitesse imperceptible, perdrait tout à fait de vue notre demeure, et étendrait le sombre voile de l'oubli sur tout ce qui concerne et intéresse les hommes ; mais les anges ne nous abandonnent point ainsi ; et, non éblouis par l'éclat bien supérieur des scènes magnifiques qui les environnent, ils sont dépeints par la révélation comme dirigeant toute l'attention de leurs regards vers notre habitation actuelle, et comme portant sur nous et sur nos enfants un œil tendre et plein de bienveillance. L'incrédule nous informera de ces mondes qui roulent au loin, et dont le nombre va au delà de l'arithmétique de l'entendement humain, et puis, avec l'insensibilité d'un froid calcul, il abandonnera celui que nous occupons, avec toutes ses coupables générations, à *toutes les horreurs du désespoir ; mais* Celui qui compte le nombre des étoiles nous est représenté comme *ayant les yeux sur chaque individu* des millions de l'*espèce humaine* (*Ps.* xxxiii, 13, 14), et, par la parole de l'Evangile, comme l'invitant *à venir à lui*, comme lui tendant la main, et, au premier pas de son retour, comme allant au-devant de lui avec tout l'empressement du père de l'enfant prodigue, pour l'admettre de nouveau en cette présence dont il s'était banni. Et quant à ce monde, en faveur duquel l'incrédule ne souffrira pas un seul mouvement, tout le ciel est montré comme en travail au sujet de sa restauration ; au point qu'il ne peut y avoir un seul individu entre les hommes qui soit rappelé du péché à la justice sans une acclamation de joie parmi les armées du paradis ; et certainement, je puis le dire du moins considérable et du plus indigne de nous tous, que l'œil des anges est sur lui, et que sa conversion répandrait dès ce moment des torrents d'une délicieuse sensibilité parmi l'immense multitude de leurs innombrables légions.

Maintenant, la seule question que j'aie à faire, c'est de demander sur lequel des deux côtés de ce contraste nous voyons le plus l'empreinte du ciel? Lequel des deux contribuerait le plus à la gloire de Dieu ? Lequel des deux offre davantage de ces preuves qui consistent à avoir un caractère céleste ? Car si c'est le côté de l'incrédule, il faut alors que toutes nos espérances s'évanouissent avec la ratification de cette fatale sentence, par laquelle le monde est condamné, par son insignifiance, à être exclu à perpétuité des attentions de la Divinité. Je me suis longtemps adressé à votre entendement, j'en appelle maintenant à la sensibilité de votre cœur ; dites-moi à qui le sentiment moral qu'il renferme accorde-t-il plus promptement son suffrage ? Est-ce à l'incrédule, qui voudrait faire anéantir dans l'oubli ce monde qui nous appartient ; ou à ces anges, qui font retentir toutes leurs demeures des hosannahs de la joie pour chaque individu de sa population qui se convertit et revient au Seigneur?

Les anges peuvent considérer ce monde,

et tout ce qui lui est échu en héritage, comme faisant partie d'une plus grande famille. Les anges furent dans le plein exercice de leurs facultés, même dès les premiers jours de l'existence de notre espèce, et prirent part aux félicitations de cette période, où, à la naissance du genre humain, toute la nature intelligente sentit une impulsion d'allégresse, et où *les étoiles du matin poussaient ensemble des cris de joie* (*Job*. XXXVIII, 7). Ils nous aimèrent de cet amour qu'une famille sur la terre ressent pour une plus jeune sœur: l'enfance même et l'infériorité de nos facultés ne firent que nous rendre plus chers à leur affection; et, quoique nés à une heure plus récente dans l'histoire de la création, ils nous regardèrent comme les cohéritiers de la même destinée, pour nous élever avec eux dans l'échelle de la dignité morale, pour nous prosterner devant le même marchepied, et pour participer à ces hautes dispensations de la tendresse et du soin paternels, qui émanent sans cesse du trône de l'Eternel sur tous les membres d'une famille soumise et affectionnée. Mettez-vous dans l'idée l'étendue de l'intelligence d'un ange; mais, en même temps, mettez-vous dans l'idée aussi la ferveur séraphique de la bienveillance d'un ange; comment, de la haute région qu'il occupe, il peut avoir les yeux sur plusieurs mondes, et conserver le souvenir de leur origine et des événements qui se sont passés dans chacun d'eux; comment il peut sentir dans toute sa force la plus tendre affection de parenté pour leurs habitants, comme les enfants du même père; et quoique ce soit à la fois l'effet et la preuve de notre dépravation, que nous soyons incapables de partager les sentiments purs et généreux d'un esprit céleste, comment cela peut être compatible avec la sublime capacité et la sensibilité d'un ange, qui ne respire qu'amour, qu'il puisse à la fois étendre sa bienveillance sur une multitude de planètes et de systèmes, et prodiguer les effusions de sa tendresse à chaque individu de leur féconde population.

Et ici il m'est impossible de ne pas remarquer quelle parfaite harmonie il y a entre la loi des affections sympathiques dans le ciel et les marques les plus touchantes qu'on en trouve dans notre monde. Lorsqu'un des membres d'une famille nombreuse dépérit par l'effet de quelque maladie, n'est-ce pas celui sur qui se porte toute sa tendresse, et qui en quelque sorte devient l'objet exclusif des questions de son voisinage et des soins de ses parents? Lorsque, au milieu de la nuit, le mugissement de la tempête envoie de sinistres présages dans le cœur d'une mère, sur lequel de tous ses enfants, je vous le demande, ses pensées et ses alarmes reviennent-elles sans cesse? N'est-ce pas sur celui qui voyage sur mer, que son imagination a placé au milieu des courants impétueux et des vagues courroucées de l'Océan? La crainte du danger qu'il court à cette heure ne concentre-t-elle pas sur lui, pendant les intervalles du sommeil, toute la force de ses méditations? Et n'est-il pas pour un temps l'unique objet de toute sa sensibilité et de toutes ses prières? Nous avons quelquefois la relation de voyageurs naufragés, jetés sur un rivage barbare, qui, devenant la proie des cruels habitants, sont entraînés à travers des pays inconnus et d'affreux déserts, vendus comme esclaves, chargés des fers d'une captivité irréparable, et qui, privés de toute autre liberté que de la liberté de la pensée, trouvent qu'elle ajoute encore à leur malheur; car à quoi peuvent-ils penser, si ce n'est à leur patrie? Et quand ces douces images, ces images chéries s'offrent à leur souvenir, comment peuvent-ils y penser, si ce n'est avec l'amertume du désespoir? Ah! dites-moi, quand le bruit de tous ces malheurs parvient à leur famille, quel est celui de ses membres sur lequel se portent toutes ses douleurs et toutes ses affections? Quel est celui qui, pendant des semaines et des mois entiers, absorbe toute sa sensibilité, provoque ses plus grands sacrifices, et lui fait prendre les expédients les plus efficaces pour le ramener dans son sein? Quel est celui qui fait qu'elle s'oublie elle-même et devient indifférente à tout ce qui l'entoure; et dites-moi si vous pouvez assigner une borne aux peines, aux efforts et aux privations auxquels se soumettraient un père et une mère dans l'angoisse, et des sœurs éplorées, *pour le chercher et pour le sauver?*

Or, imaginez que le principe de tout ce que la sensibilité nous offre sur la terre soit dans toute son énergie autour du trône de Dieu; imaginez que l'univers ne soit qu'une seule famille dans la sécurité et dans la joie, et que ce monde aliéné soit le seul de ses membres égaré ou captif, et nous cesserons d'être étonnés que depuis le commencement de la captivité de notre espèce, jusqu'à la consommation de son histoire dans le temps, il se soit fait un tel mouvement dans le ciel: que les anges aient été si souvent envoyés en mission au sujet de notre restauration; que le Fils de Dieu se soit abaissé jusqu'à prendre le fardeau de notre mystérieuse expiation; et que l'esprit de Dieu travaille maintenant, par l'active variété de ses influences toutes-puissantes, à avancer cette dispensation de grâce, dont la fin est de nous rendre propres à être admis de nouveau dans les demeures des habitants des cieux. Faisons-nous seulement une idée de l'amour, qui est le principe régnant dans ces demeures; de l'amour, dont toutes les pensées et les désirs se portent sur le point où son objet est le plus en danger de lui être à jamais ravi; de l'amour, qui n'a pas besoin de cela pour être excité aux plus grands efforts et au sentiment le plus exquis de sa tendresse; et alors tout ce mystère s'expliquera pour nous d'une manière claire et familière, et nous ne résisterons pas plus longtemps, par notre incrédulité, au message de l'Evangile, quoiqu'il nous dise que depuis le commencement jusqu'à la fin de l'histoire de ce monde, longue à vos yeux, mais qui n'est que l'espace de quelques jours dans les vasles périodes de l'immortalité, tant de vigilance et tant de sollicitude de la part du ciel aient été prodiguées pour la restauration de sa population coupable.

§ V.

Nous avons montré que l'état de l'homme déchu de son innocence primitive était non-seulement connu d'autres ordres de la création, mais était également un sujet de profond regret et de tendre intérêt pour eux ; que, conformément à ces lois de la sympathie qui sont les plus familières même à l'observation humaine, notre malheureuse condition était précisément propre à concentrer sur nous la sensibilité, les attentions et les services des habitants du ciel ; à nous rendre pour un temps l'objet particulier de leurs plus ardentes et constantes contemplations ; à exciter toute la bienveillance et toute la tendresse de leurs *sentiments* ; et tout juste à proportion des besoins et du manque de secours que nous éprouvons, nous misérables exilés de la famille de Dieu, à multiplier sur nous les soins, et à réclamer en notre faveur les efforts affectueux et empressés de ceux qui ne s'étaient jamais écartés de lui. Telle paraît être, d'après l'Ecriture sainte, la nature de cette bienveillance qui brûle et circule autour du trône du *ciel*. C'est précisément la *bienveillance* qui émane du trône même, et dont les attentions, pendant tant de milliers d'années, ont eu pour but les habitants de notre monde. Ce laps de temps peut paraître une longue période pour un monde si chétif. Mais comment les incrédules ont-ils conçu l'idée que ce monde est si chétif? C'est en étendant leurs regards sur les innombrables systèmes de l'immensité. Mais pourquoi donc n'ont-*ils* pas eu l'idée, que le temps de ces visitations particulières, qu'ils considèrent comme si disproportionnées à la grandeur comparative de cette terre, est précisément aussi imperceptible que la *terre elle-même* est insignifiante ? Pourquoi n'étendent-ils pas leurs regards sur les innombrables générations de l'éternité, et ne reviennent-ils pas *ainsi* à la conclusion, qu'après tout la rédemption de notre espèce n'est qu'un événement éphémère dans l'histoire de la nature intelligente, et qu'*elle* laisse place à son auteur pour accomplir tous les desseins d'une sage et *impartiale* administration ; sans compter que, même durant son cours, elle ne détourne pas une seule de ses pensées, ni une seule de ses influences des autres champs de la création et qu'il lui reste assez de temps pour étendre sans exception les visitations d'une tendresse aussi frappante et aussi particulière sur toute l'étendue de sa grande et universelle monarchie ?

Cela pourrait servir encore davantage à incorporer les choses qui concernent notre planète avec l'histoire générale des êtres moraux et intelligents, de déterminer non-seulement la connaissance qu'ils prennent de nous, non-seulement les tendres alarmes qu'ils ressentent pour nous ; mais de déterminer l'importance que notre monde a acquise en devenant le théâtre d'une lutte opiniâtre et ambitieuse entre les ordres les plus élevés de la création. Nous n'ignorons pas comment, pour la possession du territoire d'une très-petite île, les plus puissants empires du monde ont déployé toutes leurs ressources ; comment, sur des camps rivaux, des monarques se sont rencontrés, ont passé leurs troupes en revue, et ont rassemblé, pour obtenir la victoire, tout ce que leurs Etats offraient de plus brillant en talents, toute la fleur et toute la force de leur *population*. L'*île solitaire* autour de laquelle tant de flottes manœuvrent, et sur le rivage de laquelle tant de troupes descendent comme sur une arène ouverte aux combattants, peut bien être étonnée de la valeur inattendue qu'on lui attribue. Mais d'autres motifs *entraînent à la bataille* ; *il ne s'agit* de rien moins que de la gloire des nations, et chaque parti envisage un bien plus noble résultat que le gain d'un objet si peu important, comme le but principal de la guerre, et l'honneur, plus cher que *l'existence pour bien* des cœurs, est maintenant le mobile qui fait répandre tant de sang, et prodigue tant de trésors ; l'esprit excitant de l'émulation s'est maintenant emparé des combattants ; et ainsi, au milieu de toute l'insignifiance qui s'attache à l'origine matérielle de la lutte, sa violence et son étendue reçoivent de la constitution de notre nature leur plus juste explication.

Or, si c'est aussi la constitution de la nature des êtres plus élevés ; si, d'une part, Dieu est jaloux de son honneur, et que, de l'autre, il y ait des esprits orgueilleux et exaltés qui le bravent lui et sa monarchie ; si, du côté du ciel, il y a une armée angélique qui, se ralliant autour de l'étendard de la fidélité, vole avec joie aux ordres du Tout-Puissant, se dévoue à sa gloire, et prend un vif intérêt à la manifestation de ses *conseils* ; et que, du côté de l'enfer, il y ait des bandes ennemies qui opposent une résistance opiniâtre, une haine et une malice inextinguible, un défi obstiné de vengeance pour déjouer la sagesse de l'Eternel, pour arrêter la main et renverser les desseins de sa toute-puissance, alors quelqu'insignifiant que puisse être le prix matériel de la victoire, c'est la victoire en elle-même qui soutient le mobile de cette rivalité ardente et sans cesse stimulée. Si par la sagacité d'une intelligence infernale, une simple planète a été séduite, entraînée à la révolte et livrée au pouvoir de celui que l'Ecriture appelle *le Dieu de ce monde* (*II Cor.* IV, 4), et que le but de la venue de notre Rédempteur soit *de détruire les œuvres du démon* (*I Joan.* III, 8) ; alors que cette planète ait toute la petitesse que les astronomes lui ont assignée ; appelez-la ce qu'elle est, un des plus petits îlots qui flottent dans l'océan de l'espace : elle est devenue le théâtre d'une concurrence telle, que tous les vœux, toutes les forces et toute l'activité d'un univers divisé peuvent y être engagés. Elle embrasse d'autres objets que la simple restauration de notre espèce. Elle décide de plus hautes questions. Elle se rattache à la souveraineté de Dieu, et à la fin elle démontrera la manière dont il inflige le châtiment à tous ses ennemis et opère leur destruction. Je ne sais pas si notre monde rebelle est la seule forteresse que Satan ait eue en son pouvoir, ou s'il n'est que le simple poste d'une guerre étendue, qui se poursuit maintenant entre *les puissances de la lumière* et celles *des ténèbres* (*Col.* I, 13). Mais que ce soit l'un ou l'autre, les partis sont en ordre de bataille, l'esprit de rivalité est dans toute son énergie, et il y va de l'honneur des puissants combattants ; c'est pourquoi cessons d'être étonnés de ce que notre humble résidence est devenue le théâtre d'une action si sérieuse, ou de ce que l'ambition des êtres d'une nature supérieure a déployé ici toute son ardeur et toute son énergie.

Cela nous découvre un autre de ces rapports élevés et étendus, que l'histoire morale de notre globe peut avoir avec le système de l'administration universelle de Dieu. Si un ennemi venait à toucher le rivage de cette fière et magnanime contrée, à occuper seulement un de ses plus petits villages, à en séduire les habitants, à les porter à la révolte, et à s'y établir avec eux au mépris de toutes les menaces et de toutes les mesures de défense d'un empire insulté ; oh ! combien le cri d'un noble orgueil blessé ne retentirait-il pas dans tous les rangs, dans toutes les classes de notre excellente population ; ce mouvement d'indignation parviendrait jusqu'au roi sur son trône, circulerait parmi ceux qui l'entourent dans toute la grandeur du pouvoir ; électriserait l'éloquence de nos orateurs et ferait un appel si irrésistible à l'honneur et au patriotisme de la nation, que la trompette de la guerre n'aurait qu'à se faire entendre pour réveiller toute l'ardeur martiale de notre royaume, et pour mettre spontanément sur pied toutes ses forces ; et plutôt que d'endurer patiemment le sanglant affront d'un tel outrage, tout son pouvoir et toutes ses ressources seraient employés dans cette lutte, et nos efforts et nos sacrifices n'auraient point de bornes, jusqu'à ce que nos compatriotes abusés fussent ramenés à leur devoir, ou que, par un acte juste de vengeance, la tache que cette insulte aurait imprimée à notre territoire fût entièrement effacée.

L'Ecriture sainte est toujours très-détaillée et très lumineuse dans ces choses révélées où les hommes sont personnellement intéressés. Mais elle offre parfois un transparent sombre, à travers lequel on peut entrevoir une partie des desseins et des entreprises qui occupent actuellement les intelligences d'un ordre supérieur. Elle nous parle des puissants efforts qu'elles font maintenant pour tâcher d'obtenir un ascendant moral sur les cœurs des habitants de ce monde. Elle nous raconte que notre race fut séduite et détournée de sa soumission envers Dieu, par les trames habilement ourdies d'un être qui s'élève contre lui, à la tête de nombreuses armées de rebelles. Elle nous parle du *prince du salut*, qui entreprit de le dépouiller de ce triomphe ; et d'un bout à l'autre de cette magnifique série de prophéties qui se rapportent à lui, elle décrit l'œuvre qu'il avait à faire comme une lutte dans laquelle la force devait être déployée, de cruelles souffrances être endurées, la colère fondre sur les ennemis, les principautés être détrônées, et où il faudrait supporter toutes ces épreuves, ces dangers et ces obstacles, dont était hérissé le sentier de la persévérance qui devait le mener à la victoire.

Mais c'est une lutte de génie, aussi bien que de force et d'influence. L'ardente rivalité des facultés angéliques est engagée dans ces efforts pour avoir le dessus. Et, tandis que l'Ecriture sainte nous parle (faiblement et en partie, il est vrai), de la profonde et insidieuse politique qui se montre d'un côté ; elle nous dit aussi, que toutes les richesses *d'une impénétrable sagesse* (*Rom.* XI, 33), sont prodiguées de l'autre, pour effectuer la restauration de notre monde. Il paraîtrait que, pour venir à bout de son dessein, le grand ennemi de Dieu et de l'homme combina tous ses calculs ; conduisit tous les stratagèmes de sa profonde et constante malignité de manière à ce qu'ils retombassent sur notre espèce, et pensa que s'il pouvait nous faire tomber dans le péché, tous les attributs de la Divinité réclameraient le bannissement de notre race des limites de l'empire de justice ; il fit ainsi ses invasions sur le territoire moral de l'innocence primitive, et, se glorifiant de son succès, il s'imagina et sentit qu'il avait opéré une séparation permanente entre le Dieu qui siége dans les cieux, et, tout au moins, une des demeures planétaires qu'il avait créées.

Le but de la venue du Sauveur fut la restauration de ce monde pécheur, et la réintégration de ses habitants dans le sein de la famille du ciel. Mais dans le gouvernement du ciel, aussi bien que dans le gouvernement de la terre, il y a certains principes avec lesquels on ne peut transiger, de certaines maximes d'administration dont on ne doit jamais se départir, un certain caractère de majesté et de vérité, sur lequel l'ombre même de la plus légère violation ne peut jamais être permise ; et une certaine autorité qui doit être soutenue par l'immutabilité de toutes ses sanctions, et l'infaillible accomplissement de toutes ses sages et justes proclamations. Tout cela fut présent à l'esprit de l'archange, et un rayon de maligne joie pénétra dans son sein, quand il conçut le projet d'induire notre race infortunée à une tentation dont les suites seraient irréparables ; et aussi sûrement qu'il ne peut y avoir d'accord entre le péché et la sainteté, aussi sûrement, pensa-t il, que si l'homme était séduit, et porté à la désobéissance, la vérité, la justice et l'immutabilité de Dieu mettraient leurs insurmontables barrières sur le sentier de sa future réconciliation.

Ce fut seulement dans ce plan de restauration dont *Jésus-Christ fut l'auteur et le consommateur* (*Hebr*. XII, 2) que le grand adversaire de notre espèce rencontra une sagesse qui déjoua toutes ses trames. Il est vrai qu'il avait élevé, par la désobéissance à laquelle il nous entraîna, un puissant obstacle dans la voie de cette sublime entreprise. Mais quand le grand moyen fut annoncé, que le sang de cette expiation, *par lequel les pécheurs sont rapprochés* (*Eph*. II, 13), fut volontairement offert pour nous, et que le Fils éternel, pour l'accomplissement de ce mystère, prit notre nature, alors le chef de cette puissante rébellion, dans laquelle la destinée et l'histoire de notre monde sont si profondément impliquées, fut dans une alarme manifeste pour la conservation de toutes ses conquêtes; les archives de cette surprenante histoire ne peuvent en poursuivre la narration, sans jeter en passant quelques traits de lumière sur une guerre extraordinaire, dans laquelle, pour obtenir une domination spirituelle sur notre espèce, nous pouvons apercevoir confusement la lutte du talent le plus sublime, et tous les desseins du ciel en faveur de l'homme, traversés dans tous les points de leur développement par les travaux opposés d'une force et d'une sagacité rivales.

Certainement ce n'est pas être plus sage que *ce qui est écrit*, que d'affirmer qu'en accomplissant la rédemption de notre monde, il fallut poursuivre une guerre; qu'à ce sujet il y eut dans les régions supérieures de la création un rude et vigoureux combat d'intérêts opposés; que son résultat embrassa quelque chose de plus grand et de plus important que la destinée même de la population de ce monde, qu'elle décida une question de rivalité entre le juste et éternel monarque de l'existence universelle, et le prince d'une rébellion vaste et fort étendue, de laquelle je ne connais ni les limites, ni l'importance, ni les diverses faces; et ainsi nous recueillons de cette considération un autre argument distinct, qui nous aide à expliquer pourquoi tant d'attention paraît avoir été concentrée, et tant d'énergie paraît avoir été déployée sur le salut de notre espèce seule.

Mais il paraîtrait, d'après les archives de l'inspiration, que la lutte n'est pas encore terminée; que, d'une part, l'esprit de Dieu est occupé à ouvrir dans le cœur humain une voie pour les vérités du christianisme, avec toute la *démonstration d'une puissance efficace* (*I Cor*. II, 4); que de l'autre, il y a *un esprit qui agit maintenant dans les enfants de rébellion* (*Eph*. II, 2); que, d'une part, le Saint-Esprit *appelle* les hommes des *ténèbres à la merveilleuse lumière* de l'Evangile (*I Petr*. II, 9); et que, de l'autre, celui qui est appelé *le dieu de ce monde, aveugle leurs cœurs, afin que la lumière du glorieux évangile de Jésus-Christ ne les éclaire pas* (*II Cor*. IV, 4); qu'il est dit de ceux qui sont sous la domination de l'un, qu'*ils ont vaincu, parce que celui qui est en eux est plus puissant que celui qui est dans le monde* (*I Joan*. IV, 4); et de ceux qui sont sous la domination de l'autre, qu'*ils sont les enfants du démon* (*I Joan*. III, 10), dans *ses pièges* (*I Tim*. III, 7), *et ses captifs pour faire sa volonté* (*II Tim*. II, 26). C'est une question de savoir comment opèrent ces puissances respectives. Le fait de leur opération en est une autre; nous nous abstenons de la première, nous nous attachons à la seconde et en recueillons que *le prince des ténèbres* (*Col*. I, 13) *tourne encore autour de nous* (*I Petr*. V, 8); qu'il exerce encore son insidieuse politique, sinon avec la vigoureuse inspiration de l'espérance, du moins avec la frénétique énergie du désespoir; que, tandis que les ouvertures de réconciliation sont publiées dans le monde, il use de *tous ses artifices pour en étouffer* et en détruire l'impression, ou, en d'autres termes, tandis qu'une économie d'invitation et de motifs est émanée du ciel pour rappeler les hommes à leurs devoirs, cette économie est contre-carrée dans *tous* ses *points* par un être qui met en jeu tous ses expédients, et exerce un mystérieux ascendant pour les séduire et les asservir.

Aux oreilles d'un incrédule, tout ceci sonne étrangement et ne semble que de pures visions Mais, quoique seulement connu par le moyen de la révélation, après qu'elle nous en a instruits, peut-on manquer d'apercevoir son harmonie avec les grands caractères de l'expérience humaine? Qui n'a pas senti au dedans de soi les assauts d'une rivalité entre le pouvoir de la conscience et le pouvoir de la tentation? Qui ne se souvient pas de ces moments de retraite où les calculs de l'éternité avaient pris un empire éphémère sur le cœur, et où le temps, avec tous ses intérêts et toutes ses inquiétudes, était tombé dans l'insignifiance devant eux? Et qui ne se souvient pas, comment, dès qu'il fut de nouveau engagé avec les objets du temps, ils reprirent un ascendant aussi grand et aussi puissant que si toute l'importance de l'éternité leur était attachée; comment ils firent impression sur ses perceptions, au point de fixer et de fasciner toutes ses facultés pour les asservir à leur influence; comment, en dépit de toutes les preuves de leur peu de valeur, que lui mettent tour à tour sous *les* yeux, la rapidité des saisons, les vicissitudes de la vie, le cours toujours agité de sa propre carrière sur la terre, les ravages manifestes que la mort fait autour de lui parmi ses connaissances, les pertes de sa famille, les brèches constantes dans la sphère de ses affections, et le touchant spectacle de tout ce qui vit et de tout ce qui est en mouvement, se flétrissant et se précipitant vers la *tombe*: comment, dis-je, il se fit, qu'au mépris de toutes ces leçons de l'expérience, les nobles résolutions qu'il avait prises dans l'heure de la réflexion s'évanouirent entièrement et furent si vite oubliées? D'où vient la force, et d'où vient le mystère de cette magie qui nous attache ainsi au monde et nous en rend si infatués? Qu'est-ce qui nous incite ainsi à consacrer toute la force de notre ardeur et de nos désirs à poursuivre des objets qu'un petit nombre d'années amènera, nous le savons, à un anéantissement total? Qui est-ce qui leur donne tout le charme et toute l'apparence d'une permanence infaillible? Qui est-ce qui jette sur ces tentes terrestres un air de stabilité tel, qu'elles paraissent à l'œil fasciné de l'homme des lieux de repos pour l'éternité? Qui est-ce qui colore ainsi les objets des sens, agrandit tellement la sphère de leur future jouissance, et éblouit l'imagination crédule et abusée, au point qu'en jetant ses regards sur ce que nous avons à parcourir de notre carrière terrestre, elle lui semble la perspective d'innombrables siècles? Celui qui est appelé *le dieu de ce monde* (*II Cor.* IV, 4); celui qui peut revêtir le néant des couleurs de la réalité; celui qui peut répandre un éclat séducteur sur le panorama des plaisirs fugitifs de l'imagination et de ses vaines espérances; celui qui peut la transformer en un instrument de déception, et lui faire prendre un ascendant tellement absolu sur toutes les affections, que l'homme, devenu le malheureux esclave de ses idolâtries et de ses charmes, rejette l'autorité de la conscience, les avertissements de la parole de Dieu, les encouragements qu'offre l'esprit de Dieu, toutes les leçons du calcul, et toute la sagesse même de sa propre expérience.

Mais cette étonnante lutte aura un terme. Les uns redeviendront des sujets obéissants et fidèles, et les autres persisteront dans leur rébellion; et, au jour solennel du dénouement du drame de l'histoire de ce monde, la miséricorde et la majesté vengée de l'Eternel seront à la fois rendues manifestes aux myriades des divers ordres de la création. Ah! dans ce jour, combien la supposition arrogante de l'astronomie de l'incrédule paraîtra vaine, lorsque, en présence d'une innombrable multitude, les choses qui intéressent l'homme seront examinées; que des êtres de la nature la plus élevée se trouveront en foule autour du trône du souverain Juge; que le Sauveur paraîtra dans notre ciel avec un divin cortége, qui de loin sera venu avec lui pour être témoin de toutes ses actions, et pour prendre un profond et solennel intérêt dans toutes ses dispensations; que la destinée de notre espèce, que l'incrédule voulait ainsi détacher tout à fait de l'univers et reléguer dans une solitaire insignifiance, se trouvera se joindre et se mêler avec de plus hautes destinées: les bons pour passer leur éternité avec des anges de lumière; les méchants pour passer leur éternité avec des anges de ténèbres; les premiers pour être réintégrés dans la famille universelle des fidèles adorateurs de Dieu, les autres pour partager éternellement la peine et l'ignominie des armées vaincues des rebelles; les habitants de cette planète pour être unis, durant toute la suite de leur histoire qui n'aura jamais de fin, à des rangs plus élevés, à des tribus plus étendues d'intelligences! Et c'est ainsi que l'on verra que l'administration spéciale, sous laquelle nous vivons maintenant, est en harmonie sous ses diverses faces, et s'accorde dans sa magnificence, avec toute cette étendue de la nature et de ses domaines, que la science moderne a déployée.

ATMOSPHÈRE (*physique*). — Une substance élastique, transparente, gazéiforme, incolore, l'air, forme autour du globe terrestre une enveloppe sphéroïdale dont la hauteur est estimée entre 5 et 10 myriamètres: c'est ce qu'on appelle l'atmosphère. L'air est loin d'être homogène; sur 1000 parties il en contient 792 de gaz azote, et 208 d'oxygène avec $\frac{4}{10000}$ d'acide carbonique, proportions qui sont les mêmes à toutes les hauteurs et à toutes les latitudes. Outre ces principes, l'atmosphère est toujours chargée d'une quantité plus ou moins considérable de vapeurs et d'exhalaisons animales, végétales ou minérales, qui s'échappent incessamment de la terre et des eaux.

Les gaz azote et oxygène ne sont point combinés, mais à l'état de simple mélange dans l'air atmosphérique. Ce mode de composition est loin d'être indifférent dans les desseins de la nature: il en résulte plusieurs avantages pour les êtres organisés. Comme une combinaison exige plus d'efforts qu'un mélange pour être détruite, il aurait fallu donner aux organes pulmonaires des animaux et aux organes respiratoires des végétaux une plus grande énergie que celle qu'ils possèdent, et cette complication en aurait entraîné une foule d'autres dans l'organisation.

L'oxygène est plus soluble que l'azote, ce qui favorise l'existence des animaux qui ne respirent pas l'air en nature, et ne reçoivent que l'impression de l'oxygène dissous dans l'eau.

De plus, le mélange des deux gaz aériens est en proportion constante, ce qui permet aux animaux de vivre dans toutes les parties du globe, et aux plantes de se fixer loin des lieux où elles ont pris naissance. Sans cette uniformité, les animaux n'auraient pu résister à des changements de pays aussi divers que ceux que parcourent les oiseaux et les poissons dans leurs voyages lointains et périodiques. La nature, loin de présenter cette variété que les migrations introduisent dans ses productions, aurait été triste et monotone. L'homme n'aurait pu se transporter dans toutes les régions de la terre, et emmener avec lui les animaux et les végétaux qui peuvent lui être utiles. Il n'aurait pu, sans compromettre son existence, quitter les lieux qui l'ont vu naître, où il aurait été fixé par un destin impérieux. Voilà une partie des avantages d'un fait en apparence insignifiant, l'état de mélange et l'uniformité de composition de l'air atmosphérique.

L'air est un fluide élastique, résistant à la pression dans toutes les directions, et soumis à la loi de la pesanteur. La mesure de son poids s'obtient par celle de la hauteur de la colonne de mercure, qui, au moyen de la pression atmosphérique qui s'exerce sur la surface de la cuvette du baromètre, s'élève dans un tube parfaitement purgé d'air; d'où il suit que chaque variation qui a lieu dans la densité de l'atmosphère occasionne une ascension ou une dépression correspondante dans la colonne barométrique. La pression de l'atmosphère est d'environ 1k,033 par chaque centimètre carré, de sorte que la surface de tout le globe supporte un poids de cent mille millions de millions de tonnes. Les coquillages qui ont la propriété de produire le vide, adhèrent aux rochers avec une force de 1k,033 par chaque centimètre carré de la surface en contact.

Puisque l'atmosphère est en même temps élastique et pesante, sa densité doit nécessairement diminuer en s'élevant au-dessus de la surface de la terre : car chaque couche d'air n'est comprimée que par le poids qui est au-dessus d'elle. Conséquemment, les couches supérieures sont moins denses, parce qu'elles sont moins comprimées que celles qui sont au-dessous. De là il est aisé de prouver, en supposant la température constante, que, si les hauteurs au-dessus de la terre croissent en progression arithmétique, c'est-à-dire si elles augmentent de quantités égales, les densités des couches d'air, ou les hauteurs du baromètre, qui leur sont proportionnelles, doivent décroître en progression géométrique. Par exemple, au niveau de la mer, si la hauteur moyenne du baromètre est de 76^c, à la hauteur de 5,500^m elle sera de 38^c, ou moitié moins grande; à la hauteur de 11,000^m, elle sera du quart; à 16,500^m, elle sera d'un huitième, et ainsi de suite, ce qui fournit un moyen de mesurer les hauteurs des montagnes avec une très-grande exactitude, et d'une manière qui serait très-simple si la diminution qui a lieu dans la densité de l'air s'opérait exactement suivant la loi précédente. Mais elle est modifiée par plusieurs circonstances, et principalement par les changements de température, parce que la chaleur dilate l'air, et que le froid le contracte. L'expérience démontre que la chaleur de l'air décroît, comme sa hauteur au-dessus de la surface de la terre augmente, et d'après les investigations récentes, il paraît que la température moyenne de l'espace est de 50° centigrades au-dessous de 0°, ce qui serait probablement aussi la température de la surface de la terre, si ce n'était la puissance non conductrice de l'air, qui lui donne la faculté de retenir la chaleur des rayons du soleil, que la terre reçoit et rayonne dans toutes les directions. Le décroissement de température est très-irrégulier. Chaque observateur trouve un résultat différent de celui des autres; ce qui peut être attribué à certaines circonstances locales, et à ce que la latitude influe autant que la hauteur sur ce décroissement. Mais, d'après la moyenne de cinq observations différentes, il paraît etre de $\frac{1}{7}$ d'un degré centigrade, par 102^m, ce qui est la cause du froid rigoureux et des neiges éternelles qui règnent sur les sommets des chaînes alpines. Parmi les diverses méthodes de calculer les hauteurs d'après les mesures barométriques, celle de M. Ivory a l'avantage de réunir l'exactitude à la plus grande simplicité. Le résultat le plus remarquable de la mesure barométrique a été obtenu récemment par le baron de Humboldt, qui a trouvé qu'une étendue d'environ dix-huit mille lieues carrées, située au nord-ouest de l'Asie, et comprenant la mer Caspienne et le lac d'Aral, se trouve à plus de 97 $\frac{1}{2}$ mètres au-dessous du niveau de la surface de l'Océan, dans un état d'équilibre moyen. Cet énorme bassin est semblable à quelques-unes des grandes *cavités de la surface de la lune*, et est attribué par M. de Humboldt au soulèvement des chaînes de montagnes environnantes de l'Hymalaya, de Kuen-Lun, de Thian-Chan et de celles d'Arménie, d'Erzerum et du Caucase, qui, en *minant* le pays sur une si grande étendue, occasionna son abaissement au-dessous du niveau ordinaire de la mer. L'on ne peut s'arrêter sans effroi à la pensée de la destruction qui résulterait de la rupture de quelqu'une de ces barrières qui renferment la mer. Par suite de la diminution de la pression atmosphérique, l'eau bout à une plus basse température sur les sommets des montagnes que dans les vallées, ce qui conduisit Fahrenheit à proposer ce mode d'observation comme méthode de déterminer leurs hauteurs relatives.

La figure de l'atmosphère, quand elle est en équilibre, est, par suite de son mouvement de rotation avec la terre, celle d'un ellipsoïde aplati vers les pôles. Dans cet état, ses couches sont d'uniforme densité à hauteurs égales au-dessus du niveau de la mer, et son étendue est sensiblement bornée, soit qu'elle consiste en particules infiniment divisibles ou non. D'après la dernière hypothèse, elle doit réellement être limitée; et même, en admettant que ses particules soient infiniment divisibles, l'on sait, d'après l'expérience, qu'elle est d'une ténuité extrême à de très-petites hauteurs. Le baromètre monte proportionnellement à la pression qu'il supporte. Au niveau de la mer, sous la latitude de 45°, et à la température de la glace fondante, la hauteur moyenne du baromètre étant 76 centimètres, la densité de l'air est à la densité d'un volume semblable de mercure comme 1 est à 10477,9; d'où il suit que la hauteur de l'atmosphère, supposée d'uniforme densité, serait à peu près de 1^l 79254; mais comme, à mesure qu'on s'élève, la densité décroît en progression géométrique, il en résulte que la hauteur réelle de l'atmosphère est beaucoup plus grande. On suppose qu'elle est de 18 lieues. Sur le sommet des montagnes seulement, l'air est déjà assez raréfié pour diminuer l'intensité du son, pour affecter la respiration et occasionner quelque diminution dans la force musculaire. Le sang jaillit des lèvres et des oreilles de M. de Hum boldt lorsqu'il gravit les Andes, et il éprouva autant de difficulté à allumer et à entretenir du feu à de grandes hauteurs, qu'en avait éprouvé Marco Polo, le Vénitien, sur les montagnes de l'Asie centrale. A la hauteur de 13 lieues, l'atmosphère est encore assez dense pour réfléchir les rayons du soleil quand il est à 18 degrés au-dessous de l'horizon ; et quoique, à la hauteur de 18 lieues, la détonation du météore qui parut en 1783 fut entendue sur la terre comme le bruit d'un coup de canon ; cela prouve seulement la force immense de l'explosion de cette masse, d'un peu plus d'un sixième de lieue de diamètre, qui put produire un son capable de traverser un air trois mille fois plus rare que celui que nous respirons. Ces hauteurs, toutefois, sont extrêmement petites, comparées au rayon de la terre.

La dilatation de l'atmosphère provenant de la chaleur du soleil occasionne des variations diurnes dans la hauteur du baromètre. Il existe également des oscillations nocturnes : elles sont aussi régulières que les oscillations diurnes, mais elles n'ont pas les mêmes limites d'étendue.

L'attraction du soleil et de la lune trouble l'équilibre de l'atmosphère, en y produisant des oscillations semblables à celle de l'Océan, ce qui doit occasionner des variations périodiques dans les hauteurs du baromètre. Ces variations toutefois sont tellement petites que leur existence sous les latitudes très-éloignées de l'équateur est mise en doute. M. Arago a même été conduit dernièrement à conclure que les variations barométriques correspondantes aux phases de la lune sont les effets de quelque cause spéciale, totalement différente de l'attraction, et dont la nature et le mode d'action sont inconnus. Laplace semble penser que le flux et le reflux qui se font sentir à Paris peuvent être occasionnés par l'élévation et la dépression de l'Océan, qui forme une base d'une hauteur variable, pour une si grande portion de l'atmosphère.

L'attraction du soleil et de la lune n'a aucun effet sensible sur les vents alizés. La chaleur du soleil occasionne ces courants aériens, en raréfiant l'air à l'équateur ; ce qui fait que la partie la plus froide et la plus dense de l'atmosphère se précipite le long de la surface de la terre vers l'équateur, tandis que celle qui est échauffée s'élève jusqu'aux couches les plus hautes, en se dirigeant vers les pôles ; il se forme ainsi deux courants contraires dans la direction du méridien. Mais la vitesse de rotation de l'air correspondante à sa position géographique, décroît vers les pôles. En approchant de l'équateur, il doit donc tourner plus lentement que les parties correspondantes de la terre, et les corps situés à la surface du globe doivent lui faire subir un choc proportionnel à l'excès de leur vitesse ; tandis que, par suite de la réaction de l'air, ces corps rencontrent une résistance contraire à leur mouvement de rotation. De sorte que le vent paraîtrait à une personne qui se supposerait en repos, souffler dans une direction presque contraire au mouvement de rotation de la terre, parce que ces courants conservent toujours une partie de leur tendance à se diriger des pôles vers l'équateur, laquelle tendance, jointe à la faiblesse de leur mouvement rotatoire, leur donne l'apparence de souffler du nord-est d'un des côtés de l'équateur, et du sud-est de l'autre, ce qui est la direction des vents alizés. Ces vents toutefois ne se font nullement sentir sous la ligne, la tendance des deux grands courants polaires à se diriger vers l'ouest diminuant à mesure qu'ils approchent de l'équateur par suite du frottement de la terre, qui leur communique peu à peu une portion de sa vitesse rotatoire : lorsqu'ils arrivent à l'équateur, ils se détruisent en se rencontrant. L'équateur ne coïncide pas exactement avec la ligne de séparation des vents alizés nord et sud. Cette ligne de séparation dépend de la différence totale de chaleur des deux hémisphères, provenant de la distribution de la terre et de l'eau, et de diverses autres causes.

La faiblesse du mouvement rotatoire des courants polaires leur donne, par suite de leur frottement près de l'équateur, une certaine tendance à diminuer la vitesse de la rotation de la terre ; tandis qu'au contraire les courants supérieurs ou équatoriaux portent vers le nord et le sud leur excès de vitesse de rotation. Et comme, en se dirigeant vers les pôles, ils approchent quelquefois de la surface de la terre, leur frottement y occasionne un vent violent du sud-ouest dans l'hémisphère nord, et un vent nord-ouest dans l'hémisphère sud. De cette manière, l'équilibre de la rotation se trouve maintenu. C'est à cette cause que sir John Herschell attribue les vents ouest et sud-ouest si ordinaires sous nos latitudes, ainsi que les vents ouest qui soufflent si constamment dans l'Atlantique septentrional. *Voy.* Vents alizés.

Beaucoup de preuves portent à croire qu'il existe des courants contraires au-dessus des vents alizés. Sur le pic de Ténériffe, les vents dominants viennent de l'ouest. En 1812, les cendres du volcan de Saint-Vincent furent emportées jusqu'à l'île de Barbade par le courant supérieur. Le capitaine d'un vaisseau de Bristol déclara que dans cette occasion la poussière venant de Saint-Vincent tomba à la hauteur de 127 millimètres sur le pont, à la distance de 181 lieues vers l'est. L'on a vu souvent de légers nuages se dirigeant avec rapidité de l'ouest à l'est, à une très-grande hauteur au-dessus des vents alizés, qui rasaient la surface de l'Océan dans une direction contraire.

La transmission du son constitue l'un des usages les plus importants de l'atmosphère. Sans l'air, un silence de mort régnerait dans toute la nature : car l'air a cela de commun avec toutes les substances, qu'il tend à communiquer les vibrations qu'il reçoit aux corps qui se trouvent en contact avec lui. Ainsi, que les ondulations reçues par l'air proviennent d'une impulsion soudaine, telle qu'une explosion, ou qu'elles soient produites par les vibrations d'une corde musicale, elles se propagent dans toutes les directions, et déterminent la sensation du son sur les nerfs auditifs. Une cloche que l'on agite sous le récipient vide de la machine pneumatique ne rend aucun son; ce qui prouve que l'atmosphère est bien réellement le milieu propre à la transmission du son.

L'air est le principe de toute vie animale ou organique. Supprimez l'air seulement quelques instants, et soudain tous les êtres animés expirent, les plantes se flétrissent et meurent, toute vie disparaît, l'univers devient une solitude désolée où règnent de toute part l'immobilité et le silence de la mort. Certes, pour l'homme qui sait observer et réfléchir, tout dans la nature, depuis le grain de sable jusqu'à la masse de la montagne, depuis l'humble gramen jusqu'au Baobab, au tronc de 30^m de circonférence, depuis l'insecte microscopique jusqu'à l'animal le plus gigantesque, tout proclame dans un concert unanime et solennel l'unité d'un créateur tout-puissant, infiniment intelligent et sage; mais de tant de preuves d'un dessein évident et d'un plan unique dans la création, l'organisation et la distribution des êtres, il n'en est pas de plus palpable que celle qui nous est offerte par l'existence de cet appareil merveilleux, le poumon et ses appendices, placé dans le corps de l'homme et des animaux, et dont le mécanisme est si parfaitement adapté aux fonctions qu'il est destiné à remplir, au sein du fluide aérien, qu'il *aspire* et *expire* tour à tour, et dont, par une élaboration admirable et incessante, il unit l'oxygène aux liquides sanguins, pour transformer ceux-ci en sang artériel, rutilant et écumeux, propre seulement, après cette opération chimique, à circuler dans les veines du corps, dont il est la nourriture et la vie.

On a trouvé que le corps d'un homme adulte supporte un poids d'environ 33,600 livres. Lors de cette découverte, plusieurs savants, entre autres Borelli, écrivirent pour rassurer le public sur les effets du fardeau écrasant sous lequel, sans le savoir, on fléchissait depuis le commencement du monde; on démontra que nos os et tous nos téguments étaient si artistement construits qu'ils pouvaient supporter un poids beaucoup plus considérable sans se rompre. Si nous ne sentons pas le poids absolu de l'air, c'est que nous sommes pénétrés par ce fluide élastique jusque dans les parties les plus intimes de notre corps : l'intérieur de nos os, toutes les trames de nos tissus, tous nos viscères, tous nos vaisseaux, contiennent de l'air; en un mot, nous sommes plongés dans l'air comme une éponge. Il n'y a vraiment de pression que lorsqu'on fait le vide sur un point, soit intérieurement, soit extérieurement, puisque, dans ce cas, l'on supprime la résistance d'un côté de la paroi. *Voy.* AIR.

ATMOSPHÈRE des planètes. *Voy.* TEMPÉRATURE.

ATMOSPHÈRE de la lune. *Voy.* TEMPÉRATURE et LUNE.

ATMOSPHÈRE, unité de convention pour calculer la force élastique de la vapeur. *Voy.* VAPEUR (*ses usages*).

ATOMES. *Voy.* MATIÈRE.

ATOMISTE (*théorie*). *Voy.* MATIÈRE.

ATOMISTES. *Voy.* MATIÈRE.

ATTRACTION UNIVERSELLE. — Dans l'impossibilité de remonter à la cause des phénomènes produits, il faut se borner à étudier les effets et les lois qui les régissent. On a nommé *attraction* la tendance d'un corps à se porter vers un autre; si la tendance s'exerce à de grandes distances, on nomme cette force *attraction, pesanteur;* si elle agit, au contraire, à de petites distances, on l'appelle *attraction moléculaire, affinité*, selon qu'elle exerce son action entre des *molécules* similaires ou dissemblables. Les anciens avaient imaginé différents systèmes pour expliquer la chute des corps. Nous mentionnerons celui de Descartes, qui est le plus ingénieux. Suivant lui, ce phénomène dépend du mouvement de la matière subtile qui tourbillonne autour de la terre; toutes les parties du tourbillon étant animées d'une force centrifuge qui les porte à s'éloigner de la terre, doivent chasser les corps en sens inverse, dans une direction contraire à celle que leur imprime le mouvement de rotation. Cette explication, à laquelle on fit de sérieuses objections, disparut complétement quand Newton eut découvert le principe de la gravitation universelle, d'après lequel il a montré que le soleil exerçait son action sur les planètes, et celles-ci sur leurs satellites.

Newton, posant seulement comme un fait cette force inconnue, a tâché d'y ramener toutes les lois découvertes par Képler, et y ajoutant d'autres lois que sa sagacité lui fit découvrir, il édifia ce grand système de l'attraction universelle, que l'on peut regarder comme la plus belle création de l'esprit humain. L'attraction est vraiment universelle; c'est par l'attraction que les atomes et les molécules se groupent (*cohésion*), pour former des corps réguliers ou amorphes. C'est par l'attraction que les corps s'unissent, se joignent par leurs faces polies (*adhésion*); que les liquides s'élèvent au-dessus de leur niveau dans des tubes capillaires, ou entre des lames rapprochées (*capillarité*); en un mot, il n'est aucun phénomène de mouvement, depuis les révolutions des corps célestes (*gravitation*) jusqu'aux réactions imperceptibles, mais certaines, de la chimie (*affinité*), qui ne reçoive une explication plausible du grand fait de l'attraction universelle. Personne, avant Newton, ne s'était fait une idée aussi juste de l'attraction que Hook; mais il n'a jamais su la formuler nettement, comme Newton l'a fait; car personne avant cet illustre physicien n'avait énoncé, et encore moins démontré ce grand principe de la nature :

Toutes les molécules de la matière s'attirent

mutuellement, en raison directe des masses, et en raison inverse du carré des distances.

Les lois de Képler ont été pour Newton d'un merveilleux secours pour la démonstration de sa découverte. Ces lois constituent la base sur laquelle repose principalement l'explication newtonienne du mécanisme du ciel. *Voy.* Lois de Képler.

Le grand principe de l'*attraction universelle* est si exact qu'il n'y a point de perturbations, point d'écarts, quelque légers qu'ils puissent être, dont il ne rende compte avec la plus rigoureuse précision. Les astronomes y ont une foi si entière, que, quand les observations ne s'accordent pas avec les résultats du calcul, ils aiment mieux croire que l'erreur tient à l'oubli de quelques circonstances, que d'infirmer la doctrine de l'attraction : et en effet, on finit toujours par en reconnaître la cause.

Nous allons successivement passer en revue les grands phénomènes dont elle est le principe et la loi dans notre système solaire.

Newton a prouvé qu'une particule de matière, placée en dehors de la surface extérieure d'une sphère creuse, est attirée de la même manière que si la masse de la sphère creuse, c'est-à-dire toute la matière dont elle est formée, était réunie dans son centre en une seule particule. Il en est donc de même d'une sphère solide, que l'on peut considérer comme étant composée d'un nombre infini de sphères creuses concentriques. Cependant il n'en est point ainsi d'un sphéroïde ; mais les corps célestes approchent tellement de la forme sphérique, et sont à des distances si considérables les uns des autres, qu'ils s'attirent réciproquement, comme si chacun d'eux était condensé en une seule particule située dans son centre de gravité; circonstance qui facilite beaucoup l'étude de leurs mouvements.

Newton a demontré que la force qui retient la lune dans son orbite est la même que celle qui fait tomber les corps graves à la surface de la terre. Si la terre était sphérique, et qu'elle fût à l'état de repos, les corps seraient attirés par elle également, c'est-à-dire qu'ils auraient la même pesanteur sur tous les points de sa surface, la surface d'une sphère étant partout également éloignée de son centre. Mais, comme notre planète est aplatie vers les pôles et renflée vers l'équateur, la pesanteur du même corps diminue graduellement en partant des pôles où elle est la plus grande possible, jusqu'à l'équateur où elle est la plus petite. Il y a toutefois une certaine latitude où l'attraction de la terre sur les corps placés à sa surface est la même que si ce globe était parfaitement sphérique; l'expérience démontre qu'en ce point les corps tombent avec une vitesse d'environ 15 pieds ou 4 m. 9 dans la première seconde de leur chute.

La distance moyenne de la lune à la terre est d'environ soixante fois le rayon de la terre. Si l'on diminue le nombre 16,0697 dans le rapport de 1 à 3600, qui est le carré de la distance de la lune au centre de la terre, calculée en rayons terrestres, on aura exactement l'espace que la lune parcourrait dans la première seconde de sa chute vers la terre, si elle n'en était empêchée par la force centrifuge, due à la rapidité avec laquelle elle se meut dans son orbite ; de sorte que la force qui maintient la lune dans son orbite est réglée par la même loi et a la même origine que celle qui occasionne la chute d'une pierre à la surface de la terre. La terre peut donc être considérée comme le centre d'une force qui s'étend jusqu'à la lune; or, l'expérience démontre que l'action et la réaction de la matière sont égales et contraires ; la lune doit donc attirer la terre avec une force égale et contraire.

Newton prouva qu'un corps projeté dans l'espace décrirait une section conique, s'il était attiré par une force provenant d'un point fixe, et ayant une intensité inverse au carré de la distance ; il montra aussi que la moindre altération dans cette loi le ferait se mouvoir dans une courbe d'une nature différente. Képler trouva, par l'observation directe, que les planètes décrivent des ellipses, ou courbes ovales, autour du soleil ; des observations plus récentes prouvent que les comètes aussi se meuvent suivant des sections coniques. Il suit de là que le soleil attire toutes les planètes et les comètes dans le rapport inverse du carré de leurs distances à son centre; le soleil est donc le centre d'une force qui s'étend indéfiniment dans l'espace, en enveloppant dans son action tous les corps qui font partie de son système (1).

Képler déduisit aussi de l'observation que les carrés des temps périodiques des planètes, ou des temps de leurs révolutions autour du soleil, sont proportionnels aux cubes des distances moyennes des planètes au centre du mouvement : d'où il suit que l'intensité de la gravitation de tous les corps vers le soleil est la même à des distances égales; conséquemment la gravitation est proportionnelle aux masses ; car si les planètes et les comètes étaient à des distances égales du soleil, et qu'elles fussent abandonnées aux seuls effets de la gravitation, elles arriveraient en même temps à sa surface. Les satellites gravitent également vers leurs planètes, suivant la même loi qui fait graviter les planètes vers le soleil. Ainsi, par l'effet de la loi d'action et de réaction, chaque corps est lui-même le centre d'une force attractive s'étendant indéfiniment dans l'espace, et occasionnant toutes les perturba-

(1) On prétend que les périodes de quelques comètes embrassent plusieurs milliers d'années, et qu'en général la durée moyenne de la révolution des comètes est de mille ans environ, ce qui prouve que la force de gravitation du soleil s'étend à des distances prodigieuses. Laplace estime que l'attraction solaire se fait sentir sur tous les points d'une sphère dont le rayon est cent millions de fois plus grand que la distance de la terre au soleil, c'est-à-dire 3,460,000,000,000,000 de lieues.

tions réciproques qui rendent les mouvements célestes si compliqués et leur étude si difficile.

La gravitation de la matière, dirigée vers un centre attirant en raison directe de la masse, et en raison inverse du carré de la distance, n'est pas une propriété particulière à la matière, considérée en masse seulement. La même loi détermine l'action de molécule à molécule, lorsque ces molécules sont placées à des distances sensibles les unes des autres. La gravitation de la terre vers le soleil résulte de la gravitation de toutes ses molécules, qui, à leur tour, attirent le soleil en raison de leurs masses respectives. De même, il existe une action réciproque entre la terre et chaque molécule située à sa surface: s'il n'en était point ainsi, et qu'une partie quelconque de la terre, quelque petite qu'elle fût, en attirât une autre sans être attirée elle-même, il résulterait de cette action que le centre de gravité de la terre serait de lui-même mis en mouvement dans l'espace, ce qui est impossible.

Les planètes doivent leurs formes à l'attraction réciproque de leurs particules constituantes. Une masse fluide, isolée, en repos, prendrait une forme sphérique par la seule attraction de ses particules; mais si cette même masse tournait autour d'un axe, elle s'aplatirait vers les pôles et se renflerait à l'équateur par suite de la force centrifuge résultant de la vitesse de rotation; la force centrifuge diminue, en effet, la gravité des particules à l'équateur, et l'équilibre ne peut exister que là où ces deux forces sont exactement balancées; conséquemment, la force attractive étant la même sur toutes les particules situées à égales distances du centre d'une sphère, les particules équatoriales s'éloigneront du centre, jusqu'à ce que leur nombre ait augmenté suffisamment pour balancer par leur attraction la force centrifuge: la sphère deviendra donc un sphéroïde aplati vers les pôles, et un fluide couvrant partiellement ou totalement un solide, comme l'atmosphère et l'Océan couvrent la terre, devra prendre cette forme, afin de conserver son équilibre. La surface de la mer est donc sphéroïdale, et la surface de la terre ne s'écarte de cette forme qu'en tant qu'elle s'élève au-dessus ou qu'elle s'abaisse au-dessous du niveau de la mer; mais la différence est si petite par rapport au volume de la terre, que les cimes élevées des Andes, et l'Hymalaya, plus gigantesque encore, ne défigurent pas plus la forme sphéroïdale de la terre, qu'un grain de sable n'altérerait celle d'un globe de trois pieds de diamètre; telle est la forme de la terre et des planètes. Toutefois, la compression ou l'aplatissement vers leurs pôles est si peu considérable, que Jupiter même, dont la rotation est la plus rapide, et qui, par conséquent, est la plus elliptique des planètes, peut être, en ayant égard à son énorme éloignement, considéré comme sphérique.

Quoique, en raison de la grande distance qui les sépare les planètes s'attirent comme si elles étaient des sphères, il n'en est pas de même des satellites par rapport à leurs planètes respectives, dont ils sont assez rapprochés pour que les formes de ces dernières agissent d'une manière sensible sur leurs mouvements. La lune, par exemple, est si près de la terre, que l'action réciproque qui existe entre chacune de ses particules et chacune des particules de la masse renflée de l'équateur terrestre, occasionne des perturbations considérables dans les mouvements des deux corps: l'action de la lune sur la matière accumulée à l'équateur terrestre produit une nutation dans l'axe de rotation, et la réaction de cette matière sur la lune occasionne une nutation correspondante dans l'orbite lunaire.

Si une sphère, en repos dans l'espace, reçoit une impulsion passant par son centre de gravité, toutes ses parties se mouvront en ligne droite avec une égale vitesse; mais si l'impulsion ne passe pas par le centre de gravité, les particules, prenant d'inégales vitesses, acquerront un mouvement de rotation au même instant où la sphère sera lancée dans l'espace. Ces mouvements sont indépendants l'un de l'autre, de sorte qu'une impulsion contraire, passant par le centre de gravité, arrêtera le mouvement de translation, sans influencer en aucune manière le mouvement de rotation. Comme le soleil tourne autour d'un axe, il paraît probable que si une impulsion en sens contraire n'a pas été donnée à son centre de gravité, il se meut dans l'espace, accompagné de tous les corps qui composent le système solaire, circonstance qui n'affecterait en aucune manière les mouvements relatifs de ces corps; car, en vertu de ce principe que la force est proportionnelle à la vitesse, les attractions réciproques d'un système restent les mêmes, soit que son centre de gravité soit en repos, soit qu'il se meuve uniformément dans l'espace. Il a été calculé que si la terre avait été mise en mouvement par une seule impulsion, cette impulsion aurait dû passer par un point situé à neuf lieues environ de son centre.

Les mouvements de rotation et de translation des planètes étant indépendants l'un de l'autre, quoique probablement ils aient été communiqués par la même impulsion, il en résulte qu'ils forment des sujets distincts d'étude.

Si les planètes n'étaient attirées que par le soleil, elles accompliraient toujours leurs mouvements dans des ellipses, dont la forme et la position resteraient invariables; et comme son action est proportionnelle à sa masse, qui à elle seule est beaucoup plus considérable que celles de toutes les planètes réunies, il en résulte que la forme elliptique est celle qui s'accorde le mieux avec leurs vrais mouvements. En réalité les mouvements vrais des planètes sont extrêmement compliqués par suite de leur attraction mutuelle; de sorte qu'elles ne se meuvent pas dans une courbe connue ou symétrique, mais dans des signes tantôt approchant et tantôt s'éloignant de la forme elliptique; les rayons vecteurs ne décrivent pas des aires exactement proportionnelles au temps. Ainsi les aires deviennent un moyen de reconnaître les forces perturbatrices.

Il est au-dessus du pouvoir de l'analyse de déterminer le mouvement de chaque corps lorsqu'il est troublé par tous les autres; il est donc nécessaire de calculer séparément l'action perturbatrice d'une planète, et c'est ce qui a donné lieu au fameux problème des trois corps, qui, dans le principe, a été appliqué à la lune, à la terre et au soleil. Voici en quoi consiste ce problème : Les masses de trois corps, partant de trois points déterminés, étant données, ainsi que la grandeur et la direction de leurs vitesses, et supposé que les corps gravitent les uns vers les autres avec des forces qui sont en raison directe de leurs masses et en raison inverse des carrés des distances, trouver les lignes décrites par ces corps et leurs positions pour un instant donné.

Les mouvements de translation des corps célestes se trouvent déterminés par ce problème, qui, tout difficile qu'il est, le serait bien davantage encore si l'action perturbatrice n'était pas très-faible en comparaison de la force centrale; c'est-à-dire si l'action des planètes les unes sur les autres n'était pas très-petite en comparaison de celle du soleil. Comme l'influence perturbatrice de chaque corps peut être trouvée séparément, l'on admet que l'action de tout ce système, en troublant une planète quelconque, est égale à la somme de toutes les perturbations particulières qu'elle éprouve, d'après ce principe général de mécanique, que la somme d'un certain nombre de petites oscillations est à peu près égale à l'effet total produit.

Par suite de l'action réciproque de la matière, la stabilité du système dépend de la valeur du moment primitif des planètes et du rapport de leurs masses à celle du soleil; car la nature des sections coniques suivant lesquelles se meuvent les corps célestes dépend de la vitesse avec laquelle ils furent lancés dans l'espace : si cette vitesse eût été telle qu'elle eût fait mouvoir les planètes dans des orbites d'équilibre instable, leurs attractions mutuelles auraient pu changer ces orbites en paraboles, ou même en hyperboles; de sorte que la terre et les planètes pourraient depuis des siècles avoir été entraînées loin de notre soleil, à travers les abîmes de l'espace; mais comme les orbites ne diffèrent que très-peu de la forme d'un cercle, le mouvement des planètes, lorsqu'elles furent lancées dans l'espace, doit avoir été calculé exactement de manière à assurer la permanence et la stabilité du système. Outre cela, la masse du soleil est incomparablement plus grande que celle d'aucune des planètes; et comme les inégalités de ces corps sont, à l'égard de leurs mouvements elliptiques, dans la même proportion que leurs masses par rapport à celle du soleil, leurs perturbations mutuelles n'augmentent ou ne diminuent les excentricités de leurs orbites que de très-petites quantités; conséquemment, la grandeur de la masse du soleil est la cause principale de la stabilité du système. Le monde physique n'offre point d'exemple plus frappant de l'adaptation des moyens à l'accomplissement de la fin, que celui qui se manifeste dans la combinaison parfaite de ces forces qui sont tout à la fois la cause de l'ordre et de la variété qui règnent dans la nature.

Quelque grands que soient les corps qui peuplent l'univers, les distances qui les séparent sont incommensurablement plus grandes; mais comme, au milieu des merveilles sans nombre de la création, il est impossible de méconnaître la sagesse infinie de celui qui en est l'auteur, on doit naturellement supposer qu'une main aussi sûre n'a pas placé au hasard les nombreux systèmes de l'univers, et que s'ils étaient plus rapprochés les uns des autres, leurs perturbations mutuelles ne pourraient s'accorder ni avec l'harmonie, ni avec la stabilité de l'ensemble. Nous savons, de manière à n'en pouvoir douter, que l'espace n'est pas rempli d'air atmosphérique, car depuis longtemps sa résistance aurait altéré la vitesse des planètes; d'un autre côté, nous ne pouvons pas dire non plus que cet espace soit vide, puisqu'il semble rempli d'éther, et qu'il est traversé en tous sens par la lumière, la chaleur, la gravitation, et peut-être même encore par d'autres agents dont nous n'avons aucune idée.

Quelles que puissent être les lois dont l'empire s'exerce sur les régions les plus éloignées de la création, toujours au moins sommes-nous certains qu'une puissance unique règle non-seulement les mouvements du système dont notre globe fait partie, mais ceux aussi des systèmes binaires des étoiles fixes; et comme les lois générales forment le dernier objet des recherches philosophiques, nous ne pouvons terminer ces remarques sans nous arrêter à la considération de la nature de la gravitation, cette force extraordinaire dont nous avons essayé de découvrir les effets à travers les détours sinueux où il est quelquefois si difficile de la suivre.

Les courbes dans lesquelles se meuvent les corps célestes en vertu de la gravitation ne sont que des lignes du second ordre. L'attraction des sphéroïdes serait beaucoup plus compliquée si elle s'exerçait suivant toute autre loi que celle de la gravitation; et comme il est facile de prouver que la matière pourrait avoir été mise en mouvement par une infinité d'autres lois, il faut conclure du choix que la sagesse divine a fait de la gravitation, que cette force est la plus simple et la plus propre à maintenir la stabilité des mouvements célestes.

La simplicité des lois de la nature, qui n'admettent que l'observation et la comparaison des rapports, donne ce résultat singulier, que la gravitation et la théorie des mouvements des corps célestes sont indépendantes de leurs volumes absolus et de leurs distances. Conséquemment, si les volumes de tous les corps qui composent le système solaire, leurs distances mutuelles et leurs vitesses venaient à diminuer proportionnellement ces corps n'en décriraient pas moins des courbes parfaitement semblables à celles dans lesquelles ils se meuvent actuellement; le système pourrait même être réduit successivement aux plus petites dimensions sensibles, et conserver toujours les mêmes apparences. L'expérience nous apprend qu'une loi d'attraction, très-différente de la gravitation, agit sur les molécules matérielles quand elles sont placées à des distances relatives inappréciables; c'est cette sorte d'attraction qui se manifeste dans les actions chimiques, dans la capillarité et dans l'action de cohésion. Cette puissance est-elle simplement une modification de la gravitation, ou bien est-elle due au développement de quelque force nouvelle et inconnue? C'est ce qu'il n'est pas permis de décider. Mais puisqu'il s'opère un changement dans la loi de la force à l'une des extrémités de l'échelle de son action, il est possible aussi que la pesanteur n'agisse pas de la même manière dans toute l'étendue de l'espace. Un jour viendra peut-être où la gravitation même, cessant d'être regardée comme un principe final, sera considérée comme une cause plus générale encore, embrassant toutes les lois qui règlent le monde physique.

L'interposition des corps, quelque denses qu'ils soient, n'empêche en aucune manière l'action de la gravitation. Si l'attraction que le soleil exerce par rapport au centre de la terre, et à l'hémisphère qui lui est diamétralement opposé venait à diminuer par suite d'une certaine difficulté à pénétrer la matière interposée sur son passage, les marées seraient affectées d'une manière plus sensible. L'attraction solaire reste la même aussi, quelles que puissent être les substances qui composent les corps célestes. S'il en était autrement, et que l'action que le soleil exerce sur la terre, par exemple, différât de la millionième partie seulement de celle qu'il exerce sur la lune, cette différence occasionnerait une variation périodique dans la parallaxe de la lune, dont le maximum serait 1/15 de seconde; elle donnerait lieu aussi à une variation dans sa longitude, dont la valeur s'élèverait à plusieurs secondes; mais la théorie et l'observation s'accordent à rejeter cette supposition, comme n'étant point de nature à se réaliser. Il demeure donc constant que toute espèce de matière est perméable à la gravitation et est également attirée par elle.

Autant que les connaissances humaines permettent d'en juger, l'intensité de la gravitation n'a jamais subi la moindre altération dans les limites du système solaire; l'analogie même ne porte pas à supposer qu'elle variera jamais. Il y a tout lieu de croire, au contraire, que les grandes lois de l'univers sont immuables comme leur auteur lui-même. Quoique incapables de décomposer en principes généraux les phénomènes qui découlent des lois permanentes auxquelles notre univers est soumis, nous sommes forcés de reconnaître que tout, depuis le soleil et les planètes jusqu'aux dernières molécules matérielles, dans toutes les variétés de leurs attractions et de leurs répulsions, et même la substance impondérable du fluide électrique, galvanique ou magnétique, obéit à ces lois. Nous ne pouvons pas supposer non plus que la structure du globe seule soit exempte de la destinée universelle, quoique cependant il puisse s'écouler encore bien des siècles avant que les changements qu'elle a déjà subis, ou ceux qu'elle éprouve maintenant, puissent être rapportés à des causes encore existantes avec autant de certitude que les mouvements des planètes et toutes leurs variations périodiques et séculaires sont attribuées à la loi de la gravitation. Les traces d'antiquité extrême qui, sans cesse, se manifestent au géologue, fournissent cette donnée sur l'origine des choses, en vain cherchée dans les autres parties de l'univers. Elles marquent le commencement du temps par rapport à notre système, puisque tout porte à croire que la formation de la terre a eu lieu en même temps que celle des autres planètes; mais elles prouvent que la création est l'ouvrage de celui pour qui « mille années sont comme un jour, et un jour comme mille années. » *Voy.* Gravitation universelle.

Attraction des montagnes. *Voy.* Pendule

AURÉOLE ACCIDENTELLE. — Au delà des points affectés par l'irradiation (*Voy.* ce mot), il se développe quelquefois dans une étendue considérable une impression opposée à celle de l'objet, c'est-à-dire obscure si l'objet est clair, et claire si l'objet est obscur. On l'appelle *auréole accidentelle*. Les effets du contraste, si bien étudiés par M Chevreul, sont, en général, dus à l'influence réciproque des auréoles accidentelles. Ainsi, par leur juxtaposition, le blanc devient plus éclatant, et le noir plus foncé; lorsque deux objets voisins diffèrent en clarté, cette différence paraît, en général, augmentée par leur voisinage. Il y a plus, des objets modérément éclairés peuvent disparaître complétement lorsque leur image se peint sur la rétine dans le voisinage d'une partie de l'organe vivement excitée par la présence d'un objet brillant. On peut aisément se convaincre de ce fait en regardant des objets placés à peu près derrière la flamme d'une bougie. Ces objets paraissent d'autant plus sombres, que leur image est plus rapprochée de celle de la flamme, et lorsque la distance est très-petite ils disparaissent entièrement. Les phénomènes des auréoles accidentelles et du contraste présentent surtout de l'intérêt relativement aux couleurs. Nous indiquerons des expériences d'où il résulte qu'au delà de l'auréole accidentelle qui alors a peu de largeur, il se développe quelquefois une *auréole secondaire* présentant la couleur affaiblie de l'objet.

AURORE et CRÉPUSCULE. — Leur durée et leur coloration dépendent de l'état de l'atmosphère. L'air est-il rempli de vapeurs vésiculaires, et le ciel a-t-il pendant la journée un aspect blanchâtre, alors le rouge est plus ou moins mat et mêlé de stries grises, quelquefois d'une couleur de carmin foncé, et déjà pendant le jour la partie du ciel qui est au-dessous du soleil paraît plus ou moins rouge. Il est certain alors que ces vapeurs sont disposées de façon à ne laisser passer que les rayons rouges. Ainsi en hiver, dans nos climats, le ciel est souvent rouge pendant toute la journée, et en été par un temps pluvieux, quand des *cirrus* déliés flottent dans l'atmosphère ; il en est de même plusieurs heures avant la culmination du soleil ; mais lorsque le ciel a été d'un bleu foncé pendant la journée, alors le crépuscule offre une teinte jaunâtre. S'il y a dans l'atmosphère de légers *cumulus* ou des *cirro-cumulus*, ils sont admirablement colorés, et l'on observe dans les intervalles qu'ils laissent entre eux des teintes vertes.

Cette coloration en rouge des nuages se lie à un phénomène souvent observé en Suisse et qu'on nomme la teinte rose des Alpes. Peu de temps après le coucher du soleil, les cimes neigeuses des Alpes paraissent colorées en rose ; cette coloration devient ensuite moins vive, et disparaît enfin lorsque l'ombre de la terre s'étend sur les sommités ; alors les neiges prennent un aspect d'un gris bleuâtre. Quelquefois les Alpes se colorent de nouveau, mais d'une manière moins marquée et moins longtemps que la première fois. Ce phénomène est surtout remarquable lorsque des *cumulus* ou des *cirro-cumulus* légers flottent dans l'ouest : les escarpements nus des rochers ressemblent alors à des masses de fer incandescentes. Ici encore les rayons rouges réfléchis arrivent à l'œil en plus grand nombre, et cette seconde coloration en rose vient certainement de ce que les rayons rouges réfléchis par l'atmosphère éclairent pour la seconde fois les sommets des montagnes.

Les apparences du crépuscule dépendant de l'état du ciel, il en résulte qu'elles peuvent servir à faire prévoir jusqu'à un certain point le temps du lendemain ; quand le ciel est bleu et qu'après le coucher du soleil, la région occidentale se couvre d'une légère teinte de pourpre, on peut assurer que le temps sera beau, surtout si l'horizon semble couvert d'une légère fumée. Après la pluie, des nuages isolés colorés en rouge et bien éclairés annoncent le retour du beau temps. Un crépuscule d'un jaune blanchâtre, surtout quand il s'étend au loin sur le ciel, n'est pas signe de beau temps pour le lendemain. Dans l'opinion des habitants de la campagne, on doit s'attendre à des orages lorsque le soleil est d'un blanc éclatant, et se couche au milieu d'une lumière blanche qui permet à peine de le distinguer ; le prognostic est encore plus mauvais quand de légers *cirrus*, qui donnent au ciel un aspect blafard, paraissent plus foncés à l'horizon, et que le crépuscule est d'un rouge grisâtre au milieu duquel on voit des portions d'un rouge foncé qui passent au gris et permettent à peine de distinguer le soleil. Dans ce cas la vapeur vésiculaire est très-abondante, et on peut compter sur du vent et sur une pluie prochaine.

Les signes tirés de l'aurore sont un peu différents : quand elle est très-rouge, on doit s'attendre à de la pluie, tandis qu'une aurore grise annonce du beau temps. La raison de cette différence entre une aurore et un crépuscule gris vient de ce que, le soir, cette coloration dépend surtout des *cirrus* ; le matin, d'un *stratus* qui cède bientôt aux rayons du soleil couchant, tandis que les *cirrus* s'épaississent pendant la nuit. Si, au lever du soleil, il y a assez de vapeurs condensées pour que le soleil paraisse rouge, il est alors très-probable que dans le cours de la journée le courant ascendant déterminera la formation d'une couche épaisse de nuages.

Le crépuscule finit au moment où l'obscurité atteint un degré bien déterminé. Les anciens astronomes ont donné pour règle qu'on devait voir les étoiles de sixième grandeur dans le voisinage du zénith ; mais ces étoiles ne deviennent visibles qu'au moment où la lumière réfléchie repandue dans l'atmosphère est très-faible, et où les rayons partant de l'étoile ne sont pas trop affaiblis à leur passage à travers l'atmosphère pour produire sur l'œil une sensation lumineuse. Plus il y a de vapeur condensée pendant le jour, plus le ciel paraît mat, et plus aussi la lumière qui traverse l'atmosphère est affaiblie, tandis que les rayons réfléchis sont en très-grand nombre : avec ces circonstances le crépuscule est fort long. Dans l'intérieur de l'Afrique, où l'air est quelquefois si pur et si transparent que Bruce, dans le Sennaar, voyait la planète Vénus en plein jour, la nuit succède immédiatement au coucher du soleil. De l'autre côté des Alpes, en Dalmatie par exemple, il fait nuit une demi-heure après le coucher du soleil. Entre les tropiques le crépuscule est encore plus court : il dure un quart d'heure au Chili, suivant Acosta ; et quelques minutes à Lumana, d'après M. de Humboldt ; même phénomène sur la côte occidentale de l'Afrique. Ces résultats diffèrent singulièrement de ceux qu'indique le calcul, et d'après lesquels le crépuscule devrait durer au moins deux heures. On est donc obligé d'admettre qu'entre les tropiques le soleil est moins bas au-dessous de l'horizon à la fin du crépuscule que dans des latitudes très-élevées. Lorsque l'air est rempli de vapeurs vésiculaires et de particules de neige, le soleil peut descendre jusqu'à 30° au-dessous de l'horizon sans que l'obscurité soit complète, comme le prouvent les longs crépuscules du Groënland et des autres contrées polaires. La durée doit varier suivant les saisons : en été, où la vapeur vésiculaire est plus élevée qu'en hiver, le soleil, suivant Riccioli, est plus bas au-dessous de l'horizon qu'en hiver à la fin du crépuscule ; de même, le matin, au commencement de l'aurore, il est plus élevé que le soir, probablement parce qu'une partie de la vapeur d'eau s'est précipitée à la surface de la terre.

Lorsque les vapeurs sont très-élevées, tandis que les couches inférieures de l'atmosphère sont bien transparentes, le crépuscule peut durer fort longtemps. L'été de 1830 a été remarquable sous ce point de vue; on vit des crépuscules très-prolongés depuis Madrid jusqu'à Odessa, et les journaux de l'époque sont remplis d'observations de ce genre. Ces crépuscules furent surtout remarquables les 24, 25 et 26 septembre. Le 25, le coucher du soleil n'offrit rien d'extraordinaire, mais bientôt la couleur du ciel prit une teinte orangée très-foncée, l'éclat de sa lumière crépusculaire diminua lentement et passa au rouge, la partie éclairée du ciel se rétrécit de plus en plus et correspondait exactement au point où le soleil se trouvait au-dessous de l'horizon : on la voyait encore vers 8 heures, heure à laquelle le soleil était à 19° 30 au-dessous de l'horizon : il en fut de même des soirées suivantes, et les aurores présentèrent aussi des phénomènes extraordinaires. Le 25, immédiatement après le coucher du soleil, une teinte rouge foncé, voilée par des vapeurs, couvrit tout le ciel, enveloppa l'horizon et semblait se perdre vers le zénith, sous formes de rayons rouges. Dans ce moment un orage violent s'éleva dans le S.-O.; il dura toute la nuit en diminuant de violence, et la rougeur disparut vers 9 heures. On ne peut douter que ce phénomène ne dépende de vapeurs élevées dans l'atmosphère. Les longs crépuscules accompagnés d'orages furent remarqués dans l'Europe septentrionale et méridionale, comme le prouve un ouragan violent qui éclata près de Messine le 27 septembre. Pendant tout l'été de 1831 les orages furent très-fréquents, et il y eut des ouragans dans les Indes occidentales. Le 3 août et les jours suivants l'éclat du crépuscule fut remarqué à Odessa, en Allemagne, à Rome, à Gênes; mais en même temps de violents orages éclatèrent dans beaucoup de pays, en Navarre, en Aragon, en Silésie. En Suisse et dans le Tyrol, le vent de S.-O., qui accompagne les orages, fut tellement violent qu'il y eut de fortes inondations. Dans la mer des Antilles de terribles ouragans désolèrent les Barbades le 11 août; la Jamaïque, Haïti et Saint-Vincent, le 14. Ils se liaient aux violents orages provenant du nord, qui firent de grands ravages, le 16 et le 17, à Cuba et dans la Louisiane.

A quelle hauteur se trouve la limite de l'atmosphère? On a cherché à la déduire de l'étude des phénomènes crépusculaires. En effet, de la hauteur apparente du segment éclairé et de l'abaissement connu du soleil au-dessous de l'horizon, on peut déduire la hauteur des dernières particules aériennes capables de réfléchir la lumière. En supposant le soleil à 18° au-dessous de l'horizon, on trouve pour l'atmosphère une hauteur de 60,000 à 80,000 mètres; mais si on exécute des mesures plus rigoureuses en prenant de moment en moment la hauteur du segment éclairé et en le comparant à la dépression du soleil au-dessous de l'horizon, on trouve, comme Brandes et Lambert l'ont prouvé, que ce mode de détermination est très-inexact. Au moment où le soleil vient de se coucher, l'observateur voit très-nettement dans l'est le segment anti-crépusculaire, car l'œil est moins ébloui par de la lumière venant d'autres parties du ciel. Quand le segment anti-crépusculaire monte jusqu'au zénith, tout le ciel situé au-dessus de la tête de l'observateur est éclairé par la lumière que les particules aériennes réfléchissent de l'occident en orient, et il est alors plus difficile de reconnaître nettement la limite. Plus le soleil s'abaisse au-dessous de l'horizon et plus la clarté est limitée à l'occident, plus aussi la quantité de lumière diffuse augmente. Si donc nous voulons déduire la hauteur de l'atmosphère d'une série de mesures de ce genre, nous obtiendrons des valeurs de plus en plus considérables à mesure que le soleil s'abaissera au-dessous de l'horizon.

Des mesures barométriques et thermométriques ne sauraient nous conduire à aucun résultat : car nous ne connaissons pas les lois du décroissement de température à une grande hauteur, ni la nature des particules aériennes soumises à la fois à une faible pression et à un très-grand froid. Tout ce qu'on a dit sur la hauteur de l'atmosphère est donc encore sujet au doute; mais l'on peut affirmer que déjà, entre 15 et 20 kilom. au-dessus de la surface de la terre, la densité de l'atmosphère est presque nulle.

AURORES BORÉALES. — On comprend sous ce nom des phénomènes lumineux qui se montrent vers le nord aux habitants de l'Europe; cependant les voyageurs ont vu des aurores dans le voisinage du pôle sud : on les nomme *aurores australes*.

D'après le témoignage unanime des observateurs du nord de l'Europe, qui ont observé beaucoup d'aurores boréales, leur marche est la suivante : un aspect sale du ciel, dans le voisinage de l'horizon et dans la direction du nord, précède l'aurore boréale; bientôt la couleur devient plus sombre, et l'on voit un segment circulaire plus ou moins grand entouré d'un arc lumineux : ce segment a l'aspect d'un nuage épais. A Upsal et à Christiania, ce segment est quelquefois noir ou d'un gris foncé passant au violet. Plus on s'avance vers le nord, moins ce segment est noir, et dans les hautes latitudes on peut à peine le distinguer. On aperçoit aussi ce segment dans les latitudes peu élevées; tous les observateurs de l'Allemagne l'ont noté pour l'aurore boréale du 7 janvier 1831.

A l'existence de ce segment se lie l'observation de Gissler, qui dit qu'en Suède, sur les hautes montagnes, le voyageur est quelquefois enveloppé subitement d'un brouillard très-transparent d'un gris blanchâtre passant un peu au vert, qui s'élève du sol et se transforme en aurore boréale. D'anciens observateurs ont parlé de cette analogie entre l'aurore boréale et de légers nuages; quelques voyageurs, dans les régions polaires, ont mentionné de nouveau ces apparences. Wrangel dit positivement que, dès qu'une lueur s'élevait de l'aurore vers la lune, celle-ci était immédiatement entourée d'une couronne; souvent aussi la lumière se dissipait en légers nuages, qui restaient blancs et se montraient le lendemain à la voûte du ciel sous la forme de petits *cirro-cumulus*.

On distingue très-facilement les étoiles à travers ce segment noir dans le nord de l'Europe : une foule d'observateurs en ont fait la remarque. Il est très-difficile de dire quelle est la nature de ce segment : il y a à cet égard des contradictions entre les physiciens qui ont observé dans les hautes latitudes. M. Struve s'exprime à ce sujet de la manière suivante : « Le *stratus* qui repose sur l'horizon septentrional et paraît être le fond de toutes les aurores boréales que j'ai vues depuis longtemps à Dorpat (lat. 58° 21' nord), n'est point un nuage, mais seulement le ciel plus sombre; bien souvent, lorsqu'il était très-noir et très-élevé au-dessus de l'horizon, nous avons vu les étoiles sans que leur éclat fût affaibli. Son aspect sombre est un effet de contraste avec l'arc lumineux. Quand le segment est partagé et éclairé par des rayons lumineux, il faut les attribuer à la lumière qui se montre sur des points où elle n'existait point auparavant. » D'un autre côté, M. Argelander croit pouvoir conclure des nombreuses observations qu'il a faites à Abo (lat. 60° 27' nord), en Finlande, que ce segment obscur est quelque chose de réel; il s'appuie sur ce que le ciel a un aspect plus sombre avant que le phénomène se montre, et que le crépuscule paraît d'un brun rougeâtre et se confond peu à peu avec la base obscure.

Le point culminant de ce segment se trouve ordinairement dans le méridien magnétique. Quoiqu'on cite quelques cas exceptionnels observés dans les hautes latitudes, cependant le nombre des faits positifs est assez grand pour ne pas laisser de doute à cet égard.

Le segment obscur est bordé par un arc lumineux ; d'après les observations de M. Argelander, il est d'une couleur d'un blanc brillant passant légèrement au bleu. Quand le crépuscule n'est pas entièrement fini, il devient un peu jaunâtre ou même verdâtre; sa largeur égale un, deux ou même trois diamètres apparents de la pleine lune. Le bord inférieur est nettement limité, le supérieur seulement quand la largeur est peu considérable ; il s'efface à mesure que la largeur augmente, et il arrive un moment où il n'y a plus de limite certaine, mais où la lueur se confond avec la clarté du ciel : alors son éclat est très-vif; et tandis qu'un arc plus étroit n'illumine que l'horizon boréal, un arc plus large éclaire tout le ciel, comme la pleine lune une demi-heure après son lever.

Cet arc lumineux est une portion du cercle dont chaque spectateur voit une partie différente; on peut se représenter tout le phénomène au moyen de ces cercles en cuivre placés près du pôle nord sur nos globes terrestres, et sur lesquels les heures sont tracées. Supposons qu'un petit insecte rampe sur le globe en suivant le 60e parallèle nord, il ne verra qu'une partie de ce cercle parce que la plus grande partie lui est cachée par le globe et se trouve par conséquent au dessous de son horizon. Le point le plus élevé de l'arc visible pour lui se trouve juste au nord : s'il se rapproche du petit cercle, il en voit une plus grande portion ; et s'il se trouve au-dessous, alors le cercle est à son zénith ; s'il se rapproche du pôle et qu'il se trouve en dedans du cercle, alors le point culminant se trouve dans le sud. Le milieu de l'aurore correspond probablement au pôle magnétique ; et si l'on se trouve à l'est de celui-ci, l'arc sera dirigé du nord au sud et le point culminant sera à l'ouest ; c'est ce qui arrive réellement au Groënland. Au nord de ce pays l'arc est au sud, ainsi que Parry l'a vu dans l'île Melville. L'arc doit aussi s'élever à mesure qu'on s'avance vers le nord; il doit même paraître quelquefois elliptique, comme plusieurs observateurs de la Scandinavie le disent expressément.

Quand l'aurore est très-brillante, on voit quelquefois un ou plusieurs arcs plus élevés vers le zénith et concentriques au premier; on a aussi observé par de grands froids des arcs blancs à une hauteur considérable : des physiciens les regardent comme des images de l'aurore boréale, dont la lumière est réfléchie vers l'observateur par des particules glacées et forme un arc brillant sur le ciel.

Quand l'arc lumineux s'est formé, il reste souvent visible pendant plusieurs heures; toutefois il n'est pas immobile, mais dans un mouvement perpétuel. L'arc s'élève et s'abaisse, s'étend vers l'est ou l'ouest, et se rompt çà et là. Ces mouvements deviennent surtout remarquables quand l'aurore boréale s'étend et commence à lancer des rayons ; alors l'arc lumineux devient plus brillant sur un point, il mord sur le segment obscur, et une lueur brillante, semblable à celle de l'arc, monte vers le zénith. Sa largeur est à peu près celle du demi-diamètre apparent de la lune, rarement plus ; elle est plus brillante au milieu, moins vers les bords, qui se détachent parfaitement sur l'azur du ciel. Ce rayon s'élance avec la rapidité de l'éclair jusqu'au milieu de la voûte du ciel, en haut il se divise en plusieurs rayons secondaires et prend l'apparence d'un faisceau lumineux ; le plus souvent il monte verticalement, rarement en faisant un angle avec l'horizon. Tantôt il s'allonge, tantôt il se raccourcit, et ne conserve presque jamais la même forme pendant plusieurs minutes, mais se meut vers l'est ou vers l'ouest et se courbe comme une draperie agitée par le vent; il pâlit ensuite peu à peu, et disparaît enfin pour faire place à d'autres rayons. Si ces rayons sont très-éclatants, ils présentent quelquefois des teintes vertes ou d'un rouge foncé; s'ils ne s'élèvent pas à une grande hauteur, alors l'arc ressemble à un peigne muni de ses dents.

Quand les rayons dardés par l'arc lumineux sont très-nombreux et que ces lueurs palpitantes s'élèvent jusqu'au zénith, elles y forment une couronne boréale dont le centre est sur le prolongement de l'aiguille d'inclinaison : cette couronne forme la portion la plus belle et la plus remarquable du phénomène. Tout le ciel semble une coupole en feu portée par des colonnes de lumière diversement colorées. Lorsque les rayons sont dardés moins vivement, la couronne disparaît d'abord; çà et là on observe encore une pâle lueur qui augmente par moments, puis s'éteint, ainsi que l'arc lumineux.

La liaison intime de l'aurore boréale avec le magnétisme terrestre, prouvée par la position de l'arc et la couronne boréale, est encore plus évidente quand on considère les colonnes. Wilke, qui s'est occupé de ce sujet, a cherché à prouver que tous les rayons étaient parallèles à l'aiguille d'inclinaison : il en est de même, suivant M. Hansteen, des rayons noirs de l'aurore, qui correspondent au segment noir. On voit en effet bien souvent des rayons noirs ou des colonnes de la même couleur s'élever comme une fumée au-dessus de l'arc lumineux ou de toute l'aurore; ces rayons noirs ont la même mobilité et changent aussi vite que les rayons lumineux. M. Hansteen, et d'autres les ont vus distinctement en Norvége; toutefois il en est rarement question dans les auteurs.

En admettant que les rayons sont des colonnes plus ou moins élevées, parallèles à l'aiguille d'inclinaison, on comprend, d'après les lois de la perspective, qu'ils doivent se réunir en apparence dans le prolongement de cette direction : c'est la même illusion que celle qui est produite sur un champ par un grand nombre de sillons parallèles qui semblent se réunir dans un point situé sur le prolongement du sillon qui passerait par notre œil. L'arc lumineux au-dessus d'un segment noir a la même origine; s'il s'élève assez haut dans le ciel, il semble quelquefois brisé dans ce point : d'où il est permis de conclure qu'il se compose, comme le reste de l'aurore, de faisceaux lumineux qui sont parallèles à l'aiguille d'inclinaison, et n'ont l'apparence d'une masse lumineuse continue que parce que les intervalles sont remplis par des séries de faisceaux placés les uns derrière les autres.

On peut apercevoir des aurores boréales isolées sur un espace très-étendu; souvent on a vu la même aurore dans toute l'Europe septentrionale et en Italie. En longitude leur étendue n'est pas moindre. Le 5 janvier 1769, on a vu une belle aurore en Pensylvanie et en France; la belle aurore du 7 janvier 1831 a été admirée dans toute l'Europe centrale et septentrionale et près du lac Erié, dans l'Amérique du Nord. On pourrait encore citer d'autres exemples analogues. Il faut en conclure qu'une grande partie du globe prend part à la production du phénomène; sa grandeur devient encore plus frappante quand on songe que souvent il y a à la fois des aurores boréales aux deux pôles du globe. Si on analyse en effet les observations de Cook, on trouve que chaque fois qu'il observait une aurore australe il est fait mention par les observateurs d'aurores boréales vues en Europe, ou au moins l'agitation de l'aiguille aimantée prouvait qu'il y en avait dans le voisinage du pôle boréal.

L'aurore boréale du 18 octobre 1836 a été vue à Dorpat, par M. Struve; à Caen, par M. Masson; à Cherbourg, par MM. Gachot et Verusmor; à Corbigny (Nièvre), par M. Charié, ingénieur des ponts et chaussées; à Genève, par M. Wartmann; et à Forli (Etats Romains), par M. Mateucci. A Genève, la hauteur de l'arc lumineux était de 25°; à Dorpat, de 90°. M. Wartmann en conclut que l'aurore avait une élévation de 200 lieues au-dessus de la surface de la terre. A Paris le temps était nuageux, mais l'aurore a été annoncée et indiquée par l'agitation de l'aiguille aimantée.

Une autre aurore, celle du 3 septembre 1839, a été observée dans l'île de Sky par 57° 22' latitude nord, par M. Necker de Saussure; à Paris, par les astronomes de l'Observatoire; à Asti, par M. Quételet; à New-Haven, dans le Connecticut, par M. Herrick; et à la Nouvelle-Orléans, par des observateurs dignes de foi.

Jusqu'à quelle latitude les aurores *boréales* sont-elles visibles? On cite des aurores vues à Macao, à Caracas, etc.; mais l'observation suivante est la plus remarquable de toutes. Le 14 janvier 1831, M. Lafond, commandant le brick le *Candide*, se trouvant par 45° latitude sud, et par la longitude du centre de la Nouvelle-Hollande, vit dans le nord-est, de 9 à 11 heures du soir, une aurore boréale qu'il décrit et caractérise parfaitement.

Le fait que les aurores boréales sont souvent visibles sur des points très-éloignés en longitude l'un de l'autre, prouve suffisamment qu'elles ne se montrent pas à une heure de la nuit déterminée; on les voit aussi bien le soir que le matin. Suivant que leur lumière est plus ou moins intense, on peut les apercevoir plus ou moins longtemps après le coucher du soleil. Richardson a vu, près du lac de l'Ours, les palpitations de l'aurore avant la disparition totale de la lumière du jour; pendant le jour il a vu les nuages disposés en arcs et en colonnes, comme la lumière de l'aurore.

Il résulte des observations faites par la commission française dans le nord, que cette succession de phases par lesquelles passe l'aurore boréale est soumise à une périodicité diurne incontestable, qui se manifeste lorsque le nombre des observations est considérable.

Leur apparition est assujettie à une période annuelle; cette période serait encore plus évidente si elle n'était pas masquée par l'inégale longueur des jours dans les différentes saisons. Supposons en effet qu'à chaque heure du jour et de la nuit il y ait égale possibilité pour la production de l'aurore boréale, alors le nombre de celles qu'on verrait en hiver devrait être plus grand que celui des aurores en été, parce que l'obscurité prolongée permet de les voir plus souvent. Si donc elles étaient plus fréquentes en hiver, cela s'expliquerait très-bien par cette circonstance ; mais Mairan et d'autres ont déjà fait remarquer que leur nombre était surtout considérable aux environs des deux équinoxes. Le tableau suivant présente le nombre d'aurores qui ont été vues dans chaque mois :

Nombre des aurores boréales dans chaque mois.

Janvier.	229	Juillet.	87
Février.	307	Août.	217
Mars.	440	Septembre.	405
Avril.	312	Octobre.	497
Mai.	184	Novembre.	285
Juin.	65	Décembre.	225

Si donc le nombre des aurores est plus grand en hiver qu'en été, à cause de la plus longue durée des nuits, nous trouvons cependant deux *maxima*, l'un en mars, l'autre en septembre et en octobre ; dans chacun de ces mois elles sont beaucoup plus fréquentes que dans les mois d'hiver.

Du 12 septembre 1838 au 18 avril 1839, les observateurs français qui hivernèrent à Bosekop sous le 70ᵉ degré de latitude nord, comptèrent 153 aurores boréales parfaitement caractérisées, et 6 ou 7 douteuses.

Du 1ᵉʳ janvier au 8 septembre 1839, M. Herrick a noté 22 aurores boréales à New-Haven par latitude 41° 18' nord, et longitude 75° 18' ouest.

Outre cette période annuelle, il y en a une autre séculaire sur laquelle on ne sait rien de positif.

Dans les hautes latitudes, quelques observateurs ont entendu un bruit particulier pendant l'aurore boréale ; quelques-uns le comparent au frôlement d'une étoffe de soie que l'on roule sur elle-même, d'autres à la crépitation de l'étincelle électrique, quelques-uns au bruit d'un incendie agité par le vent. Ce bruit est surtout, dit-on, fort intense quand les rayons sont dardés avec vivacité. D'autres observateurs, dignes de toute confiance, n'ont jamais entendu le moindre bruit en Scandinavie ; les Anglais n'en parlent pas dans leurs voyages au nord ; Thienemann en Islande, et Wrangel sur les côtes de la Sibérie, n'ont jamais rien entendu ; il s'ensuivrait, en tout cas, que ce bruit n'accompagne pas toutes les aurores boréales.

Dans leur hivernage à Bosekop, MM. Lottin, Bravais, Lillichook et Siljestrœm n'ont jamais entendu de bruit particulier pendant les aurores boréales. « En revenant en France, à travers la Laponie et la Suède, nous avons interrogé, M. Bravais et moi, dit M. Martins, toutes les personnes intelligentes que nous avons rencontrées. A notre question : Avez-vous entendu le bruit de l'aurore boréale? leur réponse était presque toujours affirmative ; mais lorsque nous demandions quelle était la nature de ce bruit, nous obtenions les réponses les plus contradictoires. Quand nous insistions sur la possibilité de le confondre avec le bruit du vent, celui des arbres agités, le frôlement produit par la neige qu'il balaye devant lui, le murmure des flots de la marée, nous arrivions à la certitude que ces observateurs ne s'étaient point mis en garde contre toutes ces causes d'erreurs ; ces bruits les frappaient dans le silence de la nuit et parce qu'ils étaient concomitants d'un phénomène brillant qui attirait leur attention. Aussi ces personnes finissaient-elles par partager notre incrédulité et par nous avouer qu'elles avaient adopté, sans examen, l'opinion reçue, mais que leur conviction n'était point le résultat d'une observation attentive et défiante. »

La connexion entre l'aurore boréale et certains états de l'atmosphère n'est pas moins problématique que les bruits qui l'accompagnent. Dans tous les pays où elles apparaissent souvent, on attribue à l'influence de l'aurore tous les changements de temps qui arrivent ; mais les résultats sont si discordants qu'il est impossible d'en tirer une conclusion raisonnable, d'autant plus que les observations ne s'appliquent jamais qu'à une localité déterminée. Or, les aurores étant non-seulement visibles en Europe, mais encore en Amérique, il faudrait connaître l'état moyen de l'atmosphère sur de grands espaces après les aurores : ce qui n'est pas possible dans l'état actuel de la météorologie pratique.

La connexion entre les aurores boréales et le magnétisme terrestre ne saurait se nier : le point culminant de l'arc se trouve sensiblement dans le méridien magnétique, et le centre de la couronne boréale dans le prolongement de l'aiguille d'inclinaison ; de plus, l'aiguille aimantée est très-agitée pendant les aurores, comme Celsius et Hiorter l'ont vu pour la première fois à Upsal le 1ᵉʳ mai 1741. Tantôt elle dévie de plusieurs minutes ou de plusieurs degrés à l'est, est agitée, et revient lentement ou rapidement dans le plan du méridien, qu'elle dépasse quelquefois pour se porter à l'ouest. Les oscillations de l'aiguille sont aussi variables que les aurores boréales elles-mêmes. Quelquefois l'aiguille est assez tranquille, mais c'est quand l'arc est immobile à l'horizon ; dès qu'il commence à darder des rayons, sa déclinaison change à chaque instant : cela arrive dans nos latitudes, même lorsque les aurores ne sont visibles que près du pôle. La liaison qui existe entre les rayons de l'aurore et les mouvements de l'aiguille n'a pas encore été suffisamment étudiée ; on ignore si le pôle nord est attiré ou repoussé, et on ne pourrait le savoir qu'en faisant un grand nombre d'observations correspondantes.

Des nombreuses hypothèses proposées pour expliquer la cause des aurores boréales, nous n'indiquerons que celle de Halley. Ce savant attribuait la formation de l'aurore boréale à la matière magnétique, qui s'enflamme comme la limaille de fer. L'opinion de Halley, quant à l'influence du fluide magnétique sur l'aurore boréale, aurait acquis une bien grande importance si l'on eût connu de son temps les belles observations qui ont servi à établir les rapports entre les aurores boréales et le magnétisme. Les voici exposées par M. Pouillet : « Le sommet de l'arc de l'aurore boréale se trouve toujours sur le méridien magnétique du lieu de l'observation ; ou du moins il ne semble pas s'en écarter d'une manière sensible. La couronne de l'aurore boréale se trouve toujours sur le prolongement de l'aiguille d'inclinaison du lieu de l'observation. Aussi, à Paris, si l'on observait une aurore boréale complète, la couronne irait se former vers le sud, à 30° environ au delà du zénith, dans un plan vertical, incliné de 22° au méridien terrestre. » L'aurore boréale dérange de leurs positions ordinaires l'aiguille d'inclinaison et l'aiguille de déclinaison, et elle produit ces changements même dans les lieux d'où elle ne peut être vue. En général, dès le matin du jour où l'aurore doit se montrer dans quelques régions des pôles, l'aiguille de déclinaison de Paris se dévie à l'occident, et le soir elle se dévie à l'orient ; ces déviations s'élèvent quelquefois à 12 ou 15 minutes. C'est à M. Arago que l'on doit cette observation fondamentale ; il l'avait annoncée dès l'année 1825. On est forcé de conclure avec ce savant que le dérangement de l'aiguille de Paris est un moyen sûr de prédire les aurores boréales qui se font voir aux Lapons, aux Groënlandais et à tous les habitants des régions polaires.

AUSTRAL, adjectif formé avec le mot *auster*, qui désignait chez les anciens latins le vent du midi, et qui s'applique aux objets dirigés vers ce point de l'horizon.

AUTOMNE. *Voy.* SAISONS.

AXE DE ROTATION, au nombre de trois principaux ; sa position invariable à la surface de la terre. *Voy.* TERRE.

AXE DU MONDE, ligne droite invariable, autour de laquelle s'opère la révolution diurne de la sphère céleste ; les deux points du ciel vers lesquels elle est constamment dirigée en sont les *pôles*.

B

BACON (Roger), célèbre moine anglais, surnommé le *Docteur admirable*, à cause de sa science prodigieuse, né en 1214 à Ilchester dans le Sommerset, mort vers 1294, entra dans l'ordre des Franciscains, après avoir étudié à Oxford et à Paris. Il se fixa à Oxford, se livra avec ardeur à l'étude de toutes les sciences connues de son temps, surtout de la physique, et acquit bientôt une instruction fort supérieure à son siècle.

On lui attribue l'invention de la poudre à canon, celle des verres grossissants, du télescope, de la pompe à air, et d'une substance combustible analogue au phosphore ; on trouve du moins dans ses écrits des passages où ces diverses inventions sont assez exactement décrites. Il proposa dès 1267 la réforme du calendrier. Son plus grand mérite est d'avoir renoncé à la méthode purement spéculative et d'avoir conseillé et pratiqué lui-même l'expérience. Cependant il ne fut pas exempt des erreurs de son temps, et crut à l'alchimie et à l'astrologie. — Roger Bacon a laissé des écrits sur presque toutes les parties de la science. Il est un des cinq ou six grands philosophes dans les écrits desquels les idées du moyen âge se trouvent concentrées. Nous nous bornerons à reproduire ici l'analyse que l'on a faite de deux de ses ouvrages qui ont un rapport plus immédiat avec les sciences qui nous occupent dans ce Dictionnaire. Le premier est le *Speculum alchemiæ*, le *Miroir de l'alchimie*.

A nos yeux, ce qui rend surtout ce petit traité précieux, c'est que l'alchimie s'y montre infiniment plus simple et plus claire que dans les livres postérieurs des *adeptes*. On sent que cette science ne s'était pas encore enrichie de tous les enjolivements qu'elle devait recevoir. Rien de plus difficile, en effet, que de suivre dans leurs énigmes Raymond Lulle, Arnauld de Villeneuve, ou d'autres alchimistes plus récents encore. A mesure que les chercheurs de la pierre philosophale se succédaient, ils enchérissaient les uns sur les autres, et accumulaient de plus en plus les mystères. Ajoutons que presque tous n'ont pas seulement en vue la transmutation des métaux, mais qu'ils croient encore trouver dans leur *élixir* un talisman pour prolonger la vie ; ils poursuivent par le même procédé la santé et la richesse. Chez eux donc la recherche de la pierre philosophale est à la fois d'une grande complication et d'une profonde obscurité. Le but de Roger Bacon et les moyens qu'il indique sont au contraire d'une précision et d'une simplicité qui font comprendre parfaitement sur quoi se fondait l'alchimie, et d'où sont venues toutes les déviations étranges où cette prétendue science s'égara par la suite.

Bacon commence par une définition de l'alchimie. Remontant aux livres d'Hermès et des anciens chimistes, il la définit l'art de composer une préparation (une *médecine* ou *élixir*), pour perfectionner les métaux.

Prenant ensuite tous les métaux connus de son temps, l'or, l'argent, l'étain, le plomb, le cuivre, le fer, il les considère tous comme des combinaisons à divers degrés du mercure et du soufre.

Suivant lui, et selon la théorie des quatre

éléments qui régnait de son temps, les choses se passent dans la nature de cette manière :

La chaleur, ou le feu, dont la propriété est de s'élever, rencontre, en s'élançant du fond des mines, les deux autres éléments, la terre et l'eau. Le feu sèche et coagule les molécules de l'eau, ce qui produit le vif-argent ou le mercure, et agit d'une manière analogue sur l'élément terrestre, ce qui engendre le soufre. Le mercure et le soufre sont donc les deux éléments modifiés de la terre et de l'eau. Le mercure, c'est l'eau à un certain degré de coagulation par le feu, ce qui nous explique pourquoi, dans le langage des alchimistes venus après Bacon, l'humide en général s'appelle mercure. Le soufre, de son côté, est le principe ou élément terrestre amené aussi à un certain degré par l'action de la chaleur.

Le mercure et le soufre deviennent, à leur tour, le principe d'autres substances. Le feu, continué sans interruption dans les veines de la terre, agissant sur ces deux corps qui se trouvent rapprochés naturellement, et mis en contact comme on pourrait le faire dans un creuset, produit, selon la diversité des lieux, de nouveaux composés; ce sont les métaux, et en général tous les minéraux: *Principia mineralia sunt argentum vivum et sulphur; ex istis procreantur cuncta metalla et omnia mineralia, quorum multæ sunt species et diversæ.*

La conséquence naturelle de cette théorie n'est-elle pas évidente? Tous les métaux n'étant que des combinaisons de mercure et de soufre, ne pouvait-on pas espérer de modifier, même sans beaucoup de peine, les métaux imparfaits, et de les changer les uns dans les autres? Nous voyons, par les définitions que Bacon donne des divers métaux, qu'il les regardait tous comme imparfaits, à l'exception de l'or, qu'il considérait comme presque parfait, étant composé d'argent pur et de soufre pur. L'imperfection de tous les autres venait de ce que le soufre et le mercure qui entraient dans leur composition, étaient plus ou moins impurs, et n'étaient pas non plus arrivés par le feu à leur véritable degré de coagulation ou de fixité. Pour les débarrasser des corps étrangers qui étaient entrés dans leur composition et qui faisaient l'impureté de leurs principes constituants, il eût été naturel de chercher des réactifs; et pour amener ces mêmes principes constituants au degré de coagulation qu'on regardait comme le meilleur, il eût fallu traiter directement le soufre et le mercure: on aurait pu, en un mot, se proposer de faire de toutes pièces des métaux avec du mercure et du soufre. Mais dans les ténèbres où était encore la chimie, ne possédant pas les réactifs et les procédés de l'analyse, on imagina une méthode qui paraissait bien plus prompte que cette voie longue et difficile indiquée par le raisonnement. Il semble, au surplus, que ce fut un bonheur, et que sans cela l'esprit humain, renonçant à son espérance, n'aurait pas déployé toute son activité. Il lui fallait, pour découvrir les procédés les plus précieux de la chimie, cette illusion tant soit peu grossière qui séduisit les alchimistes du moyen âge. Du reste, là est véritablement la ligne de séparation de l'alchimie et de la chimie. S'ils avaient conçu qu'ils ne pouvaient arriver à leur but que par l'analyse, les alchimistes eussent été ce que nous appelons aujourd'hui des chimistes; au lieu de cela, ils imaginèrent de chercher une substance qui, combinée avec des métaux, les perfectionnerait, c'est-à-dire en transformerait pour son poids une quantité plus ou moins forte. C'est la fameuse pierre philosophale, la célèbre poudre de projection, la divine médecine des métaux, le céleste élixir.

Des alchimistes avant Bacon avaient cherché la précieuse substance dans des agents pris hors du règne minéral. Bacon repousse avec force ces errements, qui lui paraissent insensés. Il ne conçoit pas que la matière même de l'œuvre soit autre chose qu'un métal, déjà élaboré jusqu'à un certain point par la nature, et qu'il s'agit seulement d'élever au plus haut degré de perfection, afin de s'en servir ensuite à perfectionner les autres.

Par la manière dont il définit (chap. 3) le métal sur lequel il faut opérer, il nous a semblé que c'est l'étain dont il fait choix. Du moins la définition qu'il a donnée de l'étain dans le chapitre 2 s'accorde parfaitement avec les caractères qu'il assigne au métal que l'on doit, suivant lui, préférablement choisir. On sait que les autres alchimistes ont dans la suite travaillé principalement sur le mercure et sur l'or.

Le métal une fois choisi, il ne s'agit, suivant Bacon, que d'imiter la nature. Il suffira donc, dans la conduite de l'œuvre, d'employer, comme le fait la nature, le feu habilement dirigé.

Il repousse encore en ce point les procédés mystérieux de quelques alchimistes de son temps ou des siècles antérieurs, suivis depuis par le plus grand nombre de ceux qui continuèrent à s'occuper de la pierre philosophale. Il traite d'absurdes superstitions tous les moyens pris en dehors de l'action du feu; ce sont, dit-il, des allucinations mélancoliques et fantastiques : *O nimia dementia! quid vos, rogo, cogit per aliena regimina melancholica et fantastica velle perficere prædicta? Quemadmodum quidam dicit, væ vobis qui vultis superare naturam et metalla, plusquam perficere novo regimine seu opere orto ex capitositate vestra insensata. Et Deus naturæ dedit viam linearem, scilicet decoctionem continuam, et vos insipientes ipsam imitari spernitis vel ignoratis.*

La recherche de la pierre philosophale se borne donc pour lui à une opération métallurgique, ayant pour but de perfectionner un certain métal par la chaleur, et en imitant ce que la nature opère dans les mines

Ainsi, en résumé, dans ce traité ou miroir d'alchimie, on ne rencontre aucune superstition. La précieuse médecine, le divin élixir, n'est pour Roger Bacon qu'un métal mieux cuit et mieux préparé. Bacon doit être assurément compté parmi les alchimistes, puisqu'il a posé le problème comme eux; mais c'est un alchimiste très-raisonnable. Il croit la transmutation possible, mais il ne dit en aucune façon qu'il l'ait opérée. Il s'efforce seulement d'indiquer la véritable voie dans laquelle on doit, suivant lui, travailler; et quand il décrit les derniers résultats de l'œuvre, il a l'air de mettre en doute qu'on y soit même jamais arrivé; car il termine par dire que l'on y réussit s'il plaît à Dieu : *Nutu Dei.*

Mais cette théorie d'une composition homogène des métaux, cette idée de faire un métal supérieur aux autres et capable de les transformer, enfin cette manière rationnelle de procéder en imitant le travail du feu dans la fabrication des minéraux, mettent à nu le véritable fondement de l'alchimie. Donnez à la *médecine* tant cherchée la propriété de perfectionner non-seulement les métaux, mais tous les corps imparfaits, et vous comprendrez comment les alchimistes ont prétendu trouver dans leur poudre une panacée universelle et un secret pour prolonger indéfiniment la vie. Imaginez que l'artiste, occupé du grand œuvre, ait travaillé vainement en suivant la voie simple indiquée par le bon sens de Roger Bacon, et vous le verrez, désolé de sa peine inutile, rejeter avec mépris cette simplicité qui lui paraît par trop grossière, appeler à son aide toute la nature, chercher dans l'air, dans l'aimant, dans les positions des planètes, les moyens de se rendre maître de la force créatrice, de l'esprit universel, de l'âme générale du monde. Le choix des matières de l'œuvre, l'emploi de ces matières, la manière de se servir du précieux talisman, deviendront ainsi l'occasion de mille secrets, qui, voilés sous des allégories étranges, engendreront toute cette science ténébreuse qui a occupé tant d'esprits jusqu'au XVIIe siècle, et qui a même encore aujourd'hui quelques croyants superstitieux.

Il est remarquable qu'au XIIIe siècle, Roger Bacon, qu'on a coutume de représenter comme le chef des alchimistes, se montre égaré, si l'on veut, par les idées théoriques de son temps, alchimiste, il est vrai, par la manière dont il conçoit le problème des métaux, mais enfin uniquement chimiste quant à la manière de le résoudre.

Il est remarquable aussi que toute la théorie de Bacon est fondée sur un phénomène que l'on a observé avec un grand intérêt dans ces derniers temps, et dont on a même essayé de tirer la principale loi de la géologie, le phénomène de la chaleur intérieure des mines. Bacon ne tient pas compte, il est vrai, de l'accroissement graduel de cette chaleur à mesure qu'on descend plus profondément; mais il répète sans cesse qu'il fait chaud dans les mines, qu'il y règne une chaleur constante : *In mineralium vero locis invenitur caliditas semper constans* (chap. 5); et c'est sur cette chaleur intérieure de la terre, sur l'activité de ce feu sortant du noyau et retenu dans l'écorce minérale du globe, qu'il fonde tous ses raisonnements.

Le second ouvrage de Roger Bacon a pour titre : *De secretis operibus artis et naturæ, et de nullitate magiæ;* « *Des œuvres secrètes de la nature et de l'art, et de la nullité de la magie.* »

Si Bacon montre, dans le traité d'alchimie que nous venons d'analyser, un esprit solide et véritablement philosophique, ces qualités se révèlent ici avec bien plus d'éclat encore. C'est contre la magie qu'il écrit; mais avec quoi combat-il la magie? Avec l'idée que rien n'est impossible à l'esprit humain bien dirigé et se servant de la nature comme d'un instrument. Ainsi ce philosophe du XIIIe siècle rêve déjà la toute-puissance de l'homme sur la nature par la science et l'intelligence; et c'est parce qu'il voit cette route qu'il repousse les tentatives superstitieuses de la magie, ne voulant pas s'engager dans les ténèbres quand il a devant lui la lumière. Cette inspiration devait se lier à quelque sentiment vague et confus de la perfectibilité de l'espèce humaine; du moins ne peut-on nier que Bacon entrevoyait le progrès toujours croissant des sciences. Parlant (chap. 7) de notions mathématiques qu'il dit obtenues de son temps, et qu'Aristote ignorait, il ajoute : « A plus forte raison, Aristote et ses contemporains durent-ils ignorer une foule de vérités physiques et de propriétés de la nature. Et de même aujourd'hui les sages ignorent bien des choses que les moindres écoliers sauront un jour : *Multa etiam modo ignorant sapientes quæ vulgus studentium sciet in temporibus futuris.* »

Le point de départ de ce petit traité est donc admirablement beau. C'est le champ du possible ouvert au génie de l'homme, et en même temps c'est la répudiation des fausses directions où l'ambition humaine pourrait vainement s'égarer. Bacon expose ce double but dès la première phrase : *Licet natura potens sit et mirabilis, tamen ars utens natura pro instrumento potentior est virtute naturali, sicut videmus in multis. Quicquid autem est præter operationem naturæ vel artis aut non est humanum, aut est fictum et fraudibus occupatum.*

Entrant en matière, il commence par nier et critiquer tous les moyens surnaturels, tels que les prières, les invocations, les sacrifices; tout cela lui paraît inutile ou criminel; tout cela, dit-il, est en dehors de la philosophie, tout cela est folie et impuissance. Il repousse également l'usage aveugle des talismans, des incantations, des figures astrologiques. Ce n'est pas qu'il nie que l'astrologie bien comprise n'ait un fondement; il paraît, au contraire, penser sur l'astrologie comme nous avons vu qu'il pensait sur l'alchimie. Il croit à cette science, mais il la regarde comme infiniment difficile, et il rejette toutes les pratiques ténébreuses auxquelles elle donnait lieu auprès du vulgaire. Quant à l'usage des talismans, il prouve une très-grande connaissance du cœur humain, en montrant comment il faut attribuer leur effet, quand ils en ont, à l'influence de l'imagination. Il semble également sur la route de découvertes qui ne font encore que s'ouvrir pour notre siècle, quand, à propos de la vertu qu'on attribuait aux paroles et aux regards, il ne rejette pas absolument le pouvoir naturel de l'homme sur l'homme ou sur les autres êtres par une communication directe de sa volonté. Ne semble-t-il pas en effet respecter d'avance et exclure de sa réprobation les phénomènes encore si incompris du magnétisme animal, quand, après avoir montré les actions que les corps exercent les uns sur les autres par des émanations qui souvent ne se révèlent à nous que par leurs effets, il dit qu'il n'est pas impossible que l'homme agisse aussi de cette manière par le seul fait de son désir et de sa volonté? *Et ideo similiter aliquæ operationes magiæ naturalis possunt fieri in verborum generatione et prolatione, cum intentione et desiderio operandi.* Mais il insiste fortement sur l'absurdité de toutes les folies auxquelles un pouvoir naturel encore presque ignoré pouvait donner lieu.

A cette nullité des moyens incertains et ténébreux employés par la superstition ou la mauvaise foi, il oppose ensuite la puissance de l'art; et c'est l'objet de tout le reste de l'ouvrage. La nature et l'art, la nature se prêtant à toutes les investigations de l'art, l'art dominant la nature par les ressources qu'il trouve dans la nature même, voilà le magnifique programme que propose Bacon, et qu'il fait contraster avec les promesses fallacieuses de la magie. Il traite donc des procédés les plus remarquables auxquels on était déjà parvenu, ou auxquels il soupçonne possible d'arriver. Toutefois il n'indique ces découvertes qu'en très-peu de mots, et uniquement pour prouver sa thèse. Un chapitre est consacré à la mécanique, un autre à l'optique, un troisième à la physique et à la chimie.

Ce catalogue des découvertes déjà faites ou qu'on imaginait dès lors de faire, est assurément une des choses les plus curieuses que nous ait transmises le moyen âge.

Des erreurs évidentes s'y mêlent au pressentiment bien clair de ce que l'industrie humaine est parvenue à accomplir depuis. En mécanique, Bacon croit possible de se servir de la résistance des liquides pour la conduite des vaisseaux, de telle façon, dit-il, que les plus grands pourraient être dirigés par un seul homme avec une vitesse supérieure à la marche de bâtiments chargés d'un nombreux équipage : *Ut naves maximæ, fluviales et maritimæ, ferantur, unico homine regente, majori velocitate quam si essent plenæ hominibus navigantibus.* Il parle de voitures qui marcheraient sans chevaux : *Currus etiam possent fieri ut sine animali moveantur cum impetu inæstimabili.* Il dit qu'il est possible de voler dans les airs et de s'y diriger comme les oiseaux : *Possunt etiam fieri instrumenta volandi, ut homo, sedens in medio instrumenti, revolvens aliquod ingenium per quod alæ artificialiter compositæ aerem verberent, ad modum avis volaret.* Qui n'aperçoit que Bacon est ici la dupe d'une erreur grossière qui lui fait croire que les machines ajoutent de la puissance, tandis qu'elles ne font que concentrer et appliquer la force? Mais il est curieux de lui voir rêver ce que l'industrie, maîtresse d'un moteur tel que la vapeur, fera par la suite. Il est plus dans le vrai lorsqu'il parle d'instruments avec lesquels on pourrait à volonté monter et descendre, ou attirer à soi les poids les plus considérables. Enfin il indique la cloche à plongeur : *Possunt etiam fieri instrumenta ambulandi in mari et in fluviis ad fundum, sine periculo corporali,* et des ponts qui pourraient faire penser, mais à tort sans doute, à nos ponts suspendus : *pontes ultra flumina sine columna vel aliquo sustentaculo.* Il termine en disant qu'il pourrait encore citer une multitude d'autres emplois de la mécanique aussi utiles; mais que, quant à ceux qu'il vient de mentionner, aucun ne saurait être mis en doute, puisque l'expérience en a été faite dans l'antiquité et de son temps, à l'exception toutefois de l'instrument pour se diriger dans les airs, qu'il n'a jamais vu; mais il connaît, ajoute-t-il, un savant qui s'est beaucoup occupé de ce problème : *Hæc facta sunt antiquitus et nostris temporibus; et certum est, præter instrumentum volandi, quod non vidi nec hominem qui vidisset cognovi; sed sapientem qui hoc artificium excogitavit explicite cognosco.*

Le chapitre sur les instruments d'optique, qui vient ensuite, est peut-être plus curieux encore. Bacon y parle d'abord du phénomène des images multiples données, soit par la réflexion, soit par la refraction des rayons lumineux; et il explique les effets de ce genre qu'on observe quelquefois dans la nature, tels que le mirage, par les effets analogues qu'on obtient avec des verres ou avec des miroirs. Pour montrer que la science pouvait lutter de miracles avec la magie, il décrit les illusions merveilleuses de la lanterne magique : *Possunt etiam sic figurari perspicua, ut omnis homo ingrediens domum videret veraciter aurum, et argentum, et lapides pretiosos, et quicquid homo vellet, quicunque festinaret ad visionis locum nihil inveniret.* Il parle, d'après les anciens, de miroirs propres à brûler à de grandes distances, et donne la théorie de leur construction : *De sublimioribus potestatibus figurandi est quod ducantur et congregentur radii per varias fractiones et reflexiones in omni distantia quam volumus, quatenus comburatur quicquid sit objectum.* Mais la révélation la plus curieuse qui ressorte pour nous de ce chapitre, c'est que l'on avait, dans ce XIIIe siècle, l'idée du télescope, que Bacon décrit en ces termes : *Possunt etiam sic figurari perspicua, ut longissime posita appareant propinquissima, et e contrario; ita quod ex incredibili distantia legeremus litteras minutissimas, et numeraremus res quan-*

tumcunque parvas, et stellas faceremus apparere quo vellemus.

Dans le chapitre sur la physique et la chimie, il indique principalement, comme pouvant donner une puissance immense à l'homme, la découverte de la poudre quand on saura l'utiliser convenablement. L'idée des ressources que l'on pourrait tirer de cet agent paraît avoir beaucoup occupé Roger Bacon; mais c'est bien à tort qu'on lui en attribue la découverte. L'usage de la poudre n'étant devenu bien notoire en Europe que vers la fin du XIVe siècle, on s'imagina d'abord que c'était une invention nouvelle. De là les fables qui coururent sur un moine allemand qui, disait-on, avait été victime de cette composition que le hasard avait formée dans son creuset. Plus tard, quand on vit que Roger Bacon avait parlé de la poudre cent cinquante ans avant l'époque où l'on plaçait cette histoire, on attribua à Bacon une invention qu'il ne s'attribue lui-même en aucune façon; car il parle, au contraire, de la poudre comme d'une chose fort ancienne, et nous savons aujourd'hui qu'elle avait été employée, même en grand, par les Arabes dans leurs guerres. Mais il est certain qu'on ne s'en servait en Europe, du temps de Roger Bacon, que pour en faire une espèce de jeu, en en enfermant une petite quantité dans un parchemin, comme on fait un pétard. Il paraît aussi que la recette pour la composer était encore fort peu connue; car, à la fin du traité qui nous occupe, Bacon fait une énigme en ne donnant qu'en anagramme le nom d'une des substances. Voici sa phrase : *Sed tamen salispetræ* LURU VOPO VIR CAN UTRIET *sulphuris; et sic facies tonitrum et coruscationem, si scias artificium.* Dans les mots *luru*, etc., on trouve *carbonum pulvere.* Mais si l'invention de la poudre n'appartient en aucune façon à notre philosophe, on ne peut lui refuser d'avoir parfaitement compris ce qu'on pourrait faire d'un agent aussi remarquable. « L'homme, dit-il, peut produire à volonté des détonations semblables à la foudre : il ne faut pour cela que les matières les plus communes; quand on sait les mêler dans une certaine proportion, on prend de cette composition gros comme le pouce, et on fait plus de bruit et d'éclat lumineux qu'un coup de tonnerre. Que serait-ce donc si l'on savait s'en servir convenablement! » *Soni velut tonitrus et coruscationes possunt fieri in aere, immo majore horrore quam illa quæ fiunt per naturam: nam modica materia adaptata, scilicet ad quantitatem unius pollicis, sonum facit horribilem et coruscationem ostendit vehementem.... Mira sunt hæc, si quis sciret uti ad plenum in debita quantitate et materia.* Mais ce qui est peut-être plus remarquable que cette parfaite connaissance d'une découverte incontestablement sue des Arabes, et qui remonte probablement à une bien plus haute antiquité, c'est ce que Bacon dit dans le même chapitre relativement à l'attraction. On ne saurait disconvenir qu'il n'ait été fortement préoccupé des phénomènes d'affinité et en général de cette attraction que l'on a regardée dans ces derniers temps comme la clef du système du monde. « Si nous laissons de côté, dit-il, les procédés directement utiles à la société, combien d'autres choses admirables se présentent pour fournir à notre intelligence un spectacle ineffable, et peuvent servir à nous découvrir la cause de tous ces phénomènes mystérieux que le vulgaire ne saurait comprendre! je veux parler des attractions de tout genre qui ressemblent à l'attraction occasionnée par l'aimant. » Il énumère alors ces diverses attractions; il dit que beaucoup de phénomènes naturels *reviennent à l'attraction du fer* par l'aimant, que d'ailleurs ce n'est pas le fer seulement qui est ainsi attiré, mais que l'or, l'argent et tous les métaux le sont également; *qu'il y a attraction* des acides pour les bases, que les plantes *s'attirent* mutuellement, et que les parties des animaux coupées se rejoignent et se soudent par une véritable *attraction.* On voit que ce sont là toutes observations sans précision et sans netteté; mais l'esprit de Bacon est tellement pénétré de ce mystérieux phénomène de l'attraction, qu'il s'écrie qu'après l'avoir observé et en avoir vu la généralité, rien ne lui paraît plus incroyable, ni dans les œuvres de la nature, ni dans ce que l'homme peut opérer avec la nature. Ces pressentiments d'un physicien du XIIIe siècle sont si curieux à constater, que nous croyons devoir reproduire le texte de tout ce passage : « De alio « vero genere sunt multa miranda, quæ, licet « in mundo sensibilem utilitatem non ha« beant, habent tamen spectaculum ineffa« bile sapientiæ, et possunt applicari ad « probationem omnium occultorum quibus « vulgus inexpertum contradicit; et sunt « similia attractioni ferri per magnetem. « Nam quis crederet hujusmodi attractioni, « nisi videret? Et multa miracula naturæ « sunt in hac ferri attractione quæ non « sciuntur a vulgo, sicut experientia docet « sollicitum. Sed plura sunt hæc et majora. « Nam similiter per lapidem fit auri attra« ctio, et argenti, et omnium metallorum. « Item lapis currit ad acetum, et plantæ « adinvicem, et partes animalium, divisæ « localiter, naturaliter concurrunt! *Et post« eaquam hujus modi perspexi, nihil mihi « difficile est ad credendum, quando bene « considero, nec in divinis sicut nec in hu« manis.* » Toutefois, nous le répétons encore, il ne faut voir dans ces paroles qu'un sentiment, et pas autre chose. Ce qui prouve combien l'idée de Bacon, à ce sujet, est indécise et vague, c'est ce qu'il ajoute à la suite sur la construction de la fameuse sphère mobile qui a tant occupé les astrologues du moyen-âge; car il croit à la possibilité de construire une sphère dans laquelle tous les corps du ciel seraient représentés dans les proportions de leurs grandeurs et de leurs distances en longitude et en latitude, et où tous ces corps se remueraient naturellement par le seul effet de l'influence des astres dans le mouvement diurne du ciel; de telle sorte que l'on aurait en petit, dans cette machine, le spectacle du monde reproduit au naturel. Il raconte qu'un de ses amis travaillait alors avec un grand zèle et une grande dépense à réaliser un si magnifique ouvrage; et, quant à lui, il pense que ce problème est fondé en raison; car, dit-il, l'action des corps célestes sur la terre est incontestable: et il cite en preuve les marées : *Multa motu cœlestium deferuntur, ut cometæ et mare in fluxu, et alia in toto vel in partibus suis*. Evidemment cette idée d'une influence particulière des astres sur les petits corps chargés de les représenter, influence que l'on attribuait à des rapports mystérieux entre les sept planètes et les sept métaux alors connus, n'aurait paru qu'absurde à Bacon, s'il avait eu quelque idée nette de l'attraction considérée comme loi universelle.

Après avoir ainsi énuméré les preuves les plus frappantes de la puissance que l'homme peut prendre sur la nature, Bacon s'occupe de l'homme lui-même, et recherche s'il n'est pas en notre pouvoir de retarder la vieillesse et de prolonger, même indéfiniment, notre existence. Il se montre encore sur ce point assez opposé aux rêveries des sciences occultes; toutefois, séduit par les histoires qui couraient alors sur certains sages qui, maîtres de secrets merveilleux, avaient réussi à vivre huit ou dix fois la vie ordinaire d'un homme, il ne rejette pas absolument l'idée que l'on puisse arriver à prolonger ainsi la vie humaine pendant plusieurs centaines d'années. Quand on pense que, jusqu'au XVIIIe siècle, et même de notre temps, il y a eu des croyants à de pareils miracles, et qu'en théorie des hommes tels que Descartes et Condorcet n'ont pas reculé devant l'idée d'une prolongation presque indéfinie de la vie par le perfectionnement de la médecine, on ne trouve pas trop surprenant que Bacon se soit laissé entraîner à de si chimériques espérances.

Les derniers chapitres de l'ouvrage renferment une foule de secrets pour des préparations chimiques, que Bacon adresse à son disciple Guillaume de Paris. Il y emploie à dessein, et suivant l'usage de son temps, un style énigmatique, que les initiés seuls pouvaient comprendre. C'est là que se trouve, entre autres recettes, la formule pour faire la poudre à canon que nous avons citée plus haut.

BACON (FRANÇOIS), illustre philosophe anglais, né à Londres, en 1561, fils de Nicolas Bacon, garde des sceaux sous Elisabeth.

« C'est l'immortel Bacon qui énonça, qui développa lui-même ce grand, ce fécond principe que la philosophie naturelle ne se compose que d'une série de généralisations inductives, qui, commençant par des particularités le plus circonstantiellement établies, sont ensuite transformées en lois universelles ou axiomes qui embrassent dans leur énoncé tout degré de généralité moins étendue, et d'une série correspondante de raisonnements inverses qui descendent des faits généraux aux faits particuliers. Au moyen de ces raisonnements, on pousse les axiomes jusque dans leurs conséquences les plus éloignées, et on en déduit toutes les propositions particulières, celles dont la considération immédiate nous a conduits à leur découverte, comme celles dont nous n'avions pas auparavant la moindre connaissance. Nous devons, dans cette excursion, rencontrer tous les faits sur lesquels reposent les arts, les travaux qui ont pour but d'adoucir la vie. Nous devons, par conséquent, acquérir l'ascendant que donne une pratique illimitée et une entente des forces de la nature qui croît à mesure que ces forces se développent : noble perspective qui doit nous faire faire les plus généreux efforts. Elle le doit d'autant plus que nous avons la preuve qu'elle n'est ni vaine ni téméraire, que nous avons constamment obtenu des succès que, dans ses plus hautes espérances, son illustre auteur n'eût osé se permettre.

« On peut dire qu'avant la publication du *Novum Organum* de Bacon, la philosophie naturelle, dans l'acception que ce mot doit avoir, existait à peine. Si nous examinons les philosophes grecs des premiers âges, dont nous pouvons apprécier d'une manière positive, quoique très-restreinte, les connaissances scientifiques, nous sommes frappés du contraste qu'il y a entre la subtilité qu'ils ont déployée dans la discussion, les prodigieux succès qu'ils ont obtenus dans les raisonnements abstraits, l'admirable sagacité dont ils ont fait preuve dans les sujets purement intellectuels, et le peu de soins qu'ils apportaient dans l'étude de la nature extérieure. Ils tiraient, dans certains cas, les conclusions les moins logiques de principes de généralisation fondés sur des faits peu nombreux et mal observés : dans d'autres, ils se prévalaient avec une légèreté inconcevable de principes abstraits qui n'existaient que dans leur imagination; ils employaient de simples formes de mots qui ne se rapportaient à *rien dans la nature*, et dont cependant ils déduisaient, comme d'autant de données d'axiomes mathématiques, tous les phénomènes et les lois qui les régissent. Ainsi, par exemple, ils s'étaient mis en tête que le cercle est la plus parfaite des figures, ils en concluaient naturellement que les révolutions des corps célestes doivent se faire suivant des cercles exacts et avec des mouvements uniformes, et si l'observation établissait le contraire, il ne leur venait pas dans l'esprit d'élever des doutes sur le principe. Loin de là, ils ne songeaient qu'à sauver leur perfection idéale, et, pour y parvenir, il n'est sorte de combinaisons, de mouvements circulaires qu'ils n'imaginassent. » (JOHN HERSCHELL.)

François Bacon mourut en 1626, à la suite d'expériences de physique qu'il avait faites avec trop d'ardeur. *Voy.* PHYSIQUE.

BAILLY, né en 1736, appartenait à une famille originaire de la Franche-Comté; sa vocation pour les sciences fut décidée par la connaissance qu'il fit de *Lacaille*, et son premier travail astronomique fut la rédaction des Tables de ce savant. Littérateur aussi distingué qu'érudit antiquaire, qu'illustre astronome, il n'envisagea point les sciences avec des idées rétrécies : il avança des opinions aussi profondes qu'ingénieuses dans ses plus fameux ouvrages, l'*Origine de l'astronomie*, les *Lettres sur l'Atlantide de Platon*, l'*Essai sur les fables et leur histoire*, et surtout l'*Histoire de l'astronomie ancienne*. A part son idée privilégiée d'un peuple astronome primitif, ses ouvrages sont remplis de recherches curieuses et importantes, exposées avec tout l'agrément de style d'un sujet moins sévère. Seul, depuis Fontenelle, il appartint aux trois académies. Conduit par son mérite transcendant à la charge de maire de Paris et à la présidence de l'Assemblée nationale, il y porta un caractère modéré qui, à cette époque de désastreuse mémoire, ne pouvait le mener ailleurs qu'à la mort. Condamné par un tribunal de sang, le 10 novembre 1793, il fut massacré par une vile populace ameutée contre lui. De Lalande lui rend ce témoignage : « Jamais savant ne s'est distingué de tant de façons différentes et n'a réuni tant de titres de gloire et tant d'espèces d'applaudissements. »

BALANCE. — Machine d'une application continuelle dans les transactions commerciales et dans les recherches de physique, servant à mesurer le poids des corps.

Les différentes formes de la balance reposent toutes sur le principe du levier.

Dans la *balance ordinaire*, le levier ou *fléau* est droit; il est partagé par le point d'appui en deux bras égaux. Aux extrémités des bras, sont suspendus des bassins qui servent à peser les corps. Quand les bassins sont vides, le fléau à l'état de repos doit se tenir horizontal; et pour reconnaître plus facilement si cette condition est remplie, on adapte sur le milieu du fléau et à angles droits une tige ou aiguille qui, étant verticale, devra répondre à une certaine marque, tracée sur le pied de la balance. Si, les bassins étant vides, l'aiguille n'est pas verticale, on produira ce résultat en chargeant l'un des deux bassins d'un petit poids additionnel. Ce poids sera considéré comme faisant partie essentielle de la machine. Cela fait, et si les deux bras de levier sont réellement égaux, on est assuré que deux poids mis dans les bassins sont eux-mêmes dans une parfaite égalité lorsqu'ils se font équilibre ; c'est-à-dire lorsqu'ils ne troublent pas l'horizontalité du fléau.

Cette circonstance, d'où dépend toute la justesse de l'instrument, que les deux bras du levier soient rigoureusement égaux, serait bien facile à constater par une mesure directe. Mais on pourra s'en assurer en changeant réciproquement de bassins deux charges qui se font équilibre ; car si les bras ne sont point égaux, ces deux charges ne se feront plus équilibre après une telle permutation.

Au reste, on doit considérer qu'il est impossible d'obtenir un instrument construit avec une exactitude mathématique, et d'ailleurs, qu'une telle exactitude, fût-elle obtenue, serait bientôt détruite par les altérations du temps et de l'usage. Il est donc important, lorsqu'on tient à une grande précision, de savoir exécuter une pesée exacte, indépendante des vices possibles de la balance qu'on a à sa disposition. Il y a pour cela deux méthodes.

La première méthode consiste à placer successivement le corps à peser dans les deux bassins. Les poids nécessaires pour l'équilibrer dans ces deux positions seront inégaux si la balance est inexacte ; et alors *le vrai poids du corps sera égal à la racine carrée du produit de ces deux poids inégaux*. Par exemple, si, en plaçant un corps dans le premier bassin A, on trouve qu'il pèse 25 grammes, et que, placé dans le deuxième bassin B, il pèse 36 grammes, son véritable *poids sera égal à la racine carrée de 900*, c'est-à-dire à 30 grammes.

La seconde méthode, connue sous le nom de *méthode des doubles pesées*, est due à Borda; voici en quoi elle consiste.

Commencez par placer le corps à peser, que j'appellerai M, dans un des plateaux de la balance, par exemple dans le plateau A ; puis faites-lui équilibre en plaçant dans l'autre plateau B des corps pesants quelconques, par exemple, des morceaux de cuivre, des grains de plomb et enfin de petites feuilles de cuivre battu ou de petits morceaux de papier que vous ajouterez par parcelles, jusqu'à ce que l'aiguille de la balance soit parfaitement verticale, et indique ainsi l'horizontalité du fléau. Cela fait, ôtez doucement le poids M et substituez à sa place des grammes et des fractions de grammes, jusqu'à ce que l'aiguille soit redevenue verticale. La quantité qu'il faudra mettre de ce poids exprimera nécessairement le poids du corps M, puisque ces nouveaux poids étant placés dans les mêmes circonstances que le poids M font de même que lui l'équilibre au plateau B chargé toujours des corps que vous y avez placés.

Ces méthodes exigent évidemment que les points de suspension des bassins demeurent les mêmes pendant les deux opérations, puisque sans cela la grandeur relative des deux bras du fléau aurait changé. Or, la manœuvre étant plus simple dans la méthode de Borda, cette condition s'y trouve plus facilement et plus rigoureusement remplie. De plus, dans la méthode de Borda, les circonstances du frottement demeurent rigoureusement les mêmes dans les deux pesées ; et aussi le même bras supporte la même charge dans ces deux opérations, de sorte qu'il en éprouve le même degré de *flexion*, ce qui maintient sa longueur dans une parfaite identité. Cela n'a pas lieu dans la première méthode, et cependant ces diverses circonstances et quelques autres, qu'on ne peut pas mentionner ici, sont loin d'être indifférentes lorsqu'on tient à obtenir une grande précision. (Voir le *Traité de physique* de M. Biot, Ier vol.)

Dans la *balance ordinaire* on a besoin d'une série de poids pour pouvoir peser tous les corps ; et il en serait évidemment de même de toute balance dont les deux bras seraient de grandeur constante, égale ou inégale.

Dans la *balance romaine*, qu'on appelle simplement *romaine*, il n'y a qu'un seul poids pour peser tous les corps ; mais c'est que le bras de levier, auquel on applique ce poids unique, est variable. Cette balance est assez fréquemment employée. Voici quelques détails sur sa construction.

Le levier ou le fléau est droit ; il est suspendu par une anse qui le divise en deux parties inégales. A l'extrémité du bras le plus petit est un plateau ou un crochet destiné à soutenir les marchandises qu'on veut peser. Supposons d'abord que le plateau étant vide le fléau soit horizontal, alors un poids d'un kilogramme placé sur le plus long bras et à une distance du point de suspension *égale* au bras le plus court ferait équilibre à un corps placé sur le plateau, et pesant un kilogramme ; mais si on écarte du point de suspension le poids mobile, si on le place à une distance *double*, *triple*, etc., il fera équilibre à un corps pesant deux, trois, etc., *kilogrammes*. Il faudra donc que le plus long des deux soit *gradué*, c'est-à-dire divisé en parties égales, chacune au plus petit bras, à partir du point de suspension de la balance. Alors la division à laquelle le poids mobile devra être placé, pour faire équilibre à un corps, fera connaître son rapport avec le poids de ce corps.

Ordinairement le fléau de la romaine, abstraction faite du poids mobile, ne se tient pas horizontal. C'est le plus souvent le plus long bras qui l'emporte. Quoi qu'il en soit, la division du plus long bras se fait toujours de la même manière et dans le même sens ; mais alors le point de départ de cette division ne coïncide plus avec le point de suspension de la romaine ; il doit coïncider avec le point sur lequel il faut placer le poids mobile pour rendre le fléau horizontal lorsque le plateau n'est pas chargé.

L'avantage de n'employer qu'un seul poids tient, comme on voit, à la circonstance que le rapport des bras de levier est variable ; or, on peut obtenir cette circonstance, non plus en faisant glisser un poids mobile sur le fléau comme dans la romaine, mais en faisant glisser le fléau lui-même sur son appui jusqu'à rencontrer le point où il se tient horizontal. Alors on n'a même pas besoin d'un poids distinct du fléau ; car c'est le fléau lui-même qui contrebalance le poids du corps à peser. La *balance danoise* est construite sur ce principe.

On emploie quelquefois une balance *à levier coudé*, et dans laquelle on peut aussi, au moins dans de certaines limites, n'employer qu'un seul poids pour peser les différents corps. Ici le poids unique demeure toujours fixé au même point du fléau ; le point d'appui est également fixe ; les différences de poids sont indiquées par les variations de l'angle que fait le bras du levier coudé avec la verticale. (Voyez *Statique de Poinsot*.)

Enfin on pèse aussi les corps avec des instruments, dits *pesons* ou *balance à ressort*. Alors ce n'est plus par *contrepoids*, suivant les principes du levier, mais par la force d'un ressort de flexion ou d'un ressort à boudin, qu'on apprécie le poids d'un corps. Mais comme la force des ressorts s'altère assez promptement, ces instruments ne sont pas susceptibles de précision.

Balance de torsion. — Un fil métallique tendu verticalement par un certain poids et tourné sur lui-même de plusieurs révolutions fait un effort pour revenir sur lui-même et prendre sa position primitive. C'est sur cette réaction élastique qu'est fondée la balance dite de *torsion*, ou balance de *Coulomb*, si employée dans la mesure des forces électriques et magnétiques.

Un fil de cuivre suspendu verticalement et fixé par son extrémité supérieure, porte par son autre extrémité un levier horizontal ou aiguille de la matière qu'on veut soumettre à l'expérience. Lorsqu'on présente à l'extrémité de celle-ci le corps, ou en général l'action qui doit l'influencer, elle subit une attraction ou une répulsion en vertu de laquelle le fil se tord dans le sens horizontal : l'aiguille décrit donc un certain angle d'autant plus grand, que l'action qu'on éprouve est plus énergique ; et l'expérience, comme la théorie, prouve que l'effort est proportionnel à l'angle de torsion. Une fois l'aiguille en mouvement, elle devrait, en vertu de l'inertie, continuer et répéter des circonférences sans fin ; mais à mesure que le fil se tord, son élasticité réagit de *plus en plus*, et il vient un moment où sa réaction se trouve égale à la puissance qui le tord : c'est alors que l'aiguille s'arrête, parce qu'elle est tenue en équilibre par deux forces égales. On conçoit donc comment l'angle d'équilibre peut donner la mesure de la force éprouvée. La balance de torsion est donc un vrai dynamomètre ; seulement il est d'une très-grande délicatesse, et cède à des forces très-petites ; on peut même y remplacer le fil métallique par des fils de soie sans torsion, qui en augmentent encore la sensibilité. Coulomb en a tiré un grand parti pour mesurer et comparer les réactions électriques des divers points de la surface d'un corps électrisé, et les magnétismes relatifs des divers points d'une aiguille. C'est aussi par son moyen qu'il a établi les lois importantes des attractions et répulsions électriques et magnétiques, dont les intensités sont, comme on sait, réciproques aux carrés des distances. Le fil, qui fait la partie essentielle de ce précieux instrument, est suspendu dans l'axe d'un cylindre de verre, fermé à sa partie supérieure par une vis micrométrique, et l'aiguille horizontale tourne dans une large cage aussi de verre, sur laquelle est collée une bande de papier circulaire divisée en 360°, pour la mesure des angles de torsion.

Par une série d'expériences, Coulomb est arrivé aux lois suivantes :

1° La force de torsion est proportionnelle à l'angle de torsion.

2° Elle est, dans un même fil, en raison

inverse de sa longueur et indépendante de sa tension.

3° Pour des fils de même substance et de différente épaisseur, elle est proportionnelle à la quatrième puissance des diamètres.

Ces lois ont été confirmées par des expériences faites avec des cheveux, avec des fils de soie, de fer, de laiton et d'argent.

Il suit de la 3e loi que si l'on prend des fils très-longs et très-fins, il suffira d'une très-petite force pour les tordre de plusieurs degrés. C'est sur ces principes que s'est appuyé Coulomb pour construire sa *Balance électrique*. C'est encore par les mêmes lois que Cavendish a pu évaluer l'attraction exercée par deux sphères de plomb. Il observa la durée des oscillations, corrigea les résultats des effets dus à la torsion du fil de suspension, compara la longueur de son levier à celle d'un pendule qui eût fait ces oscillations dans le même temps, et, connaissant d'ailleurs la distance des petites balles au centre des deux sphères attirantes, il put en conclure le rapport de la puissance attractive des deux masses à celle de la terre ; d'où par suite le rapport de la masse entière du globe à celle des deux sphères, et enfin la densité moyenne de la terre. Or, par les observations et les calculs astronomiques, on évalue les masses des planètes et celle du soleil au moyen de la masse de la terre : d'où il suit qu'avec le poids de la terre on peut trouver le poids de toutes les planètes. Ainsi, dit M. Pouillet, le petit appareil de Cavendish est une balance dans laquelle on peut peser le monde. *Voy.* Pendule et Fil a plomb.

BALLONS. *Voy.* Aérostat.

BARREAUX. *Voy.* Aimantation.

BAROMÈTRE (de βάρος, poids, et μέτρον, mesure), nom donné par Toricelli à l'instrument destiné à mesurer le poids de la colonne d'air qui presse de toute part la surface du globe. Vers 1640, Toricelli et Otto de Guericke firent presque en même temps des expériences qui prouvaient la pesanteur de l'air. Les essais d'Otto de Guericke avec la machine pneumatique furent les plus probants. Prenez un ballon de verre muni d'un robinet, de la capacité de 30 décimètres cubes environ ; pesez-le avec une bonne balance, puis vissez-le sur le plateau d'une machine pneumatique, et faites le vide. En pesant de nouveau le ballon, vous trouverez que son poids a diminué; si on ouvre le robinet, l'air se précipite en sifflant dans le ballon, et l'équilibre se rétablit.

Toricelli avait fait une expérience qui prouvait aussi la pesanteur de l'air, quoique d'une manière moins directe. Prenez un tube de verre d'un mètre de long et fermé à l'une de ses extrémités; remplissez-le de mercure, et plongez-le par son extrémité ouverte dans une cuve remplie du même métal : la colonne s'abaissera dans le tube jusqu'à la hauteur de 76 centimètres environ au bord de la mer. Si vous inclinez le tube, la longueur de la colonne augmentera, mais sa hauteur verticale au-dessus du bain de mercure restera toujours la même. Faite avec de l'eau, cette expérience vous aurait donné une colonne élevée de 10m,2, et par conséquent, 13,5 plus longue que la colonne de mercure; mais, comme ce métal est 13,5 plus dense que l'eau, l'expérience prouve que les longueurs des colonnes sont inversement proportionnelles aux densités des liquides.

Lorsque Toricelli eut trouvé ce rapport, il en conclut que la pesanteur de l'air s'opposait à l'écoulement du mercure par la partie inférieure du tube. La hauteur de la colonne mercurielle au-dessus de la surface du métal se nomme *hauteur barométrique*. Il se fondait sur d'autres phénomènes bien connus des tubes communiquants. Si l'on courbe un tube barométrique un peu large, de manière à obtenir deux branches parallèles, et qu'on verse de l'eau dans l'un d'eux, celle-ci se mettra de niveau dans les deux branches. On verra toujours la même chose, quel que soit le liquide employé, ou le diamètre relatif des deux tubes; si nous versons d'abord du mercure dans une branche et de l'eau dans l'autre, la surface du mercure se tiendra plus bas dans la branche contenant de l'eau que dans l'autre; mais si, par la ligne de séparation du mercure et de l'eau, nous menons un plan horizontal, et que nous cherchions l'élévation de la colonne mercurielle opposée au-dessus de ce plan, nous trouverons qu'elle est 13,5 fois plus petite que celle de la colonne d'eau. En répétant l'essai avec d'autres liquides qui ne se combinent pas chimiquement, on arrive à ce résultat général, que les hauteurs des colonnes au-dessus de la surface de contact des deux liquides sont inversement proportionnelles à leurs densités.

Admettons maintenant que l'air soit un corps pesant : il s'ensuit que les couches d'air superposées jusqu'aux limites de l'atmosphère exercent une pression sur tous les corps placés à la surface de la terre. Si donc nous remplissons de mercure un tube recourbé, ouvert à ses deux extrémités et dont les deux branches soient parallèles, le mercure se tiendra au même niveau dans tous les deux, puisque l'air pressera également sur leur surface. Mais si l'une des branches est fermée et l'appareil rempli de mercure, celui-ci se tiendra plus haut dans la branche purgée d'air et fermée, où il n'y aura que le poids du mercure; tandis que dans la seconde il y aura le poids du mercure, plus celui de l'atmosphère, qui remplace ici l'eau que nous avions versée sur le mercure dans l'expérience précédente. Ainsi donc la différence de niveau entre les deux colonnes nous indiquera le poids de l'atmosphère.

Si cette hypothèse est vraie, il en résulte, comme Pascal l'a fait remarquer le premier, que la colonne mercurielle doit être plus longue au pied qu'au sommet d'une montagne. Car alors toute la colonne d'air qui se trouve au-dessous de l'observateur ne pèse plus sur la colonne mercurielle qui se trouve dans le tube ouvert. L'expérience confirme cette prévision : si on s'élève de 500 mètres, le mercure baisse de 5 centimètres; aussi peut-on employer le baromètre pour mesurer la hauteur des montagnes. Deux observateurs se tiennent l'un au sommet, l'autre au pied; ils observent simultanément, et de la différence de longueur des colonnes mercurielles on conclut la différence de niveau des deux stations. Avec un baromètre muni d'une échelle convenablement divisée, on remarque déjà des différences en s'élevant d'un étage à l'autre dans une maison.

Le baromètre est l'instrument qui indique le mieux les changements de la pression atmosphérique; mais pour en faire un instrument exact, il ne faut négliger aucune des précautions suivantes.

La longueur des colonnes liquides qui font équilibre à l'atmosphère étant inversement proportionnelle à leur densité, il est indispensable d'employer du mercure parfaitement pur; s'il est amalgamé avec du zinc ou du plomb, sa densité n'est plus la même, et la longueur de la colonne diffère de celle d'un baromètre rempli de mercure parfaitement pur. Le procédé le plus simple consiste à laver le mercure avec de l'acide acétique ou de l'acide sulfurique affaibli; d'autres procédés plus parfaits sont d'une exécution difficile.

Le mercure étant convenablement purifié, on le verse dans le tube; mais alors de l'air reste emprisonné au bas de ce tube, et le métal lui-même est entremêlé de bulles d'air. Pour les chasser, on remplit d'abord le tube dans le tiers de sa longueur environ, puis on l'approche d'un brasier ardent ou d'une forte lampe à esprit-de-vin, et on le fait tourner sur son axe afin d'exposer successivement au feu toute la périphérie du cylindre, jusqu'à ce que le mercure entre en ébullition; on le laisse ensuite refroidir *complétement*, et on ajoute du mercure de manière à remplir les deux tiers du tube. On reprend alors l'ébullition, en recommençant par en bas, et l'on continue ainsi jusqu'à ce que le tube soit plein, et que tout le mercure ait bouilli. Pour savoir si un baromètre a été bien bouilli, on l'incline doucement : le choc du mercure contre l'extrémité produit alors un son sec et métallique; il est au contraire mat et sourd s'il reste une bulle d'air. On peut aussi s'assurer, à l'aide d'une loupe, s'il existe une bulle d'air à l'extrémité de ce tube.

Il est essentiel de ne pas trop prolonger l'ébullition; sans cela la colonne de mercure reste adhérente au sommet du tube, ou bien elle se termine par une surface plane ou même concave, au lieu d'une ménisque convexe.

L'échelle du baromètre doit être en laiton, munie d'un vernier, de manière à donner au moins les dixièmes de millimètre. En France, l'échelle est en millimètres; en Angleterre, en pouces anglais divisés en dixièmes; en Allemagne, en pouces et lignes français : le vernier indique ordinairement les dixièmes de ligne. Les Allemands indiquent les pouces en mettant deux accents à la suite du nombre; les lignes en en mettant trois : 27'' 3''', 85, veut dire 27 pouces 3 lignes 85 centièmes de ligne; le plus souvent ils donnent la hauteur en lignes.

Pour être comparables, les mesures barométriques ont besoin d'une correction, car la chaleur dilate le mercure, et si nous comparons deux colonnes barométriques ayant la même longueur à des températures différentes, ces colonnes n'auraient point en réalité la même longueur si elles étaient à la même température. Ainsi donc il faut faire une correction afin que les longueurs des colonnes barométriques soient telles qu'on les eût trouvées si les baromètres avaient été suspendus dans la même chambre; aussi un thermomètre est-il attaché à chaque baromètre, et placé de manière à ce que sa température indique autant que possible celle du mercure de la colonne barométrique. Des mesures faites avec soin prouvent qu'en désignant par 1 la longueur de la colonne barométrique à zéro, cette longueur devient 1,0156 à la température de l'eau bouillante. La dilatation du mercure étant uniforme entre zéro et 100°, on estime que la dilatation est de 0,0018 par degré centigrade; si donc un baromètre est à 760^{mm}, 00, dans l'air à zéro, et qu'on le transporte dans une chambre à 20°, sa hauteur sera 762,44, sans que la pression atmosphérique ait changé le moins du monde. L'inverse a également lieu si, dans une chambre à 32°, le baromètre marque 763,90; il ne sera plus qu'à 758,03 dans de l'air à — 16°.

L'échelle graduée qui accompagne le tube barométrique change aussi de longueur suivant la température; elle est plus longue dans les hautes températures que dans les basses, et alors la mesure d'un intervalle est exprimée par un nombre plus petit que pendant le froid. Ainsi donc, tandis que la chaleur allonge la colonne mercurielle, l'échelle en se dilatant détruit en partie cet effet; si le mercure et le cuivre se dilataient également, ces deux effets se détruiraient réciproquement, et la correction serait nulle; mais il n'en est pas ainsi. Quand l'échelle est en laiton, comme c'est l'ordinaire, sa dilatation n'est que de 0,1 de celle du mercure. D'un autre côté, si l'on est libre de réduire la colonne mercurielle à une température quelconque, il n'en est pas de même de l'échelle; car dans tous les pays on ramène la division des échelles à une certaine température. Ainsi en France les millimètres d'une échelle ne sont rigoureusement des millimètres qu'à la température de zéro; les pieds et pouces français ne sont des pieds et des pouces qu'à celle de 13° Réaumur.

Variations diurnes du baromètre.—On sait que dans nos climats la colonne barométrique oscille sans cesse. Ces oscillations irrégulières, qui au delà des tropiques sont liées à l'état de l'atmosphère, dépendent de la position géographique du lieu; elles sont d'autant plus marquées qu'on s'éloigne davantage de l'équateur. Entre les tropiques, l'état de l'atmosphère a peu d'influence sur le baromètre. Si donc nous observons l'instrument pendant un ou plusieurs jours d'heure en heure, nous remarquerons des oscillations régulières, c'est-à-dire que le mercure baissera à certaines heures pour s'élever à d'autres.

Les oscillations diurnes dépendent de la position géographique du lieu où l'on observe. Près de l'*équateur* les différences entre le *maximum* et le *minimum* sont très-grandes, et un seul jour d'observation suffit pour constater l'existence de ces oscillations. Il n'en est pas de même dans les latitudes élevées : non-seulement la variation diurne est moindre, mais encore elle est marquée par des oscillations irrégulières. Toutefois, si l'on suit le baromètre pendant un mois, la moyenne des observations permet de reconnaître la loi; elle est même appréciable dans une période de dix jours. Une année d'observations suffit donc pour établir les lois de la variation diurne; mais l'influence des saisons est difficile à reconnaître, même dans une série de douze années.

Dans presque toutes les séries que nous possédons, on n'a point observé pendant la nuit; toutefois, les changements horaires sont assez réguliers pour qu'on puisse déduire la marche du baromètre pendant la nuit de celle qu'il a suivie pendant le jour.

Depuis midi le baromètre baisse jusqu'à 3 heures ou 5 heures du soir, moment où il atteint son *minimum*; puis il remonte, et son *maximum* tombe entre 9 heures et 11 heures du soir. Il baisse de nouveau, et l'on observe un second *minimum* vers 4 heures matin, et un second *maximum* vers 10 heures.

Les heures tropiques ne sont pas les mêmes dans tous les pays, mais cette différence dépend peut-être seulement de ce que certaines séries ne sont pas assez longues pour que l'influence des anomalies disparaisse complétement. Nous pouvons donc prendre la moyenne de toutes les observations faites dans notre hémisphère depuis l'équateur jusqu'à Pétersbourg. Voici les moyennes générales :

Heures tropiques de la variation barométrique diurne dans l'hémisphère boréal.

	h.	m
Minimum du soir..........	4	5
Maximum du soir..........	10	11
Minimum du matin..........	15	45
Maximum du matin..........	21	37

Si donc un observateur veut connaître les *maxima* et les *minima* de la pression atmosphérique, il devra observer à 4 heures et à 10 heures du matin et du soir. Le choix de ces heures est d'autant plus à recommander que ce sont celles dont la moyenne thermométrique est égale à la moyenne thermométrique diurne.

Si la position géographique paraît être sans influence sur les heures tropiques, les saisons en ont une très-réelle : en hiver le baromètre atteint vers 3 heures son point le plus bas, mais en été il baisse jusqu'à 5 heures au moins. En résumé, pendant l'hiver les moments tropiques sont plus rapprochés du midi de deux heures environ; ils arrivent donc plus tard le matin et plus tôt le soir.

Au solstice d'hiver, à mesure que nous avançons vers le pôle nord, nous voyons la variation diurne du thermomètre diminuer; au delà du cercle polaire, elle devient sensiblement nulle; le soleil ne paraît plus au-dessus de l'horizon, la nuit étant devenue continuelle. La variation diurne du baromètre s'éteint aussi graduellement dans les mêmes circonstances; mais au delà du cercle polaire elle a encore une valeur appréciable, et il est à croire qu'elle ne disparaît entièrement qu'au pôle même. A *Bosekop*, sous le 70e degré de latitude, les 40 jours qui précèdent le solstice d'hiver, combinés avec les 40 jours qui le suivent, ont donné à M. Bravais, pour les hauteurs moyennes horaires du baromètre, les nombres suivants :

Hauteurs barométriques horaires moyennes à Bosekop en hiver.

Heures.	Matin.	Soir.
	mm	mm
0........	744,36	744, 38
2........	744,34	744, 335
4........	744,22	744, 36
6........	744,13	744, 31
8........	744,22	744, 25
10........	744,42	744, 29

La loi de ces nombres est à peu près la même qu'aux autres époques de l'année; mais l'amplitude de la variation est à peine égale à 0mm 3. Il en résulte que les régions polaires participent aussi à la grande marée atmosphérique qui, en se propageant de l'est à l'ouest sur le globe, y produit le phénomène de la variation diurne.

Le retard d'environ deux heures qu'éprouvent dans leur arrivée les époques des *maxima* et des *minima* semble prouver que le mouvement atmosphérique qui se manifeste alors au delà du cercle polaire serait le résultat *dérivé* de la vague atmosphérique équatoriale dont la partie la plus boréale, en se mouvant le long du cercle polaire, mettrait en mouvement, de proche en proche, les zones d'air voisines, et finirait par leur communiquer sa marche progressive. Il ne paraît pas indispensable d'admettre qu'une onde aille, en se propageant de l'équateur vers les pôles, le long d'un même méridien pour expliquer ce mouvement périodique.

Causes de toutes les oscillations barométriques. — Il existe peu de phénomènes sur lesquels on ait fait autant d'hypothèses que sur les oscillations barométriques. Si le baromètre est haut et que le temps soit beau; s'il est bas et qu'il pleuve, on dit que l'instrument avait prédit le temps avec exactitude. Mais si, le baromètre étant haut, le temps reste couvert ou pluvieux, ou s'il est bas pendant le beau temps, tout le monde se récrie sur l'infidélité de cet instrument; mais il ne mérite ni les éloges ni les injures qu'on lui adresse. Le baromètre indique la pression atmosphérique; il monte ou descend suivant qu'elle augmente ou qu'elle diminue. Si ces changements coïncident le plus souvent avec des changements dans le temps, cela ne veut pas dire qu'ils soient intimement liés avec eux, cette coïncidence tient à la position particulière du continent européen. Quand on possédera des observations de toutes les contrées du globe, on verra qu'elles ne sont qu'un phénomène tout à fait local.

Voici la loi de ces oscillations : *Quand le baromètre baisse dans un pays, cela tient à ce que la température de ce pays est plus élevée que celle des contrées avoisinantes, soit parce qu'il s'est échauffé directement, soit parce que ces contrées se sont refroidies ; au contraire, l'ascension du baromètre prouve que ce pays devient plus froid que ceux qui l'entourent.*

Pour démontrer complétement cette théorie, il faudrait avoir des observations correspondantes d'un grand nombre de points ; mais en observant le baromètre et le thermomètre d'une seule station, on voit déjà qu'en général le thermomètre monte quand le baromètre descend. Pour découvrir la loi, il suffit de chercher de combien le thermomètre monte ou descend quand le baromètre descend ou monte de 1, 2, 3 millimètres.

On peut, en hiver surtout, s'assurer de l'exactitude de cette loi en observant le baromètre pendant quelques jours. Toutefois le baromètre baisse souvent sans que le thermomètre monte, mais alors on peut s'assurer qu'il a baissé dans les contrées voisines.

Tous les grands changements de température sont ordinairement produits par les changements des vents; et comme ceux-ci ont une influence marquée sur le baromètre, on voit d'avance que les variations des deux instruments ne sauraient être indépendantes l'une de l'autre. Si donc l'on compare entre elles les roses barométrique et thermométrique des vents d'une certaine localité du globe, on pourra en conclure, *jusqu'à un certain point*, les rapports qui lient dans ce lieu les oscillations simultanées de la température et de la pression. Cette comparaison est généralement très-favorable à la loi des *oscillations inverses*; les vents qui dépriment le baromètre font monter le thermomètre, ceux qui produisent le plus haut état de la colonne barométrique donnent en même temps les températures moyennes les plus basses.

Mais il n'en est pas toujours ainsi : en certains lieux du globe, l'action des vents est différente. Les observations faites près du cap Nord par les membres hibernants de la Commission du Nord, et calculées par M. Bravais, en fournissent la preuve. Lorsque les vents de l'O.-N.-O. ou du nord viennent à remplacer les vents d'est ou de S.-E., et à souffler avec une certaine force, le baromètre commence à monter à raison de 0mm .25 par heure, et le thermomètre éprouve un changement correspondant de + 0° 75, du moins pendant les six ou douze premières heures. Si les vents de l'ouest au S.-O. avaient remplacé ces mêmes vents d'est et de S.-E., les résultats auraient été peu différents ; l'ascension moyenne horaire du baromètre eût été égale à 0 mm 17, et celle du thermomètre égale à 0°, 5.

Dans le cas actuel, *la loi des variations en sens contraire* a à lutter contre une influence qui lui est défavorable, celle produite par les changements de vents. Mais, d'un autre côté, il peut y avoir de grandes variations dans le baromètre et le thermomètre sans que le vent change. C'est ce qui a lieu en effet, et en définitive, sauf quelques exceptions dues à des observations trop peu nombreuses ou à une trop grande part d'action exercée par les changements de vents. Les observations de la Commission française, en Finmark, pendant les six mois d'hiver 1838-1839, vérifient la loi de l'antagonisme des marches. Ainsi, en plaçant dans la première colonne le changement diurne du baromètre d'un minuit à l'autre, et dans la colonne voisine le changement moyen correspondant qu'éprouve le thermomètre, on trouve :

Marche inverse du baromètre et du thermomètre.

CHANGEMENT DIURNE DU

BAROMÈTRE.	THERMOMÈTRE.
+6mm	—0°, 65
+3	—0, 82
0	—0, 29
—3	+1, 41
—6	+0, 62

Hors de ces limites, l'antagonisme est sujet à de plus nombreuses exceptions, attendu que les *grandes* et *brusques* variations barométriques supposent ordinairement un changement de vent.

Tous les instruments météorologiques, savoir : la girouette, le thermomètre, l'hygromètre, indiquent uniquement ce qui se passe au point où ils se trouvent. Ainsi quoique l'ascension du thermomètre prouve souvent que l'air s'est réchauffé, le sol peut quelquefois produire un effet semblable sur l'instrument. Le baromètre nous indique la pression moyenne de l'atmosphère jusqu'à sa limite, et signale les ruptures d'équilibre dans la température. Si nous avions un instrument qui nous indiquât les changements de température des régions supérieures de l'air, une foule d'anomalies se trouveraient expliquées : on le voit déjà quand on connaît les changements qui ont eu lieu à un point situé à 1000 ou 1200 mètres au-dessus de notre tête.

S'il est difficile d'expliquer les variations irrégulières du baromètre, il l'est encore plus de se rendre compte de ses oscillations diurnes. Quelques physiciens ont admis une attraction du soleil ou de la lune qui déterminerait des marées atmosphériques analogues à celles de la mer. Quoique ces deux phénomènes aient une certaine analogie entre eux, ils présentent toutefois de telles différences qu'une même explication ne saurait leur être appliquée ; car si l'on admet une attraction lunaire, le moment du *maximum* devrait varier avec la position de la lune relativement au méridien, comme on l'observe pour les marées. Rien de semblable ne se passe dans l'atmosphère.

Il est probable que ce phénomène tient à l'action calorifique du soleil; Bouguer l'avait soupçonné, et Laplace et Ramond ont admis cette explication. En effet, tant que le soleil est dans notre méridien, il échauffe la portion du globe terrestre située entre les lieux pour lesquels il se couche, et ceux pour lesquels il se lève dans ce moment. Cet échauffement est surtout très-marqué entre les méridiens qui marquent 9 heures du matin et 3 heures du *soir*, tandis que le soleil marque midi pour nous. Dans cet intervalle l'air se dilate, s'élève, s'écoule vers les régions voisines, et le baromètre baisse; mais il monte, au contraire, sous le poids des masses d'air qui se sont écoulées entre les méridiens de 9 heures et de 3 heures, puis de 5 heures et de 21 heures (9 heures du *matin*). Dans le dernier de ces espaces, l'atmosphère est moins élevée, parce que l'influence nocturne n'est pas encore détruite, et l'air s'écoule au-dessus d'elle. A 5 heures l'air se refroidit, parce que la chaleur du jour est passée; ce mouvement se propage ainsi d'un pays à l'autre. Le baromètre baisse donc entre 9 heures du matin et 4 heures du soir, parce que la chaleur du jour a diminué de densité l'atmosphère, dont la hauteur est moindre de toute l'épaisseur des couches qui se sont écoulées vers les régions voisines; de là les deux *maxima* et le *minimum* du jour. Quant au *minimum* du matin, il est suivi, à l'est de l'endroit où il a lieu, d'un *minimum* de température, et une partie de l'air des contrées occidentales s'écoule de ce côté: de là une baisse du baromètre.

L'influence des saisons sur ce phénomène s'explique de même aisément. Dès qu'au printemps les jours deviennent plus longs, le *minimum* de température du matin a lieu plus tôt, le *minimum* barométrique se rapproche aussi de minuit; il en est de même des autres heures tropiques. En été, où les différences de température sont plus grandes, la variation diurne est aussi plus forte.

On ne peut nier qu'il existe encore plus d'une difficulté à résoudre. On ne saurait expliquer l'accroissement de l'amplitude oscillatoire à mesure qu'on s'éloigne de l'équateur, où les différences des extrêmes de température ne sont pas plus grandes en moyenne que dans les latitudes plus élevées, à moins d'admettre avec Daniell que l'air coule non-seulement dans une direction perpendiculaire au méridien, mais encore parallèlement de l'équateur au pôle. Il est probable aussi que l'amplitude de l'oscillation doit être plus faible en pleine mer que dans les continents, où les extrêmes de température sont plus marqués. Le petit nombre d'observations faites sous les tropiques que nous possédons, semblent confirmer cette hypothèse, tandis que celles qu'on a recueillies dans des latitudes plus élevées ne lui sont pas favorables.

Hauteur du baromètre au bord de la mer. Longtemps on a cru qu'elle était la même à toutes les latitudes. Le nombre des observations n'étant pas suffisant pour résoudre la question, on s'appuyait sur des considérations théoriques; on disait que les conditions d'équilibre de l'océan aérien ne permettaient pas d'admettre une pression inégale à différentes latitudes. On oubliait que ce prétendu équilibre n'existe pas; car si dans nos latitudes les oscillations dues aux changements de temps finissent par se compenser, il n'en est pas de même entre des zones différentes; l'existence même des vents alizés près de l'équateur, et des vents d'ouest dans les hautes latitudes en est une preuve suffisante. Le courant ascendant qui, dans les régions supérieures, se dirige toujours vers les pôles, entraîne l'air de l'équateur, et la pression plus forte qui en résulte ramène l'air du pôle vers l'équateur, et donne naissance aux vents alizés. MM. Schouw, *Erman*, *Herschell*, *Munke* et Poggendorff ont successivement abordé ce sujet; et quoique l'influence de la latitude ne soit pas aussi exactement connue qu'on pourrait le désirer, cependant nous possédons déjà des approximations *très-satisfaisantes*.

Les résultats principaux auxquels on est parvenu sont les suivants:

1° On peut admettre, en moyenne, qu'au bord de la mer la pression atmosphérique est de 761mm 35.

2° A l'équateur elle n'est plus que de 758 millimètres ou un peu au-dessus.

3° A la latitude de 10 degrés la pression augmente, et entre le 30e et le 40e degré elle atteint son *maximum*, car elle s'élève à 762 ou 764 millimètres.

4° A partir de cette zone elle diminue, et vers le 50e de latitude elle n'est plus que de 760mm, et dans les contrées plus septentrionales elle descend à 756 millimètres environ.

On comprend qu'à l'équateur, d'où l'air s'écoule sans cesse, la pression doit être moindre; à la latitude de 30°, où la pression atteint son *maximum*, l'alizé supérieur S.-O. lutte avec l'alizé inférieur N.-E., et il en résulte une accumulation d'air et une pression plus forte.

On ne peut se rendre compte pourquoi la pression diminue dans les latitudes élevées; car, en ayant égard seulement à la température de la terre et aux lois des gaz permanents, elle devrait augmenter à mesure qu'on s'éloigne de l'équateur: l'expérience prouve le contraire. Mais il y a lieu de douter qu'on puisse appliquer à *toute* l'atmosphère les lois dont nous venons de parler; car elle se compose d'air et de vapeur d'eau; or, la tension de la vapeur d'eau diminue, et dans les hautes latitudes celle-ci se résout en pluie. L'air sec est le seul dont la pression augmente. Malheureusement nous manquons d'observations hygrométriques suffisantes faites à différentes latitudes pour isoler ces deux pressions; toutefois on peut, sans grande erreur, estimer la tension de la vapeur d'eau sous l'équateur à 25mm; à la latitude de 35°, à 14mm, 6; et à celle de 70°, à 4mm, 5. En soustrayant ces quantités de celles que nous avons trouvées pour la pres sion atmosphérique à ces mêmes latitudes, nous obtiendrons pour la pression de l'air sec les nombres suivants : à l'équateur 733mm; à la latitude de 35°, 748mm; et vers le 70°, 752mm; ainsi, d'une manière générale, la pression diminue de l'équateur aux pôles.

Hauteur du baromètre dans les diverses saisons.

Dans tous les lieux situés au nord de l'équateur, la pression diminue à partir de janvier, et augmente jusqu'en hiver. A Calcutta, où l'on a fait une série d'observations comprenant huit années, et où toutes les perturbations accidentelles n'existent plus, cette différence s'élève à plus de 16 millimètres; elle paraît être plus forte dans l'Inde qu'en Amérique, et diminue à mesure que la distance à l'équateur augmente.

Si l'on examine la pression de l'atmosphère tout entière, on trouve que le *minimum* de l'été ne diffère du *maximum* de l'hiver que d'un petit nombre de millimètres, et que dans la saison chaude la différence est marquée par la tension de la vapeur d'eau. La combinaison de ces deux pressions amène un *minimum* au printemps, parce qu'alors la pression de l'air sec diminue rapidement, tandis que la quantité de vapeur n'est pas encore considérable. On retrouve les traces d'un second *minimum* en automne, parce que la pression de l'air sec augmente lentement. Entre les tropiques cette période de la pression de l'air sec est plus marquée; et quoique la pression de la vapeur augmente en été, ses variations ne sont cependant pas assez fortes pour masquer celles de l'air sec.

Ce fait, que la hauteur barométrique est moindre en été qu'en hiver, résulte des causes déjà énumérées, savoir, des changements de pression, et démontre d'une manière évidente les mouvements de l'océan aérien sur toute la surface du globe; non-seulement ces mouvements se font sentir dans des contrées rapprochées, mais d'un pôle à l'autre. A l'époque des équinoxes, où, sur toute la terre la température est égale à la moyenne annuelle, on observe partout la pression moyenne de l'air sec. Le soleil s'avance-t-il vers l'hémisphère boréal, celui-ci s'échauffe, tandis que l'hémisphère opposé se refroidit. Il en résulte un écoulement de l'air de l'hémisphère boréal vers l'hémisphère austral, et un déplacement des vents alizés vers le nord; en d'autres termes, le baromètre se tient plus bas dans l'hémisphère où règne l'été, et plus haut dans celui où règne l'hiver. Plus les pays se rapprochent de la limite où cet échange a lieu, et plus les différences seront marquées : la résistance que l'air éprouve à la surface de la terre rendra ces effets beaucoup moins appréciables dans les pays éloignés de cette limite; c'est pourquoi les différences entre la pression de l'air sec en été et en hiver sont plus petites dans de hautes latitudes que sous l'équateur. Des observations ultérieures prouveront qu'à latitude égale elles sont plus grandes dans l'intérieur des continents que sur les bords de la mer.

Cet échange est intimement lié à la dépendance où sont les vents des saisons de l'année et aux propriétés qu'ils leur doivent. Au printemps, lorsque la pression atmosphérique se rapproche de la moyenne, l'air s'échauffe, le vent nous arrive des contrées boréales, et repousse le vent régnant de S.-O. De là les tempêtes et les coups de vent de l'équinoxe. Cette lutte des vents froids du nord avec les vents chauds du midi amène des mélanges d'air sec et d'air humide et un temps variable, où la pluie, la neige et le grésil alternent à de courts intervalles avec un ciel parfaitement pur. En automne, au contraire, lorsque l'air vient du sud, ce sont les vents du midi qui prédominent; ils versent sur l'Europe méridionale l'eau dont ils sont chargés, et arrivent chez nous parfaitement secs; de là le beau temps qui règne quelquefois au milieu de l'automne, et que l'on connaît en France sous le nom d'*été de la Saint-Martin*; en Allemagne il s'appelle l'*été des vieillards*, et l'*été indien* dans l'Amérique septentrionale.

La pression atmosphérique varie avec la direction du vent; partout le baromètre est très-haut quand le vent souffle entre l'est et le nord, et très-bas quand il vient d'un point compris entre le sud et l'ouest; sa hauteur varie assez régulièrement entre ces deux extrêmes. Dans quelques endroits cependant on trouve des anomalies; ainsi à Vienne et à Bade la pression est très-faible avec les vents d'est, et à Pétersbourg le *minimum* coïncide presque avec le N.-O. Ces anomalies n'ont pas encore été bien expliquées.

Aux Etats-Unis c'est avec le N.-O. que le baromètre est le plus haut, avec le S.-E. qu'il est le plus bas; il en est de même de Pékin en Chine. En réunissant ces faits, nous en conclurons que *le baromètre atteint son maximum quand les vents soufflent du nord et de l'intérieur des continents; son minimum, quand ils viennent de l'équateur ou de la mer.*

Après ce que nous avons dit de l'influence des vents sur la température, nous pouvons expliquer facilement ces phénomènes : la pression est forte avec les vents froids, faible avec les vents chauds. L'air est-il refroidi par des vents du nord, il se contracte; les limites de l'atmosphère s'abaissent, et l'air chaud afflue de tous côtés : de là l'ascension du baromètre. L'air est-il réchauffé par des vents du sud, il s'élève et s'écoule dans tous les sens.

Etat du baromètre pendant la pluie.—Déjà Toricelli avait remarqué que le baromètre était bas à l'approche de la pluie; on admit comme positif que la diminution de pression doit amener la pluie, tandis que le temps doit rester beau tant que le baromètre est haut. Si cette coïncidence n'a pas lieu, alors ce sont des lamentations sans fin sur l'inexactitude du baromètre en général, ou des accusations contre celui que l'on observe en particulier. Il serait mieux de gémir de ce qu'un préjugé peut s enraciner à ce point dans la grande généralité des esprits.

La loi qui préside à toutes les oscillations du baromètre, lesquelles n'indiquent que des différences de température entre des contrées peu éloignées, trouve encore ici son application. Si la baisse de la colonne précède ordinairement la pluie, cela tient à la position particulière de l'Europe ; en effet, les vents de S.-O., qui sont les plus chauds, font baisser le baromètre; ce sont aussi ceux qui nous amènent la pluie; de là, la coïncidence observée. Les vents froids du N.-E., au contraire, élèvent la colonne barométrique et s'accompagnent presque toujours d'un ciel pur et serein.

Pendant longtemps, les physiciens s'efforcèrent vainement d'expliquer la relation qui lie ces deux phénomènes ; Deluc est le premier qui l'ait indiquée d'une manière générale ; et quoique son hypothèse ne soutienne pas une discussion approfondie, elle est cependant généralement adoptée. Un décimètre cube de vapeur d'eau étant moins lourd qu'un décimètre cube d'air, Deluc explique toutes les oscillations barométriques par la plus ou moins grande proportion de vapeur d'eau contenue dans l'hémisphère. En effet, quand un certain volume d'air absorbe une certaine quantité de vapeur, il se dilate ; l'atmosphère dans ce point est plus haute que dans les points environnants, une partie de l'air s'écoule de tous côtés, et la pression de la partie restante est moindre, à cause de la proportion de vapeurs qu'elle contient. Ce principe établi, il en déduit une foule de conséquences dont voici les plus importantes.

1° Lorsque l'air chargé de vapeurs, qui vient de la mer, parcourt le continent, la pression atmosphérique diminue sur tout le trajet qu'il parcourt, et le baromètre baisse. 2° Si ces masses d'air humide s'accumulent dans une contrée, les vapeurs finissent par s'élever dans les régions supérieures de l'atmosphère, où elles forment des nuages. Alors le baromètre baisse de plus en plus, non parce que les nuages diminuent le poids de l'atmosphère, mais parce que la proportion de vapeur va toujours en augmentant. 3° Les vésicules des nuages finissent par se réunir, et alors la pluie tombe. 4° Quand le ciel est serein et l'air humide, le baromètre baisse si la rosée est abondante. 5° Le baromètre baisse par les vents du sud et de l'ouest, parce qu'ils nous amènent de l'air humide ; il monte au contraire sous l'influence des vents secs de l'est et du nord : aussi pleut-il avec les premiers, tandis qu'il fait beau temps avec le dernier. 6° Si le ciel est pur avec des vents du sud, ou couvert avec les vents du nord, le baromètre ne l'indique pas. 7° L'arrivée de l'air chargé de vapeurs vient-elle à cesser pendant la pluie, alors celle-ci entraîne les vapeurs vers la terre; l'air sec afflue de tous côtés, la pression augmente, le baromètre monte, et l'on peut affirmer que la pluie sera de courte durée 8° Le baromètre commence-t-il à monter uniquement parce que le vent chargé de vapeurs ne souffle plus, alors la pluie peut continuer encore tant que les nuages sont assez denses pour se résoudre en eau ; mais si le vent saute au N.-E., ce vent sec dissout les vapeurs, et les nuages se dissipent instantanément. 9° Quand les vapeurs accumulées dans une région montent dans l'atmosphère, elles se condensent en nuages; il peut alors s'élever un vent qui souffle uniquement dans les régions élevées de l'atmosphère, et chasse les nuages vers un pays où le baromètre est élevé : il y pleuvra sans que le mercure baisse, parce que ce vent n'arrive pas chargé de vapeurs. Il pleut donc dans ce pays, quoique le baromètre soit haut; et il ne pleut pas dans celui où les nuages se sont formés, quoiqu'il soit bas. 10° Le baromètre indiquant l'état de la colonne d'air tout entière, et l'hygromètre seulement celui de l'air au lieu de l'observation, la marche des deux instruments peut être fort différente. 11° La chaleur dilate l'air et diminue son poids; elle agit encore bien plus énergiquement sur les vapeurs. Plus la moyenne de l'hiver différera de celle de l'été, et plus la proportion de vapeur d'eau sera différente dans ces deux saisons, plus aussi les oscillations barométriques seront grandes. Car si pendant l'été l'air est chaud et qu'il se charge en outre de vapeurs, le baromètre doit baisser ; aussi, dans le Nord, où la différence entre la température de l'hiver et celle de l'été est très-grande, le baromètre oscille beaucoup, tandis qu'il est presque immobile dans le voisinage de l'équateur.

Cette théorie fut accueillie avec beaucoup de faveur, parce qu'elle embrassait mieux que toutes celles qui l'avaient précédée l'ensemble des phénomènes. Toutefois son auteur lui-même l'a tellement modifiée par la suite, qu'il n'a pas craint de soutenir que l'air se métamorphosait en vapeur d'eau et même en eau sous l'influence de certaines affinités, pour repasser ensuite à l'état d'air dans des circonstances différentes. Les conséquences de détail restaient les mêmes. Mais l'idée fondamentale de l'hypothèse de Deluc est contraire aux plus simples notions de physique et de chimie; car, quand les éléments de l'air se combinent, c'est de l'acide azotique, et non pas de l'eau, qui se produit. Déjà de Saussure, compatriote et contemporain de Deluc, avait montré que les oscillations barométriques ne dépendent pas uniquement des vapeurs; ses arguments ont été corroborés par tous les travaux postérieurs des physiciens sur ce sujet, et cependant l'hypothèse de Deluc est reproduite dans presque tous les traités de physique et de météorologie de la fin du siècle dernier et du commencement de celui-ci : rarement les objections de de Saussure s'y trouvent consignées.

Après avoir déterminé la quantité de vapeur contenue dans l'air aux divers degrés du thermomètre et de l'hygromètre à cheveu, de Saussure fit connaître un grand nombre de faits qui ne s'accordaient pas avec la théorie de Deluc; car si les vapeurs agissaient comme il le prétendait, les variations barométriques devaient être énormes. Supposons, en effet, que le point de rosée fût à 25° : la tension de la vapeur ferait équilibre à une colonne de mercure de 23 millimètres; si toute cette vapeur se précipitait ensuite à l'état d'eau, ce qui n'arrive jamais, le baromètre remonterait de la même quantité. Mais dans nos contrées on n'observe jamais de telles différences dans la quantité de vapeur d'eau, tandis que les extrêmes des oscillations barométriques dépassent de beaucoup 23 millimètres. De plus, c'est dans les pays et la saison où la chaleur est la plus forte et l'évaporation très-active que l'on devrait observer les plus grandes oscillations, c'est-à-dire en été et aux environs de l'équateur : or, l'expérience montre précisément le contraire.

L'hypothèse de Deluc repose sur un principe dont Dalton, Gay-Lussac et d'autres ont prouvé la fausseté. A tension égale, un volume d'air humide pèse moins qu'un volume égal d'air sec; mais lorsque l'eau s'évapore tranquillement à l'air libre, les vapeurs montent à travers les *interstices* des particules aériennes, sans avoir d'influence par leur poids ou leur élasticité sur les mouvements de l'air. La pression atmosphérique s'est donc accrue du poids de la vapeur d'eau. Toutes choses égales d'ailleurs, le baromètre doit donc se tenir plus haut dans l'air humide que dans l'air sec. L'observation semble contraire à cette assertion, puisque c'est par les vents chargés de vapeurs que le baromètre est le plus bas. Mais les vents de S.-O., qui nous amènent la pluie, sont aussi les plus chauds de tous; ils tendent à élever la colonne barométrique par la pression de leur vapeur, et à l'abaisser par leur température. Cette dernière influence étant la plus énergique, la pression diminue, et c'est par leur température que les vents de mer abaissent le baromètre dans nos climats. Dans d'autres pays, ils agissent d'une manière différente; ainsi Flinders a fait voir, dans un travail sur les oscillations barométriques sur les côtes de la Nouvelle-Hollande, qu'en dehors des tropiques les vents secs qui soufflent de la terre font baisser le baromètre, ce qui s'explique très-bien par les remarques de Péron sur la température élevée de ces vents. A l'embouchure de la Plata, le baromètre se tient plus haut par les vents de mer orientaux que par les vents d'ouest qui soufflent de la terre.

Dans ces recherches, nous devons distinguer d'abord l'état du baromètre pendant les pluies continues, et celui qui accompagne des averses courtes et isolées. Si celles-ci sont fréquentes et dues à des nuages qui s'approchent du zénith, on peut compter sur une ascension du baromètre de plusieurs dixièmes de millimètre; c'est ce qui arrive souvent à l'approche des orages; quelquefois aussi le baromètre redescend à son point de départ lorsque le nuage s'éloigne. Pendant les orages, on peut même affirmer que le plus fort est passé lorsque le baromètre cesse de monter ou commence à descendre; cela tient à ce que la pluie qui tombe refroidit les couches inférieures de l'atmosphère, et que de tous les côtés des masses d'air viennent affluer vers ce point. Il arrive aussi que le baromètre monte régulièrement pendant plusieurs jours; dans ce cas, les vents du sud ont été chassés par les vents du nord; et là où ils se rencontrent, le mélange des couches d'air de température inégale a amené la condensation des vapeurs, alors le baromètre monte sous l'influence de ces vents froids : c'est ce qu'on voit pendant les orages en hiver. Si l'orage vient du sud et que le baromètre baisse, il remontera après les premiers éclairs.

Mais en général, par les temps de pluie, le baromètre se tient à 5 millimètres environ au-dessous de sa moyenne, hauteur qui correspond aux vents de sud et de S.-O.

On ne doit s'attendre à des pluies continues que dans le cas où le baromètre se tient au-dessous de la hauteur correspondante au vent régnant. Ces phénomènes sont en rapport avec ce que nous avons dit sur la formation de la pluie. Dès que les vents de S.-O. s'élèvent, il y a diminution de pression et *formation* de *cirrus*; mais c'est seulement si le vent continue et si le baromètre baisse de plus en plus que la *quantité* de vapeur devient assez considérable pour se *précipiter* sous forme de pluie : aussi avec ces vents la hauteur barométrique est-elle moindre que leur moyenne générale. Mêmes phénomènes pour les vents du nord : dès qu'ils commencent à souffler, le baromètre monte; mais comme ils se mêlent à un air que les vents précédents de l'ouest ont chargé de vapeurs, ils déterminent la précipitation de la pluie par l'influence de leur température. S'ils continuent à souffler, l'air se dessèche, le baromètre monte, et le beau temps revient.

Ainsi on a raison de marquer sur les baromètres ordinaires au mot *pluie* un point situé à 4 ou 5 millimètres au-dessous de la moyenne annuelle; mais il ne faut jamais perdre de vue deux circonstances, la direction du vent et l'état de l'atmosphère au moment de l'observation.

M. Dove a étudié avec soin l'influence du vent. Il s'appuie sur sa théorie de la rotation des vents de l'est par le sud à l'ouest, et, partant des principes qu'il a établis, il en déduit les conséquences suivantes :

1° A l'ouest de la rose des vents, un vent froid succède à un vent chaud; à l'est, au contraire, un vent chaud succède à un vent froid, car le N.-O. est plus froid que l'ouest, le S.-E. plus chaud que le sud.

2° A l'ouest, le vent du nord, qui est plus pesant, chasse plus vite le vent du sud, qui est plus léger. A l'est, le vent du sud ne repousse pas aussi vite le vent du nord; aussi le baromètre descend-il plus souvent qu'il ne monte, mais il monte plus vite qu'il ne descend.

3° A l'ouest de la rose des vents, l'élasticité de la vapeur d'eau du vent qui suit est moindre que celle du vent qui précède; c'est le contraire à l'est; le N.-O. est moins humide que l'ouest, le S.-E. est plus chargé de vapeurs que le vent d'est.

4° A l'ouest, le vent froid souffle dans le bas et se substitue de bas en haut au vent du sud qui le précédait; à l'est, le vent chaud arrive d'en haut et se substitue au vent froid de haut en bas. En même temps la vitesse du vent diminue à l'ouest du sud au nord, et augmente à l'est du nord au sud.

Il résulte de ces faits que le nombre des précipitations de vapeur aqueuse (eu égard à la fréquence relative des vents) est plus grand à l'ouest qu'à l'est; cela ne tient pas uniquement à la tension de la vapeur d'eau, car il pleut beaucoup plus par le vent d'ouest que par celui de S.-E., quoique l'élasticité de leur vapeur d'eau soit sensiblement la même. A l'ouest, un vent froid succédant à un vent chaud; à l'est, un vent chaud à un vent froid, on peut expliquer pourquoi l'on disait que la capacité pour la vapeur augmentait à l'est et diminuait à l'ouest. La pluie dépendra de la prédominance du vent humide ou du vent sec. L'irruption des vents du nord à l'ouest et la prédominance graduelle des vents du sud à l'est font qu'à l'ouest il y aura un mélange subit de couches d'air inégalement chauffées, à l'est une substitution lente d'un vent à l'autre. C'est donc entre le sud et l'ouest que nous aurons le plus de pluie, et le moins entre le nord et l'est; car, à cause de la rotation rapide du sud au nord, les différences de température des vents qui se mêleront à l'ouest seront plus grandes que celles des vents d'est, et pour la même raison les pluies s'élèveront plus vers le nord dans la région de l'ouest que dans l'autre. Mais comme c'est en hiver que les températures des vents diffèrent le plus, il y aura plus de pluies en hiver qu'en été, et en même temps la rotation du vent sera plus rapide; par le N.-E. il neigera plus souvent qu'il ne pleuvra.

Si un mélange instantané des vents est une condition favorable à la précipitation de la vapeur aqueuse, il s'ensuivra que, pendant la pluie, le baromètre doit monter rapidement à l'ouest et baisser à l'est. Le vent, il est vrai, ne parcourt pas régulièrement tous les azimuths de la rose des vents; il saute souvent en sens contraire, surtout à l'ouest. Mais il résulte de ce que nous avons dit qu'à l'ouest un changement dans la direction du vent, dans un sens opposé à la rotation normale, se combine rarement avec une précipitation de vapeur aqueuse; à l'est, au contraire, les changements rares et exceptionnels dans le sens de la rotation seront accompagnés de pluie. Ainsi, avec le baromètre qui monte, on verra plutôt de la pluie à l'est qu'on en observera à l'ouest avec le baromètre qui descend. La hausse du baromètre pendant le vent pluvieux sera donc plus grande à l'ouest que sa hausse moyenne par des vents d'ouest. Pour des vents d'est pluvieux, au contraire, la baisse sera moindre que la moyenne pour les vents d'est en général; mais, à cause de la rotation normale, ces pas rétrogrades doivent être compensés par des pas en avant. Toutefois une marche rétrograde étant beaucoup plus fréquente à l'ouest qu'à l'est, il s'ensuit que la baisse du baromètre avec des vents d'ouest indiquera une pluie prochaine, parce que le vent devra de nouveau tourner au nord, nouvelle cause de pluie dans la moitié occidentale de la rose des vents. Une pluie continue n'est pas une précipitation unique, mais la répétition fréquente du même phénomène, que la girouette indique en tournant toujours de l'ouest au S.-O., et le baromètre en oscillant sans cesse.

L'ascension rapide qui accompagne la rotation de l'ouest au nord fournit, suivant M. Dove, un moyen simple de trouver dans un lieu donné le sens de la rotation; dix observations avec le N.-O. sont suffisantes pour cela. Lorsqu'on confondait les phénomènes de l'ouest avec ceux de l'est, on voulait toujours que le baromètre montât ou descendît avant la pluie, et l'on s'engageait ainsi dans un dédale inextricable de contradictions. Lorsque, dans les conflits des vents du sud et du nord qui soufflent dans la demi-circonférence occidentale de la rose des vents, toute la vapeur en excès des premiers s'est précipitée, alors le N.-E., qui coule d'un pays plus froid dans un pays plus chaud, et dont la capacité pour la vapeur d'eau s'accroît sans cesse, ne précipite point de vapeur aqueuse à l'état de pluie; aussi a-t-on mis *beau temps* ou *très-sec* en face du point où se tient la colonne barométrique lorsque ce vent souffle. Le baromètre vient-il à descendre, on dit : Il va pleuvoir; on devrait dire : Le vent du sud va souffler de nouveau. Si l'on entend par baisse avant la pluie le temps pendant lequel le vent va du N.-E. à l'est et au sud, alors, sans contredit, le baromètre baisse *avant la pluie*. Mais on voit que c'est réunir deux phénomènes qui n'ont aucun rapport ensemble.

En comparant la marche de la température à celle des vents, et surtout la marche de l'instrument depuis le matin jusqu'au soir avec des vents différents, M. Dove est arrivé aux résultats suivants :

Dans la demi-circonférence occidentale de la rose des vents, la neige succède à la pluie; dans l'autre c'est le contraire.

De la neige avec des vents d'ouest annonce de nouveaux froids; avec des vents d'est, elle précède la chaleur. Le proverbe *nouvelle neige, nouveau froid*, est juste, parce qu'il neige plus souvent avec les vents d'ouest qu'avec ceux de l'est.

Veut-on appliquer ces principes aux variations accidentelles, alors ils se traduisent ainsi : De la neige avec baisse du baromètre se transforme en pluie; la pluie avec hausse du baromètre se change en neige. La neige avec le baromètre montant annonce un froid plus rigoureux; avec la baisse, une température plus douce.

Il en résulte aussi qu'il ne saurait neiger par un grand froid; car lorsque le vent du nord devient dominant et chasse celui du sud, il n'y a plus excès de vapeur d'eau dans l'atmosphère.

Une température constamment élevée après la pluie annonce de nouvelles pluies, car à l'est elle dépend de la prédominance régulière du vent méridional. A l'ouest, elle provient d'un changement dans un sens contraire à celui de la rotation régulière, changement qui doit être compensé par le retour de l'état normal, et amener par conséquent une nouvelle précipitation de vapeur aqueuse.

La substitution de bas en haut du vent le plus froid au vent le plus chaud, sur le côté occidental du compas, annonce simultanément la formation de nuages, leur précipitation à l'état de neige ou de pluie, et une hausse barométrique. Souvent le vent précède les autres phénomènes, tandis qu'à l'est la formation des nuages précède le vent. A l'ouest la formation des nuages se fait de bas en haut, à l'est de haut en bas. Quand les nuages cessent de se former, comme le vent du nord devient dominant, on dit qu'ils se déchirent, phénomène fort différent de la dissolution des *cumulus*, qui a lieu lorsque dans les beaux jours le courant ascendant vient à cesser. Les formations brusques des nuages appartiennent à l'ouest, où se font les mélanges rapides ; leur développement successif se fait à l'est ; le *cumulo-stratus* correspond à l'occident, le *cirrus* à l'orient. Celui-ci est une précipitation due à l'intervention d'un vent plus méridional ; celui-là une précipitation déterminée par un vent froid qui pénètre dans un air chaud.

Dans nos climats, les choses se passent le plus souvent ainsi ; toutefois, en comparant la marche du baromètre avec les modifications de l'atmosphère, on observera souvent une succession différente dans les phénomènes. N'oublions pas d'abord que la direction du vent varie quelquefois sur des points très-rapprochés ; on rattache donc la hauteur barométrique à un vent auquel elle ne correspond pas. En outre il faut non-seulement tenir compte de la température et de l'humidité de la masse d'air qui arrive, mais encore des mêmes éléments dans l'air qui environne l'observateur. Cet air est-il très-humide, alors la pluie sera bien plus probable que dans le cas contraire. Un tel état relatif peut régner pendant des saisons entières, auxquelles il imprime son caractère.

Les instruments météorologiques ne nous disent que ce qui se passe dans le point où ils se trouvent. Si nous pouvions connaître la chaleur moyenne et le degré d'humidité, ainsi que la direction du vent de toutes les régions de l'atmosphère, alors nous pourrions prévoir le temps avec une grande certitude. Un seul exemple suffit pour le prouver. Supposons qu'à la hauteur de 1300 mètres le point de rosée soit à zéro : si la température est seulement à 1° au-dessus de zéro, il se formera tout au plus quelques nuages isolés que le soleil dissipera sans peine : si la température s'abaisse au contraire à 1°, il tombera de la pluie. Mais à ces hauteurs il y a des variations de température bien plus fortes, quand même le thermomètre ne bouge pas à la surface de la terre.

Du baromètre pendant les tempêtes. — Lorsque la température est très-élevée sur un point de la terre et très-basse sur les autres, alors l'équilibre ne peut plus subsister, une partie de l'air s'écoule des régions plus chaudes vers les régions plus froides, et la pression est différente dans des pays plus ou moins éloignés. Rarement ces changements s'opèrent sans agitation : l'air se meut avec vitesse, et il en résulte des tempêtes. Le baromètre oscille et baisse rapidement pour remonter de même. Ces oscillations caractéristiques se font à de courts intervalles ; elles sont irrégulières, et doivent être regardées comme une conséquence de l'inégalité de pression qui détermine la tempête. Ce que nous avons dit des vents confirme pleinement cette opinion. Les tempêtes continues (car je ne parle pas de celles qui ne durent que quelques minutes) sont presque toujours précédées de grandes oscillations barométriques qui annoncent pour ainsi dire leur arrivée.

Ordinairement on ne tient pas note de ces oscillations, et l'on dit seulement que le baromètre est fort bas. Cette loi n'est pas générale. Chez nous, les tempêtes les plus violentes nous sont amenées par le vent de S.-O. ; et alors le baromètre baisse très-vite. Souvent il arrive que le vent cesse tout à coup, le calme survient, et au bout de quelques instants le vent souffle avec violence du N.-O., puis passe au N.-E. ; la température baisse, et, quoique le vent souffle aussi fort que dans le premier cas, le baromètre monte.

Les navigateurs, qui ont un si grand intérêt à connaître tous les signes précurseurs d'une tempête, rapportent une foule d'exemples de leur liaison avec les oscillations barométriques. Krusenstern attribue le bonheur avec lequel il a su toujours prévoir les coups de vent à la constance avec laquelle il observait le baromètre ; Scoresby affirme qu'il a prédit les tempêtes dix-sept fois sur dix-huit, en consultant le baromètre. On doit craindre un coup de vent, surtout en hiver, lorsque le thermomètre est haut et que le baromètre baisse rapidement.

Le manque d'observations simultanées sur un grand nombre de points ne permet pas de poursuivre ce phénomène jusque dans ses détails. Quand l'air se meut rapidement d'une région vers une autre, le baromètre doit baisser dans la première, monter dans la seconde. C'est une vague qui s'élève dans un point, s'abaisse dans un autre, mais dont il serait difficile de déterminer la forme, parce que nous ne savons pas de combien chacun de ses points est élevé au-dessus du niveau moyen des eaux. Les observations faites en Europe ne suffisent pas à la solution du problème ; des abaissements de plu sieurs centimètres ont souvent lieu sur toute la surface de l'Europe ; et c'est en Asie et en Amérique qu'il faudrait chercher la hausse correspondante.

Quand le baromètre oscille beaucoup, nous devons en conclure que la température et le temps éprouvent des variations extraordinaires sur un point quelconque du globe. Quoique le manque d'observations ne permette pas de prouver cette vérité jusque dans ses moindres détails, on peut l'établir d'une manière générale. Les années 1821 et 1822 en offrent un exemple remarquable. En 1821, vers Noël, le baromètre a subi en Europe une baisse extraordinaire. Elle fut suivie d'un hiver très-doux à Paris et dans d'autres villes de l'Europe occidentale ; les températures moyennes de janvier et de février furent supérieures de plusieurs degrés à la moyenne générale. Aux Etats-Unis, au contraire, l'hiver fut très-rigoureux ; le courant du *Gulfstream* se dirigea vers des points qu'il ne visite pas habituellement. En Perse, suivant le rapport de Fraser, l'hiver fut très-froid, de même qu'en Afrique, où les plaines de Kordofan furent couvertes d'une couche de neige, qui disparut, il est vrai, rapidement. A Paris, l'été suivant fut plus sec et plus chaud de plusieurs degrés que de coutume. Mais, pendant que les vents secs reprirent en Europe, des vents humides et violents soufflèrent constamment dans l'Inde; à Bombay, il tomba 83,7 centimètres d'eau de plus que la moyenne, et aussi dans le Kordofan l'armée turque souffrit beaucoup de pluies continuelles.

Quelque chose d'analogue se passa en 1824 et 1825. La terrible inondation du Rhin, dans l'automne de 1838, le débordement de la Néva à Pétersbourg, et les coups de vent de S.-O., qui, d'après les observations de Munke et Schübler, eurent lieu à Schlesvig et dans tout le Holstein, en sont une preuve. Le baromètre oscillait sans cesse, et les pluies étaient tellement abondantes, que partout, mais principalement dans l'Allemagne méridionale, des sources se firent jour dans les rues et sur les places des villes. Dans la même année, la moyenne des mois d'hiver fut très-élevée. En Islande, au contraire, suivant les observations de Thorstensen, à Reikiavig, la moyenne de décembre fut de plusieurs degrés au-dessous de la moyenne ordinaire, et le baromètre était très-haut, tandis qu'il était très-bas à Copenhague. Cette année, si pluvieuse en Europe, fut très-sèche dans l'Inde; car à Bombay la quantité de pluie fut de 118 centimètres au-dessous de la moyenne. En Afrique, il paraît qu'il y eut de violents coups de vent; car, dans la nuit du 19 janvier 1825, le navire anglais la *Clyde*, étant à 100 myriamètres de la côte d'Afrique, fut couvert de sable fin, que les vents d'est avaient apporté du désert. Dans l'Afrique orientale, Rüppel essuya de violents orages : phénomènes très-rares dans ces contrées, à en juger par l'effroi des habitants. Ley éprouva la même chose dans la Haute-Egypte. L'été suivant toute la partie septentrionale de l'Afrique tropicale fut en proie à une grande sécheresse, et l'inondation du Nil ayant manqué, il en résulta une disette complète.

Les mêmes perturbations se manifestèrent sur les deux bords du Grand-Océan. En Californie, il y eut pendant l'automne de violentes tempêtes, de même qu'aux îles Sandwich et aux Philippines. Même les vents alizés ne soufflèrent pas régulièrement sur la mer. Ces faits prouvent que les phénomènes anormaux de l'Europe ne sont point isolés, mais se propagent sur toute la périphérie du globe.

Pour démontrer cette vérité, je rapporterai encore les observations suivantes. On sait que l'hiver de 1829 et 1830 a été un des plus froids qu'on ait eus depuis longtemps en Europe ; ce même hiver a été tellement doux en Amérique, qu'il n'y avait pas de glace sur la côte occidentale : ce qui permit au capitaine Ross de s'avancer si loin vers le nord.

L'hiver le plus doux que nous ayons eu depuis longtemps est celui de 1833 à 1834, mais il avait été précédé de violentes perturbations. Depuis le commencement de juillet les vents du S.-O. furent dominants dans presque toute l'Europe. Ils étaient souvent d'une violence extrême, surtout à la fin d'août et au commencement de décembre. Les journaux étaient remplis de nouvelles de naufrages sur les côtes de France et d'Angleterre. Dans les Alpes, il y eut des tempêtes, et il tomba des masses de neige et des quantités de pluie telles que les habitants furent forcés de se réfugier dans la plaine avec leurs troupeaux, dès le commencement de septembre. Des coups de vent violents se firent sentir dans la mer des Antilles et à la Nouvelle-Zemble. Dans l'Inde, au Brésil et à la Guyane, la sécheresse fut si grande qu'un grand nombre d'habitants moururent de faim. En Chine, il y eut des inondations terribles, mais la crue du Nil fut tout à fait insignifiante. La lutte entre les vents du sud et ceux du nord se renouvela plusieurs fois dans le cours de l'automne; les premiers l'emportèrent toujours, et rarement le vent soufflait de l'est pendant quelques heures. Des pluies abondantes tombèrent en Allemagne, tous les fleuves débordèrent. Les vents du sud s'étendaient jusque dans la région des alizés, et les navires furent retardés dans leur traversée de France à Démérary. Rarement le thermomètre descendit jusqu'à zéro ; les arbres poussèrent des bourgeons au mois de janvier, et plusieurs espèces restèrent en fleur pendant tout l'hiver. Mais l'on frémit quand on lit la description que fait le capitaine Bach du froid qu'il a enduré dans son voyage à travers les contrées boréales de l'Amérique du Nord. Aux Etats-Unis et en Perse l'hiver fut aussi d'une rigueur extrême. Pendant ce combat de vents de terre et de mer, le baromètre, en Allemagne, ne s'écartait pas beaucoup de sa hauteur moyenne; mais il oscillait beaucoup. Le temps était rude et désagréable, et contrastait avec la température si douce de l'hiver précédent

Enfin les vents d'est l'emportèrent ; le ciel devint serein, et le soleil put échauffer la terre. Il pleuvait rarement, et dans toute l'Europe il y eut une sécheresse générale. Cependant les vents d'ouest cherchèrent plusieurs fois à régner dans l'atmosphère ; mais dans cette lutte il y eut des orages très-violents, tels que ceux du 5 et du 21 juillet. Le 21 juillet le baromètre s'était mis à descendre ; le ciel était encore d'une grande pureté, parce que ces vents du sud dissolvaient tous les brouillards ; mais le 21, au matin, les *cirrus* se multiplièrent. L'après-midi, un violent orage se forma ; les vents d'ouest régnaient dans le haut ; dans le bas toutes les girouettes indiquaient un vent d'est. Des nuages épais s'étendirent de l'ouest à l'est, pendant que tous les *cumulus* marchaient de l'est à l'ouest. A mesure que le vent d'ouest gagnait du terrain, les vapeurs étaient précipitées ; mais le vent d'est les refoulait sans cesse. L'orage était accompagné de grêle et de pluie. Cette lutte avait lieu sur une ligne étroite qui passait au-dessus de Halle et était orientée du nord au sud ; pendant plusieurs jours la lutte se renouvela, et son issue était incertaine.

Mais de même que les courants d'eau qui vont en sens opposé produisent des tourbillons, de même il y eut des averses locales très-abondantes. Enfin, le 26 juillet, le vent d'est l'emporta à Halle et repoussa son antagoniste. Le 27, le baromètre monta ; le temps redevint serein, mais le soir il y eut de violents orages sur les bords du Rhin. Le 29, la Hollande et le nord de la France étaient le théâtre de la lutte, et le 30, un violent orage éclata en Angleterre. Pendant un mois les vents d'est maintinrent le temps au beau et l'emportèrent dans une lutte qui avait commencé sur les Alpes le 25 août, et s'était propagée le 27 jusqu'au nord de l'Allemagne. Ils régnèrent ensuite sans interruption jusqu'au milieu d'octobre, où les vents d'ouest l'emportèrent à leur tour après des coups de vent qui durèrent plusieurs jours et changèrent la physionomie du temps. Tandis qu'en Europe l'été était remarquablement sec, la crue du Nil fut considérable et des pluies violentes inondèrent l'Inde et la Chine.

De tels contrastes ne sont pas rares en Europe, et les Alpes forment souvent à cet égard une limite remarquable ; car elles séparent les climats du nord de l'Europe des climats méditerranéens, où la distribution de la pluie n'est pas la même que dans le centre de l'Europe. De là les différences entre les climats du nord et du midi de la France. L'hiver est-il doux dans le nord, les journaux sont remplis des lamentations des Italiens et des Provençaux sur les rigueurs du froid. Pour ne pas multiplier inutilement les exemples, je citerai seulement les premiers mois de l'année 1838, qui furent si rigoureux en Allemagne, en France, en Angleterre et en Russie. A Lisbonne, au contraire, le temps était pluvieux, mais très-doux ; à Marseille les amandiors étaient en fleur au mois de janvier ; à Naples et à Alger, l'hiver passa inaperçu. Mais ceci prouve que les climats méditerranéens ont seuls été privilégiés ; car de l'autre côté des Apennins, à Bologne et dans la Lombardie, où le climat ressemble à celui du reste de l'Europe, le froid a été fort intense.

Ainsi donc une forte baisse du baromètre ou des oscillations fréquentes de la colonne prouve qu'il y a des perturbations météorologiques à la surface du globe et des luttes des vents opposés qui changent le temps. Il y a plus : quand le baromètre monte et descend rapidement, on peut affirmer que le temps sera variable pendant longtemps. Si nous savions le temps qu'il fait sur le reste de la terre, nous pourrions en conclure celui que nous devons attendre. Il faudrait savoir, quand le baromètre est bas, si le froid est très-intense en Amérique ou en Asie. Dans le premier cas, les vents occidentaux nous amèneront de la pluie ; dans le second, les vents d'est nous amèneront du froid. Toutefois, en étudiant au printemps le baromètre et la direction des coups de vent, on peut asseoir quelques probabilités. Si le baromètre a beaucoup baissé par des vents de S.-O., puis monte lentement ; si le vent passe de l'ouest au N.-O. et persiste dans cette direction, c'est une preuve de la prédominance des vents occidentaux, et le temps sera influencé par eux ; c'est ce que nous avons vu en 1833. Si le baromètre monte au contraire très-vite, et si le vent passe en peu de temps du S.-O. au N.-E. où il s'arrête, alors il faut s'attendre à un froid prolongé, comme celui qui a régné en 1829. *Voy.* ATMOSPHÈRE.

Nous terminerons ce que nous avions à dire sur le baromètre en citant un excellent chapitre de la *Physique du globe*, par M. Saigey, sur les *variations barométriques*, et sur les *pronostics* donnés par cet instrument.

« La question la plus intéressante à résoudre en météorologie serait évidemment de trouver *les causes* qui produisent les vicissitudes atmosphériques, désignées sous les noms de *beau* et de *mauvais* temps, et par suite de prévoir l'*état du ciel* un ou plusieurs jours d'avance.

« Il paraît qu'il existe plusieurs causes de variations accusées par l'instinct des animaux et d'autres que l'homme perçoit dans certains cas de maladie. Nous n'en parlerons pas ici.

« La sécheresse ou l'humidité de l'air, des températures excessives, des teintes de l'aurore et du crépuscule plus ou moins prononcées, en quelques lieux du globe certains signes dans l'atmosphère, la position du soleil et de la lune, etc., sont autant de causes qui nous font pressentir vaguement l'état prochain du ciel.

« Les indications du baromètre sont plus précises, en ce que les variations de la colonne mercurielle peuvent être mesurées. On a remarqué, en effet, que la pression de l'air est communément plus forte par le beau temps, et plus faible par le mauvais temps, le temps variable ou indécis étant placé entre deux, à la hauteur moyenne barométrique. On a distingué trois degrés de *beau* et trois degrés de *mauvais* ; en sorte qu'on a marqué les indications suivantes sur le baromètre :

Pressions.			État de l'atmosphère.
29 pouces	0 ligne	= 785mm.	très-sec.
28	8	= 776	beau fixe.
28	4	= 767	beau.
28	0	= 758	variable.
27	8	= 749	pluie ou vent.
27	4	= 740	grande pluie.
27	0	= 731	tempête.

« Ces indications sont le résultat d'anciennes observations faites à Paris. Malheureusement il est arrivé que les constructeurs de baromètres qui résident dans cette ville ont fait les mêmes instruments pour toute la France et pour tous les pays du monde, plaçant toujours le variable à 28 pouces dans l'ancien système de mesures, ou à 760 millimètres dans le système métrique. De tels instruments, envoyés en des villes beaucoup plus élevées que Paris au-dessus du niveau de la mer, indiquaient constamment la pluie, la tempête ou quelque chose de pire ; ce qui n'a pas peu contribué à déprécier le baromètre, comme indicateur du temps, par des personnes encore moins instruites que les constructeurs de ces instruments.

« En fait, les annotations du baromètre doivent changer de place le long de la colonne mercurielle, suivant la hauteur de la station, et chaque localité exige un baromètre fait exprès, le point *variable* étant de plus en plus bas, à mesure que l'on s'élève plus au-dessus du niveau des mers.

« Les météorologistes qui, aujourd'hui, font des observations plus exactes qu'autrefois, dédaignent de s'occuper davantage de l'état de l'atmosphère en rapport avec la pression barométrique, préférant mesurer les variations de pressions dues à des causes bien déterminées, quoique faibles.

« Cependant, il serait bon de reprendre cette question des variations barométriques en rapport avec l'état du ciel, afin de mieux déterminer ce rapport, et d'arriver, s'il est possible, à quelques lois empiriques donnant cet état du ciel une ou plusieurs heures d'avance.

« Jusqu'à présent on a cherché à prévoir les vicissitudes atmosphériques d'après la marche du baromètre. Ici nous allons renverser la question, c'est-à-dire que nous examinerons l'influence de l'état du ciel sur le baromètre. En d'autres termes, nous ne chercherons pas quelle espèce de *temps* telle ou telle pression barométrique accuse pour une époque plus ou moins éloignée, mais bien ce que le phénomène atmosphérique produit actuellement sur le baromètre.

« D'après M. Bouvard, à Paris, année commune, il y a 182 jours de ciel couvert, 183 de ciel nuageux, 142 de pluie, 58 de gelée, 180 de brouillards, 12 de neige, 9 de grêle ou grésil, et 14 avec tonnerre ; mais on ne voit pas quelles étaient alors les indications du baromètre.

« Les observations publiées par M. Bouvard ne donnent l'état du ciel qu'à midi. Nous avons donc pris toutes les hauteurs du baromètre à cette époque de la journée, et nous avons ainsi formé le tableau suivant, pour dix années consécutives, de 1816 à 1826. La première colonne indique la hauteur barométrique en millimètres, ramenée à zéro de température ; la seconde colonne, combien de fois le temps a été beau ; la troisième colonne, combien de fois il est tombé de la pluie, de la neige ou tout autre produit aqueux ; la quatrième colonne, combien de fois le ciel a été plus ou moins nuageux ; la cinquième colonne, combien de fois le ciel a été totalement couvert ; la sixième colonne, combien de fois le brouillard s'est montré assez intense pour cacher entièrement le ciel ; enfin, la septième colonne, le nombre total de fois que cette hauteur barométrique a été observée durant cette période de 10 ans.

Pression de		Beau.	Pluie.	Nuages	Couvert.	Brouillard.	Total.
722 à	723	»	»	1	»	»	1
723	724	»	»	»	»	»	»
724	725	»	»	1	»	»	1
725	726	»	»	»	»	»	»
726	727	»	»	»	»	»	»
727	728	»	1	»	»	»	1
728	729	»	4	1	»	»	5
729	730	»	»	1	1	»	2
730	731	»	1	3	»	»	»
731	732	»	»	»	»	»	4
732	733	»	3	»	2	»	5
733	734	»	4	1	2	»	7
734	735	»	2	2	5	»	9
735	736	»	2	1	1	»	4
736	737	»	3	2	1	1	7
737	738	»	3	3	5	»	11
738	739	»	10	10	5	»	25
739	740	»	6	7	3	»	16
740	741	»	4	10	10	»	24
741	742	»	10	10	11	»	31
742	743	»	10	10	14	»	34
743	744	»	19	20	9	»	48
744	745	1	9	24	11	»	45
745	746	»	15	17	14	»	46
746	747	1	14	25	26	»	66
747	748	2	17	36	25	»	80
748	749	2	24	54	23	1	104
749	750	»	14	53	35	1	103
750	751	5	26	64	39	»	134
751	752	3	19	68	52	»	143
752	753	6	29	74	59	1	169
753	754	6	18	100	62	4	190
754	755	11	22	113	66	3	215
755	756	15	24	129	64	»	232
756	757	17	23	138	56	»	234
757	758	18	8	135	64	3	228
758	759	27	13	124	57	8	229
759	760	27	11	122	49	3	212
760	761	33	3	104	53	3	196
761	762	19	4	94	46	1	164
762	763	25	1	80	38	4	148
763	764	15	»	46	30	3	94
764 à	765	17	3	51	14	4	89
765	766	14	1	22	19	3	59
766	767	9	»	23	20	5	75
767	768	2	»	17	20	6	45

Pression de		Beau.	Pluie.	Nuages.	Couvert.	Brouillard.	Total.
768	769	7	2	10	19	»	38
769	770	6	1	15	12	1	35
770	771	2	1	3	9	2	17
771	772	3	1	6	7	3	20
772	773	4	»	2	2	1	9
773	774	1	1	1	3	1	7
774	775	»	1	2	1	»	4
775	776	»	1	2	1	»	4
776	777	»	»	»	»	»	»
777	778	»	»	»	»	»	»
778	779	1	»	»	»	»	1
779	780	»	»	»	»	»	»
780	781	1	»	»	»	»	1
Totaux.		300	388	1837	1066	62	3653

« Du tableau précédent il résulte qu'en dix années, formant un total de 3653 jours, et pour l'époque de midi, il y a

300 jours de beau,
388 jours de pluie, neige, etc.,
1837 jours de ciel nuageux,
1066 jours de ciel couvert,
62 jours d'épais brouillards.

Ainsi, pour une année moyenne, il y aura 30 jours de beau, 38,8 de pluie, 183,7 de ciel nuageux, 106,6 de ciel couvert, et 6,2 de brouillards.

« Si l'on prend le milieu, ou mieux le centre de gravité de chacune des colonnes du même tableau, relativement aux nombres de la première colonne, on trouvera :

Milieux ou centres de gravité.	Baromètre.
Du beau temps,	760,5
De la pluie,	749.8
Du ciel couvert,	755,7
Du ciel nuageux,	756,0
Du brouillard,	761,8
De toutes les haut. barométr.	755,76

Cela veut dire que les chances de beau temps sont les mêmes au-dessus et au-dessous de la hauteur barométrique 760^{mm},5 ; que les chances de pluie sont les mêmes au-dessus et au-dessous de la hauteur barométrique 749^{mm},8 ; et ainsi du reste.

« En d'autres termes, la région moyenne de la pluie est à 749,8 ; vient ensuite la région moyenne du ciel couvert, à 755,7; puis la région moyenne du ciel nuageux, à 756,0 ; puis la région moyenne du beau temps, à 760,5 ; enfin la région moyenne du brouillard, à 761,8.

« La moyenne hauteur barométrique étant de 755,76, si l'on prend le centre de gravité, tant des hauteurs inférieures que des hauteurs supérieures à ce nombre, on trouvera :

Centre de gravité.	Baromètre.
Des pressions inférieures,	749,29
Des pressions supérieures,	760,35

d'où l'on tire, pour les moyennes variations :

En moins,	755,76—749,29=	6,47
En plus,	760,35—755,76=	4,59
Varatnosi moyenne totale,	=	11,06

Ainsi le baromètre descend, terme moyen, de 6,49, et il monte, terme moyen, de 4,59. Ces deux nombres étant entre eux comme 10 est à 7, on peut dire qu'une variation de 7 millimètres en plus sur la moyenne barométrique, est l'équivalent d'une variation de 10 millimètres en moins ; en d'autres termes, le baromètre monte comme 7 et descend comme 10, relativement à sa position moyenne.

« La comparaison des nombres ci-dessus mène aux trois conséquences suivantes, qui sont très-remarquables :

1° L'état moyen de *ciel couvert* correspond au centre de gravité de toutes les pressions barométriques ;

2° L'état moyen de *pluie* correspond au centre de gravité des pressions barométriques inférieures ;

3° L'état moyen de *beau temps* correspond au centre de gravité des pressions barométriques supérieures.

« Par conséquent, l'état normal de l'atmosphère à Paris, vers le milieu de la journée, est un ciel couvert, la pluie et le beau temps formant les deux exceptions à cet état normal, la pluie comme terme de l'oscillation moyenne inférieure, et le beau temps comme terme de l'oscillation moyenne supérieure.

« Jusqu'ici nous avons considéré les chances pour chaque état du ciel, indépendamment les unes des autres. Mais si l'on demandait les chances *relatives*, pour une certaine pression barométrique comprise entre 754 et 755, par exemple, on devrait recourir au tableau du chapitre précédent, où l'on trouverait, sur 215 jours

3 jours de brouillard,
11 jours de beau,
22 jours de pluie,
66 jours de ciel couvert,
113 jours de ciel nuageux.

D'où il suit qu'il y aurait 3 à parier pour *brouillard*, 11 pour *beau*, 22 pour *pluie*, 66 pour *couvert*, et 113 pour *nuageux ;* ou, en nombres plus simples, 1 pour *beau*, 2 pour *pluie*, 6 pour *couvert*, et 10 pour *nuageux*. Il y aurait ainsi une seule chance sur 19 pour le beau, 2 sur 19 pour la pluie, 6 sur 19 pour le ciel couvert, et 10 sur 19 pour le ciel nuageux. Le baromètre n'indique rien autre chose que des probabilités de ce genre pour chacune de ses positions en particulier.

« Ainsi, bien que le baromètre soit en rapport avec l'état du ciel, dans l'ensemble des phénomènes atmosphériques, comme cela est mis hors de doute par les précédents résultats, néanmoins cet instrument n'est qu'un indicateur très-incertain du beau et du mauvais temps pour tous les cas spéciaux, qui seuls intéressent le vulgaire.

« Dans tout ce qui précède, il n'est question que de l'état du ciel à midi. Il faudrait avoir des observations du même genre pour les autres heures du jour et de la nuit, afin d'embrasser la question dans toute sa généralité. Mais il reste beaucoup d'incertitude sur les observations que nous avons discutées; et l'on devrait probablement ranger dans la classe des beaux jours plusieurs de ceux qui ont offert de *légers nuages à l'horizon*, ou bien *quelques nuages*, ou qui même ont été *nuageux*. En effet, un ou plusieurs nuages, au zénith ou à l'horizon, n'empêchent pas un jour d'être *beau*, si par exemple l'air est calme, et dans des états thermométrique et hygrométrique convenables pour la saison. Une pluie qui a peu de durée est quelquefois en harmonie avec un temps beau, et la sérénité du ciel n'est pas la seule condition d'une belle journée.

« Pour mieux apprécier l'influence de l'état du ciel sur le baromètre, il faudrait d'abord tenir compte de toutes les autres influences connues, comme celle du vent, et celle de la saison, d'après le tableau suivant, qui résume les observations de 1816 à 1826, pour midi :

Janvier,	757,8	Juillet,	756,2
Février,	757,9	Août,	756,5
Mars,	756,0	Septembre,	756,4
Avril,	754,9	Octobre,	754,5
Mai,	755,0	Novembre,	755,7
Juin,	757,1	Décembre,	755,0

« Enfin il est aisé de voir que les observations faites à Paris, et les conséquences que nous en avons tirées, ne seraient plus nécessairement applicables à d'autres localités ; et, pour chaque point du globe, il y aurait un travail à faire sur les indications du baromètre et les phénomènes qui se passent dans l'atmosphère. Ainsi, avec des pluies plus fréquentes, il faudrait remonter la ligne de démarcation entre le beau et le mauvais temps, et l'abaisser au contraire dans l'échelle barométrique, si l'atmosphère produisait moins de météores aqueux.

« Nous ne quitterons pas ce sujet sans faire observer qu'il n'y a pas, rigoureusement parlant, de ligne de démarcation entre le beau et le mauvais temps. Ainsi, en sortant des limites du temps variable, indiquées sur les baromètres, on n'a pas nécessairement du beau temps si la colonne mercurielle monte au-dessus, et du mauvais si cette colonne tombe au-dessous. En réalité, la région du beau et celle du mauvais temps se pénètrent l'une l'autre. »

BATTEMENTS. — Quand on fait résonner simultanément deux tuyaux d'orgues, qui donnent des sons très-rapprochés, par exemple l'*ut* ordinaire et l'*ut* dièse, on entend à de petits intervalles un renflement très-sensible dans le son et c'est ce renflement qu'on appelle un *battement*. Sauveur attribuait ce phénomène aux coïncidences périodiques des ondes sonores, et il en tirait un moyen pour les compter. En effet, l'*ut* naturel et l'*ut* dièse sont entre eux comme les nombres 24 et 25, c'est-à-dire que l'*ut* dièse doit faire 25 vibrations pendant que l'*ut* naturel en fait 24. Supposons donc que les deux tuyaux commencent à résonner en même temps : quand l'*ut* naturel arrivera à sa 24e vibration, l'*ut* dièse commencera la 25e, et il y aura coïncidence; les deux vibrations commençant ensemble, l'air sera ébranlé plus fortement, le son se renflera, et l'on aura un battement; le second aura lieu à la 48e vibration d'*ut* naturel; le troisième, à la 72e, et ainsi de suite. On n'aura donc qu'à compter les battements pendant deux ou trois minutes et à multiplier leur nombre par 24, le produit sera le nombre de vibrations exécutées en ce temps par l'*ut* naturel.

Ce procédé paraissait aussi exact qu'il est ingénieux. Cependant M. Savart a démontré que le phénomène des battements n'était pas suffisamment expliqué, puisque deux cordes sonores à l'unisson peuvent quelquefois donner lieu à des battements. Il suit de là qu'on ne peut pas compter sur l'exactitude de cette méthode pour déterminer le nombre absolu des vibrations sonores.

BATTERIES ÉLECTRIQUES. — On donne le nom de batteries électriques à une réunion de plusieurs bouteilles de Leyde qui communiquent ensemble, par leurs garnitures intérieures au moyen d'une lame d'étain qui revêt le fond de la caisse où sont placées toutes les bouteilles. Ces appareils se chargent comme toutes les bouteilles de Leyde. On met en communication l'une des tiges de métal avec la machine électrique, et la surface extérieure avec le sol. Pour juger de la charge de la batterie, on adapte un petit pendule électrique au conducteur de la machine électrique. Au commencement de l'expérience, le pendule est en repos, parce que toute l'électricité qui arrive est dissimulée aussitôt par l'effet de la batterie ; mais peu à peu il s'élève, et l'on juge des diverses charges, et par conséquent des divers degrés de tension de l'intérieur des batteries, par l'angle d'écart. On a observé que, pour une épaisseur de verre constante, la force de la batterie croît proportionnellement à l'étendue de la surface : ainsi, cinq mètres carrés condensent cinq fois plus d'électricité qu'un seul. La décharge d'une batterie de cette force agit avec une telle énergie sur l'économie animale, qu'il est nécessaire de prendre des précautions dans son emploi.

BATTERIE VOLTAÏQUE. *Voy.* PILE.

BÉSICLES ou LUNETTES. — La distance de la vue distincte varie selon les objets et selon les individus. Pour les personnes qui ont une bonne vue, cette distance est environ de 10 pouces ; toutefois quand les objets sont très-petits, on est obligé de s'en rapprocher un peu plus. Mais il est des personnes qui ont la vue longue, c'est-à-dire qui ne distinguent nettement les objets, par exemple, qui ne peuvent lire une page imprimée qu'à deux ou trois pieds de distance ; on dit qu'elles sont *presbytes* (πρέσβυς), parce que cette infirmité est ordinaire chez les vieillards. Il en est d'autres qui ont la vue courte et ne distinguent bien qu'à 5 ou 6 pouces de distance ; on dit qu'elles sont *myopes* (de μύω, fermer, et de ὤψ, *œil*, parce qu'elles ferment un peu les yeux afin de mieux voir). On croit que chez les presbytes, le cristallin ou la cornée transparente sont trop aplatis, que par conséquent les rayons qui pénètrent dans l'œil n'étant pas assez fortement réfractés, les images des objets rapprochés vont se former au delà de la rétine et ne peuvent être perçues. Pour obvier à cet inconvénient, les presbytes se servent de lunettes ou bésicles à verres bi-convexes. Ces verres impriment un premier degré de convergence aux rayons lumineux, et alors les objets placés à 10 pouces de distance vont former leur image au lieu convenable, comme pour les meilleures vues.

Les myopes, au contraire, emploient des verres bi-concaves, parce que la myopie paraît venir d'une trop grande convexité de la cornée ou du cristallin ; ce qui fait que les rayons sont trop fortement réfractés et que les images se forment en avant de la rétine : les lentilles bi-concaves corrigent ce défaut, en imprimant aux rayons un certain degré de divergence.

Au lieu des verres bi-convexes et bi-concaves qu'on a longtemps employés pour les lunettes, on préfère aujourd'hui les ménisques convergents et les ménisques divergents : Wollaston les a nommés *verres périscopiques*, parce qu'ils permettent de distinguer plus nettement les objets qui sont très-inclinés sur l'axe.

BIRÉFRINGENCE. *Voy.* Réfraction.

BISSEXTILE. *Voy.* Calendrier.

BODE, loi de Bode. *Voy.* Planètes.

BOLIDES. *Voy.* Météorites.

BORDA, méthode des doubles pesées. *Voy.* Balance.

BORÉAL, adjectif formé avec le mot *Boreas*, qui désignait chez les anciens Latins le vent du nord et qui s'applique aux objets placés vers ce point de l'horizon.

BOUILLANT DE FRANKLIN. *Voy.* Ebullition.

BOUSSOLE MARINE (*compas de variation*). —C'est le plus précieux des appareils fondés sur le jeu des aimants. La boîte qui contient l'aiguille est suspendue de manière à se maintenir, malgré l'agitation de la mer, dans la position horizontale. Cette aiguille est collée à une feuille de papier, doublée d'une très-mince et très-légère feuille de tôle, qu'elle entraîne avec elle dans ses mouvements, et dont le poids d'ailleurs rend l'aiguille elle-même moins mobile, et arrête plus tôt ses oscillations : placée au-dessous de celles-ci, elle n'est pas immédiatement visible ; mais la direction de son axe est marquée sur le cercle de papier par une ligne noire, qui est l'objet des observations. Ce cercle, qui est fixe par le fait même de l'immobilité de l'aiguille, est divisé en degrés, et en 32 parties qui marquent autant de *rumbs*, et composent la *rose des vents*. Le zéro correspond à la pointe nord de l'aiguille. Il y a deux pinnules diamétralement opposées, dont l'une porte une fente étroite, l'autre une large fenêtre traversée en son milieu par un fil vertical. Le prolongement de ce fil, marqué en noir sur le bord intérieur de la boîte, correspond à un diamètre qui est la *ligne de foi* et en prend aussi le nom. Contre l'une des pinnules est appliqué un petit miroir plan, sous une inclinaison de 55° déśtamé sur une ligne étroite correspondant à la fente de la pinnule, pour que l'œil d'un observateur puisse, par cette ouverture, apercevoir le fil de la pinnule opposée. Tout l'instrument est porté sur une traverse qui se visse sur un pied où elle peut tourner librement ; un cercle fixe est porté sur cette traverse ; un cercle intérieur repose sur le premier et tourne sur un axe ; enfin la boîte elle-même est portée par ce cercle mobile, et tourne sur lui au moyen d'un second axe qui est perpendiculaire au premier. C'est par ces deux mouvements rectangulaires que la boîte conserve son horizontalité ; ils constituent ce qu'on appelle *la suspension de Cardan*.

Or, on peut se poser, suivant la circonstance, l'une ou l'autre de ces deux questions :

La déclinaison de l'aiguille étant connue pour le lieu où l'on se trouve, quelle direction suit la quille du vaisseau par rapport au méridien astronomique ?

La direction de la quille étant connue par rapport à la ligne nord-sud, quelle est la déclinaison de l'aiguille au lieu où l'on se trouve ?

Si l'on connaît avec certitude la déclinaison de l'aiguille, on tournera la boîte sur son pivot de manière à amener sa ligne de foi en face du numéro du cercle gradué qui marque le chiffre de la déclinaison connue. Alors les pinnules sont alignées suivant la ligne nord-sud. Si l'on continue le mouvement de manière à viser, soit dans la direction de la quille, soit dans celle du mouvement du vaisseau; s'il va à la dérive, le nouvel angle parcouru par la ligne de foi de la boîte donnera l'azimuth de la quille et du sillage.

Suppose-t-on, au contraire, connue la direction des mouvements du navire, et veut-on déterminer la déclinaison inconnue de l'aiguille, on fera tourner la boîte sur son pivot, et l'on visera à travers les pinnules un astre ou même un objet quelconque ayant 15° ou 20° de hauteur angulaire au-dessus de l'horizon. Quand cet objet sera coupé par le fil de la pinnule, on verra en même temps par réflexion, derrière le petit miroir, une portion de la ligne de foi, et la division de la *rose* des vents, qui se trouvera en face de cette ligne de foi. Celle-ci marque le vertical de l'astre visé, et le degré de la rose marque celui que fait, avec le vertical, l'aiguille elle-même. Or, comme on peut connaître, par les méthodes astronomiques, l'angle de ce vertical avec le méridien du lieu, on en conclura, par addition ou soustraction, l'angle de l'aiguille avec ce méridien, c'est-à-dire précisément la déclinaison.

Le premier de ces deux problèmes a pour objet de connaître ou de diriger la marche du vaisseau. Si le navigateur avait toujours les astres en vue, soit le jour, soit la nuit, il connaîtrait par leur observation la marche du navire, et la boussole serait pour lui un instrument très-inutile. Mais si les nuages ou la brume lui cachent entièrement la vue du soleil pendant le jour, de la lune et des étoiles pendant la nuit, il lui est impossible de s'orienter en pleine mer, de distinguer le nord du sud ou de l'ouest ; de savoir si son navire marche suivant la direction à suivre ou dans une direction opposée. Le mouvement lui est donc absolument interdit. Mais s'il possède une boussole, et que la déclinaison de l'aiguille lui soit connue au lieu où les nuages l'ont surpris, il reconnaît ses points cardinaux comme s'il avait l'étoile polaire sous les yeux. Il pourra donc marcher ainsi pendant quelque temps et attendre le retour des astres. Je dis *quelque temps*, parce que son déplacement même sur la surface du globe amènera des changements dans la déclinaison de l'aiguille, ce qui altérera l'élément même de son calcul, et par suite la direction de sa route. Lorsqu'il reverra le ciel à découvert, il recherchera, par le second problème ci-dessus, la déclinaison actuelle de l'aiguille qui lui servira de base pour l'estime de sa route dans un cas analogue; et voilà comment la boussole peut diriger le navigateur. On fait d'ailleurs, aussi fréquemment que possible, les observations de déclinaison combinées avec celles de longitude et de latitude, pour fournir aux marins l'élément principal de l'estime, c'est-à-dire la déclinaison de l'aiguille en chacun des points de l'Océan.

La boussole de mer est forcément contrariée dans ses indications par l'influence qu'exercent sur elle les masses de fer répandues en grande quantité dans tous les navires. Ces perturbations méritent toute l'attention du physicien; il est évident, en effet, que si l'on ne savait pas les apprécier et les corriger, la boussole ne donnerait que des indications trompeuses, qui exposeraient le navigateur à des erreurs continuelles et funestes. C'était là un problème difficile et fort important à résoudre : or, il trouve sa solution dans le COMPENSATEUR MAGNÉTIQUE de Barlow. *Voy.* ce mot.

On a attribué la découverte de la boussole aux Chinois, lesquels, d'après plusieurs documents authentiques, se seraient servis de cet instrument pour se diriger sur les continents, plus de mille ans avant Jésus-Christ. Quelques-uns en attribuent l'invention à Flavio de Gioia, Napolitain, qui vivait dans le XIIIe siècle : toutefois on voit, par les ouvrages de Guyot de Provins, vieux poëte du XIIe siècle, que déjà à cette époque on connaissait la boussole. Au reste, il en est de l'invention de la boussole comme de celle des moulins, de l'horloge, de la vapeur et de la poudre. Plusieurs personnes y ont eu part : toutes ces choses n'ont été découvertes que fractionnellement, et amenées peu à peu à une plus grande perfection. Guyot de Provins, en 1181, nous apprend, dans le *Roman de la Rose*, que les pilotes français faisaient usage d'une aiguille aimantée ou frottée sur une pierre d'aimant, qu'ils nommaient la *Marinette*, et qui guidait les mariniers dans les temps nébuleux :

Icelle estoile ne le muet,
Un art faut qui mentir ne puet
Par vertu de la Marinette,
Une pierre laide, noirette,
Où li fer volontiers se joint, etc

BOUTEILLE DE LEYDE. — Le nom de cet appareil est tiré de celui de la ville où il a été imaginé. Sa construction est très-simple. On prend une bouteille de verre mince que l'on tapisse à son extérieur d'une feuille d'étain, jusqu'à une certaine distance du goulot; on vernit cet intervalle pour rendre l'isolement plus parfait; on place dans l'intérieur de la bouteille des feuilles légères d'or ou de cuivre battu; on fixe dans le goulot une tige de cuivre terminée en dedans par une pointe et en dehors par une petite sphère, et on a un véritable condensateur dont l'un des disques sera représenté par les feuilles légères qui peuvent s'appliquer contre la paroi interne de la bouteille et qui communiquent avec le bouton, tandis que l'autre le sera par l'*armature* extérieure de la bouteille.

Lorsque l'on suspend cette bouteille de Leyde au conducteur d'une machine électrique sans toucher l'extérieur, elle ne se charge pas; mais lorsque l'on fait communiquer l'extérieur avec le réservoir commun, elle se charge comme le condensateur. Si la machine fournit de l'électricité vitrée, la bouteille contient cette nature d'électricité en dedans et de l'électricité résineuse en dehors. Lorsque l'on pose la bouteille sur un plateau isolant, on pourra tirer alternativement un grand nombre d'étincelles du dedans et du dehors et décharger peu à peu la bouteille. Enfin, en faisant communiquer l'intérieur avec l'extérieur, la bouteille se déchargera en produisant une forte commotion.

BOYLE (ROBERT), savant anglais, né à Lismore en Irlande en 1626, mort en 1691, était le septième fils de Richard, comte de Cork. Maître d'une fortune considérable, il la consacra tout entière à l'étude des sciences naturelles. Il fut, en 1645, l'un des fondateurs du *Collége philosophe*, qui devint depuis la *Société royale* de Londres. Comme Bacon, qu'il avait choisi pour guide, il s'éleva contre la philosophie scolastique, préconisa la méthode expérimentale et en donna lui-même les plus beaux exemples. On lui doit l'invention, ou du moins le perfectionnement de la machine pneumatique, la connaissance de l'absorption de l'air dans la combustion, et de l'augmentation de poids des chaux métalliques; il a en outre rassemblé une foule d'observations qui ont contribué plus tard à établir des théories solides : aussi ardent ami de la religion que de la science, il a écrit un grand nombre d'ouvrages pour la défendre, et a fondé par son testament (1691) une lecture annuelle sur les principales vérités de la religion naturelle et révélée : c'est à cette fondation que l'on doit les traités de Clarke, de Bentley, de Derham, etc.

Libes s'est étendu avec complaisance sur les travaux de ce savant physicien. On lira avec intérêt l'analyse de ces travaux.

« On ne peut suivre Boyle dans le cours de ses travaux sans être étonné de l'immensité de ses ressources pour arracher des secrets à la nature. Tantôt il détruit, à l'aide de sa pompe pneumatique, l'antique préjugé qui faisait dépendre de la pression atmosphérique la résistance qu'opposent à leur séparation deux marbres dont la surface est bien polie (1); tantôt il renferme successivement dans un récipient évacué des animaux de différente espèce, et apprécie les divers degrés d'influence de l'air pour alimenter leur existence; ici il décrit avec exactitude les circonstances qui accompagnent l'extinction d'une bougie allumée, ou d'un corps enflammé quelconque, dans un récipient qu'il purge d'air (2); ailleurs il expose des corps combustibles situés dans le vide, à l'action des rayons solaires réunis à la faveur d'une lentille, et il n'obtient pour résultat qu'une fumée épaisse qui remplit bientôt la capacité du vaisseau (3). Si les physiciens de Florence sont parvenus à enflammer des corps par un moyen semblable, cela vient sans doute de l'imperfection du vide produit par la chute du mercure, non purgé d'air, dans un tube dont on n'a pas pris soin, avant de le remplir de ce fluide métallique, d'enlever la couche aériforme qui adhère toujours plus ou moins étroitement à sa surface.

« Le P. Mersenne (4) et les physiciens de Florence prétendaient que le son se propage dans le vide, et ils appuyaient leurs prétentions sur des expériences illusoires. Otto de Guerike vit mieux que ces philosophes, ou du moins il parvint, à l'aide de sa pompe pneumatique, à obtenir une perfection de vide que ne comportait point leur manière de le produire. Il affirma que le son ne se répand point dans un espace privé d'air; mais il se trompa en faisant dépendre la sensation du son d'un effluve de matière très-subtile lancée par le corps sonore.

« Il était digne du célèbre Boyle de fixer ces incertitudes, de montrer, par des expériences exactes, que l'air est le milieu qui propage le son (5), et que c'est à sa force élastique qu'il doit cette propriété. Il soupçonne l'existence de sa faculté dissolvante (6): elle s'exerce sur les corps odoriférants, auxquels il enlève à chaque instant un grand nombre de molécules douées d'une extrême ténuité; elle s'exerce sur des liquides, tels que l'eau, les acides, etc. Ils perdent, par le contact de l'air, une partie de leur poids, qui ne souffre aucune altération dans le vide: elle s'exerce sur la glace. Boyle mit deux onces de glace en équilibre avec un poids, dans une balance très-exacte, pendant les rigueurs d'une forte gelée. Six heures s'étaient à peine écoulées que la glace, conservant toute sa solidité, avait perdu dix grains de son poids (7).

« Boyle ne nous offre, il est vrai, que des soupçons sur la faculté dissolvante de l'air; mais ces soupçons, fondés sur des arguments plausibles, sont déjà un grand pas qu'il fait vers la vérité. Il entrevoit, avec l'œil pénétrant du génie, cette belle propriété à travers le voile mystérieux qui l'enveloppe; il devine un des plus beaux procédés de la nature longtemps avant que Leroy, physicien ingénieux, la force de s'exprimer d'une manière décisive.

« Les physiciens de Florence attribuaient à l'eau une incompressibilité, sinon absolue, du moins relative à la faiblesse de nos moyens; et ils fondaient leur opinion sur des expériences qu'on regardait comme démonstratives, lorsque Boyle parvint à un résultat qui semble déposer en faveur de l'élasticité de ce liquide. Il remplit d'eau un globe d'étain, et après y avoir introduit, à l'aide d'une pompe foulante, une nouvelle quantité de liquide, il fit fermer et souder l'orifice, afin qu'il ne restât plus d'air dans le vaisseau et qu'on n'eût aucun soupçon qu'il en contînt encore. Le globe fut frappé ensuite en tout sens pour forcer le liquide de se resserrer dans un espace plus étroit. On fit entrer, à l'aide d'un marteau, une aiguille dans le globe; et, du moment qu'on la retira, l'eau jaillit par l'orifice jusqu'à la hauteur d'environ trois pieds (8).

« Ce phénomène d'eau jaillissante peut, ce me semble, fort bien s'allier avec l'incompressibilité relative du liquide. Boyle pousse avec force dans le globe plus d'eau qu'il n'en pouvait naturellement contenir; il a donc dilaté le globe qui, en réagissant, exerce sa vertu élastique sur le fluide qu'il renferme: Boyle force l'aiguille à pénétrer l'épaisseur du globe; il comprime donc en dedans quelques parties du métal, et diminue ainsi la capacité du vaisseau. Il est probable que ces deux causes se combinent pour déterminer la sortie de l'eau et son élévation dans l'atmosphère.

« Je passe à une autre expérience plus exacte et plus décisive que la précédente, par laquelle Boyle rend sensible l'élasticité de la vapeur aqueuse à la faveur d'un globe métallique creux auquel est joint un tuyau recourbé dont l'orifice est très-étroit, et qui est connu sous le nom d'*éolipyle*. On échauffe le globe, l'air intérieur se dilate et s'échappe par le tuyau; on plonge promptement le tuyau dans l'eau qui, cédant à la pression de l'air extérieur, s'introduit dans le globe, où elle trouve moins de résistance. Le globe étant en partie plein d'eau, on le soumet à l'action d'une forte chaleur; l'eau qu'il contient se transforme bientôt en un fluide aériforme qui s'échappe avec violence par l'orifice du tuyau; et, lorsque Boyle dirige ce jet impétueux sur un charbon à peine embrasé, il voit avec surprise que la combustion augmente d'activité et d'énergie (9).

« Galilée, Mersenne, Riccioli, et après eux

(1) *Nova Experimen. phys.-mechan.*, *proœmium*, p. 200 *seq.*
(2) *Nova Experim. phys.-mechan.*, p. 66 *seq.*
(3) *Ibid.*, p. 82.
(4) Mersenne, *Harmon.*
(5) *Nova Experim phys.-mecnan.*, p. 178.
(6) Boyle, *Suspicion. de latent. qualit. aeris*, p. 5 *seq.*
(7) Boyle, *De atmospheris. corpor. consist.*, p. 12.
(8) *Nova Experim. phys.-mechan.*, p. 124, 125.
(9) *Ibid.*, experim. 32, p. 145.

les physiciens de Florence, avaient fait des tentatives inutiles pour déterminer le rapport exact du poids de l'air à celui d'un égal volume d'eau : Boyle s'occupe du même objet avec plus de succès, et il doit cet avantage à la simplicité de sa méthode. Il pèse, à l'aide d'une balance très-exacte, l'éolipyle plein d'air; il l'échauffe ensuite jusqu'à l'incandescence pour chasser tout le fluide qu'il contient, bouche le petit orifice avec de la cire d'un poids connu pour empêcher sa rentrée; et, après avoir ramené l'éolipyle à la température qu'il avait avant d'être échauffé, il le pèse pour connaître le poids exact de l'éolipyle et celui de l'air qu'il contient. Alors il plonge le bec de l'éolipyle dans l'eau qui remplit bientôt toute sa capacité; il pèse l'éolipyle plein de ce nouveau fluide, et, en soustrayant du poids trouvé celui de la matière propre du globe, il a le poids de l'eau que l'éolipyle renferme. Ce poids, comparé à celui de l'air que contenait d'abord le même globe, a donné à Boyle le rapport de 938 à 1; et comme il est très-difficile, pour ne pas dire impossible, de faire le vide parfait dans l'éolipyle, et conséquemment de le remplir exactement d'eau, Boyle a cru devoir augmenter le premier terme de ce rapport, qui est devenu celui de 1000 à 1 (1), et qui s'est changé ensuite en celui de 814 à 1 dans la seconde continuation de ses expériences.

« Pour déterminer le rapport du poids de l'eau à celui d'un égal volume de mercure, Boyle met dans un tube recourbé, à branches très-inégales en longueur, une certaine quantité de mercure qui se met de niveau dans les deux branches, et il verse ensuite de l'eau dans la plus longue : le mercure descend dans cette branche et s'élève dans la plus courte. L'équilibre s'étant établi, Boyle mesure les hauteurs des cylindres d'eau et de mercure correspondant dans les deux branches, et il trouve que la première est à la seconde comme 13 $\frac{92}{121}$ à 1. Il est visible que ce rapport est celui des pesanteurs spécifiques du mercure et de l'eau ; car ces deux cylindres ayant même base, leurs poids sont comme les produits de leurs hauteurs par leurs densités respectives. Dans le cas d'équilibre, les poids sont égaux ; les densités sont donc en raison réciproque des hauteurs, et conséquemment le poids du mercure est à celui d'un égal volume d'eau comme 13 $\frac{92}{121}$ à 1 (2).

« A ce procédé Boyle en joint un autre qui mérite d'être connu. Il fait souffler à la lampe une boule de verre terminée par un tuyau très-étroit ; il pèse la boule, la remplit d'eau et la pèse de nouveau : il la vide ensuite, la remplit de mercure, et la pèse comme auparavant. Le second poids est au premier comme 13 $\frac{10}{28}$ à 1 (3).

« Ces moyens sont simples, ingénieux et faciles, mais ils ne sont pas rigoureux ; car, lorsqu'on remplit un vase d'eau, la surface

(1) *Nova Experim. phys.-mechan.*, experim. 36, p. 256.
(2) *Ibid.*, p. 259.
(3) *Ibid.*, p. 260.

supérieure du liquide est concave ; elle est convexe si on le remplit de mercure. Dans le premier cas le vase n'est pas plein ; dans le second, il est plus que plein ; on ne peut donc pas se flatter de comparer des volumes exactement égaux de différents fluides. Cet inconvénient a décidé l'abandon de ces méthodes du moment que la découverte de la balance hydrostatique a offert aux physiciens un moyen très-rigoureux de déterminer les pesanteurs spécifiques de tous les corps solides ou fluides que nous présente la nature.

« L'électricité et le magnétisme ne pouvaient manquer de fixer l'attention de Boyle, d'exercer son activité. Il fait le vide dans un récipient qui renferme une aiguille suspendue par son centre, et présente ensuite un aimant à la surface extérieure du récipient. L'aiguille prend du mouvement, et Boyle en conclut, 1° que le verre prête un passage libre et facile à la matière magnétique ; 2° que l'air n'a aucune influence sur la production des phénomènes de l'aimant.

« Boyle suspend un morceau d'ambre frotté au-dessus d'un corps léger dans un récipient ; et, après avoir fait le vide, il fait descendre l'ambre auprès du corps léger ; celui-ci est attiré comme s'il était en plein air : les attractions électriques sont donc, comme les attractions magnétiques, parfaitement indépendantes de la présence de l'air.

« La répulsion électrique ne fut point étrangère à Boyle, mais il se borna à observer que des plumes légères, d'abord attirées et ensuite repoussées par des corps électrisés, s'attachaient à ses doigts et à d'autres substances.

« Boyle suspend un corps électrisé, et il le voit animé d'un mouvement très-sensible, du moment qu'il lui présente un autre corps : le corps attirant et le corps attiré exercent donc l'un sur l'autre une action réciproque et égale ; principe fécond dont Boyle a le premier reconnu et annoncé l'existence, mais qu'il est réservé à Newton de présenter avec tous les développements qui lui conviennent (4).

« Je serais accablé par le poids des détails, si je voulais parcourir toutes les branches de physique sur lesquelles Boyle a répandu de la clarté. Je me borne ici à le montrer aux prises avec la nature, lorsqu'il veut soumettre la lumière à l'épreuve de la balance. « Plusieurs fois, dit ce philosophe, tout « a été disposé pour cette hardie expérience ; « mais le ciel, se couvrant subitement de nuages, s'est constamment refusé à me laisser « jouir assez longtemps de la présence du soleil (5). »

« Pour peser la flamme, Boyle expose à l'activité d'une chaleur violente divers cylindres métalliques. Ils brûlent, mais en brûlant leur poids augmente ; et Boyle regarde comme une preuve non équivoque de

(4) Boyle, *Méchanical Production of electricity*.
(5) *Experimenta nova de flammæ ponderabilitate præfatio.*

la pesanteur de la flamme cette augmentation de poids (1), dont il était réservé aux physiciens modernes de déterminer la véritable cause. Personne n'ignore aujourd'hui qu'un corps qui brûle décompose le gaz oxygène, qu'il se combine avec sa base, et que conséquemment son poids doit augmenter dans l'acte de la combustion.

« C'était loin du tumulte des grandes villes, au sein de la retraite et de la paix, que Boyle se livrait aux sciences avec une ardeur infatigable. Seul avec la nature et les instruments destinés à l'interroger, il était sans cesse occupé à recueillir ses réponses, à interpréter son langage, et cette sorte de culte qu'il lui rendait n'était jamais souillé par le souffle impur de l'intérêt et des passions. En 1659, Charles II, montant sur le trône de ses pères, fonda la société royale de Londres sur les débris de quelques sociétés académiques ambulantes, et Boyle fut appelé pour organiser cette nouvelle institution. Dès lors sa solitude chérie, ses loisirs, son repos, son immense fortune, tout fut sacrifié pour remplir dignement cette honorable mission; et il se crut abondamment dédommagé de tant de sacrifices par la perspective des grands avantages qui devaient nécessairement en résulter pour la gloire de son pays, pour les progrès de la raison, pour l'avancement des sciences (2). »

BRASSE. — Mesure dont on fait un fréquent usage dans la marine, pour mesurer les profondeurs de la mer. Il y en a de trois sortes, savoir, la *grande brasse*, la *moyenne* et la *petite*. La grande brasse, dont on se sert pour les vaisseaux de guerre, est de près de deux mètres; la moyenne, qui est celle des vaisseaux marchands, est de 1786 millimètres; la petite, qui n'est en usage que parmi les patrons de barque et autres bâtiments qui servent à la pêche, n'est que de 1624 millimètres.

BRIQUET A AIR. *Voy.* COMPRESSIBILITÉ.

BRISES. — Sur les côtes, lorsque le temps est calme, on ne sent aucun mouvement dans l'air jusqu'à huit ou neuf heures du matin, mais alors il s'élève peu à peu une brise de mer. Faible d'abord et limitée à un petit espace, elle augmente peu à peu de force et d'étendue jusqu'à trois heures de l'après-midi, puis elle s'affaiblit pour céder la place au vent de terre qui s'élève peu après le coucher du soleil, et atteint son maximum de vitesse et d'extension au moment du lever de cet astre.

La direction de ces deux brises est perpendiculaire à celle de la côte; mais si un autre vent souffle en même temps, alors elle se modifie de diverses manières. Si c'est le vent d'est qui souffle près d'une île, la brise de mer sera très-forte sur la côte orientale de l'île, et le vent de terre sera faible; sur la côte occidentale, au contraire, le vent de terre sera plus fort que la brise de mer. Sur la côte septentrionale, la direction des brises ne sera pas normale à celle de la côte : le vent de terre soufflera du S.-E. au moment de sa plus grande force, et la brise de mer du N.-E. Dans le cours de la journée, le vent prendra toutes les directions intermédiaires. Au fond des golfes les brises de mer sont très-faibles; sur des promontoires, ce sont celles de terre. Ces brises existent entre les tropiques, et on en remarque quelques traces même au Groënland.

L'alternance de ces vents s'explique par l'échauffement inégal de la terre et de la mer. Vers neuf heures du matin, la température est à peu près la même sur la terre et sur la mer, et l'air est en état d'équilibre. A mesure que le soleil s'élève au-dessus de l'horizon, le sol s'échauffe plus que l'eau; il en résulte un vent de terre supérieur que l'on reconnaît souvent à la marche des nuages élevés, et une brise marine soufflant en sens contraire. Au moment du *maximum* de température de la journée, cette brise acquiert sa plus grande force; mais, vers le soir, l'air de la terre se refroidit, et au coucher du soleil il a la même température que l'air marin. Il en résulte quelques heures de calme parfait. Pendant la nuit la terre se refroidit plus que l'eau, et il règne un vent de terre dont le *maximum* de force coïncide avec ce moment du *minimum* de la température de vingt-quatre heures, qui est aussi celui où la différence de température entre la terre et la mer est la plus grande possible.

M. Fournet a fait voir qu'il existait dans les montagnes des brises de jour et de nuit analogues à celles de terre et de mer. Voici le résumé de ce mémoire tel que l'auteur l'a donné lui-même :

1° Les aspérités du sol déterminent journellement un flux et un reflux atmosphérique qui se trahissent par des brises ou des vents ascendants et descendants, connus de temps immémorial, dans certaines localités, sous les noms de *thalwind*, *pontias vesine*, *solore*, *vauderou*, *rebas*, *vent du Mont-Blanc*, *aloup du vent*.

2° Ces courants d'air se développent au plus haut degré dans les concavités des vallées, mais sans leur être exclusivement propres, car ils se manifestent le long de toutes les rampes, et le courant des vallées n'est que le résultat des ascensions et des cascades latérales et partielles (vallées de Cogne, d'Aoste, de la Quarazza, plan de Saint-Symphorien, Pilat, Chessy).

3° Le passage du flux au reflux et réciproquement est rapide dans les gorges étroites, et aboutissant, après un court trajet, à de hautes sommités (vallées d'Anzasca, de la Sésia, de la Visbach, du Trient, de Cogne, de Val-Megnier, Martigny, Simplon); il est plus tardif dans les bassins généraux où le flux n'est, en général, franchement établi qu'à dix heures du matin, où le reflux ne commence à être régularisé que vers les neuf heures du soir (vallées du Gier, d'Azergue, de la Brevanne, de l'Arc, d'Aoste,

(1) *Ibidem*, experim. 1, 2, 3.

(2) *Voy.* Libes, *Hist. phil. des progrès de la physique*, t. II.

de la Foccia, du Rhône supérieur). L'intervalle entre les marées montantes et descendantes est rempli par des oscillations ou des redondances alternatives. L'heure de cet instant critique varie avec les saisons, et aussi avec quelques circonstances météorologiques accidentelles (vallées d'Aoste, Maurienne, Nyons, Gier).

4° Les vents des vallées sont réguliers dans les vallées régulières, mais présentent des accidents vers leurs embranchements; ces irrégularités peuvent se manifester suivant le mode d'emboîtement des vallées, soit dans la période diurne (Martigny, Aoste), soit dans la période nocturne (Verrès, Bannio, Saint-Jean-de-Maurienne, Martigny, Firminy).

5° La configuration des parties supérieures des vallées exerce encore une grande influence sur ces vents, suivant les heures et les saisons : ainsi ils sont tantôt plus prononcés de jour que de nuit (Maurienne), tantôt plus la nuit que le jour (*pontias*, *aloup de vent de Chessy*); quelquefois c'est l'hiver avec ses neiges qui est le plus favorable aux vents nocturnes, d'autres fois c'est l'été pour les vents du jour (Maurienne). Il serait curieux d'examiner, sous ce rapport, l'influence des cirques elliptiques que forment les parties supérieures et terminales des vallées jurassiques et subalpines, comparativement aux terminaisons douces et insensibles des montagnes primordiales. Dans la vallée de Joux, par exemple, les alternatives de chaud et de froid sont si brusques que l'on y éprouve quelquefois des variations de 20 degrés en quelques heures, et que l'on a vu les faucheurs couper de la glace le matin avec leurs faux, tandis que quelques heures après le thermomètre indiquait 38 degrés au soleil; il est impossible que de pareilles différences ne produisent pas des courants extraordinaires.

6° L'effet de ces marées est en général plus prononcé dans les vallées larges, et s'affaiblit dans les ramifications latérales (Maurienne, Aoste). Pourtant, quand le bassin devient une véritable plaine, capable de subvenir à une très-grande dépense ou d'absorber une masse considérable, alors les effets s'affaiblissent; ainsi, rarement le *pontias* atteint le cours du Rhône; et autour de Genève les brises de la vallée de l'Arve paraissent assez affaiblies pour n'avoir pas excité l'attention des habiles observateurs de cette ville. Cependant ce fait serait à vérifier dès à présent.

7° En comparant le phénomène des marées autour des montagnes à celui des brises de terre et de mer qui se produisent réciproquement le long des côtes, on voit qu'à la même époque où les vents diurnes de mer poussent les vaisseaux dans les ports, le flot aérien s'élève aussi de son côté autour des montagnes, et que l'inverse a lieu durant la nuit. Il suit donc de là que la totalité de l'atmosphère du Rhône devrait être soumise journellement à un mouvement qui la porte, d'une part, de la mer vers le continent, et de celui-ci vers les sommités du plateau de la France centrale ou de celle des Alpes et du Jura, après quoi elle retournerait, durant la nuit, vers son point de départ. Mais la lenteur avec laquelle un mouvement quelconque se transmet dans une grande masse d'un fluide élastique, annule en partie ces effets. Cependant cette annihilation n'est pas toujours complète, et dès ce moment je suis porté à croire que ces légers courants qui se manifestent autour de Lyon, dans les journées que l'on peut considérer comme calmes d'ailleurs, ne sont que le résultat de ces oscillations dont je développerai les effets dans une autre occasion.

8° Les marées atmosphériques poussent avec elles les corps susceptibles de flotter. C'est ainsi que, suivant les circonstances, les fumées, et surtout la vapeur d'eau, vont se condenser durant le jour autour des hautes cimes (vallées d'Aoste, de la Maurienne, de l'Ossela, d'Anzasca, de la Sésia, val d'Illiers, col du Géant, Valais, Pilat), ou bien sont ramenées durant la nuit vers les concavités (Martigny, Chessy, Saint-Marcel, vallée du Gier, col du Géant): d'où il suit que l'air se dessèche durant la nuit, et devient plus humide durant le jour sur ces hauteurs, tandis que l'effet inverse a lieu pour la nuit dans les concavités (Genève, col du Géant, Saint-Paul). Il est facile de voir, d'après cela, que ces marées doivent jouer un rôle important dans les développements des nuages parasites et dans les phénomènes de la distribution des pluies et des orages.

9° L'air chaud des plaines s'élevant durant le jour tend à échauffer les vallées et les sommités; mais cet effet est contre-balancé en partie par l'évaporation qu'il occasionne, en sorte qu'il peut dessécher et refroidir (Maurienne); d'un autre côté, la brise nocturne tend à refroidir les vallées en y portant le froid des régions supérieures: de là l'explication de la fraîcheur subite occasionnée par l'*aloup du vent*, des congélations de vapeur d'eau occasionnées par le *pontias*, des gelées printannières qui, à rayonnement égal, affectent plus particulièrement les végétaux des vallées. On pourrait encore trouver dans cet effet l'explication de quelques-unes des anomalies de température que les voyageurs ont reconnues à diverses hauteurs sur le flanc des montagnes.

10° Les vents généraux supérieurs peuvent, dans certaines circonstances, altérer le flot ou le jusant aérien (Maurienne, Aoste, Ossola, Martigny, Mont-Cénis), ou bien les compliquer (Cogne); mais leur effet n'est pas toujours assez énergique pour le détruire entièrement (Mont-Thabor, val Sésia): quelquefois ils produisent un calme plat (Tarentaise). Il suit de là que les pronostics de beau temps, déduits de la régularité de l'allure des brises, sont souvent contredits par l'expérience (vallée de la Brévenne, Chessy, Bex). Cependant on peut dire qu'en général le renversement des courants est suivi d'une pluie (Maurienne).

11° Enfin, les circonstances de température locale peuvent encore annuler les brises montagnardes ; c'est ainsi que le *pontias* cesse de souffler lorsque, dans le court intervalle des nuits chaudes de l'été, la terre, échauffée par un soleil brûlant, n'a pas le temps de se refroidir suffisamment.

M. Fournet explique ces alternatives de courant ascendant diurne et de courant descendant nocturne par l'échauffement des cimes par le soleil levant qui détermine un courant ascendant, tandis que l'échauffement de la plaine, plus considérable dans la journée que celui de la montagne, détermine vers le soir un courant descendant.

BROUILLARD. — Examiné à la loupe, le brouillard se compose de petits corps opaques. Une étude plus approfondie montre que ces petits corps sont composés d'eau. Obéissant aux lois de la gravitation universelle, les molécules d'eau se groupent sous formes de sphérules analogues à celles du mercure versé dans une soucoupe de porcelaine, ou de l'eau au fond d'un verre enduit de corps gras. Ces sphérules sont-elles pleines ou creuses ? telle est la question qui divise les météorologistes. L'opinion émise déjà par Halley, que ces sphérules sont creuses et que l'eau ne sert que d'enveloppe, paraît beaucoup plus fondée que l'autre. Toutefois, il est probable qu'elles sont entremêlées d'une grande quantité de gouttelettes d'eau. Prenez une tasse remplie d'un liquide de couleur foncée, tel que du café ou de l'encre de Chine dissoute dans l'eau ; chauffez-le et placez-le au soleil ou dans un lieu éclairé ; si l'air est tranquille, la vapeur monte et disparaît bientôt ; si on l'observe à travers la loupe, on voit s'élever du liquide des globules de grosseur variée. Les plus petits traversent rapidement le champ du verre grossissant, les autres retombent à la surface du liquide. De Saussure ajoute que les petites vésicules qui s'élèvent diffèrent tellement de celles qui retombent, qu'il est impossible de douter que les premières soient creuses.

La manière dont ces corps se comportent avec la lumière n'est pas moins favorable à cette opinion ; elles n'offrent pas cette scintillation qu'on remarque sur les gouttelettes pleines exposées à une vive lumière. Jamais non plus on n'observe de véritables arcs-en-ciel sur des nuages, quoique le spectateur, le nuage et le soleil se trouvent souvent dans les positions relatives les plus favorables à la production du phénomène ; si les nuages étaient composés de gouttelettes d'eau, il n'en serait pas ainsi

Kratzenstein, ayant examiné au soleil et à travers un verre grossissant les vésicules qui s'élevaient de l'eau chaude, a observé à leur surface des anneaux colorés semblables à ceux des bulles de savon ; et non-seulement il s'est convaincu que leur structure était analogue à celle des bulles de savon, mais encore il a pu calculer l'épaisseur de leur enveloppe.

M. Kaemtz a trouvé qu'en moyenne le diamètre des vésicules du brouillard était d'environ 0mm,0224 ; ce diamètre varie dans les différentes saisons et paraît être plus petit en été.

Formation des brouillards. — Quand le brouillard se montre quelque part, c'est que l'air est saturé d'humidité ; alors seulement la vapeur d'eau peut se précipiter incessamment pendant plusieurs heures.

Les circonstances au milieu desquelles le brouillard se forme sont souvent fort différentes de celles qui accompagnent la rosée. Quand celle-ci se dépose, le sol est toujours plus froid que l'air ; quand c'est le brouillard, on observe le contraire : le sol humide est plus chaud que l'air, et les vapeurs qui montent deviennent visibles comme celles qui s'élèvent au-dessus de l'eau bouillante ou la vapeur de l'air respiré qui se condense, en hiver, au moment où elle sort de la bouche. Aussi, en automne, voyons-nous souvent des brouillards au-dessus des rivières dont l'eau est beaucoup plus chaude que l'air avant le lever du soleil.

Toutefois, l'eau ou le sol peuvent être plus chauds que l'air sans qu'il se forme du brouillard ; on peut s'en assurer par des mesures thermométriques ; car si l'air est très-sec, la vapeur d'eau ne se précipite point, elle reste à l'état élastique.

Dans les contrées où le sol est humide et chaud, l'air humide et froid, on doit s'attendre à des brouillards épais et fréquents. C'est le cas de l'Angleterre, dont les côtes sont baignées par une mer à température élevée. C'est aussi le cas des mers polaires et de Terre-Neuve, où le Gulfstream, qui vient du sud, a une température plus haute que celle de l'air.

A Londres, les brouillards ont quelquefois une densité extraordinaire. Chaque année on lit plusieurs fois, dans les journaux anglais, qu'on a été forcé d'allumer les becs de gaz en plein jour dans les rues et dans les maisons. Ainsi, pour en donner un seul exemple, le 24 février 1832, le brouillard était tellement épais qu'on ne voyait pas clair à midi dans les rues ; et le soir, la ville ayant été illuminée en réjouissance du jour de naissance de la reine, des gamins se promenaient dans la ville avec des torches, en disant qu'ils étaient à la recherche de l'illumination. On cite des brouillards analogues qui ont régné à Paris et à Amsterdam ; et quelquefois, à une petite distance de ces villes, le ciel était parfaitement serein.

Quand on considère de loin une chaîne de montagnes, on voit souvent un nuage attaché à chaque sommet, tandis que les intervalles sont parfaitement clairs. Cette apparition persiste pendant des heures et même des journées entières ; mais cette immobilité n'est qu'apparente, car sur ces sommets il règne souvent un vent violent qui condense les vapeurs à mesure qu'elles s'élèvent le long des flancs de la montagne ; lorsqu'elles s'éloignent des sommets, elles ne tardent pas à se dissiper. De Saussure a souvent observé ce phénomène dans les Alpes, et M. de Buc qui l'a expliqué, dit que sur les passages des Alpes la formation, les mouvements et la disparition des nuages forment un spectacle aussi varié qu'intéressant.

Souvent de sombres nuages, passant rapidement sur l'hospice du Saint-Gothard, se précipitent en masses épaisses dans la gorge profonde du val Tremola. On pourrait croire qu'en peu d'instants la Lombardie tout entière va être ensevelie sous un épais brouillard ; mais, à la sortie du val Tremola, il est déjà dissous par les courants chauds ascendants.

Brouillard sec. — Voici comment en général ce phénomène se présente. Lorsque, pendant le jour, le ciel est parfaitement pur et sans nuages, le bleu du ciel n'a pas le ton azuré qui lui est ordinaire; il est mat sans présenter la teinte qu'on observe lorsque de fins *cirrus* troublent sa transparence ; dans ce dernier cas la couleur blanche est dominante, avec le brouillard sec le bleu est terni par un mélange d'une couleur sale. A quelques degrés au-dessus de l'horizon le bleu du ciel est brusquement interrompu, et on voit qu'il se termine supérieurement par un anneau plus ou moins bien limité d'une couleur d'un rouge brun-terne. Les *cumulo-stratus*, dont le bord supérieur est ordinairement d'un blanc brillant, paraissent plus ou moins colorés en rouge vers midi, même lorsque les nuages ont une hauteur de 30° à 40° au-dessus de l'horizon. Les objets terrestres éloignés et d'une couleur foncée paraissent effacés et couverts d'un voile bleu. Le soleil a un aspect mat, même lorsqu'il est élevé ; sa lumière offre une teinte rougeâtre. Les ombres des objets terrestres sont mal terminées. Quand l'astre se rapproche de l'horizon, il a une couleur d'un rouge de sang; on peut le regarder sans être ébloui, et son éclat est tellement affaibli qu'on ne le voit plus avant qu'il ne soit descendu au-dessous de l'horizon. Il arrive même que le bord inférieur du soleil est à peine visible, tandis que la partie supérieure offre un bord rouge parfaitement limité.

Quelquefois le brouillard sec a une intensité remarquable, on en trouve beaucoup d'exemples dans les chroniques. Celui de 1783 a fait une sensation générale en Europe; voici les phénomènes qu'il a présentés : son épaisseur était telle que, dans quelques points, on ne pouvait distinguer des objets éloignés de 5 kilomètres ; quelquefois ils paraissaient bleus ou entourés d'une vapeur. Le soleil paraissait rouge, sans éclat, et on pouvait le fixer en plein midi; à son lever et à son coucher il disparaissait dans la brune. C'est à Copenhague qu'on le remarqua d'abord le 29 mai ; il vint après une succession de beaux jours. Dans d'autres points il avait été précédé d'un coup de vent ; en Angleterre il survint après des pluies continues ; à la Rochelle on le vit le 6 et le 7 juin; à Dijon le 14 ; puis l'atmosphère devint sereine à la Rochelle jusqu'au 18. On le remarqua presque partout, en Alemagne, en France et en Italie, du 16 au 18; le 19 il fut observé à Franecker et dans les Pays-Bas ; le 22 à Spydberg, en Norwége le 23 sur le Saint-Gothard et à Bude ; le 24 à Stockholm ; le 25 à Moscou ; vers la fin de juin en Syrie, et le 1er juillet dans l'Altaï. Quelques observateurs prétendent y avoir trouvé des traces d'acide, mais ces observations n'ont pas plus de valeur que les expériences qui ont été faites sur l'électricité atmosphérique. On l'accuse d'avoir causé une épidémie de charbon parmi les céréales, et des maladies chez les végétaux en général ; mais on sait que ces maladies se montrent sans que le brouillard sec ne les détermine.

Le brouillard sec est surtout commun dans l'Allemagne septentrionale et occidentale ainsi qu'en Hollande; Finke l'attribue à la combustion de la tourbe. En effet, pour préparer à la culture les terrains tourbeux, on les défonce et on retourne les mottes en automne, afin qu'elles sèchent pendant l'hiver; si le mois de mai est sec, on y met le feu, en ayant soin qu'elles jettent beaucoup de fumée et peu de flamme. Plus l'air et le sol sont secs, mieux l'opération réussit, la pluie l'entrave au contraire; en été de grandes surfaces s'allument spontanément. La quantité des produits de la combustion alors peut s'élever à 9 millions de kilogrammes.

Dans ces contrées le brouillard sec coïncide avec la combustion de la tourbe ; quand l'air est sec, la fumée reste suspendue dans l'atmosphère et peut être entraînée par les vents. Le vent souffle toujours du côté des tourbières quand le brouillard sec se manifeste, et souvent on a vu les brouillards provenant distinctement des marais tourbeux.

Le brouillard sec si épais de 1834 venait en partie de la combustion des tourbières et des incendies qui ont signalé cette année. Pendant qu'on l'observait à la fin de mai dans le Harz, aux environs d'Orléans et de Bâle, il y avait des incendies dans les tourbières. Ainsi en particulier la tourbière de Dachau en Bavière brûla jusqu'à la profondeur de 2 m 5, et l'incendie se propagea même par-dessous des fossés pleins d'eau ; aux environs de Munster et dans le Hanovre, plusieurs tourbières furent consumées ; plus tard, en juillet, il y eut des incendies terribles de forêts et de tourbières près de Berlin, en Prusse, en Silésie, en Suède et en Russie; la sécheresse favorisait la propagation de ces incendies et le transport de la fumée.

Peut-on attribuer à la même cause le brouillard sec de 1783, qui s'étendit sur une grande partie de l'Europe ; à l'époque où il se montra, on imagina plusieurs hypothèses pour expliquer son origine : Lalande l'attribuait à la quantité d'électricité développée par un été très-chaud qui succédait à un hiver humide. Cotte le regardait comme formé par des émanations métalliques unies à l'électricité par suite de la grande chaleur et des nombreux tremblements de terre ; d'autres physiciens ont rattaché ce brouillard à l'électricité, sans qu'on puisse comprendre comment celle-ci pourrait ainsi troubler l'atmosphère. Cependant Veltmann avait montré que ces phénomènes sont concomitants avec les grandes combustions de tourbe qui ont lieu en Westphalie.

Dans cette même année il y eut un violent tremblement de terre en Calabre et une éruption volcanique en Islande; aussi plusieurs physiciens leur attribuèrent-ils l'existence de ce brouillard. Il est vrai que rarement les phénomènes volcaniques se montrèrent avec autant de violence, et l'on peut ajouter en faveur de cette opinion que, dans les années où un brouillard sec très-intense remplissait l'atmosphère, les volcans furent en activité: exemple, les années 526, 1721, 1822, et 1834. Cependant le brouillard a plusieurs fois précédé les éruptions. Sommes-nous autorisés par là à regarder les éruptions volcaniques comme une cause immédiate des brouillards secs? Quoique la colonne qui s'élève au-dessus d'un volcan ait la plus grande analogie avec une colonne de fumée, cependant des recherches plus exactes ont montré qu'elle se compose en grande partie de vapeur d'eau et de cendres volcaniques, auxquelles se mêlent, en plus ou moins grande quantité, des gaz transparents; personne n'a observé de véritable fumée, mais quand la lave coule sur les flancs de la montagne, elle carbonise tout ce qu'elle rencontre, et un immense nuage de fumée s'élève dans l'air. Si nous songeons à l'immense quantité de végétaux, qui furent consumés en Islande, ainsi que dix-sept villages, nous comprendrons que la lave, coulant sur un sol couvert de végétaux, ait pu produire cette fumée, que les vents du nord répandirent ensuite sur une grande partie de l'Europe. Ajoutez à cela que les combustions de tourbe et les incendies des forêts furent aussi fréquents cette année que pendant toutes celles qui se distinguent par une excessive sécheresse: c'est à cette dernière cause qu'il faut rapporter l'odeur que l'on sentit spécialement en Hollande.

BRUIT. *Voy.* Son.

C

CADRAN. *Voy.* Gnomonique.

CAFETIÈRE à vapeur. — Avec cette cafetière, que M. Desdouits a proposé de nommer *hidropneumatique*, on peut préparer le café en deux ou trois minutes. Cette cafetière se compose d'un ballon ou globe qui s'ouvre à la partie supérieure et qui pénètre par un long col dans un ballon inférieur qu'il ferme très-hermétiquement; l'ouverture du col est très-voisine du fond. On verse par le ballon supérieur, dont le fond est une plaque de ferblanc percée de très-petits trous qui ne permettent pas à la poudre de passer. Alors on applique au-dessous du ballon inférieur une petite lampe à esprit de vin. L'eau de ce ballon ne tarde pas à entrer en ébullition. Alors sa vapeur, s'appuyant sur le haut du globe, presse sur la surface liquide, et contraint l'eau à monter par le col jusque dans le ballon supérieur; on conçoit aisément qu'elle y puisse passer tout entière, car la force élastique de la vapeur, dont la température n'est pas très-inférieure à 100°, pourrait soutenir plusieurs mètres d'eau. L'eau, qui arrive très-chaude dans le ballon supérieur où elle rencontre la poudre de café, dissout très-rapidement la substance soluble, et après quelques minutes la vapeur du ballon inférieur, qui s'est refroidie par suite de l'extinction de la petite lampe, n'a plus assez de tension pour soutenir une colonne liquide. L'eau saturée de café redescend donc par le col dans le ballon inférieur, en laissant en haut le marc qui ne peut traverser la plaque. Certains appareils portent en bas un robinet par lequel on retire le café liquide; d'autres portent un tube à robinet qui part du col près de la plaque de fond; un autre robinet convenablement fermé empêche le liquide de retomber dans le ballon inférieur. Enfin il y a d'autres appareils dans lesquels le ballon d'en bas est traversé par un siphon; la pression qu'exerce encore sur le liquide chaud du ballon inférieur la vapeur chaude qui le surmonte, élève le liquide au-dessus de son niveau et dans le col et dans le siphon, de telle sorte que celui-ci se trouve amorcé.

Cette cafetière fort commode, qui prépare toujours le café dans les meilleures conditions, est connue sous le nom de *cafetière Lyonnaise*.

CALENDES. — Les Romains ne faisaient pas usage de la semaine; leurs mois étaient divisés d'une manière irrégulière et bizarre. Le 1er jour du mois se nommait *calendes*, d'où dérive le mot *calendrier*; le 5e était le jour des *nones* et le 13e celui des *ides*. Tous les autres jours prenaient de là leur dénomination, et se comptaient en rétrogradant, de sorte que les jours qui se trouvaient entre le jour des calendes et le jour des nones s'appelaient *jours avant les nones*; les jours qui se trouvaient entre le jour des nones et le jour des ides s'appelaient *jours avant les ides*; et les jours qui se trouvaient entre le jour des ides et le jour des calendes du mois suivant, et qui étaient les derniers jours du mois, prenaient leur dénomination des calendes du mois suivant. Ainsi les derniers jours de février, par exemple, s'appelaient *jours avant les calendes de mars*. Les jours de calendes n'étaient pas en même nombre dans tous les mois: ils empiétaient plus ou moins sur les mois qui les précédaient. Ceux des mois d'avril, de juin, d'août et de novembre ne s'étendaient que jusqu'au seizième jour inclusivement du mois qui les précède, parce que les mois de mars, de mai, de juillet et d'octobre, ayant six jours de nones, les ides de ces mois tombaient le quinzième. Les jours des calendes des huit autres mois s'étendaient jusqu'au quatorzième jour inclusivement du mois qui les précède; car ces mois n'avaient que quatre jours des nones, et leurs ides tombaient, par conséquent, au treizième. Le mois de mars n'en avait que 16 dans les années communes; mais il en avait 17 dans les années bissextiles, et ce jour était ajouté immédiatement avant le 24 février, qui était le sixième des calendes de mars; on comptait alors deux fois ce sixième, ce qui l'avait fait nommer *bissexte;* d'où est venu le nom d'année *bissextile*.

Les vers suivants expriment cette distribution des jours du mois :

> Prima dies mensis cujusque est dicta CALENDÆ :
> Lex majus NONAS, october, julius et mars ;
> Quattuor at reliqui : dabit IDUS quilibet octo ;
> Inde dies reliquos omnes dic esse calendas,
> Quos retro numerans dices a mense sequente.

CALENDRIER (de *calendæ*, CALENDES, *voy.* ce mot). — On appelle ainsi un tableau qui indique la division du temps par jours, semaines, mois, saisons et années.

On appelle *ère* une certaine époque, prise arbitrairement, à laquelle on rapporte toutes les dates.

Chaque nation adopte pour *ère* l'époque d'un événement mémorable. L'*ère chrétienne* correspond à la naissance de Jésus-Christ; elle est adoptée dans presque toute l'Europe. Pour ne pas avoir un trop grand nombre de jours à compter, on en réunit un certain nombre dont on forme une nouvelle unité qu'on appelle *année civile* ou simplement *année*. Enfin, on regarde cent années comme une nouvelle unité à laquelle on donne le nom de *siècle*. Le nombre qui désigne une année se nomme le *millésime* de cette année.

Comme la révolution de la terre, dans son orbite autour du soleil, se partage en quatre parties principales, nommées *saisons*, et qui ramènent à perpétuité les mêmes travaux de la terre, on imagina, pour les usages de la société, d'adopter la longueur de cette révolution, dite *année tropique*, pour la durée de l'*année* civile; et comme l'année tropique se compose à très-peu près de 365 jours et un quart, les anciens peuples, et surtout les Egyptiens, composèrent l'année civile de 365 jours. Or, la suppression d'un quart de jour par an n'ayant pas tardé à détruire la correspondance qu'on avait voulu établir entre les saisons et les diverses époques de l'année, Jules César ordonna, 46 ans avant J.-C., que l'année serait communément composée de 365 jours, mais que, tous les quatre ans, on ajouterait un jour à l'année. A cet effet, le 6e jour avant les calendes de mars fut compté deux fois, et par suite le jour intercalaire reçut le nom de *bissexte*, d'où l'année qui le contenait fut dite *bissextile* et composée de 366 jours.

Le calendrier ainsi réformé fut nommé *calendrier Julien*, et chaque année, censée composée de 365 jours et un quart, fut appelée *année Julienne*. Jules César prescrivit en outre de faire commencer chaque année civile le 1er janvier, à minuit.

La *réforme Julienne* consistait donc à supposer l'année tropique de 365 j. $\frac{1}{4}$ ou 365 j. 25. Mais comme elle n'est réellement que de 365 j. 2422, la différence 0 j., 0078 amenait une erreur de 7 jours en 900 ans ; de sorte qu'au bout de plusieurs siècles on s'aperçut que les équinoxes devançaient de plus en plus les époques du 21 mars et du 21 septembre, auxquelles le concile de Nicée les avait fixées, 325 ans après J.-C. ; car l'équinoxe du printemps, qui alors avait eu lieu le 80e jour de l'année, tomba le 70e jour en 1582, et l'on réclama une nouvelle réforme. Elle fut effectuée en 1582 par le pape Grégoire XIII, et par suite fut nommée *réforme Grégorienne*. Comme l'équinoxe était en avance de 10 jours, Grégoire compensa d'abord le retard du calendrier en ordonnant que le lendemain du 4 octobre 1582 s'appellerait *le 15 octobre; puis il décida que l'on continuerait à employer* l'intercalation Julienne d'un jour tous les quatre ans, mais qu'on supprimerait les bissextiles des années séculaires, excepté une sur quatre : de sorte qu'une année séculaire n'est bissextile que si son millésime est divisible par 4. Ainsi l'année 1600 a été bissextile, mais non les années 1700, 1800; l'année 1900 ne le sera pas non plus, mais seulement l'année 2000, et ainsi de suite.

Cette intercalation est très-rapprochée de la vérité, car elle n'amène qu'un jour d'erreur sur quatre mille années tropiques. Elle fut aussitôt adoptée, sous le nom de *nouveau style*, par toutes les nations chrétiennes, excepté par la Russie et par la Grèce, les seuls Etats d'Europe qui aient conservé le *vieux style*. Depuis 1800 la différence des deux styles est de 12 jours.

Voici l'exposé du calendrier dit *Grégorien* en usage dans toute la chrétienté.

L'année civile et tous les jours de l'année commencent à minuit, époque où le soleil se trouve au méridien inférieur.

Le premier jour de l'année est fixé par l'équinoxe du printemps, qui, d'après la réforme Grégorienne, est toujours le 79e ou le 80e jour de l'année.

L'année se divise en douze mois, composés chacun de 31 ou de 30 jours, excepté février, qui n'en a que 28 dans les années communes, et 29 dans les années bissextiles. Les noms suivants sont adoptés depuis l'empereur Auguste :

1. Janvier,	31 j.	7. Juillet,	31 j.
2. Février,	28 ou 29	8. Août,	31
3. Mars,	31	9. Sept.	30
4. Avril,	30	10. Octobre	31
5. Mai,	31	11. Novemb.	30
6. Juin,	30	12. Décemb.	31

Comme on peut oublier le nombre des jours d'un mois, voici un moyen mécanique pour le retrouver. On ferme la main, moins le pouce, on prononce successivement les noms des mois à partir de janvier sur les articulations et sur leurs intervalles, en commençant par l'articulation de l'index, et la reprenant à la fin comme si elle venait immédiatement après celle du petit doigt. Les noms des mois prononcés sur les articulations ont 31 jours, ceux des intervalles ont 30 jours, excepté février, qui, selon l'année, en a 28 ou 29.

Il est une autre subdivision de l'année constamment employée dans les usages journaliers; c'est la semaine. Elle se compose de sept jours, dont les noms *lundi, mardi, mercredi, jeudi, vendredi, samedi, dimanche*, sont tirés des planètes, excepté celui du dimanche, qui, dans l'origine, était le jour du soleil, mais depuis longtemps il est consacré au Seigneur. La semaine, qui a toujours été la même chez tous les peuples, est le monument le plus ancien des connaissances humaines. Son origine se perd dans la nuit des temps. Les premiers peuples, privés d'instruments d'optique, ne pouvaient estimer la distance des planètes que d'après le temps de leur révolution. Selon leur opinion, Saturne était le plus éloigné, puis venaient successivement Jupiter, Mars, le Soleil, Vénus, Mercure, la Lune. Ils partageaient le jour en 10 heures, dont chacune était consacrée à une planète, et donnaient à chaque jour le nom de la planète à qui la première heure était consacrée. Ayant donc consacré d'abord la 1re heure du samedi à Saturne, la 2me l'était à Jupiter....., la 8e à Saturne, la 11e du samedi ou la 1re du dimanche au Soleil, la 1re du lundi à la Lune, du mardi à Mars, du mercredi à Mercure, du jeudi à Jupiter, et enfin du vendredi à Vénus.

L'année se trouve composée de 52 semaines plus un jour, parce que 52 fois 7 font 364; et le jour qui commence l'année se reproduit une 53e fois pour la terminer. Le nom du premier de l'an est donc le même que celui du 31 décembre, ou du 30 si l'année est bissextile.

Comput ecclésiastique. — On appelle *comput ecclésiastique*, un petit tableau qu'on joint au calendrier, et qui sert à déterminer les jours de certaines fêtes de l'Eglise Il contient cinq articles que nous allons passer en revue, savoir : le *nombre d'or*, l'*épacte*, le *cycle solaire*, la *lettre dominicale* et l'*indiction romaine*.

Le mot *cycle*, qui signifie *cercle*, s'emploie pour désigner une période ou révolution d'un certain nombre d'années. Chacune des années d'un cycle quelconque se désigne par son numéro d'ordre, et lorsque les années du cycle sont épuisées, on recommence à compter de la même manière pour les cycles suivants.

Le *nombre d'or* est le numéro de l'année d'une période de 19 ans, nommée *cycle lunaire*, et qui commence quand le 1er janvier est un jour de nouvelle lune.

Comme il y a 235 lunaisons ou mois lunaire en 19 ans, on voit que les nouvelles lunes, et, en général, toutes les phases de la lune, doivent revenir chaque année aux mêmes jours que 19 ans auparavant. Les Athéniens, charmés des propriétés de ce cycle, découvert par Méthon, les firent graver sur une table de marbre en lettres d'or, et, pour cette raison, le numéro de chaque année du cycle fut appelé *nombre d'or*.

Le *cycle lunaire* passa dans le calendrier ecclésiastique vers l'an 526, lorsque Denys le Petit introduisit l'usage de compter les années depuis l'Incarnation.

La première année du cycle étant celle qui précéda l'ère chrétienne, on voit qu'en ajoutant 1 au chiffre d'une certaine année, c'est-à-dire à son millésime, et divisant la somme par 19, le reste sera le nombre d'or de l'année dont il s'agit ; si le reste est nul, le nombre d'or est 19 et l'année termine la période

Ainsi pour 1843, en ajoutant 1 au millésime on a 1844, qui divisé par 19, donne 97 pour quotient, et 1 pour reste. Donc l'année 1843 à 1 pour nombre d'or, c'est-à-dire est la 1re année du 98e cycle lunaire, ce cycle s'étant déjà reproduit 97 fois.

Dans notre siècle, qui est le XIXe de notre ère, on suit la règle suivante, qui est plus simple :

Retranchez 4 des deux chiffres à droite du millésime, divisez la différence par 19, le reste est le nombre d'or.

L'*épacte* d'une année est l'*âge* de la lune au premier janvier.

Comme l'année civile contient 12 lunaisons et 11 jours, il en résulte que si le 1er janvier d'une année s'est trouvé un jour de nouvelle lune, la 13e nouvelle lune aura lieu le 20 décembre, et par conséquent la lune aura 11 jours au premier janvier de l'année suivante, 22 jours au 1er janvier de la 3e année, 33 jours au 1er janvier de la 4e, ou bien 3 jours en ôtant 30 jours ou une lunaison, et ainsi de suite; par conséquent l'âge de la lune au 1er janvier augmente de 11 jours, chaque fois que le nombre d'or augmente d'une unité. Cet âge de la lune a été nommé *épacte*, parce qu'il faut l'ajouter à 12 lunaisons pour former l'année.

Il est facile de trouver l'épacte d'une année, lorsqu'on a son nombre d'or. Car la lune se trouvant avancée de 11 jours au 1er jour de la 2e année du cycle lunaire, si l'on retranche 1 du nombre d'or, et qu'on multiplie la différence par 11, on aura le total des jours d'avance depuis le commencement du cycle. On supprimera toutes les lunaisons en divisant ce produit par 30, de sorte que le reste sera précisément l'âge de la lune.

De là on déduit, pour le XIXe siècle, la règle suivante :

Pour avoir l'épacte, retranchez 1 du nombre d'or, multipliez la différence par 11, et divisez le produit par 30, le reste est l'épacte.

Or l'année 1843 ayant 1 pour nombre d'or, si l'on ôte 1 de 1 le reste est 0; ainsi l'épacte de cette année est 0, et se marque, selon l'usage, par un astérisque.

Mais l'année 1844 ayant 2 pour nombre d'or, en ôtant 1 de 2 il reste 1, qui, multiplié par 11, donne 11 pour l'épacte, ce nombre ne pouvant se diviser par 30.

La correspondance des nombres d'or avec les épactes est constante dans le calendrier Julien, mais varie selon les siècles dans le calendrier Grégorien.

Le *cycle solaire* est une période de 28 ans, après laquelle le 1er janvier ou, en général, une date quelconque d'une année, correspond au même jour de la semaine qu'au commencement du cycle ou 28 ans auparavant. Comme il y a sept jours dans la semaine, et que le nom du 31 décembre dans les années communes est le même que celui du 1er janvier, les diverses dates d'une année reviendraient aux mêmes jours de la semaine tous les 7 ans, si toutes les années étaient communes; mais les bissextiles, qui ont lieu tous les 4 ans, faisant chacune avancer d'un rang le nom du 1er mars et par suite du 1er janvier de l'année suivante, il en résulte que les diverses dates d'une année ne doivent revenir aux mêmes jours qu'après une période de 4 fois 7 ou 28 ans, qu'on a nommée *cycle solaire*.

Pour avoir l'année du cycle solaire qui correspond à une année quelconque, il faut remarquer que ce cycle a commencé 9 ans avant l'ère chrétienne; si donc on ajoute 9 au millésime d'une certaine année, et qu'on divise la somme par 28, le reste sera le rang de l'année dans le cycle solaire.

Ainsi, pour 1843, on dira : 1843 et 9 font 1852, qui, divisé par 28, donne 66 pour quotient, et 4 pour reste. Donc le cycle s'est reproduit 66 fois depuis son origine, et l'année 1843 est la 4e du 67e cycle.

Ce cycle n'est plus en usage depuis la réforme Grégorienne, parce qu'il est interrompu quand arrive une année séculaire commune. Il faut alors donner 29 ans au cycle qui la contient; avec cette correction, le cycle sert à trouver par quel jour de la semaine commence une année aussi éloignée qu'on le voudra.

Avant de parler de la *lettre dominicale*, il faut d'abord faire connaître le *calendrier perpétuel*. On appelle ainsi le calendrier qui se trouve en tête de la plupart des livres d'église, et où les noms des jours, à partir du 1er janvier, sont remplacés par les lettres A, B, C, D, E, F, G, reproduites successivement dans le même ordre jusqu'au 31 décembre; de sorte que chaque lettre représente le même jour pendant toute l'année. Celle qui indique le dimanche se nomme *lettre dominicale*.

Ainsi en 1842, la lettre dominicale ayant été B, tous les quantièmes à côté desquels cette lettre se trouve placée dans le calendrier perpétuel ont été des dimanches.

L'année commune ayant un jour de plus que 52 semaines, et l'année bissextile deux jours de plus, il en résulte que la lettre dominicale rétrograde, dans l'ordre alphabétique, d'un rang par année commune, et de deux rangs par année bissextile. Car si, par exemple, la lettre dominicale d'une année commune est A, c'est-à-dire si le 1er janvier a été un dimanche, comme en 1843, le 31 décembre en sera de même un, le 1er janvier de 1844 sera un lundi, et, par conséquent, le 7 janvier un dimanche; or, la lettre qui se trouve à côté du 7 janvier étant G, on voit que si la lettre dominicale d'une année commune est A, celle de l'année suivante sera G, c'est-à-dire la lettre qui précède A dans le calendrier perpétuel. Mais l'année 1844 étant bissextile, la lettre G, qui désigne le dimanche dans les deux premiers mois, désignera lundi pour le reste de l'année, à cause de l'intercalation du 29 février, et, par conséquent, alors le dimanche sera désigné par la lettre précédente F. Ainsi les années bissextiles ont deux lettres dominicales, l'une pour les deux premiers mois de l'année, l'autre, qui précède toujours la première dans l'ordre alphabétique, pour les deux derniers mois. Voici la série des lettres dominicales à partir de 1843 :

1843, A	1846, D
1844, GF	1847, C
1845, E	1848, BA

Les mêmes lettres dominicales se reproduisent au bout de 28 ans, comme les jours du cycle solaire, qui, pour cette raison, s'appelle encore *cycle des lettres dominicales*.

La détermination de la lettre dominicale est devenue assez compliquée depuis la réforme Grégorienne. Ce qu'il y a de plus simple est de la déduire du nom du 1er mars qu'on obtient par le procédé suivant.

On peut vérifier que le 1er mars tombe toujours un mercredi en 1600 et 2000, samedi en 1800 et 2200, lundi en 1700 et 2100, jeudi en 1900 et 2300, et ainsi de suite de 4 en 4 siècles, ce qui conduit à la règle suivante :

Pour trouver le nombre du 1er mars, divisez par 4 les deux chiffres à droite du millésime ou du nombre indiquant l'année; multipliez le quotient par 5, ajoutez le reste à ce produit, et divisez la somme par 7, le nouveau reste indiquera combien de rangs le 1er mars de l'année proposée se trouve après le 1er mars de l'année séculaire.

Ainsi, en 1843, on dit : 43 divisé par 4 donne 10 pour quotient; le produit de 10 multiplié par 5 est 50, 50 et 3 font 53, qui, divisé par 7 donne 7 pour quotient, et 4 pour reste. Donc le 1er mars 1843 a dû tomber 4 jours après samedi, nom du 1er mars 1800, c'est-à-dire un mercredi. De même en 1844, le 1er mars sera un vendredi.

Maintenant le nom du 1er janvier, ou de la lettre A du calendrier perpétuel, étant toujours 3 rangs avant le nom du 1er mars pour les années communes, et 4 rangs avant pour les années bissextiles, on déduira facilement de celui-ci le nom du jour qui correspond à la lettre A, et par suite, la lettre dominicale.

Par exemple, en 1843 le 1er mars ayant été un mercredi, le 1er janvier ou A a dû être un dimanche; la lettre dominicale est donc la lettre A.

Dans l'année bissextile 1844, le 1er mars a été un vendredi, le 1er janvier ou A un lundi, et la lettre dominicale a été F. Cette lettre ainsi déterminée n'a servi qu'aux dix derniers autres mois; la suivante G qu'aux deux premiers.

L'*Indiction romaine* est une période de 15 ans, dont le premier cycle a commencé le

1er janvier 313, sous Constantin le Grand. Ce cycle, d'abord uniquement en usage dans les affaires contentieuses sous les empereurs romains, fut adopté par les papes pour servir de date aux fêtes de l'Eglise, et de là prit le nom d'*Indiction romaine*.

L'Indiction où se trouve l'ère chrétienne ayant commencé 3 ans auparavant, on en conclut la règle suivante :

Pour trouver le numéro de l'indiction qui correspond à une année quelconque, il faut ajouter 3 à son millésime, et diviser la somme par 15, et le reste est le numéro cherché.

Ainsi en 1843, on dit : 1843 et 3 font 1846, qui divisé par 15 donne 123 pour quotient, et 1 pour reste. Il y a donc eu 123 cycles d'indiction depuis l'ère chrétienne, et l'année 1843 est la première du 124e cycle.

Outre les périodes précédentes, qui forment le *comput ecclésiastique*, il en est encore une autre nommée *période Julienne*, citée par l'Annuaire du bureau des longitudes et par la plupart des almanachs.

La période Julienne est le produit des trois *cycles solaire, lunaire* et *d'indiction*, et contient ainsi un nombre d'années égal au produit des trois nombres 28, 19 et 15, c'est-à-dire 7980 ans.

Cette période, renfermant une longue suite d'années, fut imaginée par Joseph Scaliger, en l'an 1600, pour servir de mesure universelle dans la chronologie, en embrassant toutes les ères des différents peuples.

La première année est censée avoir concouru avec la première année des trois cycles qui la composent, et remonte ainsi à 4714 ans avant l'ère chrétienne, ou à 4713 ans avant l'an zéro, cette ère ayant commencé par l'an 1.

Par conséquent, pour connaître à quelle année de la période Julienne correspond une année quelconque, il faut lui ajouter 4713. L'année 1843 est donc la 6556e de la première période Julienne.

Si l'on divise successivement le numéro d'une année dans la période Julienne par les nombres 28, 19 et 15, les restes de ces trois divisions seront les numéros de la même année dans chacun des trois cycles dont cette période se compose ; ce qui peut tenir lieu des trois règles précédentes relatives aux mêmes cycles.

Ainsi l'année 1843 étant la 6556e de la période Julienne, les restes 4, 11 et 10 de la division de 6556 par 28, 19 et 15 indiquent que l'année 1843 est la 4e du cycle solaire actuel, la 10e du cycle lunaire, et la 11e du cycle d'indiction.

Des fêtes de l'Eglise. — Les fêtes de l'Eglise sont *fixes* ou *mobiles*. On appelle *fixes* celles qui arrivent toujours aux mêmes dates. Les fêtes *mobiles* arrivent à des époques variables, qui dépendent de la fête de Pâques, laquelle change tous les ans.

Les *fêtes fixes* sont les suivantes :

La *Circoncision* tombant le 1er janvier,
L'*Epiphanie* — le 6 janvier,
La *Purification* — le 2 février,
La *Saint-Philippe* — le 1er mai,
La *Saint-Jean* — le 24 juin,
L'*Assomption* — le 15 août,
La *Toussaint* — le 1er novembre,
Noël — le 25 décembre.

Les *fêtes mobiles* se déterminent relativement au jour de Pâques. Ce sont les suivantes, avec leurs dates pour 1843.

La *Septuagésime* ou le neuvième dimanche ou 63 jours avant Pâques. — 12 février.

La *Quinquagésime* ou le *Dimanche gras* est 49 jours avant Pâques. — 26 février.

Le jour des *Cendres* ou le premier jour du *Carême* est le mercredi suivant. — 1er mars.

Les dimanches de la *Passion* et des *Rameaux* sont le 2e et le 1er dimanche avant Pâques. — 2 et 9 avril.

La *Quasimodo* est le dimanche qui suit Pâques. — 23 avril.

L'*Ascension* est le 40e jour à partir de Pâques, et tombe toujours un jeudi. — 25 mai.

La *Pentecôte* est, comme son nom l'indique, le 50e jour à partir de Pâques, ou le 7e dimanche après Pâques. — 4 juin.

La *Trinité* est le dimanche qui suit celui de la Pentecôte, ou le 8e après Pâques. — 11 juin.

La *Fête-Dieu*, qui était le jeudi suivant, a été remise au dimanche après la Trinité, par le Concordat du pape Pie VII et de Napoléon. — 18 juin.

Détermination de la fête de Pâques. — La détermination de la fête de Pâques est assez compliquée. Cette fête, d'après la décision du premier concile général de Nicée, doit se célébrer le premier dimanche après la pleine lune qui tombe, ou bien le jour de l'équinoxe du printemps, ou bien immédiatement après cet équinoxe. Cette décision supposant que l'équinoxe du printemps arrive toujours le 21 mars, et la pleine lune le 14 de chaque lunaison ou mois lunaire, si une pleine lune tombe le 21 mars et que le lendemain soit un dimanche, ce sera Pâques. C'est le plus tôt qu'il puisse arriver. Ceci a lieu toutes les fois que l'épacte est 23, et qu'en même temps la lettre dominicale est D, comme 1818. Au contraire, quand une pleine lune tombe le 20 mars, et que, forcé de recourir à la pleine lune suivante qui a lieu le 18 avril, on trouve un dimanche, il faut encore aller 7 jours plus loin pour avoir le jour de Pâques, qui tombe alors le 25 avril. C'est le plus tard qu'il puisse arriver. Ceci a lieu toutes les fois que l'épacte est 25 ou 24, et qu'en même temps la lettre dominicale est C, comme il arrivera en 1886. Ainsi Pâques tombe toujours du 22 mars au 25 avril, qui sont les limites, ou ce qu'on appelle les *termes de Pâques*. De là résulte cette règle bizarre pour déterminer la fête de Pâques d'une année donnée :

Cherchez le nombre d'or, d'où vous déduirez l'épacte ; retranchez-la de 44 si elle est moindre que 24, le reste sera la date du mois de mars qui correspond à la pleine lune pascale. Si l'épacte est de 25 à 30, retranchez-la de 43, le reste sera la date d'avril de cette pleine lune. Le dimanche qui suit la pleine lune pascale sera Pâques.

Ainsi en 1843 le nombre d'or est 1, l'épacte

est 0 ou 30 ; la différence de 30 à 44 est 14 ; la pleine lune pascale doit donc, d'après la règle, arriver le 14 avril. Comme en 1843 la lettre dominicale est A, et que, d'après le calendrier perpétuel, le dimanche qui suit le 14 est le 16, il en résulte que Pâques tombe le 16 avril.

En 1845 le nombre d'or sera 3, et l'épacte 22 ; la différence de 22 à 44 est 22. Ainsi la pleine lune pascale arrivera le 22 mars. D'après le calendrier perpétuel, la lettre dominicale E tombant le lendemain 23 mars, ce sera le jour de Pâques.

Il faut savoir, en outre, pour la détermination de cette fête, que si l'épacte est 25, on doit la cumuler avec 26 ou 24, selon que le nombre d'or est plus grand que 11 ou n'est pas plus grand que 11.

Calendrier grec. — Il était *luni-solaire*, c'est-à-dire qu'il se réglait à la fois sur les révolutions de la lune et sur celles du soleil. Voici comment on l'avait établi :

L'année commençait à la néoménie la plus voisine du 20 au 21 juin, époque du solstice d'été ; elle était composée en général de 12 mois dont chacun commençait le jour de la nouvelle lune, et qui avaient alternativement 30 et 29 jours. Cette disposition, conforme à l'année lunaire, ne donnait que 354 jours à l'année civile ; et comme elle est plus courte que celle du soleil de 10 j. 21 h. 0' 13", cette différence, en s'ajoutant, produisait à fort peu près 87 jours au bout de 8 ans, ou 3 mois de 29 jours. Pour amener les années lunaires à concorder avec les solaires, il fallait donc ajouter 3 mois intercalaires en 8 ans.

Méthon ayant publié son cycle de 19 années solaires, durant lesquelles il s'écoule 235 lunaisons presque exactes, on ajouta un mois de 30 jours à chacune des années

3e, 5e, 8e, 11e, 13e, 16e et 19e de ce cycle.

Ces années de 13 mois, ou de 384 jours, étaient appelées *embolismiques* ; et les 19 années civiles se trouvaient ainsi composées de 235 mois ou lunaisons, ou de 6936 jours, comme les 19 années tropiques ; les révolutions continuant leur cours, on recommençait aussi un nouveau cycle de 19 ans. Ce mois ajouté était placé après le 6e *possidéon*, et s'appelait un *second possidéon*. Tous les mois étaient divisés en *décades* ou semaines de 10 jours. Le calendrier de Méthon ne fut introduit en Grèce que dans l'an 432 avant Jésus-Christ, le 15 juillet du calendrier Julien ; Calippe le corrigea en 330 avant Jésus-Christ, en retranchant le dernier jour du 4e cycle. Chaque jour commençait le soir.

Les Grecs faisaient usage d'une période de 4 ans qu'ils nommaient Olympiade, parce que la 1re de ces 4 années concourait avec la célébration des jeux Olympiques. La 1re olympiade ou l'ère des Grecs eut lieu l'an 776 avant Jésus-Christ.

Calendrier romain. *Voy.* plus haut *Réforme Julienne* et le mot Calendes.

Calendrier-musulman. — Il est purement lunaire. L'année a 12 mois alternativement de 30 et 29 jours ; chaque mois commence à la néoménie, ce qui donne 354 jours à l'année, ou 355 jours quand on fait le dernier mois de 30 jours. Ainsi cette année n'a rien de commun avec la marche du soleil, et le jour qui la commence parcourt notre calendrier en rétrogradant de 10 à 11 jours par an. On intercale ces onze jours, en donnant 30 jours, au lieu de 29, au dernier mois de 11 années de la période de 30 ans.

Les jours commencent le soir et vont jusqu'au soir du lendemain, c'est-à-dire qu'on compte les temps par nuits. On divise les mois en semaines, dont le dimanche est le premier jour. Le vendredi est férié.

L'ère des Mahométans est appelée *hégyre*, qui signifie fuite, parce que cette année est celle où Mahomet fut forcé de fuir de la Mecque : elle répond au 16 juillet de l'an 622 de l'ère chrétienne.

Calendrier des juifs. — L'ère est la création du monde supposée l'an 4111 avant Jésus-Christ, quoique Josèphe la place l'an 4658, les Septante en 5508, le texte samaritain en 4424, et l'*Art de vérifier les dates* en 4963.

Les Israélites commencent le jour à 6 h. du soir, leurs mois à la néoménie ayant 30 et 29 jours alternativement, comme les Musulmans ; mais ils divisent la durée en semaines de 7 jours, et leur samedi ou *sabbat* est férié. Les 12 mois de l'année ne comprenant que 354 jours, ne s'accordent avec la marche du soleil qu'en intercalant sept mois dans le cycle de 19 ans, comme les Grecs : ces années *embolismiques* attribuent un 13e mois aux années 3, 6, 8, 11, 14, 17 et 19 de ce cycle. Voici les noms de ces mois :

1	Tisri,	30 j.
2	Marcheswan,	2 ou 30.
3	Kaslen,	2 ou 30.
4	Thebet,	2 .
5	Shebat,	3 .
6	Adar,	3J.
7	Nisan,	30.
8	Ijar,	29.
9	Sivan,	30.
10	Thammuz,	29.
11	Ab,	30.
12	Elul,	29.

Les Israélites célèbrent la Pâque en mémoire de leur passage de la mer Rouge, et de ce que l'ange exterminateur épargna leurs premiers-nés durant leur séjour en Egypte : c'est le soir du 14e jour de nisan que cette fête commence et qu'on immole et mange l'agneau ; elle dure 8 jours, et cette semaine est appelée *kébie* ; 50 jours après est la Pentecôte, ou jour des prémices, en mémoire de la loi donnée sur le mont Sinaï. La fête de l'Expiation se célèbre le 10 de tisri. La purification du temple est fêtée le 25 kaslen et dure 8 jours.

CALORIMÈTRE. *Voy.* Calorimétrie.

CALORIMÉTRIE. — Dans le passage d'un corps solide à l'état liquide, il y a une quantité considérable de chaleur qui disparaît et qui reste combinée avec le corps liquide ; il en est de même du passage des corps liquides à l'état gazeux. Black observa en 1762 le premier ce phénomène. Il se demanda d'abord pourquoi la glace fond si lentement sous l'influence de la chaleur. Dans la première expérience qu'il fit pour éclaircir cette question, il trouva que pendant que l'eau à 0° s'élève à la température de 7°, la même quantité de glace également à 0°, quoique soumise à la même chaleur que l'eau, exige un temps 21 fois plus long pour arriver à la température de 7° ($7 \times 21 = 147$), et qu'il y a par conséquent 140° Fahr. de chaleur d'absorbés, que le thermomètre n'indique pas ; cette quantité considérable de chaleur qui disparaît et que le thermomètre n'indique pas, Black l'appela *chaleur latente*.

Une substance a plus ou moins de capacité pour la chaleur, suivant qu'elle exige plus ou moins de chaleur pour éprouver un changement de température donné, par exemple, pour passer de 0° à 1°. Deux corps auront donc la même capacité de chaleur spécifique, si, à poids égal, ils exigent la même quantité de chaleur pour passer de 0° à 1°; l'un aura, au contraire, une capacité double, triple, s'il exige deux ou trois fois plus de chaleur. Les corps qui, comme l'eau, exigent toujours la même quantité de chaleur pour passer d'un degré à un autre, ont une *capacité constante ;* tandis que d'autres qui, tels que le platine, absorbent des quantités de chaleur différentes pour passer de 0° à 1°, ou de 100° à 101°, etc., ont une *capacité variable*.

Pour déterminer les *chaleurs spécifiques*, on se sert en général de trois méthodes, savoir : la méthode du calorimètre, la méthode des mélanges et la méthode du refroidissement. Le calorimètre est un appareil imaginé par Lavoisier et Laplace. Cet appareil consiste en un vase cylindrique dans l'intérieur duquel on place les corps soumis à l'expérience. Ce vase est entouré d'un autre vase rempli de glace, laquelle est elle-même garantie de la chaleur atmosphérique par un autre entourage de glace contenue dans un troisième vase qui entoure le second. Le calorique qui se dégage du corps soumis à l'expérience fait fondre une partie de la glace contenue dans le second vase ; et cette partie de glace fondue s'écoule dans un vase placé au-dessous de l'appareil. Or, la quantité de calorique nécessaire pour faire fondre la glace est égale à celle qui est nécessaire pour faire monter l'eau de 0° à 60°. La quantité de glace fondue indique donc la quantité de calorique qui s'est dégagée du corps soumis à l'expérience.

Dans la méthode des mélanges, la chaleur perdue par un corps qui se refroidit se transmet à un second corps qui se réchauffe; et si l'on connaît les poids de ces corps, il suffit d'observer les températures perdues et gagnées, pour en déduire le rapport de leurs capacités. Des recherches entreprises à ce sujet par Dulong et Petit, et plus récemment par M. Regnault, ont conduit aux lois suivantes :

1° Pour les corps simples, les chaleurs spécifiques sont en raison inverse des équivalents chimiques ;

2° Dans tous les corps composés de même composition atomique et de constitution chimique semblable, les chaleurs spécifiques sont en raison inverse des poids atomiques.

Les combinaisons chimiques offrent aussi une source de chaleur importante. Une série d'expériences faites à ce sujet par MM. Andrews et Graham tendraient à établir les lois suivantes :

1° *Loi des acides :* Un équivalent de divers acides, combiné avec la même base, produit à peu près la même quantité de chaleur ;

2° *Loi des bases :* Un équivalent de différentes bases, combiné avec le même acide, produit des quantités de chaleurs différentes ;

3° *Loi des sels acides:* Lorsqu'un sel neutre se convertit en sel acide, en se combinant avec un ou plusieurs éléments d'acide, on n'observe aucun changement de température ;

4° *Loi des sels basiques :* Lorsqu'un sel neutre se convertit en sel basique, la combinaison est accompagnée d'un dégagement de chaleur.

Remarque. — D'après Dulong et Petit, la capacité des corps augmente en général avec la température. Ainsi, d'après eux, la capacité moyenne du fer est :

de 0 à 100°...	0,1098	de 0 à 300°...	0,1218
de 0 à 200°...	0,1150	de 0 à 350°...	0,1255

Quelques expériences de Gay-Lussac semblent prouver qu'il en est ainsi pour les gaz à pression constante. (Peclet, *Phys.*, t. I, p. 484.)

Dulong et Petit avaient cru pouvoir conclure de leurs expériences que *les atomes des corps simples avaient tous exactement la même capacité pour la chaleur ;* mais cette loi si remarquable ne s'est pas trouvée d'accord avec les expériences plus récentes et plus exactes de M. Regnault.

Tableau des capacités entre 0 *et* 100° ; *celle de l'eau entre* 0 *et* 20° *étant prise pour unité.*

Noms des substances.	Capacités moyennes.
Antimoine.	0,05077
Argent.	0,05701
Arsenic.	0,08140
Bismuth.	0,03084
Cadmium.	0,05669
Charbon impur.	0,24111
Cobalt.	0,10696
Cuivre.	0,09515
Etain.	0,05623
Fer.	0,11379
Iode.	0,05412
Laiton.	0,09391
Nickel.	0,10863
Or.	0,03244
Palladium.	0,05927
Platine.	0,03243
Plomb.	0,03140
Sélénium.	0,0837
Soufre.	0,20259
Tellure.	0,05155
Verre.	0,19768
Zinc.	0,09555

Noms des substances.	Capacités moyennes.
Corps liquides.	
Eau	1,0080
Mercure	0,03332
Essence de térébenthine	0,42593

(*Toutes les valeurs précédentes sont tirées du tome LXXIII des* Annal. de Chim. et de Physiq., *année* 1840.)

Huile d'olive	0,3096
Acide nitrique (densité 1, 3)	0,6614
Acide sulfurique, (densité 1,87)	0,3346

Capacité de quelques gaz sous une même pression ;

(La capacité de l'eau étant prise pour unité.)

Air atmosphérique	0,2669
Oxygène	0,2361
Azote	0,2754
Hydrogène	3,2936
Acide carbonique	0,2210
Oxyde de carbone	0,2884
Hydrogène bi-carboné	0,4207
Vapeur d'eau	0,8470

CALORIQUE. *Voy.* Chaleur.

CALORIQUE RAYONNANT. — Si on suspend dans l'air un boulet de fer rouge, on sent tout autour l'impression de la chaleur; on ne peut pas supposer que cet effet soit dû seulement à l'air échauffé, car l'air échauffé monte, et on sent très-bien la chaleur par-dessous et sur les côtés. D'ailleurs, on sait que devant une cheminée il y a un rayonnement très-sensible en sens inverse du courant d'air qui vient entretenir la combustion. Ainsi, il est bien établi que la chaleur rayonne en tous sens à travers l'air comme la lumière. Nous avons supposé le boulet rouge, mais on en a encore des effets très-sensibles quand il ne l'est plus, ou même quand on le remplace par un vase rempli d'eau bouillante, de sorte que la propriété de rayonner appartient aussi bien à la chaleur obscure qu'à celle qui est accompagnée de lumière. A cause du froid qu'on observe sur les hautes montagnes, on avait prétendu que les rayons du soleil n'étaient pas chauds par eux-mêmes, et qu'ils avaient besoin d'air à un certain degré de densité pour produire leur effet; c'est une erreur : Saussure, en concentrant les rayons avec une lentille, a obtenu sur le Mont Blanc une chaleur plus intense que celle qu'il avait obtenue par le même procédé à Genève, ce qui tient sans doute à la plus grande transparence de l'air.

Puisque la chaleur du soleil nous parvient à travers les espaces célestes, il est évident qu'elle n'a pas, comme le son, besoin d'air pour se propager. Quant à la chaleur obscure, une expérience de Rumford montre qu'elle se propage aussi dans le vide le plus parfait. On fixe un thermomètre au centre d'un ballon de verre en scellant la tige dans une tubulure; on remplit entièrement de mercure ce ballon, qui a un col d'un mètre environ, puis on le redresse, comme un baromètre, dans une cuvette; le métal s'arrête à une hauteur de 0 m 76 dans le col, dont on ramollit à la lampe la partie vide, qui s'aplatit et se ferme par la pression atmosphérique; de sorte, que le ballon détaché de son col se trouve absolument vide d'air. Or, si on le plonge dans l'eau chaude, on voit aussitôt le thermomètre monter. L'effet est trop prompt pour qu'on puisse l'attribuer à la chaleur transmise par la tige du thermomètre.

En répétant l'expérience précédente avec des ballons de différents diamètres, on trouve que les variations thermométriques ne se font ni plus ni moins vite. Or, quand le diamètre est double, la surface rayonnante est quadruple; il faut donc que la chaleur provenant de chaque point produise un effet quatre fois moindre sur le thermomètre : de sorte que si on représente par i la chaleur qu'un point chaud rayonne sur l'unité de surface à l'unité de distance, $\frac{i}{d^2}$ sera la chaleur reçue à la distance d.

Le même appareil sert à démontrer que les corps que nous appelons froids, rayonnent encore. Plongeons le ballon dans un mélange réfrigérant, nous verrons le thermomètre baisser rapidement : son refroidissement est évidemment dû à ce qu'il perd de la chaleur par le rayonnement, et que les parois actuellement refroidies ne lui en envoient plus assez pour compenser ses pertes.

Les variations d'un thermomètre placé ainsi dans une enceinte vide sont soumises à une loi très-remarquable ; supposons qu'il y ait d'abord une différence de 15° entre la température de l'instrument et celle de l'enceinte, et qu'on ait observé dans la première minute un abaissement de 2°, on ne trouvera plus qu'une variation de 1° quand la différence de température sera réduite à moitié ; et en général on verra que la *variation pendant un instant très-court est proportionnelle à la différence de température au commencement de cet instant.* C'est en cela que consiste la loi de Newton ou plutôt de Richmann. Elle s'applique au cas de l'échauffement comme à celui du refroidissement; mais elle cesse d'être exacte quand les différences de température surpassent 30 ou 40°. Dans l'air elle est encore sensiblement vraie tant qu'il ne s'agit que de températures peu élevées. On peut s'en assurer en notant minute par minute l'abaissement d'un thermomètre préalablement échauffé et suspendu dans un espace où la température ne varie pas sensiblement.

On doit à Leslie un thermomètre qui donne immédiatement les différences de température sans qu'on ait besoin de s'inquiéter de la température de l'enceinte. L'instrument se compose d'un tube recourbé terminé par deux boules pleines d'air; le tube contient un liquide coloré qui sert d'index. Pour faire la graduation, on écrit d'abord 0 vis-à-vis l'index quand les boules sont à la même température ; ensuite on établit entre elles une différence de 10° en plongeant l'une dans l'eau à 10°, tandis que l'autre est dans la glace fondante. On marque de même les différences de 20 ou de 30°, puis, par approximation, on divise les intervalles en parties égales. Pour se servir de cet instrument, on expose l'une des boules à la chaleur rayonnante qu'on veut mesurer, en ayant soin de préserver l'autre avec un écran.

On possède aujourd'hui un thermomètre différentiel bien préférable à celui de Leslie; il est fondé sur l'électricité. Plusieurs des expériences dont nous allons parler ne se réalisent qu'avec cet instrument; mais on peut toujours les concevoir en imaginant un thermomètre différentiel d'une excessive sensibilité. Pour donner une idée de celle du *thermo-multiplicateur*, nous dirons qu'il est affecté par la chaleur de la main placée à 25 ou 30 pieds, et que l'effet est instantané. *Voy.* Thermo-multiplicateur.

Leslie a découvert que des surfaces égales, mais de nature différente, n'émettaient pas la même quantité de chaleur, bien qu'elles fussent à la même température. Prenons un vase cubique rempli d'eau bouillante, ayant une face couverte de noir de fumée, et une autre argentée et bien polie; si nous les tournons successivement vers un thermomètre, nous verrons que la face métallique émet beaucoup moins de chaleur que la face noircie. Si, par exemple, avec le noir de fumée, on soutient le thermomètre différentiel à 10°, avec la face argentée, on n'obtiendra que 0°, 12. Bien entendu que l'eau est entretenue bouillante, ou du moins à la même température. On peut se servir pour cela d'une lampe à esprit de vin, en ayant soin d'interposer un écran entre elle et le thermomètre. Nous savons que les nombres obtenus, quand l'instrument est stationnaire, donnent la mesure de la chaleur reçue qui est évidemment proportionnelle à la chaleur émise.

On conçoit donc qu'en appliquant différentes substances sur les faces du cube, on ait pu construire la table suivante où l'on a représenté par 100 le pouvoir rayonnant de la substance qui rayonne le plus.

Noir de fumée.	100
Carbonate de plomb.	100
Papier.	98
Colle de poisson.	91
Verre.	85
Encre de Chine.	85
Gomme-laque.	72
Surface métall. suiv. le poli . .	12 à 15.

On voit que les métaux perdent par le rayonnement beaucoup moins de chaleur que les autres substances, surtout quand ils sont bien polis; en les rayant, on augmente sensiblement leur pouvoir émissif, et il est évident que cet effet ne peut pas être attribué à l'accroissement de surface. Cependant tout ne dépend pas du poli, puisque le verre a un très-grand pouvoir rayonnant. La transparence n'a aussi qu'une influence secondaire, puisque des substances opaques rayonnent autant ou plus que le verre. Il en est de même de la couleur; car le carbonate de plomb, qui est d'une blancheur parfaite, émet autant de chaleur que le noir de fumée Un fait bien remarquable, c'est qu'une couche très-mince de noir de fumée suffit pour porter à 100 le pouvoir rayonnant d'une surface quelconque, même métallique; de sorte que le rayonnement ne provient réellement que d'une couche très-superficielle; cependant, pour certaines substances du moins, il dépend de l'épaisseur. Si on applique une couche très-mince de colle à bouche ou de vernis à la gomme-laque sur une surface métallique, on augmente son pouvoir rayonnant; mais il faut un certain nombre de couches pour obtenir le maximum d'effet. Les rapports indiqués dans le tableau ont été déterminés pour des températures qui ne dépassent pas 100°; pour les températures plus élevées, il y a en général des variations. Cependant il résulte des expériences de M. Dulong que le noir de fumée et les métaux conservent le même rapport dans leurs pouvoirs rayonnants au moins jusqu'à 3 ou 400 degrés.

Le rayonnement des gaz est beaucoup plus faible que celui des solides et des liquides; si l'on cache la flamme d'une lampe à alcool par un écran, pour ne laisser à découvert que le large courant de gaz très-chaud qui s'élève au-dessus d'elle, le thermomètre le plus sensible, placé à une petite distance, donnera à peine quelques signes d'échauffement. La flamme qui n'est qu'un gaz incandescent rayonne, il est vrai, d'une manière assez marquée, mais aussi sa température est excessive; et encore son rayonnement est-il beaucoup plus faible que celui d'un corps solide présentant bien moins de surface, comme on peut s'en assurer en faisant rougir dans la flamme une spirale de fil de platine; l'effet thermométrique devient alors trois ou quatre fois plus grand.

La chaleur qui vient frapper un corps se divise en général en trois parties, une qui se réfléchit, une qui est transmise, et une troisième qui est absorbée. C'est parce qu'elle est ainsi absorbée que la chaleur rayonnante produit l'échauffement qui n'est évidemment dû ni à la chaleur réfléchie ni à la chaleur transmise.

On n'a bien mesuré jusqu'à présent le pouvoir absorbant que pour les substances athermanes: tels sont les métaux, le noir de fumée, etc. Par des expériences très-précises M. Dulong a reconnu que pour ces substances le pouvoir absorbant était égal au pouvoir rayonnant. M. Melloni est parvenu à la même loi par un procédé moins rigoureux, mais sensiblement exact, comme le prouve l'accord même des résultats. Il se sert d'un écran métallique très-mince, dont une face tournée vers la source de chaleur est recouverte de la substance qu'on veut essayer, tandis que l'autre, enduite de noir de fumée, pour qu'elle ait un grand pouvoir rayonnant, regarde le thermomètre placé à une petite distance. *En admettant que le rayonnement de cette face est proportionnel à la chaleur absorbée par l'autre, et en opérant avec la chaleur de l'eau bouillante*, on retombe précisément sur les nombres qui représentent les pouvoirs rayonnants déterminés à la même température.

Les diverses couleurs n'ont pas d'action particulière sur la chaleur obscure, mais elles absorbent très-inégalement la chaleur solaire; ainsi un morceau de drap noir, mis au soleil sur la neige, en fait fondre bien plus qu'un morceau de drap blanc; on peut conclure de là que les vêtements blancs sont préférables en été et les noirs en hiver; s'il n'y a de différence que dans la couleur, leur pouvoir rayonnant est le même, puisque la chaleur du corps est bien au-dessous de 100°.

Il est évident que les corps doués d'une grande chaleur spécifique doivent mettre plus de temps que les autres à se refroidir et à s'échauffer. L'eau sous ce rapport est particulièrement remarquable, et on met continuellement à profit cette propriété qu'elle a de conserver longtemps sa température. On conçoit aussi qu'à cause de sa chaleur latente, 1 k. de vapeur d'eau, en se liquifiant peu à peu, doit maintenir chauds pendant très-longtemps les tuyaux des calorifères; pour tomber à zéro il y a 643 unités de chaleur à dégager, et arrivé là, il faut qu'il en perde encore 75 avant de passer entièrement à l'état de glace.

Toutes choses égales, le temps qu'un corps met à se refroidir, 1° est proportionnel à sa chaleur spécifique; c'est une conséquence de la loi de Newton, mais nous prendrons ce fait comme un résultat d'expérience; on peut en effet s'assurer que dans des circonstances identiques, 1 k. d'eau met trente fois autant de temps que 1 k. de mercure à se refroidir d'un même nombre de degrés. Il résulte de là, pour comparer les chaleurs spécifiques, une méthode qui a fourni des résultats très-exacts à MM. Dulong et Petit. Les diverses substances étaient successivement enfermées dans un même vase assez petit pour que la masse eût tous ses points toujours à la même température. Ce vase était suspendu dans un autre beaucoup plus grand entouré de glace de toute part et formant ainsi une enceinte dont la température était parfaitement fixe. On faisait le vide dans cette enceinte pour que le refroidissement marchât plus lentement. Une ouverture mastiquée laissait passer la tige d'un thermomètre plongé dans la substance, qui était préalablement échauffée jusqu'à 20 ou 30°. On observait la durée du refroidissement, à partir du moment où l'excès de température était seulement de 10°, cas où la loi de Newton est très-exacte. On tenait d'ailleurs compte de la chaleur fournie par le petit vase et par le thermomètre.

Influence de la conductibilité. — La conductibilité joue évidemment un très-grand rôle dans les phénomènes de l'échauffement et du refroidissement; mais pour bien concevoir ce rôle il est bon de remonter à la cause même de la conductibilité, et c'est ce que nous pouvons faire, à présent que nous nous sommes élevés à l'idée de la chaleur rayonnante. Rappelons-nous que les dernières particules des corps sont tenues en équilibre à distance par certaines forces, de sorte qu'elles ne se touchent réellement pas. D'après cela il doit y avoir un rayonnement entre elles comme entre de petits corps isolés; la conductibilité et la transmission de la chaleur au contact rentrent ainsi dans le fait général du rayonnement.

Considérons, par exemple, une barre métallique dont une extrémité soit en rapport avec une source constante de chaleur, en plongeant dans un foyer, ou mieux en recevant la flamme d'une lampe à niveau constant, chaque tranche transmet à la tranche suivante une quantité de chaleur proportionnelle à la différence de température. S'il n'y avait aucune perte par le contact de l'air et par le rayonnement extérieur, la barre finirait par acquérir dans toute sa longueur une température uniforme et égale à celle de la source; mais à cause du refroidissement il s'établit un état stationnaire avec des températures décroissantes. Par un calcul fondé sur la loi de Newton, on trouve qu'à 1, 2, 3 décimètres de la source, les excès des différentes tranches de la barre sur la température ambiante doivent décroître suivant une progression géométrique quand l'équilibre est établi. Or, des expériences très-exactes, notamment celles de M. Despretz, ont confirmé ce résultat du calcul, du moins pour les métaux bons conducteurs. La raison de la progression dépend évidemment de la conductibilité; aussi celle des différentes substances a-t-elle été déduite d'expériences de ce genre à l'aide du calcul.

Quoique l'air soit un très-mauvais conducteur, et que sa chaleur spécifique soit très-petite, il refroidit les corps assez rapidement, parce qu'il s'élève dès qu'il est échauffé, et qu'il s'établit ainsi un courant continuel. La vitesse du refroidissement dépend de la facilité avec laquelle l'air se renouvelle autour de la surface; aussi varie-t-elle avec la forme du corps, sa position et les circonstances extérieures. On a constaté qu'il se condensait plus de vapeur dans les tuyaux verticaux des calorifères que dans les tuyaux horizontaux, cela prouve que l'air enlève plus de chaleur aux premiers, et cela se conçoit, parce que les courants se meuvent plus facilement tout autour de leur surface, tandis que pour les autres le renouvellement de l'air n'est facile que par la partie inférieure, qu'on trouve en effet moins chaude que la supérieure.

Les corps exposés à la chaleur rayonnante s'échauffent plus ou moins vite, suivant le pouvoir absorbant de leur surface : ainsi l'eau mise devant le feu dans un vase d'argent poli s'échauffe bien plus lentement que quand la surface est noircie; en revanche elle se refroidit moins vite.

Non-seulement les corps doués d'un grand pouvoir absorbant s'échauffent plus vite, mais ils s'échauffent aussi davantage. Qu'on expose au soleil un thermomètre différentiel ayant une de ses boules argentée et l'autre noircie, on verra que celle-ci finit par prendre une température plus élevée.

Il est à remarquer que cette différence n'aurait pas lieu dans le vide; tous les corps exposés à la chaleur rayonnante y prendraient la même température, quel que fût leur pouvoir absorbant, *toutes choses égales d'ailleurs;* car si l'un gagne deux fois autant de chaleur, parce que son pouvoir absorbant est double, il en perd deux fois autant, puisque son pouvoir rayonnant est double aussi. L'égalité de température, si elle existe un instant, devra donc subsister.

Mais dans l'air il y a une autre perte que celle due au rayonnement; et, chose remarquable, l'inégalité de température s'établit, quoique le fluide enlève la même quantité de chaleur à égalité de température.

Le pouvoir diathermique du verre étant bien plus grand pour la chaleur lumineuse que pour la chaleur obscure, les rayons du soleil traversent plus aisément les vitres d'un appartement que ne peuvent le faire les rayons obscurs provenant des corps qu'ils ont échauffés; aussi remarque-t-on que la chaleur se concentre, et cela contribue à l'avantage des doubles fenêtres. En faisant tomber les rayons du soleil dans le fond d'une boîte noircie à travers trois vitres distantes de quelques centimètres, Saussure a obtenu une élévation de température de plus de 100°. La superposition des enveloppes contribue d'ailleurs pour beaucoup au phénomène.

Quand on songe aux différences sans nombre qui existent entre les corps sous le rapport des pouvoirs rayonnants réfléchissants, transmissifs, etc., on est tenté de croire que l'uniformité de température est impossible dans une enceinte renfermant des substances diverses; que si cette uniformité existe, on doit nécessairement la troubler, en introduisant un corps dont les surfaces seraient de différente nature, et qu'un pareil corps ne peut pas conserver la même température dans tous ses points; mais l'expérience et le raisonnement s'accordent pour prouver la possibilité d'une température uniforme. Cette uniformité est même le seul état final possible; nous nous contenterons de la preuve expérimentale. Nous observerons seulement qu'il est fort difficile d'obtenir l'uniformité rigoureuse de température dans une enceinte un peu grande, surtout à cause des circonstances extérieures, et que en général dans un appartement, par exemple, on trouve toujours avec un thermomètre un peu sensible des différences dans les différents points.

La *vitesse* avec laquelle un corps se refroidit à un instant déterminé peut se mesurer par l'abaissement de température en une seconde; or, après avoir rapporté toutes les températures au thermomètre à air, MM. Dulong et Petit ont reconnu que la vitesse de refroidissement était soumise à des lois très-remarquables. Ces lois sont les mêmes pour tous les corps, quelle que soit leur nature. Les variations de forme et de volume sont aussi sans influence, du moins tant qu'elles n'empêchent pas l'uniformité de température. Si donc deux corps différents sont placés dans les mêmes circonstances avec un même excès de température, et que le refroidissement de l'un pendant la première seconde ait été, par exemple, *trois* fois aussi grand que celui de l'autre, il y aura toujours la même proportion dans les vitesses de refroidissement pour des excès de température égaux quelconques. *Voy.* CHALEUR, etc.

CAPILLARITÉ. — L'adhésion des liquides aux solides donne lieu à une multitude de phénomènes remarquables. Lorsqu'on trempe dans un liquide l'extrémité d'un tube de verre, on voit que la colonne qui pénètre dans ce tube ne s'arrête presque jamais au niveau extérieur. Dans l'eau, par exemple, elle s'élève au-dessus, et dans le mercure, elle s'abaisse au-dessous. Ces phénomènes d'*ascension* ou de *dépression* sont appelés *phénomènes capillaires*, et la force qui les produit est l'*action capillaire*, l'*attraction capillaire*, ou simplement la *capillarité*, parce qu'ils furent d'abord observés dans des *tubes très-fins*, dont le diamètre intérieur était comparé à celui d'un cheveu (*capillus*). Cette force n'agit pas seulement pour élever ou déprimer les petites colonnes liquides dans l'intérieur des tubes, elle s'exerce sans cesse au contact des liquides avec les solides, au contact des liquides entre eux ou des solides entre eux, et en général au contact de toutes les parcelles les plus ténues de la matière pondérable.

Les longueurs des colonnes soulevées ou déprimées sont en raison inverse des diamètres des tubes.

Il est facile de reconnaître par l'expérience qu'en général les différences de niveau sont d'autant plus grandes, que les diamètres des tubes sont plus fins.

Les résultats sont tout à fait indépendants de l'épaisseur des tubes et de la matière qui les compose, pourvu que cette matière puisse être *mouillée* par le liquide.

Avant que les tubes soient soumis à l'expérience, il faut avoir soin de nettoyer parfaitement leurs parois intérieures de toutes les impuretés qui pourraient les souiller; il est essentiel aussi de faire osciller la colonne liquide à plusieurs reprises pour faire l'observation de sa véritable hauteur. Quant au diamètre des tubes, il se détermine en pesant le mercure qu'ils contiennent dans une longueur connue.

Toutes les fois qu'il y a *ascension* dans un tube capillaire assez étroit, le sommet de la colonne liquide prend la forme d'un *ménisque concave*, c'est une demi-sphère de même diamètre que le tube; au contraire, quand il y a dépression, le sommet de la colonne liquide prend la forme d'un ménisque convexe. Ces formes sont essentiellement liées à l'ascension et à la dépression; car si l'on enduit de quelque corps gras la surface intérieure d'un tube de verre, et qu'on en plonge l'extrémité dans de l'eau colorée, on observe que non-seulement l'eau cesse de s'élever au-dessus du niveau, mais qu'elle reste *déprimée* dans ce tube enduit de graisse, et qu'en même temps le sommet de la colonne prend la forme du *ménisque convexe*, comme fait le mercure dans les tubes ordinaires. Il résulte de cette observation que *les différences de niveau dépendent de la forme du ménisque.*

Dans un espace annulaire d'une épaisseur quelconque, l'ascension ou la dépression est la même que dans un tube dont le diamètre serait double de cette épaisseur.

L'espace compris entre deux lames parallèles n'est en quelque sorte que la limite de l'espace annulaire dont nous venons de parler ; ainsi les hauteurs des colonnes soulevées ou déprimées doivent suivre la même loi.

Ce qui précède nous montre assez clairement que les solides et les liquides ne peuvent pas se toucher, sans que la surface mobile du liquide éprouve, près du contact, une déformation plus ou moins marquée.

Les inflexions des courbures dépendent de la forme des corps. Il y a toujours ascension d'un liquide quand il mouille la surface, et dépression quand il ne la mouille pas. C'est ainsi qu'une aiguille à coudre bien lavée à l'alcool se trouve mouillée par l'eau et enfonce lorsqu'on la pose légèrement sur la surface de ce liquide, tandis qu'elle surnage si elle est un peu graissée de manière à produire autour d'elle une dépression. Les insectes qui marchent ou plutôt qui glissent sur la surface des eaux, tels que les hydromètres, les girins, etc., seraient bientôt submergés, si un enduit particulier n'empêchait pas qu'ils fussent mouillés par ce liquide.

Attractions et répulsions qui résultent de la capillarité. — Les corps qui sont plongés dans les liquides ou qui flottent à leur surface présentent des phénomènes d'attraction et de répulsion assez remarquables pour qu'il nous semble nécessaire d'en citer quelques exemples.

Deux balles de liége, posées sur l'eau et mouillées par ce liquide, n'exercent aucune action l'une sur l'autre lorsqu'elles sont à une distance un peu grande ; mais dès qu'on les approche à une *distance capillaire*, c'est-à-dire à une distance assez petite pour que les surfaces du liquide soulevé autour d'elles se touchent ou se croisent, il y a alors une attraction très-vive.

Deux balles qui ne se mouillent pas, comme des balles de cire ou de liége enfumées, flottantes sur l'eau, ou des balles de fer sur le mercure, exercent aussi une attraction dans les mêmes circonstances.

Enfin deux balles, dont l'une se mouille tandis que l'autre ne se mouille pas, se repoussent toujours lorsqu'elles arrivent à la distance capillaire.

On avait pensé d'abord que ces mouvements résultaient d'une action directe de la matière, mais il est bien évident qu'ils dépendent des courbures des surfaces, puisque les mêmes corps qui se fuient ou qui s'attirent sur l'eau, n'exercent aucune action à distance égale dans le vide, ou même dans l'air, ou dans d'autres milieux qui les enveloppent de toutes parts.

Adhésion des liquides contre les surfaces solides. — Lorsqu'un disque solide est posé sur la surface d'un liquide, on ne peut plus le soulever horizontalement comme s'il était libre dans l'air, mais il faut faire un effort un peu plus considérable. Pour mesurer cet effort, on se sert d'une balance : d'un côté on met le disque horizontal, de l'autre on met des contre-poids, et quand l'équilibre est établi, on approche une surface liquide jusqu'à l'instant où elle touche la surface inférieure du disque ; alors on ajoute peu à peu et sans secousse des poids du côté opposé, et l'on note combien il a fallu en ajouter pour rompre l'adhésion.

Un disque de même diamètre, de cuivre ou de quelque autre substance capable de mouiller les liquides, donne exactement le même résultat. Cette adhésion est, comme la capillarité, indépendante de la nature des solides et dépendante seulement de la nature des fluides. Il est facile d'en concevoir la raison, car, en se soulevant, le disque emporte toujours une couche de liquide. L'effort des poids additionnels n'est donc pas appliqué à séparer les molécules du disque des molécules du liquide, mais bien à rompre *la cohésion* qui unit les molécules liquides entre elles.

Divers effets de la capillarité. — Huyghens observa en 1672 un fait qui parut alors fort étonnant. Un tube de 70 pouces de longueur et de quelques lignes de diamètre, ayant été bien nettoyé à l'alcool, puis rempli de mercure, purgé d'air et retourné avec précaution, toute la colonne resta suspendue dans le tube ; il fallut plusieurs secousses légères pour qu'elle se détachât du sommet et prît sa hauteur ordinaire de 28 pouces dans l'intérieur du tube. C'est évidemment un phénomène d'adhésion ; il se reproduit toutes les fois que la surface intérieure du tube est bien nette et l'appareil bien purgé d'air.

Dom Casbois, bénédictin, fit, vers 1780, une remarque importante pour la construction des baromètres. Ayant fait bouillir le mercure pendant très-longtemps dans un tube barométrique, il s'aperçut, après l'avoir retourné, que le sommet de la colonne formait un ménisque à peu près plan, et même plutôt concave que convexe. On voit par ce qui précède que cette forme de ménisque doit avoir une grande influence sur la hauteur des baromètres qui n'ont pas, comme celui de M. Gay-Lussac, l'avantage d'être corrigés d'avance de tous les effets de la capillarité. La cause de ce singulier phénomène a été longtemps inconnue, et l'on doit à Dulong une observation qui l'explique complétement : Dulong a reconnu, par des expériences directes, qu'en prolongeant l'ébullition du mercure à l'air, il se forme un oxyde qui se dissout dans le liquide, et cette espèce de dissolution, assez peu différente du mercure par sa densité, en est très-sensiblement différente par ses propriétés capillaires, puisqu'elle acquiert à la fin la propriété de mouiller le verre. Ainsi, pour faire de bons baromètres à cuvette, il faut, autant qu'il est possible, éviter le contact de l'air pendant l'ébullition du mercure.

Les phénomènes de capillarité sont une des plus remarquables applications de l'affinité réciproque des liquides et des solides. Outre les nombreux exemples que nous en offre la nature, nous les rencontrons à chaque pas, pour ainsi dire, dans les faits de la vie commune. C'est sur la capillarité que se fonde l'usage des chandelles, des bougies, des mèches de lampes : l'huile, le suif et la cire fondue montent entre les filets des mèches comme entre des tubes. L'usage de la poudre d'écriture et de tous les absorbants analogues est fondé sur le même principe. On peut même employer de la petite grenaille de plomb pour dégarnir d'encre les plumes : les globules de métal se mouillent aux dépens de la plume, et leur poids les retenant, ils gardent le liquide quand on retire la plume.

C'est par un effet de capillarité que les substances grasses tombant sur une étoffe en petite quantité, non-seulement imprègnent la partie de l'étoffe qu'ils touchent, mais envahissent de proche en proche, et finissent par former une large tache. Or, c'est aussi par la capillarité qu'on peut combattre cet effet. Pour cela, on chauffe assez fortement l'étoffe sous la tache au moyen d'un corps métallique, d'une cuiller d'argent par exemple, qu'on a remplie de charbons rouges, et l'on produit d'abord ainsi la liquéfaction de la substance grasse. Alors on applique sur la tache quelque corps en poudre, de la craie par exemple, ou une feuille de papier non collé. Le liquide gras est absorbé partiellement ; et, en répétant cette opération un certain nombre de fois, on finit par faire disparaître la tache. Ici la poudre minérale et le papier agissent précisément comme ils le font lorsqu'on les applique à une page d'écriture fraîche, où ils *boivent* le superflu de l'encre.

C'est à la capillarité qu'est due l'ascension de la séve dans les végétaux ; et l'expérience prouve que le bois vert exerce sur ce liquide organique une force ascensionnelle plus grande qu'il ne le ferait à l'état sec. On a profité de ce fait pour faire absorber au bois des liquides différents dans le but de combiner avec lui des principes qui le rendent inaltérable aux agents météoriques. On coupe un arbre en séve et on plonge sa base dans un bain d'une dissolution de pyrolignite de fer. Ce liquide monte abondamment dans tous les vaisseaux du bois, et, par la dessiccation, il reste combiné avec la fibre ligneuse à l'état solide. Alors le bois est imputrescible et inattaquable par les insectes. Ce procédé industriel, appliqué fort en grand par M. Boucherie, est une découverte précieuse dont tous nos arts de construction doivent tirer un grand parti. Nous devons dire que le même physicien a reconnu qu'on pouvait imprégner les bois d'une manière plus commode, plus rapide et plus complète que par la capillarité ascensionnelle. Pour cela, on applique au sommet de la souche un sac de peau sans fond, qui contient la solution du pyrolignite ; poussé par son seul poids, le liquide pénètre entre les fibres verticales de l'arbre, et se filtre rapidement dans toute sa longueur, en laissant toutefois dans les canaux qu'il traverse assez de sel pour produire la combinaison voulue.

Théorie des phénomènes capillaires. — Pendant longtemps on ne put donner une explication satisfaisante de la capillarité. On supposa d'abord que l'air, ne s'introduisant que difficilement et en petite quantité dans les tubes capillaires, exerçait sur la colonne liquide une pression moins forte que celle due à l'air extérieur, et que dès lors le liquide devait monter. On objecta à cette explication que, le phénomène ayant lieu dans le vide, on ne pouvait lui assigner cette cause ; on répondit que, le vide n'étant jamais parfait, la quantité d'air restant, n'exerçant pas la même pression à l'intérieur et à l'extérieur du tube, les phénomènes de capillarité devaient toujours avoir lieu. Descartes eut recours, sans succès, à ses tourbillons ; mais dès l'instant que Newton eut démontré que l'attraction pouvait s'exercer à de petites distances, on rapporta la capillarité à un effet de ce genre. Hawksbée posa en principe que lorsqu'un tube capillaire était plongé dans l'eau par une de ses extrémités, l'anneau de verre situé au même endroit, agissant par des forces perpendiculaires sur la petite lame de liquide que l'immersion avait mise en contact avec son intérieur, rendait l'eau spécifiquement plus légère. La pression de cette lame sur les parties situées au-dessous d'elle se trouvant ainsi diminuée, celle du liquide environnant, qui était devenue prépondérante, poussait la lame d'eau dans l'intérieur de l'anneau suivant, et faisait entrer une nouvelle lame d'eau dans l'intérieur de l'anneau terminal; les deux anneaux exerçant des actions semblables à la première sur la portion du liquide voisin, la pression de l'eau fait monter une nouvelle couche, etc. D'autres hypothèses furent mises successivement en avant, mais sans aucun succès. Jurin, auquel on doit une suite d'expériences intéressantes sur la capillarité, est le premier qui en ait entrevu la cause; suivant lui, l'élévation de l'eau est due à l'attraction de l'anneau situé immédiatement au-dessus de la colonne que forme ce liquide. Voici l'expérience qui l'a conduit à adopter ce principe : si l'on soude bout à bout deux tubes capillaires, de diamètre différent, et qu'on les plonge dans un liquide, puis qu'on les retire peu à peu, on trouve que l'eau s'élève dans le système des deux tubes à la même hauteur qu'elle aurait atteinte dans un tube de même diamètre que celui qui est soudé à la partie supérieure.

Les théories qui suivirent celles de Jurin s'appuyèrent sur le même principe, pour démontrer le rapport inverse de l'élévation et des diamètres des tubes ; mais comme elles ne pouvaient rendre compte de toutes les circonstances du phénomène, on fut obligé d'en venir à des abstractions qui ne tendaient rien moins qu'à enlever au phénomène sa généralité. Le seul moyen était de soumettre l'hypothèse au calcul, afin de voir si les déductions s'accordaient avec les faits observés. C'est ce que fit Clairaut : il prit en considération les forces qui paraissaient concourir à la production du phénomène, savoir, la pesanteur, l'attraction des molécules du tube sur celles du liquide, et les attractions du liquide sur lui-même. Il eut égard, en outre, à une circonstance négligée avant lui, à la courbure concave ou convexe du ménisque qui termine la colonne du liquide, suivant qu'il y a élévation ou abaissement dans le tube, ce dont Jurin avait signalé l'influence. La théorie de Clairaut, quoique conçue avec beaucoup de sagacité, ne put expliquer complétement les phénomènes capillaires, attendu qu'elle supposait un fait impossible, savoir, que l'attraction de la paroi du tube sur le liquide s'exerce à des distances sensibles. A la vérité, elle fit voir qu'il existait une infinité de lois d'attractions que l'on pouvait admettre, et qui donnaient le rapport inverse entre l'élévation et le diamètre du tube. Mais Clairaut ne prit pas la meilleure de ces lois, et laissa le mérite de cette découverte à Laplace, qui posa en principe que l'action des parois s'exerçait à des distances infiniment petites. Laplace, en tenant compte, comme Clairaut, de la forme du ménisque, a ramené la question à ses véritables données ; de sorte qu'il a pu déduire de sa théorie, dont nous allons essayer de donner une idée, tous les phénomènes généraux des tubes capillaires.

Lorsqu'une masse liquide est en repos, sa surface est horizontale ; le liquide exerce alors sur lui-même une action propre, indépendante de la pesanteur terrestre, et qui produirait une dépression dans cette masse, sans l'impénétrabilité du liquide. Si l'on suppose maintenant que cette surface, par une cause quelconque, devienne concave ou convexe, comme cela a lieu dans les effets capillaires, le calcul démontre que l'action propre du liquide sur lui-même est modifiée. Cette action est plus forte si la surface est convexe, et moindre, si elle est concave. Voici de quelle manière on peut envisager ces effets. Considérons d'abord une masse liquide, de forme rectangulaire, terminée supérieurement par un plan horizontal, et cherchons l'effet de l'attraction de cette masse, à des distances infiniment petites, sur une colonne très-déliée, située dans son intérieur, et dont la direction soit perpendiculaire au plan supérieur. Considérons dans cette colonne, à une distance de ce plan moindre que le rayon de la sphère d'activité du liquide, un point ou une molécule quelconque; menons idéalement au-dessous de cette molécule un plan parallèle au plan supérieur, et qui se trouve à la même distance de la molécule que celle-ci du premier plan, il est bien évident que cette molécule sera également attirée en haut ou en bas par les deux petites masses de liquide de la colonne, comprises entre les deux plans; mais il n'en est pas de même de la partie de la petite colonne située au-dessous du plan idéal, et cela jusqu'à une distance du plan supérieur moindre que le rayon de la sphère d'activité du liquide. Le même raisonnement s'appliquera à toute autre molécule que celle que l'on a considérée d'abord, et qui se trouve à une distance du plan supérieur moindre que le rayon de la sphère d'activité.

Il résulte de ce qui précède que toutes les molécules situées à une distance infiniment petite de la surface supérieure, étant attirées par celles inférieures, l'effet de cette attraction pourra être considéré comme équivalent à une pression exercée sur la base du liquide, et perpendiculairement à ses côtés.

Supposons maintenant que la colonne idéale dont il a été question soit prolongée au-dessus du plan supérieur, et prenons dans cette colonne une molécule située également à une distance du plan supérieur moindre que le rayon de la sphère d'activité du liquide, il est bien certain que la masse liquide agira sur la molécule pour la faire descendre, et de là résultera nécessairement une augmentation de pression. Or, si on applique le même raisonnement que ci-dessus, et que l'on imagine un plan situé à la même distance de la molécule que le plan supérieur, on verra que la masse liquide, abstraction faite des effets de la pesanteur, tendra à faire descendre vers le bas la colonne entière.

Voyons maintenant ce qui arrivera si la surface supérieure est convexe ou concave. Prenons-la d'abord convexe. Concevons un plan tangent au point le plus culminant de la surface convexe; il est évident que si l'on retranche l'action du ménisque compris entre le plan et la surface convexe de la masse liquide terminée par le plan tangent, on aura l'effet produit par la surface convexe. Prenons dans le ménisque une molécule située à une distance du point culminant moindre que le rayon de la sphère d'activité du liquide ; menons une droite entre ces deux points, et prenons dans la colonne idéale une molécule qui soit à la même distance de la molécule du ménisque que celle-ci l'est du point culminant, la molécule du ménisque tendra à faire descendre en bas la molécule du point culminant, tandis que cette même molécule tendra à faire remonter vers le haut la molécule prise dans la colonne. Il est bien évident que cette action détruit la première, comme il est facile de s'en assurer en construisant le parallélogramme des forces.

Les trois molécules que nous avons prises forment un triangle isocèle, dont le sommet est la molécule du ménisque. Or, si l'on mène par ce point considéré comme sommet, sur la base, des lignes à égale distance des extrémités, en raisonnant comme ci-dessus, on verra que la molécule du ménisque est impuissante pour faire monter ou descendre les molécules placées tout le long de la base du petit triangle. Mais cette même molécule du ménisque exercera également, sur les points situés au-dessous de la molécule prise dans la colonne, jusqu'à une distance moindre que le rayon de la sphère d'activité du liquide, des actions qui tendront à faire remonter ces différents points; d'où il suit que l'action totale du ménisque tend à faire mouvoir cette colonne de bas en haut. Or, on a vu précédemment que la masse liquide terminée par le plan tangent à la surface convexe a pour but de faire descendre cette colonne; il s'ensuit qu'en retranchant le ménisque qui tend à faire remonter la masse, celle-ci aura une plus grande tendance à redescendre, de sorte que l'action de la masse convexe est égale à l'action de la masse plane, plus à celle du ménisque convexe. Si, au lieu d'une surface convexe, on prend une surface concave, en se servant toujours du même plan tangent, *il sera facile* de prouver que l'action du ménisque a pour but de faire remonter la colonne; de sorte que l'action de la masse terminée par une surface concave est égale à l'action de la masse plane, moins celle produite par l'action du ménisque.

Si l'on suppose maintenant que la corde qui mesure l'arc de la courbure reste constante, et que la courbure elle-même devienne de plus en plus sensible, on forme alors une plus grande partie de la circonférence, dont le rayon deviendra toujours plus petit. Il résulte de cet état de choses que le nombre des molécules contenues dans chacun des deux ménisques augmentera, et que l'action des ménisques augmentera de même. Laplace a démontré que cette action est en raison inverse du rayon de la surface sphérique. Voyons comment cette théorie s'applique à l'explication des phénomènes capillaires; nous aurons par là l'occasion de parler de faits dont on n'a pas fait mention.

Si, dans un tube où s'opère l'action capillaire, l'on sépare par la pensée une colonne verticale infiniment déliée et assez éloignée des parois du tube pour que celui-ci n'ait aucune influence sur elle, et que dans la partie inférieure ce tube idéal prenne une direction horizontale, puis se redresse verticalement de manière à déboucher dans le liquide en dehors du tube, il est bien évident que, si la pression est la même à chacune des extrémités supérieures, l'eau se maintiendra de niveau dans les deux colonnes, tandis qu'elle s'élèvera ou s'abaissera dans une d'elles, selon que la pression sera plus grande ou moindre dans l'autre colonne : ce qui arrivera suivant que la surface supérieure de la colonne du tube capillaire sera concave ou convexe. Bien entendu que le liquide, en s'élevant dans le tube au-dessus de son niveau, compensera la différence de pression par l'augmentation de poids. Or, Laplace ayant trouvé par sa savante analyse que l'action du ménisque était en raison inverse du diamètre du tube, l'élévation du liquide au-dessus du même niveau sera soumise au même rapport.

On a vu plus haut que l'abaissement du mercure n'avait lieu dans les tubes capillaires qu'autant que leurs parois intérieures étaient recouvertes d'une couche d'humidité. Si donc l'on renferme du mercure parfaitement desséché dans un siphon dont l'une des branches soit capillaire, et dont l'autre ait un diamètre d'une certaine étendue, si l'on ferme à la lampe les deux extrémités après avoir purgé d'air les deux branches, dès l'instant que la partie convexe est tournée en bas, le mercure s'élève de plusieurs lignes dans la branche capillaire.

Laplace, après avoir terminé la théorie des tubes capillaires, invita M. Gay-Lussac à faire une série d'expériences dans le but de voir jusqu'à quel point les résultats de l'analyse seraient confirmés par ceux de l'expérience. Les élévations et les abaissements des liquides dans les tubes capillaires furent mesurés avec la précision des observations astronomiques. Les diamètres des tubes furent déterminés au moyen du poids de la colonne de mercure qu'on y avait introduite. Pour avoir des effets comparables, les tubes furent mouillés intérieurement par le liquide sur lequel on opérait; c'est faute d'avoir pris cette précaution que les physiciens qui se sont occupés de cette question sont arrivés à des résultats différents relativement à la hauteur d'un liquide dans des tubes capillaires. M. Gay-Lussac est le premier qui ait pris constamment cette précaution dans les expériences dont voici les résultats :

Dans un tube de verre blanc, dont le diamètre intérieur était de 1mm, 29441, la hauteur de la colonne d'eau a été en moyenne de 23mm, 1634, la température étant de 8°,5 : si l'on ajoute à cette hauteur moyenne le sixième du diamètre du tube, on a 23mm, 3791. Dans un autre tube de 1mm, 90381 de diamètre, à la même température, l'élévation a été de 15mm, 5861, et en ajoutant le sixième du diamètre, on a 15mm, 9034. Ces deux résultats nous montrent que les élévations corrigées sont à très-peu près réciproques du diamètre des tubes. Suivant Laplace, la correction indiquée est nécessitée par l'adhérence du liquide sur la paroi du tube, laquelle s'oppose à ce que l'élévation atteigne son maximum.

Revenons à la théorie de Laplace, publiée en 1806 et 1807, pour mieux indiquer les modifications qu'on a cru devoir y apporter. Cet illustre mathématicien avait montré que l'on devait considérer l'action des molécules du tube sur celles du liquide, et l'action mutuelle des molécules du liquide décroissant très-rapidement, comme suivant une loi inconnue depuis le contact jusqu'à une distance insensible où elles disparaissaient entièrement, et que ces forces suivaient la raison inverse du carré de la distance. C'est ainsi qu'il parvint à obtenir l'équation de la surface dans son état d'équilibre.

Th. Young avait reconnu l'invariabilité de l'angle sous lequel la surface capillaire vient couper celle du tube, et le rapport qui existe entre l'élévation du liquide dans un tube de très-petit diamètre, et son adhésion à un disque formé de la même matière que le tube : il éleva contre la théorie de Laplace plusieurs objections dont deux ont été prises en considération par les mathématiciens. L'une est que Laplace n'avait pas tenu compte de l'action de la chaleur dans le calcul des forces moléculaires ; et l'autre, tirée de l'expérience, qui se rapporte au cas de plusieurs liquides superposés dans un même tube. Pour tenir compte de la répulsion calorifique, Poisson dit qu'il suffit de prendre pour l'action mutuelle de deux molécules l'excès de l'attraction de leur matière pondérable sur la répulsion de leur quantité de chaleur, et de considérer, par conséquent, la fonction qui l'exprime comme une quantité qui peut changer de signe dans l'étendue de ses valeurs sensibles.

Laplace avait omis dans ses calculs une circonstance physique importante, la variation rapide de densité que le liquide éprouve près de sa surface libre et près de la paroi du tube, et sans laquelle les phénomènes capillaires ne sauraient avoir lieu. A cet égard, Poisson s'exprime de la manière suivante :

« Dans l'état d'équilibre, chaque couche infiniment mince d'un liquide est comprimée également sur ses deux faces par l'action répulsive des molécules voisines, diminuée de leur force attractive, ou, ce qui est la même chose, on peut la considérer comme appuyée sur la partie du liquide située d'un côté et comprimée par la partie située du côté opposé ; et son degré de condensation est déterminé par la grandeur de sa force comprimante. A une distance sensible de la superficie du liquide, cette force provient d'une couche du liquide adjacente à la couche infiniment mince, dont l'épaisseur est complète et partout la même, c'est-à-dire, égale au rayon d'activité des molécules fluides, et, pour cette raison, la densité intérieure du liquide est aussi constante, abstraction faite de la petite condensation due à la pesanteur, qui varie avec la distance à la surface supérieure ; mais quand cette distance est moindre que le rayon d'activité moléculaire, l'épaisseur de la couche située au-dessus de celle que l'on considère est aussi plus petite que ce rayon. La force comprimante, qui provient de cette couche supérieure, décroît alors très-rapidement avec la distance à la surface, et s'évanouit entièrement à la surface même où la couche infiniment mince n'est plus comprimée que par la pression atmosphérique. Par conséquent, la condensation du liquide décroît de même, suivant une loi inconnue, à mesure que l'on s'approche de sa surface libre, et sa densité est très-différente à cette surface et à une profondeur qui excède un tant soit peu le rayon d'activité de ses molécules, ce qui suffit pour qu'elle soit égale à la densité intérieure du liquide. »

Poisson démontra qu'en négligeant cette variation rapide de la densité dans l'épaisseur de la couche superficielle, la surface capillaire demeurait plane et horizontale. Il démontra la nécessité d'avoir égard à la compression variable que le liquide éprouve près de la paroi du tube, et qui s'étend jusqu'à la limite de l'action exercée par ce corps solide. En ayant égard à ces données, il a donné l'équation commune à tous les points de la surface de contact de deux liquides superposés et contenus dans un tube quelconque, et l'équation particulière aux points de son contour, ce qui comprend, comme cas particulier, les équations relatives à la surface libre d'un seul liquide. Il a appliqué ensuite ces équations générales à l'équilibre des liquides dans les tubes d'un très-petit diamètre. *Voy.* Endosmose.

CARILLON électrique. *Voy.* Machine électrique.

CARREAU étincelant. *Voy.* Électricité, *effets lumineux*.

CARREAU fulminant. *Voy.* Électricité, *effets lumineux*.

CARREAU magique. *Voy.* Électricité, *effets lumineux*.

CASSINI (Dominique). Appelé en 1669 par Louis XIV, lors de la fondation de l'Académie des sciences, il fut le chef de cette famille qui, de père en fils, illustre la France. Premier directeur de l'Observatoire, il y fit un grand nombre de découvertes importantes, telles que la théorie des satellites de Jupiter, la rotation de cette planète, ainsi que de Mars et de Vénus, l'observation de quatre des satellites de Saturne. On lui doit aussi une Table des *réfractions* et une Théorie de la *libration de la lune*.

L'Académie des sciences de Paris, dont le premier noyau fut rassemblé par le P. Mersenne, et qui fut établie sous le ministère de Colbert, a fait faire d'immenses progrès à toutes les sciences, et surtout à l'astronomie ; un grand nombre de découvertes continuent de jaillir chaque jour de cette source inépuisable de savoir.

CATADIOPTRIQUE, science qui a pour objet les effets réunis de la Catoptrique et de la Dioptrique, c'est-à-dire les effets réunis de la lumière réfléchie et de la lumière réfractée. La connaissance de ces effets est importante pour la construction des télescopes.

CATALOGUE DES ÉTOILES, comment il s'obtient ? *Voy.* Lunette méridienne.

CATODE. *Voy.* Électro-chimie.

CATOPTRIQUE, science qui a pour objet la réflexion de la lumière. Tous les corps non lumineux par eux-mêmes réfléchissent de la lumière ; c'est cette condition qui les rend visibles. Quelque opaque que soit un corps, jamais il ne réfléchit toute la lumière qui tombe sur lui. On peut concevoir cette lumière partagée en trois parties, dont l'une se réfléchit régulièrement, et ayant l'angle de réflexion égal à celui d'incidence. Une autre se réfléchit irrégulièrement et se disperse, à cause de l'inégalité inévitable des surfaces ; enfin, une troisième se perd dans l'intérieur même. La première portion de lumière a pu seule être soumise à des lois certaines. L'expérience prouve que la lumière, lorsqu'elle se réfléchit, a l'angle de réflexion égal à celui d'incidence. Cette loi générale est le fondement de toute la *Catoptrique :* elle seule suffit pour rendre raison de tous les phénomènes ; toutes les autres lois n'en sont que des conséquences (*Voy.* MIROIRS). Si la direction de la lumière réfléchie peut être mesurée avec une précision géométrique, il n'en est pas de même de son intensité. L'observation a fourni à ce sujet les données suivantes : 1° la quantité de lumière régulièrement réfléchie va croissant avec l'angle d'incidence, sans toutefois être nulle quand cet angle est nul ; 2° elle dépend du milieu *dans* lequel la lumière se meut, et du milieu *sur* lequel elle tombe ; 3° elle est très-différente pour les corps de différente nature qui sont placés dans les mêmes circonstances.

CAVENDISH (HENRY), physicien et chimiste, né à Nice en 1731, mort en 1810, était fils d'un cadet de la famille des ducs de Devonshire. Il se livra à l'étude des sciences au lieu de rechercher les honneurs auxquels son nom pouvait le faire prétendre. On lui doit la découverte du gaz hydrogène qu'il nommait *gaz inflammable* (1766), celle de la composition de l'eau et de l'acide nitrique ; il détermina la densité moyenne du globe, et rendit sensible l'attraction de la terre en faisant attirer un petit disque de cuivre par une grosse boule de plomb. Sans fortune, il était négligé par sa noble famille, comme n'étant qu'un savant, lorsqu'un de ses oncles, revenu d'outre-mer, lui légua en mourant plus de 300,000 livres de rentes ; il consacra cette grande fortune aux progrès de la science et à des actes de bienfaisance. Cavendish possédait éminemment les brillantes qualités qui sont les compagnes favorites du génie, ce tact fin, ce regard pénétrant, qui font prévoir les résultats des expériences, ces attentions scrupuleuses, ces artifices ingénieux, qui en assurent le succès. Elles sont empreintes dans ses diverses productions et particulièrement dans celles qui ont pour objet de mesurer la densité moyenne de la terre, de déterminer les éléments dont l'acide nitrique se compose.

Le poids du globe terrestre serait proportionnel à son volume, s'il avait partout la même densité. Cela n'est point, puisque les diverses substances qui entrent dans sa composition, ramenées au même volume, pèsent inégalement. Ce défaut d'homogénéité de la terre fit naître l'idée de mesurer sa densité moyenne ; et c'est à Cavendish qu'est dû l'honneur d'avoir fait d'heureuses tentatives pour effectuer cette mesure. Il fit servir à cet objet un instrument que Michell lui avait transmis, et qui a, avec la balance électrique du célèbre Coulomb, de grands traits de ressemblance. Il en diffère principalement par la grandeur des dimensions. Au lieu d'un cylindre de verre d'environ six pouces de rayon, on voit une grande chambre soigneusement fermée, et des lunettes qui traversent les murs pour servir à mesurer les résultats des expériences. Au lieu d'une aiguille suspendue à un fil de soie tel qu'il sort du cocon, on voit un levier d'environ six pieds de longueur, portant à chaque extrémité une petite balle de plomb, et suspendu horizontalement par son milieu à un fil vertical. Ce levier étant au repos, on approche latéralement de chacune de ses extrémités une grosse masse de plomb d'un diamètre et d'un poids donnés ; l'attraction que ces masses exercent sur les balles met le levier en mouvement ; le fil éprouve une torsion, et sa tendance à recouvrer son premier état fait décrire au levier de petits arcs horizontaux, comme l'attraction de la terre fait décrire des arcs verticaux au pendule. C'est en comparant l'étendue et la durée de ces oscillations avec celles du pendule qu'on obtient le rapport des causes qui les produisent, c'est-à-dire de la force attractive des masses de plomb et du globe terrestre.

Cavendish a exécuté avec cet appareil un grand nombre d'expériences qui l'ont conduit à ce résultat remarquable : La densité moyenne de *la terre est à très-peu près* cinq fois et demie aussi grande que celle de l'eau.

Maskeline, ce digne successeur du célèbre Bradley à l'observatoire de Greenwich, avait fait, au voisinage d'une montagne d'Écosse, diverses observations qui l'avaient porté à conclure pour le globe terrestre une densité moyenne, seulement quatre fois et demie aussi grande que celle de l'eau. En prenant un terme moyen entre ces deux résultats, on peut regarder comme probable que la densité moyenne de la terre est à peu près cinq fois aussi grande que celle de l'eau.

La découverte des gaz et des propriétés qui les distinguent devait naturellement inspirer le désir de connaître les résultats de leurs combinaisons respectives. Plusieurs savants s'en étaient occupés sans succès, lorsque Cavendish trouva dans l'électricité un moyen puissant de les produire. Il avait formé de l'eau en faisant passer l'étincelle électrique à travers un mélange de gaz oxygène et de gaz hydrogène. Le même moyen va lui servir à combiner les bases du gaz nitrogène ou azote et du gaz oxygène. Il renferme ces deux fluides dans un tube, quelques décharges électriques le traversent, et les deux gaz mêlés suivant une juste proportion se transforment subitement en une substance qui jouit de toutes les propriétés auxquelles l'acide nitrique manifeste sa présence. Heureuse découverte ! Elle a fait apprécier la différence qui existe entre l'acide nitrique et l'acide nitreux. Elle a jeté du jour sur la formation des nitrières artificielles et sur la production de l'acide nitrique dans l'atmosphère.

Les livres de sciences qui se font remarquer par la pompe et la nouveauté du titre, par le nombre et la grosseur des volumes, ne parviennent presque jamais à leur véritable adresse, c'est-à-dire à la postérité. Elle ne tient compte que des découvertes qui sont de quelque importance et d'une utilité réelle; et la plupart de ces ouvrages n'offrent au lecteur judicieux aucun de ces traits d'originalité qui caractérisent le génie. Heureux celui dont le nom se rattache à une de ces belles théories qui répandent sur le domaine des sciences la fécondité et la lumière. Heureux encore celui qui a su dévoiler à l'univers ces vérités générales auxquelles appartient exclusivement le privilége de passer de bouche en bouche avec les noms de leurs auteurs! Cavendish et Lavoisier me paraissent partager ces avantages.

J'aime à les voir défrichant avec autant de dextérité que de courage des terrains jusqu'alors stériles dans le domaine de la physique, sans autre intérêt que celui de suivre leur goût et de satisfaire cette noble passion. J'aime à les voir donnant aux instruments connus des modifications avantageuses, en imaginant de nouveaux, et multipliant les sacrifices de toute espèce pour agrandir les limites de la science. C'est avec ces titres glorieux que Cavendish et Lavoisier se présentent au tribunal de la postérité. On dirait qu'ils ont travaillé de concert à ébaucher, à consommer le même ouvrage. Lavoisier forme et réalise le projet d'élever une nouvelle physique particulière sur les débris de l'ancienne; mais Cavendish passe au sein de l'opulence une longue suite de jours pleins de gloire et de travaux. Lavoisier est arrêté au milieu de sa carrière par une révolution orageuse; les rigueurs de la plus injuste captivité n'altèrent ni la sérénité de son âme, ni la vigueur de son génie. Sans cesse il s'occupe des moyens de perfectionner sa science favorite, et personne n'ignore qu'il formait le vœu de réaliser des expériences nouvelles, au moment même où ses implacables bourreaux préparaient l'instrument de son supplice. *Voy. Hist. philos. des progrès de la physique.*

CAVENDISH, appareil remarquable, portant le nom de ce physicien et servant à démontrer l'attraction de la matière. *Voy.* PENDULE.

CERCLE MURAL. *Voy.* LUNETTE MÉRIDIENNE.

CERCLE PARHÉLIQUE. *Voy.* PARHÉLIE.

CERDORISTIQUE INDUSTRIELLE. *Voy.* TECHNOLOGIE.

CÉRÈS. Des quatre planètes télescopiques, Cérès fut découverte la première par Piazzi, directeur de l'observatoire de Palerme, le 1er janvier 1801. Son diamètre, de 50 lieues selon Herschell, et de 475 selon Schrœter, n'est pas bien connu. Elle accomplit dans l'espace de 4 ans et demi sa révolution autour du soleil, dans une orbite dont le plan fait un angle de 10° 37' 25" avec celui de l'écliptique. Sa distance au soleil est d'environ 106,232,000 lieues. Son apparence est celle d'une étoile nébuleuse, environnée de brouillards très-variables, ce qui a donné lieu à Herschell de penser qu'elle a une atmosphère. D'après les mesures de Schrœter, elle n'aurait pas moins de 276 lieues de hauteur.

CHAÎNETTE. *Voy.* CORDE.

CHALDÉENS (les) sont célèbres de toute antiquité par leurs connaissances mathématiques et astronomiques, auxquelles ils joignirent les études astrologiques. Habitant de vastes plaines, sous un ciel toujours serein, ils ont dû naturellement être portés à observer le cours des astres, même dès l'époque où ce peuple était encore nomade et où les astres seuls pouvaient diriger leurs courses pendant la nuit. Jusqu'où remontent les observations astronomiques des Chaldéens, telle est la question qu'il nous faut examiner.

Voltaire prétend que *Callisthène* envoya de Babylone au précepteur d'Alexandre le Grand des tables de 1903 ans d'observations, et que ces tables remontent précisément à l'année 2234 ans avant l'ère chrétienne, époque assez voisine du déluge, et qui montre que les Chaldéens étaient déjà astronomes. Mais d'abord, en admettant l'authenticité de ces 1903 ans d'observations, nous ferons remarquer que non-seulement ce temps ne dépasse pas la chronologie mosaïque, mais qu'il est inférieur de quatre cents ans à la fondation du royaume de Babylone par Nemrod.

En second lieu, ces tables astronomiques ne sont nullement authentiques, ainsi que Bullet l'a démontré (*Réponses crit.*, t. I, p. 60, etc.). Ce fait n'est rapporté que par Simplicius, qui lui-même ne le tenait que de Porphyre. Or, quelle confiance mérite le témoignage d'un ennemi du christianisme, qui vivait 600 ans après l'événement? son témoignage est d'ailleurs contredit par plusieurs auteurs plus anciens que lui. Aristote, à qui l'on suppose que ces observations ont été envoyées, et qui a écrit quatre livres *du Ciel*, dont le second traite au long des astres et de leur mouvement, n'en a jamais rien dit. Épigène, cité par Pline, ne parle que de 720 ans d'observations célestes faites par les Babyloniens (*Plin.*, l. VII, c. 56). Bérose, au rapport du même Pline (*Ibid.*, c. 3), n'a trouvé que quatre cent quatre-vingt-dix ans jusqu'à son temps, durant lesquels les Babyloniens avaient observé les astres. Critodème (*Plin.*, ib., c. 56) est parfaitement d'accord avec Bérose sur ce point. Enfin « Ptolémée nous dit bien que *des éclipses ont été apportées de Babylone;* il en calcule plusieurs, mais la première ne remonte qu'à l'an 720 avant notre ère, c'est-à-dire l'an 26 de Nabonassar; s'il y en avait eu de plus anciennes, il n'eût pas manqué de s'en servir pour la détermination du mouvement de la lune; et une preuve assez bonne qu'il n'en avait pas, c'est qu'il a pris pour époque de ses tables la première année de Nabonassar. Son intention était que ses tables servissent au calcul de toutes les éclipses, tant passées que futures; il ne connaissait donc très-probablement aucune observation plus ancienne que Nabonassar. » (Delambre, *Hist. de l'astron. anc.*, Disc. prélim.)

Parlant de ces mêmes observations de Ptolémée : « Elles sont grossières, dit Cuvier ; le temps n'y est exprimé qu'en heures et en demi-heures, et l'ombre qu'en demi ou en quart de diamètre. Cependant, comme elles avaient des dates certaines, les Chaldéens devaient avoir quelque connaissance de la vraie longueur de l'année, et quelque moyen de mesurer le temps. Ils paraissent avoir connu la période de dix-huit ans qui ramène les éclipses de lune dans le même ordre, et que la simple inspection de leurs registres devait promptement leur donner ; mais il est constant qu'ils ne savaient ni expliquer ni prédire les éclipses de soleil.

« C'est pour n'avoir pas entendu un passage de Josèphe, que Cassini, et d'après lui Bailly, ont prétendu y trouver une période luni-solaire de six cents ans, qui aurait été connue des premiers patriarches.

« Ainsi tout porte à croire que cette grande réputation des Chaldéens leur a été faite à des époques récentes, par les indigènes successeurs qui, sous le même nom, vendaient dans tout l'empire romain des horoscopes et des prédictions, et qui, pour se procurer plus de crédit, attribuaient à leurs grossiers ancêtres l'honneur des découvertes des Grecs. » (Cuvier, *Disc. sur les révol.*, p. 240, etc.)

Ecoutons encore un des savants les plus compétents en cette matière. « Ce qui est sorti de plus ingénieux de l'école chaldéenne, dit Delambre, c'est sans aucun doute l'hémisphère creux de Bérose, le premier et le plus répandu des cadrans solaires, et le premier fondement de la gnomonique. Mais ce cadran ne suppose d'autre connaissance que la forme et le mouvement sphérique du ciel, et nous ne voyons en ces notions aucun moyen pour arriver à une astronomie perfectionnée.

« Apollonius Myndien attribue aux Chaldéens des idées fort saines sur les comètes, qu'ils regardaient comme des planètes qui ne sont visibles que dans une partie de leurs révolutions et reparaissent à certains intervalles Ce ne serait encore qu'une conjecture raisonnable, puisqu'on ne l'appuyait d'aucune observation ; mais Epigène, autre disciple de ces mêmes Chaldéens, nous assure qu'ils regardaient les comètes comme des vapeurs amassées momentanément dans l'atmosphère ; on ajoute qu'ils prédisaient l'avenir par le mouvement des astres (Diodore de Sicile). Jugeons de leurs connaissances par ces traits et par l'explication que Bérose donne des éclipses. Suivant ce Chaldéen célèbre, la lune tourne vers nous momentanément la partie qui n'est pas de feu ; suivant d'autres notions apportées en Grèce, la lune et le soleil sont des feux qui parcourent les espaces célestes dans des chars fermés ; un côté seulement est ouvert d'un trou rond. Si par hasard l'ouverture vient à se fermer ou à se rétrécir, nous observons une éclipse totale ou partielle. Voilà donc quel était l'état de la science chez ces Chaldéens et ces Egyptiens si vantés. » (Delambre, *Hist. de l'astron. anc.*, Disc. prélim. t. I.)

« Ces mêmes Chaldéens, dit ailleurs le même astronome, observaient assidûment, au rapport de Diodore de Sicile, les levers et les couchers des étoiles et des planètes, de dessus la tour du temple de Bélus, dont une face regardait le midi, une autre l'orient et une troisième l'occident. Ceci n'a rien que de très-vraisemblable, et nous n'avons aucun motif pour le révoquer en doute. Ces observations ont pu donner aux Chaldéens un premier aperçu de la longueur de l'année, la première notion de l'obliquité de la route annuelle du soleil par rapport à l'équateur, et les conduire à une division du zodiaque. Ils n'avaient cependant, suivant toute apparence, aucune idée bien nette de l'écliptique ; ce n'est pas non plus ce cercle qu'ils ont divisé. On nous dit qu'ils ont déterminé les parties de l'équateur qui passent par l'horizon dans un temps donné. Le nombre de ces parties est toujours proportionnel au temps écoulé ; mais il n'en est pas de même des arcs de l'écliptique qui se lèvent dans le même temps. L'opération qui partageait également l'équateur ne pouvait diviser que très-inégalement l'écliptique. L'équateur fut divisé par eux en douze portions égales qu'ils firent correspondre aux douze mois de l'année solaire. S'ils divisèrent aussi le zodiaque en vingt-sept ou vingt-huit parties égales, cette division fut indiquée par la lune, qu'ils pouvaient suivre des yeux pendant une demi-révolution, et en différentes parties du ciel successivement. Cette méthode est si naturelle, qu'elle a dû naître chez tous les peuples qui ont voulu se faire une astronomie. » (*Id. Ibid.*, p. 4.)

De cette discussion, il faut conclure que les connaissances et les monuments astronomiques des anciens Chaldéens ne supposent pas dans ce peuple une existence qui remonte au delà de six ou sept mille ans, c'est-à-dire au delà de l'époque assignée par Moïse à la création du monde (1).

CHALEUR. — L'Ecriture nous représente le feu comme le ministre du Seigneur sur la terre (*Ps.* CIII, 4) ; comme l'exécuteur de ses vengeances au dernier des jours (*Ps.* XCVI, 3) ; ailleurs elle dit qu'il sort de la face de Dieu (*Ps.* XVII, 9 : *Ignis ex facie ejus devoravit*). C'est du milieu du feu que Jéhovah parle aux Hébreux dans le désert ; il se compare lui-même à un feu dévorant. Ces différents passages ne nous apprennent rien de bien précis sur la nature du calorique, mais du moins ils semblent nous dire que cet agent est, après Dieu, une cause immédiate ; qu'on

(1) Cf. M. l'abbé Glaire, *Les livres saints vengés*, tom. I ; Cuvier, *Disc.*, etc. ; Bullet, *Réponses critiques*, tom I ; Delambre, *Histoire de l'astronomie ancienne.*

ferait d'inutiles efforts pour chercher la raison de sa puissance ailleurs que dans la volonté du Très-Haut; qu'il est le dernier anneau de la chaîne des causes secondes, et qu'au delà il n'y a plus que la cause infinie; du moins, ces manières de parler semblent insinuer que nous devons nous attendre à retrouver le calorique dans tous les phénomènes, puisqu'il est l'agent général, le ministre universel de Dieu dans le monde physique. En effet, il se mêle et contribue à toutes les modifications de la matière; il n'est pour lui aucune barrière infranchissable; la pesanteur même ne peut rien sur lui, et c'est en vain qu'on chercherait à l'emprisonner dans des vases: sa puissance n'est limitée par aucune autre. C'est lui qui tient continuellement les molécules des corps à une certaine distance les unes des autres; qui les écarte davantage ou leur permet de se rapprocher et fait varier à tout moment les volumes des masses. Son activité ne lui laisse aucun repos; il passe sans cesse d'un corps dans un autre; souvent il les fait changer d'état; il anime toute la nature, il fond la glace et les métaux, fait entrer les liquides en ébullition et les réduit en vapeur; il est la cause de la plupart des phénomènes atmosphériques: tout est soumis au ministre de Dieu.

Aristote considérait la chaleur comme une qualité ou un accident qui réunit les choses homogènes, et désunit ou sépare les choses hétérogènes. Les épicuriens et les partisans des corpuscules rejetaient cette opinion, et regardaient la chaleur comme un pouvoir essentiel ou une propriété du feu, ou plutôt comme une substance volatile du feu lui-même, réduite en atomes et émanée des corps ignés. On voit par là combien étaient obscures les idées des anciens sur la cause de la chaleur.

Homberg, Lémery, Sgravesande, et particulièrement Boerhaave, définissaient ainsi le feu: un corps *sui generis*, qui a été créé tel, qui ne peut être altéré en rien, et ne saurait être produit de nouveau par aucun autre corps, ni être changé en aucun autre, et dont les effets sont la chaleur et la lumière. Bacon, Bayle et Newton ne partageaient pas cette opinion: suivant eux, la chaleur n'était pas une propriété originairement inhérente aux corps, mais une propriété qui pouvait y être développée mécaniquement. Descartes et ses partisans émirent une opinion semblable: selon eux, la chaleur consistait dans un certain mouvement des diverses parties d'un corps. Nous passerons sous silence les autres vues systématiques qui n'ont aucune importance.

Cet agent a reçu différents noms. D'abord confondant la cause avec l'effet, on l'a appelé *chaleur*; ensuite, par des notions plus justes sur son mode d'existence, on l'a nommé *fluide igné*, *matière de feu*, etc.; enfin, à la réforme de la nomenclature chimique, Lavoisier, Berthollet, Morveau et Fourcroy l'ont appelé *calorique*. Cette dénomination a été adoptée par tous les physiciens, et l'on a conservé le mot *chaleur* pour désigner la science qui traite des propriétés, des effets et des lois du calorique.

Cependant on ne s'en tient pas toujours à ces strictes définitions: il arrive souvent que le mot *chaleur* est employé pour désigner l'agent lui-même qui produit les phénomènes, et que le mot *calorique* est aussi employé pour désigner l'ensemble de nos connaissances sur ces phénomènes et sur leurs lois.

Le calorique n'agit pas seulement sur les corps organiques, mais il agit aussi sur les corps inorganiques. La glace peut fondre, l'eau peut entrer en ébullition, le fer peut rougir au feu: tous ces phénomènes et tant d'autres de même espèce ont nécessairement une cause, et nos sens nous avertissent que cette cause est le calorique. Il y a une telle correspondance, une telle simultanéité entre ces modifications qui surviennent dans les corps, et les changements qui surviennent dans nos sensations, que nous craignons peu de nous tromper en portant ce jugement. Ces seules indications peuvent nous servir à classer les phénomènes du calorique, et à établir d'avance l'ordre dans lequel nous devons en faire l'étude.

La théorie de la chaleur se divise en *deux parties*. La *première partie* a pour objet les *deux effets physiques* que le calorique produit dans les corps, savoir: 1° les *changements de volume* ou *la dilatation*; et 2° les *changements d'état* ou le passage de l'état solide à l'état liquide, et de l'état liquide à l'état de vapeur.

La *seconde partie* a pour objet: 1° la *propagation du calorique*, qui comprend la *conductibilité* ou la propagation au contact, et le *calorique rayonnant* ou la propagation à distance; 2° la *calorimétrie* ou la mesure des quantités de calorique qui sont nécessaires pour produire les effets déterminés. (*Voy.* les articles DILATATION, FUSION, SOLIDIFICATION, VAPEUR, CONDUCTIBILITÉ, CALORIQUE RAYONNANT, CALORIMÉTRIE, etc.)

Il peut paraître étonnant d'entendre attribuer la chaleur à tous les corps, même à ceux que nous qualifions d'excessivement froids. Cette impression qu'ils nous causent ne prouve nullement qu'ils n'aient pas de chaleur, ou même qu'ils n'en aient pas beaucoup; il suffit, pour que nous l'éprouvions, que notre chaleur soit notablement plus considérable que celle des corps dont il s'agit; alors nous leur donnons beaucoup plus qu'ils ne nous donnent, ce qui revient à perdre, d'où résulte l'impression plus ou moins vive que nos organes subissent. On peut prouver directement l'existence de la chaleur dans la glace, ou dans les mélanges réfrigérants qui donnent des froids si énergiques. Pour ce qui est de la glace, placez un thermomètre à l'air, un jour de forte gelée, il s'abaissera par exemple à — 10°. Prenez alors un morceau de glace que vous tiendrez quelque temps dans l'intérieur d'une chambre chaude. Alors appliquez-en un morceau au thermomètre extérieur, et aussitôt vous verrez le mercure monter. Donc la glace, quoique très-froide encore, a échauffé le thermomètre.

L'évaporation de l'acide carbonique liquide produit un froid de 93° sous zéro. Or, quand l'évaporation cesse, le mercure remonte dans le thermomètre. Cela vient de ce qu'il reçoit du calorique de la part de l'air. Mais quand il est monté d'un degré seulement, il est certain qu'il a reçu de la chaleur, savoir : celle qui est capable d'élever le mercure d'un degré. Donc, à 92° sous zéro, les corps contiennent encore de la chaleur. Or, on ne voit aucune raison pour qu'on ne puisse substituer au nombre 92° des températures incomparablement plus basses.

Nous éprouvons à chaque instant des effets sensibles de ce système d'échange que font tous les corps entre eux. Nous passons de l'air libre à la cave, puis de l'air à une étuve, et nous trouvons qu'il fait froid et chaud successivement. C'est que l'échange de chaleur que nous faisons avec l'air et les divers objets qui existent dans ces lieux divers, est tantôt à notre avantage, tantôt à notre détriment. Lorsqu'une personne venant du dehors quand il gèle, s'approche d'une autre personne dans une pièce très-chaude, elle fait éprouver à celle-ci une impression de froid remarquable; ainsi fait un morceau de glace qu'on approche de la main. La personne venant du dehors et le morceau de glace donnent, mais reçoivent beaucoup plus; il y a donc perte très-sensible pour les corps ambiants.

On a beaucoup discuté pour savoir si le calorique ne serait pas au fond le même principe que la lumière, dans deux états différents. Ce qu'il y a de certain, c'est que toutes les lois de réflexion et de réfraction de la lumière s'appliquent également au calorique. M. Melloni est un des physiciens qui ont, sous ce rapport, le plus contribué aux progrès de la science. Herschell avait déjà fait voir, en 1800, qu'en décomposant la lumière du soleil au moyen d'un prisme, on remarque qu'un thermomètre, placé au delà du rouge du spectre solaire, accuse une température sensible. Ce point, au delà du rouge, fut dès lors appelé *spectre calorifique*, par opposition au spectre lumineux ou coloré. Seebeck démontra plus tard que la position du maximum de la chaleur du spectre solaire change avec la nature de la composition du prisme : le flint-glass le fait paraître un peu en dehors du rouge; le crown-glass, un peu en dedans ; l'alcool et l'acide sulfurique, dans l'orangé : et l'eau, dans le jaune. M. Melloni, qui s'était occupé de cette question depuis 1832, a publié depuis un travail important, où l'analyse du spectre calorique est discutée sous un point de vue nouveau. Voyez *Comptes rendus de l'Académie des sciences* (janvier 1844).

L'application de la chaleur aux diverses branches des arts mécaniques et chimiques, a, depuis peu d'années, opéré dans la condition de l'homme plus de changement qu'il ne s'en était jamais accompli dans aucune autre période égale de son existence. Armé, par l'expansion et la condensation des fluides, d'une puissance égale à celle de la foudre elle-même, il vole, asservissant le temps et l'espace, au-dessus du niveau des plaines, et parcourt les routes que son génie industrieux lui a frayées même à travers les monts, avec une vitesse et une douceur de mouvement plus semblable à celui des planètes qu'à un mouvement terrestre ; maître des vents et des marées, il traverse les mers orageuses; et, relâchant la tension du câble, il voyage à l'abri des tempêtes avec l'assistance de l'ancre ; l'air et l'eau deviennent par lui les messagers de la chaleur, non-seulement pour bannir l'hiver de sa demeure, mais encore pour l'orner des fleurs du printemps, durant la même saison des orages neigeux ; et, comme un magicien, il fait jaillir du sombre et profond abîme de la mine, l'âme de la lumière, pour dissiper les ténèbres de la nuit.

L'on a observé que, selon toute probabilité, la chaleur, ainsi que la lumière et le son, est produite par les ondulations d'un milieu élastique. Tous les principaux phénomènes de la chaleur peuvent en effet s'expliquer par la comparaison de ceux du son. L'excitation du son et celle de la chaleur sont non-seulement semblables, mais souvent même identiques, comme dans le frottement et la percussion ; tous deux se communiquent par le contact et le rayonnement; et le docteur Young observe que l'effet de la chaleur rayonnante, en élevant la température d'un corps sur lequel elle tombe, ressemble à l'ébranlement sympathique d'une corde, quand le son d'une autre corde, qui est à l'unisson avec elle, se propage dans l'air. La lumière, la chaleur, le son et les ondulations des fluides, sont tous sujets aux mêmes lois de réflexion, et l'on ne peut se refuser à reconnaître la ressemblance parfaite de leurs théories ondulatoires. Si donc nous pouvons en juger par analogie, les ondulations de quelques-uns des rayons producteurs de la chaleur doivent être moins fréquentes que celles de l'extrême rouge du spectre solaire ; mais si l'analogie était parfaite, l'interférence de deux rayons chauds devrait produire du froid, puisque l'obscurité résulte de l'interférence de deux ondulations de lumière, le silence, de l'interférence de deux ondulations de son, et l'immobilité de l'eau, de l'interférence de deux vagues. La propagation du son, toutefois, exige un milieu beaucoup plus dense que celle de la lumière ou de la chaleur; son intensité diminue comme la rareté de l'air augmente, de sorte qu'à une très-petite hauteur au-dessus de la surface de la terre, le bruit de la tempête s'évanouit, de même que le tonnerre cesse de se faire entendre dans ces régions sans bornes, où les corps célestes accomplissent leur périodes, dans un silence éternel et sublime.

Le sentiment intérieur de l'imperfection de nos sens, est l'une des conséquences les plus importantes de l'étude de la nature. Cette étude nous apprend, qu'en vertu de l'aberration, aucun objet n'est vu par nous à sa vraie place; que les couleurs des substances ne sont que les effets de l'action de la matière sur la lumière ; et que la lumière elle-même, aussi bien que la chaleur et le son, ne sont pas des êtres réels, mais de simples modes d'action communiqués à notre cerveau par les nerfs. L'organisation humaine peut donc être considérée comme un système élastique, dont les différentes parties sont susceptibles de ressentir les ébranlements des milieux élastiques, et de vibrer à l'unisson avec un certain nombre d'ondulations superposées, dont chacune produit son effet totalement et indépendamment des autres. Ici finit notre savoir ; l'influence mystérieuse de la matière sur l'esprit restera, selon toute probabilité, à tout jamais cachée à l'homme.

Chaleur centrale. — Laissant de côté la question d'origine, nous allons examiner si l'hypothèse de la fluidité interne de notre planète peut concorder avec l'astronomie et la physique générale, deux sciences depuis longtemps positives, depuis longtemps sorties de l'état hypothétique.

Je prie qu'on veuille bien le remarquer, je ne mets nullement en doute qu'il y ait dans le globe une force de *caloricité*, une chaleur propre, quelle qu'en soit la cause ; mais de là à conclure qu'au-dessous d'une épaisseur de 40 à 50 mille mètres il y a un foyer doué d'une telle puissance que l'imagination ne peut se la figurer, de là il y a loin, il y a une différence complète.

Les croissances uniformes de température que la théorie pose comme un fait, n'ont en réalité rien de constant ; rien de régulier dans la nature. Par exemple, le maximum de croissance de la température, observé dans l'eau des sources dans les mines, est de 1° par 20 mètres de profondeur, le minimum de 1° par 187 mètres; le maximum pour l'eau des puisards dans les mines, est de 1° par 14 mètres, le minimum de 1° par 75 mètres ; le même maximum observé dans les eaux des inondations anciennes des mines, est de 1° par 12 mètres et le minimum de 1° par 43 mètres, etc. La température du roc n'est pas moins variable. Ainsi des thermomètres à poste fixe, placés dans des niches pratiquées à cet effet dans la roche et derrière des vitres, en deux mines de Saxe, ont été observés trois fois le jour durant l'espace de deux ans. Il est résulté de ces observations que la croissance de la température n'était pas la même selon les lieux : ainsi dans un lieu cette croissance était de 1° par 60 mètres de profondeur, dans un autre de 1° par 37 mètres, dans un autre de 1° par 73 mètres, dans un autre de 1° par 42 mètres, dans un autre de 1° par 38 mètres, et enfin dans un autre de 1° par 33 mètres. La proportion moyenne de l'augmentation de la chaleur, calculée d'après les résultats obtenus dans six des mines de houille les plus profondes du Durham et du Northumberland, est de 1° centig. pour 24 mètres de profondeur. Cette proportion a été de 1° cent. par 30 mètres de profondeur dans la mine de Dolcoath (Cornouailles). Il nous serait facile d'augmenter l'énumération de ces différences, mais ce que nous avons dit suffira pour prouver le défaut d'uniformité dans l'accroissement de la température intérieure du globe, fait sur lequel repose notre première objection à la théorie du feu central.

Comment de ces variations a-t-on pu déduire des formules de croissance fixes de 1° par 25, par 30, par 40 à 50 mètres ? On a établi une moyenne entre les diverses quantités données par les observations. Or, les moyennes sont des choses purement artificielles, des procédés à notre usage, mais il n'en existe pas dans la nature. Aussi, serait-ce faire un étrange abus que de conclure de l'unité et du caractère d'une moyenne à l'unité et au caractère de la cause. On s'est conduit comme celui qui, d'une moyenne sur la température annuelle, en induirait que l'été et l'hiver sont la même chose, et dépendent d'un rapport toujours semblable entre la terre et le soleil, etc. C'est le sophisme connu dans l'école sous le nom de *Fallacia accidentis*.

A cette objection, on a tâché de répondre par une nouvelle hypothèse. On a supposé une épaisseur variable à l'écorce du globe, de telle sorte que le trajet à parcourir par le calorique étant plus considérable en certains lieux, il s'y faisait moins sentir. Cette réponse est loin d'être satisfaisante, car les distances existantes entre les points d'observations sont le plus souvent trop petites pour qu'on puisse y trouver une place suffisante pour un épaississement capable d'expliquer l'effet des différences observées entre les températures. Attribuerait-on ces différences aux diverses capacités des roches pour la transmission du calorique?

Mais ces mines dans lesquelles on trouve de pareilles variations sont creusées dans des terrains de nature sensiblement semblables. S'il existait, sous la mince écorce qui nous supporte, un feu d'une intensité immense et que l'on pourrait considérer comme agissant depuis un temps infini comparativement à nos expériences, ce serait le cas d'appliquer une loi de la physique sur la transmission du calorique, en vertu de laquelle tous les corps, quelle qu'en fût la nature, devraient présenter un état de chaleur rayonnante parfaitement égal à la même profondeur. Or, puisqu'il n'en est point ainsi, puisque la température varie en raison des lieux, en raison de la composition chimique, il y a lieu de croire que la chaleur propre du globe est tout autre que celle généralement admise aujourd'hui.

On s'est servi de l'hypothèse de l'incandescence interne de la terre pour donner une théorie des phénomènes volcaniques. On a prétendu que les volcans étaient des soupiraux par où s'échappait le trop plein de la matière incandescente. Mais comment expliquer ce trop plein ? N'admettez-vous pas que la surface solidifiée s'est moulée sur la partie restée à l'état de fluidité ignée, et que de plus c'est cette surface qui seule, jusqu'à ce jour, a empêché le foyer central de perdre son calorique ? Pour qu'il y eût un trop plein, il faudrait donc que le foyer central acquît une chaleur plus grande que celle qu'il possédait au moment de la formation de l'écorce, une chaleur capable de le dilater. Or, d'où lui viendrait cet accroissement de chaleur ? Ou bien, d'où reçoit-il les aliments qui peuvent le forcer à briser son enveloppe pour se faire jour au dehors ?

Pressé par cette objection, on a répondu en supposant que, par l'effet de la rétraction opérée dans l'enveloppe solide par le refroidissement, la masse fluide interne est soumise à une pression croissante et est en définitive obligée de s'épancher au-dehors, en rompant en quelque point les barrières qui la serrent et la tiennent enfermée. On a calculé qu'une contraction de l'écorce du globe, capable de réduire le rayon terrestre seulement d'un millimètre, suffirait pour fournir la matière nécessaire aux épanchements de cinq cents éruptions volcaniques.

A cette hypothèse, il y a une objection de fait, c'est-à-dire fondée sur l'observation. S'il était vrai que les effets volcaniques fussent dus à la pression qu'exerce sur la masse fluide l'enveloppe solide, en se contractant sous l'influence du refroidissement, il arriverait que les éruptions volcaniques seraient continues, que les volcans seraient partout et toujours en activité. Or, les éruptions sont, en tous lieux, des exceptions passagères qui succèdent à des périodes plus ou moins longues de repos. On ne comprend pas, dans cette théorie, comment il peut y avoir des tremblements de terre, ni d'où viennent les gaz et les vapeurs aqueuses, hydrochloriques, etc., qu'émettent le plus grand nombre des volcans, et même les immenses volumes d'eau qu'ils rejettent quelquefois. Il ne peut en effet exister aucune substance semblable dans la partie de la terre en ignition, d'où ces substances beaucoup plus légères que le fluide minéral ont dû être chassées longtemps avant que la température fût sensiblement diminuée. Enfin le feu central n'explique point pourquoi, sur 205 volcans en activité, 107 sont dans des îles et 98 sur des continents à des distances toujours peu considérables de la mer. Une circonstance de position aussi remarquable ne peut être raisonnablement considérée comme indifférente : elle est certainement motivée par une cause naturelle et aussi générale qu'elle-même.

Si maintenant nous passons à la discussion d'un autre ordre de phénomènes, nous voulons parler de la théorie sur la formation des montagnes, nous trouverons matière à une nouvelle série d'objections. L'auteur de cette théorie, M. Elie de Beaumont, contrairement à la théorie précédemment énoncée, suppose que l'écorce du globe ne se contracte ni ne se resserre par l'effet du refroidissement. Selon lui, c'est la masse fluide, en contact avec l'enveloppe solide, qui continue à se refroidir et se contracte d'une manière proportionnelle à ce refroidissement. En conséquence le diamètre de la masse centrale va en diminuant, et par suite il se forme des vides intérieurs. Alors l'écorce, manquant d'appui, fléchit, se ride et prend une forme en quelque sorte ondulée. Il distingue deux espèces d'actions, la flexion lente et la rupture instantanée, d'où résultent deux effets différents : tantôt l'écorce solide se plisse et se ride ; tantôt elle se fracture assez largement pour permettre l'épanchement du fluide incandescent intérieur. De là deux espèces de montagnes et de vallées, celles qui sont produites par les rides et les plissements, et celles qui sont formées par les épanchements de matières à l'état fluide ; de là les volcans et les filons.

Outre l'objection générale que nous ferons valoir plus loin contre l'état de fluidité incandescente de l'intérieur du globe, il y a plusieurs objections de détail que l'on peut opposer au système que nous venons d'esquisser. Nous ne répéterons pas les observations que nous avons émises plus haut relativement aux phénomènes volcaniques et qui sont applicables ici. Nous nous bornerons à une seule objection, et nous la tirerons des observations géologiques recueillies par les partisans même de cette doctrine. Ces observations nous apprennent en effet que les masses énormes dont on attribue l'apparition à des épanchements, sont sorties du sein du globe à l'état solide. M. Boussingault a remarqué que les *trachytes*, qui forment la masse principale des Andes, devaient être déjà à l'état de solidité rigide lors de l'exhaussement de ces montagnes ; car ils présentent partout des arêtes aiguës et des angles souvent tranchants. M. Élie de Beaumont luimême a remarqué que le Mont-Rose, pour parvenir à l'exhaussement qu'il possède aujourd'hui, a fracturé et brisé violemment les couches qu'il a soulevées pour se faire place.

Ce n'est point ainsi que se serait comportée une matière fluide. Aussi a-t-on renoncé à admettre que les épanchements des porphyres et des trachytes aient été fluides ; on affirme aujourd'hui qu'à leur apparition ils étaient déjà passés à l'état pâteux ; de telle sorte qu'ils n'ont pu ni s'étendre en coulées sur le sol, comme ils eussent fait s'ils eussent été fluides, ni acquérir les apparences qui sont le propre des terrains décidément volcaniques (basalte et laves), dont le refroidissement a lieu tout entier dans l'atmosphère. Mais on ne voit pas comment des masses de matière aussi considérables que celles dont il s'agit ont pu passer de l'état de fluidité ignée à celui d'une roche pâteuse, dans le court trajet de 40 à 50 kilom., qu'elles parcouraient rapidement, puisqu'elles sont supposées poussées par une force irrésistible. Loin de perdre de la chaleur, elles auraient dû en acquérir par l'effet du frottement. Si, d'ailleurs, ces matières se fussent présentées à l'état de pâte, elles eussent laissé d'autres traces de leur passage sur les terrains qu'elles ont traversés, que des marques de rupture et de brisement ; elles n'eussent point présenté des arêtes aiguës et des angles tranchants ; au contraire, elles eussent pris des formes en rapport avec les cavités mêmes qu'elles formaient ou venaient remplir; elles se fussent, en un mot, comportées à la manière des dykes et des culots.

Elles ont donc dû sortir du sein de la terre à un état de solidification que l'on est en droit de croire égal à celui des terrains au milieu desquels elles venaient prendre place. Or, en supposant que l'intérieur de la terre soit à l'état de fluidité ignée, est-il probable, d'après les lois de l'hydrostatique, que ce fluide comprimé ait poussé au dehors des masses solides plutôt que d'y passer lui-même?

Abordons maintenant directement la théorie de la fluidité centrale et ignée du globe, et examinons si elle est scientifiquement admissible.

Suivant cette théorie, le globe présenterait encore aujourd'hui, au delà d'une croûte peu épaisse, un état de fluidité ignée et complète, qui occuperait un peu plus de 126 parties sur les 127 que possède le diamètre terrestre. Pour s'assurer que cette conclusion est scientifiquement inacceptable, il suffit de suivre les phénomènes du refroidissement et d'en soumettre la marche aux lois connues de la physique.

Ce refroidissement a dû commencer sans doute par la surface, au milieu d'un espace dont la température est seulement, selon Fourier, de 50 degrés au-dessous de zéro. Voici donc ce qui sera nécessairement arrivé : chaque fois qu'un groupe quelconque de molécules aura passé, par la perte de son calorique, à l'état de condensation conforme à sa nature, par exemple, la vapeur à l'état d'eau, le gaz à l'état de combinaison, le minéral à l'état solide, etc., chaque fois, ce petit corps, ayant acquis, en raison de son moindre volume, un poids plus considérable, sera descendu rapidement dans les profondeurs de la matière embrasée jusqu'au moment où ayant pris, dans ce milieu, une nouvelle dose de calorique, il aura remonté à la place qu'il avait occupée d'abord.

Chaque partie de la matière en ignition dut éprouver un grand nombre de fois ces mouvements alternatifs de précipitation et de dissolution ; et cette circonstance concourut puissamment sans doute à hâter la déperdition du calorique et à l'équilibrer jusqu'à un certain point dans la masse entière. Tels durent être les phénomènes du refroidissement, tant ceux qui se passaient dans une atmosphère d'air, de gaz et d'eau en vapeur, que ceux qui s'accomplissaient dans les masses fluidifiées. Pour ces derniers, en effet, si la fluidité de la matière offrait un obstacle plus considérable à la précipitation des masses refroidies et cristallisées, la force qui les attirait en bas était aussi plus grande. Si elles étaient moins soumises au mouvement centrifuge, elles obéissaient davantage au mouvement centripète. La masse minérale fluide dut en conséquence subir ce mouvement alternatif de précipitation et d'exhaussement, cette sorte de bouillonnement dont nous avons parlé, dans la durée du temps même où des événements semblables avaient lieu dans l'atmosphère.

L'effet de ce mouvement alternatif dut être pareil dans les deux cas. En définitive, pour les minéraux, il dut avoir ce résultat, que les matières descendant vers le centre, *à mesure qu'elles se refroidissaient à la surface*, elles ne cessèrent de remonter qu'à l'instant où, en raison de la capacité spéciale de chaque genre de corps pour le calorique, elles ne trouvèrent plus dans ce centre une quantité de calorique suffisante pour les fondre de nouveau. C'est seulement alors que commença l'œuvre de la cristallisation (1).

Ainsi, en suivant le phénomène du refroidissement du globe supposé d'abord fluide, mais en donnant à la force d'attraction et à la force centrifuge les rôles qu'elles durent avoir, nous trouvons que les parties les plus solides du globe doivent être celles qui en occupent les profondeurs ; nous trouvons que le centre de la terre, au lieu d'être fluide, est cristallisé.

Si, d'un autre côté, nous tenons compte des phénomènes généraux d'attraction qui ont dû se passer alors comme ils se passent aujourd'hui, on ne peut mettre en doute que la masse fluide du globe ne fût, comme les mers de nos jours, sujette à des marées. Ces marées n'étant gênées par aucun obstacle, ne devaient pas s'élever plus haut que celles qui ont lieu dans les mers complétement libres, ainsi que la mer Pacifique. Ces marées atteignaient donc une élévation de deux à trois mètres, élévation considérable et suffisante pour rompre en morceaux une couche solidifiée qui eût été déjà fort épaisse. Qu'on en juge par l'action qu'elles exercent sur les glaces polaires, quoique celles-ci, par l'effet de leur légèreté spécifique et de

(1) Un célèbre physicien anglais, le professeur Daniell, dans les expériences qu'il a faites pour déterminer la chaleur de certains corps à leur point de fusion, a trouvé constamment qu'on ne pouvait élever la température d'un grand creuset contenant du fer, de l'or ou de l'argent fondu, d'un seul degré au-dessus du point de fusion de ces divers métaux, tant qu'une barre de l'un d'eux était plongée dans les portions à l'état liquide. Il en était de même, à l'égard de diverses autres substances : quelque considérables que fussent les quantités de matière en fusion, leur chaleur ne pouvait être augmentée tant que quelques parties solides, plongeant dans les parties liquides, n'étaient point fondues, chaque nouvelle quantité de chaleur se trouvant instantanément absorbée pendant leur liquéfaction. On savait déjà qu'aussi longtemps qu'un fragment de glace reste dans l'eau, on ne peut élever la température de ce liquide au-dessus du 0° centigrade.

Si donc la chaleur du centre de la terre s'élève, ainsi qu'on l'a calculé, à 250,000° centigrades, ou à plus de 160 fois la chaleur du fer fondu, suivant le pyromètre perfectionné, il est évident que les parties supérieures de la masse fluide ne pourront se maintenir pendant longtemps à une température égale seulement à celle que réclame la fusion des roches. Une tendance continuelle à un état uniforme de chaleur devra se manifester, et jusqu'à ce que cet équilibre soit établi par le mélange des parties liquides, douées de densités différentes, la surface ne pourra commencer à se solidifier.

leur séparation, résistent infiniment moins à la puissance du flux et du reflux. En outre, ne devait-il pas y avoir, dans cette mer de feu, des courants, qui, à eux seuls, eussent été suffisants pour briser la mince écorce qui aurait voulu se produire?

De l'étude du refroidissement de la terre s'opérant selon les lois physiques actuelles, nous avons été amenés à conclure que le centre du globe est plus solide que son écorce. Cette conséquence est conforme aux calculs astronomiques. Clairaut a démontré que la masse du globe n'est pas d'une densité homogène, que cette densité croît de la surface au centre. Le savant astronome Laplace a dit : « La précession des équinoxes et la nutation de l'axe terrestre indiquent une diminution dans la densité des couches du sphéroïde terrestre, depuis le centre jusqu'à la surface... Les principes de l'hydrostatique exigent que, si la terre a été primitivement fluide, les parties voisines du centre soient en même temps les plus denses. »

Les résultats obtenus par les physiciens, relativement à la densité du globe, ne varient que de sept centièmes; aussi M. d'Aubuisson s'est-il cru autorisé à en conclure que « la densité moyenne du globe terrestre est environ cinq fois plus grande que celle de l'eau, et par conséquent presque double de celle de l'écorce minérale du globe (1). »

Voilà donc ce que constatent de la manière la plus positive et sous une forme nullement hypothétique, l'astronomie et la physique : c'est que les parties internes du globe sont plus denses et plus pesantes que son écorce. Or, s'il n'y avait, comme on l'a dit, au-dessous de cette mince enveloppe qu'une masse fluide, incandescente, soumise en certains points à une chaleur égale à 250,000 degrés centigrades, n'en présentant nulle part moins de mille à deux mille, et occupant en outre 126 parties du diamètre terrestre sur 127, il serait impossible que cette portion moyenne du globe fût plus dense que la surface. Il faut donc renoncer à la théorie dont nous faisons ici la critique sous peine de nier les lois les plus incontestables de deux sciences depuis longtemps positives.

CHALEUR (Sources de). — La combustion, qui est le moyen le plus fréquemment employé pour obtenir de la chaleur, n'est qu'un cas particulier du phénomène général de la production de la chaleur par les actions chimiques.

Leslie avait observé une certaine élévation de température en humectant un linge qui enveloppait la boule d'un thermomètre. M. Pouillet a généralisé le fait et a constaté qu'il se produisait de la chaleur toutes les fois qu'un liquide *mouillait* un solide, lors même qu'il n'y avait aucune action chimique. L'effet ne dépasse guère un quart de degré pour les substances inorganiques, telles que le verre, les métaux, etc. ; soit qu'on les mouille avec de l'eau, de l'alcool, de l'huile ou différents acides. Mais, en humectant avec de l'eau certaines substances organiques, préalablement desséchées, par exemple, des membranes réduites en petits fragments, on obtient une élévation de température qui va jusqu'à 10°.

On sait que les gaz adhèrent avec une force remarquable à certains métaux et à plusieurs autres substances, surtout quand elles sont poreuses. Au moment où l'adhésion s'établit, il se produit de la chaleur comme avec les liquides. S'il y a un mélange de gaz qui puissent se combiner, la température s'élève quelquefois assez pour que la combinaison s'effectue. C'est ce qui a lieu quand on met du fil ou de l'*éponge* de platine dans un mélange d'oxygène et d'hydrogène, ou quand on souffle ce dernier gaz sur l'éponge à travers l'air. Si le platine est mêlé avec des substances inertes, la combinaison se fait peu à peu; mais s'il est pur, la température s'élève jusqu'au rouge, et il y a détonation. C'est à M. Dobereiner qu'on doit la connaissance de cette propriété qu'a le platine de déterminer la combinaison des gaz. MM. Dulong et Thénard ont depuis constaté que plusieurs autres substances jouissaient de la même propriété ; le palladium, le rhodium et l'iridium, l'ont, comme le platine, à la température ordinaire ; l'or à 120° seulement; le charbon, la pierre ponce, le verre, la porcelaine, à 250°.

On sait que les pièces de monnaie s'échauffent sous les coups du balancier, mais comme l'effet a lieu même quand la pièce ne change plus de densité, on doit l'attribuer plutôt à la percussion qu'à la diminution du volume. Un forgeron adroit parvient à faire rougir une barre de fer à force de la frapper sur son enclume. Il est naturel de croire que l'inflammation des amorces fulminantes est due à la chaleur dégagée par la percussion

Le frottement est un des moyens les plus puissants de produire de la chaleur; mille expériences vulgaires le démontrent; ainsi, les limes, les forets, les outils employés sur le tour s'échauffent jusqu'à brûler la main; les roues prennent feu quelquefois par le frottement sur les essieux : on fait aisément fumer deux morceaux de bois en les frottant l'un contre l'autre; c'est, comme on sait, un moyen employé par les sauvages pour se procurer du feu. Le briquet ordinaire est aussi fondé sur le frottement; le silex arrache des parcelles d'acier qui, étant ainsi échauffées jusqu'à rougir, brûlent dans l'air et forment les étincelles. L'oxyde de fer qui en résulte fond et tombe en petits globules qu'il est aisé de recueillir sur du papier.

(1) Ici toutefois une question intéressante se trouve soulevée à l'égard de la forme que les matériaux, soit liquides, soit solides, prendraient, s'ils étaient soumis à l'énorme pression qui doit s'exercer au centre de la terre. L'eau, si elle continuait à diminuer de volume suivant le degré de compressibilité que l'expérience a indiqué, doublerait de densité à la profondeur de 34 lieues, et serait aussi pesante que le mercure à celle de 151 lieues. Le docteur Young a calculé qu'au centre de la terre l'acier serait réduit au quart de son volume et la pierre au huitième du sien. — Mrs SOMMERVILLE's *Connexion of the physical sciences*, p. 90.

L'acier réussit mieux que le fer, parce qu'étant plus dur, les parcelles sont plus petites, et qu'il faut un frottement plus rude pour les arracher. Avec deux silex on obtient aussi du feu, mais non de véritables étincelles, parce que les parcelles détachées ne peuvent que rougir. Il en serait de même de l'acier dans le vide. Nous indiquerons encore deux expériences, remarquables en ce qu'elles peuvent donner la mesure de la chaleur produite par le frottement; la première, qui est de Davy, consiste à fondre de la glace en en frottant deux morceaux l'un contre l'autre; la seconde est de Rumford. Ce physicien, en faisant tourner l'une sur l'autre, à l'aide d'une machine à forer les canons, deux pièces de bronze plongées dans l'eau, finit par mettre ce liquide en pleine ébullition.

L'électricité, comme moyen de produire de la chaleur, est tout à fait comparable aux actions chimiques les plus énergiques. Avec l'électricité on fond les métaux les plus réfractaires plus facilement encore qu'avec le chalumeau d'oxygène et d'hydrogène. D'ailleurs, certains effets de la foudre montrent la puissance calorifique de cet agent.

Les sources de la chaleur que nous venons d'examiner sont en quelque sorte artificielles, ou n'ont qu'une existence momentanée, mais la nature nous en présente qui ont une durée indéfinie, ou qui sont remarquables par leur reproduction constante.

On peut avoir une mesure approximative de la chaleur dans le soleil même, en prenant celle des rayons solaires pour terme de comparaison. Imaginons que la surface entière du ciel rayonne comme le soleil; un corps placé dans cette enceinte recevra autant de chaleur que s'il était dans le soleil même; car la chaleur reçue ne dépend pas du rayon de l'enceinte. Or, le soleil n'occupe que la 184,000e partie de la sphère céleste; la chaleur de cet astre serait donc 184,000 fois aussi grande que celle que nous recevons.

La concentration des rayons solaires offre un des moyens les plus puissants de produire de la chaleur. En faisant tomber sur un même point les rayons réfléchis par un grand nombre de petits miroirs plans, Buffon enflammait du bois à plus de 200 pieds; à 45 pieds il mettait l'argent en fusion.

Les verres sont préférables aux miroirs pour concentrer la chaleur du soleil, d'abord parce qu'il y a moins de perte par la transmission que par la réflexion, et ensuite parce qu'il est plus aisé d'exposer un corps aux rayons qui viennent d'en haut. Parmi les lentilles les plus puissantes on peut citer celle de Trudaine, avec laquelle Lavoisier et Brisson firent de nombreuses expériences au Louvre. Cette lentille était formée par deux glaces courbes accolées; on remplissait la cavité interceptée avec 140 pintes d'esprit de vin. Le diamètre était de 4 pieds, et le foyer, qui se formait à 10 pieds environ, avait 15 lignes de largeur; mais au moyen d'une seconde lentille on réduisait cette largeur à 8 lignes, de sorte que les rayons tombant sur les lentilles étaient concentrés dans un espace 5184 fois plus petit. En évaluant la perte par réflexion et absorption à $\frac{1}{4}$, on voit que la chaleur produite devait être environ 4000 fois plus forte que celle du soleil. Il est à remarquer cependant qu'on n'a pu fondre au foyer ni le cristal de roche, ni le platine.

On peut calculer approximativement la chaleur que produit l'homme en 24 heures. En prenant une moyenne entre les observations, on trouve qu'un homme qui respire 20 fois par minute, et qui à chaque aspiration prend 650 centimètres cubes d'air, fait disparaître 780 litres d'oxygène en 24 heures, pour produire 590 litres d'acide carbonique, et 218 grammes d'eau répondant à la combustion de 0 k, 323 de carbone et 0 k, 028 d'hydrogène. Il se produit donc 2556 + 661 unités de chaleur. Cette somme, d'après ce qu'on vient de voir, forme environ les trois quarts de la chaleur totale, qui s'élève par conséquent à 4025 unités; quantité suffisante pour faire bouillir 40 k, 25 d'eau prise à zéro, ou pour fondre 53 k, 6 de glace.

Chaleur intérieure de la terre. *Voy.* Température et Chaleur centrale.

Chaleur des mines et des puits. *Voy.* Température et Chaleur centrale.

Chaleur des couches terrestres situées au-dessus de la zône de température constante, due entièrement à l'influence du soleil. *Voy.* Température.

Chaleur; sa distribution sur la terre. *Voy.* Température.

Chaleur; égalité des quantités de chaleur annuellement reçues et rayonnées par la terre. *Voy.* Température.

Chaleur latente de la vapeur d'eau. *Voy.* Vapeur (*Météor.*).

Chaleur; quantité de chaleur annuelle que la terre reçoit du soleil. *Voy.* Température.

Chaleur du soleil. *Voy.* Chaleur (*Sources de*).

Chaleur solaire, considérée comme la cause probable des courants électriques qui se manifestent dans la croûte extérieure du globe et des variations qui ont lieu dans le magnétisme terrestre. *Voy.* Courants électriques.

CHAMBRE CLAIRE (Chambre claire de Wollaston). — Appareil servant à tracer l'image exacte d'un édifice, d'un paysage, etc. Il se compose essentiellement d'un prisme quadrangulaire, ayant un angle droit et un angle obtus de 135°. On obtient à peu près le même résultat avec un simple miroir métallique percé d'un trou de 3 ou 4 millimètres: les objets s'aperçoivent directement par le trou, et le crayon est vu par réflexion sur le miroir.

Chambre noire ou obscure. — Chambre fermée exactement de toutes parts, à l'exception d'une petite ouverture pratiquée au volet de la fenêtre. Dans cette ouverture on adapte un verre convexe ou lenticulaire, destiné à recevoir les rayons de lumière émanés ou réfléchis des objets extérieurs ; ces rayons vont se peindre distinctement, avec leurs couleurs naturelles, sur un fond blanc placé dans l'intérieur de la chambre, au foyer du verre. On croit que ce fut J.-B. Porta qui remarqua le premier les effets de la chambre obscure. Pour que les images des objets soient bien visibles et bien distinctes, il faut que les objets soient éclairés par les rayons directs du soleil. Mais, dans cet appareil, les images sont renversées ; et, pour les redresser, on place ordinairement un miroir étamé au dehors et en avant de la lentille. Pour rendre les images plus nettes, on intercepte, avec des écrans convenablement ajustés, tous les rayons lumineux qui ne partent pas du champ de l'instrument.

CHAMSIN. *Voy.* VENTS.

CHAUDIÈRE à vapeur, à bouilleur. *Voy.* VAPEUR (ses usages).

CHAUFFAGE des appartements. *Voy.* COMBUSTION.

CHEMIN DE FER. *Voy.* FROTTEMENT.

CHEMINS DE FER ATMOSPHÉRIQUES. — Ce n'est guère que depuis quelques années qu'on a essayé de substituer l'air à la force de la vapeur. A cet effet, deux procédés ont été soumis à l'expérience : 1° *l'emploi du vide ;* dans ce cas, les locomotives sont mises en mouvement par la pression simple de l'atmosphère. Mais il y a une multitude de conditions très-délicates à remplir pour obtenir un vide assez parfait au moyen d'un piston jouant dans un tube muni de soupapes. Ces conditions, déjà assez difficiles à remplir dans une expérience de laboratoire, sont bien plus difficiles encore à remplir lorsqu'il s'agit d'opérer avec des appareils de dimensions énormes. 2° *L'emploi de l'air comprimé.* Dans ce cas ce n'est plus la pression de l'atmosphère qui imprime le mouvement ; c'est la force élastique, qui agit ici de la même manière que la vapeur. Sans discuter les avantages ou les inconvénients que pourraient offrir les chemins de fer atmosphériques, nous nous bornerons à constater qu'on en a déjà fait l'expérience en Angleterre, mais sur des parcours très-peu considérables. En France, de nombreux projets et systèmes de chemins de fer atmosphériques ont été proposés depuis quelques années. Parmi ces systèmes, nous nous contenterons de reproduire la description de celui que M. de Chameroy a soumise au jugement de l'académie des sciences (séance du 30 septembre 1844). M. Chameroy dispose de la manière suivante ses appareils locomoteurs, appliqués à un chemin de fer à double voie.

« Il place entre deux voies une conduite formée de tuyaux en tôle et bitume, éprouvés par une forte pression. Cette conduite, qui est d'un diamètre proportionné à la force d'impulsion que l'on veut obtenir, est enfouie dans le sol sur toute son étendue, et à des distances déterminées sont établis des embranchements qui viennent aboutir au centre de chaque voie ; ces embranchements sont composés d'un tuyau cylindrique, auquel est soudé un robinet dont la clef porte un pignon à engrenage : sur ce robinet est fixé verticalement un cône creux, aplati, divisé intérieurement par une cloison transversale ; ce cône est surmonté d'un tube cylindrique aspirateur placé horizontalement, et parallèlement à la voie ; le diamètre de ce tube est moitié moins grand que celui de la conduite ; il est divisé en deux parties égales par une cloison transversale qui ferme hermétiquement ; sa longueur est de 1 mètre environ. A chacune de ses extrémités est adaptée une garniture extérieure, et un cône creux percé d'une certaine quantité de trous ; sur l'un des côtés de l'embranchement est rapportée une coulisse dans laquelle glisse une tige verticale ; l'extrémité supérieure de cette tige est munie d'un galet, et l'extrémité inférieure, d'une crémaillère qui engrène avec le pignon fixé au robinet.

« L'inventeur fait voyager sur ces embranchements un tube articulé, qu'il attache sous les wagons au moyen de ressorts et de chaînes ; la longueur de ce tube est celle du convoi ; son diamètre est égal à celui de la conduite ; il présente une ouverture longitudinale fermée par une soupape à deux parois parallèles et juxtaposées ; chaque extrémité de ce tube est évasée, et armée d'une soupape avec levier. Sous le premier et le dernier wagon sont fixées deux pièces d'appui mobiles, placées obliquement et parallèlement aux wagons.

« *Description de la fonction de cet appareil.* Des moteurs fixes à vapeur ou hydrauliques sont établis, à une distance de 10,000 mètres les uns des autres, sur toute l'étendue de la ligne que l'on veut exploiter ; ces moteurs servent à faire fonctionner des machines pneumatiques qui sont mises en communication avec la conduite posée entre les deux voies.

« Lorsqu'on veut faire voyager un convoi, on attache sous les wagons un tube remorqueur ; une des soupapes placées aux extrémités de ce tube est ouverte tandis que l'autre reste fermée, et la partie du tube remorqueur qui porte la soupape ouverte doit être engagée préalablement sur un tube aspirateur. Ces dispositions étant prises, et après avoir opéré le vide dans la conduite, on ouvre à la main le robinet de l'embranchement sur lequel le remorqueur est engagé ; la communication s'établit aussitôt entre le tube remorqueur et la conduite, par l'intérieur de l'embranchement et par le tube aspirateur ; la pression atmosphérique s'exerce à l'instant même sur la cloison transversale fixe du tube aspirateur formant le point d'appui ; elle s'exerce en même temps sur toute la surface extérieure de la soupape fermée du tube remorqueur qui forme le point de résistance ; cette pression détermine le mouvement du tube remorqueur, qui glisse sur les garnitures adaptées au tube aspirateur ; en même temps, la soupape longitudinale du tube remorqueur s'ouvre à son passage sur l'embranchement, pour se fermer immédiatement après. Aussitôt que l'extrémité postérieure du convoi arrive sur cet embranchement, une pièce d'appui fait fermer le robinet, et en même temps une autre pièce d'appui, fixée en tête du premier wagon, fait ouvrir le robinet du deuxième embranchement, en pressant la tige à crémaillère ; dans cet instant le vide cesse d'être communiqué au tube remorqueur par le premier embranchement, tandis qu'il est produit par le deuxième ; la soupape du tube remorqueur s'ouvre alors pour passer en glissant sur le premier tube aspirateur. Cette soupape se referme presque instantanément par son propre poids ; la pression atmosphérique agissant de nouveau, le tube remorqueur entraîne le convoi auquel il est attaché.

« Pour suspendre la marche du convoi, on évite d'ouvrir les robinets en soulevant les pièces d'appui. Pour arrêter, on neutralise la vitesse par l'emploi des freins. Pour rétrograder, il faut ouvrir la soupape du tube remorqueur qui est fermée, et fermer l'autre soupape qui était ouverte.

« *Principaux avantages de ce système.* Une seule conduite en tôle et bitume coûtera moitié moins qu'une en fonte. Elle fera le service pour un chemin de fer à deux voies. Cette conduite, qui est enfouie dans le sol, est à l'abri de la malveillance. Son entretien intérieur et extérieur est nul. Cette conduite forme un vaste réservoir qui sert à contenir l'élément de la force locomotrice, dont on dispose à volonté, soit pour imprimer aux convois chargés la plus grande force locomotrice ou la plus grande vitesse possible, soit pour monter les rampes. On pourra rétrograder, diminuer ou neutraliser cette force pour descendre les rampes, ou pour arrêter la marche des convois ; enfin cette force ne sera dépensée qu'utilement. Pendant les temps d'arrêt comme pendant la marche des convois, les machines pneumatiques fonctionnent et emmagasinent constamment dans la conduite la force locomotrice. La conduite étant fermée et essayée à une forte pression lors de son établissement, on n'aura point à redouter les rentrées d'air. Sa position dans le sol permettra de franchir les passages de niveau. Il sera possible de lancer plusieurs convois sur la même ligne et, par conséquent, d'envoyer des wagons de secours.

« La disposition du tube remorqueur avec articulations permettra de franchir les courbes de 300 mètres de rayon, et le mouvement de lacet des wagons sera neutralisé par le tube remorqueur. » (*Comptes rendus des séances de l'Académie des sciences*, 30 septembre 1844.)

CHEMINÉE. *Voy.* FUMÉE

CHEVAL-VAPEUR. *Voy.* VAPEUR (ses usages).

CHINOIS. — On a prétendu que la science astronomique des Chinois faisait remonter l'existence de ce peuple à une époque bien antérieure au déluge mosaïque. Le *Chou-king* rapporte, objecte-t-on, que Yao ordonna à Hi et à Ho de calculer et d'observer les cieux et les mouvements du soleil, de la lune et des astres, en mentionnant le solstice d'été et le solstice d'hiver, et d'apprendre ensuite au peuple le temps et les saisons. Cet empereur leur apprit en même temps que l'année est de trois cent soixante-six jours, et que, pour la déterminer, ainsi que ses quatre saisons, il faut employer l'intercalation d'une lune (1). Nous trouvons de plus dans le même *Chou-king* l'observation et l'indication d'une éclipse de soleil qui eut lieu pendant le règne de Tchong-kang (2). Or, ces faits qui ont eu lieu, savoir : les premiers, vers l'an 2357, et le dernier vers l'an 2159 avant Jésus-Christ, supposent une civilisation assez avancée, et par conséquent un corps de nation qui existait déjà depuis fort longtemps.

Si on examine sans prévention les passages du *Chou-king* allégués dans l'objection, on ne pourra s'empêcher d'en tirer une conséquence diamétralement opposée à celle que nos adversaires en ont déduite. D'abord, si Yao avait été un astronome digne de ce nom, et si les deux personnages auxquels il intima ses ordres l'avaient été eux-mêmes, l'empereur aurait assurément employé un langage plus astronomique. En second lieu, la nature même de ces ordres et de ces instructions révèle évidemment un peuple qui est encore à l'état d'enfance. On peut appliquer ici ce que dit très-judicieusement Deshautesrayes en parlant des découvertes en général : « Nous ne rendons pas assez de justice aux anciens; nous nous imaginons qu'il leur a fallu beaucoup de siècles pour faire la moindre découverte. C'est une erreur. L'homme est naturellement inventif, et le besoin accélère le progrès des découvertes (3). »

Nous dirons la même chose par rapport à l'éclipse solaire qui, suivant le *Chou-king*, eut lieu pendant le règne de Tchong-kang ; on n'a pas besoin d'être astronome pour observer une éclipse; c'est le cas de dire avec Delambre que, pour une pareille observation, il suffit d'avoir des yeux; mais ce qui dénote un vrai savoir astronomique, c'est de constater, de déterminer et de décrire ce phénomène céleste, comme on le constate, on le détermine et on le décrit ordinairement dans la science. Or, il en est tout autrement par rapport à notre éclipse ; car voici comment elle est rapportée dans le *Chou-king* : « Au premier jour de la dernière lune d'automne, le soleil et la lune en conjonction n'ont pas été d'accord dans Fang (4). » On voit en effet que le *Chou-king*

(1) *Chou-king*, p. 6, 7, etc.
(2) *Ibid.*, p. 67.
(3) Deshautesrayes, *Observations*, p. 63, dans l'*Hist. générale de la Chine* du P. de Mailla, t. I.
(4) Le P. Gaubil, auteur de cette traduction, remarque que la dernière ou la troisième lune d'au-

ne marque ni la grandeur de l'éclipse, ni l'année du règne de l'empereur Tchong-kang dans laquelle elle arriva, ni le jour du cycle. Aussi les astronomes chinois postérieurs qui ont voulu la calculer ont émis des opinions différentes sur l'année où elle a eu lieu. Ajoutons que le même désaccord règne entre le P. Gaubil et Fréret, qui ont aussi voulu en fixer la date.

Mais quand nous disons que cette éclipse n'a nullement été rapportée dans le *Chou-king*, selon le langage et à la manière des astronomes, nous avons pour nous l'autorité du P. Amiot lui-même, autorité d'autant plus précieuse que ce savant jésuite embrasse généralement toutes les opinions les plus favorables à l'antiquité de la nation chinoise; voici ses propres paroles : « La fameuse éclipse du soleil arrivée au commencement du règne de Tchong-kang y est annoncée (dans le *Chou-king*) non pas comme devant arriver, non pas précisément comme une éclipse, mais comme un fait; elle y est annoncée sans apprêt, sans échafaudage scientifique, avec la même simplicité qu'on y annonce les événements les plus ordinaires. Ce n'est point un astronome qui prédit une éclipse, c'est un historien qui raconte qu'il y en a une qu'on avait manqué de prédire. Ce ne sont pas les opérations bonnes ou mauvaises d'un calculateur qu'on y fait valoir et qu'on y censure, etc. (1). »

Cependant, il faut en convenir, le *Chou-king* donne clairement à entendre qu'il existait une méthode pour supputer les éclipses longtemps avant Tchong-kang (2159 avant Jésus-Christ); car il est difficile d'expliquer dans un autre sens ces paroles : « Hi et Ho dans leur poste, comme le *chi* (2), n'ont rien vu ni rien entendu. Aveugles sur les apparences célestes, ils ont encouru la peine portée par les lois des anciens rois. Selon ces lois, celui qui devance ou qui recule les temps doit être, sans rémission, puni de mort (3). » En effet, comme le remarque le P. Gaubil, dans cet endroit même du *Chou-king*, une loi si sévère contre les calculateurs d'éclipses, dans des temps si reculés, dénote une ancienne méthode pour les calculer.

Mais il est une considération que nous ne pouvons passer sous silence, et qui offre une difficulté sérieuse pour ceux qui prétendent que, dès ces temps anciens, l'état de la science astronomique était florissant. Après l'éclipse et l'observation des solstices dont nous venons de parler, et qui sont enveloppées dans un vague et une obscurité complète, il faut descendre jusque sous le règne de Vou-Vang, vers l'an 1104 avant Jésus-Christ, pour trouver une autre observation des solstices; et de là jusqu'en 776 de la même ère, sous Yeou-Vang, pour rencontrer la seconde éclipse. Ainsi voilà à quoi se réduisent toutes les observations astronomiques des seize premiers siècles de l'histoire chinoise. C'est seulement vers l'an 722 avant Jésus-Christ que Confucius rapporte, dans son *Tchun-tsi-eou*, des éclipses marquées avec exactitude. Depuis cette époque jusqu'à l'an 480 avant notre ère, le même Confucius en rapporte trente-six, dont trente et une sont parfaitement conformes au calcul astronomique. Or, comment se fait-il qu'un peuple dont on vante tant les connaissances dans l'astronomie, n'ait pas conservé une plus longue liste d'éclipses; qu'il n'en ait indiqué que deux pendant l'espace de quinze cents ans, et que les observations suivies, et qui n'ont éprouvé aucune contestation, ne commencent qu'en 722 avant Jésus-Christ et concourent avec l'ère de Nabonassar, de laquelle partaient précisément les astronomes grecs pour le calcul de leurs observations ? Quelque réponse que l'on fasse à cette question, un bon critique ne pourra s'empêcher de penser que si les Chinois avaient été plus habiles auparavant, ils auraient conservé un plus grand nombre d'observations anciennes, et ces observations auraient été rapportées avec toutes les circonstances nécessaires pour les vérifier.

Un fait remarquable vient à l'appui de notre raisonnement. Même au VIIIe siècle de notre ère, les Chinois ne possédaient pas encore un moyen de calculer sûrement les éclipses. Car, en 721, un de ces phénomènes célestes, calculé selon la méthode en usage dans la nation, se trouve faux. Pour empêcher qu'une semblable erreur eût lieu dans la suite, l'empereur Hiouang-tsoung, qui régnait alors, fit appeler à la cour Yang, fameux bonze chinois de la secte de Fo ou

tomne est, dans le calendrier d'alors, la neuvième de l'année chinoise; que cette expression, *n'a pas été d'accord*, est l'expression d'une éclipse de soleil; que *Fang* est le nom d'une constellation chinoise qui commence par l'étoile π du Scorpion et finit par ς occidental, près du cœur du Scorpion.

(1) *Mémoires concernant les Chinois*, t. XIII, p. 101, etc. — De Guignes prétend que, suivant le texte chinois, il n'est point question d'éclipse dans ce passage, vu que les mots *Fo-tsy*, *n'être pas d'accord*, ne sauraient en désigner une : « Comment admettre en effet, dit-il, que Confucius, qui se sert toujours du mot *chy* pour marquer une éclipse, ait employé une expression différente pour rendre la même idée? Ce philosophe a voulu faire voir que les astronomes s'étaient trompés dans leurs calculs; mais il n'a pas eu intention de parler d'une éclipse (*Dict. chin.* p. 31). » Nous laissons aux sinologues la solution de ce problème de linguistique; mais nous ferons remarquer que ce qui est dit immédiatement après dans le *Chou-king*, que l'*aveugle a frappé le tambour* et que *les officiers et le peuple ont couru avec précipitation*, se pratique même aujourd'hui en Chine quand il arrive une éclipse. Nous ajouterons que la traduction du P. Amiot exprime plus clairement une éclipse, et qu'elle est plus élégante; mais la question est de savoir si elle rend aussi fidèlement le texte (*Mém. concernant les Chinois*, t. II p. 256).

(2) Les noms de *Hi* et de *Ho*, donnés à des astronomes, figurent sous Yao, cent quatre-vingt dix-huit ans auparavant. Ce sont par conséquent des personnages différents, et ces noms désignent sans doute des titres de dignité ou de charge. — Le mot *chi* signifie celui qui représente le mort dans les cérémonies; on pourrait le rendre ici par *cadavres*, comme l'a fait M. Pauthier. Le P. Amiot traduit par *statues* (*Mém. concernant les Chinois*, tom. II).

(3) *Chou-king*, p. 69.

Bouddha. Ce bonze prit tous les moyens qu'il crut les plus propres à s'assurer d'une bonne méthode; et la révolution qu'il opéra dans la science astronomique prouve clairement qu'elle était encore bien arriérée (1).

Il est une autre considération non moins importante et non moins incontestable. Si les connaissances astronomiques eussent été dans les premiers temps telles qu'on les suppose, elles auraient dû se perfectionner toujours de plus en plus; de sorte que les missionnaires les auraient trouvées dans un état florissant lorsqu'ils sont entrés dans la Chine. Cependant le contraire est démontré. « Ils avaient, dit le P. le Comte, un calendrier et des tables astronomiques qui étaient si peu corrects qu'à peine pouvaient-ils prédire grossièrement une éclipse de soleil (2). « Mais le P. Amiot lui-même fait à ce sujet un aveu remarquable : « Sur la fin du siècle dernier, dit-il, les Chinois, en réformant leur astronomie, adoptèrent tout ce qu'il y a d'essentiel dans celle d'Europe (3). »

L'abbé Grosier, qui se montre toujours très-favorable aux Chinois, et qui, dans cette matière en particulier, cherche à rehausser leur mérite, reconnaît cependant qu'ils ne sont guère avancés sur plusieurs points assez importants ; car voici ce qu'il dit entre autres choses : « Les mathématiciens jésuites que le zèle de la religion conduisit à la Chine contribuèrent beaucoup à étendre les connaissances astronomiques dans cet empire. Les PP. Ricci, Adam Schal, Verbiest, Couplet, Gerbillon, Régis, d'Entrecoles, Jartoux, Parrenin et tant d'autres, étaient des hommes que leurs talents seuls eussent rendus célèbres même en Europe. Ils réformèrent ce qu'il y avait de fautif dans l'astronomie chinoise, corrigèrent les erreurs qui se perpétuaient dans le calendrier, et communiquèrent des méthodes nouvelles pour l'observation. Le P. Verbiest avait trouvé dans l'Observatoire de Pékin un certain nombre d'instruments en bronze; mais, les jugeant peu propres aux opérations astronomiques, il leur en substitua de nouveaux qui subsistent encore (4). »

Des relations assez récentes nous apprennent qu'ils se livrent à l'astrologie avec plus de goût et de plaisir qu'à l'astronomie ; nous en avons au moins une preuve assez sensible dans l'empereur Kien-long; « ce prince, le plus grand lettré de son empire, n'osa quitter son palais le 4 février 1795, persuadé que, l'éclipse présageant quelque malheur, il ne pouvait rien faire d'important dans cette journée (5). »

On objecte à cela que si les Chinois n'ont pas fait de progrès dans l'astronomie depuis bien des siècles, cela vient, d'un côté, des guerres civiles qui déchirèrent l'empire cinq ou six cents ans avant Jésus-Christ, et qui interrompirent nécessairement les travaux et les études des astronomes ; et, de l'autre, de l'incendie des livres qui eut lieu pendant le règne de Thsin-chi-hoang-ti, environ deux cents ans après.

Nous convenons que les guerres civiles ont pendant longtemps désolé la Chine; mais ce n'a jamais été au point de détruire toutes les connaissances que l'on pouvait avoir acquises dans les sciences et les arts. Quant à l'incendie des livres chinois que Chi-hoang-ti ordonna d'après les conseils de son premier ministre Li-ssé, il ne fut point absolument général. Un seul coup d'œil jeté sur l'histoire du temps suffit pour prouver que les ouvrages scientifiques ne furent point enveloppés dans la proscription. L'empereur n'avait en vue que d'empêcher le peuple de penser au gouvernement des anciens rois, aux exemples de probité et de vertu, enfin aux préceptes laissés par les anciens ; parce que leur conduite, comparée à la sienne, formait un contraste qui ne lui était nullement favorable.

D'ailleurs, quand l'édit incendiaire eût embrassé tous les genres de livres, il n'aurait pas eu une entière exécution ; il y avait plus d'un moyen facile de soustraire aux recherches et aux investigations les plus rigoureuses tous les livres qu'on voulait conserver. Mais écoutons ce que Fourmont dit judicieusement à ce sujet : « Comment des gens d'esprit se sont-ils persuadés que sous Chi-hoang-ti toutes les archives avaient été brûlées (événement impossible par cent raisons, toutes plus fortes les unes que les autres).....

« Disons donc plutôt,... chaque partie de la littérature a ses temps ; chaque siècle a ses modes, et le siècle philosophique a toujours diminué l'érudition : celui de saint Thomas ou de la scolastique en général était-il fort amateur d'histoire ou de monuments antiques ? Celui de Platon et d'Aristote l'était-il? Or, tel a été à la Chine le temps de Confucius ; éblouis de la beauté et des charmes de la philosophie prêchée par les sectes d'*Yam* (Yang) de *Mé*, de *Lao-kiun*, de *Confucius*, devenus *chercheurs*,... et raisonneurs éternels, et sur le gouvernement...., les Chinois d'alors s'occupaient, non à apprendre, non à travailler sur leurs anciens auteurs, mais à politiquer sur le présent ; à le comparer avec un passé, selon eux, plus sage et plus estimable ; à donner leurs conjectures sur un avenir qu'ils se représentaient malheureux; pouvaient-ils plaire à *Hoam-ti* (Hoang-ti) usurpateur des petits royaumes, jusque-là sinon tranquilles au moins libres? Combien trouva-t-il de lettrés qui lui résistèrent en face....? Quelques-uns de ces lettrés, jaloux des droits des rois vassaux, leurs maîtres, déchirant sans cesse dans leurs écrits *Hoam-ti* et lui répétant toujours les noms illustres des empereurs *Yao-Xun* (Chun) *Ven-van*, etc., l'avaient tellement irrité, que, transporté de fureur, il avait pris

(1) *Voy.* l'*Histoire abrégée de l'astronomie chinoise*, par le P. Gaubil.

(2) Le P. le Comte, *Lettres édif.*, tom. I, p. 121.

(3) *Mem. concern. les Chin.*, tom. XIII.

(4) *Hist. génér. de la Chine*, par le P. de Mailla tom. XIII, p. 731.

(5) *Voyage à Péking*, tom. I, p. 418.

la résolution de brûler tous leurs livres, et qu'il en donna l'édit; on ne doit pas même douter qu'il ne s'en soit brûlé plusieurs; mais tous, mais les annales, mais les archives? folie de le penser; il n'en voulait qu'à ces philosophes moralistes; et son fils, bien plus avisé que lui, pour cela même, le traita d'insensé (1). »

Le P. Amiot, en faisant aussi cette citation, semble l'adopter sans restriction aucune: pour nous, nous pensons que l'édit de l'empereur s'étendait même aux annales et aux archives; car c'est dans ces monuments surtout que se trouvaient consignés les faits et les exemples de vertu qui étaient la censure la plus amère et la plus flétrissante de la conduite de Hoang-ti. C'est du moins un des conseils de Li-ssé qui provoquèrent le fameux édit; car voici ses propres paroles, telles que les a rapportées le P. Amiot lui-même: « A l'exception des livres qui traitent de médecine et d'agriculture, de ceux qui expliquent les *koua* ou lignes de Fou-hi, et des mémoires historiques de votre glorieuse dynastie, depuis qu'elle a commencé à régner dans les *états* de *Thsin*, ordonnez, seigneur, qu'on brûle généralement tout ce fatras d'écrits pernicieux ou inutiles dont nous sommes inondés; ceux surtout où les mœurs, les actions et les coutumes des anciens sont exposées en détail. N'ayant plus sous les yeux ces livres de morale et d'histoire qui leur représentent avec emphase les hommes des siècles passés, ils ne seront plus tentés d'être leurs imitateurs serviles; ils ne nous feront plus un crime de ne pas suivre leur exemple en tout: ils ne feront plus cette comparaison, odieuse pour nous dans leur bouche, du gouvernement de votre majesté avec celui des premiers empereurs de la monarchie. »

Quelques lignes plus bas le même ministre ajoute: « Commencez par ceux de vos mandarins qui président à l'histoire; ordonnez-leur de réduire en cendres tous ces monuments inutiles dont ils conservent si précieusement le dépôt. Donnez un ordre pareil aux magistrats dépositaires des lois; celles qui sont émanées de votre autorité suprême, auxquelles on peut joindre toutes les ordonnances particulières que vous avez faites, suffiront de reste pour leur instruction. »

Enfin Li-ssé nous fait clairement connaître quels étaient les ouvrages destinés au feu, quand il dit en se résumant: « Le *Chou-king* et les autres livres dans lesquels on cherchait ci-devant les règles de conduite, devenus désormais inutiles, doivent être oubliés pour toujours; *qu'ils deviennent la proie des flammes* (2)! »

Sans abuser, comme plusieurs l'ont fait, de la portée de cette espèce de réquisitoire, et de l'incendie des livres qui en fut la réalisation, nous ferons observer de nouveau que dans cet arrêt de proscription il n'est nullement question des ouvrages scientifiques; par conséquent, tous les livres et autres monuments qui avaient trait à l'astronomie furent épargnés. Il était même de la bonne politique de circonscrire cet acte de tyrannie dans les limites les plus étroites, et de le compenser, en quelque sorte, en donnant une nouvelle impulsion aux sciences et aux arts, et en favorisant leur étude et leurs progrès. On peut croire que Chi-hoang-ti n'y manqua pas. Cette supposition d'ailleurs paraît d'autant mieux fondée, qu'il s'occupa immédiatement de faire construire de nouveaux édifices pour embellir sa capitale; dans ce dessein, il renouvela toute la surface du terrain sur lequel elle était bâtie; il multiplia les demeures royales tant en dedans qu'en dehors de l'enceinte de la ville, avec une magnificence que l'imagination peut à peine se représenter. En un mot, les travaux qu'il fit faire à cette occasion paraissent fabuleux, quand on en lit les détails dans les écrivains chinois.

Ainsi l'incendie des livres ne fit pas perdre aux Chinois les connaissances astronomiques qu'ils pouvaient posséder à cette époque, et il n'empêcha pas non plus les progrès de la science, si cette science existait réellement au sein de la nation. D'où il résulte que si depuis Chi-hoang-ti ils ont été de si faibles astronomes, il y a tout lieu de croire qu'ils l'étaient auparavant.

Tout le monde convient des connaissances profondes du P. Gaubil, tant dans l'astronomie que dans la langue et l'histoire des Chinois. Laplace, en particulier, rend de lui ce témoignage flatteur: « Le jésuite Gaubil est, de tous les missionnaires, celui qui a le mieux connu l'astronomie chinoise (3). » Le P. Amiot lui-même, quoique s'écartant parfois des opinions de son confrère, rend en toutes circonstances honneur et hommage à son vaste savoir en astronomie. Or le P. Gaubil ne nous donne pas une idée fort avantageuse de la science astronomique du peuple du céleste Empire; voici ce qu'il dit dans un endroit: « Il est certain que sous les Han (4) on ne connaissait pas le mouvement propre des fixes, et quoiqu'ils pussent aisément voir que le solstice de leur temps répondait à d'autres étoiles qu'au temps d'Yao, ils n'étaient nullement au fait sur le nombre d'années qu'il faut pour que les fixes avancent d'un degré. Plusieurs de ces auteurs (les auteurs des Han) croyaient que les saisons répondaient constamment aux mêmes étoiles, ou du moins pendant bien des siècles; d'autres commencèrent à douter si après huit cents ans elles avançaient d'un degré, et tous étaient parfaitement ignorants là-dessus, comme l'assurent unanimement les astronomes des dynasties suivantes (5). » Le même Père dit dans un autre passage:

(1) Fourmont (l'aîné), *Réflexions critiques sur les histoires des anciens peuples*, tom. II.

(2) *Mém. concernant les Chinois*, tom. III; l'*Univers*, CHINE, par M. Pauthier, p. 225.

(3) Laplace, *Exposition du système du monde*, p. 449.

(4) La dynatie des Han a commencé vers l'an 209 avant J.-C.

(5) *Observations sur le Chou-king*, p. 367.

« Ce n'est que sous les Yuen que les Chinois ont eu des connaissances assez justes sur le mouvement des fixes ; auparavant ils le connaissaient très-mal, et il paraît qu'ils les croient tantôt stationnaires, tantôt directs, tantôt rétrogrades, etc. (1). »

D'après ces faits, dont la vérité et l'exactitude nous sont suffisamment garanties par le seul témoignage du P. Gaubil, on a droit de conclure que les anciens Chinois étaient bien peu avancés dans l'astronomie, puisqu'ils ignoraient le mouvement des étoiles fixes. Mais il est une autre conclusion non moins légitime et qui découle inévitablement de ces prémisses, c'est que si le mouvement des fixes n'a été assez bien connu que sous la dynastie des Yuen ou Yoan, laquelle n'a commencé qu'en 1281, ou, suivant d'autres, qu'en 1260 de l'ère chrétienne, les Chinois n'ont pas puisé cette connaissance dans les travaux et les documents astronomiques de leurs ancêtres, puisqu'ils ne la possédaient pas. Cette connaissance n'a donc pu leur venir que beaucoup plus tard ; qu'ils l'aient acquise par leurs propres découvertes, ce que l'histoire rend peu croyable, ou par des communications de la part des peuples étrangers, c'est chose peu importante pour la question principale qui nous occupe, et qui ne consiste pas à savoir par quelle voie les Chinois des temps relativement modernes ont acquis des notions plus ou moins scientifiques en astronomie, mais à constater qu'à son origine le peuple du céleste Empire ne possédait pas dans cette science des connaissances qui supposent une civilisation fort avancée et par conséquent une existence antérieure aux dates chronologiques de la Genèse.

Ainsi les connaissances et les monuments astronomiques des anciens Chinois, pas plus que ceux des Indiens, des Egyptiens et des Chaldéens, ne remontent à des époques assez reculées dans l'antiquité, pour donner un démenti fondé au récit de Moïse touchant l'âge de notre globe (2).

CHOC EN RETOUR. *Voy.* TONNERRE.

CHOC, résistance au choc. *Voy.* TÉNACITÉ.

CHRONOLOGIE. *Voy.* TEMPS.

CHRONOMÈTRE (χρόνος, temps, μέτρον, mesure). — Les chronomètres sont aussi appelés *montres marines*, *garde-temps*, etc. Semblables aux montres ordinaires, ils sont seulement travaillés avec un soin extrême et sont munis de compensateurs, de manière à ce qu'ils conservent dans leur marche la plus grande régularité possible, malgré les variations de la température et les secousses inévitables dans un voyage de long cours. On règle la montre au moment du départ, et on la met exactement à l'heure du méridien auquel on veut rapporter sa longitude. Le chronomètre, par suite de la parfaite régularité de sa marche connue, *garde* constamment cette heure. On peut donc avoir de cette manière, en tout temps, la différence des heures, et partant la longitude, puisqu'on peut toujours, en prenant l'heure du lieu où l'on est, la comparer à celle du premier méridien donnée par le chronomètre.

On voit que ce dernier moyen de résoudre le problème important des longitudes est si simple et si facile qu'il serait inutile de recourir jamais à aucun autre, si l'on pouvait toujours compter rigoureusement sur les données du chronomètre. Il n'en est malheureusement pas toujours ainsi.

Cependant les progrès de l'industrie moderne ont apporté à la fabrication de ces instruments une perfection qu'on n'aurait pas d'abord osé espérer. On en prendra une idée par le fragment suivant, extrait des *Eléments de philosophie naturelle* : « Qu'il soit permis à l'auteur de ce livre de faire part au lecteur du plaisir et de la surprise qu'il éprouva après une longue traversée de l'Amérique du Sud en Asie. Son chronomètre de poche et ceux qui étaient à bord du navire annoncèrent un matin qu'une langue de terre indiquée sur la carte devait se trouver à cinquante milles à l'est du navire. Qu'on juge du bonheur de l'équipage lorsque, une heure après, le brouillard du matin ayant disparu, la vigie donna le cri joyeux de : *Terre ! terre ! en avant ! à nous !* confirmant ainsi la prédiction des chronomètres à un mille près, après une distance aussi énorme. Il est permis sans doute, dans un tel moment, de rester pénétré d'une profonde admiration pour le génie de l'homme. Que l'on compare les dangers de l'ancienne navigation avec la marche assurée de nos marins, et qu'on nie, s'il est possible, les immenses avantages de l'industrie moderne ! Si la marche du petit instrument avait été le moins du monde altérée pendant cet espace de quelques mois, sa prédiction eût été plus nuisible qu'utile ; mais la nuit comme le jour, pendant le calme comme pendant la tempête, à la chaleur comme au froid, ses pulsations se succédaient avec une uniformité imperturbable, tenant, pour ainsi dire, un compte exact des mouvements du ciel et de la terre ; et, au milieu des vagues de l'Océan, qui ne retiennent point de traces, il marquait toujours la situation exacte du navire dont le salut lui était confié, la distance qu'il avait parcourue et celle qu'il devait parcourir. »

CHUTES DE POUSSIÈRE. — Parmi les phénomènes où l'atmosphère intervient, du moins comme cause mécanique, nous signalerons les chutes ou pluies de poussière. M. Clarke rapporte que le vaisseau sur lequel il se trouvait, étant à 45 milles de Fuego, l'une des îles volcaniques de l'archipel du Cap Vert, il tomba sur le pont une poussière rouge-brun ou espèce de pumice triturée, semblable aux cendres du Vésuve et bien distincte des sables de l'Afrique. Les circonstances atmosphériques qui accompa-

(1) *Observations*, etc.

(2) Cf. M. l'abbé Glaire, *Les livres saints vengés*, tom. I ; *Mémoires concernant les Chinois*, tom. XIII.

guèrent le phénomène lui font penser que ces cendres provenaient de l'une des îles du Cap-Vert. L'auteur mentionne en outre un grand nombre d'autres pluies semblables qui sont tombées à des distances considérables du volcan d'où l'on suppose qu'elles sortaient.

Le 12 janvier 1839, on a recueilli à bord du navire le *Baobab*, qui se trouvait à 40 lieues dans l'E.-N.-E. d'Achem (île de Sumatra), une poussière grise très-fine, cinériforme, composée de grains transparents, de grains noirs et d'autres plus petits et brillants. Un fait du même genre a eu lieu sur un autre bâtiment dans la baie de Galane, au Sénégal. A bord du vaisseau *le Niantic*, naviguant le 5 avril 1840, à 60 milles à l'ouest de Mindanao, l'une des Philippines, il tomba, à 2 heures du matin, par une brise du N.-E., une pluie de cendre qui recouvrit le pont d'une couche de 6 à 7 millimètres d'épaisseur. Cette pluie, pendant deux autres jours, se renouvela à plusieurs reprises. Le 5 avril un vaisseau anglais avait reçu la même pluie, se trouvant à 300 milles au N.-O. du *Niantic*.

Les chutes de poussière ont été également observées sur la terre ferme : ainsi M. Dufrénoy a fait connaître les résultats qu'il avait obtenus de l'*Examen chimique et microscopique d'une poudre recueillie à Amphissa en Grèce, à la suite d'une pluie douce*. Cette pluie s'était étendue sur presque tout le Péloponèse, dans la nuit du 24 au 25 mars 1842. Elle tenait en suspension une matière terreuse, rougeâtre et très-fine. Les toits des maisons et les feuilles des arbres étaient recouverts d'une couche mince de ce limon. Sous le microscope, le savant géologue que nous venons de citer y reconnut des cristaux anguleux et fragmentaires de quartz, de feldspath, des grains rougeâtres analogues au grenat, des lamelles de mica, des grains noirs brillants de fer titané, des grains de tourmaline, de carbonate de chaux, enfin tous les éléments qui composent les roches anciennes et les roches calcaires du sol de la Grèce. M. Dufrénoy avait déjà été conduit à un résultat semblable par l'analyse d'une pluie argileuse tombée pendant un temps d'orage au Vernet, dans la vallée du Tet (Pyrénées-Orientales). En Grèce, on peut penser que la poussière, aspirée par une sorte de trombe, ou soulevée par les gaz qui s'échappent quelquefois du sol en assez grande quantité lors des tremblements de terre, se sera distribuée d'une manière uniforme dans un nuage qui l'aura retenue en suspension plus ou moins longtemps.

D'après M. de Gallois, un fait semblable s'est produit en 1813 à Idria. Il tomba une neige colorée en rouge, et l'on reconnut que la matière colorante était une poussière composée de grains noirs, de paillettes de mica, de calcaire, de peroxyde de fer, de titane, etc. Enfin, des diverses circonstances dans lesquelles ces chutes de poussière limoneuse se produisent, M. Dufrénoy conclut que la plupart des pluies chargées de matières terreuses ont pour origine les causes sans cesse agissantes à la surface de la terre ; que ce phénomène, quoique local, est susceptible d'un certain développement, et que les matières pulvérulentes soulevées dans l'atmosphère peuvent rester suspendues dans les nuages pendant un temps assez long.

Dans certains cas, la poussière seule peut constituer des nuages considérables : ainsi M. Elie de Beaumont rapporte que le 25 août 1842 on vit, à Heidelberg, un vaste nuage de poussière qui tomba par un vent très-violent et qui couvrit de sable une surface de plus de 500 kilomètres carrés.

Les journaux d'Edimbourg avaient signalé une chute de poussière volcanique dans l'une des Orcades, au mois de septembre 1845 ; et M. Descloiseaux, qui a été témoin de ce fait, a donné les renseignements suivants, qui montrent sur quelle grande surface il s'est manifesté. L'éruption de l'Hékla, après un repos de 53 ans, commença le 2 septembre 1845 à 9 heures du matin, et les cendres, par suite de la direction du vent, ont été poussées et transportées vers le S.-E. Les deux îles méridionales du groupe des Féroë, Laudoë et Lüderoë, ont reçu, dans la matinée du 3 septembre, par un vent assez frais du N.-O., une pluie de cendre de couleur brune, fine et à odeur sulfureuse, tandis que les autres îles n'en ont point présenté de traces. Des cendres tombèrent aussi sur un bâtiment qui, le même jour, par un vent de N.-O., allait de Liverpool en Irlande. Un autre vaisseau, naviguant de Hall en Irlande et se trouvant près de Fairhall, reçut également des cendres le 3, de même qu'un navire qui retournait d'Irlande à Copenhague et se trouvait près des Orcades.

M. Descloiseaux a vu, le 3 septembre au matin, des cendres sur un des bâtiments de la station mouillée dans la rade de Lerwick (Shetland). Plusieurs habitants de ces îles remarquèrent, dans la matinée du même jour, un dépôt rougeâtre à la surface de la mer, et des lettres arrivées des Orcades le 5 ou le 6 annonçaient qu'on y avait recueilli, dans les jardins, sur les plantes potagères et sur les vitres des serres, une quantité notable de cendre très-foncée. Enfin quelques bateaux pêcheurs, qui se trouvaient à la mer à cette époque, en avaient aussi reçu une grande quantité. Ainsi la cendre rejetée de l'éruption dans l'Hékla, dans la matinée du 2 septembre, aurait mis environ 24 heures dans son trajet jusqu'aux côtes nord de l'Irlande, distantes d'environ 300 lieues en ligne droite. Plus récemment des cendres volcaniques, tombées sur l'une des îles Shetland, au mois de février 1847, paraissent se rattacher à une éruption qui aurait eu lieu en Islande vers cette époque, d'après les renseignements qu'ont donnés quelques journaux.

M. W. B. Clarke a publié un *Mémoire sur les dépôts atmosphériques de poussière et de cendre*, travail qui est le résumé historique des faits connus relatifs à ce genre de phénomène, et qui, avec le suivant, présente un tableau complet de tous les documents acquis à la science.

Jusqu'à présent, les chutes de cendre, de sable ou de poussière, soit seules, soit retombant avec la pluie ou la neige, ne nous avaient fait connaître que les éléments inorganiques des roches volcaniques, cristallines ou sédimentaires, transportés par des courants aériens ; mais les découvertes récentes ont étendu au règne organique lui-même ce mode de transport des particules de la matière.

Dans son *Rapport sur la poussière qui tombe à bord des vaisseaux dans l'Océan atlantique*, M. Charles Darwin a fait remarquer que c'est dans les parages du Cap-Vert que cette circonstance a été le plus fréquemment observée, depuis 2° 56' lat. N. jusqu'à 28° 45', et à des distances de 450 à 850 milles de cet archipel ; ainsi elle a été constatée sur une étendue de 1600 milles en latitude. La poussière, qui trouble souvent les eaux de la mer, a été recueillie sur des vaisseaux à 300 et 600 milles de la côte d'Afrique En 1840, le navire *la Princesse Louise* se trouvant à 1,030 milles de l'ouest du Cap-Vert, le point le plus rapproché du continent fut couvert de poussière. Quinze autres chutes du même genre sont signalées par M. Darwin, et toujours avec des vents soufflant entre le N.-E. et le S.-E. On a remarqué que le nuage était d'autant plus épais qu'on se trouvait plus près de la côte d'Afrique.

M. Ehrenberg a reconnu que celles de ces poussières qu'il a examinées étaient composées en grande partie d'infusoires comprenant environ 67 formes, dont 32 de polygastriques à carapaces siliceuses, 34 de *phytolitharia* ou tissus siliceux de plantes et 1 polythalame ; une seule espèce s'est trouvée nouvelle, 2 étaient marines, et toutes les autres provenaient des eaux douces. Toutes aussi étaient desséchées et ne présentaient aucune partie molle. La plupart de ces formes sont très-répandues sur les divers points du globe ; 4 sont communes à la Sénégambie et au sud de l'Amérique ; 2 sont particulières à ce dernier continent. Les autres sont d'ailleurs différentes de celles que M. Ehrenberg connaissait comme caractéristiques du Sahra et des régions de la Sénégambie, mais on ne peut douter que ces nuages de poussières organisées ne viennent du continent africain.

Une poussière qui tomba à Gênes, le 16 mai 1846, fut soumise à M. Ehrenberg qui y détermina 22 formes de polygastriques et 21 de *phytolitharia* avec du pollen de plantes et des spores de *Puccinium*.

Les variétés de poussière qui, depuis 1830, sont tombées dans l'Atlantique jusqu'à 800 milles en mer à l'ouest de la côte d'Afrique, sur les îles du Cap-Vert et même à Malte et à Gênes, se ressemblent par les caractères suivants : 1° toutes sont jaunes d'ocre et jamais grises comme la poussière de la Khamsun dans le nord de l'Afrique ; 2° la couleur est produite par l'oxyde de fer ; 3° $\frac{1}{4}$ à $\frac{1}{3}$ de la masse consiste en parties organiques reconnaissables ; 4° ce sont des polygastriques siliceux et des *phytolitharia*, puis des portions de plantes charbonnées et de polythalames calcaires ; 5° le plus grand nombre de 90 espèces déjà reconnues se trouve également dans les plus éloignées des localités que nous venons de citer ; 6° les formes les plus nombreuses sont partout des productions terrestres ou d'eau douce, et l'on n'y a rencontré que quelques espèces marines ; 7° elles ne se sont présentées desséchées dans aucun cas, et les espèces vivantes, à l'exception du pollen et des spores, n'ont point offert de traces de fusion, de calcination ou de carbonisation ; 8° la poussière de Gênes, quoique apportée par le *sirocco*, ne renfermait pas plus que les autres de formes caractéristiques africaines, lesquelles ont été reconnues dans tous les échantillons de boue recueillis en Afrique ; l'une de ces formes, au contraire, le *synedra entomon*, est certainement une espèce caractéristique de l'Amérique du Sud. On doit remarquer, en outre, que les observations faites jusqu'à présent, en Europe, et qui sont en petit nombre à la vérité, ont toujours eu lieu le 15 ou le 16 du mois de mai ; aussi M. Ehrenberg se demande-t-il s'il n'y aurait pas dans la région des vents alizés qui sont particulièrement à cette époque dirigés vers l'Europe, un courant d'air qui, unissant l'Amérique et l'Afrique, transporterait cette poussière avec lui. On voit qu'il y a dans ces conclusions une certaine contradiction avec celles que le même savant avait émises l'année précédente.

Chute des corps dans l'air.—Le phénomène de la chute des corps n'est pas à beaucoup près aussi simple dans l'air que dans le vide. On voit d'abord que dans l'air, les corps qui, à égalité de poids, présentent plus de surface, tombent plus lentement ; ainsi une feuille d'or tombe plus lentement qu'une boule d'or de même poids ; cela se conçoit sans peine, puisque la feuille est obligée de déplacer une bien plus grande quantité d'air. Mais ce qui est plus difficile à concevoir, c'est que des corps qui présentent la même surface ne tombent pas également vite. Par exemple, dans ses expériences faites à Saint-Paul de Londres, Newton a vu qu'une sphère de carton de 5 pouces de diamètre, mettait 5" pour tomber de 240 p. ; une autre de même diamètre, mais plus légère, en mettait 19, et certainement la différence eût été encore plus grande avec une bulle de savon. Pour ramener ce phénomène à un principe connu, considérons une balle de liége et une balle de plomb de même diamètre pesant, l'une 2 grammes, et l'autre 100. Supposons qu'elles aient une même vitesse de 10 m : les quantités de mouvement seront 20 et 1000. Maintenant l'air déplacé pendant un instant très-court recevra des deux balles une même quantité de mouvement, qui sera autant de moins pour chacune ; représentons cette quantité par 2, les restes seront 18 et 998. Si on les divise par les poids, on aura pour les vitesses restantes 9 m seulement pour le liége et 9 m 98 pour le plomb ; de sorte qu'en déplaçant de la même manière la même quantité d'air, l'un perd 1 m de vitesse et l'autre 2 cent. seulement. Cela se conçoit en observant que dans le plomb la perte de vitesse occasionnée par le mouvement donné à l'air se trouve partagée entre un plus grand nombre de molécules, et qu'elle doit dès lors être moindre pour chacune.

On sait que dans le vide, la vitesse d'un corps qui tombe va toujours en croissant ; il n'en est pas de même dans l'air ; la vitesse atteint une certaine limite, et le mouvement devient uniforme. Ce phénomène est mis en évidence dans le tableau suivant, que Mariotte a construit d'après les expériences qu'il avait faites à l'Observatoire de Paris.

Espaces parcourus dans l'air par une balle.

	De cire de 6 lig.	De plomb de 6 lig.
Pendant la 1re seconde	12	14
2e	30	40
3e	39	63
4e	39	83
5e	etc.	100
6e		114
7e		125
8e		133
9e		138
10e		140

Les derniers nombres n'ont été trouvés que par le calcul ; mais comme ce calcul est fondé sur une certaine loi qui règne dans les premiers, on peut regarder les résultats comme très-près de la vérité. Ainsi on voit qu'une balle de cire de 6 lignes de diamètre a, dès la 3e seconde, toute la vertu qu'elle peut acquérir ; une balle de plomb de même diamètre met plus de temps à acquérir sa *vitesse-limite ;* mais l'existence de cette vitesse-limite n'en est pas moins certaine ; au bout de 10", le mouvement peut être considéré comme uniforme. L'uniformité du mouvement est d'ailleurs bien évidente dans les corps légers comme les bulles de savon, le duvet, etc., pourvu qu'ils tombent dans un air tranquille, et le phénomène se conçoit parfaitement, car la résistance croissant continuellement avec la vitesse, il doit arriver une époque où cette force devient égale au poids du corps ; dès lors, c'est comme s'il n'y avait plus d'attraction, et la chute ne se fait plus qu'en vertu de la vitesse acquise.

Le tableau montre que, toutes choses égales, la vitesse-limite est plus grande pour les corps qui ont plus de masse, ce qui est d'accord avec ce que nous venons de dire, puisque la vitesse doit être plus grande pour que la résistance devienne égale à un poids plus grand. Mariotte conclut de ses expériences qu'un boulet de 24 ne pourrait jamais acquérir en tombant une vitesse égale à celle que lui donne le canon.

L'expérience prouve qu'un pendule fait des oscillations plus lentes dans l'air que dans le vide ; d'abord on voit qu'à cause de la poussée verticale du fluide, les choses se passent comme si l'attraction de la terre était moindre. Dernièrement encore on calculait la valeur de cette poussée au moyen du principe d'Archimède ; mais c'était une erreur, puisque ce principe suppose l'état de repos. D'après les expériences de M. Bessel et les calculs de M. Poisson, il faut, pour avoir le temps exact de l'oscillation dans le vide, en supposant le pendule formé d'une petite sphère, retrancher du temps trouvé dans l'air une fraction de ce même temps égale à $\frac{3d}{4D}$, d étant la densité de l'air, et D celle de la matière du pendule.

D'après les recherches de M. Poisson, la résistance de l'air pour de petites vitesses comme celle du pendule est simplement proportionnelle à cette vitesse. Dans les cas de projectiles de l'artillerie, on admet, mais seulement par approximation, que la résistance est proportionnelle au carré de la vitesse, c'est-à-dire qu'elle devient quadruple dès que la vitesse est seulement double. Cela peut se concevoir en observant qu'un boulet, par exemple, quand il va deux fois plus vite, rencontre dans le même temps deux fois plus d'air, ce qui double déjà sa perte, et qu'en outre il donne à cette masse d'air une vitesse double, puisqu'il donne la vitesse qu'il a. Cependant cette manière de raisonner, toute plausible qu'elle paraisse, n'est pas exacte, puisqu'elle s'appliquerait aussi bien aux petites vitesses qu'aux grandes.

La trajectoire des projectiles dans l'air n'est plus une parabole comme dans le vide ; c'est une courbe non symétrique, dont la branche descendante tend de plus en plus à se confondre avec la verticale.

La résistance de l'air est fort utile pour affaiblir le choc des corps qui tombent de très-haut, comme la pluie, la grêle, etc. La glace ayant à peu près la même densité que la cire, on voit qu'un grêlon, même de 6 lignes de diamètre, ne peut jamais avoir une vitesse de 40 pieds par seconde ; quant aux liquides, outre qu'elle les retarde, la résistance de l'air les divise ; aussi une masse d'eau qu'on jette par la fenêtre n'arrive souvent qu'en gouttelettes sur le sol, quand la hauteur est un peu grande. On se fait une idée de ce que ferait le choc de cette masse dans le vide, au moyen d'un appareil qu'on appelle le *marteau d'eau*. C'est un gros tube de verre renflé par une extrémité ; il contient de l'eau jusqu'à une certaine hauteur, le reste est vide d'air. Quand on secoue le tube, l'eau se détache, et comme elle retombe sans se diviser, elle produit un choc comparable à celui d'un marteau ; la boule en vibrant rend le son plus intense. La résistance de l'air est employée pour rendre uniformes certains mouvements, par exemple, ceux de la roue qui fait sonner les heures dans une horloge ; on se sert pour cela d'un *volant* armé de palettes. Dans les *boîtes à musique*, les palettes du volant s'allongent à volonté pour accélérer ou ralentir la mesure.

CHUTE dans les liquides. *Voy.* HYDRODYNAMIQUE.

CIEL (du latin *cœlum*, qui vient du grec κοῖλον, creux, voûte concave). — Le ciel présente l'aspect d'une voûte bleuâtre ou azurée, dont la limite avec la terre est formée par une ligne invariable de forme circulaire que l'on appelle *horizon;* le rayon horizontal de cette voûte paraît plus grand que le rayon vertical dans un rapport qui a été apprécié être de 3 à 1. Cela tient à la couleur bleue de cette vaste concavité, qui, foncée dans la région supérieure, diminue d'intensité à mesure qu'elle se rapproche de l'horizon. En se transportant sur des points élevés de la terre, l'espace paraîtrait noir, car sa couleur bleue est seulement due à la réflexion d'une partie des rayons lumineux qui traversent l'atmosphère.

CIRRUS. *Voy.* NUAGES.

CLARTÉ des objets dans la lunette astronomique. *Voy.* LUNETTE ASTRONOMIQUE.

CLASSIFICATION des diverses substances par rapport aux aimants. *Voy.* ELECTRICITÉ DÉVELOPPÉE par un mouvement de rotation.

CLIMATS. *Voy.* SAISONS et TEMPÉRATURE.

CLIVAGE. *Voy.* CORPS (structure des).

CLOCHE DE PLONGEUR. — La cloche de plongeur se réduisait autrefois à un vase qu'on enfonçait dans l'eau, l'ouverture en bas; l'air y était refoulé dans un espace de plus en plus petit à mesure qu'on descendait plus profondément, et, en outre, les ouvriers placés dans cet air l'avaient bientôt altéré. Maintenant on adapte à la partie supérieure de la cloche le tuyau d'une pompe foulante, disposée comme la pompe à incendie, mais qui pousse de l'air au lieu de pousser de l'eau. De cette manière on force le niveau dans la cloche à s'abaisser jusqu'au bord sous lequel l'air excédant s'échappe, car on entretient ainsi un courant, afin qu'il y ait toujours de l'air pur.

CLOCHES.—Est-il utile de sonner les cloches, de tirer le canon, quand il tonne? *Voy.* PARATONNERRE.

COHÉSION.—On appelle ainsi la force qui unit les molécules hétérogènes d'un corps, de manière à former une même masse. C'est l'attraction appliquée à des distances très-rapprochées. On serait peut-être plus dans le vrai, en disant que la cohésion est l'effet d'une cause universelle, dont la nature nous échappe complétement. Newton s'exprime ainsi sur la cohésion : « Les parties de tous les corps durs, homogènes, qui se touchent pleinement, tiennent fortement ensemble. Pour expliquer la cause de cette cohésion, quelques-uns ont inventé des atomes crochus ; mais c'est supposer ce qui est en question. D'autres nous disent que les particules des corps sont jointes ensemble par le repos, c'est-à-dire par une qualité occulte, ou plutôt par un pur néant ; et d'autres, qu'elles sont jointes ensemble par des mouvements conspirants, c'est-à-dire par un repos relatif entre eux. Pour moi, j'aime mieux conclure, de la cohésion des corps, que leurs particules s'attirent mutuellement par une force qui, dans le contact immédiat, est extrêmement puissante ; qui, à de petites distances, est encore sensible, mais qui, à de grandes distances, ne se fait plus apercevoir. »

COMBUSTIBLES, leur valeur relative. *Voy.* COMBUSTION.

COMBUSTION. — La combustion n'est le plus souvent que la combinaison des corps avec l'oxygène qui devient solide ou liquide. Il est vrai que ce phénomène est ordinairement accompagné de beaucoup d'autres qui le compliquent plus ou moins ; mais la combinaison de l'oxygène en est presque toujours (1) le principe. Ainsi c'est la liquéfaction et la solidification de cette substance qui fournissent la plus grande partie de la chaleur et de la lumière nécessaires à la vie domestique et aux arts. Quand on souffle sur un feu pour en augmenter l'activité, on ne fait qu'y porter une plus grande quantité d'oxygène ; c'est par ce moyen qu'on obtient les hautes températures des forges, des verreries, etc. Plus est grande l'affluence de l'oxygène, plus est rapide la combustion des gaz qui se dégagent du bois, de l'huile et des autres combustibles : alors la flamme est très-courte et très-brillante ; quand l'oxygène est moins abondant, ces gaz peuvent s'élever à une plus grande hauteur sans être brûlés, et la combustion s'opère sur une plus grande étendue, la flamme est plus longue. Par exemple, lorsqu'on bouche en partie la cheminée d'un quinquet, en présentant vers le haut un morceau de bois ou de papier, la flamme devient moins brillante, mais elle s'allonge jusqu'au sommet et il se produit beaucoup de fumée, parce que la colonne d'air affluent se trouvant en partie interceptée, la combustion est moins vive.

Lorsque la combustion a lieu entre des gaz, lorsqu'il se produit des gaz pendant la combustion, ceux-ci s'échauffent jusqu'à l'incandescence et constituent la *flamme*. Dans les flammes ordinaires l'incandescence se borne à la couche très-mince qui est en contact avec l'air ; à l'intérieur la température est si peu élevée que dans les lampes à alcool, qui donnent tant de chaleur, la mèche se carbonise à peine. Il est à noter qu'on ne peut pas juger de la température d'une flamme par la vivacité de la lumière ; la flamme d'un mélange d'oxygène et d'hydrogène, qui est la plus chaude que l'on connaisse, est à peine visible.

La température de la flamme est extrêmement élevée, mais sa chaleur est peu considérable à cause du peu de masse ; aussi le contact d'un corps froid lui fait-il aisément perdre son incandescence ; on sait qu'elle ne

(1) Nous disons : *presque toujours*, parce que ce phénomène peut quelquefois avoir lieu sans oxygène : ainsi l'antimoine, le bismuth et l'arsenic, réduits en poudre, brûlent dans le chlore pur.

peut pas traverser une toile métallique froide, à mailles un peu serrées; c'est là-dessus qu'est fondée la *lampe de sûreté* de Davy. Dans certaines mines de houille il se dégage du gaz hydrogène carboné qui, avec l'air, produit un mélange explosif, auquel on court risque de mettre le feu avec une lampe ordinaire. On évite le danger avec une lampe entourée d'une toile métallique; il peut bien y avoir inflammation du mélange dans l'enceinte formée par cette toile, mais la flamme qui résulte de cette explosion se trouve tellement refroidie, en traversant les mailles, qu'elle ne peut mettre le feu au gaz extérieur. Dans le chalumeau à gaz, le tube à l'extrémité duquel on allume le mélange contient une centaine de rondelles de toile métallique pour empêcher l'inflammation de se communiquer à l'intérieur.

C'est une question qui intéresse à la fois la physique et l'économie industrielle que de mesurer la chaleur produite par la combustion des diverses substances. On s'est occupé spécialement du cas où la combustion se fait par l'oxygène. Le procédé consiste en général à brûler un poids déterminé de la substance que l'on considère dans une enceinte disposée de telle sorte qu'on puisse recueillir et mesurer toute la chaleur dégagée. Lavoisier et Laplace se servaient du calorimètre de glace; Rumford, Despretz ont mesuré la chaleur par l'échauffement de l'eau; Marcus Bull par l'échauffement d'une enceinte de grande dimension. Nous donnerons ici le tableau des principaux résultats.

Table de la chaleur donnée et de l'oxygène absorbé par 1^k *des différents combustibles.*

Désignation des substances.	Unités de chaleur.	Oxygène absorbé.
Hydrogène pur.	23640	8^k,01
Cire blanche.	9479	3 ,1
Huile de colza épurée.	9307	»
Huile d'olive.	9044	3 ,0
Suif.	8369	3 ,1
Ether sulfurique $d = 0{,}728$.	8030	2 ,5
Carbone pur.	7914	2 ,616
Phosphore.	7500	1 ,5
Huile de naphte, $d = 0{,}827$.	7338	3 ,2
Charbon de bois.	7300	2 ,6
Hydrogène bicarboné.	6600	3 ,3
Coke.	6500	2 ,2
Charbon de tourbe.	6400	»
Alcool à 42°.	6195	2 ,4
Houille grasse moyenne.	6000	2 ,2
Alcool à 33°.	5261	»
Essence de térébenthine.	4500	3 ,2
Bois parfaitement sec.	3500	1 ,3
Tourbe de bonne qualité.	3000	»
Bois séché à l'air.	2600	1
Oxyde de carbone.	1800	0,57

On voit que la chaleur donnée augmente avec la quantité d'oxygène absorbé; mais la proportion n'est pas exacte. Il y a même des anomalies très-fortes pour le phosphore, l'huile de naphte, l'essence de térébenthine et le gaz de l'éclairage; le premier absorbe peu d'oxygène pour produire beaucoup de chaleur; les autres en absorbent beaucoup, sans donner une chaleur très-forte. Au reste, ce tableau présente plutôt des résultats économiques que scientifiques; on n'y tient compte que de la chaleur qui devient libre et point du tout de celle qui peut rester latente dans les liquides ou dans les gaz produits par la combustion. Plusieurs des évaluations sont certainement trop faibles, parce que dans le procédé de Rumford on perd une partie de la chaleur rayonnante. Les seuls résultats qu'on puisse regarder comme bien exacts sont ceux relatifs à l'hydrogène et au carbone pur; ils sont dus à M. Despretz.

Les différents expérimentateurs ont trouvé des différences considérables dans la chaleur produite par un même poids du même combustible; on attribue ces différences à des erreurs d'observation, et on admet que la chaleur dégagée est toujours la même, de quelque manière que la combustion se fasse. Mais cette question mériterait de nouvelles recherches.

Il est facile avec le tableau précédent de calculer la quantité d'eau que peut faire bouillir un poids donné de tel ou tel combustible. Si, par exemple, il n'y avait aucune perte, 1 k. de houille ferait bouillir 60 k. d'eau. Le même poids fondrait 80 k. de glace, ou volatiliserait 9^k, 3 d'eau prise à zéro. Mais ces résultats sont des limites qu'on ne peut atteindre avec les dispositions en usage. Tout au plus volatilise-t-on 6 k. d'eau avec 1 k. de houille; généralement même on n'en retire pas plus de 3600 unités de chaleur.

Il n'y a pas de grandes différences dans le pouvoir calorifique des différents bois mesurés au poids, mais il y en a de grandes quand on mesure au volume, comme on le verra dans le tableau suivant, calculé par M. Peclet; on y prend pour unité le *kilotherme* ou mille unités de chaleur.

	Un stère de bois d'une année de coupe donne :	Un hectolitre de son charbon donne :
Noyer	1,935,500 unités.	292,000 unités.
Chêne	1,711,500	255,000
Frêne	1,493,500	219,000
Hêtre	1,400,750	176,000
Charme	1,394,000	176,000
Orme	1,122,000	167,000
Bouleau	1,025,500	153,000
Pin	1,065,750	160,000
Châtaignier	1,009,000	146,000
Peupl. d'Italie	767,250	109,000
Un hectolitre de houille, moyenne qualité.		480,000
Un hectolitre de coke, moyenne qualité.		182,000

Ce tableau ne suffit pas pour décider immédiatement des avantages économiques de tel ou tel combustible; les valeurs relatives sont déterminées par les prix de revient au lieu où l'on se trouve. Ainsi à Paris, le prix de l'hectolitre de houille varie entre 4 et 5 fr.; ainsi pour 5 fr. au plus, on a environ 500,000 unités de chaleur. Un stère de bois de chêne coûte environ 20 fr. tout placé, et fournit 1,721,500 unités; ce qui revient à 430,400 unités pour 5 fr. Le chauffage à la houille est donc plus économique.

D'après les expériences de M. Peclet, la chaleur rayonnante que le charbon donne pendant sa combustion est environ le tiers de la chaleur totale; pour la houille et le coke la proportion est plus forte, mais pour le bois elle n'est guère que le quart, et elle ne s'élève pas même au sixième dans les appareils d'éclairage, ce qui montre encore que la flamme rayonne beaucoup moins que les *corps solides*.

Dans le chauffage par les cheminées ordinaires on n'utilise réellement que la chaleur rayonnante, dont il n'y a guère que le quart qui soit dirigé vers l'appartement; de sorte que quand on brûle du bois, on perd les 15 *seizièmes* de la chaleur produite. L'effet utile peut aller au huitième dans les cheminées bien construites, où le foyer est peu profond, les parois convenablement inclinées et douées d'un grand pouvoir réfléchissant. Le cuivre poli, sous ce rapport, est préférable à la faïence. Du reste les rayons directs ou réfléchis n'échauffent pas l'air immédiatement, ils vont tomber sur les murailles ou les meubles, contre lesquels l'air vient ensuite s'échauffer. Aussi obtient-on bien plus vite une douce température avec les cheminées poêles et les poêles proprement dits. En outre, la dépense est beaucoup moindre.

Comme application, calculons la quantité de bois nécessaire pour maintenir une chambre à 20°, la température extérieure étant à 0°. La perte par les murs peut être négligée, mais il faut tenir compte du refroidissement par les vitres. Pour une différence de 1° on admet une perte de 1133 unités de chaleur par mètre carré et par heure; ici, d'après la loi de Newton, nous aurons 227 unités ou 1362, s'il y a 6 mètres carrés de surface de vitres. Supposons qu'il y ait 20 personnes dans la chambre, il faut, terme moyen, à chacune un mètre cube d'air par heure; la ventilation demandera donc 140^{m} pesant 182 k.; il faut par conséquent 900 unités de chaleur pour porter cet air pris au dehors de 0 à 20°. Ainsi la quantité totale de chaleur à fournir sera de 2272 unités par heure : $\frac{1}{608}$ de stère de bois de hêtre suffirait, s'il n'y avait pas de perte; mais comme l'effet utile dans une cheminée ordinaire n'est que $\frac{1}{16}$ de l'effet total, on devra brûler par heure $\frac{1}{38}$ de stère, ce qui fait un poids de 10 k. 5; dans une cheminée à la Desarnod, le tiers suffirait, et avec un poêle il ne faudrait que 1 k. 68.

COMÈTES. — Ce mot vient du grec κόμη *chevelure*, et signifie *étoile chevelue*. On distingue dans une comète le point central ou *noyau* plus ou moins lumineux, la *chevelure* ou nébulosité qui entoure le *noyau*, la *queue*, traînée lumineuse dont la plupart des comètes sont accompagnées; la chevelure et le noyau réunis se nomment *tête de la comète*.

La *queue* ou nébulosité qui accompagne les comètes n'est point regardée par les astronomes comme un caractère essentiel. Ils mettent au rang des comètes *tout astre animé d'un mouvement propre et parcourant une ellipse d'une excentricité telle, qu'il cesse d'être visible pendant une partie de sa révolution.*

Longtemps on a pensé que les comètes ne suivaient point une marche régulière, qu'elles n'étaient point assujetties aux lois qui régissent les autres astres, et qu'elles erraient de système en système, à travers l'immensité de l'espace Mais depuis les découvertes de Képler, on a cherché si ces astres se soustraient à ces lois, et l'on a essayé de déterminer leurs *orbites*. Il suffisait pour cela, d'après les théories admises, de connaître trois positions de ces astres :

1° La longitude du nœud et l'inclinaison :
2° La longitude du périhélie;
3° La distance-périhélie.

Il fallait ajouter à ces données le *sens du mouvement*, car les comètes sont tantôt *directes*, tantôt *rétrogrades*, et font seules exception à ce fait remarquable, que *tous les globes se meuvent d'occident en orient.* On a reconnu par ce moyen que ces corps se meuvent dans des ellipses d'une très-grande excentricité, dont le soleil occupe un des foyers. Au reste, il est fort difficile d'assigner, pour beaucoup d'entre elles, l'époque de leur retour. Il est même assez probable que quelques-unes décrivent des paraboles, c'est-à-dire des courbes ouvertes dont le soleil occupe le foyer, et conséquemment qu'elles ne reviennent jamais.

Quoique très-avancés déjà dans la connaissance des mouvements des comètes, nous sommes encore dans une ignorance totale sur leur constitution physique. Nous allons faire connaître l'état de la science sur la *chevelure*, le *noyau* et la *queue* de ces astres extraordinaires.

Parmi les comètes qui ont été observées jusqu'ici, un grand nombre n'ont pas de queue, et plusieurs ne présentent point de noyau apparent; mais toutes se montrent enveloppées de cette nébulosité singulière à laquelle on a donné le nom de *chevelure*.

La matière qui compose cette nébulosité est si rare, si diaphane, qu'elle laisse passer les lumières les plus faibles, et qu'on aperçoit au travers les étoiles les plus petites.

Dans les comètes qui ont un noyau, les parties de la chevelure qui avoisinent ce noyau sont ordinairement rares, diaphanes et peu lumineuses. Mais, à une certaine distance du noyau, la nébulosité s'éclaire subitement, de manière à former comme un anneau lumineux autour de la comète. On a vu quelquefois deux et jusqu'à trois de ces anneaux concentriques, séparés par des intervalles obscurs. On comprend du reste que ce qui paraît être un anneau circulaire en projection, doit être, en réalité, une enveloppe sphérique.

Lorsque la comète a une queue, l'anneau a la forme d'un demi-cercle dont la convexité est tournée du côté du soleil, et des extrémités duquel partent les rayons les plus écartés de la queue.

L'anneau de la comète de 1811 avait 10,000 lieues d'épaisseur, il était éloigné du noyau de 12,000 lieues. Les comètes de 1807 et de 1799 avaient aussi des anneaux de 12,000 et de 8,000 lieues d'épaisseur.

Nous avons dit qu'il existe des comètes sans noyau apparent; ce ne sont sans aucun doute que des globes de matières gazeuzes; mais il en est beaucoup qui présentent des noyaux assez semblables aux planètes par la forme et l'éclat. Ces noyaux sont ordinairement très-petits; quelquefois cependant ils ont de grandes dimensions, et on en a mesuré qui avaient depuis 11 jusqu'à 1089 lieues de diamètre.

Quelques astronomes ont cherché à prouver, en s'appuyant sur différentes observations, que le noyau des comètes est toujours diaphane, ou, en d'autres termes, que les comètes ne sont que de simples amas de matières gazeuses. Mais, outre que les observations citées à l'appui de cette opinion ne prouvent rien en faveur des termes absolus dans lesquels elle est exprimée, elles sont en opposition formelle avec d'autres observations non moins dignes de confiance; et de la discussion de ces observations diverses, il paraît résulter qu'il existe des comètes qui n'ont point de noyau, des comètes dont le noyau est peut-être diaphane, et enfin des comètes très-brillantes, dont le noyau est probablement solide et opaque.

Quant aux queues des comètes, la science possède bien peu de données certaines à leur égard.

Ces traînées lumineuses sont *ordinairement* placées derrière la comète à l'opposite du soleil; mais quelquefois elles s'écartent plus ou moins de cette position. On a trouvé qu'en général la queue incline vers la région que la comète vient de quitter.

C'est peut-être là un effet de la résistance de l'éther, résistance qui agit plus fortement sur la matière gazeuse de la queue que sur le noyau. Cette hypothèse acquerra un nouveau degré de probabilité, si l'on remarque que la déviation est d'autant plus grande qu'on s'éloigne davantage de la tête. Dans ce système, la courbure qu'affecte quelquefois la queue serait le résultat de ces différences de déviation, et cette explication s'adapterait assez bien à cette circonstance, que la convexité de la courbure est toujours tournée du côté de la région vers laquelle la comète s'avance. La différence de densité et d'éclat de la matière nébuleuse et de la queue, la forme de celle-ci, mieux terminée du côté vers lequel le mouvement s'opère, toutes ces circonstances et quelques autres que les observations ont fait connaître, trouveraient également dans cette hypothèse une explication naturelle.

La queue de la comète s'élargit à mesure qu'elle s'éloigne de la tête, et la région mitoyenne en est ordinairement occupée par une bande obscure que l'on a prise pour l'ombre du corps de la comète. Mais cette explication ne s'adapte pas à tous les cas, quelle que soit la situation de la queue relativement au soleil. Le phénomène s'explique mieux en supposant que la queue est un cône creux, dont l'enveloppe a une certaine épaisseur. On conçoit, en effet, que si les choses sont ainsi, l'œil doit rencontrer, en regardant les bords du cône, une plus grande quantité de particules nébuleuses qu'en regardant la région centrale; or, comme l'intensité de la lumière est en raison du nombre de ces particules, l'existence des bandes lumineuses et de l'intervalle comparativement obscur s'explique avec facilité.

On voit quelquefois des comètes à plusieurs queues. Celle de 1744, par exemple, le 7 et le 8 mars, en avait jusqu'à six, parfaitement distinctes et séparées entre elles par des espaces obscurs.

La queue des comètes a quelquefois des dimensions énormes. On en a vu, telles que celles de 1680, de 1769 et de 1618, qui atteignaient le zénith, alors que leurs queues touchaient encore à l'horizon. On a évalué celle de la comète de 1680 à plus de quarante et un millions de lieues.

En prenant d'abord les observations sans les discuter, en se bornant aux seules apparences, et ne tenant compte que des dimensions angulaires, la queue de la comète de 1843 n'est du reste pas, à beaucoup près, la plus étendue dont les fastes astronomiques aient eu à faire mention. Cette queue, à Paris, n'a jamais paru avoir au delà de 43 degrés de longueur.

A l'équateur le capitaine Wilkins a trouvé.	69°
Eh bien ! la queue de la comète de 1680 *embrassait*.	90°
La queue de la comète de 1769 . . .	97°
La queue de la comète de 1618 . . .	104°

Ce qui rendait la queue de la comète de 1843 si remarquable, c'était la petitesse et l'uniformité de sa largeur. Depuis les environs de la tête jusqu'à l'extrémité opposée, cette largeur, à peu près constante, était d'environ 1° 15', les 18 et 19 mars.

Dans les queues des comètes, les *bords* brillent *ordinairement* plus que le centre, et la différence est très-sensible. La queue de la comète de mars 1843 paraissait, elle, d'un blanc uniforme sur toute sa longueur.

Pendant les premiers jours de l'apparition de la comète, le noyau semblait entièrement séparé de la queue. Le 29 mars les deux parties s'étaient rattachées l'une à l'autre.

Le 1er mars, lorsque M. Darlu vit la comète pour la première fois à Copiapo (Chili), elle avait deux queues distinctes. D'après le dessin que M. Darlu aîné en a fait, la queue principale s'épanouissait notablement en s'éloignant de la tête; la seconde queue, située au nord de la première et formant avec elle un angle considérable, n'était, au contraire qu'un filet brillant, d'une *largeur uniforme* sensiblement courbe, présentant sa concavité au nord; sa longueur était double de celle de la queue principale

A partir du noyau, les deux queues marchaient confondues dans un certain intervalle.

Le long filet, en forme d'axe, avait entièrement disparu le 4 mars; le 3, il était encore par sa forme, par son étendue et par son éclat, comme trois jours auparavant.

Cette disparition presque subite ajoute une difficulté nouvelle à toutes celles qui jusqu'ici ont empêché les astronomes de donner une explication satisfaisante des queues des comètes.

Mais qu'est-ce que la queue des comètes? comment se forme-t-elle? quelles sont les causes qui en modifient les formes de tant de manières? quelles sont celles qui donnent naissance à la chevelure et aux enveloppes concentriques dont elle est quelquefois formée? Ces questions n'ont point encore été résolues d'une manière satisfaisante.

La nébulosité des comètes semble au premier coup d'œil ne pouvoir être qu'un amas de vapeurs dégagées du noyau par l'action du soleil; mais cette explication si simple ne rend point compte de la formation des enveloppes concentriques, de la position variable de la chevelure, relativement au soleil, de l'augmentation et de la diminution de son volume, etc.

Il y a cependant sur ce dernier point des notions acquises. Hévélius avait avancé que la nébulosité augmente le diamètre à mesure qu'elle s'éloigne du soleil, et Newton avait expliqué ce résultat, en disant que, la queue des comètes se formant aux dépens de la chevelure, celle-ci doit diminuer de volume à mesure qu'elle s'approche du soleil, et réciproquement augmenter en dimension après le passage au périhélie, lorsque la queue lui rend la matière qu'elle en avait reçue. Cependant il paraissait difficile d'admettre qu'une masse gazeuse se dilatât à mesure qu'elle s'éloignait du soleil, pour passer dans des régions plus froides, et l'importante remarque d'Hévélius obtint peu de faveur jusqu'au moment où la comète à courte période vint lui donner une éclatante confirmation.

Képler pensait que la formation de la queue des comètes était le résultat de l'impulsion des rayons solaires qui détachaient et dispersaient au loin les parties les plus légères de la nébulosité. Pour que cette explication fût admissible, il faudrait prouver que les rayons solaires sont doués d'une force d'impulsion; or, les expériences les plus délicates n'en ont pas accusé de sensible; et, cette force d'impulsion admise, il resterait encore à dire pourquoi la queue n'est pas toujours située à l'opposite du soleil; pourquoi il y en a quelquefois plusieurs faisant entre elles de si grands angles; pourquoi elles se forment et s'évanouissent en si peu de temps; pourquoi quelques-unes sont animées d'un mouvement de rotation très-rapide; pourquoi, enfin, il y a des comètes dont la chevelure semble très-déliée, très-légère, et qui cependant ne présente point de queue.

On a proposé sur cette matière une foule d'autres systèmes plus ou moins ingénieux, mais qui tous viennent échouer contre l'explication des phénomènes.

Les comètes sont-elles lumineuses par elles-mêmes, ou ne réfléchissent-elles, comme les planètes, qu'une lumière d'emprunt? Cette importante question n'a point encore reçu une solution complète; mais il existe plusieurs moyens de la résoudre. Si l'observation venait à découvrir dans les comètes le phénomène des phases, toute incertitude disparaîtrait. A défaut des phases, les phénomènes de la polarisation pourront conduire au même résultat. Enfin, voici une troisième méthode dont l'application, dès qu'elle pourra en être faite, lèvera probablement tous les doutes.

Par suite de leur divergence, les rayons émis d'un point lumineux se répandent sur un espace d'autant plus grand, que la distance à ce point de départ augmente. L'intensité de la lumière qui se répand sur un écran placé à deux pieds de l'objet lumineux est donc quatre fois moindre qu'à la distance d'un pied; à trois pieds de l'objet, elle est neuf fois moindre, et ainsi de suite, diminuant d'intensité comme le carré de la distance augmente. Comme une surface lumineuse par elle-même consiste en un nombre infini de points lumineux, il est clair que plus l'étendue de la surface est grande, et plus la lumière est intense; le pouvoir éclairant d'une telle surface est donc proportionnel à son étendue, et décroît en raison inverse du carré de la distance. Malgré cela, une surface lumineuse par elle-même, plane ou courbe, vue à travers un trou pratiqué dans une plaque de métal a conservé le même éclat à toutes les distances possibles, aussi longtemps qu'elle soutend un angle sensible, parce que, à mesure que la distance augmente, une portion plus grande de la surface devient visible; et comme l'augmentation de la surface est comme le carré du diamètre de la partie vue à travers le trou, il s'ensuit qu'elle augmente comme le carré de la distance. Ainsi, quoique le nombre de rayons provenant d'un point quelconque de la surface, et passant à travers le trou, décroisse en raison inverse du carré de la distance, il arrive pourtant, l'étendue de la surface visible à travers le trou augmentant aussi dans cette proportion, que l'éclat de l'objet reste le même à l'œil, aussi longtemps qu'il a un diamètre sensible. Uranus, par exemple, étant à peu près dix-neuf fois plus loin du soleil que nous, le soleil, vu de cette planète, doit paraître comme une étoile de cent secondes de diamètre, dont l'éclat doit être, pour les habitants d'Uranus, tel qu'il serait pour nous, si nous ne voyions cet astre qu'à travers un petit trou circulaire dont le diamètre serait de cent secondes; car il est évident que la lumière parvient à Uranus de tous les points de la surface du soleil, tandis que nous n'apercevrions à travers le trou qu'une très-petite portion de son disque. L'étendue de la surface compense donc exactement la distance. Ainsi, puisque la visibilité d'un objet lumineux par lui-même ne dépend pas, tant qu'il reste d'une grandeur sensible, de l'angle qu'il soutend, une comète, si elle est lumineuse par elle-même, doit conserver son éclat aussi longtemps que son diamètre est d'une grandeur sensible; et même, après avoir perdu tout diamètre apparent, elle doit, ainsi que les étoiles fixes, rester encore visible, et ne disparaître entièrement que par suite d'un éloignement extrême. Toutefois, *il n'en est pas*, à beaucoup près, ainsi. Les comètes s'obscurcissent graduellement à mesure que leur distance augmente, et s'évanouissent, uniquement par suite de la perte de lumière qu'elles éprouvent, *lors même* qu'elles conservent encore un diamètre sensible. Ce fait, dont il est permis de conclure que les comètes empruntent leur lumière du soleil, a été établi par des observations faites le soir, *avant* qu'elles disparaissent. Les comètes les plus brillantes qui aient paru, ont jusqu'à ce jour, cessé d'être visibles, lorsqu'elles étaient à une distance du soleil cinq fois égale à peu près à celle qui nous sépare de cet astre. Le périhélie de la plupart des comètes qui ont été visibles de la terre est situé en deçà de l'orbite de Mars, car à la distance de l'orbite de Saturne elles sont invisibles; c'est pourquoi l'on *n'en cite pas une dont le périhélie* soit situé au delà de l'orbite de Jupiter. Après sa dernière apparition, la comète de 1759, resta, *cinq ans* entiers en deçà de l'ellipse décrite par Saturne, *sans qu'on la* vit une seule fois. Durant le siècle dernier, il a paru en deçà de l'orbite de la terre cent quarante comètes qui n'ont jamais été revues depuis. *Si l'on pouvait considérer* la durée de mille ans comme étant *la période* moyenne de chacune d'elles, on pourrait, d'après la théorie des probabilités, évaluer à 1400 le nombre total de celles qui errent en deçà de l'orbite terrestre; mais Uranus étant dix-neuf fois environ plus éloignée du soleil que nous, il doit y avoir au moins 11,200,000 comètes errant en deçà des limites connues de notre système. M. Arago fait une estimation différente : il suppose, si toutefois on admet que les comètes soient uniformément distribuées dans l'espace, que trente d'entre elles ayant leur périhélie en deçà de l'orbite de Mercure, le nombre de celles dont le périhélie est en deçà de l'orbite d'Uranus doit être à 30 comme le cube du rayon de l'orbite d'Uranus est au cube du rayon de Mercure, ce qui porterait le nombre total des comètes à 3,529,470. Mais ce nombre, tout grand qu'il est, peut sans exagération être doublé, si l'on considère les diverses causes qui, telles que la clarté du jour, les brouillards et une grande déclinaison sud, peuvent faire qu'une comète sur deux échappe à notre vue. M. Arago évalue donc à plus de sept millions le nombre des comètes qui fréquentent les orbites planétaires.

Il n'y a que quatre comètes dont la marche soit aujourd'hui connue. Nous allons brièvement en retracer l'histoire.

Comète de Halley ou de 1759. — Halley ayant calculé, en 1682, les éléments paraboliques d'une comète qui parut à cette époque, fut frappé de l'analogie qui existait entre ses résultats et ceux obtenus par Képler pour une comète qui s'était montrée en 1607. Il recourut aux observations plus anciennes et vit que les éléments d'une comète aperçue par Apian, en 1531, étaient fort ressemblants aux siens. Il en inféra que c'était la même comète qui reparaissait à des intervalles de temps à peu près égaux, c'est-à-dire environ *tous* les 76 ans, et il se hasarda à prédire, d'après ces données, qu'elle reviendrait vers la fin de 1758 ou au commencement de 1759. Mais Clairaut calcula qu'elle serait retardée de 618 jours par l'action de Jupiter et de Saturne, et elle n'arriva, en effet, au *périhélie* que le 12 mars 1759. Cette comète est la première dont on ait prédit et vu se vérifier la périodicité.

M. Damoiseau, du bureau des longitudes, calcula l'époque de son prochain retour et fixa son passage au périhélie au 4 novembre 1835. M. de Pontécoulant, qui fit le même calcul, indiqua le 7 novembre.

Ensuite, un calcul plus complet de l'action de la terre, et surtout *la* substitution, pour la masse de Jupiter, de la fraction 1/1054 à 1/1070, l'amenèrent à ajouter 6 jours entiers à son *ancienne détermination* : le passage ne devait plus arriver que le 13. Postérieurement l'observation directe a donné le 16, c'est-à-dire trois jours seulement de différence.

Le plus fort dérangement *de la* comète provenant de Jupiter, et le rapport de la masse de cette planète à la masse du soleil étant le principal élément du calcul, on concevra *sans peine* que le moindre changement dans la valeur *du rapport dont il s'agit* ne peut manquer de modifier notablement le résultat final. Lorsque M. de Pontécoulant trouvait le 13 novembre pour le moment du passage de la comète au périhélie, il supposait, avec la plupart des astronomes, que 1,054 globes semblables à Jupiter seraient nécessaires pour former un poids égal à celui du soleil. Des observations *récentes* ont montré qu'il n'en faudrait que 1,049. Eh bien! cette légère augmentation de la masse de Jupiter porte le passage au périhélie de la comète de Halley du 13 au 16. La différence entre le calcul et l'observation ne serait plus guère que d'*un demi-jour* sur 76 ans. Admirable concordance!

Personne n'avait eu la hardiesse d'annoncer *quel jour* la comète redeviendrait visible en 1835. L'état du ciel, l'intensité de la lumière crépusculaire, la force des instruments, la bonté de la vue des observateurs, la possibilité que l'astre eût disséminé une portion sensible de sa substance le long de l'orbe immense qu'il avait dû parcourir depuis 1759, étaient autant d'éléments inappréciables qui commandaient la plus grande réserve. On s'était borné à dire qu'il faudrait commencer les recherches vers les premiers jours d'août. Eh bien! c'est le 5 de ce mois que, sous le beau ciel de Rome, MM. Dumouchel et Vico aperçurent, les premiers, la comète de Halley. Elle était alors d'une faiblesse extrême. Si l'on n'avait pas cru devoir dire *quand* la comète deviendrait visible, sa position par rapport aux étoiles était au contraire marquée jour par jour, dans les éphémérides et dans diverses cartes. Or, c'est en dirigeant leur lunette vers le point du ciel où les calculs plaçaient la comète du 5 août, que les astronomes de Rome la découvrirent. Cet accord eût été jadis considéré comme une merveille. Aujourd'hui on a le droit de se montrer plus exigeant. On veut que les éléments paraboliques de l'orbite d'une comète, donnés d'avance par le calcul, correspondent avec ceux qu'indiquent les observations. Eh bien! voici les éléments paraboliques de la comète de 1835, calculés d'avance :

Inclinaison.	17° 44'
Longitude du nœud. . .	55° 30'
Longitude du périhélie. .	304° 32'
Distance-périhélie. . . .	0° 58'
Sens du mouvement. . .	Rétrograde.

Les voici tels qu'on les a déduits de premières observations d'août et de septembre.

Inclinaison.	17° 47'
Longitude du nœud. . .	55° 06'
Longitude du périhélie. .	304° 30'
Distance-périhélie. . .	0° 58'
Sens du mouvement. . .	Rétrograde.

Ces valeurs étaient une vérification semblable à celle que Halley employa pour la comète de 1759. Le lecteur en sentira toute la portée s'il prend la peine de les comparer.

Pendant sa dernière apparition, la comète de Halley a éprouvé des changements physiques aussi remarquables par leur étendue que par leur promptitude, et qui ont apporté quelques faits nouveaux à l'étude de la constitution physique des comètes.

Le 15 octobre 1835, sur les sept heures du soir, la grande lunette de l'Observatoire de Paris, armée d'un fort *grossissement*, fit apercevoir dans la nébulosité de forme circulaire qui porte le nom de *chevelure*, quelque peu au sud du point diamétralement opposé à la queue, un *secteur* compris entre deux lignes sensiblement droites, dirigées vers le centre du noyau. La lumière de ce secteur surpassait notablement celle de tout le reste de la nébulosité. Les deux rayons limites étaient nettement définis.

Le lendemain 16, après le coucher du soleil, on reconnut que le secteur du 15 avait disparu ; mais sur une autre partie de la chevelure, au nord, cette fois, du point diamétralement opposé à l'axe de la queue, il s'était formé un secteur nouveau. On n'hésita pas à lui donner ce nom à cause de la place qu'il occupait, de son éclat vraiment extraordinaire, de la parfaite netteté des rayons qui le terminaient et de sa grande ouverture angulaire, laquelle dépassait 90. Le 17, le secteur de la veille existait encore ; sa forme et sa direction ne paraissaient pas notablement changées, mais sa lumière était beaucoup moins vive. Le 18, l'affaiblissement avait fait de nouveaux progrès ; le 21, on apercevait dans la nébulosité *trois* secteurs lumineux distincts. Le plus faible et le moins ouvert était situé sur le prolongement de la queue. Le 23, il n'existait plus que des traces à peine sensibles des secteurs. La comète avait tellement changé d'aspect, le noyau, jusqu'à cette époque si brillant, si net, si bien *défini*, était devenu tellement large, tellement diffus, qu'on ne croyait à la réalité d'une variation aussi grande, aussi subite, qu'après s'être assuré qu'aucune humidité ne couvrait ni l'oculaire, ni l'objectif des lunettes employées dans les observations.

Parmi les observations faites par M. Schwabe, de Dessau, sur la comète de 1835, il en est une qui mérite une attention spéciale : *suivant cet astronome*, la nébulosité, *généralement circulaire, aurait toujours* offert une dépression, un enfoncement local très-sensible dans la partie tournée du côté du soleil.

Les singuliers changements de forme dont nous venons de rendre *compte* ajoutent de nouvelles complications à un problème, qui, par lui-même, était déjà bien assez difficile. Quand on voudra les expliquer, il faudra ne pas oublier que ces secteurs, si subitement détruits et si subitement renouvelés, n'avaient pas moins de deux cent mille lieues d'étendue.

Ces changements de forme semblent être un des caractères distinctifs de la comète de Halley. Le 26 août 1682, le noyau ressemblait à une étoile de seconde grandeur ; le 11 septembre, à peine pouvait-on le distinguer, tant la comète était diffuse, dit Labire.

D'après un premier aperçu, presque tous les astronomes s'étaient habitués à dire que la comète de Halley allait sans cesse en s'affaiblissant.

La comète de Halley est, dit-on, la même que celles de l'an 134 et de l'an 52 avant notre ère ; et celles de 400 après Jésus-Christ, de 855, de 930, de 1006, de 1230, de 1305, de 1380, seraient des apparitions de la comète de Halley. Cette identité n'est rien moins que prouvée ; mais le *fût-elle*, qu'en recourant à ce qu'ont dit les chroniqueurs et les historiens de ces différentes comètes, on n'arriverait pas aussi nettement qu'on le suppose à l'idée d'une diminution graduelle d'intensité.

La comète de Halley ne présente d'identité complète qu'avec celles des années 1456, 1531, 1607, 1682, 1759, 1835. L'étude de cette dernière, comparée à celles faites lors des apparitions antérieures, avait un grand intérêt. Elle pouvait confirmer la déduction que l'on avait tirée d'observations vagues ; elle pouvait nous apprendre que les comètes ne sont pas des corps éternels ; qu'après quelques révolutions successives autour du soleil, toutes les molécules dont se composent leurs queues, leurs nébulosités et même leurs noyaux, se dispersent dans l'espace pour y devenir un obstacle au mouvement des planètes, ou bien des éléments de quelques nouvelles formations. Ces conjectures ne se sont pas réalisées. En effet, si l'on compare les observations faites sur l'éclat du noyau et le développement de la queue de la comète de 1835, avec les circonstances de ses anciennes apparitions, on ne trouvera certainement pas dans *l'ensemble* des phénomènes la *preuve* que la comète de Halley ait diminué. On doit même dire que si, dans une matière aussi délicate, des observations faites à des époques de l'année très-différentes pouvaient autoriser quelques déductions positives, ce qui résulterait de plus net des deux passages de 1759 et de 1835, ce serait que la comète a grandi dans l'intervalle.

Aucune comète, nous l'avons dit plus haut, ne s'est présentée jusqu'ici avec une *phase* évidente ; de là le doute dans lequel les astronomes ont dû rester sur la lumière de ces astres. M. Arago avait espéré pouvoir résoudre la question par de simples mesures d'intensité. Les moyens d'observation étaient tout prêts ; ils n'exigeaient même pas que la constitution physique de la comète restât constante, que la nébulosité n'éprouvât ni dilatations, ni condensations ; il fallait seulement que les changements, ainsi que cela arrive à l'ordinaire, s'opérassent par gradation avec une certaine régularité ; or, il est malheureusement arrivé qu'en 1835 la comète de Halley se trouvait dans un cas tout exceptionnel. Sa nébulosité subissait brusquement des transformations si inattendues, si bizarres, qu'il y aurait eu une grande témérité à s'appuyer en pareille circonstance sur des observations photométriques. Il était donc nécessaire d'avoir recours à un autre moyen d'investigation, aux phénomènes de polarisation. Les expériences eurent lieu le 23 octobre, et il en résulta que la lumière de l'astre n'était pas, en totalité du moins, composée de rayons doués des propriétés de la lumière directe, propre ou assimilée; il s'y trouvait de la lumière réfléchie spéculairement ou polarisée, c'est-à-dire définitivement, de *la lumière venant du soleil*.

Comète de 1770. — Cette comète fut découverte par Messier au mois de juin 1770. Les astronomes s'empressèrent, comme d'habitude, de calculer ses éléments paraboliques. Ces éléments ne ressemblaient pas à ceux des comètes déjà observées. La comète resta fort longtemps visible, et l'on ne tarda pas à reconnaître que ses positions différentes ne pouvaient rentrer dans une parabole. Lexell trouva qu'elle avait parcouru en cinq ans et demi une ellipse dont le grand diamètre n'était que trois fois celui de l'orbite terrestre.

On fut étonné, d'après ce résultat, qu'une comète qui, avec une révolution aussi courte, aurait dû se montrer fréquemment, n'eût point encore été aperçue avant Messier, et l'étonnement redoubla lorsqu'on ne la vit pas revenir, après des intervalles de cinq ans et demi, aux différents points de l'orbite elliptique de Lexell.

Les causes de cette disparition mystérieuse, qui donna lieu à tant de plaisanteries bonnes ou mauvaises sur la *comète perdue*, sont aujourd'hui parfaitement connues. C'est une conséquence à la fois et une confirmation nouvelle du système de l'attraction. Si la comète n'a pas été vue tous les cinq ans et demi avant son apparition en 1770, c'est qu'elle décrivait alors une orbite tout à fait différente de celle qu'elle a décrite depuis ; et si elle n'a pas été aperçue une seconde fois, c'est qu'en 1776 son passage au périhélie eut lieu de jour, et qu'aux retours suivants son orbite avait éprouvé des altérations telles que la comète n'eût pu être reconnue si elle eût été visible de la terre. C'est l'action de Jupiter sur cette comète qui l'approcha et l'éloigna de nous tour à tour, en s'exerçant en sens inverse.

Comète d'Encke ou à courte période. — Cette comète fut découverte à Marseille le 26 novembre 1818 par M. Pons. Ses éléments paraboliques, déterminés par M. Bouvard, la firent reconnaître pour celle observée en 1805, et M. Encke démontra qu'elle ne met que douze cents jours, ou trois ans trois dixièmes environ, à parcourir son orbite. Les apparitions postérieures sont venues confirmer ces calculs.

Comète de six ans trois quarts — Elle fut découverte à Johannisberg, le 27 février 1826, par M. Biéla ; M. Gambert, qui l'aperçut quelques jours après à Marseille, en détermina les éléments paraboliques, et reconnut qu'elle avait déjà été observée en 1805 et en 1772.

Cette comète est celle qui effraya si fort quelques personnes, parce qu'on avait annoncé qu'elle viendrait choquer la terre à son retour en 1832. Il est vrai que le 29 octobre elle perça l'orbite terrestre en un point où la terre se trouva un mois après, mais dont elle était alors éloignée de plus de vingt millions de lieues, puisqu'elle parcourt, vitesse moyenne, six cent soixante-quatorze mille lieues par jour. En 1805, cette comète passa dix fois plus près de nous, c'est-à-dire à la distance d'environ deux millions de lieues. Nous parlerons plus loin de la possibilité du choc de la terre par une comète.

Comète de 1843. — La comète qui devint subitement visible dans le mois de mars 1843, excita au plus haut degré la curiosité du public. A certains égards, cette curiosité était légitime : le nouvel astre se distinguait *de la plupart* des comètes dont les annales astronomiques ont conservé le souvenir par l'éclat de la tête et surtout par la longueur de la queue.

La nouvelle comète se montra à Parme, à Bologne, au Mexique, à Portland (Etats-Unis, Massachusetts), le 28 février ; à Copiapo (Chili), à Cuba, à Akaroa (Nouvelle-Zélande), à la Tête-de-Buch, à Montpellier (France), à Nice, du 1er au 12 mars ; à Paris, Marseille, Tours, Reims, Brest ; à Genève et Neufchâtel (Suisse) le 17 et le 18 mars ; à Berlin le 20 mars, etc.

Les observations faites en ces différents endroits soulèvent diverses questions à examiner.

Ainsi, il est certain que la grande comète de 1843 a été aperçue en plein jour et très-près du soleil, le 28 février. Les apparitions de comètes en plein jour sont assez rares ; cependant il ne faudrait pas croire qu'il nous ait été donné d'être *témoins*, en 1843, d'un phénomène sans analogie dans l'histoire de la science.

La comète de l'an 43 avant notre ère, la comète que les Romains considérèrent comme une *transformation* de l'âme de César, immolé peu de temps auparavant, *se voyait de jour.*

L'an 1402 après *Jésus-Christ* fut remarquable par l'apparition de deux comètes très-brillantes.

En 1532, la curiosité du peuple de *Milan* fut vivement excitée par un *astre* que tout le monde pouvait observer en plein jour, et qui ne pouvait être *qu'une* comète.

Tycho découvrit la belle comète de 1577 *avant le coucher du soleil.*

En se plaçant de manière à ne *pas* être éblouies par la lumière solaire, plusieurs personnes aperçurent à une heure après-midi, et sans secours de lunettes, la comète célèbre par ses queues multipliées de 1744.

Les comètes changent quelquefois notablement d'aspect et d'éclat dans le court intervalle de trois à quatre jours. Leur chevelure et leur queue *varient* surtout considérablement *avec* la distance de l'astre au soleil.

Les circonstances physiques de grandeur et d'intensité ne semblent donc pas pouvoir conduire *catégoriquement* à reconnaître les comètes dans leurs retours successifs. Néanmoins, si tel de ces astres a été une fois remarquable par la vivacité du noyau, l'étendue de la nébulosité, la longueur ou la forme de la queue, on peut présumer, sans prétendre à une ressemblance *parfaite, que pendant* un certain nombre de ses apparitions le noyau a dû rester brillant, la nébulosité épanouie, la queue développée.

Envisagée ainsi, l'histoire des comètes peut fournir, non des conséquences absolument certaines, mais du moins des indications utiles, quelques *faibles* probabilités, surtout si l'on fait entrer en ligne de compte la comparaison des temps des révolutions. Tel est le point de vue où il faut se placer pour bien apprécier une communication faite par un astronome anglais, M. Cooper, et datée de Nice le 20 mars.

M. Cooper, croyait que la comète du mois de mars 1843, était une réapparition de celle que J.-D. Cassini avait vue à Bologne en 1668. Cassini assimilait déjà à la comète de 1668 une traînée lumineuse que Maraldi observait à Rome le 2 mars 1702, et même le phénomène qui, suivant Aristote, fit son apparition à l'époque où Aristide était archonte, à Athènes, c'est-à-dire, vers l'an 370 avant notre ère. Ces identifications conduisaient, pour le temps de la révolution de l'astre, à des périodes de trente-quatre à trente-cinq ans et trois mois.

Des conjectures passons aux calculs :

Les comètes décrivent, nous l'avons vu, ces ellipses à grand axe infini que l'on appelle *paraboles*. On ne les voit guère de la *terre qu'aux* époques où elles occupent des positions peu éloignées des sommets de ces courbes les plus voisines du soleil, qu'on nomme les *périhélies.*

M. Plantamour, directeur de l'Observatoire de Genève, qui le premier put calculer l'orbite de la nouvelle comète, trouva que son *périhélie*, ou sa moindre distance du soleil était 0,0045, le rayon moyen de l'orbite de la terre étant supposé l'unité ; mais le rayon du soleil étant 0,0046, la comète semblait avoir dû pénétrer dans la matière lumineuse *qui détermine le contour visible* du grand astre, dans ce qu'on est convenu d'appeler la *photosphère solaire :* ce résultat singulier ne s'est pas confirmé. Dès leur premiers calculs, deux astronomes de notre Observatoire, MM. Laugier et Victor Mauvais, *trouvèrent pour la distance-périhélie* de la nouvelle comète, la fraction 0,0055 supérieure à 0,0046, ce qui écartait toute possibilité de la prétendue *pénétration*. La comète de mars 1843 n'en restait pas moins, après la détermination des deux astronomes parisiens, celui de tous les astres connus qui a le plus approché du soleil. Le tableau suivant, dans lequel les comètes sont portées dans l'ordre de leurs distances-périhélies, le montrera d'une manière évidente.

	Mille lieues.
1843.	190
1680.	228
1689.	760
1593.	3,420
1821.	3,420
1780.	3,800
1565.	4,180
1769.	4,560
1577.	6,840
1533.	7,600
1758.	7,980

Il résulte de ce tableau que, le 27 février, au moment de son passage au périhélie, *le centre* de la comète de 1843 était à trente-deux mille lieues seulement de la *surface du soleil.* De surface à surface il y avait au plus treize mille lieues entre les deux astres.

En un seul jour la distance du centre de la comète au centre du soleil *varia* dans le rapport de 1 à 10.

Les éléments paraboliques du nouvel astre, une fois connus, il devint possible et facile d'exprimer en lieues plusieurs données de l'observation, que jusque-là il avait fallu présenter seulement en mesures angulaires.

Le 28 mars, le *rayon de la tête* de la comète (de ce qu'on appelle la nébulosité) était de 19,000 lieues.

Le même jour, la queue avait 60,000,000 de lieues de long. La longueur de la queue de la comète de 1680, ne dépassa jamais 41,000,000 de lieues; celle de la comète de 1769, 16,000,000; les queues multiples de la comète de 1744 allèrent à un peu plus de 13,000,000.

La largeur de cette même queue extraordinaire de 1843 était de 1,320 mille lieues.

Ces dimensions énormes en tous sens avaient fait rechercher si la terre était passée dans la queue de la comète de 1843. Les calculs de MM. Laugier et Mauvais montrèrent que cette rencontre n'avait pu avoir lieu.

Le calcul de l'orbite permit à ces deux observateurs de rechercher s'il y avait quelque vérité dans les conjectures qu'on avait formées touchant l'identité des comètes de 1668, 1702 et de 1843, en se fondant sur des ressemblances d'aspect et d'éclat. Malheureusement les observations de 1668 et de 1702 sont trop inexactes pour pouvoir servir à la détermination des orbites paraboliques que parcouraient les comètes de ces deux années. Il leur a cependant paru probable que les comètes de 1668 et de 1843 constituent un seul et même astre. Depuis, M. Clausen s'est cru autorisé à considérer la comète de 1689 comme une apparition de celle de 1843. Le temps de la révolution serait alors de 21 ans 10 mois.

A l'occasion de la comète de 1843, on a fait planer sur les astronomes *actuels* des reproches au moins singuliers. Ceux qui les ont inventés ou propagés, étaient certainement étrangers aux notions les plus élémentaires de la science. J'ajouterai que la futilité de ces reproches pouvait être constatée à l'aide des simples lumières du bon sens.

La comète s'est montrée inopinément; personne n'avait prévu son apparition. De deux choses l'une : ou la science n'est pas aussi avancée qu'on le prétend, ou les astronomes ont été coupables de négligence et d'incurie. Examinons ces reproches l'un après l'autre. Personne n'avait prévu l'apparition de la comète de 1843. Le fait est vrai ; je m'étonne même qu'on le cite comme une *singularité*. Les catalogues astronomiques font aujourd'hui mention de 172 comètes régulièrement observées. Dans ce nombre, 162 se montrèrent inopinément ; aucun calcul n'avait indiqué leur apparition, ni quant aux dates, ni relativement aux positions qu'elles devaient occuper dans le ciel. La comète de l'année 1843 rentrait donc dans la règle commune. En tous cas les astronomes de 1843 n'ont pas été plus inhabiles *en se laissant surprendre* par l'astre à longue queue du mois de mars, que ne l'avaient été, Lacaille en 1744, Bradley en 1757, Maskelyne en 1769, Wargentin en 1771, Herschell en 1795, Piazzi en 1807, Olbers, Delambre, Gauss, Oriani, etc. en 1811, etc., etc.

En s'évertuant à déconsidérer tel ou tel astronome français contemporain, certains journalistes ne comprenaient peut-être pas qu'en cas de réussite ils frappaient d'une égale défaveur les savants les plus illustres du XVIIIe siècle; mais ne fallait-il pas remarquer au moins que les célèbres directeurs des observatoires de Berlin, de Greenwich, de Poulkova, de Kœnisberg, etc., MM. Encke, Airy, Struve, Bessel, etc., n'avaient pas non plus prédit la comète de 1843, et qu'il n'y a personne au monde qui ne dût se croire très-honoré de figurer en pareille compagnie?

Les astronomes, dit-on, prédisent avec une exactitude merveilleuse les éclipses du soleil, les occultations des étoiles et des planètes par la lune; est-ce montrer trop d'exigence que de les prier d'annoncer au moins *l'apparition* des comètes? *Oui :* et on tomberait dans une erreur étrange, en croyant, ainsi que le font beaucoup de personnes, que cela est possible. Vouloir que l'astronomie cométaire marche de pair avec l'astronomie planétaire, c'est demander que l'œuvre d'une ou deux *semaines* soit comparable à celle de vingt siècles accumulés; c'est tout simplement demander une chose impossible.

Nous exposerons ici les causes qui nous ont empêchés jusqu'à présent de prédire le retour des comètes et d'en connaître les orbites.

1° Ces astres ne sont visibles que dans une petite partie de leur cours, qui, étant très-proche du soleil, est parcourue avec une vitesse prodigieuse. Mais plus l'ellipse s'allonge, et plus la marche se ralentit avec l'action solaire ; de telle sorte qu'il se peut que, vers l'apogée, l'astre soit presque immobile, et ne puisse revenir à nous qu'après des milliers d'années.

2° On n'observe avec soin que depuis 200 ans ; beaucoup de comètes ont dû échapper aux yeux. Sans parler de ces quatre atomes nouvellement découverts, nageant dans l'immense sphère qui sépare Mars de Jupiter, Uranus, dont le cours est de 84 ans, avait déjà été observé par quatre astronomes, et cependant n'a été reconnu pour une planète qu'en 1781 ; et Mercure, dont la révolution est de 88 jours, et qui est si difficile à voir sans secours optiques, que Copernic mourut avec le regret de ne l'avoir jamais aperçu.

D'ailleurs, outre qu'une comète peut n'être que sur l'horizon des régions australes, si elle est sur le nôtre durant le jour nous ne la verrons pas, bien qu'elle soit sous nos yeux. Cette belle comète que les astronomes n'ont vue en juillet 1818 qu'après le peuple, elle était présente dans tout son éclat, mais en plein jour, longtemps avant sa découverte. Celle qui parut soixante ans avant notre ère, au rapport de Sénèque, ne fut visible qu'à la faveur d'une éclipse totale de soleil, parce qu'elle était trop voisine de cet astre.

3° Les apparences que présentent les comètes sont très-variables, puisqu'elles dépendent du lieu qu'occupe la terre lorsqu'elles se présentent, lieu qui varie dans un orbite de 70 millions de lieues de diamètre.

Ainsi, une comète qui a été très-belle, peut l'être très-peu à son retour, ou même n'être pas du tout visible, quoique existante sous nos yeux; sa queue peut avoir disparu.... Tant de circonstances concourent à ces changements d'aspects! La comète de 1811 était à peine visible en avril et mai, elle s'est alors plongée dans les feux du soleil, et n'a reparu qu'à la fin d'août, au delà du périhélie; mais quelle différence d'éclat, et combien le spectacle qu'elle offrait était magnifique et étonnant! Qui aurait pu la reconnaître pour le même astre? On ne peut donc s'en fier qu'à l'égalité des éléments de l'orbite pour être assuré que deux apparitions sont relatives au retour de la *même comète*; mais si l'attraction de *Jupiter*, Saturne, Uranus, change ces éléments, comment reconnaître l'astre?

4° La plus forte des causes d'erreur est dans l'observation. Les petites comètes ne sont que des points vaporeux; les grandes forment un nuage variable et mal terminé. La comète de 1729 fut visible durant *six* mois; trois astronomes en ont calculé l'orbite, et leurs résultats ne s'accordent pas. Lequel a raison? Les comètes de 1762, 1763, 1743, 1759, 1766 offrent de semblables remarques. Quel est le moyen de prédire les retours avec des éléments aussi défectueux?

On ne sera donc pas surpris si, sur 172 comètes dont on a calculé la marche, *il n'y en a que trois dont on soit certain de prédire les retours.*

A l'astronomie cométaire se rattachent quelques questions que nous allons successivement examiner.

Les comètes ont-elles une influ.nce sensible sur le cours des saisons?

A cette question, les préventions populaires ont déjà répondu d'une manière affirmative, armées d'exemples, où la belle comète de 1811 et l'abondante récolte qui la suivit ne sont point oubliées. Peu de mots nous suffiront pour dissiper cette erreur. Parlons d'abord des faits, les considérations théoriques viendront après.

On a recherché, en consultant les observations thermométriques qui se font plusieurs fois par jour dans les observatoires, si les températures moyennes des années fécondes en comètes sont plus élevées que celle des autres années; on n'a point trouvé de différences sensibles.

Le résultat de ces observations est d'accord avec les données de la théorie. Par quel genre d'action, en effet, les comètes pourraient-elles modifier notre température? Ces astres ne peuvent agir à distance sur la terre que par voie d'attraction, par les rayons lumineux et calorifiques qu'ils lancent, et par la matière gazeuse de leur queue qui pourrait se répandre dans notre atmosphère.

La force attractive des comètes pourrait bien, si elle avait assez d'intensité, déterminer des marées analogues à celles que la lune produit; mais on ne voit pas comment il pourrait en résulter une élévation de température.

Les rayons lumineux et calorifiques que les comètes lancent ou réfléchissent, ne seraient pas non plus capables d'amener ce résultat; car ils ont beaucoup moins d'intensité que ceux que la lune nous envoie, et qui, concentrés au foyer des plus grandes lentilles, ne produisent point d'effet sensible.

Enfin, l'introduction dans l'atmosphère terrestre d'une partie de la queue des comètes ne peut pas non plus être assignée comme la cause de l'élévation de la température qu'on attribue à ces astres, puisque la queue de la comète de 1811, par exemple, qui avait 41 millions de lieues, n'atteignit jamais la terre, qui s'en trouva toujours à plusieurs millions de lieues.

La comète de 1835 et celle de 1843 nous fournissent des arguments remarquables contre le préjugé que nous cherchons à combattre ici.

En 1835, le nord de la France jouit, durant les mois d'octobre et de novembre, d'une température très-douce: on l'attribua tout de suite à l'influence de la comète. Ceux qui émirent si légèrement cette opinion ne savaient probablement pas qu'en même temps il faisait excessivement froid dans le midi, ce qui conduirait inévitablement à cette conséquence que la comète agissait en plus ou en moins suivant la position des lieux. Ajoutons qu'au moment où le froid si vif du mois de décembre se manifestait, la comète était encore visible, quoique le public n'y songeât plus guère; que même elle venait de s'échauffer fortement en passant par son périhélie. Il faudrait donc supposer qu'elle échauffait l'horizon de Paris quand elle était froide, et qu'au contraire elle le refroidissait après s'être elle-même échauffée.

Quant à la comète de 1843, les observations météorologiques n'ont accusé rien de sensible relativement à son influence sur l'atmosphère. On a dirigé les instruments thermométriques les plus délicats sur le noyau et sur les diverses régions de la queue sans obtenir d'effet appréciable.

Les déplorables inondations que le Midi a éprouvées en 1843 et le tremblement de terre de la Guadeloupe ont été attribuées par le vulgaire à la comète, mais personne n'a pu produire un argument bon ou mauvais pour justifier l'hypothèse. Aussi nous contenterons-nous de remarquer que l'apparition de cet astre en 1668, dans la même saison, dans des circonstances toutes pareilles, ne fut marquée ni par des tremblements de terre, ni par des débordements.

La longue queue de la comète attira l'attention du monde entier. Les Abyssins, suivant ce que mandaient nos voyageurs, en avaient grand'peur. S'il le fallait, dit M. Arago, je pourrais aisément prouver qu'au printemps de 1843, tous ceux dont la comète troublait la tranquillité n'étaient pas en Abyssinie. Erreur pour erreur, j'aime mieux celle des Mexicains: loin d'attribuer à l'astre une influence funeste, ils regardaient sor apparition comme le présage de la découverte d'une *bonanza*, c'est-à-dire d'une mine d'or et d'argent appelée à donner de grands bénéfices.

Il y a du reste déjà assez longtemps que l'on a dit : Pas de désastres sans comètes, pas de comètes sans désastres. Cette idée a été partagée, défendue par des hommes d'un grand savoir. Un médecin anglais, dont le nom n'est pas inconnu des physiciens, M. T. Forster, a même traité cette question avec détails en 1829. Suivant lui, « il est certain que (depuis l'ère chrétienne), les périodes les plus insalubres sont précisément celles durant lesquelles il s'est montré quelque grande comète; que les apparitions de ces astres ont été accompagnées de tremblements de terre, d'éruptions de volcans et de commotions atmosphériques, tandis qu'on n'a pas observé de comètes durant les périodes salubres. » Et à l'appui de cette opinion, M. Forster publie un long catalogue fort complet, fort exact de toutes les comètes signalées depuis l'ère chrétienne. Il y en a 500, dont 150 calculées : 500 en 1800 ans, cela ne fait pas *une* par an. *Mais* avant l'invention des lunettes, on ne mentionnait que les comètes visibles à l'œil nu; depuis, les comètes télescopiques ne se dérobent pas aux regards des astronomes, et le nombre moyen de ces astres par année est de *plus de deux*.

Accordez avec M. Forster qu'une comète agissait avant son apparition, que son influence se continue un peu après, et jamais *évidemment* un de ces astres ne vous manquera, quels que soient le phénomène, le malheur ou l'épidémie que vous vouliez leur imputer. M. Forster a d'ailleurs, je dois le dire, tellement étendu dans son savant catalogue le cercle des prétendues actions cométaires, qu'il n'y aurait presque plus de phénomènes qui ne fût de leur ressort. Les saisons froides ou chaudes, les tempêtes, les ouragans, les tremblements de terre, les éruptions volcaniques, les grosses grêles, les abondantes neiges, les fortes pluies, les débordements de rivières, les sécheresses, les famines, les épais nuages de mouches ou de sauterelles, la peste, la dyssenterie, etc., tout est enregistré par M. Forster, quels que soient le continent, le royaume, la ville ou le village que la famine, la peste, le météore aient ravagés. En faisant ainsi, pour chaque année, un inventaire complet des misères de ce bas monde, qui n'aurait deviné d'avance que jamais aucune comète n'avait dû s'approcher de notre terre sans y trouver les hommes aux prises avec quelque fléau?

Par une circonstance bizarre et bien digne de remarque, l'année 1680, l'année de l'apparition de l'une des plus brillantes comètes des temps modernes, l'année de son passage très-près de la terre, est celle peut-être qui a fourni à notre auteur le moins de phénomènes à signaler. Que trouvons-nous en effet à cette date : *Hiver froid, suivi d'un été sec et chaud; météores en Germanie.* Pour des maladies, il n'en est pas question. Comment, en présence d'un tel fait, pourrait-on attacher quelque importance au synchronisme accidentel que les autres parties de la table signalent? Que dire, au surplus, de cette si célèbre comète de 1680, qui, soufflant successivement le froid et le chaud, aurait tantôt ajouté aux glaces de l'hiver, et tantôt aux feux de l'été?

En 1665, la ville de Londres fut ravagée par une effroyable peste. Si l'on veut voir là, avec M. Forster, l'effet de la comète, assez remarquable, qui se montra dans le mois d'avril, qu'on nous explique donc comment ce même astre n'engendra de maladies ni à Paris, ni en Hollande, *ni même* dans un grand nombre de villes de l'Angleterre très-voisines de la capitale. L'objection est directe, et on s'exposerait, en ne la détruisant pas, à la risée de tous les gens raisonnables, si l'on persistait à voir dans les comètes des messagers d'épidémies. Examinons quels sont parmi les astres ceux dont les queues ont pu envahir l'atmosphère terrestre; fouillons dans les historiens, dans les chroniqueurs, pour découvrir ensuite si, aux mêmes époques, il ne s'est pas manifesté *sur tous les points de la terre à la fois* des phénomènes insolites. La science pourra avouer ces recherches, quoique, à vrai dire, l'extrême rareté de la matière dont les queues sont formées ne doive guère faire espérer que des résultats négatifs. *Mais qu'un* auteur accole à la date de l'observation d'une comète (celle de 1668, par exemple) la remarque qu'en *Westphalie tous les chats furent malades;* à la date d'une seconde (celle de 1746) la circonstance, il faut en convenir, *bien* peu analogue à la précédente, qu'un tremblement de terre détruisit, au Pérou, les villes de Lima et de Callao; quand il ajoute que pendant l'observation d'une troisième comète, un *aérolithe* pénétra en *Ecosse*, dans une tour élevée, et y brisa le mécanisme d'une horloge en bois; qu'en hiver, les *pigeons sauvages* se montrèrent en *Amérique* par nombreuses volées; ou bien encore que l'*Etna* et le *Vésuve* vomirent des torrents de laves, cet auteur fait en pure perte un grand étalage d'érudition.

Il eût été vivement à désirer, pour l'honneur des sciences et de la philosophie modernes, que l'on pût se dispenser de prendre au sérieux les idées bizarres dont il vient d'être fait justice; mais cette réfutation n'est pas inutile, car Forster, et avec lui l'astronome Gregory, l'illustre médecin Sydenham, Lubiniétski, etc., ont parmi nous bon nombre d'adeptes. Sous le vernis brillant et superficiel dont les études purement littéraires de nos colléges revêtent à peu près uniformément toutes les classes de la société, on trouve presque toujours, tranchons le mot, une ignorance complète de ces beaux phénomènes, de ces grandes lois de la nature, qui sont notre meilleure sauvegarde contre les préjugés.

Est-il possible qu'une comète vienne choquer la terre ou toute autre planète?

Les comètes se meuvent dans toutes les

directions, et parcourent des ellipses extrêmement allongées qui traversent notre système solaire et coupent les orbites des planètes. Il n'y aurait donc pas impossibilité qu'elles rencontrassent quelques-uns de ces astres, et le choc de la terre par une comète est rigoureusement possible, mais il est en même temps excessivement improbable.

L'évidence de cette proposition sera complète si l'on compare au petit volume de la terre et des comètes l'immensité de l'espace dans lequel ces globes se meuvent. Le calcul des probabilités fournit le moyen d'évaluer numériquement les chances d'une pareille rencontre, et il montre qu'à l'apparition d'une comète inconnue, il y a 281 millions à parier contre un qu'elle ne viendra pas choquer notre globe. On voit qu'il serait ridicule à l'homme, pendant les quelques années qu'il a à passer sur la terre, de se préoccuper d'un pareil danger.

Notre globe a-t-il jamais été heurté par une comète?

Des hommes d'un grand savoir ont prétendu que l'axe de rotation de la terre n'a pas toujours été le même. Ils ont appuyé cette opinion sur des considérations tirées de ce que les divers degrés mesurés sur chaque méridien, entre le pôle et l'équateur, combinés deux à deux, ne donnent pas tous la même valeur pour l'aplatissement des pôles. Ils ont vu, dans la différence de ces résultats, la preuve que la terre, au temps où elle prit, liquide encore, sa sphéricité, ne tournait pas sur le même axe de rotation qu'aujourd'hui.

Mais il est aisé de reconnaître qu'un changement d'axe ne peut être la cause des discordances que présentent les valeurs des degrés fournies par l'observation, avec celles qui résultent d'une certaine hypothèse d'aplatissement; car ce désaccord ne suit point une marche régulière et graduelle, mais capricieuse et sans lois. C'est le résultat d'attractions locales, d'accidents géologiques, qu'on sait aujourd'hui pouvoir exister aussi bien dans les plaines que dans le voisinage des montagnes.

Mais passons à d'autres considérations.

Si l'on imprime un mouvement de rotation à un corps sphérique et homogène librement suspendu dans l'espace, son axe de rotation reste perpétuellement invariable. Si ce corps a une toute autre forme, son axe de rotation peut changer à chaque instant, et cette multitude d'axes, autour desquels il n'exécute qu'une partie de sa révolution, sont appelés les *axes instantanés de rotation*. Enfin, la géométrie démontre que tout corps, quelles que soient sa figure et ses variations de densité d'une région à l'autre, peut tourner d'une manière constante et invariable autour de trois axes perpendiculaires entre eux et passant par son centre de gravité. On les appelle les *axes principaux de rotation*.

Cela posé, demandons-nous si l'axe autour duquel la terre exécute sa révolution est un *axe instantané* ou un axe principal. Au premier cas, l'axe changera à chaque instant, et l'équateur éprouvera des déplacements correspondants; les latitudes terrestres, qui ne sont autre chose que les distances angulaires des divers lieux à l'équateur, varieront également. Or, les observations de latitude, qui se font avec une exactitude extrême, n'accusent aucun changement de ce genre, les latitudes terrestres sont constantes : la terre tourne donc autour d'un *axe principal*.

Il est aisé de tirer de là la preuve qu'une comète n'est jamais venue heurter la terre; car l'effet de ce choc eût été de remplacer l'axe principal par un axe instantané, et les latitudes terrestres seraient aujourd'hui soumises à des variations continuelles, que les observations ne signalent pas. A la vérité, il ne serait pas mathématiquement impossible que l'effet d'un choc eût été de substituer à un axe instantané un axe principal; mais ce cas est si improbable, qu'il n'atténue guère la force de la démonstration.

Nous avons supposé, dans ce que nous venons de dire, que la terre est un corps entièrement solide; mais son centre pourrait être encore liquide, comme on le croit assez généralement aujourd'hui. Pourrait-on, dans ce dernier cas, déduire, avec la même certitude, de la constance des latitudes terrestres, la conséquence que la terre n'a jamais été heurtée par une comète?

Nous ne le pensons pas; car après le choc, dont l'effet immédiat aurait été de précipiter violemment vers le nouvel équateur une partie de la masse liquide interne, qui n'aurait pu s'y loger qu'en brisant la croûte solide de la terre, le déplacement continuel de l'axe instantané entraînant une déformation incessante de la masse fluide, il ne serait pas impossible que le résultat des frottements continuels du liquide contre la coque solide eût été d'amener une diminution graduelle dans la longueur de la courbe décrite par les extrémités des axes instantanés, et par conséquent, à la longue, un mouvement de rotation autour d'un axe principal.

La terre peut-elle passer dans la queue d'une comète, et quelles seraient pour nous les conséquences de cet événement?

Les comètes ont, en général, très-peu de densité : elles doivent donc attirer très-faiblement la matière qui forme leurs queues, puisque l'attraction s'exerce proportionnellement aux masses.

Or, on conçoit sans peine que la terre, dont la masse est ordinairement beaucoup plus considérable que celle des comètes, puisse attirer à elle et amener dans son atmosphère une portion de la queue de ces astres, surtout si l'on songe que les parties extrêmes de la queue sont quelquefois à des distances énormes de la tête.

Quant aux conséquences de l'introduction dans notre atmosphère d'un nouvel élément gazeux, elles dépendraient de la nature et de l'abondance de la matière, et pourraient être la destruction partielle ou totale des animaux. Mais la science n'a encore eu à enregistrer aucun événement de ce genre, et la liaison que beaucoup d'esprits ont cherché à établir entre l'apparition des comètes et les révolutions du monde physique et moral ne repose sur aucun fondement.

Les brouillards secs de 1783 et de 1831 sont-ils des matières détachées des queues de quelques comètes?

Le brouillard de 1783 dura un mois. Il commença à peu près le même jour dans des lieux fort éloignés les uns des autres. Il s'étendait depuis le nord de l'Afrique jusqu'en Suède; il occupait aussi une grande partie de l'Amérique septentrionale, mais il ne s'étendait pas en mer. Il s'élevait au-dessus des plus hautes montagnes. Le vent ne paraissait pas être son véhicule, et les pluies les plus abondantes, les vents les plus forts ne purent le dissiper. Il répandait une odeur désagréable, était très-sec, n'affectait nullement l'hygromètre, et possédait une propriété phosphorescente.

Voilà les faits. On a voulu les expliquer en supposant que ce brouillard était la queue d'une comète. Mais s'il en est ainsi, pourquoi n'a-t-on jamais aperçu la tête de l'astre? Car le brouillard n'était pas tellement épais, qu'on ne pût voir chaque nuit les étoiles. L'objection est fondamentale, et ruine par sa base l'hypothèse proposée.

Cette explication est encore moins applicable au brouillard de 1831, qui offrit tant de ressemblance avec celui de 1783; car ce brouillard n'ayant pas occupé toute la surface de l'Europe, l'invisibilité de la comète serait encore plus surprenante. D'ailleurs tous les points du globe compris entre les parallèles auraient dû être successivement recouverts par l'effet du mouvement de rotation, et cependant le brouillard finissait à cinquante lieues des côtes.

L'origine de ces brouillards extraordinaires peut trouver une explication plus satisfaisante dans les révolutions intérieures dont notre globe est souvent agité. En 1783, l'année même du brouillard, la Calabre fut bouleversée par d'effroyables tremblements de terre, qui ensevelirent plus de 40,000 habitants; le mont Hécla, en Islande, fit une des plus grandes éruptions dont on ait conservé la mémoire; de nouveaux volcans sortirent du sein de la mer, etc.

Serait-il donc bien difficile d'admettre que des matières gazeuses, d'une nature inconnue, fussent sorties des entrailles de la terre, déchirée par ces violentes commotions, et cette explication ne s'adapterait-elle pas à cette circonstance remarquable, qu'en pleine mer le brouillard n'existait pas? Mais nous ne voulions qu'indiquer ici une des hypothèses à l'aide desquelles il serait possible d'expliquer l'origine des brouillards secs, sans recourir à l'immersion de la terre dans la queue d'une comète.

Il existe sur la côte occidentale de l'Afrique quelque chose de semblable au phénomène qui nous occupe. C'est un brouillard sec et périodique, amené par un vent appelé *harmatan*, qui fait craquer les meubles et courber les reliures des livres, qui dessèche les plantes et exerce sur le corps humain une influence non moins fâcheuse. Ce brouillard ne s'étend pas non plus en mer. On ignore la cause qui le produit.

La lune a-t-elle jamais été choquée par une comète?

Ce satellite tourne sur lui-même dans un temps précisément égal à celui qu'il emploie à faire sa révolution autour de la terre. On explique l'isochronisme de ces mouvements en disant qu'au temps où la lune, encore fluide, tendait à prendre la forme qui correspondait à son mouvement de rotation, l'attraction de notre globe l'allongea, et que son grand axe se dirigea vers le centre de la terre.

Or, si une comète avait jamais heurté la lune, ce choc aurait rompu l'harmonie qui existe entre les mouvements de rotation et de révolution, et par conséquent écarté le grand axe lunaire de la ligne dirigée vers le centre de la terre. Ce grand axe exécuterait donc, comme un pendule, des mouvements oscillatoires autour de notre globe; mais rien de cela n'existant on en doit conclure que le choc de la lune par une comète n'a jamais eu lieu.

La lune a-t-elle été autrefois une comète?

Les Arcadiens, au rapport de Lucien et d'Ovide, se croyaient plus anciens que la lune. Leurs ancêtres, disaient-ils, avaient habité la terre avant que la lune existât. Cette singulière tradition a fait demander si la lune ne serait pas une ancienne comète, qui, passant dans le voisinage de la terre, serait devenue son satellite.

Il n'y a rien là d'impossible; mais les considérations dont on a voulu corroborer cette opinion n'ont pas la moindre valeur.

Comme la comète-lune, pour devenir satellite de la terre, aurait dû avoir une courte distance-périhélie, on a voulu voir, dans l'aspect brûlé de ses hautes montagnes, les traces de la chaleur énorme qu'elle a dû éprouver en passant aussi près du soleil. C'est là une confusion de mots. Il est bien vrai que des apparences d'anciens bouleversements volcaniques donnent à quelques points de la surface de la lune un aspect brûlé; mais rien ne peut indiquer aujourd'hui quelle température elle a éprouvée autrefois.

Au reste, les partisans de l'opinion que nous exposons ici auront de la peine à expliquer pourquoi la lune n'a pas d'atmosphère sensible, tandis que toutes les comètes qu'on a vues jusqu'à ce jour se présentent avec une enveloppe gazeuse. Si la lune est une ancienne comète, qu'a-t elle fait de sa chevelure?

Serait-il possible que la terre devînt le satellite d'une comète, et, dans le cas de l'affirmative, quel sort nous serait réservé?

Pour qu'une comète puisse s'emparer de la terre et en faire son satellite, il suffit de lui donner une masse assez considérable et de la faire passer assez près de nous. Elle enlèvera sans aucun doute notre globe à l'attraction du soleil, et l'emportera avec elle dans sa révolution autour de cet astre. Mais la grande masse qu'il faut supposer à la comète et la faible distance où elle devrait passer de la terre rendent cet événement fort peu probable.

Cependant, puisque la chose peut rigoureusement arriver, examinons quel serait, dans cette hypothèse, le sort des habitants de la terre. Notre globe éprouverait-il, comme on l'a *souvent* répété, les températures extrêmes? serait-il tour à tour vitrifié, vaporisé, congelé? Deviendrait-il inhabitable, et toutes les espèces animales et végétales qu'il porte seraient-elles anéanties?

Supposons, pour répondre à ces questions, que la terre devienne le satellite d'une comète qui s'approche et *s'éloigne* beaucoup du soleil, de la comète de 1680, si l'on veut.

Cette comète, faisant sa révolution en 575 ans, parcourt une ellipse dont le grand axe est 138 fois plus grand que la distance moyenne de la terre au soleil, sa distance périhélie est extrêmement courte. Newton a calculé qu'à son passage au périhélie, le 8 décembre 1680, elle dut éprouver une chaleur 28,000 fois plus grande que celle que la terre reçoit en été : il l'a évaluée à 2000 fois celle du fer rouge.

Mais ce résultat ne saurait être admis. Pour résoudre le problème que s'était proposé Newton, il faudrait connaître l'état de la superficie et de l'atmosphère de la comète de 1680. Il y a plus, à la place de la comète, mettons notre globe lui-même, et le problème ne sera pas encore résolu. Sans doute la terre éprouvera d'abord une température 28,000 fois plus forte que celle de l'été; mais bientôt toutes les masses liquides qui la recouvrent, se transformant en vapeurs, produiront d'épaisses couches de nuages qui atténueront l'action du soleil dans une proportion impossible à fixer numériquement.

Serait-il plus facile de déterminer la température de notre globe, lorsqu'il aura accompagné la comète à son aphélie? En ne considérant que les rapports de distance, la terre devrait être alors 19,000 fois moins échauffée qu'elle ne l'est en été, c'est-à-dire que, ne recevant du soleil aucune chaleur appréciable, elle ne devrait plus posséder que celle non encore dissipée, dont elle se serait imprégnée au périhélie, et si elle avait perdu toute cette chaleur, elle devrait être à la température de l'espace environnant, laquelle ne peut descendre au-dessous de 50°, d'après les ingénieuses considérations de Fourier.

Or, l'expérience prouve que l'homme peut supporter des froids de 49° à 50° centigrades au-dessous de zéro, et une chaleur de 130°, lorsqu'il est placé dans certaines circonstances hygrométriques. Rien ne prouve donc que, dans l'hypothèse où la terre deviendrait le satellite d'une comète, l'espèce humaine serait anéantie par des influences thermométriques.

Ces considérations sur les limites entre lesquelles peuvent osciller les températures des globes célestes, sont de nature à rendre leur *habitabilité* moins problématique aux yeux des personnes qui conçoivent difficilement l'existence d'êtres formés dans un système d'organisation totalement différent du nôtre.

Le déluge a-t-il été occasionné par une comète?

Pour expliquer le déluge, Whiston fait intervenir une comète, et il adapte son explication à toutes les circonstances du déluge de Noé décrites par la *Genèse*. Il suppose, et cette supposition n'a rien d'inadmissible, que la comète de 1680 était dans le voisinage de la terre quand le déluge arriva. Il fait de la terre une ancienne comète, à laquelle il donne un noyau solide et deux orbes concentriques, le plus voisin du centre formé d'un fluide pesant, et le second composé d'eau ; sur ce dernier repose la croûte solide sur laquelle nous marchons.

Cela posé, il place, à l'époque du déluge, la comète de 1680 à 3000 ou 4000 lieues seulement de la terre. Cet astre, exerçant, à raison de sa grande proximité, une puissante attraction sur les liquides intérieurs, produisit une immense marée qui rompit la croûte solide et précipita la masse liquide sur les continents. Voilà *la rupture des fontaines du grand abîme.*

Quant à *l'ouverture des cataractes du ciel*, comme Whiston ne pouvait pas la voir dans les pluies ordinaires qui pendant quarante jours lui auraient donné de trop faibles résultats, il la trouve dans l'atmosphère et dans la queue de sa comète, lesquelles répandirent sur notre globe assez de vapeurs aqueuses pour alimenter les pluies les plus violentes.

Cette théorie, qui a joui longtemps d'une grande célébrité, ne soutient pas un examen approfondi.

Nous ne parlerons pas de la constitution que Whiston donne à la terre et que la géologie n'adopte pas aujourd'hui. Nous nous bornerons à remarquer que ses suppositions gratuites sur la proximité et la masse de la comète de 1680 ne suffisent pas à l'explication des phénomènes.

En effet, le mouvement de cet astre devant être extrêmement rapide, son attraction ne s'exerçait pas assez longtemps sur les divers points auxquels il correspondait, pour déterminer l'immense marée dont nous avons parlé.

D'ailleurs cette fameuse comète passa près de la terre le 21 novembre 1680, et il est démontré qu'à l'époque du déluge sa distance n'était pas moindre. Cependant elle ne *rompit pas les fontaines du grand abîme, elle n'ouvrit pas les cataractes du ciel*. Les explications de Whiston sont donc inadmissibles.

Halley, qui a embrassé la question d'une manière plus générale, a cherché à expliquer la présence des productions marines loin des mers et sur les plus hautes montagnes, à l'aide du choc de la terre par une comète.

Rien n'est moins vraisemblable qu'un pareil choc, mais, en supposant pour un moment l'affirmation, on chercherait vainement dans les effets d'une semblable rencontre une explication satisfaisante des phénomènes observés. La stratification des dépôts marins, l'étendue et la régularité des bancs, leurs positions, l'état de conservation parfaite des coquilles les plus délicates, les plus fragiles : tout exclut l'idée d'un transport violent, tout démontre que le dépôt s'est fait sur place.

L'explication de ces phénomènes n'offre plus de difficulté depuis que la science s'est enrichie des grandes vues de M. Elie de Beaumont sur la formation des montagnes par voie de soulèvement.

Les divers points de notre globe ont-ils changé subitement de latitude par le choc d'une comète?

On trouve dans toutes les régions de l'Europe des ossements de rhinocéros, d'éléphants et d'autres animaux qui ne pourraient pas vivre aujourd'hui sous ces latitudes. Il faut donc supposer, ou que l'Europe a éprouvé un refroidissement considérable, ou que, dans l'une des violentes commotions dont notre globe offre les traces, ces ossements ont été entraînés par des courants dirigés du midi au nord.

Mais ces hypothèses ne sauraient s'adapter à l'explication de deux découvertes modernes qui ont beaucoup occupé les savants. On trouva, en 1771, sur les bords du Vilhoui, en Sibérie, à quelques pieds de profondeur, un rhinocéros dans un état de conservation parfaite; ses chairs, sa peau, n'étaient nullement endommagées. Quelques années plus tard, en 1799, on découvrit près de l'embouchure du Léna, sur les bords de la mer Glaciale, un grand éléphant renfermé dans un massif de boue congelé, et si bien conservé que les chiens en mangeaient la chair.

Comment expliquer la présence de ces deux grands animaux dans des régions si éloignées de celles où ils vivent? Ici l'intervention des courants n'est plus admissible, car si ces animaux n'avaient pas été saisis par la gelée immédiatement après leur mort, la putréfaction les aurait décomposés. Ils ont donc dû vivre dans les lieux où on les a trouvés. Ainsi, d'une part, la Sibérie a dû avoir autrefois une température élevée, puisque les éléphants et les rhinocéros y vivaient; de l'autre, la catastrophe dans laquelle ces animaux périrent a dû rendre subitement cette région glacée.

De ces déductions au choc de la terre par une comète, il n'y a plus qu'un pas, car nous ne connaissons que cette cause qui soit capable de produire un changement subit et tranché dans les latitudes de notre globe.

Cette explication est-elle admissible? Nous ne le pensons pas.

Et d'abord est-il établi que l'éléphant du Léna, le rhinocéros du Vilhoui, n'aient pas pu vivre sous le climat actuel de la Sibérie? Il est permis d'en douter, car ces animaux, d'ailleurs semblables de forme et de grandeur à ceux qui habitent aujourd'hui l'Afrique et l'Asie, s'en distinguaient par une circonstance très-digne de remarque; ils portaient une espèce de fourrure. La peau du rhinocéros était hérissée de poils roides de 7 à 8 centimètres de long, et celle de l'éphant était couverte de crins noirs et d'une laine rougeâtre; son cou était garni d'une longue crinière; particularités remarquables et qui portent à croire que ces animaux étaient nés pour vivre dans les régions septentrionales.

Du reste, un voyageur célèbre (1) a constaté récemment que le tigre royal, qui appartient aux pays les plus chauds, vit encore aujourd'hui en Asie à de très-hautes latitudes; qu'il s'avance en été jusqu'à la pente occidentale de l'Altaün-Oola (les Montagnes d'Or). Pourquoi notre éléphant à fourrure n'aurait-il pas pu se transporter, durant l'été, jusqu'en Sibérie. Or, là un accident fort ordinaire, un éboulement, par exemple, a suffi pour l'ensevelir sous des couches congelées, capables de le préserver de toute putréfaction. Car, sous ces latitudes, la terre, à une profondeur de douze à quinze pieds, reste éternellement gelée.

Il n'est donc nullement nécessaire, pour se rendre compte des découvertes du Léna et du Vilhoui, de recourir au choc de la terre par une comète. D'un autre côté, cette supposition que nous avons reconnue ailleurs être inadmissible, n'expliquerait rien ici. Car si l'on veut à toute force que la Sibérie ait été autrefois dans le voisinage de l'équateur, il faut nécessairement admettre qu'elle était alors recouverte d'un renflement liquide de plus de 5 lieues d'épaisseur, produit par le mouvement rotatoire de la terre; et où placer alors notre rhinocéros et notre éléphant?

COMMUNICATION des deux mouvements de rotation et de translation des corps célestes par la même force d'impulsion. *Voy.* ATTRACTION UNIVERSELLE.

COMMUNICATION de l'électricité. *Voy.* ÉLECTRICITÉ.

COMPARAISON des lumières d'une bougie et du soleil, de la lune, etc. *Voy.* PHOTOMÉTRIE.

COMPENSATEUR MAGNÉTIQUE.— Dans un navire, l'aiguille de la boussole peut être déviée : 1° par les décompositions magnétiques qu'elle exerce sur les substances voisines; 2° par l'état magnétique permanent que peuvent posséder plusieurs de ces substances; 3° par l'état magnétique passager qu'elles prennent sous l'influence de l'aimant terrestre, et qui varie continuellement selon leur position variable avec celle du vaisseau lui-même.

La première cause ne produirait que des effets minimes, dont on se garantit en plaçant l'*habitacle* de la boussole à une assez

(1) M. de Humboldt, *Fragments d'orographie et de climatologie asiatiques.*

grande distance de toutes les pièces de fer du vaisseau, ce qui est toujours possible.

La seconde cause d'altération, qui est elle-même assez faible, peut être assez aisément corrigée. L'aiguille se trouvant placée, par rapport aux corps magnétiques, à une distance fort grande comparée à sa longueur, les effets qu'exerce sur chacun de ses deux pôles l'action combinée des pôles de ces corps magnétiques sont sensiblement égaux; il y a donc autant de couples qui se combinent en un couple unique et permanent, qui se compose lui-même avec le couple terrestre et a pour résultante la direction de fait de l'aiguille. Mais si, dans chaque lieu de l'observation, on fait tourner le navire sur lui-même, tandis que le couple terrestre conserve sa position, le couple du vaisseau change la sienne; il en résulte donc une déviation variable susceptible d'un certain maximum à droite du méridien magnétique, et d'un maximum égal à sa gauche, si l'on fait tourner le vaisseau en sens contraire: la moyenne entre ces deux positions extrêmes de l'aiguille donnera sa vraie direction.

Cette seconde cause a aussi assez peu d'influence pour pouvoir être souvent négligée; mais il en est autrement de la troisième. Pour apprécier et corriger cette influence, supposons qu'elle existe seule, et que toutes les pièces de fer du vaisseau deviennent, sous l'action du globe, qui varie avec leur position continuellement variable, autant d'aimants à pôles changeants: la déclinaison de l'aiguille en sera continuellement altérée, et dans le même lieu, et dans les différentes contrées que traversera le vaisseau, et où le couple terrestre lui-même changera sans cesse de direction et d'intensité. Les corrections devront être faites dans chaque lieu déterminé par voie d'expérience. Or, voici le moyen ingénieux et proposé par M. Barlow.

Le bâtiment étant d'abord supposé dans une rade tranquille où l'on peut virer de bord, on choisit sur le rivage, à quelque distance, un lieu d'où l'on puisse l'apercevoir dans toutes les positions, tandis qu'il tourne sur lui-même. Là s'établit un observateur avec une boussole et un cercle à mesurer les angles. Sur le vaisseau, près de la boussole fixée dans son habitacle, se tient un observateur muni d'un cercle pareil. A un signal donné, les deux observateurs visent l'un à l'autre, et chacun d'eux détermine l'angle que fait son aiguille avec sa lunette. Puisque les deux observateurs se regardent, les axes des deux lunettes ne font qu'une seule et même ligne, que nous appellerons la *ligne de repère*.

La boussole qui est sur le rivage, se trouvant soustraite à l'action des fers du navire, n'éprouve pas de perturbation; et si celle du vaisseau n'en éprouvait point, les deux aiguilles devraient être parallèles et faire avec la ligne de repère tout juste le même angle; la distance des deux aiguilles étant trop faible pour déterminer une différence de déclinaison. La différence des deux angles est la mesure de la force perturbatrice des fers dans la position actuelle du vaisseau. Concevons que, par des manœuvres toujours faciles par un temps de calme, on fasse faire au vaisseau une révolution complète, et que de 10° en 10° on observe l'aiguille, ses indications diverses donneront pour chacune de ces positions la valeur des déviations locales dues aux fers. Des interpolations faciles donneront ces valeurs pour chaque rotation d'un degré.

Après cette première série d'opérations, l'observateur du rivage enlève sa boussole, et lui substitue celle du vaisseau, en la plaçant de la même manière sur une cage en bois, susceptible de faire avec elle une révolution complète autour du pivot de l'aiguille. Sur l'un des côtés de cette cage, on voit des trous qui sont destinés à recevoir le *compensateur magnétique*. C'est un double disque de fer dont les parties sont séparées par une feuille de carton, et susceptibles d'être plus ou moins pressées l'une contre l'autre par des vis; il est assujetti à une tige en cuivre rouge, qui s'enfonce dans l'un ou l'autre de ces trous. En faisant tourner la cage, on fait tourner avec elle le compensateur, et l'aiguille en est diversement affectée dans les différents azimuts; par des tâtonnements, on arrive à lui faire éprouver la série des déviations qu'elle éprouvait par la rotation du vaisseau. Cela fait, on marque avec beaucoup de soin la position du centre de la plaque par rapport à l'aiguille de la boussole; on rapporte celle-ci sur le vaisseau, et l'on ajuste le compensateur sur le pied qui la porte, de manière qu'il ait à son égard exactement la même position.

Dans cet état de choses, puisque le compensateur produit sur l'aiguille, quand la boussole tourne, les mêmes déviations que les fers du vaisseau quand on fait virer celui-ci dans les divers azimuts, l'effet du compensateur est de doubler l'écart que produirait le vaisseau seul. Or, c'est cette duplication même qui en donne la mesure. Car si l'aiguille marque un certain degré 36 quand on enlève d'abord le compensateur, et qu'on le transporte assez loin, et qu'ensuite le compensateur étant remis en place, elle en marque 43, il est clair que l'effet du compensateur est de 7°. Mais cet effet est égal à celui des fers du vaisseau, et il est de même signe; donc celui-ci est de 7° sur 36°: donc, sans lui, l'aiguille ne marquerait que 29°. Telle est donc son indication, corrigée de l'erreur dont il s'agit. Nous devons ajouter, toutefois, que cet ingénieux procédé n'est pas sans difficulté dans la pratique.

COMPOSANTES (forces). *Voy.* FORCES.

COMPRESSIBILITÉ. — C'est la propriété qu'ont les corps de se réduire à un moindre volume apparent lorsqu'on les presse de toutes parts. On sait que les tissus très-poreux sont en même temps très-compressibles. Une éponge peut être réduite au tiers, au quart, au dixième de son volume apparent. Le papier, les étoffes, le bois et tous les tissus qui se laissent pénétrer par les fluides, peuvent pareillement diminuer de volume, et perdre par la compression les fluides qu'ils contiennent. Il y a une foule de procédés des arts qui ne sont que des applications de ce principe.

Les pierres elles-mêmes, quand elles sont chargées d'un grand poids, se laissent comprimer jusqu'à un certain point. Les bases des édifices et les colonnes qui en soutiennent la charge, en donnent des preuves très-évidentes.

Les métaux sont *écrouis* par la percussion; ils deviennent plus compactes; leurs parties se refoulent les unes sur les autres, et forment une masse plus serrée.

Les monnaies et les médailles reçoivent leurs empreintes sous l'action d'un balancier qui les frappe subitement; cette pression est si forte qu'elle façonne le métal comme la pression de la main pourrait façonner la cire; et non-seulement ils changent de forme, pour se mouler sur les traits les plus déliés de l'effigie qui porte le coin, mais encore ils se compriment de telle sorte que la pièce frappée a sensiblement moins de volume que celle qui ne l'est pas.

Les liquides sont en général beaucoup moins compressibles que les solides; l'eau ne diminue que très-peu de volume quand on l'enferme dans une pièce de canon et qu'on la comprime par les plus fortes puissances. Le métal éclate avant qu'elle soit réduite aux $\frac{19}{20}$ de son volume. Elle ne se comprime que de $\frac{45}{1000000}$ pour chaque atmosphère, et il ne faut pas mille atmosphères pour faire éclater un canon. *Voy.* PIÉZOMÈTRE.

L'air et le gaz sont, de tous les corps, ceux qui se compriment le plus facilement et ceux qui se réduisent à un moindre volume. On peut le démontrer par un grand nombre d'expériences; mais l'une des plus simples est celle du briquet à air. Cet appareil se compose d'un tube de verre de deux ou trois décimètres de longueur et dont les parois sont très-épaisses. Dans son intérieur, qui est parfaitement cylindrique, se meut un piston qui le ferme exactement dans toutes les positions qu'il peut prendre. Si le tube était rempli d'eau, le piston ne pourrait pas descendre, puisque l'eau est très-peu compressible; mais, quand il est rempli d'air, la force de la main est suffisante pour enfoncer le piston et pour réduire le volume au quart ou au cinquième de ce qu'il était d'abord. Quand le piston reprend sa position primitive, l'air aussi reprend son volume primitif; ainsi il n'est pas compressible à la manière des métaux, qui reçoivent des empreintes, et qui ne reviennent pas à leur volume primitif quand le balancier cesse de les presser.

Les autres gaz ont la même propriété que l'air, et tous ces corps ne sont pas seulement propres à être comprimés, mais, en vertu de leur force expansive, ils sont propres à prendre un volume beaucoup plus grand.

Si au-dessus du briquet à air on ajoutait un tube de même diamètre, et qu'au lieu d'enfoncer le piston on le soulevât dans le nouveau tube, l'air intérieur se répandrait partout et prendrait un volume dix fois, cent fois, mille fois, etc., plus grand; et même il ne paraît pas qu'il y ait de limite à cette expansion de gaz. Après cela, on pourrait de nouveau enfoncer le piston, et le volume se réduirait de plus en plus; on pourrait le soulever de nouveau et le réduire encore, et ainsi de suite, sans que l'air conservât la moindre trace des divers états de compression ou d'expansion par lesquels on l'aurait fait passer. C'est une constitution très-remarquable que celle de ces corps qui peuvent prendre ainsi un volume cent mille fois plus grand ou cent mille fois plus petit, sans qu'une action mutuelle entre leurs molécules cesse de s'exercer.

D'après cela, on pensera peut-être que tout l'air de l'atmosphère pourrait être enfermé dans un très-petit espace, comme, par exemple, dans la capacité d'une outre; mais s'il n'y a pas de limite à l'expansion, il y a une limite nécessaire à la compression et à la réduction de volume.

COMPUT ECCLÉSIASTIQUE. *Voy.* CALENDRIER.

CONDENSATEURS. — Si l'on prend deux disques conducteurs, séparés par une lame non conductrice, de verre ou de résine; quand un de ces disques reçoit de l'électricité vitrée, par exemple, et que l'autre disque reçoit de l'électricité résineuse, ces deux électricités *s'attirent au travers* de la lame non conductrice et pressent les faces opposées par lesquelles elles font effort pour se rejoindre; on dit alors que ces électricités sont dissimulées. En effet, quand ces disques sont ainsi chargés, on peut les toucher l'un ou l'autre sans que leur fluide s'écoule dans le réservoir commun; mais seulement quand on les touche séparément et non pas simultanément; le fluide de celui qui est touché n'obéit pas à la force répulsive qui lui est propre, parce qu'il est attiré et retenu par le fluide de l'autre. On donne le nom de condensateurs aux appareils dans lesquels on accumule de l'électricité dissimulée. Ces appareils se composent de deux lames conductrices, soit deux feuilles métalliques séparées par un corps non conducteur, soit une plaque de verre.

La quantité d'électricité que peut accumuler un condensateur est proportionnelle à la surface des plateaux, et en raison inverse de l'épaisseur de la lame isolante.

Le condensateur à taffetas gommé est formé de deux pièces, d'un plateau en bois recouvert de taffetas gommé, et d'un plateau métallique qui est muni d'un manche isolant. Le plateau métallique étant mis en communication avec une source électrique, soit directement, soit au moyen d'une tige à boule, le fluide électrique se répand sur toute sa surface, et agit par influence au travers du taffetas sur les électricités naturelles du plateau de bois qui doit communiquer avec le réservoir commun.

Volta, en partant du principe que l'effet d'un condensateur est d'autant plus marqué que le corps isolant intermédiaire est plus mince, construisit un condensateur propre à recueillir de très-faibles quantités d'électricité. On nomme cet appareil condensateur à feuilles d'or. Entre les mains de Volta et celles de ses successeurs, il a servi à une foule de recherches des plus importantes sur l'électricité; c'est un véritable électroscope à lame d'or sur lequel on adapte deux plateaux métalliques minces et bien dressés au tour, et recouverts sur leur surface de contact de plusieurs couches de vernis à la gomme laque.

CONDESCENDANCE DIVINE, son étendue. *Voy.* ASTRONOMIE, § II.

CONDITIONS HYGROMÉTRIQUES des différentes parties de la terre. *Voy.* VAPEURS (*Météorol.*). — A différentes hauteurs dans l'atmosphère (*Ibid.*).

CONDITIONS d'équilibre des corps flottants. *Voy.* HYDROSTATIQUE.

CONDUCTEURS, corps bons conducteurs, mauvais conducteurs. *Voy.* CONDUCTIBILITÉ.

CONDUCTIBILITÉ (*conducere*, conduire). — La conductibilité ou conducibilité est la propriété dont jouissent les corps d'absorber la chaleur et de la répandre dans leur masse. On distingue la conductibilité *extérieure* ou la *pénétrabilité*, et la conductibilité *propre* ou la *perméabilité*. Par sa pénétrabilité, un corps laisse le calorique passer de sa surface à la surface d'un corps contigu, ou *vice versa*; par sa perméabilité, il laisse le calorique passer d'un point à un autre de sa masse.

Sous le rapport de la conductibilité, il y a de grandes différences entre les diverses substances. Ainsi on tient sans se brûler un morceau de bois très-court dont une extrémité est enflammée, tandis qu'on ne saisirait pas impunément une barre de fer de même dimension dont un bout serait chauffé jusqu'au rouge. Par des expériences vulgaires on sait que les métaux sont de *bons conducteurs*; qu'au contraire les substances végétales et animales, le verre, la cire, etc., conduisent la chaleur difficilement. Une pièce de viande brûle quelquefois d'un côté pendant qu'elle est encore froide de l'autre. Un tube de verre peut être fondu à un bout sans s'échauffer quelques pouces plus loin. Il en est de même de la cire à cacheter, d'une bougie ordinaire, d'un bâton de soufre, etc. L'ébullition cesse aussitôt dans un vase de métal qu'on retire du feu; elle continue au contraire dans un vase de terre, parce qu'il y reste une certaine quantité de chaleur qui n'a pas été transmise à l'eau à mesure qu'elle pénétrait dans les parois; aussi celles-ci en dehors s'élèvent-elles pendant l'ébullition à une température bien supérieure à 100 degrés.

On distingue aussi de bons et de mauvais conducteurs par le froid plus ou moins vif qu'on sent en les touchant: ainsi à la même température les métaux nous paraissent bien plus froids que le bois, que la paille, que la laine, etc. Mais ici il faut observer que le phénomène est complexe; tout ce que nous sentons, c'est la perte de chaleur; or la substance que nous touchons peut nous en enlever beaucoup, non seulement parce que les molécules de la surface la transmettent rapidement aux autres, mais encore parce que ces molécules peuvent exiger beaucoup de chaleur pour se mettre en équilibre avec notre température. Voilà pourquoi le marbre paraît aussi froid qu'un métal, quoiqu'il conduise plus mal la chaleur; le verre est dans le même cas. Le poli a encore une grande influence puisqu'il permet un contact plus intime, et par suite le refroidissement d'un plus grand nombre de points.

Une expérience d'Ingenhouz fait aisément reconnaître l'ordre dans lequel les métaux et certains corps solides doivent être rangés relativement à la conductibilité. Sur une des parois d'un vase de cuivre, on fixe perpendiculairement de petits cylindres d'argent, de cuivre, de fer, de verre, de bois, etc. Ces cylindres sont parfaitement égaux et enduits d'une couche de cire. On verse de l'eau bouillante ou de l'huile très-chaude dans le vase et on juge de la conductibilité par la distance où la cire se trouve fondue sur chaque cylindre à un instant donné. La fusion a déjà lieu à l'extrémité de l'argent quand elle commence à peine sur le bois. Voici l'ordre assigné par cette expérience:

Or, argent, cuivre, étain, fer, zinc, plomb, verre, marbre, porcelaine, poterie, charbon, bois.

Pour juger de la conductibilité des substances en lames minces, des étoffes, par exemple, on peut se servir du *thermomètre de contact*, imaginé par Fourier. C'est un vase ayant la forme d'un entonnoir renversé; il est fermé inférieurement par une membrane tendue, et contient du mercure. On plonge un thermomètre; on étend l'étoffe sur un support chauffé d'avance, et posant l'instrument par-dessus, on note le temps nécessaire pour que le thermomètre monte d'un certain nombre de degrés. En répétant l'expérience avec une autre étoffe sur le même support également chaud et dans les mêmes circonstances, on détermine facilement laquelle des deux conduit mieux la chaleur. On trouve ainsi qu'à égalité d'épaisseur les tissus végétaux, comme le lin, le coton, etc., transmettent la chaleur plus vite que la soie ou la laine. On reconnaît que les substances filamenteuses ou divisées en parcelles sont très-peu conductrices; on peut citer surtout la sciure de bois, le tan, le coton cordé, le duvet, etc. Il est aisé avec cet appareil d'étudier l'influence de l'épaisseur, de la superposition, etc. Il est à remarquer que le passage plus ou moins facile de la chaleur ne dépend pas seulement de la nature des substances et de l'épaisseur totale, mais aussi de l'ordre de superposition. Par exemple, une lame métallique entre deux morceaux de drap est sans influence, mais elle en a une très-marquée quand elle est en contact avec le support ou avec l'instrument.

Avec les expériences précédentes on peut

bien s'assurer qu'une substance conduit mieux la chaleur qu'une autre, mais on ne *mesure* pas la conductibilité. Cette mesure pourrait s'obtenir très-exactement pour certain corps avec un appareil proposé par M. Dulong. On ferait avec la substance à éprouver un vase sphérique d'une épaisseur uniforme et connue qui plongerait dans un bain de glace fondante. On introduirait dans la cavité un courant de vapeur d'eau, de manière à entretenir la surface intérieure constamment à 100°; la surface extérieure serait toujours à 0°; et on mesurerait la conductibilité par la quantité de glace fondue dans un temps donné. Par un procédé moins direct M. Despretz est arrivé aux résultats suivants, qui pour les dernières substances ne doivent être regardés que comme approximatifs :

Or.	1000	Etain.	304
Platine. . . .	981	Plomb	180
Argent. . . .	973	Marbre. . . .	24
Cuivre. . . .	898	Porcelaine. .	12
Fer	374	Terre des fourneaux . . .	11
Zinc.	363		

Cette table signifie, par exemple, que si dans l'appareil précédent il y a eu 898 grammes de glace fondue en opérant avec un vase de cuivre, il y en aurait dans le même temps seulement 374 avec un vase de fer de même épaisseur et de même surface.

Dans la construction des fourneaux on a soin d'employer des substances peu conductrices pour éviter la déperdition de la chaleur; quelquefois même entre deux couches de briques on interpose une couche de charbon en poudre. Les poêles de tôle ou de fonte qui transmettent la chaleur très-vite ne la conservent pas comme ceux de terre ou de faïence. Dans les contrées du nord on a de grands poêles en briques qu'on allume seulement le matin pendant une ou deux heures; cette masse prend ainsi une provision de chaleur qu'elle cède ensuite peu à peu, de manière que l'appartement reste à 15 ou 16° pendant 24 heures, lors même qu'au dehors la température est à 15 ou 20° au-dessous de zéro. Mais il faut pour cela, comme l'observe M. Lamé, que les murs soient formés de substances peu conductrices; le bois convient très-bien; des poutres de 8 à 10 pouces d'équarrissage superposées horizontalement, dont les joints sont remplis avec de l'étoupe et dont l'ensemble est recouvert des deux côtés par des planches de deux pouces d'épaisseur, suffisent pour former une enceinte convenable. Quand les murs sont en briques, on leur donne une épaisseur de 2 ou 3 pieds. Les maisons de pierre ou de marbre sont très-rares, et la théorie en indique la raison, puisque le marbre conduisant la chaleur deux fois mieux que la brique, il faudrait donner aux murs une épaisseur de 6 pieds pour produire le même effet.

Quand la température de l'air descend à plusieurs degrés au-dessous de zéro, on trouve constamment que la terre couverte de neige est moins froide que la terre nue, ce qui montre que la neige est une substance peu conductrice qui peut préserver les semences ou les plantes d'un froid trop grand.

La glace se conserve très-longtemps dans les glacières, d'abord parce qu'il faut une quantité énorme de chaleur pour fondre un poids considérable de glace, et surtout aussi parce que la chaleur du dehors ne peut pénétrer que très-difficilement à travers la terre et les pierres épaisses qui forment les parois.

Actuellement on transporte dans l'Inde de la glace prise aux Etats-Unis; mais pour ne pas tout perdre pendant un trajet de 4 mois au moins, à travers les mers les plus chaudes du globe, il faut isoler la glace en l'entourant de substances peu conductrices. On la taille en blocs réguliers qu'on range de manière à ne pas laisser de vide. La masse remplit une espèce de caisse qui occupe tout le corps du vaisseau, mais qui se trouve séparée de ses murailles par une couche épaisse de tan et de paille. Pour un trajet de 6 mois la perte a été de 55 tonneaux sur 180. On a aussi transporté de la glace de Suède en France pendant l'été de 1834.

Les vêtements par eux-mêmes ne donnent aucune chaleur, seulement ils conservent celle qui se développe par l'action de la vie; d'après cela il est évident que, toutes choses égales, ce sont les plus mauvais conducteurs qui fournissent les vêtements les plus chauds; la laine, la fourrure, les étoffes ouatées, etc., en sont des exemples. Une toile métallique préserverait très-mal du froid. Il est à remarquer que les mêmes enveloppes qui empêchent un corps de se refroidir l'empêcheraient aussi de s'échauffer, de sorte que s'il faut vêtir de laine un vase où l'on veut conserver de l'eau longtemps chaude, c'est aussi avec de la laine qu'il faut l'entourer s'il contient de la glace qu'on veuille empêcher de se fondre; sans enveloppe il recevrait du dehors une plus grande quantité de chaleur.

La peau, le tissu cellulaire, la graisse, conduisent très-mal la chaleur; aussi la température de l'intérieur du corps reste-t-elle à 37° environ quand la surface et les extrémités sont à peu près à la température de l'air ambiant. Par suite, il est très-difficile d'échauffer le corps artificiellement à une certaine profondeur. Les sachets de sable chaud qu'on applique sur la peau, la brûlent quelquefois avant que l'intérieur se réchauffe. Si dans l'état de santé il suffit souvent de se tenir un instant devant le feu pour qu'un sentiment de chaleur se répande dans tout le corps, c'est que le feu agit comme un stimulant; nous nous réchauffons alors non comme des corps inertes, mais par la chaleur que nous développons nous-mêmes en plus grande quantité en vertu de l'excitation reçue.

En général les liquides ne s'échauffent pas comme les solides; il s'y établit des courants, ce qui empêche de juger de la conductibilité; mais déjà, par cela même qu'une molécule chaude parcourt un long trajet en s'élevant à travers le liquide froid, il est évident que la chaleur ne passe pas facilement d'une molécule à l'autre. D'ailleurs on peut faire en sorte qu'il n'y ait pas de courant, et alors on reconnaît qu'en général les liquides sont de très-mauvais conducteurs. Si, par exemple, on chauffe de l'eau par la partie supérieure en maintenant une plaque de fer rouge à une petite distance, la chaleur se propage vers le fond avec une excessive lenteur. Après avoir rempli un tube à moitié d'eau froide, on verse par-dessus de l'eau très-chaude qu'on peut même faire *bouillir* sans que la partie inférieure s'échauffe sensiblement.

Quelques physiciens, notamment Rumford, ont nié la conductibilité des liquides, prétendant que le faible échauffement observé à une petite profondeur dans les expériences précédentes, venait de la chaleur transmise par les parois des vases. Mais une preuve que dans l'eau la chaleur passe d'une molécule à l'autre, c'est que quand on mêle exactement de l'eau chaude avec de l'eau froide, on obtient toujours la même dilatation pour la même température, quelles que soient les proportions du mélange.

Par la manière dont s'échauffent les liquides, on voit qu'il y a un grand avantage à appliquer la chaleur sur le fond des vases; si on l'appliquait seulement à une certaine hauteur sur les parois latérales, il n'y aurait pas de courants au-dessous de ce point, et par conséquent très-peu de chaleur transmise; dans certaines blanchisseries on profite des courants qui se forment dans les liquides échauffés pour établir une véritable circulation entre la chaudière et les cuviers à lessive. Les calorifères à eau chaude sont fondés sur le même principe.

Les gaz s'échauffent très-vite, comme on peut s'en assurer en présentant devant le feu une vessie pleine d'air; la dilatation a lieu presque instantanément. Mais alors, comme dans les liquides, c'est par des courants que la chaleur se transmet, *c'est-à-dire* que les molécules viennent s'échauffer successivement par leur contact avec les parois; aussi, quand on gêne les courants, trouve-t-on que les gaz sont de très-mauvais conducteurs. Rumford, ayant enfermé un thermomètre dans un ballon plein d'air, vit que la chaleur communiquée au ballon se transmettait au thermomètre bien plus lentement quand on mettait un peu d'édredon pour gêner les courants. Lorsque l'air est refroidi par le bas, il n'y a pas de raison pour que les courants s'établissent, aussi trouve-t-on de grandes différences de température à des distances très-petites en hauteur.

On voit, d'après cette imparfaite conductibilité, que les couches d'air interposées entre les vêtements sont un des meilleurs moyens de maintenir la chaleur, car les courants ne peuvent pas s'établir aisément dans des espaces aussi étroits. L'utilité des édredons dépend de la même cause; de même dans une fourrure, dans les étoffes ouatées, dans le plumage des oiseaux, il faut compter l'air interposé comme faisant partie de l'enveloppe; on a ainsi une couche isolante qui réunit une grande légèreté à une grande épaisseur. D'après les expériences de Rumford, un vase chaud enveloppé d'une fourrure se refroidit plus vite quand le poil est en dedans; cela tient au moins en partie à ce que le tassement expulse une portion de l'air et diminue réellement l'épaisseur : l'imparfaite conductibilité explique encore comment la chaleur se maintient dans les nuages où il n'est guère possible qu'il s'établisse des courants.

Conductibilité; son influence sur l'échauffement et le refroidissement des corps. *Voy.* Calorique rayonnant.

Conductibilité électrique. Tous les corps de la nature ont été séparés en deux grandes classes : ceux qui prennent de l'électricité par le frottement, que l'on appelle *idio-électriques;* et ceux qui n'en prennent pas, que l'on appelle *anélectriques* (d'ἀ, pour ἀ privatif). Si l'on fait communiquer avec la machine électrique un long fil de métal, soutenu par des fils de *soie* ou par des tubes de *verre*, dès qu'on tourne la machine, on reconnaît aisément : 1° qu'il est électrisé dans toute son étendue, quelle que soit sa longueur, et quelles que soient les circonvolutions qu'on lui fasse parcourir; 2° que, s'il est interrompu quelque part, par du verre ou de la soie, il ne montre plus d'électricité au delà de cette interruption; 3° et que, s'il touche *au sol*, il ne donne plus aucun signe électrique, car le sol est assez bon conducteur pour que l'électricité s'y répande, se dissipe au large sur toute sa surface, et de là se communique à l'édifice entier, ou même au globe de la terre.

Il résulte de là que l'air est un corps non conducteur; car s'il était conducteur, comme le métal, l'électricité développée par le frottement passerait du corps frotté dans l'air qui l'environne, et se disperserait à l'instant dans toute la masse de l'atmosphère.

L'eau et la vapeur d'eau sont de bons conducteurs : un corps électrisé donne toute son électricité à l'eau dans laquelle on le plonge, ou à la vapeur d'eau bouillante à laquelle on l'expose. C'est pourquoi l'électricité, qui se conserve longtemps dans l'air sec, se dissipe promptement dans l'atmosphère quand l'air est humide.

Le corps humain est aussi un bon conducteur : quand un homme est debout sur un mauvais conducteur, comme un gâteau de résine, il s'électrise dans toute son étendue, en touchant avec la main des corps électrisés; et, quand il touche au sol, il ne conserve rien de l'électricité qu'il prend aux corps; il la transmet au sol où elle va se perdre. Cette propriété nous explique pourquoi les métaux ne s'électrisent point lorsqu'on les tient à la main nue, puisque leur électricité doit se dissiper à mesure qu'elle se développe.

Les plus mauvais conducteurs deviennent d'assez bons conducteurs lorsqu'on les humecte de quelque vapeur aqueuse : c'est pourquoi il faut chauffer les corps pour les sécher avant de les soumettre au frottement; alors le moindre contact les électrise, et même la main sèche jouit de cette propriété: en passant, par exemple, un tube de verre, un ruban de soie ou une bande de papier entre les doigts, on leur donne une grande force électrique.

La *conductibilité électrique* des différents corps dépend donc d'une cause permanente, qui est la nature de leur substance; mais elle dépend aussi de plusieurs causes accidentelles dont il est difficile de mesurer l'influence. Ainsi, au lieu de dire que les corps sont conducteurs ou non conducteurs, il est plus exact de dire qu'ils sont bons conducteurs ou mauvais conducteurs; car il n'existe pas un corps qui soit non conducteur absolu. Les plus mauvais conducteurs sont la gomme laque, la soie, le verre et les résines; on les appelle aussi corps *isolants*, parce que les corps électrisés qui reposent sur eux sont véritablement isolés ou séparés du sol, et conservent longtemps l'électricité qu'ils possèdent. Les métaux sont les meilleurs conducteurs que l'on connaisse : nous verrons qu'un fil de métal, de plusieurs lieues de longueur, s'électrise à l'instant dans toute son étendue, lorsqu'un peu d'électricité est développée ou déposée sur un seul de ses points. Entre les plus mauvais et les meilleurs conducteurs se trouve l'infinie variété des corps de la nature ayant tous les degrés de conductibilité différents.

CONGÉLATION. *Voy.* FROIDS ARTIFICIELS.

CONJONCTION.—Une planète est dite en conjonction quand elle a la même longitude que le soleil, et en opposition, quand sa longitude diffère de 180° de celle du soleil. Ainsi deux corps sont dits être en conjonction quand ils sont vus exactement dans la même partie du ciel; et en opposition quand ils sont diamétralement opposés l'un à l'autre. *Voy.* LUNE, PLANÈTES.

CONSTELLATIONS. — Après le spectacle d'un beau jour, en est-il de plus imposant que celui d'une belle nuit, lorsque le ciel sans nuages nous découvre ses plaines azurées, où l'or semble mêler son éclat aux diamants dont elles sont semées? Que le manteau de la nuit est riche et pompeux! Sous cet aspect, elle n'a rien d'affreux; elle répand sur son passage une rosée bienfaisante qui abreuve les fleurs, les feuilles et les plantes desséchées par l'ardeur du jour, et elle entretient dans l'air cette douce humidité nécessaire à la végétation. Elle est comme la mesure du sommeil de la nature, et elle étend un voile sur l'homme et sur les animaux, pendant leur repos, qu'elle environne d'un majestueux silence. A l'ombre de ses ailes, tout ce qui respire sur la terre, dans les airs, dans les eaux, se délasse des travaux du jour. Ses ténèbres ne sont point celles du chaos, car elle a sa lumière, son ordre et son harmonie qu'on admire et qui ne le cède qu'à celle du jour. Ce n'est point, il est vrai, cet éclat éblouissant du soleil qui fait tout disparaître, excepté lui, dans les cieux, et nous découvre tout sur la terre, la nuit, au contraire, nous cache la terre, et veut que nous ne soyons plus occupés que du spectacle des cieux, dont, sans elle, les astres brillants nous seraient inconnus.

Dans le centre éclatant de ces orbes immenses,
Qui n'ont pu nous cacher leur marche et leurs distances,
Luit cet astre du jour, par Dieu même allumé,
Qui tourne autour de soi sur son axe enflammé.
De lui partent sans fin des torrents de lumière ;
Il donne, en se montrant, la vie à la matière,
Et dispense les jours, les saisons et les ans,
A des mondes divers autour de lui flottants.
Ces astres, asservis à la loi qui les presse,
S'attirent dans leur course, et s'évitent sans cesse ;
Et, servant l'un à l'autre, et de règle et d'appui,
Se prêtent les clartés qu'ils reçoivent de lui.
Au delà de leur cours et loin de cet espace,
Où la matière nage et que Dieu seul embrasse,
Sont des soleils sans nombre, et des mondes sans fin :
Dans cet abîme immense il leur ouvre un chemin.
Par delà tous ces cieux le Dieu des cieux réside.
(*Henriade*, VII.)

On peut distinguer à l'œil nu quelques milliers d'étoiles; mais en s'aidant d'une lunette ou d'un télescope, l'observateur en découvre un nombre vraiment prodigieux. Pour se reconnaître au milieu de ce dédale d'étoiles qui brillent sur la voûte des cieux, on a eu l'idée de les diviser en groupes ou catégories, auxquels on a donné le nom de *constellations*. Cette idée remonte à la plus haute antiquité, et on la retrouve chez les plus anciens peuples de la terre, les Chinois, les Hindous, les Egyptiens, les Grecs, etc. Elle semble d'ailleurs si simple qu'elle se montre à peu près sur tous les points, chez les Péruviens, chez les peuplades errantes, chez les nations les moins avancées en civilisation. Les Grecs, qui n'étaient que des *enfants* par rapport à la science profonde des Egyptiens, ainsi que Platon le dit quelque part, la tenaient d'eux très-probablement. Cependant on a peut-être placé un peu trop haut l'époque à laquelle ces derniers en firent primitivement usage. Ce fut sous l'empire de cette idée que l'on assigna au fameux zodiaque de Denderah une origine qui le faisait remonter bien au delà de toutes les traditions historiques; mais la découverte immense de Champollion le Jeune, qui, au moyen d'une idée ingénieuse, est parvenu à rendre à l'histoire les nombreuses inscriptions des monuments du Nil, a ramené la date du zodiaque à sa juste valeur. Il a pu lire sur le contour de cette peinture le mot *autocratôr*, titre que prenait Néron sur tous les monuments élevés de son temps. Ainsi le zodiaque de Denderah est de l'époque romaine de l'histoire d'Egypte. (1er siècle après Jésus-Christ.)

D'un autre côté, les traditions porteraient à faire penser que l'origine des constellations grecques n'est pas en Egypte ; Clément d'Alexandrie en attribue l'invention à Chiron, qui semble avoir vécu 1420 ans avant notre ère. Antérieurement à cette même époque, elles étaient déjà connues, car il en est question dans le livre de Job, qui remonte à 1700. Au IXe siècle (884) Hésiode parle des Pléiades, de la Grande-Ourse, de Sirius et du Bouvier; et à cette même époque, Homère, auquel Hésiode avait disputé le prix de la poésie, désigne la seconde de ces constellations par ces mots : *Le Chariot qui n'a pas sa part des bains de l'Océan!* Eudoxe de Knide, dans son ouvrage intitulé : *Miroir*, qui avait été traduit par Germanicus, parlait avec détail des constellations grecques : plusieurs autres écrivains anciens avaient traité amplement la même question, mais leurs ouvrages ne sont pas arrivés jusqu'à nous, les incendies successifs de la bibliothèque d'Alexandrie nous ayant enlevé la plus grande partie des écrits des philosophes de l'antiquité.

Pour placer sur une carte céleste et les étoiles et les constellations, on est obligé d'user d'artifice, d'employer certaines conventions, de même qu'il a fallu imaginer un moyen pour distinguer les étoiles d'une même constellation les unes des autres. Hipparque, et les anciens à sa suite, leur avait donné des désignations dont l'emploi était difficile et, par suite, d'une petite utilité. En 1603, l'astronome allemand Bayer imagina de les désigner chacune selon l'ordre de leur grandeur, en se servant des lettres de l'alphabet grec, puis de celles de l'alphabet romain et enfin des chiffres. D'après cela, l'étoile la plus brillante de chacune des constellations prend la première lettre de l'alphabet grec α, la moins brillante après elle β, etc. : α du Taureau (*Aldébaran*) par exemple, est la plus remarquable des différentes étoiles de cette constellation ; β est celle qui lui est inférieure en éclat, et ainsi de suite. Les astronomes ont admis avec Bayer six ordres de grandeur dans les étoiles visibles à la vue simple ; on compte 17 étoiles de première grandeur ; 55 de deuxième ; 197 de troisième grandeur; celles de sixième ordre sont les dernières qui soient visibles à l'œil nu, mais au télescope on aperçoit jusqu'à celles de seizième grandeur.

Voici du reste un moyen très-simple de reconnaître dans le ciel la position des principaux groupes d'étoiles ou constellations. On prend pour point de départ celle de la *Grande Ourse*, autrement dit le Chariot, assemblage brillant de 7 étoiles, dont le caractère est tellement remarquable, qu'une fois que l'on a bien reconnu sa place sur la voûte étoilée, on ne peut jamais être embarrassé de la retrouver. Ces sept étoiles sont ainsi disposées, et portent, dans le système de Bayer, les lettres que nous leur avons données ; six sont de seconde grandeur : α, β, γ, ϵ, ζ, η; une de troisième, δ.

On voit qu'elles forment un grand quadrilatère à l'un des angles duquel (δ) se trouve une suite d'étoiles qui en est comme la queue ; c'est, en d'autres termes, le timon du Chariot. Si en partant de *bêta* (β) on fait passer idéalement une ligne par *alpha* (α), cette ligne prolongée ira rencontrer une troisième étoile, moins brillante, qui est la *Polaire*, *alpha* (α) d'une constellation présentant la même figure que la Grande-Ourse, mais disposée en sens contraire ; ses proportions sont du reste beaucoup moindres, ce qui l'a fait nommer *Petite-Ourse;* elle est composée d'étoiles de troisième et de quatrième grandeur : cela fait qu'elle n'est pas aussi facile à reconnaître que la Grande-Ourse. Cependant comme l'étoile que nous avons nommée la *Polaire* est la plus remarquable de cette partie du ciel, on la retrouve assez promptement. Elle doit le nom qu'elle porte à son voisinage du pôle, dont elle est à 1 degré 36 minutes; du temps d'Hipparque elle en était plus éloignée, et elle en sera à 45° dans des milliers d'années. Sa position fait qu'elle semble être le pivot immobile autour duquel tourne la voûte céleste, et le centre des cercles que décrivent toutes les étoiles.

La ligne qui a donné la Polaire étant prolongée d'une quantité égale, donne *Pégase* ou la *Grande-Croix*, grand carré formé de quatre étoiles secondaires. Avant d'y arriver, on laisse à sa droite *Cassiopée*, groupe d'étoiles de troisième et de quatrième grandeur, bien reconnaissable à sa figure en Y, à queue recourbée ; on peut aussi y retrouver la figure d'une chaise renversée. La ligne qui nous a servi à déterminer la place de la Polaire, prolongée en sens contraire, conduit à la constellation du Lion, grand trapèze de quatre belles étoiles, dont deux de premier ordre, *Régulus* à l'ouest, la *Queue* à l'est. Une ligne menée par *delta* et *alpha* (δ et α) de la Grande-Ourse vers l'est, rencontre l'étoile alpha (α) du *Cocher* que l'on appelle la *Chèvre*, et qui est une des étoiles les plus brillantes du ciel. La diagonale *alpha*, *gamma* (α, γ,) de la Grande-Ourse traversant l'espace, va trouver l'*Epi*, la seule étoile de première grandeur de la constellation de la *Vierge*. La diagonale de sens contraire *delta bêta*, conduit aux *Gémeaux*, qui forment un grand quadrilatère oblique dont deux angles sont occupés par les belles étoiles de *Castor* et *Pollux*. En continuant la courbe que décrit la queue de la Grande-Ourse, on tombe sur une étoile très-remarquable, qui est *Arcturus*.

Quoiqu'on puisse observer le ciel dans toutes les nuits sereines, celles d'automne et d'hiver sont préférables à cause de leur longueur, et parce que la lueur crépusculaire diminue peu l'éclat des étoiles. Deux belles nuits, vers le mois d'octobre et de mars, suffiront pour faire connaître toutes les constellations visibles à Paris. On ne distinguera d'abord que les plus brillantes (les primaires et les secondaires); leur éclat les rend remarquables, même lorsque le ciel est un peu couvert, ou quand la lune brille, et ce sont autant de repères qui servent à trouver les noms des étoiles voisines.

Indiquons maintenant le nom et les figures des constellations.

Constellations boréales.

La Grande-Ourse (*le Chariot*, etc.). C'est

une de celles qui ne se couchent jamais à Paris, et qui, par conséquent, prend toutes les situations possibles en tournant autour du pôle, propriété qu'elle partage avec les trois suivantes. Elle est formée principalement de sept belles étoiles dont quatre forment un carré long ; les trois autres sont en ligne courbe.

La Petite-Ourse (*le Petit-Chariot*). Cette constellation, plus rapprochée du pôle que la précédente, est aussi formée de sept étoiles qui affectent la même figure, mais avec moins d'éclat, sous des dimensions moindres et placée en sens inverse.

La dernière étoile de la queue de la Petite-Ourse s'appelle la *Polaire* ou la Tramontane (*Transmontana*, au delà des monts pour les Italiens).

Cassiopée (*le Trône, la Chaise*). Cette constellation est de l'autre côté du pôle par rapport à la Grande-Ourse ; elle est de celles qui ne se couchent jamais en France. Ce groupe de 5 étoiles tertiaires est très-remarquable par sa figure en Y.

Céphée. Elle est formée de trois étoiles tertiaires disposées en un arc plus près du pôle que Cassiopée et qui tourne sa convexité au Dragon.

Pégase (*la Grande-Croix*), carré formé de 4 étoiles secondaires ; le carré de la Grande-Ourse et celui de Pégase sont des deux côtés opposés du pôle.

Andromède : trois étoiles secondaires équidistantes formant une ligne un peu courbée.

Le Dragon. Cette constellation, qui ne se couche point à Paris, est très-facile à reconnaître à la file d'étoiles en ligne doublement sinueuse. La queue sépare les deux Ourses. Le corps du Dragon contourne la Petite-Ourse, en se rapprochant de la Polaire et s'en éloigne ensuite par une courbure en sens contraire.

Persée, double file d'étoiles, dont l'une va à l'Orient, vers la Chèvre et continue l'arc de Persée ; l'autre va au midi et se porte en ligne droite aux Pléiades. β Algol, au-dessous de l'arc de Persée, est changeante et environnée d'un groupe de petites étoiles.

Le Cocher (*le Charretier*) forme un grand pentagone irrégulier dont *trois étoiles plus* brillantes sont en triangle isocèle dont la base vers le nord porte la *Chèvre*, l'une des plus belles étoiles du ciel.

Le Triangle boréal, entre le pied d'Andromède et le Bélier.

Le Bouvier est situé sur le prolongement de la queue de la Grande-Ourse et présente une espèce de pentagone au nord-est d'*Arcturus*, l'une des plus brillantes étoiles. On y remarque aussi le *Cœur de Charles*, étoile tertiaire.

La Chevelure de Bérénice, groupe de petites étoiles très-rapprochées.

La Couronne boréale : six à sept étoiles à l'orient du Bouvier, disposées en demi-cercle ; belle étoile secondaire (*la Perle*).

La Lyre a une belle étoile primaire (Wega) qui offre, avec Arcturus et la Polaire, un grand triangle. Elle est opposée à la Chèvre.

Le Cygne (*la Croix*) forme, à l'orient de la Lyre, une grande croix dans la voie lactée.

L'Aigle, au midi du Cygne et de la Lyre ; elle est reconnaissable à trois étoiles voisines et en ligne oblique dont celle du milieu s'appelle *Altaïr*.

Antinoüs, quadrilatère au midi de l'Aigle.

Le Dauphin, lozange de 4 étoiles serrées au midi de la luisante du Cygne.

Le Serpentaire ou Ophiucus et le Serpent, deux constellations enlacées qui occupent un vaste espace. Ce dernier s'abaisse jusqu'au-dessous de l'équateur.

Hercule, formé particulièrement d'un grand quadrilatère.

Constellations zodiacales.

Le Bélier, au-dessous d'Andromède, sur la ligne des Pléiades.

Le Taureau :

Les Pléiades ou la Poussinière :

Les Hyades :

On voit sur le dos du Taureau 6 étoiles très-serrées ; ce sont les Pléiades. Une étoile primaire, un peu rougeâtre, est *l'œil du Taureau* ou *Aldébaran* ; elle termine la branche inférieure d'un V oblique formé de 5 étoiles très-visibles, qui sont les Hyades, au front du Taureau.

Les Gémeaux forment une sorte de parallélogramme oblique à l'est du Taureau.

L'Écrevisse, (*le Cancer*), la moins apparente du zodiaque.

Le Lion, grand trapèze de quatre belles étoiles au-dessous de la Grande-Ourse. La base inférieure a deux étoiles primaires dont l'une se nomme le *Cœur* ou *Régulus*.

La Vierge. Sur le prolongement de la grande diagonale du carré de l'Ourse, on voit, vers le midi, une étoile primaire : c'est l'*Epi de la Vierge*.

La Balance, à l'est de l'Epi.

Le Scorpion, la Lyre, *Arcturus et Antarès*, ou le *Cœur du Scorpion*, forment un grand triangle isocèle dont Arcturus est le sommet. Antarès est le centre d'un arc convexe vers la Balance, formé de 4 ou 5 étoiles.

Le Sagittaire forme un trapèze oblique, un peu à l'orient d'Antarès ; à droite est une file d'étoiles en ligne courbe imitant un arc convexe vers le Scorpion. A Paris, cette constellation se voit près de l'horizon.

Le Capricorne. La ligne qui va de la Lyre à l'Aigle se prolonge sur deux étoiles très-voisines et tertiaires, c'est la tête du Capricorne. La plus élevée est double.

Le Verseau, triangle très-aplati, avec une ligne sinueuse de très-petites étoiles, aboutissant à l'horizon.

Les Poissons ; peu apparente, composée de deux files d'étoiles très-fines, qui vont en divergeant l'une vers Andromède, l'autre vers le Verseau.

Constellations australes.

La Baleine, au-dessous du Bélier, composée d'un parallélogramme et de deux quadrila tères, l'un beaucoup plus petit que l'autre, et le premier à la gauche du second.

Le Poisson Austral, sous le Verseau, renferme une belle étoile primaire, *Fomalhaut*. Cette constellation s'élève très-peu sur l'horizon de Paris.

Orion ; la plus belle de toutes les constellations, par son étendue et le nombre d'étoiles brillantes qui la composent. Nous la voyons briller dans les belles nuits d'hiver, et elle se trouve dans une région du ciel qui est peuplée d'une multitude d'étoiles éclatantes. Vers 9 à 10 h. du soir, en février et mars, on peut découvrir à la fois jusqu'à douze primaires : Sirius, Procyon, la Chèvre, Aldébaran, Arcturus, l'Epi, le Cœur de l'Hydre, Orion, les Gémeaux et le Lion, sans compter un grand nombre de secondaires.

Orion forme un grand quadrilatère ; au milieu sont trois secondaires serrées, disposées en ligne oblique, c'est le *Baudrier*, la *Ceinture*, les *Trois-Rois*, le *Râteau*, le *Bâton de Jacob*. Cette ligne va au nord-ouest à Aldébaran et au sud-est à Sirius ; au-dessous est une traînée lumineuse de trois étoiles très-rapprochées : c'est l'Epée. Entre l'épaule occidentale et Aldébaran est le *Bouclier*, composé d'une file d'étoiles très-petites disposées en ligne courbe.

Le Grand-Chien, grand quadrilatère à gauche et à la base d'Orion ; cette constellation est remarquable par l'étoile de *Sirius*, la plus belle étoile du ciel.

Le Petit-Chien (*Procyon*), à l'est de l'angle supérieur du quadrilatère d'Orion.

L'Eridan, constellation composée d'une file d'étoiles tertiaires et quartaires, qui vont en serpentant de l'angle occidental inférieur d'Orion, en descendant sous l'horizon, où elle se perd. Elle se termine par une belle étoile primaire (*Acharnar*).

Le Lièvre, quadrilatère au-dessous d'Orion.

L'Hydre, longue constellation qui occupe le quart de l'horizon, sous le Cancer, le Lion et la Vierge.

Le Corbeau, grand trapèze de quatre étoiles tertiaires au midi de la Vierge et sur l'alignement de la Lyre à l'Epi.

La Coupe, formée de six quartaires en demi-cercle au-dessous du Lion.

Le Navire, le Vaisseau, à l'orient du Grand-Chien. L'horizon nous en cache une partie et particulièrement la plus belle des étoiles après Sirius (*Canope*).

La Licorne, disposée en V oblique entre le Petit-Chien et Orion.

Le Centaure, au-dessous de l'Epi de la Vierge. Elle s'élève peu sur notre horizon et contient plusieurs belles étoiles, entre autres deux primaires. Entre les jambes du Centaure est la *Croix du Sud*, formée de quatre secondaires toujours cachées pour nous.

Le Loup, au sud-ouest d'Antarès.

Le Solitaire, au-dessous de la Balance.

Le Télescope, sous la flèche du Sagittaire, dans les brumes de notre horizon.

L'Autel, sous la queue du Scorpion ; invisible à Paris.

La Couronne Australe, très-petites étoiles au-dessous du Sagittaire.

La Grue, au-dessous du Poisson Austral.

Le Phénix, quadrilatère d'étoiles tertiaires au-dessus d'Acharnar.

Le Paon, au-dessous du Sagittaire.

Nous avons omis de parler du Triangle Austral, du Poisson *Volant*, de la Dorade, de l'Indien, de la Mouche australe, de l'Hydre mâle, du Caméléon, etc., parce que ces constellations, voisines du pôle austral, ne sont jamais visibles à Paris. La polaire du pôle austral est une étoile sextaire nommée *σ* de l'Octant.

CONSTITUTION d'un rayon lumineux. *Voy.* Théorie de la lumière.

CONTINENTS (température de l'intérieur des). *Voy.* Température.

CONTRASTE SUCCESSIF et contraste simultané des couleurs. *Voy.* Couleurs.

CONVOIS, résistance des convois et limite de la puissance des machines qui les traînent. *Voy.* Vapeur (*ses usages*).

COPERNIC, ses découvertes, *voy.* Physique. — Son système, *voy.* Système du monde.

CORDE. — Une corde se compose de plusieurs fils ou torons appliqués les uns sur les autres et réunis par la torsion. Les cordes sont d'un usage vulgaire pour le fonctionnement des machines. Le *poids*, la *courbure* et la *rondeur des cordes* occasionnent des résistances qui exigent un plus grand effort de la part de la puissance. La résistance des cordes dans une machine, étant estimée en kilogrammes, devient un nouveau fardeau qu'il faut ajouter à celui que la machine doit élever ; et comme cette augmentation de poids rend les cordes encore plus roides, il faudra de nouveau calculer cette augmentation de résistance. Ainsi, on aura plusieurs sommes décroissantes, qu'il faudra ajouter ensemble, comme lorsqu'il s'agit du frottement. Il y a une centaine d'années, l'Académie des sciences proposa la question de savoir s'il est plus avantageux de tordre beaucoup les cordes, ou de les tordre peu. Réaumur fut chargé de chercher la solution de cette question. Faisant l'expérience en petit, il prit plusieurs brins de gros fil de Bretagne, et s'assura de leur force, en les chargeant peu à peu de grains de plomb contenus dans un petit seau de fer-blanc, qui fut attaché au bout de chacun des fils, et cela jusqu'à ce qu'ils se remplissent. Après avoir ainsi mesuré leur force, il fit de quatre de ces brins de fil, en les tordant ensemble, une petite corde ; et cette corde ne porta jamais la somme des poids que les quatre brins portaient séparément. D'où il conclut avec raison que la torsion diminue la force des cordes. On fit ensuite l'expérience en grand, et on obtint le même résultat. On en sent aisément la raison. En tordant ensemble plusieurs fils pour former une corde, les uns se trouvent inévitablement plus fortement tendus que les autres ; et lorsque la corde est appliquée à quelque effort, cet effort étant inégalement partagé entre ces fils, celui qui est le plus tiré cassera le premier; et si tous sont nécessaires pour l'effort à vaincre, la corde deviendra trop faible.

C'est pour cela que les câbles de fer verticaux qui soutiennent le tablier des ponts suspendus sont formés de fils non tordus, mais assemblés parallèlement et serrés par d'autres fils en travers. On fait beaucoup de câbles en fils de fer tordus, lesquels sont appliqués à d'autres usages : ici, on ne peut s'exposer à perdre quelque chose de la force de ces fils, lorsqu'ils doivent supporter un poids si considérable, qui pèse sur eux d'une manière permanente.

Une corde ne saurait être tendue horizontalement en ligne droite; car, en admettant qu'elle pût être dans le cas où elle serait dépourvue de pesanteur, il est clair que, dans la réalité, le poids de ses diverses parties la tirera comme le ferait un doigt appliqué en travers. La corde s'infléchira donc par l'effet de la pesanteur, et prendra la forme d'une courbe concave, connue sous le nom de *chaînette*. C'est cette forme qu'on observe sur la corde d'un cerf-volant, et sur les câbles qui soutiennent les mâts des vaisseaux ou les grues dans les constructions. Les cordes de fil de fer qui joignent les culées des ponts suspendus ont la forme de chaînettes; or, il est facile de reconnaître qu'une traction considérable s'exerce aux deux extrémités dans le sens tangentiel, de sorte que si les cordes étaient fixées au sommet des culées, elles tendraient au renversement de ces masses. Mais les cordons passent au-dessus, puis redescendent plus loin sous le sol, où ils vont se perdre dans de solides massifs de maçonnerie.

Nous devons rappeler ici que, malgré les meilleures garanties que puisse offrir un pont suspendu, sa solidité est toujours compromise dans le cas que voici. La marche d'un homme sur un semblable pont lui imprime toujours une secousse, une sorte de mouvement de balançoire qui, isolément, est sans aucun danger. Mais qu'on suppose un bataillon d'infanterie traversant le pont *au pas*, cette forme de la marche pourra amener la rupture, et paraît l'avoir fait en quelques cas. Cela vient de ce que les secousses produites par le *pas*, étant toutes semblables et concordantes, s'ajoutent entre elles, et donnent un effort égal à leur somme, résultante qui pourra surpasser la ténacité des jointures. La même chose n'aurait pas lieu si le même nombre d'hommes, ou un nombre plus grand encore y passait d'une façon irrégulière, parce qu'ils donneraient lieu à une foule de mouvements discords, qui, se détruisant mutuellement, du moins en partie, ne produiraient en somme qu'une résultante beaucoup plus faible.

La roideur des cordes est un obstacle qui réduit dans bien des cas l'utilité de leur emploi, puisqu'une partie de la force motrice est employée à vaincre cette roideur. On fait évanouir en grande partie cette difficulté, en substituant aux cordes des courroies plates, qui sont beaucoup plus flexibles, et qui ont l'avantage de toucher les roues et les gorges des poulies par de plus grandes surfaces ; ce qui est utile quand c'est le frottement des cordes qui détermine la rotation.

Les fils gagnent en force lorsqu'ils sont mouillés ; les cordes, au contraire, deviennent plus faibles dans la même condition ; mais en tous cas, les uns et les autres se raccourcissent; ce qui provient sans doute de l'augmentation en diamètre par l'interposition de l'eau. De là une application dont l'utilité est constatée par une anecdote connue. Lorsque l'obélisque de la place Saint-Pierre de Rome était sur le point d'atteindre son piédestal, les câbles qui le tenaient suspendu se trouvèrent un peu trop longs, sans qu'il fût possible de manœuvrer davantage les machines, pour remédier à cet accident non prévu. Une voix sortie de la foule cria : « Mouillez les cordes. » On déféra sur-le-champ à cette sorte d'oracle, et les câbles se trouvèrent suffisamment raccourcis pour que la base du monolithe pût atteindre la surface sur laquelle elle devait reposer.

CORDES MUSICALES. *Voy.* VIBRATIONS.

CORPS (structure des). Il n'y a sur la structure des corps aucune théorie, ou, pour mieux dire, aucun fait complétement expliqué. Un corps est formé de parties matérielles qui peuvent être séparées plus ou moins facilement les unes des autres, à l'aide de la division mécanique. S'il était possible d'atteindre le dernier terme de cette division, on aurait la molécule intégrante ou constitutive, composée elle-même de particules élémentaires ou atomes, semblables ou hétérogènes, suivant que le corps est simple ou composé, et qui ne pourraient être séparées que par des moyens chimiques ou physiques. La forme et le volume réel de ces atomes échappent à nos sens, même en nous aidant du microscope du plus fort grossissement. On pense assez généralement que leur forme est sphérique, attendu que c'est celle qu'affecte la matière quand elle n'est soumise à aucune force étrangère. On admet encore que les atomes, simples ou composés, en se groupant, produisent des molécules constitutives, dont la forme dépend de leur nombre, de leur mode d'arrangement, etc.

Les molécules matérielles sont tellement petites, qu'on ne connaît de leur forme que la dissemblance de leurs différents côtés dans de certains cas, — dissemblance qui se manifeste par leurs attractions réciproques durant la cristallisation, ces attractions étant plus ou moins fortes, selon les côtés que les molécules se présentent mutuellement. La cristallisation, qui est un effet d'attraction moléculaire, est soumise à certaines lois, suivant lesquelles les atomes de même espèce se réunissent pour former des figures régulières, — fait dont il est facile d'acquérir la preuve en dissolvant un morceau d'alun dans de l'eau pure. L'attraction mutuelle des molécules est détruite par l'eau ; mais si l'on fait évaporer ce liquide, les molécules se réunissent et forment, en se réunissant, des figures à huit faces, que l'on appelle octaèdres. Ces figures cependant ne sont pas toutes exactement semblables. Dans quelques-unes, les angles ou les arêtes, ou même les angles et les arêtes à la fois, sont coupés, tandis que le reste du cristal prend une forme régulière. Il est tout à fait évident que les mêmes circonstances qui occasionnent l'agrégation de quelques molécules doivent occasionner également celles d'un plus grand nombre, quand ces circonstances sont maintenues assez longtemps pour cela ; et le phénomène continue à s'accomplir tant qu'il reste quelques molécules libres dans le voisinage du noyau primitif, dont le volume augmente, mais dont la forme ne change pas, la figure des molécules étant disposée de manière à maintenir la régularité et le poli des surfaces du solide, ainsi que leurs inclinaisons mutuelles. Un cristal rompu reprend peu à peu sa figure régulière si on le remet de nouveau dans une solution d'alun ; ce qui prouve que les molécules intérieures et extérieures sont semblables, et que l'attraction qu'elles exercent sur les molécules tenues en solution est semblable également. Les conditions primitives d'agrégation qui donnent lieu, sous formes diverses, à la réunion des molécules de la même substance, doivent être très-nombreuses, puisque le carbonate de chaux seul nous offre plusieurs centaines de variétés ; et d'après le mouvement de la lumière polarisée dans son passage au travers du cristal de roche, il est bien reconnu qu'il faut une différence très grande dans l'arrangement des molécules pour produire le moindre changement dans la forme extérieure. Diverses substances, en cristallisant, se combinent chimiquement avec une certaine quantité d'eau, qui, en se solidifiant, devient un élément essentiel de leurs cristaux, et qui même, d'après les expériences de MM. Haidinger et Mitscherlich, semble dans certains cas, déterminer la forme particulière de leurs molécules constituantes. Ces deux savants ont observé que la même substance s'unit à une quantité d'eau, variable avec le degré de température auquel s'opère la cristallisation, et que de là résulte une variété de formes correspondantes. Le sélénite de zinc, par exemple, s'unit avec trois proportions d'eau différentes, en prenant trois formes différentes, suivant que la température de la cristallisation est chaude, tiède ou froide : de même, le sulfate de soude, qui, cristallise à la température de 32° 22 centigrades, sans eau de cristallisation, se combine avec de l'eau à la température ordinaire, prenant en même temps une forme différente.

La chaleur paraît avoir une grande influence sur les phénomènes de la cristallisation ; et cela non-seulement quand les molécules matérielles sont à l'état libre, mais alors même qu'elles sont le plus étroitement unies, puisque, dans ce dernier cas, elle parvient encore à changer leur arrangement. Le professeur Mitscherlich a trouvé que des cristaux prismatiques de sulfate de nickel, exposés à un soleil ardent, dans un vase bien clos, changeaient si complétement de structure intérieure, sans toutefois éprouver le moindre changement extérieur, que, lorsqu'on venait à les rompre, ils se trouvaient composés d'octaèdres à bases carrées. L'agrégation primitive des *molécules* intérieures avait été détruite, et elles *avaient* reçu une certaine disposition à s'arranger d'elles-mêmes en forme cristalline. Les cristaux de sulfate de magnésie et de sulfate de zinc, échauffés graduellement dans l'alcool, jusqu'au point de l'ébullition, perdent peu à peu leur diaphanéité ; et si l'on vient à les briser, on s'aperçoit qu'ils consistent alors en un *nombre infini de cristaux* extrêmement petits, et d'une forme entièrement différente de celle des cristaux entiers. Quelques secondes suffisent pour transformer en octaèdres des cristaux prismatiques de zinc exposés à la chaleur du soleil ; et l'on pourrait citer encore d'autres exemples de l'influence qu'une chaleur même très-modérée exerce sur l'attraction moléculaire à l'intérieur des corps. Observons, en passant, que ces expériences fournissent des vues entièrement nouvelles à l'égard de la constitution des corps solides. L'extrême mobilité des fluides fait que nous verrions sans surprise s'opérer les plus grands changements dans la position relative de leurs molécules, ces molécules devant être, même au sein des eaux les plus tranquilles ou de l'air le plus calme, dans un mouvement perpétuel ; mais rien ne pouvait nous faire supposer un mouvement aussi sensible dans l'intérieur des solides. L'on concevait bien que leurs molécules dussent se contracter, c'est-à-dire se rapprocher les unes des autres par l'effet du froid et de la pression ; ou se dilater, c'est-à-dire s'écarter par l'interposition du calorique ; mais il y avait loin de là au phénomène qui change leurs positions relatives jusqu'au point de dénaturer leur mode d'agrégation. La température peu élevée à laquelle ces changements s'accomplissent, a donné tout lieu de croire qu'il n'existe aucune partie de matière inorganique qui ne soit dans un état de mouvement relatif.

Les découvertes du professeur Mitscherlich relatives aux rapports qui existent entre les formes des substances cristallisées et leur état chimique, ont répandu une nouvelle clarté sur la constitution des corps matériels. Certaines formes de cristaux sont inaltérables : le cube, par exemple, peut être ou petit ou grand ; mais il n'en reste pas moins invariablement un solide terminé par six faces carrées. Il en est de même aussi du tétraèdre, ou solide à quatre faces triangulaires équilatérales. Plusieurs autres solides appartiennent à la classe désignée sous le nom de système *Tessular* de cristallisation. Il y a d'autres cristaux qui, bien que terminés par le même nombre de faces, et ayant la même forme, sont cependant susceptibles de changement ; tel est l'octaèdre, figure à huit faces et à base carrée, qui tantôt est aplatie et tantôt allongée. L'on croyait autrefois que l'identité de forme, parmi tous les cristaux qui n'appartiennent pas au système *Tessular*, indiquait une identité de composition chimique ; mais le professeur Mitscherlich a prouvé qu'il n'en est pas ainsi, et que les substances qui diffèrent jusqu'à un certain point de composition chimique, ont la propriété de prendre la même forme cristalline. Ainsi, par exemple, le phosphate neutre de soude et l'arséniate de soude, qui ont la même forme cristalline, et qui contiennent les mêmes quantités d'acide, d'alkali et d'eau de cristallisation, diffèrent essentiellement, puisque l'un contient de l'arsénic, et l'autre une quantité équivalente de phosphore. On donne à ces substances le nom d'isomorphes, c'est-à-dire qui ont la même forme. Parmi elles on distingue plusieurs groupes. Tous ont la même forme ; mais quoiqu'il y ait entre eux similitude, il n'y a point identité de composition chimique. Ainsi, par exemple, l'un de ces groupes isomorphes consiste en certaines substances chimiques, désignées sous les noms de protoxides de fer, de cuivre, de zinc, de nickel, et de manganèse, qui toutes sont d'une forme identique, et renferment la même quantité d'oxigène, mais diffèrent quant à la nature des métaux qu'elles contiennent, bien que ces métaux soient à peu près en même proportion dans chacune. Toutes ces circonstances concourent à prouver que les substances qui ont la même forme cristalline doivent être composées d'atomes derniers ayant la même forme, et disposés entre eux de la même manière. La forme des cristaux dépend donc de leur constitution atomique.

Tous les corps cristallisés ont des joints qu'on appelle clivages, suivant lesquels ils se fendent plus facilement qu'en toute autre direction. L'art de tailler les diamants dépend uniquement de cette propriété. Chaque substance a son clivage particulier. Ainsi, par exemple, toutes les variétés de chaux carbonatée se clivent en figures à six faces, appelées rhomboèdres, dont les angles alternes comprennent 105, 55 et 75, 05°, quelque loin que l'on puisse porter la division ; ce qui a conduit à présumer que les dernières molécules de chaux carbonatée doivent avoir cette forme. Quoi qu'il en soit, il est certain que tous les divers cristaux de ce minéral peuvent être formés en construisant des solides à six faces d'une forme semblable à celle qui vient d'être indiquée, et de la même manière que les enfants bâtissent des maisons avec des briques en miniature. Il est permis d'imaginer qu'une différence énorme peut exister entre les molécules d'une masse informe et celles d'un cristal de la même substance, entre la forme grossière de la chaux et celle du cristal si pur et si limpide du spath d'Islande ; et pourtant l'analyse chimique n'en laisse voir aucune ; leurs atomes derniers sont identiques, et la cristallisation prouve que toute la différence consiste dans le mode d'agrégation. De plus, toutes les substances peuvent cristalliser, soit naturellement, soit artificiellement. Les liquides cristallisent par la congélation, les vapeurs par la sublimation, et les solides par le refroidissement après la fusion. De là on peut conclure que toutes les substances sont composées d'atomes, dont la grandeur, la forme et la densité déterminent la nature et les qualités ; et comme ces qualités sont invariables, il est tout naturel de croire que les molécules dernières de la matière sont incapables d'altération, et que par conséquent, elles sont encore aujourd'hui ce qu'elles étaient au moment de leur création.

Corps arrondis ou creux, offrent plus de résistance. *Voy.* Ténacité.

Corps célestes ; leurs propriétés magnétiques. *Voy.* Courants électriques.

CORRECTION RELATIVE à la température du mercure dilaté par la chaleur dans les baromètres. *Voy.* Baromètre.

COSMOGONIE MATÉRIALISTE. — Pour constater la puissance coordinatrice et la valeur d'une doctrine, quelle qu'elle soit, il faut la saisir dans la conclusion ou dans l'application la plus générale, la plus complète, la plus rigoureuse qui ressorte de l'ensemble de ses raisonnements et de ses principes ; et lorsque l'on possède cette conclusion, il faut la comparer au fait le plus général qui résulte de la considération de l'ensemble des phénomènes de notre monde. Or, la conclusion générale du matérialisme est facile à saisir, et cette conclusion, c'est la circularité complète du fait universel, c'est le fatalisme. — En effet, le matérialisme pose en principe, qu'*il existe de toute éternité dans l'espace infini une somme finie de matière*, et que *cette matière possède des propriétés ou des forces essentielles dont les combinaisons déterminent notre ordre phénoménal actuel.* Telle est la formule générale du matérialisme : avant d'en discuter la conséquence générale et nécessaire, nous allons démontrer que cette formule est essentielle à la conception matérialiste, et qu'il lui est impossible d'en effacer un seul terme sans cesser d'être.

D'abord, la matière est éternelle ; car, si elle n'est pas éternelle, elle a été créée : donc il existe une puissance créatrice autre que la matière. La matière est finie ; car, si la matière était infinie, le mouvement serait impossible, puisque la matière infinie dans l'espace infini supposerait le plein absolu, et que tout mouvement suppose le vide. La matière possède, comme propriétés essentielles, des forces finies ; ces forces sont finies, comme essence et comme nombre, car il serait absurde d'admettre des propriétés infinies dans un être fini ; ces forces sont essentielles à la matière, et par conséquent éternelles comme elle ; car, si elles ne sont pas éternelles, elles ont été créées ; ce qui implique encore une puissance créatrice autre que la matière. Enfin, puisque ces forces sont éternelles et essentielles, elles ne sauraient nécessairement ni s'accroître ni diminuer.

Or une somme finie et immuable de forces, agissant dans une somme finie et immuable de matière, ne peut engendrer qu'une somme finie et immuable de phénomènes, quelque grande que soit cette somme; et cette somme de variétés possibles étant épuisée, il faut de *toute nécessité* que les mêmes choses se reproduisent. Ainsi, la formule générale du matérialisme donne pour conclusion générale la circularité complète du phénomène universel; et tous les matérialistes forts ont ainsi conclu; tous ont formellement admis que, dans cet enchaînement mécanique de causes qui ont été effets, et d'effets qui vont être causes, un seul ordre général de mouvement était possible, l'ordre circulaire dans lequel, au bout d'un temps limité, la somme totale des phénomènes se reproduit de nouveau et toujours dans *le même ordre*.

Or, le fait synthétique, le fait le plus général qui résulte de la comparaison de l'ensemble des phénomènes de notre monde, c'est le mouvement; il a lieu, non pas suivant une ligne circulaire, mais suivant une ligne *droite* et constamment *ascendante*; et cette conclusion générale n'est pas spéciale à notre état phénoménal actuel; elle exprime encore l'ensemble des phénomènes accomplis dans les époques qui ont précédé la nôtre. Ainsi, la conclusion générale du matérialisme, mis en contact du fait le plus général qu'il nous soit donné de connaître, est démontrée fausse.

Il existe encore un autre ordre d'argumentation purement métaphysique qui renferme toute la Genèse matérialiste dans un dilemme infranchissable dont les deux termes renferment une égale impossibilité, une absurdité égale; et, parce que cette argumentation nous paraît invincible, et qu'elle renverse également toutes les doctrines matérialistes, quelles qu'elles soient, nous croyons devoir l'exposer avec quelque étendue.

Les recherches extrêmement curieuses de Sir Williams Herschell sur les nébuleuses, recherches qui ont pris dans ces dernières années une grande extension par les travaux de son fils, ont conduit ce célèbre astronome à émettre une hypothèse cosmogonique qui a été développée et appliquée par Laplace à notre système planétaire, et qui a été acceptée plus ou moins complétement par tous les savants généraux qui ont voulu appliquer la doctrine matérialiste aux sciences géologiques et à l'étude des corps organisés, par Lamarck, M. Geoffroy Saint-Hilaire, etc., etc. Cette conception cosmogonique, qui ne diffère en rien, du reste, de celle qui fut professée dans les écoles de la Grèce par la secte d'Epicure, est la seule conception générale, quelque peu rationnelle, à laquelle le matérialisme puisse s'élever. Cette hypothèse, la voici :

Dans le principe, la matière existait disséminée dans l'espace à l'état de molécules extrêmement divisées et plus petites que toute quantité donnée. Chacune de ces molécules était primitivement tenue en place par l'action simultanée de deux forces, l'une répulsive, la chaleur; l'autre attractive, la gravitation. La matière diffuse, s'étant successivement condensée par la déperdition de la chaleur, a formé les soleils ou les étoiles, et les nébuleuses ne sont autre chose que de la matière diffuse qui se condense pour former *maintenant* encore des soleils nouveaux.

Telle était la conception de Herschell : voici maintenant comment Laplace, dans sa *Mécanique céleste*, applique cette théorie à la formation de notre système planétaire. Nous ne pouvons, à ce sujet, être accusé de partialité, puisque la théorie de Laplace est regardée par tous les matérialistes forts comme la théorie la plus plausible qui ait été *présentée jusqu'à ce jour, parce qu'elle a le mérite capital de faire opérer la formation* de notre monde par les agents les plus simples et les plus généraux que nous présente sans cesse l'ensemble de nos études naturelles, la pesanteur et la chaleur.

L'hypothèse cosmogonique de Laplace a pour but d'expliquer sans l'intervention d'une force créatrice et intelligente les circonstances générales qui caractérisent la constitution de notre système solaire, à savoir : l'identité de la direction de toutes les circulations des planètes d'occident en orient; l'identité de toutes leurs gyrations dans le même sens; la constance du même phénomène et dans la circulation orbitaire et dans la gyration des satellites; la faible excentricité des orbites des planètes et de leurs satellites, alors que toutes les courbes ellipsoïdales sont également possibles; enfin, l'inclinaison peu considérable des plans orbitaires sur le plan de l'équateur solaire; car Laplace, complétant péniblement un calcul des chances primitivement indiqué par Daniel Bernouilli, avait conclu qu'une disposition si remarquable avait nécessairement une cause, puisque, si la distribution du système planétaire avait été l'effet du hasard, il y avait, suivant le calcul des probabilités, quarante-quatre millions à parier contre un que cette distribution aurait été autre que celle qui existe; seulement Laplace ne voulait pas que cette cause fût Dieu.

Cela posé, et notre soleil étant supposé formé, suivant la théorie de Herschell, par la condensation de la matière diffuse et phosphorescente d'une immense nébuleuse, la théorie de Laplace consiste à former notre système planétaire par la condensation lente et graduelle de l'atmosphère solaire supposée primitivement étendue, en vertu de l'extrême chaleur, jusqu'aux limites de notre monde, et successivement contractée par le refroidissement; et cette théorie repose sur les considérations mathématiques suivantes :

1° En vertu de la théorie générale de la rotation, et, plus spécialement, en vertu du théorème général des aires, il doit exister un rapport constant entre les dilatations et les contractions successives d'un corps qui tourne et la durée même de sa rotation, la rotation devant s'accélérer quand la contraction augmente, et se ralentir lorsque la contraction diminue, de telle sorte que les variations angulaires et linéaires que la somme des aires tend à éprouver soient exactement compensées.

2° Il existe un rapport non moins constant entre la vitesse angulaire de rotation du soleil et l'extension possible de son atmosphère : la limite de cette atmosphère est inévitablement fixée à la distance où la force centrifuge, due à la rotation du système, devient égale à la gravité. Donc, si, par une cause quelconque, une portion de cette atmosphère venait à se trouver placée au delà de cette limite, elle cesserait aussitôt de faire partie intégrante du soleil, et continuerait à circuler autour de lui avec la vitesse acquise au moment même de la séparation, mais sans pouvoir participer aucunement aux changements qui surviendraient dans la rotation solaire postérieurement à cette même séparation.

Ainsi la *limite* mathématique de l'atmosphère solaire a dû *diminuer sans cesse*, à mesure que le refroidissement a rendu la gyration de cette nébuleuse plus rapide; et cette atmosphère a dû nécessairement abandonner successivement des zones de matières diffuses, qui ont constitué l'état primitif de nos planètes. Celles-ci, détachées de la nébuleuse principale, se sont condensées aussi, par l'effet de leur propre refroidissement, et *ont ainsi* engendré des *satellites*, en vertu des mêmes causes qui *les avaient* elles-mêmes engendrées.

Telle est la théorie générale matérialiste dans toute sa rigueur matérialiste. Voyons maintenant les données métaphysiques et les conclusions scientifiques de cette même théorie.

L'hypothèse de Herschell suppose que, dans le principe, la matière existait à l'état diffus, disséminée dans l'espace et soumise à deux forces contraires, la chaleur et la pesanteur. Or cette première supposition implique une contradiction et une impossibilité. En effet, cette formule, *dès le principe*, est une contradiction dans la doctrine matérialiste, pour laquelle la matière est essentiellement éternelle. Il faut donc admettre que, *pendant l'éternité*, la matière a demeuré diffuse et soumise à deux forces contraires. Cela posé, si la force répulsive était plus grande que la force attractive, la matière aurait dû tendre à se disperser de plus en plus dans l'espace infini, et, puisque ce phénomène a eu lieu pendant l'éternité, la dispersion de la matière a dû être infinie également; si, au contraire, la force attractive était plus grande que la force répulsive, alors la matière aurait dû tendre à se condenser en suivant la loi inverse du carré des distances; et, puisque ce phénomène dure depuis l'éternité, la contraction de la matière devra être infinie; ou bien enfin les deux forces ont été éternellement égales et contraires, et alors tout mouvement aurait dû être éternellement impossible. Ainsi, alors même qu'il serait permis au matérialisme de poser la question d'origine, ce qui est contradictoire à la donnée fondamentale, il serait encore renfermé dans les limites d'une triple impossibilité. Mais passons.

Suivant l'hypothèse, la force de répulsion diminue par la déperdition de la chaleur, et la matière obéissant alors à la force d'attraction devenue plus puissante, se condense. Cette deuxième supposition implique, comme la première, une contradiction et une impossibilité. En effet, cette matière diffuse était nécessairement et depuis l'éternité également incandescente dans toute son étendue, et par conséquent tout phénomène thermologique *était* impossible, puisque, entre deux molécules matérielles, dont les températures, quelles qu'elles soient, sont exactement égales, il ne saurait se produire aucun effet thermologique. La déperdition de la chaleur n'a donc pu être un *transfert* d'une molécule à l'autre, puisque l'équilibre étant une fois établi, cet équilibre doit persévérer à tout jamais, suivant les lois fondamentales de la chaleur, établies par Fourier lui-même. La *déperdition de la chaleur* ne saurait donc signifier autre chose que la *dissémination* de la chaleur dans l'espace, ce qui est un non-sens formel. En effet la chaleur est, par hypothèse, l'une des *propriétés* essentielles de la matière, et par conséquent *elle* ne saurait exister là où la matière elle-même n'existe pas; or, l'espace, c'est le vide absolu, car sans cela la matière serait infinie, ce qui est absurde: donc, *la chaleur* ne saurait se perdre dans l'espace.

Enfin, si, sans tenir compte de toutes ces contradictions diverses, on accepte dans son intégrité l'hypothèse matérialiste, on trouve que cette hypothèse conclut à la réfrigération complète et à la solidification absolue de toute matière par la déperdition totale de la chaleur primitive. Ainsi, le premier terme du phénomène serait la diffusion *illimitée* et l'incandescence excessive de la matière, et le dernier terme serait la condensation illimitée et le froid absolu; et notre état phénoménal actuel tout entier ne serait que la série des termes par lesquels le phénomène général marche de son origine vers sa fin. Telle en effet fut la conclusion de Laplace lui-même, telle est aussi la conclusion de tous ceux qui ont adopté cette hypothèse, après en avoir suffisamment étudié toutes les données. Or, quel que soit l'espace de temps qui s'écoule entre le premier et le dernier terme de ce phénomène général, ce temps est nécessairement et essentiellement limité, puisque ce temps mesure une série de phénomènes dont le nombre est fatalement défini; par conséquent, le phénomène général tout entier a dû nécessairement être accompli de tout temps, puisque la matière est, par hypothèse, éternelle, et que toute durée, quelque longue qu'on la suppose, est toujours et nécessairement nulle par rapport à l'éternité.

Ainsi, jusqu'à ce qu'il devienne possible d'effacer de l'esprit des hommes le signe *spirituel* qui répond à l'idée d'infini, et qui est à la base de toutes les sciences, toute doctrine matérialiste sera nécessairement ou une contradiction scientifique ou une absurdité métaphysique; car,

Ou vous admettrez que le phénomène général actuel est éternel, et alors vous serez forcés d'admettre que ce phénomène tourne dans un cercle éternel et fatal, sans commencement et sans fin, ce qui est en contradiction manifeste et palpable avec le fait scientifique le plus élevé et le plus absolu qu'il soit donné à l'homme de connaître;

Ou bien vous admettrez que ce phénomène a une origine et une fin, et qu'entre cette origine et cette fin il existe une durée : or, toute durée étant nulle par rapport à l'éternité, et la matière étant, par hypothèse, éternelle, le phénomène actuel est de, tout temps, accompli, et, par conséquent, tout ce qui existe n'existe pas : ce qui est une absurdité métaphysique.

Ce dilemme est inexorable, et il renferme la réfutation complète, scientifique et métaphysique de toute doctrine matérialiste, quelle qu'elle soit : aussi devons-nous borner ici notre argumentation. *Voy.* THÉORIE ASTRONOMICO-CHIMIQUE, etc.

COULEURS. — Les couleurs propres des corps résultent d'un certain état de leur surface, qui la rend propre à réfléchir telle couleur et à absorber les autres. De cette aptitude diverse, il n'existe point de raison physique assignable; la variété de ces dispositions est un fait primitif établi par la Providence pour varier nos sensations. Si l'on fait tomber sur un corps coloré chacun des rayons du spectre, la couleur sera en général modifiée, parce qu'elle n'est jamais simple; mais il y aura des rayons qu'elle ne réfléchira pas du tout, de sorte que, placée dans ces rayons, et ne recevant aucune autre lumière, l'objet paraîtra noir. Une faible aptitude à réfléchir des rayons d'une nuance propre masque la couleur de beaucoup de corps; parce que cette couleur est délayée dans une grande quantité de lumière blanche qu'elle réfléchit en grande partie. Une lame d'or éclairée par une autre lame, et ne recevant que les rayons réfléchis plusieurs fois entre elles deux, finit par paraître rouge; telle serait donc la couleur propre de l'or. Le cuivre serait dans le même cas, et il semble que l'argent serait naturellement vert.

Le ton d'une couleur est la modification qui résulte de l'addition du noir ou du blanc; la *nuance* est une modification provenant du mélange d'une autre couleur prise en petite quantité. On entend par *gamme* l'ensemble des tons d'une même couleur, les uns *dégradés* par du blanc, les autres *montés* par du noir. Le talent de distinguer et de classer les tons et les nuances ne s'acquiert que par une très-longue habitude. Quant aux couleurs principales, leur distinction est généralement regardée comme très-facile, beaucoup plus par exemple que celle des notes de la musique.

Il y a des individus insensibles à certaines couleurs, particulièrement au rouge; le physicien Dalton se trouvait dans ce cas; l'extrémité rouge du spectre n'était que du noir pour lui. Plusieurs personnes prennent aussi le bleu de Prusse et l'indigo pour du noir. Presque toujours cependant les couleurs auxquelles l'œil est insensible produisent au moins la sensation de la lumière. Ainsi les individus qui ne connaissent que le jaune et le bleu voient le spectre dans toute son étendue, seulement pour eux le rouge, l'orangé, le jaune et le vert, ne sont que des nuances de jaune, et tout le reste est du bleu.

Nous ne chercherons pas ici en quoi consiste la propriété qu'ont certains rayons d'exciter en nous la sensation de telle ou telle couleur, nous remarquerons seulement qu'en général un rayon qui produit une couleur déterminée possède un degré déterminé de réfrangibilité : cela est évident par la disposition des couleurs dans le spectre. Cependant, si on descend dans les détails, on trouve des exceptions. Ainsi deux rayons de couleur différente, comme le rouge et le jaune, peuvent avoir la même réfrangibilité, cela s'accorde d'ailleurs avec les expériences de M. Melloni, où l'on voit des rayons de même réfrangibilité jouir de propriétés tout à fait distinctes, les uns donnant de la chaleur sans lumière, et les autres de la lumière sans chaleur.

On appelle *couleurs accidentelles* les couleurs de l'*image accidentelle*, qui succède à la contemplation d'un objet coloré. Les couleurs accidentelles sont complémentaires de celles de l'objet; cela montre qu'il y a la même opposition entre deux couleurs complémentaires qu'entre le noir et le blanc. Voilà pourquoi M. Chevreul a réuni ces deux cas sous le nom de *contraste successif*. Pour observer les couleurs accidentelles, on n'a qu'à regarder pendant quelque temps une petite surface colorée, par exemple, un pain à cacheter jaune posé sur un papier blanc; quand ensuite on l'enlève, on voit un cercle violet à sa place; avec un pain à cacheter rouge, l'image accidentelle serait d'un vert bleuâtre.

Les couleurs accidentelles se combinent entre elles à la manière des couleurs réelles, c'est-à-dire que du jaune et du bleu accidentel forment du vert, du rouge et du bleu accidentel forment du violet, etc. On peut s'en convaincre par l'expérience suivante, due au père Scherffer. On place l'un à côté de l'autre, sur un fond noir, deux petits carrés de papiers colorés, l'un violet et l'autre orangé, couleurs dont les accidentelles sont le jaune et le bleu, et l'on marque d'un point noir le milieu de chacun de ces carrés. Alors on porte alternativement les yeux sur l'un et l'autre point en les tenant fixés sur chacun d'eux pendant environ une seconde, et, après avoir répété cette opération un grand nombre de fois, on ferme les yeux et on les dirige vers une surface blanche. Bientôt il se manifeste l'apparence de trois carrés juxtaposés, dont celui du milieu est évidemment formé par la superposition des couleurs accidentelles produites par les deux couleurs employées. Or ce carré du milieu est vert ; il serait violet si les deux couleurs employées étaient le vert et l'orangé dont les accidentelles sont le rouge et le bleu. Un cas fait cependant exception, c'est celui où les deux couleurs sont complémentaires ; alors, au lieu de produire du blanc, elles semblent ne donner lieu qu'à un effet d'obscurité.

Ainsi, lorsque les deux petits carrés de papier sont l'un vert et l'autre rouge, couleur dont les accidentelles sont le rouge et le vert, le carré qui occupe le milieu de l'image accidentelle paraît noirâtre si on le projette sur un fond blanc, et complétement noir si on se couvre les yeux.

Les couleurs accidentelles se combinent avec les couleurs réelles de la même manière que ces dernières entre elles, c'est-à-dire que du rouge accidentel et du bleu réel forment du violet, etc. Il est aisé de s'assurer de ce fait, en projetant l'image accidentelle sur une surface peinte de la couleur avec laquelle on veut la combiner; ainsi, en projetant sur une feuille de papier bleu l'image accidentelle rouge provenant d'un objet vert, il en résulte l'apparence du violet. Si on projette l'image accidentelle rouge sur du rouge, la nuance se renforce, mais si on la projette sur du vert, au lieu d'avoir du blanc, on a une tache d'un gris foncé, comme si la sensation était en partie détruite à cet endroit de la surface. On retrouve donc ici la même exception que dans la combinaison de deux couleurs accidentelles complémentaires. On sait que quand on examine un grand nombre de pièces d'étoffe de même couleur, les dernières paraissent d'une mauvaise nuance, c'est tout à fait le même cas. Evidemment la couleur accidentelle se forme déjà pendant que l'on regarde, voilà pourquoi la teinte perd de sa vivacité quand on regarde pendant longtemps. Il n'y a pas seulement fatigue, il y a réaction en sens inverse, puisque dans l'obscurité la plus complète l'image accidentelle apparaît.

La sensation de la couleur complémentaire se développe aussi autour de l'image réelle pendant qu'on regarde l'objet ; il en résulte une auréole accidentelle colorée qui constitue le phénomène du contraste simultané. Ainsi, lorsque l'intérieur d'un appartement n'est éclairé que par la lumière du soleil transmise à travers un rideau coloré, et que ce rideau est percé d'un petit trou, si on reçoit le rayon solaire sur un papier blanc, on voit une tache vivement colorée d'une teinte complémentaire de celle du rideau. Le phénomène du contraste simultané s'observe quelquefois sur de larges surfaces, principalement quand sa lumière est faible.

On sait que les ombres produites sur un mur blanc, au lever ou au coucher du soleil, paraissent bleues ou vertes; c'est qu'alors la lumière de cet astre est orangée ou rougeâtre, et que les ombres se teignent de la couleur complémentaire. Si un appartement où l'on allume des bougies est encore faiblement éclairé par la lumière du jour qui s'éteint, les ombres que produisent les corps interposés entre les bougies et les objets blancs paraissent bleues par la même raison.

On conçoit qu'à cause du développement des auréoles accidentelles, deux couleurs voisines doivent s'influencer rapidement. Voici d'ailleurs une expérience de M. Chevreul qui rend cette influence facile à observer. On colle l'une contre l'autre, sur u e carte, deux bandes de papier ou d'étoffe teintes des deux couleurs que l'on veut soumettre à l'observation : l'une est, par exemple, rouge et l'autre jaune; ces bandes ont 12 millimètres de largeur et 6 centimètres de longueur. Ensuite on colle parallèlement à l'une de ses bandes et à la distance d'un millimètre, une seconde bande qui lui est identique en dimension et en couleur, elle est destinée à servir de terme de comparaison ; on fait la même opération relativement à la bande peinte de l'autre couleur, et l'on a ainsi quatre bandes colorées, deux d'une couleur et deux de l'autre; les deux intérieures se touchent, et c'est sur elles que l'on observe l'action mutuelle des deux couleurs. Il suffit pour cela de regarder la carte dans un certain sens et pendant quelques secondes. L'effet réciproque des deux couleurs contiguës devient alors très-sensible. Ainsi avec des bandes rouges et jaunes, on remarquera que la bande rouge intérieure tirera sur le violet, et que la bande jaune qui lui est contiguë tirera sur le vert.

Par des expériences de ce genre M. Chevreul est arrivé aux résultats suivants, qu'on peut appeler *les lois du contraste simultané :*

1° Si les deux couleurs voisines sont complémentaires l'une de l'autre comme le rouge et le vert, elles acquièrent par leur juxtaposition un éclat et une pureté remarquables.

2° Si l'on juxtapose une couleur quelconque avec le blanc, ce dernier se teint légèrement de la couleur complémentaire, et la couleur employée devient plus brillante et plus foncée : ainsi par le contact du blanc et du rouge, le premier devient verdâtre, et le second semble plus brillant et plus foncé.

3° Si l'on juxtapose une couleur quelconque avec le noir, celui-ci prend également d'une manière plus ou moins prononcée la teinte complémentaire de la couleur employée, et cette dernière paraît en général plus brillante et plus claire.

4° Les modifications mutuelles des couleurs ne sont pas bornées au cas où les objets colorés sont contigus ; on peut encore les rendre sensibles, même lorsque la distance est de 5 centimètres ; seulement l'intensité de l'effet est d'autant moindre que la distance est plus grande.

Il est évident que ces lois doivent recevoir des applications nombreuses dans les arts où il s'agit d'assortir des couleurs : aussi M. Chevreul observe qu'on ne doit jamais assortir pour les meubles des étoffes rouges avec l'acajou, car la teinte complémentaire verdâtre qu'elles développent fait disparaître la couleur rougeâtre qui donne du prix à l'acajou, de sorte que celui-ci ressemble alors à du chêne ou à du noyer. Lorsqu'on imprime des dessins sur des étoffes ou des papiers colorés, la couleur de ces dessins est ordinairement modifiée par le complément de celle du fond, et il en résulte quelquefois des discussions avec les imprimeurs, parce que ces dessins ne paraissent pas de la couleur qu'on avait demandée. Dans ce cas, pour bien juger de la nuance, il suffirait de couvrir le fond avec un morceau de papier blanc découpé.

Couleurs de la mer. — Les navigateurs s'accordent à dire que la couleur propre de la mer est le bleu céleste plus ou moins foncé; mais cette couleur est quelquefois totalement changée dans les parages où l'eau est peu profonde, parce que la lumière réfléchie par le fond arrive confondue avec la lumière naturelle de l'eau. Ainsi un fond de sable jaune peu réfléchissant donne à la mer une teinte verte. Si le fond est d'un jaune éclatant, le bleu de l'eau verdit à peine cette vive lumière, et la mer paraît jaune. Dans la baie de Loango les eaux sont fortement rougeâtres, on les dirait mêlées de sang; cette apparence est simplement due à un fond très-rouge, comme on s'en est assuré. Lors même que le fond est blanc, la mer présente encore des nuances différentes, suivant la profondeur. Car le fond éclairé de la lumière qui a traversé une épaisseur plus ou moins grande doit se colorer plus ou moins. On admet généralement que l'eau réfléchit de la lumière bleue et transmet de la lumière verte : le sable sera donc coloré en vert, et les rayons qu'il émettra prenant une teinte encore plus foncée en traversant de nouveau le liquide, le vert pourra quelquefois prédominer sur le bleu. Quand la mer est agitée, elle paraît souvent verte, parce que les vagues convenablement orientées laissent arriver à l'œil plus de lumière transmise que de lumière réfléchie; elles font en quelque sorte voir l'eau dans son épaisseur comme une lame de verre qu'on regarde par la tranche. Les ombres des nuages qui forment souvent de larges taches bien isolées sur la mer en changent notablement la teinte, qui d'ailleurs doit aussi dépendre de la couleur du ciel et du soleil.

Couleurs du spectre. *Voy.* Spectre solaire.

Couleurs, échelle des couleurs de Newton. *Voy.* Anneaux de Newton.

COULOMB, né à Angoulême en 1736, mort en 1806. — Un jugement sain et sévère, une raison exercée à l'étude de la nature, une imagination vive et féconde en artifices pour dévoiler ses mystères, une adresse singulière à manier le double instrument de l'expérience et du calcul : avec ces qualités éminentes, secondées par le désir ardent de bien faire, et embellies par le charme de la plus franche modestie, qui pourrait ne pas compter sur des succès ?

« S'il est vrai que la difficulté d'une entreprise se mesure sur le nombre et la grandeur des efforts qu'il faut faire pour la surmonter, il en est peu dont l'exécution doive paraître aussi difficile que celle qui a pour objet de déterminer la loi d'affaiblissement des forces électriques et magnétiques sous le rapport de la distance. Cette détermination est l'écueil contre lequel ont été se briser les tentatives opiniâtres des Hauksbée, des Taylor, des Dufay, des Muschembroek. Coulomb n'est ni effrayé, ni découragé par le spectacle de leurs chutes. La force de son génie le fait planer sur les obstacles, et son regard pénétrant lui facilite le moyen de les éviter ou de les vaincre.

« Il imagine de mettre en équilibre une force électrique et la force de torsion, qu'il a trouvé le moyen de mesurer avec la plus grande exactitude. Il y parvient à l'aide d'un instrument ingénieux auquel il donne le nom de *balance électrique*, et qu'il fait servir avec une adresse merveilleuse à démontrer, par des expériences délicates, variées de différentes manières, que les attractions ou répulsions électriques suivent la loi inverse du carré de la distance.

« A ce service éclatant que Coulomb a rendu à la physique, il en joint beaucoup d'autres qui, quoique d'une moindre importance, sont cependant d'un grand prix. Aucun des électromètres inventés par Henley, Lane, Cavallo, Bennet, ne pouvait servir à mesurer avec précision l'intensité de la force électrique; et presque tous avaient un défaut de sensibilité qui les empêchait d'annoncer la présence des petites doses d'électricité; de celle, par exemple, que le frottement développe dans les substances métalliques : ce qui a fait croire pendant longtemps que les métaux ne sont point susceptibles de s'électriser par frottement. Frappé de ce double inconvénient, Coulomb travaille et réussit à le faire évanouir. Il tire, à la flamme d'une bougie, un fil de gomme-laque, de la grosseur à peu près d'un fort cheveu, et il lui donne environ un pouce de longueur. Une de ses extrémités est attachée au haut d'une petite épingle sans tête, suspendue à un fil de soie, tel que le donne le ver à soie; à l'autre extrémité du fil de gomme-laque, il fixe un petit cercle de papier doré d'environ deux lignes de diamètre, et l'électromètre est construit. On le suspend ensuite dans un cylindre de verre afin de le garantir des courants d'air, et on établit une graduation sur la surface extérieure du cylindre. La sensibilité de cet instrument est telle, qu'une force d'un soixante millième de grain chasse l'aiguille à plus de 90 degrés.

« Les corps conducteurs jouissent d'une propriété remarquable, qui consiste en ce que le fluide libre qui les tient à l'état électrique est répandu autour de leur surface, de manière qu'il n'en existe aucune portion sensible dans leur intérieur. Cette propriété avait été aperçue par Etienne Gray; mais c'est à Coulomb qu'est dû l'honneur de l'avoir établie sur des expériences décisives, dont il a ensuite confirmé le résultat par le calcul. L'électromètre qu'il venait d'imaginer, un bâton de résine-laque d'une ligne de diamètre, à l'extrémité duquel est fixé un cercle de papier d'environ une ligne de rayon, et un corps conducteur quelconque, isolé et percé de plusieurs trous qui ont peu de profondeur : tels sont les instruments qu'il fait servir à cet usage.

« Mais quelle est la manière dont le fluide électrique se distribue sur la surface des corps conducteurs? comment se partage-t-il entre plusieurs globes égaux ou inégaux, en contact ou séparés par des globes intermédiaires? Coulomb se propose à lui-même ces questions aussi délicates que curieuses, et sa balance électrique lui fournit le moyen d'en trouver la solution.

« Pour expliquer les phénomènes électriques, Coulomb considère avec Symmer le fluide électrique comme composé de deux fluides particuliers qui sont neutralisés, l'un par l'autre, dans l'état ordinaire des corps, et qui se séparent lorsque les corps sont électrisés. Il ne regarde pas comme démontrée l'existence du fluide électrique, et à plus forte raison celle des deux fluides qui entrent dans sa composition. Mais peu importe que l'existence de ces deux fluides soit réelle ou seulement *hypothétique*, pourvu qu'elle conduise à une manière simple et plausible de représenter avec fidélité tous les résultats que donne l'expérience.

« Un corps peut être *électrisé par la simple décomposition* du fluide électrique qui lui est propre, ou en vertu d'une quantité surabondante d'un des fluides composants, qu'il reçoit par *communication* ; et il en résulte qu'un corps peut être électrisé, c'est-à-dire sortir de son état naturel, et néanmoins conserver sa quantité naturelle de fluide électrique.

« Les molécules de chacun des fluides qui composent le fluide électrique se repoussent entre elles et attirent celles de l'autre fluide. Ce principe, sur lequel repose l'*hypothèse* de Coulomb, fait voir que deux corps électrisés, chacun par une quantité additive d'un des fluides composants, doivent s'écarter l'un de l'autre, en vertu des forces *répulsives* qu'exercent les unes sur les autres les *molécules* des fluides de même espèce; et que deux corps sollicités, l'un par une quantité additive d'un des fluides composants, et le second par une quantité de l'autre fluide élémentaire, doivent tendre l'un vers l'autre en vertu des forces attractives que les molécules de chacun des fluides exercent sur celles de l'autre fluide.

« Les autres cas d'attraction ou de répulsion dans lesquels il se fait une décomposition du fluide naturel de l'un des corps ou de tous les deux, s'expliquent avec une égale facilité, si l'on prend soin d'analyser les forces qui se compliquent dans la production de ces sortes de phénomènes, et de les considérer d'abord dans l'état d'équilibre. De grands détails sur cet objet seraient étrangers ici. Il me suffira de dire que tous les phénomènes électriques se plient d'eux-mêmes à cette ingénieuse hypothèse.

« Le reproche qu'on lui fait de contrarier la simplicité de la marche de la nature est un reproche mal fondé.

« Ce monde physique ne nous offre aucun corps qui jouisse de la simplicité absolue. Le fluide qui nous éclaire a-t-il pu, malgré l'excessive ténuité de ses molécules, résister à l'épreuve de l'expérience du prisme? La simplicité du fluide électrique serait donc une exception que ne partagerait aucun corps de la nature.

« D'ailleurs *il se combine* dans la production des phénomènes électriques différentes forces dont la réalité ne saurait paraître équivoque. Que fait l'hypothèse qui nous occupe? Elle donne une sorte de support à nos idées, en faisant dépendre ces forces de deux fluides qui n'ont peut-être qu'une existence *imaginaire*, mais alors équivalente à la cause qui les produit.

« La balance électrique se change, entre les mains de son célèbre auteur, en une balance magnétique; et cette sorte de transformation lui fournit le moyen de soumettre les attractions magnétiques à l'empire de la même loi qui maîtrise les attractions et les répulsions électriques. *Un fluide infiniment délié*, réel ou hypothétique, donne naissance aux phénomènes électriques ; un autre fluide fait naître les phénomènes magnétiques. Ces *deux fluides paraissent suivre* une marche semblable dans leurs *actions respectives*, et Coulomb saisit avec adresse cette sorte de correspondance pour lier la théorie du magnétisme à celle de l'électricité.

« *Il* regarde le fluide magnétique comme composé de deux *fluides particuliers* combinés entre eux dans les corps qui ne donnent aucun signe de magnétisme, et dégagés lorsqu'ils passent à l'état d'aimant. Les molécules de chaque fluide se repoussent entre elles, et attirent celles de l'autre fluide.

« C'est en combinant ces principes avec la loi inverse du carré de la distance, maîtrisant les actions exercées par les fluides dont se compose le fluide magnétique, que Coulomb parvient à expliquer *d'une manière* satisfaisante tous les phénomènes du magnétisme. Ils dépendent du jeu simultané de quatre *forces*, *savoir*, *deux attractions* et deux répulsions, lesquelles sont toutes égales dans l'état naturel du corps, par des raisons semblables à celles qui servent à démontrer l'égalité des quatre forces dont les actions réciproques produisent les phénomènes électriques.

« L'opinion qui attribuait au fer le privilége exclusif d'être attirable à l'aimant, était accréditée par plus de vingt siècles d'existence, lorsqu'au XVIe siècle Gilbert annonça aux savants que la terre était un grand aimant, et conséquemment que tous les corps dont elle se compose jouissent de la polarité. Képler et Otto de Guerike partagèrent cette idée hardie, et la firent servir à l'explication de quelques phénomènes. La plupart des physiciens la rejetèrent. Le fer recouvra son antique prérogative; et lorsqu'on reconnut la même propriété dans le nickel, le platine, le cobalt, etc., on l'attribua à un reste de fer qui altérait, disait-on, l'homogénéité de ces substances. On croyait qu'en les ramenant, par des procédés chimiques, à un très-grand degré de pureté, on parviendrait à faire entièrement évanouir la vertu attractive qui faisait naître en elles la présence d'un aimant.

« Mûrie par deux siècles de durée, l'idée de Gilbert s'épura et se fortifia dans la tête de Coulomb. Il sentit que si l'aimant exerce réellement son influence sur tous les corps de la nature, elle doit être très-faible dans la plupart; et que conséquemment pour en reconnaître l'existence, il fallait donner aux corps qu'on voulait soumettre à l'épreuve de l'expérience la plus grande mobilité. Coulomb y parvient en ramenant un grand nombre de corps pris dans les trois règnes de la nature, à la forme d'un cylindre dont les dimensions sont extrêmement atténuées (1). Le petit cylindre suspendu à un fil de soie tel qu'il sort du cocon, est placé entre les pôles opposés, peu distants l'un de l'autre, de deux barreaux d'acier, situés dans une même ligne droite; et de quelque matière qu'il soit formé, il prend toujours exactement la direction des deux barreaux. Si on le détourne de cette direction, il y est toujours ramené après des oscillations dont le nombre est souvent de plus de trente par minute; et Coulomb en conclut avec raison que le magnétisme n'est point une propriété particulière : tous les corps de la nature la partagent, quoique d'une manière très-inégale, et conséquemment le globe terrestre est un grand et unique aimant.

« La méthode imaginée par Michell pour communiquer à des barreaux d'acier la vertu magnétique, consiste à dresser verticalement à une petite distance l'un de l'autre, deux barreaux fortement aimantés, de manière que leurs pôles contraires se correspondent, et à les faire glisser dans cette situation d'un bout à l'autre de la verge que l'on veut aimanter; en sorte qu'ils aillent et viennent alternativement, sans leur permettre jamais de dépasser les extrémités de cette verge. Lorsque, après un certain nombre de frictions, les barreaux se retrouvent avec le milieu de la verge, on les élève suivant une direction perpendiculaire à la verge.

« Æpinus modifia avantageusement cette méthode. Il inclina les barreaux en sens contraire, en sorte que chacun d'eux faisait un angle de 15 ou 20 degrés avec la verge qui recevait le magnétisme. Cette manière d'opérer présente un double avantage. 1° Les centres d'action des pôles qui sont élevés d'une certaine quantité au-dessus de la surface de la verge, quand les barreaux ont une position verticale, se trouvent beaucoup plus près d'elle, ce qui rend leur action plus efficace. 2° L'intervalle entre les centres d'action étant considérablement augmenté en conséquence de l'angle très-ouvert que les barreaux font entre eux, cette circonstance, en reculant les limites qui resserraient l'effet des forces conspirantes, augmente leur activité.

« La méthode d'Æpinus a sur celle de Michell des avantages qui lui méritent la préférence. Coulomb l'adopte avec empressement, et lui donne un nouveau degré de perfection et d'efficacité. Les barreaux conservent la même disposition, mais Coulomb les fait mouvoir différemment. Il les place sur le milieu de la verge qui doit recevoir la vertu magnétique, les tire ensuite en sens contraire l'un de l'autre, jusqu'à une petite distance de l'extrémité la plus voisine, et recommence ensuite, en partant toujours du point du milieu.

« La boussole, cet instrument si utile au navigateur, lorsque emporté par un vaisseau, l'obscurité d'une nuit profonde dérobe les astres à ses regards, était digne d'exercer la sagacité de Coulomb. Il détermine, par une longue suite d'expériences suivies avec constance et exécutées avec précision, le rapport de longueur, de largeur et d'épaisseur, qui, toutes choses égales d'ailleurs, rend l'aiguille plus propre à recevoir la vertu magnétique (2). Il étudie quelle est la forme la plus convenable à l'aiguille; et, pour lui donner la plus grande mobilité, il la suspend par son centre à un fil de soie dont l'autre extrémité est attachée à un point fixe. Il est visible que cette suspension fait évanouir le frottement qu'éprouve nécessairement l'aiguille établie sur un pivot, et conséquemment, que ce procédé est le plus favorable à la mobilité de l'aiguille. Il est fâcheux qu'on ne puisse l'appliquer à la construction des boussoles marines.

« Newton avait mesuré la résistance que fait naître l'inertie des fluides. Il restait à apprécier celle qu'ils opposent au mouvement en vertu de la force qui unit leurs molécules. Dans les mouvements rapides, cette dernière résistance n'est pas comparable à celle qui provient de l'inertie; mais dans les mouvements très-lents, c'est-à-dire lorsque le corps qui se meut dans un fluide sépare ses molécules sans leur communiquer une vitesse sensible, la résistance provenant de la collision des molécules du fluide peut égaler ou même surpasser celle que fait naître l'inertie. Coulomb parvient à la déterminer. Il prouve, par une suite d'expériences délicates, que cette résistance est proportionnelle à la vitesse; et conséquemment que la résistance des fluides dans les mouvements lents est représentée par deux termes, l'un

(1) Coulomb a fait ces expériences avec des petits cylindres d'or, d'argent, de cuivre, de plomb, d'étain, de verre, avec un morceau de craie, avec un fragment d'os et différentes sortes de bois.

(2) D'après ce rapport, l'aiguille doit avoir environ douze pouces de longueur, un pouce de largeur et une ligne d'épaisseur. Sa forme doit être celle d'un losange.

proportionnel à la simple vitesse, l'autre au carré de la vitesse (1).

« Je ne finirais pas si je voulais suivre Coulomb dans le cours de ses longues et laborieuses recherches. Tantôt il mesure avec le secours de l'expérience l'action journalière de l'homme, soit qu'il marche librement, soit qu'il soit chargé de poids dans différentes circonstances et dans différentes proportions. Tantôt il cherche à déterminer la résistance qu'oppose le frottement des bois glissant à sec sur le bois, et la trouve proportionnelle à la pression. Ici, il estime le frottement des métaux glissant sur les métaux sans enduit. Là, il fait glisser l'un sur l'autre des corps hétérogènes, tels que le bois et les métaux, et apprécie avec exactitude la résistance que leur fait éprouver le frottement. Ailleurs enfin, Coulomb mesure (2) avec plus d'exactitude qu'Amontons et Désaguilliers la résistance que les cordes opposent en vertu de leur roideur, et la force qui tend à les plier sur un cylindre. Il fait plus : il détermine par des expériences faites avec soin l'influence de l'humidité des cordes sur la grandeur de la résistance.

« Je trouve entre Coulomb et Franklin des rapports qui peuvent servir à apprécier leur influence respective sur les progrès de la physique. Tous deux avaient une forte passion pour l'étude de la nature. Tous deux possédaient cette finesse de tact, ces ingénieuses adresses et cette constance opiniâtre dont se compose le génie de la science. Ces belles qualités réunies dans le philosophe de Philadelphie et dans le physicien français, devaient naturellement leur ouvrir la carrière des grandes découvertes. Celles de Franklin se concentrent dans le domaine de l'électricité, celles de Coulomb se répandent avec une sorte de profusion sur le vaste empire de la science de la nature. Les découvertes électriques de Franklin sont peut-être plus utiles à l'humanité, les découvertes électriques de Coulomb sont sans doute plus utiles à la science. Franklin a fait faire un pas à l'électricité; Coulomb, découvrant les lois qui la maîtrisent, l'a conduite à son terme de perfection. Tous les phénomènes de ce genre dont la future destinée des sciences nous réserve la connaissance, obéiront aux mêmes lois. » (LIBES.)

COURANTS ÉLECTRIQUES.— On appelle *courant* le fluide électrique qu'on suppose en mouvement dans le fil conjonctif d'une pile : c'est l'*électricité dynamique*. L'*électricité statique* est le fluide que l'on considère comme fixé à la surface des corps dans un état de tension plus ou moins grande.

Le magnétisme du sphéroïde terrestre, qui exerce sur la boussole une influence si puissante, doit affecter aussi les courants électriques. L'on remarque, en effet, qu'un morceau de fil de laiton recourbé en rectangle, et libre de tourner sur un axe vertical, dispose de lui-même son plan perpendiculairement au méridien magnétique, aussitôt qu'un courant électrique vient à le traverser. Sous des circonstances pareilles, un rectangle semblable, suspendu à un axe horizontal perpendiculaire au méridien magnétique, prend la même inclinaison que l'aiguille, de sorte que le magnétisme terrestre exerce la même influence sur les courants électriques qu'un aimant artificiel. Mais l'action magnétique de la terre développe aussi des courants électriques. Quand une hélice creuse de fil de laiton, dont les extrémités sont en communication avec le galvanomètre, est placée dans l'inclinaison magnétique, si on vient à la renverser soudainement plusieurs fois, en mesurant le mouvement aux oscillations de l'aiguille, cette aiguille est bientôt excitée à vibrer dans une étendue qui embrasse un arc de 80 ou 90°. De là, il est évident que, quelle que puisse être la cause du magnétisme terrestre, il produit des courants électriques par son influence directe sur un métal incapable de manifester aucune des propriétés magnétiques ordinaires. L'action exercée sur le galvanomètre est beaucoup plus grande quand on introduit un cylindre de fer doux dans l'intérieur de l'hélice, et les mêmes résultats accompagnent la simple introduction du cylindre de fer dans l'hélice ou sa sortie de cette même hélice. Ces effets sont dus à la qualité d'aimant temporaire qu'acquiert le fer par suite de l'influence du magnétisme terrestre; car un morceau de fer, tel qu'un fourgon, par exemple, acquiert une aimantation temporaire quand il est placé dans la ligne de l'inclinaison magnétique.

M. Biot a établi une théorie magnétique terrestre, en prenant pour données les observations de M. de Humboldt. Supposant que, sur un point quelconque, l'action des deux pôles magnétiques opposés de la terre s'exerce en raison inverse du carré de la distance, il obtint une expression générale pour la direction de l'aiguille magnétique, dépendant de la distance comprise entre les pôles magnétiques nord et sud; de là suit que si l'une de ces quantités varie, on connaîtra la variation correspondante de l'autre. En faisant varier la distance entre les pôles et en comparant la direction résultante de l'aiguille aux observations de M. de Humboldt, il trouva que plus les pôles sont supposés être près l'un de l'autre, plus les résultats du calcul s'accordent avec ceux de l'observation; et que, lorsque les pôles sont supposés coïncider entièrement, ou à peu près, c'est alors que la différence entre la théorie et l'observation est la plus petite possible. Il est donc évident que la terre n'agit pas comme si elle était un corps constamment magnétique, dont le caractère distinctif est d'avoir deux pôles situés à une certaine distance l'un de l'autre. M. Barlow a fait sur ce sujet des recherches très-intéressantes. Il a prouvé d'abord que la puis-

(1) Voyez le troisième volume des *Mémoires de l'Institut*, pag. 246 et suiv.

(2) Voyez un Mémoire de Coulomb sur les frottements, dans le dixième volume des *Savants étrangers*.

sance magnétique d'une sphère de fer réside à sa surface; puis il a recherché quelle serait l'action superficielle d'une sphère de fer en état d'induction magnétique temporaire, sur une aiguille aimantée, isolée de l'influence du magnétisme terrestre. Les résultats obtenus, confirmés par l'analyse profonde de M. Poisson, d'après cette hypothèse que les deux pôles sont indéfiniment près du centre de la sphère, se trouvent identiques à ceux qu'a obtenus M. Biot pour la terre, en partant des observations de M. de Humboldt. Il suit de là que les lois du magnétisme terrestre, déduites des formules de M. Biot, ne s'accordent point avec celles d'un aimant permanent, mais qu'elles sont parfaitement d'accord avec celle d'un corps en état d'induction magnétique temporaire. La terre doit donc être considérée comme n'étant que temporairement magnétique par induction, et non comme étant un aimant réel. C'est ce que M. Barlow a rendu extrêmement probable par la construction d'un globe de bois sur lequel il fit, parallèlement à l'équateur, des rainures destinées à recevoir un fil de laiton enroulé tout autour du globe, depuis un pôle jusqu'à l'autre. Lorsqu'on fait passer un courant d'électricité par le fil, une aiguille aimantée, placée au-dessus du globe et isolée de l'influence du magnétisme terrestre, manifeste tous les phénomènes des aiguilles d'inclinaison et de déclinaison, suivant ses positions diverses, à l'égard du globe de bois. Comme il n'est pas douteux que les mêmes phénomènes seraient produits par des courants thermo-électriques, au lieu de l'être par des courants d'électricité voltaïque, si les rainures du globe de bois étaient remplies par des anneaux formés de deux métaux ou d'un seul métal, inégalement chauffé, il paraît très-probable que la chaleur du soleil, par son action sur les substances dont le globe est composé, peut être le grand agent du développement des courants électriques qui se manifestent à la surface ou près de la surface de la terre; et que, par suite des changements qui s'opèrent dans son intensité, elle peut occasionner la variation diurne de l'aiguille, et les autres variations du magnétisme terrestre, rendues sensibles par les dérangements qui ont lieu dans les directions des lignes magnétiques, de la même manière qu'elle influe sur le parallélisme des lignes isothermes. D'après les expériences faites par M. Fox dans les mines de cuivre du Cornouailles, il paraît qu'il existe des courants de ce genre dans les veines métallifères. Quoi qu'il en soit, il est probable que les dérangements séculaires et périodiques qui se manifestent dans la force magnétique sont occasionnés par une diversité de circonstances combinées, parmi lesquelles M. Biot cite, entre autres, le voisinage des chaînes de montagnes, par rapport au lieu de l'observation, et plus encore, l'action des feux volcaniques, qui changent l'état chimique de la surface terrestre, par suite des changements que, d'un siècle à l'autre, ils éprouvent eux-mêmes, les uns s'éteignant, tandis que d'autres éclatent dans l'excès de leur activité.

De plus, il est probable que le magnétisme terrestre peut, jusqu'à un certain point, être attribué à la rotation de la terre. M. Faraday a prouvé que tous les phénomènes des plaques tournantes peuvent être produits par la seule influence du magnétisme terrestre. Si une plaque de cuivre est mise en communication avec un galvanomètre, à l'aide de deux fils de laiton, l'un partant du centre et l'autre de la circonférence, afin de recueillir et de conduire l'électricité, il arrive que, lorsque la plaque tourne dans un plan passant *par la ligne d'inclinaison*, le galvanomètre n'est pas affecté; mais si on vient à l'incliner par rapport à ce plan, son mouvement de rotation détermine aussitôt un *développement d'électricité* dont l'intensité augmente avec l'inclinaison de la plaque. L'électricité arrive à un maximum lorsque la plaque tourne perpendiculairement à *la ligne d'inclinaison*. Quand la révolution s'opère dans le sens du mouvement des aiguilles d'une montre, le courant d'électricité se dirige de son centre vers la circonférence, et quand la rotation a lieu en sens opposé, le courant suit une route contraire. Dans le cours de ces expériences, la plus grande déviation du galvanomètre s'élevait à 50° ou 60°, quand la direction de la rotation était en rapport avec les oscillations de l'aiguille. Ainsi, une plaque de cuivre se mouvant circulairement dans un plan perpendiculaire à la ligne d'inclinaison, forme une nouvelle machine électrique, différant de la machine ordinaire à plateau de verre, en ce que la matière dont elle est composée est le conducteur le plus parfait, tandis que le verre, au contraire, est le plus parfait des non-conducteurs; outre cela, l'isolement, qui est essentiel dans la machine de verre, est dangereux dans celle de cuivre. Quoique très-différente en intensité, la quantité d'électricité développée par le métal ne paraît pas inférieure à celle développée par le verre.

D'après la théorie et les expériences du docteur Faraday, il a été reconnu que la rotation de la terre peut produire des courants électriques dans sa propre masse. En admettant donc qu'il en soit ainsi, ces courants circuleraient superficiellement dans les méridiens; et si l'on pouvait, ainsi qu'on le fait pour les plaques rotatives, appliquer des collecteurs à l'équateur et aux deux pôles, on obtiendrait l'électricité négative à l'équateur et l'électricité positive aux pôles: dans tous les cas, ces courants ne pourraient exister sans quelque chose d'équivalent à des conducteurs, pour compléter le circuit.

Puisque le mouvement, non-seulement des métaux, mais même des fluides, quand ils sont sous l'influence d'aimants puissants, développe de l'électricité, il est probable que, par suite des courants électriques dus à l'influence électro-magnétique de la terre, qui traversent le gulf-stream, les formes des lignes de déclinaison magnétique se trouvent affectées d'une manière sensible par ce courant. La ligne même de mouvement d'un vaisseau fendant la surface des mers, dans les latitudes nord ou sud, doit être traversée directement par des courants électriques. Le docteur Faraday observe que la facilité avec laquelle l'électricité est développée par le magnétisme terrestre est telle, qu'on ne peut imprimer le moindre mouvement à un morceau de métal en contact avec d'autres, sans qu'aussitôt il se manifeste un développement d'électricité; et de là il infère que, probablement, il existe dans le mécanisme des machines à vapeur et dans tout mécanisme metallique, de curieuses combinaisons électro-magnétiques qui n'ont pas encore été remarquées.

Il est impossible de conjecturer quelles peuvent être les propriétés magnétiques du soleil et des planètes, quoique pourtant leur rotation doive nous porter à supposer qu'à cet égard elles ne diffèrent point de la terre. Suivant les observations de MM. Biot et Gay-Lussac, pendant leur expédition aérostatique, l'action magnétique n'est pas limitée à la surface de la terre : elle s'étend aussi dans l'espace. L'intensité de cette action éprouve une diminution sensible; et comme il est extrêmement probable que cette diminution s'opère en suivant la proportion du carré inverse de la distance, il en résulte qu'elle doit s'étendre indéfiniment. Il est à présumer que la lune est devenue sensiblement magnétique par induction, tant à cause de son voisinage de la terre, que parce que son plus grand diamètre est toujours dirigé vers elle. Si, de même que la force de gravitation, la force magnétique s'étend dans l'espace, l'induction du soleil, de la lune et des planètes, doit, par suite des changements continuels qui ont lieu dans leurs positions relatives, occasionner des variations perpétuelles dans l'intensité du magnétisme terrestre.

Dans l'esquisse succincte qui vient d'être tracée des cinq sortes d'électricité, les points de ressemblance qui caractérisent chaque genre en particulier ont été signalés. Mais, comme depuis peu ces différentes espèces ont été dégagées d'un grand nombre d'anomalies, et leur identité mise hors de doute par le docteur Faraday, peut-être ne sera-t-il pas sans intérêt de jeter un coup d'œil rapide sur les diverses analogies qui existent dans leurs modes d'action, et à l'aide desquelles leur identité a été si savamment et si complétement établie par ce grand physicien.

Les points de comparaison sont l'attraction et la répulsion à des distances sensibles, la décharge opérée par les pointes dans l'air, le pouvoir calorifique, l'influence magnétique, la décomposition chimique, les effets physiologiques, et enfin l'étincelle.

L'attraction et la répulsion à des distances sensibles, qui sont des signes si caractéristiques de l'électricité ordinaire, et qui indiquent également, quoique à un moindre degré, la présence des courants voltaïques et magnétiques, n'ont point été aperçues dans le fluide thermo-électrique, non plus que dans l'électricité animale; ce qui ne provient pas toutefois de la différence d'espèce, mais seulement de l'infériorité de la tension; car l'électricité ordinaire elle-même ne manifeste plus ces phénomènes, lorsqu'on en réduit jusqu'à un certain point la quantité et l'intensité.

L'électricité ordinaire se décharge promptement dans l'air par les pointes; mais le docteur Faraday a trouvé qu'une batterie de cent quarante plaques doubles ne produit aucun effet sensible, soit dans l'air, soit dans le récipient vide d'une machine pneumatique, les moyens d'épreuve de la décharge étant l'électromètre et l'action chimique. Cette circonstance résulte du petit degré de tension, car il faut une quantité énorme d'électricité pour rendre ces effets sensibles; et c'est par cette raison qu'on ne peut les obtenir des autres espèces d'électricité qui ont un bien moindre degré de tension. L'électricité ordinaire traverse aisément l'air raréfié et chaud, de même que la flamme. Le docteur Faraday a opéré la décomposition chimique et la déviation du galvanomètre par la transmission de l'électricité voltaïque à travers l'air échauffé, et il observe que ces expériences ne sont que des cas particuliers de la décharge qui a lieu dans l'air, entre les terminaisons de charbon des pôles d'une batterie puissante, quand elles sont séparées graduellement après le contact, l'air étant alors échauffé. Sir Humphry Davy rapporte qu'avec le premier appareil voltaïque dont on se soit servi à l'Institution royale, la décharge traversait 102 millimètres d'air; que, dans le récipient vide d'une machine pneumatique, l'électricité parcourait environ 12 millimètres d'espace; et que les effets combinés de la raréfaction et de la chaleur sur l'air renfermé étaient tels, qu'ils le rendaient susceptible de conduire l'électricité à la distance de 152 ou 177 millimètres. Une bouteille de Leyde peut être instantanément chargée d'électricité voltaïque et de fluide magnéto-électrique, ce qui offre une preuve nouvelle de la tension de ces deux sortes d'électricité. La faiblesse seule des trois autres espèces les empêche de produire de semblables effets.

La puissance calorifique des électricités ordinaire et voltaïque est connue depuis longtemps, mais c'est au docteur Faraday que l'on est redevable de la découverte merveilleuse de la puissance calorifique du fluide magnétique. Le fluide thermo-électrique et l'électricité animale ne fournissent aucun signe de chaleur. Toutes les diverses sortes d'électricité ont de fortes puissances magnétiques; celles du fluide voltaïque sont célèbres, et c'est l'influence magnétique des fluides magnéto et thermo-électriques, qui, seule, donna lieu à leur découverte. Toutes font dévier l'aiguille de la même manière, et toutes, à l'exception du fluide thermo-électrique, produisent, d'après les mêmes lois, l'aimantation. Longtemps on avait supposé que l'électricité ordinaire n'était pas susceptible de dévier l'aiguille, mais à l'aide de sa sagacité accoutumée, le docteur Faraday est parvenu à prouver que, sous ce rapport aussi, l'électricité ordinaire s'accorde avec l'électricité voltaïque; seulement son action exige un certain temps. La déviation de l'aiguille par l'électricité ordinaire a lieu, soit qu'on fasse passer le courant par l'air raréfié, soit qu'on le fasse par l'eau, ou par un fil métallique. De nombreuses décompositions chimiques ont été opérées, suivant les mêmes lois et les mêmes modes d'arrangement, par l'électricité ordinaire et par l'électricité voltaïque. Le docteur Davy a décomposé l'eau par l'électricité de la torpille, et le docteur Faraday, par l'action magnétique; ce dernier moyen a été employé par le docteur Ritchie, à sa recomposition; et M. Bottot, de Turin, a mis en évidence les effets chimiques du fluide thermo-électrique par la décomposition de l'eau et de plusieurs autres substances. Le choc électrique et le choc galvanique, l'éclair qu'on voit passer devant les yeux, et la sensation qui se fait sentir sur la langue, sont des phénomènes bien connus. Le fluide magnéto-électrique peut produire tous ces effets, jusqu'au point même de causer une sensation pénible. La torpille et le gymnote électrique font éprouver une commotion assez forte, et les membres d'une grenouille sont mis en convulsion par le fluide thermo-électrique. Enfin, le dernier point de comparaison est l'étincelle. Ce phénomène, commun aux fluides ordinaire, voltaïque et magnétique, n'a point encore été aperçu dans le fluide thermo-électrique, non plus que dans l'électricité animale, ce qu'on ne peut attribuer qu'à la faiblesse de ces deux sortes d'électricité. Au résumé, le docteur Faraday conclut que les cinq espèces d'électricité sont identiques, et que les différences d'intensité et de quantité sont tout à fait suffisantes pour rendre compte des différences qu'on observe dans leurs manières d'agir respectives. Il a rendu leur identité plus certaine encore en prouvant que la force magnétique et l'action chimique de l'électricité sont en raison directe de la quantité absolue de fluide qui passe par le galvanomètre, quelle que puisse être d'ailleurs son intensité.

La nature nous montre dans la lumière, la chaleur et l'électricité, ou le magnétisme, des principes qui n'occasionnent aucun changement appréciable dans le poids des corps, quoique leur présence se manifeste par l'action mécanique et chimique la plus remarquable. Ces divers agents sont tellement liés entre eux, qu'il y a tout lieu de croire que, conformément à l'économie générale du système du monde, où les effets les plus variés et les plus compliqués sont produits par un petit nombre de lois universelles, ils finiront par être rapportés à quelque force d'un ordre supérieur. Ils pénètrent la matière dans toutes les directions; leur vitesse est prodigieuse, et leur intensité varie en raison inverse du carré de la distance. Le développement des courants électriques produits tant par l'induction magnétique que par l'induction électrique, la similitude qui dans une foule de circonstances existe dans leur mode d'action, mais plus que tout encore, la production de l'étincelle par l'aimant, l'ignition des fils métalliques, et la décomposition chimique, sont tous des phénomènes qui prouvent que le magnétisme ne peut plus être considéré comme un principe indépendant et séparé. Il est infiniment probable que la lumière est de la chaleur visible; et quoique le développement de la lumière et de la chaleur, durant le passage du fluide électrique, puisse provenir de la compression de l'air, le développement de l'électricité par la chaleur, l'influence de la chaleur sur les corps magnétiques, et celle de la lumière sur les mouvements de l'aiguille aimantée, ne servent pas moins à prouver qu'il existe entre tous ces agents un lien occulte, qui probablement un jour sera mis en évidence. De plus, ce sujet ouvre un noble champ de recherches expérimentales aux savants de nos jours, et peut-être même à ceux des siècles à venir.

COURANTS. *Voy.* MARÉES et GULF-STREAM.

COURANTS dans les gaz et dans les liquides. *Voy.* DILATATION.

COURONNES. — Quand la lumière qui vient des astres tombe sur des vapeurs condensées à l'état vésiculaire ou en particules glacées, alors elle éprouve diverses modifications, et il en résulte des phénomènes connus sous le nom de *couronnes* et de *halos;* ordinairement on désigne par ces deux noms deux phénomènes fort différents par leur aspect et par leur origine. Quand le ciel est couvert de légers nuages, on voit souvent un cercle coloré où domine le rouge entourer la lune ou le soleil; son diamètre ne comprend que quelques degrés, d'autres fois on observe plusieurs anneaux concentriques du même genre séparés par des intervalles où domine le vert; nous désignerons ces anneaux sous le nom de *couronnes.*

Comme on est ordinairement trop ébloui par les rayons du soleil pour distinguer les colorations qui entourent son disque, le phénomène se remarque le plus souvent autour de la lune; pour l'examiner autour du soleil, il faut se servir d'un miroir noirci sur l'une de ses faces: alors la réflexion affaiblit tellement l'éclat des rayons, qu'on peut étudier les couronnes qui entourent le soleil.

Tous les nuages qui ne sont pas trop épais pour que la lumière du soleil puisse les traverser, les *cirrus* et les *cirro-stratus* exceptés, offrent des traces de couronnes; mais la vivacité des couleurs n'est pas toujours la même. On ne les voit jamais si belles que sur les brouillards qui, pendant la nuit, se forment dans les vallées, et s'élèvent vers le milieu du jour au sommet des montagnes. Elles ne sont pas moins belles sur les *cirro-cumulus*, surtout quand ils sont par petites masses d'un blanc éblouissant, et dont les bords sont tellement confondus qu'on a de la peine à suivre leurs contours sur le ciel. Des nuages de même forme, dont les bords sont plus frisés, ne donnent lieu qu'à des couronnes incomplètes : on y voit le plus souvent un rouge d'une teinte indécise et mal circonscrite. Dans les vrais *cumulus*, la masse des vésicules est souvent si grande que la lumière ne peut pas les traverser en quantité suffisante pour que le phénomène se produise ; mais souvent on aperçoit les couleurs dans de légers flocons qui se détachent du nuage principal et se rapprochent du soleil : ce phénomène n'est donc point rare, car on peut l'observer chaque fois que de légers nuages passent devant le soleil.

Si la couronne est complète, on remarque plusieurs cercles concentriques. Près du soleil ils sont d'un bleu mat, le second cercle est blanc et le troisième rouge, ce qui termine la première série ; dans la seconde on voit, en allant toujours dans la direction du centre à la circonférence, du pourpre, du bleu, du vert, du jaune pâle et du rouge ; rarement la série est aussi complète. Le plus souvent on observe près du soleil du bleu mêlé de blanc, puis un cercle rouge bien limité en dedans et qui se confond en dehors avec les autres ; s'il existe en dehors de celui-ci un second cercle rouge, alors on distingue du vert dans l'intervalle qui les sépare. La distance de ce cercle au centre du soleil varie suivant l'état des nuages et de l'atmosphère depuis 1° jusqu'à 4°.

D'après les consciencieuses recherches de Fraunhofer, ces couronnes sont dues à ces modifications de la lumière qui sont connues sous le nom de *diffraction* ; et quoiqu'il nous soit impossible d'analyser complètement les lois du phénomène sans le secours des mathématiques, nous allons tâcher néanmoins de les exposer aussi clairement que possible.

Considérons à travers une fente faite avec un canif dans une feuille de papier bien ferme, un point lumineux tel que l'image du soleil ou celle d'une bougie éloignée réfléchie par un verre de montre noirci, ou la boule d'un thermomètre ; nous verrons des deux côtés du point lumineux une série d'images colorées. Si au lieu de la lumière blanche, nous opérons sur un rayon coloré, tel que celui qu'on obtient, en la faisant passer à travers un verre coloré, nous obtiendrons une série d'images séparées par des intervalles obscurs ; mais, toutes choses étant égales d'ailleurs, l'écartement des rayons rouges sera moindre que celui des rayons bleus. Ce phénomène provient de ce que les ondes continuent leur chemin à travers la fente, mais les bords de celle-ci deviennent le point de départ de nouvelles ondulations qui agissent par interférence, soit entre elles, soit sur les ondes directes, de façon que dans certains points il y a obscurité ; sur d'autres, renforcement de la lumière, d'où résulte l'alternance de parties éclairées et de bandes obscures. L'éloignement de ces images du point lumineux dépend de la longueur de l'onde de la lumière employée. Prenons de la lumière blanche, la bande obscure du rayon rouge tombera là où deux rayons bleus s'ajoutent ; ce point paraîtra donc bleu. Le calcul exact de la position de chacune des couleurs isolées donne des intervalles qui s'accordent parfaitement avec l'expérience.

Les phénomènes sont encore plus remarquables si, au lieu d'une seule fente, on en considère plusieurs également larges et équidistantes ; l'effet de chacune d'elles est augmenté par les autres. Tracez sur une lame de verre avec un diamant plusieurs traits équidistants, puis regardez à travers la flamme d'une bougie ; vous verrez autour de la flamme des rayons colorés dont la direction est perpendiculaire à celle des traits. Si l'on avait tracé une série de traits perpendiculaires aux premiers, on aurait obtenu deux systèmes d'images croisées à angle droit ; on peut voir ces effets, quoique assez imparfaitement, en regardant une lumière à travers une mousseline très-fine. Si les parties transparentes n'étaient pas, comme ici, en séries parallèles, mais disposées arbitrairement dans l'espace, quoique groupées symétriquement autour d'un point, les images formeraient des cercles dont le centre serait le point lumineux : c'est ce que vit Fraunhofer en regardant un point lumineux éloigné à travers un grand nombre de lames minces ou de petites boules de verre d'égal diamètre placées entre des lames de la même substance. Le point lumineux considéré à travers ces appareils était entouré d'anneaux colorés ; on le voit moins bien en ternissant un verre avec l'haleine et en regardant à travers une lumière éloignée : les différentes parties de la lame ayant une transparence et des propriétés réfringentes différentes, il en résulte une foule de systèmes d'ondes qui agissent les uns sur les autres par interférence, et produisent ainsi différentes couleurs ; quand des vitres n'ont pas été nettoyées depuis longtemps, il se forme une légère couche de poussière et de fumée à leur surface ; et comme ces particules opaques sont à peu près de même grosseur, la flamme d'une bougie considérée à travers cette vitre sera entourée d'une couronne colorée qui sera circulaire, parce que les particules qui infléchissent la lumière sont disposées symétriquement autour d'une ligne idéale qui joindrait la lumière et l'œil. Le phénomène se produit avec la lumière réfléchie aussi bien qu'avec la lumière directe. Si dans ce dernier cas nous avions considéré l'image de la flamme d'une bougie réfléchie par une lame de verre ternie par le souffle, nous eussions vu de même, autour d'elle, une couronne circulaire, de même que sur le verre rayé nous voyons des bandes colorées des deux côtés de l'image réfléchie. L'écartement des images dépend ici, comme dans le cas précédent, de l'écartement des raies.

Si les vésicules du brouillard ne sont pas trop nombreuses et d'un diamètre égal, alors elles agissent sur la lumière du soleil comme la fumée sur une lame de verre : l'astre est entouré d'un cercle lumineux dont le diamètre dépend de celui des vésicules. Ces deux grandeurs sont si intimement liées entre elles que la mesure du diamètre des couronnes est le meilleur moyen pour connaître celui des vésicules du brouillard. Si les vésicules de vapeur dans l'atmosphère n'ont pas la même grandeur, alors, d'après les lois de la diffraction, on ne saurait obtenir des couronnes lumineuses, mais seulement une auréole lumineuse.

Quiconque a étudié ces phénomènes s'est convaincu de leur variabilité. Qu'il suffise de citer les couleurs irisées des nuages. Quand des nuages blancs, dont les bords sont parallèles à l'horizon et qui ont la forme de *cirro-cumulus* se trouvent dans le voisinage du soleil, on observe, à l'aide du miroir noirci, les couleurs vives du prisme sous la forme de franges parallèles au bord des nuages, et souvent éloignées du soleil de 10°. Ordinairement ces franges sont vertes au dedans et bordées de deux lignes rouges ; elles sont réparties irrégulièrement dans le nuage et à des distances différentes du soleil. Probablement des vésicules ont sur certains points des dimensions fort inégales, qui détruisent la symétrie du cercle et annoncent une pluie prochaine.

CRÉPUSCULE. *Voy.* AURORE.

CRISTALLISATION. *Voy.* CORPS, (structure des). — Effets de la chaleur sur les cristaux, *ibid.*

CRISTAUX BIRÉFRINGENTS. *Voy.* RÉFRACTION

CUMULUS. *Voy.* NUAGES.

CYCLE. *Voy.* CALENDRIER.

CYLINDRE ou HÉLICE ÉLECTRODYNAMIQUE. *Voy.* ELECTROMAGNÉTISME.

DAGUERRÉOTYPIE. *Voy.* PHOTOGRAPHIE.

DANSE des pantins. *Voy.* MACHINE ELECTRIQUE.

DÉCLINAISON. — Mouvement que l'aiguille aimantée exécute tantôt vers l'orient, tantôt vers l'occident. Ce mouvement subit des variations que l'on pourrait appeler *séculaires* et des variations appelées *diurnes*. C'est ainsi que pendant environ deux siècles et demi (de 1580 à 1824) l'aiguille a marché vers l'ouest de trente et quelques degrés, non pas avec une vitesse uniforme, mais d'un mouvement saccadé, incertain, et quelquefois même rétrograde. Depuis 1824, la déclinaison, à Paris, n'éprouve que de faibles variations; elle semble avoir atteint sa limite extrême, d'où elle partira probablement pour exécuter vers l'orient des mouvements analogues à ceux qu'elle avait exécutés vers l'occident. Si on avait fait dans d'autres lieux du globe des observations analogues à celles que l'on fait à Paris depuis nombre d'années, le problème du magnétisme terrestre serait aujourd'hui près d'être résolu. Mais malheureusement on ne sait encore rien de bien précis sur tous ces phénomènes de déclinaison et d'inclinaison. On saura peut-être un jour si les changements de déclinaison sont réellement périodiques, si la durée de la période varie d'un lieu à l'autre, s'il faut rapporter à une cause générale les amplitudes des changements de déclinaison des différents lieux pour un intervalle de temps donné, ou s'il faut les attribuer à des forces différentes, exerçant des actions locales plus ou moins profondes. Les variations *diurnes* présentent un sujet également très-intéressant. En général, ces variations, plus prononcées dans quelques saisons que dans d'autres, ne sont pas aussi sensibles ni aussi régulières pendant la nuit qu'elles le sont pendant le jour. La lumière du soleil paraît donc exercer sur elles quelque influence. Ce qu'il y a de certain, c'est que les variations diurnes sont particulièrement affectées par les aurores boréales. *Voy.* AURORE BORÉALE, AIMANT, BOUSSOLE, MAGNÉTISME TERRESTRE.

DÉCLINAISON. *Voyez* LUNETTE MÉRIDIENNE.

DÉCLINAISON du soleil. *Voy.* TRANSLATION.

DÉCLINAISON de la lune. *Voy.* LUNE.

DÉCOMPOSITION CHIMIQUE. *Voy.* ELECTRO-CHIMIE.

DÉCOMPOSITION des couleurs prismatiques. *Voy.* COULEURS.

DECUSSATION. *Voy.* OEIL.

DEFLAGRATOR. *Voy.* PILE

DELAMBRE, né à Amiens en 1749. — Ce n'est qu'à l'âge de 36 ans qu'il commença à s'occuper d'astronomie et à suivre les cours de *Lalande*. Celui-ci disait que cet élève était son meilleur ouvrage ; et en effet Delambre fut un des plus laborieux et sera un des plus illustres astronomes. Ses premiers travaux furent des Tables de Jupiter, puis de Saturne et de leurs satellites, et enfin d'Uranus qu'*Herschell* venait de découvrir ; le premier il mit à même de calculer les éléments de cette nouvelle planète. En 1792 il s'occupa, de concert avec *Méchain*, de la mesure de la méridienne de France, depuis Dunkerque jusqu'à Perpignan, et ce travail, qui a servi de point d'appui au nouveau système de mesures, et a enfin décidé la question de la figure de la terre, est consigné dans un ouvrage intitulé : *Base du système métrique*. On doit à Delambre plusieurs autres ouvrages importants, et en outre une foule de Mémoires: pendant 20 ans il a rendu compte des travaux de l'Académie des sciences pour la partie mathématique. Il ne cessa de s'occuper d'astronomie jusqu'à sa mort, qui arriva le 19 août 1822.

DENDERAH. *Voy.* ZODIAQUE.

DENSITÉ (*densus*, serré). — Masse de l'unité de volume. Dans un corps homogène, la masse étant proportionnelle au volume, on a (en désignant par d la masse de l'unité de volume, par v le volume, par m la masse) :

$$m = d\,v.$$

Il en résulte que les corps les plus denses sont ceux qui ont le plus de masse sous le même volume. La balance indique le poids d'un corps, sans égard au volume qu'il occupe : un gramme de duvet pèse tout autant qu'un gramme de plomb, bien que ces deux matières occupent des volumes très-différents. Le poids (p) est ici proportionnel à la masse, ou bien la masse est proportionnelle à son poids absolu, divisé par l'intensité de la pesanteur (g); ce qui donne :

$$m = \frac{p}{g} \text{ ou } p = g\,m$$

Et comme, dans un corps homogène, le poids p est proportionnel au volume v, on a aussi :

$$p = \pi\,v.$$

π est alors le poids de l'unité de volume, ou le *poids spécifique* d'un corps. A volume égal, les densités de deux corps sont proportionnelles à leurs poids. A poids égal, les densités de deux corps sont en raison inverse des volumes de ces corps. On rapporte ordinairement toutes les densités à celle de l'eau, prise pour unité à son maximum de condensation. Ainsi, quand on dit que la densité d'un corps est 2, 3, 4, 5, etc., cela signifie qu'à poids égal il a un volume qui est 1/2, 1/3, 1/4, 1/5, etc., du volume de l'eau ; ou qu'à volume égal il pèse 2 fois, 3 fois, 4 fois, 5 fois, etc., autant que l'eau. La densité d d'un corps, par rapport à un autre corps dont la densité est prise pour unité, étant connue, il est facile de trouver son poids spécifique, ou le poids de l'unité de volume ; car, en désignant ce poids par π', et en désignant par π celui du corps dont la densité est 1, on a :

$$\frac{d}{1} = \frac{\pi'}{\pi}, \text{ d'où } \pi' = \pi.\,d$$

Ainsi la densité du mercure, comparée à celle de l'eau distillée, prise à son maximum de densité, est 13,598 ; le poids d'un centimètre cube de mercure sera $\pi' = 13{,}598.\,\pi$. Or, le poids π du centimètre cube d'eau est 1 gr., si l'on prend le gramme pour unité de poids, ou 0 k. 001, si l'on prend le kilogramme pour unité. On a donc :

$$\pi' = 13 \text{ gr., } 598 \text{ ou } \pi' = 0 \text{ k. } 013598.$$

Il est facile d'établir les recherches expérimentales, et de trouver les densités ou poids spécifiques de diverses substances, d'après le principe que le rapport des densités ou des poids spécifiques de deux corps est égal au rapport direct des poids de ces corps, multiplié par le rapport inverse de leurs volumes.

Densité des gaz. — S'il était possible de faire le vide parfait, et d'effectuer toutes les pesées exactement à la même température et à la même pression, il serait facile de déterminer les densités des gaz en prenant un ballon de 6 à 7 litres de capacité, que l'on pèse d'abord après y avoir fait le vide, et que l'on pèse ensuite après l'avoir rempli successivement d'air sec, et du gaz dont on veut savoir la densité. La détermination des densités des gaz exige donc des précautions délicates : il faut employer des gaz très-purs et bien desséchés, observer avec soin les températures et les pressions, et opérer dans un air assez sec pour n'avoir rien à craindre de la couche d'humidité qui s'attache aux parois du ballon. La densité de l'air a été prise pour unité dans l'*indication* des densités des gaz. Le poids du centimètre cube d'air sec à 0°, et 0 m. 76 de pression, a été trouvé en 1805, par MM. Biot et Arago, 0 gr. 00129954. Un litre d'air pèse donc 1 gr. 29954. La densité d'un gaz, par rapport à l'air, étant connue, il est facile de trouver son poids spécifique, ou le poids d'un litre, à 0° et 0 m. 76 de pression. Ainsi, un litre d'air pesant 1 gr. 29954, un litre de gaz de densité d pèsera $d \times 1{,}29954$.

Densité de l'eau distillée. — Tous les corps changent de volume à chaque instant par l'influence de la chaleur ; ainsi, à chaque instant ils changent de densité. Mais dans la loi de ces variations, l'eau présente une exception remarquable : à partir de 0, lorsqu'on élève sa température, elle se retire sur elle-même au lieu de se dilater, et elle se retire de plus en plus jusqu'à la température d'environ 4°; ensuite, en la chauffant davantage, elle commence à éprouver une expansion, comme font tous les autres corps, et, dès cet instant, sa dilatation est continuellement croissante jusqu'à l'ébullition. Vers la température de 4°, l'eau éprouve donc un *maximum de contraction*. Ce phénomène est frappant lorsqu'on l'observe sur un thermomètre à eau dont chaque degré occupe une assez grande étendue. Ce thermomètre descend comme le thermomètre à mercure, lorsqu'on les plonge ensemble dans un bain liquide qui est, par exemple, à 10°, et que l'on refroidit peu à peu ; mais aux approches du 4e degré, le refroidissement augmentant et le thermomètre à mercure continuant de descendre, on voit le thermomètre à eau qui remonte comme si on le chauffait, et qui remonte ainsi jusqu'à la température de la glace. En poussant le refroidissement assez loin, l'eau du thermomètre se gèle et prend tout à coup un accroissement de volume très-considérable; on peut donc présumer qu'à partir de 4° les molécules liquides commencent à s'écarter l'une de l'autre, et qu'elles se préparent en quelque sorte à prendre les positions respectives qu'elles doivent avoir pour passer à l'état solide.

L'eau qui tient en dissolution quelques sels ou d'autres substances étrangères paraît, au moins dans quelques cas, présenter encore les propriétés du maximum de contraction, mais à une température plus basse, le point de congélation étant lui-même abaissé.

Ces phénomènes ne semblent d'abord que des exceptions fortuites et de peu d'importance; mais nous verrons plus tard qu'ils ont une grande influence sur la distribution de la chaleur dans l'étendue des mers et de tous les continents. C'est par là que, dans les latitudes élevées, les rivières, les lacs et les mers, peuvent rester liquides à une certaine profondeur; c'est par là que les êtres vivants qui peuplent les eaux peuvent se conserver dans toutes les saisons et se perpétuer; c'est par là enfin qu'il s'établit une circulation de chaleur entre les pôles et l'équateur, et une température moyenne qui est plus modérée dans tous les climats.

Le point précis du maximum de contraction et les différentes densités de l'eau, à diverses températures, ont été l'objet d'un grand nombre de recherches.

La discussion de toutes les expériences relatives au maximum de densité donne 3°, 997; c'est-à-dire, à très-peu près, 4°.

Densité des liquides. — Le principe d'Archimède, servant à comparer entre elles les densités de l'eau à diverses températures, peut servir pareillement à trouver les densités de tous les liquides. Si l'on veut, par exemple, connaître la densité de l'alcool par rapport à celle de l'eau, il suffira de prendre un corps solide plus dense que ces liquides, et d'en faire trois pesées successives :

La première dans l'air;

La seconde dans l'eau;

La troisième dans l'alcool.

La perte de poids que ce corps fait dans l'eau est égale au poids de l'eau qu'il déplace, et la perte de poids qu'il fait dans l'alcool est pareillement égale au poids de l'alcool déplacé. Or, la température étant la même, les volumes des liquides déplacés sont aussi les mêmes : donc, le rapport de leurs poids est égal au rapport de leur densité. Quand les pesées sont faites à des températures différentes, on les réduit, par le calcul, à ce qu'elles seraient à la température 0; mais pour cela il faut connaître la loi de dilatation du corps plongé et de celle de chaque liquide.

On peut déterminer aussi la densité des liquides par les *pesées directes* d'un même volume de tous ces corps. Pour y parvenir par le second procédé, on prend un petit flacon de verre mince et léger, ayant un bouchon foré et bien rodé qui le ferme d'une manière très-exacte. On le pèse seul, et on le pèse ensuite rempli d'un liquide. La différence des poids est le poids du liquide qu'il contient.

Par exemple : le flacon seul pèse 100 gr.
Le flacon plein d'eau à 0 pèse 200 gr.
Le poids de l'eau contenue dans le flacon est 100 gr.
A la même température de 0,
le flacon seul pèse toujours 100 gr.
le flacon plein d'alcool pèse 179 gr.
Le poids de l'alcool contenu dans le flacon est 79 gr.

Les volumes d'eau et d'alcool étant les mêmes, les densités de ces liquides sont entre elles comme des poids; donc

La densité de l'alcool est 0,79.

Lorsque la température n'est qu'à 0, il faut corriger les résultats des effets que produit la dilatation sur le verre du flacon et sur les liquides que l'on soumet à l'expérience.

Densité des corps solides. — On détermine les densités des solides, comme celles des liquides, par trois procédés différents, savoir : au moyen de l'aréomètre, du flacon bouché, ou de la balance hydrostatique.

L'aréomètre que l'on emploie pour déterminer les densités des corps solides est un aréomètre à volume constant, tel que l'aréomètre de Nicholson. *Voy.* Aréomètre.

Le flacon bouché qui sert à la recherche des densités contient environ 2 ou 3 décilitres d'eau. L'exactitude de l'expérience dépend en grande partie de la précision avec laquelle le bouchon est travaillé : il faut qu'il soit légèrement conique, bien usé à l'émeri, et parfaitement circulaire dans tout son contour, afin qu'il s'enfonce exactement de la même quantité dans toutes ses positions. Alors on procède de la manière suivante : on fait trois pesées : la première, pour avoir le poids p du corps solide dont on cherche la densité; la seconde, pour avoir le poids $f + p$ du flacon plein d'eau et du corps solide mis à côté de lui dans le même bassin : la troisième, pour avoir le poids f' du flacon et du corps solide mis dans son intérieur et ayant chassé par conséquent un volume d'eau égal au sien. La troisième pesée retranchée de la deuxième, c'est-à-dire $f + p - f'$, donne le poids du volume d'eau chassé; et, puisqu'à volume égal les densités sont comme les poids, la densité du corps est $\frac{p}{f + p - f'}$. Quand la température n'est pas 0, il faut faire les corrections. Ce procédé ne peut s'appliquer qu'à de petites masses; il importe peu qu'elles soient spécifiquement plus pesantes ou plus légères que l'eau.

Les corps qui sont solubles dans l'eau se pèsent dans l'alcool ou dans des dissolutions saturées.

Les corps poreux et susceptibles de s'imbiber ont des densités variables suivant le degré d'imbibition : il est difficile de les déterminer avec exactitude.

La balance hydrostatique qui nous a servi à démontrer le principe d'Archimède peut nous servir aussi à trouver les densités des corps solides. Pour l'employer à cet usage, elle n'a besoin d'aucune modification. Le procédé se réduit à faire deux pesées : par la première, on trouve le poids p du corps; par la seconde, on trouve la perte de poids e qu'il éprouve dans l'eau, et cette perte de poids est le poids du volume d'eau déplacé : donc, la densité est $\frac{p}{e}$. Si la température n'est pas 0, on fait les corrections.

La table suivante renfermant les poids spécifiques des principales substances, offre, dans la dernière partie de la liste des solides, des chiffres différents de ceux qu'on trouve dans les tables ordinaires. Ces rectifications sont dues aux expériences faites par M. Desdouits. Cette dernière partie de la table qui concerne les bois a été faite à l'origine par Muschembroek, dont les expériences trop peu précises n'ont pas été renouvelées par les physiciens modernes, et dont les résultats sont affectés de graves erreurs. On doit remarquer de plus que la matière n'est pas susceptible d'une détermination absolue; car un bois diffère en densité du même bois, non-seulement suivant le degré de sécheresse et d'humidité, mais selon l'âge, le terroir, la partie de l'arbre où on le prend; et sur un même terroir, il se trouve d'un arbre au même arbre des différences souvent très-considérables. Il ne paraît donc pas possible de donner un chiffre absolu pour une chose aussi variable que la densité des bois; ceux que nous donnons sont des moyennes prises sur des bois secs. Nous ajouterons que le dernier chiffre de cette liste, savoir, la densité du liége, peut être considérée comme assez fixe, et qu'en adoptant le chiffre 0,170, nous rectifions une erreur de plus d'un quart, admise sur ce bois dans toutes les tables.

Table du poids spécifique des solides et des liquides.

Solides.

Platine laminé,	22,069
— filé,	21,042
— forgé,	20,337
Or fondu,	19,258
Tungstène,	17,6
Mercure à 0°,	13,598
Plomb fondu,	11,323
Palladium,	11,3
Rhodium,	11,0
Argent fondu,	10,474
Bismuth,	9,822
Cuivre en fil,	8,878
— rouge fondu,	8,788
Nickel,	8,279
Acier non écroui,	7,816
Cobalt,	7,812
Fer en barre,	7,788
— fondu,	7,207
Etain fondu,	7,291
Zinc fondu,	6,861
Antimoine,	6,712
Arsenic,	5,700
Jade,	4,948
Sulfate de baryte,	4,430
Rubis oriental,	4,283
Topaze orientale,	4,011
Saphir oriental,	3,994
Topaze de Saxe,	3,564
Diamant de,	3,531
— à,	3,501
— du Brésil,	3,131
Flint-glass anglais,	3,329
Spath-fluor,	3,191
Tourmaline verte,	3,155
Amiante,	2,996
Marbre de Paros,	2,838
— variés à,	2,700
Emeraude verte,	2,755
Perles,	2,750
Spath d'Islande.	2,718
Granit,	2,710
Quartz-jaspe,	2,710
Corail,	2,680
Cristal de roche pur,	2,653
Quartz agate,	2,615
Feldspath limpide,	2,564
Verre de St-Gobain,	2,488
Porcelaine de Chine,	2,388
— de Sèvres,	2,146
Sulfate de chaux gypse,	2,312
Pierre meulière,	2,484
Pierre à batir, de,	2,500
— à,	1,500
Soufre natif,	2,033
Ivoire,	1,917
Albâtre,	1,874
Anthracite,	1,800
Houille compacte,	1,329
Jais,	1,259
Succin,	1,078
Sodium,	0,973
Glace,	0,930
Potassium,	0,865

Bois de

Buis,	0,929
Frêne,	0,845
Hêtre,	0,826
If,	0,807
Orme,	0,800
Poirier,	0,764
Pommier,	0,733
Chêne de Champagne,	0,704
Noyer,	0,602
Cèdre,	0,561
Tilleul,	0,514
Sapin,	0,473
Peuplier,	0,404
Liége,	0,170

Liquides.

Brôme,	2,966
Acide sulfurique concentré,	1,850
Acide azotique,	1,550
— azoteux,	1,450
Eau de la mer Morte,	1.240
Eau de l'Océan,	1,026
Lait (variable), moyenne,	1,030
Vin de Bordeaux,	0,994
— de Bourgogne,	0,992
Huile d'olive,	0,915
— essentielle de térébenthine,	0,870
Naphte,	0,847
Alcool absolu,	0,792
Ether sulfurique,	0,7155

Gaz.

Air,	0,001299
Air,	1,000
Vapeur de bichlorure d'étain,	9,199
Vapeur d'iode,	8,716
— de mercure,	6,976
— de soufre,	6,617
— d'essence de térébenthine,	4,763
Gaz hydriodique,	4.443
— fluo-silicique,	3,573
Hydrogène arséniqué,	2,695
Vapeur d'éther sulfurique,	2,586
Chlore,	2,470
Acide sulfureux,	2,234
Cyanogène,	1,806
Hydrogène biphosphoré,	1,761
Protoxyde d'azote,	1,523
Acide carbonique,	1,5245
— chlorhydrique,	1,247
— sulfhydrique,	1,191

Bioxyde d'azote,	1,039
Hydrogène bicarboné,	0,978
Oxyde de carbone,	0,957
Ammoniaque,	0,597
Hydrogène carboné marais,	0,555
Vapeur d'acide cyanhydrique,	0,948
Oxygène,	1,1057
Azote,	0,972
Hydrogène,	0,0688
Vapeur d'eau,	0,6240

DENSITÉ de la terre. *Voy.* ROTATION DIURNE de la terre.

DENSITÉ des corps célestes. *Voy.* PLANÈTES.

DÉPENSE, volume de liquide qui s'échappe dans un temps donné. *Voy.* HYDRODYNAMIQUE.

DESCARTES (RENÉ), seigneur du Perron, naquit à la Haye en Touraine, le 30 mars 1596.

Nous n'avons à considérer ici Descartes que comme physicien, et l'on nous saura gré sans doute d'emprunter à Thomas ses éloquentes appréciations.

« Qu'on me donne de la matière et du mouvement, dit Descartes, et je vais créer un monde. D'abord il s'élève par la pensée entre la terre et les cieux, et de là il embrasse l'univers d'un coup d'œil. Il voit le monde entier comme une seule et immense machine, dont les roues et les ressorts ont été disposés au commencement, de la manière la plus simple, par une main éternelle. Parmi cette quantité effroyable de corps et de mouvements, il cherche la disposition des centres. Chaque corps a son centre particulier; chaque système a son centre général. Sans doute aussi il y a un centre universel, autour duquel sont rangés tous les systèmes de la nature. Mais où est-il, et dans quel point de l'espace? Descartes place dans le soleil le centre du système auquel nous sommes attachés. Ce système est une des roues de la machine; le soleil est le point d'appui. Cette grande roue embrasse dix-huit cents millions de lieues dans sa circonférence, à ne compter que jusqu'à l'orbe de Saturne. Que serait-ce si on pouvait suivre la marche excentrique des comètes? Cette roue de l'univers doit communiquer à une roue voisine, dont la circonférence est peut-être plus grande encore. Celle-ci communique à une troisième, cette troisième à une autre, et ainsi de suite dans une progression infinie, jusqu'à celles qui sont bornées par les dernières limites de l'espace. Toutes, par la communication du mouvement, se balancent et se contre-balancent, agissent et réagissent l'une sur l'autre, se servent mutuellement de contre-poids, d'où résulte l'équilibre de chaque système, et de chaque équilibre particulier, l'équilibre du monde. Telle est l'idée de cette grande machine, qui s'étend à plus de centaines de millions de lieues que l'imagination n'en peut concevoir, et dont toutes les roues sont des mondes combinés les uns avec les autres.

« C'est cette machine que Descartes conçoit, et qu'il entreprend de créer avec trois lois de mécanique; mais auparavant il établit les propriétés générales de l'espace, de la matière et du mouvement. D'abord, comme toutes les parties sont enchaînées, que nulle part le mécanisme n'est interrompu, et que la matière seule peut agir sur la matière, il faut que tout soit plein. Il admet donc un fluide immense et continu, qui circule entre les parties solides de l'univers; ainsi le vide est proscrit de la nature. L'idée de l'espace est nécessairement liée à celle de l'étendue; et Descartes confond l'idée de l'étendue avec celle de la matière : car on peut dépouiller successivement les corps de toutes leurs qualités; mais l'étendue y restera sans qu'on puisse jamais l'en détacher. C'est donc l'étendue qui constitue la matière, et c'est la matière qui constitue l'espace. Mais où sont les bornes de l'espace? Descartes ne les conçoit nulle part, parce que l'imagination peut toujours s'étendre au delà. L'univers est donc illimité; il semble que l'âme de ce grand homme eût été trop resserrée par les bornes du monde; il n'ose point les fixer. Il examine ensuite les lois du mouvement; mais qu'est-ce que le mouvement? C'est le plus grand phénomène de la nature, et le plus inconnu. Jamais l'homme ne saura comment le mouvement d'un corps peut passer dans un autre. Il faut donc se borner à connaître par quelles lois générales il se distribue, se conserve ou se détruit, et c'est ce que personne n'avait cherché avant Descartes. C'est lui qui, le premier, a généralisé tous les phénomènes, a comparé tous les résultats et tous les effets, pour en extraire ces lois primitives; et puisque dans les mers, sur la terre et dans les cieux, tout s'opère par le mouvement, n'était-ce pas remettre aux hommes la clef de la nature? Il se trompa, je le sais; mais, malgré son erreur, il n'en est pas moins l'auteur des lois du mouvement. Car, pendant trente siècles, les philosophes n'y avaient pas même pensé, et dès qu'il en eut donné de fausses, on s'appliqua à chercher les véritables. Trois mathématiciens célèbres (1) les trouvèrent en même temps; c'était l'effet de ses recherches et de la secousse qu'il avait donnée aux esprits. Du mouvement il passe à la matière, chose aussi incompréhensible pour l'homme. Il admet une matière primitive, unique, élémentaire, source et principe de tous les êtres, divisée et divisible à l'infini, qui se modifie par le mouvement, qui se compose et se décompose, qui végète ou s'organise, qui, par l'activité rapide de ses parties, devient fluide, qui, par leur repos, demeure inactive et lente, qui circule sans cesse dans des moules et des filières innombrables, et par l'assemblage des formes constitue l'univers. C'est avec cette

(1) Huyghens, Wallis et Wren.

matière qu'il entreprend de créer un monde.

« Je n'entrerai point dans le détail de cette création. Je ne peindrai point ces trois éléments si connus, formés par des millions de particules entassées, qui se heurtent, se froissent et se brisent; ces éléments emportés d'un mouvement rapide autour de divers centres, et marchant par tourbillons; la force centrifuge qui naît du mouvement circulaire; chaque élément qui se place à différentes distances, à raison de sa pesanteur; la matière la plus déliée qui se précipite vers les centres et y va former des soleils; la plus massive rejetée vers les circonférences; les grands tourbillons qui engloutissent les tourbillons voisins trop faibles pour leur résister, et les emportent dans leurs cours; tous ces tourbillons roulant dans l'espace immense, et chacun en équilibre, à raison de leur masse et de leur vitesse. C'est au physicien plutôt qu'à l'orateur à donner l'idée de ce système, que l'Europe adopta avec transport, qui a présidé si longtemps au mouvement des cieux, et qui est aujourd'hui tout à fait renversé. En vain les hommes les plus savants du siècle passé et du nôtre; en vain les Huyghens, les Bulfinger, les Mallebranche, les Leibnitz, les Kirker et les Bernoulli ont travaillé à réparer ce grand édifice; il menaçait ruine de toutes parts, et il a fallu l'abandonner. Gardons-nous cependant de croire que ce système, tel qu'il est, ne soit pas l'ouvrage d'un génie extraordinaire. Personne encore n'avait conçu une machine aussi grande et aussi vaste; personne n'avait eu l'idée de rassembler toutes les observations faites dans tous les siècles, et d'en bâtir un système général du monde; personne n'avait fait un usage aussi magnifique des lois de l'équilibre et du mouvement; personne d'un petit nombre de principes simples n'avait tiré une foule de conséquences si bien enchaînées. Dans un temps où les lois du mécanisme étaient si peu connues, où les observations astronomiques étaient si imparfaites, il est beau d'avoir même ébauché l'univers. D'ailleurs tout semblait inviter l'homme à croire que c'était là le système de la nature; du moins le mouvement rapide de toutes les sphères, leur rotation sur leur propre centre, leurs orbes plus ou moins réguliers autour d'un centre commun, les lois de l'impulsion établies et connues dans tous les corps qui nous environnent, l'analogie de la terre avec les cieux, l'enchaînement de tous les corps de l'univers, enchaînement qui doit être formé par des liens physiques et réels; tout semble nous dire que les sphères célestes communiquent ensemble et sont entraînées par un fluide invisible et immense qui circule autour d'elles. Mais quel est ce fluide? Quelle est cette impulsion? Quelles sont les causes qui la modifient, qui l'altèrent et qui la changent? Comment toutes les causes se combinent ou se divisent-elles pour produire les plus étonnants effets? C'est ce que Descartes ne nous apprend pas; c'est ce que l'homme ne saura peut-être jamais bien; car la géométrie, qui est le plus grand instrument dont on se serve aujourd'hui dans la physique, n'a de prise que sur les objets simples. Aussi Newton, tout grand qu'il était, a été obligé de simplifier l'univers pour le calculer. Il a fait mouvoir tous les astres dans des espaces libres : dès lors plus de fluide, plus de résistances, plus de frottements; les liens qui unissent ensemble toutes les parties du monde ne sont plus que des rapports de gravitation, des êtres purement mathématiques. Il faut en convenir, un tel univers est bien plus aisé à calculer que celui de Descartes, où toute action est fondée sur un mécanisme. Le newtonien, tranquille dans son cabinet, calcule la marche des sphères, d'après un seul principe qui agit toujours d'une manière uniforme. Que la main du génie qui préside à l'univers saisisse le géomètre et le transporte tout à coup dans le monde de Descartes. Viens, monte, franchis l'intervalle qui te sépare des cieux, approche de Mercure, passe l'orbe de Vénus, laisse Mars derrière toi, viens te placer entre Jupiter et Saturne; te voilà à quatre-vingt mille diamètres de ton globe. Regarde maintenant; vois-tu ces grands corps qui de loin te paraissent mus d'une manière uniforme? Vois leurs agitations et leurs balancements, semblables à ceux d'un vaisseau tourmenté par la tempête dans un fluide qui presse et qui bouillonne; vois et calcule si tu peux ces mouvements. Ainsi, quand le système de Descartes n'eût point été aussi défectueux, ni celui de Newton aussi admirable, les géomètres devaient par préférence embrasser le dernier; et ils l'ont fait. Quelle main plus hardie, profitant des nouveaux phénomènes connus et des découvertes nouvelles, osera reconstruire avec plus d'audace et de solidité ces tourbillons, que Descartes lui-même n'éleva que d'une main faible? ou, rapprochant deux empires divisés, entreprendra de réunir l'attraction avec l'impulsion, en découvrant la chaîne qui les joint? ou peut-être nous apportera une nouvelle loi de la nature inconnue jusqu'à ce jour, qui nous rende compte également et des phénomènes des cieux et de ceux de la terre? Mais l'exécution de ce projet est encore reculée. Au siècle de Descartes il n'était pas temps d'expliquer le système du monde. Ce temps n'est pas venu pour nous. Peut-être l'esprit humain n'est-il qu'à son enfance. Combien de siècles faudra-t-il encore pour que cette grande entreprise vienne à sa maturité? Combien de fois faudra-t-il que les comètes les plus éloignées se rapprochent de nous et descendent dans la partie inférieure de leurs orbites? Combien faudra-t-il découvrir dans le monde planétaire, ou de satellites nouveaux, ou de nouveaux phénomènes des satellites déjà connus? Combien de mouvements irréguliers assigner à leurs véritables causes? Combien perfectionner les moyens d'étendre notre vue aux plus grandes distances, ou par la réfraction, ou par la réflexion de la lumière? Combien attendre de hasards qui serviront mieux la philosophie que des siècles d'observations? Combien découvrir de chaînes et de fils imperceptibles, d'abord entre tous les êtres qui nous environnent, ensuite entre les êtres éloignés? Et peut-être après ces collections immenses de faits, fruits de deux ou trois cents siècles, combien de bouleversements et de révolutions ou physiques ou morales sur le globe, suspendront encore pendant des milliers d'années les progrès de l'esprit humain dans cette vaste étude de la nature? Heureux si, après ces longues interruptions, le genre humain renoue le fil de ses connaissances au point où il avait été rompu! C'est alors peut-être qu'il sera permis à l'homme de penser à faire un système du monde, et que ce qui a été commencé dans l'Egypte et dans l'Inde, poursuivi dans la Grèce, repris et développé en *Italie*, en France, en Allemagne et en Angleterre, s'achèvera peut-être, ou dans les pays intérieurs de l'Afrique, ou dans quelque endroit sauvage de l'Amérique septentrionale ou des terres australes; tandis que notre Europe savante ne sera plus qu'une solitude barbare, ou sera peut-être engloutie sous les flots de l'Océan rejoint à la Méditerranée. Alors on se souviendra de Descartes, et son nom retentira dans des lieux où aucun son ne s'est fait entendre depuis la naissance du monde.

« Il poursuit sa création : des cieux il descend sur la terre. Les mêmes mains qui ont arrangé et construit les corps célestes, travaillent à la composition du globe de la terre. Toutes les parties tendent vers le centre. La pesanteur est l'effet de la force centrifuge du tourbillon. Ce fluide, qui tend à s'éloigner, pousse vers le centre tous les corps qui ont moins de force que lui pour s'échapper; ainsi la matière n'a par elle-même aucun poids. Bientôt tout devait changer : la pesanteur est devenue une qualité primitive et inhérente, qui s'étend à toutes les distances et à tous les mondes, qui fait graviter toutes les parties les unes vers les autres, retient la lune dans son orbite, et fait tomber les corps sur la terre. On devait faire plus; on devait peser les astres : monument singulier de l'audace de l'homme! Mais toutes ces grandes découvertes ne sont que des calculs sur les effets; Descartes, plus hardi, a osé chercher la cause. Il continue sa marche : l'air, fluide léger, élastique et transparent, se détache des parties terrestres plus épaisses, et se balance dans l'atmosphère : le feu naît d'une agitation plus vive, et acquiert son activité brûlante; l'eau devient fluide, et ses gouttes s'arrondissent; les montagnes s'élèvent, et les abîmes des mers se creusent; un balancement périodique soulève et abaisse tour à tour les flots, et remue la masse de l'Océan, depuis la surface jusqu'aux plus grandes profondeurs; c'est le passage de la lune au-dessus du méridien, qui presse et resserre les torrents de fluide contenus entre la lune et l'Océan. L'intérieur du globe s'organise, une chaleur féconde part du centre de la terre, et se distribue dans toutes ses parties; les sels, les bitumes et les soufres se composent; les minéraux naissent de plusieurs mélanges; les veines métalliques s'étendent; les volcans s'allument; l'air *dilaté* dans les cavernes souterraines éclate, mugit et donne des secousses au globe. De plus grands prodiges s'opèrent, la vertu magnétique se déploie, l'*aimant attire et repousse*, il communique sa force et se dirige vers les pôles du monde. Le fluide électrique circule dans les corps, et le frottement le rend actif. Tels sont les principaux phénomènes du globe que nous habitons, et que Descartes entreprend d'expliquer. Il soulève une partie du voile qui le couvre. Mais ce globe est enveloppé d'une masse invisible et flottante, qui est entraînée du même mouvement que la terre, presse sur sa surface et y attache tous les corps : c'est l'atmosphère; océan élastique, et qui, comme le nôtre, est sujet à des altérations et à des tempêtes; région détachée de l'homme, et qui, par son poids, a sur l'homme la plus grande influence; lieu où se rendent sans cesse les particules échappées de tous les êtres; assemblage des ruines de la nature, ou volatilisée par le feu, ou dissoute par l'action de l'air, ou pompée par le soleil; laboratoire immense, où toutes ces parties isolées et extraites d'un million de corps différents, se réunissent de nouveau, fermentent, se composent, produisent de nouvelles formes, et offrent aux yeux ces météores variés qui étonnent le peuple, et que recherche le philosophe. Descartes, *après avoir parcouru la terre*, s'élève dans cette région (1). Déja on commençait dans toute l'Europe à étudier la nature de l'air. Galilée le premier avait découvert sa pesanteur. Toricelli avait mesuré la pression de l'atmosphère. On l'avait trouvée égale à un cylindre d'eau de même base, et de trente-deux pieds de hauteur, ou à une colonne de vif-argent de vingt-neuf pouces. Ces expériences n'étonnent point Descartes : elles étaient conformes à ses principes. Il avait deviné la nature avant qu'on l'eût mesurée. C'est lui qui donne à Pascal la fameuse expérience sur une haute montagne (2) : expérience qui confirma toutes les autres, parce qu'on vit que la colonne du mercure baissait à proportion que la colonne d'air diminuait en hauteur. Pourquoi Pascal n'a-t-il point avoué qu'il devait cette idée à Descartes? N'étaient-ils pas tous deux assez grands pour que cet aveu pût l'honorer?

(1) *Traité des Météores*, imprimé en 1637. Ce fut un des ouvrages de Descartes qui éprouva le moins de contradiction. Au reste, ce ne serait pas une manière toujours sûre de louer un ouvrage philosophique. Mais quelquefois aussi les hommes font grâce à la vérité. C'est le premier morceau de physique que Descartes donna. On fut étonné de la manière nouvelle dont il expliquait les phénomènes, et l'on commença à croire qu'il pouvait y avoir autre chose que des mots dans la physique. Depuis on a été beaucoup plus loin; mais on ne doit pas moins honorer celui qui a fait les premiers pas dans la carrière.

(2) Le Puy-de-Dôme, en Auvergne.

« Les propriétés de l'air, sa fluidité, sa pesanteur et son ressort le rendent un des agents les plus universels de la nature. De son élasticité naissent les vents. Descartes les examine dans leur marche. Il les voit naître sous l'impression du soleil, qui raréfie les vapeurs de l'atmosphère ; suivre les tropiques, le cours de cet astre, d'orient en occident ; changer de direction à trente degrés de l'équateur ; se charger de particules glacées, en traversant des montagnes couvertes de neiges ; devenir secs et brûlants, en parcourant la zone torride ; obéir, sur les rivages de l'Océan, au mouvement du flux et du reflux ; se combiner par mille causes différentes des lieux, des météores et des saisons ; former partout des courants ou lents ou rapides, plus réguliers sur l'espace immense et libre des mers, plus inégaux sur la terre, où leur direction est continuellement changée par le choc des forêts, des villes et des montagnes qui les brisent et qui les réfléchissent. Il pénètre ensuite dans les ateliers secrets de la nature ; il voit la vapeur en équilibre se condenser en nuage ; il analyse l'organisation des neiges et des grêles ; il décompose le tonnerre, et assigne l'origine des tempêtes qui bouleversent les mers, ou ensevelissent quelquefois l'Africain et l'Arabe sous des monceaux de sable.

« Un spectacle plus riant vient s'offrir. L'équilibre des eaux suspendues dans le nuage s'est rompu ; la verdure des campagnes est humectée ; la nature rafraîchie se repose en silence ; le soleil brille ; un arc paré de couleurs éclatantes se dessine dans l'air. Descartes en cherche la cause. Il la trouve dans l'action du soleil sur les gouttes d'eau qui composent la nue. Les rayons partis de cet astre tombent sur la surface de la goutte sphérique, se brisent à leur entrée, se réfléchissent dans l'intérieur, ressortent, se brisent de nouveau, et vont tomber sur l'œil qui les reçoit (1). Je ne cherche point à parer Descartes d'une gloire étrangère, je sais qu'avant lui Antonio de Dominis avait expliqué l'arc-en-ciel par les réfractions de la lumière ; mais je sais que ce prélat célèbre avait mêlé plusieurs erreurs à ces vérités. Descartes expliqua ce phénomène d'une manière plus précise et plus vraie ; il découvrit le premier la cause de l'arc-en-ciel extérieur ; il fit voir qu'il dépendait de deux réfractions et de deux réflexions combinées. S'il se trompa dans les raisons qu'il donne de l'arrangement des couleurs, c'est que l'esprit humain ne marche que pas à pas vers la vérité ; c'est qu'on n'avait point encore analysé la lumière ; c'est qu'on ne savait point alors qu'elle est composée de sept rayons primitifs, que chaque rayon a un degré de réfrangibilité qui lui est propre, et que c'est de la différence des angles sous lesquels ces rayons se brisent que dépend l'ordre des couleurs. Ces découvertes étaient réservées à Newton ; mais quoique Descartes ne connût pas bien la nature de la lumière, quoiqu'il la crût une matière homogène et globuleuse répandue dans l'espace, et qui, poussée par le soleil, communique en un instant son impression jusqu'à nous ; quoique la fameuse observation de Roemer sur les satellites de Jupiter n'eût point encore appris aux hommes que la lumière emploie sept à huit minutes à parcourir les trente millions de lieues du soleil à la terre ; Descartes n'en explique pas avec moins de précision, et les propriétés générales de la lumière, et les lois qu'elle suit dans son mouvement, et son action sur l'organe de l'homme. Il représente la vue comme une espèce de toucher, mais un toucher d'une nature extraordinaire et plus parfaite, qui ne s'exerce point par le contact immédiat des corps, mais qui s'étend jusqu'aux extrémités de l'espace, va saisir ce qui est hors de l'empire de tous les autres sens, et unit à l'existence individuelle de l'homme l'existence des objets les plus éloignés. C'est par le moyen de la lumière que s'opère ce prodige. Elle est pour l'homme éclairé, ce que le bâton est pour l'aveugle. Par l'un on voit pour ainsi dire avec ses mains ; par l'autre, on touche avec ses yeux. Mais pour que la lumière agisse sur l'œil, il faut qu'elle traverse des espaces immenses. Ces espaces sont semés de corps innombrables, les uns opaques, les autres transparents ou fluides. Descartes suit la lumière dans sa route, et à travers tous ces chocs. Il la voit dans un milieu uniforme se mouvoir en ligne droite ; il la voit se réfléchir sur la surface des corps solides, et toujours sous un angle égal à celui d'incidence ; il la voit enfin, lorsqu'elle traverse différents milieux, changer son cours et se briser selon différentes lois.

« La lumière mue en ligne droite, ou réfléchie, ou brisée, parvient jusqu'à l'organe qui doit la recevoir. Quel est cet organe étonnant, prodige de la nature, où tous les objets acquièrent tour à tour une existence successive ; où les espaces, les figures et les mouvements qui m'environnent sont créés ; où les astres qui existent à cent millions de lieues, deviennent comme partie de moi-même ; où dans un demi-pouce de diamètre est contenu l'univers ? Quelles lois président à ce mécanisme ? Quelle harmonie fait con-

(1) Les anciens avaient eu l'idée d'expliquer par la réfraction le mécanisme des couleurs dans l'arc-en-ciel. On trouve dans les *Questions naturelles* de Sénèque un morceau intéressant sur ce sujet ; c'est un des monuments les plus curieux de la physique ancienne. En 1590, Antonio de Dominis, évêque de Spalatro en Dalmatie, écrivit son petit Traité sur l'arc-en-ciel. Il développa cette idée des anciens, la confirma par des expériences, et mit beaucoup de justesse et de sagacité dans l'explication de la plupart des phénomènes. Descartes le suivit, le rectifia, et le surpassa en plusieurs choses. Enfin Newton a perfectionné l'explication de Descartes, et y a ajouté tout ce qui y manquait. C'est ainsi que chaque siècle lève une partie du voile qui couvre la vérité. L'intelligence de ce phénomène est aujourd'hui complète. Il est bien étonnant, dit un de nos plus célèbres philosophes, que la nature de l'arc-en-ciel soit parfaitement connue, et qu'on ne sache pas pourquoi une pierre tombe.

courir au même but tant de parties différentes ? Descartes analyse et dessine toutes ces parties, et celles qui ont besoin d'un certain degré de convexité pour procurer la vue, et celles qui se rétrécissent ou s'étendent à proportion du nombre de rayons qu'il faut recevoir ; et ces humeurs d'une nature comme d'une densité différente, où la lumière souffre trois réfractions successives ; et cette membrane si déliée, composée des filets du nerf optique, où l'objet vient se peindre ; et ces muscles si agiles qui impriment à l'œil tous les mouvements dont il a besoin. Par le jeu rapide et simultané de tous ces ressorts, les rayons rassemblés viennent peindre sur la rétine l'image des objets ; et les houppes nerveuses transmettent par leur ébranlement leur impression jusqu'au cerveau. Là finissent les opérations mécaniques et commencent celles de l'âme. Cette peinture si admirable est encore imparfaite, et il faut en corriger les défauts : il faut apprendre à voir. L'image peinte dans l'œil est renversée, il faut remettre les objets dans leur situation. L'image est double, il faut la simplifier. Mais vous n'aurez point encore les idées de distance, de figure et de grandeur ; vous n'avez que des lignes et des angles mathématiques. L'âme s'assure d'abord de la distance, par le sens du toucher et le mouvement progressif. Elle juge ensuite les grandeurs relatives par les distances, en comparant l'ouverture des angles formés au fond de l'œil. Des distances et des grandeurs combinées résulte la connaissance des figures. Ainsi le sens de la vue se perfectionne et se forme par degrés ; ainsi l'organe qui touche, prête ses secours à l'organe qui voit ; et la vision est en même temps le résultat de l'image tracée dans l'œil, et d'une foule de jugements rapides et imperceptibles, fruits de l'expérience. Descartes, sur tous ces objets, donne des règles que personne n'avait encore développées avant lui ; il guide la nature, et apprend à l'homme à se servir du plus noble de ses sens. Mais dans un être aussi borné et aussi faible, tout s'altère. Cette organisation si étonnante est sujette à se déranger. Enfin le genre humain est en droit d'accuser la nature, qui, l'ayant placé et comme suspendu entre deux infinis, celui de l'extrême grandeur et celui de l'extrême petitesse, a également borné sa vue des deux côtés, et lui dérobe à jamais les deux extrémités de la chaîne. Grâce à l'industrie humaine appliquée aux productions de la nature, à l'aide du sable dissous par le feu, on a su faire de nouveaux yeux à l'homme, prescrire de nouvelles routes à la lumière, rapprocher l'espace, et rendre visible ce qui ne l'est pas. Roger Bacon, dans un siècle barbare, prédit le premier ces effets étonnants. Alexandre Spina découvrit les verres concaves et convexes. Métius, artisan hollandais, forma le premier télescope. Galilée en expliqua le mécanisme. Descartes s'empare de tous ces prodiges ; il en développe et perfectionne la théorie ; il les crée pour ainsi dire de nouveau, par le calcul mathématique ; il y ajoute une infinité de vues, soit pour accélérer la réunion des parties de la lumière, soit pour la retarder, soit pour déterminer les courbes les plus propres à la réfraction, soit pour combiner celles qui réunies feront le plus d'effet. Il descend même jusqu'à guider la main de l'artiste qui façonne les verres, et, le compas à la main, il lui trace des machines nouvelles pour perfectionner et faciliter ses travaux. Tels sont les objets, telle est la marche de la dioptrique de Descartes (1), un des plus beaux monuments de ce grand homme, qui suffirait seul pour l'immortaliser, et qui est le premier ouvrage où l'on ait appliqué avec autant d'étendue que de succès la géométrie à la physique. Dès l'âge de vingt ans il avait jeté un coup d'œil rapide sur la théorie des sons, qui peut-être a tant d'analogie avec celle de la lumière (2). Il avait porté une géométrie profonde dans cet art, qui chez les anciens tenait aux mœurs, et faisait partie de la constitution des États, qui chez les modernes est à peine créé depuis un siècle, qui chez quelques nations est encore à son berceau : art étonnant et incroyable, qui peint par le son et qui, par les vibrations de l'air, réveille toutes les passions de l'âme. Il applique de même les calculs mathématiques à la science des mouvements ; il détermine l'effet de ces machines qui multiplient le bras de l'homme, et sont comme de nouveaux muscles ajoutés à ceux qu'il tient de la nature. L'équilibre des forces, la résistance des poids, l'action des frottements, le rapport des vitesses et des masses, la combinaison des plus grands effets par les plus petites puissances possibles, tout est ou développé ou indiqué dans quelques lignes que Descartes a jetées presque au hasard. Mais comme, jusque dans les plus petits ouvrages, sa marche est toujours grande et philosophique, c'est d'un seul principe qu'il déduit les propriétés différentes de toutes les machines qu'il explique. . . . .

« Si on cherche les grands hommes modernes avec qui on peut le comparer, on en

(1) *Traité de la dioptrique*, imprimé aussi en 1637, à la suite du *discours sur la méthode*. C'est le plus bel ouvrage de Descartes après sa *Géométrie*. Il n'en a fait aucun où il y ait aussi peu d'erreurs et autant de vérités. Sur plusieurs des objets qu'il y traite, on n'a point encore été plus loin que lui. On peut donner deux raisons de la supériorité de cet ouvrage : l'une est, que partout il est observateur, et qu'il ne s'y livre presque jamais à cet esprit de système qui l'a si souvent égaré ; l'autre, qu'il n'abandonne presque point le fil de la géométrie, qu'il applique continuellement à la physique.

(2) *Traité de musique*, composé par Descartes en 1618, dans le temps qu'il servait en Hollande. Il n'avait alors que vingt-deux ans. Cet ouvrage de sa jeunesse ne fut imprimé qu'après sa mort. Il fut commenté et traduit en plusieurs langues, mais il ne fit point de révolution. La théorie de cet art ne devait être approfondie que longtemps après par un homme célèbre, dont le mérite est fort augmenté depuis qu'il est mort, et qu'on a justement appelé le Descartes de la musique.

trouvera trois : Bacon, Leibnitz et Newton. Bacon parcourut toute la surface des connaissances humaines; il jugea les siècles passés, et alla au-devant des siècles à venir; mais il indiqua plus de grandes choses qu'il n'en exécuta; il construisit l'échafaud d'un édifice immense, et laissa à d'autres le soin de construire l'édifice. Leibnitz fut tout ce qu'il voulut être; il porta dans la philosophie une hauteur d'intelligence digne des ouvrages de Dieu : mais il ne traita la science de la nature que par lambeaux; et ses systèmes métaphysiques semblent plus faits pour étonner et accabler l'homme que pour l'éclairer. Newton a créé une optique nouvelle, et démontré les rapports de la gravitation dans les cieux. Je ne prétends point ici diminuer la gloire de ce grand homme; mais je remarque seulement tous les secours qu'il a eus pour ces grandes découvertes. Je vois que Galilée lui avait donné la théorie de la pesanteur; Képler, les lois des astres dans leurs révolutions; Huyghens, la combinaison et les rapports des forces centrifuges; Bacon, le grand principe de remonter des phénomènes vers les causes; Descartes, sa méthode pour le raisonnement, son analyse pour la *géométrie*, une foule innombrable de connaissances *pour la physique*; et, plus que tout cela peut-être, *la destruction de tous les préjugés*. La gloire de Newton a donc été de profiter de tous ces avantages, de rassembler toutes ces forces étrangères, d'y joindre les siennes propres, qui étaient immenses, et de les enchaîner *toutes par les calculs d'une géométrie aussi sublime que profonde*. Si maintenant je rapproche Descartes de ces trois hommes célèbres, j'oserai dire qu'il avait des vues aussi nouvelles et bien plus étendues que Bacon; qu'il a eu l'éclat et l'immensité du génie de Leibnitz, mais bien plus de consistance et de réalité dans sa grandeur; qu'enfin il a mérité d'être mis à côté de Newton, parce qu'il a créé une partie de Newton, et qu'il n'a été créé que par lui-même; parce que, si l'un a découvert plus de vérités, l'autre a ouvert la route de toutes les vérités; géomètre aussi sublime, quoiqu'il n'ait point fait un aussi grand usage de la géométrie; plus original par son génie, quoique ce génie l'ait souvent trompé : plus universel dans ses connaissances comme dans ses talents, quoique moins sage et moins assuré dans sa marche; ayant peut-être en étendue ce que Newton avait en profondeur; fait pour concevoir en grand, mais peu fait pour suivre les détails, tandis que Newton donnait aux plus petits détails l'empreinte du génie; moins admirable sans doute pour la connaissance des cieux, mais bien plus utile pour le genre humain, par sa grande influence sur les esprits et sur les siècles.

« C'est ici le vrai triomphe de Descartes. C'est là sa grandeur. Il n'est plus; mais son esprit vit encore. Cet esprit est immortel; il se répand de nation en nation et de siècle en siècle. Il respire à Paris, à Londres, à Berlin, à Leipsick, à Florence. Tout se perfectionne, ou du moins tout avance. Les mathématiques deviennent plus fécondes, les méthodes plus simples. L'algèbre, portée *si loin* par Descartes, est perfectionnée par Halley, et le grand Newton y ajoute encore. L'analyse s'est appliquée au calcul de l'infini, et produit une nouvelle branche de géométrie sublime. Plusieurs hommes célèbres portent cet édifice à une hauteur immense : l'Allemagne et l'Angleterre se divisent sur cette grande découverte, comme l'Espagne et le Portugal *sur la* conquête des Indes. L'application de la géométrie à la physique devient plus étendue et plus vaste. Newton fait sur les mouvements des corps célestes ce que Descartes avait fait sur la dioptrique et sur quelques parties des météores. Les lois de Képler sont démontrées par le calcul. La marche elliptique des planètes est expliquée. La gravitation universelle étonne l'univers par la fécondité et la simplicité de son principe. Cette application de la géométrie s'étend à toutes les branches de la physique, depuis l'équilibre des liqueurs jusqu'aux derniers balancements des comètes dans leurs routes les plus écartées. Ces astres errants sont mieux connus. Descartes les avait tirés pour jamais de la classe des météores en les fixant au nombre des planètes. Newton rend compte de l'excentricité de leurs orbites. Halley, d'après quelques points donnés, détermine le cours et fixe la marche de vingt-quatre comètes. Les inégalités de la lune sont calculées. On découvre l'anneau et les satellites de Saturne. On fait des satellites de Jupiter l'usage le plus important pour la navigation. Les cieux sont connus comme la terre. La terre change de forme; son équateur s'élève et ses pôles s'aplatissent, et la différence de ses deux diamètres est mesurée. Des observatoires s'élèvent auprès des digues de la Hollande, sous le ciel de Stockholm et parmi les glaces de la Russie. Toutes les sciences suivent cette impulsion générale. La physique particulière créée par le génie de Descartes s'étend et affermit sa marche par les expériences. Il est vrai qu'il avait peu suivi cette route; mais sa méthode, plus puissante que son exemple, devait y ramener. Les prodiges de l'électricité se multiplient. Les déclinaisons de l'aiguille aimantée s'observent selon la différence des lieux et des temps. Halley trace dans toute l'étendue du globe une ligne qui sert de point fixe, où la déclinaison commence, et qui, bien constatée, peut-être pourrait tenir lieu des longitudes. L'optique devient une science nouvelle par les découvertes sublimes sur les couleurs. La dioptrique de Descartes n'est plus la borne de l'esprit humain. L'art d'agrandir la vue s'étend. On substitue, pour lire dans les cieux, les métaux aux verres, et la réflexion de la lumière à la réfraction. La chimie, qui auparavant était presque isolée, s'unit aux autres sciences. On l'applique à la fois à la physique, à l'histoire naturelle et à la médecine. La circulation du sang, découverte par Harvey, embrassée et défendue par Descartes, devient la source d'une foule de vérités. Le mécanisme du corps humain est étudié avec plus de zèle et de succès. On découvre des vaisseaux inconnus et de nouveaux réservoirs. Borelli tente d'assujettir au calcul géométrique les mouvements des animaux. Leuwenhoek, le microscope à la main, surprend ces atomes vivants qui semblent être les éléments de la vie de l'homme. Ruysch perfectionne l'art de donner par des injections une nouvelle vie à ce qui est mort. Malpighi transporte l'anatomie aux plantes, et remplit un projet que Descartes n'avait pas eu le temps d'exécuter. Son génie respire encore après lui dans la métaphysique. C'est lui qui, dans Mallebranche, démêle les erreurs de l'imagination et des sens. C'est lui qui, dans Locke, combat et détruit les idées innées, fait l'analyse de l'esprit humain, et pose d'une main hardie les limites de la raison. C'est lui qui, de nos jours, a attaqué et renversé les systèmes (1). Son influence ne s'est point bornée à la philosophie. Semblable à

(1) Nous donnerons une notice très-courte de tous les philosophes célèbres cités dans cet endroit, avec l'époque de leur naissance et de leur mort. Les dates sont utiles en ce qu'elles servent à fixer *les idées*.

Newton est trop connu pour qu'on en parle. Le nommer, c'est en faire l'éloge. Il naquit en 1642, huit ans avant la mort de Descartes. Il publia ses Principes mathématiques, ou son système de l'attraction en 1687, son Optique, ou ses découvertes sur les couleurs, en 1704. Il mourut en 1727, âgé de 85 ans. Il avait toujours été traité avec la plus grande distinction par la reine Anne, qui le fit chevalier, et par le roi Georges. Il fut enterré à Westminster dans un lieu, dit M. de Fontenelle, qui avait été souvent refusé à la plus haute noblesse. Il avait joui pendant près de trente ans d'une charge très-considérable, et laissa en mourant sept cent mille livres de bien.

Halley, célèbre astronome, né à Londres en 1656, six ans après la mort de Descartes, intime ami de Newton, et digne de l'être. Il perfectionna l'algèbre après Descartes, dressa des tables astronomiques, donna une théorie des comètes, entreprit un très-grand nombre de voyages sur mer pour faire de nouvelles découvertes, traça dans toute l'étendue du globe une ligne où commence la déclinaison de l'aiguille. Il mourut en 1742, à 86 ans.

Leibnitz, né à Leipsick en 1646, homme d'une érudition immense, qui eut tous les goûts et toutes les espèces de génie. Il publia en 1684 ses règles pour le calcul de l'infini. L'Angleterre lui disputa l'honneur de cette invention, qu'elle attribuait à Newton. Ce procès fixa longtemps les yeux de l'Europe. On croit, pour l'honneur de l'esprit humain, que ces deux grands hommes étaient chacun inventeurs de leur côté. Le génie de Leibnitz est assez connu: voici un trait de son esprit. Il allait un jour par mer de Venise à une ville voisine: c'était dans une petite barque où il se trouvait seul et sans suite. Il s'éleva une furieuse tempête. Le pilote italien, le prenant pour un hérétique, crut qu'il était cause de ce malheur. En conséquence il proposa à ses camarades de le jeter dans la mer. Leibnitz, qui heureusement les entendit, tira aussitôt de sa poche un chapelet et le tourna entre ses mains d'un air dévot: C'est ce qui le sauva. On sait comment Descartes se tira d'affaire dans une circonstance à peu près semblable. L'un dut sa vie à son chapelet, et l'autre à son courage. Leibnitz est mort en 1716.

Huyghens, dont il est souvent parlé dans cet ouvrage, grand astronome et grand géomètre, fils d'un des amis les plus intimes de Descartes, né à la Haye en 1629, attiré en France par M. de Colbert, qui lui fit donner une forte pension. C'est lui qui, le premier, découvrit l'anneau de Saturne et le troisième satellite. Il appliqua aussi le premier le pendule aux horloges, et en rendit toutes les vibrations égales par le moyen de la cycloïde. Il perfectionna les télescopes, et fit plusieurs découvertes utiles. Il mourut à la Haye en 1695, âgé de 66 ans.

Harvey, célèbre médecin anglais, né en 1577, dix-neuf ans avant Descartes. On sait qu'il découvrit, au moins qu'il démontra le premier, la circulation du sang. Toute la vieille école de médecine se déchaîna, comme elle le devait, contre cette nouveauté. Descartes, que le mot de nouveauté n'effrayait pas, s'en déclara hautement le défenseur, et en donna de nouvelles démonstrations. Harvey mourut en 1657, sept ans après Descartes, âgé de 80 ans. Il avait été médecin du malheureux Charles Ier.

Borelli, célèbre professeur de philosophie et de mathématiques, né à Naples en 1608, mort à Rome en 1679. On a de lui un traité fameux sur le mouvement des animaux. Il est le premier qui ait appliqué la géométrie aux corps organisés.

Leuwenhoek, fameux observateur, passa plus de soixante ans à faire des microscopes et à s'en servir. Il a fait plusieurs observations microscopiques sur le nerf optique, sur le sang, sur la séve des plantes, sur la texture des arbres. Mais ce qui l'a rendu le plus célèbre, c'est la découverte des animaux spermatiques, qui nagent en une quantité prodigieuse dans la liqueur destinée à les porter. Il paraît que l'époque de cette découverte est l'an 1677. Hartsoëker, beaucoup plus jeune que lui, et qui n'avait alors que vingt-un ans, la lui disputa, et prétendit l'avoir faite le premier en 1674. Ce qu'il y a de sûr, c'est qu'il ne la publia point alors; c'était un procès à peu près semblable à celui de Leibnitz et de Newton, sur un objet très-différent.

Ruysch, un des plus grands hommes de la Hollande, anatomiste, médecin et naturaliste. Il porta à la plus grande perfection l'art d'injecter, qui avait été inventé par Graaf et par Swammerdam. Perfectionner ainsi, c'est être soi-même inventeur. Sa méthode n'a jamais été bien connue. Il eut un cabinet qui fut longtemps l'admiration de tous les étrangers, et une des merveilles de la Hollande. Ce cabinet était composé d'une très-grande quantité de corps injectés et embaumés, dont les membres avaient toute leur mollesse, et qui conservaient un teint fleuri sans dessèchement et sans rides. Les momies de M. Ruysch prolongeaient en quelque sorte la vie, dit M. de Fontenelle, au lieu que celle de l'ancienne Egypte ne prolongeaient que la mort. On eût dit que c'étaient des hommes endormis, prêts à parler à leur réveil. Pour embellir ce spectacle, il y avait mêlé plusieurs animaux curieux, avec des bouquets de plantes aussi injectées et des coquillages très-rares, le tout orné d'inscriptions tirées des meilleurs poëtes. Le czar Pierre, à son premier voyage en Hollande en 1698, fut transporté de ce spectacle. Il baisa avec tendresse le corps d'un petit enfant encore aimable, et qui semblait lui sourire. A son second voyage en 1717, il acheta le cabinet et l'envoya à Pétersbourg. C'était une conquête digne d'un souverain. Ruysch, qu'un de ses confrères appelait modestement *le plus misérable des anatomistes*, et que l'Europe appelait *le plus grand*, était né à la Haye en 1638, douze ans avant la mort de Descartes, et mourut à Amsterdam en 1731, âgé de 93 ans.

Malpighi, célèbre anatomiste italien, et professeur en médecine, né à Bologne en 1628, mort à Rome en 1694. Un de ses plus beaux ouvrages est son Anatomie des plantes. Descartes avait eu la même idée.

Mallebranche, un des plus grands philosophes de

cette âme universelle des stoïciens répandue dans toute la nature, et agitant toute sa masse, l'esprit de Descartes est partout. On l'a appliqué aux lettres et aux arts comme aux sciences. Si dans tous les genres on va saisir les premiers principes ; si la métaphysique des arts est créée ; si on a cherché dans les idées éternelles de la nature les règles du goût pour tous les pays et pour tous les siècles ; si on secoue cette superstition antique qui jugeait mal, parce qu'elle admirait trop, et donnait des entraves au génie en resserrant trop sa sphère ; si on porte le flambeau dans l'intérieur de toutes nos connaissances ; si l'esprit fermente et s'agite pour reculer toutes les bornes ; si on veut savoir sur tous les objets le degré de vérité qui appartient à l'homme ; c'est là l'ouvrage de Descartes. L'astronome, le géomètre, le métaphysicien, le grammairien, le moraliste, l'orateur, le politique, le poëte, tous ont une portion de cet esprit qui les anime. Il a guidé également Pascal et Corneille, Locke et Bourdaloue, Newton et Montesquieu. Telle est la trace profonde et l'empreinte marquée de l'homme de génie sur l'univers. Il n'existe qu'un moment, mais cette existence est employée tout entière à quelque grande opération qui étonne la nature, et change la direction des choses pour plusieurs siècles. Ainsi peut-être, s'il était vrai que l'axe incliné de la terre pût être un jour relevé par le mouvement d'un de ces astres qui souvent se rapprochent de nous, son passage dans notre orbite serait rapide, et à peine de quelques jours ; mais les effets de ce passage seraient éternels, et se répandraient sur des générations qui n'auraient jamais vu luire cet astre sur leur tête. »

Voy. Matière et Physique.

DÉSERTS et Lacs salés. *Voy.* Infiltration.

DÉVIATION de l'aiguille aimantée par un courant d'électricité. *Voy.* Electro-magnétisme.

DIAGOMÈTRE de Rousseau. Cet instrument consiste en une aiguille aimantée très-fine et très-légère, garnie d'un petit disque de clinquant à l'une de ses extrémités, et supportée par un pivot métallique ; quand l'aiguille est en équilibre de position, son petit disque se trouve contigu à un autre disque métallique et vertical, qui communique par un conducteur avec le pied du pivot ; cet ensemble est placé sur un gâteau de résine, et recouvert d'une cloche. Le conducteur qui communique au pivot passe par-dessous la cloche, et rencontre un plateau métallique sur lequel on pose les corps dont on veut mesurer la conducibilité ; car telle est la destination de cet instrument, comme son nom l'indique. Sous le gâteau de résine est une pile sèche dont le pôle inférieur communique avec le sol, tandis que l'autre peut être mis en contact avec le plateau métallique. A l'instant où le contact a lieu, le disque métallique sous la cloche est électrisé, ainsi que l'aiguille mobile ; le petit disque de clinquant est repoussé, et l'aiguille tourne d'un certain nombre de degrés, qu'on peut mesurer sur un cadran. Lorsqu'on agit, comme nous venons de le dire, sans interposition d'aucune autre substance, la déviation de l'aiguille est instantanée, et elle atteint du premier coup sa position extrême ; mais si l'on pose sur le plateau métallique un conducteur imparfait, comme un morceau de bois sec ou de verre, et que l'on force l'électricité à traverser ce morceau, l'aiguille se meut lentement, et n'arrive à son maximum d'écart qu'après un temps plus ou moins long. La déviation serait toujours nulle si le corps interposé était complétement isolant. La durée du temps nécessaire à l'effet total est donc une bonne mesure de la conducibilité.

Au moyen de cet instrument, on peut reconnaître le degré de pureté de l'huile d'olive qu'on falsifie souvent avec de l'huile d'œillette. La première de ces substances est un conducteur très-imparfait ; la seconde au contraire conduit bien l'électricité. Or, il se trouve qu'une très-petite quantité de cette dernière, mêlée à de l'huile d'olive donne à

son siècle, et un des plus célèbres disciples de Descartes, né à Paris en 1638. Jusqu'à 26 ans il s'était appliqué à l'étude des langues et de l'histoire. A cet âge, étant dans la boutique d'un libraire, il tomba par hasard sur le *Traité de l'Homme*, de Descartes. Il le feuilleta, entrevit une science dont il n'avait point d'idée, et se sentit né pour elle. Il acheta le livre, le lut avec empressement, et même avec un tel transport, qu'il lui en prenait des battements de cœur qui l'obligeaient quelquefois d'interrompre sa lecture. L'invisible et inutile vérité, dit M. de Fontenelle, n'est pas accoutumée à trouver tant de sensibilité parmi les hommes, et les objets les plus ordinaires de leurs passions se tiendraient heureux d'y en trouver autant. Dès lors Mallebranche abandonna toute autre étude pour la philosophie de Descartes. Au bout de dix années, il avait composé son Livre *de la Recherche de la Vérité*. L'auteur y est cartésien, dit encore M. de Fontenelle, mais il l'est comme Descartes. Il ne paraît pas l'avoir suivi, mais rencontré. Il mourut en 1715, âgé de 78 ans.

Locke, un des hommes qui font le plus d'honneur à l'Angleterre, né en 1632 pendant les guerres civiles de Charles Ier. Il fut élevé dans l'université d'Oxford, et sentit de bonne heure le vide de tout ce qu'on enseignait alors. Les premiers livres qui lui donnèrent du goût pour la philosophie furent ceux de Descartes. Sa Méthode surtout fit une forte impression sur lui, et il est très-vrai que c'est là qu'il apprit à le combattre. Comme il était souvent malade, il voyagea beaucoup pour sa santé. Il demeura assez longtemps à Montpellier. Il vint à Paris. Dans un séjour qu'il fit en Hollande, il fut accusé d'avoir fait quelques ouvrages contre le gouvernement d'Angleterre ; et on lui ôta une place qu'il avait. Dans la suite on reconnut que les livres n'étaient pas de lui, mais la place ne lui fut point rendue. Sous le règne de Guillaume, prince d'Orange, on lui offrit des emplois considérables qu'il refusa. En 1695, il fut fait commis du commerce et des colonies anglaises, place qui lui rapportait environ vingt-trois mille livres de notre monnaie. Il s'en démit en 1700, à cause de la faiblesse de sa santé. Il mourut en 1704, âgé de soixante treize ans.

celle-ci un pouvoir conducteur assez considérable. L'application du diagomètre à l'huile douteuse manifestera donc l'existence du mélange, même dans de très-faibles proportions.

DIAMÈTRES des planètes. *Voy.* PLANÈTES.

DIATHERMANÉITÉ (διὰ, à travers, et θερμαίνω, j'échauffe). — Les substances transparentes se laissent en général traverser instantanément par la chaleur comme par la lumière. Cela est évident pour la chaleur du soleil, qui passe, comme on sait, très-bien à travers les vitres, et qu'on peut concentrer comme la lumière avec les lentilles ou verres brûlants. Mais cela est encore facile à vérifier pour la chaleur artificielle, même quand elle est complétement obscure. Qu'on mette sur une même ligne une lampe ou un vase rempli de mercure bouillant, un écran opaque, une lame de verre et un thermomètre multiplicateur, on verra ce dernier instrument marcher à l'instant même où on enlèvera l'écran. L'effet sera si prompt qu'on ne pourra pas l'attribuer à l'échauffement de la lame de verre; d'ailleurs, en la couvrant d'une couche d'encre de Chine, tout est arrêté, et cependant un pareil enduit, si la lame s'échauffait, ne ferait qu'augmenter son rayonnement vers le thermomètre. M. Melloni s'est ainsi assuré que la chaleur rayonnante traversait instantanément des morceaux de cristal de roche de 5 à 6 pouces d'épaisseur.

On appelle *diathermanes* les substances qui transmettent la chaleur rayonnante, de même qu'on appelle *diaphanes* celles qui transmettent la lumière. Il est à remarquer que les substances les plus diaphanes ne sont pas toujours les plus diathermanes; l'eau la plus limpide laisse passer moins de chaleur que l'huile; un morceau d'alun aussi transparent que du cristal est moins diathermane qu'une lame de tourmaline, malgré sa teinte vert foncé. Il existe du cristal de roche qui a naturellement une teinte brune et qu'on appelle enfumé pour cette raison. M. Melloni a reconnu qu'un morceau de ce cristal ayant 100 millimètres d'épaisseur transmettait encore plus de la moitié de la chaleur d'une lampe d'argent, tandis qu'une lame d'alun, d'une transparence parfaite d'un millimètre d'épaisseur seulement, n'en laissait passer que les dix-sept centièmes. Enfin il est des substances entièrement opaques qui sont cependant diathermanes: tel est le verre noir: à égalité d'épaisseur, il laisse même passer plus de chaleur que l'alun le plus limpide. Parmi les corps solides on ne peut citer que le *sel gemme* qui approche de la diathermanéité parfaite; l'alun, l'eau et les substances opaques, en général, sont au contraire très-peu diathermanes.

Avec des substances transparentes *athermanes*, M. Melloni est parvenu à priver complétement la lumière du soleil de sa chaleur. Cette lumière, il est vrai, était un peu affaiblie par l'imperfection de la transparence; mais, en la concentrant par des lentilles, on pouvait l'obtenir aussi vive qu'on le voulait, sans qu'il se manifestât de chaleur appréciable. Des expériences sur la lumière artificielle ont donné le même résultat. Ainsi, lors même que les rayons de chaleur et de lumière se trouvent réunis, on ne doit pas les confondre. La nature d'ailleurs nous les présente souvent séparés. La lumière de la lune est sans chaleur sensible: concentrée par les plus fortes lentilles, elle ne fait pas monter le thermomètre d'un centième de degré. D'un autre côté, les corps donnent de la chaleur sans lumière tant que leur température ne dépasse pas 4 ou 500°. Nous reviendrons en optique sur cette distinction des rayons de chaleur et des rayons de lumière, et nous verrons encore d'autres moyens de les séparer.

Les rayons de la chaleur peuvent différer, non-seulement par l'*intensité*, mais par beaucoup d'autres *qualités*, ainsi que nous le ferons voir en optique. Ici nous signalerons seulement la *diathermansie*, qualité en vertu de laquelle certains rayons passent plus facilement que d'autres à travers un milieu donné. Qu'on expose successivement une même lame de verre à des rayons d'égale intensité, provenant de sources différentes, on aura des faisceaux transmis d'intensité très-diverse. L'inégale diathermansie doit être admise aussi dans les rayons provenant d'une même source; car, puisque le verre laisse passer certains rayons plutôt que d'autres, il est naturel d'attribuer, au moins en partie, l'affaiblissement de chaque faisceau dans l'expérience précédente, à ce qu'il est composé de rayons doués d'une diathermansie inégale. Cette manière de voir se trouve d'ailleurs confirmée par tous les faits connus.

Nous avons pris le verre pour exemple; mais on trouverait de même que les autres substances diathermanes laissent passer certains rayons de préférence. En général, les rayons qui passent plus facilement que d'autres à travers une substance, passent aussi plus facilement à travers une autre; mais il y a des exceptions, de sorte qu'il faut admettre dans chaque milieu diathermane un pouvoir *diathermique* propre. On peut juger du pouvoir diathermique ou transmissif des différentes substances, en les exposant successivement au rayonnement d'une même source, et en mesurant la chaleur transmise. Mais comme celle-ci dépend, non-seulement du pouvoir diathermique des milieux, mais aussi de la diathermansie des rayons, on doit s'attendre à trouver des proportions différentes, et même un ordre différent, si on opère avec différentes sources, ou sur de la chaleur ayant déjà traversé certains milieux: on trouverait, par exemple, que le verre et le cristal de roche, en lames de 7 à 8 millimètres, transmettent sans perte la chaleur qui a traversé une couche d'eau de 1 à 2 millimètres, ou une lame d'alun de même épaisseur, tandis qu'il a une perte énorme dans la plupart des autres cas.

Le verre, qui transmet plus du tiers de la chaleur d'une lampe, ne livre passage qu'au quart de celle qui provient du platine incandescent; la proportion est encore moindre quand la source est obscure; plusieurs substances diathermanes deviennent alors sensiblement athermanes; c'est ce qui a lieu pour le sulfate de chaux, doué cependant de la transparence la plus parfaite. Enfin, la transmission est à peu près nulle pour presque tous les corps quand il s'agit de la chaleur de l'eau bouillante. En général la perte est d'autant moindre que la température de la source est plus élevée. Quand il y a incandescence, c'est-à-dire quand les rayons de lumière accompagnent les rayons de chaleur, ceux-ci jouissent d'une grande diathermansie, qu'on peut en quelque sorte mesurer par la vivacité de la lumière. Aussi les rayons du soleil traversent-ils les substances les moins diathermanes; avec la glace ellemême on fait de véritables verres brûlants.

Le sel gemme est tout à fait hors ligne parmi les substances diathermanes; il transmet toujours la même proportion de chaleur; avec une flamme brillante, ou simplement avec de l'eau à 40 ou 50°, une lame de 2^{mm} 62 d'épaisseur transmet toujours les 92 centièmes de la chaleur incidente.

M. Melloni a constaté que les verres colorés n'ont pas sur la chaleur rayonnante d'action qui paraisse dépendre de la couleur; il a remarqué seulement la très-faible diathermansie du verre noir et du verre coloré par de l'oxyde de cuivre en vert bleuâtre. C'est avec ce dernier verre et une certaine épaisseur d'eau qu'il a arrêté complétement la chaleur des rayons solaires.

Pour mesurer le pouvoir transmissif des liquides, M. Melloni s'est servi d'une auge de verre ayant en dedans 9^{mm} 2 de largeur; la source était une lampe d'argent, munie de sa cheminée en verre. En représentant par 100 la chaleur transmise, quand l'auge était vide, on a eu avec

Le carbure de soufre	63
L'huile d'olive	30
L'éther sulfurique	21
L'acide sulfurique	17
L'alcool	15
L'eau	11

On voit que l'eau, soit à l'état solide, soit à l'état liquide, transmet très-mal la chaleur rayonnante.

Tout semble indiquer qu'il n'y a réellement aucune lumière chaude, ni aucune chaleur lumineuse; car, en combinant convenablement des substances thermanisantes, comme, par exemple, le verre vert et l'alun, on arrive à absorber presque toute la chaleur, sans presque atténuer l'éclat de la lumière, comme on parvient en sens contraire, avec des verres noirs ou du cristal de roche enfumé, à absorber presque toute la lumière du soleil, en laissant passer une proportion considérable de sa chaleur.

Nous ajouterons encore que, dans les combinaisons ou superpositions des substances thermanisantes, l'effet produit doit être indépendant de l'ordre de superposition; ce qui est confirmé par l'expérience.

DIATHERMANSIE. *Voy.* Diathermanéité.

DIFFÉRENCE d'action de l'électricité voltaïque et de l'électricité de tension. *Voy.* Électro-dynamique.

DIFFICULTÉS, jusqu'ici insolubles, relatives à la vision. *Voy.* Œil.

Difficultés et objections *relatives à la* lumière. *Voy.* Théorie de la lumière.

DIFFRACTION. — On appelle *diffraction* une modification qu'éprouve la lumière quand elle rase le bord des corps ou quand elle passe par des ouvertures étroites; elle se disperse alors et paraît même ne plus se propager en ligne droite. On a cru longtemps que la diffraction était due à une action des corps sur la lumière: mais, dans la réalité, les corps n'agissent qu'en arrêtant une portion des ondes lumineuses; le reste alors produit des phénomènes particuliers.

Quand un rayon solaire extrêmement délié est introduit dans une chambre obscure par une ouverture de la grandeur d'un petit trou d'épingle et qu'il est reçu sur un écran blanc ou sur une plaque de verre dépoli, le point lumineux que l'on aperçoit sur l'écran est, à la distance d'un peu plus de 2 mètres, plus grand que le trou d'épingle; et au lieu d'être entouré par une ombre, il est environné par une suite d'anneaux colorés séparés par des intervalles obscurs. Les anneaux sont d'autant plus distincts que le rayon est plus petit. Quand la lumière est blanche, il n'y a que sept anneaux, qui se dilatent ou se contractent, suivant que l'écran est plus ou moins éloigné de l'ouverture qui donne passage au rayon. A mesure qu'on rapproche l'écran de cette ouverture, le point blanc central se contracte de plus en plus, et finit même par disparaître entièrement. Si on l'en approche encore davantage, les anneaux le recouvrent graduellement, de sorte que les nuances les plus vives et les plus intenses se manifestent successivement vers le centre. Quand la lumière est homogène, comme le rouge, par exemple, les anneaux sont rouges et noirs alternativement et plus nombreux; leur largeur varie avec la couleur: c'est dans la lumière rouge qu'ils sont le plus larges, et dans la violette qu'ils sont le plus étroits. Les teintes des franges colorées provenant de la lumière blanche, et leur disparition après le septième anneau, sont dues à la superposition des différentes suites de franges de tous les rayons colorés. Les ombres de toute espèce d'objets sont aussi terminées par des franges colorées, quand ces objets sont présentés à la lumière du rayon délié. Si l'on place dans sa direction le tranchant d'un couteau ou un cheveu, les rayons, au lieu de s'avancer en lignes droites le long de la limite de l'ombre, vont en divergeant et s'avancent sur l'écran en suivant des lignes courbes, qu'on appelle hyperboles; l'ombre de l'objet se trouve ainsi agrandie; et, au lieu d'être terminée par de la lumière, elle est entourée ou bordée de franges colorées, alternant avec des bandes noires, qui sont d'autant plus distinctes que l'ouverture est plus petite. Les franges sont tout à fait indépendantes de la forme ou de la densité de l'objet, et sont exactement les mêmes, soit que l'objet soit rond ou pointu, qu'il soit de verre ou de platine. Lorsque les rayons qui forment les franges arrivent sur l'écran, ils se trouvent être de longueurs différentes, par suite de la direction courbe qu'ils suivent dès qu'ils ont dépassé le bord de l'objet. Les ondulations sont donc alors dans les phases ou états différents de vibration, et se combinent pour former des franges colorées, ou se détruisent réciproquement dans les intervalles obscurs. Les franges colorées qui bordent les ombres des objets furent découvertes en 1665, par Grimaldi, qui, outre celles-là, en remarqua d'autres encore, situées dans l'intérieur de l'ombre du corps délié exposé à un rayon solaire. Ce phénomène a fourni au docteur Young les moyens de prouver, d'une manière hors de doute, que les anneaux colorés sont produits par l'interférence de la lumière (1).

On peut conclure de ce qui vient d'être dit que les substances matérielles tirent leurs couleurs de deux causes différentes : quelques-unes, telles que les plumes de paon, les métaux irisés, etc., de la loi d'interférence ; et les autres, telles que le vermillon, l'outre-mer, le drap bleu ou vert, les fleurs et le plus grand nombre des corps colorés, de l'inégalité d'absorption des rayons de la lumière blanche. On a pensé qu'il était presque impossible de concilier ces derniers phénomènes avec la théorie des ondes, et les dissensions les plus vives se sont élevées sur la question de savoir ce que deviennent les rayons absorbés. Toutefois, cette question difficile a été résolue de la manière la plus satisfaisante par sir John Herschell, dans un savant mémoire intitulé : *De l'absorption de la lumière par les milieux colorés*. Nous pensons ne pouvoir mieux rendre compte de ses idées sur ce sujet, qu'en lui empruntant ses propres expressions. Mais nous observerons auparavant que tous les corps transparents, donnant passage à la lumière, sont supposés perméables à l'éther. « Si, ne considérant, dit-il, que le fait général de l'opposition et de l'extinction que subit la lumière dans son passage à travers des milieux denses, nous venons à comparer la théorie de l'émission et la théorie ondulatoire, nous trouverons que la différence qui existe dans leur manière de rendre compte des phénomènes de l'absorption est tout à l'avantage de cette dernière. Car, si nous voulons essayer d'expliquer l'extinction de la lumière par le système de l'émission, obligés que nous sommes alors de considérer la lumière comme un corps matériel, nous sommes forcés d'admettre l'anéantissement de la matière : or, qui ne sait que ce fait est impossible ? Mais rien ne nous empêche d'admettre une transformation de la lumière ; auquel cas il doit nous être permis de chercher parmi les agents impondérables, tels que la chaleur, l'électricité, etc., ce que devient la lumière, ainsi réduite à une sorte d'inertie. Le pouvoir calorifique des rayons solaires donne au premier abord un caractère plausible à l'idée de la transformation de la lumière en chaleur par voie de l'absorption. Mais si l'on vient à examiner la question de plus près, on la trouve entourée de toutes parts des difficultés les plus grandes. L'on se demande, par exemple, comment il se fait que non-seulement les rayons les plus lumineux *ne soient pas les plus calorifiques*, mais qu'au contraire encore, l'énergie calorifique soit réservée, dans sa plus grande intensité, à des rayons qui, relativement à d'autres, ne possèdent que de faibles pouvoirs lumineux. Ces questions, ainsi que plusieurs autres de la même nature, pourront peut-être un jour se résoudre ; mais dans l'état actuel de la science, il est impossible d'y répondre d'une manière satisfaisante. Ce n'est donc pas sans raison que cette question, « Que devient la lumière ? » dont les physiciens du siècle dernier se sont tant occupés, a été considérée comme une question tout à la fois de la plus haute importance et de la plus grande obscurité, par les parties du système de l'émission. D'un côté, la réponse à cette question, fournie par la théorie ondulatoire, est simple et directe. La question, « Que devient la lumière ? » se confond avec cette autre question plus générale, « Que devient le mouvement ? » à laquelle les principes admis en dynamique donnent pour réponse qu'il se perpétue à jamais. Rigoureusement parlant, *aucun mouvement n'est entièrement anéanti* ; mais il peut être divisé, et les parties en lesquelles il a été divisé peuvent se faire opposition, et par là même se détruire. Un corps choqué, quoique parfaitement élastique, ne vibre que pendant quelques instants, puis il paraît revenir à son état primitif de repos. Mais ce repos apparent, même en ne tenant pas compte de cette portion du mouvement qui peut être détruite par l'air ambiant, n'est autre chose qu'un état de mouvement subdivisé et se détruisant mutuellement, dans lequel toutes les molécules se trouvent agitées par une multitude infinie d'ondulations qui se réfléchissent intérieurement et se propagent en tous sens à travers le corps, étant sans cesse renvoyées par tous les

(1) Lorsqu'on regarde une étoile brillante avec une lunette ou un télescope grossissant 3 ou 400 fois, l'étoile prend un disque sensible, et elle est entourée d'anneaux légèrement colorés. En enfonçant graduellement l'oculaire, le centre du disque paraît alternativement noir et brillant, et des anneaux intérieurs se développent comme avec les ouvertures étroites. Quand l'étoile est scintillante et que le centre du disque est un point noir, on voit de temps à autre ce centre devenir momentanément brillant. Si on rétrécit l'ouverture de l'instrument par un diaphragme, le disque et les anneaux extérieurs s'élargissent; suivant la forme du diaphragme, l'image de l'étoile présente des apparences très-variées, par exemple, avec une ouverture triangulaire; l'image qui reste circulaire est accompagnée de six rayons régulièrement placés. On n'a pas encore donné la théorie de ces phénomènes.

points de sa surface, qu'elles viennent frapper successivement. L'on conçoit aisément que la superposition de ces ondulations doit produire à la fin leur destruction réciproque, et que cette destruction doit être d'autant plus complète que la forme du corps est plus irrégulière et les réflexions intérieures plus nombreuses. » En rapportant ainsi l'absorption de la lumière à la subdivision et à la destruction mutuelle des vibrations d'éther dans l'intérieur des corps, sir John Herschell a ajouté une nouvelle classe de phénomènes à ceux déjà soumis aux lois de la théorie ondulatoire.

DIFFUSION de la matière dans l'espace. *Voy.* ATTRACTION UNIVERSELLE.

DIGRESSION. *Voy.* PLANÈTES.

DILATABILITÉ. — Propriété qu'ont les corps d'augmenter de volume par l'application de la chaleur, et de diminuer, par conséquent, de volume par la soustraction de ce même agent. Lorsqu'on chauffe l'air contenu dans une vessie flasque bien fermée, on voit la vessie se gonfler, c'est-à-dire que l'air qui s'y trouve emprisonné se dilate au point de faire rompre la vessie en éclats. La simple chaleur de la main appliquée à la boule d'un thermomètre fait monter le liquide dans la colonne, ce qui prouve la grande *dilatabilité* de *celui-ci*. Enfin, on peut se convaincre de la dilatabilité des corps solides, en voyant qu'une boule métallique qui passe très-bien à travers un anneau est trop grosse pour passer par cet anneau, après qu'elle a été *rougie au feu*.

Ainsi, tous les corps sont dilatables, et, de tout ce qui peut changer en eux, leur volume est la chose la plus changeante. A chaque instant du jour ou de la nuit la chaleur varie, soit par l'action du soleil, soit par une foule d'autres causes, et tous les corps qui sont à la surface de la terre participent à ces variations : ils sont tour à tour plus dilatés ou plus contractés, et n'ont jamais les dimensions fixes que nous leur supposons. C'est par un mouvement de toutes les parties de l'intérieur et de l'extérieur que se produisent ces alternatives, et, si la porosité nous fait voir que ces parties ne se touchent pas, la dilatation nous fait voir maintenant qu'elles ne sont jamais en repos et qu'elles ne gardent jamais ni les mêmes distances ni les mêmes positions relatives. D'où nous pourrons conclure, enfin, que la matière qui nous semble la plus inerte a une activité perpétuelle dans toute l'étendue de sa masse, parce que toutes ses molécules, soit au-dehors, soit au dedans, sont soumises à des causes qui agissent sans cesse, et qui peuvent sans cesse éprouver des changements d'intensité.

DILATATION (*changement de volume*). — En général, les corps se dilatent par la chaleur et se contractent par le froid; les gaz surtout éprouvent des variations très-considérables dans leur volume; viennent ensuite les liquides, puis les solides.

Le moyen le plus simple qu'on puisse employer pour observer le phénomène de la dilatation des solides est le suivant : on prend des baguettes de différentes matières, de fer, de cuivre, etc., qui s'ajustent très-exactement entre deux talons dressés à angle droit sur une lame métallique; on chauffe plus ou moins ces baguettes, et alors elles ne peuvent plus se placer entre les deux talons; elles sont devenues trop longues; mais en se refroidissant, elles reprennent leur premier état.

Le *pyromètre métallique* montre très-bien la dilatation en longueur qu'éprouvent les corps solides. Une tige de cuivre est fixée solidement; son extrémité peut pousser le petit bras d'un levier coudé dont le grand bras forme une aiguille qu'on voit marcher dès qu'on allume les lampes placées sous la tige. Quand on les éteint, l'aiguille revient peu à peu à sa place, ce qui montre que la barre reprend sa longueur primitive; elle la reprend bien plus si on la refroidit, par exemple, avec de l'eau. En faisant la même expérience sur différents métaux, on reconnaît que le zinc est le plus dilatable; vient ensuite l'argent, le cuivre, l'or, le fer et enfin le platine, dont l'allongement n'est pas même le tiers de celui du zinc.

Pour montrer que la dilatation se fait en tous sens, on a une petite sphère, de cuivre par exemple, qui passe très-juste dans un anneau quand elle est froide, et qui ne passe plus quand elle est chauffée.

On reconnaît par cette expérience et quelques autres du même genre que les corps homogènes ne changent pas de forme en se *dilatant*; une sphère reste une sphère, un cube reste un cube; de sorte que le même corps à deux températures différentes constitue deux polyèdres semblables dont les dimensions seules ont changé.

Quant aux corps hétérogènes, la dilatation différente des différentes parties entraîne généralement un changement de forme. Comme application de ce fait, on peut citer le thermomètre de *Bréguet*, qui est une espèce de ruban métallique enroulé en hélice, formé de trois lames très-minces de platine, d'or et d'argent intimement unies; l'argent se dilatant plus que le platine, l'hélice se tord ou se détord par les changements de température. *Voy.* THERMOMÈTRE DE BRÉGUET.

Quand on dilate la matière qui compose un vase, on ne voit pas d'abord si la cavité doit s'agrandir ou diminuer; dans la réalité elle s'agrandit, et on le prouve en montrant que la petite sphère dilatée, dont nous parlions tout à l'heure, peut passer si on a soin d'échauffer l'anneau. Dans les laboratoires de chimie, quand on a de la peine à enlever un bouchon de cristal, on échauffe le goulot, soit avec des charbons, soit par le frottement avec une ficelle; le bouchon sort ensuite sans peine, pourvu que la chaleur n'ait pas pénétré jusqu'à lui.

On conçoit aisément que la capacité d'un vase doive s'agrandir quand les parois se dilatent, en observant que ces parois peuvent s'assimiler à une voûte décomposable en voussoirs. Ceux-ci se dilatent dans toutes les dimensions ; or, dès que les voussoirs deviennent plus grands, la cavité qu'ils comprennent devient nécessairement plus grande.

Le verre, les pierres, la brique, etc., se dilatent moins en général que les métaux ; cependant leur dilatation devient sensible dans bien des circonstances. Nous avons déjà constaté celle du verre. Bouguer, pendant son séjour au Pérou, observa que la chaleur du soleil faisait éprouver à un pavé de briques qui était dans la cour de sa maison une dilatation d'un tiers de ligne pour une largeur de 11 pieds. On sait que les poteries se fêlent quand on les chauffe brusquement ou inégalement ; c'est évidemment parce que les dilatations ne peuvent pas se faire alors d'une manière uniforme ; aussi un verre épais casse-t-il bien plus facilement au feu qu'un verre mince.

M. Vicat a fait des observations très-curieuses sur les changements que la température occasionne au pont de *Souillac*, sur la Dordogne. Ce pont est dirigé de l'est à l'ouest, de sorte qu'il a une face au nord et l'autre au midi. C'est sur celle-ci que les effets sont surtout marqués : ainsi, dans les grands froids certains joints des pierres de la voûte s'entr'ouvrent, puis ils se resserrent quand il fait chaud.

Un fait remarquable, constaté par M. Destigny, c'est qu'une pierre humide ne se dilate pas plus qu'une pierre sèche ; c'est du moins ce qu'il a trouvé pour la pierre de *Saint-Leu* en ne dépassant pas 30° c. L'échantillon, qui n'avait guère que 3 décimètres cubes, avait été plongé toute une nuit dans l'eau, et en avait absorbé (sans changer de dimension) plus de 1100 grammes, c'est-à-dire plus du tiers de son volume.

On a peu étudié la dilatation des substances organisées, qui d'ailleurs perdent de l'eau ou même se décomposent quand on vient à les chauffer. On sait que le bois, qui change si sensiblement de volume par l'humidité, n'éprouve par la chaleur qu'une dilatation presque nulle.

Certaines substances, quoiqu'elles ne s'altèrent pas, se contractent au lieu de se dilater quand on les échauffe. On peut citer le butyrate de chaux. L'argile soumise à une haute température diminue aussi de volume sans rien perdre de son poids. Ce *retrait* de l'argile paraît dû à un commencement de fusion, d'où résulte un tassement plus exact des molécules. Nous savons que la diminution de volume persiste, de sorte que nous avons là un phénomène d'un genre particulier bien plutôt qu'une exception réelle.

Les changements de volume occasionnés par la chaleur donnent lieu à un grand nombre de phénomènes remarquables. Le tirage des cheminées, les courants d'air et presque tous les mouvements de l'atmosphère sont dus en définitive à la diminution du poids spécifique de l'air dilaté par la chaleur.

On peut observer les courants que les dilatations inégales occasionnent dans un liquide, en exposant au soleil un vase de verre un peu profond, contenant de l'eau où l'on a mis quelques parcelles de poussière. Il se manifeste bientôt des courants ascendants le long de la partie échauffée, et descendants de l'autre côté. L'eau sur le feu présente ces courants d'une manière encore plus marquée : les particules du fond montent dès que leur dilatation les a rendues plus légères ; d'autres descendent pour les remplacer. Ordinairement le courant descendant est au centre de la masse, parce que ce sont les parties voisines des parois qui s'échauffent de préférence.

Les phénomènes se reproduisent en sens inverse quand on refroidit l'eau, du moins tant qu'on n'a pas atteint 4° ; car alors, si le vase est posé sur de la glace, il y a des courants ascendants, comme quand il était sur le feu.

Les dilatations des métaux sont tellement considérables, et surtout se font avec tant de force, qu'on est obligé d'en tenir compte dans les constructions. Ainsi on a eu soin de laisser de petits intervalles entre les pièces de bronze qui forment l'hélice de la colonne Napoléon. Cette hélice a 813 pieds de développement, et si toutes les dilatations s'ajoutaient, il y aurait, de l'hiver à l'été, des différences de huit à neuf pouces dans la longueur. Quand on établit des tuyaux de conduite, on les ajuste de manière qu'ils s'engagent un peu les uns dans les autres, laissant ainsi du jeu pour la dilatation. On a soin de ne pas clouer en une seule pièce toutes les parties d'une grande toiture métallique. Lorsqu'on établit une grille, on laisse le jeu convenable ; sans quoi une porte qui fermerait bien pendant une saison, ne pourrait plus fermer dans une autre.

Mais c'est surtout dans les instruments de précision que les effets de la dilatation se font sentir. Quand il fait chaud, le pendule qui règle une horloge s'allonge, et l'horloge se met à retarder ; les montres éprouvent des effet analogues.

On conçoit que les mesures de longueur, de capacité, sont dans un état continuel de variation, et il en est de même des choses que l'on mesure. Ainsi un hectolitre d'esprit de vin a notablement plus de valeur en hiver qu'en été, et on en tient compte aux barrières ; cependant, en général, on peut supposer les mesures invariables ; c'est seulement dans les recherches scientifiques que leurs variations ont de l'importance, et nous verrons bientôt comment on y a égard.

Les liquides acquièrent par la chaleur une force de dilatation telle, qu'il arrive un moment où les vases ne peuvent plus résister. Quand le mercure, dans un thermomètre, est monté jusqu'au haut du tube, le plus petit accroissement de chaleur fait casser l'instrument, et il en serait de même d'un vase beaucoup plus solide. La force de dilatation des liquides, bien qu'elle soit si grande, est restée jusqu'à présent sans emploi, parce que les changements de volume sont fort petits ; mais peut-être l'acide carbonique, qui a une énorme dilatation, pourra-t-il fournir un nouveau moteur.

Certaines dégradations observées dans les constructions montrent avec quelle force les solides se dilatent par la chaleur ; souvent des barres de fer scellées dans des pierres les écartent en se dilatant, ou les arrachent en se contractant. Voici d'ailleurs une expérience qui fait voir combien est grande la force qu'on développe dans les métaux par les changements de température. Il y avait au Conservatoire des arts et métiers, à Paris, une galerie dont les murs, chargés du poids des étages supérieurs, s'étaient déviés de leur aplomb, et tendaient à se renverser en dehors. Molard, directeur du Conservatoire, fit établir d'espace en espace des barres de fer qui traversaient la galerie près du plafond, sortant de chaque côté par des trous pratiqués dans les murs. Les bouts de ces barres étaient taraudés et recevaient en dehors de larges écrous serrés avec force contre la muraille. On conçoit que cette disposition limitait déjà l'écartement. En chauffant les barres, on les força de s'allonger, ce qui permit de resserrer les écrous. Par le refroidissement le fer se contracta, malgré la résistance énorme qu'il avait à vaincre; de sorte que les murs se redressèrent d'une *petite quantité*. Chauffant ensuite les barres de deux en deux, on put resserrer encore les écrous, tandis que les barres froides maintenaient le rapprochement obtenu ; et en continuant cette manœuvre, on parvint à remettre les murailles parfaitement dans leur aplomb.

Cette expérience montre directement la force de contraction; mais la force de dilatation est au moins égale, puisqu'elle est opposée et produit son effet.

La dilatation d'un corps ne vient pas de ce que la chaleur en s'y introduisant le gonfle, comme l'eau fait dans une éponge. Cette comparaison grossière n'expliquerait nullement les faits ; on ne verrait pas pourquoi un litre d'eau se loge dans une pierre sans faire varier son volume, tandis qu'un peu de chaleur y produit une dilatation sensible. Le poids d'ailleurs ne change pas, de sorte qu'on n'a aucun droit d'assimiler ainsi la chaleur à un corps matériel et pesant. Pour se tenir dans le vrai, il faut reconnaître que la dilatation est due à un accroissement dans la force répulsive entre les molécules des corps.

Mesure des dilatations. — Après avoir constaté les changements de volume produits par la chaleur, nous allons voir comment on les mesure. Remarquons d'abord que cette opération est fort délicate quand on veut y mettre de la précision, parce qu'il s'agit en général de quantités fort petites. Ainsi une barre de fer de 4 pieds, prise à la température de la glace, ne s'allonge pas même d'une ligne quand on la plonge dans l'eau bouillante. De plus, les appareils dont on se sert éprouvent souvent eux-mêmes des changements dont on est obligé de tenir compte ; par exemple, si, pour mesurer la dilatation du mercure, je l'enferme dans un vase de verre, il faut que je tienne compte de la dilatation du vase, ou que je trouve le moyen d'éluder son effet.

Parmi les divers procédés imaginés pour mesurer les dilatations, nous indiquerons seulement ceux de MM. Dulong et Petit, parce qu'ils sont les plus parfaits.

On a un tube recourbé rempli de mercure; on maintient une branche à 0° en l'entourant de glace fondante, et on porte l'autre à différentes températures en chauffant un vase rempli d'huile que cette branche traverse. Supposons qu'à 100 degrés on trouve 56 centimètres pour la hauteur du mercure d'un côté, et seulement 55 de l'autre; on peut conclure que de zéro à 100° le mercure se dilate de $\frac{1}{55}$; c'est-à-dire qu'un litre de mercure pris à zéro deviendrait à 100° un litre plus $\frac{1}{55}$ de litre.

En effet, le mercure chaud est ici un liquide plus léger, et l'expérience prouve que, pour l'équilibre, les colonnes doivent être :: 56 : 55; mais ce rapport est indépendant de la forme du tube : il serait encore le même avec un tube cylindrique et invariable; or dans ce cas il est évident que la quantité dont le mercure s'élève représente la dilatation de toute la masse qui compose la colonne.

Une cavité creusée dans du verre se dilate précisément comme le verre qui la remplirait ; d'après cela, imaginons une cavité d'un centimètre cube pleine de mercure à 0°. Nous savons par l'expérience précédente que si on porte la température à 100°, on trouvera $\frac{1}{65}$ pour la dilatation du mercure. Mais, sans la dilatation du verre, on aurait $\frac{1}{55}$; donc $\frac{1}{55} - \frac{1}{65}$ est la quantité dont se dilate un centimètre cube de verre en passant de 0 à 100°. Cette différence est $\frac{1}{387}$, parce que les véritables dilatations du mercure sont $\frac{10}{555}$ et $\frac{10}{648}$; nombres que nous avions simplifiés pour faciliter le raisonnement.

Pour avoir la dilatation apparente d'un liquide, on opère comme avec le mercure : on trouve ainsi $\frac{1}{22}$ pour l'eau, $\frac{1}{9}$ pour l'alcool, etc. Si on veut la dilatation réelle, il faut ajouter $\frac{1}{387}$.

Pour les gaz, il y a quelques précautions particulières. Supposons le tube rempli d'air parfaitement sec à 0° ; on le chauffera jusqu'à 100°; et alors faisant plonger l'orifice dans du mercure, il se fera une absorption à mesure que l'appareil se refroidira. On déterminera exactement le poids du mercure absorbé, après avoir eu soin de ramener l'appareil à 0° avec de la glace. On déterminera aussi le poids du métal qui, à cette même température, peut remplir le tube en totalité. Soient, par exemple, 374 gr., 742 et 1374 gr., 742 ces deux poids : la différence 1000 pourra représenter le volume à zéro d'une masse d'air capable de remplir le tube à 100°; de sorte que 374,742 sera la dilatation apparente pour un volume égal à 1000. Pour un volume égal à l'unité, ce serait donc 0,374742; ajoutant $\frac{1}{387}$ ou 0,000258, qui est la dilatation du verre pour unité du volume, on a enfin 0,375 pour la dilatation réelle de l'air. Nous avons supposé que la pression atmosphérique ne variait pas pendant l'expérience ; autrement le changement de volume ne serait pas entièrement dû au changement de température. Du reste, la loi de Mariotte permettrait de faire la correction.

On constate aisément que les autres gaz se dilatent exactement comme l'air. Sans répéter pour chacun l'expérience précédente, il suffit de faire passer un volume déterminé du gaz dans un tube gradué sur le mercure, et de mettre à côté un tube semblable contenant un pareil volume d'air. Plaçant l'appareil dans une étuve, on voit qu'en faisant varier la température, les volumes restent constamment égaux.

Ces lois ont été longtemps regardées comme l'expression exacte de la vérité; *mais* dans ces dernières années, M. *Regnault*, par des méthodes différentes, a *démontré* que le coefficient de Gay-Lussac est généralement *trop fort; qu'il* n'est pas le même pour tous les *gaz* et qu'il change avec les pressions. Il a trouvé que, sous la pression ordinaire, les gaz se dilatent entre 0 et 100° des quantités suivantes :

Air	0,3665 ou à peu près $\frac{11}{30}$
Azote	0,36682
Hydrogène	0,36613
Oxyde de carbone	0,36688
Acide carbonique	0,37099
Cyanogène	0.38767
Protoxyde d'azote	0,37195
Gaz acide sulfureux	0,39028

Les recherches de Gay-Lussac ne s'étendaient que depuis 0 jusqu'à 100°; MM. Dulong et Petit les ont continuées jusqu'à 360°.

Les expériences plus récentes de M. *Regnault* ont prouvé qu'au-dessus de 250° la dilatation *de l'air n'est plus d'accord* avec celle du mercure : elle devient de plus en plus petite pour chaque degré du thermomètre à mercure. Ainsi un thermomètre à air placé dans les *mêmes circonstances qu'un* thermomètre à mercure marquerait des températures un peu moins élevées; mais quel est celui dont les indications doivent être préférées? c'est, sans doute, le thermomètre à air. Dans les *solides* et les *liquides*, les molécules sont encore dans la sphère d'attraction les unes des autres, et ces attractions réciproques, variant avec les distances, doivent influencer et modifier diversement l'action de la chaleur; par conséquent les dilatations de ces corps doivent être irrégulières. Au contraire, dans les gaz les molécules sont à une distance telle que les attractions réciproques n'ont plus d'influence sensible : l'action de *la* chaleur se trouve donc isolée, et les dilatations des fluides élastiques n'étant que les effets de cette force toute seule, doivent en être la mesure la plus exacte. Il suit de là qu'au-dessus de 250° les indications du thermomètre à mercure doivent être corrigées; mais depuis 250° jusqu'à —30° on peut s'en servir sans correction, parce que, dans cette limite, elles sont parfaitement d'accord avec celles du thermomètre à air.

MM. Dulong et Petit ont mesuré la dilatation du fer, en enfermant une tige de ce métal dans un tube rempli de mercure à *zéro*. *Chauffant à* 100°, puis laissant refroidir, *ils obtinrent*, à *cause* du mercure sorti, un vide qui, avec la *dilatation* du verre, pouvait contenir les dilatations réunies du fer et du mercure restants. Par le poids du mercure sorti, et par son poids spécifique *à zéro*, il est facile de calculer le volume du vide à cette même température : supposons-le de deux dixièmes de centimètre cube; soit de même 30 ᶜᵇ, et 11 ᶜᵇ, les volumes du fer et du mercure restants, la capacité du tube *à zéro sera* 41 ᶜᵇ, 2; $\frac{41^{cb},2}{387}$ sera *sa dilatation* à 100°; $\frac{11}{55} = 0,2$ celle du mercure, et on aura

$$0,2 + \frac{41,2}{387} = 0,2 + x$$

x désignant la dilatation de 30 ᶜᵇ. de fer. Et en prenant la 30ᵉ partie, on aura la *dilatation* de l'*unité* de volume, et on trouve ainsi $\frac{1}{282}$ à très-peu près. Le même procédé appliqué au platine donne $\frac{1}{377}$.

En général, dans les *solides*, on a plutôt besoin de connaître la dilatation en longueur que la dilatation *cubique* ou du volume entier ; mais, quand on connaît l'une, il est facile de calculer l'autre. En effet, la forme ne changeant pas, les volumes aux deux températures sont comme les cubes des dimensions homologues, c'est-à-dire qu'on a :

$$v : v' :: l^3 : l'^3.$$

Si nous considérons seulement l'unité de volume et l'unité de longueur, et si nous appliquons notre calcul au fer, la proportion deviendra :

$$1 : 1 + \frac{1}{282} :: 1 : (1 + x)^3,$$

x représentant la dilatation *linéaire* du fer. De là on tire

$$\frac{1}{282} = 3x + 3x^2 + x^3$$

ce qui montre que x n'est pas même le tiers de $\frac{1}{282}$; par conséquent, x ne vaut pas $\frac{1}{750000}$; x^3 est encore plus petit ; négligeant donc ces quantités on a

$$x = \frac{1}{846} :$$

et comme les dilatations des solides sont toujours très-petites, on voit, en généralisant, que la dilatation linéaire est le tiers de la dilatation cubique.

Le procédé que nous avons indiqué pour mesurer la dilatation des métaux n'étant pas applicable à ceux que le mercure peut dissoudre, comme l'or, l'argent, le cuivre, etc., MM. Dulong et Petit les ont comparés au fer, à l'aide d'un appareil dont la première idée appartient à Borda. Dans une auge contenant un liquide dont on faisait varier la température, ils avaient établi deux règles parallèles et égales, l'une de fer et l'autre du métal qu'on voulait lui comparer. Ces règles étaient solidement réunies par un bout, de sorte que la différence dans l'allongement ne pouvait se manifester qu'à l'auire. Deux montants, implantés perpendiculairement sur les extrémités libres, sortaient de l'auge et se terminaient par deux petites règles parallèles aux grandes, portant des divisions. On notait les divisions qui coïncidaient à la température de 0, et l'on voyait à 100° de combien l'une avait dépassé l'autre. La différence venait uniquement de l'allongement des grandes règles, parce que tout le reste était du même métal. Or, sans mesurer, on sait que la règle de fer, qui avait 1200mm à zéro, s'allongeait de $\frac{1200}{846}$mm en passant à 100; le cuivre s'allongeait un peu plus; et l'excédant ajouté à $\frac{1200}{846}$mm donnait évidemment sa dilatation totale, qu'on a trouvée ainsi être la 582e partie de la longueur à zéro.

Lavoisier et Laplace ont mesuré directement la dilatation linéaire d'un très-grand nombre de métaux avec un appareil qui représentait en grand le pyromètre métallique. Les barres avaient 5 pieds de long; elles étaient plongées dans de l'eau dont on faisait varier la température de 0 à 100°; l'aiguille était remplacée par une lunette horizontale braquée sur une mire à 600 pieds de distance. Le grand bras du levier décrivait un arc de 744 lignes pour un déplacement d'une ligne seulement dans le petit bras. Celui-ci ayant environ 10 pouces, et l'allongement des barres ne dépassant guère 2 lignes, toute l'étendue des variations angulaires était comprise dans 1°; par conséquent l'arc décrit par le petit bras était sensiblement une ligne droite confondue avec l'allongement de la barre et se trouvait sa mesure exacte.

Après avoir indiqué les procédés les plus parfaits pour mesurer les dilatations des solides, des liquides et des gaz, nous donnerons le tableau des résultats auxquels on est parvenu, tant par ces procédés que par d'autres moins parfaits, mais d'une exactitude suffisante pour les applications dans les arts.

Dilatation absolue entre 0 et 100°

Tous les gaz, d'après Gay-Lussac	0,375 =	$\frac{100}{267}$
Mercure	0,0180180 =	$\frac{100}{555}$

Dilatation apparente dans le verre

Mercure	0,0154321 =	$\frac{10}{648}$
Eau	0,0433 =	$\frac{1}{23}$
Eau saturée de sel marin	0,05 =	$\frac{1}{20}$
Acide chlorhydrique (densité 1,137)	0,06 =	$\frac{1}{17}$
Acide sulfurique (densité 1,85)	0,06 =	$\frac{1}{17}$
Ether sulfurique	0,07 =	$\frac{1}{14}$
Essence de térébenthine	00,7 =	$\frac{1}{14}$
Huiles d'olive et de lin	0,08 =	$\frac{1}{12}$
Acide nitrique (densité 1,4)	0.11 =	$\frac{1}{9}$
Alcool	0,11 =	$\frac{1}{9}$

Dilatation linéaire

Flintglass anglais	0,00081166 =	$\frac{1}{1232}$
Verre en tubes	0,00086133 =	$\frac{1}{1161}$
Platine	0,00088420 =	$\frac{1}{1131}$
Palladium	0,00100000 =	$\frac{1}{1000}$
Acier non trempé	0,00107880 =	$\frac{1}{927}$
Fonte	0,00112500 =	$\frac{1}{889}$
Fer	1,00118210 =	$\frac{1}{846}$
Acier trempé et recuit	0,00123956 =	$\frac{1}{807}$
Bismuth	0,00139167 =	$\frac{1}{719}$
Or de départ	0,00146606 =	$\frac{1}{682}$
Or au titre de Paris, recuit	0,00151361 =	$\frac{1}{661}$
Or au titre de Paris, non recuit	0,00155155 =	$\frac{1}{645}$
Cuivre rouge	0,00171820 =	$\frac{1}{582}$
Bronze	0,00181667 =	$\frac{1}{550}$
Cuivre jaune	0,00186870 =	$\frac{1}{535}$
Argent	0,00190868 =	$\frac{1}{524}$
Argent de coupelle	0,00190974 =	$\frac{1}{524}$
Métal de télescope	0,00193333 =	$\frac{1}{517}$
Etain de Malaca	0,00193765 =	$\frac{1}{516}$
Etain de Falmouth	0,00217298 =	$\frac{1}{462}$
Plomb	0,00284856 =	$\frac{1}{351}$
Zinc	0,00294167 =	$\frac{1}{340}$
Zinc martelé	0,00310833 =	$\frac{1}{322}$

Ciment romain	0,00143
Certains grès	0,00117
Marbre blanc de Sicile	0,00110
Granit rouge	0,000897
Marbre de Carrare	0,000848
Autre variété	0,000654
Pierre de Saint-Leu	0,000649
Marbre de Solst	0,000568
Brique ordinaire	0,000550
Brique réfractaire	0,000493
Terre de pipe hollandaise	0,000457
Poterie de Wedgewood	0,000453
Marbre noir de Galway	0,000445
Pierre de Vernon-sur-Seine	0,000430
Marbre de Saint-Béat	0,000418

Voy. Dilatabilité.

DIOPTRIQUE. — Partie de l'optique ayant pour objet les effets de la lumière réfractée. On peut distinguer deux parties dans la dioptrique : l'une considère, indépendamment de la vision, les propriétés de la lumière lorsqu'elle traverse les corps transparents, et la manière dont les rayons se brisent et s'écartent ou se rapprochent mutuellement; l'autre examine l'effet de ces rayons sur les yeux, et les phénomènes qui doivent en résulter par rapport à la vision. *Voy.* Réfraction.

DIORAMA. *Voy.* Tableaux optiques.

DISPERSION de la lumière; difficulté à cet égard. *Voy.* Interférences de la lumière.

DIVISIBILITÉ. — Propriété qu'a la matière de pouvoir être divisée en particules de plus en plus petites, jusqu'à ce qu'enfin elles échappent à nos sens et à nos instruments. Cette propriété, prise en général, est la chose du monde la plus connue; mais ce qui doit nous occuper et ce qui a dû surtout exciter la curiosité des plus anciens observateurs, c'est de savoir si tous les corps sont en effet divisibles et s'ils le sont tous jusqu'au dernier degré de petitesse que nous puissions percevoir.

Pour les corps qui sont liquides comme l'eau, il est évident qu'ils peuvent être divisés et subdivisés en particules si petites, qu'elles soient à la fin tout ce que le toucher peut sentir de plus ténu, et tout ce que l'œil peut voir de plus délié; car en les regardant nous ne voyons sur leur surface aucune sorte d'inégalité, et en plongeant la main dans leur masse, nous ne pouvons pas palper leurs molécules et les sentir distinctement, comme nous sentirions des parcelles de sable.

Pour les solides, nous ne pouvons pas juger aussi facilement de la grosseur ou de la ténuité des dernières parties qui les composent. Rien ne nous indique d'avance que parmi ces corps il ne s'en trouve pas qui, étant divisés jusqu'à une certaine limite, se refuseraient à une division ultérieure, et dont les parties élémentaires, encore grosses et palpables, ou du moins très-perceptibles, ne pourraient plus être subdivisées davantage ni altérées en aucune manière : aussi les anciens avaient eu grand soin d'expérimenter, dans cette vue, sur tous les corps qu'ils connaissaient; et les modernes, qui ont tiré du sein de la terre tant de substances nouvelles, les ont de même éprouvées pour savoir jusqu'à quel point elles se divisent. Ce n'est qu'après toutes ces expériences qu'il a été permis de conclure que pour tous les corps connus il n'y a aucune limite perceptible à la divisibilité. Cependant il ne serait pas rigoureux d'étendre cette conséquence à tous les corps qui existent : par cela seul qu'il a fallu l'expérience pour résoudre la question, la question n'est résolue rigoureusement que pour les corps sur lesquels on a expérimenté. Ainsi, il n'est pas absolument impossible que les volcans fassent sortir un jour des entrailles de la terre quelques substances dont les atomes soient pour nous d'une grandeur perceptible, et il n'est pas impossible non plus que de telles substances se trouvent dans la masse des autres planètes.

Sans reproduire ici toutes les expériences qui ont été faites sur les différents corps, nous citerons quelques exemples pour montrer, d'une part, que nos sens ne peuvent atteindre qu'à un certain degré de petitesse, et, d'une autre part, que ces dernières parcelles qui commencent à nous échapper sont encore composées d'un nombre immense de parties distinctes.

C'est par le sens du toucher et par celui de la vue que nous jugeons de la grandeur des objets; le goût et l'odorat nous instruisent de certaines qualités des corps, sans rien nous apprendre de leur forme; et, chose digne de remarque, par le sens de l'ouïe, qui est chez les aveugles un instrument d'une si merveilleuse délicatesse pour juger les distances, nous ne pourrions jamais nous élever à l'idée d'une figure déterminée, ni à l'idée de la grandeur ni à celle de la petitesse.

Le sens du toucher existe dans tous nos organes, soit à l'intérieur, soit à la surface; mais il s'exerce très-différemment. A l'intérieur, nous n'avons que des sensations vagues des corps étrangers qui nous touchent ou qui nous blessent; et, dès que le contact est un peu prolongé, toute sensation locale disparaît; nous n'éprouvons plus qu'un sentiment général, une manière d'être plus ou moins douloureuse, dont nous ne démêlons ni le siége ni la cause. C'est sans doute par une raison semblable que nous ne sentons rien au dedans de nous-mêmes, ni les substances solides, comme les os, ni les substances liquides comme le sang, même quand elles circulent avec une grande rapidité. A l'extérieur, tous les points de la surface peuvent sentir distinctement le contact des corps étrangers; mais c'est la main qui est le véritable organe du toucher; on sait que c'est par elle que nous prenons l'idée des contours et des formes géométriques des corps, et que c'est par elle aussi que nous pouvons percevoir les objets les plus déliés (1). Sur une surface polie, la main exercée d'un aveugle peut sentir des grains de poussière d'une telle ténuité qu'il en faudrait des centaines, rangés à côté l'un de l'autre, pour faire la longueur d'un millimètre. Une main moins délicate peut sentir distinctement un fil de laine ou un fil de soie d'un seul brin, et cependant ces fils n'ont pour l'ordinaire que les dimensions suivantes :

Diamètre en millimètres.

Laine ordinaire.	0m, 03 ou	$\frac{3}{100}$ de mill.
Mérinos.	0m, 02	$\frac{2}{100}$
Soie.	0m, 01	$\frac{1}{100}$

La plupart des fourrures recherchées, comme le castor et l'hermine, ont une finesse qui est comprise entre le mérinos et la soie, et la plupart des laines de différentes espèces sont comprises entre le mérinos et la laine ordinaire. Ces filaments, qui ont une si grande finesse et qui sont à peu près les dernières grandeurs que le toucher puisse percevoir, sont cependant des corps très-composés; chacun d'eux a une structure particulière que le sens de la vue peut seul nous faire connaître; chacun d'eux contient des éléments très-divers, qui sont préparés par la nutrition, sécrétés par les organes, et que la chimie peut séparer de nouveau et remettre en évidence.

Le verre, qui est un produit de l'art, et dans la composition duquel il entre plusieurs substances différentes, peut être filé comme la soie. Pour en faire l'expérience, on prend un tube de verre assez fin, on le présente, vers le milieu de sa longueur, à la flamme d'une bougie, et, quand il est chauffé dans cet endroit jusqu'au rouge blanc, on tire les deux moitiés comme pour les séparer; alors il se fait entre elles un fil d'une

(1) « Je tiens de M. James Gardener, de Regent street, à Londres, qu'il peut avec sa main seule, guidée seulement par le sens du toucher, tracer, les yeux fermés, des lignes parallèles, dont la distance, mesurée au micromètre, se trouve être exactement de $\frac{1}{2000}$ de pouce. A l'œil nu, il ne peut pas voir distinctement des lignes plus rapprochées que de $\frac{1}{250}$ de pouce. » Buckland, *la Géol. et la Minéralogie*, etc., tom. I, pag. 532.

brasse de longueur, qui a toute la finesse de la soie, et qui en a presque la souplesse; cependant ce filament de verre est encore assez épais pour former lui-même un tube ayant ses parois et son canal intérieur par lequel on peut faire passer des liquides.

Nous pourrions pousser bien plus loin les expériences sur notre sensibilité organique, si les corps ne devenaient pas trop flexibles à mesure qu'on les divise en filaments plus minces. Si, par exemple, un fil mille fois plus fin qu'un fil de soie pouvait avoir la rigidité d'une flèche, il serait curieux d'observer l'effet de ses piqûres sur les divers points de la peau; on trouverait sans doute qu'une flèche de cette espèce pourrait nous traverser le corps de toutes parts, sans se faire sentir et sans troubler le moins du monde les fonctions de la vie.

Le poli que prennent les corps est une autre preuve de la divisibilité de la matière, et le contact des surfaces polies est une autre preuve de la limite des perceptions du toucher.

L'acier poli, les métaux, le diamant et les pierres précieuses ne sont pour la main qu'une seule et même chose; en les touchant, nous ne sentons qu'une surface géométrique, et cependant toutes ces superficies sont travaillées avec les fines poussières de l'émeri ou du diamant, et chaque grain de poussière y trace un sillon proportionné à sa grandeur: voilà des cavités et des saillies que le toucher ne peut plus sentir.

Les dernières parcelles de matière qui échappent au toucher sont encore perceptibles à la vue. L'œil aperçoit sur la pierre de touche les parcelles d'or qui servent à l'essai, et dont la main la plus délicate ne sentirait pas la présence.

Les bulles de savon, qui donnent de si brillantes couleurs, sont de minces lames d'eau, dont Newton a mesuré l'épaisseur. Auprès de leur sommet elles n'ont ordinairement que $\frac{1}{10000}$ de millimètre, et elles se réduisent à $\frac{1}{100000}$ quand elles laissent voir une tache noire quelques instants avant d'éclater. Les ailes transparentes des insectes n'ont qu'une épaisseur à peu près pareille, et c'est pour cette raison qu'elles brillent du même éclat. Enfin les pellicules de verre que l'on souffle à la lampe ont aussi la même ténuité et les mêmes couleurs; car c'est une loi générale que tous les corps transparents se colorent des plus vives nuances quand ils n'ont plus que quelques cent-millièmes de millimètre d'épaisseur; mais quand ils sont plus minces, ils deviennent tout à fait invisibles Une bulle de savon qui n'aurait que $\frac{1}{1000000}$ de millimètre d'épaisseur ne pourrait être aperçue par aucun moyen, lors même qu'elle aurait un très-grand diamètre.

Pour les corps qui ne s'étendent pas en superficie, et qui ne sont grands que dans une seule dimension, comme les fils de métal ou les filaments organiques, il serait difficile d'assigner les limites de grandeur où l'on cesse de les voir nettement à l'œil nu. Ces limites dépendent de la perfection de l'organe et de l'éclat de la lumière; mais au moyen des loupes ou des microscopes il n'est pas besoin d'être fort exercé ni d'avoir un organe très-parfait pour apercevoir d'une manière distincte des fils qui n'ont de diamètre que quelques millièmes de millimètre.

On sait que dans les arts on emploie des fils de cuivre, de fer ou d'argent, qui sont aussi fins que des cheveux. La traction qu'on exerce pour les passer à la filière est ce qui limite leur finesse, parce qu'ils deviennent trop faibles pour y résister; mais, par divers procédés ingénieux qui ne s'appliquent qu'à certains métaux, on parvient à faire des fils qui sont plus fins que la soie. Le docteur Wollaston a fait des fils de platine qui n'avaient que $\frac{1}{1200}$ de millimètre d'épaisseur, c'est-à-dire qu'il faudrait plus de cent quarante de ces fils pour former un faisceau de la grosseur d'un fil de soie d'un seul brin. Quoique le platine soit le plus pesant de tous les corps connus, mille mètres de longueur d'une tel fil ne pèsent pas plus de 4 ou 5 centigrammes. Pour arriver à ce résultat, qui paraît être le dernier terme que l'art puisse atteindre, le docteur Wollaston prend un fil de platine de $\frac{1}{100}$ de pouce anglais d'épaisseur, qu'il fixe dans l'axe d'un moule cylindrique de $\frac{1}{5}$ de pouce de diamètre; il remplit le moule d'argent en fusion, et il a ainsi un cylindre d'argent dont l'axe est en platine. En le faisant passer à la filière, les deux métaux s'allongent également et conservent leurs rapports d'épaisseur; enfin, quand le fil composé est à son plus grand degré de finesse, on le fait bouillir dans l'acide nitrique, qui dissout l'enveloppe d'argent, et qui met à nu le fil de platine.

Puisque la matière peut s'amincir en superficie, comme dans les bulles de savon ou les lames de verre, et se rétrécir en longueur, comme dans les fils de platine, il est évident qu'elle peut s'atténuer de la même manière dans toutes les dimensions. Ainsi, nous pouvons juger que toutes les parcelles que nous apercevons encore sont des parcelles très-composées. Mais le règne organique nous en offre des preuves encore plus frappantes. On sait maintenant d'une manière certaine que le sang n'est pas un liquide uniforme tel qu'il paraît à la vue, et que sa substance se compose d'une foule de petits globules flottant dans un liquide particulier qu'on appelle le *serum*. Cette découverte a été faite à peu près à la même époque en Italie par Malpighi, et en Hollande par Leuwenhoek, vers 1660, environ quarante ans après que Harvey eut démontré la circulation du sang. Ces globules sont sphériques dans le sang de l'homme et dans celui des mammifères, et ils sont allongés dans les oiseaux et les poissons. Leurs dimensions varient suivant les espèces: dans le callitriche d'Afrique, ils sont les plus gros que l'on ait observés, et s'élèvent à $\frac{1}{125}$ de millimètre; dans la chèvre, ils sont les plus petits, et ne vont qu'à $\frac{1}{350}$. Les globules du sang de l'homme sont intermédiaires, et paraissent constamment de $\frac{1}{133}$ de millimètre. On peut calculer, d'après cette donnée, qu'il y en a près d'un million dans la goutte de sang d'un millimètre cube, qui pourrait être suspendue à la pointe d'une aiguille. Dans presque tous les autres mammifères, les dimensions des globules paraissent comprises entre les dernières limites. Ces globules ne sont pas des atomes, car ils peuvent être brisés par des actions chimiques; et ensuite ils peuvent être reconstruits; il n'y a aucun doute qu'ils ne donnent naissance à une multitude de parties distinctes quand ils passent dans la nutrition, car les fibres musculaires et celles des autres tissus se composent de globules très-différents des globules du sang, et toujours beaucoup plus petits.

Les globules de vapeur d'iode, qui forment la couche impressionnable du daguerréotype, n'atteignent pas un millionième de millimètre d'épaisseur. La géométrie prouve qu'il en tiendrait, dans un seul millimètre cube d'iode, un nombre marqué par l'unité suivie de dix-huit zéros. En comparant au volume d'une petite sphère qui aurait pour diamètre celui d'un fin cheveu, on trouve que ce petit corps contiendrait au moins 21,000 milliards de ces molécules d'iode obtenues par évaporation.

Enfin, il y a des animaux complets qui sont aussi petits que les globules du sang et que les plus petites choses perceptibles. Nous pouvons les voir et les étudier; mais c'est le dernier terme où la vue puisse atteindre : ce qui est plus petit n'a plus de grandeur pour nos sens, et n'a plus de mesure; c'est le commencement de l'indéfini en petitesse où se jette notre pensée, et qu'elle poursuit indéfiniment sans trouver un point où elle se doive arrêter.

Certaines couches schisteuses de tripoli sont composées presque entièrement de tests siliceux appartenant à une espèce d'infusoire que l'on a nommé *Gaillonella distans*. Ces tests ont $\frac{1}{288}$ de ligne, le $\frac{1}{6}$ environ de l'épaisseur d'un cheveu et à peu près le volume d'un globule de sang humain; vingt-trois millions environ de ces animaux sont donc contenus dans une ligne cube de tripoli, et quarante-un milliards dans un pouce cube. Un pouce cube de tripoli pesant 220 grains, il faut donc 187 millions de ces animaux pour peser un grain; ou, en d'autres termes, l'enveloppe siliceuse d'un seul de ces animalcules ne pèse qu'environ la cent quatre-vingt-sept millionième partie d'un grain.

Au delà de ce dernier terme de sensibilité organique, tout cependant n'est pas hypothèse et conjecture; ces animalcules sont des êtres, et des êtres essentiellement composés de parties; ils sont organisés, puisqu'ils ont la vie et le mouvement; ils sont pourvus de sens, puisqu'ils ont la force et l'instinct. Dans les fluides où ils vivent, ils exécutent, comme les poissons, des mouvements rapides et variés; ils se dirigent vers un but, ils évitent les obstacles, quelquefois même ils les surmontent; enfin ils ont besoin d'une proie, et ils savent la chercher et la saisir. Nous verrons en optique que, dans les dernières classes des êtres visibles, les mœurs ne sont pas moins curieuses à observer que dans les classes les plus apparentes; mais dès à présent nous pouvons conclure que, dans le petit tout impalpable qui compose un individu de cette espèce, il y a des choses distinctes, des parties molles et des parties solides, des espèces d'articulations pour les mouvements, et des espèces de canaux pour les fluides; enfin que, parmi cette excessive petitesse, il y a une nutrition dans toutes les parties et une circulation nécessaires. Ainsi, le raisonnement poursuit encore la divisibilité de la matière après que nos sens ne peuvent plus la constater; et comme l'ensemble des phénomènes de la chimie nous conduit à admettre l'existence des atomes, nous arrivons à cette conséquence définitive, que les atomes sont incomparablement plus petits que les dernières parcelles que nous pouvons saisir avec le sens le plus délicat aidé de l'instrument le plus parfait.

DIVISION du travail. *Voy.* TECHNOLOGIE.

DORURE. — Le moyen de dorer le cuivre et l'argent à l'aide du mercure était depuis longtemps connu des anciens. Vitruve et Pline l'ont exactement décrit. Ce moyen est fondé sur ce que l'or forme avec le mercure une espèce de pâte molle (amalgame) qui se laisse facilement appliquer sur les objets qu'on veut dorer. Par la chaleur, le mercure se volatilise et l'or y reste appliqué; ce métal acquiert ensuite par le frottement l'éclat brillant qui le caractérise. Cet ancien procédé offrait deux inconvénients très-graves et en quelque sorte irrémédiables : 1° la santé des ouvriers était profondément altérée par les vapeurs mercurielles; ils ne pouvaient, que pour un salaire élevé, courir la triste chance d'abréger leur vie par un métier insalubre; 2° la couche d'or appliquée sur les objets ainsi dorés n'était pas partout de même épaisseur, ni parfaitement uniforme.

Ces inconvénients disparaissent dans l'emploi du nouveau procédé de dorure, introduit récemment dans l'industrie par MM. Elkington et Ruolz. En voici la description abrégée (brevet du 15 décembre 1836) :

« Faites dissoudre 5 onces (poids anglais) d'or pur dans 42 onces d'acide nitro-muriatique dans les proportions suivantes, savoir : 14 onces d'acide nitrique pur, du poids spécifique de 1,45; 14 onces d'acide muriatique pur, du poids spécifique de 1,15; et 14 onces d'eau pure. Lorsque l'or est dissous dans cette menstrue, on le soumet à une température assez élevée pour l'éclaircir; on décante, pour séparer le liquide du précipité d'une faible quantité de chlorure d'argent. Versez la dissolution dans un vase convenable; ajoutez-y quatre gallons (18 litres 17 centilitres) d'eau pure, et 20 livres de carbonate de potasse pur; faites bouillir le tout pendant deux heures, et la préparation sera prête à servir. Prenez les pièces à dorer, préalablement bien nettoyées, et suspendez-les d'une manière convenable, au moyen de fils métalliques très-propres, ou par d'autres procédés convenables; plongez-les dans le liquide bouillant, en leur communiquant un léger mouvement, jusqu'à ce qu'elles soient suffisamment dorées; puis rincez-les dans l'eau pure. Les pièces ainsi dorées peuvent recevoir la couleur comme les pièces dorées à la manière ordinaire, ou bien on peut les laisser dans leur état naturel. Si l'on veut avoir un effet mat, il faut donner cet aspect à la pièce pendant le nettoyage, suivant l'usage ordinaire; ou bien on pourra l'obtenir au moyen d'une dissolution de nitrate de mercure, soit avant, soit après la dorure. »

Ce procédé, tel qu'il a été décrit par M. Elkington, souleva diverses réclamations de la part de plusieurs chimistes distingués. Les uns soutenaient que ce procédé, sauf quelques légères modifications, se trouvait déjà indiqué dans des ouvrages publiés depuis longtemps, et qu'il était, par conséquent, rentré dans le domaine public. Les autres affirmaient que, dans la description que nous venons de lire, on a dissimulé à dessein certains détails indispensables à la réussite du procédé qui, tel qu'il avait été communiqué, ne donnait pas les résultats tant préconisés. A la suite d'un procès qui s'engagea à ce sujet, on crut reconnaître, entre autres détails de pratique, qu'il est important, pour que les objets soient bien dorés, de se servir d'une chaudière en fonte et de procéder avec un soin tout particulier au décapage des cuivres. (Voy. *Revue scientifique*, tome VII, pag. 461.)

DOUBLE RÉFRACTION. *Voy.* Réfraction.

DROSÉROMÈTRE. *Voy.* Rosée.

DUPUIS (H. Franç.) membre de l'Institut, né à Trye-Château (près de Gisors) en 1742, était fils d'un maître d'école. Il se fit d'abord connaître comme humaniste, fut nommé en 1766 professeur au collége de Lisieux, et plus tard professeur d'éloquence latine au collége de France. S'étant lié avec Lalande, dont il suivait les cours, il prit goût à l'astronomie, et, rapprochant de cette nouvelle étude ses connaissances en mythologie, il fut conduit à imaginer que les divinités de la Fable ne sont autre chose que des constellations, que les noms des dieux sont les mêmes que ceux des astres, que leurs bizarres aventures ne sont qu'une expression allégorique du cours des astres et de leurs rapports mutuels. A la révolution, il joua un moment un rôle politique, fut député à la Convention, puis membre du conseil des Cinq-Cents, et fut même ballotté avec Moulins pour la place de directeur. Il mourut en 1809, dans une condition privée. Son principal ouvrage a pour titre : *Origine de tous les cultes*, ou *la Religion universelle*, 3 vol. in-4°, ou 12 vol. in-8°. — « On regrette, dit Bouillet, que Dupuis ait exagéré jusqu'au ridicule l'idée fondamentale de son système, et surtout qu'il y ait joint des déclamations fort déplacées contre la religion. »

Dupuis a prétendu que l'invention du zodiaque remonte à quinze mille ans, ce qui donne un démenti formel à la chronologie mosaïque.

Ainsi que le remarque Cuvier (*Discours sur les révol. du globe*, p. 281), Dupuis avait besoin, pour l'origine qu'il prétendait attribuer à tous les cultes, que l'astronomie, et nommément le zodiaque, eussent en quelque sorte précédé toutes les institutions humaines. « Mais, dit M. Letronne, ce système de Dupuis ne repose sur aucune base solide. Aujourd'hui que nous avons des preuves matérielles qui montrent incontestablement la fausseté de l'hypothèse de cet homme savant, sans doute, mais égaré par une aveugle prévention et par un système auquel il plie tous les faits, nous pouvons sans peine débrouiller la vérité. » (*Cours d'archéologie.*)

Dupuis pose d'abord en principe que le zodiaque, étant le même chez tous les peuples, doit avoir été construit dans un même pays et par un même homme, de manière que les signes et les saisons qu'il représente, les stations solaires et lunaires, aient été parfaitement d'accord à l'époque de son origine. Or, il y a deux points où toutes ces conditions ont lieu, celui du Bélier et celui de la Balance; car dans l'un et dans l'autre le soleil et la lune peuvent avoir la même station, et si le colure des équinoxes coupe l'écliptique dans ces mêmes points, il y aura accord des signes avec les saisons, du moins pour l'Egypte, où l'on suppose que le zodiaque a été inventé. Mais, ajoute Dupuis, il est bien évident que le temps de l'invention du zodiaque ne peut être celui où l'équinoxe arrivait au point du bélier; car ce concours de l'équinoxe avec le bélier a eu lieu au temps d'Hipparque, c'est-à-dire trois cent quatre-vingt-huit ans av. J.-C. Or, il est certain que le zodiaque était inventé longtemps auparavant, puisque beaucoup d'observations astronomiques faites en Perse, en Egypte, à la Chine et dans l'Inde, placent l'équinoxe au premier degré de la constellation du Taureau, d'où il résulte que le zodiaque était inventé au moins 1676 ans avant que l'équinoxe coïncidât avec le Bélier, et que par conséquent ce ne peut être le point d'où sont partis les premiers inventeurs, et qu'il faut nécessairement rétrograder jusqu'à la Balance; mais depuis le signe de la Balance jusqu'au signe où arrive maintenant le point équinoxial, il y a environ sept signes qui ne peuvent avoir été parcourus par l'équinoxe qu'en quinze mille ans, ce qui suppose que l'invention du zodiaque remonte au moins jusqu'à cette antiquité. (Voy. *Dissertation sur l'origine des constellations du zodiaque*, par Dupuis.)

Ce système ne soutient pas l'examen, ainsi que le démontrent les considérations suivantes.

D'abord, en proclamant cette uniformité du zodiaque chez tous les peuples, de climats si divers, Dupuis nous fournit la preuve la plus forte du vice radical de son système, en nous ramenant malgré lui à la famille de Noé, famille unique, d'où, selon la Genèse, sont issus tous les peuples, dont l'unité d'espèce est prouvée par la science d'une manière irrécusable. Ajoutons que cette famille, d'où nous vient l'invention du zodiaque n'est pas plus ancienne que le déluge, puisque les nombreuses observations astronomiques que Dupuis a recueillies lui-même avec tant de soin ne dépassent pas cette époque.

En second lieu, quelques efforts que fasse Dupuis, il ne saurait citer une seule observation authentique à l'appui de son opinion; les plus anciennes qu'il puisse produire s'accordent toutes à placer l'équinoxe au premier degré du Taureau. C'est à tort qu'il fait vivre Hypparque 388 av. J.-C.; ce savant florissait dans le second *siècle avant* notre ère. On a déjà reproché à Dupuis de supposer une grande ancienneté aux ouvrages dont il peut se servir pour étayer son système, et de confondre les temps où vivaient des auteurs que dix siècles séparaient, de citer, par exemple, Homère avec Porphyre.

Troisièmement, Dupuis pose pour principe que toutes les représentations zodiacales ont conservé le Bélier pour premier signe, quoique ce signe ne s'accorde plus avec les saisons. Or, quelle preuve plus forte et plus manifeste pourrait-on désirer pour montrer que c'est là véritablement que le zodiaque a commencé? Car on ne saurait supposer avec la moindre vraisemblance que si la Balance eût été le premier signe du zodiaque, comme le soutient Dupuis, on se fût accordé dans tous les pays du monde à rapporter son origine au Bélier.

Quatrièmement, le principe qui sert de fondement à tout le système que nous combattons peut très-légitimement être contesté. En effet, l'auteur suppose, sans le prouver, que les signes précurseurs des différentes positions du soleil dans le ciel ont été identiques dans l'origine avec les points équinoxiaux et solstitiaux. Or, cette hypothèse ne serait admissible qu'autant que les premiers inventeurs du zodiaque auraient été des astronomes très-habiles; mais sans parler de l'histoire, qui nous apprend qu'ils n'étaient que de simples pâtres, de grossiers laboureurs, les noms mêmes que portent les signes en sont la preuve la plus incontestable, et nous disent suffisamment qu'il ne faut attendre d'eux, par là même, ni exactitude, ni précision. Ainsi, avant que l'on eût inventé des instruments pour observer et pour reconnaître la vraie position du soleil, on se servit de ceux que la nature donne à tout le monde, c'est-à-dire des yeux. Or, comme le soleil éclipse par sa lumière toutes les étoiles qui se rencontrent avec lui sur l'horizon, il fallut se contenter d'observer celles qui précèdent ou qui suivent immédiatement son coucher. C'est pourquoi la constellation du Bélier, qui devançait son lever et qui signalait sa position à l'équinoxe du printemps, fut prise dans l'origine pour le premier signe du zodiaque, quoique alors le soleil se trouvât réellement dans la constellation, ainsi que l'attestent de nombreuses observations faites en Europe, en Asie et en Afrique. Le Taureau devint le second signe, quoiqu'il fût réellement le premier; les autres signes anticipèrent tous également sur la vraie position du soleil.

« Il est naturel de penser, dit Lalande, que la *sphère fut faite* dans le temps où les levers sensibles de chaque constellation précédaient les points cardinaux, c'est-à-dire les équinoxes et les solstices. » (*Astronomie*, liv. VIII.) Ainsi la discordance des signes avec les saisons ne vient point de la rétrogradation des colures, ni du laps de temps écoulé depuis l'origine du zodiaque, mais uniquement de ce qu'on a pris originairement pour signe du printemps non l'étoile qui correspond au soleil, mais celle qui annonce le plus prochainement son retour. D'après cette supposition très-vraisemblable, tous les arguments de Dupuis tombent, les signes sont d'accord avec les saisons; et, ce qu'il y a de bien remarquable, l'époque du zodiaque ne va pas au delà du déluge.

Quant au pays où le zodiaque a été inventé, ce n'est point l'Egypte, comme Dupuis l'a faussement supposé, mais il est dû à un peuple plus ancien en astronomie que les Egyptiens, et situé dans un climat tout différent du leur. Ce climat est celui de l'Assyrie, qui se concilie parfaitement avec la construction du zodiaque pris comme il est, et sans qu'il soit besoin de l'altérer par une hypothèse; et c'est là en effet que l'histoire sacrée et profane nous montre le berceau des premières connaissances et du genre humain lui-même (1).

E

EAU (*Oxyde d'hydrogène*). L'eau, à raison de son importance dans la production de tous les phénomènes de la nature, de sa présence dans tous les lieux du globe, de ses applications de chaque instant, a fixé l'attention des philosophes de tous les temps. Dieu, en créant l'homme, les animaux et les plantes, a répandu à profusion l'eau qui leur est aussi indispensable que l'air. Une substance si intimement liée à notre histoire physique a dû être soumise à bien des investigations, et, chose extraordinaire, sa composition n'a été connue qu'à la fin du XVIIIe siècle. Cette découverte est due au génie de Lavoisier. L'Angleterre a voulu revendiquer la gloire de cette découverte mémorable; mais un arbitre aussi élevé qu'impartial, Berzélius, a prononcé dans ce débat:

(1) Cf. M. l'abbé Glaire, *Les livres saints vengés*, tom. I; Gosselin *L'antiquité dévoilée au moyen de la Genèse*; Cuvier, *Disc.*, etc.

il s'exprime ainsi : « On peut dire avec toute justice que Wast et Cavendish s'étaient approchés bien près du but, mais que Lavoisier seul l'a atteint. Wast, Cavendish et Priestley envisageaient l'oxygène, l'hydrogène et l'eau comme des états différents d'un seul et même corps pondérable; Lavoisier prouva que l'eau est composée de deux corps pondérables particuliers, et *c'est précisément en cela que consiste la découverte.* »

Il est donc aujourd'hui bien démontré, qu'en volume, l'eau est composée de 2 d'hydrogène et 1 d'oxygène. En poids elle contient une partie d'hydrogène et huit parties d'oxygène. Ce résultat a été déduit par M. Dumas d'expériences fondées sur la combustion directe de l'hydrogène, où il a produit plus d'un kilog. d'eau artificielle. Si on adopte, à l'exemple des Anglais, 1 pour le poids atomique de l'hydrogène, un atome d'oxygène pèsera 8, et un atome d'eau pèsera 9.

L'eau, sous les trois états qu'elle affecte dans les différentes conditions atmosphériques, solide à la température de 0° et au-dessous, liquide à 0° et au-dessus, gazéiforme à 100°, sous la pression ordinaire de 76 centimètres de mercure, est universellement répandue dans la nature.

A toutes les températures de notre atmosphère, on rencontre sa vapeur dans l'air, quoiqu'en proportion d'autant plus faible que la température est plus basse; on le comprend, car aucun des êtres connus ne pourrait vivre dans un milieu totalement privé d'eau; tous les corps vivants, animaux ou végétaux, renferment eux-mêmes une quantité d'eau indispensable à la flexibilité, aux fonctions de leurs organes, comme à l'assimilation de leurs aliments.

L'eau contenue dans les organismes souples des animaux forme généralement plus de $\frac{3}{4}$ de leur poids; les jeunes organes des plantes, en voie de développement, en renferment souvent 80 à 90 centièmes; on a trouvé jusqu'à 95 d'eau pour 100 du poids d'une jeune tige de cactus : les volumineux troncs des grands arbres (chênes, hêtres, ormes, charmes, peupliers, etc.) en renferment, au moment de l'abattage, de 45 à 50 pour 100.

L'eau, tantôt retenue par la porosité des sols, fournit aux radicules des plantes les matériaux solubles de la séve ascendante; tantôt en excès, s'infiltre dans les terres, dissout diverses substances minérales et organiques, forme les sources des rivières et des fleuves, déverse dans les mers tous les matériaux qu'elle charrie, en suspension ou en dissolution; vaporisée par la chaleur terrestre et solaire, elle va se condenser dans les régions élevées et froides de l'atmosphère pour retomber en pluie, grêle ou neige : elle vient ainsi humecter de nouveau la surface de la terre, et reproduire la série des mêmes phénomènes. Ramenant sans cesse et mettant à notre disposition un agent indispensable à l'existence de tous les êtres des deux règnes, l'eau est appliquée chaque jour aux nombreux usages agricoles, économiques et industriels.

A l'état de pureté, l'eau est incolore en petites masses; sous une épaisseur considérable, elle offre une nuance verdâtre Dépourvue d'odeur et de saveur, elle peut faire éprouver à nos organes une énergique sensation de chaleur ou de froid : c'est qu'en effet, par sa puissante capacité pour le calorique, elle enlève rapidement lorsqu'elle est froide et en mouvement, et fournit aussi vite lorsqu'elle est très-chaude, une grande quantité de chaleur

L'eau contenant de l'air est moins compressible que l'eau privée d'air, ce qui ne prouve pas, contrairement à l'opinion de M Erdmann, que l'air soit chimiquement combiné avec l'eau. L'eau dissout un grand nombre d'acides de bases et de sels. Quelques-unes de ces dissolutions, à quelque température qu'on les soumette, ne cèdent pas la totalité de l'eau. C'est ordinairement un équivalent qui résiste, et qui paraît alors former une véritable combinaison chimique (hydrate). Avec un acide, cet équivalent d'eau paraît jouer le rôle d'une base. C'est ainsi que l'acide sulfurique ordinaire le plus concentré contient toujours un équivalent d'eau qui ne peut être chassé que par un équivalent de base, dans laquelle la quantité d'oxygène correspond exactement à celle de l'oxygène de l'eau; au contraire, avec une base, cet équivalent d'eau paraît faire fonction d'acide. Ainsi la potasse la plus concentrée possible contient toujours un équivalent d'eau qui ne peut être expulsé que par la combinaison de la potasse avec un acide. Certains corps se décomposent dès qu'on leur enlève toute l'eau qu'ils renferment : c'est pourquoi, en déshydratant les acides azotique, chlorique, oxalique, on les décompose en même temps. L'eau qui maintient ainsi les éléments d'un composé a été appelée *eau de combinaison* ou de *constitution*, pour la distinguer de *l'eau de cristallisation*, c'est-à-dire de l'eau nécessaire à certains corps composés pour revêtir des formes géométriques. Dans les cristaux d'oxysels, l'oxygène de cette eau est ordinairement un multiple ou un sous-multiple de l'oxygène de la base ou de l'oxygène de l'acide. Ainsi, dans les beaux cristaux couleur d'émeraude du sulfate double de potasse et de nickel (espèce d'alun), l'oxygène de l'eau de ces cristaux est le sextuple de l'oxygène du fer et du nickel réunis. L'eau de cristallisation est quelquefois si faiblement combinée qu'elle s'en va à la température ordinaire, et que les cristaux se réduisent en une sorte de poussière amorphe (sels efflorescents); les cristaux de sels de soude sont dans ce cas. L'eau de cristallisation ne paraît pas être combinée chimiquement; car, par l'action de la chaleur, les cristaux décrépitent en laissant dégager l'eau mécaniquement interposée dans leurs lamelles. A une chaleur plus forte, beaucoup de sels éprouvent la fusion aqueuse, c'est-à-dire qu'ils fondent dans leur eau de cristallisation.

Enfin l'eau offre le grand avantage de dissoudre un certain nombre de corps sans altérer sensiblement leurs propriétés physiques. Les propriétés chimiques elles-mêmes, loin de diminuer dans une dissolution aqueuse, semblent plutôt gagner en intensité, et l'ancien axiome, *corpora non agunt, nisi sint dissoluta*, se justifie par de nombreuses applications. L'eau dissout très-peu de corps simples, elle dissout, au contraire, une infinité de corps composés; elle les dissout généralement mieux à chaud qu'à froid. Pour quelques sels, la solubilité est exactement proportionnelle à la température de l'eau ; de telle manière qu'en représentant la température et la solubilité par des coordonnées d'une courbe, on pourrait dire que la solubilité de ces corps est représentée par une ligne droite. Dans d'autres cas, la solubilité va en augmentant jusqu'à 60 et 80°, température à laquelle a lieu le maximum ; puis, à mesure que la température s'élève, la solubilité diminue plus ou moins régulièrement. Certains corps, très-peu nombreux, sont plus solubles à froid qu'à chaud. La chaux, la magnésie, le sulfate de manganèse, sont dans ce cas. D'autres corps, au lieu de se dissoudre, décomposent l'eau. C'est pourquoi le potassium et le sodium sont conservés dans l'huile de naphte. D'autres corps enfin, étant dissous ou simplement plongés dans l'eau, deviennent plus propres à absorber l'oxygène de l'air. Les acides sulfureux et iodhydriques, le fer, le zinc, le cuivre, sont dans ce cas. Le plomb, par une exception singulière, ne s'oxyde et ne se carbonate que dans l'eau distillée.

Les eaux naturelles, même les eaux potables des citernes, des sources et des rivières, renferment toujours des substances étrangères en dissolution. Ce sont ordinairement des gaz (oxygène, azote, acide carbonique), des sels (carbonate et sulfate de chaux, chlorure de sodium), des traces de matières organiques, de silice, etc.

Lorsque toutes ces substances sont en faibles proportions, comme dans les rivières, elles ne nuisent pas sensiblement à la plupart des usages économiques de l'eau ; elles jouent, au contraire, un rôle utile dans la nutrition des êtres et rendent l'eau plus agréable à boire.

Parmi les composés que leur proportion prédominante rend surtout nuisibles aux applications industrielles comme à l'usage domestique, nous citerons le *sulfate de chaux* des eaux dites *séléniteuses*. Outre ce sulfate de chaux, nous mentionnerons le sel marin et le chlorure de magnésium, qui ne permettent pas d'employer l'eau de mer comme boisson, et rendent tellement hygroscopiques les tissus lavés avec cette eau, que le linge de corps devient ainsi insalubre et désagréable à porter.

Pour purifier l'eau il faut lui faire subir certaines opérations. Comme l'eau se réduit facilement en vapeur, et que la plupart des substances dissoutes dans l'eau sont fixes ou non décomposables à la température de l'ébullition, la chaleur qu'on lui applique est un excellent moyen de purification : la vapeur n'est autre chose que de l'eau sensiblement pure, à part quelques produits ammoniacaux et volatils qu'elle peut entraîner, et dont il est souvent difficile de la débarrasser. On condense la vapeur en la faisant passer par un tube qu'on rafraîchit par un filet d'eau, ou en la faisant arriver dans un récipient froid ; cette opération s'appelle distillation, et l'eau ainsi obtenue, *eau distillée*. L'eau la plus pure après l'eau distillée, est l'eau de *pluie* qu'on peut recueillir directement dans des vases exposés à la pluie ; cependant cette eau, comme l'eau ordinaire, est très-aérée, tandis que l'eau distillée est privée d'air. Mais l'eau de pluie renferme, outre l'air, des matières organiques suspendues dans l'air, que la pluie entraîne en tombant. Suivant M. Liebig, la pluie d'orage contient un peu d'acide azotique, formé probablement par l'action de la foudre, qui amène la combinaison d'une certaine quantité d'azote avec de l'oxygène d'air; cet acide n'y existe pas à l'état de liberté, mais combiné avec de la chaux ou de l'ammoniaque.

Distillation de l'eau de mer.—Voici la composition de l'eau de mer :

Chlorure de sodium (sel marin),		2,510
Chlorure de magnésium,		0,350
Sulfates	de chaux,	0,015
	de magnésie,	0,578
	de potasse,	0,005
Carbonates	de magnésie, de chaux,	0,020
Bromures, iodures, matières organiques,		0,004
		3,482

Cette composition est un peu variable et paraît plus abondante en composés magnésiens dans la *Méditerranée* que dans l'*Océan*.

Le problème important de la distillation de l'eau de mer a, depuis longues années, été résolu par Clément et Freycinet, mais, bien qu'en se servant de leurs appareils, il ne fallût embarquer que 1000 kilog. de houille pour obtenir 6000 litres d'eau distillée, la solution n'était pas encore assez économique; elle l'est devenue depuis que MM. Peyre et Rocher ont construit un appareil dans lequel non-seulement la combustion de la houille produit autant d'effet, mais où la chaleur cédée par la condensation de la vapeur s'applique très-simplement à la coction des aliments ; en sorte qu'il suffit du combustible nécessaire à la cuisine de l'équipage pour produire l'eau douce durant les voyages de long cours ; on économise même ainsi la place, toujours précieuse dans les navires, qu'occupent ordinairement les caisses en tôle dans lesquelles on embarque l'eau potable.

Les premières et les dernières parties du produit distillé de l'eau de mer doivent être recueillies à part, et servent directement aux savonnages et lavages divers, utiles à l'équipage. Le produit intermédiaire, plus pur, est réservé pour la boisson. On le rend plus propre à cet usage en l'aérant par le battage d'un moulinet tournant dans un cylindre où l'air se renouvelle : l'eau peut alors absorber de l'oxygène, de l'azote et de l'acide carbonique dans la proportion que présentent les eaux des rivières. On améliorerait sans doute encore la saveur et la qualité potable de ces eaux distillées en y ajoutant, après l'aérage, pour 1000 litres, 1 litre d'eau chargée de carbonate de chaux, rendu soluble par un excès d'acide carbonique.

Harmonie des eaux de l'Océan, de la terre et de l'atmosphère.—Comme près des trois quarts de la surface terrestre sont recouverts par la mer, tandis que la partie émergée est dans un besoin d'eau continuel pour l'entretien des animaux comme des végétaux, les moyens qui ont été employés pour mettre la distribution des eaux en rapport avec des besoins aussi étendus ne peuvent manquer d'avoir une place importante parmi les mécanismes les plus beaux et les plus harmonieux de notre globe terrestre.

Un grand conduit existe entre la surface de la mer et celle de la terre ; c'est l'atmosphère, par le moyen de laquelle s'effectue un transport continuel de l'eau douce extraite d'un Océan d'eau salée par les procédés de l'évaporation.

En vertu de ce procédé, l'eau monte sans cesse sous forme de vapeur et redescend sous forme de rosée et de pluie.

De cette eau, qui arrose ainsi la surface de notre globe, une petite portion seulement retourne directement à la mer en suivant le cours des ruisseaux et des fleuves.

Une seconde portion est absorbée sous forme de vapeur par l'atmosphère.

Une troisième entre dans la composition des corps organisés, animaux et végétaux.

Une quatrième pénètre dans les couches, et s'accumule dans leurs interstices, pour y former des réservoirs et des nappes d'eau souterraines ; et ce sont ces amas d'eau qui, en allant se déverser graduellement à la surface de la terre sous la forme de sources perpétuelles, constituent l'alimentation ordinaire des rivières.

A peine sortie de terre, l'eau des sources reprend son chemin vers la mer ; elle s'échappe en de petits filets qui vont se grossissant sans cesse, et forment des ruisseaux, des rivières et des fleuves, qui, après un cours plus ou moins long, se jettent dans des golfes où leurs eaux se mêlent à celles de l'Océan d'où elles étaient parties. Elles y demeurent, prenant part à toutes ses fonctions jusqu'à ce qu'elles soient reportées par évaporation dans l'atmosphère, pour y parcourir de nouveau le même cercle de circulation perpétuelle.

On a calculé que l'évaporation annuelle représentait le travail de 80 millions de millions d'hommes. En supposant que 800 millions soient la population du globe, et que la moitié seulement de ce nombre d'individus puisse travailler, la force employée par la nature dans la formation des nuages sera égale à 200,000 fois le travail dont l'espèce humaine tout entière est capable. Ajoutez que dans ce prodigieux développement de force mécanique, l'opération de la nature est continue, invisible et silencieuse.

Ainsi toute cette merveilleuse hydraulique des sources et des rivières, et, dans le but d'en assurer le jeu continu, ce système si admirablement coordonné des collines et des vallées ; cette alimentation tout à la fois *intermittente* par la pluie des cieux et *continue* par d'inépuisables réservoirs qui viennent se distribuer à la surface en des milliers de fontaines dont le cours ne s'arrête jamais, ce sont là des arrangements qui doivent nous frapper tout à la fois et par leur nature même et par leur haute importance dans l'économie du globe. La terre et la mer sont dans des proportions si parfaites, que l'évaporation qui se fait à la surface de l'une suffit à alimenter d'eau la surface de l'autre, sans que la première en soit elle-même appauvrie ; l'atmosphère a été interposée pour être le véhicule de cette magnifique et incessante circulation. Dans cette évaporation, les eaux sont séparées de leur sel qui, d'une utilité majeure pour les conserver à l'état de pureté dans la mer, les rendrait impropres au soutien de la vie dans les animaux et les végétaux terrestres ; ainsi purifiées et versées par les nuages sur la surface de la terre, elles y répandent l'abondance et elles y alimentent ces réservoirs inépuisables d'où elles retournent par les sources et les rivières à leur océan natal. N'y a-t-il pas, dans cet ensemble de faits, tant de preuves d'une harmonie de moyens avec leurs fins, d'une sagesse providentielle, de desseins pleins de bienveillance et d'une puissance infinie, qu'il faudrait être atteint de folie pour n'y pas reconnaître la preuve des attributs les plus élevés du Créateur? *Voy.* GLACE, VAPEUR, HYDROSTATIQUE, HYDRODYNAMIQUE, HYDROGRAPHIE, etc.

EAU (*ses usages*).—L'eau est un des éléments essentiels de notre corps et de ceux de tous les autres êtres ; car, non-seulement elle est la seule boisson de tous les animaux et de tous les hommes dans l'état de nature, mais elle entre comme une partie constituante, en proportion plus ou moins considérable, dans toutes les boissons dont les hommes civilisés font usage. Elle n'est pas moins nécessaire aux végétaux qu'aux animaux, et elle est un des grands auxiliaires de l'agriculture pour la multiplication et le développement des plantes. Dans les pays où les pluies sont fréquentes, la nature se charge elle-même du soin des irrigations, et fournit à nos cultures l'eau dont elles ont besoin ; dans ceux où l'air est aride et la pluie rare, et où les plantes, abandonnées à elles-mêmes seraient exposées à languir par l'effet de la sécheresse, l'homme supplée à la parcimonie de la nature, et porte dans ses champs, au moyen de barrages et de canaux de dérivation, toute l'eau qui est nécessaire pour les arroser. En un mot, l'eau, dans l'économie agricole, prend place à côté des engrais, et forme avec eux la base de la nutrition des plantes.

Elle nous sert, en outre, pour les bains et les ablutions, à entretenir la propreté sur nous-mêmes, et, par le blanchissage, à l'entretenir sur les vêtements qui sont en contact avec nos personnes. A l'état de glace elle nous permet de tempérer à notre gré les ardeurs de l'été. Nous l'employons pour faire le pain et opérer la cuisson d'un très-grand nombre d'aliments. Enfin, la médecine en fait usage dans plusieurs circonstances où elle lui est d'un puissant secours.

Elle figure au premier rang parmi les agents de l'industrie. D'abord, elle nous fournit par ses chutes une force mécanique immense, des plus faciles à discipliner et à manier sans danger, éminemment propre à la mise en jeu de nos mécaniques, et distribuée en une multitude de lieux divers. La terre, remarquons-le en passant, peut être comparée, sous ce rapport, à une grande machine à vapeur. Les principes sur lesquels nous nous sommes fondés pour développer la force qui naît de ces machines, sont exactement les mêmes que ceux que la nature emploie pour entretenir la force des chutes d'eau. L'Océan est la chaudière; l'eau, changée en vapeur par la chaleur, est le ressort; le refroidissement l'artifice qui met fin au phénomène, et à la suite duquel la masse dans laquelle est enfermée la force vive, transportée au-dessus de son premier niveau, se trouve prête à redescendre. Dans le système de la nature, au lieu de servir à élever un mobile spécial, l'eau se contente de s'élever elle-même, et la machine n'en est que plus simple et plus admirable. Nous pouvons sans doute nous réjouir d'avoir su mettre plus d'économie dans notre procédé que la nature n'en met dans le sien; mais la nature est assez riche pour qu'il lui soit permis d'être dépensière à son gré sans être jamais prodigue. Les pays à grandes et nombreuses chutes d'eau doivent donc être considérés en regard des autres comme des pays privilégiés, dans lesquels les machines à vapeur sont naturelles. On est réellement frappé d'étonnement quand on réfléchit à l'énorme quantité de force que nous laissons se perdre continuellement sous nos yeux, par le tranquille courant des rivières, sans en tirer aucun parti, et surtout quand on songe à l'énorme changement que cette force introduira dans les affaires du monde le jour où l'espèce humaine l'aura entièrement conquise à son profit. Si à cet enrôlement des fleuves dans le service de l'industrie, on ajoute celui de ces énormes masses d'eau que les marées élèvent et abaissent périodiquement le long de certaines côtes, on voit se dresser dans l'imagination une puissance mécanique fournie tout entière à l'homme par la nature, et dont rien dans l'état actuel de l'existence terrestre ne nous donne l'idée.

Aux moyens d'action que nous devons à l'eau, il faut joindre les moyens de transport dont elle est également le principe. Qui pourrait dire toute l'importance que présentent au commerce ces grandes chaudières océaniques qui entourent nos continents, et qui, après avoir servi à l'irrigation de nos champs et à la mise en activité de nos usines, servent encore au transport de nos marchandises d'une extrémité du monde à l'autre? La mer, par la facilité des communications qu'elle institue entre les hommes, est un des plus puissants moyens de civilisation qu'il y ait sur la terre, et, pour s'en convaincre, il suffit de comparer l'état des populations qui pratiquent la mer avec l'état des populations purement continentales. Outre l'Océan, qui met en rapport les pays séparés les uns des autres, nous avons les rivières, qui forment un lien intérieur entre les diverses sections d'un même pays. Les rivières, a dit Pascal, sont des routes qui marchent. Certes, si nous ne connaissions que les eaux stagnantes, le phénomène des eaux qui marchent et transportent elles-mêmes, en commissionnaires fidèles, ce qu'on leur confie, nous paraîtrait bien merveilleux et bien digne de reconnaissance. A ces courants il faut ajouter les canaux, qui ne sont autre chose que des rivières faites de main d'homme, mais qui, réglées par un art dont l'esprit humain s'honore justement, montent, s'il le faut, par-dessus les montagnes, unissent l'un avec l'autre des bassins que la nature avait disjoints, et permettent aux transports par eau de s'établir entre des contrées qu'il semblait impossible de jamais associer par la navigation.

L'eau est essentielle à une multitude d'industries qui, sans elle, seraient fort embarrassées. C'est avec l'eau que s'opère le lavage des minerais, et l'eau concourt ainsi à la production d'une grande partie des métaux dont nous jouissons. C'est à l'aide de l'eau que nous préparons presque tous les sels et les acides les plus importants. Nommons seulement, pour donner une idée de ce service, le sel marin, le salpêtre, l'alun, le sulfate de fer, le bleu de Prusse, l'acide nitrique, l'acide sulfurique, l'acide hydrochlorique. C'est sur elle que repose l'art de la teinture, l'art du blanchiment, une grande partie de la pharmacie. Enfin, sans le secours de l'eau, la chimie ne serait jamais arrivée au point où elle est aujourd'hui; car c'est sur les facultés dissolvantes de l'eau que sont fondées la plupart des analyses, et c'est elle, par conséquent, qui a permis à la science de découvrir tant de secrets précieux pour le bien-être et l'instruction du genre humain.

La vapeur d'eau échauffée est devenue chez les modernes le principe d'une force admirable, et bien que d'autres vapeurs puissent être appliquées au même usage, et même à certains égards avec supériorité, cependant c'est la vapeur d'eau qui, jusqu'à présent, a paru préférable. Nous devons nous contenter de marquer ici, par un seul mot, le profit que l'industrie a déjà su tirer de cet agent, soit dans les machines fixes, soit dans les machines locomotives et les pyroscaphes. Grâce à cette invention pleine de génie, et conforme, comme nous l'avons déjà dit, à l'ordre de la nature, une ère nouvelle s'est ouverte pour le commerce et les manufactures. Un autre emploi de la vapeur d'eau échauffée et mise en circulation dans des conduits convenables, est de fournir un véhicule de chaleur très-commode, soit pour le chauffage des chaudières, dans diverses fabrications, soit pour celui des appartements et des lieux de grandes réunions.

Terminons ce court résumé des mérites de l'eau par le souvenir des beautés qu'elle répand dans presque tous les spectacles que la nature offre à nos regards. C'est l'eau, dispersée dans l'atmosphère, qui fait la magnificence du soleil à son lever et à son coucher; c'est elle qui forme ces brillantes et légères perspectives de nuages qui sont la plus ravissante décoration des zones tempérées; c'est elle qui donne à l'orage sa majesté et à l'arc-en-ciel ses fraîches couleurs. Sur la terre elle n'étale pas de moindres agréments que dans le ciel : c'est elle qui produit les ruisseaux, les lacs et les fontaines, si souvent chantés par les poëtes; les fleuves, cette splendeur des villes et des campagnes; la mer, qu'on ne peut se lasser de regarder et qui change toujours. C'est elle, en un mot, qui nous attache à la vue de la terre, en lui communiquant cette mobilité et cet air de vie qui sont le charme principal des paysages.

Eau, sa compressibilité. *Voy.* Compressibilité.

Eau distillée, sa densité. *Voy.* Densité.

ÉBULLITION. — La transformation des liquides en fluides élastiques s'appelle en général *vaporisation*. Les liquides se vaporisent par *ébullition*, c'est-à-dire quand les vapeurs se forment au sein de la masse; et par *évaporation*, c'est-à-dire quand elles se forment à la surface.

Si nous étudions le phénomène de l'ébullition dans un vase de verre rempli d'eau et posé sur le feu, nous verrons d'abord l'air dissous dans le liquide reprendre l'état de gaz en formant une infinité de bulles qui naissent surtout contre les parois auxquelles la chaleur est appliquée, puis s'élèvent à travers la masse en grossissant. Peu à peu ce dégagement d'air diminue, quoique la température s'élève; il semble ensuite reprendre avec plus de force; mais alors les bulles se liquéfient en traversant le liquide, d'où l'on peut conclure qu'elles sont formées par de la vapeur et non plus par de l'air. Ces petites condensations successives qui ont lieu près du fond occasionnent un bruit particulier résultant de la vibration du liquide et du vase; c'est ce qui constitue le *frémissement*. Mais bientôt le liquide est assez échauffé pour que les bulles puissent le traverser sans s'y dissoudre, elles peuvent même s'y former à différentes hauteurs. On voit, d'après cela, que l'*ébullition* consiste dans la formation de la vapeur au sein même du liquide.

On croit généralement qu'il faut une haute température pour faire bouillir de l'eau, mais réellement la seule condition nécessaire est que la force de la vapeur soit plus grande que la pression supportée par le liquide, et il est évident qu'on remplit cette condition tout aussi bien en diminuant la pression qu'en élevant la température. Ainsi, dans les circonstances ordinaires, la pression étant de $0^m,76$, il faut une température de 100 degrés; mais il est évident que, si on opère dans le vide, la température ordinaire suffira; et il est facile de voir par la table des forces élastiques que l'eau même à zéro doit se mettre à bouillir dès que le vide est fait à 3 ou 4 millimètres. L'ébullition s'arrête quand on cesse de pomper, parce que l'espace se trouve bientôt saturé de vapeurs dont la pression s'oppose à la formation des bulles.

On peut répéter l'expérience sans machine pneumatique et simplement avec un ballon à moitié plein d'eau qu'on a fait bouillir pour chasser l'air du vase. L'appareil étant bien fermé, on produira l'ébullition quand l'eau ne sera plus que tiède, en appliquant sur la partie supérieure une éponge imbibée d'eau froide ou mieux encore un morceau de glace, parce qu'on diminuera ainsi la force élastique de la vapeur qui est au-dessus du liquide; et même le refroidissement qu'occasionne l'air ambiant suffit pour prolonger l'ébullition longtemps après que le vase a été fermé.

On appelle *bouillant de Franklin* un petit appareil en verre ordinairement composé de deux boules réunies par un tube recourbé; l'instrument est à moitié plein d'éther ou d'alcool, qu'on fait bouillir pour chasser l'air. Quand, avec la main, on échauffe une des boules, la vapeur dilatée pousse le liquide dans l'autre, puis passe à travers lui sous forme de bulles bientôt condensées par le refroidissement, de sorte qu'il s'établit une ébullition qui dure un certain temps. Dans le *tâte-pouls*, les boules sont réunies par un tube droit; on échauffe avec la main celle qui contient le liquide; il s'y forme de temps en temps une bulle qui se condense dans la partie froide, après avoir élevé momentanément le niveau dans le tube; ce niveau présente ainsi des oscillations plus ou moins fréquentes, suivant la chaleur de la main. L'expérience réussit mieux quand on incline l'appareil, parce que la pression étant moindre, les bulles se forment plus aisément.

Nous avons vu, en construisant le thermomètre, que l'eau soumise à la pression constante de l'air ne s'échauffe plus dès qu'elle a commencé à bouillir; toute la chaleur qu'on ajoute alors ne sert qu'à former la vapeur qui s'échauffe en bulles dès qu'elle est formée. On a là un moyen très-simple et très-précieux de maintenir une température invariable autant de temps qu'on veut.

La pression de l'air étant à peu près constante, le *point d'ébullition* d'un liquide dans l'air est à peu près constant aussi, puisque c'est la température ou la force de la vapeur qui surpasse un tant soit peu la pression atmosphérique. Cependant, quand on veut déterminer rigoureusement le point d'ébullition, il faut opérer sous la pression normale $0^m,76$.

La pression de l'air varie en général trop peu pour que, dans les circonstances ordinaires, on s'aperçoive de son influence sur le point d'ébullition. Mais à de grandes hauteurs, l'air pressant beaucoup moins, les effets sont si marqués qu'on n'a pas besoin d'instrument pour les reconnaître. Ainsi, même avant l'invention du thermomètre, on savait que l'eau bouillante était beaucoup moins chaude sur les hautes montagnes, car certaines substances y cuisent très-difficilement. Sur le Mont-Blanc, par exemple, l'eau bout déjà à 84°; et comme dès lors elle ne s'échauffe plus, il faut un temps très-long pour y cuire des œufs; la coagulation de l'albumine de l'œuf deviendrait même impossible si le baromètre n'était pas au moins à $0^m,27$, puisque alors la température n'atteindrait pas 75°.

On conçoit qu'au contraire l'eau bouillante doive être plus chaude dans des lieux très-profonds; si on faisait bouillir de l'eau sous une cloche de plongeur à la profondeur de 32 pieds, sa température serait de 122° environ.

Plusieurs circonstances influent encore sur le point d'ébullition, et on doit y avoir égard lorsqu'on veut déterminer ce point avec exactitude. Ainsi, dans un vase profond, la pression due au liquide peut être assez considérable pour retarder sensiblement l'ébullition. Il faut donc prendre le liquide en couche assez mince pour que sa pression puisse être négligée.

La nature du vase a une influence très-notable : ainsi l'eau qui bout à 100° dans un vase de métal, peut avoir près du fond une température de 101° dans des vases de terre ou de verre. En outre, dans les vases de verre dont le fond est uni et régulier, comme il n'y a pas de raison pour que l'ébullition commence par un point plutôt que par l'autre, il se forme à de longs intervalles une large bulle sur tout le fond à la fois, d'où résulte un soulèvement général du liquide, qui retombe ensuite brusquement. Ces *soubresauts* sont très-marqués pendant la distillation de l'acide sulfurique dans des cornues de verre dont ils occasionnent souvent la fracture. On les prévient en mettant quelques corps irréguliers dans le liquide, comme des fragments de verre ou quelques morceaux de platine; les bulles alors prennent naissance sur les aspérités et s'élèvent d'une manière continue. Le zinc et le fer, dans les liquides où on peut les employer, réussissent encore mieux que le platine.

Les substances qui ont une action chimique sur le liquide changent notablement son point d'ébullition. Ainsi l'alcool du commerce, à cause de l'eau qu'il contient, exige une température d'au moins 80°; il faut bien 40° pour l'éther ordinaire. Mais l'action des sels est surtout remarquable.

On utilise cette action des sels pour obtenir dans certains cas une température constante et supérieure à 100°. Par exemple, on introduit du sel marin dans l'alambic pour la distillation de l'eau de fleur d'oranger, l'opération marche bien plus vite à la température d'environ 108° qu'on obtient alors.

Un physicien français, nommé *Papin*, eut le premier l'idée de chauffer l'eau sans lui permettre de bouillir. Son appareil consistait en un vase de cuivre très-épais, dont le couvercle était maintenu par la pression d'une forte vis, et présentait une soupape de sûreté. La température de l'eau, dans ce vase fermé, n'est plus bornée à 100°, elle s'élève indéfiniment; l'étain, le plomb, peuvent s'y fondre. Si on y met des os, le liquide, en peu d'instants, se trouve chargé de gélatine; les os sont alors blancs et friables comme s'ils avaient été calcinés. Si on ouvre la soupape quand la température est très-élevée, la vapeur s'échappe avec une violence et un bruit extraordinaires, et le liquide retombe à 100°; mais quelquefois il se vaporise entièrement et le vase reste sec.

On a voulu, dans ces derniers temps, employer la marmite de Papin à la préparation des aliments; et il est certain que la cuisson des viandes s'y fait incomparablement plus vite, et tout aussi bien que dans une marmite ordinaire; mais il y a eu des explosions qui ont fait renoncer à cet emploi. L'appareil portait le nom de marmite *autoclave*, parce qu'il se fermait de lui-même, et d'autant mieux que la vapeur faisait plus d'efforts pour sortir. Dans l'ouverture, qui était elliptique, on introduisait un couvercle de même forme, mais plus large, en présentant le plus petit diamètre au plus grand. Une fois introduit, ce couvercle était retourné, et la vapeur, en le pressant contre l'ouverture, se fermait elle-même le passage.

Plusieurs liquides, mis en contact avec une surface chauffée jusqu'au rouge blanc, présentent ce phénomène singulier, qu'au lieu de s'agiter et de bouillir vivement, ils se tiennent en repos et conservent leur volume, à peu près comme si la température était insuffisante pour l'ébullition.

Pour en faire l'expérience sur de petites masses, on fait chauffer un creuset de métal, et ensuite on y laisse tomber quelques gouttes d'eau. Ce liquide s'arrondit alors comme le mercure sur le verre; il reste en repos pendant longtemps, ou bien il tourne sur lui-même d'un mouvement très-rapide; l'ébullition est nulle, et la diminution de volume insensible. Mais, si l'on retire le creuset pour qu'il se refroidisse, il arrive un moment, près de la température du rouge brun, où tout à coup le liquide bout avec violence et se trouve projeté de toutes parts. L'eau chargée d'un alcali ou de quelques sels solubles devient incapable de produire ce phénomène ; elle entre alors en ébullition dans un creuset rouge blanc, comme dans un creuset qui est chaud sans être rouge.

M. Baudrimont, qui a fait des recherches intéressantes sur ce sujet, pense que le liquide ne bout pas, parce que la couche de vapeur qui s'est formée au-dessus de lui ne prend à la paroi chaude que peu de chaleur, et n'en peut par conséquent communiquer au liquide qu'une quantité insuffisante pour le faire bouillir, bien qu'elle soit suffisante pour l'échauffer un peu, et pour le vaporiser en partie. Cette explication paraît plausible ; cependant il reste à expliquer pourquoi dans ces circonstances le liquide prend la forme *globulaire*, et semble avoir perdu la propriété de mouiller le corps chaud.

M. Boutigny a fait de ces phénomènes une étude particulière, sous le nom de *phénomènes de caléfaction ;* il dit que le liquide se *caléfie* quand, par son contact avec un corps chaud, il prend la forme globulaire dont nous venons de parler. Il est parvenu à des résultats remarquables ; il a constaté, par exemple, qu'avec l'acide sulfureux on peut congeler de l'eau dans un fourneau à moufle à côté de l'or et de l'argent en fusion. Pour cela il dispose dans le moufle une capsule de platine ; quand elle est assez chaude, il y dépose quelques gouttes d'acide sulfureux ; au lieu de voir cet acide se volatiliser très-vivement, comme on aurait pu s'y attendre, on le voit prendre la forme globulaire, se volatiliser lentement, attirer l'humidité et la congeler à sa surface ; ce glaçon, très-visible, finit par se fondre quand l'acide est presque complétement volatilisé, et il devient globulaire à son tour, pour disparaître aussi par évaporation et non pas par ébullition. Comme l'acide sulfureux bout à une température plus basse que zéro, il n'est pas étonnant que sans bouillir il se maintienne au-dessous de zéro par la simple évaporation, et cela suffit pour qu'il congèle la vapeur d'eau qui vient le toucher.

Il paraît que Perkins a vu dans les bouilleurs de chaudières portés au rouge, l'eau prendre la forme globulaire, et ne plus donner que très-peu de vapeur.

ECHO. — La réflexion des ondes sonores est un phénomène qui donne lieu à des applications importantes, parmi lesquelles on remarque l'écho, les résonnances, etc. Lorsqu'une ondulation sonore rencontre un obstacle résistant, elle se réfléchit, comme tous les corps, en faisant l'angle de réflexion égal à l'angle d'incidence ; il y a donc, à partir de l'obstacle, un mouvement sonore qui succède au mouvement incident ; et le second peut venir affecter l'oreille, après que le premier a déjà produit cet effet. Il en résultera donc un son semblable au premier, à l'intensité près, parce que le mouvement ondulatoire et la rencontre de l'obstacle détruisent une partie de la force vive. De plus, ce mouvement réfléchi peut heurter contre un second obstacle ou un plus grand nombre, et repasser néanmoins par l'oreille : l'organe sera donc autant de fois affecté ; il y aura pour lui autant d'*images* du son primitif, comme la réflexion multiple de la lumière sur un certain nombre de glaces donne lieu à plusieurs images visuelles d'un même objet. Une même ondulation sonore peut se réfléchir *successivement* sur plusieurs obstacles, en passant de l'un à l'autre ; mais elle peut se réfléchir sur plusieurs obstacles à la fois. De là l'écho et ses variétés.

Considérons d'abord un écho simple. On reconnaît facilement que cette perception ne saurait avoir lieu hors de certaines conditions de distance. L'expérience prouvant que deux sons successifs se confondent pour l'oreille quand il existe entre eux un intervalle moindre que $\frac{1}{10}$ de seconde, il en résulte que deux sons ne sauraient être distincts l'un de l'autre, à moins que les deux points dont ils émaneraient simultanément ne soient éloignés l'un de l'autre, et en ligne droite avec l'oreille, d'au moins la dixième partie de 340 mètres. D'où il suit que l'obstacle qui fait écho ne saurait être distant de l'oreille de moins de 17 mètres, l'allée et le retour composant ainsi la somme de 34 mètres, qui correspond à $\frac{1}{10}$ de seconde. Toutefois, un écho ne saurait être vraiment distinct qu'à une distance beaucoup plus considérable. Supposons qu'entre le son et l'écho il s'écoule 3 secondes et demie, on en conclura que l'obstacle est dans une position telle que le double de sa distance à l'oreille est égal à $340 \times 3,5 = 1190$ mètres ; la distance du réflecteur sera donc 595 mètres.

Pour que l'écho puisse reproduire une phrase entière, il faut que le réflecteur soit fort éloigné ; car si le prononcé de la phrase dure 4 secondes, par exemple, il faut que la 4e seconde soit terminée avant que l'écho rende la première syllabe, ou autrement que le son mette 4 secondes au moins à aller et venir ; ce qui suppose une distance de près de 800 mètres jusqu'au réflecteur, et dans ce cas, l'intensité du son doit être très-faible. Lorsqu'il existe deux réflecteurs entre lesquels l'auditeur se trouve placé, il entendra les mêmes sons répétés plusieurs fois à des intervalles égaux : telles étaient les deux tours de Verdun, qui répétaient jusqu'à 12 fois le mot qu'elles se renvoyaient. En divisant par 12 la durée du phénomène en secondes, préalablement multipliées par 340, on aurait eu la distance qui séparait les deux tours.

Résonnance. — Si la distance des réflecteurs est moindre que 27 mètres, la répercussion fait coïncider les sons précédents avec les sons actuels ; il y a alors l'écho indistinct qui prend le nom de *résonnance*, et dont l'effet unique est de renforcer le son. Tout le monde connaît l'augmentation d'intensité que prend subitement le bruit des trains, lorsqu'ils passent sous les voûtes étroites des ponts qui relient les routes traversées par les rail-roads. Tout le monde sait aussi qu'on entend beaucoup mieux et très-distinctement les paroles prononcées dans une grande salle, que si elles étaient prononcées à l'air libre et à même distance. Admettons que les parois réfléchissantes ne soient pas éloignées de plus de 15 mètres par rapport au point d'où émane le son, ou plutôt de celui occupé par l'oreille de l'auditeur, il s'écoulera entre sa perception directe et sa perception par réflexion moins d'un dixième de seconde; or, comme l'impression reçue par l'oreille a une durée au moins égale, il y aura donc coïncidence rigoureuse entre les deux impressions, et par conséquent l'intensité sera égale à leur somme. Des parois réfléchissantes renforceront donc la voix, et l'effet sera d'autant plus prononcé que la réflexion se fera mieux dans la direction de l'ébranlement primitif. Une sphère, dont le point sonore occuperait le centre, serait la surface résonnante par excellence.

Les enceintes hémi-cylindriques, dans l'axe desquelles se produit le son, offrent évidemment une disposition favorable à la résonnance; aussi est-ce la forme qu'on donne aux théâtres, aux salles des assemblées délibérantes, à celles où se donnent des cours publics. Mais il y a d'autres conditions que la forme, indispensables à l'effet qu'on se propose de produire. Il faut que l'enceinte présente une surface véritablement réfléchissante; et telle ne serait pas celle dont le contour serait entrecoupé par des colonnes, comme on en voit dans de certaines salles. Les draperies dont les murs sont quelquefois couverts offrent une surface très-défavorable à la résonnance; d'une part, cette matière mobile, et dépourvue de réaction, étouffe pour ainsi dire le choc de l'air qui tombe sur elle, d'autre part surtout, les plis qui rident cette surface reçoivent l'ébranlement sous une foule d'angles différents, et doivent éparpiller le mouvement réfléchi dans une foule de directions diverses et véritablement désordonnées. Il faut donc éviter autant que possible ces deux circonstances, qui sont des causes d'assourdissement.

Voûtes elliptiques ou *salénoïdes*. — On sait que les foyers de l'ellipse jouissent de cette propriété, qu'un mobile partant de l'un d'eux et frappant la concavité de la courbe se réfléchit à l'autre foyer. Si donc on construit quelque part des voûtes de forme ellipsoïdale, on pourra, en parlant très-bas à l'un des foyers, se faire entendre d'une oreille placée à l'autre foyer. Il existe, dit-on, quelques salles qui présentent ce mode de construction et le phénomène qui en dérive. Mais on obtient un phénomène analogue avec les canaux anguleux des murailles, tels surtout que ceux que forment les nervures dont sont ornées les voûtes gothiques. Un son émis à l'une des extrémités d'un pareil canal se promène dans l'intérieur jusqu'à l'autre extrémité, sans altération considérable, et la transmission se fait jusqu'à un certain point comme dans un tube; de sorte qu'on peut faire parvenir à l'un des bouts des paroles prononcées à voix basse à l'autre extrémité. Dans une simple gouttière formée de 2 planches, comme celles qui servent de conduits d'eau aux jardiniers, les battements d'une montre, qu'on n'entendrait plus à 1 mètre dans les circonstances ordinaires, sont encore distingués nettement à 10 ou 12 mètres.

La propagation facile des sons les moins intenses, au moyen des tuyaux, donne lieu à différents tours plus ou moins magiques. On fait des têtes parlantes, au moyen de tubes qui, passant sous le plancher, communiquent de la bouche de l'une aux oreilles de l'autre. Si une personne parle à voix basse dans l'oreille de l'une de ces têtes, une autre personne qui appliquera son oreille à la bouche de la seconde entendra ces paroles, et pourra répondre à la première par le même moyen. Mais si l'une des deux étant dans la chambre voisine avec le compère, le premier opérateur fait à la sienne une question, mais à voix haute, et applique immédiatement son oreille devant la bouche de la tête magique, la réponse sera faite aussi à voix haute, et semblera sortir de cette bouche, dont l'inertie sera dissimulée par la position de l'écouteur.

ECLAIR. — Quand la précipitation instantanée de la vapeur d'eau dégage une certaine quantité d'électricité, alors il y a étincelle, comme nous le voyons dans nos expériences de cabinet; cette étincelle va d'un nuage à l'autre ou d'un nuage à la terre. On peut distinguer de loin ces deux genres d'éclairs. Si l'éclair joint deux nuages dont la hauteur est inégale, alors le ciel est éclairé irrégulièrement; on remarque un point où la lumière est plus intense, mais elle n'est point nettement circonscrite : à partir de ce centre, la lumière va en diminuant d'intensité. L'éclair va-t-il d'un nuage à la terre, alors on observe un sillon de lumière étroit, éblouissant, bien limité et entouré d'une lueur moins intense : on observe cette même bande quand elle joint deux nuages qui sont à hauteur égale et que des nuages inférieurs ne nous en dérobent point la vue; dans ce dernier cas nous n'apercevons qu'une lueur, comme dans le premier. Ajouterai-je que ces éclairs sont identiques, mais que la vue immédiate des premiers nous est dérobée par les nuages qui passent devant eux.

Si l'éclair était immobile, il nous apparaîtrait sous la forme d'un globe de feu. Souvent de forts éclairs se terminent ainsi à leur extrémité antérieure. L'éclair affecte la forme de zig-zag, comme l'étincelle de nos machines; peut-être a-t-il réellement la forme d'un hélice, dont la projection paraît une ligne brisée. L'inégale conductibilité de l'air explique cette marche de l'éclair et aussi ses bifurcations. Pendant de violents orages, l'éclair principal émet des branches latérales ou paraît ramifié à son origine. Dans un orage très-fort, qui eut lieu à Halle en juin 1834, l'éclair avait l'apparence d'une colonne vertébrale avec les côtes qu'elle supporte.

En général, la couleur de l'éclair est d'un blanc éblouissant; on en voit cependant souvent qui tirent sur le violet. Ces derniers sont fort élevés et ont lieu par conséquent dans un air raréfié. Or, on sait que si l'on fait passer une étincelle à travers la cloche de la machine pneumatique, la lueur est d'autant plus violette que le vide est plus parfait.

On admet généralement que l'éclair se meut de haut en bas; toutefois il existe de nombreux exemples où il a suivi une direction opposée. L'étincelle part probablement à la fois de deux corps, comme on le voit quand on approche une sphère des conducteurs d'une machine électrique. On remarque quelquefois sur des nuages de même hauteur que deux éclairs partent de chacun d'eux et se réunissent au milieu de l'intervalle qui les sépare.

M. Arago distingue trois espèces d'éclairs :

1° Les *éclairs en sillons*, qui décrivent ordinairement des zigzags dans l'espace; quelquefois ils se bifurquent ou se trifurquent à leur extrémité. Quelques faits donneraient même à penser que leur division peut aller beaucoup plus loin. Ainsi, le 3 juin 1765, la foudre pénétra au même instant par quatre points différents et fort éloignés les uns des autres dans le collége de Pembroke à Oxford; et, en avril 1718, vingt-quatre églises furent foudroyées aux environs de Saint-Pol-de-Léon, quoiqu'on n'eût entendu que trois coups de tonnerre.

2° Les *éclairs diffus*, qui se présentent sous la forme de lueurs qui illuminent les contours des nuages ; ce sont les plus communs et les plus fréquents dans un orage.

3° Les *éclairs sphériques* ou *globes de feu*. Ceux-ci se meuvent avec lenteur des nuages à la terre et sont visibles pendant plusieurs secondes. M. Arago en cite un grand nombre d'exemples.

M. Arago démontre ensuite que les éclairs de la première et de la seconde classe n'ont pas une durée égale à la millième partie d'une seconde de temps.

Les éclairs de troisième classe sont des phénomènes qui ne rentrent qu'indirectement dans l'idée que suscite le mot éclair, savoir, celle d'une lueur instantanée. Le météore dont il est ici question n'est rien de semblable, puisqu'il a une forme et des dimensions déterminées, et qu'il se meut pendant une durée de plusieurs secondes. Il s'agit des éclairs *en boule*, ou plutôt des globes de feu qui, dans des moments d'orage, traversent en tous sens et avec des vitesses variées l'espace compris entre les nuages et la terre, et produisent tous les effets de la foudre sur les corps qu'ils vont heurter. Ces globes roulent, sautent, rebondissent, et souvent se divisent en d'autres globes plus petits, qui se dissipent, en laissant après eux une fumée plus ou moins épaisse et une odeur sulfureuse. L'Annuaire pour 1838 en cite vingt-quatre exemples très-nets et d'une authenticité parfaite. Le 9 septembre 1843, la foudre est tombée sur la caserne de cavalerie de Fougères, et s'est promenée sous forme d'un globe de feu pendant plusieurs secondes au milieu d'une chambrée de 40 soldats, dont le témoignage est unanime sur cette forme et sur l'odeur sulfureuse du météore.

Eclairs sans tonnerre. — Quand un orage est situé au-dessous de l'horizon, ou observe le soir et pendant la nuit des éclairs très-brillants, tandis qu'on n'entend pas le tonnerre, parce que l'orage est trop éloigné de l'observateur pour que le bruit puisse parvenir jusqu'à son oreille. Même lorsque les éclairs atteignent une hauteur angulaire de 20°, il peut arriver quelquefois qu'on entende à peine le tonnerre. C'est le cas en particulier quand ils sont très-élevés dans l'atmosphère, car alors le son engendré dans un air très-raréfié s'affaiblit de plus en plus à mesure qu'il traverse des couches d'air plus denses.

Souvent par une soirée sereine on aperçoit après le coucher du soleil des lueurs intermittentes qui illuminent une grande partie du ciel : c'est ce qu'on nomme des *éclairs de chaleur*. On les remarque entre les tropiques aussi bien que chez nous. A Demerari, c'est au commencement de la saison des pluies, car alors les orages sont très-communs dans les montagnes de l'intérieur, tandis que le ciel est serein tout le long de la côte. Nous regardons ces lueurs comme le reflet des éclairs d'orages éloignés. Chacun a pu s'assurer que les éclairs sont réfléchis par l'air avec une grande intensité pendant une nuit sombre. Quand un orage est à l'ouest et le reste du ciel complétement serein, il suffit de tourner le dos à l'orage pour voir les éclairs réfléchis dans le ciel du côté de l'est, et cependant, dans ce cas, les conditions de réflexion sont bien moins favorables que dans l'exemple précédent.

Nous pouvons de cette manière apercevoir des orages à des distances énormes ; mais comme l'observateur n'est pas toujours à même d'acquérir la conviction de l'existence de ces orages, il en résulte qu'on a hasardé diverses hypothèses pour expliquer ces lueurs. Les uns ont cru à une phosphorescence de l'atmosphère, les autres ont admis des étincelles électriques dans un ciel serein. Mais on commet ici la même faute que pour les orages ; on les observe au moment où ils éclatent, et l'on néglige tout ce qui les précède. Presque dans tous les cas où l'on a observé de violents éclairs de chaleur, le ciel était terne pendant la journée; on apercevait çà et là des *cirrus* entrelacés, tout faisait craindre l'approche d'un orage; quelquefois il y avait aussi à l'horizon des *cumulo-stratus* qui semblaient disparaître subitement après le coucher du soleil, mais les éclairs trahissaient leur existence en illuminant leurs contours. Dans ce cas on apercevait aussi fort souvent de longues bandes horizontales de *cirrus*. Le baromètre commence à descendre ou à monter, et dans la plupart des cas où des éclairs de chaleur ont été observés, on a trouvé dans les feuilles publiques la nouvelle que des orages avaient éclaté à la distance de 20 à 25 myriamètres. Plusieurs fois ces éclairs lointains étaient suivis d'un violent orage pendant la nuit.

ÉCLAIRAGE. *Voy.* PHOTOMÉTRIE.

ECLIPSES (ἔκλειψις, manque, défaillance). — Puisque la terre et la lune sont des corps opaques derrière lesquels la lumière ne peut pénétrer, qu'en outre leurs volumes sont bien moindres que celui du soleil, il est visible qu'ils doivent porter une ombre conique. Quand la terre est directement entre le soleil et la lune, celle-ci, en traversant l'ombre de la terre, cesse de recevoir la lumière. A mesure qu'elle entre dans le cône d'ombre, les parties de sa surface s'obscurcissent par degré : il y a *éclipse de lune*. Ce phénomène ne peut donc arriver que lorsque la lune est vers l'opposition, ou à l'époque de la pleine lune.

De même, si la lune se place directement entre nous et le soleil, nous cesserons de le voir en entier et il sera éclipsé. Ainsi, l'*éclipse de soleil* n'a lieu que vers l'époque de la néoménie.

Les éclipses ne peuvent donc arriver qu'aux syzygies.

Eclipses de lune.—La lune étant un corps opaque et rond, le soleil n'en peut éclairer à la fois qu'une partie, d'où il suit qu'elle projette une ombre à l'opposite de cet astre. Quelle est la forme de cette ombre ? quelles sont ses dimensions ? Si le soleil et la terre étaient de même grandeur, l'ombre serait cylindrique et d'une étendue infinie ; mais comme la terre est beaucoup plus petite que le soleil, la lumière projetée par celui-ci pourra embrasser les deux extrémités de son axe, et elle formera, au delà, un cône dans lequel la lune disparaîtra lorsqu'elle viendra à l'atteindre ? mais ce cône est-il assez long pour cela ? Oui, bien qu'il ne le soit pas assez pour arriver jusqu'à Mars ; on a calculé qu'il dépasse l'orbite lunaire de 300,000 lieues, c'est-à-dire que son extrémité se trouve à quatre fois la distance de la lune au soleil ; il n'est donc pas étonnant que si la lune y pénètre, elle y disparaisse. Mais il ne s'agit pas d'avancer ce fait, il faut le démontrer, il faut faire voir que le diamètre de la lune est moindre que la largeur du cône d'ombre à l'endroit où elle y pénètre, car sans cela elle ne disparaîtrait pas. Or, cela est facile. A l'endroit où la lune pénètre dans le cône d'ombre, la largeur de celui-ci est de 120' ; celle de la lune, 30', 120—30=90, c'est-à-dire qu'en cet endroit le cône d'ombre a de largeur trois fois le diamètre de la lune.

Lors donc que la terre viendra se placer entre le soleil et la lune, celle-ci devra être enveloppée dans l'obscurité, et il y aura éclipse de lune. L'éclipse sera *totale* ou *partielle*, selon que l'astre se prolongera entièrement ou en partie dans le cône d'ombre. Elle sera *centrale* si le centre de la lune coïncide exactement avec celui de l'ombre terrestre, si, en un mot, les centres du soleil, de la terre et de la lune, se trouvent sur la même ligne, c'est-à-dire dans le plan de l'écliptique.

Mais pourquoi la lune ne disparaît-elle pas toujours à l'époque des nouvelles lunes ? C'est parce qu'elle n'est pas toujours dans le plan de l'écliptique, avec lequel son orbite peut former jusqu'à un angle de 5 degrés, et qu'elle peut ainsi prendre par rapport à ce plan différentes positions. Si lors de son opposition elle est éloignée des nœuds, c'est-à-dire des points où son orbite coupe l'écliptique, elle effleurera l'ombre terrestre sans y pénétrer, et c'est ce qui arrive le plus souvent, car alors elle est ou au-dessus ou au-dessous du cône d'ombre.

Pour exprimer l'étendue de l'éclipse, on suppose la lune divisée en douze zones égales et parallèles, qu'on appelle *doigts*. Ainsi, quand il y a le tiers ou la moitié du disque éclipsé, on dit que l'éclipse est de quatre ou de six doigts. Si l'éclipse est totale, que le diamètre de l'ombre soit plus grand que celui de la lune, on dit que l'éclipse est de plus de douze doigts, et le nombre des doigts se détermine proportionnellement.

Toutes les éclipses de lune, complètes ou non visibles dans toutes les parties de la terre qui ont la lune au-dessus de l'horizon, sont partout de la même grandeur, ont le même commencement et la même fin. Seulement le temps où on les voit varie suivant la longitude des lieux, ce qui peut fournir un moyen de déterminer cette donnée si importante dans les opérations de géographie positive. Les éclipses de lune n'excèdent jamais deux heures, mais elles peuvent être moins longues. C'est toujours le côté oriental du disque de la lune qui s'immerge le premier, c'est-à-dire le côté gauche, quand on regarde le nord.

Il se présente durant les éclipses de lune et relativement à cet astre, une difficulté qu'il faut résoudre : la lune ne disparaît jamais alors complétement. Voyons pourquoi.

La cause principale des éclipses est l'immersion du disque dans le cône d'ombre, formé au delà de la terre par le soleil ; ce cône d'ombre n'a pas partout la même intensité. Sur les côtés sont des ombres moins épaisses formées par l'interception d'une partie seulement des rayons du soleil, et dont l'intensité décroît à mesure qu'elles s'éloignent de l'ombre conique. Cette teinte intermédiaire entre la lumière et l'ombre pure a reçu le nom de *pénombre*. Pour en déterminer les limites, il faut tirer des lignes qui, partant des bords du soleil, vont, après s'être croisées, raser la surface de la terre. Ces lignes prolongées forment un cône tronqué qui est celui de la pénombre.

Le cône d'ombre se termine au point où les rayons partis des bords du soleil se rencontrent après avoir rasé la terre, et le cône tronqué est celui qui forme la pénombre.

Dans les éclipses, la lune, en s'approchant du cône d'ombre, perd insensiblement de son éclat, parce qu'elle entre alors dans la pénombre, dont nous avons vu que l'intensité augmente graduellement jusqu'aux côtés de l'ombre conique. Arrivée dans cette ombre, elle n'y disparaît pas ordinairement tout à fait, même quand l'éclipse est totale, parce qu'elle reçoit quelques rayons lumineux qui viennent, par voie de réfraction, l'éclairer dans le cône d'ombre. Cependant on l'a vue quelquefois disparaître complétement, lorsque l'atmosphère chargée de nuages ne lui envoyait plus de rayons réfractés.

Assez souvent, lorsque la lune disparaît dans le cône d'ombre, elle se montre enveloppée d'une lumière rougeâtre, qui n'est autre chose que le résultat de ces rayons réfractés.

On a voulu expliquer cette lumière rougeâtre par la phosphorescence, c'était aussi là le moyen que l'on employa pour expliquer la lumière cendrée. Mais relativement à la lumière rougeâtre, l'explication est renversée de fond en comble, si une seule fois la lune a complétement disparu et que néanmoins la lumière ait été visible; et l'astronomie a enregistré un très-grand nombre de fois ce phénomène.

Les anciens savaient quelles étaient les causes des éclipses de lune; ils n'étaient arrêtés que par un fait inventé, disait-on, pour embarrasser les astronomes. Pour que la lune soit éclipsée, il faut que les trois centres soient sur la même ligne. Mais il y a des cas où la lune est éclipsée quand le soleil est encore visible. Cela est très-explicable en ajoutant à ce que nous savons sur la manière dont les rayons de lumière se conduisent, cette remarque que les rayons qui traversent l'atmosphère s'y meuvent suivant une ligne droite.

Ce qui semblait donc aux anciens une difficulté n'en est pas une pour nous.

Du reste, le phénomène qui, aux yeux des antagonistes des astronomes anciens, rendait leur théorie incomplète, n'est pas sans exemple. Dans les temps modernes on l'a vu deux fois, l'une en Toscane, en 1660, la seconde à Paris, en 1668. Les académiciens se transportèrent à Montmartre et virent la lune éclipsée, tandis que le soleil était encore visible.

Eclipses de soleil.— Lorsque la lune vient s'interposer entre le soleil et la terre, le premier de ces astres est éclipsé. L'éclipse est *partielle* quand la lune ne cache qu'une partie du disque du soleil; elle est *totale* lorsqu'elle le couvre en entier; elle est *annulaire* lorsque le soleil, masqué par la lune, la déborde tout autour sous la forme d'un anneau lumineux; enfin elle est centrale lorsque l'observateur se trouve sur le prolongement de la ligne qui joint les centres de la lune et du soleil.

La lune ayant à peu près la même figure que la terre, son ombre et sa pénombre se forment de la même manière, seulement, comme elle est beaucoup plus petite, le cône de son ombre ne peut jamais recouvrir qu'une partie de la surface de la terre. Aussi une éclipse de soleil n'a-t-elle jamais lieu en même temps pour toute la terre, et telle éclipse de soleil, qui sera totale pour un lieu, pourra être invisible dans un autre, quoique ce dernier ait le soleil au-dessus de l'horizon. Seulement, comme la lune passe devant tous les points du disque solaire, elle le cache successivement pour diverses parties de la terre, dans le sens de son mouvement d'occident en orient. Dans la plupart des éclipses solaires le disque de la lune est couvert d'une lumière légère, qui provient, comme la lumière cendrée, de la réflexion due à la partie éclairée de la terre.

Le diamètre apparent de la lune, quand il est à son maximum, n'excède le minimum du soleil que de 1' 38". Ainsi la plus longue éclipse totale du soleil qui puisse arriver ne durera jamais plus de temps qu'il n'en faut à la lune pour parcourir 1' 38" de degré, c'est-à-dire environ 3' 13" de temps.

Comme les éclipses lunaires, les éclipses du soleil s'estiment en doigts.

Le retour des éclipses du soleil ne se fait qu'après un intervalle de temps assez long. Elles ne peuvent arriver qu'aux syzygies, c'est-à-dire aux nouvelles lunes : la révolution synodique ne s'accomplissant qu'en 346 jours 14 heures 52' 16", elle se trouve, avec la révolution synodique de la lune, dans un rapport d'à peu près 223 à 19. Après une période de 223 lunaisons, le soleil et la lune se retrouveront donc dans la même position par rapport au nœud lunaire. Cette remarque sert à prédire le retour des éclipses de soleil. Le calcul a démontré qu'il avait lieu environ tous les 18 ans; ce calcul est assez long et assez minutieux lorsqu'on veut arriver à un résultat certain.

Comment faisaient donc les anciens, dont on voit les généraux prédire quelquefois des éclipses de soleil ? Cela résultait d'une remarque très-fine : on avait observé qu'il y avait éclipse tous les 223 mois lunaires, et c'était là ce qu'on appelait le *saros*, méthode enseignée par les Chaldéens aux autres peuples. Il est possible d'arriver à ce chiffre par le calcul, et on trouve un nombre semblable à celui de Méton.

Si on fait le calcul, il en résulte que dans une durée de 223 mois il y a 70 éclipses, 41 de soleil, 29 de lune; quand il n'y en a que *deux* dans l'année, ce sont des éclipses de soleil.

Voilà ce que faisaient les anciens : mais les astronomes modernes ne se servent pas de ce moyen, qui n'est qu'approximatif et qui leur sert simplement à poser les bases du travail préliminaire de l'observation.

Pendant longtemps on n'eut une idée des phénomènes que présentent les éclipses totales de soleil que d'après les études d'observateurs d'une époque plus ou moins reculée; en outre, ces phénomènes sont, ainsi que nous venons de le voir, assez rares : il y eut en effet éclipse totale en 1606, 1715 (observée à Londres), 1724 (observée à Montpellier), et en 1811 (observée aux Etats-Unis). Enfin il y en a eu une le 8 juillet 1842, qui a été étudiée avec soin; on a pu dès lors se faire une idée précise des phases les plus remarquables de ce phénomène et des exagérations des anciens à cet égard. Elle commença à 7 heures du matin, temps moyen de Paris, et eut 59' de phase. Sept ou huit étoiles seulement se montrèrent au ciel. La lune était environnée d'une auréole qu'on devait observer attentivement, pour en rechercher l'origine, lorsqu'un phénomène tout particulier la fit négliger. Du reste il eût été difficile d'arriver à quelque chose de positif à son égard, parce que, pour se servir de l'expression burlesque d'un observateur, elle ressemblait à *une perruque mal peignée*.

Ce phénomène singulier, qui attira l'attention aux dépens de l'auréole, consistait en des protubérances violacées, s'élevant au-dessus du disque lunaire sous la forme d'une moitié d'œuf et dont il a été impossible de déterminer la nature. On a dit que c'étaient les montagnes du soleil; dans ce cas elles auraient au moins 11,000 lieues, d'autres le double, car une seconde soutend 189 lieues, et ces protubérances avaient 1 et 2 minutes.

Quelques effets produits sur les hommes, les animaux et les végétaux, et observés lors d'éclipses totales antérieures, ont été vérifiés durant celle-ci, d'autres constatés pour la première fois.

Il est certain que le voile dont se couvre peu à peu le soleil, et qui répand sur la nature quelque chose de triste et de lugubre, frappe les animaux gouvernés par l'instinct, aussi bien que les hommes eux-mêmes, d'une frayeur plus ou moins grande. Les gallinacés, et particulièrement les poules, n'attendent pas que l'éclipse soit totale pour gagner leurs retraites. Mais, dès que les rayons du soleil brillent de nouveau, le coq fait entendre son chant matinal et semble se réjouir que le deuil de la nature ait cessé.

Presque tous les oiseaux arrêtent et suspendent leur vol au moment du phénomène. Les hirondelles ont paru extrêmement agitées à mesure que l'obscurité arrivait; elles ont même disparu pendant la durée de l'éclipse totale, et sont revenues en poussant des cris au moment de la nouvelle apparition des rayons solaires.

Les pigeons ont montré des signes non moins équivoques de terreur. Pendant que cette étrange nuit s'approchait, ils se sont réunis en cercle, volant en tous sens, et de la manière la plus confuse, sans pouvoir regagner les tourelles qu'ils habitent. On les aurait dits saisis par quelque vertige qui les empêchait de pouvoir se diriger.

Les chauves-souris, croyant sans doute à une nouvelle nuit, volaient comme si elle devait être de longue durée. Cependant, aucune observation positive n'a prouvé qu'en 1842 comme en 1706, les hiboux soient sortis de leurs silencieuses demeures. Quelques personnes avaient pourtant été placées auprès de leurs gîtes ordinaires pour les observer; aucune d'elles n'en a vu pendant cette nuit anticipée, dont la durée a été si courte. On a appris depuis lors qu'un hibou, sorti d'une tour de Saint-Pierre ou de la cathédrale de Montpellier, avait traversé, au moment de l'éclipse, la place du Peyrou.

Tous les renseignements qui ont été adressés à M. Arago de divers points des départements de l'Hérault et du Gard ont appris ce que l'on savait déjà, c'est que tous les oiseaux avaient entièrement disparu quelques moments avant l'éclipse totale. Cette disparition a été d'autant plus marquée, que, dans certaines localités du département du Gard, leur nombre était très-considérable auparavant.

Ces effets sensibles chez les oiseaux ne l'ont pas été moins chez les animaux terrestres. Ainsi les bœufs s'arrêtaient en traçant le sillon, malgré l'aiguillon dont on les pressait. D'autres, libres, se mirent à beugler, et plusieurs de ceux qui paissaient dans les marais se sont réunis en cercle et ont placé leurs cornes les unes dans les autres, comme ils le font parfois au moment d'un ouragan ou d'un orage violent. Dans d'autres localités, les mêmes animaux se sont arrangés en cercle, adossés les uns aux autres, les cornes en avant, comme pour résister à une attaque.

Bien des bêtes de somme se sont arrêtées au moment de l'éclipse totale; il a fallu toute la puissance du fouet pour les faire avancer. Il est vrai, toutefois, que ces circonstances ne se sont présentées que lorsque ces animaux étaient isolés; car tous ceux qui étaient attelés et gouvernés n'ont pas paru s'apercevoir de ce qui se passait. C'est du moins ce qu'ont assuré des conducteurs, des courriers et même un directeur des postes, qui a vu l'éclipse de la malle-poste dans laquelle il voyageait.

Nous rappellerons encore que, pendant la plus grande partie de la première période de l'éclipse, certains chiens, qui n'avaient pas paru sensibles à la diminution de la lumière, se sont arrêtés spontanément au moment de la plus grande obscurité. D'autres individus, peut-être plus impressionnables, sont demeurés sans mouvement, tristes et silencieux aux approches de l'éclipse totale. Des troupeaux de moutons que l'on conduisait au marché se sont arrêtés tout à coup à ce même moment, tandis que d'autres se sont couchés comme saisis d'une soudaine terreur.

Ce qui est non moins singulier, certaines espèces d'insectes paraissent avoir éprouvé quelque impression de la diminution progressive de la lumière. Nous citerons à cet égard l'industrieuse et prévoyante fourmi.

Un hasard heureux porta M. Dougnac, élève de la faculté de Montpellier, à fixer son attention sur une ligne bien tracée, que présentait la surface unie et dépourvue d'herbe d'un champ en chaume. Cette ligne était le sentier qu'un grand nombre de fourmis suivaient pour gagner leur trou. Plusieurs de ces insectes sortirent de leur nid, dès que les rayons du soleil eurent acquis assez de force pour échauffer l'atmosphère. Il y en avait peu cependant dehors; mais à mesure que le disque du soleil se cachait, ceux qui s'étaient échappés de leurs demeures souterraines y rentraient peu à peu. Aussi, au moment où l'éclipse fut totale, on ne voyait plus que quelques fourmis retardataires qui n'avaient pas su regagner leur gîte.

Parmi les cinq ou six qui étaient encore au dehors au moment du phénomène, toutes portaient un petit chargement. Les unes charriaient une petite paille, d'autres une portion de feuille morte, ou un grain de blé, ou toute autre semence. Le poids de ces objets les empêcha de regagner leur trou, ainsi que l'avaient fait leurs compagnes. Mais lorsque l'obscurité fut plus grande encore, tous ces insectes abandonnèrent leurs fardeaux, comme pour fuir plus lestes et plus légers.

Ces faits sont loin d'être les seuls qui prouvent l'impression profonde que produit sur les animaux ce grand et rare phénomène. Il paraît qu'elle a été également ressentie par les abeilles; mais, faute de renseignements et d'observations positives, elle ne peut que s'indiquer.

On a cherché à s'assurer si les fleurs qui s'ouvrent ou se ferment à l'entrée de la nuit, ou les feuilles qui se déploient lorsqu'elles ressentent l'impression des rayons solaires, éprouveraient quelque influence du changement dans le degré de lumière et de chaleur qu'amène l'éclipse; mais l'heure à laquelle elle a eu lieu a empêché que ces effets fussent sensibles.

Ainsi, des plantes dont les fleurs ne se développent qu'au déclin du jour, ou de celles dont les feuilles se replient sur elles-mêmes à l'entrée de la nuit, les unes étaient ouvertes et les autres non encore déployées. Elles ont donc dû rester dans le même état pendant la durée de l'éclipse. Aussi est-ce uniquement lorsque le soleil les a frappées de ses rayons, que ces fleurs se sont fermées, tandis que les feuilles se sont, au contraire, épanouies par suite de leur éclat.

Mais ce qui nous importe surtout, ce sont les effets produits sur l'homme. Eh bien! ils ont été remarquables partout où on les a observés. Ils ont prouvé une chose trop malheureusement vraie, c'est que malgré les efforts de la science et de la presse, la facilité des communications, l'ignorance est encore la dominatrice du monde. On a vu des gens croire qu'ils étaient aveugles; d'autres pensaient que le monde allait finir et ils se mettaient à courir. Dans quelques régiments dont on passait la revue, l'agitation augmentait à mesure que l'éclipse avançait; et au moment où elle fut totale, il y eut un silence tellement profond que dans une réunion de 20 à 25,000 personnes qui assistaient à la revue, et de 4 à 5000 soldats, il n'y eut pas une parole de prononcée. Le phénomène est tellement majestueux, tellement grand, que cela n'a rien d'extraordinaire. Le résultat de l'impression la plus ordinaire est une sorte de sentiment d'inquiétude, se traduisant par cette parole : Si cela allait continuer?

Le petit nombre d'observations faites avec soin sur les éclipses totales de soleil nous engage à donner ici la description suivante d'un de ces phénomènes faite à Halley, par un de ses amis : on ne la lira pas sans intérêt.

« Je vous envoie, suivant ma promesse, les observations que j'ai faites sur l'éclipse de soleil (du 7 août 1715), bien que je craigne qu'elles ne vous soient pas très-utiles. Dépourvu d'instruments nécessaires pour observer le temps, je ne m'étais proposé que d'examiner le tableau que la nature présente dans une circonstance aussi remarquable, tableau qui a généralement été négligé, du moins mal étudié. Je choisis pour lieu d'observation un endroit appelé Haradow-Hill, à deux milles d'Amesbury, et à l'est de l'avenue de Stonehenge, à laquelle il sert de point de vue. En face se trouve la plaine où est situé ce monument célèbre sur lequel je savais que se dirigerait l'éclipse. J'avais en outre l'avantage d'une perspective très-étendue en tous sens, attendu que j'étais sur la colline la plus élevée des environs, et la plus voisine du centre de l'ombre. A l'ouest, au delà de Stonehenge, est une autre colline assez escarpée, semblable au sommet d'un cône, qui s'élève au-dessus de l'horizon; c'est Claye-Hill, lieu voisin de Westminster, et situé près de la ligne centrale de l'obscurité qui devait partir de ce point, de manière que je pouvais être prévenu assez à temps de son approche. J'avais avec moi Abraham Sturgis et Etienne Ewens, tous deux habitants du pays et gens d'esprit. Le ciel, quoique couvert de nuages, laissait percer çà et là des rayons de soleil qui me permettaient de voir autour de nous. Mes deux compagnons regardaient par des verres noircis, tandis que je prenais quelques relèvements du pays. Il était cinq heures et demie à ma montre, quand on m'avertit que l'éclipse était commencée. Nous en suivîmes en conséquence le progrès à l'œil nu, attendu que les nuages faisaient l'office de verres colorés. Au moment où le soleil était à moitié couvert, il présentait à sa circonférence un arc-en-ciel circulaire très-sensible, avec des couleurs parfaites. A mesure que l'obscurité croissait, nous voyions de toutes parts les bergers qui se hâtaient de faire rentrer leurs troupeaux dans le parc; car ils s'attendaient à une éclipse totale d'une heure et un quart de durée.

« Quand le soleil prit l'aspect d'une nouvelle lune, le ciel était assez clair; mais il se couvrit bientôt d'un nuage plus épais. L'arc-en-ciel s'évanouit alors; la colline escarpée dont nous avons parlé devint très-obscure, et des deux côtés, c'est-à-dire au nord et au sud, l'horizon prit une teinte bleue analogue à celle qu'il présente dans l'été, au déclin du jour. A peine eûmes-nous le temps de compter jusqu'à dix, que le clocher de Salisbury, qui est situé à six milles au sud, fut plongé dans les ténèbres. La colline disparut entièrement, et la nuit la plus sombre se répandit autour de nous. Nous perdîmes de vue le soleil dont nous avions pu jusque-là distinguer la place parmi les nuages, mais dont nous ne trouvions pas plus de trace que s'il n'eût pas existé. Ma montre que je ne pus voir que difficilement à l'aide de quelque lumière qui nous venait du nord, marquait 6 heures 35 minutes. Peu auparavant la voûte du ciel et la surface de la terre avaient pris une teinte livide, à proprement parler, car c'était un mélange de noir et de bleu, si ce n'est que le dernier dominait sur la terre et à l'horizon. Il y avait aussi beaucoup de noir entremêlé dans les nuages, de manière que l'ensemble présentait un tableau effrayant, et qui semblait annoncer la décadence de la nature.

« Nous étions maintenant enveloppés d'une obscurité totale et palpable, si je puis l'appeler ainsi. Elle vint vite, mais j'étais si attentif que je pus en apercevoir le progrès. Elle nous fit l'effet d'une pluie, et tomba sur l'épaule gauche (nous regardions à l'ouest), comme un grand manteau noir ou une couverture de lit qu'on eût jetée sur nous, ou un rideau qu'on eût tiré de ce côté. Les chevaux que nous tenions par la bride, y furent très-sensibles et se serraient près de nous, saisis d'une grande surprise. Autant que je pus le voir, le visage de mes voisins avait un aspect horrible. En ce moment je regardai autour de moi, non sans pousser des cris d'admiration. Je distinguais des couleurs dans le soleil, mais la terre avait perdu son bleu et était entièrement noire. Quelques rayons sillonnèrent les nues pendant un moment; immédiatement après, le ciel et la terre parurent tout à fait noirs. C'était le spectacle le plus effrayant que j'eusse vu de ma vie

« Au nord-ouest du lieu d'où venait l'éclipse, il me fut impossible de faire la moindre distinction entre le ciel et la terre, dans une largeur d'environ soixante degrés ou plus. Nous cherchions en vain la ville d'Amesbury, qui était située au-dessous de nous : à peine si nous voyions la terre qui nous portait. Je me tournai plusieurs fois pendant cette obscurité totale, et je remarquai qu'à une bonne distance à l'ouest, l'horizon était parfait des deux côtés, c'est-à-dire, au nord et au sud; la terre était noire, et la partie inférieure du ciel claire ; l'obscurité, qui s'étendait jusqu'à l'horizon dans ces parties, faisait sur nos têtes l'effet d'un dais orné de franges d'une couleur plus légère; de manière que les bords supérieurs de toutes les collines, que je reconnaissais parfaitement à leur forme et à leur profil, formaient une ligne noire. Je vis parfaitement que l'intervalle de lumière et de ténèbres que l'horizon présentait au nord était entre Mortinsol et Sainte-Anne ; mais au sud il était moins défini. Je ne veux pas dire que la ligne de l'ombre passait entre ces collines qui étaient à douze milles de nous ; mais aussi loin que je pus distinguer l'horizon, il n'y en avait pas du tout derrière. En voici la raison : l'élévation du terrain sur lequel j'étais me permit de voir la lumière du ciel au delà de l'ombre; néanmoins cette ligne de lumière que je voyais jaunâtre et verdâtre, était plus large au nord qu'au sud, où elle présentait une couleur de tan. Il faisait a cette époque trop noir derrière nous, c'est-à-dire à l'est, en tirant vers Londres, pour que je pusse voir les collines situées au delà d'Andover, car l'extrémité antérieure de l'ombre dépassait cet endroit. L'horizon se trouvait donc alors divisé en quatre parties qui différaient entre elles d'étendue, de lumière et d'obscurité. La plus large et la plus noire était au nord-ouest, et la plus longue et la plus claire au sud-ouest. Tout le changement que je pus apercevoir pendant toute la durée du phénomène fut que l'horizon se divisa en deux parties, l'une claire, l'autre obscure. L'hémisphère septentrional acquit encore plus de longueur, de clarté et de largeur, et les deux parties opposées se réunirent.

« Ainsi que l'avait fait l'ombre au commencement, la lumière partit du nord et se fit sentir sur notre épaule droite. Je ne pus à la vérité distinguer de ce côté ni lumière ni ombre définie sur la terre, que j'observais avec attention; mais il était évident qu'elle ne revenait que peu à peu en faisant des oscillations; elle rebroussait un peu, se portait rapidement plus loin, jusqu'à ce qu'enfin, au premier point brillant qui parut dans le ciel, à l'endroit où se trouvait le soleil, je distinguai assez clairement un bord de lumière, qui nous effleura le côté pendant assez longtemps, ou nous rasa les coudes de l'ouest à l'est. Ayant donc bonne raison de supposer l'éclipse terminée pour nous, je regardai à ma montre, et trouvai que l'aiguille avait parcouru trois minutes et demie. Le sommet des collines reprit alors sa couleur naturelle, et je vis un horizon à l'endroit où se trouvait auparavant le centre de l'obscurité. Mes compagnons s'écrièrent qu'ils revoyaient le coteau escarpé sur lequel ils avaient porté des yeux attentifs. Il resta, à la vérité, encore noir au sud-est; mais je ne veux pas dire que l'horizon fût toujours difficile à découvrir. Nous entendîmes immédiatement les alouettes qui célébraient, par leur chant, le retour de la lumière, après que tout eut été enseveli dans un silence profond et universel. Le ciel et la terre parurent alors comme le matin, avant le lever du soleil. Le premier prit une teinte grisâtre entremêlée d'un peu plus de bleu ; la seconde, aussi loin que ma vue put s'étendre, en prit une vert foncé ou rousse.

« Aussitôt que le soleil parut, les nuages s'épaissirent, et la lumière n'en devint guère plus vive, pendant une ou plusieurs minutes, ainsi que cela arrive dans une matinée nuageuse qui avance lentement. A l'instant où l'éclipse a été totale, jusqu'au moment de l'émersion du soleil, nous vîmes distinctement Vénus, mais aucune autre étoile. Nous aperçûmes en ce moment le clocher de Salisbury. Les nuages ne se dissipant pas, nous ne pûmes pousser plus loin nos observations ; cependant ils s'éclaircirent beaucoup sur le soir. Je me suis hâté de venir à la maison écrire cette lettre. Ce spectacle a fait sur mon esprit une telle impression, que je pourrais longtemps en décrire toutes les circonstances avec la même précision qu'aujourd'hui. Après souper, j'en ai fait le dessin d'après mon imagination, sur le même papier où j'avais auparavant tracé une vue de pays.

« Je vous avoue que j'étais, en Angleterre, je crois, le seul qui ne regrettât pas la présence des nuages : elle ajoutait beaucoup à la solennité du spectacle, incomparablement supérieur, selon moi, à celui de 1715, que je vis parfaitement du haut du clocher de Boston en Lincolnshire, où l'air était très-pur. Ici, à la vérité, je vis les deux côtés de l'ombre venir de loin, et passer à une grande distance derrière nous; mais cette éclipse avait beaucoup de variété, et inspirait plus de terreur; en sorte que je ne peux que me féliciter d'avoir eu l'occasion de voir d'une manière si différente ces deux rares accidents de la nature. Cependant j'aurais volontiers renoncé à ce plaisir pour l'avantage plus précieux de concourir à la perfection de la théorie des corps célestes, dont vous venez de donner au monde un exemple de calcul si exact. Notre seul vœu eût été de pouvoir ajouter à votre gloire, qui, je n'en doute pas, ne se serait point démentie dans cette circonstance. »

ÉCLIPTIQUE. *Voy.* ORBITE et TRANSLATION.

ÉCOULEMENT des liquides par les tuyaux. *Voy.* HYDRODYNAMIQUE. — Dans les canaux, *ibid.*

EFFETS PHYSIOLOGIQUES, PHYSIQUES, etc. des piles. *Voy.* PILE. — De l'étincelle électrique. *Voy.* ÉLECTRICITÉ.

EFFET de la pression des liquides en tout sens. *Voy.* HYDROSTATIQUE.

ÉGYPTIENS. — On a objecté à la chronologie mosaïque l'antiquité de ce peuple, attestée, dit-on, par les progrès qu'il a faits dans l'astronomie et par des observations dont la date est facile à assigner. Ainsi, la longueur de l'année en 365 jours et un quart leur était parfaitement connue; et comme pour eux c'étaient les levers héliaques de Sirius qui déterminaient l'année, cette longueur n'a pu être fixée que par la connaissance exacte de l'année héliaque de cet astre; mais celle-ci étant exactement de 365 jours et un quart, il s'ensuit que la détermination égyptienne était très-exacte elle-même. Or, une exactitude aussi parfaite suppose des observations faites pendant longtemps et avec beaucoup d'exactitude. De plus, cette année de Sirius ne s'est trouvée égale à 365 jours et un quart que pendant la durée d'une époque comprise entre 2700 et 1300, ce qui fait remonter les observations astronomiques au moins à 2500 ans avant notre ère, et suppose une civilisation déjà avancée, et par conséquent place l'origine des Egyptiens à une époque encore beaucoup plus reculée. (*Voy.* le grand ouvrage sur l'Egypte, *Mémoire de Fourier*, t. I, p. 803.)

Fourier, auteur de cette objection, a trouvé plusieurs habiles réfutateurs, notamment Cuvier et M. Desdouits, dans son savant ouvrage intitulé : *Les Soirées de Montlhéry*, 2ᵉ édit.

Fourier prétend donc que les observations astronomiques des Egyptiens sur Sirius supposent une civilisation avancée et une société très-ancienne. Cette conclusion n'est nullement logique. On a pu remarquer le retour du lever héliaque d'une étoile aussi belle que Sirius, après 365 jours environ, sans avoir employé dix ans d'observations célestes, mais d'observations grossières, telles que peut les faire un peuple pasteur. Si la durée de cette année s'est trouvée être par hasard et fort longtemps de 365 jours et un quart exactement, il ne résulte pas de là que les Egyptiens aient attendu trente ou quarante siècles d'observations pour la fixer à 365 jours et un quart; ils auront très-bien pu, et auront dû même tout simplement et tout naturellement adopter les résultats de leurs premières observations comme un résultat ordinaire et immuable, d'autant qu'un petit nombre d'années a suffi pour faire reconnaître cette fixité

Le système que nous combattons repose sur une hypothèse également opposée à la nature et à l'histoire de l'esprit humain. En effet, il suppose que les Egyptiens auront voulu de prime abord déterminer à une minute près la véritable durée de l'année solaire, qu'ils auront du reste identifiée avec l'année de Sirius, c'est-à-dire avec l'intervalle compris entre les deux levers héliaques de cet astre. Or, pour déterminer avec une telle précision la révolution solaire, il faut généralement, en effet, bien des siècles d'observations. Mais ce n'est pas là ce qu'ont voulu les premiers observateurs, et la marche qu'ils ont suivie naturellement dans leurs premières recherches a dû être toute contraire. Ils ont reconnu d'abord, et le plus souvent par hasard, qu'indépendamment du mouvement diurne, le soleil occupait dans le ciel des positions variables, dont la succession formait une période qu'on a appelée l'année. Or, comment ont-ils reconnu cela? Indubitablement par les mêmes moyens que nos livres élémentaires indiquent aux enfants, c'est-à-dire par le retour des ombres méridionales égales, ou des mêmes amplitudes solaires, ou de la correspondance du soleil avec telle ou telle étoile. Par exemple, ils ont vu le soleil se coucher un certain jour en même temps que l'un de ces astres; le lendemain, il se couchait quelques minutes plus tard que cette étoile; le surlendemain, un peu plus tard encore, et ainsi de suite : de sorte qu'il y avait chaque jour un nouveau retard qui s'ajoutait aux précédents. Ils se sont donc attendus tout naturellement à voir reparaître la première coïncidence au bout d'un certain nombre de jours, qu'ils auraient pu calculer d'avance avec les années acquises. Entre le trois cent soixante-cinquième et le trois cent soixante-sixième jour, mais bien plus près du premier, la coïncidence en question s'étant présentée, ils se sont dit que la révolution annuelle était de 365 jours, et ils ont pu croire d'abord que ce compte était exact, attendu que la fraction n'a pu être mesurée à l'œil. Pour les Egyptiens, l'étoile de comparaison a été Sirius, d'autant plus que vers ces temps reculés son lever héliaque coïncidait à peu près avec l'inondation du Nil. Mais au bout d'un petit nombre d'années, ils se sont aperçus facilement que la période annuelle, supposée de 365 jours, n'était pas la véritable période solaire, puisqu'à la fin d'une de ces années la coïncidence héliaque du soleil et de Sirius n'avait pas lieu à beaucoup près, et qu'il fallait attendre vingt-cinq jours de plus pour la ramener. Au moyen de ces données, ils ont conclu sans peine que l'année, supposée de 365 *jours*, était trop courte, et que les vingt-cinq jours devaient être répartis entre les cent années, ce qui donnait un quart de jour pour chacune; ainsi l'année totale se trouvait de 365 *jours* et un quart.

Il est facile de comprendre, par ce simple exposé, qu'il n'a pas fallu cent ans d'observations pour arriver à ce résultat. Mais on remarque ici une double erreur : l'une, de confondre l'année héliaque de Sirius avec l'année sidérale, Sirius n'étant pas sous l'écliptique; l'autre, de l'identifier également avec l'année tropique, qui en diffère par le fait de la *précession*. De sorte que, quand même l'année héliaque de Sirius eût subi par la suite, en vertu de ces deux causes, les petits changements que subissent en général ces périodes, les Egyptiens, qui n'auraient pu s'en apercevoir qu'à la longue, auraient déjà fixé leur année sur les premières observations, sans supposer de changements possibles de cet état de choses. Mais, de plus, et par le singulier hasard d'un concours de circonstances astronomiques et locales, il s'est trouvé que pendant un millier d'années, et à la latitude de Thèbes, les variations de l'année héliaque de Sirius ont dû être insensibles : de sorte que cette année est restée fort longtemps de 365 jours et un quart presque rigoureusement. Ce fait, constaté par les *calculs* de Bainbridge, du P. Pétau, de La Nauze, d'Ideler et de Fourier lui-même, a dû confirmer les Egyptiens dans leur supposition erronée, ou plutôt les a privés de l'occasion de reconnaître leur erreur. Cette marche paraît au moins beaucoup plus naturelle et plus conforme à l'esprit humain que le système très-gratuit de Fourier.

D'ailleurs, ainsi que le remarque Cuvier, il n'est pas certain que ce soit directement, et par des observations faites sur Sirius lui-même, que les Egyptiens ont fixé l'année de cet astre, puisque des astronomes expérimentés affirment qu'il est impossible que le lever héliaque d'une étoile ait pu servir de base à des observations exactes sur un pareil sujet, surtout dans un climat où, selon le témoignage de Nouet, astronome de l'expédition d'Egypte, « le tour de l'horizon est toujours tellement chargé de vapeurs, que dans les belles nuits on ne voit jamais d'étoiles à quelques degrés au-dessus de l'horizon, dans les seconde et troisième grandeurs, et que le soleil même, à son lever et à son coucher, se trouve entièrement déformé. » Ces mêmes astronomes soutiennent que si la longueur de l'année n'eût pas été reconnue autrement, on aurait pu s'y tromper d'un et de deux jours (Delambre). Ils ne doutent donc pas que cette année de 365 *jours et un quart* ne soit celle de l'année tropique, *mal déterminée* par l'observation de l'ombre ou par celle du point où le soleil se levait chaque jour, et identifiée par l'ignorance, comme nous venons de le dire, avec l'année *héliaque* de Sirius; en sorte que ce serait un pur hasard qui aurait fixé la durée de celle-ci pour l'époque dont il est question (Delambre, Paravey, Cuvier).

Si les Egyptiens avaient réellement fait les observations exactes qu'on leur prête, Eudoxe de Gnide, *cet astronome si distingué*, qui mourut vers l'an 350 avant Jésus-Christ, et qui étudia treize ans parmi eux, aurait apporté en Grèce une astronomie plus parfaite, des cartes du ciel moins grossières et plus cohérentes dans leurs diverses parties (Delambre, *Hist. de l'astron. ancienne*, t. I, p. 120); Ptolémée, qui écrivait en Egypte, ne se serait pas servi des observations des Chaldéens et des Grecs, sans citer une seule fois celles des Egyptiens (Delambre, *Hist. de l'astron. du moyen âge*, p. 8).

Une autre considération, plus forte encore, c'est qu'Hérodote, qui a tant vécu avec les Egyptiens, ne parle nullement de ces six heures qu'ils ajoutaient à l'année sacrée, ni de cette grande période sothiaque (de *Sothis*, mot égyptien, synonyme de *Sirius*) qui en résultait; il dit au contraire que les Egyptiens faisant leur année de 365 jours, les saisons reviennent au même point : en sorte que de son temps on ne paraît pas encore s'être douté de la nécessité de ce quart de jour (Hérod., *Euterpe*, c. 4).

Thalès, qui avait visité les prêtres d'Egypte moins d'un siècle avant Hérodote, ne fit aussi connaître à ses compatriotes qu'une année de 365 jours seulement (Diog. Laërt., lib. I, *in Thalet.*); et si l'on considère que les Hébreux, à l'époque de leur sortie d'Egypte, vers 1500 avant Jésus-Christ, ne connaissaient que l'année lunaire, et que vers le même temps Cécrops, né à Saïs et fondateur d'Athènes, n'importa en Grèce que cette même année lunaire, on aura quelque droit de croire que l'année de 365 jours elle-même n'existait pas encore en Egypte dans ces siècles reculés.

Mais, objecte-t-on encore, Macrobe (*Saturn.*, lib. I, c. 15) attribue aux Egyptiens une année solaire de 365 jours un quart. Cette objection n'a presque aucune valeur dans la question; car cet auteur, comparativement récent, étant venu longtemps après l'établissement de l'année fixe d'Alexandrie, a très-bien pu confondre les époques, d'autant mieux que Diodore de Sicile et Strabon attribuent une telle année aux Thébains seulement, sans dire qu'elle fût d'un usage général (Diod. Sic., *Bibl.* lib. I; Strabo, *Geogr.*, p. 102). D'ailleurs ces écrivains ne sont venus eux-mêmes que longtemps après Hérodote, qui, comme nous venons de le voir, dit en termes exprès que les Egyptiens faisaient leur année de 365 jours.

Ainsi, dit Cuvier, l'année sothiaque, la grande année a dû être une invention assez récente, puisqu'elle résulte de la comparaison de l'année civile avec cette prétendue année héliaque de Sirius; et c'est pourquoi il n'en est parlé que dans des ouvrages du IIe et du IIIe siècle après J.-C. (Biot, *Recherches sur plusieurs points de l'astronomie égyptienne*), et que le Syncelle seul, dans le IXe, semble citer Manethon comme en ayant fait mention. » (Cuvier, *Disc.*, p. 238).

Fermons cette discussion par le témoignage du célèbre Laplace : « Nous avons, dit-il, très-peu de renseignements certains sur l'astronomie des Egyptiens. La direction exacte des faces de leurs pyramides vers les quatre points cardinaux donne une idée avantageuse de leur manière d'observer; mais aucune de leurs observations n'est parvenue jusqu'à nous. On doit être étonné que les astronomes d'Alexandrie aient été forcés de recourir aux observations chaldéennes; soit que la mémoire des observations égyptiennes ait dès lors été perdue, soit que les Egyptiens n'aient pas voulu les communiquer, par un sentiment de jalousie qu'a pu faire naître la faveur des souverains pour l'école qu'ils avaient fondée. » (*Exposition du système du monde*, p. 364, etc.) (1)

ÉLASTICITÉ. — *Propriété* que possèdent les corps de revenir à leur volume ou à leur forme primitive, après avoir été comprimés. Les gaz jouissent de cette propriété au plus haut degré. Une vessie d'air, comprimée, reprend toujours son état aussitôt que la pression a cessé. Il en est ainsi de tous les gaz, c'est ce qui les a fait appeler *fluides élastiques*.

Les liquides qui ont été comprimés paraissent ne rien conserver non plus des pressions qu'ils ont supportées; ils reprennent leur volume à l'instant même où cesse l'action des causes comprimantes.

Il n'y a pas de corps solide qui soit aussi parfaitement élastique que les gaz et les liquides. Quand on courbe une lame d'acier en demi-cercle, les molécules de la partie convexe sont plus éloignées, et celles de la face concave plus rapprochées qu'elles n'étaient; mais à cause de la grande dureté de la masse, leur dérangement est très-petit, et elles s'attirent encore ou se repoussent avec force; ce qui fait qu'elles reprennent leur premier arrangement quand on les abandonne à elles-mêmes. Supposons qu'une telle lame soit fixée invariablement par l'un de ses bouts entre les mâchoires d'un étau : si on la courbe par l'extrémité libre et qu'ensuite on l'abandonne subitement, elle revient vers sa première position; mais elle ne s'y arrête qu'après avoir exécuté une multitude de vibrations, qui vont toujours diminuant d'amplitude jusqu'à ce qu'enfin elles soient nulles.

Si on laisse tomber sur un corps dur un simple anneau élastique, il devient elliptique dans un sens au moment du choc; immédiatement après il est elliptique dans le sens opposé, et ainsi de suite. Il en est à peu près de même pour une sphère; par exemple, pour une bille d'ivoire, et quoiqu'on ne puisse pas voir tous ses mouvements, à cause de la rapidité avec laquelle ils s'exécutent, il est au moins facile de constater l'aplatissement d'une semblable bille. Pour cela, qu'on prenne une tablette de marbre noir bien unie et enduite d'une légère couche d'huile. Si la bille est parfaitement ronde et qu'on la pose doucement sur le plan, elle ne touchera que par un point, mais si on la laisse tomber de différentes hauteurs, elle y fera des empreintes d'autant plus grandes, qu'elle tombera de plus haut. Or, on ne peut attribuer ces empreintes qu'à l'aplatissement subit de la bille et à l'élasticité du marbre; car elles sont parfaitement rondes et n'offrent vers les bords aucune trace d'éclaboussures. D'ailleurs, puisque leur diamètre varie selon la hauteur d'où la bille est tombée, l'aplatissement doit être proportionnel à la violence du choc.

Les corps mous et flexibles, tels que les cordes, les tissus, etc., laissent dans leur état naturel, trop facilement déplacer leurs molécules pour présenter une élasticité sensible; mais si l'on remplace la dureté qui leur manque par la tension de leurs différentes parties, ils peuvent devenir élastiques comme les cordes des instruments de musique et les peaux des tambours.

Sous le rapport de l'élasticité, les métaux les plus connus semblent devoir être rangés dans l'ordre suivant : *acier*, *fer*, *cuivre*, *argent*, *or*, *zinc*, *étain*, *plomb*. En général l'élasticité des solides est en raison de leur dureté; un seul, par exception, est en même temps très-mou et très-élastique; c'est le caoutchouc, appelé par ce motif *gomme élastique*.

Dans toutes ces déformations, on doit observer deux choses : 1° certains corps reviennent subitement et complétement à leur premier état : tels sont les ressorts d'acier, les billes d'ivoire; on dit que leur élasticité est *parfaite;* 2° d'autres n'y reviennent qu'après quelques instants et comme par degrés, ou même n'y reviennent que d'une manière incomplète : leur élasticité est *imparfaite.*

Lorsque la forme des corps élastiques est changée par un effort qui persévère, les molécules paraissent s'arranger peu à peu dans ce nouvel état et y contracter de la fixité. C'est pourquoi les ressorts tendus trop longtemps perdent leur force.

Nous devons à l'élasticité une grande partie des services que nous rend le fer converti en acier et travaillé par les arts. C'est elle

(1) Cf. M. l'abbé Glaire, *Les livres saints vengés*, tom. I; M. Des louits, *Soirées de Montlhéry*, 2e édition; Cuvier, Delambre, Biot, etc.

en effet qui donne leur force aux ressorts en spirale qui animent les montres et autres machines. Ce sont des arcs élastiques formés de lames d'acier superposées qui servent à suspendre les voitures, et qui, en cédant momentanément aux pressions extraordinaires, adoucissent les chocs qui résulteraient d'un mouvement rapide sur un sol inégal. C'est encore à l'élasticité des crins, de la laine et des plumes que les coussins et les matelas doivent leur précieux ressort; mais il arrive qu'à la longue ces matières se *feutrent*, c'est-à-dire qu'elles s'entre-mêlent et se réunissent en masses serrées où toutes les parties se gênent mutuellement; on leur rend alors leur élasticité première soit en les *cardant*, soit en les battant avec des baguettes pour les démêler.

ELASTICITÉ DE L'AIR. — Le calorique, en s'attachant aux molécules gazeuses, leur communique une force expansive que nous allons étudier.

Proposition. « A la surface de la terre l'air atmosphérique et tous les gaz en général sont éminemment *expansibles ou élastiques;* c'est-à-dire que leurs molécules sont dans un état de répulsion continuelle et tendent toujours à occuper un plus grand espace. »

Prenez une vessie fraîche et presque flasque, ou du moins contenant très-peu d'air; nouez-en le col avec une ficelle : portez-la sous le récipient de la machine pneumatique et faites le vide. Aussitôt le peu d'air que contient cette vessie se dilate et la gonfle au point que si elle est assez grande, elle remplit toute la capacité de la cloche. Quand on laisse rentrer l'air extérieur, elle se comprime de nouveau et devient aussi flasque qu'auparavant. Il est donc évident que cet air extérieur presse celui qui est dans la vessie et l'empêche de se dilater, mais on voit que ce fluide se dilate quand on fait cesser la pression; il est comme un ressort qu'on plie en le chargeant d'un poids; si le poids tombe, le ressort se débande à l'instant même.

L'énergie avec laquelle les atomes gazeux tendent à s'écarter les uns des autres, est appelée leur *élasticité* ou leur *tension.*

Le calorique inhérent aux molécules des gaz est, comme nous l'avons dit, la cause qui tend à les écarter. Cependant, cette force n'étant pas infinie, on peut comprimer un volume gazeux, c'est-à-dire qu'on en peut rapprocher les molécules; mais plus on cherche à les rapprocher, plus la répulsion est énergique, et, au contraire, plus elles s'éloignent, plus cette force diminue; de sorte qu'elle doit être nulle lorsqu'elles sont suffisamment écartées : c'est probablement ce qui a lieu aux limites de l'atmosphère. Là les molécules de l'air ne sont plus influencées que par la pesanteur qui les retient autour de la terre. Car les gaz sont pesants aussi bien que les solides et les liquides. Ainsi, à partir des limites de l'atmosphère, les dernières molécules aériennes sont entièrement libres, mais elles pèsent sur celles qui viennent immédiatement après et les rapprochent un peu; ces deux premières couches pèsent sur une troisième et en rapprochent encore plus les molécules; ces trois pèsent sur une quatrième et ainsi de suite. L'élasticité doit donc commencer, non pas aux dernières limites, mais un peu au-dessous et aller toujours en augmentant jusqu'à la surface de la terre.

Quand on comprime un volume gazeux et qu'on le réduit à de moindres dimensions, ses molécules se rapprochent, se serrent davantage, et le corps devient, comme on dit, plus *dense* (*densus*, serré). Il est donc évident que, *toutes choses égales d'ailleurs*, la densité doit augmenter comme la compression. Or,

« Les gaz se compriment en raison des poids dont on les charge. »

En 1828, MM. Arago et Dulong poussèrent *les pressions jusqu'à vingt-sept atmosphères*, et ils trouvèrent constamment les mêmes rapports entre les pressions et les volumes du gaz comprimé.

Ce qu'on dit de l'air, on peut le dire aussi des autres gaz; en général ils se comportent tous de la même manière dans la plupart des expériences auxquelles on les soumet.

Cette loi, trouvée et démontrée vers le milieu du XVIIe siècle par Mariotte, physicien français, a retenu le nom de *Loi de Mariotte.*

La tension d'un gaz croît comme les pressions qu'il supporte. Ainsi, *les tensions et les densités des gaz sont proportionnelles aux pressions qu'ils supportent, tandis que leurs volumes sont en raison inverse de ces mêmes pressions.*

La loi de Mariotte, que nous avons continuellement appliquée à l'air, est vraie aussi pour les autres gaz, du moins dans des limites assez étendues. D'abord tous les gaz suivent cette loi aussi exactement que l'air tant qu'il ne s'agit que de dilatation; et c'est seulement pour le cas de la compression que quelques-uns s'en écartent. On les voit alors passer à l'état liquide; à dater de ce moment, la force élastique ne change plus, et si on réduit, par exemple, d'un centimètre le volume du gaz qui subsiste au-dessus du liquide, c'est un centimètre de gaz de plus qui se trouve liquéfié. Voici une table des gaz qu'on est parvenu à liquéfier; la seconde colonne indique la pression nécessaire et par conséquent la force élastique du gaz qui subsiste au-dessus du liquide; la troisième donne la température à laquelle l'expérience a été faite; la température a une très-grande influence; on diminue toujours la force élastique du gaz en le refroidissant.

Nom du gaz.	Pression.		Température.
Acide sulfureux. . . .	2	atmosphères	7°
Cyanogène.	3,7	—	7°
Chlore.	4	—	15°
Gaz ammoniac.	6,5	—	10°
Hydrogène sulfuré. . .	17	—	10°
Acide carbonique. . .	36	—	0°
Acide hydrochlorique .	40	—	8°
Protoxyde d'azote. . .	51	—	7°

Par l'affinité chimique, c'est-à-dire par la tendance qu'ils ont à s'unir à certains corps, les gaz se liquéfient bienplus aisément que par les actions mécaniques. Ainsi l'air lui-même, sous la pression ordinaire, se liquéfie dans l'eau, qui en prend environ $\frac{1}{30}$ de son volume. Dans le vide ou par la chaleur, cet air se dégage. D'autres gaz sont bien plus solubles; l'eau dissout 4 à 500 fois son volume de gaz ammoniac, et jusqu'à 700 fois son volume de gaz fluoborique. Les actions mécaniques sont impuissantes pour amener la solidification du gaz ; il faut pour cela le refroidissement; le cyanogène a été ainsi solidifié. Mais c'est surtout en entrant en combinaison que les gaz prennent l'état solide; les substances végétales et animales sont presque entièrement formées de gaz solidifié.

ELÉATES, leur théorie sur la matière. *Voy.* MATIÈRE.

ELECTRICITÉ. — *Histoire de l'électricité.* — Jusqu'au commencement du XVIIe siècle, on ne connaissait de l'électricité que le pouvoir attractif du succin et de quelques substances qui avaient été frottées, et diverses apparences lumineuses, auxquelles on n'attribuait pas encore une origine électrique. Gilbert, médecin anglais, publia vers cette époque un ouvrage très-remarquable, ayant pour titre *de Magnete*, dans lequel il fit connaître un grand nombre de corps ayant toutes les propriétés de l'ambre, et les circonstances les plus favorables à la production du phénomène.

Vers 1670, *Otto de Guerike*, auquel nous devons la machine pneumatique, construisit aussi la première machine électrique, composée d'un globe de soufre traversé par un axe horizontal, auquel on imprimait d'une main un mouvement de rotation, tandis que l'autre, qui appuyait dessus, produisait par son frottement un dégagement d'électricité plus considérable qu'on ne l'avait obtenu jusque-là, accompagné d'une traînée lumineuse. Newton, en 1675, trouva que l'attraction électrique se transmettait à travers le verre ; il avança, en outre, que la production de l'électricité était peut-être le résultat d'un principe éthéré mis en mouvement par la vibration des particules des corps frottés. Peut-être Newton a-t-il entrevu la véritable cause des phénomènes électriques.

Grey, en 1727, montra que tous les corps ne jouissaient pas de la même faculté conductrice; que les uns, comme les métaux, conduisaient l'électricité à de grandes distances, tandis que d'autres, tels que le verre et les résines, ne lui livraient point passage, ou du moins ne la transmettaient qu'imparfaitement. Jusque-là les recherches sur l'électricité n'étaient relatives qu'à des phénomènes d'attraction, de répulsion, de conductibilité et de lumière ; mais tout à coup cette partie de la physique reçut une grande impulsion par Dufay, qui, en 1733, après avoir montré que les corps conducteurs, étant isolés, pouvaient s'électriser également par frottement, annonça qu'il existait deux principes électriques dont la réunion formait le fluide naturel : l'un fut appelé *électricité vitrée*, l'autre *électricité résineuse*. Il fit connaître en même temps les propriétés de chacune d'elles, les électricités de même nature se repoussant, celles de sens contraire s'attirant.

En 1747, Franklin fit quelques expériences dans le but de démontrer la ressemblance que l'on avait observée entre les effets de la commotion électrique et ceux du tonnerre. Il préludait ainsi aux immenses services qu'il devait rendre un jour à son pays et à l'humanité, en cultivant la science électrique avec une haute sagacité. Il ne restait plus qu'à recueillir la matière même de la foudre. Cette grande expérience fut faite presque simultanément : en France, le 10 mai 1752, par Dalibart, et en Amérique, en juin de la même année, par Franklin, à l'aide de cerfs-volants lancés dans les nuages, qui fournirent aux observateurs, par l'intermédiaire de la corde, l'électricité tant désirée. En 1756, Romas obtint les résultats les plus étonnants à l'aide d'un cerf-volant de trois mètres trente-trois centimètres, lancé à une hauteur de cent soixante mètres, avec une corde dans laquelle il avait entrelacé un fil de métal. Il vit jaillir de son appareil des étincelles de trois mètres de long, et de huit à dix centimètres de diamètre. Franklin ne tarda pas à découvrir le pouvoir des pointes, et il en fit l'application aux paratonnerres. La science lui doit encore d'avoir cherché à ranger dans un ordre méthodique tous les faits connus. A cet effet, il créa un système qui a encore des partisans, bien qu'il ne satisfasse plus aux besoins de la science. Ce philosophe posa en principe que les effets de l'électricité étaient le résultat du mouvement d'un fluide particulier qui agit par répulsion sur ses propres molécules, et par attraction sur celles de la matière; qu'il existait dans les corps une certaine quantité de fluide à l'état latent, et que, si cette quantité était augmentée, le corps était électrisé en plus ; si elle était diminuée, il était électrisé en moins. Dans ce système, l'électricité vitrée était de l'électricité positive ; l'électricité résineuse, de l'électricité négative. L'électricité devint si populaire à cette époque, que l'on vit passer les appareils électriques du cabinet du physicien sur la place publique, entre les mains du bateleur.

Les actions par influence, exercées par un corps électrisé sur un corps isolé, placé à peu de distance, paraissent avoir été observées pour la première fois par les missionnaires de Pékin, qui les annoncèrent en Europe en 1755. Ces actions furent étudiées par Canton, OEpinus, Wilke, Signa, Franklin, qui en fit l'application au tableau magique, Beccaria et Volta ; mais Wilke et OEpinus sont les physiciens qui ont le plus fait pour avancer cette partie de l'électricité. Le principe général peut s'énoncer ainsi : Quand un corps électrisé est placé à peu de distance d'un autre isolé et non électrisé, ce corps décompose l'électricité naturelle de celui-ci, attire celle de nom contraire et repousse l'autre dans la partie la plus éloignée; si l'on touche celle-ci, le corps se trouve électrisé.

Vers 1764, on commençait déjà à rechercher l'influence que l'électricité pouvait avoir comme force chimique. Franklin observait que le fer devenait rouge, à force d'être exposé aux décharges électriques; Priestley annonçait, sous forme d'interrogations, qu'il était possible de changer les couleurs bleues des végétaux en rouge, au moyen de l'électricité. Beccaria fondait le verre, le borax, avec des décharges électriques, révivifiait les métaux de leurs oxydes, et décomposait le sulfure de mercure. Coulomb, de 1785 à 1786, fit faire un grand pas à l'électricité; il découvrit, à l'aide de la balance de torsion, 1° les lois suivant lesquelles s'exercent les attractions et répulsions électriques, lois qui sont les mêmes que celles qui régissent le mouvement des planètes autour du soleil, c'est-à-dire que ces actions avaient lieu en raison directe des quantités d'électricité possédées par les deux corps en présence, et en raison inverse du carré de leur distance; 2° celles d'après lesquelles l'électricité accumulée sur une surface se perd, soit par le contact de l'air, soit par les supports qui ne la retiennent qu'imparfaitement.

Volta, qui s'était déjà fait connaître en physique par la découverte de divers instruments précieux, devait nous révéler les moyens d'établir les rapports entre les affinités et les forces électriques. Les effets physiologiques produits par l'électricité n'avaient attiré que faiblement l'attention des physiciens, lorsqu'en 1790, le hasard, mais un de ces hasards heureux, dont un homme de génie sait seul tirer parti, conduisit Galvani, professeur d'anatomie à Bologne, à la découverte d'un principe dont les applications sont immenses pour la philosophie naturelle, et dont voici l'énoncé. Si les muscles cruraux d'une grenouille nouvellement tuée sont entourés d'une armure métallique, les nerfs lombaires d'une armure d'un autre métal, et que les deux métaux soient mis en contact, la grenouille se contracte aussitôt. Galvani attribua ce phénomène à l'existence d'une électricité propre au système des animaux, laquelle passait des muscles aux nerfs par l'intermédiaire de l'arc métallique. Cette théorie fut le sujet d'une longue controverse entre Galvani et plusieurs physiciens, et entre autres, Volta, professeur de physique à Pavie. Volta s'attacha à démontrer qu'il n'existait pas d'électricité propre aux animaux, et que ceux-ci ne servaient que de conducteurs, en raison de l'humidité dont les muscles et les nerfs étaient imprégnés, et que l'effet physiologique devait être rapporté à l'électricité dégagée au contact des deux métaux et qu'il recueillait avec son condensateur. Galvani combattit cette opinion en montrant que l'arc métallique n'était pas nécessaire pour exciter les contractions, puisqu'elles avaient lieu également en mettant en contact les muscles et les nerfs. Volta répondit que ce fait n'était qu'une généralisation de son principe, d'après lequel deux corps différents, suffisamment bons conducteurs, liquides ou solides, se constituaient toujours dans deux états électriques différents par leur contact mutuel. La théorie du contact fut attaquée dès l'origine par plusieurs physiciens, entre autres par Fabroni, qui, en s'appuyant sur des expériences intéressantes, avança le premier que l'électricité dégagée au contact avait pour cause une action chimique. De toutes parts on s'occupa des phénomènes de Galvani et de Volta; l'École de médecine de Paris prit un vif intérêt au galvanisme, en raison de ses applications à la physiologie. Une commission fut choisie pour répéter et étendre les expériences, mais sans qu'il en résultât rien de bien intéressant pour l'art de guérir. L'Institut national, ébranlé par le mouvement général, nomma aussi une commission pour examiner et vérifier les phénomènes galvaniques. On interrogeait successivement tous les organes de l'homme, des animaux et des plantes, par l'excitation métallique, c'est-à-dire, de l'électricité dégagée au contact de deux métaux. On croyait pouvoir saisir un des fils de la vie. M. de Humboldt, qui commençait alors sa carrière scientifique, publia, en 1798, un ouvrage sur le galvanisme, dans lequel on remarque quelques faits intéressants.

La lutte continuait toujours entre les partisans de Galvani et ceux du contact, lorsque, le 20 mars 1800, Volta écrivit à sir J. Bank, président de la société royale de Londres, pour lui annoncer une de ces grandes découvertes qui attirent l'attention générale et impriment une direction nouvelle aux sciences. Volta venait de découvrir la pile, le plus admirable instrument que les sciences aient produit, et auquel la reconnaissance publique a consacré le nom de son auteur. Peu après, Nicholson et Carlisle, en analysant le passage de l'électricité de la pile dans un liquide, au moyen de deux fils métalliques en communication avec les pôles, découvrirent la décomposition de l'eau, l'oxygène se dégageait du côté positif, et l'hydrogène du côté négatif. Nicholson remarqua ensuite la décomposition des sels métalliques; enfin, Berzélius reprit ces expériences et en étudia diverses particularités avec sa sagacité ordinaire. Il fut alors bien démontré que l'oxygène et les acides se transportaient au pôle positif, l'hydrogène et les bases au pôle négatif. Partout on se mit à l'œuvre pour étudier l'action chimique de l'électricité.

En 1801, Volta vint à Paris, pour exposer sa théorie de la pile en présence de la classe des sciences physiques et mathématiques de l'Institut national.

De toutes parts on cherchait à construire des piles qui pussent fonctionner longtemps et d'une manière sensiblement uniforme; mais la science n'était pas assez avancée pour qu'on pût résoudre encore la question

Davy, qui commençait à attirer l'attention publique par ses travaux, en construisit de diverses espèces, et montra en même temps qu'on pouvait renverser à volonté les pôles; il se servit, à cet effet, de disques de cuivre et de fer fonctionnant avec une solution de sulfure de potassium. La pile verticale de Volta présentant de grands inconvénients lorsque le nombre des couples était considérable, Cruikshans en imagina une horizontale dont les couples étaient renfermés dans une auge en bois : cette disposition est restée dans la science. Pépys annonça que la présence de l'oxygène était indispensable pour que la pile fonctionnât; MM. Biot et F. Cuvier confirmèrent ce fait et en étudièrent les conséquences. Pour démontrer l'identité entre l'électricité galvanique et l'électricité ordinaire, et lever par conséquent tous les doutes qui pourraient exister encore à cet égard, Wollaston fit voir qu'on pouvait, avec l'électricité ordinaire, produire tous les effets chimiques de la pile; il lui suffit pour cela de faire arriver l'électricité dans une solution par des pointes de fils de métal très-fins, placés dans des tubes de verre soudés à l'un des bouts. Cette expérience détruisit complétement la *théorie de Galvani*. Ritter, qui se livra avec ardeur à l'étude des propriétés chimiques de la pile, observa que deux lames de platine qui avaient servi à décomposer l'eau acquéraient une propriété polaire, en vertu de laquelle elles devenaient aptes à produire un courant secondaire dirigé en sens inverse, quand on les mettait en communication au moyen d'un fil de ce métal. Il partit de ce principe pour former des piles secondaires avec des disques d'un même métal et des rondelles de carton mouillé.

L'action chimique de la pile occupait alors tous les esprits. Davy étudiait les phénomènes de la chaleur produite dans les décompositions électro-chimiques, et préludait ainsi aux brillantes découvertes dont il devait plus tard enrichir les sciences physico-chimiques.

Toujours préoccupé de l'idée qu'avec l'électricité on parviendrait à vaincre les plus fortes affinités, même celles qui avaient résisté jusque-là aux moyens les plus énergiques de la chimie, il essaya de réduire les alcalis soupçonnés être des oxydes, c'est-à-dire de retirer les métaux que l'on supposait en être les radicaux. Il obtint, en effet, au pôle négatif, avec une pile de 250 éléments, de petits globules ayant l'éclat métallique, et qui brûlaient avec explosion au contact de l'eau en produisant de la potasse ou de la soude. La vive déflagration qui avait lieu à l'instant du contact avec l'eau provenait de la décomposition de celle-ci. Davy parvint encore à obtenir une plus grande quantité de *potassium* et de *sodium* (noms donnés aux nouveaux métaux) en les combinant immédiatement avec le mercure à l'instant de leur apparition, et volatilisant ensuite ce dernier par la chaleur. Il forma de la même manière les amalgames de barium, de calcium et de strontium; la magnésie et les autres ne donnèrent aucun résultat.

La science en était arrivée à ce point, qu'on ne savait quelle théorie adopter pour expliquer les phénomènes chimiques, calorifiques et lumineux, lorsque Davy jeta les bases d'une théorie électro-chimique, en s'appuyant sur des expériences dont plusieurs ne sont pas exactes, mais qui eut l'avantage de rallier tous les esprits. Voici les bases de cette théorie : toutes les fois que deux substances peuvent se combiner ensemble, elles se constituent dans deux états électriques différents par leur contact mutuel, et si ces deux états sont suffisamment exaltés pour donner aux molécules une force attractive supérieure au pouvoir de l'agrégation, il éclate du feu, c'est-à-dire de la chaleur et de la lumière, par suite de la réunion des deux électricités, et il se forme alors une combinaison; les signes d'électricité disparaissent quand la combinaison commence. On ne voyait pas la cause qui tenait accolées les molécules les unes aux autres; Davy éluda donc la difficulté.

M. Berzélius reprit cette théorie, lui donna de grands développements, et en fit la base de la chimie moderne. On lui doit particulièrement d'avoir établi des rapports entre les pouvoirs électriques des corps et leurs propriétés chimiques, que Davy n'avait fait qu'indiquer.

M. Ampère, dont les vues élevées ont été souvent utiles aux sciences physico-chimiques, admit que les atomes des corps possédaient chacun une électricité propre, dépendante de leur nature, les atomes acides étant éminemment négatifs, les atomes alcalins éminemment positifs; que ces électricités étaient dissimulées par une électricité de signe contraire, formant une atmosphère autour de chaque atome; suivant lui, dans les combinaisons, il y avait recomposition des deux atmosphères, et les atomes restaient unis en vertu de l'attraction réciproque de leur électricité. Cette théorie ingénieuse ne pouvait rendre compte de tous les faits observés, entre autres, pourquoi un corps était, tantôt électro-positif par rapport à un corps, tantôt électro-négatif par rapport à un autre.

Davy, qui avait annoncé que la chaleur et la lumière n'étaient que le résultat de la recomposition des deux électricités, voulut mettre ce principe hors de doute à l'aide d'une expérience des plus remarquables faite à l'Institution royale de Londres, avec une pile composée de 2000 couples, présentant une surface de 128,000 pouces anglais carrés.

En faisant passer entre deux pointes de charbon très-rapprochées dans le vide la décharge de cette énorme pile, il obtint une lumière si intense, qu'elle pouvait être comparée à celle du soleil. Les substances mêmes les plus infusibles, placées entre les deux pointes de charbon, ne purent résister à une chaleur aussi forte, et furent ou fondues ou volatilisées. Tous ces effets, et le jet de la lumière se produisant toujours quand il éloignait les deux pointes de charbon, Davy en tira la conséquence que la chaleur et la lumière dégagées devaient être attribuées à la réunion des deux électricités. Cette expérience venait donc à l'appui de ses vues sur la théorie électro-chimique ; et certes, jusqu'ici, rien ne prouve qu'il n'en soit pas ainsi.

En considérant chacun des deux principes électriques comme un fluide incompressible dont les molécules, douées d'une parfaite mobilité, se repoussent mutuellement et attirent celles de l'autre principe, en raison inverse du carré de la distance, et, en admettant, en outre, qu'à égale distance le pouvoir attractif est égal au pouvoir répulsif, M. Poisson chercha les conséquences mathématiques que l'on pouvait en tirer. Les résultats auxquels il a été conduit se sont trouvés d'accord avec ceux que Coulomb avait déduits de l'expérience. M. Poisson montra d'abord que tout le fluide électrique se porte à la surface des corps, où il forme une couche extrêmement mince dont il détermina la surface intérieure et l'épaisseur. Quant à la surface extérieure, elle se trouve être précisément celle du corps, puisque l'électricité n'y est retenue que par la pression de l'air. Quand le corps est une sphère, les deux surfaces de la couche électrique sont sphériques ; avec un ellipsoïde, la couche est également un ellipsoïde concentrique et semblable.

M. Poisson a déduit de ses calculs que la tension de l'électricité à l'extrémité d'un cône deviendrait infinie si l'électricité pouvait s'y accumuler. De même, dans un ellipsoïde très-allongé, la pression électrique serait très-faible à l'équateur, tandis qu'aux pôles elle pourrait acquérir une intensité considérable. Le pouvoir des pointes, pour soutirer l'électricité, a été démontré ainsi par le calcul.

Jusqu'en 1820, la science électrique se trouvait dans un état stationnaire, lorsqu'on apprit que M. Œrsted, professeur de physique à Copenhague, venait d'annoncer, dans un ouvrage écrit en latin, qu'une aiguille aimantée placée à peu de distance d'un fil de métal, qui joignait les deux extrémités d'une pile, éprouvait de la part de ce fil une action révolutive telle, que si l'aiguille se trouvait au-dessus du fil, elle était aussitôt déviée à angle droit, dans un sens ou dans un autre, suivant la direction du courant, et qu'au-dessous elle était déviée en sens inverse, tandis que si on la plaçait à droite ou à gauche, elle s'inclinait d'un côté ou de l'autre.

Immédiatement après cette importante découverte, M. Ampère commença une suite remarquable de recherches expérimentales et théoriques qui ont servi à jeter les bases de l'électro-dynamique. Il commença par montrer que l'action de la force électro-dynamique existe dans toutes les parties du fil conducteur, puis il indiqua la loi générale qui détermine le sens de l'aiguille dans chaque cas particulier. Il fit connaître ensuite le résultat de ses recherches sur les actions des courants les uns sur les autres, suivant qu'ils cheminent dans le même sens ou dans des sens différents, en sorte que, quelle que soit la direction de deux fils conducteurs, ils s'attirent lorsque les deux courants vont en s'approchant de la perpendiculaire commune aux directions des deux fils, ou en s'éloignant ; et se repoussant au contraire quand l'une tend vers cette perpendiculaire, et l'autre va s'en éloignant.

En 1821, M. Faraday parvint à faire tourner un fil conducteur autour du pôle d'un aimant. M. Ampère obtint la rotation d'un aimant autour de son axe. Davy ayant plongé dans du mercure les extrémités de deux fils en communication avec les deux pôles d'une pile, approcha l'un des pôles d'un aimant puissant près de la surface du mercure en contact avec ces conducteurs, et vit aussitôt le mercure prendre un mouvement de rotation rapide dans un sens dépendant de la nature du pôle de l'aimant. Il fit voir de plus qu'en faisant passer la décharge d'une très-forte pile entre deux pointes de charbon, le jet de lumière était attiré et repoussé selon le pôle en regard et le sens du courant.

M. Ampère, après avoir fait connaître l'action des courants les uns sur les autres et sur les aimants, avança que le globe terrestre se comportait dans son action sur les conducteurs et les aimants, de même que s'il existait dans le globe des courants électriques cheminant de l'est à l'ouest. Il ne suffisait pas d'indiquer que le phénomène avait lieu comme si des courants circulaient dans la croûte terrestre, il fallait encore rendre probable leur existence. M. Ampère, en s'appuyant sur les idées de Davy, émit l'opinion que le globe était peut-être formé d'un noyau métallique de potassium, de sodium, de silicium, et recouvert d'une couche d'oxyde ; qu'à la surface de contact il s'opérait continuellement des réactions chimiques qui produisaient une foule de courants électriques auxquels on devait attribuer le magnétisme terrestre. On a fait à cette hypothèse deux objections capitales : la première, que les substances qui composent la croûte étant en général de très-mauvais conducteurs, il était difficile d'admettre l'existence de courants électro-chimiques ; la seconde, que les réactions chimiques étant tumultueuses, s'il s'ensuivait des courants électriques, ils devaient circuler dans toutes sortes de directions, et que dès lors on ne voyait pas comment la résultante dût agir sensiblement toujours dans la même direction. De toutes parts on étudia les phénomènes électro-dynamiques.

De 1821 à 1822, Seebeck, de Berlin, découvrit les phénomènes thermo-électriques, en montrant qu'une différence de température entre les deux soudures d'un circuit fermé, composé de deux métaux différents, produisait un courant électrique dont M. Becquerel a déterminé les lois. Il a appliqué ces phénomènes à la détermination de la température des parties intérieures du corps de l'homme et des animaux, à celle des fourneaux, des lacs, et, en général de tous les milieux qui ne permettent pas d'employer les thermomètres ordinaires. L'analyse de ces phénomènes l'a conduit à montrer que la propagation de la chaleur dans les métaux, et en général dans les corps conducteurs, s'opère en vertu de décompositions et de recompositions électriques successives.

Des milliers d'expériences ont prouvé qu'il n'y a d'effets électriques de contact qu'autant qu'il y a action chimique, calorifique, ou bien un dérangement quelconque dans la position naturelle d'équilibre des molécules, et qu'il est impossible de rendre compte de tous les effets observés et des anomalies apparentes qui se présentent fréquemment, si l'on ne prend pas une de ces causes en considération. M. de la Rive est le premier qui se soit prononcé le plus énergiquement et de la manière la plus exclusive en faveur de cette opinion.

Voici les principaux faits sur lesquels M. Becquerel s'appuie pour attribuer à l'électricité de la pile une origine chimique.

1° Il n'y a pas d'action chimique sans un dégagement considérable d'électricité ; 2° une pile de Volta, fonctionnant avec un liquide n'agissant chimiquement sur aucun des deux éléments dont se compose chaque couple, ne *se charge* pas, c'est-à-dire qu'elle ne donne ni courant, ni électricité de tension ; un des deux éléments est-il attaqué, même très-faiblement par le liquide, on a aussitôt des effets de courant et des effets de tension ; l'action chimique devient-elle plus considérable, ces actions croissent en intensité. En un mot, l'intensité des effets électriques est, jusqu'à un certain point cependant, en rapport avec l'énergie de l'action chimique.

On voit donc que, pour obtenir des effets électriques avec la pile, il faut détruire peu à peu l'un des deux métaux ; de plus, le sens du courant dépendant de l'élément qui est le plus attaqué, on peut à volonté, dans une pile voltaïque, en la chargeant avec de l'eau acidulée, ou une solution de sulfure alcalin, changer le sens du courant. Dans ce premier cas, le pôle positif est du côté zinc; dans le second, du côté cuivre.

Ces faits généraux, joints à une foule d'autres particuliers, ont mis à même d'en tirer la conséquence que l'électricité dégagée dans la pile émane entièrement de l'action chimique.

Dans tout ce qui vient d'être mentionné, on n'a parlé que de l'électricité agissant comme force chimique sur des substances en dissolution ; mais elle peut aussi réagir sur des substances insolubles, comme Davy l'a démontré le premier, et les recherches de M. Becquerel à ce sujet l'ont conduit à des observations intéressantes sur la décomposition des roches.

Les applications de l'électricité à l'étude de quelques phénomènes géologiques ont provoqué des expériences dont les conséquences ont été expliquées différemment : par exemple, on a cru reconnaître des courants électriques dans les filons, et aussitôt on les a considérés comme étant la cause des décompositions lentes et de quelques-uns des changements géologiques qui ont lieu à diverses époques, et se produisent encore. Mais M. Becquerel a démontré que les moyens employés pour reconnaître la présence de ces courants n'étaient pas de nature à établir cette vérité, et que la croûte du globe étant composée de roches, qui ne conduisent pas l'électricité, ne pouvait par conséquent être traversée par des courants ; et que s'il existait des courants, on ne pouvait les trouver que dans les parties très-restreintes où il y avait des substances métalliques. Le défaut d'habitude dans l'observation des effets électriques produits dans les actions chimiques a dû induire en erreur les observateurs.

L'application de l'électricité soit à la chimie, soit à la géologie, soit aux arts, exigeait que l'on eût des appareils doués d'une force constante, ou qui, du moins, n'éprouvassent que de faibles variations dans un certain laps de temps.

Les piles à auges étaient loin de remplir ce but, puisqu'elles cessent promptement de fonctionner. M. Becquerel a fait connaître des principes simples, à l'aide desquels on peut construire des appareils voltaïques à courant constant, qui lui ont servi depuis dix ans à des recherches électro-chimiques. Ce n'est que plusieurs années après que M. Daniell, en se servant du même principe et du même moyen, construisit une pile à courant constant, laquelle, en raison des dispositions qu'elle a reçues, devient un appareil pratique.

Parmi les applications qui attirent l'attention dans ce moment, il y en a quatre principales : le traitement électro-chimique des minerais d'argent, de cuivre et de plomb, la galvano-plastique, la dorure, et enfin la télégraphie.

Les théories électro-chimiques qui ont été successivement mises en avant pour établir les rapports existants entre les affinités et les forces électriques ne comprenaient qu'un nombre assez restreint de faits ; aussi avaient-elles besoin d'être modifiées pour embrasser toutes les observations dont la science s'est enrichie depuis quelques années. Pour jeter les bases d'une bonne théorie, il fallait prendre en considération les effets électriques qui accompagnent les combinaisons et les décompositions chimiques.

L'action des parties hétérogènes les unes sur les autres et la permanence de leur union sont-elles dues à des forces électriques, ou à des forces dont la nature nous est inconnue ? Quelque disposé que l'on soit à répondre affirmativement à la première question, nous devons néanmoins nous borner à dire que les faits nombreux qui surgissent de toutes parts tendent à établir : 1° qu'il existe des rapports intimes entre les affinités et les forces électriques, rapports qui doivent servir de base à toute théorie électro-chimique ;

2° Que les deux principes existent dans les interstices des molécules à l'état d'électricité naturelle ; qu'ils en sont expulsés, en même temps que la chaleur qui s'y trouve, par l'effet d'actions mécaniques ou chimiques ; que l'état électrique des corps modifie sans cesse les affinités ;

3° Qu'il existe une quantité énorme d'électricité naturelle dans les espaces moléculaires où s'opèrent les phénomènes les plus mystérieux de la nature, quantité tellement identifiée aux forces qui unissent les molécules, que l'on détruit ou que l'on affaiblit l'action de ces forces quand on enlève tout ou partie de cette électricité ; si donc elle ne constitue pas les affinités et la force d'agrégation, elle est du moins indispensable à leur existence ;

4° L'hypothèse ancienne, que la chaleur est formée de la réunion des deux électricités, subsiste toujours, et repose sur des faits de plus en plus concluants ; on n'a encore trouvé que peu d'exceptions qui puissent l'infirmer ;

5° L'électricité produite dans les actions chimiques n'est qu'un effet résultant de l'action des affinités ; elle reparaît, mais en sens inverse, dans la décomposition. Ces deux effets annoncent un état électrique moléculaire indispensable à la permanence de l'union des particules hétérogènes dans la combinaison, ou des molécules similaires dans la constitution des corps.

Il existe un accord parfait entre la théorie des proportions définies et celle de l'affinité électro-chimique, puisqu'il est prouvé maintenant, d'après les observations de M. Faraday, que les parties équivalentes des corps contiennent d'égales quantités d'électricité. Ainsi les atomes qui sont équivalents les uns aux autres, possèdent des quantités égales d'électricité.

Nous avons esquissé à grands traits la marche que l'électricité a suivie depuis le commencement du siècle jusqu'à notre époque, en nous attachant aux phénomènes généraux. L'impulsion donnée à l'électricité, dans ces dernières années, est telle qu'on ne peut savoir où elle s'arrêtera et quelles en seront un jour les conséquences pour la physique, la chimie et les sciences naturelles.

Électricité. — Fluide impondéré, universellement répandu, dont on apprécie les effets sans en connaître l'origine ni la véritable nature. Les Grecs, qui avaient donné au succin le nom de ἤλεκτρον (d'ἑλκύω, j'attire) savaient déjà que cette matière acquiert par le frottement la propriété d'attirer des corps légers, mais ils ne poussèrent pas plus loin leurs investigations. Plus tard, le principe de cette attraction mystérieuse fut appelé *électricité*, du nom même que les Grecs avaient donné au succin. Vers le milieu du XVIIe siècle le docteur Wall observa le premier l'étincelle électrique, produite par la main de l'homme. Après avoir frotté un grand cylindre, il y porta le doigt, et à l'instant même il en vit jaillir l'étincelle électrique, avec la lumière bleuâtre et le bruit particulier qui la caractérisent. Et, chose digne de remarque, ce phénomène fut aussitôt comparé à celui de la foudre. C'est ainsi que l'imagination rencontra la vérité du premier jet. Cette donnée fut comme le premier anneau d'une longue suite de recherches et d'expériences qui se perpétuent depuis deux siècles et qui sont destinées à conduire à la solution d'un problème peut-être insaisissable.

§ I. — *Généralités.*

Lorsque, avec la main sèche ou de la laine, on frotte des morceaux de résine, de soufre, de verre, de cristaux naturels ou des pierres précieuses, ces choses acquièrent par le frottement la propriété d'attirer les corps légers voisins, qui se précipitent à leur surface, et, suivant leur nature, y restent attachés ou sont aussitôt repoussés ; si l'expérience est faite dans l'obscurité et le silence, on aperçoit de petites étincelles lors du contact, et l'on entend leur bruissement. Tel est le fait le plus ancien, ou le point de départ de la science de l'électricité.

Bien des siècles se passèrent avant que ce fait physique fût étudié scientifiquement. Aussitôt que cette étude fut essayée, on reconnut que les corps qui paraissent non électrisables par le frottement jouissent de la propriété de communiquer la vertu électrique, tandis que dans les substances qui manifestent des phénomènes d'attraction, cette propriété n'existe pas ou est extrêmement faible. De là le partage des corps de la nature en deux grandes classes : celle des conducteurs de l'électricité, tels que les métaux, le charbon calciné, les liquides, à l'exception des huiles, toutes les substances terreuses, végétales et animales imprégnées de liquides, et la classe des non-conducteurs ou isolateurs, tels que la résine, le verre, les matières organiques suffisamment sèches. Les corps qui occupent la couche superficielle du globe étant moyennement conducteurs, la terre rend insensible toute vertu électrique qui lui est communiquée : c'est pour cette raison qu'elle est désignée sous le nom de réservoir commun. On constata alors qu'un métal est électrisable par le frottement lorsqu'il est soutenu ou supporté par un corps non-conducteur, mais non lorsqu'on le tient avec la main, qui communique au sol. Ainsi tous les corps de la nature, convenablement disposés, furent reconnus électrisables par le frottement.

Une petite boule légère et conductrice, suspendue à un fil isolant, conduisit à une autre découverte fondamentale. En approchant de cette boule un morceau de verre ou de résine frotté avec de la laine, elle était attirée jusqu'au contact, puis repoussée, et possédait ainsi la vertu électrique ; toujours repoussée par le corps qui la lui avait communiquée, elle pouvait cependant être attirée par d'autres corps électrisés. C'est après avoir analysé ces différences d'action qu'on fut obligé d'admettre deux espèces d'électricité, l'une développée sur le verre frotté avec de la laine, l'autre sur la résine frottée avec la même substance. Une de ces espèces, communiquée à la fois à deux boules isolées et voisines, détermine entre elles une répulsion; il y a attraction, au contraire, entre deux boules possédant les deux espèces différentes. On donna d'abord à ces deux électricités les noms de vitreuse et de résineuse; mais, ayant reconnu qu'en changeant de frottoir on pouvait électriser le verre résineusement et la résine vitreusement, on adopta une autre dénomination, celle des électricités positive et négative. Enfin on constata, à l'aide du pendule conducteur et isolé, une loi générale et sans exception, savoir, que, de deux corps frottés l'un contre l'autre et convenablement disposés, l'un manifeste de l'électricité positive, et l'autre de l'électricité négative.

Pour expliquer, ou plutôt pour coordonner ces faits nouveaux, on admit l'existence de deux fluides électriques impondérables, l'un positif, l'autre négatif, jouissant de la propriété de repousser chacun ses propres molécules, et de s'attirer réciproquement. D'après cette hypothèse, les corps contiennent des masses égales des deux fluides, se neutralisant dans leur combinaison, laquelle forme un fluide composé, sans action à l'extérieur, et appelé fluide neutre ou naturel. Le frottement entre deux corps y détermine un partage inégal des fluides électriques, en sorte que ces corps retiennent des excès, l'un de fluide positif, l'autre de fluide négatif, libres ou pouvant manifester des vertus électriques opposées. L'attraction qu'un corps électrisé exerce sur un autre corps qui ne l'est pas est due à la décomposition du fluide naturel de ce dernier, faite à distance par l'influence de l'électricité libre, qui, repoussant le fluide de même espèce et attirant celui d'espèce contraire, détermine le rapprochement des deux corps. Les répulsions et les attractions entre des corps légers électrisés de la même manière ou différemment s'expliquent par les actions mutuelles des masses de fluides libres. Pour concevoir comment ces actions peuvent déterminer les mouvements de la matière pondérable, il faut remarquer que la possibilité d'isoler dans l'air des corps conducteurs, et d'y conserver pendant un certain temps la vertu électrique, prouve que les gaz conduisent mal l'électricité, et s'opposent à sa déperdition : les fluides libres répandus sur un conducteur isolé doivent donc exercer en chaque point de sa surface, sur la couche d'air environnante, une pression variable avec la quantité de fluide accumulée en ce point; il y a donc des pressions inégales exercées par cette cause sur les différentes parties de l'enveloppe gazeuse, et cette inégalité dans la pression peut occasionner le mouvement de la couche d'air, et par suite celui du corps. En partant de ce principe, on se rend facilement compte de toutes les attractions et de toutes les répulsions entre des corps électrisés.

Une hypothèse plus simple en apparence, et adoptée par Franklin, fut émise sur la cause des phénomènes électriques. Dans cette hypothèse, on n'admet qu'un seul fluide répandu dans tout l'espace, agissant par répulsion sur lui-même et par attraction sur la matière pondérable. Chaque corps à l'état naturel contiendrait une certaine quantité de ce fluide unique, sur laquelle les répulsions et les attractions du fluide et des corps environnants se feraient équilibre. Cet état statique serait troublé par le frottement : des deux corps frottés l'un enlèverait à l'autre une portion de son fluide, et ils se trouveraient ainsi électrisés, le premier positivement, le second négativement. Mais pour expliquer ensuite comment cette rupture de l'équilibre peut déterminer les attractions et les répulsions qu'on observe entre les corps électrisés, il fallait admettre non-seulement la répulsion propre du fluide et son attraction sur la matière, mais en outre la répulsion de la matière pondérable sur elle-même. Cette dernière conclusion, directement opposée à celle qui sert de base à l'astronomie rationnelle, devait être regardée comme absurde : la théorie de l'électricité était trop faible, trop jeune encore, pour oser lutter contre la science la plus parfaite et la mieux établie parmi les connaissances humaines. Force fut donc de céder, en reculant devant un obstacle alors insurmontable. L'hypothèse des deux fluides prévalut et fut exclusivement adoptée.

Les premiers progrès scientifiques de l'électricité furent exclusivement intérieurs : cette science devait se perfectionner, s'étudier, mesurer et concentrer ses forces, avant de déborder sur les autres sciences physiques, et leur faire éprouver sa puissante généralité et l'importance de ses secours. On inventa les électromètres destinés à constater la présence, la nature et l'intensité de l'électricité libre; les machines propres à développer à la fois, et d'une manière continue, de plus grandes quantités d'électricité, à produire des étincelles plus longues et plus bruyantes. L'expérience indiqua la loi des actions électriques, qui est celle de la raison inverse du carré de la distance et de la proportionnalité des masses agissantes, comme pour les actions astronomiques. Les lois de la distribution de l'électricité libre à la surface des conducteurs isolés furent reconnues par l'expérience et étudiées par le calcul. On expliqua facilement, d'après ces lois, le pouvoir que possèdent les pointes métalliques, de faciliter la dissipation à travers l'air et la neutralisation des électricités libres. La réaction des fluides développés par l'influence d'une source d'électricité conduisit à la découverte des conducteurs. La bouteille de Leyde, les batteries, permirent d'accumuler et de maintenir séparées des masses considérables de fluides contraires, puis d'étudier les effets de leur passage à travers des corps plus ou moins conducteurs, qui favorisaient leur combinaison. Nous n'entreprendrons pas de détailler toutes ces découvertes, qui, coordonnées scientifiquement par l'hypothèse des deux fluides, forment une théorie physique partielle, résumant les progrès intérieurs de l'électricité. Nous avons hâte d'arriver à ses progrès extérieurs ou à ses envahissements sur les autres sciences physiques.

Les effets inattendus produits sur les corps inorganiques et animés par la décharge de la bouteille de Leyde, ou par celle plus puissante des batteries *électriques*, *servirent* de prélude. L'éblouissante *vivacité* de l'étincelle, et son bruit, détonant au moment de la décharge, attaquaient le domaine de la lumière et celui de l'acoustique; la fusion, l'incandescence et la combustion des *fils* métalliques traversés, *indiquaient* le pouvoir de produire des phénomènes calorifiques, des combinaisons chimiques; la commotion occasionnée par la bouteille de Leyde, celle plus dangereuse des batteries électriques, soumettaient l'organisme à l'influence de l'électricité. Elle s'essayait en quelque sorte par des attaques partielles, avant d'entreprendre de plus riches conquêtes.

Déjà ces effets figuraient en petit ceux de la foudre, qui, *elle aussi*, a ses étincelles et son tonnerre, fond et brûle les métaux, paralyse ou tue les êtres animés. L'analogie était trop évidente; on essaya de la transformer en identité, et des expériences hardies conduisirent à ce résultat. On éleva dans l'atmosphère des cerfs-volants armés de pointes, dont la corde était entourée d'un fil métallique, et attachée près de la terre à un conducteur isolé. Quand un nuage orageux passait au-dessus de l'appareil, le conducteur se chargeait d'électricité, tantôt positive, *tantôt* négative, et l'on pouvait soutirer de ce *conducteur*, *à l'aide d'un excitateur* communiquant au sol, des étincelles électriques ayant plusieurs pieds de longueur. Ainsi, plus de doute sur la cause de la foudre : *l'électricité* envahit et domine la météorologie.

Là, autre temps d'arrêt : il fallait explorer cette première conquête, et la consolider par des travaux importants. Pour écarter tout doute sur sa légitimité, on reproduit avec de puissantes batteries tous les effets de la foudre, les plus rares comme les plus fréquents. Ainsi de l'électricité, développée dans le cabinet du physicien, réduit des corps en poussière, vitrifie des pierres, produit dans le sable des tubes fulminaires, et transporte des particules pondérables incandescentes qui déterminent la couleur de son étincelle; on figure même le choc en retour. — Mais d'où vient l'électricité des nuages orageux? — On découvre, à l'aide de l'électromètre, des traces de fluides libres, disséminés dans l'atmosphère, et retenus par la non-conductibilité de l'air. Cette électricité, toujours positive lors d'un temps serein, passe souvent du positif au négatif lors d'un temps couvert. Plus abondante dans les couches d'air plus élevées au-dessus du sol, elle varie d'intensité au même lieu, pendant le jour et la nuit, d'une saison à l'autre; l'observation donne les lois empiriques de ces variations. C'est donc cette électricité que les nuages recueillent dans l'atmosphère, et qui, accumulée sur ces conducteurs, manifeste sa présence par les éclairs, la foudre et le tonnerre. — *Mais alors d'où* vient l'électricité atmosphérique? — Lorsqu'on projette dans un creuset fortement échauffé de l'eau non pure, mais contenant quelque sel en dissolution, la vapeur qui s'élève, étudiée par l'électromètre, donne des signes certains d'électricité positive. Or, les vapeurs qui se forment sur la terre abandonnent toujours des sels, qu'elles proviennent des mers, des *lacs*, *des rivières*, *ou qu'elles soient rejetées* dans l'atmosphère par la respiration des animaux et celle des plantes. Les vapeurs terrestres doivent donc être chargées d'électricité positive libre, et telle est la source de *l'électricité atmosphérique*. *Ainsi*, non-seulement on prouve que tous les effets de la foudre sont des phénomènes électriques, mais encore on sait l'origine des masses de fluides libres qui occasionnent ces effets. Enfin, après avoir découvert la véritable explication des météores ignés, la science de l'électricité remplit une tâche plus importante encore, en indiquant les moyens de garantir les édifices et leurs habitants contre les désastres d'un fléau qu'il devenait possible de vaincre dès que son mystère était dévoilé.

A la même époque se préparait une nouvelle conquête, plus lente que celle de la météorologie, mais plus féconde en résultats scientifiques. Un jour de l'année 1790, dans le cabinet d'un physicien italien nommé Galvani, des cadavres de grenouilles, placés près d'une machine électrique en activité, éprouvent des convulsions à chaque étincelle soutirée du conducteur. Ce phénomène n'est autre que celui du choc en retour. Mais le physicien, à qui cette explication ne se présente pas, en cherche une autre : il constate, par hasard, que les convulsions se renouvellent quand un arc métallique vient toucher à la fois les nerfs *lombaires* et les muscles des pattes d'une grenouille récemment tuée et dépouillée de sa peau; c'est ce nouveau phénomène, très-différent du premier, qu'il veut maintenant expliquer. Il assimile alors les nerfs et les muscles aux deux garnitures d'un condensateur, admet qu'à leur suture une substance non-conductrice les sépare et y maintient à l'état latent des masses de fluides contraires, sans doute accumulées lorsque la vie animait ces organes, et qui n'avaient pas encore eu le temps de se dissiper. Suivant Galvani, l'arc métallique, remplissant la fonction d'un excitateur, opérait la décharge de ce condensateur naturel, et le mouvement de l'électricité à travers les nerfs et les muscles produisait les contractions ordinaires. Mais le temps n'était pas encore venu pour la science de l'électricité d'attaquer audacieusement, et avec chance de succès, le principe même de l'organisme vivant.

Volta, autre physicien italien, prouve, par des expériences directes, que le contact seul de deux métaux différents suffit pour développer sur eux des fluides contraires. Il constate que les convulsions de la grenouille, faibles ou même nulles avec un arc d'un seul métal, ont au contraire une grande énergie quand cet arc est hétérogène, c'est-à-dire formé de deux métaux soudés ou juxtaposés. En résumé, dans le circuit composé des nerfs, des muscles et des deux métaux, il y avait nécessairement quelque part du fluide neutre décomposé, puisque les contractions indiquaient des fluides libres en mouvement. Galvani voulait que la décomposition eût été opérée, sous l'influence de la vie, à la suture des muscles et des nerfs; mais Volta prétendait que cette décomposition avait lieu au contact des deux métaux, par la force électro-motrice dont l'existence lui était prouvée. Cette dernière opinion servit de point de départ à des découvertes tellement importantes, et si étrangères à l'organisme, que les idées de Galvani furent bientôt oubliées.

D'après Volta, les métaux sont les seuls corps dont le contact mutuel produise une force électro-motrice ou la décomposition d'une certaine quantité de fluide neutre; et des liquides rendus plus conducteurs par des acides ou des sels dissous, des morceaux de carton ou de drap imprégnés de ces liquides, ne peuvent développer aucune force électro-motrice sensible par leur contact, soit entre eux, soit avec un métal. Ces faits constatés, Volta imagina de superposer dans le même sens un grand nombre d'éléments ou de couples électro-moteurs, composés chacun de deux disques métalliques, de cuivre et de zinc, par exemple, en séparant chaque élément du suivant par des rondelles de drap imprégnées d'un liquide conducteur. Sa théorie lui indiquait que dans cet appareil, ou dans cette pile placée sur un support isolant, toutes les forces électro-motrices développées aux contacts des disques devaient superposer leurs effets, et donner pour résultat de l'électricité libre répandue sur toute la colonne, positive sur la moitié terminée par un disque de zinc, négative sur celle terminée par un disque de cuivre, les tensions des deux fluides croissant du milieu aux extrémités: l'expérience confirma cette prévision, et la science de l'électricité acquit un instrument aussi énergique, mais beaucoup plus riche d'avenir que les batteries électriques.

Lorsqu'on réunit les extrémités, ou les pôles, de la pile par une série de corps suffisamment conducteurs, les fluides contraires accumulés aux deux pôles se réunissent par cette chaîne et il s'opère une décharge analogue à celle de la bouteille de Leyde; mais en même temps les forces électro-motrices de la pile renouvellent vers les pôles les fluides contraires qui se sont combinés, et une nouvelle décharge succède rapidement à la première: en sorte que le conducteur interpolaire donne lieu à une suite non interrompue de recompositions. S'il est formé de deux gros fils métalliques, on aperçoit entre leurs bouts très-voisins une suite d'étincelles électriques, ou un filet continu de lumière; si ces bouts sont armés de morceaux de charbon fortement calcinés et imprégnés de mercure, que l'on superpose l'un à l'autre, on observe à leur contact une lumière d'une vivacité extraordinaire, dont l'éclat éblouissant est comparable à celui du soleil. Si l'on dispose dans la chaîne conductrice un fil métallique de petit diamètre, suivant sa nature et sa grosseur il devient incandescent, fond, brûle ou se disperse en poussière d'oxyde. Enfin, quand on touche les pôles avec les deux mains mouillées, on éprouve une commotion insupportable par sa persistance, et qui est très-dangereuse avec une pile formée d'un grand nombre d'éléments. Tous ces effets sont analogues à ceux produits par les condensateurs: ils s'en distinguent toutefois par leur continuité.

Mais voici des phénomènes nouveaux, que les décharges instantanées ne pouvaient faire découvrir. Deux fils de platine ou d'or s'élèvent verticalement, dans un même vase dont ils traversent les parois, au milieu d'une masse d'eau acidulée; deux petites cloches de verre renversées et remplies du même liquide sont disposées au-dessus de ces fils, que l'on met respectivement en communication avec les pôles d'une pile en activité: le liquide du vase fait ainsi partie du conducteur interpolaire, et les fluides libres des pôles, amenés par les fils métalliques, doivent traverser ce liquide pour se combiner. Dans ces circonstances, on aperçoit une multitude de bulles de gaz qui naissent à la surface et aux extrémités des fils; bientôt les gaz recueillis sous les cloches sont en masses suffisantes pour être étudiés chimiquement, et l'on reconnaît alors que celui dégagé vers le pôle positif est de l'oxygène, et l'autre de l'hydrogène: les volumes de ces deux gaz, ramenés à la même pression, sont d'ailleurs dans les proportions nécessaires pour reformer de l'eau par leur combinaison chimique. Ainsi le mouvement de l'électricité dans le liquide en a opéré la décomposition.

La découverte de la décomposition de l'eau fut suivie de recherches importantes: on reconnut que les sels d'une dissolution introduite dans le conducteur interpolaire sont décomposés; que les acides se rendent au pôle positif, les bases au pôle négatif; les terres alcalines furent aussi décomposées en oxygène et en métal. Mais nous n'entreprendrons pas de détailler toutes les expériences qui ont mis hors de doute la puissance de l'électricité en mouvement dans le circuit voltaïque, pour opérer des décompositions chimiques. Ce qu'il nous importe de constater, c'est la révolution que ces découvertes ont occasionnée dans le domaine de la chimie. On imagina, pour expliquer ces nouveaux faits, d'admettre que les atomes des corps simples possèdent constamment un excès d'un des fluides électriques, que les uns sont électro-positifs, les autres électro-négatifs. Dans cette hypothèse, l'atome composé est formé d'atomes appartenant aux deux classes, que réunissent des actions électriques remplaçant les anciennes affinités; par cette réunion, la neutralisation des actions élémentaires est plus ou moins complète, et, suivant les cas, l'atome composé est neutre ou conserve un pouvoir, soit électro-positif, soit électro-négatif. Les décompositions chimiques faites par la pile s'expliquent alors facilement: les tensions des fluides libres, soit aux pôles, soit à chaque obstacle qui ralentit leur mouvement, donnent lieu à des attractions nouvelles, qui partagent un atome composé, en deux éléments, l'un électro-négatif entraîné vers le pôle positif, l'autre électro-positif vers le pôle négatif.

Voilà donc la chimie qui tombe tout entière sous l'empire de l'électricité: les combinaisons chimiques ne sont plus que le résultat d'actions électriques; elles sont détruites par d'autres forces de même origine. A l'aide de cette théorie nouvelle, la chimie fait en peu d'années des pas de géant, et toutes ses découvertes ne servent qu'à consolider cette immense conquête de l'électricité. Mais cette dernière science ne devait pas s'arrêter en si beau chemin: jusqu'alors ses envahissements avaient eu lieu hors de la physique proprement dite, et, si ce n'est quelques légères attaques, elle avait laissé en repos ses sœurs en physique; la pesanteur, la lumière, la chaleur, et le magnétisme, poursuivaient avec plus ou moins d'activité leur marche progressive, mais isolément et sans que leurs phénomènes entrassent en lutte avec ceux de l'électricité. Une découverte inattendue vint porter le trouble dans cette famille.

Lorsque les deux pôles d'une pile voltaïque sont réunis par une suite de corps suffisamment conducteurs, les deux fluides électriques doivent être continuellement en mouvement; car il y a toujours décomposition de fluide neutre aux contacts métalliques, et recomposition sur le conducteur interpolaire. On doit donc admettre que, dans ce circuit, le fluide positif tourne sans cesse, en marchant dans la pile du pôle négatif au positif, et dans le conducteur du pôle positif au négatif, tandis que l'autre fluide tourne en sens contraire. C'est cet état de mouvement qu'on appelle *courant électrique*, et l'on entend par sens du courant la direction que doit y suivre le fluide positif. Les effets physiques, chimiques ou physiologiques de la pile sont tous dus au courant électrique qui s'établit dans un conducteur hétérogène, et signalent ainsi son existence. Mais dans le cas d'un conducteur interpolaire homogène, formé d'un seul fil métallique ayant un gros diamètre, à quel signe reconnaître l'existence du courant? — Il y a au plus vingt-cinq ans, Œrstedt, physicien danois, découvrit que l'aiguille aimantée, placée dans le voisinage de ce conducteur, est déviée de la position que lui assigne le magnétisme terrestre. La loi de ce phénomène est celle-ci: si l'on imagine un observateur couché sur le conducteur de telle manière que le courant positif chemine de ses pieds à sa tête, et tourné vers l'aimant, la déviation est telle que le pôle austral de l'aiguille marche vers la gauche de cet observateur, ou vers celle du courant qu'il personnifie.

Ampère, physicien français, conçoit alors une nouvelle théorie du magnétisme, qui explique cette singulière action de l'électricité en mouvement sur les aimants. Pour appuyer ses idées sur des expériences directes, il imagine un appareil qui lui permet de rendre mobile une portion du conducteur interpolaire. Il constate la réaction prévue des aimants fixes, et même du globe terrestre, sur ce courant mobile. Puis, éloignant tout corps aimanté et toute action réputée magnétique, il découvre qu'un courant fixe agit aussi sur le conducteur mobile, et résume cette action par une loi générale qui embrasse tous les cas. D'après cette loi, un aimant agit sur un courant, comme le feraient une suite de courants circulaires dont les plans seraient perpendiculaire à l'axe de l'aimant, autrement dit à la ligne qui joint ses pôles magnétiques; la terre agit sur les aimants et sur les courants mobiles comme le ferait un courant terrestre dirigé de l'est à l'ouest.

La nouvelle théorie du magnétisme, qui transforme ces analogies en identités, est alors émise hardiment: dans tous les corps susceptibles d'acquérir une aimantation passagère ou permanente, chaque particule est le lieu d'une infinité de courants électriques qui circulent autour d'elle dans toutes les directions, en sorte que leurs actions à l'extérieur se détruisent; un fort courant fixe, placé dans le voisinage d'un de ces corps à l'état naturel, agit sur les courants particulaires pour les ramener au parallélisme, et le corps se trouve aimanté; le courant influent étant écarté, les courants particulaires tendent à reprendre leurs directions variées: ils y parviennent s'il s'agit du fer doux; mais, dans l'acier trempé, une force coercitive s'oppose à ce que ce retour soit complet: les courants particulaires conservent des directions à peu près parallèles, et le corps reste aimanté. Ainsi les actions du globe sur les aimants, celles des aimants entre eux ou sur des courants, ne sont autres que des actions de courants sur courants. Voilà l'hypothèse des deux fluides magnétiques détruite, et le magnétisme n'est plus qu'un chapitre de l'électricité.

Un grand nombre de faits viennent à l'appui des idées d'Ampère. On constate que le fil métallique interpolaire attire la limaille de fer. Des aiguilles d'acier sont aimantées quand on les place, soit perpendiculairement à ce conducteur, soit dans l'intérieur d'une hélice qu'il forme autour d'un tube de verre; l'aimantation a même lieu quand cette hélice sert à la décharge instantanée d'une bouteille de Leyde. Un morceau de fer doux, contourné en fer à cheval, et enveloppé par plusieurs milliers de tours d'un fil de laiton, qu'une gaîne en soie isole latéralement, devient un aimant puissant lorsque le fil héliçoïdal est introduit dans un circuit voltaïque. Mais pour bannir tout doute sur l'origine purement électrique du magnétisme, il fallait reproduire, au contraire, tous les phénomènes électriques à l'aide des aimants. Une nouvelle découverte conduisit à cette dernière preuve.

Le fait découvert par OErstedt avait donné un instrument précieux pour reconnaître l'existence d'un courant, même très-faible, dans un circuit conducteur. Cet instrument, auquel on a donné le nom de galvanomètre, se compose d'un fil de laiton enveloppé de soie, et contourné un grand nombre de fois autour d'un cadre en bois, rectangulaire et dirigé dans le plan méridien magnétique; deux aiguilles aimantées traversent horizontalement, et en sens inverse l'une de l'autre, une paille suspendue verticalement à un fil de soie sans torsion : l'une des aiguilles occupe le milieu du cadre, l'autre est située au-dessus, et ses déviations sont indiquées sur un limbe gradué. Les deux aiguilles n'ayant pas exactement les mêmes moments magnétiques, leur système est encore soumis, mais très-faiblement, à l'action directrice du globe ; elles se placent donc, dans le méridien magnétique, parallèlement aux côtés horizontaux du cadre multiple. Dans ces circonstances, si l'on joint les deux bouts libres du fil métallique par une chaîne conductrice, on forme ainsi le circuit galvanométrique; et si une cause quelconque fait naître un courant dans ce circuit, les aiguilles sont déviées : la direction et la grandeur de cette déviation indiquent le sens et l'intensité du courant. Beaucoup de découvertes importantes sont nées de l'invention du galvanomètre.

Il y a quinze ans au plus, un physicien anglais, Faraday, découvrit qu'un courant électrique a le pouvoir de faire naître, dans des conducteurs voisins, des courants qui sont appelés pour cette raison *courants par induction*. Deux fils de laiton, l'un complétant un circuit galvanométrique, l'autre un circuit voltaïque, sont disposés parallèlement l'un à l'autre, suivant une ligne brisée ou courbe de plusieurs centaines de pieds de longueur : au moment où le courant commence ou finit dans le second fil, l'index du galvanomètre indique dans le premier un courant par induction inverse ou directe; si, sans détruire le parallélisme des fils, un mouvement brusque les rapproche ou les écarte l'un de l'autre, tandis que le courant voltaïque subsiste dans le second fil, le galvanomètre indique encore dans le premier un courant par induction, inverse lors du rapprochement, direct lors de l'écart : l'index reste au zéro tant que les deux fils conservent la même distance, et que le circuit voltaïque n'est pas interrompu.

Mais si les courants voltaïques peuvent faire naître des courants par induction, les aimants, qui sont le lieu de courants particuliers à peu près parallèles, doivent avoir le même pouvoir. Et, en effet, si le fil qui complète le circuit galvanométrique est disposé en hélice, loin de l'index, et qu'on approche ou qu'on éloigne brusquement d'une des extrémités de cette hélice un fort barreau aimanté, le galvanomètre constate dans l'hélice un courant par induction inverse ou direct, c'est-à-dire de sens opposé ou de même sens que celui qui devrait parcourir le fil pour créer dans le barreau la polarité qu'il possède ; si l'aimant reste stationnaire, l'index revient au zéro. Ces effets augmentent beaucoup en intensité quand on place dans l'hélice un morceau de fer doux, qui gagne ou perd une aimantation passagère, lors des mouvements brusques du barreau.

Ces derniers faits ont donné l'explication des phénomènes du magnétisme en mouvement (*Voy.* MAGNÉTISME). Ils ont en outre conduit à l'invention d'un appareil où la rotation d'un aimant reproduit tous les effets connus de l'électricité. Un morceau de fer doux, contourné en fer à cheval, est enveloppé de plusieurs milliers de tours d'un fil de cuivre isolé par de la soie, et dont les extrémités peuvent être réunies par d'autres conducteurs; un aimant de même forme est mobile autour d'un axe, passant par son milieu, et placé de telle manière qu'à chaque révolution les deux pôles de l'aimant passent très-près des deux extrémités du fer doux. D'après les faits précédents, lors d'une rotation rapide, le fil héliçoïdal doit devenir le lieu d'un courant par induction, mais qui change nécessairement de sens à chaque demi-tour. Ce courant alternatif est appelé *électro-magnète*. Son existence est constatée par les faits suivants :

Les bouts du fil étant frottés l'un contre l'autre, puis éloignés, laissent apercevoir une étincelle chaque fois que le contact est interrompu; la personne qui produit ce mouvement, en tenant les deux bouts du fil, éprouve une commotion à chaque rupture du contact métallique. Si l'on introduit dans le circuit d'induction l'appareil qui sert à la décomposition de l'eau par la pile, le courant électro-magnète opère la même décomposition; mais ici, par suite des changements de sens, chaque cloche recueille de l'oxygène et de l'hydrogène dans les proportions du gaz détonant. Lorsqu'on tient à pleines mains mouillées des cylindres de cuivre auxquels sont adaptés les deux bouts du fil, et que, par une disposition particulière, ce conducteur éprouve en quelque point une suite d'interruptions périodiques, la commotion devient tellement insupportable, lors d'une rotation très-rapide, qu'elle arrache des cris aux plus courageux, et rend impossible tout mouvement des doigts, en sorte que, pour lâcher prise, il faut que la machine soit arrêtée.

M. Becquerel a constaté, par de nombreuses expériences galvanométriques, que dans toute action chimique, il y a développement d'électricité l'élément qui joue le rôle d'acide se chargeant de fluide positif, tandis que celui qui se comporte comme une base prend le fluide négatif. Il est résulté de cette loi une nouvelle théorie de la pile, dite électro-chimique, dans laquelle on attribue l'électricité manifestée, non aux contacts métalliques, mais à l'action chimique que le liquide compris entre les éléments exerce sur l'un des métaux. Cette théorie, que nous ne pouvons développer ici, est maintenant appuyée sur un si grand nombre de preuves irrécusables, que l'ancienne théorie de Volta ne peut plus être soutenue. D'après Ampère, la loi du développement de l'électricité dans les actions chimiques, peut être regardée comme une conséquence des propriétés électriques des atomes : un atome contenant par lui-même un des deux fluides en excès, doit attirer autour de lui du fluide contraire; de telle sorte que les atomes électro-positifs sont nécessairement entourés d'atmosphères négatives, tandis que les atomes électro-négatifs ont des atmosphères positives. Lors d'une combinaison, ces atmosphères deviennent libres, et ce sont elles qui occasionnent un courant dans le circuit galvanométrique.

A cette idée théorique, Davy a joint une autre idée plus hardie : les atmosphères devenues libres doivent se neutraliser en presque totalité, au lieu même de la combinaison des atomes qu'elles abandonnent, et former ainsi du fluide neutre. Or, Davy se demandait si ce fluide neutre ne serait pas du calorique, ce qui expliquerait le grand développement de chaleur dans la plupart des combinaisons chimiques. Mais il faudrait tout un monde de faits nouveaux pour légitimer un pareil envahissement. Non, la science de l'électricité n'en est pas encore à faire de la chaleur ce qu'elle a fait du magnétisme : c'est une alliance qu'elle exploite, et non une destruction qu'elle médite aujourd'hui; car dans les phénomènes thermo-électriques, il est uniquement constaté que les courants de l'électricité accompagnent les flux du calorique. Ces phénomènes, qui intéressent plus particulièrement la théorie de la chaleur par les découvertes qu'elle leur doit, ne peuvent trouver place ici; ils seront décrits dans un article spécial, avec les détails nécessaires pour faire comprendre toute leur importance. — *Voy.* THERMO-ÉLECTRICITÉ.

§ II.—*Des fluides électriques et de la communication de l'électricité.*

De la rapidité avec laquelle l'électricité se répand sur toute l'étendue des corps conducteurs, on conclut qu'elle est un fluide excessivement mobile; et de l'opposition qui existe entre les électricités du verre et de la résine, on conclut que ce fluide est double, c'est-à-dire qu'il y a deux fluides électriques, comme il y a deux fluides magnétiques. Les deux fluides, *combinés* entre eux par leur attraction mutuelle, ou *neutralisés* l'un par l'autre, constituent l'*état naturel* des corps; mais viennent-ils à être *décomposés* ou *séparés* par une cause quelconque, les actions contraires qu'ils exercent au dehors ne peuvent plus se compenser exactement, et le corps dans lequel cette *décomposition* a eu lieu est un corps électrisé : il est *électrisé vitreusement* si c'est le fluide vitré qui domine, et *résineusement* si c'est le fluide résineux. Quant au mode d'existence du fluide électrique dans l'intérieur des corps, tous les phénomènes semblent indiquer qu'il est répandu dans les intervalles qui séparent les atomes pondérables, et que là il peut être, de proche en proche, décomposé et recomposé, suivant les forces qui le sollicitent. Il y a toutefois une différence fondamentale entre le fluide électrique et le fluide magnétique : celui-ci est enfermé dans les éléments magnétiques, il peut s'y mouvoir, mais il n'en peut sortir; tandis que le fluide électrique est libre dans tous les corps, il peut traverser dans tous les sens toute l'étendue de leur masse, et même il peut en sortir pour se répandre et s'accumuler sur les corps voisins.

Lorsque nous développons de l'électricité résineuse ou vitrée dans un corps qui était d'abord à l'état naturel, il faut donc que l'électricité contraire se trouve pareillement développée, ou bien qu'elle soit détruite par la cause décomposante. Or, la destruction d'un agent naturel ou d'une force n'étant pas moins impossible que la destruction de la matière elle-même, nous pouvons être assurés que jamais l'une de ces électricités n'est développée sans l'autre. C'est, au reste, ce que l'on peut vérifier par l'expérience, en frottant, l'un contre l'autre, deux disques isolés par des manches de verre : lorsque après le frottement on les tient unis, ils ne donnent aucun signe d'électricité; mais dès qu'on les sépare, il est facile de reconnaître que l'un possède l'électricité vitrée, et l'autre la résineuse. Ces disques peuvent être de verre, de résine, de bois ou de métal; et si l'on veut donner plus de variété à l'expérience, on y colle des fourrures, des étoffes, du papier, etc., car l'espèce d'électricité ne dépend que des surfaces frottantes.

Un corps naturel possédant les deux électricités en égale proportion, il semble d'abord qu'il n'y ait pas de raison pour qu'il prenne ou qu'il conserve l'un des fluides de préférence à l'autre; aussi est-il susceptible de devenir, par le frottement, tantôt résineux et tantôt vitré : par exemple, le verre est vitré quand on le frotte avec la laine ou la soie, et il est résineux quand on le frotte avec une peau de chat, une peau de loutre et plusieurs autres fourrures. Il y a pareillement des corps qui font prendre à la résine l'électricité vitrée, tandis que beaucoup d'autres lui font prendre la résineuse. Pour définir rigoureusement chacun des fluides, il convient donc d'ajouter que le fluide *vitré* est produit par le *verre frotté avec la laine*, et le *résineux* produit par la *résine frottée avec la peau de chat, la laine ou la soie.*

Concevons que l'on dresse une liste de tous les corps, en les rangeant par ordre de *tendance électrique*, de telle sorte que chacun soit vitré avec les suivants, et résineux avec les précédents; alors on pourra reconnaître que des circonstances presque imperceptibles feront changer la place d'un corps dans cette liste : par exemple, une élévation de température le prédisposera à prendre l'électricité résineuse et le fera redescendre de plusieurs rangs, tandis que le refroidissement le fera remonter, en le rendant plus vitré; une surface plus polie le fera pareillement remonter, tandis qu'une surface plus rugueuse le fera redescendre. C'est ce qu'il est facile de vérifier sur un tube de verre dépoli. La couleur, la disposition des molécules ou des fibres, le sens de la friction, et même la pression plus ou moins forte du corps frottant, pourront produire des résultats analogues : par exemple, un ruban de soie noire prend toujours l'électricité résineuse quand on le frotte avec un ruban blanc; et des rubans de la même pièce étant frottés en croix, celui qui est immobile prend l'électricité vitrée et l'autre la résineuse. Il y a même des substances, comme le *disthène*, qui, sur certaines parties de leur surface, prennent l'électricité vitrée, et la résineuse sur d'autres, sans qu'on puisse y reconnaître la moindre différence de température ou d'aspect. On peut varier indéfiniment ces expériences, avec des rubans de laine ou de soie, des bandes de papier, des pièces de fourrure et des corps conducteurs, que l'on isole très-bien en les supportant par des tuyaux de plume.

L'électricité se communique au contact et à distance, mais toujours son mode de communication dépend de la conductibilité des corps et de l'étendue de leur surface.

L'électricité qui se communique à *distance* se répand aussi sur les corps à raison de leur conductibilité, mais à son passage elle présente le phénomène curieux de l'*étincelle électrique*. Il n'est pas nécessaire qu'un tube soit très-fortement électrisé pour qu'on voie, à la distance de plus d'un centimètre, briller une vive étincelle, quand on en approche une tige de métal ou même la jointure du doigt; en même temps on entend un bruit sec, qui semble jaillir avec l'étincelle : nous verrons plus tard la cause du bruit et celle de la lumière. Quand le corps électrisé est métallique, et qu'il offre une grande surface, comme les conducteurs de la machine, l'étincelle part à 20, 30, 40 ou même 50 centimètres de distance; sa lumière prend un éclat éblouissant, et le bruit qui l'accompagne frappe l'air comme un coup de fouet.

Dufay excita une grande admiration en démontrant que du corps d'un homme on peut faire jaillir des étincelles et des lames de feu, comme des conducteurs de la machine.

Pour en faire l'expérience, il faut monter sur un gâteau de résine bien sec, ou sur un *isoloir* ayant des pieds de verre, et communiquer avec la machine, soit en la touchant avec la main, soit en la touchant avec une tige ou une chaîne de métal : la personne qui se trouve dans cette position ne reçoit aucun choc lorsqu'on tourne la machine pour développer de l'électricité; seulement, elle éprouve sur la peau, et surtout à la figure, l'impression d'un souffle léger; ses cheveux se hérissent et laissent échapper des aigrettes de lumière. Alors, si on approche d'elle la jointure du doigt ou quelque corps conducteur, on en tire de longues étincelles, et l'on éprouve soi-même une *commotion électrique* qui n'a rien de dangereux. Si l'étincelle ne part qu'à la distance de quelques centimètres, on ne sent qu'une légère piqûre; si elle part à 10 ou 15 centimètres, la sensation se fait sentir jusqu'au coude, et tout l'avant-bras se fléchit d'un mouvement involontaire et irrésistible; l'étincelle qui part à une distance plus grande se fait sentir jusqu'à la poitrine et produit un ébranlement dans tout le corps. Alors on est averti qu'il n'est pas prudent de recevoir des étincelles plus fortes. Pendant ce temps-là, la personne isolée qui communique à la machine ressent à peu près les mêmes secousses que la personne qui l'approche pour en tirer des étincelles.

§ III. — *De l'électricité par influence.*

Nous venons de voir que chacun des fluides électriques attire le fluide de nom contraire, et repousse celui de même nom; ces attractions et répulsions n'ont pas lieu seulement sur les fluides libres et déjà décomposés, mais elles s'exercent aussi sur les fluides combinés; et il résulte de là qu'un corps conducteur peut, *sans rien perdre et sans rien recevoir*, être constitué dans un état électrique particulier qui naît de la cause agissante à laquelle il est soumis, et qui cesse avec elle. C'est cette électricité produite à distance que l'on appelle *électricité par influence*.

On dit quelquefois qu'un corps est *dans la sphère d'activité* ou *hors de la sphère d'activité* d'un corps électrisé, suivant qu'il en ressent ou n'en ressent pas l'influence : mais il faut remarquer que ces expressions, dont on peut se servir sans inconvénient, sont bien moins relatives au corps électrisé lui-même qu'au corps que l'on soumet à son influence : rigoureusement, la sphère d'activité d'un corps électrisé s'étend à l'infini, et la distance à laquelle nous pouvons rendre ses effets sensibles dépend de la mobilité des appareils que nous employons.

Un corps électrisé par influence agit à son tour pour électriser les corps voisins qui se trouvent dans sa sphère d'activité, et ces actions successives peuvent se propager jusqu'à de grandes distances.

Lorsqu'un corps conducteur est déjà chargé d'électricité, il n'en éprouve pas moins l'influence d'un autre corps électrisé.

La décomposition par influence étant instantanée dans les corps conducteurs, la recomposition doit être instantanée dès qu'on détruit la cause décomposante.

On peut en général la détruire de deux manières : soit graduellement, en tirant du corps électrisé de petites étincelles avec un corps isolé, ou en augmentant la distance du corps conducteur qui reçoit son influence; soit subitement en tirant du corps électrisé une étincelle totale qui le décharge complétement lorsqu'il est lui-même conducteur.

Dans le premier cas, la recomposition est graduelle, comme la diminution de la force, et l'on s'en aperçoit à la divergence des balles du pendule électrique, laquelle diminue de plus en plus. Dans le second cas, les deux électricités séparées par influence se rejoignent par leur attraction mutuelle, et se recomposent en totalité, comme on voit par le rapprochement des balles, qui est subit et complet.

Dans ces phénomènes, ni l'un ni l'autre des fluides ne sort de la masse qui reçoit l'influence électrique, mais ils éprouvent tous deux un mouvement de translation dans l'étendue de cette masse, soit quand ils se séparent, soit quand ils se rejoignent; et ces mouvements rapides de l'électricité produisent dans les molécules pondérables des secousses mécaniques ou des effets chimiques très-remarquables.

§ IV.—*Des forces électriques.*

Les attractions et les répulsions électriques sont en raison composée des quantités de fluide, et en raison inverse du carré des distances.—Cette loi fondamentale des actions électriques a été découverte par Coulomb, comme la loi fondamentale des actions magnétiques, et c'est par des moyens analogues, savoir : par la balance de torsion et par les oscillations d'une petite aiguille, qu'il est parvenu à en démontrer la vérité. La balance électrique diffère peu de la balance magnétique : dans la construction de cette dernière, il faut éviter soigneusement l'emploi des corps ferrugineux ; dans la construction de la première, il faut éviter avec le même soin l'emploi des corps conducteurs.

Coulomb a constaté les mêmes lois avec la même précision, en faisant osciller devant un globe électrisé une petite aiguille de gomme laque suspendue à un fil de soie, et portant à l'une de ses extrémités un disque de clinquant destiné à recevoir l'un ou l'autre fluide. La réaction électrique qui s'exerce alors entre le globe et le disque est la seule cause des oscillations; d'où il résulte que, pour des charges ou pour des distances différentes, les intensités des forces sont entre elles comme les carrés des nombres d'oscillations que l'aiguille exécute dans le même temps.

L'électricité des corps disparaît avec le temps : elle se dissipe dans l'air ou s'écoule dans le sol ; c'est un fait qui se constate par toutes les expériences électriques.

La perte, par les supports isolants, se fait en partie au travers de leur substance, et en partie sur la mince couche d'humidité dont ils sont très-souvent revêtus. Cette dernière cause est très-influente pour le verre et la soie, qui absorbent la vapeur d'eau avec une grande avidité. C'est pourquoi il est toujours nécessaire d'enduire la surface de ces corps d'une couche de gomme laque. On reconnaît qu'un corps est parfaitement isolé lorsqu'en le soutenant par plusieurs supports il éprouve la même perte que s'il était soutenu par un seul, et l'on est alors bien assuré que la perte qu'il éprouve est due au contact de l'air.

La perte de l'air est due en grande partie à la vapeur d'eau, qui est toujours plus ou moins abondante dans l'atmosphère, car elle augmente à mesure que l'hygromètre marche à l'humidité ; le fait est si frappant que, par exemple, si l'on souffle sur un tube électrisé ou sur un bâton de résine il ne reste pas de trace de son électricité ; il en est de même quand on souffle sur un corps conducteur isolé ; mais dans ce cas il ne faut pas souffler de trop près, de peur de recevoir la commotion. L'électricité qui s'écoule ainsi par la vapeur d'eau se répand de proche en proche dans l'atmosphère environnante, et il est probable que la transmission ne se fait pas sans que les molécules de vapeur éprouvent une grande agitation. Toute la perte d'électricité qui se fait dans l'air n'est pas due à la présence de la vapeur ; l'air le plus complétement desséché laisse encore échapper, avec le temps, une certaine portion du fluide électrique des corps qu'il enveloppe. On en peut faire l'expérience dans la balance de Coulomb.

C'est de cette manière qu'il est parvenu à évaluer exactement la perte par l'air : dans les jours secs, on trouve souvent qu'elle n'est par minute que $\frac{1}{80}$ ou même $\frac{1}{90}$ de la force moyenne ; mais dans les temps un peu humides, elle est quelquefois de $\frac{1}{20}$; alors il est à peu près impossible de faire des expériences exactes. Lorsqu'il y a peu de variations atmosphériques, soit dans la chaleur, soit dans la direction du vent, la perte par l'air reste sensiblement la même dans le cours d'une journée, et l'on peut facilement comparer la perte qui a eu lieu dans la balance à celle qui a lieu au dehors sur un corps conducteur électrisé ; pour cela, on vient toucher ce corps avec une balle isolée ou avec un plan d'épreuve que l'on reporte à l'instant dans la balance ; on le met en contact avec la balle de l'aiguille, et l'on observe la répulsion ; puis, après quelques minutes, on répète la même expérience, en ayant soin toutefois de remettre à l'état naturel le plan d'épreuve et la balle mobile ; et alors on observe une répulsion moindre, ce qui est une marque certaine qu'au second contact le corps avait moins d'électricité, puisqu'il en a moins donné au plan d'épreuve. Or, en admettant qu'un corps donne au plan d'épreuve qui le touche, *au même endroit, de la même manière*, des quantités d'électricité proportionnelles à celle qu'il possède, on voit que les charges électriques du corps, aux deux époques du contact, seront proportionnelles aux forces de torsion, et qu'ainsi il sera facile de déterminer la perte qu'il a éprouvée dans l'intervalle. Ces moyens de comparer les forces électriques, et de calculer ce qu'elles doivent être à chaque instant lorsqu'on sait ce qu'elles sont à une époque donnée, est une des plus belles inventions qui aient été faites en électricité : c'est par là seulement que Coulomb a pu établir sur des bases certaines les principes fondamentaux de la science.

L'électricité naturelle est uniformément répandue dans toute la masse d'un corps conducteur, et elle y paraît accumulée en quantité indéfinie comme la chaleur et le magnétisme; mais, dès qu'un fluide est libre ou séparé de l'autre, il réagit sur lui-même par sa force répulsive, et toutes ses molécules tendent sans cesse à se disperser jusqu'à ce qu'elles trouvent un obstacle qui les arrête. Un corps qui sera parfaitement conducteur n'offrirait dans toute sa masse aucune résistance à cette dispersion, et le fluide, parvenu rapidement à sa surface, en sortirait pour se répandre plus loin s'il y rencontrait encore un espace également perméable; le vide laissant passer l'électricité, un corps électrisé qui serait placé au milieu du vide perdrait à l'instant tout son fluide libre. Ainsi, la terre est probablement, parmi les planètes, la seule qui puisse être électrisée à sa surface, puisqu'elle est la seule qui paraisse avoir une atmosphère autour d'elle. Nous verrons que les métaux eux-mêmes n'ont pas une conductibilité parfaite; cependant, le fluide électrique passe avec une telle rapidité d'un point à un autre de leur masse, que nous pouvons, du moins pour le moment, supposer que l'électricité dont ils sont chargés n'a aucune résistance à vaincre pour se mouvoir dans leur substance. Il résulte de cette hypothèse que l'électricité libre, développée en un point quelconque d'un conducteur métallique, vient toujours à sa surface, où elle se trouve arrêtée par l'air environnant.

Des expériences tendent à prouver que le fluide électrique, repoussé par lui-même, forme à la surface des corps une épaisseur moindre qu'une feuille d'or battu; il n'en faudrait pas conclure que cette épaisseur est insensible, et qu'elle n'entre pour rien dans les phénomènes. Les dimensions qui échappent à la prise directe de nos sens n'en sont pas moins comparables entre elles, et les épaisseurs infiniment petites des couches électriques peuvent être décuples ou centuples l'une de l'autre, comme les épaisseurs qui se comptent par toises ou par mètres.

De Laplace a démontré que le fluide électrique a une force répulsive qui est partout proportionnelle à son épaisseur, et comme la pression qu'il exerce contre l'air ou contre les obstacles qui l'arrêtent est en raison composée de sa force répulsive et de son épaisseur, il en résulte que cette pression, en chaque point, ou sur chaque élément de surface, est proportionnelle au carré de l'épaisseur de la couche qui se trouve en ce point ou sur cet élément. Ainsi, le fluide électrique répandu sur les corps conducteurs peut être considéré comme les fluides pondérables contenus dans des vases contre lesquels ils exercent des pressions; quand ces vases sont assez résistants, le fluide est contenu; quand ils sont trop faibles pour résister à la pression, les parois crèvent et le fluide s'écoule; pour le fluide électrique, le vase est le corps conducteur, la paroi est l'air qui l'enveloppe ou la couche du vernis non conducteur qui le couvre; et quand l'épaisseur de l'électricité est assez grande, elle fend l'air ou elle perce la couche du vernis, et l'étincelle jaillit, ce qui est la marque d'un écoulement rapide du fluide. Quand la couche électrique est arrêtée et maintenue en équilibre, il est évident que la somme des actions qu'elle exerce sur un point intérieur quelconque, est toujours nulle : sans cela, elle opérerait par influence une nouvelle décomposition des fluides naturels qui sont en ce point, et l'équilibre serait troublé.

§ V. — *De la lumière électrique; effets de l'étincelle électrique.*

Les plus grandes charges électriques accumulées sur les corps, soit directement, soit par dissimulation, ne donnent jamais aucune apparence lumineuse quand l'équilibre est établi et que le fluide est en repos. Ainsi, la première condition de la lumière électrique est le mouvement des fluides ou la rupture de leur équilibre. Cette condition, toujours nécessaire, n'est pas toujours suffisante : il faut encore que la tension des fluides qui détermine leur mouvement soit une force assez considérable. Par exemple, l'électricité d'une machine ordinaire ne donne point de lumière sensible quand elle s'écoule dans le sol par un fil de métal, tandis qu'une machine puissante peut environner d'une auréole brillante un fil de fer de 15 ou 20 mètres de long, communiquant au sol aussi parfaitement qu'il soit possible. La tension nécessaire à la production de la lumière est tout à fait dépendante de l'état, de la forme et de la conductibilité du milieu dans lequel les fluides électriques doivent se mouvoir; quelquefois, de faibles tensions donnent une lumière éclatante; d'autres fois, les plus fortes tensions qu'on puisse accumuler ne donnent pas la moindre apparence lumineuse.

La distance à laquelle on peut tirer l'étincelle d'un corps électrisé dépend surtout de la conductibilité de sa substance, de l'étendue de sa surface et de l'épaisseur de la couche électrique dont il est chargé; car la seule condition pour que l'étincelle parte, est que la tension de l'électricité puisse vaincre la pression de l'air. Dans les corps à formes anguleuses, cette condition se trouve remplie, même pour des charges assez faibles, et le fluide se dissipe spontanément, en formant des *aigrettes* de lumière qui brillent dans les ténèbres, et dont les traits divergents présentent quelquefois plusieurs centimètres de longueur. Dans les corps à formes arrondies, il faut de très-puissantes charges pour que l'étincelle parte d'elle-même. Une machine est très-forte quand elle peut, sans le secours des conducteurs secondaires, donner des étincelles à 3/4 de mètre. A cette distance, la lumière électrique forme un sillon de feu dont les sinuosités sont tout à fait analogues aux zigzags de l'éclair.

Avec des *grains* de métal enfilés dans la soie et maintenus par des nœuds à quelques millimètres de distance, on peut composer des chaînes, des guirlandes ou des dessins, qui paraissent resplendissants de feu pendant tout le temps que l'on tourne la machine avec laquelle ils communiquent : entre le dernier grain et l'avant-dernier la lumière paraît au même instant qu'entre le premier et le second, tant est rapide la communication de l'électricité dans toute la longueur de la chaîne.

L'électricité résineuse ne donne jamais des aigrettes aussi divergentes et aussi allongées que l'électricité vitrée ; ce phénomène singulier est bien digne d'attention puisqu'il semble offrir un caractère distinctif entre les deux fluides électriques.

En tirant des étincelles un peu fortes sur un morceau de drap ou de soie couvert de poussière métallique ou frotté avec des feuilles minces d'or ou d'argent, la lumière paraît en mille endroits à la fois, et se ramifie dans tous les sens sur l'étendue de sa surface.

Des pointes de corps conducteurs encore plus fines et plus rapprochées donnent une espèce de *phosphorescence continue* : par exemple, les lames d'or très-minces, collées sur du verre, du cuir ou du bois, paraissent illuminées pendant tout le temps que l'électricité les traverse, et, sur certains corps mauvais conducteurs, la phosphorescence se prolonge pendant plusieurs minutes après le passage du fluide.

Ces apparences lumineuses servent à expliquer l'éclair, les langues de feu qui paraissent au sommet des mâts des vaisseaux ou sur les flèches des tours élevées, et une foule d'autres météores qui étaient, pour les anciens, un sujet d'effroi et de superstition.

Les couleurs de la lumière électrique sont très-changeantes, et les changements qu'elle présente sont dépendants de la force de l'étincelle et de la pression du gaz qu'elle traverse ; cependant, pour la même force et la même pression, il y a des gaz et des vapeurs qui semblent donner de préférence les teintes rougeâtres, tandis que d'autres donnent les teintes jaunes, bleues ou violacées.

Quelques auteurs ont pensé que le fluide électrique, en s'ouvrant de force un passage au travers des corps, les comprimait au point de les rendre lumineux. Il n'y a point de faits positifs pour démontrer la fausseté de cette opinion, ni même son insuffisance.

Cependant il y a une autre supposition qui est aujourd'hui plus généralement admise, et qui nous semble plus vraisemblable : elle paraît avoir été faite pour la première fois par Ritter, et elle a été depuis développée par un grand nombre de savants, surtout par MM. Davy, OErsted et Berzélius. Elle consiste à regarder tous les atomes de la matière pondérable comme les éléments entre lesquels s'accomplissent toutes les décompositions et toutes les recompositions électriques. Les atomes posséderaient primitivement l'un des fluides : les uns, que l'on appelle *électro-positifs*, posséderaient primitivement le fluide positif ou vitré ; les autres, que l'on appelle *électro-négatifs*, posséderaient primitivement le fluide négatif ou résineux : les premiers, enveloppés de fluide neutre, auraient attiré du fluide négatif, tandis que les derniers, au contraire, auraient attiré du fluide positif ; de telle sorte qu'ils seraient l'un et l'autre à l'état naturel. Cela posé, imaginons une seule file d'atomes électro-positifs ou électro-négatifs, et l'un des fluides qui se présente pour la parcourir, il est évident qu'il se manifestera subitement autant de petites étincelles qu'il y a d'atomes, à peu près comme il arrive à la chaîne des grains de métal dont nous avons parlé ; pour plusieurs files d'atomes le phénomène serait le même, et dans le vide du double baromètre, les atomes dispersés de la vapeur de mercure seraient la vraie cause de la lumière qu'on observe ; enfin, dans le vide absolu, on ne sait ce qui arriverait, car le fluide neutre, s'il existe dans le vide, étant homogène et sans solutions de continuité, on ne peut rien dire des effets qu'il éprouverait, puisqu'on ne sait rien sur le mode d'agrégation des deux fluides qui le constituent.

Effets de l'étincelle électrique. — Les effets de l'étincelle électrique sont de trois sortes, savoir : les effets *physiologiques*, les effets *physiques* et les effets *chimiques*.

On appelle *effets physiologiques* de l'étincelle ceux qu'elle produit sur les corps vivants. C'est au moyen de la *bouteille de Leyde* qu'on obtient les effets physiologiques les plus remarquables ; c'est ce qu'on appelle *commotions électriques*. Lorsqu'en tenant d'une main une bouteille de Leyde par la panse, on touche le bouton avec l'autre, on éprouve une commotion beaucoup plus forte que celle des machines ordinaires ; c'est une secousse violente qui agit principalement sur les articulations et quelquefois ébranle la poitrine. Elle peut même se transmettre à travers les organes de plusieurs individus. Par exemple, si plusieurs personnes forment la *chaîne* en se tenant par la main, et que la première touche l'armature extérieure, tandis que la dernière présente le doigt au bouton, toutes éprouvent la commotion simultanément. L'abbé Nollet la fit éprouver une fois, en présence de Louis XV, à 180 de ses gardes ; cependant le choc est un peu moins vif pour les personnes du milieu du cercle. La décharge d'une batterie ordinaire est plus que suffisante pour tuer des oiseaux, des lapins ou même des animaux d'une plus grande taille, et leurs cadavres entrent bientôt en putré faction comme s'ils avaient été frappés de la foudre.

Les *effets physiques* de l'étincelle peuvent se ranger en trois classes, et l'on peut distinguer les *effets mécaniques*, les *effets calorifiques* et les *effets lumineux*.

Effets mécaniques. — Quand l'étincelle jaillit dans l'air ou dans un gaz quelconque, elle y produit une expansion subite. On constate ce fait au moyen du *thermomètre de Kinnersley* (physicien de Boston, contemporain et ami de *Franklin*). C'est un gros tube de verre muni aux extrémités de deux viroles de cuivre, et communiquant avec un tube latéral beaucoup plus petit; les viroles sont traversées par deux tiges qui pénètrent dans l'intérieur, se terminent par des boules, et s'approchent l'une de l'autre jusqu'à la distance de deux ou trois centimètres. On verse de l'eau dans le grand tube jusqu'à une certaine hauteur; ensuite on fait communiquer les deux viroles avec les armatures d'une bouteille : l étincelle part entre les deux boules, l'air se dilate et l'eau est refoulée dans le petit tube; la quantité dont elle s'élève, donne la mesure de l'expansion. Les corps non conducteurs sont brisés ou percés quand les fluides sont obligés de les traverser pour se recomposer. Par exemple, lorsqu'on fait passer la charge d'une batterie à travers un prisme ou un cylindre de bois de 3 ou 4 centimètres de longueur, ces corps volent en éclats. Pour cette expérience et pour plusieurs autres, on place les objets qui doivent recevoir le choc entre les branches d'un *excitateur universel*. Cet appareil se compose d'un support isolant et de deux tiges métalliques ajustées sur des colonnes de verre. Les deux tiges sont mobiles; elles passent à frottement dans un anneau qui permet de les élever ou de les abaisser, de les écarter et de les rapprocher à volonté. Lorsqu'on les met en communication avec les armatures d'une batterie, les fluides se recomposent à travers les substances qu'on place sur le support entre les deux boules. — L'étincelle d'une simple bouteille suffit pour percer une carte ou une lame de verre. Le *perce-carte* est un petit appareil composé de deux tiges de cuivre isolées l'une de l'autre et terminées par des pointes. On place une carte entre les deux pointes, et quand l'étincelle jaillit, elle est percée d'un très-petit trou. On remarque que les bords du trou sont entourés de filaments relevés en dehors, et formant une espèce de bourrelet sur les deux faces de la carte; ce qui semble indiquer que les fluides partent de l'intérieur pour se porter sur les pointes. De plus, si l'expérience se fait dans l'air ordinaire, et que les pointes ne soient pas vis-à-vis l'une de l'autre dans la même verticale, le trou est toujours plus près de la pointe négative : si on la fait dans un air raréfié, par exemple, sous la cloche de la machine pneumatique, le trou se rapproche de la pointe positive; il semblerait donc que le fluide positif éprouve de la part de l'air une moindre résistance que le fluide contraire. Voici encore une autre expérience curieuse où les fluides agissent différemment; elle est connue sous le nom de *figures de Leitchtemberg*. Sur un gâteau de résine bien sec, on trace différents dessins, les uns avec le bouton d'une bouteille chargée que l'on y promène lentement, les autres avec la panse; ensuite on y injecte au moyen d'un soufflet une poudre très-fine, qui est un mélange de minium et de soufre. Dans cette opération le soufre s'électrise négativement et va se fixer sur les lignes positives qui paraissent jaunes; le minium s'électrise positivement et s'attache aux lignes négatives qui prennent la couleur rouge. Ces caractères n'offrent pas le même aspect : les jaunes sont comme hérissés de filets divergents, tandis que les rouges sont bien terminés et bien arrondis. — Le *perce-verre* est à peu près disposé comme le perce-carte; seulement on est obligé de placer la lame de verre horizontalement sur des supports un peu au-dessus de la pointe inférieure; et pour faciliter l'écoulement de l'électricité, on met à l'extrémité de la pointe supérieure une goutte d'huile ou de quelque liquide conducteur qui touche le verre immédiatement. — Il paraît qu'en passant à travers les corps, les fluides entraînent un certain nombre de molécules matérielles; car M. Fusinieri a observé que, si l'on place un disque d'argent bien poli entre deux boules, l'une d'or, l'autre d'argent, à égale distance, et qu'on fasse passer la décharge d'une batterie à travers ces boules, on trouve ensuite deux petites taches d'or de même diamètre sur les deux faces du disque. D'autres métaux peuvent aussi être transportés, et ils se déposent sur les surfaces que le courant électrique rencontre sur son passage; mais ces taches métalliques conservent une grande volatilité; car elles s'effacent peu à peu d'elles-mêmes et disparaissent. Quand l'étincelle traverse un liquide, elle éclate et brille comme dans l'air; mais presque toujours le liquide est lancé de toutes parts avec une grande force.

Effets calorifiques. — Si l'on verse de l'éther sulfurique ou de l'alcool un peu chaud dans une cuiller de fer ou d'argent, et qu'on la présente au conducteur d'une machine, l'étincelle part et le liquide s'enflamme. Qu'on enveloppe avec un chiffon de coton le bouton d'une bouteille de Leyde, et qu'on saupoudre ce coton de résine pulvérisée, aussitôt qu'on fait jaillir l'étincelle, la résine prend feu. On peut aussi rallumer une chandelle que l'on vient d'éteindre en faisant passer l'étincelle d'une bouteille à travers la mèche encore fumante. Pour enflammer la poudre, on en fait de petites cartouches de quelques millimètres de diamètre; elles sont traversées dans le sens de leur axe par deux fils métalliques qui viennent concourir vers le milieu, mais dont les bouts demeurent séparés par un petit intervalle; l'étincelle, jaillissant entre ces deux bouts, détermine l'explosion. Il est encore plus facile d'enflammer et de faire détonner un mélange d'oxygène et d'hydrogène. *Voy.* PISTOLET DE VOLTA.

Les fils métalliques très-fins, étant placés entre les branches d'un excitateur universel, sont échauffés jusqu'au rouge par la décharge d'une batterie ; quelquefois même ils sont fondus, volatilisés et oxydés. Les plus mauvais conducteurs, tels que le fer, l'étain et le platine, sont plus facilement fondus et volatilisés que l'or, l'argent et le cuivre. Avec une puissante machine, Van-Marum est parvenu à fondre cinquante pieds de fil de fer. Lorsqu'on fait passer la décharge d'une batterie par des fils de soie dorés, l'or est saisi avec tant de rapidité par le fluide électrique, qu'il est fondu et réduit en vapeur sans que la chaleur puisse rompre la soie. Si l'on presse le fil entre deux feuilles de papier blanc, la vapeur d'or y laisse une large trace de couleur brune. On peut même, par un moyen semblable, produire des empreintes, faire des *portraits électriques*. On découpe le portrait dans une feuille de papier, au bord de laquelle on colle deux bandes d'étain, ensuite on recouvre la découpure d'une feuille d'or assez large pour toucher les deux bandes d'étain ; on place au-dessous un ruban de satin, et, pour assurer les contacts, on met tout cela sous une petite presse, de manière pourtant que les bandes d'étain ressortent des deux côtés. Dès qu'on les met en communication avec les faces d'une batterie chargée, l'or est volatilisé, et sa vapeur, passant à travers tous les *jours de la découpure*, en retrace sur le satin une image fidèle.

Effets lumineux. — Tant que l'électricité demeure en repos à la surface des corps, on n'aperçoit aucune trace de lumière, quelle que soit d'ailleurs sa tension; mais quand elle est en mouvement et que sa tension est assez grande, surtout quand les fluides contraires se combinent, il y a production d'une lumière plus ou moins éclatante. Ces phénomènes peuvent être observés, soit dans l'air ordinaire, soit dans l'air raréfié, mais toutes les expériences dont nous allons parler doivent être faites dans l'obscurité. Dans l'air ordinaire, Van-Marum a vu un fil de fer de 50 pieds de long devenir lumineux dans toute son étendue; il était entouré d'une brillante auréole dès qu'on le mettait en communication par l'une de ses extrémités avec le sol, et par l'autre avec une machine très-puissante. Les machines de grandeur moyenne ne peuvent pas produire des effets semblables, mais en faisant passer les fluides sur un grand nombre de conducteurs séparés par des petits intervalles, on obtient une série d'étincelles qui brillent simultanément et peuvent représenter les dessins les plus variés. Ainsi, avec des grains de métal enfilés sur de la soie et séparés par des nœuds, on peut faire des couronnes, des guirlandes qui paraissent tout en feu tant qu'on tourne le plateau de la machine avec laquelle on les fait communiquer. — Nous avons déjà décrit plus haut ces phénomènes.

Les *tubes étincelants* sont formés avec de petits losanges découpés dans des feuilles d'étain ; on les colle sur le verre en décrivant une hélice qui tourne autour du tube, et on laisse toujours un petit intervalle entre les pointes de deux losanges consécutifs. Les extrémités de l'appareil sont munies de viroles de cuivre ; dès qu'on fait communiquer l'une de ces viroles avec le conducteur d'une machine, et l'autre avec le sol, tout le tube paraît illuminé.

Le *carreau étincelant* est une lame de verre sur laquelle on colle de petites bandes d'étain, de manière à former un ruban continu, ensuite on enlève avec la pointe d'un canif tous les points du ruban que l'on veut rendre visibles. Lorsqu'on fait passer le fluide, toutes ces solutions de continuité sont marquées par des étincelles.

Le *carreau magique* est une espèce de condensateur à lame de verre semblable au *carreau fulminant ;* mais l'une de ses faces est recouverte d'un vernis mêlé d'une poudre métallique, par exemple, de limaille de cuivre, d'étain, etc. ; cette poudre est appelée *aventurine*. On charge cet appareil comme le condensateur, et aussitôt que l'étincelle part, la face aventurinée est sillonnée par des traits de feu qui serpentent de tous côtés. Le simple écoulement de l'électricité par les pointes produit de la lumière, mais les deux fluides n'agissent pas alors de la même manière; le fluide négatif ne donne qu'un point lumineux à l'extrémité de la pointe, tandis que le fluide positif produit de belles *aigrettes*, c'est-à-dire que la lumière se divise en une infinité de filets plus ou moins divergents.

Dans le vide ou dans un air très-raréfié, l'électricité ne demeure pas à la surface des corps conducteurs ; elle les abandonne pour se disséminer dans les corps voisins, et dans ce mouvement elle produit des traits de lumière de diverses nuances. On peut en faire l'expérience en forçant le fluide de traverser un long tube de verre dans lequel on a fait le vide. Il est encore plus commode d'employer l'*œuf électrique*, espèce de globe en verre, de forme ovoïde, muni à ses extrémités de deux viroles de cuivre. Ces viroles sont traversées par deux tiges de laiton qui se terminent par des boules et peuvent s'écarter ou se rapprocher à volonté; de plus, la virole inférieure porte un robinet qui permet d'extraire l'air de l'appareil. Quand on y a fait le vide, on met la virole supérieure en communication avec une machine, tandis que l'autre communique avec le sol, et l'électricité, en s'élançant d'une boule sur l'autre, remplit l'appareil de traits de feu qui forment des arcs plus ou moins divergents. Ces phénomènes et d'autres semblables se produisent même dans le vide le plus complet que l'on puisse obtenir: ainsi, quand on agite un baromètre dans l'obscurité, le tube s'électrise par le frottement, et la chambre barométrique paraît remplie de lumière. Quant aux nuances de cette lumière électrique, elles varient beaucoup, mais l'étincelle des batteries est toujours d'une blancheur éblouissante. Nous avons indiqué plus haut la cause de ces phénomènes.

Effets chimiques— Les *effets chimiques* de l'étincelle sont les combinaisons et les décompositions qu'elle peut produire; on n'en connaît qu'un petit nombre. On sait qu'elle détermine la combinaison subite d'un mélange d'hydrogène et d'oxygène, et produit de l'eau comme dans le *pistolet de Volta*; d'un mélange d'hydrogène et de chlore, d'où résulte de l'acide chlorhydrique : il paraît ainsi que si une masse d'air atmosphérique est traversée par une longue suite d'étincelles, elle diminue de volume ; il y a combinaison d'une petite quantité d'oxygène avec de l'azote, et il se forme un peu d'acide azotique. C'est par là qu'on explique la présence de quelques traces de cet acide dans les pluies d'orage.

Wollaston est parvenu à décomposer l'eau par une série de très-petites étincelles qu'il forçait de passer à travers ce liquide.

ÉLECTRICITÉ DÉVELOPPÉE PAR UN MOUVEMENT DE ROTATION. — M. Arago a découvert dans le mouvement de rotation une source de magnétisme entièrement nouvelle. Si l'on imprime un mouvement de rotation à un disque de cuivre placé immédiatement au-dessus ou au-dessous d'une aiguille aimantée ou d'un aimant, et suspendu de telle sorte que l'aimant puisse tourner librement dans un plan parallèle à celui du disque de cuivre, l'aimant tendra à suivre le mouvement de rotation du disque; si c'est l'*aimant* qui tourne, le disque à son tour tendra à suivre son mouvement. Cet effet, absolument indépendant de l'influence de l'air, puisqu'il reste le même lorsqu'une lame de verre est interposée entre l'aimant et le cuivre, est si puissant, que des aimants et des disques du poids de plusieurs livres ont été entraînés circulairement par suite de cette action magnétique. A l'état du repos, l'aimant et le disque ne manifestent entre eux aucun effet, ni d'attraction, ni de répulsion, ni de quelque autre nature que ce puisse être. M. Arago a remarqué que ce phénomène s'opère non-seulement avec les métaux, mais encore avec toutes espèces de substances, aussi bien solides que liquides, et même gazeuses, quoique toutefois son intensité dépende de la nature du corps en mouvement. Les expériences du docteur Faraday expliquent cette action singulière. Un disque de cuivre de douze pouces (3 décimètres environ) de diamètre, et d'un cinquième de pouce (5 millimètres environ) d'épaisseur, fut placé entre les pôles d'un aimant puissant, en forme de fer à cheval, et mis en communication de distance en distance avec un galvanomètre, à l'aide de fils de laiton. Quand le disque était en repos, nul phénomène n'avait lieu ; mais aussitôt qu'on lui donnait un mouvement de rotation rapide, l'aiguille du galvanomètre déviait ; et cette déviation s'élevait quelquefois jusqu'à 90°, tandis qu'une rotation uniforme la maintenait constamment à 45°. Quand on faisait tourner le disque en sens opposé, l'aiguille était déviée dans la direction contraire ; de sorte qu'un courant électrique permanent se trouvait ainsi déterminé par un aimant ordinaire. L'intensité de l'électricité, accumulée par les fils de laiton et transmise par eux au galvanomètre, variait avec la position du disque relativement aux pôles de l'aimant.

L'on se rendra compte aisément du mouvement de l'électricité dans le disque de cuivre, si l'on considère qu'il suffit de faire mouvoir devant un pôle magnétique un seul fil de métal, à la manière dont se meut un rais de roue, pour qu'aussitôt un courant électrique tende à s'établir dans ce fil en le parcourant de l'une à l'autre de ses extrémités. Il suit de là que si une roue se composait d'un grand nombre de tels rais et se mouvait près du pôle d'un aimant, de la même manière que le disque de cuivre, un courant tendrait à s'établir dans chacun de ces rais ou rayons, au moment où il passerait devant le pôle. Ainsi donc, comme la plaque circulaire n'est autre chose qu'une infinité de rais ou rayons en contact, les courants circuleront dans la direction des rayons si on leur ménage un canal pour effectuer leur retour; or, ce canal existe dans une plaque continue, où il se trouve formé par les parties latérales de chacun des côtés du rayon qui passe près du pôle magnétique. Cette hypothèse est confirmée par l'observation, car les courants d'électricité positive vont du centre à la circonférence, ceux d'électricité négative de la circonférence au centre, et *vice versâ*, selon la position des pôles magnétiques et la direction de la rotation. Un fil collecteur, placé au centre de la plaque de cuivre, transmet donc au galvanomètre l'électricité positive dans certains cas, et la négative dans d'autres ; l'électricité recueillie par un fil conducteur en contact avec la circonférence de la plaque est toujours de nom contraire à l'électricité transmise du centre à la circonférence. Il est évident que lorsque la plaque et l'aimant sont tous deux en repos, aucun phénomène n'a lieu, puisque les courants électriques qui occasionnent la déclinaison du galvanomètre cessent entièrement. Les mêmes phénomènes peuvent être produits par les corps *électro-magnétiques*. Les effets sont les mêmes quand c'est l'aimant qui tourne et la plaque qui demeure en repos. Lorsque l'aimant se meut uniformément autour de son axe, l'électricité de même nom s'accumule vers ses pôles, et celle de nom contraire se porte vers son équateur.

Ce principe peut servir à expliquer les phénomènes qui se manifestent dans les expériences de M. Arago. Chaque fois que le disque de cuivre et l'aimant sont mus circulairement, l'action du courant électrique développé tend continuellement à diminuer leur mouvement relatif et à amener les corps en mouvement à un état de repos relatif; de sorte que si une force étrangère imprime à l un d'eux un mouvement circulaire, l'autre tend à se mouvoir autour de lui dans la même direction et avec la même vitesse.

Quand une plaque de fer, ou de quelque autre substance susceptible de recevoir une aimantation temporaire ou permanente, se meut circulairement entre les pôles d'un aimant, on trouve que, lorsque les pôles situés vers les points diamétralement opposés de la plaque sont contraires, ils se neutralisent réciproquement, de sorte qu'aucun développement d'électricité ne se manifeste ; tandis que lorsqu'ils sont semblables, la quantité de fluide mise en évidence est accrue ; un seul pôle suffit même pour cela. Mais quand la plaque tournante est de cuivre ou de toute autre substance insensible aux influences magnétiques ordinaires, on trouve que des pôles de même nom, placés de chaque côté de la plaque, se détruisent l'un l'autre, tandis que des pôles de nom contraire augmentent considérablement l'effet produit. Dans ce cas, un seul pôle placé sur le bord de la plaque tournante n'exerce aucune action. Les phénomènes étant absolument opposés, suivant que le disque tournant est magnétique ou non magnétique, on emploie ce mode d'épreuve pour distinguer la force magnétique ordinaire de celle produite par la rotation. Si deux pôles de nom contraire, c'est-à-dire un pôle nord et un pôle sud, produisent plus d'effet qu'un seul, c'est qu'alors la puissance qui agit n'est point une puissance électrique. On s'est assuré ainsi qu'il n'y a réellement que très-peu de corps magnétiques à la manière du fer. Le docteur Faraday divise tous les corps en trois classes, eu égard à leurs rapports avec les aimants. La première contient ceux qui, à l'état du repos, sont affectés par l'aimant : ce sont ceux qui, tels que le fer, l'acier et le nickel, possèdent les propriétés magnétiques ordinaires ; viennent ensuite des substances qui ne sont affectées que lorsqu'elles sont en mouvement, et dans lesquelles les courants électriques sont déterminés par la force d'induction de l'aimant, tel est le cuivre ; puis enfin, celles qui restent tout à fait indifférentes à l'action de l'aimant, soit à l'état de repos, soit à l'état de mouvement.

Électricité atmosphérique. — Lorsqu'au moyen d'instruments électrométriques on eut reconnu que les nuages orageux étaient fortement chargés d'électricité, que la pluie était presque toujours électrique, on vit qu'il y avait de l'électricité dans l'air même pendant les jours les plus sereins, et l'on se demanda d'où elle provenait. Le frottement étant alors la seule cause productrice connue de l'électricité, on pensa que celle de l'atmosphère provenait du frottement des masses d'air les unes contre les autres. Malgré les objections de plusieurs physiciens, on peut croire que cette cause n'est pas complétement nulle : quand on agite dans l'air un tissu de soie, il s'électrise, pourquoi n'en serait-il pas de même pour deux masses d'air ? Si la température, l'humidité, etc., des deux masses sont les mêmes, il n'y aura point production d'électricité, de même qu'il n'y en aura pas si l'on frotte l'un contre l'autre deux bâtons de résine parfaitement identiques. Mais dès que l'un est plus chaud que l'autre, alors le plus froid devient positif, le plus chaud négatif : loi qui se vérifie pour tous les corps de même nature qu'on frotte les uns contre les autres. Ainsi donc les masses supérieures de l'air seraient positives, les inférieures négatives.

Les actions chimiques qui se passent constamment dans l'atmosphère sont infiniment plus puissantes ; nous rangerons en première ligne l'évaporation. Volta montra le premier que l'évaporation produisait de l'électricité; de Saussure confirma cette opinion. Mais M. Pouillet nous a fait connaître les détails et les conditions du phénomène. L'évaporation pure et simple ne produit pas d'électricité, à moins qu'il n'y ait décomposition chimique. Si de l'eau distillée s'évapore sur des plateaux de platine, il n'y a point production d'électricité ; mais si l'on ajoute des quantités, quelque petites qu'elles soient, de sels, d'acides, etc., alors il y a production d'électricité au moment où la vapeur d'eau se sépare des corps auxquels elle était unie. La vapeur s'électrise positivement, le vase négativement : or, comme le sol émet sans cesse des vapeurs, et que l'eau dans la nature contient toujours des substances étrangères en dissolution, les vapeurs s'élèvent chargées d'électricité positive, tandis que le sol conserve l'électricité négative.

La combustion est une autre cause productive de l'électricité. Quand le charbon brûle, il s'en échappe un courant d'acide carbonique électrisé positivement, tandis que le charbon reste négatif. L'atmosphère contient donc toute l'électricité résultat des combustions qui se font à la surface de la terre. Enfin, quand les plantes germent, l'acide carbonique qu'elles exhalent emporte de l'électricité positive, tandis que les vaisseaux desquels le gaz se dégage restent chargés de fluide négatif; la même chose se passe probablement pendant toute la vie de la plante, d'où résulte une grande proportion d'électricité positive que la végétation verse dans l'atmosphère.

Quand le ciel est pur et sans nuages, un instrument sensible placé dans un lieu découvert accuse presque toujours de l'électricité positive ; elle ne devient négative que dans le cas où il y a des orages éloignés. Mais cette électricité positive varie en intensité ; des nuages passagers, des souffles de vent la modifient en quelques secondes.

Les causes de ces changements n'ont pas encore été suffisamment étudiées. Si toutefois on observe à des heures déterminées, on reconnaît dans nos contrées l'existence d'une courbe dont de Saussure et Schübler ont cherché à déterminer les éléments.

Au lever du soleil, l'électricité atmosphérique est faible, elle continue à augmenter tant que le soleil s'élève et que les vapeurs s'épaississent dans les régions inférieures de l'atmosphère. Cette période croissante dure en été jusqu'à 6 heures ou 7 heures du matin; au printemps et en automne, jusqu'à 8 heures ou 9 heures; en hiver jusqu'à 10 heures ou midi. Peu à peu la tension atteint son *maximum;* pendant ce temps les régions inférieures sont remplies de vapeurs, l'humidité de l'air augmente, et la tension hygrométrique est plus forte que le matin : dans la saison froide il y a souvent du brouillard. Le plus souvent l'électricité décroît immédiatement après avoir atteint son *maximum*, d'abord rapidement, puis plus lentement. Les vapeurs visibles des couches inférieures disparaissent, les brouillards se dissipent, l'atmosphère s'éclaircit, et les objets éloignés semblent se rapprocher du spectateur. Vers deux heures de l'après-midi l'électricité atmosphérique est déjà très-faible et à peine plus forte qu'au lever du soleil. Elle va en diminuant jusqu'à deux heures avant le coucher du soleil; en été jusqu'à 4 heures, 5 heures ou 6 heures du soir; en hiver jusqu'à 3 heures; son *minimum* dure plus longtemps que son *maximum*. Dès que le soleil s'approche de l'horizon, elle commence à croître de nouveau, augmente très-sensiblement au moment du coucher du soleil, s'accroît pendant le crépuscule, et atteint un second *maximum* une heure et demie à deux heures après le coucher du soleil. Alors des vapeurs se forment dans les régions inférieures de l'air, l'humidité augmente, le serein tombe. Le second *maximum* égale ordinairement celui du matin ; mais il dure peu, et l'électricité diminue lentement jusqu'au lendemain matin.

Pour suivre ces lois jusque dans leurs détails, il faudrait observer pendant une longue série d'années l'électromètre, simultanément avec les autres instruments, dans différents lieux. Toutefois le petit nombre de faits que nous possédons donnent un haut degré de probabilité à la théorie émise ; car en été, où la quantité de vapeur d'eau est bien plus petite pendant l'après-midi que le soir ou le matin, nous trouvons la plus grande diminution de l'électricité dans l'après-midi ; alors les vapeurs montent rapidement vers les couches supérieures, leur quantité augmente, et l'humidité relative change beaucoup moins que dans le bas; elle est même plus forte l'après-midi que le matin, et l'électricité n'atteint son *maximum* que dans l'après-midi. Peut-être en est-il de même sur les bords de la mer; car en hiver, où l'air atteint son *maximum* d'humidité dans l'après-midi, l'électricité atteint le sien à la même époque.

Quand la vapeur d'eau se précipite dans l'atmosphère, une plus ou moins grande quantité d'électricité positive devient libre. Toutefois l'augmentation de la tension électrique tient-elle à ce que l'air humide permet à des particules plus éloignées d'agir sur l'électromètre, ou bien l'électricité devient-elle libre lors de la précipitation des vapeurs de la même manière que la chaleur latente ? c'est ce qu'il est difficile de décider. En effet, l'électricité est assez forte quand la rosée se dépose ; si celle-ci est abondante, alors le *maximum* de la période diurne a lieu vers le soir. Les signes d'électricité sont aussi très-marqués pendant le brouillard ; tous les observateurs l'ont reconnu, et de Saussure affirme n'avoir jamais vu de brouillard sans un développement notable d'électricité. En général, elle est positive et plus forte en hiver qu'en été, d'après les observations de Schübler. L'électricité est d'autant plus forte que les brouillards sont plus épais; rarement ils donnent des signes d'électricité négative.

Lorsque de la pluie ou de la neige tombe des régions supérieures de l'atmosphère, il y a en même temps production d'une quantité d'électricité plus ou moins forte. C'est seulement pendant les pluies douces et continues qu'on n'en observe point de traces ; dans ce cas l'électricité est tantôt positive, tantôt négative. D'après les observations de Schübler, il y a dans l'Allemagne méridionale 100 pluies positives sur 155 négatives, d'après celles de Hemmer à Manheim, 100 positives sur 108 négatives : dans les deux séries, ces dernières sont plus communes. La direction du vent n'est pas sans influence sur ces différences.

Avec les vents du nord, le nombre des pluies positives est relativement plus grand qu'avec les vents du sud.

Quelle est l'origine de cette électricité négative? Si l'on isole un jet d'eau artificiel, tel qu'une fontaine de Héron, et qu'on le place, par un temps serein, dans un endroit découvert où l'électricité atmosphérique soit forte, les gouttes seront négatives, le vase positif ; si l'expérience est renouvelée par un temps sec sur des points où il n'y a point de signes d'électricité atmosphérique, il n'y aura d'électricité ni sur le vase, ni sur les gouttes, quoique l'évaporation soit la même ; ce n'est donc pas à l'évaporation, c'est à l'influence, comme le dit très-bien Belli, qu'est due l'électricité. Quand le jet d'eau s'élève vers un ciel serein électrisé positivement, celui-ci agit par influence ; le jet d'eau s'électrise positivement en bas, négativement en haut ; mais dès que l'air est sans électricité, l'action par influence n'a pas lieu, et il n'y a pas trace d'électricité. Il en est de même d'une cascade : elle s'électrise négativement en haut, positivement en bas ; l'électricité vitrée s'écoule dans le sol, l'autre reste unie aux gouttes liquides.

Ainsi donc, quoique l'évaporation puisse développer de l'électricité négative dans les gouttes qui tombent, l'action par influence est beaucoup plus énergique ; souvent les nuages ont une forte électricité positive, tandis que celle du sol est négative. S'il y a deux couches de nuages au ciel et que la pluie tombe principalement de l'inférieure, toutes deux sont électrisées positivement; mais l'état électrique de l'inférieure est modifiée par celui du sol ; elle devient positive à sa face inférieure, négative à la supérieure. La pluie est alors positive. Bientôt non-seulement la face inférieure du nuage, mais encore le sol redeviennent neutres; aussi au bout d'un certain temps, ne trouve-t-on plus le moindre indice d'électricité jusqu'à ce que, sous l'influence d'un nuage supérieur, l'inférieur se charge d'une grande quantité d'électricité négative libre. Les gouttes qui en tombent seront donc négatives ; mais si un coup de vent condense de nouveau la vapeur d'eau dans le nuage, alors on trouve derechef que les gouttes d'eau sont électrisées positivement.

Dans d'autres cas le nuage agit sur les gouttes de pluie elles-mêmes et change leur état électrique. Ceci bien compris, l'influence des vents sur l'état électrique de la pluie s'en déduit aisément.

On sait que l'origine de la pluie par les vents du nord est bien différente de celle de la pluie par les vents du sud. Si, par un ciel serein, la température est élevée durant plusieurs jours, le baromètre *commence* à baisser, quelques *cirrus* se forment dans les hautes régions en même temps que le vent du sud devient dominant ; les *cirrus* s'étendent, le ciel devient blanchâtre et l'électricité positive augmente dans ses couches inférieures. Le baromètre continuant à baisser, il se forme des *cumulus* dans le bas, et la pluie commence. Au moment où ils se produisent, le *cumulus* et la pluie sont tous deux électrisés positivement. Bientôt l'électricité négative s'accumule à la partie supérieure du *cumulus*, et la pluie elle-même finit par devenir négative; mais comme par les vents du nord il n'y a souvent qu'une seule couche de nuages, cette action par influence n'a pas lieu, et la pluie est plus souvent positive. En hiver, la neige tombe ordinairement d'une seule couche, aussi est-elle presque toujours positive.

Théorie de M. Peltier.— M. Peltier ayant déduit de ses expériences et de ses observations sur l'électricité atmosphérique des interprétations fort différentes de celles des autres physiciens, nous croyons utile de présenter ici le résumé de ses recherches.

Une ancienne expérience de de Saussure et d'Ermann, restée sans résultat, est le point de départ de la série de faits qui lui font envisager d'une manière toute nouvelle les phénomènes aqueux et ignés de l'atmosphère. Voici cette expérience fondamentale, telle que l'a modifiée M. Peltier (1).

On se place sur un lieu parfaitement découvert, dominant tous les objets environnants ; on prend un électromètre armé d'une tige de 4 décimètres environ, surmontée d'une boule de métal poli, de 3 à 4 centimètres de rayon, afin d'augmenter les effets d'influence et d'éviter l'écoulement de l'électricité qui peut être repoussée dans la partie supérieure. On tient l'instrument d'une main, on l'équilibre de l'autre, en mettant en communication la tige et la platine. Toutes les réactions étant égales de part et d'autre, les feuilles d'or de l'électromètre tombent droites et marquent zéro. Dans cet état d'équilibre, on peut laisser l'instrument en contact avec l'air libre pendant une journée entière sous un ciel serein, sans qu'il se manifeste le moindre signe d'électricité. On peut même le promener et agiter l'air ; dès l'instant qu'on le tient à la même hauteur, il restera complétement muet. Mais si, au lieu de le laisser dans la même couche d'air, on l'élève de 4 à 5 décimètres, on voit aussitôt les feuilles d'or diverger et indiquer une tension *vitrée*. (M. Peltier préfère les mots *vitré* et *résineux* à ceux de *positif* et *négatif*, comme étant plus insignifiants et ne préjugeant aucune théorie.) Si on replace l'instrument au point de départ, les feuilles retombent exactement à zéro ; si on le descend au-dessous de ce point d'équilibre, les feuilles divergent de nouveau, mais alors elles sont chargées d'électricité *résineuse*. En le remontant au point de départ, l'instrument reprend son zéro et ne conserve rien des électricités libres qu'il a montrées un instant. Puisque aucune électricité libre n'est restée dans l'instrument, l'air ne lui a donc rien communiqué, et les signes qu'il a donnés n'étaient que le produit d'une répartition nouvelle de l'électricité que la tige possédait au point d'équilibre ; il a suffi de replacer l'instrument au même point pour les faire disparaître. Ce n'étaient enfin que des signes de l'électricité d'influence dans un corps qu'on approche ou qu'on éloigne d'un autre corps chargé d'une électricité libre, phénomène qu'on peut reproduire dans le cabinet en se plaçant sur une surface *résineuse* ou sous une surface *vitrée*.

Au lieu d'une boule polie, si on place une ou plusieurs pointes, ou une mèche allumée, comme faisait Volta, le phénomène cesse d'être simple et ne permet plus de distinguer si l'effet primitif a été une répartition nouvelle d'électricité, ou si c'est de l'électricité prise à l'atmosphère. En effet, lorsqu'on lève l'instrument, l'électricité *résineuse*, coercée par l'influence *vitrée* de l'espace céleste à l'extrémité de la tige, au lieu de s'y maintenir s'échappe par les pointes ou la flamme ; lorsqu'on baisse l'instrument, il lui manque toute l'électricité perdue, et l'équilibre ancien ne peut s'y rétablir. Il reste alors de l'électricité *vitrée* permanente, qu'on attribue à tort au contact de l'air ; elle n'est en réalité que la portion séparée de celle de nom contraire qui s'est évanouie par les pointes et qui ne peut plus être neutralisée lorsqu'on replace l'instrument au point de départ.

Cette expérience, constatant que ni l'air, ni la vapeur qu'il contient, ne possèdent d'électricité *vitrée* libre, invalidait les conséquences que Volta, Lavoisier et Laplace avaient tirées de leurs expériences. En reproduisant et analysant ces dernières, M. Peltier s'est efforcé de prouver que la vapeur produite à une température au-dessous de

(1) Voyez ses mémoires dans les *Annales de chimie et de physique*, tom. IV, 3e série ; *Mémoires de l'académie de Bruxelles*, tom. XV, IIe part. ; son *Traité des trombes* ; l'art. *Atmosphère* du Supplément au Dictionn. des sciences nat.

110° centigrades n'emporte jamais d'électricité libre ; qu'il n'y a d'électricité que celle formée à une température plus élevée que 110°. Cette température n'étant pas celle de la surface du globe, les vapeurs électriques qui s'en élèvent ne peuvent donc provenir de la simple évaporation des eaux salines ou pures.

L'électricité des nues et des brouillards ne pouvant être méconnue, il rechercha d'où elle provenait. Dès qu'il eut constaté que le globe terrestre est un *corps chargé d'électricité résineuse, il fut facile de démontrer* par l'expérience que la vapeur qui s'en élève est résineuse comme lui, que cet état électrique du globe est une cause puissante d'évaporation, et que cette dernière peut être quintuplée et sextuplée par une haute tension. La vapeur qui s'élève du sol étant résineuse comme lui, sa tension devait réagir de haut en bas contre celle du globe et en atténuer successivement tous les effets ; c'est ce qui a lieu et c'est ce qui démontre l'affaiblissement de l'influence terrestre sur les électromètres à mesure que la vapeur se forme pendant la chaleur de la journée. Ces instruments ne donnent pas la mesure de la totalité de l'électricité, mais de la différence seule des *quantités qui agissent sur les armatures*, d'une *part*, et *sur la tige* qui porte les feuilles d'or, de l'autre. Il en résulte qu'ils peuvent être placés au centre d'une masse de vapeurs chargée d'une grande quantité d'électricité sans en donner le moindre signe. Ainsi, leur manifestation décroissant avec la formation des vapeurs est une preuve que ces dernières sont chargées d'électricité résineuse comme le globe, et qu'elles réagissent de haut en bas contre son action qui agit de bas en haut.

La vapeur étant quelque peu conductrice, ne garde pas longtemps l'égale répartition de sa tension résineuse; l'action incessante du globe repousse l'électricité résineuse vers les couches supérieures, et rend *ainsi* vitrées les couches inférieures. La nouvelle répartition de l'électricité se fait d'autant plus facilement, que la densité augmente ; c'est pourquoi l'électromètre, qui avait presque cessé de donner des signes électriques au milieu de la journée, reprend peu à peu de l'étendue dans ses indications lorsque la condensation du soir se fait sentir; les vapeurs inférieures deviennent vitrées par influence, et les vapeurs supérieures deviennent plus résineuses. Pendant la nuit, les vapeurs inférieures s'étant déposées en rosée, la quantité des vapeurs vitrées a diminué, les vapeurs supérieures réagissent alors plus librement, et vers le matin l'électromètre parle moins qu'il ne le faisait la veille au soir.

Le premier effet du soleil levant est de faire repasser à l'état de vapeur élastique les vapeurs condensées de la nuit, qu'elles soient ou non à l'état vésiculaire. Ces vapeurs étant placées entre la terre *résineuse* et l'espace céleste *vitré*, les premières qui repassent à l'état de fluide élastique emportent en s'élevant une plus haute *tension* résineuse, qu'elles obtiennent en affaiblissant celles des vapeurs qu'elles laissent en arrière, et qui, devenues ainsi moins résineuses que le globe, sont vitrées, par rapport à lui et à nos instruments. Dans ce premier moment de la révaporation des vapeurs supérieures, les couches laissées en arrière, devenues vitrées, sont attirées par le sol, agissent davantage sur nos instruments par leur proximité, produisent souvent une seconde rosée, jusqu'à ce qu'enfin le soleil, dardant sur le sol même des rayons directs, l'échauffe et reproduit des vapeurs résineuses qui se répandent dans l'atmosphère, réagissent de *haut* en bas sur l'instrument, comme la veille, et atténuent de nouveau l'effet du globe.

Ce jeu des influences électriques se montre sur une très-grande échelle et plusieurs fois par jour autour des cimes des hautes montagnes. Depuis que M. Peltier a constaté que tous les nuages gris et ardoisés sont chargés d'électricité résineuse, et que tous les nuages blancs, roses ou orangés *sont chargés d'électricité vitrée*, il lui a été facile de suivre à distance cet ordre de phénomènes sans être obligé d'aller mesurer leur tension avec l'électromètre. Voici l'extrait de ses observations. *Lorsqu'un nuage* blanc domine le sommet d'une montagne, *sa puissante tension* vitrée provoque et active l'évaporation de ses flancs humides ; la quantité de vapeurs produites dépassant le point de saturation de ces régions froides, elles passent à l'instant à l'état de vapeur vésiculaire et paraissent sous forme de flocons gris-cendré, d'une *teinte d'autant plus foncée que* le nuage supérieur est d'un blanc plus éclatant. La teinte grise ne reste pas longtemps uniformément répartie ; l'attraction vitrée du nuage blanc rend plus résineuse la bande périsphérique du nuage gris, qui prend alors une teinte plus foncée et forme un ruban étroit à *sa partie supérieure*. Cette couche extrême se divise en stries sinueuses et tremblotantes, qui s'agitent, s'élèvent et disparaissent en repassant à l'état de vapeur élastique. Ces premières vapeurs disparues sont remplacées par d'autres qui éprouvent la même transformation, et ainsi de suite. La plus grande tension résineuse du ruban supérieure, manifestée par *sa teinte plus* ardoisée, ne peut *avoir* lieu qu'en prenant aux vapeurs inférieures l'électricité *résineuse* qu'elles ont emportée du sol ; par la diminution de leur tension *résineuse*, ces derniers perdent peu à peu leur teinte grise et finissent par devenir presque aussi blanches que le nuage supérieur. Ce dernier lui-même a perdu de son premier éclat à mesure que ses propres vapeurs étaient neutralisées par celles qui rayonnaient de la bande grise; le phénomène s'arrête alors, et la montagne cesse de *fumer*, pour ne recommencer que lorsque les vents l'auront débarrassée de ces nuages devenus semblables.

La présence d'un nuage gris au dessus du

sommet de la montagne produit un effet analogue, mais avec des signes électriques inverses. Le nuage qui sort de ses flancs est blanc, il est chargé d'électricité *vitrée*, son ruban supérieur est plus éclatant que le centre, il repasse à l'état de fluide élastique, et le reste perd peu à peu son éclat et devient gris. Enfin ces mêmes phénomènes se reproduisent encore sous un ciel serein, mais avec moins d'énergie: la tension *vitrée* de l'espace céleste suffit pour porter l'évaporation au delà du point de la saturation de cette couche d'air. Souvent aussi l'électromètre indique que la vapeur élastique invisible est puissamment chargée d'électricité, quelquefois *vitrée*, d'autres fois *résineuse*. Sous cette influence nouvelle, le fumage des montagnes augmente considérablement; cette abondance des vapeurs sortant du flanc des montagnes est elle-même un indice de la présence des vapeurs supérieures encore à l'état transparent. Elle indique aussi que leur condensation prochaine, à mesure que leur électricité sera neutralisée, donnera des pluies abondantes.

En suivant attentivement toutes ces transformations sur les montagnes ou au milieu des plaines, on voit que chaque jour ramène à peu près la même série des faits. Ce sont des vapeurs produites, soit par la température seule, soit par la température secondée par l'attraction électrique; puis vers le soir et pendant la nuit arrive leur condensation, et, par suite, une nouvelle distribution de l'électricité sous l'influence du globe. Au lever du soleil, c'est la révaporation des vapeurs opaques ou une nouvelle dilatation de celles qui sont encore élastiques; l'une et l'autre se font sous cette même influence, *résineuse* en bas, *vitrée* en haut: les premières vapeurs qui s'élèvent sont les plus *résineuses*, les dernières le sont moins et sont alors *vitrées* par rapport aux premières; elles forment ainsi des nuages opaques de tensions différentes lorsque le refroidissement les condense. Les vapeurs journalières, en s'élevant ainsi dans l'atmosphère, éprouvent bientôt l'effet d'une autre influence électrique, qui réagit puissamment de haut en bas: c'est celle du courant supérieur de l'atmosphère qui entraine vers les régions polaires les vapeurs *résineuses* des régions tropicales. La hauteur de ce courant et l'énergie de sa tension *résineuse*, variant avec les saisons, amènent des réactions plus ou moins éloignées de la surface du sol. C'est encore, entre ces deux forces, un résultat de différence dépendant de la proximité de l'une ou de l'autre de ces forces et des actions concomitantes de la température et des vents. Nous ne pouvons entrer dans de plus longs détails, il nous suffit d'avoir indiqué la route nouvelle que M. Peltier a suivie dans ses travaux; chacun pourra confirmer ou infirmer ces résultats par de nouvelles observations, et décider ainsi, avec l'aide du temps, quelle est la voie qui conduit le plus directement à la connaissance de la véritable cause des météores.

Observation. — M. l'abbé Bordes, professeur au grand séminaire d'Agen, et à qui nous devons d'excellents Traités de physique et de mathématiques, en terminant l'exposé des principes relatifs à l'électricité atmosphérique, a donné un commentaire fort remarquable du psaume XXVIII, où l'on trouve exprimées dans le style prophétique des Hébreux les propriétés de l'électricité atmosphérique et du tonnerre. « Ce cantique sublime, dit M. Bordes, est un de ceux qui ont le plus embarrassé les commentateurs de l'Écriture, parce que, ne comprenant pas les vérités physiques qui y sont énoncées, ils n'ont pas osé conserver au texte toute son énergie. Sans entrer dans des détails philologiques qui seraient ici déplacés, nous allons le traduire littéralement sur l'hébreu tel que nous l'avons aujourd'hui, ensuite nous nous contenterons d'y ajouter quelques courtes réflexions. Les mots placés entre parenthèses ne sont pas dans le texte.

« 1. *Date Jehovah, filii fortium, date Jehovah honorem et gloriam.* — 2. *Date Jehovah honorem nomini ejus; incurramini ad Jehovah* (id est, *adorate Dominum*); *ad Jehovah in templo sancto.* — 3. *Vox Jehovah super aquas; Deus majestatis facit tonare, Jehovah super aquas multas.* (Hoc est *Deus majestatis Jehovah facit esse tonitru*, vel, *conficit tonitru super aquas multas.*)—4. *Vox Jehovah in virtute, vox Jehovah in magnificentia.* — 5. *Vox Jehovah confringens cedros, et confringet Jehovah cedros Libani.* — 6. *Et exilire faciet eas sicut vitulus Libani, et Sirion sicut filius rhinocerotis.* — 7. *Vox Jehovah cædens flammas ignis.* — 8. *Vox Jehovah faciet parere* (id est *fecundabit*) *desertum, faciet parere Jehovah desertum Cades.* — 9. *Vox Jehovah faciet parturire cervas et nudabit silvas, et in templo ejus unusquisque dicet gloriam.* — 10. *Jehovah ad diluvium sedit* (hoc est, *dominatur et imperat diluvio*), *et sedebit Jehovah rex in æternum.* — *Jehovah robur populo suo dabit: Jehovah benedicet populo suo in pace.*

« On voit que le but du Psalmiste, dans ce cantique, est de porter les *enfants des forts*, c'est-à-dire les enfants d'Israël, à louer Dieu à cause des merveilles qu'il opère dans l'ordre physique. Ne pouvant les énumérer toutes, il choisit les plus étonnantes, celles que produit sa puissante voix: or, d'après tous les interprètes, la voix du Seigneur dont il est ici parlé, n'est autre chose que le tonnerre. Voyons donc quels sont l'origine et les effets de cette grande voix de Jéhovah, et souvenons-nous de quelques vérités établies ci-dessus, à savoir: 1° que la foudre est identique avec l'électricité des machines; 2° que la principale source de l'électricité atmosphérique est dans l'évaporation incessante qui se fait à la surface des mers; 3° que l'électricité influe sur la végétation et la favorise. Passons maintenant au troisième verset du Psaume. — *Vox Jehovah super aquas.* Le texte ne mettant pas de verbe dans ce premier membre de phrase, il semble qu'on pourrait sous-entendre *est* ou *retentit*, ou tout autre verbe; mais le Prophète explique suffisamment sa pensée en changeant immédiatement la tournure de son discours, et ajoutant aussitôt : *Deus majestatis facit esse tonitru*; de sorte qu'on ne peut pas s'empêcher de traduire ainsi : La voix de Jéhovah, ou le tonnerre, se *forme* au-dessus des eaux ; oui, c'est à la surface des eaux ; oui, c'est à la surface des grandes eaux que Jéhovah, le Dieu de majesté, *fait former son tonnerre*. Ces dernières expressions sont surtout remarquables. Les verbes hébreux ont des modes qu'on ne trouve pas dans nos langues modernes : par exemple, quand *ils sont* à la conjugaison appelée *hiphil*, ils signifient *faire faire l'action;* le verbe *visiter* conjugué en *hiphil* signifie *faire visiter*. Or, ici, le verbe *raam, il a tonné, le tonnerre a existé*, est en *hiphil :* David a donc voulu dire, non pas seulement que Dieu fait retentir son tonnerre, mais qu'il le fait *naître, qu'il le fait exister* ou *former* à la surface des eaux de la mer : nous savons que c'est par l'évaporation. — La voix de Jéhovah, dit encore le Prophète, est puissante, *vox Jehovah in virtute ;* mais elle est aussi pleine de magnificence, *vox Jehovah in magnificentia*, c'est-à-dire qu'elle produit quelquefois des effets terribles, mais que communément elle porte en tous lieux l'abondance et la richesse. Elle est puissante, car elle brise les cèdres, et même les plus grands cèdres du Liban ; elle est bienfaisante et magnifique, car elle fait bondir les cèdres de plaisir, et tressaillir les sommets du mont Sirion. Lorsque les cèdres entendent cette voix, ils se réjouissent parce qu'elle leur annonce l'aliment nécessaire, l'électricité dont ils ont besoin pour activer leur végétation, et développer leurs immenses rameaux ; c'est pourquoi ils se mettent à bondir de joie, comme le jeune veau du Liban quand il entend les pas de celui qui lui apporte sa nourriture et doit le conduire au pâturage : le mont Sirion lui-même se met à tressaillir comme le jeune faon du rhinocéros. — Cette voix de Jéhovah est terrible, car elle se divise et se répand de tous côtés en traits de feu et de flamme : elle est bienfaisante ; c'est elle qui féconde les déserts les plus sauvages, comme celui de Cadès ; c'est elle aussi qui féconde les biches des forêts ; elle est terrible, car elle renverse les arbres et dépouille les forêts, et quand elle retentit dans les airs, les cœurs se serrent d'épouvante et tous les hommes sont forcés de rendre gloire à Jéhovah dans son temple ; oui ! c'est Jéhovah qui commande aux ouragans et à la tempête ! Jéhovah régnera éternellement ! — On ne sait pas encore quel est le rôle que joue l'électricité dans la reproduction des animaux ; plus tard peut-être l'expérience l'apprendra, et alors on comprendra la justesse de ces mots du Prophète : *Vox Domini faciet parturire cervas.* Du moins le fait lui-même paraît ici clairement énoncé, comme la formation de la foudre à la surface des eaux de la mer, comme l'influence du fluide électrique sur la végétation ; mais tout cela est exprimé dans un style oriental qu'il n'est guère possible de reproduire dans nos langues modernes sans le défigurer. »

ELECTRICITÉ DES ORAGES. *Voy.* ORAGES.

ELECTRO-AIMANTS.— On appelle ainsi des aimants qui naissent et s'anéantissent dans un instant, selon qu'on établit ou qu'on interrompt l'action qui leur donne naissance. On prend deux larges morceaux de fer doux, en fer à cheval : l'un, qui est fixé d'une manière solide par sa partie supérieure, est entouré d'un millier de mètres de fil de cuivre revêtu de soie, dont les deux bouts communiquent avec les pôles d'une pile. Dès qu'on établit le courant, ce fer à cheval devient un aimant d'une telle énergie, qu'il peut soulever d'assez loin le fer à cheval inférieur, qu'on charge de poids que ne soutiendraient jamais des aimants naturels de même taille, ou des barreaux aimantés par d'autres procédés. Dans le grand appareil de la Faculté des sciences de Paris, on peut porter la charge au delà de mille kilogrammes. Vient-on à interrompre la communication avec la pile, la masse inférieure retombe immédiatement, et le fer à cheval supérieur ne conserve pas la moindre trace de magnétisme. La puissance donnée à ces aimants artificiels et passagers est pour ainsi dire indéfinie, puisqu'il n'y a pas là de force coercitive qui limite l'action influençante, et que l'effet est proportionnel à l'énergie de la pile qu'on peut augmenter à volonté.

ELECTRO-CHIMIE.—On donne le nom d'électro-chimie à cette partie de la science qui s'occupe de déterminer l'existence des courants dans les actions chimiques, et qui nous fait connaître l'influence qu'exerce l'électricité en mouvement pour détruire des combinaisons chimiques, ou pour en opérer de nouvelles; cette branche de la physique, qui a des rapports nombreux avec la chimie, a pris dans ces dernières années un accroissement tel que nous devons nous borner à en exposer les principes, à discuter les principales questions qui s'y rattachent et à indiquer les plus remarquables applications.

Les effets chimiques produits par le courant de la pile sont des décompositions et quelquefois des combinaisons; nous ne citerons qu'un seul exemple de combinaison.

Lorsqu'on remplit de mercure une capsule de chlorhydrate d'ammoniaque, qu'on la pose sur une lame de platine communiquant avec le pôle positif de la pile, et qu'on fait plonger le fil négatif dans le mercure, on voit ce métal augmenter graduellement de volume ; il se fait un amalgame de mercure, d'hydrogène et d'ammoniaque, mais ce composé ne se conserve que sous l'influence du courant : dès qu'on fait cesser l'action de la pile, l'hydrogène et l'ammoniaque se dégagent et le mercure reprend son premier volume.

Décomposition.—Dès qu'on eut découvert la propriété dont jouit la pile, d'opérer la décomposition d'un liquide au moyen de deux lames de platine qui terminent les deux extrémités de la pile, on donna le nom de pôle à ces lames, celui de *pôle positif* à celui où se rendaient l'oxygène et les acides, et celui du *pôle négatif* à celui où se rendaient l'hydrogène et les bases; mais cette dénomination est impropre; elle ne présente à l'esprit que de fausses analogies. Pour obvier à cet inconvénient, Ampère donna le nom de *réophores* (porte-courants) à ces portions de conducteurs soudées aux extrémités de la pile. Dès qu'on eut soupçonné une origine électrique aux actions chimiques, les corps transportés au réophore positif furent appelés *électro-négatifs*, et les corps transportés au réophore négatif, *électro-positifs*, par suite du principe qu'il y a attraction entre deux corps chargés d'électricité contraire.

En partant du principe que la force déterminante qui opère la décomposition n'existe pas aux pôles, mais bien dans les corps décomposés, M. Faraday a considéré les pôles ou réophores, comme des portes par lesquelles le courant électrique débouche dans les corps décomposés, et il les a nommés *électrodes* (1). Il donne le nom d'*électrolytes* (2) aux corps dont les éléments sont séparés par les électrodes : l'acide chlorhydrique est un corps électrolytique, et l'acide borique ne l'est pas, attendu que les deux éléments du premier sont séparés, tandis que ceux du second ne le sont pas.

M. Faraday, désirant avoir une mesure naturelle de la direction électrique, a cherché cette mesure dans la terre. Si le magnétisme de la terre est dû à des courants électriques circulant autour d'elle, ces derniers doivent être dirigés constamment de l'est à l'ouest; or, si dans certains cas de décomposition chimique, le corps décomposé est placé de manière à ce que le courant qui le traverse ait la même direction et soit parallèle à celui qu'on suppose exister dans la terre, alors les surfaces par lesquelles passe l'électricité auront un rapport invariable et montreront toujours la même relation du pouvoir. M. Faraday propose en conséquence d'appeler l'électrode qui est tourné vers l'est, *anode*, ἀνά, en haut, ὁδός, chemin, route par où s'élève le soleil, et celle vers l'ouest, *catode*, κατά, en bas, ὁδός, route par où le soleil disparaît. L'anode est donc la surface par laquelle entre le courant électrique; c'est celle où se montrent l'oxygène, le chlore et les acides. La catode est la surface où le courant abandonne le corps décomposé; c'est celle où se développent l'hydrogène, les corps combustibles, les métaux, etc.

M. Faraday a conclu d'un grand nombre d'expériences que la décomposition électrochimique ne dépend pas de l'action simultanée des deux électrodes, puisqu'en ne se servant que d'un seul électrode, la décomposition s'effectue, et que l'un des éléments mis en liberté passe à l'électrode directement en action, que cet électrode soit le positif ou le négatif; tandis que l'autre élément se réfugie vers l'autre extrémité du corps soumis à la décomposition, quand bien même ce corps serait terminé par l'air.

On a remarqué depuis longtemps que les éléments qui sont combinés avec le plus d'énergie sont aussi ceux qui sont décomposés avec le plus de force par le courant, et que les corps qui sont combinés en vertu de faibles affinités sont ceux qui obéissent le moins à l'action décomposante de l'électricité. On peut donc dire que tous les corps composés se séparent, sous l'influence d'un courant électrique, avec une facilité proportionnée à la force de l'affinité qui unit leurs éléments. Parmi les corps qui résistent à l'action décomposante de l'électricité, on doit distinguer d'abord l'acide borique, ensuite les iodures de soufre, les chlorures de soufre, de phosphore et de carbone; les chlorures d'antimoine, l'acide acétique cristallisé, l'ammoniaque, les acides sulfurique, arsénique et nitrique privés d'eau. Il est probable que le défaut de décomposition dans ces corps tient à l'absence du pouvoir conducteur. La dépendance entre la faculté décomposante et la faculté conductrice est telle que les corps non conducteurs à l'état solide, qui le deviennent à l'état liquide, sont alors décomposés.

Nous allons décrire rapidement les appareils que M. Faraday a imaginés pour mesurer l'électricité voltaïque, et auxquels il a donné le nom d'*électromètre de Volta*. Leur construction repose sur ce principe, que l'action chimique décomposante d'un courant est constante pour une quantité constante d'électricité, malgré les variations qui peuvent avoir lieu dans son intensité; dans la dimension des fils ou plaques employés, et la nature des corps conducteurs ou non conducteurs à travers lesquels elle passe. L'eau acidulée par l'acide sulfurique étant facilement décomposable, est le liquide le plus convenable pour servir d'indicateur. On doit éviter avec soin la recombinaison des gaz dégagés, laquelle s'effectue, comme nous l'avons dit précédemment, sous l'influence de la lame positive. La forme des appareils décomposants varie selon le genre d'expériences que l'on a en vue. Le premier consiste en tubes droits, gradués, contenant chacun une plaque et un fil de platine soudés avec de l'or, et fixés par la fusion à l'extrémité fermée du tube. Ces tubes ont une longueur d'environ 25 centimètres, et un diamètre de 18 millimètres. Les plaques de platine sont aussi larges que possible et placées très-près de l'orifice du tube. Quand les expériences exigent quelques jours de durée, et lorsqu'il s'agit de rassembler de grandes quantités de gaz, M. Faraday emploie un électromètre d'une disposition particulière.

Nous voyons donc en résumé que l'électromètre de Volta, lorsqu'il fait partie d'un

(1) ἤλεκτρον, électricité, et ὁδός, route.

(2) ἤλεκτρον, etc., et λύω, je résous, je sépare.

circuit voltaïque, peut servir à mesurer le pouvoir chimique, d'un courant, par la mesure de la quantité de chacun des gaz qui s'y développent par suite de la décomposition de l'eau. Nous allons maintenant exposer les résultats remarquables auxquels est parvenu M. Faraday. Si l'on introduit dans le même circuit voltaïque, et à la suite les uns des autres, plusieurs électromètres semblables, dont les lames métalliques ont diverses dimensions et qui contiennent des liquides différents, le courant unique qui parcourt tous ces électromètres décompose dans tous la même quantité d'eau ou y développe les mêmes quantités de gaz. Si trois de ces appareils sont tellement disposés dans le circuit, que le courant total, après avoir parcouru l'un d'eux, se partage entre les deux autres, et se reforme au delà, il arrive toujours que la somme des quantités d'eau décomposées par les deux courants dérivés est égale à la quantité décomposée dans le premier électromètre. Ainsi, la faculté d'opérer des décompositions chimiques, que possède un courant hydro-électrique, reste la même dans toutes les parties du circuit, et se partage entre les courants dérivés absolument comme l'intensité. On peut donc regarder comme démontré que *le pouvoir chimique d'un courant est proportionnel à la quantité d'électricité en mouvement dans le circuit.*

Ce premier principe étant admis, il va en découler les conséquences les plus importantes. En effet, le pouvoir chimique du courant voltaïque étant une force constante et comparable, si dans un même circuit on introduit un électromètre et un appareil analogue dans lequel un autre corps que l'eau soit décomposé, ce sera la même quantité absolue d'électricité en mouvement qui développera les gaz dans l'électromètre, et qui séparera les éléments du corps composé dans le second appareil. Par exemple, lorsque ce nouveau corps est du protochlorure d'étain, qui ne renferme pas d'eau, l'étain recueilli au bout d'un certain temps pesant 3 grammes 2, le poids de l'eau décomposée pendant le même temps est 0 gramme 497. Ces nombres sont donc des équivalents électro-chimiques, c'est-à-dire que la quantité absolue d'électricité en mouvement dans un courant électrique capable de décomposer 0 gramme 497 d'eau, est aussi celle qui est nécessaire pour précipiter 3 grammes 2 d'étain, du protochlorure de ce métal.

Ces nombres sont à très-peu près dans le même rapport que les équivalents chimiques de l'eau et de l'étain. Par des expériences analogues à la précédente, M. Faraday a obtenu les équivalents électro-chimiques d'un grand nombre de corps, et ces équivalents sont exactement proportionnels aux poids des atomes de ces corps, adoptés par les chimistes. Or, comme un courant électrique opérant une décomposition ne fait que restituer aux composants les masses d'électricité contraires qui sont mises en liberté lors de leur combinaison, l'identité précédente conduit à cette loi, que *les atomes de tous les corps simples possèdent les mêmes quantités absolues d'électricité.*

M. Faraday a une si grande foi dans l'exactitude de la loi que nous venons d'énoncer, qu'il n'hésite point à diminuer de suite les équivalents chimiques de plusieurs tels qu'ils sont admis généralement. Il paraît également convaincu que le pouvoir qui gouverne les décompositions électriques et les attractions chimiques est le même, et il a une telle confiance dans l'influence qui régit les lois naturelles qui rendent définie la décomposition électrique, qu'il n'hésite pas à croire que les attractions chimiques doivent y être soumises également.

Il est peu d'expérimentateurs qui jusqu'ici aient contrôlé les beaux résultats de M. Faraday. Nous devons cependant en excepter M. Becquerel, qui a soumis à une persévérante investigation toutes les parties pour ainsi dire de la science et de l'électricité. Pour vérifier la loi des équivalents électro-chimiques, il a employé une pile à courant constant de deux couples. Trois dissolutions, l'une de cuivre, l'autre d'argent, la troisième de zinc, furent successivement introduites dans le circuit pendant 24 heures chacune. Un électromètre particulier mesurait l'intensité constante du courant, et des changements dans la longueur des fils de communication permettaient de régler cette intensité de telle sorte qu'elle fût la même dans les trois cas. Les quantités de cuivre, d'argent et de zinc précipitées dans des temps égaux, pesaient respectivement 0 gramme, 009,0 gr. 0305,0 gr. 00912, et ces nombres sont précisément proportionnels aux poids atomiques des trois métaux.

Les expériences de M. Faraday nous ont montré qu'il faut une quantité considérable d'électricité en mouvement pour décomposer une petite proportion d'un composé ; il a montré par exemple qu'un poids de 0 gr. 065 d'eau exige pour sa décomposition un courant électrique continu pendant 3' 45", qui soit capable de maintenir à la chaleur rouge dans le même temps un fil de platine d'un quart de millimètre de diamètre. M. Pouillet a donné une évaluation plus précise ; il prend pour unité la quantité d'électricité en mouvement qui traverse dans une minute de temps une section d'un circuit thermo-électrique bismuth et cuivre, dont la puissance conductrice est égale à celle d'un fil de 20 mètres de long et de 1 millimètre de diamètre, lorsque la différence de température des deux soudures est de 100° ; et il conclut par le calcul de plusieurs expériences, que 13787 unités de cette espèce sont nécessaires pour décomposer 1 gramme d'eau.

M. Matteucci a démontré qu'en employant une pile composée d'un certain nombre d'éléments, le courant acquis est toujours une force électro-chimique d'autant plus grande que la quantité d'électricité dégagée et mise en circulation est plus considérable, et qu'il arrive qu'une augmentation de surface du métal dissous n'a pas toujours pour effet la circulation d'une plus grande quantité d'électricité ; tandis que cette circulation peut devenir plus considérable par un changement dans le liquide qui provoque le courant, sans que pour cela la quantité totale d'électricité dégagée en soit accrue. L'appareil dont il fait usage consiste en un flacon de la contenance de 125 à 150 grammes d'eau, muni d'un bouchon de liége recouvert de vernis. Une lame de zinc distillé de 3 centimètres sur 4, et une autre de platine de même dimension, sont soudées à deux fils de cuivre traversant le bouchon. Ces deux fils, qui sortent du flacon, sont scellés dans le bouchon et recouverts de vernis jusqu'à la soudure. Au centre du bouchon se trouve un tube de verre de 3 millimètres de diamètre, recourbé en U, et dont l'une des branches communique avec l'intérieur, et l'autre avec l'extérieur. Au moyen de cette disposition, quand il se dégage du gaz dans l'intérieur, ce gaz déplace une portion du liquide qui, étant recueillie et mesurée, indique la quantité de gaz dégagée. Le liquide employé pour charger les appareils voltaïques est de l'eau acidulée par l'acide sulfurique. Il a reconnu que dans une pile la quantité d'électricité dégagée, et qui circule dans chaque couple, augmente ordinairement avec le nombre des couples. Si l'on apporte un changement dans la distance entre les électrodes, dans leur étendue, la nature du liquide, il y a aussitôt un changement correspondant dans la quantité de l'électricité dégagée, et qui circule entre chaque couple. Ce changement est indiqué par la quantité d'hydrogène dégagée sur la lame de platine de la pile.

M. Matteuci, en examinant les phénomènes de décomposition voltaïque opérés simultanément sur deux combinaisons mêlées ensemble, est arrivé à établir le principe suivant : l'action chimique du courant est toujours définie, les deux combinaisons sont décomposées directement par le courant ; la quantité de chacune d'elles, qui est décomposée, est équivalente à celle qu'on obtient en en décomposant séparément une seule par un courant de même force. Enfin, toutes les fois qu'en augmentant la force chimique de la pile, on voit augmenter la quantité décomposée d'une certaine combinaison comparativement à une autre avec laquelle elle se trouve mêlée, on doit en conclure que la première est moins décomposable que la seconde. C'est ainsi que l'iodure de potassium, les acides hydriodique et hydro-chlorique, les chlorures, l'eau acidulée par l'acide sulfurique, sont des combinaisons qui se suivent dans l'ordre de leur facilité à être décomposées.

En examinant le rapport qui existe entre l'action d'un courant et le nombre relatif des équivalents chimiques qui entrent dans la combinaison décomposée, il est arrivé aux conséquences suivantes : 1° si un courant électrique décompose dans le même temps trois combinaisons mises séparément sur sa route, dont la première renferme deux équivalents, la deuxième un équivalent avec deux équivalents, la troisième un équivalent avec trois équivalents, on trouve que son action chimique sur chacune d'elles, mesurée par la quantité de ces trois combinaisons qui ont été décomposées, varie comme les nombres 1, 1/2, 1/6 ; 2° si l'action chimique du courant, comme tout le démontre, est toujours proportionnelle au degré d'affinité des éléments qui sont séparés par ce courant, on doit en conclure que les degrés d'affinité qui lient les deux éléments dans ces trois composés de 1 à 1, de 1 à 2, et de 2 à 3, sont comme les nombres 1, 1/2, 1/6 ; 3° les composés qui renferment un équivalent combiné avec 4, ne conduisent pas le courant et ne se laissent pas décomposer.

ÉLECTRODES. *Voy.* Pile et Électrochimie.

ÉLECTRO-DYNAMIQUE (δύναμις, *force*). — La science de l'électro-magnétisme, qui doit rendre le nom d'OErsted à jamais mémorable, a pour objet l'action réciproque des courants électriques et magnétiques. M. Ampère, par sa découverte de l'action mutuelle des courants électriques les uns sur les autres, a ajouté à ce sujet une nouvelle branche, à laquelle il a donné le nom d'*électro-dynamique*.

Quand on fait passer des courants électriques par deux fils métalliques conducteurs, suspendus ou soutenus de manière à pouvoir s'approcher et s'éloigner l'un de l'autre, ils manifestent une attraction ou une répulsion mutuelle, selon que les courants vont en direction semblable ou contraire ; les phénomènes variant avec les inclinaisons et les positions relatives des courants électriques. L'action mutuelle de ces courants, soit qu'ils coulent dans des directions semblables ou contraires, ou qu'ils soient parallèles, perpendiculaires, divergents, convergents, circulaires ou héliçoïdes, produisent tous différentes sortes de mouvement dans un fil métallique conducteur, rectiligne et circulaire, et, en outre, la rotation d'un fil métallique en hélice, tel que celui qui vient d'être décrit, et auquel on a donné le nom de cylindre électro-dynamique, à cause de quelques perfectionnements introduits dans sa construction. Comme l'hypothèse d'une force variant en raison inverse du carré de la distance s'accorde parfaitement avec tous les phénomènes observés, ces mouvements se trouvent soumis aux mêmes lois de dynamique et d'analyse que toutes les autres branches de la physique.

Aussi longtemps que l'électricité circule en eux, les cylindres électro-dynamiques agissent les uns sur les autres précisément de la même manière que s'ils étaient des aimants. Toutes les expériences que l'on peut faire avec un cylindre peuvent également s'accomplir avec un aimant. L'extrémité du cylindre, dans laquelle le courant d'électricité positive se meut dans le sens des aiguilles d'une montre, agit à la manière du pôle sud d'un aimant, tandis que l'autre extrémité, dans laquelle le courant circule en sens contraire, manifeste une polarité boréale.

Les phénomènes indiquent une différence très-marquée entre l'action de l'électricité en repos, c'est-à-dire entre l'électricité voltaïque et l'électricité ordinaire. Quoique ces deux sortes d'électricité soient en elles-mêmes identiques, les lois qu'elles suivent sont à beaucoup d'égards d'une nature entièrement différente. L'électricité voltaïque circulant perpétuellement ne peut s'accumuler, et n'a par conséquent aucune tension ou tendance à s'échapper des fils qui la conduisent. Ces fils n'attirent ni ne repoussent les corps légers placés dans leur voisinage, tandis que l'électricité ordinaire peut s'accumuler à un haut degré dans les corps isolés; et dans cet état de repos, la tendance à s'échapper est proportionnelle à la quantité de fluide accumulé et à la résistance qu'il rencontre. Dans l'électricité ordinaire, la loi d'action consiste en ce que les électricités contraires s'attirent, tandis que les électricités semblables se repoussent mutuellement. Dans l'électricité voltaïque, au contraire, les courants semblables, c'est-à-dire ceux qui se meuvent dans la même direction, s'attirent, tandis qu'une répulsion mutuelle s'exerce entre les courants contraires, c'est-à-dire entre ceux qui circulent dans des directions opposées. L'électricité ordinaire s'échappe quand on supprime la pression atmosphérique; mais les effets électro-dynamiques sont les mêmes, que les conducteurs soient placés dans l'air ou dans le vide.

Quoique les effets produits par un courant d'électricité dépendent de la vitesse de son mouvement, la vitesse avec laquelle il se meut dans un fil métallique conducteur est complétement inconnue. Nous ignorons également si elle est uniforme ou variée, mais nous savons que le mode de transmission a une influence marquée sur les résultats; car, lorsque le courant circule d'une manière continue, il occasionne une déviation dans l'aiguille magnétique, tandis qu'il ne produit aucun effet quand son mouvement est discontinu ou interrompu, comme le courant qui se trouve développé par la machine électrique ordinaire quand on met en communication les conducteurs positif et négatif.

Ampère, en comparant les faits nombreux du magnétisme, de l'électro-magnétisme et de l'électro-dynamique, est parvenu à créer une théorie qui établit un lien naturel entre ces phénomènes auparavant disparates; elle montre l'identité qui existe sous certaines conditions entre les actions des aimants et celles des courants voltaïques, en attribuant à ces actions une même origine. Avant d'exposer le sommaire de cette théorie, nous allons rappeler l'action exercée par le globe sur les conducteurs mobiles.

Nous savons que l'action que la terre exerce sur les conducteurs mobiles intervient, dans toutes les expériences électro-dynamiques, ou comme moteur principal, ou comme modifiant la position d'équilibre. Si l'on dispose un conducteur rectangulaire, de telle manière qu'il soit mobile autour d'un axe horizontal, perpendiculaire au méridien magnétique, lorsqu'un semblable conducteur est traversé par un courant voltaïque, il tourne jusqu'à ce que son plan soit perpendiculaire à la direction de l'aiguille d'inclinaison; dans cette position d'équilibre, le courant est dirigé de l'est à l'ouest, sur le côté inférieur du rectangle. Ainsi, la terre agit en chaque lieu sur un courant voltaïque, comme un aimant dont l'axe serait parallèle à l'aiguille d'inclinaison, ou comme des courants électriques tous dirigés de l'est à l'ouest, lesquels existeraient à la surface ou dans l'intérieur du globe dont l'intensité irait en croissant du pôle à l'équateur

Ce fait montre que, lorsqu'un aimant et un conducteur plan mobile autour d'un axe sont successivement soumis à la même influence électro-dynamique, leurs positions d'équilibre ont entre elles cette relation, que le plan du conducteur se place perpendiculairement à la direction de l'axe de l'aimant auquel on le substitue. En partant de ce principe, on peut prévoir les actions que le globe, les aimants ou les conducteurs fixes doivent exercer sur un fil conducteur, contourné en hélice autour d'un cylindre et ramené suivant l'axe, pour que cette dernière portion rectiligne détruise les composantes du courant héliçoïdal dirigées parallèlement à cet axe, en sorte qu'on puisse amener l'ensemble à une série de courants circulaires parallèles aux bases du cylindre. Chacun de ces courants circulaires tend à se placer soit perpendiculairement au méridien magnétique ou à l'axe d'un aimant, soit parallèlement au plan d'un conducteur fixe; il résulte de là que l'axe de l'hélice doit se placer comme le ferait une aiguille aimantée soumise aux mêmes influences.

Ampère désigne sous le nom de solénoïde un système de petits courants circulaires égaux parcourus dans le même sens par un courant électrique dont les centres sont placés sur une courbe quelconque et les plans perpendiculaires à cette courbe.

L'expérience démontre qu'un solénoïde se conduit comme un aimant lorsqu'il est sous l'influence d'un courant électrique; soit un solénoïde rendu mobile autour d'un axe vertical et introduit dans le circuit voltaïque, il se place par la seule action du globe dans une position telle que son axe est exactement parallèle à l'aiguille de déclinaison, si elle est mobile autour d'un axe perpendiculaire au méridien.

Ces remarquables analogies ont été établies par Ampère lorsqu'il a établi sa théorie sur la constitution des aimants. Dans cette hypothèse, au lieu de supposer que le magnétisme est dû à la séparation des deux fluides, on l'attribue à des courants électriques qui se meuvent autour des particules. Ces courants existent dans tous les corps sensibles au magnétisme; dans un corps à l'état naturel les courants ont lieu dans toutes les directions autour d'une même particule. L'aimantation a pour effet de donner à tous ces courants des directions tendant au parallélisme et dont les actions concordantes sur les courants extérieurs expliquent les attractions et les répulsions magnétiques.

L'influence d'un courant énergique perpendiculaire à une *aiguille d'acier*, peut produire l'aimantation par ses actions attractives et répulsives sur les courants électriques des particules qui tendent à amener leurs plans parallèlement au courant extérieur influent, ou perpendiculairement à l'axe de l'aiguille. Un barreau d'*acier aimanté* possède une force *coercitive* qui s'oppose à ce que les *courants particulaires* reprennent leurs anciennes directions lorsque le courant influent est écarté; mais dans le fer doux, cette force *coercitive* n'existant pas, les courants reprennent leurs directions variées, après la cessation des actions extérieures, et le corps rentre dans l'état naturel. L'influence des *aimants pour aimanter* d'autres corps doit être exactement la même que celle des courants extérieurs. En admettant la théorie d'Ampère, on est conduit naturellement à penser que le globe est traversé par des courants *électriques* ayant le rapport d'intensité et la direction que nous avons déterminées ailleurs, et qui causent tous les phénomènes de magnétisme terrestre. Les courants terrestres dirigent l'aiguille aimantée, occasionnent dans les minerais et les objets en fer tous les phénomènes de l'aimantation qui paraissent spontanés. Les variations de la déclinaison et de l'inclinaison proviennent des changements périodiques de la *température* auxquels correspondent des différences d'intensités dans les courants terrestres: on voit comment l'ingénieuse hypothèse d'Ampère établit un *lien naturel* entre des *phénomènes si remarquables de la nature*, et qui, au premier abord, paraissaient si différents.

ELECTRO-MAGNÉTISME. — En 1820, M. OErsted, professeur à Copenhague, fit la découverte fondamentale qui a donné naissance à l'*électro-magnétisme*; on savait déjà que dans certaines circonstances les puissantes décharges électriques peuvent affecter l'*aiguille aimantée*; on *avait* observé, par exemple, sur des vaisseaux frappés de la foudre, que les aiguilles de boussole perdaient la propriété de marquer la route du bâtiment. Plusieurs physiciens, parmi lesquels on peut citer Franklin, Beccaria, Wilson et Cavallo, avaient essayé de reproduire ces phénomènes par la décharge d'une bouteille de Leyde ou par celle d'une grande batterie, et *ils* étaient en effet parvenus à modifier le magnétisme des aiguilles très-petites, soit en les mettant dans le circuit de l'explosion, soit en les exposant simplement à quelque distance de l'étincelle; mais ces expériences n'ayant pu produire aucun phénomène régulier, on se contenta d'admettre que le choc électrique agissait alors comme le choc du marteau; et le sujet fut abandonné. Un peu plus tard on fit, avec l'électricité de la pile, quelques nouveaux essais qui ne furent pas plus heureux.

Enfin, M. OErsted trouva le moyen de faire agir l'électricité sur le magnétisme d'une manière sûre et permanente. Le mode d'action une fois découvert et défini avec précision, *les phénomènes fondamentaux* se présentèrent d'eux-mêmes à *M.* OErsted; une immense carrière fut ouverte aux savants de tous les pays, et jamais peut-être on ne vit, dans une si courte période, la science s'enrichir de tant de vérités nouvelles.

Quand les deux pôles d'une batterie voltaïque sont joints par un fil métallique, de manière à compléter le circuit, l'électricité *circule sans interruption. Si* une portion *droite* de ce fil est placée *horizontalement* et parallèlement à une aiguille aimantée en repos, située au-dessous, dans le plan du méridien magnétique, mais disposée de telle sorte qu'elle puisse se *mouvoir* librement, comme celle d'une *boussole*, l'*action* du courant électrique, passant par le fil, fera à l'instant changer de position l'aiguille; son extrémité déviera du nord vers l'est ou l'ouest, selon la direction du courant; et en renversant cette direction, le mouvement de l'aiguille sera également renversé.

Toutes les expériences tendent à prouver que la force émanant du courant électrique, qui produit de tels effets sur l'aiguille aimantée, agit perpendiculairement au courant, ce qui la distingue de toutes les forces connues jusqu'ici. En effet, l'action de toutes les forces naturelles se dirige en lignes droites, autant du moins que nos connaissances nous permettent d'en juger; car les courbes décrites par les corps célestes résultent de la composition de deux forces, tandis que l'action d'un courant électrique sur l'un des *pôles d'un aimant* n'a *aucune tendance* à le faire approcher ou reculer; elle tend seulement à le faire tourner autour du fil. Si le courant d'électricité est supposé passer par le centre d'un cercle dont le plan lui soit perpendiculaire, la *direction* de la force produite par l'électricité sera toujours dans la tangente au cercle, ou perpendiculaire à son rayon. Conséquemment, la force tangentielle de l'électricité tend à faire mouvoir circulairement le pôle d'un aimant autour du fil métallique de la batterie. M. Barlow a prouvé que l'action de chaque particule du fluide électrique contenu dans le fil métallique, sur chaque particule du fluide magnétique contenu dans l'aiguille, varie en raison *inverse* du carré de la distance.

Le phénomène du mouvement de rotation fut indiqué par le docteur Wollaston; mais le docteur Faraday *fut le* premier qui réussit à effectuer la rotation du pôle d'un aimant autour d'un fil conducteur vertical. Afin de limiter à un seul pôle l'action de l'électricité, on plonge dans du mercure les deux tiers environ d'un petit aimant, dont l'extrémité inférieure est attachée par un fil au fond du vase qui contient le mercure. Lorsque l'aimant flotte ainsi presque verticalement, de manière que son pôle nord s'élève un peu au-dessus de la surface, l'on fait descendre perpendiculairement un courant d'électricité positive le long d'un fil métallique qui touche le mercure, et l'aimant commence aussitôt à tourner de gauche à droite autour du fil. Comme la force est uniforme, la rotation s'accélère jusqu'à ce que la force tangentielle se trouve balancée par la résistance du mercure; alors elle devient constante. Sous des circonstances semblables, le pôle sud de l'aimant tourne de droite à gauche. D'après cette expérience, il est évident que l'on peut également faire tourner le fil métallique autour de l'aimant, puisque l'action du courant d'électricité sur le pôle de l'aimant doit nécessairement être accompagnée d'une réaction correspondante du pôle de l'aimant sur l'électricité contenue dans le fil métallique. Cette expérience peut se faire à l'aide d'un grand nombre de procédés divers, et une petite batterie de deux couples suffit même pour effectuer la rotation. Le docteur Faraday a produit à la fois les deux mouvements dans un vase contenant du mercure; le fil métallique et l'aimant tournaient dans une même direction autour d'un centre commun de mouvement, l'un à la suite de l'autre.

On tenta ensuite de faire tourner un aimant et un cylindre autour de leurs propres axes, et l'on trouva que ce mouvement s'opère avec une grande rapidité. Le mercure aussi reçut, à l'aide de l'électricité voltaïque, un mouvement de rotation; et le professeur Ritchie a offert à ses auditeurs de l'Institution royale le spectacle singulier de la rotation de l'eau produite par les mêmes moyens, le vase qui la renfermait restant immobile. L'eau était contenue dans un double cylindre de verre creux, et lorsqu'on la faisait servir de conducteur à l'électricité, elle se mettait à tourner en un tourbillon régulier dont la direction changeait quand on renversait les pôles de la batterie. Le professeur Ritchie trouva que tous les conducteurs divers qu'il avait essayés jusqu'alors, tels que l'eau, le charbon, etc., donnaient les mêmes résultats électro-magnétiques lorsqu'ils transmettaient la même quantité d'électricité, et qu'ils déviaient l'aiguille d'une égale quantité quand leurs axes de transmission en étaient à la même distance. Mais l'un des effets les plus extraordinaires de la nouvelle force se manifeste lorsqu'on dispose un fil de laiton en forme d'hélice ou de tire-bouchon, et que l'on met les extrémités des fils en communication avec les pôles d'une batterie galvanique. Si l'on place une barre d'acier aimantée, ou une aiguille, dans l'intérieur de la vis, de manière à ce qu'elle repose sur la partie inférieure, à l'instant même où un courant électrique est introduit dans le fil métallique de l'hélice, la barre d'acier se soulève par l'influence de cette force invisible, et reste suspendue en l'air, contradictoirement à la loi de la pesanteur. L'effet de la force électro-magnétique développée par chaque tour du fil métallique, consiste à diriger le pôle nord de l'aimant dans un sens, et le pôle sud dans un autre. L'intensité et l'étendue de la force ainsi développée augmentent à chaque répétition des tours du fil métallique, et c'est par suite de ces forces opposées que la barre reste suspendue. Tant que le courant électrique circule dans cette hélice, elle possède toutes les propriétés d'un aimant, et peut lui être substituée dans presque toutes les expériences. Elle agit comme si à l'une de ses extrémités était un pôle nord, et à l'autre un pôle sud, et est attirée et repoussée par les pôles d'un aimant, exactement comme si elle-même en était un. Tous ces effets dépendent de la direction de l'électricité, c'est-à-dire de la direction des tours de la vis: selon qu'elle est de droite à gauche ou de gauche à droite, ils se trouvent dans des conditions tout à fait opposées.

Non-seulement l'action que l'électricité voltaïque exerce sur un aimant est exactement semblable à l'action réciproque de deux aimants, mais son influence à l'égard de la production du magnétisme temporaire dans le fer et l'acier est aussi la même que l'influence magnétique. Le mot influence, appliqué aux courants électriques, exprime le pouvoir que ces courants possèdent de communiquer aux corps naturellement neutres ou indifférents, et situés dans leur voisinage immédiat, un certain état particulier. Par exemple, le fil conducteur qui joint les deux pôles d'une batterie galvanique tient en suspension de la limaille de fer, à la manière d'un aimant artificiel, aussi longtemps que le courant circule en lui; et les aimants temporaires les plus puissants que l'on parvienne à faire s'obtiennent en recourbant en forme de fer à cheval un cylindre épais de fer doux, que l'on entoure d'une corde de fil de laiton très-forte, et recouverte de soie, pour empêcher toute communication entre ses parties. Quand ce fil fait partie d'un circuit galvanique, le fer devient tellement magnétique, qu'on a vu un aimant temporaire de cette espèce, fait par le professeur Henry de *the Albany Academy*, aux États-Unis, supporter près d'un tonneau pesant. Le fer perd sa puissance magnétique dès l'instant où l'électricité cesse de circuler, et l'acquiert de nouveau, presque instantanément, quand le circuit est rétabli. Le professeur Moll, d'Utrecht, a construit sur le même principe des aimants temporaires, capables de supporter un poids de 200 livres pesant, à l'aide d'une batterie consistant en une seule plaque faite de deux métaux soudés ensemble, et ayant moins d'un demi-pouce carré (1,269977 centimètres). On est surpris, en vérité, qu'un agent émis par un appareil si petit, et disséminé dans une masse de fer considérable, puisse communiquer une force si grande. Au moyen de l'influence électrique, les aiguilles d'acier acquièrent un magnétisme permanent; l'effet est produit en un moment, et aussi promptement par juxta position que par contact ; la nature des pôles dépend de la direction du courant, et leur énergie est proportionnelle à la quantité d'électricité.

Il paraît que le principe et les phénomènes caractéristiques de la science électro-magnétique consistent dans l'évolution d'une force tangentielle et rotatoire, développée entre un corps conducteur et un aimant ; et dans la transmission transversale du magnétisme, par le corps conducteur, aux substances qui sont susceptibles de le recevoir.

L'action d'un courant électrique fait dévier la boussole du plan du méridien magnétique. L'intensité de la force du magnétisme terrestre augmente à mesure que l'aiguille s'éloigne du méridien, tandis qu'en même temps la force électro-magnétique diminue ; le nombre de degrés auquel s'arrête l'aiguille fait connaître l'*intensité* du courant galvanique, en indiquant le point où s'établit l'*équilibre* entre ces deux forces. Le galvanomètre, construit sur ce principe, sert à mesurer l'intensité des courants galvaniques *réunis* et *transmis* au galvanomètre par les fils métalliques. On rend cet instrument beaucoup plus sensible en neutralisant les effets du magnétisme terrestre sur l'aiguille : ce résultat s'obtient en plaçant une seconde aiguille aimantée de manière à contrarier l'action de la terre sur la première aiguille. Cette précaution est indispensable dans toutes les expériences délicates qui ont pour objet le magnétisme.

Voy. ELECTRICITÉ (*hist. de l'*).

ELECTROMÈTRES (d'ἤλεκτρον, d'ἑλκύω, j'attire, et de μέτρον, mesure), synonyme *électroscopes* (de σκοπέω, j'observe). On appelle ainsi les appareils employés pour constater la présence de l'électricité libre sur les corps. Il y a pourtant cette différence entre un électroscope et un électromètre, que le premier accuse seulement la présence de l'électricité, tandis que le second sert à mesurer son intensité.

Si le corps est assez fortement électrisé, il suffit de lui présenter des corps légers, ou mieux encore une petite balle de moelle de sureau suspendue à l'extrémité d'un fil de cocon. S'il y a attraction, puis répulsion de la balle de sureau, on est certain que le corps est électrisé. Si la tension de l'électricité est plus ou moins faible, il faut avoir recours à différents appareils dont nous allons en peu de mots rappeler la description.

Le premier appareil est formé de deux brins de paille très-menus (1), suspendus parallèlement l'un à l'autre, à deux petits anneaux de fil de métal fixés à une tige métallique, terminée par un bouton arrondi, laquelle tige passe dans la tubulure d'une petite cloche, à laquelle elle est assujettie au moyen d'un bouchon ou de gomme laque. Cet appareil peut être transporté sans inconvénient dans les voyages.

Le deuxième se compose de deux fils de métal très-fins, terminés par deux petites balles de sureau, et suspendus comme les deux brins de paille.

Le troisième se compose de deux lames d'or battu, très-minces, suspendues parallèlement l'une à l'autre, coïncidant dans toutes leurs parties, et dont une des extrémités est fixée dans une pince fixée également dans la tige métallique. Lorsque l'on communique à cette tige une petite quantité d'électricité, celle-ci est transmise aux feuilles d'or, qui s'écartent aussitôt, en vertu de la répulsion qui a lieu entre deux corps chargés d'électricité de même nature. Cette répulsion est d'autant plus forte pour la même quantité d'électricité, que les bras de levier sont plus légers. *La cloche qui* les renferme doit avoir un diamètre suffisant, pour que, dans leur plus grand écartement, leurs extrémités ne viennent pas toucher les parois.

Le quatrième électroscope a une plus grande sensibilité que les précédents. Il se compose d'un fil de cocon dédoublé, dont l'un des bouts est fixé dans les branches d'une pince, et dont l'autre porte un petit fil horizontal en gomme laque, à l'une des extrémités duquel est attaché un petit disque de clinquant ; pour maintenir l'horizontalité, on établit à l'autre extrémité un contre-poids. La pince est fixée dans une pièce mobile, que l'on tourne quand on veut donner à l'aiguille une position déterminée. La tige mobile est fixée au centre d'un disque de verre qui recouvre la cloche où se trouvent le fil de cocon et le disque de clinquant. On pratique dans le couvercle une échancrure pour introduire le corps soumis à l'expérience. L'intérieur de la cloche est desséché avec du chlorure de calcium ou de la chaux vive. Lorsqu'on veut se servir de cet appareil, on électrise le disque de clinquant, en lui communiquant l'une des deux électricités ; puis on lui présente à distance le corps que l'on suppose électrisé, et l'on juge de son état par l'*attraction*, la répulsion ou l'état de repos du disque.

Ces quatre appareils peuvent être construits sans l'intervention des ingénieurs en instruments.

Le cinquième appareil est d'une sensibilité beaucoup plus grande que le précédent. Voici sa construction : on prend deux piles sèches que l'on pose verticalement par leur pôle de nom contraire sur un plateau métallique. Ces deux piles peuvent être éloignées ou approchées à volonté au moyen de deux vis de rappel, et sont recouvertes d'une cloche munie d'une tubulure dans laquelle passe une tige, à l'extrémité inférieure de laquelle est fixée une feuille d'or, comme celle du troisième appareil, et qui se trouve placée entre les deux pôles. Quand cette

(1) Il est bon de choisir pour ces pailles des portions de certains chaumes légers, fournis par des espèces des genres *Poa* ou *Agrostis*.

feuille est à l'état neutre, elle reste en équilibre. Mais vient-on à communiquer à la tige une des deux électricités, aussitôt la feuille est attirée par le pôle qui possède l'électricité contraire, et repoussée par l'autre. Cet appareil a une telle sensibilité, que lorsque les deux piles fonctionnent convenablement, un bâton de gomme laque, frotté avec du drap, agit sur la feuille, dans un temps sec, à une distance de deux ou trois mètres.

Le sixième appareil a l'avantage de donner des résultats comparables. Il est dû à M. Rousseau. M. Peltier y a fait des perfectionnements qui en rendent l'emploi facile. Cet appareil se compose d'un socle sur lequel est collé un cadran en carton divisé. A cinq centimètres du centre se trouve l'extrémité d'une tige de cuivre légèrement arquée, arrivant au zéro, et repliée ensuite presque à angle droit, puis pénétrant dans le socle dont elle est isolée au moyen de résine. L'extrémité est destinée à recevoir des plateaux condensateurs ou tout autre appareil. A l'extrémité intérieure de la tige est soudée une petite plaque d'acier, polie et tant soit peu concave, et dans laquelle on place le pivot d'une aiguille aimantée, maintenue en équilibre au moyen d'un contre-poids en gomme laque. Pour donner une grande sensibilité à cet appareil, l'aiguille doit être formée d'un fil de cuivre très-fin, au centre de gravité duquel est soudé un pivot d'acier trempé, terminé par une pointe excessivement fine. Pour lui donner une direction fixe, on place au centre, sur ce pivot, un très-petit fil d'acier trempé, très-faiblement aimanté. La quantité de magnétisme qu'on lui donne est précisément celle qui est nécessaire pour ramener l'aiguille en contact avec la tige horizontale. L'aiguille mobile ne doit pas être en acier, si l'on veut avoir le maximum de sensibilité. Le socle est placé lui-même sur un second socle, muni à son centre d'une tige en cuivre servant de pivot. Ce second socle porte également un cadran divisé, dont l'index est fixé sous le zéro du premier cadran. A la tige formant pivot s'adapte à volonté, au-dessus du cadran, une lame en cuivre, de la longueur de l'aiguille mobile, et placée à sa hauteur. A l'extrémité inférieure du pivot est vissé un levier horizontal au-dessous des socles, au moyen duquel on manœuvre la lame intérieure. En l'approchant aussi près que l'on veut de l'aiguille indicatrice, on augmente à volonté la sensibilité. Le tout est entouré d'un cylindre de verre recouvert avec un plateau de verre, sur lequel se trouve un cercle divisé, afin que le rayon visuel, passant par les deux mêmes degrés, ne puisse causer des effets de parallaxe. Pour observer de fortes tensions, il faut que l'aiguille aimantée ait des dimensions convenables pour recevoir un magnétisme nécessaire à une force directrice capable de résister plus ou moins à la force que l'on mesure ; l'appareil est placé de telle manière que l'aiguille mobile, quand elle touche légèrement la tige, se trouve dans le méridien magnétique. Quand on veut opérer, on touche le bouton avec le corps électrisé, et aussitôt l'aiguille s'écarte de la tige d'un certain nombre de degrés. Plus les armatures sont rapprochées, plus la déviation est grande. Cet appareil donne des résultats comparables, et sert de balance de torsion, en suspendant à un fil de métal l'aiguille mise en relation avec un liquide contenu dans la chappe.

Électromètre de Volta. *Voy.* Électro-chimie.

ÉLECTROLYTES. *Voy.* Électro-chimie.

ÉLECTROPHORE (ἤλεκτρον, électricité, φέρω, porter). — Cet instrument, imaginé par Volta, se compose d'un gâteau de résine coulé dans un moule de bois ou de métal, et d'un plateau métallique muni d'un manche isolant. On unit la surface de la résine autant que possible, au moyen d'un fer à repasser un peu chaud. Quant au plateau, il peut être en bois, recouvert d'une simple feuille d'étain, mais son diamètre doit être un peu plus petit que celui du gâteau. Lorsqu'on veut se servir de cet appareil, on commence par électriser la résine en la battant fortement avec une peau de chat, puis on pose à sa surface le plateau métallique en le tenant par son manche isolant. Alors l'électricité de la résine décompose par influence le fluide naturel du plateau, repousse le fluide négatif à la surface supérieure et attire le fluide positif à la face inférieure. Il semble d'abord que ce dernier fluide devrait s'unir à celui du gâteau et le neutraliser ; mais cela n'est pas possible, parce que la résine n'étant pas conductrice, son fluide négatif demeure répandu sur toute la surface du gâteau, en sorte que la tension pour chaque point en particulier est très-petite ; et d'ailleurs ce fluide est retenu par la matière même de la résine. Ainsi les deux électricités du plateau demeurent séparées. Si on le prend par le manche isolant et qu'on le soulève en cet état, la recomposition s'effectue subitement, et il ne donne aucun signe d'électrisation. Mais si on le touche avec le doigt pendant qu'il est sur le gâteau, son fluide négatif s'écoule dans le sol et il demeure chargé d'électricité positive. Alors, qu'on le soulève par le manche et qu'on lui présente le doigt, on en tirera une vive étincelle. En le remettant sur le gâteau, le touchant, puis l'enlevant par son manche et lui présentant encore la main, on en tirera une seconde étincelle. On pourra répéter cette manœuvre des centaines de fois sans que la résine paraisse perdre son électricité. Si on laisse le plateau sur le gâteau, l'appareil demeure électrisé pendant des semaines entières. On l'emploie souvent, en chimie, comme une source d'électricité presque intarissable et toujours à la disposition des expérimentateurs.

ÉLECTROSCOPES. *Voy.* Électromètres.

ÉLECTROTYPIE. — C'est l'art de reproduire, par la galvanoplastique, les planches gravées sur cuivre, soit pour les estampes, soit pour les cartes géographiques, les planches gravées sur acier, les planches de plaqué du daguerréotype, les clichés et même des dessins exécutés sur métal au moyen de compositions particulières.

ÉLÉMENTS d'une orbite. *Voy.* ORBITE.

ÉLÉMENTS MAGNÉTIQUES. *Voy.* MAGNÉTISME TERRESTRE.

ELLIPSE. *Voy.* ORBITE et la 2e loi de Képler, au mot KÉPLER.

ELLIPSOIDE. *Voy.* TERRE.

ELONGATION. *Voy.* PLANÈTES.

ENDOSMOMÈTRE. *Voy.* ENDOSMOSE.

ENDOSMOSE (de ἐν et de ὄσμα, transport). — Lorsque l'on interpose entre deux liquides, tels que l'eau et l'alcool, une membrane perméable, par exemple un morceau de vessie ou de parchemin, on remarque que ces deux liquides se *trouvent* mélangés au bout de quelque temps, mais non pas dans une égale proportion : l'eau traverse la membrane avec plus de force que l'alcool, de telle sorte que la *quantité totale de liquide augmente* d'un côté et diminue de l'autre. C'est ce qui constitue *l'endosmose*. Pour s'en rendre compte, on est obligé de supposer l'existence d'une force dans l'épaisseur même de la membrane. On peut rendre ce phénomène très-sensible à l'aide d'une expérience fort simple. Placez l'alcool dans une vessie ou dans tout autre sac membraneux, sans le remplir complétement ; liez l'ouverture assez fortement pour qu'aucune particule liquide ne puisse s'en échapper, et jetez ce sac fermé dans un vase plein d'eau ; vous n'y remarquerez d'abord aucun changement, *mais* après quelques heures le sac sera gonflé, comme l'abdomen d'un hydropique ; et si l'action se prolonge, si les liquides employés sont convenablement choisis et dosés, elle pourra s'étendre jusqu'à la rupture de l'enveloppe elle-même, quelle que soit la résistance des parois, à moins que la dilatation de ces parois ne permette le retour du liquide du dedans au dehors, au fur et à mesure de son introduction. Ce n'est pas seulement un courant qui a été produit dans un seul sens, comme le gonflement du sac a dû le faire croire d'abord, ce sont deux courants en sens inverse; et si le sac s'est gonflé, c'est que le courant sortant avait moins d'énergie que le courant contraire. La force d'endosmose paraît jouer un grand rôle dans les phénomènes vitaux du règne végétal, aussi bien que dans ceux du règne animal. Tout ce que l'on en sait peut se réduire aux propositions suivantes :

1°. La force d'endosmose n'est pas propre aux tissus organiques, car, en employant certains corps bruts poreux, on obtient les mêmes phénomènes qu'avec les membranes animales.

2° Elle dépend de la nature des lames dans l'épaisseur desquelles elle se produit. Ainsi, lorsque des membranes animales, des briques ou des tuiles très-minces produisent le passage d'un liquide vers un autre, des membranes végétales le produisent en sens contraire.

3° Elle dépend aussi de la nature des liquides mis en présence : ainsi l'eau traverse plus rapidement que l'alcool les diaphragmes employés, et l'endosmose a lieu du premier liquide au second ; c'est le contraire pour l'eau pure, placée en présence d'une eau tenant en dissolution certains acides : le courant d'eau pure est le plus faible. Mais ce n'est pas seulement en observant lequel des deux courants *l'emporte* sur l'autre que l'on peut estimer l'aptitude *relative* des liquides aux phénomènes d'endosmose, on a été jusqu'à évaluer le rapport des effets produits par des liquides différents. Des dissolutions de gélatine, de gomme, de sucre ou d'albumine, étant placées dans l'endosmomètre, et celui-ci plongé dans l'eau, on verra toujours le liquide monter dans le tube, preuve que le courant d'eau pure l'emporte sur chacune de ces dissolutions, et la vitesse avec laquelle le liquide *montera* sera à peu près double pour la gomme, et quadruple pour le sucre et l'albumine, de ce qu'elle est pour la gélatine, bien que d'ailleurs les dissolutions aient la même densité. Cette expérience a d'autant plus d'intérêt que, sur ces quatre substances, trois (gomme, sucre, albumine) se trouvent naturellement à l'état de dissolution dans la plupart des liquides organiques des animaux ou des végétaux. Le sucre et l'albumine sont même peut-être les deux corps dont la présence développe au plus haut degré les actions d'endosmose. Placés dans l'eau aux proportions les plus faibles, ils agissent presque immédiatement d'une manière sensible, et s'ils sont en proportion considérable, leur action prend une énergie que rien ne permettait de prévoir, et qui à elle seule nous fera peut-être mieux sentir que tout autre considération l'importance de cette belle découverte dont nous sommes redevables à M. Dutrochet.

EOLIPYLE. *Voy.* VAPEUR (*ses usages*).

ÉPACTE. *Voy.* CALENDRIER.

EQUATEUR (*æquare*, égaler, qui rend égal). — C'est un des grands cercles de la sphère qu'il coupe en deux parties égales en passant à égale distance des deux pôles. L'équateur divise la surface de la terre en deux hémisphères égaux, l'un *boréal*, l'autre *austral*, ayant respectivement pour centre les pôles nord et sud.

L'équateur est donc situé dans un plan passant par le centre de la terre et perpendiculaire à son axe. Or, le plan de l'équateur céleste est aussi perpendiculaire au même axe, et passe également par le centre de la terre. Donc l'équateur terrestre n'est autre chose que le grand cercle, intersection de la surface de la terre par l'équateur céleste.

C'est pour cela qu'on prend pour équateur céleste l'intersection de la sphère céleste par le plan perpendiculaire à l'axe du monde et passant par le centre de la terre, c'est-à-dire son intersection par le prolongement du plan de l'équateur terrestre.

EQUATEUR, sa température. *Voyez* TEMPÉRATURE.

Équateur magnétique. *Voy.* Magnétisme.

ÉQUATION du centre. *Voy.* Orbite.

Équation annuelle. *Voy.* Lune.

ÉQUILIBRE des liquides. *Voy.* Hydrostatique.

Équilibre des corps flottants. *Voy.* Hydrostatique.

ÉQUINOXES. *Voy.* Orbite et Translation.

ÉQUIVALENTS électro-chimiques; *voyez* Électro-chimie.

ÈRE. — L'ère d'un peuple est l'époque à partir de laquelle il compte les années écoulées.

L'*ère chrétienne*, proposée en 550, par Denys le Petit, est l'année de la naissance de Jésus-Christ.

La *période Julienne* de 7980 ans, imaginée par Scaliger, a commencé l'an 4713 avant J.-C.

Les *Olympiades d'Iphicus*, révolution de quatre années, dont la première a commencé l'an 776 avant J.-C.

L'ère de la *fondation de Rome*, l'an 753 avant Jésus-Christ.

L'ère de *Nabonassar*, l'an 747 avant Jésus-Christ.

L'ère de l'*hégire*, l'an de Jésus-Christ 622. *Voy.* Calendrier.

Ères astronomiques. *Voy.* Temps.

ÉRIOMÈTRE (ἔριον, laine, etc.). — Lorsqu'on regarde la flamme d'une bougie au travers d'une petite houppe de fibres déliées et entre-croisées de mille manières, on voit autour de la flamme des anneaux colorés imitant à peu près les couronnes que l'on observe autour du soleil ou de la lune. Des brins de laine, de soie ou de coton, des poils d'animaux, des fils de toute espèce, produisent ce phénomène avec beaucoup d'éclat. Il en est de même encore des poussières fines qui sont étalées sur une lame de verre en couches très-minces. Le docteur Young, qui a le premier observé ces phénomènes avec méthode, s'en est ingénieusement servi pour construire un instrument destiné à mesurer les épaisseurs des fibres déliées ou les diamètres des globules très-petits, comme les globules du sang, du lait ou de la fécule. C'est cet instrument qu'il a appelé *ériomètre*.

L'ériomètre se compose d'un tube dans lequel se meut une plaque circulaire de carton ou de métal noirci, ayant à son centre une ouverture ronde d'environ un demi-millimètre; autour de cette ouverture, à la distance de huit ou dix millimètres, on perce un certain nombre de trous aussi fins qu'il est possible. En plaçant l'œil derrière cette plaque, pour regarder une flamme vive, comme celle d'une lampe de carcel, on distinguera nettement l'ouverture centrale et les petits trous très-fins; rangés sur une même circonférence, ceux-ci forment le repère sur lequel on doit amener en coïncidence l'un des anneaux des corps déliés soumis à l'expérience. Pour cela on dispose ces corps à l'extrémité du tube du côté de l'œil, et, au travers de leur tissu, l'on regarde l'ouverture centrale qui paraît environnée d'un halos. Si l'anneau que l'on a choisi pour servir à la comparaison des mesures enveloppe la circonférence des repères, on rapproche la plaque, et on l'éloigne dans le cas contraire; puis enfin, quand la coïncidence est bien établie entre les repères et l'anneau, on lit sur le tube la distance de la plaque. Le docteur Young admet que les diamètres des corps déliés sont en raison inverse de ces distances. Il suffit, par conséquent, d'après cette règle, d'avoir la grandeur de l'un de ces corps pour en déduire celle de tous les autres.

ESNÉ. *Voy.* Zodiaque.

ESPACE. — Au-dessus de nos têtes est l'atmosphère et au-dessus de l'atmosphère est le vide du ciel; notre esprit peut s'élever aussi dans ces régions : il peut se fatiguer à les parcourir dans tous les sens; il rencontre, au milieu de ces espaces des corps comme la terre, des astres sur lesquels il se repose; mais quelle distance les sépare, quel abîme est au delà? Cette voûte du ciel n'est qu'une apparence; elle n'a rien de solide, et fût-elle solide comme du diamant, notre esprit ne s'y arrête pas; il en pénètre la profondeur, il poursuit l'espace au delà de cette voûte et au delà des étoiles; il conçoit que toute limite est impossible; il embrasse l'immensité, et conçoit quelque chose de plus grand. Ainsi l'espace est indéfini pour nos conceptions, et, par conséquent, infini dans la réalité.

Espace, sa température. *Voy.* Température.

ESQUISSE de l'astronomie moderne. *Voy.* Astronomie, § I.

ESSENCES, leur variété immuable prouve une intelligence suprême. *Voy.* Matière.

ÉTABLISSEMENT D'UN PORT. — C'est l'heure de la haute mer qui suit toujours de plus ou moins près celle du passage de la lune au méridien du port.

ETALON des poids et mesures. *Voy.* Mesures.

ÉTÉ. *Voy.* Saisons.

ÉTÉS devenus un peu moins chauds, pourquoi. *Voy.* Température.

ÉTÉ de la Saint-Martin. *Voy.* Baromètre.

ÉTENDUE de la vue distincte. *Voy.* Vision.

ÉTÉSIENS. *Voy.* Vents.

ÉTHER. *Voy.* Théorie de la lumière.

Éther. *Voy.* Lumière. — Est-il partout de même nature? *Ibid.*

ÉTOILES. — On ne distingue à l'œil nu qu'environ 2000 étoiles; mais quand on examine le ciel avec un télescope, leur nombre ne paraît limité que par l'imperfection de l'instrument. Sir William Herschell a évalué à 50,000 le nombre d'étoiles qui, en une heure de temps, et dans une certaine zône, de 2° de largeur, avaient passé dans le champ de son télescope; ce fait toutefois est cité comme exemple de l'accumulation extraordinaire d'étoiles, qui existe dans certaines parties du firmament. L'un dans l'autre, l'étendue totale des cieux doit offrir à la vision télescopique environ cent millions d'étoiles fixes.

Les étoiles sont classées selon leur éclat apparent, et les places les plus remarquables, parmi celles qui sont visibles à l'œil nu, sont déterminées avec une grande précision, et consignées dans des tables, non-seulement pour la détermination des positions géographiques au moyen de leurs occultations, mais encore pour servir comme points de repère pour indiquer les places des comètes et autres phénomènes célestes.

Le nombre total des étoiles enregistrées s'élève à quinze ou vingt mille environ. La distance des étoiles fixes est trop grande pour qu'on puisse apercevoir en elles un disque sensible; mais, selon toute probabilité, elles sont sphériques, cette forme étant celle qu'elles doivent avoir si la gravitation pénètre tout l'espace, ce qu'il est permis de supposer depuis que sir John Herschell a prouvé que cette force s'étend aux systèmes binaires d'étoiles. Avec un bon télescope, les étoiles ne paraissent que comme un point lumineux; leurs occultations produites par la lune sont donc instantanées. Leur scintillation provient des changements subits qu'éprouve le pouvoir réfringent de l'air; ces changements ne seraient pas sensibles si elles avaient des disques comme les planètes. Les diamètres apparents des étoiles ne peuvent rien nous apprendre de leurs distances relatives entre elles, ni par rapport à nous. Leur parallaxe annuelle étant insensible prouve que nous devons être au moins à 36 trillions 213 billions de lieues, des plus rapprochées. Beaucoup d'entre elles, cependant, doivent être infiniment plus éloignées encore; car de deux étoiles qui semblent se toucher, l'une peut être bien au delà de l'autre, dans la profondeur de l'espace. Suivant les observations de sir John Herschell, la lumière de Sirius est 324 fois plus considérable que celle d'une étoile de sixième grandeur; or donc, si nous supposons que ces deux étoiles soient de la même grandeur, leur distance à la terre doit être dans le rapport de 57, 3 à 1, la lumière diminuant comme le carré de la distance du corps lumineux augmente.

L'on ne sait rien de la grandeur absolue des étoiles fixes, mais la quantité de lumière émise par plusieurs d'entre elles indique qu'elles doivent être beaucoup plus grandes que le soleil. Le docteur Wollaston a déterminé le rapport approximatif de la lumière d'une bougie à celle du soleil, de la lune et des étoiles, en comparant leurs images respectives, réfléchies par de petits globes de verre remplis de mercure, d'où l'on a déduit le rapport qui existe entre les quantités de lumière émises par les corps célestes eux-mêmes. A l'aide de cette méthode, cet habile physicien a trouvé que la lumière du soleil est à peu près vingt millions de millions de fois plus grande que celle de Sirius, qui de toutes les étoiles fixes est la plus brillante, et celle que l'on suppose la plus voisine de nous. Si la parallaxe de Sirius n'était que d'une demi-seconde, sa distance à la terre serait égale à 525,481 fois celle du soleil à la terre, et Sirius par conséquent, situé à la place du soleil, nous paraîtrait 3, 7 fois aussi grand que cet astre, et nous donnerait 13, 8 fois plus de lumière. Dans le grand nombre des étoiles fixes, beaucoup doivent être infiniment plus grandes que Sirius.

Plusieurs étoiles ont disparu des cieux, l'étoile 42 de la Vierge semble être de ce nombre : le 9 mai 1828, elle échappa aux recherches de sir John Herschell, qui depuis ne l'a jamais retrouvée, quoiqu'il ait eu fréquemment occasion d'observer la partie du ciel où pendant si longtemps elle avait été vue. Il est arrivé quelquefois que des étoiles, après avoir paru tout à coup et brillé d'un éclat très-vif, ont disparu subitement. L'on cite plusieurs exemples de ces étoiles passagères; un entre autres, qui eut lieu l'an 125 de notre ère, détermina, dit-on, Hipparque à former le premier catalogue d'étoiles. En 389, une autre étoile parut subitement près de l'Aigle, et disparut après avoir brillé pendant trois semaines d'un éclat aussi vif que Vénus. Le 10 octobre 1604, une étoile brillante se montra tout à coup dans la constellation du serpentaire, et resta visible pendant un an; plus récemment, en 1670, une étoile nouvelle fut découverte dans la tête du Cygne; au bout d'un certain temps, elle devint invisible, puis reparut, et après avoir subi plusieurs variations de lumière, elle disparut sans qu'on l'ait jamais revue depuis. Il y avait alors deux ans qu'on l'avait aperçue pour la première fois. En 1572, on découvrit dans Cassiopée une étoile nouvelle, son éclat augmenta rapidement jusqu'à ce qu'elle eût surpassé celui même de Jupiter; il diminua ensuite graduellement; et cette étoile, après avoir présenté toutes les variétés de teintes qui indiquent les différentes périodes de la combustion, disparut sans changer de position, seize mois après sa découverte. L'on ne saurait imaginer rien de plus terrible qu'une conflagration qui, d'une telle distance, pourrait être visible. On croit cependant que cette étoile peut être périodique et identique à celles qui parurent en 945 et 1264. Parmi les multitudes innombrables d'étoiles parsemées dans les cieux, il en est probablement beaucoup qui disparaissent et reparaissent alternativement; les périodes de treize d'entre elles ont été déjà passablement déterminées. La plus remarquable de ces étoiles est Omicron, de la constellation de la Baleine. Elle paraît environ douze fois en onze ans; son éclat est variable; elle offre quelquefois l'apparence d'une étoile de deuxième grandeur, mais elle n'acquiert pas toujours la même intensité d'éclat, et ne suit pas non plus constamment une marche uniforme dans l'augmentation ou la diminution de sa clarté. Selon Hévélius, elle ne parut pas du tout pendant quatre ans. γ de l'Hydre disparaît et reparaît aussi tous les 494 jours; et sir John Herschell cite comme un exemple très-singulier de périodicité, l'étoile Algol ou β de Persée, qui conserve l'apparence d'une étoile de deuxième grandeur pendant deux jours et quatorze secondes; son éclat commence alors subitement à diminuer, et en trois heures et demie environ elle se trouve réduite à l'apparence d'une étoile de quatrième grandeur; mais sa lumière augmente ensuite de nouveau, et en trois heures et demie à peu près, elle a regagné son éclat habituel. Toutes ces vicissitudes s'accomplissent en deux jours, vingt heures et quarante-huit minutes. La cause des variations qui s'opèrent dans la plupart des étoiles périodiques est inconnue; mais d'après les changements d'Algol, M. Goodrick a conjecturé qu'elles peuvent être occasionnées par la révolution de quelque corps opaque s'interposant entre nous et l'étoile, et obstruant ainsi une partie de sa lumière. Sir John Herschell est frappé du haut degré d'activité manifesté par ces changements dans des régions où, « sans de telles preuves, nous pourrions supposer que tout est privé de vie. » Il observe que notre propre soleil emploie un temps égal à neuf fois la période d'Algol pour accomplir une révolution sur son axe, tandis que, d'un autre côté, le temps périodique d'un corps opaque satellite, qui serait assez grand pour produire un pareil obscurcissement passager du soleil, vu d'une étoile fixe, ne serait pas égal à quatorze heures.

Plusieurs milliers d'étoiles, qui semblent n'être que des points brillants, sont en réalité, et ainsi qu'on en acquiert la certitude en les examinant attentivement, des systèmes de deux soleils, ou même plus, dont quelques-uns tournent autour d'un centre commun. Ces étoiles binaires et multiples sont extrêmement éloignées et exigent par conséquent les télescopes les plus puissants pour pouvoir être vues séparément. Le premier catalogue d'étoiles doubles, dans lequel les places et les positions relatives de ces astres aient été déterminées, est dû à l'habileté et au génie industrieux de sir William Herschell, à qui l'astronomie est redevable de tant de découvertes brillantes, et qui le premier conçut l'idée de la combinaison des étoiles doubles en systèmes binaires et multiples, idée complétement établie par ses propres observations, et confirmées récemment par celles de son fils. Les mouvements de révolution de plusieurs de ces étoiles, autour d'un centre commun, ont été établis, et leurs périodes déterminées avec une exactitude remarquable. Depuis leur première découverte, quelques-unes ont déjà accompli une révolution presque entière, et l'une d'elles, η de la couronne, est actuellement très-avancée dans sa seconde période. Ces systèmes intéressants présentent ainsi une espèce de chronomètre sidéral, à l'aide duquel la chronologie des cieux sera signalée aux siècles futurs par des époques déduites de leurs propres mouvements et non sujettes aux erreurs provenant des perturbations planétaires, telles que celles qui ont lieu dans notre système.

En observant la position relative des étoiles d'un système binaire, la distance qui les sépare, et l'angle de position, c'est-à-dire l'angle que le méridien ou un parallèle à l'équateur fait avec la ligne joignant les deux étoiles, se trouvent mesurés. Les différentes valeurs de l'angle de position indiquent si l'étoile satellite se meut de l'est à l'ouest, ou de l'ouest à l'est; si son mouvement est uniforme ou variable, et en quels points ce mouvement est le plus grand ou le plus petit. Les mesures de distance indiquent si les deux étoiles vont en se rapprochant ou en s'éloignant l'une de l'autre. Au moyen de ces éléments, on a pu déterminer la forme et la nature de l'orbite. Si les observations étaient d'une exactitude parfaite, quatre valeurs de l'angle de position et des distances correspondantes à des époques données suffiraient pour déterminer la forme et la position de la courbe décrite par l'étoile satellite; mais l'on n'arrive presque jamais au degré de précision nécessaire pour cela. On s'assure de l'exactitude de chaque résultat en prenant la moyenne d'un grand nombre des meilleures observations, et en faisant disparaître l'erreur par leur comparaison mutuelle. Les distances qui séparent les étoiles sont si petites qu'elles ne peuvent être mesurées avec la même exactitude que les angles de position : ainsi, pour déterminer l'orbite d'une étoile, indépendamment de la distance, il est nécessaire de supposer, ce qui, du reste, est l'hypothèse la plus probable, que les étoiles sont sujettes à la loi de la gravitation, et que par conséquent l'une des deux étoiles décrit une ellipse autour de l'autre, supposée en repos, quoique non nécessairement au foyer. L'on construit ainsi graphiquement une courbe, à l'aide des angles de position et des temps correspondants d'observation. Les vitesses angulaires des étoiles s'obtiennent en tirant des tangentes à cette courbe à intervalles déterminés, d'où l'on connaît pour chaque angle de position les distances apparentes ou rayons vecteurs de l'étoile satellite, ces distances apparentes étant, selon les lois du mouvement elliptique, égales aux racines carrées des vitesses angulaires apparentes. Les angles de position calculés d'après une ligne donnée, et les distances correspondantes des deux étoiles étant une fois connues, on peut tirer une autre courbe qui représentera sur le papier l'orbite réelle de l'étoile projetée sur la surface visible du ciel; de sorte que les éléments elliptiques de l'orbite vraie et sa position dans l'espace se trouveront déterminés par un système combiné de mesures et de calculs. Mais comme cette orbite a été obtenue dans l'hypothèse que la gravitation étend son pouvoir jusqu'à ces régions éloignées, ce qu'on ne peut savoir *a priori*, il faut qu'elle soit comparée au plus grand nombre d'observations possible, pour pouvoir établir jusqu'à quel point l'ellipse calculée s'accorde avec la courbe réellement décrite par l'étoile.

C'est à l'aide de ce procédé que sir John Herschell a découvert que plusieurs de ces systèmes d'étoiles sont sujets aux mêmes lois de mouvement que notre système de planètes ; il a déterminé les éléments de leurs orbites elliptiques et calculé les périodes de leur révolution. L'une des étoiles de γ de la Vierge accomplit sa révolution autour de l'autre en 629 ans ; le temps périodique de σ de la Couronne est de 287 ans ; celui de Castor de 253 ans, et celui de ε du Bouvier de 1600 ans. Le professeur Encke a fixé celui de 70 d'*Ophiuchus* à 80 ans ; et M. Savary, qui a le mérite d'avoir le premier déterminé par l'observation les éléments elliptiques de l'orbite d'une étoile binaire, a prouvé que la révolution de ξ de l'Ourse s'accomplit en 58 ans. γ de la Vierge consiste en deux étoiles d'une grandeur à peu près égale. Elles étaient si éloignées l'une de l'autre, vers le commencement et le milieu du siècle dernier, que Bradley, et Mayer, dans son catalogue, les indiquent comme deux étoiles distinctes. Aujourd'hui, elles sont tellement rapprochées que, même avec de très-bons télescopes, elles paraissent ne former qu'une seule étoile, tant soit peu allongée. Une suite d'observations, continuées depuis le commencement du siècle actuel, a mis sir John Herschell à même de déterminer la forme et la position de l'orbite elliptique de l'étoile satellite avec une exactitude vraiment surprenante. Suivant son calcul, elle doit être arrivée à son périhélie le 18 août 1834. La proximité réelle des deux étoiles doit alors avoir été extrême, et la vitesse angulaire apparente assez grande pour pouvoir décrire un angle de 68° en une seule année. Les observations faites par sir John Herschell au Cap de Bonne-Espérance, et celles du capitaine Smith, faites en Angleterre, s'accordent à prouver qu'une augmentation de vitesse avait lieu dans le mouvement de l'étoile satellite à mesure qu'elle approchait de son périhélie. D'après les lois du mouvement elliptique, la vitesse angulaire de cette étoile satellite doit à présent diminuer graduellement, jusqu'à ce qu'elle arrive à son aphélie, ce qui aura lieu dans 314 ans environ. L'étoile satellite de σ de la Couronne a dû atteindre son périhélie vers 1835, et celle de Castor l'atteindra en 1855.

Il arrive quelquefois que l'orbite d'une étoile satellite se présente de champ à la terre, comme dans π du Serpentaire. L'étoile satellite semble alors se mouvoir en ligne droite, et osciller de chaque côté de l'étoile principale. Cinq observations sont nécessaires dans ce cas, et suffisent pour la détermination de son orbite, pourvu toutefois qu'elles soient parfaitement exactes. A l'époque où sir William Herschell observait le système en question, les deux étoiles se trouvaient séparées d'une manière très-distincte, tandis qu'aujourd'hui l'une d'elles est si complétement projetée sur l'autre, que M. Struve ne peut, même avec son grand télescope, apercevoir entre elles la plus petite séparation. Les deux étoiles de ζ d'Orion qui, du temps de sir William Herschell, paraissaient, au contraire, n'en former qu'une seule, sont actuellement séparées. Si cette libration était due à la parallaxe, elle serait annuelle par suite de la révolution de la terre ; mais comme il faut plusieurs années pour qu'elle soit sensible, on ne peut l'attribuer qu'à un mouvement orbiculaire réel vu obliquement. Parmi les étoiles triples, nous citerons ζ du Cancer, dont deux font l'office de satellites par rapport à la troisième. L'on remarque qu'en général les ellipses dans lesquelles les étoiles satellites des systèmes binaires accomplissent leurs révolutions, sont beaucoup plus allongées que les orbites des planètes. Sir John Herschell, sir James South, le professeur Struve de Dorpat ont beaucoup augmenté le catalogue primitif d'étoiles doubles de sir William Herschell, et l'ont fait monter à plus de 3,000, dont 30 ou 40 sont reconnues comme formant des systèmes binaires ou tournants. M. Dunlop, de son côté, a fait un catalogue de 253 étoiles doubles dans l'hémisphère austral. Le mouvement de Mercure, qui est plus rapide que celui d'aucune autre planète, est de 38,747 lieues par heure ; la vitesse périhélie de la comète de 1680 était au moins de 318,674 lieues par heure ; mais si les deux étoiles de β de l'Eridan, ou de ξ de l'Ourse sont aussi éloignées l'une de l'autre que l'étoile fixe la plus voisine du soleil est éloignée de cet astre, la vitesse des étoiles satellites doit surpasser tout ce que l'imagination peut concevoir. La découverte du mouvement elliptique des étoiles doubles est du plus grand intérêt, puisqu'elle montre que la gravitation n'est pas particulière à notre système planétaire, mais que dans les régions les plus éloignées de l'univers les systèmes de soleils obéissent aussi à ses lois.

Parmi les multitudes de petites étoiles, soit doubles, soit simples, qui brillent dans le ciel, il est possible que quelques-unes soient assez près de nous pour présenter des mouvements parallactiques distincts, provenant de la révolution de la terre dans son orbite. De deux étoiles qui, en apparence, se touchent, l'une peut être bien loin derrière l'autre dans l'espace. Vues de la terre, dans un certain point de son orbite, elles peuvent sembler près l'une de l'autre, tandis que, observées de nouveau quand la terre est dans une autre position, elles peuvent, au contraire, paraître excessivement éloignées. C'est ainsi que deux objets terrestres paraissent n'en faire qu'un lorsqu'ils sont vus sur le prolongement de la même ligne, tandis que leur éloignement devient sensible lorsque l'observateur change de place. Dans ces cas, les étoiles n'auraient qu'un mouvement apparent, et non un mouvement réel ; l'une d'elles semblerait osciller annuellement en ligne droite de chaque côté de l'autre mouvement que l'on ne pourrait confondre avec celui d'un système binaire, dans lequel une des étoiles décrit une ellipse autour de l'autre, ou dans lequel, si le bord de l'orbite est tourné vers la terre, les oscillations mettent des années entières à s'accomplir. Une telle parallaxe ne paraît pas encore avoir été prouvée, de sorte que la distance réelle des étoiles reste toujours un sujet de conjectures.

Les étoiles doubles sont de nuances différentes, et le plus ordinairement elles présentent le phénomène du contraste des couleurs complémentaires. En général, la grande étoile est jaune, orange ou rouge, et la petite bleue, pourpre ou verte. Quelquefois une étoile blanche est combinée avec une pourpre ou une bleue; mais il arrive plus rarement qu'elle le soit avec une rouge. Dans beaucoup de cas ces apparences sont dues à l'influence du contraste sur le jugement que nous portons des couleurs. Quand, par exemple, on observe une étoile double, dont la plus grande est d'un rouge foncé, presque couleur de sang, et la plus petite d'un beau vert, celle-ci perd sa couleur quand la première est cachée par les fils métalliques disposés en croix dans le télescope; mais, dans un grand nombre d'exemples, les couleurs sont trop fortement prononcées pour être purement imaginaires. Sir John Herschell, dans un des articles insérés par lui dans les *Philosophical Transactions*, observe, comme un fait très-remarquable, que, quoique les étoiles rouges soient assez communes, l'on n'a point eu d'exemple encore d'étoiles simples bleues, vertes ou pourpres.

Outre les révolutions de certaines étoiles les unes autour des autres, il est quelques systèmes binaires qui sont entraînés dans l'espace, par un mouvement commun aux deux étoiles dont ils se composent, vers quelque point inconnu du firmament. Les deux étoiles de 61 du Cygne, qui sont à peu près égales, et qui sont restées pendant cinquante ans à la distance de 15" environ l'une de l'autre, se sont déplacées de 4' 23" durant cette période, par suite d'un mouvement qui pendant plusieurs siècles doit paraître uniforme et rectiligne: car, lors même que ce mouvement s'accomplirait suivant une courbe, un arc aussi petit de cette courbe devrait évidemment nous paraître une ligne droite. Les étoiles simples ont aussi des mouvements propres, mais ces mouvements sont tellement petits, que celui de μ de Cassiopée, qui n'est que de 3",74 par an, est le plus grand de tous ceux observés jusqu'ici. Les distances énormes des étoiles nous font paraître très-petits des mouvements qui, en réalité, sont très-grands. Sir William Herschell supposait que, parmi certaines irrégularités, les mouvements des étoiles ont une tendance générale vers un point de ciel diamétralement opposé à ζ d'Hercule, et il attribuait cette tendance à un mouvement du système solaire en sens contraire. S'il en était réellement ainsi, les étoiles sembleraient, d'après les effets de la perspective, diverger dans la direction vers laquelle nous tendons, et converger dans l'espace que nous abandonnons; il y aurait en outre dans ces mouvements apparents une régularité que le temps finirait par déceler; mais si le système solaire et toutes les étoiles qui sont visibles pour nous étaient emportés dans l'espace par un mouvement commun, comme des vaisseaux entraînés par un courant, il nous serait impossible, à nous, qui suivons le mouvement général, d'en déterminer la direction. L'on ne peut mettre en doute le mouvement progressif du soleil et des étoiles; mais l'astronomie sidérale n'est pas, à beaucoup près, assez avancée pour pouvoir déterminer les rapports qui existent entre les mouvements de ces corps.

Les étoiles sont répandues très-irrégulièrement dans le firmament; elles abondent tellement en de certaines places, qu'elles semblent presque se toucher, tandis que dans d'autres elles ne sont que très-légèrement clair-semées. Un petit nombre de groupes plus condensés forment des objets magnifiques, et offrent, même à la vue simple, un coup d'œil admirable. Les Pléiades et la constellation de la Chevelure de Bérénice sont de tous ces groupes les plus dignes de remarque; mais la plupart de ces amas d'étoiles présentent à l'œil nu l'apparence de légers nuages blancs ou de vapeurs: telle est la voie lactée, qui, ainsi que sir William Herschell l'a prouvé, doit son éclat à la lumière diffuse des myriades d'étoiles dont elle est composée. La plupart de ces étoiles paraissent extrêmement petites, à cause de leurs distances énormes; et elles sont si nombreuses, que, d'après l'estimation du même astronome, il en passa 50,000 au moins dans le champ de son télescope en une heure de temps, et dans une zône de 2° de largeur. Cette portion singulière des cieux, qui fait partie de notre firmament, consiste en une couche d'étoiles très-étendue, mais d'une épaisseur très-petite, comparativement à sa longueur et à sa largeur: la terre est placée à peu près au milieu de l'épaisseur de cette couche, près du point où elle se divise en deux branches. Plusieurs amas d'étoiles, examinés à l'œil nu ou avec un télescope ordinaire, ressemblent à des nuages blancs, ou à des comètes rondes sans queue; mais sir John Herschell a trouvé que, vues à travers un instrument puissant, leur aspect devient comparable à un espace globulaire, qui, rempli d'étoiles et isolé dans les cieux, semble former une société indépendante de tous les autres corps célestes, et soumise à des lois qui ne régissent qu'elle seule. Ce serait vainement, dit-il, qu'on essayerait de compter les étoiles qui composent un de ces amas globulaires, et, dans tous les cas, ce ne serait pas par centaines qu'il faudrait les compter, puisque, d'après un calcul grossièrement fait, il paraît que plusieurs de ces groupes doivent contenir dix ou vingt mille étoiles, si rapprochées les unes des autres, et formant une masse si compacte dans l'espace circulaire qui les renferme, que la surface de cet espace n'excède pas la dixième partie de celui qui recouvre sur le ciel le disque de la lune. Le centre de cet espace, où les étoiles semblent se projeter les unes sur les autres, offre l'apparence d'une flamme brillante, où d'un foyer de lumière très-éclatant.

Si toutes ces étoiles sont autant de soleils, dont les distances respectives soient égales à celles qui séparent notre propre soleil de l'étoile fixe la plus proche (1), l'intervalle compris entre nous et le groupe dont l'ensemble est à peine visible à l'œil nu, doit être si considérable, que l'existence de cet objet magnifique ne peut nous être révélée que par la lumière qui probablement s'en est dégagée il y a mille ans au moins. Ces amas sont quelquefois si irréguliers et si mal terminés dans les contours, que leur aspect ne présente à l'esprit d'autre idée que celle d'une plus grande richesse dans la portion du ciel qu'ils occupent, que dans d'autres. Ils contiennent moins d'étoiles que les amas globulaires, et quelquefois une étoile rutilante forme au milieu d'eux un objet remarquable. Sir William Herschell les considérait comme des rudiments d'amas globulaires, dans un état moins avancé de condensation, mais tendant vers cette même forme globulaire par suite de leur attraction mutuelle (2).

Etoiles, comment on en obtient le catalogue. *Voy.* Lunette méridienne.

Etoiles filantes. *Voy.* Météorites.

Etoiles du matin, du soir, etc. *Voy.* Vénus.

Etoile des Mages. — Saint Matthieu rapporte (ii, 1, 2, 9, etc.) que des mages vinrent à Bethléem pour adorer Jésus-Christ et qu'ils y furent conduits par une étoile qui allait devant eux, et qui s'arrêta à l'endroit où était l'enfant. Or, disent les adversaires de nos divines Ecritures, ce seul énoncé prouve jusqu'à l'évidence la fausseté de ce récit; car personne n'ignore que les étoiles, à raison de leur immense élévation, ne peuvent indiquer une ville, pas même un pays, bien moins encore une maison. Si l'on dit qu'une étoile s'abaissa et s'approcha vers la terre pour marquer la maison où était Jésus, on tombera dans une absurdité plus ridicule que la première, puisqu'en s'abaissant dans l'espace, cette étoile aurait couvert par son étendue non-seulement Bethléem et toute la Judée, mais encore tout notre hémisphère.

La difficulté des incrédules tombe d'elle-même, dès que l'on considère que le terme *aster* (ἀστήρ) employé dans le texte grec, et le mot latin *stella* de la Vulgate sont susceptibles non-seulement du sens d'*étoile* proprement dite, mais encore d'un simple météore lumineux qui, vu à une certaine distance, a toutes les apparences d'une étoile. Cela posé, toute la question se réduit à savoir si Dieu, dont la puissance infinie a formé les cieux, créé tous les astres, qu'il tient suspendus dans l'espace au moyen de certaines lois qui sont l'œuvre de sa sagesse, si Dieu, disons-nous, n'a point eu la possibilité de créer aussi un météore lumineux à l'aspect d'une étoile ordinaire, et de le faire concourir au dessein qu'il avait d'amener les mages de l'Orient aux pieds du Verbe fait chair. Or, tous les astronomes qui méritent ce nom savent parfaitement qu'ils recevraient un démenti de la science elle-même, et qu'ils se couvriraient de ridicule, s'ils se prononçaient pour la négative. Mais nous avons à prouver que les paroles du

(1) La révolution annuelle de la terre ne laisse apercevoir aucun changement sensible dans les places apparentes des étoiles fixes. Il est encore douteux qu'à l'aide des ressources de l'astronomie moderne et des instruments les plus parfaits, l'on soit parvenu à découvrir une parallaxe sensible, même dans le plus voisin de ces soleils éloignés. Si une étoile fixe avait une parallaxe d'une seconde, cette étoile serait 213,789 fois plus loin du soleil que la terre. A une telle distance, non-seulement l'orbite terrestre ne serait plus qu'un point, mais le système solaire tout entier, vu au foyer du télescope le plus puissant, pourrait être couvert par l'épaisseur d'un fil d'araignée. La lumière, dont la vitesse prodigieuse est d'environ 80,000 lieues par seconde, emploierait trois ans et sept jours à traverser cet espace. Une des étoiles les plus voisines de nous pourrait donc avoir été allumée ou éteinte plus de trois ans avant qu'il nous eût été possible d'avoir connaissance d'un si grand événement. Cependant combien cette distance paraîtra petite, tout immense qu'elle est, si nous la comparons à celle des corps les plus éloignés qui brillent dans les cieux! Il est hors de doute que les étoiles fixes sont lumineuses comme le soleil; il est donc probable qu'elles ne sont pas plus près les unes des autres que ne l'est le soleil de la moins éloignée d'entre elles. Dans la Voie lactée, de même que dans les autres nébuleuses, quelques-unes des étoiles qui nous semblent se toucher peuvent être prodigieusement loin les unes derrière les autres dans la profondeur sans bornes de l'espace; l'on pourrait même, rationnellement, les supposer plusieurs milliers de fois plus éloignées encore. La lumière mettrait donc des milliers d'années à nous parvenir de ces myriades de soleils, dont celui qui occupe le centre de notre système n'est que le « compagnon obscur et éloigné. »

De toutes les étoiles dont on a observé le mouvement, aucune ne paraît se mouvoir aussi rapidement que 61 du Cygne, c'est ce qui l'a fait supposer plus près de nous qu'aucune autre, un objet paraissant se mouvoir d'autant plus vite qu'il est plus rapproché. Conduits par cette supposition, MM. Arago et Mathieu ont tenté de déterminer sa parallaxe annuelle, c'est-à-dire, d'établir quelle serait la grandeur du diamètre de l'orbite terrestre vu de l'étoile, et, par suite, de calculer sa distance à la terre. Le résultat de leurs observations a été que le diamètre de l'orbite terrestre, qui est de 70 millions de lieues à peu près, ne soutiendrait, vu de l'étoile, qu'un angle d'une demi-seconde; d'où l'on peut conclure que 61 du Cygne doit être à 412 millions de fois 70 millions de lieues environ de la terre, distance que la lumière, tout en parcourant 80,000 lieues par seconde, mettrait au moins six ans à traverser. Cette distance pourtant, tout énorme qu'elle est, n'est que le minimum de celle à laquelle l'étoile peut être, et l'on ne pourrait dire de combien de fois il se pourrait qu'elle fût plus éloignée. Son mouvement apparent, qui est de 5" annuellement, nous semble extrêmement petit; cependant, à la distance qui nous sépare de cette étoile, un angle d'une seconde correspondant à 9 millions de millions de lieues environ, il s'ensuit que le mouvement annuel de 61 du Cygne, de cet astre auquel, ainsi que l'observe M. Arago, nous donnons le nom d'étoile fixe, est de 45 millions de millions de lieues environ.

(2) Cf. J. Herschell, *Traité d'astronomie*. — Mme Sommerville, *Connexion des sciences*, etc.

texte évangélique permettent la supposition d'un météore lumineux, formé miraculeusement assez près de la terre, et dirigé dans son cours par la main divine qui l'avait produit ; la chose n'est pas difficile.

D'abord le mot grec *aster* se trouve employé par Homère dans le sens d'un météore auquel il compare la descente de Minerve sur la terre (1). Aristote s'en est également servi avec la même signification au premier livre des *Météores*.

Quant au latin *stella*, « il a la double signification du mot grec, dit avec raison Bullet : voyez, poursuit le même critique, voyez l'*Histoire naturelle* de Pline, livre XVIII, chap. 35, et Virgile, livre I des *Géorgiques*, vers 365 et suivants :

> *Sæpe etiam stellas, vento impendente, videbis*
> *Præcipites cœlo labi* (2).

« Nous pouvons même, sans sortir de notre langue, donner un exemple de cette double acception. On appelle parmi nous *étoile* un météore qui paraît souvent en été en forme d'une étoile qui tombe, et ce n'est pas seulement le peuple qui parle ainsi, nos philosophes, qui se piquent d'une si grande exactitude dans leurs expressions, ne s'expliquent point autrement. Il n'est pas jusqu'à des météores factices que nous ne nommions ainsi. Telles sont ces étoiles par lesquelles les fusées se terminent assez souvent.

« Les Arabes appellent aussi étoiles ces météores lumineux qui semblent tomber du ciel. Voyez le poëme d'Abulola, page 231 du recueil de Golius, à la suite de la grammaire d'Erpénius.

« Les Chinois sont dans le même usage. « Je lisais, dit Fontenelle, dans un abrégé des annales de la Chine, écrit en latin, qu'on y voit des milliers d'étoiles à la fois qui tombent du ciel dans la mer avec un grand fracas, ou qui se dissolvent et s'en vont en pluie ; cela n'a pas été vu pour une fois à la Chine, j'ai trouvé cette observation en deux temps assez éloignés, sans compter une étoile qui s'en va crever vers l'orient comme une fusée, toujours avec un grand bruit. Il est fâcheux que ces spectacles-là soient réservés pour la Chine, et que ces pays-ci n'en aient jamais eu leur part (3). »

« On voit bien, et M. Fontenelle le fait assez connaître par les paroles qui terminent son récit, que ces étoiles qui tombent dans la mer, que cette étoile qui fait une traînée de lumière comme une fusée, ne sont pas de véritables étoiles, qu'elles ne peuvent être que ce météore lumineux que nous appelons *étoile tombante*. Leur grand nombre, le bruit qu'elles font, la pluie qu'elles produisent, sont des ornements dont les Chinois, qui exagèrent tout ce qui les regarde, ont embelli ce phénomène pour le rendre plus merveilleux. Remarquez que ce peuple, formé depuis tant de siècles, placé à l'extrémité du monde, donne, comme nous, le nom d'étoile au météore dont il est ici question : tant est ancienne, tant est universelle la coutume de donner aux choses le nom de celles dont elles ont l'apparence ! C'est donc bien injustement que les déistes blâment Moïse et les autres auteurs de nos livres saints d'avoir parlé du système du monde et des choses naturelles non selon la réalité, mais selon les apparences, puisqu'ils n'ont fait en cela que suivre le langage de tout l'univers, celui même que les philosophes emploient tous les jours dans le commerce de la vie (4). »

On voit par cette discussion que, de même que la prolongation de la clarté du jour sous Josué, et la rétrogradation de l'ombre sur l'horloge, ou sur les degrés du palais d'Achaz, ont pu s'effectuer sans que les corps célestes en aient été dérangés dans leurs cours, et sans que la nature entière en ait été troublée ; de même aussi un phénomène du genre des météores lumineux, mais surnaturel, a pu apparaître aux mages et les conduire à Bethléem, sans qu'aucun changement ait eu lieu dans l'économie générale de l'ordre céleste.

EUCLIDE, plus géomètre qu'astronome, est mort en l'an 284 avant notre ère. Ses propositions géométriques sont souvent citées, et lui-même en a fait de nombreuses applications à l'astronomie. On lui doit le *Livre des phénomènes*, dans lequel il décrit les cercles de la sphère, leurs rapports, leurs proportions dans le ciel, et donne une idée de l'astronomie telle qu'elle était de son temps.

EUDIOMÈTRE (εὔδιος, serein, pur, μετρέω, mesurer). — Instrument dont on se sert pour mesurer le degré de pureté de l'air atmosphérique, la quantité d'oxygène qu'il contient.

C'est un gros tube à parois très-épaisses et très-résistantes, fermé à sa partie supérieure par un bouchon de cuivre que traverse une tige terminée à ses deux extrémités par des boules. A l'intérieur et à une petite distance de la boule qui termine l'extrémité inférieure de la tige dont nous venons de parler, se trouve une autre boule, tenue là par un fil de cuivre en hélice, qu'on introduit dans l'eudiomètre, et qui s'y tient par sa pression élastique contre les parois. Supposons le tube rempli d'eau et posé debout sur la planche d'une cuve hydropneumatique. Si on y fait passer un mélange de gaz oxygène et hydrogène, ce mélange remplacera l'eau ; et lorsqu'on donnera une étincelle à la boule qui termine l'extrémité supérieure de la tige, une autre éclatera en même temps entre les deux petites boules situées intérieurement à travers le mélange gazeux, et produira la combinaison ; alors l'eau de la cuve remontera pour remplir le vide formé, et devra, si le mélange est fait

(1) Homère, *Iliade*, IV, 75, 78.

(2) Cicéron aussi a désigné sous le nom de *trajectio stellæ* cette vapeur ignée en forme d'étoile qui court et s'éteint.

(3) Au temps de Fontenelle, les aérolithes avaient encore peu attiré l'attention des savants. *Voy.* MÉTÉORITES.

(4) Bullet, *Réponses critiques*, tom. II, p. 353, etc.

dans les proportions dites, occuper entièrement la capacité de l'appareil. Or, selon qu'en effet cette capacité sera ou non remplie entièrement par l'eau ascendante, on jugera que le mélange contenait ou non les proportions dites. Cela tient à ce que l'étincelle combine l'hydrogène et l'oxygène dans le rapport constant de 2 à 1, jamais autrement; résultat fort remarquable, et dont voici l'application dans l'analyse des gaz.

Supposons qu'on fasse passer dans l'eudiomètre 100 parties d'air pris dans une salle, et 100 parties d'hydrogène pur, mesures qu'on reconnaît soit dans un long tube gradué dont on se sert préalablement, soit sur l'eudiomètre lui-même, qui peut être gradué. Après qu'on aura donné l'étincelle, l'eau de la cuve remontera, et remplira l'eudiomètre seulement en partie. On mesure le gaz excédant, et l'on trouve qu'il reste 140. Alors il est clair que 60 parties sur 200 ont disparu et ont formé de la vapeur d'eau qui s'est condensée, en laissant un vide d'égal volume que l'eau de la cuve a rempli. Sur ces 60 parties, l'hydrogène a dû fournir deux tiers et l'oxygène un tiers; il y a donc 40 d'hydrogène absorbés, et 20 d'oxygène; donc telle était la dose d'oxygène contenue dans les 100 parties d'air. Il n'y en avait pas davantage, car puisqu'il y avait de l'hydrogène en excès, il se serait formé une plus grande quantité de vapeur d'eau et un vide plus considérable. Comme d'ailleurs il reste évidemment 60 parties d'hydrogène, si l'on introduit de l'oxygène en quantité égale à la moitié de ce nombre, et qu'on donne de nouveau l'étincelle, il y aura encore formation d'eau, réduction de volume égale à 90, et disparition complète de l'hydrogène. Après cette double opération, il restera dans l'éprouvette 80 parties de gaz. Comme l'air pur contient 79 parties d'azote, on jugera qu'il y a là une partie d'acide carbonique qui s'est formée par la respiration aux dépens d'un égal volume d'oxygène, ce qu'on vérifiera en l'absorbant avec la potasse ou l'eau de chaux. Cette analyse particulière donne une idée générale des autres, qui sont toutes fondées sur la combinaison de l'oxygène et de l'hydrogène par l'étincelle électrique, dans le rapport de 1 : 2. Toutefois, la combinaison ne s'opère plus, si l'un des deux gaz est en très-grand excès par rapport à l'autre.

L'eudiomètre de Volta diffère de celui-ci dans la forme : au lieu d'être ouvert par en bas, il a une fermeture à robinet qui plonge dans l'eau et qu'on ouvre après l'étincelle : de plus, il porte à sa partie supérieure une cuvette susceptible elle-même d'être remplie d'eau, et de recevoir un long tube gradué, dans lequel passe le résidu gazeux, au moyen d'un second robinet qu'on ouvre après la combinaison. Ce ne sont là que des circonstances accessoires, qui ne modifient au fond ni l'instrument ni surtout l'expérience. L'eudiomètre de Gay-Lussac porte à sa partie inférieure une soupape au lieu de robinet; l'explosion gazeuse ne projette pas l'eau de la cuve, et la garniture en fer permet d'opérer sur le mercure. Les eudiomètres sont fort employés; toutefois, l'emploi de l'eudiomètre à eau surtout est passible d'objections assez sérieuses, qui laissent du doute sur la parfaite exactitude des mesures.

EUDOXE, de Cnide en Grèce, florissait vers l'an 370 avant Jésus-Christ : il se fit une grand réputation comme astronome, notamment par la sphère qui porte son nom, et qui paraît une des plus anciennes. Ses ouvrages sont perdus, mais ils paraissent avoir été en partie copiés par *Aratus.*

EVAPORATION. — Propriété qu'ont les liquides de former des vapeurs au-dessous de leur point d'ébullition. C'est ce qui distingue l'*évaporation* de la *vaporisation*, c'est-à-dire de la formation des vapeurs par l'ébullition. L'évaporation est évidemment une conséquence de la propriété d'émettre des vapeurs dans le vide; l'air est passif dans le phénomène, et même au premier abord il semble qu'il devrait empêcher toute évaporation dans les circonstances ordinaires, puisque sa pression équivaut à 760^{mm} de mercure, et surpasse par conséquent de beaucoup la tension habituelle de la vapeur. Mais il faut observer que l'air ne presse pas sur les liquides comme le ferait un piston imperméable : il présente des pores où la vapeur peut pénétrer. Il est vrai que la vapeur à saturation présente aussi des vides, et que cependant elle s'oppose à toute évaporation; mais, dans l'état de saturation, la distance des molécules est précisément telle que la répulsion se change en attraction; pour peu que l'intervalle diminue, on ne pourrait donc pas introduire de nouvelles molécules sans donner lieu à une liquéfaction proportionnelle.

Si l'air ne s'oppose pas entièrement à la formation des vapeurs, au moins il la gêne très-notablement. On sait avec quelle rapidité la vaporisation se fait dans le vide. Des expériences journalières nous prouvent qu'elle est beaucoup plus lente dans l'air. Ainsi l'eau exposée dans un vase ne disparaît complétement qu'au bout d'un temps fort long, quoiqu'il y ait un espace indéfini autour d'elle.

Une expérience de Fontana fait encore très-bien ressortir la différence que nous voulons signaler; il mit la même quantité d'alcool dans deux cornues terminées par des récipients fermés et tout à fait pareils, à cela près que l'une renfermait de l'air et que l'autre n'en contenait pas. Les ayant établies sur un bain de sable légèrement chauffé et ayant fait plonger ses récipients dans de l'eau froide, il vit la distillation marcher très-vite dans la cornue vide d'air, tandis qu'elle était à peu près nulle dans l'autre.

Dans certaines sucreries on évapore les sirops par le procédé d'*Howard*, qui se réduit à entretenir le vide à l'aide de pompes dans un alambic muni de son serpentin. De cette manière on n'a pas besoin à beaucoup près d'une aussi forte chaleur que si l'on opérait sous la pression atmosphérique, et le sucre se trouve bien moins altéré. Quand les chimistes ou les physiciens veulent évaporer certains liquides sans les chauffer, ils les mettent dans le vide, avec des substances capables d'absorber la vapeur à mesure qu'elle se forme. La viande ainsi desséchée peut se garder indéfiniment en conservant tout son goût.

Malgré la résistance que l'air oppose à la formation de la vapeur, celle-ci finit par acquérir dans un espace plein d'air la même tension que dans le vide à la même température. On peut s'en assurer en introduisant, à l'aide d'un double robinet, assez d'eau pour saturer l'espace dans un grand ballon plein d'air sec, dont la douille est traversée par un baromètre à siphon. A mesure que la vapeur se forme, elle se mêle avec l'air, comme le font les gaz dans l'expérience de Berthollet, et la pression augmente, car on voit le baromètre monter. Si on opère par exemple à 20°, on obtient une élévation de 17^{mm},3, précisément égale à la dépression qu'on aurait eue dans le vide. Ici, l'espace étant très-grand, l'air ne change pas sensiblement de force élastique par le déplacement du mercure, de sorte que la variation du baromètre mesure exactement la tension de la vapeur. On voit dans cette expérience que *la force de la vapeur s'ajoute à celle de l'air*, et que les choses se passent *comme si* l'air et la vapeur étaient sans action l'un sur l'autre; mais, dans la réalité, il y a répulsion, ainsi que la résistance à la vaporisation le prouve; seulement, comme la pression de l'air s'exerce également en tout sens sur les molécules de vapeur disseminées, elle ne tend nullement à produire une liquéfaction; dès lors on rentre dans le cas d'un gaz dont on condenserait deux parties dans le même espace; la tension totale doit être la somme des tensions partielles.

Une conséquence bien remarquable des expériences précédentes, c'est qu'un vase vide ou plein d'air à une température déterminée contient toujours le même poids de vapeur *quand il y a saturation ou plus généralement* quand la vapeur dans les deux cas a la même force élastique. Nous avons pris pour exemple l'air et l'eau; mais la vapeur de tout autre liquide atteindrait de même sa tension maximum dans tout autre gaz, pourvu qu'il n'y eût pas d'action chimique.

Nous venons de voir qu'il se *formait en définitive* autant de vapeurs dans un vase, soit qu'il fût vide, soit qu'il fût plein d'air; il n'en est plus de même dans un espace assez grand pour qu'on ait à tenir compte de la pression exercée par la vapeur en vertu de son poids; le mélange de l'air alors permet l'existence d'une plus grande quantité de vapeur. Aussi, comme le remarque M. Poisson, si l'atmosphère n'existait plus, il y aurait à la même température moins de vapeur autour de la terre qu'il n'y en a maintenant. Pour concevoir ce fait, il faut observer que, dans le cas du vide, la quantité de vapeur serait limitée par la pression que pourrait supporter la couche inférieure. Si la température, par exemple, était de 10°, le poids de toute l'atmosphère de vapeur n'excéderait pas celui d'une couche de mercure de 9^{mm},5; si, au contraire, il y a de l'air, quelque soit le poids de la vapeur disséminée, la couche inférieure le *supportera*. Cela est évident, en supposant d'abord cette couche formée d'air sec; et il est certain que *sa force ne diminuera pas* quand on y vaporisera de l'eau. D'ailleurs, dans ce cas rien ne force à supposer qu'il y ait saturation, de sorte qu'on ne voit plus de limite.

Après avoir vu le rôle que l'air, supposé calme, joue dans l'évaporation, nous examinerons les circonstances qui influent sur la quantité de vapeur formée dans un temps donné.

Quand on chauffe un *liquide* jusqu'à le faire bouillir, l'expérience prouve qu'il se forme sensiblement la même quantité de vapeur, que le vase ait une ouverture large ou étroite; tout dépend alors de la *surface de chauffe*, c'est-à-dire de la surface qui est en contact avec le foyer. Au contraire, quand il y a simplement *évaporation*, tout dépend de la surface libre. Aussi l'on a bien soin de multiplier la surface partout où l'on veut favoriser l'évaporation. Les marais salants où on extrait le sel des eaux de la mer offrent une application remarquable de ce principe; dans les *bâtiments de graduation* surtout, l'eau des sources salées se trouve divisée à l'infini, en tombant à plusieurs reprises sur une couche épaisse de fagots d'épines, ou bien en coulant le long de plusieurs milliers de cordelettes.

Quand un espace est saturé, il semble qu'il *n'y ait plus d'évaporation possible*; mais, comme on le sait par des expériences vulgaires, on peut forcer la vapeur à s'élever du liquide en le chauffant. Il est vrai qu'elle se condense d'abord dans l'air encore trop froid; mais toujours est-il qu'elle se forme. La table des tensions explique pourquoi la chaleur favorise tant l'évaporation; on y voit qu'un peu *au-dessous* de 100°, la tendance de la vapeur à se former est 150 fois aussi grande qu'à zéro, et que l'équilibre n'est plus possible entre la vapeur naissante et celle qui sature l'espace dès que le liquide est plus chaud que l'air, ou même dès que la température s'élève; aussi le grand moyen d'évaporation dans les arts est-il le chauffage. Des tissus encore tout humides se sèchent en un instant par leur passage sur des cylindres chauffés intérieurement; c'est par ce même procédé que le papier mécanique se trouve sec à mesure qu'il se fait. Si un soleil ardent dessèche les plantes et tout ce qu'il frappe, ce n'est point par une propriété particulière, c'est tout simplement que la chaleur augmente la tendance des liquides à se vaporiser.

L'influence du degré de saturation, c'est-à-dire de la sécheresse ou de l'humidité de l'air sur l'évaporation, est de toute évidence. Lorsqu'on échauffe l'air saturé, on peut dire qu'on le dessèche, quoiqu'on n'ôte rien de la vapeur qu'il contient déjà, car on lui donne la propriété d'en prendre une quantité nouvelle. Dans les étuves de raffineries de sucre, l'air contient certainement plus de vapeur qu'au dehors ; cependant, comme il est chauffé à 40 ou 50°, on peut dire qu'il est plus sec. Nous nous servons ici des expressions consacrées par l'usage ; mais à la rigueur c'est de *l'espace* plus ou moins sec, et non de l'air qu'il s'agit. Si l'évaporation se fait mieux dans un espace chaud, ce n'est pas que la substance de l'air y prenne réellement une propriété desséchante, puisque le phénomène aurait encore lieu dans le vide et même mieux ; mais c'est tout simplement parce qu'à une haute température, la vapeur peut prendre une densité plus grande ; d'où il suit que dans un même espace il peut s'en former un poids plus grand.

L'élévation de température dans un espace fermé serait un moyen fort borné d'évaporation, si on ne renouvelait pas l'air. Au contraire, dans bien des cas ce renouvellement à lui seul peut suffire ; aussi dit-on que le vent dessèche. Dans la réalité son action se borne à balayer la vapeur déjà formée, de sorte que les surfaces humides se trouvent toujours dans un espace à peu près sec ; cela suppose que le vent lui-même n'est pas humide ; on sait très-bien que quand il l'est, l'évaporation se fait mal. On peut faire voir l'influence du renouvellement de l'air en faisant tourner rapidement un linge humide avec une fronde ; la dessiccation a lieu en quelques instants. Quand il n'y a pas de vent, l'air se renouvelle encore peu à peu, parce qu'il s'élève comme plus léger à mesure qu'il devient humide. Les séchoirs des blanchisseries sont de grands hangars terminés seulement par des jalousies, afin que l'air s'y renouvelle continuellement. Pour sécher dans les étuves, on laisse l'air chaud se saturer d'humidité, puis on ouvre des issues opposées pour qu'il se renouvelle. Dans quelques établissements, on établit un courant d'air chaud ; les ouvertures d'entrée et de sortie sont au niveau du sol, afin que l'air chaud, qui tend toujours à s'élever, soit forcé de parcourir tout l'espace. L'air s'échauffe en passant dans les tuyaux qui traversent un foyer ; à la sortie de l'étuve se trouve un conduit vertical ; quand une fois l'air humide et encore chaud remplit cette espèce de cheminée, il se produit un tirage qui détermine le courant.

La formation des vapeurs, observée comparativement dans l'air et dans le vide, montre assez l'influence de la raréfaction. Aussi, toutes choses égales, l'évaporation se fait-elle bien plus rapidement sur les montagnes très-élevées, et en général dans les hautes régions de l'air, malgré un froid très-vif, comme l'a constaté M. Gay-Lussac ; mais à la surface de la terre, les variations dans la pression de l'air sont trop petites pour avoir un effet appréciable, surtout au milieu de tant de causes perturbatrices.

On conçoit facilement pourquoi une couche d'huile mise sur l'eau s'oppose à l'évaporation : elle agit comme un piston imperméable, poussé par une force qui, à la température ordinaire, est bien supérieure à la tension du liquide. En général, quand on connaît les circonstances qui favorisent l'évaporation, on se rend aisément compte de celles qui la retardent ; si l'herbe reste fraîche sous les arbres d'une forêt, tandis qu'elle est déjà desséchée dans les plaines ou sur les montagnes découvertes, c'est qu'un feuillage épais, en même temps qu'il arrête les rayons du soleil qui auraient augmenté la tension de la vapeur, limite un espace où l'air se renouvelle à peine et où il est presque toujours saturé. Par des raisons semblables, l'évaporation ne se fait pas dans les vallées profondes, dans les lieux bas et abrités ; dans les caves surtout, où l'on a soin de placer tout ce dont on veut empêcher la dessiccation. Les cloches que les jardiniers mettent sur les plantes, entre autres usages, arrêtent l'évaporation, quoique cependant la transpiration continue. On sait que quelques pierres amoncelées au pied d'un arbre sont fort utiles, à cause de l'humidité qu'elles y entretiennent.

C'est en général par la perte de poids qu'on mesure l'évaporation. Ainsi Dalton a trouvé par la différence de deux pesées que l'eau à 100° perdrait en une minute 4 gr. 27 par décimètre carré. Toutes choses égales, l'évaporation est proportionnelle à la surface, de sorte qu'il est plus simple d'indiquer l'épaisseur de la couche évaporée, l'eau étant supposée au maximum de densité, pour que les résultats soient comparables. Cette épaisseur se calcule aisément d'après le poids et la surface : ici, par exemple, elle est de 0^{mm}, 427.

Par des expériences faites à Paris et aux environs, on a trouvé environ 90 centimètres pour l'évaporation annuelle d'une surface d'eau, c'est-à-dire que si l'eau n'était renouvelée, ni par la pluie, ni par la rosée, ni autrement, elle baisserait de 0^{m},9 environ dans le cours de l'année ; des expériences faites dans le midi de la France n'ont donné que 0^{m}, 81, et en Angleterre 0^{m}, 7 seulement. En adoptant 0, 81 pour la zone tempérée, on a, terme moyen, 2^{mm}, 2 par jour ; il s'agit ici d'un jour proprement dit ; car l'évaporation est à peu près nulle pendant la nuit. Dans la zone torride M. de Humboldt a trouvé en 12^{h} 3^{mm}, 4 à l'ombre, et 8^{mm}, 8 au soleil.

Haucy, par un jour d'hiver fort sec, a trouvé que l'évaporation sur la glace à l'ombre était de 0^{mm}, 82 en 9^{h} ; l'eau pendant ce temps perdait 1^{mm}, 21.

La terre végétale, dans l'état moyen d'humidité où elle est entretenue naturellement, perd en un an une couche d'eau tout au plus égale à 24°, si elle est nue, et à 27°, si elle est couverte de végétation. L'évaporation n'a guère lieu que pendant le jour ; celle de la nuit est souvent plus que compensée par la rosée.

Hales s'est particulièrement occupé de l'évaporation par les feuilles. Voici les résultats de quelques expériences faites pendant les mois de juillet et d'août : l'épaisseur de la couche évaporée en 12 ^{h} de jour est comptée en pouces anglais valant $25^{mm},4$.

Citronnier,	$\frac{1}{243}$	Vigne,	$\frac{1}{11}$
Pommier,	$\frac{1}{304}$	Soleil,	$\frac{1}{165}$
Chou,	$\frac{1}{86}$		

L'évaporation sur les fruits était à peu près la même que sur les feuilles. La surface totale des feuilles pour le soleil, dont il est ici question, était de 36223 centimètres carrés ; l'évaporation moyenne en 12 heures de jour allait à 567 grammes ; le minimum était de 450 grammes et le maximum de 793. Elle ne dépassait pas 75 grammes dans les nuits les plus chaudes et sans rosée sensible. Le soleil, sans les racines, pesait 1350 grammes, et 336 seulement après avoir été desséché.

D'après les expériences de Sanctorius, les $\frac{5}{8}$ du poids des aliments sont perdus par l'évaporation qui se fait à la surface de la peau et dans les poumons. Seguin, en 24 heures, perdait ainsi, terme moyen, 1375 grammes ; 875 par l'évaporation cutanée, et 500 par l'évaporation pulmonaire ; c'est à peu près par minute, 1^{gr}, 0^{gr}, 6 et 0^{gr}, 4. La plus grande perte totale était par minute de 1^{gr}, 7 et la plus petite de 0^{gr}, 58, ce qui répond en 24 heures à 2448^{gr} et 835^{gr}. L'évaporation cutanée varie beaucoup d'un moment à l'autre ; mais l'évaporation pulmonaire varie très-peu. Tous ces résultats ont été pris pendant l'état de santé.

La surface de la peau étant à peu près de 17,400 centimètres, 875^{gr} donnent pour l'épaisseur moyenne de la couche évaporée en 24 heures, un demi-millimètre ou $\frac{10}{508}$ de pouce anglais. Hales, d'après les expériences de Keill, avait trouvé $\frac{1}{80}$

Comme l'expérience le prouve, et comme on le conçoit facilement, c'est en été que notre évaporation est la plus abondante ; aussi nous faut-il alors souvent une très-grande quantité de liquide pour la compenser. Dans les étuves sèches on augmente artificiellement l'évaporation, et quelquefois d'une quantité énorme. Ainsi Berger et Laroche rapportent qu'étant restés 8' dans une étuve à 90° cent., ils avaient perdu, l'un 190, et l'autre 220 grammes, par conséquent plus de 20 fois autant que dans les circonstances ordinaires. Dans une autre expérience, la perte du premier s'éleva à 390^{gr} en 13'. Dans les étuves humides, la transpiration continue, mais non plus l'évaporation, puisque l'espace est saturé et à peu près à la même température que le corps.

On doit à Dalton une formule empirique avec laquelle on calcule approximativement l'évaporation d'un liquide. Il admet que l'évaporation est proportionnelle à la différence entre la tension du liquide et celle de la vapeur qui est dans l'air. Par une expérience, il trouve une perte de 4^{gr}, 27 par minute et par décimètre carré, l'air étant tranquille ; la tension du liquide était de 760^{mm}, et celle de la vapeur dans l'air de 10^{mm}.

Voy. Froids artificiels.

EVECTION. *Voy.* Lune.

EXCENTRICITÉ de l'orbite terrestre, sa variation, cause du décroissement de la température de la terre, d'après John Herschell. *Voy.* Terre.

EXCITATEUR. *Voy.* Machine électrique et Electricité, *effets mécaniques*.

EXPÉRIENCES d'évaporation relatives aux plantes et aux animaux. *Voy.* Evaporation.

EXPÉRIENCES curieuses faites avec la machine pneumatique. *Voy.* Machine pneumatique.

EXPLOSION. *Voy.* Vapeur (*ses usages*).

EZÉCHIAS. Dieu fait rétrograder l'ombre sur son cadran ; solution des objections au mot Gnomonique.

F

FACULES. *Voy.* Soleil.

FANTASMAGORIE (φάντασμα, vision, spectre). — C'est une curieuse application de la lanterne magique. C'est une lanterne dont la lentille et le tableau sont mobiles.

Nous jugeons qu'une personne s'approche ou s'éloigne de nous par les modifications qu'éprouvent sa taille et le degré de netteté de la vision. Lorsqu'elle s'approche, son image grandit dans notre œil, comme on le reconnaît dans la chambre noire, qui est une véritable copie de cet organe ; et on la voit de plus en plus distinctement, parce que la lumière qui nous la rend visible augmente comme le carré de la distance diminue. A ces deux effets physiques, il faut joindre le jugement que nous formons, en envisageant la série des objets interposés entre notre œil et le corps en mouvement. Si ce dernier élément nous fait défaut, comme cela a lieu en pleine mer, nous nous restreignons aux deux autres.

Dans la fantasmagorie, les objets, tels que des spectres, paraissent tantôt s'avancer en courant vers le spectateur, tantôt fuir, et pratiquer toutes sortes d'évolutions. Cette apparence de mouvement résulte de ce que les images produites sur le tableau changeant continuellement de grandeur et d'éclat, ce qu'on réalise en faisant varier la distance du tableau à la lanterne magique ; mais aussi fait-on mouvoir la lentille objective au moyen d'une crémaillère, de telle sorte que l'image se fait toujours sur le tableau. Ces deux mouvements doivent se combiner avec précision : le tableau qui est une toile gommée séparant le spectateur d'avec la portion de la chambre obscure où l'on exécute les manœuvres, est placé sur des roulettes garnies de drap, pour absorber le bruit. Un squelette est-il peint assez nettement, mais en petites proportions, sur la toile; on reculera ce tableau, mais en même temps on rapprochera la lentille de l'objet peint : l'image grandira rapidement en conservant sa netteté; elle diminuera par une manœuvre contraire, et le mouvement de la lentille modifiera lui-même la lumière des images dans le sens voulu pour l'accord de la distance avec la clarté de la vision. Si l'agrandissement est considérable, le spectateur sera affecté comme par un mouvement de progression rapide; par la manœuvre inverse, il croira voir l'objet reculer. Si l'on veut représenter des scènes, il faudra projeter sur le tableau, au moyen d'une seconde lanterne magique, la figure du champ, de la montagne, de la forêt, de la caverne où la scène est censée se passer, et on donnera aux figures le mouvement apparent vers ces fonds par le moyen ci-dessus. Les diverses scènes qu'on peut ainsi représenter sont faciles à comprendre; mais pour leur parfaite exécution il faut beaucoup d'habileté de la part de celui qui produit le mouvement combiné du tableau et de la lentille.

FER GALVANISÉ. — Le principe sur lequel Davy fondait son appareil préservateur du doublage des navires est aussi celui qui préside à l'art de la galvanisation du fer. Le fer galvanisé, dont l'usage se répand assez rapidement, est une sorte d'étamage au zinc; mais la combinaison des deux métaux est moins superficielle que dans le fer-blanc. L'enveloppe de zinc, quand elle est oxydée à sa surface, forme, comme nous venons de le dire, une couche qui préserve d'une oxydation ultérieure le reste du métal, et par suite le fer que celui-ci recouvre, et qui est si altérable à l'air. En cela d'abord le zinc agit comme un fourreau préservateur; mais il fait plus. Si le zingage n'est pas parfait, et que le fer se trouve à découvert sur quelques points, cette circonstance, qui, dans l'étamage ordinaire, détermine un centre d'oxydation énergique qui mine le fer autour de lui, même sous l'enveloppe d'étain, et perce la tôle en peu de temps; cette circonstance, dis-je, ne produit rien de semblable dans le cas dont il s'agit, attendu que le zinc ambiant agit comme préservateur, en s'emparant de l'oxygène qui tendrait à se combiner avec le fer. Ici, le métal zingué est un couple qui agit comme les couples de Davy. Peut-être serait-il bon de doubler les navires de tôle galvanisée ou de feuilles de cuivre zinguées.

Il y aurait avantage à appliquer ce procédé de galvanisation aux projectiles en fonte des bouches à feu, qui se détériorent à l'air, et finissent, en s'usant peu à peu, par n'être plus de calibre. Les tôles galvanisées seraient d'excellent service pour la couverture des toits, la confection des gouttières; préférables en cela au zinc lui-même, qu'on emploie pour ces objets, en ce qu'en cas d'incendie ils ne céderaient pas comme le zinc, métal éminemment combustible. Les tuyaux de conduite pour l'eau et pour le gaz seraient préservés, par la galvanisation, des perforations trop communes auxquelles la rouille les assujettit. Enfin, des plaques de tôle zinguées seraient employées avec succès et économie, pour revêtir les pieds de mur humides et salpêtrés. Une boiserie légère, appliquée par-dessus, serait entièrement soustraite à l'influence de l'humidité du sol et de la muraille.

FÊTES FIXES et MOBILES. *Voy.* CALENDRIER.

FEUX SAINT-ELME. — Quand les nuages orageux sont très-bas, il n'y a souvent point d'éclairs; l'électricité produite par influence est tellement forte qu'elle s'échappe des points saillants sous forme de flammes, comme on le voit aux pointes de nos machines électriques. Ce phénomène, connu des anciens sous le nom de Castor et Pollux, a été nommé depuis *feu de Saint-Elme*. Les anciens en rapportent des exemples que Tite-Live range parmi les faits extraordinaires (*prodigia*). On avait vu à l'extrémité des piques des soldats ou des mâts des navires des flammes accompagnées d'un sifflement aigu et qui sautaient d'une pointe à l'autre. C'est en hiver qu'on observe le plus souvent le feu de Saint-Elme, si l'on en croit la plupart des relations. Le récit suivant de M. de Forbin peut donner une idée de ce phénomène; c'était en 1696 : « Le ciel, dit-il, se couvrit tout à coup d'épais nuages. Craignant un coup de vent, je fis carguer toutes les voiles. Il y avait plus de trente feux de Saint-Elme sur le navire; l'un d'eux occupait la girouette du grand mât et avait environ 5 décimètres de long. J'envoyai un matelot pour le chercher. Quand il fut en haut, il entendit un bruit semblable à celui que fait, en brûlant, de la poudre humectée. Je lui ordonnai d'enlever la girouette; à peine eut-il exécuté cet ordre, que le feu la quitta et se plaça à l'extrémité du grand mât, d'où il fut impossible de l'enlever. Il y resta assez longtemps et disparut peu à peu. L'orage se termina par une pluie qui dura plusieurs heures. »

Sur les montagnes ce phénomène est encore plus commun quand des nuages électriques passent dans leur voisinage. De Saussure l'a vu sur les Alpes. Ai-je besoin d'ajouter que cette flamme, malgré son analogie avec le feu, ne brûle pas les objets qu'elle touche? les pointes de nos machines ne s'échauffent même pas, malgré la grande quantité d'électricité qui les traverse.

S'il existe entre le nuage et la terre d'autres corps qui peuvent être électrisés par influence, alors ceux-ci peuvent aussi dégager de l'électricité visible sous forme de flamme. On a vu souvent, pendant un orage, de la neige phosphorescente tomber sur le sol, et toujours il y avait alors dans l'air une forte charge d'électricité

FEU DE PORT. *Voy.* PHARE.

FIGURE des corps célestes. *Voy.* ATTRACTION UNIVERSELLE.

FIGURE de la terre. Sa détermination. *Voy.* TERRE.

FIGURES de Leitchtemberg. *Voy.* ELECTRICITÉ, *effets mécaniques.*

FIL A PLOMB. *Voy.* PESANTEUR. — Sa détermination pour l'attraction des montagnes. *Voy.* PENDULE.

FLAMMES (Température des). — Quand on examine avec un peu d'attention la flamme d'une bougie ou d'une lampe à alcool, on reconnaît qu'elle est composée de quatre parties distinctes, savoir :

1° D'une partie d'un bleu sombre qui s'amincit à mesure qu'elle s'éloigne de la mèche et disparaît à l'endroit où la partie extérieure s'élève verticalement;

2° D'un espace obscur, visible au travers de l'enveloppe brillante, et qui renferme les gaz émanés de la mèche, lesquels ne peuvent brûler, parce qu'ils ne sont pas encore en contact avec l'air ;

3° De la partie brillante de la flamme ;

4° D'une enveloppe peu lumineuse dans la plus grande épaisseur qui correspond au sommet de la flamme brillante : c'est dans cette partie inférieure que la combustion s'achève et que la chaleur est le plus intense.

Pour s'en assurer, on renverse la flamme avec un chalumeau à l'aide duquel on introduit un courant d'air au milieu de la flamme. On voit aussitôt au milieu apparaître une flamme bleue, longue et étroite, qui est la même que celle précédemment indiquée, mais elle est changée de position et de forme. C'est à son extrémité antérieure que se trouve le point de la plus haute température, de même que dans la flamme ordinaire. Dans celle-ci, ce point forme une zone ou une circonférence de cercle, tandis que dans l'autre il est réduit à un point incomparablement plus chaud, capable de fondre ou de volatiliser diverses substances. Cet énorme accroissement de chaleur tient à ce que le chalumeau verse sur un espace situé au milieu de la flamme une masse condensée du même air, qui auparavant ne faisait qu'effleurer la surface. Dans le jet de flamme produit par le chalumeau, la flamme brillante qui enveloppe la flamme bleue empêche la déperdition de la chaleur produite.

Voici le procédé adopté pour mesurer la température des diverses enveloppes d'une flamme. On prend deux fils de platine de diamètres différents, réunis par un de leurs bouts au moyen de deux crochets passés l'un dans l'autre et fortement tendus, et en communication par les deux autres bouts libres avec les extrémités du fil d'un galvanomètre. Ces fils de platine doivent avoir de très-petits diamètres pour que les points de jonction puissent prendre la température des milieux où ils se trouvent. En élevant successivement la température de ces points depuis zéro jusqu'à 350°, on trouve que l'intensité du courant électrique croît comme la température. En admettant que cette loi continue au delà, comme on doit le supposer, attendu, d'une part, que l'on est toujours très-éloigné du point de fusion du platine, et, de l'autre, que, les deux fils étant de même métal, on n'a pas à craindre les effets thermo-électriques complexes provenant de la différence de deux métaux ; si l'on veut, pour plus d'exactitude, on peut établir la relation entre les déviations de l'aiguille aimantée et la marche du thermomètre à air, en prenant diverses sources de chaleur. On place d'abord une des jonctions des deux fils à la partie supérieure de la flamme bleue, où l'air, encore chargé de tout son oxygène, commence à rencontrer la flamme, par conséquent dans l'endroit où la température est le plus élevée ; l'aiguille aimantée est déviée de 22° 50. Quand l'immersion se fait dans la partie blanche ou dans la flamme proprement dite, la déviation est de 20° ; enfin, elle n'est plus que de 17° lorsque les points de jonction se trouvent dans l'espace obscur autour de la mèche ; or, quand on porte la température des points de jonction à 300°, on a une déviation de 8°, correspondante à une intensité double du courant thermo-électrique produit par une température de 150°. En admettant la loi de continuité, et observant que les intensités de courant correspondant aux déviations 22° 50, 20°, 17°, sont comme les nombres 54, 44, 32, il s'ensuit que les températures correspondantes seront égales à 1350, 1080, et 780° ; il suit de là que 1350° représenteraient la température la plus élevée que prendrait un fil de platine de $\frac{1}{4}$ de millim. de diamètre dans une flamme d'alcool de 6 millim. de diamètre à la partie supérieure de la mèche. On conçoit très-bien que, s'il était possible de négliger la déperdition de chaleur qui s'effectue à la surface des parties du fil contiguës aux portions immergées, les températures ci-dessus énoncées représenteraient, avec une assez grande approximation, celles des diverses parties d'une flamme à alcool ; mais les résultats étant les mêmes en opérant avec des fils plus fins que ceux désignés ci-dessus, il est permis de croire que le refroidissement indiqué puisse être sensiblement négligé.

Nous ferons remarquer que les expériences relatives à la détermination des diverses enveloppes d'une flamme sont les premières applications des phénomènes thermo-électriques à la mesure des températures; les secondes applications se rapportent à celles des parties intérieures des corps organisés.

FLOTTEUR de Prony. *Voy.* HYDRODYNAMIQUE.

FLUIDE GALVANIQUE. *Voy.* GALVANISME.

FLUIDES ÉLECTRIQUES. *Voy.* ELECTRICITÉ.

FLUX. *Voy.* MARÉE.

FORCES. — On donne ce nom à tout ce qui produit ou tend à produire un mouvement, à tout ce qui tient unies ou tend à séparer les particules des corps ou les corps entre eux. Les atomes simplement posés à côté les uns des autres ne pourraient constituer ni les corps solides, ni les autres corps de la nature ; ils ne feraient tout au plus qu'un amas incohérent, pareil à un monceau de sable ou de poussière. Une pierre ou un morceau de fer sont des corps solides et résistants : il faut donc qu'il y ait *quelque chose* qui retienne les atomes, qui les attache l'un à l'autre, qui les fixe à leur place. Les corps se briseraient sans effort s'il n'y avait que des atomes simplement juxtaposés, ou plutôt il n'existerait pas de corps : il n'existerait que de la poussière. Nous concevons que dans un morceau de fer un atome quelconque est pressé contre les atomes voisins, comme un bloc de pierre est pressé contre le sol. Pour soulever la pierre, il faut un certain effort; pour arracher l'atome, si l'on pouvait le saisir, il faudrait aussi un effort plus ou moins grand. Les causes de ces *pressions* ou de ces *actions mutuelles*, que les diverses portions de la matière exercent les unes sur les autres, sont ce que l'on appelle en général des *forces*.

Ainsi il y a des forces qui agissent sur les atomes de fer, qui les pressent les uns contre les autres, qui les retiennent en leur lieu, et qui donnent à la masse cette fixité que nous observons. De même, il y a des forces qui agissent sur les molécules de tous les corps solides, et qui leur donnent à l'intérieur une structure déterminée, et à l'extérieur une forme permanente. Enfin, comme il n'y a pas de corps qui n'ait une certaine manière d'être et une certaine dépendance entre ses parties, on en conclut que là où il se trouve plusieurs atomes voisins il y a toujours entre eux une action mutuelle, par laquelle ils se sollicitent les uns les autres et prennent un arrangement déterminé.

Les liquides, qui sont si mobiles, ont eux-mêmes cette dépendance entre toutes leurs parties voisines : une goutte d'eau a toujours une forme particulière, soit qu'on l'observe sur quelque surface, ou plutôt sur les plantes, où elle se dépose en rosée, soit qu'on l'observe aux extrémités des corps, où elle se tient suspendue. Cette forme qu'elle prend est le résultat de l'action des molécules qui la composent; car, sans actions mutuelles, ces molécules resteraient séparées et tomberaient isolément.

L'air, qui est invisible et qui est si subtil, n'est pas une exception à cette loi générale. Il est impénétrable, puisqu'il résiste quand il est enfermé dans une vessie, dans un ballon ou dans un autre espace quelconque; donc il est aussi composé d'atomes et de molécules; donc ses diverses parties exercent aussi une action mutuelle les unes sur les autres. Entre mille phénomènes qui en sont la preuve, nous citerons seulement le phénomène de la respiration, que tout le monde peut observer. L'air extérieur pénètre dans les poumons à mesure que la poitrine s'ouvre pour le recevoir; ainsi les molécules du dehors agissent sur les molécules du dedans; elles les pressent et les forcent d'entrer, et quand l'air est enfermé dans la poitrine, les molécules intérieures réagissent aussi les unes sur les autres pour en remplir toute la capacité, comme elles réagissent les unes sur les autres pour se répandre dans toute l'étendue d'un vase, quelque grand qu'il soit.

Ces forces, qui agissent sans cesse, dans l'intérieur d'un corps, entre toutes les molécules voisines, ou entre tous les atomes qui composent une molécule, s'appellent *forces moléculaires*, ou *attractions moléculaires* : il serait mieux de les appeler *actions moléculaires*, ou *forces atomistiques*, ou *forces constitutives des corps*, puisqu'en effet ce sont ces forces qui donnent aux corps leurs constitutions particulières et leurs modes d'existence.

Outre les forces moléculaires, il y a des forces d'une autre nature. Les corps tombent d'eux-mêmes quand on les abandonne; les rivières coulent sans cesse; le soleil semble tourner autour de la terre : voilà des *mouvements* que nous observons; et nous jugeons, dans notre pensée, que la matière pourrait *exister* sans que ces mouvements fussent *produits*. Ils ne sont donc que des *effets* accidentels dus à des causes déterminées. Ces causes du déplacement des corps ou des *mouvements de translation* s'appellent aussi des *forces* ou des *puissances*. Elles ont sans doute des rapports avec les forces moléculaires, qui peuvent aussi, dans certains cas, imprimer des mouvements de translation; mais en général on les en distingue. *Voy.* Mouvement.

On ne peut mesurer les forces qu'en prenant pour unité une force convenue, comme on mesure les longueurs ou les poids en prenant pour unité une longueur ou un poids déterminé. De plus, la notion de grandeur ne s'appliquant pas directement aux forces, il faut définir avec précision ce qu'on appelle *forces égales*, *forces doubles*, etc.

Pour que deux forces soient égales, il faut qu'elles se fassent équilibre lorsqu'on les oppose l'une à l'autre sur un point ou aux extrémités d'une droite inflexible. Deux forces égales donnent une force double quand on les ajoute, c'est-à-dire quand on les fait agir dans le même sens et dans la même direction. On aurait une force triple si l'on faisait agir dans le même sens trois forces égales, et ainsi de suite.

D'après cela, si l'on convient de représenter une force par un nombre ou par une ligne, la force double de celle-là sera représentée par un nombre double ou par une ligne double, etc. C'est ainsi que nous pouvons toujours représenter les forces par des grandeurs numériques ou linéaires, et faire sur elles les mêmes opérations que nous faisons sur ces grandeurs.

Quel que soit le nombre des forces qui agissent sur un point, et quelles que soient leurs directions, elles ne peuvent, en dernier résultat, imprimer à ce point qu'un seul mouvement dans une direction déterminée. Or, on conçoit qu'il existe une certaine force qui serait, à elle seule, capable de produire le même effet, et cette force unique, qui pourrait remplacer l'ensemble de toutes les autres, est ce qu'on appelle leur *résultante*.

Ainsi, quand un bateau se meut à la fois par la force du courant, par la force des rames et par celle du vent, on peut concevoir une force unique, un fil assez fort, par exemple, qui, étant attaché au bateau, serait tiré dans une telle direction et avec un tel effort, qu'à lui seul il lui imprimât à chaque instant le même mouvement que toutes ces forces réunies : il en serait la résultante. Le courant, le vent et les rames cessant d'agir, et le fil dont nous parlons leur étant substitué, rien ne serait changé quant au résultat.

L'ensemble des forces qui concourent à produire un effet se nomme *un système de forces;* ces forces s'appellent aussi *des composantes,* quand on les considère par rapport à la *résultante* qui pourrait les remplacer. Il est évident que, si à un système de forces on ajoutait une force nouvelle qui fût égale à la résultante et dirigée en sens contraire, l'équilibre aurait lieu dans ce nouveau système de forces. C'est là la propriété caractéristique de la résultante.

Ainsi, dans l'exemple que nous avons choisi, tandis que les forces du courant, du vent et des rames exercent leur action, si l'on ajoutait un fil assez résistant, dirigé en sens contraire de celui qui représente la résultante, et tiré avec le même effort, cette nouvelle force produirait l'équilibre; le bateau serait plus fixe que s'il était à l'ancre; il ne pourrait avancer ni reculer, ni se mouvoir d'aucun côté, jusqu'à ce qu'il arrivât quelque force nouvelle ou quelque changement dans les forces agissantes, pour déranger l'effort par lequel elles se détruisent.

Quand toutes les forces qui agissent sur un point tendent à le mouvoir sur une même ligne, il peut se présenter deux cas : 1° si toutes ces forces agissent dans le même sens et les autres dans le sens opposé, la résultante est égale à la différence des deux résultantes partielles, et agit dans le sens de la plus grande.

Quand les deux forces sont égales, la résultante divise toujours leur angle en deux parties égales ; mais, pour sa grandeur, elle est tantôt égale à celle des composantes, tantôt plus grande et tantôt plus petite.

Quand les deux forces sont inégales, la résultante divise leur angle en deux parties inégales, et elle est toujours plus rapprochée de la force la plus grande.

Puisque deux forces peuvent être remplacées par une seule, réciproquement une seule force peut être remplacée par deux autres. On voit même qu'il y a une infinité de systèmes différents qui peuvent donner lieu à la même résultante, et que, réciproquement, il y a une infinité de manières de remplacer une seule force par le système de deux autres, quand on n'exige rien ni sur leur grandeur ni sur leur direction.

Voy. Technologie.

Force centrifuge. — C'est un des effets les plus remarquables de la tendance qu'a la matière à continuer son mouvement en ligne droite. Quand on tourne rapidement sur la circonférence d'un cercle, comme au manege, on sent qu'il faut faire un effort continuel pour ne pas sortir du cercle ; ceux qui tournent ainsi très-vite sur des chevaux peuvent se pencher fortement vers le centre ; la force centrifuge suffit pour les retenir. Mais cette force se manifeste plus évidemment encore lorsqu'on fait tourner rapidement une pierre dans une fronde ; on sent que la corde est fortement tendue ; la cause de la tension est la force centrifuge, et la cause de la force centrifuge est la tendance de la matière à continuer son mouvement en ligne droite, car la pierre s'échappe non pas suivant le rayon, mais suivant le prolongement du petit arc qu'elle vient de décrire.

On montre la force centrifuge dans les liquides au moyen d'un portant sur lequel est fixé un tube coudé à moitié, plein d'eau ; le liquide monte à la partie supérieure de chaque côté pendant la rotation.

Si on met dans un tube de ce genre de l'eau, de l'essence de térébenthine, de petites balles de liége et des grains de plomb, on verra que pendant la rotation le plomb occupe la partie supérieure, le liége la partie inférieure, et l'eau, plus lourde que l'essence, sera placée au-dessus. Ce phénomène est une conséquence de ce que la force centrifuge augmente avec la masse ; aussi l'air qui était dans le tube occupe la partie la plus rapprochée du centre pendant la rotation.

On sait que la terre tourne, qu'elle est aplatie vers les pôles et renflée vers l'équateur ; or, cette forme s'explique naturellement par la force centrifuge, en admettant que le globe ait eu primitivement une certaine mollesse. En effet, un anneau circulaire, formé d'une lame d'acier flexible, s'aplatit dans le sens de l'axe autour duquel il tourne.

C'est à cause de la force centrifuge que l'eau contenue dans un verre que l'on fait tourner rapidement ne tombe point, quoique l'ouverture soit en bas ; au contraire le liquide se presse contre le fond du verre.

La force centrifuge se fait sentir chez les animaux ; c'est à elle que sont dus les étourdissements qu'on éprouve dans les différents jeux où l'on décrit une courbe avec une certaine vitesse, comme la balançoire, le jeu de bagues, etc. Dans tous ces mouvements les liquides tendent à s'accumuler vers les parties les plus éloignées du centre de rotation. C'est une chose remarquable que la puissance qu'on acquiert par l'habitude d'annuler les effets d'une force centrifuge, même assez considérable. Cependant, quand elle est très-grande, l'animal peut périr. Ainsi, Nollet rapporte qu'un lapin ayant été attaché par les pattes de derrière, deux hommes lui firent faire environ 100 tours de suite avec une corde de plusieurs pieds de longueur. Quand on arrêta il n'était pas encore mort, mais il mourut quelques instants après. La même expérience, répétée sur un chat, ne le tua pas, mais le sang lui vint à la gueule, et il vomit abondamment

Les effets de la force centrifuge sur les végétaux sont extrêmement remarquables. Hunter ayant mis une fève au centre d'un baril plein de terre, et tournant autour de son axe de figure, vit que la radicule se dirigeait dans le sens de l'axe. M. Dutrochet, en répétant l'expérience, observa de plus que cette radicule se portait vers le côté de l'axe le plus déclive. Knight, ayant fixé des graines de haricot à la circonférence d'une roue de 11 pouces de diamètre, mue dans un plan vertical avec 150 tours par minute, vit que les radicules se portaient vers la circonférence, et les plumules vers le centre. La même roue étant placée horizontalement et faisant 250 tours par minute, on observa le même phénomène, à cela près que les radicules avaient une inclinaison de 10° vers la terre. M. Dutrochet, avec une force centrifuge moindre, a obtenu l'horizontalité parfaite des radicules du *Vicia sativa*. On voit que les choses se passent précisément comme si la radicule avait plus de masse.

Il paraît que quand le mouvement de rotation est suffisamment prolongé, les feuilles tournent leur face supérieure vers le centre de rotation, et la face inférieure vers la circonférence. M. Dutrochet a obtenu cette direction par une rotation de 18 heures sur le *Convolvulus arvensis*. Voy. ROTATION DIURNE de la terre.

FORCE TANGENTIELLE. *Voy.* PERTURBATIONS des planètes.

FORCE RADIALE. *Voy.* PERTURBATIONS PLANÉTAIRES.

FORCE PERPENDICULAIRE. *Voy.* PERTURBATIONS des planètes.

FORCES d'attraction et de répulsion. *Voy.* MATIÈRE.

FORCES ÉLECTRIQUES. *Voy.* ÉLECTRICITÉ, § IV.

FORCES ÉLECTRO-MOTRICES. *Voy.* GALVANISME et PILE.

FORCE COERCITIVE de l'acier. *Voy.* AIMANT.

FORCE VITALE. *Voy.* MATIÈRE.

FORME des planètes. *Voy.* ATTRACTION UNIVERSELLE.

FORME GLOBULAIRE. *Voy.* ÉBULLITION.

FONCTIONS des différentes parties de l'œil. *Voy.* VISION.

FONDANTS. *Voy.* FUSION.

FONTAINES ARTIFICIELLES. *Voy.* HYDROSTATIQUE.

FOUDRE. *Voy.* TONNERRE.

FOYER d'une lentille. *Voy.* LENTILLE.

FOYERS d'échauffement. *Voy.* FUMÉE.

FROIDS ARTIFICIELS. — On appelle ainsi le froid produit par un mélange d'eau liquide ou solide avec une substance pour laquelle elle a une affinité chimique. Quand on mêle ensemble trois parties de glace pilée et une de sel commun, la température du mélange descend à 20° sous zéro. C'est le résultat de l'affinité réciproque du sel et de l'eau. Ces deux corps tendent à se combiner, ce qu'ils ne peuvent faire qu'à l'état liquide; cet état se produira donc: mais il ne peut le faire que par l'absorption d'une certaine quantité de calorique qui sera rendue latente.

C'est dans ce mélange, où le salpêtre peut remplacer le sel commun, que l'on plonge les *sorbetières* qui contiennent les jus de fruits sucrés dont on veut faire des *glaces*.

Il y a quatre sortes de mélanges réfrigérants :

1° Les mélanges d'eau liquide et de sels; 2° les mélanges de glace et de sels; 3° les mélanges de glace et d'acides; 4° enfin, les mélanges de sels et d'acides. Il existe un très-grand nombre de formules pour ces diverses classes; nous n'en citerons qu'une dans chaque catégorie.

Il y a d'abord les dissolutions salines dans l'eau. Toute dissolution se fait avec abaissement de température; mais la perte peut être si faible, qu'elle soit immédiatement balancée par la chaleur que restitue l'air ambiant. C'est pour cela que le sucre, par exemple, ne produit aucun effet sensible. Mais les sels, en général, refroidissent l'eau sensiblement; le chlorure de calcium produit un effet notable; mais la dissolution qui donne le résultat le plus frappant est celle du nitrate d'ammoniaque: une poignée de ce sel dans un verre d'eau fait descendre rapidement le thermomètre de + 10° à — 15°.

Les mélanges réfrigérants de glace et de sels ont pour type celui que nous avons décrit plus haut; par son moyen, le thermomètre descend à — 20°. On le ferait descendre encore plus bas en y joignant une poignée de chlorure de calcium.

La glace et l'acide sulfurique, dans le rapport de 4 à 1, donnent un mélange liquide qui descend à — 15°. Si l'on faisait le mélange dans un rapport inverse, il y aurait échauffement jusqu'à la température de l'eau bouillante.

Enfin, le système des acides et des sels est représenté par celui de 3 parties d'acide sulfurique étendu, et de 4 de sulfate de soude cristallisé; on obtient facilement avec celui-ci jusqu'à 8° sous zéro.

Mais après avoir refroidi certains mélanges, on peut les placer dans d'autres mélanges qui abaissent encore la température, parce que ces corps mêlés ont encore une action chimique réciproque dans les très-bas degrés du thermomètre. On comprend d'ailleurs qu'on ne les fasse agir que comme corps de réserve, pour ne pas user leur action à produire le premier froid, ce que d'autres peuvent faire. Ainsi, après que la glace et le sel commun ont produit un abaissement de température à — 20°, on rafraîchit séparément dans ce mélange 2 parties de glace pilée fin, et 3 de chlorure de calcium cristallisé; ces deux ingrédients, étant mêlés ensuite, produisent, en se fondant mutuellement, jusqu'à — 55°. Enfin, on formera de la même manière un mélange de 4 parties de neige et 5 d'acide sulfurique étendu, contenant un cinquième d'alcool et deux cinquièmes d'eau; ce dernier mélange descendra — de 55° à — 68°.

Pour obtenir les résultats indiqués, il est nécessaire de se placer dans les meilleures conditions possibles; les sels doivent être pilés très-fin, et l'on prendrait, au lieu de glace, de la neige non tassée, pour que la combinaison s'effectuât le plus rapidement possible.

L'évaporation refroidit, parce que la vapeur est de l'eau liquide combinée avec une certaine dose de chaleur latente. Ce principe rend raison de tous les faits que voici:

En arrosant d'eau le parquet d'une chambre pendant l'été, on entretient la fraîcheur dans cette chambre. C'est l'air qui cède à l'eau la chaleur nécessaire pour sa vaporisation.

Une bouteille d'eau, entourée d'un linge qu'on a préalablement mouillé, se rafraîchit, même au soleil. L'évaporation prend à l'eau du calorique qui est rendu latent.

On fait rafraîchir l'eau dans des *alcarazas*, sortes de vases de terre non vernis, à travers lesquels l'eau suinte pour s'évaporer à leur surface. Ceci revient au cas précédent.

Quelques gouttes d'éther, d'eau de Cologne, d'alcool, versées sur la main, ne tardent pas à y produire une très-vive impression de froid; on chasse, pour un instant, le mal de tête, en en versant quelques gouttes sur le front. La fraîcheur que l'on éprouve en sortant d'un bain, *même froid*, se rapporte à la même cause, savoir, l'évaporation de la légère couche de liquide qui reste adhérente à la peau.

On se sert de l'évaporation de l'éther pour fabriquer de la glace en quelques instants.

Pour cela, on remplit d'eau, aux trois quarts, un tube de verre, qu'on bouche et qu'on entoure de coton; puis, sur cette enveloppe, on verse de l'éther, ou plutôt l'on trempe le tube dans un verre rempli de ce liquide. On expose ensuite le tube à l'air, en le balançant ou en le faisant tourner; l'évaporation se produit aux dépens de la chaleur du tube et de l'eau, et en cinq minutes cette eau s'est changée en un cylindre de glace. Il est bon d'attacher le tube à un thermomètre, dont la boule est garnie comme le tube, et comme lui mouillée d'éther; l'indication thermométrique fait connaître la température produite par l'évaporation, et l'on reconnaît à quel moment il est opportun d'ouvrir le tube pour en chasser le petit cylindre de glace. Le balancement et la rotation de l'appareil ont pour but le renouvellement de l'air qui favorise l'évaporation.

On peut produire aussi de la glace en été par l'exposition de l'eau à l'air libre; mais il faut pour cela que l'on ait un ciel d'une grande pureté. On dispose, sur des couches de roseaux, de larges baquets contenant des couches d'eau peu profondes; la surface se refroidit pendant la nuit par un rayonnement sans obstacle, et la température s'abaisse assez pour congeler l'eau. Ce procédé réussit parfaitement au Bengale; mais les essais qui ont été faits pendant quelque temps à Saint-Ouen, près de Paris, donnaient trop peu de glace pour compenser les frais de la fabrication.

Parmi les moyens propres à congeler le mercure, le plus énergique consiste dans l'emploi de l'acide carbonique liquide. Pour réduire l'acide carbonique à cet état, il faut le soumettre à une pression d'au moins 36 atmosphères. Un jet de la vapeur de cet acide liquéfié, dirigé sur la boule d'un thermomètre à alcool, fait descendre celui-ci à 90 degrés au-dessous de zéro. L'emploi de l'acide carbonique dans cet état donne lieu à des dangers redoutables. On se rappellera longtemps l'horrible accident que la préparation de ce gaz a occasionné à l'école de pharmacie, en 1841. Malgré l'extrême solidité de l'appareil de fonte, ce récipient fit explosion; un jeune préparateur, lancé au loin, eut les jambes brisées et mourut le lendemain. Depuis cette époque, on a renoncé à faire, dans les cours publics, les curieuses expériences auxquelles cet acide donne lieu.

Froid, pôles du froid. *Voy.* Température.

FROTTEMENT. — Toutes les fois que deux surfaces glissent l'une sur l'autre, il y a frottement. Ces surfaces quelque polies qu'elles nous paraissent, ne le sont jamais parfaitement; ce sont toujours des assemblages de petites éminences et de petites cavités. Le frottement oppose donc une résistance. La surface d'un corps peut parcourir la surface d'un autre corps de deux manières, ou en glissant, ou en roulant. Dans le premier cas, il y a application successive des mêmes parties d'une surface à différentes parties de l'autre, comme lorsqu'on fait glisser une planche sur une table. Dans le second cas il y a application successive des différentes parties d'une surface à différentes parties de l'autre, comme lorsqu'on fait rouler une boule ou une roue sur un terrain. C'est ce qui fait distinguer deux espèces de frottement. Voici les principes généraux applicables à ce sujet : 1° Le frottement de la première espèce cause une résistance beaucoup plus grande que celle que produit le frottement de la seconde espèce. 2° La résistance des frottements augmente en proportion des surfaces frottantes. 3° La résistance des frottements augmente en raison de la pression. 4° A proportions égales, la résistance des frottements augmente beaucoup plus en raison de la pression qu'en proportion des surfaces frottantes, c'est-à-dire que cette résistance est beaucoup plus grande, en doublant ou triplant la pression, qu'en doublant ou triplant l'étendue des surfaces frottantes. Lorsque la résistance des frottements est trop grande on la diminue beaucoup en enduisant les surfaces frottantes de quelque matière grasse, qui remplit en partie les creux, et rend moindres les inégalités des surfaces. Ce qui demeure de trop de cette matière grasse, et qui ne se loge pas dans les interstices creux, fait l'office de petites pièces roulantes entre les surfaces, et change le frottement de la première espèce et celui de la seconde. Si, au contraire, on ne trouve pas la résistance des frottements assez grande, lorsqu'on veut éviter, par exemple, qu'une voiture roule sur une descente trop rapide, on cherche à changer le frottement de la seconde espèce en celui de la première, et l'on y réussit en *enrayant* les roues.

Le frottement, soit simple, soit complexe, trouve une foule d'applications dans la nature, dans les arts, dans les circonstances de la vie commune : c'est une des forces les plus générales, tantôt nuisible aux efforts de l'homme, tantôt, au contraire, favorisant ses efforts et exerçant le plus souvent une action bienfaisante.

D'abord c'est à elle que nous devons l'équilibre ordinaire de la station et de la marche. En toute rigueur, jamais nous n'appuyons sur des surfaces telles que la direction de la pesanteur soit normale à ces surfaces; l'action oblique se décompose donc en deux parties : l'une normale, l'autre parallèle; et celle-là nous ferait perpétuellement glisser et tomber, si elle n'était élidée par le frottement de nos pieds contre la surface d'appui.

C'est au frottement que nous devons de pouvoir tenir à la main, et par simple contact, une foule d'objets de toutes tailles et de toutes sortes de surfaces.

C'est le frottement qui fixe et retient les clous, les épingles, les chevilles de tous nos meubles, les bouchons de nos bouteilles, les liens de tous les genres, et jusqu'à nos vêtements.

C'est par le frottement des cordes et des courroies contre des jantes plates ou dans les gorges des poulies, que l'on produit le mouvement de rotation dans une foule de machines. Le rouet de la fileuse, la meule du rémouleur, le tour du tabletier, les cylindres des presses à vapeur, sont mis en mouvement par ce moyen.

Le frein des voitures publiques est une application très-simple et très-utile de la force du frottement. Dans les pentes, la voiture est entraînée au bas par sa pesanteur décomposée parallèlement à l'inclinaison, et les roues n'offrent, par leur frottement contre le sol, qu'une résistance insuffisante. Or, on augmente cette résistance en appliquant et serrant contre la garniture des jantes une pièce dont le mouvement est réglé par une manivelle. Le genre des mouvements des roues, qui tournent sur un axe au lieu de traîner, ne les fait frotter que faiblement contre le sol, tandis qu'elles sont obligées de frotter, de traîner, pour ainsi dire, sur la longue surface du frein. Dans certains cas on arrête la rotation des roues, et la voiture les traîne en les appuyant contre le sol par une partie fixe de leur surface.

Parmi les pièces à charge contre le frottement, on signale d'abord la perte de force qu'il fait subir aux machines. Cette perte est essentiellement très-variable, puisqu'elle dépend du nombre et de l'état des surfaces des pièces frottantes; on l'évalue toutefois, en gros, aux 3/5 de la force du moteur. On l'atténue au moyen de corps gras ou de plombagine en poudre, dont on enduit les surfaces : par ce moyen, les aspérités des corps, et les cavités surtout, sont comblées, et l'on substitue à une substance une autre substance douée d'une faible action cohésive.

Un second cas, qui rentre jusqu'à un certain point dans le précédent, consiste dans la résistance que la traction des corps éprouve par leur frottement contre le sol. On atténue d'abord cette résistance en substituant au frottement du premier genre le frottement du second : ainsi, au lieu de traîner directement un bloc de pierre sur le pavé, on l'établit sur des rouleaux qu'on pousse avec des leviers. Les roues des voitures sont un système analogue; mais quoique la rotation progressive autour d'un axe donne une résistance comparativement faible, le frottement des roues contre le sol et autour de l'essieu détruit encore, en assez grande partie, l'effort du moteur. On sait combien, sur les routes ordinaires, la traction est difficile pour les chevaux. Sur un pavé de mauvaise qualité, le mouvement imprimé par le cheval est continuellement détruit par la chute de la roue entre les saillies de deux pavés; chaque pas du cheval est le produit d'un nouvel effort qui recommence le mouvement. A force égale dans le moteur, les effets sont extrêmement différents, selon la nature des surfaces de la chaussée. Dans des essais comparatifs faits par le comte de Rumford, il a trouvé que les tirages nécessaires sur différentes sortes de routes étaient représentés moyennement de la manière suivante :

Sur un pavé ordinaire,	29
Sur une chaussée d'empierrement,	41
Sur une route sablonneuse,	62
Sur une route très-sablonneuse,	95
Sur une route de sable fin,	125
Sur des cailloux nouvellement posés,	135

Pour détruire l'effet nuisible du frottement sur les routes, il faut en rapprocher la surface autant que possible de l'état poli. Les routes empierrées, ou *macadamisées*, comme on dit, offrent des surfaces assez commodes, après quelque temps d'usage; mais on peut les amener immédiatement à cet état au moyen du rouleau compresseur de Schatenmann, qui offre de plus l'avantage de leur donner une très-grande solidité. Les traîneaux courent avec une extrême rapidité sur les routes glacées des régions polaires, et l'on sait avec quelle vitesse les patineurs sillonnent la glace. Mais ce qu'on a imaginé de plus remarquable en ce genre, ce sont les routes artificielles qu'on appelle *chemins de fer*.

Un pareil chemin se compose, comme on sait, d'ornières saillantes formées par des barres de fer posées bout à bout sur deux lignes parallèles, et sur lesquelles des roues s'engagent par des demi-gorges creusées dans leurs jantes : de telle sorte que le système du véhicule ne peut sortir des rails par les côtés. Le rail et le bord de la roue s'appliquent l'un contre l'autre par des surfaces lisses, ce qui diminue le frottement de telle sorte, qu'on évalue celui-ci au 10e ou au 12e de ce qu'il est sur les routes ordinaires. On évalue aussi la puissance nécessaire à la traction au 200e de la charge verticale. Ainsi, une force indiquée par le dynamomètre comme équivalant à 30 kilogrammes, peut traîner sur un chemin de fer 6000 kilogrammes. On sait que, grâce à la puissance des machines locomotives, les convois des rails-roads traînent les hommes par milliers.

Si le frottement est atténué considérablement sur les voies de fer, il n'est cependant pas nul; et non-seulement il n'est pas possible de le réduire à une valeur excessivement petite, mais même c'est grâce à lui que les locomotives fonctionnent. Si les roues ne rencontraient pas dans le frottement contre le rail une résistance suffisante qui leur fait appui, elles tourneraient autour de leur axe sans donner à la voiture le moindre mouvement de progression. C'est donc grâce au frottement que ces machines marchent, mais c'est grâce aussi à l'affaiblissement de cette force qu'elles entraînent les convois avec une si grande vitesse. On avait longtemps douté que le frottement entre des surfaces de fer aussi lisses pût offrir aux roues un appui suffisant, et l'on avait imaginé des tractions au moyen de cordes s'enroulant d'espace en espace autour de tambours fixes, ou même des rails et des roues à crémaillère; mais l'expérience a prouvé que le frottement seul contre le rail poli donnait un appui suffisant, pourvu que la locomotive fût très-lourde. Cette dernière condition toutefois offre de très-graves inconvénients, auxquels on a essayé de remédier de diverses manières. La plus remarquable et la plus avantageuse assurément est le système proposé par M. de Jouffroy. Il consiste en deux rails ordinaires polis, et un rail intermédiaire en fonte *striée*, sur lequel pose la roue motrice, aussi douée d'un frottement suffisant, tandis que les roues de la locomotive et de tous les wagons portent sur les rails polis.

Outre le frottement contre les rails, qui, surtout si l'on considère tout l'ensemble du train, donne lieu à une certaine déperdition de mouvement, il y aura encore la résistance de l'air qui produit quelque déchet; et, néanmoins, il reste encore assez de force pour traîner un lourd convoi avec vitesse de 8 à 10 lieues à l'heure.

FULGURITES (de *fulgur*, foudre), ou *tubes fulminaires*. — On appelle ainsi des tubes formés dans le sable par la foudre lorsqu'elle s'y enfonce à une certaine profondeur. Quoiqu'ils aient été remarqués depuis longtemps, cependant c'est seulement depuis que Henzen les a observés dans les monticules sablonneux du Holstein qu'on les étudie avec attention. Blumenbach, le premier, les a attribués à la foudre; Fiedler s'est occupé avec soin de leur nature et de leur mode de formation. Ils se composent ordinairement de tubes de longueurs et de diamètres fort différents, qui se rétrécissent à leur partie inférieure et se terminent en pointe; ils sont le plus souvent sinueux et plus ou moins ramifiés. Vitrifiés en dedans, ils sont couverts en dehors de grains de sable agglutinés, dont les parties vitrifiées sont d'une couleur gris-de-perle rougeâtre ou même verdâtre. Leur diamètre est de 1 à 90 millimètres; l'épaisseur des parois de 0mm,5 à 24 millimètres. Leur longueur dépasse quelquefois 6 mètres, et les ramifications ont de deux à 30 centimètres de long. Tous les tubes fulminaires à parois épaisses ont, suivant Fiedler, une écorce rugueuse, et sont divisés en fragments de 5 à 100 millimètres de long. Les tubes dont les parois sont minces dans toute leur longueur ont une surface unie et sont régulièrement cylindriques; ils ne présentent pas de fentes transversales. Toutes les fulgurites examinées jusqu'ici se dirigeaient vers des réservoirs d'eau ou des corps bons conducteurs de l'électricité.

Des observations directes ont fait voir que ces fulgurites étaient dues à l'action de la foudre. Ainsi Pfaff reçut un tube de l'île Amrum; quelques matelots avaient vu le tonnerre tomber dans le sable; ils creusèrent et trouvèrent un tube de 6 millimètres de diamètre, noirci en dedans par le charbon des végétaux brûlés. MM. Beudant, Hachette et Savart ont obtenu des tubes fulminaires artificiels en faisant passer de fortes étincelles électriques dans du sable mêlé de sel, afin d'augmenter sa fusibilité.

On trouve enfin à la surface des roches solides des parties vitrifiées qui sont un effet de la foudre. De Saussure a vu sur le Mont-Blanc des rochers d'amphibole schisteux recouvert de bulles vitreuses analogues à celles qu'on voit sur les tuiles frappées de la foudre, ou sur des morceaux de hornblende qu'on a fait sauter au moyen d'une forte décharge électrique. Ramond a fait les mêmes remarques sur le schiste micacé du pic du Midi, ainsi que sur le *Klingstein-porphyr* de la Roche-Sanadoire dans le département du Puy-de-Dôme. M. de Humboldt a vu les mêmes traces sur le porphyre trachytique de Nevado de Toluca, au Mexique, à une hauteur de 4622 mètres. MM. Buckland et Greenough ont trouvé un tube fulminaire près de Drigg, dans le comté de Cumberland, adhérent à un galet de porphyre que la foudre avait fondu, et auprès duquel se trouvèrent deux lames fort minces de verre d'une couleur olive.

FUMÉE (*aérodynamique*). — Lorsqu'on allume du feu à l'air libre, l'air qui touche le foyer se dilate par la chaleur et s'élève verticalement; de tous côtés affluent des courants d'air froid qui remplacent la colonne ascendante, mais ce mouvement des colonnes plus chaudes et plus froides, plus légères et plus lourdes, se prononce bien davantage sous un tube qui circonscrit dans son intérieur la colonne échauffée. Sous une cheminée ou au bas du tuyau d'un poêle, l'air échauffé à travers le feu, et rendu plus léger, s'élève rapidement dans le canal qu'il rencontre, et est remplacé par de l'air froid et lourd. La vitesse de la colonne ascendante est ce qu'on appelle le *tirage*. Cette vitesse est déterminée par la différence de poids entre deux colonnes d'air d'égale longueur : l'une chaude est plus légère, contenue dans la cheminée ; l'autre froide et plus lourde, agissant à l'extérieur ; les pressions supérieures étant égales, on en peut faire abstraction.

Dans un tuyau la température est loin d'être uniforme, néanmoins la colonne a un certain poids qui est moindre en somme que celui de la colonne extérieure, de sorte qu'on peut toujours prendre une portion de celle-ci pour l'équivalent de la colonne contenue dans la cheminée. Mais l'air qui afflue à l'orifice intérieur de celle-ci éprouve dans son ascension des frottements très-considérables contre les parois du tuyau ; de là une diminution de vitesse dont on ne saurait donner la mesure, mais qu'il est aisé de comprendre, et dont on saisit facilement les modifications. Ainsi, à section égale, un tuyau cylindrique offre moins de frottement qu'un tuyau anguleux ; elle perd moins aussi dans un tuyau plus large, pourvu qu'il soit également chauffé sur toute sa largeur, car le frottement ne gêne guère que les colonnes contiguës aux parois ; celles de l'intérieur, dans le voisinage de l'axe, n'en subissent presque aucun. Dans les cheminées pleines de suie, surtout lorsqu'elles sont étroites, le frottement est très-énergique, et l'on sait combien le tirage s'y fait mal. La vitesse augmente avec l'ampleur et l'activité du foyer, et elle ne paraît pas diminuer par les coudes, si ce n'est en tant que ceux-ci allongent le tuyau sans augmenter sa hauteur verticale.

Le tirage, lorsqu'il est énergique comme celui que donnent les hautes cheminées, dispense de l'emploi de machines soufflantes ; et l'on conçoit en effet que, l'air passant rapidement à travers le foyer, celui-ci recevra dans un temps donné autant d'oxygène qu'aurait pu lui en fournir un soufflet. Or, de même qu'on peut au moyen des machines soufflantes renouveler l'air qu'on veut purifier, on peut au moyen d'un tirage produire le même effet. C'est une opération très-utile qu'on exécute souvent. Ainsi l'on renouvelle l'air d'une mine, d'un puits, d'une cave, d'une fosse d'aisances où l'on veut pénétrer sans danger, en y faisant déboucher des tuyaux qui s'abouchent dans un fourneau en activité, ou dans l'intérieur desquels on établit une lampe. C'est par ce dernier moyen qu'on maintient un air supportable dans les lieux d'aisances, une petite lampe étant entretenue dans la cheminée de poterie qui surmonte la fosse. Dans les salles de spectacles la chaleur du lustre produit un *appel* énergique. Au-dessus du cintre, on établit une cheminée dans laquelle s'engouffre l'air chaud ; cet air est remplacé par de l'air extérieur qui afflue à travers un très grand nombre de petits trous, disposés de telle sorte que les courants sont insensibles.

Souvent on fait descendre immédiatement sous le parquet le tuyau des poêles, afin qu'il ne gêne pas la vue, puis il se replie derrière le mur qui sépare deux chambres. Dans ce tuyau on produit un *appel*, soit par l'établissement d'une petite lampe, soit simplement par la flamme de quelques morceaux de papier. Le tirage se trouve ainsi commencé, et la combustion l'entretient.

Les cheminées d'appartement ont le très-grand avantage de renouveler l'air quand on y fait du feu ; et même alors qu'on n'en fait pas, il y a toujours entre l'air de la chambre et celui de la cheminée quelque différence de température qui produit un courant. Les poêles n'ont pas complétement le même avantage, parce qu'ils ne reçoivent guère, à cause de la petitesse de leur ouverture, que l'air indispensable pour activer la combustion.

Indépendamment de leur destination à l'égard de la fumée à laquelle elles donnent issue, les cheminées ont donc pour objet le *tirage*, et seraient encore nécessaires quand le combustible qu'elles consomment ne donnerait pas de fumée. Mais l'évacuation de la fumée est un service important que les cheminées sont appelées à rendre, et qu'elles ne rendent pas toujours. Le rejet de la fumée dans les chambres est un accident trop commun, dont voici les causes et les préservatifs.

Quoiqu'on voie en général monter la fumée, il ne faut pas croire qu'elle soit par elle-même plus légère que l'air. Lorsqu'elle est froide, elle tombe, et si, en général, elle s'élève dans les tuyaux conducteurs, c'est qu'elle est échauffée et rendue plus légère, outre qu'elle est entraînée mécaniquement par la colonne d'air chaud ascendante; mais puisque la fumée ne monte qu'à ces deux conditions, il faut qu'elles soient remplies, et qu'elles ne soient pas contrariées par des répulsions descendantes. Or voici quels sont les obstacles qui nuisent à une bonne évacuation de la fumée.

1° Les tuyaux de cheminées sont souvent trop larges pour le feu qu'on y fait. Un petit feu dans une grande cheminée n'échauffe pas suffisamment la colonne d'air : le tirage est donc trop faible, et la fumée très-imparfaitement entraînée en haut. Donc une partie au moins, savoir, celle qui s'éloigne de l'axe du tuyau, pourra rentrer dans la chambre. Le remède à ce mal consiste à rétrécir les tuyaux de cheminées. Maintenant on leur donne une forme cylindrique avec 3 décimètres de diamètre au plus. Ces cheminées sont en briques, et on les ramone au moyen d'un tampon tiré alternativement par deux cordes aux deux bouts du tuyau.

2° L'ouverture de la cheminée dans la chambre est souvent trop vaste, et surtout trop élevée au-dessus du foyer. Une ouverture aussi béante admet une assez grande quantité d'air qui ne passe ni au travers du foyer, ni tout à fait dans son voisinage ; or, cet air qui n'est pas échauffé se mêle à la colonne ascendante et la refroidit. Le remède, plus facile que le précédent, consiste à rétrécir le manteau de la cheminée.

3° Le tuyau peut n'avoir pas une longueur suffisante, et l'on remarque assez généralement que les cheminées de l'étage supérieur fument. Cela résulte immédiatement de ce qu'à défaut d'une longueur suffisante, il n'y a entre les deux colonnes chaude et froide qui se font équilibre qu'une trop faible différence de poids ; donc le tirage sera faible, et la fumée mal entraînée. On ne peut obvier à cet inconvénient qu'en élevant le tuyau soit par un prolongement direct, soit par un appendice en tôle. On assigne en général la longueur de 5 mètres comme le minimum de ce qu'on peut donner aux tuyaux. On voit néanmoins beaucoup de cheminées qui n'ont pas cette longueur et qui fonctionnent parfaitement. Il suffit pour cela qu'elles réunissent les autres conditions d'une bonne cheminée. Une petite largeur entre autres compense une médiocre hauteur.

Il arrive souvent qu'un tuyau débouche dans un autre, alors la longueur de celui-ci ne peut être comptée qu'à partir du point de jonction ; car l'air froid du tuyau affluent se trouve toujours plus ou moins entraîné par le cours d'air du tuyau principal ; or, il le refroidit, et les choses se passent comme si le tuyau qui contient une colonne chaude prenait son origine au débouché du second. Le remède ici consiste ou à boucher le tuyau affluent, ou à y entretenir du feu.

4° Certaines conditions de température et d'humidité de l'air influent sur le tirage, et, par suite, sur le mouvement de la fumée. Quand il fait chaud à l'extérieur, la différence de poids des deux colonnes est moins considérable : donc le tirage sera moins actif, et la fumée mal entraînée. Aussi tout le monde a-t-il fait cette remarque que le foyer brûle au mieux les jours de forte gelée. Alors la différence de poids entre les deux colonnes est la plus considérable possible ; le tirage est donc énergique.

Le degré d'humidité de l'air a aussi son influence. Plus l'air est chargé de vapeur, moins il pèse à volume égal, et ces différences de poids doivent influer sur le tirage, comme on l'a déjà vu. Toutefois il ne faut pas croire que l'air soit plus léger dans les temps qu'on appelle humides. Alors précisément l'air contient moins de vapeur d'eau proprement dite, et sa température est généralement plus basse ; il en résulte pour lui, par ces deux raisons, une plus grande densité. Aussi, toutes choses égales d'ailleurs, c'est dans les plus beaux jours de l'été que la combustion doit se faire le plus mal ; ils doivent offrir la contre-partie des jours glacés de l'hiver. Ce qui fait que la combustion est assez difficile dans les jours qu'on appelle humides, c'est d'abord que l'humidité existe à la surface des corps et gêne l'action du feu. En second lieu, pendant les jours humides la température est assez douce, ce qui ne favorise pas la différence de densité nécessaire. De plus, on compare les effets médiocres du foyer ce jour-là à ceux des jours de gelée ; or, lors de ceux-ci la combustion est plus active, par la raison que nous avons dite : le rapprochement doit donc être défavorable aux jours où il ne gèle pas.

5° Le vent, par son impulsion descendante, alors même qu'il ne frappe pas directement, refoule la fumée dans le tuyau. Lorsque la cheminée est commandée par un mur qui la dépasse notablement, on la voit souvent fumer ; cela tient à ce que le vent frappe ce mur, et se réfléchit dans le tuyau qu'il domine. Le remède consiste à élever la cheminée. Contre l'effort du vent, en général, on applique aux cheminées certaines fermetures qui ont pour effet de rétrécir les orifices de sortie : telles sont les *mitres*, formées de deux tuiles accolées, ou les tuyaux de tôle en T, ou les cônes percés de petits trous. Tout rétrécissement produit, comme on sait, un accroissement de vitesse au passage, pour les gaz comme pour les liquides. Indépendamment de l'avantage de laisser moins de prise au vent, ces divers systèmes ont donc celui d'augmenter le tirage.

Mais on oppose aux vents des appareils plus efficaces. Nous citerons les *têtes-de-loup*, qui, fonctionnant comme girouettes, se tournent toujours de telle sorte, que la gueule regarde constamment le côté opposé au vent. On cite les cheminées fermées par le haut, mais qui portent des ouvertures latérales disposées comme des jalousies ; ouvertures dans lesquelles le vent ne peut s'engager dès qu'il vient de plus haut. Dans ce système rentre celui des fermetures à double chapeau conique; le chapeau supérieur est rabattu sur l'inférieur, et c'est dans l'intervalle des deux cônes que sort la fumée.

6° Enfin, la plus commune et la plus importante des causes qui produisent la fumée à l'intérieur consiste en ce que la chambre est souvent trop bien close.

En effet, il ne faut pas oublier que l'air ascendant qui sort de la pièce par le tuyau laisse un vide qui doit être nécessairement comblé par l'afflux d'un égal volume d'air. Supposons la chambre hermétiquement fermée : le vide se remplira au moyen de l'air qui descendra nécessairement par la cheminée : or, cet air sera froid et diminuera le tirage ; mais, de plus, il agira mécaniquement contre la colonne ascendante et repoussera la fumée ; celle-ci rentrera donc avec lui dans l'appartement. Si la pièce, sans être rigoureusement close, l'était trop bien pour permettre à une quantité d'air suffisante d'entrer en remplacement de la colonne qui monte, l'effet que nous signalons se produirait partiellement. Pour éviter la fumée, il faut donc, dans tous les cas, laisser à l'air un accès suffisant aux jointures des portes ; des bourrelets font fumer, et l'on sait qu'en général les cheminées fument dans les maisons neuves, parce que les peintures sur bois enflent les portes et les font fermer trop bien. Si l'on ne veut pas se résigner à laisser affluer l'air par-dessous les portes, il faut, de toute nécessité, recourir aux systèmes des ventouses et des *vasistas*.

Les *ventouses* sont des conduits qui prennent l'air à l'extérieur de la maison en passant sous le parquet de la chambre, et qui débouchent dans la cheminée entre deux planches; l'air qui vient par là remplace l'air ascendant. Les *vasistas* sont des vitres mobiles qui s'ouvrent et se ferment comme une porte, et par lesquelles, en les ouvrant, on laisse rentrer l'air nécessité par le tirage. Ces deux sortes d'appareils, outre l'inconvénient de faire tomber l'air froid sur les jambes et sur la tête des habitants de la chambre, ne fournissent souvent pas assez d'air pour remplacer celui qui s'en va; et il faut leur donner un supplément en entr'ouvrant les portes.

Souvent encore deux chambres contiguës ont des cheminées qui se commandent, et dont chacune ne peut prendre que dans l'autre l'air nécessaire à son foyer. Or, il est bien clair que si l'on fait du feu dans les deux cheminées à la fois, chacune dispute à l'autre l'air qui servirait à l'alimenter, et appelle à l'intérieur celui qui s'élève dans le tuyau. Il y aura donc nécessairement de la fumée, et les deux feux ne seront compatibles que si l'on donne à chacune des deux chambres une alimentation indépendante.

Outre le mouvement de l'air déterminé par l'action des foyers, il existe toujours des déplacements d'air entre les diverses parties d'un même bâtiment, comme entre la chambre et la cheminée. Lorsque les portes ne ferment pas hermétiquement, on sent aux jointures, des *courants d'air*, et ces courants sont encore plus sensibles au bord des fenêtres. Cela prouve qu'il se fait un échange de deux airs d'inégale densité, et le mouvement d'échange, qui serait très-faible par de larges ouvertures, devient rapide à proportion du rétrécissement de la voie.

Nous avons dit qu'un faible courant avait toujours lieu dans les cheminées même sans feu. Cela résulte de l'inégalité de température qui a toujours lieu entre l'air d'une chambre fermée et celui qui pèse à l'orifice supérieur de sa cheminée; et c'est pour cela, sans doute, que les chambres à cheminée n'émettent pas cette odeur nauséabonde que présentent au bout d'un certain temps les chambres closes dépourvues de ce conducteur, et dont on dit qu'elles sentent le renfermé.

La température des lieux profonds étant invariable, diffère par cela même de celle qui règne à la surface de la terre; donc il doit se produire des courants dans les puits qui mettent le fond en rapport avec la surface, et dans les galeries souterraines sous lesquelles ces puits débouchent. Aussi profite-t-on de ce fait habituel pour aérer ces souterrains. Beaucoup des puits de Paris traversent les catacombes sur lesquelles repose cette ville; or, on a ménagé un grand nombre d'ouvertures dans ces puits, en insérant, dans la maçonnerie, de simples goulots de bouteilles. Il en résulte une ventilation continue qui, sur quelques points, est même très-violente.

FUSION. — La fusion est le passage de l'état solide à l'état liquide; c'est un phénomène produit par la chaleur, et aucune autre cause dans la nature ne peut déterminer les corps à ce changement d'état. La glace peut être brisée ou réduite en poussière, elle peut être soumise à toutes les puissances mécaniques et à tous les agents naturels sans cesser d'être un corps solide, à moins que la chaleur ne vienne exercer sur elle son action pour la convertir en eau. Il en est de même de la cire, et lorsqu'on la voit fondre aux rayons du soleil, on sait bien que c'est par l'effet de la chaleur qu'elle entre en fusion, et non par l'effet de la lumière. Et si le plomb peut se liquéfier et devenir coulant lorsqu'on le bat sur une enclume à coups redoublés, c'est que la compression et la percussion dégagent de la chaleur tout à fait semblable à la chaleur d'un foyer. Ainsi l'état de solidité ou de fluidité d'un corps est un état relatif, dépendant uniquement de la température à laquelle ce corps est soumis. A une autre distance du soleil, la terre prendrait une autre consistance et un autre aspect; si elle en était plus voisine, les métaux seraient pour la plupart dans un état habituel de fusion, et les profondeurs de la mer, au lieu d'être remplies d'eau, pourraient bien être remplies de substances métalliques liquéfiées : au contraire, si elle en était plus éloignée, la mer serait une masse solide, il n'y aurait plus d'eau coulante et probablement plus de liquide en circulation pour produire les phénomènes organiques de la végétation et de la vie.

La chaleur pénétrant et dilatant tous les corps, il est curieux de chercher si elle peut pareillement les faire passer tous sans exception de l'état solide à l'état liquide. Or, en examinant sous ce point de vue tous les corps solides, on trouve entre eux de grandes différences : il y en a qui sont très-*fusibles*, et qui ne peuvent soutenir des températures même très-basses sans passer à l'état liquide : tels sont la glace, le phosphore, le soufre, la cire, les corps gras et les résines; il y en a d'autres qui exigent, pour se fondre, des températures un peu plus élevées, comme l'étain, le plomb et divers alliages; enfin, il y en a qui ne peuvent entrer en fusion que par des feux longtemps soutenus et aux plus hautes températures que nous soyons capables de produire; l'or, l'acier, le fer et le platine sont dans ce cas. Les corps qui résistent à ces plus hauts degrés de chaleur sont appelés *infusibles*, *fixes* ou réfractaires; et comme nos moyens de développer de la chaleur se perfectionnent de jour en jour, le nombre des substances infusibles a été sans cesse en diminuant. Le charbon paraît être le plus réfractaire de tous les corps; cependant plusieurs physiciens prétendent avoir observé quelques traces de fusion sur les arêtes des diamants qu'ils soumettaient à l'essai. En attendant que ce résultat soit constaté, on peut du moins conclure par analogie qu'il n'y a pas de corps essentiellement infusibles.

Les substances organiques, étant en général composées de carbone et d'éléments gazeux plus ou moins volatils, se décomposent souvent par l'action du feu plutôt que de se liquéfier. Le bois fortement chauffé se carbonise et ne se fond pas; il en est de même des fruits, des fleurs et des autres tissus végétaux; il en est de même encore des fibres musculaires et de *tous les autres tissus des corps vivants*. Toutes ces substances organiques se décomposent par la chaleur: les produits volatils s'exhalent, et il ne reste en dernier résultat que le charbon et les autres éléments fixes qui leur servent de base.

Plusieurs corps inorganiques se décomposent aussi avant de se fondre, et il a fallu l'esprit inventif de Hall pour démontrer leur fusibilité. Son procédé consiste à chauffer ces corps en les maintenant sous une haute pression, de telle sorte que les éléments les plus volatils ne puissent pas s'exhaler. C'est ainsi que Hall a fait fondre du marbre sans qu'il se convertit en chaux, et qu'il a démontré pareillement la fusibilité d'un grand nombre de substances volcaniques. Ces résultats sont importants pour discuter l'origine et la formation des diverses couches dont se compose la terre.

Lorsque les corps *passent de l'état solide* à l'état liquide, ils présentent deux phénomènes très-remarquables: premièrement, ils restent solides jusqu'à ce qu'ils soient arrivés à une certaine température *fixe*, qui est toujours la même pour le même corps, et c'est alors seulement que la fusion peut commencer; secondement, ils restent à la même température pendant toute la durée de la fusion, quelle que soit la quantité de calorique qu'on leur fournisse; d'où il suit qu'ils absorbent ce calorique pour se fondre, et qu'ils le cachent dans leur intérieur sans en laisser rien paraître au dehors. *Ainsi, la fixité de température et l'absorption du calorique latent* sont les *deux conditions* essentielles de la fusion. Ces phénomènes peuvent être facilement constatés sur les corps très-fusibles, dont la température est accessible au thermomètre à mercure, et ils peuvent l'être encore sur les substances peu fusibles, dont on obtient la température par d'autres moyens. Il y avait près de cent ans que le thermomètre était inventé, que l'on ne connaissait pas encore d'une manière certaine l'invariabilité du point de fusion des corps: on croyait que la glace, par exemple, devait entrer en fusion à diverses températures, suivant la latitude ou l'élévation des lieux où elle était formée. La première condition de la fusion une fois démontrée, il fallut encore plus d'un demi-siècle pour constater l'autre, c'est-à-dire l'absorption du calorique latent; car ce fut en 1763 que Black mit cette vérité fondamentale dans tout son jour, et qu'il en fit voir les importantes conséquences. Il est visible que la quantité de calorique *latent* que prend un corps pour se fondre est proportionnelle à la masse de ce corps qui entre en fusion, et, à masse égale, des corps différents prennent des quantités de calorique latent très-différentes; ce qui suffit pour imprimer à chaque substance un caractère distinctif pareil à celui qui dérive de la densité ou des autres qualités primitives de la matière.

L'affinité chimique est cependant une cause qui peut faire changer le point de fusion des corps, mais il ne paraît pas qu'elle puisse modifier en rien l'absorption du calorique latent; ainsi, la neige ou la glace pilée étant, par exemple, à la température de — 10° et en contact avec du sel ordinaire aussi à —10°, la fusion s'opère par la combinaison de ces deux corps, et la température s'abaisse de plus en plus; ce qui est une preuve évidente de l'absorption du calorique latent. C'est là le principe de la formation des *mélanges frigorifiques*. (*Voy.* Froids artificiels.) Dans les combinaisons de cette espèce, la limite du froid que l'on peut produire est déterminée par la température à laquelle les éléments de la combinaison cessent d'agir l'un sur l'autre. La neige et le sel, par exemple, n'ayant plus d'action sensible à 18 ou 20° au-dessous de 0, *il est impossible d'obtenir* avec ces éléments un froid plus grand que — 18 ou 20°, puisqu'au delà de ce terme ils cessent de se combiner, et, pour approcher de cette *limite autant qu'il est possible*, il faut que le calorique latent soit exclusivement fourni par la portion des éléments qui entrent en combinaison.

Ce qui arrive dans les mélanges frigorifiques se reproduit avec quelques modifications dans plusieurs procédés des arts, comme dans l'extraction des métaux, dans la fabrication du verre, et aussi dans les nombreux essais que l'on peut faire au chalumeau pour la détermination chimique ou minéralogique de diverses substances. On emploie alors des *fondants*, c'est-à-dire des corps qui ont la propriété d'accélérer la fusion des matières avec lesquelles ils sont en contact, à peu près comme le sel accélère la fusion de la glace ou de la neige. Le composé qui en résulte étant beaucoup plus fusible que n'est la substance à laquelle on ajoute le fondant, on peut en tirer parti plus facilement: tantôt on le destine à d'autres combinaisons chimiques, comme il arrive à la mine de fer, qui entre en fusion par le fondant et ensuite se désoxyde et se carbonise pour se transformer en fonte; tantôt on le travaille immédiatement, comme le verre; tantôt on observe les nuances de sa couleur pour juger par là des éléments chimiques qui le constituent.

Le tableau suivant contient les points de fusion de diverses substances: ceux de ces points qui sont supérieurs à la température du rouge naissant ont été déterminés soit au moyen du pyromètre à air, soit au moyen des capacités pour la chaleur, soit au moyen du pyromètre magnétique.

Tableau du point de fusion de diverses substances, en degrés du thermomètre centigrade.

Noms des substances.	Degrés centésimaux.
Fer martelé anglais.	1600
Fer doux français.	1500
Aciers, les moins fusibles.	1400
Aciers, les plus fusibles.	1300
Fonte manganésée.	1250
Fonte grise, 2e fusion.	1200
Fonte grise, très-fusible.	1100
Fonte blanche, peu fusible.	1100
Fonte blanche, très-fusible.	1050
Or, très-pur.	1250
Or, au titre de monnaies.	1180
Argent, très-pur	1000
Bronze.	900
Antimoine.	432
Zinc.	360
Plomb.	320
Bismuth.	262
Étain.	230
Alliage, cinq atomes d'étain, 1 de plomb.	194
— 4 étain, 1 plomb.	189
— 3 étain, 1 plomb.	186
— 2 étain, 1 plomb.	196

Noms des substances.	Degrés centésimaux.
— 1 étain, 1 plomb.	241
— 1 étain, 3 plomb.	289
— 3 étain, 1 bismuth.	200
— 2 étain, 1 bismuth.	167,7
Alliage, 1 atome d'étain, 1 de bismuth.	141,2
— 1 plomb, 4 étain, 5 bismuth	118,9
Soufre.	114
Iode.	107
2 plomb, 3 étain, 5 bismuth.	100
5 plomb, 3 étain, 8 bismuth.	100
4 bismuth, 1 plomb, 1 étain	94
Sodium.	90
Potassium.	58
Phosphore.	43
Acide stéarique.	70
Cire blanchie	68
Cire non blanchie.	61
Acide margarique	55 à 60
Stéarine.	49 à 53
Spermaceti.	49
Acide acétique.	45
Suif.	33,33
Glace.	0,0
Huile de térébenthine.	— 10
Mercure.	— 39,0

G

GALAXIE (γάλα, lait). *Voy.* VOIE LACTÉE.

GALILÉE, né à Pise, le 18 février 1564, mort en 1642.

Tandis que Descartes brisait le sceptre d'Aristote, Galilée montrait aux physiciens l'art, jusqu'alors inconnu, d'interroger la nature, donnait à la physique une nouvelle existence, et enrichissait son domaine des plus brillantes découvertes.

Il était à Venise en 1609, lorsque la renommée y porta la nouvelle de l'invention du télescope. Il s'empara de cette découverte, et, après des essais répétés, il parvint à construire une lunette qui donnait des images 33 fois plus grandes que les objets vus à l'œil nu. Il l'employa d'abord à considérer la lune, lorsqu'elle se présente sous la forme d'un croissant; et il la suivit dans sa course jusqu'au moment où elle disparaît entièrement à nos regards. Le confin de la clarté et de l'ombre lui parut terminé d'une manière très-irrégulière, et cette observation lui dévoila la ressemblance de la lune avec la terre, en lui attestant l'existence des éminences et des cavités qui sillonnent également leur surface.

Le même instrument lui fit découvrir dans cette zone lumineuse appelée *Voie Lactée*, à cause de sa blancheur, une multitude innombrable d'étoiles, douées d'une extrême ténuité, et le mit ainsi à même de justifier l'heureux soupçon de Démocrite (1).

Ces premières conquêtes faites à la science, dans des régions jusqu'alors inaccessibles, enflammèrent le génie de Galilée, et piquèrent son active curiosité. Les cieux lui offraient un vaste champ d'observations et une riche moisson de découvertes qu'il s'empressa de recueillir.

Le 7 janvier 1610, sa lunette, dirigée vers Jupiter, lui fit apercevoir, à côté de la planète, trois points lumineux, qu'il prit d'abord pour des étoiles qu'elle avait rencontrées sur sa route. Deux se montraient à l'orient, et la troisième au couchant. Le lendemain elles étaient toutes trois à l'occident. Ce changement de position lui fit soupçonner qu'elles avaient un mouvement. Le 13 janvier il en vit quatre, et une série d'observations continuées pendant deux mois lui démontra l'existence de quatre satellites accompagnant Jupiter dans sa course, comme la lune accompagne dans sa révolution la planète que nous habitons.

Galilée ne faisait aucune nouvelle observation, sans éprouver le plaisir d'une surprise; son télescope, dirigé vers Vénus, le fit jouir du spectacle de ses phases, déjà annoncées par Copernic. Il considéra Saturne, et il vit à ses côtés deux globes qu'il prit pour deux satellites immobiles. Mais lorsque, après deux ans d'observations, il eut occasion de revoir la planète, il la trouva parfaitement ronde; les deux satellites avaient disparu. C'est à Huyghens qu'était réservé

(1) Suivant Démocrite, né 400 ans av. Jésus-Christ, la Voie lactée est formée par l'assemblage d'une multitude d'étoiles dont chacune, isolée, échapperait à l'activité de nos regards. *Voy.* Plutarch., *De Placitis philos.*, lib. III, c. 1.

l'honneur de découvrir la véritable cause de ce bizarre phénomène.

Le disque du soleil est semé de taches qui paraissent d'autant plus obscures, qu'elles contrastent avec l'éclat éblouissant de la lumière de cet astre. Galilée les observa à la faveur du télescope; il constata les grandes variations qu'elles éprouvent sous le rapport du nombre, de la couleur et de la forme, et cette découverte lui donna beaucoup de célébrité, quoiqu'elle lui fût disputée par le père Scheiner, et par Jean Fabricius qui, dans le mois de juin 1611, avait proclamé, dans un écrit publié, l'existence du phénomène.

Ce trésor d'observations ne fut point stérile entre les mains de Galilée. Il fit servir les phases de Vénus à démontrer son mouvement de translation autour du soleil; les inégalités de la lune, à établir sa ressemblance avec la terre; et la découverte des quatre satellites tournant autour de Jupiter, dans sa révolution, fit disparaître la prétendue absurdité que présentait encore à quelques esprits grossiers le mouvement de la lune autour de la terre.

C'était assez pour la gloire de Galilée d'avoir découvert des mondes flottant dans les régions de l'éther, dont les habitants de la terre ne soupçonnaient pas même l'existence; mais c'est trop peu pour son génie. Il a porté dans le ciel le flambeau de l'observation, il va porter sur la terre le flambeau de l'expérience, dissiper des préjugés, détruire des erreurs et dévoiler des vérités.

C'est un spectacle presque habituel que celui que présentent des corps de différente densité, situés dans le sein de l'atmosphère. Les uns flottent ou s'élèvent dans le fluide aériforme, les autres se précipitent sur la surface de la terre; mais toujours les plus lourds arrivent les premiers au terme de leur course. Il y a donc, disait Aristote, des corps *légers* et des corps *pesants* dans la nature; et parmi ces derniers, ceux qui ont plus de masse doivent avoir plus de vitesse.

Cette erreur, accréditée par vingt siècles d'existence, va se briser d'elle-même contre des expériences simples et lumineuses imaginées par Galilée. Il laissa tomber au milieu d'une nombreuse assemblée, du haut de la coupole d'une église de Pise, des corps de masse extrêmement inégale, mais ayant à peu près la même densité: il n'y eut presque point de différence dans le temps de leurs chutes. Il fit osciller deux pendules de même longueur, chargés de différents poids, et leurs vibrations s'effectuèrent à peu près dans le même temps.

La théorie vient au secours de Galilée pour éclairer ces résultats d'expérience. Qu'on laisse tomber, disait-il, d'un côté une lame métallique, et de l'autre dix lames de même matière, dont chacune pèse autant que la première, et qui se touchent sans être unies par la force de cohésion, les vitesses seront égales des deux côtés, et cette égalité subsistera encore si ces dix lames métalliques ne forment qu'une seule masse, parce que la cohésion ne peut jamais faire souffrir aucune altération à la vitesse.

La chute accélérée des corps est un phénomène digne d'exercer la sagacité de Galilée. Il regarde la pesanteur comme une puissance attachée au corps et continuellement agissante. Le corps reçoit à chaque instant une nouvelle impulsion, et la vitesse acquise à la fin de l'accélération est proportionnelle au temps.

Si l'on représente les temps écoulés depuis le commencement de la chute par les abscisses d'un triangle, les ordonnées correspondantes représenteront les vitesses acquises à la fin de ces temps, et le rapport des espaces parcourus sera exprimé par celui des surfaces triangulaires répondant aux abscisses qui désignent les temps; et, puisque ces surfaces sont comme les carrés des abscisses correspondantes, les espaces, dit Galilée, croissent comme les carrés des temps comptés depuis le commencement de la chute.

Cette loi est véritablement celle de la nature: Galilée s'en assure par une expérience ingénieuse. Il fait rouler des corps sur des plans différemment inclinés, et il montre que, quelle que soit l'inclinaison, le mouvement s'accélère constamment. Les espaces parcourus dans les instants successifs suivent la série des nombres 1, 3, 5, 7, etc.; et ces espaces, pris du commencement, sont toujours comme les carrés des temps écoulés.

La découverte de cette loi est remarquable par son importance et sa fécondité; elle a donné naissance à diverses théories, parmi lesquelles je distingue celle du pendule et celle du mouvement de projection.

Lorsqu'on lance un corps obliquement à l'horizon, le mouvement qu'il reçoit se combine avec celui que la pesanteur lui imprime, et le corps décrit une courbe dont la nature était inconnue avant Galilée. Il prouva que cette courbe est une parabole, que son amplitude est la plus grande possible sous l'angle de quarante-cinq degrés, et posa ainsi les fondements de la balistique et de l'artillerie.

Un jour que les oscillations d'une lampe suspendue à une voûte fixaient les regards et l'attention de Galilée, il remarqua qu'elle faisait ses vibrations, grandes et petites, à peu près dans le même temps: il s'aperçut encore que, toutes choses égales d'ailleurs, les vibrations étaient d'autant plus lentes que le pendule était plus long. Il soupçonna que les temps des vibrations étaient comme les racines carrées des longueurs des pendules; et les lois du mouvement accéléré, dont il avait démontré l'existence, ne tardèrent pas à justifier ses soupçons. Voilà donc Galilée en possession d'un instrument propre à mesurer la durée, instrument qui donne des intervalles toujours sensiblement égaux, et des intervalles qu'on peut augmenter ou diminuer à volonté, en augmentant ou en diminuant la longueur du pendule. C'est ainsi que des observations stériles pour un grand nombre de spectateurs, acquièrent entre les mains de l'homme de génie qui sait les saisir, cette espèce de fécondité qui enfante les découvertes.

Galilée méditant profondément sur les phénomènes de la nature, Galilée sans cesse occupé d'imiter la nature dans la production des phénomènes, tel est le double spectacle que ce grand homme offre continuellement à nos regards pendant la longue durée de son existence. Je ne sais lequel des deux est plus propre à exciter l'admiration. Galilée doit sans doute beaucoup à ses profondes réflexions; mais ses succès eussent été le plus souvent équivoques, s'il n'eût toujours marché, le flambeau de l'expérience à la main, dans les sentiers de la nature.

La partie de la physique qui traite de l'équilibre reçut aussi quelque accroissement entre les mains de Galilée. Il ramène tout ce qui regarde l'équilibre des solides à un principe unique, d'où émanent toutes les propriétés qui distinguent les machines. Il faut, dit-il, toujours le même temps à une puissance pour élever à une certaine hauteur un poids donné, soit qu'elle l'enlève tout d'un coup, soit que, le partageant en parties proportionnelles à sa force, elle l'enlève à plusieurs reprises. Une puissance déterminée n'est capable que d'un effet déterminé; et cet effet est d'autant plus grand, que la masse, transportée dans un certain temps, l'est par un espace plus grand; ou que, l'espace étant le même, elle l'est dans un moindre temps. Il faut donc, pour que l'effet subsiste le même, que le temps soit réciproque avec la masse. Ainsi tout l'avantage des machines consiste en ce qu'on peut, par leur moyen, exécuter dans une seule opération ce que par l'application nue de la puissance on n'aurait pu faire qu'en plusieurs reprises. Considéré sous un autre rapport, l'avantage des machines consiste en ce qu'étant plus maîtres du temps que de la grandeur des puissances, elles nous mettent à même de faire en un temps plus long et avec de moindres forces, ce que des puissances plus grandes auraient exécuté plus promptement. En un mot, ce qu'on gagne du côté de la force on le perd toujours du côté du temps; et Galilée en conclut, avec raison, que les machines les plus simples sont toujours les plus avantageuses. Plus une machine est composée, plus il y a d'effort perdu à vaincre la résistance que fait naître le frottement.

Galilée considère les fluides comme composés de molécules sphériques jouissant d'une grande mobilité qui les fait céder à la plus légère pression. Ils jouissent de la pesanteur comme les solides; mais le peu d'adhérence de leurs molécules, jointe à leur extrême mobilité, fait que chaque molécule exerce une pression indépendante suivant toutes sortes de directions; tandis que les molécules des solides concentrent dans un seul point leur effort, qui s'exerce exclusivement dans le sens de la pesanteur. Ces idées saines et lumineuses conduisent Galilée à résoudre divers problèmes relatifs à la pression des fluides, mais dont Stévin avait déjà donné la solution.

Archimède avait prouvé depuis longtemps qu'un solide plongé dans un fluide perd une partie de son poids, égale au poids du fluide déplacé; et c'est la connaissance de ce principe qui lui fit résoudre, à l'aide d'un calcul bien simple, le fameux problème d'Hiéron. Galilée, voulant tenir de la nature la réponse à la même question, imagina de l'interroger avec le secours d'une espèce de balance dont quelques lecteurs seront bien aises de trouver ici la description.

Elle consiste en une règle divisée en deux bras égaux par le milieu où se trouve le centre du mouvement, et posée sur la surface d'une eau tranquille : aux extrémités de ces bras sont suspendus d'un côté une lame d'or, et de l'autre un contre-poids plongé dans l'eau comme la lame d'or, et qui lui fait équilibre. On ôte le contre-poids, et on le pose sur la partie supérieure de la règle, de manière qu'il se trouve plongé dans l'air, tandis que la lame d'or reste plongée dans l'eau. L'équilibre est rompu en faveur du contre-poids, et il est visible que, pour le rétablir, il faut rapprocher le contre-poids du milieu de la règle. Le point où il faut l'arrêter, et que je désigne par x, est, pour me servir des expressions de Galilée, le terme de l'or. On met à la place de la lame d'or une lame d'argent ayant même poids, et conséquemment plus de volume. Le contre-poids situé au point x de la règle doit être rapproché davantage du centre du mouvement, pour que l'équilibre s'établisse; et le point où il faut le fixer, que je nomme y, est le terme de l'argent. Si l'on substitue à la lame d'argent une lame composée d'argent et d'or, ayant même poids que la première, l'équilibre ne s'établira que lorsque le contre-poids sera fixé à un point z de la règle, situé entre x et y; et le rapport qui existe entre l'or et l'argent dont l'alliage se compose, sera déterminé par celui des distances yz et xz. Tel est le moyen ingénieux que Galilée fit servir à déterminer, sans calcul, le rapport qui se trouve entre deux métaux dont un alliage se compose.

Avant de terminer ce chapitre, comparons un instant Galilée avec Descartes, et tâchons d'apprécier leur influence respective sur les progrès de la physique. Doué d'une imagination bouillante, Descartes brûle d'impatience de s'élever à la connaissance des causes : doué d'un esprit d'observation, Galilée s'applique à bien connaître les effets. Le premier se tourmente pour deviner les procédés de la nature, le second l'interroge avec adresse et sans importunité pour lui arracher quelques secrets. En un mot, l'homme doit à Descartes d'avoir recouvré la liberté de la pensée; la physique expérimentale doit en grande partie à Galilée son existence et la rapidité de ses progrès.

GALVANISME (de Galvani, nom d'homme). — Lorsque Coulomb eut publié les résultats de ses savantes recherches sur la loi des attractions et des répulsions électriques, on crut que la science de l'électricité était poussée jusqu'à ses dernières limites ; on ne voyait pas qu'elle pût faire à l'avenir d'importants progrès, et il semblait ne rester aux physiciens futurs que la gloire de confirmer et de développer de plus en plus les vérités déjà connues; cependant des faits nouveaux ne tardèrent pas à venir exciter leur curiosité. Ils furent observés pour la première fois, en 1789, par Louis Galvani, professeur d'anatomie à Bologne : voici quelle en fut l'occasion. A côté d'une machine électrique on avait placé des grenouilles écorchées qui étaient destinées à faire des bouillons ; un élève ayant eu la pensée d'approcher la pointe de son scalpel des nerfs cruraux de l'un de ces animaux, à l'instant tous les muscles de la grenouille éprouvèrent de vives contractions ; un autre élève remarqua que les attractions avaient encore lieu toutes les fois qu'on tirait une étincelle de la machine. Averti et étonné de ce qui venait de se passer, Galvani répéta les expériences et les varia de bien des manières sans pouvoir découvrir la cause de ces phénomènes. Un jour qu'il avait préparé des grenouilles, il les suspendit à un balcon de fer par de petits crochets de cuivre qui passaient entre les nerfs lombaires et l'épine dorsale. Or, toutes les fois que le vent, ou une cause quelconque, poussait les muscles des jambes contre les tiges de fer qui soutenaient les crochets, les convulsions se reproduisaient. Enfin, après bien des tentatives, ce professeur s'assura : 1° que la sensibilité des grenouilles n'est point permanente, qu'elle dure quelquefois plusieurs heures après leur mort, mais que souvent aussi elle est presque nulle après une demi-heure ; 2° que pour exciter les convulsions, il suffit de faire communiquer les muscles des jambes avec les nerfs lombaires au moyen d'un arc formé de deux métaux. C'en fut assez pour lui ; dès lors il crut pouvoir expliquer ces phénomènes. Leur cause véritable était, selon lui, un fluide particulier qui résidait dans les corps vivants : la grenouille était une espèce de bouteille de Leyde ; les muscles en formaient l'armature extérieure, et les nerfs l'armature intérieure ; l'arc métallique par lequel on les faisait communiquer n'était qu'un excitateur qui servait à décharger cet appareil. Comme cette explication était séduisante, on l'accueillit presque généralement, et le nouvel agent fut appelé *fluide galvanique*.

Cependant Volta, professeur de physique à Pavie, se montrait peu satisfait de la théorie précédente, qui d'ailleurs était attaquée par beaucoup de physiciens, surtout par Pfaff, professeur à Kiel. Volta répétait donc les expériences de Galvani avec l'attention la plus scrupuleuse, et il ne tarda pas à remarquer, lui aussi, que les convulsions de la grenouille étaient à peu près nulles, quand l'arc conducteur, qui faisait communiquer les muscles et les nerfs, était composé d'un seul métal, tandis que si l'on employait deux métaux différents, les contractions étaient vives et multipliées. Cette observation fut pour lui un trait de lumière ; dès ce moment il ne vit plus dans le fluide galvanique que de l'électricité ordinaire qui résidait, non dans les muscles et les nerfs, mais dans les métaux ; la grenouille ne fut plus pour lui qu'un appareil d'une extrême délicatesse, qui rendait sensibles de très-petites quantités d'électricité ; ainsi tout dépendait du contact des métaux hétérogènes. Galvani, pour soutenir son hypothèse, multiplia les expériences ; il prépara des grenouilles avec des lames de verre, et parvint à obtenir des convulsions en les jetant sur un bain de mercure très-pur, ou même en faisant simplement communiquer les muscles avec les nerfs sans aucun intermédiaire. Tous ces faits ne servirent qu'à généraliser la théorie de Volta ; il prétendit que le métal qui nous paraît le plus pur contient toujours quelques parcelles de matière étrangère, et que le contact de deux substances hétérogènes quelconques développe toujours de l'électricité. Mais en substituant à la théorie de Galvani une théorie nouvelle, il fallait l'appuyer par des expériences décisives ; Volta ne tarda pas à les tenter, et il réussit complétement : l'électromètre condensateur, qu'il venait d'inventer, lui servit à vérifier ses assertions. Ayant posé ses doigts mouillés sur le plateau supérieur afin de le faire communiquer avec le sol, il toucha le plateau inférieur avec une lame de zinc qu'il tenait à l'autre main ; ensuite ayant rompu les communications et enlevé le plateau supérieur, les lames d'or de l'électromètre divergèrent d'une manière sensible : elles avaient pris de l'électricité négative. Or, cette électricité ne pouvait évidemment venir que du contact du zinc avec le cuivre de l'électromètre ; il y avait donc là une force particulière qui décomposait l'électricité naturelle des métaux, faisait passer le fluide négatif qui s'écoulait ensuite dans le sol; Volta lui donna le nom de *force électromotrice*. En substituant à la lame de zinc une plaque de même métal que le plateau du condensateur, ou des substances non métalliques, il n'obtint aucun résultat sensible ; mais en employant d'autres métaux, il y eut toujours dans les lames une divergence plus ou moins considérable. Ainsi les métaux sont de *bons électromoteurs;* les autres substances n'ont qu'une faible puissance électromotrice, et pour en rendre les effets sensibles, il faut employer des appareils plus délicats que le condensateur.

Ces faits étaient concluants; cependant on pouvait soupçonner que le contact n'était pas la seule cause de ces phénomènes, et que le frottement et une légère pression y avaient peut-être quelque part. Afin de dissiper tous les doutes, Volta fit souder bout à bout une lame de cuivre et une lame de zinc ; ensuite, prenant cette double plaque par la partie zinc, il toucha avec le cuivre le plateau de l'électromètre, et cette fois l'appareil prit de l'électricité négative, comme lorsqu'on touchait le plateau avec une lame de zinc toute seule. Si au contraire il prenait la double plaque par la partie cuivre et touchait l'électromètre avec le zinc, il ne remarquait aucun effet sensible, parce que le zinc se trouvant entre deux cuivres, il y avait deux forces électromotrices égales qui, agissant en sens contraire pour pousser sur ce zinc du fluide positif, se détruisaient mutuellement; mais en interposant entre ce métal et le plateau une substance peu électromotrice, telle qu'un lambeau de drap ou une plaque de carton humide, l'électromètre se chargeait d'électricité positive. *Voy.* ÉLECTRICITÉ (*Hist. de l'*); PILE, etc.

GALVANOMÈTRE (de Galvani, nom d'un célèbre anatomiste italien, et de μέτρον, mesure, synonyme *Multiplicateur*).—On appelle ainsi un instrument destiné à découvrir les moindres traces d'un courant électrique. Sa construction repose sur ce fait, qu'un courant circulaire agit par toutes ses parties pour diriger dans le même sens une aiguille aimantée qu'il enveloppe de toutes parts. Un fil conducteur, enroulé sur lui-même et formant, par exemple, cent tours, produit, étant traversé par le même courant, un effet cent fois plus grand qu'un fil d'un seul tour; mais il faut que le fluide parcoure toutes les circonvolutions du fil sans passer latéralement d'un contour à l'autre. Ces conditions sont remplies par le galvanomètre imaginé par M. Schweigger. On enveloppe un fil métallique (d'argent ou de cuivre) de douze à quinze mètres de longueur, d'un demi-millimètre environ d'épaisseur, avec un fil de soie à tours très-serrés; on l'enroule sur un petit cadre de bois, comme un fil sur une bobine; à chaque extrémité on laisse 1 à 2 mètres de fil non enroulé; ces deux bouts s'appellent les *fils du multiplicateur*; le courant entre par l'un et sort par l'autre : enfin une aiguille aimantée, suspendue à un fil de coton, se meut comme un index sur un cadre divisé en 360 degrés; la déviation de l'aiguille augmente en raison de l'intensité du courant. Tout cet appareil est recouvert d'une cloche de verre, qui le met à l'abri des agitations de l'air.

M. Nobili a rendu cet appareil infiniment plus sensible en se servant, au lieu d'une seule aiguille, d'un système de deux aiguilles compensées.

GALVANOPLASTIQUE. — Plusieurs physiciens avaient remarqué qu'en révivifiant les métaux par l'action du courant électrique, on obtient des dépôts d'apparence et de constitution moléculaire très-différentes. Quelquefois le métal se présente sous la forme d'une poudre noire incohérente, semblable à la plus fine poussière de charbon, ou plutôt de noir de fumée; d'autres fois c'est une poudre qui a bien quelque chose de métallique, mais qui ne montre cependant aucune cohésion; d'autres fois enfin il se présente sous sa forme ordinaire, avec sa couleur, son éclat, sa ténacité et toutes ses autres propriétés : l'arbre de Saturne en est un exemple. L'invention de la pile de Daniell, par les dépôts de cuivre qu'elle donne sans cesse, a eu l'avantage de mettre en quelque sorte, chaque jour, ce phénomène sous les yeux des physiciens. M. Spencer en Angleterre, et M. Jacobi en Russie, sont les premiers qui aient eu l'heureuse idée de l'observer avec attention pendant les années 1837 et 1838, et ils ont l'un et l'autre saisi avec habileté le germe des nombreuses applications qu'il pouvait offrir aux arts. En se déposant, sous certaines conditions, le cuivre prend avec une étonnante exactitude la forme des corps qui le reçoivent; il se moule sur eux avec autant, avec plus de fidélité que la cire la plus propre à recueillir des empreintes; et cependant il prend et conserve toutes ses propriétés métalliques, et surtout sa dureté et sa malléabilité. C'est ce fait qui est devenu fécond et qui a donné naissance à l'art nouveau de la *galvanoplastique*. . . .

La galvanoplastique comprend : la galvanoplastique proprement dite, qui se rapporte aux statues, aux bas-reliefs, aux médailles, etc.; la *galvanotypie* ou l'*électrotypie*, qui se rapporte aux clichés, aux planches gravées et en général à tous les objets qui sont destinés à transporter leurs empreintes sur d'autres corps, par la pression, la dorure, l'argenture, le platinage, le cobaltage, le zincage, etc., les dépôts d'oxyde, etc.; en un mot, les *dépôts préservateurs* qui s'appliquent à la surface des corps, comme un vernis, non-seulement pour leur donner du lustre et de l'éclat, mais encore pour les rendre plus inaltérables.

Ce que nous venons de dire suffit pour faire comprendre qu'il n'est pas un objet, pas un corps inorganique ou organique qui ne puisse être couvert d'une couche de cuivre continue qui l'enveloppe de toutes parts, et qui cependant soit assez mince pour lui conserver tous ses linéaments, tous ses traits les plus délicats. Prenons pour exemple une statue de plâtre, et voyons comment nous pourrons lui donner l'apparence d'une statuette de cuivre. Il suffit évidemment pour cela de la plonger dans une dissolution de sel de cuivre, sulfate, azotate, etc. (on préfère en général le sulfate), et de faire qu'elle devienne l'électrode négatif d'une pile, dont l'électrode positif plonge dans la dissolution. Aussitôt que le courant est établi, le cuivre va se déposer sur cet électrode en une couche infiniment mince d'abord, puis progressivement croissante, et quand elle aura acquis l'épaisseur voulue, il suffira de faire cesser l'opération, de retirer la statuette, de la laver et de l'essuyer. Si l'opération a été bien conduite, il y aura partout une couche égale de cuivre, $\frac{1}{100}$, $\frac{1}{10}$, $\frac{1}{4}$ de millimètre d'épaisseur, suivant l'intensité du courant et la durée de son action.

On est parvenu à couvrir de cuivre, avec une perfection étonnante, non-seulement des statuettes ou de très-grandes statues, mais les corps les plus variés : des fruits de toute espèce, des branches, des feuilles, des fleurs, des animaux même, des poissons, des crustacés, des oiseaux, etc., etc. Mais il ne faut pas s'y méprendre, il y a, pour parfaitement réussir, une sorte d'habileté que l'on n'acquiert que par la pratique.

On comprend d'avance comment, par le même moyen, l'on peut reproduire aisément chacune des faces d'une médaille métallique : ici l'électrode est par lui-même un excellent conducteur ; il suffit donc de couvrir de cire celle des deux faces dont on ne veut pas prendre le creux. On aura bientôt un excellent creux de la médaille qui servira à son tour de moule pour reproduire le relief. Mais il se présente ici une difficulté nouvelle : il ne suffit pas de faire le dépôt, il faut le séparer du moule, et les obtenir l'un et l'autre parfaitement intacts ; la difficulté semble d'autant plus grande que, si le moule n'a pas sa surface vive métallique, on peut craindre qu'il ne cesse d'être assez bon conducteur. Cependant, par divers artifices, on est parvenu à concilier ces deux conditions en quelque sorte opposées ; on met sur la surface du moule une sorte de voile qui empêche l'adhérence trop complète, sans empêcher le dépôt de se faire avec une parfaite exactitude : tantôt, c'est une couche imperceptible de cire ou de corps gras, tantôt, comme l'a imaginé M. Boquillon, c'est le dépôt léger et presque invisible que peut faire en un instant la fumée blanche produite par la combustion d'un corps résineux.

Enfin, si l'original dont on veut avoir la représentation fidèle n'est pas de nature à être exposé lui-même dans la dissolution, l'on en relève l'empreinte, avec de la cire, avec du plâtre, etc., ou avec un métal, à la manière des clichés, plomb, alliage, fusible, etc. Alors, suivant la nature de cette empreinte, on la métallise si elle n'est pas conductrice, et on la *voile* si elle est métallique.

Une statue de bronze, de marbre ou de plâtre, peut pareillement être reproduite : pour cela, il faut en faire le creux par fragments, soit en plâtre, soit d'une autre manière, repérer tous les fragments et les réunir ; alors c'est dans ce creux qu'il faut mettre la dissolution, et ajuster les électrodes positifs, assez habilement pour donner au relief une épaisseur égale. Quand l'opération est faite, il reste à dépouiller le moule extérieur. D'autres fois, au lieu d'exécuter tout d'une pièce, on exécute par parties qui se réunissent ensuite.

Les bas-reliefs, quelles que soient leurs dimensions, se peuvent faire aussi avec la même facilité ; M. Soyer, très-habile fondeur, a exécuté par la galvanoplastique, et avec un succès complet, les grands bas-reliefs qui ornent le socle de la statue de Guttemberg.

On voit en résumé que la galvanoplastique porte sur quatre points essentiels : la préparation des objets ou des moules, la force du courant, l'état de la dissolution, l'arrangement des électrodes. Chacun de ces points présentait des difficultés particulières qui ne pouvaient être surmontées que par des essais pratiqués et suivis avec intelligence. Presque partout des observateurs ingénieux se sont mis à l'œuvre, et ils sont parvenus à une foule d'inventions utiles à l'art et intéressantes pour la science. Outre les mémoires dans lesquels MM. Jacobi et Spencer ont annoncé leurs premiers résultats, je citerai comme ayant particulièrement contribué aux progrès de cet art si nouveau et déjà si étendu, les travaux de M. Smée en Angleterre, et ceux de M. Boquillon en France. (Smée, *Elements of electro-metallurgy*, London, 1841). — Boquillon, *de l'électrolypie*, *Revue scientifique*, 1842.)

GASSENDI, né à Chanterfier, près de Digne, en 1592, mort le 25 octobre 1655.

Gassendi était contemporain et compatriote de Descartes. Doués tous deux de l'esprit philosophique, ils employèrent en même temps les mêmes armes pour attaquer, pour détrôner Aristote ; mais, après la victoire, ils se partagèrent son empire, et l'on vit les physiciens de leur temps se diviser en gassendistes et en cartésiens. Gassendi devint le défenseur de la doctrine d'Epicure, non de cette doctrine impie qui abandonne au hasard la construction et la conservation de l'univers, mais de cette doctrine saine qui reconnaît le vide et l'existence des atomes.

La lumière est un corps, dit ce philosophe, *et elle se compose d'atomes*, *c'est-à-dire de molécules de matière*, *douées d'une extrême ténuité*, *auxquelles il accorde la forme sphérique, comme étant la plus propre à favoriser le mouvement. Elle se propage en ligne droite par des rayons divergents, et la clarté qu'elle répand s'affaiblit en raison directe du carré de la distance* (1). *Lorsque dans sa course rapide elle rencontre des obstacles, elle se réfléchit ou se réfracte suivant une loi constante; et ce sont les diverses réflexions et réfractions qu'elle éprouve qui donnent naissance à ces couleurs variées dont souvent elle nous offre le spectacle* (2). Il me semble entendre Newton s'exprimant par la bouche de Gassendi. Si celui-ci se trompe sur l'origine des couleurs, c'est une erreur du temps ; il serait injuste de lui en faire le reproche. C'est assez pour Gassendi de détruire les qualités occultes d'Aristote, et d'affirmer que les couleurs existent dans la lumière. Telle est la marche de l'esprit humain : une erreur révoltante fait place à une autre qui l'est moins, et la vérité ne se montre avec les caractères de l'évidence, que lorsque les idées ont éprouvé dans les esprits une vive fermentation qui leur donne la maturité.

On peut reprocher à Gassendi d'avoir poussé trop loin l'enthousiasme pour la doc-

(1) Gassendi, *Physic.*, sect. 1, lib. VI, *de Luce*, cap. 11, pag. 425 et seq.

(2) Ibidem, *de Colore*, cap. 12, pag. 433.

trine des atomes. Il attribue à leur présence le froid, le chaud, l'odeur, la saveur, le son lui-même considéré comme sensation; quoiqu'il reconnaisse l'existence de ces ondes aériennes qui se forment autour du corps sonore au moment de la percussion, et qui, d'après ses propres expériences, se répandent, suivant toutes sortes de directions, avec une vitesse déterminée sur laquelle l'intensité du son n'a jamais aucune influence.

Il existe entre les sons graves et les sons aigus une différence justement appréciée par Gassendi: il la fait dépendre, non comme Aristote, de la lenteur ou de la vitesse du son, mais du nombre des ondes aériennes produites dans un certain *temps*. Le son est d'autant plus grave que le nombre des ondes est moindre, il est d'autant plus aigu que les secousses dans l'air sont plus fréquentes.

Gassendi joignait aux talents du philosophe les qualités d'un bon observateur. On lui doit la première observation du passage de Mercure sur le soleil: il observa aussi l'obliquité de l'écliptique et la libration de la lune découverte par Galilée. Il mesura le diamètre du soleil, embrassa le système du mouvement de la terre et défendit avec chaleur la théorie de la chute des corps, établie par Galilée, contre les attaques d'un mauvais physicien séduit par de faux raisonnements et par des expériences illusoires. (LIBES.)

Voy. PHYSIQUE.

GAY-LUSSAC, son ascension. *Voy.* AÉROSTAT.

GAZ, leur densité. *Voy.* DENSITÉ.

GAZ, leur élasticité et leur liquéfaction. *Voy.* ÉLASTICITÉ DE L'AIR.

GAZOMÈTRE. — On appelle gazomètres des espèces de réservoirs où l'on recueille les gaz pour les faire ensuite écouler. Ce sont ordinairement des cloches renversées qui plongent dans l'eau. La cloche est suspendue par des chaînes et équilibrée par des contrepoids, de sorte que le gaz n'a qu'une très-petite force à vaincre pour la soulever. Le poids des chaînes est calculé pour que cette force soit la même dans toutes les positions. L'eau déplacée par une zone de la cloche, d'un pied par exemple de hauteur, pèse précisément deux fois autant qu'une pareille longueur de toutes les chaînes. Supposons ce poids de cent livres; quand la cloche monte d'un pied, sa traction est augmentée de cent qui se trouvent réduites à cinquante, à cause du pied de chaînes qu'elle a perdu; au contraire, la traction du contrepoids est augmentée de cinquante livres à cause du pied de chaînes qu'elle a gagné, de sorte que l'équilibre subsiste comme avant. Un *manomètre* qui est un simple tube recourbé, ouvert par les deux bouts, contenant de l'eau colorée, indique la différence du niveau qui ne doit être que d'environ deux pouces; tant que la pression est la même, l'écoulement du gaz reste constant. On voit que le gaz soulève la cloche avec une force égale au poids d'un cylindre d'eau qui aurait deux pouces de hauteur et la section de la cloche pour base. C'est un poids encore très-considérable, parce que les gazomètres sont fort larges. A l'usine du faubourg Poissonnière, à Paris, il y a un bassin de 100 pieds de diamètre et de 50 pieds de profondeur; ce sont là aussi à peu près les dimensions de la cloche.

GELÉE BLANCHE. *Voy.* ROSÉE.

GÉLIVITÉ. — L'imbibition des corps poreux par les liquides offre un moyen simple et sûr de reconnaître la qualité de certains matériaux de construction. Toutes les pierres exposées à l'humidité s'en pénètrent plus ou moins, et il en est quelques-unes qui en absorbent tant, que dans les froids de l'hiver l'eau gèle à leur intérieur. Or, les petits glaçons, en se formant, brisent les cellules qui les contiennent; de sorte que la pierre se délite et tombe en poussière. Il est donc de la plus haute importance de ne pas employer dans les constructions des pierres aussi altérables, qu'on appelle *pierres gélives*. Or, on s'assure d'avance de leur qualité en plaçant des fragments pendant vingt-quatre heures dans une dissolution saturée et bouillante de sulfate de soude qui les imbibe profondément, puis les exposant à l'air, au soleil et au froid. L'évaporation de l'eau fait cristalliser dans leurs pores le sulfate de soude, qui doit produire le même effet que la congélation de l'humidité. Si donc les pierres résistent parfaitement à cette épreuve, on pourra les employer en toute assurance; on les rejettera, au contraire, pour peu que cette expérience leur ait fait subir quelque altération.

GLACE (*physique*). — Au moment où l'eau commence à cristalliser, si l'on mélange les petits glaçons dans toute la masse, le liquide ne se refroidit pas davantage, tant que toute l'eau n'est pas solidifiée; de même, si l'on met sur le feu un mélange d'eau et de glace, ce mélange ne peut s'échauffer tant qu'il reste des glaçons à fondre: c'est que toute la chaleur fournie au vase contenant le mélange est employée à faire fondre la glace. Réciproquement, lorsque l'on enlève (par le contact ou la proximité de corps très-froids) de la chaleur à l'eau en voie de cristallisation, chaque particule cristalline qui se forme rend ou laisse dégager la quantité de chaleur qu'elle avait absorbée en changeant d'état ou prenant la forme solide.

Cette température fixe de l'eau, dans laquelle on agite la glace pendant qu'elle se forme ou qu'elle se fond, est marquée par un 0 sur le thermomètre centésimal, de même que le centième degré est marqué au point où arrive le mercure, après avoir augmenté de volume depuis la température 0° (glace fondante) jusqu'à la température de 100°, où l'eau entre en ébullition, sous la pression atmosphérique égale à une colonne verticale de 76 centimètres de mercure. L'eau bout à une température d'autant moins élevée, que la pression est moins forte; ainsi, en opérant vide sous une cloche, on parvient à faire bouillir l'eau à 0°.

Lorsque l'eau reste parfaitement tranquille dans un tube ou un flacon, pendant qu'elle se refroidit à 0° et au-dessous, sa température peut s'abaisser jusqu'à 11 et même 12 degrés au-dessous de ce terme, sans se congeler; mais alors une secousse ou une forte vibration, ou bien le contact d'un corps étranger, solide, suffisent pour déterminer la formation très-rapide de la glace et la solidification de toute la masse liquide.

La cristallisation de l'eau paraît très-souvent confuse, parce que les formes qu'elle affecte disparaissent dans la congélation en masse; cependant on la distingue souvent lorsqu'on laisse dégeler seulement les premiers glaçons que les rivières charrient; on voit alors les masses de ces glaçons se désagréger en prismes à six faces, perpendiculaires à la superficie de l'eau : c'est que, suivant l'explication donnée par M. Duhamel, les glaces charriées se forment d'abord au fond des rivières, où des corps étrangers solides déterminent la solidification des particules cristallines; lorsque les prismes, successivement formés, ont acquis un certain volume, ils montent verticalement, en entraînant par un de leurs bouts quelques grains de sable formant lest; ils se rencontrent et se soudent en arrivant à la superficie.

On peut reconnaître dans la neige et le givre, à l'aide d'une loupe, une foule de cristaux prismatiques, diversement groupés en étoiles à six rayons, formant des angles de 60 et 120°; à chaque rayon se rattachent d'autres prismes en barbe de plume. De toutes les observations on peut conclure que les cristaux de la glace appartiennent, par leurs formes, au système rhomboédrique.

La glace est plus légère que l'eau, d'où elle provient et qu'elle surnage : donc les particules cristallines, en se formant et s'agrégeant entre elles, augmentent de volume. La résultante de toutes ces petites forces de cristallisation peut produire d'énormes effets : les vases sphériques ou cylindriques, les tuyaux de conduite, les canons épais en bronze, dans lesquels on laisse l'eau se congeler, sont parfois brisés par cette force expansive. On doit donc soigneusement éviter de laisser ces capacités remplies d'eau durant de fortes gelées.

Cet effet est évalué à une force de plus de 1000 atmosphères. Lorsque l'eau qui s'infiltre dans les fissures des rochers vient à se congeler, elle fend quelquefois des masses énormes de pierre en plusieurs éclats. Hales ayant rempli d'eau une bombe de plus d'un pouce d'épaisseur, et l'ayant fermée avec un bouchon maintenu par toute la force d'un pressoir, l'entoura de glace pilée et de sel, pour produire la congélation; il opérait d'ailleurs par une forte gelée. La bombe se fendit en trois morceaux par l'effort de la glace, qui cependant n'avait encore que 3/4 de pouce d'épaisseur.

Pour donner une idée de la solidité de la glace, on peut citer l'histoire du palais construit à Pétersbourg, en 1740, avec des glaces tirées de la Newa. Devant ce palais étaient des canons également en glace, chargés de trois onces de poudre; ils lançaient, sans éclater, des boulets capables de percer à 60 pas une planche épaisse de deux pouces. L'épaisseur des canons était de quatre pouces.

GLACES PERPÉTUELLES, leurs limites. *Voy.* TEMPÉRATURE et GLACIERS.

GLACIERS.—Même au milieu de l'été, lorsque des pluies abondantes tombent dans les plaines, c'est de la neige ou du grésil qui blanchissent les montagnes. Ces masses de neige qui tombent en été fondent très-vite sous l'influence du soleil et de la pluie; mais sur les sommets très-élevés elles ne disparaissent plus. La limite au-dessus de laquelle la neige ne fond plus est assez bien déterminée dans chaque montagne, elle se nomme la *limite des neiges éternelles*. Mais avant d'indiquer sa hauteur dans les différentes chaînes de montagnes qui hérissent le globe, j'ai besoin de distinguer les neiges des glaciers.

Si d'un point élevé, tel que le Rigi ou le Weissenstein, on contemple les Alpes, il est facile de distinguer dans le bas la région des cultures, au-dessus celle des forêts, plus haut celle des prairies, et enfin la région des neiges éternelles. Sa limite inférieure est une ligne droite sensiblement horizontale; et ce n'est que sur certains points qu'on voit des traînées blanches descendre jusque dans les plaines : ces lignes, qui occupent le fond des vallées, sont des glaciers.

En contemplant un glacier de plus près, on trouve qu'il se compose de glace et nullement de neige, et souvent il est entouré de champs cultivés. La glace ne se compose pas de masses continues transparentes, comme celle des étangs et des rivières, mais de fragments séparés. Un bloc se brise en une multitude de morceaux transparents et séparés l'un de l'autre par des intervalles capillaires. Cette glace, ainsi composée de fragments, n'est pas glissante, et l'on peut y marcher de pied ferme. Dans le bas, ces fragments ont à peu de chose près la grosseur d'une noix; mais à mesure qu'on s'élève, ils deviennent plus petits, et à la hauteur de 2700 mètres, ils n'ont plus que la grosseur d'un pois. La surface du glacier se compose de grains arrondis séparés, dans lesquels on enfonce comme dans le sable : on la désigne sous le nom de *névé*. Dans les régions supérieures, on retrouve la neige.

Le névé est une transformation de la neige. Cette transformation de neige en névé est analogue à certaines cristallisations artificielles. Prenez un sel beaucoup plus soluble dans l'eau chaude que dans l'eau froide, du nitrate de potasse, par exemple; versez-y de l'eau que vous échaufferez tout en l'agitant, au point que sa température soit supérieure de quelques degrés à celle de la chambre dans laquelle vous opérez.

Après l'avoir maintenue pendant quelques heures à cette température, versez-la dans une assiette creuse; à mesure qu'elle se refroidit, il se forme un grand nombre de petits cristaux inégaux qui s'étendent de la circonférence au centre sous la forme d'aiguilles. Lorsque la température du liquide est en équilibre avec celle de la chambre, élevez-la de quelques degrés ; l'eau pouvant dissoudre plus de sel, vous verrez les petits cristaux disparaître et les grands devenir plus petits. Quand l'eau se refroidit de nouveau, les petits cristaux reparaissent, mais ils s'accolent aux grands ; si l'on répète l'expérience à plusieurs reprises, le nombre des cristaux va toujours en diminuant, mais leurs dimensions s'accroissent.

Il en est de même de la formation du névé et de la glace des glaciers. Qu'on se représente deux montagnes de 3000 mètres de haut, séparées par une vallée profonde. Pendant l'hiver, des masses de neige considérables y sont accumulées par les vents ou précipitées sous forme d'avalanches. Au printemps, la chaleur du soleil devient assez forte pour pouvoir fondre la neige; l'eau, produit de cette fusion, pénètre entre les cristaux et les remplit en partie de bulles d'air. S'il gèle la nuit suivante, ce qui arrive toutes les nuits dans ces hautes régions, l'eau se combine avec les flocons de neige, et ceux-ci se transforment en granules de glace transparents ; les bulles d'air empêchent le glacier de se transformer en une masse compacte. Le jour suivant, le soleil agit de nouveau ; la croûte se ramollit ; les grains, surtout les plus petits, se fondent en eau, puis se réunissent la nuit suivante aux plus gros, qui s'accroissent ainsi successivement. Si la masse de neige accumulée a une grande puissance, et que l'été soit sans chaleur, elle ne se fond pas entièrement, mais se transforme en névé. Si la fusion et les congélations successives d'une masse de neige se renouvellent pendant plusieurs années, il se forme alors un nouveau glacier, comme on l'a souvent observé dans les Alpes ; la grandeur des fragments augmente, et quoiqu'ils soient séparés par de l'air et de l'eau encore liquide, cependant leur union est assez intime pour former une masse compacte.

Un glacier n'est point une masse immobile : il descend sans cesse vers la plaine. Cette progression est due à différentes causes ; l'eau, résultat de la fonte des neiges environnantes, s'infiltre dans la masse, la fond partiellement et la sépare du sol. Il se forme des canaux superficiels et profonds où l'eau coule en abondance ; si le plan qui porte le glacier est très-incliné, son poids tend à le faire descendre. Il se forme des crevasses et des fentes. Quand la température de l'air descend au-dessous de zéro, l'eau contenue dans les intervalles capillaires se congèle, se dilate, et la masse limitée en haut et sur les côtés par des montagnes s'allonge dans la seule direction où elle ne trouve aucun obstacle, c'est-à-dire parallèlement à son grand axe, et de haut en bas. Tout conspire donc à faire descendre le glacier dans les plaines, où sa présence, au milieu des forêts et des champs cultivés, est un sujet d'étonnement pour tous les voyageurs. Ces glaciers descendent d'autant plus bas que les montagnes d'où ils proviennent sont plus élevées (1), parce que les masses de neige qui s'accumulent à leur sommet sont plus considérables, et réparent les pertes que la fusion fait éprouver à l'extrémité inférieure du glacier. Aussi la glace de l'extrémité inférieure des glaciers, qui, pendant un nombre d'années, a subi des dégels et des congélations successives, est-elle composée de fragments très-volumineux, comparés aux granules du névé.

Les glaciers, n'étant que des phénomènes locaux dépendant de la hauteur des montagnes et de la configuration du terrain, doivent être complétement négligés quand il s'agit de déterminer la limite des neiges éternelles. La hauteur à laquelle on trouve des champs de neige sur des surfaces planes ou peu inclinées pendant toute la durée de l'année est celle des neiges éternelles. Cette limite varie suivant la quantité de neige tombée pendant l'hiver, la chaleur des étés, la localité et une foule de circonstances qui nous échappent ; aussi la moyenne doit-elle être prise d'après un grand nombres d'observations. M. Hugi avait affirmé, mais à tort, que la ligne qui sépare les glaciers des névés était plus constante que celle des neiges perpétuelles. Le tableau suivant, emprunté au savant ouvrage de M. de Humboldt, sur l'Asie centrale, intitulé *Recherches sur les chaînes de montagnes et la climatologie comparée*, tom. III, p. 359, donne la hauteur de la limite des neiges éternelles à différentes latitudes.

HAUTEUR

DE LA LIMITE DES NEIGES PERPÉTUELLES

DANS LES DEUX HÉMISPHÈRES, DÉTERMINÉE PAR DES MESURES DIRECTES.

CHAINES DE MONTAGNES.	LATITUDES.	LIMITE INFÉRIEURE des NEIGES perpétuelles.	TEMPÉRATURES moyennes DES PLAINES aux mêmes latitudes.	
			Année entière.	Eté seul.
I. *Hémisphère boréal.*				
Norwége, littoral, Ile Mageroe. . .	71° 15'N.	720m	0°,2	6°,4
Norwége intér. . .	70°-70 15'	1072	3 ,0	11 ,2
Norwége intér . .	66°-67° 30'	1266	»	»
Islande, Oosterjoekull.	65°	936	4 ,5	12 ,0
Norwége intér. . .	60° 6-'	1560	4 ,2	16 ,3

(1) La hauteur moyenne de l'extrémité inférieure des quatre glaciers les plus bas des Alpes de la Suisse est de 1230 mètres au-dessus du niveau de la mer. Ce sont ceux des Bossons et de la Breuva, qui descendent des flancs du Mont-Blanc; de Grindelwald et d'Aletsch, qui proviennent du Finsteraarhorn et de la Jungfrau.

CHAINES DE MONTAGNES.	LATITUDES.	LIMITE INFÉRIEURE des NEIGES perpétuelles.	TEMPÉRATURES moyennes DES PLAINES aux mêmes latitudes.	
			Année entière.	Été seul.
Sibérie, chaîne d'Aldan.	60° 55'	1304	»	»
Oural septentrional.	59° 40'	1460	1 ,2	16 ,7
Kamtschatka, volcan de Chevelutch	56° 40'	1600	2 ,0	12 ,6
Ounalaschka . . .	53° 44'	1070	4 ,1	10 ,5
Altaï.	49° 15'-51°	2144	2 ,8	17 ,8
Alpes	45° 45'-46°	2708	11 ,2	18 ,4
Caucase, Elbrouz.	43° 21'	3372	13 ,8	21 ,6
Caucase, Kasbek.	»	3233	»	»
Pyrénées.	42° 30'-43°	2728	15 ,7	24 ,0
Ararat.	39° 42'	4318?	17 ,4	25 ,6
Asie Mineure, Mont Argæus. . .	38° 33'	3262	»	»
Bolor	37° 30'	5185	»	»
Sicile, Etna. . . .	37° 30'	2905	18 ,8	25 ,1
Espagne, Sierra-Nevada de Grenade	37° 10'	3410?	»	»
Hindou-Kho. . . .	34° 30'N.	3956m	»	»
Himalaya, versant septentrion.	30° 15'-31°	5067	»	»
Versant méridion.	»	3956	20°,2	25°,7
Mexique.	19°-19° 15'	4500	25 ,0	27 ,8
Abyssinie.	13° 10°	4287	»	»
Amérique méridionale, Sierra-Nevada de Morida.	8° 5'	4550	27 ,2	28 ,3
Amérique méridionale, volcan de Tolima. . . .	4° 46'	4670	»	»
Amérique méridionale, volcan de Puracé. . . .	2° 18'	4688	»	»
II. *Equateur.*				
Quito	0° 0'	4818	27 ,7	28 ,6
III. *Hémisphère austral.*				
Andes de Quito . .	1°-1° 30'S.	4812	»	»
Chili.	14° 30'-18°	»	»	»
Cordillère orientale.	»	4853	»	»
Cordillère occidentale.	»	5046	»	»
Chili, Portillo et volcan de Peuquenes	33°	4483	»	»
Chili, Andes du littoral.	44°-44°	1832	»	»
Détroit de Magellan.	53°-54°	1130	»	»

On voit que, d'une manière générale, la ligne des neiges éternelles va en s'abaissant de l'équateur vers le pôle. Toutefois il y a de nombreuses exceptions à cette règle ; nous devons les analyser avec attention.

La limite des neiges éternelles étant déterminée par la hauteur à laquelle la neige tombée pendant l'hiver ne fond plus, la manière dont la neige se comporte avec la chaleur est ici l'un des éléments les plus importants. Quand un corps solide passe à l'état liquide, la chaleur devient latente, comme dans le cas où un liquide se vaporise. Qu'on place dans une chambre chaude un baquet de neige et qu'on y plonge un thermomètre, celui-ci montera très-rapidement jusqu'à zéro. Pendant longtemps il restera stationnaire, quoique la neige fonde rapidement; c'est seulement lorsqu'elle est entièrement fondue qu'il remonte de nouveau jusqu'à ce que la température de l'eau soit en équilibre avec celle de la chambre. Cependant les murs et tous les objets contenus dans cette chambre rayonnent de la chaleur vers le vase ; mais cette chaleur disparaît et devient latente pendant l'acte de la fusion.

Pour prouver cette vérité, on prend un kilogramme d'eau à zéro et on le mêle avec un kilogramme d'eau à 75°, le mélange sera à la température de 37°, 5. Prenons au contraire un kilogramme de glace ou de neige et jetons-le dans un kilogramme d'eau à 75°, la neige ou la glace fondra, mais la température du mélange restera à zéro. Ainsi les 75° de chaleur de l'eau ont disparu pendant la fusion de la neige ou de la glace qui les a absorbés (1).

En considérant les anomalies que présente la hauteur de la limite des neiges éternelles, nous ne devons jamais oublier cette chaleur latente. Imaginez une chambre qu'on ne chauffe pas en hiver, de façon que sa température descende à plusieurs degrés au-dessous de zéro ; placez-y plusieurs baquets remplis de neige, puis chauffez cette chambre, la température des murs et de l'air s'élèvera de plusieurs degrés au-dessus du zéro, mais la température de la neige restera à zéro. La température de la chambre et la quantité de neige sont ici des éléments influents, et il arrivera souvent qu'une petite quantité de neige fondra plus vite dans une chambre chauffée modérément qu'une masse considérable dans la même chambre chauffée outre mesure.

La hauteur de la ligne des neiges étant fonction de la quantité tombée en hiver et de la chaleur des étés, il est clair qu'à latitude égale elle doit être plus élevée dans l'intérieur des continents où il tombe moins de neige et où les étés sont plus chauds que sur les côtes. Ainsi dans le Caucase elle est plus haute de 650 mètres que dans les Pyrénées. Dans les montagnes de la Laponie, Walhenberg a trouvé la limite des neiges éternelles à 1005 mètres sur la côte norwégienne, et à 1255 sur le versant suédois ; Schouw et Smith ont fait la même remarque dans le district de Bergen.

Cette différence est bien marquée sur les deux versants de l'Himalaya. Sur le versant sud, M. de Humboldt avait fixé autrefois la ligne des neiges éternelles à 3700 mètres ; depuis, le voyageur anglais Webb a trouvé près de Kedarnath, à 3655 mètres, et Milem, à 3610 mètres, des arbres, des rhododendrons, et une végétation luxuriante à 3870. La ligne des neiges éternelles s'élève donc au-dessus à 3900 mètres. Sur le versant septentrional de l'Himalaya elle est encore plus haute, et dépasse même celle des neiges

(1) D'après les expériences toutes récentes de MM. de la Provostaye et Paul Dessains, ce nombre devrait être modifié, et la chaleur latente de la glace serait de 79°, 1.

éternelles sous l'équateur. Les faits peu nombreux que nous possédons nous permettent de la fixer approximativement à 5070 mètres, ainsi à 1170 mètres plus haut que sur l'autre versant.

Cette grande différence est due aux changements des moussons; au nord de l'Himalaya s'étend un vaste plateau couvert de sable et de cailloux roulés, un véritable désert. Le contraste entre la température de l'air au-dessus de ce plateau et sur la mer située au sud engendre des moussons. Ainsi, au nord de l'Himalaya on aura des vents de terre chauds ; au sud, des vents de mer frais. L'abaissement de la ligne des neiges au sud est encore favorisé par la direction de ces vents. Pendant l'été ils soufflent du S.-O., et amènent des vapeurs qui se condensent sur la chaîne de montagnes, et forment une bande de nuages et de brouillards qui empêchent l'action du soleil sur la neige, tandis qu'au nord le ciel doit être presque toujours serein. Ajoutez à cela qu'il tombe moins de neige pendant l'hiver sur le versant nord ou continental, et que par conséquent celle-ci doit disparaître jusqu'à une hauteur plus considérable.

GLOBE TERRESTRE. *Voy.* TERRE

GLOBE CÉLESTE. *Voy.* SPHÈRE.

GLOBULES du sang, leur dimension. *Voy.* DIVISIBILITÉ.

GNOMONIQUE (Γνώμων, indicateur.) La gnomonique est l'art de tracer des cadrans solaires, c'est-à-dire de mener sur une surface donnée un système de lignes telles que l'ombre d'une aiguille s'y projette aux différentes heures du jour. En considérant une aiguille ou style comme une simple ligne droite, son ombre aussi sera une ligne droite; car elle est l'intersection d'un plan passant par le centre du soleil et le style, avec le plan sur lequel cette ombre est projetée.

On sait que l'ombre d'un corps exposé au soleil est à peu près de la même largeur que ce corps; d'où il suit que les rayons solaires sont parallèles. Cela étant, qu'on imagine par le centre du soleil et le style un plan qui contiendra un certain nombre de rayons lumineux; ce plan coupe le plan horizontal suivant une ligne droite:, mais tous les rayons lumineux contenus dans ce plan étant arrêtés par l'opacité du style, l'intersection est privée de lumière; c'est donc une ligne d'ombre, tandis que le reste du plan horizontal reçoit la lumière des autres rayons solaires qui passent à côté du style.

Mais le soleil se déplaçant ou paraissant se déplacer continuellement, la position du *plan d'ombre* doit changer sans cesse; de là le mouvement continu de l'ombre du style sur le plan horizontal. Fixer les positions de cette ombre aux différentes divisions du jour et les marquer d'avance, tel est le but qu'il s'agit d'atteindre et qu'on obtient par l'observation et par des procédés géométriques que nous ne pouvons exposer ici.

Tout cadran solaire propre à un lieu peut être transporté en un autre endroit du globe, sous le même méridien, pourvu qu'il y soit disposé dans une situation parallèle à celle qu'il avait.

Dans tout cadran solaire, le style indicateur des heures est une parallèle à l'axe de la terre, axe du mouvement diurne; par conséquent ce style est situé dans le méridien, et incliné sur l'horizon comme l'est l'axe terrestre, c'est-à-dire d'un nombre de degrés égal à la *latitude* ou à l'élévation du pôle (à Paris de 48° 50'). Cette aiguille prolongée indéfiniment passe par le pôle; elle est verticale sous le pôle même, horizontale sous l'équateur. Pour diriger le style de tout *cadran solaire*, il faut donc tracer une méridienne horizontale, mettre l'axe dans un plan vertical élevé sur cette droite, et donner à cet axe pour inclinaison la hauteur du pôle dans le lieu où l'on veut tracer le cadran. Cette hauteur est connue soit par les tables, soit à l'aide d'une bonne carte de géographie, soit enfin par des observations.

Les lignes horaires sont les sections de la surface du cadran par douze plans inclinés mutuellement de 15° en 15°, passant tous par le style et à partir du méridien, qui est un plan vertical mené par l'axe.

Si le cadran est sur la face verticale d'un mur, la ligne de midi est une verticale, puisque le méridien, qui est aussi un plan vertical, coupe ce mur suivant la méridienne.

Quelquefois l'heure est indiquée à l'aide d'une plaque percée au centre et soutenue en avant du cadran par une tige scellée. Il est visible qu'il suffit que le trou du disque soit l'un quelconque des points de l'aiguille, comme si le style eût traversé le disque pour donner passage au rayon solaire par un trou. En effet, ce rayon va se porter sur la partie du cadran où se projetterait l'ombre du point de l'aiguille qu'il remplace. Le tracé du cadran est donc le même dans les deux cas.

Les cadrans étaient connus au moins dans la Judée plus de 750 ans avant J.-C., puisque Dieu fit rétrograder l'ombre sur le cadran d'Achaz (*Isaï.* XXXVIII, 8, et *IV Reg.* XX, 11). Ce fait miraculeux a été mis en doute par les incrédules qui ont objecté que le soleil ou la terre n'aurait pu avoir un mouvement rétrograde, sans déranger la marche des autres corps célestes, sans troubler la nature entière.

On a d'abord fait observer que le texte biblique ne dit nullement que le soleil ou la terre ait eu un mouvement rétrograde; il dit seulement que l'*ombre* a rétrogradé sur le cadran d'Achaz. Or, cette rétrogradation a pu s'effectuer sans que les autres corps célestes aient été dérangés dans leur marche, et sans que la nature entière en ait été troublée. En effet, suivant l'observation d'un illustre astronome, M. Binet, il suffit, pour justifier notre assertion, qu'un seul rayon solaire ait éprouvé une déviation en traversant l'atmosphère. Or, il est démontré physiquement que la déviation des rayons lumineux, en passant par l'atmosphère, peut avoir lieu en tout sens et d'une manière plus ou moins considérable, selon les modifications apportées à la densité des couches atmosphériques. Il n'est pas moins prouvé physiquement que le changement de densité peut s'opérer sur un seul point donné, même de la plus petite étendue. D'où il résulte que la déviation du rayon solaire peut être purement locale, ce qui est dire que la rétrogradation de l'ombre sur le cadran d'Achaz a pu s'effectuer sur le lieu même et sans dérangement aucun, ni dans le mouvement réel de la terre ni dans la marche apparente du soleil. Reste maintenant à savoir si l'auteur de la nature avait ou n'avait pas, dans sa puissance infinie, des moyens propres à opérer quelque changement dans la densité des couches atmosphériques que devait traverser le rayon lumineux destiné à éclairer l'espace occupé par le cadran d'Achaz. Nous engageons ceux qui oseraient douter et balancer encore, à méditer un ouvrage qui, bien que publié depuis trente ans, jouit toujours dans la science de la plus grande autorité, nous voulons dire les *Recherches sur les réfractions extraordinaires qui ont lieu près de l'horizon*, par M. Biot. Paris, 1810, in-4°. Quand on y a lu en effet tout ce que présentent d'extraordinaire et de merveilleux les phénomènes connus sous les noms de *mirage* et de *suspension*, on n'éprouve aucune difficulté à admettre que le créateur de l'univers ne devait pas manquer d'appareils physiques suffisants pour obtenir une déviation de quelques rayons solaires, et que, par conséquent, la rétrogradation de l'ombre, qui fait l'objet de cette discussion, ne devrait paraître ni impossible ni incroyable.

Mais, dit-on, cette explication ne peut être admise sans faire violence à l'Ecriture elle-même, puisque d'un côté Isaïe (XXXVIII, 8) et l'auteur de l'Ecclésiastique (XLVIII, 26) disent expressément que ce fut le soleil qui rétrograda.

A cela nous répondons, premièrement, que le mot *soleil* dans Isaïe est mis évidemment pour l'ombre qu'il produisit sur le cadran d'Achaz; car, dans le langage biblique, l'effet se prend souvent pour la cause et le signe pour l'objet signifié. Quant au texte de l'Ecclésiastique, comme il est cité d'après celui d'Isaïe ou de l'auteur du IVe livre des Rois, il doit nécessairement s'expliquer dans le même sens. En second lieu, l'ambassade du roi de Babylone favorise notre thèse plutôt qu'elle ne la combat. En effet, si le prodige opéré à Jérusalem avait été apparent et sensible à Babylone, le roi de cet empire n'aurait pas eu besoin d'envoyer des ambassadeurs sur les lieux pour en savoir des nouvelles. Il faut remarquer que l'expression de la vulgate *sur la terre* veut dire, dans son acception ordinaire, *dans la Judée;* tous les exégètes le savent parfaitement.

Quelques efforts que puissent faire les rationalistes pour réduire ce miracle à un simple événement naturel, ils n'y réussiront jamais. Car, en supposant même qu'une déviation des rayons solaires soit en elle-même un phénomène purement naturel, comme le mirage et la suspension dont nous avons parlé, cette déviation ayant été demandée par Ezéchias, acceptée par Isaïe et exécutée sans délai, il faut nécessairement admettre le concours d'un agent surnaturel qui, maître de la nature entière, lui commande et la force d'agir quand il lui plaît. Ainsi, lors même que nous serions en état d'expliquer le *comment* de ce phénomène extraordinaire; quand nous saurions que c'est par des moyens puisés dans la nature même qu'il s'est effectué, le miracle n'en demeurerait pas moins un miracle; car quel autre que le maître de la nature aurait pu employer ces moyens et en avertir Isaïe, afin qu'il pût en prédire et en assurer l'effet à point nommé (1)?

GONIOMÈTRE (γωνία, angle, μετρέω, je mesure). — On se sert de la réflexion de la lumière pour mesurer les angles dièdres saillants, tels que ceux des cristaux naturels. Les instruments destinés à cet objet portent le nom de *goniomètres*. Il y en a de diverses sortes; nous décrirons celui qui nous paraît le plus simple. Le cristal est placé verticalement au centre d'un limbe horizontal mobile. On fait tourner le limbe de manière à voir successivement sur les deux faces de l'angle dièdre une ligne verticale éloignée, telle qu'une arête de bâtiment, un paratonnerre; les deux images ne seront vues dans la même position que si on les amène à coïncider avec le fil vertical d'une lunette fixe. On reconnaîtra, par les moyens ordinaires, de quel angle la ligne de foi et l'instrument ont tourné; et cet angle est le supplément de l'angle dièdre en question, puisque la seconde face a dû venir se placer dans le plan qu'occupait d'abord la première. *Voy.* LUNETTE ASTRONOMIQUE.

GRAVITATION. *Voy.* ATTRACTION UNIVERSELLE.

GRAVITATION UNIVERSELLE. — Au mot ATTRACTION, nous avons traité au long de la nature de cette grande loi qui régit tous les phénomènes de l'univers. Ici nous considérerons cette même loi au point de vue métaphysique, et nous emprunterons à un ouvrage récent et d'un rare mérite, selon nous, un chapitre qui nous paraît d'un haut intérêt sur cette matière.

« La possibilité des êtres contingents peut nous être révélée par la raison seule; mais leur réalité ne nous est révélée que par leurs actes externes, c'est-à-dire par les changements qu'ils causent en nous, soit directement, soit en modifiant les êtres qui agissent sur nous. Si donc un être complétement inactif, ou complétement dépourvu d'activité externe, était possible, nous n'aurions aucun moyen naturel de le connaître. Mais il nous est impossible de concevoir un être dépourvu

(1) Cf. Chais, *La sainte Bible*, t. VI, part. II; Glaire, *Introd. hist. et crit.*, etc., tom. III, et *Les livres saints vengés*, tom. II.

de toute activité, soit interne, soit externe. En effet, point de substance sans attributs. Or, quel attribut prêter à un tel être? L'étendue? Mais, sans l'impénétrabilité, l'étendue n'est qu'idéale; or, l'impénétrabilité implique la résistance, c'est-à-dire une certaine puissance active. C'est, en effet, dans une substance active seulement que les phénomènes, même passifs, peuvent se produire.

« L'*inertie* de la substance étendue ne peut donc être l'inactivité absolue, ni l'absence de toute activité externe. Ce n'est pas non plus, comme beaucoup de cartésiens l'ont cru (1), l'indifférence absolue au mouvement et au repos; car, s'il en était ainsi, l'impulsion communiquerait à tout corps une vitesse égale à celle du moteur, qui ne perdrait rien de la sienne. L'inertie, comme qualité négative, c'est l'inaptitude absolue de l'atome premier pour tout acte interne dont le résultat serait de changer son mode d'action sur les autres êtres; l'inertie, comme faculté positive, c'est la résistance de l'atome premier à toute force qui tend à changer son état de mouvement ou de repos. En effet, ce qui caractérise la substance étendue, en tant que force, c'est que l'activité de chacune de ses parties constitutives se borne à un effort externe d'action et de réaction auquel elle ne peut rien changer par elle-même. C'est là précisément le contrepied de l'hypothèse de Leibnitz et de Wolf (2), qui prêtent à leurs monades constitutives des corps une activité purement interne; mais c'est la vérité. Résister au changement de mouvement et au passage du repos au mouvement ou du mouvement au repos, détruire dans le moteur, par cette résistance, une partie de sa quantité de mouvement égale à celle qu'il produit dans le mobile, recevoir ainsi le mouvement et le communiquer suivant des lois invariables, c'est de l'activité externe, et voilà ce qu'on ne peut refuser à la substance étendue. Commencer ou cesser spontanément de se mouvoir, changer spontanément de vitesse ou de direction, ce serait de l'activité interne, et la matière en est dépourvue. Mais, sans se mouvoir soi-même, tendre d'une manière uniforme à mouvoir les autres corps, de sorte que cette faculté toujours en exercice produise invariablement son effet sur tout corps étranger auquel elle peut s'appliquer, c'est encore là un genre d'activité externe qu'il n'est plus permis, depuis Newton, de refuser à la substance étendue : l'*attraction* à distance est un fait tout aussi bien constaté que celui de l'*impulsion*, et qui ne saurait, par conséquent, se trouver en désaccord avec les vrais principes ontologiques bien compris et bien interprétés.

« Il est certain que, dans ce phénomène universel, le mouvement est produit par une force qui n'appartient pas à la substance, en tant qu'elle se meut, mais en tant qu'elle attire une autre substance, et c'est pourquoi le nom d'*attraction* est préférable au nom de *gravitation*. En effet, s'il n'y avait aucune action exercée par le corps attirant sur le corps attiré, comment le corps attiré, même en lui supposant l'intelligence, proportionnerait-il l'intensité de son mouvement à la masse du corps vers lequel il se précipite? Le corps attirant doit nécessairement être, soit la cause efficiente, soit la cause finale de ce mouvement. Mais une cause finale n'agit qu'autant qu'elle est connue, ou, pour mieux dire, ce n'est pas elle qui agit, mais elle est le motif par lequel un être intelligent se détermine à agir. Or, pour que chaque particule du corps attirant fût connue de chaque particule du corps attiré, il faudrait toujours l'action à distance, qu'on veut en vain supprimer. Il faudrait de plus, dans chaque particule de matière, non-seulement une âme intelligente analogue aux monades de Leibnitz, mais des organes de sensation, pour se mettre en relation avec les particules attirantes. Qui ne voit la fausseté de ces deux dernières hypothèses, et leur inutilité, puisqu'elles ont elles-mêmes besoin de la première hypothèse, à laquelle on voudrait les substituer? C'est la première seule qui est vraie. Dans l'attraction réciproque de deux corps, chaque particule de l'un agit comme force motrice sur chaque particule de l'autre, avec une énergie constante dont l'effet est en raison inverse du carré de la distance.

« En vain certains physiciens et philosophes de l'école de Locke disent que l'impulsion par contact se conçoit d'elle-même, tandis que l'action à distance doit être rejetée comme inconcevable. L'impulsion se présente d'elle-même à l'observation. L'attraction universelle à distance ne se révèle qu'à une observation plus attentive et plus scientifique : voilà toute la différence. Du reste, la notion métaphysique de l'une n'est pas plus claire que celle de l'autre. Euler prétend, il est vrai, que la force d'impulsion est la conséquence immédiate et nécessaire de l'*impénétrabilité*, ou, qu'en d'autres termes, l'impénétrabilité est à elle seule la cause du mouvement par impulsion, comme l'inertie est la cause de la continuation de ce mouvement. Mais il n'en est rien. En effet, supposez un atome en repos et parfaitement impénétrable, et un autre atome en mouvement, de même parfaitement impénétrable, mais sans force motrice, et que le second vienne choquer le premier, le second atome, quelle que fût sa vitesse, quels que fussent son volume et le rapport de ce volume à celui du premier, serait arrêté instantanément, en vertu de l'impénétrabilité qui serait ainsi sauvée, et le premier atome resterait en repos. Il est vrai que le mouvement, tel qu'il existe dans l'univers, ne pourrait se conserver à ces conditions; mais la conservation du mouvement est une cause finale, qui suppose une cause efficiente, loin d'en tenir lieu. Il faut donc reconnaître dans les corps en mouvement une force d'impulsion qui est autre chose que l'impénétrabilité, et

(1) Par exemple, Gerdil, *Démonstrat. math. contre l'éternité de la matière.*

(2) Euler, *Lett. à une princ. d'Allemagne*, II° part., lett. 5.

qui a pour résultat tous les phénomènes de communication de mouvement.

« C'est de même en vain que Clarke, Leibnitz (1), Euler (2), lord Monboddo (3), et d'autres penseurs, objectent qu'un corps ne peut agir là où il n'est pas. D'abord, cet axiome prétendu, pris dans le sens qu'on lui prête, conduirait à nier la communication du mouvement par le contact, car l'atome moteur n'est en aucun instant dans aucune partie du lieu occupé en ce même instant par l'atome qui reçoit l'impulsion. Ainsi, en agissant dans ce dernier atome, le premier agit là où il n'est pas lui-même; ensuite, il faudrait définir la présence. Une force est, en quelque façon, présente partout où elle agit directement. C'est ainsi que Dieu est partout, sans remplir aucun lieu; c'est ainsi que l'âme est présente dans le cerveau, dans le cervelet et dans la moëlle épinière, sans y occuper aucune place. En ce sens, la présence d'un corps s'étend aussi loin que sa puissance motrice immédiate. Mais de plus, le corps, étant étendu, est localisé, et l'existence de son étendue dans un certain lieu est ce qu'on appelle spécialement *présence corporelle.* D'ailleurs, pour ce qui concerne les corps, la *présence d'action* est liée à la présence corporelle; car la puissance d'impulsion et de résistance ne peut s'exercer qu'aux limites mêmes du lieu actuel du corps, et la puissance attractive proportionnelle au produit des masses, c'est-à-dire au produit des sommes des étendues réelles dont se composent le corps attirant, et le corps attiré, est en raison inverse du carré de la distance qui sépare les *centres de gravité* de ces deux corps.

« Clarke, Euler et même d'Alembert (4), trop timides défenseurs de Newton, ont donc tort de ne pas repousser l'hypothèse chimérique d'un médiateur invisible et intangible, à l'aide duquel l'attraction se réduirait à une communication de mouvement par le contact, hypothèse après laquelle il n'y aurait aucune action à distance, aucune force motrice autre que l'impulsion. Souvenons-nous qu'alors, toute source naturelle et permanente de puissance motrice se trouvant supprimée, il faudra une série d'interventions spéciales de la Divinité pour rétablir le mouvement, toujours près de se perdre dans l'univers, où tant d'impulsions contraires se détruisent sans cesse. Le monde serait comme une horloge mal faite, dont l'aiguille cesserait de marcher, si elle ne recevait pas de temps en temps le coup de pouce de l'horloger. Cette hypothèse est donc, non-seulement inutile et gratuite, mais certainement fausse. Réfutée *à priori* dans toute sa généralité, elle se réfute en outre d'elle-même par tous les développements qu'elle a reçus jusqu'à ce jour. En effet, toutes les fois qu'on a voulu lui donner une forme précise, on est toujours arrivé aux plus évidentes contradictions. Leibnitz a tristement échoué (5) dans cette entreprise impossible : son inconcevable système sur la pesanteur et l'attraction universelle produites par la pression de l'éther, n'a pas même gardé la célébrité peu enviable des *tourbillons* de Descartes, et il serait superflu de réfuter aujourd'hui ces erreurs de deux hommes de génie. Disons seulement quelques mots de la forme la plus ingénieuse et la plus plausible que cette hypothèse ait jamais reçue.

« Un habile défenseur d'un sensualisme mitigé, M. Gruyer (6), renouvelant avec quelques modifications une hypothèse de Lesage (7), suppose que l'espace est rempli d'atomes d'une matière subtile, que ces atomes se meuvent en ligne droite dans toutes les directions, avec une vitesse comme infinie, qui compense l'extrême petitesse de leur masse, et qu'ils choquent, avec une fréquence comme infinie, chaque atome de la matière pondérable. Cela posé, suivant lui, les corps attirants agissent comme écran, tout en laissant passer entre leurs molécules l'immense majorité des rayons de matière subtile qui les traversent dans tous les sens, et les corps attirés se meuvent suivant la résultante des impulsions exercées par les rayons dont les opposés se trouvent interceptés, tandis que pour un corps unique et solitaire, chaque rayon étant combattu par un rayon contraire, la résultante serait nulle. Mais d'où viennent ces atomes ? Où vont-ils ? Quelle cause détermine la direction de chacun d'eux? Quelle cause fait qu'il y en a tout juste autant à se mouvoir dans une direction que dans chacune des autres ? Supprimons ces questions, et détournons les yeux pour ne pas voir toutes les impossibilités qui se présentent. Arrêtons-nous à une seule objection, à celle que nous avons indiquée plus haut et qui subsiste dans toute sa force. L'auteur lui-même comprend qu'il faut que les vitesses et les directions de ces atomes, qui se croisent sans cesse en tous les points de l'univers, restent toujours les mêmes. En conséquence, il établit, de sa pleine autorité, un principe nouveau de mécanique, en vertu duquel tout atome de matière subtile, choquant un autre atome semblable, mais immobile, imprimerait à celui-ci une vitesse égale à celle qu'il avait lui-même et qu'il perdrait toute entière, et par conséquent, deux atomes qui se choqueraient en allant également vite en sens directement contraire se substitueraient chacun au mouvement de l'autre. Admettons que la mécanique des atomes subtils puisse être ainsi en contradiction avec la mécanique générale,

(1) *Lettres de Clarke et de Leibnitz.*

(2) *Lettres à une princesse d'Allemagne*, 1re partie, lettre 48.

(3) *Ancient metaphysics*, 6 vol. in-4°, 1779.

(4) *Eléments de philosophie*, ch. 17, *Astronomie.*

(5) *Theoria motus concreti*, t. II, part. II, édit. de Dutens; — *De motuum cœlestium causis, ibid.* t. III, etc.

(6) *Principes de philosophie physique*, p. 407, 430.

(7) *Traité des corpuscules ultramondains.*

pour ce qui concerne les lois de la communication du mouvement, qu'arrivera-t-il dans le cas, assurément le plus fréquent, où les deux atomes auront des directions obliques et non directement contraires ? La petitesse des atomes ne fait absolument rien à la question, et ne permet pas d'assimiler un choc mutuel oblique au choc mutuel de deux corps allant l'un vers l'autre suivant une même ligne droite. Après le choc mutuel oblique, il y aura nécessairement perte de vitesse pour les deux corps, et déviation de leurs directions primitives. Il y aura donc diminution de quantité de mouvement dans les chocs des atomes de la matière subtile, comme dans ceux des molécules de la matière pondérable et des corps formés de ces molécules. Mais, surtout, les atomes de matière subtile qui rencontrent les molécules incomparablement plus grosses de la matière pondérable seront déviés, retardés ou réfléchis dans leurs mouvements, suivant les lois mécaniques que Dieu a établies ; bien plus, ils seraient arrêtés tout court, suivant la loi dont M. Gruyer est l'auteur. Ainsi, l'égale distribution des rayons de matière subtile dans toutes les directions ne pourra se maintenir, et le mouvement tendra rapidement à se perdre, faute d'une cause continue qui ne s'use pas par la production du mouvement même. Au contraire, admettez les attractions et les répulsions continues à distance, la perpétuité du mouvement dans l'univers est expliquée. Nous nous contentons de cette réfutation, parce qu'elle peut suffire, et nous omettons bien des arguments qu'on pourrait opposer à l'hypothèse que nous combattons. Nous rappellerons seulement que la parfaite inutilité de cette hypothèse et de toutes celles qu'on a imaginées pour supprimer l'attraction à distance, hypothèses qui créent des difficultés inextricables pour éviter une difficulté imaginaire, suffirait seule pour les condamner. Il faut, avec Ampère (1), reconnaître l'attraction comme une force proprement dite, comme une puissance motrice, appartenant à la substance étendue et pondérable.

« De nos jours, on s'est avisé de vouloir considérer l'attraction comme un résultat de la répulsion, et celle-ci comme la seule force primitive qui s'exerce à distance (2). Les attractions mutuelles de deux corps pondérables s'expliqueraient par les répulsions inégales que l'éther exercerait sur eux, de même que deux corps flottants non mouillés semblent s'attirer. Cette hypothèse n'est pas seulement gratuite et inutile, elle est inconcevable. Car si, entre les molécules de l'éther et celles de la matière pondérable, il y a répulsion ; s'il y a répulsion entre les molécules même de l'éther, et s'il n'y a nulle part attraction réelle, la matière pondérable et l'éther même doivent se dissiper dans l'espace, à moins toutefois que l'éther, où nage la matière pondérable, ne soit renfermé en vase clos. Les mathématiciens qui ont pris la peine de calculer les pressions de l'éther, pour en déduire l'attraction comme conséquence, auraient bien dû s'occuper d'abord de trouver ce vase indispensable. Supposons qu'ils l'aient trouvé, supposons que leur hypothèse soit aussi vraisemblable qu'elle est inadmissible ; supposons enfin qu'à force d'hypothèses subsidiaires et de calculs, ils puissent arriver à en déduire l'explication d'une attraction telle quelle entre les corps célestes, à coup sûr ils n'arriveraient jamais légitimement à en déduire les lois découvertes par Newton. Ils auraient donc obscurci le fait de l'attraction, au lieu de l'expliquer. Si la répulsion est réelle, pourquoi l'attraction universelle, dont les lois sont mieux connues et si simples ne le seraient-elles pas ? Il faut plaindre les savants qui consacrent beaucoup de talent, de temps et d'efforts à des problèmes inutiles, et qui s'obstinent à vouloir expliquer le connu par l'inconnu. C'est une des raisons pour lesquelles nous pensons qu'un peu de bonne et de sage philosophie ne gâterait rien dans les sciences cosmologiques. Du reste, l'hypothèse qui substituerait la répulsion universelle à l'attraction universelle importe peu pour la question présente. En effet, la répulsion serait, de même que l'attraction, une force de la matière agissant à distance.

« Il faut admettre l'attraction comme cause, et non comme simple résultat. Mais, d'un autre côté, il faut bien se garder de nier la répulsion, à l'exemple d'un illustre écrivain de notre époque (3), car c'est par la répulsion que s'expliquent les phénomènes de la dilatation et des changements d'état suivant les températures, et sans la répulsion, toutes les ondulations, par exemple celles du calorique, de la lumière et du son seraient impossibles.

« Descartes est obligé de supposer tacitement l'inactivité absolue de la matière, et la raison en est dans la méthode qu'il suit en physique (4). Il veut que toute sa physique se déduise de ses principes ontologiques. Pour cela, il faut qu'il ne reconnaisse dans la matière que ce qu'il peut croire contenu implicitement dans l'idée même de la matière. Or il est clair que la puissance de produire le mouvement n'est pas comprise dans l'idée d'étendue, qui constitue seule l'essence de la matière, suivant Descartes. Il est vrai que le pouvoir de communiquer le mouvement n'y est pas compris davantage, mais on peut plus aisément s'y tromper, et les faits de transmission de mouvement d'une part échappent à la discussion par leur évidence, d'autre part constituent des phénomènes dont le caractère d'activité peut être

(1) *Essai sur la philosophie des sciences*, t. I, p. 59.

(2) M. de Saint-Venant (*Mémoire sur la quest. de savoir s'il existe des masses continues*,) et M. de Tessan, *ibid.*

(3) M. F. Lamennais, *Esquisse d'une philosophie*, t. IV, p. 457 et suiv.

(4) *Principes de la philosophie*, IIe part., § 4, 36, 42, etc.

plus aisément méconnu, et Descartes se garde bien d'insister sur ce caractère, qu'il tâche même de dissimuler. Quant à nous, pourquoi conserverions-nous une erreur née d'une méthode physique que nous condamnons? L'activité en général, l'attraction et la répulsion en particulier, ne sont pas incompatibles avec l'étendue, comme le serait la pensée; la puissance attractive et répulsive dans la substance étendue ne peut donc être déclarée impossible. D'ailleurs, son existence est attestée par l'observation externe et l'induction, comme la pensée l'est par l'observation interne: cela doit nous suffire. La simplicité est à l'âme ce que l'étendue est aux corps. Refuserions-nous la pensée à l'âme, sous le prétexte qu'on ne peut la déduire de la considération de la simplicité seule? Ne refusons donc pas non plus aux corps la puissance attractive et répulsive, sous le prétexte qu'on ne peut la déduire de l'étendue.

« Mais, dira-t-on, que devient la preuve de l'existence de Dieu, tirée de la nécessité d'un premier moteur? Cette preuve reste ce qu'elle fut toujours en réalité, un cas particulier de la preuve générale tirée du principe de causalité. Loin d'affaiblir cette preuve, on lui rend sa valeur propre, en la débarrassant d'une fausse hypothèse, qui en compromettait la solidité, savoir, de l'hypothèse de l'inactivité absolue de la matière et de son indifférence au mouvement et au repos. Ce qui fut toujours vrai et le sera toujours, c'est que la puissance créatrice de Dieu est nécessaire pour expliquer l'existence du mouvement en général, et de l'attraction en particulier, ni plus ni moins que pour expliquer l'existence même des corps ou celle de l'ordre du monde; en un mot, celle de toutes les choses dont la non-existence n'implique point contradiction (1). »

GRAVITÉ (*Centre de*) — Un corps pesant, quelque grand ou quelque petit qu'il soit, peut être considéré comme un assemblage d'un nombre infini de points matériels, dont chacun est sollicité par la pesanteur.

Toutes ces forces, quoique en nombre infini, peuvent être remplacées par une force unique, appliquée en un certain point; c'est cette force, qui n'est autre chose que la somme ou la résultante de toutes les actions de la pesanteur, que l'on appelle *le poids* d'un corps, et c'est le point où elle est appliquée qu'on appelle son *centre de gravité*.

Cette définition suffit pour que l'on ne confonde pas la *pesanteur* avec le *poids*, puisque la pesanteur est la force élémentaire qui sollicite chacune des parcelles de la matière en général, tandis que le poids d'un corps est la somme de toutes les actions que la pesanteur exerce sur ce corps en particulier.

Il est très-important de savoir déterminer le poids des corps et leur centre de gravité, puisque alors on pourra substituer le poids, qui est une seule force, à toutes les forces élémentaires qui agissent sur un corps; et le centre de gravité qui est un seul point, à l'ensemble des points qui le constituent, et qu'ainsi une masse pesante, quelles que soient sa grandeur et sa forme, pourra être considérée comme un seul point sollicité par une seule force.

Dans un corps pesant, qui n'a pas quelques centaines de mètres d'étendue, les actions que la pesanteur exerce sur chaque molécule peuvent être prises pour parallèles, puisqu'elles vont concourir au centre de la terre, et elles sont toutes égales, puisque ces molécules tombent également vite dans le vide; ainsi *le centre de gravité* n'est autre chose qu'un *centre de forces parallèles et égales*. De là résulte une propriété caractéristique du centre de gravité, c'est que ce point est fixe dans l'intérieur des corps solides, et ne change pas, quelle que soit la position qu'on leur donne à l'égard de la pesanteur.

Pour qu'un corps pesant soit en équilibre, il n'y a qu'une seule condition essentielle à remplir: c'est que le centre de gravité soit soutenu. Par conséquent, si le centre de gravité est lui-même un point fixe, on pourra tourner le corps de toutes les manières possibles, il restera toujours en repos, parce qu'il sera toujours en équilibre. On en peut faire l'expérience avec un disque homogène, tournant autour d'un axe horizontal qui passe par le centre. Lorsqu'un corps est soutenu par un point fixe qui n'est pas le centre de gravité, l'équilibre est encore possible, mais il n'a plus lieu que dans deux positions seulement, savoir, quand le centre de gravité est dans la verticale du point fixe, soit au-dessus, soit au-dessous de ce point. On en peut faire l'expérience avec un disque homogène tournant autour d'un axe horizontal et excentrique.

C'est de cette considération que l'on tire un moyen expérimental de trouver le centre de gravité d'un corps. On l'attache avec un fil en un point *c* de sa surface, on le suspend, et, quand il est en repos, on marque avec autant d'exactitude qu'il est possible, le point *m* où le prolongement du fil viendrait percer la surface inférieure; le centre de gravité est nécessairemnt sur la ligne *cm*. Ensuite on recommence l'expérience, en attachant le corps par un autre point *a*, et en marquant de même le point *m* correspondant; le centre de gravité est aussi dans la ligne *am*. Donc il se trouve à la rencontre des deux lignes *cm* et *am*.

Quand les corps ne sont pas homogènes, il faut faire en sorte que le centre de gravité soit aussi bas que possible; il est aisé de reconnaître que, dans cette condition, il faut aussi un plus grand effort pour l'amener hors de la base d'appui. C'est de quoi l'on prend soin dans l'arrimage des vaisseaux, dont on charge fortement le fond. Les cabotins, ou petites figures dont la partie inférieure est composée de matière lourde, retombent toujours sur leur pied, lorsqu'on les jette en l'air, tandis que la partie moins lourde se relève; cela tient à ce que le centre de gravité du système réside

(1) Th. Henri Martin, *Philosophie de la nature*, t. Ier, ch. 13.

dans la partie lourde, que c'est sur ce point que la pesanteur concentre son action, et, que c'est par conséquent le point qu'elle pousse vers la terre ; les autres se disposent en conséquence seulement de leur liaison avec lui. Donc ce point doit descendre aussi bas que possible.

On explique d'une manière analogue le jeu de ces petites figures qui se tiennent et se tournent sur la pointe d'un pied, de quelque manière qu'on les incline. Sans les boules de plomb qui les lestent, il leur serait impossible de se tenir, car fussent-elles d'abord en équilibre, le moindre souffle d'air ferait sortir leur centre de gravité de cet unique point d'appui. Mais le centre de gravité du système est situé entre les boules ; et, de quelque manière qu'on incline la petite figure, on relève le centre de gravité : or, celui-ci, abandonné à lui-même, doit toujours tomber ; les boules descendront donc lorsque l'appareil sera abandonné à lui-même, et reguinderont la figure.

Lorsque le corps de l'homme est dans une situation droite, les jambes rapprochées l'une de l'autre, et les bras appliqués sur les côtés du tronc, le centre de gravité se trouve dans la cavité du bassin, au-devant de la dernière vertèbre lombaire ; mais, comme toutes les parties du corps sont mobiles les unes sur les autres, on peut faire changer à tout moment la position du centre de gravité dans la position convenable. Un homme assis veut-il se lever ? Il rapproche ses pieds du siége et en même temps porte sa tête et son buste en avant. Quand on veut se soutenir sur un seul pied, on se penche toujours du côté de ce pied. Celui qui porte un fardeau sur le dos, se penche en avant ; si on le porte devant soi, on se penche en arrière. Dans ces derniers cas, on voit que le fardeau, tenant à notre corps, en déplace le centre de gravité, pour le remettre dans la position convenable, il faut se pencher du côté opposé, ce qu'on fait toujours. Quand le pied gauche vient à manquer, on étend aussitôt le bras droit de toute sa longueur ; si c'est le pied droit qui manque, on étend le bras gauche pour rétablir l'équilibre. Il est évident que la réflexion n'a aucune part dans ces mouvements : elle gâterait tout si elle intervenait. Qu'un mécanicien des plus habiles vienne à glisser ; s'il était obligé de songer aux mesures qu'il doit prendre pour rétablir l'équilibre, il serait par terre avant d'avoir fait aucun mouvement convenable. Notre volonté ne concourant pas à produire ces effets, nous devons en chercher la cause hors de nous. On croit quelquefois tout expliquer en disant que ce sont là des mouvements automatiques, instinctifs ; que nous obéissons alors au désir naturel de nous conserver et de vivre. Mais ces mots ne signifient rien, à moins qu'on ne veuille par là désigner l'action de la Providence toujours attentive à nos besoins. Il est bien vrai qu'elle a laissé l'homme *dans la main de son conseil* et l'a chargé du soin de sa propre conservation ; mais dans les cas extraordinaires où la réflexion et la prudence ne peuvent rien, elle s'est réservé d'y pourvoir elle-même directement et sans intermédiaire.

GRANDEUR et figure de la terre. *Voy.* TERRE.

GREGORIEN (calendrier), réforme grégorienne. *Voy.* CALENDRIER.

GRÊLE. — On distingue ordinairement trois espèces de grêle fondées sur la grosseur des grêlons. Cette distinction n'a aucune importance scientifique. A-t-on jamais été tenté de distinguer les flocons de neige microscopiques, qui flottent quelquefois pendant l'hiver dans les régions inférieures de l'atmosphère lorsque le temps est serein, de ces larges flocons qui tombent pendant les temps humides ? Tout le monde sait aussi qu'entre la pluie fine qui s'échappe d'un brouillard humide et les averses à larges gouttes d'un nuage orageux, il y a toutes les transitions imaginables.

Les grêlons les plus petits sont désignés sous le nom de *grésil*. Ordinairement sphériques ou presque sphériques, ils atteignent rarement un diamètre de deux millimètres ; cependant ils peuvent en avoir trois et même quatre. Les grêlons isolés sont opaques, souvent assez mous et d'une blancheur qui se rapproche de celle de la neige. Les plus gros sont quelquefois entourés d'une légère couche de glace ; ils tombent en hiver et au printemps pendant les temps à grains : rarement ils accompagnent les orages.

La formation du grésil s'explique facilement, parce que c'est dans la saison froide qu'on l'observe le plus souvent. A une faible hauteur dans l'atmosphère la température de l'air doit être alors au-dessous de zéro. Le grésil tombe toujours pendant des coups de vent et lorsque le temps est variable. Quand même l'air est tranquille à la surface de la terre, on voit que les nuages marchent rapidement et qu'il y a du vent dans le haut de l'atmosphère. Ces coups de vent paraissent une condition nécessaire de la formation du grésil. On a observé dans les Alpes que la neige se transformait en petits corps sphériques ou pyramidaux dès que le vent soufflait par rafales. Du moment que celles-ci venaient à cesser, la neige tombait sous forme de flocons : les observations faites dans les plaines semblent confirmer celles de la montagne. On pourrait penser que cette formation des grains de grésil est due à ce que les grains sont roulés dans l'espace et s'accroissent comme une boule de neige par l'addition d'autres flocons de neige. On peut la comparer à la cristallisation des sels, car leur forme se rapproche souvent de celle d'une pyramide à trois pans. De même que les différences de température déterminent dans la cristallisation l'apparition de formes diverses, de même ici la cristallisation qui se fait dans un plan pendant un temps tranquille, se fait suivant les rayons d'une sphère dans un air agité, et on obtient des sphères ou des pyramides. Les minéraux à surface mamelonnée présentent aussi à leur intérieur des rayons qui partent tous d'un point central.

La véritable grêle a ordinairement la forme d'une poire ou d'un champignon terminé par une surface arrondie. C'est une masse opaque et analogue à la neige durcie. Les grêlons les plus gros sont entourés d'une épaisse couche de glace. Aucun observateur n'a vu de grêlons formés de glace transparente, tous partent d'un noyau neigeux. Souvent les grains ressemblent à des pyramides sphériques ou pyramides à trois faces terminées par une base qui est une portion de sphère. Cependant la forme pyramidale paraît être la forme primitive de la grêle, car les noyaux de neige entourés d'une couche de glace offrent cette apparence, et sur les Alpes on a remarqué que le grésil affectait ordinairement cette forme. Les grains de grésil forment le centre des grêlons, et de Saussure croyait que le grésil se métamorphose en grêlons à mesure qu'il descend dans l'atmosphère par suite de l'addition de nouvelles couches de glace.

Les grêlons formés de glace transparente sont des gouttes de pluie qui tombent de nuages amenés par les vents du Sud et qui gèlent en traversant les couches refroidies de l'air qui avoisinent le sol.

La grosseur des grêlons est souvent très-notable, mais il faut toujours se demander si les masses qu'on trouve mentionnées dans les auteurs ne sont pas dues à l'agglomération d'un grand nombre de grêlons qui se sont réunis en tombant. Chaque année on trouve dans les journaux des nouvelles de grêlons énormes tombés dans divers lieux; qu'il me suffise de rapporter quelques exemples. Le 29 avril 1697 on ramassa, suivant Halley, dans le Flintshire, des grêlons pesant 120 à 130 grammes, et, le 4 mai de la même année, Taylor mesura dans le Stratfordshire des grêlons qui avaient trois décimètres de circonférence. Parent assure qu'on trouva au Perche, le 15 mai 1703, des grêlons de la grosseur du poing. Montignot et Tressan en ramassèrent à Toul, le 11 juillet 1753, dont la forme était celle de polyèdres irréguliers et le diamètre de 8 centimètres. Musschenbroeck observa à Utrecht, en 1736, une forte grêle dont presque tous les grêlons avaient la grosseur d'un œuf de pigeon; quelques-uns, formés par l'agglomération de plusieurs autres, avaient le volume d'un œuf de poule. Dans l'Amérique du Nord, suivant Olmsted, il tombe tous les ans des grêlons plus gros que des œufs de poule. Le 7 mai 1822, Noeggerath recueillit des grêlons dont le poids était de 190 grammes. En 1811 Muncke a trouvé en Hanovre un grand nombre de grêlons pesant 120 grammes. Dans une grêle qui fit de grands ravages sur les bords du Rhin, le 13 août 1832, le grêlon le plus lourd, trouvé par Voget à Heinsberg, pesait 90 grammes; à Randerath dans le district de Geilenkirchen, les grêlons pesaient de 120 à 240 grammes: on dit en avoir ramassé qui pesaient 500 grammes. A Elberfeld, les grêlons avaient la grosseur d'un œuf de poule. Pendant une grêle, le 5 octobre 1831, *il tomba à Constantinople* des masses de la grosseur du poing. Une demi-heure après, quelques-unes pesaient encore 500 grammes. On cite des masses analogues ramassées à la fin du mois de *mai 1821 à Palestrine* dans les Etats-Romains. Il y a plus, une grêle enfonça, *le 15 juin 1829*, les toits des maisons à Cazorta en Espagne; les blocs de glace pesaient, dit-on, 2 kilogrammes. Il est probable que c'étaient des grêlons agglutinés; on ne saurait en douter à l'égard d'une masse tombée en Hongrie le 8 mai 1802, et qui avait un mètre en long et en large; et 7 décimètres de haut. Un autre bloc aussi gros tomba près de Séringapatnam dans les derniers temps du règne de Tippoo-Saïb.

Il est généralement admis qu'il ne grêle que pendant le jour. Pour contrôler la vérité de cette assertion, M. Kaemtz a rapproché les dates de toutes les grêles tombées en Allemagne et en Suisse, qui sont arrivées à sa connaissance, et il a construit le tableau suivant.

SAISONS ET HEURES DES AVERSES DE GRÊLE.

Heures.	*Hiver.*	*Printemps.*	*Eté.*	*Automne.*	*Années.*
Midi.	1	8	10	5	24
1	4	18	8	6	36
2	10	38	15	13	78
3	4	19	11	8	42
4	5	14	17	1	37
5	4	16	13	3	36
6	1	9	8	5	23
7	1	6	10	»	17
8	1	3	3	4	11
9	2	18	6	3	29
10	3	2	3	1	9
11	1	»	»	»	2
Minuit.	»	»	2	1	2
13	»	»	1	»	1
14	»	»	2	»	2
15	»	»	»	1	1
16	1	»	»	»	1
17	2	2	»	1	5
18	1	1	»	»	2
19	7	13	3	6	29

SAISONS ET HEURES DES AVERSES DE GRÊLE

Heures.	Hiver	Printemps.	Été.	Automne.	Année.
20	4	3	1	2	10
21	3	6	2	»	11
22		8	3	1	14
23	1	10	4	5	20

Ce tableau fait voir qu'il tombe de la grêle à toutes les heures du jour; mais qu'il en tombe surtout vers midi ou un peu après, au moment de la plus grande chaleur diurne. Les nombres diminuent ensuite d'une manière assez régulière, mais à 9 heures et 19 heures ils sont plus grands qu'on ne le supposerait *a priori*.

La grêle, de même que la pluie et les orages, ne survient pas avec une égale fréquence dans toutes les saisons. En y réunissant le grésil, qui ne diffère pas sensiblement de la grêle, nous trouvons qu'en Europe elle est d'autant plus rare qu'on s'éloigne davantage des côtes de la mer. En égalant à 100 le nombre de fois qu'il grêle dans l'année, nous trouvons pour les différentes saisons les nombres proportionnels suivants:

DISTRIBUTION DES AVERSES DE GRÊLE DANS LES QUATRE SAISONS.

	Hiver.	Printemps.	Été.	Automne.
Angleterre,	45,5	29,5	3,0	22,0
France,	32,8	39,4	7,0	20,7
Allemagne,	10,3	46,7	29,4	13,6
Russie,	9,9	35,5	50,6	13,0

Ainsi en Angleterre, le grésil ou la grêle tombe principalement en hiver, et le nombre des grêles estivales est relativement très-petit. En France, c'est au printemps que le grésil, connu à Paris sous le nom de *giboulées*, est très-fréquent. En été le nombre augmente, et dans l'intérieur de l'Europe la moitié du nombre total des grêles tombe pendant l'été.

On observe souvent que malgré leur violence et l'orage qui les accompagne, les averses de grêle sont circonscrites dans un espace très-limité. A quelques myriamètres de l'endroit où la grêle est tombée, on n'a pas même senti le vent. Souvent la grêle couvre une zone longue et étroite. Musschenbroeck mentionne déjà cette circonstance, et le petit nombre de descriptions complètes que nous possédons confirment cette idée. Une grêle qui tomba sur les îles Orcades le 24 juillet 1818 était dans ce cas. L'orage du 13 août 1832 venant de la Hollande, traversa la Meuse et détruisit toutes les récoltes le long du Rhin, dans un espace de 9 à 10 myriamètres sur une largeur d'un myriamètre à un myriamètre et demi. Un orage décrit par Tessier frappa vivement les esprits. Il commença le matin dans le midi de la France et atteignit la Hollande au bout d'un petit nombre d'heures. Les points ravagés par la grêle formaient deux lignes parallèles dirigées du S.-O. au N.-E.; l'une avait 70, l'autre 80 myriamètres de long. La largeur moyenne de la ligne occidentale était de 16, celle de la ligne orientale de 8 kilomètres. L'espace compris entre les deux lignes et dont la largeur était de 2 myriamètres fut épargné, il y tomba seulement une pluie abondante. Il plut aussi beaucoup à l'orient et à l'occident des deux lignes. L'orage étant précédé d'un obscurcissement de la lumière du jour, il faisait environ 66 kilomètres à l'heure, et dans les deux zones sa vitesse était la même. Dans la zone occidentale la grêle tomba à la Rochelle après un orage qui avait duré toute la nuit; à 17 heures 30 minutes en Touraine, près de Loches; à 18 heures 30 minutes près de Chartres; à 19 heures 30 minutes à Rambouillet; à 20 heures à Pontoise; à 21 heures 30 minutes à Clermont en Beauvoisis; à 21 heures à Douai; à 23 heures à Courtrai et à Flessingue vers 1 heure 30 minutes. Dans la zone occidentale, l'orage atteignait Artenay, près d'Orléans, à 19 heures 30 minutes; Andouville, dans la Beauce, vers 20 heures; le faubourg Saint-Antoine à Paris, à 20 heures 30 minutes; Crespy, en Valois, vers 21 heures 30 minutes; Cateau-Cambresis, à 23 heures; Utrecht, à 2 heures 30 minutes. Sur chaque point la grêle ne tomba que pendant 7 à 8 minutes, mais avec tant de force, que toutes les moissons furent hachées. De tous les grands orages de grêle, il n'en est point sur lequel on ait des renseignements aussi exacts, et néanmoins ils sont encore insuffisants; ainsi on n'a point indiqué la direction du vent et celle des nuages avant et après l'orage, et des deux côtés de l'espace grêlé.

Du Carla a dit le premier que la grêle était un phénomène entièrement local. M. de Buch est de la même opinion. Mais si la chute des grêlons est locale, l'orage et les pluies qui l'accompagnent ne le sont pas. Il résulte de toutes les descriptions de grêle que nous possédons qu'on doit les attribuer à la lutte des vents du sud et du nord entre eux, et c'est dans le point où le choc est le plus violent qu'il y a production de grêle. C'est ce que prouve l'état du baromètre, dont les oscillations montrent que la grêle est amenée par les vents du sud qui entrent en conflit avec ceux du nord.

Ceci nous explique un fait qui reste incompréhensible si l'on considère la grêle comme un phénomène tout à fait local. On remarque souvent qu'à la suite de la grêle le temps est dérangé pour des semaines entières; en particulier, elle est suivie de froid. Mais la grêle elle-même étant produite par le conflit de deux vents opposés, celui qui repousse l'autre change le temps pour longtemps. L'ascension du baromètre prouve que c'est souvent le vent du nord qui l'emporte, et alors le thermomètre baisse, et d'autant plus qu'en fondant la grêle absorbe une quantité de chaleur très-notable.

On est d'autant plus frappé de ce contraste, que la grêle est souvent précédée de fortes chaleurs. En moyenne, la température observée avant les averses de grêle à Genève, Munich et Padoue, pendant l'espace de dix ans, a été supérieure à 20° vers deux heures de l'après-midi ; une fois elle s'est même élevée à 30 degrès. Peu de temps après, la grêle tombait. D'où provient, dira-t-on, cette température assez basse pour produire des masses de glace aussi considérables ; car un calcul rigoureux en apparence fait voir que le froid des régions supérieures ne saurait être très-intense. Il faut, en effet, s'élever de 195 mètres environ pour que la température baisse de 1°, et par conséquent si la chaleur est seulement de 20° dans la plaine, ce n'est qu'à la hauteur de 39,00 mètres qu'on trouvera une température de zéro. Or, les nuages orageux étant souvent beaucoup plus bas, on ne comprend pas comment des grêlons pourraient se former à cette élévation. Mais si l'on avait étudié avec plus de soin le décroissement de la température par le temps de grêle, on aurait trouvé que cette température élevée est limitée aux zones inférieures de l'atmosphère, tandis que les supérieures sont beaucoup plus froides. Sur dix orages de grêle qui ont eu lieu à Padoue pendant les mois d'été, la température moyenne sur le Saint-Gothard n'était, à deux heures de l'après-midi, que de 3°,5, c'est-à-dire à plusieurs degrés au-dessous de la moyenne du mois. Plusieurs fois dans l'après-midi le thermomètre descendit au-dessous de zéro, et le soir il baissait souvent jusqu'à 5° au-dessous du point de congélation.

Quelquefois le décroissement de la température est encore plus rapide; ainsi, le 27 juin 1790, le thermomètre de Munich était à 26°,5 ; il marquait 5°,1 sur le Saint-Gothard, et le décroissement de la température était de 1° pour 73 mètres. Dans la journée de grêle la plus chaude, à Padoue, la température était de 29°,4 ; sur le Saint-Gothard, de 5°,8, ce qui donne un décroissement de 1° pour 87 mètres 8. Donc ce jour là, en moyenne, la température de zéro se trouvait à la hauteur de 2,600 mètres. Le même jour, il devait régner à la hauteur de 3,900 mètres une température de — 9°, et à 5850, celle de — 26°,5, nombres qui diffèrent beaucoup de ceux qu'on a généralement adoptés.

Origine de la grêle. — Toutes les hypothèses qui ont été faites sur l'origine de la grêle ont le défaut de supposer les nuages déjà complétement formés. Or, à cette période du phénomène les nuages supérieurs sont complétement cachés par les nuages inférieurs. L'explication suivante est sans doute sujette à quelques difficultés ; toutefois elle rend compte de la plupart des circonstances du phénomène ; mais pour les compléter, il faudrait posséder une longue série d'observations.

Comme Volta l'avait observé le premier, l'existence de deux couches de nuages est la condition indispensable à la formation de la grêle. L'on voit souvent ces nuages marcher dans deux ou trois directions opposées, preuve évidente qu'ils ne sont pas dans la même zone atmosphérique. Mais Volta attribue la formation du nuage supérieur à celui qui est placé au-dessous, et au contraire c'est le nuage inférieur qui se forme le premier et joue le rôle le plus important.

Dès le matin des jours de grêle, le ciel a un aspect particulier. Le bleu n'est pas net ni foncé comme pendant un jour parfaitement serein, et on remarque des *cirrus* filamenteux très-fins. Quelquefois les *cirrus* sont encore plus développés, de grandes masses blanches sont dispersées çà et là, et leurs bords se perdent dans le bleu du ciel. On voit souvent des couronnes, des parhélies, phénomènes qui sont dus à la réfraction de rayons lumineux par des particules glacées. Ces apparences précèdent les averses de grêle dans les lieux où se trouve l'observateur ou sur des points plus ou moins éloignés.

Le même état atmosphérique règne sur un grand espace, et comme le baromètre baisse lentement, on est en droit de conclure que le vent du sud règne dans le haut. Toutefois ce vent ne se fait pas sentir à la surface du sol, où l'air est parfaitement calme, et, s'il y a quelques courants, ils sont tout à fait locaux, car à de petites distances les unes des autres les girouettes affectent des directions opposées. Sous l'influence de ces circonstances, le sol, puis les couches d'air qui sont en contact avec lui, s'échauffent fortement. Mais cette température décroît rapidement avec la hauteur, parce que les couches d'air ne se mélangent pas, et quand même une chaleur brûlante régnerait dans le bas, à 2500 ou 3000 mètres, le thermomètre est au-dessous de zéro. Il se produit alors un courant ascendant très énergique, et quand même l'air ne serait pas très-humide, cependant les couches supérieures de l'atmosphère se saturent rapidement. Des nuages se forment et il semble au premier abord que ce sont les *cirrus* qui se condensent, parce que le courant ascendant les élève encore plus haut.

Si nous réfléchissons que ces *cirrus* flottent à une hauteur de 6000 mètres et au delà, car on ne les voit jamais au-dessous des hautes sommités des Alpes, nous comprendrons que la région dans laquelle ces flocons de neige sont suspendus soit à une température très-inférieure à zéro. L'échauffement du sol étant fort inégal, les courants ascendants ont aussi une force et une étendue fort différentes; de là des vents horizontaux dans les régions supérieures de l'atmosphère.

Les courants ascendants acquièrent leur plus grand degré de vitesse au moment de la plus forte chaleur diurne, et la rupture de l'équilibre atmosphérique détermine facilement la formation des orages. A mesure que la couche supérieure de *cirrus* devient plus dense et s'abaisse, il se forme aussi des *cumulus* qui s'accroissent avec une rapidité extraordinaire. On reconnaît alors que le vent présente des directions opposées, résultant de l'inégale répartition des nuages dans le ciel et de l'abaissement de la température qui accompagne leur présence. Ces nuages se dissipent quelquefois sans se résoudre en pluie ou en grêle, mais la moindre circonstance peut empêcher leur résolution. Souvent ils s'accroissent lorsque des couches d'air froid descendent vers la terre, et déterminent des précipitations de vapeur aqueuse et un développement d'électricité très-notable.

Ces précipitations sont encore bien plus évidentes lorsque des vents du nord à basse température combattent ceux du midi. Ce qui prouve qu'il en est souvent ainsi, c'est qu'il n'est pas rare de voir le baromètre monter après la grêle. Sur la ligne où les vents se rencontrent, la condensation des vapeurs s'opère avec une grande énergie; il se forme des couches de nuages superposés dont les inférieurs sont souvent très-sombres. Ces nuages sont peu élevés et ressemblent à des sacs ou à des grappes de raisin qui semblent à chaque instant près de tomber; on y reconnaît souvent des mouvements gyratoires. Quelquefois ils ont une teinte plus claire que les couches supérieures et ordinairement ils marchent en sens opposé. La violence du vent supérieur ou inférieur vient-elle à augmenter brusquement, les tourbillons se propagent de bas en haut dans la masse nuageuse, le volume des flocons de neige qui flottent dans l'atmosphère s'accroît rapidement, ils prennent la forme de grains de grésil et sont poussés horizontalement par le vent jusqu'à ce qu'ils atteignent le sol. Il se dégage alors assez d'électricité pour donner lieu à un coup de tonnerre, mais presque toujours le grésil arrive au sol avant qu'il ne se fasse entendre. De nouvelles rafales favorisent la formation de grêlons volumineux, aussi la grêle ne tombe-t-elle pas longtemps, le plus souvent, pendant quelques secondes seulement. Chaque nouvelle averse de grêle est précédée d'un éclair. En même temps la durée des rafales diminue de plus en plus et à la fin les grêlons tombent presque verticalement.

Nous avons fait voir comment les flocons de neige qui forment les *cirrus* élevés peuvent se transformer en grêlons. La forme même des grêlons, leur chute sur des contrées basses ou sur des lieux élevés dépendent de la constitution du reste de l'atmosphère. Si les grêlons sont petits, si la température des régions supérieures de l'atmosphère est encore assez élevée, alors il peut arriver que les grêlons fondent pendant leur chute. Toutefois les gouttes de pluie qui en résultent condensent à leur surface une grande quantité de vapeur d'eau : de là ces larges gouttes de pluie qui précèdent souvent les orages, et qui tombent par petites averses comme la grêle. En même temps les montagnes se couvrent de neige ou de grésil. La température est-elle très-basse, dans les hautes régions de l'air? alors la grêle tombe dans la plaine à l'état solide. Si les grêlons sont chassés horizontalement, il se précipite sans cesse à leur surface une nouvelle quantité d'eau et leur volume s'accroît continuellement. Leur structure interne dépend de l'état des couches d'air parcourues. Un corps pyriforme ou pyramidal se meut soit horizontalement, soit verticalement, mais toujours la partie la plus grosse est en bas ou en avant : c'est sur cette surface que se condensera la vapeur d'eau, à moins que le grêlon entraîné dans des tourbillons ne tourne rapidement sur lui-même. Si l'air que le grêlon parcourt est sans nuages, ou si ceux-ci ne sont pas très-épais, les vapeurs se condensent à la surface du grêlon, comme cela se voit pour la gelée blanche : dans ce cas la masse entière ressemble à de la neige durcie; mais si elle traverse des nuages très-denses, où les vésicules d'eau soient entremêlées de gouttes de pluie, alors il se forme de la glace transparente, à l'intérieur de laquelle nous trouvons un grain de grésil. C'est le même mode de formation que celui des gouttes d'eau gelées qui tombent pendant l'hiver, lorsque le dégel succède brusquement à un froid rigoureux. Un grêlon de ce genre traverse-t-il plusieurs couches de nuages séparées par des espaces non remplis de vapeur d'eau, si les nuages ne sont pas chargés par des gouttes de pluie, alors il se forme des couches concentriques qui sont alternativement composées de neige et de glace, comme on l'a fort souvent observé.

Le décroissement rapide de la température est donc la condition principale de la formation de la grêle, et il en résulte que c'est dans la belle saison et pendant les jours les plus chauds qu'elle doit se former spécialement, parce qu'alors le courant ascendant est très-énergique. Toutefois il peut tomber de la grêle dans les autres saisons; car si les vents du sud règnent avec une certaine continuité, les *cirrus* s'accroissent le soir ou pendant la nuit; si les vents du nord commencent alors à souffler avec violence, il tombera de la grêle pendant la nuit, circonstance rare parce qu'il n'y a pas de courant ascensionnel. Ceci nous explique aussi pourquoi la grêle est plus rare entre les tropiques que dans les latitudes moyennes; cela tient à ce que dans le voisinage de l'équateur le décroissement de la température avec la hauteur n'est pas aussi rapide.

La lutte des vents opposés explique aussi certaines particularités des orages accompagnés de grêle. Tout ce qui tend à mettre l'air en mouvement favorise la formation de la grêle. Voilà pourquoi elle est plus commune dans les montagnes, où la rapidité des courants atmosphériques s'accroît dans les vallées. Si la marche des orages était connue par des observations embrassant une série de plusieurs années, on pourrait, en les rapprochant des dispositions locales, découvrir pourquoi certains pays sont souvent ravagés par la grêle, tandis que d'autres sont presque toujours épargnés. Des vallées étroites entourées de hautes montagnes, telles que le Valais et la vallée d'Aoste, sont rarement visitées par la grêle : ces vallées sont tellement chaudes que les grêlons fondent avant de toucher le sol. En outre, les hautes montagnes qui les dominent empêchent la lutte des vents opposés, ou la limitent aux hautes régions de l'atmosphère, ce qui s'oppose à ce que les grêlons acquièrent un volume considérable. Mais au débouché des vallées, dans la plaine, les orages accompagnés de grêle sont d'autant plus violents (principalement sur le versant méridional des Alpes) que les vents du sud sont arrêtés par les montagnes, tandis que les vents du nord, quand ils les ont traversés, se précipitent impétueusement dans la plaine.

Reste à expliquer pourquoi la plupart des chutes de grêle s'étendent sur un espace très-long et fort peu large, comme l'orage du 13 juillet 1788, qui marcha de la France occidentale jusqu'en Hollande. Les observations manquent pour résoudre ce problème. Cependant, en consultant les *Ephémérides de Mannheim*, on arrive presque à conclure qu'il y avait une lutte entre les vents du nord et ceux du sud. Déjà, à partir du 11 juillet, le baromètre baissait, et d'autant plus qu'on se rapprochait plus de la France. En Bavière l'abaissement du 11 au 12 ne fut en moyenne que de 0^{mm}, 4. ; à Bruxelles, Middlebourg, la Rochelle, de 1^{mm}, 3. Du 12 au 13 le baromètre descendit en Bavière de 3^{mm}, 4, mais à la Rochelle il avait déjà haussé de 2^{mm}, 0; tandis qu'il baissait à Bruxelles et à Middlebourg de 2^{mm}, 2. Du 13 au 14 le baromètre monta partout en Bavière de 2^{mm}, et plus ; en Hollande de 3^{mm}, 3. Il est donc probable que le vent du sud a été refoulé par le vent du nord, et sur toute la ligne, où la lutte s'engagea il y eut des rafales brusques mais violentes qui précipitèrent des grêlons et déracinèrent de gros arbres. Rarement cet ensemble de phénomènes se montre sur une grande étendue, le plus souvent il est circonscrit dans un espace limité; mais toujours la grêle se forme au point de rencontre de deux vents opposés. De même que pendant une année la pluie tombe principalement des nuages amoncelés par le vent du nord, et dans une autre de ceux qui sont amenés par le vent du midi, de même les conditions de la formation de la grêle ne se retrouvent pas tous les ans ; de là la fréquence de la grêle pendant certaines années et sa rareté dans quelques autres. *Voy.* PARAGRÊLE.

GRÊLE ÉLECTRIQUE. *Voy.* MACHINE ÉLECTRIQUE.

GRÉSIL. *Voy.* GRÊLE.

GRIMALDI, vivait au commencement du XVIIe siècle. L'astronomie lui doit des observations sur la position, l'aspect et les grandeurs relatives des étoiles, ainsi que sur les taches de la lune : c'est lui qui les a désignées par les noms des plus illustres astronomes, dénominations qui sont généralement adoptées dans les *sélénographies*.

GROSSISSEMENT. — Le grossissement dans une lunette astronomique s'évalue par la grandeur de l'angle sous lequel est vue l'image, comparé à celui sous lequel on verrait l'objet à l'œil nu. Ce grossissement est égal au nombre de fois que la distance focale de l'objectif contient la distance focale de l'oculaire. Il y a donc avantage à avoir un oculaire d'un long foyer ; telle est la cause obligée de la longueur des lunettes astronomiques. Un autre moyen pour mesurer le grossissement d'une lunette est l'emploi des cristaux biréfringents. Le prisme de Rochon, composé de deux prismes de cristal de roche accolés de manière à former un cube, est surtout propre à cet usage. Comme le rayon ordinaire donne une image, et le rayon extraordinaire une autre image du même objet, si l'on applique ce prisme sur l'oculaire, et qu'on s'éloigne convenablement d'une mire pour amener les deux images au contact, on peut affirmer que l'angle sous-tendu par l'image ordinaire de la mire est égal à l'angle de bifurcation qui est connu pour le prisme dont on se sert. Supposons cet angle de 80'. En mesurant la mire et la distance, on aura l'angle sous lequel, du point d'où l'on observe, on verrait à l'œil nu cette mire; admettons qu'on trouve ainsi 2'. Un angle de 2' devient donc un angle de 80' par l'emploi de la lunette. Donc le grossissement sera $\frac{80}{2}$ = 40 fois. *Voy.* LUNETTE.

Ce procédé s'applique aussi au microscope. Supposons le micromètre divisé en centièmes de millimètre. Le prisme appliqué à l'oculaire donnera deux images qui se superposeront dans leur ensemble, mais dont l'une débordera l'autre sur une de leurs extrémités. Supposons que l'image extraordinaire déborde l'autre de cinq divisions ; on peut supposer que ces cinq divisions sont l'image extraordinaire complète de cinq divisions du micromètre, de sorte que ces deux images seraient en contact ; ce qui rentre dans le cas précédent. Donc, en se servant du même prisme que ci-dessus, cinq centièmes de millimètre sous-tendraient dans le microscope un angle de 80'. Mais on trouve qu'à l'œil nu, et à la distance de 220 millimètres prise pour celle de la vision distincte, les cinq centièmes de millimètre sous-tendent un angle de 47". Donc le grossissement est de 80 minutes, ou 4,800 secondes divisées par 47 ; ce qui revient à 102 fois.

GULFSTREAM, — courant marin le plus considérable de tous ceux que l'on connaît. L'alizé, qui souffle régulièrement sur l'Atlantique, pousse vers l'ouest une masse d'eau considérable : ce courant occidental s'élargit donc toujours jusqu'au cap Saint-Roch, où il se divise en deux branches, dont l'une descend vers le sud, tandis que l'autre remonte vers le nord, en longeant la côte est de l'Amérique. Cette dernière branche entre dans le golfe du Mexique, puis se précipite dans le canal de Bahama, et de là remonte vers le nord, sous le nom de *Gulfstream*, en parcourant environ 80 milles marins, ou 148 kilomètres, dans un jour. Cette masse d'eau, exposée longtemps aux rayons du soleil des tropiques, a une température de plus de 27° au sortir du golfe du Mexique. Le courant s'élargit en remontant la côte américaine, et sa vitesse diminue. Entre Cayo Biscaino et le banc de Bahama, sa largeur est de 9 myriamètres environ; par le parallèle de Charlestown, en face du cap Henlopen, elle s'élève déjà à 23 myriamètres; mais sa vitesse diminue au point qu'il ne parcourt plus que 60 à 70 milles en un jour.

Plus au nord, les côtes de la Géorgie et de la Caroline changent sa direction; il tourne au nord-est, passe près du cap Hatteras, et poursuit sa marche jusqu'au banc de Saint-George, à l'est de Nantucket. Là, par 49° 30' de lat. et 67 de long. ouest de Paris, il a une largeur de 47 myriamètres. Sous ce parallèle, il tourne subitement à l'est, de façon que son bord occidental devient sa limite septentrionale, et longe le banc de Terre-Neuve. Ses limites sont dépendantes des saisons. Lorsque, pendant l'automne, il y a des coups de vent venant du nord et du nord-ouest, alors il se fait entre le banc de Terre-Neuve et la limite occidentale du courant une accumulation d'eau considérable qui le dévie vers l'est. De là il tourne vers l'est-sud-est, jusqu'aux Açores, où sa largeur est de 78 myriamètres ou plus, et sa vitesse, de 30 milles ou 55 kilomètres par jour. Il se meut avec moins de régularité le long de la côte de Guinée; toutefois sa rapidité est encore d'environ 25 milles par jour.

Une branche moins importante et plus dépendante de la direction des vents, se sépare du courant principal vers 45 à 50° lat. nord, près du banc du Bonnet-Flamand, et se dirige vers l'Europe. C'est surtout lorsque les vents d'ouest ont soufflé pendant longtemps sans interruption que ce courant est sensible. Tous les ans il porte sur les côtes de l'Irlande et de la Norwége des fruits et des graines d'arbres qui appartiennent aux parties chaudes de l'Amérique. Sur la côte occidentale des Hébrides on trouve souvent des graines de *Dolichos urens*, *Guilandina Bonduc*, *G. Bonducella*, *Mimosa scandens*, et d'autres plantes de la Jamaïque, de Cuba et du continent américain. Ce courant y apporte aussi des carapaces de tortues, des barriques de vin provenant de navires naufragés dans la mer des Antilles.

Ces mêmes vents d'ouest, qui poussent le *Gulfstream* jusque dans le voisinage de l'Europe, produisent sur les côtes de France un courant local que Rennell a fait connaître; on lui a donné le nom de ce savant géographe. Ces mêmes vents font entrer le courant dans le golfe de Biscaye, où il tourne au nord, longe les côtes de France, et s'élargit dans le voisinage de l'Angleterre au point d'être à peine sensible, à cause de la variabilité des vents.

Le *Gulfstream*, en traversant l'Atlantique, forme un courant bien limité qui conserve pendant longtemps sa température originelle. Déjà, en 1780, Francklin et Blagden recommandaient aux navigateurs d'employer le thermomètre pour s'assurer s'ils étaient dans le *Gulfstream*. D'après M. de Humboldt, la mer avait entre 40° et 41° de latitude une température de 22° 5, tandis qu'en dehors du courant elle était de 17°,5. Lorsque Sabine sortit du courant par 36° 14' N. et 74° O. de longitude, entre 10 heures du matin et midi, le thermomètre descendit, dans l'espace de deux heures de 23°, 3 à 16° 9, ainsi de 6°,4, sans que la profondeur de la mer ait sensiblement changé. La température de l'air au-dessus du courant participe de celle de l'eau, comme le prouvent toutes les observations.

Ces courants élèvent singulièrement la température des côtes qui sont baignées par eux. Dans les latitudes basses, un courant d'eau chaude longe les Florides, tandis qu'un courant venant du nord descend le long de la côte de l'Afrique. Aussi, quoique sous la même latitude, les Florides sont-elles plus chaudes de 1° à 2° que les Canaries. Si nous examinons les pays situés en dehors des vents alizés, les deux côtes ont sensiblement la même température moyenne, les différences commencent vers le 30° de latitude N. sur la côte orientale de l'Amérique, la température s'abaisse beaucoup plus rapidement que sur celle d'Europe à mesure qu'on s'éloigne de l'aquateur. Cet abaissement est surtout sensible dans les points où le *Gulfstream* s'éloigne du nouveau continent.

Les vents de S.-O., qui dominent dans les hautes latitudes, sont échauffés par le *Gulfstream*, et élèvent la température de l'Europe occidentale au point que l'isotherme de zéro coupe la côte de Norwége à 20° plus au nord que celle de l'Amérique, c'est-à-dire à une latitude où l'on trouve sur la côte orientale de l'Amérique des températures de —10° et de —15° dans l'intérieur des terres.

Quoique généralement plus chaude que la côte orientale des deux continents, la côte occidentale de l'Amérique n'a cependant point une température comparable à celle de la côte occidentale de l'Europe; cela tient à la direction des courants marins. Lorsqu'il s'incline à l'ouest, le courant équatorial a une grande largeur; mais les îles, si nombreuses dans l'Océan Pacifique, le détournent de sa direction, et, entre la Nouvelle-Hollande et les Philippines, il y a des courants dépendants des moussons; c'est seulement sur les côtes du Japon qu'on trouve un courant allant au N.-E., et qui est comparable par son étendue et sa rapidité, au *Gulfstream* de l'Atlantique. Toutefois les vents du S.-O. poussent vers l'Amérique des masses d'eau considérables, car on trouve sur les côtes de Californie, et près d'Alaschka, des débris de jonques japonaises; mais jamais ce courant n'atteint la température du *Gulfstream*; aussi les vents qui réchauffent le Kamtschatka et la côte occidentale de l'Amérique ne sont-ils point comparables pour la température à ceux qui ont passé sur le *Gulfstream*.

GYMNOTE. *Voy.* POISSONS ÉLECTRIQUES.

H

HABITATION des astres. *Voy.* ASTRONOMIE (*philosophie*).

HÆMATOCOCCUS VIRIDIS. *Voy.* PLUIE DE SANG.

HALL, ses expériences sur la fusion. *Voy.* FUSION.

HALLEY, né à Londres en 1656, mort le 16 janvier 1742. « Il était ami de Newton et doué d'un esprit capable d'apprécier ses découvertes. Il ne fallut rien moins que ses sollicitations et celles de la Société royale pour vaincre la résistance que la modestie de Newton et son amour pour le repos opposaient à la publication de son immortel livre des Principes. A ce service rendu à la science, Halley en joignit d'autres qui ont contribué plus directement à ses progrès.

« Que des hommes tourmentés par la soif de l'or supportent avec une espèce de courage les peines, les privations et les fatigues; qu'ils bravent même audacieusement; pour satisfaire une coupable avidité, des dangers pressants qui menacent leur existence; c'est un spectacle que le monde ne cesse de présenter à nos regards. Il est une autre sorte de richesses qui n'excitent point la cupidité du vulgaire, mais qui toujours enflamment les desirs du véritable philosophe. S'agit-il de poursuivre la découverte d'une vérité, ou de vaincre les obstacles qui résistent à sa propagation ? son âme s'ouvre aux transports d'une passion violente, aucun sacrifice ne lui coûte pour remplir l'objet de la noble ambition qui le maîtrise. Jeune encore, Halley offre un exemple bien propre à confirmer cette assertion. J'aime à le voir, dans la fleur de l'âge, quitter ses parents, ses amis, sa patrie, pour aller chercher, à travers les périls des mers, une contrée propre à observer une partie du ciel jusqu'alors inconnue. L'île de Sainte-Hélène fixe son choix ; et c'est là qu'une année entière de travaux assidus le met à même de recueillir une longue suite d'importantes observations dont il fait hommage à la science.

« La connaissance des positions de 350 étoiles australes n'est pas le seul fruit que Halley retira de son long et pénible voyage. Des découvertes d'un autre genre couronnèrent son zèle et ses efforts. Dans cette grande mer qui sépare l'Europe et l'Afrique d'avec l'Amérique, il trouva, en quatre endroits différents, que l'aiguille aimantée ne déclinait pas. Il soupçonna qu'ils étaient compris dans une courbe embrassant le globe terrestre, et ayant à un de ses côtés les lieux où la déclinaison serait orientale; à l'autre, ceux où elle serait occidentale. Halley multiplia les observations, les combina avec celles qui lui étaient étrangères, et il eut le plaisir de les voir toutes se réunir pour justifier ce soupçon ; c'est-à-dire, que la déclinaison était orientale ou occidentale et plus ou moins grande, suivant que les lieux étaient situés d'un côté ou de l'autre de cette courbe exempte de déclinaison, et qu'ils en étaient plus ou moins éloignés.

« Pour expliquer ces variations de l'aiguille aimantée, Halley imagine que la terre, supposée creuse, renferme dans son sein un gros aimant sphérique attirant à lui tout ce qui est doué de quelque vertu magnétique, et qui tournant sur un axe particulier différent de celui de la terre, produit une variation continuelle dans la déclinaison de l'aiguille.

« Halley va plus loin ; il fait servir le même principe à expliquer l'important phénomène des aurores boréales. L'intervalle compris entre la surface concave du globe terrestre et la surface convexe de l'aimant situé à son centre, est supposé rempli d'une vapeur légère et lumineuse, qui, venant à s'échapper en certains temps par les pôles de la terre, produit toutes les apparences de ces brillants météores.

« Ces explications ne sont sans doute que des conjectures qui pouvaient paraître plausibles dans un temps où il n'était point encore prouvé que tous les corps terrestres jouissent de la polarité, et où l'on n'avait point encore analysé les différentes forces qui se combinent ou se combattent pour produire les phénomènes magnétiques.

« Gassendi, Huyghens et Hevelius avaient observé le passage de Mercure sur le soleil, mais aucun n'avait eu le plaisir de considérer le passage entier de la planète. Cet avantage était réservé à Halley. Pendant son séjour à l'île Sainte-Hélène, il eut occasion de voir Mercure entrer sur le disque solaire et en sortir. Il observa la durée de ce passage, et cette observation lui valut l'idée d'une méthode pour découvrir la parallaxe du soleil, méthode plus exacte que tout autre, et qui a procuré au siècle passé la connaissance la plus approchée de la vraie distance du soleil à la terre.

« Halley était à peine de retour de l'île de Sainte-Hélène, qu'on le nomma membre de la Société royale. Cette nomination était le prix des services qu'il venait de rendre aux sciences, et les efforts qu'il fit ensuite pour la justifier valurent à la physique de nouvelles découvertes. Il perfectionna la cloche du plongeur, dont la véritable origine est inconnue, et la fit servir à son usage pour diverses observations. Le premier, il appliqua les logarithmes à la mesure des hauteurs des lieux par l'abaissement du mercure dans le baromètre, et répandit quelque clarté sur le phénomène des variations que cet instrument éprouve lorsque le ciel est serein, et lorsqu'il se couvre de nuages, précurseurs ordinaires de la pluie. Il trouva, par expérience, que l'eau, depuis le froid qui produit sa congélation jusqu'au degré de l'ébullition, se dilate de $\frac{1}{14}$ de son volume; détermina les dimensions des iris formées par des rayons qui avant de sortir de la goutte d'eau, souffriraient un nombre quelconque de réflexions, donna à la théorie de la lune quelque degré de perfection, développa la sublime théorie de Newton sur les comètes, et construisit des tables astronomiques, fruit précieux de vingt années d'observations faites avec exactitude, recueillies avec soin et combinées avec la plus grande sagacité. Halley était alors directeur de l'observatoire de Greenwich, à la place du célèbre Flamsteed, qui mérite une place distinguée dans l'histoire particulière de la physique céleste. Elle doit principalement à cet habile observateur d'avoir considérablement augmenté le nombre des étoiles visibles, et d'être parvenu, par des études suivies avec constance, à déterminer leur position respective avec une grande précision. » (Libes.)

HALOS (ἅλως, cercle lumineux).—Les halos sont de grands anneaux irisés qui se montrent sur les nuages autour du soleil et de la lune, mais bien plus rarement que les couronnes, dont ils diffèrent par leur grandeur, et surtout parce qu'ils ont le rouge en dedans. On n'en voit jamais que deux ; leurs demi-diamètres sont de 22° et de 45° à peu près ; le plus grand est très-rare. L'espace qu'ils comprennent est plus sombre que la partie du ciel située à l'extérieur; souvent ils paraissent ovales, mais des mesures directes prouvent qu'ils sont circulaires; l'illusion tient sans doute, au moins en partie, à la forme apparente du ciel.

Il est extrêmement probable, comme le supposaient Mariotte et Newton, que le premier halo est dû à la décomposition de la lumière par de petites aiguilles de neige ayant des angles réfringents de 60°. Il semble d'abord que les aiguilles étant disposées de toutes les manières possibles dans les nuages, la lumière décomposée devrait être dispersée également dans tous les sens, et par cela même recomposée, ce qui produirait seulement une blancheur et une demi-transparence analogues à celles du verre dépoli. Mais rappelons-nous qu'il y a pour les prismes une position qu'on peut faire varier notablement sans presque changer la déviation; alors c'est évidemment comme si cette position était dominante. Or, si pour plus de simplicité d'abord nous supposons que le soleil soit réduit à un point, et qu'il envoie seulement de la lumière rouge, nous aurons 21° 50' pour la déviation *minima* dans un prisme de glace de 60° et nous pourrons affirmer que le rouge diminuera dans les directions qui font cet angle avec les rayons solaires. Ainsi l'œil verra le rouge dominer à 21° 50' tout autour de sa droite menée au centre du soleil; dans les autres directions il n'y aura pas de rayons *efficaces*. Maintenant, si nous rendons au soleil ses dimensions, nous concevrons qu'au lieu d'une simple circonférence on devra voir une bande circulaire rouge, large d'un demi-degré, dont le diamètre intérieur sera de 21° 35'; puis viendront se superposer les bandes des autres couleurs de même largeur, mais d'un plus grand diamètre, de sorte que le rouge débordera en dedans et le violet en dehors. Il est clair que si l'œil change de place il reçoit d'autres rayons efficaces ayant la même direction que les premiers, mais qui lui font voir le halo sur d'autres points du nuage; celui-ci a quelquefois assez d'étendue pour que le phénomène soit visible en des points distants de 40 lieues, comme l'a remarqué M. Delezenne.

Le grand halo est beaucoup plus rose que le petit. Cavendish l'a expliqué par des prismes de glace de 90°. M. Brewster dit avoir vu dans une gelée blanche de petites aiguilles offrant cet angle; le calcul donne dans ce cas 45° 44' pour la déviation *minima*.

M. Arago a reconnu que la lumière des halos était polarisée par réfraction, ce qui confirme la théorie de Mariotte, laquelle d'ailleurs s'accorde bien avec les mesures directes, car MM. Peytier et Hossard, qui ont mesuré un grand nombre de halos dans les Pyrénées, ont trouvé, terme moyen pour les demi-diamètres, 21° 52' et 45° 27'. M. Brewster a indiqué un moyen très-simple de reproduire des anneaux colorés tout à fait analogues aux halos; il suffit pour cela de regarder le soleil ou une bougie à travers une vitre couverte d'une légère cristallisation de chlorure d'étain ou d'alun; ce dernier sel donne trois halos.

HARDING (Charles-Louis), né le 29 septembre 1765 à Lauenbourg. C'est à lui qu'on doit la découverte de la planète Junon, le 1er septembre 1804, et cette découverte lui valut la chaire d'astronomie à Gœttingue, où il mourut le 13 août 1834. Il a publié en 1822 un beau travail sur les étoiles, *Atlas novus cœlestis*, 27 cartes; depuis 1830 il publiait aussi de *petites éphémérides astronomiques* à l'usage des amateurs.

HARMATTAN. *Voy.* Vents

HARMONIE. *Voy.* Vibrations *(acoust.)*.

HARMONIE des eaux. *Voy.* Eau.

HAUTEUR de la limite des neiges perpétuelles dans les différentes chaînes de montagnes. *Voy.* Température.

HAUTEUR du baromètre au bord de la mer. *Voy.* Baromètre. — Dans les diverses saisons. *Ibid.*

HAUTEUR du pôle; c'est la latitude du lieu où elle est prise.

HÉLIOSTAT (ἥλιος, soleil, στάω, s'arrêter). — Instrument imaginé par S'Gravesande et réglé par un mouvement d'horlogerie, destiné à projeter invariablement l'image du soleil sur un point. Fahrenheit en a construit un aussi, bien plus simple que celui de Gombey, pour fixer à volonté le rayon solaire dans telle direction qu'on choisit.

M. Silbermann, préparateur à la Faculté des sciences et au Conservatoire, a imaginé depuis peu un nouvel héliostat, qui n'est pas moins remarquable par la simplicité de sa construction que par la facilité avec laquelle il peut être disposé partout, sans aucun calcul préalable.

HÉMISPHÈRES, cause de la différence de leur température. *Voy.* TEMPÉRATURE et TERRE; — inégalité de longueur des saisons dans les deux hémisphères. *Voy.* TEMPS.

HERSCHELL (William), célèbre astronome, né en 1738, à Hanovre, mort en 1822, était fils d'un habile musicien. Il exerça lui-même quelque temps la profession de son père vint, en 1759, se fixer en Angleterre, où pendant quelques années il vécut péniblement du produit de ses leçons; fut nommé organiste à Halifax, en 1765, puis à Bath (1766), et vit dès lors sa position s'améliorer. Il se trouva conduit par l'étude de la musique à celle des mathématiques, et de là à l'astronomie; il ne cultiva d'abord la science que par délassement; mais bientôt, y ayant obtenu de brillants succès, il abandonna son état et se livra tout entier à ses nouvelles études. Trop pauvre pour acheter des télescopes, il se mit à en fabriquer lui-même (1774); il ne tarda pas à exécuter des instruments plus parfaits et plus puissants que tous ceux que l'on connaissait (entre autres un télescope long de 40 pieds anglais ou 12 mètres, qui exigea quatre ans de travail, 1785-89).

Avec le secours de ces instruments, il fit les découvertes les plus importantes et les plus inattendues; ainsi il découvrit une nouvelle planète, Uranus (13 mars 1781), puis ses satellites (1787), et deux nouveaux satellites de Saturne (1789); il reconnut que le système solaire n'est pas fixe, et qu'il se porte tout entier vers la constellation d'Hercule; il donna une attention particulière aux nébuleuses, aperçut, dans les masses blanches qui les forment, un nombre prodigieux de petites étoiles, reconnut parmi celles-ci des étoiles centrales, autour desquelles les autres exécutent une révolution régulière, et ouvrit ainsi une voie nouvelle aux observations. Le roi George III lui accorda une protection toute particulière; il lui fit une pension viagère de 300 guinées, et, afin de l'avoir près de lui, lui donna, au bourg de Slough, une habitation voisine de son château de Windsor; c'est là qu'Herschell a fait la plupart de ses observations. La Société Royale de Londres s'empressa de l'admettre dans son sein; il ne tarda pas même à en devenir président. Herschell eut pour auxiliaire, dans la construction de ses télescopes, un de ses frères, et dans la rédaction de ses observations astronomiques, sa sœur Caroline, qui fit elle-même quelques découvertes. Herschell a laissé une foule de mémoires qui ont été insérés (au nombre de 71) dans les *Transactions philosophiques* de la Société Royale, et qui forment une des principales richesses de ce recueil; ils ont rapport, les uns à l'optique et à la construction des instruments d'optique; les autres, au soleil et au système solaire, aux planètes, à leurs satellites, aux comètes; d'autres enfin, à l'astronomie stellaire, qu'il créa presque en entier. — Il a laissé un fils, John Herschell, qui, héritant de ses goûts scientifiques et de ses secrets pour la fabrication des verres de télescope, occupe aujourd'hui un rang distingué parmi les astronomes et les physiciens.

HERSCHELL. *Voy.* URANUS.

HIMALAYA, température différente de ses deux versants. *Voy.* GLACIER, TEMPÉRATURE.

HIPPARQUE *de Rhodes* ou *le Bithynien*, vivait vers 150 avant J.-C. C'est le plus illustre astronome des anciens, et le seul qui ait donné à la science des fondements solides: le premier il découvrit l'*excentricité des orbites planétaires* et plusieurs des *inégalités lunaires*. Ses observations lui permirent de fixer la durée de l'année avec une grande précision: il fit un recueil de toutes les éclipses observées par les anciens Chaldéens et Egyptiens, et détermina le mouvement des étoiles dû à la précession des équinoxes; mais son travail le plus important est son *catalogue d'étoiles*, dressé dans l'intention de faire reconnaître s'il n'en apparaît point de nouvelles: ce catalogue, transmis par *Ptolomée*, contient les longitudes, les latitudes et les grandeurs apparentes de 1022 étoiles pour l'année 128 avant notre ère.

HIVER. *Voy.* SAISONS.

HIVERS, devenus un peu moins froids; pourquoi? *Voy.* TEMPÉRATURE.

HOMME, dans ses rapports avec les saisons. *Voy.* SAISONS et TERRE.

HOMME, chaleur qu'il produit. *Voy.* CHALEUR (sources de).

HOMME, ses rapports avec la gravitation; — avec le relief du globe; — avec les saisons et les climats; — avec les mers; — avec les météores divers; — avec le règne animal et végétal; — faiblesse et impuissance du travail individuel et manuel; — sa puissance industrielle, et auxiliaires innombrables empruntés aux forces de la nature; — nécessité du travail; etc., etc., *Voy.* TERRE (*ses rapports avec la race humaine*).

HOMME, intérêt qu'il inspire dans les parties de la création qui sont éloignées de lui; *Voy.* ASTRONOMIE, § V.

HOOK (Robert), né à Freshwater, le 16 juillet 1638, mort le 3 mai 1703.

L'historien de la Société royale de Londres attribue au docteur Hook un grand nombre d'inventions, parmi lesquelles celle de l'usage de la cycloïde pour rendre parfaitement égal le mouvement du pendule lui est entièrement étrangère. La découverte du ressort spiral, qui sert à régler les montres, paraît ne pouvoir lui être disputée; et cette découverte, précieuse par son importance et son utilité, est un titre à la célébrité.

Le docteur Hook perfectionna le microscope en augmentant le nombre des lentilles dont cet instrument se compose; et il le fit servir à rendre sensibles des objets doués d'une grande ténuité, qui avaient échappé aux regards attentifs d'un grand nombre d'observateurs.

On doit au docteur Hook l'importante observation des taches de Jupiter et de Mars, et le soupçon bien fondé de la rotation de ces planètes ; mais ce qui fait le plus d'honneur à son génie, ce sont ses idées lumineuses sur la cause des mouvements qui animent les corps célestes. Il reconnaît que le mouvement en ligne droite est le mouvement naturel des corps. S'ils décrivent un cercle ou une ellipse, c'est qu'ils sont sans cesse détournés par quelque force de la direction rectiligne. Tous les corps célestes ont non-seulement une tendance de toutes les parties vers le centre, mais ils s'attirent mutuellement les uns les autres, et l'attraction est d'autant plus puissante que ces corps sont plus voisins.

Ces principes n'ont sans doute point le mérite de la nouveauté. Le premier était connu de Descartes ; le second de Copernic, et le troisième de Képler. Mais ils étaient isolés dans la tête des inventeurs ; et c'est au docteur Hook qu'est due l'idée heureuse de les rapprocher, de les unir, de leur donner aussi plus de force et de clarté ; enfin de les faire servir de base au système de l'univers ; il fit plus, il essaya avec quelque succès de les confirmer par des expériences délicates.

Une boule suspendue à un long fil fait ses vibrations comme un pendule. Hook la frappe latéralement, et il observe qu'au lieu de décrire un arc de cercle dans le plan vertical, comme elle faisait auparavant, elle se meut horizontalement en décrivant une ellipse, ou une courbe semblable autour de la ligne verticale. Ce n'est pas tout : au moyen d'un second fil, il attache une boule plus petite au fil de la première, alors en repos dans la ligne verticale ; et il fait mouvoir la petite boule circulairement autour de cette ligne. Il met ensuite la grande boule en mouvement comme dans l'expérience précédente. Mais ni l'une ni l'autre des deux boules ne décrivent plus une ellipse. Le point qui marchait dans l'ellipse était un point moyen entre elles, et ce point était le centre de pesanteur. Hook croit voir la terre et la lune représentées par les deux boules unies dans cette expérience ; et il lui paraît en résulter que ce n'est point la terre, mais le centre de pesanteur des deux planètes qui décrit une ellipse autour du soleil.

Hook était ingénieux à observer et à interroger la nature. Ses expériences intéressent, et ses idées ont de la grandeur et de l'élévation. Mais on ne peut s'empêcher d'avouer qu'elles sont insuffisantes. Elles attendent que la nature, toujours lente à se dévoiler entièrement, enfante l'homme de génie qui doit les saisir, les épurer et leur donner le degré de maturité qui leur convient.

Le docteur Hook modifia avantageusement le baromètre imaginé par Huyghens ; mais malgré ces modifications, cet instrument conserve des défauts essentiels qui en interdisent l'usage.

Le baromètre à poulie, connu aussi sous le nom de *baromètre à cadran*, est une invention ingénieuse qui appartient au docteur Hook. Quelques détails sur le mécanisme de sa construction ne seront point déplacés dans l'histoire de la physique.

Sur la surface du mercure renfermé dans un tube ouvert et recourbé par son extrémité inférieure, scellé et renflé par son autre extrémité, repose un petit cylindre de fer suspendu à un fil qui enveloppe une poulie, et dont le mouvement détermine celui de la poulie. A l'autre extrémité du fil est suspendu un poids qui tient le fil tendu, et qui fait presque équilibre avec le petit cylindre de fer. La poulie est traversée par un axe qui porte une longue aiguille, et cette aiguille montre sur un grand cercle gradué les variations de la hauteur de la colonne de mercure suspendue dans le tube. Il est visible qu'à mesure que le mercure s'élève ou s'abaisse sensiblement dans le tube, le petit cylindre de fer doit monter ou descendre, déterminer le mouvement de la poulie, et conséquemment celui de l'aiguille, tantôt dans un sens, tantôt dans un sens opposé. Mais si la pression de l'air éprouve de légères variations, la dépression ou l'élévation du mercure sera très-petite ; et conséquemment le petit cylindre de fer ne sera animé que d'un très-léger mouvement, insuffisant sans doute pour vaincre le frottement qui résiste au mouvement de la poulie. Cet instrument ne peut donc servir pour des observations délicates qui exigent une grande précision. Il est utile dans le commerce ordinaire de la vie, parce qu'il fait voir d'un coup d'œil les variations du baromètre, qui sont rendues très-sensibles.

HORIZON (ὁρίζω, je borne). — C'est la portion de surface terrestre que peut embrasser l'œil d'un observateur situé sur une éminence dominant une vaste plaine, ou sur le pont d'un vaisseau en pleine mer. Cet horizon, bornant de toutes parts la vue de l'observateur qui en occupe le centre, se nomme horizon *sensible* ou *matériel*.

L'horizon *rationnel* est le plan mené par le centre de la terre parallèlement à l'horizon sensible, et prolongé jusqu'à la sphère céleste. Son nom vient de ce qu'on ne peut l'apercevoir, mais seulement le concevoir par la raison.

Pour un lieu quelconque, l'un ou l'autre horizon est perpendiculaire à la *verticale* du lieu ou à la direction que suit dans ce lieu le fil à plomb. Cette verticale rencontre la sphère céleste en deux points opposés, l'un, nommé *zénith*, situé au-dessus de l'horizon, l'autre nommé *nadir*, situé au-dessous de ce plan.

L'horizon rationnel, passant par le centre commun de la terre et de la sphère céleste, divise l'une et l'autre en deux parties égales. L'hémisphère céleste, qui contient le zénith, se nomme l'*hémisphère supérieur* ou *visible*, parce que les astres ne sont visibles que lorsqu'ils sont situés dans cet hémisphère ; l'autre hémisphère, qui contient le nadir se nomme l'*hémisphère inférieur* ou *invisible*.

HUMIDITÉ. — On sait que certaines localités sont dites humides, parce que toutes leurs surfaces sont continuellement moites ; que les corps qui y sont placés participent à cette moiteur, et qu'on y éprouve une impression de fraîcheur qui contraste avec ce qu'on ressent au dehors. Cela tient à ce que dans ces localités, qui sont toujours au contact du sol, la matière qui forme les parois agit par capillarité sur l'eau du sol et s'en imprégne; de là la moiteur de la surface; or, comme à la température médiocre qui règne en ces lieux, l'air est à peu près saturé de vapeurs, quoiqu'il n'en contienne pas une quantité considérable, l'évaporation de l'eau ne saurait avoir lieu. Si le renouvellement de l'air s'y opérait, à de l'air presque saturé succéderait de l'air plus sec, qui pourrait absorber une nouvelle quantité de vapeur. Les murs et tous les objets qu'ils renferment céderaient une partie de la couche humide qui les recouvre, la peau en ferait autant, et toutes les impressions seraient modifiées.

Dans les lieux dits humides, les murs, surtout dans leur partie inférieure, sont toujours plus ou moins détériorés, et cette altération offre plusieurs sortes d'inconvénients. E le provient de ce que le plâtre ou le ciment des parties basses boit l'humidité du sol; cette eau, en imprégnant le plâtre, le fait gonfler souvent outre mesure, et brise la surface des enduits. Quand les matériaux du mur contiennent du salpêtre, l'*effet est alors* très-prononcé, à cause de la grande déliquescence de ce sel.

Les remèdes à cette altération sont de trois sortes.

On peut revêtir le pied des murs d'une couche de quelque substance imperméable à l'eau, de bitume, de mastic hydrofuge, dont beaucoup de variétés ont été proposées. Nous croyons que le *bitume, appliqué avec* intelligence, serait le meilleur de ces enduits.

La seconde méthode consiste à appliquer contre les murs, dans toute l'étendue de la surface altérable, des feuilles de métal minces, comme de plomb, de zinc et même de cuivre. Elles sont clouées les unes sur les autres, bord à bord, et appliquées solidement à la muraille, puis peintes comme le reste de l'appartement. Les altérations que peut subir la surface du mur sont étouffées sous cette cuirasse, et aucune ne se produit à l'extérieur. Ce système a encore, outre le mérite de la simplicité, celui d'une certaine économie, en ce sens que les feuilles métalliques ne sont pas un capital perdu, et peuvent se transporter partout ailleurs.

Un troisième moyen consiste à faire des murs artificiels au moyen de dalles minces qu'on applique à quelques millimètres en avant du véritable mur. Il en résulte un courant d'air qui balaye une partie de l'humidité provenant du sol; et comme d'ailleurs ces dalles ne sont ni déliquescentes ni spongieuses, les effets précités ne se produisent plus à l'intérieur.

Nous rapporterons à ce genre de phénomènes l'humidité absorbée par les chaussures, et à laquelle on oppose divers moyens qui reviennent tous à boucher les pores des tuyaux capillaires. On garnit le cuir de certaines substances imperméables, ou on lui substitue d'autres substances sur lesquelles l'eau est tout à fait sans action, le caoutchouc, par exemple. C'est par un semblable motif que l'on goudronne les câbles des navires.

Mais si l'on essaye généralement de repousser l'humidité qui pénètre la surface des corps, dans d'autres cas, au contraire, on l'appelle comme une action bienfaisante, et l'on favorise sa production. Les canaux et les rigoles qu'on creuse dans les prairies, et dans lesquels on dérive les eaux des rivières, ont pour effet non d'arroser le sol, car les infiltrations latérales n'ont que fort peu d'étendue, mais de répandre dans l'air une quantité de vapeur d'eau plus considérable, vapeur que les plantes fourragères s'assimilent avec avantage. Tout le monde a entendu parler des merveilleux effets du plâtre sur les prairies artificielles. Il y a lieu de croire que le plâtre agit ici, non comme stimulant, mais par sa légère déliquescence qui attire et fixe à la surface du sol la vapeur d'eau contenue dans l'air, et fournit à la racine des plantes l'humidité dont le contact leur est si précieux.

HUYGHENS (Christian), savant hollandais, fils d'un ministre de Guillaume III, prince d'Orange, naquit à la Haye en 1629. Recherché par tous les princes de l'Europe, il visita la France, l'Angleterre, et fut, en 1665, appelé à Paris par Louis XIV, qui le nomma, un *des premiers*, membre de l'académie des sciences, et lui donna une pension considérable. Voici un aperçu de ses travaux et de ses découvertes les plus remarquables.

Il existe entre les oscillations du pendule une égalité de durée qui n'échappa point aux regards attentifs de Galilée. Le premier il eut l'idée de la *faire servir* à la mesure du temps; mais comment compter les vibrations qui s'effectuent avec une grande célérité? Comment perpétuer le mouvement du pendule dont la résistance de l'air sollicite sans cesse le repos? Tels sont les obstacles qui empêchèrent Galilée de réaliser son idée, et que le génie d'Huyghens, secondé par la réflexion, vint à bout de surmonter. Il applique à la partie supérieure du pendule deux palettes disposées de manière qu'à chaque vibration elles ne laissent passer qu'une dent de la roue avec laquelle elles s'engrènent. Le mouvement de la roue se règle sur celui du pendule; et puisque les vibrations sont toujours égales, les pas de la roue s'effectuent dans le même temps. Cette roue communique son mouvement au rouage qui porte des aiguilles, et qui marque sur un cadran le nombre des vibrations accomplies. Il y a plus; dans cette machine, le poids qui en est le moteur, sollicité à descendre, tend à faire mouvoir la roue: la roue fait un léger effort sur la palette, et rend ainsi au pendule, à chaque vibration, la quantité de mouvement que la résistance de l'air lui fait perdre.

Telle est l'importante machine imaginée et exécutée par Huyghens pour les besoins de la physique et pour ceux de l'humanité. La première qui sortit de ses mains fut présentée aux états de Hollande le 16 juin 1657. En vain a-t-on voulu revendiquer, en faveur de Galilée ou de son fils, la gloire de cette ingénieuse découverte; cette réclamation, dénuée de preuves, est tombée dans l'oubli.

Accoutumé à la précision géométrique, Huyghens ne tarda pas à former des doutes sur l'exacte uniformité de sa nouvelle horloge. L'égalité des vibrations n'est pas exacte, et les différences, quoique très-petites, si on les considère isolément, peuvent devenir sensibles par des additions successives pendant un long intervalle. Pour faire disparaître cet inconvénient, Huyghens emprunta à la *géométrie* ses figures et son *langage*; il chercha quelle était la courbe le long de laquelle il fallait faire descendre un corps pour que le temps de la chute fût constamment le même, *quel que* soit le point de cette courbe *qui serve* de point de départ; et il trouva que cette courbe est la cycloïde; et voici le moyen qui le conduisit à cette découverte. Si l'on couche un fil le *long d'une courbe, et que, saisissant* une extrémité de ce fil, on le déplie successivement, cette extrémité décrira une seconde courbe : et Huyghens trouva que la première de ces courbes d'où le fil déroule, étant une cycloïde, la seconde *qui se développe* l'est aussi. Alors Huyghens suspendit la verge de son pendule à des fils de soie, et y plaça, vers le point de suspension, deux petites lames métalliques courbées en arc cycloïdal, afin que ces fils se pliassent sur les lames cycloïdales pendant les *oscillations*.

Cet ingénieux mécanisme fut d'abord accueilli avec transport : on y a renoncé ensuite, soit à cause de la difficulté de courber exactement des lames en arcs cycloïdaux, soit parce que l'expérience a appris que, pourvu qu'un pendule ne fasse que des oscillations peu étendues, elles sont toutes et *constamment égales*.

Il ne suffit pas de rendre les vibrations isochrones, il faut encore savoir mesurer la durée de chaque vibration, ou plutôt le rapport de cette durée avec la longueur et la forme du *pendule*. La chose serait facile si le pendule *était simple, c'est-à-dire, s'il* consistait en un poids réduit à un point, et situé à l'extrémité d'une verge sans pesanteur. Cela n'est pas : tous les pendules qui servent à nos usages se composent de verges métalliques qui pèsent par plusieurs points; il s'agit donc de déterminer le point du pendule composé qui ferait ses vibrations dans le même temps que ce pendule, si tous les poids y étaient réunis. Cette recherche est celle des centres d'oscillation : Huyghens s'en occupe, et bientôt il donne de cet important problème une solution satisfaisante.

La connaissance de la force centrifuge était étrangère aux philosophes de l'antiquité. Descartes l'a reconnue le premier; mais il s'est borné à en annoncer l'existence : c'est à Huyghens qu'est dû l'honneur d'avoir déterminé sa mesure et les lois qui la maîtrisent dans le mouvement circulaire.

Lorsqu'un corps se meut dans un cercle, il est animé par deux forces, l'une centrale ou centripète, qui le sollicite vers le centre, et l'autre qu'on nomme force de projection, toujours dirigée suivant la tangente du cercle, au point où se trouve le corps. En se *combinant*, ces deux forces engendrent la force *centrifuge*; et cette nouvelle force, toujours égale et opposée à la force centrale, la détruit à chaque instant. Le corps ne cesse pourtant pas de se mouvoir, parce que la force centrale renaissant sans cesse, s'unit étroitement à la force de projection pour faire naître la force centrifuge.

Ne perdons pas de vue Huyghens dans le cours de ses profondes recherches; il s'occupe de fixer la *mesure absolue de la force centrale, ou de son égale, la force centrifuge*. Le mobile parcourant un des éléments de la courbe circulaire, la force centrale est exprimée par la partie du rayon qui marque de combien le corps s'est approché du centre; et *cette partie du rayon est le sinus-verse de l'arc décrit* : il égale *le carré* de l'arc divisé par une constante; cet arc est l'espace parcouru d'un mouvement uniforme pendant la durée d'un instant infiniment *petit*; il est *proportionnel à la vitesse*, et il en résulte que la force centrifuge égale le carré de la vitesse.

Cette découverte n'est point stérile entre les mains de son auteur. Suivons les traces de son génie, ce sont celles de l'esprit humain; nous allons voir cette vérité se développer et en enfanter de nouvelles dont il me sera facile de faire sentir l'importance.

Huyghens compare les forces centrifuges de plusieurs corps animés d'un mouvement circulaire. Si les masses et les distances au centre sont égales, *les forces sont visiblement comme les carrés des vitesses*; si les vitesses *et les distances* au centre sont les mêmes, les forces sont comme les masses, puisque la masse doit toujours entrer comme élément dans l'estimation de *la force*; si les vitesses et les masses sont égales, les forces sont comme les distances au centre; enfin, si l'on *fait varier* ces trois éléments *à la fois*, les forces sont en raison composée des masses, des distances au centre et des carrés des vitesses; mais la vitesse d'un corps qui circule est toujours réciproque au temps qu'il emploie à faire sa révolution. On peut donc substituer aux carrés des vitesses *la raison réciproque* des carrés des temps; et conséquemment les forces centrifuges sont comme les produits des masses et des distances au centre, divisés par les carrés des temps que les corps emploient à faire leurs révolutions; vérité mémorable qui a conduit Newton à dévoiler les mouvements des corps célestes et à démontrer la loi de la gravitation.

Si quelqu'un regarde cette assertion comme équivoque, qu'il combine cette vérité avec une des lois dont Képler nous a dévoilé l'existence, celle qui établit une exacte proportionnalité entre les cubes des distances moyennes des planètes et les carrés des temps qu'elles emploient à faire leurs révolutions ; il verra naître de cette combinaison cet important résultat, savoir, que la force centrale dont les planètes sont animées égale leur distance au soleil, divisé par le cube de cette même distance, c'est-à-dire qu'elle est réciproque au carré de la distance. Les planètes, il est vrai, ne se meuvent point dans des orbes exactement circulaires; mais le rapport constant des carrés des temps des révolutions aux cubes des distances étant indépendant de l'excentricité, il subsisterait sans doute encore dans le cas où l'excentricité serait nulle, c'est-à-dire si les planètes décrivaient des orbes parfaitement circulaires.

Après Galilée, Hévélius s'occupe de tailler les verres, de les polir, et de donner ainsi au télescope quelque degré de perfection. Il fit plus, il essaya d'augmenter la puissance de l'instrument en donnant au foyer plus de longueur; mais il n'osa franchir une certaine limite, et ses tentatives se bornèrent à fabriquer des télescopes de quatorze à quinze pieds. Huyghens, dès ses premiers efforts, en construisit un de vingt-trois pieds, qui grossissait cent fois, tandis que celui d'Hévélius grossissait à peine cinquante. Huyghens l'employa d'abord à considérer Jupiter et à confirmer la découverte des quatre satellites dont Galilée avait annoncé l'existence. Il le dirigea vers Saturne, et il aperçut autour de la planète une bande lumineuse s'étendant au dehors pour lui former comme deux anses, que Galilée avait comparées à des écuyers destinés à soulager la faiblesse du vieux Saturne, à adoucir les rigueurs de sa décrépitude. Ce phénomène, observé avec soin, offrit à Huyghens le spectacle des plus étonnantes variations. Il vit ces deux anses se rétrécir par degrés et disparaître entièrement. Elles reparurent ensuite, et s'élargirent au point de laisser entre elles et Saturne un espace vide qui rendait le ciel et les étoiles visibles à l'observateur.

Pour expliquer ces bizarres apparences, Huyghens imagina que cette bande lumineuse est une espèce d'anneau circulaire solide propre à réfléchir la lumière, qui joint à une épaisseur très-petite une largeur assez considérable, et dont la situation est inclinée au plan de l'orbite de Saturne. Le mouvement de la terre et celui de Saturne, dans leurs orbites respectives, doivent nous faire changer continuellement de position à l'égard du plan de cet anneau. Si ce plan prolongé passe par la terre, nous ne voyons l'anneau que par son épaisseur qui, recevant peu de lumière, ne nous en envoie pas assez pour faire impression sur la rétine; et alors l'anneau n'est pas visible. Bientôt après on aperçoit un filet de lumière qui, à mesure que la terre s'élève au-dessus de l'anneau, s'agrandit successivement, jusqu'à ce que les anses se montrent avec les circonstances qui accompagnent leur apparition.

Cette explication fut reçue, dans son temps, comme une conjecture ingénieuse et plausible. Des observations continuées pendant plus d'un siècle l'ont convertie en certitude. L'existence de l'anneau circulaire de Saturne ne peut être, de nos jours, regardée comme équivoque.

Les soins qu'Huyghens s'était donnés pour la découverte de l'anneau lui valurent celle d'un des satellites de Saturne; et il est probable qu'il serait parvenu à en découvrir plusieurs autres, s'il eût su se dépouiller de l'antique préjugé qui attribuait aux nombres des propriétés mystérieuses. Il crut que le nombre des satellites ne pouvait être ni plus grand ni plus petit que le nombre des planètes, et que conséquemment la découverte qu'il venait de faire d'un satellite de Saturne complétait entièrement notre système planétaire. C'est ainsi que l'homme de génie, s'élevant par des qualités éminentes jusqu'à la sublimité du ciel, tient toujours à la terre par quelque faiblesse qui décèle la fragilité de son espèce.

La sphère d'activité des sens que nous tenons de la nature est renfermée dans des limites très-étroites. Les objets doués d'une grande ténuité échappent à nos regards ; et ceux qui ont beaucoup de masse et de volume sont également invisibles lorsqu'ils sont séparés de nous par un immense intervalle. Le microscope et le télescope ont fait disparaître ces défectuosités en agrandissant le domaine de la vision ; mais ces nouveaux organes, ajoutés à ceux de l'humanité, doivent à l'homme l'existence. Il semble que la nature ait eu besoin de son secours pour perfectionner le plus parfait de ses ouvrages. Les besoins de la physique céleste commandent l'invention d'un nouvel instrument qui soit propre à mesurer les petits espaces, les petits intervalles, avec une exactitude rigoureuse : Huyghens conçoit la possibilité de la découverte ; c'est assez pour son génie. Il la change en réalité, et le micromètre prend naissance.

Huyghens était disciple de Descartes ; mais loin de suivre son maître comme un aveugle qui se laisse traîner par un guide, il marche avec lui comme un homme éclairé, marche avec un autre homme qui lui offre le flambeau d'une méthode lumineuse. Parmi les diverses hypothèses de Descartes, celle de la propagation de la lumière plut particulièrement à Huyghens : il l'embrassa avec transport; et, lorsqu'il ne fut plus possible de la concilier avec l'observation, il lui fit éprouver des modifications avantageuses qui la transformèrent en une hypothèse nouvelle.

Huyghens trouve entre le son et la lumière plusieurs traits de ressemblance. Le son se propage dans l'air par des ondes dont le corps sonore est le centre. La lumière se répand par ondes dans un fluide infiniment plus délié, plus élastique, plus agité que l'air ; et chaque point du corps lumineux forme une onde dont il est le centre. Lorsqu'une onde est formée par l'agitation d'un point lumineux, il se forme encore dans toute l'étendue qu'elle embrasse autant d'ondes particulières qu'il y a de points dans le fluide ébranlé ; chaque point devient ainsi le centre d'une onde particulière; et toutes ces ondes concourent à fortifier la principale. Cette hypothèse se plie entre les mains d'Huyghens à expliquer d'une manière assez satisfaisante les phénomènes de la réflexion et de la réfraction de la lumière.

Aristote connaissait les phénomènes des couronnes et des parhélies; mais il les avait observés avec peu de soin, avec peu d'exactitude. Il avance, et tous les physiciens ont avancé après lui, jusqu'au XVIIe siècle, qu'on ne voit jamais plus de deux parhélies ensemble, tandis qu'on en observe souvent un plus grand nombre. Scheinerus observa à Rome cinq soleils, le 29 mars 1629; et Hévélius remarqua à Dantzick en 1661, le soleil accompagné de six images solaires, qui le ravirent d'admiration et de surprise. Ces considérations portent à croire, ou du moins à soupçonner que, jusqu'au XVIIe siècle, on n'a regardé comme de vrais parhélies que les deux parhélies latéraux qui sont les plus considérables. On ne faisait aucune attention aux autres qui sont faibles et languissants.

Huyghens fait ces réflexions judicieuses dans sa dissertation sur les couronnes et les parhélies. Il observe, 1° qu'à l'époque de l'apparition des parhélies, le temps n'est jamais serein ; toujours on voit flotter de loin en loin, dans l'atmosphère, de légers nuages qui altèrent sa transparence ; 2° que les parhélies se montrent le plus souvent pendant l'hiver, lorsque le vent du nord souffle ; 3° que lorsque les parhélies disparaissent, il tombe ordinairement de la pluie, ou même de la neige, sous forme d'aiguilles.

Ces diverses circonstances, combinées avec les lois de la réflexion et de la réfraction de la lumière, conduisent Huyghens à prouver que les parhélies sont formés par la réflexion des rayons solaires sur un nuage, qui lui est opposé d'une certaine manière, et que les couronnes dépendent, comme l'arc-en-ciel, de la réfraction que font souffrir aux rayons solaires les molécules aqueuses dispersées dans l'atmosphère, avec cette différence que dans l'arc-en-ciel il y a réfraction et réflexion des rayons, tandis que la réfraction seule produit le phénomène des couronnes.

Dans son passage de l'état liquide à l'état solide, l'eau acquiert plus de volume. Galilée avait annoncé le phénomène. Il fixa ensuite l'attention des physiciens de Florence, et Huyghens ne dédaigna pas de s'en occuper quelques instants. Il remplit d'eau un canon de fer épais d'un doigt ; et après l'avoir fermé exactement, il l'exposa pendant la nuit, en plein air, sur la fenêtre d'une chambre. Au bout de douze heures, le canon fut cassé en deux endroits. *Voy.* PHYSIQUE.

HYDRODYNAMIQUE (ὕδωρ, eau, δύναμις, force). — Considérée d'une manière générale, l'hydrodynamique embrasse tout ce qui est relatif au mouvement des fluides et forme par conséquent l'une des branches les plus importantes de la mécanique rationnelle. Mais, dans quelques cas particuliers, les mouvements des liquides sont soumis à des lois assez simples pour être directement vérifiées par l'expérience, et c'est sous ce point de vue purement expérimental que nous allons indiquer les principes de cette partie de la physique.

Les parois des vases qui contiennent des liquides supportent généralement deux pressions opposées; l'une, qui s'exerce de dedans en dehors, et qui repousse la paroi ; l'autre, qui s'exerce de dehors en dedans, et qui tend à l'enfoncer. La première est la somme des pressions dues à la colonne liquide qui s'élève au-dessus du point de la paroi que l'on considère, et au poids que cette colonne elle-même peut supporter à son sommet; la seconde est la pression atmosphérique, ou, plus généralement, la pression du milieu qui enveloppe le vase. Lorsqu'on perce une ouverture soit dans le fond, soit dans la paroi latérale, le liquide contenu dans cette ouverture supporte la même pression que la paroi dont il tient la place ; par conséquent, la seule condition nécessaire pour qu'il s'écoule, c'est que la pression intérieure, qui tend à produire l'écoulement soit plus grande que la pression extérieure, qui tend à l'empêcher. Cette vérité peut, au reste, se démontrer par l'expérience suivante. Une éprouvette étant remplie d'eau, on en recouvre l'ouverture avec un disque de papier, on la retourne et la colonne liquide reste suspendue, parce que la pression du haut en bas, qui est due au poids du liquide, est moindre que la pression de bas en haut qui est due à l'atmosphère. Si l'ouverture de l'éprouvette n'avait que deux ou trois millimètres de diamètre, le disque de papier ne serait point nécessaire; mais, pour des ouvertures plus grandes, le disque de papier empêche que la colonne ne se *divise*, c'est-à-dire que l'eau coule d'un côté, tandis que l'air monte de l'autre.

Lorsque le liquide s'écoule d'un orifice en vertu de l'excès de pression dont nous venons de parler, la *dépense*, c'est-à-dire le volume qui s'échappe dans un temps donné, dépend évidemment de la section de l'orifice et de la vitesse dont les molécules liquides sont animées au moment où elles la traversent. Cette vitesse dépend à son tour de la densité du liquide, de l'excès de pression qui s'exerce à l'orifice, et du frottement que le liquide peut éprouver, soit contre les parois du vase, soit contre les bords de l'orifice. Pour diminuer le frottement, qui n'est ici qu'une force perturbatrice, on cherche d'abord les lois de l'écoulement par des orifices en *minces parois*, c'est-à-dire par des orifices percés dans des plaques très-minces, et ajustés à des vases de grande dimension, afin que le liquide n'ait qu'une très-petite vitesse contre les parois du vase lui-même

Sous ces conditions, les lois de l'écoulement sont comprises dans le théorème suivant, qui est connu sous le nom de théorème de Torricelli : *Les molécules, en sortant de l'orifice, ont la même vitesse que si elles étaient tombées librement dans le vide, d'une hauteur égale à la hauteur du niveau, au-dessus du centre de l'orifice.* De là les trois conséquences suivantes.

Premièrement. — *La vitesse d'écoulement ne dépend que de la profondeur de l'orifice au-dessous du niveau, et nullement de la nature du liquide;* car tous les corps, en tombant de la même hauteur dans le vide acquièrent la même vitesse lorsqu'ils s'écoulent par des orifices qui sont à la même profondeur au-dessous du niveau. Cependant le mercure est poussé par une pression bien plus grande que l'eau. La profondeur de l'orifice étant, par exemple, de 10^{m},30, l'eau ne serait poussée que par la pression d'une atmosphère, tandis que le mercure serait poussé par une pression de 13 atmosphères et demie.

Secondement. — *Pour un même liquide, les vitesses d'écoulement sont comme les racines carrées des profondeurs des orifices au-dessous du niveau;* car les vitesses des corps pesants sont entre elles comme les racines carrées des hauteurs dont ils sont tombés. Ainsi, dans un vase qui aurait, par exemple, 100 mètres de hauteur, si l'on perçait deux orifices, l'un à 1 mètre de profondeur, et l'autre sur le fond à 100 mètres de profondeur, la vitesse du liquide sortant par le dernier serait dix fois plus grande seulement que la vitesse du liquide sortant par le premier. Cependant la seconde pression serait 100 fois plus grande que la première.

Troisièmement. — Si la pression qui s'exerce au sommet de la colonne liquide était plus grande que la pression extérieure qui s'oppose à l'écoulement, cet excès de pression serait équivalent au poids d'une colonne de même liquide d'une certaine hauteur, et alors la vitesse des molécules qui s'écoulent serait la même que si elles étaient tombées du sommet de cette seconde colonne qu'il faut concevoir comme ajoutée au-dessus de la première. Ce serait le contraire si la pression extérieure était plus grande que la pression qui s'exerce au-dessus du liquide.

Pour vérifier ce théorème, on peut ajouter à l'orifice un tuyau recourbé de bas en haut; on voit alors que le liquide s'élance à peu près à la hauteur du niveau; or, on sait que la vitesse initiale d'une molécule lancée verticalement est égale à la vitesse qu'elle acquerrait en retombant. On a le même résultat avec l'alcool, le mercure, etc., de sorte que le théorème s'applique à toute espèce de liquides.

Quand on connaît la vitesse d'écoulement et la grandeur de l'orifice, il paraît facile de calculer la dépense. Supposons un orifice d'un pouce de section à 15 pouces au-dessus du niveau dans un réservoir entretenu toujours plein; en 10" il devra sortir un cylindre de 300 pieds de long et d'un pouce de base, ce qui fait 3600 pouces cubes ou 75 pintes à raison de 48 pouces par pinte. Mais dans la réalité il ne sortira guère que 50 pintes. Cela tient à ce que le cylindre se rétrécit à une petite distance de l'orifice, pour s'élargir ensuite; son diamètre *minimum* est d'environ les 8 dixièmes de l'orifice, de sorte que les choses se passent comme si le diamètre de l'ouverture faite au vase était seulement de 9 lignes et demie environ. Le rétrécissement qu'on observe dans ce cas est connu sous le nom de *contraction de la veine fluide*. Il est dû à la différence de vitesse et de direction des molécules qui se présentent pour sortir; il a également lieu dans le vide. La contraction de la veine ne s'observe plus quand l'orifice est très-étroit; aussi avec un orifice d'une ligne de section, on obtient, non pas la 144e partie de 50 pintes, mais la 144e partie de 75 pintes, de sorte que le théorème de Torricelli se vérifie alors exactement. On suppose ici l'orifice en *mince paroi*, c'est-à-dire percé dans une plaque mince.

Les *ajutages* ont une très-grande influence sur la dépense; par exemple si on adapte à l'ouverture un tuyau cylindrique de même diamètre et d'un ou deux pouces de longueur, la dépense sera augmentée d'un tiers, c'est-à-dire portée à 66 pintes dans l'exemple que nous avons supposé; on peut même, avec un ajutage de dimensions convenables, augmenter la dépense de moitié et la porter par conséquent à 75 pintes, ou à ce qu'elle serait sans la contraction de la veine.

La théorie avait indiqué, relativement aux ajutages, un phénomène bien remarquable qui a été constaté pour la première fois par *Venturi*. Si on perce un ajutage cylindrique vis-à-vis la partie contractée de la veine, non-seulement le liquide ne s'écoule pas, mais l'air pénètre du dehors; et si on adapte un tube recourbé plongeant dans de l'eau, ce liquide s'élève de plusieurs pieds, de sorte qu'il peut affluer dans le tuyau d'où il s'écoule ensuite avec l'eau sortant du vase.

Les fontainiers disent qu'un orifice donne un *pouce d'eau* quand il s'en écoule 14 pintes ou 13 litres un tiers par minutes; le *demi-pouce d'eau* est le quart de cette quantité; *la ligne d'eau* en est la 144e partie.

Pour étudier l'écoulement des liquides, on a souvent besoin que le niveau soit constant; on obtient ce résultat très-simplement en entretenant le réservoir toujours plein, par exemple, en y faisant arriver un excès de liquide On peut aussi se servir d'un appareil très-ingénieux fondé sur le principe d'Archimède. C'est le flotteur de Prony; il est formé de deux vases vides qui plongent dans le réservoir, des tiges suspendent au *flotteur* un récipient où l'on reçoit le liquide. S'il s'écoule un litre, le flotteur pèse un kilogramme de plus; il déplace donc un litre de plus et le niveau remonte comme si on avait renversé un litre d'eau dans le réservoir. Dans la réalité le niveau est invariable, parce que l'enfoncement du flotteur se fait d'une manière continue comme l'écoulement.

D'après le théorème de Torricelli, on conçoit facilement l'élévation de l'eau en jets. Ainsi on voit que, pour établir un jet d'eau, il faut avant tout un réservoir dont le niveau soit d'autant plus élevé qu'on veut avoir un jet plus haut. Il faut remarquer que le liquide s'élance en vertu de la pression qu'il éprouve à l'orifice de sortie, et non pas à cause de la vitesse acquise dans les tuyaux de communication, car, dans la pratique, on détermine le diamètre de ceux-ci de manière que la vitesse y soit au plus d'un pied par seconde. Jamais le jet ne s'élève aussi haut que le niveau du réservoir; la différence est d'autant plus grande qu'il s'agit de jets plus élevés. D'après les expériences de Mariotte, pour un jet de 100 pieds il faut que le niveau soit à 133 pieds. C'est avec des ouvertures en mince paroi qu'on obtient la plus grande élévation possible. Dans le vide même le jet n'atteint pas la hauteur du réservoir; il s'éparpille en montant presque comme dans l'air. On conçoit que le frottement contre l'orifice donne diverses directions aux molécules et diminue leur vitesse; en outre, celles qui retombent gênent celles qui montent; aussi un jet un peu oblique monte-t-il un peu plus haut qu'un jet vertical. On peut augmenter la hauteur du jet, et même lui faire dépasser le niveau du réservoir, du moins pour les jets médiocres, en faisant arriver un courant d'air qui s'échappe avec l'eau par l'orifice.

Quand l'eau sort par un orifice circulaire assez étroit, percé au fond d'un vase, elle forme un filet d'abord limpide et continu, qui, un peu plus bas, se divise en gouttelettes. Cette séparation tient à l'accélération qui a lieu dans la chute du corps; si toutes les gouttes avaient la même vitesse, elles resteraient unies; mais celles qui sont sorties les premières ont acquis plus de vitesse, puisqu'elles tombent depuis longtemps; elles doivent donc se séparer. La séparation, comme l'a remarqué M. Savart, a lieu bien avant qu'on la reconnaisse à l'œil nu; on peut, à l'aide d'un appareil particulier dont nous parlerons en optique, la constater dans la partie qui paraît continue. On voit alors que les gouttes qui tombent sont dans un mouvement alternatif d'allongement et de raccourcissement; c'est là ce qui produit les étranglements et les dilatations qu'on remarque dans le filet à la vue simple

Quand on adapte un long tuyau à un réservoir, on reconnaît que la dépense est bien au-dessous de celle qu'on calculerait par le théorème de Torricelli. Il est vrai que la vitesse augmente avec la hauteur du réservoir, mais elle diminue à mesure que les tuyaux sont plus longs et plus étroits. Il peut même se faire que, malgré une très-grande hauteur de niveau, le liquide ne s'échappe plus que goutte à goutte. Il faut remarquer que si l'orifice par où l'eau s'écoule est plongé sous l'eau, la dépense doit diminuer. S'il est plongé d'un mètre, s'est comme si le niveau du réservoir était d'un mètre plus bas.

La diminution de vitesse dans les tuyaux est évidemment un effet du frottement; on conçoit aussi que la nature du liquide et la matière du tube doivent avoir une grande influence, surtout si celui-ci est très-étroit. On peut retenir comme règle générale que l'écoulement devient plus facile quand l'attraction moléculaire est moindre. Ainsi dans les tubes de verre, l'eau chaude coule plus vite que l'eau froide : celle-ci plus vite que le mercure. Ce métal cesse même de couler, d'après les expériences de M. Girard, sous une charge de 9^{mm},5 dans un tube de 1^{mm},2 de diamètre, et de 375^{mm} de longueur.

Quand on connaît la *dépense*, il est facile de trouver la vitesse pour une section donnée. Tout se réduit à calculer la longueur du cylindre qui aurait la section pour base et la *dépense* pour volume. Si la section est de 20 centimètres et la dépense de 2 litres ou 2000 centimètres cubes, la vitesse sera précisément d'un mètre. Il ne s'agit ici que d'une vitesse constante.

La pression exercée sur les parois d'un tuyau est toujours moindre quand le liquide est en mouvement que quand il est en repos; on le prouve en perçant le tuyau; c'est quand on arrête l'écoulement que le jet s'élève davantage. Si au contraire le tuyau est largement ouvert, de sorte que le liquide puisse y passer rapidement, l'eau ne sort qu'en bavant par l'ouverture latérale; il y a même quelquefois succion, comme dans les ajutages avec le tube de *Venturi*.

On observe de même qu'il faut gêner le sang dans les veines, par exemple avec une ligature, quand on veut obtenir un jet dans la saignée. S'il y a toujours un jet quand on ouvre les artères, c'est que leurs parois sont dans un état continuel de distension, qui augmente encore à chaque fois que le cœur y foule une nouvelle quantité de sang, d'où résulte un jet par saccades. C'est cette distension des artères qui rend la circulation continue, bien que l'action du cœur soit intermittente. On peut juger de la distension par la hauteur du jet au moment où l'on ouvre l'artère. Hales a constaté que le sang est tellement comprimé dans l'artère *carotide* du cheval qu'il s'élève à 8 ou 9 pieds dans un tube vertical communiquant avec ce vaisseau, et qu'il se soutient à cette hauteur même pendant la *diastole*. Si le sang pouvait perdre immédiatement dans les vaisseaux toute la vitesse que lui communique le cœur, il ne jaillirait pas ainsi par des ouvertures latérales; car, pour une même force du cœur, le jet est d'autant plus élevé qu'il y a plus d'obstacles à l'écoulement. La vitesse réelle dans les artères voisines du cœur n'est pas la dixième partie de celle que cet organe imprime.

Un tuyau inextensible, dont une extrémité est fixée à un réservoir, ne reçoit, malgré la force d'impulsion, qu'une quantité de liquide égale à celle qui s'échappe par l'autre extrémité, et cette quantité, quand le tuyau est très-long, est beaucoup moindre que celle que tend à donner le réservoir. Il n'en est pas de même des canaux et des rivières; tout ce que la source ou le réservoir peuvent donner est reçu, et ce qui s'écoule par une extrémité peut être fort différent de ce qui entre par l'autre. On voit en effet que les *crues* des rivières ne se manifestent pas simultanément dans toutes les parties du cours. Cependant, quand le régime est établi, c'est-à-dire quand les niveaux restent les mêmes, ils passent dans le même temps la même quantité d'eau par une section quelconque, de sorte que la vitesse moyenne du courant est en raison inverse de la section; ainsi cette vitesse augmente partout où il y a du rétrécissement comme sous les arches d'un pont.

Dans les tuyaux l'écoulement peut se faire en montant puisque le liquide est chassé par la pression du réservoir; mais dans les canaux et les rivières, l'écoulement est dû à la pente du terrain; aussi le tracé des cours d'eau sur les cartes donne-t-il des renseignements certains sur les hauteurs relatives des différents points. A cause de l'extrême mobilité des liquides, la plus petite inclinaison suffit pour déterminer l'écoulement. Le niveau de la Seine à Rouen est de 24 pieds au-dessus du niveau de la mer, et la distance est de 30 lieues; c'est donc une inclinaison d'environ $\frac{1}{17}$ de ligne par toise. Dans les aqueducs, on donne ordinairement $\frac{1}{2}$ ligne d'inclinaison par toise.

On voit que, dans les canaux, l'écoulement de l'eau rentre dans le cas de la chute sur un plan incliné; mais il y a de plus la pression transmise par les parties plus élevées du liquide. Or, le niveau moyen de la mer étant invariable, toutes les fois qu'il y a une crue dans un fleuve, la différence de niveau devient plus grande et par suite l'écoulement plus rapide. On juge donc de la vitesse des eaux par leur *hauteur*, cette hauteur se mesure à partir du niveau moyen le plus bas, qu'on appelle l'*étiage*.

On peut mesurer la vitesse d'une eau courante à la surface au moyen d'un corps léger qu'on fait flotter; on reconnaît ainsi que le courant est plus rapide au milieu que vers les bords. On a trouvé, pour la vitesse moyenne de la Seine à Paris, 2 pieds 1/2 par seconde. Quand les eaux sont basses, la vitesse est seulement de 2 pieds, ce qui fait une lieue en deux heures. Pour s'assurer que la vitesse est plus grande à la surface qu'au fond, on réunit deux petites boules par un fil; l'une plus légère reste à la surface; l'autre, qui s'enfonce, reste toujours en arrière, excepté dans les endroits où le lit est fort étroit.

Un physicien nommé Pitot a donné, en 1732, un moyen très-simple de mesurer la vitesse à la surface ou à une profondeur quelconque. Son appareil se réduit à un tube qu'on tient verticalement et dont on met l'extrémité, légèrement recourbée, dans le point où l'on veut mesurer la vitesse; l'ouverture étant tournée contre le courant, l'eau s'élève dans le tube à une certaine hauteur au-dessus du *niveau extérieur;* on a la vitesse, en calculant celle qu'acquerrait un corps en tombant de cette hauteur. Si par exemple l'eau s'élève d'un pied dans le tube, sa vitesse est de près de huit pieds par seconde. Cette règle, fondée sur le théorème de Torricelli, peut se vérifier en appliquant le tube à la surface, où la vitesse se mesure par un autre moyen. Pitot avait aussi proposé son tube pour mesurer la vitesse des bâtiments.

Les ondes régulières et concentriques qui se produisent à la surface d'une eau tranquille lorsqu'on est venu l'agiter en un point, ont une grande analogie avec le mouvement oscillatoire que nous venons de considérer. Une pierre qui tombe, par exemple, déprime l'eau dans un point et la fait par conséquent monter tout autour. Cette première élévation en forme de cercle en détermine une seconde d'un rayon plus grand en même temps qu'elle s'abaisse elle-même au-dessous du niveau; de là ces plis circulaires alternativement saillants et enfoncés qui se propagent en s'élargissant toujours. Dans ce mouvement, l'eau ne fait réellement que monter et descendre, comme on peut s'en assurer en y faisant flotter des corps légers; il n'y a pas de véritable translation. La Hire a trouvé que les ondes, d'une largeur moyenne, mettaient 8" 1/2 à parcourir 12 pieds, et qu'elles marchaient uniformément, c'est-à-dire également vite près du centre d'ébranlement et à une grande distance. On peut se servir de leur propagation en cercles pour mesurer la largeur d'un canal. Si, après avoir produit l'ébranlement près d'une rive, on remarque le point de cette même rive qui est coupé par le cercle tangent à l'autre, on aura évidemment la largeur en mesurant le rayon de ce cercle.

Les actions mécaniques des solides sur les solides présentent plusieurs cas remarquables. D'abord, lorsqu'un corps solide vient frapper la surface d'un liquide, il peut, suivant les circonstances, se réfléchir ou pénétrer. Pour qu'il y ait réflexion, il faut que le corps choquant ait une assez grande vitesse, qu'il soit lancé très-obliquement, et que la surface par laquelle il frappe le liquide soit assez large pour qu'il ait de la peine à pénétrer. Ces conditions se trouvent réalisées dans le jeu des ricochets. On sait que les boulets produisent aussi des ricochets sur la mer. Il en est de même des balles de fusil, pourvu qu'elles soient d'un assez fort calibre et tirées assez obliquement. Nollet, avec un fusil fixé solidement à un quart de cercle, a vu qu'en tirant sous un angle de 4 à 5° une balle de 6 lignes de diamètre se réfléchissait sur l'eau. Une balle plus grosse, tirée sous un angle de 6°, ne pénétrait pas non plus dans le liquide. En 1829, les glaces formant une nappe très-large sur la Seine à Paris, au-devant du Pont-des-Arts, on voulut lancer par-dessous de petites bombes afin de diviser la masse; mais comme on tirait presque à fleur d'eau les bombes se réfléchissaient sans pouvoir pénétrer.

Quand le projectile pénètre, il éprouve en général une réfraction, c'est-à-dire que sa route se fait suivant une ligne brisée à la surface du liquide. On peut conclure de là que, pour atteindre un corps placé dans l'eau il faut tirer comme s'il était un peu plus bas; d'autant mieux qu'à cause des propriétés de la lumière, les objets paraissent dans l'eau plus élevés qu'ils ne sont réellement.

Si on fait une série d'expériences en tirant sous des angles de plus en plus grands, on reconnaît que la déviation diminue à mesure qu'on s'approche de la perpendiculaire, et il est facile de montrer qu'une balle bien sphérique, qui tombe perpendiculairement dans une eau tranquille, n'éprouve pas de déviation. Ce résultat pouvait aisément se prévoir, car, tout étant symétrique, il n'y a pas de raison pour que la balle se dévie d'un côté plutôt que d'un autre. Il n'en serait pas de même si elle avait un mouvement de rotation ou s'il s'agissait d'un corps très-irrégulier, n'éprouvant par conséquent pas la même résistance sur toutes ses faces; on observerait alors des déviations très-grandes, comme on en a un exemple en jetant une écaille d'huître dans l'eau.

Il est certain qu'en partant de l'état de repos, un corps doit en général tomber d'un mouvement accéléré dans un liquide; mais la vitesse ne devient jamais bien grande, d'abord parce que la pesanteur est diminuée par la poussée verticale, et qu'ensuite il résulte du mouvement même que la pression en *dessous* augmente tandis que la pression en dessus diminue. La résistance qui se manifeste ainsi dans l'eau est si considérable qu'on ne peut pas choquer le fond avec violence, même quand on est tombé avec une grande vitesse acquise, pourvu toutefois qu'il y ait une certaine épaisseur du liquide.

L'ascension des corps légers, du liége par exemple, se fait aussi d'un mouvement accéléré; mais l'accélération atteint bientôt sa limite, de sorte que le mouvement devient uniforme.

La résistance qu'éprouve un solide à se mouvoir dans un liquide dépend aussi beaucoup de sa forme. Une demi-sphère éprouve deux fois autant de résistance contre sa surface plane que contre sa surface convexe. La différence est encore plus grande pour un cône; la résistance, quand il marche le sommet en avant, n'est guère que le tiers de celle qui aurait lieu contre la base. On conçoit, d'après cela, l'influence que doit avoir la forme de la proue et de la quille d'un bâtiment. Quant à l'effet du gouvernail, il dépend de la résistance plus grande dans un sens que dans l'autre, d'où il résulte le changement de direction qu'on veut obtenir. Il est de toute évidence que la résistance doit diminuer si la partie plongée dans l'eau diminue; cela explique l'avantage qu'on a obtenu en Angleterre en donnant une très-grande vitesse aux bateaux halés sur des canaux. Quand la vitesse dépasse trois lieues à l'heure, la résistance ou l'effort de traction, mesuré au dynamomètre, est moindre que quand la vitesse est seulement de deux lieues. On a constaté en même temps que le bateau tiré ainsi avec une grande vitesse s'élevait au-dessus de l'eau.

Les corps plongés et les corps flottants trouvent dans la résistance des liquides un moyen très-utile de déplacement. Si un bateau à vapeur marche, c'est que les aubes de ses roues rencontrent un point d'appui sur le liquide; il en est de même des rames. Un poisson, pour s'avancer à droite, donne un coup de queue à gauche; pour s'avancer directement, il en donne subitement un de chaque côté; les nageoires servent plutôt à diriger le mouvement qu'à le produire. Tout l'art de la natation est fondé sur le même principe: s'il est difficile de remonter un courant rapide, c'est que les pieds et les mains ne trouvent d'appui sur l'eau qui fuit qu'en augmentant beaucoup la vitesse d'extension. Pour nous soutenir il ne faut presque aucun effort; il n'en faudrait même aucun si nous étions entièrement plongés, puisque la densité moyenne du corps est moindre que celle de l'eau. Aussi peut-on se soutenir sans mouvement quand on est sur le dos, la tête en partie plongée; dans la position ordinaire, il faut que la tête entière soit hors de l'eau pour que nous puissions respirer; de plus elle doit être assez fortement renversée en arrière, puisque le corps est à peu près horizontal. Les animaux, qui n'ont pas ces difficultés, doivent nécessairement nager avec moins de peine.

HYDROGRAPHIE (ὕδωρ, eau, γράφω, écrire). — Description des eaux éparses à la surface du globe. C'est à l'état liquide et à l'état de vapeur que l'eau joue son principal rôle sur la terre. Cette substance y est dans un perpétuel mouvement. Si elle est sur une pente, la gravité l'entraîne et elle coule; voilà les torrents et les fleuves. Si elle est dans un bassin fermé, comme une mer ou un lac; elle s'agite sous l'influence du vent, et voilà les vagues et souvent même les courants. Enfin une autre cause plus puissante encore que la pesanteur et que les impulsions de l'air, contribue énergiquement à son activité; cette cause c'est la chaleur. L'eau s'évaporant à toute température, les vapeurs invisibles qui se dégagent de sa surface montent dans l'atmosphère, et s'y répandent dans les interstices des molécules de l'air comme dans une éponge gazeuse qu'un autre gaz imbiberait. La quantité de vapeur, qui peut être ainsi tenue en suspension, est proportionnelle à la pression et à la température, de façon qu'elle varie continuellement l'atmosphère, tantôt abandonnant de l'eau, tantôt en reprenant. Ce phénomène si simple devient l'origine des nuages, des pluies, des fleuves et d'une multitude d'autres effets plus ou moins compliqués qui se produisent à la surface de la terre par l'activité incessante de l'eau. On peut comparer l'ensemble du système géographique de l'eau et des continents à une sorte d'alambic, où la distillation roulerait éternellement sur elle-même, l'eau vaporisée étant sans cesse ramenée dans la chaudière pour s'y vaporiser de nouveau. Voici en effet, en principe général, ce qui a lieu. L'eau se réduit en vapeur partout où elle est à découvert, et s'élève en même temps que les masses d'air échauffé où elle est engagée, dans les parties supérieures de l'atmosphère; là, le froid la saisit, lui fait quitter son état de vapeur et la convertit, soit en eau, qui retombe en pluie sur la terre, soit en neige qui s'accumule sur les montagnes. Ainsi donc, grâce à ce merveilleux mécanisme, voici l'eau transportée hors du bassin où elle était contenue naturellement, jusque dans le milieu des continents. La pesanteur la met aussitôt en mouvement; et en vertu de sa mobilité elle va, glissant le long de toutes les pentes, même des pentes les plus insensibles, regagner, s'il est possible, les grands creux océaniques où elle séjournait en premier lieu. Après les molécules de l'air, les molécules de l'eau sont les plus voyageuses de toutes celles du règne minéral de notre globe : leur mouvement est éternel; elles prennent leur vol, s'abattent sur les montagnes, puis redescendent dans la profondeur, d'où elles remontent de nouveau. Cette rotation sans fin est bien peinte dans ces paroles du philosophe hébreu : « Les fleuves entrent dans la mer, et la mer ne déborde point; ils retournent aux lieux d'où ils sortent, et ils coulent encore. »

Si la surface de la terre était entièrement imperméable à l'eau, les courants de ce liquide, qui tous doivent leur origine à des causes atmosphériques, seraient beaucoup moins réguliers qu'ils ne le sont. Ils ressembleraient aux torrents qui se gonflent dès qu'il pleut, pour se dessécher entièrement dès qu'il a cessé de pleuvoir. Ceux qui proviennent des glaciers, des lacs ou des grands marécages, auraient seuls un peu plus de continuité, parce que l'afflux des eaux dans leur lit, réglé par l'écoulement d'un vaste réservoir, n'est pas essentiellement dépendant des caprices journaliers de l'atmosphère. L'hydrographie, sans la prévoyance de la nature, ne jouirait donc pas de cette belle uniformité qui est si utile aux intérêts du genre humain. La surface de la terre, assez compacte pour nos usages, ne l'est cependant pas assez pour que l'eau ne puisse pénétrer dans l'intérieur par une multitude de fissures et d'interstices. A la vérité, la filtration ne se fait guère à travers l'épaisseur de la terre végétale; mais les torrents que la pluie détermine rencontrent sur leur passage, surtout dans les montagnes, de nombreuses crevasses dans lesquelles leurs eaux se précipitent. Au lieu de continuer leur cours, comme les ruisseaux et les fleuves qui serpentent superficiellement par les vallées qui les mènent à la mer, quelquefois en les faisant passer de lac en lac, ces eaux d'en bas continuent leurs cours souterrainement par une multitude de canaux, tantôt isolés, tantôt s'entrecroisant, tantôt se réunissant dans de grandes cavités pareilles à des lacs. Il faut donc se représenter qu'il y a sur la terre beaucoup plus de cours d'eau que la surface ne nous en offre. Il ne s'écoule guère à ciel ouvert qu'un tiers des eaux qui tombent de l'atmosphère; le reste ou s'évapore, ou prend sa route par les canaux souterrains. Ces canaux sont probablement plus compliqués et coupés par bien plus d'accidents que les canaux superficiels qui forment le lit des ruisseaux et des rivières; mais nos études de géographie souterraine sont si peu avancées, qu'ils sont à peine connus. On sait cependant qu'il y en a à diverses hauteurs, échelonnés par étages, et sans communication les uns avec les autres. Il y a de ces courants qui sont très-abondants et très-rapides; d'autres, au contraire, qui sont très-restreints et presque stagnants. Le plus souvent ces eaux, emprisonnées de toutes parts dans le conduit où elles se meuvent, découlant de pays élevés, et pressées par le poids du liquide supérieur, tendent à regagner le niveau de leur point de départ, et en sont empêchées par l'obstacle du terrain épais qui les recouvre. Si donc une percée se présente, qui mette en communication le conduit souterrain avec la surface de la terre, les eaux obéissant à la pression qui les pousse, remontent par cette percée et viennent jaillir à la surface. C'est exactement le même phénomène que celui que nous voyons chaque jour se produire dans les tuyaux cachés sous le sol, qui alimentent nos jets d'eau et nos fontaines.

Quand il existe en effet une communication naturelle entre un de ces courants souterrains et la campagne, ou, ce qui revient au même, quand le canal, après s'être enfoncé, se relève pour aboutir de nouveau sous le ciel, il se produit par l'ouverture un écoulement d'eau continuel, qui est ce que l'on nomme une source. Ces sources sont plus ou moins régulières, suivant que le système souterrain dont elles dérivent est plus ou moins considérable. Il y en a qui cessent de couler pendant l'été, de même qu'il y a des ruisseaux qui se dessèchent à cette époque. Il y en a qui ne jaillissent que quelque temps après les grandes pluies, de même qu'il y a des torrents qui ne se remplissent que dans ces occasions. Enfin, le volume des eaux fourni par les sources dépend entièrement, soit de la force de la rivière souterraine qui les entretient, soit des dimensions du canal d'alimentation qui communique avec cette rivière. Quelquefois ce volume est tel que les eaux, dès leur sortie, peuvent porter bateau et faire manœuvrer des usines; d'autres fois il se réduit à un suintement à peine sensible. Les rivières souterraines pouvant remonter à la surface, non-seulement dans les lieux où cette surface est à sec, mais également dans ceux où elle est couverte par les eaux de la mer, il en résulte qu'il peut y avoir des sources l'eau douce dans l'Océan aussi bien que sur la terre ferme. C'est en effet ce qui a lieu. On connaît plusieurs exemples d'embouchures de cette espèce : dans la mer des Indes, à quarante lieues de distance de la côte, il en existe une qui est assez puissante pour entretenir une vaste étendue d'eau douce au milieu des eaux salées dans le sein desquelles elle jaillit.

Quand il n'y a pas de percée naturelle qui joigne le cours d'eau souterrain avec la campagne, on peut, à l'aide d'une sonde, en pratiquer une qui produise le même effet. Cette industrie, connue depuis très-longtemps dans certains pays, notamment à la Chine et dans nos provinces septentrionales, où elle est d'usage immémorial, a pris, dans ces dernières années, une remarquable extension. Les fontaines artificielles ainsi produites sont ce que l'on nomme vulgairement les puits artésiens. Tantôt leurs eaux jaillissent à la manière des jets d'eau ; tantôt, au contraire, elles demeurent stationnaires à une certaine distance au-dessous du sol. Ces circonstances dépendent de la hauteur du niveau primitif duquel les eaux sont descendues, et de la force d'impulsion qu'elles conservent. Il est évident que l'on ne saurait attendre quelque succès d'un trou de sonde foré à la recherche des eaux, que dans les lieux où il y a quelque apparence que l'on a au-dessous de soi des courants d'eau souterrains. Les connaissances géologiques sont un guide précieux dans ces importantes recherches qui tendent à changer le jeu des eaux établi sur notre globe, et à forcer la nature à céder à l'homme la libre propriété de toutes les forces hydrauliques qu'elle entretient.

Les observations faites sur les sources, et celles plus précieuses encore faites directement sur les courants souterrains, à l'aide des sondages, ont déjà conduit à quelques données générales sur la distribution intérieure des eaux ; mais il reste encore beaucoup à faire à cet égard. Dans les pays où la croûte du globe est formée de couches minérales distinctes, étendues les unes au-dessus des autres, les eaux se fraient ordinairement leur passage suivant une certaine couche plus fissurée ou plus perméable que les autres, et comprise entre deux couches compactes et sans percées. Souvent il y a plusieurs couches aquifères, étagées les unes sur les autres, et séparées par des intervalles arides plus ou moins considérables. On peut, à l'aide de la sonde, passer successivement de l'une à l'autre, jusqu'à ce qu'enfin l'on en trouve une dans les conditions convenables pour faire jaillir ses eaux jusqu'au-dessus du sol (1).

Dans les pays où le terrain est disposé par lits horizontaux, les sources appartenant à la même couche sont placées partout à la

(1) On appelle *fontaine* une eau vive sortant de terre pour se rendre dans un réservoir, ou coulant par des canaux qui deviennent l'origine des rivières et des fleuves.

Pour résoudre l'intéressant problème qui a pour objet de connaître la cause et l'origine des fontaines, il importe de remarquer que les fleuves et les rivières coulant sans cesse vers la mer, déposent leurs eaux dans son sein, depuis un grand nombre de siècles, sans avoir ajouté à son volume : il faut donc que la mer fournisse aux fontaines cette quantité d'eau qui y rentre, et qu'en vertu de cette communication non interrompue, les fleuves puissent couler sans cesse, et transporter une grande masse d'eau sans trop remplir l'immense réservoir qui la reçoit.

Mais quel est le mécanisme que la nature emploie pour reporter l'immense quantité d'eau que les fleuves charient dans les réservoirs de leurs sources ? Comment, dans leur retour, ces eaux perdent-elles leur salure ? Telle est l'importante question qui a longtemps divisé les physiciens.

Suivant Descartes, la terre est remplie de canaux souterrains qui conduisent les eaux de la mer dans des cavernes creusées des mains de la nature sous les bases des montagnes. La chaleur qui règne dans ces souterrains, réduit ces eaux à l'état de vapeurs qui déposent le sel, s'élèvent jusqu'aux parois supérieures des cavernes, s'y condensent, se filtrent à travers les couches de terre entr'ouvertes, coulent sur les premiers lits qu'elles rencontrent, jusqu'à ce qu'elles puissent se montrer en dehors par des ouvertures favorables à un écoulement, ou, qu'après avoir formé un amas, elles se creusent un passage et produisent une fontaine.

Mécontent de ces sortes d'alambics inutilement imaginés par Descartes, La Hire simplifia l'explication. Il suffit, disait-il, que l'eau de la mer parvienne par des conduits souterrains dans de grands réservoirs placés sous les continents, et que la chaleur centrale puisse l'élever dans de petits canaux multipliés qui vont aboutir aux couches de la surface de la terre, où les vapeurs se condensent par le froid.

Quelques physiciens ont cru que la même force qui soutient les liquides au-dessus de leur niveau dans les tubes capillaires, peut favoriser l'élévation de l'eau marine dépouillée de son sel. On mettait en jeu, comme moyen supplémentaire, d'un côté l'action du flux et reflux, en supposant que son impulsion était capable de faire monter à une très-grande hauteur, malgré les lois de l'équilibre, les eaux qui circulent dans les canaux souterrains ; et, de l'autre, le ressort de l'air dilaté par la chaleur souterraine, qui soulève les molécules du fluide parmi lesquelles il est interposé.

Les physiciens modernes ont enfin découvert la véritable explication du phénomène qui nous occupe.

On sait que le calorique et l'air exercent sur l'eau une force dissolvante qui détermine son passage de la surface de la terre dans le sein de l'atmosphère, et l'abandon du sel qu'elle tient en dissolution. Mais la faculté dissolvante de l'air se compose de deux éléments, savoir : la pression et la température qui éprouvent de grandes et fréquentes variations, et qui par conséquent rendent l'air tantôt plus, tantôt moins avide d'eau, en sorte qu'il l'enlève ou l'abandonne suivant les circonstances : de là les pluies, les rosées, les brouillards, etc., qui alimentent les fontaines en leur rendant l'eau qu'elles donnent à la mer par l'intermédiaire des rivières et des fleuves. Ainsi, dans cette hypothèse, l'atmosphère est le canal de communication que la nature a établi entre la mer et les fontaines.

Quant aux fontaines ardentes, elles ont la même origine que les fontaines ordinaires, et elles n'en diffèrent que parce que les eaux qui les alimentent tiennent en dissolution une plus ou moins grande quantité de gaz hydrogène phosphoré. Ce gaz tend sans cesse à reprendre son état élastique ; et si la chaleur favorise cette sorte de transformation, il s'élève par sa légèreté spécifique sur la surface de l'eau.

même hauteur sur la pente des collines, aux endroits où la couche aquifère est entaillée par la vallée. Il peut cependant y avoir plusieurs niveaux différents pour les sources dans le cas où la masse du terrain renferme plusieurs couches aquifères. Il peut y avoir aussi des sources qui, se faisant jour par des crevasses à travers des couches arides, viennent jaillir à la surface en dehors du niveau commun. Mais, en général, dans un même canton, on peut remarquer que toutes les sources viennent d'une seule nappe percée irrégulièrement d'un certain nombre d'orifices.

Dans les pays où les lits du terrain sont inclinés, on ne trouve guère de fontaines sur les versants des collines où les couches montrent leur tranche; elles sont toutes situées au contraire sur les versants inclinés dans le même sens que les couches. Cela se conçoit aisément, puisque les eaux, ayant leur cours dans l'intérieur d'une certaine couche, ne peuvent sortir là où cette couche est le plus élevée, mais se précipitent au contraire vers sa partie inférieure.

Enfin, dans les pays où le terrain n'est point disposé par lits, comme les pays de granite ou de porphyre, les eaux ne suivent aucune direction déterminée; elles prennent leur cours à travers les fissures dont ces roches sont ordinairement remplies, et leurs sources sont disséminées de tous côtés et sans aucune régularité. En général, dans les pays de cette espèce, les sources sont plus nombreuses que dans les autres, mais elles sont aussi beaucoup moins abondantes. On ne rencontre guère de véritables rivières souterraines que dans les pays qui ont pour base des lits épais de roche calcaire; ailleurs l'intérieur de la terre ne renferme ordinairement que de minces ruisseaux.

De ce mouvement des eaux suivant des canaux situés dans les profondeurs, il résulte deux faits également importants: c'est que les eaux, durant ce trajet souterrain, prennent la température des massifs qu'elles traversent, et y ramassent en même temps, pour se les incorporer, toutes les substances solubles qu'elles y rencontrent. Les eaux qui reparaissent à la surface, après être descendues dans l'intérieur de la terre, sont donc sujettes à une double modification, portant sur leur état de pureté et sur leur température. De là l'important phénomène des eaux dites thermales et minérales. On rencontre le plus souvent les sources de cette espèce dans le voisinage des pays volcaniques et des montagnes, parce que ces endroits sont ceux où la croûte du globe a éprouvé le plus de dislocations, et doit présenter par conséquent de plus profondes fissures. Par la même raison, les sources thermales sont sujettes à éprouver de grandes altérations par suite des tremblements de terre. Après ces commotions intérieures, on voit tantôt leur limpidité se troubler, tantôt leur température changer, tantôt l'affluence de leurs eaux diminuer, s'interrompre, ou même cesser entièrement. Dans diverses circonstances, et notamment dans les temps de grandes pluies, et dans ceux de grandes sécheresses, durant lesquelles elles se gonflent ou, au contraire, se tarissent, leur connexion avec les phénomènes superficiels n'est pas moins évidente que leur connexion avec les phénomènes souterrains; et cela doit être en effet, si leur origine n'est souterraine qu'en apparence.

L'intérieur de la terre, même à une très-petite profondeur, cessant d'éprouver aucune variation par suite de l'alternative des saisons, et conservant constamment la température qui est spécialement affectée à chacun de ses niveaux, il résulte de là que les eaux de sources, bien différentes sous ce rapport des eaux superficielles, offrent pendant toute l'année un degré de chaleur à peu près invariable. Celles qui remontent d'une grande profondeur sont douées en général d'une température beaucoup plus élevée que celle de la surface; les sources qui proviennent d'un courant souterrain voisin de la surface ont au contraire un degré de chaleur plus élevé; elles gardent pendant toute l'année une température égale, ou du moins à très-peu près égale à la moyenne de toutes les températures qui se succèdent dans les diverses saisons: Cet équilibre entre l'hiver et l'été est le propre de la région peu profonde de laquelle sortent ces eaux. Il arrive donc que les eaux vives, ou celles des puits un peu profonds, nous paraissent tièdes pendant l'hiver, et glacées au contraire pendant l'été. Mais si, au lieu de comparer leur température aux impressions variables que nous cause l'atmosphère, on en prend la mesure absolue, on reconnaît que cette température ne change pas de toute l'année, et demeure, hiver comme été, à peu près égale à celle du commencement du printemps.

HYDROMÈTRE. *Voy.* ARÉOMÈTRE.

HYDROSTATIQUE (ὕδωρ, eau, ἵσταμαι, se tenir). — Partie de la physique qui a pour objet de déterminer les conditions d'équilibre des liquides et les pressions qu'ils exercent sur les parois des vases qui les contiennent.

Les propriétés des liquides dépendent de deux forces: de la pesanteur qui agit sur eux comme sur tous les corps, et de l'attraction moléculaire qui agit sur eux d'une manière déterminée pour les constituer à l'état liquide. Nous pouvons distinguer par la pensée ce qui appartient à chacune de ces forces; car nous pouvons imaginer une masse d'eau qui cesse un moment d'être pesante, sans pour cela cesser d'être liquide: une telle masse ne pourrait plus ni tomber quand on l'abandonne, ni couler quand on la verse; il est évident qu'elle n'aurait plus besoin, pour être en repos, ni d'être soutenue sur le sol, ni d'être contenue dans un vase. Dans cet état, elle pourrait encore recevoir et transmettre des pressions, conformément au principe général que nous examinerons plus loin.

Equilibre des liquides. — Il y a deux conditions pour l'équilibre des liquides: il faut, premièrement, que les molécules supérieures et libres forment une surface perpendiculaire à la force qui les sollicite; et, secondement, qu'une molécule quelconque de la masse éprouve dans tous les sens des pressions égales et contraires.

C'est sur la propriété qu'ont les liquides de se mettre de niveau qu'est fondé le *niveau d'eau* employé par les arpenteurs. Il se compose d'un tube de fer blanc, portant à ses extrémités deux tubes de verre relevés à angle droit. L'appareil étant posé sur un pied, on y verse de l'eau, et en visant suivant la surface du liquide, on a une ligne horizontale.

Les tuyaux de conduite pour amener l'eau dans les villes sont fondés sur le même principe: l'eau coule parce qu'elle tend à se mettre de niveau entre un réservoir plus élevé à la fontaine où elle doit être amenée. Si l'eau s'accumule à un hauteur déterminée dans un puits, c'est qu'il y a dans les environs des eaux un peu plus élevées que le fond du puits, et qui filtrent à travers les terres.

Les puits *artésiens* sont des trous assez étroits qui ont 4 à 500 pieds de profondeur, et par lesquels l'eau s'élève à la surface du sol, et quelquefois beaucoup plus haut. Cela s'explique en admettant des nappes ou des cours d'eau souterrains analogues du reste aux lacs et aux rivières que nous voyons à la surface; leur source étant dans des montagnes plus ou moins élevées à une distance quelconque, quand l'eau monte par le trou de la sonde, c'est tout simplement que le niveau s'établit. C'est sans doute là aussi le mécanisme de la plupart des fontaines naturelles.

La terre étant sphérique, et la surface des liquides étant partout perpendiculaire au fil à plomb, on conçoit qu'une vaste étendue d'eau, comme la mer, doit former une convexité : c'est ce qui fait qu'en approchant des côtes on aperçoit le sommet des montagnes avant d'en voir le pied; de même c'est le sommet du mât qui paraît d'abord dans un bâtiment à une grande distance.

Quand les molécules liquides sont sollicitées par quelque autre force que par la pesanteur terrestre, on conçoit que pour l'équilibre elles ne doivent plus former une surface perpendiculaire à la résultante de la pesanteur et de toutes les autres forces qui agissent avec elle. Ainsi la force centrifuge, qui résulte du mouvement de rotation de la terre, se combinant sans cesse avec la pesanteur pour solliciter tous les corps, il faut que la surface des eaux s'arrange pour être perpendiculaire à la résultante de ces deux forces, et voilà pourquoi la surface de la mer est aplatie vers les pôles. Au pied des grandes montagnes, dont la masse est capable de dévier le fil à plomb, la surface des eaux est aussi déviée de sa forme régulière; elle se soulève et s'incline sur la véritable verticale, pour se mettre perpendiculairement à la résultante des actions de la terre et de la montagne. De même encore, quand la lune et le soleil passent au-dessus ou au-dessous de l'horizon de la mer, la force attractive que leurs masses exercent sur les eaux se combine avec la pesanteur pour produire une résultante qui n'est plus verticale; et c'est ainsi que la surface mobile de l'Océan, cherchant un équilibre qu'elle ne saurait trouver, à cause du mouvement de rotation de ces astres, se soulève et se déprime tour à tour, et accomplit enfin les oscillations périodiques du flux et du reflux.

Il se présente dans la nature beaucoup d'autres phénomènes qui semblent n'avoir aucun rapport avec les marées, et qui dépendent cependant d'un principe analogue, on sait, par exemple, que dans un verre ordinaire la surface de l'eau n'est pas plane dans toute son étendue, mais qu'elle se relève près des bords. Au contraire, la surface du mercure se déprime au contact des parois et semble craindre de les toucher C'est que la pesanteur n'est pas alors la seule force qui agisse sur les liquides; avec elle il y a deux autres forces : la force attractive que leurs molécules propres exercent l'une sur l'autre, et la force attractive qu'elles exercent sur la matière du vase. C'est à la résultante de ces trois forces que la surface liquide doit être perpendiculaire, et c'est surtout du rapport d'énergie qui existe entre les deux dernières, que dépend l'inflexion qu'elle éprouve au-dessus ou au-dessous de la ligne de niveau.

Lorsqu'on verse dans un même vase plusieurs liquides de densité différente, comme de l'eau, du mercure, de l'huile, etc., l'expérience prouve qu'ils se superposent dans l'ordre de leur densité formant des couches séparées par des surfaces horizontales. On fait ordinairement cette expérience avec un appareil qu'on appelle *fiole des éléments;* c'est un flacon étroit et assez long, contenant du mercure, une dissolution concentrée de carbonate de potasse, de l'alcool colorée avec l'orseille, de l'huile de pétrole et de l'air. Si on agite le flacon, toutes ces substances se mêlent et forment une masse opaque; mais par le repos elles se séparent et se superposent dans l'ordre indiqué.

La séparation de la crême est fondée sur le même principe: elle vient à la surface, parce qu'elle est plus légère. On sépare facilement l'eau du mercure en versant les deux liquides dans un entonnoir dont on bouche l'orifice avec le doigt. Quand les deux couches sont formées, on laisse écouler le mercure et on ferme au moment où l'eau se présente. Aux embouchures des fleuves, l'eau douce, quoiqu'il y ait bien peu de différence dans la densité, reste au-dessus de l'eau salée; cela explique comment certains puits, dont les eaux montent et baissent avec le flux et le reflux, fournissent cependant de l'eau douce. Avec quelques précautions on peut établir dans un verre une couche de vin sur une couche d'eau, et même, si les deux liquides ne se touchent que par une très-petite surface, on peut faire en sorte que le vin mis au fond vienne au-dessus. On a, pour cette expérience, un petit vase de terre appelé *passe-vin*. On verse du vin dans l'ampoule jusqu'à la moitié du tube, et on remplit le reste du vase avec de l'eau. Le vin monte alors en un filet vertical et vient s'étaler à la surface de l'eau ; celle-ci descend prendre sa place. On peut encore mettre tout simplement une petite fiole pleine de vin au fond d'un vase plein d'eau. On conçoit aussi qu'en remplissant d'eau une fiole à col étroit, et en plongeant ce col dans un vase plein de vin, la fiole doit se vider d'eau et s'emplir de vin.

La condition d'équilibre des liquides hétérogènes explique encore le phénomène si remarquable du flux et du reflux. (*Voy.* MARÉES).

Il n'y a pas de marées bien sensibles dans la Méditerranée, dans la mer Caspienne, dans les lacs, et en général dans les petites étendues d'eau, parce que toutes les molécules étant presque à la même distance de la lune, se trouvent également attirées ; dès lors, il n'y a pas de raison pour qu'il se fasse une élévation. On conçoit, d'après cela, pourquoi les marées sont moins fortes dans l'Océan Atlantique que dans l'Océan Pacifique.

Même lorsque le soleil et la lune marchent ensemble, la pleine mer n'a pas lieu au moment de leur passage au méridien. Cela se conçoit, parce qu'il faut un certain temps pour le déplacement des eaux. A Brest, l'intervalle est d'environ quarante heures. Par exemple, s'il y a nouvelle lune aujourd'hui à midi, la marée correspondante, reconnaissable à sa grandeur, n'atteindra sa plus grande élévation qu'après demain vers 4 h. du soir. Dans d'autres ports, l'intervalle est différent à cause de la configuration des côtes. A Dunkerque, à Calais, il est de 48 h.; à Gibraltar, de 36 h.; au Hâvre, de 34 h. $\frac{1}{2}$ seulement.

L'élévation de l'eau dépend de la position du lieu et de la configuration des côtes. A Brest, on a trouvé, terme moyen, 8m, 4 pour la différence entre la haute et la basse mer. En prenant la moitié, on a ce qu'on appelle le niveau moyen de la mer, c'est-à-dire celui qui aurait lieu s'il n'y avait ni flux ni reflux.

Pressions exercées par les liquides. — Un des caractères les plus remarquables des liquides, c'est qu'ils se moulent exactement dans les vases qui les contiennent, et qu'ils en pressent les parois de toutes parts. Un bloc de marbre taillé pour remplir exactement un vase n'en presse que le fond ; mais un liquide en presse le fond et les parois latérales. On peut s'en assurer en faisant une ouverture en un point quelconque : le liquide s'élance ; et, si on ferme l'ouverture avec la main, on sent distinctement la pression.

Cette pression s'exerce aussi dans toute l'étendue de la masse; on la sent très-bien en enfonçant la main dans un liquide très-lourd, dans du mercure par exemple ; mais voici un moyen plus délicat, qui permet en outre de reconnaître que la pression s'exerce dans tous les sens. On a un certain nombre de tubes de verre fermés par un bout et dont on enfonce l'extrémité ouverte dans le liquide : l'air contenu dans le tube se trouve refoulé avec plus ou moins de force. Avec le tube A, on a la pression de bas en haut ; avec le tube B, la pression de haut en bas ; avec le tube C, la pression horizontale, etc. Tous ces tubes doivent être assez étroits pour que l'air ne puisse pas sortir. Les effets sont plus marqués quand les tubes se terminent par des boules, parce que le volume d'air est plus grand. On peut d'ailleurs tracer des divisions pour connaître la diminution de volume. On arrive ainsi aux résultats suivants :

1° La pression augmente avec la profondeur ;

2° Elle est la même dans tous les points d'une couche horizontale ;

3° Elle ne dépend ni de la forme du vase, ni de la quantité du liquide ; ainsi, dans un vase très-étroit, la pression est la même que dans un lac à la même profondeur.

4° Pour une même profondeur la pression est d'autant plus grande que le liquide est plus lourd ; ainsi l'huile presse moins que l'eau pure, celle-ci moins que l'eau salée, et l'eau salée beaucoup moins que le mercure.

Autour d'un point quelconque la pression est la même dans tous les sens ; de sorte que si l'on connaît, par exemple, la pression de haut en bas, on a aussi la pression de bas en haut, la pression horizontale et la pression oblique. Ce dernier résultat est le principe fondamental de l'hydrostatique rationnelle ; on peut, par le raisonnement seul, et sans recourir à l'expérience, en déduire toutes les conditions d'équilibre d'une masse liquide.

On remonte sans peine à la cause des pressions qu'exercent les liquides. Il est évident que les molécules plus profondes, chargées du poids des molécules supérieures, sont dans un état forcé, c'est-à-dire plus rapprochées qu'elles ne le seraient naturellement ; la pression qu'elles exercent sur tous les corps qu'elles touchent est, d'après cela, un effet de répulsion moléculaire : si cette pression est la même en tout sens autour d'un point, c'est qu'à une petite distance autour d'un point, la condensation des molécules est à très-peu près la même dans toutes les directions.

Quand on comprime un liquide dans un vase, on détermine entre ses molécules un nouveau degré de rapprochement ; elles se repoussent alors avec plus de force, et il en résulte une nouvelle pression sur tous les points du vase. Tel est le mécanisme par lequel les liquides transmettent les pressions en tous sens.

Ce qui caractérise les liquides parfaits, comme l'eau, l'alcool, etc., c'est que le rapprochement dû à la compression est le même dans toute la masse quand l'équilibre est établi. Cela se reconnaît à ce que la pression sur les points que touche le liquide se trouve augmentée partout d'une même quantité. Il résulte de là, qu'un liquide devient une machine avec laquelle on multiplie les forces à l'infini, la pression exercée sur une *petite* surface se trouvant répétée sur une grande autant de fois que la grande surface contient la petite.

Pour mettre le principe dans toute son évidence, considérons un vase *polyédrique* ayant à chacune de ses faces des ouvertures de différents *diamètres* qu'on puisse fermer par des pistons très-mobiles. Si on exerce sur un des pistons une pression quelconque, il faudra, pour retenir les autres, une force double ou *triple, suivant que* leur surface sera double ou triple.

Cette propriété capitale des liquides trouve son application dans la presse hydraulique dont on *attribue l'invention à Pascal*. Si un petit piston qu'on abaisse au moyen d'un levier presse l'eau avec une force de 100 kilogrammes, un autre d'une surface *100 fois plus* grande, sera soulevé par une force de 100 fois 100 kilogrammes, de sorte qu'un corps interposé entre la tige de ce piston et un obstacle fixe, supporterait toute cette pression.

L'appareil *imaginé* par OErsted pour démontrer la compressibilité des liquides, est fondé sur la propriété qu'ils ont de transmettre les pressions en tous sens. *(Voy.* Piézomètre.)

L'horizontalité de la surface des liquides est encore une conséquence de ce que les pressions se transmettent en tous sens. En effet, si la surface n'est pas horizontale, la molécule pressée latéralement par les molécules supérieures doit descendre, puisqu'elle est parfaitement mobile, et on peut répéter ce raisonnement jusqu'à ce que toutes les molécules soient mises de niveau.

La tendance des liquides à gagner ainsi la partie la plus déclive, a donné *l'idée du niveau à bulle d'air*, qui est un des instruments les plus précieux et les plus exacts. C'est un *tube de verre légèrement courbé*, presque entièrement rempli d'eau ou d'alcool, de sorte qu'il reste seulement une bulle d'air, ou mieux encore un petit espace vide. Le tube est fixé sur une règle de cuivre, et on a marqué deux repères entre lesquels la bulle doit être comprise pour qu'on soit assuré de l'horizontalité de la règle. Ainsi une ligne est horizontale si la bulle reste entre ses repères quand on y applique le niveau. Pour constater l'horizontalité d'un plan, il suffit, comme on le démontre en géométrie, d'y constater l'horizontalité de deux lignes faisant un angle entre elles; on applique donc le niveau dans deux positions à peu près rectangulaires.

Pour régler le niveau, tout se réduit à trouver une ligne de l'horizontalité de laquelle on soit sûr; on y applique le niveau et on marque une fois pour toutes la position de la bulle. Or, la géométrie démontre que dans un plan, même incliné, il y a une infinité de lignes horizontales. On prend donc une glace dont les faces sont nécessairement planes par le procédé même du polissage, on l'établit à peu près horizontalement, on y pose le niveau non encore réglé, et on le fait tourner *jusqu'à* ce qu'on trouve une position telle, qu'en retournant *l'instrument* bout pour bout, la bulle revienne à la *même* place; il est évident qu'on est alors sur une ligne horizontale. La ligne une fois trouvée, *si on veut que la bulle s'arrête* exactement au milieu de la longueur du tube (ce qui, du reste, n'est pas nécessaire), on *tourne* une vis pour hausser ou baisser une des extrémités du tube par rapport à la règle; dans les *petits niveaux ordinaires*, cette vis n'existe *pas*, et l'instrument est *vendu tout réglé*. On préfère maintenant le niveau à bulle d'air au fil à plomb dans les instruments de géométrie et d'astronomie. Un petit niveau dont le tube est courbé *suivant* un arc de 100 pieds de *rayon*, donne l'horizontale aussi exactement qu'un fil à plomb de 100 pieds, et en outre l'observation est plus facile.

D'après ce que nous avons vu, on peut conclure que, quand la pression est produite seulement par le liquide, *elle dépend uniquement de la profondeur*. C'est là un fait capital d'où l'on tire une infinité de conséquences et d'applications remarquables. Prenons, par exemple, trois vases qui contiennent des quantités d'eau différentes; en vertu du principe, les fonds que nous supposons égaux, supporteront la même pression si la hauteur du liquide est la même.

Mais ce résultat paradoxal peut se démontrer directement. Plongeons dans l'eau un tube de verre fermé inférieurement par une lame de mica ou de sulfate de chaux que la pression de bas en haut tient appliquée contre l'orifice, de sorte que le liquide ne peut pas pénétrer. Si nous versons de l'eau dans le tube, la lame ne se détachera que quand la hauteur sera la même en dedans et en dehors; et il est évident qu'au moment où la lame se détache, la pression est la même en dessus et en dessous. Maintenant, si nous répétons l'expérience avec deux tubes coniques, nous aurons le même résultat. Or, les trois orifices inférieurs étant supposés les mêmes et à la même profondeur, les trois pressions de bas en haut seront les mêmes dans les trois cas; donc il y aura aussi égalité entre les trois pressions de haut en bas.

Après avoir reconnu que les pressions sont égales, si on veut avoir leur valeur absolue, il n'y a qu'à mettre dans l'un quelconque des tubes des grains de plomb en quantité suffisante pour détacher la lame on trouvera que le poids du plomb est précisément celui de l'eau qui aurait produit le même effet dans le tube cylindrique. Il est ainsi démontré que la pression sur un fond horizontal, quelle que soit la forme du vase, a pour mesure *le poids du cylindre liquide qui aurait ce fond pour base, et pour hauteur la distance au niveau.*

La pression dépendant uniquement de la profondeur, on conçoit qu'elle est la même sur une petite surface de quelque manière qu'on la tourne, car tous les points de cette petite surface peuvent être censés à la même distance du niveau. Il suit de là qu'en décomposant une surface quelconque en petites parties et en calculant la pression sur chacune, on aura, en faisant la somme, la pression sur la surface entière. On trouve de cette manière, qu'à une profondeur de 100 pieds, la pression sur le corps de l'homme serait d'environ 100 mille livres.

Voici une expérience curieuse qui montre bien que la pression sur les parois des vases dépend seulement de la hauteur du liquide. Si on fixe sur un tonneau un tube vertical étroit de 25 à 30 pieds, on pourra faire crever le tonneau, quand après l'avoir rempli d'eau on remplira le tube, celui-ci n'eût-il que quelques lignes de diamètre. En effet, le fond est alors aussi fortement pressé que s'il supportait un cylindre d'eau de 30 pieds et ayant toute la largeur du tonneau pour base.

Il ne faut pas s'imaginer pourtant que ce tonneau, posé sur une balance, y pèserait comme cette énorme colonne d'eau. On ne trouverait que le poids ordinaire, *plus celui* de quelques litres d'eau qui remplissent le tube. Cela s'explique en observant que l'eau comprimée dans la cavité *agit* comme un *ressort*, pressant le fond supérieur presque aussi fortement que l'inférieur. C'est à peu près comme si on *avait* un arc fortement courbé entre les deux fonds ; quand même l'inférieur serait poussé en bas avec une force de plusieurs milliers, la pression sur la balance ne serait pas changée si le fond supérieur était poussé en haut avec la même force.

Quand un vase contenant de l'eau est en équilibre sur le plateau d'une balance, on fait pencher la balance de son côté en plongeant le doigt dans le liquide ; car, alors, le niveau s'élevant, la pression sur le fond, et par conséquent sur le plateau, devient plus grande. Dans ce cas elle n'est contrebalancée par aucune force dirigée de bas en haut, puisque la surface du liquide est supposée libre.

C'est la pression latérale qui tend à renverser les digues ; et, comme on sait qu'elle est plus grande vers le fond, on a soin de les fortifier vers la partie inférieure en leur donnant une base très-large. Du reste, la pression dépendant seulement de la hauteur de l'eau, la même digue retient aussi facilement un lac tout entier que le plus mince ruisseau si le niveau est le même. C'est en vertu de la pression latérale et de la pression de bas en haut que l'eau pénètre dans les moindres fissures d'un bateau ; on conçoit qu'une voie d'eau est d'autant plus dangereuse qu'elle est plus au-dessous de la ligne de flottaison. Dans les puits profonds et étroits, on emploie des seaux tellement élevés qu'on ne pourrait pas les renverser pour les remplir ; mais le fond du seau est garni d'une soupape qui s'ouvre par la pression de bas en haut : le liquide pénètre et ne peut plus sortir. C'est la pression de bas en haut qui soutient tous les corps flottants, qui tend à diminuer le volume de l'air dans la cloche de plongeur, etc.

Quand on descend très-profondément dans la mer une bouteille bien fermée, il arrive souvent qu'elle se brise par la pression qu'elle éprouve de toutes parts ; d'autres fois l'eau pénètre à travers les pores du bouchon. Quand des poissons pêchés à de grandes profondeurs sont amenés à la surface, l'air contenu dans la vessie natatoire n'étant plus aussi comprimé se dilate tellement qu'il chasse quelquefois les intestins hors de la gueule.

Equilibre des corps flottants. — On voit des corps pesants qui se meuvent en sens contraire de la pesanteur : le liége, le bois et beaucoup d'autres corps remontent quand ils sont plongés dans l'eau ; le fer remonte de la même manière quand il est plongé dans le mercure ; la fumée s'élève dans l'air ; les nuages restent suspendus dans l'atmosphère, à peu près comme les vaisseaux restent flottants à la surface des eaux. Tous ces phénomènes, ainsi que ceux de l'aérostatique et de l'ascension des ballons, dépendent d'un seul principe que l'on appelle *le principe d'Archimède*, parce qu'Archimède en est l'inventeur. A l'occasion de cette découverte, il fut, dit-on, saisi d'une si grande joie, qu'il sortit du bain, et parcourut les rues de Syracuse, en s'écriant : *Je l'ai trouvé ! je l'ai trouvé !* Εὕρηκα ! Εὕρηκα !

Le principe d'Archimède peut être énoncé de la manière suivante : *Un corps plongé dans un fluide y perd une partie de son poids égale au poids du fluide qu'il déplace.*

Pour prendre une première idée de ce principe général, concevons un grand vase rempli d'eau, et, dans l'eau, un cube dont la face supérieure et la face inférieure soient horizontales. Il est évident, d'après les principes d'hydrostatique : 1° que les pressions latérales sont égales et contraires, et qu'elles se détruisent l'une l'autre ; 2° que la face supérieure supporte de *haut en bas* une pression égale au poids de la colonne liquide qui repose sur elle ; 3° que la face inférieure supporte de *bas en haut* une pression égale au poids de la colonne liquide qui reposerait sur elle, si le cube était lui-même de l'eau. Cette seconde pression l'emporte, sur la première, de tout le poids de la colonne liquide que déplace le cube, donc le cube est repoussé en haut avec une force égale à cet excès de pression ; donc enfin il perd une partie de son poids égale au poids du volume liquide qu'il déplace. La pression de bas en haut, diminuée de la pression de haut en bas, est ce que l'on appelle *la poussée du fluide*. Ainsi, un corps plongé est soumis à deux forces contraires : à son poids, qui tend à le faire descendre ; et à la poussée du fluide, qui tend à le faire remonter. Si ces deux forces sont égales, le corps reste en équilibre ; il a perdu tout son poids. Si la poussée du fluide est la plus grande, le corps est repoussé jusqu'à la surface. Enfin, si elle est la plus faible, le corps tombe au fond du vase. Cette proposition peut se démontrer directement au moyen de la *balance hydrostatique*, qui n'est autre chose qu'une balance ordinaire destinée à peser les corps, d'abord en les laissant dans l'air, et ensuite en les plongeant dans un fluide.

Voici une démonstration du principe d'Archimède, qui est tout à fait indépendante de la forme du corps plongé.

Dans l'intérieur de la masse fluide, concevons un volume quelconque, une sphère, par exemple, qui ait un mètre de rayon. Imaginons que les molécules d'eau, qui sont actuellement comprises dans ce volume, soient congelées pour un moment, c'est-à-dire qu'elles forment une sphère solide au lieu d'une sphère liquide; mais que, dans l'acte de la congélation, elles ne soient ni éloignées ni rapprochées l'une de l'autre, et qu'elles conservent exactement leurs positions et leurs distances. Il est évident que la sphère solide qui en résulte restera suspendue et en repos, comme faisait la sphère liquide; car l'adhérence que nous venons d'établir entre les diverses molécules ne peut ni les soutenir ni les faire tomber, elle ne change rien aux pressions ni à la pesanteur. Cette sphère solide et pesante a donc perdu son poids, puisqu'elle ne tombe pas, et elle l'a perdu parce qu'elle est environnée d'un fluide qui la presse de toutes parts. Donc, de l'ensemble des pressions inégales qui s'exercent en tous les points de sa surface, résulte une force unique, agissant de bas en haut, et précisément égale au poids de la sphère entière. Ce raisonnement s'applique à un corps de forme quelconque.

Or, quelle que soit la forme du corps qui se congèle, comme nous le supposons, une fois qu'il est congelé, on pourrait le tourner d'une manière quelconque autour de son centre de gravité, et dans toutes les positions il resterait en équilibre. Donc la force de bas en haut, ou *la poussée du fluide*, est une force qui a son point d'application au centre de gravité du fluide congelé; ce point s'appelle *le centre de la pression*.

Si, au lieu de la substance fluide elle-même que nous supposons congelée, nous imaginons maintenant dans l'intérieur du fluide un corps étranger de substance quelconque, de liége, de marbre ou de fer, il est évident qu'il supportera de la part du fluide environnant les mêmes pressions qu'une masse congelée qui aurait la même forme que lui. Donc la poussée du fluide et le centre de pression ne dépendent que de la quantité et de la forme du liquide déplacé, sans dépendre en aucune manière de la substance qui déplace le liquide.

Ainsi, un corps plongé dans un fluide est toujours soumis à deux forces dont nous connaissons maintenant les grandeurs, les directions et les points d'application. La première de ces forces est le poids du corps, qui agit de haut en bas, et qui est appliqué au centre de gravité du fluide déplacé : de là résultent des conditions d'équilibre et des conditions de stabilité ou d'instabilité, que nous allons déterminer.

Le principe étant reconnu, nous pouvons nous en servir pour résoudre diverses questions et expliquer plusieurs phénomènes.

1° Une balle de plomb et une bille d'ivoire suspendues aux bassins de la balance hydrostatique se font équilibre dans l'air; on demande si l'équilibre subsistera quand elles seront toutes deux dans l'eau ? Non, évidemment, car la bille d'ivoire ayant un plus grand volume sera soulevée plus fortement.

2° On ôte la balle de plomb et on met les poids nécessaires à l'équilibre pendant que la bille d'ivoire est dans l'eau ; on demande si l'équilibre sera troublé en remplaçant l'eau par de l'huile ou de l'alcool? Certainement oui, car la poussée verticale est moindre dans l'alcool et dans l'huile, qui pèsent moins que l'eau, à volume égal. C'est pour une raison semblable que le fer s'enfonce dans l'eau et flotte sur le mercure.

On s'est servi du principe d'Archimède dans la détermination du gramme. Il fallait avoir le poids d'un volume d'eau bien connu en centimètres cubes. Pour cela, on a construit un cylindre de cuivre dont on a mesuré exactement la hauteur et le diamètre, d'où l'on a conclu le volume au moyen d'une formule de géométrie ; supposons ce volume de 248 centimètres cubes. En pesant le cylindre successivement dans l'air et dans l'eau, on a trouvé par soustraction la poussée verticale, c'est-à-dire le poids de 248 centimètres cubes d'eau ; de sorte qu'en prenant la 248e partie de ce poids, on a eu le poids d'un centimètre cube. C'était 18 grains 827 millièmes. Dès lors en faisant de petites masses de cuivre ayant précisément ce poids, on a eu le gramme dont il a été facile de construire des multiples et des sous-multiples.

Les poissons paraissent être en équilibre dans l'eau où ils vivent, car ils peuvent s'y tenir en repos sans être entraînés par leur poids ni rejetés par la poussée du fluide. Ainsi un poisson pèse précisément autant que l'eau qu'il déplace; il pèse un kilogramme s'il déplace un litre, et mille kilogrammes s'il déplace mille litres ou un mètre cube. Une baleine de 20 mètres de long déplace à peu près 500 mètres cubes, et pèse en conséquence 500 mille kilogrammes, et même un peu plus, à cause que l'eau de mer est un peu plus pesante que l'eau douce.

S'il est nécessaire que les poissons soient en équilibre pour n'être pas condamnés à se soutenir par un mouvement continuel, au-dessus des profondeurs de la mer, il est nécessaire aussi que leur équilibre ne soit ni instable ni indifférent; et cette condition est remplie par un organe particulier qui sert aussi à d'autres usages, car, dans l'organisation des êtres, il n'y a pas une pièce qui n'ait qu'une seule fin. Cet organe est la vessie natatoire. Il a diverses formes dans les différentes espèces, mais il est toujours placé pour alléger les parties supérieures et pour laisser plus de poids aux parties inférieures. De cette manière, le centre de gravité du corps est plus bas que le centre de pression, et la condition de stabilité se trouve remplie. D'après les observations curieuses de M. Biot, le gaz de la vessie natatoire n'est pas de l'air atmosphérique ; il est de l'azote presque pur dans les individus qui vivent près de la surface, et il se compose de près de 0,9 d'oxygène et de 0,1 d'azote dans ceux qui vivent à des profondeurs de 1000 à 1200 mètres. A 8 ou 9000 mètres de profondeur, ces gaz seraient aussi denses que l'eau, et les vessies natatoires deviendraient inutiles pour l'équilibre.

Il paraît que les poissons se servent aussi de leur vessie natatoire pour exécuter des mouvements de haut en bas ou de bas en haut, qu'ils n'exécuteraient que difficilement au moyen de leurs nageoires. Il suffit pour cela qu'ils puissent la reserrer ou la gonfler à volonté : dans le premier cas, leur poids restant le même et leur volume devenant moindre, ils sont plus denses que l'eau, et ils tombent; au contraire, dans le second cas, ils montent comme du liége.

Cependant ce phénomène n'est pas aussi simple qu'on l'imagine au premier instant. Un poisson, au milieu de l'eau, ne peut pas se gonfler comme un mammifère qui retient son haleine ; il ne trouve pas de l'air à prendre ou à rejeter : c'est avec la même quantité de gaz qu'il doit opérer ces mouvements. Il faut donc que, par une action volontaire, le gaz soit sans cesse plus comprimé qu'il ne le serait par le fluide environnant, et qu'un peu plus ou un peu moins d'énergie dans cette action comprimante lui donne successivement un moindre ou un plus grand volume.

Dans les poissons que l'on pêche à une profondeur de mille mètres, le gaz de la vessie natatoire est sous une pression d'eau équivalente à cent atmosphères ; arrivé à la surface, il tend à prendre un volume cent fois plus grand : aussi observe-t-on que tout l'effort musculaire ne suffit plus pour le retenir ; il s'échappe en refoulant tous les organes voisins, et surtout la membrane de l'estomac, qui est alors tellement tendue et dilatée, qu'elle vient former au dehors de la gueule une espèce de ballon fort singulier. On peut juger par là que les régions de la mer ont leurs peuples différents, non-seulement suivant les climats, mais encore suivant les profondeurs.

On profite de la poussée verticale pour retirer du fond de la mer des corps très-lourds, par exemple des canons provenant d'un bâtiment qui a fait naufrage. S'ils sont à découvert pendant la marée basse, on les attache à des caisses ou à des tonneaux vides que la poussée verticale soulève avec le reste, lors de la marée haute. Si les objets restent sous l'eau pendant la marée basse, on descend avec la cloche de plongeur pour y fixer des cordes, qu'on attache ensuite à des chaloupes chargées d'une grande quantité de lest. Lorsqu'on jette ce lest, la poussée soulève les chaloupes devenues plus légères et entraîne le reste.

Le procédé des bateaux soulevés par la poussée verticale a été employé par les anciens pour opérer le transport de très-lourdes masses. Ainsi, l'un des obélisques d'Héliopolis a été abattu sur le sol, puis on a creusé depuis le Nil un canal jusque sous le monolithe, et un bateau ou radeau a été engagé dans le canal, en travers de l'obélisque. Ce radeau, chargé d'abord des deux côtés, et appliqué par son milieu à la surface de la pierre, ayant été déchargé du poids qui le faisait enfoncer, s'est trouvé soulevé par la poussée du liquide, et a soulevé en même temps l'obélisque qui se trouvait en croix avec lui. Le radeau a été ramené avec sa charge, par le canal et le fleuve, jusqu'à la mer, puis transporté à Ostie et à Rome. Il paraît que c'est en général par ce moyen que les vieux habitants de l'Égypte allaient chercher leurs gigantesques obélisques dans les carrières de Syène, et, grâce au débordement du Nil, les transportaient avec assez de facilité sur les divers points où ils les déposaient.

C'est ainsi, entre autres, qu'Amasis, avant-dernier roi d'Egypte, fit transporter à Saïs une chapelle de granit d'un seul morceau, qui pesait deux millions de kilogrammes.

Nous croyons qu'on pourrait, par ce moyen, transporter jusqu'à des maisons, à de médiocres distances ; et véritablement ce n'est qu'une question de frais.

Pour qu'un corps flottant reste en équilibre, il faut : 1° que son poids soit égal à celui du liquide déplacé; 2° que son centre de gravité et celui du liquide déplacé soient sur la même verticale.

Quand la première condition est remplie, la poussée est égale au poids du corps, et par conséquent en état de le soutenir. Pour concevoir la nécessité de la seconde condition, remarquons que si, dans le cas d'équilibre, on remplaçait le corps flottant par le volume de liquide déplacé, et qu'on solidifiât ce volume par la pensée, la poussée verticale passerait par son centre de gravité, sans quoi l'effet de la pesanteur ne serait pas détruit. Par la même raison, elle passe par le centre de gravité du corps flottant ; donc ces deux centres sont sur la même verticale.

Si la première condition n'est pas remplie, par exemple, si le liquide déplacé pèse moins que le corps entier, celui-ci s'enfonce ; mais, en vertu de la vitesse acquise, il descend plus qu'il ne faudrait pour l'équilibre ; alors la poussée verticale, qui devient prépondérante, le fait remonter; de là résultent des oscillations verticales qui diminuent peu à peu d'amplitude à cause de l'adhérence du liquide, de sorte que bientôt l'équilibre s'établit.

Un corps peut flotter dans des positions très-différentes: ainsi une poutre peut avoir l'une ou l'autre de ses faces hors de l'eau. Le nombre des positions d'équilibre dépend non-seulement de la forme du corps, mais aussi du rapport entre sa densité et celle du liquide, rapport d'où dépend le volume des parties plongées et non plongées.

On distingue, par rapport aux corps flottants, l'équilibre *stable*, l'équilibre *instable* et l'équilibre *indifférent*. Une sphère homogène offre un exemple d'équilibre indifférent; elle reste en repos, de quelque manière qu'on la pose. Un ellipsoïde est en équilibre instable quand son grand axe est vertical; car il ne revient plus à cette position, pour peu qu'on l'en écarte. Au contraire, l'équilibre est stable si le petit axe est vertical. On remarque ici, comme sur un plan horizontal, que les positions d'équilibre stable et instable se succèdent alternativement.

L'équilibre est toujours stable quand le centre de gravité du corps est plus bas que celui du fluide déplacé; mais il peut avoir lieu dans le cas contraire, et c'est le cas ordinaire des vaisseaux. La condition essentielle, c'est que, dans les inclinaisons que prend le corps flottant, son poids d'une part, et la poussée de l'autre, agissent pour le ramener à sa position primitive. Cette condition sera toujours remplie si le corps flottant est lesté inférieurement, de manière que son centre de gravité soit au-dessous du centre de gravité du fluide déplacé.

HYÉTOMÈTRE. *Voy.* Pluie.

HYGROMÈTRE. *Voy.* Hygrométrie.

HYGROMÉTRIE (d'ὑγρὸν, humide, et μέτρον, mesure). — Presque tous les phénomènes météorologiques s'accomplissent au sein de cette masse d'air, qu'on appelle atmosphère, qui environne la terre jusqu'à une hauteur de quinze à dix-huit lieues, et qu'elle emporte avec elle dans sa révolution autour du soleil. Cette masse gazeuse se compose principalement de deux gaz, oxygène et azote, mélangés dans une certaine proportion d'un peu de gaz acide carbonique, et d'une quantité plus ou moins considérable de vapeur d'eau qui s'élève continuellement de la surface des mers, des lacs, des rivières et de tous les corps humides qui couvrent notre globe. Les variations de cette vapeur se combinent avec celles de la température pour occasionner la plupart des phénomènes météorologiques. Il importe donc de savoir déterminer à chaque instant l'état de l'humidité de l'air afin de pouvoir découvrir les lois générales de ces phénomènes.

La partie de la physique qui s'occupe de la solution de ce problème a reçu le nom d'*hygrométrie*. Ce problème ne consiste pas précisément à déterminer la quantité pondérable de vapeur d'eau contenue dans l'air, ou dans un volume d'air donné, laquelle varie avec la température. Cette connaissance est d'ailleurs facile à obtenir : il suffit pour cela de faire passer un volume d'air dans un tube contenant une substance avide d'eau, telle que du *chlorure de calcium* ; l'excès de poids acquis par cette substance donnera la quantité pondérable de vapeur d'eau contenue dans le volume d'air éprouvé.

Mais ce qu'il importe de connaître, c'est le rapport de la quantité de vapeur contenue dans l'air à celle qu'il contiendrait s'il en était saturé, c'est-à-dire s'il en contenait autant qu'il en peut contenir à sa température actuelle. De ce rapport dépend en effet l'action de l'humidité de l'air ; c'est donc lui qui constitue réellement l'état humide de l'atmosphère, et c'est à déterminer ce rapport que sont destinés les instruments appelés *hygromètres* ou mesureurs de l'humidité.

Cette humidité agit sur un très-grand nombre de corps, et de diverses manières, en pénétrant dans l'intérieur de leur masse, en s'insinuant entre leurs molécules. Elle les allonge ou les raccourcit, les tord ou les détord, les gonfle, etc., suivant leur nature et la disposition de leur tissu. Tout le monde sait bien, par exemple, qu'une corde neuve, exposée à la pluie ou à l'action de l'humidité, se raccourcit d'une assez grande quantité : ce qui s'explique avec facilité, en observant que l'humidité qui s'introduit entre les filaments qui forment cette corde, les écarte les uns des autres, et doit par conséquent faire perdre à celle-ci en longueur ce qu'elle gagne en épaisseur. On sait bien encore que les toiles neuves subissent un retrait considérable quand elles sont mouillées : la raison en est la même que pour les cordes ; car chacun des fils qui composent cette toile est une petite corde qui se raccourcit en particulier. Les portes, les fenêtres de nos habitations se gonflent quelquefois au point de ne pouvoir plus s'ouvrir ou se fermer dans *les temps humides*. Toutes les substances sur lesquelles l'humidité exerce ainsi une action quelconque sont appelées *substances hygrométriques*.

On a mis quelquefois les propriétés hygrométriques de certains corps à profit pour vaincre des résistances ou produire des effets mécaniques extraordinaires. C'est ainsi, par exemple, que le gigantesque obélisque de la place de Saint-Pierre de Rome a été élevé sur son piédestal en mouillant les cordes qui le soutenaient ; c'est encore ainsi que de simples coins de bois, gonflés par l'humidité, détachent de la masse du rocher ces énormes blocs de pierre qui forment les meules des moulins.

Sans doute que chacune des substances hygrométriques, préparée convenablement, peut servir à indiquer une plus ou moins grande quantité d'humidité contenue dans l'air, et former ainsi une espèce d'*hygromètre*. Mais presque tous ces hygromètres seraient défectueux, en ce sens que leurs indications ne seraient presque jamais les mêmes en les plaçant dans les mêmes circonstances, à des époques différentes. Ainsi, ce ne seraient point là des [illegible] de physique, puisqu'ils ne seraient pas comparables à eux-mêmes.

Hygromètre à cheveu. Un hygromètre qui remplit les conditions d'exactitude que l'on peut désirer est l'*hygromètre de de Saussure :* sa construction est fondée sur la propriété que possède un cheveu bien lessivé de subir le même allongement ou le même raccourcissement pour les mêmes degrés d'humidité ou de sécheresse. Cet hygromètre porte encore le nom d'*hygromètre à cheveu.* En voici la description :

On attache l'extrémité d'un long cheveu, bien lessivé, à un point fixe, puis on enroule le cheveu lui-même sur une petite poulie dont l'axe porte une aiguille légère destinée à parcourir les divisions d'un cadran qui sont les degrés de l'hygromètre ; un petit contre-poids donne au cheveu une tension continuelle et toujours égale.

Lorsque cet instrument est placé dans un air humide, le cheveu absorbe une certaine quantité de vapeur d'eau, et s'allonge : alors le contre-poids descend, et fait tourner la poulie qui entraîne l'aiguille vers une extrémité du cadran. L'air qui environne l'hygromètre passe-t-il au sec, le cheveu perd son humidité. Il subit donc un raccourcissement qui fait remonter le petit contre-poids, et marcher l'aiguille dans un sens opposé au premier. Ces effets sont très-sensibles : il suffit, par exemple, de diriger son haleine sur le cheveu, pour produire un déplacement considérable de l'aiguille.

Pour *graduer* l'hygromètre, ou former l'*échelle hygrométrique*, on place d'abord cet instrument sous une cloche contenant de l'air et une substance capable d'absorber l'humidité du récipient, ordinairement de la chaux vive, qui a beaucoup d'affinité pour l'eau. L'aiguille de l'hygromètre se met en mouvement, et quand elle a atteint une position stationnaire, ce qui peut n'arriver qu'au bout de deux ou trois jours, on marque sur le cadran, au point où elle s'arrête, le zéro de l'hygromètre. C'est le point de la sécheresse extrême.

On place ensuite l'hygromètre sous une autre cloche dont les parois sont mouillées ; l'air intérieur se sature d'humidité, l'aiguille tend alors rapidement vers une position opposée à la première, et devient stationnaire au bout d'une heure au plus. On marque 100° au point où s'arrête la pointe de l'aiguille : c'est le point de l'humidité extrême. L'intervalle compris sur le cadran entre les deux points déterminés est divisé en 100 parties égales. Ce sont les degrés de l'hygromètre.

Quand l'instrument a été construit avec tout le soin nécessaire, on remarque que, lorsqu'il est placé dans les mêmes circonstances, ses indications sont toujours identiques : quelle que soit la température de l'air, s'il est saturé, l'instrument indique toujours 100° ; et, s'il est parfaitement sec, toujours 0°.

Avec cet instrument tout seul on ne pourrait évidemment que constater des différences d'humidité dans l'atmosphère, car ces degrés ne sont point proportionnels aux états hygrométriques de l'air. La relation qui existe entre ces deux espèces de quantités a été recherchée par plusieurs séries d'expériences et consignée dans des tables qu'on appelle pour cette raison *tables hygrométriques.* On y voit, par exemple, que l'hygromètre marquant 20°, 72°, 95°, 100°, l'état hygrométrique de l'air sera $\frac{1}{10}, \frac{1}{2}, \frac{9}{10}, 1$; c'est-à-dire que de toute la vapeur que l'air peut contenir à sa température actuelle, il n'en contiendra que le dixième, ou la moitié, ou les neuf-dixièmes, ou bien enfin qu'il sera saturé.

Les tables hygrométriques servent aussi à faire connaître la tension de la vapeur contenue dans l'air pour une température et un degré de l'hygromètre donnés, et on a ainsi tout ce qu'il faut pour résoudre les questions qui font l'objet de l'hygrométrie.

Cet instrument indique l'humidité relative. Si on le place dans un air contenant des quantités de vapeur connues, l'observation montre que ces degrés ne sont pas proportionnels à ces quantités. Quand l'instrument marque 80, l'air ne contient souvent pas 80, mais seulement 60 à 70 pour cent de la quantité de vapeur qui serait nécessaire pour le saturer. Nous possédons sur ce sujet des recherches de de Saussure lui-même, recalculées avec soin par M. August.

Le procédé de Dalton, perfectionné par Daniell, puis par Koerner, est fondé sur le principe suivant. Si l'on suppose qu'une masse d'air se refroidit lentement, elle finira par descendre à un degré de température auquel cet air sera saturé par la quantité de vapeur qu'il contient. Cette température, appelée le *point de rosée*, une fois connue, il suffit de chercher dans une table quelle est la quantité de vapeur qui lui correspond. Supposons que cette température soit 25° : si le point de rosée est à 10°, 14, la table nous donnera 10mm, 4 de tension pour cette température du point de rosée ; ce qui équivaut à dire que la pression de l'atmosphère de vapeur fait équilibre à une colonne de mercure de 10mm, 14. Pour trouver le point de rosée, on prend un thermomètre dont la boule soit libre ; on l'entoure d'abord de mousseline, puis on applique sur la moitié inférieure de la boule une calotte mince d'argent doré qui s'y ajuste exactement. Cela fait, on laisse tomber goutte à goutte de l'éther sulfurique sur la mousseline ; l'éther se vaporise, enlève de la chaleur à la boule, qui atteint bientôt la température du point de rosée. A cet instant, la vapeur contenue dans l'air se condense sur la calotte dorée. Il s'agit donc d'observer exactement la température au moment où l'or se ternit. Pour que le résultat soit rigoureux, il faut tâcher que l'abaissement de la température se fasse aussi lentement que possible dans le voisinage du point de rosée, afin que l'appareil ait la même température dans toutes ses parties. Ainsi, par un temps humide, on versera très-peu d'éther sulfurique à la fois. Si, malgré cette précaution, le thermomètre baisse rapidement, il faut recommencer l'expérience. Lorsque l'instrument s'est de nouveau réchauffé, on laisse tomber encore quelques gouttes jusqu'à ce que le thermomètre soit presque descendu jusqu'au point de rosée, puis on en ajoute ce qu'il faut pour qu'il descende très-peu au-dessous de ce point. Avec un peu d'habitude on arrive bientôt à verser la quantité d'éther nécessaire pour obtenir un résultat.

Table hygrométrique de la vapeur qui est contenue dans un mètre cube d'air.

Température du point de rosée.	Force élastique correspondante.	Poids de la vapeur.
0	5,0	5,4
1	5,4	5,7
2	5,7	6,1
3	6,1	6,5
4	6,5	6,9
5	6,9	7,3
6	7,4	7,7
7	7.9	8,2
8	8,4	8,7
9	8,9	9,2
10	9,5	9,7
11	10,1	10,3
12	10,7	10,9
13	11,4	11,6
14	12,1	12,2
15	12,8	13,0

Cet hygromètre offre de grands inconvénients. L'air est-il très-sec, on n'obtient le point de rosée qu'avec la plus grande peine; est-il humide, il devient fort difficile de dire à quel degré du thermomètre l'or s'est terni. A la lumière, il est impossible d'observer cet instrument, qui ne peut servir réellement qu'à comparer entre eux les autres hygromètres.

La méthode de Hutton, modifiée d'abord par Leslie, a été ramenée, dans ces derniers temps, à sa simplicité primitive par M. August, de Berlin. On place l'un près de l'autre deux thermomètres, aussi semblables que possible, et divisés de façon qu'on puisse estimer exactement un dixième de degré. La boule de l'un d'eux est couverte d'une mousseline constamment humectée au moyen d'une mèche qui plonge dans une capsule pleine d'eau. En vertu de l'évaporation, la température du thermomètre mouillé est d'autant plus basse que l'air est plus sec et le baromètre plus bas. On peut donc, par le froid dû à l'évaporation, connaître la quantité de vapeur contenue dans l'air, et l'instrument a reçu de son inventeur le nom de *Psychromètre* (ψυχρὸς, froid).

On note les deux indications des thermomètres à la hauteur barométrique correspondante.

L'application de ce procédé exige l'emploi de deux thermomètres identiques, et, avec quelque perfection que soit construit un thermomètre ordinaire, on sait combien il est difficile d'obtenir deux instruments réellement comparables.

On remédierait à cette difficulté en n'employant qu'un seul thermomètre à très-grande marche, et qui pût donner des indications à toutes les températures à observer.

L'instrument le plus éminemment propre à ces sortes d'expériences est un des thermomètres *métastatiques* à alcool imaginés par M. Walferdin, et dont la construction est telle, qu'il se règle à volonté à toute température, et que, dans la limite des observations nécessaires pour les déterminations psychrométriques, il peut indiquer la centième partie et au delà d'un degré centésimal, sans que sa cuvette dépasse le volume de celle des plus petits thermomètres employés en météorologie.

Il suffit d'engager dans la tige la bulle de mercure qui sert d'index, à une température un peu supérieure à la température ambiante que l'on détermine alors, puis de faire tourner l'instrument en fronde, après avoir entouré sa cuvette de mousseline humide pour que l'évaporation ait lieu, de noter sa nouvelle indication, et de comparer entre elles les deux observations ainsi obtenues, comme on le voit, avec le même instrument.

Le thermomètre métastatique devient, dans ce cas, l'*instrument psychrométrique* le plus simple et le plus rigoureux. *Voy.* Vapeurs (*Météorologie*), Température.

I

IDENTITÉ des cinq espèces d'électricité. *Voy.* Courants électriques.

Identité d'action entre le magnétisme et l'électricité, et identité de ces deux fluides. *Voy.* Magnéto-électricité.

Identité des cylindres électro-dynamiques et des aimants. *Voy.* Électro-dynamique.

IMAGES réelles, virtuelles. *Voy.* Miroirs courbes.

IMBIBITION.—Lorsque certains liquides, tels que l'eau, l'huile, le mercure, etc., s'insinuent dans la masse des solides, on dit que ceux-ci *boivent* les liquides, qu'ils s'en *imbibent* ou que ceux-ci *mouillent* les solides. Toutefois, il est à remarquer qu'un même liquide ne mouille pas indistinctement toute sorte de solides : le mercure, par exemple, mouille l'or, l'argent, l'étain, le plomb; mais il ne mouille ni le fer, ni le bois, ni la porcelaine, ni le verre; le marbre n'absorbe point l'eau, mais il absorbe facilement l'huile. On dirait donc que certains solides ont une espèce de *prédilection* pour certains liquides et réciproquement. Cette propriété est désignée sous le nom d'*affinité*. Le phénomène de l'imbibition dépend tout à la fois de la porosité des corps, de la capillarité et de l'affinité des molécules matérielles qui les composent.

Les bois et quelques autres matières augmentent de volume par l'imbibition.

Les tonneaux desséchés se disjoignent et ne peuvent plus contenir les liquides; mais, pourvu qu'on les laisse séjourner quelque temps dans l'eau, ils se gonflent et reviennent à leur premier état. Si l'on mouille une pièce de bois d'un côté tandis qu'on la chauffe du côté opposé, elle se courbe toujours du côté échauffé parce que ce même côté diminue en longueur *tandis* que l'autre augmente par l'imbibition.

Dans plusieurs carrières, pour enlever des meules de moulin ou d'autres masses quelconques, on fait une rainure dans le bloc, et l'on y chasse à coups de marteau, une multitude de petits coins bien séchés au feu; ensuite on y verse de l'eau : tous ces coins étant mouillés se dilatent, et la force de dilatation suffit pour diviser la masse de pierre, quoique la résistance soit peut-être quelquefois de plusieurs milliards de kilogrammes.

C'est par l'effet de l'imbibition que les boiseries se déforment dans les appartements; car ordinairement la face extérieure est peinte à l'huile et ne peut se mouiller, tandis que l'autre face demeure exposée à toute l'*humidité* des murs. On préviendrait cet inconvénient si l'on passait une bonne couche de goudron sur la face qui doit s'appliquer contre la muraille.

Quand les cheveux ont été légèrement lessivés et dépouillés de la matière grasse dont ils sont enduits, ils s'allongent par un *temps humide*, et se raccourcissent par un temps sec. C'est cette propriété qu'on a mise à profit dans la construction des *hygromètres*.

Mesurez exactement une bande ou une feuille de papier; mouillez-la, elle aura augmenté dans tous les sens; si vous la collez en cet état sur un cadre, elle se tendra en se séchant, comme la peau d'un tambour : il arrive même quelquefois qu'elle se déchire ou se décolle. Si on ne la mouille que d'un côté, elle se courbe à l'instant du côté opposé; si on l'imbibe d'huile, elle n'augmente pas de dimension.

Les cordes du chanvre présentent un phénomène qui semble contraire aux précédents, mais dont l'explication est facile. Comme elles sont composées d'une multitude de fibres roulées en spirale sur elles-mêmes, leurs particules éprouvent trop de frottements pour pouvoir s'écarter dans le sens de la longueur; les cordes ne peuvent donc qu'augmenter de diamètre, et en devenant plus grosses, elles doivent nécessairement se raccourcir, comme cela arrive en effet. (*Voy.* Cordes). Il en est des toiles neuves comme des cordes; mais, avec le temps, les fils se détordent, et leurs fibres deviennent à peu près parallèles : aussi les vieilles toiles augmentent-elles dans tous les sens quand on les mouille. Les cordes à boyau étant tordues se raccourcissent aussi par l'imbibition. Tous les joueurs d'instruments savent que, dans les nuits humides, elles se cassent quelquefois d'elles-mêmes quand on n'a pas eu la précaution de les détendre.

Lorsqu'on mouille le bois, le papier, etc., on dirait que les molécules de l'eau agissent comme de petits coins qui, une fois engagés dans les lèvres d'une fente, les écartent par leur propre poids. Au contraire, quand on imbibe d'huile une feuille de papier, on dirait que le liquide se borne à remplir les pores du papier. *Voy.* Infiltration, etc.

IMPRESSION. *Voy.* Technologie.

INCENDIES des tourbières, cause présumée des brouillards secs. *Voy.* Brouillard sec.

INCLINAISON.— La découverte de l'inclinaison date de 1576; elle est due à Robert Normann, de Londres, ingénieur en instruments de physique. Jusqu'à lui on avait supposé que l'aiguille devait être *horizontale*; et lorsqu'en Europe on remarquait l'abaissement de son pôle austral, on pensait que son centre de gravité était mal fixé; mais R. Normann mesura le contre-poids qu'il fallait ajouter, et fit ainsi une des plus importantes découvertes du *magnétisme*.

L'inclinaison est l'angle que fait avec l'horizon une aiguille qui peut se mouvoir librement autour de son centre de gravité dans le plan vertical du méridien magnétique. A Paris, l'inclinaison est d'environ 70°, et c'est le pôle *austral* qui plonge au-dessous de l'horizon. L'aiguille, *il est vrai*, fait avec l'horizon quatre angles, qui sont égaux, deux à deux; mais l'on convient toujours de prendre pour l'inclinaison le plus petit des deux angles qu'elle *forme*, et même, pour fixer les idées, le plus petit des angles que forme sa partie inférieure; ainsi, l'inclinaison est toujours plus petite que 90°.

Les appareils propres à observer l'inclinaison s'appellent *boussoles d'inclinaison*.

Si, par exemple, on part de Paris avec un appareil de cette nature pour s'avancer vers le pôle boréal de la terre, on observe que l'inclinaison augmente en même temps que la latitude; et il y a quelque part dans ces parages, à une certaine distance du pôle de rotation de la terre, un point où l'aiguille d'inclinaison est exactement verticale, et où l'inclinaison est par conséquent de 90° : ce point est le *pôle magnétique* boréal de la terre.

Au contraire, si l'on part de Paris pour s'avancer vers le pôle austral de la terre, l'inclinaison diminue avec la latitude; et, lorsqu'on arrive dans la zone équatoriale, on trouve un certain point où l'inclinaison est exactement horizontale. En passant outre, on retrouve une autre inclinaison; mais alors c'est le pôle boréal de l'aiguille qui plonge au-dessous de l'horizon, et qui plonge de plus en plus à mesure que la latitude australe augmente. Il y a donc, vers le pôle austral de la terre, un autre point où l'aiguille d'inclinaison se relèverait exactement dans la direction du fil à plomb, son pôle boréal en bas et son pôle austral vers le zénith; et ce point, dont la position précise est encore inconnue, est le *pôle magnétique aus-*

tral de la terre. *Voy.* Magnétisme terrestre. — Inclinaison des orbites planétaires. *Voy.* Orbite.

INCONDUCIBILITÉ DES CORPS. — On met à profit, de diverses manières, cette propriété des corps. Veut-on, par exemple, conserver un liquide longtemps chaud, on l'enfermera dans un vase de fer blanc à double enveloppe, et l'on garnira l'intervalle des deux feuilles métalliques avec de la sciure de bois, du charbon en poudre ou de la laine. Ces substances étant de fort mauvais conducteurs, le liquide perdra fort peu de sa température dans un temps assez considérable. De plus, on aura le soin de tenir brillante les surfaces métalliques.

Les poêles de fonte donnent et perdent rapidement leur chaleur ; ceux de faïence, qui conduisent beaucoup moins bien, gardent plus, et dispersent lentement la chaleur qu'ils reçoivent : ils chauffent donc plus doucement et plus constamment ; ce qui vaut mieux en général.

Lorsqu'on veut connaître la température d'un lieu profond, inaccessible, comme d'une source artésienne, du fond de la mer, au lieu de recourir à l'emploi d'un thermomètre à *maximum* ou à *minimum*, on peut prendre un thermomètre ordinaire qu'on enduit d'une couche mince de cire ou de résine. L'instrument ainsi habillé, il faudra le laisser un certain temps dans le milieu dont on veut prendre la température, parce que la très-imparfaite conducibilité de la couche qui le revêt, ne permet à la chaleur du milieu de pénétrer que lentement jusqu'au mercure ; mais, lorsqu'on remonte le thermomètre, la même cause l'empêche d'être sensible aux températures variables qu'il traverse, et il arrive sous les yeux de l'observateur avec celle qu'il a prise dans le milieu où on l'avait établi. On conçoit qu'on puisse, au moyen d'expériences préalables, connaître quel temps il faut à la couche résineuse pour se laisser pénétrer.

La matière qui compose la partie la plus superficielle du sol, ce qu'on appelle plus particulièrement la *terre*, et dans quoi l'on peut comprendre les sables, est douée d'une très-faible conducibilité, qu'on met à profit dans différents cas, particulièrement pour conserver la chaleur des corps qu'on y enfouit. Une masse métallique considérable et très chaude qu'on enfermerait à deux mètres sous terre, conserverait pendant un temps très-long presque toute sa température. On connaît entre autres le procédé de cuisson employé par les insulaires de la mer du sud. Dans un trou creusé en terre, on allume du feu et l'on y fait rougir des pierres plates. Lorsqu'on a un nombre suffisant de ces pierres, on en fait un lit sur lequel on dépose la viande à cuire dans une enveloppe de feuilles. Un autre lit de pierres chaudes est placée au-dessus, et le trou est ensuite comblé avec de la terre. Plusieurs heures après, on trouve la viande cuite à point, et cette viande jouit d'une saveur que ne sauraient donner nos procédés de cuisson. C'est un véritable four, où l'on fait rôtir des moutons et des cochons entiers ; la chaleur est employée intégralement à cuire la viande, l'inconducibilité de la terre empêchant à peu près toute dispersion. Ce procédé est souvent décrit dans les relations de voyages ; nous croyons que notre civilisation ne ferait pas mal de l'emprunter aux Océaniens.

C'est à la très-faible conducibilité des matières terreuses qu'est due la constance des températures intérieures sur chaque couche de la croûte du globe. A un mètre de profondeur, la température ne varie pas du jour à la nuit. Dans nos climats, la différence des températures extrêmes de l'été à l'hiver est fort peu sensible à une profondeur de 8 mètres ; elle n'a jamais dépassé un degré et demi, et l'on remarque que le maximum de cette température a lieu vers le milieu de décembre, ce qui montre que la propagation de la chaleur prend trois ou quatre mois pour traverser cette couche de 8 mètres de terre. Dans les régions équinoxiales, un thermomètre enfoncé en terre et à l'ombre, à 33 centimètres de profondeur, marque la même température, à un ou deux dixièmes de degré près, pendant tout le cours de l'année. On prend ces températures souterraines au moyen de thermomètres à très-longues tiges saillantes sur le sol.

Dans notre climat, à 24 mètres au-dessous de la surface, la température reste invariable, même dans un air qui communique très-librement avec l'extérieur. Tel est le cas des caves de l'Observatoire de Paris, qui restent constamment à 10°,84. Mais il n'est pas douteux que la constance absolue de température n'existe dans des couches solides beaucoup plus rapprochées de nous.

La conservation de la chaleur dans les pièces artificiellement échauffées dépend en grande partie de la garniture de leurs parois. Le bois étant beaucoup moins conducteur que les substances pierreuses, une chambre sera beaucoup plus chaude qu'une autre si elle est boisée. Dans les contrées du nord, on échauffe, au moyen de grands poêles en brique qu'on allume le matin pendant deux heures, de grandes chambres dont l'enceinte est formée de poutres de bois de 3 décimètres d'équarrissage, dont les joints sont garnis d'étoupe et dont l'ensemble est recouvert de planches de 5 à 6 centimètres d'épaisseur. La chaleur de ces poêles s'y conserve admirablement bien, et, pendant vingt-quatre heures, on y jouit d'une température de 15 à 16°. Tout le monde sait quelle différence d'effet se produit sur les pieds selon qu'ils se posent sur le parquet ou sur le carreau. La laine étant aussi un très-mauvais conducteur, les tapis préviendront la perte de chaleur soit de l'air, soit du corps humain. L'épaisseur des murs a peu d'influence, à cause de l'action refroidissante des vitrages, qui absorbe largement celle des murs. Les vitres en effet sont toujours à la température de l'extérieur, et l'air chaud de la chambre qui les lèche continuellement y perd la plus grande partie de sa chaleur. Si la surface en est considérable, il y a là une cause de refroidissement très-énergique.

Les mêmes moyens conservent la fraîcheur d'une chambre ou d'un local quelconque. Les glacières préservent la glace de la fusion, parce que l'enceinte en est formée dans la terre, et garnie de terre à l'extérieur; la chaleur du dehors n'y peut donc pénétrer qu'avec peine, et, comme il en faut beaucoup pour fondre une certaine quantité de glace, on n'en perdra que peu dans un temps assez considérable. La glace qu'on transporte sur les vaisseaux est placée dans des caisses de bois entourées de foin et de paille. Il serait possible de conserver un bloc de glace pendant plusieurs mois d'été en le plaçant dans un vase à double enveloppe avec du charbon pilé, ou quelque chose d'analogue. Un vase tout à fait semblable conserverait un liquide chaud.

Les gaz sont des conducteurs plus imparfaits encore que les plus mauvais parmi les solides et les liquides, et, s'ils s'échauffent, ce n'est que par des courants. L'air peut donc servir d'enveloppe protectrice pour conserver la chaleur ou la fraîcheur. Une application remarquable de cette propriété se rencontre dans les doubles fenêtres de certaines maisons. Nous avons dit que les vitres refroidissent considérablement l'air intérieur par leur contact. Or, si en deçà des vitres qui communiquent à l'extérieur, on établit une seconde fenêtre, il y aura entre les deux fenêtres une couche d'air qui ne transmettra que difficilement aux vitres intérieures la température des vitres extérieures; les premières resteront donc à peu près en équilibre avec l'air de la chambre, et la déperdition de chaleur sera très-faible. Les doubles portes produisent un effet analogue, outre l'avantage qu'elles ont de préserver des courants froids.

Il est à remarquer combien, malgré l'extrême mobilité de l'air, le mélange de deux airs s'effectue lentement entre deux chambres communicantes et dont l'une seulement contient du feu. C'est un phénomène analogue que la constance des températures des caves, malgré leur communication avec l'air extérieur; et l'on a lieu de s'étonner au même titre, qu'une chambre échauffée qui communique par la cheminée avec l'air extérieur, peut-être très-froid, qui la surmonte et que sa plus grande densité devrait faire tomber par le tuyau, conserve néanmoins une température très-différente et bien supérieure.

C'est à ce genre d'inertie combiné avec l'inconducibilité propre des gaz qu'est due l'action des vêtements et de toutes les enveloppes en tant qu'ils conservent parfaitement bien la chaleur. Assurément nos habits n'empêchent point l'air extérieur de pénétrer au-dessous, et cependant leur suppression dans l'hiver serait insupportable. Cela tient à ce que la couche d'air comprise entre eux et la peau, couche qui est échauffée par le rayonnement du corps, reste emprisonnée dans l'intérieur des vêtements, et que l'inconducibilité de la laine empêche la chaleur de se perdre à l'extérieur. A quoi il faut ajouter que l'enveloppe réfléchit partiellement la chaleur émise par la peau. La conservation de la chaleur sera d'autant plus efficace que la substance sera moins conductrice: sous ce rapport, le coton et surtout la laine l'emportent beaucoup sur les tissus de chanvre et de lin; de plus l'épaisseur de l'enveloppe contribuera évidemment à l'effet. Toutes choses égales d'ailleurs, les surfaces blanches conduiront moins la chaleur que les surfaces obscures; elles seront donc avantageuses dans tous les cas. Car en prenant la température de 16°, par exemple, comme celle de l'air dans lequel nous n'éprouvons aucune impression désagréable de froid ou de chaud, au-dessus de 16°, la chaleur de l'air extérieur sera empêchée par la surface blanche de traverser nos vêtements et d'élever la température de notre milieu immédiat; au-dessous de 16°, elle empêchera l'air intérieur de se refroidir par conduction. En général, elle empêchera le mélange des températures, qui troublerait en plus ou en moins cet état d'équilibre caractérisé par la température à 16°. Ainsi les meilleurs vêtements sont, toutes choses égales d'ailleurs, des habits blancs de toile pendant l'été, et des habits de laine blanche pendant l'hiver.

L'édredon qui garnit nos lits agit d'une manière analogue, et il en est de même des fourrures et des tricots: toutes ces matières fournissent une foule de petites loges, desquelles l'air échauffé ne se dégage que difficilement. On a donc une couche isolante qui préserve le corps du renouvellement de l'air. Enfin, au lieu des doubles fenêtres dont nous parlions tout à l'heure, on peut obtenir partiellement le même effet en appliquant et fixant contre les fenêtres de simples rideaux de mousseline. Entre ce léger tissu et les vitres, il s'établit une couche d'air à peu près inerte, et c'est contre la mousseline que l'air de l'appartement va se frotter. La déperdition de chaleur diminue donc considérablement. Tout le monde sait qu'on préserve une plante de la gelée blanche en tendant au-dessus d'elle un morceau de mousseline.

INDÉPENDANCE de la gravitation par rapport à la grandeur et à la distance des corps sur lesquels elle s'exerce, et par rapport aussi à l'intervention de toute espèce de substance. *Voy.* Attraction universelle.

INDICTION ROMAINE. *Voy.* Calendrier.

INDIENS. — Bailly attribue aux connaissances et aux tables astronomiques des Indiens l'antiquité la plus reculée (1); car, se-

(1) Ces tables astronomiques sont le *Surya-Siddhanta*, regardé par les Indiens comme la base de leur astronomie et de leur chronologie, et comme un de leurs monuments littéraires les plus anciens.

lon la remarque judicieuse du docteur Wiseman, « par l'analyse des formules astronomiques des Indiens, connues comme elles pouvaient l'être alors au moyen des renseignements imparfaits donnés par Le Gentil, il fut amené à conclure qu'elles étaient fondées sur des observations réelles, mais que l'état présent et le caractère des Indiens ne nous permettaient pas de les considérer comme des découvertes originales appartenant à ce peuple. Conséquemment, l'astronomie actuelle de l'Inde ne se compose, aux yeux de Bailly, que des fragments et des débris d'un système de science plus ancien et beaucoup plus parfait. En ajoutant à ces conjectures quelques autres d'un genre différent, basées sur des suppositions, des allégories et de vagues aperçus, il établit sa célèbre théorie suivant laquelle une nation, qui a depuis longtemps disparu du monde, existait il y a nombre de siècles dans le nord de l'Asie, et de cette source serait provenu tout le savoir qui s'est rencontré dans la Péninsule méridionale. « Les Indiens, dit Bailly, formaient dans mon opinion une nation pleinement constituée dès l'an 3553 avant Jésus-Christ. Ceci est la date réduite de leurs dynasties. Il est étonnant, ajoute-t-il ailleurs, qu'on trouve chez les brachmanes des tables astronomiques dont l'ancienneté est de cinq ou six mille ans (1). »

Toute cette théorie de Bailly n'est qu'une pure chimère; ses hypothèses sont aussi étranges qu'erronées. Il est vrai, comme le dit très-bien Delambre, « il n'écrivit pas pour les hommes de savoir; il aspirait à une renommée plus étendue. Il céda au plaisir d'associer son nom à celui de Voltaire; il ressuscita la vieille fable de l'Atlantide; il eut un bon nombre de lecteurs, et ce fut ce qui causa sa ruine. Le succès de son premier paradoxe le conduisit à en créer d'autres. Il inventa sa *Nation éteinte* et son *Astronomie perfectionnée* dans les temps mythologiques; il appuya toute chose ensuite sur cette idée de prédilection, et ne se montra pas fort scrupuleux sur le choix des moyens destinés à donner une couleur favorable à son hypothèse (2). »

Quant aux connaissances réelles en astronomie, le même Delambre les refuse aux Indiens aussi bien qu'aux autres anciens peuples : « Quant aux Chaldéens, aux Egyptiens, aux Chinois et aux Indiens, il n'y faut pas songer; on n'en peut absolument rien tirer. Ma profession de foi à cet égard est dans le discours préliminaire de mon Histoire de l'Astronomie du moyen-âge, pages XVII et XVIII. »

Le fameux astronome Jérôme Lalande, rendant compte, dans sa Bibliographie astronomique, du *Traité de l'astronomie indienne et orientale*, par Bailly, fait cette réflexion : « J'ai fait voir dans mon Astronomie, art. 385 et suivants, que la haute antiquité des tables indiennes me paraît peu prouvée, quoique l'auteur ait employé pour l'établir beaucoup de savoir et de calculs (3). »

Un autre savant français, qui s'est également illustré aux yeux du monde entier par ses connaissances profondes en astronomie, malgré son attachement pour Bailly, n'a dissimulé ni les erreurs de son ami, ni son propre sentiment sur les tables indiennes. Voici ses paroles : « L'origine de l'astronomie en Perse et dans l'Inde se perd, comme chez tous les peuples, dans les ténèbres des premiers temps de leur histoire. Les tables indiennes supposent une astronomie assez avancée; mais tout porte à croire qu'elles ne sont pas d'une haute antiquité. Ici je m'éloigne avec peine de l'opinion d'un illustre et malheureux ami..... Les tables indiennes ont deux époques principales qui remontent, l'une à l'année 3102 avant notre ère, l'autre à 1491. Ces époques sont liées par les mouvements du soleil, de la lune et des planètes, de manière qu'en partant de la position que les tables indiennes assignent à tous ces astres à la seconde époque, et remontant à la première au moyen de ces tables, on trouve la conjonction générale qu'elles supposent à cette époque. Le savant célèbre dont je viens de parler, Bailly, a cherché à établir, dans son Traité de l'astronomie indienne, que cette première époque était fondée sur les observations. Malgré ses preuves, exposées avec la clarté qu'il a su répandre sur les matières les plus abstraites, je regarde comme très-vraisemblable qu'elle a été imaginée pour donner dans le zodiaque une commune origine aux mouvements des corps célestes. Nos dernières tables astronomiques, considérablement perfectionnées par la comparaison de la théorie avec un grand nombre d'observations très-précises, ne permettent pas d'admettre la conjonction supposée dans les tables indiennes; elles offrent même, à cet égard, des différences beaucoup plus grandes que les erreurs dont elles sont encore susceptibles. A la vérité, quelques éléments de l'astronomie des Indiens n'ont pu avoir la grandeur qu'ils leur assignent que longtemps avant notre ère; il faut, par exemple, remonter jusqu'à six mille ans pour retrouver leur équation du centre du soleil. Mais indépendamment des erreurs de leurs déterminations, on doit observer qu'ils n'ont considéré les inégalités du soleil et de la lune que relativement aux éclipses, dans lesquelles l'équation annuelle de la lune s'ajoute à l'équation du centre du soleil et l'augmente d'une quantité à peu près égale à la différence de sa véritable va-

(1) Bailly, *Hist. de l'astron. ancienne.* — Dans sa *Correspondance* avec Voltaire (Tom. II, pag. 259), d'Alembert fait la réflexion suivante :

« Le rêve de Bailly sur ce peuple qui nous a tout appris, excepté son nom et son existence, me paraît un des plus creux qu'on ait jamais eus, mais cela est bon à faire des phrases...... J'aime mieux dire avec Boileau, en philosophie comme en poésie, *Rien n'est beau que le vrai.* »

(2) *Astronomie du moyen âge*, Discours prélim. p. XXXIV.

(3) *Bibliographie astronomique*, p. 601.

leur à celles des Indiens. Plusieurs éléments, tels que les équations du centre de Jupiter et de Mars, sont très-différents dans les tables indiennes de ce qu'ils devaient être à leur première époque : l'ensemble de ces tables, et surtout l'impossibilité de la conjonction générale qu'elles supposent, prouvent qu'elles ont été construites ou du moins rectifiées dans des temps modernes. C'est ce qui résulte encore des moyens mouvements qu'elles assignent à la lune par rapport à son périgée, à ses nœuds et au soleil, et qui, plus rapides que suivant Ptolomée, indiquent qu'elles sont postérieures à cet astronome, car on a vu que ces trois mouvements s'accélèrent de siècle en siècle (1). »

Il faut convenir pourtant que d'habiles indianistes ont prétendu que ces jugements sur les faibles connaissances des Indiens dans l'astronomie manquent de vérité; Guillaume de Schlegel, entre autres, s'élève particulièrement contre Delambre avec une véhémence remarquable. Le nom de cet écrivain, et surtout l'autorité que lui a méritée son savoir, nous font un devoir, ce semble, de rapporter au moins le fond de ses récriminations, afin que le lecteur soit mieux à même de juger jusqu'à quel point elles sont fondées, et de voir les conséquences qui peuvent en résulter relativement au point qui nous intéresse plus particulièrement dans cette discussion, nous voulons dire la véracité du récit mosaïque touchant l'âge du monde.

«C'est assurément un des faits les plus curieux dans la civilisation, dit Schlegel, de voir l'astronomie si anciennement cultivée. En vain M. Delambre voudrait-il expliquer ce fait comme d'autres savants l'ont essayé avant lui, par l'utilité pratique de l'astronomie pour l'agriculture et la navigation, cela n'aurait jamais produit autre chose qu'un calendrier de paysan, tel qu'Hésiode nous le donne. D'ailleurs la navigation des anciens est restée très-imparfaite : en général, ils chassaient les côtes tant qu'ils pouvaient, parce qu'ils ne savaient pas s'orienter en pleine mer. Enfin, les peuples à nous connus, qui dans l'antiquité se sont le plus assidûment appliqués à l'astronomie, les Égyptiens, les Chaldéens et les Indiens, n'étaient point navigateurs.....

« La dissertation que Colebrooke a mise en tête de sa traduction de Brahmagupta et de Bhâscara fut publiée en 1817, dans la même année avec l'histoire de l'astronomie ancienne par Delambre; le douzième volume des *Recherches asiatiques*, imprimée à Calcutta en 1816 et contenant la dissertation de M. Colebrooke sur les notions des astronomes indiens concernant la précession des équinoxes, n'était peut-être pas encore arrivé en Europe; de sorte que Delambre n'a pu connaître ni l'un ni l'autre. Ainsi plusieurs assertions de ce calculateur, qui s'était constitué historien sans vocation, se sont trouvées réfutées à l'instant même où il les mit en avant avec tant de confiance et de morgue (2). »

Ce savant indianiste ajoute immédiatement que Colebrooke a pesé, avec la circonspection, le calme et l'impartialité qui le caractérisent, les prétentions des Grecs, des Arabes et des Indiens au titre d'inventeurs de l'algèbre, et qu'il a rectifié beaucoup de points de chronologie littéraire que Delambre avait proclamés comme irrévocablement décidés. Enfin, selon lui : « Aryabhatta enseigna dans l'Inde la rotation diurne de la terre autour de son axe, peut-être en même temps avec Ecphantus, Héraclide du Pont, Aristarque de Samos et Nicétas de Syracuse, peut-être quelques siècles plus tard. Il n'est nullement probable que cette doctrine, qui fit peu de fortune en Grèce parce qu'elle heurte de front les apparences, ait été transportée de là dans l'Orient (3).»

Tout bon critique fera nécessairement plusieurs observations sur ce passage de Schlegel. D'abord, Delambre n'est pas le seul qui refuse d'accorder une haute antiquité à la science astronomique des Indiens. Sans parler de Laplace, que nous avons déjà cité, on peut nommer Schaubach, le docteur Maskelyne, *Montucla*, *Heeren*, Cuvier et Klaproth, qui dit en propres termes : « Les tables astronomiques des Hindous, auxquelles on avait attribué une antiquité prodigieuse, ont été construites dans le septième siècle de l'ère vulgaire, et ont été postérieurement reportées par des calculs à une époque antérieure (4). » A ces témoignages nous ajouterons volontiers celui de Bentley; car, quoique nous soyons loin de partager ses idées sur bien des points particuliers, nous ne voyons pas qu'il ait été jusqu'ici réfuté victorieusement dans sa démonstration sur le peu d'ancienneté que l'on doit attribuer aux observations et aux ouvrages astronomiques des Indiens; ce qui paraît certain, c'est qu'il a mérité les suffrages des meilleurs mathématiciens et astronomes modernes. Quant à Colebrooke, lorsqu'on examine avec attention son témoignage, on le trouve beaucoup moins favorable à l'antiquité de l'astronomie indienne que Schlegel semble le supposer. En effet, selon la remarque de M. Wiseman, entre l'époque où Bailly a écrit pour défendre cette antiquité et le temps auquel Delambre s'est efforcé de le réfuter, la publication de plusieurs traités mathématiques indiens fournit à la *Revue d'Edimbourg* l'occasion de vanter l'antiquité de la science des Hindous et de censurer la conduite de Delambre. Cependant l'ouvrage de Colebrooke offre des raisons assez fortes et assez plausibles pour supposer l'origine comparativement moderne des mathématiques dans

(1) Laplace, *Exposition du système du monde*, p. 267.

(2) A. W. de Schlegel, *Réflexions sur l'ét. de des langues asiatiques*, p. 86, etc.

(3) Id. *ibid.*, p. 90.

(4) J. Klaproth, *Mémoires relatifs à l'Asie*, p. 397.

l'Inde. On trouve dans les notes et les explications de son discours préliminaire une liste fournie par les astronomes de Ujjayani au docteur Hunter, liste qui contient les noms de leurs plus célèbres écrivains en astronomie. Or, le plus ancien de ces écrivains est Varaha-Mihira, qu'ils placent au IIIᵉ siècle de l'ère chrétienne. Mais on ne connaît rien de lui, tandis qu'un autre astronome du même nom qui est très-connu figure dans la table du docteur Hunter comme ayant vécu au VIᵉ siècle seulement. Colebrooke cite, il est vrai, des traités plus anciens, appelés les cinq *Siddhantas* : mais ils ont pu voir le jour et même vieillir avant l'époque du second *Varaha-Mihira*, sans qu'il soit besoin pour cela de remonter à une antiquité très-reculée (1). De même Brahmagupta, un des plus anciens écrivains en mathématiques qui soient connus, et auquel Colebrooke a emprunté quelques traits de sa collection, ne peut être considéré comme antérieur au VIIᵉ siècle. Bien plus, le savant indianiste, après avoir exposé les motifs qui portent à croire qu'Aryabhatta est *le père et l'inventeur* de l'algèbre chez les Indiens, et avoir traité de son ancienneté, conclut qu'il florissait vers le Vᵉ siècle de l'ère chrétienne et peut-être dans un temps plus reculé (2). » Il se trouvait ainsi presque contemporain de Diophante, auquel il était cependant supérieur, selon Colebrooke, par sa manière de résoudre les équations compliquées (3). Ces aveux et ces décisions d'un juge aussi compétent que Colebrooke détruisent de fond en comble l'opinion qui veut que la science astronomique des Indiens date d'une haute antiquité. Cependant le critique de la *Revue d'Edimbourg*, admettant tous ces faits, affirme hardiment qu'il ne faut nullement considérer Aryabhatta comme l'inventeur de sa méthode; qu'il faut admettre que plusieurs siècles ont dû s'écouler entre l'invention de cette méthode et les perfectionnements qu'elle a reçus (4), assertion aussi gratuite et aussi téméraire que celle par laquelle il persiste à soutenir que non-seulement l'antériorité originelle de la science des Indiens est prouvée par cette publication de Colebrooke, mais encore que tout le monde doit maintenant reconnaître que la science actuelle n'est qu'un débris de celle qui florissait dans la péninsule indienne lorsque le sanscrit était une langue vivante; ou peut-être « quelque langue-mère, encore plus ancienne, je a-t-elle ces racines, qui ont pénétré plus ou moins profondément dans les langues particulières de tant de nations nombreuses et lointaines qui couvrent l'Orient et l'Occident (5). » Conclusion qui nous fait remonter bien au delà des temps historiques, en nous ramenant presque au système absurde de Bailly, que notre critique reconnaît pourtant pour un écrivain inexact, faute de connaissances locales, et par sa trop grande confiance dans les sources où il puisait, aussi bien que par l'esprit de système auquel il se laissait facilement aller.

Nous ajouterons que Delambre, qui avait été personnellement attaqué dans la *Revue d'Edimbourg*, répondit aux arguments et à la censure du critique anonyme en prouvant, dans son *Histoire de l'astronomie du moyen âge*, que, bien que l'on ait réussi à démontrer que les Indiens étaient parvenus à un certain degré d'habileté dans la solution de problèmes algébriques plus ingénieux qu'utiles, on n'a pas encore prouvé qu'ils aient acquis de véritables notions scientifiques en astronomie (6).

C'en est sans doute assez pour prouver que les divers monuments historiques et astronomiques des Indiens, lorsqu'ils passent par le creuset d'une juste et saine critique, n'ont rien qui puisse donner un démenti fondé au récit de Moïse touchant l'âge de notre globe (7).

INDUCTION. — On appelle *induction* le pouvoir qu'a un aimant d'exciter un état magnétique momentané ou permanent dans les corps susceptibles d'être aimantés. C'est ainsi que la simple approche d'un aimant rend le fer ou l'acier magnétique; cet effet est d'autant plus marqué que la distance est plus courte. Lorsqu'on approche le pôle nord d'un aimant d'une barre de fer non aimantée, en la plaçant sur la même ligne, on remarque que cette barre acquiert toutes les propriétés d'un aimant parfait : l'extrémité près du pôle nord de l'aimant devient pôle sud, pendant que l'extrémité opposée devient pôle nord. Exactement l'inverse a lieu lorsqu'on présente à la barre le pôle sud; de telle façon que chaque pôle de l'aimant conduit (*inducit*) la polarité opposée dans l'extrémité adjacente de la barre, et la même polarité dans l'extrémité éloignée. Conséquemment l'extrémité la plus proche de la barre est attirée, tandis que la plus éloignée est repoussée; mais comme l'effet est plus marqué dans l'extrémité la plus proche, le résultat final est l'attraction. Par induction, une barre de fer acquiert non-seulement la polarité, mais encore la faculté de transmettre le magnétisme à un troisième corps. Et bien que toutes ces propriétés disparaissent du fer dès qu'on en a éloigné l'aimant, ce dernier a cependant acquis une certaine force, par suite de la réaction du magnétisme temporaire du fer. *Voy.* MAGNÉTO-ÉLECTRICITÉ.

(1) Colebrooke, *Algèbre* avec arithmétique et mesurage, tirés du sanscrit. — *Revue hist. de l'astron. des Hindous*, par Bentley.

(2) Schlegel affirme cependant que Colebrooke *n'a pu connaître cet auteur* (Aryabahtta), *n'ayant pas réussi dans ses efforts pour se procurer un manuscrit de ses œuvres* ; mais ce passage même cité par Wiseman prouve qu'il s'est trompé.

(3) Colebrooke, *Algèbre*, etc., p. 10.

(4) Ibid., *Revue d'Edimbourg*, tom. XXXIX, p. 143.

(5) *Ibid.*, p. 165.

(6) Wiseman, *Disc. sur les rapports*, etc., tom. II, p. 13, etc.

(7) Cf. M. l'abbé Glaire, *Les livres saints vengés*, tom. I; Wiseman, op. citat.; Colebrooke, op. citato, etc.

INDUSTRIALISME MATÉRIALISTE. *Voy.* TECHNOLOGIE.

INÉGALITÉS PÉRIODIQUES.—Elles sont calculées pour un temps donné, et, par conséquent, pour une forme et une position données des orbites, des corps troublés et des corps troublants. Quoique les changements qui ont lieu dans les éléments des orbites s'accomplissent si lentement qu'il n'en résulte aucun effet sensible sur les inégalités à courtes périodes, les inégalités séculaires des éléments finissent à la longue par changer tellement les formes et les positions relatives des orbites, que Jupiter et Saturne, qui devraient revenir aux mêmes positions relatives à l'égard du soleil, et à l'égard l'un de l'autre, après une période de 850 ans, n'y reviennent qu'au bout de 918 ans.

INÉGALITÉS SÉCULAIRES de la forme et de la position des orbites. *Voy.* PERTURBATIONS DES PLANÈTES.

INÉGALITÉS de Saturne et de Jupiter. *Voy.* PERTURBATIONS PLANÉTAIRES.

INFILTRATION et ABSORPTION DES LIQUIDES. — Les substances argileuses, calcaires et autres plus ou moins poreuses, en absorbant des liquides qui tiennent en dissolution divers sels, déterminent la formation de divers composés qui servent à nous expliquer certains phénomènes géologiques dont nous allons parler.

Les infiltrations des eaux chargées d'air et de gaz acide carbonique, à travers certaines roches, amènent souvent la décomposition de ces roches, surtout de celles à base de chaux, ou qui renferment des sulfures métalliques ou des substances capables d'être oxydées. Les calcaires à tissus lâches, comme ceux des environs de Paris, se trouvent dans ce cas; non-seulement ils éclatent en hiver, quand ils sont pénétrés d'eau, mais encore les eaux dissolvent continuellement du carbonate de chaux, qu'elles déposent dans des cavités sous forme de stalactites, de concrétions, etc.

Il existe des sources d'eau ferrugineuse qui renferment du carbonate de chaux et de l'oxyde de fer tenus en dissolution par l'intermédiaire du gaz acide carbonique. Quand cette eau traverse lentement, par infiltration, des lits de sable ou des graviers qui permettent le dégagement du gaz, il se forme dans les interstices un dépôt d'oxyde de fer et de carbonate de chaux.

Tantôt ces deux substances cimentent les petits grains de quartz, et forment de véritables pouddings; tantôt il en résulte une masse d'une structure incohérente et lâche.

Il est probable que l'action en vertu de laquelle les coquilles, les bois, sont changés en carbonate de chaux, en silice, même en oxyde de fer, est due à l'action d'un liquide qui, ayant pénétré dans l'intérieur de ces corps par infiltration, a détruit les parties organiques et laissé à leur place les substances qu'il tenait en dissolution. Il est des dépôts modernes de ces coquilles, traversés par des dissolutions calcaires ou siliceuses, et qui n'ont éprouvé, dans le cours de plusieurs siècles, d'autre altération que la pert de leur matière animale. Il en est d'autre dans lesquels la coquille a disparu, ne laissant qu'une empreinte de sa forme extérieure, ou un moule de forme intérieure, ou une contre-empreinte de la coquille elle-même, la matière dont elle était formée ayant été dissoute. On peut rendre compte de ces différents effets en examinant la vase récemment retirée d'un étang renfermant des coquilles. Quand cette vase est argileuse et qu'elle est sèche, en la rompant on voit que la coquille a laissé l'empreinte de sa forme extérieure. En enlevant la coquille, on trouve qu'elle contient un noyau solide d'argile qui a la forme de l'intérieur, et diffère souvent de l'extérieur. Quand l'espace qui se trouve entre le noyau et l'empreinte, au lieu de rester vide, se trouve rempli de spath calcaire, de pyrite ou de tout autre minéral, le moule est une représentation exacte de la forme tant extérieure qu'intérieure de la coquille.

Quant aux coraux et coquilles de nature calcaire, et qui sont ensuite changés en silice tout en conservant leur organisation, comme on peut s'en convaincre au microscope, cette métamorphose doit être attribuée à l'infiltration d'eaux chargées de silice et de gaz acide carbonique, qui ont enlevé le calcaire au moyen de l'acide et qui ont laissé à la place la silice.

Le professeur Gopper de Breslaw a fait quelques expériences pour imiter l'action en vertu de laquelle s'opèrent les transformations appelées pétrifications. Il a fait tremper, à cet effet, diverses substances animales et végétales dans de l'eau tenant en dissolution des composés calcaires, siliceux et métalliques; au bout de quelque temps, ces corps étaient en partie minéralisés. C'est ainsi que des tranches très-minces verticales de sapin d'Ecosse, ayant été plongées dans une solution assez concentrée de sulfate de fer, puis séchées et exposées à une chaleur rouge, jusqu'à ce que la matière végétale fût consumée entièrement et qu'il ne restât que l'oxyde de fer, la tranche conservait toute son organisation : vue au microscope, on apercevait jusqu'aux vaisseaux pointillés particuliers à cette famille de plantes.

On peut citer, comme preuve à l'appui des propriétés absorbantes de certaines roches alumineuses et calcaires, la présence de dendrites ou herborisations de péroxyde de manganèse que l'on trouve dans l'intérieur des masses argileuses ou calcaires que l'on brise. Ces dendrites n'ont pu être formées que par des dépôts faits par des liquides qui se sont introduits par les fissures ou les pores de la substance, mais particulièrement par les fissures, attendu que ces herborisations occupent souvent une grande étendue. L'eau s'étant vaporisée, les substances tenues en dissolution se sont déposées ou ont cristallisé, suivant la promptitude de l'action.

L'argile est perméable à l'eau, non-seulement dans son état ordinaire, mais encore quand elle a éprouvé un certain degré de température qui ne va pas jusqu'à la fusion, surtout quand elle renferme de la chaux ou d'autres substances capables de la vitrifier. La porcelaine qui n'a été exposée qu'à une température rouge modérée s'humecte assez pour que les courants électriques puissent la traverser. Aussi se sert-on aujourd'hui, avec le plus grand avantage, de ces vases pour la confection des piles à courants constants et autres appareils électro-chimiques destinés à reproduire des substances analogues à celles que l'on trouve dans la terre, ainsi que des produits que le chimiste n'a pas toujours la possibilité de produire.

Les *alcarazas*, vases en argile à demi-cuite, en usage dans le midi de l'Espagne et en Egypte, pour refroidir l'eau qu'ils renferment, jouissent de cette propriété en raison du froid produit par *l'évaporation* de l'eau, qui suinte continuellement à travers les pores.

Il faut rapporter jusqu'à un certain point à la capillarité les efflorescences salines formées de sous-carbonate de soude ou de sel marin, qui recouvrent le sol de vastes plaines de sable, comme on en a de nombreux exemples en Afrique et en Asie. On trouve aussi le natron à la surface de la terre, mais particulièrement en été, dans quelques plaines basses de l'ancien continent, près des lacs qui renferment ce sel en solution. Il se présente sous la forme d'efflorescences ayant de la ressemblance avec des dépôts de neige.

Il en est de même du sel marin ; il existe un grand nombre de lacs salés à la surface de la terre, et particulièrement dans les grandes plaines de nos continents, comme au Sénégal, en Egypte, en Abyssinie, en Anatolie, en Barbarie, dans les déserts de l'Arabie, dans la Tartarie, en Chine, en Perse, etc., ainsi que dans les plaines des régions que baigne la mer Caspienne. Les terrains qui environnent ces lacs sont eux-mêmes imprégnés de sel, qui se présente sous la forme d'efflorescences pendant l'été, et se changent en marais salins dans la saison des pluies.

Nous sommes portés à croire que les grandes nappes d'eau souterraines sont mises en communication avec la surface du sol, dans certaines contrées, par l'intermédiaire des sables, des argiles et des substances perméables à l'eau. Ces eaux, par un effet de capillarité, montent successivement à la surface en se chargeant des sels qu'elles rencontrent sur leur passage, et qu'elles abandonnent, une fois parvenues à la surface, par suite de l'évaporation.

INFINIMENT PETIT. *Voy.* Divisibilité de la matière.

INFLUENCE de la lune. *Voy.* Lune.

Influence électro-magnétique. *Voy.* Electro-magnétisme.

Influence volta-électrique. *Voy.* Magnéto-électricité.

Influence du magnétisme terrestre sur les courants électriques. *Voy.* Courants électriques.

INFUSOIRES FOSSILES ou VIVANTS. *Voy.* Divisibilité de la matière.

INONDATION UNIVERSELLE ; son impossibilité. *Voy.* Marées.

INSENSIBILITÉ pour certaines couleurs. *Voy.* Couleurs.

INSTRUMENT des passages. *Voy.* Lunette méridienne.

INTENSITÉ du magnétisme terrestre. *Voy.* Magnétisme terrestre.

INTERFÉRENCES DE LA LUMIÈRE (de l'anglais *to interfere, se rencontrer*). — Nom donné par Young à des phénomènes que la lumière présente en s'infléchissant vers les extrémités des corps, parce qu'ils s'expliquent aisément par la rencontre des rayons lumineux dont, par le résultat même de leur coïncidence, les effets se détruisent *mutuellement*.

Newton, et la plupart de ceux qui vinrent immédiatement après lui, supposèrent que la lumière était une substance matérielle, *émise par tous les corps lumineux* par eux-mêmes, sous forme de particules extrêmement ténues, se mouvant en lignes droites avec une vitesse prodigieuse, et qui, en frappant sur les nerfs optiques, produisaient la sensation de la lumière. Plusieurs des phénomènes observés ont été successivement expliqués par cette théorie ; elle semble cependant tout à fait insuffisante pour rendre raison des circonstances suivantes.

Quand deux rayons égaux de lumière rouge, partant de deux points lumineux tombent sur une feuille de papier blanc dans une chambre obscure, ils produisent un point rouge qui est deux fois aussi brillant que le serait celui produit *séparément* par chaque rayon, pourvu que *la différence* de longueur des deux rayons, à partir des points lumineux jusqu'au point rouge, soit exactement de la 0,000655[e] partie d'un millimètre. Le même effet a lieu si la différence de leurs longueurs est égale à deux fois, trois fois, quatre fois, etc., cette quantité. Mais si la différence de longueur des deux rayons est égale à la moitié de la 0,000655[e] partie d'un millimètre, on a 1 fois $\frac{1}{2}$, 2 fois $\frac{1}{2}$, 3 fois $\frac{1}{2}$, etc., cette valeur; l'une des lumières détruit l'autre, et produit une obscurité absolue sur le papier, à l'endroit où tombent les rayons réunis. Si la différence de longueur des distances qu'ils parcourent est égale au 1 $\frac{1}{2}$, 2 $\frac{1}{2}$, 3 $\frac{1}{2}$, etc., de la 0,000655[e] partie d'un millimètre, le point rouge provenant des rayons combinés est de la même intensité que celui qu'aurait produit un rayon seul. Si c'est la lumière violette que l'on emploie, la différence de longueur des deux rayons doit être, pour produire les mêmes phénomènes, égale à la 0,000399[e] partie d'un millimètre ; l'on peut se procurer la vue de phénomènes semblables en regardant la flamme d'une chandelle au travers de deux fentes très-étroites, pratiquées dans une carte, et extrêmement rapprochées l'une de l'autre; ou bien en introduisant la lumière du soleil dans une chambre obscure, à travers un trou d'épingle de la 0,635ᵉ partie d'un millimètre de diamètre environ, et en recevant l'image sur une feuille de papier blanc. Les choses ainsi disposées, si l'on vient à présenter à la lumière un fil métallique très-mince, son ombre consiste en une barre ou raie d'un blanc éclatant dans le milieu, bordée de chaque côté de raies, alternativement noires, et teintes de couleurs brillantes. Les rayons qui se recourbent en deux courants autour du fil métallique sont d'égales longueurs dans la raie du milieu; leur effet combiné la rend donc du double plus brillante; mais les inégalités de longueur des rayons qui tombent sur le papier de chaque côté de la raie brillante, étant combinées de telle sorte qu'ils se détruisent mutuellement, ils forment des lignes noires. De chaque côté de ces lignes noires les rayons sont encore de longueurs telles qu'ils se combinent pour former des raies brillantes, et ainsi de suite alternativement, jusqu'à ce que la lumière devienne trop faible pour être visible. Quand pour cette expérience on emploie une lumière homogène quelconque, le rouge par exemple, les alternations ne sont que rouges et noires; mais lorsque l'on opère avec la lumière blanche, il résulte de la nature hétérogène de cette sorte de lumière, que les lignes noires alternent avec des raies vives ou des franges de couleurs analogues à celles du prisme, provenant de la superposition de systèmes de lignes alternativement noires et de chaque couleur homogène. La disparition des lignes noires et des franges colorées, à l'instant où l'un des courants est interrompu, est une preuve évidente que l'alternation de ces raies est due au mélange des deux courants de lumière qui circulent autour du fil de métal. De là donc l'on peut conclure que toutes les fois que ces raies de lumières et d'obscurité se présentent, elles sont dues aux rayons qui se combinent à de certains intervalles pour produire un effet simultané, et à d'autres intervalles pour se détruire réciproquement. Or, il est contraire à toutes les idées que nous avons sur la matière, de supposer que deux particules de cette même matière puissent s'anéantir mutuellement dans quelque circonstance que ce soit; tandis qu'au contraire deux mouvements opposés peuvent se détruire, et il est impossible de n'être pas frappé de la similitude parfaite qui existe entre les interférences des petites ondulations de l'air et de l'eau et les phénomènes précédents. L'analogie est si grande, que les savants de la plus haute autorité s'accordent à supposer que les régions célestes sont remplies d'un milieu extrêmement rare, impondérable et très-élastique, auquel on a donné le nom d'éther, et dont les particules sont susceptibles de recevoir les vibrations qui leur sont communiquées par les corps lumineux, et de les transmettre aux nerfs optiques, de manière à produire la sensation de la lumière. L'accélération du mouvement moyen de la comète d'Encke, et de celui de la comète découverte par M. Biéla, rend presque certaine l'existence d'un tel milieu. Il est évident que dans cette hypothèse les raies alternatives de lumière et d'obscurité résultent entièrement de l'interférence des ondulations; car, d'après la mesure directe qui en a été faite, la longueur d'une ondulation des rayons rouges moyens du spectre solaire est égale à la 0,000655ᵉ partie d'un millimètre; conséquemment, lorsque deux élévations d'ondes se combinent, elles produisent une lumière d'une intensité double de celle que chacune produirait séparément; et quand une demi-ondulation se combine avec une ondulation entière, c'est-à-dire, lorsque le creux d'une onde se trouve rempli par l'élévation d'une autre onde, il en résulte l'obscurité. A des points intermédiaires entre ces extrêmes, l'intensité de la lumière correspond aux différences intermédiaires dans les longueurs des rayons.

La théorie des interférences est un cas particulier de la loi générale en mécanique, de la superposition des petits mouvements; d'où il paraît que le déplacement d'une particule d'un milieu élastique, produit par deux ondulations coexistantes, est la résultante des déplacements que chaque ondulation produirait séparément; par conséquent, la particule se mouvra suivant la diagonale d'un parallélogramme, dont les côtés sont deux ondulations. Si donc les deux ondulations s'accordent en direction, ou à peu près, le mouvement résultant sera, à très-peu de chose près, égal à leur somme et s'opérera dans la même direction; si elles se font à peu près opposition l'une à l'autre, le mouvement résultant sera à peu près égal à leur différence; et si les ondulations sont égales et opposées, la résultante sera zéro et la particule demeurera en repos.

Les expériences précédentes et les conséquences qu'on en a déduites, lesquelles ont servi de base à la théorie des ondes lumineuses, constituent les travaux les plus mémorables de l'illustre docteur Thomas Young; il est juste, toutefois, d'ajouter que Huyghens est le premier qui en ait conçu l'idée.

Les phénomènes nombreux des couleurs périodiques qui résultent de l'interférence de la lumière, et n'admettent aucune autre explication satisfaisante que celle basée sur le principe de la théorie des ondes, sont les arguments les plus puissants en faveur de cette hypothèse. De plus, une investigation suivie a conduit à reconnaître que les circonstances mêmes qui au premier abord semblaient défavorables à cette théorie, tiraient d'elle seule leur origine. L'objection erronée que l'on a faite à l'occasion de la différence qui, dans un certain cas, existe sous les mêmes circonstances, dans le mode d'action de la lumière et du son, doit trouver place ici. Quand un rayon de lumière venant d'un point lumineux, et un son divergent, sont transmis tous les deux à travers un très-petit trou dans une chambre obscure, la lumière s'avance en ligne droite, et n'éclaire qu'un petit point sur le mur opposé, laissant le reste dans l'obscurité; tandis que le son en entrant diverge en tous sens, et s'entend dans toutes les parties de la chambre. Ces phénomènes, toutefois, loin d'être en désaccord avec la théorie des ondes, en sont des conséquences directes, résultant de la différence énorme qui existe entre la grandeur des ondulations du son et celle des ondes lumineuses. Ces dernières sont incomparablement moindres que le diamètre de la petite ouverture, tandis que les autres sont beaucoup plus grandes. Ainsi donc, quand la lumière, émise par un point lumineux, entre dans le trou, les rayons situés autour de ses bords sont obliques, et par conséquent de longueurs différentes, tandis que ceux du centre sont directs, et à peu près ou tout à fait de longueurs semblables; de sorte que les petites ondulations situées entre le centre et les bords sont dans des phases ou états différents d'ondulation. De là il suit que le plus grand nombre de ces ondes interfèrent, et qu'en se détruisant mutuellement, elles produisent l'obscurité tout autour des bords de l'ouverture; tandis que les rayons du centre, étant dans le même état ondulatoire, se combinent et produisent un point lumineux éclatant sur le mur, ou sur un écran placé directement à l'opposite du trou. Les ondulations de l'air qui produisent le son, étant au contraire très-grandes, en comparaison du trou, ne divergent pas d'une manière sensible en y entrant, et sont toutes, par conséquent, de longueurs si peu inégales, et dans des états ondulatoires si peu différents, qu'aucune d'elle n'interfère suffisamment pour donner lieu à leur destruction mutuelle. Dès lors, toutes les particules de l'air contenu dans la chambre entrent en vibration, ce qui fait que l'intensité du son est à très-peu près partout la même. Il est probable cependant que si l'ouverture était assez grande, le son divergent d'un point situé en dehors de la chambre serait à peine perceptible, excepté pour le point situé immédiatement à l'opposite de l'ouverture. Quelque déterminantes que soient en apparence, contre la théorie des ondes, les circonstances précédentes, l'expérience suivante, faite par M. Arago il y a trente ans environ, semble être décisive en faveur de cette hypothèse. Supposez qu'une lentille plan-convexe d'un très-grand rayon soit placée sur une plaque de métal parfaitement polie. Quand un rayon de lumière polarisée tombe sur cet appareil sous un angle d'incidence très-grand, l'on aperçoit au point de contact les anneaux de Newton. Mais comme l'angle de polarisation du verre diffère de celui du métal, il arrive que le point noir et le système d'anneaux s'évanouissent quand la lumière tombe sur la lentille sous un angle égal à l'angle de polarisation du verre. Car, bien que la lumière continue à être réfléchie en abondance de la surface du métal, pas un rayon n'est réfléchi de la surface du verre qui est en contact avec le métal, et par conséquent il n'y a point d'interférence. Ce fait prouve de la manière la plus évidente que les anneaux de Newton résultent de l'interférence de la lumière réfléchie des surfaces en contact apparent.

Malgré l'heureuse application de la théorie des ondes aux phénomènes, l'on ne peut nier qu'il existe encore une objection dans la dispersion de la lumière, à moins que l'explication donnée par le professeur Airy soit jugée suffisante. Au lieu d'être réfracté en un seul point, un rayon solaire tombant sur un prisme est dispersé ou éparpillé sur un espace considérable, de sorte que les rayons du spectre coloré, dont les ondes sont de longueurs inégales, ont des degrés différents de réfrangibilité, et se meuvent par conséquent avec des vitesses différentes, soit dans le milieu qui transmet la lumière du soleil, soit dans le milieu réfringent, ou dans tous les deux; tandis qu'il a été démontré que les rayons qui réunissent toutes les couleurs se meuvent avec la même vitesse. Si, en effet, les vitesses des divers rayons étaient différentes dans l'espace, l'aberration des étoiles fixes, qui est en raison inverse de la vitesse, serait différente pour les différentes couleurs, et chaque étoile offrirait l'apparence d'un spectre dont la longueur serait parallèle à la direction du mouvement de la terre, ce qui n'est point d'accord avec l'observation. D'ailleurs, une telle différence n'existe pas dans les vitesses des ondulations longues et courtes de l'air, dans le cas analogue du son, puisque les notes du ton le plus haut et le plus bas sont entendues dans l'ordre, où elles sont frappées. Nous empruntons au professeur Airy ses propres expressions pour rendre compte de la solution donnée par lui de ce cas anomal, d'après un exemple semblable qui se retrouve dans la théorie du son. « Nous avons « tout lieu de croire, dit-il, qu'une partie de « la vitesse du son dépend de la circons- « tance suivante, savoir: que la loi de l'é- « lasticité de l'air est altérée par le dévelop- « pement instantané de la chaleur latente « qui s'opère dans l'acte de la compression, « ou par l'effet contraire qui a lieu pendant « l'expansion. Or, si cette chaleur avait « besoin d'un certain temps pour son déve- « loppement, la quantité de chaleur déve- « loppée dépendrait du temps durant lequel « les particules resteraient à peu près dans « le même état relatif, c'est-à-dire du temps « de la vibration. Conséquemment la loi de « l'élasticité serait différente pour différents « temps de vibration, ou pour différentes « longueurs d'ondulations; et, par suite, la « vitesse de transmission serait différente « pour des ondes de longueurs différentes. « Si nous supposons qu'une certaine cause, « mise en action par la vibration des parti- « cules, affecte d'une manière semblable l'é- « lasticité du milieu de la lumière, et que « le degré de développement de cette cause « dépende du temps, nous aurons une ex- « plication suffisante de l'inégalité de ré-

« frangibilité des divers rayons colorés. » Lors même que cette solution serait sujette à quelque objection, au lieu d'être étonné qu'un cas anomal se présente, l'on doit plutôt être surpris que la théorie touche de si près à son point de perfection, si l'on considère qu'aucun sujet, dans tout le cours des recherches physico-mathématiques, n'est plus abstrait que celui de la propagation du mouvement à travers des milieux élastiques, ce sujet exigeant qu'on ait sans cesse recours à l'analogie, par suite des difficultés insurmontables qu'il présente. *Voy.* Ondulations (*optique*).

Interférence des rayons polarisés. *Voy.* Polarisation chromatique.

Interférence du son. *Voy.* Son.

INVARIABILITÉ du mouvement moyen des planètes et du grand axe de leur orbite. *Voy.* Perturbations des planètes.

IODE, ses globules et leur finesse. *Voy.* Divisibilité.

IRRADIATION. — Les impressions sur la rétine ne s'étendent pas seulement en durée, elles s'étendent aussi en largeur. Ainsi, peu de temps après la nouvelle lune, le croissant paraît faire partie d'un cercle sensiblement plus grand que le reste du disque qui n'est éclairé que par la lumière cendrée. Deux cercles de même diamètre, l'un blanc sur un fond noir, l'autre noir sur un fond blanc, paraissent inégaux, quoique à la même distance. Et cette inégalité n'est pas un effet de l'imagination, car on la retrouve encore en mesurant les angles sous-tendus. On doit donc admettre que l'impression produite par une surface lumineuse s'étend un peu au delà de l'image projetée sur la rétine; c'est en cela que consiste le phénomène de l'irradiation.

D'après les recherches de M. Plateau, l'irradiation varie considérablement d'une personne à une autre, et même d'un jour à l'autre pour la même personne : son étendue dépend aussi de l'éclat de la surface. Un fait très-curieux est que, quand deux objets lumineux d'un éclat égal ne sont séparés que par un petit intervalle, chacun d'eux exerce sur l'irradiation de l'autre une action qui la diminue, de sorte que les deux irradiations en regard décroissent à mesure que les objets lumineux se rapprochent, et finissent par s'annuler lorsque le contact a lieu. C'est à cette espèce de neutralisation de deux irradiations voisines que nous sommes redevables de pouvoir distinguer les traits les plus fins de l'écriture et apercevoir un cheveu ou même un fil de cocon projeté sur le ciel. Voilà aussi pourquoi l'irradiation est insensible avec les micromètres à double image. M. Plateau a reconnu aussi qu'elle était diminuée par l'emploi des lentilles convergentes, et, par conséquent, moindre dans les lunettes astronomiques qu'à l'œil nu; au contraire, les lentilles divergentes l'augmentent.

ISOCHIMÈNES et ISOTHÈRES. — Si on réunit sur une mappemonde tous les lieux dont la moyenne hibernale est la même, il en résulte des courbes appelées *isochimènes* (d'ἴσος, égal, et χειμών, hiver). Celles qui passent par les points où les moyennes estivales sont égales, se nomment isothères (ἴσος, égal, et θέρος, été). Le nombre des observations n'est pas encore assez grand pour pouvoir tracer ces courbes avec une parfaite exactitude; mais elles sont suffisantes pour faire voir que ces lignes sont loin de coïncider avec les parallèles qui joignent les points situés à la même distance de l'équateur, car les isochimènes s'abaissent vers le sud à mesure qu'on s'éloigne de la côte occidentale de l'Europe en marchant vers l'orient, parce que les pays situés vers l'est ont des hivers beaucoup plus rigoureux que ceux qui sont à l'ouest. Les isothères, au contraire, s'élèvent vers le pôle quand on marche d'occident en orient, et c'est seulement dans l'intérieur du continent qu'à latitude égale les moyennes estivales sont les mêmes. Dans l'Amérique du Nord, on observe quelque chose de semblable; car à distance égale de l'équateur les lieux situés à l'ouest des Alleghanys ont des hivers plus froids et des étés plus chauds que ceux qui sont situés au bord de la mer.

On comprendra facilement que ces conditions climatériques aient la plus grande influence sur la distribution géographique des êtres organisés. Beaucoup d'animaux, surtout des quadrupèdes, qui ne peuvent pas faire d'aussi grandes migrations que les oiseaux, évitent les climats extrêmes. Si donc on fait passer une courbe par les points qui limitent au nord l'aire habitée par ces animaux, cette courbe coïncidera presque avec une isochimène. C'est ce que fait voir la carte publiée par M. Ch. Ritter sur la distribution des mammifères sauvages et domestiques en Europe. Ainsi en Suède l'élan vit encore sous la 65ᵉ latitude, mais dans l'intérieur de la Sibérie il ne dépasse pas le 55ᵉ degré.

Les mêmes observations s'appliquent à la distribution des végétaux sur la terre, mais il faut distinguer avec soin les végétaux arborescents de ceux qui ne sont qu'annuels et meurent chaque année après avoir porté leurs graines. Les arbres ne peuvent pas résister aussi efficacement aux rigueurs de l'hiver que les végétaux herbacés vivaces; toutefois, si leur période de floraison et de fructification n'est pas longue, ils s'élèvent jusqu'à de hautes latitudes le long des côtes de l'Atlantique, tandis qu'ils s'arrêtent beaucoup plus au sud dans l'intérieur du continent. Ainsi aux environs de Penzance, sur la côte méridionale de l'Angleterre, les *Myrtes*, les *Camélia*, les *Fuchsia* et les *Budleia* passent tout l'hiver en plein air, quoique leurs fruits ne mûrissent pas en été. Les côtes de Bretagne offrent le même phénomène. Le hêtre (*Fagus silvatica*) s'étend en Norwége jusqu'au 60ᵉ degré. Sur la côte occidentale de la Suède sa limite extrême est sous le 58ᵉ; dans le Smoland par 57° et sur la côte orientale dans le voisinage de Calmar. En Lithuanie elle se trouve entre 54° et 55°; dans les Carpathes, aux environs du 49ᵉ; et dans les montagnes de la Crimée, vers 45ᵉ.

Le houx (*Ilex aquifolium*), qui s'avance jusqu'en Écosse et en Norwége, gèle quelquefois aux environs de Berlin et de Halle. Plusieurs espèces de bruyères, l'aune, le peuplier noir, le lilas, le lierre, le gui, l'épinevinette, le myrtil, ont une distribution géographique analogue.

Le petit tableau suivant présente l'indication des limites latitudinales de plusieurs arbres en Scandinavie.

ARBRES.	*Limites latitudinales.*
Hêtre (*Fagus silvatica*),	69° 0'N.
Chêne rouvre (*Quercus robur*),	61 0
Arbres fruitiers,	63 0
Noisetier (*Corylus avellana*),	64
Epicéa (*Abies excelsa*),	67 40
Sorbier des oiseleurs (*Sorbus aucuparia*), Pin silvestre (*Pinus silvestris*),	70 0
Bouleau blanc (*Betula alba*),	70 40
Bouleau nain (*Betula nana*),	71 0

Les végétaux annuels, et surtout les céréales, se comportent d'une manière différente. Peu leur importent la durée et la rigueur de l'hiver, la seule chose essentielle pour eux c'est la *période* pendant laquelle ils se développent; aussi les courbes qui indiquent leurs limites septentrionales sont-elles parallèles aux *isothères*. En Norwége, on cultive encore de l'orge dans quelques points situés sous le 70ᵉ. Vers l'est, sa limite s'abaisse; vers le sud et en Sibérie, on ne trouve pas de céréales au nord du 60ᵉ. La limite septentrionale du maïs en France est déterminée par les mêmes lois. Sur les bords de l'Atlantique, elle est au sud de la Rochelle par 45° 30'; mais sur le Rhin elle se trouve entre Mannheim et Strasbourg par 49 de latitude.

Les végétaux arborescents peu sensibles aux froids de l'hiver, mais qui exigent des étés chauds, ont sur la côte occidentale de l'Europe une limite dépendant de la courbe des isothères. Ainsi *la vigne* n'est pas cultivée avec avantage sur les côtes de France, au delà de 47° 30'. Dans l'intérieur du pays, elle s'élève vers le 49ᵉ et vient couper le Rhin à Coblentz par 50° 20'. En Allemagne elle ne dépasse pas le 51ᵉ, auquel elle est sensiblement parallèle dans l'est du continent européen.

INSODYNAMIQUES se dit des courbes décrites par les points de la surface du globe où l'intensité du magnétisme est semblable. *Voy.* MAGNÉTISME TERRESTRE.

ISOGÉOTHERMES (lignes), d'ἴσος, égal, γῆ, terre, et θέρμος, chaleur. — La température des couches superficielles de la terre allant en décroissant de l'équateur aux pôles, il doit y avoir dans les deux hémisphères beaucoup de points où la température est la même dans les couches superficielles du sol. Des lignes tracées par ces points où la température annuelle moyenne est la même, sont à peu près parallèles à l'équateur dans la zone tropicale; elles deviennent de plus en plus irrégulières à mesure qu'on s'avance vers les pôles. *Voy.* TEMPÉRATURE.

ISOMORPHYSME. *Voy.* CORPS (*Structure des*).

ISOTHÈRES. *Voy.* ISOCHIMÈNES

ISOTHERMES (lignes), d'ἴσος, même, et θέρμος, chaleur. — On donne le nom de ligne isotherme à une ligne passant par tous les points de la surface de la terre, pour lesquels la température moyenne est la même. Les lignes isothermes sont à peu près parallèles à l'équateur jusqu'à 22° de latitude de l'hémisphère boréal et de l'hémisphère austral. A partir de ce degré, les lignes isothermes perdent leur *parallélisme*, dont elles s'écartent de plus en plus à mesure que la latitude augmente. Dans l'hémisphère nord, la ligne *isotherme de* + *15° cent.* passe entre Rome et Florence, à la latitude de 43°; et près de Raleigh, dans la Caroline du Nord, à la latitude de 36°; celle de +10° centig. de température annuelle égale, traverse les Pays-Bas à la latitude de 51°, et passe près de Boston, dans les Etats-Unis, à la latitude de 42° ½; celle de + *5° centig.* passe près de Stockholm, à la latitude de 59° ½, et par la baie de Saint-George, à Terre-Neuve, par le *48ᵉ degré de latitude*; celle enfin de 0° centig., point de congélation de l'eau, passe entre Uléa, en Laponie, latitude 66°, et Table-Bay, sur la côte du Labrador, latitude 54°.

Il paraît donc que les courbes isothermes qui, sur une étendue de 22° environ, de chaque côté de l'équateur, sont presque parallèles à cette ligne, dévient ensuite de plus en plus. D'après les observations de sir Charles Giesecke, faites en Groënland, de M. Scoresby, dans les mers arctiques, et enfin de sir Edward Parry et de sir John Franklin, il est reconnu que les lignes isothermes d'Europe et d'Amérique se séparent entièrement dans les hautes latitudes, et entourent deux pôles de maximum de froid, l'un situé en Amérique et l'autre dans le nord de l'Asie, aucun des deux ne coïncidant avec le pôle de rotation de la terre. Ces pôles sont situés l'un et l'autre au 80° parallèle de latitude nord. Le pôle transatlantique se trouve placé au 100° degré de longitude occidentale, à 5° environ au nord de la baie de sir Graham Moore, dans les mers polaires; et le pôle asiatique est situé au 95ᵉ de longitude orientale, un peu au nord de la baie de Tamura, près du cap nord-est. D'après les observations de M. de Humboldt et des capitaines Parry et Scoresby, sir David Brewsters a évalué la température annuelle moyenne du pôle asiatique à 1° à peu près du thermomètre de Fahrenheit (—17° 22 centig.), et celle du pôle transatlantique à 3° ½ environ au-dessous de zéro (—19° 72 centig.), tandis qu'il suppose que la température annuelle moyenne du pôle de rotation est de 4 ou 5° (—15° à—15° 55 centig.). Quoiqu'on manque d'observations pour déterminer le cours des lignes isothermes méridionales avec la même exactitude que celui des lignes septentrionales, l'on croit cependant qu'il existe dans l'hémisphère sud deux pôles correspondants de maximum de froid.

Les lignes isothermes, c'est-à-dire les lignes qui passent par les lieux où la température annuelle moyenne de l'air est la même, ne coïncident pas toujours avec les lignes isogéothermes, c'est-à-dire les lignes qui passent par les lieux où la température moyenne du sol est la même. Les observations de sir David Brewster l'ont porté à conclure que les lignes isogéothermes sont toujours parallèles aux lignes isothermes, de sorte que les mêmes formules générales peuvent servir à déterminer les unes et les autres, la différence étant une quantité constante que l'on obtient à l'aide de l'observation, et qui dépend de la distance du lieu à *la ligne isotherme neutre*. Ces résultats ont été confirmés par les observations de M. Kupffer, de Kasan, recueillies pendant ses excursions vers le nord. Ces observations prouvent que les portions européennes et américaines de la ligne isogéotherme de 32° de Fahrenheit (0° centig.) se séparent actuellement, et se dirigent autour des deux pôles de maximum de froid. Ce voyageur a remarqué aussi que c'est vers le 45e degré de latitude que la température de l'air et du sol décroît le plus rapidement. *Voy.* Isogéothermes.

Il est évident que certains lieux peuvent avoir la même température annuelle moyenne, et avoir cependant des climats très-différents. Dans l'un, les *hivers* peuvent être *doux* et *les étés frais*, tandis qu'un autre peut éprouver les extrêmes de la chaleur et du froid. Les lignes passant par des lieux qui ont la même température moyenne, en hiver ou en été, ne sont parallèles, ni aux lignes *isothermes*, *ni aux lignes* isogéothermes, ni les unes à l'égard des autres, et diffèrent encore plus des parallèles de latitude. En Europe, la latitude de deux lieux qui ont la même chaleur annuelle ne diffère jamais de plus de 4°, ou 5° cent. ; tandis que la différence de latitude de ceux qui ont la même température moyenne d'hiver est quelquefois de 10° ou 10° 555 cent. A Kasan, dans l'intérieur de la Russie, à la latitude de 55° 48, ce qui est à peu près la même que celle d'Edinburgh, la température annuelle moyenne est de + 3° *11 cent.* ; à Edinburgh, elle est de + 8° 8 centig. A Kasan, la température moyenne de l'été est de + 18° 25 cent. et celle de l'hiver de — 16° 6 centig., tandis qu'à Edinburgh la température moyenne de l'été est de + 14° 6 centig. et celle de l'hiver de + 3° 70 *centig.*, d'où il suit que la différence de température d'*hiver* est beaucoup plus grande que celle d'été. A Québec, les étés sont aussi chauds qu'à Paris, et le raisin mûrit quelquefois en plein air, tandis que les hivers sont aussi rigoureux qu'à Saint-Pétersbourg ; la neige y séjourne pendant plusieurs mois, à une profondeur de 5 pieds ; l'on ne peut faire usage de voitures à roues ; la glace est *trop* dure pour aller à patins, et l'on voyage en traîneau. Il n'est pas rare de parcourir ainsi la rivière Saint-Laurent, si souvent transformée en un vaste champ de glace. Sir Edward Parry *rapporte que*, le 15 janvier 1820, il éprouva, à l'île Melville, *un froid de*—48° 67 centig., ce qui n'est que 1° 67 centig. au-dessus de la température des régions éthérées. D'après cela, qui croirait que la chaleur de l'été est insupportable dans ces hautes latitudes ?

J

JETS D'EAU. *Voy.* Hydrodynamique.

JOSUÉ arrêtant le soleil. *Voy.* objections et solution au mot Soleil, § III.

JOUR, constance de sa longueur. *Voy.* Terre.

Jour solaire, astronomique, civil, etc. *Voy.* Temps.

JULIEN (Calendrier). *Voy.* Calendrier et Temps.

JULIENNE (année, période, réforme). *Voy.* Calendrier et Temps.

JUNON, une des quatre petites planètes, fut découverte par Harding le 1er septembre 1803. Elle a, selon Schrœter, un diamètre de 475 lieues. Elle emploie 4 ans et 128 jours à accomplir sa révolution autour du soleil, dans une orbite inclinée sur l'écliptique de 31° 05'. La distance au soleil est de 102,000,000 de lieues environ.

JUPITER. — C'est la plus grande des planètes et la plus brillante après Vénus. Elle est 1470 fois plus grosse que la terre, dont elle est éloignée de 200 millions de lieues. La planète tourne sur elle-même en 9 h. 55', et comme son rayon est près de 11 fois celui de notre globe, un point de son équateur parcourt 26 fois plus d'espace qu'un point de l'équateur terrestre dans le même temps. L'équateur de Jupiter se confondant *presque* avec l'écliptique, les jours doivent y être presque constamment égaux aux nuits, et la température à peu près invariable. Le plus long jour y est de 5 h. seulement. Son mouvement de révolution s'exécute en 4332 jours environ. Sa *densité* n'est que le quart de celle de la terre ; sa figure est celle d'un sphéroïde aplati de 1/14 sous les pôles; c'est un effet de la rapidité de son mouvement de rotation.

Le soleil paraît à Jupiter cinq fois plus petit qu'à nous et lui envoie vingt fois moins de lumière et de chaleur ; mais ses nuits sont fort courtes et éclairées par quatre lunes brillantes, dont une au moins luit toujours. L'action de la pesanteur y est 2 fois 1/2 plus faible que sur la terre.

Quand on observe Jupiter avec un bon télescope, on aperçoit une foule de zones ou bandeaux d'une couleur plus brune que le reste de son disque. Elles sont généralement parallèles à l'équateur ; mais elles sont, sous d'autres rapports, sujettes à de grandes variations. Quelquefois on n'en aperçoit pas, d'autres fois on en discerne jusqu'à huit ;

tantôt elles ne sont pas parallèles entre elles, et sont d'une largeur variable. L'une se rétrécit souvent pendant que celle qui l'avoisine se dilate; on dirait qu'elles se fondent ensemble. Le temps de leur durée varie; on en a vu garder trois mois la même forme, et de nouvelles se dessiner en une heure ou deux. La continuité de ces bandes est quelquefois interrompue, ce qui leur donne l'apparence d'une rupture. On considère ces taches et ces bandes comme le corps de la planète, et les parties lumineuses comme des nuages transportés par les vents avec des vitesses et dans des directions différentes.

Pour expliquer la formation de ces zones, Herschell admet, dans les régions équinoxiales de la planète, l'existence de vents analogues à nos vents alizés. Suivant lui, ces vents réguliers disposent, réunissent les vapeurs équatoriales en bandes parallèles. Ils entraînent aussi les nuages accidentels (les taches) avec des vitesses variables. Herschell a supposé que certaines taches ou nuages observés par lui, avaient en 10 h. une vitesse de 96 lieues par heure.

Vu au télescope, Jupiter se montre escorté de quatre petits corps lumineux ou satellites, qui circulent autour de lui; on les distingue par leur position, le premier étant celui qui est le plus voisin de la planète. Ils se meuvent dans une orbite qui est à peu près dans le plan de l'équateur :

Le premier en	1	jour	18^h.	27'	33"
Le deuxième	3		13	13	42
Le troisième	7		3	42	33
Le quatrième	16		16	32	8

Herschell a trouvé qu'ils tournaient toujours la même face vers Jupiter et faisaient ainsi un seul tour entier sur leur axe, pendant qu'ils parcourent leur orbite entière, ce qui confirme d'une manière évidente leur analogie avec la lune.

Jupiter et ses satellites représentent en petit les changements qui s'opèrent en grand dans le système planétaire; et comme la période nécessaire au développement des inégalités de ces petites lunes ne s'étend qu'à quelques siècles, elle peut être considérée comme un abrégé de ce grand cycle qui, dans des myriades de siècles, ne sera pas encore accompli par les planètes. Les révolutions des satellites de Jupiter autour de cette planète sont exactement semblables à celles des planètes autour du soleil : il est vrai qu'ils sont troublés par le soleil, mais ils sont à une distance si grande de cet astre, que son influence peut être regardée comme à peu près insensible. Il est probable que les satellites, de même que les planètes, furent projetés dans des orbites elliptiques; mais l'aplatissement du sphéroïde de Jupiter est très-grand, par suite de la rapidité de sa rotation : son diamètre équatorial excède son diamètre polaire de 2173 lieues pour le moins, et comme les masses des satellites sont à peu près 100,000 fois moindres que celle de Jupiter, l'immense quantité de matière accumulée à son équateur dut bientôt avoir donné aux orbites du premier et du second satellite leur forme circulaire que sa puissante attraction maintiendra toujours. Le troisième et le quatrième satellite étant beaucoup plus éloignés de l'influence de leur planète, se meuvent dans des orbites un peu excentriques; et quoique la forme des orbites des deux premiers satellites soit en apparence circulaire, elle acquiert une légère excentricité par suite des perturbations qu'ils éprouvent.

Il a été établi que l'attraction d'une sphère sur un corps extérieur, est égale à celle qu'elle exercerait si sa masse était réunie en une seule particule dans son centre de gravité, d'où il suit qu'elle s'exerce en raison inverse du carré de la distance. Dans un sphéroïde, toutefois, il existe une force additionnelle provenant du renflement de son équateur, et qui, ne suivant pas la loi rigoureuse de la gravité, agit comme force perturbatrice. L'un des effets de cette force troublante, en ce qui concerne le sphéroïde de Jupiter, est d'occasionner un mouvement direct dans les grands axes des orbites de tous les satellites; ce mouvement est d'autant plus rapide que le satellite est plus près de la planète, et il est beaucoup plus grand que cette partie de leur mouvement qui provient de l'action troublante du soleil. La même cause maintient les orbites des satellites à peu près dans le plan de l'équateur de Jupiter; aussi voit-on ces corps toujours à peu près dans la même ligne; l'action puissante de cette quantité de matière accumulée à l'équateur explique pourquoi les mouvements des nœuds de ces petites lunes l'emportent tellement en vitesse sur ceux de la planète. Les nœuds du quatrième satellite accomplissent une révolution tropique en 531 ans, tandis que ceux de l'orbite de Jupiter ne mettent pas moins de 36,261 ans pour accomplir la leur : preuve de l'attraction réciproque qui existe entre chaque particule de l'équateur de Jupiter et de ses satellites. Dans le fait, si les satellites se mouvaient exactement dans le plan de l'équateur de Jupiter, ils n'en sortiraient jamais, parce que son attraction serait égale des deux côtés de ce plan. Mais comme leurs orbites ont une petite inclinaison par rapport au plan de l'équateur de la planète, la symétrie est détruite, et l'action du renflement tend à faire rétrograder les nœuds en attirant les satellites en dessus et en dessous des plans de leurs orbites; cette action s'exerce avec tant de force sur les satellites intérieurs, que les mouvements de leurs nœuds sont à peu près les mêmes que s'il n'existait aucune autre force troublante.

Les orbites des satellites ne conservent pas une inclinaison permanente, soit au plan de l'équateur de Jupiter, soit à celui de son orbite, mais bien à de certains plans passant entre les deux et par leur ligne d'intersection; l'inclinaison de ces plans sur l'équateur de Jupiter augmente en raison de l'éloignement du satellite, ce qui est dû à l'influence de l'aplatissement de Jupiter, et l'on remarque en eux un mouvement lent correspondant aux variations séculaires des plans de l'orbite et de l'équateur de Jupiter.

Par suite de leur attraction mutuelle, les satellites sont sujets non-seulement à des inégalités périodiques ou séculaires semblables à celles qui affectent les mouvements et les orbites des planètes, mais à d'autres encore qui leur sont particulières. Parmi les inégalités périodiques résultant de leur attraction mutuelle, les plus remarquables sont celles qui ont lieu dans les mouvements angulaires des trois satellites les plus voisins de Jupiter; le second éprouve de la part du premier une perturbation semblable à celle qu'il produit dans le troisième; et il éprouve de la part du troisième une perturbation semblable à celle qu'il communique au premier. Dans les éclipses, ces deux inégalités sont combinées en une seule, dont la période est de 437,659 jours. Les variations particulières aux satellites proviennent des inégalités séculaires occasionnées par l'action des planètes sur la forme et la position de l'orbite de Jupiter, et du déplacement de son équateur. Il est évident que, quelle que soit la cause qui altère les positions relatives du soleil, de Jupiter, et de ses satellites, elle doit occasionner un certain changement dans les directions et les intensités des forces, et par suite une altération correspondante dans les mouvements et les orbites des satellites. C'est par cette raison que les variations séculaires de l'excentricité de l'orbite de Jupiter occasionnent des inégalités séculaires dans les mouvements moyens des satellites et dans les mouvements des nœuds et des apsides de leurs orbites. Le déplacement de l'orbite de Jupiter, et la variation qui s'opère dans la position de son équateur, affectent aussi ces petits corps. Le plan de l'équateur de Jupiter est incliné au plan de son orbite, d'un angle de 3° 5' 30, de sorte que l'action du soleil et des satellites eux-mêmes produit une nutation et une précession dans son équateur, exactement semblable à celle qui a lieu dans la rotation de la terre, par suite de l'action du soleil et de la lune, d'où résulte que le renflement de l'équateur de Jupiter change continuellement de position à l'égard des satellites, et produit des nutations correspondantes dans leurs mouvements; et comme la cause doit être proportionnelle à l'effet, ces inégalités fournissent les moyens, non-seulement de déterminer l'aplatissement du sphéroïde de Jupiter, mais elles prouvent aussi que sa masse n'est pas homogène. Quoique les diamètres apparents des satellites soient trop petits pour être mesurés, leurs perturbations donnent les valeurs de leurs masses avec une exactitude remarquable, preuve frappante du pouvoir de l'analyse.

Une loi singulière se fait remarquer dans les mouvements moyens et les longitudes moyennes des trois premiers satellites. D'après l'observation, il paraît que le mouvement moyen du premier satellite, plus deux fois celui du troisième, est égal à trois fois celui du second; et que la longueur moyenne du premier satellite, moins trois fois celle du second, plus deux fois celle du troisième, est toujours égale à deux angles droits. Il est prouvé par la théorie que si ces relations n'avaient été qu'approximatives au moment où les satellites furent lancés dans l'espace, les attractions mutuelles de ces satellites les auraient établies et maintenues, malgré les inégalités séculaires auxquelles ils sont sujets. Les mêmes relations s'étendent jusqu'aux mouvements synodiques des satellites; conséquemment elles affectent leurs éclipses, et ont une très-grande influence sur leur théorie. Les satellites se meuvent tellement près du plan de l'équateur de Jupiter, l'équateur a une si petite inclinaison sur l'orbite, que les trois premiers satellites sont éclipsés à chaque révolution par l'ombre de la planète, qui est beaucoup plus grande que l'ombre de la lune; le quatrième satellite n'est pas si souvent éclipsé que les autres. Les éclipses ont lieu proche du disque de Jupiter, quand il est près de l'opposition; mais il arrive quelquefois que son ombre est projetée d'une telle manière, par rapport à la terre, que le troisième et le quatrième satellite s'évanouissent et reparaissent du même côté du disque; ces éclipses sont à tous égards semblables à celles de la lune; mais il arrive quelquefois que les satellites éclipsent Jupiter, offrant tantôt l'image de points noirs, qui, en passant sur sa surface, représentent l'effet des éclipses annulaires de soleil, et tantôt celle de points brillants que l'on voit passer sur l'une de ses bandes obscures. Avant l'opposition, l'ombre du satellite, semblable à une tache noire et ronde, précède son passage sur le disque de la planète, tandis qu'au contraire, après l'opposition, c'est l'ombre qui suit le satellite.

Il résulte des rapports dont nous avons déjà parlé, et qui existent entre les mouvements moyens et les longitudes moyennes des trois premiers satellites, qu'ils ne peuvent jamais être éclipsés tous à la fois. Car, lorsque le second et le troisième sont dans une direction quelconque, le premier est dans la direction opposée; conséquemment, quand le premier est éclipsé, les autres doivent être entre le soleil et Jupiter. Le moment du commencement ou de la fin d'une éclipse d'un satellite marque le même instant de temps absolu à tous les habitants de la terre; conséquemment, le temps de ces éclipses, observé par un voyageur et comparé au temps de l'éclipse, calculé pour un méridien déterminé, donne la différence des méridiens en temps, et par conséquent la longitude du lieu de l'observation. Les éclipses des satellites de Jupiter ont donné lieu à une découverte, qui, sans être aussi immédiatement applicable aux besoins de l'homme, ne laisse pas cependant d'offrir un très-grand intérêt, expliquant l'une des propriétés de la lumière, ce milieu sans la bienfaisante influence duquel toutes les beautés de la création auraient été perdues pour nous. L'on a observé que ces éclipses du premier satellite, qui ont lieu quand Jupiter est près de la conjonction, retardent de 16^m, 26^s, 6 sur celles qui ont lieu quand la planète est en opposition. Mais comme Jupiter est plus près de nous de toute la largeur de l'orbite de la terre, quand il est en opposition, que lorsqu'il est en conjonction, la différence doit être attribuée au temps employé par les rayons de lumière pour traverser l'orbite de la terre, c'est-à-dire, une distance de 70,000,000 de lieues environ; d'où l'on déduit que la lumière a une vitesse de 70,000 lieues environ par seconde. Telle est la rapidité de sa course, que la terre, qui se meut avec une vitesse de 7 lieues environ par seconde, mettrait deux mois à traverser la distance qu'un rayon de lumière parcourt en huit minutes. La découverte postérieure de l'aberration de la lumière a confirmé ce résultat surprenant

KALÉIDOSCOPE) καλός beau, εἶδος aspect et σκοπέω j'observe).—Une image placée devant un miroir formant objet à son tour, on conçoit qu'en disposant convenablement deux ou plusieurs glaces, on puisse multiplier les images d'une manière symétrique, et donner lieu à de jolis aspects. C'est ce qui a lieu dans le *kaléidoscope*. Dans un cylindre de métal ou de carton sont deux glaces faisant entre elles un angle aigu, et régnant sur toute la longueur du cylindre. Entre elles se trouvent placés de petits fragments de verroterie, que supporte un verre dépoli et transparent qui forme le fond du cylindre. Celui-ci est noirci à l'intérieur, et se termine en haut par une plaque percée d'un trou auquel on applique l'œil. En tournant le cylindre entre les doigts, on donne aux petits morceaux de verre une foule de dispositions différentes. Or, quelle que soit l'irrégularité de ces formes, comme elles se réfléchissent sur les deux glaces, et que les images formées se réfléchissent elles-mêmes semblablement et par paires, il en résulte des formes symétriques qui sont entières, si l'angle des glaces est une partie aliquote de la circonférence. Ordinairement l'angle des glaces est de 60°; de sorte qu'en comptant l'objet on voit six formes pareilles. Avec des glaces à angles droits, on n'en verrait que quatre; on en verrait huit sous l'angle de 45°. Mais une multiplication indéfinie des images aurait le très-grand inconvénient de les affaiblir à proportion.

KÉPLER (lois de).—Képler, célèbre astronome, naquit en 1571 à Weil (Wittemberg), d'une famille noble mais pauvre, étudia à Tubingue, fut nommé en 1594 professeur de mathématiques à Grœtz, et attira de bonne heure l'attention des savants par ses ouvrages. S'étant lié avec Tycho-Brahé, il alla en 1600 se fixer auprès de lui à Uranienbourg, afin de faire des observations astronomiques, et obtint de Rodolphe le titre de mathématicien de l'empereur avec un traitement. Il mourut en 1631 à Ratisbonne, où il était allé pour solliciter l'arriéré de sa pension qui lui était mal payée. Képler établit sur des bases solides le système de Copernic. Il reconnut la généralité de la loi de l'attraction, la rotation du soleil; devina l'existence de planètes inconnues de son temps, calcula les latitudes et les longitudes avec plus de précision qu'on ne l'avait fait, annonça le passage de Mercure et de Vénus sur le disque du soleil pour 1631, perfectionna les lunettes, dressa une table de logarithmes, etc. Mais ce qui constitue son plus beau titre à la gloire, c'est d'avoir découvert les lois qui portent encore son nom. Voici ces lois, au nombre de trois, par lesquelles le principe de la pesanteur se trouve parfaitement établi :

1° Les rayons vecteurs des planètes et des comètes décrivent des aires proportionnelles au temps; c'est-à-dire que le rayon vecteur ou la ligne qui joint les centres du soleil et de la planète décrit des espaces égaux dans des temps égaux.

2° Les orbites des planètes et des comètes sont des sections coniques dont le soleil occupe l'un des foyers. Les orbites des planètes et des satellites sont des courbes que l'on appelle ellipses et dont le soleil occupe le foyer. Quant aux comètes, l'on n'en connaît que trois qui se meuvent dans des ellipses; le plus grand nombre de ces corps semble se mouvoir dans des paraboles, quoique pourtant il soit probable qu'elles se meuvent dans des ellipses très-allongées; d'autres enfin paraissent se mouvoir dans des hyperboles.

3° Les carrés des temps périodiques des planètes sont proportionnels aux cubes de leurs distances moyennes au soleil. Le carré d'un nombre est ce nombre multiplié par lui-même, et le cube d'un nombre est ce nombre multiplié deux fois par lui-même; par exemple, les carrés des nombres 2, 3, 4, etc., sont 4, 9, 16, etc., et leurs cubes 8, 27, 64, etc. Les carrés des nombres qui représentent les temps périodiques de deux planètes sont donc entre eux comme les cubes des nombres qui représentent leurs distances moyennes au soleil; de sorte que, trois de ces quantités étant connues, l'autre peut se trouver par la règle de trois. Les distances moyennes se comptent en lieues ou en rayon terrestres, et les temps périodiques en années, jours et fractions de jour.

Telles sont les trois lois de Képler; elles servent de base à toute l'astronomie. Ces belles lois, vérifiées pour toutes les planètes, se sont trouvées si parfaitement exactes, qu'on n'hésite pas à conclure les distances des planètes au soleil, de la durée de leurs révolutions sidérales; et l'on conçoit que ce mode d'évaluation des distances offre une grande exactitude, car il est toujours facile de déterminer avec précision le retour de chaque planète en un point du ciel, tandis qu'il est fort difficile de calculer directement sa distance au soleil.

On conçoit qu'enthousiasmé par les magnifiques résultats auxquels son génie venait de le conduire, *Képler ait écrit*, en rédigeant son ouvrage, ces paroles : « Le sort en est jeté, j'écris mon livre; on le lira dans l'âge présent ou dans la postérité, que m'importe; il pourra attendre son lecteur : Dieu n'a-t-il pas attendu *six mille* ans un contemplateur de ses œuvres! »

Vérifions pour la terre les deux premières lois.

En supposant à la terre la même vitesse en tout temps, l'espace ou l'arc décrit aurait même longueur pour les durées égales, et puisque la distance de la terre au soleil varie, deux arcs égaux de l'orbite, vus du soleil, paraîtront inégaux. On les jugera plus grands pour des distances moindres. C'est aussi ce qui arrive, et l'espace angulaire que le *soleil semble décrire chaque* jour varie avec le diamètre *apparent, c'est-à-dire* avec l'éloignement. Mais en comparant les longueurs des rayons vecteurs aux accroissements de ces angles, on reconnaît que *ceux-ci sont plus grands qu'ils* ne doivent l'être à raison du seul changement de distance.

C'est ainsi qu'au périgée, où le diamètre apparent est de 32'393, le soleil nous semble décrire en 24 heures un arc de l'écliptique de 61'165, tandis que cet arc n'est que de 57' 192 à l'apogée, où le diamètre est de 31' 517. D'où il suit qu'un spectateur placé dans le soleil verrait notre globe décrire un arc d'environ 61' au *périgée, et* de 57' à l'apogée. Si le rapport des arcs décrits *était* égal au rapport des diamètres apparents, qui est l'inverse des distances, c'est-à-dire, si 61165/57192 était égal à 32593/32517, et qu'une égalité semblable *subsistât* pour tous les lieux de *l'orbite, on en conclurait* que le mouvement annuel est uniforme, et que la différence des distances est la seule cause du changement de vitesse apparente. Mais puisque ces deux fractions ne sont jamais égales, on est forcé d'admettre un ralentissement réel de la terre à mesure qu'elle s'éloigne du soleil, et une accélération quand elle s'en approche. Elle se meut donc avec plus de vitesse au périgée qu'à l'apogée.

Mais on trouve que la première fraction est égale au carré de la deuxième, et par conséquent le rapport des arcs parcourus égal au carré du rapport inverse des distances : si l'on multiplie le carré du rayon vecteur par l'angle qu'il décrit en un jour, ce produit est donc constamment le même dans toute l'étendue de l'orbite; on doit admettre cette propriété comme une loi du mouvement annuel, fournie par l'observation.

Donc, si du soleil pris pour centre on mène des rayons vecteurs aux extrémités de l'arc décrit en un jour, le produit du carré de ce rayon par l'arc que mesure l'angle est constant dans toute l'orbite. En prenant, au lieu d'un jour, une heure ou une minute pour unité de temps, on pourra en toute rigueur dire que le produit dont il s'agit est partout le même. Les secteurs, décrits dans un temps très-court et constant, ont pour mesure une quantité invariable; ces secteurs ont donc *même aire partout*. Et si l'on prend un nombre quelconque de ces unités de temps, les secteurs décrits étant égaux, l'aire totale décrite est leur somme, qui est autant de fois le secteur élémentaire qu'on a pris d'unités : d'où il résulte que les aires décrites par le rayon vecteur sont égales en temps égaux; dans des temps inégaux, elles sont proportionnelles à ces temps, quelle qu'en soit la durée. A mesure que le rayon croît, l'angle décrit dans un temps quelconque diminue, et l'aire demeure la même; cette aire devient double dans un temps double; triple, si le temps est triple, etc.

Nous venons de voir que chaque angle décrit dans un temps fixé, étant multiplié par le carré de la distance, donne un *produit constant; or, à la distance moyenne*, que nous ferons égale à 1, l'arc décrit en un jour est connu par observation et égal à 59' 128; notre produit est donc 59,128, qui est le même pour tous les rayons vecteurs. *Donc*, si l'on observe quel est chaque jour l'arc *apparent d'écliptique* parcouru par le soleil, puisque le produit *de cet* arc par le carré de la distance *correspondante* est 59,128, en divisant 59,128 par cet arc parcouru et extrayant la racine carrée, on aura la distance de l'astre à la terre, exprimée en partie de *la distance moyenne prise* pour une unité. Et si l'on veut exprimer la distance en rayons terrestres, il faudra multiplier *le résultat par* 23984.

Voici, par exemple, pour le premier jour de chaque mois, l'angle décrit en un jour par le rayon vecteur, tel que les observations le donnent, et la distance correspondante du soleil, telle qu'elle résulte du calcul, la distance moyenne étant prise pour unité.

Mois.	*Angle.*	*Distance*
Janvier.	61'10"	0,983
Février.	60.51	0,986
Mars.	60. 5	0,992
Avril.	59 3	1,0066
Mai.	58. 6	1,0088
Juin. . . .	57.26	1,0146
Juillet. .	57.13	1,0168
Août.	57.28	1,0144
Septembre. . . .	58.10	1,0082
Octobre. . . .	59. 7	1,0001
Novembre. . . .	60.10	0,991
Décembre.	60.56	0,986

Il est facile maintenant de tracer l'orbite de la terre. Marquez un point pour le lieu fixe du soleil, et tracez par ce point une suite de droites formant entre elles les angles respectifs qui sont exécutés par le rayon vecteur chaque jour de l'année; ces lignes représenteront la position de ces rayons vecteurs. Portez sur chacune la longueur que le calcul montre appartenir au rayon qu'elle représente; joignez enfin les points ainsi obtenus par un trait continu, et vous aurez la courbe qui figure l'écliptique. La ressemblance de cette courbe avec la section conique surnommée *ellipse* est confirmée par les calculs les plus précis qui en établissent l'identité parfaite.

Passons à la seconde loi. Le soleil n'est pas toujours également éloigné de la terre. Non, et l'observation qui sert à constater ce phénomène est des plus ordinaires. C'est une des lois de la perspective que tout corps qui s'éloigne de l'œil prend de moindres proportions. Cela va nous servir à reconnaître si le soleil change de place; car s'il s'éloigne, il diminuera de grandeur. Mais comment reconnaître que le soleil change de grandeur? C'est avec un instrument que l'on appelle *micromètre*, ou mesureur de petites quantités. Il se compose de deux fils, un fixe et un mobile; celui-ci est attaché à une plaque à laquelle tient une vis faite avec la plus grande précision, de sorte qu'un tour équivaut à une minute, et le demi-tour à une demi-minute, etc.; tel est l'appareil avec lequel nous allons chercher si le soleil s'est éloigné de la terre. Prenons un jour, le 1er janvier, et visons le soleil avec la lunette à laquelle est appliqué le micromètre. Mettons d'abord le fil fixe en contact avec le bord inférieur, le fil mobile en contact avec le bord supérieur. Laissons l'instrument en repos jusqu'au 7 juillet; à cette époque, les deux fils, placés tangentiellement, n'embrassent plus le disque; le diamètre de celui-ci a sensiblement diminué. Le soleil s'est donc éloigné de la terre; la grandeur du disque est donc proportionnelle au changement de distance; il était donc plus près en hiver qu'en été, phénomène auquel on ne se serait pas attendu. Il devrait donc échauffer la surface de la terre plus dans le premier cas que dans le second. Nous avons montré, au mot SAISONS, qu'il n'en est pas ainsi. Du 1er janvier au 7 juillet, le diamètre diminue; du 7 juillet au 1er janvier, il augmente. Au 1er janvier, il est de 32' 35"6; au 7 juillet, de 31' 31": il n'y a donc guère qu'un 30e de différence; c'est bien peu si on se rappelle que la distance du soleil à la terre est de 38 millions de lieues.

L'instant durant lequel le soleil est le plus près de la terre, est ce qu'on appelle le *périgée* (περὶ, *autour*, et γῆ, *terre*); celui durant lequel il en est le plus éloigné est l'*apogée* (de ἀπὸ, *loin de*, et γῆ, *terre*).

Voici les résultats numériques des calculs :

	Rayons terrestres.	Lieues de 2280 toises.
Périgée,	23,580	33,780,420
Apogée,	24,388	34,938,5[illegible]0
Moyenne,	23,984	34,359,4[illegible]0
Grand diam.	47,969	68,72[illegible],570

Ainsi, la plus grande distance surpasse la moyenne de 580,000 lieues, quantité très-petite comparativement aux dimensions de l'orbe. On suppose ici, ray. terr. = 1432,7 lieues.

La différence dans le changement de distance est, nous venons de le dire, d'un 32e. Cette différence sera la même en quelque lieu de la terre qu'on l'observe, parce que la distance dont on se déplace sur la surface du globe sera toujours beaucoup moindre que la différence dans la distance des deux astres, différence qui est de plus d'un million de lieues.

Quant à la troisième loi, elle résulte de la comparaison des valeurs numériques. Par exemple, les temps des révolutions et les distances de Mars et de Vénus au soleil sont :

Mars, temps des révol.	686 j., 9796.	Dist.	1,52369
Vénus,	224 7008.		0,72333

Qu'on fasse les carrés des temps et qu'on prenne leur quotient, on trouve 9,34714. On obtient ce même nombre pour le quotient des cubes des distances, du moins à une très-petite différence près, qui provient de ce que nos quantités ne sont qu'approximatives, et que les erreurs sont agrandies par les multiplications.

Képler trouva, en 1618, cette belle loi, dont la découverte le transporta au point qu'il douta de l'exactitude de ses calculs. Qu'aurait-il éprouvé s'il eût prévu que cette loi serait l'origine d'une découverte plus générale et plus importante encore, faite par Newton, cinquante ans après, la théorie de l'*attraction*? Ces trois lois une fois reconnues, on doit les regarder comme plus exactes que les observations dont on les a déduites. Ainsi, au lieu de recourir à l'observation seule, qui est sujette à quelques erreurs, il est préférable de tirer les distances de cette troisième loi.

En effet, on peut mesurer avec une grande précision le temps qu'emploie une planète à revenir à son nœud : il suffit, pour en tirer sa distance au soleil, de comparer cette planète à une autre, et de poser cette proportion : les racines cubiques des carrés des temps des révolutions des deux planètes sont entre elles comme la distance de la première planète au soleil est à la distance de la deuxième.

Les lois de Képler font l'admiration des géomètres, et sont le plus heureux exemple de l'art d'observer les faits et de les lier entre eux; elles servent de base à l'astronomie, parce qu'elles unissent tous les mouvements planétaires par un principe commun. Remarquons que si l'on supposait le soleil et les planètes en mouvement autour de la terre immobile, on ne trouverait plus aucun rapport commun entre leurs vitesses et leurs distances; tandis que dans le cas contraire la terre se trouve, comme les planètes, soumise aux lois de Képler. Voilà donc une nouvelle preuve de son mouvement jointe à tant d'autres déjà acquises

Les satellites de Jupiter, de Saturne et d'Uranus obéissent à ces lois dans leurs révolutions autour de leur planète; la lune y est pareillement soumise. Ces théorèmes forment donc le code qui régit tous les mouvements de l'univers. *Voy.* PHYSIQUE.

KORAN, belle pensée du KORAN. *Voy.* MIRAGE.

L

LAMPE DE DAVY. — Les mines de houille et plusieurs autres laissent souvent échapper des masses considérables de gaz hydrogène carboné, et une flamme introduite dans un mélange de ce gaz avec l'air, y détermine une inflammation subite; de là une explosion qui ébranle la mine et cause la mort de beaucoup d'ouvriers. Pour prévenir ces désastres, Davy a imaginé d'enfermer la lampe du mineur dans une toile métallique qui la recouvre comme les verres ordinaires des lampes, seulement elle est de plus fermée à la partie supérieure. Si l'ouvrier pénètre avec sa lampe dans un mélange détonnant, le gaz qui a pénétré dans l'intérieur de la toile s'y enflamme au feu de la lampe avec une légère explosion; mais l'effet se concentre dans cette enveloppe que la flamme ne saurait traverser pour se propager à l'extérieur dans la masse gazeuse. Le mineur averti quitte la mine, qu'on débarrasse du gaz par une ventilation convenable. La lampe du mineur peut être conservée quelque temps avec sa flamme intérieure; il est plus sûr de ne pas tarder à l'éteindre, mais dans tous les cas le mineur est préservé de l'explosion. Malheureusement, il arrive que certains ouvriers ne s'en servent qu'avec répugnance, parce que la toile métallique nuit considérablement à l'effet de la lumière, et il est souvent arrivé que les mineurs enlevassent la toile: imprudence dont un assez grand nombre s'est déjà trouvé victime. On a amélioré les lampes sous ce rapport en les pourvoyant de réflecteurs.

LANTERNE MAGIQUE. — La *lanterne magique*, inventée par le P. Kircher, est un appareil dont l'objet et la construction rentrent dans le système du microscope solaire, mais qui agrandit beaucoup moins. Les objets sont des lames de verre sur lesquelles on a peint différents sujets qui rendent le verre opaque là où la surface est peinte. Ces verres sont mobiles transversalement dans l'intérieur d'une boîte ordinairement de fer-blanc; ils sont fortement éclairés par une lampe dont la lumière est répercutée par un miroir concave et concentrée par une ou deux lentilles sur le verre peint. Au bout d'un tuyau mobile est une lentille à court foyer; l'objet est placé un peu au delà de ce foyer, de sorte qu'il donne une image réelle et assez agrandie de l'autre côté de la lentille.

On reçoit la lumière émanée de la lentille sur un mur ou un drap blanc, où se peignent un cercle lumineux déterminé par l'étendue de la lentille, et les images des figures opaques tranchant sur ce fond. Le grossissement dépend de la distance de l'objet à la lentille, distance qu'on règle par le mouvement de cette lentille pour amener une image nette sur le fond. Au lieu d'être vue par réflexion, l'image peut être vue par transparence: ainsi l'on divise une pièce par un rideau clair, d'un côté duquel se trouvent les spectateurs, tandis que l'appareil et l'artiste fonctionnent de l'autre côté. Pour avoir des images droites, on renverse les verres et les sujets peints, et on leur donne des mouvements de progression ou de recul qui produisent des scènes animées. Il est inutile de dire que la représentation doit avoir lieu dans une chambre sans lumière.

LAPLACE (PIERRE-SIMON, marquis de), l'un des plus grands géomètres des temps modernes, né à Beaumont-en-Auge (Calvados), le 23 mars 1749, et fils d'un modeste cultivateur. Sa première découverte, l'invariabilité des distances moyennes des planètes au soleil, révéla son génie. Nommé en 1784 examinateur des élèves d'artillerie, il ne tarda pas à être reçu à l'Académie des sciences. Ministre de l'intérieur en 1799, il n'occupa ce poste que pendant six semaines, et, à la fin de la même année, il fut appelé au sénat et créé comte de l'Empire; c'est Louis XVIII qui lui conféra le titre de marquis. Il fut nommé membre de l'Académie française en 1816. Les travaux de cet illustre savant ont rempli sans interruption plus de 60 années, et pendant plus d'un demi-siècle il a enrichi les *Recueils de l'Académie* et le *Journal de l'Ecole Polytechnique* des découvertes les plus remarquables en géométrie et en astronomie. Laplace était membre de presque toutes les sociétés savantes de l'Europe; il avait fondé, avec Berthollet et quelques autres savants, la Société d'Arcueil, de laquelle sont sortis de si précieux travaux. Laplace est mort à Paris le 6 mars 1827, peu de temps après avoir fait à l'Académie des sciences des propositions qui doivent puissamment contribuer dans l'avenir aux progrès des sciences. Sa veuve a fondé un prix annuel pour le premier élève sortant de l'Ecole Polytechnique; ce prix consiste en une Collection des œuvres du grand géomètre.

LAPLACE, réfutation de sa théorie cosmogonique. *Voy.* COSMOGONIE MATÉRIALISTE, et THÉORIE ASTRONOMICO-CHIMISTE.

LARMES BATAVIQUES. *Voy.* TREMPE.

LATITUDE. — On distingue deux sortes de latitude, l'une *septentrionale* ou *boréale*, l'autre *méridionale* ou *australe*. La *latitude septentrionale* est la distance à l'équateur, pour les pays situés entre l'équateur et le pôle nord. La *latitude méridionale* est la distance à l'équateur, pour les pays situés entre l'équateur et le pôle sud.

La latitude d'un pays est mesurée par l'arc du méridien compris entre l'équateur et le zénith du lieu. La latitude d'un lieu est égale à la hauteur du pôle pour ce lieu : car si le pôle était à l'horizon, le zénith serait précisément à l'équateur. Pour trouver aisément la hauteur du pôle, il faut choisir une des étoiles les plus proches du pôle, et qui font leurs révolutions journalières sans passer sous l'horizon. On observe sa hauteur méridienne dans le temps qu'elle passe dans la partie supérieure du cercle qu'elle décrit autour du pôle ; on observera encore sa hauteur méridienne dans la partie inférieure de son cercle, et l'on prendra la différence entre la plus grande et la plus petite de ces hauteurs. La moitié de la différence mesure la distance de cette étoile au pôle, en l'ajoutant à la plus petite hauteur de l'étoile sur l'horizon, ou en la retranchant de la plus grande, on aura la hauteur du pôle sur l'horizon au lieu de l'observateur, et par conséquent la *latitude* de ce lieu. *Voy.* ORBITE.

LEIBNITZ, né à Leipsick en Saxe, le 23 juin 1646, mort le 14 novembre 1716.

« Tandis que Newton illustrait son siècle et sa patrie, l'Allemagne se glorifiait d'avoir vu naître Leibnitz qui partageait avec Newton les qualités les plus brillantes du génie. Je laisse à l'historien des mathématiques le soin d'apprécier l'influence respective de ces deux grands hommes sur la naissance et les progrès de la haute géométrie : les services rendus à la physique doivent fixer exclusivement mon attention.

« L'homme de génie ne suit jamais les routes battues ; il les abandonne à ces esprits vulgaires qui ne soupçonnent même pas la possibilité de s'en frayer une nouvelle. En vertu de la force de son ressort, il s'élance dans des sentiers inaccessibles à la multitude ; il les parcourt avec rapidité ; et lors même qu'il fait des chutes, elles ont un caractère de hardiesse et de grandeur qui les distingue de ces chutes humiliantes que font naître la médiocrité et la faiblesse. Je vais offrir à mes lecteurs un exemple frappant de cette vérité.

« Dans cette saison de la vie où ceux qui se livrent aux sciences sont à peine familiarisés avec leurs principes élémentaires, Leibnitz forma et exécuta le plan vaste et hardi d'une physique générale complète. Elle parut en 1671 sous ce titre, *Hypothesis Physica nova*, ou *Theoria motus*. Elle est fondée sur des idées propres à charmer l'esprit par la simplicité et la généralité qui les distinguent. Leibnitz les fait servir avec adresse à établir une théorie du mouvement, neuve, subtile, facile à saisir ; et elles se divisent ensuite, pour ainsi dire à l'infini, pour embrasser isolément tous les phénomènes de la nature.

« Leibnitz regarde la matière comme une, simple, étendue. Pour connaître sa nature, il se transporte par l'activité de la pensée au delà de l'étendue, et y conçoit une certaine force qui donne à la matière une tendance au mouvement et qui constitue son essence.

« L'air n'est que de l'eau dont les molécules sont réduites à un état de grande ténuité. Un autre fluide, l'éther, beaucoup plus délié que l'air, sert à propager le son ; et sa circulation autour de la terre fait naître la pesanteur. La chaleur des corps est produite par un mouvement imprimé aux particules qui les composent. La lumière et la chaleur dépendent de la même cause, avec cette différence que les corps lumineux ont le privilége exclusif de lancer, suivant une direction rectiligne, les molécules les plus subtiles de leur propre substance (1).

« La force qui anime un corps s'estime en multipliant sa masse par sa vitesse. Tous les physiciens étaient d'accord sur cette mesure de la force, lorsque Leibnitz annonça qu'il fallait distinguer soigneusement celle qui s'exerce contre un obstacle invincible, de celle qui agit contre un obstacle qui cède. La première se compose de la vitesse combinée avec la masse. Mais la seconde, disait Leibnitz, ne peut être justement appréciée qu'en combinant la masse avec le carré de la vitesse (2) ; cette opinion fut combattue et défendue avec le même acharnement, et les écoles ont trop longtemps retenti des querelles des physiciens sur la question des *forces vives*. Il n'a fallu, pour mettre fin à cette dispute oiseuse et puérile, que faire entrer la considération du temps dans l'examen des faits sur lesquels Leibnitz et ses partisans établissaient leur doctrine. L'effet produit par un corps animé d'une vitesse comme deux est sans doute quadruple de celui qu'il produirait avec une vitesse comme un. Mais cela n'arrive que parce que, dans le premier cas, le mobile fait un effort répété deux fois autant que celui du même corps animé d'une vitesse comme un.

« Leibnitz eut l'idée d'appliquer à la physique le fameux principe des causes finales, qui consiste dans la combinaison des effets que commande la puissance divine avec ceux que conseille la souveraine sagesse. L'une fait toujours ce qui peut être de plus grand ; l'autre tout ce qui peut être de mieux, et c'est à ce plus grand combiné avec ce meilleur, que l'univers doit l'existence. En partant de ce principe, Leibnitz regarde comme conforme à la sagesse suprême qu'un rayon lumineux aille toujours d'un point à

(1) *Hypothesis Physica nova*, passim.

(2) Actes de Leipsick, 1695, pag. 149.

un autre par le chemin le plus facile (1); et il mesure la facilité de ce chemin par le rapport composé de sa longueur et de la résistance que le rayon éprouve dans le milieu où il se meut. Il détermine ensuite par le calcul quel est le chemin le plus facile, et il trouve que le rapport des sinus d'incidence et de réfraction est constant et immuable.

« Cette idée de Leibnitz est ingénieuse; elle était même séduisante avant que Newton eût montré la véritable cause de la réfraction de la lumière; qu'il en eût déduit les lois qui maîtrisent cette réfraction, et qu'il eût fait voir qu'un rayon lumineux ne choisit, en se réfractant, ni le temps le plus court, ni le chemin le plus facile.

« Le baromètre éprouve de fréquentes variations, Leibnitz s'occupa de déterminer la cause qui les produit. Il crut que les molécules aqueuses répandues dans l'atmosphère augmentent le poids de l'air, s'il les soutient; qu'elles le diminuent quand il les abandonne à la pesanteur qui les sollicite vers la terre.

«Pour appuyer cette idée ingénieuse, Leibnitz propose d'attacher aux deux extrémités d'un fil deux corps, l'un plus pesant, l'autre plus léger que l'eau, de manière que tous deux ensemble flottent sur la surface du liquide. Après les avoir mis dans un tuyau plein d'eau, il faut suspendre ce tuyau à une balance, où il soit exactement en équilibre avec un poids; on doit ensuite couper le fil où sont attachés les deux corps de pesanteur inégale, ce qui oblige le plus pesant à tomber. Leibnitz prétendait qu'alors le tuyau ne serait plus en équilibre, mais que le poids qui lui est égal l'emporterait et le ferait monter, parce que le fond de ce tuyau serait moins chargé.

« Sur l'invitation de Leibnitz, Ramozzini, professeur à Padoue, fit cette expérience, et après quelques tentatives inutiles, il obtint un résultat satisfaisant. Elle fut répétée par Réaumur, que l'Académie des sciences avait chargé du soin de la vérifier; mais Désaguillers réclama ensuite contre le résultat de cette expérience, contre les conséquences qu'on prétendait en déduire, et ses justes réclamations furent généralement accueillies.

« Les Actes de Leipsick renferment divers autres écrits de Leibnitz, et dans tous on reconnaît des traces de cette originalité piquante qui caractérise le génie : il est fâcheux qu'un penchant décidé pour les subtilités métaphysiques ait trop souvent détourné ce grand homme des vrais sentiers de la nature toujours éclairés par le flambeau de l'observation et de l'expérience.

« L'Allemagne réclamait une Société académique, rivale de celles que Londres et Paris voyaient fleurir dans leur enceinte. Leibnitz conçut le plan de cet établissement, Frédéric Ier, roi de Prusse, en commanda l'exécution. La célèbre Académie de Berlin reçut en 1710 une forme régulière et légale; et Leibnitz eut l'honneur de la présider jusqu'à sa mort. » (Libes.) *Voy.* Matière.

(1) Act. Leips. ann. 1682.

LENTILLE (*lens*, lentille, *légumineuse*). — En optique, on entend généralement par *lentille* un corps transparent taillé de manière à rassembler ou à disperser les rayons par la réfraction. La forme est presque toujours celle d'un disque circulaire, dont une des faces au moins est courbe, soit concave, soit convexe; les seules courbures usitées sont les courbures sphérique et cylindrique. On donne la forme en usant le disque avec différentes poudres dans des bassins de métal concaves ou convexes taillés au tour. La plupart des lentilles sont en verre ou en cristal (crown-glass ou flint-glass); on en fait aussi en cristal de roche, et de très-petites, pour les microscopes, en grenat, en saphir, en diamant. Les *lentilles fluides* sont formées par un liquide compris entre deux glaces courbées comme des verres de montre; ce sont les verres ardents les plus puissants à cause des dimensions qu'on peut leur donner. Fresnel a fait exécuter des lentilles également très-puissantes avec plusieurs pièces de verre taillées convenablement. Comme les pièces ne forment pas une courbure continue, on donne à ces lentilles le nom de *lentilles à échelons*. Avec une de ces lentilles, de 2 pieds de diamètre, on fond le fer et le platine.

Les lentilles *sphériques*, c'est-à-dire celles dont les faces présentent une courbure sphérique, se divisent en six genres d'après la combinaison des courbures.

1er genre. Lentille biconvexe; les deux faces sont convexes.

2e —— Lentille plan-convexe; une des faces est plane, l'autre convexe.

3e —— Ménisque convergent; une des faces est convexe, l'autre concave; la convexe est plus fortement courbée ou d'un rayon plus court.

4e —— Lentille biconcave; les deux faces sont concaves.

5e —— Lentille plan-concave; une des faces est plane, l'autre concave.

6e —— Ménisque divergent; une des faces est convexe, l'autre est concave; celle-ci est plus fortement courbée ou d'un rayon plus court.

Le mot ménisque vient de ce que la coupe de la lentille ressemble à un croissant, μηνίσκος.

Les trois premiers genres forment la classe des lentilles *convergentes*; exposées au soleil, elles font converger les rayons. On les reconnaît encore à ce qu'elles grossissent les objets qu'on regarde à travers, et à ce qu'elles sont plus épaisses au milieu que vers les bords.

Les trois derniers genres forment la classe des lentilles *divergentes*, ainsi nommées parce qu'elles font diverger les rayons solaires qui les traversent; elles font paraître les objets plus petits et sont plus épaisses au bord qu'au milieu.

On appelle *axe principal* d'une lentille, ou simplement *axe*, une droite indéfinie normale à ses deux faces. Celles-ci étant des surfaces sphériques, l'axe passe nécessairement par les centres des sphères auxquelles les surfaces appartiennent. On dit qu'une lentille est bien *centrée* quand son axe passe aussi par les centres de ses faces; c'est nécessairement le cas des lentilles dont le bord est tranchant, et en général de celles qui, étant circulaires, ont exactement la même épaisseur sur toute leur circonférence. Une lentille plus épaisse d'un côté que de l'autre est évidemment mal centrée.

Il y a pour toute lentille un point appelé *centre optique* qui jouit de cette propriété remarquable, qu'un rayon passant par ce point n'éprouve pas de déviation angulaire. Il est évident que, pour les lentilles qui ont une face plane, ce point est à l'intersection de l'axe avec la face courbe. Pour les autres cas il faut recourir à des considérations géométriques; nous indiquerons seulement quelques résultats. Dans les lentilles biconvexes ou biconcaves à courbure inégale, le centre optique est plus près de la face la plus courbe; sa distance aux deux faces est dans le rapport même des rayons de courbure; il en est de même pour les ménisques, mais alors le centre optique se trouve *hors* du verre. Du reste, par la raison de symétrie, on voit qu'il est toujours sur l'axe principal.

Lorsqu'on expose directement une lentille convergente au soleil, les rayons sont réfractés de manière à passer par un même point qu'on appelle *foyer* à cause de la chaleur qui s'y produit. On rend ce phénomène bien évident en opérant dans une chambre obscure et en répandant un peu de poussière sur le trajet des rayons. Si on couvre la lentille d'un papier noir percé de trous, on voit les rayons isolés converger vers le même point; si on incline la lentille, les rayons incidents ne sont plus parallèles à l'axe principal; cependant, pourvu que l'inclinaison ne soit pas trop grande, les rayons réfractés se rassemblent encore en un même point, situé sur l'axe oblique correspondant. De là la distinction du *foyer principal* et des foyers obliques.

On appelle *distance focale*, ou simplement *foyer*, la distance du foyer au centre de la lentille. Il est à remarquer que cette distance reste la même quelle que soit la face qu'on présente au soleil. Observons aussi que pour de petites inclinaisons la distance est la même pour le foyer principal et les foyers obliques.

Il est évident que le bord tranchant d'une lentille peut être considéré comme l'angle d'un prisme; si on l'abat, il reste vers le nouveau bord un angle tronqué plus épais, mais réellement plus petit, car l'inclinaison des faces est moindre. En continuant ainsi, on voit qu'une lentille est un assemblage de prismes dont l'angle, qui est nul vis-à-vis de l'axe, va en augmentant par degrés insensibles à mesure qu'on s'approche du bord. La considération des lentilles à échelons rend encore cette décomposition plus facile à concevoir.

LETTRE DOMINICALE. *Voy.* CALENDRIER.

LEVERRIER, sa planète. *Voy.* NEPTUNE.

LIBRATION (*libratio*, balancement). — Quoique la lune nous présente sans cesse le même *hémisphère*, cependant l'observation attentive de ses taches a prouvé que celles qui sont vers les bords ont un léger mouvement d'oscillation qui les montre et les cache successivement. Cette espèce de balancement constitue la *libration*, qui n'est purement qu'une illusion d'optique dont on rend bien raison.

Concevons le rayon vecteur qui, du centre de la terre, va à celui de la lune, et coupe la surface de cet astre en un point; ce point ne changerait pas si la lune décrivait, d'un mouvement uniforme, un cercle autour de nous, juste dans le même temps qu'elle fait un tour entier sur son axe. Or, cette rotation est uniforme, tandis que la révolution de la lune dans son orbite ne l'est pas, et l'orbite n'est même pas circulaire. Notre rayon vecteur doit donc rencontrer la surface du globe lunaire en divers points dépendant des inégalités de la révolution périodique, et le lieu où il perçait d'abord cette surface passera un peu à l'orient, puis reviendra à l'occident. Une tache centrale ne peut être déplacée sans que les autres le soient aussi; de là une oscillation apparente des bords latéraux: c'est ce qui constitue la *libration en longitude.*

L'axe de rotation de la lune n'est pas tout à fait perpendiculaire à son orbite, et se conserve parallèle dans toutes ses positions: il arrive donc la même chose que pour la terre à l'égard du soleil. De même que par l'obliquité de l'écliptique, le soleil voit tour à tour nos deux pôles dans le cours d'un an, de même chaque pôle du globe lunaire doit se cacher et se montrer à nous dans la révolution entière. Ainsi la tache qui nous a paru au centre de l'astre quand il était à son nœud, devra nous sembler s'élever ou s'abaisser selon que la lune passera dans la région boréale ou australe. Voilà donc une oscillation perpendiculaire à la première, qui nous laisse voir le pôle boréal de rotation de la lune pendant qu'elle décrit une moitié de son orbite, et le pôle austral le reste du temps. C'est la *libration en latitude.*

La parallaxe y ajoute encore, puisque nous ne sommes pas placés au centre de la terre, foyer vers lequel la lune dirige sans cesse le même hémisphère. En effet, il est évident que les aspects devant dépendre de la situation du spectateur, à mesure que la lune s'élève sur l'horizon, divers points de son contour doivent être aperçus, qui ne le seraient pas du centre même de notre globe. Cet effet constitue la *libration diurne.*

On voit donc que la libration n'est qu'une apparence causée par la manière dont nous voyons la lune et non pas une véritable oscillation. En soumettant ces trois mouvements apparents au calcul, on a trouvé que la rotation de la lune est uniforme comme celle de tous les corps célestes ; que son axe est presque perpendiculaire à l'écliptique, et que l'équateur lunaire coupe l'orbite suivant une parallèle à la ligne des nœuds et rétrograde avec elle.

LIGNE ISOBAROMÉTRIQUE (ἴσος, le même, la même, etc.) — On appelle ainsi la ligne qui passe par tous les points dans lesquels la différence moyenne entre les extrêmes mensuels de la hauteur barométrique est la même. Si l'on déduit des amplitudes barométriques obtenues les latitudes auxquelles les lignes isobarométriques coupent les méridiens, on aura le tableau suivant, que nous empruntons à M. Kaëmtz, ainsi que son développement.

Oscillation mensuelle moyenne.	Amérique orientale.	Europe occidentale.	Allemagne et Italie.	Russie d'Europe.	Inde et Sibérie.
mm.					. . . .
4,51	15° 33	15° 9'	21° 15'	23° 36'	. . . .
9,02	23 55	26 17	29 38	31 51	23° 36'
13,54	30 27	34 4	36 43	39 2	35 29
18,05	36 14	42 14	43 18	45 51	46 34
22,56	41 40	47 8	49 48	52 43	57 55
27,07	46 58	51 4	56 34	60 5	72 23
31,58	52 21	57 47	64 6	68 50	. . . .
36,09	58 1	65 22	73 48	83 38	. . . .

La traduction de ces chiffres en langage ordinaire est celle-ci : 1° les oscillations du baromètre sont très-petites à l'équateur; si nous pouvions les calculer de manière à éliminer complétement la variation diurne, nous trouverions qu'elles sont de 2 millimètres tout au plus. Dans la mer des Indes elles sont deux *fois plus grandes*, ce qui tient aux perturbations que les *moussons déterminent* dans l'atmosphère.

La ligne isobarométrique de $4^{mm},51$ coupe la côte de l'Amérique du Nord dans la baie de Honduras, *puis se dirige* droit vers l'est, atteint l'Afrique au nord du cap Vert, s'élève ensuite vers le nord, traverse l'Egypte, *puis* descend vers l'équateur, qu'elle atteint un peu à l'ouest du méridien, sous lequel se trouve la pointe de la presqu'île de l'Inde. Dans l'hémisphère austral elle se dirige de nouveau vers l'ouest.

La ligne isobarométriquede $9^{mm},02$ coupe la côte orientale de l'Amérique, à l'est de Zacatecas, puis elle s'élève vers le nord, atteint la côte occidentale de l'Afrique entre le cap Bojador et les îles Canaries, *traverse la partie* septentrionale du Fezzan et le delta du Nil; puis elle passe entre Bagdad et Bassora, s'incline fortement vers le sud, et se termine près de Calcutta.

La ligne isobarométrique de $15^{mm},54$ touche la partie boréale du golfe du Mexique, atteint le vieux continent dans la partie nord du royaume de Fez, traverse la Sicile, atteint dans le voisinage de la Caspienne son point le plus boréal, et descend à l'est vers le sud.

La ligne isobarométrique de $18^{mm},05$ coupe la partie sud de la baie de Chesapeake, puis s'élève brusquement vers le nord, passe par la partie septentrionale de la péninsule Ibérique, et ce mouvement vers le nord paraît se continuer jusque dans l'intérieur de l'Asie.

La ligne isobarométrique de $22^{mm},56$ coupe la côte orientale de l'Amérique dans le voisinage de Boston, la côte occidentale de l'Europe au nord de l'embouchure de la Loire, se relève toujours vers le nord, et atteint sa limite boréale dans le voisinage de Krasnojarsk en Sibérie. A partir de ce point, elle descend de nouveau vers le sud.

La ligne isobarométrique de $27^{mm},07$ coupe la côte orientale de l'Amérique dans l'Etat de New-Brunswick, atteint l'Europe dans le voisinage de Londres, traverse la Suède *méridionale*, passe entre Novogorod et Pétersbourg, *et paraît atteindre la mer Glaciale* dans le voisinage du cap Taimura. Dans l'intérieur de l'Amérique, elle passe à plusieurs degrés au nord de Fort-Churchill, s'incline ensuite vers le sud, à mesure qu'elle s'avance vers l'ouest, et paraît se prolonger à plusieurs degrés au nord de Sitcha, puisque dans ce point l'amplitude de l'oscillation mensuelle moyenne n'est que de 25 millimètres; mais ensuite elle se dirige vers le sud-ouest, et laisse dans le nord Ounalaschka, où l'oscillation est de 29 millimètres.

La ligne isobarométrique de $27^{mm},07$ passe par la partie méridionale du Labrador, la partie septentrionale de l'Ecosse, la Norwége méridionale; elle passe au nord de Malo et se prolonge vers le nord.

Quoique l'on ne possède pas de longues séries d'observations dans le nord, cependant la direction des lignes fait voir qu'elles reviennent sur *elles-mêmes* comme les isothermes, et forment deux systèmes différents. Le centre de ces deux systèmes, ou les *pôles* des oscillations irrégulières du baromètre, ne se trouvent pas, comme les pôles du froid sur les deux continents, mais ils sont placés sur les mers qui les séparent.

Dans le sud de l'Afrique et dans la Nouvelle-Hollande, la grandeur des oscillations est la même que dans l'Europe occidentale; mais dans leur trajet du cap de Bonne-Espérance à la Nouvelle-Hollande, ces lignes paraissent se rapprocher de l'équateur : c'est une conséquence de l'agitation de l'atmosphère dans la mer des Indes.

De Saussure, qui a tant contribué aux progrès de la météorologie, disait que toute hypothèse destinée à expliquer les oscillations barométriques devait rendre compte de leur accroissement avec la latitude. La liaison qui existe entre les changements de température et les changements de pression rend compte de cet accroissement et de la courbure des lignes isobarométriques. Les variations thermométriques tiennent, comme nous l'avons dit précédemment, à ce que les vents mêlent des couches d'air de température différente, en transportant ces masses du nord au sud, ou du sud au nord. Plus nous nous éloignons de l'équateur, plus la température moyenne de l'année et des saisons varie pour une même distance latitudinale. La température moyenne de l'équateur est de 27°, 5; celle de Ténériffe, de 21°, 7 : ainsi, pour une différence en latitude de 28° 30', la différence de température n'est que de 5°, 8. Mais si nous allons de Ténériffe à Edimbourg, dont la moyenne est de 8°, 6, nous aurons pour une même différence latitudinale de 28° une différence de 13°, 1 entre les températures moyennes de ces deux points. Ajoutez à cela qu'Edimbourg se trouve sous un méridien remarquable par l'élévation de sa température. Si nous avions choisi une ville située dans l'intérieur du continent, la différence eût été plus grande encore. Admettons, pour plus de simplicité, qu'une contrée reçoive l'air provenant de deux autres situées l'une au nord, l'autre au sud, mais équidistantes en latitude, la différence des températures sera d'autant plus grande que ces lieux sont plus éloignés de l'équateur, et les oscillations barométriques croîtront dans le même rapport. Dans les latitudes élevées nous avons des changements brusques dans la direction du vent, l'aspect du ciel et la hauteur du baromètre. Entre les tropiques, les vents alizés font circuler un air dont la température est uniforme : le thermomètre reste donc presque stationnaire, et les températures moyennes du même mois, considérées dans plusieurs années différentes, varient beaucoup moins que dans les hautes latitudes. Nous ne trouvons de variations notables du baromètre que dans les parages, tels que la mer des Indes, où des changements dans la direction des vents amènent des changements correspondants dans la température.

Quand la température moyenne de l'air change très-rapidement sous le même parallèle, alors les oscillations barométriques sont plus fortes que dans le cas contraire. Le sommet de la courbe des isothermes passe par l'Angleterre occidentale ; mais si nous pouvions déterminer la température moyenne des points situés sur la mer, en utilisant les innombrables observations faites par les navigateurs, alors il est probable que le sommet serait reporté dans l'Océan Atlantique. Ainsi donc les changements de température dus à l'alternance des vents de nord-ouest et de sud-ouest doivent être plus notables dans les Iles Britanniques que dans l'intérieur du continent; aussi les oscillations barométriques sont-elles plus marquées en Angleterre. Même phénomène sur la côte orientale de l'Amérique, où l'air chaud du *Gulfstream* et les vents refroidis dans les solitudes glacées du Canada déterminent des variations considérables dans la température.

La direction de ces vents tend à exagérer ces variations; quand les vents de sud-ouest soufflent en Europe pendant l'hiver, ils agissent, non-seulement en vertu de leur haute température, qui détermine une diminution notable dans la pression, mais en même temps le ciel, habituellement couvert, s'oppose au rayonnement du sol, qui se réchauffe à la surface: aussi l'air s'écoule-t-il en plus grande proportion dans les régions supérieures que si les vapeurs ne s'étaient pas condensées en nuages. Réciproquement, lorsque des vents soufflent de l'est, le ciel est serein et le refroidissement du sol très-considérable, d'où augmentation de la pression. Dans l'intérieur du continent, où les vents de mer arrivent chargés d'une moindre quantité de vapeurs, le ciel est en général plus pur, l'échauffement du sol moins marqué, et le baromètre plus tranquille.

De ce fait, que le décroissement de la température avec la latitude est d'autant plus rapide qu'on s'éloigne davantage de l'équateur, on peut tirer une seconde conséquence. Si l'on admet que les deux vents qui font monter ou descendre le baromètre amènent toujours de l'air provenant de contrées situées sur la circonférence d'un cercle au centre duquel l'observateur se trouve placé, on comprend que, par des vents chauds soufflant du sud, le baromètre descende moins au-dessous de la moyenne qu'il ne monte par des vents du nord, qui sont relativement plus froids. Tous ces changements oscillant autour de la moyenne, le baromètre doit baisser plus lentement qu'il ne monte : l'observation confirme cette prévision. Si nous comptons les cas dans lesquels le baromètre monte à partir d'une heure quelconque jusqu'à la même heure du jour suivant, ce nombre est à celui des cas dans lesquels il a baissé comme 10 est à 11, c'est-à-dire que le temps que le baromètre met à monter d'une certaine quantité est à celui pendant lequel il baisse de la même quantité comme 10 est à 11. Or, comme il monte par les vents du nord, ceux-ci entraînent une masse d'air, qui est à celle que les vents du sud peuvent entraîner comme 11 est à 10. Ce fait nous explique une circonstance difficile à comprendre dans le tableau des rapports des vents. Nous avons trouvé en effet que les vents du nord soufflaient moins souvent que ceux du sud, sous le rapport approché de 10 à 11, 8 : si donc ils entraînaient autant d'air que ceux du nord, l'atmosphère finirait par se porter vers le pôle; mais nous venons de voir que les vents du nord, comparés à ceux du midi, entraînent une masse d'air plus grande dans la même proportion à peu près, savoir, comme 10 est à 11, 3

Ligne équinoxiale. *Voy.* Orbite.

LIQUÉFACTION des gaz. *Voy.* Élasticité de l'air.

LIQUIDES, leur densité. *Voy.* DENSITÉ.

LOCH. — C'est une petite pièce de bois triangulaire qu'on jette à la mer et qu'on suppose rester en place, tandis que, par l'effet de la marche du navire, se déroule la corde pendant une demi-minute. Cette corde est divisée par des nœuds qui ont un rapport déterminé avec la lieue marine, dont chacun de leurs intervalles est la 360e partie; ce qui revient à la 120e partie du tiers de cette lieue. Or, la lieue marine étant de 17,109 pieds (ancienne mesure), l'intervalle des nœuds se trouve de 47 1/2. L'expérience durant une demi-minute, et l'heure contenant 120 demi-minutes, il s'ensuit que pour chaque nœud qui filera dans l'intervalle de la demi-minute, il y aura un tiers de lieue. Un navire *filant* 8 *nœuds* fait par heure huit tiers de lieue marine; 10 *nœuds filés* font 10 tiers, ce qui est une bonne vitesse. Je ferai remarquer qu'un tiers de lieue marine est la même chose qu'une *minute de degré*, ou un *mille géographique*. Un navire filant 10 nœuds, court 10 minutes ou un sixième de degré par heure; ce qui revient à 18,510 mètres, ou plus de 4 1/2 lieues métriques. Il existe d'ailleurs, dans l'emploi du loch, un certain nombre de précautions indispensables pour garantir, jusqu'à un certain point, ses indications, et qu'on trouvera dans les ouvrages relatifs à la marine.

LOCOMOTIVES. *Voy.* VAPEUR (ses usages).

LOIS du contraste simultané des couleurs. *Voy.* COULEURS.

LOI DE BODE. *Voy.* PLANÈTES.

Lois de l'écoulement des liquides. *Voy.* HYDRODYNAMIQUE.

Lois de Kepler. *Voy.* KEPLER.

Lois de la lumière. *Voy.* LUMIÈRE.

Lois du magnétisme. *Voy.* MAGNÉTISME.

LOI DE MARIOTTE. — Cette loi se rapporte au volume que les gaz occupent, sous l'influence de différentes pressions. En voici l'énoncé : *Les volumes des gaz sont en raison inverse des pressions.* Ainsi l'air dont le volume est = 1, sous la pression atmosphérique = 1, sera réduit à 1/2 volume sous une pression atmosphérique double, à un 1/3 volume sous une pression triple, etc. Cependant cette loi n'a pas une valeur universelle. Elle ne s'applique rigoureusement qu'à l'air atmosphérique, à l'oxygène, à l'azote, à l'hydrogène, au bioxyde d'azote et à l'oxyde de carbone. Le gaz sulfureux, le gaz ammoniac, le gaz acide carbonique et le protoxyde d'azote commencent à être plus compressibles que l'air, dès que leur volume est réduit au tiers ou au quart. Le gaz hydrogène protocarboné ne se liquéfie pas sous la pression de 100 atmosphères, la température étant de 8 ou 10°, et ils ont une compressibilité sensiblement plus grande que celle de l'air.

LOIS DE LA NATURE. — La première chose qui nous frappe, c'est l'ordre dans lequel se succèdent les événements. Nous voyons, dès notre tendre enfance, qu'ils se coordonnent, qu'ils reviennent régulièrement, qu'ils ont entre eux une certaine liaison. Quelques-uns se reproduisent constamment, et, comme nous sommes portés à le croire, d'une manière immuable : telle est la succession du jour et de la nuit, celle de l'été et de l'hiver. D'autres ont lieu fortuitement : tel est le déplacement d'un corps qui éprouve un choc, et la combustion d'un morceau de bois qu'on jette au feu. La première classe d'événements se répète depuis tant de siècles, qu'on est naturellement disposé à croire qu'il en sera toujours ainsi et que les mêmes faits se reproduiront dans le même ordre. De là l'idée que nous nous faisons de *celui de la nature.* Si tout était régulier et périodique, que la succession des événements ne dépendît en aucune sorte de notre volonté, il est douteux qu'il nous vînt à l'esprit d'en rechercher les causes. Personne ne considère la nuit comme celle du jour, ni le jour comme celle de la nuit. Ils sont dus à une cause commune qu'on ne peut déterminer par le seul fait de leur succession régulière; c'est surtout, et peut-être entièrement, de la classe des événements éventuels que nous tirons les notions de cause et d'effet. C'est de ces événements seuls que nous concluons qu'il y a des lois de la nature. L'idée de loi implique celle de contingence. *Si quis mala carmina condidisset, fuste ferito.* Si telle circonstance arrivait, elle aurait telle chose pour résultat; si vous mettez le feu aux poudres, il y aura explosion. Chaque loi doit prévoir des cas qui peuvent avoir lieu, et s'applique à une infinité d'autres qui ne se sont jamais présentés et ne se présenteront jamais. C'est cette prévoyance des choses éventuelles, cette attente des choses possibles, c'est la prédisposition de ce qui doit arriver qui nous imprime la notion de loi et de cause. Parmi toutes les combinaisons possibles de cinquante à soixante éléments dont la chimie a démontré l'existence, il est probable, il est même à peu près certain qu'il en est plusieurs qui n'ont jamais été formés; que tels corps simples, dans telles proportions et dans telles circonstances données, n'ont jamais été mis en rapport les uns avec les autres. Cependant, aucun chimiste ne peut révoquer en doute que ce qui aurait lieu ne soit déjà déterminé. Ces corps obéiraient à certaines lois que nous ne connaissons pas, mais qui doivent exister, car sans cela elles ne seraient pas des lois. Ils ne cèdent ni par habitude, ni par préférence; les phénomènes auxquels ils donnent lieu ne souffrent ni incertitude ni délibération. Les éléments réagissent entre eux dès qu'ils se trouvent sous leur influence réciproque, et réagissent constamment de la même manière tant que les circonstances sont les mêmes. C'est la perfection d'une loi de renfermer tous les cas, de produire une obéissance implicite, et c'est le cas de toutes celles de la nature.

On sent que le mot *loi* se rapporte plus à nous comme entendement, qu'aux substances matérielles comme obéissant à certaines règles. Obéir à une loi, se conformer à une règle, suppose une intelligence, une volonté, une faculté de faire ou de ne pas faire, ce qui ne s'allie pas avec les idées que nous avons de la pure matière. On ne peut pas supposer que le divin auteur de la nature ait établi des lois particulières qui embrassent toutes les contingences individuelles ; ce serait leur attribuer les imperfections de la législation humaine. Il est plus simple de penser qu'en créant la *matière* il l'a douée de propriétés immuables ; que les phénomènes et les lois qu'on déduit par l'observation ne sont que des conséquences. Nous n'entendons pas par là contester au créateur l'exercice constant de sa puissance directe pour le maintien du système de la nature, ou cette émanation de toute force que les agents bruts exercent d'après sa volonté immédiate agissant selon ses propres lois.

Les découvertes de la chimie moderne ont contribué à établir la vérité d'une opinion admise par les anciens, que l'univers se compose d'atomes distincts, séparés, indivisibles et assez petits pour échapper à nos sens, si ce n'est quand ils sont réunis par millions, et forment, au moyen de cette agrégation, des corps qu'on parvient à discerner. Nous sommes sûrs, quoiqu'il existe des différences essentielles parmi les individus que comprennent les atomes, qu'ils peuvent être rangés en un petit nombre de classes dont chacune se compose d'êtres semblables à tous égards dans leurs propriétés. Or, quand nous apercevons un grand nombre d'objets tout à fait semblables, nous sommes portés à croire que cette similitude tient à un principe commun qui en est indépendant. Si cette similitude est établie par l'identité de la manière dont ils agissent, nous sommes encore plus disposés à admettre cette conclusion. Une rangée de fuseaux, un régiment de soldats habillés de la même manière, faisant les mêmes évolutions, ne nous donnent pas l'idée d'une existence à part. Nous avons besoin de les voir agir isolément pour reconnaître qu'ils ont des volontés, des facultés indépendantes. Cette conclusion, qui ne serait pas sans importance, lors même qu'elle ne s'appliquerait qu'à deux individus parfaitement semblables sous tous les rapports, dans tous les temps, acquiert une force irrésistible quand le nombre s'en multiplie au delà de ce que l'imagination peut concevoir. Il me semble que les découvertes dont il est question détruisent l'idée d'une *matière éternelle et existant par elle-même*, en donnant à chacun de ces atomes les caractères essentiels d'un objet fabriqué et tout à la fois d'un agent subordonné.

Mais ce n'est pas à la philosophie naturelle à remonter à l'origine des choses, à se perdre en conjectures sur la création : un champ moins vaste lui suffit. Elle ne veut que rechercher quelles sont les qualités premières dont la matière est douée, elle n'aspire qu'à découvrir l'esprit des lois qui embrassent les groupes, les classes de rapports et de faits qu'un simple phénomène rend sensibles : si la chose se trouve impraticable, si elle dépasse ses forces, que les qualités essentielles des agents matériels soient réellement occultes, qu'elles ne puissent être exprimées d'une manière intelligible, elle tâche de saisir dans ce sujet obscur les rapports que sa faiblesse comporte, elle imagine des formes de mots qui renferment, représentent la plus grande multitude, la plus grande variété de phénomènes qu'il est possible.

Mais les lois de la nature ont-elles elles-mêmes un degré de permanence et de fixité qui permette de les soumettre à une discussion systématique ? Les propriétés des agents naturels ne changent-elles pas avec le temps? Pour les anciens qui vivaient dans l'enfance du monde, ou mieux dans celle de l'expérience humaine, c'était là une véritable question. De là la distinction qu'ils faisaient entre la matière corruptible et la matière incorruptible. Ainsi, selon quelques-uns d'entre eux, la matière seule des espaces célestes est pure, invariable, incorruptible, tandis que les choses sublunaires éprouvent des changements, des modifications continuelles ; le monde s'use, se détruit à mesure qu'il avance en âge, l'homme lui-même se détériore, perd à la fois de son intelligence et de ses avantages physiques. Pour nous, qui avons l'expérience de quelques milliers d'années de plus, la question de permanence est déjà en grande partie résolue ; les théories de l'astronomie moderne qui sont fondées sur des observations faites à des époques fort anciennes, ont démontré qu'au moins une des principales forces de la nature, la pesanteur qui sert de lien et de support à l'univers matériel, n'a subi, depuis les époques les plus reculées, aucune altération dans son intensité. La stature de l'espèce humaine est ce qu'elle était il y a trois mille ans, comme le prouvent les momies qu'on a examinées à différentes époques. Le génie de Newton, de Laplace, de Lagrange, peut être comparé à celui d'Archimède, d'Aristote ou de Platon, et les vertus, le patriotisme de Washington, aux modèles les plus glorieux que nous présente l'histoire ancienne.

Les travaux des chimistes ont, au surplus, prouvé que ce que le vulgaire nomme corruption, destruction, n'est qu'une modification dans l'arrangement des principes élémentaires, une disposition des mêmes substances sous d'autres formes, sans qu'il y ait, du reste, ni perte ni destruction d'un seul atome. Par là s'effacent les doutes qu'on pouvait avoir sur la permanence des lois de la nature, et tous les phénomènes plaident en faveur de cette opinion. Réduire quelque chose en poussière, le jeter au vent, est une des circonstances qui semblent faites pour accréditer l'idée de destruction. C'est pourtant une chose bien différente que broyer un objet et anéantir la matière dont il se compose ; quelque menue qu'elle soit, elle tombe quelque part, et continue, ne fût-ce que comme partie du sol, à remplir le rôle modeste, mais utile, qu'elle joue dans l'économie de la nature. La destruction produite par le feu est plus frappante encore. Dans plusieurs cas, dans la combustion, par exemple, d'un fragment de charbon, de bougie, il n'y a rien qui soit visiblement dissipé et emporté. Le corps soumis à l'action du feu se consume et se disperse sans rien sembler produire que de la chaleur, de la lumière que nous n'avons pas l'habitude de considérer comme des substances. Quand tout a disparu, à l'exception d'un peu de cendres, nous supposons, assez naturellement du reste, que tout est détruit; mais si nous examinons la question d'une manière plus attentive, nous découvrons dans l'invisible courant d'air chaud qui s'élève du charbon ardent, ou que produit la flamme de la bougie, toute la matière pondérable unie dans une nouvelle combinaison avec l'air et dissoute dans ce fluide. Ainsi, loin d'être anéantie, elle redevient ce qu'elle était avant qu'elle existât sous forme de charbon ou de cire, un agent actif de la nature, un des principaux soutiens de la vie végétale et animale, susceptible de parcourir encore le même cercle de transformations, si les circonstances se prêtent à ce mouvement. Les mêmes atomes peuvent, d'une autre part, rester enfouis des milliers d'années dans une roche calcaire, être enfin exploités, se dégager dans le four à chaux, se répandre dans l'air, être absorbés par les plantes, et par suite faire partie d'êtres vivants, jusqu'à ce que le même concours de circonstances les solidifie de nouveau et qu'un autre les dégage.

Cette indestructibilité absolue des substances élémentaires dans les périodes de temps que peut embrasser l'expérience, la constance de leurs propriétés dans toutes les situations, dans celles même qui sont les plus violentes et qui semblent les plus contraires à leur nature, rendent assez probable qu'elles sont à l'épreuve du temps. Elles peuvent être désorganisées sans doute; mais dans ce cas les parties dont elles se composent sont désunies, et non détruites. Leurs propriétés apparentes peuvent éprouver des altérations, mais la chimie démontre que cet accident tient aux nouvelles combinaisons dans lesquelles entrent leurs principes. Au surplus, ce n'est là qu'une question d'expérience. Nous ne pouvons pas être sûrs *a priori* que les lois de la nature sont immuables, nous ne pouvons que nous assurer si elles changent ou ne changent pas. Or, toutes les recherches que l'on a faites à cet égard établissent qu'elles sont invariables. On ne prétend pas, néanmoins, que des opérations capables de produire de vastes changements dans l'état visible de la nature, telles, par exemple, que les révolutions, observées par les géologues, qui mettent de longues années à s'accomplir, ne poursuivent constamment leur marche. Mais ce sont là les conséquences, l'accomplissement des lois de la nature, et non des irrégularités, des contradictions. Les théoriciens ne considèrent pas de semblables changements comme de véritables altérations. Ils cherchent, au contraire, à les expliquer, à montrer qu'ils sont le résultat des lois déjà connues; ils jugent même de l'exactitude de leurs théories par l'accord des lois qu'elles présentent avec ces révolutions.

Les lois de la nature sont non-seulement constantes, mais concordantes, intelligibles. Il est facile de les saisir à l'aide de quelques recherches plus propres à piquer qu'à éteindre la curiosité; si nous appartenions à une autre planète, et que, transportés tout à coup dans une de nos sociétés, nous nous missions à observer ce qui s'y passe, nous serions d'abord embarrassés de dire si cette société est soumise à des lois. Si, parvenus à découvrir qu'elle prétend en avoir, nous essayions de rechercher, d'après sa conduite et les conséquences qu'elle entraîne, quelles sont ces lois, dans quel esprit elles ont été conçues, nous n'éprouverions pas peut-être de grandes difficultés à découvrir des règles applicables à des cas particuliers; mais si nous voulions généraliser, si nous tentions de saisir quelques principes saillants; la masse des absurdités, des contradictions qui jailliraient de toutes parts nous détournerait bientôt d'un plus ample examen, ou nous convaincrait que ce que nous cherchons n'existe pas : c'est tout le contraire dans la nature. On n'y trouve pas de dissonance, de contradiction; on n'y rencontre qu'harmonie. On n'a jamais besoin d'oublier ce que l'on sait une fois. Lorsque les règles se généralisent, les exceptions apparentes deviennent régulières. Une équivoque dans sa sublime législation est aussi inouïe qu'un acte mal entendu.

Vivant dans un monde que régissent des lois semblables, placés sous leur action immédiate, il nous importe de les connaître, ne fût-ce que pour être sûrs, dans les entreprises que nous pouvons tenter, que nous n'allons pas nous heurter contre quelque obstacle insurmontable. Quelles peines, quelles dépenses ne se seraient pas épargnées les alchimistes s'ils eussent connu les lois de composition et de décomposition qui excluent toute espérance d'atteindre jamais au but qu'ils avaient en vue! Que de talent perdu à la recherche du mouvement perpétuel! Que de vains efforts, qui eussent amené peut-être les plus beaux résultats, si ceux qui s'épuisaient à cette inutile recherche eussent connu les plus simples lois de la mécanique! Quelles tortures imposées aux malades pour la guérison de maux incurables! qu'on leur eût épargné de souffrances si on eût été moins étranger aux principes de la physiologie!

Mais si les lois de la nature sont, d'une part, d'invincibles obstacles, elles sont, de l'autre, des auxiliaires irrésistibles. Examinons-les sous chacun de ces points de vue, et considérons combien il importe de les connaître :

1° Pour ne pas s'engager dans des entreprises inexécutables ;

2° Pour se mettre en garde contre les méprises qui peuvent survenir dans celles qui sont exécutables, mais tentées avec des moyens insuffisants ;

3° Pour mener à bon terme celles qu'on fait avec le moins d'embarras, le plus d'économie et de célérité possible ;

4° Pour être en état d'apprendre, de conduire à fin ce qu'on n'eût pas essayé sans la connaissance de ces lois.

Nous allons tenter de montrer par des exemples les services que peut rendre la connaissance des lois physiques sous chacun de ces rapports.

On essaya, il y a quelques années, d'ouvrir une houillère à Bexhill, dans le Sussex. Le terrain présentait des couches de bois fossile, de charbon de bois, ainsi que quelques autres indices analogues à ceux qu'on trouve dans le voisinage des terrains houillers du nord de l'Angleterre : on creusa un puits d'extraction, on construisit des machines, on engagea des sommes considérables, et l'on échoua complétement, ce qu'eût prévu le moindre géologue : l'ensemble des faits géologiques ne permettant pas de croire à l'existence d'une houillère dans les sables de Hasting : Bexhill n'est pas seulement placé sur le sable, il est encore séparé des bancs de houille par une suite de couches interposées et d'une épaisseur telle qu'il est absurde de penser même à les percer. L'exploitation des mines est pleine de faits semblables. Cependant une légère connaissance de l'ordre habituel de la nature, indépendante de tout aperçu théorique, aurait sauvé d'une ruine totale une foule d'imprudents spéculateurs.

La fonte de fer exige l'application de la plus forte chaleur qu'on puisse obtenir, et se travaille communément dans de vastes fourneaux qu'on excite à l'aide de soufflets de fer manœuvrés par des machines à vapeur. Au lieu de chasser l'air dans le fourneau par ce moyen, on essaya un jour de faire usage de la vapeur d'une manière qui semblait être beaucoup plus directe ; en d'autres termes, on imagina de faire passer immédiatement des bouffées de vapeur de la chaudière dans le foyer. L'un des principes connus de la vapeur étant un corps très-inflammable, et l'autre, cette partie de l'air qui supporte la combustion, on s'attendait à voir l'intensité de la chaleur s'accroître outre mesure : il n'en fut rien. Cette innovation ne fit que l'affaiblir : résultat facile à prévoir pour peu qu'on connaisse les lois de la combinaison chimique et l'état où se trouvent les principes qui constituent la vapeur.

Après l'invention de la cloche à plongeur et les succès qu'elle obtint, on fit tous les efforts possibles pour découvrir un procédé au moyen duquel on pût rester quelque temps sous l'eau, y travailler, en sortir à volonté et sans aide. Un individu fort ingénieux en proposa un. Il consistait à submerger le corps d'un vaisseau imperméable dont le tillac et les flancs devaient être étayés avec force, et l'entrée composée d'une seule porte hermétiquement fermée, en sorte qu'en lâchant le lest employé à produire l'immersion, le bâtiment devait de lui-même revenir à la surface. Pour rendre l'essai plus sûr et le résultat plus frappant, l'inventeur voulut lui-même diriger la première épreuve. On convint qu'il plongerait à la profondeur de vingt brasses, et que, vingt-quatre heures révolues, il reparaîtrait sans secours à la surface. Il fit ses apprêts, se pourvut de subsistances, des moyens nécessaires pour signaler sa situation, et l'expérience commença. Mais rien ne décelait ses phases ; le temps fixé était écoulé ; une foule immense attendait avec angoisse que celui qui l'avait tentée se montrât. Ce fut en vain, ni homme ni bâtiment ne reparurent. On n'avait pas tenu compte de la pression que l'eau exerce à une si grande profondeur, le vaisseau n'avait pu résister, et le malheureux qu'il renfermait n'avait pas eu le temps de faire le signal convenu pour indiquer sa détresse.

Dans les carrières de granit près de Seringapatam, on détache des blocs énormes par le procédé qui suit : les ouvriers se bornant à exploiter le côté de la roche qui touche au bord de la partie déjà travaillée, mettent à nu la surface supérieure, tracent une ligne dans le sens de la section qu'ils veulent faire, et ouvrent, à l'aide des ciseaux, le long de cette ligne, une rainure d'environ deux pouces. Ils la couvrent ensuite de feu jusqu'à ce que la roche soit profondément chauffée. Quand elle est à ce point, hommes et femmes enlèvent vivement les cendres, et, munis chacun d'un pot d'eau froide, le versent dans l'entaille. La roche se fend alors, laisse détacher des blocs carrés de six pieds de côté et qui en ont jusqu'à quatre-vingts de long. On emploie quelquefois d'autres moyens tout aussi simples, tout aussi efficaces, mais qu'on ne peut exposer sans entrer dans des détails particuliers de minéralogie.

Un procédé qui n'est ni moins facile ni moins bon, est celui qu'on emploie dans quelques parties de la France où l'on fait des meules de moulin. Lorsqu'on trouve un bloc de pierre convenable, on le taille en cylindre de plusieurs pieds de hauteur ; cela fait, on le distribue en divisions horizontales, de manière à en fabriquer autant de meules. Voici comment on procède : on fait tout autour du cylindre des entailles qu'on espace d'après l'épaisseur qu'on entend donner aux meules, et on engage dans ces entailles des coins de bois sec. On mouille ceux-ci ou on les expose à l'humidité de la nuit. Le lendemain matin, les pièces se trouvent séparées par l'expansion du bois. Une force naturelle et irrésistible exécute, sans fatigue et sans frais, une opération qui, en raison de la dureté et de la texture de la pierre, ne pourrait s'exécuter qu'à l'aide de forts instruments et un long travail.

Parvenir promptement au but qu'on se propose, est souvent aussi important que d'y arriver avec peu de peine et de dépense. Il existe de nombreux procédés qui, abandonnés à eux-mêmes, c'est-à-dire à l'action ordinaire des causes naturelles, réussissent parfaitement, mais ne réussissent qu'à la longue : il y a des circonstances où il est de la plus grande importance pratique de les hâter. La toile, par exemple, qu'on blanchit en l'exposant à la pluie, au vent et au soleil, exige plusieurs semaines, des mois même, pour être d'une belle blancheur. Et, en la plongeant dans un bain chimique, on obtient ce résultat en quelques heures. Le cercle entier des arts n'est qu'un développement de la proposition qui nous occupe. Les exemples que nous venons de citer ont été choisis, non à cause de leur importance, mais à raison de leur simplicité et de l'application directe des principes dont ils dépendent aux objets que nous avons en vue.

Mais tel est l'esprit humain, que ses vues s'étendent, ses désirs, ses besoins s'accroissent en proportion de la facilité qu'il trouve à les satisfaire. Il n'est pas parvenu, par un bon emploi de ses forces, à perfectionner un procédé qui contribue à son bien-être, que déjà il cherche à l'améliorer, qu'il ne s'occupe plus qu'à reculer les limites du nouveau domaine qu'il vient d'acquérir. Une fois qu'il a fait l'épreuve des ressources que présente la nature, il la regarde comme un trésor où il peut puiser à l'aise, s'il est habile ou assez heureux pour pénétrer le voile qui le dérobe à l'œil. La science étant pour lui une puissance dont il s'aide et se soutient, il ne se borne pas à des tentatives communes, il se livre à des recherches spéciales, il scrute des choses que, sans un intérêt aussi grave, il n'eût osé toucher, auxquelles même il n'eût pas songé. C'est alors que l'étude des forces cachées de la nature devient une mine précieuse, une mine dont les veines présentent des richesses inépuisables, dont les rameaux s'étendent dans toutes les directions, et que les besoins, la curiosité de l'homme lui font explorer avec ardeur.

Il existe entre les sciences physiques et les arts un échange constant de bons offices, et il ne se fait pas de progrès considérables dans les unes qu'il n'en survienne d'analogues dans les autres. Tous les arts reposent en grande partie, plusieurs même sont entièrement fondés sur les forces, les propriétés du monde matériel qui fait le sujet de l'étude des recherches de la physique. Aussi pourrait-on citer une foule d'exemples où les observations d'habiles artistes, d'ouvriers même, ont conduit à la découverte de qualités, d'éléments ou de combinaisons de la plus haute importance. Ainsi, un fabricant de savon remarque que le résidu de sa lessive, lorsqu'elle est épuisée d'alcali, corrode la chaudière de cuivre qui le renferme. Il ne peut se rendre compte d'un accident semblable, et fait part de sa perplexité à un chimiste. Celui-ci analyse la liqueur, et obtient, pour résultat, la découverte d'un principe des plus singuliers et des plus importants dont s'occupe la chimie, celle de l'iode. On étudie cette substance, on trouve que ses propriétés confirment une foule de vues neuves, curieuses et instructives que l'on conteste encore. Une simple observation de savonnier donne à la science une face nouvelle : on se prend de curiosité, on cherche ce nouveau corps dans les plantes marines dont on extrait les cendres qui forment le principal ingrédient du savon. On le cherche dans l'eau de mer, on pousse l'investigation plus loin, et l'on trouve que l'iode existe dans les mines de sel, dans les sources, dans tous les corps qui sont d'origine marine, entre autres dans les éponges. Un médecin de Genève, M. Coindet, se rappelle alors un remède réputé pour la guérison d'une des plus grandes défectuosités dont soit affligée l'espèce humaine, le goître qui infeste les habitants des montagnes, et auquel on applique avec succès, dit-on, la cendre des éponges brûlées. Guidé par cette indication, il essaye l'effet que produit l'iode, et le résultat lui prouve que cette singulière substance agit sur le goître avec promptitude, avec énergie; qu'elle peut dissiper en peu de temps, le plus invétéré, le plus volumineux, qu'elle est le spécifique qui doit faire disparaître cette fâcheuse difformité. C'est ainsi qu'une découverte dans les sciences naturelles devient tôt ou tard susceptible de quelque application pratique, qu'elle soit le résultat d'une observation fortuite ou de la sagacité.

C'est à une observation semblable, mais pesée, réfléchie, que nous devons l'usage de la vaccine, usage qui a fait disparaître, partout où il a été adopté, un des plus terribles fléaux de l'espèce humaine, et l'a même extirpé dans quelques endroits. Nous ne connaissons que par tradition les ravages que faisait la petite vérole il n'y a pas plus d'un siècle, et que probablement elle ferait encore sans la vaccine et l'inoculation. Le scorbut était presque aussi redoutable sur mer, il n'y a pas soixante ou quatre-vingts ans, qu'elle l'était sur terre. Les souffrances, la mortalité que cette terrible maladie causait au bout de quelques mois de navigation, semblent à peine croyables aujourd'hui. Il n'était pas rare de voir un médiocre équipage perdre jusqu'à dix personnes par jour, et ceux qui survivaient à leurs tristes camarades étaient si faibles qu'ils ne pouvaient jeter à la mer les cadavres qui gisaient dans les hamacs. Tels sont les tableaux que présentent toutes les relations nautiques de cette époque. Aujourd'hui le scorbut a presque entièrement cessé dans la marine; résultat auquel contribuent sans doute la propreté, les soins, la diète, mais qui tient plus encore à l'usage continuel d'un antidote simple, agréable, de l'acide citrique qui fait partie des distributions journalières. Si la reconnaissance est acquise au médecin philosophe qui a su découvrir les moyens de prévenir la maladie cruelle dont les enfants étaient la proie et a su vaincre les difficultés qu'il rencontra, elle ne saurait être refusée à ceux qui ont aussi conservé à la marine sa puissance et sa vigueur.

Les derniers faits que nous venons de citer sont des exemples de simples observations, qu'on n'a pas étendus plus loin, et qui n'appartiennent à la science que par cette disposition systématique à adopter tout ce que sanctionne l'expérience, à rejeter tout ce qu'elle réprouve. Ils n'en sont pas moins des preuves de l'importance que nous devons attacher à connaître la nature et ses lois, quoiqu'ils semblent, comme le compas marin, la poudre à canon, n'avoir été liés, dans l'origine, à aucune vue générale. On doit plutôt les considérer comme le rapport spontané d'un sol essentiellement fertile que comme une partie de la succession des récoltes que ce fonds peut produire quand il est bien cultivé. L'histoire de l'iode nous offre un exemple du parti que nous pouvons tirer de la connaissance des propriétés et des lois de la nature. Elle nous fait voir comment nous pouvons tourner contre elle-même les ressources qu'elle nous présente; comment des connaissances, déduites de faits étrangers à l'objet auquel elles ont été appliquées plus tard, nous mettent à même d'échapper aux dangers qui nous assiégent. Nous pouvons encore citer le paratonnerre. Rien n'est mieux imaginé pour se préserver de la foudre dans les pays où les orages sont violents, et sur mer où ils sont si redoutables. Nous ne devons pas non plus oublier la lampe de sûreté, qui nous permet de porter sans crainte de la lumière dans une atmosphère plus inflammable que la poudre. Nous devons également rappeler le bateau de sauvetage, qui ne saurait couler à fond, qui porte secours aux hommes dans leur plus grande détresse, et dont une invention récente promet d'étendre le principe aux bâtiments de toute grandeur. Les phares, avec les belles améliorations que les lentilles de Brewster et de Fresnel, ainsi que la magnifique lampe de L. Drummond, ont produites et promettent encore de produire, par leur puissance merveilleuse, l'une en donnant la lumière la plus intense qu'on ait obtenue, les autres en la projetant à de grandes distances sans la disperser, méritent aussi d'être signalés. La découverte de la propriété désinfectante du chlore, son application à la destruction des miasmes de la contagion; la découverte du quinine, principe essentiel dans lequel résident les propriétés fébrifuges du quina, découverte dont la postérité jouira dans toute son étendue, et dont l'influence s'est déjà fait sentir dans les pays désolés par les exhalations pestilentielles, sont autant de choses qui déposent des services que peut rendre l'étude des sciences naturelles. Nous arrêterons nos citations, non que nous ne puissions encore les étendre, mais nous nous proposions de produire quelques exemples, et non de donner un catalogue.

Nous ajouterons cependant un fait, afin de montrer comment une chose qui ne semble propre d'abord qu'à amuser des enfants, ou tout au plus à former un badinage philosophique, peut cependant préserver d'un mal, quelquefois même garantir de la mort. Les ouvriers qu'on emploie dans les fabriques à aiguiser les aiguilles aspirent constamment une atmosphère chargée de parcelles d'acier détachées par le remoulage; cet effet, répété chaque jour, finit par produire une irritation qui tient aux propriétés toniques de l'acier, et se termine par la phthisie pulmonaire. Aussi les personnes occupées à ce genre de travail n'atteignaient-elles jamais quarante ans. On avait vainement essayé de purifier l'air avant son entrée dans les poumons; les moyens qu'on employait ne pouvaient intercepter une poussière si fine et si pénétrante. On se rappela enfin ceux dont se servent les enfants qui cherchent une aiguille ou s'amusent des jeux de la limaille étalée sur une feuille de papier placée au-dessus d'un aimant. On fit des masques de fil d'acier magnétisé et on les adapta à la figure des ouvriers. De cette manière, l'air ne fut pas seulement passé, mais tamisé à travers ce treillage, et se trouva complétement dépouillé des molécules pernicieuses.

Nous n'avons jusqu'ici considéré que les cas où la connaissance des lois naturelles nous met à même d'améliorer notre condition, en atténuant les maux que sans elle nous serions hors d'état d'éviter. Examinons maintenant ceux où nous pourrions l'employer comme auxiliaire pour accroître notre puissance actuelle et mener à fin des entreprises qui échoueraient infailliblement sans elle. Il faut d'abord nous former une juste idée de ce que sont ces forces cachées de la nature, que nous pouvons à volonté mettre en action, savoir qu'elles n'ont aucun rapport avec celles de l'homme, qu'elles peuvent braver non-seulement les efforts de quelques individus, mais ceux de toute l'espèce.

Les ingénieurs savent que 36 litres de charbon, consommé d'une manière convenable, peuvent élever à un pied de haut soixante-dix millions de livres pesant : c'est l'effet moyen d'une machine à feu qui est en activité dans le Cornwall. Arrêtons-nous un moment, et voyons à quoi cela équivaut dans la pratique.

Le pont de Menai est un des ouvrages les plus étonnants qui ait été élevé de la main des hommes dans les temps modernes. Il est formé d'une masse de fer qui ne pèse pas moins de quatre millions de livres; il est suspendu à une hauteur moyenne d'environ cent vingt pieds au-dessus du niveau de la mer. Il eût suffit de 254 litres de charbon pour l'élever à ce point.

La grande pyramide d'Egypte est composée de granit. Elle a sept cents pieds de côté à sa base, cinq cents de hauteur perpendiculaire et couvre 145 hectares de surface. Son poids est donc de douze mille sept cent soixante millions de livres, en prenant, pour hauteur moyenne, cent vingt-cinq pieds. Il aurait, par conséquent, suffi pour l'élever, de 836 hectolitres de charbon, quantité consommée en une semaine dans quelques fonderies.

La consommation de charbon qui se fait annuellement à Londres est évaluée à 10,620,000 hectolitres. La puissance que développe la combustion de cette quantité de combustible pourrait élever un cube de marbre de deux mille deux cents pieds de côté, à une hauteur égale à ce même côté, ou, en d'autres termes, suffirait pour placer, l'une sur l'autre, deux montagnes qui auraient pour dimensions celles de ce bloc. Le Monte-Nuovo, près de Pouzzole, que vomit le volcan en une seule nuit, serait élevé par un effort semblable à quarante mille pieds, ou environ huit milles.

Il faut observer que, dans les exemples ci-dessus, la puissance du charbon n'est pas estimée à sa valeur. Les ingénieurs n'ont pas la prétention d'avoir poussé l'économie du combustible aussi loin qu'elle peut l'être, ou d'avoir obtenu tout l'effet qu'il peut produire.

Il est difficile de ranger au nombre des forces cachées ou latentes la puissance du vent, celle de l'eau, dont nous faisons de si fréquentes applications. Cependant, on ne remarque pas en général tous les services que nous rendent ces deux agents. Ceux qui veulent se faire une idée des avantages qu'on peut tirer du premier, même sur terre et sans parler de la navigation, n'ont qu'à jeter les yeux sur la Hollande. Une grande partie des cantons les plus fertiles et les plus peuplés de ce pays est au-dessous du niveau de la mer et n'est garanti des inondations que par les digues. Celles-ci suffisent pour contenir l'Océan, mais ne peuvent suspendre la loi qui régit les fluides. Ils cherchent constamment à se mettre de niveau, s'insinuent à travers les pores, gagnent les canaux souterrains qui sillonnent ce sol lâche et sablonneux, poussent à la surface, et le tiennent dans un état d'infiltration continuelle. Pour remédier à ces inconvénients, et se débarrasser de l'eau de pluie qui n'a pas d'écoulement, on a établi sur les écluses et sur les digues, une foule de pompes que les vents mettent en jeu. De cette manière on épuise l'eau au moyen de l'agitation de l'air, comme à force de bras on l'épuise sur les vaisseaux. Dessécher le lac de Harlem semblerait une tentative chimérique à beaucoup de théoriciens, et cependant ce projet ne présente rien d'extraordinaire à qui a l'habitude des machines à feu : on a vu en Hollande ce que peut l'action continue de la puissance passagère mais infatigable du vent. L'ingénieur hollandais mesure sa surface, calcule le nombre de ses pompes, et se confiant, pour la réussite de son entreprise, à l'expérience qu'il a de la force du vent, tente courageusement de mettre à sec une mer intérieure que l'œil ne peut embrasser.

Il me semble presque inutile de signaler la poudre à canon comme une source de puissance mécanique ; néanmoins ce n'est qu'en la confinant qu'on se fait une juste idée de l'énergie de cet agent extraordinaire. Dans une expérience faite par le comte de Rumford, 28 grains de poudre renfermés dans un espace cylindrique qu'ils remplissaient exactement, brisèrent une pièce de fer qui eût résisté à une force de 400,000 livres.

Mais la chimie nous a fourni les moyens de mettre en œuvre des forces d'une espèce infiniment plus redoutable que la poudre à canon. La violence des compositions fulminantes est telle qu'on ne peut la comparer qu'à celle d'un animal indomptable qui ne connaît aucun frein, aucune règle, ou mieux à un de ces esprits évoqués par les sortilèges du magicien, esprits qui manifestent une puissance fatale et qu'on ne saurait atteindre, qui obligent le sorcier lui-même à fermer son livre et à briser sa baguette pour échapper à l'orage qu'il a soulevé. L'homme n'est pas encore parvenu à faire concourir ses forces aux entreprises qu'il essaye, il y parviendra sans doute un jour, mais l'expansion des gaz extraits lentement des compositions chimiques, et ménagés d'une manière convenable, lui présente une source de forces moins énergiques, quoique très-puissantes encore, et qu'il peut employer, selon les circonstances, à divers objets utiles.

Telles sont les forces que la nature met à notre disposition pour exécuter nos projets. C'est à la mécanique pratique à nous apprendre à les combiner et à les appliquer de la manière la plus avantageuse ; car si on ne sait en faire un bon emploi, posséder la puissance est peu de chose. La mécanique pratique est, dans la véritable acception du mot, un art scientifique, et l'on peut assurer sans crainte que la plupart de ses grandes combinaisons, de ses améliorations même les plus importantes, de ses perfectionnements les plus délicats, sont des créations de l'intelligence pure, appuyée sur un petit nombre de propositions élémentaires, de mécanique théorique et de géométrie. On n'en finirait pas à ce sujet si on voulait s'arrêter sur tout ce qui appelle la réflexion, sur tout ce qui excite l'étonnement. Il faudrait non pas seulement des volumes, mais des bibliothèques entières pour exposer les prodiges de sagacité qui ont eu lieu dans tout ce qui a rapport à la machinerie et à l'art de l'ingénieur. C'est à cette émulation généreuse à ces nobles tentatives qu'est due la diffusion des produits de l'industrie ; c'est grâce à ses laborieuses entreprises que chaque canton reçoit en échange de ceux qu'il façonne lui-même, ceux qui se travaillent au loin ; que nous réunissons autour de nous, dans nos maisons, dans nos meubles, la sagacité, le travail, non d'un petit nombre d'individus, mais de tous ceux qui, dans les siècles passés, dans la génération présente, ont contribué au perfectionnement des procédés de nos manufactures.

Les transformations de la chimie nous mettent à même de convertir les substances qui paraissent le moins utiles en objets importants. Elles nous ouvrent chaque jour des sources de richesses et de bien-être dont nos pères n'avaient pas d'idées. Ce sont de véritables présents que la science fait à l'homme. Chaque branche d'art a ressenti son influence, et chaque jour apporte de nouvelles preuves des ressources infinies que la chimie sait trouver dans les parties les plus stériles de la nature. Sans parler de l'impulsion que ses progrès ont donnée aux autres sciences, quels résultats singuliers et inattendus n'a pas produits son application aux objets les plus communs ! Qui, par exemple, se serait avisé de penser que les chiffons peuvent donner *plus que leur poids de sucre* lorsqu'ils sont soumis à l'action de l'un des acides les moins coûteux et les plus abondants ? Qui aurait pensé que des os desséchés renferment une matière nutritive capable de se conserver des années entières, et qui se présente sous la forme la mieux adaptée au soutien de la vie? Qui aurait cru que, pour l'extraire, il suffisait de l'application de la vapeur dont nous faisons un si fréquent usage, ou de celle d'un acide stable et peu cher? Qui aurait imaginé que de la sciure de bois est susceptible de se convertir en une substance qui a de l'analogie avec le pain, et qui, moins agréable au goût que la farine, est saine, digestible et très-substantielle, ce qui rend la famine impossible? Quelle économie produit dans les procédés où l'on emploie les agents chimiques, la connaissance des proportions exactes dans lesquelles s'unissent les éléments naturels et la propriété qu'ils ont de se déplacer mutuellement ! Quelle perfection dans les arts où l'on fait usage du feu, soit dans ses applications les plus violentes, comme dans la fusion des métaux, soit à l'aide de flux convenables pour extraire tout le produit du minerai dans son état de pureté, soit dans ses applications les plus douces, comme dans le raffinage du sucre, qui repose sur la remarque faite par un chimiste de nos jours du degré de température auquel a lieu la cristallisation du sirop, et dans une foule d'autres qu'il est inutile d'énumérer !

Armé de forces et de ressources semblables, il n'est pas étonnant que l'homme conçoive et exécute des projets qui doivent paraître gigantesques à ceux qui n'en connaissent pas les bases. S'ils eussent été proposés tout à coup, certes nous les eussions rejetés comme tels. Mais, développés comme ils l'ont été par la lente succession des siècles, ils nous ont fait voir qu'une génération exécute aisément ce qu'une autre avait jugé impossible, et que la puissance de l'homme sur la nature n'est limitée que par une condition, c'est qu'elle doit s'exercer suivant les lois qui la régissent. L'homme doit donc étudier ces lois comme il ferait des dispositions d'un cheval qu'il veut monter, du caractère d'un peuple qu'il est appelé à gouverner. Car, du moment qu'il essaye de s'affranchir de ces règles fondamentales ou de se mesurer avec elles, il sent vivement sa faiblesse, et reçoit le châtiment réservé à sa témérité. Si au contraire il sait user avec discrétion des ressources qu'il a sous la main, s'il obéit afin de mieux commander, l'existence physique des masses peut recevoir des améliorations auxquelles on ne saurait assigner de bornes.

La différence avec laquelle les biens de la vie sont répartis entre les membres d'une grande communauté a dans tous les temps servi de texte à la déclamation et au mécontentement. C'est sans doute notre premier devoir d'adoucir les maux que produit cette inégale distribution, d'arracher au déshonneur et à la misère jusqu'au dernier de nos semblables. Il y a pourtant un point de vue sous lequel la peinture a été, au moins matériellement altérée dans son expression. Si nous envisageons la société sur l'échelle immense où elle se trouve aujourd'hui, que nous la comparions avec ce qu'elle était à son enfance, il faut agrandir chaque trait dans la même proportion ; si, en mettant en parallèle les classes subalternes de la vie civilisée et de la vie sauvage, on éprouve de l'embarras à dire quelles sont les plus malheureuses, du moins ne peut-on hésiter lorsqu'il s'agit des rangs élevés. Si, en traitant cette idée nous opposons degré à degré, nous parcourons toute l'échelle sociale, nous serons frappés (qu'on nous passe le terme) du *rapide taux de la dilatation* qu'elle offre dans les sommités. Elle donne un avantage immense à la situation actuelle de l'espèce humaine sur celle qui l'a précédée, et il est probable qu'il en sera de même des générations à venir par rapport à nous. Nous pouvons rendre la proposition en d'autres termes ; et, admettant qu'il y a dans chaque degré un peu moins de bonheur à mesure qu'on s'élève en civilisation, nous trouverons d'abord qu'en prenant état par état, le nombre de ceux qui possèdent la plus grande somme d'avantages suit le mouvement de la société. Nous trouverons, de plus, que l'extrémité suprême de l'échelle va s'élargissant, et reçoit sans cesse de nouveaux pas. La condition d'un prince européen est aussi supérieure aujourd'hui, sous le rapport des commodités, des convenances, à celle d'un prince du moyen âge qu'à celle d'un de ses sujets.

Les avantages que donne l'augmentation de nos ressources physiques, augmentation qui est due elle-même aux progrès qu'ont fait nos connaissances, aux perfectionnements qu'ont reçus les arts, ont cela de particulier qu'ils sont diffusibles de leur nature, et ne peuvent devenir le partage exclusif de quelques-uns. Un despote de l'Orient peut dépouiller les riches, confisquer l'industrie de ses sujets ; il peut répandre autour de lui un éclat, un luxe inouï, étaler au milieu de la misère publique un faste insultant ; il peut se couvrir de joyaux, se parer de somptueux habits ; mais il ne saurait jouir des merveilles d'une fabrication bien imaginée, exécutée avec finesse, que nous employons chaque jour. Il ne saurait jouir des commodités de la vie qui ont été inventées, éprouvées, perfectionnées, pliées à tous les usages par des milliers d'individus. Il faut, pour arriver à un état de choses dans lequel les avantages physiques de la vie civilisée atteignent une certaine perfection, il faut que la soif des jouissances, l'inquiétude de désirs qui s'éveillent, se développent sans cesse, aient stimulé de longues suites de générations; car il n'est pas au pouvoir de quelques individus de faire naître ce besoin d'applications utiles, ingénieuses, qui pourtant conduisent seules à d'importantes, à de promptes améliorations, à moins qu'ils ne soient soutenus par la demande qui résulte de la diffusion des mêmes avantages dans les masses.

Si cela est vrai pour les avantages matériels, il l'est plus encore pour les choses intellectuelles. Les sciences ne peuvent être bien cultivées ni senties par un petit nombre d'hommes; et quoique les conditions de notre existence sur la terre soient telles que tout ce qui vient à la vie ne puisse se promettre de la passer dans l'aisance, il n'y a du moins aucune loi dans la nature qui réprime nos besoins moraux et intellectuels. Les sciences ne sont pas comme les éléments, elles ne se détruisent pas par l'usage; au contraire, elles s'étendent et se perfectionnent. Elles n'acquièrent pas peut-être un plus haut degré de certitude, mais elles s'accréditent et se perpétuent. Il n'y a pas un corps de doctrines, quelque complet qu'il soit, qui ne puisse s'accroître encore. Il n'y en a pas de si sûr, de si éprouvé, qui ne gagne, qui ne se perfectionne en passant par les mains de millions d'hommes. Ceux qui aiment, admirent les sciences pour elles-mêmes, doivent souhaiter que leurs éléments soient à la portée de tous, ne fût-ce que pour voir discuter les principes sur lesquels elles reposent, voir développer les convenances qui s'en déduisent, et recevoir cette flexibilité, cette étendue que peuvent seuls lui donner les hommes de tout rang sans cesse occupés à les plier à leur usage. Mais pour atteindre ce but, il faut qu'on les dépouille, autant que possible, des difficultés artificielles, qu'on les débarrasse des termes techniques qui tendent à leur donner un air de grimoire, à les rendre inaccessibles, à moins d'une sorte d'apprentissage. Elles ont sans doute, comme toute autre chose, des termes particuliers, des idiotismes de langage. Quant à ceux-ci, on le pourrait, qu'il ne serait pas sage de les rejeter. Mais tout ce qui tend à leur donner un aspect sauvage, un air sombre, profond, devrait être sacrifié sans miséricorde; ne pas le faire, c'est repousser la lumière que le bon sens peut répandre sur un sujet. Empêcher qu'on établisse les principes, c'est pis encore, s'il s'agit de les appliquer à des usages pratiques; car alors chacun a intérêt à ce qu'ils soient exprimés d'une manière assez nette pour qu'aucune méprise ne soit possible.

La même observation s'applique aux arts; ils ne peuvent se perfectionner que lorsque les procédés sont bien exposés, que leur langage est simple, à portée de tous. Un art est l'application des connaissances à un but pratique; si ces connaissances ne sont que l'expérience répétée, il est *empirique*. Si l'expérience est raisonnée, fondée sur des principes généreux, l'art prend un caractère plus élevé, et devient scientifique. Dans la marche progressive qui a porté l'espèce humaine de la barbarie à la vie civilisée, les arts ont nécessairement précédé la science. Toute sollicitude est d'abord acquise aux besoins qui compromettent la vie; mais une fois satisfaits, le goût du luxe s'éveille, l'ambition des superfluités se développe. On sacrifie à la vanité, à l'orgueil, à l'ostentation. Il faut, pour que les jouissances intellectuelles puissent prendre, qu'on soit fatigué de plaisirs sensuels. Lorsque les choses sont à ce point, les délices de la poésie, les arts qui en dépendent, précèdent encore les douceurs de la contemplation et les jeux plus sévères de la pensée. Quand enfin ceux-ci commencent à séduire, lorsque les sciences se développent, tout est d'abord pure spéculation. L'esprit secoue les chaînes qui le retenaient sur la terre, et s'abandonne au charme qu'il trouve à déployer ses forces, sa vigueur. Les abstractions de la géométrie, les propriétés des nombres, le mouvement des sphères célestes, ce qui est ardu, abstrait, imaginaire, voilà les premiers objets auxquels la science se cramponne : les applications viennent plus tard. Les arts suivent leur marche progressive, mais ils restent isolés jusqu'à ce qu'une heureuse, une puissante inspiration comble l'espace qui sépare la pratique de la théorie, et les éclaire l'une par l'autre. Ils se créent un langage, des conventions que ne connaissent que ceux qui les cultivent. Tout ce qui est empirique tend à s'envelopper d'expressions techniques, et se plaît à des formes, à des mystères auxquels les adeptes seuls sont initiés. L'expérience, en un mot, veut surprendre, étonner par ses résultats, mais cacher ses procédés. Il en est tout autrement des sciences. Elles se plaisent aux recherches, elles les suivent, les provoquent; elles ne sont pleinement satisfaites des résultats qu'elles obtiennent que lorsqu'elles sont parvenues à les étendre, à les généraliser. Il en est de même dans les applications; elles repoussent les mots techniques, elles portent la lumière sur ce qui est obscur, recueillent tous les procédés pour les perfectionner, les asseoir sur des principes rationnels. On dirait que, pour arriver à la conception des *sciences appliquées*, il faut deux choses tout à fait opposées; on dirait qu'il faut à la fois jeter ses pensées dans deux directions, et ramener brusquement ses idées d'une station éloignée à un point également distant de l'une et de l'autre. Ce point fut atteint chez les Grecs par Archimède; mais il le fut trop tard, il ne le fut qu'à la veille de cette grande éclipse qui devait durer dix-huit siècles et se prolonger jusqu'au moment où Galilée en Italie, et Bacon en Angleterre, dissipent les ténèbres, l'un par ses inventions, ses découvertes, l'autre par la force irrésistible de ses arguments et de son éloquence.

Appliquées aux besoins de l'espèce humaine, les sciences physiques rendent la vie plus douce, plus assurée. Elles font mieux encore, elles nous habituent à raisonner nos actions, à porter dans nos rapports sociaux le calme, la sagacité qu'elles exigent elles-mêmes. La législation, la politique deviennent aussi une sorte de sciences expérimentales. L'histoire n'est plus une pénible nomenclature d'actes tyranniques, de meurtres qui, en immortalisant les forfaits d'une génération, inspirent à celle qui la suit l'ambition de les commettre. C'est une suite d'expériences heureuses et malheureuses qui tendent progressivement à la solution du grand problème, à déterminer les avantages réciproques des gouvernants et des gouvernés. Il est de jour en jour moins vrai de dire que l'expérience ne profite pas aux nations. L'économie politique, du moins, se trouve avoir pour bases des principes fondés sur la nature morale et physique de l'homme. Ces principes ont été quelquefois méconnus, quelquefois même contestés, rejetés avec dédain; mais enfin ils ont pris faveur, et chaque génération leur donnant plus de consistance, ils finiront tôt ou tard par triompher des objections qu'on leur oppose (1).

LE REVERS DE LA PAGE DU PROGRÈS HUMAIN.

« Ce revers se composera de quelques lignes désolantes à l'excès.

« Pendant que le soleil de la science et des arts s'élève sans cesse au-dessus de l'horizon et illumine de plus en plus les intelligences, la nuit des passions s'abat de plus en plus sur les cœurs.

« Pour une âme honnête, droite et pieuse, qui raconte ses élans vers le ciel et le bonheur de l'innocence, mille agitations impures, mille esprits égarés, mille cœurs corrompus prennent un plaisir infernal à nous faire les confidents de leur dévergondage, de leur scepticisme, de leurs passions coupables.

« Et l'art admirable de la communication des pensées et des sentiments est devenu un fatal instrument de perversion et de ruine !

« Un très-grand nombre, le plus grand nombre peut-être des pages qui sortent innombrables comme les sables de la mer, des millions de presses du XIXe siècle, sont un défi audacieux jeté à Dieu et à la foi de nos pères, ou un outrage à la vertu et une excitation au vice.

« Aussitôt que l'ange de lumière étend ses ailes et vole vers une contrée nouvelle pour lui rapporter le bienfait de la civilisation, l'ange des ténèbres sort à son tour de l'abîme, et va miner le sol qui devra bientôt s'entrouvrir pour engloutir une nation corrompue.

« Les traditions sacrées et profanes nous racontent l'histoire lamentable des géants, et cette si vieille histoire est de l'histoire moderne. De nos jours encore, l'enfant de Dieu, c'est-à-dire l'homme spirituel, a trouvé belles les filles de la terre, c'est-à-dire les créatures matérielles, et un fol amour a obscurci sa raison et dépravé son cœur. L'esprit est arrivé tristement à s'identifier avec la matière. Cette union insensée et criminelle a produit les merveilles de l'industrie. Et en effet, quand le génie de l'homme concentre toute son activité et toute son énergie sur la matière, l'anime en quelque sorte de son souffle de vie, il devient comme créateur. Mais dans l'ivresse du triomphe il se croit Dieu et il n'élève plus ses regards vers le ciel, et il s'identifie de plus en plus avec la terre, dont la masse finit en quelque sorte par l'absorber. Bientôt une affreuse réaction commence: la matière devenue reine énerve et subjugue son roi. Asservi, abruti par les sens, l'esprit a perdu tout son élan, le progrès s'arrête, l'industrie languit, la barbarie revient à pas précipités, et pour renouveler un peuple suicide, il ne faut rien moins que l'exercice de la justice ou de la bonté infinie de Dieu.

« Ne déclamons pas, rapprochons les grandes conquêtes de la science et de l'industrie des grandes misères de la décomposition sociale. D'un côté donc, par exemple, la frégate à vapeur, la locomotive, le télégraphe électrique, la machine à calcul, les prodiges de la chimie, etc., etc.; de l'autre, cette activité effrayante d'un commerce sacrilége et inhumain, qui va jetant à profusion des liqueurs fortes aux sauvages de l'Atlantique ou des mers du Sud, l'opium aux Chinois et aux Japonais, etc., etc.; l'invasion des sauvages doctrines d'un communisme brutal qui a déjà jeté son fatal filet sur presque toutes les contrées de l'Europe; la propagation rapide comme l'éclair de cette agitation fébrile et convulsive qui partout fait trembler le sol sous les pas des populations effrayées; l'abomination de la désolation, le calcul glacé et homicide, la passion de sang-froid souillant la sainteté du mariage, abandonnant les familles à la redoutable fatalité d'un athéisme pratique, attentant à l'humanité dans sa source, diminuant dans une proportion énorme le nombre des naissances légitimes, augmentant dans une proportion plus rapide encore le nombre des naissances illégitimes, multipliant sans cesse les vices contre nature, que saint Paul jetait au visage des philosophes orgueilleux de Rome et d'Athènes; enfin, cet art exécrable, ce besoin irrésistible de frelater et de corrompre les substances les plus nécessaires à la vie, le vin, le pain, le sel, etc., art si avancé, besoin si satisfait, qu'il est impossible de rencontrer aujourd'hui même une poignée de farine qui ne soit altérée par l'odieux mélange de matières étrangères, inertes ou dangereuses. Et cependant chacun des hommes vaniteux de la génération actuelle, pharisien au petit pied, marche le front haut, se proclamant très-honnête homme, remerciant le ciel de ses excellentes qualités, et souriant de pitié quand on lui parle de l'insuffisance de sa raison, de la nécessité de la foi, de la grâce et des pratiques religieuses; il frémirait de colère, si

(1) John Herschell, *Disc.*, etc

nous osions tirer de ces prémisses leur conclusion naturelle :

« Le progrès, c'est le retour, le retour a Dieu, le retour au domaine de l'esprit sur la matière par la foi. » (F. Moigno.)

LONGITUDE. — Distance du méridien d'un lieu au premier méridien. La longitude d'un lieu se mesure par l'arc de l'équateur ou de l'un de ses parallèles, compris entre le premier méridien et le méridien du lieu dont on cherche la longitude. On compte pour notre globe 360 degrés de longitude. Le méridien d'où l'on commence à compter les longitudes est de pure convention. Aussi toutes les nations ne le font-elles pas passer par le même lieu. Ainsi, pour les Français, le premier degré de longitude passe par l'Observatoire de Paris, pour les Anglais par Greenwich, pour les Allemands par l'île de Fer, etc. Pour déterminer la longitude, il s'agit de savoir quelle heure il est à l'endroit où l'on se trouve, et en même temps quelle heure il est à un autre lieu dont la longitude est connue, par exemple, à Paris. Par là on connaîtra le degré de longitude du lieu où l'on est ; car la longitude est la différence qui se trouve entre ces deux heures. Les observations des éclipses des satellites de Jupiter, surtout du premier, sont un moyen sûr de résoudre ce problème pour l'observateur placé sur le continent. Mais il n'en est pas de même sur la mer, où l'observateur ne peut pas, à cause du mouvement du vaisseau, se servir de grandes lunettes, qui sont cependant nécessaires pour observer ces éclipses. Pour savoir à tout moment, en mer, quelle heure il est, par exemple, à Paris, le navigateur n'aurait besoin que d'une montre assez bien réglée pour ne pas varier de plus de deux ou trois minutes dans le cours d'un long voyage : il n'est pas difficile de trouver l'heure qu'il est sur un vaisseau, en observant la hauteur du soleil ou d'une étoile. La différence entre ces deux heures donnerait la distance du méridien du vaisseau au méridien de Paris, et par conséquent la longitude du vaisseau. Les plus habiles horlogers ont donc travaillé à construire des montres marines susceptibles de l'exactitude requise. — *Voy.* Orbite.

LONGUE-VUE ou *lunette de terre* est une lunette à quatre verres, dont deux ont pour objet de rendre l'image droite ; on peut la considérer comme l'ensemble de deux lunettes astronomiques mises bout à bout. Le tuyau de cette lunette se compose de plusieurs pièces emboîtées, que chaque observateur dispose pour sa vue. Ces instruments ne permettent pas de grossissements qui approchent de ceux des lunettes astronomiques ; la cause en est dans l'affaiblissement de la clarté qui en résulterait, surtout avec l'addition des lentilles intermédiaires.

LORGNETTE. — Cette lunette, appelée aussi *lunette de Galilée* et *lorgnette de spectacle*, se compose de deux verres, savoir, d'un objectif convexe et d'un oculaire concave. Le premier tend à former dans l'intérieur du tuyau une image réelle et renversée ; mais avant qu'elle se forme réellement, les rayons sont saisis par un oculaire concave qui fait diverger les rayons ; il en résulte une image virtuelle, droite, et généralement agrandie. L'expérience prouve que la distance de l'oculaire à l'image réelle, qu'il empêche de se former, est sensiblement égale à sa distance focale ; d'où il résulte que la longueur de la lunette est égale, non plus à la somme des distances focales des deux verres, comme dans la lunette astronomique proprement dite, mais seulement à leur différence ; ce qui rend cette lunette assez courte et propre aux usages auxquels on l'emploie sous le nom de *lorgnette*. D'ailleurs, elle donne immédiatement l'image droite que cet emploi exige essentiellement.

Le grossissement est à peu près égal au rapport des distances focales, comme dans la lunette astronomique, ce qu'on prouve d'une manière analogue.

Ces lunettes ont peu de champ, parce que, les rayons divergeant au sortir de l'oculaire, l'œil ne peut recevoir que ceux qui ont peu d'écartement par rapport à l'axe ; et l'on concevra aisément que ceux-là ne peuvent venir que des parties de l'objet peu éloignées de l'axe. Si on allongeait la lunette en reculant l'oculaire, on rapprocherait forcément de l'axe les faisceaux qui donnent l'image, et, ce qui revient au même, les points de l'objet qui les envoie ; on restreindrait donc encore le champ. Donc on ne peut pas donner, sans tomber dans ce grave inconvénient, une longueur considérable à la lunette, longueur qui serait elle-même un inconvénient non moins grave pour l'usage qu'on fait des lorgnettes. Mais ceci interdit l'emploi d'un grossissement considérable, qui d'ailleurs affaiblirait trop la lumière des objets auxquels on applique ce genre de lunettes : aussi ne grossit-on le plus souvent que comme 2 ou 3. Jamais le grossissement ne dépasse 10. On reconnaît aisément que le champ et le grossissement sont indépendants de la largeur des verres : la grandeur de l'objectif a pour but de rassembler beaucoup de lumière sur l'image ; mais il y a entre cet effet et le grossissement une liaison qui limite la grandeur utile des objectifs. D'ailleurs on augmente considérablement la clarté en faisant arriver une image dans chaque œil, comme cela a lieu avec le système des lorgnettes accouplées, dites *jumelles*.

Ce genre de lunettes est le premier qui ait été mis en usage ; il a été employé par Galilée, sous des dimensions et avec un grossissement considérables ; car si on l'applique aux astres, la longueur de l'instrument et l'affaiblissement de la lumière par la diffusion de l'image n'ont plus les inconvénients que l'on trouverait dans les lorgnettes de spectacle. Toutefois les lunettes astronomiques proprement dites sont préférables, comme ayant beaucoup plus de champ, et le renversement des images étant chose indifférente.

LUCIFER. *Voy.* Vénus.

LUCULES. *Voy.* Soleil.

LUMIÈRE. — De tout temps les physiciens, d'accord avec la croyance vulgaire, avaient admis que le soleil était la source unique de la lumière, présidant à la division des jours et des nuits; car nous faisons ici abstraction des sources de lumière partielle qui se produisent dans nos foyers par la combustion de gaz ou d'autres matières incandescentes. Mais cette opinion est aujourd'hui fortement ébranlée, et paraît presque insoutenable; car dire que le soleil est la source unique de la lumière, c'est soutenir en définitive que le soleil est un globe igné, incandescent. Or, les plus célèbres astronomes pensent, d'après leurs observations sur les taches du soleil, que cet astre, loin d'être une matière en combustion ou en fusion ignée, est un corps opaque comme notre terre. L'apparition régulière de plusieurs de ces taches a même permis de calculer exactement le mouvement du soleil autour de son axe. La lumière ne dériverait donc pas du soleil lui-même, mais de l'atmosphère qui l'entoure. Celle-ci serait dans un état d'embrasement particulier, d'où résulteraient tous les phénomènes de lumière et de chaleur observés sur notre globe. Selon une autre hypothèse (car le champ de l'expérience directe est ici interdit), l'espace intermédiaire entre la planète et le soleil est rempli d'une substance tenue plus subtile et d'une nature toute autre que le gaz. Cette substance, que les physiciens ont cru devoir désigner sous le nom d'*éther*, est mise en mouvement par une force ou une impulsion primitive partant du soleil ou de son atmosphère; et ce sont les ondulations de cette substance éthérée, douées d'une vitesse prodigieuse, qui constituent la lumière. Tant que les ondulations de l'éther cheminent dans l'espace sans rencontrer d'obstacle, ses effets passent à peu près inaperçus, mais dès qu'elles se trouvent arrêtées dans leur passage, elles donnent naissance aux phénomènes si connus de réflexion, de réfraction, de polarisation, etc., de la lumière. Nos sens sont constamment sous l'impression de ces phénomènes qui nous font percevoir les objets extérieurs avec les propriétés qui les distinguent. Si nous pouvions nous soustraire à l'effet de la réflexion de la lumière sur la surface du sol, il nous serait aisé, par exemple, de voir briller les étoiles en plein midi. C'est ce qui arrive au spectateur placé sur une montagne très-élevée, ou lorsqu'on monte dans un ballon aérostatique, à quelques milliers de mètres de hauteur. A cette distance du sol, les effets des ondes lumineuses ne se font plus guère sentir : le spectateur aperçoit au-dessus de lui la voûte du ciel noir, et les étoiles y briller comme pendant la nuit, en même temps qu'il éprouve l'action du froid le plus rigoureux; au-dessous de lui tout est magnifiquement éclairé par des rayons lumineux se brisant contre les obstacles qu'ils rencontrent à la surface du sol. En somme, l'hypothèse qui admet l'existence d'un *éther* répandu dans l'espace et soumis à un mouvement ondulatoire par une force quelconque, réunit aujourd'hui le plus de chances de probabilité.

Les conséquences à déduire de là sont de la plus haute importance, et réduisent au néant les objections des détracteurs du récit de Moïse. En effet, si le soleil n'est pas, ainsi que l'admettent les physiciens les plus renommés, la source unique de la lumière, et si l'éther est tout à fait distinct du soleil, rien n'empêche de dire, avec l'auteur de la Genèse, que la lumière fut créée avant le soleil; car l'un pouvait très-bien être créé après l'autre.

On nous dira, sans doute, que cette théorie, après tout, ne repose que sur une pure hypothèse, et que si, cette hypothèse étant admise, le soleil est le principe moteur de l'éther répandu dans l'espace, il est évident que la lumière qui résulte de l'action du principe moteur sur l'éther ne pourra pas exister isolément et sans le soleil, qui se trouve par là même la condition *sine qua non* de la lumière.

Cette objection est certainement très-spécieuse, mais est-elle aussi solide? On en jugera par notre réponse.

Nous admettons volontiers que l'opinion émise par les physiciens sur l'origine si obscure de la lumière n'est qu'une hypothèse. Mais si cette hypothèse explique mieux que toute autre (ce qui est ici le cas) les observations faites sur la lumière, nos adversaires devront s'accorder avec nous pour l'adopter de préférence, comme approchant le plus de la vérité. Copernic lui-même, proclamant la déchéance du système de Ptolomée, ne fit-il pas une hypothèse, en soutenant que ce n'est pas le soleil qui tourne autour de la terre, mais que c'est, au contraire, la terre et toutes les planètes qui tournent autour du soleil? Ce n'était là, dans le principe, qu'une simple hypothèse déjà admise par Pythagore; mais une hypothèse qui, faisant mieux comprendre et exécuter que le système de Ptolomée les observations et les calculs astronomiques, s'est presque élevée à l'état de certitude. Le même raisonnement s'applique à l'hypothèse sur l'origine de la lumière.

Quant au second point de l'objection, nous convenons qu'il serait incontestable, dans le cas où l'on prouverait que l'éther n'a jamais pu avoir d'autre moteur que le soleil lui-même; mais comme la physique ne saurait fournir une preuve semblable, il nous est permis de nier l'assertion de nos adversaires, et de chercher en dehors du soleil un autre moteur de l'éther antérieur à cet astre et que la physique ne soit pas en droit de rejeter.

Terminons par un fait d'une observation facile et même vulgaire, mais qui n'en est pas moins concluante : c'est qu'en dehors de l'influence solaire, la bougie éclaire, l'étincelle jaillit du caillou et brille même sous l'eau, le bois s'enflamme en tournant dans la main du sauvage, etc. : preuve irrécusable que la lumière ne dépend pas du soleil, et que par conséquent Moïse n'a point péché contre la science en nous la présentant créée avec cet astre (1).

Les observations les plus familières nous apprennent qu'un *corps lumineux* quelconque émet de la lumière dans tous les sens; la flamme d'une bougie, par exemple, serait visible de tous les points d'une sphère dont elle occuperait le centre; il en serait de même d'un corps phosphorescent, ou d'une étincelle électrique. Ce qui se montre en petit, dans nos expériences habituelles se manifeste en grand dans l'immense étendue du ciel; le soleil répand de toutes parts le même éclat dans l'espace, et sa lumière brille à la fois sur la terre, sur les planètes, sur les comètes, et sur tous les corps du firmament, quel que soit le point qu'ils occupent dans la sphère du monde.

Les corps lumineux sont essentiellement composés de matière pondérable; le *vide* peut bien propager la lumière, mais non lui donner naissance : il en résulte que les corps lumineux peuvent être divisés en fragments pondérables de plus en plus petits, et les derniers fragments que nous puissions physiquement concevoir sont ce que l'on appelle des *points lumineux*. Ainsi, comme un corps ordinaire est une réunion de molécules ou d'atomes, un corps lumineux est une réunion de points lumineux.

Dans un milieu homogène la lumière se propage toujours en ligne droite. — En disposant sur une longue règle trois disques percés en leur centre d'un trou très-petit, on voit à une grande distance la flamme d'une bougie, ou bien on cesse de l'apercevoir, suivant que les trous sont ou ne sont pas en ligne droite.

Quand la lumière vient rencontrer une glace polie ou un miroir de métal, suivant une certaine direction, par exemple, elle est renvoyée suivant une autre direction, et continue de se mouvoir en ligne droite suivant cette nouvelle direction tant qu'elle reste dans un milieu sensiblement homogène.

Cette déviation que la lumière éprouve en tombant sur des surfaces polies s'appelle la *réflexion* de la lumière.

Dans un milieu hétérogène la lumière se meut toujours en ligne courbe. — Quand la lumière passe de l'eau dans l'air ou de l'air dans l'eau, la déviation qu'elle éprouve est frappante: pour s'en assurer, il suffit de prendre un vase, de placer l'œil de manière que l'on aperçoive à peine le contour d'une pièce de monnaie placée au fond, le reste étant caché par le bord, et de verser ensuite de l'eau dans le vase. A mesure que le niveau s'élève, la pièce semble s'avancer vers le centre, et l'on parvient enfin à l'apercevoir dans toute sa largeur, quoique en réalité elle continue d'être cachée par le bord du vase. Donc la lumière ne vient pas en ligne droite dans l'eau et en ligne droite dans l'air, car chacun de ces milieux est sensiblement homogène dans une si petite épaisseur.

Au moyen de l'air atmosphérique, nous voyons déjà les astres avant leur lever, et nous les voyons encore après leur coucher; c'est un résultat analogue au précédent, car nous apercevons la pièce au moyen de l'eau, bien qu'elle soit cachée par le bord du vase comme le sont les astres par les montagnes ou les plaines qui limitent notre horizon. Il y a seulement cette différence qu'en traversant les couches successives de l'atmosphère, la lumière, ne rencontrant pas de changements brusques de densité, ne se brise pas brusquement, comme elle fait en passant de l'eau dans l'air, et alors elle suit une ligne courbe au lieu d'une ligne brisée.

Cette déviation que la lumière éprouve en traversant des milieux hétérogènes s'appelle *réfraction*.

Un rayon lumineux est la direction que suit la lumière en se propageant. — Un *pinceau* est la réunion de plusieurs rayons voisins. — Un *faisceau* est la réunion de plusieurs rayons ou de plusieurs pinceaux voisins ou séparés.

Les corps qui ne sont pas lumineux par eux-mêmes se distinguent en *corps opaques*, comme le bois, la pierre et les métaux, *corps diaphanes* ou *transparents*, comme l'air, l'eau et le verre, et *corps translucides*, comme le papier et le verre dépoli.

Les *corps opaques* ne transmettent point de lumière au travers de leur masse; mais l'opacité est toujours dépendante de l'épaisseur : tous les corps réduits en lames ou en feuilles assez minces laissent passer une partie de la lumière qu'ils reçoivent : ainsi, au travers d'une feuille d'or collée sur du verre, on distingue une lueur verdâtre très-sensible lorsqu'on regarde une bougie ou la lumière du ciel ou des nuées.

Les *corps diaphanes* transmettent la lumière et laissent apercevoir nettement au travers de leur substance toutes les formes des objets. Les gaz, les liquides et la plupart des corps cristallisés semblent, en général, avoir une diaphanéité parfaite lorsqu'ils sont en petite masse; car ils sont absolument incolores, et ils laissent apercevoir non-seulement les formes des objets, mais encore toutes les nuances de leurs couleurs. Cependant les plus diaphanes de ces corps deviennent colorés quand ils ont une épaisseur suffisante, et c'est une preuve qu'ils absorbent alors une partie de la lumière qui les traverse. Ainsi une goutte d'eau est parfaitement limpide, tandis que l'eau prise en masse est d'un vert bleuâtre très-éclatant.

Les *corps translucides* laissent passer une partie de la lumière qu'ils reçoivent, mais ils ne laissent distinguer ni la couleur, ni la distance, ni la forme des objets. Dans le langage ordinaire, le mot transparent s'appli-

(1) *Voy.* notre *Nouveau traité des sciences géologiques*, chap. 17, 2e édit.; — *Les livres saints vengés*, par M. l'abbé Glaire, tom. I.

que souvent aux corps translucides comme aux corps diaphanes.

La lumière se propage avec une si grande vitesse, qu'elle vient du soleil à la terre en 8' 13". — C'est par l'observation des éclipses du premier satellite de Jupiter que Roemer fut conduit à cette importante découverte en 1675 et 1676, car il ne fallut pas moins d'une année pour la bien constater. Supposons que Jupiter soit dans le plan de l'écliptique, qu'il reste immobile pendant une révolution entière de la terre, et que le premier satellite tourne autour de sa planète dans un cercle que nous imaginons facilement. Pendant une moitié de l'année nous pouvons observer les *émersions* du premier satellite, c'est-à-dire le moment où il sort de l'ombre, et pendant l'autre moitié, nous pouvons observer ses *immersions*, c'est-à-dire le moment où il se plonge dans l'ombre. L'intervalle de deux immersions ou de deux émersions successives est la durée d'une révolution. Quel que soit le point de l'orbite de la terre d'où l'on fasse les observations, cette durée est toujours de 42 h. 28' 35", ou environ 42 heures 1/2. Par conséquent, si du point *a*, par exemple, on observe une émersion, à un instant donné, on peut prédire que la 100ᵉ émersion suivante aura lieu précisément après 100 fois 42 h. 28' 35", et qu'elle sera vue du point *b* où le globe de la terre sera alors parvenu par son mouvement de translation. Or, on trouve par expérience qu'elle arrive toujours *un peu plus tard*, et l'on en conclut que la différence est le temps que met la lumière pour passer de *a* en *b* ; on en déduit la vitesse de propagation, en divisant la distance connue *a b* par le retard observé. Cette conclusion se trouve vérifiée pendant la seconde moitié de l'année ; car, si l'on observe une immersion du point *c* par exemple, la 100ᵉ immersion suivante devrait avoir lieu après 100 fois 42 h. 28' 35", quand le globe de la terre serait parvenu en *d*. Or, on trouve par l'expérience qu'elle arrive *un peu plus tôt*, et cette *avance* est précisément le temps que met la lumière pour passer de *d* en *c*. C'est par des observations semblables et souvent répétées que l'on a pu constater enfin que la lumière parcourt en 1" près de 80,000 lieues ou 79,572 lieues de 4000 mètres, et qu'elle met 8' 13" à venir du soleil à la terre (1).

Il est facile d'après cela de calculer le temps que met la lumière pour aller du soleil aux diverses planètes. Voici le tableau des résultats :

Planètes.	Distances moyennes des planètes au soleil en lieues de 4,000 mètres.	Temps que met la lumière pour aller du soleil aux planètes.		
Mercure,	13,185,465	0h	5'	10"
Vénus,	28,375,600	0	5	56
Mars,	59,772,960	0	12	81
Vesta,	92,705,600	0ʰ	19'	25"
Junon,	104,755,609	0	21	57
Cérès,	103,535,500	0	21	44
Pallas,	108,738,000	0	22	46
Jupiter,	204,100,240	0	42	45
Saturne,	374,196,340	1	18	25
Uranus,	752,540,172	4	9	48

Le temps que la lumière emploie pour venir, par exemple, d'Uranus à la terre, est tantôt moindre, tantôt plus grand que 4 h. 9' 48" suivant les positions relatives de ces deux planètes ; mais l'on peut dire, sans trop s'écarter de la vérité, que l'astronome qui regarde le globe d'Uranus le voit où il était 4 h. auparavant, et que si cette planète était anéantie à un instant donné, on la verrait encore pendant 4 h. après qu'elle aurait cessé d'être.

Dernièrement, M. Savary, astronome à l'Observatoire de Paris, a imaginé de se servir de la vitesse de la lumière pour mesurer la distance des étoiles, du moins de celles autour desquelles on en voit une autre tourner. Pour se faire une idée du procédé, il faut observer que l'étoile satellite paraît mettre plus de temps à parcourir la moitié de son orbite où elle s'éloigne de nous, que la moitié où elle se rapproche. En nous supposant dans le plan de l'orbite, comme cas plus simple, la différence est évidemment le double du temps qu'emploierait la lumière à traverser le diamètre, qui se trouve ainsi connu en lieues. L'angle sous-tendu par ce diamètre se mesure en observant l'étoile dans les plus grands écarts, de sorte qu'il ne reste plus qu'à déterminer la distance où il faut se placer, par rapport à une base connue, pour qu'elle sous-tende un angle donné, ce qui est un problème très simple de trigonométrie.

La vitesse de la lumière, dont nous venons de parler, se rapporte seulement au vide ; dans les autres milieux il y a toujours un ralentissement plus ou moins considérable Dans l'air, la différence n'est que de $\frac{1}{3400}$; mais pour l'eau, c'est environ $\frac{1}{4}$, pour le verre $\frac{1}{3}$, et pour le diamant plus de moitié. Nous verrons ailleurs comment on arrive à ces résultats ; ce qu'on peut dire de plus général, c'est que le ralentissement dépend à la fois de la densité et de la combustibilité. Les exemples que nous avons cités montrent l'influence de la densité ; quant à l'autre cause, son influence est évidente, quand on observe que la lumière marche moins vite, par exemple, dans l'hydrogène bicarboné que dans l'oxygène, dans l'alcool ou l'éther que dans l'eau. L'hydrogène cependant, à cause de sa grande légèreté, reste de tous les corps celui où la lumière se propage le plus vite ;

(1) Comme on se fait difficilement une idée d'une vitesse pareille, nous remarquerons qu'elle est 80 mille fois aussi grande que celle d'un boulet de canon. Un boulet qui conserverait sa vitesse initiale de 390^{m}, mettrait 17 ans à venir du soleil ; la lumière arrive en 8 minutes 13" secondes. Il faudrait au moins 20 jours à l'oiseau le plus rapide pour faire le tour du globe ; pour parcourir un égal chemin, 1/7 de seconde suffit à la lumière : c'est à peu près le temps d'un battement d'aile.

les métaux, au contraire, sont ceux où elle marche le plus lentement.

Observation. — « Nous ne savons pas, dit M. Pouillet, à quelle distance de la terre sont dispersées les étoiles, mais nous savons avec certitude qu'il n'y a pas un de ces astres qui ne soit au moins à 200,000 fois la distance du soleil à la terre ; par conséquent, pour arriver à nous, leur lumière met au moins 200,000 fois 8' 13", c'est-à-dire 1141 jours, ou 3 ans 45 jours ; sans doute il n'y a pas d'exagération à supposer que nous voyons des étoiles qui sont quelques milliers de fois plus éloignées, et dont la lumière met par conséquent plusieurs siècles à venir jusqu'à nous. Tout ce qui existe dans le ciel, au delà de notre système, pourrait être brisé, confondu, anéanti, et nous, habitants paisibles de la terre, nous passerions encore de nombreuses années à contempler comme aujourd'hui ce grand spectacle d'ordre et de magnificence, qui ne serait plus qu'une illusion trompeuse, une image sans réalité. »

Ces conclusions supposent que les lumières *directes* du soleil et des étoiles possèdent exactement la même vitesse que la lumière *réfléchie* qui nous vient de Jupiter ; elles supposent, par conséquent, que l'éther autour des planètes a exactement la même densité et la même élasticité que dans la masse et le voisinage du soleil et des étoiles ; or, cela est-il prouvé? les expériences de Roemer le disent-elles?... Non, assurément. Est-ce du moins probable, et peut-on espérer de le démontrer quelque jour ?... Il est évident qu'on est obligé de répondre négativement à toutes ces questions (1). Mais si l'éther qui pénètre et environne les étoiles avait une élasticité dix, cent ou mille fois plus grande que celle du fluide qui environne les planètes, la vitesse de leurs lumières pourrait varier indéfiniment, comme celle du son varie avec l'élasticité de l'air ; elle pourrait être dix, cent fois ou des millions de fois plus grande que celle de la lumière planétaire, et, dans ce cas, deux rayons partis au même instant, l'un d'une étoile fixe, l'autre d'une planète, pourraient nous arriver en même temps. Au reste, ces vitesses, quelque énormes qu'elles fussent, n'auraient rien d'aussi merveilleux que les hypothèses précédentes. Nous verrons que, d'après les expériences de Weatstone, l'électricité qui se meut dans un fil de cuivre d'une longueur indéfinie, doit parcourir environ 115 mille lieues par seconde : voilà donc une vitesse qui surpasse de beaucoup celle que possède la lumière de Jupiter ; par conséquent, il n'y a aucune absurdité à supposer qu'il en existe d'autres qui soient dix, cent ou mille fois plus grandes. La lumière *directe* du soleil, par exemple, pourrait bien avoir une vitesse de 2 ou 300 mille lieues par seconde, du moins on ne prouvera pas le contraire. Ainsi, quand on affirme que la lumière de telle ou telle étoile met des milliers d'années pour arriver jusqu'à nous, on fait une hypothèse tout à fait gratuite. Il peut paraître poétique de faire ainsi voyager les ondes lumineuses pendant des siècles ; mais une conjecture n'est pas une vérité démontrée, et quand on prétend déduire celle-ci des observations de Roemer, on ne fait qu'un sophisme. *Voy.* RÉFLEXION, RÉFRACTION, POLARISATION, etc.

(1) Il est même certain que la lumière des étoiles n'est pas semblable à celle du soleil ; car elle donne des *spectres* qui diffèrent du spectre solaire par le nombre et la position des raies. *Voy.* SPECTRE SOLAIRE.

LUMIÈRE ÉLECTRIQUE. *Voy.* ÉLECTRICITÉ, § V.

LUMIÈRE SOLAIRE, son intensité. *Voy.* TEMPÉRATURE.

LUMIÈRE de la lune. *Voy.* LUNE.

LUMIÈRE CENDRÉE. *Voy.* LUNE.

LUMIÈRE ZODIACALE. *Voy.* NÉBULEUSES.

LUMIÈRE DES ASTRES. — Nous avons fait connaître au mot SOLEIL les conjectures qui ont été mises en avant sur la constitution physique de cet astre. On a, pour se guider dans ces conjectures, les taches que l'on observe à sa surface. Ces taches, vues au télescope avec des verres colorés, pour ne pas fatiguer la rétine, s'élargissent ou se resserrent d'un jour à l'autre, et disparaissent quelquefois entièrement, pour reparaître dans d'autres parties. Cet état de choses indique nécessairement une mobilité extrême dans le fluide qui entoure le soleil, et qu'on regarde comme son atmosphère. Ces taches, résultant d'une violente agitation d'un fluide gazeux, occupent quelquefois des espaces de 16,000 lieues de diamètre. Les parties brillantes de cette atmosphère n'ont pas un éclat à beaucoup près uniforme, attendu qu'elles sont criblées d'une multitude de petits points obscurs changeant continuellement de forme et de position comme les taches elles-mêmes.

Ces faits nous portent à croire qu'il existe autour du soleil un fluide lumineux qui se mêle continuellement, et sans se confondre, avec une atmosphère transparente et non lumineuse, de manière à former des espèces de nuages. On observe encore sur la surface du soleil de larges espaces couverts de raies brillantes appelées *facules*, que l'on considère comme la crête de vagues immenses de la matière lumineuse soumise continuellement à une violente agitation.

Pour expliquer la nature des taches, les astronomes admettent assez généralement qu'elles représentent des portions de la masse même du soleil, qu'ils considèrent comme un corps solide et obscur, enveloppé d'une atmosphère lumineuse, laquelle s'ouvre çà et là pendant les tempêtes qui l'agitent, de manière à laisser voir dans certaines parties le noyau. Voici, au reste, l'opinion de W. Herschell à cet égard :

Il suppose que « les couches lumineuses « de l'atmosphère sont soutenues fort au- « dessus du noyau solide par un milieu élas-

« tique transparent, qui porte à sa surface « supérieure une couche nuageuse, laquelle, « vivement éclairée d'en haut, nous reflète « une grande quantité de lumière et pro- « duit une pénombre, tandis que le noyau « solide qui reçoit l'ombre des nuages n'en « reflète pas. En outre, les déchirements « temporaires des deux couches, mais prin- « cipalement de la couche supérieure, sont « produits par de puissants courants atmos- « phériques ou par des agitations locales. »

Telles sont les vues théoriques assez généralement adoptées sur les changements qui s'opèrent dans l'atmosphère solaire. Relativement à l'influence de cette atmosphère sur la lumière du soleil, nous dirons encore quelques mots. Les expériences de Bouguer tendent à démontrer que la lumière du disque du soleil est moins intense vers ses bords qu'à son centre, par exemple, à une distance égale au quart du demi-diamètre. Suivant lui, l'intensité de la lumière est plus petite qu'au centre dans le rapport de 35 à 48. Laplace a trouvé que cette différence s'expliquait en admettant une atmosphère autour du soleil, et que si cette atmosphère n'existait pas, le soleil nous paraîtrait 12 fois plus lumineux qu'il n'est réellement.

Une autre question a dû suivre la précédente, c'est celle relative à la température propre de la surface du soleil comparée aux températures produites par nos sources artificielles. W. Herschell admet qu'elle est beaucoup plus élevée que celle que nous pouvons produire. Voici les considérations sur lesquelles il appuie son opinion.

L'intensité de la lumière diminuant en raison inverse du carré de la distance, la chaleur solaire reçue sur une surface donnée à la distance où se trouve la terre est à la chaleur que la même surface recevrait, si elle se trouvait appliquée sur la superficie visible du soleil, dans le même rapport que l'aire occupée par le disque apparent de cet astre sur la sphère céleste à l'hémisphère entier, c'est-à-dire, sensiblement dans le rapport de 1 à 300000. C'est à l'aide d'une chaleur moins intense, suivant lui, telle que celle obtenue en concentrant les rayons solaires au foyer d'une lentille, que l'on parvient à volatiliser les métaux les plus réfractaires, tels que le platine.

Autre considération qui vient à l'appui de cette supposition. Les flammes les plus vives et les corps solides dans l'état de la plus grande ignition ne semblent être que des taches noires sur le soleil quand on les interpose entre son disque et l'œil. L'exemple le plus frappant est celui d'une boule de chaux en ignition, placée dans la flamme de la lampe à courant d'hydrogène et d'oxygène, et dont l'œil ne peut supporter longtemps l'éclat, et cependant la lumière émise, quoique imitant assez parfaitement la lumière du soleil, paraît sombre quand on la compare à celle-ci. Les effets résultant de la comparaison d'une lumière extrêmement vive, placée en regard d'une autre beaucoup moindre, et qui paraît sombre ou obscure suivant son intensité, portent à croire qu'il pourrait bien se faire que le corps même du soleil, qui nous paraît obscur, en admettant toutefois pour les taches l'origine que nous leur donnons, fût lui-même dans un état d'ignition très-intense ; car, par opposition, il paraîtrait obscur relativement à l'atmosphère brillante qui l'entoure.

Lors même que les choses se passeraient comme nous venons de le dire (car ne perdons pas de vue que nous sommes toujours dans le domaine des conjectures), il resterait encore à expliquer l'origine de la matière lumineuse et calorifique, qui est une des parties de l'atmosphère solaire. Si nous en jugeons par ce qui se passe sous nos yeux, nous ne voyons que trois causes auxquelles on pourrait rapporter son origine : la combustion, le frottement et l'électricité. Si aucune de ces causes ne peut être invoquée, il faudrait admettre l'existence d'une matière fluide gazeuse, phosphorique et calorifique en même temps, et dont nous n'avons nul exemple, attendu que les matières phosphoriques observées jusqu'ici sont dépourvues en général de températures propres. L'idée de combustion a été écartée par la raison que la masse du soleil n'a point éprouvé le moindre changement depuis que l'on observe avec une certaine exactitude. On ne peut savoir jusqu'à quel point le frottement interviendrait pour produire les effets lumineux et calorifiques. Quant à l'électricité, des faits nombreux nous prouvent que lorsque cet agent est en mouvement, il produit les plus grands effets de chaleur et d'incandescence, pourvu toutefois que ce mouvement se produise dans un milieu où il y ait de la matière pondérable. Si telle était la cause de la lumière solaire, il faudrait admettre que des courants électriques circulent sans interruption dans l'atmosphère du soleil. Rien ne s'oppose à une semblable supposition, quand on sait que partout où il y a de la matière, il y a de l'électricité mise en mouvement toutes les fois que l'équilibre moléculaire est rompu ; il pourrait très-bien exister dans l'atmosphère du soleil des moyens à nous inconnus à l'aide desquels il se produirait des courants électriques. Nous avons rapporté les conjectures les plus plausibles faites jusqu'ici pour remonter à la cause de la lumière solaire. Passons à la lumière des planètes, en commençant par celle de la lune.

La lumière qui nous arrive de cette planète est réfléchie, comme l'indiquent les phénomènes de polarisation et sa constitution physique. En effet, on reconnaît, à l'aide du télescope, que la surface de la lune est sillonnée de montagnes et de vallées ; les premières projettent des ombres dont la longueur se rapporte exactement à l'inclinaison des rayons solaires dans les lieux où ces inégalités s'observent. Il est prouvé par là que la lumière de la lune n'est qu'une lumière d'emprunt, une lumière qu'elle reçoit du soleil et qu'elle nous réfléchit. D'un autre côté, elle n'a pas d'atmosphère, et par conséquent de nuages lumineux ; car, s'il en était ainsi, on s'en apercevrait dans les occultations des étoiles et dans les éclipses du soleil. D'après cela, la lune doit passer brusquement d'une chaleur plus forte que celle du midi de nos régions équatoriales et soutenue pendant quinze jours, à un froid de même durée plus excessif. Examinons la lumière des autres planètes.

Quand on étudie la lumière de *Vénus*, on est frappé du grand éclat de la partie éclairée de cette planète, produisant des scintillations de lumière qui portent une perturbation dans les observations. Cette planète, comme Saturne, a des taches rarement permanentes, qui, suivant M. Herschell, sont la conséquence d'atmosphères chargées sans doute de nuages destinés à tempérer l'éclat du soleil dont ils reçoivent la lumière.

Mars présente un autre aspect : on y distingue des contours que l'on regarde comme les limites des continents et des mers. Les continents ou portions regardées comme telles émettent une lumière de couleur rouge, qui est en général un caractère distinctif de la lumière toujours rutilante de cette planète. On a supposé que cette couleur était due à la nature ocreuse du sol ; la portion que l'on a comparée aux mers émet au contraire une lumière verdâtre. Enfin, des deux lumières colorées qui nous viennent de cette planète, l'une rouge, l'autre verte, on en a conclu que les surfaces qui les réfléchissent sont de nature différente. Mais spécifier cette nature, c'est peut-être se jeter dans des conjectures un peu hasardées.

Jupiter, la plus magnifique des planètes en raison de son volume, qui est à peu près 1300 fois plus considérable que celui de la terre, de ses satellites et de son éclat, nous présente son disque comme coupé dans une certaine direction par des bandes ou zones obscures, variables de position et de grandeur, mais non de direction. Les astronomes sont disposés à admettre que ces bandes subsistent dans l'atmosphère de la planète, et qu'elles correspondent à des tranches plus transparentes de cette atmosphère, formées par des courants analogues à nos vents alizés, mais beaucoup plus impétueux et mieux marqués.

Saturne est également recouvert de bandes obscures semblables, jusqu'à un certain point, à celles de Jupiter, mais plus larges et moins bien marquées. Telles sont les différences que présentent plusieurs des planètes dans les effets de la lumière qu'elles reçoivent du soleil.

On considère les comètes comme un grand amas de vapeurs subtiles, se laissant traverser par les rayons solaires et pouvant les réfléchir de toutes parts. Dans quelques-unes, on a aperçu une espèce d'étoile extrêmement petite, annonçant la présence d'un corps solide ou de noyau.

On attribue avec raison le grand développement des atmosphères des comètes à la très-faible résistance qu'oppose l'attraction exercée par une masse aussi petite et l'élasticité des parties gazeuses.

La queue des comètes a quelquefois des longueurs considérables. Newton a trouvé que la queue de la grande comète de 1680, après son passage au périhélie, avait au moins 20 millions de lieues de longueur, et qu'elle n'avait mis que deux jours à émaner du corps de la comète. Quelle force de projection, dont le siége devait se trouver dans le soleil, à en juger d'après la direction même de la queue, qui, dans sa plus grande longueur, avait 41 millions de lieues ! Celle de 1843 avait 61 millions de lieues de longueur et un million de lieues de largeur. On s'étonne avec raison qu'une matière gazeuse et lumineuse si légère, répandue à des distances aussi immenses, puisse être retenue par l'attraction du faible corps de la comète, et en vertu de laquelle cette matière devient si rare en s'éloignant du noyau. On se demande depuis longtemps si les comètes sont lumineuses par elles-mêmes, ou bien si, de même que les planètes, elles réfléchissent seulement les rayons solaires. Cette question intéresse également l'astronomie et la physique appliquée, en raison des principes que la première peut invoquer à la seconde pour la résoudre. Diverses hypothèses ont été émises pour remonter à l'origine de la lumière qui accompagne les comètes. Nous ne les discuterons pas ici, nous nous bornerons seulement à indiquer les observations faites pour savoir si cette lumière était directe ou réfléchie en s'aidant des propriétés de la lumière polarisée, comme l'a fait M. Arago, pour résoudre cette question.

On sait que lorsque la lumière est réfléchie sur des surfaces de nature quelconque, sous certains angles, elle acquiert des propriétés qui la distinguent de la lumière directe. Or, dans la lumière de la queue de la comète, on a reconnu des traces de lumière polarisée, ce qui annoncerait qu'elle est réfléchie et non directe.

M. Arago a fait ses observations sur la lumière de la comète de Halley, qui parut en 1835. Les nébulosités de cet astre ayant éprouvé brusquement des transformations inattendues et bizarres, il lui fut impossible de mettre en usage une méthode dont nous n'avons pas à nous occuper ici, et qui avait pour but d'évaluer l'intensité de cette lumière au moyen d'observations photométriques. Il eut donc recours aux propriétés de la lumière polarisée, à l'aide desquelles il reconnut que la lumière de cette comète n'était pas, en totalité du moins, composée de rayons doués de propriétés appartenant à la lumière directe, et qu'il s'y trouvait par conséquent de la lumière réfléchie spéculairement ou déjà polarisée, c'est-à-dire venant du soleil.

Considérées comme corps lumineux, sources de lumières indépendantes du soleil, puisqu'elles sont lumineuses par elles-mêmes, les étoiles doivent fixer notre attention. Elles sont situées à une immense distance de nous, qui n'est pas au-dessous de 6720000000000 de lieues. Or, comme la vitesse de la lumière est de 70000 lieues par seconde, la lumière des étoiles doit employer plus de 96000000" pour arriver jusqu'à nous, c'est-à-dire plus de trois ans. Quant aux étoiles télescopiques, dont la foule est innombrable, les astronomes pensent qu'il y en a dont, en raison de leur distance, la lumière doit mettre 1000 ans pour nous parvenir.

La cause de leur lumière est inconnue; nous savons seulement que les étoiles constituent autant de soleils. Pour les reconnaître et en faciliter l'étude, on les classe d'après leur éclat apparent, et le rang qu'on leur assigne ainsi sert à les désigner sous la dénomination de première, de deuxième grandeur, etc.

Les étoiles les plus brillantes sont dites de première grandeur, celles qui le sont un peu moins de deuxième grandeur, ainsi de suite, jusqu'aux étoiles de sixième ou septième grandeur, qui sont les plus petites que l'on puisse apercevoir à l'œil nu. A l'aide du télescope, on porte la classification des étoiles jusqu'à la seizième grandeur. Il n'y a pas de ligne de démarcation entre une étoile et une autre, attendu qu'on n'a que des méthodes approximatives pour déterminer les proportions relatives de lumière émise par les étoiles appartenant à la même classe. Voici cependant les déterminations faites par W. Herschell sur les étoiles des six premières grandeurs.

Lumière d'une étoile moyenne de	1re grandeur	100
	2	25
	3	10
	4	6
	5	2
	6	1

Indépendamment des étoiles de diverses grandeurs vues au télescope ou à l'œil nu, il existe encore des amas d'étoiles appelées nébuleuses, en raison de l'aspect sous lequel elles se présentent à nous. W. Herschell, qui en a fait une analyse aussi complète que possible, les a classées ainsi qu'il suit. Nous suivrons cet ordre pour l'intelligence de ce que nous avons à dire.

1° Amas d'étoiles où chacune peut être nettement distinguée;

2° Nébuleuse résoluble, que l'on suppose formée d'un agglomérat d'étoiles;

3° Nébuleuses proprement dites, sans apparence que la nébulosité puisse se résoudre en étoiles. On y comprend les nébuleuses planétaires et stellaires.

Les nébuleuses de la deuxième classe sont très-probablement formées d'un amas d'étoiles qui, en raison de leur grand éloignement de nous ou de leur faible éclat, ne peuvent être distinguées, de sorte qu'elles se présentent à nous comme une masse lumineuse.

Les nébuleuses proprement dites se présentent sous une infinité de formes, sous une grande variété d'aspects.

Mais quelque conjecture que l'on fasse sur les nébuleuses, on ne saurait douter qu'elles ne soient formées par une agglomération d'étoiles; peut-être aussi sont-elles une matière lumineuse et phosphorescente, disséminée dans l'immensité de l'espace, comme un nuage ou un brouillard, tantôt revêtant des formes capricieuses comme les nuages chassés par les vents, tantôt se concentrant autour de certaines étoiles, à la manière des atmosphères des comètes. Mais quelle est la destination de cette matière nébuleuse? sert-elle, en se condensant, à fonder de nouveaux systèmes stellaires ou des étoiles isolées?

Outre les étoiles fixes, il existe certaines étoiles qui, sans se distinguer des autres par un déplacement apparent ni par une différence d'aspect, sont sujettes à des accroissements périodiques d'éclat, qui, dans un ou deux cas, sont l'extinction et la revivification complète. Ce sont les étoiles périodiques. L'une des plus remarquables est l'étoile ο de la Baleine. Sa période est de 334 jours, et la planète conserve son plus grand éclat environ 15 jours, et paraît alors quelquefois comme une belle étoile de seconde grandeur. Elle décroît ensuite pendant trois mois environ, jusqu'à ce qu'elle devienne complétement invisible pendant à peu près cinq mois; après quoi son éclat va en croissant pendant les trois autres mois de la période. On est porté à croire qu'un corps opaque circule autour de l'étoile et vient s'interposer entre elle et nous. Il y a étoiles qui, après leur périodicité, ont de paraître; entre autres, l'étoile ο de la Baleine, pendant quatre ans. Des étoiles temporaires ont apparu à plusieurs époques avec un éclat extraordinaire, dans diverses régions du ciel, et après avoir eu tous les caractères de fixité des étoiles, ont disparu sans laisser de traces: telle est l'étoile dont l'apparition soudaine, 125 ans avant Jésus-Christ, fixa l'attention d'Hipparque. On pourrait en citer encore un grand nombre; mais nous nous bornerons à celle de 1572, que Tycho-Brahé a décrite; elle était alors aussi brillante que Sirius; elle continua de briller, au point de surpasser Jupiter et d'être visible en plein midi; elle parut le 11 novembre et décrut en décembre de la même année; au mois de mars 1574, elle avait entièrement disparu.

Jusqu'ici il n'a été question que de rayons lumineux qui, après avoir été réfractés dans un prisme, donnaient un spectre composé d'un certain nombre de couleurs; ces rayons provenaient ou du soleil ou des étoiles. Il s'agit de voir s'il n'existerait pas des astres émettant seulement quelques-unes des couleurs du spectre, et même une seule. Les étoiles doubles vont nous donner des exemples de ce genre.

On appelle ainsi des étoiles qui se résolvent en deux et quelquefois en trois autres très-rapprochées; elles obéissent à la même loi dynamique qui régit notre système. Nous citerons pour exemple la belle étoile Castor, fortement grossie et formée de deux étoiles entre la troisième et la quatrième grandeur, distantes l'une de l'autre de 5". M. W. Herschell en avait compté plus de 500, éloignées l'une de l'autre de moins d'une $\frac{1}{4}$ minute; le professeur Struve, de Dorpat, en a quintuplé, et d'autres observateurs en ont presque centuplé le nombre.

La lumière des étoiles doubles présente des combinaisons binaires de rouge et de bleu verdâtre, de jaune et de bleu. La teinte bleue ou verte de la petite étoile est-elle due ou non à un effet de contraste? C'est une question que M. Arago a résolue de la manière suivante.

On sait qu'une faible lumière blanche paraît verte à l'égard d'une forte couleur rouge, et passe au bleu quand la lumière vive environnante est jaunâtre. On observe précisément un effet de ce genre entre la partie brillante et la partie faible des étoiles doubles, ce qui tendrait à faire croire que la cause est la même. Il y a cependant des exceptions, car une petite étoile bleue accompagne souvent une grande étoile blanche sans apparence de couleur rouge, et dans ce cas on ne peut supposer des effets de contraste. La couleur bleue ne pouvant provenir d'une illusion, doit être réellement *celle de la lumière de certaines* étoiles. Pour vérifier ce fait, il suffit de cacher l'étoile par un diaphragme dans la lunette, afin de juger de la couleur de l'astre, indépendamment de celle de l'autre. En opérant ainsi, M. Arago a reconnu que l'occultation de la grande étoile n'amenait la disparition de toute couleur dans la seconde que dans quelques cas : c'est par ce moyen qu'il a été démontré qu'il existe un grand nombre d'étoiles doubles, émettant, les unes, une couleur bleue, les autres une couleur verte.

L'existence des étoiles colorées avait été signalée déjà en 1686 par Mariotte, qui, dans son Traité des couleurs, avait annoncé qu'il existait des étoiles jaunes et bleues. M. Dunlop, en 1828, *avait* annoncé également, dans son catalogue, que dans l'hémisphère austral il existait un groupe composé d'étoiles de teinte bleuâtre. Il est donc bien prouvé aujourd'hui qu'il y a des étoiles qui ne nous envoient de la lumière que d'une seule couleur, et d'autres de la lumière composée de plusieurs couleurs. Mais d'où peuvent provenir ces couleurs uniques, ou bien ce petit nombre de couleurs émanées de quelques astres? Doit-on les considérer comme le résultat de la décomposition d'une lumière analogue à celle du soleil, à travers les milieux qu'elle a pu traverser, la couleur complémentaire ou seulement une portion ayant été absorbée par ces milieux? ou bien sont-elles dues à des soleils qui s'éteignent, ou bien à un état de combustion de l'étoile, semblable à celui de certains corps qui brûlent, en n'émettant qu'un petit nombre de couleurs, et même une seule? Ne pouvant qu'avancer des opinions plus ou moins hasardées à cet égard, nous n'en dirons pas davantage sur la couleur des étoiles multiples.

Voy. Soleil, Étoiles, Comètes, et le nom de chacune des planètes, etc.

Lumière zodiacale. *Voy.* Zodiacale (lumière).

LUNE. — La lune, satellite de la terre, est à 96,000 lieues de notre globe; un grossissement de 1000 fois la mettra à 96 lieues, un de 2000, à 48 lieues; c'est la distance de Mâcon au Mont-Blanc, qui de ce point est parfaitement visible, ainsi que de Lyon, d'où il apparaît très-resplendissant. Lorsque l'on observe à l'œil nu le disque de la lune, on y remarque des portions moins lumineuses que d'autres, des taches, en un mot, dans la disposition desquelles le vulgaire a cru voir, depuis les temps les plus anciens, les linéaments d'une figure.

En a-t-il toujours été de même? Oui, du moins cela est ainsi depuis 2000 ans, depuis l'époque où Plutarque écrivit son petit ouvrage sur la figure que présente la surface de la lune. Les peintres d'enseignes n'ont donc pas tout à fait tort de donner une figure à la lune; à l'œil nu, sans lunettes, on voit en effet quelque chose de ce genre.

§ I.

Les taches de la lune résultent de la composition peu homogène des parties constituantes de la planète. C'est quelque chose de semblable à l'aspect que présenterait la terre, si on pouvait l'examiner d'un point pris à une certaine hauteur au-dessus de sa surface. Elevons-nous dans les airs, regardons, par exemple, la Normandie, les régions calcaires, les pays crayeux de la Champagne pouilleuse, ils nous offriront des aspects très-dissemblables. Eh bien, il y a sur la lune, comme sur la terre, des matières d'une nature très-différente, qui sont la cause première des nuances très-différentes aussi que l'on remarque à sa surface. Ces nuances lumineuses et obscures ont permis d'étudier la nature de la rotation de la lune, en comparant l'aspect qu'elle offrait dans les diverses lunaisons. On a bientôt constaté aussi qu'elle nous présentait toujours le même côté de sa surface, qu'il y a un hémisphère que l'on ne verrait jamais. On a également tiré de là cette conséquence que la lune tourne sur elle-même. Il nous sera aussi facile de le reconnaître au moyen de ces taches, qu'il nous a été facile d'étudier le mouvement de rotation du soleil au moyen de phénomènes semblables. Prenons, en effet, sur le disque lunaire, une tache, un point quelconque dont il soit possible de suivre le mouvement, et supposons-le placé sous le bord même de l'orbe; il marchera avec une vitesse assez grande, et trois jours et demi après le moment choisi pour le suivre, il aura déjà décrit un quart de la demi-circonférence; sept autres jours après, il correspondra au centre même du disque, puis aux trois quarts, et enfin, au bout de quatorze jours, il disparaîtra au bord opposé pour reparaître dans sa position primitive au bout d'un peu plus de vingt-sept jours (27 322). C'est là la durée de la rotation de la lune sur elle-même, et en même temps celle de sa révolution. Il résulte de ce double mouvement, opéré dans le même temps, que la lune nous présente toujours les mêmes parties de sa surface, la même moitié de son disque.

Les premières études sur la lune avaient fait admettre que les taches les plus sombres de son disque étaient dues à de vastes cavités remplies d'eau, espèce de méditerrannées et de lacs auxquels on appliqua une nomenclature assez insignifiante, et dans laquelle on ne retrouve pas toujours le bon sens qui distingue celle des montagnes les plus remarquables. Ainsi, il y eut une mer Caspienne, un lac Noir, etc.; mais nous verrons bientôt qu'il ne peut y avoir d'eau sur la lune. On a cependant conservé les noms, seulement ils ne s'appliquent plus aujourd'hui qu'à de larges vallées ou à des dépressions plus ou moins étendues, et qui doivent leurs teintes diverses à leur composition élémentaire différente.

L'astronomie, ayant la lune pour point d'observation, a dû exiger des efforts immenses pour arriver à se formuler comme science.

Par suite du phénomène qu'offre la lune dans sa révolution, de ne nous présenter jamais qu'un de ses hémisphères, il doit y avoir de la part des habitants de notre satellite des voyages très-fréquents de ceux de l'hémisphère obscur dans l'autre, pour jouir de ce spectacle très-remarquable d'un astre quatorze fois plus grand que le nôtre et dont la surface, pendant qu'il tourne sur son axe, doit présenter les aspects les plus variés. Les mers, les continents, les forêts, les îles, y apparaissent comme autant de taches de grandeur et d'éclat différents, et auxquelles l'atmosphère avec ses nuages apporte des modifications incessantes.

Les utopistes ont fait sur la nature de cet hémisphère des théories très-singulières; ils ont supposé entre autres qu'il était concave. Cette idée a même été sérieusement discutée par un écrivain espagnol nommé Don Llorenzo Ervas y Panduro. Les utopistes sont comme les devins, qui font des prédictions à long terme, et qui, sachant que personne ne pourra les contredire, sont sûrs de ne pas être démentis de leur vie.

L'axe de la lune étant presque perpendiculaire à l'écliptique, le soleil ne sort jamais sensiblement de son équateur, d'où il suit que la lune ne jouit pas de la variété des saisons. Mais comme elle ne tourne qu'une seule fois sur son axe pendant son mouvement de révolution, chacun de ses jours et chacune de ses nuits sont de quinze fois 24 de nos heures, ou de 360 heures. Il résulte de là aussi que les habitants de ce satellite n'ont pas les mêmes moyens que nous de calculer le temps; en effet, nous mesurons l'année par le retour des équinoxes, et leurs jours sont toujours égaux. Du reste ils pourraient le mesurer en observant nos pôles, qu'ils voient parfaitement, et dont l'un commence à être éclairé, et l'autre a disparaître toutes les fois que nos équinoxes reviennent.

Atmosphère. — Jamais les taches de la lune ne disparaissent: il n'y a donc pas de nuages. Mais il peut y avoir une atmosphère diaphane, et que les condensations ne viennent jamais obscurcir. Le propre d'une atmosphère de ce genre serait, il est vrai, de briser les rayons lumineux envoyés par des corps passant derrière elle. Dans les occultations d'étoiles, si la lumière était réfractée, était brisée, l'étoile serait encore visible quelque temps après avoir disparu, ce qui n'a pas lieu. Donc l'hypothèse d'une atmosphère autour de la lune n'est pas soutenable; il n'y a même pas à sa surface aussi peu d'air qu'il y en a dans le récipient de la meilleure machine pneumatique. Il ne peut y avoir d'eau, car l'eau placée dans le vide se vaporiserait, et la moindre vapeur réfracte la lumière, ce qui ne se voit pas, encore une fois, sur la lune. Il n'y a pas de glace, car la glace se vaporise dans le vide. Voilà bien des différences entre la terre et la lune. Continuons cette étude.

Montagnes lunaires. — La lune est-elle plate? non; si elle l'était, la ligne de séparation entre la partie éclairée et celle qui ne l'est point se serait toujours présentée comme une courbe continue, parfaitement régulière; au lieu de cela elle offre les sinuosités les plus fortes.

Si l'on dirige vers cet astre un fort télescope, on remarque, dans la partie qui n'est pas encore éclairée par le soleil aux premiers temps de son cours, une grande quantité de points lumineux sans connexion entre eux ni avec la portion éclairée, qui la précèdent et la suivent, et qui s'agrandissent à mesure que les rayons du soleil arrivent plus directement sur la face qu'ils occupent.

Derrière ces points lumineux se projette une ombre épaisse et qui tourne de manière à se trouver toujours en opposition avec le soleil. Ces points brillants sont les sommités de montagnes, qui reçoivent les rayons du soleil avant les parties moins élevées, de même que l'on voit souvent sur la terre la cime des monts colorés par les splendeurs naissantes du jour, alors que leur base est encore dans l'ombre. L'ombre que projettent ces montagnes avait déjà permis d'en mesurer la hauteur, ainsi que la profondeur des vallées; la géométrie a aussi donné les moyens de le faire, et on se sert à cet effet d'une proposition dont le résultat est devenu proverbial chez les géomètres. Nous voulons parler de ce théorème du *carré de l'hypoténuse*, d'après lequel le carré formé sur l'hypoténuse d'un triangle rectangle est égal aux carrés formés sur les deux côtés.

En général, lorsque l'on a trouvé quelque chose, on veut toujours que cela soit très-grand; aussi quelques-uns des astronomes qui s'occupèrent des montagnes lunaires, leur donnèrent-ils d'abord des hauteurs considérables. Galilée, le premier parmi les modernes (mars 1610) qui ait reconnu que la lune était un globe couvert de montagnes et de dépressions, leur donne environ 8,800 mètres. Hévélius réduisit les plus grandes à 5,200. Mais Riccioli, qui vint après, augmentant les déterminations de l'astronome de Florence, donna à la seule montagne de Sainte-Catherine une élévation de plus de 14,000 mètres, près du double de la plus haute montagne terrestre connue jusqu'à ce jour.

Lorsque l'on a voulu nier la réalité de ces chiffres, il est arrivé ce qui arrive souvent en pareil cas, on est tombé d'un excès dans un excès contraire. Et ce qu'il y a de singulier, c'est que ce fut Herschell, dont on a prétendu bien légèrement que le trait caractéristique était une tendance à l'extraordinaire, qui se rendit coupable de cet excès. Après avoir substitué à la méthode d'Hévélius une méthode plus exacte encore, aux *simples évaluations* de Galilée et de Riccioli des mesures plus rigoureuses, il tira de ses observations la conséquence qu'à un petit nombre d'exceptions près la hauteur des montagnes de la lune ne dépasse pas 800 mètres; que la plus élevée, le *mont Lacer*, n'en a que 2,800. Eh bien! les études sélénographiques les plus récentes sont contraires à cette conclusion.

On vient de voir que l'étude des montagnes de la lune, faite par Herschell, avait laissé la question encore plus indécise peut-être qu'elle ne l'était auparavant. Il était donc à désirer que l'on reprît une à une les sommités lunaires, et qu'on en déterminât avec soin l'élévation. Mais c'était un travail long, difficile, méticuleux, pour lequel il fallait et beaucoup d'habileté et une grande patience. Il s'est trouvé des hommes qui se sont voués à cette entreprise et qui ont voulu donner un relief de l'hémisphère visible de la lune beaucoup plus exact, plus complet que ne pourrait l'être le relief d'un des deux hémisphères de la terre. Deux astronomes de Berlin, MM. Beer et Mœdler, ont mesuré 1,093, près de 1,100 montagnes de la lune. Sur ce nombre, il y en a *six* au-dessus de 5,800 mètres et *vingt-deux* au-dessus de 4,800 mètres (4,800 mètres est la hauteur du Mont-Blanc au-dessus de la mer). Le travail important de MM. Beer et Mœdler a mis de nouveau dans tout son jour le mérite du célèbre astronome de Dantzig. Il est remarquable que, grâce au zèle et à l'exactitude d'Hévélius, on ait connu la hauteur des montagnes de la lune beaucoup plus tôt que la hauteur des montagnes de la terre.

Les montagnes de la lune ont en général la forme de cratères annulaires très-grands. C'est une immense cavité, un vaste bassin dont les contours affectent une disposition plus ou moins circulaire, et du centre de laquelle surgit le cône qui enveloppe la bouche même du volcan. Nous avons sur la terre des exemples de cette disposition : dans le Vésuve, l'Etna, la Kirauea des Sandwich, etc.; mais ces cratères annulaires sont sur une échelle bien réduite, comparés à ceux de la lune. Il en existe un aux îles Philippines qui est cependant très-vaste; il a été visité par les ingénieurs attachés à l'expédition de l'*Erygone*; sa ressemblance avec les cratères de la lune est telle, que le dessin qu'ils en ont envoyé aurait pu faire croire tout d'abord qu'ils avaient donné le dessin d'un des cratères de notre satellite.

Cette constitution extérieure des montagnes lunaires porte tout naturellement à se demander s'il existe des volcans dans la lune. A la fin d'avril 1787, Herschell présenta à la Société royale de Londres un Mémoire dont le titre, *Trois volcans de la lune*, dut vivement frapper l'imagination. L'auteur y rapportait que, le 19 avril 1787, il avait aperçu dans la partie non éclairée, dans la partie obscure de la lune, *trois volcans* en ignition. Deux de ces volcans semblaient sur leur déclin, l'autre paraissait en pleine activité. Telle était alors la conviction d'Herschell sur la réalité du phénomène, que le lendemain de sa première observation il écrivait : « Le volcan brûle avec une plus grande violence que la nuit dernière. » Le diamètre réel de la lumière volcanique était d'environ 5,000 mètres. Son intensité paraissait très-supérieure à celle du noyau d'une comète qui se montrait alors. L'observateur ajoutait : « Les objets situés près du cratère sont faiblement éclairés par la lumière qui en émane. » Enfin, disait Herschell, « cette éruption ressemble beaucoup à celle dont je fus témoin le 4 mai 1783. »

Herschell ne revint sur la question des prétendus volcans lunaires actuellement enflammés qu'en 1791.

Dans le volume des *Transactions philosophiques de* 1792, il rapporte qu'en dirigeant sur la lune, *entièrement éclipsée* le 22 octobre 1790, un télescope de 20 pieds, grossissant 360 fois, on voyait sur toute la surface de l'astre environ *cent cinquante points rouges* et très-lumineux.

Or, on peut affirmer que l'illustre astronome a été le jouet d'une illusion. Mais comment arrive-t-il qu'après des observations aussi exactes que les siennes, peu d'astronomes admettent aujourd'hui l'existence de volcans actifs dans la lune? Voici, en deux mots, l'explication de cette singularité.

Les diverses parties de notre satellite ne sont pas également réfléchissantes. Ici, cela tient à la forme; ailleurs, à la nature de la matière. Les personnes qui ont examiné la lune avec des lunettes savent combien les différences d'éclat provenant des deux causes mentionnées peuvent être considérables, combien un point de lune est quelquefois plus lumineux que les points voisins. Or, il est de toute évidence que les rapports d'intensité entre les parties faibles et les parties brillantes doivent se conserver, quelle que soit l'origine de la lumière éclairante. Dans la portion du globe lunaire *illuminée par le soleil*, il y a, tout le monde le sait, des points dont l'éclat est extraordinaire comparativement à ce qui les entoure; ces mêmes points, quand ils se trouveront dans la partie de la lune seulement *éclairée par la terre*, dans la portion cendrée, domineront *de même*, par leur intensité, l'éclat des régions voisines. Voilà comment on peut expliquer les observations de l'astronome de Slough, sans recourir à des volcans. Au moment où le grand observateur étudiait dans la portion de la lune non éclairée par le soleil, le prétendu volcan du 20 avril 1787, son télescope (de 10 pieds) lui montrait en effet, à l'aide des rayons secondaires provenant de la terre, jusqu'aux taches les plus sombres.

Quant à la couleur *rouge* des nombreux points qu'en 1790 il regardait comme autant de volcans, elle est aussi facile à expliquer. En effet, le *rouge* n'est-il pas *toujours* la couleur de la lune éclipsée quand il n'y a point de disparition entière ? Les rayons solaires arrivant à notre satellite par l'effet d'une réfraction, et à la suite d'une absorption éprouvée dans les couches les plus basses de l'atmosphère terrestre, pourraient-ils avoir une autre teinte ? Dans la lune éclairée librement et de face par le soleil, n'y a-t-il point de cent à deux cents petits points remarquables par la vivacité de leur lumière ? Etait-il possible que ces mêmes points ne se fissent pas aussi distinguer dans la lune, quand elle recevait seulement la portion de lumière solaire réfractée et colorée par notre atmosphère ?

§ II.

Mouvements de la lune. — Le soleil est 365 jours 1/4 à accomplir sa révolution ; la durée de celle de la lune est de 27 jours et 3/10, ce qui est l'étendue du mois lunaire.

La lune présente, durant sa révolution, deux mouvements à observer. Nous savons qu'elle revient à la même étoile en 27 jours 3/10; mais on peut se demander en combien de temps elle reviendra au soleil : car lorsqu'elle sera revenue à l'étoile, ce dernier en sera déjà assez éloigné, et il lui faudra, pour le rattraper, parcourir un espace de temps qui est de deux jours et quelques minutes.

La durée du premier de ces mouvements est ce que l'on nomme le *mois périodique ;* le second est le *mois synodique.*

Déclinaisons de la lune. — La déclinaison de la lune est, ainsi que celle du soleil, le mouvement par suite duquel elle s'éloigne ou se rapproche de l'équateur. Il y a donc une déclinaison boréale et une déclinaison australe. En l'observant avec soin, on trouve qu'elle est constante dans toutes les lunaisons ; mais elle ne l'est plus si on la rapporte à l'écliptique, dont elle s'écarte de 5° 8' 49" vers le nord et vers le midi.

Nœuds.—Les deux points où l'orbite lunaire se croise avec l'orbite solaire s'appellent *nœuds*, l'un ascendant, quand la lune s'élève vers le point boréal, l'autre descendant, quand elle se rapproche du pôle austral. Ces deux points n'ont aucun rapport avec ce que l'on entend vulgairement par nœud ; les lignes qui les forment sont idéales : on ne saurait donc demander à les voir, ce serait aussi peu raisonnable que si on demandait à voir le périgée de la lune, qui, lui aussi, n'a rien de matériel, rien de visible, puisque c'est seulement un endroit de l'espace où la lune s'est trouvée le plus près de la terre.

Les nœuds changent de place continuellement. En 18 ans 7 mois 1/2 environ, ils font une révolution entière qui s'accomplit le long de l'écliptique d'orient en occident, c'est-à-dire dans un sens rétrograde, dont la cause est dans l'action du soleil. En effet, lorsque la lune, dans son mouvement de révolution autour de la terre, se rapproche du plan de l'écliptique, la force d'attraction du soleil la fait descendre, et avance ainsi le moment où elle doit couper le plan de l'écliptique.

Maintenant que nous avons déterminé la ligne décrite par la lune dans sa révolution, voyons de combien elle se déplace.

Si avec un micromètre on mesure le diamètre apparent de l'astre, on trouvera qu'il change d'une manière considérable, c'est-à-dire que la distance de la lune à la terre est très-variable : ainsi dans cet espace de 29 jours 1/2 nous le trouverons en premier lieu de 27 minutes, puis de 33, c'est-à-dire qu'elle décrit autour de la terre une ellipse dont celle-ci occupe l'un des foyers. Du reste la planète se meut en parcourant des espaces égaux dans des temps égaux.

Distance de la lune à la terre. — Après nous être assurés de la nature du mouvement de la lune, il est important que nous cherchions sa distance de la terre ; c'est une opération qui ne présente pas plus de difficultés que celle par laquelle on s'est assuré de la distance de la terre au soleil. Il s'agit simplement de déterminer sa parallaxe, c'est-à-dire la différence entre sa position apparente et sa position vraie.

Pour avoir la distance que nous cherchons, il suffira de placer deux observateurs sur le même méridien, et à la distance de 1600 lieues, rayon de la terre.

C'est ce que firent, vers le milieu du siècle dernier (1750), deux astronomes français, Lacaille, qui se rendit au Cap de Bonne-Espérance, et Lalande, qui fut se placer à Berlin. Ils employèrent la même méthode dont on s'est servi pour avoir la distance du soleil. *Voy.* PARALLAXE.

On a trouvé pour l'angle au soleil 8"6/10". L'angle à la lune est plus considérable ; l'opération donna 60' : mais il y a 60" par minute ; multiplions 60 par 60 et nous aurons 3,600" pour la parallaxe de la lune ou l'angle sous lequel on voit de la lune le rayon terrestre. Cherchons la valeur de ce résultat.

Si la lune occupait la place de la terre, elle aurait un diamètre de 120' ; mais comme le rayon terrestre a 1600 lieues et que nous trouvons 60' comme valeur de l'angle à la lune, nous avons la proportion 1,600 : 60 :: 120 : 4, 5, c'est-à-dire que le diamètre de la lune est de plus d'1/4 de celui de la terre ; en termes précis, il en est les 27/100 [e].

Voulons-nous avoir la surface ; les surfaces des sphères sont entre elles comme les carrés de leurs rayons : celle de la lune sera en conséquence 1/14e de celle de la terre ; le 14e de 33 millions 1/2 de lieues donne 2,394,516 lieues. Voulons-nous avoir le volume : les solidités de deux sphères sont comme les cubes de leurs rayons ou comme les cubes de leurs diamètres ; le cube du diamètre de la terre est de 34,430,810,395 ; le cube du diamètre de la lune sera de 686,105,630 lieues cubes ; le volume de cet astre sera donc à celui de la terre comme 686 millions sont à 34 milliards 1/2, c'est-à-dire qu'il en sera le 50e.

Voyons enfin pour la distance qui sépare les deux astres. Nous avons trouvé l'angle de la lune à la terre égal à 3,600", nous avons trouvé qu'un rayon de 1600 lieues vu de la lune sous-tend un arc de 60'. La distance doit être 60 fois ce rayon. Multiplions donc 1600 par 60, et nous aurons 96 lieues à 1/36,000e, c'est-à-dire à trois lieues près, parce que l'observation de l'angle peut être entachée d'une erreur d'1/36,000e.

L'erreur de même nature est bien plus forte relativement au soleil. En effet, on a trouvé pour cet astre l'angle à la terre égal à 8"6/10es. La quantité dont on peut se tromper dans l'appréciation d'un tel angle est de 1/10e : l'erreur sera donc la 36e partie du tout qui est de 38,000,000 de lieues, c'est-à-dire de 400,000 lieues ; on n'a la distance de la terre au soleil qu'à cette énorme approximation près. Personne ne peut donc dire qu'on soit parvenu à cet égard à une approximation tant soit peu exacte.

Phases de la lune. — Un des phénomènes les plus curieux qu'offre l'étude de la lune est celui des *phases*. Nous voyons toujours le soleil sous la forme d'un disque plein ; il n'en est pas de même de la lune. Elle nous apparaît d'abord sous la forme d'un croissant effilé qui s'agrandit peu à peu jusqu'au moment où il fait place à une figure hémisphérique qui, prenant chaque jour plus de développement, devient bientôt un disque entier, que l'on voit diminuer graduellement jusqu'à redevenir un croissant ; mais tandis que la partie concave du premier était tournée vers l'orient, celle-ci l'est vers l'occident.

Quelle peut être la cause de ces changements ? La lune ne serait-elle pas lumineuse par elle-même ? Ceci est assez probable, si nous observons d'abord que les parties éclairées sont toujours tournées vers le soleil, et si, de plus, nous examinons avec soin les positions des croissants et des quadrants, positions par lesquelles nous ne tarderons pas à reconnaître que la ligne qui va du centre du croissant ou du quadrant au soleil, est toujours perpendiculaire au diamètre de la lune, ce dont on peut s'assurer alors même que le croissant est dans son plus grand état d'émaciation, car avec la seule donnée de la ligne courbe qui le forme, on peut retrouver le cercle entier et le diamètre.

En effet, la géométrie nous apprend que, pour déterminer la ligne qui termine une sphère, il suffit d'avoir trois points appartenant ou supposés appartenir à sa circonférence, de les joindre par deux lignes droites, d'élever sur ces deux lignes deux perpendiculaires, et que le point où ces deux perpendiculaires se couperont sera le centre du cercle qui devra passer par les trois points primitivement donnés.

Pour produire ces effets, la lune a nécessairement besoin d'obéir à un mouvement particulier. C'est ce qui est. Elle tourne sur son axe précisément dans le même temps qu'elle exécute sa révolution autour de la terre : aussi nous présente-t-elle toujours le même côté. Démontrons ceci d'une manière plus explicite, après avoir tenu compte préalablement d'expressions propres appliquées aux différents états de la lune.

Quand elle est pleine, c'est-à-dire quand elle présente à la terre toute sa face éclairée, on dit qu'elle est en *opposition* avec le soleil ; quand elle est nouvelle, c'est-à-dire quand elle nous présente sa face obscure, et qu'elle est invisible par conséquent, on la dit en *conjonction*. Ces deux positions s'appellent les *syzygies*. C'est alors qu'ont lieu les éclipses de lune et de soleil, ainsi que nous le verrons plus tard. Enfin, la lune est à son premier ou à son dernier quartier, quand elle nous fait voir la moitié de sa partie éclairée, et ces positions ont reçu le nom de *quadratures*, comme on appelle *octants* les points intermédiaires entre les quadratures et les syzygies.

Les lunaisons sont rapportées dans le public aux divers mois de l'année : ainsi on dit la lune de mars, la lune de mai, etc. On se demande bien souvent à quel mois appartient une certaine lune. La durée de la révolution est, ainsi que nous venons de le voir, de 27 jours, et comme les mois solaires sont plus longs que les mois lunaires, il se trouve que chaque lunaison (à quelques exceptions rares) appartient à deux mois différents. Les computistes, ceux qui s'occupent le plus du calendrier, sont convenus que chaque lunaison prendrait le nom du mois où elle finit. Cette convention donne lieu à des bizarreries assez singulières ; en voici un exemple : Supposons qu'une lune finisse dans la nuit qui sépare le mois de février du mois de mars ; on appellera *lune de mars* une lune qui s'écoule tout entière dans le mois de février. Du reste, en prenant le commencement de la lune, on aura les mêmes bizarreries. Au surplus, cela n'est qu'une convention gratuite, car ceux qui se sont le plus occupés de la lune, et entre autres Clavius, n'avaient pas autorité pour fixer une telle chose. Ainsi, devant les tribunaux, l'opinion du computiste n'aurait aucune valeur en cas de litige à ce sujet.

Aux nouvelles lunes, les anciens avaient une fête que l'on appelait *la fête des néoménies* ou des nouvelles lunes. Elles étaient annoncées par un croissant léger que l'on aperçoit en général 20 heures après la conjonction. Pour que la fête commençât, il fallait que deux témoins l'eussent aperçue. Les Turcs ainsi que les Grecs modernes ont conservé cet usage.

Nature de la lumière de la lune. — On a cherché quelles sont les propriétés des rayons lumineux qui nous viennent de la lune, mais les expériences les plus délicates n'ont pu faire découvrir dans cette lumière ni propriétés calorifiques, ni propriétés chimiques. En effet, concentrée au foyer des plus larges miroirs, elle ne produit aucun effet calorifique sensible. Pour faire cette expérience, on a pris un tube recourbé, dont les extrémités sont terminées par deux boules remplies d'air, l'une diaphane et l'autre noircie, le milieu étant occupé par un liquide coloré. Dans cet instrument, lorsqu'il y a absorption de chaleur, la boule noire en absorbe plus que l'autre, et l'air qu'elle renferme augmentant d'élasticité, le liquide est refoulé. L'appareil est si délicat, qu'il accuse jusqu'au millième de degrés; et cependant, dans l'expérience citée, il n'a donné aucun résultat. La lumière réfléchie par la lune n'a donc pas de propriétés calorifiques sensibles. On a reconnu également qu'elle était dépourvue de propriétés chimiques; on a exposé à son action de l'hydrochlorate d'argent, substance qui se noircit instantanément sous l'influence de la lumière solaire, et l'on n'a rien obtenu. Néanmoins telle est l'exquise sensibilité du système nerveux, que ces rayons lunaires qui, d'après ce que nous venons de dire, semblent inertes, qui sont 300,000 fois plus faibles que ceux du soleil, ont une action visible sur la pupille (1).

La portion de la lune qui n'est pas éclairée par le soleil, l'est souvent par la terre. On avait expliqué les phases de la lune au moyen du soleil sans songer à cela; aussi était-on très-embarrassé pour expliquer la lumière cendrée. La lumière cendrée est donc la lumière réfléchie par la terre sur la partie obscure de la lune; et en effet, elle a cet aspect légèrement diaphane de cendres soulevées dans l'air par une cause quelconque. Elle rend visible, mais très-faiblement, la portion de la lune qui pour nous est toujours plongée dans l'obscurité.

C'est le maître de Képler qui est l'auteur de cette théorie. La lumière cendrée éprouve des variations d'intensité et de couleur. Une fois, l'astronome de Mulhouse, dit de Berlin (Lambert), la vit verte. Il explique cela par la végétation si prodigieusement riche des forêts dont est couverte l'Amérique, ce qui fait qu'on avait alors des nouvelles de la végétation de ce continent par la lumière cendrée. Le matin, alors que la lune se dégage des rayons du soleil, la lumière cendrée est plus brillante, parce qu'en ce moment du jour elle reçoit les reflets de l'Asie et de l'Europe. Le soir, au contraire, alors que la lune est tournée vers des régions de la terre dont la surface est très-peu rayonnante, comme la mer du sud et l'Océan Atlantique, elle est bien moins intense. Ceux qui ont été sur une tour ou sur une montagne, alors que la plaine était couverte de nuages, ont pu observer combien la réflexion y est brillante; aussi l'intensité de la lumière cendrée doit être singulièrement augmentée lorsque notre ciel est très-nuageux; de sorte que des observations suivies, faites selon cette donnée, pourraient donner un jour l'état moyen de l'atmosphère terrestre.

§ III.

Plusieurs circonstances concourent à rendre les mouvements de la lune les plus intéressants et en même temps les plus difficiles à étudier de tous les corps qui composent notre système. Dans le système solaire, une planète trouble une planète; mais dans la théorie lunaire, le soleil est la grande cause perturbatrice; son immense distance étant compensée par sa masse énorme, les mouvements de la lune sont plus irréguliers que ceux des planètes; et par suite de la grande excentricité de son orbite et de la grosseur du soleil, le calcul approximatif de ses mouvements est long et difficile au delà de ce qu'on peut imaginer, quand on n'est pas accoutumé à de pareilles recherches. La lune est quatre cents fois environ plus près de la terre que le soleil. Le voisinage de la lune et de la terre est la cause qui maintient la première à l'état de satellite par rapport à la seconde: car l'attraction du soleil est si grande, que si la lune était plus éloignée de la terre, elle l'abandonnerait tout à fait pour tourner autour du soleil comme planète indépendante.

Perturbations périodiques. — Evection. — Variation. — Equation annuelle. — L'action troublante que le soleil exerce sur la lune est équivalente à trois forces: la première, agissant dans la direction de la ligne qui joint la lune et la terre, augmente ou diminue sa gravité par rapport à la terre; la seconde, agissant dans la direction d'une tangente à son orbite, trouble son mouvement en longitude; et la troisième, enfin, agissant perpendiculairement au plan de l'orbite, trouble son mouvement en latitude, c'est-à-dire qu'elle l'attire plus près, ou l'éloigne davantage du plan de l'écliptique, qu'elle ne s'en approcherait ou ne s'en éloignerait sans cela. Les perturbations périodiques de la lune provenant de ces forces sont parfaitement semblables aux perturbations périodiques des planètes; seulement elles sont beaucoup plus considérables et plus nombreuses, parce que le soleil est si grand, que plusieurs inégalités, qui sont tout à fait insensibles dans les mouvements

(1) On a trouvé par le calcul que la lumière directe du soleil égale celle de 5,563 bougies d'une grosseur moyenne, placées à un pied de distance de l'objet éclairé; celle de la lune n'est probablement égale qu'à la lumière d'une chandelle placée à la distance de douze pieds.

des planètes, sont très-considérables dans les mouvements de la lune. Parmi les innombrables inégalités périodiques auxquelles le mouvement de la lune en longitude est sujet, les plus remarquables sont l'évection, la variation et l'équation annuelle. La force troublante qui agit dans la ligne joignant la lune et la terre produit l'évection ; elle diminue l'excentricité de l'orbite lunaire, lorsque la lune est en conjonction et en opposition, c'est-à-dire qu'elle la fait approcher de la forme circulaire ; au contraire, elle l'augmente quand la lune est en quadrature, en rendant par conséquent l'orbite plus elliptique. La période de cette inégalité n'est pas tout à fait de trente-deux jours. Si l'augmentation et la diminution étaient toujours les mêmes, l'évection ne dépendrait que de la distance de la lune au soleil ; mais sa valeur absolue varie aussi avec sa distance au périgée de son orbite. Les anciens astronomes, dont les observations lunaires n'avaient pour but unique que la prédiction des éclipses, lesquelles ne peuvent avoir lieu qu'en conjonction et en opposition, alors que l'excentricité est diminuée par l'évection, assignèrent une valeur trop petite à cette excentricité de l'orbite lunaire. La variation produite par la force troublante tangentielle, qui est à son maximum quand la lune est à 45° du soleil, devient nulle, d'une part, quand la lune est en quadrature, et de l'autre quand elle est en conjonction ou en opposition : conséquemment, cette inégalité n'aurait jamais pu être découverte par la seule observation des éclipses ; sa période est d'un demi-mois lunaire. L'équation annuelle dépend de la distance du soleil à la terre ; elle provient de l'accélération du mouvement de la lune, qui a lieu lorsque celui de la terre retarde, et *vice versa*. — Car, lorsque la terre est dans son périhélie, l'orbite lunaire est agrandi par l'action du soleil, et conséquemment il faut plus de temps à la lune pour accomplir sa révolution. Mais à mesure que la terre approche de son aphélie, l'orbite de la lune se contracte, et ce satellite met alors moins de temps pour accomplir son mouvement; sa période dépend donc du moment de l'année. Dans les éclipses, l'équation annuelle se combine avec l'équation du centre de l'orbite terrestre, de sorte que les anciens astronomes s'imaginaient que l'orbite de la terre avait une plus grande excentricité que celle qui lui est assignée par les astronomes modernes.

Action directe et indirecte des planètes. — Les planètes troublent le mouvement de la lune directement et indirectement ; leur action sur la terre altère sa position relative à l'égard du soleil et de la lune, et occasionne dans le mouvement de ce dernier corps des inégalités qui sont plus considérables que celles qui proviennent de l'action directe des planètes : par la même raison, la lune, en troublant la terre, trouble indirectement son propre mouvement. Ni l'excentricité de l'orbite lunaire, ni sa moyenne inclinaison au plan de l'écliptique, n'ont éprouvé, par suite des inégalités séculaires, les moindres changements : car, bien que l'action moyenne du soleil sur la lune dépende de l'inclinaison de l'orbite lunaire, par rapport à l'écliptique, et que la position de l'écliptique soit sujette à une inégalité séculaire, l'analyse cependant démontre qu'elle n'occasionne pas une variation séculaire dans l'inclinaison de l'orbite lunaire, l'action du soleil tendant constamment à maintenir cette orbite au même degré d'inclinaison, par rapport au plan de l'écliptique. Le mouvement moyen, les nœuds et le périgée sont sujets cependant à de très-remarquables variations.

Accélération. — D'après une éclipse observée par les Chaldéens à Babylone le 19 mars, sept cent vingt-un ans avant l'ère chrétienne, la place de la lune est connue par celle du soleil, à l'instant de l'opposition, d'où sa moyenne longitude peut être déduite; mais la comparaison de cette moyenne longitude avec celle qu'on calcule en remontant à l'époque de cette éclipse, d'après les observations modernes, prouve que la lune accomplit aujourd'hui sa révolution autour de la terre plus rapidement, et dans un espace de temps plus court qu'elle ne le faisait autrefois, et que l'accélération de son mouvement moyen a été en augmentant de siècle en siècle, comme le carré du temps ; toutes les éclipses anciennes et intermédiaires confirment ce résultat. Comme les mouvements moyens des planètes n'ont point d'inégalités séculaires, celle-ci semblait être une anomalie inexplicable. On l'attribua d'abord à la résistance d'un milieu éthéré remplissant l'espace, puis à la transmission successive de la force de gravitation ; mais Laplace ayant prouvé que ni l'une ni l'autre de ces causes, en supposant même qu'elles existent, n'ont aucune influence sur les mouvements du périgée lunaire ou des nœuds, il fut bien reconnu qu'elles ne pouvaient affecter le mouvement moyen, une variation dans le mouvement moyen, due à de telles causes, étant inséparablement liée à des variations dans les mouvements du périgée et des nœuds. En étudiant la théorie des satellites de Jupiter, ce grand mathématicien s'aperçut que la variation séculaire des éléments de l'orbite de Jupiter, produite par l'action des planètes, occasionne des changements correspondants dans les mouvements des satellites ; et cette découverte le conduisit à soupçonner que l'accélération du mouvement moyen de la lune pouvait être liée à la variation séculaire de l'excentricité de l'orbite terrestre. L'analyse a prouvé que telle est en effet la vraie cause de l'accélération.

Il est reconnu que plus l'excentricité de l'orbite terrestre est considérable, et plus est grande aussi l'action troublante du soleil sur la lune. Or, l'excentricité ayant été en décroissant pendant des siècles, cette action a dû nécessairement aller aussi en diminuant pendant la même durée de temps.

Conséquemment, l'attraction de la terre a exercé une action de plus en plus puissante sur la lune, et a constamment diminué la grandeur de l'orbite lunaire. De sorte que la vitesse de la lune a été graduellement en augmentant pendant plusieurs siècles pour faire équilibre à l'augmentation de l'attraction de la terre. Cette variation séculaire de la vitesse de la lune est désignée de nos jours sous le nom d'*accélération*, et elle conservera ce même nom pendant un grand nombre de siècles encore, parce que, aussi longtemps que l'excentricité de la terre diminuera, le mouvement moyen de la lune sera accéléré; mais, lorsque l'excentricité aura passé son minimum et commencera à augmenter, le mouvement moyen de la lune retardera de siècle en siècle. L'accélération séculaire est actuellement de 11",209 environ, mais son effet sur la place de la lune augmente comme le carré du temps. Il est à remarquer que l'action des planètes, ainsi réfléchie par le soleil à la lune, est beaucoup plus sensible que leur action directe, soit sur la terre, soit sur la lune. La diminution séculaire de l'excentricité qui n'a pas altéré l'équation du centre du soleil de huit minutes, depuis les éclipses les plus anciennement enregistrées, a produit une variation d'environ 1° 48' dans la longitude de la lune et 7° 12' dans sa moyenne anomalie.

Variation séculaire dans les nœuds et le périgée.—L'action du soleil occasionne un mouvement rapide, mais variable, dans les nœuds et le périgée de l'orbite lunaire. Quoique les nœuds rétrogradent durant la plus grande partie de la révolution de la lune, et avancent durant la plus petite, ils accomplissent leur révolution sidérale en 6793 j. 6h. 41 m. 45 s. 6, et le périgée accomplit une révolution en 3232 j. 13 h. 48 m. 29 s. 4, ou un peu plus de neuf ans, quoique son mouvement soit quelquefois rétrograde et quelquefois direct; mais telle est la différence entre l'énergie perturbatrice du soleil et celle de toutes les planètes réunies, qu'il ne faut pas moins de 109,830 ans au grand axe de l'orbite terrestre pour accomplir une révolution semblable, son mouvement annuel étant de 11° 8. La forme de la terre n'exerce aucun effet sensible, soit sur les apsides, soit sur les nœuds lunaires. Il est évident que la même variation séculaire, qui change la distance du soleil à la terre, et occasionne l'accélération du mouvement moyen de la lune, doit affecter aussi les nœuds et le périgée. Aussi, la théorie et l'observation s'accordent-elles pour démontrer que ces éléments sont sujets à une inégalité séculaire, provenant de la variation de l'excentricité de l'orbite terrestre, qui les lie à l'accélération, de telle sorte qu'ils sont retardés quand le mouvement moyen est accéléré. Les variations séculaires de ces trois éléments sont dans la proportion des nombres 3, 0. 735 et 1, d'où les trois mouvements de la lune, à l'égard du soleil, de son périgée et de ses nœuds, sont continuellement accélérés, et leurs équations séculaires sont comme les nombres 1, 4. 702 et 0. 012. La comparaison des éclipses anciennes observées par les Arabes, les Grecs et les Chaldéens, avec les observations modernes, confirme parfaitement ces résultats de l'analyse, malgré l'imperfection des observations des premiers. Les siècles à venir développeront ces grandes inégalités, qui, à quelque période infiniment éloignée, s'élèveront à plusieurs circonférences. Nul doute qu'elles ne soient périodiques, mais qui jamais dira leur période? Des millions d'années s'écouleront encore avant que ce grand cycle soit accompli.

Nutation de l'orbite lunaire. — La lune est si près de nous, que l'excès de matière accumulé à l'équateur terrestre occasionne des variations périodiques dans sa longitude, ainsi que cette inégalité remarquable dans sa latitude déjà citée comme une nutation de l'orbite lunaire, laquelle diminue son inclinaison à l'écliptique lorsque le nœud ascendant de la lune coïncide avec l'équinoxe du printemps, et l'augmente lorsque ce même nœud coïncide avec l'équinoxe d'automne. Comme la cause doit être proportionnelle à l'effet, la comparaison de ces inégalités, telles qu'on les trouve par le calcul, avec celles qui sont déterminées par l'observation directe, prouve que l'aplatissement du sphéroïde terrestre, ou le rapport de la différence entre les diamètres polaire et équatorial, au diamètre de l'équateur, est $\frac{1}{305,05}$. Il est analytiquement prouvé que si une masse fluide de matière homogène, dont les particules s'entre-attireraient inversement au carré de la distance, tournait autour d'un axe comme fait la terre, elle prendrait la forme d'un sphéroïde dont l'aplatissement serait $\frac{1}{230}$, d'où l'on conclut que la terre n'est pas homogène, mais qu'elle décroît en densité du centre à la circonférence. Ainsi les éclipses de lune fournissent une preuve de la rondeur de la terre, et ses inégalités déterminent non-seulement la forme, mais encore la structure interne de notre planète, résultats qui n'auraient pu être connus sans le secours de l'analyse.

Des inégalités semblables dans les mouvements des satellites de Jupiter prouvent que sa masse n'est pas homogène, et que son aplatissement est $\frac{1}{13,8}$. Son diamètre équatorial excède son diamètre polaire de 2173 lieues environ.

Occultations et distances lunaires. — Les mouvements de la lune offrent aujourd'hui au navigateur et au géographe plus d'intérêt que ceux d'aucun autre corps céleste, par suite de la précision avec laquelle la longitude terrestre est déterminée par les occultations des étoiles et des distances lunaires. Il résulte du mouvement rétrograde des nœuds de l'orbite lunaire, mouvement qui s'opère à raison de 3'10",64 par jour, que ces points font le tour du soleil en un peu plus de dix-huit ans et demi. Telle est la cause qui fait décrire à la lune une espèce de spirale dans son mouvement autour de la terre, de sorte que son disque passe à différentes reprises sur tous les points d'une zone du ciel qui s'étend à plus de 5° 9' de chaque côté de l'écliptique. Il est donc évident que, soit à un moment, soit à un autre, elle doit éclipser chaque étoile et chaque planète qu'elle rencontre dans cet espace. Par conséquent, l'occultation d'une étoile produite par la lune est un phénomène qui se renouvelle souvent; la lune semble passer sur l'étoile, qui disparaît presque instantanément vers un des côtés de son disque, et peu de temps après reparaît soudainement de l'autre. Une distance lunaire est la distance observée de la lune au soleil, ou à une étoile, ou à une planète, à un instant quelconque. La théorie lunaire est parvenue à un tel degré de perfection, que les temps de ces phénomènes observés sous un méridien quelconque donnent, lorsqu'ils sont comparés aux temps calculés pour l'observatoire de Paris, la longitude de l'observateur, à quelques kilomètres près.

D'après la théorie lunaire, l'on connaît la distance moyenne du soleil à la terre, et de là toutes les dimensions du système solaire; car les forces qui retiennent la terre et la lune dans leurs orbites sont respectivement proportionnelles aux rayons vecteurs de la terre et de la lune, chacun étant divisé par le carré de son temps périodique; et comme la théorie lunaire donne le rapport des forces, l'on en déduit le rapport des distances du soleil et de la lune à la terre. On a trouvé ainsi que la moyenne distance du soleil à la terre est 396 ou 400 fois environ plus grande que celle de la lune. *Voy.* Parallaxe.

§ IV.

Prétendues influences de la lune. — Les jardiniers disent que la lumière de la lune a la propriété de faire geler ou roussir les plantes; ils prétendent que cette funeste influence se manifeste surtout dans la lune qui, commençant en avril, devient pleine ordinairement dans le courant de mai, et qu'ils appellent la *lune rousse*, par suite de l'action qu'elle exerce, *principalement sur les jeunes pousses des plantes se développant en mai.* D'après eux, les jeunes pousses exposées à la lumière de la lune roussissent ou gèlent, quoique le thermomètre suspendu en l'air, près des plantes, marque 7 à 8 degrés centigrades au-dessus de zéro, et ces *mêmes jeunes pousses ne gèlent pas quand des nuages les préservent de l'action des rayons de la lune.* Le fait est certain; mais l'observation des jardiniers n'est pas complète, et l'explication qu'ils en donnent n'est pas juste. On sait que tous les corps tendent à se mettre en équilibre de température, lorsqu'ils sont placés en regard l'un de l'autre, quoique écartés entre eux. Or, pendant l'absence du soleil, les corps situés à la surface de la terre tendent à se mettre en équilibre de température avec les hautes régions de l'espace, qui sont de 40 à 50 degrés centigrades au-dessous de zéro. Donc les corps, envoyant à ces régions plus de chaleur qu'ils n'en reçoivent euxmêmes, et ne recevant de la terre qu'une chaleur égale à celle qu'ils lui envoient, doivent se refroidir. Tous les corps ne rayonnent pas également. Il en est qui ne rayonnent que très-peu pendant la nuit, comme l'air, les métaux, etc.; d'autres encore rayonnent beaucoup, comme le coton, l'édredon, les végétaux et surtout le parenchyme des feuilles. Par conséquent, si, par une nuit sereine, on place un thermomètre dans l'air, il continue à *marquer une température qui peut aller à 7 ou 8 degrés centigrades*, *parce que l'air avec lequel il est* en contact, rayonnant très-peu, n'éprouve pas une grande diminution de température. Mais les plantes rayonnant beaucoup, et ne réparant pas leurs pertes, éprouvent un refroidissement capable de les faire geler.

Le thermomètre ne doit pas être suspendu dans l'air, pour indiquer l'abaissement que les plantes ont éprouvé *dans leur température; il faut, au contraire, le mettre en contact avec les plantes elles-mêmes.*

Ce n'est pas la lumière de la lune qui fait geler les plantes, quoiqu'elles gèlent quand la lune brille, et ne gèlent point quand elle est cachée par des nuages. La lune est là comme un indice, comme un témoin qui atteste que les plantes rayonnent en liberté vers les hautes régions de l'espace, et doivent, par conséquent, éprouver un grand abaissement de température. Quand la lune ne paraît pas, elle est masquée par un rideau de nuages qui arrête dans les plantes l'action du rayonnement, en s'interposant entre elles et les régions glacées de l'espace; d'où il résulte que les plantes n'éprouvent *qu'un abaissement de température insensible ou même nul, et, par conséquent, ne gèlent pas.* Ainsi, sans en connaître la véritable cause, les jardiniers ont raison de dire que les plantes gèlent ou ne gèlent pas, selon qu'elles reçoivent la lumière de la lune ou qu'elles en sont préservées.

Ce phénomène ayant lieu surtout dans le mois de mai, où les nuits sont ordinairement sereines, et où les plantes, alors en pleine végétation, offrent des parties très-délicates, les jardiniers disent que la lune pleine en mai est la lune rousse. Mais on peut se convaincre, par plusieurs expériences, que la lune n'entre pour rien là dedans. Si l'on a deux plantes voisines, et que, par une nuit sereine, on couvre l'une d'une gaze, en laissant l'autre à découvert, la plante voilée ne gèlera pas, et la plante nue gèlera. D'ailleurs, les plantes gèlent par une nuit sereine, même lorsque la lune est sous l'horizon. Donc le rayonnement est la seule cause de ce phénomène.

On pense généralement que la lune exerce une influence sensible sur l'atmosphère. Théophraste le croyait; et depuis, bien des savants l'ont soutenu. Maintenant il n'y a pas un marin, pas un agriculteur qui n'y croie encore. L'observation attentive des phénomènes météorologiques prouve qu'il n'est pas vrai que le passage de la lune par les points de son orbite où elle devient nouvelle ou pleine, entre dans le premier ou dans le dernier quartier, exerce sur l'atmosphère une action capable d'amener un changement de temps. Quand on a une idée arrêtée d'avance, on ne tient compte que des cas favorables à son opinion, et non des cas défavorables, qui passent inaperçus. Ainsi lorsqu'une personne, convaincue de l'influence des phases de la lune sur les changements de temps, en voit un arriver le jour d'un changement de lune ou de quartier, elle le note et l'enregistre avec soin, tandis que si cette influence ne se vérifie pas cinquante autres fois, elle n'y prend pas garde et n'en tient aucun compte. En outre, ce qu'on appelle changement de temps n'a pas une définition exacte, un sens précis, qui ne soit pas sujet à controverse. Car l'un appellera changement de temps un passage ou la présence d'un nuage; pour un autre, ce sera un vent qui s'élèvera d'un côté, ou soufflera plus fort; pour un autre encore, ce sera le passage d'un temps serein à un temps très-couvert, et ainsi de suite.

Il faut donc chercher un phénomène qui ne donne pas lieu à la discussion, et où l'on ne puisse pas se tromper, comme le nombre de jours de pluie qu'on peut prendre dans des tableaux météorologiques faits avec soin. Pour opérer avec encore plus d'exactitude et envisager la question sous toutes ses faces, on peut même prendre les points intermédiaires entre les phases principales de la lune, et qu'on nomme *octants*, le premier *octant* étant à égale distance entre la nouvelle lune et le premier quartier, le second octant à égale distance entre le premier quartier et la pleine lune, le troisième octant à égale distance entre la pleine lune et le dernier quartier, enfin le quatrième octant à égale distance entre le dernier quartier et la nouvelle lune. La considération des octants peut paraître minutieuse à la société, qui n'en tient pas compte; mais ils sont fort importants aux yeux de l'astronome.

En opérant sur une grande base d'observations embrassant un certain nombre d'années, on a reconnu que le nombre de jours de pluie atteint son *maximum* le jour du second octant, et son minimum le jour du dernier quartier. Ce résultat remarquable, et qui montre que la lune a une *certaine* influence sur l'état de l'atmosphère, est bien éloigné des idées populaires qui attribuent les changements de temps aux quatre phases principales de la lune; mais il ne donne pas matière à discussion, parce qu'il est simplement l'énoncé d'un fait.

Ce résultat est d'ailleurs parfaitement confirmé par une autre preuve également matérielle. La quantité d'eau qui tombe à Paris est de 56 centimètres, c'est-à-dire qu'en supprimant les maisons, tout le sol de Paris serait couvert de 56 centimètres d'eau, s'il n'y avait pas évaporation ou infiltration. A l'Observatoire, on reçoit dans un vase l'eau de la pluie, et l'on a soin de la préserver de l'évaporation en la faisant parvenir, à mesure qu'elle tombe, dans un second vase destiné à cet effet. Il y a un réservoir placé sur la plate-forme supérieure, et un autre dans la cour; l'observation présente ce phénomène remarquable, qu'il tombe un sixième d'eau de plus dans la cour que sur la plate-forme.

Les résultats montrent en outre que le *maximum* d'eau reçue dans les vases a lieu le jour du deuxième octant, et le *minimum* le jour du dernier quartier.

Enfin, d'autres observations faites sur l'état du baromètre, qui baisse, comme on sait, quand il pleut, prouvent que la hauteur du mercure atteint son *minimum* au second octant, et son *maximum* au dernier quartier. Si donc le changement de temps est la cause unique des changements du baromètre, ce résultat est une suite nécessaire des observations que nous venons de rapporter, et il ne fait que les corroborer par une concordance parfaite.

La différence entre le *maximum* et le *minimum* des hauteurs du baromètre est très-peu considérable et atteint à peine 1 millimètre qui marche dans le même sens que les phénomènes. C'est la mesure incontestable de l'action que la lune exerce sur l'atmosphère. La lune agit sur l'Océan par voie d'attraction et y produit le phénomène régulier des marées, de sorte que l'instant de la haute mer est séparé d'à peu près six heures de l'instant de la basse mer, les heures des hautes et des basses mers variant chaque jour comme celles du passage de la lune au méridien. Or l'examen suivi des observations barométriques montre qu'il n'en est pas ainsi. C'est au second octant que la lune a le plus d'action sur l'hémisphère, et non à la nouvelle ou à la pleine lune. En outre, si la lune agissait sur l'atmosphère par attraction, les résultats devraient être les mêmes à la nouvelle et à la pleine lune, et celui du premier quartier devrait de même égaler celui du dernier quartier. Comme cela n'a pas lieu, il est certain que la lune n'agit pas sur l'atmosphère par attraction.

La lune n'agissant point sur l'atmosphère par attraction, il est clair que ses phases ne peuvent avoir d'influence sur les changements du temps; car il faudrait que cette influence inconnue eût la propriété d'amener les nuages après le beau temps, et le beau temps après les nuages, ce qui est absurde.

Quant à l'opinion de ne couper les arbres que dans le décours de la lune, elle est fort ancienne, et les ordonnances de Louis XIV enjoignaient de ne faire de coupe qu'après l'époque de la pleine lune. Cette prescription a cessé depuis les expériences de Duhamel Dumonceau, d'où il résulte que le bois coupé dans le cours est de la même qualité que le bois abattu dans le décours. Au reste, comme il fait plus souvent humide dans la période ascendante que dans la descendante, la différence, quoique minime, pourrait bien à la rigueur avoir quelque influence et rendre le bois un peu plus humide dans le cours que dans le décours; mais l'ex périence ne l'a pas encore pleinement constaté.

On croyait jusqu'ici que la lumière de la lune est sans puissance aucune pour produire des effets chimiques, parce que le chlorure d'argent, qui noircit au soleil et même seulement par l'action de la lumière diffuse du jour, reste blanc quand on l'expose à la lumière de la lune. Mais M. Daguerre, en appliquant à la lune l'ingénieux procédé par lequel il est parvenu à reproduire les images des objets terrestres en fixant les rayons lumineux, vient d'obtenir des images de la lune, qui démontrent, malgré leur imperfection, que les rayons lunaires ne sont pas dépourvus de toute puissance.

Lune rousse. *Voy.* Lune.

Lune arrêtée par Josué. *Voy.* Soleil, § III.

LUNETTE ASTRONOMIQUE. — Les anciens n'ont eu aucun moyen d'ajouter à la puissance de l'œil dans l'observation des astres : quand ils voulaient s'assurer si une étoile avait un mouvement propre, ils la visaient avec une pinnule, qui leur servait uniquement à en trouver la direction ; mais même pour cela l'instrument était très-insuffisant, car si l'ouverture de la pinnule est un peu grande, la ligne de vision devient incertaine et n'a aucune fixité ; si au contraire l'ouverture est très-petite, la pupille ne reçoit plus la quantité de rayons lumineux qui lui est nécessaire pour voir convenablement les objets. Afin d'atténuer autant que possible les erreurs qui pouvaient résulter de l'usage d'une seule pinnule, on en employait souvent deux à la fois. Il y avait à l'Observatoire de Baghdad des instruments d'observation de ce genre plus grands que les nôtres ; mais leur usage se bornait à l'observation des astres les plus brillants ; si on eût toujours été réduit à de pareils moyens, la science serait certainement encore dans l'enfance.

En 1609, le hasard fit découvrir un instrument auquel se rattachent tous les progrès récents de l'astronomie : des enfants, qui jouaient dans la boutique d'un fabricant d'instruments d'optique, à Middlebourg (Hollande, Zéeland), trouvèrent dans la position relative de deux verres la combinaison même sur laquelle repose la construction de la lunette, instrument admirable, à l'aide duquel les objets peuvent être vus sous de grandes dimensions. Le hasard joue souvent un grand rôle dans les découvertes humaines, mais on lui fait rarement sa part, et la raison c'est qu'il est muet. Galilée, ayant entendu parler de la découverte faite à Middlebourg, essaya de la reproduire et y parvint ; il construisit une lunette qui rapprochait aussi les objets. On a attribué cette reproduction à sa connaissance de la théorie de cet instrument ; le fait est qu'il ne l'a point connue.

Une lunette se compose de deux verres lenticulaires qu'on place aux extrémités d'un cylindre ou tuyau, lequel sert principalement à les maintenir à une distance respective convenable. L'un de ces verres est très-large ; c'est celui que l'on tourne vers l'objet, et que pour cela même on appelle l'*objectif*. A l'autre bout est une autre lentille très-courbe : toute la construction d'une lunette se réduit à cela... Quant à sa théorie, elle repose sur ce que le verre, qui est tourné vers l'objet éloigné, en reproduit l'image derrière lui en un point que l'on appelle *foyer*. L'autre verre, qu'on appelle l'*oculaire*, qui est très-courbe et par conséquent à court foyer, grossit cette image aérienne de l'objectif absolument comme si c'était l'objet lui-même. Ainsi, dans une lunette, deux parties essentielles : une lunette qui donne l'image de l'objet éloigné, et une autre qui la grossit.

Cette distinction entre les deux verres est capitale. A quoi une lunette peut-elle servir ? A donner de la *fixité* et de la *délicatesse aux lignes de visée* à l'aide desquelles on veut reconnaître le mouvement des corps ; et comme c'est par l'oculaire que le grossissement se fait, ce grossissement sera plus ou moins considérable selon que l'on emploiera pour oculaire une lentille, une loupe plus ou moins courbe. Il suffira donc, pour faire varier à volonté le grossissement, de changer la loupe qui sert d'oculaire sans qu'on ait besoin de toucher à l'objectif.

Les grossissements obtenus jusqu'à ce jour ne sont pas excessifs : en cherchant à les accroître on a rencontré de grandes causes d'erreurs. Quand la lunette était courte, on obtenait une image *irisée*, c'est-à-dire, enveloppant les images d'une zone aux couleurs de l'iris, ou de l'arc-en-ciel. Pour atténuer ce défaut, on a imaginé d'abord de faire usage de lentilles peu courbes, mais alors on s'est vu dans l'obligation de donner à l'instrument des dimensions énormes; on a employé à l'Observatoire de Paris des lunettes qui ont eu 100, 200 et jusqu'à 300 pieds de longueur ; elles ne rendirent aucun service. On en avait supprimé le tuyau, parce qu'il ne sert qu'à relier l'oculaire à l'objectif et à faciliter les déplacements ; l'un de ces instruments était monté sur une tour colossale, dépendant antérieurement de l'ancienne machine de Marly ; l'image de l'objectif allait se peindre dans la cour, et là on la grossissait avec la loupe ; mais le moindre changement dans la position de l'objet exigeait un grand déplacement de la part de l'observateur, et pour suivre l'astre dans son mouvement, il aurait fallu que l'astronome fût tantôt à terre, tantôt juché au haut d'un mât.

Les grossissements que l'on pouvait produire alors étaient de 100 à 150 fois seulement ; plus tard Auzout était parvenu à obtenir des grossissements de 600 fois. Pendant longtemps une erreur de Newton (car il s'est aussi trompé) avait fait admettre que l'irisation des lentilles était une chose inévitable ; et, par suite de cette opinion, on chercha d'autres moyens de vision ; on songea à obtenir l'image par voie de réfraction. En effet, la lumière ne se décomposant pas en se réfléchissant, elle ne s'irise pas ; mais la construction des lunettes sur ce principe offrait d'abord un grave inconvénient, résultant de ce que l'image réfléchie faisant retour en sens contraire de l'observateur, celui-ci ne pouvait la regarder sans l'intercepter plus ou moins en interposant la tête. Un artifice de Newton remédia à ce défaut. Comme tout près du foyer l'image occupe un petit espace, il plaça là un très-petit miroir plan incliné de manière à renvoyer l'image par côté ; celle-ci, réfléchie ainsi latéralement, put alors être observée d'une manière déjà beaucoup plus commode. L'instrument ainsi modifié prit le nom de télescope de Newton. Il laissait néanmoins encore beaucoup à désirer ; il fallait se détourner par côté pour observer l'image, ce qui avait plus d'un inconvénient. Grégory y apporta de nouveaux perfectionnements, et donna son nom à un autre télescope qui diffère de celui de Newton, principalement en ce que, au lieu du petit miroir plan de celui-ci, il employa un second miroir concave, qui, au lieu de renvoyer l'image par côté, la réfléchit directement dans le sens même de l'axe du tuyau : une ouverture pratiquée au fond et au centre du premier miroir permet ensuite à l'image, ainsi deux fois réfléchie, d'aller se peindre au fond de l'oculaire, lequel peut alors rester placé d'une manière beaucoup plus commode pour l'observateur dans le prolongement même du tube télescopique.

Ainsi les télescopes diffèrent des lunettes en ce que l'image y est formée par voie de réflexion. Ces instruments pouvaient bien servir à faire des observations sur la constitution physique des planètes, mais ils étaient encore insuffisants pour arriver à obtenir des lignes de visée rigoureuses, et par conséquent à déterminer avec exactitude le mouvement des astres : jusque-là donc le problème paraissait insoluble.

Le fils d'un réfugié français, Dollond, ne s'arrêtant plus à l'autorité de Newton, imagina de tenter une construction de lentilles qui donnassent des images non irisées ; il y parvint après beaucoup d'essais, et on eut alors des lunettes achromatiques qui permirent de faire pour chaque objet des observations parfaitement comparables. Lorsqu'on regarde avec une pareille lunette à deux verres, on voit à la fois un grand nombre d'objets qui occupent un espace circulaire appelé le *champ de la lunette*. Ce champ varie ensuite selon le grossissement ; plus on grossit, plus le champ se restreint : avec certains oculaires, on finit par ne plus y voir que des fragments d'un astre ; la moindre petite tache de la lune, lorsqu'elle est ainsi grossie jusqu'à un certain point, finit par occuper tout le champ de la vision. C'est ainsi que l'on est parvenu à faire la topographie de la partie visible de la surface de notre satellite.

La découverte qui a rendu les lunettes achromatiques a également rendu possibles des grossissements beaucoup plus grands. La première lunette de Galilée, que l'on conserve à Florence, grossissait cinq fois, comme une lunette d'opéra ; il ne dépassa jamais un grossissement de 32 fois : or, pour découvrir l'anneau de Saturne, il faut plus que cela. Sous Louis XV on atteignit des grossissements de 60 à 70 fois, à l'aide desquels on put apercevoir les satellites ; puis le roi d'Angleterre fit présent au duc d'Orléans d'une lunette qui grossissait de 100 fois. Enfin Herschell annonça un télescope qui pouvait grossir jusqu'à 6000 fois : on l'accusa de vouloir en imposer, et il fut sommé de prouver la possibilité d'un pareil grossissement ; il répondit à la sommation, et il lut à la société royale de Londres un mémoire qui ne laissa plus aucun doute dans les esprits. Ainsi, avec ce télescope d'Herschell, une montagne éloignée de 6000 lieues eût pu être aperçue comme si elle n'eût plus été qu'à la distance d'une lieue, c'est-à-dire comme de l'Observatoire on aperçoit Montmartre à l'œil nu. Toutefois, comme la quantité de lumière qui entre dans le tuyau du télescope dépend de la grandeur de l'objectif, Herschell, pour atteindre son but, dut en faire construire de très-larges ; la surface polie du miroir de son grand télescope de 39 pieds n'avait pas moins de 4 pieds anglais (1 mètre 22 cent.) d'ouverture (1).

Mais les larges objectifs de verre ont toujours offert des défauts très-graves : les *stries*, les filets de plomb qui se trouvent ordinairement dans le verre, brisent les rayons lumineux et altèrent la pureté de l'image : ce n'est que durant ces dernières années que l'on est parvenu à faire de grands objectifs sans stries ; et aujourd'hui, dans un modeste atelier de la rue Mouffetard (2), 283, on en fabrique qui ont jusqu'à 20 pouces de diamètre et qui sont sans défauts. Tributaires jadis de l'étranger pour cet objet important, nous sommes en mesure actuellement d'en fournir à tous nos voisins.

La tête du spectateur, ainsi que nous l'avons vu, ne doit pas être sur la route des rayons qui pénètrent dans un télescope. Cette condition à remplir a donné naissance aux télescopes newtonien et grégorien. Dans ces deux instruments, le petit miroir interposé entre l'objet et le grand miroir forme pour ce dernier une sorte d'écran qui empêche la totalité de sa surface de contribuer à la formation de l'image. Le petit miroir joue encore, sous le

(1) Pendant son séjour au Cap, après quelques nuits de service, Herschell était obligé de faire repolir ses miroirs ; aussi comptait-il beaucoup plus sur un objectif de 5 pouces seulement, mais d'une perfection admirable, que sur ses grands miroirs.

(2) Nous voulons parler de la fabrique de M. Guinand, qui a obtenu du jury de l'exposition de 1839 une médaille d'or, pour ses disques en flint et en crown-glass (cristal royal).

rapport de l'intensité, un autre rôle très-fâcheux.

Supposons, pour fixer les idées, que la matière dont les deux miroirs sont formés réfléchisse la moitié de la lumière incidente. Dans l'acte de la première réflexion, l'immense quantité de rayons que l'ouverture du télescope avait reçue peut être considérée comme réduite à moitié. Sur le petit miroir, l'affaiblissement n'est pas moindre : or, *la moitié de la moitié, c'est le quart*. Ainsi l'instrument enverra à l'œil de l'observateur le quart seulement de la lumière incidente que son ouverture avait embrassée. Une lunette, ces *deux* causes d'affaiblissement n'y existant pas, donne aux images, à parité de dimensions, *quatre* fois plus d'éclat qu'un télescope newtonien ou grégorien.

La clarté des objets vus dans la lunette astronomique ne saurait jamais être plus grande que celle des objets vus à l'œil nu, et elle est généralement moindre. Quand il s'agit des astres qui envoient beaucoup de lumière, on peut perdre sur la clarté de chaque point, et en avoir assez pour voir nettement l'image agrandie. Si un objectif a cent fois le diamètre de la pupille, il recevra 100 fois 100, ou 10,000 fois autant de lumière; et si le grossissement de la lunette est 100, la surface de l'image sur la rétine serait aussi 100 fois cent ou 10,000 fois moins éclairée, ce qui ferait tout juste compensation; mais les lunettes qui grossissent seulement comme 100, n'ont pas un objectif, à beaucoup près, 100 fois aussi large que la pupille. Donc la clarté est moindre que dans l'hypothèse que nous avons faite; donc elle sera moindre qu'à l'œil nu.

Il serait fort important de pouvoir obtenir des objectifs de grand diamètre; car, toutes choses égales d'ailleurs, on y gagnerait en clarté; l'on pourrait distinguer avec le même grossissement beaucoup plus de choses dans les planètes, ou bien l'on pourrait grossir davantage avec la même dose de clarté qu'auparavant. Le perfectionnement de l'astronomie est lié à la production d'objectifs de grande taille. Jusqu'à ces derniers temps, on ne pouvait guère dépasser 27 centimètres; maintenant d'habiles fabricants et artistes produisent des lentilles de 55 centimètres, dont la surface est par conséquent quadruple, et donne quatre fois plus de clarté que les meilleures lunettes actuelles. Il n'est pas douteux que ces magnifiques morceaux ne conduisent à de fort intéressantes découvertes.

On sait que, dans les plus fortes lunettes, les étoiles paraissent comme de simples points; le grossissement est tout à fait nul : cela tient à ce que le diamètre apparent est tellement petit, que, multiplié par 1000, si la lunette grossit 1000 fois, il est encore au-dessous des valeurs appréciables par notre œil, ou mesurables par nos instruments. Mais si les lunettes ne les grossissent pas, elles les rendent bien plus claires et bien plus nettes, permettent de les distinguer en plein jour, et font voir de très-petites étoiles invisibles à l'œil nu. Tout ceci n'est nullement en contradiction avec ce qui précède, et résulte de ce que l'image de l'étoile n'est qu'un point, comme lorsqu'on la considère à l'œil. Si la surface de l'objectif contient 3600 fois celle de la prunelle, la lunette donnera 3600 fois plus de lumière que l'œil, et l'image sera 3600 fois plus claire, sans qu'il y ait lieu d'appliquer le principe de l'affaiblissement par diffusion, puisque l'image se réduit à un point.

Les dimensions des verres et les distances focales d'une lunette ne donnent qu'une idée approchée de sa puissance, parce que le degré de pureté des verres, le travail plus ou moins parfait de leur courbure, leurs modes d'ajustement, ont une telle influence, qu'on ne peut bien juger de la force de l'instrument que par des essais particuliers. Celles d'un grossissement supposé de 50 fois, par exemple, devront faire voir les satellites de Jupiter et Vénus en croissant; telles autres, d'un grossissement déterminé, dédoubleront telles étoiles. Dans tous les cas, un objectif est excellent lorsqu'il fait voir les étoiles comme des points parfaitement ronds, et le disque des planètes sans franges colorées sur les bords.

Pendant bien longtemps les lunettes ne servirent qu'à étudier la constitution physique des astres; mais elles ont rendu depuis bien d'autres services, et on peut dire sans exagération qu'elles ont presque doublé l'existence des astronomes. L'invention de Galilée n'est donc pas aussi simple qu'on pourrait le croire, et en réfléchissant à ce qu'elle est devenue, l'esprit est involontairement amené vers cette pensée de Pascal, que « les sciences font autant de progrès par la suite des siècles que par la suite des hommes. »

Observation. — Aujourd'hui, dans les observations, les *réfracteurs* sont universellement préférés aux miroirs : les grands réflecteurs sont à peu près sans usage; mais pour les amateurs, et quand il s'agit seulement d'une moyenne dimension, il y a, du moins aujourd'hui, de l'avantage à prendre un télescope. L'instrument est beaucoup plus puissant qu'une lunette de même prix. Pour les petites dimensions, les télescopes ont encore l'avantage : un artiste anglais, nommé Short, en a construit qui, avec une longueur de 4 pouces, faisaient voir les satellites de Jupiter, et permettaient de lire les *Transactions philosophiques* à 125 pieds de distance. Avec ceux de 15 pouces on lisait à 500 pieds, et on voyait les satellites de Saturne.

LUNETTE MÉRIDIENNE, ou INSTRUMENT DES PASSAGES. Le passage des astres à leur culmination étant d'une grande importance en astronomie, on a imaginé un instrument propre à en faire l'observation; c'est ce qu'on nomme une *lunette méridienne* ou *des passages;* voici en quoi elle consiste :

Au foyer de cette lunette on place un *réticule*, muni de 3, 5 ou 7 fils verticaux équidistants, croisés par un fil horizontal. L'instrument est porté sur des bras parfaitement égaux et perpendiculaires à l'axe optique. On le vérifie par le retournement; on place le bras droit sur le support gauche, et réciproquement, et il faut que, dans ces deux positions, le fil moyen du réticule se peigne précisément sur la même ligne de mire tracée au loin dans la campagne.

Les bras de la lunette méridienne sont portés sur des supports inébranlables qu'on a construits dans une situation convenable, et posent par leurs bouts, ou tourillons, sur des coussinets un peu mobiles qu'on fixe à volonté. L'un peut se mouvoir verticalement, pour amener les bras à prendre une direction parfaitement horizontale, ce dont on s'assure par le niveau à bulle d'air: comme les bras sont perpendiculaires à l'axe optique de la lunette, cet axe doit, dans cet état, décrire un plan vertical. L'autre coussinet peut s'avancer sur le support, dans le sens horizontal, afin de pouvoir amener l'axe optique dans le plan du méridien, où il est déjà placé approximativement, à l'aide d'une boussole, ou par tout autre moyen. On observera le passage d'une étoile à chacun des fils verticaux du réticule, le long du fil horizontal, et l'on notera l'heure, la minute et la seconde, qui répondent à ces observations: l'instant moyen est celui du passage par l'axe optique qui répond au fil du milieu; il sera donc facile, par divers essais, de diriger la lunette, de manière que le plan vertical de son axe optique coupe par moitié le cercle diurne que décrit une étoile circompolaire. Ce plan est le méridien.

Les astronomes ont divers procédés pour s'assurer que la lunette méridienne est exactement placée, ou pour en calculer la petite déviation et corriger les observations.

Comme les essais sont trop longs pour amener la lunette à la position précise, on a soin de marquer au loin, sur une mire, la direction du méridien, afin de la retrouver et d'y ramener le fil du milieu, lorsqu'il s'en trouve écarté par quelque cause. L'un des bras porte une alidade perpendiculaire, qui, se mouvant à mesure qu'on fait tourner la lunette sur ses tourillons, indique, sur un cercle gradué fixe, les diverses inclinaisons que prend cet instrument. Ce cercle se nomme *cercle mural*.

Nous ne dirons rien des soins indispensables à prendre: par exemple, on diminue les frottements sur les coussinets, en allégeant le poids qu'ils supportent; on creuse les tourillons pour pouvoir éclairer les fils et les rendre visibles dans l'obscurité; on prend des fils très-fins; on s'assure de leur parallélisme, de leur équidistance, etc.

Huyghens est le premier qui imagina d'adapter un repère fixe aux deux bords du tuyau, idée bien simple qui devait avoir cependant des conséquences immenses. On se servit d'abord, à cet effet, de cheveux; mais on ne tarda pas à s'apercevoir qu'ils étaient trop gros, et que d'ailleurs les rayons solaires les brûlaient. Les fils d'araignée que l'on employa ensuite ne brûlent pas, mais ils sont, à l'exception de celui qui porte la toile, hygrométriques et sujets par conséquent à se briser sous l'influence des variations atmosphériques. Enfin l'idée vint en dernier lieu de se servir de fils métalliques, si on pouvait les obtenir assez fins. Le laminage les donnait toujours trop gros, ou, lorsqu'on voulait les obtenir trop fins, ils se cassaient: un procédé ingénieux conduisit enfin au résultat désiré; le voici: ces fils, qui sont en platine, sont d'abord amincis à la filière autant que cette opération peut le permettre. Ils sont ensuite mis dans des cylindres où l'on fond de l'argent, et forment ainsi l'axe de ces cylindres d'argent, qui, passés eux-mêmes à la filière, sont réduits en fils. Le platine s'est aminci en proportion, et, pour le dégager, on plonge le tout dans l'acide nitrique qui dissout l'argent sans agir sur le platine. Cet axe presque idéal de platine, ce fil si ténu qu'il est beaucoup plus fin que ceux des toiles d'araignées, constitue l'une des bases les plus importantes de l'observation: adapté au télescope, il prend le nom de *pinnule télescopique*.

Lorsqu'on dirige la lunette vers un point donné du ciel, une étoile, par exemple, l'arc compris sur le limbe, entre la ligne de visée et la direction du fil à plomb, mesure la distance angulaire de l'étoile au zénith. Le complément de cet angle, ou sa différence à 90°, est la distance méridienne de l'astre à l'horizon ou la hauteur de l'astre. Le cercle mural fait donc connaître par une seule observation la hauteur d'un astre et l'instant de son passage au méridien. Il nous dit aussi en même temps de combien cet astre est austral ou boréal, ce que l'on appelle sa *déclinaison*, c'est-à-dire de combien il est éloigné de l'équateur vers l'un ou l'autre pôle. On voit qu'elle peut être *au trale* ou *boréale*.

La déclinaison d'un astre ou sa distance à l'équateur est toujours égale au complément ou à la différence entre 90° et sa distance au pôle. La distance au pôle s'obtient en retranchant la hauteur du pôle pour le lieu de l'observation de la hauteur de l'astre sur l'horizon, hauteur que donne immédiatement le cercle mural, ainsi que nous venons de le dire.

La déclinaison d'un astre indique le cercle parallèle à l'équateur sur lequel il se trouve situé. On peut bien, sur ce parallèle, prendre un point arbitraire et y placer Sirius, par exemple, l'étoile la plus brillante du ciel, après avoir déterminé sa déclinaison. Mais où placer les autres étoiles qui ont la même déclinaison que Sirius? La position des étoiles n'est donc pas complétement déterminée par l'observation de leurs déclinaisons. Il est nécessaire pour cela d'avoir une autre donnée. Cet autre élément de position, c'est l'*ascension droite* de l'astre: l'observateur note avec précision l'heure, la minute, la seconde, où l'astre qu'il suit, Sirius, par exemple, vient se placer devant le fil central de la lunette méridienne; il observe avec la même précision l'instant du passage au méridien d'autres étoiles. Comparant entre elles les observations du passage au méridien des différentes étoiles, il aura en temps les intervalles qui les séparent, et il lui sera loisible de convertir ces temps en arcs de *grand cercle*, en se rappelant l'uniformité de mouvement de la sphère céleste, qui accomplit invariablement sa révolution en 24 heures; d'où il résulte qu'une différence d'une heure correspond à 15°, une minute de temps à 15', une seconde à 15". On aura ainsi les distances des différents méridiens que renferment les étoiles observées à l'un d'eux pris pour point de départ, ou ce qu'on appelle leur *ascension droite*. Une erreur d'une seconde affecterait la mesure de l'arc d'une erreur de 15". Mais on a diminué considérablement les chances d'erreur en divisant le champ de la lunette en plusieurs intervalles égaux, au moyen de fils verticaux équidistants, d'une finesse extrême, dont nous avons parlé. Ces fils servent à déterminer la position précise des astres qu'on observe. Pour qu'ils restent toujours fixes et bien tendus, on les applique sur une plaque métallique percée en forme de diaphragme, que l'on fixe dans la lunette au moyen d'une vis latérale. L'appareil se nomme *micromètre*. Il y en a de plusieurs espèces, mais le plus simple est composé de cinq fils parallèles et d'un sixième qui les coupe à angles droits. Quelquefois il est composé seulement de deux fils parallèles, dont l'un est mobile, croisés par un troisième.

L'instant du passage de l'astre devant chacun de ces fils se compte avec une précision admirable, au moyen de montres d'un mécanisme particulier et très-ingénieux. L'observateur arrête la montre au moment du passage de l'astre devant un des fils, et il y a suspension du mouvement pendant qu'il observe ; mais à peine a-t-il poussé une détente, que l'aiguille se remet en mouvement, répare le temps perdu et vient se replacer dans la position qu'elle eût occupée si l'arrêt momentané n'eût pas eu lieu. M. Bréguet en a imaginé une d'un mécanisme plus ingénieux encore, où l'aiguille se charge elle-même de la notation, et en dispense l'observateur. Une pointe liée au mécanisme de l'instrument traverse une petite cavité hémisphérique, remplie d'une encre gluante et huileuse, dont on ne craint point par conséquent l'épanchement, et vient marquer un point sur un papier préparé à cet effet.

Mais le méridien de Sirius que nous avons pris pour point de départ tout à l'heure, n'est pas celui que l'on a choisi en astronomie pour cet objet, parce que Sirius ne se voit pas de tous les points indifféremment. Le signe du Bélier, point où le soleil coupe l'équateur lorsqu'il remonte du tropique austral vers le pôle boréal, est le point à partir duquel les astronomes comptent les ascensions droites.

L'ascension droite est donc l'angle que forme le plan horaire d'une étoile avec le méridien, à l'instant où le point fixe du Bélier, qui marque l'équinoxe du printemps, se trouve dans le plan du méridien. L'ascension droite se compte toujours d'occident en orient et depuis 0 jusqu'à 360°, étendue de la circonférence entière.

Ce système de lignes, au moyen duquel on détermine la position des astres, offre, comme il est facile de l'apercevoir, beaucoup d'analogie avec le précédent; mais il en diffère essentiellement en ce que les positions des astres étant prises par rapport à des cercles de la sphère céleste invariablement fixés, puisqu'en effet ce sont l'équateur céleste et un méridien fixe, tous les observateurs situés à la surface de la terre peuvent y rapporter leurs observations, et comparer entre eux les résultats qu'ils ont obtenus.

La position d'une étoile est fixée pour l'astronome du moment où on lui donne son ascension droite et sa déclinaison. A l'aide de ces données, il trouve tous les rapports de situation et de distance des étoiles sur la sphère céleste.

Ce que nous venons de dire va faire comprendre comment on peut obtenir un catalogue d'étoiles au moyen de la lunette méridienne ou de tout autre instrument convenable. Après avoir placé dans la première colonne le nom d'une étoile quelconque, et celui de la constellation à laquelle elle appartient, on détermine l'instant du passage de l'étoile dans le plan du méridien, et on note exactement l'heure, la minute, la seconde de ce passage, en partant de 0 h. du pendule. Ces valeurs seront contenues dans la seconde colonne. La troisième colonne indiquera la déclinaison ou distance polaire de l'étoile. On fait la même chose pour toutes les autres étoiles. Ces données acquises, il est facile d'indiquer sur un plan leurs différentes positions dans l'espace, et on possédera ainsi une carte céleste sur laquelle seront tracés les divers groupes d'étoiles qui forment les constellations. Hipparque est le premier qui les ait construites, et comme les distances relatives des étoiles n'ont pas offert de changement sensible depuis les premières observations, ces cartes peuvent encore être employées, à la rigueur, pour connaître les principales constellations du ciel.

LUNETTE TERRESTRE. *Voy.* LONGUE-VUE.

LUNETTE de Galilée. *Voy.* LORGNETTE.

LUNETTE DE NUIT. — Cette lunette dont on se sert en mer ne donne pas de clarté aux objets sans doute, mais, comme elle a une très-grande ouverture, elle rassemble un bien plus grand nombre de rayons que la prunelle; de telle sorte qu'on peut obtenir une clarté égale, avec les avantages du grossissement.

M

MACHINE ÉLECTRIQUE. — Elle est construite de la manière suivante. Un grand plateau de verre circulaire est placé entre quatre coussins fixés à deux montants de *bois verticaux* ; il est traversé en son centre et soutenu par un axe muni d'une manivelle qui permet de lui imprimer un mouvement de rotation. Les coussins sont en cuir et rembourrés de crin ; mais la partie qui se trouve tournée du côté des montants est en bois, et c'est sur ce bois que l'on cloue le cuir : ils sont tellement disposés que lorsqu'on fait tourner le plateau, ils frottent la plus grande partie de sa surface en commençant par la circonférence. L'expérience a prouvé que, pour produire un plus grand effet, la partie frottante devait être revêtue d'une couche d'*or massif* (*deuto-sulfure d'étain*) réduit en poudre impalpable, ou d'un amalgame de zinc et d'étain. Pour faire tenir ces matières sur le cuir on y passe préalablement un léger enduit de suif. Toute cette partie de la machine est fixée verticalement sur une table. Sur cette même table on dispose horizontalement deux cylindres creux de laiton, appelés *conducteurs* supportés par des colonnes de verre, et liés entre eux par un troisième cylindre plus petit qui réunit leurs extrémités les plus éloignées du plateau. — A l'extrémité opposée qui en est la plus voisine, ils portent chacun une tige de laiton qui se recourbe en fer à cheval, embrasse le disque de verre, et présente quelques pointes à chacune de ses faces dans toute l'étendue que frottent les coussins. Ainsi le plateau se trouve divisé en quatre parties égales par les coussins et les tiges des conducteurs. Dès qu'on lui imprime un mouvement de rotation, la partie de sa surface qui passe entre les coussins se couvre de fluide positif ; mais en arrivant vis-à-vis des pointes, cette électricité décompose le fluide naturel du conducteur, repousse le fluide positif à l'extrémité opposée, et attire le fluide négatif qui, en s'écoulant par les pointes, s'élance sur le verre, le réduit à l'état naturel et neutralise l'électricité libre dont il était chargé. Quand cette partie du plateau arrive entre les autres coussins, elle s'électrise de nouveau, son fluide est encore neutralisé par celui des autres pointes ; et ainsi de suite. Dès qu'on cesse de tourner, les conducteurs se trouvent chargés d'électricité positive libre.

Nous savons que les fluides électriques ne deviennent jamais libres l'un sans l'autre : ainsi, pendant que le plateau s'électrise positivement, les frottoirs se couvrent d'électricité négative. S'ils étaient isolés et que ce fluide négatif ne pût pas s'écouler, il retiendrait le fluide positif du verre, gênerait son action décomposante sur le fluide neutre des conducteurs, et en peu de temps empêcherait toute décomposition nouvelle du fluide naturel du plateau ; d'où il suit que la charge électrique des conducteurs serait très-limitée. Pour la rendre aussi grande que possible, on fait communiquer les coussins avec le sol, soit par une chaîne métallique dont ils sont entourés, soit en rendant conductrice la matière des montants. Il faut encore que le plateau, après avoir passé entre une paire de coussins, perde le moins possible de son électricité. Afin de la lui conserver, on adapte aux frottoirs deux *armatures* en taffetas gommé ; ce sont deux espèces de poches qui enveloppent chacune à peu près le quart du plateau, et préservent de tout contact avec l'humidité atmosphérique la partie qui vient d'être frottée par les coussins jusqu'à ce qu'elle arrive au devant des pointes. Avec toutes ces précautions, on obtient le plus grand effet possible ; mais la quantité d'électricité qu'on parvient à développer dépend beaucoup de la grandeur du plateau. S'il a un mètre, ou plus, de diamètre, la machine est puissante ; s'il n'a que 50 ou 55 centimètres de diamètre, les résultats sont peu considérables ; cependant une semblable machine suffit pour un grand nombre d'expériences. Dans tous les cas, l'état hygrométrique de l'atmosphère influe puissamment sur l'intensité des effets produits : si l'air est un peu humide, il est impossible de rien obtenir. Aussi, quand on veut se servir d'une machine, a-t-on le soin de la mettre quelque temps au soleil, si c'est possible, ou d'essuyer les conducteurs et leurs supports avec des linges chauds. Mais quelques précautions que l'on prenne, leur charge électrique est toujours limitée ; car il arrive un moment où leur fluide naturel ne peut plus être décomposé, parce que leurs fluides élémentaires éprouvent des attractions et des répulsions égales de la part du plateau et de l'électricité libre déjà fixée à leur surface. Il est encore une autre cause qui empêche que la charge ne puisse croître indéfiniment ; c'est l'augmentation de la tension. Nous savons que l'électricité n'est retenue à la surface des conducteurs que par la pression de l'air : or cette pression est finie ; lors donc que la tension électrique commence à lui être supérieure, le fluide doit se disperser. Si l'on voulait recueillir une grande quantité d'électricité et cependant ne lui laisser qu'une très-faible tension, il faudrait répandre le fluide sur une surface fort étendue ; car évidemment la couche électrique en un point quelconque est d'autant plus mince que le fluide est plus disséminé. C'est pour obtenir ce résultat qu'on fait quelquefois communiquer le conducteur principal avec un système de *conducteurs secondaires* : ce sont de longs cylindres de fer-blanc d'un assez petit diamètre, tous liés entre eux par des tiges métalliques et suspendus au plafond par des fils de soie. Mais on ne peut les employer qu'avec les machines les plus puissantes ; car il faut qu'elles soient capables de réparer à chaque instant les pertes immenses que font ces conducteurs par le contact de l'air.

La machine que nous venons de décrire ne donne qu'une espèce d'électricité. Van-Marum de Harlem en a construit une qui peut donner du fluide positif ou du fluide négatif à volonté. Dans cette machine, les frottoirs sont isolés, et les conducteurs se trouvent placés l'un d'un côté du plateau, l'autre de l'autre : ils sont terminés chacun par un arc mobile qui est armé de pointes, mais qui n'embrasse pas le plateau. Cela posé, si l'on veut obtenir de l'électricité positive, on présente au disque de verre les pointes de l'un des conducteurs que l'on tient isolé, tandis que l'on met l'autre en communication avec le sol et en contact avec les coussins pour les décharger : lorsqu'on veut de l'électricité négative, on isole ce dernier conducteur et l'on fait communiquer l'autre avec le sol pour décharger le plateau.

La machine de Nairne donne en même temps les deux électricités. Elle consiste simplement en un cylindre de verre que l'on fait tourner sur son axe. Aux deux côtés de ce cylindre on place deux conducteurs isolés, dont l'un porte le frottoir et s'électrise négativement, pendant que l'autre, qui est armé de pointes, se couvre d'électricité positive.

Avec une machine électrique, on peut faire plusieurs expériences très-curieuses que nous nous contenterons de signaler, parce que l'explication n'en est pas difficile.

1° Lorsqu'on présente le doigt au conducteur, on voit jaillir une vive étincelle qui paraît s'élancer sur le doigt. Si elle ne part qu'à un pouce de distance, on sent comme une légère piqûre et l'on n'éprouve qu'une faible commotion : si elle part à deux ou trois pouces, la commotion se fait sentir jusqu'au coude; quand elle part à sept ou huit pouces, la secousse se fait sentir jusque dans la poitrine, et produit un ébranlement dans tout le corps. Si elle part à des distances plus grandes, il n'est pas prudent de s'y exposer; alors on décharge les conducteurs en leur présentant une boule métallique qui communique avec le sol, et que l'on tient par un manche isolant : ce petit appareil prend le nom d'*excitateur* (1). Une machine est très-forte quand elle donne des étincelles à vingt ou trente pouces. Alors la lumière électrique forme dans l'air un sillon de feu dont les sinuosités ressemblent parfaitement aux zigzags de l'éclair. Lorsqu'à l'aide d'un excitateur on décharge un système de conducteurs secondaires électrisés par une forte machine, ce ne sont plus seulement des étincelles que l'on en tire, mais de véritables lames de feu qui ont plusieurs décimètres de longueur.

2° Qu'une personne monte sur un gâteau de résine ou sur un tabouret électrique, et qu'elle touche le conducteur de la machine pendant qu'on tourne le plateau, à l'instant ses cheveux se dressent : dans l'obscurité, sa tête devient lumineuse, et l'on peut tirer de toutes les parties de son corps de brillantes étincelles comme du conducteur ordinaire (2).

3° Pour rendre sensibles les effets du choc en retour, on tient par un fil conducteur une grenouille vivante ou récemment dépouillée, suspendue à quelque distance de la machine; chaque fois qu'on tire des étincelles du conducteur, on voit la grenouille s'agiter et éprouver de violentes convulsions.

4° On suspend au conducteur un disque métallique au-dessous duquel on dispose un autre disque bien horizontal et communiquant avec le sol. On place sur ce dernier plateau de petits hommes de moelle de sureau et de liége. Aussitôt qu'on électrise le conducteur, ces petits hommes sont attirés par le disque supérieur, puis repoussés, puis encore attirés et repoussés, et ainsi de suite : tous ces mouvements ressemblent assez à une sorte de danse, et c'est pourquoi l'expérience est connue sous le nom de *danse des pantins*. On peut la varier de la manière suivante. On prend une cloche de verre traversée dans sa partie supérieure par une tige de cuivre dont le bout inférieur porte un large disque; on pose cette cloche sur un corps conducteur, par exemple sur une feuille de fer-blanc, et l'on y met un grand nombre de petites boules de moelle de sureau. Dès qu'on électrise la tige supérieure, toutes ces boules, attirées et repoussées tour à tour par le disque, se mettent à bondir, se heurtent dans tous les sens et font un bruit assez intense. C'est l'expérience de la *grêle électrique*. On l'appelle ainsi parce que Volta croyait par là pouvoir expliquer le grossissement des grêlons et le bruit particulier qui précède ordinairement la chute de la grêle dans les temps d'orage. Il supposait qu'alors deux nuages chargés d'électricités contraires se renvoyaient tour à tour des grêlons qui s'entrechoquaient et se heurtaient comme les boules de moelle de sureau dans l'expérience précédente; cependant ils congelaient la vapeur adhérente à leur surface, et ils augmentaient de volume jusqu'à ce que leur poids les précipitait vers la terre. Mais cette hypothèse est tout à fait hasardée, car on ne conçoit pas comment la recomposition des fluides ne se ferait point subitement entre deux nuages assez fortement électrisés pour soulever des grêlons dont le poids est quelquefois considérable.

5° Le carillon électrique est une tige de cuivre qui porte trois timbres et deux

(1) Il est d'autres excitateurs auxquels on donne la forme d'un compas, dont les branches sont courbées en arc, terminées par des boules, et munies de manches en cristal. Il en est encore d'autres plus petits qui n'ont pas de manches isolants : nous verrons ailleurs le fréquent usage que l'on en fait.

(2) « Cette situation continuée pendant quelque temps paraît exciter fortement toutes les fonctions et surtout la transpiration. Il en résulte fréquemment des céphalalgies, des agitations et de l'insomnie. » (Pelletan, *Physique médicale*, page 832.)

boules métalliques. Les timbres extrêmes sont suspendus par des fils conducteurs : les boules et le timbre du milieu sont suspendus par des fils de soie, mais on fait communiquer ce dernier timbre avec le sol par une petite chaîne qui pend au-dessous. Lorsqu'on électrise la tige supérieure, les deux boules sont d'abord attirées contre les timbres extrêmes, puis repoussées contre celui du milieu, puis encore attirées et repoussées, et ainsi de suite. Quand on adapte à la tige une pointe acérée, les mouvements cessent ; ils recommencent dès qu'on recouvre la pointe d'une boule.

MACHINES HYDRAULIQUES. — *L'eau* met en mouvement diverses *machines*, tantôt par sa *pesanteur*, tantôt par une vitesse *acquise*, tantôt par ces deux moyens à la fois. L'eau agit par son simple poids dans les roues à augets, dites *roues en dessus*. L'eau arrive sans *impulsion* aucune d'un bief ou bassin de *retenue*, et tombe dans des augets disposés de telle sorte sur la circonférence d'une roue, qu'elle ne peut se déverser au dehors des augets que lorsque chacun a parcouru un quart ou un tiers de circonférence. C'est le poids *seul* de l'eau contenue dans ces *augets* qui détermine la rotation de la *roue*. On donne à ces roues de grandes *dimensions* tant en diamètre qu'en épaisseur, et les augets suffisamment grands peuvent recevoir plusieurs centaines de kilogrammes d'eau. Mais elles exigent que la chute ait une assez grande hauteur, puisqu'il doit y avoir, entre le bief du canal *d'arrivée* et le canal de fuite une différence égale au diamètre de la roue tout au moins.

Le système d'un choc, composé de la vitesse acquise et du poids du liquide, est réalisé *dans les roues de côté*, qui offrent le système le plus commun dans les moulins à eau. Ce sont des roues à palettes : celles-ci sont frappées, sur un quart de circonférence environ, par l'eau qui arrive directement d'un courant, glisse sur un plan *incliné* en rejaillissant sur les palettes, et finit par se rendre dans un canal inférieur. Ces roues sont généralement animées d'une plus grande vitesse que les précédentes, et elles n'exigent pas une aussi grande différence de niveau entre les deux courants.

On trouve un mouvement dû à la seule vitesse dans les *roues en dessous*, dont la moitié à peu près plonge dans l'eau; il n'y a aucune chute qui les frappe, et elles ne sont mises en mouvement que par l'impulsion du courant contre les palettes. Ces roues ont moins de puissance que les précédentes, mais elles ont le mérite de la simplicité et celui de n'exiger ni double cours ni chute d'eau.

Au lieu des roues verticales, on emploie aussi des roues horizontales qui se meuvent dans l'eau courante. Qu'on suppose des aubes courbes disposées toutes de la même manière, il en résultera que, selon qu'on regardera ces aubes à gauche ou à droite, elles présenteront leur concavité ou convexité. Sur sa concavité, le courant aura beaucoup de prise ; il en aura très-peu, au contraire, sur la convexité, où il glissera. Il y aura donc des pressions très-inégales, d'où un mouvement dans le sens de la plus grande. Ce système est très-simple, mais d'un médiocre effet.

On emploie divers systèmes de roues horizontales, connues sous le nom de *turbines*, à cause des *tourbillons* que leur mouvement produit dans l'eau autour d'elles. Ces machines offrent l'avantage très-précieux de fonctionner même quand elles sont plongées entièrement sous l'eau, de sorte qu'elles servent aussi bien dans les cas d'inondation que dans les cas ordinaires, ce que ne peuvent faire les roues dont il a été question jusqu'à présent. De plus, la position verticale de leur axe *dispense* des pièces de renvoi, *qui sont nécessaires* pour *transformer* le mouvement de rotation horizontal de l'arbre en un mouvement vertical, comme l'exige particulièrement le genre de mécanisme des moulins. Parmi les diverses sortes de turbines, deux surtout méritent d'être signalées.

La turbine dite *à force centrifuge*, imaginée par M. Burdin, mais considérablement perfectionnée par M. Fourneyron, reçoit l'eau du courant par l'intermédiaire d'une grande cuve : cette eau tombe dans un des compartiments circulaires et concentriques dont se compose la roue, et se trouve dirigée par des cloisons convenables sur des aubes courbes, qui divisent de distance en distance le compartiment extérieur. L'eau arrive de telle sorte, qu'elle suit la courbure des aubes ; mais par l'effet de ce mouvement curviligne, elle acquiert une force centrifuge, en vertu de laquelle elle presse contre la concavité de ces aubes. Le résultat de cette pression est le *mouvement* des aubes, et par suite de tout le système de la roue. Dans de bonnes conditions d'établissement, la turbine Fourneyron paraît donner en moyenne 75 pour 100 de la force motrice.

Au moment où nous écrivons ceci, il est question d'établir plusieurs turbines de ce genre sur la Seine, au-dessous du Pont-Neuf à Paris, à l'effet de faire jouer des pompes qui donneraient une masse d'eau considérable, et alimenteraient un grand nombre de nouvelles fontaines. Les turbines recevraient l'eau déversée par une digue construite dans le sens du cours de la Seine, à partir de la pointe du terre-plein jusqu'à un barrage transversal construit en face de la Monnaie. Ce barrage à portes mobiles aurait lui-même pour effet d'élever à volonté les eaux du fleuve en amont, pour rendre la Seine navigable en tout temps, même pendant les eaux très-basses. On a reconnu d'ailleurs que six grandes turbines suffiraient pour faire fonctionner quatre cents paires de meules, et moudre tout le blé nécessaire à la consommation de Paris ; ce qui serait un avantage inestimable en cas de siége. Dans ce système, les turbines pourraient aussi fournir assez d'eau pour remplir en quantité suffisante les fossés de l'enceinte des nouveaux remparts

La nouvelle turbine de M. Passot a sur toutes les autres machines de ce genre l'avantage d'une extrême simplicité. C'est un tambour traversé par un axe vertical, et maintenu constamment plein d'eau. Contre l'enveloppe, à l'intérieur, sont fixés trois appendices cunéiformes qui présentent leur tête à la pression de l'eau; cette pression fait tourner le système par *réaction*, et l'eau s'écoule par des orifices obliques percés dans la paroi du tambour. Dans toutes machines hydrauliques, les chocs exercés par le liquide moteur contre les aubes occasionnent une perte de force qu'on s'est évertué à diminuer autant que possible: dans la turbine de M. Passot, cette perte n'existe pas, la roue étant mue par une simple et constante *pression* due à la poussée latérale. Une expertise judiciaire a constaté que, dans des circonstances d'ailleurs peu favorables, cette turbine donnait un minimum de 60 pour 100 de la force motrice; et il n'y a pas lieu de douter que, dans de bonnes conditions, la machine ne rende notablement davantage. La très-grande simplicité de cette turbine, qui donne une économie considérable sur les frais d'établissement et sur ceux d'entretien, la rend très-digne de l'attention des industriels.

MACHINE PARALLATIQUE. — Elle se compose d'un axe central, parallèle à l'axe terrestre, et qui sera ainsi plus ou moins incliné, selon la hauteur du pôle dans le lieu où l'on observe : à Paris, il formerait avec le plan horizontal un angle de 48° 50'. A l'extrémité inférieure de cet axe, et perpendiculairement, se trouve fixé un cercle gradué, et sur le côté de ce même axe est placé un autre cercle mobile qui lui est parallèle et qui est aussi constamment perpendiculaire au premier. Ce second cercle est armé d'une lunette susceptible de prendre toutes les inclinaisons par rapport à l'axe central. Cette lunette, avec laquelle se font les observations, et qui devrait être dans l'axe, en est éloignée d'une petite quantité, afin de faciliter les observations; mais cela ne peut donner aucune différence sensible dans la valeur de ces dernières, parce que cette excentricité de la lunette est nulle par rapport à la distance des étoiles. Un mouvement d'horlogerie imprime au cercle inférieur un mouvement de rotation auquel obéissent l'axe et la lunette, et qui fait décrire à celle-ci, en vingt-quatre heures, un cercle avec une rapidité égale au mouvement diurne des étoiles. Que, n'importe à quelle heure, on vienne observer une étoile, on ne la perd jamais de vue dans sa marche : la lunette parallatique suit l'étoile.

MACHINE PNEUMATIQUE (πνεῦμα, air). — Instrument servant à faire le vide, ou du moins à raréfier considérablement l'air. La machine pneumatique est disposée de telle façon, que l'air d'une cloche ou récipient est pompé au dehors à l'aide de pistons munis de soupapes qui permettent d'un côté la sortie de l'air extérieur.

Supposons que le piston soit au milieu de sa course, que les soupapes soient ouvertes, et que l'air soit sous la pression atmosphérique, dans la cloche, dans le conduit et dans le corps de pompe ; si l'on abaisse le piston, la seconde soupape se ferme, et l'air ne peut plus repasser du corps de pompe dans la cloche : il s'échappe par la première soupape, et il n'en reste plus quand le fond du piston est venu s'appliquer sur le fond du corps de pompe. Alors, le piston étant soulevé, le vide se ferait au-dessous de lui, si les soupapes restaient fermées; mais la seconde soupape s'ouvre, l'air de la cloche arrive pour remplir le vide, et la première soupape reste fermée à mesure que le piston s'élève, parce que la pression intérieure est toujours moindre que la pression extérieure. Si la capacité du corps de pompe est, par exemple, la dixième partie de la capacité de la cloche et du conduit, il arrivera dans le corps de pompe $\frac{1}{11}$ de l'air qu'il faut enlever pour avoir le vide. On rabaisse le piston; la seconde soupape se ferme, et l'air se comprime de plus en plus; bientôt son élasticité l'emporte sur celle de l'air extérieur; il soulève la première soupape et s'échappe dans l'atmosphère. Un autre coup de piston fait sortir encore $\frac{1}{11}$ de l'air restant; puis, en continuant ce jeu alternatif, on fait sortir à chaque coup $\frac{1}{11}$ du reste, puis $\frac{1}{11}$ du reste, et ainsi de suite. D'où l'on voit que jamais le vide ne se pourra faire, puisqu'en prenant la onzième partie d'une quantité et la onzième partie des restes successifs, on ne peut jamais parvenir à prendre cette quantité tout entière. Mais l'on parvient cependant à réduire l'air de la cloche à une élasticité de plus en plus faible, qui peut arriver à n'être plus que de deux millimètres. La rapidité de l'opération dépend du rapport qui existe entre la capacité du corps de pompe et celle de la cloche. Ce rapport étant donné, on peut calculer facilement combien il faut de coups de piston pour réduire l'air à une tension donnée; et ensuite on peut, par la loi de Mariotte, calculer le poids de l'air qui reste, quand on connaît le poids du volume primitif.

On juge du degré auquel le vide est fait au moyen d'un baromètre tronqué contenu dans une éprouvette vissée sur le tuyau de communication. Si la force élastique est réduite à $7^{mm},6$, il reste sous le récipient $\frac{1}{100}$ de l'air qui s'y trouvait d'abord. En général, pour avoir la fraction qui reste, il faut diviser 760^{mm} par la force élastique du gaz restant, estimée en millimètres de mercure. Les meilleures machines font le vide à 1^{mm}; ainsi il reste encore sous le récipient la 760e partie de l'air qui s'y trouvait d'abord.

L'imperfection de la machine vient surtout de ce que le piston ne s'applique pas assez exactement contre le fond du corps de pompe. S'il y a là un intervalle égal à la 100e partie du corps de pompe, il reste toujours dans le récipient la 100e partie de l'air qui s'y trouvait primitivement.

On a beaucoup plus de peine à soulever le

piston à mesure qu'on fait le vide, parce que la pression atmosphérique qui s'exerce en dessus est de moins en moins contre-balancée par la force élastique de l'air dilaté qui agit en dessous ; et même à la fin, malgré le frottement, le piston descend seul avec beaucoup de force. Quand on connaît sa surface et la tension de l'air intérieur, il est bien facile de calculer l'effort nécessaire pour le soulever. Si sa surface est de 100 centimètres carrés, il est pressé en dessus par une force de 100^k ; si le baromètre tronqué marque 1 centimètre, il est pressé en dessous par une force qui est la 76e partie de la première : la résultante est donc $100 - \frac{100}{76} = 98^k,6$; c'est près de 200 livres.

En employant deux corps de pompes égaux, la manœuvre devient beaucoup plus facile ; on a même moins de peine à la fin qu'au commencement, parce que l'effort nécessaire pour soulever l'un des pistons est de plus en plus exactement contre-balancé par la force avec laquelle l'autre tend à descendre.

Quand un piston est au fond du corps de pompe, il reste au-dessous de lui un peu d'air à l'état naturel ; et c'est, comme nous l'avons vu, la cause principale de l'imperfection des machines. Maintenant imaginons que quand les choses sont dans cet état, on ouvre *pour un instant* une communication entre le fond de ce corps de pompe et l'autre, qui est presque vide, une grande partie de cet air y passera ; et même, dans la supposition que nous avons faite, il ne restera dans le premier corps de pompe qu'environ la 100e partie de ce qui s'y trouvait. Dès lors, c'est comme si l'intervalle où l'air peut rester était réduit au 100e de ce qu'il était, et par conséquent au centième du centième, ou à la dix-millième partie de la capacité du corps de pompe. Ainsi on pourrait faire le vide à un dix-millième près. En effet, avec cette modification qu'on appelle le *double épuisement*, on fait coïncider sensiblement les niveaux dans le baromètre tronqué.

La machine pneumatique a été inventée quelques années après l'expérience de Torricelli. Otto de Guericke, bourgmestre de Magdebourg, eut le premier l'idée de se servir d'une pompe pour enlever l'air contenu dans un vase : c'est ainsi qu'il fit l'expérience de ses hémisphères en 1564. Mais c'est Boyle, physicien anglais, qui construisit la première machine un peu commode. Papin, physicien français, imagina la *platine*, qui permet d'opérer avec des récipients à large ouverture. Ces récipients se posaient d'abord sur un cuir gras recouvrant la platine, qui était en cuivre ; maintenant la platine est couverte d'une glace parfaitement plane : de sorte que, quand le bord du récipient est bien dressé et légèrement enduit de suif, la jonction, favorisée par la pression de l'air, est parfaite. C'est à Papin que S'Gravesande attribue encore l'invention si utile des deux corps de pompe; cependant on pense généralement qu'elle est due à Hawksbee, physicien anglais. Le double épuisement a été imaginé en Angleterre, mais M. Babinet est le premier qui l'ait fait exécuter en France.

On retrouve de véritables machines pneumatiques chez les animaux. Ainsi les *sangsues* ont une espèce de ventouse à chaque extrémité ; elles s'en servent pour se fixer sur les corps les plus unis, et pour déterminer l'afflux du sang après leur piqûre. On sait que les enfants s'amusent à appliquer avec le pied, sur le pavé humide, un petit disque de cuir au centre duquel un fil est attaché ; en tirant ce fil il se fait un vide, et le disque adhère très-fortement ; tel est à peu près le mécanisme de la ventouse des sangsues. Les *patelles* se fixent de même sur les rochers, et y restent malgré le mouvement des vagues. Les doigts de la *rainette*, du *jecko*, les tentacules du *poulpe*, présentent des ventouses semblables.

La machine pneumatique intervient dans un grand nombre d'expériences ; nous en rapporterons ici seulement quelques-unes.

On démontre, par une expérience fort simple et fort curieuse, que l'air est le véhicule et l'instrument ordinaire du son, et que si, au lieu de l'enveloppe gazeuse dans laquelle plonge l'oreille, cet organe ne trouvait autour de lui que le vide, il n'y aurait pas d'audition. Pour le prouver, on place sous le récipient un petit mécanisme d'horlogerie, qui, lorsqu'on donne la liberté au ressort moteur, peut sonner pendant une minute au moins. L'appareil est d'ailleurs placé sur un coussin qui étouffe l'ébranlement que les coups de marteau pourraient imprimer au récipient et à la table. Or, à mesure que l'on fait le vide, on remarque que le son, qui s'entendait parfaitement d'abord, s'affaiblit d'une manière progressive : quand la raréfaction est très-grande, le bruit est très-faible ; sous une machine parfaite, il devient sensiblement nul : on voit le martelet frapper sur le timbre, et aucun retentissement n'accompagne ses coups. Laisse-t-on rentrer l'air, le son renaît avec lui : faible d'abord, il se renforce à mesure que l'air se condense à l'intérieur ; et quand l'équilibre est rétabli entre les deux faces du récipient, le son a repris son intensité primitive.

Au lieu d'une atmosphère d'air à l'intérieur, on peut introduire dans le récipient tout autre gaz : de l'hydrogène, par exemple, et de l'acide carbonique. Les conclusions sont les mêmes, si ce n'est que l'intensité du son varie, toutes choses égales d'ailleurs, avec la densité du gaz.

On fait bouillir de l'eau dans un air très-raréfié à une température assez basse. Une cornue contenant de l'eau est placée sur le feu, et son col, au moyen d'un tube convenable, s'applique au récipient de la machine, à l'intérieur duquel il communique. Or, à 35° par exemple, on verra l'eau bouillir dans la cornue, en offrant d'ailleurs les phénomènes communs de l'ébullition dans l'air. Cela vient de ce qu'à cette température la force élastique de la vapeur qui tend à se former au fond du vase, où l'eau est la plus chaude, force qui est très-inférieure à la pression atmosphérique normale, est capable de vaincre la faible tension de l'air raréfié, et d'en soulever les colonnes avec la petite colonne d'eau qui pèse encore sur elle. On trouve dans les tables qu'à 35° la force élastique de la vapeur d'eau est égale à 40 millimètres, ou à la 19e partie de 760m, pression atmosphérique normale. Quand donc l'air du récipient sera réduit à $\frac{1}{19}$ ou $\frac{1}{20}$, la tension de sa vapeur à 35° sera capable de le soulever, et il y aura ébullition.

Il ne faut pas confondre ce phénomène avec celui qui se produit dans toute masse d'eau sous le récipient de la machine. Dès qu'on raréfie l'air, on voit une foule de petites bulles partir de tous les points de la paroi interne du vase et se répandre à la surface ; c'est l'air en dissolution dans l'eau qui, déchargé d'une partie de la pression extérieure, reprend son état gazeux. Si l'on place sous l'eau un morceau de sucre, on en voit sortir une énorme quantité de ces bulles d'air, dont la réunion forme un volume plusieurs fois égal à celui du sucre. Des morceaux de différents bois offrent des résultats analogues.

Cette dernière expérience donne lieu à une remarque importante. Beaucoup de substances organiques sont considérées comme moins denses que l'eau, parce qu'elles surnagent à ce liquide, et elles le sont en réalité en prenant leur volume extérieur pour leur volume réel. Tels sont les bois, le charbon, les tissus, les cordes. Or, si on place sous le récipient un vase d'eau dans laquelle nagent ces diverses substances, on les voit aller à fond dès que l'air est suffisamment raréfié. C'est qu'alors l'air engagé dans leurs pores les abandonne et cède sa place à l'eau : ce n'est donc plus un centimètre cube, par exemple, qui déplace un pareil volume de liquide, mais un centimètre, moins les vides plus ou moins considérables où l'air était primitivement logé, et le volume devenant moindre sous le même poids, on conçoit que la densité soit plus grande et puisse dépasser celle de l'eau.

Tout le monde sait que l'air est l'instrument et la matière de la respiration : il est donc le principal agent de la vie. La machine pneumatique permet d'étudier les phénomènes qui résultent de sa privation partielle ou totale. On met sous le récipient un oiseau, un lapin, un chat, et l'on fait agir les pistons. A mesure que l'air se raréfie, on voit l'animal s'étonner d'abord, puis s'agiter, puis tomber sur le flanc et se débattre contre une douleur évidemment très-vive. Si le supplice du vide se prolonge, il entre en agonie, et finit par expirer. Si, au contraire, avant que le terme fatal soit atteint, on lui rend l'air progressivement, il respire, se relève, et reprend ses forces : sorti de sa prison, il conserve quelque temps des traces du trouble jeté passagèrement dans les fonctions de son organisme. Il faut observer, toutefois, que les oiseaux qu'on soumet à cette opération subissent, en général, des lésions considérables; lorsque le jeu du piston est rapidement mené, il y a déjections, vomissements, enflure, et après même qu'on a rendu l'air, le petit animal ne tarde pas à périr. Ceci est un effet de la suspension brusque de la pression extérieure et de la réaction des fluides intérieurs, un véritable effet de ventouses ; effet mécanique qui se combine toujours plus ou moins avec l'asphyxie due à la privation de l'élément respirable.

Vivre et brûler sont une même chose ; car le corps qui brûle et l'animal qui respire absorbent dans l'air une certaine quantité d'oxygène qu'ils convertissent en acide carbonique. Là où la vie est impossible, la combustion l'est aussi, et réciproquement. Aussi, une bougie allumée présente-t-elle sous le récipient de la machine des phénomènes analogues à ceux qu'offre l'animal privé d'air : elle souffre, elle s'affaiblit, passe à la période agonisante et expire, ou, comme on dit vulgairement, s'éteint, si l'on tarde à lui restituer l'élément de la combustion, c'est-à-dire à faire rentrer l'air.

Cette sympathie entre la flamme et l'animal qui respire offre un caractère important pour reconnaître la qualité des milieux que l'animal doit fuir ou qu'il peut impunément occuper. En plaçant, au moyen d'une corde ou d'une baguette, une bougie allumée dans le milieu problématique, on reconnaît, à l'état de la flamme, ce qu'il en faut penser. Si elle pâlit ou paraît souffrir, le milieu est de mauvaise nature ; et si elle ne tarde pas à s'éteindre, il doit être réputé inabordable. C'est ainsi qu'on éprouve les égouts, les fosses d'aisance, les cavités souterraines depuis longtemps fermées. Nous ajouterons, au sujet des égouts et des fosses, qu'on se sert de mèches soufrées pour en faire l'exploration, attendu que l'acide sulfureux qui en résulte, a la propriété de décomposer par l'intermédiaire de l'eau l'acide hydrosulfurique, qui est un des produits ordinaires des décompositions putrides ; ce qui offre un procédé d'exploration et d'assainissement tout à la fois.

Dans les expériences qui précèdent, et généralement dans toutes celles qui se font sous la machine pneumatique, il est important de se servir de fermetures parfaites et qui gardent bien le vide. Dans les machines qui ne sont pas d'une grande perfection, on voit le baromètre remonter lentement dès que le jeu des pompes a cessé. C'est que l'air s'insinue difficilement, mais avec beaucoup d'énergie, par des conduits imparfaitement fermés ; c'est qu'il pénètre entre la platine et la base du récipient, qui sont unies par une simple couche de suif que la pression extérieure écrase et gerce, quand elle y trouve le moindre défaut. On concevra cette invasion subtile et énergique de l'air à travers ces clôtures imparfaites, en calculant sa pression extérieure, ou, ce qui est la même chose, la vitesse avec laquelle l'air tend à rentrer dans le vide.

Considérons une colonne atmosphérique d'un centimètre carré de base, et pressant sur une égale portion de la paroi du récipient. Cette colonne, qui a toute la hauteur de l'atmosphère, n'est pas également dense dans tous les points de sa longueur : la densité vers sa base est $\frac{1}{770}$ de celle de l'eau, et 10,468 *fois moindre que* celle du mercure. La pression que les diverses couches exercent sur sa base met donc celle-ci dans le même état de tension que si, ayant partout la même densité, elle avait 10,468 fois la hauteur d'une colonne de mercure également pesante ; ce qui donne 10,468 × 0m, 76 = 7,956 mètres. Or, appliquant à cette base le principe de Torricelli, on a une vitesse de 395 mètres, ce *qui est*, à très-peu de chose près, *la vitesse* d'un boulet de 24 sortant de sa pièce. Telle est la puissance avec laquelle l'air tend à rentrer dans *le vide* et à s'y insinuer par les plus imperceptibles fissures.

Machine de Héron. *Voy.* Vapeur (*ses usages*).

Machine a vapeur. *Voy.* Vapeur (*ses usages*).

Machine d'Atwood. *Voy.* Pesanteur.

Machines numériques. *Voy.* Technologie.

MAGNÉTISME (μάγνης, pierre d'aimant). — Force physique, analogue à l'électricité, et dont nous ne connaissons que les effets.

Nous avons exposé au mot Aimant les principaux phénomènes relatifs aux attractions et aux répulsions magnétiques ; nous ne nous occuperons dans cet article que de la loi suivant laquelle elles s'exercent et de la théorie physique des aimants.

Loi des attractions et des répulsions magnétiques.— C'est Coulomb, qui a fait tant de travaux remarquables sur le magnétisme, qui l'a démontrée expérimentalement. En voici l'énoncé : *Les attractions et les répulsions magnétiques sont en raison inverse du carré de la distance.* Coulomb, pour démontrer cette loi, a employé deux méthodes, 1° la méthode *des oscillations ;* 2° la méthode par *la torsion*.

Une aiguille aimantée étant suspendue à un fil sans torsion, si on l'écarte du méridien magnétique, elle oscille autour de cette position, et l'intensité de la force, qui la sollicite est proportionnelle, comme le pendule, au carré du nombre d'oscillations qu'elle exécute dans un temps donné.

Soit *o* le nombre d'oscillations que cette aiguille exécute dans 10', par exemple, sous l'influence de la force de la terre. Si par des moyens quelconques on a changé son intensité sans changer la position de ses pôles, et si l'on veut comparer ce second état au premier, il suffit de la suspendre de la même manière et de compter de nouveau le nombre *o'* des oscillations qu'elle fait dans le même temps. Le rapport des deux intensités magnétiques *m* et *m'* sera donné par la proportion suivante $\frac{m}{m'}=\frac{o^2}{o'^2}$

Voici encore une invention due au génie de Coulomb : c'est lui, en effet, qui a imaginé l'instrument appelé *balance de torsion*, et qu'il a fait servir à la mesure des Actions magnétiques. (*Voy.* ce mot.)

Quand on veut se servir de la balance, on commence par amener l'aiguille du micromètre sur le zéro des divisions ; on place une tige non magnétique dans la chape de papier, et l'on tourne la boîte du micromètre, appelée *tambour*, jusqu'à ce que cette tige s'arrête vis-à-vis du zéro des divisions du grand cylindre : enfin on dispose l'appareil tout entier de manière que la tige se trouve dans le méridien magnétique, et que le zéro du grand cylindre soit du côté du nord. Alors on enlève la tige non magnétique, et on la remplace par un barreau aimanté qui, étant convenablement tourné, demeure en repos, et le fil de suspension n'éprouve aucune torsion. Tout étant ainsi préparé, on descend par l'ouverture qui doit être tournée vers le nord un long fil d'acier aimanté dont le pôle répulsif est en bas, et dont on amène l'extrémité inférieure à 22mm environ au-dessous du barreau horizontal. Alors le barreau est vivement repoussé, et il ne s'arrête que lorsque la torsion du fil, jointe à l'action directrice du globe, fait équilibre à la force répulsive. Supposons qu'il soit repoussé à 12°, on tourne l'aiguille du micromètre en sens contraire pour l'amener à 6°, puis à 3 , et l'on note à chaque fois les torsions correspondantes.

Comme dans ces expériences la force directrice du globe s'ajoute à la torsion, il faut la déterminer par une observation préalable, ce qui ne présente aucune difficulté. Le barreau étant en équilibre dans le méridien magnétique, et à l'abri de toute influence étrangère, on tourne l'aiguille du micromètre jusqu'à ce que, abandonnant sa position, il s'en écarte de 1°, de 2°, etc. On s'aperçoit bientôt que la force directrice est proportionnelle aux angles d'écart. Si, par exemple, il faut tordre le fil de 2° pour écarter le barreau de 1°, il faut le tordre de 40° pour l'écarter de 2°, etc. Cette force étant ainsi déterminée, il est évident qu'on doit chaque fois l'ajouter à la torsion observée. Supposons qu'elle soit de 20° pour chaque degré d'écart, et qu'on fasse trois expériences, comme ci-dessus, dans lesquelles les angles observés soient de 12°, de 6°, de 3°, il faudra ajouter à la première observation 12×20°, à la seconde 6×20°, et à la troisième 3×20°. En prenant toutes ces précautions, on arrive à la loi trouvée ci-dessus par la méthode des oscillations.

Dans ces expériences, on doit employer des fils très-longs afin de pouvoir négliger l'influence des pôles opposés : ils doivent encore être bien trempés, afin que leur état magnétique ne soit pas changé par les actions réciproques pendant le temps que durent les observations.

Théorie du magnétisme. — Les anciens ne connaissaient de l'aimant que son attraction pour le fer, et c'est sur ce seul fait que pouvaient rouler leurs explications : or, dans tous les siècles, quand on a voulu à toute force expliquer un fait unique en son espèce, on n'a pu faire autre chose que d'exprimer le fait lui-même par des mots vagues et métaphoriques, ou d'exprimer quelque liaison qu'on lui suppose avec un autre fait plus général. Thalès et Anaxagore disaient donc que l'aimant est doué d'une âme capable d'attirer et de mouvoir le fer ; Cornelius Gemma (1535), qu'il y avait entre le fer et l'aimant des *fils* rayonnants invisibles ; d'autres, qu'il y avait une sympathie ; d'autres, une similitude ; d'autres, une différence de parties : toutes explications qui n'expriment que le fait. Epicure supposait que les atomes de fer conviennent à ceux de l'aimant, et qu'ils s'accrochent ; Plutarque imaginait qu'il y avait autour de l'aimant une émanation capable de faire le vide ; d'autres aimaient mieux supposer des vapeurs ; Cardan prétendait que le fer est attiré parce qu'il est froid ; et Costeo de Lodi, médecin, regardait le fer comme la nourriture de l'aimant. En comparant ainsi les phénomènes magnétiques à quelque autre phénomène naturel, on pouvait multiplier les *hypothèses*, et l'on n'a pas manqué de les multiplier à l'infini. Gilbert fut assez hardi pour condamner toutes ces explications et autres pareilles ; en même temps, il fut assez bon philosophe pour n'en proposer aucune à leur place. Descartes vint ensuite avec ses tourbillons et sa matière cannelée : comme il expliquait tout, il expliqua le magnétisme; son système fut adopté, et, pendant plus d'un siècle, il fut couronné dans les ouvrages de *ses disciples*. Descartes suppose qu'un tourbillon de matière subtile passe rapidement sur la terre, allant de l'équateur vers chacun des pôles ; la matière ne l'arrête pas, parce qu'elle est poreuse; mais les substances magnétiques, ayant des molécules rameuses fort mêlées et tissues ensemble, opposent au tourbillon une résistance plus grande que tous les autres corps : voilà pourquoi elles sont dirigées. Cependant le tourbillon passe plus facilement dans un sens que dans l'autre, car il y a toujours une des extrémités qui se tourne de préférence vers le nord. Donc, ajoute Descartes, les pores du fer sont hérissés de poils qui cèdent et se courbent quand le tourbillon entre par un côté, mais qui se hérissent quand il veut entrer par le côté opposé. Au lieu de poils on peut concevoir des valvules ou un autre empêchement quelconque. Telles sont les idées fondamentales du système par lequel on a expliqué les phénomènes magnétiques jusqu'au temps d'Æpinus. Nous ne savons aujourd'hui ce qui doit le plus nous étonner, ou que la puissante intelligence de Descartes ait inventé de telles explications, et s'y soit arrêtée, ou que cent ans après ce philosophe, les hommes les plus éminents de leur siècle, comme Euler et Daniel Bernouilli, n'aient pu que reproduire ce système, en le fortifiant de leur autorité et de leur approbation.

Æpinus essaya enfin de soumettre au calcul tous les phénomènes magnétiques, et de montrer qu'ils peuvent se déduire des simples lois de l'attraction et de la répulsion ; c'était revenir à la vraie méthode expérimentale, et soulever cette espèce de voile dont l'esprit de système enveloppe la réalité des choses.

Æpinus n'avait admis qu'un seul fluide magnétique. Après lui, et tout en conservant ses principes, on supposa qu'il y avait deux fluides différents : que leur combinaison faisait l'état naturel, et leur séparation l'état magnétique ; mais l'on supposait que ces fluides, une fois séparés, pouvaient traverser les corps et se répandre dans leur masse.

Enfin Coulomb posa les vrais principes de la théorie que nous admettons aujourd'hui ; il conserva les deux fluides, mais il fit voir que ces fluides ne peuvent éprouver dans les corps qu'un déplacement insensible. C'est ce qui résulte en effet des expériences que nous avons rapportées. Ainsi, nous supposons, 1° que le *volume apparent* d'une substance magnétique se trouve composé d'une multitude de petits espaces, dans lesquels il y a du magnétisme, et d'une multitude d'autres petits espaces où le magnétisme n'existe pas ; 2° que les deux fluides contenus dans chaque petit espace magnétique peuvent être séparés quand la force qui les sollicite est capable de vaincre la force coercitive ; qu'ils peuvent s'arranger suivant les lois voulues par l'équilibre, mais qu'ils ne peuvent jamais sortir de la petite étendue dans laquelle ils ont été primitivement enfermés ; tout ce qui les environne est imperméable.

Les petits espaces où il se trouve du magnétisme s'appellent les *éléments magnétiques*; les petits espaces où il ne s'en trouve pas s'appellent les *éléments non magnétiques*. Nous ne savons pas si les éléments magnétiques sont les intervalles qui séparent les atomes de la matière pondérable, ou s'ils sont les atomes eux-mêmes, et nous ne savons pas non plus s'ils sont des intervalles d'une agrégation d'atomes ou d'une molécule secondaire, ou s'ils sont les agrégations ou les molécules elles-mêmes. La somme des éléments magnétiques et celle des éléments non magnétiques forment le volume apparent d'un corps ; le rapport de ces deux sommes peut changer avec la température et avec la nature des substances, et ces changements ont une grande influence sur la *distribution* et sur l'intensité du magnétisme.

MAGNÉTISME TERRESTRE. — Tout le monde sait qu'une aiguille aimantée, posée sur un pivot, n'est pas en équilibre dans toutes les positions, qu'elle prend alors une direction déterminée vers un point de l'horizon, et que, si on l'en écarte, elle tend toujours à y revenir par une série d'oscillations. Cette action de la terre sur les aiguilles aimantées se manifeste, non-seulement à sa surface, mais encore à de très-grandes hauteurs dans l'atmosphère et à toutes les profondeurs auxquelles on soit parvenu. Cette action prouve que le globe de la terre est magnétique, et que c'est son action qui dirige l'aiguille aimantée. Euler prétend que la terre ne doit pas être regardée comme un très-grand aimant; qu'elle agit par les mines de fer et d'aimant qu'elle renferme dans son sein, et que leurs forces réunies fournissent la force générale qui produit tous les phénomènes du magnétisme terrestre. Mais les découvertes importantes qui ont établi une relation intime entre les phénomènes magnétiques et les phénomènes électriques, prouvent évidemment que c'est à l'existence de courants électriques qu'on doit attribuer la puissance magnétique du globe.

On donne le nom de *méridien magnétique* au plan qui passe par le centre de la terre et par la direction de l'aiguille horizontale, ou simplement la trace que ferait ce plan sur la surface de la terre. Le méridien astronomique d'un lieu déterminé est le plan qui passe par ce lieu et par l'axe de la terre. La *méridienne* est la trace de ce plan sur la surface de la terre.

Le méridien magnétique et le méridien astronomique sont deux plans verticaux, puisqu'ils passent l'un et l'autre par la verticale du lieu pour lequel on les considère; mais ces deux plans peuvent faire entre eux un angle plus ou moins grand. La *déclinaison de l'aiguille aimantée* est dans chaque lieu l'angle que fait le méridien magnétique avec le méridien astronomique, ou, ce qui revient au même, l'angle que la direction de l'aiguille horizontale fait avec la méridienne. La déclinaison est orientale quand le pôle austral de l'aiguille passe à l'est de la méridienne, et occidentale quand il passe à l'ouest.

La déclinaison est actuellement occidentale; elle est à Paris d'environ 22 degrés.

On donne le nom de *boussole de déclinaison* à l'appareil qui sert à observer la déclinaison.

L'*inclinaison* est l'angle que fait avec l'horizon une aiguille qui peut se mouvoir librement autour de son centre de gravité dans le plan vertical du méridien magnétique. A Paris, l'inclinaison est d'environ 70 degrés, et c'est le pôle austral qui plonge au-dessous de l'horizon. On donne le nom de *boussoles d'inclinaison* aux appareils propres à observer l'inclinaison.

On prétend que les Chinois ont employé la boussole longtemps avant que cet instrument fût connu en Europe; on se fonde à cet égard sur les documents rapportés dans la description de la Chine par Duhalde, où il est dit qu'on se servait de la boussole pour voyager sur terre plus de mille ans avant Jésus-Christ. Le premier ouvrage qui parle de la boussole est attribué à un certain Guyot de Provins. Cet instrument était alors connu sous le nom de la *Marinière*. En 1497, Vasco de Gama, navigateur portugais, fit usage de la boussole dans ses premières expéditions dans l'Inde; mais le nom de celui qui a fait cette grande découverte est encore ignoré.

Dans les premiers temps, on pensait que la boussole se dirigeait toujours vers le nord; mais Colomb, en 1492, étant à la recherche du nouveau monde, observa que la direction n'était pas constante. Les plus anciennes observations un peu exactes sur la déclinaison commencèrent à Paris en 1550. A cette époque, la déclinaison était vers l'est: elle est devenue nulle en 1663; puis elle est repassée à l'ouest, en augmentant successivement: depuis quelques années sa marche est décroissante.

La déclinaison n'est pas la même sur toute la surface de la terre; elle varie d'un lieu à l'autre: elle est orientale en Amérique et dans le nord de l'Asie, et occidentale en Europe. Il est des lieux où elle est nulle: ces lieux paraissent former deux lignes irrégulières connues sous le nom de *lignes sans déclinaison*.

L'une de ces lignes a été reconnue dans le grand Océan, entre l'ancien et le nouveau monde: elle coupe le méridien de Paris par 65 degrés de latitude australe, remonte au nord-ouest jusqu'au 35e degré de longitude, et devient presque nord-sud en longeant les côtes du Brésil. La seconde ligne a pour point de départ le grand archipel; elle s'élève vers le nord et vient traverser la partie orientale de la Sibérie. Ces lignes sans déclinaison se déplacent; elles sont douées d'un mouvement séculaire dirigé de l'est à l'ouest. Ce déplacement paraît n'être pas uniforme dans toute l'étendue de ces lignes, puisque la déclinaison n'a pas sensiblement varié depuis 140 ans à la Nouvelle-Hollande.

Tous les jours l'aiguille de déclinaison éprouve des mouvements à l'est ou à l'ouest du méridien magnétique; tantôt ces mouvements sont brusques et accidentels, on les nomme alors perturbations; tantôt ils sont réguliers et périodiques, ils constituent alors les variations diurnes. Ce fut à la fin de 1772 que les variations diurnes furent observées la première fois par Graham. Voici les observations diurnes qu'on observa à Paris dans les jours qui ne sont pas marqués par quelques perturbations. Pendant la nuit, l'aiguille est à peu près stationnaire; au lever du soleil elle se met en mouvement, et son pôle austral marche à l'ouest comme s'il fuyait l'influence de cet astre; vers midi, ou plus généralement de midi à trois heures, il atteint son *maximum* de déviation occidentale; ensuite, par un mouvement contraire, il revient à l'orient jusqu'à 9, 10 ou 11 heures du soir; alors, soit que l'aiguille ait repris exactement sa position primitive, soit qu'elle s'en trouve seulement très-rapprochée, elle s'arrête et reste immobile pendant toute la durée de la nuit, pour recommencer le lendemain une oscillation pareille.

Dans les régions du nord, les variations diurnes sont plus considérables et moins régulières; l'aiguille ne reste pas stationnaire: c'est vers le soir qu'elle atteint son maximum de déviation occidentale. Lorsqu'on s'approche de l'équateur magnétique, l'amplitude des variations diurnes va en décroissant, et à l'équateur magnétique elles sont sensiblement nulles. Au midi de l'équateur magnétique, les variations diurnes se produisent dans un ordre inverse : l'extrémité nord de l'aiguille marche vers l'est aux mêmes heures, où, dans l'hémisphère boréal, elle marche à l'ouest.

Cassini a remarqué que dans les caves de l'Observatoire, à plus de 26 mètres sous terre, et à l'abri de toute influence de la lumière et de la chaleur du jour, les variations diurnes étaient les mêmes qu'à la surface du sol.

Des observations qui sont encore dues à Cassini, et qui remontent à l'année 1786, ont fait découvrir qu'à Paris l'extrémité nord de l'aiguille marchait chaque année vers l'est durant les trois mois qui séparent l'équinoxe du printemps du solstice d'été, et vers l'ouest pendant les neuf mois suivants. Gilpin a confirmé cette loi par des observations faites à Londres vers l'année 1800. En comparant ces observations et celles qui ont été recueillies depuis, M. Arago en a tiré les conclusions suivantes : quand la déclinaison est occidentale et augmente d'année en année, elle est soumise à une oscillation annuelle, et marche vers l'est d'avril en juillet; l'amplitude de cette oscillation diminue à mesure que le mouvement séculaire se ralentit; elle disparaît quand la déclinaison atteint la limite de son mouvement occidental. Enfin, quand la déclinaison diminue séculairement, on observe de nouveau une oscillation annuelle, mais le mouvement vers l'est a lieu de septembre en décembre.

La boussole de déclinaison peut être dérangée de sa position ou troublée dans ses variations diurnes par plusieurs causes accidentelles. Ainsi les tremblements de terre, les éruptions volcaniques peuvent avoir de l'influence sur l'aiguille aimantée. Quand la foudre tombe sur les corps aimantés ou dans leur voisinage, elle altère leur état magnétique, et même quelquefois renverse leurs pôles. On a vu des boussoles éprouver une déviation d'une demi-circonférence par l'effet de la foudre. Une des causes accidentelles qui a le plus d'influence sur la boussole, c'est l'apparition d'aurores boréales. Pendant toute la durée de ce météore, l'aiguille aimantée éprouve une déviation continuelle et une déviation souvent considérable. Ces effets se manifestent non-seulement dans le lieu où l'aurore boréale est visible, mais encore à de grandes distances. Ainsi, par exemple, des aurores qui ne sont visibles qu'à Saint-Pétersbourg agissent à Paris sur l'aiguille aimantée ; mais l'action est toujours d'autant plus grande que la boussole est plus rapprochée du lieu où le phénomène se produit. Cette remarquable coïncidence paraît jeter quelque jour sur la cause du magnétisme terrestre, et indique en même temps que l'aurore boréale est un phénomène électrique.

L'inclinaison croît en général avec la latitude, et en sens contraire dans les deux hémisphères. Il existe dans la zone torride une suite de points où l'inclinaison est nulle. La ligne qui unit ces points est connue sous le nom d'*équateur magnétique*. Cette ligne, par ses sinuosités fort irrégulières, figure un grand cercle de la sphère. M. Biot, en discutant les observations de Cook et de W. Bayly, a déduit la forme de l'équateur magnétique et la position de ses *nœuds*, c'est-à-dire des points où il coupe l'équateur terrestre. M. Morlet, qui s'est aussi occupé de la détermination de l'équateur magnétique, en prenant en considération toutes les observations qui avaient été faites avant lui, détermine ainsi la forme de l'équateur magnétique et la position de ses nœuds. Il est en totalité au sud de l'équateur terrestre, entre l'Amérique et l'Afrique, et vient le couper par le 18e degré de longitude orientale. En partant de ce nœud et en se dirigeant vers la mer des Indes, la ligne sans déclinaison s'éloigne rapidement de l'équateur, et parvient dans la mer d'Arabie au maximum de ses excursions boréales, qui est de 12 degrés environ par 62 degrés de longitude orientale. De là jusqu'au second nœud, qui existe par 174 degrés de longitude au delà de l'archipel des Carolines, la ligne sans déclinaisons décrit plusieurs sinuosités, mais se maintient toujours dans l'hémisphère boréal. Entre ce second nœud et le premier, les sinuosités sont beaucoup plus prononcées, car on a reconnu un point de l'équateur magnétique commun avec l'équateur terrestre dans l'Océan Pacifique, par 120 degrés de longitude occidentale; mais avant et après ce point, la ligne sans inclinaison s'infléchit vers le sud d'une manière très-sensible.

Les diverses observations d'inclinaison recueillies dans ces dernières années, durant les voyages de MM. Freycinet, Sabine et Duperrey, ne s'accordant pas avec la position de l'équateur magnétique déduite d'observations qui sont antérieures à 1780, M. Morlet en a tiré la conclusion que l'équateur magnétique se déplace avec le temps. M. Arago a en effet démontré que la différence des résultats obtenus aux deux époques peut très-bien s'expliquer, en admettant que l'équateur magnétique est doué d'un mouvement séculaire de l'est à l'ouest, et par conséquent dans le même sens que les lignes sans déclinaison. D'après cela, on trouve que les nœuds ont dû marcher, depuis 1780, de 10 degrés au moins dans ce sens.

D'après Hansteen, l'inclinaison est soumise comme la déclinaison à des variations diurnes et annuelles. Si les variations séculaires et périodiques, ainsi que les anomalies de l'inclinaison de l'aiguille aimantée, n'ont pas été étudiées par les observateurs autant que celles de la déclinaison, cela tient à ce qu'elles sont en général plus faibles et moins faciles à constater, mais leur existence n'en paraît pas moins démontrée.

Intensité du magnétisme terrestre. — Une des parties les plus intéressantes de la théorie du magnétisme terrestre, c'est la détermination de son intensité pour les différents points de la surface de la terre. Cette partie de la science a pris dans ces derniers temps un développement inattendu. Graham paraît, en 1772, s'être le premier occupé de cette grande question, que Borda étudia ensuite dans toute sa généralité ; mais ce sont les observations de M. de Humboldt et sa puissante influence auprès des divers corps savants de l'Europe qui ont appelé sur ce sujet l'attention d'un grand nombre d'observateurs, et parmi eux on doit surtout distinguer M. Gauss, dont nous analyserons bientôt les remarquables travaux.

Les observations d'intensités recueillies dans un grand nombre de lieux ont conduit M. de Humboldt à admettre que l'*intensité* magnétique du globe terrestre augmente en général avec la latitude, ou de l'équateur vers les pôles. Les points de la surface du globe où cette intensité est semblable forment des courbes appelées *Isodynamiques* (1). M. de Humboldt a suivi une de ces courbes dans le nouveau continent. Elle coupe presque à angle droit l'équateur magnétique au Pérou, par 7 degrés de latitude australe et 81 de longitude occidentale. L'*intensité* magnétique à ce nœud péruvien étant prise pour unité, l'*intensité* magnétique à Naples sera représentée par 1,2745, à Milan par 1,3121, à Paris, 1,3482. M. de Humboldt pensait que la courbe isodynamique du Pérou était celle du *minimum* d'intensité; mais les observations de M. Rossel, celles du capitaine Sabine, indiquent que l'intensité sur l'équateur magnétique est encore moindre dans l'Archipel des grandes Indes et sur les côtes occidentales de l'Afrique, qu'au Pérou. M. de Humboldt regarde comme très-probable que l'intensité magnétique varie sur la surface du globe entre les limites qui sont entre elles comme l'unité à 2, 6.

M. Duperrey a déduit d'observations nombreuses plusieurs lignes d'égale intensité : il est parvenu à construire neuf courbes *isodynamiques*, s'étendant sur les deux hémisphères. Ces courbes diffèrent complétement de celles d'égale inclinaison qu'elles coupent sous toutes les directions, souvent même à angle droit, comme au nœud péruvien de M. de Humboldt. M. Duperrey a fait la remarque importante que les courbes isodynamiques présentaient des formes analogues à celles des courbes isothermes déterminées par M. de Humboldt. Ce rapprochement semble indiquer que les différences d'intensités magnétiques dépendent des variations de la température.

Les intensités de magnétisme terrestre observées par M. de Humboldt dans les Andes et les Cordillères, et par M. Kupfer dans le Caucase, démontrent le décroissement de l'intensité magnétique dans les lieux élevés. Si les observations recueillies par MM. Biot et Gay-Lussac dans leur voyage aérostatique ne conduisent pas à ce résultat, cela dépend du changement que subit le magnétisme des aimants par suite des variations de température, et qui a pu compenser la diminution réelle de l'intensité du magnétisme terrestre.

Théories des phénomènes magnétiques terrestres. Appareils de M. Gauss. — Dans les premières théories du magnétisme terrestre on regardait la terre comme un véritable aimant, agissant à distance : on pouvait supposer que les forces magnétiques étaient tellement distribuées dans toute la masse, que la résultante de toutes leurs actions pouvait être représentée par l'action d'un aimant central infiniment petit, de même que l'attraction exercée par un globe homogène est la même que si toute la masse était réunie à son centre. Suivant cette hypothèse, l'axe du petit aimant étant prolongé, coupe la surface de la terre en deux points qu'on nomme *pôles magnétiques*. A ces points, l'aiguille d'inclinaison est verticale et l'intensité magnétique est à son *maximum*. D'après cette même théorie, le grand cercle perpendiculaire à la ligne des pôles est l'*équateur magnétique*, courbe formée de tous les points où l'inclinaison est nulle, et où l'intensité magnétique est moitié de ce qu'elle est au pôle ; entre l'équateur et le pôle, l'inclinaison et l'intensité magnétiques dépendent uniquement de la distance du point que l'on considère à l'équateur, ou de la latitude magnétique de ce point. Il résultait encore de la théorie dont nous parlons que l'aiguille horizontale, en un point quelconque, coïncidait toujours en direction avec l'arc de grand cercle mené de ce point au pôle magnétique situé vers le pôle nord ou le pôle sud, suivant que l'on se trouvait dans l'hémisphère septentrional ou l'hémisphère boréal. L'observation n'a pas sanctionné toutes ces déductions.

T. Mayer, il y a près de quatre-vingts ans, soumit cette hypothèse au calcul. Hansteen substitua à l'action magnétique de la terre celle de deux aimants différant totalement d'intensité et de position ; mais les observations ne s'accordèrent point avec cette hypothèse. M. Biot, partant de la même hypothèse que T. Mayer, parvint à découvrir une loi entre la latitude magnétique d'un point et l'inclinaison en ce point : loi qui sert aujourd'hui dans un grand nombre de circonstances et dont voici l'expression : « La tangente de l'inclinaison est double de la tangente de la latitude magnétique. »

Si on considère les nombreuses irrégularités de toutes les courbes magnétiques que l'on a tracées à la surface du globe, on voit qu'il règne une grande obscurité sur la position et même sur le nombre des pôles magnétiques. Il existe cependant une dépendance nécessaire entre les éléments du magnétisme sur toute la surface de la terre. M. Gauss a trouvé, par l'analyse, l'expression mathématique de cette dépendance dans le cas où l'on suppose constant l'état magnétique du globe. Cet illustre géomètre démontre que, quelle que soit la distribution des centres magnétiques dans l'intérieur de la terre, il existe certaines relations entre la déclinaison, l'in-

(1) Ce mot composé des deux mots grecs ἴσος et δύναμις, signifie de *même force*

clinaison et l'intensité du magnétisme pour différents lieux. Ces relations, exprimées par des séries convergentes, contiennent un assez grand nombre de constantes qui peuvent être déterminées à l'aide de huit observations complètes, faites en des lieux dont les coordonnées géographiques sont connues. Les constantes étant ainsi déterminées, on peut calculer, à l'aide des séries, les trois éléments du magnétisme terrestre pour tout nouveau point dont la position est donnée. Des tables construites par M. Gauss abrégent et facilitent les calculs numériques qui conduisent à ces valeurs.

Pour vérifier la théorie de M. Gauss, pour aborder par l'analyse l'état dynamique et pouvoir démêler les lois mathématiques qui régissent les variations régulières et irregulières du magnétisme terrestre, les observations recueillies jusqu'à ce jour ne suffisent pas, il en faut obtenir de nouvelles faites simultanément en différents lieux, et dirigées principalement sur les variations de la déclinaison et de l'intensité horizontale. Il existe actuellement un grand nombre d'observatoires magnétiques répandus presque sur toute la surface du globe, où on se livre simultanément à cette étude importante. Cet élan a été communiqué surtout par M. de *Humboldt*, *M. Gauss*, *M.* Arago, M. Kupfer et plusieurs membres de *la* société royale de Londres. On emploie dans tous ces nouveaux observatoires magnétiques des appareils beaucoup plus sensibles que ceux que nous avons décrits jusqu'ici. (*Voy.* MAGNÉTOMÈTRE.)

La puissante influence de MM. de Humboldt et Gauss auprès des corps savants et des gouvernements de l'Europe est parvenue à faire établir dans presque toutes les positions du globe des stations magnétiques où l'on observe aux mêmes époques et avec les mêmes appareils. La société royale de Londres, pour répondre à l'appel qui lui a été fait, a rédigé les instructions les plus précises, qui actuellement servent de base à toutes les recherches qu'on exécute.

A chacun des observatoires il y a trois aides observateurs placés sous le commandement du directeur, et l'on doit prendre des observations de deux heures en deux heures pendant vingt-quatre heures. Pour que cette série d'observations, qui est spécialement destinée à la détermination des changements périodiques puisse en même temps jeter quelques lumières sur les mouvements irréguliers, elles doivent être simultanées dans tous les observatoires. Les heures qui ont été adoptées sont les heures paires (2, 4, 6, etc.), temps moyen de Gœttingue. Une observation sur douze doit être triple, la position des aimants étant notée cinq minutes avant et après l'heure principale. Le temps de cette triple observation sera à deux heures après-midi (temps moyen de Gœttingue).

Dans ces observations, destinées à jeter du jour sur ces phénomènes, on consacre un jour dans chaque mois (le dernier samedi), à des observations simultanées, commençant la veille à dix heures du soir (temps moyen de Gœttingue), et continuant pendant vingt-quatre heures toutes les cinq minutes. *Voy* DÉCLINAISON, INCLINAISON.

MAGNÉTO-ÉLECTRICITÉ. — D'après ce principe, que l'action est égale et opposée à la réaction, l'on pouvait s'attendre à ce que l'électricité affectant puissamment les aimants, le magnétisme dût réciproquement produire des phénomènes *électriques*. En prouvant ce fait très-important par la série suivante d'expériences aussi intéressantes qu'ingénieuses, le docteur Faraday a ajouté à la science une branche de plus, à laquelle il a donné le nom de *Magnéto-électricité*. Dans ces expériences, une grande longueur de fil de laiton était enroulée en forme d'hélice autour de la moitié d'un anneau de fer doux, et mise en communication avec une batterie galvanique, tandis qu'une hélice semblable, en communication avec un galvanomètre, était enroulée autour de l'autre moitié de l'anneau, mais sans toucher à la première hélice. Aussitôt que le contact était établi avec la batterie, l'aiguille du galvanomètre déviait; mais cet effet n'était que passager; car, lorsqu'on prolongeait le contact, l'aiguille reprenait sa position ordinaire, et n'était plus affectée par la circulation continuelle de l'électricité dans le fil de cuivre en communication avec la batterie. Aussitôt cependant que le contact était interrompu, l'aiguille du galvanomètre recommençait à dévier, mais dans la direction contraire. De semblables effets étaient obtenus à l'aide d'un appareil consistant en deux hélices de fil de laiton enroulé autour d'un morceau de bois, au lieu de fer: d'où le docteur Faraday conclut que le courant électrique, passant de la batterie dans l'un des fils métalliques, détermine un courant semblable dans l'autre fil, mais au moment du contact seulement; et qu'un courant momentané se trouve déterminé en sens contraire, lorsque le passage de l'électricité est subitement interrompu. On a trouvé que ces courants de courte durée, ou ondulations électriques, étaient susceptibles d'aimanter des aiguilles, de traverser une petite étendue de fluide, et que, lorsque des pointes de charbon étaient placées sur le passage du courant de l'hélice d'induction, une légère étincelle se laissait apercevoir chaque fois que les contacts étaient établis ou interrompus. Nulle action chimique ni aucun autre effet électrique n'ont été obtenus. L'aiguille du galvanomètre déviait lorsqu'on employait des aimants ordinaires au lieu du courant voltaïque, ce qui prouve l'identité des effets produits dans cette expérience par les fluides magnétique et électrique. De plus, lorsqu'on plaçait entre les pôles nord et sud de deux barreaux aimantés une hélice formée de 67 mètres de fil de laiton, dans l'intérieur de laquelle se trouvait un cylindre de fer doux, on remarquait qu'en la mettant en communication avec le galvanomètre, à l'aide de fils métalliques situés à ses extrémités, elle devenait magnétique par influence, et occasionnait une déviation dans l'aiguille du galvanomètre chaque fois que les aimants étaient amenés en contact avec le cylindre de fer. En prolongeant le contact, l'aiguille reprenait sa position naturelle, et quand le contact était interrompu, la déviation avait lieu dans la direction opposée; quand les contacts magnétiques étaient renversés, la déviation était également renversée. L'action était si énergique lorsqu'on employait de forts aimants, que l'aiguille du galvanomètre était déviée de plusieurs tours avec une grande rapidité; l'hélice, par sa simple approche ou son simple éloignement des pôles des aimants, occasionnait des effets semblables. Il a été reconnu ainsi que les aimants produisent sur le galvanomètre les mêmes effets que l'électricité. Quoique alors aucune décomposition chimique ne fût produite par les courants momentanés provenant des aimants, ces courants toutefois ne laissaient pas d'agiter les membres d'une grenouille, et le docteur Faraday observe avec raison «qu'un agent qui est conduit par des fils métalliques de la manière qu'on vient de le décrire, qui, durant ce passage, est doué des actions magnétiques et de la force d'un courant d'électricité qui est susceptible d'agiter et de faire entrer en convulsion les membres d'une grenouille, et qui, enfin, peut produire une étincelle par sa décharge à travers un fragment de charbon, ne peut être autre chose que le fluide électrique.» Ainsi donc il paraît que les aimants développent des courants électriques qui produisent les mêmes phénomènes que les courants électriques développés par la batterie voltaïque. Ces courants, cependant, diffèrent si essentiellement sous ce rapport, qu'il faut un certain temps pour l'accomplissement de la transmission magnéto-électrique, tandis que la transmission volta-électrique est instantanée.

Lorsque le docteur Faraday eut prouvé l'identité des fluides magnétique et électrique par la production de l'étincelle, par l'échauffement des fils métalliques et par l'accomplissement de la décomposition chimique, il fut aisé d'augmenter ces effets par des aimants plus puissants et par d'autres combinaisons d'appareils. Celui dont on fait usage aujourd'hui n'est autre qu'une batterie construite de la manière suivante, et dont l'agent est le fluide magnétique, au lieu du fluide voltaïque, ou, en d'autres termes, au lieu de l'électricité.

Un aimant très-puissant, en forme de fer à cheval, composé de douze plaques d'acier aussi rapprochées que possible les unes des autres, est placé dans une position horizontale. L'armature consiste en une barre de fer doux, le plus pur possible, recourbée à angles droits, des deux côtés, de telle sorte que les faces de ses extrémités puissent être amenées directement à l'opposite et proche des pôles de l'aimant, quand cela devient nécessaire. Dix fils de laiton, couverts de soie, à l'effet de les isoler, sont tournés en hélices composées autour de la moitié de la barre de fer doux; dix autres fils, isolés également, entourent l'autre moitié de la barre. Les extrémités des dix premiers fils sont en communication métallique avec un disque circulaire qui plonge dans une coupe de mercure, tandis que les extrémités des dix autres fils sont liées à une pièce à vis saillante qui porte une bande de cuivre terminée par deux pointes opposées. L'aimant d'acier est fixe, mais lorsque l'armature, avec tous ses accessoires, reçoit un mouvement de rotation vertical, le bord du disque reste toujours plongé dans le mercure, tandis que les pointes de la bande de cuivre y plongent et s'en dégagent alternativement.

D'après les lois ordinaires de l'influence, l'armature devient un aimant temporaire, pendant tout le temps que ses extrémités recourbées sont opposées aux pôles de l'aimant d'acier, et cesse d'être magnétique quand elles sont perpendiculaires à ces mêmes pôles. Elle communique son magnétisme temporaire aux hélices qui l'entourent, et tandis que l'une de ces hélices envoie un courant au disque, l'autre conduit le courant opposé à la bande de cuivre. Comme le bord du disque tournant reste toujours plongé dans le mercure, une des hélices métalliques est constamment maintenue en contact avec ce liquide, et le circuit n'est complet que lorsqu'une des pointes de la bande de cuivre plonge aussi dans le mercure; mais le circuit est interrompu du moment où cette pointe s'en dégage. Ainsi, par suite de la rotation de l'armature, le circuit est alternativement interrompu et renouvelé; et comme ce n'est qu'alors seulement que l'action électrique se manifeste, l'on aperçoit une étincelle brillante chaque fois que la pointe de cuivre s'éloigne de la surface du mercure. A l'aide des mêmes moyens, l'on peut produire l'ignition d'un fil de platine, donner des commotions assez fortes pour occasionner une sensation désagréable, et opérer la décomposition de l'eau avec une rapidité étonnante. Tous ces effets prouvent évidemment l'identité des agents magnétiques et électriques; et l'importance du principe qui découle de ces belles expériences du docteur Faraday, le place au premier rang des physiciens expérimentateurs.

MAGNÉTOMÈTRE (μάγνης, aimant, etc.). — Cet appareil consiste principalement en une longue aiguille prismatique de plus de 6 décimètres, suspendue, par un fil de soie sans torsion, au plafond d'une salle. A l'une de ses extrémités est fixé perpendiculairement un miroir plan, de $0^{m}5$ de hauteur sur $0^{m}075$ de large. A 5 mètres en avant du barreau, et dans le méridien magnétique, on établit un théodolite dont la lunette, qui grossit au moins 30 fois, est dirigée sur le miroir, lequel est placé de son côté. Sur le support du théodolite est établie une règle horizontale, divisée en millimètres, dont le zéro est rencontré par un fil à plomb tombant du centre de l'objectif de la lunette; et de l'autre côté du barreau, à 10 mètres du miroir, est placée une mire fixe, une ligne noire verticale, par exemple, vers laquelle la lunette est toujours dirigée. Lorsque le miroir est perpendiculaire au plan passant par le fil de suspension du barreau et l'axe du théodolite, le fil vertical de celle-ci, qui se projette sur la mire, coupe, sur son zéro, l'image de la règle divisée qui se montre dans le miroir; mais si *la déclinaison varie*, le miroir cesse d'être perpendiculaire au plan dont il vient d'être question, et le fil de la lunette coupe l'image de la règle en un point plus ou moins éloigné du zéro. Pour obtenir à tout instant la mesure de cette *variation, il ne s'agit que de mesurer trigonométriquement* l'angle d'écart par le rapport qui existe entre la distance de la suspension au miroir, et la distance au zéro de la division aperçue. Par ce moyen, on peut mesurer des écarts excessivement petits qui échappent aux autres procédés.

On saisit donc ainsi les variations dans la déclinaison; quant à celle de l'intensité horizontale, on l'obtient par de nombreuses observations directes de cet élément, selon la méthode ordinaire. Elle consiste à faire osciller l'aiguille pendant un temps bien connu, en comptant les oscillations. Soient n et n' deux nombres différents exécutés d'une époque à une autre pendant le *même temps*, g *l'intensité magnétique dans la première*, g' l'intensité dans la seconde, on aura, d'après la formule pendulaire : $g : g' :: n^2 : n'^2$... ce qui fera connaître g', et, par conséquent, la variation d'intensité.

Nous ne *pouvons entrer ici dans les détails* du système des magnétomètres, qu'on trouvera fort au long dans le traité de M. Becquerel. Nous dirons seulement qu'aujourd'hui des observatoires magnétiques sont répandus dans de nombreuses stations, où l'on observe aux mêmes instants et avec des appareils identiques, ce qui constitue un persévérant et vaste ensemble de recherches. Les observations se font partout de 2 en 2 heures, aux heures paires du jour et de la nuit. Une observation sur 12 doit être triple. Le dernier *samedi du mois est consacré par* toute la terre à des observations de 5 en 5 minutes. *Voy.* MAGNÉTISME TERRESTRE.

MAIN-D'OEUVRE, prix qu'elle ajoute aux matières premières. *Voy.* TECHNOLOGIE.

MANOMÈTRE (de μανός, *clair, rare*, et μέτρον, mesure). — Le manomètre est une application de la loi de Mariotte. Ce nom fut donné par l'abbé Varignon à un appareil qu'il destinait à mesurer la raréfaction de l'air; aujourd'hui on appelle ainsi tous les instruments qui servent à mesurer les pressions des gaz ou des vapeurs. Ils se composent ordinairement d'un tube plusieurs fois recourbé.

MARCHE IRRÉGULIÈRE des horloges. *Voy.* DILATATION.

MARCHE des planètes supérieures et inférieures. *Voy.* PLANÈTES.

MARÉES. — Parmi les effets les plus remarquables de la gravitation, on doit placer le soulèvement et l'abaissement successifs de la surface de la mer, qui s'opèrent deux fois dans le cours d'un jour lunaire, consistant en 24 h. 50 m. 48 s. de temps solaire moyen. Comme ce phénomène dépend de l'action du soleil et de la lune, il est rangé parmi les problèmes astronomiques dont il est le plus difficile, en même temps que son application est moins satisfaisante que celle d'aucun autre. La forme de la *surface* de l'Océan en équilibre, lorsqu'il tourne *conjointement* avec la *terre, autour* de son axe, est un ellipsoïde aplati vers les pôles; mais l'action du soleil et de la lune (de la lune principalement) trouble l'équilibre de l'Océan. Si la lune attirait le centre de gravité de la terre et toutes ses particules, avec des *forces égales et parallèles*, tout le système de la terre et des eaux qui la couvrent céderait à ces forces d'un mouvement commun, et l'équilibre des mers ne serait pas troublé. Cet équilibre n'est dérangé qu'en vertu de la différence des forces et de l'inégalité de leurs directions.

Il est prouvé par l'expérience journalière, aussi bien que par les raisonnements mathématiques les plus exacts, que si un certain nombre d'ondulations ou oscillations est excité dans un fluide par des forces différentes, chacune suit sa direction, et produit son effet indépendamment des autres. Or, dans *les marées*, il y a trois sortes d'oscillations dépendant de causes *différentes*, et produisant leurs effets indépendamment les unes des autres, de sorte qu'elles peuvent être considérées séparément.

Les oscillations de la première sorte sont *très-petites et indépendantes de la rotation* de la terre : comme elles dépendent du mouvement du corps troublant dans son orbite, elles sont de longue durée. La seconde sorte d'oscillations dépend de *la rotation* de la terre, d'où il suit que *leur période* est d'un jour environ. Enfin les oscillations de la troisième sorte, variant d'un angle égal à deux fois la rotation angulaire de *la terre*, ont lieu deux fois en vingt-quatre heures. Les premières ne présentent aucun intérêt *particulier*, et sont extrêmement petites; *mais la différence de deux marées* consécutives dépend des secondes. Au moment des solstices, cette différence, qui d'après la théorie de Newton devrait être très-grande, est à peine sensible sur nos *rivages*. Laplace a démontré que cette différence est due à la profondeur de *la mer*, et que si cette profondeur était uniforme, il n'y aurait dans les marées consécutives d'autre différence que celle qu'occasionneraient des circonstances locales. *Il suit* de là que, cette différence étant extrêmement petite, la mer, considérée dans une grande étendue, doit être à peu près d'une profondeur uniforme, c'est-à-dire qu'il y a une certaine profondeur moyenne à partir de laquelle la déviation est peu sensible. L'on suppose la profondeur moyenne de l'Océan Pacifique de 1 lieue ½ environ, et celle de l'Atlantique d'un peu plus d'une lieue seulement. D'après les formules qui déterminent la différence des marées consécutives, il est aussi prouvé que la précession des équinoxes, et la nutation de l'axe terrestre, sont les mêmes que si la mer formait une seule masse solide avec la terre.

Les oscillations de la troisième sorte sont les marées semi-diurnes, si remarquables sur nos côtes; elles sont occasionnées par les actions combinées du soleil et de la lune; mais comme ces actions sont indépendantes l'une de l'autre, on peut considérer leurs effets séparément.

Les particules d'eau situées sous la lune sont plus attirées que le centre de gravité de la terre, en raison inverse du carré des distances. Elles ont donc une tendance à abandonner la terre; mais elles sont en même temps retenues par leur pesanteur, qui cependant est diminuée par cette tendance. La lune, au contraire, attire le centre de la terre plus puissamment qu'elle n'attire les particules d'eau de l'hémisphère qui lui est opposé; de sorte que la terre a une tendance à abandonner les eaux. Toutefois elle est retenue par la pesanteur, qui se trouve encore diminuée par cette tendance. Ainsi, les eaux situées immédiatement sous la lune tendent à se détacher de la terre, en même temps que la terre tend, à son tour, à se détacher de la portion des mers diamétralement opposée à la lune; d'où résulte, dans l'un et l'autre cas, un soulèvement à peu près égal de l'Océan au-dessus de sa surface d'équilibre; car, dans chaque position, la diminution de la pesanteur des particules est presque la même, en raison de ce que la distance de la lune est très-grande par rapport au rayon de la terre. Si la terre était entièrement couverte par la mer, l'eau, ainsi attirée par la lune, prendrait la forme d'un sphéroïde oblong, dont le grand axe se dirigerait vers la lune; les colonnes d'eau situées sous la lune et dans la direction diamétralement opposée à ce satellite étant devenues plus légères par l'effet de la diminution de leur gravitation, et afin de conserver l'équilibre, les axes perpendiculaires seraient raccourcis. Par suite du petit espace auquel elle est limitée, l'élévation est deux fois aussi grande que la dépression, la masse du sphéroïde restant toujours la même. S'il était possible que les eaux prissent instantanément leur figure d'équilibre, c'est-à-dire la forme sphéroïdale, le sommet se dirigerait toujours vers la lune, malgré la rotation de la terre; mais le mouvement rapide produit en elles par la rotation les empêche, par suite de leur résistance, de prendre à chaque instant la figure qu'exigerait l'équilibre des forces qui agissent sur elles. Si donc, en raison de cette inertie des eaux, on considère les marées par rapport à l'ensemble de la terre et de la mer, on trouve qu'il existe, à 30° environ à l'est de la lune, un méridien pour lequel il y a toujours haute mer, aussi bien que dans l'hémisphère où est la lune que dans l'hémisphère opposé. A l'ouest de ce cercle, la marée est montante, à l'est elle est descendante; et dans toute l'étendue du méridien situé à 90° de celui-ci, il y a basse mer. Cette vague énorme qui suit tous les mouvements de la lune, autant du moins que la rotation de la terre le permet, est modifiée par l'action du soleil, dont l'attraction produit des effets semblables à tous égards à ceux que produit la lune, à cela près pourtant qu'ils sont incomparablement moins intenses. Ainsi donc, une vague pareille, mais beaucoup plus petite, et élevée par le soleil, tend à suivre les mouvements de cet astre, tantôt se combinant avec la vague lunaire, et tantôt lui faisant opposition, suivant les positions relatives des deux astres; mais comme la vague lunaire n'est que très-peu modifiée par la vague solaire, les marées doivent nécessairement arriver deux fois par jour, puisque deux fois par jour la rotation de la terre amène le même point sous le méridien de la lune, une fois sous le méridien supérieur, et une fois sous le méridien inférieur.

Dans les marées sémi-diurnes, l'on doit particulièrement distinguer deux phénomènes, l'un qui a lieu deux fois par mois, et l'autre deux fois par an.

Le premier phénomène consiste en ce que les marées sont beaucoup augmentées dans les syzygies, ou au temps de la nouvelle et de la pleine lune. Dans ces deux cas, le soleil et la lune sont au même méridien; car, lorsque la lune est nouvelle, ils sont en conjonction, et quand elle est pleine, ils sont en opposition. Dans chacune de ces positions, leurs actions se combinent de manière à produire sous ce méridien les marées les plus hautes, tandis qu'à la distance de 90° elles produisent les plus basses. On observe que plus la mer est haute dans le flux, et plus elle est basse dans le reflux. Les mortes marées ont lieu quand la lune est en quadrature; elles ne s'élèvent jamais aussi haut, et ne s'abaissent jamais autant que les grandes marées. Les grandes marées sont beaucoup plus fortes quand la lune est en périgée, parce qu'alors elle est plus près de la terre. Il est évident que les grandes marées doivent arriver deux fois par mois, puisque dans cette période de temps la lune est une fois nouvelle et une fois pleine.

Le second phénomène consiste dans l'augmentation qui a lieu dans les marées au moment des équinoxes, c'est-à-dire lorsque, la déclinaison du soleil est nulle, ce qui arrive deux fois par an. Les plus hautes marées ont lieu lorsque, vers le temps des équinoxes, et la lune étant dans son périgée, il survient une nouvelle ou une pleine lune. L'inclinaison de l'orbite de la lune sur l'écliptique est de 5° 8' 47'', 9; de là suit que dans les équinoxes l'action de la lune serait plus considérable, si son nœud coïncidait avec son périgée; car il est évident que c'est lorsque le soleil et la lune sont dans le plan de l'équateur, et dans le même méridien, et quand la lune est en conjonction ou en opposition, en même temps qu'elle est à sa moindre distance de la terre, que l'action des deux astres s'exerce le plus directement et avec le plus d'intensité, sur les eaux de l'Océan. Les grandes marées qui ont lieu sous l'influence réunie de toutes ces circonstances doivent donc être les plus fortes de toutes. Les vents équinoxiaux élèvent souvent ces marées à une grande hauteur. Outre ces variations remarquables, il y en a d'autres qui proviennent de la déclinaison ou de la distance angulaire du soleil et de la lune au plan de l'équateur, et qui ont une grande influence sur le flux et le reflux. Le soleil et la lune, en accomplissant leur révolution dans le ciel, changent continuellement de distance par rapport au plan de l'équateur : ce changement est dû à l'obliquité de l'écliptique et à l'inclinaison de l'orbite lunaire. La lune met à peu près vingt-neuf jours et demi à parcourir toutes ses déclinaisons, qui s'étendent quelquefois à 28° $\frac{3}{4}$ de chaque côté de l'équateur, tandis qu'il faut à peu près 365 $\frac{1}{4}$ jours au soleil pour accomplir son mouvement tropical, dont l'amplitude comprend une déclinaison d'environ 23° $\frac{1}{2}$ au nord et au sud de l'équateur. Les mouvements combinés de ces deux corps occasionnent de grandes irrégularités, et il arrive quelquefois que leurs forces attractives contrarient jusqu'à un certain point leurs effets réciproques ; mais, tout calcul fait, la moyenne amplitude mensuelle de la déclinaison de la lune est à peu près la même que l'étendue annuelle de la déclinaison du soleil ; conséquemment, les marées les plus hautes ont lieu dans les régions tropiques et les plus basses vers les pôles.

La hauteur et le temps de la haute mer changent ainsi perpétuellement ; il faut donc, en résolvant le problème, déterminer les hauteurs auxquelles les marées s'élèvent, les temps auxquels elles arrivent, et leurs variations journalières. La théorie et l'observation s'accordent à prouver que chaque marée partielle augmente comme le cube du diamètre apparent, ou de la parallaxe du corps qui la produit, et qu'elle diminue comme le carré du cosinus de la déclinaison de ce corps. Car plus le diamètre apparent est grand, plus le corps est rapproché, et plus l'action qu'il exerce sur la mer est intense ; mais plus sa déclinaison est grande, et moins son action est sensible, cette action s'exerçant alors d'une manière moins directe.

Dans l'hypothèse d'un ellipsoïde de révolution entièrement recouvert par la mer, les mouvements périodiques des eaux de l'Océan, calculés, sont bien loin d'être d'accord avec l'observation. Cette différence provient des irrégularités très-grandes de la surface de la terre, qui n'est que partiellement couverte par la mer ; des inégalités qui existent dans les profondeurs de l'Océan ; de la manière dont il est répandu sur la terre ; de la position et de l'inclinaison des rivages ; des courants et de la résistance que rencontrent les eaux, — causes qu'il est impossible d'évaluer, mais qui modifient les oscillations de la grande masse de l'Océan. Cependant, au milieu de toutes ces irrégularités, le flux et le reflux de la mer conservent, avec les forces qui les produisent, un certain rapport suffisant pour indiquer leur nature et pour constater la loi de l'attraction du soleil et de la lune sur la mer. Laplace observe que la recherche de semblables relations entre la cause et l'effet n'est pas moins utile dans la philosophie naturelle que la solution directe des problèmes, tant pour prouver l'existence des causes, que pour découvrir les lois de leurs effets. On y trouve, de même que dans la théorie des probabilités, un supplément utile à l'ignorance et à la faiblesse de l'esprit humain. Ainsi le problème des marées n'admet pas de solution générale. Il est certainement nécessaire d'analyser les phénomènes généraux qui doivent résulter de l'attraction du soleil et de la lune, mais ils doivent être corrigés dans chaque cas particulier par des observations locales modifiées suivant l'étendue et la profondeur de la mer et les circonstances particulières du lieu.

L'action perturbatrice du soleil et de la lune ne pouvant se manifester d'une manière sensible que dans une très-grande étendue d'eau, il est évident que l'Océan Pacifique est l'une des principales sources de nos marées. Mais, par suite de la rotation de la terre et de l'inertie de l'Océan, la haute mer n'arrive que quelque temps après le passage de la lune par le méridien. La marée élevée dans cette immense étendue d'eau est transmise à l'Atlantique ; de là elle court dans une direction septentrionale, le long des côtes d'Afrique et d'Europe, arrivant successivement en chaque point. Cette grande vague cependant est modifiée par la marée élevée dans l'Atlantique, laquelle se combine quelquefois avec celle de l'Océan Pacifique de manière à produire un effet proportionnel à leur somme, et quelquefois aussi se trouve en opposition avec elle, auquel cas les marées ne s'élèvent que proportionnellement à leur différence. Puis cette vague immense, ainsi combinée, réfléchie par les rivages de l'Atlantique s'étendant presque d'un pôle à l'autre, et se dirigeant toujours vers le nord, se précipite avec violence dans la mer du Nord, à travers la Manche et la mer d'Irlande ; de sorte que dans nos ports, les marées se trouvent modifiées par celles d'un autre hémisphère. La théorie des marées, quant à leur hauteur et aux temps auxquels elles ont lieu, est réellement pour chaque port un sujet d'expérience, et ne peut être parfaitement déterminée que par la moyenne d'un très-grand nombre d'observations, comprenant plusieurs révolutions des nœuds de la lune.

La hauteur à laquelle les marées s'élèvent est beaucoup plus grande dans les canaux étroits qu'en pleine mer, par suite d'obstacles qu'elles rencontrent. La mer est si resserrée dans la Manche, qu'à Saint-Malo, sur la côte de France, les marées s'élèvent quelquefois jusqu'à une hauteur de 50 pieds (15^{m} 25) ; tandis que sur les rivages de quelques-unes des îles de la mer du Sud, elles n'excèdent pas un pied ou deux (3^{d},05, ou 6[d]). Les vents ont une grande influence sur la hauteur des marées, selon qu'ils soufflent dans la même direction ou dans une direction opposée; mais l'effet du vent sur les vagues de l'Océan ne s'étend que très-peu au-dessous de la surface. Il est même probable que, dans les orages les plus violents, l'eau est calme à la profondeur de 90 ou 100 pieds (27^m, 45 ou 30^m, 5). Les marées de l'Océan ne se communiquent ni à la Méditerranée, ni à la Baltique, en partie à cause de la position de ces deux mers, et en partie à cause du peu de largeur des détroits de Gibraltar et du Catégat; mais elles sont très-sensibles dans la mer Rouge et dans la baie d'Hudson. Dans les hautes latitudes, où l'Océan ne se trouve plus aussi directement sous l'influence du soleil et de la lune, le flux et le reflux sont à peine sensibles; de sorte que, selon toute probabilité, il n'y a point de marées aux pôles, ou seulement une petite marée annuelle et mensuelle. Le flux et le reflux de la mer sont sensibles dans les rivières à une très-grande distance de leur embouchure. Au détroit de Pauxis, dans la rivière des Amazones, à plus de 181 lieues environ de la mer, les marées sont encore sensibles. La marée met tant de jours à remonter cet énorme courant, que les marées descendantes rencontrent une suite de marées montantes; de sorte qu'il existe toujours un certain point du rivage pour lequel se manifestent toutes les circonstances de grandeur et de temps que peut produire une marée. Il faut une très-grande étendue d'eau pour que les impulsions du soleil et de la lune puissent s'accumuler de manière à devenir sensibles; aussi les marées de la Méditerranée et de la mer Noire sont-elles extrêmement faibles.

Ce mouvement perpétuel des eaux est produit par des forces bien peu considérables, si on les compare à la force de gravitation de la terre; en effet, l'action du soleil sur l'Océan n'est que $\frac{1}{38448000}$ de la pesanteur à la surface de la terre, et celle de la lune n'est guère plus de deux fois autant. Ces forces sont entre elles comme 1 est à 2,35333, quand le soleil et la lune sont à leurs moyennes distances de la terre. D'après cette proportion, l'on a trouvé que la masse de la lune n'est que le $\frac{1}{75}$ de celle de la terre. Si l'action du soleil sur l'Océan se fût toujours ajoutée à celle de la lune, il n'y aurait pas eu de basses marées, et les hautes marées se seraient élevées à une hauteur double de celle qu'aurait produite l'action séparée de la lune, — phénomène dépendant de l'interférence des vagues ou ondulations.

Une pierre qu'on jette dans une pièce d'eau stagnante occasionne une série d'ondulations qui s'étendent sur toute la surface, de sorte que l'eau paraît animée d'un mouvement de translation, quoiqu'elle ne fasse en réalité que s'élever en formant de petites vagues et s'abaisser en formant de petits creux, chaque point de la surface s'élevant et s'abaissant ainsi alternativement. Une autre pierre de même grosseur, jetée dans l'eau près de la première, occasionne une série semblable d'ondulations. Si alors deux ondulations égales et semblables, occasionnées par chacune de ces pierres, arrivent au même point au même moment, de manière à ce que l'élévation de l'une coïncide exactement avec l'élévation de l'autre, leur effet réuni produira une ondulation d'une grandeur double; mais si une ondulation précède l'autre exactement de la moitié d'une ondulation, l'élévation de l'une coïncidera avec l'abaissement de l'autre, et réciproquement, de sorte que les ondulations se réduiront l'une l'autre, et si parfaitement, que la surface de l'eau restera unie et calme. Dès lors, si la longueur de chaque ondulation est représentée par 1, elles se détruiront l'une l'autre aux intervalles de $\frac{1}{2}$, $\frac{3}{2}$ $\frac{5}{2}$, etc., et combineront leurs effets aux intervalles 1, 2, 3, etc. D'après ce principe, l'on trouve que lorsqu'une eau tranquille est troublée par la chute de deux pierres égales, il y a sur sa surface certaines lignes d'une forme hyperbolique où l'eau reste unie par suite de la destruction mutuelle d'un certain nombre d'ondulations, tandis que dans les parties adjacentes, l'élévation de l'eau correspond aux deux ondulations réunies. Or, dans les fortes et faibles marées, provenant de la combinaison des ondulations simples soli-lunaires, la plus haute marée est le résultat simultané de leur combinaison, quand elles coïncident en temps et en place; et la plus faible marée arrive quand elles se succèdent par demi-intervalles, de manière à ne laisser sensible que l'effet de leur différence. Il est donc évident que si les marées solaires et lunaires étaient de la même hauteur, il n'y aurait aucune différence, conséquemment que les plus faibles marées seraient nulles, et les plus hautes marées seraient deux fois aussi hautes que chacune séparément. Dans le port de Batsha, dans le Tonquin, où les marées arrivent par deux canaux de longueurs correspondantes à un demi-intervalle, il n'y a ni haute ni basse mer, par suite de l'interférence des ondulations.

L'état initial de l'Océan n'a aucune influence sur les marées; car, quelles que puissent avoir été ses conditions primitives, elles doivent bientôt s'être évanouies par l'effet du frottement et de la mobilité du fluide. L'une des circonstances les plus remarquables de la théorie des marées est l'assurance qu'on en tire, que la densité de la mer n'étant qu'un cinquième de la densité moyenne de la terre, et que la terre elle-même, augmentant de densité vers le centre, la stabilité de l'équilibre de l'Océan ne peut être détruite par aucune cause physique. Une inondation générale, provenant de la seule instabilité de l'Océan, est donc impossible. Une diversité de circonstances tend cependant à produire des variations partielles dans l'équilibre des mers; mais cet équilibre est rétabli au moyen des courants. Les vents et la fonte périodique de la glace aux pôles occasionnent des courants passagers; mais les causes les plus importantes sont sans contredit la force centrifuge occasionnée par la rapidité de la rotation de la terre, et les variations qui se manifestent dans la densité de la mer.

La force centrifuge peut être décomposée en deux forces : — l'une perpendiculaire et l'autre tangente à la surface de la terre. La force tangentielle, quoique peu considérable, est suffisante pour imprimer aux particules fluides, situées en dedans des *cercles polaires*, une tendance vers l'équateur, laquelle se trouve encore beaucoup augmentée par l'évaporation des régions équatoriales, due à la chaleur du soleil que trouble l'équilibre de l'Océan. A cette cause peut être aussi ajoutée la grande densité des eaux voisines des pôles, due en partie à leur basse température, et en partie à ce que leur pesanteur est moins diminuée par l'action du soleil et de la lune que celle des mers des basses latitudes. Par suite de la combinaison de ces diverses circonstances, deux grands courants se dirigent perpétuellement de chaque pôle vers l'équateur. Mais comme ils viennent de latitudes où le mouvement rotatoire de la surface de la terre est beaucoup moindre qu'il ne l'est entre les tropiques, ils n'acquièrent pas immédiatement, à cause de leur inertie, la vitesse de rotation dont la partie solide de la terre est animée vers les régions équatoriales, et de là il résulte que, dans un espace de vingt-cinq ou trente degrés de chaque côté de la ligne, l'Océan paraît avoir un mouvement général de l'est à l'ouest, qui est beaucoup augmenté par l'action des vents alizés. Environ vers le dixième degré de latitude sud, cette énorme masse d'eau en mouvement se trouve détournée de sa direction par la côte d'Amérique, et, poussée vers le nord-ouest, elle se précipite dans le golfe de Mexique; puis, traversant les détroits de la Floride avec une vitesse de 1 lieue ½ environ par heure, forme le courant si connu de Gulf-stream, qui longe toute la côte d'Amérique, et se dirige vers le nord jusqu'au banc de Terre-Neuve, d'où, s'inclinant vers l'est, il dépasse les îles Açores et Canaries, et se réunit ensuite au grand courant occidental des tropiques, environ au vingt-unième degré de latitude nord. Suivant M. de Humboldt, ce grand circuit de 3800 lieues, que les eaux de l'Atlantique décrivent perpétuellement entre les onzième et quarante-troisième degrés de latitude, peut être accompli par chaque molécule fluide dans un espace de deux ans et dix mois. Outre ce courant principal, le Gulfstream se partage en plusieurs branches, qui, en même temps qu'elles amènent sur nos rives septentrionales les fruits et les plantes des tropiques, y apportent aussi une portion de la chaleur qui règne dans les climats équatoriaux.

Le mouvement général vers l'ouest de la mer du Sud, combiné avec le courant polaire sud, produit différents mouvements dans les océans Pacifique et Indien, selon que l'un ou l'autre domine. Le mouvement occidental de la mer Pacifique se divise de chaque côté de l'Australie, tandis que le courant polaire se précipite le long de la baie de Bengale; mais le courant occidental redevient plus considérable vers Ceylan et les Maldives, d'où il s'étend, par l'extrémité de la presqu'île de l'Inde, au delà de Madagascar, pour remonter ensuite jusqu'au point le plus septentrional du continent d'Afrique, où il se perd dans le mouvement général des mers. Il arrive quelquefois que des glaçons sont poussés du pôle nord jusqu'aux Açores, et du pôle sud jusqu'au cap de Bonne-Espérance. Le courant polaire obligea le capitaine Parry d'abandonner l'entreprise qu'il avait formée, en 1827, d'atteindre le pôle nord, les champs de glace étant poussés vers le sud avec plus de vitesse qu'il n'en pouvait mettre, lui et ses compagnons, à s'avancer vers le nord sur ces mêmes champs de glace. *Voy.* Hydrostatique.

MARIOTTE (Edme), physicien distingué, né en Bourgogne vers 1620, mort en 1684.

Tandis que Cassini recueillait dans le domaine du ciel une riche moisson de découvertes, Mariotte, parcourant les sentiers de la nature terrestre, marquait tous ses pas par quelque trait de lumière et de clarté. Un de ses premiers soins fut de rendre sensibles, par des expériences délicates, les lois de la communication du mouvement dont les physiciens de la Société Royale de Londres venaient de publier l'existence.

Il suspend à deux points fixes deux fils d'égale longueur, à chacun desquels est attachée tantôt une boule de terre glaise molle, tantôt une boule d'ivoire, suivant que les expériences ont pour objet le choc des corps *sans ressort*, ou celui des *corps élastiques*. Les deux fils étant tendus par ces boules, elles se trouvent en contact sans exercer l'une sur l'autre la plus légère pression. Derrière les deux fils est un plan vertical où sont tracés deux arcs de cercle, décrits chacun d'un des points fixes comme centre, et ces arcs sont divisés de manière que la distance de chaque division au point du perpendicule croît suivant la progression 1, 2, 3, etc. Si on élève les deux boules d'un côté ou de l'autre par des arcs d'un nombre quelconque de degrés et qu'on les abandonne en même temps, elles parviennent ensemble au point du perpendiculaire avec des vitesses mesurées par les hauteurs d'où elles sont descendues; et les hauteurs qu'elles parcourent en remontant mesurent leur vitesse après le choc.

C'est à l'aide de cette ingénieuse machine que Mariotte trouva un accord satisfaisant entre les résultats de la théorie et ceux que fournit l'expérience. On peut voir, dans les ouvrages destinés à l'étude de la physique, le développement des raisonnements et des expériences de Mariotte; ici je me borne à dire que les lois du choc oblique n'ont point échappé à sa sagacité; qu'il résulte de ses expériences que le mouvement se perd par un mouvement contraire, c'est-à-dire par celui d'un corps qui va d'un sens directement opposé; enfin, qu'il a le premier rendu sensible l'existence de deux ressorts égaux, l'un en avant, l'autre en arrière, dans un corps élastique quelconque qui vient d'éprouver l'effort de la percussion.

C'est un résultat de théorie et d'expérience, rigoureusement établi par Galilée, que tous les corps abandonnés à eux-mêmes, à une égale distance de la terre, devraient se précipiter dans le même temps sur sa surface. Mariotte soupçonne que la résistance de l'air fait naître la différence des vitesses qui les animent, et la machine pneumatique lui fournit un moyen facile de justifier ses soupçons. Il prend deux cylindres creux de verre, de quinze ou vingt pouces de hauteur, de huit ou dix lignes de diamètre, et il met dans chacun une plume de duvet, large de cinq ou six lignes; après avoir fait le vide dans un de ces cylindres, il ferme exactement leurs ouvertures, il les renverse ensuite subitement, et il voit les petites plumes se précipiter, avec cette différence que celle qui se trouve dans le cylindre plein d'air emploie trois fois plus de temps pour aller au fond que la plume située dans le cylindre évacué.

L'atmosphère terrestre est une mine abondante dont Torricelli et Pascal avaient commencé avec succès l'exploitation. Aidés d'un puissant instrument, Otto de Guerike et Boyle y découvrirent des trésors; et sans épuiser son excessive fécondité, l'ingénieux Mariotte y trouve de nouvelles richesses qu'il s'empresse de recueillir pour en faire hommage à la science.

L'air jouit de la pesanteur et de l'élasticité : il se dilate ou se condense suivant les circonstances. Il se condense lorsqu'on lui fait éprouver l'effort de la compression; il se dilate en vertu de son ressort lorsqu'on le débarrasse du poids dont il est chargé. L'air que nous respirons est dans un état de condensation qui n'a point atteint sa limite. Boyle est parvenu à lui faire occuper un espace treize fois moindre que celui qu'il occupe. Senguerdius, par une expérience grossière, a trouvé que l'air, recouvrant toute sa liberté, n'occupait dans sa dilatation qu'un espace soixante-quatre fois plus considérable; et Mariotte, par une expérience ingénieuse, qui mérite d'être connue, le dilate au point de lui faire occuper un espace quatre mille fois plus grand. Une bouteille pleine d'eau, non purgée d'air, et dont le goulot était plongé dans un verre à demi plein du même liquide, reposait sous le récipient de la machine pneumatique; on en tira l'air peu à peu, et quelques bulles étant montées au haut de la bouteille, l'eau descendit successivement jusqu'au goulot, et ensuite jusqu'au-dessous de la surface de l'eau contenue dans le verre, qui s'était élevée par la chute de celle de la bouteille. En cet état, l'air renfermé dans le récipient n'avait point perdu tout son ressort, puisqu'il soutenait l'eau du verre au-dessus de celle qui était dans le goulot de la bouteille. On fit rentrer l'air dans le récipient; l'eau remonta dans la bouteille, et il resta seulement dans sa partie supérieure une bulle d'air d'environ deux lignes de diamètre; cette bulle étant comparée à la capacité de la bouteille, Mariotte trouva, par le calcul, qu'elle n'en occupait pas la quatre millième partie. L'air de cette bulle avait donc rempli un espace quatre mille fois plus grand et conservé une partie de son ressort, en vertu de laquelle il faisait équilibre au poids de la petite quantité d'eau qu'il soutenait, et à l'élasticité de l'air extrêmement raréfié qui était encore dans le récipient.

Cette dilatation de l'air, quoique très-considérable, est néanmoins bien loin d'égaler celle des couches aériformes qui habitent les confins de l'*atmosphère*, et dont le ressort, quoique très-affaibli, exercerait encore son activité pour les étendre, s'il n'était contre-balancé par la pesanteur qui les sollicite vers le centre de la terre.

La force élastique de l'air est égale à la force qui le comprime, et conséquemment le ressort d'une bulle d'air, prise dans les couches que nous habitons, fait équilibre au poids de l'atmosphère. Ce principe n'est point stérile entre les mains de Mariotte : il le fait servir avec adresse à établir le rapport inverse de la force élastique d'une masse d'air déterminée à l'espace qu'elle occupe lorsque la température est constante. Il introduit dans la partie supérieure du tube de Torricelli une quantité d'air suffisante pour la remplir, sans perdre sa densité. L'air se dilate, et le mercure descend dans le tube jusqu'à une certaine limite qu'il lui est impossible de franchir, et cette limite est le point où l'élasticité de l'air, ajoutée au poids de la colonne de mercure, égale la pression de l'atmosphère. Mariotte mesure exactement l'espace qu'occupait l'air avant d'être dilaté, celui qu'il occupe après la dilatation, et il trouve que ces espaces sont réciproques aux forces élastiques animant successivement la même quantité d'air qui les occupe.

Boyle, et après lui les physiciens de Florence, avaient remarqué qu'un vase plein d'eau naturelle, placé sous le récipient de la machine pneumatique, laisse échapper, après quelques coups de piston, un grand nombre de petites bulles qui vont crever sur la surface du liquide. Si l'eau est tiède, elle bout, du moment qu'on a fait le vide, avec autant d'activité que si elle était exposée à l'action de la plus violente chaleur.

Cette expérience rendit sensible la présence de l'air dans l'eau et l'influence de la pression atmosphérique sur la forme liquide que l'eau conserve dans nos contrées à la température habituelle de l'atmosphère. Mais on croyait généralement que l'air contenu dans l'eau s'y trouvait mêlé simplement avec ce liquide, et que ce mélange n'altérait aucune propriété du fluide aériforme. C'est une erreur qu'il était réservé à Mariotte de détruire par une expérience délicate.

Il fit bouillir de l'huile, et, après l'avoir laissé refroidir, il disposa un petit verre cylindrique très-court, de manière qu'il demeurait droit et renversé sur l'huile dont il était entièrement rempli et dont il excédait la surface d'environ la moitié de sa hauteur. L'huile fut réchauffée ensuite par dessous, directement, vis-à-vis du petit verre, sans voir paraître la moindre bulle d'air. Alors Mariotte fit couler adroitement une petite goutte d'eau vers le milieu de l'huile sous le petit verre ; et continuant à échauffer l'huile, il vit peu de temps après de petites bulles d'air sorties de la goutte d'eau, qui s'élevaient au haut du petit verre et qui, étant refroidies, occupaient huit ou dix fois plus d'espace que la goutte entière.

Voilà donc une nouvelle propriété de l'air que Mariotte vient de rendre sensible. L'air existe dans l'eau, mais il n'y est pas dans l'état de simple mélange : il y est pressé et condensé, il y est dans l'état de dissolution, et cette dissolution a, avec celle des substances salines, de grands traits de ressemblance. L'eau donne également aux sels et à l'air qu'elle dissout sa forme et à peu près sa densité. La faculté dissolvante de l'eau pour les sels et pour l'air diminue également, à mesure qu'elle avance vers son terme de saturation.

Torricelli avait établi la loi des vitesses des écoulements des liquides par de petits orifices. Mariotte fut un des premiers à la saisir et à la mettre en usage. Son Traité du mouvement des eaux renferme un grand nombre d'expériences qui concourent à en confirmer l'existence. Cet ouvrage a été très-utile à la science ; il l'eût été davantage si son auteur eût su éviter quelques erreurs, et surtout s'il eût connu l'effet que fait naître la contraction de la veine fluide, lorsque le liquide s'échappe par des tuyaux additionnels.

Mariotte, doué d'un esprit vaste, embrasse dans ses recherches plusieurs autres branches de la science de la nature. Il s'occupe des phénomènes du chaud, du froid, de la vision et des couleurs, et partout on voit briller sa sagacité à imaginer des expériences, et sa grande dextérité à les exécuter. Il manqua, il est vrai, les belles expériences de Newton sur la lumière, et il crut pouvoir établir, sur celles qui lui étaient propres, un système qui devait bientôt s'écrouler. Mais la vérité et l'erreur ne sont-elles point quelquefois séparées par des nuances délicates et pour ainsi dire insensibles, qui échappent à l'esprit le plus juste et le plus pénétrant ?

MARMITE AUTOCLAVE ou DE PAPIN. *Voy.* EBULLITION.

MARS. — Cette planète vient immédiatement après notre globe. Sa distance moyenne au soleil est de 58,000,000 de lieues. Comme sa distance à la terre est très-variable, cette variation se manifeste par les diminutions apparentes de son diamètre, qui est quelquefois de 18°, et d'autres fois de 90°. L'observation des taches que présente son disque a fait connaître que Mars tourne sur lui-même en 24 h. 31' 22". Il se meut dans une ellipse très-excentrique, qu'il met 686 j. 23 h. 30' 42 4 à parcourir. Son axe est incliné sur son orbite de 61° 33', et son orbite l'est sur l'écliptique de 1° 51" 1" ; son diamètre équatorial est à son diamètre polaire dans la proportion de 16 à 15.

Observée au télescope, cette planète présente un disque arrondi, et qui, n'étant jamais échancré, semble moins hérissé d'aspérités. Ses phases font voir qu'elle n'est pas lumineuse par elle-même. On aperçoit sur sa surface des taches de nuances diverses, au moyen desquelles on a déterminé la durée de son mouvement de rotation. La lumière que Mars réfléchit est d'un rouge obscur, apparence que l'on attribue à l'atmosphère dont il est enveloppé, et qui est si haute et si dense, que lorsqu'il s'approche de quelque étoile fixe, celle-ci change de couleur, s'obscurcit et disparaît souvent, quoique à quelque distance du corps de la planète.

Outre les taches qui ont servi à déterminer le mouvement de rotation de Mars, plusieurs astronomes ont remarqué qu'un segment de son globe, vers le pôle sud, a un éclat si supérieur à celui du reste du disque, qu'il paraît comme le segment d'un globe plus considérable. Maraldi nous apprend que cette tache brillante a été observée il y a soixante ans, et qu'elle était de toutes la plus permanente. Une partie de cette planète est plus brillante que le reste, la plus sombre est sujette à de grands changements et disparaît quelquefois. Un éclat semblable a souvent été observé au pôle nord. Ces observations ont été confirmées par Herschell, qui a examiné la planète avec des instruments mieux faits et plus forts que ceux qu'on avait employés jusqu'à lui. Suivant cet astronome, l'analogie qu'il y a entre Mars et Vénus est la plus grande que présente le système solaire. Les deux corps ont presque le même mouvement diurne. L'obliquité de leur écliptique ne présente pas de grandes différences. De toutes les planètes supérieures, Mars est celle dont la distance au soleil est la plus approchante de celle de la terre, et la longueur de son année ne paraît pas non plus beaucoup différer de la nôtre, quand on la compare avec l'excessive durée de celles de Jupiter, de Saturne et d'Herschell. Puisque le globe que nous habitons a ses régions polaires glacées et des montagnes couvertes de glaces et de neiges, qui ne fondent qu'en partie quand elles sont alternativement exposées à l'action du soleil, on peut supposer que les mêmes causes produisent les mêmes effets sur Mars ; que ses taches polaires resplendissantes sont dues à la vive réflexion qu'éprouve la lumière sur ces régions glacées, et que la diminution de ces taches, lorsqu'elles sont exposées aux rayons du soleil, est un effet de l'influence de cet astre. La tache du pôle sud était extrêmement grande en 1781, ce qui devait être, puisque ce pôle sortait d'une nuit de douze mois, et avait été privé pendant tout ce temps de la chaleur du soleil ; elle était plus petite en 1783, et diminua graduellement depuis le 20 mai jusqu'au milieu de septembre, qu'elle sembla devenir stationnaire. A cette époque le pôle sud avait joui de huit mois d'été, pendant lesquels il avait constamment éprouvé l'influence des rayons solaires.

Une autre considération vient encore confirmer l'hypothèse que les taches brillantes des pôles de Mars sont dues à la présence des glaces et des neiges, c'est que l'axe de cette planète étant incliné sur son orbite de 61° 33', les variations des saisons ne doivent pas être fort sensibles, et cette constance de chaque parallèle à conserver la même température est regardée comme favorable à la formation des glaces.

Le soleil ne dispense à Mars que le tiers environ de la lumière qu'il répand sur la terre, aussi paraît-il singulier qu'il n'ait pas de lune ou de satellite. Toutefois cette circonstance peut être compensée par la hauteur et la densité de son atmosphère que nous avons vues être considérables.

MARTEAU D'EAU. *Voy.* Chute des corps dans l'air.

MASSE FLUIDE en rotation. *Voy.* Terre.

Masse des planètes. *Voy.* Planètes.

MATÉRIALISME, réfutation de la cosmogonie matérialiste. *Voy.* Cosmogonie matérialiste.

MATIÈRE. — Qu'est-ce que la matière ? Si l'on fait abstraction de ses apparences, des phénomènes et des propriétés sensibles ou communes qu'elle manifeste, pour ne penser qu'à son essence et qu'on se demande alors comment la matière est possible, on se sent saisi comme d'un vertige intellectuel. L'âme éblouie éprouve cette *oppression de la gloire* dont elle est saisie toutes les fois qu'elle plonge en Dieu ou dans ses attributs un regard indiscret. C'est ainsi qu'au physique l'œil est frappé d'éblouissement quand il fixe imprudemment le soleil splendide.

Si nous interrogeons l'antiquité, elle balbutie et ne répond que des choses étranges, incompréhensibles. Demandez aux plus vantés de ses philosophes ce qu'ils pensent de la matière. *C'est quelque chose d'éternel*, répondent-ils tous d'une voix unanime. Quant à la nature de cette matière, de cette *chose* éternelle, rien de confus, d'obscur, de disparate, de contradictoire comme les diverses opinions émises par eux sur ce point.

Zénon et son école ou les Eléates identifient tout dans un quelque chose qui ne se définit et ne s'exprime que par ce nom abstrait, l'Etre sans parties, sans diversité, sans mouvement, sans espace; point de vide, tout est plein; unité continue, immobile, absolue, hors de laquelle il n'y a que vaine apparence : dans ce système l'Etre est éternellement le même. Une pareille théorie est l'inintelligible substitué à l'inexplicable.

Les atomistes, Leucippe, Démocrite, Epicure, etc., admettent du vide et du plein, du non-être et de l'être, des atomes et de l'espace. Le vide pénètre la matière dans tous les sens, mais il y a un terme à cette pénétration : ce terme, c'est le corps ou ses parties composantes qui sont de petit solides impénétrables, insécables. Ces petits solides ou corpuscules invisibles, mais indestructibles errent en nombre infini dans l'espace infini. Ils ont solidité, forme variée, mouvements divers; suivant que ces éléments des corps s'unissent ou se séparent, il y a génération ou dissolution, naissance ou mort. Tout cela est éternel et constitue et épuise la réalité.

Ni de l'un ni de l'autre de ces deux systèmes ne peut résulter la nécessité, pas même la possibilité d'une autre existence que celle du monde matériel, et ni Dieu ni l'esprit pur ne sont des postulats de l'unité absolue de Zénon ou de l'atomisme de Leucippe. Un principe unique en découle, l'*éternité de la matière* admise par toute l'antiquité.

Si nous passons à l'Académie et au Lycée, nous voyons, il est vrai, Platon et Aristote rejeter le scepticisme éléatique et le matérialisme corpusculaire, et proclamer l'existence d'une cause intelligente et efficiente de l'univers. Mais Dieu, pour eux, n'est point un *créateur proprement dit*, il n'est qu'un suprême ordonnateur de la matière. « Il prit, dit Platon, la masse des choses visibles qui s'agitait d'un mouvement sans frein et sans règle, et du désordre il fit sortir l'ordre... Il introduisit entre toutes choses des rapports harmonieux et constitua tous les corps dont il composa le monde; il lui donna une âme et en fit un animal qui comprend tous les autres, qui se suffit à lui-même, qui est et sera éternellement unique. » Mais ce monde fait de matière n'est pas la matière. Qu'est-ce donc que la matière, au sentiment de Platon ? « C'est, répond-il, ce qui a le pouvoir d'être le réceptacle et comme la nourrice de tout ce qui est..... C'est le fond commun où vient s'empreindre tout ce qui existe; c'est le lien éternel servant de théâtre à tout ce qui commence d'être, ne tombant pas sous les sens, mais pourtant perceptible et que nous ne faisons qu'entrevoir à travers un songe. En un mot, conclut-il, c'est un être très-difficile à comprendre (1). »

Ainsi la matière, suivant Platon, est quelque chose de l'espace, quelque chose de la substance, quelque chose du chaos, pouvant devenir le monde, mais non par elle-même, principe indéterminé, invisible, dénué de toutes formes, qui n'est ni ceci ni cela, mais qui peut être toutes choses, un infini en étendue et en durée qui n'est point un corps et qui contient la possibilité de tous les corps. C'est cette matière indéfinie et indéfinissable que Dieu la disposée, façonnée diversement, en vertu des idées ou exemplaires éternels qui sont en lui et que les choses reproduisent passagèrement. En définitive, la théorie platonicienne de la matière aboutit à l'indéterminé pur. Elle a produit l'idéalisme en philosophie.

Aristote distingue dans les corps trois principes : 1° la matière de l'être ou ce dont les choses sont faites, matière indéterminée,

(1) Timée, *passim.*

véritable abstraction, jusqu'à ce qu'unie à la forme, celle-ci la réalise dans des êtres déterminés ; 2° la nature de l'être, ou cette forme spéciale que nous nommions tout à l'heure, cet état déterminé qui produit l'être réel ; 3° la réunion de la matière et de la forme qui constitue l'essence individuelle ou l'être réel. Comme indéterminée, la matière est préexistante à la production, elle n'a ni forme, ni quantité, ni attribut d'aucune sorte : elle est la matière intégrante de l'essence. C'est la forme qui réalise l'essence, qui constitue la différence et donne la notion essentielle de l'objet. Aussi la matière est proprement l'être en puissance, susceptible de recevoir telle ou telle forme. La forme est l'être en acte, ou autrement ce qui fait que la matière passe de l'être en puissance à l'être en acte.

Suivant le philosophe de Stagyre, le mouvement est éternel. D'où vient-il ? ou quelle est la cause motrice ? Le premier moteur, c'est Dieu ; il est unique, nécessaire, immatériel, intelligent, heureux ; il meut le monde, mais il n'est pas la cause efficiente, il ne le connaît pas, il ne connaît que lui-même. Le Dieu de Platon est une cause volontaire, celui d'Aristote est un moteur fatal. Si, en ce qui touche la théodicée, il existe une différence aussi radicale entre les deux philosophes, sous le rapport de la théorie de la matière, ils ne diffèrent pas aussi essentiellement qu'il le semble d'abord. L'un et l'autre voient en effet dans la matière un principe nécessaire à tout être, mais n'ayant aucune des formes de l'être et devenant indéfiniment ce qu'il n'est pas essentiellement et par lui-même

Nous avons demandé aux sages de l'antiquité ce que c'était que la matière, et nous n'avons point été satisfaits de leur réponse. Interrogeons maintenant quelques-uns des plus profonds génies des temps modernes, et voyons s'ils nous donneront de la matière une notion plus rationnelle.

L'antiquité admettait l'éternité de la matière ; l'opinion prédominante parmi les philosophes, sous l'empire du christianisme, c'est que la matière a été créée. Nous avons donc franchi un abîme immense : Dieu seul est éternel et le monde est son ouvrage, mais non au sens platonicien, c'est-à-dire que Dieu n'a pas créé l'univers avec une matière préexistante, indépendante, éternelle, il l'a tiré du néant ou créé de rien, *ex nihilo*.

Mais qu'est-ce que la matière en elle-même ? quelle est sa nature essentielle, sa constitution intime ? Sous ce point de vue, nous ne sommes guère plus avancés que ne l'étaient les anciens : l'esprit humain a imaginé de nouvelles théories, sans avoir fait marcher la question d'un seul pas.

Citons des noms et des systèmes.

Suivant Descartes, la matière est quelque chose dont l'étendue est l'essence. Elle est composée de particules ou d'atomes égaux, également durs et de figures diverses, inaccessibles à nos sens, quoique étendus, frangibles et appliqués les uns contre les autres sans interstices ; car Descartes n'admet point de vide, le vide est impossible, tout est plein. De ces particules primordiales, matière commune de tous les corps, sont sortis trois éléments. Le premier, plus subtil, a formé le soleil, les étoiles, etc. ; le second, composé de corps usés par le frottement, constitue la matière des cieux ; le troisième, formé de parties plus massives, a fourni la matière terrestre et planétaire. Le mouvement leur a été originellement donné par un acte de la volonté de Dieu. Dans ce système de Descartes, le monde se serait arrangé de lui-même avec les seules données divines de la matière et du mouvement. De là les mots fameux : *Donnez-moi de la matière et du mouvement, et je vous ferai un monde.* Ce mot n'est juste qu'autant que par *mouvement* Descartes entend aussi les forces organiques et inorganiques qui sont nécessaires pour l'existence du monde.

Newton considère l'espace et le temps comme des attributs de Dieu même, et par conséquent éternels, nécessaires comme lui. Quant à la matière, elle n'existe que par la libre volonté du Créateur. Elle est divisible, impénétrable, composée d'atomes insécables, indifférente à toutes les formes comme à tous les mouvements. Dieu imprime le mouvement aux grandes masses, mouvement en ligne droite ou d'impulsion, qui emporte les corps célestes, mouvement central ou d'attraction, qui, combiné avec celui d'impulsion, leur fait décrire une ligne circulaire. Newton n'est pas loin d'admettre un fluide, une matière éthérée et subtile, qui pénètre tous les interstices des parties solides de la matière, et dans lesquelles elles sont plongées ; néanmoins le vide existe, il est la condition du mouvement. Le grand géomètre, uniquement occupé de la mécanique du monde, a négligé d'étudier les formes diverses de la matière et ses variétés innombrables, et nulle part il ne recherche ni quelle est son essence ni quels sont ses attributs.

Leibnitz ne vit dans l'espace qu'une relation entre les corps, et dans les corps qu'un assemblage de monades. Qu'est-ce que les monades ? Leibnitz appelle ainsi des êtres sans étendue, intangibles, infrangibles, sujets au changement, mais ayant en eux-mêmes le principe de leurs changements, c'est-à-dire que les monades sont simples et actives, unes et diverses : elles diffèrent sans cesser d'être analogues. Elles sont le principe de toute substance, et forment entre elles une chaîne continue, depuis la substance matérielle, où elles sont sans idées, jusqu'à la substance spirituelle, où elles sont douées de perception, jusqu'à Dieu, qui est la monade suprême.

Dans ce système, ce qui prédomine, c'est l'idée de force ; les corps ne sont que des groupes de forces. La conséquence d'une pareille théorie, c'est que le monde n'a qu'une apparence phénoménale, et que la perception ne nous donne qu'un vain idéalisme. Le problème de la matière n'est donc point résolu par l'hypothèse des monades, et cette théorie serait la vraie, que nous n'en saurions pas davantage sur la question qui nous occupe, puisque nous n'avons aucun moyen de le constater.

Nous avons demandé aux métaphysiciens ce que c'était que la matière en elle-même, quelle était son essence; nous avons vu leurs efforts impuissants : c'en est assez pour nous convaincre que c'est là un de ces problèmes, tourments de l'esprit humain, dont Dieu s'est réservé le secret. Ne pouvant pénétrer jusqu'à la notion intime de la matière, bornons-nous à étudier les phénomènes qu'elle manifeste, ses propriétés, ses qualités, les lois qui la régissent.

L'étendue est la qualité essentielle ou constitutive de la matière, c'en est le phénomène le plus apparent. On peut donc définir la matière : une substance étendue, c'est-à-dire limitée dans l'espace par l'impénétrabilité; en d'autres termes, c'est l'étendue impénétrable. Mais quelle est la nature de la substance? quelle est la nature de l'étendue? Questions insolubles.

Comme propriété des corps, l'étendue suppose l'impénétrabilité, car seule elle peut être une propriété du vide. La matière est divisible pour la pensée; elle est divisée pour la sensation, en parties qu'on appelle corps. Qu'est-ce donc qu'un corps? C'est l'étendue, plus la matérialité; c'est l'étendue réelle, ou l'extériorité solide. Moins cette condition, l'étendue serait le vide. La matière est ce qui est commun à tous les corps, ou leur essence universelle; mais la matière n'existe point en soi; ce n'est pas le nom d'un être réel; elle n'existe que dans les corps et par les corps; elle ne peut être considérée indépendamment des corps que par abstraction : c'est le nom abstrait de l'essence commune des corps.

Nous n'avons pas besoin d'examiner ici la matière dans tous ses états, sous toutes ses formes, ni d'en étudier toutes les propriétés : nous devons nous borner à l'énumération de ses propriétés fondamentales, et à la constatation des forces qui lui sont inhérentes.

Qu'est-ce qu'une propriété? *Expérimentalement*, ce n'est que la manifestation de certains phénomènes. Les principales propriétés de la matière ne sont que des qualités, des effets ou des causes, quelquefois de simples possibilités.

Nous avons déjà parlé de l'étendue et de l'impénétrabilité, qualités premières nécessaires, non de la matière, mais des corps : elles sont les attributs essentiels des corps, et constituent la corporéité.

Les corps ne sont que de la matière prise par portion : de là la *divisibilité*. Deux corps ne peuvent se pénétrer, mais l'un peut comprimer l'autre, le condenser : ils ne forment donc pas un tout continu; des interstices séparent donc leurs particules : c'est la *porosité*.

Sans le mouvement, on ne pourrait démontrer l'impénétrabilité des corps, leur divisibilité ni leur porosité : la *mobilité* est donc une autre propriété de la matière.

L'*inertie* ne serait que le nom des intervalles du mouvement; l'*électricité*, qu'une des formes de la mobilité.

Les corps sont divisibles, ils sont donc composés de parties qui tiennent ensemble : c'est la *cohésion*. A la cohésion se rattachent la *densité*, la *dilatabilité*, l'*élasticité*, qui ne sont que de la cohésion à divers degrés.

Toutes les propriétés précédentes sont impliquées dans la *pesanteur* ou *gravité*, qui a pour cause l'*attraction*.

L'attraction prend différents noms. C'est l'attraction proprement dite quand elle désigne la force qui agit entre les masses; on l'appelle *capillarité* (attraction capillaire), *affinité* (attraction moléculaire), *cohésion*, quand elle s'exerce à des distances inappréciables, entre les particules ou molécules qui composent les corps.

L'impénétrabilité n'existe dans la matière que par la cohésion des molécules. Parmi ces molécules il y en a nécessairement d'élémentaires; on les a nommées *atomes*, corpuscules supposés indivisibles, par conséquent impénétrables, mais sans porosité. Nous appellerons *atomilé* cette propriété de la matière d'être constituée atomiquement.

La matière présente encore plusieurs autres propriétés extrêmement remarquables, que la physique ordinaire ne mentionne pas. La plupart n'ont pas de nom propre. Ainsi la matière est durable; la durée est une condition de tous les phénomènes. Ils ne se manifestent que dans le temps; ils n'ont de lien que par lui. On pourrait appeler cette propriété *durabilité*.

La matière est soumise à des lois stables. Sans cette stabilité des lois qui régissent les corps, la physique ne pourrait être constituée, et n'existerait pas.

L'*indestructibilité* est une autre propriété, non des corps, mais de la matière ou de ses éléments, dans l'état actuel du monde. La quantité de matière est variable dans les diverses espèces de corps, mais elle est invariable dans le tout.

Une autre propriété encore, jusqu'ici innommée, et qui occupa fort les anciens, est celle qui consiste dans l'*hétérogénéité* de nature. Je veux dire qu'il y a diverses matières qui sont toujours de la matière, mais de la matière différente de nature. Un exemple nous fera comprendre. Un animal, une plante, une pierre, du fer, etc., sont des corps qui possèdent toutes les propriétés de la matière; ils sont de la matière, mais ils ne sont pas de la même matière. Cette différence entre les matières doit-elle s'expliquer par la diversité des proportions et des combinaisons des propriétés générales, telles que le mouvement, la force, l'électricité, etc.? En d'autres termes, cette diversité de la matière doit-elle être cherchée dans celle des causes et non dans celle des substances? On est fondé à le penser, d'après l'identité reconnue de certains corps, lesquels cependant présentent les différences les plus marquées, suivant qu'ils sont à l'état solide, liquide ou gazeux, qu'ils sont cristallisés ou non. Ce n'est pas là sans doute une vérité définitivement acquise à la science. Mais quand même il serait un jour démontré que c'est au moyen de l'action diversement combinée de ses propriétés générales que la matière dissimule sa similarité ou homogénéité physique, une semblable propriété n'en mériterait pas moins d'être signalée.

Enfin, la différence et la permanence des natures des corps est un fait qui, en permettant de les comparer, devient le fondement de leur classification. C'est cette diversité, combinée à la stabilité, qui fait toute l'*harmonie du monde*. C'est, au fond, le principe si fécond et si beau de l'unité dans la variété.

Si l'on examine attentivement la série des propriétés que nous venons d'énumérer, et auxquelles on en peut joindre plusieurs autres, on trouvera que ces propriétés se partagent en deux classes.

L'une est composée de celles qui supposent l'étendue, et qui participent pour ainsi dire à sa nature; l'autre comprend toutes celles qui, en supposant l'étendue, se rapportent plutôt au mouvement, et n'en sont en quelque sorte qu'une modification.

A l'étendue se rattachent l'*impénétrabilité*, la divisibilité, la porosité, la formalité, la densité, la tangibilité, la coloricité, la visibilité, la cohésion et l'inertie.

Au mouvement semblent se rapporter la pesanteur, la *dilatabilité*, la *compressibilité*, l'*élasticité*, la *lumière*, la *caloricité*, l'*électricité*.

L'étendue et tous ses dérivés aboutissent à l'atome; le mouvement et toutes ses dépendances à la force.

Un fait qui peut faire considérer le mouvement et l'étendue comme deux choses dominantes dans l'étude de la matière, c'est que l'un et l'autre peuvent seuls être les objets des sciences exactes.

La notion analytique de la matière, que nous venons d'établir, n'est immédiatement applicable qu'à la matière considérée dans le règne minéral. On ne voit point, en effet, comment de toutes ces idées il peut résulter que la *matière soit susceptible* d'être organisée. C'est là cependant encore une propriété remarquable, et la matière, une fois organisée, présente des propriétés nouvelles. Toutefois, si l'on veut regarder de près les phénomènes organiques, on reconnaîtra qu'ils ne diffèrent pas matériellement des phénomènes physiques. Je ne veux pas décider la question controversée maintenant, s'il y a deux natures, la nature organisée et celle qui ne l'est pas, et par conséquent deux mécaniques, deux chimies, etc., si les forces vitales sont tout à fait spéciales, exceptionnelles, soumises à des lois particulières, ou ne diffèrent des autres forces que par la complication des phénomènes. Cette question écartée, il reste que les forces vitales sont des forces, les mouvements organiques des mouvements; qu'on ne peut voir dans les plantes ou dans les animaux que des solides, des liquides ou des gaz, et que, par conséquent, il y a encore là des phénomènes comparables à ceux de la chimie, de la mécanique, de la physique. Soit qu'on puisse les ramener tous à des phénomènes d'électricité, soit que des affinités moléculaires président à tous les jeux de l'organisme, soit enfin que des causes spéciales et distinctes doivent être admises, il n'y a, en dernière analyse, dans l'organisme animal ou végétal, que des phénomènes de mouvement : exhalation, sécrétion, absorption, fluxion, inflammation, irritation, contraction, condensation, etc., autant de noms divers du mouvement sous différentes apparences. Avec des forces et des portions d'étendue *impénétrables*, je ne dis pas qu'on explique, mais on représente tous les phénomènes de l'organisme. Il *suffirait donc*, pour compléter la notion scientifique de la matière, d'ajouter qu'elle est susceptible d'être organisée, c'est-à-dire de présenter sous de nouvelles formes et dans un nouvel arrangement les mêmes phénomènes rappelés déjà dans le dénombrement de ses propriétés. Mais ces formes et cet *arrangement*, qui constituent la différence sensible de l'organique à l'inorganique, ont pour caractère éminent que dans l'organique il y a tout à *la fois plus* d'unité, de constance et de diversité que dans l'*inorganique*. *Ici*, des parties similaires sont arbitrairement juxtaposées et cohérentes : exemple, un morceau de fonte ou de marbre. Là, des parties différentes de forme, d'aspect, de fonctions, de substance, *sont unies dans* un ordre *permanent*, et constituent un *individu* à peu près *indivisible*. C'est là, indépendamment de toute cause, le trait saillant de l'organisation. C'est donc bien le moins que d'ajouter aux propriétés générales de la *matière* qu'elle est organisable.

Deux questions alors se présenteront dont la solution peut faire apprécier la valeur de la différence entre la physique organique et la physique inorganique.

1° Les mouvements vitaux sont spéciaux; ils ont une cause spéciale qu'on appelle force. Qu'est-ce que la force vitale?

Cette question comprend les questions suivantes : La force est-elle un mot, une figure, ou bien une réalité? en d'autres termes, est-ce le nom supposé d'un ensemble de phénomènes, ou bien une cause effective? Si c'est une cause, est-ce un être ou un phénomène de l'être? Si c'est un être, de quelle nature est-il, distinct ou non de la matière? Y a-t-il une ou plusieurs forces vitales? Et, dans tous les cas, la force vitale concourt-elle avec les autres forces *générales*, en diffère-t-elle en nature, ou seulement en degré?

Ce sont là les plus hautes questions des sciences naturelles. Avant de les résoudre pour la physiologie, il faudrait les avoir résolues pour la physique. Or, elles ne le sont pas encore. Aucune partie de la science n'est moins avancée. On a mesuré presque toutes les forces de la nature, on n'en a pas même constaté une seule ; mais on en parle, et l'on s'en sert comme si on les avait constatées.

2° Nous demandions tout à l'heure si la force était distincte ou non de la matière ; c'était demander si la force existait ; car, à moins de réduire la matière à n'être qu'une force, il est clair que la force, qui serait comme la matière, étendue, divisible, colorée, etc., ou ne serait pas, ou ne serait qu'une des propriétés de la matière. Or, si la force existe et que la matière existe aussi, la force, qui alors n'est ni impénétrable, ni tangible, ni visible, ni étendue, est un être nouveau de la nature duquel ce que nous avons vu jusqu'ici de la matière ne nous donne aucune idée. C'est donc l'être sans la matière, l'être non matière, *l'immatériel*. Y a-t-il de tels êtres ? Une pareille question n'est admissible que dans l'ordre d'idées où nous sommes placés en ce moment, et où l'étendue est prise comme le caractère dominant, comme la propriété essentielle de la matière. Il est évident en de telles conditions que la force ne peut être ramenée à l'étendue, il l'est moins que l'étendue ne puisse être ramenée à la force, ainsi que nous essayerons de le montrer tout à l'heure.

Ces deux questions seulement indiquées, nous voilà, ce semble, en possession de toutes les idées générales que les sciences naturelles puissent nous donner sur la matière.

Avant d'aller plus avant, nous demanderons aux naturalistes si rien dans cette notion autorise à attribuer à la matière une certaine propriété assez importante et qu'on appelle la pensée. Que ceux d'entre eux qui croient que la matière pense veuillent bien s'expliquer. Disent-ils : La matière est étendue, impénétrable, divisible, mobile, etc., donc elle est pensante ? Ou bien : La matière est tout ce qui vient d'être dit ; et puis, en outre, elle est pensante ?

Dans le premier cas (et c'est là position véritable du matérialisme), il faut qu'on nous apprenne de laquelle des propriétés de la matière se déduit la pensée. Est-ce de la porosité ou de la dilatabilité, de la coloricité ou de l'électricité ? Il faut au moins qu'on ramène la pensée à être soit un phénomène d'étendue, soit un phénomène de mouvement. Or, c'est ce qu'on ne peut faire par aucune intuition, procédé naturel pour reconnaître le mouvement ou l'étendue. Jamais on ne sent, on ne perçoit une pensée étendue ou mobile, c'est-à-dire occupant un lieu ou changeant de lieu, c'est-à-dire encore déplaçant ou remplaçant un autre corps. Jamais on ne sent, on ne perçoit l'étendue pensante ou le mouvement pensant. Aucune expérience n'a été faite, aucune expérience n'est possible, qui procure un pareil spectacle. Or, si la pensée matérielle ne peut être une intuition, il faut qu'elle soit une déduction. Mais cette déduction est impraticable, car elle ne peut partir que d'un principe impossible à établir, savoir, il n'existe que ce qui tombe sous les sens. Or, ce principe n'est pas démontrable, il est gratuit ; il n'est ni nécessaire, ni naturel. Il n'est pas naturel : car la grande majorité de l'espèce humaine croit aisément à l'existence de Dieu et des âmes. Il n'est pas nécessaire : car le contraire du principe ne répugne qu'aux sens et n'est point contradictoire avec la raison. Par quelle argumentation pourrait-on donc réduire la pensée à être un phénomène de mouvement ou d'étendue ? Un mouvement qu'on n'a pas vu, une étendue qu'on n'a pas vue, sont choses qu'on ne saurait prouver que de deux manières, ou en démontrant que le contraire impliquerait, ou en établissant que l'hypothèse rend raison de tous les faits. Dans le premier cas, qu'on nous cite dans la pensée quelque propriété, quelque caractère qui soit contradictoire avec le défaut de mouvement ou d'étendue. Le contraire seul peut être soutenu. Dans le second cas, il faudrait montrer que la pensée, à l'exemple de quelques mouvements des corps célestes, qu'on ne peut suivre, mais que l'on calcule par une hypothèse dont les résultats cadrent parfaitement avec les faits visibles, est quelque chose dont on peut rendre hypothétiquement raison avec de l'étendue et du mouvement.

Les propriétés de la matière, telles qu'elles nous sont manifestées, ne suffisent pas à nous rendre raison de tous les phénomènes physiques. Nous sommes, pour ainsi dire, obligés d'aller chercher au delà de ces phénomènes la cause du mouvement. La force est une induction ou une supposition indispensable. Comment donc ses propriétés donneraient-elles la pensée ? La force elle-même, fût-elle certaine, ne peut donner la force pensante. La force vitale, organique, etc., ne donne après tout que des changements de forme, des mouvements, ou plutôt des déplacements. Or, la pensée est à coup sûr quelque autre chose que tout cela.

On objectera peut-être que dans la recherche des propriétés physiques de la matière, nous avons admis des causes sans ressemblance avec les effets. Quelle ressemblance entre la force et un corps dur, entre l'attraction et un corps pesant ? Pourquoi donc la matière étendue et mobile ne serait-elle pas la cause de la pensée ?

Répondons d'abord que l'on nous propose une induction inverse de celle qu'on nous donne en exemple. Ainsi, pour expliquer un corps qui résiste ou qui pèse, nous sommes forcés de concevoir une cause que nous avons peine à supposer corporelle. La force en effet n'est conçue ni étendue, ni impénétrable. Et pour expliquer comment se produit quelque chose qui n'a aucune des apparences de la matière, la pensée, nous serions obligés de remonter à un principe matériel ? L'analogie est loin d'être exacte.

En second lieu, il est vrai que l'attraction n'a nul rapport de similitude avec la sensation de dureté ou de pesanteur. Aussi, ne s'agit-il pas, dans la description de la matière, de la sensation qu'elle produit. Nous avons fait abstraction du sujet sentant, mais d'accord en cela avec tous les naturalistes, nous avons pris comme données inébranlables et indémontrables les jugements immédiats attachés inséparablement aux sensations simples, telles, par exemple, que la conception de l'étendue comme existante, à propos de la sensation de l'étendue touchée. Si nous avions incidenté sur ce point, nous aurions élevé l'objection des sceptiques, et ce n'était pas le lieu. Or, si l'on fait abstraction de la sensation, il n'est pas vrai que l'attraction, considérée comme cause de la pesanteur, soit toute différente de son effet; on n'en sait rien, on n'en peut rien dire. L'attraction n'est pas chose dont nul ait prétendu soupçonner la nature. On veut dire seulement, en se servant de ce mot, que si un corps était attiré vers le centre de la terre, il exercerait, dans le trajet sur les corps interposés, la pression que nous appelons pesanteur : par conséquent, peser ressemble à être attiré. Une vertu attirante supposée dans les corps peut donc être l'idée de la cause inconnue de la pesanteur; et les phénomènes, notamment la loi générale que suit la pesanteur, autorisent à supposer plutôt une force qui attire qu'une force qui pousse. Cela étant, on appelle cette force attraction; et l'hypothèse admise, comment dire que la cause n'a point de rapport avec son effet? De quel droit affirmer quelque chose d'une cause dont la conception peut être rendue aussi ressemblante à son effet qu'on le voudra, puisqu'elle n'est conçue qu'à raison de cet effet et pour le besoin des phénomènes? J'en dis autant de la cohésion. Si de la cohésion comme fait vous induisez la cohésion comme cause, c'est-à-dire si de l'état de continuité résistante des parties de la matière vous concluez une force qui les unit, comment affirmer quelque chose de la nature d'une force dont vous ne savez guère que cela, qu'elle vous paraît une conception nécessaire?

En raisonnant par analogie, s'il fallait inférer de là ce qu'on doit croire de la cause de la pensée ou du sujet de la faculté pensante, je dirais que cette faculté pensante ne pouvant être déduite ni du mouvement, ni de l'étendue, n'ayant dans ses manifestations rien de semblable, rien même d'analogue aux phénomènes matériels, puisqu'elle échappe au sens intime, il paraît conséquent et naturel de la rapporter à une cause ou à un sujet sans rapport avec les causes ou les sujets sensibles. En effet, comme le mot *pesanteur*, qui se prend tantôt pour l'effet, tantôt pour la cause, le mot *pensée* signifie alternativement ou le produit, ou ce qui produit; on dit une pensée et la pensée. Une pensée, attestant une cause pensante, comme un mouvement une cause mouvante; et aucune expérience ni aucune déduction ne pouvant rapporter la cause pensante à aucune cause physique jusqu'ici connue, à aucune propriété soit perçue, soit supposée logiquement dans le corps, les règles du raisonnement obligent de mettre à part la cause pensante, et, jusqu'à nouvel ordre, de la poser comme un principe *sui generis* dont nous ne savons encore rien que son existence et sa nécessité.

Concluons donc que rien dans tout ce qui vient d'être dit sur la matière ne fonde le droit de réduire à la matière l'universalité des existences, et que le fait de la pensée ne ressort ni directement ni indirectement des propriétés des corps. Jusqu'ici le matérialisme est donc une hypothèse gratuite.

Dans le tableau que nous avons tracé des propriétés de la matière, y a-t-il quelque élément à l'aide duquel nous puissions procéder à la recherche de cette constitution de la matière que nous poursuivons? aucun. La matière ne nous manifeste que des phénomènes dont nous sommes forcés d'aller chercher la raison en dehors de la matière. Cette raison des phénomènes physiques est une induction, une supposition, mais indispensable : nous l'appelons *force*. C'est un être nouveau duquel ce que nous avons vu jusqu'ici de la matière ne nous donne aucune idée.

Parmi les propriétés que nous avons énumérées, il y en a plusieurs qui devraient être classées sous le titre général de forces. Telles sont, par exemple, la cohésion, la capillarité, la pesanteur, l'affinité, qui se résument dans l'attraction. Ce sont les aspects divers sous lesquels se manifestent les forces spéciales, principes des mouvements spéciaux que nous observons ou supposons dans les corps. La force est donc le nom commun des divers principes du mouvement : forces attractives et répulsives entre les grandes masses, principes immédiats de l'ordre universel; forces attractives et répulsives de molécule à molécule, causes de la distinction soit des corps, soit de leurs éléments constituants; l'atomité n'est admissible qu'avec cette double force d'attraction et de répulsion; il en est de même de l'électricité. La force est la clef du monde.

Il y a du mouvement dans l'univers, du mouvement partout autour de vous. Naturellement, involontairement, à ce mouvement vous supposez une cause. L'ordre du monde extérieur le veut ainsi. Le monde ne serait pour nous qu'une sensation stérile sans la notion de cause et d'effet. La cause, c'est la force, les effets sont des changements, des mouvements dans la matière.

Maintenant que nous avons non défini la force en elle-même, mais constaté son existence, essayons si, à l'aide de cet élément, nous pourrons remonter jusqu'à la constitution de la matière. Qu'on ne s'y méprenne pas : il ne s'agit point de rechercher ici quelle est la nature ou l'essence intime de la matière. Dieu et la matière sont deux termes également insaisissables pour l'esprit humain; car l'homme, activité relative, ne peut comprendre ni l'activité absolue ni l'absolue passivité.

La première chose qui nous frappe dans un solide, c'est la résistance; cette résistance peut être considérée comme une force qui agirait au contact sur nos organes et les affecterait diversement. Or, cette force de résistance, agissant du dedans au dehors, du centre à la circonférence, est une force de répulsion, d'extension, d'expansion. Par l'impénétrabilité, la matière remplit l'espace, s'étend dans l'espace, lui-même infiniment pénétrable, absolument dénué de résistance. Or, cette extension de la matière suppose une force extensive, comme le prouve évidemment la résistance que tout corps oppose, suivant sa constitution et son degré de compressibilité, à toute force impulsive qui tend à le déplacer. Une telle réaction contre un mouvement impulsif suppose un mouvement contraire, une force opposée. Remplir l'espace, pour un corps même à l'état de repos, c'est donc réagir, c'est résister à tout mobile qui tendrait à entrer dans le même espace. C'est à cette force que la matière doit de ne pouvoir être comprimée au point de n'occuper aucun espace, c'est-à-dire au point d'être matériellement anéantie. Or, puisqu'on ne connaît point de force si grande de compression à laquelle la matière ne résiste, qu'elle n'absorbe en lui résistant, et que nous ne pouvons concevoir la force absorbée que par une autre force, le mouvement détruit que par un autre mouvement, nous en devons conclure que la force répulsive est inhérente à la constitution de la matière.

Force d'extension, d'expansion, de répulsion, tel est le nom qui désigne dans son mode d'action la première force constitutive de la matière. C'est l'élasticité originelle ou *primitive*, principe ou type de cette élasticité observable et mesurable dont les physiciens font une propriété des corps.

Gazon, métal, fluide ou solide, ne peuvent donc *s'étendre dans l'espace* qu'en vertu de leur force interne, et le calorique qui les dilate n'est probablement qu'une cause qui accroît l'intensité de cet effort de la force *expansive*, *ou qui* accroît cette force même. Peut-être la chaleur *latente* appartient-elle au même ordre de phénomènes, et n'est-*elle* qu'une manifestation de cette même force. Quoi qu'il en soit, la dilatation ne paraît différer de l'extension constante que du plus ou moins, et ni l'une ni l'autre ne peuvent se concevoir en dehors d'une force d'expansion.

On conçoit que si la force répulsive existait seule, elle s'étendrait sans limite; elle raréfierait infiniment la matière dont les parties se fuieraient, s'évaporeraient sans terme dans l'espace infini. La force expansive a donc besoin d'une autre force qui la circonscrive, d'une force antagoniste qui réagisse contre elle et la comprime. Cette force, agissant en sens inverse de la force répulsive, tend de la circonférence au centre et prend le nom de force de cohésion, force, d'attraction. C'est elle qui diminue, modère, retient la force d'extension et détermine l'existence des corps dans l'espace qu'ils occupent en résistant à la force contraire qui tend à la dissémination indéfinie de leurs éléments.

Ainsi toutes les parties de la matière seraient douées de deux forces contraires qui s'opposent l'une à l'autre et se font équilibre. Sans ces deux éléments essentiels de la matière, l'espace serait vide. En effet, comme un mouvement ne peut être détruit que par un autre mouvement, une force arrêtée que par l'exertion d'une autre force qui lui résiste, la matière, sans la force répulsive, se condenserait jusqu'à l'entière disparition, la cohésion n'aurait pas de bornes, le resserrement de la matière serait infini, elle se réduirait au point mathématique; de même, sans la force d'attraction, la matière irait toujours se divisant et s'atténuerait jusqu'à l'anéantissement total. La force répulsive et la force attractive sont donc également essentielles à l'existence de la matière, et si la *possibilité* de ces forces est *inexplicable*, c'est par cela même qu'elles sont constitutives et nécessaires.

Nous avons été conduits par le raisonnement à reconnaître deux forces primitives qui semblent les deux grandes lois du monde et des *éléments qui* le composent. Nous les retrouvons dans toute l'étendue de la chaîne des êtres matériels, depuis le système planétaire sous les noms de force de projection et de force centrale, jusqu'à la théorie atomistique sous ceux de répulsion et d'attraction moléculaires. L'atome, en effet, doit être regardé comme un élément physiquement intangible, dans lequel réside une ou plusieurs forces et qui attire ou est attiré, repousse ou est repoussé, en vertu de ces énergies inconcevables, dont il est animé. *Ainsi* le mouvement attractif et le mouvement répulsif peuvent être considérés comme les données fondamentales de l'existence de la matière en général et de son ordonnance cosmologique, et ce *serait* sans doute une chose bien remarquable que cette identité des lois expérimentales et scientifiques du monde avec les conditions rationnelles et la constitution élémentaire de la matière.

Les deux forces dont nous venons de constater l'existence et le rôle dans les phénomènes du monde physique présentent différents caractères qu'il importe de rappeler.

Les corps ou divisions de la matière sont terminés par des *signes*. Lorsque deux corps se touchent, le point de contact est celui où s'exercent l'action et la réaction immédiate de l'impénétrabilité; ils se résistent ou s'attirent; c'est l'action au *contact*. Si l'*action* d'une matière sur une autre a lieu sans contact, c'est une action à distance, laquelle sera aussi immédiate si elle s'opère à travers le vide, c'est-à-dire sans l'interposition d'aucun milieu matériel. Telle est l'action de la force attractive. De la nécessité pour le contact physique, on conclut avec raison qu'elle en est indépendante. On objecte que la matière ne peut agir là où elle n'est pas. S'il en était ainsi, il faudrait dire qu'une chose ne peut agir sur une autre à moins que celle-ci ne soit en elle : ce serait nier l'action au contact. Le point de contact, en effet, est un point où n'est ni l'un ni l'autre des deux corps qui se touchent. Il faut donc admettre l'action à distance, ou bien l'attraction n'existe pas. De ce fait que l'attraction est proportionnelle à la quantité de la matière, on doit affirmer également son action à distance, et la porosité des corps ou le vide au sein de la cohésion suppose le même mode d'action.

De tout cela il résulte que le solide, en se réalisant dans l'espace, en le rendant matériel et empirique, en le remplissant, il le remplit par la force répulsive ou d'extension ;

Que cette force s'étendrait sans limite et ferait évanouir tout contour matériel, si elle n'était contrebalancée ;

Que ce qui est négatif par rapport à cette force, que la limitation ou la cause en vertu de laquelle elle est contenue, est la force attractive ;

Que celle-ci, dominant tout l'espace, anéantirait toute solidité, si elle n'était contenue ;

Que l'une est circonscrite par l'autre ;

Et qu'ainsi l'espace est rempli jusqu'à un certain point.

Ainsi la dynamique de *la nature matérielle* nous donne ce principe que le tout réel, accessible aux sens, doit être considéré comme une force. *Telle* est la notion effective et physique qui, dans *la science naturelle*, doit être substituée à la *conception* stérile de l'impénétrabilité absolue ; et cette notion engendre aussitôt celle d'une force *attractive*, *comme l'autre* condition de la possibilité de la matière.

Il resterait à déduire des conditions constitutives de la matière la possibilité de ses différences spécifiques. Nous nous bornerons à quelques considérations fondamentales.

Les corps ont une action les uns sur les autres. Lorsqu'ils sont en mouvement, elle est mécanique ; lorsqu'ils sont en repos, elle est chimique, mais l'action et la réaction chimique des corps en repos donnent lieu à des mouvements. Il y a pénétration dans cette sorte de combinaison. Elle occasionne des variations de volume en plus ou en moins, suivant le rapport des forces attractives ou répulsives.

Relativement à une explication de la différence spécifique des matières, deux théories se présentent : l'une mécanique, l'autre purement dynamique. La première est celle qui suppose comme éléments de la matière des corpuscules indivisibles, qui agissent à travers des espaces vides, en raison de la figure et de la force dont ils sont pourvus. Ces machines primitives sont les atomes, et la théorie atomistique rend ainsi raison des faits, à condition qu'on lui accorde le principe de l'impénétrabilité absolue, l'absolue similarité de la matière première, la cohésion insécable des corpuscules primaires, la détermination immutable de leur figure, une force imprimée du dehors, enfin la dissémination des espaces vides que laissent entre eux les atomes, et dont la quantité fait la consistance des matières.

La théorie dynamique réclame un moins grand nombre d'hypothèses. Suivant elle, les différents degrés de la force répulsive constituent toutes les différences spécifiques des matières. Cette force, en effet, bien différente en cela de la force attractive, est indépendante de la quantité de la matière, et par conséquent son rapport avec la force attractive toujours proportionnelle à la quantité matérielle varie incessamment. Et de là toutes les différences de consistance, de constitution sensible de la matière, depuis l'éther, s'il existe, où la force répulsive serait beaucoup plus grande par rapport à la force attractive que dans aucune matière à nous connue, jusqu'au métal le plus dur, qui présente, grâce à des proportions inverses, des apparences tout opposées.

Dans la physique expérimentale, deux faits principaux nous sont attestés relativement à la constitution intime de la matière et à la nature spécifique des corps : c'est en chimie la loi des proportions définies ; en minéralogie, la cristallisation. L'un et l'autre fait nous mettent sur la voie de la conception des particules élémentaires de la matière, comme de grandeurs constantes et de figures invariables. L'affinité ou force *chimique paraît se rapporter à l'attraction* capillaire, qui elle-même paraît se dériver de l'attraction générale ; et c'est aussi à une sorte d'attraction, sous le nom de cohésion, que se *rattachent les phénomènes de la* cristallographie. Il est donc permis d'expliquer ou du moins de présumer qu'on peut expliquer, par le jeu des forces *primitives* et leur rapport *mutuel*, les diversités spécifiques et les lois constantes de la constitution des corps. La théorie atomistique peut être ainsi réduite et nous savons que la combinaison de forces attractives et répulsives était d'ailleurs une notion nécessaire à celle de l'atome.

Le mouvement n'est pas seulement distribué dans le tout matériel ; il est communiqué d'une matière à une autre. Le monde du mouvement communiqué n'est plus un système *simplement* dynamique, c'est un système mécanique. La matière n'est plus alors seulement le mobile dans l'espace, mais le mobile en *tant qu'il a la force* motrice.

Ici la grandeur du mouvement ne peut plus être évaluée par sa seule vitesse. Il faut apprécier ensemble et la vitesse du mouvement et la quantité du mobile. L'ensemble de toutes les parties d'un mobile agissant en commun dans un espace déterminé, c'est la masse ; une masse d'une figure déterminée est un corps, au sens mécanique. La mécanique considère la vitesse et la masse, toutefois elle ne peut, à raison de l'extrême divisibilité de la matière, mesurer sa masse par le nombre de ses parties, mais par la quantité de mouvement à vitesse égale et donnée. Une même masse projette dans le même temps deux masses à des distances inégales, la masse est en raison inverse de la distance.

La mécanique a des lois fondamentales

dont trois sont à peu près les mêmes que les lois générales du mouvement données par Newton.

1° *Dans tous les changements du monde physique, la quantité de la matière est invariable.*

Cela résulte de la notion seule de la substance. Dans la physique, aucune expérience, aucune observation ne dénote la naissance ou l'extinction de la substance matérielle. Tout change, rien ne périt, c'est un vieil axiome de physique. Il n'y a que les objets du sens interne auxquels cet axiome ne s'applique point impérieusement.

2° *Tout changement de la matière a une cause extérieure.* Par conséquent, tout corps persiste dans son état de repos ou de mouvement, avec même direction et même vitesse, s'il n'est forcé à changer d'état par l'action d'une cause extérieure.

Cette loi se rapporte à la notion de causalité, comme la première notion de substance; elle est évidente au même titre. Elle est la vraie loi d'inertie; elle présente la matière comme *non agissante par elle-même, c'est-à-dire comme dépourvue de la vie.* La vie n'est en effet que la faculté de se déterminer par un principe interne pour une substance à l'action, pour une substance déterminée au changement, pour une substance matérielle au repos ou au mouvement. Or, rien de tout cela n'apparaît dans les représentations du sens externe; la matière, en tant que matière, n'est conçue avec aucune de ces déterminations. La cause externe est donc la vie du monde en général. L'inertie de la matière ne doit pas être autrement entendue.

3° *Dans toute communication de mouvement, l'action et la réaction sont constamment égales et contraires.*

C'est un principe de *mécanique* proprement dite. Cette loi, qu'on pourrait appeler loi d'antagonisme, efface la force d'inertie des auteurs, et ne se concilie qu'avec la théorie qui définit la matière par le mouvement, et restitue à la force l'empire du monde physique.

Revenons à la théorie atomistique. Les atomes existent-ils? Il n'y en a qu'une preuve, c'est qu'il faut un terme à la divisibilité; car du reste les sciences physiques qui les admettent ne les démontrent pas. La chimie, en découvrant la loi des proportions multiples et des équivalents, a pensé un moment avoir découvert les atomes ou du moins la preuve des atomes. Mais la théorie n'exige pas, pour être exacte, l'existence d'atomes proprement dits, c'est-à-dire de particules absolument insécables: il suffit qu'il y ait des atomes chimiques, savoir, des molécules qu'aucune force chimique ne puisse diviser, sans préjudice de l'action plus puissante d'autres forces d'une autre nature. La théorie atomique est restée sans preuve et à l'état d'une conjecture non démentie, mais fondée sur une seule idée, la nécessité d'un terme physique à la divisibilité métaphysique de la matière.

L'existence de l'atome physique, c'est-à-dire de la particule excessivement petite, mais étendue, physiquement infrangible, mais divisible pour la pensée, peut satisfaire aux exigences des sciences naturelles; elle laisse subsister toutes les difficultés métaphysiques de la constitution de la matière. Si l'on va plus loin et que l'on pousse l'atome *physique* jusqu'à l'atome métaphysique, *c'est-à-dire* jusqu'à l'indivisible absolu, un grand problème s'élève: Comment des indivisibles *constituent-ils le divisible?* Comment des points inétendus donnent-ils l'étendue?

Mais les atomes physiques ne peuvent eux-mêmes constituer le continu matériel qu'à la condition d'être réunis par des forces qui sont entre eux et dans lesquelles ils sont mus, ou qui sont en eux et *par lesquelles ils se meuvent.* Les atomes métaphysiques, parfaitement purgés de toute étendue solide, laisseraient subsister la force et ne donneraient plus lieu à l'alternative d'une force ambiante ou d'une force interne. *Il est clair que des points inétendus et mobiles ne peuvent être que des principes de mouvement ou des forces, et, dans un certain sens, la monade de Leibnitz réalisée.*

Les atomes d'Epicure se rencontraient par hasard, et, en se joignant, créaient le monde. Ainsi l'atomisme niait la Providence. Les atomes des physiciens modernes s'unissent en vertu de leur nature suivant de certaines lois. Ainsi l'atomisme ne donne que la cause instrumentale de l'univers; la première cause reste intacte. Quant aux atomes actifs ou forces substantielles, ils n'agissent que par impulsion ou attraction et se modifient réciproquement. Cette action réciproque s'élève jusqu'à la sensation et à la vie dans les êtres intelligents. *Mais la relation universelle des atomes constitue l'harmonie universelle*, et, soit qu'ils se divisent en classes de natures différentes, soit qu'en se combinant d'une manière diverse et régulière ils constituent les diverses natures, l'existence et l'immutabilité *relative des essences ne permettent* pas de tout ramener aux causes immédiates constituées dans l'atomisme. Ainsi l'atomisme en lui-même n'est pas nécessairement lié à l'athéisme et au matérialisme. Il n'est jamais tout au plus que l'explication seconde de la nature des choses.

Voilà où conduirait l'atomisme considéré *a priori*; si nous le considérons *à posteriori*, c'est-à-dire du point de vue de l'expérience scientifique, l'induction mène à quelques conséquences dans le même sens. La cosmologie newtonienne, en effet, s'accommode des atomes; la chimie et la physique les demandent: il est facile de leur enlever toute conséquence fâcheuse pour la philosophie; rien donc ne les interdit; seulement on remarquera que, pour qu'ils soient les éléments utiles du solide, il faut qu'ils soient les moyens de l'agrégation; il faut, en d'autres termes, qu'ils soient sujets à des forces: c'est ce que nous avons entendu par mobiles. La diversité des mouvements qui correspond à la diversité des forces, est une expression générale des phénomènes de cohésion, d'attraction, d'expansion, d'affinité, dont s'occupent les sciences naturelles. Aucune des propriétés sensibles des corps, considérés soit dans leurs masses, soit dans leurs atomes, fût-ce même l'impénétrabilité ou l'étendue, n'est concevable sans la conception de la force. L'existence dans l'espace, c'est-à-dire le remplacement du vide par le corps, réclame autant la supposition de la force ou toute supposition équivalente, que la vibration la plus rapide ou la projection la plus énergique. Sous ce rapport, Leibnitz a eu raison : *le mouvement est dans l'origine de tous les phénomènes matériels*. Nous pensons que, dans le tout ordonné que nous appelons monde, aucun phénomène absolument n'est possible dans la supposition de l'immobilité absolue actuelle de toutes les parties de la nature. Les différences que présentent tous les corps, soit entre eux, soit dans le cours de leur durée, pouvant être ramenées à des phénomènes de mouvement, il suit que ce n'est que par abstraction, c'est-à-dire par supposition, que nous isolons le mouvement de l'étendue; et une certaine action est comprise et enveloppée dans toutes les manifestations de l'être.

Ces considérations ne se rapporteraient qu'aux qualités les plus générales de l'être matériel ; mais il en est une dont elles ne donnent aucune idée : c'est la propriété que possède la matière d'être diversifiée en essences. D'où procèdent les essences? Elles ne peuvent, en effet, provenir des *qualités* générales des corps, car elles seraient toutes les mêmes, ou plutôt il n'y aurait qu'une essence, l'essence des corps. Or, il y a certainement des essences diverses. Que les phénomènes qui les caractérisent se réduisent essentiellement à des phénomènes de figure et de mouvement, que la mobilité en soit conséquemment la cause immédiate, c'est, on l'a vu, ce que nous sommes fort disposé à admettre; mais cela n'explique nullement d'où viennent la différence et la permanence des essences. L'essence, la forme, ainsi que l'appelle Aristote, peut s'établir par le moyen physique de l'agrégation et du mouvement des atomes; mais le fait général de l'immutabilité des essences ne s'explique pas uniquement par là. Il faut admettre un plus ou moins grand nombre d'espèces d'*atomes* substantiellement hétérogènes, diversement combinés, comme sont les molécules chimiques, groupes secondaires ou tertiaires d'atomes; ou n'attribuer, encore une fois, qu'à la diversité des figures, accompagnée de la diversité des mouvements, ou même provenant de cette diversité, la différence des genres et des espèces. Mais dans le premier cas, il est radicalement impossible de se figurer une diversité substantielle matérielle quelconque, qui soit essentiellement autre chose que de la figure et du mouvement, et nous n'avons hors de là aucune pensée quand nous prononçons ces mots d'hétérogénéité des éléments primitifs et constitutifs des corps; et, dans le second, il reste toujours à expliquer ou du moins à rapporter à une cause la constance des différences de genre et d'espèce. Dans les deux cas, il faudrait toujours recourir à une cause spéciale de l'existence des formes essentielles. Cette cause, moule ou type de toutes les constitutions des êtres; cette nature générale, origine ou principe de toutes les natures; cette force qui façonne, spécifie, caractérise toutes les sortes d'êtres, ne peut se concevoir comme une propriété constante de l'être, puisque c'est de leur diversité qu'elle doit rendre compte; ou elle n'est, au plus mauvais sens du mot, qu'une qualité occulte. Là est la plus grande preuve de la présence d'une volonté et d'une intelligence exerçant leur pouvoir dans toute la nature. Tout indique là un rapport entre le choix des moyens et une conception primitive, entre une exécution et un plan, la réalisation d'une pensée, en un mot. Quel que soit l'intermédiaire ou l'instrument de cette réalisation, il est impossible ici de ne pas recourir à une cause efficiente, et de ne pas attribuer à cette cause l'intelligence. Des forces aveugles, mais simples, l'expansion, la cohésion, suffiraient, en supposant qu'elles existassent de toute éternité, pour expliquer la simple mécanique de l'univers, c'est-à-dire le mouvement et l'équilibre d'un système de corps; mais comment expliquer par là seulement, comment croire ou paraître expliquer la variété immuable des êtres? Tout exemple d'unité dans la variété ramène nécessairement à ce type si connu de l'unité dans la *variété*, *l'intelligence* que nous sommes, et toute force relève plus ou moins d'une volonté intelligente. Il est impossible de concevoir la force primitive autrement qu'intelligente ou subordonnée immédiatement à une intelligence. Ainsi la contemplation de la matière dépose que tout n'est pas matière. LE MONDE PHYSIQUE DÉCÈLE UNE INTELLIGENCE.

MAXIMA de température en divers lieux. *Voy.* TEMPÉRATURE.

MÉCANIQUE de la nature. *Voy.* MATIÈRE.

MÉGASCOPE (μέγας, grand, σκοπέω, j'observe). — Le mégascope inventé par Charles donne l'image des objets qui ne sont plus microscopiques, par exemple, des médailles, des statuettes, des bas-reliefs, des dessins, etc. : c'est réellement une espèce de chambre noire. L'objet est placé en dehors, devant la lentille, qui a 3 ou 4 pouces d'ouverture, et qui en donne à volonté, suivant la distance, une image amplifiée ou réduite. Ordinairement il y a deux lentilles; en variant leur distance on varie le grossissement. On peut concevoir que la première lentille présente à l'autre une image virtuelle, et, par conséquent, déjà amplifiée. Quand les lentilles sont achromatiques, le grossissement peut aller à 20 fois. L'objet, mis à l'envers pour que l'image soit droite, doit être fortement éclairé par le soleil, soit directement, soit à l'aide de plusieurs miroirs.

MÉLANGES RÉFRIGÉRANTS. *Voy* FROIDS ARTIFICIELS.

MÉNISQUE (μηνίσκος, croissant). — On appelle ainsi le renflement de l'équateur qui est à peu près de cinq lieues d'épaisseur. Ces mesures sont données mathématiquement par les mouvements de la lune avec bien plus de précision qu'elles ne peuvent l'être au moyen d'opérations faites sur les lieux.

MER. *Voy.* OCÉAN. — Sa profondeur. *Voy.* TERRE.

MER, influence de son voisinage sur la température. *Voy.* TEMPÉRATURE.

MERCURE. — Cette planète est la plus voisine du soleil. Sa distance à cet astre est seulement de 15,000,000 de lieues. Son diamètre apparent est d'environ 7", et son diamètre réel à peu près les $\frac{1}{3}$ de celui de la terre. Il tourne sur son axe en 24 h. 5' 3", et met 87 j. 23 h. 25' 44" à parcourir son orbite, avec une vitesse de 40,000 lieues par heure. Cette orbite, qui demeure toujours enfermée dans celle de la terre, forme une ellipse très-excentrique, très-inclinée au plan de l'équateur de la planète, et faisant avec le plan de l'écliptique, un angle d'environ 7°.

Lorsque Mercure, dans son mouvement rétrograde, se plonge dans les rayons du soleil, il arrive quelquefois qu'on le voit parcourant, sous la forme d'une petite tache noire, le disque du soleil. Mais la petitesse de cette planète, sa distance de la terre et sa proximité du soleil nous empêchent souvent d'être témoins de ses passages, qui arrivent régulièrement après les périodes de 6, 7, 13, 46 et 263 ans.

Mercure est d'une forme parfaitement sphérique. Comme toutes les planètes, il emprunte sa lumière du soleil.

On croit que Mercure est enveloppé d'une atmosphère extrêmement dense; son mouvement de translation dans l'espace est plus rapide que celui des autres planètes, parce qu'il est plus voisin du soleil. Cet astre lui apparaît trois fois aussi grand que nous le voyons; et Newton a calculé qu'il lui envoie une chaleur sept fois plus considérable que celle de notre zone torride. Mais il ne faut pas s'empresser de conclure que cette planète éprouve réellement une température aussi élevée; nous ne sommes pas encore assez instruits pour être en droit de tirer cette conséquence, et il pourrait bien se faire que l'action des rayons lumineux fût modifiée par la nature des éléments constitutifs des différentes planètes.

On suppose que ses montagnes ont jusqu'à 16,000 mètres d'élévation.

MÉRIDIEN (*meridies*, midi). — On nomme *plan méridien* un plan quelconque passant par l'axe du monde, et par conséquent perpendiculaire à l'équateur. Chaque point de la terre a son plan méridien; l'intersection de la sphère céleste par ce plan est un grand cercle qu'on appelle *méridien céleste*. Chaque plan méridien le partage en deux hémisphères égaux.

On peut donc concevoir une infinité de méridiens différents qui passent tous par les deux pôles.

L'intersection du plan méridien d'un lieu quelconque avec son *horizon sensible* se nomme la *méridienne* de ce lieu.

Dans la pratique, on détermine avec beaucoup de précision le plan méridien d'un lieu, et par suite sa méridienne, au moyen de la lunette dite *méridienne* ou *instrument des passages*. Voy. LUNETTE MÉRIDIENNE. — Pour la mesure d'un degré du méridien, *voy.* TERRE.

MÉRIDIEN MAGNÉTIQUE. *Voy.* MAGNÉTISME TERRESTRE.

MESURES. — La forme de la terre fournit un étalon de poids et mesures pour les besoins ordinaires de la vie, aussi bien que pour la détermination des masses et distances des corps célestes. La longueur du pendule qui bat les secondes du temps solaire moyen, à la latitude de Londres, forme l'étalon des mesures linéaires anglaises. Sa longueur dans le vide, à la température de 62° de Fahrenheit (16° 67 du thermomètre centigrade), et réduite au niveau de la mer, a été trouvée par le capitaine Keter égale à 39,1392 pouces (0m,994). Le poids d'un pouce cube d'eau à la température de 62° de Fahrenheit (16° 67 centigrades), le baromètre à 30 pouces (28 pouces français, très-approximativement, ou 76 cent.), a été aussi déterminé en parties de la livre troy impériale, ce qui a donné un étalon de poids et de capacité. Les Français ont adopté le mètre ou 3,2808992 pieds anglais, pour leur unité de mesure linéaire : c'est la dix millionième partie du quart du méridien qui passe par Formentera et Greenwich, et dont le milieu se trouve à peu près au 45e degré de latitude. Si, dans les vicissitudes des choses humaines, les étalons nationaux des deux pays se perdaient, ils pourraient être retrouvés, puisque tous deux dérivent d'étalons naturels, que l'on suppose invariables. La longueur du pendule serait plus facilement retrouvée que le mètre ; mais, comme aucune mesure n'est mathématiquement exacte, une erreur dans l'étalon primitif pourrait, à la fin, devenir sensible en mesurant une grande étendue, tandis que l'erreur qui doit nécessairement résulter de la mesure du quart du méridien devient absolument insensible, quand on vient à prendre la dix millionième partie. Les Français ont adopté la division décimale, non-seulement pour le temps, mais encore pour leurs degrés, poids et mesures, à cause de l'extrême facilité qu'elle offre dans le calcul. Elle n'a encore été adoptée par aucun autre peuple, quoique rien ne soit plus à désirer que de voir toutes les nations s'accorder à employer les mêmes divisions et étalons, non-seulement à cause de la commodité qui en résulte, mais aussi comme fournissant une idée plus nette des quantités. Il est à remarquer que la division décimale du jour, des degrés, des poids et des mesures, était en usage chez les Chinois il y a 4000 ans, et qu'à l'époque à laquelle Ibn Junis fit ses observations au Caire, vers l'an 1000 de l'ère chrétienne, les Arabes avaient coutume d'employer le pendule dans leurs observations astronomiques comme mesure du temps.

Mesures itinéraires de diverses contrées. —La lieue de France est de 25 au degré et vaut 4,444 mètres.

Lieue de p ste de	28 1/2	au degré vaut	3,898	mètres.
Lieue marine de	20	—	5,564	5
Lieue d'Espagne	20	—	5,564	5
Mille d'Angleterre	69 1/2	—	1,609	31
Mille d'Italie	60	—	1,854	9
Mille Arabe	56 57	—	1,963	9
Mille d'Allemagne	15	—	7,408	
Mille de Suède	10 41	—	10,691	
Mille Hongrois	13 30	—	8,043	1
Verste de Russie	104 30	—	1,607	
Berry turck	66 67	—	1,669	3

La surface entière du globe terrestre est de 33,523,206 lieues carrées, dont les trois quarts sont couverts par la mer ; à peine la moitié du reste est-elle habitée par des populations en rapport numérique convenable avec son étendue.

MÉTAUX FILÉS. *Voy.* DIVISIBILITÉ.

MÉTÉORITES.—Sous ce nom nous rangerons les *étoiles filantes*, les *astéroïdes*, les *aérolithes*, les *bolides*, les *pierres météoriques* ou *pierres de foudre*, que l'on pourrait classer avec quelques autres phénomènes sous la dénomination de *phénomènes problématiques*.

Etoiles filantes.—Les étoiles filantes s'observent pendant les nuits sereines. Dans une région du ciel un point lumineux se montre sous la forme d'une étoile plus ou moins brillante, se meut à travers l'espace, et s'éteint ensuite subitement ; mais son éclat diminue au moment où elle va disparaître. Quelquefois l'étoile laisse sur son passage une traînée lumineuse, cependant cela n'est pas constant ; quelquefois aussi l'étoile lance des étincelles. Les anciens regardaient ces météores comme de véritables étoiles qui tombaient. Quand ils sont considérables, on les nomme *météores ignés*, *bolides*, *globes enflammés*. On voit d'abord un point lumineux semblable à une étoile filante, ou un petit nuage clair qui ne tarde pas à s'enflammer, ou bien une ou plusieurs stries parallèles qui forment bientôt un gros globe flamboyant. Ce globe se meut avec une vitesse égale à celle des astres, quelquefois par bonds, qui prouvent une impulsion originelle, ou sont un effet de l'attraction terrestre ; il grossit et devient un globe enflammé lançant des flammes, de la fumée et des étincelles. Ce globe lumineux traîne ordinairement après lui une queue lumineuse qui s'allonge en pointe et se termine par un nuage de fumée. Cette queue paraît être formée par la substance étirée de la boule elle-même, ou bien elle est accompagnée de petits satellites qui deviennent eux-mêmes de petits globes lumineux ; enfin cette boule éclate avec beaucoup de fracas. Les éclats se brisent souvent encore une fois, et alors les parties constituantes qui n'ont pas été volatilisées tombent sous forme de masses de fer ou de pierre. Ces pierres météoriques ou aérolithes sont d'une composition différente de celle des pierres qu'on trouve à la surface de la terre, et occupent un espace beaucoup plus petit que le grand bolide.

Les étoiles filantes et les globes enflammés ne se montrent que de temps à autre. Il est difficile d'exécuter les opérations nécessaires pour déterminer leur hauteur avec une certaine précision ; cependant il est arrivé quelquefois que plusieurs observateurs ont pu mesurer simultanément l'angle de hauteur d'un bolide vu des différents points, et en conclure son élévation absolue dans l'hémisphère. Benzenberg et Brandes ont fait à cet égard les premières observations : placés à deux points assez éloignés, ils marquaient sur un planisphère céleste chaque étoile filante pour avoir sa position et son parcours apparents ; connaissant le moment de l'observation, ils pouvaient en déduire l'angle de hauteur, et calculer la hauteur du météore.

L'élévation des étoiles filantes au-dessus de la terre est fort différente, en ce qu'elle oscille entre 16 et 230 kilomètres ; la plupart se meuvent dans une région comprise entre 45 et 155 kilomètres. La hauteur moyenne, déduite de toutes ces hauteurs de Brandes, est de 116 kilomètres.

La plupart des étoiles filantes vont en descendant, cependant quelques-unes se dirigent horizontalement ou même en montant ; on en a même observé qui décrivaient un demi-cercle d'abord en s'élevant, puis en descendant. Chladni en cite plusieurs exemples. Il en résulte que ces corps sont soumis à l'action de la pesanteur, mais qu'ils reçoivent en outre une impulsion assez énergique pour prendre une direction qui peut être quelquefois contraire à celle de la pesanteur. Leur vitesse est de 30 à 60 kilomètres dans une seconde.

Les indications de la hauteur des globes enflammés sont fort discordantes. Il en résulte que leur hauteur moyenne est à peu près celle des étoiles filantes.

Si les étoiles filantes se succèdent rapidement, on les observe souvent dans la même région du ciel. Suivant Benzenberg, il y en a souvent huit dans une heure. Pendant la nuit du 6 au 7 décembre 1798, Brandes compta 480 étoiles filantes. Dans ces derniers temps, on s'est beaucoup occupé de leur périodicité ; on remarque surtout les nuits du 10 au 15 novembre et celle du 10 au 11 août.

M. de Humboldt le premier en a vu un grand nombre à Cumana dans la nuit du 11 au 12 novembre 1799 ; on les a observées en même temps dans la Guyane, le Labrador, le Groënland et les environs de Weimar. Déjà auparavant, à Manheim, Hemmer avait été frappé de leur nombre dans la nuit du 9 au 10 novembre 1787. En 1813, on en vit beaucoup en Angleterre dans la nuit du 8 novembre ; en 1818, dans celle du 13 novembre ; et, en 1832, le 12 du même mois. De 9 heures du soir jusqu'au lever du soleil, on en compta beaucoup ; plusieurs avaient l'aspect de petits globes de feu. En Angleterre, en France, en Suisse, en Allemagne, en Russie, à l'Ile de France, partout les observateurs avaient été frappés du nombre et de l'éclat de ces météores. Aux États-Unis d'Amérique, les étoiles furent encore plus nombreuses. Le 13 novembre 1833, à 7 heures du soir, Palmer, à New-Haven dans le Connecticut, aperçut une vapeur rougeâtre qui d'abord se montra près de l'horizon méridional, puis s'éleva peu à peu jusqu'au zénith; elle était très-transparente, mais voilait néanmoins les étoiles très-petites. Les météores ignés parurent à partir de 9 heures, mais c'est à 4 heures du matin qu'ils se montrèrent en plus grand nombre. Une suite non interrompue de globes enflammés, semblables à des fusées, semblait partir d'un point éloigné du zénith d'un petit nombre de degrés; elles se dirigeaient dans tous les sens, mais cependant toujours de telle manière que leurs directions prolongées vinssent toutes converger vers le point indiqué. Autour de ce point, qui, suivant M. Encke, coïncide presque avec celui vers lequel la terre se dirigeait dans sa révolution annuelle autour du soleil, se trouvait un espace circulaire de plusieurs degrés dans lequel on ne vit pas de météores. Ordinairement ils laissaient une traînée lumineuse sur leur passage, et, en disparaissant, ils éclataient et se réduisaient en fumée; malgré l'attention la plus soutenue, on n'a jamais entendu le bruit d'une explosion. Outre ces masses isolées, l'atmosphère était illuminée de lignes phosphorescentes formées de la succession d'un grand nombre de points lumineux, et semblables aux traits qu'on produit dans l'obscurité en écrivant avec un crayon de phosphore.

Dans les années suivantes, les nuits de novembre ont encore été remarquables par un grand nombre d'étoiles filantes qui semblaient toujours partir de la constellation du Lion, vers laquelle la terre se dirige à cette époque de l'année: mêmes observations sur les nuits du 10 au 11 août, pendant lesquelles on voit aussi beaucoup d'étoiles filantes.

Les globes enflammés ne paraissent pas être également communs dans toutes les saisons. Si nous comptons leur nombre pour chaque mois, nous arriverons aux résultats suivants :

Nombre de globes enflammés dans chaque mois.

Janvier,	69	Juillet,	47
Février,	50	Août,	69
Mars,	50	Septembre,	51
Avril,	45	Octobre,	61
Mai,	46	Novembre,	89
Juin,	29	Décembre,	71

Le plus grand nombre se montre en novembre, le plus petit en juin; sans doute en été la longueur des jours fait qu'un grand nombre de ces météores passe inaperçu: toutefois il faut observer que leur fréquence est plus grande en automne qu'au printemps. En août, où les étoiles filantes sont communes, il y a aussi beaucoup de globes enflammés.

Leur éclat surpasse celui de la lune; quelques-uns étaient si brillants, même de jour, qu'ils produisaient une ombre. Leur lumière est d'un blanc éblouissant ou bien rougeâtre; on y remarque aussi d'autres couleurs plus ou moins distinctes.

Pendant qu'ils traversent l'atmosphère, des flammes, des étincelles et de la fumée partent de tous côtés; quelquefois ils semblent s'éteindre en tombant, puis s'allument de nouveau après avoir émis beaucoup de vapeur et de fumée; quand ils traversent l'atmosphère, ils se boursouflent et éclatent avec bruit. Chladni expliquait cette rupture par le développement et la dilatation de fluides intérieurs qui crèvent leur enveloppe. Lorsqu'on ne les voit pas éclater, c'est qu'ils sont trop élevés ou qu'ils se sont éloignés de l'atmosphère, et ont poursuivi leur route dans l'espace. Quelquefois un globe enflammé se divise en un certain nombre de fragments, et chacun de ces fragments forme un petit globe lumineux, qui éclate ensuite à son tour; dans quelques-uns, la masse, après avoir donné issue aux gaz intérieurs, s'affaisse sur elle-même, puis se gonfle de nouveau pour éclater une seconde fois. Les globes qui font des bonds éclatent ordinairement au point qui sépare deux bonds successifs; ces explosions s'accompagnent de vapeur, de fumée, et l'on voit que le globe poursuit sa course en jetant un nouvel éclat. L'ébranlement est tel quelquefois, que les maisons tremblent, les portes et les fenêtres s'ouvrent, et les assistants se figurent qu'il y a tremblement de terre. Quelquefois, dit Chladni, l'explosion n'est point remarquée, parce que la masse, après avoir émis ses gaz, s'enveloppe d'une épaisse fumée qui masque sa clarté.

Aérolithes ou *pierres météoriques*. — La plupart des aérolithes ont une forme générale toujours la même; suivant Schreibers, c'est un prisme à quatre ou cinq pans inégaux ou une pyramide oblique. En dehors elles sont entourées d'une écorce noire ou noirâtre qui paraît avoir la même composition chimique que le noyau, quoiqu'elle ait passé à l'état de scorie. Cette écorce, dont l'épaisseur dépasse rarement $0^{mm},55$, présente des inégalités; elle est noire et peu brillante, ou bien d'un brun noirâtre brillant comme si la pierre avait été enduite d'un vernis. Quelquefois elle a un éclat métallique comme du fer fondu et peu oxydé, ou bien l'aspect du bitume. L'écorce peut être tellement dure qu'elle fait feu avec le briquet; dans quelques pierres on trouve des couches, des veines et des taches de même nature que l'écorce. L'aérolithe semble avoir déjà été formé lorsqu'un nouveau boursouflement a ramené à l'intérieur une partie de l'écorce. Cette écorce n'a pas la moindre analogie avec un produit volcanique, et nous ne pouvons obtenir une croûte analogue qu'en fondant ces pierres à l'abri de l'action de l'air; mais il est difficile de dire quel est celui de ses principes composants qui contribue le plus à la formation de cette enveloppe. La composition de ces pierres est différente de celle de toutes les pierres qu'on trouve à la surface du globe. D'après les analyses faites par M. Gustave Rose, les unes sont formées d'une masse grise dans laquelle on ne trouve d'autre substance que du fer métallique, les autres sont composées de substances diverses dont les unes blanches sont probablement du labrador (feldspath opalin) ; les autres, qui sont brunes, ressemblent au pyroxène.

Si on les réduit en poudre, on peut, avec un aimant, en retirer environ 20 pour cent de fer et de nickel ; l'analyse chimique y démontre encore les principes suivants : de l'oxygène, de l'hydrogène, du soufre, du phosphore, du carbone, de la silice, du chrôme, du potassium, du sodium, du calcium, du magnésium, de l'aluminium, du fer, du manganèse, du nickel, du cobalt, du cuivre et de l'étain. Suivant M. Berzélius, ces dix-huit substances élémentaires y forment les composés suivants :

1° *Fer métallique*, contenant un peu de nickel, de cobalt, de magnésium, de manganèse, d'étain, de cuivre, de soufre et de carbone.

2° *Sulfure de fer* avec proportion égale de soufre et de fer.

3° *Fer magnétique*.

4° *Olivine météorique* ; elle constitue la moitié du résidu qu'on obtient, quand on a enlevé les métaux altérables à l'aimant ; sa composition est la même que celle de l'olivine terrestre.

5° *Des silicates*, des combinaisons de *chaux*, de *magnésie*, d'*oxyde de fer*, de *manganèse*, d'*argile*, de *soude* et de *potasse* insolubles dans les acides, dans lesquelles l'acide silicique est en proportion double de tous les autres corps, et qui forment probablement deux minéraux, l'un *pyroxénique*, l'autre analogue à la *leucite*.

6° *Chromate de fer*, en petite quantité, mais constant.

7° *Oxyde d'étain*.

Quelquefois l'aérolithe tout entier est uniquement composé de fer métallique ; toutefois ce cas est plus rare que celui où il n'en contient qu'une certaine quantité. Le 26 mai 1751, deux masses tombèrent près Hradschina, dans le comitat d'Agra ; l'une pesait 35, l'autre 8 kilogrammes. On en a trouvé dans d'autres pays qu'on n'a pas vues tomber du ciel, mais que leur forme et leur composition doivent faire considérer comme des aérolithes. Une des plus connues est celle que Pallas découvrit en Sibérie dans l'année 1771, et que les Tartares considéraient comme un objet sacré tombé du ciel. Son poids était de 700 kilogrammes. On a trouvé des masses analogues en Bohême, en Hongrie, au cap de Bonne-Espérance, au Mexique, au Pérou, au Sénégal, dans la baie de Baffin, etc., etc. Le fer est plein de cavités remplies de cristaux d'olivine plus ou moins parfaits ; ces cristaux enlevés le résidu contient encore 90 pour cent de fer, quelques parties pour cent de nickel, et le reste mérite à peine d'entrer en ligne de compte.

Origine des météores ignés. — Comme ils se trouvent dans des régions inaccessibles à l'homme, l'imagination a beau jeu pour forger des hypothèses que la raison ne saurait contrôler. Autrefois on affirmait que les étoiles filantes étaient composées d'une matière gélatineuse, et l'on a souvent dit que les différentes espèces de *nostoch*, qu'on trouve sur les bords des rivières, étaient des étoiles filantes. Chladni le premier fit voir que les globes enflammés et les étoiles filantes sont une seule et même chose, et ne diffèrent que par leur grosseur. Depuis qu'il a prouvé aussi que des pierres tombent du ciel, on a émis quatre hypothèses principales, que nous allons examiner.

On a soutenu dans l'origine que ces pierres étaient vomies par les volcans de notre globe ; mais ce système est insoutenable, car nos volcans ne pourraient les lancer à une grande hauteur, et leur composition diffère totalement des produits volcaniques.

Quelques mathématiciens, Laplace entre autres, ont cherché à prouver que ces pierres pouvaient être projetées par les volcans de la lune assez loin pour entrer dans la sphère d'attraction de la terre et tomber sur elle. Le calcul montre que, pour que cet effet ait lieu, il faudrait que la pierre eût une vitesse initiale de 3250 mètres par seconde, et qu'elle fît en deux jours et demi environ le trajet de la lune à la terre.

Malgré la possibilité du fait, il présente encore, suivant Olbers, de graves difficultés ; car le corps lancé par le volcan est soumis à cette force de projection, et en outre à celle qui résulte du mouvement de la lune et qui agit tangentiellement à l'orbite lunaire. Ainsi donc les corps graves lancés par les volcans de la lune et qui s'approchent de la terre, sont attirés par elle et décrivent une courbe. Pour que le corps tombe à la surface de la terre, il faut qu'il existe un rapport déterminé entre la direction et la vitesse du projectile, et par conséquent peu d'entre eux tomberont sur la terre. Suivant Olbers, la vitesse initiale de 7000 à 11,000 mètres par seconde, déterminée par Brandes, est aussi contraire à cette hypothèse : en effet, supposons que la pierre soit lancée par le volcan avec la vitesse de 2690 mètres seulement, elle arrivera avec une vitesse acquise de 11,400 mètres. Or, les globes enflammés, parcourant environ 37,000 mètres par seconde, devraient être lancés par la lune avec une vitesse de 32,500 mètres environ, vitesse qu'on doit regarder comme tout à fait impossible.

D'autres physiciens ont admis que ces météores ignés étaient un produit de notre atmosphère ; et, quoique Chladni ait rejeté cette explication, elle a cependant été soutenue par Egen, G. Fischer et Ideler ; le premier surtout a émis quelques considérations importantes en faveur de cette opinion. Un grand nombre de métaux s'élèvent dans l'atmosphère à l'état gazeux ; et, si l'analyse chimique ne les retrouve pas, cela tient uniquement à ce que leur quantité proportionnelle est très-petite. Il s'élève des usines métallurgiques de Clausthal annuellement plus de dix millions de kilogrammes de vapeurs composées d'eau, de plomb, de fer, de zinc, de soufre, d'antimoine et d'arsenic; plusieurs de ces métaux ont été retrouvés par R. Brandes et Zimmermann dans l'eau de pluie. Ensuite Egen s'appuie surtout sur les phénomènes qu'on a observés pendant la formation des météores ignés : ou bien le ciel était troublé par un nuage sombre ou brillant, ou bien des bandes blanches se réunissaient en une seule masse. Il faut donc admettre qu'une force dont l'action s'accompagne de production de lumière, détermine la condensation des vapeurs dans les hautes régions de l'atmosphère, vapeurs qui deviennent visibles comme la vapeur d'eau passant à l'état de nuage, et qu'en même temps d'autres forces les poussent dans une direction qui n'est point celle de la pesanteur : cette force, suivant lui, c'est l'électricité. Egen examine ensuite en détail les différentes circonstances qui accompagnent leur translation, et les déduit avec beaucoup de sagacité de son hypothèse ; il dit que les météores ignés sont surtout communs quand l'atmosphère n'est pas dans l'état normal. On peut lui objecter que cela provient de ce qu'alors on examine les phénomènes célestes avec plus d'attention. Il est en outre difficile de comprendre comment ces vapeurs, répandues dans un espace immense, peuvent se réunir en masses énormes, et acquérir une vitesse considérable. D'autres objections, et en particulier celle que Chladni tire des bonds de ces météores, tombent d'elles-mêmes quand on tient compte de la résistance de l'air et de la force d'impulsion des gaz qui s'échappent du globe, puisque toutes les fusées volantes font aussi des bonds de ce genre.

Avant que l'on sût que les globes de feu ne sont que des masses de pierres et de fer incandescentes, Halley, Wallis, Bergmann et d'autres les regardaient comme des corps se mouvant dans l'espace, et que la terre rencontrait et attirait vers elle. Chladni admit cette explication dès l'origine de ses recherches, et dans la suite il l'a toujours défendue. Suivant lui, deux cas sont également possibles : ou ce sont des masses qui n'ont jamais appartenu à aucun astre, ou ce sont les débris d'une ancienne planète. Quoique ces deux hypothèses aient chacune leur degré de probabilité, Chladni regarde la première opinion comme la plus vraisemblable.

Un grand nombre d'observations prouvent qu'outre les grands corps célestes, il en est des petits qui se meuvent dans l'espace : tels sont les points et les traînées lumineuses que les astronomes ont souvent vus traverser le champ de leurs télescopes ; telles sont aussi des masses opaques qu'on a remarquées pendant le jour devant le disque du soleil, et qui ont souvent une surface considérable. Suivant Chladni, ces masses éparses sont de la matière primitive disséminée dans l'espace et destinée à former des mondes nouveaux ; il croit aussi que ces nébuleuses, que le télescope ne peut pas décomposer en étoiles, ne sont elles-mêmes que de la matière lumineuse très-diffuse répandue sur de grands espaces. Les comètes se distinguent de ces masses par leur petitesse, leur isolement et une densité plus considérable ; elles ne sont que des masses analogues aux nuages ou formées de poussière ou de vapeur dont les particules s'attirent mutuellement. Cette faible densité des comètes ne résulte pas uniquement de l'attraction que les planètes les plus rapprochées exercent sur elles, mais encore de ce que l'on peut voir des étoiles fixes à travers.

Il est possible aussi que ces masses proviennent d'astres détruits. Plusieurs observations prouvent qu'en effet des astres ont disparu de la voûte des cieux, et la raison conçoit la possibilité de cette destruction. Lorsque des étoiles paraissent douées d'un grand éclat, brillent pendant quelque temps pour disparaître ensuite, cela prouve, suivant Chladni, une violente combustion dans un corps que l'on doit ranger parmi les étoiles fixes. Telle est l'étoile qui, dans le XIe siècle, brilla pendant trois mois dans la constellation du Bélier, d'un éclat variable, puis disparut pour toujours. La grande étoile rouge qui parut au printemps de 1245 près du Capricorne, diminua d'intensité vers la fin de juillet; l'étoile observée par Képler dans la constellation d'Ophiucus fut visible du 10 octobre 1604 jusqu'au mois d'octobre 1605 ; la brillante étoile qui brilla pendant les années 945, 1264 et 1572 dans Cassiopée, appartient à la même catégorie. Si des planètes ou des comètes gravitent autour d'un astre semblable, ce développement subit de chaleur et de lumière doit avoir une grande influence sur elles. Quand la force agissant de dedans en dehors, qui tend à détruire un astre, vient à l'emporter sur l'attraction mutuelle de ses parties, il peut éclater : ainsi les quatre planètes télescopiques Cérès, Pallas, Junon et Vesta ne sont peut-être que les débris d'une grande planète. Si de pareilles explosions ont eu lieu, on comprend qu'un grand nombre de petits fragments doivent être projetés au loin.

Quelle que soit l'hypothèse que l'on embrasse, toujours est-il que le retour périodique d'un grand nombre d'étoiles filantes, qui semblent toutes partir du même point sans prendre part au mouvement de la terre, est un argument puissant en faveur de l'hypothèse cosmique. On peut admettre qu'outre les planètes et les comètes, des millions d'astéroïdes se meuvent autour du soleil, et deviennent visibles quand ils s'enflamment en entrant dans l'atmosphère terrestre. La plus grande partie abandonne probablement de nouveau l'atmosphère de la terre pour continuer sa révolution autour du soleil. Ces masses sont répandues dans l'espace, mais non d'une manière uniforme, et il est des points où elles sont réunies en grand nombre : tels sont les groupes que la terre traverse le 10 et le 13 novembre. Mais elles ne sont pas également nombreuses sur chacun de ces points. Il y a plus : si l'on admet avec Olbers qu'elles exécutent leur révolution autour du soleil en 5 ou 6 ans, il en résulte que la terre en rencontre toujours un grand nombre en été et en automne ; mais aussi certaines années, telles que 1799 et 1833, se font remarquer par une abondance extraordinaire de ces météores.

Si l'esprit peut concevoir comment la terre rencontre ces astéroïdes, il ne s'explique nullement leur incandescence. Chladni croit qu'en arrivant dans l'atmosphère terrestre ils éprouvent une résistance qui produit les bonds, et qui est d'autant plus grande que ces corps ont un volume originaire beaucoup plus grand que celui des pierres qui tombent sur la terre : nous devons en conclure que le globe enflammé a une très-faible densité. Cette résistance amène aussi l'incandescence et l'inflammation de ce corps; il comprime l'air, et cette compression engendre une chaleur telle que le corps s'enflamme. Si l'on objecte que l'air est très-rare à une aussi grande hauteur, on répondra qu'il faudra tenir compte de l'extrême vitesse. M. Parrot admet, outre la compression, l'action de la vapeur d'eau sur les combinaisons des métaux avec le soufre; il serait même possible que les éléments des pierres météoriques fussent le *silicium, le magnésium, le calcium*, le potassium, etc., qui se transformeraient en silice, magnésie, chaux, potasse, etc., sous l'influence de l'eau : combinaison pendant laquelle il se développe toujours de la chaleur, qui, jointe à celle produite par la compression, peut rendre ces corps incandescents. Peut-être contiennent-ils des corps plus inflammables qui disparaissent dans l'atmosphère avant qu'ils arrivent à la terre. Il est impossible de dire à ce sujet quelque chose de positif, puisque nous ne saurions nous transporter dans les régions où la combustion commence.

MÉTÉOROLOGIE (de μετέωρος et λόγος, science des météores). — Les phénomènes astronomiques et météorologiques sont sans doute les premiers qui ont dû attirer l'attention de l'homme. Le mouvement diurne du soleil, son mouvement annuel et les retours périodiques des saisons devaient l'intéresser d'autant plus vivement, qu'ils intéressaient directement son existence et son bien-être matériel. D'un autre côté, les tempêtes, le spectacle si saisissant des orages, des éclairs et de la foudre, n'ont pas dû impressionner moins vivement son imagination. Tout porte donc à penser que les hommes ont dû en effet, dès les premiers temps, s'occuper sérieusement de l'étude des différents phénomènes d'astronomie et de météorologie. Toutefois, si ces deux sciences sont nées en même temps, elles sont loin d'avoir fait les mêmes progrès. L'astronomie est depuis longtemps arrivée à une certitude telle qu'on peut la considérer sous ce rapport comme la première de toutes les sciences d'observation ; la météorologie, au contraire, est encore dans l'enfance. La raison de cette différence est facile à comprendre : les mouvements des corps célestes sont soumis à un petit nombre de lois très-simples, toujours identiques; les phénomènes météorologiques, au contraire, sont engendrés par l'action d'une foule de causes différentes, toutes très-diverses, très-variables quant à leur nature, leur mode d'action, leur puissance et leur influence mutuelle. Mais ce n'est pas tout : pour arriver au point où elle en est, l'astronomie a eu peu de secours à demander aux autres sciences; elle n'a eu en quelque sorte besoin que de l'observation directe pour enregistrer les faits, et des mathématiques pour les enchaîner ensemble et en déduire les conséquences; il n'en est pas de même de la météorologie, car la météorologie n'est le plus souvent que l'application des diverses lois de la physique à une classe particulière de phénomènes, et ne saurait exister d'une manière indépendante; la météorologie ne pouvait donc faire de progrès réels que quand les autres sciences, et surtout la physique, auraient été assez avancées pour constituer un corps de doctrines satisfaisant. Or, la partie de la physique la plus importante pour la météorologie, l'électricité, date à peine d'un siècle; la découverte de la bouteille Leyde, par Muschembroek et Cuneus, est de 1746, les expériences de Dalébard et de Franklin sont de 1752 : que pouvait être la météorologie avant cette époque? Evidemment elle ne pouvait consister qu'en théories, qu'en suppositions plus ou moins vagues et insignifiantes; il faut même le dire, avant cette époque on s'en occupait généralement fort peu. Il en fut tout autrement depuis; la découverte de Muschembroek en effet avait frappé tous les esprits ; l'analogie entre l'étincelle électrique et la foudre paraissait évidente. Tout le monde se précipita donc avec ardeur dans l'étude des phénomènes électriques d'une part et des phénomènes météorologiques de l'autre ; un grand nombre de savants s'occupèrent de l'électricité atmosphérique, et si les résultats auxquels ils parvinrent n'eurent pas d'abord toute la précision désirable, ils conservèrent toujours un intérêt qui entretint l'ardeur générale et l'empêcha de se refroidir.

Le nombre des savants qui se sont occupés d'expériences sur l'électricité atmosphérique dans la seconde moitié du XVIIe siècle est très-considérable. Les uns, tels que Lemonnier, Ronayne, Read, Schübler, firent de préférence usage d'appareils fixes, tandis que d'autres, comme Romas, le prince Gallitzin, Muschembroek, Van-Swinden, le duc de Chaulnes, Bertholon, Franklin, Cavallo y joignirent les cerfs-volants. Beccaria, qui d'abord n'avait expérimenté qu'avec des appareils fixes, plus tard y joignit également des cerfs-volants.

Les résultats auxquels arrivèrent ces savants furent des plus contradictoires. Romas, le prince Gallitzin, Muschembroek remarquèrent dès l'origine que les signes électriques variaient avec la marche du cerf-volant; d'un autre côté, Beccaria, Read, Schübler se plaignaient du peu d'accord des appareils fixes; il fut donc impossible d'arriver à une conclusion un peu certaine. Toutefois, comme le doute est toujours pénible à l'esprit humain, on finit par admettre en général, d'une part, que l'air était électrique, de l'autre, que l'électricité de l'air provenait de l'évaporation qui se fait à la surface du sol. On s'appuyait, pour émettre cette opinion, sur d'anciennes expériences de Volta, de Lavoisier et Laplace, et sur de plus récentes de M. Pouillet. Ces expériences consistent à projeter de l'eau sur un corps porté à une haute température; seulement M. *Pouillet* a employé un creuset en platine au lieu de se servir d'un métal oxydable, comme l'avaient fait les autres physiciens. Dans ces expériences, la vapeur qui se forme donne presque toujours de l'électricité, et quand elle en donne, c'est toujours de l'électricité vitrée.

La première chose que fit Peltier fut de répéter l'expérience de M. Pouillet en la simplifiant, et il constata que la formation des vapeurs ne donne de l'électricité appréciable que lorsque le vase a une température d'au moins 110 degrés; qu'au-dessous de cette température les instruments ne peuvent plus en recueillir; qu'enfin, même à cette température, ils ne peuvent en recueillir que lorsqu'il y a eu caléfaction, puis décrépitation de la goutte d'eau projetée.

Cette haute température et cet ensemble de phénomènes nécessaires pour maintenir séparées les électricités produites ne se rencontrent jamais dans notre milieu ambiant; jamais la vapeur, quand elle s'élève sur la surface du sol, ne possède une tension considérable, aussi jamais l'évaporation spontanée ne donne de signes électriques, à moins de circonstances toutes particulières.

L'évaporation spontanée ne pouvant donner d'électricité aux vapeurs, et celles de l'atmosphère en contenant des quantités considérables, Peltier dut rechercher la véritable origine de cette électricité. Il reprit donc une ancienne expérience de Saussure et d'Ermann, restée sans résultat entre leurs mains. Cette expérience pouvant être considérée comme la base fondamentale de toute la météorologie, nous croyons devoir la rapporter avec quelques détails.

On se place sur un lieu parfaitement découvert, dominant tous les objets environnants; on prend un électroscope armé d'une tige de 4 décimètres environ, surmonté d'une boule de métal poli, de 3 à 4 centimètres de rayon afin d'augmenter les effets d'influence et d'éviter l'écoulement de l'électricité, qui peut être repoussée dans la partie supérieure; on tient l'instrument d'une main, on l'équilibre de l'autre, en mettant en communication la tige et la platine. Toutes les réactions étant égales de part et d'autre, les feuilles d'or de l'électroscope tombent droites et marquent zéro. Dans cet état d'équilibre, on peut laisser l'instrument en contact avec l'air libre pendant une journée entière sous un ciel serein, sans qu'il se manifeste le moindre signe d'électricité; on peut même le promener et agiter l'air; dès l'instant qu'on tient l'instrument à la même hauteur, il reste complétement muet. Mais si, au lieu de le laisser dans la même couche horizontale d'air, on l'élève de 4 à 5 décimètres, on voit aussitôt les feuilles d'or diverger et indiquer une tension vitrée. Si on replace l'instrument au point de départ, les feuilles retombent exactement à zéro; si on le descend au-dessous de ce point d'équilibre, les feuilles divergent de nouveau, mais alors elles sont chargées d'électricité résineuse. En le remontant au point de départ, l'instrument reprend son zéro et ne conserve rien des électricités libres qu'il a montrées un instant.

Puisque aucune électricité libre n'est restée dans l'instrument, l'air ne lui a donc rien communiqué, et les signes électriques que l'instrument a présentés ne provenaient que de l'électricité développée dans son intérieur par l'influence d'un corps voisin à fur et à mesure qu'on s'en rapprochait ou qu'on s'en éloignait en élevant l'instrument au-dessus du point où il avait été équilibré, ou bien en l'abaissant au-dessous; il suffit, en effet, de replacer l'instrument au même point pour les faire disparaître. Ce n'étaient, je le répète, que des signes d'électricité par influence, tels qu'on en aperçoit dans les corps qu'on approche ou qu'on éloigne d'un autre corps chargé d'une électricité libre, phénomène qu'on peut reproduire dans le cabinet en se plaçant sur une surface résineuse ou sous une surface vitrée. On peut, en effet, interpréter cette expérience par rapport à l'espace ou par rapport à la terre. Dans le premier cas on dit, si après avoir équilibré un électroscope à une certaine hauteur, on le lève ensuite à une hauteur plus grande, on approche la boule terminale de l'espace céleste, ou du corps vitré. Dès lors celui-ci agit avec plus d'efficacité, il décompose une portion de l'électricité naturelle de la boule, attire la résineuse, et repousse la vitrée dans les feuilles d'or qui divergent et accusent effectivement une tension vitrée. Dans le second cas on dit, si après avoir équilibré un électroscope à une certaine hauteur, on le lève ensuite à une hauteur plus grande, la platine de l'instrument, formant avec le bras qui le soulève l'extrémité d'une pointe plus élevée et conductrice, se charge par cela même d'une tension résineuse, plus considérable; l'électricité résineuse ainsi accumulée dans la platine et dans les armatures, agit alors avec plus de force, décompose l'électricité naturelle de la partie supérieure de l'instrument, repousse la résineuse dans le globe métallique terminal, et attire la vitrée dans les feuilles d'or qui divergent. Comme on le voit, ces deux interprétations aboutissent au même résultat ; seulement, d'après les idées de Peltier sur l'électricité, la dernière est la seule logique et acceptable.

Peltier peut être considéré comme le fondateur de la météorologie. Sans doute, avant lui, un grand nombre de savants distingués se sont occupés de cette branche de nos connaissances ; parmi les plus *récents*, il me suffirait de citer MM. de Humboldt, Boussingault, Kaemtz, Quételet, Lamont, Arago, Gasparin, etc., etc. Mais ces savants, partant tous de ce principe, que l'air est électrique par lui-même et qu'il est vitré, n'avaient pu tirer aucune conclusion générale, déduire aucune loi de leurs observations.

Il y avait donc des observations météorologiques curieuses, intéressantes, exactes, et il y en avait en grand nombre ; mais, comme rien ne les liait, ne les coordonnait, ne les enchaînait, la météorologie, comme science, n'existait pas encore : c'est Peltier qui l'a fondée, car c'est lui qui le premier en a posé les lois. Le lecteur pourra se faire une idée de ce que la météorologie doit à cet habile observateur, en jetant seulement les yeux sur les titres des nombreux ouvrages qu'il a publiés sur ce sujet (1).

Mètre. *Voy.* Mesures.

Micromètre. *Voy.* Lunette méridienne.

MICROSCOPE (μικρὸς, *petit*, σκοπέω, *j'observe*). — C'est un appareil optique des plus précieux, qui rend tous les jours des services immenses à l'étude de la nature et des arts. C'est un organe au moyen duquel nous sondons les profondeurs de la nature, dans la région des infiniment petits.

Les microscopes sont simples ou composés : les simples ne sont que des verres convexes ou des espèces de loupes ; les autres sont des assemblages de plusieurs verres, par la combinaison et l'arrangement desquels les images des objets sont amplifiées et présentées d'une manière commode à l'œil de l'observateur. Le microscope simple est une lentille transparente convexe ; plus elle possède ces qualités, plus elle est propre à faire voir l'objet net et amplifié : voilà pourquoi un globule de verre fondu au bout d'une aiguille et à la bougie, ou une goutte d'eau enchâssée dans un trou rond que l'on fait dans une petite lame de plomb, fait un assez bon microscope. Les plus grands avantages qu'on puisse procurer à cet instrument sont d'être applicable à toute sorte de corps, d'être bien éclairé et de pouvoir être manié commodément. Les artistes ont employé toute leur industrie pour le rendre aussi parfait qu'il leur était possible. Les meilleurs microscopes réunissent les qualités dont on vient de parler : ils sont composés de deux oculaires et d'une lentille objective dont le foyer est d'autant plus court qu'elle grossit davantage. L'image de l'objet grossi par cette lentille l'est encore davantage en passant par l'oculaire. Cet objet se voit d'autant mieux qu'il est éclairé par le miroir de réflexion placé au bas du microscope. On varie les lentilles comme on le désire ; quand les objets sont petits, on emploie les lentilles dont le foyer est plus court. Quoique, depuis plus de deux siècles, l'on travaillât aux microscopes, tant en Angleterre qu'en Hollande et en France, et que cette partie de la *dioptrique* pratique semblât devoir être épuisée, cependant on était encore loin de la perfection. En effet, on avait négligé jusqu'à ce jour d'employer les combinaisons achromatiques pour la composition des lentilles, condition cependant indispensable pour la netteté des images. Comment se fait-il que les physiciens n'aient point, comme Euler, pensé à imiter l'œil dans la construction du microscope ? Mais enfin, ce célèbre géomètre s'est occupé du perfectionnement des microscopes par réfraction.

Il appartenait au savant qui, le premier, en 1747, avait provoqué la construction des lunettes achromatiques, d'appliquer aux microscopes l'heureuse combinaison de Dollond. Quoique les lentilles achromatiques aient été inventées vers 1760, ce n'est qu'en 1774 qu'Euler en proposa l'emploi dans les microscopes, et ce n'est qu'en 1826, tant la perfection dans les arts est difficile, que M. Vincent Chevalier aîné et son fils construisirent le microscope achromatique d'Euler, en y ajoutant un nouvel appareil pour l'éclairage des corps opaques, un système de diaphragmes imaginé par M. Lebaillif, pour modifier celui des corps transparents, et y ajoutèrent toutes les additions dont l'expérience a constaté les avantages ou la nécessité, afin de pouvoir observer commodément chaque espèce de corps, soit fluide ou solide, transparent ou opaque, sans trop le diviser. Cet instrument, doué d'un grossissement considérable de clarté et de netteté, est en outre d'un usage très-facile. Sans doute, ces nouvelles découvertes mettront les physiciens en état de porter les observations microscopiques au plus haut point de perfection, et les amateurs et les

(1) Les principaux travaux de Peltier sur la météorologie sont les suivants : d'abord son *Traité des trombes*, publié en 1840 ; son *Mémoire sur l'électricité de l'atmosphère*, publié en 1842, dans les *Annales de chimie et de physique* * ; son *Mémoire sur les brouillards*, qui se trouve dans le tome XV des *Mémoires de l'Académie de Bruxelles*, et qui a été reproduit dans les *Annales de chimie et de physique* ** ; son travail sur la *météorologie électrique*, qui a été imprimé dans les *Archives de l'électricité de Genève* *** ; enfin son grand *Mémoire sur les variations barométriques*, imprimé dans le tome XVIII des *Mémoires de l'Académie de Bruxelles*. Nous devons y joindre quelques articles du *Dictionnaire universel des Sciences naturelles* ****, et plusieurs autres communications moins importantes, faites sous forme de lettres soit à l'Académie des sciences de Paris, soit à la Société Philomatique.

* *Annales de chimie et de physique*, 1842, 3e série, t. IV, p. 385.

** *Annales de chimie et de physique*, 1842, 3e série, t. VI, p. 129.

*** *Archives d'électricité de Genève*, 1844, t. IV, p. 175.

**** Les articles *Etoiles filantes*, *Foudre*, *Galvanisme*, *Grêle*, etc.

gens du monde pourront y trouver facilement des délassements à leurs travaux; car, dit Baker : « De toutes les inventions « qui ont paru dans le monde, on n'en « trouvera peut-être aucune qui soit jamais « constamment aussi propre à amuser, à in- « struire et à satisfaire l'esprit de l'homme.»

En même temps que M. Chevalier, M. Selligue a inventé un microscope perfectionné d'Euler, dont il a été rendu un compte avantageux à l'Académie royale des sciences.

Pour bien faire les observations microscopiques, il y a plusieurs précautions à prendre.

On considère la grandeur, la nature, le tissu du corps qu'on veut observer, afin d'y appliquer les lentilles convenables.

Le premier pas à faire dans les observations est d'examiner l'objet avec une lentille qui le représente en entier; on le détaille ensuite avec des lentilles plus fortes; car celles-ci ont moins de champ, mais développent davantage l'organisation ou la construction. On doit faire attention à la nature de l'objet, s'il est vivant ou non, solide ou fluide, si c'est un animal, un végétal, ou une substance minérale, et prendre garde à toutes les circonstances qui en dépendent, pour l'appliquer de la manière la plus convenable.

Si c'est un animal vivant, il faut prendre garde de ne le serrer, heurter et décomposer que le moins qu'il sera possible, afin de mieux découvrir sa véritable figure, sa situation et son caractère. Si c'est un fluide, et qu'il soit trop épais, il faut le détremper avec de l'eau; s'il est trop coulant, il faut en faire évaporer les parties aqueuses. Il y a des substances qui sont plus propres aux observations lorsqu'elles sont sèches, et d'autres lorsqu'elles sont mouillées; quelques-unes lorsqu'elles sont fraîches, et d'autres lorsqu'on les a gardées quelque temps.

De la position du corps qu'on observe, de la direction des rayons de lumière, de sa force, de son intensité, dépend la vérité des examens que l'on fait. Ainsi on doit tourner les objets de tous côtés, les faire passer par tous les degrés de lumière, jusqu'à ce qu'on soit assuré de leur vraie figure.

Il y a des objets qui demandent beaucoup de précautions pour être examinés; d'autres n'exigent pas d'aussi grandes attentions. Quand les objets sont plats et transparents, en sorte qu'en les pressant on ne puisse pas les endommager, on peut les renfermer dans des glissoirs entre deux pièces de verre : telles sont les ailes des papillons, les écailles de poissons, la poussière des étamines des fleurs, etc., les différentes parties et même les corps entiers des petits insectes, et une infinité d'autres choses semblables.

Lorsqu'on veut examiner des animaux qui nagent dans les fluides, on prend avec un petit tube bouché, dit *bâton de verre à mélange*, une petite goutte du fluide à sa surface, on la pose sur un verre plan, s'il y a très-peu de liqueur et qu'on veuille voir l'objet avec une lentille d'un court foyer, et on ajuste la lentille à son point. Lorsque ces petits animaux sont en si grand nombre dans la liqueur, comme il arrive souvent que, roulant continuellement les uns sur les autres, on ne peut pas bien connaître leur figure et leur espèce, il faut enlever du verre une partie de la goutte, et y substituer un peu d'eau claire, dans laquelle ils nageront plus à leur aise, et on les verra plus distinctement. C'est tout le contraire lorsqu'on veut examiner un fluide pour y découvrir les sels qu'il contient : alors il faut le faire évaporer, afin que ces sels, qui restent sur le verre, y puissent être observés avec plus de facilité.

Avec beaucoup de patience et de dextérité on parvient à disséquer les petits insectes, comme les puces, poux, cousins, mites, par le moyen d'une fine lancette et d'une aiguille, surtout si on les met dans une goutte d'eau; car alors on pourra aisément séparer leurs parties, et les placer de manière à pouvoir les examiner.

L'eau dans laquelle on fait infuser des grains de poivre, pendant quelques jours, présente à l'observateur des animaux qui ont une infinité de pieds avec de longues soies en forme de queue; d'autres ont une queue droite ou courbée en zigzag; quelques-uns ont une figure ovale, d'autres en forme de carrelet; on en voit qui nagent en avant et en arrière, et se balancent en marchant.

Dans les eaux où l'on a mis du foin, de l'avoine, de la paille, du froment, on voit des animaux, les uns ovales, semblables à des œufs de fourmi, les autres ayant la forme d'une bouteille, sans pieds ni nageoires. On en voit qui ressemblent à une vessie pleine d'eau, qui tournent sur eux-mêmes cent fois dans une minute, ou prennent un mouvement progressif. C'est alors que l'observateur passe des heures délicieuses à suivre les *protées*, les *volvox*, les *brachions*, les *vorticelles*, etc.

Dans la farine aigrie, dans du vinaigre affaibli, ce sont des espèces d'anguilles de différentes grosseurs, dans un mouvement continuel. Dans les infusions d'anémone, de roses, de jasmin, de basilic, de thé, on voit des animaux aussi variés que les différentes espèces de végétaux et fleurs auxquelles ils appartiennent.

Leuwenhoëk a découvert dans la matière gluante qui est sous les gouttières, des animaux à deux et à quatre roues, armés de dents qui sortent de leur tête et tournent circulairement comme sur un essieu; lorsqu'on les touche ou que l'eau s'évapore, ils se contractent. On les conserve, dit-on, plusieurs années sous une forme ovale dans ce limon desséché; et, lorsqu'on délaye le limon dans l'eau, on les voit se ranimer, s'allonger et nager : c'est l'animalcule qu'on nomme le *rotifère*.

La poussière qu'on voit sur le fromage et les fruits secs, examinée au microscope, offre une république d'animaux réguliers, bien organisés, voraces, et qui se mangent les uns les autres lorsque la nourriture leur manque.

Les eaux des étangs sont des mers remplies de mille animaux divers. Sous la lentille d'eau, on découvre le polype, cet animal singulier qui se multiplie en autant d'individus également organisés, qu'on en fait de portions en le coupant ; qui avale son semblable, et même ses bras, qu'il regorge sans altération. Les observations qu'on peut faire au microscope sur cette reproduction ont de quoi piquer la curiosité.

Le pou, dont la vue fait horreur, devient intéressant au microscope ; on y voit les ramifications de ses veines, le battement régulier des artères, le mouvement péristaltique de ses intestins, et le passage rapide du sang dont il se nourrit. Son suçoir est sept cent fois plus délié qu'un cheveu, et ce suçoir est renfermé dans un fourreau pour s'en servir au besoin. L'ovaire de la femelle contient toujours cinq ou six œufs prêts à sortir, et environ soixante-dix autres plus petits dispersés comme dans l'ovaire d'une poule.

La mouche présente au microscope des richesses qui étonnent, un luxe qui éblouit; sa tête est ornée de diamants, son corps est tout couvert de lames brillantes : elle a de longues soies et un plumage éclatant ; un cercle argenté environne ses yeux ; sa trompe est construite de manière qu'elle a la double propriété de trancher les fruits et d'en pomper les sucs. Les yeux ressemblent à un miroir à facettes, dont chacune est un œil composé de toutes ses parties ; leur nombre effraye l'imagination, mais probablement se réunit à l'unité pour l'animal. Leuwenhoëk en a compté sur un ver à soie jusqu'à 6236 ; Hooke, sur un bourdon, 14,000 ; et, à la mouche-dragon, 26,088 ; au milieu de chaque lentille est une tache sept fois plus petite et environnée de trois cercles.

En examinant les couches successives de l'écaille du poisson, on reconnaît son âge par l'accroissement des lames qui a lieu chaque année. On dit que la peau humaine paraît composée d'écailles à cinq pans qui anticipent les unes sur les autres. Les poils des animaux s'y reconnaissent pour être des tubes extrêmement petits. Malpighi a vu des valvules et des cellules médullaires de la structure la plus élégante et la plus délicate. Le sang, la salive, l'urine, le chyle, le fiel, les humeurs ne contiennent point d'animaux vivants.

Veut-on examiner le sang, on en étend une goutte sur une lame de verre à l'instant où il sort de la veine, ou bien on le délaye avec un peu d'eau tiède ou du lait chaud ; sa circulation s'observe avec plaisir dans la patte d'une jeune grenouille ; ses parties s'y distinguent aisément sous la forme de globules ; on suit avec l'œil la marche de ce fluide, le degré de son impulsion, sa progression, sa vitesse et la direction de sa course dans les vaisseaux. A quel point la nature n'a-t-elle pas porté la ténuité de ses parties ! Leuwenhoëk et Jurine ont calculé que 160 de ces globules, placés les uns à côté des autres, égalent à peine la longueur d'une ligne ; ils les ont trouvés mous et flexibles dans un état de santé, mais durs et roides dans la maladie. Lorsqu'on observe le sang dans les animaux vivants, on voit sa circulation, les altérations qu'éprouvent ces globules en passant d'un grand vaisseau dans un plus petit, et jusqu'à la forme ovale qu'ils sont obligés de prendre pour y entrer. Si l'animal expire dans le cours de l'observation, on est témoin de tous les changements qu'il subit et des causes qui les opèrent.

Si l'on veut observer la structure intérieure des plantes qui sont composées de trachées pour la circulation de l'air, de vaisseaux lymphatiques et de vaisseaux propres, il faut, pour les trachées, couper l'écorce dans les branches herbacées sans entamer le bois, rompre ensuite le corps ligneux, de façon qu'en faisant cette rupture on puisse tirer en sens contraire les parties rompues ; on aperçoit alors entre les parties que l'on sépare des filaments très-fins qui échappent à la vue, mais qu'au microscope on reconnaît pour être formés de petites bandes brillantes roulées en spirales, et qui sont fort analogues à celles des insectes, d'où l'on peut leur attribuer le même usage, qui est d'introduire l'air dans l'intérieur des plantes, et de concourir par là à la circulation des liqueurs. Les vaisseaux lymphatiques sont aisés à reconnaître. Quant aux vaisseaux propres, on les remarque à un suc laiteux qui s'en échappe lorsqu'on coupe transversalement une plante ; ils sont très-sensibles dans certaines plantes, telles que l'*Angelica silvestris* et la bardane, si on les coupe dans le mois de juin.

Si l'on examine les feuilles des plantes, on en voit qui étalent aux yeux un tissu où la la nature a prodigué des richesses et un travail inimitable : telles sont celles de sauge, de mercuriale et d'églantier. Ce sont des grains de cristal, des lames d'argent, des grappes, des nœuds, que les plus habiles de nos artistes n'imiteront jamais.

Le microscope est un instrument devenu indispensable au physiologiste, au chimiste et au physicien ; il peut, en outre, procurer aux personnes qui ne sont point versées dans ces sciences, un grand nombre d'amusements utiles et raisonnables. Je dépasserais les bornes de cet article si je voulais indiquer la moitié des objets qui sont propres à être examinés par cet instrument utile et amusant, qui nous donne, pour ainsi dire, des yeux infiniment plus pénétrants, et qui nous découvre des merveilles qu'il nous serait impossible de concevoir sans son secours. Chaque créature, chaque fruit, chaque fleur, chaque goutte d'eau et chaque particule de la matière nous fournissent une instruction nouvelle, un nouveau plaisir.

MICROSCOPE SOLAIRE. — C'est un instrument qui donne des images très-amplifiées d'objets fort petits, et souvent même invisibles. Réduit à son expression la plus simple, c'est une lentille d'un court foyer, qui donne une image réelle, très-amplifiée d'un petit objet placé de l'autre côté et fort près de la lentille. L'image est reçue dans une chambre noire sur un tableau blanc. L'objet étant placé au delà du foyer de la petite lentille, donne une image réelle et renversée, qui est d'autant plus grande que l'objet est plus près du foyer; et, en fait, on le place très-près de ce point. Mais plus l'image est grande, plus elle est pâle et faible; ceci est un principe fondamental d'optique, et il est aisé à comprendre; car la même quantité de lumière s'éparpillant sur une plus grande surface, chaque point de cette surface en reçoit une dose d'autant plus faible. Pour que l'image du microscope solaire soit très-visible, il faut d'abord la recevoir dans une pièce noire; au jour, tout effet disparaît. En second lieu, il faut éclairer l'objet très-fortement, pour qu'il puisse dépenser une certaine quantité de lumière, sans rendre l'image trop faible; et, pour cela, on projette sur cet objet la lumière du soleil reçue par un miroir extérieur, et concentrée en masse par deux lentilles sur le très-petit objet placé au foyer, qui devient ainsi le centre d'une irradiation très-intense. L'objet est placé entre deux lames de verre, et ordinairement mouillé de quelque liquide destiné à remédier à l'évaporation considérable que cet objet éprouve.

On peut mesurer le grossissement par les formules algébriques des lentilles, et l'on trouverait ainsi que si l'objet est placé au delà du foyer à un 1200e, par exemple, de la distance focale, l'image sera égale à 1200 fois l'objet. Mais comme il est impossible de reconnaître d'aussi petites quantités dans les mesures de position, on a recours à un moyen expérimental, qui est d'ailleurs fort simple: il consiste à mettre à la place de l'objet une lame de verre très-finement divisée en parties égales; l'image des divisions se projette sur le tableau où l'on peut mesurer directement l'intervalle compris entre les ombres que projettent les traits diviseurs. Si cet intervalle est de 48 millimètres, par exemple, les divisions du verre étant des 20e de millimètre, le microscope grossira comme 48 fois vingt, ou 960. Cette recherche n'a pas pour but de connaître la grandeur des images pour elles-mêmes, mais de déterminer celles des très-petits objets qui portent ces images: c'est un moyen de mesurer même des petitesses invisibles à l'œil nu.

On se sert de cet instrument pour étudier de petits animaux transparents; on rend visibles les petites anguilles du vinaigre et de la colle, qu'on voit frétiller sous des longueurs de plusieurs centimètres. On suit de l'œil la cristallisation des sels, qui se fait rapidement par suite de l'évaporation abondante de la goutte de dissolution; la circulation du sang dans les pattes de grenouille, et le mouvement des globules du chara. De minces lames de bois et des feuilles donnent lieu de prendre une notion exacte de la texture végétale.

Toutefois, l'usage de cet instrument est limité, à cause du dessèchement rapide des objets qu'on y étudie, par suite de la chaleur à laquelle sont soumis forcément les objets sous les lentilles qui les éclairent. Mais on peut remédier à cet inconvénient en remplaçant la lumière du soleil par une lumière artificielle très-vive qui éclaire puissamment sans échauffer. Or, telle est celle qu'on obtient en projetant sur la chaux vive un jet provenant de la combustion d'un mélange comprimé d'oxygène et d'hydrogène. C'est ce qu'on appelle *le microscope à gaz*, qu'on peut employer en tout temps, et au moyen duquel on a agrandi le cercle des expériences curieuses et des services réels qu'on devait au microscope solaire.

MICROSCOPE à gaz. *Voy.* MICROSCOPE SOLAIRE.

MILIEU ÉTHÉRÉ. *Voy.* INTERFÉRENCES de la lumière.

MILIEU ISOPHANE. *Voy.* THÉORIE de la lumière.

MINES, chaleur des mines. *Voy.* TEMPÉRATURE.

MINIMA de température en divers lieux. *Voy.* TEMPÉRATURE.

MIRAGE. — Lorsque, par une belle journée d'été, au plus fort de la chaleur, on regarde obliquement et de loin la surface d'une prairie ou d'un champ de blé, on remarque dans les couches qui touchent immédiatement cette surface un mouvement oscillatoire, une sorte de tremblement très-rapide. Souvent des morceaux de l'horizon semblent se détacher, flotter dans l'air, puis retomber. Si l'objet est petit, il paraîtra double ou multiple: ainsi, M. Biot, en regardant à travers une longue-vue une lumière très-éloignée, la vit double; l'image colorée et étendue était placée verticalement au-dessus de la lumière réelle. Un instant après, au lieu de deux lumières il en vit plusieurs qui apparaissaient et disparaissaient à des intervalles irréguliers; les plus basses, qui se rapprochaient le plus de la lumière réelle, étaient les plus étendues et les plus brillantes. Quelquefois des objets situés au milieu d'une plaine paraissent doubles, et plusieurs images se forment au-dessus ou au-dessous d'eux: ce phénomène est connu sous le nom de *mirage*.

La théorie du mirage repose sur les lois de la réfraction. Lorsque l'air, dans le voisinage du sol est vivement échauffé, il y a une dilatation dans les diverses couches superjacentes, de telle sorte que l'ordre naturel des densités est interverti, et que les inférieures supportent, par l'effet de leur élasticité passagère, des couches plus denses qu'elles, jusqu'à une certaine distance, où l'échauffement n'est pas assez considérable pour modifier l'état normal. Parmi les rayons il y en aura un qui, rayonnant vers le bas, rencontrera des couches d'air de densités décroissantes, et qui, d'après la loi connue, devra, en passant de l'une à l'autre, s'éloigner de la perpendiculaire, et par conséquent se rapprocher de plus en plus de l'horizontale. Il se produira donc une courbure convexe vers la terre; et, de plus, il arrivera un moment où le rayon, devenu presque horizontal, se trouvera, par son incidence sous la couche suivante, dans le cas de la réflexion totale. Il y aura donc réflexion réelle, et le rayon tendra à *remonter*; l'analyse du phénomène montre qu'il devra dès lors se courber symétriquement, et c'est ainsi qu'il pourra arriver à l'œil. Mais l'œil, rapportant toujours l'objet dans le prolongement de l'élément rectiligne qui le frappe, verra une image dans la direction de la tangente, comme dans un miroir; et, à vrai dire, il y a miroir au point où se fait la réflexion totale. D'ailleurs, on peut voir directement l'objet par quelqu'un des rayons qui en émanent dans une autre direction.

Le mirage se présente surtout dans des plaines étendues lorsque le temps est calme et le sol échauffé par le soleil; les plaines de l'Asie et de l'Afrique sont devenues célèbres sous ce rapport : ainsi, pendant l'expédition d'Egypte, l'armée française éprouva souvent de cruelles déceptions. Le sol de la haute Egypte forme une plaine parfaitement horizontale; les villages sont situés sur de petites éminences. Le matin et le soir ils paraissent dans leur situation et à leur distance réelle; mais, quand le sol est fortement échauffé, le pays ressemble à un lac, et les villages paraissent bâtis sur des îles et se reflètent dans l'eau; quand on approche, le lac disparaît et le voyageur dévoré par la soif est trompé dans son espoir. Ce phénomène est si commun dans ces contrées, que le koran désigne par le mot *serab*, qui veut dire mirage, tout ce qui est trompeur. Il dit, par exemple : « Les actions de l'incrédule sont semblables au *serab* de la plaine; celui qui a soif le prend pour de l'eau jusqu'à ce qu'il s'en approche, et trouve que ce n'est rien. » Quoiqu'il soit plus commun en Orient, le mirage existe cependant dans nos plaines beaucoup plus souvent qu'on ne le croit, surtout quand on approche la tête de la surface du sol.

Si le sol est plus froid que l'air qui est en contact avec lui, alors la température des couches aériennes croît rapidement avec la hauteur, et on voit non-seulement au-dessus de l'objet son image renversée, mais le cercle visuel du spectateur est singulièrement agrandi. Scoresby a fait un grand nombre d'observations de ce genre dans les parages du Groënland. Le 19 juin 1822, le soleil était très-chaud et la côte parut subitement rapprochée de 25 à 35 kilomètres; les différentes éminences étaient tellement relevées, que du pont du navire on les voyait aussi bien qu'auparavant de la hune de misaine. La glace à l'horizon prenait des formes singulières, de gros blocs semblaient des colonnes, des glaçons et des champs de glace une chaîne de rochers prismatiques, et dans beaucoup de points, la glace parut être en l'air à quelques minutes au-dessus de l'horizon. Les navires qui se trouvaient dans le voisinage avaient les formes les plus bizarres. Au-dessus des huniers, on voyait encore une voile semblable à une voile de perroquet déralinguée; dans d'autres, la voile de misaine semblait partagée en deux, en ce que la véritable voile était séparée de son image par un intervalle. Au-dessus des navires éloignés, on voyait leur propre image renversée et agrandie; dans quelques cas, elle était assez élevée au-dessus du navire, mais alors elle était toujours plus petite que l'original. On vit, pendant quelques minutes, l'image d'un navire qui lui-même était au-dessous de l'horizon; un navire était même surmonté de deux navires, l'un droit, l'autre renversé. Quelques jours plus tard, Scoresby vit les mêmes apparences : « Le phénomène le plus curieux, dit-il, c'était de voir l'image renversée et parfaitement nette d'un navire qui se trouvait au-dessous de notre horizon. Nous avions observé des apparences semblables, mais ce qu'il y avait de particulier dans celle-ci, c'était la netteté de l'image et le grand éloignement du navire qu'elle représentait. Ses contours étaient si bien marqués, qu'en regardant cette image à travers une lunette de Dollond, je distinguais les détails de la voilure et de la carcasse du navire; je reconnus le navire de mon père; et, quand nous comparâmes nos livres de looch, nous vîmes que nous étions alors à 55 kilomètres l'un de l'autre, savoir, 31 kilomètres au delà de l'horizon réel, et plusieurs myriamètres au delà des limites de la vue distincte. »

Il y a mirage, dans l'acception propre de ce mot, quand nous voyons au-dessous de l'objet son image renversée, et alors l'air est plus chaud dans le voisinage du sol qu'à une certaine hauteur. Ce phénomène témoigne d'un état anormal de l'atmosphère, et le calme, indispensable à sa production, est souvent troublé par des courants ascendants et de violents coups de vent : aussi plusieurs observateurs disent-ils que le mirage est précurseur de la tempête.

MIROIR. — Quand un rayon de lumière tombe sur une surface polie, il se réfléchit en grande partie en faisant l'angle de réflexion égal à l'angle d'incidence. Une petite partie se réfléchit irrégulièrement dans tous les sens; elle dépend à la fois et de l'état de la surface réfléchissante, et du degré d'obliquité du rayon incident. Les bons réflecteurs prennent le nom de *miroirs*. Tous ont la propriété de donner des images des objets lumineux; mais les formes et toutes les circonstances relatives à ces images varient suivant la nature géométrique de la surface réfléchissante. Occupons-nous d'abord des miroirs plans dont nous devons distinguer trois sortes :

1° Le miroir simple est une lame polie d'une matière solide, telle que les métaux, le marbre. Il n'y a qu'une seule réflexion sur cette surface.

2° Le miroir en matière transparente, telle que l'eau, le verre, est essentiellement double, et souvent il donne lieu à plusieurs images, comme on le voit dans une glace étamée, où, lorsqu'on regarde très-obliquement, on peut apercevoir jusqu'à six ou sept images d'une bougie placée assez près en avant. Les images sont plus vives que si la glace n'était pas étamée, mais elles existeraient encore dans ce dernier cas. Les substances diaphanes laissent passer seulement *une partie* de la lumière incidente; mais la surface d'incidence en réfléchit une partie qui donne une première image, laquelle peut être assez vive sous une obliquité considérable. Les images du ciel dans l'eau, celles des astres surtout, qui sont en général extrêmement vives, se font par la réflexion sur la surface du liquide. Voilà la première image. Or, il s'en fait toujours une seconde, par la réflexion, sur la seconde face, de la portion de lumière transmise. Si cette seconde face est solide et de nature à faire miroir par elle-même, comme la couche d'étain amalgamé qui fait le fond des glaces d'appartement, il y aura réflexion de la lumière qui lui parvient; et, dans les positions ordinaires du spectateur, la portion ainsi réfléchie forme la partie la plus considérable de la lumière incidente : de là vient l'image principale, qui, le plus souvent, est seule remarquée. Mais, quand bien même la seconde surface ne serait pas appuyée à une substance réfléchissante, elle n'en ferait pas moins miroir; et, quoique une partie de la lumière traversât la lame en entier, une partie se réfléchirait en dedans à la rencontre de la seconde face, bien qu'il n'y ait pas d'obstacle qui l'arrête : c'est ce qu'on appelle *la réflexion sur l'air ou sur le vide*.

Théoriquement, il y a un nombre infini de réflexions et un zigzag de rayons entre les deux glaces, d'où résultent autant d'images; mais, comme chaque nouvelle réflexion ne se fait que par une portion du rayon incident, l'intensité de la lumière et de l'image va en décroissant et ne tarde pas à devenir insensible.

3° Le miroir prismatique à réflexion totale. Lorsque la lumière traverse un prisme de cristal, il y a, aux différentes faces que les rayons rencontrent, transmission partielle et réflexion partielle, comme dans le cas précédent; mais il y a certains angles d'incidence sous lesquels il n'y a plus un seul rayon transmis; toute la lumière qui tombe sur une des faces du prisme se réfléchit sur le vide comme sur le plus parfait des miroirs solides, et même plus complétement encore. C'est ce qui a toujours lieu, par exemple, avec un prisme à coupe triangle rectangle isocèle, lorsque le rayon entrant est normal à la face d'incidence. Le phénomène de la *réflexion totale* permet d'employer le prisme comme miroir dans plusieurs instruments d'optique.

Toutes les fois que la lumière tombe sur une surface polie, il y a réflexion d'une partie très-considérable de cette lumière; mais une autre partie est éteinte ou absorbée. Il y a quelque intérêt à connaître la proportion de lumière réfléchie par diverses substances, et aussi celle que réfléchit un même miroir sous diverses obliquités; car l'angle que fait le rayon incident avec la surface du miroir a la plus grande influence sur la quantité de lumière réfléchie. Tout le monde sait, par exemple, que les images vues de face sur un marbre poli sont très-peu vives; elles le sont beaucoup, au contraire, quand on regarde le miroir très-obliquement. Sous l'incidence perpendiculaire, le mercure et les métaux blancs très-polis réfléchissent un peu plus de la moitié de la lumière incidente; pour de très-grandes obliquités, cette quantité augmente d'un huitième. Mais pour les surfaces moins réfléchissantes, telles que l'eau, le verre, le marbre, le bois, sous l'incidence normale elles ne renvoient qu'un cinquantième, tandis que, sous des obliquités très-fortes, elles réfléchissent plus de la moitié. Ces résultats ont été obtenus par l'application de la loi du carré des distances.

C'est ainsi qu'on a trouvé qu'en représentant par 1000 le rayon incident sur le verre à glace sous une direction normale, la lumière réfléchie était seulement 25. Sous un angle de 5° avec la surface, la réflexion donne 543; sous un angle d'un demi-degré, l'eau réfléchit 721.

Dans un miroir parfaitement plan, l'image d'un objet lui est parfaitement semblable; elle lui est symétrique de forme et de position, située qu'elle paraît, derrière le miroir, à une distance égale à celle de l'objet en avant. Si l'objet se déplace, l'image se déplace avec lui, pour obéir à cette loi; et, si c'est le miroir qui tourne, comme cela change la position et l'objet par rapport au miroir, il en résulte que l'image devra tourner avec lui. C'est sur ces simples principes que sont fondés un très-grand nombre d'appareils à miroir, composés ou simples, dont nous parlerons dans des articles spéciaux.

MIROIRS COMBURANTS. — Lorsque l'image du soleil est renvoyée par un miroir, elle éclaire et elle échauffe tout à la fois les surfaces sur lesquelles on la projette : d'où il suit que, si l'on dispose un certain nombre de miroirs de manière à projeter autant d'images du soleil sur un même espace, il y aura là augmentation de lumière et de chaleur à proportion du nombre des miroirs. On peut donc, par ce moyen, élever indéfiniment la température, et produire, avec de simples morceaux de glace plans, des effets très-énergiques de fusion et de combustion. C'est ainsi que Buffon, avec un appareil composé de glaces mobiles de 22 centimètres sur 16, et tournées de manière à faire coïncider les images, a pu enflammer du bois à une distance de 80 mètres. Avec 224 miroirs, il fondait à 13 mètres une assiette d'argent. Avec 21 miroirs, ce qui formait une surface totale de $\frac{1}{4}$ de mètre carré, il brûlait à 7 mètres des planches de hêtre.

L'appareil polyédrique de Buffon est donc une machine à incendie capable de produire des effets d'une grande importance, mais sous la condition d'immobilité de l'objet qui en est le but. On a conclu de cette expérience qu'Archimède avait bien pu mettre le feu à la flotte romaine avec des miroirs ardents, comme l'ont raconté quelques auteurs, et malgré la dénégation de Descartes, qui ne rejetait, il est vrai, que la possibilité de l'emploi d'un miroir courbe comburant, en quoi il avait raison. Mais il est bien clair que la flotte romaine n'aurait pas posé tranquillement devant les miroirs d'Archimède pour se laisser brûler, et que le moindre mouvement d'un vaisseau aurait détruit tout l'effet de la machine. On sait d'ailleurs que Polybe, qui a fait le journal du siége de Syracuse, est muet sur cette aventure, qu'il n'aurait certes point passée sous silence.

Voici quelques-unes des expériences de Buffon; ses miroirs avaient 6 pouces sur 8, la largeur du foyer était à peu près de 16 pouces.

Nombre des miroirs.	Distance de l'objet.	Effet produit.
21	20 pieds.	Inflammation de planches de hêtre déjà charbonnées
45	20	Fusion d'un morceau d'étain pesant 6 livres.
117	150	Fusion de l'argent en lames minces.
128	150	Planche de sapin goudronnée mise subitement en flammes.
154	250	Morceaux de sapin soufrés et mêlés de charbon mis en flammes.
224	40	Assiette d'argent mise en fusion.

MIROIRS COURBES. — On fait des miroirs courbes concaves et convexes, en travaillant le cristal ou les métaux sur des sphères dont ils prennent la courbure, et dont ils représentent une zone à calotte. On les travaille quelquefois aussi de manière à leur donner une forme paraboloïde : on a alors des résultats un peu plus précis; mais cet avantage ne compense pas, en général, les difficultés du travail. On appelle *rayon du miroir*, le rayon de la sphère sur laquelle il a été travaillé. L'axe est une ligne passant par le centre de la sphère et le milieu de la calotte. D'ailleurs les propriétés curieuses de ces miroirs n'ont lieu que si la coupe est un arc de cercle d'un très-petit nombre de degrés.

Le calcul et la géométrie démontrent d'une manière assez simple ce que l'expérience témoigne d'ailleurs d'une manière facile à constater, savoir : que, quand un miroir sphérique concave est opposé directement au soleil, tous les rayons s'y réfléchissent en se concentrant, et vont passer dans un très-petit espace situé sur le rayon de courbure de ce miroir, et juste au milieu de ce rayon. C'est là ce qu'on appelle le *foyer principal*. Il s'y fait une accumulation de lumière et de chaleur qui donne à ce petit espace la propriété de brûler à un degré souvent énergique. Si l'on projette en avant du miroir quelque poussière, elle rend visibles les rayons réfléchis, et l'on distingue un cône qui a pour base le miroir, et dont le sommet est le foyer, au delà duquel ils continuent leur course, en formant un autre cône opposé par le sommet. Le foyer n'est pas un simple point, mais un petit espace dont la section est un cercle de quelques millimètres de diamètre, et c'est par le rapport de ce cercle avec la surface du miroir qu'on peut juger de la température produite. On cite un miroir de $1^{m},14$ de largeur, dont le foyer avait 13 à 14 millimètres de diamètre; ce petit cercle était contenu 7000 fois environ dans la surface du miroir. En considérant l'absorption comme enlevant environ la moitié des rayons réfléchis, on voit que le foyer était soumis à une température 3500 fois plus considérable que celle produite sur une portion égale de la surface du miroir par son opposition au soleil. Aussi, ce miroir fondait-il du fer en quelques secondes. Un miroir à barbe, une boîte de montre, suffisent pour enflammer l'amadou et charbonner le bois.

C'est en supposant qu'Archimède se serait servi d'un miroir concave pour brûler la flotte romaine, que Descartes niait la possibilité du fait; et, à ce point de vue, il avait raison, car le foyer étant situé sur le milieu du rayon de courbure, et en admettant que les vaisseaux romains n'eussent été placés qu'à 50 mètres des remparts, le miroir qui aurait eu son foyer à 50 mètres aurait été travaillé sur une sphère de 100 mètres de rayon; or, un pareil moule est impossible. Toutefois un système de miroirs plans pouvait matériellement remplir le même office.

Pour trouver le foyer principal d'un miroir, il suffit de l'exposer au soleil et d'approcher ou d'éloigner un écran, tel qu'une feuille de papier, jusqu'à ce que le cerle lumineux de section soit le plus petit possible. En doublant la distance mesurée de l'écran au miroir, on a le rayon de la sphère.

Le petit cercle qui se forme au foyer est l'image du soleil; et si cet astre avait une toute autre forme, cette forme serait reproduite par l'image du foyer. Ce que fait le soleil est également produit par la lune, qui ne brille que par la réflexion des rayons solaires; d'où l'on doit conclure qu'un objet quelconque, suffisamment éclairé, produirait le même effet, s'il était à la distance du soleil. Le calcul et l'expérience s'accordent à prouver que la chose a lieu de la part de tous les objets éclairés et placés à une distance plus grande que le rayon de la sphère. Un petit boulet rouge de feu donnerait une image ronde et chaude, capable de fondre le soufre; si le morceau de fer avait une autre forme, on aurait une image semblable et de haute température. Seulement, le lieu où se forme l'image n'aurait pas exactement la même position qu'occupe celle du soleil; elle serait un peu plus loin du miroir, et sa position varie un peu quand la distance de l'objet lui-même varie beaucoup.

Si l'objet est placé au delà du centre, on a une image renversée comprise entre le centre et le foyer principal; elle est d'ailleurs plus petite que l'objet, tant que celui-ci n'est pas très-près du centre. Quand l'objet est placé entre le centre et le foyer principal, l'image est de l'autre côté du centre, encore renversée, et généralement plus grande, ce qui la rend moins intense et généralement invisible. Mais si l'objet est placé entre le foyer principal et le miroir lui-même, les phénomènes changent d'aspect : l'image se forme *derrière* le miroir courbe, comme dans les miroirs-plans ordinaires; de plus, elle est droite et plus grande que l'objet; elle diminue à mesure que celui-ci se rapproche du miroir.

Si nous considérons un miroir convexe, nous trouvons que les images, bien loin d'offrir la variété des circonstances qu'on rencontre avec un miroir concave, n'ont qu'un type unique. Elles sont vues *derrière* le miroir, droites et plus petites que l'objet. Elles grandissent quand l'objet s'approche, et lui deviennent égales au contact même du miroir.

Les miroirs *sphériques concaves*, ou les paraboliques, ont été appliqués aux phares. La lumière d'un bec de lampe va en divergeant de tous côtés, et cette divergence l'affaiblit. Or, si l'on place la flamme au foyer d'un miroir concave, puisque ce point est la réunion de tous les rayons incidents parallèles à l'axe du miroir, réciproquement les rayons émanés du foyer se réfléchiront *parallèlement à l'axe*. Donc, au lieu de diverger et de s'affaiblir, ils garderont une même direction, et se conserveront avec la même puissance dans toute l'étendue du cylindre lumineux répercuté; et cet effet s'étendrait à l'infini si cette lumière marchait dans le vide. Mais l'air exerce ici sa propriété absorbante, et la lumière réfléchie s'affaiblit à mesure qu'elle parcourt plus de chemin, ce qui limite ses effets. Or, cette absorption ayant également lieu dans le cas de divergence, la réflexion cylindrique offre toujours l'avantage considérable dû à ce que les rayons ne s'affaiblissent pas en s'écartant les uns des autres. Or la perte due à cet écartement augmente, comme on sait, dans le rapport du carré des distances. Donc, enfin, les phares munis de miroirs seront visibles à une distance beaucoup plus considérable que s'ils en étaient dépourvus.

MIROIRS concaves, convexes, sphériques. *Voy.* MIROIRS COURBES.

MISTRAL. *Voy.* VENTS.

MOBILITÉ. — C'est la propriété qu'ont les corps de pouvoir être transportés d'un lieu dans un autre, et ce passage se nomme *mouvement;* c'est l'opposé du *repos*. Cette propriété est évidente d'elle-même. Tous les phénomènes se réduisent à des mouvements, en sorte que les lois de la nature ne sont guère autre chose que celles du mouvement.

La science qui traite des lois du mouvement et du repos est appelée *Mécanique*. Il y a deux sortes de mouvements, l'un *absolu* et l'autre *relatif*. Le mouvement absolu est celui d'un corps qui passe réellement d'une partie de l'espace dans une autre. Le mouvement relatif est l'état d'un corps qui change de position par rapport aux corps environnants.

Il y a aussi deux sortes de repos. Le repos *absolu* est la permanence d'un corps dans la même partie de l'espace; le repos *relatif* est l'état d'un corps qui conserve la même position par rapport aux corps environnants. *Voy.* MOUVEMENT, FORCES, etc.

La partie de la mécanique dont le but est de découvrir les conditions d'équilibre, se nomme *statique*. On appelle *dynamique* l'autre partie qui a pour objet de déterminer le mouvement que prend un mobile, quand les forces qui lui sont appliquées ne se font pas équilibre.

MODÉRATEUR à force centrifuge. *Voy.* TECHNOLOGIE.

MOMENT, force mesurée par le poids d'un corps et par sa vitesse. Le moment primitif des planètes est donc la quantité de mouvement qui leur a été imprimée au moment où elles ont été lancées dans l'espace.

MOMENT PRIMITIF des corps célestes. *Voy.* ATTRACTION UNIVERSELLE.

MONADES. *Voy.* MATIÈRE.

MONOCORDE. *Voy.* SONOMÈTRE.

MONTAGNES; elles attirent et dévient le fil à plomb. *Voy.* PENDULE.

MONTAGNES de la lune. *Voy.* LUNE.

MONTGOLFIÈRE. *Voy.* AÉROSTAT.

MOUSSONS. *Voy.* VENTS.

MOUVEMENT (*physique*). — C'est l'effet d'une force sur un corps matériel. Il y a deux choses à considérer dans le mouvement : sa direction et sa lenteur ou sa rapidité, qu'il ne faut pas confondre avec sa vitesse. Si le *mobile*, ou le corps qui se meut, parcourt une ligne droite, le mouvement est dit *rectiligne*, et la droite parcourue par le mobile est la direction du mouvement : au contraire, si le mobile parcourt une courbe quelconque, le mouvement est dit *curviligne*, et l'on dit encore que la courbe qu'il parcourt est en général la direction du mouvement. Mais, dans ce dernier cas, pour exprimer sa direction dans un instant quelconque, il faut remarquer qu'entre deux points d'une courbe on peut mener une infinité de tangentes ou de lignes droites, qui ne font que toucher la courbe; alors le mobile étant en même temps sur la courbe et sur une tangente, on dit que la direction de son mouvement est celle de la tangente sur laquelle il se trouve. Ainsi, dans le mouvement curviligne, le mobile change à chaque instant de direction, et s'il parcourt un cercle entier, il a véritablement passé par toutes les directions possibles, du moins dans un même plan. Pour la lenteur et la rapidité du mouvement, on dit en mécanique, comme dans le langage ordinaire, qu'un mouvement est plus lent quand le mobile parcourt moins d'espace dans le même temps, et qu'il est plus rapide quand il parcourt un espace plus grand. Seulement il faut prendre garde que, de deux mouvements donnés, celui qui serait le plus lent, en ne considérant que les espaces parcourus pendant une seconde, par exemple, pourrait être le plus rapide, si l'on considérait les espaces parcourus pendant une heure ou pendant un jour; car on conçoit qu'un même mouvement peut se ralentir avec le temps ou devenir plus rapide.

Le repos absolu et le mouvement absolu ne sont que des conceptions de notre esprit: dans l'arrangement du monde, il n'y a rien d'absolu pour nous; tout est relatif et conditionnel. Ainsi, toutes les choses qui nous paraissent les plus immobiles à la surface de la terre ne sont que dans un repos relatif. Les arbres sont en repos par rapport aux montagnes, et les montagnes sont en repos par rapport au sol et à la masse du globe; mais les arbres et les montagnes sont emportés avec nous dans le vaste orbite de notre planète, et tous ensemble nous parcourons en une seconde dix fois plus d'espace que n'en parcourt dans le même temps un boulet qui sort du canon. Cependant, en parcourant aussi vite les espaces du ciel, nous ne pouvons pas juger de notre mouvement absolu, car il faudrait savoir si le soleil est immobile au centre du monde. Or, tout semble annoncer que le soleil emporte avec lui toutes ses planètes, comme la terre emporte avec elle son atmosphère et ses nuages, ses arbres et ses montagnes. Le soleil lui-même n'est qu'une planète imperceptible, par rapport à un autre soleil autour duquel il tourne, et cet autre soleil est sans doute emporté lui-même dans l'espace, sans qu'on puisse assigner, ni même imaginer un centre fixe autour duquel toutes ces révolutions s'accomplissent.

Mouvement uniforme. — Le mouvement uniforme est celui dans lequel le mobile parcourt des espaces égaux en temps égaux. Ainsi, concevons un mobile qui parcourt une ligne droite et une horloge qui mesure le temps : si, dans chaque minute, le mobile avance de la même longueur, de soixante mètres, par exemple, et dans chaque demi-minute de trente mètres, de vingt dans chaque tiers de minute, il se mouvra d'un mouvement uniforme. Puisque les espaces sont égaux pour des temps égaux, il en résulte que le rapport de l'espace au temps est une quantité constante : c'est ce rapport qui s'appelle *la vitesse* du mouvement uniforme. Quand on prend un temps double ou triple, l'espace est double ou triple, et le rapport ne change pas. Le nombre qui représente la vitesse dépend des unités qu'on a choisies pour l'espace et pour le temps, et ce serait mal exprimer la vitesse que de l'exprimer par un nombre, sans désigner les unités qui ont servi à trouver ce nombre. Les mouvements uniformes sont plus lents ou plus rapides, suivant que leur vitesse est plus petite ou plus grande; le vent ordinaire ne parcourt que 60 mètres en une minute, le vent des orages parcourt jusqu'à 2700 mètres; ce dernier mouvement est donc 45 fois plus rapide que le premier.

Puisque la matière est inerte, un corps qui est animé d'un mouvement uniforme doit se mouvoir perpétuellement dans la même direction et avec la même vitesse, à moins qu'une autre force ne vienne agir sur lui, soit pour changer sa direction seulement, soit pour changer à la fois sa direction et sa vitesse; car, de lui-même, un corps ne peut rien changer ni à son état de repos ni à son état de mouvement. C'est ainsi qu'il faut entendre l'inertie, et non pas comme l'entendaient d'anciens philosophes, qui voulaient que la matière eût un penchant pour le repos.

Lorsque nous voyons un mouvement qui diminue, qui cesse ou qui change d'une manière quelconque, nous pouvons être assurés qu'il y a quelques causes à ces changements : une pierre que nous lançons contre le soleil devrait aller jusqu'au soleil, si elle n'était arrêtée par la résistance de l'air et par la pesanteur qui la rappelle vers la terre; une bille de billard, une fois mise en mouvement, roulerait d'une bande à l'autre sans jamais s'arrêter, si elle n'éprouvait aussi la résistance de l'air et un frottement plus ou moins considérable sur les filaments du tapis.

La plupart des forces qui mettent les corps en mouvement n'agissent d'une manière directe que sur un petit nombre des molécules qui composent les corps. Ainsi, quand on choque une bille de billard, on ne touche que quelques points de sa surface; quand le vent pousse un vaisseau, il ne presse que les voiles, et quand la poudre lance un boulet, les gaz qui se développent et qui donnent l'impulsion ne touchent et ne pressent que son hémisphère intérieur. Cependant toutes les parties de ces corps se meuvent, aussi bien les parties sur lesquelles la force n'agit pas, que les parties qu'elle pousse directement. Il faut donc qu'il se fasse un partage du mouvement entre toutes les molécules, et un partage égal, afin qu'aucune ne prenne l'avance et qu'aucune ne reste en retard : celles qui sont directement choquées poussent les voisines, celles-ci les suivantes, et ainsi de proche en proche, jusqu'à ce qu'enfin toute la masse soit ébranlée et que toutes les parties se meuvent d'un commun mouvement. Pour passer d'une molécule à l'autre, et pour se répandre dans toute la masse, le mouvement exige un certain temps qui n'est pas très-grand, mais qui n'est pas non plus infiniment court; la durée de cette diffusion du mouvement est analogue à la durée qui est nécessaire pour qu'un fluide se répande dans un vase et s'y mette de niveau; elle dépend de la masse et de la nature du corps : c'est pourquoi il n'y a jamais de mouvement qui soit absolument instantané. Ce principe s'étend à toute matière, même à celle qui entre dans la composition des corps organiques : dans l'animal le plus vif, le mouvement n'est pas aussi rapide que la pensée, il faut un certain temps très-court pour qu'il prenne son essor et sa vitesse. Un oiseau peut voir la flèche qui vient le frapper, mais la flèche est plus rapide que les contractions musculaires, et n'eût-il qu'à tourner la tête pour éviter le coup, la tête est percée avant que le jeu des muscles ait produit son effet. Il y aurait de curieuses recherches à faire sur la rapidité de la contraction des divers organes dans les divers animaux.

De la quantité de mouvement. — Quand une force agit sur un corps, quand le mouvement s'est répandu dans toutes les parties de la masse, et que toutes se meuvent d'une vitesse commune, tout est fini pour la force; elle a produit tout son effet, et l'on peut dire qu'elle est passée dans le mobile, qu'elle s'y est répandue, et qu'elle y reste comme si elle y était enfermée.

Ainsi, le projectile lancé par la main, par un ressort qui se débande, par un choc rapide ou par une explosion soudaine, s'en va, parcourant l'espace, pour obéir à la force qui a produit son effet, et qui, présentement, n'agit plus sur lui. *Si ce projectile ne rencontrait rien,* ni l'air, ni l'eau, ni aucun fluide, *ni aucun* corps en repos, ni aucun corps en mouvement; si, en outre, aucune autre puissance n'agissait sur lui, il s'en irait suivant la ligne de l'impulsion qu'il a premièrement reçue, et il la parcourrait d'un mouvement uniforme sans se dévier et sans s'arrêter; après un siècle, comme après une seconde, il aurait encore la même direction et la même vitesse. Cette permanence du mouvement est l'un des attributs de l'inertie : on peut l'exprimer en disant que l'action d'une force ne dure qu'un instant, et que l'effet qu'elle produit *se continue* éternellement.

Quand une même force agit sur des mobiles différents, elle leur imprime des vitesses qui sont en raison inverse de leurs masses et de la quantité de matière qui les compose. — Ainsi la même force d'explosion qui lancerait successivement des balles de plomb dont les volumes, et par conséquent les qualités de matière, seraient 1, 2, 3, 4, etc., ne leur imprimerait que des vitesses 1, $\frac{1}{2}$, $\frac{1}{3}$, $\frac{1}{4}$, etc., tellement que la balle dont la masse serait 10, ne recevrait qu'une vitesse cent fois plus petite, et ainsi de suite; d'où l'on voit que, pour chacune, la masse multipliée par la vitesse donne le même nombre; car, pour la première, ce produit est de $1 \times 1 = 1$, pour la seconde $2 \times \frac{1}{2} = 1$, etc.; c'est ce produit de la masse d'un mobile par sa vitesse que l'on appelle *quantité de mouvement*. Il suit de là qu'une même force d'impulsion donne toujours une même quantité de mouvement, quel que soit le projectile qu'elle pousse, et qu'ainsi la quantité de mouvement caractérise une force et devient sa véritable mesure.

De la communication du mouvement. — Quand un corps en mouvement rencontre un corps en repos ou un autre corps en mouvement, il se produit des effets très-curieux, qui dépendent de l'élasticité, de la dureté et de la masse relative des corps. Jusqu'à présent la science n'est parvenue à faire l'analyse de ces phénomènes qu'en supposant les corps parfaitement élastiques, ou en les supposant complétement dénués d'élasticité; hypothèses qui ne sont vraies ni l'une ni l'autre, mais d'où l'on déduit cependant quelques règles simples, qui sont très-utiles dans la pratique. Nous ne pouvons considérer ici que les corps sans élasticité; les singuliers phénomènes des corps élastiques appartiennent à la mécanique.

1° Quand deux masses égales non élastiques, et animées de la même vitesse, viennent à se choquer *directement*, elles se pressent l'une l'autre, s'arrêtent tout à coup, et restent en repos dans le lieu même où le choc a eu lieu. C'est un principe évident de lui-même, car ces masses ne peuvent rejaillir, puisqu'elles manquent d'élasticité, et l'une ne peut entraîner l'autre et la pousser devant elle, puisque tout est égal dans les deux sens opposés. Ainsi, deux balles de plomb parfaitement égales, qui seraient lancées en même temps avec la même force, arrivant l'une contre l'autre avec la même vitesse, s'aplatiraient, parce qu'elles ne sont ni assez dures ni assez élastiques, et resteraient sans mouvement. Si elles tombent après le choc, ce n'est point par un reste de vitesse qui n'aurait pas été détruit, mais bien par l'effet de la pesanteur qui agit sans cesse sur elles.

2° Ce principe s'applique aux masses inégales, sous la seule condition que leurs quantités de mouvement soient égales entre elles, c'est-à-dire que si l'une des masses est double de l'autre, il suffit que celle-ci ait une vitesse double pour être capable d'arrêter la première; une masse qui serait cent fois plus petite devrait avoir une vitesse centuple pour produire le même effet, et ainsi de suite; une balle de plomb de 25 grammes arrêterait exactement un biscaïen de 500 grammes si elle avait une vitesse vingt fois plus grande que celle du biscaïen. Deux quantités de mouvement, égales et contraires, se détruisent exactement quand l'élasticité n'est pas en jeu, parce qu'en effet deux quantités de mouvement égales et contraires n'étant en réalité, comme nous l'avons vu, que deux forces égales et contraires, il faut bien qu'elles se détruisent, quand elles ne se transforment pas.

3° Quand les quantités de mouvement sont inégales, c'est la plus grande qui l'emporte; le mobile qui en est animé repousse devant lui l'autre mobile, il le force de rebrousser chemin, et, à partir de cet instant, ils se meuvent ensemble avec une vitesse qui leur est commune.

Alors la quantité de mouvement qui reste n'est que la différence des deux quantités de mouvement primitives, et, comme elle est appliquée à la somme des deux masses, on voit que la vitesse restante n'est autre chose que cette différence des quantités de mouvement divisée par la somme de ces masses

Si les mobiles allaient dans le même sens, les quantités de mouvement s'ajouteraient, et la vitesse commune qui succéderait au choc serait alors la somme des quantités de mouvement divisée par la somme des masses.

Ces conséquences s'appliquent au cas où un mobile rencontre un corps en repos ; car pour avancer il est forcé de pousser devant lui ce corps en repos, et par conséquent de lui communiquer une telle quantité de mouvement qu'après le choc ils se meuvent ensemble d'une vitesse commune. Si la masse du corps en repos est égale à celle du mobile, il est clair qu'après le choc le mouvement sera également partagé entre les deux masses, et la vitesse ne devra être que moitié, puisque la masse est devenue double ; elle ne serait que le tiers de la vitesse primitive si la masse en repos était double de la masse du mobile ; et l'on voit qu'en général, pour avoir le rapport de la vitesse qui a lieu après le choc à celle qui avait lieu avant le choc, il faut diviser la masse du mobile par la somme des masses du mobile et du corps en repos.

Ainsi, le mouvement se communique et ne se perd jamais : quand il semble s'éteindre, c'est qu'en réalité il sort du mobile, pour passer dans les corps qui se trouvent sur son chemin ; il se répand de proche en proche dans tous les corps qui sont contigus à ceux-ci, et il y devient insensible par la grande diffusion qu'il y éprouve. Il faut du mouvement pour détruire le mouvement ; les résistances et les frottements le dispersent et ne le détruisent jamais.

Il se présente, dans la communication du mouvement, des phénomènes singuliers qui dépendent de l'état d'agrégation des corps et de la rapidité avec laquelle le mouvement peut se transmettre de molécule en molécule dans l'intérieur d'une même masse. On sait, par exemple, qu'une balle traverse un carreau de vitre sans le rompre, et qu'elle y fait seulement un trou, comme ferait un emporte-pièce dans une feuille de métal. Cet effet ne dépend que de la vitesse de la balle, et non pas de sa forme ; car, si on la jette avec la main, elle casse le carreau tout aussi bien que le casserait une pierre. Mais, dès qu'elle s'avance avec la rapidité que lui donne la poudre, les molécules qu'elle touche sont enlevées si vivement qu'elles n'ont pas le temps de transmettre sur les côtés le mouvement qu'elles reçoivent : tout se passe alors dans le cercle que frappe la balle, et le carreau tout entier, ne fût-il soutenu que par un fil de soie, n'éprouverait pas le moindre ébranlement.

C'est par la même raison que l'on a vu souvent un boulet de canon couper en deux le fusil d'un fantassin sans que celui-ci ressentît la moindre pression, à peu près comme avec une baguette on coupe une tête de pavot sans faire fléchir la tige. Pareillement, on croyait que la bombe pourrait emporter avec elle une corde très-souple, qui n'aurait qu'à se dérouler pour suivre le mouvement, et que de cette manière on pourrait sans danger porter un prompt secours à une grande distance, soit dans les naufrages ou les incendies, soit dans d'autres pressantes détresses ; mais à l'expérience on n'a pu réaliser cet ingénieux projet : la corde casse, et ne suit point la bombe, à moins qu'elle n'ait une tenacité particulière. Il faudrait un projectile dont la vitesse s'accrût assez lentement pour que l'adhésion des molécules pût résister aux secousses ; car nous devons considérer la force d'adhésion qui unit les molécules des corps comme une sorte de lien immatériel qui ne peut supporter qu'un certain effort sans se rompre. Une molécule étant tirée, et l'autre étant en repos, le lien se brise si elle est tirée trop vivement, et, dans un temps donné, il ne peut passer ainsi d'une molécule à l'autre qu'une quantité de mouvement donnée.

La résistance des milieux n'est qu'un effet de la communication du mouvement. Quand un corps se meut dans l'eau, il est forcé d'écarter la couche qu'il rencontre, et tout le mouvement qu'il lui donne est autant de mouvement qu'il perd ; puis, à mesure qu'il avance, il rencontre d'autres couches en repos, les écarte pareillement, et perd ainsi de nouvelles quantités de mouvement. Il en est de même pour tout autre milieu, tel que celui de l'air, d'un gaz ou d'un fluide quelconque. On admet dans tous ces phénomènes un principe général, savoir : que la *résistance d'un milieu* est proportionnelle au *carré de la vitesse* du corps qui le traverse, et voici la raison que l'on en donne : Quand la vitesse devient double, le corps parcourt une fois autant d'espace dans le même temps, et de là résulte : 1° qu'il rencontre une fois autant de molécules auxquelles il donne du mouvement, ce qui lui fait déjà une perte double ; 2° que comme il va une fois plus vite, il donne à ces molécules une fois autant de vitesse, ce qui double encore sa perte, et la rend ainsi quatre fois plus grande. Donc, quand la vitesse devient 2, la perte devient 4, qui est le carré de deux. On voit de même qu'avec une vitesse triple il rencontre trois fois autant de molécules auxquelles il donne trois fois plus de vitesse, ce qui fait une perte neuf fois plus grande ; et ainsi de suite. Pour des vitesses égales dans des milieux différents, les pertes dépendent de la quantité de matière que contiennent ces milieux sous un volume donné, et de l'adhérence ou de la viscosité plus ou moins grande qui existe entre les molécules.

MOUVEMENT ANGULAIRE D'UN CORPS. — C'est la vitesse dont un corps, tel qu'une fronde, par exemple, est animé en tournant. Le mouvement angulaire d'un point quelconque de la surface de la terre est la vitesse avec laquelle il accomplit sa rotation journalière autour de son axe.

MOUVEMENT PERPETUEL. — Le mouvement perpétuel se compose de deux piles sèches disposées en colonnes verticales, l'une auprès de l'autre, et présentant à leur sommet leurs pôles de noms contraires. Entre ces deux pôles est suspendue, par un fil de soie, une très-légère aiguille, qui oscille entre les deux pôles contraires ; car si elle est d'abord poussée vers le pôle positif, elle s'y chargera positivement, sera repoussée, et se portera, tant par l'effet de cette répulsion que par celui du mouvement acquis, vers le pôle négatif, où elle se déchargera pour se charger de fluide contraire. Repoussée vers le pôle positif, elle repassera par les mêmes phases, et il semble que ces oscillations ne doivent pas s'arrêter. En fait, elles durent fort longtemps; mais elles ont un terme dû à la décharge de la pile. En passant de l'un à l'autre pôle, l'aiguille mobile neutralise, en les combinant, de petites parties des fluides contraires : la tension va donc en diminuant continuellement; mais il est vrai que l'aiguille peut être établie de telle sorte que ce qu'elle enlève ainsi par contact soit rétabli tout juste par la force électromotrice de la pile. Il paraît que cela est difficile à réaliser, de sorte que, même en abstrayant de ce que l'air enlève, la pile perdra peu à peu, et que l'aiguille ne pourra plus être attirée jusqu'aux contacts. Avec le temps la pile se rechargera, et le mouvement pourra recommencer, mais à la condition d'une impulsion extérieure donnée à l'aiguille. On n'a donc pas précisément le mouvement perpétuel, mais on a un mouvement d'une durée remarquable. On l'arrête à volonté en soufflant sur les pôles ou en les touchant; car alors on enlève la plus grande partie des électricités motrices.

MOUVEMENT ANNUEL de rotation et de translation de la terre et des planètes. *Voy.* TRANSLATION (note) et ROTATION.

MOUVEMENT de la lune. *Voy.* LUNE.

MOUVEMENT de la terre, n'influe pas sur la réfraction de la lumière. *Voy.* THÉORIE DE LA LUMIÈRE.

MOUVEMENT de rotation obtenu à l'aide de l'électricité. *Voy.* ELECTRO-MAGNÉTISME.

MULTIPLICATEUR. *Voy.* GALVANOMÈTRE.

MUSCHEMBROEK (PIERRE), né à Leyde en 1692, mort en 1761.

La philosophie newtonienne ne trouva en Hollande aucun obstacle à sa propagation. S'Gravesande, dans l'académie de Leyde, et Muschembroek, dans l'université d'Utrecht, lui firent en même temps un grand nombre de prosélytes.

Tous deux servirent la physique par des leçons, par des écrits et par des découvertes. Tous deux, fidèles à suivre la méthode de Newton, bannirent les hypothèses, et ne reconnurent d'autres principes que ceux qui sont démontrés par l'expérience, confirmés par la géométrie. Tous deux jouirent sans rivalité, ou du moins sans jalousie, d'une grande réputation; et la postérité, qui pèse dans une balance plus exacte le mérite et les talents, leur accordera sans doute une portion de gloire proportionnée au nombre et à l'importance des services.

Amontons avait ébauché la théorie des frottements. Désaguilliers obtint des résultats plus précis, et Muschembroek parvint à un plus haut degré d'exactitude avec le secours d'un instrument auquel il donna le nom de *tribomètre* (de τριβη, frottement), et qui servait à apprécier le frottement le plus petit possible, c'est-à-dire celui des machines dont les surfaces sont polies avec le plus grand soin. Il faut lire dans l'Essai de physique de Muschembroek l'intéressante description d'un grand nombre d'expériences qui l'ont conduit à prouver, 1° que le rapport du frottement à la pression varie du sixième au tiers, suivant les différentes espèces de matières qui frottent les unes contre les autres; 2° que, donnée même pression, le frottement augmente lorsqu'on augmente les surfaces, mais beaucoup moins que dans le rapport de ces surfaces; 3° que dans les mouvements lents le frottement n'est point exactement en raison de la vitesse, tandis qu'il augmente considérablement lorsque le mouvement est très-rapide. Au reste, Muschembroek ne se dissimule pas qu'on ne peut établir aucune loi générale pour le frottement, qu'il faudrait autant de lois particulières qu'il y a de corps différents employés dans la construction des machines; ce qui fait craindre qu'une des branches les plus utiles et les plus intéressantes de la physique n'atteigne jamais sa limite de perfection.

Les principales propriétés magnétiques étaient connues des philosophes de l'antiquité. La découverte de l'armure est une découverte moderne qui doit à Muschembroek un haut degré de perfection. Après de longues et laborieuses recherches, tantôt sur la manière de tailler un aimant naturel, tantôt sur le choix de la matière dont on doit faire son armure, cet habile physicien parvint aux résultats suivants : 1° La forme la plus convenable à un aimant est celle d'un parallélipipède dont aucun des côtés n'est arrondi. 2° Il importe de régler sur la force d'un aimant l'épaisseur de son armure. 3° Le fer flexible est le plus propre à la construire.

Hauksbée avait essayé de mesurer, par un procédé ingénieux, l'affaiblissement qu'éprouve la force magnétique sous le rapport de la distance, et Muschembroek s'occupa ensuite du même objet par une méthode différente. Il suspendit à l'un des bras d'une bonne balance un aimant sphérique, et donna à son axe une direction verticale. Un autre aimant de même forme et de même grandeur était posé sur une table, de manière que son axe et celui du premier aimant étaient dans la même ligne droite. En mesurant par des poids qu'il mettait dans l'autre bassin de la balance, à mesure qu'il faisait descendre l'appareil pour rapprocher les deux aimants; en mesurant, dis-je, les forces répulsives et les forces attractives suivant que les aimants se regardaient par les pôles semblables ou par les pôles contraires, Muschembroek ne trouva aucun rapport constant entre les distances et les forces répulsives, tandis que les forces attractives lui parurent constamment réciproques à la quatrième puissance des distances qui séparaient les deux aimants. Ce résultat est sans doute bien éloigné du véritable, et l'erreur a pour cause l'imperfection de la méthode. Muschembroek déclare qu'il n'avait jamais pu s'assurer quel était le plus grand poids qu'un aimant pouvait soutenir, et à cette difficulté se joint visiblement celle de fixer avec précision les distances des corps qui s'attirent, ainsi que la juste quantité des poids qu'il faut placer dans un des bassins de la balance.

Les académiciens de Florence avaient prouvé que *les métaux se dilatent par le chaud*, qu'ils se condensent par le froid. Mais ils n'avaient fait aucune expérience pour savoir si les métaux soumis au même degré de chaleur éprouvent une dilatation différente. Muschembroek s'est livré le premier à cette importante recherche, et pour en assurer le succès il imagina un instrument ingénieux auquel il donna le nom de *pyromètre*. Des cylindres de fer, d'acier, de cuivre, d'argent, etc., furent soumis à l'épreuve de l'expérience; et il parvint à dresser un tableau de résultats, auquel il est aisé de reconnaître les rapports de dilatation qu'une égale action de chaleur fait éprouver à diverses substances métalliques.

La météorologie, cette branche de physique qui a été si longtemps et qui est peut-être encore dans son enfance, fixa l'attention de Muschembroek, qui lui prodigua tous ses soins. Il sentit que le meilleur moyen de la fortifier consistait à faire des observations et surtout à les bien faire. Personne n'a fait autant d'expériences que cet habile physicien, pour connaître les propriétés de la rosée, de la grêle, de la pluie, et pour découvrir le mécanisme de leur formation; personne n'a recueilli autant de faits nouveaux sur les parhélies, les couronnes, les parasélènes. Personne enfin n'a observé avec autant de constance les aurores boréales, et n'a contribué, comme lui, à prouver que ce brillant météore a son siége dans l'atmosphère.

L'année 1746 est mémorable dans les annales de la physique par une découverte importante. Cuneus, originaire de Leyde, suivant quelques physiciens, et suivant Muschembroek, alors professeur dans l'université de cette ville, tenant par hasard d'une main un vase de verre à demi plein d'eau, qui communiquait par un fil de fer avec un conducteur électrisé, et voulant avec l'autre main détacher du conducteur le fil de fer, éprouva une commotion subite qui le frappa de terreur et de surprise. Telle est la véritable origine de cette fameuse bouteille qui a tiré son nom du lieu où elle a pris naissance, et dont ceux qui ont fait les premières expériences ont sans doute exagéré les effets.

Muschembroek écrivit à Réaumur que la couronne de France serait un bien faible dédommagement du sacrifice qu'il ferait en s'exposant à recevoir une nouvelle commotion. Allaman, ancien élève de S'Gravesande, assure qu'il perdit pour quelques instants l'usage de la respiration, et Winkler, professeur à Leipsick, éprouva, s'il faut l'en croire, les plus violentes convulsions. (Voy. *Histoire philosophique des progrès de la physique*, t. IV.)

MYOPES. *Voy.* Bésicles.

N

NATATION. *Voy.* Hydrodynamique.

NÉBULEUSES. — Le ciel, lorsqu'il est serein, offre à la vue des multitudes de taches nébuleuses qui, selon toute apparence, sont des amas semblables à ceux que nous avons décrits dans un autre article (*Voy.* Etoiles); mais leur distance à la terre est si considérable, que même avec le secours des télescopes les plus parfaits, on ne peut les décomposer en étoiles. Cette matière nébuleuse est répandue en abondance dans l'espace. Sir William Herschell a observé au moins 2000 nébuleuses et amas d'étoiles, dont les places ont été calculées d'après ses observations, ramenées à une époque commune, et catalogués dans l'ordre de leur ascension droite, par sa sœur miss Caroline Herschell, si justement célèbre par ses connaissances et ses découvertes astronomiques. Six ou sept cents nébuleuses, parmi lesquelles on remarque surtout les nuées de Magellan, ont déjà été déterminées dans l'hémisphère austral. La nature et la destination de cette matière, disséminée dans l'immensité des cieux sous tant de formes différentes, restent encore ensevelies dans l'obscurité la plus grande. L'hypothèse la plus généralement admise est qu'elle consiste en une substance matérielle, lumineuse par elle-même, phosphorescente, gazéiforme ou excessivement dilatée, mais se condensant graduellement par suite de l'attraction mutuelle de ses particules, et finissant ainsi par former des étoiles et des systèmes d'étoiles (1). Le seul moyen d'arriver à quelques connaissances réelles sur ce sujet mystérieux est de déterminer la forme, la place et l'état actuel de chaque nébuleuse en particulier; la comparaison de ces observations aux observations futures montrera aux générations à venir les changements qui se seront opérés de nos jours dans cette matière, que nous considérons comme les rudiments de systèmes futurs. C'est dans cette vue que sir John Herschell entreprit, en 1825, la tâche pieuse et difficile de réviser les observations de son illustre père, tâche qu'il termina peu de temps avant son départ pour le cap de Bonne-Espérance, où il s'est rendu dans l'espoir de découvrir les mystères de l'hémisphère austral. Le firmament de notre hémisphère paraît être entièrement exploré, et il n'y a par conséquent guère lieu d'espérer qu'on y fasse de nouvelles découvertes, jusqu'à ce que de nouveaux perfectionnements apportés au télescope permettent aux astronomes de pénétrer plus avant dans l'immensité de l'es-

(1) Voir note II, à la fin du volume.

pace. Dans un mémoire du plus haut intérêt, lu à la Société royale de Londres, le 21 novembre 1833, sir John Herschell a donné les places de 2500 nébuleuses et groupes d'étoiles; sur ce nombre, 500 sont nouvelles. Il fait mention des autres avec une satisfaction toute particulière, comme ayant été déterminées de la manière la plus exacte par son père. Cet ouvrage est d'autant plus extraordinaire que, par suite du mauvais temps, des brouillards, du crépuscule et du clair de lune, les nébuleuses ne sont guère visibles, l'un dans l'autre, plus de trente nuits dans le cours d'une année.

Les nébuleuses ont une grande variété de formes ; il en est une infinité qui sont tellement faibles que, pour qu'on puisse les discerner, il faut qu'elles aient été pendant quelque temps dans le champ du télescope, ou qu'elles soient sur le point d'en sortir. Un grand nombre d'entre elles présentent une vaste surface mal terminée, dans laquelle il est difficile d'assigner le centre de *maximum* de clarté. Quelques-unes, semblables à des masses floconneuses, adhèrent à des étoiles ; d'autres, enfin, présentent l'apparence merveilleuse d'un énorme anneau plat, vu très-obliquement, dont l'espace vide qui forme le centre est de forme lenticulaire. Un exemple très-remarquable de nébuleuse annulaire nous est offert par celle située exactement au milieu de l'intervalle qui sépare β et γ de la lyre. Elle a la forme d'une ellipse dont les axes sont dans le rapport de 4 à 5 ; elle est terminée d'une manière très-prononcée, et l'ouverture intérieure occupe environ la moitié du diamètre. Cette ouverture n'est pas entièrement obscure : on y remarque une lumière terne et languissante, qui produit l'effet d'une gaze légère tendue sur l'anneau. Deux de ces nébuleuses offrent un spectacle des plus singuliers : l'une, qui peut en quelque sorte se comparer à un sablier composé de matière brillante, est entourée d'une atmosphère légère et nébuleuse qui donne à son ensemble une forme ovale ou l'apparence d'un sphéroïde aplati. Ce phénomène n'a de ressemblance avec aucun objet connu. L'autre consiste en un noyau brillant et arrondi, entouré à une distance considérable d'un anneau nébuleux dont la moitié de la circonférence se partage en deux lames inclinées de 45° l'une sur l'autre. La similitude très-grande qui existe entre cette nébuleuse et la Voie lactée fit penser à sir John Herschell que « c'était un système fraternel, ayant une ressemblance physique réelle et une grande analogie de structure avec le nôtre. » Il paraît que les nébuleuses doubles sont assez nombreuses et qu'elles manifestent toutes les variétés de distance, de position et d'éclat relatif que nous offrent les étoiles doubles. La rareté des nébuleuses simples, aussi grandes, aussi faibles et aussi peu condensées dans le centre que le sont celles-ci, rend presque improbable l'hypothèse que deux corps de cette nature se trouvent par hasard assez voisins pour se toucher, et souvent même pour empiéter l'un sur l'autre comme ils font. Il est beaucoup plus probable qu'ils constituent des systèmes ; ce qui, démontré comme une vérité, fournirait à nos descendants un sujet d'intéressantes recherches, ayant pour but de découvrir s'ils ont un mouvement orbiculaire.

Les nébuleuses stellaires forment une autre classe. Elles ont une figure ovale ou ronde, et leur densité augmente en allant vers le centre. Quelquefois la matière est si rapidement condensée, que cela donne à ces objets l'apparence d'une étoile terne, dont la lumière ne peut mieux se comparer qu'à la flamme d'une chandelle vue à travers une plaque de corne. Il arrive parfois que la matière centrale est si fortement et si subitement condensée, si vive et si parfaitement tranchée, que la nébuleuse pourrait être prise pour une étoile brillante entourée d'une atmosphère très-rare. Telles sont les étoiles nébuleuses. L'on suppose que la lumière zodiacale, c'est-à-dire cette atmosphère solaire, de forme lenticulaire, qui s'étend au delà des orbites de Mercure et de Vénus, et se montre vers les mois d'avril et de mai aussitôt après le coucher du soleil, est l'effet d'une condensation du milieu éthéré, résultant de la force attractive du soleil, qui semble ainsi pouvoir être rangée au nombre des nébuleuses stellaires. Les nébuleuses stellaires et les étoiles nébuleuses varient à l'infini dans leurs degrés d'excentricité. Assez souvent elles présentent la forme d'un fuseau étroit et fort allongé, au centre duquel on aperçoit un noyau brillant. Des diverses classes dont sir John Herschell ait fait mention, la dernière comprend les nébuleuses planétaires. Ces corps ont exactement l'apparence de planètes; leurs disques ronds ou ovales sont quelquefois terminés nettement, tandis que d'autres fois ils sont ternis et mal finis. La surface de couleur bleue ou blanc-bleuâtre est égale ou légèrement nuancée, et leur lumière rivalise parfois avec celle des planètes. Les petites étoiles dont elles sont généralement accompagnées rappellent à la pensée les satellites des planètes. Les nébuleuses sont d'une grandeur énorme. L'une d'entre elles, située près de ν du Verseau, a un diamètre sensible d'environ 20" ; une autre présente un diamètre de 12". Sir John Herschell a calculé que si ces objets sont aussi loin de nous que les étoiles, leur grandeur réelle doit égaler au moins l'orbite d'Uranus; et de ce qu'une portion circulaire de disque solaire, qui sous-tendrait un angle de 20", donnerait une lumière égale à celle de cent pleines lunes, tandis que, les objets en question sont tout au plus visibles à l'œil nu, il a conclu que si ce sont des corps solides de la nature du soleil, leur lumière intrinsèque doit être de beaucoup inférieure à celle de cet astre. L'uniformité des disques des nébuleuses planétaires, et leur défaut de condensation apparente, ont fait supposer à sir John Herschell que ces objets pouvaient être des sphères creuses dont les surfaces seules émettent de la lumière.

Les divers degrés d'excentricité qui, depuis la forme lenticulaire la plus allongée jusqu'à celle du cercle le plus parfait, se font remarquer dans les nébuleuses, ainsi que les diverses nuances qui, à partir de la plus légère augmentation de densité jusqu'à l'apparence d'un noyau solide, caractérisent leur condensation centrale, peuvent s'expliquer en supposant qu'en général la constitution de ces nébuleuses est identique à celle des masses sphéroïdales aplaties plus ou moins (les limites de cet aplatissement s'étendant depuis la forme sphérique jusqu'à celle du disque), et varie à l'infini en densité et en excentricité. Toutefois, on serait dans l'erreur si l'on s'imaginait que ces systèmes sont maintenus dans leurs formes par des forces identiques à celles qui déterminent la forme d'une masse fluide en rotation; car, si les nébuleuses n'étaient rien autre chose que des amas d'étoiles séparées, ainsi qu'on a tout lieu de le croire pour la plupart, aucune pression ne pourrait se propager parmi elles. Ainsi donc, puisqu'on ne peut admettre l'hypothèse de la rotation d'un tel système, considéré comme une seule masse, on peut se le représenter en repos, et comprenant dans ses limites une multitude infinie d'étoiles dont chacune peut décrire une orbite autour du centre commun du système, en vertu d'une loi de gravitation intérieure, résultant de la gravitation composée de toutes ses parties. Sir John Herschell a prouvé que, sous certaines conditions, l'existence d'un tel système n'est point incompatible avec la loi de la gravitation.

La distribution des nébuleuses est encore plus irrégulière que celle des étoiles. Il y a dans le ciel certaines places où elles sont tellement serrées les unes contre les autres, que l'une, à peine, a le temps de traverser le champ du télescope avant qu'une autre ne paraisse. Dans d'autres places, au contraire, souvent il s'écoule des heures entières sans qu'on en voie une seule. L'on ne peut en général apercevoir ces corps qu'à l'aide des meilleurs télescopes, et la direction générale de la zone où ils abondent le plus s'écarte peu de la direction des cercles horaires 0^h et 12^h. Cette zone traverse la Voie lactée presque perpendiculairement. Les points où elle traverse les constellations de la Vierge, de la Chevelure de Bérénice et de la Grande Ourse, renferment des multitudes de nébuleuses.

Telle est l'analyse succincte des découvertes consignées dans le mémoire de sir John Herschell, qui, sous le rapport de la hauteur des vues et de la patience nécessaire à de telles recherches, n'a jamais été surpassé. C'est à lui et à sir William Herschell que sont dues presque toutes les connaissances que nous possédons à l'égard de l'astronomie sidérale. Cette partie nouvelle de la science a été traitée dans les ouvrages inimitables de ces deux grands génies d'une manière à la fois digne d'eux et de la grandeur du sujet (1).

Dans son ouvrage *De la création de la terre*, M. Marcel de Serres a présenté un résumé intéressant des opinions des savants sur les *nébuleuses*. Nous le lui empruntons sans adopter toutefois les idées théoriques ou spéculatives qu'il contient.

« M. Arago observe qu'on entend par *nébuleuses* les *taches diffuses* que les astronomes ont découvertes dans toutes les parties du ciel. Ces taches ou lueurs paraissent dépendre de deux causes entièrement différentes.

« Les unes disparaissent au moyen de simples bésicles : ces verres, en rendant la vue distincte, suffisent dans certaines circonstances à discerner les principales étoiles d'un groupe qui, à l'œil nu, présente l'aspect d'une masse confuse de lumière. Tel est le cas des Pléiades, par exemple.

« On ne parvient à résoudre d'autres taches lumineuses en groupes d'étoiles qu'à l'aide des meilleurs télescopes et de forts pouvoirs amplificatifs. Ce qui a résisté à des grossissements de 50, de 100, de 150, de 200 fois, cède quand on peut pousser les grossissements jusqu'à 1000 et au delà. Ainsi Herschell est parvenu à transformer en agglomérations d'étoiles la plupart des nébuleuses que Meissier, pourvu de lunettes moins puissantes, croyait irréductibles et qu'il appelait des nébuleuses sans étoiles.

« Cependant on observe dans le ciel des nébulosités (des blancheurs) qui ne sont pas de nature stellaire, et l'on y découvre de nombreux amas de matière diffuse et lumineuse. A l'aide de cette distinction admise par Herschell, et que Lacaille avait faite en 1785, il n'est plus possible de confondre la comète vagabonde, même dès sa première apparition avec la nébuleuse immobile, malgré la ressemblance apparente de leur constitution physique, malgré la grande similitude de leurs formes.

« Cette matière céleste non condensée, cette matière céleste voisine de l'état élémentaire, est la source où la nature paraît puiser les éléments des corps nouveaux ou des astéroïdes qui se forment dans l'immensité de l'espace (2).

« Herschell a fait sur les nébuleuses des observations importantes, que M. Arago nous a fait connaître dans sa notice sur ce grand astronome. Ce dernier les a distinguées en circulaires et en perforées ou en anneaux.

« Les premières n'ont qu'une apparence de forme circulaire; car leur forme réelle

(1) Cf. les deux Herschell; madame Sommerville, *Connexion*, etc.; Francœur, *Traité d'astronomie*; Arago, etc.

(2) Toutes ces vues théoriques ont bien peu de valeur, surtout depuis les observations faites par le lord Ross avec son nouveau télescope. On admet généralement aujourd'hui que toutes les nébuleuses sont réductibles en étoiles. Herschell (John) disait lui-même, il y a 20 ans : « Ce dont on ne saurait guère douter, c'est que la plus grande partie d'entre elles se composent d'étoiles. » *Traité d'astronomie*, ch. 12. *Voy.* note II, à la fin du volume.

paraît être globulaire ou sphérique. Il est impossible de compter en détail et avec exactitude le nombre total d'étoiles dont certaines nébuleuses globulaires se composent; mais on a pu arriver à des limites.

« En appréciant l'espacement angulaire des étoiles situées près des bords, c'est-à-dire dans la région où elles ne se projettent pas les unes sur les autres, et le comparant avec le diamètre total du groupe, on s'est assuré qu'une nébuleuse dont le diamètre est d'environ 10 minutes, et l'étendue superficielle apparente, à peine égale au dixième de celle du disque lunaire, ne renferme pas moins de vingt mille étoiles.

« Les secondes ou les perforées offrent à leur centre un *trou noir. Dans* celle inscrite sous le n° 57 dans l'ancien catalogue de la *Connaissance des temps*, les deux axes sont dans le rapport de 83 à 100. Le trou obscur occupe la moitié environ du diamètre de la nébuleuse.

« Du reste, ainsi que *le fait* observer M. Arago, *il est loin d'être prouvé a priori* que les systèmes globulaires d'étoiles doivent se conserver indéfiniment dans l'état où nous les voyons aujourd'hui. Le système général de l'univers est donc *loin d'être terminé : en effet, certains corps célestes s'y* préparent, s'y organisent, tandis que d'autres tendent à parvenir à un état de condensation plus avancé et plus complet.

« Cette supposition a acquis une grande probabilité depuis qu'Herschell a démontré que les nébuleuses formaient généralement des couches. Une autre d'entre elles, fort large, est dirigée presque perpendiculairement à la Voie lactée. Au milieu d'une de ces couches, ce grand astronome n'a pas aperçu moins de 31 nébuleuses parfaitement distinctes, dans le court intervalle de 36 minutes.

« Les espaces qui précèdent ou *qui suivent* les nébuleuses *simples*, et, à plus forte raison, les nébuleuses *doubles*, renferment généralement peu d'étoiles. De même les plus pauvres en étoiles sont voisins des nébuleuses les plus riches. Ainsi, dans le corps du Scorpion, il existe un intervalle de *quatre degrés* de large, dans lequel on n'aperçoit pas d'étoiles, mais où l'on découvre la nébuleuse qu'Herschell considère comme un amas d'étoiles les plus riches et les plus condensées que le firmament puisse offrir aux méditations des astronomes.

« Si l'on rapproche ces faits de l'observation qui nous montre les étoiles très-condensées vers le centre des nébuleuses sphériques, et qui prouve que ces astres obéissent sensiblement à une certaine puissance de condensation, on est porté à admettre avec Herschell, que les nébuleuses se sont quelquefois formées par le travail incessant d'un grand nombres de siècles. Cette formation a eu lieu aux dépens des étoiles dispersées, qui primitivement occupaient les régions environnantes. Ainsi, l'existence d'espaces vides, d'espaces ravagés, pour nous servir avec M. Arago de l'expression pittoresque du grand astronome anglais, n'a plus rien qui doive confondre notre imagination.

« Cette hypothèse, comme il est aisé de le juger, confirme d'une manière puissante notre manière de voir sur les astres nouveaux qui apparaissent successivement au milieu de l'immensité du ciel.

« Si des nébuleuses réductibles en étoiles à l'aide de puissants télescopes nous portons notre attention sur les amas de matière diffuse, lumineuse par elle-même, répandue çà et là dans le firmament, on reconnaît que ces amas occupent *dans le ciel des espaces très-étendus.*

« Herschell a publié, en 1811, un catalogue de 52 nébuleuses diffuses non réductibles, ou du moins non résolues en étoiles, parmi lesquelles on en remarque qui ont jusqu'à 4°, 9' dans une de leurs *dimensions*. L'étendue *superficielle apparente* d'une seule d'entre elles dépasse celle de 9 cercles d'un degré de diamètre. L'étendue superficielle de l'ensemble s'élève à 152 de ces cercles, ce qui est environ la 270° partie du nombre de cercles *pareils qui forment la* surface totale du *firmament*.

« Les formes des très-grandes nébuleuses diffuses n'ont aucune régularité : comme elles présentent les figures les plus fantastiques, elles ne paraissent pas susceptibles de définition.

« Les nébuleuses diffuses à formes arrondies n'ont pas, comparées aux premières, de grandes dimensions. Quelquefois il existe entre deux de ces nébuleuses rondes, très-distinctes, bien circonscrites, un très-mince filet de nébulosité, qui rattache leurs circonférences. C'est là une sorte d'indice ou de témoin visible de leur *origine commune, et,* par *conséquent,* du passage des unes aux *autres.*

« La lumière des vraies nébuleuses diffère peu de celle des nébuleuses stellaires, avec lesquelles les premières ont été longtemps confondues. Cependant les nébuleuses composées d'une *matière diffuse* continue, phosphorescente, ont un aspect tout spécial, indéfinissable, qui a frappé les anciens observateurs pourvus de bonnes lunettes.

« En réalité, observe Halley, « Les taches des nébuleuses d'Orion et d'Andromède ne sont autre chose que la lumière venant d'un espace immense situé dans les régions de l'éther, rempli d'un *milieu* diffus et lumineux par lui-même. »

« M. Arago fait une remarque sur un autre passage d'Halley, dont l'importance est trop grande par rapport à notre travail sur Moïse, pour être passée sous silence.

« Halley professait, comme on le sait, l'incrédulité presque publiquement; cependant, ami et admirateur de Newton, il n'a pas pu s'empêcher de faire la remarque suivante : « Les nébuleuses répondent parfaitement, lui disait-il, à la difficulté que diverses personnes avaient élevée contre la description de la création donnée par Moïse, en soutenant qu'il était impossible que la lumière eût été engendrée avant le soleil. Les nébuleuses montrent manifestement le contraire : plusieurs n'offrent en effet aucune trace d'étoile à leur centre, et n'en sont pas moins lumineuses.

« A tous les faits qui démontrent qu'il existe pour la terre une lumière indépendante de celle du soleil, nous aurions pu ajouter la lumière des nébuleuses, et celle qui dérive de la phosphorescence des nuages. Lorsqu'une théorie est vraie, tous les faits viennent pour ainsi dire d'eux-mêmes lui prêter leur appui et leur autorité. C'est ce qui arrive particulièrement à toutes celles émises par l'écrivain sacré. Nous ne saurions trop remercier M. Arago d'avoir rappelé cette remarque de Halley. Elle répond d'une manière victorieuse aux attaques dont Moïse a été l'objet pour avoir admis la vibration des ondes lumineuses avant que le soleil se fût paré de ses brillantes atmosphères.

« La lumière de ces grandes taches laiteuses est généralement très-faible et uniforme. On remarque seulement çà et là quelques espaces un peu plus brillants que le reste.

« On se demande à quoi est due cette augmentation de densité. Dépend-elle d'une *plus grande concentration et d'une plus grande profondeur* de la matière nébuleuse? Voici de quelle manière M. Arago répond à cette question :

« Les places où dans les plus grandes nébulosités on remarque une lumière comparativement vive, ont d'ordinaire peu d'étendue. Si donc on veut attribuer le phénomène à une plus grande profondeur de la matière nébuleuse, il faudra concevoir qu'à chacun des points en question correspond une sorte de colonne de cette matière ; colonne rectiligne très-resserrée et exactement dirigée vers la terre. Cette spécialité de direction pourrait sembler possible dans tel ou tel point particulier. Il n'en saurait être ainsi ni pour l'ensemble des places rayonnantes circonscrites qu'offre tout le firmament, ni même pour les deux, les trois ou les quatre de ces places qui se remarquent dans une seule nébuleuse. Il faut donc admettre qu'il s'est produit une condensation, une augmentation de densité dans certains points des espaces nébuleux, dont nous avons apprécié la vaste étendue superficielle.

« Cette condensation est-elle l'effet d'une force attractive analogue à celle qui maîtrise, qui régit tous les mouvements de notre système solaire? Voilà comment M. Arago répond à cette question, liée d'une manière si intime à notre travail.

« Il suffira, dit-il, de jeter dans l'avenir un coup d'œil sur les nébuleuses de l'époque et sur leurs portraits, pour décider si le temps altère sensiblement les dimensions et les formes de ces groupes mystérieux. L'antiquité n'ayant rien laissé à cet égard, on est réduit à attaquer le problème par des voies indirectes.

« Les phénomènes que doit amener l'existence de divers centres d'attraction répandus sur toute l'étendue d'une seule et vaste nébuleuse se développeront dans cet ordre:

« Çà et là, la disparition de la lueur phosphorescente; la naissance des solutions de continuité, de déchirure dans le rideau lumineux primitif, résultat nécessaire du mouvement de la matière vers les centres attractifs;

« L'agrandissement des déchirures, c'est-à-dire la transformation d'une nébuleuse unique en plusieurs nébuleuses distinctes, peu distantes les unes des autres, et liées quelquefois par des filets de nébulosité très-déliés;

« L'arrondissement du contour extérieur des nébuleuses séparées ; une augmentation plus ou moins rapide de leur intensité de la circonférence au centre;

« La formation à ce centre d'un noyau très-apparent, soit par les dimensions, soit par l'éclat;

« Le passage de chaque noyau à l'état stellaire, avec la persistance d'une nébulosité environnante;

« Enfin, la précipitation de cette dernière nébuleuse, et pour résultat définitif, autant d'étoiles qu'il y avait dans la nébuleuse originaire de centres d'attractions distincts.

« Quant au temps nécessaire pour qu'une *seule et même* nébuleuse passe par toute cette série de *transformation, on l'ignore* absolument. Seulement ce temps ne peut être uniforme pour toutes, par suite de la différence de leur étendue, de leur densité et de la constitution physique de la matière phosphorescente.

« L'inégale rapidité des transformations conduit M. Arago à une conséquence importante. En partant de cette base, il montre que les nébuleuses, fussent-elles du même âge, doivent, dans leur ensemble, offrir les diverses formes que nous venons d'indiquer d'après ses observations. Vers telle région, les siècles auront à peine amené une accumulation visible de la matière phosphorescente autour de quelques centres d'attraction ; vers telle autre région, grâce à un mouvement de concentration plus précipité, on découvrira déjà des groupes de nébuleuses à noyau; des étoiles nébuleuses s'offriront enfin çà et là, comme le dernier échelon conduisant aux étoiles proprement dites.

« Tous ces états de la matière nébuleuse *indiqués* par la théorie, l'observation les a *révélés d'avance*. L'accord est ici aussi satisfaisant qu'on puisse le désirer. Seulement, au lieu de suivre les transformations pas à pas dans une nébuleuse unique, on a constaté la marche et les progrès par des observations d'ensemble.

« Il est donc probable qu'une condensation de la matière phosphorescente conduit comme dernier terme à des apparences sidérales. Cette condensation nous fait en quelque sorte assister à la formation des véritables étoiles. Elle prouve aussi que, parmi les corps célestes qui peuplent le firmament, plusieurs d'entre eux ne sont point arrivés à leur dernier terme. Les objections contre la naissance actuelle des étoiles, tirées de la rareté de la matière diffuse, ne peuvent tenir contre les calculs d'Herschell, dont M. Arago a fait sentir toute la portée.

« M. Arago démontre encore que s'il n'y a pas de moyen expérimental praticable de réunir convenablement en un seul point les lueurs émanées de toute l'étendue superficielle d'une grande nébuleuse; l'opération inverse est au contraire facile.

« Si l'on écarte graduellement l'oculaire d'une lunette de la place qu'il occupe, quand la vision est distincte, on voit l'image de chaque étoile s'agrandir successivement et perdre de son intensité En étalant ainsi une de ces images, jusqu'à lui faire remplir presque tout le champ de la vision, on l'amène à ne pas être plus brillante que les nébuleuses lactées.

« Ceci une fois obtenu, des calculs dans lesquels figurent divers éléments et diverses corrections conduisent aux résultats cherchés. M. Arago arrive ainsi aux rapprochements numériques qui existent entre les intensités des lumières totales dispersées sur la grande étendue des nébuleuses laiteuses et les lumières concentrées des étoiles. Les résultats de ces expériences, de ces calculs, fortifient de toute leur autorité les idées de Tycho, de Képler et d'Herschell, sur la transformation des nébuleuses en étoiles, transformation qui s'opère encore, pour ainsi dire, sous nos yeux au milieu de l'immensité des cieux.

« M. Arago examine ensuite une autre question, trop liée à l'objet de notre travail pour ne pas l'étudier avec lui. Il se demande si la Voie lactée subsistera toujours sous la forme que nous lui voyons, et si elle n'a pas commencé à offrir des symptômes de dislocation et de dissolution ?

« Herschell a établi par de nombreuses observations que la blancheur de la Voie lactée provient, en majeure partie, d'agglomérations d'étoiles trop petites, trop faibles, pour être distinguées séparément. La matière diffuse mêlée en certaines proportions aux étoiles joue ici un rôle comme dans plusieurs nébuleuses résolubles; mais c'est un rôle évidemment secondaire.

« Presque partout où des étoiles rapprochées entre elles se sont offertes à nos regards en dehors des limites apparentes de la Voie lactée, on a reconnu qu'elles tendent à se grouper autour de plusieurs centres. Elles semblent obéir comme les divers corps du système solaire à une force attractive. Cette force a déjà produit de certains groupes arrondis, des effets, des concentrations très-considérables.

« On se demande dès lors pourquoi les étoiles de la grande nébuleuse dont nous faisons partie auraient échappé plus que les autres à ce genre d'action ? Si jadis elles étaient uniformément distribuées, cet état a dû cesser, et cessera chaque jour davantage. Les faits confirment ces conséquences du raisonnement. Les étoiles, loin de paraître uniformément distribuées sur toute l'étendue de la Voie lactée, ont offert à Herschell, armé de son télescope, 157 groupes distincts, circonscrits, qui ont pris place dans le catalogue des nébuleuses, sans compter 18 groupes analogues, situés sur les limites, sur les bords de cette même zone.

« Celui qui, pendant une nuit obscure et bien sereine, suit de l'œil la portion de Voie lactée comprise entre le Sagittaire et Persée, y remarque 18 régions parfaitement caractérisées par l'éclat spécial de leur lumière.

« Aucune portion de la Voie lactée, résoluble au télescope, n'a offert à Herschell des indices plus manifestes et sur une plus grande échelle, du mouvement de concentration des étoiles, que l'espace qui sépare β et γ du Cygne. En jaugeant cet espace, suivant la méthode déjà décrite, sur une largeur d'environ 5 degrés, Herschell a reconnu qu'on pouvait y compter 331 mille étoiles. Cet immense groupe offre une sorte de division ; 166 mille étoiles paraissent marcher d'un côté, et 165 mille de l'autre.

« Ainsi tous les faits justifient l'opinion de l'illustre astronome. Dans la suite des siècles, le pouvoir de concentration amènera invinciblement le fractionnement, la rupture, la dislocation de la Voie lactée. L'univers n'est donc pas terminé. »

NEIGE. — Si l'on reçoit des flocons de neige sur des objets de couleur sombre et d'une température inférieure à zéro, on reconnaît dans leurs formes une grande régularité qui depuis longtemps a frappé les observateurs attentifs. Képler parle de leur structure avec admiration, et d'autres physiciens ont cherché à en déterminer la cause; mais c'est seulement depuis l'époque où l'on a appris à connaître les lois de la cristallisation en général qu'il a été possible de jeter quelque lumière sur ce sujet.

Les molécules de presque tous les corps qui passent de l'état liquide à l'état solide ont la propriété de se grouper de façon à engendrer des solides terminés par des plans inclinés les uns sur les autres d'une quantité angulaire constante. Le nombre de facettes et la valeur des angles varient dans des corps dont la composition chimique est différente, mais sont constants dans ceux dont la composition est la même et qui se forment dans les mêmes circonstances. Ces solides réguliers se nomment des *cristaux*, et l'on peut assister pour ainsi dire à leur formation.

L'eau se cristallise sous l'influence seule du froid. Toutefois, en examinant la glace des fleuves, nous n'y découvrons pas la plus petite trace de cristaux : c'est une masse confuse semblable à celle du soufre en bâtons. Mais si l'on suit les progrès de la congélation sur les bords d'une rivière, on voit des aiguilles partir du rivage ou bien de la glace déjà formée, et s'avancer parallèlement les unes aux autres, ou en faisant entre elles des angles de 30 à 60 degrés. De ces aiguilles, d'autres partent sous les angles précités, et ainsi de suite jusqu'à ce qu'il résulte de leur entrelacement une masse compacte uniforme. Si l'on soulève une lame de glace ainsi formée, on découvre souvent à sa face inférieure des cristaux très-réguliers. De semblables phénomènes s'observent en hiver sur des carreaux de vitre. On voit que les cristaux secondaires font un angle constant avec le cristal qui leur sert d'axe commun; et si la vitre était parfaitement plane, on y verrait des figures très-régulières. Elles le sont quelquefois lorsque la couche de glace est très-mince. L'air de la chambre est-il humide, alors chaque raie, chaque grain de poussière devient le centre d'une formation cristalline, et, en rayonnant dans tous les sens, ces cristaux forment un réseau qui excite l'admiration par son étonnante complication.

Les cristaux de glace ne sont jamais si réguliers que lorsqu'ils sont formés par la vapeur d'eau qui se dépose sur des corps solides, comme la gelée blanche, qui se précipite par un temps calme et un air humide, ou bien lorsque la neige tombe sans être chassée par le vent; mais la température, l'humidité, l'agitation de l'air et d'autres circonstances ont une grande influence sur la forme des cristaux. Malgré leur grande variété, on peut les ramener à une loi unique. Nous voyons que les cristaux isolés se réunissent sous les angles de 30,60 et 120 degrés. Les flocons qui tombent en même temps ont en général la même forme; mais s'il y a un intervalle entre deux averses de neige consécutives, on observe dans la seconde des figures différentes de celles de la première, quoique toujours semblables entre elles.

Le navigateur anglais W. Scoresby, qui a fait un grand nombre de voyages dans les mers polaires comme capitaine baleinier, a donné le plus de détails sur ce sujet. Il a décrit les différentes formes de la neige dans son excellent ouvrage sur le Nord. On peut les ramener à cinq types principaux : 1° des lamelles minces; 2° un noyau sphérique ou plan hérissé d'aiguilles ramifiées; 3° des aiguilles fines ou des prismes à six pans; 4° des pyramides à six faces; 5° des aiguilles terminées à une de leurs extrémités ou à toutes les deux par une petite lamelle.

Le nombre total des formes qu'il a vues s'élève à 96. Les variétés s'élèvent probablement à plusieurs centaines. Qui n'admirerait pas ici la puissance infinie de la nature qui a su créer tant de formes diverses dans des corps d'un si petit volume !

C'est par un temps calme et sans brouillard qu'on pourra les admirer dans toute leur beauté. Avec la brume, les cristaux sont ordinairement inégaux, opaques, et il semble qu'un grand nombre de vésicules se sont solidifiées à leur surface sans avoir eu le temps de s'unir intimement aux molécules cristallines. Par le vent les cristaux sont brisés et irréguliers; on trouve alors des grains arrondis composés de rayons inégaux. Dans les Alpes et en Allemagne, j'ai vu souvent, dit M. Kaëmtz, tomber des cristaux parfaitement symétriques. Le vent s'élevait-il, c'étaient des grains de la grosseur de ceux de millet ou de petits pois, dont la structure était assez peu compacte, ou bien des corps ayant la forme d'une pyramide dont la base était une calotte sphérique. On pourrait rapporter ces corps au grésil, cependant ils se formaient sous l'influence des mêmes circonstances météorologiques que les flocons qui tombaient avant le coup de vent. *Voy.* GRÊLE.

NEIGE ROUGE OU VERTE. *Voy.* PLUIE DE SANG.

NEIGES PERPÉTUELLES, leurs limites. *Voy.* GLACIERS et TEMPÉRATURE.

NEPTUNE. — Cette planète, dont la puissance du calcul a révélé à M. Leverrier l'existence, la position, le volume, la masse, etc., a été vue pour la première fois, le 23 septembre 1846, par M. Galle, astronome de l'Observatoire de Berlin, qui l'a trouvée à moins d'un degré de distance du lieu qu'avait indiqué notre jeune et illustre compatriote. Sa distance moyenne au soleil est de 433,000,000 de myriamètres ou environ 1,200,000,000 de lieues de poste. On a annoncé qu'on lui avait reconnu un anneau et un satellite; mais, dans l'état actuel de nos instruments d'optique, l'extrême éloignement de cet astre nous semble devoir rendre cette prétention tout à fait inadmissible. Par le même motif, nous sommes dans l'impossibilité la plus absolue de dire si elle est ou non en possession d'une enveloppe atmosphérique quelconque.

Pour un habitant de cette planète, le disque solaire n'a plus que la mille trois centième partie de celui qu'il nous présente. Sa lumière, mille trois cents fois plus concentrée, conserve toute sa vivacité, mais illumine mille trois cents fois moins qu'à la distance où nous sommes.

Comme cet astre lointain ne reçoit du soleil qu'une lumière excessivement affaiblie, la mille trois centième partie environ de celle qui tombe sur la terre, il faut, s'il y existe des êtres vivants et pour qu'ils y puissent voir, supposer de deux choses l'une :

1° Ou que leur rétine soit mille trois cents fois plus excitable que la nôtre, afin d'être également impressionnée par la lumière ;

2° Ou que la dilatation de leur pupille soit mille trois cents fois plus considérable, afin de pouvoir donner passage à autant de rayons lumineux qu'il en pénètre au fond de nos yeux.

Or, qu'on veuille bien remarquer que la vraisemblance d'une sensibilité exquise de la rétine et d'une extrême dilatabilité de l'ouverture pupillaire, dont nous disons que peuvent être doués les habitants de Neptune, pourrait bien ne pas être tout à fait une hypothèse en l'air, dénuée de fondement et sans analogie. Car sur le globe que nous habitons, nous observons des dispositions de cette nature dans nos chats domestiques, dans les hiboux, les chouettes, les effraies, les chats-huants, ducs, chevêches et autres oiseaux nocturnes, dont la pupille est si largement ouverte que la lumière du jour les offusque et les empêche de bien voir. Cachés dans de sombres réduits tant que le soleil est sur l'horizon, ils n'en sortent que le soir pour poursuivre leur proie à la faveur de l'obscurité et du silence de la nuit.

Mais voici un exemple encore plus frappant peut-être de la prodigieuse sensibilité de la vue, tiré des circonstances biologiques dans lesquelles se trouvent certains poissons de mer. On sait que MM. Arago et Biot, encore bien jeunes (1807 et 1808) furent envoyés en Espagne à l'effet d'y prolonger l'arc du méridien qui avait été mesuré en France. Dans les petites traversées qu'ils eurent à effectuer entre la côte du royaume de Valence et la petite île de Formentera, où ils avaient établi des signaux de nuit, ces deux hommes, déjà éminents dans la science et que l'avenir devait placer si haut, ne pouvaient pas se condamner au rôle stérile de passagers oisifs : aussi firent-ils ces voyages comme des savants doivent toujours les faire, c'est-à-dire en mettant à profit les temps et les lieux et en les employant à éclairer quelques points des sciences. Dans ce but ils avaient descendu au fond de la mer, qui, dans ces parages, peut avoir un kilomètre de profondeur, des boîtes à compression pour expérimenter la liquéfaction des gaz. En dehors de ces appareils, nos jeunes savants avaient attaché des hameçons et avaient ramené à la surface des eaux des poissons qui s'y étaient pris. C'étaient, au rapport de M. Biot, des espèces de raies ayant des yeux d'une énorme grosseur, dont, en outre, la tête était armée de deux os très-durs articulés comme des baïonnettes de fusil, et qu'on aurait brisés plutôt que de forcer l'animal à les rentrer contre sa propre volonté. Avec le secours d'organes oculaires aussi monstrueux, ces poissons peuvent trouver à vivre dans les ténèbres les plus épaisses et telles que n'en présente jamais la plus profonde nuit à la surface de la terre.

Si donc ces animaux peuvent ainsi exister sur notre planète avec aussi peu de lumière, quelle difficulté verrait-on à ce qu'il en pût être de même de l'organisation générale des habitants possibles de la planète Leverrier. Relégué aux confins actuels de notre système planétaire, cet astre est mal éclairé, sans aucun doute, mais assez cependant pour que des êtres vivants, doués d'organes de cette sorte, puissent y fort bien voir.

On ignore l'inclinaison de son axe de rotation et par conséquent l'étendue de ses zones et ses climats. Sa surface et son volume sont mal connus. Sa densité est hypothétique, mais on pense qu'elle est celle de l'huile de térébenthine. Au reste, voici ses éléments provisoires, ceux de la terre étant 1 :

Distance au soleil,	36.154
Diamètre,	6,13
Surface,	37,57
Volume,	230 34
Masse,	38,00
Densité,	0,16
Intensité de la pesanteur à la surface,	1,02
Vitesse de chute dans la première seconde,	5m,00
Inclinaison de l'axe de rotation,	inconnue.
Durée de la rotation,	inconnue.
Inclinaison de l'orbite,	5°,40
Excentricité,	0,107
Durée de la révolution,	79,400j,602

Histoire de la découverte de la planète Leverrier.

La connaissance exacte des perturbations que les planètes éprouvent dans leur mouvement est suffisamment constatée par le merveilleux accord entre les calculs et les observations. Une seule, depuis vingt-cinq ans, embarrassait les astronomes, et son existence semblait avoir pour but de montrer que nos connaissances du mouvement des planètes étaient encore incomplètes. Après que Herschell père eut découvert la planète *Uranus*, on trouva qu'elle avait déjà été observée plusieurs fois depuis 1690; mais comme on n'avait aperçu ni son mouvement propre, ni son diamètre apparent, on l'avait comptée au nombre des étoiles fixes de petite grandeur, de sorte que, dès que sa nature de planète fut reconnue, on possédait les données nécessaires pour connaître les points du ciel qu'elle avait successivement occupés, et ces données comprenaient un intervalle de temps plus considérable que celui qu'il lui faut pour exécuter une de ses révolutions entières. On se trouva donc promptement à même de calculer son orbite avec une extrême précision. Les observations sur la planète d'*Uranus* ne se multiplièrent toutefois que lorsqu'on reconnut en elle une nouvelle planète, et l'exactitude de ces observations augmenta avec le perfectionnement des instruments de l'astronomie pratique. Il y a environ trente ans que l'astronome A. Bouvard, considéra ces observations suffisantes à la formation de nouvelles tables du mouvement de cette planète, au moyen desquelles on pût facilement déterminer sa position au ciel à des époques passées ou futures, prises d'une manière arbitraire. Pour réussir, il fallait soumettre les perturbations qu'éprouve *Uranus* par l'attraction des autres planètes à un nouveau et rigoureux examen, et il en résulta que les effets de cette attraction ne justifièrent pas toutes les irrégularités du mouvement de la planète, constatées par les observations. Bouvard, en publiant en 1821 ses tables, déclara donc qu'il fallait qu'une force autre que celle de l'attraction des planètes connues agît encore sur le mouvement d'*Uranus*. La nature de cette force encore inconnue donna lieu à diverses suppositions, mais pour celui qui avait étudié sérieusement le mouvement des planètes, il ne pouvait être douteux qu'il fallait uniquement l'attribuer à l'attraction d'une planète non encore observée, tournant autour du soleil dans une orbite au delà de celle d'*Uranus*. Après 1821, il fut souvent question de cette planète supposée et de la possibilité de démontrer son existence par les perturbations d'*Uranus*; mais on resta longtemps à un simple échange de raisonnements. On n'ignorait en aucune façon la manière de fixer les perturbations d'une planète en partant des données de la connaissance qu'on a des positions et de la masse de celle qui peut les produire. Mais ici le problème se présentait dans un ordre inverse, et si la solution, sous la forme la plus simple, a ses difficultés, elle semblait en offrir de bien plus considérables par l'intervertissement du problème. D'ailleurs, les perturbations non encore expliquées offraient une valeur si petite qu'on pouvait désespérer d'en déduire avec quelque certitude le lieu du ciel où la planète devait se trouver à une époque déterminée; et lors même qu'on pût y réussir, il y avait encore à craindre que bien des années ne s'écoulassent avant de la découvrir au milieu des centaines de petites étoiles qu'on trouve dans la moindre étendue de l'espace. Les observations devenaient cependant de plus en plus nombreuses et exactes, ce qui devait nécessairement faciliter les recherches; et si l'entreprise de démontrer l'existence de la planète et d'en déterminer la position exigeait encore une application prodigieuse, elle ne semblait cependant pas surpasser celle vouée à des travaux gigantesques que ce siècle a vu mener à bonne fin. Toutefois, on ne pouvait être assuré du succès, et cette incertitude est peut-être la principale cause que tant de temps se passa avant que quelqu'un mît la main à l'œuvre. les encouragements offerts par les sociétés savantes étaient même restés sans réponse. Enfin, un jeune savant, à Paris, M. Leverrier, déjà célèbre par d'autres travaux, fit connaître ses nouvelles recherches sur la planète *Uranus*. Ayant trouvé que A. Bouvard n'avait pas calculé avec toute l'exactitude désirable les perturbations que ce corps subissait par suite de l'attraction des autres planètes, il les soumit à un nouvel examen, et il en résulta une évidence plus grande que jamais, surtout ayant égard aux plus récentes observations, que les mouvements d'Uranus ne pouvaient pas s'expliquer par la seule action des planètes connues. M. Leverrier communiqua ce résultat à l'Académie des sciences le 10 novembre 1845. Il évaluait avec la plus grande précision cette partie des irrégularités du mouvement qui restait à expliquer, sans en assigner aucune cause. Dans la séance du 1er juin 1846, il démontra que cette perturbation ne pouvait provenir que de la force attractive d'une planète qui exécutait son mouvement autour du soleil en dehors de l'orbite d'*Uranus*, et indiqua en même temps le point du ciel où elle se trouvait pour un moment déterminé. Dans la séance du 31 août 1846, M. Leverrier s'expliqua plus positivement sur la masse de la planète à découvrir, et sur la grandeur et la forme de son orbite, puisant ses données uniquement dans le mouvement d'*Uranus*; et enfin, le 5 octobre 1846, il communiqua la dernière partie de ses recherches, comprenant la position de l'orbite de la nouvelle planète. Les astronomes ne se pressèrent pas de sonder le ciel pour découvrir la planète de *Leverrier*, et ce ne fut que le 23 septembre 1846 qu'un heureux hasard ayant conduit Galle, de l'Observatoire de Berlin, à la trouver au point dans l'espace indiqué par Leverrier, que le travail de celui-ci obtint l'appréciation qu'il méritait. Les éloges et les applaudissements lui échurent en partage dans la même mesure qu'avant il avait rencontré de défiance et de doute.

La planète de Leverrier est peut-être, parmi les nombreuses découvertes dont l'astronomie se glorifie, la plus belle et la plus étonnante; et si elle n'en est pas aux yeux des astronomes la plus grande et la plus importante, chacun peut néanmoins en comprendre la portée, et en déduira le haut degré de perfection auquel la science est arrivée : elle sera pendant plusieurs siècles encore la preuve de l'excellence de l'astronomie. Ces circonstances nous font un devoir de ne pas méconnaître les services d'un autre jeune savant, M. Adams, à Cambridge, qui avait précédé Leverrier, et terminé ses recherches à peine au moment où celui ci les commençait. Adams avait, en septembre 1845, déjà conclu la présence d'une planète du mouvement propre d'*Uranus*, et déterminé le point à la voûte céleste où elle devait se trouver; mais, se défiant à l'excès de ses propres moyens, il soumit son travail aux deux premiers astronomes d'Angleterre, MM. Airy et Challis. Le premier reçut avec défiance les surprenantes découvertes d'Adams, et ne s'occupa pas d'en constater l'exactitude; l'autre, épuisé par ses propres travaux, n'en avait pas le temps, de sorte qu'aucun des deux ne prit à cœur les calculs d'Adams. Ce ne fut que le 29 juillet 1846, après que Leverrier eut publié son travail, que Challis commença ses observations pour découvrir la planète. Il continua les 4 et 12 août; mais, surchargé de besogne, que lui causait la présence d'un grand nombre de comètes alors visibles, il ne faisait pas subir à ses observations les réductions nécessaires, de sorte qu'elles ne purent produire aucun résultat. Lorsque enfin Galle parvint à voir la planète, Challis, moins favorisé par le hasard, qui avait si bien secondé Galle, se mit à calculer ses observations, et il trouva que déjà le 4 et le 12 août, il avait déterminé aussi, parmi les positions de plusieurs étoiles, celle de la nouvelle planète qu'il ne put distinguer des autres étoiles pendant le cours de ses observations. Ces faits sont si bien constatés qu'il n'y a qu'une aveugle prévention qui puisse les nier : cependant ces deux jeunes savants ont subi des traitements tout opposés; mais cela ne saurait empêcher la vérité de prévaloir sur l'injustice. Leverrier a le premier fait connaître ses recherches et les progrès qu'elles faisaient : elles arrachaient à chacun un tribut d'admiration dû à son talent et à son zèle. Adams réclama un appui pour se faire introduire dans le monde savant : il se tut et se vit déshérité de la palme d'honneur. Que son travail soit moins élégant, ce qui, d'ailleurs, est encore incertain, il n'en a pas moins le mérite de s'accorder avec celui de Leverrier dans la partie la plus essentielle, la détermination du point dans l'espace où il fallait chercher la planète. S'il avait, comme l'astronome français, pris sous sa propre responsabilité la publication immédiate de ses recherches, si un seul observateur se fût dévoué à la découverte de la planète, elle aurait été vue et constatée avant que parût le premier traité de Leverrier sur les mouvements d'*Uranus*. Mais le principal mérite de la découverte revient évidemment à la haute perfection de l'astronomie moderne : c'est elle qui a fait pressentir l'existence d'une planète annoncée déjà depuis plusieurs années dans différents ouvrages ; c'est elle qui a mis à même deux astronomes, dans une position indépendante l'un de l'autre, de déterminer, en partant de données en partie étrangères entre elles, le point de l'espace où elle devait se montrer. C'est elle qui a fourni à Leverrier et à Adams les éléments de leurs recherches, et sans les travaux de leurs prédécesseurs, sans les observations si multipliées et si exactes dont ils étaient en possession, le problème devenait inabordable pour l'un comme pour l'autre.

NÉVÉ. *Voy*. GLACIERS.

NEWTON (ISAAC), né à Wolstrop, le 25 décembre 1642, mort le 20 mars 1727.

En entrant dans la carrière de la philosophie naturelle, Newton trouva des sentiers tracés, des morceaux de terrain défrichés avec soin, quelques-uns même cultivés avec art par des mains industrieuses et habiles. Il fallait perfectionner cette culture et l'étendre jusqu'aux confins de l'immense domaine de la nature. Newton forme cette belle et hardie entreprise. Le désir de la réaliser s'enflamme par les obstacles, ils doublent les forces de son génie. Il prend le vol de l'aigle, s'élève à une hauteur que l'esprit humain n'avait encore pu atteindre, embrasse d'un seul regard tous les faits isolés de l'univers, les dispose avec ordre, et compose la chaîne qui constitue la science.

Une molécule de matière, arrachée au repos par une seule impulsion, se mouvrait constamment, suivant la même direction et avec la même vitesse, abstraction faite des obstacles. Si la molécule est animée par deux forces angulaires, son mouvement est encore rectiligne et uniforme ; elle décrit la diagonale du parallélogramme formé sur les directions de ces forces. Mais si de ces deux forces imprimées à la molécule, l'une est constante et uniforme, l'autre dirigée vers un point fixe, la molécule parcourt une suite de diagonales infiniment petites, infiniment inclinées les unes aux autres, qui sont les éléments d'une courbe. En se combinant, ces deux forces en engendrent une nouvelle qui sollicite la molécule à s'éloigner du centre du mouvement. Lorsque la courbe décrite est circulaire, la force centrale et la force centrifuge ont le même degré d'intensité ; et cela arrive quand la force de projection étant perpendiculaire à la force centrale, cette dernière égale celle qu'acquerrait la molécule parcourant la moitié du rayon en vertu de sa pesanteur.

Ces principes étaient connus. Descartes, Galilée et Huyghens se partagent la gloire d'en avoir découvert l'existence ; mais il fallait un génie aussi vaste, aussi puissant que celui de Newton pour leur donner la certitude, l'éclat et la généralité qui les distinguent.

Lorsqu'un corps se meut dans une courbe, son rayon vecteur, c'est-à-dire, la droite menée du centre des forces au point où se trouve le corps, décrit des aires proportionnelles aux temps. Cette loi, déjà observée par Képler, reçoit de Newton une nouvelle garantie, et c'est la géométrie qui lui en fournit le moyen. Étranger aux physiciens avant Descartes, cet instrument devient entre les mains de Newton plus pénétrant et plus aigu ; et il le manie avec cette dextérité qui prépare, qui promet les découvertes. Bientôt il dévoile les lois suivant lesquelles tout mouvement curviligne s'exécute : il fait voir que la force qui fait décrire à un corps une section conique en le sollicitant vers l'un des foyers, est réciproque au carré de la distance ; et de toutes ces vérités réunies, il compose un faisceau de lumière, qui répand la plus vive clarté sur le mécanisme du système planétaire.

Le hasard, à proprement parler, n'enfante point les découvertes, il fait des circonstances plus ou moins favorables à leur production ; mais l'homme de génie a le privilége exclusif de les saisir et de leur donner une heureuse fécondité. Le spectacle des corps tombant sur la surface de la terre est un spectacle vulgaire généralement contemplé avec une froide indifférence. Newton y découvre le phénomène et les lois de la pesanteur. Il peut se faire, dit ce philosophe, que la cause qui détermine leur chute étende beaucoup plus loin son empire, et que la lune éprouve, comme les corps terrestres, à chaque instant son influence, avec cette différence remarquable, que l'action de cette force, diminuant à différentes hauteurs, est beaucoup moindre pour la lune.

Un simple raisonnement fondé sur les découvertes de Képler va dévoiler à Newton l'importante loi de cette variation. S'il est vrai que la pesanteur de la lune vers la terre la retient dans son orbite, il en est de même des planètes à l'égard du soleil, des satellites à l'égard de leurs planètes respectives. Newton compare les distances des planètes avec les temps de leurs révolutions ; il trouve les forces centrifuges et les forces centrales qui les animent, réciproques aux carrés des distances, et il en conclut que la lune est enchaînée dans son orbite par la pesanteur diminuée dans le rapport inverse du carré de sa distance au centre de la terre.

Pour confirmer cette conclusion, concevons, avec Newton, la lune dépouillée, de sa force de projection et livrée à la force centrale qui la sollicite vers la terre, elle parcourrait dans une minute le sinus-verse de l'arc qu'elle décrit dans le même temps. Ce sinus-verse égale le carré de l'arc divisé par le diamètre, et le quotient de cette division est quinze pieds. Or, les corps terrestres abandonnés à leur pesanteur parcourent quinze pieds dans une seconde, et conséquemment, d'après la loi découverte par Galilée, quinze pieds multipliés par 3600 dans une minute. La pesanteur des corps terrestres est donc, dans le même temps donné, 3600 fois plus grande que celle de la lune, et précisément dans le rapport inverse du carré de la distance au centre de la terre.

Copernic, Képler et Hook avaient pensé, avant Newton, qu'il existe dans tous les corps de l'univers une force qui détermine leur tendance réciproque. Mais les efforts de ces philosophes pour connaître la loi de l'affaiblissement de cette force allèrent se briser contre les difficultés de l'entreprise : il fallait pour les vaincre le génie de Newton.

Tous les corps tendent à s'approcher les uns des autres en vertu d'une force réciproque au carré de la distance. Cette tendance est un phénomène donné par l'observation ; et Newton la désigne sous le nom d'*attraction*, quelle que soit la cause qui lui donne naissance : elle appartient à chaque molécule de matière, et l'attraction d'un corps n'est autre chose que la somme des attractions de toutes ses plus petites particules. Enfin cette tendance est réciproque. La lune et la terre, le soleil et les planètes tendent les uns vers les autres avec des forces égales, parce qu'il n'y a jamais d'action sans réaction égale et opposée. Gardons-nous d'en conclure que la tendance du soleil vers les planètes doit détruire son immobilité. Lorsque les forces sont égales, les vitesses sont réciproques aux masses ; et comme la masse du soleil est, pour ainsi dire, infiniment plus grande par rapport à celle des planètes, la vitesse du soleil est infiniment petite par rapport à celle des planètes vers cet astre.

Descartes a eu, le premier, l'idée hardie de ramener à une cause unique les phénomènes du ciel et les phénomènes de la terre ; mais c'est à Newton qu'est dû l'honneur de la réaliser. L'attraction proportionnelle à la masse et réciproque au carré de la distance devient entre ses mains le grand ressort de l'univers : dans le ciel elle donne l'immobilité à l'astre qui nous éclaire ; elle se combine avec une force de projection pour donner aux planètes et aux satellites un mouvement elliptique, et les altérations que ces divers mouvements éprouvent, loin de contrarier les lois qui la maîtrisent, ont servi utilement à en confirmer l'existence : sur la terre elle donne aux fluides répandus par gouttes sur un plan horizontal, la forme qui les distingue ; elle empêche les molécules des solides de céder à l'action du calorique, qui les sollicite sans cesse à s'écarter et à se dissiper dans l'espace. Par elle, deux marbres dont la surface est bien polie résistent fortement à leur séparation, et les liqueurs franchissent dans les tubes capillaires la limite de niveau que leur a fixé la nature ; elle produit les combinaisons, les dissolutions et les décompositions chimiques ; enfin l'attraction fait descendre les corps abandonnés à eux-mêmes, suivant une direction verticale ; et quoique son action soit réciproque au carré de la distance, leur mouvement s'accélère toujours uniformément, parce que toutes les molécules du globe terrestre attirent, comme si elles étaient réunies au centre, et que la différence des distances des corps, dans les divers points de leur chute, est insensible par rapport à la distance de 1500 lieues qui les sépare du centre de la terre. Ce dernier phénomène n'a lieu que lorsque les corps terrestres obéissent exclusivement à l'attraction de la terre. Mais si à cette force qui les sollicite vers le centre se joint une force de projection, ils décrivent une courbe parabolique, et si la force de projection était assez grande, ils deviendraient, comme la lune, des satellites de la terre.

Un corps pesé à la surface de la terre aurait-il le même poids s'il était possible de le transporter sur la surface de Jupiter, de Saturne ou du soleil ? Avant la fin du XVIIe siècle, ce problème eût été regardé comme insoluble, et celui qui l'eût proposé aurait passé pour insensé. Ce n'est donc point sans surprise qu'on a vu Newton en donner une solution satisfaisante, par une méthode que je vais tâcher de faire comprendre à mes lecteurs. Si les corps célestes étaient parfaitement sphériques et sans mouvement de rotation, les pesanteurs, c'est-à-dire les vitesses que ferait naître leur attraction dans un même corps transporté successivement sur leur surface, seraient proportionnelles à leurs masses divisées par les carrés de leurs rayons qui désignent les distances du centre. Newton parvient à connaître le rapport des masses du Soleil, de Jupiter et de la Terre, en combinant la loi de l'attraction proportionnelle à la masse et réciproque au carré de la distance avec une des lois de Képler ; et comme le rapport qui existe entre les rayons de ces astres lui est à peu près connu, il trouve, en effectuant les divisions, le rapport des poids d'un même corps pris sur la surface de la Terre et transporté successivement sur la surface de Jupiter, de Saturne et du soleil.

Le mouvement de la lune est sujet à des anomalies dont plusieurs étaient connues des philosophes de l'antiquité. Tycho en découvrit un plus grand nombre, mais la cause qui les produit resta inconnue jusqu'à Newton : il était réservé à ce grand homme de soulever un coin du voile mystérieux qui l'enveloppe.

Si la lune n'éprouvait que l'attraction de la terre, elle décrirait une ellipse autour de cette planète ; mais la lune ressent en même temps l'influence de l'attraction solaire qui exerce aussi son activité sur la terre. Quelle que soit son intensité, si elle était constante et dirigée suivant des lignes parallèles, elle serait exclusivement employée à produire les mouvements annuels de la lune et de la terre autour du soleil ; et le mouvement de la lune autour de la terre n'en souffrirait aucune atteinte, parce que les mouvements communs n'altèrent jamais les mouvements particuliers ; mais la lune étant plus éloignée du soleil que la terre dans la moitié de son orbite, et plus près de cet astre que la terre dans l'autre moitié; elle se trouve moins attirée que la terre par le soleil dans le premier cas; elle l'est plus dans le second. D'ailleurs cette action du soleil sur la terre et sur la lune n'est jamais dirigée suivant les mêmes lignes ou suivant des lignes parallèles, si l'on en excepte les deux points de la conjonction et de l'opposition; et alors la différence des attractions exercées par le soleil sur la terre et sur la lune est la plus grande : ce qui fait que la lune se dérange souvent de la route elliptique que la loi de Képler lui a prescrite. Pour apprécier ces changements, Newton employa les secours de cette géométrie sublime dont il était l'inventeur, et quoiqu'elle n'eût point acquis le degré de perfection dont elle était susceptible, Newton parvint à trouver, ou du moins à ébaucher la véritable explication de ces importants phénomènes : il fit voir que les principales inégalités de la lune, le mouvement de l'apogée et celui du nœud, loin de contrarier l'attraction universelle et réciproque, déposent hautement en faveur de la réalité et de la généralité de cette force.

Les expériences de Richer avaient appris qu'il faut diminuer d'environ une ligne et un quart la longueur du pendule qui bat exactement les secondes à Paris pour les lui faire battre à Cayenne. Ce phénomène, dont la véritable cause n'était point étrangère à Huyghens, exerce le génie de Newton, et il en trouve l'explication la plus satisfaisante, en combinant de la manière suivante la loi de la gravitation avec celle de l'équilibre des fluides.

Si la terre était fluide et dépouillée de son mouvement de rotation, l'attraction égale et réciproque de toutes ses molécules produirait la forme sphérique; car une colonne plus haute de la surface au centre pèserait plus sur le centre, élèverait par son poids les colonnes les plus courtes, et s'abaisserait elle-même à proportion, jusqu'à ce que toutes les colonnes ayant même hauteur se balançassent mutuellement par leur poids. Cette forme sphérique de la terre ne change pas par son mouvement de translation autour du soleil, parce que toutes ses molécules étant animées d'un semblable mouvement, leur rapport de situation n'est pas troublé. Mais par le mouvement de rotation la forme sphérique souffre une altération d'autant plus grande que ce mouvement est plus rapide : il fait naître dans toutes les molécules terrestres une force centrifuge plus ou moins directement opposée à la pesanteur, et qui va en décroissant depuis l'équateur jusqu'au pôle. La pesanteur de ces molécules éprouve sous ce double rapport, par la force centrifuge, une diminution plus grande à l'équateur que dans les autres cercles parallèles; et conséquemment les autres colonnes, pesant plus sur le centre que la colonne de l'équateur, doivent élever continuellement cette colonne, souffrir elles-mêmes une dépression jusqu'à ce que l'excès de hauteur sous l'équateur compense l'excès de pesanteur sous les pôles, et donner à la terre la figure d'un sphéroïde aplati par les pôles : résultat important qui a conduit Newton à annoncer l'aplatissement de la terre dont toutes les observations faites pour déterminer sa mesure, ont confirmé l'existence.

Descartes attribuait à la pression de la lune ces oscillations régulières et périodiques dont les eaux de la mer ne cessent de nous présenter le spectacle, et Galilée les faisait dépendre de la rotation de la terre combinée avec son mouvement dans l'écliptique. Ces explications vagues et hasardées ne pouvaient résister longtemps à l'épreuve de l'observation, et l'important phénomène des marées était encore enveloppé d'une profonde obscurité, lorsque Newton, méditant sur la cause qui le fait naître, vit toutes les circonstances qui l'accompagnent se plier, pour ainsi dire d'elles-mêmes, au grand principe de l'attraction.

Quand la lune passe au méridien, les molécules de la mer, plus voisines de cet astre que le centre du globe terrestre, sont plus attirées que le centre. Elles doivent s'élever et s'éloigner de la terre en vertu de cet excès de force que l'attraction de la lune leur imprime. Les molécules de la mer, situées dans le point correspondant de l'hémisphère opposé, moins attirées par la lune que le centre de la terre, à cause de leur plus grande distance, se porteront moins vers cet astre que le centre de la terre. Celui-ci tendra donc à s'écarter de ces molécules qui seront dès lors à une plus grande distance de ce centre : ainsi, aux deux extrémités du diamètre terrestre dirigé vers la lune, la même cause doit produire en même temps l'élévation des eaux, c'est-à-dire le flux. Il est visible que le reflux doit arriver lorsque la lune abandonne le méridien, car alors l'attraction de cet astre diminue, et cette diminution progressive laisse bientôt à la pesanteur, qui sollicite ces eaux vers le centre de la terre, la force de les abaisser.

Ce que j'ai dit de la lune, je puis le dire du soleil. Ces deux astres influent, quoique inégalement, sur le phénomène des marées; leurs forces attractives se combinent ou se combattent suivant leurs positions respectives, et il en résulte des marées composées. Les parts de la lune et du soleil se distinguent par les dénominations de *marées lunaires* et *marées solaires*. Les premières l'emportent beaucoup sur les secondes, quoique la masse de la lune soit beaucoup moindre que celle du soleil, et cet excès a pour cause l'énorme différence qui existe entre les distances du soleil et de la lune à la terre.

Les eaux de la mer résistent, en vertu de leur inertie, à prendre le mouvement que la lune et le soleil tendent à leur imprimer. Elles ont besoin d'un certain temps pour s'élever et pour s'abaisser; ce qui fait que la plus grande hauteur du flux n'arrive qu'environ *trois* heures après que la lune a passé au *méridien*, et que le reflux est retardé de même.

Dans la conjonction et dans l'opposition, l'action de la lune concourt visiblement avec celle du soleil pour élever les eaux. Dans les quadratures, les eaux de la mer sont abaissées par l'action du soleil au point où elles sont élevées par l'action de la lune, et réciproquement. Les plus grandes marées doivent donc arriver aux nouvelles et pleines lunes; les plus petites, au premier et au second quartier de la lune. Cependant la plus haute marée n'arrive pas et ne doit pas arriver précisément le jour de la nouvelle et pleine lune, mais seulement deux ou trois jours après, parce que le mouvement acquis n'est pas subitement détruit, et ce mouvement augmente l'élévation des eaux, quoique l'action instantanée du soleil soit réellement diminuée.

Telles sont les lois du flux et reflux dont Newton a démontré l'existence. Si leur généralité souffre quelquefois de légères atteintes, il faut en chercher la cause dans diverses circonstances que font naître principalement la position des lieux et la situation des rivages.

On doit à Hypparque l'importante découverte du mouvement des étoiles et le soupçon bien fondé que ce mouvement est une simple apparence produite par la rétrogradation des points dans lesquels l'équateur coupe l'écliptique. Pour apprécier la cause de cette rétrogradation, Newton remarque que, si la terre avait une forme exactement sphérique, l'attraction que le soleil et la lune exercent *sur* cette *planète* influerait exclusivement sur le *mouvement* de son *centre*, et ne produirait aucun changement dans la position de son axe; mais comme elle a la figure d'un sphéroïde dont le petit axe passe par les pôles, si l'on conçoit dans ce sphéroïde une sphère inscrite ayant pour axe le petit axe du sphéroïde, la terre sera formée de ce noyau sphérique, et de plus, d'une couche enveloppant ce noyau sphérique, qui va en croissant d'épaisseur des pôles vers l'équateur. L'attraction du soleil et de la lune sur le noyau sphérique terrestre n'influe que sur le mouvement de son centre, mais leur action sur la couche qui enveloppe le noyau change la position du plan de l'équateur par rapport à celui de l'écliptique.

Pour rendre ce changement plus sensible, Newton considère un point de cette couche, situé à l'équateur, comme une petite lune attachée à la terre, et qui fait sa révolution dans l'espace d'un jour. Les nœuds de l'orbite du point de cette couche pris à l'équateur tendent, en vertu de l'attraction du soleil, à rétrograder sur l'écliptique, et comme la ligne qui joint les nœuds est la ligne même des équinoxes, il en résulte que l'attraction du soleil sur le point de la couche qui enveloppe le noyau sphérique de la terre tend à faire rétrograder la ligne des équinoxes; pour des raisons semblables, les autres points de cette couche tendent à faire rétrograder les équinoxes avec quelques modifications commandées par leur plus ou moins grande distance de l'équateur, et ces diverses tendances combinées donnent naissance à celle qui forme la partie de la précession des équinoxes, que fait naître l'attraction solaire, sans altérer sensiblement l'*inclinaison du plan* de l'équateur avec celui de l'écliptique.

Les anciens, si l'on en excepte Pline et Senèque, regardaient les comètes comme des météores engendrés dans l'atmosphère: Descartes et Képler les classèrent parmi les astres; mais ils les faisaient mouvoir au hasard, sans ordre, sans frein et sans mesure. Cassini vit mieux que ses prédécesseurs, il les *rattacha à notre système planétaire*. Mais il est incertain s'il les plaçait dans l'empire du soleil ou dans l'empire de la terre. Il était digne de Newton de fixer ces *incertitudes*, et de marquer la place que les comètes occupent dans l'univers. L'attraction réciproque au *carré des distances*, qui force tous les corps célestes de décrire des *ellipses*, ne détermine ni la grandeur, ni les dimensions de ces ellipses: on peut toujours les aplatir en augmentant la distance des foyers, et pour faire décrire aux comètes des ellipses aplaties, il suffit de leur imprimer une grande force de projection: si elle a beaucoup d'avantage sur la force centrale, elle est capable de porter la comète dans des régions *éloignées du soleil*, et cet astre doit nécessairement occuper le foyer de ces orbites; car, quoique très-allongées, elles ne peuvent venir que d'une force centrale qui émane du soleil, et cette force ne serait point réciproque au carré de la distance, si cet astre n'était *situé à leur foyer*.

Les comètes et les planètes puisent dans une source commune la lumière et la chaleur. L'éclat des comètes augmente lorsque la distance qui les sépare du soleil diminue, et la chaleur qu'elles éprouvent au voisinage de cet astre devient brûlante au point de dessécher leur surface: tous les liquides passent à l'état gazeux. La vapeur qui s'exhale de la surface de ces globes prend une direction contraire à celle du feu qui la fait naître, et produit ainsi l'apparence de cette queue des comètes, toujours opposée au soleil, qui a été si longtemps un sujet de terreur et d'alarmes pour les habitants de la terre.

Libes, continuant d'analyser les travaux de Newton, s'exprime ainsi:

« Galilée, Torricelli et Mariotte avaient connu la résistance que les fluides opposent au mouvement des corps; mais aucun, jusqu'à Newton, n'avait tenté de la mesurer. Lorsqu'un corps se meut dans un fluide, il trouve à chaque pas sur sa route des molécules de matière, auxquelles il est forcé de communiquer une partie de sa force, pour vaincre l'obstacle qu'elles opposent, en vertu de leur inertie, au mouvement qui l'anime. Cette résistance se compose de la densité du milieu, d'une fonction de la vitesse du corps mû et de la grandeur de sa surface. Newton calcule l'influence respective de ces divers éléments sur le mouvement des corps, le son, la lumière, et il arrive à des conclusions rigoureuses qui le conduisent à chasser des espaces célestes ces fameux tourbillons que Descartes y avait introduits pour animer les planètes. Newton y ramène l'attraction et le vide, accompagnés d'une force imposante, bien propre à éterniser leur empire.

« Il est une autre sorte de résistance qui provient de la cohésion des molécules d'un fluide. Newton ne s'est pas occupé de la déterminer, parce que dans les mouvements rapides elle n'est pas comparable à celle que fait naître l'inertie; mais dans les mouvements très-lents, elle devient sensible, et nous verrons qu'il était réservé à Coulomb de la mesurer avec exactitude par des expériences délicates.

« La physique se divise en plusieurs branches bien distinctes; je les compare à des provinces nombreuses qui forment par leur réunion un grand empire. Chacune d'elles est soumise à des règles particulières commandées par les circonstances, sans altérer la généralité des lois qui les maîtrisent. Le génie de Newton, dirigé d'abord vers la connaissance des lois générales qui régissent l'univers, s'exerça ensuite à l'étude des phénomènes que certains corps ont exclusivement le privilége de produire. Le premier, il a observé qu'un morceau de verre dont une des faces acquiert l'électricité par frottement, attire et repousse ensuite des corps légers situés à une petite distance de la face opposée. Le premier, il a vu animés de la même vitesse des corps de différent poids et de différente pesanteur spécifique, tombant verticalement de l'extrémité supérieure d'un long tube de verre vide d'air. Le premier enfin il a proposé une hypothèse plausible sur la cause de l'élasticité de l'air. Il la fait dépendre de ce que ce fluide se compose de molécules qui se repoussent mutuellement avec des forces centrifuges réciproques à la distance qui les sépare; et il fonde son opinion sur ce qu'il a démontré, dans le second livre de ses Principes, que si les molécules d'air sont de nature à s'éloigner les unes des autres avec des forces centrifuges réciproques à leurs distances, elles doivent former un fluide élastique dont la densité sera toujours comme la force qui le comprime.

« Renaldin (1) a eu la première idée de donner à l'échelle du thermomètre des limites invariables. Il proposait, en 1694, de marquer sur cet instrument les points où il s'arrêterait dans l'eau bouillante et dans la glace, et de diviser l'intervalle en un nombre déterminé de parties. Peu de temps après, Newton parvint à réaliser l'idée de Renaldin, sans employer ses moyens d'exécution. Ce grand homme avait senti, comme le physicien de Pavie, la nécessité de bannir du thermomètre les mesures vagues et arbitraires. Il publia, en 1701, dans les *Trans. philosoph.*, un tableau de divers degrés de chaleur, qu'il appelait *constants*, et qu'il exprima par les degrés d'un thermomètre d'huile de lin, dont l'échelle avait deux termes fixes : l'un, marqué zéro, était déterminé par le point où s'arrêtait l'huile lorsqu'on plongeait l'instrument dans la neige fondante; l'autre, marqué 12, indiquait la température du corps humain : l'intervalle était divisé en 12 parties égales, et la division continuée au delà des deux limites.

« La lumière prend sa source dans le soleil et les étoiles. Ces astres sont l'immense réservoir où la nature puise à chaque instant ces torrents de matière fluide dont les molécules animées d'une vitesse incroyable éclairent, échauffent, embellissent l'univers (2). Un rayon de lumière, c'est-à-dire une file non interrompue de ces atomes lumineux, n'abandonne jamais sa direction rectiligne, s'il ne rencontre des obstacles : les corps opaques l'arrêtent dans sa course rapide; mais alors il se relève sous un angle égal à celui de sa chute. Les corps diaphanes lui prêtent un passage plus ou moins facile; mais toujours, lorsque son incidence est oblique, il est forcé de changer sa route pour s'approcher ou s'éloigner de la perpendiculaire, de manière que, dans les mêmes milieux, le rapport du sinus d'incidence au sinus de réfraction est constant et immuable, quelle que soit l'incidence du rayon.

« Ces phénomènes faisaient le désespoir des physiciens. Ils deviennent un jeu pour le génie de Newton. Si la lumière s'infléchit en passant au voisinage des corps, c'est qu'elle ressent l'influence de l'attraction puissante qu'ils exercent. Si le rayon se brise dans son passage d'un milieu dans un autre, s'il plie davantage sa route quand le milieu est plus dense, ce n'est pas, comme le prétendait Descartes, que ces milieux plus denses lui offrent une transmission plus facile, c'est qu'ils exercent une attraction plus puissante, et c'est de l'attraction de ces milieux que la lumière reçoit cet excédant de force qui la fait arriver plus tôt au terme de sa course : enfin, lorsqu'un rayon passe d'un milieu plus rare dans un milieu plus dense, la vitesse effective qu'il reçoit à chaque instant est d'autant moindre que son incidence est plus oblique; mais alors il reste plus longtemps dans l'espace étroit où s'exerce l'attraction, et se dédommage ainsi du peu d'intensité de l'action effective instantanée, par la grandeur de sa durée : il y a donc un rapport constant entre les vitesses d'un rayon lumineux dans deux milieux

(1) *Caroli Renaldini naturalis Philosoph. Patavii*, 1694.

(2) Libes est partisan du système de l'*émission*.

donnés; et comme la vitesse du rayon après la réfraction est toujours à sa vitesse avant la réfraction, comme le sinus d'incidence est au sinus de réfraction, il résulte que le rapport qui existe entre les sinus est constant et immuable.

« Il était digne d'un grand philosophe, d'un homme profondément versé dans l'étude de la nature, de vouloir soumettre à l'empire de la même force le phénomène de la réfraction de la lumière, et celui de sa réflexion. Newton tente cette entreprise difficile, et si le succès ne couronne pas complétement son espérance et ses efforts, il parvient du moins à dissiper un préjugé populaire sur la cause de la réflexion de la lumière.

« Un corps, qui a reçu tout le poli dont il est susceptible, présente à l'observateur, aidé du microscope, une infinité de sillons qui attestent l'irrégularité de sa surface: elle ne peut donc réfléchir d'une manière régulière les rayons lumineux, et puisque l'observation nous apprend que des corps bien polis réfléchissent régulièrement la lumière, il faut conclure, dit Newton, que la réflexion se fait à une petite distance de la surface où les irrégularités s'évanouissent.

«Une glace renferme dans son épaisseur un grand nombre de rangées de parties solides, dont chacune devrait visiblement réfléchir des rayons lumineux, si la réflexion de la lumière était produite par les parties solides des corps : nous devrions donc apercevoir autant d'images du même objet qu'il y a de rangées de molécules, ce qui est contraire à l'expérience.

« Si la lumière frappe obliquement un morceau de verre immobile dans l'air, on aperçoit deux images de l'objet; mais si audessous du verre on met un vase plein d'eau ou d'huile, on ne voit plus qu'une seule image, et il en résulte que les rayons qui, dans le premier cas, étaient réfléchis par la surface postérieure du verre, ne le sont plus dans le second : où trouver, dit Newton, la cause de ce changement, si ce n'est dans l'eau ou dans l'huile, dont la force attractive pour la lumière, surpassant celle de la surface postérieure du verre pour ce même fluide, le force de continuer sa route.

« Ces expériences attestent la fausseté de l'hypothèse attribuant au choc que font éprouver à la lumière les parties solides des corps, le phénomène de sa réflexion, et c'est déjà un grand service que Newton rend à la science. Elle s'enrichit également et des vérités qu'elle acquiert et des erreurs dont on la débarrasse.

« Ne perdons pas de vue Newton : il fait de nouvelles interrogations à la nature, pour connaître la véritable cause de la réflexion de la lumière; et déjà le phénomène de l'agrandissement de l'ombre d'un cheveu et de tous les corps légers frappés comme lui d'un trait de lumière, lui annonce qu'il existe sur la surface des corps une puissance répulsive agissant sur la lumière avant le contact immédiat.

« Mais la force attractive et la force répulsive que les corps exercent sur la lumière sont-elles une seule et même puissance attirant ou repoussant ce fluide suivant les circonstances? Newton se décide pour l'affirmative, et il appuie son opinion sur des motifs qui, quoique très-ingénieux, ne me paraissent pas propres à dissiper entièrement l'épais nuage qui enveloppe le phénomène de la réflexion de la lumière.

« La nature offre aux habitants de la terre le spectacle habituel d'une grande variété de couleurs, qui leur fait éprouver les plus pures, les plus douces jouissances. Cet important phénomène avait exercé l'active curiosité des philosophes; mais leurs efforts impuissants ne servirent qu'à attester la difficulté de l'entreprise. Newton devait jouir seul du privilége de pénétrer la profondeur d'un mystère que Platon croyait exclusivement réservé à la suprême Intelligence.

« Newton présente une des faces d'un prisme à un rayon solaire introduit dans une chambre obscure. Le prisme est traversé par le rayon; mais dans ce passage le rayon se colore, les couleurs se séparent et vont peindre sur la muraille opposée une image cinq fois plus longue que large, tandis qu'elle devrait être circulaire suivant les lois ordinaires de la réfraction. Cette extrême dilatation de l'image fait naître dans la tête de Newton le soupçon bien fondé que la lumière se compose d'un grand nombre de rayons différemment réfrangibles, dont sept (1) se distinguent par des nuances de couleur bien sensibles, et ce soupçon se change en certitude, lorsque Newton multipliant les épreuves, variant les expériences, obtient constamment le même résultat. Toujours les rayons se séparent et se colorent ; toujours ils sont disposés dans le même ordre; toujours chaque rayon conserve la couleur qui lui est propre, soit qu'il traverse d'autres prismes, soit qu'il tombe sur différents miroirs sous différente inclinaison. Toujours enfin les rayons recouvrent leur blancheur primitive, lorsqu'après avoir été séparés par le prisme, on les réunit à la faveur d'une lentille.

« Les rayons qui nous sont envoyés par le soleil situé à l'horizon traversent les couches atmosphériques les plus denses et les plus chargées de substances étrangères. Le plus grand nombre des rayons sont arrêtés dans leur marche rapide, et les rouges, exclusivement doués d'une force suffisante pour triompher de ces obstacles, parviennent isolés à l'organe de la vision. Telle est l'explication simple et facile d'un phénomène vulgaire qui faisait le désespoir des physiciens, avant que Newton annonçât la composition de la lumière et la diverse réfrangibilité de ses rayons élémentaires.

« Les rayons les plus réfrangibles sont

(1) Le rouge, l'orangé, le jaune, le vert, le bleu, l'indigo, le violet.

aussi les plus réflexibles, et c'est à cette nouvelle propriété, dont Newton a le premier constaté l'existence par des expériences délicates, que le ciel doit cette couleur azurée qu'il offre à nos regards pendant la durée d'un beau jour. Les rayons qui nous viennent du soleil sont réfléchis par la surface de la terre; ils se jettent dans l'atmosphère qui nous renvoie les rayons bleus, pourpres et violets plus réflexibles que les autres, et dont le mélange produit la couleur azurée.

« Lorsque la lumière a traversé l'atmosphère de la terre, plusieurs des rayons qui la composent se combinent avec les molécules des corps qu'ils rencontrent sur leur route. Les autres rayons sont réfléchis, et les corps empruntent toujours la couleur des rayons qui sont renvoyés en plus grand nombre. Cette opinion n'est point une conjecture hasardée : Newton ne l'embrasse qu'après avoir obtenu de la nature, interrogée avec adresse, une réponse *favorable*. Il fait tomber successivement sur un objet les rayons séparés par le prisme dans une chambre obscure, et quelle que fût la couleur de l'objet lorsqu'on l'apercevait au grand jour, il paraît toujours de *la couleur* du rayon qui tombe sur sa surface, avec cette circonstance remarquable : si la couleur du rayon est la même que celle de l'objet, sa couleur est très-éclatante, tandis qu'elle est sombre et obscure, si la couleur naturelle de l'objet est différente de celle du rayon. »

Des bulles formées avec de l'eau de savon, à l'aide d'un chalumeau, présentent au spectateur diverses couleurs fugitives et changeantes; et deux verres convexes, posés l'un sur l'autre, laissent apercevoir des anneaux différemment colorés depuis le centre jusqu'à la circonférence des lentilles. Dans le phénomène des bulles, l'eau, sans cesse sollicitée par la pesanteur, coule visiblement de la partie supérieure de la bulle vers sa partie inférieure, qui se condense et s'épaissit aux dépens de la première. Dans le phénomène des lentilles, les rayons lumineux ne peuvent être réfléchis que par l'air remplissant l'espace qui sépare les deux lentilles; et l'épaisseur des lames aériennes réfléchissantes augmente sensiblement du centre à la circonférence des lentilles. Il semble donc que la faculté qu'ont les corps de réfléchir les rayons de telle ou telle couleur, de préférence à tous les autres, dépend de l'épaisseur des lames qui composent leur surface, combinée avec leur densité. Ces lames, telles que Newton les conçoit, sont formées de filets très-déliés, situés parallèlement les uns aux autres et dont chacun peut être divisé en un très-grand nombre de parties, sans que l'épaisseur et la densité souffrent la moindre altération; et alors le corps conserve la couleur qu'il avait avant d'effectuer la division : il en est autrement si l'épaisseur ou la densité des particules qui résultent de la division de ces filets éprouve quelque changement; et cel arrive lorsqu'elles s'unissent étroitement à une autre substance. Toute combinaison altère la densité des lames réfléchissantes, ce qui détermine un changement dans la couleur.

Le phénomène des anneaux colorés se lie avec facilité à plusieurs autres, et particulièrement à celui des diverses couleurs que présentent certains corps diaphanes, suivant qu'on les considère par des rayons réfléchis ou par des rayons transmis. Quant à la cause physique qui détermine certains rayons à être transmis, tandis que d'autres sont réfléchis par une épaisseur d'une lame déterminée, Newton propose des conjectures ingénieuses sans être entièrement satisfaisantes.

Antonio de Dominis avait deviné la marche des rayons solaires tombant sur la partie supérieure des gouttes de pluie pour former l'arc-en-ciel *intérieur*, et Descartes détermina celle que suivent les rayons solaires tombant sur la partie inférieure de ces gouttes pour former l'arc-en-ciel extérieur. Descartes alla plus loin : il fit voir que l'iris devait avoir la forme d'un arc, et que cet arc devait être lumineux; mais il ne put rendre raison de cette admirable variété de couleurs qui parent les bandes circulaires, et dont la véritable cause était inconnue lorsque Newton, décomposant la lumière en rayons diversement colorés, a démontré la différente réfrangibilité de chacun de ces rayons élémentaires.

La différente réfrangibilité des rayons doit visiblement nécessiter leur dispersion, lorsque la lumière passe de l'air dans un milieu tel qu'un verre de lunette, ce qui fait que, dans les télescopes à réfraction, l'image de l'objet n'est jamais nette et distincte, mais toujours terminée par les couleurs de l'iris. Réfléchissant sur cette nouvelle sorte d'aberration incomparablement plus grande que l'aberration de sphéricité, et considérant que chaque rayon élémentaire, quoique inégalement réfrangible, se relève sous un angle égal à celui de sa chute, Newton eut l'idée de substituer la réflexion à la réfraction dans la construction des lunettes. Un miroir concave bien poli, formant le fond du tube et recevant la lumière qui émane de l'objet; un miroir plan, situé obliquement vers le milieu du tube, qui renvoie la lumière à l'oculaire adapté de l'autre côté à une monture latérale, tels sont les principaux éléments qui entrent dans la composition du télescope newtonien. Le P. Mersenne et Jacques Gregori avaient eu, avant Newton, l'idée d'un télescope de ce genre; mais le P. Mersenne ne réalisa point son idée; et le télescope construit, en 1663, par Jacques Gregori, diffère de celui de Newton en ce qu'il se compose de deux miroirs concaves opposés l'un à l'autre, et d'un oculaire dioptrique. Ces sortes d'instruments offraient de grands avantages à l'époque de leur invention : aujourd'hui on en a abandonné l'usage, parce qu'on a fait disparaître l'aberration de réfrangibilité dans le télescope à réfraction, par des moyens dont nous ne pouvons donner ici l'exposition.

Certains corps offrent un passage facile à la lumière; les autres ne se laissent point traverser par ce fluide. Aristote et Descartes faisaient dépendre ce phénomène de la situation respective des pores qui séparent les molécules des corps. Lorsque ces pores ont une disposition rectiligne, les rayons lumineux ne trouvent, en pénétrant les corps, aucune partie solide qui résiste à leur passage; et alors les corps sont transparents: ils sont opaques dans l'hypothèse contraire.

Mécontent de cette explication, Newton, fidèle à suivre la méthode qu'il s'est prescrite, interroge la nature, observe avec soin les phénomènes, et tâche de s'élever à la cause qui les fait naître. Une feuille de papier devient plus transparente par son immersion dans un liquide. L'eau devient opaque lorsqu'elle est battue par sa propre chute ou par un autre moyen quelconque. Du verre pilé, fêlé ou dépoli, perd la transparence, et l'air se dépouille de cette propriété lorsque l'eau s'élève, sous forme de vapeur, dans l'atmosphère.

C'est d'après ces expériences et plusieurs autres aussi simples, aussi faciles à vérifier, que Newton explique les phénomènes de la transparence et de l'opacité: ils dépendent du rapport qui existe entre la densité des molécules d'un corps et celle du milieu remplissant l'intervalle qui les sépare. Plus ce rapport approche de l'égalité, plus la transparence devient grande: elle serait parfaite dans un corps dénué de pores qui jouirait de l'homogénéité; il n'opposerait aucune résistance au passage de la lumière. Il semble donc que la lumière a reçu de la nature le pouvoir de pénétrer les molécules des corps; et pourquoi lui refuserions-nous cette propriété dont plusieurs phénomènes annoncent l'existence, tandis qu'aucune expérience n'atteste l'impénétrabilité de ce fluide.

Le plan de l'optique de Newton est immense; il embrasse toutes les parties de la physique terrestre: si Newton ne l'a pas exécuté entièrement, c'est que la nature a marqué un terme aux efforts de l'intelligence humaine. On trouve néanmoins, sous forme de questions, à côté du superbe édifice que Newton a élevé, plusieurs pierres d'attente qui pourront servir à continuer ce bel ouvrage ou du moins à compléter l'histoire des pensées d'un grand homme. Ces questions abondent en idées fines et lumineuses, en conceptions vastes et hardies.

Tantôt Newton soupçonne que les rayons solaires, pénétrant les pores des corps, impriment à leurs molécules un mouvement de vibration qui constitue la chaleur; tantôt il soumet aux physiciens la question de savoir si les rayons de différente espèce n'excitent point sur la rétine des vibrations de diverse grandeur, de manière que chaque vibration différente produise le sentiment du rayon diversement coloré qui la fait naître. Ici il pense que l'harmonie et la discordance des couleurs peuvent dépendre du rapport qui existe entre les vibrations qui se propagent de la rétine au cerveau à travers les fibres des nerfs optiques. Là, recherchant la cause de la double réfraction de la lumière annoncée d'abord par Bartholin, et décrite ensuite par Huyghens avec plus d'exactitude, Newton croit reconnaître dans chaque rayon lumineux différents côtés doués de propriétés différentes qui font naître ce phénomène. Ailleurs, il regarde les corps naturels comme composés de molécules toujours animées par deux forces, dont l'une tend sans cesse à les rapprocher, la seconde à les écarter; et c'est du différent rapport qui existe entre ces forces qu'il fait dépendre la solidité, la liquidité et la fluidité aériforme. Partout, enfin, Newton considère l'attraction comme le principe de tous les mouvements qui s'exécutent dans le ciel et sur la terre; s'il en était autrement, une certaine quantité de mouvement une fois imprimée ne ferait ensuite que se partager différemment suivant les lois de la percussion. Les chocs contraires en détruiraient continuellement sans qu'il en pût renaître, et l'univers ne tarderait pas à tomber dans un état mortel d'inertie et de repos.

Tant de vues saines et profondes, tant de sublimes découvertes valurent à Newton, pendant sa vie, un tribut bien mérité d'admiration et de reconnaissance. Les savants de son pays le proclamèrent unanimement leur chef et leur maître. Lui seul ne se doutait pas de sa grande supériorité, parce que ses découvertes ne lui avaient, pour ainsi dire, rien coûté. La nature l'avait choisi pour son interprète et son organe; elle s'était dévoilée à lui entièrement, et Newton ne faisait que remplir l'importante mission qui lui était confiée, en révélant ses secrets à l'univers. Tel est le véritable caractère du génie, qu'il parvient sans peine et sans effort à des résultats que la médiocrité ne peut atteindre avec beaucoup de travail et de fatigue.

Voy. Physique et Matière.

NIVEAU DES MERS. — Les principes de l'hydrostatique ne trouvent pas seulement leur application dans les tubes et dans les vases étroits, sur lesquels nous pouvons expérimenter, mais ils s'appliquent pareillement à tous les liquides qui sont répandus dans la nature.

C'est en vertu des mêmes lois que toutes les eaux de la terre sont nivelées dans les bassins profonds de la mer, et que leur vaste surface conserve tout autour du globe une forme permanente: si elle est soulevée par les tempêtes, elle est ramenée par les lois de l'équilibre dans les limites qui lui sont assignées.

Si la terre était immobile et formée de couches homogènes, la surface des mers serait rigoureusement sphérique; les navigateurs qui passent sous la ligne, ceux qui parcourent des plages inconnues, dans l'un ou dans l'autre hémisphère, et ceux qui visitent les côtes du Groënland ou les mers encore plus voisines du pôle, se trouveraient tous en même temps à la même distance du centre de la terre; les choses seraient ainsi par les lois de l'hydrostatique, et par la structure des parties solides du globe qui n'offrent à la surface que des saillies insensibles. De grandes inégalités dans les parties solides troubleraient la sphéricité des surfaces liquides : si la chaîne des Cordillères était seulement cent fois plus haute, les eaux seraient montantes sur les côtes de l'Amérique vers l'orient comme vers l'occident; elles seraient descendantes sur les côtes opposées, et les ports de France seraient à sec aussi bien que ceux du Japon.

Si la terre était immobile et composée à l'extérieur de parties hétérogènes d'une densité très inégale; si, par exemple, au-dessous de l'Océan, entre la croûte qui lui sert de fond et le centre de la terre, il se trouvait d'immenses cavernes qui fussent *vides* ou remplies de substances de faible densité, il est clair que l'intensité de la pesanteur serait beaucoup moindre sur les eaux de l'Océan que sur celles des autres mers, et qu'alors la surface générale des eaux, au lieu d'être sphérique de toutes parts, devrait être renflée dans quelques endroits, et dans d'autres déprimée. Ainsi, une hétérogénéité de substances pourrait à elle seule produire des irrégularités de forme; si à cette cause on ajoute l'influence de la force centrifuge, on voit que la question devient encore plus compliquée. Dans l'ignorance où nous sommes sur la composition intérieure du globe, dont, avec toute notre puissance, nous ne pouvons fouiller qu'une superficie d'une profondeur insensible, il nous est tout à fait impossible de déterminer à présent quelle doit être, dans l'état de repos, la véritable courbure de la surface des eaux. C'est pour cela qu'on a essayé de la déterminer par des nivellements directs, et voici à cet égard les résultats auxquels on est parvenu.

Le niveau de la mer Rouge s'élève au-dessus du niveau de la mer Méditerranée de 9^m,9 dans les hautes mers, et de 8^m,12 dans les basses mers. Cette différence a été déterminée pendant l'expédition d'Egypte par une commission d'ingénieurs, sous la direction de Le Père.

La mer Méditerranée à Barcelone, et l'Océan à Dunkerque, sont très-sensiblement au même niveau, d'après les observations de Delambre.

La mer du Sud au Callao paraît plus élevée de 7^m que l'Océan à Carthagène, d'après les déterminations barométriques de M. de Humboldt.

Le mélange des eaux des fleuves avec les eaux de la mer présente aussi quelques phénomènes remarquables d'hydrostatique. L'eau douce, étant plus légère, doit se tenir à la surface, tandis que l'eau salée doit, par sa pesanteur, former les couches les plus profondes. C'est, en effet, ce que M. Stevenson a observé en 1816, dans le port d'Abrideen, à l'embouchure de la Dée, et aussi dans la Tamise, près de Londres et de Woolwich. En puisant de l'eau à diverses profondeurs avec un instrument imaginé pour cet objet, M. Stevenson a trouvé qu'à une certaine distance de l'embouchure l'eau est douce dans toute la profondeur, même à la marée montante; mais que, si l'on descend le cours de la rivière et que l'on approche un peu plus près de la mer, on trouve l'eau douce à la surface, tandis que l'eau de la mer forme les couches du fond. D'après ses observations, c'est entre Londres et Woolwich que, pour la Tamise, la salure du fond commence à être sensible. Ainsi, au-dessous de Woolwich, cette rivière, au lieu de couler sur un fond solide, coule véritablement sur le fond liquide formé par les eaux de la mer, avec lesquelles sans doute elle se mêle plus ou moins. Cependant M. Stevenson est d'opinion qu'à la marée montante les eaux douces sont soulevées pour ainsi dire *tout d'une pièce* par les eaux salées qui affluent et qui remontent le lit du fleuve, tandis que l'eau douce continue de couler vers la mer.

Ces expériences tendent à confirmer l'opinion que Franklin avait émise sur ce sujet dès l'année 1761. « Si quelques rivières, dit-il, se rendent dans les lacs, sans que cependant ceux-ci débordent jamais, c'est que les eaux se répandent alors sur une surface tellement grande, que l'évaporation enlève journellement une masse de liquide à peu près égale à celle qui afflue; mais il est des fleuves qui, par l'étendue de leur cours et la largeur de leur embouchure, peuvent être assimilés à des lacs. » Pour que la ressemblance fût parfaite, il suffirait qu'une digue arrêtât le cours des eaux et les empêchât de se rendre à la mer; on trouverait bien alors, suivant les saisons, quelques différences de niveau; mais on conçoit en général que, sous certaines circonstances, ces différences pourraient être renfermées dans des limites assez resserrées. Quoique la communication entre la rivière et la mer soit ouverte, on peut supposer que la digue dont nous venons de parler existe réellement dans la surface de jonction de l'eau douce et de l'eau salée. Seulement cette digue sera mobile, elle remontera d'un certain nombre de lieues à la marée montante, et redescendra ensuite : l'amplitude des excursions pourra varier avec le volume des eaux. Dans quelques cas, on devra aussi s'attendre à trouver que l'eau de la mer et celle de la rivière se mêlent en se rencontrant, et dans une étendue plus ou moins considérable, par le double effet de leurs mouvements et de la différence des pesanteurs spécifiques; mais, à une certaine distance de l'embouchure, l'eau douce, d'abord entraînée par le courant et refoulée ensuite par la marée, oscillera à peu près dans les mêmes limites et sans jamais atteindre la mer. L'ignorant imaginerait que les eaux coulent et se perdent en partie sous quelques crevasses de la terre, tandis qu'en réalité c'est par l'air qu'elles s'échappent.

NIVEAU D'EAU. *Voy.* HYDROSTATIQUE.

NIVEAU À BULLE D'AIR. *Voy.* HYDROSTATIQUE.

NOEUDS. *Voy.* ORBITE, LUNE, PLAN.

NOMBRE D'OR. *Voy.* CALENDRIER.

NONES. *Voy.* CALENDES.

NUAGES. — A considérer les formes, les apparences, les dispositions si variées des nuages, il semble que toute classification soit impossible. Cependant on s'est efforcé de les ramener à quelques types principaux. Ces types, importants en eux-mêmes, le sont surtout en ce qu'ils se rattachent à des modifications atmosphériques antérieures et nous fournissent des indications précieuses sur les changements de temps à venir.

Les nuages se composent de vapeur d'eau. Toutefois, si l'on songe qu'ils nagent quelquefois dans des régions dont la température est à plusieurs degrés au-dessous de zéro, on comprend qu'ils puissent se composer de particules glacées. En hiver, par un froid rigoureux, on reconnaît souvent que les vapeurs qui s'élèvent se composent d'aiguilles brillantes qui reluisent au soleil et ressemblent à de petits flocons de neige. La même chose doit se passer dans les hautes régions de l'atmosphère. Il existe donc des nuages de neige et des nuages de vapeur d'eau. Plus tard nous ferons connaître les caractères qui peuvent servir à les distinguer, et nous verrons que cette distinction est importante pour expliquer un grand nombre de phénomènes atmosphériques.

Howard a distingué, d'après leurs formes, trois sortes de nuages : les *cirrus*, les *cumulus* et les *stratus*, auxquels on rattache quatre formes de transition, savoir : les *cirro-cumulus*, les *cirro-stratus*, les *cumulo-stratus*, et les *nimbus*.

Le *cirrus* (*queue de chat* des marins, *nuages de S.-O.* des paysans suisses) se compose de filaments déliés, dont l'ensemble ressemble tantôt à un pinceau, tantôt à des cheveux crépus, tantôt à un réseau délié.

Le *cumulus* ou nuage d'été (*balle de coton* des marins) se montre souvent sous la forme d'une moitié de sphère, reposant sur une base horizontale. Quelquefois ces demi-sphères s'entassent les unes sur les autres et forment ces gros nuages accumulés à l'horizon, qui ressemblent de loin à des montagnes couvertes de neige.

Le *stratus* est une bande horizontale qui se forme au coucher du soleil, et disparaît à son lever. Sous le nom de *cirro-cumulus* Howard désigne ces petits nuages arrondis, qu'on nomme souvent nuages moutonnés ; quand le ciel en est couvert, on dit qu'il est pommelé.

Le *cirro-stratus* se compose de petites bandes formées de filaments plus serrés que ceux des *cirrus*, car le soleil a quelquefois de la peine à les percer de ses rayons. Ces nuages forment des couches horizontales qui, au zénith, semblent composées d'un grand nombre de nuages déliés, tandis qu'à l'horizon, où nous apercevons la projection verticale, on voit une bande longue et fort étroite.

Lorsque les *cumulus* s'entassent et deviennent plus denses, cette espèce de nuage passe à l'état de *cumulo-stratus*, qui revêtent souvent à l'horizon une teinte noire ou bleuâtre, et passent à l'état de *nimbus* ou nuage pluvieux. Celui-ci se distingue par sa teinte d'un gris uniforme et ses bords frangés ; les nuages qui le composent sont tellement confondus, qu'il devient impossible de les distinguer.

S'il est facile de distinguer ces nuages lorsque leurs formes sont bien caractérisées, il est souvent fort difficile de bien dénommer certaines formes de transition, et tel observateur, par exemple, appellera *cirro-stratus* ce qu'un autre aurait désigné sous celui de *cumulo-stratus*.

Après une période continue de beau temps, et lorsque le baromètre commence à baisser lentement, les *cirrus*, bien caractérisés, se montrent souvent sous la forme de filaments déliés, dont la blancheur contraste avec l'azur du ciel. D'autres fois ils sont disposés en bandes parallèles à peine visibles, qui sont dirigées du sud au nord, ou du S.-O. au N.-E. Quelquefois ils s'écartent et ressemblent à la queue flottante d'un cheval. En Allemagne ces nuages sont connus sous le nom d'arbres du vent. On voit aussi ces filaments s'entre-croiser diversement. Ces nuages ressemblent souvent à du coton cardé, et passent à l'état de *cirro-cumulus* et de *cirro-stratus* ; la couleur blanche qui les caractérise ne permet pas toujours de reconnaître leur structure et de suivre leurs transformations ; mais, au moyen de ces miroirs de verre noirci dont se servent les paysagistes, on y parvient avec la plus grande facilité : l'œil n'est point ébloui, et on peut étudier à loisir le nuage qui se réfléchit dans la glace.

Les *cirrus* sont les nuages les plus élevés ; il est difficile de déterminer leur hauteur. Des mesures faites à Halle ont conduit souvent à leur assigner une élévation de 6500 mètres. Les voyageurs qui ont parcouru les hautes montagnes sont unanimes pour assurer que des sommets les plus élevés leur apparence est la même. Pendant un séjour de onze semaines en face du Finsteraar-Horn, dont l'élévation est de 4200 mètres, M. Kaëmtz n'a jamais observé de *cirrus* au-dessous de la sommité de cette montagne. C'est au milieu des *cirrus* que se forment les halos et les parhélies, et en étudiant ces nuages au moyen du miroir noirci, il est rare de ne pas y découvrir des traces de halos. Ces phénomènes étant dus à la réfraction de la lumière dans des particules glacées, on peut en conclure que les *cirrus* eux-mêmes se composent de flocons de neige qui nagent à une grande hauteur dans l'atmosphère. Des observations continuées pendant dix ans l'ont convaincu de la vérité de cette assertion, et il ne connaît pas d'observation qui tende à prouver que ces nuages se composent de vésicules d'eau. On s'étonnera sans doute qu'en été, lorsque la température atteint souvent 25°, les nuages qui flottent au-dessus de nos têtes soient composés de glace ;

mais le doute disparaîtra si l'on songe au décroissement de la température avec la hauteur. Par une de ces chaudes journées, quand il tombe de la pluie dans la plaine, cette pluie est de la neige sur le sommet des Alpes.

L'apparition des *cirrus* précède souvent un changement de temps. En été ils annoncent de la pluie; en hiver, de la gelée ou du dégel. Même quand les girouettes sont tournées vers le nord, ces nuages sont souvent entraînés par des vents du sud ou du S.-O.; et bientôt ceux-ci se font aussi sentir à la surface de la terre. On peut admettre que ces nuages sont amenés par des vents du sud, qui déterminent la baisse du baromètre et dont les vapeurs se précipitent à l'état de pluie. Telle est du moins la théorie de M. Dove : elle justifie la dénomination sous laquelle les paysans suisses ont désigné ce genre de nuages.

Lorsque le vent de S.-O. l'emporte et s'étend aux régions inférieures de l'atmosphère, les cirrus deviennent aussi de plus en plus denses, parce que l'air est plus humide. Ils passent alors à l'état de *cirro-stratus*, qui se montrent d'abord sous la forme d'une masse semblable à du coton cardé dont les filaments seraient étroitement entrelacés, et peu à peu ils prennent une teinte grisâtre : en même temps le nuage semble s'abaisser, et il se forme de la vapeur vésiculaire qui ne tarde pas à se précipiter sous forme de pluie.

Les mêmes circonstances météorologiques déterminent quelquefois la formation de *cirro-cumulus* légers, qui se composent entièrement de vapeur vésiculaire. Ils n'affaiblissent pas la lumière du soleil qui les traverse, et M. de Humboldt a souvent pu voir au travers de ces nuages des étoiles de quatrième grandeur, et même reconnaître les taches de la lune. Quand ils passent devant le soleil ou la lune, ces astres sont entourés d'une admirable couronne. Les *cirro-cumulus* sont un présage de chaleur. Il semble que les vents chauds du sud, qui règnent dans les régions supérieures, n'amènent pas une quantité de vapeurs suffisante pour couvrir entièrement le ciel de nuages, et qu'ils n'agissent que par leur température élevée.

Tandis que les nuages dont j'ai parlé sont un produit des vents de sud, les *cumulus* doivent leur existence aux courants ascendants; leur hauteur varie beaucoup, mais elle est toujours moins considérable que celle des *cirrus*. C'est dans les beaux jours d'été que les *cumulus* sont les mieux caractérisés. Lorsque le soleil se lève sur un ciel serein, on voit paraître vers les huit heures du matin quelques petits nuages qui semblent croître de dedans en dehors, grossissent, s'accumulent, et forment des masses nettement circonscrites et limitées par des lignes courbes qui se coupent dans différentes directions. Leur nombre et leur grandeur augmentent jusqu'à l'heure de la plus grande chaleur du jour, puis ils diminuent, et au coucher du soleil le ciel est de nouveau parfaitement serein; le matin ils sont peu élevés, mais ils montent jusque vers l'après-midi et redescendent le soir. « Je m'en suis assuré, dit M. Kaëmtz, par des mesures directes et des observations faites dans les montagnes. Que de fois j'ai vu les *cumulus* sous mes pieds dans la matinée! Ils s'élevaient ensuite; vers midi j'étais environné de nuages pendant une heure environ, et le reste de la journée je voyais au-dessus de ma tête des nuages qui, le soir, redescendaient dans la plaine. »

Les *cumulus* se forment lorsque les courants ascendants entraînent les vapeurs dans les régions supérieures de l'atmosphère, où l'air étant très-froid se sature rapidement. Si le courant augmente de force, les vapeurs et les nuages s'élèvent plus haut; mais là ils s'accroissent et se condensent de plus en plus, à cause de l'abaissement de la température : de là vient que le ciel, serein le matin, est souvent entièrement couvert à midi. Lorsque, vers le soir, le courant ascendant se ralentit, les nuages descendent, et en arrivant dans des couches d'air plus chaudes, ils passent de nouveau à l'état de vapeur invisible. C'est à ce mode de formation qu'on doit, selon de Saussure, attribuer la forme arrondie des nuages. En effet, quand un liquide en traverse un autre, le premier prend, en vertu de la résistance du milieu ambiant et de l'attraction mutuelle de ses parties, une forme de cylindre à section circulaire ou composée d'arcs de cercle: on peut s'en convaincre en laissant tomber une goutte de lait ou d'encre dans un verre d'eau. Ainsi les masses d'air ascendantes sont de grandes colonnes dont les contours sont dessinés par les nuages. Ajoutez à cela de petits tourbillons sur les bords des nuages, qu'on observe souvent dans les montagnes au moyen du miroir noirci, et qui contribuent aussi à donner à l'ensemble des formes arrondies analogues à celles des tourbillons de fumée qui s'échappent d'une cheminée.

Les *cumulus* ne disparaissent pas toujours vers le soir; souvent, au contraire, ils deviennent plus nombreux, leurs bords sont moins brillants, leur teinte plus foncée, et ils passent à l'état de *cumulo-stratus*, surtout s'il existe au-dessous d'eux une couche de *cirrus*. On doit s'attendre alors à des pluies ou à des orages; car dans les régions supérieures ou moyennes, l'air est voisin du point de saturation. Les vents du sud et les courants ascendants donnent lieu à des changements de température qui déterminent la précipitation de la vapeur aqueuse sous forme de pluie.

Les *cumulus* qui s'entassent à l'horizon dans les beaux jours de l'été sont ceux qui prêtent le plus aux jeux de l'imagination. Qui n'a cru reconnaître dans les contours changeants de ces nuages des hommes, des animaux, des arbres, des montagnes? Ils fournissent des comparaisons aux poëtes, et Ossian leur a emprunté ses plus belles images. Les traditions populaires des pays de montagnes sont pleines d'événements étranges où ces nuages jouent un grand rôle. Comme ils ont souvent la même hauteur, il en résulte une apparence que je dois signaler. « Lorsque j'habitais le Faulhorn, dit encore M. Kaëmtz, le ciel était souvent parfaitement serein au-dessus de ma tête; mais, un peu au-dessus de l'horizon, une bande de nuages, dont la largeur n'excédait pas celle du double ou du triple du diamètre de la lune, s'étendait comme un collier de perles le long des Alpes occidentales, depuis la France jusqu'au Tyrol. Ma station, à 2683 mètres au-dessus de la mer, était un peu plus élevée que les nuages, et leur projection sur le ciel formait une bande étroite, quoiqu'ils s'étendissent sur une vaste étendue du ciel. Il résulte de cette projection qu'il est souvent fort difficile de distinguer les *cumulus* des *cumulo-stratus*. Combien de fois ne voit-on pas quelques *cumulus* épars sur le ciel! L'horizon paraît chargé de nuages: il semble qu'en peu de temps le ciel doive en être entièrement couvert, et cependant le soleil continue à briller sans interruption. Un raisonnement bien simple prouve que l'œil a été trompé par une projection. Imaginez une série de nuages globuleux de même grandeur, également distants les uns des autres: si l'observateur mène deux lignes de la station qu'il occupe aux limites des nuages, l'intervalle entre ceux qui sont au zénith sera très-grand, mais se rétrécira à mesure qu'ils sont plus rapprochés de l'horizon, où il devient tout à fait nul.

Tandis que les véritables *cumulus* se forment le jour et disparaissent pendant la nuit, une autre variété de ces nuages se montre dans des circonstances très-différentes. Il n'est pas rare d'observer dans l'après-midi des masses nuageuses denses, arrondies ou étendues, à bords mal circonscrits, dont le nombre augmente, vers le soir, jusqu'à ce que le ciel se couvre complétement pendant la nuit. Le lendemain il est encore couvert; mais, quelques heures après le lever du soleil, tout a disparu: alors les vrais *cumulus* envahissent le ciel, où ils flottent à une hauteur plus considérable. Le soir, les nuages du premier genre remplacent de nouveau les véritables *cumulus*. Ces nuages sont composés de vapeur vésiculaire très-dense, comme les *cumulus* et les *cumulo-stratus*. Ils en diffèrent par leur dépendance des heures de la journée; ils ont aussi de l'analogie avec les *stratus*, à cause de leur extension, et s'en distinguent par leur plus grande hauteur. Toutefois ils s'en rapprochent plus que des *cumulus*, et on pourrait les désigner sous le nom de *strato-cumulus*. Pendant l'hiver, ce genre de nuages couvre souvent tout le ciel pendant des semaines entières; leur présence tient probablement à ce que le décroissement de la température, en partant du sol, est beaucoup plus rapide qu'à l'ordinaire. Mais, à mesure que le soleil s'élève, ses rayons dissolvant les nuages, les vapeurs montent, et des *cumulus* se forment.

Cette influence du soleil sur les nuages donne lieu à des variations atmosphériques bien connues des cultivateurs. Le matin le ciel est couvert, il pleut abondamment; mais vers neuf heures les nuages se déchirent, le soleil luit au travers, et le temps est beau pendant le reste de la journée. D'autres fois, pendant la matinée, le ciel est pur, mais l'air humide. Bientôt les nuages apparaissent; vers midi le ciel est couvert, la pluie tombe, mais elle cesse vers le soir. Dans le premier cas, c'étaient des *strato-cumulus;* dans le second, des *cumulo-stratus*. Les premiers se sont dissipés aux rayons du soleil, les seconds se sont formés sous leur influence. Si la température et les conditions hygrométriques de l'air, à deux ou trois millimètres au-dessus du sol, étaient connues aussi bien qu'à la surface, on expliquerait encore plus facilement ces anomalies apparentes qui nous étonnent.

Causes de la suspension des nuages dans l'atmosphère. — Quand on voit un nuage se résoudre en pluie et verser des milliers de litres d'eau, on ne comprend pas comment il peut flotter dans l'atmosphère. On a fait bien des hypothèses pour expliquer cette suspension: on a dit que l'air lui-même se transformait en pluie, puis on a supposé que les vésicules d'eau étaient remplies d'un gaz plus léger que l'air. L'analyse chimique a prouvé la fausseté de ces deux explications. Si les principes constituants de l'air se combinaient, il ne pourrait en résulter que de l'acide azotique et non de l'eau; et l'air puisé dans les brouillards et dans les nuages n'a pas offert la moindre trace de gaz plus légers que l'air. Nous devons donc admettre que les vésicules de brouillard sont plus lourdes que le milieu dans lequel elles sont suspendues; cependant elles s'élèvent avec une grande rapidité. Une considération très-simple nous donnera la solution du problème.

Abandonnée à elle-même, une vésicule de brouillard tombe à terre comme tout autre corps pesant, et dans le vide elle y arriverait avec une grande vitesse acquise; mais comme elle tombe dans l'air, elle déplace celui qui est au-dessous d'elle, et cette résistance diminue la rapidité de sa chute avec d'autant plus d'efficacité, que l'enveloppe de la vésicule est plus mince. Si nous appliquons à ce cas particulier les lois de la mécanique, nous trouverons que la vitesse de la chute d'une pareille vésicule n'est pas très-grande, et ne serait que d'environ 13 décimètres par seconde après une chute de six ou huit cents mètres. Dans quelque cas même, elle serait à peine de 3 décimètres.

Mais, dira plus d'un physicien, peu m'importe que la vésicule tombe vite ou lentement, toujours est-il qu'elle ne se soutient pas dans l'atmosphère, et cependant l'observation prouve que les nuages flottent à une grande élévation. Pour ceux qui ont observé souvent des brouillards dans la plaine ou des nuages sur des montagnes, tout le merveilleux disparaît. Un nuage, en effet, n'est pas une masse immobile, comme on pourrait le croire en l'observant de loin; il est au contraire dans un mouvement perpétuel. Quand les vésicules entraînées par le vent arrivent dans un air sec, elles se dissolvent, tandis que du côté du vent la vapeur se précipite à l'état vésiculaire. Ainsi un nuage, immobile en apparence, s'abaisse souvent lentement, et sa partie inférieure se dissout continuellement, tandis que la supérieure s'accroît sans cesse par l'addition de nouvelles vésicules.

Il existe une force directement opposée à la chute des nuages, c'est celle des courants ascendants. Par un beau temps la vésicule tombe avec une vitesse d'environ trois décimètres par seconde, mais le courant ascendant a une vitesse beaucoup plus considérable, et par conséquent il entraînera la vésicule. C'est pour cette raison que les *cumulus* sont plus élevés à midi que dans la matinée; vers le soir, au contraire, dès que ce courant devient plus faible, les nuages s'abaissent réellement et se dissolvent en arrivant dans les régions plus chaudes de l'atmosphère. Les courants horizontaux s'opposent aussi à la chute des nuages.

Qui n'a observé des graines, des plumes, du sable, de la poussière, etc., élevés à une hauteur prodigieuse et transportés à de grandes distances ? A plusieurs myriamètres de la côte d'Afrique, des navires ont été couverts de sable venant du Sahara, et on sait que le vent transporte à des distances énormes les cendres vomies par les volcans. Ces corps sont cependant beaucoup plus denses que des vésicules d'eau. Ne cherchons donc point à expliquer leur suspension par des causes extraordinaires : elle est aussi facile à comprendre que celle de la poussière.

Nous venons d'exposer, d'après M. Kaëmtz, l'opinion commune sur la constitution des nuages, mais il est de savants observateurs qui ont présenté d'autres théories parmi lesquelles nous devons remarquer la suivante.

« Les nuages opaques sont formés par la réunion des petits corps sphériques, visibles à la vue simple, lorsqu'ils sont projetés sur un fond brun ou noir; leur grosseur moyenne est d'environ $0^{mm},0224$ (1). La plupart des auteurs ont admis qu'ils étaient formés d'une vésicule mince d'eau liquide, contenant un gaz ou une vapeur plus légère que l'air, qui compensait la pesanteur spécifique de l'enveloppe; cette hypothèse n'est nullement vraisemblable. Désaguillers (2), Eeles (3), et Monge (4) ont prouvé depuis longtemps que de telles vésicules ne pourraient exister sous la pression atmosphérique et à la basse température des couches où se tiennent les nuages. D'après les observations de Peltier, il y a d'ailleurs une considération importante qui milite contre l'état vésiculaire. En étudiant ces prétendues vésicules, soit au milieu d'un brouillard, soit au-dessus de l'eau chaude, et en se plaçant dans les circonstances les plus favorables, on voit que ces petits corps sont mamelonnés et non lisses, comme doivent être des vésicules. Si on les observe sous un rayon lumineux, en tenant l'œil dans l'obscurité, on remarque qu'elles ne réfléchissent pas la lumière spéculairement, mais qu'elles la dispersent, que leur aspect est mat et non brillant (5).

« Avec un grossissement de 8 à 10 diamètres, on voit que ces corps sont formés par la réunion de globulins plus petits ; ces globulins, présentant eux-mêmes une lumière mate et dispersée, doivent être également formés par la réunion de globulins plus petits encore. Pendant leur agitation par le vent, ou au-dessus d'un vase d'eau chaude, tous ces globules se maintiennent isolés les uns des autres, et ne paraissent jamais s'atteindre. Lorsqu'ils retombent sur la surface du liquide, on les voit rouler et souvent rebondir comme de petites balles.

« Cet isolement des globules se fait parfaitement remarquer lorsqu'ils sont chargés d'une électricité libre, soit en les suivant à la loupe, soit en recueillant leur effet sur la boule d'un électromètre. Ce dernier se charge, en raison du nombre de contacts, de ces globules; dans un air calme la divergence de l'instrument placé au milieu d'un brouillard s'opère lentement : si au contraire le brouillard se déplace, les feuilles indicatrices vont frapper les armatures plusieurs fois par minute pour s'y décharger (6).

« Cet isolement des globules les uns des autres, toujours maintenu au milieu des agitations de l'air qui les fait tourbillonner en tous sens, prouve que chacun de ces globules possède une force spéciale qui l'individualise, et le tient à distance de ses congénères ; force de la nature de celle de l'électricité, mais qui n'en mérite pas le nom, puisqu'elle ne produit aucun des phénomènes extérieurs auxquelles on l'a réservé (7).

« Pour bien comprendre les phénomènes électriques des nuages et en suivre les développements, il faut se familiariser avec l'idée de ces individualités de chacune des constituantes des vapeurs opaques et transparentes. Ces individualités sont aussi nombreuses qu'il y a d'atomes, de molécules, de particules, d'agglomérations parcellaires, depuis le plus petit flocon jusqu'au plus gros *cumulus*, toutes agissant par leur propre force sur les parcelles voisines, avec lesquelles elles forment des corps vaporeux liquides ou solides.

« Un nuage est donc ainsi composé. Les globules opaques sont groupés par petits flocons, ayant leurs limites et leurs sphères d'action comme les globules eux-mêmes.

(1) Kaëmtz, *Traité de météorologie*, traduction de M. Martins, p. 110.

(2) Désaguillers, *Cours de physique expérimentale*, t. II, 10e leçon.

(3) Eeles, *Phylosophical Transactions*, 1755, t. LXIX, p. 126 et suiv.

(4) Monge, *Annales de chimie*, 18 0, t. V, p. 1 et suivantes.

(5) Peltier, *Mémoire de météorologie électrique*, *Archives d'électricité*, § 9.

(6) Peltier, *Ibid.*, § 10.

(7) Peltier, *Ibid.*, § 10 et 12.

Les petits flocons, en se groupant, forment des flocons plus gros, ceux-ci des mamelons; un certain nombre de mamelons, par leur réunion, forment une nuelle, les nuelles à leur tour forment des nuages définis; le groupement des nuages définis forme un *cumulus*, et plusieurs *cumulus* enfin un *nimbus*. Pour bien comprendre les phénomènes électriques des nuages, je le répète, il faut donc s'habituer à les concevoir comme formés d'une foule d'*individualités* ayant toutes leurs sphères électriques particulières et indépendantes, en équilibre de réaction entre elles, et en équilibre aussi de réaction avec la sphère générale extérieure du nuage. Ce n'est que par ce moyen qu'on pourra parvenir à concevoir différents phénomènes, tels par exemple que le roulement du tonnerre et la puissance énorme d'attraction de certains nuages.

« Depuis longtemps les auteurs ont cherché la cause qui maintenait les nuages suspendus dans l'atmosphère. Pour la vapeur transparente rien de plus facile, puisqu'elle est plus légère que l'air, mais pour les nuages il n'en saurait être ainsi: on avait supposé que les particules aqueuses des nuages étaient formées de vésicules d'eau remplies d'un gaz plus léger que l'air; en un mot on avait assimilé les particules aqueuses des nuages à des bulles de savon remplies d'hydrogène. Cette opinion ne saurait être défendue aujourd'hui : il est bien certain en effet qu'abandonnée à elle-même, une vésicule de brouillard tombe à terre comme tout autre corps pesant.

« Puisque la particule aqueuse ne se soutient pas dans l'atmosphère en vertu de sa légèreté spécifique, pourquoi donc les nuages flottent-ils à une si grande élévation? quelle est la force additionnelle qui vient se joindre pour produire cet effet?

« Les auteurs ont d'abord cherché à expliquer ce fait à l'aide de courants d'air chaud ascendant. Sans nier la possibilité qu'un courant d'air chaud qui s'élève puisse contribuer dans certaines circonstances à soutenir dans l'air différents objets, je crois que ce fait ne peut être qu'un fait isolé, et qu'il ne saurait avoir assez de généralité pour rendre compte du phénomène de la suspension des nuages.

« D'autres auteurs ont supposé qu'un nuage tombait toujours, mais que ses particules, en arrivant dans un milieu plus chaud, se revaporisaient; qu'alors elles s'élevaient de nouveau, puis qu'arrivées dans un milieu plus froid, elles se condensaient de nouveau en vapeurs opaques.

« Cette hypothèse ne nous paraît pas plus soutenable que la précédente, du moins comme explication générale.

« Peltier nous paraît avoir complétement résolu la difficulté en faisant intervenir les attractions et les répulsions électriques dans l'explication du phénomène en question.

« Les vapeurs transparentes qui constituent le courant tropical doivent tout naturellement, en vertu de leur légèreté spécifique, se tenir à une grande hauteur; de plus, comme ces vapeurs sont chargées d'électricité résineuse, ainsi que la terre, la répulsion électrique vient s'ajouter à leur légèreté naturelle, et les maintient à une hauteur bien plus grande encore que celle à laquelle elles se maintiendraient sans cette circonstance. Pour le courant tropical donc rien de plus simple.

« Nous avons dit précédemment que les *cumulus* étaient chargés d'électricité vitrée; ils sont donc attirés de bas en haut par l'influence résineuse du courant tropical; ils sont suspendus en l'air à une hauteur plus considérable que celle à laquelle ils devraient se trouver, et qui dépendra de leur pesanteur, qui tendra à les faire descendre et de l'attraction du courant tropical, qui tendra à les faire monter. Quant aux strates gris résineux, ils sont maintenus dans les régions moyennes de l'atmosphère par les deux forces opposées et antagonistes de la terre et du courant tropical.

« Cette explication est évidemment la véritable : elle est d'abord fondée sur un fait physique incontestable : chacun sait en effet qu'un corps chargé d'électricité repousse les corps chargés de la même électricité, et attire les corps chargés de l'électricité contraire; or, puisque les nuages sont chargés d'électricité, la terre et le courant tropical de même, pourquoi ce fait ne se reproduirait-il pas dans la nature? Il suffit d'ailleurs de regarder attentivement un nuage un peu bas, pour voir dans son intérieur de véritables combats entre les diverses nuelles qui le constituent, phénomène qui ne peut s'expliquer que par des attractions et répulsions électriques successives. » (F. A. Peltier).

NUTATION de l'axe de la terre. *Voy.* Précession.

NUTATION de l'orbite lunaire. *Voy.* Lune.

NYMBUS ou Nimbus. *Voy.* Nuages.

O

OBJECTIF, nom du verre qui, dans une lunette, est tourné du côté de l'objet que l'on regarde par l'oculaire. *Voy.* Lunette astronomique.

OBJECTION contre la révélation évangélique tirée de l'immensité de l'univers. *Voy.* Astronomie (*philos.*)

Objection tirée de la création de la lumière avant celle du soleil, au 1er chap. de la Genèse; solutions. *Voy.* Lumière.

Objections contre l'opinion des savants qui admettent que la vitesse de la lumière est la même pour tous les corps célestes. *Voy.* Lumière.

Objection à la théorie des ondes lumineuses. *Voy.* Interférences de la lumière.

Objections d'Euler contre le système de l'émission. *Voy.* Ondulations.

Objections contre le système de Copernic et solutions. *Voy.* Système du monde.

Objections contre l'origine ou la cause présumée des vents alizés, moussons, etc. *Voy.* Vents.

OCCULTATION, éclipse des étoiles par la lune ou par une autre planète.

OCEAN. — « L'enveloppe liquide et l'enveloppe gazeuse dont notre planète est entourée présentent à la fois des contrastes et des analogies. Les contrastes naissent de la différence qui existe entre les gaz et les liquides, par rapport à l'élasticité et au mode d'agrégation de leurs molécules. Les analogies proviennent de la mobilité commune à toutes les parties des fluides et des liquides, et, par suite, elles se manifestent surtout dans les courants et dans la propagation de la chaleur. La profondeur de la mer et celle de l'océan aérien nous sont également inconnues. Dans les mers des tropiques, on a sondé jusqu'à 8220 mètres (environ 2 lieues de poste) sans atteindre le fond; et si, comme le pensait Wollaston, l'atmosphère s'arrêtait à une limite nette, semblable à la surface ondulée de la mer, la théorie des phénomènes crépusculaires indiquerait une profondeur au moins neuf fois plus forte pour l'océan aérien. Ce dernier repose, en partie sur la terre ferme, dont les montagnes et les plateaux couronnés de forêts s'élèvent comme autant de bas-fonds, en partie sur la mer, qui porte les couches aériennes les plus basses et les plus chargées d'humidité.

« Dans ces deux océans, et à partir de leur limite commune, la température décroît suivant des lois déterminées, soit que l'on s'élève dans les couches aériennes, soit que l'on descende dans les couches aqueuses; mais le décroissement de la chaleur est bien plus lent dans l'atmosphère que dans la mer. Comme toute molécule d'eau qui se refroidit devient plus dense et descend aussitôt, il en résulte que partout la température de la mer, à la surface, tend à se mettre en équilibre avec celle des couches d'air voisines. Une longue série d'observations thermométriques fort exactes nous a montré que, depuis l'équateur jusqu'aux parallèles du 48ᵉ degré de latitude boréale et australe, la température *moyenne* de la surface des mers est un peu supérieure à celle de l'atmosphère. Mais la température décroissant à partir de la surface, à mesure que la profondeur augmente, les poissons et les autres habitants de la mer qui aiment les eaux profondes (peut-être à cause de leur respiration branchiale et cutanée), peuvent trouver, jusque sous les tropiques, les basses températures et les frais climats des zones tempérées ou même des régions froides. Cette circonstance influe puissamment sur les migrations et sur la distribution géographique d'un grand nombre d'animaux marins. Ajoutons que la profondeur à laquelle les poissons habitent, modifie leur respiration cutanée en raison de l'accroissement de pression, et qu'elle détermine le rapport des gaz oxygène et azote dont leur vessie natatoire est remplie.

« Comme l'eau douce et l'eau salée n'atteignent point leur maximum de densité à la même température, et comme la salure des mers abaisse le degré thermométrique correspondant à ce maximum, on comprendra que l'eau puisée dans la mer à de grandes profondeurs, pendant les voyages de Kotzebue et de Dupetit-Thouars, n'ait accusé au thermomètre que 2°, 8 et 2°, 5. Cette température presque glaciale règne même dans les abîmes des mers des tropiques; elle a fait connaître les courants inférieurs qui se dirigent des deux pôles vers l'équateur. Et, en effet, si ce double courant sous-marin n'existait pas, la chaleur des couches profondes ne s'abaisserait jamais au-dessous du minimum de la température des couches aériennes qui reposent immédiatement sur la mer. La Méditerranée ne présente pas, il est vrai, une diminution considérable de chaleur dans ses couches de fond; mais M. Arago a levé toute difficulté à ce sujet en montrant qu'au détroit de Gibraltar, où les eaux de l'Océan atlantique pénètrent en produisant un courant superficiel dirigé de l'ouest à l'est, un contre-courant inférieur déverse les eaux de la Méditerranée dans le grand Océan, et s'oppose à l'introduction du courant polaire inférieur.

« Dans la zone torride, et surtout entre les parallèles du 10ᵉ degré au nord et au sud de l'équateur, l'enveloppe liquide de notre planète possède, loin des côtes et des courants, une température qui reste singulièrement uniforme et constante sur des milliers de myriamètres carrés. On en a conclu, avec raison, que la manière la plus simple d'attaquer le grand problème, si souvent agité, de l'invariabilité des climats et de la chaleur terrestre, serait de soumettre la température des mers tropicales à une série d'observations longtemps prolongées. S'il survenait sur le disque du soleil quelque grande révolution dont la durée fût considérable, cette révolution se refléterait dans les variations de la chaleur moyenne de la mer, encore plus sûrement que dans celle des températures moyennes de la terre ferme.

« La zone où les eaux de la mer atteignent le maximum de densité (de salure) ne coïncide ni avec celle du maximum de température, ni avec l'équateur géographique. Les eaux les plus chaudes paraissent former, au nord et au sud de cette ligne, deux bandes non parallèles. Lenz a trouvé, dans son voyage autour du monde, que les eaux les plus denses étaient, en mer calme, par 22° de latitude nord et par 18° de latitude sud; la zone des eaux les moins salées se trouvait à quelques degrés au sud de l'équateur. Dans la région des calmes, la chaleur solaire ne produit qu'une faible évaporation, parce que les couches d'air saturé d'humidité, qui reposent sur la surface de la mer, sont rarement renouvelées par les vents.

« En général, toutes les mers qui communiquent entre elles doivent être considérées, par rapport à leur hauteur moyenne, comme étant parfaitement de niveau. Cependant des causes locales (probablement des vents régnants et des courants) produisent, en certains *golfes profonds*, des différences de niveaux *permanentes*, *mais toujours* peu notables. Par exemple, à l'isthme de Suez, la hauteur de la mer Rouge surpasse celle de la Méditerranée de 8 à 10 mètres, selon les diverses heures du jour. Cette différence remarquable était déjà connue dans l'antiquité; il paraît qu'elle dépend de la forme particulière du détroit de Bab-el-Mandeb, par lequel les eaux de l'Océan Indien pénètrent dans le bassin de la mer Rouge plus facilement qu'elles n'en peuvent sortir. Les excellentes opérations géodésiques de Corabœuf et de Delcros montrent que, d'un bout à l'autre de la chaîne des Pyrénées, comme de Marseille à la Hollande septentrionale, il n'existe aucune différence appréciable entre le niveau de la Méditerranée et celui de l'Océan.

« Les perturbations de l'équilibre des eaux et les mouvements qui en résultent sont de *trois sortes*. Les unes sont irrégulières et accidentelles comme les vents qui les font naître; elles produisent des vagues dont la hauteur, en pleine mer et pendant la tempête, peut aller à 11 mètres. Les autres sont régulières et périodiques : elles dépendent de la position et de l'attraction du soleil et de la lune (flux et reflux). Les *courants* pélagiques constituent un troisième genre de perturbations permanentes et variables *seulement* quant à l'intensité. Le flux et le reflux affectent toutes les mers, sauf les petites méditerranées dans lesquelles l'onde produite par le flux est très-faible ou même insensible. Ce grand phénomène s'explique complétement dans le système newtonien : « il s'y trouve ramené dans le cercle des faits nécessaires. » Chacune de ces oscillations périodiques des eaux de l'Océan dure un peu plus d'un demi-jour; leur hauteur en pleine mer est à peine de quelques pieds, mais, par suite de la configuration des côtes, qui s'opposent au mouvement progressif de l'onde, cette hauteur peut aller à 16 mètres à Saint-Malo, à 21 et même à 23 mètres sur les côtes de l'Acadie. « En négligeant la profondeur de l'Océan, comme insensible par rapport au diamètre de la terre, l'analyse de l'illustre Laplace a montré que la *stabilité* de l'équilibre des mers exige, pour la masse liquide, une densité inférieure à la densité moyenne de la terre. En fait, cette dernière densité est cinq fois plus grande que celle de l'eau. Les hautes terres ne peuvent donc jamais être inondées par la mer, et les restes d'animaux marins que l'on rencontre au sommet des montagnes n'ont point été transportés là par des *marées* jadis plus hautes que les *marées* actuelles (1). »

(1) Bessel, *Sur les marées*, etc.

Un des plus beaux triomphes de cette analyse, que certains esprits mal faits affectent de déprécier, c'est d'avoir soumis le phénomène des marées à la prévision humaine; grâce à la théorie complète de Laplace, on annonce aujourd'hui, dans les éphémérides astronomiques, la hauteur des marées qui doivent arriver à chaque syzygie, et l'on avertit ainsi les habitants des côtes des dangers qu'ils peuvent courir à ces époques.

« Les *courants océaniques*, dont on ne saurait méconnaître l'influence sur les relations des peuples et sur le climat des contrées voisines des côtes, dépendent du concours presque simultané d'un grand nombre de causes plus ou moins importantes. On peut compter parmi ces causes : la propagation successive de la marée dans son mouvement autour du globe; la durée et la force des vents régnants; les variations que la pesanteur spécifique des eaux de la mer éprouve suivant la latitude, la profondeur, la *température* et le degré de salure; enfin, les variations *horaires* de la pression atmosphérique; ces variations, si régulières sous les tropiques, se propagent successivement de l'est à l'ouest. Les courants présentent au milieu des mers un singulier spectacle : leur largeur est déterminée; ils traversent l'Océan comme des fleuves dont les rives *seraient formées* par les eaux en repos. *Leur mouvement contraste avec l'immobilité* des eaux voisines, surtout lorsque de longues couches de varechs, entraînées par le courant, permettent d'en apprécier la vitesse. Pendant les tempêtes, on remarque quelquefois, dans l'atmosphère, des courants analogues isolés au milieu des couches inférieures; une forêt se trouve-t-elle sur le passage d'un courant pareil, les arbres ne sont renversés que dans la zone étroite qu'il a parcourue.

« La marche progressive des marées et les vents alizés font naître, entre les tropiques, le mouvement général qui entraîne les eaux des mers de l'orient à l'occident; on le nomme courant *équatorial* ou courant de *rotation*. Sa direction varie par suite de la résistance que lui opposent les côtes orientales des continents. En comparant les trajets exécutés par des bouteilles que des voyageurs avaient jetées à dessein à la mer, et qui furent recueillies plus tard, Daussy a récemment déterminé la vitesse de ce courant; son résultat s'accorde, à $\frac{1}{18}$ près, avec celui que j'avais déduit d'expériences plus anciennes (10 milles marins français de 1856 mètres par 24 heures). Christophe Colomb avait reconnu l'existence de ce courant pendant son troisième voyage, le premier où il ait tenté d'atteindre les régions tropicales par le méridien des Canaries. On lit, en effet, dans son livre de loch : « Je tiens pour certain que les eaux de la mer se meuvent comme le ciel, de l'est à l'ouest (*las aguas van con los cielas*), » c'est-à-dire selon le mouvement diurne apparent du soleil, de la lune et de tous les astres.

«Les courants, véritables fleuves qui sillonnent les mers, sont de deux sortes : les uns portent les eaux chaudes vers les hautes latitudes, les autres ramènent les eaux froides vers l'équateur. Le fameux courant de l'Océan atlantique, le Gulfstream, déjà reconnu dans le XVIe siècle, par Anghiera, et surtout par sir Humfrey Gilbert, appartient à la première classe. C'est au sud du cap de Bonne-Espérance qu'il faut chercher l'origine et les premières traces de ce courant; de là il pénètre dans la mer des Antilles, parcourt le golfe du Mexique, débouche par le détroit de Bahama, puis, se dirigeant du S. S.-O. au N. N.-E., il s'éloigne de plus en plus du littoral des Etats-Unis, s'infléchit vers l'est au banc de Terre-Neuve, et va frapper les côtes de l'Irlande, des Hébrides et de la Norwége, où il porte des graines tropicales (*Mimosa scandens*, *Guilandina bonduc*, *Dolichos urens*). Son prolongement du N.-E. réchauffe les eaux de la mer et exerce sa bienfaisante influence jusque sur le climat du promontoire septentrional de la Scandinavie. A l'est du banc de Terre-Neuve, le Gulfstream se bifurque et envoie non loin des Açores une seconde branche vers le sud; c'est là que se trouve la *mer des Sargasses*, immense banc formé de plantes marines (*Fucus natans*, l'une des plus répandues parmi les plantes sociales de l'Océan), dont l'imagination de Christophe Colomb fut si vivement frappée, et qu'Oviédo nomme *praderias de yerva* (prairies de varechs). Un nombre immense de petits animaux marins habitent ces masses toujours verdoyantes, transportées çà et là par les brises tièdes qui soufflent dans ces parages.

«On voit que ce courant appartient presque tout entier à la partie septentrionale du bassin de l'Atlantique; il côtoie trois continents : l'Afrique, l'Amérique et l'Europe. Un second courant, dont j'ai reconnu la basse température dans l'automne de l'année 1802, règne dans la mer du Sud, et réagit d'une manière sensible sur le climat du littoral. Il porte les eaux froides des hautes latitudes australes vers les côtes du Chili; il longe ces côtes et celles du Pérou en se dirigeant d'abord du sud au nord; puis, à partir de la baie d'Arica, il marche du S. S.-E. au N. N.-O. Entre les tropiques, la température de ce courant froid n'est que de 15°, 6 en certaines saisons de l'année, pendant que celle des eaux voisines en repos monte à 27°, 5, et même à 28°, 7; enfin, au sud de Payta, vers cette partie du littoral de l'Amérique méridionale qui fait saillie à l'ouest, le courant se recourbe comme la côte elle-même, et s'en écarte en allant de l'est à l'ouest; en sorte qu'en continuant à gouverner au nord, le navigateur sort du courant, et passe brusquement de l'eau froide dans l'eau chaude.

«On ignore à quelle profondeur s'arrête le mouvement des masses d'eaux chaudes ou froides, qui sont entraînées ainsi par les courants océaniques, ce qui porterait à croire que ce mouvement se propage jusqu'aux couches les plus basses, c'est que le courant de la côte méridionale de l'Afrique se réfléchit sur le banc de Lagullas, dont la profondeur est de 70 à 80 brasses.

« Grâce à une découverte du vénérable Franklin, le thermomètre est devenu aujourd'hui une véritable sonde. En effet, il est presque toujours possible de reconnaître la présence d'un bas-fonds ou d'un banc de sable situé hors des courants, par l'abaissement de la température de l'eau qui le recouvre. Ce phénomène, dont on peut tirer parti pour rendre la navigation plus sûre, me paraît provenir de ce que les eaux profondes, entraînées par le mouvement général des mers, remontent les pentes qui bordent les bas-fonds, et vont se mêler aux couches d'eau supérieures. Mon immortel ami, sir Humphrey Davy, a proposé une autre explication : les molécules d'eau refroidies pendant la nuit, par voie de rayonnement, descendent vers le fond de la mer, mais au-dessus d'un bas-fond, ces molécules restent plus près de la surface, et en maintiennent ainsi la température à un degré moins élevé que partout ailleurs. Des brouillards se forment fréquemment au-dessus des bas-fonds, parce que l'eau froide qui les recouvre détermine une précipitation locale des vapeurs contenues dans l'atmosphère. J'ai vu souvent ces brouillards au sud de la Jamaïque et dans la mer du Sud; leurs contours étaient nets; vus de loin, ils reproduisaient exactement la forme des bas-fonds; c'étaient de véritables images aériennes où se réfléchissaient les accidents du sol sous-marin. L'eau froide, qui recouvre ordinairement les bas-fonds, produit un effet encore plus singulier dans les hautes régions de l'atmosphère; elle agit à peu près comme les îles aplaties de corail ou de sable. On voit souvent en pleine mer, loin des côtes, et par un ciel serein, des nuages se fixer au-dessus des points où les bas-fonds sont situés, et l'on peut alors relever avec la boussole la direction de ces points, tout comme s'il s'agissait d'une chaîne de montagnes ou d'un pic isolé.

« Sous une surface moins variée que celle des continents, la mer contient dans son sein une exubérance de vie dont aucune autre région du globe ne pourrait donner l'idée. Charles Darwin remarque avec raison, dans son intéressant Journal de voyage, que nos forêts terrestres n'abritent pas, à beaucoup près, autant d'animaux que celles de l'Océan; car la mer aussi a ses forêts : ce sont les longues herbes marines qui croissent sur les bas-fonds, ou les bancs flottants de fucus que les courants et les vagues ont détachés, et dont les rameaux déliés sont soulevés jusqu'à la surface par leurs cellules gonflées d'air. L'étonnement que fait naître la profusion des formes organiques dans l'Océan, s'accroît encore par l'emploi du microscope: on sent alors avec admiration que là le mouvement et la vie ont tout envahi. A des profondeurs qui dépassent la hauteur des plus puissantes chaînes de montagnes, chaque couche d'eau est animée par des vers polygastriques, des cyclidies et des ophrydines. Là pullulent les animalcules phosphorescents, les mammaria de l'ordre des acalèphes, les crustacés, les péridinium, les néréides rotifères, dont les innombrables essaims sont attirés à la surface par certaines circonstances météorologiques, et transforment alors chaque vague en une écume lumineuse. L'abondance de ces petits êtres vivants, la quantité de matière animalisée qui résulte de leur rapide décomposition est telle que l'eau de mer devient un véritable liquide nutritif pour des animaux beaucoup plus grands.

« Certes, la mer n'offre aucun phénomène plus digne d'occuper l'imagination que cette profusion de formes animées, que cette infinité d'êtres microscopiques dont l'organisation, pour être d'un ordre inférieur, n'en est pas moins délicate et variée; mais elle fait naître d'autres émotions plus sérieuses, j'oserai dire plus solennelles, par l'immensité du tableau qu'elle déroule aux yeux du navigateur. Celui qui aime à créer en lui-même un monde à part où puisse s'exercer librement l'activité spontanée de son âme, celui-là se sent rempli de l'idée sublime de l'infini à l'aspect de la haute mer libre de tout rivage. Son regard cherche surtout l'horizon lointain: là le ciel et l'eau semblent s'unir en un contour vaporeux où les astres montent et disparaissent tour à tour; mais bientôt cette éternelle vicissitude de la nature réveille en nous le vague sentiment de tristesse qui est au fond de toutes les joies humaines.

« Une prédilection particulière pour la mer, un souvenir plein de gratitude des impressions que l'élément liquide en repos, au sein du calme de la nuit, ou en lutte contre les forces de la nature, a produites sur moi, dans les régions des tropiques, ont pu seules me déterminer à signaler les jouissances individuelles de la contemplation, avant les considérations générales qu'il me reste à énumérer. Le contact de la mer exerce incontestablement une influence salutaire sur le moral et sur les progrès intellectuels d'un grand nombre de peuples; il multiplie et resserre les liens qui doivent unir un jour toutes les parties de l'humanité en un seul faisceau. S'il est possible d'arriver à une connaissance complète de la surface de notre planète, nous le devons à la mer, comme nous lui devons déjà les plus beaux progrès de l'astronomie et des sciences physiques et mathématiques. Dans l'origine, une partie de cette influence s'exerçait seulement sur le littoral de la Méditerranée et sur les côtes occidentales du sud de l'Asie; mais elle s'est généralisée depuis le XVIe siècle; elle s'est étendue même à des peuples qui vivent loin de la mer, à l'intérieur des continents. Depuis l'époque où Christophe Colomb fut envoyé pour délivrer l'Océan de ses chaînes (une voix inconnue lui parlait ainsi dans une vision qu'il eut, pendant sa maladie, sur les rives du fleuve de Belem), l'homme a pu se lancer dans les régions inconnues, avec un esprit désormais libre de toute entrave (1). »

(1) Humboldt, *Cosmos*, tom. I.

Océan, son insuffisance pour le rétablissement de l'équilibre de la terre, s'il était dérangé. *Voy.* Terre. — Sa densité et sa profondeur moyenne. Voy, *ibid.*

Océan Pacifique, origine des marées. *Voy.* Marées.

Océan, ses oscillations, sa stabilité. *Voy.* Marées.

OCTANTS. *Voy.* Lune.

OCULAIRE, du latin *oculus*, œil; c'est le nom du verre qui dans une lunette est tourné vers l'œil et opposé à l'objectif. *Voy.* Lunette astronomique.

ODEUR de la foudre. *Voy.* Tonnerre.

ODOMÈTRE. *Voy.* Technologie.

OEIL. — Au mot Vision nous avons étudié la marche des rayons dans l'œil : nous nous bornerons ici à présenter à ce sujet plusieurs difficultés qu'on n'a pu résoudre jusqu'à ce jour.

D'abord l'œil est un instrument parfaitement achromatique; jamais un œil sain ne voit les objets colorés des nuances de l'arc-en-ciel : la cause de cet achromatisme parfait n'est pas connue.

Nous voyons les objets droits, quoique leurs images soient renversées au fond de notre œil. Pour expliquer ce fait on dit que notre corps produit aussi une image renversée; que cependant nous le voyons droit par la conscience que nous avons de sa véritable position, et que la comparaison des autres images avec celle-là nous fait aussi donner aux autres objets la position qui leur convient. Mais cette explication ne nous apprend rien du tout : on semble supposer que l'âme regarde les images derrière la rétine comme une personne placée derrière un tableau, ce qui n'est nullement démontré; la vérité est que nous ignorons complétement comment l'âme perçoit les impressions faites sur les organes.

Quand nous regardons un objet avec les deux yeux, il forme deux images, une au fond de chaque œil; cependant nous ne le voyons pas double, à moins qu'on ne dérange un peu l'*axe optique* de l'un des deux yeux en le pressant légèrement avec le doigt dans la partie inférieure de l'orbite : dans ce cas seulement l'objet paraît double. — Il semble que tout cela tient à la disposition des nerfs optiques. Ces deux nerfs venant du cerveau se réunissent un peu avant de se rendre dans les deux yeux. Or, il est des anatomistes qui pensent qu'au point de réunion les deux nerfs se croisent et qu'il y a *décussation* complète; d'autres croient qu'il n'y a qu'une *demi-décussation*, c'est-à-dire que, selon eux, la moitié d'un nerf seulement se croiserait avec la moitié de l'autre; quoi qu'il en soit, il paraît que certaines parties des deux nerfs se touchent réciproquement et que d'autres ne se touchent pas. Lorsque les deux images se forment sur des parties de la rétine dont les prolongements ne communiquent pas au point où les deux nerfs se réunissent, alors ces deux images produisent des sensations différentes; mais, quand elles se forment sur des parties dont les prolongements communiquent, ce qui arrive ordinairement, les deux impressions se confondent et ne produisent qu'une sensation. Au reste, toutes les parties de la rétine ne contribuent pas indistinctement au phénomène de la vision; car, pour bien voir un objet, nous sommes obligés de tourner les yeux convenablement et de diriger les deux axes optiques vers cet objet, afin que les images se forment toujours au fond de l'œil sur les mêmes points. Il y a même une partie de la rétine qui est complétement insensible et que pour cela on appelle *punctum cæcum* : c'est le petit espace circulaire occupé par le nerf optique à l'endroit où il pénètre dans l'œil. On en peut constater l'existence de la manière suivante: sur un carton noir vertical que l'on tient avec la main à la hauteur des yeux, on colle deux petits disques de papier blanc, ensuite on ferme l'œil gauche, et l'on fixe l'œil droit sur le disque blanc de gauche, dans une direction perpendiculaire au tableau. Quand on approche ou qu'on éloigne ce carton, on rencontre une certaine position dans laquelle le disque de droite devient complétement invisible, tandis qu'on ne cesse de l'apercevoir dans toutes les autres.

La position du foyer des lentilles varie avec celle du point lumineux qu'on leur présente, et il semble que des variations analogues devraient avoir lieu dans l'œil; que, par conséquent, les images devraient se former tantôt sur la rétine, et tantôt en deçà ou au delà : or, il n'en est pas ainsi, car nous voyons avec une égale netteté les objets placés à un mètre, à dix mètres, à cent mètres, et à d'autres distances, pourvu qu'ils ne soient pas trop petits. Il faut donc que notre œil ait la propriété de s'accommoder sans peine à presque toutes les distances; mais d'où lui vient cette propriété? Képler, Jurin, Young, M. Pouillet, ont imaginé à ce sujet plusieurs hypothèses dont aucune ne rend pleinement compte du phénomène; ainsi la véritable explication est encore à trouver.

ŒUF ÉLECTRIQUE. *Voy.* ÉLECTRICITÉ, *effets lumineux.*

OMBRE. — Lorsque, dans un espace éclairé par le soleil ou un foyer lumineux quelconque, il se trouve un corps opaque, celui-ci arrête une partie des rayons qui éclairaient l'espace, et il en résulte une *ombre.* La projection de cette ombre sur le sol y fait une tache noire, qu'on désigne sous le nom d'*ombre portée.* L'ombre est d'autant plus prononcée que la lumière ambiante est plus vive; elle n'est jamais absolue, parce que les corps environnants et l'air lui-même réfléchissent une certaine quantité de lumière vers les points ombrés. En général, l'ombre n'est que la différence entre deux quantités de lumière. Si deux ou plusieurs foyers éclairent un même espace, le corps opaque portera autant d'ombres, dont chacune sera opposée à l'un des foyers de lumière : cela vient de ce que l'espace opposé à chaque foyer reçoit moins de lumière que les points en dehors de cet espace. En général, ces diverses ombres coïncideront en partie près de l'objet opaque, et l'ombre résultante sera d'autant plus foncée qu'il y aura plus de foyers lumineux. Or, ceci est un simple effet de contraste; ce n'est pas l'ombre qui est elle-même plus intense, mais bien l'espace ambiant, qui, éclairé par plusieurs foyers, rayonne avec plus d'éclat : ce qui fait paraître plus obscur l'espace qui ne reçoit aucun des rayons émanés de ces diverses sources.

Nous devons signaler ici, au sujet des ombres portées par le soleil, un phénomène singulier que tout le monde connaît. Dans l'ombre des arbres, malgré les formes irrégulières et très-variées qu'affectent les espaces interfoliaux, les rayons qui passent à travers ces vides, et qui en prennent la forme, dessinent sur le sol des clairs qui sont autant de cercles. Or, voici l'explication de cette apparence singulière. Soit un petit trou de forme triangulaire percé dans le volet de la chambre obscure: si l'on place assez près de ce trou un carton blanc, l'image reçue sera un triangle; mais si le carton est éloigné, les angles s'effaceront, et à une distance convenable l'image sera circulaire ou ovale. Cela tient à ce que cette image n'est pas formée par un seul point lumineux, et que tous les points du disque solaire y concourent.

On doit distinguer l'ombre de la *pénombre.* L'ombre est le lieu de l'espace qui ne reçoit aucune lumière, et la pénombre est l'ensemble des lieux qui sont dans l'ombre par rapport à quelques-uns des points, tandis qu'ils reçoivent la lumière des autres. Il n'y aurait pas de pénombre si le corps éclairant se réduisait à un point.

OMBRES COLORÉES. *Voy.* COULEURS.

OMBRES CHINOISES. — Ce sont des figures de carton découpé, qui, interposées entre une lumière et un écran translucide, y projettent des ombres qu'on combine d'une certaine façon avec des dessins de paysage ou d'architecture qui se trouvent sur le fond de l'écran. Celui-ci est une gaze gommée sur laquelle on a dessiné au trait le paysage; puis on y a collé des feuilles de papier mince, découpé suivant les convenances du dessin, mais en superposant les feuilles en nombre variable, pour produire des ombres, des demi-teintes ou des clairs. Les petites figures sont visibles quand elles se placent devant les clairs, qui sont composés de deux feuilles; elles cessent de l'être quand elles passent derrière les fortes ombres qui sont produites par six feuilles; et alors elles sont censées entrer dans le bâtiment ou dans la forêt que ces ombres représentent. On fait mouvoir l'ensemble et les parties de ces petites figures au moyen de fils de fer, et l'on conçoit qu'on puisse leur faire exécuter de petites représentations dramatiques.

OMBROMÈTRE. *Voy.* PLUIE.

ONDES LUMINEUSES, mesure de leur longueur. *Voy.* ANNEAUX DE NEWTON.

Ondes concentriques à la surface des liquides. *Voy.* Hydrodynamique.

ONDULATIONS (*optique*). — La théorie des ondulations repose sur ce principe, que la lumière est produite non par une émission de molécules lumineuses lancées par les astres, mais par un ébranlement de l'éther, dont les molécules oscilleraient transversalement au rayon, et dont les oscillations se transmettraient de l'une à l'autre. Lorsqu'une de ces molécules entre en vibration transversale, elle entraîne à sa suite celles qui lui sont contiguës, et un certain nombre de celles-ci prises sur la direction du rayon se mettent à osciller, mais chacune étant en retard sur la précédente. Il en résulte que, lorsque la première molécule a achevé une oscillation complète, et va en recommencer une seconde, il y a une autre molécule de la série qui va commencer la sienne et dont le mouvement va être à l'unisson du sien. L'intervalle de ces deux molécules est ce qu'on appelle une *ondulation*, parce que les choses se passent comme si l'oscillation de la première molécule s'était transportée identiquement sur celle qui va répéter son mouvement.

Cela posé, imaginons que d'un même point de lumière partent deux rayons qui ne rencontrent aucun obstacle. Les molécules oscilleront dans le même sens, et seront juxtaposées sur toute la ligne, comme deux pendules égaux qu'on aurait mis en branle en les faisant tomber du même point; et il est clair, que, si ces deux pendules venaient à heurter ensemble un même obstacle, leurs effets s'ajouteraient, et qu'il en résulterait un choc double de celui que produirait chacun d'eux. Si donc les deux rayons se rencontrent après avoir parcouru des chemins égaux, il y aura cet accord d'effet, duquel devra résulter une impression double ou un renforcement d'éclat. S'ils se rencontrent après des chemins inégaux, mais qui diffèrent d'un nombre entier d'ondulations, l'effet sera encore le même, puisque les molécules qui se rencontreront auront le même mouvement, de même que les deux pendules, si l'un deux commençait à osciller après que l'autre aurait fait un certain nombre d'oscillations qui le ramèneraient au point de départ d'où l'autre va commencer les siennes. Mais supposons que les deux rayons viennent à se rencontrer quand la différence des chemins faits sera $\frac{1}{2}$, $\frac{3}{2}$, $\frac{5}{2}$ ondulations, ils seront dans le même cas que les deux pendules dont l'un aurait commencé une oscillation lorsque l'autre se trouvait au milieu d'une des siennes : l'*aller* de l'un et le *retour* de l'autre les feraient se rencontrer dans la verticale, et leurs mouvements opposés seraient détruits par ce choc. Ainsi les oscillations des molécules lumineuses se détruiront quand les rayons auront fait des chemins inégaux, dont la différence sera un nombre fractionnaire d'ondulations appartenant à la série ci-dessus. L'impression produite sur la rétine résultant de ces oscillations, on comprend dès lors comment des rayons lumineux se rencontrant dans ces conditions pourront produire de l'obscurité. C'est cette action qu'on désigne sous le nom d'*interférence*. Dans ce qui précède, nous avons supposé, entre les oscillations lumineuses, des accords ou des oppositions complètes; on conçoit que les rencontres se faisant dans des phases intermédiaires, les effets produits se rapprocheront plus ou moins des effets que nous avons considérés. En fait, les additions de lumière ne vont pas au double, et les obscurités ne sont pas complètes; on n'a guère que des inégalités de lumière, des maxima et des minima d'autant plus prononcés, que les rayons se rencontrent plus près des extrémités des ondulations. D'un autre côté, l'effet doit être d'autant plus complet que les rayons interférents approchent davantage de la juxtaposition ou du parallélisme. Dans le cas d'une obliquité très-notable, les concordances et les oppositions d'effet n'ont plus lieu, même après des ondulations entières et des demi-ondulations.

Les rayons de diverses couleurs donnent des anneaux de diamètres différents, ce qui suppose des ondulations de longueurs inégales; et c'est pour cela que la lumière blanche donne des anneaux irisés, parce que les anneaux des diverses couleurs se séparent. On trouve que, du violet au rouge, les longueurs d'ondulations sont comprises entre 423 et 620 millioniêmes de millimètre. La valeur moyenne est 520 millioniêmes, ou un *demi-millième de millimètre*, environ $\frac{1}{80}$ de l'épaisseur d'un cheveu.

L'ondulation violette est contenue 2 millions 500,000 fois environ dans un mètre, 10 milliards de fois dans une lieue de 4000 mètres, et 780,000,000,000,000 dans les 78,000 lieues que l'ébranlement lumineux parcourt dans une seconde : tel est donc le nombre d'ondulations violettes qui se produit dans une seconde de temps. Ainsi la seconde se trouve partagée en 780 *mille milliards* d'intervalles dont chacun est occupé par une ondulation !!! Or, une ondulation est elle-même composée d'une foule de mouvements moléculaires successifs, dont chacun correspond par conséquent à des divisions de la seconde peut-être incomparablement plus petites !

Le phénomène des anneaux colorés, qu'on appelle aussi celui des lames minces, se produit naturellement dans une foule de cas. C'est lui qu'on retrouve dans les reflets irisés des ailes de mouches, des feuilles de mica, des gouttes d'huile étendues en lames minces, des légères couches d'oxyde ou de corps gras; enfin, des bulles de savon. Lorsqu'on couvre une bulle ainsi faite d'une cloche de verre qui la soustrait aux mouvements de l'air, on y observe une succession d'anneaux irisés dont les diamètres et les teintes vont en changeant continuellement, parce que l'épaisseur de la lame liquide varie d'une manière continue par l'écoulement du liquide et l'évaporation. La bulle devient noire au moment de crever; alors son épaisseur est réduite à environ $\frac{1}{50000}$ de millimètre :

il faudrait 2000 épaisseurs pareilles pour égaler celle d'un cheveu!

« Sans entreprendre de défendre le système des ondulations, dit M. Quetelet, nous observerons que chaque point de l'éther n'éprouve pas nécessairement autant de vibrations différentes qu'il y a de points visibles autour de lui; car une infinité de mouvements vibratoires sont entre-détruits; d'une autre part, on ne peut nier la coexistence de plusieurs systèmes ondulatoires dans les eaux ou dans l'air, lorsqu'il transmet le son; et à plus forte raison dans l'éther, pour la production de la lumière.

« M. Fresnel semble avoir senti l'objection que l'on pouvait faire, et il observe que la millionième partie d'une seconde suffit à la production de 564 mille ondulations de lumière jaune, par exemple; ainsi les perturbations mécaniques qui dérangent la succession régulière des vibrations des particules éclairantes, ou même en changent la nature, se répéteraient 60 mille fois à chaque millionième de seconde, qu'il pourrait encore s'exécuter dans les intervalles plus de 500 mille ondulations régulières et consécutives.»

« La plupart des anciens philosophes, dit Euler, se sont contentés de dire *que le soleil est doué de la qualité d'échauffer, d'éclairer* et de luire. Mais on a bien raison de demander en quoi consiste cette qualité. Sont-ce quelques portions infiniment petites du soleil même ou de sa substance, qui parviennent jusqu'à nous? ou bien se passerait-il quelque chose de semblable au son d'une cloche, que nous entendons sans qu'aucune partie de la cloche soit transportée à nos oreilles? Descartes, le premier des philosophes modernes, soutenait ce sentiment, et ayant rempli tout l'univers d'une matière composée de petits globules, qu'il nomme le second élément (1), il suppose que le soleil est dans une agitation perpétuelle qu'il transmet à ces globules, et prétend que ceux-ci communiquent leurs mouvements en un instant dans tout l'univers. Mais, depuis qu'on a découvert que les rayons du soleil ne parviennent pas en un instant jusqu'à nous, et qu'il leur faut environ 8 minutes pour parcourir cette grande distance, le sentiment de Descartes, qui avait d'ailleurs d'autres inconvénients, a été abandonné. Ensuite le grand Newton a embrassé le premier système, et soutenu que les rayons lumineux sortent réellement du corps de cet astre, d'où les particules de la lumière sont lancées avec cette vitesse inconcevable qui les porte jusqu'à nous à peu près en 8 minutes. Ce sentiment, qui est celui de la plupart des philosophes modernes, et qui est nommé le *système de l'émanation*, paraît fort hardi et choque la raison: car, si le soleil jetait continuellement et en tous sens, des fleuves de matière lumineuse avec une si prodigieuse vitesse, il semble qu'il devrait être bientôt épuisé, ou du moins il faudrait qu'on y remarquât, depuis tant de siècles, quelque altération; ce qui est cependant contraire aux observations.».......« Il paraît très-certain que les rayons de lumière ne sont autre chose que des ébranlements ou vibrations transmises par l'éther, comme le son consiste dans des ébranlements ou vibrations transmises par l'air. Le soleil ne perd alors pas plus de sa substance, dans ce cas, qu'une cloche en vibration; et il n'y a pas à craindre, suivant ce système, que jamais la masse de cet astre souffre aucune diminution. Ce que j'ai dit du soleil doit s'entendre de tous les corps lumineux, comme du feu, d'une bougie, d'une chandelle, etc. On m'objectera sans doute que ces lumières terrestres ne se consument que trop évidemment, et qu'à moins qu'elles ne soient entretenues et nourries sans cesse, elles sont bientôt éteintes; qu'ainsi le soleil devrait se consumer, et que le parallèle d'une cloche n'est pas juste. Mais il faut considérer que ces feux, outre leur lueur, jettent de la fumée et quantité d'exhalaisons, qu'il faut bien distinguer des rayons de lumière. Or la fumée et les exhalaisons y causent sûrement une diminution considérable, qu'il ne faut point attribuer aux rayons de lumière: si on pouvait les délivrer de la fumée et des autres exhalaisons, la qualité de luire ne leur causerait, seule, aucune perte. On peut rendre par artifice le mercure lumineux, sans qu'il perde pour cela rien de sa substance, ce qui prouve que la lumière ne cause aucune perte dans les corps lumineux.

« Descartes, pour soutenir son explication (de la transparence), fut obligé de remplir tout l'espace du ciel d'une matière subtile, à travers laquelle tous les corps célestes se meuvent tout à fait librement. Mais on sait que si un corps se meut dans l'air, il rencontre une certaine résistance, d'où Newton a conclu que, quelque subtile qu'on suppose la matière du ciel, les planètes devraient y éprouver quelque résistance dans leur mouvement. Mais, dit-il, ce mouvement n'est assujetti à aucune résistance: donc l'espace immense des cieux ne contient aucune matière. Il y règne donc un vide parfait. » — Cependant, dit Euler, « on jugera aisément que l'espace dans lequel se meuvent les corps célestes, au lieu de rester vide, est rempli par les rayons, non-seulement du soleil, mais encore de toutes les autres étoiles qui le traversent continuellement, et de toutes parts et en tous sens, avec la plus grande rapidité. Les corps célestes qui parcourent ces espaces, au lieu d'y rencontrer un vide, y trouveront donc la matière des rayons lumineux. Ainsi Newton, craignant qu'une matière subtile, telle que Descartes la supposait, ne troublât le mouvement des planètes, fut conduit à un expédient fort étrange et tout à fait contraire à sa propre intention.

« Un autre inconvénient, qui ne paraît pas moins grand, est que non-seulement le

(1) Et d'un premier élément, ou d'une matière subtile, qui remplit tous les interstices que ces globules laissent entre eux.

soleil lance des rayons en tous sens, mais que toutes les étoiles en lancent aussi; et puisqu'il y aurait partout des rayons du soleil et des étoiles qui se rencontreraient, avec quelle impétuositédevraient-ils se choquer les uns les autres ! Combien leur direction devrait-elle en être changée ! Cette rencontre des rayons devrait avoir lieu pour tous les corps lumineux qu'on voit à la fois ; cependant chacun paraît distinctement sans souffrir le moindre dérangement de la part des autres : preuve bien certaine que plusieurs rayons peuvent passer par le même point sans se troubler réciproquement, ce qui semble inconciliable avec le système de l'émanation. »

Voy. Théorie de la lumière.

ONDULATIONS de l'air. *Voy.* Son.

ONDULATIONS de l'eau, leur interférence. *Voy.* Marées.

ORAGES. — Les nuages orageux sont en général d'abord petits et grossissent rapidement, en ce qu'ils semblent s'accroître par la précipitation des vapeurs qui les entourent ; en peu de temps ils recouvrent le ciel, dont le bleu est ordinairement très-pâle. Dans d'autres cas, ils se forment sur différents points de l'horizon des nuages qui restent isolés ou finissent par se réunir : ils sont caractérisés en ce que les *cirrus* des parties élevées de l'atmosphère passent à l'état de *cirro-cumulus* épais, et les *cumulus* forment une masse compacte et uniforme de *cumulo-stratus :* c'est ce que l'on voit bien, surtout quand l'orage se forme à l'horizon. La masse entière présente des *oppositions* de *lumière* fort remarquables ; dans quelques points elle est d'un gris foncé, et dans d'autres elle offre des couleurs brillantes passant au jaune; on y voit des stries allongées d'un gris cendré. Quand le soleil est près de se coucher, ces nuages sont jaunâtres à l'ouest, cette couleur passe au gris et au bleu, et il semble qu'on regarde le paysage à travers un verre jaune ou orangé.

Souvent l'orage se forme plusieurs heures avant d'éclater. Le matin le ciel est complétement pur ; vers midi, on remarque des *cirrus* isolés qui donnent au ciel un aspect blanchâtre ; le soleil est pâle et blafard, il y a des parhélies ou des couronnes autour du soleil. Plus tard les *cumulus* apparaissent, et en s'étendant ils se confondent avec la couche supérieure. Peu de temps avant que l'orage n'éclate, on voit une troisième couche que l'on remarque surtout dans les pays de montagnes.

La formation des orages est précédée d'une baisse lente et continue du baromètre, comme cela doit être quand des *cirrus* occupent le ciel. Le calme de l'air et une chaleur étouffante qui tient au manque d'évaporation de la surface de notre corps, sont des circonstances tout à fait caractéristiques. Cette chaleur n'affecte pas proportionnellement le thermomètre : elle est propre aux couches inférieures de l'air, car elle décroît rapidement avec la hauteur. Ainsi des observations correspondantes à Munich et sur quelques montagnes de la Bavière font voir que, dans l'après-midi des jours d'orage, le décroissement était de 1° pour 78 mètres, savoir, deux fois plus rapide que ce qu'il est en moyenne. Les observations du Saint-Gothard, comparées à celle des villes voisines, prouvent la même chose ; les anomalies de la réfraction terrestre que l'on observe alors conduisent au même résultat. Le matin, le décroissement de la température étant ordinairement fort lent, il en résulte nécessairement dans l'après-midi un courant ascendant très-intense, qui entraîne les vapeurs vers les régions supérieures de l'atmosphère, où elles se condensent rapidement.

Tous les orages peuvent se diviser en deux classes : les uns sont dus à l'action d'un courant ascendant, les autres sont un résultat de la lutte de deux vents opposés ; les premiers se montrent pendant la saison chaude, les seconds pendant l'hiver. Examinons d'abord ceux du premier genre.

Dans nos climats et en été, trois conditions sont nécessaires à la formation d'un orage : un grand calme de l'atmosphère, un sol plus ou moins humide et un temps serein. Ce calme de l'air ne s'étend pas toutefois jusqu'aux limites de l'atmosphère, car en général le baromètre baisse lentement pendant un ou deux jours, preuve que de l'air s'écoule de tous côtés. Les *cirrus* qui se montrent d'abord sont entraînés par de faibles vents de S.-O. Sous l'influence de ces circonstances, les masses d'air en contact avec le sol acquièrent une force d'ascension d'autant plus grande que la haute température que nous observons alors n'appartient qu'à ces couches inférieures ; car si nous comparons des observations thermométriques faites à des points plus élevés, nous trouvons que pendant les jours d'orage le décroissement de la température est extrêmement rapide. Les vapeurs se condensent alors dans le haut de l'atmosphère, et contribuent à augmenter le volume des *cirrus* en se transformant en flocons de neige ; en même temps des *cumulus* se forment dans le bas et passent à l'état de nuages très-denses : souvent alors la température baisse, et le soleil cesse d'agir fortement sur le sol et sur l'air.

Sous l'influence de ces circonstances, il peut très-bien arriver que les nuages soient dissous de nouveau par les courants d'air chaud qui s'élèvent vers eux. Si cet air est sec, ce résultat est inévitable; mais l'équilibre de l'atmosphère, s'il existe d'abord, peut être troublé par la cause la plus légère : ces causes résident dans l'atmosphère elle-même. La masse d'air située au-dessous des nuages étant plus froide, puisqu'elle ne reçoit pas l'influence directe des rayons solaires, il y a sur les côtés des courants d'air chauds qui se dirigent vers les nuages et dont la présence est ordinairement trahie par de petits nuages, tandis qu'à la surface du sol des courants divergent dans tous les sens en partant de l'orage comme d'un centre. Si la différence de température est très-grande, alors ces vents deviennent assez forts, et si le mouvement s'étend en hauteur, des masses d'air froid se précipitent vers la terre, déterminent la rapide condensation des vapeurs, et donnent lieu à un très-fort développement d'électricité. Si la masse au contraire s'élève vers le zénith, le baromètre cesse de descendre et monte même de quelques dixièmes de millimètre, mais il recommence à baisser dès que l'orage s'éloigne. Ces orages ont le plus souvent lieu à l'époque de la plus grande chaleur diurne; l'air reprend bientôt sa sérénité, mais l'orage se reproduit plusieurs jours de suite; des nuages orageux se forment, sans que la foudre éclate chaque fois, jusqu'à ce que la direction des vents et l'état de l'atmosphère soient complétement changés.

Cette périodicité des orages que Volta a le premier observée dans le nord de l'Italie, mais dont on trouve des traces dans nos climats, n'existe pas dans le second genre d'orages. Les *cirrus* se développent, il est vrai, sous l'influence des vents du sud fort élevés qui descendent quelquefois jusqu'au niveau du sol; mais ces vents du sud entrent en lutte avec ceux du nord; à leur point de rencontre il se forme des nuages orageux. Ces nuages occupent de longues bandes fort étroites, et c'est dans ces cas qu'on observe de violentes averses. Cette lutte peut se reproduire pendant plusieurs jours de suite, ainsi qu'on l'a vu à Halle pendant une semaine entière du mois de juillet 1834; l'issue de la lutte détermine la physionomie du temps. Si ce sont les vents du sud qui l'emportent, le baromètre continue à baisser, le temps devient lourd et pluvieux; si ce sont les vents du nord, l'air se refroidit d'abord, reste serein, puis se réchauffe sous l'influence des rayons solaires.

Dans tous les cas, une rapide condensation des vapeurs est la condition essentielle de la formation des orages; l'électricité développée est-elle assez forte, alors il y a orage, sinon ce sont de simples averses passagères accompagnées de signes d'électricité très-marquées. Si nous examinons toutes les circonstances qui accompagnent le développement d'électricité, nous devons considérer la condensation des vapeurs comme la cause de sa production, et en conclure que c'est l'orage qui produit l'électricité et non la tension électrique qui engendre l'orage, comme on le croit habituellement. Des pluies violentes sans tonnerre ni éclairs se distinguent des orages, uniquement par un moindre développement d'électricité : d'où résulte l'absence des éclairs et du tonnerre.

Hauteur des nuages orageux.— Les orages en été commencent toujours par des *cirrus*; quand ceux-ci deviennent plus épais et lorsqu'une ou plusieurs couches de *cumulus* existent au-dessous, alors ces nuages échangent des éclairs entre eux. Nous devons donc assigner aux orages une grande hauteur: cette assertion est très-contraire à l'opinion reçue sur la faible élévation des nuages orageux. Des voyageurs qui se trouvaient au sommet du Brocken à 1140 mètres, et sur des montagnes d'une moindre élévation, assurent en avoir vu au-dessous d'eux. Le ciel était-il serein au-dessus de leur tête? c'est ce qu'ils ont souvent omis de nous dire: dans l'orage on ne considère que la foudre et rarement l'état du ciel plusieurs heures avant qu'il n'éclate. « Sur les Alpes, dit M. Kaëmtz, je n'ai jamais vu d'orage au-dessous de mes pieds, souvent toute la masse était au-dessus de ma tête; j'étais quelquefois enveloppé de nuages, le tonnerre et les éclairs n'éclataient pas loin de moi, mais je me trouvais seulement dans la partie inférieure de la masse orageuse, qui échangeait des étincelles avec la masse supérieure.

« Ces nuages bas qu'on observe au sommet des montagnes peu élevées se forment avec une extrême rapidité à l'approche de l'orage; je les ai souvent observés. Pendant mon séjour sur le Rigi, à 1800 mètres au-dessus de la mer, le ciel resta couvert de *cirrus* pendant toute une matinée; ces *cirrus* s'épaissirent vers midi, des *cumulus* isolés passaient au-dessus de ma tête. L'après-midi, un orage se forma dans la partie supérieure de la vallée de Sarnen, j'entendais le faible roulement d'un tonnerre éloigné, et il plut abondamment dans cette vallée; le Rigi était dégagé de nuages; il y en avait quelques-uns sur le mont Pilate. Au bout de quelque temps le nuage se dirigea vers le nord, mais il était évidemment plus haut que le sommet du mont Pilate, qui s'élève à 2044 mètres au-dessus de la mer. Je pus voir le long des flancs de cette montagne les effets du courant descendant de l'air froid : non-seulement les nuages grossissaient rapidement autour de son sommet, mais des masses isolées roulaient avec une extrême vitesse le long de ses pentes, semblables à des boules colossales qu'on aurait précipitées du haut de la montagne; dans le bas elles disparaissaient ou se mouvaient horizontalement; en même temps le tonnerre éclatait avec plus de force. Peu de minutes après, la partie du lac des Quatre-Cantons comprise entre le golfe d'Alpnach et celui de Lucerne s'agita; cette agitation se propagea avec l'orage vers le Rigi, et je remarquai quelques nuages sur le Rigi-Staffel, qui ne tardèrent pas à disparaître. Cependant, le vent était devenu plus vif sur le sommet où je me trouvais, les nuages s'élevaient le long du flanc occidental, l'orage s'approchait de mon zénith; il était à une grande hauteur. Au bout de quelques minutes, les nuages descendirent jusqu'à moi, et je me trouvai enveloppé de brouillard; le tonnerre grondait et les éclairs brillaient à une faible distance. Des voyageurs m'assurèrent ensuite avoir trouvé les nuages à plus de 300 mètres au-dessous du sommet. En considérant seulement ces nuages inférieurs, on ne donnerait à cet orage qu'une hauteur de 1300 mètres tout au plus, mais ce que nous avons vu plus haut prouve qu'il dépassait celle du Pilate.

« Si les orages étaient aussi bas que le prétendent la plupart des voyageurs, ils ne pourraient pas traverser aussi facilement les hautes chaînes de montagnes. Les habitants de la vallée de Chamounix assurent que les orages passent souvent au-dessus du sommet du Mont-Blanc (4,810 m.). J'ai vu du Faulhorn (2,683 m.) un orage qui était arrêté dans le Haut-Valais; le bord supérieur des nuages dépassait la pointe du Finsteraarhorn (4,362 mètres). Pendant un autre orage, le plan inférieur des nuages était très-uniforme : le Faulhorn, le Schwarzhorn, le Pilate et le Niesen (2,365 mètres) étaient libres de nuages. Les cornes argentées de la Jungfrau n'en étaient point enveloppées : on pouvait donc assigner à cet orage une hauteur de 3,300 mètres au moins. »

Quelquefois il est possible de déterminer approximativement la hauteur d'un orage. Quand les éclairs suivent une direction horizontale, on mesure l'intervalle qui sépare le tonnerre de l'éclair; or, le son parcourant 340 mètres dans une seconde, il n'y a qu'à multiplier par 340 le nombre des secondes écoulées pour estimer la distance de l'éclair à l'observateur. Si en même temps on a mesuré la hauteur angulaire de l'éclair, on en conclut sa hauteur verticale. Ainsi, en 1834, où il y eut à Halle plusieurs orages très-élevés, on trouva le 5 juin que les éclairs étaient à une hauteur variant entre 1,900 et 3,100 mètres. Le 21 juillet, le *minimum* de quelques éclairs traversant le zénith était de 1,300 mètres.

Quand des orages sont aussi peu élevés, nous devons admettre que les nuages que nous voyons se sont formés après les couches plus élevées qui constituent principalement l'orage. La rapidité avec laquelle ces nuages inférieurs se condensent donne lieu à une forte tension électrique qui se manifeste par des décharges répétées; elle tient à l'action par influence des masses supérieures qui agissent sur les inférieures.

Electricité des orages.—Malgré les nombreuses recherches entreprises sur ce sujet, il est encore enveloppé d'une grande obscurité. Placez-vous près d'un électromètre et observez-le pendant tout le cours d'un orage, vous verrez combien ces indications sont variables. Les éclairs sont déjà très-rapprochés sans que les instruments les plus délicats donnent le moindre signe d'électricité; tout à coup celle-ci augmente au moment d'un éclair très-fort. Un autre jour l'orage arrive avec tous les signes d'une forte tension électrique, quelques éclairs sillonnent la nue, les deux pailles de l'électroscope retombent l'une vers l'autre, et il se passe quelque temps avant qu'elles ne s'écartent de nouveau. Un jour la tension électrique variera à chaque coup de tonnerre, une autre fois elle restera la même pendant un quart d'heure, quoique les éclairs se succèdent rapidement. Dans un orage, les pailles s'écartent rapidement; vient un éclair, et elles se rapprochent; pendant un autre, elles retombent, puis divergent rapidement pour se rapprocher lentement, jusqu'à ce qu'un nouveau coup de tonnerre les fasse diverger derechef. L'électricité peut être longtemps positive; sa force seule varie, mais bientôt la pluie, les nuages, le vent, les éclairs, restant les mêmes, les pailles s'écartent tantôt sous l'influence de l'électricité positive, tantôt sous celle du fluide de signe contraire.

Si l'on compare tout ce qui a été écrit sur les orages, on n'hésite pas à en conclure que ce sont les phénomènes les plus compliqués de la météorologie. Il y a lieu de douter qu'on puisse de longtemps se rendre compte de toutes les circonstances qui les accompagnent. D'abord un seul observateur est insuffisant; pour réunir toutes les données, il faut noter l'électricité, la direction du vent, les mouvements et la forme des nuages, la grosseur des gouttes de pluie et la direction dans laquelle elles tombent, la forme et le lieu des éclairs, la divergence des pailles de l'électromètre : chacun de ces phénomènes exige toute l'attention d'un observateur, qui perd encore un temps précieux à écrire ses remarques. Il faudrait en outre que plusieurs observateurs, disséminés sur toute la surface d'où l'orage est visible, notassent toutes ces indications chacun de son côté, et les comparassent entre elles.

Toutes les indications capricieuses de l'électroscope tiennent à ce qu'il est influencé par plusieurs couches de nuages superposés qui agissent et réagissent les unes sur les autres et sur la terre, de façon que les électricités se développent et se neutralisent tour à tour. On est habitué à voir dans les orages les manifestations les plus puissantes de la tension électrique, et l'on a de la peine à comprendre qu'il puisse y avoir des éclairs et des coups de tonnerre sans une tension électrique très-notable. Cependant l'électricité par influence offre en petit des effets analogues.

Tous les orages fournissent la preuve des effets de condensations successives. Un éclair passe par le zénith et avant le coup de tonnerre, plus rarement après, la pluie ou la grêle s'échappe par torrents du nuage; les gouttes tombent d'abord suivant une ligne inclinée à l'horizon, puis reviennent à la verticale. On dit habituellement que la pluie est un effet de l'éclair qui déchire la nue, mais c'est le coup de vent qui a condensé les vapeurs en larges gouttes, les a poussées d'abord dans une direction presque horizontale : d'où dégagement de l'électricité et coups de tonnerre. Ce qui prouve que cette condensation a précédé l'éclair, c'est que la pluie tombe souvent avant qu'on n'entende le bruit du tonnerre : or, celui-ci parcourt 340 mètres par seconde : si donc la pluie était un effet de l'éclair, il s'ensuivrait que les gouttes d'eau seraient tombées avec une vitesse au moins égale, vitesse qu'elles n'ont jamais même à la fin de leur chute.

Ajoutez à cela que les orages s'étendent souvent sur une superficie de plusieurs myriamètres carrés, et que l'électricité de chacune de leurs parties réagit sur l'autre. L'observateur placé dans la plaine n'a pas une vue assez étendue pour l'embrasser tout entier, et celui qui est sur une montagne est le plus souvent entouré de nuages. « Dans un orage, dit M. Kaëmtz, observé du Faulhorn, le 13 août 1833, les nuages inférieurs n'existaient pas, et j'ai pu contempler le phénomène dans toute sa grandeur. Plusieurs fois pendant la journée il avait plu au loin et auprès de moi. Vers 7 heures du soir, la masse de nuages, composée de plusieurs couches, avait une apparence orageuse; leur surface inférieure était à une élévation de 3300 mètres environ. Au delà des Diablerets dans le Bas-Valais, et du Glaernisch dans le canton de Glarus, on ne voyait rien. Dans cet orage, qui avait une étendue de plus de 150 kilomètres, les éclairs venaient distinctement de cinq points différents : au delà des Diablerets, dans le pays de Vaud; à la droite du Rinderhorn, peut-être dans le Simmenthal; dans la direction de Berne; dans celle de Lucerne, derrière le sommet du mont Pilate, et dans celle de Schwitz. Plusieurs heures d'observation m'ont prouvé que les électricités de ces cinq points agissaient et réagissaient les unes sur les autres. Sur un tiers au moins des éclairs, voici ce que je constatai : un éclair partait dans le pays de Vaud entre deux couches de nuages, car la couche inférieure était peu éclairée; immédiatement après, souvent en même temps, on voyait dans le voisinage du Rinderhorn un éclair en zigzag dirigé de haut en bas. Quelques instants après, des lueurs électriques brillaient au-dessus de Berne, et un éclair en zigzag leur répondait dans la direction de Lucerne, puis dans celle de Schwitz. Lorsque le temps devint plus sombre, je vis aussi des éclairs dans l'est, mais ils étaient trop éloignés pour que je pusse les étudier. Il est évident que le premier éclair parti dans le pays de Vaud troublait l'équilibre de tout le système; un observateur placé à Schwitz aurait donc observé des oscillations dans l'électromètre, dont la cause première dépendait d'un éclair parti dans le voisinage du lac Léman. »

Lignes de partage des orages. — Dans les pays de montagnes les orages sont en général plus fréquents et beaucoup plus violents que dans les plaines, parce que les vents produisent une condensation plus rapide des vapeurs; en même temps les montagnes s'opposent au mouvement des nuages, et l'électricité produite s'accumule pour ainsi dire dans un seul point. Dans quelques pays les montagnes sont de véritables lignes de partage; souvent en effet un orage formé dans la plaine ou dans une vallée est poussé par le vent vers une chaîne de montagnes, s'y arrête ou est ensuite entraîné dans une autre direction et se ramifie en divers sens. Dans chaque village on vous montrera le point d'où viennent les orages. Toutefois ces assertions doivent être soumises à la critique, qui est en désaccord le plus souvent avec l'opinion régnante.

Les montagnes opposent aux orages un obstacle purement mécanique; souvent l'orage est entraîné par un vent d'une force médiocre, mais l'air froid au-dessous du nuage se précipite avec une vitesse extrême et s'écoule de tous côtés, tandis que dans le haut l'air chaud se meut de tous les côtés vers le nuage. Si le courant d'air froid rencontre une chaîne de montagnes, il éprouve une résistance et arrête le mouvement du nuage en réagissant sur lui; si la direction de la marche du nuage est perpendiculaire à celle de la chaîne de montagnes, il peut y rester collé pendant longtemps. Sa direction fait-elle un angle aigu avec celle de la chaîne, alors il la suit jusqu'à ce qu'il trouve une vallée dont la direction soit parallèle à celle qu'il avait primitivement, il y pénètre alors et s'y décharge. Les sommets isolés séparent souvent les orages en deux parties, dont chacune continue sa marche isolément.

Orages entre les tropiques. — Nulle part les orages ne se montrent avec autant de force qu'entre les tropiques pendant la saison humide et au changement des moussons. Le matin le ciel est serein, mais vers midi il se couvre rapidement de nuages, et dans le bas l'électricité est plus forte que dans des latitudes plus septentrionales; les éclairs se succèdent sans interruption, et les roulements du tonnerre sont beaucoup plus forts que chez nous. Suivant les voyageurs, on ne peut, dans nos climats, se faire aucune idée de la violence de ces orages; dans la région des calmes il y a un orage presque tous les jours : aussi pourrait-on l'appeler la région des orages éternels.

Quand ils sont accompagnés d'un vent très-fort, on les désigne sous le nom de *tornados* ou *trovados*; aux Antilles et dans l'Inde on les connaît sous celui d'*ouragans* et d'*hurricanes*, et dans les mers de Chine sous la désignation de *typhons*. Mais ces vents présentent des particularités telles, qu'on a bien tort d'étendre le mot d'ouragan à des tempêtes des moyennes et des hautes latitudes.

Les ouragans sont très-fréquents sur la côte de Sierra-Léone au commencement et à la fin de la saison des pluies, quand les moussons changent. Suivant Winterbottom ils ont la plus grande analogie avec nos orages et durent rarement plus de vingt minutes à une demi-heure. C'est aussi le témoignage de Dampier. Mais ces orages arrivent si subitement et accompagnés d'un vent si furieux, que les navires courent le plus grand danger. En 1681, Dampier observa à Antigoa (Antilles) un ouragan qui dura depuis le matin à 8 heures jusqu'au lendemain à 4 heures. Le capitaine Gadbury était descendu à terre avec son équipage; lorsqu'il voulut retourner à son bord, il trouva le navire couché sur le flanc et la pointe du mât enfoncée dans le sable. L'ouragan reprit alors avec une nouvelle force, les vagues s'élevaient à une hauteur monstrueuse. On trouva des tonneaux à un quart de lieue dans les terres; un navire fut lancé dans une forêt, et un autre sur une roche élevée de 3 mètres au-dessus des plus hautes marées. Dans un ouragan qui se déchaîna, vers la fin d'octobre 1831, sur Balasore, dans l'Inde, lat. 21° 32' N., long. 84° 30' E., dix mille personnes perdirent la vie. La grande route de Madras à Calcutta passe par Balasore, à une distance de 14 kilomètres de la côte ; elle fut cependant envahie par la mer, et tout ce qui s'y trouvait fut enlevé. Une surface de 24 myriamètres était couverte de 4 à 5 mètres d'eau. La mer s'avança jusqu'aux portes de la ville, le pont et les débris d'un navire se trouvèrent sur la grande route. Un ouragan non moins violent ravagea la Guadeloupe le 25 juillet 1825 : des canons du calibre de vingt-quatre furent déplacés ; une aile d'un bâtiment du gouvernement construite avec la plus grande solidité fut détruite, et une planche de sapin de 9 décimètres de long sur 2 décimètres de large et 22 millimètres d'épaisseur, fut lancée à travers un palmier de 4 décimètres de diamètre.

L'approche de ces ouragans est quelquefois annoncée par des signes précurseurs. A la côte de Sierra-Léone, par exemple, on remarque à l'orient un nuage épais qui, suivant l'expression de Winterbottom, ne paraît pas plus grand que la main. A l'embouchure du Sénégal, on voit, suivant M. Golberry, apparaître dans les hautes régions de l'atmosphère un nuage blanc et rond ; de faibles lueurs électriques se succèdent rapidement, et l'on entend quelquefois les roulements lointains du tonnerre. Dans le point indiqué les nuages s'épaississent, leur grosseur augmente, et le tonnerre se fait entendre avec plus de fracas ; les nuages deviennent de plus en plus noirs, et enfin tout le ciel se couvre, et la terre semble enveloppée dans une nuit profonde qui contraste avec la pureté du ciel à l'occident. Immédiatement avant que l'ouragan se déchaîne, une brise légère à peine sensible souffle de l'ouest, ou même l'air est tout à fait calme ; rien ne bouge, et seulement çà et là s'élèvent de faibles tourbillons ; en même temps la température baisse rapidement.

Une autre circonstance caractérise ces orages, c'est qu'ils sont limités à un espace très-circonscrit : à la distance de 20 kilom. ou moins, le calme de l'atmosphère n'a pas été troublé un seul instant. Ils s'accompagnent aussi de changements dans la direction du vent, et il n'est pas rare qu'ils soufflent dans l'espace de quelques minutes de tous les points de l'horizon.

C'est ordinairement au moment de la plus grande chaleur du jour qu'on observe ces ouragans ; mais dans l'intérieur des continents, surtout quand ils sont montagneux, il y a aussi des orages nocturnes. C'est ce qu'on voit souvent, d'après les observations de l'intrépide Caillé, dans les montagnes qui sont au sud de la partie occidentale du Sahara, et, d'après celle d'Eschwége, dans les montagnes du Brésil. Celui-ci assure qu'on ne saurait se faire une idée de la violence d'un orage nocturne dans les forêts vierges de ce pays.

On n'a point assez de faits pour déterminer le nombre d'orages qu'on observe pendant l'année dans les différentes régions du globe. Toutefois, il résulte des observations faites par les voyageurs, qu'ils se montrent surtout lorsque la régularité des vents alizés est troublée, ou lors du changement des moussons.

En mer, dans la région des vents alizés, les orages paraissent être aussi rares que la pluie ; on ne cite pas dans un seul voyageur la relation d'un orage un peu violent dans cette zone. A Madère, c'est en hiver que les orages paraissent être très-fréquents, et c'est aussi la saison dans laquelle la limite de l'alizé du N.-E., passe dans le voisinage de l'île. Pendant la lutte qui s'établit entre le vent de S.-O. qui s'abaisse, et l'alizé du N.-E., les décharges électriques sont très-communes.

Orages dans les hautes latitudes. — Au nord des Alpes, il n'y a guère d'orages que dans la saison chaude. A mesure qu'on s'avance des bords de l'Atlantique dans l'intérieur du continent, on trouve dans leur nombre et leur distribution une modification analogue à celle de la pluie. Les pays des montagnes font exception à la loi générale, en ce que les orages sont plus fréquents sur le revers occidental des chaînes que dans la plaine. Sur la côte occidentale de l'Europe et en Allemagne, nous trouvons environ 20 orages par an ; à Pétersbourg et à Moscou, 17 en moyenne ; à Kasan, 9 ; à Nertschinsk, 2, et à Irkoutzh, 8 environ. Désignons par 100 le nombre des orages qui ont lieu pendant toute l'année, nous aurons la distribution suivante dans les quatre saisons.

Nombre relatif des orages dans les quatre saisons.

	Hiver.	Printemps.	Eté.	Automne.
Europe occidentale,	8,9	17,7	52,5	20,9
Suisse,	0,4	20,6	69,0	10,0
Allemagne,	1,4	24,4	66,0	8,2
Intérieur de l'Europe,	0,0	15,7	79,3	5,0

Sur la côte occidentale de l'Europe, un dixième seulement du nombre total des orages de l'année éclate pendant l'hiver ; en été c'est la moitié. En Suisse et en Allemagne, un orage en hiver est un phénomène très-rare ; les deux tiers du nombre total se montrent en été. Dans l'intérieur de l'ancien continent il n'y a pas d'orages en hiver, les trois quarts ont lieu en été, et le petit nombre de ceux qu'on observe au printemps et en automne n'éclatent que pendant les mois les plus chauds de ces deux saisons ; aussi peut-on dire avec raison qu'il n'y a pas d'orages pendant la moitié de l'année.

Orages au nord de la Méditerranée. — Déjà les anciens avaient remarqué leur fréquence dans certaines saisons. Lucrèce pensait que des vents violents exprimaient le feu contenu dans les nuages, et il en déduit les causes de leur distribution dans les différentes saisons (Liv. VI, 356, etc.).

Le témoignage d'autres écrivains est d'accord avec celui de Lucrèce; en Grèce, les orages sont fréquents en automne et au printemps, d'après les observations de M. Peytier. Il y a probablement de grandes différences dans leur distribution saisonnière; malheureusement nous ne possédons que peu de documents à cet égard.

Dans l'Italie septentrionale aussi bien qu'en Grèce, il y a annuellement environ 40 orages, c'est-à-dire un nombre double de celui de l'Allemagne. A Palerme, leur nombre n'est plus que le tiers de celui de nos climats; l'air est en effet plus pur, et l'air chaud qui vient de l'Afrique s'oppose à la précipitation des vapeurs aqueuses. Il n'y a que 64 jours de pluie pendant toute l'année à Rome; à Padoue, au contraire, il y en a 120. A Palerme, c'est en automne que les orages sont très-communs, tandis qu'à Rome il y a à peine une différence entre l'automne et l'été; leur distribution dans l'année à Padoue rappelle complétement celle de l'Allemagne. Les observations des anciens se rapportent principalement à cette ville, et s'ils ont insisté sur les orages d'automne, c'est que, pendant cette saison, ils sont plus violents et de plus longue durée.

Orages en hiver. — La formation des orages est accompagnée d'une baisse lente et continue du baromètre, ce qui prouve que les vents du sud règnent dans le haut de l'atmosphère. Quand le courant ascendant élève les vapeurs à une grande hauteur, elles se condensent rapidement. Le vent les entraîne ensuite avec lui; c'est pourquoi les orages en hiver viennent toujours avec le vent de S.-O. Dans d'autres cas, l'orage se forme au point de rencontre de deux vents opposés; il est alors très-violent, et l'état de l'atmosphère est troublé pour longtemps. Quand les vents de l'est ont soufflé constamment et que le S.-O. l'emporte, le temps devient pluvieux. Pendant ces orages il y a une telle confusion dans les courants aériens qu'il faut l'observation la plus attentive pour les démêler. Rarement on a pu les observer aussi bien que pendant l'orage du 21 juillet 1834; les vents d'est régnaient depuis quelque temps, le ciel était serein et la température élevée, mais le baromètre baissait lentement. Le matin du jour de l'orage, il y avait des *cirrus* entrelacés au ciel, dont l'aspect était terne, surtout dans l'ouest. Les *cirrus* se condensèrent peu à peu, l'éclat du ciel devint de plus en plus pâle, tandis que dans l'est le ciel restait serein. Après quatre heures, son azur disparut derrière des *cirrus* épais, et des nuages bleuâtres, précurseurs de la tempête, montaient de l'ouest vers le zénith, qu'ils dépassaient. Bientôt le tonnerre se fit entendre, de la pluie et de la grêle tombèrent en abondance, les nuages se mouvaient avec une vitesse variable. Il fut évident pendant longtemps que des nuages marchaient d'occident en orient, quoique la masse principale se mût vers l'occident. Les vapeurs venant de l'ouest se mêlaient à l'air qui affluait de l'est. Celles qui étaient plus basses furent condensées, mais toujours repoussées vers l'ouest. Quoique tout le phénomène fût une conséquence de la lutte de vents opposés, il était cependant facile de voir que le combat était plus violent çà ou là et s'accompagnait de condensation de vapeurs et de développement d'électricité. En effet, les nuages se mouvaient avec vitesse dans un point, ils tournaient sur eux-mêmes et devenaient de plus en plus opaques. Les éclairs se succédaient rapidement dans ce point et devenaient plus rares dans les autres parties du ciel. Bientôt ce phénomène se reproduisait dans une autre région du ciel, fort éloignée de la première, et les éclairs cessaient dans le premier point.

C'est ainsi que se forment tous les orages en hiver lorsque deux vents opposés viennent à lutter ensemble, et surtout quand un orage arrivant du S.-O. est refoulé par un vent d'est. Au moment où l'orage éclate, le baromètre recommence ordinairement à monter. Mais rarement les orages sont très-violents dans nos contrées, parce que l'air n'est pas assez chargé de vapeurs pour qu'il se développe une quantité notable d'électricité. Ils sont assez communs dans le voisinage des côtes, où en hiver la température est plus élevée et l'évaporation plus abondante que dans l'intérieur du pays; mais leur durée n'est pas longue, car l'électricité produite s'épuise rapidement, et l'équilibre se rétablit aussitôt.

ORBITE. — On appelle ainsi la courbe décrite par les planètes dans leur révolution autour du soleil. Képler le premier a fait voir que ces courbes sont non pas des cercles, comme on l'avait cru anciennement, mais des ellipses, dont le soleil occupe un des foyers. Les plans des orbites des planètes passent tous par le centre du soleil; mais ils sont différemment inclinés les uns aux autres et à l'écliptique.

On nomme *Éléments des orbites* des planètes le petit nombre de données nécessaires pour déterminer la situation de ces corps à un instant quelconque. Ces éléments sont au nombre de sept; ce sont: la longueur du grand axe et l'excentricité qui déterminent la forme de l'orbite; la longitude de la planète au moment où elle est à sa moindre distance du soleil, et qui est appelée la longitude du périhélie; l'inclinaison de l'orbite au plan de l'écliptique, et la longitude de son nœud ascendant. Ces éléments donnent la position de l'orbite dans l'espace; mais le temps périodique et la longitude de la planète à un instant donné, qu'on appelle la longitude de l'époque, sont nécessaires pour trouver en tout temps la place du corps dans son orbite. La connaissance parfaite de ces sept éléments est indispensable pour déterminer toutes les circonstances du mouvement elliptique supposé sans perturbations. A l'aide de ces moyens, il a été reconnu que les orbites des planètes, quand on néglige les perturbations mutuelles de ces corps, sont des ellipses à peu près circulaires, dont les plans, légèrement inclinés à l'écliptique, la coupent en lignes droites passant par le centre du soleil. Les orbites des planètes récemment découvertes dévient plus du plan de l'écliptique que celles des anciennes planètes, ce qui rend plus difficile la détermination de leurs mouvements. Celle de Pallas, par exemple, a une inclinaison de 35 degrés par rapport à ce plan.

Les orbites des planètes ont une très-petite inclinaison au plan de l'écliptique dans lequel la terre se meut; et c'est à cause de cela que les astronomes rapportent leurs mouvements à ce plan à une époque donnée, comme à une position connue et déterminée. La distance angulaire d'une planète au plan de l'écliptique est sa latitude, et cette latitude est sud ou nord, suivant que la planète est au sud ou au nord de ce plan. Quand la planète est dans le plan de l'écliptique, sa latitude est zéro : on dit alors qu'elle est dans ses nœuds. Le nœud ascendant est le point de l'écliptique par où passe la planète en allant de l'hémisphère sud à l'hémisphère nord. Le nœud descendant est un point correspondant dans le plan de l'écliptique, diamétralement opposé à l'autre, et par lequel la planète descend, en allant de l'hémisphère nord à l'hémisphère sud.

Une planète se meut dans son orbite elliptique avec une vitesse qui varie à chaque instant, en vertu de deux forces : l'une qui la pousse vers le centre du soleil, et l'autre qui la porte à suivre une tangente à son orbite. Cette dernière force est due à l'impulsion primitive par laquelle la planète a été lancée dans l'espace : si la force qui la porte à suivre la tangente cessait d'agir, elle tomberait sur le soleil, par l'effet de sa gravité; et si le soleil ne l'attirait pas, elle s'échapperait par la tangente. Ainsi, quand la planète est au point de son orbite le plus éloigné du soleil, l'action de ce dernier l'emporte sur la vitesse de la planète, et l'attire vers lui avec un mouvement accéléré tel, qu'à la fin sa vitesse surpasse l'attraction solaire; mais la planète s'éloignant avec force du soleil, diminue graduellement de vitesse, jusqu'à ce qu'elle revienne au point le plus éloigné, où l'attraction du soleil l'emporte de nouveau. Dans ce mouvement, les rayons vecteurs ou lignes imaginaires, joignant les centres du soleil et des planètes, parcourent des aires égales dans des temps égaux.

La distance moyenne d'une planète au soleil est égale à la moitié du grand axe de son orbite : si donc la planète décrivait autour du soleil une circonférence de cercle dont le rayon fût sa moyenne distance à cet astre, le mouvement deviendrait uniforme, mais le temps périodique resterait le même, car la planète arriverait aux extrémités du grand axe au même instant, et aurait la même vitesse, soit qu'elle se mût dans l'orbite circulaire ou dans l'orbite elliptique, puisque les courbes coïncident en ces points; mais, dans tout autre point, le mouvement elliptique ou vrai serait ou plus rapide ou plus lent que le mouvement circulaire ou moyen. Comme il est nécessaire d'avoir dans les cieux quelque point fixe à partir duquel on puisse calculer ces mouvements, l'équinoxe du printemps à une époque donnée a été choisi à cet effet. La courbe équinoxiale, grand cercle tracé dans les cieux par le prolongement imaginaire du plan de l'équateur terrestre, est coupée par l'écliptique, c'est-à-dire par l'orbite apparente du soleil, en deux points diamétralement opposés l'un à l'autre, et qu'on appelle l'équinoxe de printemps et l'équinoxe d'automne. L'équinoxe de printemps est le point par lequel le soleil passe en allant de l'hémisphère sud à l'hémisphère nord, et l'équinoxe d'automne, celui qu'il traverse en allant de l'hémisphère nord à l'hémisphère sud. Le mouvement moyen ou circulaire d'un corps, compté de l'équinoxe de printemps, est sa longitude moyenne; et son mouvement elliptique ou vrai, compté également de ce point, est sa longitude vraie : l'un et l'autre se comptent de l'ouest à l'est, c'est-à-dire, suivant le sens dans lequel les corps se meuvent. La différence entre ces deux mouvements est appelée l'équation du centre, laquelle, par conséquent, s'évanouit aux apsides, et est à son maximun à 90 degrés de ces points, c'est-à-dire en quadrature, où elle détermine l'excentricité de l'orbite; de sorte que la place d'une planète dans son orbite elliptique est obtenue soit en retranchant l'équation du centre de sa longitude, soit en l'y ajoutant. *Voy.* Képler.

ORBILLE, sa construction merveilleuse. *Voy.* Ouïe. — Jusqu'où s'étend sa sensibilité. *Voy.* Vibrations (*note*).

ORGANISATION DE L'UNIVERS. *Voy.* Théorie astronomico-chimique, etc.

ORIGINE de la grêle. *Voy.* Grêle.

Origine chimique de l'électricité de la pile. *Voy.* Electricité (*Hist. de l'*).

OSCILLATIONS BAROMÉTRIQUES, leurs causes. *Voy.* Baromètre.

OUIE.—*L'oreille* est l'organe de l'ouïe. Cet appareil offre d'abord à l'extérieur une sorte de pavillon évasé par dehors, comme celui du cornet acoustique, et formé de diverses courbes dont Boerhaave, le compas géométrique à la main, a prouvé que les foyers aboutissent au *conduit auditif*, canal qui s'ouvre à l'extérieur. Ce conduit est revêtu intérieurement de poils et d'une matière visqueuse, appelée *cerumen*, qui en défendent l'accès aux corps étrangers. Enfin le fond en est complétement fermé par une membrane sèche et tendue que la peau, devenue plus mince, recouvre en dehors, et que l'on nomme la *membrane du tympan*. Derrière cette membrane, il y a une cavité qui est nommée la *caisse du tympan*, laquelle communique avec le gosier par un petit conduit, appelé *trompe d'Eustache*, qui permet à l'air de l'arrière-bouche d'y entrer et d'en sortir. Cette cavité renferme quatre petits corps osseux, appelés les *osselets*, qui forment une chaîne continue, attachée d'une part à la membrane et de l'autre à un appareil solide, très-composé, appelé le *labyrinthe*, dont une partie contournée en spirale a été nommée *le limaçon*. Le labyrinthe est rempli d'un liquide qu'on appelle *liquide de Cotugni*, et c'est dans ce liquide que viennent flotter les derniers filets du nerf acoustique. Voilà la description sommaire de l'organe de l'ouïe; mais quel est le rôle que jouent dans le phénomène de l'audition, les osselets, le limaçon? à quoi sert tout ce merveilleux travail du labyrinthe?... On l'ignore absolument. Certes, si quelque chose doit confondre la sagesse humaine et humilier la vanité scientifique, c'est sans doute de savoir que depuis le commencement du monde il existe une machine parfaite pour la perception des sons, et qu'après au moins deux mille ans de travaux nous ne soyons pas encore parvenus à la comprendre.

Les sons les plus aigus que nous puissions entendre, ceux qui résultent, par exemple, du mouvement des ailes de certains insectes, s'élèvent à plus de 12 à 15,000 vibrations par seconde. Or, il est bien probable que la membrane du tympan se met à l'unisson avec le son qu'elle entend, et qu'ainsi elle est capable d'exécuter en une seconde, depuis les 32 vibrations qui forment le son le plus grave, jusqu'aux 12 ou 15,000 vibrations qui forment le plus aigu des sons perceptibles.

Maintenant, comment certains sons s'harmonisent-ils entre eux, et comment ceux-ci plaisent-ils à l'oreille, tandis que les autres l'affectent désagréablement? Comment, dans la quantité de sons fournis en accords par un orchestre, un habile musicien distingue-t-il à la fois les différents sons produits, et comment, au milieu de cette quantité de sons qui s'étendent du grave à l'aigu, selon les lois de l'harmonie, ce musicien reconnaît-il, dans un accord que l'on doit regarder comme causant une seule sensation, quelles notes fournissent les violons, quelles notes fournissent les basses, les cors, le hautbois, les flûtes, etc.?

Il est impossible de résoudre ces différentes questions d'une manière satisfaisante. Mais il en est une infinité d'autres qu'on peut se proposer sur la plupart des phénomènes de la nature, et qui resteront aussi sans réponse. Dieu nous montre les effets, mais il nous cache les causes.

L'instrument militaire qui porte le nom de tambour n'est qu'une imitation de l'oreille moyenne; c'est même de là qu'est venu le nom de *tympan*, que porte celle-ci (de τυμπανον, caisse de tambour). La peau supérieure de la caisse représente la membrane du tympan; la peau inférieure remplace la base de l'étrier et la membrane qui l'entoure; les cercles et les cordes qui servent à tendre ces peaux tiennent lieu des osselets et des muscles qui les font mouvoir; enfin, le trou qui permet à l'air extérieur d'y pénétrer, est analogue à la trompe d'Eustache.

L'oreille humaine a été, dans certains cas, imitée d'une manière plus complète. Lorsque, pendant la guerre, on veut reconnaître l'approche d'un corps de troupes, surtout si c'est un corps de cavalerie, on place un verre plein d'eau, qui représente l'oreille interne, sur une caisse de tambour qui représente l'oreille moyenne. Les ondes sonores, produites par les troupes en marche, sont trop faibles pour être appréciées par l'oreille, quand ces troupes sont à une grande distance; mais ces ondes ont assez de force pour faire vibrer les peaux du tambour: les vibrations se communiquent à l'eau contenue dans le verre, et celle-ci, par l'agitation de sa surface, fait connaître qu'effectivement des troupes se meuvent dans un certain éloignement.

OURAGANS. *Voy.* ORAGES *entre les tropiques.*

P

PALLAS, une des quatre planètes télescopiques, fut découverte par Olbers le 28 mars 1802. Sa couleur est blanchâtre, et elle est peu distincte même avec un instrument puissant. Schrœter lui donne un diamètre de 700 lieues, et Herschell un de 50 lieues seulement. Son orbite extrêmement allongée est celle dont l'inclinaison sur l'écliptique est la plus considérable; elle est de 34° 37' 30". Elle la parcourt dans l'espace de 4 ans 7 mois et 11 jours. Sa distance au soleil est de 106,291,000 lieues.

PANORAMA. *Voy.* TABLEAUX OPTIQUES.

PAQUES, détermination de la fête de Pâques. *Voy.* CALENDRIER.

PARABOLE.—Ligne courbe, dans laquelle le carré de la demi-ordonnée est égal au rectangle formé par l'abscisse correspondante, multipliée par une ligne constante, appelée le paramètre. La forme parabolique est la plus avantageuse pour la construction des miroirs ardents. Les corps lancés en l'air décrivent, en tombant, sensiblement une parabole. Cet effet est dû à la force de projection combinée avec la résistance de l'air et la pesanteur.

PARAGRÊLE.—Volta admet que la formation de la grêle est due: 1° à l'évaporation favorisée, pendant la saison la plus chaude, par les rayons solaires qui frappent la partie supérieure du nuage; 2° à la sécheresse de l'air qui est au-dessus et que de Saussure et Deluc ont constatée à plusieurs reprises; à la tendance des vésicules de vapeur à passer à l'état élastique, puisqu'elles se repoussent entre elles; 3° enfin à l'état électrique du nuage qui, suivant lui, favorise l'évaporation. La sécheresse de l'air qui se trouve au-dessus du nuage est une condition essentielle de la formation de la grêle, car sans cela la vapeur élastique se condense à mesure qu'elle se forme, dégage une grande quantité de chaleur latente, et le refroidissement n'est plus aussi intense. Volta admet en outre la condition que le soleil frappe la partie supérieure du nuage, et rend compte, de cette manière, pourquoi la grêle tombe presque toujours pendant le jour. Sous ces influences, il se forme des flocons de neige qui sont pour ainsi dire les embryons des grêlons. Pour expliquer leur accroissement, il admet l'existence nécessaire de deux nuages superposés; le nuage supérieur est formé par la condensation de la vapeur provenant de la couche inférieure. Les deux couches se chargent d'électricité opposée : la supérieure devient positive, l'inférieure, dont les particules s'évaporent, négative. Pour se rendre compte de la formation des grêlons, Volta se fonde sur l'expérience bien connue de la danse des pantins. On sait en effet que, si l'on fixe au conducteur d'une machine électrique une plaque de cuivre horizontale, et qu'on place à quelque distance une autre plaque communiquant avec le sol, des corps légers placés entre les deux plaques étant alternativement attirés et repoussés s'élancent continuellement d'une plaque à l'autre. Suivant Volta, la même chose se passe entre les nuages orageux. Les flocons de neige de la couche inférieure de nuages sont électrisés comme elle ; ils sont donc repoussés et attirés par le nuage supérieur. Dès qu'ils le touchent, ils partagent son électricité, sont repoussés, retombent sur le nuage inférieur, dans lequel ils pénètrent ; alors ils sont de nouveau repoussés, et ainsi de suite. Ces attractions et répulsions peuvent durer pendant plusieurs heures; en même temps les grains se réunissent en masses, condensent autour d'eux les vapeurs qui les environnent, et les convertissent en glace. Ils se choquent entre eux, et il en résulte ce bruit, qui, au dire de quelques observateurs, précèdent les nuages orageux. Lorsque les grêlons ont atteint une certaine dimension, le nuage inférieur ne peut plus les retenir et résister à l'action de la pesanteur; ils traversent la couche et tombent à la surface de la terre.

Cette théorie a trouvé, et non sans raison, bien des incrédules parmi les savants. Si elle était vraie, la formation de la grêle étant due à l'électricité, il semble qu'on pourrait la prévenir en déchargeant les nuages électriques qui lui donnent naissance, et les paratonnerres auraient eux-mêmes cet effet. Mais il faut remarquer d'abord que les paratonnerres ne sauraient atteindre ce but, car cet appareil ne protége qu'un point donné, ou tout au plus un petit espace ambiant, tandis qu'il s'agirait de mettre de très-grands espaces, des champs, de vastes plaines, à l'abri de la grêle. Les appareils préservatifs devraient donc être extrêmement multipliés et établis en plaine, ou, autant que possible, sur les hauteurs ; et dès lors on voit que le paratonnerre proprement dit est inapplicable. Aussi a-t-on songé à en modifier le système, de manière à obtenir, tout en conservant le principe essentiel, des appareils très-simples, très-peu coûteux, et susceptibles d'être répandus à profusion sur les espaces qu'on veut garantir. On a proposé d'abord et employé d'une manière efficace, dit-on, de longues perches de bois entourées d'une corde de paille, ayant pour axe une cordelette de lin qui se joignait à la partie supérieure de la perche à une pointe métallique de quelques centimètres de longueur. On fixait cet appareil sur les toits des maisons, sur des arbres ou sur des pieux de chêne fichés en terre. On supprima ailleurs la corde de paille et de lin pour la remplacer par un fil métallique qui serpentait en hélice autour de la perche de bois, et allait plonger d'un ou deux mètres dans le sol humide. La perche devait avoir environ 15 mètres de longueur, et, à défaut de perches de grandes dimensions, on en assujettissait de plus petites sur les arbres que les paragrêles devaient dominer dans tous les cas. Généralement on espace les paragrêles entre eux, à peu près comme les paratonnerres. On cite, en faveur du bon effet de ces appareils, des faits qui seraient assez concluants, s'ils étaient bien constatés, s'ils l'étaient sur une échelle de temps considérable, et s'ils ne s'offraient dans des conditions trop particulières de localité. Il s'agit, par exemple, de plusieurs communes situées à la base des Pyrénées, et qui, habituellement ravagées par la grêle, se trouvèrent délivrées de ce fléau, après qu'on eut armé les hauteurs d'un assez grand nombre de paragrêles. Malgré cet exemple, nous ne croyons ni à l'efficacité physique, ni surtout à l'utilité des paragrêles.

On remarquera d'abord que si les paratonnerres, constitués comme ils le sont, offrent contre la foudre un préservatif tout juste suffisant, et n'obtiennent même pas ce résultat à défaut de telle ou telle condition, par exemple, d'un dépôt de braise autour du pied de leur tige, comment croire que les paragrêles produiront un effet de quelque importance, lorsque, par leur constitution, ils sont éloignés à tel point de présenter un conducteur aussi parfait sous tous les rapports que nos larges paratonnerres métalliques ?

On remarquera, en second lieu, qu'on demande aux paragrêles beaucoup plus qu'on ne demande aux paratonnerres eux-mêmes : car le paratonnerre est chargé de neutraliser le nuage orageux par le fluide que lance sa pointe; mais cette fonction est secondaire, souvent elle n'est pas remplie, toujours elle l'est imparfaitement, et le paratonnerre a rempli son principal office lorsqu'il a reçu sur son extrémité supérieure le coup de foudre destiné au bâtiment, et devenu inoffensif grâce au conducteur qui le protége. Or, le rôle du paragrêle serait *exclusivement* de décharger par sa pointe le nuage orageux, et il serait tout à fait inefficace et inutile s'il ne remplissait pas cette condition ; car ce n'est que par ce moyen qu'il pourrait empêcher la formation de la grêle. Eh bien ! ce qu'un paratonnerre, c'est-à-dire un parfait conducteur, ne réalise qu'imparfaitement, peut-on supposer qu'un paragrêle, c'est-à-dire un conducteur beaucoup moins parfait, le réalisera d'une manière complète, comme il doit le faire, à peine d'inutilité?

Mais admettons, pour un moment, l'efficacité du paragrêle ; supposons qu'en effet il puisse soutirer, à la manière d'un paratonnerre, l'électricité des nuages où la grêle se forme. Eh bien ! après quelque temps d'action, les nuages seraient déchargés, mais la grêle existerait déjà, et le paragrêle n'aurait fait autre chose que hâter sa chute, à moins de supposer que les paragrêles s'opposeraient partout et toujours même à la formation des nuages orageux. Il arriverait même par ce moyen que ce seraient précisément les champs paragrêlés sur qui la grêle tomberait, tandis que, sans leur action, les nuages porteurs de la grêle auraient pu être entraînés plus loin.

Si, rapprochés comme ils doivent l'être sur nos édifices, les paratonnerres ont pour effet de les préserver du choc de la foudre, mais non de décharger les nuages, au point d'empêcher toute fulmination, il est évident que, pour opérer cette décharge, les paragrêles, conducteurs si incomparablement moins parfaits, devraient être incomparablement plus rapprochés et plus multipliés que les paratonnerres dans un même espace. Or, comme ce ne seraient pas quelques points déterminés qu'il s'agirait de mettre à l'abri, mais des champs, mais des plaines, sur toute l'étendue d'un territoire, il est manifeste que les paragrêles devraient couvrir ces vastes surfaces à des intervalles qu'on pourrait comparer à ceux qui séparent les échalas de nos treillages, ou tout au moins les pieds de vigne sur nos côteaux. Or, qui ne voit que, indépendamment d'autres objections et d'embarras infinis, il en résulterait des frais qui dépasseraient énormément les pertes éventuelles que pourrait faire subir la grêle?

Et tout ceci suppose que ce météore est un produit électrique, conformément à la théorie de Volta. Mais cette théorie n'est rien moins que certaine ; on a vu de près la grêle se former entre deux nuages, et les grêlons, au lieu d'aller de l'un à l'autre, selon la théorie de Volta, être emportés d'un mouvement horizontal avec une très-grande vitesse ; on n'avait même pas de preuve que les nuages fussent électrisés ; et dans le cas présumé où tel eût été l'état du nuage supérieur, rien ne prouve que son électricité eût concouru à la formation de la grêle.

En résumé, les paragrêles ne sauraient donc avoir l'efficacité qu'on leur suppose ; et cette efficacité fût-elle réelle dans la mesure que leur médiocre conducibilité permet de leur accorder, ils ne pourraient être utiles que dans des conditions d'établissement trop dispendieuses pour les services qu'ils seraient dans le cas de rendre. *Voy.* Grêle.

PARALLAXE (παρὰ, alternativement, et ἄλλος, autre). — La parallaxe d'un corps céleste est l'angle sous lequel le rayon de la terre serait vu par un spectateur placé au centre de ce corps; elle fournit les moyens de déterminer les distances du soleil, de la lune et des planètes. Lorsque la lune est à l'horizon, au moment de son lever ou de son coucher, supposons que des lignes soient tirées de son centre à l'œil du spectateur et au centre de la terre : ces lignes formeront un triangle rectangle avec le rayon terrestre, qui est d'une longueur connue; et, comme la parallaxe ou l'angle à la lune peut être mesuré, tous les angles et un côté seront donnés; dès lors on pourra calculer la distance de la lune au centre de la terre. La parallaxe d'un astre peut être déterminée par deux observateurs placés sous le même méridien, mais à une très-grande distance l'un de l'autre, et observant le même jour sa distance zénithale, au moment de son passage au méridien. Les observations parallactiques faites simultanément au cap de Bonne-Espérance et à Berlin ont fait connaître que la parallaxe horizontale moyenne de la lune est de 3459"; d'où résulte que sa distance moyenne à la terre est d'environ soixante fois le rayon terrestre moyen, ou 86,000 lieues environ. La parallaxe étant égale au rayon de la terre divisé par la distance de la lune, elle varie avec la distance de la lune à la terre sous le même parallèle de latitude, et prouve par là l'excentricité de l'orbite lunaire. Lorsque la lune est à sa moyenne distance, la parallaxe varie avec les rayons terrestres, et montre que la terre n'est pas une sphère.

Quoique suffisamment exacte pour déterminer la parallaxe d'un corps aussi rapproché que la lune, la méthode indiquée ci-dessus ne suffit pas pour le soleil, dont l'énorme distance fait que la plus petite erreur d'observation conduirait à un faux résultat; mais les passages de Vénus remédient à cet inconvénient. Quand cette planète est dans ses nœuds, ou à 1° ½ de ses nœuds, c'est-à-dire dans le plan ou presque dans le plan de l'écliptique, on la voit quelquefois passer sur le soleil comme une tache noire. Si nous pouvions imaginer que le soleil et Vénus n'ont point de parallaxe, la ligne décrite par la planète sur le disque du soleil et la durée du passage seraient les mêmes pour tous les habitants de la terre; mais comme, vu du centre du soleil, le demi-diamètre de la terre a une grandeur sensible, la ligne décrite par la planète dans son passage sur le disque solaire paraît être ou plus près ou plus loin de son centre, selon la position de l'observateur, de sorte que la durée du passage varie suivant les différents points de la surface de la terre desquels il est observé. Cette différence de temps, étant entièrement l'effet de la parallaxe, fournit un moyen de la calculer d'après les mouvements connus de la terre et de Vénus, par la même méthode qu'on emploie pour les éclipses du soleil. En effet, le rapport des distances de Vénus et du soleil à la terre, au moment du passage, est connu d'après la théorie de leur mouvement elliptique. Conséquemment le rapport de leurs parallaxes, qui est l'inverse de celui de leurs distances, se trouve déterminé; et, comme le passage donne la différence de ces mêmes parallaxes, l'on obtient aussi celle du soleil. En 1769, la parallaxe du soleil fut déterminée par les observations d'un passage de Vénus faites à Wardhus en Laponie, et à Otahiti dans la mer du Sud; la dernière observation fut l'objet du premier voyage de Cook. Le passage dura environ six heures à Otahiti, et la différence de sa durée à ces deux stations fut de huit minutes; d'où l'on trouva que la parallaxe horizontale du soleil est de 8",72. Mais, par d'autres observations, elle a été réduite depuis à 8", 5776, ce qui fixe la distance moyenne du soleil à 34 millions de lieues environ. Cette valeur se trouve confirmée par une inégalité dans le mouvement de la lune, qui dépend de la parallaxe du soleil, et qui, lorsqu'elle est comparée à l'observation, donne 8",6 pour la parallaxe solaire.

La parallaxe de *Vénus est déterminée* par ses passages, celle de Mars par l'observation directe. Cette dernière est à peu près double de celle du soleil, lorsque la planète est en opposition. Les distances de ces deux planètes à la terre étant connues en rayons terrestres, leurs distances moyennes au soleil peuvent être calculées; et, comme les rapports des distances des planètes au soleil sont connus par la *loi de Képler* qui exprime que les carrés des temps périodiques de deux planètes sont comme les cubes de leurs distances moyennes au soleil, il est aisé de déterminer leurs distances absolues. Cette loi, en unissant ainsi tous les corps du système, est des plus remarquables, et s'applique aux satellites aussi bien qu'aux planètes.

Quelque loin que la terre semble être du soleil, elle en paraîtra près si nous venons à comparer sa distance à celle *d'Uranus*, qui en est au moins dix-neuf fois plus éloignée. Placé à l'extrémité du système, le soleil ne doit pas lui paraître beaucoup plus grand que Vénus ne le paraît pour nous. La terre ne peut, même au télescope, être visible pour un corps si éloigné. L'homme, cependant, l'habitant de la terre, s'élance au delà des vastes dimensions du système auquel appartient sa planète, et prend le diamètre de son orbite pour base d'un triangle dont le sommet s'étend jusqu'aux étoiles.

PARALLAXE des étoiles. *Voy.* ÉTOILES.

PARASÉLÈNE (παρὰ, autour, et σελήνη, lune). — Phénomène lumineux qui consiste dans l'apparition d'une ou plusieurs images de la lune. C'est un phénomène d'optique analogue à celui des parhélies. *Voy.* PARHÉLIES.

PARATONNERRE. — On a de tout temps attribué à divers objets ou substances la propriété de garantir des atteintes de la foudre. Les anciens supposaient que certains arbres, le laurier, entre autres, préservaient de la foudre; mais cette efficacité est imaginaire, et l'on cite bien des cas authentiques de fulminations sur ces sortes d'arbres. Ils considéraient aussi les peaux de veau marin comme des préservatifs efficaces; et, aujourd'hui bien des personnes pensent qu'on serait à l'abri de la foudre sous des vêtements de soie. Cette dernière supposition, quoique plus scientifique en apparence, n'est pas plus fondée que l'autre; car, en supposant même que la soie exerçât une action répulsive, toutes les parties du corps présentent à la foudre des conducteurs dont le voisinage de la soie, même supposée sèche, ne neutraliserait pas l'action.

On cite toutefois l'épisode remarquable de la catastrophe de Châteauneuf. Le célébrant, dont la chasuble était de soie, ne fut pas touché, tandis que son assistant fut jeté à la renverse, et que la foudre enleva tout le galon d'or de son étole. Mais cela prouve seulement que la foudre, qui aurait frappé le célébrant, s'il eût été seul à l'autel, fut déviée par le conducteur parfait que lui offrait l'étole du prêtre assistant. *C'est ainsi qu'on* cite un coup de foudre qui, dans une prison, alla frapper, au milieu de vingt détenus, un homme seul; *mais ce prisonnier se trouvait enchaîné* par la ceinture. En conclura-t-on que *les autres* n'étaient pas par eux-mêmes dans *le cas d'être frappés?*

Serait-on à l'abri de la foudre dans une cage de verre, comme beaucoup de gens *le prétendent? Nous* répondrons, non. On sait qu'un des jeux de la foudre consiste à briser les vitres, et souvent même à les percer d'un simple trou, sans autrement les casser. Ne sait-on pas d'ailleurs que les lames des verres des bouteilles de Leyde et des batteries les plus épaisses sont percées par les fluides, quand ceux-ci ont une trop grande tension?

Est-ce un moyen de dissiper un orage que d'allumer de grands feux en plein air? Sur cette question la science est muette, et l'affirmative paraît peu vraisemblable. Toutefois, l'Annuaire de 1838 cite à l'appui une expérience de trois années faite auprès de Césène, où les habitants d'une commune, d'après le conseil de leur curé, placent de 50 en 50 pieds des tas de paille ou de menu bois. Quand un orage se déclare, on met le feu aux tas, et il paraît que, pendant trois ans déjà, cette commune, auparavant très-exposée aux coups de tonnerre, s'est trouvée exempte des atteintes du météore. Nous ignorons si l'expérience a été continuée avec un bonheur constant. Dans tous les cas, le procédé serait difficilement applicable partout, et il serait impraticable dans les grandes villes.

On s'est demandé si les arbres, ceux surtout terminés en pointe, comme les sapins, les peupliers d'Italie, n'agissaient point comme paratonnerres. Mais l'assimilation de ces prétendues pointes à des pointes métalliques aiguës est quelque chose de grossier;

et la théorie du pouvoir des pointes ne saurait s'appliquer à ces objets.

Les coups de canon, en grand nombre, n'ont-ils pas pour effet de dissiper les orages? On cite quelques faits en faveur de l'affirmative, mais on en signale d'autres en sens contraire, qui paraissent beaucoup plus tranchés et plus concluants.

En 1711, Rio-Janeiro fut assiégée par la flotte de Duguay-Trouin, qui se composait de 6 vaisseaux de ligne, 4 frégates et plusieurs bâtiments inférieurs; la place se défendait par l'artillerie de 7 vaisseaux et d'un grand nombre de forts. Le bombardement, l'explosion de plusieurs mines et celles de plusieurs vaisseaux qui sautent, la canonnade de plusieurs centaines de grosses bouches à feu, pendant deux ou trois jours sans interruption, n'empêchèrent pas un orage d'éclater pendant ce temps-là: « des éclats redoublés de tonnerre et des éclairs se succédèrent longtemps, sans laisser presque aucun intervalle. »

En 1793, le vaisseau de ligne anglais *le Duke* échangeait contre une batterie de la Martinique le feu continuel de ses 90 canons, quand il fut lui-même frappé de la foudre.

Assurément, si de tels faits ne démontrent pas la complète inefficacité des détonations de l'artillerie contre les orages, ils prouvent du moins que la confiance qu'on aurait en ce moyen serait aussi peu fondée que possible.

Une question qui a plus d'importance que celle-là, est celle de l'influence du son des cloches sur les orages.

Est-il utile, est-il nuisible, au contraire, de sonner les cloches quand il tonne? *A priori*, on ne saurait résoudre la question par des considérations théoriques. Si l'ébranlement communiqué à l'air par les cloches, se propage jusqu'au nuage orageux, rien ne prouve que l'effet doive être de le faire descendre, plutôt que de le faire monter, le diviser, l'écarter. *C'est donc à l'expérience de* répondre à la question, si la chose est possible.

Or, on ne cite d'abord aucun *fait qui tende* à prouver que le son des cloches ait agi préservativement, comme cela résulterait, par exemple, de ce qu'un clocher aurait été épargné dans ce cas, tandis que d'autres, placés dans le voisinage, et dans des circonstances identiques, sauf le branle des cloches, auraient été atteints par la foudre. Au contraire, on cite deux exemples remarquables, desquels on a conclu que le son des cloches avait un effet funeste. Ainsi, dans un orage qui ravagea la Bretagne entre Landernau et Saint-Pol-de-Léon, les vingt-quatre clochers qui furent frappés de la foudre, furent, dit-on, ceux-là précisément où l'on sonnait les cloches, tandis que des églises voisines, où l'on ne sonnait pas, furent épargnées. On cite, en second lieu, l'orage de 1769, où la foudre frappa le clocher de Passy, qui n'avait pas cessé de sonner. Mais ces exemples ne sont pas concluants; car il faut dire, au sujet du second cas, que les clochers de Chaillot et d'Auteuil, voisins de celui de Passy, furent épargnés par le tonnerre, quoiqu'on y sonnât tout autant que dans celui-ci. Et, quant au premier exemple, en supposant les faits bien constants, on peut croire que l'orage, se développant sur une zone longue et étroite, a dû frapper une série de clochers, soit qu'on y sonnât ou non; tandis que des églises voisines, mais en dehors de cette zone, ont dû être épargnées, sans que leur silence y fût pour quelque chose.

En résumé, les preuves manquent pour ou contre l'influence utile ou nuisible du son des cloches. Mais est-ce à dire qu'il soit indifférent de sonner ou non pendant un orage? Nous sommes d'un avis contraire, en nous plaçant, il est vrai, à un point de vue tout à fait différent; mais, à ce point de vue-là, il ne saurait y avoir le moindre doute.

En supposant que la foudre tombe sur un clocher, elle se portera volontiers sur les pièces métalliques les plus *considérables*, sur la cloche, par exemple, soit que cette cloche sonne ou non; or, par la corde de cette cloche, qui est un conducteur qui la prolonge, elle se portera naturellement sur le sonneur, qui sera frappé presque immanquablement. Si plusieurs personnes sont rassemblées sous la tour, il y en aura tout autant qui seront exposées au choc de la foudre. On cite l'exemple du clocher d'Aubigny, qui fut foudroyé le 10 juin 1775. Trois hommes qui sonnaient la cloche et quatre enfants qui s'étaient réfugiés sous la tour, furent tués du même coup. Or, si l'on considère d'ailleurs que les clochers, qui sont en général les objets les plus saillants sur le sol et les plus voisins des nuages, qui présentent d'ailleurs à leur sommet une croix métallique, sont par cela *plus exposés* au choc de la foudre que quelque objet que ce soit, on ne s'étonnera plus du nombre très-considérable de sonneurs qui se sont trouvés victimes du préjugé *général et de leur imprudence*. Un statisticien allemand a compté, dans un tiers de siècle, à sa connaissance, 121 sonneurs tués par la foudre, et le nombre des blessés était bien plus considérable. Les curés doivent donc user de toute leur influence pour empêcher les villageois de se livrer, lorsqu'il tonne, à ce dangereux exercice.

Nous disons que les clochers sont plus souvent frappés de la foudre que quelque objet que ce soit. Les grands arbres, surtout lorsqu'ils sont isolés, partagent avec eux cette propriété fatale, et en vertu du même principe. Tout ce qui est saillant à la surface du sol, en comparaison des objets qui entourent, un buisson, un homme debout, sont nécessairement des points de mire pour la foudre. Un arbre isolé dans la campagne est donc plus exposé qu'un bois; il y a le plus grand danger à se mettre à couvert sous l'arbre; il n'y en a aucun ou presque aucun à se réfugier dans le bois; car il y a alors infiniment peu de chances pour que, sur une foule d'arbres à peu près égaux, la foudre choisisse précisément celui qui sert d'abri. Lorsqu'on est surpris par l'orage dans la campagne, il ne faut donc pas chercher refuge sous un arbre; il faut même s'en tenir à quelque distance, et il semble qu'on se met en sûreté autant que possible, en se plaçant, s'il y a lieu, tout juste au milieu de l'intervalle qui sépare deux arbres.

Occupons-nous maintenant des véritables moyens de garantir de la foudre; c'est désigner immédiatement les paratonnerres.

Franklin eut, en juin 1752, le premier, l'heureuse idée de la construction des paratonnerres. Il y avait été conduit par ses expériences au cerf-volant, entreprises pour constater les effets électriques des orages.

Un paratonnerre est une longue barre métallique, de fer ordinairement, et terminée en pointe, que l'on dispose verticalement au-dessus d'un édifice, pour le préserver de la foudre. Cette barre, qui se rattache à toutes les ferrures extérieures du bâtiment, plonge assez profondément dans le sol. Dans le cas d'un orage, cette barre décharge, en tout ou en partie, le nuage porteur de la foudre, il la conduit silencieusement dans le sol, et préserve l'édifice de ses effets destructeurs.

La théorie du paratonnerre est fort simple. Lorsqu'un nuage orageux passe à son zénith, son fluide naturel est décomposé: l'électricité de même nature que celle du nuage est repoussée dans le sol; le fluide de nature contraire est attiré, et s'en va, par la pointe, neutraliser celui du nuage. Si celui-ci reste assez longtemps suspendu à proximité de la barre de fer, il sera déchargé par la pointe, du moins en partie. Dès lors, ou il sera trop faible pour foudroyer le bâtiment à la distance où il se trouvera, ou, dans le cas contraire, son action s'exercera sur la barre, comme sur le conducteur le plus voisin. Tout se passera entre elle et le nuage, et la foudre ne pourra se jeter sur le bâtiment, parce qu'elle doit suivre le meilleur conducteur.

Cette dernière considération est importante: car, même non armée d'une pointe, la barre de métal serait encore, pour l'édifice qu'elle surmonte, un préservateur suffisant, et elle jouerait le même rôle que les paratonnerres à pointe dans le cas où ils sont frappés de la foudre, et que leur pointe est fondue, ce qui n'est pas rare. Ce qui se passe alors est analogue à ce qui a lieu lorsqu'on décharge une batterie avec un arc métallique sans manche que l'on tient entre les mains: la décharge suit le meilleur conducteur, et ne se jette pas sur les mains de celui qui opère. Il pourra donc y avoir fracas, et le paratonnerre pourrait même être partiellement fondu dans une partie ou l'autre de la longueur, sans que le bâtiment reçût l'étincelle. Mais il vaut mieux que la barre conductrice soit terminée par une pointe, dont l'effet est d'affaiblir la tension électrique du nuage. Cela est évident, *a priori*, et confirmé par l'expérience de Beccaria. Un paratonnerre *brisé* était terminé en haut par une pointe mobile, qu'au moyen d'un cordon de soie on pouvait tourner dans tous les sens. Quand la pointe était renversée, il ne se produisait pas d'étincelles à la séparation des parties du paratonnerre; il en éclatait dès qu'on tournait la pointe vers un nuage orageux. Cela prouve que, dans le premier cas, il n'y avait pas mouvement d'électricité dans l'appareil; dans le second, au contraire, les étincelles étaient le produit du fluide qui passait de la barre inférieure à la supérieure pour remplacer celui qui s'en allait par la pointe vers le nuage orageux. Donc ces pointes donnent écoulement aux fluides, et exercent sur les nuages orageux un effet qui les décharge en tout ou en partie; donc enfin, les paratonnerres à pointe sont préférables aux barres obtuses.

Sous l'influence d'un orage, les paratonnerres à pointe sont le siége d'un écoulement électrique qui se manifeste par une gerbe lumineuse, par un véritable feu Saint-Elme. Ce sont ceux-là surtout qu'on peut, en ce moment même, tenir à la main sans aucune espèce de danger. Mais il n'en serait pas ainsi, sans doute, dans le cas où le paratonnerre serait frappé par la foudre: il y aurait alors le choc par retour, qui pourrait être funeste à l'expérimentateur; mais la même chose aurait lieu par l'effet d'un simple voisinage.

Examinons les conditions d'efficacité complète d'un bon paratonnerre; ces conditions peuvent être réduites au nombre de quatre.

1° Il faut que le paratonnerre communique bien avec le sol, qu'il y pénètre et qu'il y soit établi d'une certaine façon;

2° Que ce conducteur n'ait aucune solution de continuité;

3° Que sa pointe soit aiguë et inaltérable;

4° Que toutes les parties de l'appareil aient des dimensions convenables.

D'abord, la communication avec le sol est tellement essentielle, qu'une barre conductrice sans cette condition, bien loin de préserver un bâtiment, y appellerait continuellement la foudre. Cela résulte de la théorie même du paratonnerre. Il faut que le fluide de même nature que celui du nuage soit repoussé et s'écoule dans le sol; si cet écoulement ne se fait pas, la barre métallique n'est plus qu'un appendice de la maison qui s'élève vers la région des orages, et appelle, par sa conducibilité, une étincelle fulminante. Mais le but ne serait pas rempli si la barre ne faisait que toucher le sol. D'abord, le contact serait continuellement compromis par les moindres mouvements du terrain; de plus, la surface du sol offre, en général, un conducteur médiocre. La barre du paratonnerre sera donc enfoncée dans le sol, à une profondeur variable selon la nature de la terre, et toujours comprise entre un et deux mètres, à moins qu'on n'ait à sa disposition un puits ou une mare permanente, dans lesquels on fait passer le pied du conducteur, en l'enfonçant encore sous le lit qui sert de support à l'eau. Une terre continuellement humide est le meilleur séjour pour le pied du paratonnerre. Pour offrir une issue plus parfaite au fluide repoussé, on travaille le pied de la barre en forme de patte, dont les différents doigts contribuent à l'éparpiller de plusieurs côtés, et rendent la circulation plus active. Ce n'est pas tout : on a soin d'entourer ce pied d'un lit assez volumineux de bonne braise de boulanger. Qu'on remarque ici ce mot *braise* : du charbon ordinaire ne remplirait pas le même but; c'est un conducteur très-imparfait qui aurait des inconvénients, et c'est à la garniture de charbon commun au pied du paratonnerre de la poudrière de Bayonne, qu'on attribue son inefficacité lorsqu'il fut frappé par la foudre en février 1829. Mais le charbon fortement calciné devient, par cela même, un excellent conducteur; c'est donc un tel charbon qu'il faut entasser au pied du paratonnerre, et à l'état de morceaux peu volumineux. On a ainsi un grand nombre de petits conducteurs qui disséminent le fluide par leurs pointes et leurs nombreuses arêtes.

Ainsi constitué et garni, le paratonnerre donnera un écoulement facile et rapide au fluide repoussé; donc la décomposition de son fluide neutre sera aussi plus facile et plus abondante; donc aussi il fournira plus abondamment par sa pointe le fluide qui ira neutraliser celui du nuage orageux. Si la foudre l'atteint, son effet, qui sera déjà considérablement atténué par le jeu du paratonnerre, s'exercera entièrement sur la barre, qui pourra en être altérée plus ou moins; mais le dégât se réduira à cela, et l'édifice sera préservé.

Nous venons de dire que le conducteur devait être, autant que possible, enfoncé dans un puits. Il s'agit d'un puits véritable; une citerne, bien loin de produire le même effet, serait un véritable réceptacle dangereux, du moins dans les conditions ordinaires, c'est-à-dire en la supposant maçonnée ou rendue étanche d'une manière quelconque. Il est facile de comprendre que dans ce cas le fluide électrique ne peut s'écouler au loin dans le sol, et il se trouve qu'après avoir envahi momentanément l'eau de la citerne, la matière, faute d'écoulement ultérieur, revient sur ses pas, remonte le long du conducteur et le quitte pour aller frapper quelque objet dans le voisinage. On cite plusieurs exemples à l'appui de cette théorie.

La seconde condition requise, c'est une continuité sans solution dans le paratonnerre. Il peut être, et il est même toujours composé de plusieurs parties; la barre pointue, qui surmonte le toit, est saisie à son pied au moyen d'une boucle par une autre tige, qui se replie sur les diverses inflexions des toits et des corniches, avant de descendre verticalement jusqu'à terre. Il faut que ces diverses pièces aient entre elles une parfaite jonction. S'il y avait la moindre solution de continuité, là s'établirait le siége d'un étincellement continuel, et dans le cas où le nuage orageux viendrait à atteindre le paratonnerre, il y aurait en ce point-là une véritable fulmination. Un tel paratonnerre serait donc non-seulement inefficace, mais encore très-dangereux.

Il faut que la barre entière soit un bon conducteur, mais cela est essentiel surtout pour la pointe, qui doit être aiguë et inaltérable. Afin de lui maintenir ces qualités auxquelles fait obstacle l'oxydabilité du fer, on dorait d'abord les pointes ; mais la dorure du fer étant peu solide, on lui substitua du cuivre doré. Or, ce métal a l'inconvénient d'être beaucoup plus fusible que le fer, ce qui exposait la pointe à de graves chances d'altération et à des frais de réparation considérables, à cause surtout des échafaudages. On a maintenant atteint le but par l'emploi de pointes de platine de quelques centimètres de longueur. Ce métal offre le double avantage d'être inaltérable à l'air, ce qui lui maintient une surface nette et très-conductrice, et d'être exposé très-rarement à la fusion; car on sait que, sous ce rapport, il résiste au feu incomparablement plus que le fer lui-même. Néanmoins, il est quelquefois fondu par la foudre; on en cite un exemple récent fourni par le paratonnerre de la cathédrale de Strasbourg, lors de l'orage du 10 juillet 1843, où ce paratonnerre fut frappé trois fois.

Quant aux conditions de bon établissement d'un paratonnerre, voici les points sur lesquels doit se fixer particulièrement l'attention :

Le conducteur du paratonnerre doit avoir une certaine épaisseur. Un simple fil métallique ne suffirait pas; car, dans le cas d'un orage considérable il ne donnerait pas une issue assez large aux fluides; et si la foudre l'atteignait, elle en opérerait souvent la fusion. On se rappelle l'exemple d'une chaîne de 40 mètres et de 6 millimètres d'épaisseur aux chaînons, qui fut entièrement fondue par la foudre. On ne donne jamais moins de 21 millimètres d'épaisseur aux barres carrées. Du reste, les flexions auxquelles ces barres sont condamnées par les corniches des bâtiments ont de graves inconvénients; la rouille s'y accumule bien plus que partout ailleurs; et elle concourt, avec le pli des fibres du fer, à amener, de temps à autre, de dangereuses solutions de continuité. Aussi substitue-t-on avec avantage aux barres équarries, des cordes en fil de fer, qui offrent, outre l'avantage de la flexibilité, celui de présenter beaucoup plus de surface sur la même épaisseur; la surface totale d'écoulement se compose de toutes celles de ses nombreux torons; ce qui favorise l'action du paratonnerre.

Pour empêcher l'oxydation des barres et des cordes, on les revêt d'une couche de peinture noire, qui n'empêche pas la circulation du fluide sur les conducteurs. Cette circulation sera plus parfaite, si la peinture elle-même est de nature conductrice, ce qui a lieu quand le noir de fumée en forme la base. C'est un fait remarquable que cette circulation de l'électricité sur la surface des conducteurs au-dessous des couches même non conductrices qui les conduisent, pourvu que le fluide y trouve accès par une surface libre. Il en est autrement quand la surface est entièrement enduite d'un corps isolant.

Il est utile que la barre du paratonnerre soit mise en rapport, avec les gouttières, les ferrures, et toutes les grandes masses métalliques du bâtiment. Cet ensemble forme alors un conducteur unique à plus grande surface, ce qui doit favoriser l'écoulement des fluides. Il n'en doit résulter pour le bâtiment aucun danger, puisque, si la foudre atteint le système, ce sera toujours le sommet du paratonnerre qu'elle frappera, et qu'elle s'écoulera dans le sol sans dévier, si le pied du paratonnerre est d'ailleurs bien établi.

Certains constructeurs avaient imaginé d'isoler des bâtiments les conducteurs de paratonnerres, pour empêcher le fluide de se porter latéralement sur l'édifice. Ces paratonnerres isolés n'ont pas par eux-mêmes d'inconvénients, mais ils n'ont pas non plus d'avantages réels, ils sont même de moins bon service que les autres qui communiquent avec tout le métal du bâtiment. Nous signalons ceux-ci comme application de ce principe, qu'un édifice peut être préservé du choc de la foudre par cela seul qu'il existe dans son voisinage immédiat un très-bon conducteur plus haut que lui. L'effet de la pointe n'est qu'un accessoire, très-utile à la vérité, à cet effet principal, qu'il ne faut jamais perdre de vue.

La sphère d'*activité* des paratonnerres est quelque chose d'assez indécis, et il n'en saurait être autrement, quoi qu'on fasse : car, en supposant qu'un paratonnerre exerçât un pouvoir préservateur complet jusqu'à une limite déterminée, dans laquelle serait comprise la moitié d'une maison, par exemple, il est clair que certaines modifications dans cette partie de maison, telles que l'introduction de barreaux de fer à toutes les fenêtres et l'établissement de gouttières, pourraient avoir pour effet de la soumettre aux coups de foudre, qui, jusque-là, sous la garde du paratonnerre, ne l'auraient pas atteinte. Aussi n'est-il guère possible de trancher la question, même par voie d'expérience. On s'accorde généralement à étendre l'action du paratonnerre *à une distance double de la longueur de sa tige, au-dessus du point d'attache sur le toit.* Ceci est une règle empirique à laquelle il ne faut pas accorder une confiance absolue, mais qui paraît raisonnable dans des conditions moyennes.

D'après cela, il faut donner à ces tiges la plus grande longueur possible. On va rarement jusqu'à 10 mètres, et surtout on ne dépasse pas cette mesure, pour ne pas compromettre la solidité de la barre. Si l'édifice a une certaine étendue, il faut multiplier les paratonnerres, en les espaçant, d'après ce principe, de manière à laisser entre eux un intervalle quadruple de leur longueur et dont chacun protége la moitié. Sur un clocher d'église un paratonnerre d'assez grande taille sera toujours suffisant. S'il a la forme et la taille des croix ordinaires, son rayon d'activité serait assez faible; cependant il suffira le plus souvent, et nous croyons qu'il suffira toujours, si l'on donne à la croix la forme tricuspide verticale. Mais il sera sage de placer au moins un long paratonnerre sur l'église, que celui du clocher ne protégera pas toujours efficacement. Car il importe de bien remarquer que lorsqu'on parle d'un rayon double de la hauteur du paratonnerre, il ne s'agit pas de sa hauteur au-dessus du sol, mais bien de sa hauteur au-dessus du toit. On cite des coups de foudre qui ont frappé, dans le voisinage d'un paratonnerre, des objets dont la distance au pied du conducteur sur le sol n'était même pas égale à la hauteur de la barre tout entière

On peut demander si le fluide électrique, en circulant sur un paratonnerre, ne s'en est jamais détaché pour se jeter sur les objets voisins. Cette question se rattache, comme cas particulier, à la question plus générale : Est-il prouvé en fait que les paratonnerres aient toujours agi comme préservateurs, pour des *bâtiments sur lesquels* on les avait établis ?

A cette question on peut faire deux sortes de réponses.

Jusqu'à présent on n'a enregistré dans les annales de *la science aucun fait qui déposât* contre l'efficacité d'un paratonnerre construit suivant les règles et en bon état. Nous avons cité l'accident de la poudrière de Bayonne, et remarqué, qu'*indépendamment d'autres imperfections*, le pied était *enfoui* dans du *charbon*, mauvais conducteur.

L'absence de faits à charge équivaut à un témoignage complet d'efficacité.

Peut-être citerait-on cependant deux ou trois faits équivoques comme griefs contre le jeu imparfait des paratonnerres. En 1829, au moment d'un immense coup de tonnerre, trois cents personnes, rassemblées dans *la* prison de Charleston, reçurent à la fois une violente commotion qui n'eut d'ailleurs aucune *suite fâcheuse, cependant le bâtiment* était armé de trois paratonnerres en bon état. Mais il est à remarquer : 1° que les bâtiments eux-mêmes furent préservés du choc; 2° qu'*il y avait à l'intérieur* une énorme quantité de fer, évaluée à 200,000 kilogrammes, et que toute la population ouvrière était armée en ce moment d'outils en fer de toute sorte. On conçoit donc que cette masse métallique ait balancé et dépassé l'action des paratonnerres sur un nuage orageux convenablement placé.

On peut citer en second lieu la particularité singulière qui accompagna les coups de foudre dont fut frappé, le 10 juillet 1843, le clocher de la cathédrale de Strasbourg. La foudre suivit bien le paratonnerre, mais, arrivée près du sol, elle se jeta en dehors par bifurcation sur la boutique d'un ferblantier, qui en était fort voisine, et dans laquelle, d'ailleurs, elle ne causa aucun dommage. Voici donc un exemple d'explosion passant d'un paratonnerre à des objets voisins; mais on a fait remarquer : 1° qu'il y avait là une masse de plomb et de fer occupant un volume d'environ deux mètres cubes, qui aura pu prendre une petite portion du fluide qui circulait abondamment sur la barre; 2° il n'est pas certain, que la masse de plomb ne touchait pas au paratonnerre. Quoi qu'il en soit, il y a là une bifurcation remarquable, qui démontre que, dans certains cas rares, la présence d'une masse métallique considérable peut dévier faiblement le choc reçu par un paratonnerre. D'où il résulte que, quoique l'on puisse faire passer un paratonnerre à l'intérieur d'une maison, il est beaucoup plus sûr de le tenir à l'extérieur, où il est moins exposé à rencontrer des objets qui dévient la foudre. Du reste, on peut être rassuré contre cette chance, qui est, à coup sûr, d'une excessive rareté.

Maintenant on peut citer, à l'appui de l'efficacité des paratonnerres, des témoignages positifs, c'est-à-dire, des faits authentiques qui déposent dans ce sens-là. La cathédrale de Strasbourg nous en fournit elle-même un exemple remarquable dans les faits déjà cités. Nous avons dit qu'autrefois, à deux reprises différentes, elle avait été frappée de la foudre, qui avait brûlé entièrement sa charpente, et considérablement endommagé la flèche. En 1833, elle fut encore atteinte, et frappée trois fois pendant un seul orage, qui y occasionna encore des dégâts fort considérables, et fit décider la pose d'un paratonnerre sur la flèche. Dix ans se passèrent sans que la foudre éclatât, mais le 10 juillet 1843 elle frappa deux fois le paratonnerre, la pointe seule supporta les coups; la pointe de platine fondit sur une longueur de six millimètres; le fracas fut énorme; mais pas une pierre, pas un clou, pas une cheville, ne furent dérangés; la foudre en passant n'avait pas laissé la moindre trace sur l'édifice, le paratonnerre avait tout pris.

Une église de la Carinthie, citée par le physicien Lichtemberg, était située sur une éminence, et elle était si souvent frappée de la foudre, qu'on avait renoncé à y célébrer l'office divin pendant l'été. Deux fois elle avait été incendiée ou partiellement démolie; en somme, on comptait cinq fulminations par an, en moyenne, et plusieurs coups l'atteignaient souvent dans une même journée. En 1778, on l'arma d'un paratonnerre. Eh bien! après cinq ans, au lieu de 20 à 25 coups, qui auraient été sa ration moyenne pendant cet intervalle, le clocher n'en avait reçu qu'*un*, et ce coup avait porté sur la pointe métallique, sans occasionner le moindre accident.

L'Annuaire signale un grand nombre de faits analogues. Nous en citerons seulement un, moins authentique peut-être que les autres, mais fort remarquable par sa singularité.

On pense que le temple, ou plutôt les temples qui se sont succédé à Jérusalem, n'ont jamais été frappés de la foudre; car un tel fait eût été signalé par l'Ecriture sainte ou par les historiens, vu l'importance qu'on attachait dans l'antiquité à des faits de ce genre, ainsi que les historiens latins nous en fournissent abondamment la preuve. Or, ces temples qui se sont succédé au nombre de trois, embrassent un intervalle d'environ mille ans. Comment se fait-il que pendant une aussi longue période ils aient été à l'abri de la foudre? C'est qu'ils étaient fortuitement, suppose-t-on, armés de nombreux paratonnerres. Le toit, construit à l'italienne et boisé de cèdre doré, était garni d'un bout à l'autre, au témoignage de Josèphe, de longues lances de fer pointues et dorées. Les faces du monument étaient garnies aussi dans toute leur étendue de bois fortement doré. Enfin, sous le parvis existaient des citernes qui recevaient l'eau des toits par des conduits métalliques. Cet ensemble constitue évidemment un système bien complet de paratonnerre, et explique l'abstention de la foudre pendant un intervalle de dix siècles.

En résumé, il est hors de doute que les paratonnerres bien constitués ont pour effet et de *rendre les fulminations moins fréquentes, et surtout de les rendre inoffensives pour les bâtiments qu'ils surmontent* (1).

PARHÉLIE (de παρὰ, contre, et ἥλιος, soleil). — Apparition simultanée de plusieurs images fantastiques du soleil véritable. Les parhélies les plus ordinaires, appelés parhélies latéraux, se voient en même temps que le halo de 22°, et sont placés sur sa circonférence, à droite et à gauche du soleil, à la même hauteur que cet astre. Ils ont des couleurs à peu près semblables à celles de l'arc-en-ciel, le rouge tourné du côté du soleil; ils sont allongés horizontalement, le diamètre selon l'ordre des couleurs étant environ deux fois plus grand que l'autre. Leur éclat est quelquefois comparable à celui du soleil; de sorte que l'œil ne peut le supporter. Suivant l'explication de Mariotte, qui est adoptée par M. Babinet, les parhélies latéraux ne sont pas autre chose que l'image du soleil vue à travers les aiguilles qui forment le halo de 22°. Il suffit d'imaginer que l'atmosphère contient un grand nombre de ces petites aiguilles dans une situation verticale. Il est clair que celles qui seront à la hauteur du soleil à 22° de distance à peu près de part et d'autre devront nous faire voir le spectre solaire, comme cela aurait lieu avec un prisme de verre. Ce que nous avons dit relativement au halo montre pourquoi ce spectre ne se voit que dans la déviation *minima*. Quand le soleil est assez élevé, et que par conséquent ses rayons sont fort obliques par rapport à l'axe des prismes, les parhélies paraissent un peu en dehors du halo, parce que la réfraction se fait hors de la section principale; c'est alors comme si l'angle réfringent était plus considérable.

(1) *Voyez* le 25e chapitre de l'excellent ouvrage de M. Desdouits : *La physique en action*, tom. II.

On nomme *cercle parhélique* un grand cercle horizontal ou traînée de lumière blanche ayant la même largeur que le soleil, par lequel elle passe ainsi que par les parhélies; son éclat est plus vif à partir des parhélies latéraux, qui semblent avoir une espèce de queue. M. Babinet explique ce cercle par la réflexion de la lumière sur les faces verticales des prismes; c'est à peu près comme s'il y avait de petites glaces étroites tout autour d'une chambre. En regardant une bougie avec un cristal fibreux comme la tourmaline, la diopside, etc., on reproduit un cercle lumineux analogue qui passe toujours par la bougie.

M. Delezenne, à Lille, a vu, le 13 mars 1838, à huit heures et demie du matin, le halo de 22° avec les parhélies latéraux, un arc tangent et une croix formée par l'intersection des deux cercles parhéliques; le phénomène a duré près d'une heure. Quelques parties n'étaient visibles qu'à l'aide du stéphanoscope; mais les parhélies brillaient du plus vif éclat. M. Quetelet, à Bruxelles, a vu, le 2 juin 1839, le halo intérieur avec les deux parhélies verticaux, et une croix formée par l'intersection d'un arc parhélique vertical et du halo; le phénomène a duré depuis onze heures et demie jusqu'au soir.

PASCAL (BLAISE), né à Clermont en Auvergne, le 19 juin 1623, mort en 1653.

A peine la découverte de la suspension du mercure dans un tube fermé par une extrémité eut-elle été faite, qu'elle se répandit avec célérité dans l'Europe savante. Pascal s'en empara le premier; il répéta l'expérience de Torricelli, la varia en employant des liquides de différente densité, et il obtint d'heureux résultats, qu'il publia, à l'âge de vingt-trois ans, dans son ingénieux Traité d'expériences sur le vide, qui lui acquit une grande célébrité. Pascal faisait d'abord servir le principe de l'horreur du vide à l'explication de ces sortes de phénomènes, quoiqu'il eût quelque soupçon de la pesanteur de l'air. Mais bientôt après il saisit l'idée de Torricelli, et les expériences qu'il fit pour la vérifier eurent le plus grand succès. Il se procura un vide au-dessus du réservoir du mercure; et l'on vit la colonne, suspendue dans le tube, s'abaisser jusqu'au niveau.

Cette expérience était sans doute suffisante pour éclairer tous les bons esprits sur la véritable cause de la suspension du mercure dans le tube de Torricelli; mais le préjugé de l'horreur du vide, fortement accrédité dans les écoles, fit imaginer à Pascal de la rendre plus décisive. Perrier, son beau-frère, qui était alors à Clermont en Auvergne, fut invité à répéter l'expérience de Torricelli sur la montagne du Puy-de-Dôme, et à observer si la colonne de mercure descendrait dans le tube à mesure qu'il s'élèverait davantage. Perrier trouva que la hauteur du mercure était de vingt-six pouces trois lignes et demie dans le jardin des Pères Minimes, qui est le lieu le plus bas de la ville de Clermont, tandis que la hauteur du liquide n'était que de vingt-trois pouces deux lignes au sommet du Puy-de-Dôme.

Ce résultat obtenu par Perrier ne laissa plus de doute sur la cause de la suspension du mercure dans le tube de Torricelli. Pour le rendre sensible à Paris, Pascal choisit la tour Saint-Jacques-de-la-Boucherie, qui est élevée d'environ vingt-cinq toises, et il trouva dans la hauteur de la colonne de mercure une différence de plus de deux lignes. Il fit la même expérience dans une maison particulière, haute de quatre-vingt-dix marches, et il trouva très-sensiblement une demi-ligne de différence dans la hauteur de la colonne métallique.

La pesanteur de l'air, établie sur des expériences aussi simples et aussi rigoureuses, devait cesser de paraître équivoque. Elle devint un des principes fondamentaux de la physique; et ce principe, manié avec adresse, ne tarda pas à dévoiler à Pascal la cause jusqu'alors inconnue d'un grand nombre de phénomènes : tels sont principalement la difficulté d'écarter les ailes d'un soufflet dont l'ouverture est bien bouchée, et l'ascension de l'eau dans les pompes et les siphons à des hauteurs différentes, suivant leur différente position par rapport au niveau de la mer. Si Pascal se trompe, en attribuant à la pesanteur de l'air la résistance que deux plaques bien polies opposent à leur séparation, tout autre se serait trompé comme lui, dans un temps où le moyen de faire cette expérience dans le vide était encore parfaitement inconnu.

L'idée de faire servir le tube de Torricelli à mesurer les variations qu'éprouve la pression atmosphérique n'échappa point à la sagacité de Pascal. « Ayez, dit-il, un tuyau de verre scellé par en haut, ouvert par en bas, recourbé par le bout ouvert, plein de mercure; soit collée le long du tuyau une bande de papier divisée en pouces et en lignes, et l'on verra que la hauteur de la colonne de mercure éprouvera dans le même lieu, mais dans divers temps, des variations qui indiqueront celles de la pression de l'atmosphère. »

C'est dans son Traité de la pesanteur de l'air, ouvrage remarquable par la précision et la méthode, que Pascal a consacré les idées heureuses et les belles expériences dont nous lui avons fait honneur dans cet article. Quelques auteurs pensent qu'elles ne sont point entièrement étrangères à Descartes. Dans une de ses lettres, datée de 1631, il attribue la suspension du mercure dans un tuyau fermé par son extrémité supérieure au poids de la colonne atmosphérique élevée jusqu'aux couches supérieures, et dans une autre lettre il prétend avoir communiqué à Pascal l'idée de l'expérience du Puy-de-Dôme, en lui assurant qu'il ne doutait pas du succès. Il se plaint même de ce que Pascal ne fait aucune mention de lui dans l'histoire de la découverte. J'abandonne aux lecteurs le soin de juger combien les plaintes de Descartes sont fondées, et d'apprécier ses prétentions (1).

Stevin avait établi, par des raisonnements fondés sur la nature des fluides, la loi de pression qui les maîtrise; et Pascal trouve le moyen ingénieux de la rendre sensible par des expériences délicates.

On dispose plusieurs vaisseaux, l'un cylindrique et vertical, l'autre incliné, le troisième fort large; le quatrième n'est qu'un tuyau fort étroit sans être capillaire, et il aboutit à un vaisseau qui, n'ayant presque pas de hauteur, est très-large par en bas; tous sont remplis d'eau jusqu'à une même hauteur, et l'on fait à la base de chacun une égale ouverture qu'on bouche pour retenir l'eau. L'expérience fait voir qu'il faut une force égale pour empêcher chaque bouchon d'abandonner son ouverture, quoique l'eau soit en quantité différente dans ces différents vaisseaux, parce qu'elle est dans tous à une hauteur égale, et la mesure de cette force est le poids de l'eau contenue dans le vaisseau cylindrique et vertical; car, si cette eau pèse cent livres, il faut une force de cent livres pour soutenir chaque bouchon, sans excepter celui du dernier vaisseau, qui se termine par un tuyau si étroit, qu'il ne contient presque pas de liquide. Les fluides pressent donc en vertu de leur hauteur perpendiculaire, quelle que soit leur quantité et la forme des vases qui les renferment.

Ce principe acquiert, entre les mains de Pascal, une grande fécondité; il en voit naître toutes les propriétés de l'équilibre des fluides, dont la plupart avaient échappé à la sagacité de Stevin et de Galilée. Suivons avec Pascal le développement de ce principe.

On prend un vaisseau plein d'eau, fermé de toute part; on y pratique deux ouvertures dont l'une est centuple de l'autre; on adapte à chacune un piston qui la remplit exactement, on charge le piston comme un d'un poids comme un; le piston comme cent d'un poids comme cent; les poids et les pistons sont en équilibre. Ce phénomène, dit Pascal, ne peut exciter la surprise; car si l'un de ces pistons pèse cent fois plus que l'autre, il touche cent fois plus de molécules d'eau; chacune est également pressée, et conséquemment toutes doivent être en repos. Il en sera de même si un vaisseau plein d'eau a deux ouvertures à chacune desquelles on adapte un tuyau, et qu'on verse de l'eau dans l'un et dans l'autre à la même hauteur. Les colonnes liquides ayant même hauteur sont dans le rapport de leurs grosseurs, c'est-à-dire de leurs ouvertures. Ces deux colonnes sont véritablement deux pistons pesant à proportion des ouvertures; ce qui fait naître l'équilibre.

De là vient, dit Pascal, que l'eau s'élève à la hauteur de sa source; de là vient que, si on verse un liquide quelconque dans un tuyau qui communique avec un autre à la faveur d'une base commune, le liquide s'élève dans le second tuyau jusqu'à ce qu'il soit arrivé à la même hauteur, et alors l'équilibre s'établit. Cela n'arrivera point si l'on met dans un des tuyaux du mercure et dans l'autre de l'eau. Il faut, dans cette hypothèse, combiner les hauteurs avec les densités, pour avoir une mesure exacte des pressions. L'équilibre ne peut donc s'établir que lorsque les densités sont en raison réciproque des hauteurs.

Pascal détermine ensuite, avec le même succès, les conditions d'équilibre d'un solide avec un liquide dans lequel il est immergé. Il fait voir qu'un solide plongé dans un liquide est pressé de toute part par le liquide. Les pressions latérales se détruisent, mais la pression qui s'exerce sur la base inférieure l'emporte sur celle qui s'exerce sur la base supérieure; et cet excès de pression égale le poids du volume du liquide déplacé par le solide : de sorte qu'un solide plongé dans l'eau y est porté de la même manière que s'il était dans un bassin de balance dont l'autre serait chargé d'un volume d'eau égal au sien; et il en résulte que, s'il est plus pesant que l'eau, il tombe; s'il est plus léger, il monte; s'il pèse également, il reste immobile à la place où il se trouve du moment qu'il est immergé.

PASCAL, pensée sur le progrès des sciences. *Voy.* Lunette astronomique.

PASSE-VIN. *Voy.* Hydrostatique.

PENDULE. — Un pendule est un corps pesant suspendu à un point fixe par un fil ou par une tige. On distingue le pendule simple et le pendule composé; nous venons de donner la définition du pendule composé; quant au pendule simple, qui est une conception utile dans la mécanique rationnelle, mais qu'il est impossible de réaliser, il consiste en un point matériel suspendu par un fil sans masse. On approche de cette abstraction autant qu'on veut, en prenant un fil très fin auquel on suspend une très-petite balle de plomb ou de platine.

Cette balle, obligée de suivre un arc de cercle, se trouve à peu près dans le cas d'un corps qui descend le long d'un plan incliné : ainsi la vitesse va en augmentant jusqu'au point le plus bas de sa trajectoire; en vertu de cette vitesse acquise, elle ne peut pas s'arrêter dans la verticale, quoique ce soit sa position d'équilibre, mais elle remonte de l'autre côté jusqu'à ce que l'attraction de la terre ait détruit sa vitesse. Ce mouvement, du point le plus haut d'un côté au point le plus haut de l'autre côté, forme une *oscillation;* l'arc décrit s'appelle l'*amplitude* de l'oscillation.

Les vitesses sont les mêmes pour des points symétriquement placés de part et d'autre de la verticale, et en admettant que le pendule remonte de l'autre côté à la hauteur d'où il est descendu, on peut conclure qu'il met autant de temps à remonter qu'à descendre, puisque les chemins sont d'égale longueur et que les vitesses sont les mêmes dans les points correspondants.

(1) *Voy.* la discussion de ce point dans Bordas Demoulin, *Le Cartésianisme*, tom. I.

Si le pendule remontait exactement à la hauteur d'où il est descendu, son mouvement serait perpétuel; mais dans la réalité, la résistance de l'air et le frottement du fil au point fixe diminuent peu à peu l'amplitude, de sorte que le pendule finit par s'arrêter.

Une chose bien remarquable, c'est que les oscillations conservent sensiblement la même durée, quoique l'amplitude aille en diminuant. Si les 100 premières oscillations ont duré 100", les 100 dernières, quand le mouvement est presque nul, durent 100" aussi.

Il résulte de là un moyen très-exact d'avoir la durée d'une oscillation : supposons qu'on en ait compté 1000 en 3h ou 10800", on aura le droit de conclure que la durée d'une seule est la 10000e partie du temps total, ou 1",08.

Cependant le calcul démontre que l'isochronisme n'est pas tout à fait rigoureux. Par exemple, un pendule qui ferait en un jour 86400 oscillations infiniment petites, n'en ferait que 86359 si l'amplitude était de 10°; si elle était de 2°, il en ferait 86499.

En négligeant la petite différence relative à l'amplitude, l'expérience prouve que la durée de l'oscillation ne dépend que de deux choses, 1° de l'intensité de l'attraction de la terre; en effet, il est évident que plus l'attraction sera grande et plus le pendule oscillera vite; 2° de la longueur, il est facile de s'assurer que les oscillations deviennent plus rapides quand le pendule devient plus court; on sait que les lampes suspendues par de très-longues cordes aux voûtes des églises ont un balancement excessivement lent.

Pour réduire à moitié le temps de l'oscillation, il ne suffit pas de réduire le pendule à moitié, il faut le réduire au quart; de même il faut un pendule 9 fois plus court pour avoir des oscillations 3 fois plus rapides. On doit entendre par longueur du pendule la distance du centre de la balle de plomb au point de suspension; quant aux pendules composés, leur véritable longueur est celle du pendule simple qui fait les oscillations dans le même temps.

La relation que nous venons d'énoncer fournit la proportion

$$t : t' :: t^2 : t'^2$$

qui peut servir, par exemple, à déterminer la longueur du pendule à secondes. Pour cela, on prend un pendule d'une longueur l quelconque, mais connue; on détermine la durée t' d'une de ses oscillations : élevant t' au carré, on a déjà deux termes de la proportion, par la question même $t = 1"$, ainsi on connaît trois termes, et il est facile de tirer l. On a trouvé de cette manière qu'à Paris le pendule qui bat les secondes a une longueur de 0m, 993846. D'après la loi relative aux longueurs, si l'on veut un pendule à demi-secondes, on suspendra une petite balle de plomb à un fil, de manière qu'il y ait 248 millimètres du centre de la balle au point de suspension.

La durée de l'oscillation ne dépend ni de la nature, ni du poids du pendule; des pendules d'ivoire, de plomb, de marbre, de platine, de cire oscillent dans le même temps, s'ils ont la même longueur; c'est un point parfaitement établi par les expériences de Newton, de Borda et de M. Bessel. Nous savons que tous les corps tombent avec une égale vitesse dans le vide, et que l'attraction est la même sur toute espèce de matière; les expériences du pendule établissent ce résultat d'une manière encore plus positive, parce qu'elles sont susceptibles d'une extrême précision. Dans le tube de verre une différence d'un millième sur la durée de la chute nous échapperait, mais avec le pendule cette différence serait une oscillation tout entière au bout de mille oscillations.

Le pendule fournit le moyen de connaître exactement la vitesse acquise par un corps qui est tombé dans le vide pendant une seconde. Cette vitesse, qui sert à mesurer l'attraction, est liée à la longueur du pendule et à la durée de ses oscillations par une relation que les géomètres ont découverte. En appelant g cette vitesse et l la longueur du pendule à secondes, on a :

$$g = (3{,}14159)^2 \times l.$$

Il suffit donc pour avoir g de mesurer exactement la longueur du pendule à secondes et de calculer le produit indiqué. C'est de cette manière qu'on a trouvé.

$$g = 0^m{,}80896.$$

On voit d'après cela que le pendule peut servir à mesurer l'intensité de l'attraction dans les différents lieux; car le facteur de l ne changeant pas, g devient double ou triple, suivant que l devient double ou triple. Richer, étant à Cayenne, reconnut qu'il fallait raccourcir le pendule pour qu'il battît les secondes; on peut conclure de là que l'attraction est moindre à Cayenne qu'à Paris. Des expériences de ce genre, répétées dans une infinité de lieux, ont montré que la pesanteur allait en diminuant depuis le pôle jusqu'à l'équateur.

Latitude.	*Longueur du pendule à secondes*
0°	0m, 990925
20°	0 , 991528
Paris 48° 50' 14"	0 , 993855
60°	0 , 994791
80°	0 , 99[illegible]924

Les mêmes nombres qui représentent les longueurs du pendule peuvent aussi représenter l'intensité de l'attraction. En prenant pour unité l'attraction à Paris, on a reconnu que du pôle à l'équateur cette force diminuait de $\frac{1}{200}$.

La diminution de la pesanteur, à mesure qu'on s'approche de l'équateur, tient à deux causes : 1° à l'équateur, le renflement de la terre fait qu'on est plus loin de son centre; 2° à l'équateur, la force centrifuge est plus grande, et elle est directement opposée à la pesanteur

Toutes les portions de la matière étant attirées l'une vers l'autre, on ne voit pas d'abord pourquoi de grandes masses, telles que des montagnes, n'exercent pas d'action sensible sur les corps qui les environnent; pourquoi, par exemple, quand on laisse tomber une pierre du haut d'un sommet élevé, cette pierre, en tombant, ne se dirige pas vers le centre de la montagne qui est très-près, plutôt que vers le centre de la terre qui est très-loin. On peut même s'étonner que les murs d'un édifice ne produisent pas cet effet, et que, dans un appartement, un corps qui est suspendu en haut ne tombe pas sur le plafond plutôt que de tomber sur le plancher : à peu près comme aux antipodes les corps tombent en remontant vers nous. Mais dès qu'on prend garde que la plus grosse montagne n'est qu'un grain de sable quand on la compare à la terre, on ne s'étonne plus que les montagnes ordinaires ne puissent pas attirer à elles les corps que la terre attire elle-même. L'effet qu'elles pourraient produire serait tout au plus de les dévier un peu dans leur chute. Réciproquement, si elles peuvent produire quelques déviations, on pourra être assuré que la pesanteur est une force universelle qui agit sur *toute la matière, et qu'il n'y a ni tourbillon* autour de la terre, ni vertu particulière vers son centre, par quoi les corps soient poussés ou sympathiquement précipités.

Bouguer est le premier qui eut l'idée de chercher dans l'attraction des montagnes une preuve de l'attraction universelle de la matière : si elles agissent, elles doivent dévier le fil à plomb. Mais comment reconnaître si le fil à plomb est dévié? La même cause qui changerait sa direction changerait aussi celle de la surface des eaux tranquilles, à laquelle on la rapporte, et dès lors on ne pourrait plus juger ni de l'un ni de l'autre changement : aussi faut-il avoir recours aux étoiles : c'est encore dans le ciel qu'il faut chercher une direction fixe pour les expériences de cette nature. C'est sur les flancs du Chimboraço, qui est une des plus grandes montagnes de la terre, que Bouguer fit son expérience. Il y rencontra des obstacles infinis, à cause de l'âpreté des lieux et des tempêtes terribles qu'il eut à essuyer dans ces hautes régions. Cependant il accomplit son dessein et trouva dans le fil à plomb une déviation de 7" ou 8". Les montagnes volcaniques ont sans doute d'immenses cavités qui réduisent de beaucoup l'énergie de leur action.

Depuis Bouguer, on a répété les expériences en divers lieux. Maskeline, en 1772, les a surtout répétées avec de grande précautions, au pied des monts Shéhalliens, en Ecosse, où il a trouvé une déviation de 54". Il en résulte que certainement les montagnes agissent sur le fil à plomb, et qu'elles le dévient d'une quantité sensible qui dépend de leur volume et de la nature des substances qui les composent. Maskeline avait fait ces expériences pour en déduire le rapport de la masse de la terre à celle de la montagne, et par suite, la densité de la terre elle-même; il trouva de cette manière que la densité de la terre, prise dans son ensemble, est 4, 56, ou à peu près quatre fois et demie la densité de l'eau. C'est, je crois, la première notion que l'on ait eue sur la nature des substances qui composent les couches centrales du globe.

En 1824, M. Carlini a fait, au sommet du mont Cenis, des observations d'une autre espèce, qui l'ont conduit à peu près au même résultat.

Enfin, nous devons à Cavendish une autre détermination de la densité moyenne de la terre. Son appareil paraît être le plus exact que l'on puisse employer à cette recherche. La première idée de sa construction est due à Michell, de la Société royale de Londres. Michell n'ayant pas eu le temps d'achever ses expériences, et voyant sa fin approcher, légua son appareil à l'honorable Francis-John Hyde Wollaston, professeur à Cambridge; et celui-ci, à son tour, en fit don à Cavendish, qui était déjà compté parmi les premiers physiciens de l'Angleterre. Voici l'idée principale sur laquelle repose ce procédé : si l'on avait une grande boule de métal de 2 ou 3 mètres de rayon, il est clair qu'elle ne pourrait pas dévier le fil à plomb, puisque les montagnes ne le dévient que de quelques secondes; mais si, au lieu d'un fil vertical sur lequel agit la pesanteur, on lui présentait au niveau de son centre un levier horizontal, bien équilibré et parfaitement mobile, il est clair qu'elle devrait l'attirer à elle et le faire tourner, puisque la pesanteur serait alors sans effet pour contrarier son action. Le levier horizontal serait donc une espèce de pendule qui oscillerait par l'attraction de la boule, comme le pendule ordinaire oscille par l'action de la terre. Si même, au lieu d'une boule, on en mettait deux, agissant chacune sur l'une des extrémités du levier, on voit que l'effet serait doublé : ainsi, par ce moyen, en formant des boules assez grosses et des leviers assez mobiles, on peut sans doute rendre sensible l'action de la matière sur la matière, et produire en petit, autour de ces sphères de métal, ce qui se produit en grand autour du globe de la terre.

Ce fait fondamental une fois prouvé; il ne reste plus qu'à observer la durée des oscillations des petites balles, la longueur du levier à l'extrémité duquel elles oscillent, et leur distance au centre des grandes sphères qui peuvent être considérées comme les centres d'attraction. Ensuite, après avoir corrigé les résultats des effets de la torsion du fil de suspension, l'on arrive à connaître l'effet d'une sphère de plomb du poids de 157 kil. 925, pour faire osciller un pendule simple d'une longueur connue, et placé à une distance connue de son centre. La question étant amenée à ce point, il n'y a plus que des proportions à faire pour avoir la masse de la terre comparée à la masse du globe de plomb; car ces masses sont entre elles comme les longueurs des pendules simples qui battent la seconde, étant placés à une même distance de leur centre. Dans cette proportion tout est connu, excepté la masse de la terre, que l'on peut par conséquent en déduire; on connaît d'ailleurs son volume par les mesures de l'arc du méridien, et, en divisant la masse par le volume, on obtient enfin sa densité moyenne. Pour dernier résultat de ces belles expériences, Cavendish trouve que la densité moyenne de la terre est de 5, 48, c'est-à-dire à très-peu près cinq fois et demie la densité de l'eau.

Connaissant la densité de la terre et son volume, il est facile de trouver combien elle pèse de kilogrammes, ou plutôt combien de kilogrammes on trouverait si l'on pouvait successivement prendre par petits fragments, d'un mètre cube par exemple, toutes les substances qui la composent pour les peser dans une balance, à Londres ou à Paris, et si l'on pouvait les remettre en place après les avoir pesées; car, d'après ce que nous venons de voir sur l'attraction générale de la matière, nous pouvons être sûrs, quand nous faisons une pesée, que toutes les molécules du globe contribuent à faire pencher la balance.

Par les observations et par les calculs astronomiques, on évalue les masses des planètes et celle du soleil au moyen de la masse de la terre; d'où il suit qu'avec le poids de la terre nous pouvons trouver le poids de toutes les planètes.

Ainsi le petit appareil de Cavendish est une balance dans laquelle on peut peser le monde.

Pendule, son emploi pour déterminer la figure de la terre. *Voy.* Terre.

PENDULE BALISTIQUE. — Appareil pour mesurer la vitesse des projectiles. Il se compose d'un axe de fer terminé en couteau par ses deux bouts, en reposant sur des appuis solides; un bloc de bois, d'un poids considérable, muni d'armatures en fer, est suspendu à l'axe par deux tiges droites et par quatre tiges obliques; une aiguille pointue parcourt une rainure circulaire, et laisse sa trace sur une cire molle destinée à la recevoir; c'est par la longueur de cette trace que l'on juge de l'écart qu'a éprouvé le pendule, lorsque le boulet est venu le frapper de front, dans la direction de son centre de gravité. La longueur du pendule est de trois ou quatre mètres, et son poids total de trois ou quatre mille kil.; c'est avec cette masse considérable que le projectile partage la vitesse dont il est animé; et, lorsqu'au moyen de l'écart que le pendule a éprouvé, on a pu calculer la vitesse qu'il a reçue, il est facile d'en déduire la vitesse du boulet, à l'instant où il est venu le frapper.

Cette vitesse dépend de la charge, qui a d'ailleurs une certaine limite. La plus grande vitesse obtenue en ce genre et la plus grande aussi que l'homme ait pu produire jusqu'ici, est 737 mètres par secondes.

PENDULE MAGNÉTIQUE. *Voy.* Aimant.

PÉNOMBRE. *Voy.* Eclipse et Ombre.

PENSÉE, est-elle une propriété de la matière? *Voy.* Matière.

PERCE-VERRE. *Voy.* Electricité, *effets mécaniques.*

PÉRIGÉE (περί, près de, γῆ, terre). — On appelle ainsi le point de l'écliptique où le soleil est le plus près de la terre. *Voy.* Képler.

Périhélie (περί, près de, ἥλιος, soleil). — Point de l'écliptique où la terre est le plus près du soleil. *Voy.* Képler.

PERTURBATIONS des Planètes. — Il se présente une objection importante au principe de la gravitation universelle. Les planètes doivent être mutuellement soumises à une action réciproque qui les écarte un peu du mouvement elliptique, qu'elles suivraient exactement si l'attraction solaire existait seule. Les satellites doivent être troublés dans leur mouvement autour de leur planète, par leurs réactions mutuelles et par la présence du soleil. On conçoit bien que la grande distance de cet astre doit affaiblir beaucoup l'effet de son action; mais sa masse immense doit pourtant avoir une influence marquée, selon que le satellite est plus ou moins éloigné du soleil.

Cette objection, loin d'infirmer le principe, le démontre au contraire d'une manière éclatante, parce qu'elle explique les inégalités que nous observons. En effet, les mouvements ne sont qu'à peu près soumis aux lois de Képler, et l'on y reconnaît de légères inégalités lorsqu'on descend dans le détail précis des phénomènes. C'est ici le triomphe de la doctrine de l'attraction, parce qu'elle permet de calculer tous les événements et de prévoir jusqu'aux plus légères perturbations, en nous donnant le secret de tous ces petits écarts. L'exactitude du principe atteint et détermine les plus faibles irrégularités, et s'accorde à un tel point avec les faits, que lorsque le résultat du calcul ne se trouve pas parfaitement conforme aux observations, on en conclut que l'erreur provient de l'omission de quelque circonstance dont on a négligé l'influence; et en effet, une plus grande attention fait bientôt reconnaître la vérité de cette conséquence.

Les planètes sont sujettes à des perturbations de deux sortes, résultant l'une et l'autre de leur constante attraction réciproque; l'une des deux sortes, dépendant de leurs positions relatives, commence à zéro, augmente jusqu'à un maximum, décroît et redevient zéro, lorsque les planètes reviennent aux mêmes positions relatives. En vertu de ces perturbations, la planète troublée est quelquefois emportée loin du soleil et quelquefois ramenée plus près de lui; tantôt attirée au-dessus et tantôt au-dessous du plan de son orbite, selon la position du corps troublant. Tous ces changements, s'opérant dans de courtes périodes, telles que quelques mois, quelques années, ou même quelques centaines d'années, sont désignés sous le nom d'inégalités périodiques.

Les inégalités de l'autre sorte, quoique pareillement occasionnées par l'énergie perturbatrice des planètes, sont entièrement indépendantes de leurs positions relatives; elles dépendent des positions relatives des orbites seulement, dont les formes et les places dans l'espace ne sont altérées que de très-petites quantités dans d'immenses périodes de temps; c'est pour cela qu'on les appelle inégalités séculaires.

Les perturbations périodiques se trouvent compensées lorsque les corps reviennent aux mêmes positions relatives entre eux et par rapport au soleil : les inégalités séculaires sont compensées quand les orbites reviennent aux mêmes positions relatives les unes à l'égard des autres, et à l'égard aussi du plan de l'écliptique.

Le mouvement planétaire, comprenant ces deux sortes de perturbations, peut être représenté par un corps accomplissant sa révolution dans une orbite elliptique, et faisant de petits écarts passagers, tantôt d'un côté de cette orbite, et tantôt de l'autre, tandis que l'ellipse elle-même varie à chaque instant de forme et de position, mais d'une manière excessivement lente.

Les inégalités périodiques consistent simplement en déviations passagères de la planète par rapport au sillon de son orbite ; la plus considérable d'entre elles ne dure que 918 ans environ ; mais par suite des perturbations séculaires, les apsides, ou extrémités des grands axes de toutes les orbites, ont un mouvement direct, mais variable dans l'espace, excepté ceux de l'orbite de Vénus, qui sont rétrogrades, et les lignes des nœuds se meuvent avec une vitesse variable en direction contraire. En outre, l'inclinaison et l'excentricité de chaque orbite sont dans un état de changement perpétuel mais lent. Ces effets sont le résultat de l'action perturbatrice que chaque planète éprouve individuellement de la part de toutes les autres. Mais comme il n'est nécessaire que de calculer l'influence perturbatrice d'un seul corps à la fois, ce qui suit pourra donner quelque idée de la manière dont une planète trouble le mouvement elliptique d'une autre planète.

Supposez deux planètes se mouvant dans des ellipses autour du soleil : si l'une d'elles attirait l'autre et le soleil avec une égale intensité et en direction parallèles, l'effet troublant par rapport au mouvement elliptique serait nul. L'inégalité de cette attraction est la seule cause de perturbation, et la différence entre l'action de la planète troublante sur le soleil et sur la planète troublée constitue la force troublante, dont l'intensité et la direction varient par conséquent avec tous les changements qui ont lieu dans les positions relatives des trois corps. Quoique le soleil et la planète soient sous l'influence de la force troublante, le mouvement de la planète troublée est rapporté au centre du soleil, considéré comme un point fixe, pour la commodité du calcul. La force entière qui trouble une planète équivaut à trois forces partielles, dont l'une, appelée force tangentielle, agit sur la planète troublée, dans la direction d'une tangente à son orbite; elle occasionne des inégalités séculaires dans la forme et dans la position de l'orbite dans son propre plan, et est l'unique cause des perturbations périodiques qui ont lieu dans la longitude de la planète. La seconde force agit sur le même corps dans la direction de son rayon vecteur, c'est-à-dire suivant la ligne qui joint les centres du soleil et de la planète, et est appelée force radiale : elle occasionne des changements périodiques dans la distance de la planète au soleil et affecte la forme et la position de l'orbite dans son propre plan. La troisième, que l'on peut appeler force normale, agit perpendiculairement au plan de l'orbite, occasionne les inégalités périodiques qui ont lieu dans la latitude de la planète, et affecte la position de l'orbite par rapport au plan de l'écliptique.

L'on a observé que le rayon vecteur d une planète, se mouvant dans une orbite parfaitement elliptique, parcourt des aires égales dans des temps égaux ; — circonstance indépendante de la loi de la force, et qui serait la même, soit qu'elle variât ou non, en raison inverse du carré de la distance, pourvu seulement qu'elle fût dirigée vers le centre du soleil. Il suit de là que la force tangentielle, n'étant pas dirigée vers un centre, occasionne une certaine inégalité dans la description des aires, ou, ce qui revient au même, trouble le mouvement de la planète en longitude. La force tangentielle tantôt accélère et tantôt retarde le mouvement de la planète, tandis que d'autres fois elle ne produit aucun effet. Si les orbites de deux planètes étaient circulaires, une compensation complète aurait lieu à chaque révolution de ces deux planètes, parce qu'alors les arcs dans lesquels s'effectuent les accélérations et les retards seraient symétriques de chaque côté de la force troublante. Car il est évident que si le mouvement était accéléré dans une certaine étendue, et ensuite retardé d'autant, il arriverait à la fin du temps que le mouvement serait exactement le même que s'il n'avait subi aucune altération. Mais comme les orbites des planètes sont des ellipses, cette symétrie ne se conserve pas ; la planète se mouvant inégalement dans son orbite, il est certaines positions dans lesquelles elle se trouve plus directement, et pendant plus longtemps, sous l'influence de la force troublante, que dans d'autres. Quoiqu'il y ait des multitudes de variations qui se compensent dans de courtes périodes, il en est d'autres, dépendant de certains rapports particuliers entre les temps périodiques des planètes, qui ne se compensent que lorsque les deux corps ont accompli une ou même plusieurs révolutions. Une inégalité périodique de ce genre, et dont la période n'embrasse pas moins de 918 années, se fait remarquer dans les mouvements de Jupiter et de Saturne.

La force radiale, c'est-à-dire cette partie de la force troublante qui agit dans la direction de la ligne joignant les centres du soleil et de la planète troublée, n'exerce aucun effet sur les aires, mais elle occasionne certains changements périodiques de peu d'étendue, dans la distance de la planète au soleil. Nous avons déjà démontré que la force qui produit un mouvement parfaitement elliptique varie en raison inverse du carré de la distance, et qu'une force subordonnée à quelque autre loi ferait mouvoir le corps dans une courbe d'une nature très-différente. Or, la force troublante radiale varie directement comme la distance; et comme elle se combine quelquefois avec l'intensité de l'attraction du soleil sur le corps troublé, en l'augmentant par conséquent, tandis que d'autres fois elle lui est opposée, et par suite la diminue, il arrive que dans l'un et l'autre cas elle fait dévier l'attraction solaire de la loi rigoureuse de la gravité, et l'action entière de cette force centrale composée sur le corps troublé est ou plus grande ou plus petite que ce qui est nécessaire pour le mouvement parfaitement elliptique. Lorsqu'elle est plus grande, la courbure de l'orbite de la planète troublée au moment où elle quitte son périhélie, c'est-à-dire le point où elle est le plus rapprochée du soleil, est plus grande qu'elle ne le serait dans l'ellipse, qui amène la planète à son aphélie, c'est-à-dire au point où elle est le plus éloignée du soleil, avant qu'elle ait parcouru une étendue de 180°, ainsi qu'elle le ferait si elle n'était pas troublée. De sorte que dans ce cas les apsides, ou extrémités du grand axe, avancent dans l'espace. Quand la force centrale est moindre que ne l'exige la loi de la gravité, la courbure de l'orbite de la planète est moindre que la courbure de l'ellipse. De sorte que la planète, en abandonnant son périhélie, parcourrait plus de 180° avant d'arriver à son aphélie, ce qui fait rétrograder les apsides dans l'espace. Le double cas du mouvement progressif et du mouvement rétrograde se présente dans le cours de la révolution des deux planètes; mais les cas du mouvement progressif l'emportent sur ceux du mouvement rétrograde. Nous devons ajouter toutefois que le mouvement effectif des apsides dépend encore de la force tangentielle, qui accélère et retarde alternativement la vitesse de la planète troublée. Une augmentation dans la vitesse tangentielle de la planète diminue la courbure de son orbite, et équivaut à une diminution de la force centrale. Une diminution de la vitesse tangentielle, qui augmente la courbure de l'orbite, équivaut au contraire à un accroissement de la force centrale. Ces fluctuations, dues à la force tangentielle, occasionnent alternativement, et de la manière dont nous l'avons expliqué tout à l'heure, un mouvement progressif et un mouvement rétrograde dans les apsides. Comme le premier de ces mouvements l'emporte sur le second, la force qui en résulte se joint à la force radiale, et il arrive quelquefois que le mouvement direct des apsides s'en trouve presque doublé. Le mouvement des apsides peut être représenté; en supposant une planète en mouvement dans une ellipse, tandis que l'ellipse elle-même tourne lentement autour du soleil dans le même plan. Ce mouvement du grand axe, qui est direct dans toutes les orbites, excepté celle de Vénus, est irrégulier et si lent, que le grand axe de l'orbite de la terre met plus de 1,093,830 ans à accomplir une révolution sidérale, c'est-à-dire à revenir aux mêmes étoiles, et 20,937 ans à compléter sa révolution tropique ou à revenir au même équinoxe. La différence entre ces deux périodes provient d'un mouvement rétrograde du point équinoxial, lequel rencontre l'axe dans son mouvement direct avant qu'il ait accompli sa révolution sidérale. Le grand axe de l'orbite de Jupiter ne met pas moins de 200,610 ans à accomplir sa révolution sidérale, et 22,748 ans à exécuter sa révolution tropique, par l'effet de l'action perturbatrice de Saturne seulement.

Une variation dans l'excentricité de l'orbite de la planète troublée est une conséquence immédiate des déviations de la courbure elliptique, occasionnées par l'action de la force troublante. Quand la route qui suit le corps en allant de son périhélie à son aphélie, est plus courbée qu'elle ne devait l'être, par suite des forces troublantes, elle tombe en dedans de l'orbite elliptique, l'excentricité est diminuée, et l'orbite se rapproche de la forme circulaire; quand la courbure est moindre qu'elle ne devait l'être, la route de la planète tombe en dehors de l'orbite elliptique, et l'excentricité est augmentée; durant ces changements, la longueur du grand axe n'éprouve aucune altération, l'orbite s'aplatit seulement ou devient plus bombée. Ainsi la variation qui a lieu dans l'excentricité provient de la même cause qui occasionne le mouvement des apsides. Il existe une liaison inséparable entre ces deux éléments; ils varient simultanément et ont la même période; si bien que, tandis que le grand axe accomplit sa révolution en une période immense de temps, l'excentricité augmente et diminue de quantités extrêmement petites, jusqu'à ce qu'enfin, à chaque révolution des apsides, elle revienne à sa grandeur première. L'excentricité terrestre diminue à raison de 15 lieues à peu près annuellement; et si elle devait décroître également, il s'écoulerait 37,527 ans avant que l'orbite de la terre devînt un cercle parfait. L'action mutuelle de Jupiter et de Saturne occasionne des variations dans l'excentricité de leurs deux orbites; la plus grande excentricité de l'orbite de Jupiter correspond à la plus petite de l'orbite de Saturne. Et ne calculant que l'action de ces deux planètes seules, le temps que ces vicissitudes mettent à s'accomplir embrasse une période de 70,414 ans; mais si l'on calculait l'action de toutes les planètes, le cycle s'élèverait à des millions d'années.

Nous voici arrivés maintenant à l'examen de cette partie de la force troublante qui agit perpendiculairement au plan de l'orbite, en occasionnant des perturbations périodiques dans la latitude, des variations séculaires dans l'inclinaison de l'orbite, et un mouvement rétrograde de ses nœuds sur le vrai plan de l'écliptique. Cette force tend à élever le corps troublé au-dessus du plan de son orbite, ou à le pousser au-dessous, suivant les deux positions relatives des deux planètes à l'égard du soleil, considéré comme fixe. Il résulte de cette action que le plan de l'orbite du corps troublé tend, tantôt à coïncider avec le plan de l'écliptique, et tantôt à s'en écarter. Conséquemment, ses nœuds avancent ou rétrogradent alternativement sur l'écliptique. Quand la planète troublante est dans la ligne des nœuds de la planète troublée, elle n'affecte ni la latitude, ni l'inclinaison, parce qu'alors les deux planètes sont dans le *même plan*. Quand elle est perpendiculaire à la ligne des nœuds, et que l'orbite est symétrique de chaque côté de la force troublante, le mouvement moyen de ces points, après une révolution du corps troublé, est rétrograde et accéléré; mais quand la planète troublante est placée de telle sorte que l'orbite de la planète troublée n'est pas symétrique de chaque côté de la force troublante, ainsi que cela a lieu la plupart du temps, alors l'action produite varie de toutes les manières imaginables. Les nœuds sont donc constamment dans un état de mouvement *progressif* ou rétrograde, d'inégale vitesse; mais comme la compensation n'a pas lieu, c'est, en définitive, le mouvement rétrograde qui prédomine.

A l'égard des variations qui s'opèrent dans l'inclinaison, il est évident que lorsque l'orbite est symétrique de chaque côté de la force troublante, toutes ces variations se trouvent compensées après une révolution du corps troublé, et ne sont autre chose que des perturbations qui s'exercent sur la latitude de la planète, de sorte qu'aucun changement séculaire n'a lieu dans l'*inclinaison* de l'*orbite*. Quand, au contraire, cette orbite n'est pas symétrique de chaque côté de la force troublante, il arrive toujours, quoique plusieurs des variations en latitude soient *transitoires* ou *périodiques*, qu'après une révolution complète du corps troublé, une partie reste non compensée, ce qui produit un changement séculaire dans l'*inclinaison de l'orbite par rapport* au plan de l'écliptique. Il est vrai qu'une partie de ce changement séculaire dans l'inclinaison est compensée par la révolution du corps troublant, dont jusqu'ici le mouvement n'a pas été pris en considération, de manière qu'une perturbation compense une autre perturbation; mais, en définitive, l'inclinaison est affectée d'une variation permanente relativement, laquelle ne se trouve compensée que lorsque les nœuds ont accompli une révolution entière.

Les variations de l'inclinaison sont extrêmement petites comparativement au mouvement des nœuds, et la même sorte de liaison inséparable qui existe entre les variations des excentricités et les mouvements des grands axes existe également entre leurs variations séculaires. Les nœuds et les inclinaisons varient simultanément, leurs périodes sont les mêmes, et elles sont très-grandes. Les nœuds de l'orbite de Jupiter mettent, d'après l'action de Saturne seule, 36,261 ans à accomplir une révolution, et ce n'est même qu'une révolution tropique. Jusqu'à présent nous n'avons considéré que l'influence d'un seul corps troublant; mais quand l'action et la réaction de tout le système sont prises en considération, chaque planète en particulier subit l'effet de toutes les autres, et exerce à son tour une action analogue sur elles; de là résulte que les *inclinaisons et les excentricités* sont dans un état constant de *variation*; que les grands axes de toutes les *orbites* accomplissent des révolutions continuelles, et qu'en somme un mouvement rétrograde des nœuds de chaque orbite s'accomplit sur chacune des autres orbites. L'*écliptique* elle-même est en mouvement, par suite de l'*action* mutuelle de la terre et des planètes, de sorte que le système entier est un phénomène composé, d'une complication extrême, dont l'origine remonte à des siècles inconnus. A l'époque actuelle, *les inclinaisons* de *toutes les orbites* vont en diminuant; mais cette diminution s'effectue si lentement, que l'inclinaison de l'orbite de Jupiter n'est environ que de six minutes moindre aujourd'hui qu'elle ne l'était au temps de Ptolémée.

Mais au *milieu* de toutes ces vicissitudes, les *grands axes* et les mouvements moyens des planètes restent constamment indépendants des changements séculaires; ils sont tellement liés par cette loi de Képler, savoir: que les carrés des temps périodiques sont proportionnels aux cubes des distances moyennes des planètes au soleil, que les uns ne peuvent varier sans affecter les autres. Et il est reconnu que toutes *les variations* qui ont lieu sont passagères et ne dépendent que des positions relatives des corps.

Il est vrai que, suivant la théorie, la force troublante radiale devrait, jusqu'à un certain point, altérer d'une manière permanente les *dimensions* de *toutes les orbites*, et *les temps périodiques* de toutes les planètes. Par exemple, les masses de toutes les planètes qui accomplissent leurs révolutions en dedans de l'orbite d'une autre planète quelconque, telle que Mars, ajoutent leur propre masse à la *masse* du soleil, dont la force *attractive* se *trouvant* ainsi augmentée, doit par conséquent contracter les dimensions de l'orbite de cette planète, et diminuer son temps périodique, tandis que les planètes extérieures, relativement à l'orbite de Mars, doivent produire l'effet contraire Mais la masse de toutes les planètes et de leurs satellites pris ensemble est si petite, comparativement à celle du soleil, que ces effets sont tout à fait insensibles, et n'ont pu être découverts que par des considérations théoriques. De plus, comme il est certain qu'aucune autre puissance n'occasionne des changements permanents dans les grands axes et dans les mouvements moyens, on peut en conclure qu'ils sont invariables.

Toutes les inégalités périodiques et séculaires déduites de la loi de la gravitation sont si parfaitement confirmées par l'observation, que l'analyse est devenue l'un des moyens les plus certains de découvrir les inégalités planétaires lorsque leurs périodes sont trop courtes ou trop longues pour être mises en évidence par d'autres méthodes. Jupiter et Saturne, cependant, manifestent des inégalités qui pendant longtemps semblèrent en contradiction avec cette loi. Toutes les observations, depuis celles des Chinois et des Arabes jusqu'à celles de nos jours, s'accordent à prouver que, durant des siècles entiers, les mouvements moyens de Jupiter et de Saturne ont été affectés par une grande inégalité d'une *très-longue période*, formant une *anomalie* apparente dans la théorie des planètes. Depuis longtemps l'observation a fait connaître que le quintuple du mouvement moyen de Saturne est presque égal au double de celui de Jupiter; rapport que la sagacité de Laplace lui fit reconnaître comme étant la cause d'une inégalité périodique dans le mouvement moyen de chacune de ces planètes, laquelle accomplit sa période dans un espace d'environ 918 années, en retardant le mouvement d'une des planètes, tandis qu'elle accélère la marche de l'autre; mais la grandeur et la période de ces quantités varient en raison des *variations séculaires* des éléments des orbites. Supposez les deux planètes du même côté du soleil, et les trois corps sur une même ligne droite; dans ce cas, ils sont dits être *en conjonction*. Or, s'ils commencent à se mouvoir en même temps, l'un faisant cinq révolutions, tandis que l'autre n'en accomplit que deux, il est évident que Saturne, qui est celui dont le mouvement est le plus lent, n'aura parcouru, avant de se retrouver en conjonction, qu'une partie de son orbite, pendant que Jupiter aura accompli non-seulement une révolution entière, mais encore une partie d'une seconde révolution. Pendant ce temps leur action mutuelle produit un grand nombre de perturbations qui se compensent réciproquement, mais il en reste toujours une partie due à la longueur du temps pendant lequel les forces agissent de la même manière, et si les conjonctions arrivaient toujours au même point de l'orbite, cette inégalité, qui reste non compensée dans le mouvement moyen, irait en augmentant jusqu'à ce que les temps périodiques et les formes des orbites fussent changés complétement et d'une manière permanente, circonstance qui se réaliserait effectivement, si Jupiter accomplissait exactement cinq révolutions pendant que Saturne en accomplit deux. Ces révolutions toutefois ne sont pas rigoureusement commensurables; les points auxquels ont lieu les conjonctions sont en avance chaque fois de 8° 37'; de sorte que les conjonctions n'arrivent exactement aux mêmes points des orbites que tous les 850 ans environ; alors, par suite de cette petite avance, les planètes se trouvent amenées dans des positions relatives telles, que l'inégalité qui semblait menacer la stabilité du système, est complétement compensée, et que les corps, étant revenus aux mêmes positions relatives les uns à l'égard des autres, ainsi qu'à l'égard du soleil, recommencent une nouvelle course. Les variations séculaires qui ont lieu dans les éléments de l'orbite augmentent la période de l'inégalité et la font s'élever à 918 ans. Comme toute perturbation qui affecte le mouvement moyen affecte aussi le grand axe, les forces troublantes tendent à diminuer le grand axe de l'orbite de Jupiter et augmentent celui de l'orbite de Saturne pendant une moitié de la période; l'effet contraire a lieu pendant l'autre moitié de la période. Cette *inégalité* est exactement périodique, puisqu'elle dépend de la configuration des deux planètes; et la théorie se trouve confirmée par l'observation qui prouve que, dans le cours de vingt siècles, le mouvement moyen de Jupiter a été accéléré d'environ 30° 23', et celui de Saturne retardé de 5° 13'. Plusieurs exemples de perturbations de ce genre se présentent dans le système solaire. Une entre autres, qui ne s'élève qu'à quelques secondes et qui se manifeste dans les mouvements moyens de la Terre et de Vénus, a été récemment étudiée avec le plus grand soin par le savant professeur *Airy*. Ses changements s'accomplissent en 240 *ans*, et *elle* doit son origine à cette circonstance, que treize fois le temps périodique de Vénus est à peu près égal à huit fois celui de la Terre. Quelque petite que soit cette perturbation, elle ne laisse pas d'être sensible dans les mouvements du Soleil.

L'on pourrait imaginer que l'*action* réciproque des planètes qui ont des satellites est différente de celle des planètes qui n'en ont pas; mais les distances des satellites à leurs planètes étant incomparablement moindres que les distances des planètes au Soleil, et des planètes entre elles, il en résulte, que le système d'une planète et de ses satellites se meut à peu près comme si tous ces corps étaient réunis dans leur centre commun de gravité: l'action du soleil, cependant, ne laisse pas de troubler un peu le mouvement des satellites autour de leur planète.

Perturbations périodiques. *Voy.* Lune.

PESANTEUR. — La pesanteur n'est qu'une *circonstance particulière* de l'attraction ou gravitation universelle (*Voy.* ce mot). C'est cette force qui donne aux corps terrestres leur poids et les fait tomber vers le centre de la terre quand ils ne sont pas soutenus; c'est elle aussi qui donne aux édifices leur *solidité*, à *notre corps* de la *fixité* sur le sol que nous foulons; c'est encore elle qui anime les pendules pour régler le temps, fait couler l'eau des vases, des fontaines et des fleuves; fait flotter le liége et les vaisseaux qui traversent l'Océan, fait monter les vapeurs dans les airs, soutient les nuages et en fait descendre une pluie salutaire. Tous ces phénomènes, quelque opposés qu'ils paraissent, ne sont guère que des effets de la pesanteur.

Les corps tombent quand on les abandonne à eux-mêmes, et ils tombent jusqu'à ce qu'ils touchent la terre ou quelque autre corps qui les soutienne. Ce phénomène se produit à la surface du sol, comme on l'ob serve tous les jours; il se produit à de grandes hauteurs dans le ciel, comme on peut en juger par la grêle et par la pluie qui tombent des nuages, et il se produit encore à de grandes profondeurs sous terre, comme on le voit dans les puits, dans les caves et dans les mines les plus profondes que l'on ait pu creuser. Quand on voit des montagnes qui s'affaissent, c'est qu'elles manquent par leur base, qui sans doute est encore plus enfoncée que le fond des mines; elles *tombent*, faute d'avoir un appui qui soit assez ferme pour les soutenir. Cependant, la matière étant inerte et ne pouvant d'elle-même ni prendre du mouvement ni changer celui qu'elle a, il est clair que d'elle-même elle ne pourrait descendre vers la terre, puisque ce serait se donner un mouvement; il faut donc qu'il y ait une force qui la fasse tomber, et c'est cette force qu'on appelle *pesanteur*.

Ainsi la pesanteur est la force qui *fait tomber* les corps. Mais cette définition donnerait de la *pesanteur* une idée tout à fait incomplète, si l'on supposait qu'elle ne pût produire d'autre effet que de faire *tomber* les corps. Il faut s'attendre à voir cette force produire encore beaucoup d'autres phénomènes et beaucoup d'autres mouvements, qui sont désignés dans le langage usuel par des mots très-différents. Tels sont, par exemple, les mouvements des liquides qui s'écoulent des vases et le mouvement des fleuves qui coulent vers la mer : tels sont les mouvements du liége et des corps légers qui s'élèvent du fond de l'eau à sa surface; tels sont encore les mouvements de la fumée, des brouillards et des ballons qui s'élèvent dans les airs. Tous ces phénomènes qui semblent si contradictoires, ne sont que les effets variés de la même force, que nous venons d'appeler *pesanteur*.

La pesanteur agit sur presque tous les corps qui se présentent à nos observations, mais elle agit sur eux pour les faire tomber avec des vitesses très-différentes. Les pierres et les métaux tombent très-vite, le bois et les autres substances végétales tombent plus lentement; et il existe des corps, comme les plumes, les duvets et les flocons de neige, qui semblent à peine pesants, car ils flottent dans les airs et ne tombent qu'avec une grande lenteur. Il résulte déjà de ce premier aperçu que, si la pesanteur n'est pas une force universelle, c'est au moins une force très-générale, car il n'y a qu'un petit nombre de corps, comme la flamme et la fumée, qui semblent se soustraire à son action. C'est là du moins ce qui arrive en nos climats, et ce dont nous sommes témoins dès les premiers jours de notre enfance; mais la terre est si grande qu'il est curieux de savoir ce qui se passe en d'autres lieux, sur les mers éloignées, sur les îles ou sur les continents qui n'ont plus ni les mêmes saisons, ni la même position par rapport à l'axe du monde. C'était aux voyageurs à nous l'apprendre, et les voyageurs nous assurent que, si d'un pays à l'autre on voit changer les hommes, l'aspect du ciel et les productions du sol, il y a toujours une chose qui, au milieu de tant de variations, n'éprouve point de changements : c'est la force de la pesanteur. Partout elle agit de la même manière, soit au milieu des mers ou des continents, soit dans les régions des pôles ou dans celles de l'équateur. Que s'il se trouve quelques légères différences, elles ne sont pas sensibles dans les phénomènes ordinaires; et il est vrai de dire que, non-seulement la pesanteur agit sur presque tous les corps, mais encore qu'elle agit à peu près de la même manière dans tout le vaste contour du globe de la terre.

Pour déterminer la ligne suivant laquelle tombent les corps, on pourrait les suivre de l'œil et approcher une règle droite dont ils dussent raser le bord; mais il y a un meilleur moyen, qui est de fixer un fil par un bout et d'attacher à l'autre bout une petite balle un peu pesante. La direction du fil, quand il sera tendu et en repos, sera précisément la direction de la pesanteur; car, si cette force agissait suivant une autre ligne, elle tirerait le fil et l'entraînerait suivant cette autre ligne. Ce petit instrument s'appelle un *fil à plomb* ou un *pendule*, et sa ligne de repos s'appelle *la verticale :* ainsi, la direction de la pesanteur est celle du fil à plomb ou de la verticale, et rien n'est plus facile que de la trouver à chaque instant dans tous les lieux de la terre.

Supposons qu'après avoir fait cette expérience hier, nous la recommencions aujourd'hui, nous serons fort embarrassés de savoir si le fil à plomb n'a pas changé dans l'intervalle. Il faudrait avoir quelques points fixes où l'on pût rapporter ses directions pour les comparer ensuite. Un édifice très-solide n'a pas assez de stabilité pour cet objet, car si, après un certain temps, nous trouvions que le fil à plomb n'est plus au même alignement par rapport à ses murs ou à ses arêtes, nous serions encore très-embarrassés pour une conclusion; nous saurions bien que quelque chose est changé, mais nous ne saurions pas si c'est dans la direction de la pesanteur ou dans la stabilité de l'édifice. Les flancs ou les arêtes d'une montagne ne seraient pas des marques moins incertaines, car, sur la terre, une montagne aussi est une chose instable; il faut moins qu'un tremblement de terre pour l'ébranler sur sa base. Ainsi, tout est mobile autour de nous, et nous n'avons pas un point fixe, ni sur la terre ferme, ni sur les montagnes, pour juger si la pesanteur est constante ou si elle change à mesure que les siècles s'écoulent.

Heureusement, nous avons un autre moyen: la surface de la mer, toute mobile qu'elle est, nous offre dans sa direction générale et dans ses limites la plus grande stabilité que nous puissions observer sur la terre; car un changement de niveau, même très-petit, amènerait de grandes inondations et peut-être un déluge. Or il arrive que la direction de la pesanteur est perpendiculaire à la surface des eaux tranquilles; donc, si la pesanteur changeait, la mer changerait, et c'est par là seulement qu'on peut juger de la fixité de sa direction.

Au lieu de dire que la pesanteur est perpendiculaire à la surface des eaux tranquilles, on dit quelquefois qu'elle est perpendiculaire à la surface de la terre; et voici alors ce qu'on entend par la surface de la terre. Ce n'est pas, comme on le suppose bien, la surface apparente avec ses montagnes et ses vallées, mais c'est une surface idéale que l'on conçoit de la manière suivante: supposons que l'Océan Atlantique, la mer du Sud et toutes les mers qui communiquent entre elles, soient tranquilles pour un moment, leur immense plage formera une portion de surface à peu près sphérique, dont le contour sera déterminé par les sinuosités des rivages. Imaginons maintenant que les diverses parties de cette surface se prolongent en conservant leur courbure et en pénétrant sous les terres, et qu'elles se rejoignent de toutes parts au-dessous des continents, elles formeront alors un globe complet parfaitement uni, n'ayant ni montagne ni vallées. C'est une surface, réelle en partie, et en partie idéale, qu'on appelle *surface de la terre*, *surface de niveau, surface horizontale*, car toutes ces expressions sont synonymes. Quand on dit que l'Observatoire de Paris est à 65 mètres au-dessus de la surface de la mer, c'est comme si on disait que cette surface prolongée passe sous le premier étage de l'Observatoire, à une profondeur verticale de 65 mètres. Au contraire, il y a des plaines en Hollande qui sont au-dessous de la mer, c'est-à-dire que la surface prolongée passe sur la tête des habitants.

La *surface de la terre*, telle que nous venons de la définir, pourrait avec le temps s'élever ou s'abaisser, s'éloigner ou se rapprocher du centre; mais si, par quelque cause intérieure ou extérieure, elle pouvait perdre sa forme, à l'instant la terre changerait son mouvement diurne; elle sortirait de l'orbite qu'elle parcourt depuis tant de siècles, et serait peut-être poussée dans quelque autre coin de l'univers. C'est ainsi que de la stabilité de la surface des eaux dépend la stabilité de la terre et du monde.

La surface d'un lac, soit dans les plaines, soit dans les montagnes, est aussi une surface de niveau, c'est-à-dire que, si de ses rivages on abaissait des perpendiculaires sur la surface que nous venons de définir, elles y détermineraient une portion de surface qui serait semblable à celle du lac, et dont tous les points en seraient à la même distance. Il en est de même pour les surfaces des eaux tranquilles, soit au fond des puits, soit dans des vases de grandes dimensions : toutes ces surfaces sont horizontales, et toutes perpendiculaires à la direction de la pesanteur. Il résulte de ces vérités fondamentales que toutes les directions de la pesanteur concourent vers le centre de la terre, car toutes les perpendiculaires à une surface rigoureusement sphérique concourent à son centre.

Un observateur qui serait assez loin de la terre pour voir en même temps le fil à plomb de Paris et celui de Barcelone, verrait qu'en effet ils sont inclinés l'un à l'autre de 7° 28' 29", et pourrait en conclure qu'ils concourent vers le centre de la terre. Quand on fait des expériences dans une petite étendue, comme dans un appartement ou même dans une grande ville, les fils à plomb semblent tout à fait parallèles, parce que le centre de la terre, qui est le point où ils tendent, est à une distance d'environ 1432 lieues de 2280 toises, ou de 6360 kilomètres : or, 1 kilomètre, par exemple, étant $\frac{1}{6360}$ de cette distance, deux fils à plomb, qui sont à 1000 mètres, ne font en effet qu'un angle de 32". Mais puisqu'il en est ainsi, on ne comprend pas d'abord comment on peut mesurer l'angle des verticales de deux points; car, si ces points sont très-près, l'angle est si petit qu'il échappe aux mesures, et, s'ils sont très-loin, on ne peut plus voir en même temps ni les deux verticales, ni l'angle qu'elles font entre elles : toute mesure paraît donc impossible; elle le serait, en effet, si nous n'avions pas dans le ciel des points d'observation qui servent à nous guider. Les étoiles sont comme des jalons pour les habitants de la terre : c'est en les observant que nous pouvons mesurer nos angles et tracer nos alignements. La distance du soleil à la terre est de 150 millions de kilomètres, celle de la terre aux étoiles est au moins 400 ou 500 *mille fois plus grande*; ainsi, en quelque point de son orbite que *soit la terre*, et en quelque point de la surface de la terre que soit un observateur, les rayons visuels dirigés sur la même étoile sont des lignes toujours parallèles.

D'après cela, quand une étoile passe au méridien, et que l'on observe en même temps à Dunkerque et à Paris, les deux rayons sont parallèles, mais les deux angles qu'ils font avec les verticales sont inégaux, et l'angle de Paris est justement égal à l'angle de *Dunkerque*, plus à l'angle des deux verticales, qui est par conséquent la distance angulaire de Dunkerque à Paris.

Voilà donc comment se dirige la pesanteur tout autour de la terre, et voilà comment il est possible de comparer sa direction dans les différents lieux. Il y a une conséquence qui se présente naturellement : c'est qu'après avoir observé l'angle des verticales de Dunkerque et de Paris, après l'avoir trouvé de 2° 11' 56", on peut mesurer en toises ou en mètres la distance de ces deux villes, et, connaissant ainsi la longueur de cet arc de 2° 11' 56", on peut en conclure la longueur de la circonférence de la terre tout entière, et ensuite la valeur de son rayon.

Lorsqu'on laisse tomber de la même hauteur une balle de plomb et un petit disque de papier, on est frappé de la différence de leurs vitesses. La balle tombe très-vite et le papier très-lentement; on peut même remarquer que le premier de ces corps tombe d'aplomb, et suivant la verticale, tandis que le deuxième, plus ou moins dévié de sa route, parcourt toujours une ligne sinueuse. C'est l'air qui produit cet effet. Les corps ne peuvent pas tomber sans le déplacer, et par conséquent sans partager avec lui leur mouvement, et, dans ce partage, le papier perd plus que le plomb. On obtiendrait des effets analogues et encore plus marqués si l'on faisait tomber différents corps dans un tube plein d'eau, parce que la résistance de l'eau est plus grande que celle de l'air.

Pour trouver le vrai mouvement des corps pesants, il faudrait donc les faire tomber dans le *vide*, c'est-à-dire dans un espace où il n'y eût ni air, ni eau, ni aucune autre matière capable d'offrir de la résistance et de combattre l'action de la pesanteur : un tel espace s'obtient au moyen de la *machine pneumatique*, qui fait le vide en aspirant l'air. Au moyen de cette machine, on fait l'expérience de la chute des corps de la manière suivante.

On prend un tube de verre d'environ deux millimètres de longueur, fermé par un bout et muni à l'autre bout d'un robinet de forme ordinaire, capable de *tenir le vide*; par l'ouverture du robinet, on fait passer dans le tube des morceaux de plomb, du papier, des plumes, etc.; on fait le vide avec beaucoup de soin, et on ferme le robinet. Alors, en tournant promptement le tube, pour le mettre dans la verticale, on voit tous ces corps, tombant librement dans son intérieur, venir au même instant frapper le fond.

On peut modifier cette expérience de manière à rendre sensible le progrès du phénomène : on entr'ouvre un peu le robinet, et on le ferme presque aussitôt ; alors un peu d'air est rentré, car on en a entendu le sifflement ; et en retournant le tube comme la première fois, on observe un peu de différence dans le temps de la chute ; la plume et le papier sont en retard sur le plomb. Un peu plus d'air rend le retard un peu plus long, et ainsi progressivement : tant qu'à la fin, l'air étant complétement rentré, la chute se fait dans le tube comme elle se fait à l'air libre.

Ainsi, quand la pesanteur agit seule, quand elle n'est combattue par aucune résistance qui gêne ses effets, elle sollicite tous les corps avec la même énergie, et leur imprime la même vitesse, quel que soit leur poids et quelle que soit la substance qui les compose. Dans le vide, une masse d'or d'un kilogramme ne tomberait pas plus vite qu'une parcelle d'or en feuille, ni plus vite qu'un morceau de papier ; une montagne ne tomberait pas plus vite qu'une plume.

Après avoir montré que, dans la réalité, tous les corps tombent avec la même vitesse, il faut chercher quelle est cette vitesse commune qui règle la chute de toute espèce de matière, et en général, quel rapport il existe entre l'espace que parcourt un corps pesant, et le temps qu'il emploie à le parcourir. Ce rapport sera la loi de la pesanteur, c'est-à-dire la loi du mouvement que la pesanteur imprime à la matière.

Cette question ne peut pas être résolue d'une manière directe, parce que la vitesse des corps qui tombent prend une accélération si rapide qu'au bout de très-peu d'instants il n'est plus possible de noter les espaces qu'ils parcourent. Mais ce qui ne peut pas être obtenu par des observations directes s'obtient par divers moyens indirects : le plus simple est le *plan incliné de Galilée*, mais le plus rigoureux est la *machine d'Atwood*.

Le *plan incliné de Galilée* n'est autre chose qu'une corde très-unie, de 20 ou de 30 pieds de long, que l'on tend entre deux points fixes dont l'un est plus bas que l'autre, et sur laquelle on laisse rouler un petit char On note avec soin les espaces parcourus dans chaque seconde par le petit chariot. Mais les lois de ce mouvement se démontrent bien plus commodément par la machine d'Atwood.

Cette machine consiste essentiellement en une poulie extrêmement mobile, sur la gorge de laquelle passe un fil très-fin qui porte à ses extrémités deux poids égaux M, M' : cette poulie est placée au haut d'une colonne. Cela posé, il est évident que les deux poids doivent se faire équilibre quand l'un est plus bas que l'autre ; car, dans ce cas, il n'y aurait que le poids du fil qui pourrait faire que le plus bas entraînât l'autre ; or, nous supposons que le poids du fil est presque nul, donc l'équilibre doit exister. Mais si l'on ajoute à l'un de ces poids un autre petit poids additionnel m, il est clair que l'équilibre sera rompu ; le poids m entraînera la masse sur laquelle il reposera et la forcera de descendre, tandis que, par le même mouvement, l'autre sera forcée de monter. Si ce poids m était seul, il acquerrait, au bout d'une seconde, une certaine vitesse g, et sa quantité de mouvement serait mg ; mais comme il entraîne les masses M, il est obligé de partager avec elles son mouvement, et la vitesse est nécessairement diminuée. Du reste, il est évident que les lois sont les mêmes que s'il tombait librement ; car, soit qu'il tombe seul, soit qu'il entraîne les masses M, la pesanteur n'en agit pas moins énergiquement ni moins constamment sur lui. Maintenant il est facile de trouver quelle sera la vitesse du système. Appelons-la x, nous aurons :

$$x\,(2\,M+m)=gm\text{, d'où, } x=g\frac{m}{2\,M+m}.$$

Ce qui fait voir qu'on peut atténuer x indéfiniment. Veut on, par exemple, qu'elle soit un centième de g, on n'a qu'à faire $\frac{m}{2\,M+m}=\frac{1}{100}$; d'où $99\,m=2\,M$, et par conséquent $m=\frac{M}{49,5}$.

Voici maintenant les pièces accessoires qu'on ajoute à la machine pour en rendre l'usage plus commode : 1° afin de diminuer le frottement autant que possible, on fait poser l'axe de la poulie sur la circonférence de quatre autres poulies plus petites, qui elles-mêmes, doivent être extrêmement mobiles; 2° vis-à-vis de la ligne que parcourent les poids en tombant, on dispose une règle verticale divisée en parties égales. Le long de cette règle se meuvent deux curseurs dont chacun porte une plaque de cuivre horizontale La plaque du curseur supérieur est percée d'un trou et forme une espèce d'anneau assez grand pour laisser passer les masses M et non le poids additionnel qui, à cause de cela, doit un peu dépasser les bords du trou. Au reste, on peut enlever les curseurs à volonté; 3° afin de compter exactement le temps de la chute, on adapte à la colonne une horloge à secondes, communiquant à une détente qui peut soutenir l'un des poids M avec la masse additionnelle. Il arrive un instant où le balancement du pendule fait partir la détente; les poids tombent, et l'horloge continue de marquer le temps qui s'écoule.

Pour étudier les lois du mouvement au moyen de cette machine, on commence par la mettre parfaitement d'aplomb, condition sans laquelle l'horloge ne marcherait pas régulièrement; ensuite on place tellement le curseur supérieur, qu'il arrête le poids *m* juste après une seconde. On peut ne pas rencontrer le point convenable à la première fois; *mais on le trouve bientôt en élevant* ou abaissant le curseur peu à peu, jusqu'à ce que le bruit du poids *m* arrêté par l'anneau coïncide exactement avec le battement de l'horloge. Par cette première expérience on connaît *l'espace parcouru dans la première seconde de la chute*; on cherche ensuite les espaces parcourus en 2, 3, 4 secondes, et l'on trouve que *ces espaces sont entre eux comme les carrés des temps.*

Lorsque le poids *m* est arrêté, le mouvement ne cesse pas; les deux masses M ont une vitesse acquise en vertu de laquelle elles continuent de se mouvoir; mais dès ce moment la pesanteur cesse d'influencer le mouvement qui, par conséquent, devient uniforme. Or, si, à chaque expérience, on place convenablement le curseur inférieur, on reconnaît toujours que

L'espace parcouru d'un mouvement accéléré pendant un temps quelconque, n'est que la moitié de celui que le mobile parcourt d'un mouvement uniforme dans un temps égal, après que la force accélératrice l'a abandonné;

Ce qui fait connaître les vitesses à chaque seconde, et

Ces vitesses sont exactement entre elles comme les temps écoulés.

Newton et Désaguillers ont fait des expériences dans l'église Saint-Paul à Londres pour déterminer les espaces parcourus dans un temps donné. Ils ont vu qu'en 2" la balle tombait, non pas de 30 pieds, mais de 60; en 3" de 135; en 4" $\frac{1}{4}$ de 240. Si nous négligeons le quart de seconde, comme dû à la résistance de l'air, nous verrons que ces nombres suivent une loi très-régulière; car si on fait les carrés des temps, on a :

Carré des temps.	Espaces parcourus.
1	15
4	60 ou 4 fois 15.
9	135 ou 9 fois 15.
16	240 ou 16 fois 15.

De là nous pouvons conclure que *les espaces parcourus sont comme les carrés des temps.* Si donc on représente par *e* et *e'* deux espaces, par *t* et *t'* les temps correspondants, on a la proportion $e : e' :: t^2 : t'^2$.

Supposons par exemple, $e = 60$, $e' = 135$, d'après le tableau nous aurons $t^2 = 4$, et $t'^2 = 9$, et il viendra :

$$60 : 135 :: 4 : 9 ;$$

proportion vraie puisque le produit des extrêmes est égal au produit des moyens.

L'espace parcouru en 2" étant de 60 pieds, et l'espace parcouru en 1" étant de 15 pieds, il s'ensuit que le corps parcourt 45 pieds dans la deuxième seconde; on trouverait de même qu'il en parcourt 75 dans la troisième et 105 dans la quatrième; or, ces nombres sont précisément comme les nombres impairs 1, 3, 5, 7, etc.

Il est évident d'après cela que le mouvement s'accélère très-vite, et on voit pourquoi le choc d'un corps est si dangereux quand la chute se fait d'une grande hauteur. Quant à la cause de l'accélération, il est certain d'abord qu'elle ne tient pas à la proximité plus grande de la terre, et si l'on imagine une tour de 200 pieds ayant une balustrade à moitié de sa hauteur, on peut affirmer que le choc sera tout aussi violent du sommet sur la balustrade que de la balustrade sur le pavé. Pour se rendre compte de l'accélération, il suffit d'admettre que la terre agit continuellement, et qu'elle agit sur un corps déjà en mouvement, comme sur un corps qui part de l'état du repos; en un mot, il faut considérer l'attraction, du moins près de la surface de la terre, comme une force *continue constante.* Son effet à chaque seconde est de faire parcourir 15 pieds et de donner une vitesse de 30, de sorte que si le mobile parcourt 45 pieds dans la deuxième seconde, c'est qu'il a acquis pendant la première une vitesse qui à elle seule serait capable de lui faire parcourir 30 pieds. De même que les 75 pieds parcourus dans la troisième seconde se composent de deux parties : 1° 15 pieds dus à l'action de la terre pendant cette troisième seconde; 2° 60 pieds dus à la vitesse acquise en deux secondes.

En continuant ce raisonnement, on a le tableau suivant :

Temps de la chute.	Vitesse acquise.
1	30 p.
2	60 ou 2 fois 30
3	90 ou 3 fois 30
etc.	etc.

Ainsi l'accroissement de vitesse est toujours de 30 pieds à chaque seconde, et la vitesse acquise est proportionnelle à la durée de la chute, de sorte que si l'on représente par v et v' deux vitesses, par t et t' les temps mis à les acquérir, on a

$$v : v' :: t : t'.$$

Pesanteur aux différentes latitudes mesurées par le pendule. *Voy.* Rotation diurne de la terre.

PÈSE-LIQUEUR. *Voy.* Aréomètre.

PESON. *Voy.* Balance.

PÉTRIFICATION. *Voy.* Infiltration.

PHARES (Φᾶρος, île voisine d'Alexandrie, où fut élevé le premier phare). — Si les rayons parallèles qui tombent sur une lentille se réunissent dans le petit espace fixe que nous nommons le foyer, réciproquement des rayons émanant du foyer, et tombant sur la lentille, marcheront tous, après l'avoir traversée, parallèlement à son axe. Appliquons ce principe à la composition des importants appareils destinés à éclairer au loin et à guider le navigateur à une certaine distance des côtes. Nous avons signalé ailleurs l'emploi des miroirs concaves dans la construction des *phares;* mais le système dont il était question alors, a été immensément dépassé par le système lenticulaire, surtout avec l'emploi des lentilles à échelons de Fresnel. C'est celui-ci que nous allons exposer.

Nous avons déjà fait observer qu'outre l'intensité de la lumière locale, le but d'un phare exigeait qu'on portât obstacle à la divergence des rayons, et qu'on les rabâttit dans une direction déterminée; c'est ce que nous réalisons d'abord avec le miroir parabolique. En plaçant la lumière au foyer d'une grande lentille, on réfracterait parallèlement à l'axe, et par conséquent dans une direction déterminée et voulue, tous les rayons tombant sur la lentille. Mais cette pièce de cristal, dans le système ordinaire, ne peut être que d'un petit nombre de degrés; de 10°, par exemple : hors de cette limite, les propriétés focales n'existent plus, c'est-à-dire que les rayons parallèles, qui tombent sur la portion de la lentille qui dépasse cette limite, ne se rassemblent plus au foyer, et que réciproquement les rayons émanés du foyer qui rencontreraient la lentille au delà du cercle central de 10°, ne se réfracteraient plus parallèlement à l'axe. Les rayons utiles sont donc compris dans un cône assez étroit; ce qui limite, à distance égale, la grandeur qu'on peut donner à la lentille, et, par suite, la quantité de lumière que le phare doit projeter au loin. Or, on remédie à ce grave inconvénient par la disposition suivante : au lieu d'une demi-lentille, on a une petite lentille médiane, entourée d'anneaux dont la coupe représente des coins ou sommités de lentilles, et qui réfractent la lumière qu'ils reçoivent comme les bouts de lentilles ordinaires : mais les courbures sont autres; elles sont variées d'un anneau au suivant, et calculées de telle sorte que tous les rayons qui les traversent se rassemblent tous en un foyer unique. Cela revient à plusieurs lentilles de faible courbure, et qui seraient disposées d'une manière analogue au miroir polyèdre de Buffon. Il résulte de cette disposition échelonnée qu'on peut donner au segment une ouverture de 50 degrés au moins, et, par conséquent, faire tomber sur elle, d'une manière utile, dix fois plus de lumière; à quoi il faut ajouter qu'à cause de la moindre épaisseur du verre, il y a notablement moins de lumière perdue au passage. Une lentille échelonnée est la pièce principale des phares actuels; mais elle n'est pas la seule. On y a joint d'autres pièces qui ont pour fonction de recevoir et de répercuter convenablement une grande partie de la lumière qui tombe en dehors de la lentille. Ces appareils accessoires sont de deux sortes, selon la grandeur des phares.

Le *feu de port* se compose d'un tambour ayant pour coupe verticale une lentille échelonnée à cinq anneaux, et garnie, sur ses deux bases, d'une calotte composée de huit anneaux à coupe prismatique triangulaire. La lumière qui rayonne au delà de la surface de la lentille est reçue par ces prismes, qui sont taillés et disposés de telle sorte que les rayons y éprouvent la *réflexion totale*, et sont répercutés tous parallèlement à l'axe de la lentille. La lumière est donnée par une lampe d'Argant à mèches concentriques; elle brûle 45 grammes d'huile par heure; sa flamme a 5 centimètres. Dans ce système, toute la lumière est ramenée dans une couche de peu d'épaisseur, qui se projette avec éclat vers tous les points de l'horizon. Mais il importe de pouvoir varier ces feux, pour leur donner des significations diverses. C'est à quoi l'on parvient en rendant le système des lentilles mobiles autour de l'axe de la flamme par un mouvement d'horlogerie, et disposant autour d'un système d'écran interrompu, qui tantôt donne un éclat en laissant passer la lumière par un vide, tantôt, au contraire, produit une éclipse : pour obtenir ces effets, un système de deux lentilles cylindriques et parallèles est suffisant. Or, on peut produire un nombre voulu d'éclipses et d'éclat dans un temps donné : par exemple, trois éclats par minute, cinq, huit, dix en trois minutes, et ainsi du reste; et l'on conçoit une très-grande variété en ce genre. C'est ainsi qu'on distingue les divers phares les uns des autres. Le navigateur, arrivé en vue d'un phare sur une côte inconnue, compte à la montre le nombre d'éclats produit dans un temps donné, et consulte un tableau qui lui indique à quels parages ce nombre correspond.

Le système des anneaux prismatiques réflecteurs est ce qu'il y a de plus parfait; mais lorsqu'on veut former de grands phares avec des flammes intenses, et de larges surfaces lenticulaires, alors les anneaux doivent être d'un plus grand rayon, et l'on a trouvé impraticable le travail d'anneaux de verre de grande taille. En conséquence, on a substitué aux anneaux réflecteurs une coupole composée de miroirs paraboliques étagés, dont la flamme occupe le foyer commun et qui réfléchissent horizontalement la lumière rayonnant au delà des bords de la lentille. Quant à celle-ci, elle est plus grande, composée d'anneaux plus nombreux ; et, au lieu d'un tambour cylindrique tout d'une pièce, comme dans le cas précédent, on compose un vaste prisme à 32 pans, composé d'autant de pièces, ce qui est beaucoup plus facile à exécuter. Dans un phare de premier ordre, la flamme est produite par quatre mèches concentriques brûlant 750 grammes d'huile par heure, et donnant une flamme de neuf centimètres. Il y a treize étages de miroirs et seize anneaux à la lentille. La portée d'un pareil feu s'étend jusqu'à 60 kilomètres. D'ailleurs les feux doivent être élevés sur la côte à proportion de la portée qu'on leur assigne, attendu la courbure du globe. La lumière la plus intense, située à 100 mètres au-dessus du niveau de la mer, cesserait d'être visible pour un œil situé à la surface au delà de 36 kilomètres. Telle est la cause qui limite forcément la portée des feux de phares.

Le système des coupoles à miroirs était encore considéré naguère comme le seul praticable, vu l'impossibilité supposée de travailler des anneaux de plus de 30 ou 40 centimètres de diamètre. Mais la taille du verre optique a fait tout récemment des progrès considérables, à tel point qu'on peut obtenir au tour des anneaux de deux mètres de diamètre. Il est donc aujourd'hui question de remplacer les couronnes de miroirs dans les grands phares, par des couronnes d'anneaux prismatiques donnant la réflexion totale, comme cela a lieu dans les appareils d'illumination d'ordre inférieur. Les anneaux ont sur le miroir deux avantages : d'abord ils perdent moins de lumière, et, en second lieu, ils ne sont pas altérables avec le temps, comme la surface des miroirs réflecteurs. Dans la coupole annulaire qui vient d'être exécutée à Choisy pour le phare de Scherivore, on a divisé l'appareil en huit fuseaux ; et, comparaison faite de l'effet produit avec celui des grands phares à miroir, on a reconnu une augmentation de 16 pour 100. Toutefois il faut tenir compte d'une augmentation de frais considérable, qui se trouverait compensée en partie par l'augmentation d'effet utile.

Il est inutile de dire que les lentilles à échelons ont un pouvoir comburant considérable : avec une telle lentille de 0m,25 de diamètre, on fond le fer et le platine.

Voy. MIROIRS COURBES.

PHASES de la lune. *Voy.* LUNE.

PHÉNAKISTICOPE (de plusieurs mots grecs qui signifient *apparition entrecoupée*). — Le *phénakisticope*, imaginé par M. Plateau, se compose de deux disques de carton qui tournent ensemble comme des roues sur un même axe. A travers les trous que porte un des disques vers sa circonférence, on regarde des figures tracées sur l'autre. Ces figures représentent, par exemple, les différentes positions d'un homme frappant avec un marteau ; il y a une position devant chaque trou ; or, pendant la rotation il semble que ce soit le même homme qui prenne successivement toutes ces positions, et qui frappe à coups redoublés. Pour concevoir cette apparence il faut remarquer que chaque figure est vue pendant un instant trop court pour qu'on s'aperçoive de sa rotation. Son image subsiste pendant qu'un intervalle noir passe devant l'œil ; puis immédiatement, *sans qu'on ait rien vu d'étranger*, apparaît à la même place une figure toute semblable à la première, sauf un léger changement de position, qu'on prend naturellement pour un mouvement que cette première figure vient d'exécuter. Ce que nous disons du dessin qui est directement vis-à-vis le trou s'applique aux autres, de sorte que tout le disque paraît couvert de figures animées. On fait aussi le phénakisticope simplement avec le disque percé qui porte alors les dessins sur une face qu'on présente à un miroir ; l'image alors remplace le second disque.

PHÉNOMÈNES de caléfaction. *Voy.* ÉBULLITION.

PHOSPHORESCENCE DE LA MER. — « La phosphorescence de la mer a été observée depuis un temps immémorial. Dans certaines contrées, le phénomène est tellement brillant que les personnes qui prennent le moins d'intérêt aux phénomènes naturels sont frappées de l'effet magique qu'il produit quelquefois.

« Dans toutes les régions océaniques, mais particulièrement sous la zone tropicale, dès la chute du jour, on voit jaillir du sein des eaux une lumière phosphorique plus ou moins vive, qui est due, soit à des animalcules, soit à des matières organiques tenues en suspension dans ces eaux, et analogues à la mucosité qui suinte des poissons de mer dans lesquels la phosphorescence se manifeste. Cette lumière se montre aux crêtes des vagues qui retombent sur elles-mêmes autour du gouvernail du vaisseau, dans les lames qu'entr'ouvre la proue et dans les flots qui se brisent sur les récifs et les rochers, et partout où l'eau de la mer est percutée. L'effet est souvent si remarquable, qu'un bâtiment, poussé par un vent violent, laisse au loin derrière lui une trace lumineuse qui s'efface insensiblement.

« Il existe dans la mer une foule d'animalcules qui jouissent de la phosphorescence, et dont les débris contribuent à rendre la mer lumineuse.

« L'observation de MM. Quoy et Gaimard prouve effectivement que les débris des corps organisés sont une des causes de la phosphorescence de la mer. Étant mouillés dans la petite île de Rawak, placée sous l'équateur, ils virent un soir, sur l'eau, des lignes d'une blancheur éclatante ; en les traversant avec leur canot, ils voulurent en prendre une partie ; mais ils ne trouvèrent qu'un fluide dont la lueur disparut entre leurs doigts peu de temps après. Pendant une nuit calme, ils virent près du vaisseau beaucoup de zones semblables, blanches et fixes. Les ayant examinées avec soin, ils reconnurent qu'elles étaient produites par des zoophytes d'une petitesse extrême, et qui renfermaient en eux un principe de phosphorescence si subtil et tellement susceptible d'expansion, qu'en nageant avec vitesse et en zigzags, ils laissaient sur la mer des traînées lumineuses dont nous venons de parler. Ils mirent le fait hors de doute en plaçant dans un bocal rempli d'eau deux de ces animalcules, qui rendirent immédiatement toute l'eau lumineuse. Ils constatèrent en outre que la chaleur était une des causes déterminantes de la faculté phosphorique de ces zoophytes.

« Les observations que nous avons faites avec M. Breschet dans les eaux de la Brenta confirment les précédentes, et prouvent que la phosphorescence de la mer peut être due à une matière organique intimement combinée ou mélangée avec l'eau, analogue à celle qui recouvre le hareng et d'autres poissons de mer quand ils sont phosphoriques. Les eaux de cette rivière, à quelques milles de Venise, jouissent de la propriété, dans les grandes chaleurs, quand elles sont ébranlées par le plus léger choc, de devenir fortement lumineuses. L'effet, sans exagération, peut être comparé à celui produit dans un bol de punch enflammé que l'on agite avec une cuiller; le corps le plus léger que l'on jette dans l'eau suffit pour faire naître la lueur, non-seulement au point touché, mais encore dans toutes les ondes provenant de l'ébranlement du liquide; de sorte que dans une obscurité très-grande on peut suivre très-loin toutes ces ondes brillantes. Il est hors de doute que ce brillant phénomène est dû à l'ébranlement de l'eau, quels que soient les corps étrangers qu'elle tienne en dissolution ou en suspension. Or, *il ne peut y avoir qu'une matière intimement combinée ou mélangée avec elle* qui puisse produire un semblable effet, puisque toutes les parties de l'eau possèdent la faculté *lumineuse. Nous ferons* remarquer que cette faculté diminue à mesure que l'on approche du bras de mer qui sépare Venise de l'embouchure de la Brenta; il arrive un point où *elle n'est plus sensible* : dès lors, il est permis de croire que les matières organiques qui se trouvent dans l'eau stagnante de la rivière, et qui sont dans un état particulier de décomposition par suite de la chaleur du jour, se trouvant intimement combinées ou mélangées à l'eau, éprouvent un ébranlement moléculaire par suite du choc communiqué à l'eau, et qui suffit pour rendre celle-ci lumineuse.

« Une preuve que ces matières organiques se trouvent dans un certain état de décomposition qui précède la putréfaction, c'est que, si l'on tient l'eau renfermée dans des vases pendant quelques heures, elle perd ses propriétés lumineuses. » (Becquerel.)

PHOTOGRAPHIE (de φῶς, lumière, et γράφω, je trace). Synonyme : *Daguerréotypie*. — Tout le monde sait que la lumière exerce une action chimique sur beaucoup de substances qu'elle combine ou décompose. On connaît particulièrement son influence sur les couleurs, les teintures qu'elle altère. Elle fait sentir son action jusque sur les substances inorganiques : c'est ainsi qu'exposés au jour, les sels d'argent, le chlorure de ce métal, passent du blanc au brun foncé.

On a donné le nom de photographie à l'action combinée de la lumière et de certaines substances chimiques (sels d'argent) ayant pour résultats les dessins exacts des images qui frappent une couche métallique (plaquée) enduite de chlorure ou de bromure d'argent, et d'une mince couche de vapeur mercurielle. C'est en 1840 que M. Daguerre découvrit les images photographiques, et cette découverte est due plutôt au hasard qu'à la science, guidée par la théorie.

On n'a pu jusqu'ici donner une explication rigoureusement scientifique du procédé daguerrien. Ce procédé a subi plusieurs modifications. Voici les perfectionnements qu'y ont apportés MM. Belfield et L. Foucault :

« Ayant fait choix d'une surface d'argent dont la planimétrie et la continuité soient suffisamment parfaites, on la polit superficiellement *à l'aide* d'une poudre de ponce lavigée et desséchée avec le plus grand soin et quelques gouttes de térébenthine du commerce non rectifiée. La partie volatile de l'essence s'évapore pendant l'opération du polissage, et il reste à la surface de la plaque une couche pulvérulente grisâtre dont elle se dépouille avec une facilité extrême, et au-dessous de laquelle elle apparaît nette, noire et brillante. Il ne reste plus qu'à atténuer l'épaisseur de la couche résineuse, soit en dissolvant une portion à l'aide de l'alcool de 45° rectifié à la potasse et à la chaux, soit en l'usant mécaniquement au moyen des poudres sèches.

« Exposée à la vapeur de l'iode la plaque, ainsi vernie, se comporte exactement comme une plaque préparée et desséchée avec le plus grand soin par les procédés extérieurs. Les teintes se succèdent *avec la même rapidité* dans le *même* ordre, et les nuances ont la *même* valeur. D'ailleurs, les tons seront d'autant plus chauds et plus francs, la série sera d'autant plus nette et plus tranchée, que la couche résineuse sera plus mince et plus exempte de toute trace d'humidité.

« Soumise à l'action de la lumière dans la chambre noire, la couche impressionnable ainsi préparée se comporte encore comme la couche iodurée obtenue par les méthodes usuelles. L'image s'y forme de la même manière et dans le même temps.

« Mais l'exposition de la couche iodurée ainsi préparée à la vapeur du brome présente cette particularité remarquable, qu'un léger excès dans la quantité de vapeur absorbée ne donne plus naissance au phénomène désigné sous le nom de *voile de brome*. Un faible excès de brome ne s'annonce que par l'aspect de grisaille que prend l'image à la vapeur du mercure, aspect qui devient de plus en plus prononcé jusqu'à ce que l'image disparaisse presque entièrement sous une cendre blanchâtre. Toutefois, une exposition prolongée à un grand excès de brome désorganise entièrement la couche impressionnable, et la vapeur du mercure n'y fait plus apparaître alors que de larges taches d'un brun rougeâtre et à bords déchiquetés. »

De l'ensemble de leurs expériences, MM. Belfield et Foucault ont conclu :

1° Que l'image daguerrienne se forme dans l'épaisseur d'une couche de matière organique étendue par l'opération du polissage à la surface de l'argent ;

2° Que l'opération du polissage ne doit pas avoir pour but de *décaper* la surface métallique, mais bien d'y étendre uniformément une couche continue et mince de vernis;

3° Que ce vernis, suffisamment épais et convenablement choisi, a pour résultat de prévenir la formation du *voile de brome*, et permet ainsi d'atteindre toujours au maximum de sensibilité de la couche impressionnable.

Ce procédé a reçu depuis lors de nombreux perfectionnements dans le détail desquels nous ne pouvons entrer ici.

Après avoir obtenu des images daguerriennes sur plaqué, il restait à trouver le moyen de transporter ces images sur le papier, car le miroitage métallique sera toujours d'un effet désagréable. On a d'abord appliqué directement le burin aux images photographiques : ce n'était qu'une sorte de calque exécutée avec soin et précision, et l'on a ainsi obtenu de véritables planches rentrant dans le système de la gravure métallique ordinaire; on rencontre partout des vues d'une foule de monuments, obtenues par ce moyen ; mais on est parvenu au résultat d'une manière purement physico-chimique et sans aucune intervention de l'art du graveur.

On a traité les images daguerriennes par un agent qui creuse les parties noires sans altérer les parties blanches, ou, autrement, qui attaque l'argent sans attaquer le mercure. On s'est servi pour cela d'un liquide composé d'acides nitrique, nitreux et chlorhydrique, ou d'une solution de bi-chlorure de cuivre. Ce liquide, appliqué à chaud, altère les seules parties noires, et il y a formation de chlorure d'argent ; on enlève celui-ci par un léger lavage à l'ammoniaque, de sorte qu'on peut appliquer de nouveau l'acide qui creuse les traits de plus en plus, et transforme la plaque daguerrienne en une planche à l'eau forte d'une grande perfection, mais de peu de profondeur. Pour augmenter celle-ci, on graisse la plaque avec de l'huile de lin, puis on l'essuie de manière à laisser l'huile dans les traits creusés où elle se fige bientôt. Alors on dore la planche par les procédés électro-chimiques; l'or se dépose sur toute la surface, excepté dans les creux occupés par le vernis d'huile de lin. Ensuite on enlève l'huile avec la potasse caustique, qui laisse l'argent à nu dans les sillons, où on peut l'attaquer par un agent qui n'ait pas d'action sur l'or. On se sert de l'acide nitrique qui creuse les traits qui doivent recevoir l'encre de la gravure.

Mais comme l'argent est un métal assez mou, on lui substitue une autre planche qui remplit ses fonctions et subit à sa place les altérations qui en dérivent; on la cuivre sur toute la surface par les procédés galvanoplastiques, et c'est la couche de cuivre qui se moule sur elle et reproduit en creux ses empreintes, qui supporte l'usure résultant du travail. Quand cette couche est notablement altérée, on la dissout avec un acide faible qui n'agit pas sur l'argent, et dès lors on peut la cuivrer de nouveau et en tirer de nouvelles épreuves.

On a jusqu'à présent vainement essayé de fixer les images des objets avec leurs couleurs naturelles, découverte à laquelle on ne désespère pas d'arriver, et qui serait plus belle encore que la première.

PHOTOMÉTRIE (φωτὸς, gén. de φῶς, lumière, μέτρον, mesure).—Branche de la physique qui s'occupe des moyens de mesurer l'intensité ou la vivacité de la lumière.

L'œil, en comparant une lumière à une autre, est incapable de juger si l'intensité est double ou triple ; mais il peut reconnaître si l'intensité est égale, du moins quand il s'agit de deux lumières vues à la fois, ayant une intensité médiocre et la même couleur.

Les corps lumineux par eux-mêmes sont en général trop brillants pour que l'œil fasse les comparaisons avec exactitude ; on préfère juger de l'intensité par l'éclairement produit sur une surface blanche, et on admet que cet éclairement est proportionnel à l'intensité de la source, c'est-à-dire qu'il deviendrait double ou triple, si la lumière donnée par la source était doublée ou triplée.

Nous admettrons encore, comme un principe évident, que l'effet de plusieurs lumières (plusieurs bougies, par exemple) est la somme des effets dus à chacune séparément. Tels sont les trois axiomes sur lesquels repose la photométrie ou l'art de mesurer la lumière.

Il est facile, avec ces principes, d'établir la loi du décroissement de la lumière suivant la distance. Plaçons au-devant d'un écran une bougie b à 1^m et 4 bougies pareilles en un faisceau B à 2^m ; mettons près de l'écran une tige opaque de manière à avoir 2 ombres très-voisines ; nous trouverons que ces ombres sont également foncées; or, l'une est éclairée *seulement* par le faisceau B et l'autre *seulement* par la bougie. Il faut donc 4 bougies à 2^m pour produire le même effet qu'une seule à 4^m ; par conséquent, l'effet d'une bougie portée à une distance double est réduit au quart ; on prouverait de même qu'il est réduit au neuvième à une distance triple, de sorte que si l'intensité est i à la distance 1, elle est $\frac{i}{4}$ à la distance 2, $\frac{i}{9}$ à la distance 3, et en général $\frac{i}{d^2}$ à la distance d

On se rend compte de cette loi en observant que les rayons émanés d'un centre lumineux se répartissent sur une surface quadruple quand la distance est double, de sorte qu'il en tombe alors quatre fois moins sur l'unité de surface. Cela suppose du reste qu'il n'y a pas de perte dans le trajet.

On donne à la loi précédente un énoncé qui s'applique plus facilement dans certains cas. Il est clair que le soleil, par exemple, s'il était à une distance double, nous présenterait un diamètre moitié moindre, et par conséquent une surface quatre fois plus petite; l'éclairement, d'après la loi précédente, serait alors quatre fois moindre. On voit également qu'une bougie à 1^m a la même surface *apparente* que 4 bougies à 2^m, et nous savons que l'éclairement est alors le même. On peut donc dire que l'éclairement produit par un corps lumineux à différentes distances est proportionnel à sa surface apparente. Par surface apparente nous entendons, comme on le voit, la projection de la surface réelle sur la concavité d'une sphère d'un rayon quelconque, ayant le point éclairé ou l'œil de l'observateur pour centre. Cet énoncé donne immédiatement la mesure de l'éclairement d'un corps placé contre le soleil même : cet astre se projetterait alors sur un hémisphère entier ; la surface apparente serait 92 mille fois ce qu'elle est maintenant, et on aurait par conséquent une lumière 92 mille fois aussi forte qu'à la surface de la terre.

Le procédé le plus généralement employé pour comparer deux lumières est le procédé des ombres dont nous avons déjà parlé. Soit, par exemple, une lampe B et une bougie *b* dont je représenterai l'intensité par 1 ; si, pour l'égalité des ombres, la lampe doit être à une distance double, son intensité est 4 ; si la distance est triple, l'intensité est 9 ; d'où l'on tire cette règle : Cherchez combien de fois la grande distance D contient la petite *d* ; le quotient carré $\frac{D^2}{d^2}$ donnera l'intensité cherchée. Je trouve, par exemple, qu'une lampe à double courant d'air éclaire autant à 6^m qu'une bougie à 2 ; j'en conclus que son intensité est $\frac{36}{4}$, c'est-à-dire neuf fois aussi grande que celle de la bougie, ou qu'elle équivaut à 9 bougies. Il est à remarquer que l'addition d'un globe de verre dépoli ne trouble pas sensiblement l'égalité des ombres.

Par le procédé que nous venons d'indiquer, on a reconnu que 4 becs ordinaires éclairaient comme 5 lampes de Carcel, ou comme 6 quinquets brûlant 42 grammes d'huile par heure, qu'un bec de gaz équivalait à 10 bougies de 5, ou à 12 chandelles de 6 à la livre.

On suppose ici les chandelles et les bougies donnant le plus grand éclat possible. Même pour une bougie, suivant l'état de la mèche, la lumière peut varier dans le rapport de 100 à 60. Pour une chandelle, les variations sont énormes, comme le montrent les résultats suivants dus à Rumford.

Représentons l'intensité de la lumière que donne la chandelle bien mouchée par 100

En 11 minutes, cette intensité sera réduite à 39

En 19 minutes, à 23

En 29 minutes, à 16

Cette diminution tient d'abord à ce que la mèche trop longue est comme un pilier opaque interceptant les rayons que la transparence de la flamme eût laissé passer. Quand, de plus, la mèche sort de la flamme, elle agit sur celle-ci comme un corps froid qu'on y plongerait ; la combustion se fait mal. Amené par l'action capillaire à une hauteur où la température est peu élevée, le suif incomplétement décomposé s'échappe en grande partie à l'état de fumée.

Une amélioration capitale dans l'éclairage à l'huile a été l'introduction des lampes à *double courant d'air*, où la flamme, ayant la forme d'un double cylindre creux, se trouve en contact avec un courant d'air en dedans et en dehors. Argant, qui prit un brevet en 1783, en est considéré comme l'inventeur ; mais longtemps avant, Meusnier, de l'Académie des sciences, se servait de lampes pareilles dans son laboratoire pour remplacer les fourneaux ; seulement la cheminée était en tôle au lieu d'être en verre. Le grand avantage de ces lampes tient à la grande surface de la flamme, et au tirage, qui met cette grande surface en contact avec un air continuellement renouvelé ; de sorte que la combustion est complète et sans fumée, même pour une très-grande hauteur de mèche.

C'est encore à l'aide du procédé des ombres qu'on est arrivé à déterminer les conditions pour brûler le gaz avec la plus grande lumière possible. Il y a un avantage très-grand à faire sortir le gaz par une rangée de trous, de manière que les jets lumineux se confondent. Ainsi, en comparant la lumière d'un simple jet avec celle d'un bec ordinaire, on trouve qu'à dépense égale elles sont dans le rapport de 100 à 150 dans les circonstances les plus favorables pour chacune d'elles. C'est d'après les expériences de Christison et Turner qu'on règle aujourd'hui tout ce qui regarde la construction des becs. Pour le gaz de la houille dans les becs d'Argant, les trous ont $\frac{1}{32}$ de pouce (mesures anglaises). On en met 20 dans un cercle de 1 pouce de diamètre ; le gaz sort sous une pression de 1 pouce d'eau à peu près.

110 litres du gaz de la houille, et 30 litres du gaz de l'huile, dont les densités sont 0,42 et 0,95, donnent en une heure la même lumière que 42 grammes d'huile dans une lampe de Carcel. Terme moyen, on brûle par heure 140 litres du gaz de la houille, et 38 litres de gaz de l'huile.

Voici, d'après Rumford, les poids des diverses substances qu'il faut brûler pour obtenir une même quantité de lumière.

Cire d'abeille :	La bougie étant toujours bien mouchée,	100
Suif :	Chandelle bien mouchée,	101
	Chandelle avec une longue mèche,	229
Huile d'olives :	Dans une lampe d'Argant,	110
	Dans une lampe commune à flamme large, claire et sans fumée,	129
Huile de navette :	Dans les lampes communes,	125

Huile de lin : { Dans les lampes communes, 120

Tant qu'on n'a besoin que d'une faible lumière, l'éclairage le plus économique est encore celui d'une mince chandelle, d'une lampe de Locatelli, ou d'une lampe à double courant à laquelle on donne très-peu de mèche. En effet, de cette manière on ne paye que la lumière dont on a besoin ; mais il y aurait perte à multiplier les petits foyers pour obtenir beaucoup de lumière : l'avantage alors se prononce pour les lampes à déversement et surtout pour le gaz. C'est ce que montre bien le tableau suivant, calculé par M. Péclet.

Prix par heure d'une même quantité de lumière.

	cent.
Par le gaz.	3,9.
Par une lampe de Carcel.	5,8.
Par de la chandelle de 6 à la liv.	9,8.
——— de 8 à la liv.	12,0.
Par de la bougie de 5 à la livre.	48,6.

Le tableau suppose que le prix du bec de gaz est de cinq centimes par heure, mais quelques compagnies portent le prix à 6 centimes.

Plusieurs physiciens ont comparé, par le procédé des ombres, les intensités des lumières naturelles et artificielles. Par exemple, pour déterminer le rapport entre la lumière du soleil et celle d'une bougie, Wollaston laissait pénétrer le soleil dans une chambre obscure par un très-petit trou dont il connaissait le diamètre ; mesurant ensuite l'image solaire, il avait la surface sur laquelle était répartie la lumière reçue par le trou. Il a trouvé ainsi que la lumière du soleil, réduite à $\frac{1}{5563}$, éclairait comme une bougie à un pied (anglais) ou bien, en d'autres termes, qu'il faudrait 5563 bougies, placées à un pied de distance, pour éclairer comme le soleil. Les résultats de Bouguer donneraient le nombre 5774, qui diffère peu du précédent. On trouve d'après cela qu'un papier à 4 millimètres d'une bougie, ou à 24 millimètres d'une lampe de Carcel, est éclairé à peu près comme au soleil. Il s'agit ici du soleil élevé à 30° au moins au-dessus de l'horizon.

Wollaston a trouvé que la lune dans son plein éclairait comme une bougie à 12 pieds. De là il résulte que la lumière de la lune est environ huit cent mille fois plus faible que celle du soleil. En plein jour, le fond du ciel a presque le même éclat que la lune, puisque celle-ci se distingue à peine. La surface de l'hémisphère céleste étant 92 mille fois plus grande, il s'ensuit que la lumière d'un ciel parfaitement découvert est 92 mille fois plus forte que celle de la pleine lune, et environ 9 fois plus faible que celle du soleil. Notons que Bouguer a trouvé la lumière de la lune 2 ou 3 fois plus forte que ne l'indiquent les expériences de Wollaston.

M. Arago regarde les observations de Bouguer comme fort peu sûres.

PHOTOSPHÈRE. *Voy.* SOLEIL.

PHYSIQUE. — Nous nous bornerons dans cet article à présenter un aperçu des progrès de la physique générale depuis le XVIe siècle jusqu'à Newton. Les XVe et XVIe siècles forment une époque extrêmement remarquable dans les fastes du monde. C'est en effet à cette époque que les esprits commencèrent à s'agiter de toutes parts pour étendre la sphère de leurs connaissances, et chasser les erreurs qui, accumulées depuis des siècles dans nos annales, retardaient les progrès de la civilisation. En effet, Vasco de Gama doublait le cap de Bonne-Espérance, Colomb découvrait l'Amérique, Magellan cherchait les terres australes, Drake faisait le tour du monde ; l'astronomie se débarrassait des chaînes que lui avaient imposées les doctrines d'Aristote ; Copernic, en faisant revivre le système de Pythagore, annonçait que la terre tourne ; Tycho-Brahé étudiait le cours des planètes et celui des comètes ; Képler découvrait les trois grandes lois qui régissent les mouvements des corps célestes ; Galilée explorait les cieux avec son télescope, découvrait la pesanteur et jetait les bases de la physique expérimentale ; Torricelli trouvait la pression de l'atmosphère ; François Bacon, enfin, énumérait les connaissances humaines, et traçait aux générations futures la route qu'elles devaient suivre pour arriver à des vérités nouvelles.

Avant cette époque, bien qu'on discutât sur Platon, Aristote, Pythagore, Zoroastre, et que l'esprit de système dominât toujours, néanmoins des observations, des expériences, qui avaient pour but d'expliquer les phénomènes naturels, et particulièrement les phénomènes célestes, commencèrent à montrer les erreurs des anciens. On comprit alors que, pour connaître la nature, il fallait l'étudier sous tous les points de vue : mais que de temps, que de soins, que de peines, pour arriver à cette grande vérité, sans laquelle il était impossible de faire avancer les sciences physiques !

En France, le péripatéticisme était toujours en honneur : il eut pour adversaire Gassendi, né vers la fin du XVIe siècle. La doctrine qu'il voulut combattre était si profondément enracinée dans les esprits, qu'il fut obligé, pour la détruire, de prendre des détours. C'est ainsi qu'en parlant d'Aristote, ou du moins de ses maximes, il présentait les objections qu'il pouvait y faire, sous la forme de doutes, de paradoxes. Telle fut la marche qu'il suivit au Collége de France, où il fut professeur de philosophie. Il est à regretter qu'un esprit aussi juste ne se soit pas livré aux expériences, comme il aurait dû le faire s'il eût suivi l'impulsion donnée au siècle dans lequel il vivait par les hommes illustres dont je vais parler. Toutefois, il rendit un service dont on doit lui savoir gré, c'est d'avoir montré que l'on avait jusque-là fait fausse route, et qu'au lieu de commencer par rechercher les causes pour arriver aux effets, il valait mieux suivre une route inverse, à l'exemple de Copernic, de Galilée, de Képler, de ces philosophes qui ont influé si puissamment sur la marche des sciences, et par suite sur l'avenir du monde.

Copernic, né à Thorn, en Prusse, en 1473, fut frappé, en étudiant les auteurs anciens, particulièrement Cicéron et Plutarque, de l'hypothèse des pythagoriciens, qui soutenaient que la terre n'était pas au centre du monde. Il partit de là pour établir son système du monde et avancer que le soleil était placé au centre du monde, et que la terre tournait autour de cet astre, en effectuant sa révolution dans le cours d'une année.

Copernic prépara les voies à Galilée, qui démontra par des expériences incontestables que le système combattu était le véritable, le seul admissible. A dix-huit ans, ce grand homme, né à Pise, en 1564, fit la première et une de ses plus importantes découvertes : étant un jour dans l'église de Pise, il aperçut le mouvement périodique et réglé d'une lampe suspendue à la voûte. Il en conclut aussitôt l'isochronisme des oscillations du pendule, dont il fit une application à la construction d'une horloge astronomique, qui fut ensuite perfectionnée par Huyghens. En étudiant l'hydrostatique, Galilée, frappé du principe découvert par Archimède pour trouver la densité des corps, imagina la balance hydrostatique. En cherchant la cause de la pesanteur sur tous les corps, il reconnut que, quelle que soit leur nature, ils sont également sollicités par la pesanteur, et que s'ils ne parcoururent pas les mêmes espaces dans le même temps, cette différence tient à ce que l'air leur offre une résistance inégale. Il découvrit en même temps la théorie du mouvement uniformément accéléré en vertu duquel les corps tombent. Galilée est regardé comme l'un des inventeurs du thermomètre ; on lui doit les armures au moyen desquelles on augmente la force des aimants naturels. Sur l'indication d'un instrument destiné à voir les objets éloignés, inventé en 1608 par Jacques Métius, il en construisit un semblable : c'était un *télescope*, dont le grossissement était de trois fois le diamètre des objets. Voulant poursuivre ses recherches, il construisit un autre télescope qui grossissait les objets d'environ trente-trois fois leur diamètre. L'ayant aussitôt dirigé sur la lune, qui apparaissait à l'horizon, il reconnut que la ligne de séparation de la lumière et de l'ombre était terminée irrégulièrement, et qu'il existait des points éclairés dans les ombres ; il en conclut de suite que la surface de la lune était, comme la surface de la terre, couverte d'aspérités. Il montra plus tard que ces inégalités étaient des montagnes plus élevées que celles de la terre. Il éprouva aussi le premier le plaisir de voir Vénus avec ses phases, Jupiter, entouré de ses satellites, qu'il appela astres de Médicis. Ainsi fut confirmée par l'observation la prévision de Copernic, qui avait annoncé que Vénus avait des phases comme la lune. Galilée reconnut encore les nébuleuses, et une foule d'étoiles que l'on ne pouvait distinguer à la vue simple. Quelques jours lui suffirent pour faire tant de découvertes, qui remplirent son âme d'admiration pour les phénomènes naturels, et portèrent au comble son enthousiasme pour les sciences. C'est encore Galilée qui, le premier, observa les taches du soleil, qui reconnut que la lune nous présente toujours à peu près la même face, et qu'elle est soumise à une espèce d'oscillation, appelée *libration*, dont les lois ont été trouvées par Dominique Cassini.

Les taches du soleil et les inégalités de la lune établissaient la ressemblance des corps célestes avec la terre ; les satellites de Jupiter indiquaient comment la lune accompagne notre planète ; les phases de Vénus démontraient la révolution périodique de cette planète. On devait en inférer, par analogie, que la terre n'était pas immobile au centre du monde, et qu'elle devait avoir un mouvement de rotation. Le sénat de Venise récompensa noblement le professeur de Padoue des immenses services qu'il venait de rendre aux sciences.

A l'âge de soixante-quatorze ans, il achevait ses tables des satellites de Jupiter. Ce grand génie s'éteignit enfin, après avoir élevé aux sciences un monument éternel, auquel son nom est à jamais attaché, et qui le range au nombre des premiers fondateurs de la philosophie naturelle.

A la même époque vivait Képler, né en 1571. Il possédait à un haut degré les qualités qui distinguent un grand observateur. Il voulait tout calculer, tout examiner, et assigner des causes physiques aux phénomènes naturels. La patience était l'une de ses qualités dominantes, comme de tous ceux qui se livrent avec ardeur à l'étude des sciences. Il travailla en effet, pendant trois ans, à établir cette fameuse loi : que *les carrés des temps des révolutions des planètes autour du soleil sont comme les cubes des distances*. Il employa également beaucoup de temps à établir sa seconde loi, dont voici l'énoncé : « Les orbites planétaires sont des ellipses dont le soleil occupe l'un des foyers. » Ce n'est que plus tard qu'il trouva que les planètes se meuvent dans des courbes planes, et que leurs rayons vecteurs décrivent autour du soleil des aires proportionnelles au temps.

Telles sont ces trois grandes lois, dont on n'a bien apprécié toute l'importance que depuis l'époque où Newton montra l'usage que l'on pouvait en faire pour déterminer la force qui retient chaque planète dans son orbite. *Voy.* KÉPLER.

Képler annonça, dans un de ses ouvrages, que l'intensité de la lumière décroît en raison inverse du carré de la distance, loi qui est précisément celle de l'attraction du soleil sur les planètes, et dont la découverte est due à Newton. Il a conclu néanmoins de ses recherches, sans le prouver par le calcul, que la pesanteur est la loi universelle de la nature, et il a également avancé, sans le démontrer, que l'air était pesant. Dans ses ouvrages, Képler a parlé du microscope. Dans sa *Dioptrique*, publiée en 1611, il est question de la combinaison de deux lentilles convexes qui renversent les objets. Quoiqu'il n'ait pas exécuté cette combinaison, on le considère néanmoins comme le premier qui ait émis l'idée d'après laquelle on construit aujourd'hui la lunette astronomique. Muni d'une lunette différente de celle de Galilée, il reconnut que les montagnes de la lune doivent être réellement plus grandes que celles de la terre.

Ces découvertes, ainsi que les connaissances que Képler en a déduites, sans cependant s'assurer de leur exactitude par l'observation, suffisent pour montrer l'immense influence qu'elles ont dû exercer sur l'astronomie et sur la physique générale.

Les grandes vérités que Galilée et Képler venaient de mettre au jour, au milieu de difficultés sans nombre, sapaient à coups redoublés, jusque dans ses fondements, la doctrine d'Aristote. Il s'agissait alors de lui en substituer une autre fondée sur les faits, et appropriée aux besoins de la science à cette époque. Cette grande tâche fut remplie par François Bacon, né en 1560. Ce grand philosophe fut entraîné par le mouvement général, qui portait tous les esprits à la recherche de la vérité, à l'aide de l'expérience. Il a fait peu de découvertes en physique, ses expériences n'ont pas un grand intérêt; mais, en revanche, il a rendu d'immenses services aux sciences, en traçant la marche à suivre pour arriver à la vérité par l'induction. Ses vues spéculatives firent sentir, plus qu'on ne l'avait fait jusqu'alors, la nécessité de rechercher les faits pour fonder la nouvelle philosophie sur des bases que les siècles futurs devaient respecter. C'est ainsi que des faits qui avaient été jugés jadis comme de peu d'importance, furent étudiés, classés, et conduisirent à des principes et à des lois. Voici quelques-unes des règles de Bacon, que le physicien ne doit jamais perdre de vue: « Les faits particuliers doivent précéder les faits généraux dans les recherches philosophiques, les vérités générales étant tardives de leur nature. Un fait observé et décrit devient à l'instant un élément de la science. Un recueil de faits bien observés et classés avec ordre peut conduire à découvrir les lois et les causes. Quand les faits n'étaient pas réunis en corps de science, la science n'existait pas, attendu qu'elle se compose, non-seulement de la connaissance des faits, mais encore de leur rapport mutuel, et des lois qui lient ces faits entre eux. » Voilà le code de la science que nous a légué Bacon, et dont on ne saurait s'écarter sans crainte de s'égarer. L'amour de l'étude et de la philosophie fut porté chez lui à un si haut degré, que, bien qu'il fût chancelier d'Angleterre, il laissa à peine de quoi subvenir à ses funérailles.

Nous arrivons à Descartes, à ce génie puissant qui renversa de fond en comble la philosophie d'Aristote, pour lui en substituer une autre qui éprouva le même sort, mais avec cette différence, que Descartes, malgré ses erreurs, n'en est pas moins un des fondateurs de la physique.

Descartes naquit en 1596; il imagina, à l'âge de vingt ans, l'application de l'algèbre à la géométrie, un des puissants auxiliaires de la physique. C'est à l'aide de cette science nouvelle qu'il traduisit les lignes, les surfaces, et même les solides en langue algébrique; il s'en servit pour déterminer, par le calcul, l'équilibre des forces, la résistance des poids, l'action du frottement, le rapport des vitesses et des masses; on doit donc le regarder comme le fondateur de la mécanique analytique. Sous ce rapport, la découverte de l'application de l'algèbre à la géométrie a préparé les voies à Newton et aux Bernoulli.

Constamment guidé par l'esprit d'analyse, et tourmenté de tout expliquer, Descartes conçut l'idée de réunir toutes les sciences et d'établir entre elles une dépendance mutuelle. C'est lui qui, en rejetant le vide, admit le premier l'existence d'un fluide très-délié, répandu dans l'univers, et pénétrant tous les corps : il supposa en même temps que l'espace était infini, attendu, disait-il, que l'esprit ne pouvait saisir ces nouvelles limites. Il admit aussi une matière primitive unique, élémentaire, source et principe de tous les êtres, divisible à l'infini, se modifiant par les mouvements, se décomposant, et pouvant même s'organiser. C'est avec cette matière primitive qu'il essaya d'expliquer la formation de l'univers. Suivant lui, il existe trois éléments, formés de millions de molécules entassées les unes à côté des autres, qui se heurtent, se froissent, se brisent et sont emportées d'un mouvement rapide, comme des tourbillons autour de différents centres, d'où elles tendent à s'éloigner, en vertu d'une force centrifuge, qui naît du mouvement circulaire. Ce système, à l'aide duquel il voulut expliquer tous les phénomènes naturels, prêtait tellement à l'illusion, puisqu'il ne fallait que quelques instants pour le rendre accessible à tous les esprits, qu'il eut le plus grand succès. Il fut généralement adopté, puis commenté par les philosophes, qui voulaient renverser les doctrines d'Aristote.

Les écoles se soulevèrent contre une telle innovation, et se montrèrent indignées de ce que l'on osât porter une main sacrilége sur le chef des péripatéticiens. Quoique ces conceptions ne supportent pas aujourd'hui la discussion et soient abandonnées, elles durent avoir faveur à une époque où il s'agissait de renverser la doctrine d'Aristote et de lui en substituer une autre. Descartes avait eu la grande pensée de réunir toutes les observations faites avant lui pour établir un système du monde ; il ne s'était pas élevé seulement jusqu'aux cieux pour en étudier le mécanisme et l'expliquer, il avait porté également ses regards investigateurs sur la terre. En essayant d'appliquer ses tourbillons à l'explication des phénomènes naturels, il passa successivement en revue la pesanteur, les marées ; il admit l'existence d'un feu central, et essaya de montrer comment la vertu magnétique se développe, et de quelle manière le fluide électrique circule dans les corps.

Galilée avait découvert la pesanteur ; Torricelli, la pression de l'atmosphère ; Descartes donna l'idée à Pascal de cette fameuse expérience avec le baromètre sur le Puy-de-Dôme, pour montrer que la pression diminue à mesure que l'on s'éloigne de la surface de la terre. Ce grand physicien a expliqué l'arc-en-ciel, et si son explication n'est pas complète, cela tient à ce qu'il ignorait la composition de la lumière. Ses principaux travaux roulent particulièrement sur la lumière, dont il a expliqué les propriétés générales dans sa *Dioptrique ;* il la suit dans sa route à travers les corps ; il la voit, dans un milieu uniforme, se mouvoir en ligne droite, se réfléchir sur la surface des corps solides, en faisant un angle de réflexion égal à l'angle d'incidence; il la voit, enfin, quand elle traverse les différents milieux, se déranger de son cours, et se briser d'après les lois dont l'exactitude est parfaitement démontrée par l'expérience, et dont voici l'énoncé : « Le rayon réfracté et le « rayon incident sont dans un plan perpen- « diculaire à la surface ; le sinus de l'angle « d'incidence et le sinus de l'angle de ré- « fraction sont dans un rapport constant « pour la même substance réfringente, « quelle que soit l'incidence. »

Descartes a analysé les phénomènes de la vue, et tout ce qui tient à l'organisation de l'œil ; il a expliqué comment les rayons de lumière, émanés des objets extérieurs, viennent peindre l'image de ces objets sur la rétine ; pourquoi l'image étant renversée est vue droite, et pourquoi l'image qui est double est toujours vue simple. Avant lui, on avait découvert les verres concaves et convexes. Métius, artisan hollandais, avait fait le premier télescope dont Galilée avait expliqué le mécanisme, en construisant lui-même l'instrument sur une simple indication. Descartes s'empara de toutes ces découvertes ; il en donna la théorie mathématique, ajouta une infinité de vues nouvelles sur la lumière, et guida l'opticien dans l'art de travailler le verre. On peut donc dire qu'il jeta les bases de la dioptrique, qui est un de ses beaux titres de gloire. Ce fut lui enfin qui, ayant appris à secouer l'autorité d'Aristote, donna l'impulsion à la nouvelle philosophie.

De toutes parts on se mit à l'œuvre pour étudier la nature, et certes les efforts n'ont pas été vains ; ceux qui essayèrent de faire prévaloir les idées philosophiques de Descartes sur celles d'Aristote furent persécutés, jusqu'à ce qu'enfin elles régnassent seules dans la science. La philosophie d'Aristote a rendu un grand service, en annonçant que l'on ne peut arriver à la connaissance des choses qu'à l'aide de l'expérience ; mais ce grand philosophe ne s'en tint pas toujours malheureusement à ce principe. Pour bien juger des immenses progrès que fit la philosophie naturelle depuis l'impulsion donnée par Descartes, il faut passer en revue les travaux de Huyghens et de Newton.

Huyghens, né en 1629, à la Haye, montra, dès l'âge de treize ans, les plus heureuses dispositions pour la mécanique ; vers 1655, il s'occupa, avec son frère aîné, de l'art de tailler et de polir les verres des grandes lunettes. A l'aide d'un objectif de douze pieds de foyer, qu'il construisit lui-même, il découvrit un des satellites de Saturne ; Galilée, qui avait trouvé l'isochronisme des petites oscillations du pendule, était mort avant d'en avoir fait l'application aux horloges ; Huyghens, en 1657, fit connaître cette heureuse application, qui fait époque dans l'histoire de l'astronomie et de la physique.

Avant cette découverte, et depuis celle de Galilée, une personne comptait exactement les oscillations d'un poids suspendu à une corde à laquelle on imprimait un mouvement d'impulsion. Huyghens suppléa à cette manœuvre pénible, en imaginant l'échappement qui est susceptible d'une perfection presque indéfinie, et ne tarda pas à appliquer ses horloges à la détermination des longitudes. On lui doit encore cette observation curieuse, que deux pendules situés à peu de distance l'un de l'autre s'influencent de telle manière que leurs oscillations sont ramenées à une uniformité rigoureuse et durable, lors même que l'on a troublé leur coïncidence.

Huyghens étant parvenu à construire un objectif de vingt-deux pieds de foyer, étudia tout le système de Saturne. Galilée, à la vérité, avait déjà remarqué les aspects singuliers que présente cette planète ; mais la lunette dont il se servait n'avait pas un assez fort grossissement pour en découvrir la véritable cause. Huyghens reconnut que ces différents aspects étaient dus à un anneau très-mince qui entourait la planète, et dont les positions diverses, par rapport à la terre, en altéraient la forme apparente au point de la faire disparaître. On doit à Huyghens des expériences intéressantes sur la forte adhérence que conservent dans le vide deux lames de métal polies, bien planes et qui ont été frottées quelque temps l'une contre l'autre. Il soupçonna dès lors que cette adhérence était due à des forces qui agissent à de petites distances, et qui produisent la cohésion. C'est lui qui le premier eut l'idée, comme on le voit dans une lettre qu'il écrivit à William Jones, de la possibilité de trouver la hauteur d'une station, au moyen de la pression de l'air en ce lieu.

Huyghens a doté encore la société des montres ordinaires ; avant lui, outre qu'elles étaient d'un grand prix, elles n'étaient susceptibles ni de simplicité ni de régularité. Il adapta à ces montres grossières le ressort spiral pour régler les oscillations du pendule.

En 1690, il publia son *Traité de la lumière*, dans lequel se trouve la théorie mathématique de la double réfraction du cristal de roche. On lui doit aussi de belles recherches sur l'aplatissement de la figure de la terre ;

pour le déterminer, il partit du raccourcissement du pendule observé par Richer près de l'équateur, et en conclut que la pesanteur y était diminuée par l'action de la force centrifuge ; il découvrit ensuite que la combinaison de cette force, qui varie en raison de la latitude et de la sphéricité de la terre, ne devait pas laisser aux corps graves une tendance perpendiculaire à la surface du globe. Après avoir reconnu que la terre était aplatie vers ses pôles, il calcula la longueur des deux axes, qu'il trouva être dans le rapport de 577 à 578, rapport trop faible de près de moitié ; et cela parce qu'il n'avait pas adopté comme Newton la loi de la gravitation.

Comme Descartes, Huyghens admettait que l'espace, ainsi que tous les corps, était rempli d'un fluide subtil et impondérable, ou *matière éthérée*. Suivant lui, les corps qui paraissent lumineux doivent cette propriété à ce que leurs particules, étant mises dans un mouvement de vibration très-rapide, transmettent ce mouvement à la matière éthérée, et y produisent des ondes analogues à celles des ondes sonores, avec cette différence que leur propagation est plus rapide à cause de la plus grande élasticité du milieu : ces ondes, en frappant la rétine, produisent la sensation de la lumière.

On voit que Huyghens, pour expliquer les phénomènes de la nature, imagina, comme Descartes, des combinaisons artificielles, au lieu de déduire par les mathématiques, comme Newton le fit, les forces qui agissent, en s'appuyant sur les faits connus. C'est ainsi qu'il voulut expliquer la pesanteur, en admettant la pression d'une matière subtile, répandue autour de la terre dans une sphère d'une étendue limitée, et qui, étant douée d'un mouvement circulaire très-rapide, et, par suite, d'une force centrifuge très-grande, tend à pousser les corps vers le centre de la terre. Huyghens, comme on le voit, peut être considéré, à juste titre, avec Descartes et Galilée, comme un des fondateurs de la physique; mais à Newton appartient la gloire d'avoir coordonné tous les faits trouvés avant lui ; en découvrant et mesurant la force productrice, il enrichissait lui-même la physique d'admirables découvertes.

Newton naquit en 1642, l'année même de la mort de Galilée. Descartes régnait à cette époque dans la philosophie, soit spéculative, soit naturelle. L'autorité de ses systèmes de métaphysique avait succédé à l'empire qu'exerçaient auparavant ceux d'Aristote. En partant des lois de Képler, et à l'aide du calcul des fluxions qu'il créa pour expliquer le système du monde, Newton trouva que l'attraction solaire, comme l'attraction terrestre, décroît en raison inverse du carré de la distance. Aussitôt après la découverte de cette loi, Newton l'appliqua à la lune, c'est-à-dire à la vitesse de ses mouvements de rotation autour de la terre, d'après sa distance déterminée astronomiquement, puis à la force d'attraction de la terre, sur les corps qui tombent à sa surface. Une de ses grandes découvertes est la composition de la lumière ; en étudiant sa réfraction à travers des prismes, ce grand homme trouva que la lumière, telle qu'elle émane des corps rayonnants, n'est pas une substance simple et homogène, comme on le pensait, mais qu'elle est composée d'une infinité de rayons doués de réfrangibilités inégales. Le calcul des fluxions, qui a de si grands rapports avec le calcul différentiel dont la découverte est due à Leibnitz, la théorie de la pesanteur universelle et la décomposition de la lumière sont les grandes découvertes qui immortalisèrent Newton ; il n'avait que vingt-quatre ans quand il les fit. Toutes les parties de la physique furent successivement l'objet de ses investigations, et il apposa à chacune d'elles le sceau de son génie.

Quiconque examine toutes les particularités de la vie de Newton reconnaît facilement les difficultés qu'il dut rencontrer pour faire prévaloir ses nouvelles idées sur la lumière. Fatigué des objections qu'on ne cessait de lui adresser, il écrivit à Leibnitz qu'il était résolu de ne pas s'exposer davantage en public, s'accusant d'imprudence d'avoir, pour une vaine ombre, perdu son repos. Il s'occupa des intermittences de réflexion et de réfraction qui s'opèrent dans les lames minces, et peut-être, suivant lui, dans les dernières particules des corps.

En cherchant à expliquer les phénomènes de coloration qui s'observent dans les plaques épaisses de tous les corps, lorsqu'elles sont convenablement présentées à la lumière incidente, Newton ramena ces phénomènes à se déduire des mêmes lois que les phénomènes des lames minces ; puis il réunit le tout en une propriété unique qui peut s'exprimer ainsi : chaque particule de lumière, depuis l'instant où elle quitte le corps d'où elle émane, éprouve périodiquement, et à des intervalles égaux, une continuelle alternative de dispositions à se réfléchir ou à se transmettre à travers les surfaces des corps diaphanes qu'elle rencontre. Tel est l'énoncé du principe des accès de facile réflexion et de facile transmission, que l'on trouve dans son *Optique*, publié en 1704. Dans un autre travail, publié en 1675, il chercha à lier ces propriétés à une hypothèse relative à l'existence d'une matière éthérée, afin de pouvoir en déduire la nature de la lumière, celle de la chaleur et l'explication de tous les phénomènes de combinaison ou de mouvement qui semblent produits par des principes intangibles et impondérables.

Suivant Newton, et comme l'avait dit avant lui Descartes, il existe dans la nature un fluide imperceptible à nos sens, très-élastique, qui s'étend dans tout l'univers, et pénètre les corps avec des degrés de densité divers, et qu'on appelle éther. Ce corps étant très-élastique, il en résulte que, par l'effort qu'il fait pour s'étendre, il se refoule lui-même, et presse les parties matérielles des autres corps avec une énergie plus ou moins puissante, selon sa densité actuelle, ce qui fait que tous ces corps doivent tendre continuellement les uns vers les autres. L'éther venant à être ébranlé en un de ses points, il en résultait un mouvement vibratoire, lequel est transmis dans le milieu éclairé par des ondulations, comme l'air transmet le son, mais plus rapidement, en raison de son extrême élasticité. Ces ondulations sont aptes ensuite à ébranler les particules matérielles elles-mêmes. Newton n'admit pas comme Descartes, que la lumière résultât de l'impression produite par les ondulations de l'éther sur la rétine ; mais il supposa la lumière une substance d'une nature propre, différente de l'éther, et composée de parties hétérogènes, qui, partant des corps lumineux dans tous les sens, avec une vitesse excessive, que l'on peut mesurer cependant, ébranlent l'éther dans leur passage, y produisent des ondulations par la rencontre desquelles elles peuvent être à leur tour retardées ou accélérées.

Dans la dix-septième question, annexée à son *Optique*, Newton se demande si l'éther ne produirait pas également la gravitation universelle, ainsi que les phénomènes physiologiques. Toutes les questions relatives à la gravitation furent exposées dans le *Traité des principes*, ouvrage tellement abstrait pour l'époque, qu'il n'y eut que trois ou quatre personnes en état de le comprendre. Huyghens n'admit qu'une partie de ses principes, qui furent combattus longtemps après par Jean Bernoulli. Enfin, le grand principe de la gravitation universelle ne fut définitivement admis par les savants que cinquante ans après que Newton l'eut annoncé au monde.

Newton sentait parfaitement que la chimie devait être une annexe de la physique ; aussi s'y livra-t-il avec une ardeur toute particulière, comme on le voit dans ses recherches sur les alliages des métaux, recherches entreprises dans le but de découvrir les combinaisons les plus avantageuses à l'optique. Il fut conduit par là à un grand nombre de particularités remarquables sur la constitution des corps. Dans son travail sur les lames minces, on trouve des essais très-variés sur les combinaisons que les substances solides ou liquides produisent dans leur réaction les unes sur les autres, et sur la tendance et la répugnance qu'elles semblent avoir à s'unir. Il étudia donc la chimie sous le rapport des forces qui régissent les actions à petite distance. En parlant de ces forces, et après avoir découvert l'existence de l'attraction moléculaire, il dit positivement que des forces semblables à celles qui produisent cette attraction, mais variant seulement dans la loi de décroissement et d'intensité, devaient présider à la combinaison des parties élémentaires des corps. Tous les matériaux qu'il avait réunis à cet égard pour lier l'attraction moléculaire aux affinités furent détruits par un accident que les sciences déploreront à jamais. Les papiers dans lesquels se trouvaient consignés ces résultats furent brûlés, dit-on, par une bougie qu'un chien, qu'il affectionnait et qui était monté sur son bureau, renversa pendant qu'il était dans une chambre voisine. Cet événement l'affligea au point d'altérer pendant quelque temps sa santé et même sa raison.

On doit également le considérer comme ayant posé le premier les bases de la chimie mécanique, en montrant que les combinaisons dépendent de l'action moléculaire, en même temps qu'il avançait des idées neuves sur la composition et les changements d'état des corps. Newton a donc donné une grande impulsion à la physique générale, ainsi qu'aux applications du calcul aux phénomènes naturels. Les contemporains et les philosophes qui vinrent ensuite durent suivre la route que ce grand homme avait tracée.

De Newton date l'étude des forces auxquelles on doit rapporter tous les phénomènes. Ce grand philosophe n'observait les faits ou ne les classait que pour arriver aux forces. Non-seulement il s'est occupé de l'attraction des masses à de grandes distances, mais encore de celle qui se manifeste à de petites distances entre les particules des corps : c'est donc Newton qui a jeté les bases de la philosophie naturelle.

L'impulsion fut telle que l'on renonça peu à peu aux hypothèses et aux principes vagues qui avaient retardé pendant tant de siècles la marche de l'esprit humain ; aussi les découvertes se succédèrent-elles rapidement dans toutes les branches des sciences et des arts qui en dépendent : l'optique surtout fit d'immenses progrès. Tout s'enchaîne dans les sciences : les perfectionnements de l'astronomie servirent à étendre le domaine de la géographie et de la navigation ; en étudiant les lois du mouvement, on sentit la nécessité d'employer les principes de mécanique. Les mathématiques devinrent alors indispensables, et l'on fut obligé de leur donner plus de développement pour les appliquer aux nouvelles découvertes.

L'histoire des sciences dans le moyen âge est pour ainsi dire celle des hommes qui les cultivaient ; car on ne voit de loin en loin que des hommes supérieurs livrés uniquement à des recherches qui les ont conduits à la découverte des faits dont eux seuls s'occupaient, tant les sciences étaient concentrées dans un cercle restreint de philosophes qui travaillaient sans le concours d'autres savants. Cet état de choses changea aussitôt que l'étude des sciences se répandit dans la société, que des savants de diverses contrées s'occupèrent de recherches relatives au même sujet, et que les académies eurent été créées. Dès lors l'histoire de la science ne fut plus exclusivement celle des hommes qui la cultivaient. D'un autre côté, les découvertes de Newton excitèrent une émulation générale dans le courant du XVIIIe siècle ; aussi l'électricité, la lumière, la chaleur, le magnétisme, l'acoustique, etc., reçurent-ils des développements extraordinaires. Aujourd'hui chacune de ces parties constitue, pour ainsi dire, une science à part, dont l'étude suffit pour remplir la vie d'un seul homme.

PIERRES MÉTÉORIQUES. *Voy.* MÉTÉORITES.

PIERRES DE FOUDRE. *Voy.* MÉTÉORITES.

PIÉZOMÈTRE (de πιέσις, pression, etc.). C'est un appareil inventé par Œrsted pour observer la compressibilité des liquides. Il consiste essentiellement en une espèce de bouteille ou de réservoir en verre terminé par un tube capillaire. On divise le tube en parties égales, et l'on détermine le rapport de leur capacité à celle du réservoir ; pour cela on pèse la quantité de mercure qu'ils peuvent contenir. Supposons que le réservoir en contienne mille grammes, et que le tube, sur une longueur d'un décimètre ou de cent millimètres, n'en contienne que deux décigrammes : un millimètre de sa longueur n'en contiendra que deux milligrammes ou deux millionièmes de la quantité contenue dans le réservoir. Quand on veut employer le piézomètre, on le remplit du liquide dont on veut trouver la compressibilité, et l'on introduit dans le tube une goutte de mercure ou de carbure de soufre pour servir d'index et pour limiter la colonne du liquide intérieur. Cela posé, les divisions étant tracées sur le tube ou sur une échelle qui lui est adaptée, on peut suivre des yeux la marche de l'index, et il est évident que s'il descend d'un demi-millimètre, le liquide inférieur se comprime d'un millionième de son volume primitif. Pour opérer la compression, on porte le piézomètre dans un autre grand réservoir de verre, à parois très-épaisses et préalablement rempli d'eau. Ce vase est muni à ses extrémités de fortes viroles de cuivre. On visse la pompe sur la virole supérieure, et l'on verse de l'eau par le tube jusqu'à ce qu'elle arrive au-dessus de l'orifice. Ensuite on ferme le tube et l'on tourne la vis qui pousse le piston. Quand celui-ci arrive à l'orifice, tout se trouve exactement fermé, le liquide se comprime et la pression se transmet jusqu'au piézomètre. L'appareil est muni d'un thermomètre et d'un manomètre pour indiquer à chaque instant la température du liquide et la pression produite. Voici quelques résultats auxquels on est parvenu : ils sont évalués en millionièmes du volume primitif et corrigés de la diminution de capacité qu'éprouve le piézomètre lui-même par l'effet de la compression. Dans la plupart des liquides essayés, la compression produite demeure proportionnelle aux forces comprimantes, jusqu'à soixante-dix atmosphères : il n'y a que l'alcool, l'éther hydrochlorique et l'éther sulfurique qui fassent exception à cette loi.

Compression des liquides pour chaque pression d'une atmosphère.

	Selon Œrsted.		D'après Colladon et Sturm.	
Mercure	2 million.	65	3,	38.
Carbure de soufre	31,	65	. . . . .	
Eau	46,	65	49,	65 quand elle est privée d'air.
Alcool	21,	65	95,	95 p. la 1re atm., 91, 85 p. la 9e atm.
Ether sulfurique	61,	65	131,	35 p. la pre atm., 120, 45 p. la 24me.

PILE. — La construction des piles repose sur le fait que deux corps de nature différente produisent par leur contact un courant électrique plus ou moins sensible. Volta imagina le premier un instrument pour démontrer expérimentalement la production de l'électricité au contact de deux substances hétérogènes. Mais avant de décrire cet admirable instrument, il importe de bien faire connaître la nature de la force électromotrice. D'après le physicien de Pavie, cette force produit deux effets : 1° elle décompose le fluide naturel des métaux, pousse le fluide positif sur l'un d'eux, et le fluide négatif sur l'autre ; 2° elle empêche les fluides séparés de franchir la surface de jonction, et de se réunir en obéissant à leur attraction réciproque. — Comme cause de la décomposition de l'électricité naturelle, cette force est permanente et instantanée, c'est-à-dire qu'elle produit tout son effet dans un instant inappréciable et qu'elle est capable d'agir sans cesse. Concevons, par exemple, une plaque de cuivre et une plaque de zinc isolées : aussitôt qu'on les met en contact, le zinc se couvre d'électricité positive, et le cuivre d'électricité négative ; si on les fait alors communiquer avec le sol, les fluides s'écoulent, mais la force électromotrice agissant continuellement pour réparer ses pertes, il y a un écoulement incessant. — Comme obstacle à la recomposition des fluides, cette force a une limite qu'elle ne peut dépasser. Soit encore une double plaque isolée, formée d'une lame de zinc et d'une lame de cuivre soudées ensemble : la force électromotrice emploie la moitié de son énergie à retenir sur le zinc une quantité de fluide positif que nous appellerons $+\frac{1}{2}$; et l'autre moitié à retenir sur le cuivre une quantité pareille de fluide négatif que nous appellerons $-\frac{1}{2}$. La différence algébrique de ces deux quantités est, comme on voit, $+1$ ou -1. Si l'on portait sur l'une des lames de l'électricité venue d'ailleurs, la force électromotrice ne pourrait pas l'empêcher de se répandre sur tout le système ; mais afin que l'électricicité existât, il faudrait toujours que la différence des charges des deux métaux fut $+1$ ou -1. Par exemple, si l'on y portait de l'électricité positive, le fluide négatif, dû à la force électromotrice, serait neutralisé et le cuivre deviendrait positif ; mais s'il prenait une quantité de fluide égale à p, le zinc en aurait une quantité $p+1$. Si, au contraire, on y portait de l'électricité négative et que le zinc prît une quantité $-n$ de fluide négatif, le cuivre en aurait une quantité — n — 1. Pour concevoir cette théorie, supposons que le cuivre de la double plaque, dont nous parlons, communique avec le sol, et que le zinc demeure isolé. Puisque la force électromotrice peut maintenir simultanément sur le zinc une quantité $+\frac{1}{2}$ de fluide positif, et sur le cuivre une quantité — $\frac{1}{2}$ de fluide négatif, donc, si elle n'était point divisée, elle serait capable de retenir sur le zinc une quantité + 1, ou sur le cuivre une quantité — 1. Or, dès qu'on fait communiquer le cuivre avec le sol, ce métal est réduit à l'état naturel et sa tension électrique est zéro : il y a, par conséquent, une moitié de la force électromotrice qui devient entièrement libre; elle doit donc réagir sur le fluide naturel pour le décomposer, et pousser du fluide positif sur le zinc, jusqu'à ce qu'il y ait une quantité + 1 qui soit suffisante pour neutraliser toute son énergie. Si l'on faisait communiquer le zinc avec le sol, ce serait le cuivre qui prendrait une quantité — 1. Quand cet appareil est isolé et mis en communication avec une source d'électricité positive ou négative, l'une des lames est d'abord réduite à l'état naturel et l'autre se charge comme dans le cas précédent : ensuite la différence des charges demeure constante.

Puisqu'il suffit de mettre en contact deux substances hétérogènes pour obtenir un développement d'électricité, on voit que ce fluide doit se retrouver dans tous les phénomènes; car il n'est pas de corps dans la nature qui ne soit composé de plusieurs matières différentes de la sienne. La croûte solide du globe elle-même, qu'est-elle autre chose que l'agrégation d'un grand nombre de substances diverses réunies et mêlées d'une infinité de manières? Il n'est donc pas deux parcelles de matière qui ne soient une source d'électricité plus ou moins abondante, mais inépuisable, parce que la force électromotrice ne cesse pas d'agir.

La *pile voltaïque* est un appareil destiné à accumuler une grande quantité de fluide électrique développé par le contact. Supposons que l'on ait un grand nombre de disques de cuivre et de zinc soudés deux à deux : nous savons que si ces couples sont isolés, le zinc se couvre d'une certaine quantité de fluide positif, et le cuivre d'une quantité pareille de fluide négatif, de sorte qu'on peut désigner l'une par $+\frac{1}{2}$, et l'autre par $-\frac{1}{2}$, comme nous l'avons fait ci-dessus : nous savons de plus que si l'un de ces métaux communique avec le sol, l'autre prend une quantité d'électricité double. Cela posé, plaçons un de ces couples sur une table : le cuivre étant en bas et communiquant avec le sol, la tension du zinc sera + 1. Ensuite mettons sur le zinc un corps bon conducteur, mais peu électromoteur : par exemple, une rondelle de drap imbibée d'eau salée ou acidulée. Cette rondelle partagera l'électricité du zinc ; mais comme la force électromotrice répare à l'instant même les pertes qu'éprouve le métal, la tension de la rondelle deviendra + 1, aussi bien que celle du zinc. Maintenant plaçons sur cette rondelle un second couple cuivre zinc. Le cuivre, étant toujours en bas, sera d'abord réduit à l'état naturel par la rondelle; et le zinc supérieur prendra une tension + 1 en vertu de la deuxième force électromotrice; mais ensuite l'électricité de la rondelle passant sur le deuxième couple, il s'ensuit que le deuxième cuivre deviendra positif, et que le second zinc prendra une tension + 2. Si l'on continue de superposer aussi des couples et des rondelles en gardant toujours le même ordre, cuivre, zinc, rondelle; cuivre zinc, etc., on formera une pile qui sera toute électrisée positivement, et dont la tension ira toujours croissant; de sorte que la tension du 50me zinc, par exemple, sera 50; celle du 100me sera 100. Si avec le même nombre de couples on monte une seconde pile en sens inverse dans laquelle le zinc se trouve toujours au-dessous du cuivre, de sorte que l'ordre des éléments soit zinc, cuivre, rondelle; zinc, cuivre, etc., cette deuxième pile sera — 100. Concevons maintenant qu'on mette deux *piles semblables* bout à bout, en les joignant par les extrémités qui communiquent avec le sol; qu'on interpose seulement une rondelle humide, et qu'on isole tout le système, l'équilibre électrique ne sera point changé, et l'on aura une troisième pile dans laquelle les deux extrémités seront électrisées en sens contraire, tandis que le milieu sera dans l'état naturel.

Les deux extrémités d'une pile en sont les *pôles* : l'extrémité zinc est le *pôle positif*, et l'extrémité cuivre est le *pôle négatif*. Une pile non isolée ne contient jamais qu'une sorte d'électricité qui est positive ou négative, selon qu'elle communique avec le sol par le pôle négatif, ou par le pôle positif; dès qu'on l'isole, les actions électromotrices se composent de telle manière que la tension du milieu est toujours nulle; à partir de ce point les tensions augmentent jusqu'aux pôles, dont l'un est toujours positif et l'autre négatif. Ainsi une pile isolée ressemble à un aimant, ou mieux encore à une tourmaline électrisée par la chaleur. Lorsqu'on fait communiquer les deux pôles d'une pile isolée par un fil métallique, les fluides se portent l'un vers l'autre pour se recomposer; et comme la force électromotrice agit sans cesse, ce fil devient comme une sorte de canal dans lequel s'établissent deux courants électriques qui vont en sens contraire. Si l'on coupe ce fil par le milieu, et qu'on tienne les deux bouts rapprochés l'un de l'autre, on obtient une série d'étincelles qui ne cessent pas. Ces fils sont appelés *électrodes* ou *rhéophores*.

On peut distinguer dans une pile la force de *production*, la force de *propagation* et la force de *tension*. — La production du fluide voltaïque, ou plutôt la décomposition du fluide naturel, est évidemment d'autant plus grande que la force électromotrice est plus énergique. Le cuivre et le zinc sont les meilleurs électromoteurs que l'on connaisse. — Quant à la propagation ou circulation du fluide, elle dépend de la puissance conductrice du corps interposé entre les couples métalliques. L'eau pure est un mauvais conducteur, mais les dissolutions salines, acides ou alcalines conduisent bien le fluide. L'eau contenant environ $\frac{1}{16}$ d'acide sulfurique, ou $\frac{1}{16}$ d'acide nitrique, est le conducteur humide que l'on préfère. Si ce liquide contenait une plus grande quantité d'acide, il conduirait encore mieux; mais il corroderait trop vite les éléments métalliques. —La tension électrique d'une pile dépend uniquement du nombre et de la nature de ses éléments, mais non de leur grandeur, ni de l'étendue de la surface par laquelle ils se touchent, de sorte que si l'on construisait deux piles, l'une avec des éléments d'un centimètre carré, l'autre avec des éléments d'un décimètre, et que l'on employât le même nombre de couples, cette dernière contiendrait, il est vrai, plus de fluide libre, mais les tensions seraient les mêmes; on s'en assure au moyen du plan d'épreuve et de la balance de Coulomb, comme pour l'électricité ordinaire. D'après la théorie de Volta la tension devrait être proportionnelle au nombre des couples, ce qui n'est pas, et cela peut venir de plusieurs causes; il est vrai cependant que la tension augmente avec le nombre des éléments.

Différentes dispositions des piles. — L'appareil dont nous avons parlé jusqu'à présent est la *pile à colonne* : c'est celle dont se servait Volta ; on lui a donné le nom qu'elle porte, parce que les éléments posés les uns sur les autres forment une véritable pile ou colonne, mais cette disposition n'est pas la plus commode. Les couples supérieurs pesant de tout leur poids sur les rondelles inférieures, en expriment tout le liquide et les dessèchent en assez peu de temps ; de plus, ce liquide, en ruisselant, établit des communications extérieures qui donnent lieu à des recompositions partielles et nuisent à l'effet total. Ces inconvénients ont fait abandonner la pile à colonnes.

La pile de Cruikshank ou *pile à auges* est beaucoup plus avantageuse. Elle se compose d'une caisse rectangulaire, divisée en compartiments très-étroits, dont les cloisons sont formées par des couples de plaques, zinc et cuivre, soudées ensemble. Les auges comprises entre ces couples sont remplies du liquide acidulé. Deux fils de cuivre plongés dans les cases extrêmes se chargent des électricités accumulées sur les deux dernières plaques. On peut réunir ensemble plusieurs de ces caisses disposées de la même manière, en faisant passer de l'une à l'autre une lame de cuivre, et l'on augmente ainsi à volonté les tensions extrêmes, et par conséquent la puissance de la pile.

Il est important de joindre un pôle de chaque caisse avec le pôle contraire d'une autre caisse : ce n'est qu'ainsi que la seconde peut être la continuation de la première, et que le nombre des couples augmente ainsi que leur tension. Si l'on joignait les pôles semblables, cela reviendrait à laisser les couples en nombre égal, et à doubler leur surface. Cette distinction est très-importante, car certains effets (les effets chimiques) exigent de grandes tensions, mais non de grandes quantités d'électricité, ni par conséquent de larges plaques; tandis que d'autres effets (les effets physiques) exigent plutôt de grandes masses d'électricité, sans tension considérable, et pour ceux-là la largeur des plaques est l'élément le plus important. Un simple couple de deux plaques de 6 décimètres carrés produirait, par exemple, un échauffement plus énergique qu'une pile de 100 couples dont la somme des surfaces n'atteindrait que 5 centimètres; le couple unique pourrait faire rougir et brûler un fil métallique interpolaire, qui résisterait à la pile de 100 couples. Mais en revanche, la pile de 100 couples produirait une foule de décompositions que le couple unique, fût-il plus grand encore, serait impuissant à produire,

La pile à auges présente l'inconvénient d'une altération rapide de ses couples ; on ne peut en interrompre l'action rapidement, il faut la renverser toutes les fois qu'on veut cesser d'agir, et y reverser le liquide quand on veut la faire fonctionner de nouveau ; ce qui est fort incommode, lorsqu'on veut faire des expériences courtes et multipliées. La pile dite de Wollaston est exempte de ces inconvénients, et se prête autant qu'on veut aux manipulations les plus saccadées. Des couples, zinc et cuivre, soudés ensemble par un prolongement droit, sont suspendus à une traverse de bois mobile qui permet de les plonger à volonté dans autant de bocaux contenant le liquide conducteur, et de les retirer toutes les fois qu'on veut interrompre l'action. Le liquide des bocaux, qui s'altère par son action chimique sur les plaques, peut être renouvelé aussi souvent qu'on le veut.

En remplaçant les bocaux par une auge en bois mastiquée à compartiments, on peut rapprocher considérablement les couples; en diminuant d'ailleurs leur étendue, pour n'avoir pas de masses trop pesantes à remuer, faisant communiquer entre eux les cinq compartiments d'une auge, on a la pile de Faraday, qui, sur un petit espace, présente ordinairement 75 couples, et par suite incomparablement plus de tension que la pile de Wollaston sous le même volume. On manœuvre également les couples au moyen de traverses en bois mobiles. Enfin, l'on peut réunir plusieurs de ces piles, comme nous l'avons dit des piles à auges, et l'on a une *batterie voltaïque* d'une puissance pour ainsi dire indéfinie, quant aux effets de tension ou effets chimiques. Une pile de Wollaston de 10 couples, auxquels on peut donner une grande largeur, l'emportera, par les effets physiques d'échauffement et de fusion, sur une pile Faraday de 75 petites plaques.

Lorsqu'on a en vue spécialement les effets physiques, qui exigent de grandes surfaces, on recourt aux piles en *hélice*. Un couple se composé de deux longues lames de cuivre ou de zinc enroulées ensemble autour d'un axe en bois, mais séparées par des lisières de drap ou un tissu d'osier. Grâce à cet enroulement, les plaques de plusieurs mètres carrés de surface occupent un espace fort restreint; l'axe de bois sert à enlever le couple pour le plonger dans les auges contenant le liquide acidulé. Un seul couple de cette espèce peut produire des effets énergiques, brûler des fils de métal assez gros. Et en en réunissant plusieurs, on aurait une pile capable de fondre des tiges métalliques tout entières.

La Société royale de Londres fit construire, dès 1806, une batterie de 200 éléments de 4 ou 5 décimètres carrés chacun, d'après le système des piles à auges. C'est avec cet appareil que Davy parvint à faire, en 1808, la grande et belle découverte de la décomposition de la potasse et de la soude.

En 1808, MM. Gay-Lussac et Thénard, avaient, à l'Ecole polytechnique, par une dotation extraordinaire de l'Empereur, une batterie de 600 éléments de chacun 9 décimètres carrés de surface. C'est avec cet appareil qu'ils ont fait tant de découvertes importantes pour la science.

Peu de temps après, M. Hare, aux Etats-Unis, avait aussi, sous le nom de *Deflagrator*, une batterie capable de produire les effets les plus extraordinaires. Ses éléments étaient disposés d'après un système analogue à celui de la pile en hélice.

Les plus puissantes machines électriques ordinaires n'ont rien qui approche de ces redoutables batteries. Il suffirait d'établir un instant avec les mains la communication entre les pôles, pour être tué comme par la foudre. Les tiges de platine de 5 ou 6 millimètres de diamètre, et de plus d'un mètre de longueur, placées entre les pôles, sont maintenues à l'état de la plus vive incandescence et presque en fusion, pendant tout le temps qu'elle joignent les pôles; les autres métaux entrent pareillement en fusion ou en combustion, suivant qu'ils sont plus ou moins conducteurs de l'électricité, plus ou moins fusibles, et plus ou moins oxydables. Enfin, il n'y a pas de composés chimiques conducteurs dont les éléments ne soient rapidement désunis, lorsqu'ils se trouvent placés entre les pôles de ces batteries.

On a construit aussi des piles d'une autre espèce, auxquelles on a donné le nom de *piles sèches*, parce qu'il n'entre que très-peu de liquide dans leur composition. Voici le procédé qui paraît réussir le mieux pour avoir des appareils d'une puissance un peu durable:

On prend des feuilles de papier ordinaire, un peu fort et humide, autant qu'il peut l'être naturellement par un temps pluvieux; d'un côté on colle, avec la gélatine, la gomme ou l'amidon, une feuille de zinc laminé et ensuite battu; sur le revers on met du peroxyde de manganèse très-bien porphyrisé, en l'étalant à plusieurs reprises avec un bouchon, ou seulement avec un morceau de papier. Alors on superpose dans le même ordre plusieurs feuilles semblables, et, avec un emporte-pièce de 2 ou 3 centimètres de diamètre, on enlève à chaque fois autant de disques qu'il y a de feuilles. Ces disques sont, à leur tour, superposés dans le même ordre, et l'on fait ainsi des piles de 500, de 1000 ou de 2000 couples. Pour mieux assurer le contact, on met les disques en presse, après avoir disposé à chaque bout des pièces de métal assez fortes, portant cinq ou six appendices saillants, qui se lient l'un à l'autre avec du cordonnet de soie; ensuite, pour garantir la pile du contact de l'air, on la plonge dans du soufre fondu ou dans de la gomme laque.

La pile de Bunsen, ou pile à l'élément de charbon, est une pile à courants assez constants, et à effets très-énergiques. Voici en quoi elle consiste:

Un élément de cette pile se compose de quatre parties solides et de deux liquides, savoir:

Un bocal de verre rempli d'acide nitrique commun.

Un cylindre creux de charbon préparé en calcinant, dans un moule de tôle, un mélange intime de coke et de houille grasse, finement pulvérisés. Ce cylindre, percé de trous et ouvert à ses deux extrémités, plonge dans l'acide nitrique du bocal jusqu'aux trois quarts de sa hauteur. A sa partie supérieure, qui sort du bocal, est adapté un collier de zinc qui porte une patte de cuivre recourbée, destinée à établir la communication entre les éléments de la pile.

Une cellule ou *diaphragme* en terre poreuse, qui s'introduit dans l'intérieur du cylindre de charbon, de manière à laisser un intervalle de deux millimètres. Ce vase reçoit l'eau acidulée d'un huitième d'acide sulfurique.

Enfin, un cylindre creux de zinc amalgamé, qui plonge dans l'eau acidulée du vase de terre. Le bord supérieur de ce cylindre est garni d'une patte de zinc, destinée à établir la communication avec le pôle contraire.

Dans l'élément de Bunsen, tout métal remplirait le rôle de conducteur polaire confié au charbon; mais l'avantage spécial de ce dernier corps, c'est qu'il ne subit aucune action de la part de l'acide dans lequel il plonge.

Un seul couple de Bunsen suffit pour fondre un fil de fer mince, et peut être employé utilement aux expériences de dorure et de galvanoplastie. D'ailleurs, la constance des effets est telle, qu'il n'y a pas, dans une pareille pile, la moindre variation d'intensité pendant un intervalle de quatre heures; et pendant plusieurs heures au delà, les variations sont peu considérables.

Effets des piles. — Les effets des piles, comme ceux des batteries, peuvent se ranger en trois classes, savoir: les *effets physiologiques*, les *effets physiques* et les *effets chi-*

miques. Pour ces derniers, *voyez* ÉLECTRO-CHIMIE.

Effets physiologiques. — Afin qu'une pile produise des effets énergiques sur les corps, il faut que ceux-ci soient traversés par le courant voltaïque; il faut donc les placer entre les pôles et les faire communiquer avec les deux rhéophores ; on voit par conséquent que la pile doit être isolée. Or, si l'on touche en même temps les deux pôles d'une pile avec les mains sèches, on ne sent rien, parce que l'épiderme est un mauvais conducteur; mais si l'on a la précaution de mouiller ses mains, on éprouve une commotion qui peut être aussi forte et aussi terrible que celle des batteries, et qui de plus est continue. La violence dépend principalement de la tension électrique, et par conséquent du nombre des couples : ainsi, une pile d'un petit nombre de couples ne donne que de très-faibles commotions, quand même ses éléments auraient une très-grande surface ; au contraire, une petite pile à auges, de 40 ou 50 couples, donne des commotions qui se font sentir jusque dans la poitrine : elles deviendraient dangereuses, si le nombre des couples dépassait cent. Au reste, comme toutes les personnes ne sont pas également impressionnables, on peut graduer ces commotions à volonté : pour cela, on touche l'un des pôles avec une main et on place l'autre successivement sur des couples de plus en plus éloignés; alors on n'éprouve que la décharge due aux couples intermédiaires. En mettant les rhéophores en contact avec les tempes, on sent une piqûre plus ou moins vive, et à chaque contact une lueur instantanée passe devant les yeux. Un courant énergique produit aussi des effets extraordinaires sur les cadavres récemment privés de la vie ; alors toute l'organisation s'agite et semble faire d'incroyables efforts pour se ranimer. Aldini, ayant placé sur une table la tête d'un bœuf qu'on venait de tuer, fit communiquer la moelle épinière avec les naseaux ; à l'instant les paupières s'ouvrirent et les yeux roulèrent dans leur orbite, comme lorsque l'animal est dans la plus violente fureur. Avec une pile à auges de 270 couples de quatre pouces de côté, le docteur Ure obtint des effets encore plus étonnants sur le corps d'un pendu qui venait d'expirer. Ayant une fois établi la communication entre le talon et le nerf supra-orbital, tous les muscles de la face furent simultanément mis en mouvement et exprimèrent d'une manière effroyable la fureur, la rage et le désespoir ; l'angoisse et d'affreux sourires unissant leur hideuse expression sur la face de l'assassin, un des spectateurs s'évanouit, et plusieurs autres furent forcés de quitter l'appartement. Ces convulsions ne sont que passagères ; elles cessent avec le courant électrique, et tout retombe ensuite dans l'inertie de la mort. Cependant MM. Magendie, Andral, Roulin et Pouillet sont parvenus à ranimer des lapins et des cochons d'Inde qui étaient asphyxiés depuis plus d'une demi-heure. Des phénomènes semblables firent croire, peu après la découverte de Volta, qu'on pourrait appliquer l'électricité à la guérison des rhumatismes, des paralysies, de la goutte, etc. On fit de nombreux essais, mais les résultats n'ont pas répondu aux espérances que l'on avait conçues.

Effets physiques. — Une pile suffisamment énergique peut produire de la chaleur, de la lumière et du magnétisme. Comme les effets magnétiques sont très-nombreux, nous leur consacrerons plusieurs articles : nous n'avons donc qu'à parler ici des effets calorifiques et lumineux.

Lorsqu'on fait communiquer les deux pôles d'une pile par un fil métallique assez fin et assez court, ce fil s'échauffe, devient rouge, rouge-blanc ; souvent même il se fond et se volatilise. Ces résultats paraissent dépendre moins de la tension des piles que de la grande quantité d'électricité qu'elles laissent circuler en un temps donné : plus ce fluide se meut avec rapidité dans le fil conjonctif, plus les effets sont remarquables : ainsi, pour les produire, il convient d'augmenter la surface des éléments plutôt que leur nombre ; c'est pourquoi la pile de Wollaston est la plus propre à ces sortes d'expériences. Un seul couple de cette espèce ayant quelques pouces carrés de surface peut, quand on le plonge dans une eau fortement acidulée, faire rougir un fil de platine en quelques secondes, et une pile d'une douzaine de couples suffit pour répéter presque toutes les expériences galvaniques. Voici donc les résultats que l'on obtient lorsqu'on réunit les pôles d'une semblable pile par des fils métalliques de différente espèce. Un fil de platine d'un mètre de long sur un millimètre d'épaisseur, est porté au rouge-blanc et maintenu dans cet état pendant tout le temps que la pile est en activité ; s'il est plus petit ou plus court, il se fond et tombe en globules. Un fil de fer ou d'acier est encore plus facilement liquéfié ; il brûle avec un éclat éblouissant. Les feuilles d'or et d'argent sont volatilisées ; les feuilles d'étain, de cuivre, etc., brûlent en donnant des étincelles diversement colorées. Avec des piles puissantes, on est parvenu à fondre le diamant. On croit que, dans tous ces cas, l'échauffement provient de la résistance qu'éprouve le fluide pour passer d'un corps à un autre, ou d'une molécule d'un corps à la suivante ; de sorte que plus est grande la quantité d'électricité qui se trouve arrêtée, plus la chaleur produite doit être considérable. En effet, quand, pour former le fil conjonctif, on en attache bout à bout deux autres qui sont de même longueur et de même diamètre, mais de nature différente, le meilleur conducteur s'échauffe à peine, l'autre devient seul incandescent. De même, quand une mèche de coton, imprégnée d'une dissolution saline, sert de conducteur, elle s'échauffe fortement, tandis que cette même solution demeure froide, si elle est renfermée dans un tube de même grosseur que la mèche.

Nous avons dit que les expériences précédentes n'exigeaient pas une pile d'un grand nombre de couples ; la suivante, qui est due à Davy, ne réussit qu'avec les piles d'une très-forte tension. Aux extrémités des tiges d'un *œuf électrique*, on fixe deux petits cônes de charbon qu'on a eu soin de bien calciner dans un creuset par un feu de forge, et qu'on a éteints dans le mercure, afin de rendre leur conductibilité aussi grande que possible : on rapproche les pointes des deux cônes jusqu'à une très-petite distance, et l'on fait le vide dans l'appareil. (Il est nécessaire que le charbon touche le métal par une grande surface). Lorsqu'on met les tiges de cuivre en communication avec les pôles d'une forte pile, les charbons deviennent incandescents, et l'on voit briller dans l'intervalle qui les sépare une lumière éblouissante comme celle du soleil. On peut alors écarter un peu les cônes de charbon : la lumière augmente de volume sans rien perdre de son éclat. Cette expérience réussit aussi dans l'air ; mais alors les charbons se combinent avec l'oxygène, forment de l'acide carbonique et se consument rapidement, tandis que, dans le vide, le phénomène peut durer des heures entières, sans qu'ils diminuent sensiblement de volume.

Pile, son pouvoir d'aimantation. *Voy.* Aimantation.

Pile, sa découverte. *Voy.* Electricité (*Hist. de l'*)

PINNULES TÉLESCOPIQUES. *Voy.* Lunette méridienne.

PISTOLET DE VOLTA. — C'est une espèce de pistolet dont le projectile est lancé, non par la poudre, mais par un mélange explosif de deux volumes d'hydrogène et d'un volume d'oxygène, enflammé par une étincelle électrique.

PLAN INCLINÉ de Galilée. *Voy.* Pesanteur.

PLAN invariable du système solaire. *Voy.* Système solaire.

PLANÈTES (de πλανᾶσθαι, errer), astres, non lumineux par eux-mêmes, décrivant en tournant autour du soleil une ellipse dont l'un des foyers est occupé par le soleil. Les planètes les plus anciennement connues sont, après la Terre, Mercure, Vénus, Mars, Jupiter, Saturne. Les autres plus récemment découvertes sont Uranus, Vesta, Junon, Pallas, Neptune, etc.

Les planètes sont toujours très-proches du cercle céleste appelé *écliptique*, ce qui vient de ce que chaque orbite est très-peu inclinée sur ce plan. Lorsque la planète atteint le point de son orbite où celle-ci rencontre l'écliptique céleste, elle est dans la ligne de section de son orbite avec le plan de l'écliptique, ou à son *nœud ascendant*, ou *descendant*.

On dit qu'une planète est en *conjonction* avec le soleil, quand elle a la même longitude que lui ; on la dit en *opposition* quand la différence des longitudes est de 180°. Dans le premier cas, la planète passe à midi au méridien ; elle y est à minuit dans le second.

Mercure et Vénus sont plus près que nous du soleil et leur orbite est renfermée dans celle de la terre. Dans toutes les situations relatives de ces trois corps autour du soleil, il est visible que Vénus et Mercure nous sembleront toujours plus ou moins rapprochés de cet astre et jamais en opposition : il y aura deux sortes de conjonctions ; l'une en deçà (inférieure), l'autre au delà du soleil (supérieure). La *digression* ou l'*élongation*, qui est le plus grand écart, sera le rayon de l'orbe vu de la Terre. Ces planètes semblent être tantôt à droite, tantôt à gauche de l'astre du jour, comme des satellites qui le suivent dans sa marche apparente, précisément comme la lune suit en effet notre globe, en tournant autour de lui, pendant sa révolution autour du Soleil. Si la planète nous paraît à l'est de cet astre, elle n'est visible que le soir, après le coucher ; si elle est à l'ouest, on ne la voit que le matin, avant l'aurore. Les directions du mouvement dans l'orbite étant de l'ouest à l'est (de droite à gauche), pour le spectateur placé dans la région boréale du soleil, il est bien facile de juger si la planète s'approche, soit de nous, soit d'une conjonction. Si elle est près d'un nœud, c'est-à-dire presque sur l'écliptique, en même temps qu'elle se trouve près de la conjonction, elle paraît coïncider avec le soleil et se peint sur son disque comme un point noir. C'est une sorte d'éclipse à laquelle on donne le nom de *passage sur le soleil ;* la planète paraît traverser l'astre de gauche à droite. Telles sont les apparences qu'offrent les deux planètes inférieures.

Les autres planètes sont *supérieures*, c'est-à-dire plus éloignées que nous du soleil, dont elles paraissent s'écarter à toutes les distances angulaires, se trouvant tantôt en conjonction, tantôt en opposition, tantôt en quadrature.

Voici les apparences qu'offre la marche d'une planète supérieure. Un peu avant sa conjonction, on la voit à la gauche du soleil se coucher peu après cet astre : l'un et l'autre s'avancent vers l'est ; mais, comme la marche du soleil est plus rapide, il se rapproche de la planète et l'atteint ; elle est entrée dans les feux de cet astre et nous cessons de la voir. Mais bientôt après nous l'apercevons à l'orient un peu avant le soleil levant, elle se dégage de ses rayons ; placée à sa droite, elle se lève et se couche un peu avant lui. Le soleil l'a devancée et continue de s'en écarter vers la gauche de tout son excès de vitesse ; et l'arc qui les sépare, s'accroissant chaque jour, le lever de la planète devance de plus en plus celui du soleil : à la quadrature, la distance est de 90°, elle se lève vers le milieu de la nuit. Lorsque l'arc est devenu de 180°, il y a opposition ; la planète passe au méridien vers minuit, se lève le soir, et se couche le matin. Au delà, sa distance au soleil continue d'augmenter ; mais le reste du cercle diminue et le soleil se rapproche chaque jour de la planète, qui passe au méridien après mi nuit ; le soleil arrive à la seconde quadrature, puis à la conjonction.

Le célèbre astronome Bode, en comparant les distances mutuelles des corps qui composent notre système planétaire, et considérant les quatre petites planètes comme n'en n'ayant formé autrefois qu'une seule, a remarqué une singulière relation entre ces distances, qui, pour n'être pas tout à fait exacte, ne mérite pas moins d'être signalée. Cette relation, connue sous le nom de *loi de Bode,* consiste en ce que, si l'on partage en dix parties égales la distance moyenne de la terre au soleil, et qu'on prenne l'une de ces parties pour unité afin de mesurer les autres distances, on trouvera que la distance du soleil

à Mars, est exprimée par		$4 = 4$
à Vénus,	par	$7 = 4 + 1 \times 3$,
à la Terre,	par	$10 = 4 + 2 \times 3$,
à Mars,	par	$16 = 4 + 4 \times 3$,
à Cérès, Pallas, etc.,	par	$28 = 4 + 8 \times 3$,
à Jupiter,	par	$52 = 4 + 16 \times 3$,
à Saturne,	par	$100 = 4 + 32 \times 3$,
à Uranus,	par	$196 = 4 + 64 \times 3$,

en continuant toujours de doubler le multiplicateur de 3. Cette loi, qu'on peut regarder comme fortuite, puisqu'elle n'a pas l'exactitude ordinaire aux effets naturels, peut servir à graver les distances dans la mémoire, et semble justifier les idées de Képler sur l'existence présumée d'une planète entre Mars et Jupiter, qui s'est si heureusement vérifiée. On est même fondé à penser que nos onze planètes ne sont pas les seules qui forment notre système solaire, et qu'une multitude d'autres corps, trop petits pour être aperçus, circulent comme elles dans des orbites autour du soleil.

Quelques comparaisons pourront donner des idées justes des relations de grosseur et de distance des planètes.

Le boulet de canon qui parcourrait 420 toises par seconde, 663 lieues par heure, mettrait moins d'un jour pour aller du centre de la terre à sa surface, 5 jours et demi pour arriver à la lune, et 6 ans pour atteindre le soleil; il emploierait 9 ans pour aller de cet astre à Mars, 31 ans pour Jupiter, 56 ans et demi pour Saturne, enfin 114 ans pour Uranus.

Si l'on représente la terre par un globe de 10 pouces de diamètre, comme sont ordinairement ceux dont on se sert dans les cabinets, pour conserver les proportions, il faudrait que le soleil fût figuré par un globe de 400,000 pieds cubes, ayant 90 pieds de diamètre, ou une épaisseur égale à peu près à la moitié de la hauteur des tours de Notre-Dame, à Paris. Ce globe devrait être à 1700 toises de distance de celui qui représenterait la terre : en sorte que l'enceinte de Paris ne suffirait pas pour renfermer l'orbite terrestre.

En ne donnant qu'un pouce de diamètre à la terre, le soleil aurait 9 pieds et serait distant de 1000 pieds; Jupiter aurait 11 pouces, Saturne 10, Uranus 4; Jupiter serait à 872 toises, Saturne à 1600, Uranus à 3200 ; en sorte que, du centre, il serait impossible d'apercevoir ce dernier, même avec une lunette.

Selon Herschell, si le soleil est représenté par un globe de 2 pieds de diamètre, Mercure sera figuré par un grain de moutarde, Vénus et la terre seront grosses comme deux pois; Mars, comme une tête de grosse épingle; Junon, Cérès, Pallas et Vesta seront des grains de sable ; Jupiter et Saturne seront représentés par deux oranges, l'une moyenne, l'autre petite ; Uranus le sera par une grosse cerise.

La réunion de plusieurs planètes en un même lieu du ciel, qu'on a nommée *conjonction,* offre un spectacle assez curieux. Le P. Martini rapporte que, plus de 2500 ans avant notre ère, on a observé en Chine, sous l'empereur Tcheoun-Hio, une conjonction de cinq grandes planètes. Le 15 septembre 1186, on en vit une semblable entre l'épée de la Vierge et α de la Balance, dont l'astrologie présagea de grands désastres ; mais l'événement n'a pas justifié cette prédiction. Laplace a corrigé les mouvements séculaires de Jupiter et de Saturne en se servant d'une conjonction de ces planètes observée dans la Vierge, par Ibn Junis, le 30 octobre 1007. On a remarqué que, le 3 octobre 1801, le canon annonçait à Paris le retour de la paix, en même temps qu'au ciel on voyait la lune, Vénus, Jupiter et Saturne réunis près le cœur du Lion.

Du reste, ces conjonctions approchées sont assez rares, et Lalande a calculé que 17,000 millions d'années séparaient les époques des conjonctions des six grandes planètes ensemble, en n'ayant pas même égard aux heures. Képler ayant remarqué que, l'an 748 de Rome, 40e de l'ère julienne, Jupiter, Mars et Saturne étaient dans les Poissons en février et mars, et qu'en mars, avril et mai Vénus et Mercure étaient en conjonction avec le soleil, se crut autorisé à rapporter à cette année la naissance de Jésus-Christ.

Les masses des planètes qui n'ont point de satellites se déterminent en recherchant par le calcul les inégalités qu'elles produisent dans leurs mouvements réciproques et dans ceux de la terre, et en comparant ces inégalités à celles qui sont reconnues par l'observation; car la cause perturbatrice doit être nécessairement proportionnelle aux effets qu'elle produit. Les masses des satellites elles-mêmes peuvent être aussi, à l'aide de leurs perturbations, comparées à celle du soleil. Ainsi, en comparant un grand nombre d'observations à la théorie des satellites de Jupiter de Laplace, on a trouvé que la masse du soleil est plus de 65,000,000 de fois plus grande que celle de la moindre de ses lunes. Mais, comme les quantités de matière qui forment la masse de deux quelconques des planètes principales sont directement comme les cubes des distances moyennes auxquelles leurs satellites accomplissent leurs révolutions, et inversement comme les carrés de leurs temps périodiques, la masse du soleil et celle des planètes qui ont des satellites, peuvent être comparées à la masse de la terre. C'est de cette manière que l'on a calculé que la masse du soleil est 354,936 fois plus considérable que celle de la terre : de là résultent les grandes perturbations de la lune, et le mouvement rapide du périgée et des nœuds de son orbite. Le professeur Airy a trouvé récemment que Jupiter même, la plus grosse des planètes, a 1048,69 fois moins de masse que le soleil. La masse du système entier de Jupiter n'est que la 1047,7e partie de celle du soleil. On voit, d'après cela, que la masse des satellites n'est qu'une très-faible fraction de celle de leur planète. La masse de la lune peut se déterminer de plusieurs manières : 1° par son action sur l'équateur terrestre, qui occasionne la nutation de son axe de rotation; 2° par sa parallaxe horizontale; 3° par l'inégalité qu'elle produit dans la longitude du Soleil; 4° enfin, par son action sur les marées. Les trois premières quantités calculées d'après la théorie, et comparées à leurs valeurs observées, donnent respectivement pour valeur de la masse de la lune $\frac{1}{71}$, $\frac{1}{74,2}$, et $\frac{1}{69,2}$, de celle de la terre, quantités qui, du reste, ne diffèrent pas beaucoup entre elles. Le docteur *Brinkley*, évêque de *Cloyne*, a trouvé qu'elle était de $\frac{1}{80}$, d'après la constante de la nutation lunaire; mais lorsqu'on la calcule d'après l'action de la lune sur les *marées*, on trouve $\frac{1}{75}$; ce qui ne peut différer beaucoup de la vérité. Les diamètres apparents du soleil, de la lune et des planètes sont déterminés par une mesure directe : conséquemment, leurs diamètres réels peuvent être comparés à celui de la terre; car le diamètre réel d'une planète est au diamètre réel de la terre, qui comprend un espace de 2865 lieues environ, comme le diamètre apparent de la planète est au diamètre apparent de la terre, vue de la planète, c'est-à-dire à deux fois la parallaxe de la planète. Le diamètre apparent moyen du soleil est de 1922" 8, et avec la parallaxe solaire, qui est de 8" 5776, il est de 321,136 lieues environ. Ainsi donc, si le centre du soleil coïncidait avec le centre de la terre, son volume non-seulement comprendrait l'orbite de la lune, mais il la dépasserait presque d'autant; car la distance moyenne de la lune à la terre est d'environ soixante fois le rayon moyen de la terre, ou de 86,000 lieues, dont le double, qui est 172,000 lieues, ne diffère que peu du rayon solaire; son rayon équatorial n'est probablement pas beaucoup moindre que le grand axe de l'orbite lunaire. Le diamètre de la lune n'est que de 782 lieues, et le diamètre de Jupiter de 31,505 lieues, ce qui est encore bien au-dessous de celui du soleil. Le diamètre de Pallas n'excède pas de beaucoup 28 lieues et demie environ; de sorte qu'un habitant de cette planète pourrait, dans une de nos voitures à vapeur, faire en peu d'heures le tour de son globe.

Les densités des corps sont proportionnelles à leurs masses, divisées par leurs volumes. Si le soleil et les planètes étaient considérés comme des sphères, leurs volumes seraient comme les cubes de leurs diamètres. Or les diamètres apparents du soleil et de la terre sont, à leur distance moyenne, de 1922" 8 et 17" 1552, et la masse de la terre est la 354,936e partie de celle du soleil prise pour unité. De là il résulte que la terre est à peu près quatre fois aussi dense que le soleil. Mais le soleil est si grand, que sa force attractive ferait tomber les corps avec une vitesse de 102 mètres environ par seconde. Conséquemment, s'il était de nature à être habité par des êtres tels que l'homme, ces êtres ne pourraient pas se mouvoir, parce qu'ils pèseraient trente fois autant que les hommes qui habitent la terre. Un homme d'une taille ordinaire pèserait environ deux tonneaux à la surface du soleil, tandis qu'à la surface des quatre nouvelles planètes, il ne pèserait que quelques livres, et serait par conséquent si léger, qu'il lui serait impossible de se tenir debout. Toutes les planètes et les satellites paraissent être moins denses que la terre. Les mouvements des satellites de Jupiter fournissent le moyen de reconnaître que sa densité augmente vers son centre. Si sa masse était homogène, son axe équatorial, et son axe polaire seraient dans le rapport de 41 à 38. Les irrégularités singulières que l'on remarque dans la forme de Saturne et le grand aplatissement de Mars prouvent que la structure intérieure de ces deux planètes est loin d'être uniforme.

La forme aplatie vers les pôles de plusieurs des planètes indique en elles un mouvement de rotation. Ce mouvement a été confirmé par la découverte que l'on a faite, à la surface de la plupart d'entre elles, de certaines taches, à l'aide desquelles on a pu déterminer leurs pôles et la durée de leur rotation. La rotation de Mercure est inconnue, à cause du voisinage de cet astre du soleil; et celle des nouvelles planètes n'a pas encore été déterminée. Le soleil tourne en vingt-cinq jours et dix heures autour d'un axe dont la direction correspond au point milieu de la ligne qui joint l'étoile polaire et la Lyre, le plan de rotation étant incliné de 7° 30', ou un peu plus de 7°, sur le plan de l'écliptique. De là donc l'on peut conclure que la masse du soleil est un sphéroïde aplati vers les pôles. La rotation du soleil donne tout lieu de croire qu'il a un mouvement progressif dans l'espace, bien que la direction vers laquelle il tend soit inconnue. Mais, par suite de la réaction des planètes, il décrit une petite orbite irrégulière autour du centre de gravité du système, ne déviant jamais de sa position de plus du double de son diamètre, c'est-à-dire d'un peu plus de sept fois la distance de la lune à la terre. Le soleil, et tous les corps qui forment son système, tournent de l'ouest à l'est autour d'axes qui restent presque parallèles à eux-mêmes dans tous les points de leur orbite, et avec des vitesses angulaires sensiblement uniformes. Quoique l'uniformité du sens de leur rotation soit une circonstance dont on n'ait pu se rendre compte encore, il est impossible, en considérant cette loi générale en vertu de laquelle chaque partie concourt et contribue à la perfection de l'ensemble, de supposer qu'une coïncidence si remarquable puisse être accidentelle. Et comme les révolutions des planètes et des satellites s'accomplissent de l'ouest à l'est, il est évident que le sens des rotations et révolutions de tous ces corps doit son origine à la cause primitive qui a déterminé les mouvements planétaires. Laplace a calculé qu'il y a une probabilité de quatre millions contre un, que tous les mouvements des planètes, soit de rotation, soit de révolution, ont été communiqués au même instant par une cause primitive commune. La rotation des grosses planètes s'accomplit dans de plus courtes périodes que celle de la terre et des petites planètes; conséquemment leur aplatissement est plus grand, et l'action du soleil et de leurs satellites occasionne une nutation dans leurs axes, et une précession de leurs équinoxes semblable à celle qui a lieu dans le sphéroïde terrestre, par suite de l'attraction du soleil et de la lune sur la matière qui forme le renflement de l'équateur. Jupiter ne met pas tout à fait dix heures à accomplir son mouvement de rotation autour d'un axe perpendiculaire à certaines bandes sombres qui traversent toujours son équateur. Cette rapidité de rotation occasionne un très-grand aplatissement dans sa forme. Son axe équatorial surpasse son axe polaire de 2173 lieues environ, tandis que ceux de la terre ne diffèrent entre eux que de 10 lieues à peu près. Les corps célestes, en se mouvant plus lentement à mesure qu'ils sont plus éloignés du soleil, offrent une conséquence évidente de cette loi de Képler, que les carrés des temps périodiques des planètes sont comme les cubes des grands axes de leurs orbites. En comparant les périodes des révolutions de Jupiter et de Saturne aux temps de leur rotation, il paraît qu'une année de Jupiter contient à peu près 10,000 de ses jours, et celle de Saturne environ 30,000 jours saturniens.

Il est très-difficile, par suite de la distance et de la petitesse des satellites de Jupiter, de déterminer leur rotation. William Herschell la détermina cependant d'après leur éclat relatif. Il observa qu'ils se surpassaient mutuellement et alternativement en clarté, et, en comparant les maxima et les minima de cette clarté à leurs positions, considérées relativement au soleil et à leur planète, il trouva que, de même que pour la Lune, le temps de leur rotation est égal à la période de leur révolution autour de Jupiter. Miraldi fut conduit à la même conclusion à l'égard du quatrième satellite, d'après le mouvement d'une tache qu'il remarqua sur sa surface.

Les tableaux suivants présenteront, sous un seul coup d'œil, toutes les circonstances de volume, de masse, de densité, de distance, de vitesse, d'inclinaison, etc., des planètes, relativement les unes aux autres.

I. *Distances des planètes au soleil.*

Mercure.	15,000,000 de lieues.
Vénus.	27,000,000 —
La Terre.	38,000,000 —
Mars.	58,000,000 —
Vesta.	91,000,000 —
Junon.	102,000,000 —
Cérès.	106,252,000 —
Pallas.	106,291,000 —
Jupiter.	200,000,000 —
Saturne.	366,000,000 —
Uranus.	737,000,000 —

II. *Diamètres du soleil et des planètes, celui de la terre étant* 1.

Le Soleil.	109,93
Mercure.	0,39
Vénus.	0,97
La Terre.	1,00
La Lune.	0,27
Mars.	0,56
Vesta.	Inconnus.
Junon.	Inconnus.
Cérès.	Inconnus.
Pallas.	Inconnus.
Jupiter.	11,56
Saturne.	9,61
Uranus	4,26

III. *Volumes du soleil et des planètes, celui de la terre étant* 1.

Le Soleil.	1,326,480
Mercure.	0,1
Vénus.	0,9
La Terre.	1,0
La Lune.	0,50
Mars.	0,2
Vesta	Inconnus.
Junon.	Inconnus.
Cérès.	Inconnus.
Pallas.	Inconnus.
Jupiter.	1470,2
Saturne.	887,3
Uranus.	77,5

IV. *Masses des planètes, celle du soleil étant* 1.

Le Soleil	1.
Mercure.	1/2,025,810
Vénus.	1/401,847
La Terre.	1/354,936
La Lune.	1/23,090,000
Mars.	1/2,680,337
Vesta.	Inconnues.
Junon.	Inconnues.
Cérès.	Inconnues.
Pallas.	Inconnues.
Jupiter.	1/1,050,5
Saturne.	1/3,512
Uranus.	1/17,918

V. *Densités du soleil et des planètes, celle de la terre étant* 1.

Le Soleil.	0,23624
Mercure.	2,870646
Vénus.	1,04701
La Terre.	1.
La Lune.	0,715076
Mars.	0,930736

Vesta.	Inconnues.
Junon.	
Cérès.	
Pallas.	
Jupiter.	0,24119
Saturne.	0,095684
Uranus.	0,020802

VI. *Nombre de pieds, par seconde, qu'un corps pesant parcourrait en tombant à la surface du soleil et des planètes.*

Le Soleil.	439
Mercure.	12
Vénus.	18
La Terre.	16
La Lune.	3
Vesta	Inconnus.
Junon.	
Cérès.	
Pallas.	
Jupiter.	42
Saturne.	15
Uranus.	4,2

VII. *Temps de rotation sur l'axe du soleil et des planètes.*

Le Soleil.	25 j.	12 h.	0'	0"
Mercure.	1	0	4	0
Vénus.	0	23	21	0
La Terre.	1	0	0	0
La Lune.	27	7	44	0
Mars.	1	0	39	22
Vesta.	Inconnus.			
Junon.				
Cérès.				
Pallas.				
Jupiter.	0 j.	9 h.	56'	37"
Saturne.	0	10	16	2
Uranus.	Inconnu.			

VIII. *Temps des révolutions sidérales.*

Mercure.		87 j.	23 h.	14'	30"
Vénus.		224	16	41	27
La Terre.		365	5	48	49
Mars.		686	22	18	27
Vesta.	4 ans	66	3	0	0
Junon.	4	128	0	0	0
Cérès.	4	220	2	0	0
Pallas.	4	220	16	0	0
Jupiter.	11	315	12	30	0
Saturne.	29	161	4	27	0
Uranus.	83	29	8	39	0

IX. *Parallaxes annuelles.*

Mercure.	126	14'
Vénus.	139	9
La Lune.	27	1
Mars.	18	6
Jupiter.	9	59
Saturne.	5	42
Uranus.	2	55

X. *Inclinaison de l'orbite sur l'écliptique.*

Mercure.	7°	78'
Vénus.	8	76
La Lune.	5	71
Mars.	1	85
Vesta.	7	17
Junon.	31	05
Cérès.	10	62
Pallas.	34	60
Jupiter.	1	46
Saturne.	2	77
Uranus.	0	86

XI. *Inclinaison de l'axe sur l'orbite.*

Le Soleil.	82°	50'
Mercure.	»	»
Vénus.	»	»
La Terre.	66	52
La Lune.	88	50
Mars.	61	30
Vesta.	Inconnues.	
Junon.		
Cérès.		
Pallas.		
Jupiter.	89	45
Saturne.	60	
Uranus.	»	»

XII. *Lieues parcourues en 1'.*

Mercure.	635
Vénus.	485
La Terre.	412
La Lune.	14 (rel. à la terre).
Mars.	329
Vesta.	»
Junon.	»
Cérès.	»
Pallas.	»
Jupiter.	178
Saturne.	132
Uranus.	93

XIII. *Satellites de Jupiter.*

	Distances moyennes, le demi-diamètre de la planète étant 1, ou 18,881 lieues.	Durées des révolutions.	Masses des satellites, celle de la planète étant l'unité.
1er Satellite.	6,0485	1 j. 7691	0,000017
2e Satellite.	9,6235	3 ,5512	0,000023
3e Satellite.	15,3502	7 ,1546	0,000088
4e Satellite.	26,9983	16 ,6888	0,000043

XIV. *Satellites de Saturne.*

	Distances moyennes, le demi-diamètre de la planète étant 1, ou 15,696 lieues.	Durées des révolutions.
1er Satellite.	3,35	0 j. 943
2e Satellite.	4,30	1 ,370
3e Satellite.	5,28	1 ,888
4e Satellite.	6.82	2 ,739
5e Satellite.	9,52	4 ,517
6e Satellite.	22,08	15 ,945
7e Satellite.	64,36	79 ,330

XV. *Satellites d'Uranus.*

	Distances moyennes, le demi-diamètre de la planète étant 1, ou 6,958 lieues.	Durées des révolutions.
1er Satellite.	13,12	5 j. 893
2e Satellite.	17,02	8 ,707
3e Satellite.	19,85	10 ,961
4e Satellite.	22,75	13 ,456
5e Satellite.	45,51	38 ,075
6e Satellite.	91,01	107 ,694

Le 1er et le 8e de ces tableaux ont été calculés d'après les données de l'*Annuaire* pour 1844 ; le 2e, le 3e, le 4e, le 13e, le 14e et le 15e ont été extraits ; ils se trouvent aux pages 222 et 223.

PLANÈTES, influence du soleil sur les différentes planètes. *Voy.* TEMPÉRATURE.

PLAQUES VIBRANTES. *Voy.* VIBRATIONS (*acoust.*).

PLATON, né en 398, ou environ, avant Jésus-Christ.

L'école d'Athènes devint une école de morale sous les auspices de Socrate. Platon, son disciple et son successeur, sentit la nécessité d'y ranimer le goût de la physique. Il fit divers voyages en Italie et en Égypte ; il recueillit toutes les richesses relatives à l'étude de la nature concentrées dans ces régions ; il en forma une espèce de trésor qu'il apporta soigneusement à Athènes. Bientôt il donna, dans les jardins d'un certain Académus (1), des leçons publiques qui offrent une heureuse association de l'étude de la morale avec celle de la physique (2). Comme moraliste, Platon le dispute, l'emporte même sur Socrate, par les charmes qu'il sait répandre dans ses entretiens, et surtout par la douceur attachante de son éloquence. Les Athéniens s'empressèrent de l'entendre et de rendre un hommage bien mérité à la facilité séduisante de l'orateur. Il fut comblé d'honneurs pendant sa vie ; et après sa mort, on a vu des républiques et des rois élever divers monuments à sa gloire.

Renfermons-nous dans le sujet qui nous occupe ; ne considérons Platon que comme physicien, et tâchons d'apprécier ce qu'il a fait pour la science.

Platon admet deux principes, la matière et la forme (3) ; ils donnent naissance à cinq éléments, le feu, l'air, l'eau, la terre, l'éther (4).

Le feu, dont les molécules sont douées d'une extrême ténuité, pénètre tous les éléments. L'air s'insinue dans l'eau, qui ne trouve dans la terre aucun obstacle à sa pénétration : il n'y a donc point de vide dans la nature (5).

Il n'existe qu'un seul monde ; il ne peut même en exister plusieurs, puisqu'il n'y a qu'un seul modèle (6).

Le monde, qu'une main divine a arraché au néant, et dont elle ne cessera d'alimenter l'existence, embrasse dans ses limites tous les corps célestes, sans excepter les étoiles, qui brillent, comme le soleil, d'une clarté qui leur est propre (7) ; la terre, douée d'une forme sphérique et animée d'un mouvement de rotation, en occupe le centre, tandis que les astres circulent autour d'elle dans cet ordre de distance : la Lune, Mercure, le Soleil, Vénus, Mars, Jupiter, Saturne (8). S'il faut en croire Théophraste, Platon abandonna dans sa vieillesse ce système d'arrangement pour placer le Soleil au centre de l'univers.

La terre est environnée d'air de toute part ; sur cette couche fluide repose l'éther, dont le domaine s'étend jusqu'à la région des étoiles.

Les corps terrestres ne jouissent d'eux-mêmes, ni de la pesanteur, ni de la légèreté : ils acquièrent ces propriétés par l'influence d'une cause accidentelle qui leur fait perdre la place que leur a marquée la nature (9).

Dans l'acte de la végétation, les plantes sont des animaux attachés à la surface de la terre (10). Le soleil, les étoiles, les planètes, sont des animaux des cieux ; le monde lui-même n'est qu'un grand animal qui renferme tous les autres. Les sens dont nous a doués la nature ne pourraient servir utilement à son usage, puisqu'il n'y a rien à voir, ni à toucher, ni à entendre hors du monde (11).

Un grand nombre de fleuves se précipitent dans l'Océan, enflent ses eaux, et donnent ainsi naissance à la marée ascendante. Les fleuves suspendent leur cours ; les eaux reviennent, diminuent, baissent : c'est ce qui produit la marée descendante (12).

Une flamme légère, ou plutôt un fluide extrêmement délié, jaillissant de la surface des corps et ayant quelque rapport avec l'organe de la vision, donne aux couleurs l'existence (13). Le mouvement rapide qui l'anime s'effectue toujours en ligne droite ; mais si un corps dont la surface est bien polie résiste victorieusement à son passage, il tombe et se relève en faisant des angles égaux. Ces principes, connus de la plus haute antiquité, appartiennent probablement à Platon ou à quelqu'un de ses disciples.

Si le fer se porte vers l'aimant ; si l'ambre frotté attire des corps légers situés dans sa sphère d'activité, c'est dans l'impulsion d'un fluide sortant de l'aimant ou d'un corps électrisé, qu'il faut chercher la cause de ces phénomènes. Ce fluide invisible chasse l'air qui, dans son mouvement rétrograde, entraîne les corps légers qu'il rencontre sur sa route (14).

La propriété qu'a l'aimant de communiquer au fer la vertu magnétique, était connue de Platon. J'en ai pour garant la description qu'il donne, dans l'Ion, de cette fameuse chaîne d'anneaux suspendus les uns aux autres, et tous soutenus par le premier qui est en contact avec l'aimant.

(1) De là les Académiciens, dont Platon fut le premier.

(2) Trois Entretiens de Platon regardent particulièrement la physique : le Timée, le Politique, le Cratilus. Beaucoup d'autres ont la morale pour objet.

(3) *Platonis Timœus, Serrani*, tom. III, pp. 49, 50, 51.

(4) *Platonis Timœus, Ficin.*, pag. 620.

(5) *Platonis Timæi Locri Serrani*, tom. III, p. 98.

(6) Plutarch., *de Placitis Philosoph.*, lib. I, cap. 5.

(7) Plutarch., *de Placitis philos.*, lib. II, cap. 4

(8) Plutarch., *in Quæstionibus Platonicis.*

(9) Plutarch., *de Placitis Philosoph.*, lib. I, cap. 12.

(10) Ibid., *Quæstion. natural. initio.*

(11) *Platonis Timæus, Serrani*, tom. I, pag. 3.

(12) *Platonis Phædo, Serrani*, tom. III, pag. 112.

(13) Plutarch., *de Placitis Philosoph.*, lib. I, cap. 12.

(14) *Plato. Timæus, Ficin.*, pag. 493. Platon y désigne l'aimant sous le nom de *pierre d'Héraclée*, nom très-usité parmi les Grecs.

Tels sont les principaux éléments dont le platonisme se compose. Au milieu des conceptions les plus bizarres, j'ose même dire les plus gigantesques, il offre des idées saines, quelquefois même l'empreinte du génie faisant des efforts pour s'élever, du premier vol, à la connaissance des causes. Mais telle est la fatale destinée des hommes, qu'ils ne peuvent parvenir à la vérité, sans avoir franchi un grand nombre de précipices et d'écueils qui hérissent les avenues de son auguste sanctuaire; et, sous ce rapport, les erreurs mêmes de ceux qui nous ont précédés doivent être regardées comme des services plus ou moins importants qu'ils ont rendus à la science. *Voy.* MATIÈRE.

PLESSIMÈTRE. *Voy.* TIMBRE.

PLUIE. — Lorsque les vésicules d'eau suspendues dans l'atmosphère deviennent grosses et que la température diminue, la rapidité de leur chute augmente, plusieurs d'entre elles se réunissent et tombent sur le sol. Si elles traversent des couches d'air très-sèches, leur surface se vaporise sans cesse, les gouttes deviennent de plus en plus petites, et il tombe moins de pluie sur le sol qu'à une certaine hauteur; il peut même arriver que la pluie n'atteigne pas la terre, mais se dissolve entièrement en l'air. Dans les plaines, au printemps, quand le temps est variable, on voit quelquefois la pluie tomber en abondance d'un nuage situé à l'horizon; mais les bandes de pluie que leur couleur grise distingue très-bien n'atteignent pas la terre. Quelquefois la goutte de pluie s'accroît pendant sa chute; car elle est à la température des couches supérieures de l'atmosphère, et condense à sa surface la vapeur d'eau, comme une carafe d'eau froide qu'on apporte dans une chambre chaude. Alors la quantité de pluie qui mouillera le sol sera plus considérable que celle qui tombe à une certaine hauteur.

Des différences de niveau de 30 mètres suffisent pour rendre ces phénomènes sensibles. Pour déterminer la quantité de pluie, on se sert d'instruments appelés *pluviomètres*, *ombromètres*, *hyetomètres*, *udomètres*. Ils se composent de vases ouverts par en haut, placés dans un lieu découvert, de manière à recevoir directement la pluie ou la neige qui tombent de l'atmosphère. Après chaque pluie on mesure la quantité d'eau qu'ils contiennent; s'il a neigé, on fait fondre la neige préalablement. Mais dans nos climats la quantité de pluie qui tombe chaque fois se réduit à si peu de chose, que les erreurs d'observation accumulées peuvent avoir de l'influence sur la moyenne annuelle.

Le plus souvent on emploie des appareils à mensuration très-simples; un tube en verre du diamètre de 2 à 4 centimètres est divisé extérieurement en parties correspondant chacune à 2 ou 3 centimètres cubes de capacité. On mesure avec la même exactitude l'ouverture du pluviomètre; supposons qu'elle soit égale à 0^{m}, 2 carrés; après la pluie on verse l'eau qui se trouve dans le pluviomètre dans le tube gradué, et l'on peut savoir combien il est tombé de centimètres cubes d'eau. On calcule aussi quelle eût été la hauteur de l'eau tombée dans le pluviomètre en divisant le nombre des centimètres cubes par la surface de l'ouverture, exprimée en centimètres carrés. Je suppose qu'on ait trouvé 0^{m}, 10283 cubes, l'eau aurait eu une hauteur de

$$\frac{0{,}10283}{0{,}20000} = 0^{m},\ 051$$

Il est du reste indispensable de mesurer immédiatement après la pluie, sans quoi une partie de l'eau s'évapore, et l'on trouve des nombres trop faibles.

Plaçons deux pluviomètres, l'un sur le toit d'un édifice, l'autre au niveau du sol, comme on l'a fait à l'Observatoire de Paris: rarement nous trouverons la même quantité de pluie dans les deux instruments; en général, elle sera moins considérable en haut. Cet effet se remarque surtout lorsque l'air est humide et agité dans le voisinage du sol; il est probable que le vent enlève les gouttes de pluie qui rebondissent et les chasse dans le pluviomètre, comme on voit la neige s'accumuler sur certains points; on admet aussi que les gouttes grossissent par la vapeur d'eau qui s'ajoute à elles dans la hauteur qui sépare le sol du toit de l'édifice.

L'eau qui tombe des régions supérieures de l'atmosphère est en général à l'état de neige ou de pluie. Cependant, même au milieu de l'été, elle tombe quelquefois sous forme de grêle. En hiver, on observe aussi des gouttes de pluie gelées qui se composent de glace pure, surtout quand, après un froid rigoureux et continu, les vents du sud viennent échauffer les régions supérieures de l'atmosphère. Il se forme alors des gouttes de pluie qui se congèlent avant d'arriver au sol; cependant l'eau arrive souvent encore à l'état liquide, mais elle gèle en touchant la terre, qu'elle recouvre d'une couche de glace appelée *verglas*. Ces deux phénomènes coïncident ordinairement avec une forte baisse barométrique et annoncent le dégel.

Lorsque le ciel est serein et le froid intense, on observe souvent en l'air un grand nombre de particules brillantes: ce sont de petits flocons de neige qui réfléchissent les rayons du soleil. Ils se forment au milieu des vapeurs qui s'élèvent du sol, et tombent souvent en quantité telle qu'ils couvrent entièrement le sol. Cette formation de neige sans nuages n'a lieu que par un temps très-calme. Quand l'équilibre des régions supérieures est violemment troublé, surtout lorsque des vents du nord très-froids combattent ceux du midi, alors il peut arriver que la pluie tombe d'un ciel serein. On voit de larges gouttes mouiller le sol, et cependant au zénith le ciel est bleu. Les vapeurs se condensent en eau sans passer par l'état intermédiaire de vapeurs vésiculaires.

Pluies entre les tropiques. — La fréquence des pluies dans les différentes saisons est si intimement liée à d'autres conditions climatériques, qu'on peut diviser sous ce point de vue la terre en plusieurs régions. Considérons d'abord les pays situés entre les tropiques, parce que l'on y observe une régularité beaucoup plus grande que dans nos climats.

Partout où l'alizé souffle constamment sur mer, il ne pleut pas : le ciel est toujours serein, surtout quand le soleil se trouve dans l'autre hémisphère ; mais il pleut souvent dans la région des calmes. Le courant ascendant entraîne avec lui une masse de vapeurs qui se condensent dès qu'elles arrivent à la ligne de jonction de l'alizé supérieur et de l'alizé inférieur. Le soleil se lève presque toujours sur un ciel serein ; vers midi on voit paraître des nuages isolés qui versent des quantités d'eau prodigieuses : les averses sont accompagnées de violents coups de vent. Vers le soir, les nuages se dissipent, et quand le soleil se couche, le ciel est parfaitement pur. Ainsi les masses d'air se déchargent de l'eau qu'elles contiennent sur les régions mêmes d'où elles s'élèvent, et de là vient l'absence des pluies qu'on observe dans les pays plus éloignés de l'équateur, où le vent d'est souffle avec régularité.

Sur terre, nous trouvons entre les tropiques, pendant une partie de l'année, des perturbations dans la direction des alizés ; et l'année se partage en deux saisons : la saison humide et la saison sèche. Les Européens ont trouvé cette division climatérique adoptée par toutes les populations indigènes, et elle est d'autant plus caractéristique qu'il se passe souvent pendant la saison sèche des mois entiers sans qu'on voie un seul nuage au ciel.

Malgré les différences locales, on remarque partout une grande régularité dans la succession des phénomènes.

Dans la partie de l'Amérique méridionale située au nord de l'équateur, le ciel est tout à fait serein depuis décembre, jusqu'en février, le vent souffle de l'est ou de l'est nord-est ; l'air est sec et les végétaux sont sans feuilles. Vers la fin de février et au commencement de mars, le bleu du ciel est moins foncé, l'hygromètre dénote plus d'humidité dans l'air, et les feuilles des arbres commencent à pousser : un léger rideau de vapeurs amortit la scintillation des étoiles, qui est beaucoup plus forte et qu'on peut observer quelquefois jusque dans le voisinage du zénith. L'alizé souffle avec moins de force, et de temps en temps l'air est tout à fait calme. Peu à peu des nuages, semblables à des montagnes, s'amassent au S.-S.-E., et parcourent quelquefois le ciel avec une vitesse incroyable. Vers la fin de mars, des éclairs sillonnent le ciel au sud, le vent passe durant plusieurs heures à l'ouest ou à l'O.-S.-O. L'électricité atmosphérique devient plus forte, surtout au coucher du soleil, et ceci est un signe certain de l'approche de la saison pluvieuse, qui, sur les bords de l'Orénoque, commence à la fin d'avril. Le ciel se trouble et devient gris, de bleu qu'il était. L'après-midi, au moment où la chaleur est à son *maximum*, un orage accompagné de fortes pluies s'élève dans la plaine. Au commencement les nuages et la pluie se forment seulement pendant les heures brûlantes de l'après-midi, et disparaissent vers le soir ; mais à mesure que la saison avance, surtout lorsque le soleil est au zénith, tous deux commencent à se montrer dès le matin ; mais à la fin de la saison ils reparaissent de nouveau dans l'après-midi.

Dans beaucoup de contrées, la nuit est presque toujours sereine ; dans d'autres il pleut aussi la nuit et même encore plus que le jour, mais il est probable que cette différence tient au voisinage des grandes chaînes de montagnes. M. Boussingault s'en est assuré sur les plateaux et dans les vallées des Andes, au Pérou ; Lyall à Madagascar ; et l'amiral Roussin à Cayenne. D'autres voyageurs ont confirmé ces données par des observations isolées.

Tous ces phénomènes tendent à prouver que le courant ascendant, qui est surtout très-fort dans le lieu dont le soleil occupe le zénith, amène une perturbation dans l'atmosphère. De là d'abord la scintillation des étoiles, puis un changement dans la direction des vents. L'évaporation de l'eau tombée de la veille rend l'air tellement saturé de vapeurs, que, même en Afrique, les vêtements, les souliers, tous les objets en un mot qui ne sont pas placés près du feu, deviennent humides, et les habitants se trouvent dans une espèce de bain de vapeur perpétuel. Cette époque est celle des maladies endémiques, si fatales aux Européens. En Afrique, l'approche de la saison des pluies s'annonce aussi par des changements dans la direction des vents.

Dans l'Inde, l'alternance des saisons, comparée à celle qui existe entre les tropiques, n'est pas moins anomale que la direction des vents. La côte occidentale de cette presqu'île a sa saison des pluies pendant la mousson de S.-O., tandis que la saison sèche règne pendant la mousson de N.-E. Quand le vent qui souffle du S.-O. est forcé de remonter le long des flancs des Gates, les vapeurs se condensent sur leurs sommets, et presque tous les jours il y a de violents orages. Dans l'intérieur du pays, les pluies sont rares, et sur la côte orientale le ciel est serein. C'est en juillet que les pluies sont le plus abondantes. Pendant la mousson de N.-E., on remarque la même succession sur la côte de Coromandel ; mais les montagnes étant moins escarpées, les pluies ne sont pas aussi fortes. Pendant ce temps le ciel est tout à fait serein sur la côte occidentale. Le plateau du Dekan participe du climat des deux côtes. La distribution de la pluie dans les saisons dépend de la distance des différents points à la mer. Suivant qu'ils sont plus rapprochés de la côte occidentale ou orientale, le cours des saisons est analogue à celui de la côte correspondante. Quelques endroits, situés au milieu de la presqu'île, ont des pluies partielles pendant toute l'année, ou bien elles ont deux *maxima* dans l'année.

La quantité d'eau qui tombe dans ces

contrées dans l'espace de quelques mois est plus considérable que celle de toute l'année chez nous. Dans les lieux situés près de la mer, on peut admettre qu'il tombe 190 à 320 centimètres d'eau pendant l'année. Ajoutons qu'il ne pleut que pendant quelques mois et seulement durant une ou deux heures de la journée, ce qui rend le contraste encore plus frappant. Les gouttes d'eau sont énormes, très-serrées, et arrivent à terre avec une grande force. Mais si l'on pénètre dans l'intérieur des terres, ou si l'on s'élève à des hauteurs considérables, la quantité de pluie diminue. A Seringapatam, dans l'Inde, et à Bogota en Amérique, elle est à peine supérieure à celle qu'on observe en Allemagne.

Pluies dans les latitudes plus élevées, particulièrement en Europe. — La périodicité des pluies disparaît à mesure qu'on s'éloigne de l'équateur. Tandis qu'entre les tropiques les plus grandes quantités de pluie tombent pendant que le soleil est au zénith, c'est-à-dire dans une saison qui correspond à notre été, au nord des tropiques, c'est surtout en hiver qu'il pleut abondamment.

En réunissant tout ce que l'on sait sur les différents climats de l'Europe, nous sommes conduits à établir trois régions hyétographiques : 1° celle de l'Angleterre et de la France occidentale, qui s'étend en se modifiant jusque dans l'intérieur du continent ; 2° celle de la Suède et de la Finlande ; 3° celle des bords de la Méditerranée. Les limites de ces régions ne sont pas toujours rigoureusement définies ; on ne les reconnaît clairement que dans les points où elles sont marquées par de grandes chaînes de montagnes. Les différences de ces trois groupes consistent dans la direction différente des vents pluvieux et dans la distribution de la quantité d'eau qui tombe chaque année.

Considérons cette partie de l'Europe qui se trouve au nord des Alpes et des Pyrénées : la prédominance des vents d'ouest, une vaste mer d'un côté, un grand continent de l'autre, sont les circonstances déterminantes de la distribution des pluies. Si le vent de N.-E. régnait toujours, même à une hauteur considérable, il ne pleuvrait jamais ; car il passe sur des terres avant d'arriver dans les basses latitudes où l'élévation de la température éloigne les vapeurs de leur point de condensation. Si le S.-O., au contraire, soufflait sans relâche, il pleuvrait toujours, car dès que l'air humide se refroidit, la vapeur d'eau se précipite. Malgré leurs alternances, ces vents conservent toujours leur caractère relatif. Si nous cherchons avec M. de Buch combien de fois chaque vent amène la pluie, ces résultats deviendront évidents. Sur 100 pluies qui tombent à Berlin, les différents vents ont soufflé dans les proportions suivantes :

N.	N-E.	E.	S-E.	S.	S-O	O.	N-O.
4,1	4,0	4,9	4,9	10,2	32,8	24,8	14,4

Ainsi presque point de pluies avec les vents du N.-E., tandis que la moitié au moins sont amenées par les vents de l'ouest et du S.-O.

Sur neuf fois que le vent d'est souffle, il ne pleut qu'une fois, tandis qu'il pleut une fois sur trois par celui de S.-O. On reconnaît aussi l'influence des saisons. Tandis qu'il pleut souvent en hiver par les vents d'est ou de nord, ces mêmes vents sont presque toujours secs en été. Avec les vents d'est, l'air est très-sec en été, mais très-humide en hiver.

Les pluies amenées par des vents de N.-E. sont même fort différentes de celles qui viennent avec ceux de S.-O. Quand le vent de N.-E. se met à souffler tout à coup, la température baisse, de larges gouttes de pluie tombent en abondance pendant quelques instants ; puis le ciel redevient serein. Par les vents de S.-O., la pluie est fine et dure longtemps.

Ainsi les pluies sont dues en général au refroidissement et à la précipitation des vapeurs amenées par les vents de S.-O. Dans les latitudes élevées, les vents de N.-E., au contraire, viennent refroidir subitement des masses d'air, qui ne peuvent plus contenir les vapeurs à l'état élastique. Les vents se succédant les uns aux autres avec une certaine régularité, il doit en résulter une succession assez régulière dans les changements de temps : c'est de celle-ci que nous allons nous occuper pendant quelques instants.

Quand le temps a été au beau pendant longtemps et qu'un vent de S.-O. commence à souffler dans les régions supérieures de l'atmosphère, alors on voit paraître des *cirrus* qui recouvrent tout le ciel. Au-dessous d'eux se forme souvent une couche de *cumulus* qui laissent échapper une pluie légère. Le vent tourne à l'ouest, les nuages s'épaississent, la pluie tombe plus abondamment et l'air devient plus froid. Avec le vent du nord ou du N.-O., la pluie continue, quoique le thermomètre baisse. En hiver, la pluie passe à l'état de neige. Si la pluie ne cesse pas complétement avec le vent du nord, elle n'est cependant pas continue, on voit le bleu du ciel dans les intervalles qui séparent les nuages. Des ondées alternent avec des rayons du ciel, surtout par le vent de N.-E. ; mais si le vent passe à l'est ou au sud, alors le ciel se couvre de petits *cumulus* arrondis, ou bien il devient complétement serein.

Ces phénomènes se succèdent d'une manière à peu près uniforme sur de grandes surfaces. Des chaînes de montagnes ont seules le pouvoir de modifier un peu la succession des phénomènes. Si elles s'étendent du nord au sud, elle arrêteront le vent de S.-O., et il pleuvra davantage sur leur versant occidental que sur le versant oriental. Aussi n'est-ce pas le S.-O. qui est le vent pluvieux dans l'Allemagne méridionale, mais c'est l'ouest et le N.-O., parce que les vents de S.-O. ont perdu l'eau dont ils étaient chargés lorsqu'ils sont arrivés de l'autre côté des Alpes.

Si l'on mesure la quantité de pluie qui tombe dans les diverses parties de l'Europe, on trouve qu'elle est d'autant moindre, toutes choses égales d'ailleurs, qu'on s'éloigne davantage des bords de la mer. Ainsi sur la côte occidentale d'Angleterre, il en tombe 95 centimètres par an. Sur la côte orientale et dans l'intérieur du pays, il n'en tombe plus que 65 centimètres. En passant sur le pays, les vents occidentaux se sont déchargés d'une grande partie de l'eau qu'ils tenaient en suspension. Sur les côtes de France et de Hollande, la quantité de pluie est de 68 centimètres; dans l'intérieur, 65 centimètres; dans les plaines de l'Allemagne, 54; et à Pétersbourg et Bude, 43 à 46 centimètres. Nous arriverons au même résultat en comptant dans chaque pays le nombre de jours de pluie, comprenant sous cette dénomination tous ceux pendant lesquels il a plu peu ou beaucoup. En Angleterre et dans la France occidentale, il y a en moyenne 152 jours de pluie par an; dans l'intérieur de la France, 147; dans les plaines de l'Allemagne, 141; à Bude, 112; à Kasan, 90; et dans l'intérieur de la Sibérie, 60 seulement.

Non-seulement il tombe moins de pluie dans la partie orientale que dans les régions occidentales de l'Europe, mais cette pluie est répartie différemment entre les diverses saisons.

Au printemps, il tombe partout le cinquième environ de la quantité totale; nous ne nous occuperons donc point de cette saison afin de porter toute notre attention sur l'hiver et l'été. Comparons ces deux saisons et représentons par 1 la quantité de pluie qui tombe en hiver; celle qui tombe en été sera exprimée par les nombres suivants :

Quantité relative de pluie en été.

Angleterre occidentale	0,868
Angleterre orientale	1,131
France occidentale	1,071
France orientale	1,540
Allemagne	2,042
Pétersbourg	2,670.

Ainsi, tandis que dans l'Angleterre occidentale la quantité d'eau qui tombe en été est à celle qui tombe en hiver comme 9 est à 10, ce rapport change complétement à mesure qu'on pénètre dans le continent. Sur les côtes occidentales de la France, les quantités d'eau sont à peu près égales. En Allemagne il tombe deux fois plus d'eau en été qu'en hiver, et à Pétersbourg, la quantité de pluie en hiver est seulement un peu plus du tiers de celle qui tombe en été. Les jours de pluie suivent les mêmes lois. Sur les côtes occidentales de l'Angleterre, ils sont plus nombreux en hiver qu'en été; tandis que, dans l'intérieur de la Sibérie, il pleut quatre fois plus souvent en été qu'en hiver (1).

Ces différences climatologiques tiennent à deux causes. A latitude égale, l'air est plus chaud au-dessus de la mer Atlantique qu'au-dessus de la terre. Quand les vents d'ouest, chargés de vapeur d'eau, commencent à souffler, celle-ci se précipite dès qu'ils sont en collision avec les vents plus froids du continent. Ajoutez à cela que les nuages sont beaucoup plus bas en hiver qu'en été, et se laissent arrêter par des chaînes de montagnes peu élevées. En été ils passent par-dessus et vont verser l'eau dont ils sont chargés dans l'intérieur des continents : cette dernière circonstance est d'autant plus influente que la plupart des pluies d'été sont dues aux courants ascendants qui entraînent les vapeurs et les nuages vers les parties supérieures de l'atmosphère, phénomène qui se reproduit bien plus souvent sur le continent qu'en Angleterre, par exemple.

L'Atlantique est le grand réservoir des pluies pour les régions de l'Europe que nous avons considérées jusqu'ici, mais elle n'a que peu d'influence sur les climats des pays situés au nord de la Méditerranée. Les vents d'ouest se déchargent de l'eau qu'ils contenaient sur les Pyrénées, les montagnes de la péninsule Ibérique et celles du midi de la France. Le sud-ouest venant de l'équateur règne concurremment avec le sud, engendré par les déserts brûlants du Sahara, et qui donne lieu à beaucoup de tourbillons locaux, tandis que les vents du nord soufflent sur la Méditerranée. Ce vent se distingue par sa sécheresse et sa température élevée; aussi, quand le courant ascendant entraîne les vapeurs en haut, celles-ci arrivent dans un air sec et ne se condensent pas, surtout si le vent souffle avec violence.

L'Italie montre, sous le rapport de la distribution des pluies, des différences locales fort remarquables; nous ne saurions les poursuivre dans leurs détails, à cause du manque d'observations. Non-seulement les vents pluvieux ne sont pas les mêmes qu'en Europe, mais on trouve des différences entre ceux des plaines de la Lombardie et ceux de la côte occidentale.

A Rome, il pleut par les vents du nord et du sud, rarement avec des vents intermédiaires. Quant à la fréquence, sur douze fois que souffle le vent du nord, il amène une

(1) Quand un mois est très-pluvieux les gens du monde sont prompts à s'imaginer que le climat du lieu qu'ils habitent, ou même celui du monde entier, se détériore. C'est ce qui eut lieu à Paris au mois d'avril 1837. Pour mettre fin à ces bruits ridicules, M. Arago ouvrit les registres de l'Observatoire et fit voir que la quantité de pluie tombée en avril 1839 qui s'élevait à 63mm, était inférieure à celle de 4 années antérieures où elle avait été :

En 1829 de 69mm.
En 1821 de 68
En 1818 de 66
En 1833 de 64

En avril 1837, les jours de pluie furent au nombre de 17. Or, voici leur nombre dans d'autres années :

1833	29 jours.
1829	25
1830	22
1804	19
1818	18
1821	18
1805	17

Il en est de même des conséquences que l'on tire des températures moyennes peu élevées que l'on observe dans certains mois

fois la pluie, tandis que celui du sud ne souffle pas trois fois sans qu'il tombe de l'eau. A Padoue, le vent du nord se réfléchit sur les Alpes; à Rome, la pluie vient des Apennins, qui sont situés à l'ouest de cette ville.

En examinant la répartition de la pluie en Italie, nous devons distinguer les côtes de la mer Adriatique, et en particulier la Dalmatie, des contrées situées au delà des Apennins. Sur toute la côte occidentale, dix pour cent de la quantité annuelle de pluie tombent en été. Ce fait était déjà connu des anciens, quand ils disaient qu'en Italie il ne pleut pas avec les vents *étésiens ;* il en est de même en Grèce. Le courant du Sahara est très-fort dans les régions supérieures, et les vapeurs qui s'élèvent ne sauraient saturer cet air sec et chaud. Cela n'arrive que si la régularité des vents est troublée et lorsque le courant ascendant souffle avec beaucoup de force; alors le ciel se couvre; bientôt il y a des grains et des orages, mais les nuages ne tardent pas à disparaître de nouveau.

En Syrie, aussi bien que dans le nord de l'Afrique, il pleut rarement en été, fréquemment en hiver : de là ce ciel toujours serein en été dont les voyageurs ne parlent qu'avec enthousiasme. On comprend qu'un pareil climat ait une grande influence sur la végétation ; celle des côtes septentrionales de la Méditerranée est caractérisée par un grand nombre d'espèces particulières. Ces espèces, signalées d'abord autour de Montpellier et de Marseille, se retrouvent sur toute la côte occidentale ; mais dès qu'on traverse le col de Tende, on voit une végétation qui se rapproche de celle de l'Allemagne. Ces différences ne tiennent point uniquement à celle qui existe entre les températures moyennes, mais aussi à l'influence d'une température plus uniforme.

Il est à regretter que nous ne possédions pas un plus grand nombre de renseignements sur la distribution des pluies dans le reste du monde. Les observations existantes sont insuffisantes. Faisons seulement observer que les côtes occidentales des deux Amériques se distinguent par des pluies hibernales abondantes, tandis que c'est le contraire sur la côte orientale; le manque total de séries continues faites dans ces parages ne permet pas d'établir des lois plus précises.

Pluie, état du baromètre pendant la pluie. *Voy.* Baromètre.

PLUIE DE SOUFRE.—Autrefois, et encore aujourd'hui, on a dit qu'il tombait souvent de la fleur de soufre avec la pluie ; après de fortes averses, on trouvait que les eaux tranquilles étaient couvertes d'une poussière jaune ; et comme elle s'enflammait aisément, on en a conclu que c'était du soufre : tous les ans on trouve de ces nouvelles dans les journaux. Des recherches plus exactes ont prouvé que cette poussière n'était rien autre chose que le pollen de certaines fleurs, et des pins en particulier, qui était balayé par les vents et précipité avec la pluie; Elsholtz l'avait déjà dit en 1676. La nature du pollen dépend de celle des végétaux qui croissent à une certaine distance. Schmieder croit qu'en mars et en avril c'est le pollen des aunes et des noisetiers ; en mai et en juin celui des pins, des sureaux et du bouleau; en juillet, en août et en septembre, celui des lycopodes, des *typha* et de plusieurs espèces d'*equisetum*. Quand des étangs sont couverts de cette poussière, on trouve ordinairement ces végétaux dans le voisinage, et dans les bois on les observe aux endroits qui sont exposés aux vents.

PLUIES DE SANG. — Dans les chroniques du moyen âge, il est souvent question de pluies de sang; sur le sol ou dans les eaux on trouvait des taches rouges, et la superstition y voyait un présage de la colère divine. Ce phénomène se reproduit de temps en temps; mais des recherches microscopiques ont prouvé que ces colorations provenaient de végétaux ou d'animaux innombrables qui remplissent quelquefois les eaux. Souvent, cependant, il tombe avec la pluie une poussière rouge contenant des principes inorganiques colorés par le fer ou par l'hydrochlorate de cobalt.

On s'est beaucoup occupé, dans ces derniers temps, de la neige rouge; déjà de Saussure, Ramond et d'autres observateurs l'avaient vue sur les Alpes et sur les Pyrénées. Dans la baie de Baffin, Ross trouva que la neige était pénétrée quelquefois à plusieurs décimètres de la substance colorante; dans les Alpes, on l'observe sur des pentes peu inclinées. Au microscope, on voit que ce sont des granules rouges dont la nature n'est pas encore parfaitement connue.

On peut considérer ces granules comme des végétaux réduits à leur plus simple expression, savoir, à une cellule remplie de liquide. Un grand nombre d'infusoires circulent au milieu de ces utricules, qui leur servent de nourriture; la couleur rouge est la plus ordinaire : cependant ces utricules peuvent verdir comme tous les autres végétaux. L'observation suivante en est la preuve :

« Lorsque nous débarquâmes au Spitzberg le 25 juillet 1838, dit M. Charles Martins, je m'aperçus, en traversant un champ de neige avec mon ami M. Bravais, que l'empreinte des derniers pas que nous avions faits, avant de passer de la neige sur la terre, était d'une couleur verte. La surface même de la neige était blanche, mais à quelques centimètres au-dessous il semblait qu'elle avait été arrosée avec l'eau résultant d'une décoction d'épinards. Nous recueillîmes cette neige, et, en fondant, elle donna une eau très-faiblement colorée. Dans une autre course, je trouvai cette matière verte semblable à une poussière répandue à la surface d'un champ de neige dont la majeure partie était couverte d'une quantité énorme d'*Hæmatococcus nivalis*. Au-dessous de la surface et sur les bords du champ, la neige était aussi colorée en vert. Je recueillis la matière verte de la surface, et, au bout de quelque temps, elle se déposa au fond du flacon ; alors je décantai la plus grande partie du liquide, qui était incolore.

« Une goutte de ce liquide fut placée sur le porte-objet d'un microscope éclairé suivant la méthode de M. Dujardin. Cet habile observateur était présent, ainsi que M. Biot, et voici ce que nous constatâmes : L'eau était remplie d'une matière verte amorphe, au milieu de laquelle on distinguait des grains de *protococcus* verts parfaitement sphériques. On en remarquait aussi quelques-uns d'une teinte rouge et beaucoup plus gros, enfin d'autres à peine rosés qui, pour la grandeur, étaient intermédiaires entre les deux premiers. Depuis j'ai examiné ces grains rouges ou rosés au microscope, et j'ai trouvé que cette neige verte se composait de granules variant pour la grosseur et la couleur.

« Les uns paraissaient simples ; ils étaient verts ou d'un rose pâle et de 0,01 à 0,05 de millimètre de diamètre; quelques-uns rares, et d'un rouge de sang, avaient 0,02 de millimètre. D'autres globules paraissaient *composés*, c'est-à-dire formés d'une enveloppe renfermant des globules à l'intérieur. Leur diamètre était de 0,05 à 0,055 de millimètre de diamètre. M. Montagne voulut bien les examiner avec moi, et dessiner l'un d'entre eux sous un grossissement de 3000 fois. Il avait une paroi épaisse et contenait cinq granules rouges. Jamais je n'ai pu voir distinctement un globule renfermant des granules vertes.

« Ayant examiné comparativement de la neige rouge (*Hæmatococcus nivalis*), recueillie dans le voisinage de cette matière verte, nous pûmes vérifier l'identité des globules rouges de la neige verte avec ceux de la neige rouge. Cette dernière offrait de plus des chapelets plus ou moins longs, formés par des globules simples ajoutés bout à bout, et rappelant l'apparence moliniforme des espèces du genre *Torula*. Il est évident, d'après ce que nous venons de voir, que la neige verte (*Protococcus viridis*) et la neige rouge (*Hæmatococcus nivalis*), sont une seule et même plante à différents états; mais il est difficile de décider quel est l'état *primitif*. Toutefois, en réfléchissant qu'on voit des utricules incolores renfermant des granules rouges qui deviennent libres quand l'utricule mère vient à disparaître, on peut supposer avec quelque raison que la couleur rouge est particulière au globule jeune, qui verdit ensuite sous l'influence prolongée de la lumière et de l'air. Or, on conçoit que si la neige n'est pas très-ancienne, ou si elle est balayée par les vents, comme c'est le cas le plus fréquent, surtout dans les montagnes, l'*hæmotacoccus* rouge n'a pas le temps de verdir. »

PLUIE DE BLÉ. — Après de fortes pluies, on a souvent trouvé par terre des corps qui avaient une analogie éloignée avec des grains de blé, et qui paraissaient, comme ces derniers, composés en grande partie de farine; mais on a démontré déjà depuis longtemps que ce n'étaient pas des graines de céréales, et qu'ils n'étaient pas tombés du ciel. MM. Goeppert et Treviranus ont étudié ce sujet dans ces derniers temps.

En juin 1830, on trouva, près de Greisau, village de Silésie, après une pluie d'orage, un certain nombre de corps de nature végétale sur des parties couvertes de gazon. Ces corpuscules étaient extérieurement d'un jaune brun, au dedans d'un blanc transparent, sphériques, rarement cylindriques, ayant de 4 à 18 millimètres de long et 2 à 4 millimètres de diamètre; ils avaient le goût de la farine, mais laissaient dans la bouche un arrière-goût âcre et brûlant.

Par une dessiccation rapide, le goût âcre disparaissait, et le grain avait celui d'une amande. Des recherches exactes ont fait voir que ces grains étaient des tubercules de la ficaire (*Ranunculus ficaria*, L.), plante très-commune en Silésie. Au milieu de juin, les feuilles et les tiges de cette plante printanière se dessèchent, et il ne reste que les racines, qui se composent de 6 à 20 petits tubercules fixés à de faibles radicules. Une forte pluie entraîne ces tubercules, les sépare de la racine et les ramène dans les points déclives : aussi les trouve-t-on après la pluie, mais personne ne les a encore vus tomber avec elle.

On avait observé il y a longtemps ces tubercules dans différentes contrées, mais on les avait méconnus. Des graines de plusieurs plantes, charriées et accumulées dans certains points par de fortes pluies ont été prises aussi pour des produits de l'atmosphère ; telles sont les graines de *melampyrum nemorosum*, *veronica hederæfolia*, etc. Personne ne s'étonnera que des coups de vent, accompagnés de pluie, puissent ainsi transporter des graines et des fruits.

PLUIES D'ANIMAUX. — Des petits animaux, tels que des grenouilles, des poissons, des chenilles, etc., paraissent tomber quelquefois avec la pluie : au moins les a-t-on trouvés en grand nombre dans les champs après la pluie; mais ce sont des animaux enlevés par le vent, entraînés par les pluies, ou que l'humidité a fait sortir de leurs retraites. On a soutenu dans ces derniers temps que des animaux étaient tombés du ciel, même par un temps calme; à toutes ces assertions, il n'y a pas d'autre réponse que celle qu'un des naturalistes les plus distingués de l'époque fit à quelqu'un qui lui assurait avoir vu un de ces phénomènes : « Il est heureux, lui dit-il, que vous l'ayez vu, car maintenant je le crois; mais si je l'avais vu, je ne le croirais pas. »

PLUIE DE PIERRES. — Il est raconté au chap. x, v. 11, du livre de Josué, que lorsque les Amorrhéens fuyaient devant les enfants d'Israël et qu'ils étaient dans la descente de Béthoron, tâchant de regagner leur pays, Jéhova fit tomber du ciel de grosses pierres sur eux jusqu'à Azéca, et que ces pierres de grêle en tuèrent beaucoup plus que les enfants d'Israël n'en avaient détruits par le glaive.

Les interprètes sont partagés sur le sens du texte : les uns, prenant à la lettre l'expression de *grosses pierres*, l'entendent d'une véritable pluie de pierres ordinaires; les autres, et c'est le plus grand nombre, prétendent qu'il ne s'agit que d'une simple grêle, mais dont les grêlons étaient d'une grosseur extraordinaire. Les premiers fondent leur opinion sur ce que le texte porte expressément *de grosses pierres*, et que le mot grêle ajouté la seconde fois n'a pas été mis par l'écrivain sacré dans le dessein de déterminer la nature de ces *grosses pierres* dont il venait de parler, mais bien pour nous faire entendre qu'elles tombèrent du ciel avec autant d'impétuosité, de violence, et en aussi grand nombre que si c'eût été une grêle qui fondît sur la terre. Ces mêmes interprètes ajoutent que s'il ne s'agissait que d'une simple grêle, l'Ecriture n'emploierait pas cette locution : Jéhova *lança sur les Chaldéens de grosses pierres*. Enfin, ils citent, à l'appui de leur opinion, les nombreuses pluies de pierres tombées dans le cours des siècles en différents lieux. Le commun des commentateurs, qui soutiennent que Josué ne parle dans son histoire que de grêlons extrêmement gros, et durs comme des pierres, font aussi valoir plusieurs raisons en faveur de leur sentiment. D'abord, outre le témoignage des anciennes versions qui ont expliqué l'original en ce sens, le texte hébreu lui-même, quoi qu'on en dise, est beaucoup plus favorable à cette interprétation, car c'est la coutume des écrivains sacrés de déterminer dans le second membre de la phrase les termes qu'ils ont employés dans le premier avec un certain vague ou une généralité qui pourrait faire prendre le change au lecteur sur leur véritable pensée ; et pour traduire l'expression *pierres de grêle* par *grêle de pierres*, il faut faire violence ouverte à la construction hébraïque, bien que dans le langage ordinaire la locution *tomber comme la grêle* s'applique presque dans tous les idiomes connus, aux pierres, aux traits, aux coups, etc., et qu'on dise *une grêle de pierres*, *une grêle de traits*, *une grêle de coups*, etc.; au contraire, l'expression *pierres de grêle* trouve ses analogues dans plusieurs autres usitées dans la Bible, telles que *pierre d'étain* (*Zach.* IV, 10), pour dire le plomb dont se servent les architectes pour prendre l'aplomb d'une muraille; *pierres de boue* (*Eccli.* XXII, 1) pour exprimer des mottes de terre, etc. De là le prophète Isaïe, décrivant une tempête par laquelle Jéhova menace ses ennemis, se sert des mêmes termes que Josué, *pierres de grêle* (*Isa.* XXX, 30). Une autre preuve encore en faveur de cette opinion, c'est que l'auteur de l'Ecclésiastique, en rapportant ce fait, dit expressément que c'étaient de grosses pierres de grêle : *In saxis grandinis virtutis valde fortis* (XLVI, 6); et qu'il rapporte ailleurs, comme un effet ordinaire de la puissance de Dieu, la direction des nuages et le brisement des pierres de grêle : *Et confracti sunt lapides grandinis* (XLIII, 16)

Cette dernière opinion nous a paru la plus probable, parce qu'elle est mieux fondée en autorité et en raisons philologiques. Nous convenons qu'aujourd'hui le phénomène des aérolithes ou pierres tombantes est un fait acquis à la science et dont il n'est plus permis de douter. Ainsi, nous ne doutons pas qu'il aurait pu se reproduire lors de la déroute des Chananéens ; nous pensons seulement qu'il n'a pas eu réellement lieu dans cette circonstance.

Au reste, quelle que soit l'opinion qu'on adopte, il faut nécessairement admettre un miracle, car une pluie de grêlons qui sont assez gros et assez durs pour tuer un nombre infini d'hommes à l'ennemi seulement, en épargnant les Israélites, et qui tombent sans discontinuer depuis Béthoron jusqu'à Azéca, c'est-à-dire pendant six ou sept heures de chemin, n'est pas moins contraire au cours ordinaire de la nature qu'une pluie de pierres qui aurait le même effet.

PLUMES MÉTALLIQUES. *Voy.* TECHNOLOGIE.

PLUVIOMÈTRE. *Voy.* PLUIE.

POIDS et MESURES. *Voy.* MESURES.

POIDS de la vapeur d'eau. *Voy.* VAPEUR (*Météor.*)

POIDS SPÉCIFIQUE des corps. *Voy.* DENSITÉ.

POISSON démontre le pouvoir des pointes. *Voy.* ÉLECTRICITÉ (*Hist. de l'*)

POISSONS, espèces de raies pêchées à une grande profondeur sur les côtes d'Espagne, par MM. Arago et Biot. *Voy.* NEPTUNE.

POISSONS ÉLECTRIQUES. — On sait depuis longtemps que la torpille a la propriété de frapper d'engourdissement la main qui la touche ; quelquefois même la commotion est assez violente pour déterminer dans toute la longueur du bras une paralysie douloureuse qui dure plusieurs minutes, et qui peut être comparée à ce qu'on éprouve quand on se frappe le coude. Pour expliquer ces effets, l'on disait autrefois que la torpille *lance des molécules engourdissantes*, ou qu'elle agit comme un *ressort* qui se débande, ou comme un corps *sonore* qui est en vibration rapide. (Réaumur, *Académie des sciences, 1714.*) Mais lorsque Muschembrock ressentit pour la première fois les effets de la bouteille de Leyde, il eut l'heureuse idée de comparer cette commotion à celle de la torpille, et d'attribuer ainsi à la même cause des phénomènes dont l'origine semblait si différente : c'est alors seulement que la torpille et les autres poissons analogues, que l'on appelait en général *trembleurs*, furent appelés à juste titre *poissons électriques*; on en compte maintenant 7 appartenant à des genres différents : *Torpedo narkerisso ; T. unimaculata ; T. marmorata ; T. galvanii ; Silurus electricus ; Tetraodon electricus ; Gymnotus electricus.*

Quelle est l'origine de la prodigieuse quantité d'électricité que peuvent donner ces poissons? c'est une question d'un très-grand intérêt, qui paraît malheureusement avoir été négligée par les plus habiles observateurs ; cependant nous sommes portés à admettre que cette électricité est le résultat d'une *action physiologique particulière ;* car, dans l'ensemble des faits connus, nous ne trouvons rien qui autorise à penser qu'elle soit produite par des actions mécaniques, ou par la chaleur, ou par des actions chimiques : toutefois, dans l'impossibilité d'établir cette opinion sur des bases certaines, faute d'expériences directes, nous n'entreprendrons ici aucune discussion à ce sujet, et nous nous contenterons de résumer les principaux phénomènes qui ont été observés sur la torpille et le gymnote.

C'est à Walsh que nous devons les premières recherches un peu précises sur les effets de la torpille ; ses expériences furent faites à la Rochelle, en 1772, et à l'île de Rhé (*Journal de physique*, t. IV, page 205) ; il en tire les conséquences suivantes :

Quand la torpille est en l'air, on reçoit la commotion en touchant directement une partie quelconque de sa peau, soit par un seul doigt, soit par toute la largeur de la main.

On reçoit pareillement les commotions lorsqu'on la touche avec un bon conducteur, par exemple, avec une tige de métal de plusieurs pieds de longueur.

La commotion est *arrêtée par tous les mauvais conducteurs : ainsi*, on peut toucher impunément la torpille avec du verre, de la résine, etc.

On peut même la toucher sans danger avec une petite bande d'étain collée sur du verre, pourvu qu'il se trouve dans l'étain une solution de continuité aussi petite qu'on puisse la faire avec la pointe d'un canif.

Quand plusieurs personnes *non isolées* se tiennent par la main, et que la première, seule, touche la torpille, la commotion se fait sentir à la seconde et même à la troisième, mais elle diminue d'intensité.

La commotion se fait sentir dans un cercle de vingt personnes non isolées qui se tiennent par la main, quand la première personne touche la torpille *sous le ventre*, tandis que la dernière la touche sur le dos, ou *vice versa.*

Voilà les principaux résultats que l'on obtient dans l'air ; la dernière expérience réussirait peut-être en touchant deux points quelconques qui ne soient pas opposés, comme Walsh semble l'exiger, sans doute à cause de l'analogie qu'il cherche à établir entre les bouteilles de Leyde et les torpilles. Dans l'eau, les commotions ont toujours moins d'intensité que dans l'air, mais elles se produisent encore de la même manière et sous les mêmes conditions. L'eau étant un assez bon conducteur, on conçoit qu'une torpille vive et énergique puisse agir à distance, et qu'alors il ne soit pas nécessaire de la toucher directement. Walsh a en effet observé qu'elle *foudroie*, à distance, de petits poissons, ou au moins qu'elle les étourdit ou qu'elle les enivre.

Dans tous les cas, la commotion que lance la torpille est pour elle un phénomène volontaire : il arrive souvent qu'on la touche à plusieurs reprises sans rien obtenir ; mais lorsqu'on l'irrite en lui pinçant les nageoires, on est à peu près assuré de recevoir des coups redoublés : Walsh a compté jusqu'à cinquante décharges en une minute.

MM. Becquerel et Breschet ont fait plusieurs observations très-intéressantes sur les torpilles de Chioggia, non loin de Venise (Becquerel, t. IV, p. 364) : ils ont constaté, par exemple, au moyen d'un bon galvanomètre, que le courant va toujours du dos au ventre en passant par le galvanomètre ; ils ont pareillement vérifié de nouveau que la toprille peut faire à volonté passer la décharge par tels ou tels points de ses surfaces supérieures et inférieures.

M. Matteuci, qui a fait plus récemment encore des expériences très-curieuses sur les torpilles de l'Adriatique, a trouvé le moyen de rendre l'étincelle parfaitement visible : pour cela il applique deux armatures métalliques, l'une sur le dos et l'autre sur le ventre de la torpille ; puis il dispose en même temps deux feuilles d'or très-près l'une de l'autre, et dont chacune est mise en communication avec l'une des armatures : alors, aussitôt qu'on irrite la torpille, on voit briller l'étincelle entre les feuilles d'or.

M. Matteuci a pareillement confirmé l'observation importante de MM. Becquerel et Breschet sur le sens du courant ; il a constaté de son côté que le dos est positif, et le ventre négatif.

Le gymnote électrique, que l'on appelle aussi *l'anguille de Surinam*, est doué d'une puissance électrique encore plus grande que celle de la torpille. Walsh fit venir de Surinam des gymnotes, sur lesquels il confirma les résultats qu'il avait obtenus de la torpille quelques années auparavant ; mais, de plus, il fit cette observation curieuse, que la commotion du gymnote peut se transmettre d'un conducteur à un autre au travers d'une petite lame d'air, et qu'alors on voit briller une étincelle électrique. (*Journ. de phys.*, t. VIII, p. 305.)

M. de Humboldt a fait, en Amérique, avec M. Bouscland, un grand nombre d'expériences sur le gymnote. Voici ce qu'il rapporte, dans son ouvrage, des habitudes de ce poisson singulier et des moyens de le pêcher :

« Nous partîmes, le 9 mars, de grand matin, pour le petit village de *Rastro de Abaxo;* de là, les Indiens nous conduisirent à un ruisseau qui, dans le temps des sécheresses, forme un bassin d'eau bourbeuse entouré de beaux arbres, de clusia, d'amyris et de mimoses à fleurs odoriférantes. La pêche des gymnotes avec des filets est très-difficile, à cause de l'extrême agilité de ces poissons, qui s'enfoncent dans la vase comme des serpents. On ne voulut point employer le *barbasco*, c'est-à-dire les racines du *Piscidia erithryna*, du *Jacquinia armillaris*, et de quelques espèces de *phyllanthus*, qui, jetées dans une mare, enivrent ou engourdissent les animaux : ce moyen aurait affaibli les gymnotes. Les Indiens nous disaient qu'ils allaient *pêcher avec des chevaux*. Nous eûmes de la peine à nous faire une idée de cette pêche extraordinaire; mais bientôt nous vîmes nos guides revenir de la savane, où ils avaient fait une battue de chevaux et de mulets non domptés; ils en amenèrent une trentaine, qu'on força d'entrer dans la mare.

« Le bruit extraordinaire causé par le piétinement des chevaux fait sortir les poissons de la vase et les excite au combat. Ces anguilles, jaunâtres et livides, semblables à de grands serpents aquatiques, nagent à la surface de l'eau, et se pressent sous le ventre des chevaux et des mulets; une lutte entre des animaux d'une organisation si différente offre le spectacle le plus pittoresque. Les Indiens, munis de harpons et de roseaux longs et minces, ceignent étroitement la mare; quelques-uns d'entre eux montent sur les arbres, dont les branches s'étendent horizontalement au-dessus de la surface de l'eau; par leurs cris sauvages et la longueur de leurs joncs, ils empêchent les chevaux de se sauver en atteignant la rive du bassin. Les anguilles, étourdies du bruit, se défendent par la décharge réitérée de leurs batteries électriques; pendant longtemps elles ont l'air de remporter la victoire. Plusieurs chevaux succombent à la violence des coups invisibles qu'ils reçoivent de toutes parts dans les organes les plus essentiels à la vie; étourdis par la force et la fréquence des commotions, ils disparaissent sous l'eau; d'autres, haletant, la crinière hérissée, les yeux hagards, et exprimant l'angoisse, se relèvent et cherchent à fuir l'orage qui les surprend. Ils sont repoussés par les Indiens au milieu de l'eau. Cependant un petit nombre parvient à tromper l'active vigilance des pêcheurs; on les voit gagner la rive, broncher à chaque pas, s'étendre dans le sable, excédés de fatigue et les membres engourdis par les commotions électriques des gymnotes.

« En moins de cinq minutes, deux chevaux étaient noyés. L'anguille, ayant cinq pieds de long et se pressant contre le ventre des chevaux, fait une décharge de toute l'étendue de son organe électrique : elle attaque à la fois le cœur, les viscères et le *plexus cœliacus* des nerfs abdominaux. Il est naturel que l'effet qu'éprouvent les chevaux soit plus puissant que celui que le même poisson produit sur l'homme lorsqu'il ne le touche que par une des extrémités. Les chevaux ne sont probablement pas tués, mais simplement étourdis. Ils se noient, étant dans l'impossibilité de se relever par la lutte prolongée entre les autres chevaux et les gymnotes.

« Nous ne doutions pas que la pêche ne se terminât par la mort successive des animaux qu'on y emploie. Mais peu à peu l'impétuosité de ce combat inégal diminue : les gymnotes fatigués se dispersent; ils ont besoin d'un long repos et d'une nourriture abondante pour réparer ce qu'ils ont perdu de force galvanique : les mulets et les chevaux parurent moins effrayés, ils ne hérissaient plus la crinière, leurs yeux exprimaient moins l'épouvante : les gymnotes s'approchaient timidement du bord des marais, où on les prit au moyen de petits harpons attachés à de longues cordes. Lorsque les cordes sont bien sèches, les Indiens, en soulevant le poisson en l'air, ne ressentent point de commotion. En peu de minutes nous eûmes cinq grandes anguilles, dont la plupart n'étaient que légèrement blessées; d'autres furent prises vers le soir par le même moyen.

« La température des eaux dans lesquelles vivent habituellement les gymnotes est de 26 à 27°. On assure que leur force électrique diminue dans les eaux plus froides; et il est assez remarquable en général, comme l'a déjà observé un physicien célèbre, que les animaux doués d'organes électromoteurs, dont les effets deviennent sensibles à l'homme, ne se rencontrent pas dans l'air, mais dans un fluide conducteur de l'électricité. Le gymnote est le plus grand des poissons électriques; j'en ai mesuré qui avaient cinq pieds à cinq pieds trois pouces de long. Les Indiens assuraient qu'ils en avaient vu de plus grands encore. Nous avons trouvé qu'un poisson qui avait trois pieds dix pouces de long pesait douze livres. Le diamètre transversal du corps était (sans compter la nageoire anale, qui est prolongée en forme de carène) de trois pouces cinq lignes. Les gymnotes du *Cano* de Bera sont d'un beau vert d'olive : le dessous de la tête est jaune mêlé de rouge; deux rangées de petites taches jaunes sont placées symétriquement le long du dos, depuis la tête jusqu'au bout de la queue; chaque tache renferme une ouverture excrétoire : aussi la peau de l'animal est constamment couverte d'une matière muqueuse, qui, comme Volta l'a prouvé, conduit l'électricité vingt à trente fois mieux que l'eau pure. Il est, en général, assez remarquable qu'aucun des poissons électriques découverts jusqu'ici dans les différentes parties du monde ne soit couvert d'écailles. »

En opérant sur ces poissons, dont les batteries sont si puissantes, M. de Humboldt n'a pu découvrir aucune action directe sur les électromètres les plus sensibles, et aucun phénomène de lumière électrique.

De l'organe électrique. — Dans les divers poissons électriques, l'organe dans lequel se développe l'électricité a sensiblement la même texture et les mêmes apparences, quoique différent par sa forme, par sa grandeur et par sa disposition. Nous essayerons seulement de donner une idée de l'organe de la torpille, qui a été l'objet des recherches les plus précises. Cet organe se divise en deux parties symétriquement placées de chaque côté de la tête et appuyées contre les branchies; elles occupent l'une et l'autre toute l'épaisseur qui sépare les deux plis de la peau. Lorsqu'on en fait la dissection, on voit qu'il est composé d'un tissu cellulaire extrêmement lâche, à grandes mailles, qui affecte la forme d'un cylindre ou plutôt d'un prisme de cinq à six pans. On en fait une comparaison sensiblement exacte en disant qu'il ressemble aux alvéoles d'un rayon de miel; seulement les cloisons ne sont pas de minces membranes, mais plutôt des fibres séparées et tendues dans des sens différents.

On compte ordinairement dans chaque organe quatre à cinq cents de ces petits prismes, et il paraît que Hunter en a compté une fois jusqu'à onze cent quatre-vingt-deux. Ils sont à peu près perpendiculaires à la direction de la peau, à laquelle ils sont fortement adhérents par leurs deux extrémités. Si l'on observe en détail la structure de chacun de ces prismes, on y distingue une foule de lames minces, perpendiculaires à l'axe, séparées l'une de l'autre, et ajustées enfin comme les divers éléments d'une pile. Ces petits feuillets distincts, tantôt plans, tantôt ondulés, sont séparés par des couches muqueuses très-adhérentes; mais en pressant un organe on ne peut faire sortir aucune quantité sensible de fluide.

Quatre faisceaux nerveux d'un grand volume viennent se distribuer dans l'organe, et, d'après M. Matteuci, le siége de la puissance électrique paraît être dans le renflement qui leur donne naissance.

Cette organisation a certainement des rapports avec les *piles de Volta*; mais il faudrait des observations anatomiques plus précises, des expériences physiques et physiologiques plus nombreuses, pour porter jusqu'à l'évidence ces analogies qui se présentent d'une manière si séduisante; il faudrait surtout s'attacher à reconnaître si l'accumulation de l'électricité dans les organes électriques est le résultat d'une action physiologique volontaire, et distinguer, s'il y a lieu, les influences sous lesquelles il se décharge par des modes essentiellement différents. C'est là sans doute ce que des expériences ultérieures ne tarderont pas à nous apprendre.

POLARISATION. — « Les effets de la polarisation, dit John Herschell, sont si singuliers et si variés, qu'une personne qui n'aurait étudié que les autres branches de l'optique physique croirait, en commençant l'étude de celle-ci, entrer dans un monde nouveau tout rempli de merveilles. Cette partie nouvelle de l'optique doit donc être considérée comme l'une des plus belles branches des recherches expérimentales. La fécondité des points de vue nouveaux à l'aide desquels elle nous permet d'approfondir la constitution des corps naturels et le mécanisme si délicat de l'univers, la place au premier rang des sciences physico-mathématiques, auquel la maintient l'application rigoureuse des raisonnements géométriques qu'admet et qu'exige sa nature. »

La lumière est dite être polarisée lorsque, après avoir subi une réflexion ou une réfraction, on l'a rendue incapable d'être réfléchie ou réfractée de nouveau sous de certains angles. En général, lorsqu'un rayon de lumière est réfléchi d'un plan de verre à glace, ou de toute autre substance, il peut être réfléchi une seconde fois sur une autre surface, et il passe librement aussi à travers les corps transparents; mais si un rayon de lumière est réfléchi d'un plan de verre à glace sous un angle de 57°, il devient tout à fait incapable de réflexion à la surface d'un autre plan de verre pour de certaines positions déterminées, tandis qu'il est complétement réfléchi par le second plan dans d'autres positions. Il perd également, dans de certaines positions, la propriété de pénétrer dans les corps transparents, tandis que dans d'autres positions il est librement transmis à travers ces mêmes corps. La lumière ainsi modifiée de manière à être incapable de réflexion et de transmission dans de certaines directions, est dite *polarisée*. Ce nom fut originairement adopté à cause de l'analogie qu'on imaginait exister entre l'arrangement des particules de la lumière, d'après la théorie de l'émission, et les pôles d'un aimant, et on l'a conservé dans la théorie des ondes.

La lumière peut être polarisée, par réflexion, de toute surface polie; la même propriété est également communiquée par la réfraction. Nous allons essayer d'expliquer ces diverses méthodes de polariser la lumière, d'énumérer en peu de mots ses propriétés les plus remarquables, et de décrire quelques-uns des phénomènes les plus surprenants auxquels donne lieu la polarisation.

Si une tourmaline brune, qui est un minéral généralement cristallisé sous forme de prisme allongé, est taillée longitudinalement, c'est-à-dire parallèlement à l'axe du prisme, en lame d'un trentième de pouce environ (un peu moins d'un millimètre) d'épaisseur, et que les surfaces soient polies, on pourra voir à travers ces lames les objets lumineux comme on les voit au travers de lames de verre colorées. L'axe de chaque lame est, dans sa section longitudinale, parallèle aux axes du prisme d'où elle a été extraite. Si l'une de ces lames est tenue perpendiculairement entre l'œil et une chandelle, et qu'on la fasse tourner lentement dans son propre plan, l'image de la chandelle n'éprouve aucun changement; mais si la lame est tenue dans une position fixe, ayant son axe ou sa section longitudinale dans une position verticale, et que l'on interpose entre elle et l'œil une seconde lame de tourmaline parallèle à la première, puis qu'on fasse tourner lentement cette seconde lame dans son propre plan, l'on s'aperçoit alors d'un changement remarquable qui s'est opéré dans la nature de la lumière; car l'image de la chandelle disparaît et reparaît alternativement à chaque quart de révolution de la lame, passant successivement et graduellement par tous les degrés de clarté, depuis l'éclat le plus vif jusqu'à une disparition totale, ou tout au moins presque totale, pour reparaître ensuite, en augmentant d'éclat, de la même manière que cet éclat avait d'abord diminué. Ces changements dépendent des positions relatives des lames. Quand les sections longitudinales des deux lames sont par rallèles, la clarté de l'image est à son maximum, et quand les axes des sections se croisent à angles droits, l'image de la chandelle s'évanouit. Ainsi la lumière, en passant à travers la première plaque de tourmaline, a acquis une propriété totalement différente de la lumière directe de la chandelle. La lumière directe aurait pénétré dans la seconde lame également bien dans toutes les directions, tandis que le rayon réfracté ne peut la traverser que dans de certaines positions, et est même tout à fait incapable d'y pénétrer dans d'autres positions. Le rayon réfracté est polarisé dans son passage à travers la première tourmaline, et l'expérience prouve qu'il ne perd jamais cette propriété, à moins qu'une nouvelle substance n'agisse sur lui. Ainsi, il est reconnu que l'une des propriétés de la lumière polarisée consiste dans sa non-transmission, pour de certaines positions, à travers une plaque de tourmaline qui lui est perpendiculaire, et sa prompte transmission dans d'autres positions perpendiculaires aux premières.

Plusieurs autres substances ont la propriété de polariser la lumière. Si un rayon de lumière tombe sur un milieu transparent, qui ait dans toute son étendue la même température, la même densité et la même structure, comme les fluides, les gaz, le verre, etc., et quelques minéraux cristallisés régulièrement, il est réfracté en un seul faisceau lumineux, par les lois de la réfraction ordinaire, c'est-à-dire que le rayon, en passant de l'objet à l'œil, à travers la surface réfringente, reste toujours dans un plan perpendiculaire à cette surface. Presque tous les autres corps, tels que le plus grand nombre des minéraux cristallisés, des substances animales et végétales, les gommes, les résines, les substances gélatineuses et tous les corps solides d'inégales tensions, que cette inégalité de tension provienne d'une inégalité de température ou de pression, possèdent la propriété de doubler l'image d'un objet vu à travers eux, dans de certaines directions. Un rayon de lumière naturelle, tombant sur ces corps, est réfracté en deux parties distinctes, qui se meuvent avec différents degrés de vitesse, et sont plus ou moins divergentes, selon la nature du corps et la direction du rayon incident. Toutes les fois qu'en traversant une substance quelconque un rayon de lumière naturelle se trouve ainsi divisé en deux parties, chacune de ces parties est polarisée. Le spath d'Islande (carbonate de chaux), qui est naturellement susceptible d'un clivage rhomboïdal parfait, possède au plus haut point la propriété de la double réfraction, ainsi qu'il est aisé de s'en assurer, en collant un morceau de papier, dans lequel on a fait un large trou d'épingle, sur le côté du spath qui est le plus éloigné de l'œil. Le trou paraît double quand on le présente à la lumière. L'un des rayons transmis est réfracté, suivant la même loi que dans le verre ou l'eau, c'est-à-dire qu'il reste toujours dans le plan perpendiculaire à la surface réfringente, ce qui l'a fait nommer le rayon ordinaire; mais l'autre abandonne ce plan et se réfracte selon une loi différente et beaucoup plus compliquée : on l'a nommé en conséquence le rayon extraordinaire. Par la même raison, l'une des images est appelée l'image ordinaire, et l'autre l'image extraordinaire. Quand le spath est mû circulairement dans le même plan, l'image extraordinaire du trou tourne autour de l'image ordinaire qui reste fixe, l'une et l'autre étant également brillantes. Mais si le spath est maintenu dans une position fixe, et vu au travers d'une plaque de tourmaline, il arrive qu'à mesure que la tourmaline tourne, les images varient dans leur éclat relatif; l'une augmente d'intensité jusqu'à ce qu'elle arrive à son maximum, en même temps que l'autre diminue jusqu'à ce qu'elle s'évanouisse, et ainsi de suite, alternativement, à chaque quart de révolution ; ce qui prouve que les deux rayons sont polarisés. Car, dans une certaine position, la tourmaline transmet le rayon ordinaire et réfléchit le rayon extraordinaire, tandis qu'après avoir accompli 90° de sa révolution, c'est le rayon extraordinaire qui est transmis, et le rayon ordinaire qui est réfléchi. Ainsi, une autre propriété de la lumière polarisée consiste en ce qu'elle ne peut être divisée en deux rayons égaux par la double réfraction, dans les positions des corps doublement réfringents, où un rayon de lumière ordinaire serait ainsi partagé.

Si la tourmaline était comme les autres corps doublement réfringents, chacun des rayons transmis serait double ; mais lorsqu'il est d'une certaine épaisseur, ce minéral, après avoir divisé la lumière en deux rayons polarisés, en absorbe un, et par conséquent ne laisse voir qu'une seule image de l'objet. C'est sous ce rapport que la tourmaline se trouve être tout particulièrement propre à l'analyse de la lumière polarisée, qui ne présente aucun phénomène remarquable avant d'être vue au travers de ce minéral ou de quelque autre substance analogue.

La méthode, sans comparaison la plus facile, de polariser la lumière, est celle qu'on emploie au moyen de la réflexion. Un plan de verre à glace posé sur un morceau de drap noir, que l'on place à son tour au devant d'une fenêtre ouverte, paraît d'un éclat uniforme, par suite de la réflexion du ciel ou des nuées; mais si on le regarde à travers une plaque de tourmaline dont l'axe soit vertical, il arrive qu'au lieu d'être éclairé comme auparavant, il se trouve obscurci par une grande tache nuageuse, dont le centre est tout à fait obscurci, et qu'on trouve aisément en élevant ou abaissant l'œil, jusqu'à ce que l'angle d'incidence soit de 57°, c'est-à-dire jusqu'à ce qu'une ligne, partant de l'œil et aboutissant au centre du point noir, forme un angle de 33° avec la surface du réflecteur. Quand la tourmaline est mue circulairement dans son propre plan, le nuage sombre diminue, et il s'évanouit entièrement quand l'axe de la tourmaline est horizontal; chaque point de la surface de la plaque se trouve alors également éclairé. A mesure que la tourmaline accomplit son mouvement, le point nuageux paraît et disparaît alternativement, à chaque quart de révolution. Ainsi, quand un rayon de lumière rencontre un plan de verre à glace sous un angle d'incidence de 57°, le rayon réfléchi devient incapable de pénétrer une plaque de tourmaline dont l'axe est dans le plan d'incidence; conséquemment, *il a acquis* le même caractère que *s'il avait été polarisé par transmission à travers une* lame de tourmaline dont l'axe aurait été perpendiculaire au plan de réflexion. L'expérience démontre que ce rayon polarisé est incapable d'une seconde réflexion à certains angles et dans certaines positions du plan incident. Car si un autre plan de verre à glace, dont l'une des surfaces serait noircie, était placé de manière à faire un angle de 33° avec le rayon réfléchi, l'image de la première plaque serait réfléchie dans sa surface, et alternativement éclairée et obscure à chaque quart de révolution de la plaque noircie, selon que le plan de réflexion serait parallèle ou perpendiculaire au plan de polarisation. Ce phénomène ayant lieu, quel que soit le moyen employé pour polariser la lumière, fait connaître une autre propriété générale de la lumière polarisée, — savoir, qu'elle est incapable de réflexion dans un plan perpendiculaire au plan de polarisation.

Toutes les surfaces réfléchissantes ont la propriété de polariser la lumière, mais l'angle d'incidence auquel elle est complétement polarisée est différent pour chaque substance. Il paraît que, pour le verre à glace, l'angle est de 57°. Il est de 56° 55' pour le crown-glass, et un rayon n'est pas complétement polarisé par l'eau, à moins que l'angle d'incidence ne soit de 53° 11'. Les angles auxquels différentes substances polarisent la lumière sont déterminés par cette loi de la plus admirable simplicité, découverte par David Brewster : « Pour un milieu quelconque, la tangente de l'angle de polarisation est égale au sinus de l'angle d'incidence divisé par le sinus de l'angle de réfraction de ce milieu. » De là résulte aussi que la force réfractive d'un corps, celle même d'un corps opaque, est connue quand son angle de polarisation a été déterminé.

POLARISATION CHROMATIQUE. — Dans l'article précédent nous avons étudié la nature de la lumière polarisée et des lois qu'elle suit. Quant à la magnificence des phénomènes auxquels elle donne lieu dans les circonstances que nous allons essayer de décrire, il est sinon impossible, du moins bien difficile d'en donner une idée.

Si la lumière polarisée par réflexion à l'aide d'une lame de verre était vue à travers une plaque de tourmaline dont la section longitudinale fût dirigée verticalement, l'on verrait sur le verre un nuage sombre dont le centre serait tout à fait obscur. Puis, si l'on interposait entre la tourmaline et le verre une feuille de mica de $\frac{1}{30}$ de pouce environ (un peu moins d'un millimètre) d'épaisseur, dans toute son étendue, le point obscur s'évanouirait sur-le-champ, et à sa place paraîtrait une série de couleurs les plus éclatantes, variant à chaque inclinaison du mica, depuis les nuances rouges les plus riches jusqu'aux vertes, aux bleues et aux pourpres les plus vives. Pour voir ces couleurs dans tout leur éclat, il faut faire tourner le mica perpendiculairement à son propre plan. Si l'on fait mouvoir le mica circulairement dans un plan perpendiculaire au rayon polarisé, on y aperçoit deux lignes où les couleurs s'évanouissent entièrement : ces lignes sont les axes optiques du mica, substance doublement réfringente, à deux axes optiques, le long desquels la lumière se réfracte en un seul rayon.

Aucune couleur n'est visible dans le mica, quelle que puisse être sa position à l'égard de la lumière polarisée, sans l'assistance de la tourmaline, qui divise le rayon transmis en deux faisceaux de lumière colorée, complémentaire, l'un de l'autre, *c'est-à-dire* en deux faisceaux qui, réunis, feraient de la lumière blanche. L'un est absorbé et l'autre transmis par la tourmaline, ce qui fait donner à *celle-ci* le nom de plan d'analyse. Cette vérité paraît encore plus palpable lorsqu'au lieu de mica on emploie une *lamelle* de sulfate de chaux dont l'épaisseur est entre la 20e et la 60e partie d'un pouce (à très-peu près entre 1 millimètre et un demi-millimètre). *Si cette lame est d'une épaisseur uniforme*, et qu'on la place entre le plan d'analyse et le verre réflecteur, on ne voit qu'une seule couleur, comme, par exemple, le rouge; mais si l'on fait tourner la tourmaline, le rouge disparaît par degrés, jusqu'à ce que le sulfate de chaux devienne incolore lui-même : puis il prend une nuance verte qui augmente et arrive à son maximum quand la tourmaline a accompli le quart d'un tour, ou 90°; le vert ensuite s'évanouit à son tour, et le rouge reparaît. Ces changements se reproduisent *alternativement* à *chaque* quart de révolution. D'après cette expérience, on voit que la tourmaline divise la lumière qui a passé à travers le sulfate de chaux, en un rayon rouge et un rayon vert; et que, dans une certaine position, elle absorbe le vert et laisse passer le rouge, tandis que dans une autre c'est le rouge qu'elle absorbe, et le vert qu'elle transmet. Il est facile d'acquérir la preuve de ce phénomène en analysant le rayon avec du spath d'Islande, au lieu de tourmaline; car, le spath n'absorbant pas la lumière, on aperçoit alors deux images du sulfate de chaux, l'une rouge et l'autre verte : ces deux images échangent leur couleur à chaque quart de révolution du spath, c'est-à-dire que le rouge devient vert, et le vert rouge alternativement. De plus, à l'endroit où les images se recouvrent, la couleur étant blanche, cela prouve que le rouge et le vert sont complémentaires l'un de l'autre.

La teinte dépend de l'épaisseur de la lame. Des lamelles de sulfate de chaux d'un 0,0315^{e} et d'un 0,4618^{e} de millimètre respectivement, donnent de la lumière blanche, dans quelque position qu'on les tienne, pourvu qu'elles soient perpendiculaires au rayon polarisé; mais des lames d'épaisseur intermédiaire donnent toutes les couleurs. Conséquemment un prisme de sulfate de chaux, variant en épaisseur depuis la 0,0315^{e} jusqu'à la 0,4618^{e} partie d'un millimètre, paraît rayé de toutes les couleurs quand il est traversé par la lumière polarisée. Un changement d'inclinaison dans la lame, soit de mica, soit de sulfate de chaux, équivaut évidemment à un changement d'épaisseur.

Quand une lame de mica tenue aussi près de l'œil que possible, et inclinée de manière à transmettre le rayon polarisé dans la direction de l'un de ses axes optiques, est vue à travers la tourmaline dont l'axe est dirigé verticalement, l'aspect le plus magnifique vient s'offrir à la vue. Le point nuageux, qui se trouve dans la direction de l'axe optique, se laisse apercevoir entouré d'une série d'anneaux vivement colorés, et d'une forme ovale, divisés en deux parties inégales par une bande noire curviligne, passant par la tache sombre autour de laquelle les anneaux sont formés. L'autre axe optique du mica représente une image semblable.

Ce serait vainement que l'on essayerait de décrire les phénomènes magnifiques représentés par les corps innombrables qui tous subissent des changements périodiques de forme et de couleur, lorsque le plan d'analyse est soumis à un mouvement circulaire; aucun d'eux, toutefois, ne laisse apercevoir la moindre trace de coloration, sans l'assistance de la tourmaline ou de quelque autre substance analogue, capable d'analyser la lumière, et, si l'on peut s'exprimer ainsi, de donner la vie à ces fantômes merveilleux. La tourmaline a le désavantage d'être elle-même une substance colorée; mais on peut remédier à cet inconvénient en employant pour plan d'analyse une surface réfléchissante. Quand la lumière polarisée est réfléchie par une lame de verre sous l'angle de polarisation, elle est divisée en deux rayons colorés, et quand le plan d'analyse est mû circulairement dans son propre plan, il réfléchit alternativement chaque rayon à chaque quart de révolution, de sorte que tous les phénomènes qui ont été décrits sont vus par réflexion sur sa surface.

Des anneaux colorés sont produits en analysant la lumière polarisée transmise à travers du verre fondu, et brusquement ou inégalement refroidi; ou à travers des lames minces de verre courbées avec la main, ou des substances gélatineuses durcies ou comprimées, etc., etc. En un mot, tous les phénomènes des anneaux colorés peuvent être produits, soit d'une manière permanente, soit d'une manière passagère, dans une infinité de substances, par la chaleur et le froid, le refroidissement brusque, la compression, la dilatation et le durcissement. Ces expériences, en outre, exigent si peu d'appareil, que, comme l'observe sir John Herschell, un morceau de verre à vitre ou une table polie, pour polariser la lumière, une feuille de glace (eau gelée) pure pour produire les anneaux, et un morceau de verre à glace, placé près de l'œil pour analyser la lumière, sont les seuls objets nécessaires pour représenter l'un des phénomènes les plus magnifiques de l'optique.

Nous avons dit plus haut que lorsqu'un rayon de lumière polarisé par réflexion d'une surface non métallique est analysé par une substance doublement réfringente, il manifeste des propriétés qui sont symétriques à droite et à gauche du plan de réflexion, et est dit alors être polarisé suivant ce plan. La forme circulaire des anneaux colorés déjà décrits prouve d'une manière évidente que cette symétrie n'est pas détruite quand le rayon, avant d'être analysé, traverse l'axe optique d'un cristal qui n'a qu'un axe optique. Le quartz régulièrement cristallisé, ou cristal de roche, forme cependant une exception. Dans ce cristal, lors même que les rayons traverseraient l'axe optique lui-même, point auquel il n'y a pas de double réfraction, la symétrie primitive du rayon serait détruite, et le plan de la polarisation primitive dévierait soit à droite, soit à gauche de l'observateur, d'un angle proportionnel à l'épaisseur de la lame de quartz. Ce mouvement angulaire du plan de polarisation, auquel on a donné le nom de polarisation circulaire, et qui est une véritable rotation, est démontré clairement par les phénomènes. Les anneaux colorés produits par tous les cristaux qui n'ont qu'un axe optique sont circulaires, et traversés par une croix noire concentrique aux anneaux, de sorte que la lumière disparaît entièrement dans tout l'espace renfermé dans l'anneau intérieur, parce que le long de l'axe optique il n'y a ni double réfraction ni double polarisation. Mais dans le système des anneaux produits par une lame de quartz dont les surfaces sont perpendiculaires à l'axe du cristal, le dedans de l'anneau intérieur, au lieu d'être dépourvu de lumière, est occupé par une teinte uniforme de rouge, de vert, ou de bleu, selon l'épaisseur de la lame. Supposons que la lame de quartz ait 1 millimètre d'épaisseur, — cette épaisseur donnera la teinte rouge à l'espace contenu dans l'anneau intérieur; mais si l'on imprime à la plaque d'analyse un mouvement circulaire dans son propre plan, le rouge s'évanouira lorsque la plaque aura parcouru $17\frac{1°}{2}$ de sa révolution. Si on emploie une lame de cristal de roche, de 2 millimètres d'épaisseur, la plaque d'analyse devra parcourir un arc de 35° avant que la teinte rouge disparaisse, et ainsi de suite; chaque addition d'un millimètre dans l'épaisseur, exigeant une addition de $17\frac{1°}{2}$ dans le mouvement de rotation, il en résulte évidemment que le plan de polarisation se meut dans le cristal de roche, suivant une direction spirale. Il est à remarquer que, dans certains cristaux de quartz, le plan de polarisation tourne de droite à gauche, et dans d'autres, de gauche à droite, bien qu'en apparence ces cristaux ne diffèrent entre eux que par une variété très-légère et presque imperceptible dans la forme. Dans ces phénomènes, la rotation vers la droite s'accomplit d'après les mêmes lois et avec la même énergie que celle vers la gauche. Mais si l'on vient à employer deux lames de quartz, possédant des propriétés différentes, la seconde détruit ou totalement ou partiellement le mouvement rotatoire que la première avait produit, selon qu'elles sont ou d'égale ou d'inégale épaisseur. Quand les lames sont d'inégale épaisseur, la déviation s'opère dans la direction de la plus forte, et est exactement la même que si elle était produite par une troisième lame d'une épaisseur égale à la différence qui existe entre celle des deux premières.

La production de la polarisation circulaire et elliptique par la réflexion intérieure de la lumière produite par le verre à glace, occupe un des premiers rangs parmi les nombreuses et brillantes découvertes de Fresnel, qui démontra que si la lumière, polarisée par l'une quelconque des méthodes ordinaires, est deux fois réfléchie dans l'intérieur d'un rhombe de verre, d'une forme déterminée, les vibrations d'éther perpendiculaires au plan d'incidence sont retardées du quart d'une vibration, ce qui fait décrire aux particules vibrantes une hélice circulaire ou une courbe semblable à un tire-bouchon. Cela n'arrive toutefois que lorsque le plan de polarisation est incliné d'un angle de 45° à celui d'incidence. Quand ces deux plans forment un angle plus grand ou plus petit, les particules vibrantes se meuvent suivant une hélice elliptique, courbe dont on peut se représenter la figure en contournant un fil en spirale autour d'une baguette ovale. Ces courbes tournent vers la droite ou vers la gauche, selon la position du plan incident.

Dans le phénomène de la polarisation elliptique et circulaire, le mouvement du milieu éthéré peut être représenté par l'analogie d'une corde tendue ; car si l'on suppose l'extrémité de cette corde agitée à intervalles égaux et réguliers par un mouvement vibratoire entièrement limité à un seul plan, la corde prendra la forme d'une courbe ondulante, contenue tout entière dans ce plan. Si à ce mouvement l'on en ajoute un autre, égal et semblable, mais perpendiculaire au premier, la corde prendra la forme d'une hélice elliptique; son extrémité décrira une ellipse, et chaque molécule, dans toute sa longueur, suivra successivement la même direction. Mais si le second système de vibrations commence exactement un quart d'ondulation plus tard que le premier, la corde prendra la forme d'une hélice circulaire ou d'un tire-bouchon ; son extrémité se mouvra uniformément en cercle, et toutes les molécules dont elle se compose acquerront successivement le même mouvement. Il paraît donc que la polarisation circulaire et la polarisation elliptique peuvent être produites par la composition des mouvements de deux rayons dans lesquels les particules d'éther vibrent dans des plans perpendiculaires l'un à l'autre.

Dans un mémoire extrêmement savant et profond, publié dans les *Transactions* de Cambridge, le professeur Airy a prouvé que toutes les différentes espèces de lumière polarisée peuvent être obtenues à l'aide du cristal de roche. Quand la lumière polarisée est transmise par l'axe d'un cristal de quartz, dans le rayon émergent, les particules d'éther se meuvent suivant une hélice circulaire ; mais quand il est transmis obliquement, de manière à former un angle avec l'axe du prisme, les particules d'éther se meuvent suivant une hélice elliptique, dont l'excentricité augmente avec l'obliquité du rayon incident ; de sorte que lorsque le rayon incident tombe perpendiculairement à l'axe, les particules d'éther se meuvent en ligne droite.

Ainsi le quartz représente toutes les variations de la polarisation elliptique, y compris même les cas extrêmes où l'excentricité est d'une part zéro, ou de l'autre, égale au grand axe de l'ellipse. Dans plusieurs cristaux, les deux rayons sont si peu séparés, que c'est la nature seule de la lumière transmise qui peut faire reconnaître qu'ils sont doués de la double réfraction. Fresnel a découvert, à l'aide d'expériences sur les propriétés de la lumière passant par l'axe du quartz, qu'elle consiste en deux rayons superposés qui se meuvent avec d'inégales vitesses ; et le professeur Airy a prouvé que dans ces deux rayons les molécules d'éther vibrent dans des ellipses semblables, perpendiculaires entre elles, mais dans des directions différentes ; que leur excentricité varie avec l'angle que forme le rayon incident avec l'axe, et que, par la composition de leurs mouvements, ils produisent tous les phénomènes de la lumière polarisée qu'on observe dans le quartz.

Il paraît, d'après ce qui vient d'être dit, que les molécules d'éther accomplissent toujours leurs vibrations perpendiculairement à la direction du rayon, mais avec des modifications très-différentes, correspondantes aux diverses sortes de lumières. Dans la lumière naturelle, les vibrations sont rectilignes, et s'accomplissent dans tous les plans ; dans la lumière polarisée ordinaire, elles sont également rectilignes, mais ne s'accomplissent que dans un seul plan ; dans la polarisation circulaire, les vibrations sont circulaires ; et enfin dans la polarisation elliptique, les molécules vibrent dans les ellipses. Ces vibrations se communiquent de molécule à molécule, en lignes droites quand elles sont rectilignes, en hélices circulaires quand elles sont circulaires, et en hélices ovales ou elliptiques quand elles sont elliptiques.

Quelques fluides, tels que l'huile de térébenthine, et plusieurs autres, possèdent la propriété de la polarisation circulaire, tandis que la polarisation elliptique, ou à peu près elliptique, paraît être produite par la réflexion des surfaces métalliques.

Les images colorées produites par la lumière polarisée sont dues à l'interférence des rayons. MM. Fresnel et Arago ont prouvé par des expériences, que deux rayons de lumière polarisée interfèrent et produisent des franges colorées, *s'ils sont polarisés* dans le même plan, mais qu'ils n'interfèrent pas s'ils sont polarisés dans les plans différents. Toutes les positions intermédiaires produisent des franges d'une vivacité intermédiaire. L'analogie d'une corde tendue rendra sensible *la manière dont s'accomplit* ce phénomène. Supposez que la corde soit agitée horizontalement en avant et en arrière, et à intervalles égaux, ce mouvement lui imprimera la figure d'une courbe ondulante, contenue tout entière dans le même plan. Si à ce mouvement l'on en ajoute un autre tout semblable et égal, commençant précisément une demi-ondulation plus tard que le premier, il est évident que le mouvement direct que chaque molécule prendra par suite du premier système d'ondulations, sera à chaque instant exactement neutralisé par le mouvement rétrograde qu'elle prendra en vertu du second, et la corde elle-même sera en repos, par suite de l'interférence. Mais si le second système d'ondulations s'accomplit dans un plan perpendiculaire au premier, il ne s'opérera d'autre effet que le tortillement de la corde, *il n'y aura point d'interférence*. Les rayons polarisés à angles droits les uns par rapport aux autres peuvent être amenés subséquemment dans le même plan sans acquérir la propriété de produire des franges colorées; mais s'ils *appartiennent à un faisceau dont tous les rayons aient été originairement polarisés* dans le même plan, ils interféreront.

L'on peut concevoir la manière dont se forment les images colorées, en considérant que, lorsque *la* lumière polarisée passe par l'axe optique d'une substance doublement réfringente, comme le mica, par exemple, elle est divisée en deux rayons par la tourmaline d'analyse; et comme l'un des rayons se trouve absorbé, il ne peut y avoir d'interférence. Mais quand la lumière polarisée traverse le mica dans toute autre direction, elle se divise en deux rayons blancs, qui sont divisés à leur tour en quatre rayons par la tourmaline, qui en absorbe deux, tandis que les deux autres étant transmis dans le même plan, avec des vitesses inégales, interfèrent et produisent les phénomènes colorés. Si l'analyse est faite avec du spath d'Islande, le seul rayon passant par l'axe optique du mica est réfracté en deux rayons polarisés dans des plans différents, et il n'y a point d'interférence. Mais lorsque deux rayons sont transmis par le mica, le spath les divise en quatre; deux sur ces quatre interfèrent pour former une image, tandis que les deux autres produisent par leur interférence les couleurs complémentaires de l'autre image, lorsque le spath a accompli le quart de sa révolution, c'est-à-dire lorsqu'il a parcouru un arc de 90°; et il en est ainsi parce que, dans les positions où le spath peut produire les images colorées, il n'y a que deux rayons visibles à la fois, les deux autres étant réfléchis. Quand l'analyse est faite par réflexion, si deux rayons sont transmis par le mica, ils sont polarisés dans des plans perpendiculaires entre eux; et si le plan de réflexion de l'un ou de l'autre de ses rayons est perpendiculaire au plan de polarisation, l'un d'eux seulement est réfléchi, et par conséquent il ne peut y avoir d'interférence; mais dans toutes les autres positions de la plaque d'analyse, les deux rayons sont réfléchis dans le même plan; *et par suite de leur interférence*, ils produisent les anneaux colorés.

Il est évident qu'une grande partie de la lumière qui nous éclaire doit être polarisée, puisque la plupart des corps qui ont le pouvoir de réfléchir ou de réfracter la lumière ont aussi le pouvoir *de la polariser*. La lumière bleue du firmament est complétement *polarisée* à un angle de 74° du soleil dans un plan passant par son centre.

La *polarisation circulaire* a été observée d'abord par M. Arago, puis particulièrement étudiée par M. Biot, qui est arrivé à formuler, sous ce rapport, les lois suivantes: 1° Pour toutes les plaques tirées d'un même cristal, la rotation du plan de polarisation est *proportionnelle* à l'épaisseur; 2° soit qu'un cristal tourne à droite ou à gauche, la même épaisseur donne à peu près la même rotation; 3° dans les diverses couleurs, la rotation augmente avec *la réfrangibilité*; pour une *plaque d'un millimètre*, les angles *de rotation* sont les suivants:

Rouge extrême.	17°,81'
Limite de l'orangé.	20°,29'
— du jaune.	22°,19'
— du vert.	25°,40'
— du bleu.	30°,03'
— de l'indigo.	34°,34'
— du violet.	37°,52'
Violet extrême.	44°,05'

Le cristal de roche est la seule substance solide dans laquelle on ait observé la polarisation circulaire. Mais un grand nombre de liquides et de dissolutions produisent cet effet; les vapeurs sont dans le même cas.

Applications diverses. — On a reconnu que la lumière émanant des corps solides ou liquides en état d'incandescence est toujours partiellement polarisée par réfraction quand on regarde leur surface sous un angle très-aigu, d'où il suit que la lumière émane d'une petite profondeur au-dessous de la surface.

La lumière émanée des gaz incandescents n'offre jamais aucune trace de polarisation. Or, comme telle est la lumière qui émane du soleil, il en résulte que la partie extérieure et visible de cet astre n'est ni solide, ni liquide. C'est une substance gazeuse en état d'ignition, que quelques physiciens supposent d'ailleurs être du bi-oxyde d'azote. Quant à la source et à la cause qui maintient sans altération cette incandescence, on ne peut faire sur ce point que de très-vagues conjectures.

On a reconnu que les comètes n'étaient pas lumineuses par elles-mêmes, car la lumière qui en émane est, comme celle des planètes, polarisée par réflexion. Les comètes sont donc éclairées par le soleil.

On trouve que la lumière des halos est polarisée par réfraction, ce qui confirme l'explication qu'on donne de ces phénomènes.

On reconnaît, avec la tourmaline, que la lumière réfléchie par l'eau, par les marbres polis, les vitres, les meubles vernis, est partiellement polarisée. Il en est de même de la lumière du soleil, et même de la lune, passant par l'air serein; il y a polarisation par réflexion et réfraction tout à la fois.

De la polarisation sur l'eau, l'on déduit un moyen de voir les bas-fonds et les écueils, qui sont en général cachés par l'éclat des rayons réfléchis et polarisés. Ceux qui émanent de l'intérieur de l'eau sont alors plus sensibles.

Les métaux ne polarisent pas la lumière par réflexion, tandis que les vernis la polarisent sous une incidence très-oblique; on a ainsi un moyen de distinguer les métaux nus des métaux vernis.

Les chimistes sont quelquefois embarrassés pour décider si certains composés sont de simples mélanges ou de véritables combinaisons. Les épreuves optiques tranchent la question. Si les liquides sont de simples mélanges, on a un effet relatif égal à la somme des rotations particulières; il en est autrement dans le cas de combinaisons chimiques. En général, ce genre d'épreuves, qui est d'une délicatesse extrême, éclaire les physiciens sur beaucoup de particularités concernant l'état moléculaire des corps. Des liquides dont la constitution chimique est rigoureusement la même, avec des propriétés physiques différentes, tels que l'essence de citron et l'huile de térébenthine, indiquent des constitutions moléculaires différentes, par le sens opposé de la rotation (1).

La réunion de talents, presque sans égale dans les fastes de l'histoire des sciences, a contribué à la théorie de la polarisation, quoique, dans le principe, la découverte de cette propriété de la lumière ait été le résultat accidentel d'une circonstance qui, ainsi que des milliers d'autres, aurait pu passer inaperçue, si elle ne se fût présentée à l'un de ces esprits rares, capables de tirer les plus importantes conséquences des circonstances en apparence les plus indifférentes. En 1808, Malus, regardant avec un prisme à double réfraction un magnifique coucher du soleil réfléchi des fenêtres du palais du Luxembourg à Paris, s'aperçut, à son grand étonnement, qu'en faisant tourner ce prisme lentement, il se manifestait une très-grande différence dans l'intensité des deux images, la plus réfractée passant alternativement, à chaque quart de révolution du prisme, d'un état de clarté à un état d'obscurité. Ce phénomène si imprévu excita vivement l'attention de ce grand physicien et le porta à en chercher la cause. Telle fut l'origine de l'une des plus belles branches de l'optique physique.

POLARISATION DE LA LUMIÈRE DU CIEL. — Il résulte des observations de M. Arago que l'air *serein* polarise très-fortement la lumière du soleil tant par réflexion que par réfraction. Les signes de polarisation ne commencent à se montrer qu'à une certaine distance de l'astre : ils augmentent jusqu'à 90° environ, au delà ils diminuent et finissent par devenir nuls; mais ensuite ils reparaissent dans la région du ciel opposée au soleil. Dans la première région, la lumière est polarisée par réflexion; car le plan de polarisation contient des rayons incidents; dans la seconde elle l'est par réfraction, car le plan de polarisation ne passe plus par le soleil. Ces phénomènes se voient avec une tourmaline. Quand les franges ont la plus grande vivacité possible, on remarque que la ligne moyenne qui indique le plan de polarisation se dirige vers le soleil ou se trouve perpendiculaire aux rayons de cet astre, suivant qu'on examine la première ou la deuxième région. La symétrie que nous supposons ici est dérangée quand il y a quelques nuages. Si le ciel est entièrement couvert, les signes de polarisation disparaissent. M. Delezenne s'est assuré qu'un ciel serein, éclairé par la lune, donnait de la lumière polarisée; il en serait de même avec toutes les lumières assez fortes pour éclairer une portion notable de l'atmosphère : ce serait toujours à 90° de distance angulaire qu'il faudrait surtout chercher les signes de polarisation.

POLARISCOPES. — On appelle ainsi divers appareils qui servent aux épreuves de polarisation.

La tourmaline parallèle à l'axe est un polariscope très-simple: toutefois sa sensibilité laisse à désirer.

L'*analyseur* de Delezenne se compose d'un petit disque portant une glace qui réfléchit sous l'angle de 35° un rayon émanant d'un objet vu de face. Le rayon réfléchi entre dans un prisme où il subit la réflexion totale, et émerge parallèlement au rayon incident. On tourne le disque devant l'œil jusqu'à ce qu'on obtienne un maximum de lumière; auquel cas le plan de réflexion actuel est le plan de polarisation cherché.

Le polariscope Arago se compose d'une plaque de cristal de roche de 5 millimètres d'épaisseur, perpendiculaire à l'axe, entre laquelle et l'œil on place un prisme biréfringent de spath achromatique par un pris-

(1) La chaleur comme la lumière est susceptible d'être polarisée. M. Melloni, qui a fait à ce sujet de nombreuses recherches, a trouvé qu'en général la proportion de chaleur polarisée augmente avec l'obliquité.

me de verre. La plaque de quartz et le prisme sont ajustés aux deux bouts d'un tube.

Le Polariscope-Babinet est composé d'une tourmaline appliquée sur une plaque de verre trempé. On applique la tourmaline contre l'œil et l'on aperçoit des couleurs, pour peu qu'il y ait de la lumière polarisée dans le rayon incident.

Le Polariscope-Savart est formé de deux plaques de cristal de roche, taillées obliquement à l'axe du cristal et parallèlement à l'une des faces naturelles de la pyramide qui le termine. On superpose les deux plaques en croisant les axes à angles droits, et l'on applique par ce système une tourmaline dont l'axe divise en parties égales les angles formés par les axes des deux cristaux. Ce polariscope fait voir dans la lumière polarisée des franges irisées parallèles qui ont leur maximum d'éclat dans deux positions rectangulaires. Cet instrument est le plus sensible des polariscopes.

POLÉMOSCOPE (πολεμὸς, combat, σκοπέω, j'observe). — Les miroirs sont employés dans une foule de cas pour voir les objets qu'il n'est pas commode de regarder directement; ainsi, une personne qui travaille dans une place habituelle d'où l'on ne voit pas l'entrée de la maison, pose contre la fenêtre un miroir tourné de telle manière qu'elle y voit, sans se déranger, les gens qui entrent ou qui sortent. En plaçant un petit miroir au bout d'une lorgnette, on atteindra un but semblable, et l'on pourra voir très-bien les objets situés derrière soi. Le Polémoscope d'Hévélius n'est pas autre chose au fond. Au sommet d'une poutre dépassant un peu le rempart d'une place assiégée est établi un miroir derrière lequel se peint l'image d'un objet intérieur. Cette image se réfléchit à son tour sur un miroir parallèle où l'œil la voit se placer un peu plus loin que l'objet; celui-ci est donc vu à sa place à très-peu de chose près, et sans danger pour l'observateur.

POLES, température des pôles. *Voy.* TEMPÉRATURE.

PÔLES du froid. *Voy.* TEMPÉRATURE.

PÔLES d'un aimant. *Voy.* AIMANT.

POMPE ASPIRANTE. C'est un appareil composé essentiellement d'un cylindre creux ou corps de pompe fermé en bas par une cloison à soupape, d'un piston qui se meut dans la longueur de ce cylindre, et enfin d'un tuyau d'aspiration placé au-dessous de la soupape, d'un diamètre beaucoup moindre que le corps de pompe, et plongeant dans l'eau d'un réservoir quelconque. L'air contenu d'abord dans le corps de pompe et le tuyau d'aspiration est à l'état d'élasticité qui fait équilibre à l'air extérieur. Le piston est d'ailleurs percé d'une soupape qui s'ouvre en bas comme celle de la cloison.

L'appareil étant pris à l'état de repos, on abaisse le piston jusqu'au bas du corps de pompe. L'air placé au-dessous se trouve condensé d'abord, et l'élasticité qu'il acquiert ainsi lui fait soulever, avec la soupape du piston, la pression atmosphérique normale qui pèse sur cette soupape. Par ce moyen, le piston fera sortir tout l'air contenu dans le corps de pompe au-dessous de lui. Lorsqu'il remontera, il emportera, en le poussant, tout l'air qui le surmonte, et il ne restera que le vide au-dessous; alors l'air contenu dans le tuyau d'aspiration soulèvera, par son élasticité, la soupape du bas du corps de pompe, et se répandra dans ce corps de pompe vide, de telle sorte que sa tension soit uniforme dans les deux cylindres. Alors la soupape, n'étant plus poussée, se ferme par son propre poids. L'air, se trouvant dilaté dans les tuyaux, perdra son élasticité à proportion de son expansion, et ne pourra plus équilibrer la pression extérieure. Celle-ci prédominant, il en résultera l'ascension de l'eau dans le tuyau d'aspiration. Dès que le liquide sera arrivé à un point tel que le poids de la colonne soulevée, plus la tension réduite de l'air des tuyaux (tension qu'augmente d'ailleurs l'ascension du liquide qui refoule cet air), feront équilibre à la pression extérieure, l'eau cessera de monter. Du reste, le mouvement ascendant du piston, l'invasion de l'air dans le corps de la pompe, et l'ascension de la colonne liquide, se font simultanément, et ce n'est que lorsque la colonne ascendante s'arrête que la soupape inférieure se ferme.

Un second coup de piston produira un effet semblable au précédent, en raréfiant l'air qui reste dans le tuyau d'aspiration: la colonne déjà soulevée montera plus haut, et après un nombre de coups de piston suffisant, l'eau atteindra le bas du corps de pompe et commencera à y pénétrer. Quand elle sera arrivée là, le piston descendant écrasera l'eau qu'il rencontrera par-dessous, et l'obligera à passer au-dessus de lui par la soupape; en remontant, il emportera avec lui une couche de liquide, et, à chaque nouveau coup, il ajoutera une nouvelle couche d'eau à celles qui auront déjà passé au-dessus de lui. Cette colonne supérieure au piston allant en croissant, finira par atteindre le déversoir, par lequel elle s'écoulera en partie, et chaque coup de piston en fera désormais sortir une égale quantité.

On comprend que, lorsque le piston cessera de jouer, l'eau restera au-dessus de lui jusqu'au bord du déversoir, de sorte qu'elle coulera, dans la suite, au premier coup de piston. Cette remarque est importante; car, d'après la théorie qui précède, il semble qu'il faut toujours un certain nombre de coups de piston pour amener l'eau; or, on sait qu'en fait il en est tout autrement. C'est que dans les circonstances ordinaires, lorsqu'on met la main à la pompe, on trouve le piston déjà chargé jusqu'au déversoir, par les manœuvres précédentes: ce n'est que lorsqu'on fait fonctionner la pompe pour la première fois qu'il faut donner un certain nombre de coups de piston pour amener l'eau. Toutefois, lorsque la pompe n'est pas très-bonne, l'eau de charge s'infiltre entre le piston et le corps de pompe, et quelquefois il n'en reste plus lorsqu'on veut faire fonctionner l'appareil.

Il ne faut donner au tuyau d'aspiration qu'une longueur moindre que 10 mètres ; car, une fois cette hauteur atteinte, la colonne soulevée fait équilibre par son poids à la pression extérieure. Cette longueur de 10 mètres est même encore trop grande, si l'on considère les imperfections de fait de ces sortes de machines.

En général, le jeu d'une pompe aspirante est dur pour le bras qui la fait fonctionner. Cela vient de ce que le piston supporte toujours une charge considérable, charge qui va même en croissant, à mesure que la pompe fonctionne davantage.

Le calcul de la charge est d'ailleurs facile : soient 8 mètres la longueur du tuyau d'aspiration, et 16 centimètres le diamètre du piston. La surface en sera de 201 centimètres carrés, dont chacun sera pressé par 8 mètres ou 800 centimètres de hauteur ; ce qui donne 800 centimètres cubes et 800 grammes en poids. Le poids total sera donc 201 × 800 = 160,800 grammes ou 320 livres de charge. A cela il faudra ajouter l'eau supérieure au piston. Soit le déversoir à 2 mètres au-dessus du bas du corps de pompe : il faudra ajouter le poids d'une colonne de 2 mètres, ce qui conduit à une charge totale de 400 livres.

Le produit d'une pompe aspirante peut s'évaluer aisément par le calcul, au moyen de ses dimensions. Si la surface du piston est de 2 décimètres carrés, et la longueur de sa course, 25 centimètres, il portera au déversoir, à chaque coup, un volume d'eau de 2 × 2, 5 = 5 décimètres cubes, ou 5 litres. Et si l'on peut donner deux coups de piston en 3 secondes, on trouvera 40 coups, ou 200 litres fournis dans l'espace d'une heure. On reconnaît qu'une fois que l'eau a traversé le piston, elle peut être élevée à une hauteur quelconque : il suffit de lui appliquer pour cela une force suffisante, mais on est forcément limité par la fatigue qu'éprouveraient les pièces de la machine.

POMPE FOULANTE. — Elle diffère de la précédente en ce qu'elle n'a ni tuyau d'aspiration, ni soupape dans son piston. Le corps de pompe plonge dans le réservoir, et l'eau monte à l'intérieur au niveau de ce réservoir, en soulevant une soupape qui en garnit le fond, comme dans la pompe aspirante. Souvent, au lieu de cette soupape, le fond du corps de pompe est percé de petits trous comme une pomme d'arrosoir, trous par lesquels l'eau s'élève en vertu de la loi du niveau. Au bas du corps de pompe est un tuyau latéral à soupape.

Lorsque le piston s'abaisse, il refoule l'eau dans le tube latéral, ainsi que l'air, s'il y en avait entre l'eau et le piston qui la pousse devant lui. Si le fond est à soupape, on comprend que l'eau poussée ne peut rentrer dans le réservoir ; s'il n'est percé que de trous, l'impulsion du piston, plus considérable que la vitesse avec laquelle l'eau pourrait fuir, fait passer une grande partie du liquide dans le tube latéral. Là, il s'élève à proportion de la largeur du piston, de l'étendue de sa course et de l'étroitesse du tube. Quand le piston cesse de pousser, la soupape latérale se ferme par son propre poids et soutient la colonne déjà soulevée. Le piston remonte et l'eau du réservoir le suit, par la loi du niveau ; un second coup de piston fait entrer dans le tube latéral une seconde colonne de liquide, et celui-ci ne tarde pas à atteindre le déversoir. Dès ce moment, chaque coup de piston produit un écoulement ou un jet.

POMPE ASPIRANTE ET FOULANTE. — Elle est tout à la fois une combinaison très-simple des deux appareils que nous venons de décrire. Elle a de la pompe aspirante le tuyau d'aspiration, et de la pompe foulante le tuyau latéral à soupape. Son piston n'est pas percé, la soupape en est remplacée par celle du tuyau latéral : l'eau et l'air qui traversent le piston de la pompe aspirante sont ici poussés dans le tuyau dont il s'agit, et l'on peut dire, qu'avec ce simple changement de *forme*, c'est le jeu de la pompe aspirante, et qu'elle est assujettie aux mêmes conditions d'efficacité. Seulement le calcul de la charge du piston est complexe, cette charge tenant à la fois de celles des deux pompes qu'elle résume. Lorsque le piston refoule dans le tube latéral l'eau qui est parvenue dans le corps de pompe, il subit de bas en haut la réaction de la colonne soulevée dans ce tube, comme dans la pompe foulante. Au contraire, pendant le mouvement ascendant du piston, celui-ci subit la même pression que dans la pompe aspirante, c'est-à-dire le poids d'une colonne d'eau d'une hauteur égale à celle déjà soulevée dans le tuyau d'aspiration et le corps de pompe lui-même.

POMPES A INCENDIE. — Ce sont des pompes foulantes à double piston et à jet continu ; mais pour obtenir ce dernier résultat, on a fait intervenir, d'une façon particulière, la tension de l'air comprimé. Au milieu de l'eau du réservoir est placée une cloche qui contient de l'air, et dans laquelle les deux pistons qui jouent alternativement entre la cloche et l'enceinte du réservoir, font monter l'eau qui refoule l'air supérieur et augmente sa force élastique. Cet air étant ainsi comprimé se débande et repousse l'eau inférieure, qui s'engage dans les tubes et s'en va par jet continu, attendu l'action continue et prolongée de l'air qui se débande. On obtient ainsi, malgré la succession alternative des coups de piston, un écoulement ou plutôt un jet d'eau sans intermittence. Il est facile de calculer le produit, la longueur et la vitesse des jets. On remarquera que les pressions atmosphériques s'élident mutuellement sur les pistons conjugués ; mais ceux-ci, dans leur mouvement d'impulsion contre l'eau, ont à vaincre la réaction élastique de l'air de la cloche, plus le poids de la couche d'eau qui fait la différence des niveaux. La hauteur du jet dépend de la tension de l'air intérieur, celle-ci du volume d'eau introduit, et ce volume dépend de la surface et de l'étendue de la course du piston. C'est donc en définitive celui-ci qui règle les conditions du jet. Mais on comprend que plus le piston est large, plus doit être énergique la force qui le met en jeu, et qu'on fait d'ailleurs agir par un levier considérable.

Il y a beaucoup d'autres appareils de pompes qui ne diffèrent les unes des autres que par le mécanisme, mais où la pression de l'air agit toujours comme moteur, et se trouve continuellement modifiée par les variations de volume.

POROSITÉ (de πόρος, passage). — Les solides sont *poreux*, c'est-à-dire qu'il existe entre leurs molécules des intervalles, de petits vides, quoiqu'ils soient bien souvent imperceptibles. Les espèces de trous qu'on observe dans l'éponge ne sont autre chose que des pores d'une grande dimension ; les mailles plus serrées qui composent son tissu sont des pores un peu plus petits ; enfin, il se trouve encore, entre ces mailles et entre les fibres qui les composent, des interstices qu'on appelle aussi des pores, bien qu'ils soient d'une telle finesse qu'ils échappent à la vue. Ainsi, quand nous concevons une éponge d'un certain volume, d'un décimètre cube, par exemple, nous pouvons par la pensée pénétrer dans sa structure intérieure, et distinguer, dans cette étendue totale, l'espace qui est occupé par les diverses fibres de l'éponge, et l'espace très-irrégulier et très-sinueux qui reste inoccupé ; nous devons même concevoir que chaque fibre, fût-elle fine comme un fil d'araignée, est elle-même composée de parties distinctes, et que ces parties sont encore séparées les unes des autres comme les fibres le sont entre elles.

Le volume qui n'est occupé que par la substance propre d'un corps, est ce qu'on nomme le *volume réel :* l'espace apparent, qui est limité par sa forme extérieure, est ce que l'on nomme le *volume apparent.* Ainsi le volume apparent, diminué du volume réel, est précisément le volume total de tous les pores pris ensemble. Quand on presse une éponge, son volume apparent se rapproche de plus en plus de son volume réel ; mais jamais on ne peut la presser au point de ne laisser aucun intervalle entre ses parties. Ainsi le volume réel est une chose que nous concevons très-facilement, mais que nous ne pouvons jamais trouver : c'est pourquoi, quand nous parlons d'un volume, c'est toujours du volume apparent. Ce que nous disons de l'éponge s'applique à tous les corps, quelle que soit leur nature, car nous voyons par la divisibilité que tous sont composés de parties séparables, et par conséquent de parties qui sont distantes les unes des autres : ainsi, dans la réalité, tous les corps sont faits comme des éponges. L'acier et le diamant, qui sont les corps les plus durs ; l'or et le platine, qui sont les corps les plus compactes, ont aussi un volume apparent ; il faut de même pénétrer par la pensée dans l'intérieur de leur masse, et voir, entre les atomes qui les composent, des intervalles qui sont incomparablement plus grands que les atomes eux-mêmes.

En considérant la porosité dans le sens le plus étendu, il est rigoureux de dire, comme on le dit d'ordinaire, que tous les corps sont poreux ; mais si l'on n'entend parler que de la porosité au travers de laquelle on peut faire passer des liquides ou des gaz, il n'est pas vrai que tous les corps soient poreux ; car il y en a au travers desquels on ne peut faire passer aucun fluide, quelque subtil qu'il soit. C'est cette porosité qui donne passage aux corps étrangers qu'il nous importe de connaître en ce moment, et nous allons faire voir par des exemples et par des expériences qu'il y a beaucoup de corps, même des compactes, qui se laissent imbiber par les fluides.

Les tissus qui sont un produit de l'art, n'étant autre chose que des assemblages de fibres entrelacées, il n'est pas étonnant que ces fibres laissent entre elles des intervalles assez grands pour que les liquides puissent y pénétrer : aussi le papier, les feutres et les étoffes sont des corps dont tout le monde connaît la porosité. Il en est de même des corps réduits en poudre : ils sont toujours perméables aux fluides : c'est pour cela qu'un monceau de sable est humide jusqu'à son sommet, et c'est aussi pour cela que le feu se conserve sous la cendre, car si l'air n'arrivait pas jusqu'au charbon, il s'éteindrait à l'instant.

Les filtres dont on se sert dans les opérations des arts et dans les expériences de chimie ne sont autre chose que des corps poreux, dont les pores sont assez grands pour laisser passer les liquides, et assez petits pour arrêter tous les corps étrangers qu'ils tiennent en suspension.

Tous les tissus naturels, soit dans le règne végétal, soit dans le règne animal, sont aussi très-poreux. Il n'est pas nécessaire de faire des expériences pour le prouver : il suffit de remarquer qu'une plante, un arbre ou un animal, n'était à son origine qu'un embryon d'un très-petit volume, car tous les germes sont petits ; que ces corps se développent peu à peu, qu'il n'y a rien d'inerte ou de mort dans leur masse ; qu'ils vivent partout, aussi bien à l'intérieur qu'à la surface, et qu'il faut bien que des fluides puissent circuler entre toutes les fibres pour y porter la nourriture et y entretenir la vie.

On peut ajouter qu'il y a des canaux particuliers pour cette circulation des fluides dans les corps vivants, et que leur porosité est soumise à des lois régulières comme leur organisation. Sans doute, un animal ou un arbre ne sont pas l'ouvrage du hasard ; leurs parties matérielles ne sont pas entassées d'une manière confuse, comme les parcelles d'un monceau de sable. Mais ce n'est pas le hasard non plus qui a fait les minéraux et les montagnes ; leurs parties matérielles ont aussi un certain ordre, et la porosité, dans un cas comme dans l'autre, résulte de l'arrangement nécessaire que les forces donnent à la matière

Les corps organiques qui ont perdu la vie conservent encore cette disposition vasculaire; seulement, les divers fluides, n'étant plus soumis aux forces particulières qui les dirigeaient, s'infiltrent indistinctement à travers tous les pores qui se présentent : tantôt ils s'exhalent, et le corps vivant se dessèche comme le bois ; tantôt ils restent confondus et donnent naissance à une fermentation qui les détruit.

Le bois qui est plongé dans l'eau augmente de poids et de volume; celui qui reste dans l'air, soit dans les constructions, soit dans les ouvrages de menuiserie, se retire dans les temps secs et se gonfle dans les temps humides. Tous ces faits résultent de sa porosité, qui est très-grande, et l'on ne peut y remédier que par des peintures ou des vernis.

Les animaux et les bois pétrifiés sont une preuve frappante de la porosité, puisque la substance qui les pétrifie doit s'infiltrer au travers de la masse et pénétrer toutes les fibres.

Les substances minérales sont plus ou moins poreuses suivant leur nature et suivant l'arrangement de la matière qui les compose. Les pierres qui sont opaques et celles dont les parties sont très-irrégulièrement arrangées sont en général les plus poreuses.

La craie et toutes les pierres qu'on nomme calcaires sont de même nature que le marbre; il n'y a de différence entre elles que dans l'arrangement des parties, et cela suffit pour que leur porosité soit très-différente. Lorsqu'on verse de l'eau sur un morceau de craie, elle est absorbée à l'instant, et pénètre dans les pores; celle qu'on verse sur un morceau de marbre reste à sa surface, et n'est point absorbée. De même, si l'on jette un morceau de craie dans un verre d'eau, on voit une foule de petites bulles qui s'élèvent, et si l'on y jette un morceau de marbre, on n'aperçoit rien de semblable. Ces bulles proviennent de l'air qui remplissait les pores de la craie et que l'eau en chasse à mesure qu'elle y pénètre. Si on en veut la preuve, il suffit de briser le morceau de craie qui a séjourné dans l'eau : on le trouve mouillé jusqu'au centre, tandis que le morceau de marbre est à peine mouillé au-dessous de sa surface. Ce n'est pas que le marbre ne puisse aussi à la longue s'imbiber d'eau; mais pour faire passer les liquides dans les corps qui ne sont guère poreux, il faut en général deux conditions, beaucoup de temps et beaucoup de pression : c'est pourquoi les pierres qu'on tire du fond des rivières ou du fond de la mer sont en général très-humides, surtout si elles viennent d'une grande profondeur; car, à trois ou quatre mille mètres au-dessous de la surface de l'eau, les corps sont pressés par le poids supérieur du liquide, comme ils le seraient sous une très-forte presse.

Il y a beaucoup de phénomènes naturels par lesquels nous pouvons juger que les grandes masses minérales n'ont pas moins de porosité que les petites masses sur lesquelles nous pouvons expérimenter : on sait, par exemple, que dans les grottes les plus profondes, l'eau s'infiltre à travers les parois, et que c'est ainsi qu'elle vient déposer de toutes parts les stalactites, les stalagmites et toutes les autres cristallisations dont l'assemblage offre un spectacle si surprenant. On sait pareillement que les montagnes taillées à pic éprouvent chaque année une sorte d'exfoliation dont la porosité est une des causes essentielles. Leurs flancs s'imbibent d'humidité quand ils sont battus par la pluie ou par les vents humides; le le froid et l'hiver congèlent cette eau et augmentent son volume : il en résulte une rupture d'adhérence dans toutes les couches superficielles, et, quand vient le printemps, tous ces petits feuillets se détachent peu à peu, et tombent jusqu'à l'automne. C'est ainsi qu'au pied des grands escarpements s'entassent des couches à peu près de même épaisseur, dont on peut se servir en géologie pour remonter aux temps primitifs où les montagnes ont pris la disposition qu'elles conservent aujourd'hui.

Enfin, les métaux eux-mêmes donnent des preuves sensibles de porosité. Une boule d'or, remplie d'eau et soumise à une grande pression, laisse apercevoir, sur tous les points de sa surface des gouttelettes semblables à celles de la rosée. Cette expérience fut faite, pour la première fois, en 1661, par les académiciens de Florence; elle a été depuis très-souvent répétée avec des métaux différents, et toujours avec le même succès.

Il résulte de ces divers exemples de porosité qu'un grand nombre de corps sont assez poreux pour se laisser pénétrer par les fluides, dès qu'ils sont en contact avec eux; qu'il y en a d'autres qui ne se laissent pénétrer qu'après un temps plus ou moins long, et sous une pression plus ou moins forte; enfin, qu'il s'en trouve, comme le verre, qui se laisseraient briser plutôt que de se laisser pénétrer. Il est à peine nécessaire de faire remarquer que tous les fluides ne sont pas également subtils pour pénétrer les corps : l'eau, l'alcool, l'éther, les diverses solutions acides ou alcalines, le mercure, l'huile, le soufre fondu, l'air et les différents gaz ne peuvent pas s'insinuer avec la même facilité entre les interstices des corps. Il est très-heureux, pour nos expériences de physique, que le verre soit absolument imperméable à tous les fluides.

PORTRAITS ÉLECTRIQUES. *Voy.* ÉLECTRICITÉ, *Effets calorifiques.*

POUCE D'EAU. *Voy.* HYDRODYNAMIQUE

POUSSÉE DU FLUIDE. *Voy.* HYDROSTATIQUE.

POUVOIR DES POINTES. — Une pointe très-aiguë peut toujours être considérée comme étant le pôle d'un ellipsoïde de révolution très-allongé : ainsi, quelque faible que soit la charge électrique d'un tel corps, le fluide qui s'accumule à son sommet y formera toujours une épaisseur assez grande pour vaincre la résistance de l'air; de là *le pouvoir des pointes*, qui avait été découvert par Franklin avant qu'il fût expliqué par la théorie. On dit quelquefois que les pointes ont le pouvoir d'attirer le fluide électrique : c'est précisément le contraire qu'il faut dire; elles ont la propriété de laisser écouler le fluide dont elles sont chargées. On peut faire une foule d'expériences sur cette propriété, nous indiquerons les suivantes :

Une pointe aiguë étant placée sur les conducteurs de la machine, il devient impossible de leur donner de l'électricité et d'en tirer des étincelles : le fluide se dissipe par la pointe à mesure qu'il se développe par le mouvement de la machine.

Une pointe communiquant au sol, étant présentée aux conducteurs de la machine à 30 ou 40 centimètres de distance, il devient pareillement impossible de les charger : l'électricité des conducteurs décompose par influence les électricités de la pointe; elle repousse dans le sol celle de même nom, et attire celle de nom contraire, qui s'accumule à la pointe, et qui s'échappe à travers l'air pour venir neutraliser celle du conducteur.

Les angles et les arêtes des corps conducteurs présentent des phénomènes analogues à ceux des pointes : c'est pourquoi il faut éviter soigneusement toutes les formes anguleuses dans les appareils qui sont destinés à conserver l'électricité. *Voy.* Paratonnerre.

POUVOIR RÉFRINGENT. — Faculté qu'ont les fluides de réfracter la lumière. Le pouvoir réfringent est en général en raison directe de la densité. Pour les liquides, l'eau distillée à 4° sert d'unité. Le pouvoir réfringent d'un gaz est constant à toute température et à toute pression. Ce principe est encore vrai, quand les gaz se *mélangent* d'une manière quelconque, c'est-à-dire que la puissance réfractive d'un mélange est égale à la somme des puissances réfractives de ses éléments. Mais, d'après les recherches de Dulong, toutes les fois que les gaz se *combinent*, la puissance réfractive du produit cesse d'être égale à la somme des puissances réfractives des composants.

POUVOIR CHIMIQUE des courants. *Voy.* Electro-chimie.

PRÉCIPITATION de la vapeur. *Voy.* Vapeurs (*météor.*)

PRÉCESSION et NUTATION. — Il est démontré par l'observation aussi bien que par la théorie que, sans l'action du soleil et de la lune sur la matière située à l'équateur, l'axe de rotation de la terre serait invariable et resterait exactement parallèle à lui-même dans tous les points de son orbite.

L'action qu'un corps extérieur exerce sur un sphéroïde tend non-seulement à l'attirer vers lui, mais comme la force varie en raison inverse du carré de la distance, elle lui donne, en outre, un mouvement autour de son centre de gravité, à moins toutefois que le corps attirant ne soit situé sur le prolongement de l'un des axes du sphéroïde. Le plan de l'équateur est incliné par rapport au plan de l'écliptique d'un angle de 23° 27' 39", 26 ; et l'inclinaison de l'orbite lunaire sur le même plan est de 5° 8' 47", 9. Ainsi donc, d'après l'aplatissement de la terre dans le sens des pôles, le soleil et la lune, en agissant obliquement et inégalement sur les différentes parties du sphéroïde terrestre, détournent le plan de l'équateur de sa direction, et le forcent à se mouvoir de l'est à l'ouest, de sorte que les points équinoxiaux ont un mouvement rétrograde lent et annuel, de 50",41, sur le plan de l'écliptique. La tendance directe de cette action est de faire coïncider les plans de l'équateur et de l'écliptique, mais elle est contre-balancée par la tendance de la terre à revenir à la rotation stable autour du diamètre polaire, qui est un de ses axes principaux de rotation. L'inclinaison des deux flancs reste donc constante, à la manière d'une toupie dormante qui garde la même inclinaison par rapport au plan de l'horizon. Si la terre était sphérique, cet effet n'aurait pas lieu, et les équinoxes correspondraient toujours aux mêmes points de l'écliptique, en ce qui concerne du moins cette sorte de mouvement : mais il y a une autre cause tout à fait différente agissant sur ce mouvement. L'action réciproque des planètes et celle qu'elles exercent sur le soleil, occasionnent une variation très-lente dans la position du plan de l'écliptique, ce qui affecte son inclinaison sur le plan de l'équateur, et donne annuellement aux points équinoxiaux un mouvement lent, mais direct, de 0", 31 sur l'écliptique. Ce mouvement est entièrement indépendant de la figure de la terre, et aurait lieu de même si elle était sphérique. Ainsi, le soleil et la lune, en imprimant un mouvement au plan de l'équateur, font rétrograder les points équinoxiaux sur l'écliptique; et les planètes, en occasionnant un déplacement dans le plan de l'écliptique, leur donnent un mouvement direct, mais bien moindre que le premier. La différence de ces deux mouvements est la précession moyenne que la théorie et l'observation ont reconnu être d'environ 50", 1 annuellement.

Comme les longitudes de toutes les étoiles fixes sont augmentées de cette quantité, les effets de la précession sont bientôt mis en évidence. Elle fut découverte par Hipparque, l'an 128 avant J. C., d'après la comparaison qu'il fit de ses propres observations à celles de Timocharis, faites 155 ans auparavant. Du temps d'Hipparque, l'entrée du soleil dans la constellation du *Bélier* marquait le commencement du printemps ; mais depuis cette époque les points équinoxiaux ont rétrogradé de 30°, de sorte que les constellations désignées sous le nom des signes du zodiaque sont maintenant à une distance considérable des divisions correspondantes de l'écliptique qui portent leurs noms. Exécutant ce mouvement à raison de 50",1 annuellement, les points équinoxiaux accomplissent une révolution en 25,868 ans; mais comme la précession varie pour quelques-uns des siècles qui forment cette période, son étendue s'en trouve légèrement modifiée. Le mouvement du soleil étant direct, et celui des points équinoxiaux rétrograde, cet astre met moins de temps à revenir à l'équateur qu'à se retrouver aux mêmes étoiles; de sorte que, pour avoir la longueur de l'année sidérale, l'*année tropique* de 365 j. 5 h. 48 m. 49 s. 2, doit être augmentée du temps qu'il met à parcourir un arc de 50" 1. Ce temps étant 20' 20", 4, l'année sidérale se trouve être de 365 j. 6 h. 9 m., 9 s., 6 jours solaires moyens.

La précession annuelle moyenne est sujette à une variation séculaire; car, bien que le changement du plan de l'écliptique, dans lequel est située l'orbite du soleil, soit indépendant de la forme de la terre, il arrive cependant qu'en amenant le soleil, la lune et la terre dans des positions relatives différentes, il altère de siècle en siècle l'action directe des deux premiers sur la matière accumulée à l'équateur: c'est par cette raison que le mouvement de l'équinoxe est plus grand de 0",455 à présent, qu'il ne l'était du temps d'Hipparque : conséquemment la longueur actuelle de l'année tropique est plus courte de 4", 21 environ qu'elle ne l'était à cette époque. Le plus grand changement qu'elle puisse éprouver par suite de cette cause s'élève à 43 secondes.

Tel est le mouvement séculaire des équinoxes. Cependant il est quelquefois augmenté et quelquefois diminué par des variations périodiques, occasionnées par l'action directe du soleil et de la lune sur l'équateur, et dont la durée dépend des positions relatives de ces corps par rapport à la terre. Le docteur Bradley découvrit que par cette action la lune fait décrire au pôle de l'équateur une petite ellipse dans les cieux, dont les diamètres sont de 18", 5, et de 13", 74; le plus grand de ces deux diamètres se dirige vers les pôles de l'écliptique. La période de cette inégalité est de dix-neuf environ, temps employé par les nœuds de l'orbite lunaire pour accomplir une révolution. Le soleil occasionne dans la forme de cette ellipse une petite variation qui accomplit sa période en une demi-année. Exerçant leur influence sur la terre tout entière, ces mouvements affectent la position de son axe de rotation par rapport à la région des étoiles, sans toutefois l'affecter en aucune façon par rapport à sa surface; car, en vertu de la précession seule, le pôle de l'équateur se meut suivant un cercle qu'il décrit autour du pôle de l'écliptique en 25,868 ans, tandis que la nutation seule lui fait décrire dans les cieux, tous les dix-neuf ans, une petite ellipse, de chaque côté de laquelle il s'écarte tous les six mois, par suite de l'action du soleil. La courbe réelle tracée dans le ciel par le prolongement imaginaire de l'axe terrestre se trouve résulter ainsi de ces trois mouvements. Cette nutation dans l'axe de la terre affecte la précession et l'obliquité de petites variations périodiques; mais, par suite de la variation séculaire qui s'opère dans la position de l'orbite terrestre, et qui est due principalement à l'action perturbatrice de Jupiter sur la terre, l'obliquité de l'écliptique diminue annuellement, selon M. Bessel, de 0", 457. Dans la suite des siècles cette variation peut s'élever à 10 ou 11 degrés; mais l'obliquité de l'écliptique, par rapport à l'équateur, ne peut jamais varier de plus de 2° 42' ou 3°, l'équateur suivant en quelque sorte le mouvement de l'écliptique.

Il est évident que la place de tous les corps célestes est affectée par la précession et la nutation. Les longitudes comptées du point de l'équinoxe se trouvent augmentées par la précession, mais comme ce phénomène affecte tous les corps également, il s'ensuit qu'il n'occasionne aucun changement dans leurs positions relatives. Les latitudes et les longitudes célestes éprouvent quelques légers dérangements par l'effet de la nutation, et de là il résulte que toutes les observations doivent être corrigées. Par suite de ce mouvement réel de l'axe de la terre, l'étoile polaire, qui fait partie de la constellation de la Petite-Ourse, et qui autrefois était à 12° du pôle céleste, n'en est plus aujourd'hui qu'à 1° 24'. Elle continuera à s'en rapprocher, jusqu'à ce qu'ayant atteint son maximum de proximité, elle n'en soit plus qu'à un demi-degré; une fois arrivée à ce point, elle s'éloignera du pôle peu à peu, et au bout de 12,000 ans, l'étoile de la Lyre se trouvant à 5° du pôle céleste, deviendra l'étoile polaire de l'hémisphère du Nord.

PRESBYTES. *Voy.* Bésicles.

PRÉSERVATIFS de la foudre. *Voy.* Paratonnerre.

PRÉSERVATION GALVANIQUE du doublage des navires. — La décomposition de l'eau et de tant d'autres composés oxygénés montre que l'oxygène se porte toujours au pôle positif : d'où il résulte qu'un couple voltaïque, dont le pôle négatif serait formé par un métal qu'on voudrait empêcher de s'oxyder, serait un excellent moyen de dérivation pour l'oxygène. C'est sur ce principe qu'ont été fondés un certain nombre d'appareils préservateurs, dont nous signalerons les deux principaux.

On sait que, pour préserver le bois des navires de l'action de l'eau de mer, et surtout de celle des insectes, on double extérieurement les carènes en feuilles de cuivre. Mais ces feuilles ne tardent pas à s'altérer par l'oxygène de l'air contenu dans l'eau de la mer; et le cuivre oxydé qui remplace le métal, se perce, se brise et découvre le bois. Pour empêcher l'oxydation, on n'a qu'à placer sur les feuilles de cuivre, de distance en distance, des bandelettes de zinc, ou simplement des clous de fer; ces deux métaux, étant beaucoup plus oxydables que le cuivre, formeront le pôle positif d'autant de couples, attireront l'oxygène, qui, par l'effet voltaïque, fuira le cuivre, et l'oxyderont à la place de ce métal. Tel est le procédé qu'imagina Davy pour protéger contre la corrosion le doublage en cuivre des vaisseaux. Le métal protecteur devait occuper à peine un centième de la surface totale.

Cette combinaison obtint d'abord un plein succès, en ce sens que le cuivre était préservé de l'oxydation ; mais il portait avec lui un inconvénient grave et intrinsèque qui en devait neutraliser les avantages. Le fer et le cuivre formant un couple, avaient action sur les sels calcaires et magnésiens contenus dans l'eau de mer, et en les décomposant chassaient sur le cuivre négatif les bases de ces sels, lesquels, absorbant l'acide carbonique que l'eau de la mer contient à certaine dose, donnaient des carbonates de chaux et de magnésie qui se fixaient au doublage, et dans lesquels s'incrustaient des coquillages de toutes sortes et des plantes marines ; de sorte que, si le cuivre était préservé, on trouvait une compensation fâcheuse dans l'alourdissement progressif du navire et le ralentissement de sa marche. En considération de cet inconvénient majeur, que les dernières expériences de Davy ne semblent pas avoir fait disparaître, on a renoncé à l'action voltaïque pour protéger le cuivre.

Toutefois on a gagné quelque chose en remplaçant le cuivre par des feuilles de bronze. L'alliage du cuivre et de l'étain, dans le rapport de 94 à 6, forme de nombreux petits couples voltaïques qui agissent sur l'eau de mer, et préviennent partiellement l'oxydation et la destruction. Des expériences comparatives ont prouvé l'efficacité de ce moyen : elles se sont toutes accordées à prouver que l'altération du bronze était beaucoup moindre que celle des feuilles de cuivre. C'est en bronze qu'on double maintenant tous les navires de l'Etat ; ceux du commerce, par raison d'économie, sont souvent doublés en zinc, et l'on dit que le service de ce doublage vaut celui du bronze. Nous serions tentés de croire qu'il vaut au moins autant, attendu que le zinc jouit de cette propriété importante, que son oxyde, une fois formé superficiellement, compose une couche difficilement perméable à l'oxygène, et s'oppose à une altération ultérieure du métal sous-jacent.

PRESSE HYDRAULIQUE. *Voy.* HYDROSTATIQUE

PRESSION des liquides. *Voy.* HYDRODYNAMIQUE.

PRESSIONS exercées sur les liquides. *Voy.* HYDROSTATIQUE.

PRESSION, haute et basse pression. *Voy.* VAPEUR *(ses usages.)*

PRINTEMPS. *Voy.* SAISONS.

PRISME de Rochon. *Voy.* GROSSISSEMENT.

PROBLÈMES des trois corps. *Voy.* ATTRACTION UNIVERSELLE.

PRODUCTION des couleurs. *Voy.* THÉORIE DE LA LUMIÈRE.

PROJECTILES. — Considérons un corps lancé verticalement avec une vitesse initiale de 90 pieds par seconde : la terre mettra trois secondes à détruire cette vitesse, car elle donne à chaque seconde une vitesse de 30 pieds en sens inverse. Or il est évident que le corps cesse de monter dès que sa vitesse de bas en haut est détruite ; ainsi la durée de l'ascension sera de 3".

Pour avoir la hauteur, voyons l'espace parcouru dans chaque seconde ; comme à chaque seconde il y a perte de 30 P de vitesse, les vitesses successives au commencement de la 1re, de la 2e, de la 3e seconde sont 90 P, 60 P, 30 P. Mais à chaque seconde la terre fait tomber les corps de 15 P ; donc les espaces parcourus sont 75 P, 45 P, 15 P, ce qui fait 135 P pendant les 3". C'est précisément la moitié des 270 P qui seraient parcourus dans le même temps en vertu de la vitesse initiale si la terre n'agissait pas. Ce résultat est général et fournit une règle très-simple.

Il est facile de voir que le projectile met le même temps à monter qu'à descendre ; car il lui faut 3" pour descendre de 135 P. De plus, la vitesse acquise dans cette chute est égale à la vitesse initiale, car en 3" la terre imprime une vitesse de 90 P.

Résolvons quelques questions à l'aide de ces résultats : 1° une balle lancée verticalement est restée 4" en l'air ; on demande à quelle hauteur elle est parvenue et quelle était sa vitesse initiale.

Elle a mis deux secondes pour monter et deux secondes pour descendre ; en 2" un corps descend de 60 P, donc la balle est montée à 60 P. Quant à sa vitesse initiale, elle était égale à celle acquise en tombant, et par conséquent de 60 P, car un corps qui tombe acquiert en 2" une vitesse de 60 P.

2° Un boulet de 12 dont la vitesse initiale est de 1500 P par seconde, étant tiré verticalement, on demande combien de temps il restera en l'air, et à quelle hauteur il parviendra.

Il faut à la terre 50" pour détruire une vitesse de 1500 P : ainsi le boulet montera pendant 50", comme il descendra pendant 50" il restera 100" en l'air ; en 50" sans l'action de la terre il monterait à 75000 P ; à cause de cette action il n'atteindra que la moitié de cette hauteur, ce qui équivaut à 3 lieues. Mais dans la réalité, la résistance de l'air, qui est très-considérable pour un corps animé d'une grande vitesse, l'empêchera de parvenir si haut, de sorte que cette hauteur peut être regardée comme une limite que le boulet n'atteindra pas.

Si on tire un coup de canon horizontalement du sommet d'une tour, le boulet se trouvera sollicité par deux forces, 1° une force instantanée, qui résulte de l'inflammation de la poudre ; 2° une force continue, qui est l'attraction de la terre : si la première agissait seule et si l'air n'existait pas, le boulet, après avoir parcouru, je suppose, 1000 pieds dans la 1re seconde, continuerait en vertu de l'inertie de se mouvoir éternellement en ligne droite avec la même vitesse ; mais à cause de la pesanteur il descend à mesure qu'il avance, et sa trajectoire est une ligne courbe. On trouve dans ce phénomène une application remarquable de la règle du parallélogramme des forces.

La terre agissant sur le projectile malgré son mouvement horizontal, on peut conclure que si l'on tirait un canon bien horizontalement du haut d'une tour, le boulet ne mettrait pas plus de temps à descendre que si on le laissait tomber verticalement. Ce fait a été reconnu directement par *Galilée*: l'expérience se faisait sur le bord de la mer, il était facile de voir quand le boulet arrivait à la surface à cause de l'eau qui jaillissait. Au moment où le coup partait, on laissait tomber du haut de la tour un boulet de même calibre.

On pourrait croire qu'un corps abandonné du haut d'un mât doit tomber à la mer parce que le vaisseau fuit pendant sa chute; mais cela n'arrive jamais, quelle que soit la vitesse, pourvu que le corps n'ait pas été lancé par quelque balancement du mât. En effet, au moment où on l'abandonne, ce corps a la même vitesse horizontale que le vaisseau, et d'après ce que nous venons de voir, cette vitesse horizontale n'est point altérée par l'attraction de la terre. Par la même raison, une pierre qu'on abandonne par la portière au-dessus du marchepied d'une voiture va le frapper tout aussi sûrement que si la voiture était en repos. Ces phénomènes du mouvement composé sont très-remarquables sur un bateau à vapeur, où le mouvement est d'une régularité parfaite; on peut y jouer à la balle, au volant en long, en travers, absolument comme à terre.

Mais à terre on se trouve réellement dans le même cas. Tout ce que nous voyons autour de nous est emporté rapidement, tant par la rotation du globe que par sa translation dans l'espace, et cependant nous n'apercevons aucune irrégularité dans la marche des projectiles; les mouvements les plus délicats se passent comme sur une base en repos; une pendule bien réglée n'avance ni ne retarde, de quelque manière qu'on la tourne et dans quelque sens que se fassent les oscillations du balancier. En étudiant ainsi le mouvement composé, on arrive à ce principe général que *dans un système de corps animés de la même vitesse, les mouvements relatifs sont les mêmes que si le système était en repos.*

Au temps de Galilée, cette régularité parfaite des mouvements à la surface de la terre était considérée comme une objection très-forte contre l'idée de la rotation. On disait: Si la terre tourne vers l'est, un boulet tiré verticalement doit rester en arrière et tomber à l'ouest. Voici l'expérience que fit Galilée pour détruire cette objection: il fixa un petit canon bien verticalement, avec un fil à plomb, sur une voiture attelée de quatre chevaux, qu'on lança de toute leur vitesse dans une pleine parfaitement unie. Le feu ayant été mis au canon, et les chevaux étant toujours emportés avec la même vitesse, le boulet, au lieu de rester en arrière, tomba tout à côté de la voiture. La même expérience, répétée plusieurs fois, eut toujours le même succès. Le boulet suivait constamment la voiture, à cause de la vitesse horizontale qu'il avait au sortir de la pièce.

Dans ces derniers temps, on a pourtant reconnu que les corps abandonnés d'un lieu très-élevé ne descendaient pas exactement le long de la verticale.

Benzemberg, professeur de philosophie à Dusseldorf, a fait des expériences de ce genre dans des mines de houille où il n'y avait aucun courant d'air; il opérait avec des billes polies et bien tournées. Sur 23 expériences faites d'une hauteur de 262 pieds français, la déviation moyenne a été de 5 lignes à l'est, c'est-à-dire que la bille, au lieu de tomber exactement sur le point marqué d'avance par le fil à plomb, tombait d'environ 5 lignes à l'est par rapport à ce point. Les mêmes expériences ont donné en Italie des résultats analogues: il y a toujours eu déviation à l'est, et d'une quantité d'autant plus grande que la chute se faisait d'un lieu plus élevé.

Pour expliquer ce phénomène, il suffit d'observer que le sommet d'une tour décrit en 24 heures, par la rotation de la terre, une circonférence plus grande que celle décrite par le pied; la vitesse est donc plus grande, et le corps qu'on laisse tomber, participant à cette vitesse, se trouve réellement, par rapport aux points placés plus bas, comme s'il était lancé horizontalement. D'ailleurs, d'après ce que nous avons vu du mouvement composé, nous savons que, si le corps abandonné du sommet avait la même vitesse que le pied, il tomberait exactement au pied même; mais puisqu'il a une vitesse plus grande, il doit nécessairement tomber en avant. C'est tout le contraire de ce qu'on supposait du temps de Galilée, et cette déviation vers l'est est la preuve la plus directe de la rotation de la terre d'occident en orient.

Les corps lancés horizontalement ne décrivent qu'une des branches de la parabole, les corps lancés obliquement les décrivent toutes deux. On reconnaît manifestement la figure de cette courbe en lançant une pierre, ou mieux encore en observant un jet d'eau oblique. On peut la voir encore dans le mouvement de la bombe qu'on suit comme un point noir à une grande hauteur dans l'air. De même qu'un projectile lancé verticalement, une bombe met autant de temps à monter qu'à descendre, et elle ne met pas plus de temps à descendre qu'un corps qui tomberait verticalement du point le plus élevé de sa trajectoire; si donc elle est restée 20" en l'air, elle est montée à la hauteur d'où peut tomber un corps en 10", c'est-à-dire à 1500 pieds. Tout cela n'est qu'approché, parce qu'on néglige la résistance de l'air: on fait voir aussi que, sans cette résistance, la bombe atteindrait la plus grande distance possible pour une charge donnée de poudre, si elle était tirée sous l'angle de 45°. Un résultat encore fort remarquable du calcul, c'est que les corps lancés ainsi obliquement peuvent en général atteindre le but, sous deux inclinaisons différentes, de sorte qu'ils le frappent si l'on veut plus horizontalement ou plus perpendiculairement.

Quand on néglige la résistance de l'air, on peut assigner par le calcul la vitesse qu'il faudrait donner à un projectile pour qu'il ne retombât plus sur la terre; même lancé verticalement, il ne retomberait plus si sa vitesse initiale était d'environ 11,000 mètres par seconde ou un peu moins de 3 lieues, et à plus forte raison s'il était lancé dans une autre direction; dans les deux cas il s'éloignerait indéfiniment. Si sa vitesse était comprise entre 8000 et 11,000 mètres, il décrirait une ellipse autour de la terre et il continuerait indéfiniment ses révolutions, comme le font les planètes autour du soleil, ou les satellites autour des planètes. Ainsi, sans l'atmosphère, il suffirait d'une vitesse de 2 lieues par seconde pour donner un nouveau satellite à la terre; c'est environ 16 fois la vitesse d'un boulet de 12, la charge étant le tiers du poids du boulet.

On conçoit que si la rotation de la terre était suffisamment rapide, les corps simplement posés à la surface et qui n'ont pas d'adhérence seraient lancés dans l'espace : cela n'a pas lieu actuellement, parce que l'attraction surpasse la force centrifuge qui résulte, comme nous l'avons vu, de l'inertie ou de la tendance que les corps ont à continuer leur mouvement en ligne droite. Le calcul montre que si la terre tournait 17 fois plus vite, il y aurait équilibre près de l'équateur entre la pesanteur et la force centrifuge, de sorte que les corps qui auraient participé au mouvement de rotation étant une fois abandonnés à eux-mêmes ne retomberaient plus. Ils paraîtraient suspendus en l'air et en repos, mais dans la réalité ils tourneraient avec la même vitesse que la terre, lui formant ainsi de nouveaux satellites; l'air du reste ne gênerait pas leur mouvement puisqu'il aurait la même vitesse qu'eux.

PROJECTION, PROJETÉ. — Un corps est projeté quand il est lancé; une balle qui sort du canon d'un fusil est projetée : de là lui vient le nom de projectile. Mais ce mot a encore une autre signification. Une ligne, une surface ou un corps solide est dit être projeté sur un plan, quand, de tous les points de cette ligne, de cette surface ou de ce corps, on mène au plan des lignes droites parallèles. La figure ainsi déterminée sur le plan est une projection. La projection d'un objet terrestre est donc son ombre, puisque les rayons du soleil sont sensiblement parallèles.

PRONOSTICS. — Les laboureurs, les habitants de la campagne et les pilotes sont très-habiles à prévoir les changements de temps; ces derniers surtout ne se trompent guère lorsqu'ils prédisent les tempêtes, par des signes dont l'expérience leur a fait connaître l'exactitude : rigoureusement parlant, ces pronostics n'offrent pas une certitude mathématique, mais ils se réalisent souvent. Nous ne les présenterons toutefois que comme des probabilités.

Le soleil, la lune, les trois règnes, les météores eux-mêmes sont au nombre de ces signes empiriques, que d'ailleurs nous diviserons en généraux et particuliers.

Pronostics généraux du temps.

1° Quand il n'y a pas eu d'orage avant ni après l'équinoxe du printemps, l'été suivant est généralement sec, au moins cinq fois sur six;

2° S'il arrive un orage de l'est les 19, 20 ou 21 mai, l'été suivant est sec quatre fois sur cinq;

3° Si l'orage a lieu les 26, 27 ou 29 mai (et non auparavant), l'été suivant est également sec au moins quatre fois sur cinq;

4° Un orage venant de l'ouest du 19 au 22 mars, est suivi d'un été généralement humide cinq fois sur six;

5° Un automne humide et un hiver doux sont généralement suivis d'un printemps froid et sec qui retarde beaucoup la végétation;

6° Après un été très-pluvieux, on doit s'attendre à un hiver rigoureux, car l'évaporation excessive qui a lieu a dû enlever à la terre beaucoup de chaleur;

7° L'apparition des grues et autres oiseaux de passage de bonne heure, dans l'automne, indique un hiver rigoureux; car c'est une preuve qu'il est déjà commencé dans le Nord;

8° S'il pleut beaucoup en mai, il pleuvra un peu en septembre, et *vice versâ;*

9° Si le vent souffle du sud-ouest en été ou en automne, que le thermomètre soit bas pour la saison, et que le baromètre baisse, on peut s'attendre à beaucoup de pluie;

10° Les grands orages, les grandes pluies constituent pour plusieurs jours ou plusieurs mois, d'une manière fixe, le temps au beau ou au mauvais;

11° L'hiver pluvieux annonce une année stérile;

12° Après un automne rigoureux, l'hiver est venteux;

13° *Indications barométriques.* En général le baromètre se tient très-bas dans les saisons et années humides, très-haut dans les saisons et années sèches. Il est plus haut en hiver qu'en été. Ses variations sont fréquentes à l'époque où l'on passe d'une saison à une autre, et plus encore, si cette saison est orageuse ou sujette à des ouragans. En particulier, le mercure baisse lorsque le temps se prépare à la pluie, monte lorsqu'il se rassure, baisse par le temps chaud si un orage approche, monte en hiver s'il fait froid, baisse par ce froid s'il va y avoir dégel, se relève s'il va y avoir de la neige. Une chute subite du mercure par le gros temps, une hausse subite par le beau temps annoncent que ni l'un ni l'autre de ces états atmosphériques ne dureront longtemps. Au contraire, s'il baisse lentement et graduellement deux ou trois jours par le beau temps, on peut s'attendre à beaucoup de pluie et à de grands vents; s'il hausse lentement et graduellement deux ou trois jours par le gros temps, un beau temps continu sera la suite d'un mouvement ascensionnel.

14° Qu'on place une sangsue dans un bocal de la contenance d'un demi-litre rempli aux 3/4 et couvert d'un morceau de toile : si la sangsue reste au fond sans mouvement et en spirale, beau temps ; si elle se traîne vers le haut, pluie ; si elle paraît inquiète, vent ; si elle semble très-agitée et se tient hors de l'eau, orage ; si, dans l'hiver, elle reste au fond, froid ; si, dans la même saison, elle se tient à l'embouchure du bocal, neige.

15° Une année moyenne, à Paris, se résout en

182	jours de ciel couvert.
184	— nuageux.
142	pluie.
58	gelée.
180	brouillards.
12	neige.
9	grêle ou grésil.
14	tonnerre.

Pronostics particuliers du temps.

Pronostics du vent. — Un soleil qui se lève pâle et reste rouge, à disque très-grand, avec ciel rouge au nord. Si le soleil paraît partagé ou est accompagné d'un parhélie, c'est l'indice d'une grande tempête. — Une *lune fort grossie, à couleur rougeâtre*, ou à cornes pointues et noirâtres, ou environnée d'un cercle clair et rougeâtre. Si le cercle est double ou paraît brisé, c'est signe de tempête. — Des nuages qui fuient légèrement, ou qui se montrent subitement au sud ou à l'ouest, et qui sont rouges comme le ciel, notamment le matin. Une giboulée subite, après un grand vent, annonce qu'il va finir. C'est le sens du proverbe, petite pluie abat grand vent. Les ondées entremêlées de bourrasques sont aussi des signes certains que la tempête approche de sa fin. — Enfin les réunions, les ébats des oiseaux aquatiques sur les rivages, surtout de grand matin ; le vol haut et par bandes des oies sauvages ; des inquiétudes chez les foulques, etc., etc.

Pronostics du froid et de la gelée. — L'apparition prématurée des oies sauvages et autres oiseaux de passage, la réunion des petits oiseaux en bandes, l'éclat du disque de la lune, un ciel brillant d'étoiles, de petits nuages bas voltigeant vers le nord, une neige fine, tandis que les nuages s'amoncèlent comme des rochers ; enfin des étés humides et froids, des automnes doux, l'abondance des fruits de l'aubépine, de la floraison des noisetiers, etc.

Pronostics de dégel. — La chute de la neige en gros flocons par un vent du sud ; des craquements dans la glace ; le soleil comme baigné dans l'eau ; les cornes de la lune émoussées ; le vent tournant au sud, ou très-changeant.

Pronostics de sécheresse. — Le beau temps toute une semaine, si le vent, pendant ce temps, ne cesse d'être au midi ; un mois de février tout à fait beau ; un éclair après vingt quatre heures de temps beau et sec (pas auparavant).

Pronostics de pluie. — L'apparence diverse et les changements d'aspect des nuages ; s'ils s'amoncellent et qu'ils ressemblent à des rochers ou à des montagnes qu'on entasserait les unes sur les autres ; s'ils viennent du sud, en changeant souvent de direction ; s'ils sont nombreux, le soir, au nord-est, pluie en général : viennent-ils de l'est et sont-ils noirs, pluie la nuit ; viennent-ils de l'ouest, pluie le lendemain ; ressemblent-ils à des flocons de laine, pluie au bout de deux ou trois jours ; s'accumulent-ils vers le milieu du jour au sud-ouest, grande bourrasque de vent et de pluie pour la nuit. S'il a beaucoup plu dans un endroit voisin de celui où l'on se trouve, pluie d'orage pour ce lieu-là ; si la pluie commence une heure ou deux avant le lever du soleil, on peut espérer beau temps à midi ; s'il pleut au contraire une heure ou deux après son lever, il pleuvra tout le jour. A ces indices de pluie il faut ajouter l'arc-en-ciel après une longue sécheresse, les brouillards qui semblent attirés vers les sommets des hauteurs, ou qui, du moins, montent plus haut que de coutume, le soleil obscur et comme baigné d'eau, la lune pâle, cerclée, émoussée par ses extrémités (visible seulement le quatrième jour par un vent du sud : elle annonce beaucoup de pluie pour le mois), les étoiles grossies et pâles, environnées d'un cercle, et n'offrant plus qu'un scintillement imperceptible. Le liseron des champs, le mouron, le souci pluvial, et surtout la porliéra hygromètre du Pérou, contractent leurs feuilles à l'approche de la pluie. Alors aussi les cormorans, les mouettes, les oiseaux d'eau quittent la mer pour venir à la terre ; les oiseaux de terre, les oies, les canards, vont à l'eau, avec de grands cris et de grands mouvements ; les pies et les geais s'attroupent aussi avec des cris ; les hérons, les buses volent bas ; les hirondelles rasent la surface des eaux ; les pigeons, les poules, gardent leurs demeures ; les oiseaux apprivoisés se roulent dans le sable et battent des ailes ; les ânes braient plus qu'à l'ordinaire, les bœufs ouvrent leurs naseaux, regardent du côté du sud, se couchent et se lèchent ; les chevaux hennissent violemment et gambadent ; les chats se passent les pattes dans les oreilles ; les chiens fouissent la terre ; les vers sortent du sol en abondance ; les mouches sont plus lourdes et plus piquantes ; les fourmis et les abeilles regagnent à la hâte leurs habitations ; le bois se gonfle. Les cordes des instruments de musique se gonflent et se brisent ; les toiles des tableaux et des papiers de tentures se relâchent ; le sel est humide ; les étangs sont boueux et troubles ; les personnes affectées de rhumatismes et les blessés souffrent cruellement ; les uns aux articulations, les autres aux régions du corps qui ont été entamées.

Pronostics du beau temps. — Lorsque le soleil se lève clair, dans un ciel clair, que les nuages qui l'entourent à son lever s'envolent vers l'ouest, qu'il est entouré d'un cercle très-régulier ; enfin, qu'il se couche au milieu de nuages rouges. Quand un cercle brillant entoure la pleine lune, que ses taches sont bien visibles, que ses cornes sont pointues le quatrième jour, que son disque brille trois jours après le changement de lune et avant qu'elle soit pleine. Quand les nuages, au coucher du soleil, sont dorés et semblent s'évanouir, qu'ils sont petits ou vont contre le vent, qu'ils sont blancs, ou forment, tandis que le soleil est élevé sur l'horizon, des pommelures; quand les étoiles se montrent en grand nombre et brillent d'un vif éclat. Enfin, quand les mouches jouent dans les airs, que les frelons et les guêpes paraissent le matin en grand nombre, que les araignées se montrent dans l'air ou sur les plantes.

Pronostics de grêle et de neige. — Des nuages d'un blanc jaunâtre et qui marchent lentement, malgré un vent fort; le ciel pâle vers l'est avant le lever du soleil; les nuages blancs en été : autant de signes de grêle; les nuages blancs, en hiver surtout, *si l'air* est un peu adouci, annoncent la neige.

Pronostics de tonnerre, etc. — Un temps étouffant; le sol qui se fend; l'été, après deux ou trois jours de vent du sud, de grands amas blancs de nuages qui forment comme des montagnes avec des nuages noirs au-dessus : alors pluie et tonnerre. C'est le vent du sud qui amène le plus d'orages, et le vent d'est qui en amène le moins. Bien entendu que nous parlons relativement à la France; car, dans d'autres contrées, ce sont des vents différents qui amènent la pluie et les orages. En général, ce sont ceux qui se sont saturés d'humidité en rasant la surface des mers ou de grandes nappes d'eau.

Pronostics de saisons malsaines. — Un hiver sec, froid, avec vent du sud, suivi d'un printemps pluvieux; les grandes chaleurs sans vent au printemps; le goût fade des légumes après qu'un vent du sud sans pluie a longtemps régné; des vapeurs infectes dans l'air; enfin beaucoup d'animalcules et d'insectes, comme grenouilles, mouches, sauterelles, annélides, chenilles, escargots, etc., etc.

PROPAGATION des vibrations. *Voy.* POLARISATION CHROMATIQUE.

PROPAGATION de la lumière. *Voy.* LUMIÈRE et THÉORIE DE LA LUMIÈRE.

PROPORTIONNALITÉ de la pesanteur à la masse. *Voy.* ATTRACTION UNIVERSELLE.

PROPRIÉTÉS de la matière. *Voy.* MATIÈRE.

PROTOCOCCUS NIVALIS. *Voy.* PLUIE DE SANG.

PSYCHROMÈTRE. *Voy.* HYGROMÈTRIE.

PTOLOMÉE florissait à Alexandrie au commencement du IIe siècle de notre ère. L'astronomie fit peu de progrès depuis Hipparque jusqu'à lui. Ptolomée fonda le système du monde qui nous place immobiles au milieu de tous les mouvements célestes, système qui domina sans contradiction et presque sans examen jusqu'à Copernic. Il est tout à fait erroné, mais l'*Almageste*, ouvrage dans lequel Ptolomée le développe, n'en est pas moins précieux par le nombre des observations qu'il renferme : c'est le livre le plus important de l'astronomie ancienne; il a été récemment traduit, avec des notes, par M. l'abbé Halma.

PTOLOMÉE, son système. *Voy.* SYSTÈME DU MONDE.

PUITS. *Voy.* HYDROSTATIQUE.

PUITS ARTÉSIENS. *Voy.* HYDROSTATIQUE.

PUITS, chaleur des puits. *Voy.* TEMPÉRATURE.

PYRHÉLIOMÈTRE (πῦρ, chaleur, ἥλιος, soleil, μέτρον, mesure).—Instrument imaginé par M. Pouillet pour mesurer la quantité de chaleur solaire absorbée par l'atmosphère. *Voy.* TEMPÉRATURE.

PYROMÈTRE (de πῦρ, feu, et μέτρον, mesure).—On appelle ainsi les instruments qui servent à évaluer des degrés de température qui dépassent l'échelle *thermométrique ordinaire*. Celui de Wedgwood repose sur la *propriété* qu'a l'argile de se contracter par l'action de la chaleur; il se compose de deux règles de cuivre *légèrement* convergentes, divisées en 240° : on fait glisser entre ces deux règles un petit *cylindre* d'argile *qui* s'avance d'*autant* plus que sa contraction a été plus forte par la chaleur à laquelle il a été soumis. Le 0° de ce pyromètre correspond à 598 degrés du *therm.* centig., et chacun de ces degrés en représente 72 du même thermomètre. Ce pyromètre passe pour très-défectueux.

M. Pouillet a imaginé de faire servir à la mesure des hautes températures la dilatation des gaz, qui offre une régularité constante. Son appareil se compose d'une boule creuse de platine de 4 à 5 centimètres de diamètre, surmontée d'un tube très-court du même métal. Dans celui-ci s'engage un tube d'argent qui se recourbe et pénètre dans un tube de verre, dit *réservoir de dilatation*, contenant du mercure extérieurement gradué et communiquant avec un troisième tube ouvert à sa partie supérieure, et contenant également du *mercure*. Avec ce *pyromètre à air*, M. Pouillet est parvenu aux résultats suivants, pour les températures correspondantes aux différentes nuances de couleur que présentent les corps à partir du rouge naissant; ces températures se rapportent au thermomètre à mercure :

Rouge naissant	525°
Rouge sombre	700°
Cerise naissant	800°
Cerise	900°
Cerise clair	1000°
Rouge foncé	1100°
Orange clair	1200°
Blanc	1300°
Blanc suant	1400°
Blanc éblouissant	1500 à 1600° fusion du fer.

M. Pouillet pense qu'aucun de ses chiffres n'est en erreur de plus de 50°. Jusque-là on avait admis, d'après les indications mal interprétées du pyromètre de Wedgwood, que la fusion du fer exigeait de 10,000 à 15,000 degrés.

PYROMÈTRE *à cadran.* — Le pyromètre des

fours à porcelaine est une barre métallique appuyée contre un obstacle très-fixe et mobile par l'autre extrémité. Celle-ci butte contre le petit bras d'un levier à aiguille, dont le plus grand promène sa pointe le long d'un cadran ; les diverses positions de cette pointe indiquent autant de dilatations différentes. L'appareil est placé dans l'intérieur des fours ; mais l'extrémité mobile saille au dehors et agit sur l'aiguille. On a déterminé depuis longtemps, par expérience, quelles indications de l'aiguille correspondaient aux conditions les meilleures pour produire tel ou tel effet. Ainsi, à l'inspection du cadran dans chaque cas donné, on reconnait non pas quelle température règne dans le four, mais si la température nécessaire à produire tel effet voulu n'est pas encore atteinte ou est déjà dépassée ; et l'on dirige, d'après cette indication, la conduite du feu.

PYROMÈTRE de Borda. *Voy.* DILATATION.

PYROMÈTRE métallique. *Voy.* DILATATION.

PYTHAGORE. Cet illustre philosophe, dont la doctrine demeure environnée de ténèbres, parce qu'il ne l'a communiquée qu'à quelques adeptes, avait puisé ses connaissances en Egypte et dans l'Inde. Il vivait vers 530 avant notre ère. Ses idées sur l'univers étaient grandes et justes : il admettait le *mouvement de la terre* autour du soleil, et le mouvement de rotation sur l'axe; il pensait que la lune était habitée, et n'était visible que parce qu'elle réfléchissait la lumière du soleil; enfin, que les étoiles étaient des mondes ; mais ce beau système demeura enfoui et ignoré jusqu'à Copernic.

QUADRATURE (*quadratus*, carré). — Un corps céleste est dit être en quadrature, quand il est à 90° du soleil. *Voy.* LUNE.

QUART DU MÉRIDIEN. *Voy.* MESURES.

R

RADEAUX SOULEVEURS. *Voy.* HYDROSTATIQUE.

RAIES DU SPECTRE. — On appelle *raies du spectre* les changements brusques d'intensité que Frauenhofer a découverts dans la lumière du spectre. Ces changements se présentent tantôt sous l'apparence de lignes noires ou presque complétement noires, tantôt sous l'apparence de lignes brillantes.

Pour la lumière solaire elles sont toujours noires, elles ne tombent pas aux *limites* des couleurs, mais elles se trouvent réparties depuis le rouge jusqu'au violet avec une grande irrégularité, sans offrir rien de remarquable au passage du rouge à l'orangé, de l'orangé au jaune, etc. Il n'y a pas moins d'irrégularité dans leur apparence que dans leur position : les unes sont *très-déliées* et ne paraissent que comme des lignes noires isolées et à peine visibles ; d'autres sont très-rapprochées, et ressemblent plutôt à une ombre qu'à un assemblage de lignes distinctes ; enfin, il y en a quelques-unes qui sont très-tranchées et paraissent avoir une étendue sensible. On peut évaluer à 6 ou 700 le nombre total des raies noires ou plus ou moins sombres que présente le spectre solaire dans toute sa longueur.

On peut observer ce phénomène, soit en projetant le spectre entier sur un tableau, soit en recevant successivement les diverses couleurs du spectre dans une lunette convenablement disposée et donnant une amplification suffisante. Dans les deux cas, la lumière ne doit arriver au prisme qu'après avoir traversé une fente parallèle à ses arêtes, et très-étroite dans le sens perpendiculaire. Un grossissement de 8 à 10 fois permet de voir d'une manière très-nette toutes les raies principales du spectre.

Par ce mode d'observation, Frauenhofer a constaté, 1° que les raies sont tout à fait indépendantes de l'angle réfringent du prisme, et 2° qu'elles sont pareillement indépendantes de la nature de la substance réfringente, c'est-à-dire que, dans tous les cas, elles restent les mêmes pour leur nombre, leur forme et leur disposition.

Jusqu'à présent on a trouvé une *identité* si absolue entre la lumière du soleil et toutes les autres lumières naturelles ou artificielles, qu'il était très-important de chercher si cette identité se soutiendrait encore à la nouvelle épreuve des raies du spectre. C'est dans cette vue que Frauenhofer a fait avec le même appareil diverses expériences sur l'étincelle électrique, sur la flamme d'une lampe, sur la lumière de Vénus et sur celle de Sirius.

La lumière électrique donne des raies brillantes, au lieu de raies noires : l'une des plus remarquables par sa vive intensité se trouve dans le vert.

La lumière d'une lampe donne pareillement des raies brillantes ; on peut surtout en distinguer deux très-intenses vers le rouge et l'orangé. La flamme de l'hydrogène et celle de l'alcool présentent sous ce rapport la même apparence que la flamme de l'huile.

La lumière de Vénus donne les mêmes raies que la lumière du soleil ; seulement elles sont moins faciles à distinguer vers les extrémités du spectre.

Enfin, la lumière de Sirius donne aussi des raies noires ; mais elles sont tout à fait différentes de celles du soleil ou des planètes

Il y en a trois surtout qui sont très-remarquables : l'une dans le vert et deux dans le bleu.

D'autres étoiles de première grandeur paraissent donner des raies différentes de celles de Sirius et de celles du soleil.

Ainsi, par cette nouvelle donnée et par ces observations précises, se trouvent établis des caractères distinctifs entre les diverses lumières naturelles ou artificielles : c'est une vaste carrière ouverte par l'habile artiste de Munich, dont nous avons à déplorer la perte. Nous pouvons espérer que les physiciens suivront avec un vif intérêt ces premières découvertes qui tiennent de si près à l'origine de la lumière et aux conditions sous lesquelles elle prend naissance, soit artificiellement dans les corps terrestres, soit naturellement dans le soleil et les étoiles.

Déjà plusieurs physiciens ont étudié sous ce rapport les flammes diversement colorées : on sait que certains sels ont la propriété de donner des couleurs plus ou moins vives aux flammes de l'hydrogène, de l'*huile* ou de l'*alcool*.

Les sels de chaux donnent un rouge de brique; ceux de strontiane, un cramoisi ; ceux de soude, un jaune vif assez pur; ceux de baryte, un vert pomme; ceux de cuivre, un vert magnifique ou un bleu verdâtre ; ceux de potasse, un bleu violet pâle.

On observe d'abord la flamme dans son état naturel : elle donne, en général, un spectre discontinu où les couleurs dominantes sont le jaune, le vert de diverses nuances et beaucoup de violet; les raies y sont fort nombreuses.

Lorsque ensuite on la colore par un sel, le spectre prend un tout autre aspect pour les couleurs et aussi pour les raies, qui changent de caractère; la chaux, par exemple, donne une raie jaune et une raie verte bien marquée, tandis que la strontiane donne une raie bleue excessivement brillante.

D'autres observations très-dignes d'intérêt sont celles qui ont été faites par M. Brewster d'abord, et ensuite par MM. Miller et Daniell, sur la propriété que possèdent certaines vapeurs (gaz nitreux, iode, brome, chlore) de faire naître une foule de raies distinctes dans le spectre d'une flamme, lorsque la lumière traverse ces vapeurs avant de toucher sur le prisme qui doit la décomposer.

RAPPORT entre la lumière, la chaleur et l'électricité ou le magnétisme. *Voy.* COURANTS ÉLECTRIQUES.

RAYON. — Un rayon lumineux est la direction que suit la lumière en se propageant.

Si d'un point quelconque de la flamme d'une bougie l'on conçoit des lignes droites dans toutes les directions, suivant chacune de ces lignes droites il y aura un rayon de lumière, puisque la lumière se propage dans tous les sens et en ligne droite ; mais lorsqu'on s'éloignera assez de la flamme, pour que le milieu devienne sensiblement hétérogène, les rayons de lumière commenceront à se courber, et les lignes droites primitives ne représenteront plus leurs directions.

Quand la lumière se propage dans un milieu homogène autour d'un point lumineux, et qu'on la reçoit sur une surface quelconque, l'on a coutume de dire que cette surface est éclairée par un pinceau lumineux quand elle est petite, et par un faisceau lumineux quand elle est plus grande. Alors on regarde cette surface comme la base d'un cône dont le point lumineux est le sommet, et la lumière du pinceau ou du faisceau est la lumière comprise dans ce cône. Mais, quand la lumière passe dans un milieu hétérogène, tous les rayons d'un même faisceau commencent à se propager suivant des lignes courbes, et en général suivant des lignes courbes différentes; alors, il n'est plus vrai de dire que le faisceau est un cône droit.

Un pinceau ou faisceau de lumière est naturellement *divergent*, c'est-à-dire que sa section est d'autant plus grande qu'elle s'éloigne davantage du point lumineux. Cependant, quand le point lumineux est très-éloigné, on dit que le faisceau est *parallèle* parce que toutes les sections sont sensiblement égales, ou, ce qui revient au même, tous les rayons sont sensiblement parallèles. Ainsi, par exemple, la lumière que nous envoie le centre du soleil forme un faisceau parallèle; car deux lignes qui sont à la surface de la terre distantes de quelques centimètres, ou même de quelques kilomètres, et qui vont se rencontrer au centre du soleil, sont deux lignes parallèles.

Les faisceaux de lumière naturelle, convenablement modifiés, peuvent devenir des *faisceaux convergents*, c'est-à-dire que les rayons sont ramenés dans une telle direction qu'ils concourent tous au même point. Ce point de concours de tous les rayons d'un faisceau se nomme un *foyer*. Mais c'est une chose digne de remarque, qu'après s'être ainsi rassemblés et concentrés en un foyer, tous les rayons continuent leur route, comme si chacun d'eux était seul, d'où il suit qu'au delà du foyer le faisceau devient divergent comme un faisceau naturel.

RAYON VECTEUR. *Voy.* la 1re loi de Képler, au mot KÉPLER.

RAYONNEMENT des corps. *Voy.* CALORIQUE RAYONNANT.

RECUL. — Le mouvement produit par une explosion, soit par celle de la foudre, soit par celle de l'air ou de la vapeur comprimés, est un mouvement qui se communique essentiellement dans tous les sens. Les parois du canon empêchent l'expansion latérale, et tout l'effet se porte dans le sens de la longueur; mais là *il* se produit également dans les deux directions contraires, c'est-à-dire en avant pour pousser le projectile, et en arrière pour repousser la culasse, le canon et toutes les pièces qui en dépendent. Ces deux quantités de mouvement, qui sont toujours opposées, sont aussi toujours égales : de là vient le *recul*, qui accompagne inévitablement le départ du projectile. Si le fusil n'est pas repoussé contre l'épaule avec toute la vitesse de la balle, et si le canon et ses affûts ne reculent pas aussi vite que part le boulet, c'est seulement parce que les projectiles ont beaucoup moins de masse que les armes qui servent à les lancer. Quand un chasseur tire un coup de fusil, son épaule éprouve la même pression que si une balle venant du dehors entrait dans le canon et en frappait le fond avec toute la vitesse de la balle qui sort.

On conçoit qu'il suffit de connaître le poids de l'arme, le poids du projectile et la vitesse du recul, pour en déduire la vitesse du projectile à son départ. C'est une méthode qui a été employée avec succès par Robins. Une circonstance digne de remarque, et qui est une autre preuve de la lenteur avec laquelle le mouvement se répand dans toute l'étendue d'une masse considérable, c'est que le recul ne commence à être sensible que quand le boulet est sorti du canon. L'expérience en fut faite pour la première fois à la Rochelle, vers 1627, par les ordres du cardinal de Richelieu. On avait suspendu un canon à l'extrémité d'un grand levier mobile, et le boulet qui en sortait venait frapper le but, comme si le canon n'avait pu faire son recul que dans la direction même du mouvement du projectile.

RÉFLEXION. — Ce mot s'applique, en physique, au changement de direction que subissent les rayons lumineux et les ondes sonores. Pour mettre le phénomène de la réflexion dans toute son évidence, on n'a qu'à faire tomber un rayon de soleil sur un miroir *métallique* dans une chambre obscure ; en répandant un peu de poussière dans l'air, on verra la lumière changer brusquement de route à la rencontre de la surface, et le rayon *réfléchi* s'éloigner en ligne droite en faisant un angle plus ou moins ouvert avec le rayon *incident* suivant l'inclinaison du miroir. Cet angle serait nul, et le rayon réfléchi retournerait directement à l'ouverture, si le miroir était perpendiculaire au rayon incident. Nous avons supposé un miroir métallique, parce qu'avec un miroir ordinaire le phénomène est plus compliqué, la réflexion se faisant non-seulement sur l'étamage, mais aussi sur la première face de la glace. Généralement on ne fait pas attention à cet autre rayon réfléchi, mais il devient aussi brillant que le premier pour de grandes obliquités ; et d'ailleurs, comme les deux faces de la glace forment presque toujours un angle, les deux rayons réfléchis suivent des routes différentes, et il arrive même, quand le rayon incident est très-oblique, qu'on distingue 6 ou 7 rayons réfléchis de plus en plus faibles. On évite toute cette complication en enlevant l'étamage et en noircissant ou dépolissant la face postérieure de la glace. Quand la réflexion se fait ainsi sur une surface *plane*, on reconnaît que le rayon réfléchi conserve exactement la forme du rayon incident. Le verre à vitre, n'ayant jamais sa surface plane, ne donne qu'un rayon réfléchi très-irrégulier.

On est tenté d'abord d'assimiler la réflexion de la lumière à celle des corps élastiques : on s'imagine que, pour qu'elle ait lieu il faut une surface douée d'une certaine résistance ; mais des expériences bien simples montrent que la lumière se réfléchit aussi bien sur l'air ou sur le vide que sur les substances les plus denses. La seule condition nécessaire est la juxtaposition de deux milieux où la lumière n'ait pas la même vitesse.

On sait qu'en regardant obliquement et par dessous, la surface de l'eau contenue dans un verre un peu large forme tout aussi bien un miroir que quand on regarde par-dessus. La réflexion sur l'air explique encore les images multiples données par une glace.

La direction du rayon réfléchi est soumise à deux lois très-simples. L'angle du rayon incident et de la normale s'appelle *angle d'incidence ;* l'angle de la normale et du rayon réfléchi s'appelle *angle de réflexion*. On peut donc énoncer les deux lois de la manière suivante : 1° *Le rayon incident et le rayon réfléchi sont dans un même plan normal à la surface réfléchissante ;* 2° *l'angle de réflexion est égal à l'angle d'incidence*. Il est plus commode, dans certains cas, de compter les angles avec la surface, comme compléments des angles avec la normale ; ils sont nécessairement égaux entre eux.

Sous l'incidence perpendiculaire, le mercure, les glaces étamées, l'acier, les miroirs à télescope, et en général les métaux blancs bien polis, réfléchissent un peu plus de la moitié de la lumière incidente ; l'accroissement n'est guère que d'un huitième quand on passe à l'incidence la plus oblique possible. Au contraire, pour les substances peu réfléchissantes, l'obliquité a une très-grande influence : l'eau, le verre, le marbre, renvoient environ $\frac{1}{50}$ de la lumière qui leur arrive perpendiculairement, tandis qu'ils la réfléchissent aussi bien que les métaux quand l'incidence est très-oblique. Aussi observe-t-on qu'en regardant de plus en plus obliquement dans une glace étamée, la plus vive des deux images qu'on peut voir finit par être celle qu'on apercevait d'abord à peine, et qui est due à la réflexion sur le verre. L'influence de l'obliquité est encore très-manifeste sur les surfaces mal polies en comparaison des miroirs ; on peut voir l'image d'une bougie en regardant très-obliquement sur une carte, sur un meuble, etc.

S'il existait des surfaces réfléchissantes parfaitement polies, l'œil ne pourrait ni les distinguer, ni même en soupçonner l'existence ; car les corps ne sont perceptibles à distance que par les rayons irrégulièrement réfléchis à leur surface ; et tous les rayons régulièrement réfléchis font voir les points lumineux d'où ils sont sortis, et non pas les réflecteurs sur lesquels ils tombent. Si le globe de la lune, par exemple, était poli comme la surface d'un globule de mercure, nous ne pourrions pas le voir en le regardant, mais nous verrions seulement l'image du soleil qui l'éclaire.

Analyse de la lumière par la réflexion.— Dans le phénomène de la réflexion, avons-nous dit, l'angle de réflexion est toujours égal à l'angle d'incidence. Mais si l'angle de réflexion reste le même pour tous les rayons, la proportion de lumière réfléchie peut varier d'une couleur à l'autre, ce qui fournit un moyen d'analyse. La théorie montre que la proportion de lumière réfléchie dépend de l'indice de réfraction et de l'absorption plus ou moins forte. Cette proportion varie donc d'une couleur à l'autre; mais, en général, l'effet est insensible, excepté dans certains cas particuliers, les seuls que nous devions examiner ici.

Disposons un prisme pour avoir la réflexion totale, puis inclinons-le par degrés pour laisser peu à peu passer de la lumière : nous verrons que les rayons rouges émergent quand tous les autres sont encore soumis à la réflexion totale; ensuite les rayons orangés, jaunes, verts, etc., passent successivement avec les rayons rouges à mesure qu'on incline le prisme. Il est clair, d'après cela, que les rayons de couleurs différentes ont des angles différents pour la réflexion totale. Le violet, par exemple, se réfléchit en totalité quand les autres ne se réfléchissent qu'en partie; cette couleur qui domine dans le faisceau réfléchi donne une teinte violette, un peu faible, il est vrai, parce qu'elle est délayée dans un grand excès de lumière blanche. Mais on peut avoir un effet plus marqué en décomposant par un second prisme le rayon réfléchi par le premier; les différentes couleurs du spectre se renforcent alors très-sensiblement, à mesure qu'en inclinant le premier prisme on augmente pour les divers rayons la proportion de lumière réfléchie. On voit dans cette expérience que les rayons les plus réfrangibles sont aussi les plus réflexibles, c'est-à-dire qu'ils sont les premiers à éprouver la réflexion totale.

Les surfaces imparfaitement polies ont la propriété de réfléchir en proportions plus considérables les rayons les moins réfrangibles. Si, par exemple, avec un morceau de verre dépoli, on regarde très-obliquement une bougie, de manière que les rayons rasent la surface, on a une image rougeâtre, ce qui prouve bien que dans ce cas les rayons rouges se réfléchissent plus abondamment que les autres.

Enfin l'inégale réflexion des rayons est surtout manifeste dans le cas de surfaces colorées. Il est clair, en effet, que si un corps nous paraît rouge, c'est que les rayons rouges dominent dans ceux qu'il nous renvoie. Chaque substance, suivant sa nature et l'état de sa surface, a ainsi la propriété de réfléchir certains rayons de préférence; nous ne remontons pas ici à la cause de cette propriété, nous le prenons comme un fait. Notons seulement les circonstances *physiques* qui font varier la nuance et l'éclat des couleurs; il ne s'agit pas ici des couleurs changeantes et variées comme celles de la nacre de perle, des plumes de paon, etc., mais des *teintes plates* et uniformes qui constituent les couleurs ordinaires des corps.

Pour reconnaître l'influence que la lumière incidente a sur la couleur d'un corps, on n'a qu'à éclairer ce corps avec chacune des couleurs du spectre : s'il est blanc à la lumière du jour, on le verra alors successivement rouge, orangé, jaune, vert, etc.; s'il est naturellement coloré, si c'est une fleur, par exemple, elle prendra encore différentes couleurs en traversant le spectre solaire; mais il y aura toujours quelques rayons qu'elle ne pourra pas renvoyer, de sorte qu'elle paraîtra noire dans ces rayons, pourvu qu'aucune autre lumière ne l'éclaire. On sait combien les lumières artificielles changent la nuance des objets : aux bougies, le drap bleu paraît vert; à la lueur du punch, les visages deviennent bleuâtres; sur les théâtres, les feux colorés donnent un reflet de leur couleur à tout ce qu'ils illuminent; une lame d'or, éclairée par les rayons provenant d'une autre lame d'or, paraît d'un jaune plus foncé qu'à la lumière du jour; avec deux lames un peu longues, bien polies et inclinées de 8 ou 10°, on peut avoir une douzaine de réflexions après lesquelles il ne reste plus que des rayons d'un rouge orangé très-foncé : telle est sans doute la vraie couleur de l'or, qui dans ce cas n'est plus délayée par un excès de lumière blanche. On observe un phénomène semblable dans les vases d'or ou de *vermeil* un peu profonds. Deux lames de cuivre, après un certain nombre de réflexions, donnent une teinte rouge de feu très-rapprochée de l'écarlate. L'argent finit ainsi par devenir d'un jaune de bronze; il en est à peu près de même de l'étain.

RÉFLEXION DU CALORIQUE. — Les rayons calorifiques qui sont réfléchis par une surface, *demeurent dans un plan normal à cette surface et font toujours un angle de réflexion égal à l'angle d'incidence.* Voici comment on le démontre :

On dispose deux miroirs sphériques concaves vis-à-vis l'un de l'autre, de manière que leurs axes se confondent. Au foyer de l'un, on place un corps combustible tel que de l'amadou; au foyer de l'autre, on met un boulet de fer incandescent ou des charbons allumés qu'on anime avec un soufflet. Au bout de quelques instants l'amadou s'enflamme, quand même les miroirs seraient à plusieurs mètres l'un de l'autre. Cette expérience prouve évidemment toutes les parties de la loi énoncée ci-dessus. On peut la faire avec un seul miroir au foyer duquel on place l'amadou : alors les rayons calorifiques qui tombent à sa surface ne sont point parallèles; mais en traitant de la lumière, nous avons vu que, même dans ce cas, ils doivent tous se réunir sensiblement en un même point

On constate aisément, en faisant tomber la chaleur plus ou moins obliquement sur une même substance, que l'intensité des rayons réfléchis augmente avec l'obliquité, de sorte que c'est près de l'incidence perpendiculaire que la réflexion est la plus faible. Cependant M. Melloni a trouvé que la proportion de la lumière réfléchie restait sensiblement la même tant que l'angle d'incidence, compté de la normale, ne dépassait pas 25 ou 30°.

Dans ces limites, la chaleur réfléchie forme à très-peu près un $\frac{1}{100}$ de la chaleur incidente sur la première surface de toutes les substances que la chaleur peut traverser; quant aux autres, la proportion est plus forte : pour le cuivre jaune, par exemple, elle s'élève à plus de 0,44 ; et elle est à très-peu près de même pour tous les métaux bien polis. Les résultats que nous venons d'indiquer se vérifient non-seulement pour la chaleur de l'eau bouillante, mais pour celle provenant de toute autre source, de sorte que le pouvoir réfléchissant ne présente pas les variations que nous trouvons dans les pouvoirs transmissif et absorbant. *Voy.* Calorique rayonnant.

Réflexion du son. *Voy.* Écho.

REFLUX. *Voy.* Marées.

RÉFRACTAIRES, corps réfractaires ou infusibles. *Voy.* Fusion.

RÉFRACTION (*astronomie.*) — On appelle en général réfraction le changement de direction qu'éprouvent les rayons lumineux en passant d'un milieu dans un autre. Tous les corps célestes paraissent plus élevés qu'ils ne le sont réellement, les rayons de lumière se trouvant continuellement infléchis vers la terre, au lieu de se mouvoir en lignes droites à travers l'atmosphère. La lumière, en passant obliquement d'un milieu rare dans un autre milieu dense, comme du vide dans l'air, ou de l'air dans l'eau, est recourbée ou réfractée, c'est-à-dire qu'à partir du point où elle entre dans ce milieu dense, elle est détournée de la ligne droite qu'elle suivait, pour se rapprocher d'une perpendiculaire à la surface de séparation des deux milieux. Pour un même milieu, le sinus de l'angle compris entre le rayon incident et la perpendiculaire est dans un rapport constant entre le sinus de l'angle compris entre le rayon réfracté et la même perpendiculaire ; mais ce rapport varie avec la nature du milieu réfringent. Plus le milieu est dense, et plus le rayon est courbé. Le baromètre indique que la densité de l'atmosphère décroît comme la hauteur au-dessus de la terre augmente ; et des expériences directes prouvent que la puissance réfringente de l'air augmente avec sa densité. De là donc il résulte que si la température est uniforme, la puissance réfringente de l'air diminue à mesure que l'on s'élève au-dessus de la surface de la terre.

Un rayon de lumière venant d'un corps céleste et tombant obliquement sur cette atmosphère variable, n'est pas entièrement réfracté tout d'un coup : il se recourbe graduellement, et de plus en plus, durant son passage à travers ce fluide transparent, de manière à se mouvoir suivant une courbe verticale, comme si l'atmosphère était composée d'une infinité de couches de densités diverses. L'objet est vu dans la direction de la tangente au point de la courbe qui rencontre l'œil ; conséquemment, la hauteur apparente des corps célestes est toujours plus grande que leur hauteur vraie. C'est à cette circonstance qu'est due la visibilité des étoiles pendant quelques moments après qu'elles sont couchées, et la prolongation du jour, occasionnée par la présence apparente d'une partie du disque du soleil, lorsque cet astre entier est réellement déjà sous l'horizon. Il serait facile de déterminer la direction d'un rayon de lumière à travers l'atmosphère, si la loi de la densité était connue ; mais, comme cette loi varie sans cesse avec la température, la chose devient très-compliquée. Quand les rayons passent perpendiculairement d'un milieu dans un autre, ils ne sont pas recourbés, et l'expérience a prouvé que, pour la même surface, la réfraction augmente avec l'obliquité d'incidence, quoique le rapport des sinus des angles d'incidence et de réfraction soit un rapport constant. Ainsi donc, c'est à l'horizon qu'a lieu la plus grande *réfraction*, tandis qu'au zénith elle est nulle. De plus, il est reconnu qu'à toutes les hauteurs qui surpassent dix degrés, la réfraction varie à peu près comme la tangente de la distance angulaire de l'objet au *zénith*, et dépend entièrement des hauteurs du baromètre et du thermomètre ; car, pour une même distance au zénith, la quantité de réfraction varie à peu près comme la hauteur du baromètre, la température étant constante ; et l'effet de la variation de la température est de diminuer la quantité de réfraction d'environ sa 267e partie pour chaque degré du thermomètre centigrade. On ne peut accorder beaucoup de confiance aux observations célestes lorsqu'elles ont été faites à moins de dix ou douze degrés d'élévation sur l'horizon, parce que l'irrégularité qui, près de la surface de la terre, se manifeste dans les variations de la densité de l'air, donne lieu quelquefois à des phénomènes fort singuliers. L'humidité de l'air ne produit aucun effet sensible sur sa puissance réfringente.

Les corps, qu'ils soient lumineux ou non, ne sont visibles que par les rayons qu'ils projettent. Comme il faut, pour parvenir jusqu'à nous, que les rayons traversent des couches d'inégales densités, il résulte de là, qu'à l'exception des étoiles situées au zénith, aucun objet, soit en deçà, soit au delà des limites de notre atmosphère, n'est vu dans sa vraie place. A la vérité, dans les cas ordinaires, la déviation est si faible que l'on peut sans inconvénient la négliger; mais dans les observations astronomiques et trigonométriques, on doit toujours tenir compte des effets de la réfraction. Les tables de réfraction du docteur Bradley ont été faites en observant les distances zénithales du soleil par ses plus grandes déclinaisons, et les distances zénithales de l'étoile polaire au-dessus et au-dessous du pôle. La somme de ces quatre quantités est égale à 180°, diminuée de la somme des quatre réfractions. Par ce calcul, le docteur Bradley obtint la somme des quatre réfractions ; et d'après la loi de la variation de la réfraction déterminée par la théorie, il assigna la quantité correspondante à chaque hauteur. La réfraction horizontale moyenne est d'environ 33', 6", et à la hauteur de quarante-cinq degrés, elle est de 58"36. L'effet de la réfraction sur une même étoile au-dessus et au-dessous du pôle fut remarqué par Alhazen, astronome sarrazin, qui vivait en Espagne dans le IXe siècle ; mais sept cents ans auparavant la réfraction avait été connue de Ptolemée, qui, toutefois, en ignorait la quantité.

RÉFRACTION (*refringo*, briser). — Un rayon lumineux, passant de l'air dans l'eau, continue son chemin en ligne droite lorsqu'il est perpendiculaire à la surface liquide; mais, s'il tombe obliquement, il se brise au point d'incidence et s'infléchit du côté de la normale, c'est-à-dire qu'alors les deux droites qu'il suit dans l'eau et dans l'air forment un angle dont le sommet se trouve au point d'incidence. Cette déviation de la lumière est appelée *réfraction*. En général, quand elle passe d'un milieu moins dense dans un autre plus dense, elle se brise en se rapprochant de la normale : alors le second milieu est *plus réfringent;* au contraire, si elle passe d'un milieu plus dense dans un autre moins dense, par exemple, de l'eau dans l'air, elle s'écarte de la normale : le second milieu est moins réfringent que le premier. Ainsi, les milieux les plus denses sont *ordinairement* les plus réfringents; nous disons *ordinairement*, parce que cette règle souffre des exceptions.

On appelle *angle d'incidence* l'angle compris entre le rayon incident et la normale au point d'incidence; *angle de réfraction*, l'angle formé par le prolongement de la normale et par le rayon réfracté; *angle de déviation*, l'angle entre le prolongement du rayon incident et le rayon réfracté. On voit que l'angle de déviation est la différence entre les angles d'incidence et de réfraction.

Le sens de la réfraction dépend de la vitesse de la lumière dans chaque milieu : si le second milieu est de nature à propager la lumière moins vite que le premier, le rayon se rapproche de la normale en se réfractant; il s'en éloigne dans le cas contraire. En général, la lumière marche plus lentement dans les milieux plus denses : de sorte que, d'après la densité, on peut, dans le plus grand nombre de cas, juger du sens de la réfraction. On prévoit ainsi qu'en passant de l'eau dans l'air, un rayon doit s'écarter de la normale, et c'est ce qu'on vérifie aisément en disposant un miroir sur la route du rayon réfracté dans le liquide, de manière à le renvoyer dans l'air.

On remarque, en inclinant plus ou moins le miroir, que, quand le rayon réfléchi se confond avec le rayon réfracté, le rayon *émergent* se confond aussi avec le rayon incident. Ce fait est d'ailleurs général, et on peut toujours affirmer que, si la lumière réfractée rebroussait chemin, elle reprendrait exactement la même route dans tous les milieux précédemment traversés.

Une conséquence importante, c'est que les déviations dues à la réfraction se compensent quand la lumière traverse un milieu à faces parallèles ; car alors le rayon se trouve, par rapport à la face de sortie, dans les mêmes conditions que par rapport à la face d'entrée s'il rebroussait chemin. Le rayon émergent est donc parallèle au rayon incident, seulement il n'est plus sur la même ligne.

L'expérience prouve que la réfraction devient plus forte à mesure que le rayon incident devient plus oblique : pour une même incidence, elle croît avec la différence de vitesse de la lumière dans les deux milieux : ainsi la réfraction est plus forte de l'air dans l'eau que de l'eau dans le verre.

Avec les simples notions que nous venons de donner sur la réfraction, on peut déjà se rendre compte d'un grand nombre d'expériences et de phénomènes naturels qui dépendent de cette modification de la lumière.

Supposons qu'on ait mis une pièce de monnaie au fond d'un vase, et qu'on ait marqué une position de l'œil d'où l'on commence à ne plus la voir à cause des parois, il suffira de remplir le vase d'eau pour rendre la pièce visible ; celle-ci en même temps paraîtra relevée. Cela résulte évidemment de ce que les rayons sont réfractés de manière à s'écarter de la normale; alors ils doivent nécessairement paraître provenir d'un point plus élevé. Quand on regarde presque perpendiculairement, l'élévation est d'environ le quart de la hauteur de l'eau ; mais, quand on regarde très-obliquement, la pièce paraît presque à la surface.

A cause de l'eau qui le couvre, le fond d'un vase, d'un bassin, d'une rivière ne nous paraît jamais aussi bas qu'il l'est réellement. Quand on descend dans un bain, on est souvent surpris de le trouver plus profond qu'on ne s'y attendait, et, pour ramasser quelque chose sous l'eau, il faut enfoncer le bras plus avant qu'on ne croyait devoir le faire. On doit avoir égard au relèvement apparent des objets placés sous l'eau, quand on veut les atteindre d'un coup de fusil.

Ce relèvement explique très-bien comment un bâton placé obliquement paraît rompu et raccourci : l'extrémité plongée semble relevée, par exemple, d'un quart de sa distance à la surface; il en est de même d'un autre point quelconque : on doit avoir une image rectiligne raccourcie faisant un angle avec la partie non plongée.

On sait que les objets paraissent grossis quand ils sont dans un bocal contenant de l'eau : c'est encore un effet de la réfraction Il y a une légère amplification à travers les surfaces planes : ainsi, un poisson paraît plus gros dans l'eau que quand on l'en a tiré ; il en est de même des pierres que l'on voit au fond d'un bassin.

De la double réfraction. — Lorsqu'un rayon de lumière traverse un corps diaphane *cristallisé* dont la forme primitive n'est ni un cube, comme le sel commun, ni un octaèdre régulier, comme le diamant, il y éprouve une modification singulière. Même, sous une incidence normale à la surface d'entrée, il s'y divise en deux rayons : l'un, qu'on appelle le *rayon ordinaire*, parce qu'il suit les lois communes de la réfraction, continue sa route en ligne droite, puisque la réfraction est nulle sous l'incidence normale ; l'autre, dit *rayon extraordinaire*, prend une route généralement différente, et sort du cristal, parallèle au premier, si les faces d'incidence et d'émergence sont parallèles. Si l'on fait tomber un rayon solaire sur le cristal, et qu'on reçoive les rayons émergents sur un carton blanc, on a deux images rondes du soleil ; si le cristal est posé sur un papier, on aperçoit en double l'image d'un point noir, d'une lettre, d'un trait quelconque ; et tout objet regardé de près ou de loin à travers le cristal *biréfringent* est vu double. Pour un même cristal, l'angle des deux rayons est toujours le même, de sorte que la séparation des deux images est plus ou moins épaisse. On étudie ces phénomènes sur le *spath d'Islande* ou carbonate de chaux rhomboïdal à faces lozanges, qu'on trouve en beaux cristaux de plusieurs centimètres d'épaisseur.

Pour comprendre les phénomènes assez variés de la double réfraction, il faut bien s'entendre sur le sens de certaines expressions qui jouent un grand rôle dans l'exposé de ces phénomènes. Il y a dans le cristal biréfringent simple trois directions suivant lesquelles ils se modifient, ce sont : *l'axe du cristal*, la *section principale* et la *section perpendiculaire*. L'axe est une ligne suivant laquelle seule un rayon traverse le cristal sans le diviser ; dans le spath d'Islande, cette ligne se trouve être la diagonale qui joint les deux angles obtus formés par trois angles planes égaux. Mais toute droite menée à travers le cristal parallèlement à l'axe jouit exactement de la même propriété, de sorte qu'il y a en fait une infinité d'axes, et que ce mot désigne, non une position, mais une direction déterminée. La section principale est un plan passant par l'axe et perpendiculaire à la face quelconque par laquelle entre la lumière ; il résulte de là qu'il y a autant de sections principales que d'axes, et que ce mot désigne un plan de direction déterminée. Enfin, la section perpendiculaire est celle d'un plan quelconque perpendiculaire à la direction des axes ; il y en a également une infinité, et néanmoins cette direction est suffisamment définie.

Lorsqu'on place un rhomboïde de spath sur un papier où sont tracés des points et des lignes, on aperçoit en général deux images séparées de chaque point ; et, si l'on fait tourner le cristal sur lui-même, on verra l'une des deux images tourner autour de l'autre. Or, on constate : 1° que les *deux rayons sont contenus dans le plan de la section principale*, passant par le point d'incidence ; 2° que le rayon ordinaire est seul contenu dans le plan d'incidence : le rayon extraordinaire s'en écarte, et les choses se passent comme si l'axe exerçait sur ce rayon une action répulsive. Quand le cristal tourne, la section principale tourne avec lui : voilà pourquoi le rayon extraordinaire contenu dans ce plan tourne lui-même avec l'image qu'il donne ; ce qui fournit un moyen simple de distinguer les deux images entre elles. L'image ordinaire reste fixe ; dans le spath d'Islande elle est d'ailleurs celle qui paraît la plus rapprochée.

Il est à remarquer que les deux images sont d'intensité égale, de sorte que la lumière incidente s'est également partagée entre les deux rayons.

Si l'on taille dans le cristal une plaque dont les faces parallèles soient perpendiculaires à l'axe, un *rayon incident normal à ces faces traverse la plaque sans se diviser* : ceci résulte de la définition même de l'axe. Sous une incidence oblique, il y a bifurcation ; mais les deux rayons sont tous deux dans le plan d'incidence, et leur angle reste toujours le même, quelle que soit la position du rayon incident autour de la normale : ainsi il y a symétrie complète dans les phénomènes qui se produisent autour de l'axe.

Un rayon qui pénètre suivant la section principale se bifurque ; mais dans ce cas, outre que le rayon ordinaire suit les deux lois de la réfraction, le rayon extraordinaire obéit à l'une des deux, en restant dans le plan d'incidence et de réfraction où reste le premier ; et ce plan est précisément celui de la section principale. En dehors de cette section, le rayon extraordinaire n'est jamais dans le plan d'incidence.

Enfin, un rayon qui pénètre par une section perpendiculaire se bifurque encore ; mais dans ce cas le rayon extraordinaire lui-même suit les deux lois de la réfraction. Ainsi, pour ce rayon, il y a encore un rapport constant du sinus de réfraction à celui d'incidence, selon la loi de Descartes ; mais ce rapport n'est pas le même que pour le rayon ordinaire : tantôt ce rapport, ou, comme on dit, l'indice de réfraction est plus grand que l'indice du rayon ordinaire, et les cristaux sont alors dits cristaux *positifs* : dans le cas inverse, on a des cristaux *négatifs*. On les appelle aussi *attractifs* et *répulsifs*, parce qu'en conséquence de la position que prend le rayon extraordinaire dans le plan de la section principale, il s'approche plus ou moins de l'axe que le rayon ordinaire, et semble être attiré par cet axe dans le premier cas, et repoussé dans le second.

Le quartz hyalin, ou *cristal de roche*, est positif, ainsi que la glace et le nitrate de soude. Le spath d'Islande, la tourmaline, le saphir, l'émeraude, le rubis, et plusieurs sels, sont négatifs.

Il y a des cristaux dits *à deux axes*, c'est-à-dire dans lesquels il existe deux directions qu'un rayon traverse sans se diviser. Dans ces cristaux, il n'y a pas de rayon ordinaire ; tous les deux s'écartent, en général, des deux lois de la réfraction. Mais il existe des plans d'incidence qui ont la propriété de ramener les deux rayons extraordinaires à la première des deux lois de la réfraction. Parmi les cristaux à deux axes, nous citerons : le sulfate de chaux cristallisé, le mica de Sibérie, la topaze incolore, l'arragonite, le nitrate de potasse, le borax, le sulfate de fer, le sucre candi.

La vision à travers un spath biréfringent donne lieu à une expérience curieuse. Les deux images étant vues, l'une à droite, l'autre à gauche du spectateur, si l'on fait avancer une carte entre l'objet et le cristal, de manière à cacher l'objet, les deux images disparaissent successivement; mais, si la carte avance de droite à gauche, c'est l'image de gauche qui disparaît la première ; le contraire a lieu quand la carte avance de gauche à droite. Or, il semble au premier abord que les phénomènes devraient être précisément inverses.

On utilise cette propriété de la double réfraction pour distinguer les pierres gemmes de leurs imitations vitreuses artificielles. Celles-ci ne jouissent jamais de la double réfraction, tandis que la plupart des pierres précieuses sont biréfringentes. Le rubis, le grenat, le saphir, l'émeraude, la topaze, sont dans ce cas.

La seconde application est celle qui a pour objet la mesure du grossissement dans tous les instruments d'optique. Elle repose sur l'emploi du prisme biréfringent de Rochon. *Voy.* GROSSISSEMENT.

Une troisième application du prisme biréfringent, qu'on peut dire réciproque de la précédente, consiste dans la mesure des petits angles ou petits diamètres apparents des astres vus avec une lunette, et constitue le micromètre à double image de M. Arago.

REFRACTION des liquides. *Voy.* HYDRODYNAMIQUE.

RÉFUTATION de la cosmogonie matérialiste. *Voy.* COSMOGONIE MATÉRIALISTE.

RÉSONNANCE. *Voy.* ECHO.

RÉSULTANTE. *Voy.* FORCES.

RÉTICULE. — Dans l'intérieur des lunettes astronomiques et au lieu où se forme l'image réelle, sont tendus des fils très-fins en platine, qui ont à peine un millième de millimètre d'épaisseur. L'un d'eux est horizontal ; il est coupé par trois ou cinq autres fils verticaux équidistants, dont celui du milieu détermine l'axe de la lunette : le moment où une étoile est éclipsée derrière ce fil est considéré comme le moment précis du passage. Les autres servent à divers usages, qui ont également pour objet la précision des mesures. *Voy.* LUNETTE MÉRIDIENNE.

RETRAIT. *Voy.* DILATATION.

RÉVÉLATION ÉVANGÉLIQUE dans ses rapports avec l'astronomie. *Voy.* ASTRONOMIE.

RHÉOMÈTRE. *Voy.* GALVANOMÈTRE.

RHÉOPHORES. *Voy.* PILE et ELECTROCHIMIE.

RICOCHET. *Voy.* HYDRODYNAMIQUE

ROMAINE. *Voy.* BALANCE.

ROSÉE et GELÉE BLANCHE. — Lorsque la vapeur d'eau est précipitée pendant la nuit sous forme de gouttelettes répandues à la surface des plantes et d'autres corps, elle prend le nom de *rosée*. Si la température est très-basse, elle se montre à l'état de *gelée blanche*. Ce genre de précipitation a lieu le plus souvent lorsque le ciel est serein : de là un grand nombre d'hypothèses pour expliquer sa formation. Les alchimistes recueillaient avec soin la rosée, qu'ils regardaient comme une exsudation des astres dans laquelle ils espéraient trouver de l'or. D'autres physiciens admettaient que c'était une pluie très-fine venant des régions élevées de l'atmosphère, tandis que d'autres étaient persuadés qu'elle sortait de la terre. Il en est qui lui attribuaient des propriétés extraordinaires, parmi lesquelles ils remarquaient surtout ses qualités frigorifiques.

Pour mesurer la quantité de rosée qui se dépose chaque nuit, on se sert d'un instrument nommé *drosomètre*. Le procédé le plus simple consiste à exposer en plein air des corps dont on connaît exactement le poids, puis à les peser de nouveau quand ils sont couverts de rosée. D'après Wells, il faut préférer des flocons de laine du poids de 5 décigrammes, que l'on divise en masses sphériques d'un diamètre de 5 centimètres environ.

Les phénomènes les plus importants qui accompagnent la production de la rosée sont les suivants :

1° La rosée tombe surtout pendant les nuits calmes et sereines. Cette loi, établie par Aristote, a été souvent mise en doute depuis lui ; Muschembroek, en particulier, a prétendu qu'en Hollande la rosée était abondante par les temps de brouillards. Mais, quoique les gouttelettes déposées par le brouillard sur les corps terrestres ressemblent à celles de la rosée, cependant il y a entre elles cette différence que le brouillard mouille indifféremment tous les corps, tandis que la rosée s'attache de préférence à quelques-uns d'entre eux. Quand la rosée est formée, elle disparaît souvent fort vite si le vent s'élève ou si le ciel se trouble.

2° La rosée se dépose de préférence sur les corps non garantis par un abri. Mettez en plein air deux flocons de laine semblables ; mais placez à un ou deux mètres audessus du premier un morceau de toile, vous trouverez qu'il sera couvert d'une moindre quantité de rosée que le second. Le morceau de toile agit moins comme toit que parce qu'il empêche le flocon de voir une aussi grande étendue du ciel. Wells l'a prouvé par l'expérience suivante : il mit un flocon de laine au milieu d'un cylindre ouvert placé verticalement, de 3 décimètres de diamètre et de 7 décimètres de hauteur ; ce flocon se chargea d'une moindre quantité de rosée qu'un autre exposé à l'air libre de tous côtés. Aussi tombe-t-il toujours plus de rosée en rase campagne que dans les villes, où les maisons cachent une partie du ciel.

3° Toutes choses étant égales d'ailleurs, certains corps se couvrent plutôt de rosée que certains autres ; les plantes se mouillent plus que la terre, le sable plus qu'un sol battu, le verre plus que les métaux, des copeaux plus qu'un morceau de bois.

4° Quand les circonstances sont favorables, la rosée se dépose pendant toute la nuit, et non pas, comme d'anciens physiciens l'ont avancé, seulement le matin et le soir.

5° C'est sur les côtes qu'on observe les rosées les plus abondantes. Dans l'intérieur des grands continents, et en particulier dans l'intérieur de l'Asie et de l'Afrique, elles sont presque nulles et ne tombent que dans le voisinage des fleuves et des lacs.

La rosée est un effet de l'abaissement de température des couches de l'air qui sont en contact avec le sol. Lorsque celui-ci s'échauffe pendant la journée, les vapeurs s'élèvent ; et lorsque vers le soir la force du courant ascendant commence à diminuer, elles retombent sur la terre sans que l'air en soit saturé. Après le coucher du soleil et quand le temps est calme et le ciel serein, le sol rayonne et sa température descend à plusieurs degrés au-dessous de celle de la couche d'air contiguë ayant quelques décimètres d'épaisseur. Alors le phénomène de la précipitation de la vapeur aqueuse sur un verre froid porté dans un appartement échauffé se reproduit sur une grande échelle, et le gazon se couvre de rosée. Cet abaissement de la température précède toujours la formation de la rosée. Plus il est notable, et plus, à égale quantité de vapeur d'eau dans l'air, la rosée est abondante. Aussi les cultivateurs savent-ils très-bien que les nuits à fortes rosées sont très-froides, mais ce froid est la cause et non l'effet de la rosée. Tout ce qui s'oppose au rayonnement, un abri situé au-dessus ou à côté de l'objet, par exemple, empêche la formation de la rosée. Les plantes placées au-dessous d'un arbre sont beaucoup moins mouillées que les autres. Ce refroidissement ayant lieu surtout dans le voisinage du sol, on conçoit que les objets soient d'autant moins mouillés par la rosée qu'ils sont plus éloignés de la terre. Tout prouve qu'une élévation de quelques décimètres au-dessus du sol suffit déjà pour amener de grandes différences. Le rayonnement étant peu intense lorsque le ciel est couvert, il n'y a point de rosée. Il en est de même lorsqu'il fait du vent, car alors les couches d'air refroidi qui sont en contact avec le sol sont constamment remplacées et chassées par d'autres dont la température est moins basse.

Toutes les circonstances qui favorisent le rayonnement contribuent aussi à la formation de la rosée. Un corps très-rayonnant et très-mauvais conducteur de la chaleur se couvrira donc d'une rosée très-abondante. Aussi le verre devient plus vite humide que les métaux ; les corps organisés se mouillent plus promptement que le verre, surtout lorsqu'ils sont en petits fragments, parce que la chaleur passant difficilement de l'un à l'autre, celle qui se perd n'est pas remplacée par celle qui est transmise de l'intérieur à la surface du corps. Aussi des flocons de laine sont-ils très-propres à ces expériences et se couvrent-ils d'une rosée très-abondante.

La gelée blanche se produit dans les mêmes circonstances que la rosée. Tandis qu'à un ou deux mètres au-dessus de la terre l'air est à plusieurs degrés au-dessus de zéro, le sol se refroidit par rayonnement, et la vapeur se congèle sous la forme de beaux cristaux. Ce refroidissement nuit beaucoup aux végétaux, et pendant les nuits sereines du printemps les plantes potagères sont souvent tuées par le froid. Ici encore toutes les circonstances qui s'opposent au rayonnement empêchent le refroidissement. Les végétaux abrités souffrent moins que ceux qui ne le sont pas. Une mince couverture de toile ou de paille préserve les plantes, et on a souvent empêché la vigne de geler en allumant des feux qui donnaient beaucoup de fumée.

Les anciens chimistes avaient cru reconnaître dans l'eau de la rosée des principes célestes : elle est d'une grande pureté et contient seulement un peu plus d'acide carbonique que l'eau de pluie. Dans son contact avec les végétaux, elle se charge de principes organiques. Longtemps on a pensé que certaines rosées contenaient des substances étrangères et nuisaient aux végétaux. On les désignait sous le nom de *blanc mielleux* ou *meunier*. Tous deux sont des sécrétions sucrées qui nuisent aux végétaux et aux animaux qui s'en nourrissent.

ROTATION DIURNE DE LA TERRE.—Placés sur la terre, nous ne pouvons la voir sous la forme d'une sphère isolée dans l'espace ; mais l'observation attentive des faits nous a convaincus que si nous avions la faculté de nous transporter hors de ce globe, il nous présenterait la même figure que le soleil et la lune, sous des dimensions apparentes variables avec la distance. La raison a dissipé les erreurs d'une physique grossière. Ainsi, se sont évanouies les fictions poétiques et leurs brillants prestiges. La terre n'est pas un plan qui supporte la voûte céleste ; Phébus n'éteint plus dans les flots ses feux brûlants ; le soleil se lève sans que l'aurore ait ouvert la barrière à son char embrâsé ; l'Olympe, enfin, n'est qu'une petite montagne de Thessalie, que n'habite plus le Maître du tonnerre.

Ce premier pas était le plus facile à faire. Mais la terre est-elle en effet fixée au centre de l'univers qui tourne autour d'elle ? Cette multitude d'astres sont-ils attachés à la surface d'une sphère mobile sur un de ses diamètres ? Jusqu'ici les observations ne contredisent pas cette opinion. Subjugués par de trompeuses apparences, pour sortir de cette erreur, il faut surmonter des préjugés nés avec nous et que nos yeux confirment à chaque instant. Le philosophe qui vient affirmer que le ciel est immobile et que c'est, au contraire, la terre qui tourne, ose démentir le témoignage de nos sens. C'est en comparant entre eux les phénomènes, en saisissant leurs rapports, qu'il a reconnu les grandes lois de la nature, toujours empreintes dans leurs effets les plus variés.

Et d'abord il nous est facile de nous assurer que les nuages sont beaucoup plus rapprochés de nous que les astres, puisqu'ils s'interposent toujours entre ceux-ci et nous; la lune se place quelquefois de même au devant du soleil et des étoiles; elle les éclipse, ce qui prouve qu'elle est plus voisine de nous. On voit quelquefois la lune, Vénus et Mercure se placer au-devant du soleil; tous ces astres peuvent occulter les étoiles, comme ferait un nuage en passant entre elles et nous : ils sont donc à des distances très-inégales de la terre. De même il est vraisemblable que les étoiles ne sont pas toutes à la même distance de la terre; nous les voyons jouir d'un éclat très-différent; il en est des myriades qui sont imperceptibles, et dont nous ignorerions l'existence si nous étions privés de lunettes. N'est-il pas vraisemblable qu'ils sont plus distants que les autres.

En outre, on est forcé de reconnaître que la lune, le soleil, plusieurs corps célestes nommés *planètes*, ont une marche particulière, attendu qu'ils ne correspondent pas deux jours de suite au même point du ciel. Qu'on remarque près de la lune, par exemple, quelque étoile brillante, et le lendemain on verra, ce qui n'arrive pas pour les étoiles entre elles, que leurs rapports sont changés. On doit donc nécessairement avouer que la lune et les planètes ont un mouvement propre dans l'espace qui nous sépare des étoiles. On est même parvenu à évaluer la distance et le volume de ces astres intermédiaires. On sait, par exemple, que le soleil a un volume 14 cent mille fois plus gros que la terre, que Jupiter s'éloigne à 180 millions de lieues, que Saturne parcourt 800 lieues par heure, etc. Ces assertions étonnent d'abord les hommes qui ne connaissent pas ce pouvoir qu'a la géométrie de mesurer des distances inaccessibles; mais nous pouvons donner une idée claire de cette théorie. *Voy.* PARALLAXE.

Revenons maintenant au mouvement des astres.

Lorsque, placés sur un bateau qui descend le courant d'un fleuve, nous jetons les yeux sur le rivage, les arbres, les côteaux, semblent courir en sens contraire, avec une rapidité qui diminue quand ces objets s'éloignent. Sans l'expérience, qui nous apprend que tout est immobile, excepté le bateau et le fleuve, sans les secousses, qui parfois troublent notre repos apparent, ne croirions-nous pas que c'est le rivage qui se meut? Comme ces apparences ne résultent pas d'un mouvement volontaire imprimé par nos muscles, nous attribuons le déplacement des objets à un mouvement qu'ils ont reçu, et nous nous jugeons dans l'état d'immobilité.

Rien ne peut de même nous garantir que ce soit le ciel qui tourne autour de nous. Il est certain qu'un spectateur placé dans le soleil se croirait en repos et verrait la terre tourner autour de lui : les apparences seront donc les mêmes pour nous, soit qu'en effet le ciel exécute toutes les 24 heures sa rotation d'orient en occident, autour de la terre fixée dans l'espace, soit, au contraire, que la terre tourne sur son axe en sens opposé, ou d'occident en orient, pendant que le ciel resterait immobile.

Il s'agit maintenant de choisir entre deux suppositions qui expliquent également les faits observés. L'une, qui s'accorde mieux avec le témoignage de nos sens, fait tourner le ciel d'un mouvement général autour de nous; et l'autre, qui pourtant est seule admissible, attribue à la terre une rotation sur son axe, la sphère céleste restant immobile. On est forcé d'opter entre ces deux systèmes.

D'abord, si la terre tourne, chaque point de sa surface décrit un cercle dont le rayon est la distance à l'axe. Le pôle est en repos, et la vitesse s'accroît en approchant de l'équateur, qui est une circonférence dont le rayon est de 1435 lieues et le périmètre 9020 lieues. Tel est l'espace que parcourt en 24 heures chaque point de l'équateur, environ 376 lieues par heure, ou 6 $\frac{1}{4}$ lieues par minute, ou enfin 238 toises par seconde : vitesse considérable, puisqu'elle surpasse celle du son, et est environ moitié de celle d'un boulet au sortir d'un canon. Mais si cette rapidité étonne assez l'imagination pour la porter à rejeter le mouvement de la terre, il faut, en supposant ce globe immobile, admettre la rotation du ciel.

Or, si le soleil tourne en 24 heures autour de nous, sans parler de la force immense capable d'imprimer un mouvement rapide à une masse aussi énorme, quelle prodigieuse vitesse que celle d'un corps qui décrirait en 24 heures un cercle de 34 millions de lieues de rayon! N'effraye-t-elle pas l'imagination? Et l'hypothèse du mouvement du soleil n'est-elle pas bien plus inconcevable que celle du mouvement de la terre? Cet astre devrait en effet parcourir plus de 2500 lieues par seconde.

Pourtant ce n'est rien encore! Et ces étoiles situées à des distances infinies, elles tourneraient aussi autour de nous, accomplissant en 24 heures le cercle entier! Leur vitesse serait immense, même comparée à celle du soleil. Comme elles n'ont pas de parallaxe, nous n'en pouvons apprécier ni la distance, ni le volume; mais il est démontré que cette distance est au moins de 7000 milliards de lieues. Une étoile équatoriale décrirait donc plus de 57 millions de lieues par seconde. La petitesse de ces corps n'est qu'apparente à raison de leur éloignement.

si que qu'une avait 1" de diamètre apparent, elle ne pourrait être contenue dans l'espace qui nous sépare du soleil. Que de circonstances propres à faire rejeter l'hypothèse du mouvement d'astres qui, probablement, sont à des distances très-différentes de nous et qui pourtant tourneraient en conservant leurs rapports mutuels!

S'il ne nous est pas démontré que les étoiles soient à des distances *inégales* de la terre, du moins, pour les planètes, le soleil et la lune, cette vérité est constatée; et, puisque ces astres participent au mouvement général, on rencontre ici une nouvelle objection contre l'immobilité de la terre. Il faudrait donc que ces astres eussent des vitesses respectives telles, qu'étant proportionnelles à leurs distances, lesquelles varient sans cesse, elles s'accordassent à les présenter ensemble sous la même apparence que si la terre tournait? Ce concert paraît encore plus impossible à admettre pour les comètes, qui se meuvent dans toutes les directions et avec toutes les vitesses, et qui cependant sont soumises à la loi générale de révolution en 24 heures autour de nous, révolution altérée de la petite quantité qui est due à leur mouvement propre.

Encore, si cette unanimité de relations, si constante au milieu de tant de variations régulières, offrait quelques minutes de différence! Mais l'égalité est parfaite, ou plutôt le mouvement diurne est le seul exemple d'uniformité qu'il y ait au monde. Et comment croire que la terre, ce point insensible de matière, est seule immobile au milieu de tous les corps célestes, si immenses et si rapidement animés?

Lorsqu'on fait circuler une fronde, la main qui la meut éprouve un effort dans la tension du cordon qu'elle doit retenir. Dès que cette action cesse, le projectile qui n'est plus lié au centre s'échappe. La puissance qui tend ce cordon est la *force centrifuge*. Tout corps qu'on fait circuler autour d'un centre tend à s'échapper par la tangente au point où il se trouve sur la courbe qu'il décrit, et la force centripète s'exerce à le retenir. Le calcul prouve que cette force croît comme les masses et les carrés des vitesses. Combien serait immense la puissance capable de retenir le soleil et les étoiles dans leurs orbites!

Pour que la terre fût immobile, il faudrait donc que cet atome fût capable d'exercer une action qui embrassât d'innombrables corps situés à des distances que l'imagination ne peut concevoir, dont la vitesse serait prodigieuse et très-inégale; que cette action, au lieu de s'affaiblir avec la distance, s'accrût et se proportionnât de manière à produire un mouvement constant et uniforme; et comme les centres des circonférences sont situés sur l'axe indéfini de la terre, ce serait cet axe, c'est-à-dire une ligne fictive, sans matière et sans limites, qui aurait la faculté de détruire toutes les forces centrifuges. Le mouvement du ciel est donc contraire aux lois de la mécanique, et tout conspire à nous prouver que *la terre a un mouvement uniforme de rotation en 24 heures sidérales, d'occident en orient, autour d'un axe fixe allant d'un pôle céleste à l'autre; tandis que les étoiles demeurent fixes dans l'espace.*

Jusqu'ici nous n'avons présenté le mouvement de la terre que comme une hypothèse d'une probabilité presque infinie. Mais il existe des preuves directes, et qu'on peut appeler mathématiques, de ce mouvement : on tire ces preuves de l'attraction, de l'aberration, de la précession, de la nutation et des rétrogradations des planètes.

Exposons plusieurs faits qui résultent de ce mouvement.

1° La pesanteur est l'effet de l'attraction que la terre exerce sur les corps. On reconnaît que les oscillations d'un même pendule sont plus lentes sous l'équateur, toutes choses égales d'ailleurs. Cette expérience très-simple prouve que *les corps pèsent de plus en plus à mesure qu'on approche des pôles.* Comme on sait que le rayon terrestre est plus long sous l'équateur, et que d'ailleurs la pesanteur décroît en s'élevant sur de hautes montagnes, c'est-à-dire en s'éloignant du centre de la terre, il semble qu'on devrait attribuer à ce principe la diminution des poids sous l'équateur. Mais les rayons terrestres sont presque égaux, et le calcul prouve que si cette cause était seule, le pendule qui bat les secondes au pôle ne devrait être accourci que de 1 ligne 53 pour les battre encore sous l'équateur, tandis qu'il faut en effet l'accourcir de 2 lignes 44. Ainsi cette cause ne suffit pas pour expliquer le décroissement de vitesse, qui est plus grand qu'elle ne le supposerait.

Si la terre tourne, la force centrifuge croît avec le rayon du cercle décrit par chaque point, rayon qui n'est celui de la terre que sous l'équateur même, qui est nul sous le pôle, et qui, pour tout point intermédiaire, est perpendiculaire à l'axe de rotation. Le ralentissement du pendule sous l'équateur dépend donc de l'accroissement de la distance au centre d'attraction, et de celui de la force centrifuge : le résultat observé est la somme des effets dus à ces deux causes, et le calcul peut faire la part de chacune. L'attraction du globe varie avec la densité de ces couches intérieures qui sont inconnues. Pour que les observations de longueur du pendule s'accordent avec le calcul, il n'est pas possible d'admettre que la terre soit homogène, parce qu'il en résulterait une diminution de pesanteur sous l'équateur, moindre qu'elle n'est en effet; tandis qu'on trouve un accord admirable en admettant que la *densité du globe va en croissant* de la surface au centre.

Les expériences du pendule, en même temps qu'elles montrent que la terre tourne sur son axe, permettent donc, pour ainsi dire, de descendre dans son intérieur pour apprécier la nature des couches qui la composent : les observations du pendule s'accordent assez bien à donner le degré d'aplatissement du globe que nous avons trouvé, d'après des mesures géométriques.

La force centrifuge sous l'équateur est, à

très-peu près, le 289° de la gravité au pôle; en sorte que les corps perdent, par cette cause, le 289° de leur poids, en passant du pôle à l'équateur : or, 289 est le carré de 17; la force centrifuge croît d'ailleurs comme les carrés des vitesses de circulation; d'où il suit que si la rotation terrestre devenait tout à coup 17 fois plus rapide, les corps pèseraient moins, et même, sous l'équateur, ils seraient sans poids; pour une vitesse plus grande encore, les corps s'y échapperaient de la terre à la manière des pierres lancées par les volcans, ou de l'eau et des sables qui se sont attachés à la roue d'une voiture en mouvement.

La terre n'étant pas exactement sphérique, sa figure est une autre cause de diminution de la pesanteur, qu'on évalue de l'équateur au pôle à $\frac{1}{595}$: cette fraction, ajoutée à $\frac{1}{289}$ produite par la force centrifuge, on trouve, à très-peu près, $\frac{1}{194}$ de décroissement; c'est-à-dire que, sous l'influence de ces deux causes, un poids de 194 livres sous l'équateur pèserait 195 livres transporté au pôle.

D'ailleurs, cette variation du poids ne peut être accusée par le secours d'une balance, puisque le poids équilibrant, éprouvant aussi le même changement que le corps pesé, devra être le même en *tout lieu*. Mais on fait les pesées avec un ressort ou *peson;* ou plutôt on se sert d'un pendule dont la durée des oscillations offre un moyen très-précis de vérifier notre proposition. En effet, la mécanique enseigne à déduire la force de la pesanteur du nombre d'excursions accomplies par un pendule invariable, pendant un temps connu.

2° En considérant la figure de la terre, et la loi de croissance de sa densité vers le centre, on est porté à croire que, par l'effet des *révolutions* ou par *la nature* de sa *constitution* originaire, sa surface n'a pas toujours eu cette dureté qu'elle a maintenant; puisque, si elle a été autrefois dans un état de mollesse, ses parties, soumises à la pesanteur et à la *force centrifuge*, ont dû, avant leur endurcissement, obéir, selon les lois de la mécanique, à l'action d'une force centrifuge croissante du pôle à l'équateur. Imaginons un tube courbé, dont une branche irait au pôle, et dont l'autre suivrait la direction d'un rayon de l'équateur : dans ce siphon, ouvert aux bouts, mettons un fluide. La colonne qui va au pôle n'éprouvant que l'action de la gravité, tandis que la colonne équatoriale est en outre animée par la force centrifuge, l'équilibre du fluide dans ce siphon forcera la colonne de l'équateur à s'élever plus haut, pour que la diminution de poids soit compensée par l'accroissement de matière fluide. Les diverses mesures du degré terrestre ont montré que *le globe a la forme d'un sphéroïde aplati sous les pôles ;* et le calcul prouve que, dans notre hypothèse de fluidité primitive, et pour diverses lois probables d'accroissement de densité vers le centre, l'aplatissement ne dépasse pas la limite d'un 305° que nous avons obtenue.

ROTATION, sa permanence et son invariabilité. *Voy.* TERRE.

ROTATION du soleil et des planètes. *Voy.* PLANÈTES.

ROTATION d'un fil métallique et d'un aimant. *Voy.* ÉLECTRO-MAGNÉTISME.

ROTATION d'un aimant sur son axe. *Voy* ÉLECTRO-MAGNÉTISME.

ROTATION du mercure et de l'eau. *Voy* ÉLECTRO-MAGNÉTISME.

ROUES DE FARADAY.—Lorsqu'une roue dont les raies sont noirs tourne rapidement devant un fond blanc, on voit seulement un cercle d'une teinte grise uniforme; mais si une seconde roue toute pareille à la première tourne en sens inverse sur le même axe avec la même vitesse, on a la singulière apparence d'une roue immobile d'un nombre de raies double; ces raies ont une teinte grise sur un fond plus sombre. Pour concevoir ce phénomène, considérons séparément une raie sur chaque roue. En un tour les deux raies coïncident deux fois, et les lieux de coïncidence, qui sont les rayons d'un même diamètre, restent exactement fixes d'un tour à l'autre. Vis-à-vis les coïncidences le fond n'est caché qu'une fois à chaque tour; au contraire, dans les intervalles il est caché deux fois, puisque chaque rayon y passe séparément. D'après cela, les coïncidences doivent être plus claires que les intervalles, et comme elles sont fixes, elles doivent simuler les rayons d'une roue immobile. Si une des roues a *n* rayons, l'autre n'en ayant qu'un, il y aura évidemment 2 *n* coïncidences en un tour, à cause du mouvement inverse; que maintenant la roue qui n'avait qu'un rayon en ait *n*, toutes les coïncidences étant simultanées, leur nombre restera 2 *n*, comme auparavant. Ainsi on peut se rendre compte de toutes les circonstances de l'apparence.

ROULEMENT du tonnerre, son explication. *Voy.* TONNERRE.

S

SAISONS. — L'orbite que la terre décrit autour du soleil se trouve partagée en quatre parties par les deux équinoxes et par les deux solstices qui sont ses quatre positions principales.

Le temps qu'elle met à parcourir entièrement son orbite, ou à faire une révolution complète autour du soleil, se nomme *année*. L'année est donc naturellement divisée en quatre parties principales, qu'on nomme *saisons*, savoir :

1° Le *printemps*, qui dure du 21 mars au 21 juin : c'est le temps que la terre met à parcourir le quart d'orbite compris entre le point de l'*équinoxe* du *printemps* ou le 1er point du *Bélier*, et le point du *solstice d'été* ou le 1er point du *Cancer*.

2° L'*été*, qui dure du 21 juin au 21 septembre : c'est le temps que la terre met à parcourir le quart d'orbite compris entre le *solstice d'été* et l'*équinoxe d'automne*, ou le premier point de la *Balance*.

3° L'*automne*, qui dure du 21 septembre au 21 décembre : c'est le temps que la terre met à parcourir le quart d'orbite compris entre l'*équinoxe* d'automne et le *solstice d'hiver*, ou le premier point du *Capricorne*.

4° L'*hiver*, qui dure du 21 décembre au 21 mars : c'est le temps que la terre met à revenir du *solstice d'hiver* à l'*équinoxe du printemps*.

Les quatre saisons n'ont pas une égale durée, parce que la terre étant plus attirée par le soleil lorsqu'elle se trouve au périhélie, que lorsqu'elle est à l'aphélie, sa vitesse est plus grande dans la portion de l'orbite qui contient le périhélie que dans l'autre portion. Pour notre hémisphère, c'est l'été qui est la saison la plus longue et l'hiver la plus courte.

§ I.

C'est dans le soleil que réside la cause de la chaleur qui anime et féconde la terre et qui produit les modifications infinies qu'on observe à la surface; par conséquent l'inégale durée de sa présence sur l'horizon doit influer d'une manière très-notable sur la température des régions qu'il éclaire et qu'il échauffe de ses rayons. En été, dans nos contrées, les jours ont une durée de 16 heures, et les nuits de 8 seulement. En hiver, la durée des jours, comparée à celle des nuits, est précisément l'inverse ou beaucoup plus courte. A la vérité, le soleil est plus près de nous en hiver qu'en été; mais est-ce là une compensation suffisante à l'inégalité de durée du soleil sur notre horizon ? Non, sans doute, car la chaleur des rayons que le soleil envoie aux différentes planètes qui circulent autour de lui diminue d'intensité, proportionnellement au carré de leur distance. Il envoie bien la même quantité de rayons à toutes ces planètes; mais, comme ils s'éparpillent sur des surfaces de sphère qui sont entre elles comme les carrés de leurs rayons, il s'ensuit que l'intensité calorifique va en diminuant dans le même rapport, dans le rapport du carré des distances. Eh bien! ce qui est vrai pour différentes planètes, telles que la terre, Jupiter, Saturne, Uranus, placées à 1, à 5, à 10, à 20 fois 38 millions de lieues, est vrai aussi pour la même planète à son périgée et à son apogée. Or, le 1er janvier et le 7 juillet, les distances respectives de la terre au soleil sont entre elles comme 31 est à 32. Nous sommes donc plus fortement éclairés par les rayons solaires en hiver qu'en été, et dans le rapport du carré de nos distances respectives au soleil, par conséquent dans le rapport de 1024 à 961, ou, ce qui est la même chose, dans le rapport de 102 à 96 : il y a 6' de différence sur 300. C'est là une quantité très-petite et l'influence de cette cause est tout à fait inappréciable, ou plutôt, elle est totalement dissimulée par des causes qui prédominent sur celle-là.

Les véritables causes qui déterminent le degré de chaleur en chaque lieu sont les inégalités dans la longueur des jours et celles qu'on aperçoit dans les hauteurs du soleil. Le 21 mars, le soleil se lève et darde ses rayons sur l'horizon de Paris. A mesure qu'il s'avance dans sa course, la chaleur qu'il envoie aux objets matériels de l'horizon de Paris devient de plus en plus grande jusqu'à une certaine limite, passé laquelle la chaleur solaire va en diminuant de plus en plus. Il a peu à peu imbibé la terre de ses rayons calorifiques, et elle s'est graduellement échauffée pendant le jour. Mais la nuit on observera des phénomènes inverses, parce que les objets matériels de l'horizon de Paris rayonnant en présence d'une région immense qui est à une température extrêmement basse, perdront beaucoup de la chaleur qu'ils avaient acquise. Ils se refroidiront plus ou moins, suivant l'état du ciel; et le 22 au matin, le soleil en se levant ne retrouvera plus la terre dans le même état où la veille il l'avait laissée. De 6 heures du soir à 6 heures du matin, la terre a perdu une partie de sa chaleur : elle s'est dissipée par le rayonnement, mais elle ne la perd pas en totalité et elle en conservera une partie. Les jours suivants, de nouvelles doses de chaleur s'ajoutent à la première, et la terre se réchauffe en raison des actions successives qu'elle reçoit du soleil; mais on conçoit que, les jours devenant plus longs et les nuits plus courtes, elle se réchauffera davantage à mesure que le soleil demeurera plus longtemps sur l'horizon, et la température du lieu deviendra de plus en plus élevée.

En été, nous voyons le soleil décrire de grands arcs de cercle sur notre horizon : il darde sur nous presque perpendiculairement ses rayons; la terre les absorbe et elle s'échauffe. C'est tout le contraire en hiver. Dans cette saison le soleil s'élève très-peu; et soit qu'on le prenne à son lever, au milieu de sa course ou à son coucher, ses rayons tombent sur notre horizon sous un angle très-petit; en raison de la direction très-oblique qu'ils suivent, la terre en reçoit très-peu, et cela suffit pour compenser la différence de 1024 à 961.

En outre, le soleil en hiver s'élevant très-peu se montre toujours dans les vapeurs voisines de l'horizon. On peut dire qu'il est presque toute la journée à son lever. Or, si l'on fait attention que les rayons qu'il nous envoie ne sauraient parvenir dans nos climats qu'après avoir traversé les couches d'air qu'il échauffe aux dépens de sa propre chaleur, on concevra sans peine qu'à mesure que le soleil est plus abaissé sur l'horizon, ces rayons traversent l'air dans des directions plus obliques, de sorte qu'ils doivent en traverser une plus grande étendue avant de nous arriver, et qu'ils ne parviennent ainsi vers nous qu'après avoir perdu une portion d'autant plus grande de leur chaleur : ce qui nous explique pourquoi le soleil est si brûlant en été et si pâle en hiver. En hiver, par rapport à nous, le soleil est peu élevé sur notre horizon. Ses rayons arrivant sous une grande inclinaison, ils traversent les couches épaisses de l'atmosphère, qui en diminuent l'éclat et l'intensité; les nuits sont plus longues que les jours, et la chaleur produite par la présence du soleil a plus de temps qu'il ne lui en faut pour se dissiper entièrement. Le froid s'accumule et se fait sentir dans toute sa force quelque temps après le solstice d'hiver.

Le printemps et l'été sont ensemble de huit jours plus longs que l'automne et l'hiver. Le temps où le soleil est plus bas sur notre horizon est donc plus court que celui où il est plus élevé, et cette cause doit contribuer à donner une plus forte température à notre été.

Il est vrai qu'on peut opposer à ce fait une autre cause qui pourrait le contrebalancer : c'est celle qui vient de l'ellipticité de l'orbe solaire. En effet, la température des lieux ne résulte pas seulement de la hauteur du soleil sur l'horizon et de la durée de sa présence, mais elle dépend encore de la distance de cet astre. Dans notre hémisphère, nous avons l'hiver quand le soleil est le plus près de nous, et l'été quand il en est le plus loin. Cette disposition tient donc à tempérer la chaleur de l'été et à modérer les froids de l'hiver. Mais le calcul montre que cette cause est peu importante : la différence des distances solaires de l'été à l'hiver est trop petite pour que la différence des actions de l'astre soit sensible.

D'après cette influence de la marche du soleil relative à la chaleur qu'il répand sur le globe, on comprendra facilement que, sous la zone torride ou dans les régions équatoriales, que le soleil ne quitte jamais et où il darde presque toujours ses rayons à plomb, verticalement, la chaleur soit excessivement élevée. C'est là que la nature déploie toute sa vigueur et qu'elle pare ses richesses des plus vives couleurs. Au contraire, au pôle, les tristes habitants de ces contrées ne voyant jamais le soleil que sous un très-grand oblique, les jours et les nuits y étant alternativement de longue durée, le froid y est excessif, et ces contrées sont frappées de stérilité. Les régions les plus heureusement situées sont les régions intermédiaires, tel que l'Europe, parce qu'elles ne reçoivent jamais le soleil sous une trop grande ou sous une trop petite inclinaison, et que, n'étant point exposées à de longues alternatives de jour et de nuit, elles jouissent d'une température moyenne qui leur a valu leur nom.

Une des questions les plus intéressantes que l'on puisse se proposer de résoudre est de savoir si l'état thermométrique du globe a changé, si la chaleur du soleil a été toujours la même à toutes les époques. Nous manquons d'observations thermométriques ; mais il est un phénomène qui pourra servir à démontrer que la température du globe n'a pas varié d'un 1/2 degré depuis trois mille ans : ce phénomène est celui de la végétation.

Pour que la datte mûrisse, il faut au moins un certain degré de température moyenne. D'un autre côté, la vigne ne peut pas être cultivée avec profit, elle cesse de donner des fruits propres à la fabrication du vin, dès que cette même température moyenne dépasse un certain point du thermomètre également déterminé. Or, la limite thermométrique en moins de la datte diffère très-peu de la limite thermométrique en plus de la vigne; si donc nous trouvons qu'à deux époques différentes la datte et le raisin mûrissaient *simultanément* dans un lieu donné, nous pourrons affirmer que, dans l'intervalle, le climat n'y a pas sensiblement changé. C'est ce que nous allons faire.

La ville de Jéricho s'appelait la *ville des palmiers;* la Bible parle des palmiers de Débora, situés entre Rama et Bethel; de ceux des rives du Jourdain; les Juifs mangeaient des dattes et les préparaient comme fruits secs : ils en tiraient aussi une sorte de miel et de liqueur fermentée. Pline, Théophraste, Tacite, Josèphe, Strabon, etc., font également mention de bois de palmiers situés dans la Palestine. On ne peut donc douter que cet arbre ne fût cultivé très en grand chez les Juifs.

Nous trouverons tout autant de documents sur la vigne, et ils nous apprendront qu'on la cultivait, non-seulement pour en manger les raisins, mais aussi pour avoir du vin. Dans vingt passages de la Bible il est question des vignobles de la Palestine, et le raisin figurait comme symbole sur les monnaies hébraïques tout aussi fréquemment que le palmier.

En résumé, il est bien établi que, dans les temps les plus reculés, on cultivait *simultanément* le palmier et la vigne au centre des vallées de la Palestine.

Voyons maintenant quels degrés de chaleur la maturation de la datte et celle du raisin exigent.

A *Palerme* (Sicile, côte nord), dont la la température moyenne surpasse 17° centigrades, le dattier croît, mais son fruit ne mûrit pas.

A *Catane* (Sicile, côte orientale), par une température moyenne de 18 à 19° centigrades, les dattes ne sont pas mangeables.

A *Alger*, dont la température moyenne est d'environ 21°, les dattes mûrissent bien, mais elles ne sont pas bonnes ; et pour les avoir telles il faut s'avancer jusqu'au voisinage du désert, c'est-à-dire en des lieux qui aient *au moins* 21°.

En partant de ces données, nous pouvons affirmer qu'à Jérusalem, à l'époque où l'on cultivait le dattier en grand dans la Palestine, la température moyenne devait être de 21° centigrades ou un nombre plus fort.

M. Léopold de Buch place la limite méridionale de la vigne à l'*île de Fer* dans les Canaries, dont la température moyenne doit être 21° et 22° centigrades.

Au *Caire* et dans les environs, par une température moyenne de 22°, on trouve bien çà et là quelques ceps dans les jardins, mais pas de vignes proprement dites.

A *Abouchir*, en Perse (sur le golfe Persique), dont la température moyenne ne dépasse certainement pas 23°, on ne peut, suivant Niébuhr, cultiver la vigne que dans des fossés, ou à l'abri de l'action directe du soleil.

Nous venons de voir qu'en Palestine, dans les temps les plus reculés, la vigne était au contraire cultivée en grand; il faut donc admettre que la température moyenne de ce pays ne surpassait pas 22°. La culture du palmier nous apprenait tout à l'heure qu'on ne saurait prendre pour cette même température un nombre au-dessous de 21°. Ainsi, de simples phénomènes de végétation nous amènent à caractériser par 21° 5' du thermomètre centigrade le climat de la Palestine au temps de Moïse, sans que l'incertitude paraisse devoir aller à un degré entier.

A combien s'élève aujourd'hui la température moyenne de la Palestine? Les observations directes manquent malheureusement, mais nous pouvons y suppléer par des termes de comparaison pris en Egypte.

La température moyenne du Caire est de 22°; Jérusalem se trouve 2° plus au nord, 2° de latitude correspondant, sous ces climats, à une variation d'un demi à trois quarts de degré du thermomètre centigrade; la température moyenne de Jérusalem doit donc être un peu supérieure à 21°. Pour les temps les plus reculés, nous trouvions les deux limites 21° et 22°, et pour moyenne 21° 5'.

Tout nous porte donc à reconnaître que 3300 ans n'ont pas altéré d'une manière appréciable le climat de la Palestine, que 33 siècles enfin n'ont apporté aucun changement aux propriétés lumineuses ou calorifiques du soleil.

C'est ce que démontrent également, de la manière la plus positive, l'examen des températures d'autres régions du globe et celui du mouvement de la lune dans son orbite.

§ II.

On entend quelquefois exprimer le désir qu'il n'y eût sur la terre qu'un jour sans nuit et un printemps perpétuel : l'homme étant donné tel qu'il est avec son goût pour le changement et son aversion pour l'uniformité, on ne peut douter que notre monde ne soit bien préférable à celui qui serait toujours en plein soleil et en printemps, pourvu toutefois que nous ayons le moyen de nous y garantir sans peine des inconvénients de la nuit et des intempéries des saisons. Il y a un véritable charme dans le changement des circonstances physiques sous l'influence desquelles nous vivons. Si ce changement ne portait que sur la sensation de la température extérieure, ce serait un avantage de peu d'importance, sinon même un désagrément; mais d'une saison à l'autre, la terre tout entière se transforme. Il semble qu'un monde nouveau naisse à chaque fois autour de nous, ou que, entraînés dans un voyage sans fin, nous ne fassions que circuler d'une sphère à une autre. Le peuple des végétaux, cette enveloppe vivante de notre globe, à laquelle nous sommes si intimement liés par toutes nos habitudes et tous nos sens, est, par la stricte obéissance à l'ordre périodique des saisons, dans un état de variation perpétuelle. Avec elle varient nos intérêts, nos occupations, nos plaisirs : tantôt le temps des fleurs, tantôt celui des puissantes verdures, tantôt celui des fruits. L'hiver même a sa grandeur, lorsque, la campagne sévèrement couverte de son linceul blanc, les fleuves silencieux et immobiles, les arbres élevant au-dessus de la neige leurs fines ramures, chargées quelquefois des plus éblouissantes broderies, le ciel lui-même devenu plus austère, même dans ses splendeurs, on dirait que la terre s'est momentanément dépeuplée, et que la nature est dans une heure de recueillement. Nos sentiments se ravivent par cette succession; la décoration de notre planète nous charme davantage; et, enchaînés aux saisons par mille liens, nous nous laissons aller à les accompagner sans résistance, saluant leur arrivée, acceptant leur fin, ne nous lassant pas de nous réjouir de la nouveauté comme d'un bien.

Personne ne songerait à se plaindre de cette diversité, de cette succession des saisons, si elles ne se composaient que de beaux jours, si le printemps était toujours riant, l'été toujours modéré, l'automne toujours riche et serein, l'hiver toujours pur; si les saisons, en un mot, ne s'écartaient jamais de ces types divins, tant de fois représentés par les peintres et chantés par les poëtes. Mais ce n'est qu'une perfection idéale, dont on ne jouit nulle part sur la terre. Si la nature a ses beautés, elle a aussi ses laideurs; après des sourires et des caresses, elle nous fait sentir ses rigueurs et les pousse même à des excès que nous ne pouvons supporter sans souffrance. Aussi nous est-elle mauvaise hospitalière, et, pour nous garder de ses injures, sommes-nous obligés de nous construire des abris, dans l'intérieur desquels nous bravons les intempéries, et coulons à notre gré des jours paisibles. C'est là qu'au milieu de l'hiver le plus rigoureux, nous faisons régner autour de nous la température du printemps. Nous nous égayons en reportant nos regards sur nos brillants foyers, dissipant la tristesse et la monotonie de la nature, et nous consolant de ses disgrâces par l'éclat et la variété de nos ameublements et de nos fêtes, et même au moyen de ses plus belles fleurs, que nous faisons éclore dans nos appartements. Nous avons pour ressources contre les ardeurs de l'été les ombrages des bois, de riants berceaux dans nos jardins, délicieuses retraites toujours aérées, toujours rafraîchies par les eaux que nous y faisons jaillir en bouquets sous les charmilles, ou ruisseler de tous côtés parmi les pelouses. Prenant la douceur de la verdure, la lumière elle-même s'y tempère, les feux du soleil y ont la tiédeur du printemps; pour l'embellissement de ces charmantes demeures, ouvrant largement la porte à toutes les magnificences de l'été, nous la fermons à tout ce qu'il y a d'incommode. Nos maisons ordinaires mêmes suffisent pour nous défendre contre les excès de la chaleur, de même qu'elles nous ont protégés contre les rigueurs du froid.

A l'imitation des oiseaux, qui passent périodiquement d'un lieu à l'autre, qui choisissent le nord pour leur demeure d'été, le midi pour leur demeure d'hiver, nous pourrions, à la rigueur, et grâce à notre puissance de locomotion devenue égale à la leur, attacher notre char au soleil, opposer à la vicissitude des saisons la différence des climats, habiter vraiment la terre comme une maison, et y circuler régulièrement, selon les lois de l'année, de nos appartements d'hiver à nos appartements d'été. Mais ces voyages seront toujours des exceptions, car il n'en est pas de l'homme comme de l'oiseau, qui prend à son gré sa volée, parce qu'il est sans patrie, et qu'il emporte avec lui tout son *bien*.

SALÉNOIDES. *Voy*. ÉCHO.

SALINES. *Voy*. TECHNOLOGIE.

SAMIEL. *Voy*. VENTS.

SAROS. C'est une méthode employée par les Chaldéens, pour prédire *les éclipses*. *Voy*. ECLIPSES.

SATURNE. — Observée à l'œil nu, cette planète se présente à nous sous l'apparence d'une étoile nébuleuse, d'une lumière terne et plombée; comme son mouvement est fort lent, Saturne se *distingue* à peine d'une étoile fixe. On y remarque parallèlement à l'équateur une série de bandes analogues à celles de Jupiter, quoique plus faibles, et c'est à l'aide de ces bandes que Herschell détermina son *mouvement de rotation sur lui-même* : il l'exécute en dix heures 16 min. Il se meut à 366,000,000 de lieues du soleil, dans une orbite qu'il décrit en 9 ans 5 mois 14 jours, et dont l'inclinaison sur l'écliptique est de 2 degrés et demi. Cette planète est près de 900 fois plus grosse que la terre, et le soleil ne lui envoie que la huitième partie de la lumière qu'il dispense à notre planète.

Constitution physique. — Nous avons vu que la surface de Saturne présentait des bandes semblables à celles de Jupiter, *mais elles* sont plus difficiles à apercevoir. Herschell les observa à plusieurs reprises. Les bandes d'un jour différaient souvent beaucoup de celles du lendemain. L'astronome anglais considéra ces grands changements comme des indices certains de l'atmosphère de Saturne. Il remarqua des changements de teinte dans les régions polaires, qui étaient d'autant moins blanchâtres, que le soleil les avait plus longtemps éclairées. Ainsi les variations dont il s'agit sembleraient devoir être rangées parmi les phénomènes de température. Qu'on veuille maintenant les expliquer par de la neige ou par des agglomérations nuageuses, l'une et l'autre hypothèse supposent une atmosphère. Herschell reconnut que la *lumière* de Saturne est, en intensité, fort au-dessous de celle de l'anneau. Il lui trouvait aussi une teinte jaunâtre que la lumière de l'anneau n'avait pas.

Satellites. — Ainsi que Jupiter, Saturne a des satellites; on en compte sept : six se meuvent à peu près dans le plan de l'équateur, mais le septième s'en écarte sensiblement, l'inclinaison de son orbe étant d'environ 30°. On a reconnu qu'il ne faisait qu'un tour sur lui-même pendant la durée de sa révolution, et si l'on n'a pu encore découvrir qu'il en soit de même pour les autres, l'analogie porte à le croire, car cette égalité de durée des mouvements de translation et de rotation paraît être la loi des planètes secondaires. La durée de la révolution de chacun des satellites de Saturne offre d'assez grandes différences.

Voici leurs périodes et leurs distances.

Le premier opère sa révolution moyenne *sidérale* dans l'espace de 22 h. 37'23''

Le 2e	1 j.	8	53	9
Le 3e	1	21	18	26
Le 4e	2	17	44	51
Le 5e	4	12	25	11
Le 6e	15	22	41	14
Le 7e	79	7	54	37

Les satellites de Saturne ont de fréquentes éclipses qui servent, comme celles des satellites de Jupiter, à déterminer *la longitude*, mais leur grand éloignement en rend l'observation plus difficile.

Le premier satellite de Saturne fut découvert par Huyghens, le 25 mars 1655. Pénétré de cette idée que le nombre général des satellites ne devait point dépasser celui des planètes de premier ordre, il ne chercha point les autres. A la fin d'octobre 1671, *J.-D. Cassini en aperçut un second*, puis le *23 décembre* 1672, un troisième, et enfin, au mois de mars 1684 deux nouveaux. Le sujet semblait épuisé, lorsque des nouvelles de Slough apprirent combien on se trompait. Le 28 août 1789, le grand télescope de 39 pieds signala à *Herschell un satellite* plus voisin encore de l'anneau que les cinq autres et qui eût dû être logiquement le *premier*; mais que l'on a qualifié de sixième, par une faiblesse de volonté trop commune dans les sciences. Grâce à la puissance prodigieuse du télescope de 39 pieds, un dernier satellite, le *septième* alla s'interposer, le 17 septembre 1789, entre le sixième et l'anneau.

Le peu de durée de la révolution du premier satellite est quelque chose de très-remarquable. Une lune faisant sa révolution entière *en moins d'un jour* n'est pas une des moindres singularités de la plus singulière planète que le firmament ait offerte aux regards des hommes.

Anneau. — Saturne, déjà si remarquable par le nombre de ses satellites, l'est plus encore par l'anneau dont il est enveloppé. C'est une bande lumineuse, située dans le plan de l'équateur de la planète, à laquelle elle forme une espèce de ceinture, mais dont elle est séparée par une distance égale à sa lar geur. Elle se présente sous une forme elliptique plus ou moins allongée, suivant l'obliquité sous laquelle elle est vue, et qui est due aux diverses inclinaisons que prend le globe de Saturne, par rapport à nous, dans son mouvement de translation. Quand l'anneau affecte cette forme elliptique, ses extrémités, du côté du plus grand axe, prennent le nom d'*anses*; et l'on peut alors, quand l'obliquité n'est pas trop grande, apercevoir les étoiles entre sa planète et lui. Mais lorsque sa position est telle que le prolongement de son plan passe par le centre de la terre, il ne nous offre que son bord, et alors l'angle qu'il soutient est si petit, qu'il faut un instrument d'un pouvoir amplificatif très-grand pour le rendre visible. Il paraît sous la forme d'un filet lumineux qui coupe le disque de la planète.

Lorsqu'on emploie des lunettes puissantes, on découvre sur la surface de l'anneau des lignes noires concentriques, qui paraissent former plusieurs séparations ; mais on distingue surtout deux anneaux dont Herschell a calculé les dimensions. Selon cet astronome, le diamètre intérieur du plus petit anneau serait de 23,000 lieues, le diamètre extérieur du plus grand aurait pour longueur 35,000 lieues. Il y aurait donc, d'après cela, entre Saturne et la circonférence de l'anneau postérieur, une distance de 8,000 lieues. La largeur totale des deux anneaux serait de 12,000 lieues. L'épaisseur n'est certainement pas de *100 lieues*.

Au moyen des taches de l'anneau, Herschell a déterminé la durée de sa rotation sur son axe ; elle est de 10 h. 29' 16"; cet axe de rotation est perpendiculaire à son plan et est le même que celui de Saturne.

La durée de cette rotation, qui paraît précisément celle d'un satellite, qui aurait pour orbite la circonférence moyenne de l'anneau, a servi à M. Biot à expliquer comment l'anneau de Saturne peut se soutenir autour de cette planète sans la toucher, ou du moins à rattacher ce fait à la cause générale qui soutient ainsi les satellites.

En effet, dit-il, on peut considérer chaque particule de l'anneau lui-même comme un petit satellite de Saturne, et l'anneau lui-même comme un amas de satellites liés entre eux d'une manière invariable. Si ces corps étaient libres et indépendants les uns des autres, leur vitesse varierait avec leur distance au centre de la planète ; les plus voisins de ce centre iraient plus vite ; les plus éloignés, plus lentement ; et, si l'on prend pour terme moyen la vitesse qui convient à la circonférence moyenne de l'anneau, les vitesses des autres particules s'en écarteraient, soit en plus, soit en moins, d'une égale quantité. Maintenant, si les particules viennent à s'unir et à s'attacher les unes aux autres pour former un corps solide, il se fera une sorte de compensation entre leurs mouvements ; les plus rapides communiqueront une partie de leur vitesse aux plus lentes, qui, à leur tour, communiqueront en échange une partie de leur lenteur, et les efforts opposés se faisant mutuellement équilibre, il ne restera que le mouvement moyen commun à toutes les particules, et qui sera celui de la circonférence moyenne. Ces anneaux se soutiendront autour de Saturne comme la Lune autour de la Terre, et comme feraient les arches d'un pont, si le foyer de la pesanteur était au centre des voussoirs.

Cette théorie subsisterait encore dans le cas où l'anneau serait composé, comme il paraît l'être, de plusieurs anneaux concentriques et détachés les uns des autres ; seulement il faudrait l'appliquer séparément à chacun d'eux : alors les durées de leur rotation devraient être sensiblement différentes.

Quelquefois l'anneau de Saturne, se projetant sur le disque de cette planète, en cache une partie : d'autres fois, c'est la planète à son tour, qui dérobe par son ombre la vue d'une partie de l'anneau. Il suit de là que l'anneau est opaque comme la planète, et que la lumière de l'un et de l'autre est empruntée.

En 1794, Herschell trouvait l'anneau extérieur moins brillant que l'anneau intérieur. Le fait a été confirmé par tous ceux qui ont examiné Saturne à l'aide de grossissements un peu forts. Il est juste d'ajouter que la remarque appartient à Cassini. En 1675, cet astronome mettait entre les nuances des deux anneaux *la même différence* qu'entre l'éclat de *l'argent* mat et celui de l'argent bruni. Herschell ajouta à cette ancienne observation la circonstance nouvelle que *l'anneau le plus vif n'a pas le même* éclat dans toute sa largeur.

Figure de Saturne. — Herschell ajouta en 1815 une grande singularité à toutes celles que ses prédécesseurs avaient observées dans la constitution physique de Saturne.

Jupiter et Mars sont aplatis. L'axe autour duquel chacune de ces planètes tourne sur elle-même *est le plus court* des diamètres du disque apparent ; le diamètre équatorial, au contraire, *est le plus grand;* les diamètres intermédiaires ont des *longueurs intermédiaires* graduellement croissantes depuis le pôle jusqu'à l'équateur : ces deux planètes sont en un mot les ellipsoïdes de révolution, des sphéroïdes engendrés par le mouvement d'une ellipse tournant autour de son petit axe.

Selon Herschell, cette régularité, cette simplicité de formes n'existe pas dans le globe de Saturne. Le disque apparent, au lieu d'être une ellipse, ressemble plutôt à un rectangle dont les quatre angles seraient arrondis. Il y a bien là un axe des pôles, le plus court de tous : c'est l'axe autour duquel la planète exécute une révolution sur elle-même, dans l'intervalle de 10 h. 1/4 ; il y a bien aussi un axe équatorial notablement plus grand que l'axe des pôles, mais (c'est ici que l'anomalie commence) sur Saturne l'axe équatorial n'est pas l'axe maximum ; l'axe maximum fait avec l'axe de l'équateur un angle que l'observateur a trouvé tantôt de 46° 38', tantôt de 45° 31', et enfin par une dernière mesure plus exacte, de 43° 20'. Aux extrémités de l'axe maximum, la courbure du disque est très-forte. Près des pôles et de l'équateur on croirait voir, au contraire, des lignes droites sur une assez grande longueur.

Herschell se demanda quelle pourrait être la cause de l'étrange anomalie que ses puissants télescopes venaient de lui révéler. Suivant lui, cette cause serait l'attraction que l'anneau exerça, dès l'origine, sur la masse fluide rotative de la planète; mais il ne prouva pas, même vaguement, qu'une pareille attraction aurait produit nécessairement une transformation de la figure elliptique en une sorte de rectangle à angles arrondis.

SCINTILLATION. — Le phénomène de la scintillation consiste dans les changements d'intensité et de couleur que nous observons dans la lumière des étoiles. Quant aux planètes, elles scintillent à peine et quelques-unes ne scintillent même pas du tout.

Aristote dit que la scintillation est due à des rayons qui sortent de notre œil et qui ne parviennent pas jusqu'aux astres, à moins qu'ils ne soient très-éloignés; explication futile, puisque ce sont les planètes les plus voisines qui scintillent le plus. Tycho-Brahé, Képler pensaient qu'il pouvait y avoir des astres à facettes renvoyant des rayons rouges, violets, etc., à la manière des pandeloques des lustres qui, aux lumières des salons, présentent des changements d'intensité lumineuse et des couleurs variées : hypothèse inadmissible, car le phénomène auquel ils comparent la scintillation n'est qu'un jeu de la lumière sur les facettes des pandeloques, tandis que les étoiles sont lumineuses d'elles-mêmes.

Les étoiles présentent en général le phénomène de la scintillation à un très-haut degré. Cependant il y a des régions de la terre où elles ne scintillent pas. Le voyageur Le Gentil l'a constaté à Bender-Abassy, sur la côte nord du golfe Persique, à Pondichéry dans l'Inde; Saussure, lors de sa station au col du Géant; M. de Humboldt, à Cumana (république de Vénézuéla). L'explication de la scintillation qui veut que les étoiles scintillent *nécessairement* est donc absurde. Newton la faisait dépendre d'un mouvement oscillatoire de l'étoile; mais il y a des nuits où les étoiles scintillent très-fortement sans qu'il y ait de mouvement oscillatoire, ainsi qu'on peut facilement le constater avec une lunette. D'ailleurs, ce mouvement ne rendrait pas raison du changement de couleur, et ce changement est fatal dans l'explication du phénomène. Il n'est pas étonnant, du reste, que tous les hommes éminents qui ont voulu en surprendre la cause, n'aient pu le faire, puisque le phénomène tient à des propriétés intimes de la lumière récemment découvertes.

Rappelons d'abord certaines notions qui nous serviront à mieux saisir le phénomène qui nous occupe.

Les corps à travers lesquels la lumière se meut portent les noms de milieux : ainsi l'air, l'eau, sont des milieux. Ces milieux sont de densité différente, c'est-à-dire que leurs molécules sont plus ou moins rares, qu'ils pèsent plus ou moins sous le même volume. Quand un rayon de lumière traverse un milieu, il le fait en ligne droite. Pour le prouver, il suffit de percer dans le volet d'une chambre fermée de toutes parts un petit trou par lequel passera un rayon lumineux, un rayon de soleil. On verra ce rayon prendre en quelque sorte une forme sensible en éclairant sur son passage tous les corpuscules qui tourbillonnent dans l'atmosphère. En traversant l'eau, l'air se conduit de la même manière, prenant toutefois une direction différente. De là ce principe de physique : lorsqu'un rayon passe d'un milieu dense dans un autre plus dense, il est dévié de sa direction première. En général, toutes les fois que des rayons lumineux traversent des milieux de densités différentes, ils le font suivant des directions différentes.

L'œil de l'homme est organisé de telle sorte que son cristallin n'est autre chose qu'une lentille convergente, et la membrane nerveuse qui tapisse la choroïde, la rétine, un écran sur lequel viennent se peindre les images des objets extérieurs.

Une fois ceci posé, l'image de l'étoile qui arrive à notre œil restera blanche si la densité de l'air, si la température et son degré d'humidité sont uniformes.

Mais cela n'existe que pour quelques régions privilégiées; en général l'air n'est pas homogène, il est formé de couches plus froides ou plus chaudes, plus rares et plus denses, plus ou moins humides, c'est-à-dire qu'il remplit à chaque instant quelques-unes des conditions nécessaires pour amener la destruction d'un des rayons du spectre. On conçoit dès lors que la lumière blanche, émanée d'un point lumineux, rayonnant librement dans l'espace, pourra passer aux yeux de l'observateur par toutes les nuances prismatiques, suivant que telle ou telle différence de densité, de température ou d'humidité, viendra affecter les milieux que traverse la lumière. Il se produira dès lors des phénomènes d'interférence, et l'étoile observée affectera notre œil de telle ou telle nuance prismatique. Ce point lumineux nous paraîtra rouge, par exemple, si les rayons ont traversé des couches qui ont détruit les rayons verts; il nous paraîtra vert si les rayons rouges ont été détruits et ainsi de suite. Comme, de plus, ces effets se reproduisent avec une grande rapidité, l'étoile paraîtra affectée d'un mouvement d'oscillation plus ou moins rapide, en même temps qu'elle semblera changer successivement de lumière, qu'elle *scintillera*.

En un mot ce phénomène si curieux de la scintillation n'est qu'un phénomène d'*interférence* (*Voy.* ce mot.)

Le phénomène de la scintillation présente quelques particularités qu'il est important de connaître pour se rendre compte des modifications qu'il peut offrir.

On voit souvent, dans le midi de la France,

des enfants courir à travers les champs, ayant à la main un bâton dont l'une des extrémités porte un charbon incandescent qu'ils font tourner assez vite pour lui faire décrire sans cesse un cercle de feu. Ce jeu, qui au premier abord n'a aucune importance, va cependant nous servir à expliquer un fait physiologique fort remarquable, que la sensation produite sur la rétine par la lumière qui arrive à notre œil n'est point instantanée, mais qu'elle dure pendant un intervalle de temps appréciable.

Substituons seulement la marche régulière de l'expérience à l'arbitraire auquel le phénomène était livré tout d'abord.

Prenons un charbon incandescent, et faisons-le tourner circulairement avec rapidité; nous verrons un cercle de feu continu: faisons le tourner moins vite et plaçons-le devant un écran, percé d'un trou à sa partie supérieure. A l'instant du passage du charbon rouge devant l'ouverture de l'écran, il y aura un moment de clarté: la lumière et l'obscurité se succèderont ainsi alternativement; mais si l'on agite d'un mouvement de rotation rapide le charbon rouge, l'œil perçoit une impression continue de lumière; dans une place où le charbon ne s'est montré que quelquefois par intervalle, il apparaît actuellement d'une manière continue. C'est là un résultat singulier, mais incontestable; il ne se reproduirait pas si la sensation de la lumière était instantanée.

On a reconnu qu'il fallait que le charbon tournât assez vite pour revenir au même point en moins de $\frac{1}{10}$ de seconde, ou, en termes plus généraux, qu'il fallait qu'il s'écoulât au plus $\frac{1}{10}$ de seconde entre deux sensations consécutives, pour que l'impression de la lumière fût continue, et cette durée est la même pour tous les rayons de lumière, que cette lumière soit blanche, verte, rouge, etc.

Mais supposons maintenant qu'à la place du charbon on mette deux corps projetant de la lumière verte et de la lumière rouge, en se succédant à $\frac{1}{10}$ de seconde d'intervalle. N'est-il pas évident que ces deux impressions presque simultanées, venant à se confondre, produiront sur la rétine le même effet que celui qui résulterait de la superposition de ces deux couleurs supplémentaires, en un mot, de la sensation de la lumière blanche, c'est-à-dire que là où passent rapidement du rouge et du vert, on verra du blanc? Il n'y a donc pas lieu de s'étonner que la scintillation, qui est un phénomène beaucoup plus fréquent qu'il ne le paraît, n'a pas toujours lieu lorsque nous regardons les astres, puisqu'il y a sans cesse des compensations de la nature de celles dont nous venons de parler. Ainsi, supposons que les circonstances qui doivent produire la destruction de la lumière rouge ne soient séparées que par un intervalle moindre de $\frac{1}{10}$ de seconde de celles qui doivent amener la destruction des rayons rouges, il y aura superposition de ces deux lumières, et par conséquent du blanc. Voici la preuve de ceci. Si par un mécanisme quelconque, nous donnons à la lunette dirigée vers une étoile un mouvement d'oscillation autour de cette étoile, au lieu d'un point lumineux nous apercevons un ruban de lumière, et il pourra se faire que les cercles lumineux qui nous apparaîtront tour à tour, perdant ces mouvements de rotation, se revêtent de diverses teintes, qu'ils soient par exemple couleur de rubis, d'émeraude, etc.; mais ces couleurs ne se montreront ainsi distinctes, isolées, qu'autant que l'œil les apercevra dans de grands cercles, parce qu'alors la sensation produite sur la rétine durera au moins autant que la durée de la révolution du point lumineux, c'est-à-dire $\frac{1}{10}$ de seconde: s'il arrive au contraire que les cercles lumineux soient petits, vous n'obtiendrez que des couleurs composées, telles que le blanc, qui résulteront de la superposition de diverses teintes.

D'ailleurs, le phénomène de la scintillation est, ainsi que tous ceux qui dépendent de la théorie des interférences, soumis à plusieurs conditions difficiles à obtenir, et qui expliquent pourquoi il ne se reproduit que rarement: elles proviennent soit de l'astre lui-même, soit des milieux que traverse la lumière qui en émane.

Les rayons de lumière s'ajoutent pour une certaine différence d de route, variable d'un rayon à un autre, ou pour une différence $2d$, $3d$, etc., qui soit un multiple en nombre entier de cette valeur. Ils se détruisent, au contraire, pour des différences de routes intermédiaires. Ainsi deux rayons rouges, par exemple, ajoutent leur éclat et font de la lumière quand ils se rencontrent sous une petite obliquité, après avoir parcouru des chemins dont la différence est 620 millioniêmes de millimètre, ou un nombre pair de fois 620 divisé par 2 ou 620/2; ils se détruisent au contraire et font du noir quand ils se rencontrent après avoir parcouru des chemins dont la différence soit un nombre impair de fois 620 divisé par 2 ou 310 millioniêmes de millimètre. Mais les changements qui surviennent dans la densité de l'air ou dans la température de ce fluide, suffisent pour troubler tous les résultats, et l'on conçoit qu'il y ait même certains lieux du globe, certaines hauteurs de l'atmosphère où le phénomène de la scintillation ne se manifeste jamais. Dans quelques régions, cela tient aussi à l'extrême pureté et à l'immobilité de l'atmosphère.

Pour que les rayons lumineux puissent interférer, il faut en outre qu'ils proviennent d'une même source, qu'ils émanent seulement d'un point rayonnant. S'il en est autrement, si la lumière émane de la surface d'un corps qui sous-tende un angle appréciable, de plus de 2", par exemple, les phénomènes d'interférence seront complexes; les zones lumineuses et les zones obscures se croiseront, se superposeront; il y aura, en un mot, des compensations qui changeront les conditions voulues, et l'effet n'aura pas lieu.

Les étoiles remplissent la première de ces deux conditions; certaines planètes la seconde, lorsqu'elles ont un grand diamètre comme Jupiter et Saturne, qui aussi ne scintillent pas. Mais il en est d'autres qui se trouvent dans le même cas que les étoiles, comme Mars, Vénus, Mercure lorsqu'il se dégage des rayons solaires; et cependant ces corps ne brillent que d'une lumière empruntée au soleil. Il n'est donc pas vrai de dire que la lumière réfléchie ne peut donner lieu au phénomène de la scintillation. Toute lumière directe ou réfléchie, à condition que les corps lumineux observés sous-tendent un très-petit angle, peut produire la scintillation. On peut facilement vérifier ce fait quant au soleil; reçu sur un miroir convexe, et réduit à n'être plus qu'un point lumineux semblable aux étoiles fixes, il scintille aussitôt. Quant à la scintillation produite par deux étoiles très-rapprochées, elle est différente, parce que les rayons de ces deux étoiles traversent les uns et les autres des couches très-dissemblables. Si l'on réunit tous les rayons émanés d'un ensemble d'étoiles, il est presque évident qu'ils ne scintilleront pas et que l'on aura du blanc.

Le phénomène de la *scintillation* se présente, pour certaines personnes, sous un aspect particulier : des rayons irréguliers leur semblent se *détacher de l'étoile*. Mais cela n'arrive pas à tout le monde : c'est une illusion qui n'a rien de réel, et qui tient simplement à la forme de l'œil, forme suivant laquelle se modifient les effets de la vision.

SÉCHERESSE de l'air. *Voy.* Evaporation.

SECTEUR. — C'est la partie du cercle comprise entre un arc quelconque et les deux rayons menés aux extrémités de cet arc.

SELS, déserts et lacs salés. *Voy.* Infiltration.

SEMAINE. *Voy.* Calendrier et Temps.

SEREIN. — Petite pluie fine qui tombe quelquefois sans que l'on aperçoive aucun nuage au ciel. Dans nos climats, ce phénomène se manifeste seulement pendant l'été, et presque toujours au coucher du soleil. On l'observe surtout dans les vallées ou dans les plaines basses, à une petite distance des lacs et des rivières; il est beaucoup plus rare dans les lieux élevés.

La cause de ce phénomène est très-simple. Supposons, pour un instant, que vers cinq ou six heures de l'après-midi la température de l'air atmosphérique soit, par exemple, de 20°, et la tension de la vapeur de 13^{mm}; alors, le soleil continuant de s'approcher de l'horizon, la température ambiante s'abaisse de plus en plus, sans que la force élastique de la vapeur éprouve du changement; et quand la température arrive à 14 ou 15°, la vapeur ne peut plus exister en totalité, puisqu'elle aurait une force élastique plus grande que le *maximum* qui convient à cette température : il faut donc qu'elle se condense en partie. C'est cette condensation qui produit le serein. Ce phénomène n'est très-sensible que dans les grandes chaleurs, parce que c'est alors seulement que l'air peut contenir beaucoup de vapeur.

SEXTANT (*sextus*, c'est le sixième du cercle). — Cet instrument, dont on fait un usage continuel à bord des vaisseaux, pour les observations astronomiques, a pour partie essentielle des miroirs disposés de telle sorte, qu'on voit à la fois les deux objets dont on veut mesurer l'angle. C'est là le grand avantage des instruments de réflexion, et c'est ce qui rend les mesures possibles sur une base qui vacille sans cesse. L'idée des instruments de réflexion appartient à Newton, mais c'est Halley qui fit exécuter le premier instrument de ce genre : il lui donna le nom d'octant, parce que c'était un huitième du cercle; l'octant fut longtemps en usage.

SIDÉROSCOPE (σίδηρος, fer, et σκοπέω, indiquer). — Le Baillif a imaginé un appareil, désigné sous ce nom, qui démontre que toutes les substances agissent sur l'aiguille aimantée. Cet appareil se compose d'une paille de 3 décimètres de longueur environ, suspendue à un fil de cocon; trois aiguilles à coudre, aimantées à *saturation*, sont fixées *horizontalement*, l'une dans l'axe de la paille, à l'une de ces extrémités, les deux autres perpendiculairement à cet axe, vers la seconde *extrémité*; de telle manière que leurs pôles contraires se regardent. La première aiguille rend l'appareil sensible à l'action du globe, en sorte que la paille se place dans le méridien magnétique. Le tout est entouré d'une cage de verre, percée latéralement d'un trou par lequel on présente à l'aiguille les corps que l'on éprouve; un arc divisé, maintenu au-dessus de la paille, sert à mesurer ses déviations. Lorsqu'on présente différents corps à l'aiguille, elle est tantôt attirée, tantôt repoussée : le bismuth et l'antimoine produisent tous les deux une répulsion; mais ces effets sont toujours très-petits, malgré la grande sensibilité de l'appareil.

SIMPLICITÉ de la loi et intensité constante de l'action de la *gravitation* universelle. *Voy.* Attraction universelle.

SIMOUN. *Voy.* Vent.

SINUS. — C'est la perpendiculaire abaissée de l'extrémité d'un arc sur le rayon qui aboutit à l'autre extrémité.

SIPHON (σίφων, tuyau). — C'est un tube recourbé, ayant une grande branche et une courte branche. Par cette dernière s'exerce l'aspiration qui fait monter le liquide dans l'intérieur du tube. Le siphon est d'un usage journalier dans les arts. Il a été employé avec avantage dans de grands travaux hydrauliques, pour le détournement du cours des rivières. Le plus simple de tous les siphons est un tube recourbé en U, que l'on tient renversé. On *l'amorce* en aspirant avec la bouche par la partie inférieure; ou bien on remplit le siphon avec le liquide sur lequel on veut opérer, en le tenant renversé, c'est-à-dire les ouvertures tournées vers le haut. On ferme une des ouvertures, et on plonge l'autre dans le liquide; en débouchant l'ouverture extérieure, le liquide s'écoule, si toutefois cette ouverture est plus basse que le niveau de ce liquide.

SIRÈNE. *Voy.* VIBRATIONS (*Acoustique*).

SOLEIL. — Astre lumineux par lui-même et faisant sentir son influence sur les planètes qui décrivent autour de lui des ellipses dont il occupe un des foyers. Depuis l'antiquité jusqu'à nos jours, les opinions les plus diverses ont été émises sur la nature de cet astre par les philosophes et les physiciens.

L'opinion aujourd'hui la plus accréditée, c'est que le soleil se compose de trois corps bien distincts.

1° Un noyau opaque entièrement obscur, qui constitue le corps même de l'astre;

2° Une atmosphère nuageuse très-dense;

3° Enfin une atmosphère lumineuse qui est celle dont nous recevons la lumière et la chaleur et que l'on a nommée *photosphère*, c'est-à-dire sphère lumineuse.

Ainsi le soleil n'est pas, comme on le pensait, à l'état d'incandescence: c'est un *corps obscur*. Mais ce corps obscur est entouré d'une atmosphère lumineuse dont il est séparé par une autre atmosphère nuageuse semblable à un orage éternel, placé là comme pour servir d'écran au noyau central.

§ I.

On a découvert des taches dans le soleil. Elles ont été observées pour la première fois en 1611 par Fabricius. Il y a des taches noires qui naissent au centre même du disque, ce qui montre qu'elles sont nées de la matière même du soleil; ce sont les taches proprement dites. Leur région centrale ou la plus noire est ce qu'on appelle le *noyau*. Tout autour du noyau, quand il y a de grandes dimensions, existe presque toujours une zone étendue d'une teinte moins sombre; elle porte le nom de *pénombre ;* le pénombre est une découverte de Scheiner. Quelquefois aussi on voit à la surface du soleil diverses petites places plus lumineuses que le reste. Ces taches ont été appelées *facules*. Les innombrables rides lumineuses dont la surface du soleil est en outre sans cesse sillonnée, de l'orient à l'occident et d'un pôle de rotation à l'autre, prennent le nom de *lucules*.

On voit souvent les taches noires naître au centre même du disque solaire; les facules se présentent sous le même aspect. On les voit s'avancer du bord oriental vers le bord occidental, avec lequel elles disparaissent. Ce sont donc aussi, comme les taches noires, des créations de la matière du soleil.

Les taches observées dans le soleil ont servi à déterminer son mouvement de rotation et sa figure. En effet, les taches se meuvent d'orient en occident sur le disque solaire; elles apparaissent comme des fibres déliées sur le bord oriental du disque, s'avancent graduellement vers le centre en augmentant de largeur, puis elles vont en se rétrécissant jusqu'à ce qu'elles aient atteint le bord opposé. Arrivées au bord occidental elles disparaissent et se montrent plus tard de nouveau au bord oriental.

Suivons-en une dans la route qu'elle parcourt.

Près du bord oriental elle se meut très-lentement; elle augmente ensuite de vitesse à mesure qu'elle approche du centre; par le centre, le déplacement en 24 heures se fait avec le maximum de vitesse. Cette vitesse va en diminuant à mesure que la tache avance vers le bord occidental; ici le mouvement est à peine sensible. Il doit en être ainsi, car au centre les taches se présentent perpendiculairement à l'œil de l'observateur, tandis que près des bords elles se présentent sous une direction oblique, ce qui ne permet pas d'en suivre l'uniformité du mouvement.

Combien la tache mettra-t elle à revenir du bord occidental au bord oriental? 27 jours et demi. Mais il vaut mieux observer la tache lorsqu'elle est au centre du disque, parce que ce centre nous donne le moyen de faire des observations plus exactes. En observant l'instant du passage de la tache par le centre même du soleil, et notant l'intervalle de temps qui s'est écoulé entre la première observation et la deuxième, la deuxième et la troisième, la troisième et la quatrième, vous trouverez qu'entre deux apparitions successives de la tache au centre il s'est écoulé 27 jours et demi. Mais ce chiffre n'est pas exact; il est nécessaire de lui faire subir une petite réduction, le centre du disque apparent *ne correspondant plus, lors* de la seconde observation, au centre physique, ainsi que cela avait lieu pour la première. *Ils* ne correspondent plus, parce que, durant le temps qui s'est écoulé entre les deux observations, le soleil s'est avancé de 5 en 5 minutes dans son orbite, ce qui obligera la tache à parcourir un petit arc pour que les deux centres correspondent de nouveau. La durée de parcours de ce petit arc est de deux jo.rs : ce sont ces deux jours que le mouvement apparent avait ajoutés au mouvement réel, et qu'il faut soustraire de la durée du premier pour avoir exactement celle du second; cela nous donnera, pour la durée de la rotation totale du soleil, 25 jours et demi.

Cette rotation se fait, comme celle des planètes, sur un axe dont les pôles sont à 7° 20' des pôles de l'écliptique.

Ainsi les taches nous permettent de constater que le soleil se meut sur lui-même; elles nous ont donc rendu un grand service, car, si elles n'existaient pas, que la couleur du disque fût toujours la même, il n'y aurait pas moyen d'arriver à la connaissance de ce fait important.

Que sont ces taches?

On supposa, à l'époque de leur première découverte, que c'étaient des planètes : si c'étaient des planètes, on devrait les apercevoir à certains moments en dehors du soleil, ce qui n'a jamais lieu.

On a dit que c'étaient des scories flottant sur un océan de feu : mais cela ne répond pas à tous les faits de détail que fournissent les observations des taches, et la possibilité de satisfaire aux détails est la pierre de touche des théories.

D'abord, est-il vrai de dire que les taches observées à la surface du soleil soient réellement noires? Herschell avait admis qu'elles étaient lumineuses, et il disait que si l'on représentait la lumière du soleil par 1000, celle de la pénombre, serait 469, et celle du noyau serait 7; mais l'expérience qui lui fournit cette conclusion n'a pas été vérifiée. On peut cependant se faire une idée assez nette de l'intensité lumineuse des taches. Dans les expériences sur les phares, où l'on a produit des feux d'une intensité considérable, on a remarqué qu'un mélange d'oxygène et d'hydrogène projeté sur une boule de chaux, donnait lieu à un dégagement d'une lumière singulièrement vive; si cette lumière est plus vive que celle du soleil, elle produira une facule; si elle est aussi vive, on ne l'apercevra point; si elle est moins éclatante, elle paraîtra noire. On a interposé cette boule de chaux entre l'œil et le disque; malgré son grand éclat elle *paraissait* entièrement noire. Il est donc probable que les taches sont au moins aussi lumineuses que la boule de chaux. Les taches ne peuvent donc pas être des scories.

Continuons l'analyse de cette théorie. Voici une tache de scorie sur le soleil, avec une pénombre plus lumineuse que la tache, et moins que le reste du soleil. On entend par *pénombre*, en physique, cette portion de la lumière graduellement décroissante qui s'étend entre la lumière pure et l'ombre totale. Cette définition est impropre, mais cela ne fait rien dans le cas que nous examinons. Or, il devrait arriver, par l'effet du refroidissement partiel de la nappe en contact avec la scorie, que la pénombre devrait différer de moins en moins du corps noir. Cela n'a pas lieu, la lumière de la pénombre est complétement tranchée, distincte du noyau central, et son contour assez semblable à celui du noyau lui-même. Suivons maintenant une tache qui se meut de l'orient à l'occident, et vous verrez que, quand une tache et sa pénombre vont disparaître au bord ouest du disque solaire, le bord est de l'ombre diminue d'abord, le noyau décroît ensuite et s'évanouit, et le bord ouest de l'ombre reste visible tout entier, jusqu'à ce qu'enfin il disparaisse à son tour, entraîné par le mouvement de rotation. La portion de la pénombre voisine du centre s'éteint, disparaît plutôt que la portion tournée du côté opposé. Admettons que la pénombre enveloppe une scorie, qu'elle soit une portion même de la surface du soleil, la partie la plus voisine du bord se présentant plus obliquement aux regards de l'observateur, devra paraître, pour cette raison, plus étroite que la portion tournée du côté du centre. C'est précisément le contraire qui a lieu.

On a supposé ensuite que le soleil avait des montagnes, que ces montagnes étaient couvertes par un océan de feu et que le niveau de cet océan s'abaissant de temps à autre, le sommet des montagnes se montrait alors au-dessus de sa surface.

Mais il y a un moyen de prouver que les taches ne sont pas des protubérances; Galilée est le premier qui l'ait signalé. On voit en effet quelquefois deux taches très-voisines, séparées par un espace lumineux très-étroit. Lorsque les taches arriveront au bord du disque, le petit espace lumineux devra disparaître, si l'une des taches est en saillie sur l'autre. Or l'espace lumineux ne disparaît jamais. On voit donc que cette théorie n'est pas plus complète que celle des scories.

Voyons donc quelle est, au sujet de ces taches du soleil, l'opinion généralement admise aujourd'hui par les astronomes.

Nous avons dit que le soleil se compose de trois corps distincts: un noyau opaque obscur, une atmosphère nuageuse, une atmosphère lumineuse ou photosphère.

Cela admis, supposons qu'il se fasse une ouverture dans l'atmosphère nuageuse, elle se formera également dans l'atmosphère lumineuse et le disque présentera alors des taches d'intensités différentes. Que verrons-nous en menant des rayons dans la direction de ces taches? D'abord une zone moins lumineuse que le disque, plus sombre, la pénombre, et enfin à travers ces deux ouvertures, si elles se correspondent, le corps obscur même du soleil.

Supposons qu'il se fasse dans l'atmosphère lumineuse une éclaircie qui n'ait pas lieu dans l'atmosphère nuageuse, et on ne verra qu'une pénombre, une tache pâle.

Supposons enfin que *l'éclaircie* de l'atmosphère lumineuse soit moins large que l'éclaircie de l'atmosphère nuageuse, alors on ne verra plus une partie de ce dernier, et nous aurons: 1° une tache noire; 2° le reste du disque du soleil.

Cette théorie résulte d'une observation de l'astronome anglais Alexandre Wilson, faite en novembre 1769 et qui par elle-même constitue une belle, une remarquable découverte. Pour s'en rendre un compte exact, il supposa que les taches solaires sont de grandes *excavations dans la matière lumineuse du soleil;* les noyaux deviennent les fonds des cavités; les talus forment les pénombres; les portions de pénombre voisines du centre doivent alors nécessairement se rétrécir et disparaître les premières par un effet de perspective. C'est ce que nous avons observé, il y a un instant, au sujet de la théorie des scories.

Examinons si tout cela répond aux choses observées sur le soleil.

Nous savons de quelle manière les taches se présentent ordinairement; c'est notre premier cas. Quelquefois il y a de larges pénombres sans noyau central; notre seconde hypothèse indique pourquoi. Enfin notre troisième supposition explique comment les taches peuvent exister sans pénombre. Dans de rares occasions, quand la tache s'approche du bord, la pénombre semble également large des deux côtés opposés du noyau, une certaine disposition des talus peut rendre compte de ce fait.

Quand le noyau d'une tache disparaît,

c'est par l'empiétement inégal de la pénombre, qui subsiste toujours après le noyau. Un noyau qui se retient et va disparaître se divise souvent en plusieurs noyaux distincts. La supposition faite par Wilson explique ces diverses apparences.

La théorie en un mot rend compte de tous les cas du phénomène, elle est possible, mais est-elle fondée? On y suppose deux atmosphères gazeuses; qui le prouve? Y a-t-il une preuve physique que le contour extérieur du soleil n'est ni solide ni liquide?

Pour le démontrer, on se sert d'une lunette dans l'intérieur de laquelle on place un prisme de cristal de roche, lequel possède, comme on sait, la propriété de dévier les rayons lumineux; c'est ce qui a fait donner à l'instrument le nom de *lunette prismatique*.

Supposons que l'on fasse tomber dans cette lunette un faisceau lumineux qui, réfléchi suivant l'axe du tube, fasse un angle de 35°25', avec la surface réfléchissante; alors, en regardant avec le prisme, on aperçoit, en général, deux images du faisceau lumineux; mais en faisant décrire au prisme une circonférence entière, on reconnaîtra que l'image *est simple* pour quatre positions du prisme, c'est-à-dire toutes les fois que la section principale est parallèle au plan de réflexion, ou bien qu'elle lui est perpendiculaire; dans toutes les autres positions, il donne *deux* images plus ou moins intenses.

Dans la lumière réfléchie l'image de droite est la plus forte; dans la lumière transmise, c'est le contraire.

C'est là un caractère capital, parce qu'il nous servira à reconnaître si le soleil est un gaz ou non.

Supposons qu'un rayon tombe sur un miroir, sous un angle de 35°. Qu'arrivera-t-il si c'est un rayon naturel? Il sera réfléchi sous un angle égal à l'angle d'incidence; et s'il est reçu sur un second miroir, il s'éteint et ne donne pas d'image, si le plan d'incidence sur la deuxième glace est perpendiculaire au plan d'incidence sur la première. Dans toute autre position, l'image réfléchie prend un éclat plus ou moins vif, qui s'affaiblit graduellement à mesure qu'on approche de celle dont nous venons de parler.

Mais qu'arrive-t-il pour un rayon polarisé? Il se réfléchit de nouveau à sa face inférieure et à sa face supérieure, mais il ne se réfléchit pas par les côtés latéraux.

Cette propriété est vraiment extraordinaire; elle nous conduit à reconnaître que le rayon a des pôles, des côtés dont les propriétés sont différentes.

Ce n'est pas tout. Prenons une plaque de cristal de roche de cinq millimètres d'épaisseur, à faces parallèles, le corps le plus diaphane du monde; plaçons-le de manière à ce qu'il reçoive les rayons du soleil.

Eh bien! ce corps *disloque un rayon polarisé*. En effet, soumettons ce rayon au miroir, en le faisant passer à travers la plaque de cristal.

Le miroir tourne, nous avons de la lumière rouge; il tourne davantage, nous avons de la lumière verte; il tourne encore, nous avons de la lumière jaune; à mesure que le miroir tourne, la lumière change donc. Ici ce ne sont pas seulement quatre pôles qu'il faut admettre dans le rayon, comme tout à l'heure, mais des milliers, qui ont chacun un caractère spécial. Quand il a passé à travers la plaque de cristal, le rayon acquiert donc des côtés que l'on peut appeler côtés rouges, jaunes, verts, etc.

Ceci reconnu, que verra-t-on avec la lunette qui donne deux images du soleil? on verra un soleil rouge et un soleil vert, un soleil jaune et un soleil violet: et le soleil rouge est à droite, et le soleil vert à gauche, ainsi des autres. Ce ne sont pas là de simples tons, mais des couleurs très-vives, ce qui n'arrive pas avec le prisme, dont les couleurs sont toujours ternes.

Il est donc toujours possible, d'après ce que nous venons d'exposer, de savoir si un rayon est reflêchi ou transmis.

Eh bien! avec cela je puis savoir facilement si la lumière solaire est émise par une atmosphère liquide ou solide.

En effet, je prends un boulet incandescent, puis une nappe de fonte de fer, et je soumets la lumière qui s'en échappe à l'appareil. Comment apparaissent les deux images vues sous un angle très-aigu? J'aperçois deux lunules colorées. Vue par transmission, l'image de droite paraîtra rouge, l'image de gauche verte, et *vice versâ*, si cette lumière est vue par réflexion. C'est donc de la lumière réfractée que me donne la fonte de fer. Que je vienne à soumettre au même examen du verre fondu, j'obtiendrai le même résultat, de la lumière réfractée; du platine chauffé au rouge blanc, encore de la lumière réfractée.

Cela fait, je prends une grande nappe de gaz à éclairage; je soumets sa lumière à l'instrument, elle me donne des images sans couleurs.

Cette lumière est donc de la lumière naturelle du même genre que celle qui nous éclaire.

Voilà donc un instrument qui peut servir à reconnaître la nature de la lumière. Suis-je maître de m'en servir pour étudier celle que nous envoie le soleil? sans doute. Je l'examine donc avec l'appareil de polarisation. Je le regarde au centre, perpendiculairement, point d'image colorée; je le regarde un peu plus loin, pas d'image; enfin sur le bord, pas d'image.

Les corps solides m'ont donné des couleurs quand je les regardais perpendiculairement, le soleil ne me donne rien de semblable: le soleil n'est donc pas un corps solide.

Les corps gazeux, au contraire, ne m'ont jamais donné d'images, sous quelque angle que je les aie regardés.

Le soleil ne m'en donne pas non plus. Donc le soleil est un corps de la nature du gaz.

Le soleil a-t-il une atmosphère ordinaire, analogue à la nôtre? non.

Le soleil est-il aussi lumineux au bord qu'au centre? Bouguer a cru que non. L'instrument nous dit positivement que oui.

Il reste donc démontré que la lumière qui émane du soleil n'est pas de la lumière réfractée, mais de la lumière émise, et que cette lumière émisé est projetée non par un corps liquide, mais par un corps gazeux (1).

On appelle *facules* des taches que l'on croit être des enfoncements dans la surface du soleil, vus sous des inclinaisons très-fortes. Lorsque l'on regarde la lumière d'une flamme au travers d'une fente très-fine, on remarque que la flamme jouit de la propriété d'envoyer la même quantité de lumière, quelle que soit sa position. Aussi, était-ce une prétention absurde de la part de quelques marchands, de demander que les flammes de gaz destinées à éclairer leurs devantures fussent placées obliquement. Les facules présentent les mêmes phénomènes que la flamme, et les expériences démontrent que la lumière qui s'en échappe est très-sensible sur les bords du disque solaire. On a donc là une nouvelle preuve que la photosphère solaire est un corps gazeux.

Outre les grandes taches, il y en a de petites, non moins lumineuses, véritables rides dont l'astre est parsemé dans toute l'étendue de sa surface et que l'on nomme *lucules*. Elles donnent au soleil l'aspect d'un nuage pommelé, et faisaient dire à Herschell, en 1795 : « Le soleil me semble irrégulier comme la peau d'une orange. » Elles semblent se renouveler incessamment, car si l'on examine pendant quelque temps la surface du soleil, l'aspect qu'elle offrira maintenant ne sera pas celui qu'elle présentera une minute, une seconde après, parce que les stries sont extrêmement changeantes.

On trouve souvent, dans les ouvrages d'astronomie, la mention de taches solaires très-grandes.

Le diamètre de la terre sous-tend, vu du centre du soleil, un arc de 17° 2'. Pour déterminer la grandeur des taches, il s'agira donc de connaître le rapport qui existe entre la grandeur de la tache et celle du diamètre de la terre.

De 1716 à 1720, la plus grosse qu'on ait vue avait un diamètre égal à la 60e partie de celui du soleil. Son diamètre réel était donc double de celui de la terre. Le 15 mars 1758, Mayer mesurait une tache dont le diamètre était égal à 1/20 du diamètre du soleil, ou à 1 minute 1/2, plus de 5 fois le diamètre de la terre.

Dans un ouvrage publié en 1789, Schrœter parle d'une tache qui, d'après ses mesures, couvrait sur le soleil une étendue superficielle 16 fois plus grande que celle de la terre.

On s'est souvent demandé quelle influence les taches solaires pouvaient avoir sur les saisons. Avant que l'on sût que c'étaient des éclaircies dans la photosphère, on s'inquiétait beaucoup des conséquences que leur apparition pouvait avoir sur la nature des phénomènes atmosphériques de la terre. On ne voit pas qu'il y ait lieu de s'en préoccuper.

On s'est demandé aussi quelle était la cause des éclaircies que présente souvent la surface lumineuse du soleil; mais en vérité, il est aussi difficile de répondre à cette question que d'expliquer la cause des éclaircies qui apparaissent dans notre atmosphère. On a pensé que ce pouvaient bien être des émanations volcaniques qui, surgissant du corps même du soleil, en brisaient subitement l'atmosphère. Mais ce peut bien être autre chose aussi; il est de fait que l'on en est encore réduit aux conjectures.

La *lumière solaire*, avons-nous *dit*, doit son origine à une atmosphère incandescente; faisons observer à ce sujet que le mouvement du soleil sur lui-même est propre non-seulement à cette atmosphère, mais encore au corps, au noyau même de l'astre. C'est une chose identique à ce qui se passe autour de nous. En effet la terre tourne sur elle-même avec une vitesse de 400 mètres par dixième de seconde; tous les objets qui sont à sa surface participent à ce mouvement, et il ne faudrait pas croire, par exemple, qu'un oiseau qui s'éloignerait de son nid en serait à 400 mètres un dixième de seconde après.

§ II.

La distance de la terre au soleil est de 38,000,000 lieues, mais l'erreur peut s'élever à 178,000 myriamètres. On peut se faire une idée de la grande distance du soleil, en remarquant qu'un boulet de 24, chassé par 8 kilogr. de poudre, sort du canon avec une vitesse de 840 mètres par seconde, ce qui fait 302 myriamètres et demi par heure. Ce boulet, conservant cette vitesse parcourrait donc 7260 myriamètres par jour, et mettrait encore près de 6 ans pour arriver au soleil.

C'est par suite du grand éloignement du soleil que nous le voyons avec des dimensions si minimes; car nous ne lui attribuons guère que 30 à 40 centimètres de diamètre. Cependant le diamètre réel du soleil est environ de 140,000 myriamètres; et son volume égale à peu près 1,400,000 fois celui de la terre (*Voy.* PARALLAXE). La distance de la lune à la terre n'est que la 400e partie de celle du soleil, et ne dépasse guère le quart du diamètre réel de cet astre. Par conséquent, si l'on conçoit que le centre du soleil soit à la même place que le centre de la terre, la surface matérielle du soleil ira s'étendre à une distance presque double de la distance de la lune, laquelle est de 86,000 lieues environ.

La masse du soleil vaut 354,936 fois celle de la terre; et sa densité n'est que le quart de celle de la terre ou à peu près celle de la houille

(1) Cette série d'expériences qui conduit à des résultats si importants et si curieux est un des titres de M. Arago à la reconnaissance du monde savant.

Un homme pesant 50 kilogr. sur la terre, peserait 1500 kilogr. à la surface du soleil; ainsi ses jambes ne pourraient le porter et il ne pourrait remuer.

§ III.

Il est rapporté dans le livre de Josué (x, 12-14) qu'après le désastre des Amorrhéens, dont une grande partie avait péri sous une pluie de pierres, ou de grêle, Josué ayant commandé au soleil et à la lune de s'arrêter, ces astres s'arrêtèrent en effet jusqu'à ce que les Israélites se fussent pleinement vengés de leurs ennemis.

Maimonide, suivi par plusieurs interprètes tant protestants que catholiques, tels que Grotius, Leclerc, Masius, John, Brentano, etc., réduit cette narration à un fait très-simple et très-ordinaire. Dans une prière conçue en un langage purement poétique, Josué exprime le désir que le jour se prolonge, pour lui donner le temps d'exterminer ses ennemis; et il en *fait*, en effet, un aussi grand carnage que si le jour eût été réellement prolongé de vingt-quatre heures. Pour justifier leur sentiment, ces interprètes le fondent principalement sur ce que les versets 12, 13 et 14 sont tirés de *Haygaschar*, qui était un livre de poésie (*Liber justorum*, ou encore le *Recueil des cantiques*).

D'autres interprètes, se rapprochant davantage du sens littéral, soutiennent que le soleil, à la prière de Josué, s'arrêta positivement au milieu de sa course. Mais, ont objecté les incrédules, *c'est la terre qui tourne; le soleil est immobile*. C'est donc une erreur commise par l'écrivain sacré.

Pour peu qu'on réfléchisse, on verra qu'il y avait prudence et sagesse de la part des auteurs de nos livres saints à ne parler des phénomènes de la nature que dans les termes les plus conformes au témoignage des sens. D'abord ils étaient sûrs, en employant ce langage, de se rendre intelligibles à la multitude, ce qu'ils n'auraient pu faire, s'ils avaient adopté un langage *philosophique*. Josué, disait un jour à ce sujet un de nos plus savants astronomes (M. Binet), Josué a dû nécessairement, comme historien, décrire les événements qu'il raconte dans la forme dans laquelle ils se sont accomplis et de la manière dont ils ont été perçus. Or il ne pouvait remplir cette condition qu'en parlant la langue usuelle. En second lieu, le Créateur ne faisant point connaître par quels moyens et par quels ressorts sa puissance divine agissait sur la nature dans les prodiges qu'elle y opérait, les écrivains sacrés ne pouvaient que constater les faits tels qu'ils s'étaient passés sous leurs yeux, ou sous ceux des témoins oculaires dont ils étaient chargés de nous transmettre la déposition. Troisièmement, enfin, comme la langue scientifique change continuellement, soit par le caprice des savants, soit par les progrès mêmes de la science, il était convenable que les livres des auteurs sacrés, qui devaient être lus dans tous les temps, fussent écrits en une langue qu'on pût comprendre à toutes les époques. Ainsi on n'est pas plus en droit d'accuser Josué de fausseté, qu'on ne le serait d'accuser d'erreur ou de mensonge les Coperniciens et les Cartésiens, qui, dans leurs discours ordinaires, parlent du mouvement de la terre et de l'âme des bêtes comme les autres philosophes, quoiqu'ils pensent tout autrement.

Selon le texte, Josué aurait commandé au soleil de s'arrêter sur Gabaon, et à la lune de s'arrêter sur la vallée d'Aïalon; mais, dit-on, comment le soleil se serait-il arrêté au-dessus de Gabaon, puisque cette ville n'était pas située au-dessous de cet astre?

Cette difficulté tombe devant une simple observation. En effet, partout où l'on se trouve, lorsque la vue n'est pas bornée par quelque objet voisin, on découvre une certaine étendue de pays, et on aperçoit en même temps la moitié du ciel qui semble couvrir cette étendue visible de pays et ne s'étendre pas plus loin. Chaque corps céleste qu'on voit dans cette partie du ciel semble être immédiatement au-dessus de quelque point de l'étendue visible de la terre qu'on découvre alors, et c'est ainsi qu'au moment où Josué parlait, le soleil lui paraissait à lui et à ceux qui étaient avec lui au-dessus de Gabaon, et la lune au-dessus d'Aïalon, ce qui suffit pour justifier l'assertion de l'écrivain sacré.

On oppose encore à la vérité du récit biblique que la terre n'a pu interrompre sa course sans causer une perturbation générale dans tout le système planétaire, et sans éprouver elle-même un bouleversement.

En supposant que Josué ait apostrophé le soleil, au moment de son déclin, on peut admettre ou une prolongation miraculeuse du crépuscule pendant douze heures, ou un phénomène lumineux du genre des parhélies ou des aurores boréales. Dans tous les cas, on ne croit pas que cette prolongation du jour ait dû amener un dérangement quelconque dans le système planétaire ni aucune secousse sur notre globe. Il a suffi de suspendre *le mouvement* de la terre sur son axe, et sans doute il ne fut pas plus difficile à la Toute-Puissance divine d'arrêter alors le mouvement rotatoire de notre planète, qu'il ne lui en coûta à l'origine des choses pour le lui imprimer avec cette précision qui excite au plus haut degré notre admiration.

Mais, ajoute-t-on, si la lune s'était arrêtée aussi longtemps que le suppose Josué, elle aurait occasionné à la mer un flux si considérable, que toute la terre en eût été submergée.

Nous demanderons aux incrédules s'ils pourraient démontrer qu'il est scientifiquement impossible que le même Dieu qui a créé le système planétaire, qui a tracé aux différents corps qui le composent l'orbite qu'ils doivent parcourir, et donné à la lune la force d'attirer les eaux de la mer, puisse avoir à sa disposition quelque moyen de suspendre le cours de cet astre, sans causer à la mer un flux assez considérable pour submerger toute la terre. Sans doute une pareille démonstration ne peut être fournie; la science ne saurait aller jusque-là; les bornes de son domaine ne sont pas assez étendues pour pouvoir atteindre à cette hauteur.

Josué, d'ailleurs, pourrait avoir nommé la lune sans qu'elle ait été pour rien dans le prodige. Cet astre, comme on le voit au premier chapitre de la Genèse, ayant été créé conjointement avec le soleil pour éclairer la terre, le chef des Hébreux a pu tout naturellement les associer dans sa pensée, bien que la lumière du soleil suffît à elle seule pour lui permettre, par sa prolongation, d'achever la ruine de ses ennemis; et, sous ce rapport, l'historien lui-même a pu dire, sans blesser la vérité, que la lune s'était aussi arrêtée. Ce qui semble justifier cette interprétation, c'est qu'à la fin du verset 13, où il est dit que le jour fut prolongé, la lune ne se trouve point mentionnée. Après avoir dit que Josué était à l'occident de la ville de Gabaon, lorsqu'il commanda au soleil et à la lune de s'arrêter, D. Calmet ajoute : « On croit que la lune paraissait en même temps sur la vallée d'Aïalon; mais il n'y a rien d'assuré sur cela. On peut même douter si elle parut dans cette rencontre, et si Josué, dans sa prière ou dans son cantique, ne s'exprime pas d'une manière qui est assez familière aux écrivains sacrés, en répétant dans la seconde partie du verset ce qui a déjà été dit dans la première : Que le soleil s'arrête, et que la lune n'avance pas, c'est-à-dire que le cours des astres soit interrompu pour quelque temps. » (Dom Calmet, *Comment. litt. sur Josué*, x, 12.)

Déjà le docte Masius s'était déclaré pour ce sentiment dans son excellent commentaire. (*Comment. in Josuam*, p. 188.)

Soleil, son influence sur les différentes planètes. *Voy.* Température.

SOLEIL VOLTAIQUE. — La plus belle des expériences auxquelles donnent lieu la lumière et la chaleur produites par la pile, est la suivante, connue sous le nom d'*expérience de Davy*. Un ballon de verre, dans lequel on a fait le vide, est traversé latéralement par deux tiges métalliques horizontales, qu'on peut approcher à volonté l'une de l'autre, et à l'extrémité desquelles sont adaptés deux petits cônes de charbon fortement calcinés et éteints dans le mercure, ce qui les rend d'excellents conducteurs. Lorsqu'on met ces deux tiges en communication avec les deux pôles d'une forte pile, et si les cônes sont d'abord à peu près en contact, le courant qui passe de l'un à l'autre se manifeste par une étincelle qui, peu à peu, et à mesure qu'on éloigne les cônes l'un de l'autre, se change en un ruban de feu d'un prodigieux éclat, qu'on ne peut comparer qu'à celui du soleil, dont il imite d'ailleurs le rayonnement circulaire. La chaleur produite est telle que le platine y fond en quelques instants. Enfin, ce qui n'est pas moins remarquable, les cônes de charbon ne brûlent pas, ne s'altèrent pas, ne perdent pas un atome de leur substance, quelque prolongée que soit l'épreuve, tandis que si le ballon contenait de l'air, le charbon disparaîtrait en peu d'instants, en passant à l'état d'acide carbonique. Seulement, on a remarqué que la pointe du cône positif s'usait un peu, mais au profit du cône négatif sur lequel passent les molécules qui abandonnent le premier. Ceci montre que le fluide positif jouit d'une puissance de transport que le fluide négatif ne possède pas; ce qui s'accorde très-bien avec l'hypothèse d'un fluide unique. On voit, par cette expérience, que la lumière et la chaleur peuvent être produites sans combustion aucune, puisque la combustion n'a pas lieu dans le vide; et c'est sur cette expérience surtout qu'on se fonde pour considérer la lumière et la chaleur comme non distinctes de l'électricité. De plus, comme le ruban de feu électrique est influencé par l'aimant, qu'il avance et recule lorsqu'on lui présente d'une certaine façon les pôles d'un puissant barreau, ce qui est analogue d'ailleurs à l'action que les aurores boréales exercent sur l'aiguille aimantée, on trouve à la fois, dans cette expérience, le concours des actions qui tendent à identifier les quatre fluides impondérables, et à les faire considérer comme des modifications mécaniques du fluide unique et universel, de l'éther, en un mot.

En considérant l'éclat que répand dans une grande salle la lumière voltaïque produite par l'expérience en question, on a dû concevoir l'idée d'en faire l'application à l'éclairage d'une ville. C'est ce qu'on a tenté, en effet, il y a quelque temps, sur la place Louis XV, à Paris, au moyen d'une pile de Bunsen, composée de nombreux éléments. Cette expérience remarquable, quoique assez satisfaisante pour le coup d'œil, n'a pas donné encore la solution du problème; car, malgré les avantages de tous genres présentés par cette sorte de pile, l'effet produit, comparé à la dépense, laisse encore beaucoup à désirer sous le rapport économique. Nous croyons, en somme, cette application plus curieuse qu'utile. L'effet voulu, si on l'obtenait entièrement, donnerait un foyer de lumière blessant pour l'œil; et celui-ci préférera toujours de moindres foyers disséminés dans l'espace à un foyer unique qui réunirait tous les éclats, et donnerait aux différents points de l'espace à éclairer des lumières par trop inégales. *Voy.* Pile.

SOLIDES (*vibration des*). *Voy.* Son.

Solides, résistance des solides aux forces qui agissent perpendiculairement à leur plus grande dimension. *Voy.* Ténacité.

Solides, leur densité et leurs poids spécifiques. *Voy.* Densité.

SOLIDIFICATION. — Lorsque les corps repassent de l'état liquide à l'état solide, on remarque : 1° que la solidification s'opère à la même température que la fusion; 2° que le calorique absorbé pendant la fusion est reproduit et se dégage pendant la solidification. La fixité de la température et le dégagement de calorique peuvent en particulier se constater de la manière suivante dans la congélation de l'eau. — On prend deux vases semblables, l'un rempli d'eau pure, l'autre d'eau salée; on plonge un thermomètre dans chacun d'eux, et on les porte dans une enceinte dont la température est au-dessous de zéro. Au bout de quelque temps l'eau pure commence à se congeler et demeure à zéro, tandis que l'eau salée demeure liquide quoique sa température descende peu à peu au-dessous de zéro. Or les deux vases, étant placés dans des circonstances identiques, doivent éprouver les mêmes pertes de calorique; si donc la température de l'eau pure ne descend plus lorsqu'elle est arrivée à zéro, il faut que les pertes qu'elle éprouve à chaque instant soient immédiatement réparées par le calorique latent qui se dégage dans la solidification. On peut rendre ce phénomène encore plus sensible par une autre expérience. On prend de l'eau bien pure, on la couvre d'une couche d'huile et on la fait bouillir afin de la bien purger d'air. Aussitôt qu'elle est refroidie, on y plonge un petit thermomètre; on entoure le vase de quelque mélange réfrigérant, et on le pose dans un lieu où il soit à l'abri de toute espèce d'agitation. Avec ces précautions, l'eau peut se refroidir jusqu'à — 8, — 10 ou même jusqu'à — 12 degrés sans se congeler; mais alors il suffit de lui imprimer une légère secousse, ou d'y jeter quelques fragments d'un corps solide quelconque pour déterminer la congélation; elle s'opère subitement, et aussitôt le thermomètre monte à zéro; ce qui prouve clairement qu'il se dégage du calorique. Cette expérience réussit encore plus sûrement quand on enferme l'eau dans des tubes et qu'on les ferme à la lampe après y avoir fait le vide.

Le dégagement de chaleur qui accompagne la solidification de l'eau explique pourquoi les lacs et les rivières ne se gèlent qu'à la surface, même par des froids très-rigoureux. Sans cette chaleur latente, l'eau d'un lac devrait, après un temps et par un froid suffisants, se congeler tout d'une pièce et faire périr tous les poissons.

Quand l'eau contient quelque sel en dissolution, elle se refroidit au-dessous de zéro sans se congeler; mais aussitôt que la solidification s'opère, elle abandonne tout le sel qu'elle contenait, la glace se trouve douce, et le liquide restant renferme le sel dont elle est dépouillée. Dans les pays froids, on a recours à la congélation pour concentrer les eaux salées.

La plupart des corps éprouvent, en se solidifiant, une diminution de volume; mais il en est qui, au contraire, se dilatent : telle est en particulier l'eau. M. Ermann a observé un phénomène analogue dans l'alliage de quatre parties de bismuth, une de plomb et une d'étain : cet alliage singulier se dilate en se congelant, et il y a un maximum de densité à l'état solide, vers 44 degrés. L'eau, en se congelant, prend tout à coup un accroissement de volume qui est à peu près le quart de son volume à zéro, et, comme la glace est très-peu compressible, cette dilatation se fait avec beaucoup de force; il ne paraît pas qu'il y ait aucun vase assez solide pour lui résister. Un canon de fer épais d'un doigt, ayant été rempli d'eau, fermé exactement et exposé à une forte gelée, fut trouvé cassé en deux endroits au bout de 12 heures. (*Haüy Physiq., tom. I, p.* 266). Le major Williams étant à Québec pendant un hiver très-rigoureux, remplit d'eau une bombe qui avait un pied de diamètre, la boucha avec un tampon de bois qui fut enfoncé à coups de marteau, et l'exposa à un froid de 28°. Au bout de quelque temps, l'eau se gela, le tampon de bois fut lancé à plus de 400 pieds avec une forte explosion, et il sortit de la bombe un mamelon de glace de 8 pouces de longueur.

Ces faits nous apprennent pourquoi la glace flotte à la surface de l'eau, et ils expliquent les effets souvent si désastreux de la gelée. Lorsque la séve des végétaux, ou l'eau dont ils sont imprégnés, vient à se congeler, la glace qui se forme déchire, en se dilatant, les tissus organiques et fait périr les plantes. Celles qui se trouvent au sommet, ou sur le flanc des coteaux, sont moins exposées que celles des bas-fonds, parce que l'eau des pluies ne séjourne pas autour de leurs racines, et que le vent, en les secouant, fait tomber la rosée dont elles se couvriraient dans les nuits froides. C'est aussi par la congélation de l'eau dont elles s'imbibent que certaines pierres dites *gélives* s'exfolient pendant l'hiver et tombent en petits fragments. Pour reconnaître si les pierres d'une carrière sont gélives, il suffit d'en plonger quelques éclats dans une dissolution de sulfate de soude : ce sel, en cristallisant, produit le même effet que la gelée. *Voy.* Gélivité, Glace, etc.

SOLSTICES. *Voy.* Translation.

SON. — Le son est produit par les vibrations moléculaires des corps. Mais pour que l'oreille en ait la perception, il faut entre l'organe et le corps vibrant un intermédiaire qui serve de véhicule. L'air atmosphérique est ce véhicule dans les circonstances ordinaires. Sans l'air un silence de mort régnerait dans toute la nature, car l'air a cela de commun avec toutes les substances, qu'il tend à communiquer la vibration qu'il reçoit, aux corps qui se trouvent en contact avec lui. Conséquemment, que les ondulations reçues par l'air proviennent d'une impulsion soudaine, telle qu'une explosion, ou qu'elles soient produites par les vibrations d'une corde musicale, elles se propagent dans toutes les directions, et déterminent la sensation du son sur les nerfs auditifs. Une cloche que l'on agite sous le récipient vide de la machine pneumatique ne rend aucun son; ce qui prouve que l'atmosphère est bien réellement le milieu propre de la transmission du son. Dans les petites ondulations qui, par un temps calme, ont lieu dans une eau profonde, les vibrations des particules liquides se font dans le plan vertical, c'est-à-dire de haut en bas et de bas en haut, ou perpendiculairement à la direction de la transmission des ondulations. Mais les vibrations des particules d'air qui produisent le son diffèrent de celles-ci, en ce qu'elles s'accomplissent dans la même direction que les ondulations du son lui-même. La propagation, du son peut être rendue sensible par la comparaison d'un champ de blé agité par un vent violent ; car, quelque irrégulier que puisse paraître le mouvement des *épis*, si on ne l'examine que superficiellement, l'on trouvera, en y faisant plus d'attention, et si l'intensité du vent est constante, que les ondulations sont toutes précisément semblables et égales, et que toutes sont séparées par des intervalles de temps égaux, et se meuvent dans des temps égaux.

Une impulsion subite de vent abaisse également et successivement chaque épi dans la direction même du vent ; mais, par suite de l'élasticité des tiges et de la force de l'impulsion, chaque épi *non-seulement se relève* aussitôt que la pression a cessé d'agir sur lui, mais se courbe en arrière presque autant qu'*il s'était* d'abord incliné dans la direction contraire, et continue ainsi à osciller en arrière et en avant, en temps égaux, comme une pendule, l'amplitude des oscillations diminuant d'ailleurs graduellement, jusqu'à ce que *la résistance de l'air* ait *entièrement* anéanti le mouvement. Ces vibrations sont les mêmes pour chaque épi de blé individuellement. Cependant, comme leurs oscillations ne commencent pas toutes au même *moment*, mais successivement, les épis ont, pour un *certain moment*, des dispositions diverses. Quelques-uns des épis qui se dirigent en avant, en rencontrent d'autres qui retournent en arrière, et comme la durée de l'oscillation est égale pour tous, ils se trouvent *refoulés les uns contre les autres*, à intervalles réguliers. Entre ces *intervalles*, il y a des moments d'égale durée où les épis sont peu nombreux, par suite de leur courbure *dans des directions* opposées ; et à d'autres *intervalles égaux*, *enfin*, *ils* se trouvent dans leur position naturelle, qui est la direction verticale ; de sorte que sur toute l'étendue du champ, il y a, parmi les épis de blé, une série régulière de condensations et de *raréfactions*, séparées par des intervalles égaux, où les épis sont dans leur état naturel de densité. Par suite de ces changements, le champ paraît comme sillonné de lignes alternativement sombres et brillantes. Ainsi, les ondulations successives qui se répandent sur toute la surface du blé avec la vitesse du vent sont totalement distinctes et entièrement indépendantes de l'étendue des oscillations de chaque épi considéré individuellement, quoique ces deux espèces de mouvement s'opèrent dans la même direction. La longueur d'une ondulation est égale à l'espace compris entre deux épis qui se trouvent précisément dans le même état de mouvement, ou qui se meuvent de la même manière, et le temps de la vibration de chaque épi est égal à celui qui s'écoule entre l'arrivée au même point de deux ondulations successives. La seule différence qui existe entre les ondulations d'un champ de blé et celles de l'air qui produisent le son, c'est que chaque épi de blé est mis en mouvement par une cause extérieure, sans être influencé par le mouvement des autres ; tandis que dans l'air, qui est un fluide compressible et *élastique*, dès qu'une particule commence à osciller elle communique ses vibrations aux particules environnantes, qui les transmettent à celles adjacentes, et ainsi de suite indéfiniment. De là, par suite des vibrations successives des particules de l'air, les mêmes condensations et raréfactions régulières qui s'observent dans un champ de blé ont lieu, ce qui produit des ondulations dans toute l'étendue de la masse de l'air, quoique dans ce mouvement, chaque molécule, de même que *chaque épi de blé*, ne s'écarte *jamais* beaucoup de son état de repos. *Il* est évident que les petites ondulations d'un liquide ou de l'air, de même que les ondulations des épis de blé, ne sont pas produites par un mouvement réel de progression des *molécules matérielles dans le* sens de la force d'impulsion, mais qu'elles sont simplement le résultat de déplacements et de changements de figure relatifs *qui courent de l'extrémité à l'autre du fluide, dont* toutes les particules se trouvent ainsi en état de vibration dans le même moment. C'est ainsi qu'une impulsion donnée à un point quelconque de l'atmosphère est successivement propagée en tous sens, par des ondulations divergeant comme du centre d'une sphère, et s'étendant à des distances de plus en plus grandes, mais diminuant d'intensité, par suite de l'augmentation successive du nombre de particules de matière inerte que la force est obligée de *mettre en mouvement*. *Il* en est de ces ondulations comme de celles résultant de la chute d'une pierre dans une eau tranquille, qui se propagent circulairement tout autour du centre d'agitation. Ces ondulations sphériques successives ne sont que les répercussions de condensations et mouvements des premières particules auxquelles l'impulsion a été donnée.

L'intensité du son dépend de la violence et de l'étendue des vibrations initiales de l'air ; mais, quelles que puissent être ces vibrations, chaque ondulation une fois formée ne peut être transmise qu'en ligne droite et en avant, et ne retourne jamais en arrière, à moins qu'elle ne soit réfléchie par quelque obstacle qui s'oppose à la continuation de sa marche en avant. Les vibrations des molécules aériennes sont toujours extrêmement petites, tandis que les ondulations du son varient d'étendue, depuis quelques pouces jusqu'à plusieurs pieds. Les diverses sortes d'instruments de musique, la voix humaine, et celle des animaux, le chant des oiseaux, le bourdonnement des insectes, le mugissement des eaux, le sifflement du vent, et les autres modifications du son, auxquelles on n'a pas assigné de nom, montrent tout à la fois la variété infi nie qui règne dans les différentes manières d'être des vibrations aériennes, ainsi que la finesse et la délicatesse étonnantes de l'oreille, susceptible d'apprécier les différences les plus légères qui existent dans les lois de l'oscillation moléculaire.

Tous les bruits simples sont occasionnés par des impulsions irrégulières communiquées à l'oreille, et si le bruit est court, précipité et répété avec une vitesse supérieure à une limite déterminée, l'oreille perd les intervalles de silence, et le son paraît continu. De tels sons ne sont encore qu'un bruit simple; pour produire un son musical, les impulsions, et par conséquent les ondulations de l'air, doivent être toutes exactement semblables en durée et en intensité, et doivent revenir après des intervalles de temps exactement égaux. Si l'on imprime un choc au pieu le plus voisin d'une palissade formée d'un rang de pieux larges, plats, équidistants, et disposés de champ sur une ligne aboutissant directement à l'oreille de l'observateur, chacun des pieux répétera le son qu'aura produit le choc; et ces échos, en revenant à l'oreille par intervalles successifs et égaux, produiront une note musicale. La qualité d'une note musicale dépend de la soudaineté, et son intensité de *la violence et de l'étendue de l'impulsion primitive*. La seule propriété du son que l'on prenne en considération dans la théorie de l'harmonie est le ton, qui varie avec la rapidité des vibrations. Les sons graves, ou bas, sont produits par des vibrations très-lentes, qui augmentent progressivement de fréquence, à mesure que la note devient plus aiguë. Tout le monde n'entend pas également les tons très-graves; et le docteur Wollaston, qui a fait un grand nombre d'expériences sur l'audition, a trouvé que beaucoup de personnes, sans être sourdes, sont absolument insensibles au cri de la chauve-souris ou du grillon, tandis que pour d'autres il est perçant. De là il conclut que toute l'étendue de l'audition humaine comprend environ neuf octaves, à partir de la note la plus basse de l'orgue jusqu'au cri le plus aigu des insectes que nous connaissons; et il observe, avec son originalité accoutumée que, « comme il n'y a rien dans la nature de l'atmosphère qui s'oppose à l'existence de vibrations incomparablement plus fréquentes qu'aucune de celles dont nous avons le sentiment, nous pouvons concevoir que certains animaux, tels que les grillons, par exemple, dont les facultés paraissent commencer à peu près où les nôtres finissent, peuvent avoir celle d'entendre des sons encore plus aigus dont nous ignorons l'existence, et qu'il peut même y avoir d'autres insectes qui n'entendent rien de ce que nous entendons, mais qui soient doués d'un sens beaucoup plus irritable que le nôtre, et susceptible de percevoir des vibrations de la même nature que celles qui constituent nos sons ordinaires, d'un ordre toutefois tellement différent, que l'on pourrait dire que ces animaux possèdent un autre sens, qui n'a de commun avec le nôtre que le milieu par lequel il est excité. »

M. Savart, si justement célèbre par ses nombreuses et savantes recherches sur l'acoustique, a prouvé qu'on ne doit pas attribuer au ton d'une note haute d'une intensité donnée, mais bien à sa faiblesse, la cause qui empêche certaines personnes de l'entendre. Les expériences de cet habile physicien, ainsi que celles faites plus récemment par le professeur Wheatstone, démontrent que si on pouvait parvenir à donner aux battements une puissance assez grande, il serait difficile d'assigner des limites à l'audition humaine, soit à l'une, soit à l'autre des extrémités de l'échelle. M. Savart se servait pour ses expériences, d'une roue d'environ neuf pouces de diamètre garnie de 360 dents, placées à égales distances autour de la circonférence, et disposées de telle sorte que lorsque la roue était en mouvement, chaque dent venait successivement butter contre un morceau de carte. Le ton augmentait d'intensité à mesure que la rotation devenait plus rapide, et il était d'une pureté parfaite quand le nombre des chocs ne surpassait pas trois ou quatre mille par seconde : au delà de ce nombre, il devenait faible et peu distinct. En employant une roue plus grande, il obtenait un ton beaucoup plus haut, parce qu'alors les dents étant plus éloignées les unes des autres, les coups étaient plus forts et plus séparés. Avec une roue de 32 pouces de diamètre, garnie de 720 dents, le son produit par 12,000 coups par seconde (*ce qui correspond à* 24,000 vibrations d'une corde musicale) pouvait encore s'entendre. L'oreille humaine est donc susceptible d'apprécier un son qui ne dure que la 24,000e partie d'une seconde. Un grand nombre de personnes présentes à l'expérience, et M. Savart lui-même, entendirent distinctement cette note. Ce fait convainquit M. Savart que des sons plus aigus encore pourraient être entendus à l'aide d'un appareil plus puissant.

Pour les sons graves, il se servait d'une barre de fer de deux pieds huit pouces de longueur, sur deux pouces environ de largeur, et un demi-pouce d'épaisseur, laquelle tournait autour de son centre, à la manière d'un rais de roues. Quand on imprime à cet appareil un mouvement de rotation, il communique à l'air ce même mouvement, et si l'on place à ses extrémités une petite planche excessivement mince ou une carte, le courant d'air est momentanément interrompu chaque fois qu'un des bras de la barre passe devant la carte; il se trouve comprimé au-dessus de la carte et dilaté au-dessous; mais aussitôt que le bras est passé, l'air, se précipitant avec force pour rétablir l'équilibre, produit une sorte d'explosion, et quand leur succession s'exécute rapidement, il en résulte une note musicale dont le ton est proportionnel à la vitesse de la révolution. Quand on fait tourner lentement cette barre, l'on n'entend qu'une suite de simples battements; puis, à mesure que la vitesse de rotation augmente, le son devient un bruit confus. Mais lorsque cette vitesse devient suffisante pour donner huit battements par seconde, l'on entend une note musicale très-distincte et très-basse, correspondant à seize vibrations simples par seconde, ce qui est le ton le plus bas que l'on ait pu produire jusqu'ici. Quand la vitesse de la barre est encore augmentée de beaucoup, l'intensité du son devient telle qu'on a peine à le supporter. Les rais d'une roue en mouvement produisent la sensation du son, de la même manière qu'une baguette rougie au feu, et à laquelle on imprime un mouvement de rotation en la tenant par l'une de ses extrémités, transmet à l'œil l'impression d'un cercle lumineux. Les vibrations excitées dans l'organe de l'ouïe par un seul battement n'ont pas encore cessé lorsqu'une nouvelle impulsion est déjà produite. Il est indispensable à la production d'une note pleine et continue que les impressions produites sur les nerfs auditifs anticipent les unes sur les autres. M. Savart a déduit des expériences précédentes la conséquence, que l'on pourrait entendre les sons les plus aigus aussi facilement que les sons graves, si la durée de la sensation produite par chaque battement diminuait dans le rapport de l'augmentation du nombre de battements dans un temps donné; et qu'au contraire, les tons les plus graves s'entendraient aussi distinctement que les autres, si la durée de la sensation produite par chaque battement augmentait proportionnellement à leur nombre dans un temps donné.

La vitesse du son est uniforme et indépendante de la nature, de l'étendue et de l'intensité de l'ébranlement primitif. Les sons, par conséquent, quels que puissent être leur qualité et leur ton, voyagent avec une vitesse égale. L'hypothèse d'une différence, si petite qu'elle soit dans leur vitesse, est incompatible, soit avec l'harmonie, soit avec la mélodie, car des notes d'intensités et de tons différents, résonnant ensemble à une petite distance, arriveraient à l'oreille dans des temps différents; et dans ce cas une succession rapide de notes ne produirait que confusion et dissonance. Mais comme la rapidité avec laquelle le son est transmis dépend de l'élasticité du milieu qu'il a à traverser, la cause qui tend à augmenter l'élasticité de l'air doit aussi, quelle qu'elle soit, accélérer le mouvement du son. C'est par cette raison que, supposant la pression de l'atmosphère constante, sa vitesse est plus grande par un temps chaud que par un temps froid. Dans un air sec, à la température de la glace fondante, le son voyage à raison de 332^m par seconde; et à 16e 67 centigrades, sa vitesse est de 342 1/2 mètres dans le même espace de temps, ou de 277 lieues par heure, ce qui est environ les trois quarts de la vitesse diurne de l'équateur terrestre. Tous les phénomènes de la transmission du son étant de simples conséquences des propriétés physiques de l'air, ils ont pu être prévus et calculés rigoureusement par les lois de la mécanique. L'on a trouvé cependant que la vitesse du son, déterminée par l'observation, excédait de 173 pieds, ou d'un sixième environ de la somme totale, ce qu'elle aurait dû être d'après la théorie. Laplace soupçonna que cette différence pouvait avoir sa source dans l'augmentation de l'élasticité de l'air, occasionnée par le développement de chaleur latente, qui a lieu pendant l'accomplissement des vibrations sonores; et le résultat du calcul confirma pleinement l'exactitude de son hypothèse. Lorsque les molécules aériennes sont subitement comprimées, elles abandonnent leur chaleur latente; d'où il résulte, l'air étant un trop mauvais conducteur pour entraîner rapidement cette chaleur, une élévation de température locale et momentanée qui, augmentant la dilatation de l'air, produit un développement de chaleur plus grande encore; et comme cette chaleur excède celle qui est absorbée dans la raréfaction suivante, l'air devient encore plus chaud, ce qui favorise la transmission du son. L'analyse donne la vitesse véritable du son, en fonction de l'élévation de température qu'une masse d'air est susceptible de se communiquer à elle-même par le dégagement de sa propre chaleur latente, lorsque elle est subitement comprimée dans une proportion donnée. Toutefois, ce changement de température ne peut être obtenu directement par l'observation; mais en renversant le problème, et supposant la vitesse du son telle qu'elle est donnée par l'expérience, l'on a calculé que la température d'une masse d'air est élevée des neuf dixièmes d'un degré quand la compression est égale à $\frac{1}{114}$ de son volume.

Il est probable que tous les liquides sont élastiques, quoiqu'il faille une force considérable pour les comprimer. L'eau éprouve une condensation de 0,0000496 à peu près, par chaque atmosphère de pression; conséquemment elle est susceptible de transmettre le son avec plus de rapidité encore que l'air. La vitesse du son dans ce premier milieu est de 1436^m par seconde. Une personne placée sous l'eau n'entend que faiblement les sons produits dans l'air, mais elle perçoit très-distinctement ceux qui sont produits dans l'eau. Suivant les expériences de M. Colladon, le son d'une cloche fut transmis sous l'eau, dans le lac de Genève, à la distance de 3 1/4 lieues environ. Il observa aussi que dans l'eau la propagation du son est considérablement affaiblie par l'interposition d'un objet quelconque, tel qu'un mur, par exemple; sous l'eau, par conséquent, le son ressemble à la lumière, en ce qu'il a, comme elle, une ombre véritable. Il en a beaucoup moins dans l'air, étant transmis à l'entour des bâtiments ou autres obstacles, de manière à être entendu dans toutes les directions, quoique cependant il le soit souvent avec une diminution considérable d'intensité, comme on s'en aperçoit lorsqu'une voiture tourne le coin d'une rue.

En 1738, les membres de l'Académie des sciences déterminèrent la vitesse du son entre Montlhéry et Montmartre, distants l'un de l'autre de 29,000 mètres. Le signal était donné par des coups de canon, et des observateurs, placés à différentes distances sur la même ligne droite, marquaient le temps écoulé depuis l'apparition de *la* lumière jusqu'à l'arrivée du son. On déduisit de ces expériences les *résultats* suivants :

1° La vitesse du son est uniforme, c'est-à-dire qu'en général l'espace parcouru est proportionnel au temps.

2° La vitesse est la même, que le temps soit couvert ou serein, clair ou brumeux, que la pression atmosphérique soit grande ou petite, pourvu que l'air soit tranquille; mais si l'air est agité par le vent, la vitesse du vent, décomposée suivant la direction de la ligne sonore, augmentait ou diminuait de toute sa valeur la vitesse du son;

3° La vitesse du son à la température de 6° est de 337^{m} 18 par seconde.

Les expériences faites à Paris en 1822 par le bureau des longitudes admettent que la vitesse du son est de 340^{m} 88 par seconde *à la température de 16° centigrades*. Ces expériences ont été faites également avec des pièces de canon placées à Montlhéry et à Villejuif. Toutefois les avis sont partagés sur l'emploi du canon pour mesurer la vitesse du son. Quelques physiciens pensent que l'explosion peut troubler les vibrations.

La vitesse du son peut donc être supposée de 340 mètres par seconde dans tous les cas; car les influences qui peuvent modifier cette vitesse se réduisent à fort peu de chose. Ce nombre peut servir de base constante dans tous les calculs qui ont pour objet la détermination des distances par la portée du son, et réciproquement. On reconnaît ainsi que le son parcourt une lieue en 12 secondes, ce qui revient à 300 lieues par heure. Il faudrait 33 heures au son pour parcourir la circonférence de la terre. Une explosion dans le soleil ne pourrait nous être connue par le bruit qu'elle occasionnerait qu'après plus de 20 ans, en supposant que l'air atmosphérique s'étendît jusqu'au soleil, et cela avec la densité qu'il possède à la surface de la terre. Comme on sait d'ailleurs qu'il n'en est rien, il résulte qu'en fait, aucun bruit ne pourrait nous parvenir.

On se sert, dans une foule de cas, de ce coefficient pour déterminer les distances. Il suffit de comparer l'intervalle de temps qui s'écoule entre la perception d'un son et le moment où s'est produit le fait qui a donné lieu à ce son, moment manifesté d'ailleurs par un phénomène quelconque connu d'avance, ou dont la perception soit instantanée.

Ainsi, l'on sait que le mouvement de la lumière est d'une rapidité telle, qu'il embrasserait le tour de la terre dans $\frac{1}{8}$ de seconde; on peut donc considérer toute production de lumière comme un phénomène instantané. Lors donc qu'un éclair étincelle dans la nue, nous devons considérer le moment où cet éclair brille à nos yeux comme celui où a lieu la fulmination, c'est-à-dire, où se produit la combinaison des fluides contraires. Or nous n'entendons, en général, qu'après un intervalle plus ou moins long le coup de tonnerre qui accompagne cette combinaison de deux électricités, ce qui tient à la propagation successive des vibrations aériennes, à raison de 340 mètres par seconde. On aura donc la mesure de la distance à laquelle on se trouve du nuage orageux, en comptant autant de fois 340 mètres qu'il se sera écoulé de secondes entre l'éclair et le coup de tonnerre qui le suit. Le nombre des pulsations artérielles étant évalué à 70 par minute dans l'état de santé, on reconnaît que le parcours du son dans l'intervalle de deux pulsations est de 290 mètres, ce qui rend le calcul et l'expérience très-faciles à faire. On reconnaît ainsi qu'il faut près de 14 pulsations pour correspondre à une lieue métrique. Si, entre la détonation et l'éclair, il n'y a qu'un fort petit intervalle, on en conclura que le nuage orageux est voisin, et que l'on court quelque danger.

C'est de la même manière qu'on calcule la distance d'une batterie de canons, celle d'un vaisseau à un autre, ou d'un vaisseau à la côte. Il suffit qu'on puisse apercevoir la lumière des coups de canon, dont la vue coïncide avec l'instant de l'inflammation de la poudre : autant il s'écoulera de secondes entre ce moment et celui où l'on entendra le coup, autant de fois il faudra compter 340 mètres pour la distance cherchée.

Ce ne sont pas seulement les gaz et les liquides qui sont le véhicule du son, il en est de même des solides : dans ces derniers surtout le son se propage avec beaucoup moins d'altération et avec beaucoup plus de vitesse que dans l'air. Tout le monde sait que les plus petits coups, les plus légers frottements, exercés à l'une des extrémités d'une longue poutre, sont perçus à peu près sans altération par une oreille placée à l'autre extrémité; de plus, on a constaté que la vitesse de propagation dans le bois de sapin était 18 fois plus grande que dans l'air. Les deux faits se conçoivent aisément. Un léger choc, exercé dans le sens des fibres, est transporté tout d'une pièce par ces fibres, à l'extrémité opposée; là, l'air subit un ébranlement égal à celui qu'a occasionné le choc à l'autre bout; l'organe devra donc en être affecté de la même manière. De plus, ce mode de transport rend raison de la rapidité de la propagation. Quoi qu'il en soit, la conductibilité des solides pour le son rend raison de plusieurs faits curieux, et trouve plusieurs applications utiles.

On sait qu'en appliquant l'oreille sur le sol, certaines personnes, douées d'une ouïe délicate, distinguent des mouvements et des bruits médiocres à plusieurs kilomètres de distance. Cette faculté existe au plus haut degré chez certaines tribus sauvages. De faibles bruits souterrains sont entendus de la même manière ; l'oreille appliquée contre la surface du sol fait distinguer dans les siéges la présence des travailleurs qui exécutent des mines, ou d'autres galeries souterraines. On emploie néanmoins dans ce cas un moyen plus sûr et plus commode, qui consiste à placer à terre un verre rempli d'eau. Le moindre mouvement du sol occasionne des rides à la surface de l'eau du vase, et accuse un travail souterrain. C'est un effet de communication des mouvements vibratoires.

Quoique l'air soit le véhicule du son, il en altère considérablement l'intensité, d'après la loi du rapport inverse du carré des distances, et l'on reconnaît aisément que des sons fort modérés prendraient un caractère assourdissant, si les corps qui les occasionnent étaient en contact immédiat avec le tympan de l'oreille. C'est ce que réalise précisément l'expérience que voici : On suspend une paire de pincettes, au moyen d'une ficelle qui forme deux bouts de deux ou trois décimètres de long. On applique les extrémités de cette ficelle dans les oreilles avec l'index de chaque main, et l'on heurte l'une des branches de la pincette contre un obstacle quelconque, une chaise, par exemple. L'ébranlement de cette verge vibrante se transmet sans discontinuité par la ficelle et le doigt jusque dans l'intérieur de l'oreille, et l'effet en est tel, qu'on croit entendre les coups de ces énormes cloches qu'on nomme des *bourdons*.

Les lois de l'interférence s'étendent également au son : ainsi, deux cordes musicales, égales et semblables, sont à l'unisson quand elles communiquent dans le même temps à l'air le même nombre de vibrations ; mais quand ces deux cordes, au lieu d'être tout à fait à l'unisson, accomplissent, l'une, cent vibrations par seconde, et l'autre cent une dans le même espace de temps, — durant les premières vibrations, les deux sons résultants se combinent pour en former un seul d'une intensité double, les ondulations aériennes coïncidant alors sensiblement en temps et place ; mais ensuite l'un gagne graduellement sur l'autre, jusqu'à ce que, à la cinquantième vibration, il soit d'une demi-oscillation en avance ; alors les ondulations de l'air qui donnent naissance au son étant sensiblement égales, mais la partie rétrograde de l'une coïncidant avec la partie progressive de l'autre, elles se détruisent mutuellement et occasionnent un instant de silence. Le son est renouvelé immédiatement après, et augmente graduellement jusqu'à la centième vibration, où les deux ondulations se combinent pour produire un son du double d'intensité de chacun. Ces intervalles de silence et de plus grande intensité, appelés battements, reviennent à toutes les secondes ; mais quand les notes diffèrent beaucoup l'une de l'autre, les battements ressemblent à un charivari ; et quand les cordes sont parfaitement à l'unisson, il n'y a pas de battements, puisqu'il n'y a pas d'interférence. Ainsi, par interférence, l'on entend la coexistence de deux ondulations, dans lesquelles les longueurs des ondes sont les mêmes ; et comme la grandeur d'une ondulation peut être diminuée par l'addition d'une ondulation transmise dans la même direction, il suit de là qu'une ondulation peut être absolument détruite par une autre, quand des ondes de la même longueur sont transmises dans la même direction, pourvu que les maxima des ondulations soient égaux, et que l'une suive l'autre précisément de la moitié de la longueur d'une onde.

Les sons existent-ils réellement en dehors et indépendamment de nous, ou ne sont-ils qu'une manière d'être du nerf acoustique, mis en jeu par les vibrations des corps élastiques ? En tout temps les philosophes se sont beaucoup occupés de la solution de cette question. On peut supposer que les sons ne sont qu'une manière d'être du nerf acoustique, et qu'ils n'ont pas une réalité absolue, c'est-à-dire indépendante de notre organisation. Ce qui le prouverait, c'est qu'une irritation quelconque, exercée sur le nerf acoustique, produit la sensation d'un son, de même que l'irritation du nerf optique produit la sensation de la lumière.

Sons musicaux. *Voy.* Vibrations (*acoust.*).

SONOMÈTRE. — Instrument qui donne une mesure invariable et parfaitement connue, à laquelle tous les sons peuvent être comparés. M. Marloye a construit avec le plus grand soin un diapason étalon sonnant *ut* ³, c'est-à-dire donnant 512 vibrations par seconde, et pouvant être entendu à 20 ou 30 mètres. C'est un véritable sonomètre. L'unité ou le point de départ est l'*ut*, son correspondant à l'onde sonore, qui exécuterait une vibration simple dans une seconde. L'onde sonore qui exécuterait 2, 4, 8, 16 vibrations par seconde, donnerait des *ut* successifs. Le son correspondant à 128 vibrations, ou à un nombre de vibrations marqué par la septième puissance de 2, est le son que Chladni a nommé *ut*. L'*ut* ² ou la double octave de *ut* ¹ est le son rendu par le diapason étalon de M. Marloye.

Le sonomètre de M. Marloye peut servir à mesurer le nombre de vibrations d'un son quelconque. Pour y parvenir, il faut amener les deux cordes placées sur le sonomètre à l'octave grave du diapason, c'est-à-dire à *ut* ² = 256 vibrations par seconde. Alors, à l'aide d'un chevalet mobile, qu'on fera glisser sur l'une des cordes, en appuyant légèrement le doigt sur le point de la corde qui touche au chevalet, on prendra le son dont on veut déterminer le nombre de vibrations ; puis, après avoir consulté l'échelle métrique pour connaître la longueur de la corde, on divisera 256000 par le nombre de millimètres trouvé : le quotient exprimera le nombre de vibrations cherché. La raison en est que la corde ayant un mètre de longueur et exécutant 256 vibrations par seconde, si elle était réduite à un millimètre de longueur, en la supposant d'ailleurs d'une flexibilité parfaite, elle exécuterait 256000 vibrations dans le même temps, puisque les nombres de vibrations sont en raison inverse des longueurs des cordes. Donc, il est évident que jusqu'à une certaine limite, dépendante de la nature et du diamètre de la corde, le quotient de la division de 256000 par le nombre de millimètres exprimant la longueur de la corde, donnera le nombre de vibrations de cette corde.

On trouvera par ce procédé simple le nombre de vibrations de tous les sons compris entre *ut* [2] et *ut* [3]; pour ceux qui seront plus élevés que ce dernier, on en prendra de même l'unisson avec un *chevalet* mobile ; mais au lieu de compter de suite la longueur de la corde, ce qui conduirait à une erreur d'autant plus grande que la corde serait plus courte, on laissera ce chevalet en place, et l'on prendra sur la seconde corde, avec le second chevalet, l'octave grave du premier son ; puis sur la première corde on prendra l'octave grave du second, et ainsi de suite jusqu'à ce qu'on arrive au-dessous de *ut* [3] ; alors seulement on mesurera la corde pour effectuer la division comme ci-dessus, et l'on doublera le quotient autant de fois qu'on aura pris d'octaves au grave.

Si le son proposé est compris entre ut [1] et *ut* [2], on prendra son octave aiguë, ou bien on substituera à l'une des cordes une autre corde d'un diamètre au moins double, qu'on amènerait à *ut* [1].

Longueur des cordes en millimètres.

	Gamme vraie.	Gamme tempérée.
Ut	1000	1000
Ut dièze	960	944
Ré bémol	926	
Ré	889	891
Ré dièze	853	941
Mi bémol	833	
Mi	800	794
Mi dièze	768	749
Fa bémol	784	794
Fa	750	749
Fa dièze	720	707
Sol bémol	694	
Sol	666	667
Sol dièze	640	630
La bémol	625	
La	600	595
La dièze	576	561
Si bémol	556	
Si	533	530
Si dièze	512	500
Ut bémol	521	530
Ut [2]	500	500

Nombre de vibrations simples par seconde.

	Gamme vraie.	Gamme tempérée.
Ut [2]	256,0	256,0
Ut dièze	266,7	271,1
Ré bémol	276,4	
Ré	287,9	287,3
Ré dièze	300,1	304,3
Mi bémol	307,5	
Mi	320,0	322,4
Mi dièze	333,3	341,7
Fa bémol	326,5	322,4
Fa	341,3	341,7
Fa dièze	355,5	362,0
Sol bémol	369,1	
Sol	384,3	383,6
Sol dièze	400,0	406,3
La bémol	409,6	
La	426,6	430,3
La dièze	444,4	456,3
Si bémol	460,4	
Si	480,3	483,0
Si dièze	500,0	512,0
Ut bémol	491,3	483,0
Ut [3]	512,0	512,0

Ce sonomètre est muni de deux règles divisées, l'une suivant la gamme chromatique vraie, l'autre suivant la gamme chromatique tempérée ; en sorte qu'on peut faire apprécier à l'oreille, soit par une succession de sons, soit par des accords, les altérations que le tempérament apporte en musique dans les instruments à son fixe. On rectifie ainsi une erreur fort accréditée chez les musiciens, qui consiste à croire que le dièze du physicien est véritablement le bémol du musicien, ou, en d'autres termes, que l'*ut* dièze, par exemple, est identique avec le *ré* bémol, ce qui n'est pas vrai. Pour faire une gamme sur ce sonomètre, il faut mettre les deux cordes à l'unisson, faire l'*ut* sur l'une, et le reste de la gamme sur l'autre. Pour faire des accords soit vrais, soit tempérés, on place le chevalet sous chaque corde, en ayant soin de les faire correspondre à des divisions d'une même règle. *Voy.* VIBRATIONS (*acoust.*).

SOUPAPE DE SURETÉ. *Voy.* VAPEUR (*ses usages*).

SOURCES. *Voy.* HYDROGRAPHIE.

SPECTRE SOLAIRE. — Lorsqu'un rayon solaire, pénétrant dans une chambre obscure, rencontre sur sa route un prisme de cristal, il le traverse, mais en sort à l'état de faisceau teint de diverses couleurs. Si l'on reçoit ce faisceau sur un tableau blanc, on obtient une image oblongue, arrondie sur ses bords, et présentant sept nuances consécutives dans l'ordre suivant, en descendant du sommet du prisme vers sa base : *Rouge, orangé, jaune, vert, bleu, indigo, violet.*

On peut conclure de cette expérience : 1° Que la lumière blanche du soleil n'est pas homogène, mais qu'elle se compose d'une infinité de rayons diversement colorés parmi lesquels on distingue sept couleurs principales ; 2° que ces différents rayons sont inégalement réfrangibles.

Il n'y a que sept couleurs principales, et il est impossible de les décomposer. En effet, supposons qu'on reçoive le spectre sur un écran percé de sept trous pouvant être ouverts ou fermés à volonté ; qu'on n'en ouvre qu'un, de manière à ne laisser passer qu'un seul de ces pinceaux, celui des rayons rouges, par exemple ; si l'on reçoit ce pinceau sur un second prisme, il sera dévié à l'ordinaire, mais il conservera sa teinte rouge, les autres, soumis à la même épreuve, conservent aussi la leur ; donc ces couleurs ne peuvent pas être altérées par la réfraction ; elles ne peuvent pas l'être non plus par la réflexion, car si l'on fait tomber l'un des pinceaux sur un objet diversement coloré, cet objet perd à l'instant sa couleur primitive et prend celle du pinceau. Ainsi les corps n'ont pas de couleur qui leur soit propre ; quand ils reçoivent la lumière blanche du soleil, ils la décomposent, réfléchissent plus abondamment tels ou tels rayons qui leur donnent une des couleurs du spectre, ou même ils réfléchissent plusieurs espèces de rayons, du mélange duquel il résulte une teinte particulière.

Après avoir ainsi prouvé par une sorte d'analyse que la lumière blanche du soleil ne contient que sept couleurs principales, on peut encore prouver la même chose par la synthèse, car, en réunissant en un seul point les sept pinceaux élémentaires, ou bien en les rendant parallèles, comme ils l'étaient avant de traverser le prisme, on reproduit de la lumière blanche. Pour cela, il suffit de recevoir le spectre sur une lentille convergente ; les sept pinceaux vont former à son foyer un point blanc à l'ordinaire ; au delà du foyer, ils se séparent de nouveau et reparaissent chacun avec la nuance qui lui est propre. On peut aussi recevoir le spectre sur un second prisme de même substance et de même angle réfringent que le premier, mais tourné en sens inverse : alors les rayons subissent une seconde réfraction contraire à la première, deviennent parallèles comme auparavant ; et, quoique coloré dans l'intervalle qui sépare les deux prismes, le faisceau est d'une parfaite blancheur au sortir du second. Enfin on peut recomposer de la lumière blanche par un moyen mécanique très-remarquable. On sait que dans l'étendue du spectre les sept couleurs occupent des espaces qui sont entre eux, en commençant par le rouge, comme les nombres $\frac{1}{9}$; $\frac{1}{16}$; $\frac{1}{10}$; $\frac{1}{9}$; $\frac{1}{10}$; $\frac{1}{16}$; $\frac{1}{9}$; qu'on divise donc un cercle de carton de 30 à 40 centimètres de diamètre en sept secteurs proportionnels aux nombres précédents ; ensuite qu'on y colle autant de secteurs de papier peint, représentant chacun une des couleurs du spectre, et qu'on fasse tourner ce cercle avec rapidité autour de son centre ; les nuances particulières disparaîtront, et le carton semblera recouvert de papier blanc. L'explication de ce phénomène est facile à trouver : en effet, l'impression que produit sur nos yeux un objet quelconque ne cesse pas à l'instant même où l'on retire cet objet de devant nos yeux ; l'expérience a prouvé que cette impression durait encore $\frac{1}{10}$ de seconde. Ainsi, quand on agite dans l'air un charbon allumé, on croit voir un ruban continu de lumière et de feu, quoique le charbon n'occupe à chaque instant que l'un des points de la ligne qu'il parcourt. De même, quand on fait tourner le cercle dont nous venons de parler, la sensation produite par l'une des couleurs n'a pas encore cessé, que tous les autres secteurs ont déjà passé sous les yeux et fait leur impression particulière : c'est la coexistence de toutes ces sensations qui produit celle du blanc. Remarquons cependant que le cercle paraît toujours d'un blanc grisâtre, parce que les teintes des secteurs ne sont pas aussi pures que celles du spectre. C'est pour la même raison que les peintres, en mêlant les sept couleurs, n'obtiennent qu'un blanc sale et grisâtre.

Si, au lieu de réunir les sept couleurs du spectre, on n'en réunissait qu'un certain nombre, que cinq, par exemple, on formerait une certaine nuance ; les deux autres formeraient aussi, par leur réunion, une nuance particulière, et les deux nuances mélangées produiraient du blanc. Or, lorsque deux nuances composées produisent du blanc par leur réunion, l'une est dite *complémentaire* de l'autre. Dans ce cas, il est évident que si l'on ajoute à l'une d'elles une quantité quelconque de blanc, elles ne laisseront pas de produire du blanc pour leur réunion ; elles seront toujours complémentaires. Ainsi, une couleur donnée a toujours une infinité de nuances complémentaires.

2° Quoique l'inégale réfrangibilité des rayons solaires soit suffisamment prouvée par la formation même du spectre, on peut encore démontrer cette vérité de plusieurs autres manières ; nous n'en rapporterons que deux : 1° Tout pinceau de lumière blanche qui pénètre horizontalement dans la chambre noire et traverse un prisme *horizontal*, produit un spectre qui est *vertical ;* mais si l'on fait tomber le faisceau réfracté sur un second *prisme vertical*, on obtient un spectre qui est incliné à l'horizon, et les rayons violets sont toujours plus fortement déviés que les autres vers la base de ce second prisme. 2° Que l'on colle sur un carton deux bandes étroites de papier, l'une bleue, l'autre rouge, disposées à la suite l'une de l'autre et ne formant qu'une seule bande droite, si l'on regarde ce carton à travers un prisme, les deux bandes ne paraissent plus sur le prolongement l'une de l'autre ; la bande bleue semble un peu écartée de la rouge à droite ou à gauche, selon la position du prisme.

Les flammes des bougies, des lampes, la lumière électrique, donnent aussi des spectres où l'on retrouve les mêmes nuances que dans le spectre solaire ; mais les couleurs y sont distribuées dans des proportions différentes, et il y en a presque toujours une qui domine et qui altère un peu toutes les autres.

SPHÈRE. — C'est un corps engendré par la révolution d'un cercle autour d'une ligne immobile qui en est l'axe. C'est d'après ce principe que l'on a construit des globes célestes qui représentent en miniature la voûte immense du ciel, avec toutes ses étoiles. Hipparque, astronome qui observa à Rhodes et à Alexandrie (IIe siècle av. J.-C.), est le premier qui les ait rapportées sur un globe.

SPHÉROÏDAL (état) ou *état vésiculaire*. — On a donné ce nom à la forme globuleuse vésiculaire que prennent les liquides, et surtout l'eau, à des températures élevées. MM. Boutigny et Baudrimont ont admis comme principe que la température nécessaire pour faire passer les corps à l'état sphéroïdal doit être d'autant plus élevée que leur point d'ébullition l'est davantage.

M. Boutigny a déterminé la rapidité de l'évaporation sous l'influence de la caléfaction. Il a reconnu que l'eau caléfiée à + 200 degrés s'évaporait cinquante fois plus lentement que l'eau chauffée à + 100 degrés. L'eau caléfiée au rouge vif s'évapore plus promptement que celle qui est caléfiée à + 200 degrés, à peu près dans la proportion de 7 à 1.

M. Boutigny fixe à + 96°, 5 la température à laquelle s'élève l'eau qui passe à l'état sphérique. Cette température se trouve ainsi inférieure au point d'ébullition. Il en est de même de l'alcool absolu, de l'éther chlorhydrique et de l'acide sulfureux anhydre; en sorte que les corps qui sont à l'état sphéroïdal resteraient constamment à une température inférieure à celle de leur ébullition, quelle que soit la température du vase qui les contient.

En projetant dans une capsule de platine chauffée au rouge blanc de l'acide sulfureux liquide qui se trouvait en ébullition, M. Boutigny a vu l'ébullition de cet acide cesser aussitôt. L'évaporation se fait alors avec lenteur; et si l'atmosphère est humide, l'eau se condense dans l'acide sulfureux et se congèle. En projetant quelques gouttes d'eau sur l'acide sulfureux ainsi caléfié, elles se convertissent instantanément en glace. On peut même congeler l'eau en l'introduisant, à la dose d'un gramme, dans une ampoule de verre à minces parois.

Lorsqu'on porte un corps cylindrique de verre ou de métal chauffé au rouge à la surface d'une mince couche de liquide, celui-ci s'écarte autour : il se fait un anneau de liquide caléfié.

SPHÉROIDE. *Voy.* Terre.

SPHÉROMÈTRE (*Vis micrométrique*). — Lorsqu'une vis fait une révolution sur elle-même dans un écrou, un point quelconque *a* de la *tête* de la vis décrit une circonférence égale au contour de cette tête, tandis que l'extrémité de la vis avance d'une quantité égale à la largeur du pas. Si la vis n'exécute qu'une partie de sa révolution, un dixième, par exemple, le point *a* décrira un dixième de tête, et l'extrémité de la vis un dixième de pas. La tête de la vis étant graduée en un certain nombre de divisions égales, dont chacune passe devant un repère fixe, on pourra toujours juger, par le nombre de divisions qui passera, quelle fraction de tour de vis on aura exécutée par un petit mouvement imprimé à la tête, et par conséquent quelle fraction de pas l'extrémité aura parcourue. Que le pas soit, par exemple, d'un millimètre, et le diamètre de la tête 4 centimètres, ce qui donnera 126 millimètres pour la circonférence, cette longueur pourra facilement être divisée en 250 parties égales. Si l'on fait passer devant le repère une division de la tête, on fera avancer l'extrémité de la vis de 1/250 de millimètre ; 3,5,8....31 divisions correspondraient à autant de 250es de millimètre pour le mouvement progressif de l'extrémité. Or, 1/250 de millimètre représente environ le douzième de l'épaisseur d'un cheveu, et l'on peut exécuter des vis qui mesurent des fractions beaucoup plus petites. Au moyen du sphéromètre, on peut apprécier jusqu'à 1/500 de millimètre, ce qui revient à 1/25 de l'épaisseur d'un cheveu.

STABILITÉ du système solaire. *Voy.* Attraction universelle et Système solaire.

STEPHANOSCOPE (στέφανος, couronne, et σκοπέω, j'observe). — Petit instrument destiné à faire *voir les couronnes*, ainsi que son nom l'indique. Il se compose de verres colorés bien choisis ; un bleu cobalt et un brun violacé font voir une couronne rouge sur presque tous les nuages qui passent devant le soleil, à moins qu'ils ne soient obscurs jusque sur leurs bords. Mais les couronnes sont surtout visibles quand il n'y a qu'un léger voile de vapeur. M. *Delezenne*, inventeur de cet instrument, a trouvé par un grand nombre de mesures que le diamètre des globules qui produisent les couronnes variait environ depuis 8 jusqu'à 25 millièmes de millimètre. *Voy.* Couronne.

STÉTHOSCOPE (de στῆθος, poitrine, et σκοπέω, observer). — On appelle ainsi un cylindre de bois de deux à trois décimètres de longueur et de quelques centimètres de diamètre, destiné à accuser l'état intérieur de la poitrine sur laquelle on l'applique par un bout, tandis qu'on appuie l'oreille à l'autre extrémité. C'est un exemple frappant de la *transmission* complète des sons les plus faibles par le bois mû dans le sens des fibres. On se sert de cet instrument particulièrement pour étudier les divers bruits que produit la circulation de l'air dans les poumons ; l'absence du son ordinaire en un point est en général un indice de quelque lésion dans cette partie de l'organe : or, c'est ce que l'instrument permet de reconnaître avec exactitude ; car, en appliquant l'oreille elle-même contre la poitrine, on entendrait à la vérité les sons avec une intensité supérieure, mais comme l'oreille recueillerait en même temps ceux qui viennent d'une grande étendue, on ne pourrait en faire l'analyse locale, tandis que le stéthoscope révèle ceux-là seulement qui viennent des points auxquels on l'applique. Suivant l'état pathologique de la poitrine, on entend des sons de diverse nature ; on reconnaît par les modifications du son, les cas de phthisie, d'excavations pulmonaires, d'épanchement dans la plèvre ; le choc du cœur contre les parois de la poitrine, l'action contractile des oreillettes et des ventricules, donnent également des sons d'une nature très-reconnaissable, qui fournissent au médecin d'utiles indications.

Le stéthoscope s'applique aussi aux membres pour reconnaître les fractures ; car, par son moyen, on distingue aisément le bruit que produisent les fragments séparés de l'os rompu, en frottant l'un contre l'autre. Il est à remarquer que les vêtements, quand ils sont minces, n'empêchent pas l'application utile de l'instrument.

STRATUS. *Voy.* Nuages.

STRUCTURE INTÉRIEURE de la terre. *Voy.* Terre.

STYLE (vieux, nouveau). *Voy.* Calendrier.

SUCCION. — On forme une véritable ventouse pendant la succion; la langue d'abord appliquée avec les lèvres se retire et laisse un vide. On juge du degré auquel le vide est fait en produisant la succion sur un tube plongé dans du mercure; on peut faire monter le métal à 21 pouces, et l'eau par conséquent à 24 pieds, de sorte que la force élastique de l'air dans le tube se trouve réduite au quart. Quand on fait le vide avec la bouche entière, ce qu'on reconnaît à ce que les joues se creusent par la pression de l'air, le vide est beaucoup moins parfait, l'air conserve alors les trois quarts de sa force élastique, car on ne peut pas faire monter le mercure à plus de 7 pouces. Une expérience bien simple prouve que, dans la *succion*, c'est la pression de l'air qui fait monter les liquides : si l'on remplit une bouteille d'eau et qu'on y mette un bouchon traversé par un tube, il sera impossible de faire monter l'eau, malgré tous les efforts de succion.

SYMPATHIQUES (*vibrations*). *Voy.* VIBRATIONS (*acoust.*).

SYSTÈME DU MONDE. — Les anciens philosophes, qui connaissaient très-peu les circonstances du mouvement des planètes, n'avaient pas de moyens évidents pour connaître la véritable disposition de leurs orbites, et ils varient beaucoup sur ce sujet. Pythagore et quelques-uns de ses disciples supposèrent d'abord la terre immobile au centre du monde, comme chacun est porté à le croire avant que d'avoir discuté les preuves du contraire; il est vrai que, dans la suite, plusieurs disciples de Pythagore s'écartèrent de ce sentiment, firent de la terre une planète, et placèrent le soleil immobile au centre du monde. Mais Platon fit revivre le système de l'immobilité de la terre; Eudoxe, Calippus, Aristote, Archimède, Hipparque, Sosigènes, Cicéron, Vitruve, Pline, Macrobe et Ptolomée suivirent ce sentiment (Riccioli, *Almagestum*, tom. II, p. 276, 279). On peut voir dans Pline, (lib. II, cap. 22), et dans Censorinus (*De die natali*, cap. 13), la manière dont Pythagore appliquait les intervalles des tons à ceux des distances des planètes à la terre.

Ptolomée, qui écrivit environ l'an 140 de J.-C., ou vers les premières années de l'empereur Antonin, est celui qui a donné son nom à ce système, parce que son *Almageste* est le seul livre détaillé qui nous soit parvenu de l'ancienne astronomie; il essaye de prouver dans deux chapitres de cet ouvrage que la terre est véritablement immobile au centre du monde, et il place les autres planètes autour d'elle dans l'ordre suivant : la lune, Mercure, Vénus, le soleil, Mars, Jupiter et Saturne; sa principale raison pour placer Mercure et Vénus au-dessous du soleil était de suivre en cela le système le plus ancien, et de placer le soleil au milieu des planètes, enfin de le placer entre celles qui ne s'en écartent jamais que jusqu'à un certain point (Mercure et Vénus) et celles qui lui paraissent quelquefois opposées. Pour ce qui est de l'ordre des trois autres planètes, il pensa qu'elles devaient être d'autant plus près de nous, qu'elles tournaient en moins de temps; cette loi était du moins indiquée par l'exemple de la Lune, qui, tournant beaucoup plus vite que le soleil, était évidemment plus près de nous, puisqu'elle éclipsait si souvent le soleil. Il voyait aussi que Saturne était la moins lumineuse de toutes les planètes, ce qui la faisait présumer la plus éloignée, en même temps qu'elle était la plus lente de toutes. C'est à cela que je réduis les neuf raisons apportées par le P. Riccioli dans son *Almagestum novum* (t. II, p. 279), en faveur de cette partie du système de Ptolomée.

Platon avait changé quelque chose au système de Pythagore : plusieurs auteurs disent qu'il mettait Mercure et Vénus au-delà du soleil; sa raison, disent-ils, était que Vénus et Mercure n'avaient jamais éclipsé le soleil, ce qui devait arriver si ces planètes étaient, aussi bien que la lune, plus basses que le soleil. Ce système fut soutenu par *Théon* dans son commentaire sur l'*Almageste*, et ensuite par *Géber*, le seul, entre les auteurs arabes, qui se soit écarté du système de Ptolomée.

Les premiers observateurs remarquèrent certainement que Vénus ne s'écartait jamais du soleil que d'environ 45°; mais il était très-naturel de croire que, si elle eût tourné comme le soleil autour de la terre, elle aurait paru très-souvent opposée au soleil ou éloignée de lui de 180° : aussi les Egyptiens imaginèrent que Vénus devait tourner autour du Soleil comme dans un épicycle, au moyen de quoi ils expliquaient très-bien pourquoi elle paraissait plus ou moins brillante dans certain temps sans jamais cesser d'accompagner le soleil, et il en était de même de Mercure. C'est Macrobe qui raconte avec éloge ce sentiment des anciens Egyptiens (*Somn. Scip.*, lib. I, cap. 19).

Cicéron, en faisant parler Scipion sur le système du monde, paraît dire que les orbites de Vénus et de Mercure accompagnent et suivent le soleil : *Hunc ut comites sequuntur Veneris alter, alter Mercurii cursus* (*Somn. Scip.*).

Vitruve dit formellement que Mercure et Vénus entourent le soleil, et tournent autour de son centre, ce qui produit leurs stations et leurs rétrogradations apparentes (*Archit. lib.* IX, c. 4); en sorte qu'on peut le regarder comme un des anciens qui ont soutenu ce système des Egyptiens.

Martianus Capella, auteur que l'on croit avoir vécu dans le Ve siècle, développe encore mieux ce système, et il y a un chapitre exprès de ses mélanges, dont voici le titre : *Quod tellus non fit centrum omnibus planetis*; il explique très-bien dans ce chapitre que les orbites de Vénus et de Mercure n'environnent point la terre, mais seulement le soleil, qui est au centre de leurs cercles; que ces planètes sont quelquefois au delà du soleil, quelquefois en deçà; que dans le premier cas Mercure est moins éloigné de nous que Vénus; que dans l'autre il est plus loin de nous. Ce système des Egyptiens fut le principe des belles idées de Copernic sur le système général du monde; indépendamment de la preuve tirée de la proximité constante de Vénus au soleil, on y trouvait l'avantage de rendre raison de ces inégalités appelées *stations* et *rétrogradations*, sans la ressource absurde des épicycles.

Dans le système des *Egyptiens*, la terre est placée au centre; elle est environnée par les orbites, de la lune et du soleil; le globe du soleil, en décrivant son orbite, est environné et accompagné des orbites de Mercure et de Vénus.

Au-dessus du soleil, dans les trois autres orbites sont Mars, Jupiter et Saturne, placés comme dans le système de Ptolomée.

L'hypothèse des Egyptiens satisfaisait aux inégalités les plus remarquables de Mercure et de Vénus: à l'égard de Mars, Jupiter et Saturne, il restait dans ces planètes des inégalités bien étranges à expliquer, soit dans le système de Ptolomée, soit dans celui des Égyptiens. Toutes les fois que ces planètes approchent de leur conjonction avec le soleil, ou qu'elles sont dans la même région du ciel, elles ont un mouvement propre, prompt et direct, c'est-à-dire vers l'orient, elles paraissent petites et fort éloignés de nous; lorsqu'elles sont opposées au soleil ou à 180° de cet astre; elles paraissent plus grosses, plus brillantes, elles paraissent reculer vers l'occident et leur mouvement propre paraît *rétrograde*. Dans les temps intermédiaires elles sont *stationnaires*, paraissent immobiles dans le ciel, et d'une grandeur moyenne. Ces inégalités revenant toujours les mêmes toutes les fois que les planètes paraissaient à même distance du soleil, il semblait à quelques philosophes que les aspects et les rayons du soleil avaient une force ou une influence qui produisait dans les planètes toutes ces alternatives, qui étaient en effet toujours les mêmes. Quand les planètes étaient à même aspect, à même élongation, ou distance apparente par rapport au soleil, c'est ce qu'ils appelaient la deuxième inégalité, la première étant de même espèce que celle du soleil, et n'ayant lieu toute seule que dans les oppositions.

Pour que le lecteur pût comparer la simplicité du système de Copernic avec l'absurde complication du système de Ptolomée, il faudrait rapporter l'hypothèse de la seconde inégalité des planètes selon Ptolomée, au moyen de l'épicycle porté sur un excentrique; mais il vaut mieux passer à des choses plus satisfaisantes; il suffira de dire que chaque planète, étant en conjonction avec le lieu moyen du soleil, était supposée partir du sommet ou de l'apogée de son épicycle; elle employait à parcourir cet épicycle tout le temps qui s'observe entre une conjonction moyenne et la suivante, c'est-à-dire le temps d'une révolution synodique: Saturne un an et 13 jours suivant les anciens; Jupiter, un an et 34 jours; Mars, deux ans et 50 jours, Vénus un an et 219 jours; Mercure, 116 jours, tandis que chaque épicycle parcourait le cercle appelé pour lors déférent pendant la durée de la révolution périodique de la planète.

Je ne parlerai pas des exceptions que ces règles éprouvaient, des suppositions qu'il fallait y ajouter pour expliquer le mouvement des apsides; on trouverait tout cela, si l'on en était curieux, dans le Ier tome de l'Almageste du P. Riccioli, expliqué avec un détail immense et une extrême exactitude.

Copernic, qui préférait les cercles concentriques aux excentriques, se servait d'un premier épicycle pour la première inégalité, et en faisant tourner le centre d'un second épicycle sur la circonférence du premier, il aurait pu exprimer la seconde inégalité; mais on va voir avec quel succès il rejette celle-ci sur le mouvement de la terre.

Toutes les planètes décrivaient leurs épicycles, suivant les anciens, précisément dans l'intervalle de temps qu'il leur fallait pour revenir en conjonction avec le soleil. La *seconde inégalité* paraissait donc dépendre du soleil: ainsi elle dut inspirer l'idée d'examiner si un œil placé dans le soleil ne pourrait pas voir les choses dans un ordre plus simple, et si le soleil ne serait pas le véritable centre de tous ces mouvements, qui avaient tant de rapport avec lui; on avait eu recours à cet expédient pour sauver les inégalités de Mercure et de Vénus, il était naturel d'y recourir pour les autres planètes.

Ce fut l'embarras que trouva Copernic dans les hypothèses des anciens pour expliquer la seconde inégalité des planètes, qui lui fit souhaiter de pouvoir les simplifier, ou en imaginer une qui fût moins absurde et moins compliquée; il nous apprend, dans la préface de son livre *De revolutionibus orbium*, que dans cette intention il avait commencé par lire tout ce qu'il avait pu trouver là-dessus dans les anciens philosophes, pour savoir s'il n'y en avait aucun qui eût attribué à la sphère d'autres mouvements que ceux dont on parlait depuis si longtemps dans les écoles; voici ce qu'il y trouva de plus remarquable:

Cicéron dit que Nicétas de Syracuse, au rapport de Théophraste, avait pensé que le ciel, le soleil, la lune, les étoiles, ne tournaient point chaque jour autour de la terre, mais que la terre seule, tournant sur son axe avec une très-grande vitesse, faisait paraître tout le reste en mouvement. Plutarque raconte aussi que Philolaüs le pythagoricien voulait que la terre eût un mouvement annuel autour du soleil dans un cercle oblique, tel que celui qu'on attribuait au soleil. Héraclide de Pont, et Ecphantus, pythagoricien, attribuaient, à la vérité, un mouvement à la terre, mais seulement sur son axe, semblable à celui d'une roue. Héraclide et les autres pythagoriciens soutenaient que chaque étoile était un monde qui avait, comme le nôtre, une terre, une atmosphère, une étendue immense de matière éthérée: Aristote (*De cœlo*, lib. II, cap. 13) dit aussi que les philosophes d'Italie appelés *pythagoriciens* plaçaient le feu au milieu de l'univers, et mettaient la terre au nombre des planètes qui tournaient autour du soleil comme leur centre commun.

Diogène Laërce, dans la Vie de Philolaüs, dit que les uns lui attribuaient la première idée du mouvement de la terre, et que les autres l'attribuaient à Nicétas. Philolaüs avait été disciple de Pythagore, et vivait environ 450 ans avant J.-C. On peut ajouter à ces idées sublimes des plus anciens philosophes les passages où Sénèque explique de la manière la plus philosophique, les rétrogradations des planètes : « Il s'est trouvé des philosophes qui nous ont dit : « Vous vous trompez, en croyant qu'il y ait des astres qui rétrogradent et qui s'arrêtent, cette bizarrerie ne peut avoir lieu dans les corps célestes; *ils vont du côté où ils ont été jetés*; ils ne suspendent jamais leur cours, ils ne changent jamais leur direction; pourquoi donc paraissent-ils quelquefois retourner en arrière? c'est le soleil qui en est cause : leurs orbes ou leurs cercles sont placés de manière à nous tromper dans certains temps; tout ainsi qu'on croit souvent immobile un vaisseau qui va pourtant à pleines voiles. » (Sen., *Quæst. nat.* l. VII. c. 25 et 26).

Des autorités si positives donnèrent de la confiance à Copernic, et lui firent admettre d'abord le mouvement diurne, ou le mouvement de rotation de la terre sur son axe; ce simple mouvement retranchait de la physique des centaines de mouvements à chaque jour; la simplicité de cette hypothèse suffisait pour la rendre vraisemblable, et c'est une véritable démonstration pour tout homme qui veut s'affranchir des préjugés de son enfance.

En effet, quand on voit cette concavité immense de tout le ciel remplie d'une multitude d'étoiles, qui sont toutes à des distances prodigieuses de nous, des planètes qui ont toutes des mouvements contraires à ce mouvement de tous les jours ; quand on réfléchit à la petitesse de la terre, en comparaison de toutes ces énormes distances, il devient impossible de concevoir que tout cela puisse tourner à la fois d'un mouvement commun, régulier et constant en 24 heures autour d'un atome tel que la terre. Non-seulement le mouvement diurne de tous les astres en 24 heures autour de la terre est une chose peu vraisemblable, j'ose dire qu'elle est absurde, et qu'il faut être aveuglé par le préjugé ou l'ignorance pour pouvoir se prêter à cette idée. Toutes ces planètes, qui sont à des distances si différentes, et dont les mouvements propres sont si différents les uns des autres; toutes ces comètes qui semblent n'avoir presque aucune ressemblance avec les autres corps célestes ; toutes ces étoiles fixes que les lunettes nous font voir par millions dans toutes les parties du ciel; tous ces corps, dis-je, qui n'ont aucun rapport les uns avec les autres, qui diffèrent tout autant que le ciel et la terre, qui sont indépendants l'un de l'autre et à des distances que l'imagination a peine à concevoir, se réuniront donc pour tourner chaque jour tous ensemble, et comme tout d'une pièce, autour d'un axe ou essieu, lequel même change de place. Cette égalité dans le mouvement de tant de corps, si inégaux d'ailleurs à tous égards, devait seule indiquer aux philosophes qu'il n'y avait rien de réel dans les mouvements diurnes, et quand on y réfléchit, elle prouve la rotation de la terre d'une manière qui ne laisse point de soupçon, et à laquelle il n'y a point de réplique.

Enfin, depuis qu'à l'aide des lunettes nous voyons sans aucune espèce d'incertitude le soleil et Jupiter tourner sur leur axe, il est encore plus difficile de révoquer en doute la rotation de la terre, qui est incontestablement moins grosse que le soleil.

Les anciens étaient obligés de supposer des sphères solides et transparentes comme le cristal où *ils enchâssaient tous les astres*, et *ils* faisaient tourner ces calottes sphériques les unes dans les autres; le P. Riccioli même est obligé d'y avoir recours (*Almag. nov.*, II, 288). Mais depuis qu'on a vu les planètes se rapprocher visiblement de nous, et s'en éloigner ensuite; depuis qu'on a vu des comètes descendre si près de la terre, et remonter ensuite à perte de vue, les cieux solides sont une absurdité démontrée; il devient donc également absurde de supposer que le soleil entier puisse tourner tous les jours et tout à la fois, tandis qu'il est composé de tant de milliers de pièces détachées sans qu'aucune paraisse jamais recevoir plus ou moins de mouvement que les autres, même en décrivant des cercles qui sont tous de grandeurs différentes, à moins qu'on n'y applique des intelligences conductrices occupées sans cesse à empêcher l'effet des lois du mouvement qui sont établies d'ailleurs dans toute la nature.

Le P. Riccioli oppose à tout cela des passages de l'Ecriture sainte, où il est dit que le soleil se lève et se couche. Il propose ensuite 77 arguments contre le mouvement de la terre, et réfute 49 arguments qu'il suppose que l'on peut faire en faveur du système de Copernic : de toutes les preuves qu'il produit contre le mouvement de la terre, les seules qui me paraissent mériter quelque considération, se réduisent toutes à l'argument de Ptolomée (*Almag.* lib. I), que Buchanan a exprimé dans les vers suivants ;

Ipsæ etiam volucres tranantes aera leni
Remigio alarum, celeri vertigine terræ
Abreptas gemerent sylvas, nidosque tenella
Cum sobole, et cara forsan cum conjuge, nec se
Auderet zephiro solus committere turtur.
(*Sphæræ* lib. I.)

« Les oiseaux, dans les airs, verraient la terre et les forêts fuir sous leurs pieds ; ils verraient leurs nids, leurs petits, et peut-être leurs femelles, entraînés par le mouvement diurne de la terre vers l'orient; la tourterelle n'oserait jamais s'éloigner de la surface de la terre, par la crainte de perdre sa demeure. »

Copernic (*lib.* I, *c.* 8), Képler, Ptolomée lui-même, y avaient déjà répondu ; il est impossible que des corps terrestres, et que l'atmosphère de la terre, qui, depuis tant de siècles, tiennent à la terre et tournent avec elle, n'en aient pas reçu un mouvement commun, une impression et une direction communes ; la terre tourne avec tout ce qui lui appartient, et tout se passe sur la terre mobile comme si elle était en repos. Il est étonnant que Tycho, le P. Riccioli, et tous ceux qui ont répété le même argument sous tant de formes différentes, n'aient pas su que lorsqu'on joue aux boules ou au billard dans le vaisseau qui va le plus vite, le choc des corps s'y fait avec la même force dans un sens que dans l'autre, et que lorsqu'on jette une pierre du haut du mât d'un vaisseau en mouvement, elle tombe directement au pied du mât, comme quand le vaisseau était en repos : le mouvement du vaisseau est communiqué d'avance au mât, à la pierre et à tout ce qui existe dans le vaisseau, en sorte que tout arrive dans ce navire, comme s'il était immobile : il n'y a que le choc des obstacles étrangers qui fait qu'on en aperçoit le mouvement lorsqu'on est dans le navire ; mais comme la terre ne rencontre aucun obstacle étranger, il n'y a absolument rien dans la nature, ni sur la terre, qui puisse, par sa résistance, par son mouvement, ou par son choc, nous faire apercevoir le mouvement de la terre. Ce mouvement est commun à tous les corps terrestres ; ils ont beau s'élever en l'air, ils ont reçu d'avance l'impression du mouvement de la terre, sa direction et sa vitesse, et lors même qu'ils sont au plus haut de l'atmosphère, ils continuent à se mouvoir comme la terre. Un boulet de canon qui serait lancé perpendiculairement vers le zénith retomberait dans la bouche du canon, quoique pendant le temps que le boulet était en l'air, le canon ait avancé vers l'orient avec la terre de plusieurs lieues (il doit faire six lieues et un quart par minute, sous l'équateur) : la raison en est évidente ; ce boulet, en s'élevant en l'air, n'a rien perdu de la vitesse que le mouvement de la terre lui a communiquée ; ces deux impressions ne sont point contraires ; il peut faire une lieue vers le haut, pendant qu'il en fait six vers l'orient ; son mouvement dans l'espace absolu est la diagonale d'un parallélogramme, dont un côté a une lieue et l'autre six, il retombera, par sa pesanteur naturelle, en suivant une autre diagonale, et il retrouvera le canon, qui n'a point cessé d'être situé, aussi bien que le boulet, sur la ligne qui va du centre de la terre jusqu'au sommet de la ligne où il a été lancé.

Pour que le boulet restât en l'air, sur une même ligne perpendiculaire au point d'où il était parti, sans tourner avec la terre, il faudrait qu'il y eût une cause en l'air qui détruisît l'impression générale que ce boulet avait reçue par le mouvement de la terre ; mais nous n'en connaissons aucune : le boulet doit donc continuer de tourner autour du centre de la terre, lors même qu'il s'en éloigne par l'impulsion de la poudre. La première et la plus générale des lois du mouvement est qu'un corps déterminé une fois à se mouvoir dans une direction, continue uniformément et sur la même ligne, s'il n'y a pas de cause qui retarde ou anéantisse son mouvement ; cette loi s'observe et se vérifie partout ; il n'est donc pas étonnant que les oiseaux, les nuages, les boulets, continuent d'avoir le même mouvement que la terre, lors même qu'ils s'en éloignent.

Mais si les corps terrestres ne peuvent déceler le mouvement de la terre, tout ce qui est éloigné de la terre nous fait apercevoir ce mouvement : nous sommes sur un vaisseau qui se meut paisiblement, sans que nous nous en apercevions ; mais celui qui est sur le vaisseau voit les côtes et les villes s'éloigner de lui,

Provehimur portu, terræque urbesque recedunt ;

nous voyons de même les planètes, les étoiles et tout le ciel, sans aucune exception, se mouvoir dans le même sens, et tout ce qui est hors de la terre nous avertit de notre mouvement.

Tandis que l'on ne voit contre le système de Copernic aucune espèce d'argument, nous avons au contraire une preuve bien physique et bien démonstrative de la rotation diurne, par la diminution de pesanteur des corps qui sont sous l'équateur, diminution qui est proportionnelle à la *force* centrifuge qui naît de la rotation de la terre, et qui produit la figure aplatie de la terre, qui est encore une autre preuve du mouvement diurne. L'aberration des étoiles et l'attraction universelle sont encore des démonstrations physiques et positives du mouvement de la terre. *Voy.* ABERRATION, ATTRACTION UNIVERSELLE et ROTATION DIURNE de la terre.

Le mouvement diurne de la terre sur son axe une fois admis, il devenait plus facile d'admettre un second mouvement de la terre dans l'écliptique ; celui-ci était indiqué par le phénomène des stations et des rétrogradations des planètes, qui deviennent de pures apparences, quand on admet le mouvement de la terre, et qui sont des singularités inexplicables dans chaque planète, lorsqu'on suppose la terre immobile.

C'est un phénomène observé dès le temps d'Hipparque, dans toutes les planètes, qu'après avoir paru se mouvoir quelque temps d'occident en orient, suivant l'ordre des signes, elles s'arrêtent peu à peu et rétrogradent ensuite. La rétrogradation de Saturne dure environ 136 ou 140 jours sur une année, ou plutôt sur un retour à sa conjonction ; celle de Jupiter 118 ou 122 ; celle de Mars, entre 59 et 79 ; celle de Vénus 42 ou 44 ; celle de Mercure, 22 jours sur 115 que dure sa révolution synodique. L'arc de rétrogradation est de 6 à 7° pour Saturne, de 10° pour Jupiter ; il va de 10 à 19° pour Mars, il est de 16° pour Vénus, il est entre 9 et 16° pour Mercure. Ces rétrogradations reviennent toutes les fois que les planètes se trouvent en conjonction avec le soleil, c'est-à-dire qu'elles dépendent du mouvement annuel du soleil. Pour les expliquer dans le système de Ptolomée, il fallait faire mouvoir chaque planète dans un épicycle, par un mouvement qui dépendait de la longueur de l'année, et qui était différent pour chaque planète; toute cette complication disparaît dans le système de Copernic : ainsi cet astronome devait être bien plus porté à l'admettre que les anciens pythagoriciens, qui ne connaissaient pas ces inégalités des planètes; et ce fut en effet la première raison qu'eut Copernic de chercher, vers l'an 1507, d'autres hypothèses que celles de Ptolomée, pour expliquer les mouvements planétaires : son livre parut en 1543, et dès le temps de Galilée et de Képler, en 1600, tout ce qu'il y avait de plus habile dans l'astronomie était du même sentiment que Copernic, et ne doutait plus du mouvement de la terre : tous les progrès que l'on a faits ensuite dans l'astronomie ont produit sur cette matière de nouvelles démonstrations; il n'y a plus aucune raison de douter, ni aucune objection raisonnable à faire contre le mouvement de la terre.

Le système de Copernic est celui-ci : Le soleil est au centre du monde; les planètes tournent autour de lui dans l'ordre suivant : Mercure, Vénus, la Terre, Mars, Jupiter et Saturne, à des distances du soleil qui sont entre elles comme les nombres 4, 7, 10, 15, 52 et 95. Ces nombres, qui sont les plus simples et les plus faciles à retenir, sont tels que chaque unité vaut un peu plus de trois millions de lieues de 25 au degré, ou de 226 toises chacune. La terre est environnée par l'orbite de la lune qu'elle entraîne avec elle, ainsi que Jupiter est entouré par les quatre orbites de ses satellites, et Saturne par cinq autres satellites.

Nous ne parlons du système de Tycho qu'après avoir parlé de celui de Copernic, pour suivre l'ordre des temps et celui des ouvrages qui ont été faits là-dessus; il est vrai que le système de Tycho a du rapport avec celui de Ptolomée, puisque l'un et l'autre adoptent le mouvement du soleil et supposent la terre fixe; mais il a encore plus de rapport avec le système de Copernic, puisque, dans tous les deux, les planètes tournent autour du soleil, et que Tycho s'est conformé à cet égard aux démonstrations de Copernic, sans lequel il ne se serait point élevé aussi haut.

Dans le système de Tycho, la terre est placée au centre du monde; elle est environnée d'abord par l'orbite de la lune, et ensuite par celle du soleil. Autour du soleil, comme centre, sont décrits cinq autres cercles pour représenter les orbites de Mercure, de Vénus, de Mars, de Jupiter et de Saturne; et le soleil, accompagné de toutes ces orbites, est supposé tourner autour de la terre, qui est cependant beaucoup plus près de lui que les orbites de Jupiter et de Saturne.

Le système de Tycho-Brahé avait été déjà soutenu, du moins en partie, par les Egyptiens. Tycho ayant reconnu comme eux que Vénus et Mercure tournaient évidemment autour du soleil, crut qu'il en pouvait être de même des trois autres planètes; la conclusion était assez naturelle, elle rendait uniformes les hypothèses de toutes les planètes et supprimait tous les épicycles de la seconde inégalité, par le seul mouvement du soleil.

Tycho-Brahé avait une raison de plus pour soutenir ce système : Copernic avait démontré, cinquante ans avant lui, que l'on expliquait de la manière la plus naturelle et la plus simple les phénomènes bizarres et singuliers des stations et rétrogradations de toutes les planètes, en les faisant tourner toutes autour du soleil; Tycho-Brahé était trop éclairé pour ne pas voir la beauté, la simplicité, et par conséquent la vérité de ce système; mais son respect pour quelques passages de l'Ecriture, qu'il interprétait mal, l'empêchait d'adopter le mouvement de la terre; enfin, il avait peine à concevoir ce déplacement de notre globe; accoutumé avec le vulgaire à le considérer comme la base éternelle et le fondement immobile de toute stabilité; il conserva donc tout ce qu'il put du système de Copernic, c'est-à-dire le mouvement de toutes les planètes autour du soleil, mais il fit tourner le soleil lui-même, accompagné de toutes ces planètes, autour de la terre.

Tycho ne voulait pas cependant qu'on crût qu'il n'avait fait que retourner le système de Copernic pour former le sien. Voici à quelle occasion il dit l'avoir imaginé : il observa soigneusement, en 1582, Mars en opposition; il jugea qu'il était plus près de nous que le soleil, et dès lors les hypothèses de Ptolomée ne pouvaient plus avoir lieu; car, suivant Ptolomée, Mars devait être plus loin que le soleil. D'un autre côté, Tycho crut remarquer que les comètes observées en opposition par rapport au soleil n'étaient point affectées du mouvement annuel de la terre, comme cela devait arriver dans le système de Copernic; cela lui fit rejeter l'hypothèse de Copernic, et dès lors il ne reste plus d'autres moyens d'expliquer la proximité de Mars à la terre, si ce n'est par le système qu'il proposa.

Dans l'ouvrage qu'il fit à l'occasion de la comète de 1577, Tycho parla fort au long de son système, imaginé vers 1582. « J'avais remarqué, dit-il, que l'ancien système de Ptolomée n'était point naturel; la multitude des épicycles dont il se sert pour expliquer les mouvements des planètes par rapport au soleil, leurs stations et leurs rétrogradations, et une partie de leurs inégalités apparentes, est superflue; ces hypothèses même pèchent contre les principes de l'art, en supposant ces mouvements égaux, non autour de leur centre propre et naturel, mais autour d'un point étranger, c'est-à-dire d'un autre cercle excentrique qu'on appelle l'*équant*. Mais aussi je n'approuvais pas cette nouveauté introduite par le grand Copernic, à l'exemple d'Aristarque de Samos, dont parle Archimède dans son livre *De arenæ numero*, adressé à Gédion, roi de Sicile; quoiqu'elle corrige de la manière la plus savante tout ce qu'il y a d'inutile et de défectueux dans le système de Ptolomée et qu'elle ne renferme rien qui soit contre les principes des mathématiques, cette lourde masse de la terre, si peu propre au mouvement, ne saurait être ainsi déplacée et agitée d'une triple manière, comme le seraient ces corps célestes, sans choquer les principes de la physique; l'autorité des saintes Ecritures s'y oppose; je parlerai ailleurs de ces divers inconvénients, comme aussi de celui qu'il y aurait à supposer un espace immense entre l'orbite de Saturne et la huitième sphère, qui ne serait occupé par aucun astre. Je voyais donc que des deux côtés il y avait des absurdités; je me mis à examiner sérieusement s'il y avait quelque hypothèse qui fût parfaitement d'accord avec les phénomènes et les principes mathématiques, sans répugner à la physique et sans encourir les censures de la théologie; je réussis au delà de mes espérances, et je trouvai enfin une manière de disposer les révolutions célestes, qui remédie à tous les inconvénients, et dont je vais faire part aux amateurs de la physique céleste.

« Je pense d'abord qu'il faut décidément, et sans aucun doute, placer la terre immobile au centre du monde, en suivant le sentiment des anciens astronomes ou physiciens, et le témoignage de l'Ecriture : je n'admets point, avec Ptolomée et les anciens, que la terre soit le centre des orbes du second mobile; mais je pense que les mouvements célestes sont disposés de manière que la lune et le soleil, seulement avec la huitième sphère, la plus éloignée de toutes, et qui renferme toutes les autres, aient le centre de leur mouvement vers la terre; les cinq autres planètes tourneront autour du soleil comme autour de leur chef et de leur roi, et le soleil sera sans cesse au milieu de leurs orbes, qui l'accompagneront dans son mouvement annuel..... Ainsi, le soleil sera la règle et le terme de toutes ces révolutions; et comme Apollon au milieu des muses, il réglera seul toute l'harmonie céleste de ces mouvements dont il est environné. »

En même temps que Tycho regardait le mouvement de la terre comme un paradoxe de théologie et de physique, il reconnaissait son utilité en astronomie, comme on peut en juger par ce qu'il en dit dans ses Progymnasmes (T. I, p. 661) : « J'avoue, dit-il, que « les révolutions des cinq planètes, que les « anciens attribuaient à des épicycles, s'ex« pliquent aisément, et à peu de frais, par « le simple mouvement de la terre; que les « anciens mathématiciens ont adopté bien « des absurdités et des contradictions que « Copernic a sauvées, et qu'il satisfait même « un peu plus exactement aux apparences « célestes. » Mais on voit ensuite que Tycho regardait le témoignage de l'Ecriture sainte comme le plus grand obstacle au système de Copernic.

On voit encore, dans une lettre de Tycho à Rothmann, mathématicien du landgrave, en date du 21 février 1589, ce que pensait Tycho du système de Copernic : « Lorsque je traiterai, dit-il, *ex professo*, des mouvements célestes, je ferai voir que mes hypothèses satisfont exactement aux apparences célestes, qu'elles sont de beaucoup préférables à celles de Ptolomée et de Copernic, et s'accordent mieux avec la vérité; mais si elles vous déplaisent si fort, si vous aimez mieux faire tourner la terre et les mers, accompagnées de la lune, par un mouvement annuel, et donner un triple mouvement à un corps simple et unique; si vous voulez que cette terre, quoique si peu propre au mouvement, et si fort au-dessous des astres, soit cependant portée elle-même comme un astre dans la région éthérée, vous êtes bien le maître... Mais n'est-ce pas confondre les choses d'ici-bas avec les choses célestes, et renverser de fond en comble tout l'ordre de la nature? Ne vous y trompez pas cependant, en croyant que Copernic ait suffisamment répondu aux absurdités physiques qui résultent de son hypothèse : je vous démontrerai quelque jour que tout ce que vous dites pour le défendre ne suffit pas pour mettre la chose hors de doute; vous êtes encore moins recevable dans l'interprétation que vous donnez des passages de l'Écriture qui sont contraire à votre système, etc.» (*Epist. astron.*, *pag.* 147.) Tycho s'efforce alors de prouver à son ami que l'Ecriture sainte est incompatible avec le système de Copernic.

Longomontanus, astronome célèbre qui vécut pendant dix ans chez Tycho-Brahé à Uranibourg, dont Tycho fait mention d'une manière honorable, et qui contribua à l'édition de ses œuvres, ne put se résoudre à admettre tout à fait le sentiment de Tycho; il admit le mouvement de rotation (*Astronomia Danica*, p. 161, 220), pour éviter de donner à toute la machine céleste cette vitesse incroyable du mouvement diurne, qui par sa force centrifuge disperserait bientôt les étoiles et les planètes, à moins qu'on ne supposât les cieux solides, comme le P. Riccioli est obligé de le faire (*Almag. novum*, II, 288), ou des intelligences conductrices. Il en est de même d'Origan dans l'épître dédicatoire de ses Ephémérides, et d'Argoli dans son *Pandosium*, c. 3. Il y a moins de difficultés à proposer contre ce système que contre celui de Tycho-Brahé; mais on a vu que le mouvement annuel est aussi évident que le mouvement diurne.

Le P. Riccioli emploie plus de 200 pages *in-fol.*, dans le second volume de son *Almageste*, à disserter sur le système de Copernic; il emploie surtout les témoignages sacrés, qui y sont présentés dans toute leur force; il n'y a rien de remarquable parmi ces arguments. Il insiste beaucoup aussi sur les témoignages de l'Ecriture. Josué, c. 10, v.

13; Ps. 92, v. 1; Ps. 103, v. 5; Ecclésiaste, c. 1, v. 5; Isaïe, c. 34, v. 8; Juges, c. 5, v. 20; 3e livre d'Esdras, c. 4, v. 38. Mais quand on les lit sans préjugé, on y voit un langage ordinaire, qui ne pouvait être différent sans devenir inintelligible, et l'on n'y voit rien qui paraisse tenir au dogme ni à la physique. Du reste, plusieurs auteurs ecclésiastiques ont accumulé des raisonnements de toute espèce pour faire sentir que les différents passages de l'Ecriture où il est parlé du mouvement du soleil peuvent s'entendre de celui de la terre sans leur faire violence. Il y aurait un zèle bien étrange à prétendre exclure des livres saints toutes les expressions qui sont reçues dans le langage ordinaire. Au reste, à Rome, on n'a plus aucun scrupule à cet égard depuis longtemps.

SYSTÈME SOLAIRE, sa stabilité.— Toutes les variations du système solaire, *tant séculaires* que *périodiques*, sont *exprimées* analytiquement par les sinus et co-sinus d'arcs *circulaires*, qui augmentent avec le temps; et comme un sinus ou un co-sinus ne peut jamais excéder le rayon, et ne *peut*, quelle que soit la *durée du temps*, *qu'osciller* entre les *points zéro* et l'unité, il suit de là que lorsque les variations auront mis un temps considérable à s'accumuler *jusqu'à leur* maximum, par de lents changements, elles décroîtront dans les mêmes proportions qu'elles avaient augmenté, jusqu'à ce qu'elles arrivent à leur plus petite valeur; alors, recommençant une nouvelle course, leur mouvement d'oscillation se trouvera ainsi avoir toujours à peu près la même valeur moyenne. Ceci, toutefois, ne serait pas exact si les planètes se mouvaient dans un *milieu* résistant; car alors l'excentricité et les grands axes des orbites varieraient avec le temps, de sorte que *la* stabilité du système finirait par être détruite. L'existence d'un *tel fluide* est évidemment reconnue aujourd'hui; et quoiqu'il *soit si rare*, que jusqu'ici ses effets sur les mouvements des planètes aient été tout à fait insensibles, on ne peut douter pourtant que, dans l'immensité des temps, il ne modifie les formes des orbites planétaires, et ne puisse même à la fin occasionner la ruine de notre système, qui, en lui-même ne renferme aucun principe de destruction, à moins qu'un mouvement de l'ouest à l'est n'ait été imprimé à ce fluide par les corps du système solaire, qui, tous, de tout temps, ont accompli dans ce sens leurs révolutions autour du soleil. Un tel tourbillon ne produirait aucun effet sur les corps qui se mouvraient avec lui; mais il influerait sur les mouvements de ceux qui tourneraient en sens contraire.

L'on a généralement supposé que les trois circonstances suivantes étaient nécessaires pour prouver la stabilité du système : les petites excentricités des orbites planétaires, leurs petites inclinaisons, et les révolutions de tous les corps, tant planètes que satellites, dans un seul et même sens. Ces circonstances fournissent incontestablement les moyens de prouver que les changements s'accomplissent dans des limites très-resserrées. Cependant, quoique suffisantes, elles ne sont pas des conditions nécessaires; la périodicité des termes dans lesquels sont exprimées les inégalités suffit (quoique nous ignorions l'étendue des limites et la période de ce grand cycle, qui probablement embrasse des millions d'années) pour nous donner la certitude qu'elles ne dépasseront jamais le point au delà duquel elles pourraient altérer la stabilité et l'harmonie du grand tout que la nature entière tend si merveilleusement à conserver.

Le plan de *l'écliptique lui-même, quoique supposé fixe à* une époque donnée, pour la commodité du calcul astronomique, est sujet à une petite variation séculaire de 47",55 occasionnée par *l'action réciproque des planètes; mais comme* cette variation est aussi *périodique*, et ne peut excéder 2° 42', l'équateur terrestre, qui est incliné de 23° 27, 39",26 environ à l'écliptique, ne coïncidera jamais avec ce plan; de sorte qu'il ne pourra *jamais y avoir de printemps perpétuel*. La rotation de la terre est uniforme; ainsi le jour et la nuit, l'été et l'hiver, continueront à suivre le cours de leurs vicissitudes tant que le système existera ou jusqu'à ce que quelques causes étrangères viennent en troubler l'harmonie.

> Danses mystérieuses,
> Labyrinthes mouvants des corps brillants des cieux,
> Qui venant, revenant, se croisant dans leurs jeux.
> *Même dans leurs erreurs au grand ordre fidèles,*
> Mêlent, sans les brouiller, leurs rondes éternelles (1).
> (*Paradis perdu*, trad. de J. Delille.)

La stabilité de notre système a été établie par Lagrange. « Cette découverte, dit le professeur Playfair, doit rendre le nom de Lagrange mémorable à *jamais dans les fastes* de la science, et le faire révérer par ceux qui se plaisent à la contemplation de tout ce qui est excellent et sublime. » Après la découverte des lois mécaniques des orbites elliptiques des planètes par Newton, la découverte que fit Lagrange de leurs inégalités périodiques est, sans contredit, la vérité la plus sublime de l'astronomie physique; et à l'égard de la doctrine des causes finales, elle peut être considérée comme la plus grande de toutes.

Malgré la permanence de notre système, les variations séculaires des orbites planétaires auraient extrêmement embarrassé les astronomes quand il serait devenu nécessaire de comparer des observations séparées par de longues périodes, si cette difficulté n'eût été en partie aplanie par Laplace, qui indiqua le moyen d'établir ces comparaisons; depuis, M. Poinsot a donné de l'extension à ce prin-

(1) .... *Yonder starry sphere*
Of planets, and of fix'd, in all her wheels
Resembles nearest mazes intricate,
Eccentric, intervolved, yet regular
Then most, when most irregular they seem
(Paradise Lost.)

cipe. Il paraît qu'il existe un plan invariable passant par le centre de gravité du système, autour duquel le tout oscille dans des limites très-resserrées, et il y a tout lieu de croire que ce plan restera toujours parallèle à lui-même, quelques changements que le temps puisse apporter dans les orbites des planètes, dans le plan de l'écliptique, ou même dans la loi de la gravitation, pourvu seulement que notre système reste isolé de tous les autres. La position du plan invariable est déterminée par cette propriété, que si chaque particule du système est multipliée par l'aire que décrit, dans un temps donné, autour du centre de gravité commun de tout le système, la projection de son rayon vecteur sur ce plan, la somme de tous ces produits sera un maximum. Laplace a trouvé que le plan en question est incliné à l'écliptique d'un angle de 1° 35' 31" environ, et que, passant par le soleil, et à peu près à mi-chemin entre les orbites de Jupiter et de Saturne, il peut être considéré comme l'équateur du système solaire, le divisant en deux parties qui se contrebalancent dans tous leurs mouvements. Ce plan, de la plus grande inertie, nullement particulier au système solaire, mais existant dans tous les systèmes de corps soumis à leurs attractions mutuelles seulement, conserve toujours une position fixe, d'où résulte que les oscillations du système peuvent être calculées pour un temps illimité. Son immutabilité ou sa variation fera connaître aux astronomes des *siècles à venir si le soleil* et les corps qui l'accompagnent sont *liés* ou non aux autres systèmes de l'univers. S'il n'existe aucun lien entre eux, l'on pourra conclure, d'après la rotation du soleil, que le centre de gravité du système situé dans sa masse décrit une ligne droite dans ce plan invariable, ou grand équateur du système solaire, qui, étant à l'abri des changeants effets du temps, conservera sa stabilité pendant des siècles sans fin. Mais si les étoiles fixes, les comètes, ou d'autres corps inconnus et inaperçus, affectent notre soleil et notre planète, les nœuds de ce plan éprouveront lentement un mouvement rétrograde sur le plan de cette immense orbite, que le soleil peut décrire autour de quelque centre extrêmement éloigné, dans une période qu'il est au-dessus du pouvoir de l'homme de déterminer. Plusieurs raisons portent à croire qu'il en est ainsi; car il est plus que probable que, tout éloignées que sont les étoiles fixes, elles influencent un peu notre système, et même que l'invariabilité de ce plan est relative, ne nous paraissant fixe qu'en raison de l'impossibilité où nous sommes d'apprécier les changements *petits* et *lents* qui s'opèrent en lui pendant la courte période de temps et d'espace accordée à la race humaine. « Le développement de ces changements, « ainsi que l'observe très-judicieusement « M. Poinsot, est semblable à une courbe « immense dont nous n'apercevons qu'un « arc si petit qu'il nous paraît une ligne « droite. » Si nous élevons nos regards sur toute l'étendue de l'univers, et si nous considérons les étoiles et le soleil comme des corps errants, accomplissant leurs révolutions autour du centre commun de la création, nous reconnaissons dans le plan équatorial passant par le centre de gravité de l'univers, le seul exemple du repos éternel et absolu.

Système de l'émission. *Voy.* Théorie de la lumière.

Système des ondulations. *Voy.* Théorie de la lumière.

SYZYGIES (ζυγόω, je joins). *Voy.* Lune, Éclipse.

T

TABLEAUX OPTIQUES — Sous ce nom, nous comprenons les *cosmorama*, *panorama*, *diorama*, et autres représentations analogues. Les effets physiques de ces peintures ne sont pas du ressort de la physique proprement dite, en ce sens qu'il n'y a pas là des appareils de physique. Car, pour ceux-mêmes qui, comme les cosmoramas et les optiques ordinaires, présentent une grosse lentille et des miroirs, ce n'est pas là ce qui peut faire sentir sous leur grandeur naturelle les objets peints sur de petites feuilles de papier, la lentille grossissant comme une simple loupe, et les miroirs plans n'agrandissant pas les images. Aussi, que sur la gouache placée sous le miroir d'une optique on pose un objet commun de petite taille, un crayon, par exemple, auprès d'une tour peinte, de même longueur à peu près, on verra à la fois et une tour de 50 mètres, et un gros crayon qui, bien que s'appliquant à la tour bout à bout, ne paraîtra pas avoir plus de deux ou trois décimètres; d'ailleurs, quoique touchant à la tour, il ne paraîtra pas éloigné comme elle.

Il est donc manifeste que les effets dont il s'agit ici sont des résultats de pure imagination. Dans un panorama, qui n'est qu'une galerie circulaire dont la surface est entièrement peinte, et dont le spectateur occupe le centre, il n'y a rien qui puisse impressionner physiquement l'œil, si ce n'est la peinture elle-même. Or, sous de bonnes conditions d'exécution, ce tableau devra illusionner complétement le spectateur. En effet, les impressions que nous recevons des objets réels placés devant nos yeux résultent des images colorées qui se forment sur la rétine; elles varient avec la grandeur et le degré d'illumination de ces images. Or, il est évident que si les objets extérieurs étaient supprimés, mais que les rayons qu'ils envoient fussent maintenus dans leurs directions actuelles, avec leurs divers degrés d'intensité et leurs nuances respectives, il se formerait sur la rétine la même image qu'auparavant;

donc nous devrions éprouver la même sensation. Or, cela revient à dire que si, dans la confection d'un tableau, on observait complétement les règles de la perspective géométrique et de la perspective aérienne, la première ayant pour objet la direction des lignes lumineuses, et les figures qui forment leurs intersections avec le plan du tableau; la seconde ayant pour but la reproduction des ombres, des clairs et des teintes colorées que la nature nous offre, selon la qualité des objets, et selon leur distance au spectateur: dans ce cas, dis-je, l'illusion du spectateur placé devant un tel tableau devrait être complète. Si elle ne l'est pas dans les circonstances ordinaires, c'est que l'impression que doit produire l'image de la rétine est combattue par le sentiment que nous avons de la présence d'une simple toile, par la vue du cadre, par les objets environnants, par la chambre dans laquelle tout cela est renfermé. Mais si l'on fait disparaître ces circonstances diverses, si le tableau perd son cadre, parce qu'on le voit à travers une lentille ou au travers d'une fenêtre, ou, enfin, parce qu'il couvre entièrement et sans bords un espace circulaire qui représente un horizon complet; si la lumière que le peintre y a déposée, et qui est celle qui couvre au lointain des objets vus, est séparée de la lumière hétérogène du lieu de l'observation, alors l'œil se retrouve dans des conditions à peu près identiques à celles que lui offrirait la présence réelle des objets; et il doit en résulter une illusion qui n'est pas toujours immédiate, mais qui ne tarde pas à se produire, à mesure que l'attention s'attache aux divers objets que la peinture a mis sous les yeux. Ici l'habileté du peintre joue le principal rôle, et l'on sait à quel degré de perfection ces spectacles ont été poussés par les artistes de nos *panoramas* et de nos *dioramas*. Nous nous trouvons même parfois, devant les toiles encadrées de nos musées, dans cet état d'illusion complète, quant au relief de certains objets; les peintures en grisailles offrent surtout ce phénomène, quand elles sont bien exécutées; il nous arrive même, à certaine distance d'un tableau noir, sur lequel on a tracé avec de la craie un cube en perspective, de sentir très-vivement le relief de ce cube, malgré la grossièreté physique du trait.

TABLES LUNAIRES des Indiens, erreur de Bailly à ce sujet, redressée par de Laplace. *Voy.* TEMPS.

TACHES du soleil. *Voy.* SOLEIL.

TACHES de la lune. *Voy.* LUNE.

TAM-TAM. *Voy.* TREMPE.

TAMBOUR, instrument militaire, est une imitation de l'oreille. *Voy.* OUÏE.

TANNAGE. *Voy.* TECHNOLOGIE.

TATE-LIQUEUR. — La pression de l'air soutient les liquides dans les vases dont l'orifice est suffisamment étroit. C'est ce qui fait que l'eau ne sort qu'avec la plus grande peine d'une bouteille à goulot d'un petit diamètre. C'est sur ce principe qu'est fondé l'emploi du *tâte-liqueur*. C'est un tube qu'on plonge dans un liquide. En appliquant le doigt sur l'orifice supérieur, et retirant le tube du liquide, la chute du liquide n'a lieu que lorsqu'on a retiré le doigt, après avoir transporté le tube au lieu où l'on en doit faire usage. Si le tube n'a été plongé que partiellement, de sorte qu'il reste de l'air entre le liquide et le doigt, une partie du liquide s'écoule au moment où on le retire; le reste est soutenu par la pression extérieure; car cette pression ne peut être éludée par l'air intérieur, cet air étant dilaté par la sortie d'une petite portion du liquide.

TECHNOLOGIE (τέχνη, art, métier, et λόγος, discours). — C'est la science des procédés par lesquels l'homme agit sur les forces et sur les matières premières fournies par la nature organique et inorganique, pour approprier ces forces et ces matières à ses besoins ou à ses jouissances. Nous emprunterons presque tout ce que nous avons à dire sur cette matière à l'excellent travail publié par M. Lalanne, et nous diviserons, à son exemple, la technologie en sept branches principales, qui embrasseront:

1° La préparation des matières premières;

2° La nourriture de l'homme, en y comprenant ce qui a rapport aux médicaments intérieurs;

3° Les vêtements;

4° Les changements dans l'extérieur du globe, pour le rendre conforme à nos desseins;

5° Le mobilier, les ustensiles, les outils et les machines;

6° Les modifications dans la nature ou dans l'apparence des objets, pour les approprier à différentes destinations;

7° Les instruments et procédés employés dans la pratique des sciences et des beaux-arts.

§ I. — *But des principaux procédés technologiques.*

1° La préparation des matières premières renferme des procédés aussi importants que variés. Car, sans parler de ce qui est exclusivement du ressort de l'agriculture et de la zootechnie, on voit que ces deux branches d'industrie livrent un grand nombre de produits bruts, que la technologie doit transformer avant de pouvoir les appliquer à aucun usage. Il faut rouir le chanvre et le lin pour en extraire les fibres propres à être filées et tissées; il faut tanner et corroyer les peaux pour les rendre utiles au peaussier et au bottier, à une foule d'autres artisans, etc.

L'exploitation des mines doit être placée en première ligne parmi les industries qui ont pour but de fournir aux autres des matériaux; car elle compose, avec l'agriculture et la zootechnie, l'ensemble des procédés par lesquels nous empruntons à la nature organique ou inorganique les corps dont nous avons besoin. Envisagée d'une manière générale, l'exploitation s'exerce sur des objets d'espèces bien différentes, et de beaucoup de manières. C'est à elle que nous devons les minerais, dont nous extrayons toutes les substances métalliques; les roches, que nous transformons, par la cuisson, en chaux et en plâtre; les argiles, que nous façonnons en briques, en tuiles et en poteries, les pierres, que nous taillons pour nos constructions; la houille, destinée à la combustion pour le chauffage, pour l'éclairage et pour le mouvement des machines à vapeur; les eaux artésiennes, que le trou de sonde va chercher quelquefois à une profondeur de 500 mètres; les roches dures et les pierres précieuses, employées dans les arts de luxe et d'ornement, etc., etc.

La filature des différentes matières textiles et le tissage des étoffes, à l'aide du fil obtenu, peuvent être considérés comme appartenant à la préparation des matières premières, parce que ces produits sont destinés à des usages très-variés Pour donner une idée de l'importance des procédés dont nous venons de présenter une indication sommaire, il nous suffira de rappeler que c'est à la houille, à la fonte et au fer, fournis par l'industrie minérale, et à l'incontestable supériorité des procédés de filature et de tissage (surtout pour le coton), que l'Angleterre a dû cet état de prospérité commerciale et de richesse dont les autres nations sont encore si éloignées.

2° *Le premier besoin de l'homme est de nourrir et d'alimenter son corps*: la technologie doit y satisfaire. L'agriculture et la zootechnie ont fourni les matières, mais à l'état brut; l'industrie les prépare de manière à faciliter le travail de la digestion et de l'assimilation. Elle préside à la confection du pain, des boissons et de la cuisine: elle comprend donc les métiers de boulanger, de cuisinier, de fabricant de vins, de brasseur, de pâtissier, de crémier, de confiseur, de gaufrier, de laitier, de limonadier, de liquoriste, de moutardier, de vermicellier, de vinaigrier, etc. Les expressions manqueraient si l'on voulait désigner d'une manière précise tous les procédés par lesquels l'homme a cherché à satisfaire la sensualité de son palais plutôt que son besoin de nourriture. Aucune des professions qui viennent d'être désignées n'est nuisible par elle-même; toutes ont même un certain degré d'utilité pour le régime diététique; mais l'abus que l'on a fait des moyens dont elles disposent est un des travers les plus déplorables de la nature humaine. Lorsque nous voyons chaque jour disparaître de la surface du globe les malheureux restes des tribus sauvages, auxquelles des nations policées n'ont pas rougi de distribuer des flots d'*eau de feu* comme unique bienfait de la civilisation, ne sommes-nous pas en droit de répéter avec tristesse: *Plures gula quam gladius interficit!*

On peut rapprocher, jusqu'à un certain point, de la préparation des aliments celle de certaines substances solides ou liquides que l'homme doit prendre à l'intérieur, comme moyens préservatifs ou curatifs des maladies. De là naît l'industrie exercée par les droguistes et par les pharmaciens.

3° Après la nourriture, le vêtement est ce qui est le plus nécessaire au corps. On sépare en diverses catégories les métiers qui nous fournissent des vêtements, suivant la nature de l'étoffe et de la forme qu'elle doit recevoir. Lorsque le corroyeur, le fourreur, le peaussier, le tanneur, ont fait subir à la matière première les préparations convenables, le bottier, le cordonnier, le chapelier, le pantouflier la façonnent. Après que l'on a préparé le fil, qui est l'élément de tous les tissus de chanvre, de lin, de laine, de coton et de soie, et que le toilier, le tisserand, les fabricants de bure, de drap, de couvertures, de camelot, de tapis, de calicot, de bas, de velours, de rubans, de soieries, de gaze, de dentelle, de tulle, de broderie, de cachemires, de bonneterie, de passementerie, etc., en ont tiré des étoffes de nature diverse, d'autres artisans façonnent celles-ci en forme d'habillements: le costumier, la couturière, la lingère, la modiste, le tailleur, les découpent avec art et les assemblent suivant les règles, déterminées plus souvent par l'usage ou par le caprice de la mode que par la convenance ou par l'utilité. La blanchisseuse, le dégraisseur et le fripier nettoient ou restaurent les vêtements, de manière à les faire servir de nouveau, soit aux personnes qui les ont portés, soit aux classes pauvres, qui peuvent les acheter à bas prix.

4° *Les procédés par lesquels la technologie modifie le relief du globe* sont, sans contredit, ceux qui nous frappent le plus par la grandeur et par la durée de leurs effets, comme par la puissance des moyens qu'elle emploie. C'est à eux qu'il faut rapporter toute la pratique de l'architecture civile et militaire; les travaux relatifs aux voies de communication par terre et par eau, aux routes, aux chemins de fer, à la canalisation des rivières, à l'établissement des canaux proprement dits, à la construction, à la défense et à la conservation des ports maritimes; les ouvrages propres à assurer la défense des frontières; les dessèchements, les irrigations, les endiguements, à l'aide desquels on assainit, on fertilise ou l'on préserve des contrées entières contre les attaques des éléments. Les progrès rapides que cette partie de la technologie a faits depuis la fin du siècle dernier, le développement que les chemins de fer et les grandes lignes de navigation ont pris en moins de trente années dans l'ancien et dans le nouveau monde, font pressentir l'immense influence qu'elle est appelée à exercer sur les destinées des nations. Les principales industries qui s'y rattachent sont celles du maçon, de l'appareilleur, du charpentier, du terrassier, du vitrier, du couvreur, etc., etc.

5° *Le mobilier et les ustensiles* qui doivent être réunis dans les différents édifices de l'architecture civile et militaire dépendent d'un grand nombre de métiers: le menuisier, le fabricant de meubles et l'ébéniste donnent les siéges, les tables et les bois de lits; le matelassier et le tapissier garnissent ces meubles, le sol et les ouvertures de l'appartement; le fumiste prépare les fourneaux de la cuisine et les foyers de la maison; le chaudronnier, le ferblantier, le lampiste, le miroitier, et surtout le quincaillier, livrent la plupart des objets nécessaires à la vie intérieure.

Quant aux *outils* et aux *machines*, on comprend sous ce nom un nombre si considérable d'objets de nature diverse, qu'il est impossible d'entreprendre leur énumération. Comme les machines se multiplient tous les jours, elles se sont introduites peu à peu jusque dans l'intérieur des habitations, pour les usages ordinaires de la vie. Les pendules et les montres, les lampes à mouvements d'horlogerie, les tournebroches, etc., offrent des exemples vulgaires de ce genre; mais la destination la plus fréquente des outils et des machines est de servir à fabriquer d'autres objets applicables aux divers besoins de l'homme. Il serait assez difficile d'établir d'une manière nette le point où l'outil devient machine; on peut dire cependant qu'une machine est un assemblage de plusieurs pièces, dont chacune a un mouvement particulier qui concourt au mouvement général, tandis qu'un outil est simple de sa nature, ou bien est composé de parties qui ont le même mouvement que l'ensemble.

6° Les modifications que l'homme fait éprouver à la nature ou à l'apparence des corps donnent lieu à une multitude de procédés que l'on ne pourrait guère ranger dans aucune des classes précédentes. Nous citerons d'abord ce qui a rapport au chauffage et à l'éclairage. Les connaissances relatives à ces deux objets constituent, dans la technologie, des branches intéressantes qui ont fait des progrès surprenants depuis la fin du siècle dernier. Nous nommerons ensuite les arts graphiques ou d'imitation des formes, y compris la gravure et l'imprimerie. On peut aussi ranger dans cette catégorie certaines préparations que l'on fait subir aux étoffes, et en particulier l'art de la teinture; puis les industries qui ont pour but d'orner l'extérieur et l'intérieur des bâtiments par les couleurs appliquées immédiatement, par le stuc ou par les papiers peints. Il est facile de voir, d'après ces indications, que les réactions chimiques jouent le plus grand rôle dans cette classe de procédés.

7° Toutes les personnes adonnées à la pratique des sciences et des beaux-arts savent combien d'instruments et de procédés utiles et ingénieux la technologie leur fournit. Parmi les sciences proprement dites, il n'y en a qu'une seule, celle des mathématiques pures, qui puisse se passer des arts industriels. Mais il n'y a pas d'astronomie sans lunettes et sans cercles gradués; pas de physique sans appareils à faire découvrir les propriétés de la matière pondérable et impondérable; on ne peut concevoir ni peinture, ni sculpture, ni musique, sans l'aide des artisans qui préparent les instruments et les matières premières. De là, les industries de l'opticien, du constructeur d'appareils de physique et de mathématiques, du fabricant et du préparateur de couleurs, du praticien qui dégrossit le marbre, du luthier et du facteur d'instruments de musique, etc.

§ II. — *Nature des principaux procédés technologiques.*

La distinction si naturelle et si simple, en apparence, entre les arts chimiques et physiques d'une part, et entre les arts purement mécaniques et de calcul d'autre part, disparaît complétement dans la pratique où des procédés de l'une ou de l'autre espèce sont mis en œuvre par une même industrie. Prenons pour exemple la fabrication du sucre indigène: la dessication des betteraves, la formation, la concentration et la clarification du sirop, la cristallisation du sucre sont des opérations que l'on doit rapporter à la chimie et à la physique. Mais la disposition du moteur et des organes destinés à transmettre les forces nécessaires à la mise en œuvre des actions chimiques, font partie de la science des machines. Il y a bien peu d'industries importantes qui n'offrent ainsi une alliance de procédés entièrement différents de nature, mais concourant tous à un but unique. La meilleure manière de donner une idée de ce que ces procédés offrent de plus général consistera donc à citer des exemples choisis parmi ceux que l'industrie manufacturière met tous les jours sous nos yeux.

Des différentes sources de force. — La force musculaire de l'homme et des animaux a, dans sa nature, quelque chose de mystérieux, et dépend essentiellement de la force vitale elle-même. On a trouvé par expérience que la manière la plus avantageuse d'utiliser la force musculaire de l'homme consiste à le faire agir par son poids, sans qu'il ait d'autre effort à exercer qu'à s'élever lui-même à une certaine hauteur. Ainsi, lorsqu'un manœuvre a des fardeaux à transporter au sommet d'un édifice, il doit d'abord y monter lui-même à l'aide d'un escalier ou d'une échelle; puis il agira successivement par l'intermédiaire d'une corde et d'une poulie, et par son propre poids, sur des positions équivalentes de la matière à élever. On a établi, d'après le même principe, des pompes à double effet, destinées à l'ascension de l'eau. Un pont mobile autour de son axe horizontal porte à ses extrémités la tige des pistons de deux corps de pompe; un homme marche sur le pont, alternativement en deux sens contraires, de manière à lui imprimer un mouvement oscillatoire qui détermine le jeu des pompes. La tendance évidente de la technologie est de substituer de plus en plus la force de la matière brute à celle des animaux, et de consacrer exclusivement le travail de l'homme aux pratiques qui exigent de l'attention et qui peuvent varier d'un moment à l'autre.

Les agents naturels qui produisent de la force, sans avoir besoin de préparation préliminaire, sont l'eau et le vent. Le courant de fluide imprime une certaine vitesse à une roue ou à des ailes fixées dans un arbre tournant, et le mouvement de rotation est transformé de toutes les manières possibles, conformément au genre de travail à effectuer. Des moulins à vent sont employés au dessèchement des polders de Hollande en faisant mouvoir des vis d'Archimède, qui épuisent et rejettent les eaux au delà des digues. Dans le même pays ils servent à la trituration des graines oléagineuses et à une foule d'autres opérations mécaniques. Quant aux chutes d'eau, il n'est pas de peuple civilisé qui ne les utilise pour les branches les plus variées d'industrie. On apprécie de plus en plus cette source intarissable de force que la nature seule se charge d'alimenter incessamment. Tantôt on a détourné des rivières de leur lit pour procurer leur force motrice à des localités importantes qui en étaient dépourvues. C'est ainsi qu'à Greenock, par la dérivation des eaux du Shaw, on a obtenu une force d'environ *dix-sept cents chevaux*, capable par conséquent de mettre en mouvement *trente-trois usines* pourvues chacune d'une force hydraulique de cinquante chevaux. M. Robert Thom, l'auteur du projet, pensait que la force totale pourrait être portée à cinq mille chevaux! Ailleurs, on a profité des masses d'eau considérables que les forages artésiens amènent du sein de la terre à la surface du sol, et qui sont, dans certains cas, comparables à de petites rivières.

Mais de toutes les sources de force employées aujourd'hui, la vapeur est, sans contredit, celle qui joue le rôle le plus important. Au nombre de ses avantages, il faut compter au premier rang celui de pouvoir être transportée partout où l'exigent les besoins de l'homme, fractionnée et concentrée, de manière à être employée dans les localités les plus éloignées, au milieu des circonstances les plus diverses. Au bord d'un puits de mine, elle sert, au moyen des appareils fixes les plus puissants, à épuiser des eaux qui noyeraient les galeries d'exploitation; elle se meut avec la locomotive par l'intermédiaire de laquelle elle remorque les wagons sur les chemins de fer, et avec le bateau à vapeur qui franchit en quelques jours l'Atlantique dans sa plus grande largeur; elle commence à s'introduire chez le simple artisan; le foyer destiné à la préparation des aliments et au chauffage de l'intérieur du logis peut suffire, dans quelques cas, à la production de force exigée par une modeste industrie. *Voy.* VAPEUR (*ses usages*).

Quelle que soit l'origine de ces différentes sources de force, on y reconnaît partout l'influence des transformations chimiques et physiques. L'alimentation et la nutrition chez les animaux, le mouvement continu des sources et des cours d'eau qui en dérivent, les alternatives des vents, la chaleur développée par la combustion, la vaporisation de l'eau, sont soumis à cette influence. Nous savons encore bien peu de chose sur les moyens que la nature emploie pour la réunion des éléments qui servent à une certaine production de force; nous savons seulement que les frottements et l'inertie de la matière ne nous permettent d'utiliser qu'une assez faible partie de la force réellement disponible en dernier résultat. Les meilleures roues hydrauliques ne rendent guère que les deux tiers de la force motrice de la chute d'eau sous l'influence de laquelle elles tournent. Les foyers les mieux disposés ne communiquent aux chaudières des machines à vapeur que la moitié au plus de la quantité de la chaleur développée par la combustion de la houille.

Des différentes manières d'employer la force. — Dire que nulle machine ne peut augmenter la force qui y est appliquée, ni à plus forte raison en créer de nouvelles, c'est énoncer en d'autres termes l'axiome que nul effet ne peut être plus grand que sa cause. Lors donc que l'on établit des machines, on a pour but unique d'utiliser la plus grande partie de la force motrice, de la manière la plus profitable au genre d'effet que l'on se propose d'obtenir. Ce que l'on gagne en temps, pour la vitesse de certains points, est perdu en force aux mêmes points; mais en raison de la nature particulière de chaque espèce de procédé, il existe toujours une certaine vitesse à laquelle correspond le plus grand effet utile produit. Dans les roues hydrauliques à aube, par exemple, le maximum a lieu lorsque l'on fait mouvoir la roue avec une vitesse qui est seulement la moitié de celle du courant; que l'on augmente ou que l'on diminue la vitesse de la rotation de la roue, on diminuera toujours la force transmise à l'arbre qui la porte.

Il est souvent nécessaire d'accumuler de la force pour produire un effet déterminé. Pour exemples de ce genre, nous citerons la *sonnette*, la *poudre à canon* et le *volant*. La sonnette à battre les pieux est une machine à l'aide de laquelle on élève à une certaine hauteur un *mouton* pesant, qu'on laisse ensuite brusquement tomber sur la tête du *pieu*; celui-ci s'enfonce graduellement sous les efforts du puissant marteau. Les effets de la poudre sont connus de tout le monde. Il résulte des dernières expériences faites à Metz, par MM. Piobert et Arthur Morin, que l'on peut imprimer à un obus du calibre de 12, pesant 4 kilogrammes, une vitesse de 745 mètres par seconde cette vitesse est la plus grande que l'homme ait encore pu communiquer à un projectile. A l'aide de quelques kilogrammes de poudre, en quelques secondes, on sépare de la masse et on divise des blocs considérables de pierre et de minerai, qui n'auraient cédé à l'action du pic et du fleuret de mineur qu'au bout d'un long espace de temps. Le volant, considéré comme volant de force, est une roue dont la jante est très-pesante, de sorte que la majeure partie de son poids se trouve à la circonférence. Lorsque l'on met en mouvement une machine munie d'un fort volant, il faut une application de force énergique et prolongée pour imprimer à cette roue un mouvement rapide ; mais, une fois cette vitesse obtenue, le volant renferme tout ce que l'on y a accumulé de force vive, et il peut servir à obtenir momentanément des effets que la machine ne saurait produire à aucune époque de sa marche, si elle était privée de volant. Dans quelques forges où la machine à vapeur est un peu trop faible pour le système des laminoirs qu'elle doit faire tourner, on la met en mouvement un peu avant que le fer qu'on travaille dans le four ne soit prêt à passer au laminoir, et on la laisse ainsi marcher jusqu'à ce que le volant ait acquis une vitesse considérable. Quand la masse de fer rouge passe dans la première cannelure du laminoir, la machine éprouve un temps d'arrêt très-sensible : à chaque passage aux cannelures suivantes, sa vitesse diminue jusqu'à ce que la barre de fer soit réduite à une dimension telle que le pouvoir ordinaire de la machine suffise pour achever son laminage.

Le volant joue encore un rôle important comme régulateur de mouvement. Lorsque, par une cause quelconque, l'action du moteur vient à se ralentir, le volant restitue à la machine une partie de la force qu'il a emmagasinée, pour ainsi dire : c'est ce qui a lieu dans la plupart des machines à vapeur où l'on transforme le mouvement alternatif d'un piston en un mouvement circulaire uniforme. Quelquefois, lorsqu'il s'agit uniquement de régulariser le mouvement, sans qu'il soit nécessaire d'économiser la force motrice, on emploie une autre espèce de volant composé d'ailes ou de palettes qui présentent de larges surfaces à l'action du milieu dans lequel elles sont plongées : c'est ainsi qu'est réglé l'intervalle des coups des horloges à sonnerie, intervalle qu'on modifie à volonté en donnant aux bras du petit volant une obliquité plus ou moins sensible relativement au plan dans lequel ils se meuvent. On emploie un régulateur de ce genre dans les lampes mues par un système d'horlogerie, dans les boîtes à musique et dans les jouets mécaniques des enfants.

Parmi les autres moyens de régulariser l'emploi de la force, on distingue le *modérateur à force centrifuge*, qui est adapté aujourd'hui aux machines à vapeur, aux roues hydrauliques et aux moulins à vent. Lorsque la vitesse de rotation de l'arbre principal de l'appareil devient trop forte ou trop faible, il en résulte dans le modérateur un mouvement qui est transmis par un mécanisme analogue à celui des fils de sonnettes, et qui ralentit ou accélère la quantité de force motrice absorbée dans un temps donné. Dans la machine à vapeur, on fait quelquefois communiquer avec le régulateur à force centrifuge, non-seulement le robinet qui livre passage à la vapeur, mais encore les registres des cendriers et des cheminées, de manière à activer ou à modérer la combustion autour de la chaudière suivant la vitesse du mouvement de la machine.

Il y a des opérations qui exigent une vitesse constante, beaucoup plus considérable ou beaucoup plus faible que celle du moteur. Le rouet à filer, le dévidoir et le cinglage du fer au marteau, donnent des exemples de la première transformation. On ne cherche en général à obtenir une diminution de vitesse que par la nécessité de vaincre de grandes résistances avec peu de force. Les moufles, la grue et les autres machines du même genre sont dans ce cas.

Une des applications les plus fréquentes et les plus utiles de la mécanique pratique, consiste dans l'art de prolonger la durée d'action d'une force que l'on a créée pendant un temps très-court. L'effort presque insensible que nous faisons une demi-minute chaque jour pour remonter nos montres, produit, au moyen de quelques rouages, un effet réparti sur toute la durée de vingt-quatre heures. La plupart de nos pendules n'ont besoin d'être remontées que tous les quinze jours, et l'on construit à des prix très-modérés des régulateurs qui conservent leur mouvement sans altération pendant une année entière. Le tournebroche ordinaire est l'exemple le plus simple que l'on puisse citer en ce genre. On s'est servi avec avantage d'un appareil analogue au tournebroche, et mû comme lui par un poids ou par un ressort, pour des expériences de physique, où il fallait soumettre un disque de métal à un mouvement de rotation continu. Les chimistes ont souvent aussi employé, pour tenir une dissolution en mouvement, un agitateur lié à un système de petites roues, et mis en action par la descente d'un gros poids.

Exemples divers de la fécondité des procédés technologiques. — Les ressources offertes par la technologie moderne sont aussi surprenantes par leur variété et par l'utilité de leurs applications que par la puissance de leurs effets. Faut-il produire une pression illimitée au moyen d'un appareil d'un petit volume et mis en mouvement par un seul homme ? la presse hydraulyque inventée par notre Pascal, et exécutée par l'anglais Bramah, donnera une pression de 1500 atmosphères. Avec cette machine, on brise un cylindre creux de fer forgé de 8 centimètres d'épaisseur, on réduit une botte de foin au volume du poing ; on liquéfie et on solidifie le gaz acide carbonique. S'agit-il, au contraire, d'exécuter certaines opérations délicates pour lesquelles la main de l'homme et les instruments de précision la plus délicate seraient inhabiles ? on a recours à d'autres procédés. Souvent, par exemple, on doit réduire en poudre des substances solides et séparer cette poudre en différents degrés de finesse. La suspension dans un fluide effectue la séparation beaucoup mieux que ne pourrait le faire le tamisage le plus soigneusement gradué. La substance broyée et réduite en poudre extrêmement fine, est agitée dans une certaine quantité d'eau que l'on soutire ensuite ; les portions les plus grossières de la matière suspendue tombent les premières, et les plus fines restent le plus de temps à descendre au fond. En opérant ainsi, la poudre d'émeri même, substance d'une grande densité, se sépare dans les divers degrés de finesse qu'on peut désirer. Le feu employé avec art intervient directement, et non plus seulement comme agent moteur, dans la dernière façon à donner à quelques substances. C'est ainsi qu'en passant rapidement la mousseline sur un cylindre de fer tenu à la chaleur rouge, on détruit les petits *filaments* parasites qui nuisent à l'apparence de l'étoffe, et qu'il serait *tout à fait* impossible de couper. Le corps du tissu reste trop peu de temps en contact avec le fer pour brûler. La destruction de ces filaments, encore plus nécessaire dans le tulle, s'effectue en le passant rapidement à travers un jet de gaz enflammé.

Nous ne pouvons pas entreprendre ici de donner même une simple esquisse des procédés de la technologie chimique et physique, dont la nature et les moyens sont variés à l'infini, et ne peuvent être formulés en quelques lois simples comme ceux de la mécanique appliquée. Nous ferons néanmoins observer qu'ils ne sont pas seulement utiles pour obtenir une foule de produits dont nous serions privés sans leur action, mais qu'ils servent encore à la fabrication *plus prompte et surtout plus économique* de la plupart des substances que l'on savait se procurer avant les découvertes de la chimie moderne. L'art du tanneur nous présente un exemple de ce genre. Le tannage consiste, comme on *sait, à imprégner* des *peaux d'animaux d'un certain principe* appelé tannin, qui doit se combiner entièrement avec leurs particules. Suivant la méthode ancienne, on déposait les peaux dans des fosses remplies d'une dissolution de tan; elles y restaient de six à douze mois, souvent même jusqu'à dix-huit; et quelquefois, si le cuir était épais, l'opération durait deux ans, peut-être plus encore. Ce long espace de temps était nécessaire pour que le tannin pénétrât entièrement dans l'intérieur du cuir. Le nouveau procédé *consiste à placer* les cuirs, avec une dissolution de tan, dans des vases fermés où l'on fait le vide. On chasse ainsi tout l'air qui peut être contenu dans les pores de la peau, et en réintroduisant ensuite l'air dans le vase, on ajoute la pression de l'atmosphère à l'énergie de l'action capillaire pour forcer le tannin à pénétrer dans l'intérieur. On augmente même la pression en faisant entrer dans le vase un excès de dissolution de tan au moyen d'une pompe foulante. De cette manière, la pression possible n'a plus d'autre limite que la résistance du vase, et les peaux les plus épaisses peuvent être tannées en six semaines ou deux mois au plus.

Le blanchiment des toiles en plein air exige un temps assez considérable, et quoique ce mode de procéder ne demande pas beaucoup de travail, sa longueur expose les toiles à des vols, à des dégâts, et faisait désirer un moyen d'abréger l'opération. C'est à Berthollet que l'on doit la découverte des principales propriétés du chlore et l'emploi de cette substance dans le blanchiment des toiles, des tissus végétaux et du papier.

La température même de l'atmosphère est utilisée, dans ses deux extrêmes, pour certains résultats économiques de la plus haute importance. Dans les marais salants de l'ouest de la France, la chaleur du soleil est insuffisante pour évaporer l'eau de la dissolution saline, et le combustible est trop cher pour qu'on puisse l'employer avec avantage. On a donc imaginé d'élever l'eau par des pompes jusqu'à un réservoir d'où elle retombe à petits filets sur des amas de fagots. Elle se divise ainsi, et présente une grande surface à l'évaporation, en sorte que le liquide recueilli *dans* les vases placés sous les fagots est déjà plus riche en sel : on se débarrasse donc d'une bonne partie de l'eau inutile, et le reste est chassé par l'ébullition. Le succès de cette manière d'opérer dépend aussi bien du plus ou moins d'humidité répandue dans l'air que de la température; car, au moment où l'eau tombe au travers des fagots, si l'air est saturé d'humidité, il n'absorbera aucune des particules de l'eau salée, et le travail exécuté pour élever cette eau à la pompe sera totalement perdu. Ainsi, pour déterminer le moment convenable de l'opération, il est important de connaître *l'état de sécheresse* de l'atmosphère, et un examen attentif de *cet état, par le moyen* d'un hygromètre, pourra économiser souvent quelques heures de travail mal employées. Dans les pays septentrionaux, où *l'humidité* et la basse température qui règnent une partie de *l'année*, ne permettraient pas d'employer un procédé analogue, on arrive au même résultat par un moyen entièrement différent. La dissolution saline exposée, pendant les longues gelées d'hiver, à un froid *intense*, se recouvre d'une couche épaisse de glace. Or c'est une propriété fondamentale de la cristallisation de purifier les substances qui y sont soumises. La glace ou l'eau cristallisée est donc très-peu chargée de substances étrangères, et, au contraire, les *eaux mères* qui restent au fond du bassin sont très-riches en sel, que l'évaporation, par la chaleur, fournit promptement.

Dans un des pays les plus chauds du monde, au Bengale, on parvient à se procurer de grandes quantités de glace sans faire agir aucun mélange réfrigérant, et par le simple effet du rayonnement nocturne. « Un terrain assez bien nivelé, d'environ quatre acres, dit M. Arago (*Annuaire des longitudes de* 1828), est divisé en carrés d'un mètre à un mètre et demi de côté, entourés d'un petit rebord de terre d'environ un décimètre de hauteur. Dans ces compartiments, couverts de paille ordinaire ou de cannes à sucre sèches, on place autant de terrines remplies d'eau qu'ils peuvent en contenir. Ces terrines ne sont pas vernies, mais on graisse leurs parois intérieures; elles ont beaucoup de largeur et peu de profondeur; la glace se forme à leur surface. » Une seule fabrique de ce genre occupe trois cents personnes. »

§ III. — *Des applications de la technologie aux beaux-arts et aux sciences.*

A peine l'homme a-t-il pourvu aux premières nécessités de sa vie matérielle, qu'il étend ses idées au delà de l'horizon borné que ses regards embrassent. Il s'efforce de sonder la profondeur du ciel, de mesurer l'étendue de la terre. La notion de l'infini lui apparaît et il la retrouve dans tous ses désirs de connaître et de posséder. Il cherche à la percevoir d'une manière plus intime par les sens principaux qui le mettent en rapport avec le monde extérieur, et il tire de la matière inerte tous les instruments propres à satisfaire les passions de la partie la plus noble de son être : il cultive les beaux-arts, les sciences et la poésie. Les monuments, les sculptures, les dessins, et les instruments de mesure que l'on trouve chez presque tous les peuples encore sauvages prouvent assez cette tendance naturelle à l'esprit humain. Une des fonctions les plus importantes de la technologie consiste donc à fournir les voies et moyens d'exécution nécessaires à la culture des beaux-arts et des sciences.

Au premier rang entre ces moyens il faut ranger les arts graphiques, *qui sans doute ne sont pas nécessaires à l'existence d'un peuple, mais sans lesquels* il ne peut conserver ni les traditions historiques, ni les dépôts des connaissances acquises. Parmi ceux que nous possédons, nous citerons l'écriture, la sténographie, l'art de calquer et de copier, l'imprimerie, la stéréotypie, la lithographie, la gravure. Viennent ensuite tous les arts où l'on a pour but d'imiter ou de copier exactement les formes extérieures, tels que la partie mécanique du dessin, de la peinture et de la sculpture, la plastique générale, etc., etc. Ce n'est pas ici le lieu d'examiner comment l'écriture, après bien des transformations successives, est devenue phonétique de figurative qu'elle était d'abord. Mais nous ne pouvons nous dispenser de signaler les différences essentielles des trois espèces d'écritures principales que nous employons : 1° pour les usages ordinaires ; 2° pour la sténographie ; 3° pour les signaux télégraphiques. L'écriture ordinaire est enseignée aujourd'hui, sous le nom de calligraphie, par des méthodes qui ont singulièrement contribué à propager ce talent utile. La sténographie est dans un état d'imperfection manifeste : l'emploi de procédés mécaniques paraît indispensable pour lui donner l'importance qu'elle mérite et pour généraliser ses applications. Les résultats surprenants que fournissent déjà les télégraphes ordinaires ne sont rien en comparaison de ceux que promet l'usage des télégraphes électriques. D'après les essais tentés avec ces derniers, la pensée pourrait se transmettre avec une vitesse indéfinie d'une extrémité à l'autre d'un simple fil de métal. *Voy.* TÉLÉGRAPHIE ÉLECTRIQUE.

Les procédés d'imitation d'une forme donnée offrent plus d'intérêt et de variété peut-être que toutes les autres classes de procédés technologiques. Citons-en quelques-uns d'une application immédiate aux sciences et aux beaux-arts.

L'art d'imprimer avec des formes creuses comprend la gravure en creux sur cuivre, la gravure sur acier, la gravure de la musique sur l'étain. Ces trois genres de gravures ont des effets limités d'une manière bien différente. En effet, l'étain est si tendre et se raye si facilement, que l'on ne peut en tirer qu'un petit nombre d'épreuves nettes. Une planche de cuivre ne fournirait pas plus de trois mille billets de banque, sans altération sensible ; tandis que l'on cite l'exemple de deux billets de banque gravés sur acier qui furent soumis à l'examen d'un artiste distingué, sans que celui-ci pût décider avec certitude lequel des deux avait été tiré le premier; et cependant l'un de ces billets était une épreuve prise dans le premier mille ; l'autre avait été fait après le tirage de quatre-vingt mille billets.

L'art d'imprimer avec des surfaces planes comprend la gravure sur bois, la gravure en relief sur cuivre, l'imprimerie en caractères mobiles, la stéréotypie, l'impression sur étoffes et sur porcelaine, la lithographie, les moyens de copier les lettres. Watt, ce mécanicien si célèbre dans l'histoire de la machine à vapeur, a inventé le premier une méthode prompte et économique pour prendre copie des lettres et des écritures dont les affaires et les relations commerciales exigent que l'on conserve des doubles. Mais il était obligé de mouiller l'original, et de transporter la copie sur un papier transparent, non collé, ne pouvant recevoir d'empreinte que d'un seul côté, et tellement mince que toute circulation lui était interdite. Aujourd'hui *l'appareil prompt-copiste*, imaginé par M. Lanet, et approuvé par l'Académie des sciences, reproduit, sans l'altérer, tout écrit fait à la main avec l'encre à copier; il permet l'usage du papier ordinaire tant pour l'original que pour la copie; on opère sans mouiller ni l'un ni l'autre, on obtient plusieurs épreuves d'un même écrit, et enfin on peut prendre ou transcrire les copies dans des cahiers ou dans des registres reliés.

Un procédé du même genre a fixé l'attention publique à la dernière exposition des produits de l'industrie. Les résultats de ce procédé sont de la plus haute importance, puisqu'il permettra de reproduire indéfiniment tous les ouvrages les plus rares, les manuscrits les plus précieux, sans faire subir aucune altération à l'original.

Le moulage en relief s'opère avec des métaux, avec du plâtre, avec du soufre, avec de la cire, avec des argiles et des pâtes de nature diverse (que l'on soumet parfois à la cuisson), avec du verre, avec du bois, avec de la corne, avec de l'écaille. La percussion ou une forte pression sont employées pour faire prendre l'empreinte du moule aux substances qui ne sont pas à l'état de fusion parfaite, ou dont la consistance est trop forte. On est parvenu, à l'aide d'un procédé très-ingénieux, à représenter en bronze de simples feuilles d'arbre et les détails les plus minutieux de l'extérieur des végétaux et d'autres petits corps organisés. Ce procédé consiste à carboniser d'abord et à brûler ensuite dans son moule, au moyen d'un fort courant d'air, le corps qui a servi à le former. Le moule reste en creux, portant l'empreinte la plus fidèle de l'original; et lorsqu'il est encore à très-peu près à la chaleur rouge, on y verse le métal en fusion, dont le poids chasse par les trous pratiqués d'avance le peu d'air qui pourrait encore rester à cette haute température.

L'art de copier en modifiant les dimensions est un des plus remarquables de la série dont nous esquissons les principaux traits. Le pantographe, si connu des personnes qui s'occupent de *géométrie pratique*, remplit ce but pour un dessin donné. Le tour à figures, le tour à copier les coins de monnaies, la machine à copier des bustes, transforment un relief en un autre relief plus grand ou plus petit, mais semblable.

La machine perspective de Wren, dont le diagraphe de M. Gavard offre une imitation perfectionnée, la chambre claire, la chambre noire, servent à transporter sur un dessin les contours apparents d'un relief. Les procédés purement mécaniques employés pour la gravure des médailles et des demi-bosses, donnent aujourd'hui de très-beaux résultats dans le *Trésor de numismatique et de glyptique*. Mais l'admirable invention de M. Daguerre, au moyen de laquelle la lumière réfléchie par les corps agit seule sur la plaque préparée pour recevoir les images, laisse très-loin derrière elle, pour le mérite et pour l'importance, toutes celles que nous venons d'indiquer. C'est encore dans notre pays qu'on a imaginé un procédé du plus grand intérêt par ses résultats, pour tirer des épreuves de toutes dimensions d'une même planche de cuivre. Il y a quelques années, on expédia en Angleterre quelques échantillons de ce genre obtenus par un horloger de Paris, M. Gonord, qui gardait le secret de sa méthode. Les échelles de dimensions des gravures d'un même dessin variaient dans le rapport de un à trois; et néanmoins il était impossible aux artistes les plus distingués de découvrir dans l'une des gravures aucun trait qui n'existât dans les autres.

La technologie rend à la musique des services non moins signalés qu'aux beaux arts, puisque c'est à elle que l'on doit les instruments sans lesquels les plus belles conceptions musicales n'auraient jamais été exécutées. On doit avouer cependant que la technologie, sous ce rapport, laisse encore beaucoup à désirer, et qu'elle n'est à la hauteur ni de l'art, ni des idées nouvelles. Pour faire jouir un petit nombre de personnes des merveilleuses compositions des grands maîtres, on est contraint de concentrer dans un espace resserré une grande variété d'instruments, dont chacun occupe un artiste à lui seul. La foule est exclue de ces réunions, où les auditeurs ne sont pas beaucoup plus nombreux que les exécutants. L'époque n'est pas éloignée, sans doute, où les ressources de la mécanique et de l'acoustique appliquées seront mises à profit, pour faire participer un peuple entier aux jouissances de la musique. C'est à la technologie, guidée par la philosophie et par la science, à préparer un nouveau *Colossée*, où des milliers de spectateurs verront se dérouler devant eux les merveilles de l'art.

La technologie fournit à la plupart des sciences des instruments d'observations sans lesquels on peut dire que celles-ci n'existeraient pas. Où en serait l'astronomie, par exemple, si elle s'était bornée à la contemplation vague des phénomènes célestes? N'est-ce pas à l'invention des lunettes qu'est due la découverte des phases de Vénus, et par suite l'une des premières preuves positives qui aient été données à l'appui du système de Copernic? L'admirable précision des observations modernes n'est-elle pas une conséquence de la perfection des appareils exécutés par les Reichenbach, les Fortin, les Gambey, les Cauchoix? Les instruments à réflexion ne sont-ils pas de la plus haute importance pour la navigation théorique et pratique? Sans le cercle répétiteur de Borda, aurait-on pu mesurer les dimensions du globe terrestre avec cette exactitude qui surpasse toute prévision? En un mot, nous ne concevons pas plus que nous puissions nous passer de la technologie, même sous le point de vue scientifique, que nous ne concevrions l'âme sans le corps : tant il est vrai que l'on retrouve à chaque instant, et sous toutes les formes possibles, cette merveilleuse alliance de la théorie et de la pratique, de la conception et de l'exécution, de l'esprit et de la matière!

Une des applications les plus remarquables que l'on ait jamais faites de la technologie aux sciences spéculatives, consiste dans l'emploi de procédés purement mécaniques pour effectuer des calculs qui semblent exiger l'action de l'intelligence. La première application de ce genre est due au génie de Pascal. Chargé d'aider son père dans la confection de comptes aussi longs que fastidieux, il imagina cette fameuse machine *arithmétique* qui fut le type de toutes celles que l'on proposa dans le dix-huitième siècle. Malgré l'importance que des hommes de la portée de Pascal, de Leibnitz, de Lambert, avaient attachée à des machines de ce genre, elles étaient complétement oubliées, lorsqu'un savant anglais, M. Babbage, est parvenu à en construire une nouvelle, à l'aide de laquelle on peut calculer exactement des séries très-compliquées. Mais malgré tout le mérite de l'invention de M. Babbage, on ne doit pas espérer que les *machines numériques*, qui donnent des résultats exacts des opérations, puissent jamais se répandre beaucoup : la difficulté et la cherté de leur construction s'y opposeront toujours. Les *appareils graphiques*, au contraire, à l'aide desquels on obtient une approximation suffisante pour la pratique, et dont quelques-uns peuvent être livrés à très-bas prix, sont destinés à devenir populaires. En Angleterre, les ouvriers, les fabricants, les ingénieurs, sont presque tous munis de l'ingénieuse *règle logarithmique* de Gunther. L'usage de cette règle commence à se répandre en France. On a aussi proposé des arithmographes circulaires, et nous pouvons penser que, d'après des perfectionnements récemment apportés à leur dispositif et à leur construction, ces instruments sont de nature à se propager et à remplacer avantageusement la règle à calcul. Les machines graphiques les plus parfaites sont munies d'un cône qui joue le rôle d'un rouage en une section déterminée de sa surface; de sorte que l'on peut varier les mouvements d'une manière continue entre certaines limites. La première idée du cône est due à M. Coriolis, qui l'a appliquée en 1829 à la construction d'un dynamomètre. Quelque temps après, MM. Oppikofer et Ernst ont fondé, sur l'emploi du cône, l'ingénieux planimètre au moyen duquel on obtient l'aire d'une surface plane quelconque, en promenant à la fois un index et une règle sur tous les points de son contour. Enfin, à l'aide de quelques modifications nouvelles, on est parvenu à faire du planimètre un instrument universel, propre aux calculs les plus compliqués.

On doit rapporter aux machines à calculer, les *compteurs*, instruments destinés à enregistrer une suite de répétitions d'une même action, et à éviter ainsi à l'esprit une des opérations les plus fatigantes qu'on puisse lui imposer. C'est avec un compteur (*odomètre*) que Fernel a déterminé le nombre de tours d'une roue de voiture de Paris à Amiens, et qu'il en a conclu, par un singulier hasard, un résultat d'une exactitude surprenante, pour la longueur d'un degré du méridien terrestre. Les montres et les horloges sont des compteurs qui servent à mesurer le temps par le nombre des oscillations isochrones d'un balancier. L'horlogerie exacte, dont l'importance est si grande pour la navigation, pour l'astronomie et pour les autres sciences d'observation, est parvenue à un degré remarquable de perfection dans quelques-uns de ses produits. Il lui reste à trouver des procédés tels que, dans tous les cas, on soit assuré d'obtenir des résultats identiques avec les mêmes instruments confectionnés de la même manière; et c'est à quoi elle n'a pas su parvenir jusqu'à présent. L'usage des compteurs tend à se répandre de plus en plus dans les sciences et dans leurs applications. On en a proposé pour déterminer les variations de hauteur du baromètre et du thermomètre, d'intensité et de direction du vent, la quantité de pluie tombée dans un laps de temps déterminé. M. Arthur Morin en a employé de fort ingénieux pour déterminer toutes les lois du frottement des corps et du tirage des voitures. D'après une idée due à M. Poncelet, il en a construit d'autres qui peuvent être adaptés au moteur d'une usine quelconque, et qui donnent la valeur de la force fournie par ce moteur en un ou plusieurs jours.

§ IV. — *Des applications des sciences à la technologie.*

La technologie serait ingrate si elle méconnaissait les services que les sciences lui ont rendus, et qu'elles sont encore appelées à lui rendre tous les jours. Nous ne voulons pas aborder ici l'épineuse question de la prééminence entre la théorie et la pratique: cette question sera le sujet de controverses qui dureront probablement autant que le monde lui-même. Mais tous les bons esprits s'accordent aujourd'hui à reconnaître que les spéculations les plus abstraites ont eu ou peuvent avoir des applications utiles. Quand Platon et les géomètres de son école étudiaient les propriétés des courbes que l'on obtient en coupant un cône par un plan, on ne prévoyait guère que, deux mille ans après, Képler découvrirait l'identité de l'ellipse, l'une de ces courbes, avec les orbites décrites par les planètes autour du soleil; ni que Newton démontrerait, comme conséquence de la loi de l'attraction universelle, la possibilité et jusqu'à un certain point la probabilité de l'existence d'un grand nombre de comètes, décrivant dans l'espace des courbes semblables aux deux autres sections coniques, la parabole et l'hyperbole, et donnerait les preuves les plus certaines de la liaison entre l'expression de cette loi et les mouvements géométriques des astres. Or, la théorie de Newton, en permettant de soumettre au calcul, longtemps avant l'époque où ils doivent se produire, les phénomènes astronomiques les plus compliqués, a fourni à la navigation et à la géographie les moyens d'observation les plus sûrs et les plus exacts. Il n'y a donc pas de marin cherchant à déterminer sa route sur l'Océan, pas de négociant faisant le commerce d'outre-mer, pas de consommateur des produits exotiques, qui ne profite pour quelque part des travaux de ces trois grands hommes, Platon, Képler, Newton! Quelle admirable solidarité entre tous les âges et tous les membres du genre humain! L'histoire de la science fournirait un grand nombre d'exemples analogues. Citons-en quelques-uns.

« Le quartz hyalin ou cristal de roche, dit M. Alexandre Brongniart, dans son excellente *Introduction à la minéralogie*, est un des corps transparents à double réfraction dont Rochon et quelques physiciens ont fait le plus heureux emploi dans les lunettes astronomiques, pour déterminer, au moyen de cette propriété, par un calcul très-simple, et quelquefois même par la seule observation, si un corps qui se meut dans la direction du rayon visuel s'éloigne ou s'approche de l'observateur. Lorsqu'on a découvert dans le quartz la propriété de la double réfraction, on ne présumait pas que cette propriété, qui n'était alors que curieuse, serait un jour susceptible d'une application de l'importance de celle que nous venons d'indiquer ; qu'elle pourrait servir, par exemple, à faire connaître sur-le-champ, et par un artifice très-simple, si un vaisseau qui en poursuit un autre gagne ou perd de vitesse sur celui qu'il chasse, et qu'elle serait ainsi dans le cas d'avoir une influence considérable sur les plus grands intérêts de la société. »

Depuis l'invention des lunettes astronomiques par Galilée, on n'avait jamais pensé à remédier aux franges irisées dont les images se trouvaient entourées, dans les meilleurs instruments, lorsqu'en 1747, Euler, réfléchissant à la structure de l'œil, eut l'heureuse idée de faire disparaître ces couleurs étrangères, de rendre les lunettes achromatiques. Ses recherches le conduisirent à des constructions d'objectifs formés de verre et d'eau qui devaient résoudre le problème. Mais, ses calculs étant fondés sur une hypothèse contraire à celle que Newton avait établie dans son optique sur la loi de dispersion de la lumière, il s'éleva à ce sujet une polémique assez vive entre Euler et Dollond, célèbre opticien anglais. Celui-ci resta longtemps persuadé, sur l'autorité de Newton, de l'inutilité des recherches pour la construction des lunettes achromatiques. Mais enfin, vaincu par les raisonnements d'Euler et de Klingerstierna, professeur de l'université d'Upsal, il fit l'expérience directe, et reconnut que Newton s'était trompé. Tournant alors toutes ses recherches vers la réalisation de l'idée primitive d'Euler, Dollond eut la gloire de faire connaître le premier un objectif achromatique, composé de flint-glass et de crown-glass, verres de densités et de pouvoirs réfringents différents.

La propriété que possède l'ambre jaune d'attirer à distance les corps légers, lorsqu'on vient de le frotter, avait excité l'étonnement des plus anciens philosophes de la Grèce ; et, cependant, depuis Thalès jusqu'au milieu du siècle dernier, dans un intervalle de plus de deux mille ans, on n'avait jamais pensé à appliquer cette propriété, ni même à en développer les conséquences. Qui donc aurait pu prévoir que cette vertu attractive, si insignifiante en apparence, si bornée dans ses résultats, si longtemps inutile, serait le germe de l'admirable science de l'électricité? Que, par une suite de déductions logiques, on arriverait, dans l'espace de moins de deux siècles, à en conclure des procédés certains pour se garantir de la foudre? Qu'on y rattacherait une multitude de phénomènes variés, et le principe de la pile voltaïque, « qui est, quant à la singularité des effets, dit M. Arago, le plus merveilleux instrument que les hommes aient jamais inventé, sans en excepter le télescope et la machine à vapeur. » Et voilà qu'aujourd'hui l'autorité imposante du savant que nous venons de citer rend très-probables les succès que l'on obtiendrait en se servant d'aérostats captifs, munis de pointes métalliques, et fixés au sol par une corde conductrice, pour préserver des contrées entières du fléau de la grêle. Qui ne s'étonnerait des prodigieuses conséquences tirées de la vertu attractive de l'ambre jaune, en voyant qu'elles étendent l'empire de l'homme jusque sur les éléments ; qu'elles lui permettent de composer et de décomposer les corps, d'anéantir la foudre et de dissiper les orages !

De toutes les théories scientifiques, celles de la chimie moderne ont eu assurément le plus d'influence sur les procédés des arts. Il y a peu de découvertes nouvelles produites par des expériences de laboratoire, qui n'aient été suivies de quelque heureuse application technologique. La connaissance exacte de la nature des réactions entre différentes substances, et des proportions les plus convenables pour assurer ces réactions, a donné naissance à une multitude de procédés complétement inconnus avant la fin du siècle dernier. Le blanchiment des toiles par le chlore, la fabrication de la soude artificielle par le procédé de Leblanc, celle du sucre de betteraves, la composition assurée d'excellents mortiers hydrauliques d'après les principes de M. Vicat, l'extraction de la gélatine des os, la distillation du vinaigre de bois, la formation du gaz de l'éclairage, l'invention des allumettes faciles à s'enflammer, de la lampe de Davy et d'une multitude d'autres procédés, sont dus uniquement aux progrès de la chimie.

Quant à l'influence des autres sciences, il faut ajouter aux exemples cités plus haut : l'application des pendules aux horloges, par Huyghens ; l'établissement, par Fresnel, de lentilles à échelons dans les phares employés à l'éclairage des côtes ; la construction de la roue à aubes courbes, par M. Poncelet, etc.

En un mot, la technologie est liée intimement par ses progrès à ceux des connaissances purement théoriques, et sa tendance manifeste est de n'employer que des procédés qui soient des applications directes et raisonnées de faits scientifiques. Les avantages qui résultent de cette tendance ne tiennent pas seulement à ce que le domaine de nos connaissances s'agrandit sous l'influence de la science, mais encore à ce que la théorie peut seule guider la pratique d'une manière sûre, et lui éviter tous les tâtonnements et les essais infructueux auxquels celle-ci est forcée de se livrer lorsqu'elle est abandonnée à elle-même. Nos idées doivent donc se diriger vers les recherches scientifiques aussi bien que vers l'étude des résultats donnés par l'expérience ; et chaque progrès de la science pure renfermera très-probablement en lui le germe de quelque application utile.

Quant aux reproches que les détracteurs de la théorie pure ne manquent jamais de lui adresser, lorsqu'elle vient à errer dans les essais qu'elle tente pour agrandir le domaine de la pensée, nous ne pouvons mieux faire que de leur citer les paroles prononcées par un académicien célèbre pour la précision de ses expériences : « On ne ferait presque

« jamais de nouveaux pas dans les sciences « physiques, dit M. Biot, on n'oserait jamais « y pressentir de lointains rapports, s'il fal« lait n'essayer de rapprocher les faits que « lorsque le calcul peut s'y appliquer rigou« sement. »

§ V. — *Importance et effets de la technologie pour l'individu et pour la société.*

Les avantages des procédés technologiques pour l'homme individu paraissent dériver de quatre causes principales, qui sont : 1° les forces qu'il ajoute à la science ; 2° l'économie de temps ; 3° la transformation de matières communes en produits qui ont de la valeur ; 4° l'économie dans l'emploi des matières premières.

1° Nous avons déjà donné ailleurs l'indication des principales sources auxquelles l'homme peut emprunter des forces ; nous voulons seulement montrer ici que, par un choix convenable dans l'emploi des moyens, l'homme peut tirer de sa force un parti bien plus considérable que s'il eût agi sans leur secours. Il existe à ce sujet une expérience classique, rapportée par Rondelet dans son *Art de bâtir*, et dont voici le résultat. Pour traîner une pierre sur un sol de niveau, ferme et uni, il faut employer en force un peu plus des deux tiers du poids de la pierre : les trois cinquièmes, si on la traîne sur des pièces de bois ; les cinq neuvièmes, si on la tire après l'avoir placée sur forme de bois, posant elle-même sur les pièces de bois ; et si l'on savonne les deux surfaces de bois, il ne faut plus qu'un sixième. En faisant usage de rouleaux de huit centimètres de diamètre, placés comme intermédiaires entre la pierre et le sol, le tirage devient la trente-deuxième partie du poids, et la quarantième partie s'ils roulent sur plateforme en bois. Enfin, s'ils roulent entre deux surfaces unies, telles que du bois, il ne faudra que la cinquantième partie du poids de la pierre pour opérer le mouvement. Ainsi, à chaque invention nouvelle indiquée par la théorie ou par la pratique, le travail de l'homme éprouve une diminution sensible. On produit plus d'effet avec la même force, et il faut moins de force pour un effet déterminé.

2° L'économie du temps de l'homme a des effets si importants et si étendus, que l'on pourrait rattacher à ce titre la plupart des avantages des machines. Un des exemples les plus frappants que l'on puisse en citer, c'est l'emploi de la poudre pour faire sauter les rochers. Il résulte d'une expérience faite dans les carrières de pierre calcaire, exploitées pour la construction du brise-lame de Plymouth, qu'avec 150 francs de poudre et 11 francs de main-d'œuvre on peut obtenir pour 1150 francs de matière. Une autre invention bien simple, et encore trop peu connue, est destinée à produire une économie de temps considérable dans l'intérieur des maisons particulières comme dans les établissements industriels : elle consiste à transmettre la voix d'un appartement à un autre au moyen de tuyaux d'étain ; on a même construit des tubes flexibles offrant l'apparence de cordons de sonnettes, et pouvant établir communication entre l'intérieur d'une voiture et le cocher placé sur son siége, entre un salon et les parties les plus reculées d'une maison. Un métier bien ancien, celui du vitrier, a reçu de nos jours un perfectionnement de la plus grande importance pour l'opération de la coupe du verre avec le diamant. Dans la méthode que l'on suivait, il y a moins de trente ans, le diamant se plaçait dans un petit cercle conique en fer : avec cette disposition, l'apprenti vitrier trouvait beaucoup de difficulté à se servir de son instrument d'une manière sûre, et ce n'était qu'au bout de *sept ans* d'apprentissage que les ouvriers étaient censés assez adroits pour être employés tous indifféremment à ce travail. Ceci tenait à la difficulté de trouver l'angle précis sous lequel le diamant coupe, et de le guider sur le verre suivant l'inclinaison convenable, une fois cet angle trouvé. Un nouvel outil a permis d'économiser presque toute cette perte de temps et de verre détruit pour apprendre l'art de couper le verre. Le diamant est fixé dans une petite pièce carrée de cuivre, une de ses arêtes étant à peu près parallèle à un des côtés du carré. Un ouvrier exercé tient cette arête du diamant serrée contre une règle, et essaye ainsi, en usant chaque fois à la lime le côté de la monture en cuivre, jusqu'à ce qu'il ait trouvé que le diamant forme un trait net sur le verre ; alors le diamant et la monture sont fixés sur une petite tige semblable à un porte-crayon, au moyen d'un anneau qui permet un petit mouvement angulaire. De cette manière, le premier venu peut appliquer de suite l'arête taillante à son angle convenable, pourvu qu'il tienne le côté de la monture en cuivre pressé contre la règle ; quand même la tige qu'il tient dans sa main dévierait un peu de l'angle voulu, il n'en résulte pas d'irrégularité sensible dans la position du diamant, et le trait est manqué très-rarement.

3° La chimie préside presque constamment à toutes les transformations qui ont pour but d'établir des matières de peu de valeur ; elle ne laisse perdre aucun des résidus les plus vils que l'homme rejette loin de lui dans le cours de la vie ordinaire. L'exploitation de la *poudrette* des environs de Paris a été une cause de prospérité pour l'agriculture. L'*équarrissage* des chevaux donne lieu à une multitude de produits différents dont aucun n'est complétement perdu. Les matières animales, dont la décomposition spontanée est une cause certaine de miasmes pestilentiels, traitées par des procédés chimiques, servent à produire la plupart des produits azotés, tels que le prussiate de potasse et le bleu de Prusse, le charbon animal, un des engrais les plus généreux que l'on connaisse, et le noir d'ivoire, employé en peinture. Les poêles et les autres vases de tôle, usés au point de ne plus pouvoir être raccommodés, sont découpés en petites bandes percées de petits trous et grossièrement enduites d'une couleur noire, pour l'usage de l'emballeur qui en garnit les bords et les angles de ses caisses. Les rognures et les plus mauvais morceaux soumis à l'action de l'acide pyroligneux servent à préparer une teinture noire à l'usage des imprimeurs sur calicot.

La mécanique donne aux matières premières des augmentations de valeur bien plus considérables encore que la chimie, et non moins surprenantes, quoiqu'elle use de procédés plus longs et plus compliqués, en général. Nous empruntons aux recherches de M. Héron de Villefosse les nombres consignés dans le petit tableau suivant, qui pourront donner une idée du prix que la main-d'œuvre ajoute aux matières premières.

Nature de la matière première.	Nature de la matière ouvrée.	Prix de la matière ouvrée, la valeur première étant représentée par 1.
Plomb	Feuilles, tuyaux de dimensions moyenn.	1,25
	Petits caractères d'imprimerie.	28,30
Cuivre	Feuilles	1,26
	Toiles métalliques de 90,000 *mailles* au mètre carré.	58,23
Fonte de fer.	Ustensiles de ménage.	2,00
	Bracelets, figures, boutons	147,00
Fer en barres.	Fers de fonderie pour clous.	1,10
	Canon de fusils de munition	9,10
	Outils aratoires.	31,20
	Lames de canifs de bureau.	657,14
	Poignées d'épée en acier poli.	272,82

Mais on connaît des résultats encore plus surprenants et qui ne sont pas consignés dans ce tableau. La dentelle acquiert une valeur 10,000 à 100,000 fois plus considérable que le lin qui a servi à la façonner. Un kilogramme de fer brut coûte environ 0 f.50 pris sur place. Si l'on transforme ce fer en acier, et que l'on emploie l'acier à la fabrication des petits ressorts en spirale qui sont adaptés aux balanciers des montres, on en pourra faire 180,000 au kilogramme, le poids de chacun d'eux n'excédant guère un demi-centigramme. Or, lorsqu'un de ces ressorts est parfait, il vaut jusqu'à 6 francs; on en pourra donc faire pour plus d'un million de francs dans un kilogramme de fer, et donner ainsi à la matière travaillée deux millions de fois plus de valeur qu'à la matière brute.

4° La précision des machines dans l'exécution, l'exacte similitude de leurs produits, la connaissance approfondie des proportions nécessaires aux manipulations chimiques opérées en grand, sont autant de causes d'économie dans l'emploi des matières premières. Le débitage des bois en planches, qui a dû être fait primitivement à l'aide de grossiers instruments tranchants, tels que le coin et la hache, a reçu un grand perfectionnement par l'invention de la scie. La quantité de bois perdue, au lieu d'être égale à celle des planches façonnées, devient au plus le huitième de la masse du bois brut lorsquelles ont deux à trois centimètres d'épaisseur. Mais, s'il s'agit d'obtenir du bois moins épais, pour le placage, par exemple, on emploie des scies de forme circulaire à lames très-minces, pour que le rapport de la quantité détruite à la quantité employée ne devienne pas plus considérable, et même, pour le travail du bois précieux, notre célèbre compatriote, M. Brunel, a inventé une machine qui débite les plaques par la rotation continue d'un système de scies, et qui réduit le déchet au minimum. Les progrès de l'imprimerie, depuis une trentaine d'années, fournissent un autre exemple de l'économie des matériaux employés. Autrefois, pour mettre l'encre sur les formes, on se servait de gros tampons de cuir à demi sphériques et remplis d'étoupes. Quelque adroit que pût être l'ouvrier, il ne pouvait empêcher qu'une portion de l'encre ne restât sur le côté des balles, et cette portion n'étant pas transmise aux caractères s'épaississait, se durcissait, et finissait par devenir une croûte noire qu'on était obligé d'enlever. De plus, on n'avait aucun moyen de régulariser la quantité d'encre versée sur l'encrier d'imprimerie, ni la quantité prise par le tampon, ni enfin la quantité laissée par celui-ci sur la forme. L'invention des rouleaux cylindriques formés d'une substance élastique, qui est ordinairement un mélange de colle-forte et de mélasse, a remplacé ce mode vicieux, en apportant une économie considérable dans la consommation de l'encre. Mais l'économie la plus grande est résultée de l'application de la vapeur au mouvement de ces cylindres. On dispose un réservoir d'encre où un rouleau va prendre un peu d'encre régulièrement à chaque tirage; trois autres rouleaux (quelquefois même cinq), étendent cette encre par des moyens ingénieux et variés suivant chaque espèce de presse; enfin, un dernier rouleau, venant s'imprégner sur cette table, passe et repasse sur la forme avant le tirage de chaque feuille. Par cette nouvelle méthode, on place évidemment une quantité d'encre suffisante, sans quoi l'on aurait été bientôt averti par les plaintes du public et des libraires, et une expérience faite en Angleterre, sur deux tirages successifs, chacun de deux cents rames de papier, suivant l'ancienne et la nouvelle méthode, a prouvé que cette dernière procure une économie de plus de moitié dans la quantité d'encre employée (1).

(1) « L'homme n'a pas inventé la parole.
« La parole, comme la raison, la volonté, le sentiment, est une des facultés essentielles qui constituent le fond de son être et qu'il reçut dans l'acte

La technologie n'agit pas seulement pour satisfaire aux besoins immédiats et aux jouissances de l'individu ; elle acquiert un plus haut degré d'importance, lorsqu'elle doit exercer une influence, insensible à la vérité pour la plupart des citoyens d'une nation, à un instant déterminé, mais immense pour la nation entière. Envisagée sous ce point de vue, elle comprend les voies de communications (routes, lignes navigables, chemins de fer), le desséchement des marais, l'éclairage des côtes, et généralement tout ce qui est relatif aux travaux entrepris dans un but d'utilité générale. Notre siècle a produit dans ce genre des ouvrages prodigieux, et tout fait présumer que le progrès ne doit pas se ralentir de longtemps. L'influence de la science technologique ne se fait pas moins sentir lorsqu'il s'agit pour un peuple de défendre son existence politique menacée par l'étranger. C'est elle qui se charge du soin d'élever nos remparts, de construire nos vaisseaux, de les garnir d'une formidable artillerie, de pourvoir nos défenseurs d'armes et de munitions. Les connaissances acquises dans la pratique des arts servirent merveilleusement l'élan patriotique de notre première révolution ; il n'y avait que des hommes familiarisés avec les applications des sciences qui pussent parvenir à transformer presque instantanément en bouches à feu les cloches des églises, en poudre de guerre le sol des caves.

§ VI. — *De la cerdoristique et de l'économie industrielle.*

M. Ampère a désigné sous le nom de *cerdoristique industrielle* (de κέρδος, *gain, profit*, ὁρίζω, *je détermine*), l'ensemble des principes et des procédés au moyen desquels on peut se rendre compte des profits et des pertes d'une entreprise en activité, et prévoir ce qu'on doit attendre d'une entreprise à tenter. Il y a là toute une science nouvelle, que l'on doit regarder plutôt comme à créer que comme s'appuyant déjà sur des bases solides. Nous pourrons néanmoins emprunter quelques préceptes généraux à l'excellent *Traité sur l'économie des machines et des manufactures*, par M. Babbage, auquel nous devons un assez grand nombre de faits cités dans le cours de notre travail.

Les calculs de la cerdoristique dépendent

même de sa création. Mais l'homme a pu inventer l'écriture avec ses innombrables alphabets.

« Il détache des arbres un lambeau d'écorce, et, les doigts armés d'un stylet, il y grave l'expression jusque-là fugitive de sa pensée.

« A la brute écorce succèdent bientôt les membranes polies, et les étonnants papyrus de la Chine, de l'Inde et de l'Egypte, les parchemins indestructibles du moyen âge, et le papier, l'une des plus belles créations humaines.

« Le stylet est remplacé tour à tour par le pinceau, le roseau fendu, la plume taillée de l'oiseau, la plume de fer qu'un mécanisme rapide vomit par millions.

« Des multitudes de copistes infatigables transcrivent les chefs-d'œuvre de l'antiquité ; on les achète au poids de l'or, et ils se dispersent dans le monde entier.

« Le soleil de la civilisation monte sans cesse sur l'horizon, les ténèbres de l'ignorance deviennent odieuses, les livres manquent partout à l'avidité des lecteurs, les doigts des copistes ne suffisent plus, et l'on insulte à leur lenteur.

« Alors l'esprit humain se replie sur lui-même, impatient et irrité.

« Cette impatience et cette colère sont comme la douleur féconde qui devance un enfantement glorieux.

« L'homme donc prend une planche de bois polie, la torture et la creuse ; sa pensée toute-puissante se dessine en reliefs intelligents : l'imprimerie est inventée.

« L'encre, qui doit reporter la mystérieuse empreinte, se distribue par l'action d'une brosse informe ; la main étend et presse la feuille volante ; la voilà transformée en une expression vivante des conceptions humaines, expression que l'on peut multiplier à l'infini.

« La gravure est un travail trop lent encore, qui fatigue et qui désespère ; alors jaillit, impétueuse, cette idée si simple et si grande des caractères mobiles, protées aux mille combinaisons, enchaînés pour quelques instants, bientôt rendus à la liberté, et qui se groupent tour à tour en pages de philosophie profonde, d'histoire émouvante, de poésie aérienne, de science abstraite, de politique brûlante, etc., etc.

« La brosse se transforme en rouleau, la pression de la main est remplacée par un levier puissant, les feuilles se condensent en volumes, et sortent innombrables des innombrables imprimeries du monde nouveau. Les bibliothèques élargissent leurs flancs et se peuplent d'hôtes immortels.

« L'abîme appelle un autre abîme. Les formes de nos vieilles papeteries sont des masses inertes ; l'esprit ne peut les agiter à son gré ; il appelle à son secours le génie de l'industrie, et voilà que la feuille de papier continue commence à dérouler sa surface incommensurable.

« Les Kœnig, les Cowper, les Applegath, les Napier, les Normand, etc., etc., créent et perfectionnent les presses mécaniques ; ils y attèlent les courants d'eau et la vapeur ; une ère nouvelle commence.

« On imprime en un jour ce que les copistes n'auraient pas transcrit en mille ans, ce que Güttenberg aurait à peine imprimé en un siècle.

« Rien ne peut combler le vide immense. C'est en vain que la presse mécanique élargit chaque jour son lit de fer et double sa vitesse, elle n'est jamais ni assez vaste ni assez prompte.

« Chaque nouvel effort est aussitôt proclamé insuffisant.

« Les belles presses de Gaveaux fonctionnent depuis deux ans à peine dans les ateliers du plus progressif de nos journaux, et, dans la force de la jeunesse, elles sont réputées impuissantes.

« Aiguillonné par ces exigences toujours croissantes, l'art mécanique aborde des proportions énormes, et l'on voit se dresser les presses gigantesques du TIMES de Londres et de la PATRIE de Paris. Si ce n'étaient ces formes carrées et cette pesante armure de fer, on dirait un dragon monstrueux : quatre margeurs à Paris, huit margeurs à Londres ne suffisent pas à alimenter sa gueule béante ; la quadruple, l'octuple feuille touche à peine ses lèvres avides, qu'il les entraîne à travers ses mille plis et replis tortueux ; il ne les abandonne que lorsqu'il a fait pénétrer en dessus, en dessous, l'empreinte noire et saillante, sortes d'écailles artificielles dont la main de l'homme l'a revêtu en le domptant.

« Sept mille journaux par heure à Paris, onze mille à Londres : trois volumes par seconde, par chaque battement du pouls ; c'est à peine si l'imagi-

évidemment en première ligne des principes qui président à la constitution sociale. Ils sont donc soumis, suivant les époques et les pays, à de grandes variations. La détermination des lois d'après lesquelles leurs résultats varient en même temps que l'état de la constitution, conduirait évidemment à la solution des problèmes les plus ardus de l'économie politique. Pour ne pas empiéter ici sur le domaine de cette dernière science, nous devons considérer seulement les calculs de la cerdoristique sous le régime de l'organisation actuelle de la société. Il est facile de reconnaître qu'ils portent sur une multitude de points, dont les principaux, lorsqu'il s'agit de la fabrication d'un objet commercial quelconque, sont: la dépense d'achat des outils, des machines, des matières premières et de tout l'agencement nécessaire pour produire, l'étendue des demandes dont on peut être assuré; le temps nécessaire pour recouvrer le capital engagé; enfin le temps plus ou moins long après lequel l'article nouveau détruira l'usage des articles analogues actuellement employés. Si les nouvelles machines et les nouveaux outils sont entièrement différents de ceux que l'on avait déjà, il sera difficile de déterminer leur dépense. Cependant telle est la variété des organes mécaniques employés dans les divers ateliers d'un pays industrieux, qu'il doit se rencontrer peu d'inventions nouvelles dont l'exécution ne présente, dans ses détails beaucoup d'analogie avec une machine déjà établie. On connaît ordinairement, sans peine, le taux auquel sont cotées les matières premières; mais dans le cas où la consommation en est assez restreinte, on prévoit que les demandes d'une nouvelle fabrique peuvent en faire hausser momentanément le prix, quoiqu'en définitive l'accroissement des demandes doive réduire au même prix, si rien ne limite nécessairement la quantité de la matière première. Quant à l'étendue des demandes, et au temps nécessaire pour que le nouveau produit remplace les anciens du même genre, ce sont des questions pour la solution desquelles il n'est pas possible de donner de règle précise. L'analogie avec ce qui s'est passé dans des circonstances comparables sera, le plus souvent, le seul guide que l'on puisse consulter.

Toute personne qui tente de livrer un article quelconque à la consommation, a, ou

nation suffit à comprendre les merveilles qui se passent sous nos yeux.

« Le croirait-on? Nous sommes déjà familiarisés avec ces mouvements convulsifs des bras des margeurs, et ils sont devenus lents à leur tour. Onze mille journaux à *l'heure*, c'est *encore trop* peu! il en faudrait vingt mille, que les chemins de fer, éveillés avec l'aurore, attendent en mugissant pour les jeter, dans leur course impétueuse, sur la surface altérée de la France et de l'Angleterre.

« Heureusement que le génie de l'homme grandit en proportion de la force vive qu'il dépense; il renaît en s'épuisant, et chacun de ses *bonds* est un élan vers un bond plus étonnant encore.

« Et, en effet, une presse nouvelle va refouler dans l'ombre les presses du *Times* et de la *Patrie*, des Applegath et des Hohé. Plus de feuilles volantes, qu'une main bientôt fatiguée fera passer dans les flancs de l'appareil imprimeur, mais des rouleaux de trois et quatre mille feuilles qui se dérouleront avec la vitesse d'un cheval de course. A peine les premiers bords de la feuille sans fin ont touché au premier cylindre, que l'effrayante évolution commence: le papier continu avance, avance toujours; l'œil le suit à peine dans son passage sous les clichés cylindriques, et il sort imprimé sur ses deux surfaces. Le dernier cylindre porte sur sa circonférence une ligne de dents serrées et aiguës qui, en s'*abattant* à intervalles précipités, trace entre les feuilles successives une ligne de séparation que la main de la plieuse achèvera. On avait d'abord voulu que le couteau de la machine séparât lui-même les exemplaires du journal ou du livre: mais ils s'amoncelaient avec une telle véhémence, que le bras le plus agile et le plus exercé ne pouvait pas arriver à les saisir et à s'en emparer. Force a donc été d'enchaîner l'efficacité du coupeur, de ne lui demander qu'une division incomplète, et d'enrouler de nouveau la feuille sans fin pour la partager et la plier plus tard.

« Ce qu'il y a de plus admirable dans la presse continue à clichés cylindriques de M. Worms, c'est qu'en même temps qu'elle produira une quantité de travail beaucoup plus grande, ses dimensions sont relativement très-petites: le principe de la moindre action, caractère essentiel des œuvres divines, se réfléchit dans l'œuvre humaine: simple et grandiose à la fois, elle arrive par le chemin le plus court au but le plus élevé.

« A part quelques perfectionnements de détail qui ne se feront pas longtemps attendre, cette presse ne laisse absolument rien à désirer. Nous oserions presque dire qu'elle est le dernier pas de l'humanité marchant à la conquête des moyens les plus efficaces, les plus puissants, les plus rapides, de la manifestation universelle de la pensée.

« En résumé: de l'écorce au papyrus, du papyrus au parchemin, du parchemin au papier à la forme, du papier à la forme au papier continu fabriqué mécaniquement, progrès incessant, progrès accompli.

« Du stylet au roseau, du roseau à la plume de l'oiseau, de la plume de l'oiseau à la plume de fer, progrès incessant, progrès non encore accompli.

« De la planche de bois gravée à un ensemble de caractères mobiles, de la brosse au rouleau, de l'action de la main à l'action de la presse à bras, de la presse à bras à la *presse à forme cylindrique*, de l'impression par feuilles séparées avec margeurs à l'impression du papier continu, du copiste à la presse Worms, progrès incessant, progrès immense, progrès accompli, nous le croyons du moins.

« Combien d'exemplaires par heure donnera la presse continue à clichés cylindriques? Tout ce qu'il est permis à l'homme d'attendre, tout ce qu'il lui est possible d'obtenir!

« Avec quelle perfection imprimera-t-elle? Avec la perfection des meilleures presses à bras. Fera-t-on plus vite et mieux avec une économie réelle? Évidemment. L'économie sera très-considérable. Il ne s'agit de rien moins que d'une révolution complète, absolue, dans l'art magique de l'imprimerie. Jamais un plus beau spectacle ne se déroula devant nos regards éblouis: cette feuille longue de deux à trois mille mètres, qui s'avance avec une vitesse de six kilomètres à l'heure, s'imprimant sur ses deux surfaces, se séparant sans efforts, en donnant naissance trois fois par seconde à un journal complet, effraie presque l'imagination. L'habileté incomparable du plus illustre de nos mécaniciens, de M. Decoster, a fait de cette étonnante et toute-puissante machine l'idéal de la perfection qu'il est possible d'atteindre dans l'œuvre d'un mortel. » (F. Moigno.)

doit avoir, pour but principal, de produire cet article sous une forme parfaite; mais en même temps, pour s'assurer le bénéfice le plus considérable et le plus constant, elle doit faire des efforts énergiques pour livrer à bas prix aux consommateurs le nouvel objet d'utilité ou de luxe qu'elle a créé. Les résultats les mieux constatés de la statistique prouvent que toute baisse volontaire dans le prix de vente d'une marchandise est suivie d'une plus grande activité dans la demande. Or, un plus grand nombre d'acheteurs produit un avantage bien important pour l'industriel; il lui permet de *fabriquer*, et non plus seulement de *faire*. La différence entre ces deux termes est sensible : le premier indique une production établie sur une grande échelle et bien organisée; le second se rapporte à une production faible, et à laquelle on ne consacre que des moyens imparfaits d'exécution. Un seul exemple suffira pour montrer tout l'avantage de la *fabrication* en grand. Lorsque M. *Maudslay*, un des riches industriels de l'Angleterre, reçut du bureau de l'amirauté la proposition de faire les caisses en fer destinées à la provision d'eau des navires, il entreprit une de ces caisses pour essai. Les trous des rivets furent percés avec des presses mues à bras d'hommes, et les 1680 trous d'une seule caisse revinrent à 8 fr. 75 c.; mais, lorsque la fabrication eut été organisée de manière à livrer quatre-vingt-dix caisses par semaine pendant six mois, la dépense du forage des trous fut réduite à 0 fr. 90 cent. environ, c'est-à-dire à peu près dans le rapport de 1 à 10.

L'organisation intérieure des ateliers ayant la plus grande influence sur le prix de fabrication, il faut connaître les principes généraux qui doivent y présider. Or, si la cerdoristique, comme elle est obligée de le faire aujourd'hui, se renfermant uniquement dans son objet qui est la production économique, laisse de côté la personne morale de l'ouvrier, et ne considère celui-ci que comme un producteur et un directeur de force vive; de tous ces principes, le plus important peut-être a rapport à la *division du travail* entre les individus qui concourent à la production du produit manufacturé. Les premières applications de cette division remontent à l'origine de la société humaine; mais ce fut Adam Smith qui en démontra théoriquement toute l'importance, en prenant pour exemple la fabrication des épingles. Les causes des avantages offerts par la division du travail sont assez nombreuses. D'abord, le temps nécessaire pour apprendre un métier étant d'autant plus long que le métier entraîne plus de détails, l'apprentissage, au lieu de cinq à six années qu'il exige souvent, pourra être réduit à une ou deux, et quelquefois à moins, lorsque l'apprenti n'a plus à se former que sur une seule des opérations du métier. Les produits de l'horlogerie auraient toujours été maintenus à des prix excessifs, si les montres, les pendules et les autres appareils complets avaient dû être exécutés séparément par un seul individu. Il résulte, au contraire, d'une enquête faite devant la chambre des communes en Angleterre, qu'il existe *cent deux* branches distinctes de cet art, dans chacune desquelles un enfant, mis en apprentissage, apprend uniquement le détail que fait son maître, et se trouve, à la fin de cet apprentissage, complétement incapable de travailler dans aucune autre branche de l'horlogerie, à moins qu'il n'en fasse une nouvelle étude spéciale. Le monteur de montres, qui arrange ensemble toutes les pièces fabriquées séparément, est le seul, sur les cent deux ouvriers, qui puisse travailler dans une branche quelconque de l'horlogerie différente de la sienne.

La division du travail diminue aussi le prix de la production, en diminuant la quantité de matière perdue par les essais successifs de l'apprenti dans un métier qui embrasserait beaucoup de détails. Elle prévient la perte de temps qui résulte toujours du passage d'une occupation à une autre, et du changement d'outils que nécessite le changement d'occupation. La *répétition* constante de la même opération de détail donne un autre avantage, qui résulte du degré d'habileté et de promptitude que l'ouvrier acquiert dans sa partie, et qu'il ne pourrait atteindre s'il était obligé de s'appliquer successivement à plusieurs opérations différentes. Un forgeron qui sait façonner des clous, mais qui n'est pas uniquement cloutier, ne peut pas faire plus de huit cents à mille clous par jour; tandis qu'un ouvrier, qui n'a jamais exercé d'autre métier, en peut fabriquer plus de deux mille trois cents dans sa journée. Enfin, l'une des causes des avantages qui résultent de la division du travail réside dans le principe suivant, énoncé par l'économiste italien *Gioja*, et auquel M. Babbage était parvenu de son côté : « En divisant l'ouvrage en plusieurs opérations distinctes, dont chacune demande différents degrés d'adresse et de force, on peut se procurer exactement la quantité précise d'adresse et de force nécessaires pour chaque opération; tandis que si l'ouvrage entier devait être exécuté par un seul ouvrier, cet ouvrier devrait avoir à la fois assez d'adresse pour exécuter les opérations les plus délicates, et assez de force pour exécuter les opérations les plus pénibles. »

De même, si l'on vient à faire abstraction de la perfectibilité de l'intelligence humaine, et qu'il s'agisse de mettre à profit les connaissances et la capacité acquises d'un certain nombre d'individus pour effectuer une besogne déterminée, la division du travail peut être employée avec un égal succès aux opérations de l'esprit comme aux travaux du corps, et là aussi elle procure une grande économie dans l'emploi du temps. La plus belle application de ce genre est due à M. de Prony. Le gouvernement révolutionnaire, qui venait d'établir le nouveau système des poids et mesures, avait décrété que des tables nouvelles, en harmonie avec le système décimal, seraient calculées sur une échelle gigantesque, pour satisfaire à tous les besoins des sciences, et particulièrement à ceux de l'astronomie, de la géodésie et de la navigation. Chargé de la direction supérieure du travail, M. de Prony reconnut bientôt que, même en s'associant trois ou quatre habiles coopérateurs, la plus grande durée présumable de sa vie ne lui suffirait pas pour remplir ses engagements. Il était poursuivi par cette fâcheuse pensée, lorsque le hasard mit sous ses yeux le passage du livre d'Adam Smith, où il est question de la division du travail. Aussitôt, et par une espèce d'inspiration, il conçut l'idée de mettre ses calculs en manufacture. Cinq ou six géomètres du premier ordre, composant le premier atelier de la première section, étaient uniquement occupés à la recherche des formules les plus commodes pour le calcul numérique : ils ne touchaient nullement au calcul même. Les formules adoptées étaient remises à la deuxième section. Celle-ci se composait de sept ou huit personnes très-habituées aux mathématiques. Les fonctions consistaient à convertir les formules en nombres, opération qui demandait un soin tout particulier; à délivrer ces formules ainsi préparées aux membres de la troisième section, et à recevoir d'eux les calculs achevés. Enfin, ils vérifiaient ces calculs au moyen de méthodes particulières, sans être obligés de répéter ou même d'examiner l'ouvrage entier de la troisième section. Cette dernière comprenait de soixante à quatre-vingts individus, qui n'avaient plus que de simples additions ou soustractions à faire, pour trouver les nombres destinés à entrer dans les tables. On pourra se faire une idée de ce travail immense, quand on saura que les tables ainsi calculées embrassent dix-sept grands volumes in-folio.

Tout ce que nous venons de dire de la division du travail, sous le rapport de l'économie et de la promptitude de la fabrication, ne saurait être contesté; mais on doit reconnaître que, surtout lorsqu'on le pousse à l'extrême et qu'on le comprend mal dans sa signification profonde, ce principe conduit à des conséquences désastreuses pour la dignité de l'homme. Quelle intelligence peut-on exiger de malheureux ouvriers, dont la vie entière se passe dans la répétition indéfinie des mêmes opérations mécaniques? Faut-il qu'à tout perfectionnement nouveau du mode de fabrication on vienne limiter davantage la part que prend chacun d'eux dans la confection d'un objet déterminé? Ne voit-on pas les inconvénients les plus graves résulter, au physique comme au moral, de cette continuité d'action qui développe certains muscles aux dépens de l'organisme général? N'est-on pas obligé, pour vaincre l'ennui inséparable de la répétition indéfinie des mêmes mouvements, de ne payer qu'à raison de la quantité de travail exécuté, et de mettre ainsi la fatigue aux prises avec l'intérêt? C'est bien à tort que l'on a représenté la division du travail comme propre à favoriser l'invention des outils et des machines. Il est digne de remarque, au contraire, que les procédés les plus ingénieux de l'industrie manufacturière ont été imaginés plutôt par des hommes étrangers à cette industrie que par des ouvriers occupés d'une des branches de détail. Arkwright, l'inventeur de l'admirable mécanisme à filer le coton, fut barbier et marchand de cheveux jusqu'à l'âge de plus de vingt-huit ans; Jacquart, l'auteur du beau métier à tisser les rubans, était un obscur fabricant de chapeaux de paille; Sennefelder, l'inventeur de la lithographie, était un chanteur dans les chœurs du théâtre de Munich. L'histoire de la technologie fournirait une foule d'exemples de ce genre, et il est curieux d'observer que M. Babbage, qui a su avec tant d'art confirmer par des faits tous les principes qu'il a posés, n'ait pu en citer un seul à l'appui de l'assertion que nous combattons. On ne peut méconnaître non plus que, dans certaines opérations très-fatigantes pour une partie du corps, il n'y ait avantage à changer la nature du travail auquel l'ouvrier est occupé. C'est ainsi que, sur les routes de Suisse, l'homme qui casse le caillou charge lui-même dans une espèce de petite trémie les pierres brutes que leur propre poids amène successivement sur l'enclume, où la masse doit les briser. Le travail à la pelle pour le remplissage de la trémie met en action d'autres muscles que ceux qui sont employés à la manœuvre du marteau, et il est loin d'ajouter à la fatigue de l'ouvrier. Cet avantage ne se trouve pas dans le procédé anglais, où un enfant est chargé de placer, sans interruption, sur l'enclume les cailloux à briser par le casseur. Mais le principe de la division du travail cesse de choquer l'intelligence et la dignité de l'homme, dès qu'il est appliqué à des organes mécaniques. C'est dans ce sens qu'il est véritablement appelé à prendre une extension indéfinie à mesure que la science des machines se développera davantage. Cette tendance n'a pas échappé à M. Andrew Ure; mais il l'attribue à des motifs que nous ne saurions admettre. Il pense que, « dès qu'un « procédé demande de la dextérité et une « main sûre, on le retire au plus tôt à l'ou« vrier trop adroit, et souvent enclin à des « irrégularités de plusieurs genres, pour en « charger un mécanisme particulier.... Plus « l'ouvrier est habile, plus il devient volon« taire et intraitable, et, par conséquent, « moins il est propre à un système de mé« canique, à l'ensemble duquel ses boutades « capricieuses peuvent faire un tort consi« dérable..... » Quant aux limites où doit s'arrêter l'application des machines, il est impossible de les fixer d'avance. Chaque année, pour ainsi dire, en voit éclore de nouvelles, qui auraient paru inexécutables peu de temps auparavant. Notre célèbre compatriote, M. Brunel, n'a-t-il pas inventé et organisé une fabrique de souliers à la mécanique, où une foule d'opérations peuvent être exécutées avec précision par des ouvriers auxquels il manque un bras ou une jambe?

Lorsqu'il s'agit de travaux d'esprit d'un

ordre relevé, qui exigent le plein exercice de l'intelligence plutôt que l'achèvement d'une certaine besogne à une époque déterminée, on ne peut méconnaître non plus les avantages de la variété dans les occupations. L'admirable organisation du travail à l'Ecole Polytechnique est presque entièrement fondée sur ce principe, et elle a constamment produit les plus heureux effets. L'esprit se repose, pour ainsi dire, en passant d'un exercice à un autre, et il est possible d'acquérir en deux années des connaissances variées, qui exigeraient beaucoup plus de temps s'il fallait se livrer en une seule fois aux études qu'elles comportent.

Le nombre des ouvriers à employer dans un nouvel établissement industriel est un des éléments les plus importants que l'on ait à déterminer. On cherchera donc, conformément à nos principes, à faire exécuter mécaniquement toutes les opérations qui en sont susceptibles, et à coordonner les travaux de la fabrique de telle sorte qu'il n'y ait jamais de temps perdu, et que le nombre d'ouvriers employés à un certain genre de travail soit en rapport direct avec le temps exigé pour ce travail. Lorsque l'expérience a fait reconnaître la succession la plus avantageuse des opérations partielles dans lesquelles doit se diviser la fabrication, et le nombre des ouvriers qui doivent y être employés, tous les établissements qui n'adopteront pas pour le nombre de leurs ouvriers un multiple exact du premier, fabriqueront avec moins d'économie. Un exemple simple fera comprendre l'importance de ce précepte. La confection des plumes métalliques se compose de trois opérations distinctes : couper la feuille suivant des morceaux de grandeur convenable, pratiquer la fente, donner aux morceaux la forme demi-cylindrique. Une presse à volant est consacrée à chacune de ces opérations ; mais comme, en raison de l'ajustage des petites pièces, il faut deux fois plus de temps pour la seconde, et trois fois plus de temps pour la troisième que pour la première, et que chaque presse doit être servie par un ouvrier, on a trouvé avantageux d'employer à la fois deux presses à fendre et trois presses à courber, pour une seule presse à tailler. Si la fabrication est entreprise sur une plus grande échelle, on ne pourra, sans manquer aux lois les plus simples de l'économie, se dispenser de monter à la fois douze, dix-huit, vingt-quatre presses, en maintenant les proportions de 1 à 2 et à 3 pour celles de chaque espèce.

Une considération de ce genre suffirait seule pour faire pressentir l'avantage des grands établissements industriels, en ce qui concerne l'économie dans la production. Mais cet avantage tient encore à beaucoup d'autres causes. D'abord on peut se passer de cette classe intermédiaire de demi-négociants, qui se trouvent trop souvent entre le marchand et le manufacturier, au détriment de l'un et de l'autre. Les grandes maisons peuvent supporter les dépenses exigées par des recherches lointaines, par des tentatives d'améliorations, qui ruineraient infailliblement de petites fabriques. L'intérêt bien entendu des grandes maisons leur fait une habitude, sinon un devoir de la plus stricte probité dans l'exécution de leurs engagements, et le marchand peut économiser, en s'adressant à elles, des frais de vérification souvent fort coûteux.

Pour se faire une idée de la nécessité de ces vérifications, lorsque la marchandise est d'origine suspecte, il faut savoir jusqu'à quel degré le génie de la fraude s'est exercé à des altérations et à des malfaçons de tous les genres. Tantôt ce sont de vieilles graines de luzerne et de trèfle auxquelles on donne une si belle apparence qu'elles se vendent d'abord plus cher que celles de la meilleure qualité; et lorsqu'on les sème il n'en germe pas plus d'une sur cent ; encore ce germe périt-il bientôt. Là, c'est du lin qu'on mouille et que l'on mélange avec de la terre grasse pour en augmenter le poids. Ailleurs, ce sont des milliers de pièces d'horlogerie de luxe, que l'on exporte au loin, et dont les mouvements ne peuvent marcher plus d'une demi-heure. L'effet immédiat de ces manœuvres coupables est une baisse générale pour la marchandise falsifiée; puis bientôt après une hausse équivalente aux frais de la vérification à laquelle doivent être soumis, par l'acheteur, tous les produits du même genre.

Il est difficile d'apprécier l'influence de la durée des marchandises sur leur prix. On évaluera plus exactement la dépense due à l'établissement et au dépérissement des machines. Mais, en général, dans un pays où l'industrie est avancée, celles-ci doivent être remplacées par de nouvelles inventions plus parfaites, bien avant qu'elles ne soient usées. En Angleterre, dans le calcul de l'avantage d'une nouvelle machine, on suppose ordinairement qu'elle devra s'être payée elle-même dans l'espace de cinq ans, et que, dans dix ans, elle sera remplacée par une machine supérieure.

La recherche du prix de chaque détail de fabrication dans une industrie importante est un des sujets d'études les plus intéressants que l'on puisse entreprendre. Une analyse exacte des différentes parties de la fabrication a surtout l'avantage d'indiquer les points principaux à perfectionner. On ne produirait pas d'effet sensible sur le prix des épingles, quand bien même on réduirait de moitié le temps employé à enrouler en paquets le fil de cuivre qui est destiné à former les têtes. Au contraire, on diminuerait de 13 pour 100 les frais de fabrication, si l'on inventait un procédé qui ne réduirait même que d'un quart le temps employé pour fixer ces têtes. Il est donc évident qu'il sera plus utile de chercher à abréger la seconde de ces opérations que la première.

Le choix de l'emplacement d'une manufacture est ordinairement déterminé par des circonstances que savent apprécier tous ceux qui se sont occupés d'industrie. Il faut l'établir, autant que possible, à proximité des matières premières et des grands centres de communications faciles, qui permettent des transports économiques. Le plus grand avantage que l'Angleterre ait sur nous dans la fabrication du fer tient à ce que la pierre calcaire destinée à servir de fondant, et la houille, se trouvent dans la même localité que le minerai de fer. Quelquefois néanmoins les procédés de fabrication atteignent un si haut degré de perfection, qu'un pays trouve du profit à aller chercher au loin les matières premières nécessaires à certaines industries. Tel est le cas de la filature et du tissage du coton en France et en Angleterre. Ce dernier pays réalise même d'immenses bénéfices en exportant aux Indes les étoffes provenant du coton qu'il en a tiré.

§ VII. — *Conclusion.*

La découverte des procédés technologiques élémentaires remonte à l'époque la plus reculée et se perd dans la nuit des temps. Il est remarquable que la plupart des anciens peuples se soient accordés à faire intervenir la divinité ou au moins l'inspiration divine pour l'enseignement de ces premières applications des arts. Les antiques annales de l'Egypte et de la Grèce, tout aussi bien que les traditions du Mexique et du Pérou dans le Nouveau-Monde, sont unanimes sur ce point. Le livre sacré des Hébreux *lui-même porte* les traces de la croyance commune, pour ce qui concerne les vêtements. « L'éternel Dieu, y est-il dit, fit à Adam et à sa femme des tuniques de peau, et les en revêtit. » Cet accord, entre les sentiments de nations séparées par de si grands intervalles de temps et d'espace, est bien digne d'attirer l'attention du philosophe. L'histoire de la technologie présente encore un autre fait non moins remarquable. On voit, depuis des époques plus ou moins reculées, l'homme pratiquer des procédés d'une grande complication, ou suivre des règles bizarres en apparence, dans l'exécution de ses travaux matériels. Il ne possédait certainement pas à ces époques les théories scientifiques, encore incomplètes aujourd'hui, qui expliquent le mode de traitement à faire subir aux minerais pour l'extraction de certains métaux. Il *n'avait* pas la moindre notion de l'application de la science du calcul aux constructions; et cependant, chose singulière! il était souvent parvenu à déterminer, avec une exactitude que l'on n'a pas surpassée depuis, les proportions des formes, les quantités des mélanges, et les moindres détails des opérations les plus compliquées. Le traitement des minerais argentifères de l'Amérique, le renflement des colonnes antiques, la courbure des colonnes et des modillons des édifices grecs, les arcs-boutants évidés des églises d'architecture ogivale, causent l'étonnement et l'admiration même, lorsque l'on voit quels progrès les sciences ont dû faire pour en expliquer et en légitimer toutes les règles. Ces traditions antiques et respectables, ces faits surprenants qui caractérisent l'histoire de la technologie, sont à nos yeux des preuves irrécusables de l'action providentielle qui préside au développement du genre humain. L'inspiration a, dans l'enfance du monde, devancé la science, et y a suppléé en quelque façon; de même que, dans la série des êtres vivants, l'instinct paraît être développé en raison inverse de l'intelligence.

Les données historiques sont encore peu nombreuses : l'organisation de l'homme en société remonte à une époque trop récente pour qu'il soit possible de formuler la loi qui préside au développement de l'esprit humain. Cependant l'essor prodigieux de la technologie depuis les dernières années du siècle dernier permet de conjecturer que, sous un certain rapport au moins, et à un certain point de la période, ce développement doit s'opérer avec une vitesse croissant beaucoup plus rapidement que le temps. Il faut avouer que la technologie a pris, de nos jours surtout, une grande avance sur quelques autres connaissances humaines, et tout porte à croire que celles-ci ne pourront pas de longtemps la suivre dans sa marche rapide. Aux yeux d'un certain nombre d'hommes, fidèles représentants des instincts les plus grossiers de notre époque, ce fait a pris la place du droit. A les en croire, le règne de la pensée serait fini sans retour; l'homme n'aurait plus qu'un but unique, qu'une destinée à remplir, qu'à poursuivre le bien-être matériel; il devrait ne plus cultiver la science que pour le profit qu'il peut en tirer, et réprimer les élans de l'imagination et de l'intelligence. Nous n'avons pas besoin de parler longuement ici de notre mépris et de notre haine pour de pareilles doctrines. Mais si, après les éloquentes protestations qui se sont déjà fait entendre contre le matérialisme du siècle, nous cherchons à faire ressortir l'importance de la technologie; si nous désirons voir ses progrès se continuer encore, lorsque la connaissance morale de l'homme est si peu avancée, c'est au nom de l'intelligence et de l'humanité que nous formons ce vœu : au nom de l'intelligence, car elle ne peut s'exercer librement que lorsque la matière lui est asservie : au nom de l'humanité, car il importe de faire disparaître d'au milieu de nous ces travaux pénibles et rebutants, où se consument encore tant d'existences, et qui rappellent d'une manière trop frappante les misères de l'esclavage antique

TÉLÉGRAPHIE ÉLECTRIQUE. — La télégraphie électrique est une preuve frappante de la rapidité avec laquelle les grandes découvertes se développent dans notre siècle. Galvani en 1789, Volta vers 1800, M. Œrsted en 1820, ont découvert successivement les premiers principes ou les données fondamentales sur lesquelles repose ce nouveau mode de communication; plus tard la théorie de l'électro-magnétisme a été établie sur des bases solides; les lois de la propagation et de l'intensité des courants électriques ont été démontrées par l'expérience; et la possibilité des communications électriques à de grandes distances s'est dès lors présentée à l'esprit de divers savants, non plus comme une idée vague, dont l'électricité ordinaire pourrait revendiquer la première origine, mais comme une vérité acquise, comme une vérité pratique, dont les principales conditions pouvaient être déterminées et calculées d'avance. Plusieurs physiciens se sont mis à l'œuvre pour les réaliser, et aujourd'hui, dans presque tous les pays savants de l'Europe et de l'Amérique, il y a des télégraphes électriques de divers systèmes, qui mettent en rapport immédiat des villes ou des contrées séparées par de grandes distances.

Quelques années ont donc suffi pour que la théorie reçût de la pratique l'infaillible et éclatante sanction sur laquelle elle avait droit de compter.

La plupart des télégraphes électriques fonctionnent sous l'action d'une pile voltaïque; il en est qui ont pour moteurs des appareils où les courants sont produits par voie d'*induction*.

Le premier et le plus simple des systèmes télégraphiques serait le suivant :

Qu'on imagine, tendus entre deux points aussi éloignés qu'on voudra, vingt-cinq fils de fer ou de cuivre parallèles et isolés sur des supports de bois, et qu'au point d'arrivée ces fils entourent par plusieurs circonvolutions autant d'aiguilles de boussoles comme dans le multiplicateur, puis reviennent au point de départ. En ce point sera établie une pile ou plutôt un simple couple platine et zinc amalgamé; les fils de retour seront fixés par un bout à la lame de platine, et les autres extrémités ne communiqueront au zinc que par la poussée d'autant de touches, dont chacune fera buter contre ce zinc le bout de l'un des vingt-cinq fils, selon la poussée que lui imprimera le doigt de l'opérateur. Chacune des touches portera inscrite une des vingt-cinq lettres de l'alphabet, et à l'extrémité bleue de chacune des vingt-cinq aiguilles sera fixé un petit cercle vertical de clinquant ou de papier, qui portera la même lettre que la touche correspondante. Veut-on transmettre le mot *Maroc*, l'opérateur appuiera sur la touche marquée M; le fil de cette touche butera contre le zinc; le couple voltaïque entrera en activité, et il se produira un courant qui fera tourner l'aiguille de manière à ce que, sortant de son cadre, elle vienne se placer transversalement devant les yeux du *receveur*, en lui montrant la lettre M, qu'il inscrira sur le papier. La touche A, frappée par le doigt de l'*envoyeur*, fera de même sortir l'aiguille correspondante à la lettre A, et ainsi de suite. On pourra ainsi transmettre facilement de douze à vingt lettres par minute.

Ce système est le premier qui ait été imaginé; mais il n'a pas été mis en exécution, d'autres systèmes plus parfaits lui ayant été préférés. Nous l'exposons ici à cause de son extrême simplicité théorique; il est extrêmement facile à comprendre, et il donne une idée très-nette de la transmission rapide de la parole à une distance quelconque, par les procédés électriques.

Toutefois il est susceptible d'une simplification considérable, qui consisterait dans la réduction des 25 fils à six, dont cinq serviraient aux signaux alphabétiques proprement dits. On partagerait les 25 lettres en 5 séries de cinq lettres chacune, dont le tableau serait sous les yeux du receveur et de l'envoyeur tout à la fois. Voudrait-on transmettre la *lettre* N, par exemple, l'envoyeur verra qu'elle occupe la 4e place de la 3e série; alors il fera agir le 3e fil qui fera sortir avec l'aiguille le n° 3 indiquant au receveur la série; puis, pressant la touche 4, il fera sortir le n° 4 avec l'aiguille qui la porte, et le receveur reconnaîtra alors sur son tableau la lettre N. Une lettre sera donc transmise par deux coups de doigt.

Mais comme les dépêches ne sont qu'éventuelles, il est nécessaire que le receveur soit averti, d'une certaine façon, qu'une transmission va s'opérer, afin qu'il s'établisse à son bureau d'observation; or c'est à cet avertissement que sera consacré notre sixième fil. Celui-ci s'enroulera autour d'un fer doux en fer à cheval, et en fera un électro-aimant qui fonctionnera lorsque la touche n° 6 sera pressée. Le magnétisme que prendra alors l'appareil lui fera attirer un morceau de fer voisin, et le mouvement de celui ci se communiquera à une sonnette ou à un manche de marteau frappant sur un timbre. Voilà le receveur averti, et rendu attentif aux signaux.

Ce moyen donne une idée du second système de télégraphe, qui est fondé sur l'emploi des électro-aimants.

Dans ce système, on se contente d'un seul fil, indépendamment de celui qui a pour objet de faire retentir la sonnette d'avertissement. Ce fil, au lieu d'entourer, au point d'arrivée, une aiguille de boussole, fait un nombre de circonvolutions convenable autour d'un fer à cheval, et en fait un électro-aimant véritable à l'instant où la pression du doigt sur la touche établit le circuit et détermine le courant. Auprès de l'appareil est placé un petit levier de fer qui vient battre contre le fer à cheval toutes les fois que celui-ci devient magnétique au moyen du courant qui le traverse, ce qui revient à dire, toutes les fois qu'on presse la touche, ce qu'on peut faire aisément plus de 50 fois par minute. Voilà un moteur trouvé; quant à la production des signes, on peut en varier le mode de diverses façons; il nous suffira d'en décrire un seul.

En avant de l'électro-aimant se trouve fixé un mouvement d'horlogerie qui fait marcher une roue dentée dont l'axe est horizontal; cette roue est gouvernée par un échappement comme dans les pendules, et l'échappement est lié au petit levier de fer qui joue le rôle de balancier. Quand le levier va frapper l'électro-aimant, l'échappement laisse passer une dent de roue, et au contraire il arrête la roue en s'y engrenant quand le levier retombe. La roue, en tournant de une... deux... cinq... huit dents, entraîne dans son mouvement une aiguille qui se promène sur un cadran extérieur, et la fait avancer d'autant de divisions. Nous supposerons que les divisions du cadran sont au nombre de 25, auxquelles correspondent autant de lettres de l'alphabet. Cela posé, veut-on, par exemple, transmettre de la première station à la seconde un mot tel que celui-ci : *Partez*, voici comment on procédera :

L'opérateur de la première station, qui a sous les yeux un cadran et un électro-aimant tout à fait semblables à ceux de la seconde station, appuiera le doigt sur le couple voltaïque autant de fois successivement que l'aiguille a de divisions à parcourir pour passer de sa position actuelle à la lettre *p* du cadran. Par exemple, si l'aiguille était restée sur *l*, on toucherait trois fois, le levier battrait trois fois sur l'électro-aimant, l'échappement laisserait passer trois dents de roue, et l'aiguille, avançant de trois divisions, viendrait se placer en *p*. Or, le mouvement de l'aiguille qui s'exécute devant les yeux de l'opérateur de la première station se répète, à la seconde station, comme si les deux appareils étaient tout d'une pièce; et ils le sont en effet, puisque tous deux reçoivent le même courant par l'intermédiaire du même fil conducteur qui les unit; et autant il y aura d'appareils semblables placés sur la route et engagés dans le même fil conducteur, autant il y aura de mouvements d'aiguilles semblables et simultanés. Ainsi l'on a transmis en un instant, d'une station à l'autre, la lettre *p*, et l'on transmettra de la même manière les autres lettres d'un mot; donc on fera des mots et des phrases quelconques. Il n'est pas besoin de dire que le lecteur de la seconde station répondra par les mêmes moyens; car les deux stations extrêmes sont fournies des mêmes appareils.

Toutefois, on trouvera que la transmission lettre par lettre est quelque chose d'assez imparfait sous différents rapports. Or, on conçoit qu'on puisse remplacer les lettres par les caractères d'une écriture plus rapide et plus abrégée, comme dans la télégraphie optique ordinaire. Ceci n'est plus l'affaire de la physique, qui ne se charge que d'une transmission matériellement rapide, et ne s'occupe pas de la signification des caractères, ou de ce qu'on appelle la langue télégraphique. Il importe de bien saisir cette distinction : le mode de transmission pourrait être excellent, et le dictionnaire imparfait; et si la télégraphie électrique est appelée à un bel avenir, il y aura peut-être beaucoup à faire sous le rapport séméiologique, avant d'en tirer tout le parti dont ce nouvel art est susceptible. Mais revenons à nos appareils.

Il existe encore deux conditions à remplir pour que le service de notre télégraphe soit sûr et complet. Les correspondants aux deux bouts de la ligne télégraphique ne sauraient avoir sans cesse les yeux fixés sur les cadrans; et il peut arriver même que l'un d'eux soit absent au moment de la transmission d'une dépêche. Or, nous avons d'abord une sonnette mise en jeu par le courant, et par laquelle on avertit qu'une dépêche va passer. Cela est facile à comprendre par ce qui précède. Au coup de sonnette ainsi donné par l'envoyeur, le receveur répond par un carillonnage semblable qui signifie, me voilà : et les deux acteurs de cette scène se disposent à entrer en correspondance.

Mais supposons qu'il n'y ait pas de réponse au premier coup de sonnette, l'employé est absent; or, il faut que l'on puisse se passer de lui. Et on le peut en effet, en imprimant sur son bureau même la dépêche qui ne le trouve pas à son poste.

On a imaginé plusieurs procédés pour cette impression, et en ce moment on n'est pas fixé partout sur celui qui devra obtenir définitivement la préférence. Il nous suffira d'en décrire un seul, non comme le meilleur peut-être, mais comme exemple de ce qui peut être fait dans ce genre pour parvenir au but proposé.

On a un électro-aimant qui fait tourner une roue horizontale, de la même manière que nous avons vu tourner la roue dentée verticale que gouverne l'opérateur. Cet électro-aimant est animé par le même courant qui fait tourner la roue verticale; il produit donc sur la roue horizontale qui lui fait face les mêmes phénomènes qui ont lieu sur l'autre, et la fait tourner d'autant de crans que la roue verticale a tourné. Donc le doigt qui presse les touches de manière à amener l'aiguille de la roue verticale sur une certaine lettre du cadran, fera par le même mouvement tourner la roue horizontale de manière à amener dans une position voulue une des lettres que porte en relief la circonférence de cette roue. Alors un second électro-aimant imprime à un levier convenable un mouvement par l'effet duquel on voit avancer vers la roue une feuille de papier blanc bien tendue; cette feuille devient *tangente* à la roue, au point où se trouve la lettre dont il s'agit, et se trouve pressée très-fortement contre elle. Derrière la feuille blanche est une feuille enduite de savon noir : cette substance s'applique sur la feuille blanche au point pressé, et y trace, en s'y *détachant*, la lettre voulue. Du reste, la feuille de papier blanc tourne sur un cylindre que les appareils mettent en mouvement.

Le système que nous venons de décrire est au fond celui qui est employé sur les lignes des chemins de fer de Rouen et d'Orléans. Les fils sont portés sur des poteaux de bois de distance en distance, et passés dans la gorge de poulies de porcelaine. Quoique le bois soit conducteur de l'électricité statique, il l'est peu ou point pour les courants, qui suivent sans s'écarter les conducteurs métalliques, même quand les poteaux sont mouillés par la pluie. Ce fait remarquable s'explique en considérant que, pour l'électricité voltaïque, l'eau elle-même est un conducteur incomparablement moins parfait que le métal, à tel point qu'on estime la conductibilité de l'eau pure six milliards de fois moindre que celle du cuivre. On avait pensé d'abord à faire passer les fils des télégraphes sous les rails des chemins de fer, pensant que là ils seraient plus à l'abri des accidents. Mais cette mesure aurait un inconvénient fort grave : dans le cas de rupture d'un fil souterrain, il serait à peu près impossible de trouver le point brisé; sur des poteaux, au contraire, les fils peuvent être exposés à plus de chances de rupture, mais l'inconvénient est léger; car, en cas d'accident, la réparation serait facile : il suffit de raccrocher l'un à l'autre les deux bouts séparés, ce que peut faire le premier venu des nombreux cantonniers répandus sur le chemin.

Les deux fils métalliques peuvent être nécessaires dans quelques cas très-rares, mais en général un seul est suffisant, et le sol peut avec avantage suppléer au second; supposons en effet qu'entre les deux stations, par exemple, Paris et Rouen, on ait tendu un seul fil; qu'à Paris le pôle positif de la pile communique avec l'extrémité *a*, et que le pôle négatif plonge dans la Seine; qu'à Rouen l'électro-aimant communique d'une part avec l'extrémité *b*, et de l'autre avec la Seine, il est évident que l'eau du fleuve tiendra lieu de second fil, et que le courant, après s'être propagé de Paris à Rouen par le fil métallique, reviendra de Rouen à Paris en se propageant par l'eau de la Seine qui complétera le circuit; ou *vice versa*, si c'est le pôle positif de la pile qui plonge dans la Seine et le pôle négatif qui touche au fil, le courant ira par la Seine et reviendra par le fil. Il est vrai que la conductibilité du cuivre est environ deux mille millions de fois plus grande que celle de l'eau, et que la section du fil de cuivre n'étant pas deux mille millions de fois plus petite que la section de la Seine, il y aurait du désavantage à substituer la Seine au second fil; mais l'eau de la Seine n'est pas encaissée dans un canal non-conducteur, tout au contraire, le canal qui la contient; ou plutôt le sol qui l'environne, jusqu'à de très-grandes distances, est lui-même humide et conducteur, si bien que l'énorme section du sol fait plus que compenser sa moindre conductibilité, et qu'en définitive le circuit composé d'un fil et du sol donne au courant plus d'intensité que le circuit composé de deux fils. Voilà ce qui était indiqué par la théorie et ce qui a été confirmé par l'expérience. Au reste, on comprend que c'est seulement pour fixer les idées que j'ai parlé de faire communiquer à la Seine la pile de Paris et l'électro-aimant de Rouen, cela n'est nullement nécessaire : il suffit que ces communications se fassent avec un sol humide ou avec l'eau d'un puits, car l'électricité saura bien trouver la liaison indirecte et cachée pour nous, qui existe entre les puits de Rouen et de Paris et le sol humide du bassin de la Seine.

Tout se réduit donc à reconnaître d'avance la conductibilité du sol, et c'est chose facile au moyen des boussoles qui ont servi à établir les lois de l'intensité. Il pourrait bien se rencontrer des sols moins bons conducteurs que le sol de Paris à Rouen; et l'on peut dire *a priori* que cela arrivera dans les pays de montagne, et surtout pour les points qui seront éloignés des grands bassins hydrographiques; mais entre Paris et Lyon, par exemple, la communication paraît devoir être très-bonne, parce qu'elle aurait lieu par la mer Méditerranée, l'Océan et la Manche; il en est de même entre Paris et Saint-Pétersbourg, où elle se ferait par la Seine, la Baltique et la Newa.

Les phénomènes d'induction fournissent un système de télégraphie électrique auquel on a donné, le long de certaines lignes, la préférence sur celui que nous venons de décrire. Toutefois, il ne s'agit que du mode de production des courants; car le mécanisme du télégraphe est le même au fond : seulement on remplace la pile par un appareil d'induction purement magnétique.

C'est une large bobine creuse entourée du double fil conducteur, et dans l'intérieur de laquelle on introduit brusquement un barreau magnétique suspendu, ce qui détermine un courant instantané; on en obtient un autre par la brusque sortie du barreau. Or, comme on n'a jamais besoin que de courants instantanés, on conçoit que cet appareil puisse remplacer la pile pour la production de tous les courants qu'exige la transmission télégraphique. Un appareil de ce genre a été employé en Allemagne; on remédiait à l'inconvénient que présentent les oscillations du barreau suspendu, au moyen d'une plaque de cuivre qui les anéantissait. Toutefois, le résultat n'en a jamais été complétement satisfaisant; et l'on a renoncé, croyons-nous, à cet appareil pour celui de Wheatstone, qui est fondé sur les mêmes principes et beaucoup plus parfait.

Dans ce système, une roue horizontale à vingt-six divisions engrène dans un pignon vertical; le mouvement de cette roue, qu'on tourne à la main, a pour effet, par l'intermédiaire du pignon, de produire de brusques entrées et sorties d'un petit barreau aimanté par rapport à une bobine, comme dans la figure ci-dessus. Chaque passage d'une dent de la roue produit donc, par induction, un courant instantané; et ces courants, parfaitement gouvernés par la main qui tourne la roue, sont aussi rapides, aussi multipliés qu'on le veut. Ici, le passage d'une dent, déterminé par un mouvement de la main, remplace la pression du doigt sur une touche dans l'appareil décrit plus haut, c'est-à dire, détermine un courant instantané qui anime un électro-aimant, contre lequel vient battre le petit levier régulateur du mouvement d'horlogerie. Il n'y a donc, au fond, d'autre différence que la substitution de l'action inductive magnétique à l'action de la pile : ce qui semble offrir quelques avantages.

Au lieu de faire mouvoir avec elle une aiguille indicatrice, la roue d'horloge fait tourner un léger cadran de carton qui porte des divisions littérales correspondantes à celles de la roue motrice. On amène une des lettres de celle-ci en face d'un repère fixe, et le petit cadran de carton tourne d'autant de divisions, de manière à amener la même lettre ns une position fixe et convenue. Les deux opérateurs ont donc sous les yeux cette lettre comme ils avaient l'aiguille indicatrice dans l'appareil que celui-ci remplace. Tel est le système qui est établi et fonctionne au chemin de fer de la ligne d'Orléans.

TÉLESCOPES newtonien, grégorien, de Herschell. *Voy.* LUNETTE ASTRONOMIQUE et Note I. — Différences entre les lunettes et les télescopes. *Ibid.*

TEMPÉRATURE. — L'océan de lumière et de chaleur qui se dégage continuellement du corps du soleil, doit affecter d'une manière très-diverse les corps qui forment son système, par suite des différences qui se manifestent dans leurs atmosphères, plusieurs desquelles sont d'une densité et d'une étendues considérable. Suivant les observations de Schroëter, l'atmosphère de Pallas a 161 lieues environ, et celle de Cérès en a plus de 242.

Ces deux atmosphères doivent réfracter la lumière, et faire obstacle au rayonnement de la chaleur, à peu près de la même manière que la nôtre. Mais il est à remarquer que l'on n'aperçoit pas la moindre trace d'atmosphère autour de Vesta, et que Jupiter, Saturne et Mars n'en ont qu'une très-faible. L'action des rayons solaires sur ces corps doit être très-différente de celle qu'ils exercent sur la terre, et la chaleur qu'ils reçoivent doit se perdre rapidement par l'effet du rayonnement. Toutefois, il est impossible d'estimer leur température, le froid pouvant y être balancé par leur chaleur centrale, si, comme il y a tout lieu de le supposer, ils ont été à l'origine dans un état de fusion. L'attraction de la terre a sans doute privé la lune de son atmosphère, car la puissance réfractive de l'air, à la surface de la terre, est au moins mille fois aussi grande que la réfraction à la surface de la lune. L'atmosphère lunaire doit donc être dans un état de raréfaction plus grande que celui qu'on peut obtenir à l'aide de nos meilleures machines pneumatiques, et par conséquent, aucun animal terrestre n'y pourrait vivre.

Le soleil est environné d'une atmosphère très-dense. Il est impossible de conjecturer ce que peut être le corps de cet astre; mais il semble entouré d'un océan de flamme à travers lequel son noyau obscur se laisse apercevoir en offrant l'apparence de taches noires, souvent d'une grandeur énorme. Ces taches sont presque toujours comprises dans une certaine zone de la surface du soleil, dont la largeur, mesurée sur un méridien solaire, ne s'étend pas au delà de 30° $\frac{1}{2}$ de chaque côté de son équateur, quoiqu'elles aient été vues à la distance de 39° $\frac{1}{2}$. A en juger par leurs changements prodigieux et rapides, il y a tout lieu de supposer que la partie extérieure et incandescente du soleil est gazeuse. Les rayons solaires dont l'origine est due probablement aux actions chimiques qui s'opèrent continuellement à sa surface, ou bien à l'électricité, sont transmis en tout sens dans l'espace; mais l'intensité de la lumière et de la chaleur diminuant comme le carré de la distance augmente, il en résulte que, malgré la grandeur du soleil, et la chaleur inconcevable qui doit exister à sa surface, son influence bienfaisante doit à peine se faire sentir aux extrémités de notre système.

On a trouvé par le calcul que la lumière directe du soleil égale celle de 5563 bougies d'une grosseur moyenne, placées à un pied de distance de l'objet éclairé : celle de la lune n'est probablement égale qu'à la lumière d'une chandelle placée à la distance de douze pieds; par conséquent la lumière du soleil est plus de 300,000 fois plus grande que celle de la lune. C'est par cette raison que la lumière de la lune ne communique aucune chaleur, ou qu'elle est trop faible pour pénétrer le verre du thermomètre, même lorsqu'elle est concentrée au foyer d'un miroir. L'intensité de la lumière du soleil diminue du centre à la circonférence de son disque; mais dans la lune la gradation est inverse.

Dans Uranus, le soleil doit offrir l'apparence d'une étoile petite, mais brillante; son éclat cependant, tout en ne dépassant pas la 150e partie de celui qu'il répand sur la terre, y est 2000 fois plus considérable que celui de notre lune; de sorte qu'il est réellement un soleil pour Uranus, à qui il communique probablement quelques degrés de chaleur. Mais si nous considérons que l'eau ne pourrait rester liquide dans aucune partie de Mars, même à son équateur, et que, dans les zones tempérées de la même planète, l'alcool même et le mercure gèleraient, nous pourrons nous former quelque idée de la température qui doit régner dans Uranus.

Le climat de Vénus ressemble davantage à celui de la terre, quoique beaucoup trop chaud, cependant (excepté vers ses pôles peut-être), pour que l'organisation animale et végétale y puisse être la même que sur notre planète; mais dans Mercure, la chaleur moyenne résultant de la seule intensité des rayons solaires, doit surpasser la température de l'ébullition du mercure, et l'eau doit y bouillir même aux pôles. Ainsi les planètes, quoique offrant, sous le rapport de la structure et des mouvements, la plus grande analogie avec la terre, sont tout à fait impropres à l'habitation d'un être tel que l'homme.

§ I.

L'expérience a prouvé que la chaleur se développe dans des substances opaques et transparentes par suite de leur absorption de la lumière solaire, mais que les rayons du soleil n'altèrent pas la température des corps parfaitement diaphanes au travers desquels ils passent. Comme la température de l'espace transparent dans lequel les planètes accomplissent leur cours ne peut être affectée par le passage de la lumière et de la chaleur du soleil, ni élevée d'une manière sensible par la chaleur actuellement rayonnée par la terre, il s'ensuit qu'elle doit être invariable. L'atmosphère, au contraire, augmentant graduellement de densité, à mesure qu'elle approche de la surface de la terre, devient moins transparente, et par conséquent augmente progressivement de température, tant par l'effet de l'action directe du soleil que par celui du rayonnement terrestre. Lambert a prouvé que la capacité de l'atmosphère pour la chaleur varie suivant la même loi que sa capacité pour l'absorption d'un rayon de lumière qui la traverserait en venant du zénith, d'où M. Svanberg a conclu que la température de l'espace est de 58° au-dessous de zéro du thermomètre de Fahrenheit (—50° du therm. centigrade). D'autres recherches, fondées sur la mesure de la réfraction atmosphérique, lui ont donné un résultat qui ne diffère que d'un demi-degré du précédent. M. Fourier est arrivé à peu près à la même conclusion, à l'aide de la loi du rayonnement de la chaleur du sphéroïde terrestre, dans l'hypothèse que la terre a presque atteint sa limite de température, après s'être continuellement refroidie, à partir de l'état de fusion où l'on admet qu'elle se trouvait à l'origine. La différence des résultats de ces trois méthodes, tout à fait indépendantes l'une de l'autre, ne s'élève qu'à une fraction de degré.

Le rayonnement de tous les corps qui peuplent l'univers doit, selon toute probabilité, non-seulement maintenir le milieu éthéré qui les renferme à une température plus élevée que celle qu'il aurait sans l'existence de ces corps, mais même l'augmenter, quoique d'une quantité si petite, toutefois, que l'imagination peut à peine se faire une idée de l'époque à laquelle l'accroissement deviendra sensible.

La température de l'espace devant donc être considérée comme uniforme, il s'ensuit qu'aucune partie d'Uranus ne peut éprouver un froid plus intense que 90° au-dessous du point de la glace fondante du thermomètre de Fahrenheit (—50° du thermomètre centig.), ce qui n'excède que de 3° (1°, 67 du therm. centig.) le froid que sir Edward Parry éprouva pendant un jour à l'île Melville.

Pour chercher à déterminer la température de l'espace, M. Pouillet a proposé un instrument qu'il nomme *actinomètre*. Il se compose de quatre anneaux de 2 décimètres de diamètre, garnis de duvet de cygne et reposant l'un sur l'autre pour que ce duvet ne soit pas comprimé. La peau du cygne elle-même forme le fond du cercle de chacun des anneaux. Ce système est enveloppé dans un premier cylindre, enveloppé lui-même de peau de cygne et contenu dans un cylindre plus grand. Un thermomètre repose au centre du duvet supérieur, et le bord du cylindre extérieur a une hauteur telle que le thermomètre ne puisse voir que les deux tiers de l'hémisphère du ciel. Ce rebord est percé de trous pour que l'air froid s'écoule facilement.

Cette appareil étant exposé dans un endroit découvert, et par une nuit sereine, au rayonnement du ciel, on observe d'heure en heure son thermomètre et un thermomètre voisin librement suspendu dans l'air. C'est de la différence de ces deux thermomètres, ou de l'abaissement de celui de l'actinomètre, que l'on déduit la température zénithale.

Les expériences faites avec cet instrument ont donné à M. Pouillet deux limites pour la température de l'espace, — 115° et — 175°, dont la moyenne est 140°.

Il déduit de ces recherches plusieurs conséquences générales d'un grand intérêt.

La quantité totale de chaleur que l'espace envoie dans le cours d'une année à la terre et à l'atmosphère serait capable de fondre sur notre globe une couche de glace de 26 mètres d'épaisseur.

D'un autre côté, la quantité de chaleur solaire est exprimée par une couche de glace de 31 mètres, comme nous le verrons plus loin; ainsi, en somme, la terre reçoit une quantité de chaleur représentée par une couche de glace de 57 mètres.

On sera sans doute étonné que l'espace, avec sa température de 140°, puisse communiquer à la terre une quantité de chaleur si considérable qu'elle se trouve presque égale à la chaleur moyenne que nous recevons du soleil. Cependant il faut remarquer qu'à l'égard de la terre le soleil n'occupe que les 5 millionièmes de la voûte céleste; qu'il doit, par conséquent, envoyer deux cent mille fois plus de chaleur pour produire le même effet.

Si le soleil ne faisait pas sentir son action sur notre globe, la température de la surface du sol serait partout uniforme et de —89°. Or, puisque la température moyenne de l'équateur est de 27°,5, il faut en conclure que la présence du soleil augmente la température de la zone équatoriale de 116°,5.

Pour étendre ces calculs à d'autres régions, il suffit de tenir compte du décroissement de la température du sol à mesure que la latitude augmente.

M. Arago ayant trouvé, dans la relation du voyage du capitaine Back, qu'au fort Reliance le thermomètre était descendu à —56°, 7, en conclut que la température des espaces célestes ne peut manquer d'être notablement inférieure à — 57°.

§ II.

La température de l'espace étant si basse, il devient du plus grand intérêt de chercher à savoir, 1° si, par suite du rayonnement, la température de la terre ne pourra pas finir par descendre jusqu'à celle du milieu ambiant; 2° quelles sont les sources de la chaleur; et 3° enfin, si ces sources sont suffisantes pour balancer les pertes, et maintenir la terre dans un état propre à la conservation future de l'existence animale et végétale. Toutes les observations qui ont été faites au-dessous de la surface du sol s'accordent à prouver que, dans toute l'étendue de la terre, il existe, à la profondeur de 12 à 30 mètres, une certaine couche dont la température est invariable en tous temps et en toutes saisons, et qui ne diffère que très-peu de la température annuelle moyenne du pays situé au-dessus. Dans le cours de plus d'un demi-siècle, la température de la terre, observée dans les caves de l'Observatoire de Paris, à la profondeur de 27 mètres environ, est restée constamment à 11°,67 du thermomètre centigrade, ce qui n'est que 1°,11 centig. au-dessus de la température annuelle moyenne de Paris. Cette zone, qui n'est affectée ni par les rayons solaires, ni par la chaleur intérieure, sert de base d'un côté au calcul des effets de la chaleur extérieure, et de l'autre à celui de la température intérieure du globe.

Dès l'année 1740, M. Gensanne avait remarqué dans les mines de plomb de Géromagny, situées à trois lieues de Béfort, qu'au-dessous de la zone de température constante, la chaleur du sol augmente avec la profondeur. Un grand nombre d'observations faites depuis ce temps par MM. de Saussure, Daubuisson, de Humboldt, Cordier, Fox et autres, dans les mines d'Europe et d'Amérique, s'accordent toutes à prouver que la température s'élève à mesure que l'on approche du centre. M. de Humboldt a trouvé une température de 36°,67 centig. à la profondeur de 520 mètres environ, dans la mine de Guanaxuato, au Mexique : cette profondeur est la plus grande à laquelle on soit parvenu jusqu'ici : la température annuelle moyenne du pays n'est que de 16°,11 centig. Nous citerons encore la mine de cuivre de Dalcoath, en Cornwall, où M. Fox a observé qu'un thermomètre placé dans une ouverture de rocher, à la profondeur de 425 mètres, accusait 24°,44 du thermomètre centig., tandis que plongé dans l'eau, à la profondeur de 440 mètres, il en marquait 27°,78; la température annuelle moyenne de la surface était d'environ 10° centig. Il serait inutile de multiplier davantage ces exemples : nous ajouterons seulement que tous concourent également à prouver qu'il existe une différence très-grande entre la température intérieure du globe et celle qui règne à sa surface. Les observations de M. Fox sur la température des sources qu'on rencontre à de grandes profondeurs dans les mines en fournissent la preuve la plus frappante. Il a rencontré, dans quelques-unes des mines du Cornwall, des cours d'eau considérables à la température de 26° à 32° centig., c'est-à-dire, de 16° à 22° centig. environ, plus haute que celle de la surface; et, suivant lui, on extrait tous les jours du fond de la mine de Poldice, c'est-à-dire, d'une profondeur de 320 mètres environ, près de 9,000,000 de litres, dont la température est de 32° à 37° centig. Comme cette température est plus élevée que celle du corps humain, M. Fox observe très-judicieusement qu'elle ne peut être attribuée à la chaleur propre des mineurs. La chaleur des mines ne saurait être attribuée non plus à la condensation des courants d'air qui servent à les ventiler; car M. Fox, dont l'opinion est ici du plus grand poids, assure que, même dans les mines les plus profondes, la condensation de l'air n'élève la température que de 2°,77 ou 3° 33 centig.; et il ajoute que si la chaleur qui y règne pouvait être attribuée à cette cause, les saisons affecteraient sensiblement la température des mines, circonstance qui, à ce qu'il paraît, cesse d'avoir lieu dès que la profondeur devient un peu considérable. D'ailleurs, les mines de Cornwall sont en général aérées par des puits nombreux qui partent de la surface ou d'un niveau plus élevé, pour s'ouvrir dans les galeries inférieures, où, à l'aide de ce moyen, l'air circule et se renouvelle aisément, descendant par certains puits, et remontant par d'autres. M. Fox a remarqué que la température des courants ascensionnels est plus haute que celle des courants descendants : cette différence est d'autant plus grande, que souvent, en hiver, l'humidité des puits qui donnent passage à ces derniers, se trouve gelée à une grande profondeur; la circulation de l'air tend donc à abaisser la température des mines au lieu de l'accroître. M. Fox a répondu victorieusement aussi aux objections qu'avait fait naître la basse température de l'eau des puits des mines abandonnées, en prouvant que, par suite d'une foule de circonstances dont il a fait l'énumération, les observations faites dans ces puits s'accordent trop peu entre elles, pour qu'on puisse en déduire quelque conséquence certaine à l'égard de la chaleur actuelle du globe. La haute température des mines pourrait être attribuée aux feux, aux lumières et à la poudre qu'emploient les mineurs, si l'on n'obtenait une augmentation de température analogue dans des puits ordinaires très-profonds, où les mêmes circonstances n'ont pas lieu, ainsi que dans les sondages que l'on pousse quelquefois à de grandes profondeurs, dans le but de trouver de l'eau. Dans le canton de Berne, un puits abandonné depuis longtemps, mais qui avait été creusé avec l'espérance de trouver du sel, a fourni à M. de Saussure la preuve la plus évidente d'un accroissement de température. Cette opinion se trouve encore confirmée, tant en France qu'en Angleterre, par la température d'un grand nombre de puits, et entre autres, par les puits artésiens, ainsi nommés du pays (l'Artois) où l'on a fait usage pour la première fois d'un procédé nouveau pour faire monter l'eau, lequel, depuis, est devenu presque général. Cette sorte de puits consiste en une ouverture de quelques pouces de diamètre, que l'on prolonge dans la terre jusqu'à ce qu'on rencontre une source. Pour empêcher l'eau de se perdre dans les couches adjacentes, on introduit dans cette ouverture un tube qui la remplit exactement depuis le sommet jusqu'en bas, et dans lequel l'eau s'élève jusqu'à la surface du sol, en conservant toute sa pureté.

Il est aisé de concevoir que, pour arriver à ce puits, et avant de s'élever par cette ouverture, l'eau a dû descendre d'un terrain élevé en se frayant une issue souterraine. Elle participe donc de la nature des couches qu'elle a traversées, et est d'autant plus chaude que le puits est plus profond. Toutefois, il est évident que l'on ne peut déterminer ainsi la loi d'accroissement de la température. Les expériences les plus satisfaisantes que l'on ait faites à ce sujet datent de 1833, et sont dues à MM. Auguste de la Rive et F. Marcet, qui ont eu occasion à cette époque de forer un puits à une lieue environ de Genève, et à 97 mètres environ au-dessus du niveau du lac. La profondeur du trou de sonde était de 221 mètres sur 102 à 127 millimètres de diamètre. Ils ne trouvèrent point de source, mais le trou se remplit de vase, formée par le mélange de l'humidité du terrain et de la terre que la sonde déplaçait ;—circonstance on ne peut plus favorable aux expériences, puisque l'on avait ainsi, pour chaque profondeur, la température qui y correspond. Aussi, en employant toutes les précautions nécessaires, et n'ayant d'ailleurs à craindre dans cette circonstance aucune des causes ordinaires d'erreur, on a trouvé que la chaleur terrestre augmente d'une manière régulière et uniforme avec la profondeur, à raison de 0°,555 centig. par 15m, 8. L'on ne peut donc plus avoir de doutes sur l'augmentation de la chaleur terrestre à mesure qu'on avance dans la croûte du globe, mais il reste encore l'incertitude la plus grande relativement à la loi de cette augmentation, qui varie avec la nature du sol et autres circonstances locales.

Par suite de la mobilité des fluides, en vertu de laquelle les masses les plus froides tombent au fond des mers, tandis que les plus chaudes s'élèvent à leur surface, l'on ne peut guère s'attendre à trouver dans la température de l'Océan un moyen de déterminer la chaleur intérieure de la terre. D'après un grand nombre d'observations, il paraît néanmoins qu'entre les tropiques, la température de la mer décroît avec la profondeur ; tandis qu'au contraire tous les navigateurs qui voyagent dans les mers polaires remarquent que la température y augmente avec la profondeur. C'est vers le 70e parallèle de latitude qu'a lieu ce changement.

La forme de la terre, soit qu'elle ait été déterminée d'après les observations du pendule et la mesure des arcs du méridien, ou d'après les mouvements de la lune, semble indiquer un état de fluidité primitif, suivi d'une solidification de la surface due au refroidissement occasionné par le rayonnement; toutefois, il est impossible de prononcer avec certitude sur l'état primitif de notre planète, et sur l'uniformité de la loi d'accroissement de la température, à des profondeurs plus grandes que celles auxquelles l'homme a pu parvenir jusqu'ici. Quoi qu'il en soit, la fluidité intérieure n'est pas incompatible avec l'état actuel de la surface du globe; la matière terrestre étant aussi mauvais conducteur du calorique que la lave, qui souvent conserve sa chaleur (quoiqu'à une profondeur très-petite), des années entières, après que la surface est refroidie. Du reste, quel qu'ait pu être à l'origine le rayonnement de la terre, toujours est-il certain qu'aujourd'hui il s'opère avec une lenteur excessive. M. Fourier a calculé que la chaleur centrale ne décroît, par voie de rayonnement, que d'environ la 30,000e partie d'une seconde par siècle. S'il en est ainsi, nul doute qu'un jour cette chaleur finira par se trouver dissipée entièrement; mais il importe peu à l'existence animale et végétale que le centre de notre planète soit de glace ou de feu, puisque la température du centre n'exerce aucune influence sensible sur celle de la surface. Ne voit-on pas en effet que la chaleur centrale ne communique pas même assez de chaleur à la surface du globe pour faire fondre la neige des pôles, quoique ces points soient plus rapprochés du centre qu'aucun autre?

Le grand nombre de volcans en activité, et la vaste étendue qu'ils occupent sur la surface du globe, est encore une cause de chaleur qu'on ne doit pas passer sous silence.

La chaîne des Andes, qui s'étend du Chili au nord du Mexique, et probablement depuis le cap Horn jusqu'à la Californie, ou même jusqu'à la Nouvelle-Madrid, dans les Etats-Unis, est une vaste région enflammée, comprenant, d'une part, la mer des Caraïbes et les îles des Antilles, et s'étendant de l'autre à travers l'Océan Pacifique, en passant par l'archipel Polynésien, les nouvelles Hébrides, les îles Géorgiennes et celles des Amis. Une autre chaîne, qui commence aux îles Aleütiennes, s'étend jusqu'au Kamtschatka, et de là va rejoindre les Moluques, en passant par les Kuriles, les îles du Japon et les Philippines; des Moluques elle se dirige avec la plus effroyable violence vers la baie de Bengale, en traversant l'archipel Indien. L'on retrouve encore une autre suite de volcans, qui s'étend depuis l'entrée du golfe Persique jusqu'à Madagascar, Bourbon, les Canaries et les Açores. De là, une région couverte de volcans actifs se prolonge sans interruption sur une longueur de 414 lieues jusqu'à la mer Caspienne, comprenant la Méditerranée, et s'étendant, tant au nord qu'au sud, entre les 35e et 40e parallèles. Dans l'Asie centrale, une autre région volcanique occupe une étendue de 1041 lieues carrées, à laquelle nous ajouterons encore l'Islande, située à 25° du pôle. Dans toute cette vaste portion du monde, les feux souterrains sont souvent d'une activité très-intense, et produisent des tremblements de terre et des éruptions si terribles, que leurs effets accumulés peuvent servir à expliquer les grandes révolutions géologiques d'origine ignée, qui ont eu lieu déjà à la surface de la terre, sans compter celles qui pourront arriver encore, si le temps, — cet élément si essentiel des vicissitudes du globe, — le permet, et si la cause énergique qui les produit ne se ralentit pas.

M. Lyell, qui a démontré avec tant d'habileté la puissance des causes encore existantes, a calculé que, l'un dans l'autre, il y a vingt éruptions par an dans les diverses parties du globe; et que plusieurs, même des plus considérables et des plus terribles, doivent se passer, ou s'être passées chez des peuples également incapables d'observer leurs effets, et d'employer aucun moyen propre à en perpétuer le souvenir. Nous n'aurions jamais connu l'étendue de l'éruption violente que fit en 1815 le Tomboro de l'île de Sumbawa, sans l'accident arrivé à sir Stamford Raffles, qui était alors gouverneur de Java. Cette éruption commença le 5 avril, et ne cessa entièrement que vers juillet. Le sol fut ébranlé sur une étendue de 362 lieues de circonférence; les secousses se firent sentir à Java, aux Moluques, dans une grande partie des Célèbes, de Sumatra et de Bornéo. Les détonations s'entendirent à Sumatra, à la distance de 404 lieues en ligne droite, et à Ternate, distant de 300 lieues, dans la direction opposée. Les tourbillons les plus violents enlevaient les hommes et le bétail; et, à l'exception de vingt-six personnes, la population entière de l'île, s'élevant à 12,000 âmes, fut détruite. Des cendres furent emportées jusqu'à Java, à la distance de 108 lieues et en quantité telle, que durant le jour l'obscurité était plus grande que dans les nuits les plus sombres. La face du pays se trouva entièrement changée, tant par les courants de lave, que par le soulèvement et la dépression du sol. La ville de Tomboro fut submergée, et l'eau demeura à la profondeur de 5^{m} 1/2, dans des endroits qui auparavant étaient terre ferme. Les vaisseaux se trouvant à sec, là où ils avaient jeté l'ancre, pouvaient à peine se frayer un passage à travers les masses de fraisil qui flottaient sur la mer, à la distance de plusieurs milles, et à la profondeur de 6 décimètres. Une catastrophe du même genre, mais moins considérable, eut lieu en 1808, dans l'île de Bali : on n'en eut connaissance en Europe que plusieurs années après. Certains volcans, que l'on supposait éteints, ont quelquefois éclaté tout d'un coup avec une violence inconcevable. Témoin le Vésuve, dans les temps anciens, et le volcan de l'île Saint-Vincent, qui, de nos jours, fit explosion, bien que depuis longtemps son cratère fût couvert de gros arbres, et que, de mémoire d'homme, il n'eût pas donné le moindre signe d'activité. Il existe de vastes étendues de terrains d'origine volcanique où, depuis des siècles, les volcans ont cessé d'exister. De tout cela il faut conclure que, dans certains lieux, les feux souterrains sont dans un état d'activité extrêmement intense; que, dans d'autres, ils sont inertes; et qu'ailleurs enfin, ils paraissent éteints. Cependant il y a peu de pays qui ne soient sujets à des tremblements de terre plus ou moins considérables; les secousses s'en propagent à des distances telles que, semblables à des ondes sonores, il est impossible de dire en quels points elles prennent naissance. Ces secousses sont quelquefois d'une force terrible, ainsi que plusieurs exemples récents en fournissent la preuve. En 1822, un tremblement de terre si violent se fit sentir dans l'Amérique du Sud, qu'une surface de 36,000 lieues carrées, c'est-à-dire une étendue égale à la moitié de la France, se trouva soulevée de plusieurs pieds au-dessus de son ancien niveau. Les *Transactions of the Geological society* contiennent un récit très-intéressant de cet événement, fourni par Mrs. Graham, aujourd'hui Mrs. Callcott, qui fut à même, par ses connaissances, d'apprécier convenablement ce phénomène, dont elle eut occasion d'observer les effets sous les circonstances les plus favorables, tant à Valparaiso que le long de la côte, sur une étendue de plusieurs milles, où il se manifesta avec le plus d'intensité. En 1819, une langue de terre s'étendant à travers le Delta de l'Indus sur une longueur de 18 lieues et une largeur de 4^{m}, 9, fut soulevée de 3^{m}, 05 au-dessus du niveau de la plaine. Nous renvoyons le lecteur à l'excellent ouvrage de géologie déjà cité de M. Lyell, pour de plus amples détails sur les phénomènes et les effets produits par les volcans et les tremblements de terre. Nous ajouterons seulement que des tremblements de terre sans nombre ébranlent de temps à autre l'enveloppe solide du globe, et portent la destruction jusqu'en des régions éloignées, accomplissant ainsi progressivement, quoique très-lentement, le grand œuvre du changement. Ces terribles agents de ruine, quelque incertains et quelque irréguliers qu'ils paraissent, doivent cependant, comme tout phénomène durable, être soumis à une *loi*, que l'observation finira peut-être un jour par nous faire découvrir.

L'on a attribué à trois causes différentes l'enveloppe du feu volcanique qui entoure le globe, à une petite profondeur au-dessous de sa surface. Quelques-uns ont supposé qu'elle provenait d'un océan de matières incandescentes existant encore dans les abîmes du centre de la terre. D'autres, au contraire, ont pensé qu'elle n'était que superficielle, et devait être attribuée à une certaine action chimique s'exerçant dans des couches terrestres situées à une profondeur très-petite, comparativement au diamètre du globe. Ceux qui partagent cette opinion, la trouvent d'autant plus probable, que ces couches sont, suivant eux, comme un immense laboratoire, où s'opèrent sans cesse de nouvelles combinaisons, susceptibles, par un développement rapide, de donner naissance à un énorme dégagement de chaleur. Suivant d'autres, enfin, l'électricité, ce fluide si répandu sur la terre sous toutes les formes possibles, est, sinon la cause immédiate des phénomènes volcaniques, du moins la cause déterminante des affinités chimiques qui les produisent. Il est tout naturel qu'un sujet environné de tant de mystères donne lieu à de nombreuses théories, et que chaque hypothèse qui résulte de ces théories se trouve accompagnée de difficultés qu'il n'appartient qu'à l'observation de surmonter. Mais quelle que soit la cause à laquelle on puisse définitivement attribuer l'accroissement de chaleur du globe et l'existence des feux souterrains, toujours est-il certain, qu'à part un petit nombre de cas qui proviennent de circonstances locales, ils n'exercent aucun effet sensible sur la température de la surface. De là, il est permis de conclure, qu'au-dessus de la zone de température invariable, la chaleur de la terre est due entièrement au soleil.

§ III.

Le pouvoir des rayons solaires dépend en grande partie de la manière dont ils tombent, ainsi qu'il est facile d'en juger d'après les divers climats du globe. En hiver, la terre est plus près du soleil d'un 30e environ qu'en été, mais les rayons solaires *frappent* l'hémisphère nord plus obliquement en hiver que durant l'autre moitié de l'année.

M. Pouillet a imaginé deux instruments beaucoup plus parfaits que ceux qu'on avait inventés avant lui pour estimer la quantité de chaleur solaire absorbée par l'atmosphère. L'un est le *pyrhéliomètre direct*, l'autre le *pyrhéliomètre à lentille*. Celui-ci se compose d'une lentille de 24 à 25 centimètres de diamètre, d'une distance focale de 60 à 70 centimètres, au foyer de laquelle se trouve un vase de plaqué d'argent contenant environ 600 grammes d'eau dans laquelle plonge la cuvette d'un thermomètre. La forme du vase et la disposition de la lentille sont combinées de telle sorte que, pour toutes les hauteurs du soleil, les rayons tombent perpendiculairement sur la lentille et sur la face du vase couverte de noir de fumée, qui est destinée à les recevoir au foyer et à les absorber.

De nombreuses expériences faites avec ces deux instruments l'ont conduit aux conséquences suivantes : quand l'atmosphère a toutes les apparences d'une sérénité parfaite, elle absorbe encore près de la moitié de la quantité totale de chaleur que le soleil émet vers la terre, et c'est l'autre moitié seulement de cette chaleur qui vient tomber à la surface du sol et qui s'y trouve diversement répartie, suivant qu'elle a traversé l'atmosphère avec des *obliquités plus* ou moins grandes.

Si la quantité totale de la chaleur que la terre reçoit du soleil dans le cours d'une année était uniformément répandue à sa surface, et employée sans perte aucune à fondre une couche de glace qui envelopperait la terre entière, elle serait capable de fondre une couche de 31 mètres d'épaisseur.

M. Forbes a communiqué à la Société royale de Londres, le 26 mai et le 2 juin 1842, les résultats des expériences correspondantes qu'il a faites en septembre 1832 avec M. Kaëmtz, à Brienz et sur le Faulhorn, sur la transparence de l'atmosphère. La différence de niveau était de 2119 mètres. En voici quelques-uns qui sont aussi nouveaux qu'inattendus:

1° Le faisceau d s rayons calorifiques solaires, en entrant dans notre hémisphère, est composé de deux sortes de rayons, les uns facilement absorbables par l'atmosphère, les autres se refusant absolument à toute extinction ; les premiers forment à peu près les 0,8 et les seconds les 0,2 du nombre total ;

2° La loi d'extinction des rayons de premier ordre est une progression géométrique (suivant l'hypothèse de Bonguer, Kaëmtz, etc.), telle que la transmission *verticale* à travers l'atmosphère, prise depuis sa base (niveau des mers) jusqu'à sa limite supérieure, réduit les 80 rayons absorbables à 33.

Il résulte de cette nouvelle théorie de M. Forbes que la partie de chaleur non absorbée dans le cas de transmission verticale, au lieu d'être les 75 pour 100 de la chaleur extra-atmosphérique, n'en serait que les 53 pour 100

La puissance du soleil étant plus grande entre les tropiques que partout ailleurs, il en résulte que, dans toute l'étendue de cette zone, le calorique pénètre plus avant dans l'intérieur du globe qu'en tout autre point de la surface terrestre ; la profondeur à laquelle il parvient décroît graduellement en allant vers les pôles. Toutefois, il est une circonstance qui contribue à tempérer la rigueur des climats polaires : c'est la transmission latérale de la chaleur qui a lieu des couches chaudes de l'équateur aux couches froides des zones nord et sud.

Si l'on choisit des lieux situés entre les tropiques, on peut déduire de leur température moyenne celle de l'équateur, et obtenir un résultat qui doit se rapprocher singulièrement de la vérité. En effet, dans ces limites les différences en latitude ont beaucoup moins d'influence sur le climat que lorsqu'on se rapproche davantage de la zone arctique. Cela tient à la faible variation de la hauteur du soleil dans les différentes saisons, et à l'influence des courants marins et aériens constants qui règnent dans ces régions. Carla côte est de l'Amérique est réchauffée par un courant équatorial, et la côte ouest rafraîchie par un courant venant du nord. Dans l'Inde, on trouve l'influence toute-puissante des moussons ; mais sur la côte occidentale de l'Amérique du Sud, la température paraît décroître très-rapidement ; toutefois les observations sont encore peu nombreuses dans ces pays, et nous ne pouvons déterminer rigoureusement la loi de ce décroissement.

M. de Humboldt a fixé approximativement à 27°,5 la chaleur de l'équateur.

Cependant ceci n'est vrai que des côtes ; dans l'intérieur de l'Afrique et de l'Amérique, la température est plus élevée qu'au bord de la mer. Un voyageur distingué, M. Boussingault, a publié des observations faites dans diverses parties des Andes. Quoique ces points soient souvent situés à plus de 3000 mètres au-dessus du niveau de la mer, on peut cependant déterminer d'une manière approximative la température qu'ils auraient eue s'ils étaient au niveau de l'Océan. Or, en déduisant le décroissement de la température de ces observations elles-mêmes, on trouve plus de 28°; mais ici se montre clairement l'influence que les circonstances extérieures ont sur la température moyenne; car, à latitude et à hauteur égales, les pays nus et arides ont une température d'un degré plus élevée que ceux qui sont couverts de forêts, et, par conséquent, arrosés de pluies fréquentes. C'est à l'absence de végétation qu'il faut attribuer le climat brûlant de l'intérieur de l'Afrique. Le petit nombre d'observations que l'on possède semblent lui assigner une température de 29°,2, et cependant ces lieux sont encore situés à plus de 300 mètres au-dessus du niveau de la mer.

Les faits précédents prouvent l'influence opposée de la terre et de la mer, mais elles ne décident pas la question de savoir si, sous chaque méridien, les points les plus chauds sont à l'intersection de ce méridien avec l'équateur. Il est probable que les pluies violentes causées par les courants aériens ascendants dans le voisinage de l'équateur doivent donner lieu à des différences de plusieurs degrés.

M. Berghaus a donné, dans la seconde partie de son Atlas physique, une carte où il a réuni tous les points dont la température est un *maximum*. Cette courbe qu'il nomme l'*équateur de chaleur*, suit à peu près l'équateur terrestre.

Les physiciens se sont beaucoup occupés de la température du pôle nord. La plupart des anciens auteurs lui accordaient une température trop élevée. M. Arago distingue le cas où la terre ferme s'étendrait jusqu'au pôle de celui où il serait environné d'eau. Dans le premier cas, il pense que l'on peut conclure à une température de — 32°; dans le second cas, de — 18°. Les calculs de Mayer lui assignaient une température de 0°, température évidemment trop élevée; mais celle que lui attribue M. Arago paraît un peu trop basse.

Les voyages les plus récents rendent fort probable que les mers s'étendent jusqu'au pôle. S'il en est ainsi, sa température moyenne doit s'approcher de — 8°, chiffre qui doit être peu éloigné de la vérité, puisque les observations faites sur la côte occidentale de l'Amérique, sur la côte orientale de l'Asie et sur la côte ouest de l'Europe, conduisent également à ce résultat. En étudiant la température des deux mers, on en déduit la relation qui existe entre cette température et la latitude, et cette relation conduit à adopter — 5°,7 pour la température de la mer au pôle nord, température un peu plus élevée que celle de l'air. Cette différence provient de ce que les vents de terre qui soufflent au pôle abaissent la température de l'air.

En comparant la température moyenne du pôle à celle d'un grand nombre de lieux sur la terre, et en considérant les courbes que décrivent les isothermes, nous sommes conduits à admettre que les pôles du froid ne coïncident pas avec les pôles géographiques. Brewster a soutenu le premier que ces deux pôles se trouvaient au nord des deux continents. Il pensait qu'ils étaient situés sous le 80° parallèle et par 93° de long. E. et 102° de long. O. de Paris. Berghaus, dans son Atlas, transporte le pôle du froid Américain vers 78° de lat. N. et 92° de long. O., et lui assigne une température de 19°,7. Il place le pôle du froid asiatique sous le 79° 30' de lat. N. et 118° de long. E., et lui donne une température de 17°, 2.

La distribution de la chaleur est à peu près la même dans les deux continents jusqu'au 50° degré; mais la température du pôle sud, déduite de celle des lieux situés près de l'équateur, est un peu plus basse que celle du pôle nord. La température de l'Océan austral est aussi plus froide à latitude égale que celle de la mer septentrionale. Les voyageurs ont émis des idées fort exagérées sur la différence de température des deux hémisphères; cela tient au petit nombre d'observateurs sédentaires qui les ont habitées. Kirwan, Legentil et de Humboldt ont déjà fait remarquer que les étés froids signalés par les voyageurs ne décidaient rien à l'égard de la moyenne, parce que la masse d'eau considérable qui se trouve dans cet hémisphère devait singulièrement adoucir la rigueur des hivers.

On a tenté d'expliquer cette température plus basse de l'hémisphère austral; on a dit que l'été était de quelques jours plus long dans l'hémisphère boréal que dans l'autre; mais cette différence est de peu d'importance, et compensée d'ailleurs en grande partie par la moindre distance de la terre au soleil pendant sa déclinaison australe.

D'autres ont parlé de la plus grande masse d'eau qui se trouve dans l'hémisphère austral; l'eau réfléchit une partie des rayons, et l'autre pénètre dans son intérieur et ne contribue pas au réchauffement de la surface. Mais on doit admettre que dans le cours des siècles l'échauffement des couches intérieures doit avoir depuis longtemps sa limite. Il en serait de même si l'on voulait invoquer la plus grande capacité calorifique de l'eau comparée à celle de la terre: cette circonstance doit avoir une influence sur la grandeur des variations diurnes, mais non sur la moyenne annuelle. On pourrait même en tirer la conséquence opposée: c'est que l'hémisphère austral devrait être plus chaud que l'autre, à cause de la plus grande masse d'eau qui le recouvre, car la surface de la terre ferme évaporant moins que l'eau, les vapeurs proviennent des mers occidentales; et comme l'atmosphère qui les recouvre est plus sèche que celle des mers occidentales de notre hémisphère, celui-ci devrait être plus froid, à cause de l'évaporation plus active et de la plus grande quantité de chaleur devenue latente par suite de cette évaporation.

C'est à la configuration particulière du continent austral qu'il faut attribuer sa basse température dans des latitudes élevées. Dans l'hémisphère boréal, les courants équatoriaux sont poussés vers les hautes latitudes par les vents régnants de S.-O.; dans l'autre hémisphère, au contraire, le courant de la mer des Indes tourne au nord sur la côte O. de l'Afrique. Il ne saurait donc réchauffer les contrées qui entourent le pôle austral. Il paraît aussi qu'il n'y a point de courants allant du cap Horn au pôle sud. Si, comme les voyages modernes semblent le prouver, il existe des terres étendues dans le voisinage de ce pôle, elles doivent réfléchir les courants équatoriaux, et, leur climat étant fort rigoureux, elles refroidissent aussi les courants d'air qui les traversent.

Peut-être faut-il aussi faire intervenir, dans l'explication de l'inégale température des deux hémisphères, le rayonnement du sol vers les espaces célestes, rayonnement dont l'intensité peut varier suivant les diverses régions de l'espace, comme l'a indiqué M. Pouillet. L'espace indéfini et peuplé de myriades d'étoiles qui nous entoure, peut être, quant à ses effets thermiques, remplacé idéalement par une immense enceinte sphérique dont la paroi serait entretenue à une certaine température constante, mais qui pourrait varier d'un point à un autre de la surface. Il n'est pas impossible que la température moyenne des régions polaires australes de cette enceinte sphérique soit notablement inférieure à celle des régions voisines du pôle boréal de la même enceinte, et l'inégalité des températures des deux hémisphères qui sépare le plan de l'équateur céleste pourrait entraîner une inégalité correspondante dans les deux hémisphères de la terre. Cet aperçu est susceptible de vérification, et des expériences *actinométriques* convenablement faites pourront décider un jour cette question délicate.

§ IV.

Au-dessus de la couche de température constante, on détermine la chaleur moyenne de la terre d'après celle des sources; si la source qui sert à l'observation est située sur un sol élevé, il faut réduire par le calcul la température à ce qu'elle serait au niveau de la mer, en admettant que la chaleur du sol varie suivant la même loi que la chaleur de l'atmosphère, c'est-à-dire, d'environ 0°,555 centig. par chaque 102^{m} d'élévation, d'après la comparaison de la température d'un grand nombre de sources avec celle de l'air, sir David Brewster a conclu qu'il existe une certaine ligne, passant près de Berlin, suivant laquelle la température des sources et celle de l'atmosphère coïncident; et qu'à mesure qu'on approche du cercle arctique, la température des sources est toujours plus haute que celle de l'air, tandis qu'au contraire elle devient plus basse à mesure qu'on avance vers l'équateur.

La chaleur des couches superficielles de la terre allant en décroissant de l'équateur aux pôles, il en résulte que, dans les deux hémisphères, il est plusieurs lieux où le sol a la même température moyenne. Des lignes passant par tous les points des couches supérieures du globe, dont la température annuelle moyenne est la même, seraient presque parallèles à l'équateur, entre les tropiques, et deviendraient de plus en plus irrégulières et sinueuses à mesure qu'on approcherait des pôles. Ces lignes imaginaires ont été appelées *lignes isogéothermes* (*Voy.* ce mot). Diverses circonstances locales dérangent leur *parallélisme*, même entre les tropiques.

A l'équateur, la température du sol est plus basse sur les côtes et dans les îles que dans l'*intérieur des continents*; la partie la *plus chaude* est située dans l'intérieur de l'Afrique, mais elle est sensiblement affectée par la nature du sol, surtout s'il est volcanique.

L'on s'est beaucoup occupé depuis quelques années d'établir la manière dont la chaleur est distribuée sur la surface de notre planète, ainsi que les variations du climat; cette étude comprend en général toutes les modifications qui ont lieu dans l'atmosphère, telles que les changements de température, d'humidité, les variations qui s'opèrent dans la pression barométrique, la pureté de l'air, la sérénité du ciel, les effets du vent et la tension électrique. La température dépend de la propriété que possèdent plus ou moins tous les corps, d'absorber et d'émettre perpétuellement de la chaleur. Quand l'échange est égal, la température du corps reste la même, mais quand le rayonnement excède l'*absorption*, la température *s'abaisse*, et *vice versa*. Afin de déterminer la distribution de la chaleur sur la surface de la terre, il est nécessaire de trouver une mesure commune à l'aide de laquelle on puisse comparer les températures à des latitudes différentes. Il faut pour cela établir, au moyen de l'observation, la température moyenne du jour, du mois et de l'année en autant de lieux que possible, sur toute l'étendue de la terre. La température annuelle moyenne peut être déterminée en ajoutant ensemble les températures moyennes de tous les mois de l'année, et en divisant la somme par douze. En prenant la moyenne de dix ou quinze années d'observation, on obtient une approximation suffisante; car, bien que la température d'un lieu quelconque puisse être sujette à de très-grandes variations, elle ne diffère jamais plus que de quelques degrés de son état moyen, lequel, en conséquence, peut être regardé comme une bonne mesure de comparaison.

Si la température d'un climat ne dépendait que de la quantité de chaleur qu'il reçoit du soleil, tous les lieux qui ont la même latitude auraient la même température annuelle moyenne. Le mouvement du soleil dans l'écliptique occasionne, il est vrai, des variations perpétuelles dans la longueur du jour, et dans la direction des rayons par rapport à la terre; cependant, comme cette cause de variation est périodique, la température annuelle moyenne occasionnée par le mouvement du soleil seulement, doit être constante pour chaque parallèle de latitude. Car il est évident que la grande absorption de chaleur qui a *lieu* pendant les longs jours d'été, alors que les nuits sont trop courtes pour que le rayonnement puisse lui faire équilibre, est compensée ensuite par le rayonnement considérable qui s'opère durant les nuits froides et sereines de l'hiver, et par la petite quantité de chaleur que reçoit la terre pendant les jours si courts de cette triste saison. En effet, si le globe était partout de niveau avec la surface de la mer, et s'il était en même temps d'une homogénéité parfaite, de telle sorte que les quantités de chaleur absorbées et rayonnées par lui fussent égales, la chaleur moyenne du soleil se distribuerait régulièrement sur sa surface en zones parallèles à l'équateur, douées de températures annuelles égales, mais décroissantes de l'équateur aux pôles, comme le carré du cosinus de la latitude; et la quantité de cette chaleur ne dépendrait que des hauteurs du soleil et des courants atmosphériques. Quoi qu'il en soit, la distribution de la chaleur, au même parallèle est très-irrégulière dans toutes les latitudes, excepté entre les tropiques, où les lignes isothermes, c'est-à-dire, les lignes qui passent par les lieux dont la température annuelle moyenne est la même, sont presque parallèles à l'équateur. Les causes de cette irrégularité sont très-nombreuses; mais, suivant M. de Humboldt, à qui nous sommes redevables de la plupart de nos connaissances sur ce sujet, celles qui ont la plus grande influence, sont l'élévation des continents, la distribution à la surface du globe de la terre et de l'eau, dont les pouvoirs émissifs et absorbants ne sont pas les mêmes; la diversité d'aspects que présente la surface de la terre, tels que les forêts, les déserts sablonneux, les plaines verdoyantes, les rochers, etc.; les chaînes de montagnes couvertes de masses de neige, qui diminuent la température; la réverbération des rayons solaires dans les vallées, qui l'augmente, et enfin l'échange des courants d'air et d'eau, qui tempèrent et la rigueur du froid et l'excès de la chaleur; les courants chauds venant de l'équateur adoucissent l'âpreté des glaces polaires, et les courants froids venant des pôles, modèrent la haute température des régions équatoriales. A toutes ces causes, on peut encore ajouter la culture, quoique son influence ne s'étende que sur une petite portion du globe, puisqu'un quart seulement des continents est habité.

Dans l'*Annuaire pour* 1834, M. Arago a publié une notice sur l'*état thermométrique du globe*. Il prouve avec sa lucidité habituelle :

1° Qu'il existe dans la terre un foyer de chaleur centrale;

2° Que depuis 2000 ans la température générale de la masse de la terre n'a pas varié d'un dixième de degré, et cependant la surface s'est refroidie dans le cours des siècles, au point de conserver à peine une trace sensible de sa température primitive;

3° Il fait voir que les changements qu'on a observés, ou cru observer, dans certains climats, ne tiennent point à des causes cosmiques; mais à des circonstances toutes locales, telles que les déboisements des plaines et des montagnes, le desséchement des marais, des travaux agricoles considérables, etc., etc. C'est ainsi qu'en comparant les observations thermométriques faites à Florence, d'après les instructions de l'Académie del Cimento, vers la fin du XVI° siècle, avec celles comprises entre 1820 et 1830, on a trouvé que la moyenne était restée sensiblement la même. Seulement il paraîtrait que les hivers sont *un peu moins froids*, les étés *un peu moins chauds*, résultat dû probablement aux déboisements opérés depuis cette époque. Aux Etats-Unis, on observe un effet analogue à la suite des vastes défrichements dont ce pays est le théâtre. M. Arago applique ensuite ces notions au climat de la France, et fait voir que rien ne prouve qu'il ait subi des changements autres que ceux qui proviennent des travaux de l'homme.

La température ne varie pas autant avec la latitude du lieu qu'avec sa hauteur au-dessus du niveau de la mer. Le décroissement est plus rapide dans les couches les plus élevées de l'atmosphère que dans les plus basses, non-seulement parce qu'elles sont beaucoup plus éloignées du rayonnement de la terre, mais aussi, parce qu'étant extrêmement raréfiées, la chaleur s'y répand dans un plus grand espace. Un volume d'air pris à la surface de la terre, à une température de 21° centig., et transporté à la hauteur d'un peu moins d'une lieue, se dilaterait tellement que sa température serait réduite à 10° centigrades.

La hauteur des neiges perpétuelles diminue en allant de l'équateur aux pôles, et est plus considérable en été qu'en hiver; mais elle varie par suite de plusieurs circonstances. Il tombe rarement de la neige quand le froid est intense et l'air sec. Les forêts étendues produisent de l'humidité par l'évaporation qui s'en dégage, et les plateaux élevés, au contraire, échauffent et sèchent l'air. Dans les Cordillères des Andes, des plaines qui n'ont pas plus de vingt-cinq lieues carrées élèvent la température de 1°,66 à 2°,22 du thermomètre centigrade au-dessus de celle qui règne à la même latitude, sur la déclivité rapide d'une montagne; conséquemment, la ligne des neiges perpétuelles varie suivant que l'une ou l'autre de ces causes domine. L'exposition exerce aussi une grande influence. La ligne des neiges perpétuelles est beaucoup plus élevée du côté méridional que du côté septentrional des montagnes de l'Himalaya. Au total, il paraît qu'entre les tropiques la hauteur moyenne des neiges perpétuelles est de 4,635 mètres au-dessus du niveau de la mer; tandis que les terres dont la hauteur ne dépasse pas le niveau de la mer, ne sont pas couvertes de neiges perpétuelles, excepté celles situées dans le voisinage du pôle nord. Dans l'hémisphère sud, cependant, le froid est plus intense que dans l'hémisphère nord. Dans la terre de Sandwich, entre les 54e et 58e degrés de latitude, les neiges perpétuelles et les glaces s'étendent jusqu'au rivage de la mer; et dans l'île Saint-Georges, dont la latitude (le 53e degré sud) correspond à celle des comtés du centre de l'Angleterre, la ligne des neiges perpétuelles s'abaisse jusqu'au niveau de l'Océan. Il a été reconnu que cette prépondérance du froid dans l'hémisphère sud ne peut être attribuée à ce que l'hiver y est plus long que le nôtre de 7 jours ¾. Elle est due probablement à ce que la pleine mer qui entoure le pôle sud permet aux bancs de glace de descendre à 10° de latitude plus bas dans cet hémisphère que dans l'hémisphère nord, où des obstacles nombreux leur sont opposés par les îles et les continents qui avoisinent le pôle nord. Les bancs de glace venant du pôle nord, s'avancent rarement vers le sud, au delà des Açores; tandis que ceux qui viennent du pôle sud descendent jusqu'au cap de Bonne-Espérance, et absorbent continuellement, en fondant, une très-grande quantité de chaleur.

L'influence des chaînes de montagnes ne dépend pas entièrement de la ligne de congélation perpétuelle. Elles attirent et condensent les vapeurs flottantes dans l'air, et les font retomber en torrents de pluie. Elles rayonnent de la chaleur dans l'atmosphère à une élévation moindre, et augmentent la température des vallées par la réflexion des rayons du soleil, et par l'abri qu'elles forment contre les vents dominants. D'un autre côté, l'une des causes les plus générales et les plus puissantes du froid qu'occasionne le voisinage des montagnes, consiste dans les courants d'air glacés, qui de leurs pics élevés se précipitent avec violence sur les vallées environnantes : tel est le vent piquant du nord, que l'on désigne sous le nom de bise.

La différence qui existe entre les pouvoirs émissif et absorbant de la mer et de la terre, est, après la différence de niveau des terrains, la cause qui exerce la plus grande influence sur l'irrégularité de la distribution de la chaleur. L'étendue de la terre ferme n'excède pas la quatrième partie de celle de l'Océan, de sorte que la température générale de l'atmosphère, considérée comme le résultat des températures partielles de toute la surface du globe, est plus puissamment modifiée par la mer que par la terre. D'ailleurs, l'Océan, tant en raison de son homogénéité, que de l'égalité de sa courbure, agit plus uniformément sur l'atmosphère que ne peut le faire la partie solide du globe, avec sa variété infinie de formes et de substances. Dans les substances opaques, l'accumulation de la chaleur est limitée à la couche la plus rapprochée de la surface. Les mers s'échauffent moins à leur surface que la terre, parce qu'avant d'être absorbés les rayons solaires pénètrent le liquide transparent à une plus grande profondeur, et en plus grand nombre qu'ils ne pourraient le faire dans une masse opaque. D'un autre côté, l'eau a un très-grand pouvoir de rayonnement, ce qui, joint à l'évaporation, réduirait la surface de l'Océan à une température très-basse, si les particules froides ne se précipitaient vers le fond, en vertu de leur excès de densité. Les mers conservent une portion considérable de la chaleur qu'elles reçoivent pendant l'été, et leur salure les empêche de se geler aussitôt que l'eau douce. De ces diverses circonstances il résulte que l'Océan n'est pas sujet aux mêmes variations de chaleur que la terre. En communiquant sa température aux vents, il diminue l'intensité du climat sur les côtes et dans les îles, lesquelles ne sont jamais exposées aux extrêmes de chaleur et de froid que l'on éprouve dans l'intérieur des continents, quoiqu'elles soient sujettes à des pluies et à des brouillards dus à l'évaporation des mers adjacentes. De chaque côté de l'équateur au 48e degré de latitude, la surface de l'Océan est en général plus chaude que l'air qui est au-dessus. La moyenne de la différence de température à midi et à minuit est de 0°,76 centig., la plus grande variation n'excédant jamais de 0°,2 à 1°,2 centig., ce qui est beaucoup plus froid que l'air des continents.

Sur la terre ferme, la température dépend de la nature du sol et de ses productions, de son humidité ou de sa sécheresse habituelle. Depuis l'extrémité orientale du désert de Sahara, qui traverse l'Afrique tout entière, le sol consiste presque entièrement en un sable stérile, et le désert de Sahara lui-même, sans comprendre le Darfour ou le Dongola, occupe une surface de 194,000 lieues carrées (ou deux fois la surface de la Méditerranée), dont le rayonnement élève la température de l'air de 32° à 37° centigrades; ce qui doit exercer sur la nature du climat l'influence la plus énergique. La végétation, au contraire, refroidit l'air par l'évaporation et le rayonnement apparent de froid, dus aux feuilles des plantes, qui absorbent plus de calorique qu'elles n'en abandonnent. Les savanes de l'Amérique méridionale couvrent un espace de 50,000 lieues carrées, c'est-à-dire, une étendue dix fois plus grande que la France, et plus considérable aussi que la chaîne des Andes tout entière, avec tous les groupes épars des montagnes du Brésil. Ces plaines, jointes à celles de l'Amérique du Nord et aux steppes de l'Europe et de l'Asie, doivent produire sur l'atmosphère un prodigieux effet de refroidissement, si l'on considère que, dans les nuits calmes et sereines, elles font descendre le thermomètre de 6° à 7° centig. et que, dans les prairies et les bruyères de l'Angleterre, la chaleur absorbée par l'herbe suffit, pendant dix mois de l'année, pour abaisser durant la nuit la température au point de congélation. Les forêts aussi refroidissent l'air, par l'abri qu'elles présentent au sol contre les rayons solaires, et par l'évaporation qui se dégage des branches de leurs arbres. Hales a trouvé que les feuilles d'une seule plante d'hélianthe, de trois pieds de haut, présentaient une surface de quarante pieds. Si l'on considère en outre que les régions boisées de la rivière des Amazones, et de la partie supérieure de l'Orénoque, occupent un espace de 260,000 lieues carrées, l'on pourra se faire quelque idée des torrents de vapeur qui doivent s'élever des forêts répandues sur la surface entière du globe. Toutefois, les effets frigorifiques de cette évaporation sont tempérés jusqu'à un certain point par le calme parfait qui règne dans les déserts des tropiques. Les rivières, les lacs, les étangs et les marais sans nombre qui coupent en tous sens les terres des continents, absorbent aussi beaucoup de calorique, en même temps qu'ils refroidissent l'air par l'évaporation; mais, d'un autre côté, les eaux profondes ont la propriété, tant que la glace n'est pas formée, de diminuer le froid de l'hiver, par suite de la précipitation des particules froides et denses vers le fond.

Il résulte de la différence des pouvoirs rayonnants et absorbants de la mer et de la terre, que leur configuration modifie considérablement la distribution de la chaleur à la surface du globe. Sous l'équateur, la terre ferme n'occupe qu'un sixième de la circonférence; et, dans les hémisphères nord et sud, l'étendue superficielle de la terre est dans la proportion de 3 à 1. L'effet de cette division inégale est plus sensible dans les zones tempérées que dans la zone torride; car, dans la zone tempérée septentrionale, l'étendue de terre est à celle de la zone tempérée méridionale comme 13 est à 1, tandis qu'entre l'équateur et chacun des tropiques, elle est dans la proportion de 5 à 4. Il est un fait curieux dont M. Gardner a fait la remarque, c'est que sur la totalité de la partie solide du globe, il n'y a que $\frac{1}{27}$ dont le point diamétralement opposé soit également solide. Cette distribution de la partie solide du globe exerce une influence puissante sur la température de l'hémisphère sud. Outre ces modifications importantes, les presqu'îles, les promontoires et les caps qui s'avancent dans l'Océan, exercent, ainsi que les golfes et les mers intérieures, une influence secondaire sur la température. A toutes ces causes peut être encore ajoutée la position des masses continentales, par rapport aux points cardinaux. Toutes ces variétés de terre et d'eau affectent la température par l'intermédiaire des vents, auxquels il faut attribuer l'excès de température des côtes occidentales du nouveau et de l'ancien monde sur celle des côtes orientales. En effet, si l'on considère l'Europe comme une île, on trouve que la douceur générale de son climat est en rapport avec l'étendue des côtes qui regardent l'Océan occidental, dont la température à la surface ne s'abaisse jamais, jusque vers les 45e et 50e degrés de latitude nord, au-dessous de 8° ou 10° centig., même au cœur de l'hiver. Le froid qui règne en Russie, au contraire, provient de son exposition aux vents nord et est. Le climat de la partie européenne de cet empire est moins rigoureux que celui de la partie asiatique, en ce que l'extrémité septentrionale de l'Europe est séparée des glaces polaires par une zone de pleine mer, dont la température d'hiver est de beaucoup supérieure à celle d'un pays continental situé sous la même latitude.

L'interposition de l'atmosphère modifie tous les effets de la chaleur du soleil. La terre communique si lentement sa température, que M. Arago a trouvé, dans plusieurs circonstances, jusqu'à 7° à 10° centig. de différence entre la chaleur du sol et celle de l'air, à deux ou trois pouces au-dessus.

Les circonstances qui viennent d'être énumérées et bien d'autres encore concourent à altérer la distribution régulière de la chaleur sur le globe et occasionnent des irrégularités locales sans nombre. Néanmoins, la température annuelle moyenne s'abaisse graduellement de l'équateur aux pôles. Mais c'est entre les 40e et 45e degrés de latitude, tant en Europe qu'en Amérique, que la diminution de la chaleur moyenne est plus rapide, ce qui s'accorde parfaitement avec la théorie; d'où il paraît que la variation du carré du cosinus de la latitude, qui exprime la loi de la variation de la température, est un maximum vers le 45e degré de latitude. En Amérique, la température annuelle moyenne sous la ligne est d'environ 27°,5 centig. On prétend qu'en Afrique elle est à peu près de 28°,67 centig. : la différence provient sans doute des vents de la Sibérie et du Canada, dont la froide influence se fait sentir d'une manière sensible en Asie et en Amérique, même à 18° de l'équateur.

L'observation semble prouver que tous les climats de la terre sont stables, et que leurs changements ne consistent qu'en périodes ou oscillations d'une étendue plus ou moins grande, qui disparaissent quand on prend la température annuelle moyenne d'un nombre d'années suffisant. Cette circonstance de la température annuelle moyenne des différents lieux de la surface du globe sert à prouver que la terre reçoit annuellement une quantité de chaleur égale à celle qu'elle rayonne annuellement vers l'espace. Diverses causes, néanmoins, peuvent faire varier le climat d'un lieu quelconque : la culture, par exemple, peut le rendre plus chaud; mais c'est toujours aux dépens de quelque autre lieu, qui se refroidit dans le même rapport. Un pays peut offrir une suite d'étés froids et d'hiver doux, mais à la condition indispensable que le contraire ait lieu dans quelque autre pays, afin que l'équilibre se maintienne. C'est par l'entremise du vent, de la pluie, de la neige, du brouillard et des autres phénomènes météréologiques, que ces changements s'accomplissent. La distribution de la chaleur peut varier avec une multitude de circonstances diverses, mais la quantité absolue de calorique gagnée et perdue dans le cours d'une année, par la terre entière, reste invariablement la même.

Minima de température observés en divers lieux.

LIEUX.	LATITUDE.	TEMPÉRATURES minima.	OBSERVATEURS.
Surinam.	5°38' S.	21°,3	»
Pondichéri.	11 42 N.	21 ,6	Cossigny.
Madras.	13 45	17 ,3	»
La Martinique.	14 35	17 ,1	Chanvalon.
Le Caire.	30 2	9 ,1	Niebuhr.
Charlestown.	32 40	—17 ,8	*Ann. de Chim.*
Bagdad.	33 21	— 5 ,0	Beauchamp
Cap de Bonne-Espérance.	33 55 S.	5 ,6	La Caille.
Alep.	36 12 N.	4 ,4	Russel.
Athènes.	37 58	— 4 ,0	Peytier.
Washington.	38 53	—26 ,6	*Ann. de Chim.*
Rome	41 54	— 5 ,9	Schouw.
Cambridge (Massachusets.)	42 25	—21 ,4	Williams.
Padoue.	45 18	—13 ,6	Toaldo.
Montpellier.	43 36	—16 ,1	Fuster.
Nice.	43 42	— 9 ,6	Schouw.
Pise.	43 43	— 6 ,3	*Id.*
Lucques.	43 51	— 8 ,9	*Id.*
Florence.	43 46	— 5 ,3	Peytier.
Camajore.	43 55	— 5 ,7	Schouw.
Bologne.	44 30	—16 ,9	*Id.*
Bangor (Etats-Unis).	45 0	—40 ,0	*Ann. de Chim.*
Turin.	45 4	—17 ,8	Schouw.
Milan.	45 28	—13 ,0	Observatoire.
Montréal.	45 50	—37 ,2	*Ann. de Chim.*
Paris.	48 50	—23 ,1	Arago.
Prague.	50 5	—27 ,5	Strnadt.
Londres.	51 31	—11 ,4	Société royale.
Cumberland-House.	54 0	—42 ,2	Franklin.
Copenhague.	55 41	—17 ,8	Bugge.
Moscou.	55 45	—38 ,8	Stritter.
Stockholm.	59 20	—26 ,9	Nicander.
Pétersbourg.	59 56	—34 ,0	Euler.
Fort-Entreprise.	64 30	—49 ,7	Franklin.
Winter-Island.	66 11	—38 ,6	Parry.
Ile Iglooolik.	69 20	—42 ,8	*Id.*
Fort Reliance.	62 46	—56 ,7	Back.
Bosekop (Laponie).	69 58	—25 ,5	Com. du Nord
Port Elisabeth.	69 59	—50 ,8	Ross.

Maxima de température observés en divers lieux.

LIEUX.	LATITUDE.	TEMPÉRATURES maxima.	OBSERVATEURS.
Surinam.	5°38' N.	32°,3	Humboldt.
Pondichéri.	11 55	44 ,7	Le Gentil.
Madras.	13 45	40 ,0	Roxburgh.
Beit-el-Fakih.	14 31	38 ,1	Niebuhr.
La Martinique.	14 35	35 ,0	Chanvalon.
La Véra-Cruz.	19 12	35 ,6	Orta.
Philæ (Egypte).	24 0	43 ,1	Coutelle.
Esné (Egypte).	25 13	47 ,4	Burckhardt.
Le Caire.	30 2	40 ,2	Coutelle.
Bassora (Mésopotamie).	30 45	45 ,3	Beauchamp
Catane.	37 30	38 ,3	Schouw.
Palerme.	38 8	39 ,7	*Id.*
Naples.	40 52	38 ,7	Pilla.
Rome.	41 54	38 ,0	Schouw.
Pavie.	45 11	37 ,5	*Id.*
Cambridge (Massachus).	42 25	33 ,5	Williams.
Padoue.	45 18	36 ,3	Toaldo.
Pise.	43 36	39 ,4	Schouw.
Nice.	43 42	33 ,4	*Id.*
Cagliari.	43 43	39 ,1	*Id.*
Lucques.	43 51	38 ,1	*Id.*
Bologne.	44 30	37 ,1	*Id.*
Turin.	45 4	36 ,9	*Id.*
Vérone.	45 26	35 ,6	*Id.*
Milan.	45 28	34 ,4	Observatoire.
Paris.	48 50	38 ,4	Arago.
Prague.	50 5	35 ,4	Strnadt.
Amérique du Nord.	53 0	30 ,5	Franklin.
Copenhague.	55 41	37 ,7	Bugge.
Moscou.	55 45	32 ,0	Stritter.
Nain (Labrador).	57 0	27 ,8	De La Trobe.
Stockholm.	59 20	34 ,4	Ronnow.
Pétersbourg.	59 56	33 ,4	Euler.
Eyafiord (Islande).	66 30	20 ,9	Van Scheels.
Ile Melville.	74 45	15 ,6	Parry.
Port Elisabeth.	69 59	16 ,7	Ross.
Amérique du Nord.	65 30	20 ,0	Back.

TEMPÉRATURE DES COUCHES TERRESTRES. — La température, dans les couches terrestres, a soulevé bien des discussions et fait naître de nombreuses hypothèses. M. Saigey a publié sur ce sujet une notice intéressante dont nous allons faire connaître les points les plus saillants :

« Les géomètres qui, à l'exemple de Fourrier, ont résolu le problème de la propagation de la *chaleur centrale du globe*, ont admis, pour plus de simplicité, que la masse du globe était homogène et solidifiée, au moins dans les couches superficielles. En conséquence, ils n'ont tenu compte ni de l'air ni de l'eau qui baignent la surface, et qui pénètrent plus ou moins au-dessous.

« Cependant, il est aisé de voir que la loi suivant laquelle la température croîtra avec la profondeur est toute différente, suivant que la surface du corps solide sera ou non recouverte d'un fluide liquide ou gazeux, surtout si *ce fluide pénètre dans les pores de la matière solide*.

« Pour calculer la propagation de la chaleur à travers des couches perméables aux fluides en question, il faut prendre en considération les déplacements que ces fluides *subissent toutes les fois que leur densité* vient à diminuer lorsque la profondeur augmente. Si, dans ce cas, l'effet de propagation dans les parties solides est très-inférieur à l'effet produit par les agitations du fluide, c'est ce fluide qui réglera la loi de propagation de la chaleur, et non la couche solide du globe ; ou, du moins, la conductibilité et la capacité calorifique de cette couche y aura peu de part.

« Or, il arrive que la communication de la chaleur se fait avec une lenteur extrême à travers les masses terreuses et pierreuses ; tandis qu'elle s'opère avec une grande vitesse à l'aide des mouvements verticaux d'un fluide chauffé par le bas.

« Ainsi, étant donnée une couche poreuse imbibée d'eau, l'accroissement de température sera à peu près celui qui convient à l'équilibre d'une masse fluide, pour laquelle la dilatation ne peut dépasser la compression. Si la colonne liquide n'était nullement obstruée, tout en ayant un diamètre suffisant, l'accroissement de température pourrait être exactement calculé, dans le cas, bien entendu, où les parois fournissent une quantité surabondante de chaleur. Et telle est la source de l'erreur commise dans les observations faites au fond des puits artésiens.

« Mais ce n'est pas seulement l'eau qui pénètre dans les couches du globe : l'air, par sa pression, et en l'absence de toute capillarité, s'est propagé fort avant dans la terre. En creusant le sol, on n'a jamais rencontré de cavités qui, venant à être ouvertes, aient produit des explosions provenant d'une diminution ou d'un accroissement de pression originaire. En général, les couches sédimenteuses du globe sont imprégnées d'air : ce fluide circule dans les fissures des roches plus compactes et cristallines ; ses mouvements sont lents, il est vrai, et d'autant plus lents que les passages sont plus étroits : mais enfin la pression atmosphérique s'y fait sentir, et les variations barométriques observées à la surface sont nécessairement accompagnées de variations au-dessous de cette surface : d'où résulte, soit la sortie, soit l'introduction d'une certaine quantité d'air, et en général un déplacement plus ou moins considérable de ce fluide intérieur.

« Plusieurs variations barométriques ont été attribuées à l'air souterrain. Si celui-ci se déplace peu dans un jour, ses déplacements seront marqués, plus nombreux, dans le cours d'une année, d'un siècle, d'une période géologique.

« Si donc la propagation de la chaleur centrale, dans les couches solides du globe, était plus rapide que ne le permet l'équilibre de l'atmosphère, tellement que, la chaleur croissant très-vite avec la profondeur, la compression de l'air ne pût détruire la dilatation, il y aurait ascension de l'air chaud, exhalaison de cet air, introduction d'un air plus froid, qui, à son tour, serait expulsé, et ainsi de suite, jusqu'à ce qu'il y eût compensation entre l'effet de conductibilité des couches solides pour la chaleur centrale, et l'effet de déperdition par les agitations de l'air.

« Si ce lavage du globe par l'atmosphère est réel, l'accroissement de chaleur dans les couches terrestres sera déterminé principalement par l'air, et pourra être fort différent de l'accroissement de chaleur dans les couches plus centrales, où ce fluide ne pénètre point.

« Or, il ne suffit pas que le phénomène en question soit possible : il faut, de plus, qu'il se trouve réalisé, non pas d'une façon approximative et grossière, à la manière des géologues théoriciens, mais par un calcul positif. En d'autres termes, connaissant la dilatation de l'air et admettant la loi de Mariotte, il faut qu'on puisse en déduire l'accroissement de chaleur dans les couches superficielles du globe, et c'est ce que nous allons essayer de faire.

« D'après l'Annuaire du bureau des longitudes, le mercure pèse 10,366 fois plus que l'air, à 0 de température et 0,76 de pression. Les expériences de Proust ont donné 10,400 fois. En prenant 10,400 fois, on ne s'écartera pas beaucoup de la vérité. De là, il résulte que la colonne atmosphérique, à 0 degré et 0,76 de pression, aurait pour longueur le produit de 0,76 par 10,400, ou environ 7900 mètres, si cette colonne avait partout la même pression et la même température.

« Soient a le coefficient de la dilatation des gaz, t la température de l'air à la surface du globe, x le nombre de mètres qu'aurait une colonne d'air susceptible, par sa pression, de contre-balancer la dilatation pour un degré, l'unité de volume d'air, qui passerait de t à $t+1$, éprouverait une dilatation exprimée par

$$\frac{1+a(t+1)}{1+at} - 1.$$

« D'un autre côté, ce même volume, chargé d'abord par la colonne $7900(1+at)$, puis par la colonne $7900(1+at)+x$, subirait une compression exprimée par

$$\frac{7900(1+at)+x}{7900(1+at)} - 1.$$

« Si l'on égale ces deux effets, de dilatation et de compression, il viendra, toutes réductions faites,

$$x = 7900\, a.$$

« D'après M. Gay-Lussac, on aurait :

$$a = 0{,}00375,\ \text{d'où}\ x = 29{,}6\ \text{mètres}\ ;$$

et, d'après les nouvelles expériences de Rudberg,

$$a = 0{,}00365,\ \text{d'où}\ x = 28{,}8\ \text{mètres}.$$

« Cela veut dire que, si l'on faisait dans la terre un trou de 28,8 mètres ou de 29,6 mètres, et que ce trou fût assez large pour que la pression de l'air pût s'y faire sentir, l'accroissement de température y serait précisément d'un degré, quand bien même l'accroissement de température dans le sol environnant serait plus rapide. En termes plus précis, la température moyenne du fond de ce trou serait d'un degré plus élevée que la température moyenne à la partie supérieure.

« Cherchons donc un trou de 28 à 29 mètres : l'Observatoire royal de Paris nous offre une cave qui semble faite tout exprès ; et depuis un demi-siècle on descend et remonte les marches qui conduisent à cette profondeur de 28 mètres, pour s'assurer que l'accroissement de température est bien d'un degré centésimal : tellement que, depuis cinquante années, on mesure ainsi la dilatation de l'air, croyant mesurer la chaleur du globe.

« Mais dans les couches terrestres, où les mouvements de l'air sont plus gênés, l'accroissement de température est de 26 à 27 mètres, c'est-à-dire de 2 à 3 mètres plus rapide. Ainsi l'accroissement réel est compris entre l'accroissement qui a lieu dans l'air libre, et l'accroissement qui aurait lieu dans les couches solides en l'absence de l'air, c'est-à-dire dans les couches où l'air ne pénétrerait point. De là il résulte que la chaleur, à ces grandes profondeurs inaccessibles à l'air, s'accroît plus rapidement que dans les couches superficielles, où la loi dépend ou semble dépendre des conditions de l'équilibre des gaz.

« Il résulte encore de là que le coefficient de la dilatation de l'air peut être très-bien déterminé par des observations de température faites dans des puits à sec, comme les puits des mines ; et réciproquement, que l'accroissement de chaleur dans ces puits peut être trouvé par des expériences de cabinet sur la dilatation des gaz.

« Enfin, et ceci est une conséquence assez importante à noter, par suite de l'accroissement de la chaleur du globe, l'air ne peut rester immobile au sein des couches où il pénètre : il s'y échauffe au delà du point où son équilibre moyen est possible ; il en sort par exhalaison et y rentre par *absorption* : ce qui produit un *flux et reflux* perpétuel, ou un *mélange* entre l'atmosphère libre et l'atmosphère souterraine. Inutile d'ajouter que la formule trouvée ci-dessus, *savoir* :

$$x = 7900\,a,$$

est indépendante de la température et de la pression de l'air : en sorte que l'accroissement de la chaleur dans le sol est *le même à toute latitude et à toute hauteur* au-dessus du niveau de la mer. »

Température moyenne ; son décroissement pour la terre. *Voy.* Terre.

TEMPÊTE ; état du baromètre pendant les tempêtes. *Voy.* Baromètre.

TEMPLE de Jérusalem ; comment préservé de la foudre pendant près de mille ans. *Voy.* Paratonnerre.

TEMPS. — L'astronomie a été d'un usage immédiat et des plus utiles en fournissant des étalons invariables pour mesurer la durée, la distance, la grandeur et la vitesse. Le *jour sidéral* moyen, mesuré par le temps qui s'écoule entre deux passages consécutifs d'une étoile au même méridien, et l'année sidérale moyenne, *qui est le temps compris* entre deux retours consécutifs du soleil à la même étoile, sont des unités immuables auxquelles toutes les grandes périodes de temps sont comparées ; les oscillations du pendule isochrone servent à mesurer les divisions plus petites. Avec l'aide seule de ces étalons invariables, nous pouvons juger des changements lents que d'autres éléments du système peuvent avoir subis. Le temps sidéral apparent, qui se mesure par le passage du point équinoxial au méridien d'un lieu donné, se trouve être une quantité variable par suite des effets de la précession et de la nutation. Les horloges qui donnent le temps sidéral apparent sont employées pour l'observation, et sont réglées de manière qu'elles marquent $0^h. 0^m. 0^s.$ au moment où le point équinoxial passe au méridien de l'Observatoire. Et, comme le temps sert de mesure au mouvement angulaire, l'horloge donne les distances des corps célestes à l'équinoxe, en observant l'instant auquel chacun de ces corps passe au méridien, et en convertissant le temps en degrés, à raison de 15° par heure.

Les retours du soleil au méridien, et au même équinoxe, ou au même solstice, ont été adoptés universellement comme la mesure de nos années et jours civils. Le jour solaire ou astronomique est le temps qui s'écoule entre deux midis ou deux minuits consécutifs ; conséquemment, il est plus long que le jour sidéral, par suite du mouvement propre du soleil durant une révolution de la sphère céleste. Mais comme le soleil se meut avec une plus grande rapidité au solstice d'hiver qu'au solstice d'été, la durée du jour astronomique approche plus de celle du jour sidéral en été qu'en hiver. L'obliquité de l'écliptique est encore une cause qui affecte la durée du jour astronomique ; car, dans les équinoxes, l'arc de l'équateur est moindre que l'arc correspondant de l'écliptique, et dans les solstices, au contraire, il est plus grand. Le jour astronomique est donc diminué dans le premier cas, et augmenté dans le second. Si le soleil se mouvait uniformément dans l'équateur à raison de 59' 8" 3 chaque jour les jours solaires seraient tous égaux. Ainsi donc, le temps qui est *compté par l'arrivée d'un soleil imaginaire* au méridien, ou d'un soleil supposé se mouvoir uniformément dans l'équateur, est désigné sous le nom de temps solaire moyen, et c'est celui qui, dans la vie civile, est donné par les horloges et les montres. Quand il est compté par l'arrivée du soleil réel au méridien, c'est le temps apparent, tel que le temps donné par les cadrans solaires. La différence qui existe entre le temps marqué par une horloge et un cadran solaire est l'équation de temps ; elle s'élève quelquefois jusqu'à seize minutes. Le *temps apparent* et le *temps moyen* coïncident quatre fois par an.

Le jour astronomique *commence à midi* ; mais dans la manière ordinaire de compter, le jour commence à minuit. La longueur *moyenne du jour*, *quoique exactement* déterminée, n'est suffisante ni pour les besoins de l'astronomie, ni pour ceux de la *vie civile*. L'année tropique ou civile de 365 j. 5 h. 48' 49" 2, qui est le temps qui s'écoule entre les retours consécutifs du soleil aux équinoxes ou aux solstices moyens, en comprenant tous les changements des saisons, est un cycle naturel parfaitement propre à déterminer une mesure de durée. C'est du solstice d'hiver qu'est compté le milieu de la longue nuit annuelle qui règne sous le pôle nord. Quoique la longueur de l'année civile soit indiquée par la nature comme une mesure de longues périodes, l'incommensurabilité qui existe entre la longueur du jour et la révolution du soleil, rend difficile de régler en nombres ronds l'estimation de tous les deux. Si la révolution du soleil s'accomplissait en 365 jours, toutes les années auraient précisément le même nombre de jours ; elles commenceraient et finiraient avec le retour précis du soleil au même point de l'écliptique; mais comme la révolution du soleil comprend une fraction de jour, une année civile et une révolution du soleil n'ont pas la même durée. Cette fraction étant à peu près égale à un quart de jour, il en résulte qu'en quatre ans elle équivaut presque à une révolution du soleil, de sorte que l'addition d'un jour intercalaire, tous les quatre ans, compense à peu près la différence. Mais, par la suite des temps, une nouvelle correction deviendra nécessaire, la fraction étant un peu moindre que le quart d'un jour. En effet, si une bissextile était supprimée à la fin de trois siècles sur quatre, l'année, ainsi déterminée, n'excéderait l'année vraie que d'une fraction de jour extrêmement petite, et si, outre cela, une bissextile était encore supprimée tous les 4000 ans, la longueur de l'année serait presque égale à celle donnée par l'observation. Si la fraction était négligée, le commencement de l'année précéderait celui de l'année tropique, si bien qu'on se trouverait en retard d'une année au bout d'une période de 1507 ans environ. Les Egyptiens comptaient 365 j. 6 h. dans l'année, de sorte qu'ils perdaient une année tous les 14,601 ans, lesquels formaient leur période sothiaque. Ils déterminaient la longueur de leur année par le lever héliaque de Sirius, 2,782 ans avant l'ère chrétienne, époque qui est la plus ancienne de la chronologie égyptienne. La division de l'année en mois est très-ancienne et presque universelle. Mais la période de sept jours, la plus permanente de toutes les divisions de temps, et le plus ancien monument des connaissances astronomiques, était en usage dans l'Inde parmi les brames, sous les mêmes dénominations employées par nous; on la retrouve également dans les calendriers des Juifs, des Egyptiens, des Arabes et des Assyriens; elle a survécu à la chute des empires, et est demeurée chez toutes les générations successives comme une preuve de leur origine commune *Voy.* ANNÉE.

L'an de Rome 707, l'on fit du jour de la nouvelle lune qui suit immédiatement le solstice d'hiver, le 1er janvier de la première année de Jules-César. Le 25 décembre de sa quarante-cinquième année est considéré comme la date de la naissance de Jésus-Christ; et la quarante-sixième année du calendrier Julien, comme la première de notre ère. L'année précédente a été appelée par les chronologistes la première année avant Jésus-Christ; mais les astronomes l'ont appelée l'année zéro. L'année astronomique commence le 31 décembre à midi; et la date d'une observation exprime les jours et les heures qui se sont écoulés depuis ce temps.

Puisque le temps solaire et le temps sidéral comptent du passage du soleil et du point équinoxial au méridien de chaque lieu du globe, il suit de là qu'un événement qui est arrivé en un de ces lieux et au même instant de temps absolu, est dans les lieux différents rapporté à des époques différentes; ce qui n'a rien que de très-naturel, lorsque l'on considère qu'une partie du globe a midi, tandis que la partie diamétralement opposée a minuit. Ainsi donc, lorsque l'on vient à comparer des observations faites dans des lieux différents, il faut les réduire par le calcul à ce qu'elles auraient été faites sous le même méridien. Pour remédier à cet inconvénient, John Herschell a proposé d'employer le temps équinoxial moyen, qui est le même pour tous les points du globe, en même temps qu'il est indépendant des circonstances locales, et des inégalités qui ont lieu dans le mouvement du soleil. Il consiste dans le temps écoulé depuis l'instant où le soleil moyen entre dans l'équinoxe moyen de printemps, et se compte en jours solaires moyens, et en fractions de jour.

Quelques ères astronomiques remarquables sont déterminées par la position du grand axe de l'ellipse solaire, laquelle dépend à la fois du mouvement direct du périgée, et de la précession des équinoxes, le mouvement annuel de l'un étant de 11" 8, et celui de l'autre de 50" 1. De là il suit que l'axe se mouvant à raison de 61" 9 par an, il accomplit une révolution tropique en 20,937 ans. Il coïncidait avec la ligne des équinoxes, 4000 ou 4089 ans avant l'ère chrétienne, époque qui, à très-peu de chose près, est celle assignée par les chronologistes à la création de l'homme. En 6468, le grand axe coïncidera de nouveau avec la ligne des équinoxes; mais alors le périgée solaire coïncidera avec l'équinoxe de l'automne, tandis qu'à la création de l'homme il coïncidait avec l'équinoxe du printemps. En 1234, le grand axe était perpendiculaire à la ligne des équinoxes; le périgée solaire coïncidait alors avec le solstice d'été, et l'apogée avec le solstice d'hiver. Suivant Laplace, qui calcula ces périodes d'après des données différentes, la dernière coïncidence eut lieu l'an 1250 de notre ère, ce qui le porta à proposer cette année comme une époque universelle, prenant l'équinoxe de printemps de l'année 1250 pour en faire le premier jour de la première année.

La variation qui s'opère dans la position de l'ellipse solaire occasionne des changements correspondants dans la longueur des saisons. Dans sa présente position, le printemps est plus court que l'été, et l'automne plus long que l'hiver, et tant que le périgée sera comme il l'est à présent, c'est-à-dire entre le solstice d'été et l'équinoxe d'automne, la période comprenant le printemps et l'été sera plus longue que celle qui comprend l'automne et l'hiver. La différence actuelle est de sept à huit jours. Les intervalles seront égaux vers l'année 6468, lorsque le périgée coïncidera avec l'équinoxe d'automne, mais lorsqu'il aura passé ce point, le printemps et l'été, pris ensemble, seront plus courts que la période comprenant l'automne et l'hiver. Ces changements seront totalement accomplis dans un espace de 20,937 ans, temps que le grand axe de l'orbite terrestre met à accomplir une révolution tropique. Si l'orbite était circulaire, les saisons seraient égales. Or, nous avons vu qu'elles ne le sont pas; et c'est à l'excentricité de l'orbite, quelque petite que soit cette excentricité, qu'est due la différence de leur durée. Ces changements, toutefois, sont si faibles qu'ils sont imperceptibles pour le court espace de la vie humaine.

L'ancien état des cieux peut être calculé maintenant avec une grande exactitude; et en comparant le résultat du calcul aux observations anciennes, on peut vérifier l'époque où elles ont été faites quand elles sont exactes, ou en découvrir l'erreur quand elles sont fausses. Si la date est exacte et l'observation bonne, le même calcul servira à vérifier l'exactitude des tables modernes, et fera voir à combien de siècles elles peuvent s'étendre sans crainte d'erreur. Quelques exemples suffiront pour montrer l'importance du sujet.

Aux solstices, le soleil est à sa plus grande distance de l'équateur; conséquemment, à ces époques, sa déclinaison est égale à l'obliquité de l'écliptique, qui, autrefois, était déterminée d'après la longueur méridienne de l'ombre du style d'un cadran solaire le jour du solstice. L'on rapporte que les longueurs de l'ombre méridienne aux solstices d'été et d'hiver furent observées dans la ville de Loyang, en Chine, 1100 ans avant l'ère chrétienne. D'après ces longueurs, les distances du soleil au zénith de la ville de Loyang sont connues. La moitié de la somme de ces distances zénithales détermine la latitude, et la moitié de leur différence donne l'obliquité de l'écliptique au moment de l'observation; et comme la loi de la variation de l'obliquité est connue, le temps et les lieux des observations ont été vérifiés par le calcul d'après les tables modernes. Ainsi l'on voit que, dès cette époque reculée, les Chinois avaient fait quelques progrès dans l'astronomie. Toute leur chronologie est fondée sur l'observation des éclipses, ce qui prouve que l'existence de cet empire remonte au delà de 4700 ans. Laplace s'est servi de l'accélération de la lune pour démontrer que l'époque des tables lunaires des Indiens, qui, d'après Bailly, doit avoir précédé de 3000 ans l'ère chrétienne, ne remonte pas au delà de Ptolomée, lequel vivait au second siècle de cette ère.

TÉNACITÉ.— Tous les corps possèdent une constitution, et par suite un volume, qui sont réglés à chaque instant par des forces internes, et peuvent être modifiés par des forces extérieures. Dans un instant donné, tout corps a un volume qu'on peut faire varier au moyen de la pression ou de l'attraction. Mais toute tendance au changement subit une réaction en sens contraire. Si l'on rapproche par la compression, par exemple, les molécules du corps que les forces internes tenaient à une distance déterminée, ces forces repoussent la puissance comprimante, et la repoussent avec une énergie qui croît avec la continuité de l'action. Il vient un moment où la réaction interne neutralise complétement celle-ci : c'est la limite de la compressibilité.

Tout corps qui se comprime ne cède donc aux efforts que jusqu'à une certaine mesure. Mais, cette limite atteinte, le corps comprimé, ou conserve l'état réduit auquel a pu atteindre la force comprimante, ou bien, quand celle-ci cesse d'agir et d'équilibrer sa réaction interne, il se débande et reprend son volume et sa forme primitifs. Dans le premier cas, le corps est simplement compressible; dans le second il est élastique. Mais l'élasticité peut être complète ou incomplète; et, dans ce dernier cas, elle affecte les corps à une foule de degrés dynamiques.

La résistance à l'attraction se nomme *ténacité*, et cette force a, dans chaque corps, une limite, qui est la rupture, par suite de l'éloignement des molécules au delà de leur sphère de cohésion.

On peut essayer de rompre un solide de quatre manières différentes, savoir : 1° par le choc; 2° par une pression qui tend à l'écraser; 3° par des efforts qui tirent ses parties en sens opposés; 4° par un effort qui agit perpendiculairement à sa plus grande dimension.

De la résistance au choc. — Le premier effet du choc est de tendre à écarter les molécules qui environnent le point où il se fait. Si le corps choqué est ductile, et si, d'ailleurs, le choc est assez violent, les molécules glissent les unes sur les autres et se fixent dans des positions nouvelles; s'il n'est ni ductile ni compressible, les molécules ne sont dérangées que momentanément, et elles reprennent bientôt après leurs premières positions, pourvu toutefois qu'elles n'aient pas été chassées au delà de leur *sphère d'activité*, car dans ce dernier cas le corps se brise en éclats. Il suit de là que la masse doit influer beaucoup sur les résultats du choc. En effet, on peut frapper impunément sur un bloc de verre ou de marbre, parce qu'il y a un grand nombre de molécules qui n'éprouvent aucun effort et qui s'opposent au dérangement des autres; mais on ne pourrait pas frapper ainsi sur une plaque mince de ces mêmes matières. C'est encore pour une semblable raison qu'un cube de marbre ou de verre peut résister quand on le frappe au centre, tandis qu'il éclate avec facilité quand la percussion se fait auprès des angles.

Généralement, lorsqu'on veut produire un choc, par exemple lorsqu'on frappe avec un marteau, on accumule dans le corps choquant une grande quantité de mouvement qui se transmet au corps choqué dans un instant très-court. Les résultats que l'on obtient dépendent principalement de cette rapidité de transmission.

Si elle est tout à fait instantanée, l'impulsion donnée aux molécules choquées est aussi grande que possible; si, au contraire, cette transmission ne se fait qu'en plusieurs instants, le mouvement se divise et n'est plus aussi énergique pour produire l'écartement des molécules du corps choqué. On a tous les jours occasion de vérifier ce que nous disons. Ainsi les verres, les assiettes, les tasses de porcelaine, se cassent quand on les laisse tomber sur des corps durs ; mais ces objets ne reçoivent aucun dommage lorsqu'ils tombent sur un tas de foin ou de paille, et en général sur un corps mou. Un bateau se brise en allant heurter contre un rocher ou contre les piles d'un pont ; mais lorsqu'il va choquer un autre bateau, cet accident n'arrive pas, du moins cela n'est pas ordinaire, parce que, dans ce cas, le corps choqué cède à la violence, et le mouvement ne se communique que peu à peu. On sait qu'il serait impossible de forger un métal avec un marteau en bois. Les matelas et les sacs de terre amortissent et détruisent la force des balles et des boulets bien mieux que les blocs de pierre.

Nous avons, dans la structure de notre corps, pour résister au choc, un très-grand nombre de moyens qui sont fondés sur les principes précédents. Un homme qui saute d'un peu haut arrive à terre les membres à demi fléchis, et, par l'effet du choc, toutes ces flexions augmentent ; mais la vitesse se détruit ainsi peu à peu, et le choc est sans inconvénient ; tandis que si le même homme *tombait droit, les jambes roides et allongées*, il en *résulterait quelques fractures*, ou du moins une violente commotion au cerveau. C'est pour éviter cet inconvénient qu'on doit tâcher, quand on saute, de tomber sur la pointe des pieds et non sur les talons. De même encore, quand nous voulons arrêter dans sa chute un corps d'un certain poids, nous lui cédons peu à peu, au lieu de nous roidir, ce qui pourrait briser nos membres. La Providence nous fait exécuter instinctivement tous ces mouvements, parce que souvent ils sont nécessaires pour notre conservation, et que la réflexion arriverait trop tard.

Quand la pression qui résulte du choc est assez lente, on dirait que les molécules prévenues viennent au secours les unes des autres et réunissent leurs efforts ; au contraire, quand la pression est brusque et rapide, on dirait que les molécules choquées n'ont pas le temps d'avertir leurs voisines, et qu'ainsi, se trouvant obligées de supporter seules toute la violence de la pression, elles sont plus facilement vaincues. On sait, en effet, que des coups de marteau assez médiocres sont plus efficaces pour enfoncer un clou dans une planche que ne le serait un poids considérable appliqué doucement sur la tête du clou.

Si un corps choqué est appuyé par tous ses points, il se brise plus facilement que s'il était simplement appuyé par ses extrémités. Dans ce dernier cas, il fléchit d'abord, et ne se brise que lorsqu'il est arrivé à son maximum de courbure : or la flexion divise le mouvement, et par conséquent rend les effets du choc moins redoutables. Quand la pression est si brusque et si violente que le corps choqué n'a pas le temps de fléchir, alors le corps choquant fait un trou et n'emporte que ce qui est devant lui. Ainsi, en tirant de près un coup de pistolet dans une vitre, on n'y fait qu'un trou du diamètre de la balle, tandis que si la même balle était lancée avec une vitesse médiocre, la vitre se briserait en éclats. C'est par la même raison qu'un vaisseau qui se trouve seulement à demi-portée d'un autre bâtiment ou d'un fort, a moins à redouter les boulets que s'il était à une portée entière. Les dommages qu'ils causent dans la charpente sont moins grands et plus faciles à réparer. On observe aussi que les plaies faites par des projectiles animés d'une grande vitesse sont en quelque sorte tout à fait locales, et que les organes voisins n'en éprouvent presque aucun trouble, au lieu que les balles mortes et les boulets qui ont ricoché produisent d'énormes contusions ou des fractures qui sont suivies des accidents les plus graves.

Les corps arrondis et creux offrent, toutes choses égales d'ailleurs, plus de résistance que les autres, parce que la courbure forme une espèce de voûte dans laquelle les molécules se soutiennent mutuellement. Ainsi une sphère creuse, une bouteille vide résistent plus que ne ferait la même matière, si elle était réduite en lame plane de la même épaisseur. Mais quand on remplit ces corps d'une autre matière, ces avantages disparaissent en grande partie : une bouteille pleine se fêle plus facilement que si elle était vide, parce qu'alors elle se trouve dans le cas d'une lame appuyée par tous ses points; la flexion n'est plus possible, et la forme arrondie n'a presque plus d'influence.

Résistance des solides aux pressions qui tendent à les écraser. — Nous avons peu de choses à dire sur cette sorte de résistance : nous observerons seulement qu'elle varie beaucoup avec la forme du corps. Une quantité donnée de matière résiste plus quand elle est disposée en cône ou en pyramide, que lorsqu'elle est réduite en cylindre : elle résiste plus sous la forme de cylindre creux que sous celle de cylindre plein. Par exemple, un cylindre creux de fer-blanc apporte une résistance verticale beaucoup plus grande qu'une tringle de même hauteur et faite avec la même quantité de matière. Enfin un solide d'une seule pièce résiste plus efficacement à la pression qu'un solide composé de plusieurs parties : aussi les maisons bâties avec de grosses pierres sont-elles plus solides que les autres. Cela vient sans doute de ce que, dans un même bloc, les molécules se soutiennent mutuellement, ce qui n'a pas lieu quand ce corps est divisé en fragments.

Les piliers et colonnes de bois supportent aussi une très-grande pression dans le sens de leurs fibres. Un pilier de buis porte près de 1400 kil. par centimètre carré; par conséquent, une section de quatre décimètres en supporterait plus de 500,000. Dans les mêmes conditions, le chêne ordinaire en porterait 250,000; le sapin 330,000; le frêne, 475,000. Il est inutile de faire observer que ce sont des limites dont il faut se tenir éloigné dans l'application, pour ne pas compromettre la solidité des constructions.

Résistance qu'opposent les solides à des tractions opposées. — Cette espèce de résistance est proprement ce qu'on appelle *ténacité*. Pour la mesurer on emploie un procédé fort simple : on prend un corps de forme allongée ; on le fixe par l'une de ses extrémités, et l'on suspend à l'autre un plateau que l'on charge de poids successivement croissants, jusqu'à déterminer la rupture du corps en travers. On comprend que dans ces sortes d'expériences, la longueur du corps essayé ne doit guère influer sur les résultats ; car les molécules supérieures ne peuvent pas augmenter la résistance des molécules inférieures, et réciproquement ; mais il est évident que la somme des attractions dans chaque section du solide en expérience, doit être d'autant plus considérable qu'il y a plus de molécules. La ténacité d'un corps ainsi essayé doit donc être en raison de sa grosseur ; et, puisque dans un cylindre les sections perpendiculaires à l'axe sont des cercles, puisque d'ailleurs les cercles sont entre eux comme les carrés de leurs diamètres, il s'ensuit qu'un fil métallique de *trois* millimètres de diamètre résistera *neuf* fois plus qu'un autre fil d'*un* millimètre de diamètre : c'est en effet ce que l'expérience confirme. En procédant comme nous venons de le dire, sur des fils de deux millimètres de diamètre, on a obtenu les résultats suivants.

Le fer supportait avant de se rompre de 195 kil. à 279 kil.

Le cuivre de 137 à 175 kil.		— Platine —	124
Argent	85	— Or	68
Etain	24	— Zinc	12
Plomb	9		

Un solide étant composé de fibres droites et parallèles, résiste beaucoup à la traction quand les fibres sont disposées en long, et très-peu quand elles se trouvent en travers. Ainsi, plus les cordes sont tordues, moins elles résistent ; cependant il est nécessaire qu'elles le soient un peu, car il serait impossible de faire supporter également une traction quelconque par un très-grand nombre de fils parallèles. A la moindre différence de longueur, quelques fils supporteraient à eux seuls tout l'effort, et se rompraient s'il était assez considérable ; puis d'autres se rompraient encore, et ainsi de suite jusqu'au dernier. La torsion a pour objet de distribuer l'effort à peu près également entre tous les fils. L'expérience a montré que la torsion des cordes doit être telle qu'elle ne diminue pas leur longueur de plus de $\frac{1}{3}$.

Résistance des solides aux forces qui agissent perpendiculairement à leur plus grande dimension. — Les corps soumis à ces expériences peuvent être disposés d'une manière quelconque, mais ici nous les supposerons toujours dans une situation horizontale, comme les poutres qui soutiennent les planchers d'un appartement. Or il y a trois différentes manières de maintenir un corps dans une position horizontale : 1° Il peut être solidement fixé, ou, comme on dit, *encastré* par l'une de ses extrémités dans une maçonnerie inébranlable, l'autre partie demeurant libre ; 2° il peut être simplement appuyé par ses extrémités ; 3° ou enfin solidement encastré par les deux bouts. Dans tous les cas, il est évident que la force qui tend à le rompre doit produire un effet d'autant plus grand qu'elle se trouve plus éloignée du point d'appui : voilà pourquoi, quand on charge un plancher, on doit placer les masses aussi près que possible des murailles.

Tout corps qui est seulement fixé par l'une de ses extrémités représente un levier, dont le point d'appui se trouve à l'endroit même par où il est fixé ; et si on le charge à l'extrémité opposée, le bras de ce levier est égal à toute la longueur de la partie demeurée libre. Si, au lieu de l'encastrer, on ne fait que le soutenir par les deux bouts, le poids, pour produire son *maximum* d'effet, doit être placé au *milieu*, et le corps ainsi éprouvé représente un levier dont les bras n'ont que la moitié de sa longueur. La résistance doit donc être à peu près doublée. Aussi trouve-t-on que, si une pièce de bois est capable de supporter un poids de 1000 kilogr. quand elle est seulement encastrée par une extrémité, elle en soutient 2000 quand elle est soutenue par les deux bouts, et 4000 quand elle est solidement encastrée par les deux extrémités.

Quant aux dimensions de la pièce, on trouve que *sa résistance horizontale est en raison inverse de sa longueur*, *en raison directe de sa largeur*, *et en raison directe du carré de son épaisseur* ; c'est-à-dire que, toutes choses égales d'ailleurs, si une pièce est capable de supporter un poids de 1000 kilo., une autre pièce d'une longueur double n'en supportera que 500 : si, les longueurs et les épaisseurs étant égales, la largeur de cette dernière est double, elle supportera 2000 kilo. ; enfin, si la largeur et la longueur sont les mêmes, et que l'épaisseur soit double, elle supportera 4000 kilo. On voit par là qu'il y a un grand avantage à employer dans les constructions des bois méplats posés de champ. Hassenfratz a réuni dans le tableau suivant les résistances de différents bois ayant cinq mètres de long sur un décimètre d'équarrissage, posés horizontalement et librement par leurs extrémités. Ils ont supporté avant de se rompre.

Prunier,	1447 kilog.
Orme,	1077
If,	1037
Charme,	1034
Hêtre,	1032
Chêne,	1026
Noisetier,	1008
Pommier,	976
Châtaigner.	957
Sapin,	918
Noyer,	900
Poirier,	883

Saule, 830
Tilleul, 750
Peuplier d'Italie, 586

Au moyen de ces données et des lois énoncées ci-dessus, on pourra calculer approximativement la résistance d'une poutre; mais il faudra considérer combien de temps la force doit agir; car un effort qui n'est pas capable de briser instantanément un *solide* peut à la longue le courber *et enfin le rompre*. Il faut *remarquer aussi* que *la résistance des bois varie* beaucoup selon la nature des terrains où ils ont été cultivés. Le chêne qui a crû dans un sol pierreux offre plus de résistance que celui qui est venu dans les lieux humides et marécageux. Le cœur d'un arbre sain résiste plus que la circonférence.

La *forme des corps* est encore une des causes qui influent puissamment sur la résistance horizontale. Une quantité de matière disposée en cylindre creux résiste plus que lorsqu'elle est disposée en cylindre plein : par exemple, un tube de verre creux posé horizontalement supportera une plus grande charge qu'une baguette de verre de même poids et de même longueur. Un solide qu'on encastre seulement *par un bout peut être partout d'égale* grosseur, ou *terminé en pointe dans la partie* demeurée libre, comme les cônes et les pyramides. Or, dans le second cas, il résiste beaucoup plus que dans le premier. Aussi voyons-nous que telle est la disposition des plumes des oiseaux. De plus, elles sont en grande partie creuses comme les os des animaux, afin de réunir la légèreté à la solidité. C'est une preuve entre mille autres de l'ordre admirable et de la sagesse infinie qui éclatent dans toutes les œuvres de la création.

La *moindre fissure, la moindre paille* peuvent affaiblir considérablement la résistance d'un solide. Un petit trait de lime qu'on fait sur un tube de verre diminue aussitôt sa résistance de deux tiers, et quelquefois plus. Si on le prend alors entre les deux mains près de *l'endroit entamé*, et qu'on fasse un léger effort, comme pour *le plier*, il se casse net, et la cassure est ordinairement assez *franche* et assez ronde. Les nœuds qui se trouvent dans les pièces de bois produisent des effets analogues.

TENSION de la vapeur d'eau. *Voy.* VAPEURS (*météor.*) et HYGROMÉTRIE.

TERRE. — C'est de la terre que sont faites toutes les observations qui ont le ciel pour objet, c'est à elle qu'elles sont toutes rapportées, puisque l'astronomie est une des sciences sur lesquelles l'homme a exercé les plus hautes facultés de son intelligence. C'est donc naturellement par elle que doit commencer l'étude des corps répandus dans l'immensité des cieux. La première chose qu'il importe de connaître, ce sont ses dimensions. On est parvenu à les obtenir avec une précision extrême, et l'on a trouvé qu'elle est un globe dont le rayon est de 16,000 lieues de 4000 mètres ou lieue de poste de 2000 toises : *donc la valeur exacte* est 3898 mètres.

Oui, c'est un fait désormais incontestable que la terre a la figure d'un globe isolé de toutes parts dans l'espace et environné par le ciel. Les navigateurs ne se hasardent à franchir la vaste étendue des mers que parce que cette vérité leur est parfaitement connue; c'est sur elle que sont fondés les procédés de calculs qui leur font connaître chaque jour la place du navire sur le globe terrestre, lorsqu'ils n'ont, pour se diriger au gré des vents, que la vue du ciel : et la rondeur de la terre est si certaine qu'en la prenant pour base de leurs recherches, ils ne se trompent pas dans leurs déterminations les plus délicates. En ne prenant ce *fait* que comme une hypothèse, il se trouverait donc ainsi démontré ; mais toutes les observations célestes se réunissent pour l'accuser. Aussi les anciens philosophes en avaient-ils la certitude sans le secours des voyages. Lorsque Christophe Colomb partit pour la découverte de l'Amérique, il n'avait pas, comme nous, dans les voyages de longs cours, la preuve infaillible du fait que nous avons énoncé, et cependant il lui en restait un assez grand nombre d'autres pour en être convaincu.

Si l'on a d'abord quelque peine à concevoir la rondeur de la *terre*, c'est qu'il se mêle à cette vérité une fausse idée de la pesanteur. On se demande pourquoi la terre, ainsi isolée, ne tombe pas dans l'abîme et comment elle peut être soutenue et nager sur le vide : on veut que les antipodes ne *puissent, comme nous, rester fixés au sol et* qu'ils aient besoin d'une puissance pour les y retenir. Mais la gravité est une force qui réside dans la terre même, retient tout ce qui est à sa surface et attire vers son centre les corps qui sont proches d'elle. L'action de tomber consiste donc à se diriger vers cette surface ou ce *centre*; les antipodes ne peuvent, non plus que nous, se soustraire à cette tendance sans une force expresse. D'ailleurs aucune résistance n'est nécessaire pour *soutenir* la terre dans l'espace, si aucune *puissance* ne *la sollicite vers quelque* partie de cette région extérieure, qui n'a ni haut ni bas.

La recherche théorique de la figure de la terre et des planètes est tellement compliquée, que ni la *géométrie* de Newton, ni l'élégante et puissante analyse de Laplace, n'ont pu les conduire au delà d'une approximation. Ce n'est que dans ces dernières années que ce problème difficile a été complétement résolu. Marchant progressivement dans la voie de cette recherche, ceux qui s'en occupèrent commencèrent d'abord par la solution du cas le plus simple, en continuant *ainsi* jusqu'au plus difficile ; mais, dans toutes ces recherches, les forces qui occasionnent les révolutions de la terre et des planètes furent négligées, parce que, agissant également sur toutes les particules, elles ne dérangent pas leurs relations mutuelles. Une masse fluide d'uniforme densité, dont les particules gravitent mutuellement les unes vers les autres, prendra, si elle est à l'état de repos, la forme d'une sphère; mais si la sphère commence à tourner, chaque particule décrira un cercle, dont le centre sera placé dans l'axe de révolution; les plans de tous ces cercles seront parallèles les uns aux autres, et perpendiculaires à l'axe, et les particules auront une tendance à s'éloigner de cet axe, par suite de la force centrifuge résultant de la vitesse du mouvement de rotation. La force de la gravité est partout perpendiculaire à la surface, et dirigée vers l'intérieur de la masse fluide, tandis que la force centrifuge agit perpendiculairement à l'axe de rotation, et se dirige vers l'extérieur. Son intensité diminuant avec la distance à l'axe de rotation, elle décroît de l'équateur aux pôles, où elle est nulle. Or il est évident que ces deux forces ne sont en opposition directe l'une à l'autre qu'à l'équateur seulement, et que la gravité se trouve diminuée en ce point de tout l'effet de la force centrifuge, tandis que dans toutes les autres parties du fluide, la force centrifuge se décompose en deux autres forces, dont l'une, perpendiculaire à la surface, diminue la force de la gravité, et l'autre, tangente à la surface, porte les particules vers l'équateur, où elles s'accumulent jusqu'à ce que leur nombre compense la diminution de la gravité, ce qui occasionne dans la masse un renflement à l'équateur et un aplatissement aux pôles. Il paraît donc que l'influence de la force centrifuge est plus puissante à l'équateur qu'en tout autre point, non-seulement parce qu'elle est effectivement plus grande là qu'ailleurs, mais parce que tout son effet y est employé à diminuer la gravité, tandis que, dans tous les autres points de la masse fluide, ce n'est qu'une partie de cette force qui est employée ainsi. C'est par ces deux raisons que cette force décroît graduellement en allant de l'équateur aux pôles, où elle cesse tout à fait. La gravité, au contraire, est moindre à l'équateur, parce que les particules y sont plus éloignées du centre de la masse, tandis qu'elle augmente à mesure qu'on avance vers les pôles, où elle est la plus grande possible. Il est donc évident que la force centrifuge étant bien moindre que la force de la gravité, la pesanteur, qui est la différence entre ces deux forces, est moindre à l'équateur, et augmente continuellement dans la direction des pôles, où elle est à son maximum. C'est d'après ces principes que Newton a prouvé qu'une masse fluide homogène en rotation prend la forme d'un ellipsoïde de révolution, dont l'aplatissement est de $\frac{1}{230}$. Néanmoins, ce ne peut pas être là la forme de la terre, parce que les couches augmentent de densité à mesure qu'elles approchent du centre. Les inégalités lunaires prouvent aussi la vérité de ces assertions; il était donc nécessaire de considérer la masse de fluide comme étant de densité variable. En admettant cette condition, l'on a trouvé que la masse, lorsqu'elle est en rotation, doit toujours prendre la forme d'un ellipsoïde de révolution; que les particules d'égale densité s'arrangent en couches elliptiques concentriques, les plus denses se plaçant dans le centre, mais que l'aplatissement est moindre que dans le cas du fluide homogène. L'aplatissement sera moindre encore si l'on suppose la masse ce qu'elle est effectivement, un noyau solide, diminuant régulièrement de densité du centre à la surface, et partiellement couvert par l'Océan. Les parties solides détruisent presque alors, par l'effet de leur cohésion, cette portion de la force centrifuge qui tend à accumuler les particules à l'équateur; s'il n'en était pas ainsi, la mer, par suite de la grande mobilité de ses particules, coulerait vers l'équateur, et laisserait les pôles à sec; en outre, personne n'ignore qu'à l'équateur les continents sont plus élevés qu'ils ne le sont dans les hautes latitudes.

Il est nécessaire aussi, pour l'équilibre de l'Océan, que sa densité soit moindre que la densité moyenne de la terre; car autrement les continents seraient exposés à des inondations continuelles, par suite des orages, et par d'autres causes encore. Au total, il paraît, d'après la théorie, qu'une ligne horizontale faisant le tour de la terre, en passant par les pôles, doit avoir à peu près la forme d'une ellipse, dont le grand axe est dans le plan de l'équateur, tandis que le petit coïncide avec l'axe de rotation de la terre. Dans un sphéroïde dont les couches sont elliptiques, il est aisé de démontrer que l'augmentation de la longueur des rayons, la diminution de la pesanteur et l'augmentation de la longueur des arcs du méridien correspondant à des angles d'un degré, des pôles à l'équateur, sont proportionnelles au carré du cosinus de la latitude. Ces quantités sont tellement liées à l'excentricité du sphéroïde, que l'augmentation totale de la longueur des rayons est égale à l'aplatissement, et que la diminution totale de la longueur des arcs est égale à l'aplatissement multiplié par trois fois la longueur d'un arc d'un degré à l'équateur; de sorte qu'en mesurant la courbure méridienne de la terre, son aplatissement, et par conséquent sa figure est connue. Ceci, toutefois, ne doit être admis qu'en supposant que la terre soit un ellipsoïde de révolution; les mesures directes du globe dont on s'occupe en ce moment, montreront jusqu'à quel point il correspond à ce solide en figure et en constitution.

Le cours des grandes rivières, qui sont en général navigables jusqu'à une distance considérable de leur embouchure, prouve que la courbure de la partie solide de la terre ne diffère que très-peu de celle de l'Océan; et comme les hauteurs des montagnes et des continents sont à peine sensibles, comparées à la grandeur de la terre, l'on est convenu de considérer sa figure comme une surface dont chaque point est perpendiculaire à la direction de la pesanteur, ou du fil à plomb, t semblable à celle qu'aurait la mer si elle s'étendait tout autour de la terre, au-dessous des continents. Telle est la figure qui a été mesurée de la manière suivante :

Un méridien terrestre est une ligne passant par les pôles, et dont tous les points ont leur midi en même temps. Si les longueurs et les courbures des divers méridiens étaient connues, la figure de la terre pourrait être déterminée ; toutefois il suffit, pour obtenir cette détermination, de mesurer *sur divers méridiens, et à diverses latitudes, la longueur d'un degré; car si la terre est une sphère, tous les degrés seront* de la même longueur ; tandis que, pour peu qu'elle diffère de la forme sphérique, les degrés seront d'autant plus longs que la courbure sera moindre. La comparaison des longueurs du degré sur différents points de la surface de la terre déterminera donc sa grandeur et sa forme.

Un arc du méridien peut être mesuré en observant la latitude de ses points extrêmes, et en mesurant ensuite leur distance au moyen d'une unité de longueur quelconque ; la distance ainsi déterminée sur la surface de la terre, et divisée par les degrés et fractions de degré compris entre les deux latitudes, donnera la longueur exacte d'un degré, la différence des latitudes étant l'angle *compris entre les verticales menées aux* extrémités de l'arc. Ce mode de mesure s'exécuterait aisément, si dans toute la longueur de l'arc il ne se rencontrait aucun obstacle, et que tout le terrain fût de niveau avec la mer ; mais, par suite des obstacles sans nombre répandus sur la surface de la terre, il est nécessaire de lier les points extrêmes de l'arc par une série de triangles, dont les côtés et les angles soient mesurés ou calculés, de sorte que la longueur de l'arc ne s'obtient qu'à l'aide d'un calcul très-laborieux. *Par suite des irrégularités de la surface* terrestre, chaque triangle est dans un plan différent ; ils doivent donc être réduits par le calcul à ce qu'ils auraient été, si on les eût mesurés sur la surface de la mer : et comme la terre peut dans ce cas être *considérée comme une sphère, il est nécessaire* de les soumettre à une correction pour les réduire à des triangles sphériques. Les savants qui dirigent les opérations trigonométriques, après avoir mesuré en Irlande, à deux reprises différentes, une base de cinq cents pieds (152^{m},4 environ), ont trouvé que la différence entre les deux mesures ne s'élevait pas à la huit centième partie d'un pouce ($\frac{1}{31}$ millimètre environ). Telle est l'exactitude qui préside à ces opérations, et qui leur est d'ailleurs nécessaire.

Différents arcs du méridien ont été mesurés à diverses latitudes nord et sud, aussi bien que plusieurs arcs perpendiculaires au méridien. D'après ces mesures, il paraît que les longueurs des degrés augmentent de l'équateur aux pôles, à peu près dans la proportion du carré du sinus de la latitude ; conséquemment la convexité de la terre diminue de l'équateur aux pôles.

Si la terre était un ellipsoïde de révolution, les méridiens *seraient des ellipses dont* les petits axes coïncideraient avec l'axe de rotation, et tous les degrés mesurés entre le pôle et l'équateur donneraient le même aplatissement quand on viendrait à les combiner deux à deux; mais il n'en est pas à beaucoup près ainsi. A peine quelques mesures donnent-elles exactement les mêmes résultats, ce qui est dû principalement aux *attractions locales*, qui font dévier le fil à plomb *de la verticale. Le voisinage des montagnes* produit cet effet ; mais l'une des anomalies les plus remarquables, quoique non sans exemple, a lieu dans les plaines septentrionales *de l'Italie*, où l'action de quelque matière dense souterraine fait dévier le fil à plomb sept ou huit fois plus que ne le fit dévier l'attraction du Chimborazo, lors des expériences faites par Bouguer, pour mesurer un degré du méridien à l'équateur. De cette attraction locale il résulte que dans cette partie de l'Italie les degrés du méridien semblent, dans un petit espace, augmenter en allant vers l'équateur, *au lieu* de diminuer, comme si la terre était allongée vers les pôles, au lieu d'être aplatie.

Plusieurs autres irrégularités se présentent encore ; mais, en prenant la moyenne des *cinq principales* mesures d'arcs faites au Pérou, dans l'Inde, en France, en Angleterre, et en Laponie, M. Ivory a trouvé que la figure qui correspond mieux aux résultats des expériences est un ellipsoïde de révolution dont le rayon équatorial est de 1435 lieues, et le rayon polaire de 1430 lieues. La différence ou 5 lieues environ, divisée par le rayon équatorial, est $\frac{1}{294}$. Cette différence est dite l'aplatissement de la terre, parce que, suivant qu'elle est plus grande ou plus petite, l'ellipsoïde terrestre est plus ou moins aplati aux pôles; elle ne diffère pas beaucoup de celle que fournissent les inégalités lunaires. Si nous supposons que la terre soit une sphère, la longueur d'un degré du méridien sera de 25 lieues environ : conséquemment la circonférence du globe, qui se compose de 360 degrés, aura 9000 lieues, et le diamètre, qui est un peu moindre que le tiers de la circonférence, aura de 2865 à 2897 lieues à peu près. Eratosthène, qui mourut 194 ans avant l'ère chrétienne, fut le premier qui donna une valeur approximative de la circonférence de la terre, par la mesure d'un arc entre Alexandrie et Syène.

Il y a encore une autre manière de déterminer la figure de la terre : cette méthode, entièrement différente de celle que nous avons indiquée tout à l'heure, ne dépend que de l'augmentation qui a lieu dans la gravitation, en allant de l'équateur au pôle. La force de gravitation, c'est-à-dire la pesanteur, est mesurée en un lieu donné par le chemin que parcourt un corps pesant pendant la première seconde de sa chute. L'intensité de la force centrifuge est mesurée par la quantité dont un point donné s'éloigne dans une seconde. En faisant équilibre à l'attraction de la terre, la force centrifuge se trouve être une mesure exacte de cette attraction. Si l'attraction venait à cesser, un corps situé sur la surface de la terre s'échapperait le long de la tangente par l'effet de la force centrifuge, au lieu de suivre une direction circulaire dans le cercle de la rotation. Par conséquent, la quantité dont le cercle dévie de la tangente pendant un temps donné, une seconde par exemple, est la mesure de l'intensité de l'attraction terrestre, et est égale au sinus-verse de l'arc décrit durant ce temps, quantité qui se détermine aisément d'après la vitesse connue de la rotation de la terre. On a trouvé ainsi qu'à l'équateur la force centrifuge est égale à la 289e partie de la gravité. Or, quelle que puisse être la constitution de la terre et des planètes, l'analyse a prouvé que, si à l'équateur l'intensité de la pesanteur est prise pour unité, la somme de l'aplatissement de l'ellipsoïde et de l'augmentation totale de la pesanteur de l'équateur au pôle, est égale aux $\frac{5}{2}$ du rapport de la force centrifuge à la pesanteur de l'équateur. A l'égard de la terre, cette quantité est $\frac{5}{2}$ de $\frac{1}{289}$ ou $\frac{1}{115,2}$; l'aplatissement de la terre est donc égal à $\frac{1}{115,2}$, diminué de toute l'augmentation de la pesanteur, de sorte que sa forme sera connue, *si* cette augmentation de la *pesanteur de l'équateur au pôle peut être déterminée par l'expérience.* Ces résultats ont été obtenus à l'aide d'une méthode fondée sur les considérations suivantes : — Si la terre était une sphère homogène sans mouvement de rotation, l'attraction qu'elle exercerait sur les corps à sa surface serait partout la même; si elle était elliptique et de densité variable, la force de gravité devrait, d'après les règles de la théorie, varier de l'équateur au pôle, comme l'unité augmentée d'une quantité constante multipliée par *le carré du sinus de la latitude. Mais,* en vertu des lois de la *mécanique,* la force centrifuge *varie dans* un sphéroïde en rotation, comme le carré du sinus de la latitude, de l'équateur où elle est la plus grande, au pôle où elle s'évanouit; et comme elle tend à éloigner les corps de la surface, elle diminue un peu la force de la gravité. De là suit que, par l'effet de la pesanteur, qui est la différence de ces deux forces, la chute des corps doit être accélérée, en allant de l'équateur aux pôles, proportionnellement au carré du sinus de la latitude; et le poids de ces mêmes corps doit augmenter dans la même proportion. Les oscillations du pendule *qui,* dans le fait, sont dues à la chute d'un corps, en fournissent une preuve sensible; car si la chute des corps est accélérée, les oscillations seront plus rapides : afin donc qu'elles puissent toujours s'accomplir dans le même temps, l'on doit modifier la longueur du pendule. Des expériences nombreuses et faites avec le plus grand soin ont prouvé qu'un pendule qui oscille 86,400 fois dans un jour moyen à l'équateur, oscillera le même nombre de fois dans le même espace de temps sur tous les points de la surface de la terre, si la longueur est augmentée progressivement en allant vers le pôle, comme le carré du sinus de la latitude.

D'après la moyenne de ces expériences, il paraît que la diminution totale de la pesanteur des pôles à l'équateur est de 0,005449, qui, retranchés de $\frac{1}{115,2}$ donnent, pour valeur de l'aplatissement du sphéroïde terrestre, environ $\frac{1}{281,26}$. Cette valeur a été déterminée par M. Baily, président de la Société astronomique de Londres, qui s'est occupé de ce sujet avec la plus rigoureuse attention. Nous observerons ici en passant que deux suites d'expériences relatives au pendule n'ont jamais donné le même résultat, ce qu'il faut probablement attribuer à des attractions locales. Ainsi, quoique les différences soient très-petites, la question ne peut être considérée comme entièrement résolue. La valeur de l'aplatissement, obtenue à l'aide de cette méthode, ne diffère pas beaucoup de celle que donnent les inégalités lunaires, ni de celle que fournit la mesure des arcs du méridien et des arcs perpendiculaires au méridien. La presque coïncidence de ces trois valeurs, déduite de méthodes si entièrement indépendantes les unes des autres, *montre que les tendances mutuelles des centres* des corps célestes les uns vers les autres, et l'attraction de la terre par rapport aux corps situés à sa surface résultent de l'attraction réciproque de toutes leurs particules. L'on peut encore ajouter une autre preuve : la nutation de l'axe de la terre, et la précession des équinoxes, sont occasionnées par *l'action* du soleil et de la lune sur la matière dont se compose le renflement de la terre à l'équateur; et, bien que ces inégalités ne donnent pas la valeur absolue de l'aplatissement de la terre, elles servent au moins à montrer que la fraction *qui exprime* cet *aplatissement est comprise* entre les *limites* $\frac{1}{279}$ et $\frac{1}{378}$.

L'on devrait s'attendre à trouver le même aplatissement en le calculant soit d'après l'une, soit d'après l'autre de ces inégalités, si les différentes méthodes d'observations pouvaient être employées sans erreur. Ceci, toutefois, n'a pas lieu; car, après avoir tenu compte de chaque cause d'erreur, les différences que l'on trouve dans les degrés du méridien et dans la longueur du pendule prouvent que la figure de la terre est très-compliquée; mais ces différences sont si petites, comparées aux résultats généraux, qu'elles peuvent être négligées. L'aplatissement déduit de la moyenne générale paraît ne pas différer beaucoup de $\frac{1}{300}$; la valeur donnée par la théorie lunaire a l'avantage d'être indépendante des irrégularités de la surface de la terre et des attractions locales. La régularité avec laquelle la variation observée dans la longueur du pendule suit la loi du carré du sinus de la latitude, prouve que les couches sont elliptiques et symétriquement disposées autour du centre de gravité de la terre, ce qui fournit une forte présomption en faveur de l'hypothèse d'une fluidité originaire. Il est à remarquer combien peu la mer a d'influence sur la variété des longueurs des arcs du méridien ou sur la pesanteur; elle n'affecte pas beaucoup non plus les inégalités lunaires, sa densité n'étant environ que d'un cinquième de la densité moyenne de la terre; car, s'il était possible que la terre devînt fluide, après avoir été dépouillée de l'Océan, elle prendrait la forme d'un ellipsoïde de révolution, dont l'aplatissement serait $\frac{1}{304,8}$, ce qui diffère très-peu de la figure déterminée par l'observation, et prouve, non-seulement que *la densité de l'Océan est peu considérable*, mais que sa moyenne profondeur est très petite. Il peut y avoir de profondes cavités dans la mer; mais il est probable que sa moyenne profondeur n'excède pas de beaucoup la hauteur moyenne des continents et des îles qui s'élèvent au-dessus de son niveau. D'après cela, l'on voit que d'immenses étendues de terre peuvent être abandonnées ou envahies par l'Océan, comme il paraît *réellement* que cela a eu lieu, sans qu'il s'opère aucun changement remarquable dans la forme du sphéroïde terrestre. La variation dans la longueur du pendule fut remarquée pour la première fois, en 1672, par Richer, en observant les passages des étoiles fixes au méridien à Cayenne, ville située à cinq degrés environ au nord de l'équateur. Il trouva que son *horloge retardait journellement* de $2^m 28^s$, ce qui le porta à déterminer la longueur d'un pendule à secondes dans cette latitude; et, répétant les expériences à son retour en Europe, il trouva que le pendule à secondes était de plus d'un douzième de pouce, 2 millimètres environ plus long à Paris qu'à Cayenne.

La rotation de la terre, qui détermine la longueur du jour, peut être considérée comme l'un des éléments les plus importants du système du monde. Elle sert à *mesurer le temps*, et *forme l'étalon de comparaison* pour les révolutions des corps célestes, qui, par leur augmentation ou leur diminution proportionnelle, décèleraient bientôt les changements quelconques qu'elle pourrait subir. *La théorie et l'observation concourent à prouver que, parmi les vicissitudes sans nombre auxquelles la création tout entière est sujette, la période de la rotation diurne de la terre reste immuable.* Quand l'eau des rivières descend d'un niveau plus élevé à un niveau plus bas, elle conserve la vitesse qui convient à la rotation de la terre, à la distance où elle se trouvait d'abord de son centre; elle accélère donc, quoique d'une quantité extrêmement petite, la rotation journalière de la terre. La somme de toutes ces augmentations de vitesse, provenant de la descente de toutes les rivières situées sur la surface de la terre, finirait avec le temps par devenir sensible, si la nature, à l'aide de l'évaporation, ne faisait retourner les eaux à leurs sources, et si, en reportant ainsi la matière à une plus grande distance du centre, elle ne détruisait la vitesse occasionnée par son rapprochement antérieur. La descente des rivières n'affecte donc pas la rotation de la terre. D'énormes masses projetées par des volcans de l'équateur aux pôles, ou des pôles vers l'équateur, l'affecteraient il est vrai; mais il n'existe aucune preuve de semblables convulsions. L'action perturbatrice de la lune et des planètes, qui a un effet si puissant sur la révolution de la terre, n'influe en aucune manière sur sa rotation. Le frottement continuel des *vents alizés* sur les montagnes et les continents situés entre les tropiques ne retarde pas sa vitesse, que la théorie a reconnu être la même, que si la mer, conjointement avec la terre, formait une masse solide. *Mais* quoique ces circonstances soient inefficaces, une *variation* dans la température moyenne *occasionnerait certainement* un changement correspondant dans la vitesse de la rotation. Il est de principe en dynamique que, dans un système de corps ou de particules tournant autour d'un centre fixe, le moment, ou la somme des produits de la masse de chacun par sa vitesse angulaire et sa distance au centre, est une quantité constante, si le système n'est pas dérangé par une cause étrangère. Or, puisque le nombre des particules du système est le même, quelle que soit sa température, leur vitesse angulaire doit augmenter à *mesure que leur distance au centre diminue*, afin que la quantité précédente puisse toujours rester constante. Il s'ensuit donc que le mouvement primitif de rotation imprimé à la terre, lorsqu'elle fut projetée dans l'espace, devant nécessairement rester de même, la plus petite diminution de chaleur, en contractant le sphéroïde terrestre, accélèrerait sa rotation, et par conséquent diminuerait la longueur du jour. Malgré la constante augmentation de chaleur provenant des rayons solaires, les géologues ont été conduits à penser, d'après l'inspection des fossiles, que la température moyenne du globe va en décroissant.

La haute température des mines, les sources chaudes, et par-dessus tout, les feux internes, qui ont produit et occasionnent encore de si grands ravages sur notre planète, indiquent une augmentation de chaleur vers son centre. L'accroissement de densité correspondant à la profondeur et à la forme du sphéroïde, étant le même que celui qu'assigne la théorie à une masse fluide en rotation, contribue à faire croire que la température de la terre était originairement assez élevée pour réduire à un état de fusion ou de vapeur toutes les substances dont elle est composée, et que, par la suite des temps, elle s'est refroidie jusqu'au point où elle est aujourd'hui; qu'elle continue encore et continuera toujours à se refroidir, jusqu'à ce que la masse entière arrive à la température du milieu dans lequel elle est placée, ou plutôt à un état d'équilibre entre cette température, la puissance réfrigérente due à son propre rayonnement, et l'effet calorifique des rayons solaires.

Antérieurement à la formation de la glace vers les pôles, il est hors de doute que les anciennes terres des latitudes septentrionales pourraient avoir été susceptibles de produire les plantes tropicales que l'on trouve conservées dans les couches de charbon, si toutefois ces plantes avaient été de nature à prospérer sans le secours de la lumière intense du soleil des tropiques. Mais, en admettant même que la température décroissante de la terre soit suffisante pour produire les effets observés, elle doit être extrêmement lente dans son opération; car, la rotation de la terre servant de mesure aux périodes des mouvements célestes, il a été prouvé que si la longueur du jour avait diminué de la trois-millième partie d'une seconde d'après les observations d'Hipparque, faites il y a 2000 ans, l'équation séculaire de la lune aurait diminué de 4" 4. Il est donc hors de doute que la température moyenne de la terre ne peut avoir sensiblement varié pendant ce temps; et, si les caractères que nous présentent les couches successives sont dus réellement à une diminution de température interne, cela montre l'immensité du temps nécessaire pour produire des changements géologiques devant lesquels deux mille ans ne sont rien; ou c'est la preuve que la température moyenne de la terre était arrivée à un état d'équilibre avant ces observations.

Quelque fortes que soient les présomptions en faveur de l'hypothèse de la fluidité primitive de la terre, elle ne peut être considérée que comme très-probable, n'étant appuyée par aucune preuve directe. Mais l'un des philosophes les plus profonds et des écrivains les plus élégants des temps modernes, a trouvé, dans la variation séculaire de l'excentricité de l'orbite terrestre, une cause évidente de décroissement de température. Cet auteur accompli, en indiquant les rapports mutuels des phénomènes, s'exprime ainsi: « Il est évident « que la température moyenne de la sur- « face entière du globe, en tant qu'elle est « maintenue par l'action du soleil à un « plus haut degré qu'elle ne le serait si cet « astre était éteint, doit dépendre de la « quantité moyenne des rayons solaires « qu'elle reçoit, ou, ce qui revient au même, « de la quantité totale reçue dans un temps « donné invariable; et la longueur de l'an- « née demeurant immuable au milieu de « toutes les fluctuations du système plané- « taire, il s'ensuit que la somme totale du « rayonnement solaire doit déterminer, « toutes choses égales d'ailleurs, le climat « général de la terre. Or, il n'est pas diffi- « cile de prouver que cette somme totale « est inversement proportionnelle au petit « axe de l'ellipse décrite par la terre autour « du soleil, considéré comme lentement va- « riable, et que, par conséquent, le grand « axe restant constant, ainsi que nous le « savons, et l'orbite allant actuellement « en se rapprochant de la forme circulaire, « c'est-à-dire le petit axe allant en crois- « sant, la somme moyenne du rayonnement « solaire reçue annuellement par la terre « entière doit aller actuellement en dimi- « nuant. Nous avons donc une cause réelle, « évidente pour expliquer le phénomène. » Les limites de la variation de l'excentricité de l'orbite terrestre sont inconnues, mais si cette excentricité a jamais été aussi grande que celle de l'orbite de Mercure ou de Pallas, la température moyenne de la terre doit avoir été sensiblement plus haute qu'elle ne l'est à présent. A-t-elle toutefois été assez élevée pour rendre nos climats septentrionaux propres à la production des plantes des tropiques, et à la résidence de l'éléphant et autres animaux, habitants maintenant de la zone torride? C'est ce qu'il est impossible de dire.

Les plantes fossiles qui ont été trouvées dans les latitudes extrêmement élevées fournissent une preuve évidente de la diminution de température qui s'est opérée dans l'hémisphère nord; ces plantes n'ayant pu exister que sous un climat semblable à celui des tropiques, et ayant dû croître nécessairement près du lieu où on les a trouvées, ainsi que la délicatesse de leur structure, et l'état parfait dans lequel elles se sont conservées ne permettent pas d'en douter. C'est donc à tort que ce changement de température a été attribué à un excès de durée du printemps et de l'été dans l'hémisphère du nord, résultant de l'excentricité de l'ellipse solaire. La longueur des saisons varie avec la position du périhélie de l'orbite de la terre, par suite de l'excentricité, qui, quelque petite qu'elle soit, fait que toute ligne passant par le centre du soleil partage l'ellipse terrestre en deux parties inégales; et par suite aussi des lois du mouvement elliptique qui occasionnent au mouvement de la terre d'inégales vitesses dans ces deux parties de son orbite. Le périhélie reste toujours dans la portion la plus petite de l'ellipse, et c'est là que le mouvement de la terre est le plus rapide. Dans la position actuelle du périhélie, le printemps et l'été de l'hémisphère nord sont plus longs de huit jours environ que ceux de l'hémisphère sud, tandis qu'il y a 10,468 ans, c'était ce dernier au contraire, qui par suite de la variation séculaire du périhélie, jouissait du même avantage que nous possédons à présent. Cependant John Herschell a prouvé que ce changement ne produit dans aucun des deux hémisphères le moindre excès de lumière ou de chaleur; car, bien que la terre soit réellement plus près du soleil, quand elle parcourt la partie de son orbite dans laquelle se trouve le périhélie, que lorsqu'elle est dans la partie opposée, et que par conséquent elle reçoive alors une plus grande quantité de lumière et de chaleur, elle ne doit pas cependant s'échauffer davantage, parce que, son mouvement étant plus vif, elle reste moins longtemps exposée à l'action de la chaleur. Dans l'autre partie de l'orbite, au contraire, la terre étant plus éloignée du soleil, reçoit un moins grand nombre de ses rayons; mais son mouvement étant plus lent, elle se trouve plus longtemps exposée à leur action. Dans l'un et l'autre cas, la quantité de chaleur et de vitesse angulaire varie exactement dans le même rapport, de sorte que le résultat définitif est une compensation parfaite. L'excentricité de l'orbite de la terre n'a donc que peu ou point d'effet sur la température correspondante à la différence des saisons, et n'en exerce aucun sur la température moyenne générale du globe.

Il est reconnu en mécanique qu'il existe dans tous les corps, quelle que puisse être leur forme ou leur densité, au moins trois axes rectangulaires, autour de l'un desquels le solide, venant à tourner, continuerait à tourner perpétuellement, pourvu qu'il ne fût pas dérangé par une cause étrangère, mais que la rotation autour d'un autre axe ne durerait qu'un instant. Conséquemment, les pôles ou extrémités de l'axe instantané de rotation changeraient sans cesse de position sur la surface du corps. Dans un ellipsoïde de révolution, le diamètre polaire, et chacun des diamètres situés dans le plan de l'équateur, sont les seuls axes permanents de rotation. Ainsi donc, si l'ellipsoïde venait à tourner autour d'un diamètre quelconque situé entre le pôle et l'équateur, le mouvement serait tellement instable, que l'axe de rotation et la position des pôles changeraient à chaque instant. La terre ne différant pas beaucoup de cette figure, il s'ensuit que la position des pôles changerait tous les jours si elle ne tournait autour de l'un de ses axes principaux ; l'équateur, qui est à 90° des pôles, subirait des variations correspondantes, et les latitudes géographiques de tous les lieux de la terre, étant comptées de l'équateur, supposé fixe, changeraient continuellement.

Un déplacement de 72 lieues environ dans la position des pôles suffirait pour produire de tels effets, et serait mis immédiatement en évidence. Mais les latitudes étant invariables, on peut conclure de là que le sphéroïde terrestre doit avoir tourné autour du même axe pendant des siècles entiers. La terre et les planètes diffèrent si peu de la forme d'un ellipsoïde de révolution, que, selon toute probabilité, et par suite du frottement des fluides répandus à leurs surfaces, toute libration d'un axe à un autre, produite par l'impulsion primitive qui les mit en mouvement, dut cesser bientôt après leur création.

La théorie prouve aussi que ni la nutation, ni la précession, ni aucune des forces perturbatrices qui affectent le système, n'ont la moindre influence sur l'axe de rotation, qui conservera une position permanente sur la surface, tant que la terre ne sera pas troublée dans sa rotation par une cause étrangère. Mais, en admettant que cet événement se soit réalisé, les effets d'un tel choc auraient toujours été rendus sensibles par des variations dans les latitudes géographiques ; et si l'on admet aussi que la perturbation résultante ait été très-considérable, l'on concevra sans peine que l'équilibre ne puisse avoir été rétabli, à l'égard d'un nouvel axe de rotation, que par la précipitation des mers vers le nouvel équateur, laquelle précipitation a dû continuer jusqu'à ce que la surface ait été partout perpendiculaire à la direction de la gravité. Il est probable, toutefois, qu'une telle accumulation des eaux n'aurait pas été suffisante pour rétablir l'équilibre, si le dérangement eût été considérable, car la densité moyenne de la mer n'est environ qu'un cinquième de la densité moyenne de la terre, et la profondeur moyenne de l'Océan Pacifique n'a pas plus de 1 ⅓ lieue environ, tandis que le diamètre équatorial de la terre excède le diamètre polaire de 10 lieues à peu près. L'influence de la mer sur la direction de la gravité est donc très-petite, et comme il en résulte qu'un grand changement dans la position de l'axe terrestre est incompatible avec les lois connues de l'équilibre, les phénomènes géologiques en question doivent être attribués à une cause interne. En effet, il est démontré aujourd'hui que les couches élevées qui contiennent des débris marins doivent avoir été formées au fond de l'Océan, et ensuite soulevées par l'action des feux souterrains. D'ailleurs il est évident, d'après la mesure des arcs du méridien et la longueur du pendule à secondes, aussi bien que d'après la théorie lunaire, que les couches intérieures, de même que le contour extérieur du globe, sont elliptiques, leurs centres étant coïncidants, et leurs axes identiques à celui de la surface, état de choses qui est incompatible avec un arrangement de la surface résultant d'une vitesse de rotation différente de celle qui aurait déterminé la distribution primitive de la matière dont se compose le globe terrestre. Ainsi, au milieu des grandes révolutions qui ont fait disparaître de la terre d'innombrables générations d'êtres organisés, qui ont élevé des plaines et englouti des montagnes dans l'Océan, la rotation de la terre et la position des axes sur sa surface n'ont subi que de légères variations.

Non-seulement les couches du sphéroïde terrestre sont concentriques et elliptiques, mais les inégalités lunaires montrent en outre qu'elles augmentent de densité, de la surface au centre de la terre. Il est hors de doute que les choses se seraient passées de cette manière si, dans l'origine, la terre avait été fluide, car les parties les plus denses ont dû se précipiter vers son centre, à mesure qu'elle s'est approchée de l'état d'équilibre; mais l'énorme pression de la masse supérieure suffit pour expliquer le phénomène. Le professeur Leslie observe que l'air, comprimé de manière à être réduit à la cinquantième partie de son volume, augmente cinquante fois d'élasticité. S'il continuait à se contracter dans cette proportion, il acquerrait, en vertu de sa propre pesanteur, la densité de l'eau à la profondeur de 12 lieues environ; mais la densité de l'eau elle-même doublerait à la profondeur de 34 lieues et elle atteindrait celle du mercure à une profondeur de 131 lieues à peu près. Ainsi donc, en descendant vers le centre, jusqu'à la profondeur de 1450 lieues, la condensation des substances ordinaires surpasserait tout ce que l'imagination peut se figurer. Le docteur Young dit qu'au centre de la terre l'acier serait réduit à un quart, et la pierre à un huitième de son volume. Cependant nous ignorons encore, au delà d'une certaine limite, les lois de la compression des corps solides, quoique, d'après les expériences de M. Perkins, ces corps paraissent être susceptibles d'un plus haut degré de compression qu'on ne l'avait généralement imaginé.

TERRE (*ses rapports avec la race humaine*). — Les rapports de l'homme avec la planète qui lui a été donnée pour demeure, bien qu'essentiellement variables, puisqu'il peut les modifier pour la plupart, ont été exprimés dans ce qu'ils ont de fondamental et de constant par ces paroles que le Créateur adresse à l'homme après sa chute : « La terre produira des ronces et des épines, et tu mangeras son herbe; tu te nourriras de pain à la sueur de ton visage, jusqu'à ce que tu retournes à la poussière dont tu as été formé. »

Il est bien digne de remarque que les choses aient été ordonnées sur la terre par le Créateur de telle façon qu'il ne s'y produit presqu'aucun effet naturel dont l'homme ne soit exposé à recevoir du mal, à la domination duquel il ne soit par conséquent porté à résister; qui cependant, à certains égards, ne lui soit utile, et dont, par son industrie, il ne soit maître de tirer continuellement de plus en plus de profit. De sorte qu'il n'y a pas une chose sur terre qui soit si mauvaise, qu'elle ne soit bonne en même temps par quelque endroit, ni qui soit si bonne, que, d'autre part, elle ne soit mauvaise aussi. Les effets les plus opposés, quant au plaisir ou à la peine que nous en devons ressentir, procèdent donc, suivant les circonstances, des mêmes sources; et pour vivre incommodés le moins possible, nous n'avons d'autre moyen que de nous appliquer, autant que nous en sommes capables, à détourner ce qui nous fait mal, pour donner cours à ce dont notre organisation s'accommode. Mais ce résultat ne s'obtient jamais que par une lutte où notre force s'engage. Sur ce même sol qui produit de bonnes herbes, il en croît indifféremment de mauvaises, et pour qu'il n'y en vienne que de bonnes, il faut toujours, selon la juste expression de l'Ecriture, que la sueur coule sur le visage de l'homme.

Lorsque l'on considère la race humaine dans sa généralité, on y observe comme une conspiration universelle, permanente, et déjà en pleine prospérité sur plusieurs points, pour s'affranchir successivement de toutes les contrariétés de la terre. Les peuples civilisés tendent de tous leurs efforts vers une limite extrême, et jusqu'ici, il est vrai, purement idéale, où, cessant d'être gênés par les conditions physiques dans lesquelles ils sont nés, les hommes seraient en harmonie à tous égards avec leur planète et n'en éprouveraient que du bien. Considérons donc un moment l'homme au point de vue des lois qui régissent la terre, et voyons par quels moyens il se délivre des obstacles que ces lois lui opposent, et quelles sont les conditions de cet affranchissement.

Et pour commencer par une de ces lois les plus universelles, la gravitation, l'homme jusqu'ici n'a pu s'y soustraire. Son corps est toujours attiré par la terre avec la même force, sans que l'on puisse seulement entrevoir la possibilité de le soulager directement. Il lui faut toujours une base solide, et il est hors d'état de se soutenir ni dans l'air ni sur l'eau. Aussi l'Evangile nous donne-t-il l'idée de la plus grande modification de l'ordre naturel qui se puisse concevoir, lorsqu'il nous représente le Christ marchant librement à la surface de la mer. C'est ce que ne fera vraisemblablement jamais la chair de l'homme. La pesanteur paraît être une affection invariable de la substance massive, et sur laquelle on ne saurait avoir aucune prise, soit pour en augmenter, soit pour en diminuer l'intensité. De sorte que l'atténuation de la densité du corps, au point de devenir égale à celle de l'air, est encore le moyen le plus simple que l'on puisse imaginer pour que les hommes soient jamais capables de flotter sans effort dans leur atmosphère. Ce ne serait pas une simple transformation de race; ce serait une métamorphose qui, bien que n'ayant par elle-même, en vue de l'universalité des mondes, rien d'impossible, est du moins, quant à la terre, en désaccord formel avec la nature des corps solides et le principe de l'analogie organique des races. Ainsi, lors même que le changement ne devrait entraîner aucun inconvénient, il ne serait pas même permis de l'espérer pour la race future. Reste donc le développement du principe par lequel les êtres reçoivent naturellement le don de résistance à cette force, comme à toutes les autres; c'est l'énergie musculaire. On a constaté en effet qu'elle augmente à mesure que le régime s'améliore, et que les peuples sauvages sont inférieurs, à son égard, aux peuples civilisés. Elle varie principalement sous la lois de l'exercice et de la nourriture du corps; mais ce serait une chimère que de se figurer les hommes débarrassés de leur chaîne la plus gênante par le développement de leur force musculaire, et prenant, comme les oiseaux, un essor naturel dans les régions de l'air. Il résulte d'un calcul de mécanique élémentaire, qu'il faudrait leur supposer une force environ cent cinquante fois plus grande que celle qu'ils possèdent dans leur condition actuelle, pour les mettre en état de se soutenir en l'air, tout le jour, par le simple jeu de leurs organes, degré de perfectionnement qu'il n'y a aucune raison d'attendre et que le philosophe ne peut même rêver.

Mais comme s'il n'y avait rien de considérable à gagner sur le fond même de la gravité, on s'est attaché à ses effets, et c'est où le génie de l'homme triomphe. La terre, dans toutes les directions que l'homme juge convenables, a été égalisée, nettoyée, consolidée; elle s'est couverte d'un réseau de routes, de chemins, de sentiers, dont le nombre et le bon établissement sont un des plus frappants indices de la prédominance de la civilisation sur la nature. Par cette précaution, la fatigue n'a pas été seulement adoucie, il s'est trouvé qu'elle était toute détruite, puisque, sans renoncer à se mouvoir, on a pu dès lors se dispenser de marcher. En se créant des demeures mobiles, l'homme a inventé le moyen de se transporter en tous lieux, sans mettre pour ainsi dire le pied hors de chez lui. La locomotion, primitivement si difficile, est devenue plus parfaite que celle d'aucun animal. Rien ne l'arrête, ni les rivières, ni les montagnes, ni les marécages, ni la mer. S'il est pressé et son but lointain, il va nuit et jour et sans repos. Le voilà même qui prend, pour la vitesse ordinaire de ses voyages, celle dont les plus rapides des quadrupèdes ne jouissent que dans les instants de crise, et qui commence à glisser à la surface de la terre avec une impétuosité sans égale, comme si l'ouragan portait son char. La vaste étendue de l'Océan lui est même désormais si familière, qu'il l'habite en quelque sorte comme il habite la terre; qu'il y fait descendre et y entretient des villes flottantes qui se laissent conduire où il veut, circulant à son aise malgré le vent, se jouant, derrière ses remparts, du vain tumulte des eaux, et obligeant la tempête elle-même à le servir et à prêter main forte à sa manœuvre. Il n'y a pas jusqu'à l'atmosphère, où, en dépit de la pesanteur, il n'ait déjà réussi à s'élever; et il est à croire que, son audace se joignant à son désir, on le verra bientôt fréquenter habituellement les nuages. Ainsi il s'est ouvert par son génie toutes les voies; et soit qu'il prenne son vol, comme les plus hardis oiseaux, dans les hautes régions, soit qu'il s'avance à la surface des eaux, en répandant l'effroi parmi leurs silencieux habitants par l'appareil et la vélocité de sa marche, soit qu'il roule en souverain sur ses domaines naturels, il achève tous ces grands mouvements sans plus de fatigue musculaire que s'il était resté tranquillement assis dans sa maison. Certes, sur tous ces points, la force astronomique est bien vaincue.

Mais il est admirable que l'homme ne soit parvenu à la vaincre qu'en prenant appui sur elle. Ce sont les lois mêmes de la gravitation qui obligent les aérostats à s'enlever; ce sont elles qui donnent du lest à ses vaisseaux, et les rendent capables de lutter contre les vents et de s'en faire obéir; ce sont elles qui l'assurent, même sur terre, où, sans elles, les voitures, privées de stabilité, verseraient au moindre choc, s'emportant d'ailleurs aussi bien que sa personne elle-même, à chaque souffle de l'air. En se dispensant de la pesanteur, il n'acquerrait donc la facilité de se déplacer qu'au détriment de celle de se conduire, puisque les conditions de son indépendance du plus capricieux de tous les règnes, celui des vents, est justement son obéissance à ce règne invariable; tandis qu'en y demeurant soumis, son industrie le rend à la fois capable, et d'aller où il veut, et d'y aller sans fatigue. On sent encore mieux combien cette force rend de bons services dans l'ordre social, lorsqu'on réfléchit à la difficulté qu'éprouveraient les hommes, si la pesanteur n'existait pas, pour faire subir à la surface de la terre des modifications permanentes. Quel système coûteux de constructions ne leur faudrait-il pas inventer pour sceller au sol leurs édifices, qui, dans l'état actuel, y demeurent solidement assis par le seul effet de leur poids? Ces routes, ces ponts, ces lieux d'habitation, ces monuments dont chaque génération gratifie ses héritières, ces maçonneries de toute espèce qui disposent l'extérieur du globe à la convenance du genre humain, rien de tout cela ne serait sorti de la terre, car rien de tout cela n'aurait pu s'y maintenir. Le vent aurait fait continuellement trembler les villes jusque dans leurs fondements, et il aurait suffi d'une tempête pour les balayer à travers les champs comme un tourbillon de feuilles. Ainsi, pour peu que l'on considère les choses avec attention, on découvre que, tout en retardant l'homme, la pesanteur est pourtant nécessaire à sa marche, et que, tout en aggravant les travaux de l'architecture, elle est une des conditions principales de leur réussite. Si bien que, par cette contradiction singulière des choses terrestres, elle nous est un auxiliaire comme un obstacle, et une cause de liberté en même temps que d'esclavage. Mais, domptée successivement partout où elle est incommode, elle tend en définitive, par les progrès futurs du génie industriel de l'homme, à se changer en un bien pur. Il y a du reste une observation astronomique fort simple, qui confirme bien, à ce qu'il semble, la généralité de ce caractère d'utilité. En effet, si l'objet essentiel de la pesanteur, dans son rapport avec les populations établies à la surface des astres, est non-seulement de leur former des atmosphères suffisamment condensées, mais de leur donner une garantie contre les mouvements de ces atmosphères, il ne peut manquer d'exister un principe de correspondance entre l'intensité de la pesanteur et celle de ces mouvements. Or il est clair que la rapidité des courants atmosphériques, dépendant de la grandeur des astres, se trouve justement liée par une certaine concordance avec la pesanteur qui s'accroît aussi dans le même sens.

Nous voici amenés à ce qui se rapporte à l'étendue et à la configuration superficielle de la terre. Pendant des siècles, loin d'y jouir de la moindre possession à distance, nos prédécesseurs n'ont pas même eu l'idée de ce qui y existait au delà des strictes limites de leur voisinage. Ce n'est que d'hier, par l'achèvement presque parfait de toutes les grandes découvertes, que nous sommes devenus capables de nous figurer le globe terrestre dans son entier. Et, toutefois, le commerce y est dès à présent si bien institué que nous tirons indifféremment de toutes les parties du monde ce qui s'y trouve de notre goût. On peut donc dire, sans hyperbole, grâce à ce développement de notre domaine naturel, que la terre est aujourd'hui à chacun de nous. Nous sommes en relations familières avec toutes les contrées qu'elle embrasse, et nous ne pouvons remonter à la source de nos satisfactions domestiques les plus simples, sans voir la géographie universelle se déployer devant nous. Nous pêchons autour des deux pôles pour avoir de l'huile ; c'est la Chine qui, après nous avoir communiqué l'industrie de la soie et de la porcelaine, nous donne chaque jour notre thé; notre poivre vient de la Malaisie ; notre sucre et notre café sont pris aux Antilles et jusque dans les champs asiatiques; l'Amérique du Sud nous fournit l'acajou ; l'Amérique du Nord, le coton ; l'ivoire nous reporte en Afrique et dans les presqu'îles de l'Inde ; les zones glaciales de l'ancien monde et du nouveau sont mises à contribution pour nos ornements de fourrure ; enfin, il n'y a pour ainsi dire pas, à la surface de la terre, un pays si pauvre et si éloigné qui ne fasse quelque échange avec nous ; et nous avons sous notre main, dans chacune de nos villes, des magasins dans lesquels les tributs de toutes les parties du monde sont réunis.

Cette mise en commun de tous les biens ne serait pas encore une correction suffisante de la terre, si nous n'étions en état, à la différence de nos ancêtres, de nous y transporter aisément en tous lieux, et d'entretenir des relations commodes les uns avec les autres, tout autour du globe. C'est ce qui résulte naturellement de l'établissement du commerce universel. Il y a un si vif mouvement de correspondance, soit dans l'intérieur des terres, soit de continent à continent, que les lettres et les voyageurs ne font que se croiser continuellement dans tous les sens. En même temps que les transports deviennent plus fréquents et de plus long cours, ils deviennent aussi plus prompts et plus commodes; de sorte que l'étendue de la terre par rapport à l'homme étant déterminée, non par la proportion de la grandeur du corps humain à la grandeur de la terre, mais par la facilité avec laquelle l'homme, mesurant le globe avec le compas de ses mains, peut en toucher alternativement les parties opposées, on se trouve logiquement conduit à ce résultat remarquable, que cette étendue, au lieu de demeurer constante, diminue progressivement de jour en jour. Et qui ne voit en effet, en se mettant au vrai jour de la géographie, que la terre est incomparablement plus petite pour nous qu'elle ne l'était pour nos devanciers, que chaque année, par le perfectionnement des moyens de communication, elle subit une réduction nouvelle, et qu'elle est destinée à devenir encore bien plus petite pour nos descendants que pour nous ? Dès à présent même, elle l'est à ce point que, tandis que les anciens pouvaient admirer la puissance infinie en se prosternant devant l'immensité de la terre, nous nous verrions exposés à prendre une médiocre idée de l'œuvre du Créateur, si nous ne devions juger de sa magnificence que par une demeure où nous commençons à nous sentir à l'étroit, où les plus longs voyages sont désormais des promenades sur des routes frayées; enfin, dont l'exiguïté effraye déjà les statisticiens pour la postérité. Aussi est-il heureux que cet air de majesté que la terre a nécessairement perdu en se laissant connaître, ait été remplacé avec tant d'avantage par les perspectives nouvelles que les astronomes nous ont ouvertes dans le ciel ; de sorte que, tandis que la terre nous a paru de plus en plus bornée, le monde sidéral, par une tendance contraire, nous a de plus en plus étonnés par sa grandeur. Pour trouver la signification essentielle de l'étendue de la terre relativement à l'homme, il faut donc voir ailleurs. Et en effet, dès qu'on rapporte cette étendue à l'ensemble du genre humain, et non plus à l'être particulier, sa valeur constante se découvre. Que l'on fasse le calcul de ce qu'il faut à chaque homme de place au soleil, tant pour son jardin et sa maison que pour les animaux et les végétaux nécessaires à son entretien, on en déduira immédiatement quel est, au maximum, le nombre de vivants qui peuvent exister simultanément sur la terre. Tel est le sens métaphysique de l'étendue superficielle de la planète sur laquelle nous sommes. Cette étendue est l'expression de la force numérique virtuelle; et, par suite, de l'un des éléments fondamentaux de la puissance morale de la société humaine, l'indice du temps d'arrêt qui menace le développement ordinaire des générations, et en conséquence le signe certain d'un changement dans les conditions naturelles de la population terrestre, lorsque le genre humain sera au dernier terme que sa prospérité, sous le régime actuel, puisse atteindre.

Après la distance des lieux, les montagnes, les mers, les déserts sont ce qui gêne le plus les hommes dans la libre pratique de la terre. Leur caractère commun le plus essentiel est de rompre la continuité des voisinages. Il résulte de leur interposition que les hommes qui habitent du même côté sont induits à se lier entre eux plus étroitement qu'avec ceux qui habitent de l'autre : car, bien que les communications directes, en raison de la distance qui est également un obstacle, puissent être quelquefois plus difficiles d'un même côté que d'un côté à l'autre, cependant la contiguïté est cause que tous les habitants du même côté se trouvent en connexion par des communications de proche en proche qui n'existent que pour eux, et qui s'évanouissent nécessairement devant tout intervalle désert. L'effet général de ces coupures est donc d'obliger les hommes à se tourner de préférence vers certains centres, et il faut par conséquent les ranger en première ligne parmi les moyens naturels dont la Providence s'est servie pour déterminer, dès l'origine, des noyaux particuliers de formation dans les sociétés humaines. Nous sommes à la vérité hors d'état d'évaluer avec précision leurs avantages, puisque nous ne connaissons ni le meilleur mode de société universelle que l'on puisse concevoir, ni les meilleures combinaisons à suivre pour y parvenir. Mais cependant, comme il est dès à présent hors de doute que l'établissement des nations, à cause des influences et des réflexions réciproques qui en résultent, est un des principes les plus efficaces du perfectionnement général de l'esprit, on ne peut refuser d'admettre que ce qui y a si puissamment contribué ne soit un bien. Ne voyons donc que ce qu'il y a de grand dans les barrières qui séparent les diverses résidences de notre race, et, en regard de cette grandeur, méprisons les inconvénients secondaires dont le commerce peut se plaindre. Ces traits fondamentaux de la géographie terrestre qui règlent souverainement l'ordre des peuples, viennent de Dieu. Il les avait marqués dès le principe dans la poussière de laquelle devait naître la terre, et dont les tourbillons lui récitaient déjà l'histoire future de nos sociétés ; et s'il lui a plu de mettre les hommes dans une maison toute bâtie, et que toute leur puissance ne peut changer, c'est que cette maison était bâtie conformément à ses desseins sur eux. Sans parler des divisions secondaires qui ont tant servi et qui servent encore si efficacement à la netteté des nations, mais qui, n'étant pas aussi indestructibles que les séparations capitales, ne jouissent pas d'un caractère aussi absolu, il n'y a point à douter que ces dernières ne soient en permanence dans la société générale des hommes jusqu'à la fin. Rien ne fera que les quatre grands quartiers de la cité humaine ne soient toujours isolés les uns des autres par les mers qui les divisent, ni que cette discontinuité ne soit toujours un principe de physionomie particulière pour chacun d'eux.

D'ailleurs, qui sait tout le profit dont la masse des mers sera peut-être un jour la source ? On peut douter que cette immense partie du domaine de l'homme soit destinée à une stérilité perpétuelle, et à ne verser jamais d'autre richesse dans nos sociétés qu'un peu de sel et de poisson. Je me persuade que c'est la faiblesse de notre esprit et non la parcimonie de la nature qui fait la pauvreté de ce vaste territoire ; et quand on considère le parti que le Créateur en a tiré pour l'économie de la terre, on ne peut s'empêcher de penser que le genre humain, devenu plus puissant, en tirera également parti, à l'exemple de Dieu, pour son économie spéciale. Indépendamment de la force, aujourd'hui en pure perte, des vagues et des marées, de quels inappréciables trésors l'Océan, décomposé en ses éléments primitifs, ne pourrait-il pas nous combler ! quels secrets n'est-il pas susceptible de nous cacher encore ! Je ne me suis jamais vu dans ces étranges déserts, lorsque, la terre s'étant éclipsée, on n'aperçoit plus autour de soi que la multitude des flots, sans être profondément frappé de la conviction que je me trouvais en présence de quelque grand inconnu. En déterminant la ligne de ses rivages, l'hydrographie n'a pas soulevé tous les voiles qui l'enveloppent, et après avoir découvert comment nous pouvons visiter malgré lui tous les lieux de la terre, il nous reste à découvrir par quel art nous pouvons nous servir de lui. Il y a bien d'autres mines que les hommes, dans leur ignorance, ont longtemps frappées du pied sans se douter que ces substances dédaignées seraient pour leurs descendants, mieux instruits, les sources fondamentales de l'opulence ! Plus notre clairvoyance se développe, plus il nous est manifeste qu'il n'y a rien autour de nous qui n'y soit pour nous, et dont notre industrie ne saisisse enfin l'utilité. Outre les biens naturels que nous recevons de l'Océan, les nuages, la pluie, l'humidité de l'air, les rivières, outre ceux que nous réussissons déjà à nous y procurer, ne craignons donc point de faire avec confiance, dans cette mystérieuse réserve, une part pour les inventions qu'il faut laisser à l'avenir, et n'ayons pas la témérité de condamner, comme incommode et inutile, un établissement dont nous ne sommes pas sûrs de savoir le fond. Mais vous, déserts des montagnes, vous qui présidez aussi au partage des nations, vous qui avez aussi votre rôle dans la circulation continuelle des eaux, vous qui nous obligez aussi à nous humilier devant le spectacle imposant de vos grandeurs, combien votre majesté est moins terrible, et combien il est doux à l'homme fatigué de reposer sur vous ses regards ! Vous pénétrez les âmes par les secrètes influences d'une terre splendide et qui se métamorphose à chaque pas ; vous vivifiez et vous calmez ; vous êtes les jardins de la terre. De quelles pures et bienfaisantes jouissances n'êtes-vous pas le principe ? Quelles marques vives et éloquentes ne donnez-vous pas de la petitesse de ces idoles que le luxe met en honneur parmi les hommes, lorsque vous étalez devant eux l'immensité de vos perspectives, et les masses sévères de vos éternelles pyramides, et que l'on voit, du haut de vos sommets, les fumées des grandes villes s'élever çà et là dans les provinces qui rampent à vos pieds ? Quel architecte imiterait jamais votre magnificence, et où y a-t-il des trésors qui la puissent payer ? Tous les peuples se donnant rendez-vous au travail ne bâtiraient seulement pas une tour à la hauteur de la plus basse de vos cimes. Les nations antiques, vous mettant à part du reste du monde, vous considéraient comme la seule demeure digne des dieux ; et il semble en effet que vos pics, à demi perdus dans les nuages, soient autant de signaux qui sortent de la terre pour enseigner aux hommes le chemin des cieux. Il n'y avait que la nature qui fût capable de rompre la monotonie de notre globe par des édifices tels que vous, et sans nous demander aucun effort ; elle nous a ouvert d'elle-même toutes vos portes, comme si elle avait plaisir à appeler les hommes dans ces temples qu'elle s'est bâtis, et où elle leur apparaît avec tant de puissance et de beauté. Ainsi, dans mon admiration, il ne m'importe plus que vos crêtes soient d'infranchissables murailles, et je vous range hardiment parmi les plus précieux des biens dont le genre humain est redevable à la munificence du Créateur.

J'en viens à la différence des climats et des saisons, à la vicissitude et aux inégalités du jour et de la nuit, qui sont aussi des conséquences de la figure de la terre combinées avec celles de son mouvement. Rien de plus aisé à concevoir qu'une planète sur laquelle la température, égale en tous lieux, serait aussi la même en tout temps, où il n'y aurait pas de nuit, enfin où le soleil, immobile au même point du ciel, ferait régner partout un éternel midi. Il suffirait que la rotation de cette planète lui eût donné la forme d'un disque ou d'un anneau tel que celui de Saturne; que, placée dans une orbite circulaire, elle fût assujettie à tourner constamment son axe vers le soleil; de plus, qu'un soleil secondaire lui servît de satellite. Dieu n'aurait qu'à faire jouer quelques astres pour mettre bientôt, s'il le voulait, la terre en cet état, et il n'est pas improbable que, dans l'infinie variété des mondes, il n'y en ait de soumis à ce régime. Mais, je ne crains pas de le dire, à ces mondes toujours en plein soleil et en printemps, je préfère le nôtre: à une condition toutefois, c'est que nous ayons le moyen de nous y garantir sans peine des intempéries et des inconvénients de la nuit. Peut-être le dégoût que nous avons pour l'uniformité n'est-il au fond qu'une suite de notre imperfection, et peut-être les mondes dans lesquels la nature est constante ont-ils une supériorité essentielle à l'égard de ceux dans lesquels elle est variable. Mais, étant tels que nous sommes, il est certain que le changement des circonstances physiques sous l'influence desquelles nous vivons nous est un charme. Ce serait peu de chose sans doute, et plutôt même un désagrément qu'un avantage, si le changement ne portait que sur la sensation de la température extérieure. Mais d'une saison à l'autre, la terre tout entière se transforme. Il semble qu'un monde nouveau naisse à chaque fois autour de nous, ou que, entraînés dans un voyage sans fin, nous ne fassions que circuler d'une sphère à une autre. L'année est une palingénésie continuelle. Le peuple des végétaux, cette enveloppe vivante de notre globe, à laquelle nous sommes si intimement liés par toutes nos habitudes et tous nos sens, est, par sa stricte obéissance à l'ordre périodique des saisons, dans un état perpétuel de variations. Avec elle varient nos intérêts, nos occupations, nos plaisirs: tantôt le temps des fleurs, tantôt celui des puissantes verdures, tantôt celui des fruits; l'hiver même a sa grandeur, lorsque, la campagne sévèrement couverte de son linceul blanc, les fleuves silencieux et immobiles, les arbres élevant au-dessus de la neige leurs fines ramures, chargées quelquefois des plus éblouissantes broderies, le ciel lui-même devenu plus austère, même dans ses splendeurs, on dirait que la terre s'est momentanément dépeuplée et que la nature est dans une heure de recueillement. Nos sentiments se ravivent par cette succession; la décoration de notre planète nous charme davantage, et, enchaînés aux saisons par mille liens, nous nous laissons aller à les accompagner sans résistance, saluant leur arrivée, acceptant leur fin, ne nous lassant pas de nous réjouir de la nouveauté comme d'un bien.

Il n'y aurait donc pas à redire aux saisons, si elles ne s'écartaient en rien de ces types divins qu'aiment à représenter les peintres et les poëtes; si le printemps était toujours riant, l'été toujours modéré, l'automne toujours riche et serein, l'hiver toujours pur; enfin si, avec tant de diversités, il n'y avait jamais que de beaux jours. Mais combien il s'en faut que la réalité soit d'accord avec cette régularité idéale! C'est une perfection dont on ne jouit nulle part sur la terre, et dont notre consolation est de rêver l'existence pour des mondes meilleurs. Le régime auquel nous sommes soumis peut se traduire par ce seul fait, que nous avons été obligés de quitter le plein air de la campagne pour nous réfugier dans des lieux plus agréables. La nature terrestre nous est, en effet, mauvaise hospitalière. Non-seulement elle ne nous étale guère de beautés qui ne soient quelque part gâtées par des laideurs; mais, sans attention pour nos besoins, après nous avoir un instant caressés, elle se pousse à des excès que nous ne pouvons supporter sans douleur, et nous réduit à nous garder de ses injures, tout en utilisant ses bienfaits. C'est à quoi nous réussissons dans l'intérieur de nos maisons lorsqu'elles sont bien établies. Nous nous y faisons un monde à part, soumis à nos lois, aussi indépendant du dehors que nos convenances le commandent, et dans lequel, bravant les intempéries, nous coulons à notre gré des jours paisibles. Si l'hiver sévit avec des rigueurs trop vives, nous contentant d'admirer à travers nos vitres les tableaux qu'il nous offre, nous faisons régner autour de nous la température du printemps. Nous nous égayons en reportant nos regards sur nos brillants foyers; et si la tristesse et la monotonie de la nature nous fatiguent, nous la laissons de côté, et nous nous vengeons de ses disgrâces, soit par l'éclat et la variété de nos ameublements et de nos fêtes, soit même au moyen de ses plus belles fleurs que nous lui enlevons, et auxquelles il nous suffit de donner asile dans nos appartements pour les y voir s'épanouir. Si c'est de l'été que nous avons à nous plaindre, nous avons des ressources analogues pour nous protéger contre lui. Les arbres nous servent à construire de charmantes demeures, toujours aérées, toujours ombragées, toujours rafraîchies par les eaux que nous y faisons jaillir en bouquets sous les charmilles, ou ruisseler de tous côtés parmi les pelouses. Prenant la douceur de la verdure, la lumière elle-même s'y tempère, et pour leur embellissement, ouvrant largement la porte à toutes les magnificences de l'été, nous la fermons à tout ce qu'il a d'incommode. Quand les ardeurs du soleil sont trop fortes, nous pouvons même les éviter plus sûrement encore dans le sein de nos maisons ordinaires, et nous y défendre contre la chaleur après nous y être défendus contre le froid. Rien ne serait plus facile que d'y avoir constamment à nos ordres la tiédeur légère du printemps, en prenant seulement la peine de tirer de la profondeur des souterrains l'air destiné à remplir nos salles. Bien plus, en imitant l'exemple de la nature dans les glaciers où elle accumule pendant l'hiver pour les dépenses de l'été, nous pouvons, si le contraste nous plaît, goûter à notre aise du froid, et, comme nous nous étions procuré la température de l'été durant l'hiver, nous procurer durant l'été celle de l'hiver. Enfin, nous pouvons hardiment nous dire maîtres chez nous des saisons. Nous y sommes également les maîtres du jour et de la nuit. Peu nous importe à quelle heure le soleil, donnant à la nature le signal de se réveiller ou de s'endormir, se lève ou se couche; nous avons su nous faire un jour et une nuit, réglés, non sur l'ordre des astres, mais sur celui de nos affaires et de nos divertissements. Tandis qu'à l'entour de nos maisons le monde est dans l'obscurité, leur intérieur est inondé de lumière. Par leur éclat, par leur symétrie, par leurs supports étincelants, les flammes qui la versent nous composent un ornement nocturne qui nous dédommage amplement par son faste de la disparition du soleil, et à ce point que, loin de nous en affliger, nous serions plutôt portés, dans notre satisfaction de nous-mêmes, à nous en réjouir. Mais dès que nous mettons le pied hors de ces mondes particuliers que nous avons eu l'industrie de nous créer, notre empire s'en va, et nous retombons sous la tyrannie de la nature. Il nous reste encore quelques ressources, soit contre la nuit, soit contre l'insubordination des saisons. Nous avons nos enveloppes, dont les unes, toutes légères, nous abritent seulement contre les rayons du soleil, dont les autres, plus épaisses, nous garantissent du froid; nous pouvons marcher accompagnés de flambeaux qui, dissipant autour de nous l'obscurité, suffisent pour éclairer nos pas; nous pouvons même ne sortir qu'en voiture, conservant ainsi dans nos déplacements les avantages essentiels de nos intérieurs, et obligeant en quelque sorte nos maisons à aller elles-mêmes où il nous plaît. Enfin, à la rigueur, en utilisant la faculté des voyages, nous pourrions trouver moyen de nous affranchir tout à fait de la vicissitude des saisons, en leur opposant la différence des climats. N'est-ce pas ce que font sous nos yeux les oiseaux, qui, au lieu de vivre toute l'année au même lieu, passent périodiquement d'un lieu à l'autre, choisissant les pays froids pour leur demeure d'été, et les pays chauds pour leur demeure d'hiver? Ainsi pourrions-nous faire à leur exemple, grâce à notre puissance de locomotion devenue égale à la leur; comme eux habitant vraiment la terre de même qu'une maison, et y circulant régulièrement, selon les lois de l'année, de nos appartements d'hiver à nos appartements d'été. Ainsi font en effet les nomades et ceux que leur condition n'attache à aucune place. Mais ces voyageurs sont des exceptions. Les sociétés ont des liens qui les fixent à demeure sur le sol qu'elles occupent; et lors même qu'elles seraient en état d'exécuter sans trop de peine de telles migrations, elles seraient obligées d'y renoncer et de se résigner aux inconvénients des saisons, car elles ne sont point comme les oiseaux, qui prennent à leur gré leur volée, parce qu'ils sont sans patrie et portent avec eux tout leur bien.

Toute notre industrie ne saurait donc empêcher que, si nous ne voulons renoncer à jouir de toute l'étendue de notre territoire, il ne faille nous résoudre à endurer, au gré de la nature, le froid et le chaud. C'est une des fatalités de notre séjour actuel, et il ne paraît pas que notre puissance soit jamais capable de s'agrandir assez pour la réprimer tout à fait. Malheur pour toujours à ces climats excessifs dans lesquels, à un hiver atroce succède régulièrement tous les ans un accablant été! Qui pourrait imaginer, sinon en rêverie, leurs habitants, maîtres du soleil et des mouvements de l'air, détournant à volonté de leurs champs, tantôt les vents glacés, tantôt les vents brûlants, et renversant ainsi les lois astronomiques du globe pour lui en imposer d'autres à leur gré! La constitution fondamentale de la terre ne nous laisse donc d'autre parti que de choisir entre deux esclavages : l'esclavage des saisons ou l'esclavage du logis. C'est celui des saisons que, tout pesé, il faut prendre; et, pour l'alléger, le plus sûr est encore de nous y habituer, de nous faire une force d'insensibilité supérieure à toute intempérie, et, ne pouvant changer l'organisation de la terre à cet égard, de nous changer, autant que possible, nous-mêmes. Et toutefois, comme toutes nos affaires, hors de nos domiciles, ne nous appellent pas nécessairement dans la campagne; comme les voies publiques sont, aussi bien que nos appartements, un terrain limité dont la fréquentation est continuelle; comme il existe enfin un intermédiaire entre nos possessions domestiques et celles où nous ne pouvons songer à dompter aussi absolument la nature, il est certain que nous aurions du profit à prolonger davantage nos toits autour de nos maisons. Ne pouvant prendre sur la nature de régler nous-mêmes le temps dans nos campagnes, nous devrions être en état de le régler du moins dans nos villes, et d'y vivre partout avec la même indépendance que nous avons chez nous. Le vent, la pluie, le soleil, ne devraient y donner que de l'aveu de nos architectes; l'air, échauffé ou refroidi selon les saisons, par son passage dans les régions souterraines, devrait y circuler méthodiquement et en balayer tous les miasmes; enfin, nous devrions y entretenir avec les mêmes soins que nous jugeons nécessaires dans nos intérieurs, la douceur de température, la salubrité, la netteté. L'imperfection de nos villes montre combien nous sommes encore pauvres et mal policés, et la postérité s'étonnera qu'aussi recherchés dans nos constructions domestiques, nous ayons pu nous contenter de constructions civiles si grossières. Depuis quelques siècles cependant les nations d'élite ont fait à cet égard de grands progrès. Les voies publiques asséchées et raffermies, le régime des eaux savamment administré, les lieux de réunion mis à couvert ou agréablement plantés, la ventilation facilitée, sont des améliorations sensibles de notre vie extérieure. Dès à présent il n'y a pas une ville digne de ce nom où l'on ne soit maître de la nuit. Cette seule conquête est immense. Elle en appelle bien d'autres dont elle est le prélude, que le développement simultané de l'esprit d'association et de la délicatesse du goût déterminera peu à peu, et qui ne contribueront guère moins à l'accroissement de notre liberté sur la terre.

Je crois que l'on peut établir en principe que les excès de la température nuisent encore moins à notre existence en plein air que la pluie. Rien n'est plus insupportable pour nous que ce météore qui change subitement toutes les conditions, non-seulement de l'atmosphère, mais du sol. Il faut l'avoir enduré durant de longues marches, en hiver, sur des terrains glissants, pour se faire une juste idée de son importunité. Il n'y a pas de vêtements qui en garantissent commodément, comme il y en a qui garantissent du froid et du soleil; et encore ces vêtements ne répondent-ils qu'à une partie des inconvénients dont il est cause. Il voile la lumière du ciel, il change la terre en une sorte de marécage, il noie toute la nature dans la tristesse, il va même jusqu'à nous attaquer par la mélancolie en même temps que par la gêne et le malaise qu'il nous impose; enfin son caractère fâcheux se marque assez en ce qu'en tout pays c'est la pluie qui signifie le juste opposé du beau temps. Ainsi, quoique la pluie soit un bien pour l'atmosphère qu'elle humecte, pour le sol qu'elle empêche de se mettre en poussière, pour la circulation des eaux qu'elle alimente, pour la végétation qu'elle garantit de la sécheresse; quoique l'homme en profite indirectement de toutes ces manières, elle lui est cependant, dans son engagement immédiat avec lui, un véritable mal. C'est contre elle que se sont élevés les premiers toits. Si la destinée de la terre était d'être une demeure tout agréable, la pluie y tomberait sans doute suivant un tout autre ordre qu'il est facile de concevoir, et qui, sans nous priver d'aucun avantage, nous ôterait tous les ennuis qu'elle nous cause. Il suffirait que, se réglant sur la convenance des saisons, et toujours modérée dans son développement, la pluie fût liée de telle manière à la nuit qu'elle ne se produisît qu'aux heures où les habitants de la terre, retirés dans leurs maisons, jouissent du repos, et ne s'inquiètent pas de ce qui se passe dehors. Mais tel n'est point l'ordre de ce monde-ci. La pluie y tombe le jour comme la nuit, trop abondante aux époques où elle n'est pas utile, et trop rare, au contraire, à celles où elle l'est; en un mot, tout au rebours des lois que nous lui dicterions si nous étions ses maîtres. Il y a des pays dans lesquels elle se soutient sans interruption durant des mois entiers, leur donnant une mauvaise saison mille fois plus incommode, malgré la tiédeur de l'air, qu'un pur hiver. Il y en a d'autres dans lesquels, loin d'avoir à se plaindre de sa régularité, c'est au contraire par son déréglement que l'on est le plus contrarié. On n'y peut compter d'avance sur le temps, pas même pour le lendemain, pas même, bien souvent, pour le seul intervalle de la journée. Le beau et le mauvais temps y sont à la merci du vent, et le vent y est si variable, qu'il y est le symbole de l'inconstance. Enfin, on y vit, touchant l'état de l'atmosphère, dans une incertitude perpétuelle, et dans toutes les affaires du dehors on est obligé d'aller là-dessus à l'aventure. Ce déréglement de la pluie s'ajoute à toutes les autres vexations dont elle est le principe, et les aggrave à ce point, que si le calendrier pouvait nous prédire le temps comme il nous prédit les événements planétaires, nous finirions vraisemblablement par composer, sans trop de difficulté, avec la pluie, même dans les climats qui y sont les plus sujets; tandis que, dans l'ignorance où nous sommes, nous ne saurions éviter d'être dérangés à chaque instant par les surprises de ce fatal météore. Il nous est impossible de prendre jour pour une promenade, pour une partie de campagne, pour une réunion quelconque en plein air, sans nous exposer à des mécomptes, si nous avons eu la hardiesse d'espérer un ciel favorable. Quel obstacle n'en résulte-t-il pas pour l'institution des cérémonies et des réjouissances publiques! Il y a tant de mauvaises chances contre elles, même dans les plus agréables saisons, que l'on n'est jamais sûr que la pluie ne viendra pas jeter le trouble dans leur joie, rompre la convocation, et nécessiter l'ajournement. La séduisante religion des anniversaires est soumise ainsi à toutes sortes de difficultés : le ciel ne consent à lui sourire que par occasions, et il n'y a moyen de célébrer Dieu en commun, à jour fixe, que si l'on est en mesure de prendre abri sous un ciel élevé de main d'homme. A la vérité, il est juste de reconnaître que l'architecture, sans ces disgrâces de la nature terrestre, n'aurait jamais atteint les proportions sublimes qu'elle a prises, surtout dans les climats les plus exposés à la pluie. C'est presque toujours en vue des grands toits que les grands édifices se sont faits. A force de génie et de patience, les hommes ont su se créer, malgré les intempéries, la liberté de leurs rendez-vous politiques et religieux; et en s'assemblant ainsi à couvert, ils ont été conduits à se donner mutuellement une marque d'autant plus éloquente de leur communauté, qu'à la majesté des foules s'est trouvée jointe celle des voûtes érigées à leur intention. Mais cette magnificence n'est, au fond, qu'une protestation du genre humain contre la terre; les temples lui inscrivent au front sa condamnation.

Telles sont les ronces et les épines que fait germer la terre, les ronces avec lesquelles elle embarrasse l'homme dans ses mouvements; les épines avec lesquelles elle le menace, le tourmente et empêche son esprit de demeurer en repos. L'homme les arrache; mais il ne semble pas que son industrie puisse jamais se développer assez pour qu'il puisse tout arracher, surtout pour qu'il puisse rien extirper si profondément que cela ne revive et ne veuille être arraché encore. Au fond, la nature terrestre demeure constante, ou du moins ses variations, qu'il faut tant de raisonnements pour découvrir, sont à peu près indifférentes à notre égard. Si donc il se produit du changement dans les rapports de la terre avec l'homme, ce ne peut être que par le changement des qualités de l'homme. Mais je veux faire voir maintenant quelles sont ces herbes de la terre dont notre race est *condamnée à se nourrir*.

C'est un grand sujet de réflexion que de tant de milliers d'espèces d'animaux et de végétaux qui pullulent à profusion autour de l'homme, *il n'y en ait qu'un si petit* nombre qui lui serve, et qu'encore ces espèces d'élite soient, dans l'ordre naturel, si parcimonieusement répandues. Je me représente que tout l'effet des travaux, soutenus durant tant de siècles pour la culture du sol et la multiplication des animaux domestiques, venant tout à coup à disparaître, la surface de la terre, dans toute son étendue, retourne à sa virginité primitive: quelle effroyable calamité pour les peuples que cette restauration de la nature! Je crois qu'il ne faudrait pas huit jours pour que le genre humain, surpris de la sorte au milieu des forêts ressuscitées, diminuât au moins des trois quarts. Et en supposant même que la disette, rétablissant l'équilibre, eût enfin achevé de mettre le nombre des vivants en harmonie avec la quantité de nourriture qui se produit librement sur la terre, quelles difficultés de tout genre pour ramasser à l'aventure, dans leur dispersion, ces rares et misérables objets de subsistance! Si le genre humain trouve de quoi vivre dans la demeure qui lui est assignée, c'est donc par l'effet de l'ordre particulier qu'il a su y instituer, et non point en vertu des bonnes dispositions de la nature. Ce qu'il reçoit d'elle est peu de chose en comparaison de ce qu'il l'oblige à lui donner, et l'on peut dire que, féconde à contre-cœur, tous ses bienfaits, sauf bien peu d'exceptions, sont forcés. Il a fallu que l'homme cherchât et déterminât lui-même les espèces qui convenaient le mieux à ses besoins. Et si, au lieu de demeurer clairement et à demi perdues dans l'exubérance des espèces nuisibles et inutiles, comme dans l'institution naturelle, elles ont pris le dessus sur toutes les autres, c'est lui seul qui en est cause. Il a même dû les modifier de manière à développer leur saveur et leur succulence; et en se chargeant lui-même du soin de leur propagation et de leur entretien, il leur a donné tant d'avantages qu'elles ont fini par remplir toute la campagne. Enfin, autour de lui, il n'y a, pour ainsi dire, plus rien qui ne relève de lui. Là, à perte de vue, des sillons, des prairies, des vignes, des vergers; là, des compagnies d'oiseaux, des ruches, des viviers; là, des troupeaux de toute sorte. Il semble, à voir les champs si bien fournis, que l'homme n'ait qu'à étendre la main devant lui pour avoir de quoi se nourrir; et même, s'il y a quelque objet de son goût hors de son voisinage, le commerce est aux aguets pour le lui présenter sitôt qu'il le demande.

Mais, pour assurer la prédominance à ces bonnes espèces, il est rigoureusement nécessaire qu'il les prenne sous sa tutelle et combatte en leur faveur, autant que possible, les lois de la nature. C'est lui-même qui doit nettoyer le sol et le disposer à se prêter mollement aux racines; c'est lui qui doit opérer le dépôt de la semence, qui doit s'opposer aux végétaux ennemis qui voudraient faire invasion et opprimer ceux qu'il protége; qui doit présider à l'irrigation et à la nourriture de ces derniers; qui doit même, s'ils sont délicats, les protéger par des abris convenables contre les vivacités du froid et du soleil. C'est pour eux, c'est pour les servir, c'est pour les récolter, c'est pour leur préparer des sillons, qu'il est obligé de passer une partie de sa vie en plein air, et de braver, hors de sa demeure, toutes les intempéries des saisons. Les animaux qu'il administre ne lui donnent pas moins de mal. Il y en a pour lesquels il est forcé d'avoir presque autant d'attention que pour lui-même; il faut qu'il les mène et les surveille, qu'il leur bâtisse des maisons; qu'il leur cultive et leur emmagasine les plantes dont ils ont besoin; enfin, que, les retirant du règne dur et sévère de la nature, il les fasse vivre dans sa propre hospitalité. Heureux quand la nature, suivant un cours tranquille et acceptant avec docilité les réformes qu'il lui impose, ne se révolte pas contre cette usurpation par de soudaines violences comme pour marquer, en éclatant ainsi, que sa soumission n'est qu'apparente et que sa force est toujours la souveraine! L'homme, en effet, n'a devant elle aucun moyen certain de se garantir. Tantôt ce sont des pluies excessives contre lesquelles il est sans ressource, tantôt des débordements de rivière, tantôt des sécheresses, tantôt la grêle, tantôt la gelée, tantôt les épidémies, tantôt même l'incendie; car l'ordre des éléments est si hasardeux sur la terre, qu'il n'y a presque aucune de nos créations qui n'y coure la chance de prendre feu, cette atmosphère, où nos poumons doivent puiser la vie, étant toujours prête à se tourner contre nous et à faire sa proie de ce que nous possédons. Adieu alors le fruit de tant d'industrie et de labeurs : les champs sont dévastés, les troupeaux sont enlevés, et l'homme, menacé des horreurs de la famine, erre avec désespoir dans ces campagnes sur lesquelles la nature vient de ressaisir momentanément son empire. Ainsi, pour obtenir ce que son organisation lui rend indispensable, l'homme est obligé d'être constamment en éveil, et malgré sa sollicitude, il n'a pas même l'assurance de réussir. Que de choses Dieu n'a-t-il pas gardées dans sa main! L'ouragan, la foudre, les tremblements de terre, sont à lui seul comme la mort. Non-seulement donc tout ne nous est pas utile dans notre demeure présente, mais d'indomptables puissances y sont en action contre nos créations, contre nous-mêmes, et nous rappellent cruellement que si, sur certains points, il existe entre notre nature et la nature de la terre une harmonie calculée, notre destinée n'a cependant pas voulu que cette harmonie fût parfaite.

Ainsi, combien s'en faut-il que tout ce qui vit sur la terre y vive à l'intention de l'homme! Loin que, dans cette étrange réunion, il y ait une convergence aussi régulière de toutes les espèces vers celle du sommet, ce n'est que par une lutte assidue contre l'institution naturelle que cette espèce est parvenue à en attirer à elle quelques-unes. Pour quel motif des millions de races diverses, et entre les destinées desquelles il ne se voit rien de commun, sont-ils ainsi rassemblés dans le même séjour? Le mystère est profond : mais, quelle que soit, en Dieu, la raison d'un rapprochement que notre intelligence ne peut comprendre, cette raison est tout autre, on peut l'affirmer, que le service du genre humain. Non-seulement les espèces utiles à son entretien ne sont qu'une fraction presque insensible de ce nombre immense, mais encore n'en tire-t-il ce qu'il faut qu'en modifiant lui-même, en vue de sa personne, leur essence, et en leur créant des conditions nouvelles d'existence. A mesure que sa clairvoyance se développe, il entrevoit, il est vrai, des ressources imprévues dans des espèces qu'il avait jusqu'alors jugées indifférentes. Mais, de quelques végétaux qu'il parvienne à enrichir encore ses champs et ses jardins; de quelques animaux, transformés par sa discipline, qu'il imagine d'accroître ses basses-cours, ses haras, ses troupeaux; enfin, sans les nommer, quelques acquisitions qu'il lui reste à faire dans le monde sauvage, on ne peut douter qu'il n'y ait une limite à laquelle il doive s'arrêter, et qu'il ne lui soit par conséquent interdit de tenir jamais sous sa main et pour son bien, tout ce qui existe autour de lui sur la terre. Ne seraient-ce que ces armées de mollusques et de zoophytes qui habitent dans les incultures de l'Océan, une fraction considérable de la population planétaire semble trop étrangère à l'homme pour ne pas conserver à perpétuité son indépendance native. Il est même presque évident que, pour achever de nous établir convenablement sur la terre, nous n'avons pas moins de races à en éliminer qu'à y soumettre. Et la paléontologie d'ailleurs nous enseigne que la puissance créatrice se témoigne en faisant disparaître les anciennes races comme en en faisant paraître de nouvelles. Mais, quelle que soit l'opinion sur ce point particulier, où l'on ne peut rien affirmer sans témérité, puisque notre ignorance est la seule chose que nous y connaissions avec certitude, lors même que l'on voudrait que la fin de toutes les espèces qui sont sur la terre, même de celles qui y ont précédemment été, soit en définitive l'utilité future du genre humain, cela n'est rien, et l'essentiel est ceci : que l'homme, quel que soit son développement intellectuel, sera toujours lié à certains êtres, principe fondamental de sa nourriture et de son entretien, et qu'une partie considérable de son temps devra toujours se passer dans les champs, en guerre contre la nature, afin d'assurer, malgré ses influences, à ces êtres nécessaires, la possession de la terre.

C'est là ce qui constitue le travail principal de l'homme sur la terre. Si l'on pouvait embrasser d'un seul coup d'œil tout ce qui se fait à sa surface, on apercevrait que les mouvements que se donnent chaque jour, en tant de pays divers, ses habitants de toute espèce, ont presque uniquement pour but la recherche des objets de subsistance, et que les hommes, considérés dans leur ensemble, ne diffèrent guère des animaux sur ce point-là. C'est la difficulté de nourrir leur corps qui leur emporte le plus de temps, et tant de soins de tout genre qu'on leur voit prendre s'y rattachent. Non-seulement ils sont contraints par la faim et par la stérilité naturelle de leur planète à consacrer à cette occupation la majeure partie de leur vie, mais cette occupation, si misérable en elle-même, n'a rien d'agréable pour eux. Les choses, loin d'être ordonnées de manière à ce qu'elle soit une jouissance ou un divertissement, le sont de telle sorte qu'elle est une peine véritable et qu'elle exige à elle seule plus de dépense de force musculaire que ne le font ensemble toutes les autres occupations que notre condition nous impose. C'est elle qui fait couler sur le visage humain cette éternelle sueur dont il est question dans l'hébreu. Bon gré mal gré, sous peine de mort, il faut nous résoudre à la verser, car c'est de quoi nous vivons; et si nous regardions bien à ce que nous mangeons, nous verrions que c'est tout imprégné de sueur d'homme. Combien il s'en répand, en combien de lieux, sur combien de fronts, dans combien d'opérations différentes, pour la création d'un seul morceau de pain! Cela étonne quand on y pense en détail, et on y découvre bien vivement le triste état de l'homme sur la terre, qui ne peut se soustraire au tourment de la faim qu'en se tourmentant lui-même de tant de manières. Commençons par celui qui laboure le sol après l'avoir péniblement défriché; voyons celui qui a arraché à la terre, pour le livrer à la forge, le fer de la charrue ; celui qui marche dans les sillons pour les ensemencer, celui qui fait la moisson, celui qui fait le battage ou la mouture, celui qui pétrit avec tant d'efforts et de doléances, celui qui veille pour entretenir le feu et diriger la cuisson. Et, maintenant, ne faudrait-il pas se tourner vers le four et appeler ceux qui ont extrait la pierre, la brique, la chaux ; ceux qui ont assemblé et mis en place ces matériaux ; les bûcherons qui sont allés couper le bois dans les forêts; les voituriers et les bateliers qui l'ont amené, et avec ces gens-là tous ceux qui ont dû travailler pour eux, tandis qu'ils s'acquittaient eux-mêmes de ces tâches particulières ! Enfin, voilà toute une multitude en haleine pour cette seule bouchée ; et en faisant l'analyse de toutes les sueurs qu'elle a causées et dont elle est en quelque sorte l'essence, nous y trouvons tous les métiers. Que serait-ce donc si, au lieu de me borner à un pauvre morceau de pain, le strict remède contre l'inanition, j'avais considéré ce qui nous est nécessaire pour un repas convenable ! Je ne voudrais pas, même à la table la plus frugale, éveiller l'idée des fatigues, des épuisements, des dangers de tout genre endurés sur terre et sur mer, même dans les profondeurs souterraines, pour produire ce peu d'aisance et de bonne chère qui s'y trouve, de peur d'y étouffer la joie, d'y faire paraître abominable la délicatesse la moins recherchée, et, devant les saisissantes images des souffrances physiques et morales dont on y savourait étourdiment les fruits, d'y faire tomber des larmes de compassion et de découragement parmi les coupes. Ainsi, la misère de notre condition est partout. Nous réunissons-nous pour nous égayer un instant en respirant la vie en commun, cette misère est là, au milieu de nous, qui se cache d'autant plus grande qu'il y a plus de richesse dans le service ; et, si nous ne la voyons pas, c'est grâce à la légèreté de notre esprit, et parce que nos yeux ne veulent toucher que la superficie des objets. Mais partout où le luxe nous sourit, ôtons le masque, et nous verrons dessous des visages qui pleurent.

En effet, ce n'est pas seulement pour nourrir son corps que l'homme est obligé de pâtir; il est obligé de pâtir de la même manière pour se préserver de tous les autres inconvénients du séjour terrestre. La nature n'obéit nulle part à sa voix, et il n'obtient rien qu'en lui faisant violence. Il est donc forcé, s'il veut lui imposer quelque changement, de s'y prendre de vive force, de soutenir une guerre, de se fatiguer, d'entrer de lui-même dans le mal-être. Ce n'est qu'avec cette peine volontaire qu'il se délivre des peines naturelles auxquelles sa présence sur la terre l'expose ; et, s'il parvient à s'y procurer quelque aisance, c'est toujours avec son labeur qu'il le paye. Ainsi le travail est sa rançon, et il ne se peut racheter qu'à ce prix. S'il veut communiquer, malgré l'obstacle de la distance, avec les pays lointains, en évitant la perte de temps et la souffrance qu'une longue marche lui causerait, il faut qu'il se rachète en travaillant pour établir des routes, pour construire des voitures, pour nourrir et entretenir des chevaux ; s'il veut traverser la mer, il faut qu'il se rachète en bâtissant des vaisseaux ; s'il veut se préserver du froid, de la pluie, des incommodités de toute espèce qui font de l'atmosphère un lieu d'affliction, il faut encore qu'il se rachète en s'appliquant, soit à fabriquer des vêtements, soit à rassembler les matériaux avec lesquels la chaleur et la lumière se produisent, soit enfin, chose si coûteuse, à édifier des maisons. Combien son génie est donc au-dessus de sa puissance, puisqu'il y a une telle opposition entre la facilité avec laquelle il conçoit la manière de corriger la nature et la peine avec laquelle il la corrige effectivement. Aussi, pour apercevoir la grandeur du genre humain, vaut-il bien mieux jeter les yeux, comme nous le faisions tout à l'heure, sur les résultats généraux de ses inventions que sur son activité. Celle-ci, par la monotonie et la puérilité des opérations manuelles, par la médiocrité des effets, par le déplaisir et la lassitude dont elle est presque toujours accompagnée, n'est-elle pas digne de pitié ? On ne peut s'empêcher de prendre une bien pauvre idée de la vertu créatrice de l'homme, quand, au lieu de le contempler, la lutte achevée, jouissant en paix du fruit de sa patience, et triomphant majestueusement de la nature partout où elle l'avait menacé, on le suit à la tâche, et qu'on le voit piochant, creusant, portant des fardeaux, tournant des manivelles, haletant, mal à l'aise, aspirant à l'heure où il se reposera, trempant la terre de ses sueurs tout le jour pour y faire, en définitive, si peu de chose, qu'il suffit de s'éloigner de quelques pas pour que cela ne paraisse déjà plus. Et c'est, en effet, une suite et en même temps une marque bien manifeste de l'imperfection de son état présent, que cette difficulté qu'il éprouve à se rendre maître de la nature dans les moindres objets. Ce n'est qu'avec le temps, au moyen de toutes sortes de ruses et d'artifices, après s'être mis en ligue avec ses semblables, qu'il vient à bout de ce qu'il veut. Il ne manœuvre pas autrement qu'une fourmi, et sa persévérance avec son adresse valent mieux que ses muscles. Quelle misérable chose que son corps si l'on y cherche un instrument de création ! Sa destinée est de transformer la surface du globe pour l'accommoder à ses besoins, d'y découper les montagnes, d'y asseoir les rochers dans un autre ordre, d'y tailler aux rivières de nouveaux lits ; et il n'est pas même organisé de manière à creuser avec ses ongles dans la poussière. Il n'est en état par lui-même ni de trancher, ni de frapper de grands coups, ni de manier et de déplacer les lourdes masses ; et cependant il faut qu'il exécute tout cela. Il faut que, sur tous les points par où la nature le touche, il s'engage contre elle ; et il est sans armes, presque sans force. Qui ne conviendrait que la loi à laquelle il se trouve livré sur la terre est une loi sévère? et comment ne serait-il pas soumis à une fatigue continuelle quand il a tant à faire avec un bras si faible?

Cette obligation ne serait encore, j'ose le dire, qu'un demi-mal si l'homme était certain de se procurer, en y satisfaisant, toute l'aisance dont il est possible de jouir sur la terre. Ceci est une autre question en effet. Il est constant qu'il y a des moyens de remédier à chacun des inconvénients de la nature, et que les hommes, en combinant leurs efforts, sont en état d'assurer ces réformes; mais il reste à savoir si ce qu'un homme peut verser de sueur suffit pour payer tout ce dont il a besoin. Que l'on consulte l'expérience, et l'on verra combien l'industrie est encore loin de compte là-dessus. Voilà qui est considérable assurément. L'immense majorité des hommes est à la peine; sa corvée est de tous les jours, presque de tous les instants, rude, fatigante, souvent excessive, la sueur coule de toutes parts, continuellement, en abondance; et avec tout cela, il n'y a qu'un petit nombre d'hommes qui obtienne les commodités de la vie, tandis que les autres, destitués des garanties nécessaires, demeurent exposés, au moins en partie, à toutes les duretés de la nature. L'immense majorité habite dans de tristes et déplaisantes maisons, mal meublées, mal aérées, mal éclairées, mal chauffées; l'immense majorité est incapable de passer à son gré d'un lieu à l'autre, sinon à pied, à la pluie, au soleil, dans la poussière, sans hospitalité; l'immense majorité est imparfaitement vêtue, aussi dénuée d'élégance dans son costume que dans son logis, à peine chaussée, malpropre; l'immense majorité est pauvrement nourrie, privée de vin, privée de viande, privée de tout agrément culinaire, souvent réduite à se ménager le pain, souvent même à avoir faim; bref, l'immense majorité travaille, et non-seulement elle ne jouit pas, mais son travail est si assidu et sa vie si épineuse, qu'elle manque presque absolument de la quiétude nécessaire au plein développement de l'existence. Qu'est-ce donc au fond que cette misère? Le défaut de la vertu créatrice. Le genre humain peut bien concevoir un autre ordre physique, mais il n'a pas le nerf qu'il faudrait pour le réaliser. La nature terrestre lui est trop hostile et trop supérieure, et, pour donner un autre cours à ses lois, il est ou trop faible ou trop inintelligent. En rassemblant toute sa puissance, il ne réussit à produire que la somme d'actions nécessaire pour faire régner autour d'une minorité imperceptible les conditions qui devraient être celles de tout le monde. Les bras lui manquent. En un mot, dans sa lutte contre la nature, il n'y a pas assez de force de son côté.

Mais cette infériorité appartient-elle à ce qu'il y a de constant dans les choses humaines, appartient-elle à ce qu'il y a de variable? Faut-il se résigner à l'indigence actuelle, faut-il s'embellir l'avenir? Le problème est capital, mais facile. Si le genre humain, dans sa guerre, n'avait pour lui que la force musculaire, comme cette force, liée à l'organisation même de l'espèce, n'augmente guère, il n'y aurait guère à espérer non plus que l'état de la guerre pût changer. Mais il est rare que l'homme engage directement sa force contre la force naturelle qu'il veut vaincre. Pour remonter les courants il a des méthodes plus recherchées et plus impérieuses que de fatiguer ses bras sur les rames. Il a enfin une tactique. D'où il suit que sa puissance industrielle n'est pas moins fondée sur son intelligence que sur ses muscles. Donc cette puissance, loin d'être stationnaire, se développe continuellement. Aidé par la connaissance des secrètes dispositions de la nature, l'homme parvient à tourner les unes contre les autres les forces qu'elle entretient sur la terre, et à la réduire par le seul effet des circonstances qu'il lui prépare et dans lesquelles il la laisse. Il est aidé non-seulement par sa force personnelle, mais encore par toutes celles qu'il a su enrôler sur l'ennemi. Ainsi font tous les habiles conquérants. C'est là que l'augmentation paraît sans bornes. Plus la nature est au-dessus de l'homme, plus les auxiliaires qu'il en détache ont de vigueur. Il n'est rien qu'avec leur concours il ne puisse projeter, s'il lui suffit de supporter les premiers coups pour que l'action qu'il a commandée, quelque forte qu'elle soit, succède à ce signal. Et n'est-il pas en droit de songer, sans chimère, à une réforme universelle de l'existence terrestre, si cette réforme peut effectivement résulter, sans plus de labeur, de plus de génie?

Puisque l'homme est capable, par les seules conséquences de son perfectionnement spirituel, de mettre de son côté autant de force qu'il en peut souhaiter, il ne lui reste, pour assurer son succès, qu'à tourner son intelligence à deux choses: la première, c'est de découvrir les moyens propres à neutraliser de mieux en mieux les influences pernicieuses de la nature, et à faire régner autour de lui l'élégance et le bien-être; la seconde, de découvrir des moyens de réaliser ces inventions avec une quantité de bras de plus en plus petite, et d'étendre par conséquent le bienfait à une multitude de vivants de plus en plus considérable. L'une, pour garder la comparaison avec la guerre, est la détermination des positions à enlever; l'autre, la détermination de la manière de soustraire à l'ennemi et de mettre en action les forces dont il est possible de faire usage contre lui. Voilà, en effet, qui importe non-seulement à l'intérêt matériel, mais à l'honneur. Avec l'idée superbe que nous avons de notre espèce, quoi de plus répugnant que de voir l'homme s'employant, toute intelligence à part, comme un agent mécanique, se ravalant au niveau d'un animal, d'une chute d'eau, de toute force aveugle et grossière! Ce n'est pas tant la sueur qu'il verse qui fait pitié, c'est le métier misérable dans lequel il est. Est-ce bien à jamais la destinée d'un si grand nombre de mes semblables de n'être sur la terre que des fournisseurs de mouvement? ou plutôt, la fin de l'industrie n'est-elle pas, comme je le marquais tout à l'heure, non-seulement de nous donner des moyens de remédier à tous les inconvénients de notre séjour actuel, non-seulement de faire que cette aisance essentielle devienne commune à tout le monde, mais encore, ce qui n'est pas moins considérable, d'élever tous les travailleurs à la dignité soit d'artistes, soit de directeurs intelligents de la force étrangère? J'aime à me représenter les hommes comme les officiers de cette grande milice que nous tirons de la nature, et qui nous sert à soumettre la terre à notre discipline. Qu'ils se fatiguent maintenant, qu'ils fassent effort, qu'ils se trempent de sueur, leur grandeur ne m'échappe plus. Je puis les plaindre, mais je vois des maîtres, et je les admire. En voici un qui médite de grandes choses : il entre dans la terre, il en rompt d'un coup de poudre quelques morceaux qu'il jette, en les y enflammant, dans une construction qu'il a disposée d'avance, et dans laquelle ce feu trouve de l'eau : que la nature agisse maintenant, qu'elle suive ses lois, ces mêmes lois desquelles, dans sa liberté, elles nous fait naître l'incendie, la sécheresse, la pluie, les inondations de toute espèce; il n'y a plus à la craindre, car on l'a su mettre dans des conditions où tous les phénomènes qu'elle peut produire sont désormais à la convenance de l'homme. Elle est prête à travailler sous ses ordres : et, pourvu qu'il lui prépare les matériaux et les instruments nécessaires et qu'il la mette aux prises avec eux, elle va lui fabriquer ses vêtements, lui forger le fer, lui scier le marbre, lui façonner toutes choses, lui creuser ses rivières, lui remorquer ses bateaux, le transporter lui et ses fardeaux partout où il lui plaît, pour peu qu'il le désire, lui labourer et lui ensemencer sa terre. Il suffit qu'il soit présent afin de veiller à l'imprévu, et de guider par la main, dans les champs et les ateliers, son aveugle et gigantesque esclave. C'est un esclave en effet qui ne saurait travailler de lui-même et sans l'assistance de son maître; ou, pour prendre une figure plus juste, il n'y a là qu'un simple développement de la force musculaire de l'homme. Ainsi fortifié, un seul bras accomplit ce qu'autrement mille bras n'auraient pu faire. Mais encore est-il de première nécessité que ce bras d'homme soit à l'œuvre, puisqu'il est le principe de tout. C'est cette présence de l'homme au travail qui constitue, dans l'industrie, le point invariable. Du reste, tout est susceptible de changer, tout a changé, tout changera. On sait assez que les inventions de l'homme pour corriger la nature sont sans bornes ; et dès à présent même il n'y a plus guère de maux dont il n'ait trouvé quelque moyen de se défendre. Mais il n'y a pas de bornes non plus à la quantité de force qu'il peut attacher à son service. La terre lui en offre plus que, selon toute apparence, il ne lui en faudra jamais. Outre les sources de force artificiellement fondées sur les propriétés physiques et chimiques des éléments, de combien de sources naturelles et inépuisables ne sommes-nous pas maîtres de prendre possession ? Les vents, les fleuves, les cascades, les variations de l'atmosphère, les foyers calorifiques souterrains, même les effets jusqu'à présent négligés de l'électricité planétaire : toutes ces puissances au milieu desquelles nous vivons, dont les moindres manifestations nous sont des prodiges en comparaison de nous-mêmes, et rien qu'à nous toucher, nous écrasent, toutes ces puissances sont à nous si nous le voulons, car notre génie les domine. Pour ne citer que la force qui donne les marées et les tempêtes, que celle qui donne les volcans, que celle qui donne la foudre et les éclairs, que n'en ferions-nous pas si nous les avions à nos ordres? Ne craignons donc pas de nourrir dans nos espérances une industrie ambitieuse, car il est certain que l'homme n'est pas fait pour recevoir toujours un aussi faible prix de son travail qu'aujourd'hui. S'il consent à verser sa sueur sur la terre, il faut du moins que cette sueur y devienne de plus en plus efficace. Sa destinée ne saurait être de demeurer éternellement l'inférieur de la nature, puisqu'il s'agrandit continuellement et que la nature ne change pas.

Toutefois, quel que soit le succès du genre humain dans l'amélioration de sa résidence, il ne faut pas oublier que le travail en sera *toujours la condition essentielle. Il* est la conséquence du défaut d'harmonie qui existe, d'ordre divin, entre l'organisation de l'homme et l'organisation de la terre ; et, pour qu'il cessât, il faudrait que l'une ou l'autre de ces organisations vînt à changer. Mais les inconvénients de la terre étant une suite naturelle de ses lois fondamentales, ne peuvent changer qu'avec elles; et, comme ces lois régissent aussi l'organisation de l'homme, il y aurait nécessité à ce que cette organisation changeât en même temps. D'où il suit que l'existence du travail est liée à jamais à l'existence du genre humain. Il ne faut donc pas rêver de s'y soustraire. Et, bien que l'on n'en puisse rien conclure contre la terre, puisque rien n'empêche d'y conserver une race différente de la nôtre et conçue de manière à être indifférente aux phénomènes qui nous sont contraires, ou même à y trouver du plaisir, il est cependant légitime d'établir que la terre, considérée dans ses rapports avec le genre humain, n'arrivera jamais à la perfection. Le travail, par le progrès de l'association et de l'industrie, pourra y devenir moins continuel, moins rude, moins déplaisant, mais il y aura toujours à s'y résigner. C'est une peine sans fin. La technologie, quoi qu'on fasse, appellera toujours la fatigue. Peut-on concevoir un seul art qui n'ait ses ennuis, une seule opération mécanique qui n'ait ses efforts de vigueur ou de patience opposés de quelque manière à la béatitude du corps?

Parviendrait-on à se délivrer de ce que l'Ecriture nomme la sueur, qu'on ne parviendrait cependant pas à se délivrer de ce que la philosophie nomme plus généralement le déplaisir. N'est-il pas impossible que l'homme ait jamais de l'attrait à mesurer sa faiblesse, et le travail mécanique n'est-il pas justement ce qui lui rend le plus sensible la distance qui sépare sa vertu de création de sa vertu de volonté et de pensée? Ainsi, au fond, nul métier, lors même qu'on l'aurait dépouillé de toute âpreté, ne saurait être véritablement agréable. Il me semble voir sur le visage même de l'homme, au plus noble endroit, dans ses sourcils, qui n'ont d'autre fin que d'empêcher la sueur qui tombe du front de ruisseler dans les yeux, un signe de la condition invariable de sa race, et, si j'ose le dire, comme une marque de condamnation à perpétuité au travail forcé. Que la rigueur de cet arrêt fondamental perde, avec le temps, de sa dureté, le genre humain n'en sera pas moins visiblement solidaire dans tous ses membres, et en rendra jusqu'à la fin témoignage.

Mais, toute pénalité à part, sans chercher à soulever les voiles de cette mystérieuse expiation dont la terre est le théâtre, quelle est donc la nécessité philosophique du travail? Etant ce que nous sommes, il serait funeste de n'être pas condamnés au travail comme nous le sommes. Les hommes n'ont point en eux assez de force pour s'appliquer avec un effort continuel aux œuvres qui procèdent directement de l'amour de Dieu. Il leur faut à tous du relâche, et d'autant mieux que leur éducation, qui ne se peut effectuer que peu à peu, réclame également des intermittences durant lesquelles les choses reçues s'absorbent, pour ainsi dire, et s'identifient avec l'être. Moins l'être est élevé, plus il a besoin de s'aider et de se préserver par le travail. Travailler et prier: travailler, si l'on ne prie pas; prier, si l'on ne travaille pas: voilà, en étendant le nom de prière à tout ce qui perfectionne les âmes, le système de la vie sur la terre. Et même, en ce sens, le travail, comme acte de soumission et d'expiation volontaire, prend-il une vertu plus efficace encore qu'il n'y paraissait au commencement, et devient-il capable, par la force d'intention, de se sanctifier et de s'associer par conséquent à la prière. Qui travaille prie, a dit le plus profond des théologiens. Il ne faut donc pas nous plaindre que les lois qui régissent la terre nous fassent du travail une obligation générale. Il ne faut nous plaindre que de nous-mêmes, puisque, dans l'état d'imperfection où nous sommes, c'est une grâce de Dieu que nous soyons tirés, malgré nous, du désœuvrement, et assujettis à dépenser sérieusement une partie de notre vie pour assurer notre aisance. Aussi n'est-il pas à croire que les parties de la terre dont le climat, donnant le plus de dispense du travail, est en apparence le plus favorable, soient effectivement les meilleures. De ce que le sol y est plus fécond, l'atmosphère plus tempérée, les besoins de l'organisation moins actifs, il ne résulte pas que les hommes y soient dans une position plus prospère. L'oisiveté qui leur est permise, loin de profiter à leur développement, sert plutôt, comme l'expérience ne le montre que trop, à les faire dévier et à les perdre: de sorte que les contrées dans lesquelles le genre humain, dans son état actuel, est en définitive le mieux placé, sont celles où il n'est ni trop flatté ni trop incommodé par la nature. Il est bon que nos sociétés aient constamment quelque travail à accomplir, les âmes supérieures étant les seules qui puissent sans péril s'abstenir d'y prendre part, parce qu'elles ont assez d'attachement à la pensée pour se garder elles-mêmes de l'engourdissement ou des aberrations du loisir. Mais comme les conditions du travail ont ainsi une certaine convenance aux conditions métaphysiques de l'âme, il s'ensuit que, pour peu qu'il y ait de l'harmonie dans l'institution terrestre, il faut que le travail y soit soumis à une variation correspondante à celle des âmes. L'ordre aurait également à souffrir, soit que le travail diminuât sans que les âmes s'élevassent, soit que les âmes s'élevassent sans que le travail diminuât. L'adoucissement graduel du travail, qui, ainsi que nous l'apercevions tout à l'heure, est en fait une des conséquences naturelles de la perfectibilité humaine, en résulte donc aussi en droit providentiel. Le genre humain se justifie à mesure qu'il s'éclaire, et se justifiant, et s'éclairant, il devient plus capable de s'appliquer à l'infini et de se délivrer.

Ainsi, tandis que la terre demeure constante, son rapport avec la population qui vient successivement y prendre place, change sans cesse. Le genre humain n'y est pas enchaîné comme un Prométhée sur son rocher, où les mêmes fers l'étreignent toujours, où le même vautour lui ronge éternellement les entrailles. La grâce ne lui est point refusée, et chaque jour les duretés de sa demeure cèdent aux efforts qu'il fait. Il a donc tendance à élever l'astre qui lui est assigné. Mais tant que l'homme sera obligé par une nécessité d'existence de corriger la nature, tant qu'elle lui résistera, tant qu'il sera empêché par cette lutte de se donner tout entier au Créateur et aux choses infinies de la création, tant que sa vie ne se passera pas dans un ravissement continuel, l'homme, quelle que soit la sublimité de son rang dans les zones moyennes, ne sera pas dans les zones supérieures du monde. Mais je veux même qu'il soit dispensé sur la terre de toute occupation grossière; que le sol y fleurisse partout sous ses pas; que sa locomotion devienne douce et rapide comme celle de l'hirondelle qui nage dans l'air; que le ciel lui soit toujours serein; que l'atmosphère le nourrisse comme elle lui donne à respirer; et, s'il faut nécessairement qu'il s'entretienne aux dépens des êtres qui l'entourent, que les rameaux en secouant dans les vents de succulents parfums, y suffisent; que sa puissance créatrice, uniquement consacrée aux beaux-arts, à ce qui unit les hommes entre eux et les tourne ensemble vers Dieu, en un mot, à toute œuvre ouvrant sur l'infini, suive magnifiquement sa volonté; que le travail lui soit en tout plus facile qu'au musicien qui, en promenant légèrement ses doigts sur le clavier, soulève à son gré dans l'espace des édifices immenses d'harmonie; que la société humaine, enfin, soit un grand chœur d'anges: ce rêve n'est pas encore assez beau pour faire descendre la pure béatitude sur la terre. La mort y reste pour crier sans cesse à l'oreille de l'homme que sa condition est imparfaite, et que ses espérances doivent tendre vers un état meilleur.

De tous les points de vue sous lesquels la race humaine peut être considérée, le plus juste est celui qui la fait regarder comme étant sur la terre dans un état d'épreuve et de discipline morale; c'est une situation calculée pour la production, l'exercice et le perfectionnement de certaines qualités morales en rapport avec un état futur, de manière que ces qualités puissent y recevoir un jour leur récompense. C'est l'enseignement d'une haute philosophie aussi bien que celui de la religion, et la seule explication raisonnable de l'énigme de la vie.

TERRE, *magnétique par influence*. *Voy.* COURANTS ÉLECTRIQUES.

TERRE, son pouvoir d'aimantation. *Voy.* AIMANTATION.

THÉODOLITE (de θεάομαι, voir, et ὁδὸς, marche, distance). — Instrument à l'aide duquel on peut suivre les étoiles dans leur mouvement diurne, et s'assurer que leur marche est régulière et uniforme.

Le théodolite se compose de deux parties principales: un cercle horizontal pour mesurer les arcs situés dans ce plan, une lunette et un cercle verticaux destinés à l'appréciation des angles qui ont cette position; des niveaux à bulles d'air complètent le système.

Les limbes, les bords de cercles sont divisés en degrés et fractions de degrés, selon le diamètre de l'instrument; ces divisions procèdent ordinairement de 5 en 5 minutes.

Le cercle ou plateau horizontal est monté sur trois pattes, portant chacune sur la pointe d'une vis, qui servent à caler ce cercle que l'on appelle *azimuthal*, parce qu'il sert à mesurer les azimuths. La colonne centrale sur laquelle pivote ce cercle porte en dessous une *lunette d'épreuve*, qui n'a d'autre usage que d'attester, en la pointant sur un signal fixe et éloigné, que l'instrument, dans les manœuvres de l'opération, n'a éprouvé ni torsion ni vacillation. Si l'objet est terrestre, on corrige par la moyenne de deux observations faites en sens inverse; on fait tourner le cercle vertical sur le cercle azimuthal, d'abord à droite, puis à gauche.

La lunette verticale est, ainsi que le cercle qui en dépend, placée sur le côté de la colonne ou du support qui la soutient; elle n'est pas au centre de l'instrument, mais céla ne peut causer aucune erreur pour un objet aussi éloigné qu'une étoile, parce que l'excentricité de la lunette est nulle par rapport à la distance de cette dernière.

Rappelons-nous d'ailleurs que, dans les observations astronomiques, un angle d'une seconde répond à une distance égale à 206,000 fois le diamètre de l'objet vu sous cet angle. Ainsi un mètre donne 206,000 mètres.

THÉORÈME de Torricelli. *Voy.* HYDRODYNAMIQUE.

THÉORIE ASTRONOMICO-CHIMIQUE DE L'ORGANISATION DE L'UNIVERS. — Selon cette théorie, le premier acte de la création paraît avoir été de remplir l'incommensurable espace d'une matière éthérée, qui, d'après les plus récentes découvertes astronomiques, dues principalement aux infatigables recherches des Herschell (1), va se condensant en amas plus ou moins globulaires d'étoiles ou soleils, de comètes, de planètes, de satellites, etc., amas isolés dans les cieux, soumis à des lois qui ne régissent qu'eux seuls, et placés à une distance si considérable de la terre, que la lumière qu'ils nous envoient, mue avec une vitesse de 78,000 lieues métriques par seconde, s'en est dégagée il y a probablement plus de mille ans (2). Chacune de ces masses globulaires, constituant ce que l'on appelle une *nébuleuse*, est considérée comme le germe d'un système de mondes futurs, analogue au système de mondes dont notre soleil et nos étoiles font partie. Car, suivant cette hypothèse, tous les corps célestes que nous apercevons dans l'espace autour de nous ne forment qu'une nébuleuse, parvenue au point où toute la matière s'est concentrée en noyaux solides, et comparable, pour la forme, à une meule de moulin dont la Voie lactée indiquerait le diamètre (3), et qui comprendrait, dans son épaisseur, toutes les étoiles que nous découvrons à droite et à gauche dans le sens de ses deux faces.

A présent, si nous recherchons quelle force, en résistant à l'action de la pesanteur et à celle des affinités chimiques, a dû originairement s'opposer à la condensation de cette immense masse à l'état de fluide élastique, dont tous les globes de notre nébuleuse particulière auraient été formés, c'est

(1) *Transact. philosoph.*, 1833. — *Traité d'astronomie*, etc. — Laplace, Ampère, Arago et beaucoup d'autres.

(2) Ce qui fait un total d'au moins 24,608,030,000,000,000 lieues pour leur distance de la terre.

(3) C'est à cause de l'énorme largeur de cette nébuleuse, dont nous occupons à peu près le centre, que les étoiles qui la composent, vues dans le sens du diamètre, présentent à l'œil nu l'apparence de légers nuages blancs, formant ce qu'on appelle vulgairement la *voie lactée*, composée de myriades d'étoiles les unes derrière les autres. D'après l'estimation de W. Herschell, il en passa 50,000 au moins dans le champ de son télescope en une heure, et dans une zone de 2 degrés de largeur seulement.

On connaît 2500 nébuleuses et groupes d'étoiles: elles ont une grande variété de formes.

dans le calorique que nous devons naturellement la placer. Mais, en vertu des lois de la chaleur rayonnante, et à la suite de siècles qui échappent à tout calcul, toutes ces matières si diverses se seront graduellement refroidies en se partageant entre une multitude de noyaux ou centres d'attraction, selon l'ordre de leur pesanteur spécifique : de gazeuses, elles seront devenues liquides, puis solides à divers degrés, de manière, toutefois, que la température de chaque dépôt successif et concentrique ne se sera jamais élevée au-dessus de celle à laquelle le dépôt aura d'abord été formé. A l'état liquide, chacune de ces masses, soumise à un mouvement de rotation sur elle-même, aura pris la forme d'un sphéroïde renflé à son équateur, aplati vers les pôles (1).

Ainsi, pour nous renfermer dans un cercle comparativement beaucoup plus restreint, l'espace qui s'étend jusqu'aux orbes des planètes les plus reculées de notre système solaire, jusqu'à l'orbite d'Uranus, par exemple, éloignée du soleil de 660 millions de lieues, tout cet espace n'aurait été à l'origine qu'une vaste nébulosité, ayant pour centre le centre de notre soleil, dont elle formait comme l'atmosphère. Par suite de la condensation progressive et continue que le refroidissement opérait aux extrêmes limites de cette immense masse de vapeurs (2), mise en mouvement sur elle-même, des masses partielles, des agglomérations distinctes, s'en détachaient successivement dans le plan de son équateur. En vertu du principe des aires, à mesure que l'atmosphère solaire se resserrait, le mouvement de rotation s'accélérait, la force centrifuge due à ce mouvement devenait proportionnellement plus grande, et le point où la pesanteur lui est égale se rapprochait du centre du soleil. Toutes les masses de vapeur ainsi abandonnées à des époques et à des distances diverses, continuaient de circuler autour de l'astre central, leur force centrifuge ou d'impulsion se trouvant balancée par leur pesanteur, c'est-à-dire par la force attractive du soleil.

Toujours conformément aux mêmes lois, ces masses secondaires, constituant ce que nous appelons les planètes, par la condensation de l'atmosphère propre dont elles étaient environnées, ont formé aux limites de cette atmosphère de nouvelles masses globulaires, circulant autour du centre des planètes dont elles sont devenues les satellites.

Le peu d'excentricité des orbes des planètes et de leurs satellites, le peu d'inclinaison de ces orbes à l'équateur, et l'identité du sens des mouvements de rotation et de révolution de tous ces corps avec celui de la rotation du soleil, paraissent donner à cette hypothèse un nouveau degré de vraisemblance.

En admettant que les choses se soient passées de la manière que nous venons de l'exposer relativement à la formation originelle de chacun des globes de notre système, et faisant abstraction de toute réaction chimique entre les diverses substances simples et composées qui constituent chaque dépôt particulier, on peut imaginer qu'il y aurait eu homogénéité de composition entre chacune des enveloppes concentriques et une exacte séparation des unes d'avec les autres par des lignes de niveau ? Mais pour expliquer l'état du globe terrestre, où tout atteste d'immenses explosions et des déchirements sans nombre, il faut rendre aux éléments des couches successives les propriétés chimiques dont ils sont doués. Alors l'ordre régulier que nous supposions tout à l'heure est détruit, et il se manifeste d'innombrables réactions et combinaisons nouvelles qui amènent des soulèvements, des brisements, des bouleversements, et une série de phénomènes d'une prodigieuse grandeur, accomplis pendant la durée de périodes de temps immenses (3), sur toute l'étendue de la surface du globe.....

Cependant les siècles s'écoulent, l'énergique effervescence de tous les éléments antipathiques qui se combattent et qui se mêlent, diminue par l'effet des combinaisons et d'un refroidissement toujours progressif; la croûte solidifiée s'épaissit, se fixe peu à peu malgré des commotions fréquentes, des bouleversements partiels et une foule de phénomènes chimiques et météorologiques ; l'atmosphère environnant le noyau condensé, d'abord d'une immense étendue et composée d'une foule de substances diverses à une excessive température, subit une longue suite de modifications, jusqu'à ce qu'enfin sa température soit assez abaissée pour que la vapeur d'eau puisse passer à l'état liquide et

(1) C'est ce que démontre, pour la terre, le calcul basé soit sur les lois de l'hydrostatique, soit sur l'action des perturbations lunaires. Cet aplatissement de la terre aux pôles est de 1/305, d'après les calculs de Clairaut et de Laplace.

(2) M. Poisson, lui, établit que la déperdition de toute la chaleur d'origine précédait ou accompagnait la solidification des masses, que les quantités de chaleur dégagées étaient transportées à la surface où elles se dissipaient dans l'espace sous forme rayonnante, et que la solidification commençait par les couches centrales. — *Théorie math. de la chaleur*, p. 427. — Dans l'une et l'autre théorie, que devenait cette prodigieuse quantité de calorique ? On ne nous le dit pas.

(3) On a été conduit, par de savants calculs, à ce résultat remarquable que la terre, une fois échauffée à une température quelconque, et plongée dans un milieu plus froid qu'elle, ne se refroidit pas plus, dans l'espace de 1,280,000 années, qu'un globe de 325 millimètres de diamètre, formé de matières pareilles, et placé dans les mêmes circonstances, ne le ferait en *une seconde*. La durée de ces grands phénomènes, dit Fourier, répond aux dimensions de l'univers ; elle est mesurée par des nombres du même ordre que ceux qui expriment les distances des étoiles fixes. — *Annales de chim. et de phys.* (oct. 1824). — Il est démontré que, depuis 2000 ans, le jour sidéral n'a pas varié de 1/100e de seconde, ou que la diminution de la température de la *masse totale* du globe a été moindre de 1/200e de degré ; c'est-à-dire qu'il est démontré qu'en 2000 ans la terre n'a pas éprouvé la plus légère diminution dans ses dimensions.

se précipiter à la surface de la terre. Alors commence une nouvelle et longue série de réactions chimiques : une immense oxydation s'opère par le contact de l'eau avec les bases métalloïdes des terres et des alcalis, en dégageant une énorme quantité de chaleur qui volatilise les eaux à mesure qu'elles arrivent. Mais le refroidissement augmentant de plus en plus, l'eau se précipite en plus grande abondance : le noyau solide est entouré d'un vaste océan acide, qui, pénétrant dans l'intérieur du sphéroïde, y détermine une oxydation violente ; la croûte supérieure est soulevée, brisée de toutes parts, soumise à des remaniements, et pour résultat de ces grands mouvements mécaniques, la terre se hérisse de montagnes autour desquelles roulent les flots brûlants d'une mer agitée par les marées, les courants, etc., et douée d'une prodigieuse puissance d'érosion. Sous l'action prolongée de ces eaux, si énergiquement dissolvantes, les éléments des roches granitiques sont désagrégés (1), leur détritus, longtemps tenus en suspension mécanique dans les eaux, se déposent peu à peu au fond des mers, et se convertissent, sous l'influence de la chaleur centrale, en immenses lits de gneiss, de micaschistes, de roches amphiboliques, de schistes argileux, etc. (2). Les agents atmosphériques secondent l'action des mers dans ce travail de destruction, en attaquant avec une violence désintégrante, qui ne se retrouve plus dans aucun des météores actuels, toutes les masses minérales qui s'élevaient au-dessus du niveau de ces mers primitives, au fond desquelles sont balayés tous ces abondants matériaux sous forme de vase, de sable et de gravier.

Telle serait la solution d'un des problèmes les plus difficiles et les plus compliqués de la géologie, celui de la formation de cette immense masse cristalline à surface irrégulière qui sert de fondement à toutes les couches sédimentaires stratifiées qui lui sont superposées, et dont tous les matériaux proviennent de la disgrégation opérée primitivement dans ces masses granitiques par des forces d'un grand pouvoir de dissolution.

Parmi les nombreux agents physiques dont l'action paraît avoir le plus puissamment influé à toutes les époques sur la composition et l'arrangement des éléments du monde matériel, la dynamique géologique place donc au premier rang deux principes antagonistes, le feu et l'eau, instruments d'une énergie immense, qui ont déterminé visiblement, dans l'économie de notre globe, à sa surface comme dans son intérieur, les plus étonnantes révolutions et les changements les plus féconds en résultats d'une haute importance. Tels sont les deux grands leviers à l'aide desquels l'intelligence créatrice paraît avoir pétri, façonné, disposé la matière inorganique de notre monde ; et jusqu'au milieu de la turbulence et du désordre apparent de tant d'éléments opposés, sa sagesse providentielle et sa toute-puissance éclatent par l'uniformité des lois qui ont réglé tous ces mouvements, dirigé toutes ces forces, présidé à l'accomplissement de tous ces étonnants phénomènes.

Beaucoup d'esprits du premier ordre appellent grande et simple l'hypothèse cosmogonique que nous venons d'exposer (3) ; quelques-uns la trouvent absurde, quasi impie ; elle paraît à d'autres assez ingénieuse, et surtout parfaitement innocente. S'il nous est permis d'émettre notre sentiment à cet égard, nous dirons que nous sommes assez

(1) L'eau bouillante passe de 100 degrés à 172 par la compression de 8 atmosphères, et à 265,89, par la compression de 50 atmosphères. Si l'on suppose que le tiers ou même le quart des eaux marines étaient à l'état de vapeur, lorsque les premiers granits se formaient, ce sera au fond d'une masse d'eau comprimée par le poids de 50 atmosphères et soumise à une chaleur de plus de 265 degrés, que se sera opéré le remaniement des détritus granitiques, et leur agglutination par le ciment siliceux et feldspathique qu'abandonnèrent les eaux en devenant moins chaudes.

(2) Il existe plusieurs théories sur la formation de ces premières roches stratifiées qui ne contiennent aucun débris organique. (Voy. de La Bêche, *Recherches sur la part. théor. de la Géol.*, ch. XIV.)

La consolidation des divers dépôts sédimentaires s'est effectuée sous l'influence de plusieurs causes. Si l'action de la chaleur a dû contribuer à convertir les premiers dépôts de sable en quartz compacte et les premiers lits d'argile en schistes argileux, dans les terrains stratiformes primitifs et dans les roches de la grauwacke, la consolidation des couches argileuses, secondaires et tertiaires peut très-bien s'expliquer par une pression considérable, ou par l'admission de carbonate de chaux, lorsque l'argile devient marneuse. Cette même pression rend compte de la transformation des sables en lits de grès, dans les mêmes terrains, transformation qui a été favorisée, dans un grand nombre de circonstances, par la précipitation d'un ciment tantôt calcaire, tantôt siliceux, déposé très-probablement par quelque voie humide, de la même manière que se forment les stalactites et certaines concrétions quartzeuses, la calcédoine, etc. Ce dernier procédé paraît être celui qu'a employé la nature pour la formation des marbres, bien que plusieurs marbres cristallins aient pu se former par l'action du feu sous une pression énorme. Les dépôts des eaux de Saint-Philippe, en Toscane, forment journellement des marbres qui ont la cassure, l'aspect et tout ce qui constitue les marbres dits primitifs ou statuaires.

(3) « L'hypothèse qui nous présente les matériaux du globe comme ayant existé primitivement sous la forme d'une nébuleuse, offre, dit le célèbre Buckland, la théorie la plus simple et par conséquent la plus probable de la condition première des éléments matériels qui composent notre système solaire. »

Un autre savant anglais, M. Whewell, a fait voir jusqu'à quel point cette théorie, supposée vraie, tend à augmenter nos convictions sur l'existence d'une intelligence primitive et présidant à tout. — Voir son *Traité de Bridgewater*, ch. 7.

« Toutes les théories modernes, fondées sur les données les plus positives que nous fournissent l'astronomie, la physique et la géologie, admettent que la terre était primitivement à l'état gazeux, c'est-à-dire que toutes les substances solides qui la composent aujourd'hui se trouvaient disséminées à l'état de vapeur, dans un espace beaucoup plus grand que celui qu'elle occupe aujourd'hui. » Becquerel, *Traité de l'élect. et du magn.*, tom. I, p. 430. — Voir aussi de La Bêche, *Recherches sur la partie théorique de la géologie*, c. II.

disposé à nous ranger du côté de ces derniers. Nous pensons que, pour parvenir à ses fins, il a suffi à l'éternel géomètre de laisser un libre cours aux agents naturels une fois mis en action par sa volonté toute-puissante (1). Nous ne voyons aucune impiété à supposer que Dieu n'a pas créé instantanément les globes sans nombre qui circulent dans l'immensité. Il l'aurait pu sans doute, qui le nie? mais l'a-t-il fait? La Genèse est-elle donc si explicite à cet égard? Que Dieu ait employé à créer ce monde un moment, ou cent mille ans, ou mille millions d'années, qu'importe à sa gloire? L'éternité tout entière n'est-elle pas toujours au delà? Répugne-t-il à ses attributs d'admettre qu'il ait soumis à des lois organisatrices les éléments de la matière dont il a formé les mondes, et qu'il leur ait fait subir une longue suite de modifications, à peu près comme il fait dépendre d'une succession de phénomènes l'accroissement du chêne de nos forêts? Qui s'étonne que cet arbre, qui nous ombrage de sa vaste cime, n'ait pas poussé, tel qu'il est, dans l'espace d'une minute, au lieu de n'avoir développé son tronc majestueux qu'après trois siècles d'évolution? Et les éléments dont il est composé ont été, eux aussi, à l'état de gaz ou de vapeur. Personne ne songe à faire un crime au savant de rechercher les lois physiologiques qui ont présidé à la croissance du chêne, l'honneur de nos forêts; pourquoi ne lui serait-il pas permis aussi de rechercher les lois génésiaques qui ont présidé à la formation de la terre et des corps célestes qui peuplent le firmament?

Au reste, la loi du développement graduel se retrouve dans tous les ordres de phénomènes de la nature, qui, comme l'a dit un observateur célèbre, *ne fait rien par saut* (2). Elle paraît être une des lois les plus universelles de la création. Le temps est l'élément nécessaire du perfectionnement de toutes choses, et cette observation est aussi applicable au monde moral qu'au monde physique ou organique. Le minéral polyèdre n'est d'abord qu'une molécule autour de laquelle viennent se ranger symétriquement d'autres molécules; toute plante, à son origine, n'est qu'un germe, tout animal qu'un embryon, et cet embryon et ce germe n'arrivent à leur entier accroissement que par une marche progressive.

« L'ordre même observé dans la création des six jours, qui se rapporte à la disposition présente des choses, semble indiquer que la puissance divine aimait à se manifester par des développements graduels, s'élevant en quelque sorte avec mesure de l'inanimé à l'organisé, de l'insensible à l'instinctif, de l'irrationnel à l'homme. Et quelle répugnance y a-t-il à supposer que, depuis la première création de l'informe embryon de ce monde si beau, jusqu'à ce qu'il ait été revêtu de tous ses ornements, et proportionné aux besoins et aux habitudes de l'homme, la Providence puisse avoir voulu conserver une gradation analogue, au moyen de laquelle la vie aurait progressivement avancé vers la perfection et dans sa puissance intérieure et dans ses instruments extérieurs? Si les phénomènes découverts par la géologie manifestaient l'existence d'un pareil plan, qui oserait dire qu'il ne s'accorde pas dans la plus stricte analogie avec les voies de Dieu dans la loi physique et morale de ce monde? Ou qui assurera que ce plan contredit la parole sacrée, puisque, pour cette période indéfinie dans laquelle l'œuvre du développement graduel est placée, nous sommes dans une complète obscurité (3)? »

Ce n'est pas que nous n'ayons bien des difficultés à opposer à la théorie en question, et l'on n'en doit pas être surpris, le sujet est certainement le plus ardu qu'on puisse se proposer.

Et d'abord nous observerons que les nébuleuses sur lesquelles on s'appuie sont les objets astronomiques les moins connus de tout le ciel étoilé, et sur la nature desquels les savants sont le moins d'accord.

On suppose que ces masses de matière diffuse se condensent et se séparent en d'autres nébuleuses à plusieurs siéges d'attraction; mais ce n'est là en effet qu'une pure supposition, et le télescope n'a encore rien révélé aux astronomes qui porte à croire qu'une pareille transformation s'opère.

On peut fort raisonnablement conjecturer que les étoiles environnées de nébulosités sont de grandes étoiles, centres d'autant de systèmes célestes d'une nature particulière, et que ce qui donne lieu à ces nébulosités apparentes, c'est la réunion d'une multitude d'autres étoiles trop petites pour être observées. On peut penser encore que ces nébuleuses sont entièrement formées d'étoiles agglomérées dans un espace plus ou moins resserré et d'un éclat intrinsèquement trop faible pour être individuellement aperçues: la densité paraît croître vers le centre, parce que là un plus grand nombre de ces étoiles se projettent les unes sur les autres, et, par un effet d'optique, ces étoiles, en se rapprochant et réunissant leurs lumières, produisent l'image d'un point plus brillant que le reste. Enfin d'autres savants conjecturent que ces points faiblement lumineux, semés sur la voûte céleste, pourraient bien être autant de voies lactées d'un autre ordre de mondes plus élevés, dont il ne nous est pas possible de distinguer les innombrables étoiles (4).

Admettons cependant l'existence de la

(1) « La sagesse divine embrasse avec une force infinie et la raison première et la fin dernière des êtres, et dispose tout avec douceur pour les conduire à cette fin. » *Sagesse*, VIII, 1.

(2) *Natura non agit per saltum.* Linné. — Cette loi de continuité qui semble régir toute la nature, a donné lieu à une foule de découvertes physiques, et a conduit à la connaissance d'analogies, de relations intimes entre des phénomènes qu'on ne soupçonnait pas d'abord en avoir aucune.

(3) Wiseman, *Discours sur les rapports entre la science et la religion révélée*, tom. I, p. 309.

(4) L'opinion qui regarde les nébuleuses comme une agglomération d'étoiles trop éloignées pour être

matière éthérée ou nébuleuse. Il faut du mouvement à présent, dans cette matière, pour former le monde, et du mouvement selon certaines lois déterminées, et par conséquent encore l'intervention d'une cause première, intelligente et toute-puissante. Le système cosmogonique qui nous occupe suppose tout cela, comme il suppose la création de la matière élémentaire et primitive qui remplit l'espace.

On ne peut soutenir que le mouvement soit un attribut essentiel de la matière. La matière est indifférente au mouvement et au repos, c'est un axiome de mécanique. Si le mouvement était essentiel à la matière, il en serait inséparable, il y serait toujours au même degré : toujours le même dans chaque portion de matière, il serait incommunicable, il ne pourrait ni augmenter ni diminuer, et l'on ne pourrait pas même concevoir la matière en repos. Or, loin que nous ne puissions pas la concevoir en repos, nous sommes portés au contraire à regarder le repos comme son état naturel. Si nous voyons un corps inanimé en mouvement, nous ne mettons pas un seul instant en doute l'existence d'une cause qui a déterminé ce mouvement, certains qu'il a commencé et qu'il doit finir avec l'impulsion de la cause étrangère qui l'a produit. Mais allons plus avant. On parle du mouvement essentiel à la matière : qu'est-ce que ce mouvement ? Est-il indéterminé ou déterminé ? Dans le premier cas, ce serait un mouvement en tous sens, ayant à la fois tous les degrés de vitesse : chose absurde. Dans le second cas, qu'on nous dise quelle est la direction que la matière en mouvement suit nécessairement. Toute la matière en corps a-t-elle un mouvement uniforme, ou chaque atome a-t-il son mouvement propre? Selon la première idée, l'univers entier ne devrait former qu'une masse solide et indivisible ; selon la seconde, il ne devrait former qu'un fluide épars et incohérent, sans qu'il fût jamais possible que deux atomes se réunissent. Sur quelle direction se fera ce mouvement commun de toute la matière ? Sera-ce en droite ligne ou circulairement, en haut, en bas, à droite, à gauche? Si chaque molécule de matière a sa direction particulière, quelles seront les causes de toutes ces directions et de toutes ces différences? Si chaque atome ou molécule de matière ne faisait que tourner sur son propre centre, jamais rien ne sortirait de sa place, et il n'y aurait point de mouvement communiqué ; encore même faudrait-il que ce mouvement circulaire fût déterminé dans quelque sens. Donner à la matière le mouvement par attraction, c'est dire des mots qui ne signifient rien ; et lui donner un mouvement déterminé, c'est supposer une cause qui le détermine. Plus je multiplie les forces particulières, plus j'ai de nouvelles causes à expliquer, sans jamais trouver aucun agent commun qui les dirige. Loin de pouvoir imaginer aucun ordre dans le concours fortuit des éléments, je n'en puis pas même imaginer le combat, et le chaos de l'univers m'est plus inconcevable que son harmonie.

Il ne sert de rien de recourir à des lois générales pour expliquer l'existence du mouvement, son intensité plus ou moins grande et ses directions diverses. « Ces lois n'étant point des êtres réels, des substances, ont donc quelque autre fondement qui m'est inconnu. L'expérience et l'observation nous ont fait connaître les lois du mouvement : ces lois déterminent les effets sans montrer les causes ; elles ne suffisent point pour expliquer le système du monde et la marche de l'univers. Descartes avec des dés formait le ciel et la terre, mais il ne put donner le premier branle à ces dés, ni mettre en jeu la force centrifuge qu'à l'aide d'un mouvement de rotation. Newton a trouvé la loi de l'attraction ; mais l'attraction seule réduirait bientôt l'univers en une masse immobile : à cette loi il a fallu joindre une force projectile pour faire décrire des courbes aux corps célestes. Que Descartes nous dise quelle loi physique a fait tourner ses tourbillons ; que Newton nous montre la main qui lança les planètes sur la tangente de leurs orbites (1).

aperçues distinctement à l'aide de nos instruments d'optique, nous paraît la plus vraisemblable. Il y a, dans le ciel, des groupes qui ne présentent à l'œil nu qu'une masse confuse de lumière et dont on distingue très-bien les principales étoiles avec le secours de simples besicles. Tel est le cas pour les Pléiades. Il y a d'autres taches lumineuses qu'on ne parvient à résoudre en groupes d'étoiles qu'au moyen de télescopes d'un fort pouvoir d'amplification. Ce qui a résisté à des grossissements de 50, de 100, de 150, de 200 fois, cède quand on peut pousser les grossissements jusqu'à 1000 et au delà. Ainsi Herschell est parvenu à transformer en agglomérations d'étoiles la plupart des nébuleuses que Messier, pourvu de lunettes moins puissantes, croyait irréductibles, et qu'il appelait des nébuleuses sans étoiles. A ce point de vue, sans contredit le plus raisonnable, les nébuleuses sont contraires plutôt que favorables à l'hypothèse astronomico-chimique, car ce seraient des mondes tout formés et non à l'état naissant. — *Voy.* la note II à la fin du vol.

(1) Voici la réponse de Newton à cette question. — « Les mouvements observés maintenant par les planètes ne peuvent être simplement déterminés par une cause naturelle, ils doivent provenir de la volonté d'un agent libre et plein d'intelligence. Puisque les comètes descendent dans les régions de nos planètes et s'y meuvent en toute sorte de directions, suivant quelquefois le même chemin que les planètes, d'autres fois prenant le chemin opposé, ou bien encore une direction oblique, ayant leurs plans inclinés vers le plan de l'écliptique et à des angles de toute espèce, il est bien évident qu'aucune cause naturelle ne pourrait obliger les planètes, tant principales que secondaires à se mouvoir constamment dans la même direction et sur le même plan. Cette régularité doit être l'effet d'un calcul intelligent. Il n'y a pas non plus de cause naturelle qui fût capable de communiquer aux planètes le degré précis de vélocité qui leur est nécessaire, relativement à leur distance du soleil et des autres corps placés dans une position centrale pour se mouvoir en orbes concentriques autour de ces corps... Pour ordonner ce système avec son ensemble admirable de mouvements, il fallait une cause qui jugeât et comparât les quantités diverses de matière qui de-

« Les premières causes du mouvement ne sont point dans la matière : elle reçoit le mouvement et le communique, mais elle ne le produit pas. Plus j'observe l'action et réaction des forces de la nature agissant les unes sur les autres, plus je trouve que, d'effets en effets, il faut toujours remonter à quelque volonté pour première cause ; car supposer un progrès de causes à l'infini, c'est n'en point supposer du tout. En un mot, tout mouvement qui n'est point produit par un autre ne peut venir que d'un acte spontané, volontaire. Les corps inanimés n'agissent que par le mouvement, et il n'y a point de véritable action sans volonté. Voilà mon premier principe. Je crois donc qu'une volonté meut l'univers et anime la nature. Voilà mon premier dogme ou mon premier article de foi (1). »

Le mouvement n'est donc pas essentiel à la matière. Il existe donc un premier Moteur.

Dans l'hypothèse que nous discutons, il faut, pour construire le monde avec la matière nébulaire, qu'il s'y forme différents centres ou sièges d'attraction. En vertu de quelle loi ces centres divers ont-ils été déterminés? On parle d'attraction ; mais qu'est-ce que l'attraction dans l'état de choses dont il s'agit? L'attraction est de deux sortes, l'attraction *planétaire*, et l'attraction *moléculaire*. L'attraction planétaire s'exerce sur de grandes masses, à des distances considérables ; elle n'est autre chose que l'action par laquelle ces corps éloignés opèrent ou influent les uns sur les autres à travers l'espace qui les sépare, sans qu'il y ait aucun écoulement de corpuscules qui y contribue (2). Or, l'attraction planétaire ne pouvant pas évidemment exister avant qu'il y eût des planètes ou un système de corps célestes organisé, ce n'est pas sans doute de cette sorte d'attraction qu'il s'agit dans l'hypothèse de nos cosmogonistes. Reste donc l'attraction *moléculaire*. Cette dernière a deux modes d'action : l'un en vertu duquel les molécules de même nature sont unies entre elles dans les corps solides ; c'est la *cohésion*. Cette force, insensible dans les corps à l'état gazeux, était nulle dans la masse élémentaire dont nous parlons. L'autre mode d'action de l'attraction atomique s'appelle *affinité* : c'est cette force qui, sous certaines conditions, unit, combine entre eux les atomes de nature différente, qui sont à l'état de gaz. La loi d'affinité est donc la seule que l'on puisse invoquer ici; mais pour qu'elle obtienne son effet, plusieurs conditions sont nécessaires. Il y avait gazéification, il est vrai ; mais pour qu'il puisse y avoir combinaison, il faut de plus pression et par conséquent résistance. D'où est venue cette pression ? qui est-ce qui a produit cette résistance dans la supposition d'une matière élémentaire formée de gaz essentiellement élastiques et soumis à une expansion indéfinie en tous sens? Evidemment il n'y avait pas de pression, et par conséquent pas de combinaison possible. D'où nous conclurons qu'il n'y avait place pour aucune des espèces connues d'attraction, et partant pas d'attraction. D'où encore la nécessité de recourir à l'intervention d'un Agent suprême et tout-puissant pour établir les centres d'attraction et régulariser les mouvements de la matière primitive.

Supposons toutefois la matière élémentaire distribuée *par masses globulaires dans l'espace*, et formant des nébuleuses avec un centre d'attraction et des limites déterminés. Pour former un monde avec cette masse d'éléments ainsi disposés, une foule de conditions sont nécessaires. Il ne faut pas d'abord que, dans chaque masse respective, ces éléments se solidifient, par le refroidissement, autour du centre qui les attire, autrement nous n'aurions qu'un globe énorme au lieu d'un système de globes. Qui préviendra cet inconvénient? Le mouvement de rotation. *Mais d'où naît un pareil mouvement dans la nébuleuse?* Quelle est sa cause physique? Pour expliquer le mouvement giratoire des planètes, on a recours à un échange continuel et réciproque des électricités de noms différents entre ces globes et celui du *soleil* : c'est une hypothèse à laquelle une expérience d'électro-magnétisme a donné une apparence de probabilité (3); mais, quelle qu'elle soit, elle n'est ici sus-

vaient entrer dans la formation du soleil et des planètes, qui appréciât la puissance de la gravitation résultant de ces différences, réglât les distances à établir entre le soleil et les planètes principales, de même qu'entre Saturne, Jupiter, la Terre et les planètes secondaires, et qui assignât aux planètes le degré juste de vélocité qu'elles devaient avoir pour accomplir leur révolution autour des corps placés au centre. Afin de mettre en rapport et d'ajuster toutes ces choses dans un ensemble de corps si variés, il a fallu bien certainement, non pas une cause fortuite ou aveugle, mais l'intelligence du géomètre le plus habile et du mécanicien le plus consommé. » *Première lettre à Bentley.* — *Voy.* GRAVITATION UNIVERSELLE.

(1) J.-J. Rousseau.

(2) Cette force agit toujours en raison directe des masses et en raison inverse du carré des distances. Quand on dit que le pouvoir de la gravitation agit *en raison directe des masses*, on entend que ce pouvoir agit d'autant plus sur un corps, que ce corps a plus de parties, et quand on ajoute que cette même gravitation s'exerce *en raison inverse du carré des distances*, on veut dire que le corps qui pèse, par exemple, 100 kilogrammes à un diamètre de la terre, ne pèsera qu'un kilogr. s'il est éloigné de dix diamètres.

(3) On plonge dans du mercure les deux tiers environ d'un petit aimant dont l'extrémité inférieure est attachée par un fil au fond du vase. Lorsque l'aimant flotte ainsi presque verticalement, de manière que son pôle nord s'élève un peu au-dessus de la surface, on fait descendre perpendiculairement un courant d'électricité positif le long du fil métallique qui touche le mercure, et l'aimant commence aussitôt à tourner de gauche à droite autour du fil. Comme la force est uniforme, la rotation s'accélère jusqu'à ce que la force tangentielle se trouve balancée par la résistance du mercure; alors elle devient constante. On fait tourner par le même procédé et avec une grande rapidité, un aimant et un cylindre autour de leurs propres axes. On a communiqué par les mêmes moyens un mouvement de rotation régulier au mercure, à l'eau, etc., le vase qui les renfermait restant immobile.

ceptible d'aucune application. En effet, pour que cet échange d'électricité ait lieu, il faut au moins deux globes dans le même système, et il n'y en a qu'un dans le cas dont il s'agit, la masse immense de la nébuleuse.

La géométrie la plus transcendante, la plus haute philosophie, sont donc dans l'impuissance absolue d'expliquer l'origine de ce mouvement de rotation que l'on suppose dans la nébuleuse : il ne peut donc être attribué qu'à la volonté du Créateur.

Poursuivons. La nébuleuse tourne sur elle-même; à mesure qu'elle refroidit, des masses s'en détachent par l'effet du mouvement giratoire ou de la force tangentielle. L'attraction (1) agissant sur chaque masse séparée, règle sa rotation autour de la masse gazeuse principale. Cette opération s'étant renouvelée au moins dix fois pour notre système, le mouvement de la première planète détachée, Uranus, a donc varié autant de fois. L'attraction, pour cette planète, ne serait donc aujourd'hui que le dixième de ce qu'elle était à son origine. Il en a été de même proportionnellement pour toutes les autres planètes. Chaque modification dans le mouvement d'une planète a dû en déterminer une autre dans sa forme, et par suite *amener une série de variations profondes* dans tout l'ensemble des phénomènes qui se rapportaient à cette planète. Il a donc été nécessaire qu'une intelligence souveraine présidât à toutes ces opérations diverses, à ces séparations successives des masses secondaires, planètes, satellites, etc., réglât tous les mouvements, et dictât à la matière, dans toutes ses phases de transformation, des lois rigoureuses pour prévenir les perturbations et empêcher la destruction de l'ordre préexistant.

D'autres considérations démontrent encore visiblement l'action d'un Ordonnateur éternel et tout-puissant au milieu de ces grandes évolutions. Il existe un rapport numérique constant entre les distances des planètes à l'égard les unes des autres. La cosmogonie des savants nous conduit à supposer que, pour obtenir un pareil résultat, il aurait fallu qu'à chaque planète qui se détachait de la masse génératrice, la puissance attractive diminuât d'une quantité égale et *uniforme*, et par conséquent que la masse gazeuse primitive perdît, à chaque nouvelle formation de planète, une quantité de matière égale et uniforme : or, l'observation fait voir que les choses ne se sont pourtant point passées ainsi. En effet, les volumes et les diamètres des planètes sont loin de décroître d'une manière uniforme dans leur ordre d'éloignement du soleil : par exemple, Uranus, qui est la plus éloignée, a 77,5 de volume; Saturne, qui vient ensuite, en a 887,3; Jupiter, 1470,2; Mars, 0,2; la Terre, 1; Vénus, 0,9; Mercure, 0,1.

On ne peut non plus, sans l'intermédiaire de la volonté libre du Créateur, rendre compte de la formation des satellites et des comètes. On fait sortir les satellites de la masse des planètes ; ils devraient donc participer à la nature de la masse d'où *ils* tirent leur origine ; cependant, la lune, par exemple, n'a pas d'atmosphère, tandis que la terre en a une. D'où vient encore que parmi ces planètes il en est qui n'ont pas de satellites ou qui n'en ont qu'un, tandis que d'autres en ont jusqu'à *six, sept, etc.?* Enfin comment expliquer l'origine des comètes ? Les fera-t-on venir, comme les planètes, de la masse gazeuse principale ? Pourquoi alors ne sont-elles pas soumises aux mêmes lois de forme et révolution...?

Ainsi donc, dans cet ordre de hautes spéculations, on sent à chaque pas la nécessité de recourir à une intelligence qui a conçu et exécuté un plan d'ordre et d'harmonie, d'invoquer *la volonté d'un législateur qui* a imposé des lois à la matière pour l'exécution de ses conceptions et pour la conservation de son œuvre à mesure qu'elle se développait. Mais quelles étaient ces lois? qui *peut le dire? Les lois qui ont présidé à la* formation, à l'évolution du monde physique, ne peuvent être celles qui le régissent dans l'état présent ; car ces dernières sont des effets et non des causes, ce sont des résultats de l'ordre de choses existant. Dans un ordre de choses nécessairement différent, comme celui que le système cosmogonique suppose avoir existé à l'origine, il a dû y avoir des lois organisatrices appropriées, différentes des lois actuelles. Il est probable qu'elles échapperont toujours aux investigations de la science, et que « Celui qui a étendu les cieux et donné la loi à toute leur armée (2), » s'en est réservé le secret. Car « mes pensées ne sont pas vos pensées, et mes voies ne sont pas vos voies, » dit l'Éternel. « Autant les cieux sont élevés au-dessus de la terre, autant mes voies sont au-dessus de vos voies et mes pensées au-dessus de vos pensées (3). »

« Nous jugeons difficilement ce qui se passe sur la terre, » dit l'auteur de la Sagesse (4), « et nous trouvons avec peine ce qui est sous nos yeux; qui donc oserait scruter les secrets des cieux (5)? »

THÉORIE DE LA CHALEUR. — L'expérience prouve qu'un boulet chauffé jusqu'au rouge ne pèse pas plus que quand il est froid. Qu'on verse dans un flacon bouché à l'émeri de l'acide sulfurique et de l'eau, de manière à ne pas les mêler; qu'on pèse le flacon,

(1) On a avancé que l'attraction était essentielle à la matière. « Admettre que la gravitation soit innée inhérente et essentielle à la matière, de sorte qu'un corps puisse agir sur un autre corps à travers le vide et la distance qui les séparent, sans le concours d'un agent par qui l'action et la force de ces corps soient transmises de l'un à l'autre, est à mes yeux la plus grande absurdité que l'on puisse concevoir ; et aucun homme, je pense, ne peut y tomber, pour peu qu'il soit capable de raisonnement en matières philosophiques. Évidemment la gravitation doit avoir pour cause un agent qui opère toujours d'après des lois déterminées. » Newton, *Troisième lettre à Bentley*. — *Voy.* aussi GRAVITATION UNIVERSELLE

(2) Isaïe, XLV, 12.

(3) Isaïe, LV, 8, 9.

(4) Sagesse, IX, 16.

(5) *Voy.* notre *Nouv. Traité des Sciences géol.*, ch. 11.

puis qu'on agite ; il se produira une énorme quantité de chaleur, et cependant le poids ne changera pas. Ces expériences et une foule d'autres montrent que la chaleur n'a pas de pesanteur sensible.

De même que le boulet dont nous venons de parler, un timbre suspendu au bras d'une balance ne pèse ni plus ni moins quand il résonne. Le son qu'il produit se propage en tout sens, ainsi que la chaleur; et, dans les deux cas, l'intensité est en raison inverse du carré de la distance. Les rayons de la chaleur et les rayons sonores se réfléchissent suivant les mêmes lois; les uns comme les autres, ils se transmettent à travers certaines substances et donnent à la surface qu'ils frappent la propriété de rayonner à son tour ; en un mot, la chaleur et le son présentent tant d'analogie dans leurs propriétés, qu'on doit naturellement admettre de l'analogie dans leur nature : or, le son consiste dans un mouvement vibratoire; il est donc rationnel d'expliquer aussi par un mouvement vibratoire les phénomènes de la chaleur.

Il est certain que le mouvement vibratoire qui constitue la chaleur *n'a pas besoin d'air* pour se *transmettre*, ni d'aucune matière *pondérable*. Nous sommes donc amenés à admettre, pour expliquer cette transmission, une matière *impondérable*, remplissant ce que nous appelons le vide, soit dans les espaces célestes, soit entre les molécules des corps ; l'existence de cette matière, qu'on désigne sous le nom d'*éther*, est d'ailleurs aujourd'hui pleinement démontrée par les phénomènes de la lumière. On doit se représenter l'éther comme un fluide analogue aux gaz, mais d'une ténuité infiniment plus grande. Les phénomènes astronomiques montrent qu'il a si peu de densité, que depuis des milliers d'années, la résistance qu'il oppose aux planètes n'a pas produit d'altération sensible dans leur mouvement; mais il paraît que l'effet est appréciable sur les comètes, dont la substance est, comme on sait, au moins aussi légère que le vide qu'on obtient dans les machines pneumatiques. Il n'y a pas moyen de coercer l'éther dans un espace ou de l'empêcher d'y pénétrer, parce que les intervalles entre les molécules pondérables qui forment les parois d'un vase sont pour lui ce qu'une large ouverture serait pour l'air.

Voici maintenant l'idée que nous nous ferons, d'après M. Ampère, du mode de vibration qui constitue la chaleur. Dans le cas du son, chaque molécule fait ses vibrations en se déplaçant tout d'une pièce, sans que ni l'éther ni les atomes qui la composent aient de mouvement relatif. Dans le cas de la chaleur, au contraire, ce sont les atomes et l'éther qui vibrent, le centre de gravité du système reste fixe. Nous pouvons nous figurer une molécule comme un timbre ou un diapason suspendu par un fil : les oscillations de cette espèce de pendule nous représenteront les mouvements par lesquels le son se produit, et les vibrations sonores seront une image des mouvements vibratoires qui produisent la chaleur. Nous savons qu'on pourrait faire vibrer le timbre par l'intermédiaire de l'air, en produisant à une certaine distance un son semblable à celui qu'il peut rendre; il en est de même des molécules, par l'intermédiaire de l'éther; mais de plus, elles peuvent prendre l'unisson du mouvement vibratoire quelconque, car l'expérience prouve que les corps s'échauffent sous l'influence d'une source quelconque.

La *quantité* de chaleur dépend à la fois de la vitesse de vibration et de la quantité de matière qui vibre. Il est évident que deux corps qui sont à la même température peuvent ne pas contenir la même quantité de chaleur si les masses vibrantes sont différentes. Il en est dans ce cas comme de deux instruments qui donnent des sons d'égale intensité, avec des masses vibrantes différentes : dans un instrument à vent, par exemple, cette masse est si faible que le son cesse immédiatement; au contraire, dans une cloche, la vibration continue un certain temps, de sorte qu'en définitive la force vive transmise à l'air est plus considérable dans ce dernier cas que dans l'autre.

Si on mesure le volume d'un corps échauffé, on le trouve plus grand, par la même raison qu'on trouverait une corde plus épaisse pendant sa vibration transversale, ou une tige plus longue pendant qu'elle vibre longitudinalement. Il est évident que la répulsion entre les molécules voisines doit devenir plus forte, au moins par intervalles, lorsque la distance diminue par l'amplitude des vibrations. L'usage qu'on fait des changements de volume pour mesurer les températures est fondé sur ce qu'il y a une liaison nécessaire et constante dans chaque substance entre le volume et la vitesse de vibration.

Dans un solide, la vitesse de vibration de chaque molécule ne peut pas dépasser certaines limites; il y a telle amplitude de vibration qui est incompatible avec la distance et la liaison actuelles des parties. Il arrive donc un moment où il y a séparation, de même qu'il y a rupture dans les corps sonores quand la vibration devient trop énergique : de là le passage à l'état liquide; le passage à l'état gazeux s'explique de même. Dans tous les cas, on conçoit qu'il puisse y avoir rupture dans les molécules mêmes dont les atomes se groupent ensuite dans un ordre différent, compatible avec l'état de vibration où ils se trouvent. Ce fractionnement des molécules, ou même un simple changement de forme peut rendre compte des anomalies qu'on observe dans la dilatation de certains corps.

Les phénomènes de la chaleur latente dépendent de la force vive absorbée ou rendue par les atomes pondérables. Lorsqu'on échauffe de la glace prise à zéro, toute la force vive qu'on introduit est employée à mettre les atomes pondérables en vibration et dans une disposition nouvelle qui est incompatible avec l'état solide, de sorte que la masse reste à zéro en se liquéfiant; la force vive est ensuite restituée peu à peu à l'éther, lors du changement d'état en sens inverse.

Le refroidissement d'une molécule par le rayonnement se fait par le même mécanisme que l'affaiblissement du son d'un timbre suspendu dans l'air. Chaque vibration produit une onde qui parcourt le fluide en laissant en repos la partie qu'elle a traversée, mais dans laquelle l'onde suivante vient à son tour produire du mouvement. A chaque vibration la force vive de la molécule diminue de toute la force vive qui passe dans l'onde, de sorte que les pertes successives vont en diminuant avec l'intensité des ondes produites.

THÉORIE DE LA LUMIÈRE. — On a proposé deux systèmes pour expliquer les phénomènes de la lumière. Dans le *système de l'émission*, l'on suppose que les corps lumineux lancent des molécules excessivement ténues, qui pénètrent dans l'œil et y produisent la sensation de la lumière : suivant la nature des molécules, on a la sensation de telle ou telle couleur. La réflexion dans ce système est due à une répulsion qu'éprouvent les molécules lumineuses près de la surface des corps ; la réfraction, au contraire, provient d'une attraction qui, étant différente pour les molécules de différentes couleurs, occasionne la décomposition de la lumière ou la dispersion. Une conséquence remarquable de cette théorie, c'est que la vitesse de la lumière doit être plus grande dans les milieux plus réfringents, puisque leur attraction est plus forte. Pour expliquer comment, à la rencontre d'un milieu, une partie de lumière pénètre, tandis qu'une autre partie se réfléchit, on admet que les molécules lumineuses peuvent se présenter dans des états différents qu'on appelle *accès de facile réflexion* et *accès de facile transmission* : les unes alors sont attirées et les autres sont repoussées. En imaginant que ces accès se succèdent périodiquement pour chaque molécule, on rend compte des couleurs des lames minces et de la formation des anneaux colorés. Quant aux phénomènes d'interférence, de diffraction, de polarisation et de double réfraction, jamais on n'en a donné l'explication bien satisfaisante dans ce système, qui a été soutenu par Newton, mais à une époque où l'optique n'avait pas à beaucoup près l'étendue qu'elle offre aujourd'hui.

Le système des vibrations ou des ondulations suppose, au contraire, que la lumière se propage par un mouvement de vibration, qui se communique de proche en proche avec une grande vitesse, dans une substance impondérable que l'on nomme *éther*. Ainsi, dans cette hypothèse, la lumière est analogue au son, du moins dans ce sens que le son est un mouvement de vibration dans l'air ou en général dans la matière pondérable, tandis que la lumière est un mouvement de vibration dans la substance éthérée. Partout où le son se propage, il y a matière, partout où la lumière se propage il y a de l'éther. Donc l'éther remplit l'espace ; car il n'y a pas un point de l'espace qui ne soit accessible à la lumière. Il se trouve entre le soleil et la terre, entre tous les corps de notre système planétaire, et dans l'espace indéfini qui nous sépare des étoiles les plus éloignées, car il n'y a pas un point de cette immense étendue qui ne soit à chaque instant traversé par d'innombrables rayons de lumière ; et ce n'est pas seulement dans le vide des cieux que l'éther est répandu, mais il pénètre dans tous les corps, il remplit tous les intervalles que laissent entre eux les atomes pondérables. Si l'éther n'existait pas dans toute l'étendue de l'atmosphère, la lumière des astres n'arriverait pas jusqu'à nous ; s'il n'existait pas dans l'eau, le verre, le diamant et tous les corps diaphanes, ces corps ne se laisseraient pas traverser par les ondes lumineuses ; enfin, s'il n'existait pas dans les intervalles qui séparent les atomes de notre enveloppe matérielle, la lumière ne pourrait pas nous affecter, les ondulations ne passeraient pas dans les humeurs de l'œil et jusqu'aux fibres nerveuses de la rétine, dernier terme visible où notre raison puisse les suivre. Les corps opaques eux-mêmes sont remplis d'éther, car ils deviennent transparents lorsqu'ils ont une ténuité suffisante.

Ainsi le système des ondulations nous conduit à admettre l'existence d'une matière, ou plutôt d'une substance, au sein de laquelle se trouvent dispersés les divers fragments de matière pondérable qui constituent les planètes et les étoiles.

Cependant, si l'éther est partout, il n'est pas partout identique à lui-même. Il est probable que, dans le vide des espaces célestes, comme dans le vide artificiel produit par nos machines, il n'y a nulle différence dans la marche de la lumière. Mais, dans l'intérieur des corps, la lumière se meut diversement ; les ondulations changent de vitesse et de longueur, et par conséquent l'éther prend des élasticités différentes.

Si, dans toute son immense étendue, l'éther était en repos parfait, le monde entier serait dans les ténèbres ; mais qu'il soit ébranlé dans quelques points, à l'instant la lumière jaillit et se propage indéfiniment de toutes parts ; comme dans une atmosphère parfaitement tranquille, la simple vibration d'une corde fait naître un son qui se propage au loin, suivant des lois déterminées. La lumière, qui est le mouvement, doit donc se distinguer de la substance éthérée elle-même dans laquelle le mouvement s'accomplit, comme le mouvement vibratoire qui constitue le son doit se distinguer de l'air, ou en général de la matière pondérable, dans laquelle les vibrations s'accomplissent.

Il est bien probable que les vibrations calorifiques sont moins rapides et ont plus d'amplitude que les vibrations lumineuses. On peut dire qu'elles sont aux vibrations lumineuses ce que les vibrations pendulaires sont aux vibrations sonores. Ce qui légitime encore cette analogie, c'est que les vibrations calorifiques excitent dans l'éther, comme les vibrations pendulaires dans l'air, des mouvements que nous pouvons sentir par tous nos organes ; tandis que les vibrations lumineuses, de même que les vibrations sonores, ne peuvent être senties que par des organes spéciaux.

Les différentes espèces de lumière ou les couleurs dépendent de la rapidité plus ou moins grande des vibrations : soit v la vitesse de propagation, l la longueur d'une ondulation ; $\frac{v}{l}$ sera le nombre de vibrations par seconde. On voit que ce nombre est d'autant plus grand que la lumière est plus réfrangible ; ainsi, pour produire le violet, il faut des vibrations plus rapides que pour produire le rouge. Dans tous les cas, les vibrations sont d'une inconcevable rapidité : pour le vert, par exemple, le nombre des vibrations par seconde est d'environ 600 millions de millions. Il faut d'ailleurs une différence de plusieurs millions de millions pour occasionner une différence de nuance appréciable. Il est évident que les couleurs composées dépendent non-seulement de la rapidité des vibrations, mais aussi de la manière dont ces vibrations se superposent. Quant à la perception de telle ou telle couleur, elle dépend des causes physiques que nous avons signalées (*Voy.* Couleurs) et de l'état de l'organe. On doit naturellement admettre que les différentes espèces de chaleur dépendent aussi de la rapidité plus ou moins grande des vibrations calorifiques.

Lorsqu'un point de l'éther est le siége d'un mouvement vibratoire, l'ébranlement se propage dans les couches environnantes avec le caractère du mouvement par ondes, c'est-à-dire que chaque couche transmet tout son mouvement à la couche suivante ; de sorte qu'elle rentrerait immédiatement en repos si l'ébranlement originaire ne continuait pas. Les phénomènes de la *polarisation* conduisent à admettre que, pour la propagation des mouvements qui constituent la lumière et la chaleur, les molécules d'éther se déplacent perpendiculairement au sens de la propagation des ondes circulaires. On peut encore se faire une idée des mouvements de l'éther pendant la propagation de la lumière, en imaginant qu'une sphère, plongée dans un fluide, tourne d'une petite quantité sur son centre alternativement à droite et à gauche : les oscillations se communiquant au fluide, celui-ci se divise en couches concentriques qui glissent les unes sur les autres tout d'une pièce, de sorte que les molécules qui composent une couche conservent leurs distances respectives. Dans un pareil mouvement, il n'y a ni compression ni dilatation, comme dans le cas de la propagation du son. A la rigueur, il faut bien que les molécules d'éther s'approchent ou s'éloignent les unes des autres pour se transmettre le mouvement, mais les changements de densité sont infiniment petits et du même ordre, par exemple, que ceux de l'eau pendant la propagation des ondes à sa surface.

La couche d'éther, ébranlée par une vibration complète du point lumineux, forme ce qu'on appelle une *onde lumineuse*. L'épaisseur de l'onde constitue la *longueur d'ondulation*. La *surface de l'onde* est la surface sur tous les points de laquelle l'ébranlement arrive au même instant ; on peut aussi dire que c'est la couche infiniment mince ébranlée par un des mouvements élémentaires dont la vibration se compose. Comme l'onde elle-même a très-peu d'épaisseur, on confond souvent l'onde avec la surface de l'onde.

On entend par milieu *isotrope* ou *isophane* (1), celui où la distribution de l'éther est la même dans toutes directions autour d'un point quelconque. Dans un pareil milieu la lumière se propage de la même manière dans toutes les directions, de sorte que les ondes y sont sphériques : c'est ce qui a lieu dans le vide, dans l'air, l'eau, le verre, et en général dans les milieux qui ne jouissent pas de la double réfraction ; c'est seulement dans ces milieux que nous avons étudié et que nous étudions maintenant les phénomènes de la lumière.

Quand des ondes circulaires à la surface de l'eau sont arrêtées par un obstacle offrant une petite ouverture, le mouvement ne se propage pas seulement en ligne droite ; il diverge notablement à partir de l'ouverture, qui devient alors comme un nouveau centre d'ondes. Ce phénomène et la propagation bien connue du son derrière les obstacles, avaient été présentés comme des objections fondamentales contre la théorie des ondes lumineuses ; mais il est aisé de voir que si, dans le cas des ondes sonores et des ondes à la surface de l'eau, la propagation latérale est beaucoup plus marquée, c'est que les longueurs d'ondulation sont beaucoup plus grandes. Supposons la même ouverture et la même obliquité, la différence qui contiendrait, par exemple, 100,000 demi-ondulations dans le cas de la lumière, en contiendrait tout au plus 2 ou 3 dans le cas de l'eau ou du son ; d'où il suit qu'en décomposant l'onde en éléments d'interférence, on aura une partie efficace beaucoup plus considérable. Les différences, du reste, s'atténuent à mesure qu'on met plus d'analogie dans les circonstances : ainsi, à travers une ouverture ayant des dimensions en rapport avec l'extrême petitesse des ondulations lumineuses, le soleil, au lieu d'un rayon cylindrique bien défini, donne une lumière diffuse excessivement dilatée.

On a encore objecté que la lumière étant une ondulation comme le son, devrait pouvoir comme lui se propager en ligne courbe dans des tuyaux. Mais c'est qu'en effet elle s'y propage quand les circonstances sont analogues, quand, par exemple, le tuyau réfléchit aussi bien la lumière que les tuyaux ordinaires réfléchissent le son ; sans doute on n'obtient pas alors d'image nette, mais on n'en a pas non plus dans le cas du son. On peut très-bien observer la propagation de la lumière en ligne courbe dans la veine liquide qui s'échappe d'un vase et qui tombe sur un point sombre ; car ce point se trouve éclairé, si la veine l'est dans une partie quelconque de son trajet.

(1) ἴσος, même, et φανός, transparence ou pénétrabilité.

Il est à remarquer que les vibrations des molécules d'éther se font perpendiculairement au rayon, comme dans le cas des ondes à la surface de l'eau. Ainsi les molécules qui dans l'état de repos sont sur une ligne droite, forment pendant leur mouvement une ligne sinueuse qui ressemble à une corde divisée en parties vibrantes. Les *écarts* répondent aux différentes *phases de la vibration*, c'est-à-dire aux différentes positions du corps qui vibre; chacun de ces écarts forme une phase de l'ondulation; l'écart maximum est la mesure de l'*amplitude des vibrations*. Les *nœuds*, qui sont les points où l'écart est nul, divisent naturellement le rayon en demi-ondulations; il y en a de deux espèces, suivant le sens dans lequel l'écart change; deux nœuds consécutifs sont d'espèce différente; deux nœuds séparés par un autre sont de même espèce: ces derniers comprennent toutes les phases d'une ondulation.

Telle est l'idée qu'il faut se faire d'un rayon, à un instant donné; mais, l'instant d'après, la forme change: car, pour la propagation de la lumière, le mouvement d'une molécule passe à la suivante; de sorte qu'une même molécule offre successivement tous les écarts que des molécules différentes offrent au même instant, et sa vibration complète dure précisément le temps que met la lumière à parcourir la longueur d'une ondulation. On voit d'après cela que les nœuds se déplacent, et qu'ils avancent avec toute la vitesse de la lumière en conservant leurs distances respectives. On a une représentation assez exacte de ce mouvement avec une corde pendante le long de laquelle se propage une inflexion qu'on a produite à une extrémité.

Nous avons supposé, pour plus de simplicité, que les molécules d'éther repassaient toujours par leur position d'équilibre à chaque oscillation; mais réellement elles sont susceptibles de tous les mouvements que nous observons dans un pendule. Ainsi elles peuvent décrire des cercles, des ellipses autour de leur position d'équilibre, ou bien y revenir par des spirales comme dans les différents cas des oscillations coniques.

L'inégale vitesse des couleurs dans les milieux considérables s'explique parfaitement dans le système des ondulations; en effet, M. Cauchy a démontré que, d'après les lois de la mécanique, les vibrations dans les milieux pondérables devaient éprouver une diminution de vitesse d'autant plus grande qu'elles étaient plus rapides, c'est-à-dire plus nombreuses dans le même temps; de sorte que la lumière violette, qui a des vibrations plus rapides que la lumière rouge doit nécessairement se propager moins vite qu'elle.

Le système de l'émission conduit à des résultats tout à fait contraires, c'est-à-dire qu'une conséquence forcée de ce système est que la lumière doit se propager plus vite dans les milieux pondérables que dans le vide, et que la vitesse doit être d'autant plus grande que la lumière est plus réfrangible. Cette opposition a donné à M. Arago l'idée d'une expérience directe et indépendante de toute théorie, qui déciderait immédiatement entre les deux systèmes : tout se réduirait à voir, par exemple, si la lumière passe plus vite à travers l'air qu'à travers l'eau.

L'absorption n'a pas encore été véritablement expliquée dans le système des ondes, pas plus que dans le système de l'émission; seulement on peut dire que les corps pondérables par leur constitution même sont incapables de transmettre sans perte le mouvement qui constitue la lumière. Un corps est opaque lorsque la distance où le mouvement devient insensible et comparable à la longueur d'une ondulation, qui est, comme on le sait, d'à peu près un demi-millième de millimètre; dans les autres cas, le milieu doit être considéré comme transparent. M. Cauchy appelle *coefficient d'extinction*, un nombre qui indique la rapidité plus ou moins grande avec laquelle le mouvement s'éteint en pénétrant dans un corps opaque : pour l'argent, il a trouvé 2,96; pour l'acier, 3,04; le métal des miroirs, 3,39; le mercure, 4,41.

L'analyse démontre que, dans un même milieu, l'affaiblissement du mouvement peut être fort inégal suivant la longueur d'ondulation, ce qui explique la décomposition de la lumière par l'absorption.

Tant que la densité de l'éther reste la même, le mouvement qui produit la lumière passe tout entier d'une couche à l'autre, sauf la perte par l'absorption; et la couche, qu'on peut appeler incidente, rentre en repos, comme dans le cas du choc des billes égales. Mais quand la densité est différente, ainsi que cela arrive au moment où la lumière se présente pour passer d'un milieu dans un autre, alors la couche incidente continue à se mouvoir, soit dans le même sens, soit en rétrogradant, suivant les circonstances: dans les deux cas, son mouvement se propage dans le milieu auquel elle appartient et constitue la lumière réfléchie. Lorsque les molécules d'éther qui composent l'onde incidente rétrogradent par le fait de la réflexion, elles passent tout à coup d'une phase où la vibration se fait dans un sens, à une phase où la vibration se fait en sens inverse; c'est ainsi qu'il peut y avoir suppression d'une demi-ondulation : ce cas doit se présenter quand l'éther est plus dense dans le milieu réfléchissant. Et, en effet, Fresnel a reconnu qu'il y avait interférence entre deux rayons qui ne diffèrent que parce que l'un d'eux s'était réfléchi sur le verre.

La réflexion *spéculaire* ou régulière ne s'observe bien que sur les corps polis; sur les autres, les centres d'ondulation à la surface ne sont plus disposés de manière à produire une forte lumière dans une certaine direction et des interférences complètes dans tous les autres; de sorte qu'on a un rayonnement plus ou moins égal en tous sens. Du reste on conçoit que les inégalités de la surface doivent avoir une influence d'autant moindre que les ondulations sont plus longues: voilà pourquoi la lumière rouge se réfléchit de préférence dans certains cas. Des aspérités qui pour la lumière empêchent toute réflexion régulière, sont évidemment sans influence dans le cas du son.

Outre la réflexion irrégulière produite par des inégalités, il y a encore une réflexion irrégulière qui a lieu pour tous les corps, même les mieux polis, et qui se fait à une certaine profondeur au-dessous de la surface. On conçoit la possibilité de cette réflexion en observant que près des limites des corps la densité et la disposition de l'éther doivent varier par degrés dans une certaine épaisseur; la réflexion est même possible dans l'intérieur d'un même milieu pondérable, puisque la densité de l'éther change dans le voisinage des *atomes*. *Ce sont ces diverses réflexions irrégulières* qui, en général, rendent visibles les corps non lumineux par eux-mêmes, en produisant le phénomène de l'*éclairement*.

La réfraction de la lumière est une conséquence nécessaire de l'inégalité de vitesse dans les différents milieux.

Comme les vitesses dans chaque milieu sont constantes, il s'ensuit qu'il y a un rapport constant entre les sinus des *angles d'incidence et de réfraction*.

Les différentes couleurs ayant des vitesses différentes dans un même milieu pondérable, il est évident qu'elles doivent se réfracter inégalement dans un pareil milieu, ce qui produit le phénomène de la *dispersion*.

L'analyse démontre que le rapport du sinus d'incidence au sinus de réfraction n'est plus constant quand la lumière pénètre dans un milieu opaque; cependant il varie très-peu. La loi de Descartes est encore en défaut dans le cas de la réflexion dite totale (1). Alors une portion de la lumière échappe réellement à la réflexion *et se réfracte parallèlement à la surface* réfringente, de sorte que l'angle de réfraction reste droit malgré la variation de l'angle d'incidence.

Si la lumière se composait de particules lancées avec une vitesse de 70,000 lieues par seconde, la vitesse moyenne de la terre dans son orbite étant de 7 lieues, il s'ensuivrait que, quand nous *marchons directement vers* une étoile, la vitesse de la lumière se *trouverait* augmentée de $\frac{1}{10000}$, ce qui produirait une différence d'environ 30" dans la déviation donnée par un prisme. Or M. Arago a constaté que la déviation restait toujours la même : d'où il suit que, dans ce cas, le mouvement de la terre est réellement sans influence sur la vitesse de la lumière. Dans le système de l'émission, l'on explique ce fait en supposant que le corps lumineux lance des particules douées de vitesses très-différentes, et que la sensation de la lumière est due seulement aux particules qui par rapport à nous ont une vitesse de 70,000 lieues.

Dans le système des ondes, l'explication est toute naturelle en admettant que la terre emporte avec elle l'éther qui entre dans sa constitution ; car alors les choses doivent se passer pour la lumière comme pour un son qui serait produit aux limites de l'atmosphère : la propagation dans l'air ne se ferait évidemment ni plus ni moins vite que si la terre était en repos. Il est vrai que, dans cette hypothèse, il n'est pas facile d'expliquer l'aberration, mais cependant M. Cauchy ne pense pas que cela soit impossible.

Les derniers travaux de M. Cauchy ont donné une immense probabilité à la *théorie des ondulations*. En *considérant* le cas d'un système de molécules tenues en équilibre à distance par des attractions et des répulsions mutuelles, ce qui est bien le cas des atomes pondérables et de l'éther, ce géomètre a reconnu qu'en général deux espèces de vibrations pouvaient se propager les unes avec les autres, sans changement de densité. Ces dernières, qui ont encore pour caractère de s'effacer perpendiculairement *à la direction suivant* laquelle elles se propagent, reproduisent identiquement tous les mouvements vibratoires imaginés par les physiciens pour expliquer les phénomènes de la lumière; ce qui démontre déjà que ces mouvements sont parfaitement *compatibles* avec les lois de la *mécanique*. En outre, l'analyse mathématique, nécessairement plus sûre dans ce cas que le simple raisonnement, prouve que ces mouvements vibratoires se propagent, s'affaiblissent, se réfléchissent, se réfractent, se dispersent, se *polarisent* précisément *suivant les lois* que l'expérience *fait reconnaître* pour la lumière ; de sorte qu'il devient réellement impossible de ne pas croire que la lumière consiste en effet dans ces mouvements.

Théorie atomistique. *Voy.* Matière.

Théorie dynamique. *Voy.* Matière.

Théorie de M. Peltier sur les phénomènes aqueux et ignés de l'atmosphère. *Voy.* Electricité atmosphérique.

Théorie de la formation de la grêle par Volta. *Voy.* Paragrêle.

Théorie de Deluc pour expliquer l'état barométrique pendant la pluie, discutée et réfutée ; vraie théorie de ce phénomène. *Voy.* Baromètre.

Théorie de la capillarité. *Voy.* Capillarité.

Théorie électro-chimique. *Voy.* Electricité (*Hist. de l'*).

Théorie des ondes lumineuses. *Voy.* Interférences.

Théorie du magnétisme. *Voy.* Magnétisme.

(1) Cette loi de Descartes est ainsi formulée :

$$\frac{\text{Sin } a}{\text{Sin } b} = n$$

a est l'angle de l'incidence ou celui du premier milieu ;
b l'angle de réfraction ou celui du second milieu
n l'indice de la réfraction.

Théorie des phénomènes magnétiques terrestres. *Voy.* Magnétisme terrestre.

Théorie de l'électro-magnétisme par Ampère. *Voy.* Electro-dynamique.

THERMOMÈTRE (de θέρμος, chaud, et μέτρον, mesure). — On donne ce nom à un appareil destiné à comparer les diverses quantités de chaleur sensible que possède l'air ou tout autre corps liquide ou gazeux. Le principe sur lequel est fondé cet instrument, c'est que toutes les fois qu'un corps reçoit ou perd de la chaleur, son volume augmente ou diminue. Quelques corps cependant font exception quand ils changent d'état; tels sont l'eau, la fonte, le fer et le bismuth.

Le thermomètre est impropre à mesurer une chaleur trop élevée; on se sert, dans ce cas, du pyromètre (*Voy.* ce mot). On ignore à qui revient l'honneur de la découverte du thermomètre. Les uns l'attribuent à Galilée (M. Libri, *Histoire des Sciences mathématiques en Italie*, t. IV, pag. 189), les autres à Fr. Bacon ou à Fludd, ou à Drebbel ou à Sanctorius.

Amontons, au commencement du XVIIe siècle, conçut le premier l'idée d'un thermomètre comparable. A cet effet, il mit à profit les découvertes qu'on venait de faire: la première était, que la force élastique de l'air augmente d'autant plus par le même degré de chaleur, que ce gaz est chargé d'un plus grand poids; la seconde, que l'eau une fois entrée en ébullition ne devient pas plus chaude, quel que soit le degré de chaleur qu'on lui applique. Cette dernière découverte fut de la plus haute importance; elle fut bientôt suivie d'une autre non moins remarquable. Black démontra expérimentalement un fait déjà entrevu avant lui, savoir, que la glace fondante conserve invariablement le même degré de température, tant qu'il reste encore une portion à fondre, et quel que soit le degré de chaleur qu'on lui applique. Ces deux découvertes fournirent les deux termes fixes et comparables du thermomètre de Réaumur, dont l'emploi est encore aujourd'hui répandu, surtout en Allemagne. Par des procédés très-ingénieux (*Mémoires de l'Académie des sciences*, année 1730, p. 452), Réaumur parvint à connaître le rapport de capacité de la boule à celle du tube, ainsi que le degré de dilatabilité de l'alcool, qu'il employait. Il choisit pour cela l'alcool qui, depuis la température de la glace fondante jusqu'à celle de l'eau bouillante, se dilate de $\frac{80}{1000}$; c'est-à-dire que 1000 parties en volume de cet alcool plongées dans la glace fondante, occupent 1080 parties en volume étant plongées dans de l'eau bouillante. Réaumur commença la graduation de son échelle thermométrique au point de la congélation de l'eau, et la marqua par 0°. Le degré de dilatation que reçoit la liqueur par la température des caves profondes, fut marqué par 10° 1/4; celui qu'elle reçoit par la chaleur animale, 32° 1/2; enfin celui qu'elle reçoit, dans un vaisseau ouvert, par la chaleur de l'eau distillée bouillante, le baromètre étant à 28 pouces (757mm,70), fut marqué par 80°. Le 0° et 80° sont donc les deux termes de comparaison dans le thermomètre de Réaumur. L'échelle depuis 0° jusqu'à 80° est divisée en 80 parties égales, appelées *degrés*. Le chiffre indiquant un de ces degrés est précédé du signe +, ou, le plus ordinairement, il n'est précédé d'aucun signe. Les températures les plus élevées de l'air atmosphérique ne dépassent guère 60°, quelque chaud que soit le climat. Pour la construction des thermomètres destinés à mesurer des changements atmosphériques, il est inutile de pousser la graduation de l'échelle au delà de 80°. Il n'en est pas de même des températures basses, qui, en hiver et dans les contrées froides, peuvent être de plus de 40 degrés au-dessous de zéro. La graduation de l'échelle doit donc être continuée au-dessous de 0°. Les chiffres indiquant les degrés au-dessous de ce terme fixe, sont toujours précédés du signe —

Dans le *thermomètre centigrade* (thermomètre de Celsius), l'échelle est divisée en 100 degrés, 0° représentant la température de la glace fondante, et 100° l'eau bouillante. C'est le thermomètre qui est aujourd'hui généralement employé. Dans le *thermomètre de Fahrenheit*, exclusivement adopté en Angleterre, 32° marque la glace fondante, et 202 l'eau à l'état d'ébullition.

En multipliant les degrés du thermomètre de Réaumur par 5/4, on les transforme en degrés centigrades; et, réciproquement, en multipliant les degrés centigrades par 4/5, on les transforme en degrés de Réaumur. Pour convertir en degrés centigrades une température exprimée en degrés de Fahrenheit, il suffit d'en retrancher 32, et de multiplier le reste par 5/9.

Les liquides employés pour les thermomètres sont presque exclusivement l'alcool et le mercure. On peut construire des thermomètres à mercure qui marquent jusqu'à 350 degrés, mais il est impossible qu'ils marquent au delà; car cette température est voisine du point d'ébullition du mercure. Au-dessous de 0°, le thermomètre à mercure ne donne des indications justes que jusqu'à — 30° ou — 35°; car il approche alors de son point de congélation, où il éprouve des modifications brusques. On fait le plus souvent usage du thermomètre à mercure dans les laboratoires de physique et de chimie, pour constater les points d'ébullition des huiles et d'autres corps liquides. Pour les recherches auxquelles on veut donner un certain degré d'exactitude, il faut employer des thermomètres qui n'aient que 15 ou 20 degrés d'échelles. L'un, marquant, par exemple, — 5° à — 20°; un autre, — 5° à + 10°; un troisième, + 10° à + 25°, etc. Dans ces cas, les réservoirs ne contiennent que très-peu de mercure, les tubes sont d'un diamètre intérieur très-fin, et chaque degré peut être divisé en un grand nombre de fractions. Ces thermomètres ont le double avantage de prendre rapidement la température ambiante, et de l'indiquer avec une grande précision. Pour les graduer, il faut se servir d'un *thermomètre étalon*, c'est-à-dire, d'un thermomètre gradué à la glace fondante et à l'eau bouillante. Pour déterminer le point fixe exprimé par 100° (thermomètre centigrade), il importe de faire usage d'une eau bien pure (*distillée*), car l'eau impure ou salée exige une température un peu plus élevée pour entrer en ébullition. Il faut, en outre, déterminer avec exactitude l'état barométrique ; car le point d'ébullition varie suivant que la pression atmosphérique est plus ou moins grande.

Comme le thermomètre à mercure est susceptible du plus grand degré d'exactitude, nous allons en communiquer la description, empruntée à M. Pouillet. Les principaux moments de cette opération consistent : 1° à préparer le tube thermométrique, 2° à introduire le liquide, 3° à fermer le thermomètre, 4° à le graduer.

« Les tubes de thermomètre doivent avoir un diamètre intérieur qui soit partout le même, afin que les longueurs égales correspondent à des volumes égaux. Pour s'assurer de cette condition, on fait passer dans l'intérieur du tube que l'on veut employer, *une petite colonne de mercure de 1 ou 2 centimètres de longueur*; ensuite, par une légère pression que l'on peut exercer avec une vessie de gomme élastique, on fait courir cette colonne d'un côté ou de l'autre, jusqu'à ce qu'elle ait parcouru toute l'étendue du tube en présence d'une échelle divisée. Si dans chaque position, elle occupe la même longueur, on est très-sûr que le tube est cylindrique ; et, pour l'employer à la construction d'un thermomètre, il ne reste plus qu'à y souffler une boule, ou à y souder un réservoir cylindrique. Si, au contraire, elle occupe des longueurs inégales, il est nécessaire de calibrer le tube, c'est-à-dire, de marquer sur toute sa longueur les intervalles plus ou moins grands qui correspondent au volume constant de la colonne, ou à des *capacités égales*. Pour introduire le liquide, on chauffe le réservoir afin d'en dilater l'air, et ensuite on plonge rapidement l'extrémité du tube dans un bain de mercure. Le refroidissement qui a lieu diminue l'élasticité de l'air intérieur, et la pression atmosphérique force le liquide à monter de plus en plus ; il suffit qu'il en arrive seulement quelques gouttes dans le réservoir. Alors, retournant l'appareil pour le chauffer de nouveau jusqu'à l'ébullition du liquide, les vapeurs de mercure en remplissent bientôt toute la capacité, l'air est complétement chassé ; et cette fois, en plongeant très-vite l'extrémité du tube dans le bain de mercure, on est presque assuré qu'il le remplira complétement.

« Avant de fermer le thermomètre, on en *règle la course*, c'est-à-dire que l'on fait sortir ou rentrer du liquide jusqu'à ce que le sommet de la colonne corresponde à peu près à la hauteur que l'on veut choisir pour la température moyenne ; ensuite on ferme à la lampe l'extrémité du tube. Cette opération se fait de deux manières : 1° en faisant le vide au-dessus de la colonne thermométrique, 2° en y laissant l'air. Dans le premier cas, on commence par effiler l'extrémité du tube, et, après cela, on chauffe la boule sur des charbons jusqu'au point de faire sortir une petite goutte de liquide. A cet instant même, on dirige le dard du chalumeau sur l'extrémité du bec effilé du tube, le verre se fond, et le tube est fermé ; il ne reste plus qu'à l'arrondir, en le présentant au dard de la lampe après que la colonne s'est retirée par le refroidissement. Dans le second cas, le thermomètre étant à la température *ambiante*, c'est-à-dire à la température de l'air environnant, on présente l'extrémité du tube au dard de la lampe, et on le ferme hermétiquement ; ensuite on le maintient rouge et à peu près en état de liquéfaction pendant quelques instants, et alors, chauffant rapidement le réservoir, soit avec la main, soit avec une lampe, la colonne monte ; l'air est repoussé, et, par la pression qu'il exerce au sommet du tube sur le verre fondu, il forme une espèce de réservoir qui est plus ou moins grand, suivant que l'air y est refoulé avec plus ou moins de force. Ce réservoir supérieur est presque toujours nécessaire lorsqu'on laisse de l'air dans l'appareil.

« La *graduation* du thermomètre consiste à marquer les *deux points fixes*, et à diviser en parties égales l'intervalle qui les sépare. Les points fixes qui sont généralement adoptés sont celui de la glace fondante et celui de l'eau bouillante. Pour marquer le point de la glace fondante, on plonge dans un vase rempli de glace pilée le réservoir du thermomètre et toute la partie de la tige dans laquelle il se trouve du liquide. La température ambiante étant plus haute que 0°, la glace fond peu à peu, et toute la masse se maintient à la température fixe de la glace fondante. Après quelques instants, le thermomètre a pris cette température ; il reste parfaitement stationnaire, et l'on marque le point précis où il se trouve. On le marque sur le tube, d'abord à l'encre, et ensuite on y fait un trait au diamant : c'est le 0° ou le point de départ de notre échelle *thermométrique*. Pour marquer le point de l'ébullition, on prend un vase à long col, dans lequel on fait bouillir de l'*eau distillée*. Après quelques instants d'ébullition, la vapeur en a chauffé également toutes les parties, et elle s'échappe par les ouvertures latérales ; alors le thermomètre est enveloppé de toutes parts d'un bain de vapeur dont la température est partout la même et partout égale à la température de la première couche d'eau bouillante. Bientôt la colonne arrive à un point fixe qu'elle ne peut plus dépasser : c'est le point d'ébullition. On le marque d'abord à l'encre, et ensuite au diamant. Si, au moment de l'expérience, la hauteur du baromètre était sensiblement différente de 760mm, il faudrait faire une correction, que l'on trouve dans des tables destinées à cet usage. L'intervalle des deux points de la glace fondante et de l'eau bouillante est divisé en 100 degrés ou en 100 parties d'égale capacité; les divisions sont continuées au-dessus et au-dessous de ces points, et leur ensemble forme l'*échelle thermométrique*. Quand le tube a été reconnu exactement cylindrique, il suffit de le mettre sur une machine à diviser, de compter le nombre des tours de vis nécessaires pour parcourir tout l'espace compris entre les points de glace fondante et d'eau bouillante, d'en prendre la centième partie, qui représente alors le nombre des tours et des fractions de tour qu'il faut faire, en partant de zéro, pour que le diamant arrive aux points successifs où il doit faire ses traits de 1°, 2°, etc. Quand le tube n'a pas été reconnu cylindrique, il a été calibré, c'est-à-dire divisé, par exemple, en 20 parties de capacités égales, dont chacune peut être regardée comme cylindrique. On estime d'abord combien il y a de ces capacités entre les points de glace et d'ébullition, soit, par exemple, 15,75 : chaque degré correspond donc à 0,1575. On sait d'ailleurs que la première, celle dans laquelle se trouve le zéro, correspond à n tours de la machine à diviser; la deuxième, à n' tours, etc. Ainsi, en partant du zéro, il faudra faire un nombre de tours 0,1575 n, pour arriver à 1°; puis, quand on sortira de cette capacité pour passer à la suivante, il faudra, pour chaque degré ou fraction de degré, faire un nombre de tours à raison de 0,1575 n' pour 1°, etc. Tous les thermomètres à mercure, construits d'après ces principes, sont des instruments *comparables*, c'est-à-dire qu'ils marchent ensemble et indiquent en même temps le même nombre de degrés. En effet, deux volumes d'un même corps étant pris à 0°, si on les porte à une autre température, de telle sorte que l'un d'eux se dilate, par exemple, de la millième partie de son volume à 0°, l'autre se dilatera aussi de la millième partie de son volume à 0° : par conséquent, deux thermomètres à mercure doivent marquer en même temps 1°, 2°, 3°, etc., parce qu'ils doivent prendre en même temps le centième, les 2 centièmes, les 3 centièmes, etc., de l'accroissement de volume qu'ils sont susceptibles de prendre en passant de 0° à 100°.

« Cependant, ce raisonnement n'est vrai qu'en supposant le mercure contenu dans des vases ou dans des enveloppes solides de même nature; car, dans les thermomètres, ce n'est pas la *dilatation absolue* du mercure que l'on observe, mais sa *dilatation apparente*, c'est-à-dire la différence qui existe entre l'accroissement de volume du mercure et l'accroissement de capacité de l'enveloppe qui le contient. Si le verre se dilatait autant que le mercure, le thermomètre resterait stationnaire à toutes les températures; et même, si l'enveloppe du verre se dilatait plus que le liquide qu'elle contient, les augmentations de chaleur feraient baisser le thermomètre, au lieu de le faire monter. Pour que les thermomètres soient rigoureusement comparables, il faut donc que leurs enveloppes soient également dilatables. »

Le zéro de l'échelle du thermomètre, qui indique le degré de la glace fondante, n'est pas fixe. M. Flaugergue a trouvé, en 1823, qu'il se déplaçait avec le temps, et s'élevait d'une fraction de degré. M. Bellani, qui a étudié la marche de ce phénomène, reconnut que le déplacement allait toujours en augmentant pendant deux ans environ, et qu'il cessait ensuite. On ne peut attribuer cet effet qu'à la lenteur des molécules du tube de verre qui a été chauffé, à reprendre leur position d'équilibre. M. Legrand, en étudiant de nouveau ce phénomène, a été conduit à plusieurs faits intéressants, desquels il résulte que le déplacement du zéro n'a pas lieu aux températures ordinaires avec le cristal; qu'il se produit également quand le thermomètre est ouvert, et qu'il doit être attribué au retrait du verre quand le refroidissement du tube a été subit. D'après cela, il faudrait faire les réservoirs en cristal, et, toutes les fois que l'on observe à des températures élevées, avoir l'attention, à chaque opération, de vérifier le zéro de l'échelle. M. Despretz, ayant étudié également cette question, a trouvé que le zéro du thermomètre éprouve des oscillations dans le cours même des expériences. Si cet instrument est tenu à une température basse, comme — 20°, pendant un certain temps, le zéro monte; si, au contraire, l'instrument est tenu à une température élevée, le zéro baisse. Dans l'un et l'autre cas, le zéro ne revient pas immédiatement au point primitif, quoique le thermomètre soit plongé dans de la glace à zéro. M. Despretz a tiré de ce dernier fait, et d'autres semblables, cette conséquence, que toutes les fois que les molécules d'un corps solide ont été déplacées par une force quelconque, elles ne reprennent pas immédiatement leur position quand cette force a cessé son action.

THERMOMÈTRE *à maximum*. — Cet instrument, destiné, ainsi que le thermomètre à *minimum* et le thermométrographe, à être descendu à des profondeurs plus ou moins grandes dans les mers, les lacs ou la terre, est un thermomètre ordinaire terminé à sa partie supérieure par une ampoule renversée servant de réservoir de déversement. Le tube du thermomètre se prolonge en pointe dans ce réservoir. Admettons que cet instrument donne des indications de température jusqu'à 50°, et que l'on veuille une température maximum de 30° : on commence par incliner le thermomètre de manière que le mercure vienne toucher la pointe; on fait chauffer le réservoir du thermomètre, et l'on refroidit ensuite au-dessous de la température que l'on doit observer, de manière à faire rentrer du mercure dans le réservoir; puis on relève le thermomètre et on lui donne une petite secousse pour faire tomber dans le réservoir la gouttelette qui termine la pointe. On plonge ensuite le thermomètre dans un bain dont la température, par exemple, est de 25°. Une partie du mercure provenant de la dilatation se déversera dans la pointe; alors on sera certain que l'instrument sera complétement *plein* à 25°. Ces dispositions faites, l'appareil est placé dans un étui, et on descend le tout dans le milieu dont on veut connaître la température que l'on suppose croissante au fur et à mesure que l'on s'enfonce : le mercure de la tige se déversera nécessairement dans le réservoir jusqu'à ce que la température soit stationnaire. On donne alors une secousse pour faire tomber la bulle adhérente à la pointe et l'on remonte l'instrument ; la colonne de mercure descendra nécessairement dans le tube : on le retire de son étui, et on le plonge de nouveau dans le bain à 25°, mesurés avec le thermomètre étalon.

Supposons que la hauteur du mercure corresponde à 15° à partir de la pointe : il s'ensuit que la quantité de mercure déversée dans le réservoir correspondra à celle qui convenait pour faire monter le thermomètre de 15 à 25 ; dès lors la température cherchée serait de 25+10 ou 35°. On conçoit qu'au moyen de cet appareil on puisse avoir des indications très-exactes. Cet instrument a l'avantage sur les anciens thermomètres à maximum, de pouvoir être tenu dans une position verticale.

Thermomètre *à minimum*. — C'est encore un thermomètre à mercure ordinaire ; mais à la partie inférieure de sa tige se trouve un petit réservoir d'alcool dans lequel plonge la pointe isolée qui termine le tube, et à la partie supérieure il y a un réservoir également rempli d'alcool.

Ces deux derniers thermomètres sont de l'invention de M. Walferdin.

Thermomètre *différentiel de Leslie*. — Cet instrument est destiné à mesurer de très-légères différences de température entre deux points donnés simultanément. Sa construction repose sur la dilatation de l'air, qui est à peu près vingt fois plus considérable que celle du mercure. Un degré de ce thermomètre correspond à $\frac{1}{10}$ degré environ du thermomètre centigrade.

Thermomètre *à poids ou à deversement*. Il a été employé avec avantage par Dulong et Petit, pour étudier l'action des températures élevées sur des corps solides. La température est mesurée, non plus par le volume, mais par le poids du mercure qui se déverse de la tige de verre qui le renferme. Dans ces thermomètres à mercure et à tige, formés de verre, la valeur de 1° est toujours $\frac{1}{6480}$ du réservoir.

THERMOMÈTRE DE BRÉGUET. — Malgré la faible dilatation des métaux comparativement à celle des liquides et des gaz, on a dans le thermomètre de Bréguet, un appareil d'une excessive sensibilité. Il se compose de trois lames métalliques, d'inégale dilatabilité, or, argent, platine, réunies entre elles d'une manière invariable et formant une hélice cylindrique ; les lames sont disposées de manière que celle qui se dilate le moins se trouve dans la concavité de la courbure. L'une des extrémités de cette hélice est fixe et l'autre est munie d'une aiguille qui indique, par ses mouvements, de combien le système s'est tordu ou détordu par suite des changements de température et de l'inégalité de dilatation du platine et de l'argent. Ces lames sont réunies par une forte pression. L'expérience prouve que les arcs décrits par l'aiguille sont proportionnels aux variations de température. La graduation est faite par comparaison avec un thermomètre à mercure. Cet instrument est d'une sensibilité extrême ; il est influencé à plusieurs décimètres de distance, par la chaleur de la main.

Thermomètre de Leslie ou Thermomètre différentiel. *Voy.* Calorique rayonnant.

Thermomètre de contact. *Voy.* Conductibilité.

Thermomètre de Kinnersley. *Voy.* Électricité, *effets mécaniques*.

Thermomètre métastatique. *Voy.* Hygrométrie.

THERMOMANOMÈTRE. *Voy.* Vapeur (*ses usages*).

THERMO-MULTIPLICATEUR. — De tous les appareils employés pour mesurer les températures à tous les degrés, le plus délicat ou le plus sensible est le thermo-multiplicateur de Melloni. Cet instrument se compose de cinquante barreaux, bismuth et antimoine, soudés alternativement, et repliés de telle sorte que toutes les soudures paires se montrent à l'un des bouts du faisceau, et les soudures impaires à l'autre bout. Si l'on applique la partie supérieure du faisceau à une source quelconque de chaleur, les soudures seront chauffées de deux en deux, les intermédiaires restant froides. Or, dans ce cas, on a un courant multiple qui augmente d'intensité avec le nombre des soudures, ce qui rend cet appareil analogue à la pile. Les barreaux extrêmes sont mis en rapport avec un multiplicateur ; et l'on remarque que la présence de la main, à distance de l'un des bouts du faisceau, l'échauffe assez pour produire un courant accusé par l'aiguille. Le faisceau est enfermé dans un tube de cuivre, terminé par un miroir parabolique. Aucun thermomètre n'approche, pour la sensibilité, du thermo-multiplicateur.

En soudant ensemble par un bout deux fils, l'un de fer, l'autre de cuivre, qu'on attache par l'autre bout aux fils d'un multiplicateur, on a un appareil très-commode pour apprécier les températures, dans des cas où les thermomètres seraient à peu près inapplicables. Par exemple, pour déterminer la température de la terre à d'assez grandes profondeurs, celle des lacs et des mers, fort au-dessous de la surface, on plonge ces fils à la profondeur voulue, par la soudure, et l'on reconnaît sur-le-champ, par le mouvement de l'aiguille, la température cherchée ; car on a déterminé par des essais préalables les positions diverses de l'aiguille, pour des températures variant de degré en degré. Avec des fils plus courts, et en donnant à la soudure d'épreuve la forme d'une pointe, on a pu explorer la chaleur des différentes parties du corps des animaux et de l'homme lui-même. Enfin, l'on peut mesurer d'après le même principe les plus hautes températures : il suffit pour cela de prendre deux fils, l'un de platine, l'autre de palladium, qu'on joindra par un nœud, et de placer ce nœud dans la source de chaleur. Il se produira un courant qui déviera l'aiguille aimantée à proportion de la température. Or, si l'on a constaté, par une expérience préalable, que 300° du thermomètre déviaient l'aiguille de 8°, et que la direction actuelle soit de 26°, on en conclura facilement la température de la source qui donne cette déviation.

Ainsi l'on voit que deux fils métalliques peuvent mesurer instantanément les températures à tous les degrés de l'échelle : propriété aussi bizarre en apparence qu'utile dans son application.

THERMO-ÉLECTRICITÉ. — Les courants électriques peuvent produire de la chaleur, puisqu'ils sont capables de fondre les fils de métal et de porter le charbon à l'état d'incandescence. La chaleur, à son tour, peut faire naître des courants électriques. Rappelons d'abord les signes d'électricité que la chaleur développe sur des substances homogènes.

Les métaux donnent des courants sensibles par la chaleur. Qu'on prenne un long fil de platine, qu'on y fasse un nœud par le milieu ou qu'on l'enroule en spirale ; ensuite qu'on le soude par ses extrémités aux deux fils d'un galvanomètre : dès qu'on le chauffe près du nœud ou de la spirale avec une lampe à alcool, le galvanomètre accuse l'existence d'un courant qui marche du point chauffé vers l'hélice. Or ce courant ne peut être attribué ni au contact, ni aux actions chimiques, puisque l'expérience réussit tout aussi bien lorsqu'on porte le fil de platine sous une cloche de verre pleine d'hydrogène bien sec, et que l'on concentre sur l'un de ses points les rayons solaires au moyen d'une lentille ; la chaleur est donc la seule cause de ces phénomènes. Si aux bouts des fils du multiplicateur on attache les extrémités d'un fil de fer, il suffit, pour obtenir un courant, d'appliquer les doigts à l'une des jonctions. La cause de ces courants est dans l'inégale facilité que le calorique trouve à se propager autour du point chauffé ; car si le fil que l'on chauffe est bien homogène, il n'y a point de courant ; mais il y en a toujours un lorsque les parties de ce fil diffèrent entre elles soit par le volume, soit par le degré de trempe ou de recuit. Le fil de platine employé dans la première expérience rapportée ci-dessus ne donnerait aucun signe électrique s'il n'était pas noué ou contourné en spirale. — L'énergie du courant produit par la chaleur dans un métal homogène est ce qu'on appelle son pouvoir *thermo-électrique* ; cette énergie augmente avec l'échauffement, mais non pas selon les mêmes lois pour tous les métaux.

L'intensité des courants thermo-électriques diminue rapidement, à mesure qu'on augmente la longueur du conducteur qu'on leur fait parcourir : aussi, dans les expériences précédentes, préfère-t-on les galvanomètres dont le fil est gros et court. Ces courants sont entièrement ou presque entièrement interceptés par les liquides, tandis que les courants voltaïques traversent très-bien, comme on sait, le mercure, les acides, etc. ; c'est pour cela que ces derniers sont appelés *hydro-électriques*.

Courant dans les circuits de plusieurs métaux.—Examinons maintenant la production de l'électricité déterminée par la chaleur dans des circuits, composés de deux ou plusieurs métaux. M. Seebeck, qui les a observés le premier, s'est servi d'un cylindre composé de bismuth, aux extrémités duquel est soudée une lame de cuivre en fer à cheval. Quand on chauffe une soudure de cet instrument avec une lampe à alcool, il se produit de suite un courant qui marche du bismuth au cuivre ; c'est ce que l'on peut facilement constater en plaçant dans le circuit une aiguille aimantée librement suspendue sur son axe. Dans cette expérience, l'aiguille, placée au milieu du circuit, est d'autant plus déviée, que la différence des températures des deux soudures est plus grande. Quand, au lieu de chauffer par une soudure, on la refroidit avec de la glace, et qu'on laisse l'autre soudure à la température ordinaire, le courant a encore lieu, mais en sens inverse. Quand on chauffe au contraire également les deux soudures, n'importe à quelle température, pourvu qu'elles le soient bien uniformément, on ne voit aucun effet produit sur l'aiguille aimantée. Il y a bien des courants produits aux deux soudures ; mais, comme ils vont chacun du bismuth au cuivre, ils se rencontrent, et comme ils sont de même force, parce qu'ils proviennent d'une source égale, l'effet que chacun isolé produirait sur l'aiguille est neutralisé.

Où cette électricité maintenant prend-elle naissance ? Ce n'est pas sur le cuivre, car si l'on chauffe une partie du circuit en cuivre, à n'importe quelle place, pourvu que l'on n'approche pas assez du point des soudures, on n'observe aucune déviation de l'aiguille. Elle ne prend pas non plus naissance sur le bismuth, car en construisant le circuit de manière que le bismuth puisse être chauffé à une place sans que l'on chauffe en même temps une des soudures, nul indice du courant ne se fait encore sentir. Elle prend donc naissance dans la soudure même, c'est-à-dire entre le bismuth et le cuivre. M. Becquerel a prouvé par une expérience très-ingénieuse, que l'électricité développée n'est pas due au simple contact des deux métaux, mais bien déterminée par la chaleur, et par l'inégalité du mouvement de cette chaleur à travers l'inégale conducibilité des métaux ou circuits.

Tous les métaux associés par couple et chauffés à une soudure donnent lieu à des courants, mais ces courants n'ont pas la même intensité pour tous les métaux. Par différents essais, en construisant des circuits successivement par plusieurs métaux, et en observant de combien de degrés l'aiguille était déviée par chaque couple, en tenant une soudure à 100°, et l'autre à zéro, on classa ces métaux en raison de leur tendance à prendre l'électricité positive ou négative.

Le plus sensible de tous les appareils employés dans ce but est le thermo-multiplicateur de Nobili. *Voy.* ce mot, et ÉLECTRICITÉ (*Hist. de l'*).

THERMOMÉTROGRAPHE, appareil dont le nom, composé de trois mots grecs, signifie qui *écrit* ou *indique le degré de chaleur.* — Cet instrument est formé d'un tube recourbé rempli de mercure, d'un réservoir rempli d'alcool et de deux petits cylindres de fer entourés de verre. Ces deux petits cylindres sont des index disposés pour donner l'un les plus basses températures, l'autre les plus hautes; ils cheminent ou s'arrêtent selon que le mercure les pousse ou les abandonne. Cet instrument doit être renfermé dans un étui à parois assez résistantes pour ne pas être brisé par les fortes pressions qu'il a à supporter dans les mers profondes.

TIMBRE. — On appelle ainsi, par métaphore, une qualité du son par laquelle il est aigre ou doux, sourd ou éclatant, sec ou moelleux; celle que chaque instrument donne au son qu'il fait entendre.

Le timbre établit entre les sons des différences en général très-faciles à reconnaître. L'oreille la moins exercée reconnaît le timbre de la voix humaine, avec toutes les nuances qu'y apportent l'âge, le sexe, telle ou telle émotion, etc. C'est par le timbre qu'on distingue la *flûte* de la *clarinette* ou du *hautbois*, même quand ces instruments jouent à l'unisson. Il y a une énorme différence pour le timbre entre les instruments à vent et les instruments à corde, lors même que, par quelque artifice particulier, le violon, par exemple, imite la flûte ou le cor. Une corde sur laquelle on passe l'archet ne résonne pas comme quand elle est pincée et abandonnée ensuite à son élasticité. On reconnait immédiatement à l'oreille la pluie qui tombe, une vitre qui se brise : il n'y a pas besoin de regarder pour cela, la qualité du son nous suffit. Les orfévres, en faisant sonner une pièce d'argenterie sur une plaque de fonte, vont jusqu'à apprécier des différences dans les proportions de l'alliage.

Le timbre est souvent modifié par des corps environnants : ainsi deux pièces frappées sous l'eau, dans un vase de métal, donnent un son métallique appartenant plutôt au vase qu'aux pièces elles-mêmes.

Le son que rend un corps quand on le frappe nous sert souvent à reconnaître son état actuel : la moindre fêlure dans un vase peut se trouver ainsi découverte; un tonneau plein résonne tout autrement que quand il est vide; en frappant une partie charnue, comme la cuisse, on a un son *mat*; la poitrine, au contraire, dans l'état sain, donne un son *creux*: de là l'idée qu'a eue Auenbrugger d'employer la *percussion* comme moyen de reconnaître les maladies de la poitrine. M. Piorry a étendu cette idée : son *plessimètre* est une espèce de petite boîte qu'on applique sur la partie qu'on veut explorer; l'instrument résonne d'une certaine manière quand on le frappe, suivant l'état des parties sous-jacentes.

TIRAGE. *Voy.* FUMÉE.

TOILES MÉTALLIQUES. — La lumière des flammes ordinaires dépend presque entièrement de l'ignition et de la combustion du charbon solide qui se dépose, et la quantité de chaleur dégagée pendant la combustion est proportionnelle à la quantité de matière qui brûle et qui est en contact avec le corps que l'on veut chauffer. Or il est possible, tout en conservant à la flamme sa lumière, de lui enlever une portion de sa chaleur en y introduisant un fil, et à plus forte raison une toile métallique. La quantité de chaleur enlevée par celle-ci suffit pour lui ôter en même temps une partie des propriétés qu'elle possède d'enflammer d'autres corps; or, comme dans la même circonstance la flamme perd peu de sa faculté éclairante, on conçoit sur-le-champ l'avantage qu'il y a à se servir des toiles métalliques pour empêcher l'inflammation des gaz au milieu desquels une lampe allumée peut se trouver. C'est à Davy que l'on doit cette belle application des propriétés des toiles métalliques. (*Voy.* LAMPE DE DAVY.) La diminution de la température étant proportionnelle à la masse de la toile, et par conséquent en rapport avec la petitesse des ouvertures, le pouvoir d'une toile métallique pour prévenir l'explosion dépend de la chaleur requise pour produire la combustion, comparée avec celle acquise par le tissu. Il résulte de là que plus la flamme dégage de chaleur dans la combustion, plus la texture doit être serrée. Ainsi, le même tissu peut laisser passer une flamme et en intercepter une autre qui dégage moins de chaleur.

Une toile de 14 ouvertures par centimètre carré, formée avec un fil d'un demi-millimètre de diamètre, intercepte à la température ordinaire la flamme d'une lampe à alcool, et non celle de l'hydrogène; si l'on chauffe ce tissu, il n'arrêtera pas la flamme de la lampe à alcool. On pourrait citer un grand nombre d'exemples du même genre.

La combustibilité comparative des diverses substances gazeuses est, jusqu'à un certain point, en raison de la masse que doit avoir le corps échauffé pour que l'inflammation ait lieu. Un fil de fer de 7 millimètres de diamètre chauffé au rouge cerise, n'allume pas le gaz oléfiant, tandis qu'il enflamme le gaz hydrogène; mais s'il a 3 millimètres, chauffé au même degré, il enflamme le gaz oléfiant.

Quand des courants rapides de mélanges explosifs agissent sur un tissu métallique, ils s'échauffent très-promptement : c'est pourquoi le même réseau, qui arrête les flammes des mélanges explosifs en repos, les laisse passer lorsqu'ils se meuvent avec rapidité; mais si l'on agrandit la surface refroidissante en diminuant la grandeur de l'ouverture, ou en augmentant la profondeur, on peut arrêter toutes les flammes, malgré la rapidité de leur mouvement. Ces faits et quelques autres démontrent que si la flamme est interceptée par des tissus solides, perméables à la lumière et à l'air, cette propriété dépend uniquement de leur pouvoir refroidissant. On voit maintenant ce qui doit arriver avec une lumière renfermée dans une cage de toile métallique, introduite dans une atmosphère de gaz explosible en repos : les fils ne tardent pas à arriver à leur maximum de chaleur; leur pouvoir rayonnant et la *faculté refroidissante* de l'atmosphère devenant plus efficaces par le mélange de gaz inflammable, ne leur permettent plus d'arriver à une température égale à celle du rouge qui est nécessaire pour l'inflammation. On peut donc, en employant des tissus suffisamment serrés, empêcher le rouge obscur et éviter la détonation, qui cause souvent de funestes accidents dans les mines de houille ou autres, où il se dégage une grande quantité de gaz hydrogène carboné.

On emploie les toiles métalliques dans une foule de cas. On en fait des rideaux pour les théâtres, mais rideaux qu'on n'abaisse qu'en cas d'incendie sur la scène. La toile sépare immédiatement celle-ci de la salle, et l'incendie se trouve tout d'un coup concentré.

On place des toiles métalliques très-serrées et très-nombreuses dans l'intérieur du conduit qui donne issue aux gaz condensés du chalumeau de Brooks. Comme la température de la flamme qui brûle au bout de ce chalumeau est véritablement excessive, on conçoit le cas où le métal du bec ne l'empêcherait pas de passer. Alors elle rencontrerait sur sa route un très-grand nombre de toiles métalliques qui lui interdiraient toute marche ultérieure et préviendraient l'explosion.

Les trous des becs de gaz qui sont percés dans une lampe de métal sont assez petits pour produire l'effet voulu. On conçoit que si ces ouvertures étaient plus larges, la température de la flamme, abaissée au contact des parois du trou, ne le serait pas en dedans de la petite colonne gazeuse qui passe, et pourrait par conséquent se propager dans l'intérieur des tuyaux. C'est à quoi l'on obvie, en ne donnant aux divers jets de gaz qu'une issue capillaire. Mais lorsque les tuyaux sont déchirés par quelque accident, les fissures offrent à la flamme un assez large passage, et des explosions s'ensuivent.

TON. *Voy.* SON.

TON. *Voy.* COULEURS.

TONNERRE. — Les étincelles de nos machines électriques et de nos plus fortes batteries ne donnent lieu qu'à un bruit simple, sec et instantané, tandis que l'étincelle que forme la foudre est suivie d'un bruit prolongé, d'un roulement, d'éclats, toutes choses qui constituent le tonnerre. Ici se présentent deux questions :

1° Pourquoi s'écoule-t-il un certain intervalle de temps entre l'éclair et le tonnerre qui le suit, et pourquoi cet intervalle est-il variable?

2° Quelle est la cause de ce son prolongé de ce roulement, et de quoi dépend la durée du phénomène?

D'abord il faut considérer l'éclair comme coïncidant rigoureusement avec le choc de la foudre, quelle que soit la distance de l'observateur au nuage orageux, attendu que, la lumière parcourant 78,000 lieues par seconde, il ne peut s'écouler entre l'instant où la foudre éclate et celui où la lumière en arrive à l'œil, qu'une inappréciable fraction de seconde. Mais le son ayant un mouvement de translation beaucoup moins rapide, on conçoit qu'un temps très-appréciable s'écoule entre le moment du choc et celui où le son en arrive à l'oreille de l'observateur. La vitesse du son est moyennement de 340 mètres à la seconde ; l'intervalle en question se composera donc d'autant de secondes que la distance du nuage fulminant contiendra de fois 340 mètres. Or ceci fournit un moyen d'évaluer la distance à laquelle on se trouve d'un nuage orageux, en comptant le nombre de secondes écoulées entre l'éclair et le coup de tonnerre, et multipliant ce nombre par 340, on aura la distance cherchée. On trouve ainsi qu'une distance d'une lieue donnera un intervalle de 11 à 12 secondes. Cette recherche n'est point dépourvue d'intérêt, *puisqu'elle peut donner la mesure du* danger pendant un orage. Si le coup de tonnerre suit l'éclair de loin, le nuage orageux sera à une distance rassurante; si, au contraire, il n'y avait pas entre les deux phénomènes de durée sensible, on courrait un véritable danger. Au lieu de compter par secondes, qu'on n'a pas toujours le moyen de reconnaître, on se sert des pulsations du poignet, dont il faut 14 pour équivaloir à la lieue, au lieu de 11 à 12 secondes, et que l'on compte d'ailleurs à raison de 290 mètres par seconde écoulée.

Du reste, le coup de foudre coïncidant avec l'éclair, le coup de tonnerre qui les suit est totalement inoffensif, quel que soit son fracas; et quiconque a vu l'éclair, a échappé par cela même au coup de foudre qui l'occasionne. Un homme foudroyé est frappé en même temps qu'il voit l'éclair ; la fulmination peut même l'affecter de telle sorte qu'il n'ait pas la perception du coup de tonnerre qui le suit immédiatement. Dans le cas contraire, on n'entend qu'un coup sec sans roulement et sans éclat, ce qui est l'indice général de la grande proximité d'un nuage orageux, quand on n'a pas remarqué l'éclair. Toutefois, il ne faut pas prendre la distance où l'on se trouve de la nuée orageuse pour la vraie hauteur de cette nuée au-dessus du sol; car celle-ci est un des côtés d'un triangle rectangle, dont la distance de l'observateur est l'hypoténuse; or cette hypoténuse peut être beaucoup plus longue que le côté.

Il est difficile d'expliquer le roulement du tonnerre ; on ne saurait le comparer au retentissement d'une corde mise en mouvement. Les anciens physiciens n'y voyaient qu'une répercussion du son par la terre, hypothèse qui semblait d'autant plus probable que le roulement est bien plus fort dans les pays de montagnes que dans les plaines : toutefois, comme on l'entend aussi en pleine mer, on pensa que les nuages répercutaient le son. Deluc objecta le premier qu'il était peu probable que des nuages, c'est-à-dire des brouillards, dont les limites sont à peine définies, pussent réfléchir le son. En comparant des phénomènes optiques analogues, nous trouverons qu'il y a réflexion dès que les propriétés de réfraction et de dispersion de la lumière viennent à changer. Quelques faits observés par les académiciens de Paris pendant leurs expériences sur la vitesse du son semblent favorables à cette hypothèse. En effet, quand il y avait des nuages entre les deux stations, Montmartre et Montlhéry, alors les coups de canon imitaient jusqu'à un certain point le roulement du tonnerre, ce qui n'avait jamais lieu quand le ciel était serein.

La nature de l'éclair joue, suivant Brandes, Helvig et Raschig, un rôle important; car ce sont les éclairs qui se dirigent en haut ou latéralement qui sont accompagnés de roulement, tandis que l'éclair qui frappe un objet s'accompagne d'un bruit sec et court. Si l'on admet que l'éclair se compose d'une série de petites explosions, comme le prouvent les expériences optiques de M. Dove, chacune de ces explosions doit produire un bruit. Dans un éclair qui tombe, le bruit causé par la première explosion arrive à l'oreille de l'observateur en même temps que celui de la dernière ; mais dans un éclair horizontal les bruits produits à une plus grande distance arrivent plus tard que les autres, et un éclair qui dure une seconde, mais qui s'étend sur une longueur de peut-être 2000 mètres en ligne droite, produira un bruit qui durera 7 secondes.

La forme en zigzag de l'éclair, sur laquelle Helvig a insisté, n'est pas d'une moindre importance. Il a vu distinctement un éclair arriver sur la terre en quatre sauts, et il a entendu quatre bruits d'intensité différente. Evidemment les bruits doivent arriver à l'oreille dans des intervalles différents; et comme c'est aux angles que le bruit est le plus fort, à cause de la compression de l'air, il en a déduit l'inégale intensité du son.

Comme dans tous les phénomènes compliqués, il y a ici deux causes agissantes : l'écho et l'inégale distance des explosions; mais pour expliquer leur intensité inégale et les intervalles de silence suivis d'un renforcement du son, nous sommes obligés d'admettre l'interférence des vibrations sonores. Le son se mouvant, à partir du point où il est produit, dans tous les sens, il en résulte des ondes sphériques qui sont telles, que si, dans un moment donné, l'air d'une série de ces sphères qui les séparent en ont une très-forte, dans le moment suivant ces séries changent de rôle. Supposons qu'à une certaine distance un second système ondulatoire, de même force et de même hauteur, soit engendré, alors tous deux se croisent sans entraver leur extension mutuelle; mais, sur certains points déterminés dans chaque système, il y a une grande différence dans l'intensité du son. Car dans les points où les deux systèmes rendent l'air alternativement plus dense et moins dense, le mouvement est plus rapide et le son plus intense que s'il n'y avait qu'une seule onde sonore. Dans d'autres points ces deux systèmes se rencontrent et tendent, l'un à condenser, l'autre à raréfier l'air; ils agissent par conséquent en sens opposé. Si leurs actions sont égales, leurs effets se détruisent ; sont-elles inégales, il ne reste que l'excès de la plus forte sur la plus faible : nous trouverons donc une série de points où le son sera plus fort et plus faible suivant les circonstances, comme s'il n'y avait qu'un seul son originel.

Il est probable que les interférences jouent un rôle dans ce phénomène ; comme dans les autres sons, le mouvement ondulatoire continue encore un certain temps après que la cause a cessé d'agir; chaque point que l'éclair frappe devient le centre d'un système ondulatoire. Toutefois nous admettrons, pour plus de simplicité, que les angles seuls du zigzag soient les centres de pareils systèmes. Le bruit du tonnerre arrive de l'angle le plus rapproché du zigzag, puis d'un second point. Si les ondes se rencontrent, le son sera renforcé; si cela n'arrive pas, il sera affaibli ou nul, et recommencera avec une nouvelle intensité quand les ondes correspondantes d'un ou de plusieurs systèmes d'ondulations se rencontreront.

On ne saurait guère expliquer d'une autre manière toutes ces circonstances; car, si nous prenons pour point de départ l'éloignement de la source sonore, le tonnerre devrait avoir sa plus grande intensité au début, puisque c'est le son le plus rapproché qui nous arrive le premier. Si nous supposons que les bruits isolés se renforcent en s'ajoutant les uns aux autres, alors le bruit du tonnerre devrait être faible en commençant, puis devenir de plus en plus fort, atteindre un *maximum* et diminuer ensuite. Ce n'est que dans les circonstances les plus favorables, et par conséquent fort rares, qu'on entendrait le roulement. Nous voyons aussi pourquoi le roulement est bien plus marqué pendant les orages éloignés que dans ceux qui éclatent dans le voisinage de l'observateur. En effet, ces interférences ont lieu surtout quand les ondes sont comprises dans un angle aigu; ce qui arrive plus souvent avec des éclairs éloignés que quand ils sont rapprochés. Il est probable que de deux observateurs éloignés chacun entend son tonnerre, en ce que l'un l'entend avec beaucoup de force dans le moment même où l'autre n'entend rien, et *vice versâ*. Si l'observation parvenait à constater ce fait, ce serait la preuve de ce que nous venons de dire.

Robert Hooke (*Posthumous works*, p. 424) est le premier, selon M. Arago, qui ait bien expliqué le roulement du tonnerre. « Les éclairs, dit-il, n'occupent qu'un point dans l'espace et donnent lieu à un bruit court et instantané. Les éclairs multiples au contraire sont accompagnés de roulement, parce que, les différentes parties de longues lignes que ces éclairs occupent se trouvant en général à des distances diverses, les sons qui s'y engendrent, soit successivement, soit au même instant ph sique, doivent employer des temps graduellement inégaux pour venir frapper l'oreille de l'observateur. »

Quand la foudre tombe à la surface du sol, elle suit, comme toute étincelle électrique, les meilleurs conducteurs ; aussi s'attache-t-elle principalement aux métaux. Toutefois, il peut arriver qu'elle quitte un métal pour un corps moins bon conducteur, quand celui-ci la conduit plus directement vers le sol. Après les métaux, ce sont les substances humides qu'elle suit de préférence; c'est pourquoi des hommes et des animaux sont souvent foudroyés et tués, ou seulement étourdis. Dans le premier cas, la mort paraît causée par un ébranlement du système nerveux ; car les personnes mortes conservent encore la même position qu'elles avaient avant d'être frappées par la foudre. Ces cas ne sont pas très-communs.

Si le tonnerre rencontre sur son chemin des corps mauvais conducteurs, il les perce, les brise, les disperse au loin avec une force irrésistible. Ainsi, le 6 août 1809, le tonnerre a déplacé près de Manchester un mur de $0^m,9$ d'épaisseur sur $3^m,6$ de hauteur, placé entre une cave et une citerne. La partie déplacée était éloignée de sa position primitive de $1^m,2$ d'un côté, et $1^m,8$ de l'autre, et son poids s'élevait à 19,240 kilogrammes. Pour estimer toute la force employée, il faudrait tenir compte de la cohésion des parties, ce qui conduirait à un nombre encore plus considérable. On a observé un grand nombre d'exemples analogues.

Quand la foudre tombe sur des corps combustibles, elle les enflamme, les carbonise à la surface ou les réduit en éclats; peut-être, dans ce dernier cas, l'explosion est-elle si forte qu'elle éteint le feu à l'instant même, de la même manière qu'une forte étincelle électrique disperse la poudre à canon, tandis qu'une étincelle plus faible l'enflamme aussitôt. Ai-je besoin d'ajouter qu'un incendie allumé par la foudre s'éteint aussi facilement qu'un autre.

La foudre qui incendie des matières combustibles opère souvent la fusion des métaux qu'elle frappe. Les exemples de fusion sont communs; mais il est intéressant de rechercher quels sont les plus grands effets que puisse produire la foudre en ce genre. On parle souvent d'épées fondues dans le fourreau, et d'écus fondus dans les bourses, mais on ne peut citer dans ce genre aucun fait authentique. On n'a pu signaler que la fusion d'une petite partie du tranchant d'une épée, sur une longueur de 5 à 6 centimètres. Du reste, les faits principaux de fusion métallique qui aient pu être constatés sont : 1° la fusion, à bord d'un vaisseau, d'une chaîne de 40 mètres de long, composée de chaînons de 6 millimètres d'épaisseur ; 2° celle d'une tige de cuivre de 8 millimètres de diamètre et de 24 centimètres de long; 3° la réduction en fumée d'un fil de fer de 6 mètres de long et de la grosseur d'une aiguille à tricoter. On cite encore le fait d'une grosse chaîne qui, frappée de la foudre, se trouva changée pour ainsi dire en une barre de fer, par la soudure de ses anneaux entre eux ; ce qui ne suppose pas la fusion, et même serait incompatible avec elle, mais ce qui exige que le fer ait passé à une température rouge fort élevée. D'un autre côté, on signale des coups de foudre d'une violence incomparable, et qui ont traversé, sans les fondre ou les faire rougir, des baguettes métalliques incomparablement plus faibles que toutes celles dont il vient d'être question. Dans d'autres cas, la foudre avait raccourci d'une fraction notable de leur longueur des fils métalliques qu'elle n'avait pu fondre.

Relativement aux rapports des orages avec les lieux, les saisons, les époques historiques, voici ce qui paraît résulter des observations.

Il y a des lieux où il ne tonne jamais, et ce sont à peu près les extrêmes des arcs de latitude. Au delà du 75°, ou même du 70° parallèle, il paraît avéré qu'il ne tonne jamais. D'un autre côté, Lima et tout le bas Pérou ne connaissent pas les orages : mais ce dernier fait est véritablement exceptionnel et inexpliqué; car c'est aux régions équatoriales, considérées dans leur ensemble, qu'il tonne le plus. Tandis qu'à Paris, on compte en moyenne 12 à 13 jours d'orage par année, on en trouve 53 à Rio-Janeiro, et 60 à Calcutta. Il y a lieu de croire que des circonstances physiques locales influent sur la fréquence du phénomène.

En ce qui concerne la mer, comparée aux continents, il paraît certain que les orages y sont beaucoup moins fréquents que sur terre, et qu'ils deviennent d'autant plus rares qu'on s'écarte davantage des côtes.

Tout le monde sait que les orages sont beaucoup plus fréquents en été qu'en hiver.

Enfin, si l'on compare entre elles les époques historiques, il semble résulter du témoignage des auteurs anciens que les fulminations étaient autrefois plus communes et plus meurtrières qu'elles ne le sont aujourd'hui; car, à notre époque, on ne signale jamais les pertes que le tonnerre occasionne à une armée ; on ne cite pas non plus de personnage d'une certaine importance qui ait été tué par la foudre. Au contraire, nous trouvons dans les auteurs beaucoup de noms illustres auxquels ce genre de mort se rattache, et l'on cite souvent les nombreux soldats que la foudre a frappés. Ceci fournirait peut-être des inductions assez larges sur les révolutions météoriques que la terre a pu subir.

La foudre développe, dans les lieux où elle

éclate, souvent de la fumée, et presque toujours une odeur fétide, qu'on compare à celle du soufre enflammé : c'est un fait pour ainsi dire de notoriété publique; tous les témoignages sont explicites et nombreux. Ceci donne lieu à deux sortes d'observations.

D'abord, en ce qui concerne l'odeur sulfureuse, il est possible qu'elle soit mal caractérisée par les observateurs qui désigneraient par ce mot une vapeur suffocante quelconque et d'odeur désagréable, comme serait, par exemple, celle de l'acide nitrique en vapeur. Or on sait que l'étincelle électrique combine les éléments de l'air, et produit précisément la vapeur que je viens de mentionner. La fumée épaisse pourrait n'être pas autre chose.

En second lieu, il n'est pas impossible que la matière électrique s'empare d'une certaine portion de matière pondérable qu'elle ramassera, soit dans l'air, à l'état de vapeur, soit à la surface de la terre, et qu'elle agglomèrera en boule; or le soufre peut être un de ces éléments. L'étincelle électrique transporte une portion de la matière des corps qu'elle traverse; elle combine d'ailleurs plusieurs gaz : il est donc possible qu'en vertu de ces deux causes elle donne naissance à des composés qui, *au moment où elle les abandonne, s'atomiseraient* dans l'air, et donneraient lieu à la fumée épaisse et à l'odeur sulfureuse ou autre que remarquent les observateurs.

Choc en retour. — Il n'est pas rare de voir deux orages séparés par une partie du ciel presque sereine; un éclair dans le premier est suivi d'un éclair dans le second. Mais, par influence, la terre étant toujours dans un état électrique opposé à celui du nuage, l'électricité peut se réunir à celle du nuage, et produire une *violente commotion*. Ce phénomène peut être imité à l'aide de nos machines. Électrisez positivement un conducteur que j'appellerai A, puis disposez dans le voisinage, et à une faible distance, deux petits cylindres B et C, placés l'un derrière l'autre : si A et B sont assez éloignés pour que l'étincelle ne puisse pas passer de l'un à l'autre, B sera électrisé par influence; l'extrémité la plus rapprochée de A sera négative, l'autre positive, et un grand nombre d'étincelles passeront de B à C. La même chose se passe, après un éclair entre plusieurs nuages ou entre un nuage et le sol. Supposons qu'un gros nuage électrise le sol par influence : si, à l'une de ses extrémités, un éclair tombe sur la terre, alors l'électricité du côté opposé devenue libre, se réunit à celle du sol. Si celui-ci est humide, le passage se fait facilement, sinon il y a commotion, parce que la terre conduit mal l'électricité. C'est ainsi qu'une personne peut être tuée par la foudre, quoique l'explosion ait lieu à la distance de sept lieues, par le phénomène désigné sous le nom de choc en retour.

TORNADOS ou TROVADOS. *Voy.* ORAGES entre les tropiques.

TORPILLE. *Voy.* POISSONS ÉLECTRIQUES.

TOUCHE. *Voy.* AIMANTATION.

TOUCHER, preuve de sa finesse. *Voy.* DIVISIBILITÉ.

TOURBILLONS. *Voy.* TROMBES.

TRACTION, résistance des solides à la traction. *Voy.* TÉNACITÉ.

TRANSLATION, mouvement de translation de la terre autour du soleil ou mouvement annuel de la terre. — Il est aisé de s'assurer que le soleil se porte chaque jour d'environ 1° vers l'est, en le comparant aux étoiles, qui sont immobiles dans l'espace. Car en remarquant à une pendule sidérale l'heure du passage du centre du soleil au méridien, on voit que chaque jour il y arrive environ 4' plus tard qu'une étoile prise à volonté. Le soleil s'écartant de 4' par jour relativement à l'étoile qui a passé avec lui, au méridien, s'en éloigne *de plus en plus*. Lorsque la terre aura effectué 90 révolutions, l'intervalle sera de 90 fois 4', ou à peu près six heures en trois mois; donc le cercle horaire du soleil se sera porté vers l'orient à 90° de celui de l'étoile; ces plans seront à angle droit. Après environ 180 révolutions, les deux astres seront distants de deux heures, ou situés sur le même cercle horaire de part et d'autre du pôle; au bout de 6 mois, le soleil passera au méridien *12 heures après l'étoile* (celle-ci sera à minuit au méridien supérieur). Les retards du soleil continuant de s'accumuler, on trouve qu'après 365 jours $\frac{1}{4}$, la différence est de 24 heures, c'est-à-dire qu'à l'expiration de l'année le soleil est revenu dans le cercle horaire de l'étoile, laquelle a passé une fois de plus au méridien. Cela suit précisément du même raisonnement par lequel on prouve qu'un voyageur qui a fait le tour entier du globe compte un jour de plus que nous, quand il a marché vers l'est.

Concluons de ces deux observations que l'*ascension droite* du soleil varie chaque jour, aussi bien que sa *déclinaison*, et qu'on sait mesurer l'étendue de ces variations. La connaissance de ces éléments suffit pour déterminer *la situation d'un astre dans le ciel*. Pour en avoir une idée juste, on pourra faire l'opération suivante : on marquera sur une sphère les diverses constellations, en les rapportant à l'équateur et aux pôles célestes, selon leurs déclinaisons et ascensions droites. D'après la déclinaison, et l'ascension droite du soleil pour chaque jour, on en déterminera le lieu sur notre globe; et unissant ces divers points par un trait contigu on aura l'image de la route du soleil durant les 365 $\frac{1}{4}$ révolutions de la terre.

Pour mieux faire entendre la marche annuelle du soleil, ôtons, par la pensée, à cet astre, cette lumière éclatante devant laquelle toute autre disparaît, et supposons qu'on ne le voie que comme une simple étoile. Chaque jour ses relations avec les autres étoiles changeront : nous le verrons s'avancer de plus en plus de droite à gauche, ou d'occident en orient, par une progression lente d'environ 1° par jour, en vertu de laquelle il s'approchera de quelques astres et s'éloignera de ceux qu'il nous cachait par son interposition; enfin il nous semblera suivre dans le ciel une route en sens opposé à la rotation diurne apparente, et retarder chaque jour, sur les étoiles, à raison de la quantité dont il se sera avancé dans cette orbite.

L'observation a fait connaître que la courbe décrite par le mouvement supposé du soleil est tracée dans un plan qui passe par le centre de la terre. On sent bien que le peu d'exactitude des opérations graphiques sur un globe ne permettrait pas de compter sur la vérité de cette conséquence; mais en soumettant les observations au calcul le plus rigoureux, elle devient hors de doute. En effet, en évaluant les déclinaisons, qui répondent à deux points quelconques opposés diamétralement, ou dont les ascensions droites diffèrent de 180°, on trouve que ces déclinaisons sont égales, l'une boréale, l'autre australe. Ainsi les points où le soleil est à égale distance de l'équateur, sont toujours aux extrémités d'une droite qui passe au centre de la terre, ce qui prouve que l'*orbite solaire est plane*. On la nomme *Ecliptique*. On donne aussi ce nom au grand cercle fixe suivant lequel ce plan prolongé va couper la sphère céleste, cercle infiniment éloigné de l'orbite, et par conséquent très-différent de la courbe que cet astre décrit.

En prenant les plus grandes déclinaisons de part et d'autre de l'équateur, points où le soleil se trouve aux *solstices*, on reconnaît que l'équateur et l'écliptique font entre eux un angle de 23° 28'. Cet angle est ce qu'on nomme l'*obliquité de l'écliptique*. Ainsi, l'axe de la rotation diurne fait avec l'écliptique un angle qui est le complément du précédent, ou de 66° 32'.

Quand le soleil décrit l'équateur, la durée du jour est égale à celle de la nuit, c'est l'époque des *équinoxes*, commencement du printemps et de l'automne; la hauteur méridienne est l'inclinaison de l'équateur, complément de la latitude du lieu. Le jour le plus long de l'année pour nous est celui du *solstice* d'été; quand l'astre décrit le cercle le plus éloigné de l'équateur, cercle qu'on nomme *tropique*, la durée des jours varie alors très-peu parce que l'écliptique étant tangente au cercle de déclinaison, l'astre semble conserver quelque temps le même déclin. La même chose arrive au solstice d'hiver, qui répond au jour le plus court de l'année; le soleil décrit alors le tropique opposé: la hauteur méridienne se compose de celle de l'équateur, + 23° 28' dans le premier cas, et — 23° 28' dans le second. Ce sont les limites extrêmes que cette hauteur atteint.

Pour les peuples de l'hémisphère austral, les relations ci-dessus doivent être prises en sens contraire.

Instruits par expérience à ne point regarder comme réels les mouvements apparents, cherchons si le soleil, au contraire, ne serait pas fixe dans l'espace, tandis que notre globe parcourrait en un an l'écliptique, accomplissant 365¼ révolutions, sur un axe oblique à ce plan, et constamment parallèle à lui-même : car les apparences seront pour nous les mêmes dans les deux cas. Il s'agit d'adopter l'une de ces deux opinions, en comparant les phénomènes ainsi que nous l'avons fait pour le mouvement diurne. *Voy.* ROTATION.

D'abord, si la terre décrit par an, autour du soleil, un cercle à 24,000 rayons terrestres de distance, ce globe parcourt chaque jour un peu moins de 1°. Un calcul simple donne environ 410 lieues pour l'espace décrit pendant une minute, 6 lieues ⅘ par seconde; la terre décrirait dans son orbite en 3 heures et demie, un espace égal à celui qui nous sépare de la lune, et en 7' un espace égal au diamètre de notre globe. Si cette grande vitesse étonne, combien l'esprit n'est-il pas effrayé lorsqu'il veut l'attribuer au soleil? Ainsi, en comparant seulement le peu d'étendue de la terre à l'immense volume d'un astre quatorze cent mille fois plus gros, on voit qu'il est plus simple (dans la nécessité de reconnaître que la terre ou le soleil est animé de cette vitesse) de l'attribuer plutôt à notre globe.

On sait, par les lois de la mécanique, que, pour qu'un corps libre soit frappé de manière à tourner sur son axe, il faut que l'impulsion ne passe pas par son centre de gravité : outre sa rotation, il prend encore un mouvement de translation, comme si la puissance eût agi sur ce centre, en sorte qu'il est emporté dans l'espace, tout en tournant sur lui-même. Si la force qui pousse une bille sur un billard n'est pas dirigée par le centre de cette sphère, on la voit pirouetter en même temps qu'elle avance dans la direction même du choc. Si l'on veut que la rotation subsiste seule, il faut imprimer en même temps au centre une seconde impulsion égale et opposée, capable de l'arrêter. Nous sommes assurés que la terre a un mouvement de rotation en 24 heures, quelle qu'en soit la cause; le globe n'a pu recevoir cette sorte de mouvement, sans que le centre ne soit transporté dans l'espace, à moins qu'une force opposée ne l'ait arrêté. Il est donc plus simple de concevoir la terre animée de ce second mouvement, que de l'attribuer au soleil. En effet, il faudrait trois impulsions pour produire les phénomènes dans cette dernière supposition : l'une sur le centre du soleil; la deuxième sur la terre pour la faire tourner; la troisième égale et opposée à celle-ci, pour arrêter son centre et le fixer dans le vide.

Nous avons déjà eu occasion de parler de quelques astres intermédiaires entre nous et les étoiles, et qui ont, comme le soleil, un mouvement propre. En observant ces planètes avec de bons télescopes, on a reconnu des taches dont les mouvements ont attesté la rotation de ces corps sur un axe, précisément comme cela arrive pour la terre; tous ces corps sont, comme ce globe, opaques et un peu aplatis à leurs pôles, tournent autour du soleil dans des orbites différentes et cela d'occident en orient, comme la terre. Il en est qui ont des lunes comme nous avons la nôtre. Ainsi un spectateur placé dans le soleil, si la vive lumière de cet astre ne le privait pas de la vue des corps célestes, verrait les planètes circuler autour de lui, en tournant sur elles-mêmes, et la terre lui paraîtrait soumise à la même loi.

Plus les planètes s'éloignent du soleil, et plus leur marche est lente ; la terre, d'après le rang que lui assigne sa distance, n'est point soustraite à cette règle générale, l'analogie est complète, et tout conspire à classer ce globe au rang des planètes. Si l'on veut, avec Tycho-Brahé, que le soleil ait en effet un mouvement annuel dans l'écliptique, outre que la simplicité de cet admirable ensemble est détruite, il n'en faut pas moins admettre la rotation des planètes autour du soleil, qui emporterait ainsi leurs orbites dans l'espace, et les contraindrait de le suivre dans sa marche autour de nous, système d'une grande complication.

Quant à la vitesse de la terre, elle doit d'autant moins surprendre, que celle de Vénus est plus grande encore, puisqu'elle décrit 485 lieues par minute ; cette planète a un volume à peu près égal à celui de la terre. Et quelle force prodigieuse que celle qui meut Jupiter et Saturne, qui sont, l'un 1281 fois, et l'autre 995 fois plus gros que notre globe ! Pourquoi la Terre ne pourrait-elle pas se mouvoir comme ces corps ? Un observateur placé dans Jupiter, jugerait le Soleil, la Terre et les planètes en mouvement autour de lui ; et le volume considérable de son globe rendrait cette illusion plus vraisemblable que pour nous.

Le mouvement annuel de la Terre, ou celui du Soleil, telles sont les deux hypothèses entre lesquelles on n'a que le choix ; c'est ce que les faits rendent incontestable. La première de ces suppositions est la plus simple, puisqu'elle fait mouvoir dans l'espace la Terre, ce point à peine visible pour le spectateur placé dans le Soleil : tandis que nous sommes obligés d'avouer que d'autres corps célestes plus volumineux sont pourtant doués de ce même mouvement. N'est-il pas naturel de préférer un système qui porte les caractères de la vérité, et respecte toutes les conditions de l'analogie détruites par l'opinion contraire ?

Et quant aux deux mouvements de la Terre, sa rotation diurne sur son axe et sa translation annuelle dans l'écliptique, loin de regarder cette double action comme une complication, on doit reconnaître, qu'outre qu'ils existent dans les planètes où ils n'offrent rien de surprenant, la translation est la conséquence des principes de mécanique qui ont pu engendrer la rotation : si cette dernière existe seule, il faut plus de puissances pour la produire, plus d'efforts d'esprit pour la concevoir (1).

C'est ainsi que ce jouet qu'on nomme *toupie*, par l'action latérale qu'on lui imprime, tourne rapidement sur son axe, tandis que sa pointe décrit une courbe sur l'horizon. Du reste, cette comparaison est bien imparfaite, puisque l'air, le frottement, la manière dont la toupie est lancée, tendent à détruire son mouvement, en commençant par la translation : celui de la Terre, qu'aucune résistance ne diminue, est au contraire invariablement le même.

Il est vrai que la translation imprimée à la Terre par une impulsion primitive devrait s'exercer en ligne droite, et qu'au contraire l'orbite est une courbe fermée que ce globe décrit chaque année ; mais cela vient d'une force inconnue qui le ramène sans cesse vers le Soleil, dont il ne peut s'écarter et se rapprocher que dans certaines limites. Cet astre est doué d'une puissance attractive qui agit sur la Terre, comme celle-ci agit sur les corps pesants. *Voy.* ATTRACTION.

Admettons donc la doctrine du double mouvement de la Terre, et, loin de la regarder comme légèrement adoptée, admirons au contraire combien elle réunit de preuves. En effet, quoique réel, ce mouvement pourrait n'être pas confirmé par celui des planètes ; car ces corps pourraient ne pas exister, ou n'avoir pas ces deux rotations dirigées l'une et l'autre d'occident en orient ; ou être sans lunes, ou enfin être moins grosses que la Terre et moins éloignées du Soleil. Cependant il resterait encore, dans les seules apparences relatives au Soleil, assez de preuves pour faire préférer l'hypothèse du mouvement de la Terre.

Mais ce qui donne plus de poids à cette opinion, c'est l'accord admirable qu'elle établit entre les observations et les résultats : les détails les plus minutieux et les calculs les plus délicats ne font trouver, dans les conséquences, qu'identité avec les phénomènes, que rigueur et exactitude dans les prédictions.

D'après cela, le centre de la Terre décrit donc autour du Soleil, immobile dans l'espace, une courbe plane et fermée en 365 jours ¼, d'occident en orient, tandis qu'en même

(1) Pour expliquer le double mouvement de rotation et de translation de la Terre, il suffit de supposer que, placée primitivement en un point, elle a reçu une impulsion dont la direction n'a pas passé par son centre de gravité. En comparant sa vitesse dans son orbite et celle de sa rotation, Jean Bernoulli a cherché le point où elle a pu être frappée pour qu'il en soit résulté les deux mouvements que nous reconnaissons, et a trouvé, dans l'hypothèse du globe homogène, que cette distance au centre est très-petite et seulement la 165me partie de son rayon. Cette seule impulsion aurait suffi pour produire les mouvements diurne et annuel que nous observons, abstraction faite de la cause qui force la translation à s'accomplir selon la courbe fermée. Ainsi, bien que la réunion de ces deux mouvements offre une difficulté de plus, il faut avouer qu'elle est la plus simple des combinaisons ; car il est infiniment peu probable que la projection primitive de toutes les planètes a passé précisément par leur centre de gravité. L'impulsion est produite à une distance du centre égale à un quatre cent douzième du rayon pour Mars, sept dix-neuvièmes pour Jupiter, un cent soixantième pour la lune.

temps elle fait, chaque jour sidéral, un tour sur elle-même et dans le même sens; son axe est emporté dans le vide, et demeure parallèle dans toutes ses positions, formant avec le plan de son orbite, qui est *l'écliptique*, un angle constant de 66° 32'.

Un peu après le coucher du Soleil, lorsque la lueur crépusculaire vient de s'éteindre, nous apercevons la moitié de la sphère céleste : le ciel nous semble tourner peu à peu d'orient en occident; des étoiles se cachent d'un côté sous *l'horizon*, et du côté opposé d'*autres se lèvent*. La révolution apparente continue durant la nuit, et l'étendue du firmament qui vient successivement s'offrir à nos regards, dépend de la durée de l'obscurité. Dans une nuit d'hiver ou d'automne, on voit à Paris le ciel presque entier, excepté la partie voisine du pôle austral, qui ne se lève jamais pour nous, et celle qui est proche du lieu de l'écliptique où le Soleil nous paraît être, qui, roulant sur nos têtes avec cet astre, est cachée pour nous par la clarté du jour. Telles sont les apparences produites par la rotation de la Terre sur son axe en 24 heures.

Puisque l'axe de la Terre reste parallèle à lui-même, et fait, avec le plan de son orbite, un angle de 66° 32', les extrémités de cet axe *devraient tracer dans le ciel, autour des pôles, deux courbes fermées, d'une étendue* proportionnée à celle de l'écliptique et au rayon de la sphère céleste; mais il n'en est pas ainsi, et cet axe se prolonge en effet jusqu'aux deux pôles, points opposés invariables. Cela résulte du prodigieux *éloignement* des étoiles, les parallèles se joignant à l'infini.

Les dimensions de la Terre sont nulles comparativement à cette distance; il faut en dire autant du diamètre même de l'écliptique, quoique ce *diamètre ait plus de soixante-dix* millions de lieues.

Ainsi, l'axe de la Terre ne répond constamment aux mêmes points, les pôles célestes, que parce que les parallèles concourent à l'infini. Le plan de l'équateur, emporté par le *mouvement annuel, conservant son parallélisme* aussi bien que l'axe, fait toujours avec l'orbite un angle de 23° 28', et coupe le ciel suivant le même cercle (l'équateur céleste) que si le globe était fixe. Le *mouvement* de la Terre ne contrarie donc en rien les observations relatives à la situation fixe des pôles et de l'équateur célestes.

TREMPE. — Opération par laquelle on donne au fer, etc., la dureté, l'élasticité, et d'autres qualités qu'on recherche. Il n'y a que très peu de corps qui soient susceptibles de recevoir la trempe : l'acier est du nombre, soit qu'il ait été obtenu *naturellement*, ou par *cémentation*, ou par *fusion*. Pour tremper l'acier, il suffit de le porter à une haute température et de le refroidir brusquement. Les divers degrés de trempe dépendent et de la température et de la rapidité du refroidissement.

En partant du *rouge blanc*, le refroidissement subit dans le mercure, dans le plomb ou dans quelque acide, donne la *trempe la plus dure*; le refroidissement dans l'eau donne une trempe un peu moins dure, et le refroidissement dans les corps gras, comme l'huile ou le suif, donne des trempes encore un peu moins dures.

En partant du *rouge rose*, du *rouge vif*, du *rouge cerise* ou du *rouge brun*, on a des trempes toujours décroissantes, c'est-à-dire, toujours moins dures, et d'autant moins que le corps refroidissant est moins actif; ainsi, pour chacune de ces températures, l'huile paraît donner une trempe moins dure que l'eau, et l'eau une trempe moins dure que le mercure.

L'acier qui a reçu la plus forte trempe est plus cassant que le verre; *il arrive* assez souvent que les coins, qui servent à frapper les monnaies et les médailles, se brisent naturellement sans recevoir de chocs ni de pressions, *même* dans les lieux où la température varie peu.

Les instruments qui doivent avoir une trempe très-dure ne doivent l'avoir en général que dans une petite partie de leur volume : aussi se garde-t-on de les tremper en entier. Les burins, par exemple, ne sont trempés que dans une petite partie de leur longueur, et c'est ainsi qu'ils peuvent être très-durs à la pointe, et cependant assez *solides et assez résistants* dans leur ensemble.

Les ouvriers qui travaillent l'acier savent donner à chaque instrument le degré de trempe qui lui convient, suivant l'usage auquel il est destiné; mais on conçoit qu'il serait bien difficile de saisir ce point avec précision, si l'on n'avait pour guide que la nuance du rouge à laquelle il faut plonger l'acier dans le mercure ou dans l'eau pour lui faire prendre toutes les qualités qu'on se propose de lui donner : aussi est-il bien rare que l'on suive cette méthode. On a un autre moyen de varier la trempe avec certitude, et pour ainsi dire à volonté : ce moyen est le *recuit* : il repose sur la propriété que possède l'acier trempé dur de se *détremper peu à peu suivant* le degré de *chaleur* auquel on l'expose. On commence donc par donner une trempe trop dure, et on la réduit graduellement. La seule difficulté est d'avoir une série de caractères auxquels on puisse reconnaître les divers degrés de chaleur par lesquels on passe. Or, ces caractères se présentent d'eux-mêmes dans l'acier : lorsqu'il a été trempé et qu'on l'expose, pour le recuire, sur des charbons allumés ou seulement sur du poussier de charbon, sa surface prend des couleurs très-marquées qui changent avec la température. Ces couleurs sont les suivantes : jaune-paille, rouge-pourpre, bleu violet, bleu, bleu clair couleur d'eau. Il paraît qu'en partant d'une trempe dure, il faut, pour avoir la trempe des canifs et des rasoirs, arrêter le recuit au jaune-paille, l'arrêter au pourpre, pour avoir celle des couteaux et des ciseaux, au bleu pour celle des ressorts de montre, et seulement à la température du rouge naissant pour avoir celle des ressorts de voiture. Il est bien rare que des pièces d'acier bien dressées ne se déforment pas par la trempe, et souvent le recuit qu'elles doivent éprouver n'est pas assez grand pour qu'on puisse les redresser au marteau : c'est, par exemple, ce qui arrive aux aiguilles magnétiques, car il est bon de ne pas les recuire jusqu'au bleu Dans ce cas, on chauffe les pièces dans un tube ou dans un manchon de fer, afin qu'elles prennent plus sûrement une température uniforme dans toute leur étendue, et ensuite on les laisse tomber verticalement dans l'eau d'une hauteur un peu grande, afin que tous les points de la surface soient saisis par le froid presque au même instant.

Le verre peut être trempé comme l'acier, et s'il est impossible de lui donner par le recuit la souplesse et l'élasticité des ressorts, il est possible de diminuer beaucoup sa fragilité. Tout le monde sait comment se font les *larmes bataviques*, et comment elles se réduisent en poussière dès qu'on en brise la pointe. Puisqu'elles se forment en versant du verre fondu dans l'eau froide, et puisqu'elles éclatent en mille fragments lorsqu'on rompt en quelque point leur continuité, il est évident qu'elles sont tout à fait analogues à l'acier fortement trempé : aussi, lorsqu'on fait recuire une larme batavique jusqu'à une température voisine du rouge, elle devient comme du verre ordinaire et ne se brise plus que dans les points qui reçoivent le choc. C'est pour cela que dans les verreries on prend grand soin de recuire les pièces qui sont soumises pendant leur fabrication à un refroidissement un peu rapide.

Il y a une substance qui présente des phénomènes de trempe d'autant plus singuliers qu'ils sont exactement opposés à ceux que présente l'acier : cette substance est l'alliage des instruments chinois que nous connaissons sous le nom de *tam-tam ;* elle se compose de quatre parties de cuivre pour une partie d'étain. Quand l'alliage des tam-tams est lentement refroidi, il est fragile comme le verre; au contraire, quand il est refroidi rapidement, il devient malléable, il peut être travaillé au marteau, façonné en instruments, et exécuter par son élasticité ces vibrations multipliées qui produisent des sons si graves et si pleins. C'est même d'après cette observation curieuse que nous pouvons maintenant en France exécuter des tam-tams, moins bons peut-être que ceux des Chinois, mais assez sonores cependant pour entrer dans nos orchestres.

On a coutume d'expliquer les phénomènes de la trempe du verre et de l'acier, en disant que les molécules superficielles saisies par le froid se consolident brusquement en formant une espèce de voûte qui enveloppe de toutes parts le noyau intérieur, tandis qu'il est encore très-dilaté par la chaleur : si ce noyau se refroidissait librement, il diminuerait de volume; mais, forcé comme il l'est d'occuper en se refroidissant le même espace qu'il occupait étant très-chaud, ses molécules éprouvent une grande tension et font un effort continuel pour briser la voûte de dehors en dedans, et la brisent en effet avec explosion quand une cause extérieure vient favoriser leur action. Par cette espèce de comparaison, l'on explique tout au plus la facilité avec laquelle le verre trempé se brise ou se réduit en poudre, mais l'on n'explique ni la dureté que prend l'acier, ni l'élasticité, ni les autres propriétés remarquables qui correspondent aux divers degrés de trempe, et l'on n'explique pas à plus forte raison ce qui arrive à l'alliage des tam-tams. On a coutume de dire aussi que les autres corps n'ont pas la propriété de se tremper; mais cela signifie seulement qu'ils n'ont pas la propriété de devenir fragiles par le refroidissement; car il est bien probable que tous les corps brusquement refroidis diffèrent des corps recuits par quelques propriétés physiques, comme ils en diffèrent par leur densité ou par la marche de la dilatation.

TROMBES. — On désigne sous ce nom les tourbillons de vent qui se manifestent à l'approche ou à la suite des orages. Ces tourbillons ont la plus grande analogie avec ceux que l'on observe lorsque deux courants d'eau coulent l'un à côté de l'autre avec une vitesse différente. Par un vent faible on observe souvent de petites trombes près d'une maison ou d'un autre objet isolé. L'air étant tranquille dans un point et agité non loin de là, les particules qui se trouvent sur la limite sont soumises à plusieurs forces. Imaginons une ligne horizontale perpendiculaire au plan de séparation; parmi les particules situées sur cette ligne il en est qui sont tout à fait immobiles, tandis que d'autres sont entraînées par le vent avec une certaine rapidité. Toutefois il y a quelques transitions entre la dernière molécule immobile et celle qui est animée de la même vitesse que le vent : de là des tourbillons qui sont en partie entraînés par le vent dominant. On reconnaît les tourbillons parce qu'ils enlèvent à plusieurs mètres de hauteur des corps légers, tels que la poussière, des feuilles d'arbre, de la paille. Les trombes sont des phénomènes analogues sur une plus grande échelle. Le tourbillon existe non-seulement dans les nuages, mais encore dans l'eau qui s'élève, et va rejoindre le nuage qui s'abaisse vers elle.

Les trombes ne sont pas également fréquentes sur toutes les parties de l'Océan. Au milieu de la mer équatoriale nous ne les trouvons que là où les vents alizés ne soufflent pas d'une manière régulière; elles se montrent seulement dans la région des calmes. On les rencontre habituellement dans le voisinage de la côte ou dans des détroits, et elles se forment le plus souvent au moment du changement des moussons; quelque chose d'analogue se passe dans les latitudes plus élevées, où elles coïncident souvent avec des orages.

Si les courants qui se rencontrent dans les hautes régions de l'atmosphère sont violents, si leur température et la quantité de vapeur d'eau dont ils sont chargés sont très-différentes, alors la vapeur est rapidement condensée. A mesure que le tourbillon augmente, il descend ; et le diamètre de la colonne diminue. On ne saurait décider si ces vésicules sont entraînées de haut en bas, ou si la condensation se propage dans le même sens. Enfin le tourbillon atteint la surface de l'eau, celle-ci s'agite, s'élève et ressemble à un poêle fumant. Pendant que la mer monte, le nuage s'abaisse, et tous deux finissent par se réunir. Il arrive aussi quelquefois que la mer s'élève sous la forme d'un cône, tandis qu'un cône renversé s'abaisse du nuage sans que tous deux se réunissent. Dans la plupart des cas, la colonne est plus mince au milieu qu'en haut ou en bas ; dans d'autres circonstances, c'est sur la mer que se montre la première trace de la trombe : un cône s'élève de la surface des eaux, et c'est seulement au bout de quelque temps que les vapeurs d'en haut se condensent à leur tour.

Ce qui prouve que la trombe est formée en grande partie de vapeurs condensées, c'est que l'eau qui s'en échappe n'est jamais salée, même en pleine mer.

Si l'air est très-sec, alors ces tourbillons ne déterminent pas toujours la condensation des vapeurs, et la violence du vent n'en est que plus remarquable. Deux personnes se dirigeaient un jour, par un temps couvert, de Halle vers Giebiehenstein ; tout à coup elles furent séparées par un coup de vent, et l'une fut poussée contre un mur, l'autre jetée dans un champ, sans que des personnes peu éloignées eussent aperçu le moindre trouble dans l'atmosphère.

Presque tous les observateurs disent que la trombe marche lentement en tournant sur son axe ; si le courant s'élève, comme on le voit dans les tourbillons de sable, il peut entraîner des masses énormes. Le docteur Mercer a observé deux ou trois trombes dans le port de Saint-Jean-d'Antigoa : à la surface de la mer il vit un cercle d'environ 60 mètres de diamètre dans lequel l'eau était agitée et lancée vers le ciel. Une petite maison de bois fut soulevée toute entière et transportée à la distance de 13 mètres, sans être renversée ni démolie. Il est remarquable que la maison fut portée de l'est à l'ouest, quoique la trombe marchât de l'ouest à l'est. Le 25 octobre 1820, on venait d'étendre sur un pré, en Silésie, une grande quantité de toile; les ouvriers étaient à table lorsque la tempête se déclara quelques instants après midi, et souleva des nuages de poussière si épais que le jour se convertit en ténèbres épaisses. Les portes et les volets de la blanchisserie furent enfoncés avec un fracas épouvantable, les portes furent soulevées dans leurs gonds, et le vent renversa une lourde charrette, de façon que les roues étaient tournées en haut. La toile fut enlevée, roulée sur elle-même, et la masse la plus grosse fut portée à 15 mètres au-dessus de la maison et lancée à 150 pas dans un fossé au milieu des buissons. On travailla pendant plusieurs heures pour débrouiller cet écheveau de toile ; il se composait de 27 morceaux, dont chacun pesait 11 kilogrammes, et au milieu se trouvait un poteau de 2 mètres de long, 30 centimètres de large et 6 centimètres d'épaisseur, qui servait de pont pour traverser un fossé peu éloigné. La trombe l'avait enlevé avec la toile qu'elle avait roulée autour et enlevée au-dessus de la maison, quoique son poids, sans compter celui de la planche, fût de 297 kilogrammes environ.

La trombe qui ravagea le village de Châtenay, près Paris, le 18 juin 1839, rompit près de leur base des ormes ayant $1^{m},50$ de circonférence. M. L. Lalanne, ingénieur des ponts-et-chaussées, qui dressa le plan des lieux après le désastre, estime à 456 kilogrammes par mètre carré l'effort exercé contre certaines parties de murailles renversées.

D'après M. Renaux, architecte, la trombe qui passa sur la ville de Courthezon (Vaucluse), le 30 mai 1841, renversa un pan de rempart ayant 12 mètres de long sur 8 mètres de haut et un mètre d'épaisseur. Une grande partie des matériaux furent transportés de l'autre côté de la Seille, à la distance de 8 mètres environ. Dans le faubourg d'Orange, une façade neuve en construction fut démolie.

Quand on se rappelle la force avec laquelle de petites trombes soulèvent l'eau, on ne s'étonne plus qu'une grande puisse produire de tels effets. Quelques auteurs ont attribué ces effets à l'électricité ; mais si l'on s'appuie sur ce que ce fluide détermine de semblables effets à la surface de l'eau, il ne faut pas oublier que des forces purement mécaniques peuvent les produire comme elle. D'autres physiciens ont pensé qu'il se formait un vide partiel dans lequel l'eau s'élevait comme dans un corps de pompe ; mais, à supposer que ce vide existât, l'eau ne s'y élèverait qu'à la hauteur de 10 mètres et le mouvement en hélice n'existerait pas. On a dit aussi que des gaz sortaient subitement de terre à l'endroit où se forme la trombe et élevaient l'eau ; une semblable hypothèse n'a pas besoin d'être réfutée (1).

(1) Dans le *Traité des Trombes*, que M. Peltier a publié en 1840, on trouve la relation de 137 trombes. Dans ce nombre on en remarque 38 qui ont existé au milieu du calme, 25 qui n'avaient pas de mouvement giratoire, 37 qui présentaient ce mouvement. Le silence des relations sur le reste des trombes est une présomption en faveur de la négative, parce qu'une relation, dit M. Peltier, est l'indication de *ce qui est* et non de *ce qui n'est pas*. 10 ont eu lieu sous un ciel sans nuages; 7 sont multiples, c'est-à-dire qu'il y a plusieurs branches sortant du même tronc; 3 ont été formées entre les nuages etc., etc.,

On y trouve en outre 52 relations de phénomènes orageux qui ont produit des effets analogues aux effets des trombes ; enfin ce traité contient le détail des expériences qui reproduisent les diverses parties de ce météore au moyen de l'électricité. L'ensemble des faits ne paraît pas favorable à la théorie qui attribue cet ordre de phénomènes à des tourbillons de vent.

Les trombes sont en général ou précédées ou suivies d'un orage. C'est ce qu'on a vu pour la trombe qui, le 20 août 1845, a produit de si affreux ravages aux environs de Rouen, et dont voici le récit abrégé :

« Un orage assez violent avait éclaté sur Rouen vers midi; la pluie était tombée en abondance, plusieurs coups de tonnerre s'étaient fait entendre; mais rien ne faisait présager l'horrible sinistre qui désolait au même moment l'une des parties les plus riches et les plus industrieuses de l'arrondissement. A midi trente-cinq minutes, une trombe furieuse s'est élevée dans la vallée au delà de Déville, à partir du Houlme. L'ouragan a d'abord enlevé une partie de la toiture de l'usine de M. Runff; puis, prenant de la force en marchant, il a renversé plusieurs petits bâtiments, brisé des arbres, saccagé des haies, des moissons. Plus loin, les habitations ont été découvertes, d'autres ont été littéralement écrasées. On en a vu dont les décombres, les meubles, les fourrages, étaient tellement confondus avec les arbres déracinés du champ ou du jardin qui les entourait, qu'il serait impossible de dire où était le jardin, où était le bâtiment. Le fléau, courant comme la foudre, a emporté à une distance considérable quelques parties des débris ; puis il a déraciné les arbres les plus élevés, les plus solides, et enfin il est venu s'abattre particulièrement sur trois des principales usines de la vallée. L'éclair est moins rapide que ne l'a été la destruction de ces établissements, destruction si complète, que l'imagination ne pourra se la représenter, et qu'aucune description ne pourrait en donner une idée. Ils ont été littéralement réduits en miettes. Pour comble de fatalité, c'est à l'heure où régnait la plus grande activité, où le personnel complet des usines est au travail, que le sinistre a éclaté. Des trois établissements unis, un se trouve sur la commune de Malaunay. Le toit ayant été enlevé d'abord, les malheureux se sont précipités en même temps vers les issues; mais elles se sont trouvées encombrées, et quelques-uns seulement ont pu sortir. La cheminée, haute de 150 pieds, a été rasée à quelques mètres de terre, et jetée en travers de la rivière. Le troisième étage, coupé également avec une sorte d'horrible précision, a été précipité dans l'eau. Puis les deux autres étages se sont affaissés, et les murailles même du rez-de-chaussée ont été démolies, à ce point que, sauf quelques mètres aux deux extrémités, il n'en restait pas deux briques l'une sur l'autre. Tout cela avait duré moins de deux minutes. »

TROPIQUE (τροπικός, d'où se fait le retour). *Voy.* TRANSLATION.

TROPIQUES, température entre les tropiques. *Voy.* TEMPÉRATURE.

TUBES ÉTINCELANTS. *Voy.* ÉLECTRICITÉ, *Effets lumineux*.

TUBES FULMINAIRES. *Voy.* FULGURITES.

TUBES DE PITOT. *Voy.* HYDRODYNAMIQUE.

TYCHO-BRAHÉ, de la province de Scanie, en Danemark, et d'une famille noble et fort riche. Il commença ses observations vers 1560, avec le landgrave de Hesse, zélé protecteur de l'astronomie. En 1571, ayant découvert une nouvelle étoile dans *Cassiopée*, cela l'engagea à refaire le catalogue d'Hipparque, et il fixa les positions de 777 étoiles. Bientôt après, il obtint du roi de Danemark l'île d'Huène, située en face de Copenhague, pour y établir l'Observatoire d'Uranibourg. Là, il réunit tous les instruments connus de son temps, et fit une multitude d'observations de la plus haute importance, puisqu'elles ont servi de bases aux calculs de Képler. Il tenta de renverser le système de Copernic, en supposant que le soleil, entraînant toutes les planètes, circulait autour de la terre; mais ce système eut peu de succès auprès des astronomes. *Voy.* SYSTÈME DU MONDE.

TYPHONS. *Voy.* ORAGES *entre les tropiques*.

U

UDOMÈTRE. *Voy.* PLUIE.

UNIVERS, tableau de son immensité. *Voy.* ASTRONOMIE, § I. — Hypothèse sur son origine. *Voy.* THÉORIE ASTRONOMICO-CHIMIQUE.

URANOGRAPHIE. *Voy.* ASTRONOMIE (*Hist. de l'*).

URANUS ou HERSCHELL. — Cette planète, la plus éloignée du soleil, en est à une distance de plus de 737,000,000 de lieues et n'accomplit sa révolution qu'en 84 ans. Elle ne reçoit du soleil que la 362e partie de la lumière que la terre en reçoit.

Cette planète a été découverte par Herschell, dont elle porte aussi le nom, le 31 mars 1781, entre dix et onze heures du soir, en examinant les petites étoiles voisines de H. des Gémeaux. Le célèbre astronome crut que c'était une comète, bien qu'elle ne présentât aucune trace de barbe ou de queue, et ce fut sous ce nom qu'elle devint l'objet des travaux assidus de tous les astronomes du continent. Les uns comparèrent, chaque nuit sereine, la position de l'astre mobile à celle des étoiles fixes situées dans son voisinage; les autres cherchèrent à déterminer la courbe le long de laquelle le déplacement s'opérait. Malgré l'extrême habileté des calculateurs, le travail était sans cesse à recommencer. Quoique l'astre marchât avec beaucoup de lenteur, on ne parvenait jamais à représenter l'ensemble de ses positions. Cela provenait de la désignation fausse sous laquelle il avait été signalé; on cherchait à renfermer dans une *parabole cométaire* un mouvement qui s'exécutait dans une *orbite circulaire*. Ce fut le président de Saron, en France, qui le premer brisa les entraves dans lesquelles l'erreur d'Herschell avait enchaîné les calculateurs ; et au mois d'août suivant, Laplace détermina l'*orbe circulaire d'un très-grand rayon* que traçait dans l'espace le nouvel astre. Plus tard (1783), lui et Méchain calculèrent son mouvement avec précision et lui assignèrent une forme elliptique.

Herschell ne prit aucune part au long débat que suscita la découverte d'Uranus. Mais quand les recherches de Saron, de Laplace, de Lexell, eurent montré que l'étoile mobile du 13 mars 1781 était, non une comète, comme on l'avait d'abord supposé, mais une grosse planète située aux confins de notre système, il réclama le droit, qui lui appartenait incontestablement, de donner un nom à ce nouvel astre. Le nom qu'Herschell proposa fut celui de *Georgium sidus*, l'astre de Georges. L'astronome témoignait ainsi de sa juste reconnaissance envers le souverain, ami des sciences (Georges III), qui venait de le placer dans une position indépendante. Lexell, Lalande, Prospérin, Poinsinet, Bode, proposèrent les divers noms de *Neptune*, de *Georges III*, *Herschell*, *Neptune*, *Astrée*, *Cybèle*, *Uranus*. Le nom d'*Uranus* a prévalu, bien que celui proposé avec raison par Lalande (*Herschell*) soit pour le moins aussi usité. L'astronome français a été d'ailleurs plus heureux en faisant adopter pour la nouvelle planète un signe qui, à peu de chose près, reproduit le nom de l'illustre découvreur.

Bien que le moindre diamètre apparent d'Uranus ait été, de la part d'Herschell, l'objet de recherches assidues, tout ce qu'il se hasardait à conclure de l'ensemble des résultats, c'est que sa valeur ne devait être ni sensiblement plus grande, ni sensiblement plus petite que 4" ; c'est que le diamètre réel de la nouvelle planète se trouvait entre quatre et quatre fois et demie le diamètre réel de la terre.

De toutes les tentatives que fit Herschell pour s'assurer de la vraie figure d'Uranus, il résulte pour la planète un aplatissement sensible, mais dont ce grand astronome n'a jamais déterminé la valeur. Cet aplatissement suppose une grande vitesse de rotation; mais la durée de ce mouvement est restée également indéterminée.

Satellites. — L'immense éloignement d'Uranus, son petit diamètre angulaire, la faible intensité de sa lumière, ne permettaient guère d'espérer que, si cet astre avait des satellites dont les grandeurs fussent, relativement à sa propre grandeur, ce que les satellites de Jupiter, de Saturne, sont par rapport à ces deux grosses planètes, aucun observateur parvînt à les apercevoir de la terre. Herschell n'était pas homme à s'arrêter devant ces conjectures décourageantes.

Ses puissants télescopes ordinaires ne lui ayant rien fait découvrir, il les remplaça par des télescopes *front-view*, par des télescopes qui donnent beaucoup plus d'éclat aux objets ; et, le 11 janvier 1787, il vit Uranus entouré de quelques étoiles très-petites. Leurs positions, relativement à la planète, furent marquées avec toute la précision possible. Le lendemain, *deux* de ces *étoiles* avaient disparu. Cet indice de l'existence de satellites amena une série de longues observations, et, le 14 décembre 1787, Herschell annonça qu'il avait constaté l'existence de *quatre nouveaux satellites*, ce qui portait le nombre total à *six*.

Herschell avait éprouvé tant de difficultés, non-seulement à observer, mais, qui plus est, à apercevoir ces astres presque invisibles, qu'il n'osait presque pas aborder la question de la durée de leur révolution périodique. Pour satisfaire néanmoins la curiosité des astronomes, il présenta les résultats suivants :

Durée de la révolution.

1er Satellite	5 j.	21 h.	25 m.
2e	8	3/4	
3e	10	23	4
4e	13	1/2	
5e	38	1	49
6e	107	16	40

Il est du reste indispensable de remarquer que de ces six satellites il n'y en a que *deux* (ceux de 1787) dont l'existence ait été positivement constatée depuis la découverte d'Herschell ; les nouvelles observations n'ont d'ailleurs que légèrement modifié les chiffres donnés par l'illustre astronome.

Cependant M. Lamont, directeur de l'Observatoire de Munich, dans un *Mémoire* publié en 1838, a dit avoir vu et observé le sixième satellite, dans la soirée du 1er octobre 1837. Voilà donc un des quatre satellites annoncés par Herschell en 1797, et considérés depuis comme douteux, rétabli dans ses droits.

La masse d'Uranus, que M. Lamont déduit de ses observations des deux principaux satellites, est de 1/24, 600, c'est-à-dire d'un quart plus petite que celle dont M. Bouvard a trouvé la valeur d'après les perturbations produites par la planète.

VAPEURS (*physique et météor.*). — Les corps aériformes se divisent naturellement en deux classes : quelques-uns restent toujours à l'état gazeux ou élastique, on les nomme *gaz* ou corps aériformes ; d'autres passent, sous l'influence de diverses circonstances, à l'état liquide, ils sont désignés sous le nom de *vapeurs*. Parmi les agents qui déterminent ce changement, il faut ranger en première ligne la pression et la température.

La différence entre les gaz et les vapeurs peut se démontrer par l'expérience suivante. Prenons trois baromètres bien bouillis et bien d'accord entre eux. Suspendons-les dans un endroit où la température varie peu. Désignons ces trois instruments par les lettres A, B et C. Divisons les chambres barométriques de B et C en parties de capacité égale. Faisons monter une bulle d'air sec dans le vide de B. La dilatation de cet air abaissera la colonne de B, qui se tiendra plus basse que celle d'A. La différence donnera la mesure de l'élasticité du gaz à cette température. Faisons monter une goutte de liquide dans la chambre barométrique de C, elle se transformera en vapeur qui déprimera le mercure; et la quantité de cette dépression, comparée à A, donnera la tension de la vapeur d'eau à cette température. Si la quantité d'eau est suffisante, il se formera assez de vapeur d'eau pour *saturer* le vide, c'est-à-dire qu'il en contiendra autant qu'il peut en contenir à cette température. Plongeons verticalement les deux tubes B et C dans une cuve à mercure, leur colonne mercurielle sera toujours plus courte que celle de A; mais la différence entre A et B va toujours en augmentant à mesure que l'air est plus comprimé: preuve que son élasticité augmente, tandis que la différence entre A et C reste invariable. La vapeur d'eau a donc toujours la même élasticité dans un espace saturé, que cet espace soit petit ou grand. Car dès que cet espace se rétrécit, une partie de la vapeur d'eau passe à l'état liquide. C'est seulement lorsque l'espace n'est pas saturé que la vapeur se comporte comme un gaz, jusqu'à ce que l'espace soit assez petit pour être saturé.

La température produit les mêmes effets que la pression. Supposons les trois baromètres placés dans un lieu où le thermomètre marque 20°; supposons en outre que la colonne mercurielle A ait 758^mm^ de long; celle de B et de C, 740^mm^: l'élasticité de l'air et celle de la vapeur seront toutes deux égales à 18^mm^. Qu'on porte les instruments dans un lieu où la température soit à zéro; A ne changera pas dans le premier moment, tandis que B et C monteront, parce que l'abaissement de la température diminuera l'élasticité de l'air et la tension de la vapeur, qui ne déprimeront plus le mercure d'une même quantité. Des mesures exactes feront voir que dans ce cas le baromètre B se sera élevé à 741^mm^, 13, le baromètre C à 752^mm^, 32; l'élasticité de l'air a donc diminué dans le rapport de 18 à 16, 87, tandis que la force de tension de la vapeur n'a plus été que de 5^mm^,68, et une partie de la vapeur a passé à l'état liquide. Des recherches minutieuses entreprises par des physiciens font voir que, si nous désignons par *e* l'espace occupé par une certaine quantité d'air à la température de zéro, à la température *t* cet espace deviendra $e \times 0{,}00375\,t$ (1).

Le passage de la vapeur d'eau à l'état liquide, ou en d'autres termes sa *précipitation*, donne lieu à une foule de phénomènes que nous observons journellement. Si en été on apporte une carafe d'eau froide dans une salle où se trouvent plusieurs personnes et où l'air soit un peu humide, elle se couvre à l'instant de rosée; car au contact de la carafe l'air se refroidit; mais comme il contient une proportion de vapeur plus grande que celle qui le saturerait complétement à cette température, une partie de cette vapeur passe à l'état liquide : toutefois cette rosée ne tarde pas à disparaître dès que les parois du vase ont été échauffées. En hiver on observe le même phénomène sur les carreaux de vitre. Une partie de la vapeur d'eau contenue dans la chambre se précipite en forme de rosée à la surface des carreaux refroidis pendant la nuit. Si la vapeur ne trouve pas de corps solide sur lequel elle puisse se précipiter à l'état de rosée, alors elle reste suspendue en l'air sous la forme de petites vésicules dont la réunion forme un *brouillard*. On voit très-bien ce brouillard quand on chauffe en plein air un vase rempli d'eau. L'air ne pouvant dissoudre toute cette vapeur, celle-ci passe à l'état vésiculaire.

A température égale, la tension de la vapeur est la même dans un espace grand ou petit, pourvu que cet espace soit complétement saturé. Des recherches analogues font voir que cette tension est encore la même, que l'espace soit privé d'air ou rempli d'un gaz quelconque. Il n'y a qu'une seule différence entre ces deux cas, c'est qu'un espace vide contenant une quantité d'eau suffisante est toujours à l'état de saturation. Si, au contraire, l'espace est rempli d'air, il s'écoule un certain temps avant que la vapeur se soit répandue dans tout cet espace.

Pour mesurer la tension de la vapeur à différentes températures, on a recours à un procédé très-simple. On fait monter une goutte d'eau dans une chambre barométrique, et l'on voit de combien la colonne se tient plus bas qu'un bon baromètre placé à la même hauteur. La différence donne la tension de la vapeur correspondante à la température qu'on observe simultanément. Pour que les résultats soient exacts, il faut employer des tubes de deux centimètres de diamètre environ, afin d'éviter les erreurs résultant de la dépression capillaire du mercure; il faut aussi réduire toutes les observations à la même température de la colonne mercurielle. C'est l'oubli de ces précautions qui explique la non-concordance des chiffres obtenus par différents physiciens.

Pour connaître le poids de la vapeur d'eau, on laisse monter dans le tube barométrique

(1) Toutefois nous devons remarquer que, d'après les recherches plus récentes de MM. Rudberg, Regnault et Magnus, la véritable valeur de ce coefficient est 0 00366.

une quantité d'eau d'un poids déterminé. En échauffant le tube, la tension de la vapeur augmente. En continuant à chauffer, il arrive un moment où la tension croît très-lentement en suivant la loi d'un gaz. La température à laquelle la diminution soudaine dans la rapidité de l'accroissement de l'élasticité a eu lieu, est le point de saturation. Si nous connaissons la capacité de l'espace rempli de vapeur, nous pouvons déduire du poids connu de l'eau introduite le poids de la vapeur contenue dans une espace donné. Des essais de ce genre donnent, d'après les expériences de M. August, les poids suivants pour le poids de la vapeur d'eau saturant un espace d'un mètre cube aux températures indiquées dans le tableau.

Table des poids de vapeur d'eau que peut contenir un mètre cube d'air à différentes températures.

Degrés	Grammes.
— 25	0,93
— 24	1,01
— 23	1,10
— 22	1,19
— 21	1,26
— 20	1,38
— 19	1,47
— 18	1,60
— 17	1,74
— 16	1,84
— 15	2,00
— 14	2,14
— 13	2,33
— 12	2,48
— 11	2,63
— 10	2,87
— 9	3,08
— 8	3,30
— 7	3,53
— 6	3,80
— 5	4,08
— 4	4,37
— 3	4,70
— 2	5,01
— 1	5,32
0	5,66
1	6,00
2	6,42
3	6,84
4	7,32
5	7,77
6	8,25
7	8,79
8	9,30
9	9,86
10	10,57
11	11,18
12	11,83
13	12,57
14	13,33
15	14,17
16	14,97
17	15,84
18	16,76
19	17,75
20	18,77
21	19,82
22	20,91
23	22,09
24	23,36
25	24,61
26	25,96
27	27,34
28	28,81
29	30,35
30	31,93
31	33,65
32	35,45
33	37,20
34	39,12
35	41,13
36	43,17

Si nous connaissons la température à laquelle, un espace donné est saturé, nous pouvons en déduire le poids ou la tension de la vapeur contenue dans un mètre cube d'air. Ainsi le poids de la quantité de vapeur contenue dans un mètre cube à la température de 10°, sera de 10 grammes, 57; la tension de la vapeur d'eau, 9^{mm}, 90. Chacun de ces nombres exprime également la quantité de vapeur d'eau. En météorologie, il vaut mieux donner la tension. Ainsi, si dans le voisinage du sol nous trouvons que l'air soit saturé à une température de 10°, et si la vapeur s'étend, en suivant les lois de la dilatation des fluides élastiques, jusqu'aux limites de l'atmosphère, le poids de cette vapeur fera équilibre à une colonne de mercure de 9^{mm},90. Il nous est donc loisible de considérer la tension de la vapeur correspondant à chaque température comme égale au poids de la masse entière de vapeur d'eau répandue dans l'atmosphère.

La dilatation énorme de la vapeur d'eau, sous l'influence de la chaleur, nous montre le rôle important que cet agent joue dans sa production ; nous en serons encore plus convaincus si nous étudions les phénomènes de l'évaporation. Versez dans un verre métallique ouvert de l'eau à la température de l'air, et échauffez-la au moyen d'une lampe placée au-dessous du vase. Un thermomètre plongé dans l'eau montera jusqu'à ce que l'eau arrive à l'ébullition ; alors il restera stationnaire, et vous aurez beau activer le feu, le thermomètre ne s'élèvera pas au-dessus de 100°. Si le vase est fermé, la température de l'eau dépassera le point d'ébullition ; mais si l'on ouvre le vase, la vapeur s'échappera avec force, et le thermomètre redescendra à 100°.

Black, physicien écossais, est le premier qui ait étudié les relations qui existent entre la formation de la vapeur d'eau et le point d'ébullition. Dans l'expérience précédente, dès que l'eau a atteint le degré d'ébullition, toute la chaleur qui pénètre dans le vase ne fait qu'accélérer l'évaporation, et ces vapeurs entraînent l'excès de température sans que leur température propre dépasse celle de l'eau bouillante : ce qui le prouve c'est l'abaissement du thermomètre qui a lieu dès qu'on ouvre un vase fermé où la température de l'eau s'est élevée au-dessus de 100°. Black a nommé *chaleur latente* ou *calorique latent* cette chaleur entraînée par les vapeurs et qui n'a aucune influence sur le thermomètre. L'existence de cette chaleur latente est une des conditions essentielles de la formation des vapeurs.

Si cette théorie est exacte, la chaleur latente de la vapeur doit redevenir sensible au thermomètre du moment que la vapeur repasse à l'état liquide. C'est ce qui arrive en effet : quelques essais fort simples vont le prouver de la manière la plus évidente. Si nous mêlons dans un vase 500 grammes d'eau à zéro avec 500 grammes d'eau à 100°, nous aurons un kilogramme d'eau à 50°. Quel que soit le rapport des quantités d'eau qu'on mélange, la distribution de la chaleur se fera dans le même rapport. Si nous prenons 10 kilogrammes d'eau à zéro, et que nous y ajoutions 1 kilogramme d'eau à 100°, la température du mélange sera :

$$\frac{10 \times 0 + 1 \times 100}{11} = 9°,1.$$

Versons maintenant 1 kilogramme d'eau à 100° dans un vase fermé, et faisons-le communiquer par un tube avec un vase contenant 10 kilogrammes d'eau *à zéro; si nous chauffons le premier vase, sa température* reste constamment à 100°; les vapeurs traversent l'eau froide, passent à l'état liquide, et quand le kilogramme d'eau sera entièrement évaporé, on aura dans le second vase 11 kilogrammes d'eau, non pas à 9°, comme dans le cas précédent, mais à 58°. Cette différence provient de la chaleur latente que la vapeur a abandonnée à l'eau froide. Des expériences de ce genre ont montré que l'eau bouillante a une chaleur latente de 535° environ, ce qui porte à 635° la chaleur totale depuis zéro. Ainsi la quantité de chaleur nécessaire pour transformer en vapeur un kilogramme d'eau bouillante est égale à celle qui élèverait la température de cette eau à 635°, si celle-ci ne passait pas à l'état de vapeur. *Voy.* Ebullition, Evaporation.

L'expérience prouve que l'eau s'évapore à toutes les températures; car si, dans une saison quelconque, nous exposons à l'air libre un vase ouvert rempli d'eau, cette eau disparaîtra par évaporation. La glace même émet des vapeurs. Un morceau de glace mis sur le plateau d'une balance à une basse température, diminue de poids. La vapeur qui se forme dans ces circonstances abaisse autant la température de l'eau que si celle-ci était à l'état d'ébullition. On peut s'en convaincre avec des liquides qui ont la propriété de bouillir à des températures très-basses et qui se vaporisent plus vite que l'eau. Si l'on enveloppe de coton une boule de thermomètre et qu'on l'arrose d'éther sulfurique, ce liquide, en se vaporisant, empruntera à la boule la chaleur qui lui est nécessaire pour passer à l'état de vapeur; et au fort de l'été on verra l'instrument descendre à zéro et même au-dessous de zéro. Choisissez deux thermomètres aussi semblables que possible, enveloppez la boule de l'un d'eux d'une mousseline très-fine humectée d'eau, et suspendez-les tous deux à l'air libre par un temps très-sec, vous verrez le thermomètre humide se tenir à plusieurs degrés plus bas que le thermomètre sec.

Une foule d'observations confirment ce que nous venons de dire. Dans l'économie animale la chaleur latente joue un très-grand rôle. Lorsque la peau est couverte de sueur et que celle-ci s'évapore, nous éprouvons une sensation de froid bien marquée. Cette évaporation étant beaucoup moins active par un temps humide que par un temps sec, la sensation de froid est beaucoup plus forte dans ce dernier cas. C'est pourquoi, pendant l'été, nous trouvons la chaleur insupportable lorsque l'air est humide, quoique le thermomètre ne soit pas très-haut; mais si le vent enlève à chaque instant l'atmosphère saturée de vapeur dont notre corps est entouré, alors l'évaporation se fait avec une plus grande activité. C'est pour cela qu'à température égale, et le degré d'humidité restant le même, nous éprouvons un sentiment de froid beaucoup plus vif s'il fait du vent que si l'air est parfaitement calme.

C'est le matin, avant le lever du soleil, que *la quantité de vapeur atteint son minimum* pendant toute la durée de l'année. En même temps, à cause de l'abaissement de la température, l'humidité est à son *maximum*. A mesure que le soleil s'élève sur l'horizon, l'évaporation augmente, et l'air reçoit à chaque instant une plus grande quantité de vapeur. Mais comme l'air oppose un obstacle à la formation de cette vapeur, il s'éloigne toujours de plus en plus du point de saturation, et l'humidité relative devient de plus en plus faible. Cette marche continue sans interruption jusqu'au moment où la température atteint son *maximum*. En hiver, la quantité de vapeur augmente régulièrement jusque vers l'après-midi; lorsque le thermomètre commence à baisser, la vapeur se condense en partie sur les corps froids, et la proportion de vapeur diminue jusqu'au lendemain matin: tandis que, par suite de cet abaissement de la température, l'air devient relativement plus humide.

En été, les choses se comportent tout autrement : alors la quantité de vapeur absolue augmente également le matin; mais avant midi il y a déjà un *maximum* qui, dans les différents mois, vient tantôt plus tôt, tantôt plus tard. Ensuite la quantité de vapeur absolue diminue jusqu'au moment de la température la plus forte de la journée, sans cependant atteindre un *minimum* aussi bas que celui du matin. Comme la température s'élève pendant tout cet espace de temps, il va sans dire que l'air s'éloigne toujours de plus en plus du point de saturation. Après avoir atteint son *minimum*, la quantité de vapeur augmente de nouveau assez régulièrement jusqu'au lendemain matin, tandis que relativement l'air devient de plus en plus humide.

Lorsque le matin l'évaporation commence

avec l'accroissement de la température, la vapeur, en vertu de la résistance de l'air, s'accumule à la surface du sol, comme le montrent les observations faites sur tous les points du globe. Cette couche de vapeur n'atteint pas une grande épaisseur; mais dès que le courant ascendant commence, surtout en été, alors les vapeurs sont entraînées vers les parties supérieures de l'atmosphère avec une force qui va toujours en croissant jusque vers l'heure de midi. L'évaporation du sol est alors plus active à cause de l'accroissement de la température : le courant ascendant en emporte néanmoins la majeure partie, et il y a diminution de la quantité de vapeur. Vers le soir, quand la température commence à baisser, le courant ascendant diminue de force ou cesse même tout à fait; alors, non-seulement la vapeur s'accumule dans les parties inférieures, mais encore elle descend des régions supérieures; c'est pourquoi nous observons vers le soir un second *maximum* qui ne se soutient pas, parce que, pendant la nuit, la vapeur se précipitant à l'état de rosée ou de gelée blanche, l'air devient nécessairement plus sec.

En janvier, le mois le plus froid de l'année, la quantité de vapeur atteint son *minimum*; en même temps l'humidité relative est à son *maximum*. A mesure que la température s'élève, l'évaporation devient plus active et la quantité de vapeur augmente d'abord lentement, parce que les vents d'est, qui soufflent habituellement pendant cette saison, amènent de l'air sec de l'intérieur du continent. La quantité de vapeur atteint son *maximum* en juillet, le mois où l'air est le plus sec. Aux approches de l'hiver, quand la chaleur diminue, la quantité d'eau qui se précipite sous forme de pluie, de rosée, de gelée blanche, est beaucoup plus considérable que celle qui passe à l'état de vapeur. Sa quantité va donc toujours en diminuant, quoique l'humidité augmente continuellement et soit plus forte en novembre et en décembre que dans le mois de janvier. De là les froids humides qui caractérisent ces deux derniers mois.

Nous trouvons une marche analogue dans tous les pays où l'on a observé jusqu'ici. Même dans l'Inde, où la marche de la température diffère tant de celle que nous avons en Europe, on trouve d'après les observations de M. Prinsep à Bénarès, une augmentation de la quantité de vapeur vers le mois de juillet et une diminution en janvier.

Pour une foule de recherches, il serait de la plus haute importance de connaître numériquement la quantité de vapeur qui existe dans diverses régions du globe. La vie des plantes et des animaux, le caractère du paysage dépendent de cet élément aussi bien que de la température. La sécheresse ou l'humidité de l'air ont la plus grande influence sur le développement des maladies. Jusqu'ici nous n'avons pas un nombre d'observations suffisant, et les remarques suivantes ne sont que des inductions qui peuvent faire pressentir des vérités qui nous sont encore cachées.

Il est d'abord certain que la quantité de vapeur va en diminuant, avec la chaleur, depuis l'équateur jusqu'au pôle. Dans des localités semblables, mais situées à une distance inégale du pôle, l'humidité relative se comporte-t-elle de la même manière ou d'une manière différente? C'est ce qu'il est impossible de dire dans l'état actuel de nos connaissances. En pleine mer, à toutes les latitudes, l'air paraît être à l'état de saturation; car si nous plaçons sous un récipient de l'eau pure, des solutions salines, des acides affaiblis, etc., l'air de ce récipient sera, après un temps suffisant, complétement saturé.

L'eau de mer n'émet qu'une quantité de vapeur égale à celle qui serait produite par une masse d'eau distillée égale, mais plus froide de 3°,5. Sur l'Océan, le point de rosée est ordinairement au-dessous de la température de l'eau de la mer : l'air de l'Océan est donc toujours complétement saturé.

Sur les côtes, la quantité de vapeur est, à latitude égale, la plus grande possible, et elle diminue à mesure qu'on pénètre dans le continent. Cette règle se confirme dans l'intérieur des Etats-Unis d'Amérique, au milieu des plaines de l'Orénoque ou des steppes de la Sibérie, dans les déserts de l'Afrique et de l'Asie, ainsi que dans l'intérieur de la Nouvelle-Hollande, où l'air est habituellement très-sec. On voit ici comment tous les phénomènes météorologiques s'enchaînent réciproquement; les déserts de l'Afrique, étant tout à fait arides, ne sont le siége d'aucune évaporation. En outre, l'extrême chaleur, accrue encore par la réverbération du sable, s'oppose aux précipitations aqueuses, et par conséquent cette contrée est condamnée à une éternelle stérilité.

Les couches supérieures de l'atmosphère sont-elles plus sèches ou plus humides que les inférieures? Question d'une haute importance pour la connaissance des vicissitudes atmosphériques. N'oublions pas la distinction déjà établie entre la quantité de vapeur absolue et l'humidité relative de l'air. Quant à la première, il serait oiseux de prouver que la pression de l'atmosphère de vapeur et sa densité diminuent à mesure qu'on s'élève : toutes les expériences le prouvent. Si l'on cite quelques exceptions, elles tiennent à des perturbations extraordinaires, analogues à celles qui produisent une interversion dans le décroissement de la température. Il s'agit uniquement ici de l'humidité relative, et sur ce point les opinions des physiciens sont partagées.

De Saussure et Deluc, qui les premiers portèrent des hygromètres sur de hautes montagnes, mais qui n'ont pas toujours établi la distinction sur laquelle nous venons d'insister, ont dit, en thèse générale, que l'air était plus sec en haut qu'en bas. Ce fait, admis assez généralement par tous les physiciens, a été constaté par les expériences que M. de Humboldt a faites dans l'Amérique intertropicale; mais, malgré de si grandes autorités, des expériences récentes, faites avec le plus grand soin, autorisent à contester la généralité de cette assertion.

La quantité de vapeur est aussi petite que possible lorsque le vent souffle entre le nord et le N.-E.; elle augmente quand il tourne à l'est, au S. E. et au sud, et atteint son *maximum* entre le sud et le S.-O., pour diminuer de nouveau en passant à l'ouest et au N.-O. La cause de ces différences est bien simple. Avant d'arriver à nous, les vents d'ouest passent sur l'Atlantique et se chargent de vapeurs; tandis que ceux qui soufflent de l'est viennent de l'intérieur des continents de l'Europe ou de l'Asie. Ces vapeurs se résolvent déjà en pluie lorsque les vents occidentaux arrivent en France; mais cette eau se vaporise presque immédiatement, et il en résulte qu'en Allemagne ces vents seront toujours plus chargés de vapeur que ceux de l'est. Le vent de O.-S.-O., venant à la fois de la mer et de contrées plus chaudes, peut se charger d'une plus grande proportion de vapeur d'eau que le vent d'ouest, qui est plus froid : aussi contient-il une moindre proportion de vapeur que le S.-O.

Les mêmes différences existent entre les diverses saisons.

On est frappé d'abord du contraste qui existe entre l'hiver et l'été. Quoique, dans ces deux saisons, la proportion de vapeur soit moindre par les vents d'est que par ceux d'ouest, cependant la température peu élevée de ces vents en hiver rétablit l'équilibre; et, dans cette saison, le vent d'est est le plus humide, celui d'ouest le plus sec. En été, c'est le contraire; c'est lorsque chacun de ces vents commence à souffler que le contraste est le plus frappant. Si, par exemple, en hiver, les vents d'ouest ont régné quelque temps avec un ciel assez pur, et qu'il s'élève tout à coup un vent d'est ou de N.-E., alors le ciel se couvre en peu de temps; une partie de la vapeur d'eau se précipite à l'état de pluie ou de neige, et d'épais brouillards occupent les régions inférieures de l'atmosphère. Dans cet état de choses, le baromètre est souvent au beau, ce qui donne lieu à des récriminations sans fin contre les prophéties menteuses de cet instrument. Mais si le vent d'est continue à souffler, alors le ciel devient serein, quoique l'air reste humide. Si l'inverse a lieu, c'est-à-dire, si le ciel est couvert, le vent étant à l'est, et qu'il passe subitement au sud, le ciel devient pur et l'atmosphère sèche, parce que l'air échauffé dissout la vapeur d'eau et s'éloigne du point de saturation. C'est seulement lorsque ce vent a régné pendant quelques jours, et nous a apporté une grande quantité de vapeurs, que l'atmosphère redevient humide.

Jusqu'ici nous avons étudié les conditions qui influent sur la quantité de vapeur d'eau contenue dans l'air. Quoique incomplets, les faits rapportés suffisent pour nous faire comprendre la théorie du passage des vapeurs à l'état liquide. Lorsque l'air contient une plus grande quantité de vapeur d'eau qu'il ne peut en contenir à l'état de saturation, une partie de cette vapeur se résout en eau ou flotte dans les airs à l'état de nuage. La vapeur d'eau se précipite toujours sous l'influence des mêmes causes, mais sous une forme différente. Nous examinerons donc séparément la rosée, la gelée blanche, le brouillard, les nuages, la pluie et la neige. *Voy.* ces mots.

Quoique ces précipités atmosphériques aient été observés depuis longtemps, cependant des lois positives n'ont remplacé les hypothèses gratuites que depuis un demi-siècle environ. En 1784, Hutton avait établi le principe suivant : Quand deux masses d'air saturées, mais d'inégale température, se rencontrent, il y a précipitation de vapeur aqueuse. Si les masses d'air ne sont pas à l'état de saturation, elles deviennent néanmoins plus humides; et si les températures sont fort différentes, il y aura précipitation, quand même les deux masses d'air ne seraient point saturées.

A l'époque de son apparition, cette thèse fut combattue par Deluc, qui avait émis une théorie dont le temps a fait justice, tandis que celle de Hutton s'est toujours maintenue. Supposons qu'on mélange deux masses d'air également saturées, l'une étant à la température de 10°, l'autre à 20°, le mélange aura une chaleur de 15°. L'élasticité de la vapeur d'eau sera, dans l'une de ces masses, de $9^{mm},90$; dans l'autre, de $18^{mm},20$. Ainsi, à l'état de mélange, $14^{mm},05$. Mais de l'air à 15° ne peut, à son *maximum* de saturation, contenir qu'une quantité de vapeur de $13^{mm},44$ de tension. Ainsi donc la différence, savoir, $14^{mm},05 - 13^{mm},44 = 0^{mm},61$, exprimera la tension de la quantité de vapeur qui sera précipitée. Supposons maintenant que chacune de ces masses d'air contienne seulement de 50 pour 100 de vapeur d'eau, alors les élasticités seraient $4^{mm},95$ et $9^{mm},10$, et, après le mélange, cette élasticité deviendrait $7^{mm},02$. Mais l'air à 15° ne pouvant contenir que $13^{mm},44$ de vapeur, le mélange aura 52 pour 100 de vapeur d'eau. La quantité de la précipitation aqueuse sera proportionnelle à la différence de température des deux masses d'air, comme le montrent les calculs fort simples que nous venons de faire.

VAPEUR (*ses usages*). — Les anciens paraissent avoir connu ou du moins soupçonné la puissance de la vapeur : ainsi Aristote et Sénèque jugeaient sans doute qu'elle pouvait acquérir une grande force élastique, puisqu'ils attribuaient les tremblements de terre à la transformation subite de l'eau en vapeur dans les entrailles du globe; mais nous ne voyons pas qu'ils aient songé à tirer parti de ce moteur. Héron d'Alexandrie décrivait, environ 120 ans avant notre ère, un petit appareil qui était mis en mouvement par la réaction de la vapeur d'eau. C'était une espèce de *tourniquet à air;* ainsi l'on peut répéter son expérience avec cet instrument : on n'a qu'à y faire arriver un courant de vapeur. On peut encore le répéter d'une autre manière. Sur un petit chariot très-léger on place une lampe à esprit-de-vin, et au-dessus de la lampe on dispose un petit vase de fer-blanc contenant un peu d'eau. Ce vase appelé *éolipyle*, est fermé par un bouchon de liége qui est tourné vers l'arrière du chariot. Quand la lampe brûle, l'eau de l'éolipyle s'échauffe, produit de la vapeur qui, ne pouvant s'échapper, augmente sans cesse de tension; enfin il arrive un moment où elle fait sauter le bouchon; alors le chariot est poussé violemment et entraîné au loin dans le sens opposé. Le principe de ces mouvements est absolument le même que celui du tourniquet hydraulique et du recul des armes à feu. La combustion de la poudre développe une certaine quantité de gaz qui acquièrent subitement une grande tension, lancent le projectile d'un côté et poussent le canon dans le sens opposé. Quant aux pressions latérales, elles sont détruites par la résistance des parois du canon. Il ne paraît pas qu'on ait encore fait de grandes applications de la vapeur employée comme dans la machine de Héron.

En 1615, Salomon de Caus, ingénieur français, proposa de faire servir la force élastique de la vapeur à élever l'eau à des hauteurs considérables. Son appareil était une véritable fontaine de compression. Il est clair, en effet, que si l'on expose cette machine à l'action du feu, la vapeur qui se forme à la surface de l'eau doit comprimer ce liquide et le faire monter dans le tube vertical. Mais ces différents appareils n'ont rien de commun avec la machine à vapeur aujourd'hui en usage. Ne pouvant la décrire en entier et entrer dans des détails qui n'appartiennent qu'à des traités spéciaux, nous essayerons au moins d'en donner une idée suffisante. Pendant longtemps les Anglais se sont attribué l'invention de cette machine, et l'on ne songeait pas à la leur disputer, lorsque M. Arago, dans l'*Annuaire du Bureau des Longitudes pour l'année* 1837, a démontré : 1° que c'est Denys Papin, médecin français, réfugié en Allemagne par suite de la révocation de l'édit de Nantes, qui a imaginé la première machine à vapeur à piston; 2° qu'il doit être considéré comme le véritable inventeur des bateaux à vapeur. — Ce fut en 1690 qu'il publia le résultat de ses expériences; or les premières machines anglaises ne furent construites que vers l'année 1705, et les constructeurs avaient eu connaissance du travail et des projets de Papin: ils en profitèrent en les modifiant un peu, mais ils ne l'inventèrent pas.

Un ingénieur anglais, M. Perkins, a construit, il y a quelques années, un appareil pour lancer des projectiles par la force de la vapeur. Une petite chaudière cylindrique en bronze, de 3 pouces d'épaisseur, contenant 36 litres d'eau environ, était chauffée de manière à donner à la vapeur une force de 35 ou 40 atmosphères; ce qui équivaut à une expression de 700 livres à peu près par pouce carré. On établissait à volonté une communication avec un canon de fusil où les balles arrivaient latéralement par une espèce de trémie, de sorte qu'elles étaient lancées d'une manière presque continue (quatre à cinq cents par minute), et avec autant de force que par un fusil ordinaire. En portant la pression de 840 livres par pouce carré, les balles, en frappant contre une plaque de fonte à 100 pieds de distance, ne s'aplatissaient plus comme auparavant, mais se réduisaient en parcelles qu'on avait peine à retrouver. Quelquefois, dans les canons ordinaires, on voit des effets de la force de la vapeur. Ainsi, quand ils sont très-échauffés après plusieurs coups tirés de suite, l'*écouvillon* mouillé qu'on y introduit pour les rafraîchir est violemment repoussé, s'il remplit trop exactement le calibre. Vauban, en comparant la force de la vapeur à celle de la poudre, a vu que 140 livres d'eau réduite en vapeur pouvaient soulever une masse de 77 milliers, tandis qu'il fallait près de 260 livres de poudre pour produire le même effet. Il est infiniment probable que la force de la vapeur joue un très-grand rôle dans les explosions volcaniques et dans les tremblements de terre; c'est elle évidemment qui, près de l'Hécla en Islande, lance ces jets immenses d'eau bouillante, connus sous le nom de *Geysers*.

Nous allons nous occuper maintenant des machines à vapeur. Pour mettre le lecteur en état de suivre la théorie que nous allons en donner, nous rappellerons : 1° que la force élastique de la vapeur, qui est de 5 millimètres à zéro, est à 100° de 760 millim. ou une atmosphère; 2° qu'elle croît avec les températures entre 0° et 200° dans les rapports suivants.

	Atmosphère.		Atmosphère.
A 100°	1	A 163°,5	6 ½
112°,2	1 ½	166°,5	7
121°,4	2	169°,4	7 ½
128°,8	2 ½	172°,1	8
135°,1	3	177°,1	9
140°,6	3 ½	181°,6	10
145°,4	4	186°,0	11
149°,1	4 ½	190°,0	12
153°,1	5	193°,7	13
156°,8	5 ½	197°,2	14
160°,2	6	200°,5	15

3° qu'à 224°, la tension est de 24 atmosphères, et qu'à 266° elle atteint 50. Enfin, nous signalerons encore ce principe; que, lorsque la vapeur se trouve répandue dans un espace dont les diverses parties ont différentes températures, elles prennent une tension uniforme, égale à la tension qu'elle aurait naturellement si l'espace était partout à la température la plus basse.

Machines à vapeur. — Les pièces principales d'une machine à vapeur sont : 1° la chaudière où se forme la vapeur; 2° un corps de pompe, parfaitement rodé, dans lequel se meut un piston. La tige de ce piston communique avec différents leviers qui transforment son mouvement de va-et-vient en un mouvement rotatoire, pour tourner la roue du bateau à vapeur, la meule qui doit moudre le blé, les cylindres des laminoirs, etc. Nous n'avons donc qu'à nous occuper du mouvement du piston, puisqu'il est le principe de tous les autres et que d'ailleurs, au moyen de manivelles, de leviers coudés, de roues dentées, etc., il est très-facile de transformer les mouvements.— Les premières machines que l'on construisit étaient dites *atmosphériques* ou *à simple effet*, parce que la vapeur ne faisait que soulever le piston, et qu'ensuite c'était la pression atmosphérique qui le faisait descendre; dans les machines *à double effet*, c'est la vapeur qui fait seule monter et descendre le piston, l'atmosphère n'y joue aucun rôle.

Machines atmosphériques ou à simple effet. — Dans ces machines, le cylindre ou corps de pompe communique par sa partie supérieure avec l'atmosphère, par sa partie inférieure avec la chaudière et avec un réservoir d'eau froide appelé *condenseur*. La tige du piston est liée par une chaîne à un balancier terminé en arc de cercle, dont l'extrémité porte un contre-poids un peu plus lourd que le piston, et capable de le soulever. Un robinet s'ouvre, la vapeur se répand sur le piston, et si cette vapeur est à 100°, la tension est égale à celle de l'air atmosphérique; alors le piston, également pressé dessus et dessous, est entraîné par le contre-poids. Dès qu'il est arrivé au plus haut point de sa course, on ferme le premier robinet et l'on en ouvre un autre pour mettre la vapeur du corps de pompe en communication avec l'eau froide du condenseur; aussitôt cette vapeur se liquéfie, il se fait un vide sous le piston, et la pression atmosphérique le fait descendre avec beaucoup de force. Supposez qu'alors on ferme le dernier robinet et qu'on ouvre le premier, on fait remonter le piston ; puis on le fait redescendre comme la première fois, et ainsi de suite.

Dans les premières machines de cette espèce, la condensation de la vapeur s'effectuait dans le corps de pompe lui-même par une injection d'eau froide qu'on y faisait arriver ; mais cette eau refroidissant le cylindre, il fallait un certain temps pour le réchauffer de nouveau: de là une perte de vapeur et de combustible; ce fut James Watt qui imagina de la condenser dans un réservoir séparé. Cette simple modification procura une économie de combustible de plus de 180,000 fr. par an dans la seule mine de Chacewater, en Cornouailles, où l'on employait trois machines.

La manœuvre des deux robinets exigeait constamment la présence d'une personne. On raconte qu'un enfant, Humphrey Potter, fatigué de ce travail et contrarié un jour de ne pouvoir aller jouer avec ses camarades, eut la pensée d'attacher les extrémités de quelques ficelles aux manivelles des deux robinets, et de lier au balancier les extrémités opposées, afin que les tractions de celui-ci remplaçassent les efforts de la main. Les ingénieurs s'en étant aperçus perfectionnèrent cette première idée et substituèrent aux ficelles des tringles rigides munies de chevilles qui produisaient le même effet.

Machines à double effet. — Dans ces machines, qui aujourd'hui sont à peu près les seules usitées, la vapeur agit par impulsion directe sur les deux faces du piston. Des tuyaux l'amènent de la chaudière où elle s'engendre dans le corps de pompe qui est fermé par les extrémités. Quand elle vient au-dessous du piston, la vapeur qui se trouve au-dessus est rejetée au dehors, de sorte qu'il y a vide de ce côté, et que rien ne s'oppose au mouvement ascendant du piston; de même, quand la vapeur arrive au-dessus, celle qui se trouve au-dessous abandonne le corps de pompe, et n'oppose par conséquent aucune résistance à la descente. Or, en montant et descendant ainsi, le piston, par l'intermédiaire de sa tige, communique son mouvement ou à l'une des extrémités d'un balancier ou à une traverse dont les extrémités entraînent des bielles qui transmettent ce mouvement à tout le reste de la machine. Pour le moment nous ne nous occuperons que du moteur.

L'introduction de la vapeur au-dessus et au-dessous du piston successivement se règle par un mécanisme que nous décrirons plus bas. Quant à la sortie de la vapeur hors de la région du corps de pompe où le vide doit être fait, elle s'opère de deux manières différentes, suivant que les machines sont à *basse* ou à *haute pression*.

Dans les machines à *basse pression*, c'est-à-dire, celles où la température de la vapeur ne dépasse pas 100°, et où sa tension est d'*une atmosphère*, on lui donne issue dans un récipient séparé du corps de la machine, et désigné sous le nom de *condenseur*. Ce récipient est entouré d'eau fraîche, ou bien, ce qui est plus efficace, il reçoit continuellement à l'intérieur un jet de liquide : d'ailleurs, il est maintenu vide d'eau et d'air, au moyen d'une pompe pneumatique que la machine elle-même met en mouvement. Au moment où la communication s'ouvre entre le bas du corps de pompe, par exemple, et le condenseur, la vapeur se précipite instantanément dans ce vase qui est vide; elle s'y refroidit et s'y condense, ce qui fait un nouveau vide dans lequel se loge définitivement une très-petite quantité de vapeur, à faible tension; c'est aussi ce qui reste dans le corps de pompe, de sorte que la vapeur qui agit de l'autre côté du piston ne trouve qu'un très-petit obstacle à vaincre pour le pousser devant elle. La condensation continuelle de la vapeur, et l'eau qu'elle fournit au condenseur, et par suite à la pompe qui vide le vase, donnent lieu à un déversement continuel d'eau chaude à l'extérieur de la machine. C'est cet écoulement au dehors qui fait reconnaître les machines à basse pression.

Dans les machines à *haute pression*, la force élastique de la vapeur est poussée à deux atmosphères, au moins; le plus souvent, elle l'est à 3, 4, 8 atmosphères même. Or, alors on lui donne issue directement dans l'air. Quand s'ouvre la soupape par laquelle le passage lui est laissé libre, elle oppose sa tension de plusieurs atmosphères à l'atmosphère unique qu'elle rencontre à l'extérieur; et si elle est à 6 atmosphères, par exemple, il est clair qu'elle sortira avec une puissance complète de 5 atmosphères. D'ailleurs il restera au dedans une force élastique égale à une atmosphère précisément, mais qui n'opposera à son tour qu'un obstacle insignifiant à la haute tension de la vapeur qui agira de l'autre côté. C'est ainsi que se produisent ces jets saccadés, ou bouffées de vapeur vésiculaire qu'on remarque à l'extérieur de toutes les *machines à haute pression, et qui* les fait reconnaître pour telles.

Quel que soit d'ailleurs le genre de machines, sous ce rapport, il s'agit de régler l'introduction et la sortie de la vapeur, c'est-à-dire faire en sorte que la vapeur n'entre que successivement et au-dessous et au-dessus du piston, puis obtenir que lorsqu'elle arrive au haut, par exemple, la communication soit fermée d'une part entre le bas du corps de pompe et de la chaudière, et d'autre part, ouverte entre le bas du corps de pompe et le condenseur, ou, au lieu de celui-ci, l'orifice qui rejette la vapeur dans l'atmosphère. De même, lorsque la vapeur arrivera de la chaudière au bas du corps de pompe, le passage entre la chaudière et le dessus du piston devra être barré, tandis qu'au contraire la communication sera ouverte entre le dessus du piston et soit le condenseur, soit l'atmosphère. Pour arriver à ce but, on a passé par différents systèmes de robinets et de soupapes, et l'on s'est arrêté au système que voici.

Le corps de pompe dans lequel se meut le piston est enveloppé d'un autre cylindre plus grand, de sorte qu'il demeure entre les deux un espace annulaire vide : c'est là que se rend la vapeur de la chaudière. Cet espace communique avec le condenseur et l'intérieur du corps de pompe par deux ouvertures supérieures et deux ouvertures inférieures. Vis-à-vis de ces ouvertures est disposé un demi-cylindre appelé *tiroir* ou *glissoir*, qui, en montant et descendant avec le piston, ouvre et ferme tour à tour ces communications, faisant ainsi l'office des robinets. Tout cela est caché dans l'intérieur de la machine; nous n'entrerons pas dans d'autres détails sur le mécanisme du tiroir, car il est très-difficile de comprendre le jeu de cette pièce, même avec des figures; il est presque indispensable d'en avoir un petit modèle sous les yeux.

Ainsi on introduira la vapeur successivement des deux côtés du piston, et comme on peut augmenter à volonté son diamètre et la tension de la vapeur, on lui imprimera un mouvement aussi puissant qu'on le voudra. Ce n'est qu'un mouvement vertical de va-et-vient, mais on peut le transformer à volonté, particulièrement en mouvement de rotation, au moyen de manivelles et de volants.

Au lieu de laisser arriver la vapeur jusqu'à ce que le piston soit au bout de sa course, on interrompt souvent son afflux lorsque le piston n'a encore parcouru qu'une partie du chemin; alors il continue sa route par la *détente* de la vapeur qui s'ajoute à la vitesse acquise. La vapeur introduite se dilate dans l'espace que le piston ouvre devant elle, en perdant de sa force élastique, d'après la loi de Mariotte, de telle façon néanmoins qu'il en reste assez pour produire un effet utile. Supposons, par exemple, qu'elle entre avec une tension de 4 atmosphères, et soit arrêtée aux $\frac{2}{3}$ de la course du piston; alors un volume 2 deviendra 3, et la force élastique avec laquelle elle poussera le piston au dernier moment sera le 4e terme de la proportion

$$3 : 2 :: 4 : x = 2{,}66.$$

L'emploi de la détente offre une économie manifeste de combustible, d'autant plus que la production de la vapeur à haute pression n'exige pas plus de chaleur que les tensions moindres.

Il serait trop long d'entrer ici dans tous les détails de mécanique des machines à vapeur, soit *fixes*, soit *locomotives*. Ces détails sont d'ailleurs plutôt du ressort de la mécanique que de la physique. Cependant, nous dirons un mot des *chaudières à vapeur*. La chaudière peut singulièrement varier de forme. En général, elle est cylindrique. On préfère les chaudières de tôle, de fer, aux chaudières en cuivre ou en fonte; les parois doivent avoir une épaisseur déterminée, suivant le nombre de pressions atmosphériques auquel équivaut la force de tension de la vapeur.

Chaudière à bouilleurs. — Le *bouilleur* est une espèce d'appendice de la chaudière; il est à peu près de même forme et de même longueur. Il communique avec la face inférieure de la chaudière, par deux ou trois larges tubulures. Il repose sur les briques des fourneaux chauffés au coke ou au charbon de terre. L'eau remplit les bouilleurs et environ la moitié de la chaudière; l'intervalle des tubulures est fermé avec des briques. Après que la face inférieure des bouilleurs a reçu le premier coup de feu, la flamme vient circuler librement dans les intervalles des tubulures, et chauffer en même temps la face supérieure des bouilleurs, la face inférieure et latérale de la chaudière, jusqu'à la hauteur du niveau de l'eau. On s'assure du maintien de ce niveau par le moyen d'un tube vertical (*tube de niveau*), auquel aboutissent deux tubes horizontaux : l'un en haut, qui communique avec la vapeur; l'autre en bas, qui communique avec l'eau. On donne issue à la vapeur par un gros tube pratiqué à la face supérieure de la chaudière. L'eau d'alimentation est conduite par un autre tube jusque près du fond de la chaudière. La moitié supérieure de la chaudière, où s'accumule la vapeur, s'appelle *chambre à vapeur*. Au moment où une partie de la vapeur s'échappe, il se fait un vide qui est aussitôt suivi de la formation d'une nouvelle quantité de vapeur remplaçant celle qui s'est échappée. Il faut que la chambre à vapeur soit assez grande pour que l'eau, par suite d'une diminution de pression trop considérable, ne puisse pas *primer* ou *mous-*

ser, c'est-à-dire être projetée dans le tube de sortie ou dans les cylindres de la machine. Il faut que la capacité de la chambre à vapeur soit 15 ou 20 fois plus grande que celle du cylindre de la machine. Il faut que les tubulures des bouilleurs soient également assez larges pour que la vapeur, à mesure qu'elle se forme, en sorte librement. Pour éviter les dangers d'explosion de la chaudière, il faut, 1° que le niveau de l'eau ne s'abaisse pas au-dessous de la ligne de chauffage; 2° il faut avoir soin de prévenir la formation des incrustations pierreuses, résultant des dépôts de matières salines que les eaux tiennent en dissolution; 3° il faut éviter une *surchauffe générale*, qui donnerait naissance à une quantité de vapeur plus grande que celle exigée par la dépense. A cette dernière cause d'explosion on oppose, comme moyen de sûreté, le *manomètre* ou le *thermomanomètre* (thermomètre portant, à côté de l'échelle des degrés de température, les pressions atmosphériques correspondantes) et la *soupape de sûreté*. La soupape de sûreté sert non-seulement à indiquer la pression, comme le fait le manomètre, mais elle se soulève quand la tension arrive à une certaine limite, et donne issue à toute la vapeur qui se forme dans ces circonstances. La soupape prévient donc le danger en même temps qu'elle le signale. On prévient les formations pierreuses des chaudières en y jetant des corps étrangers, tels que de l'amidon, de l'argile, des pommes de terre, etc.; ces dépôts ne forment alors qu'une espèce de boue, dont on débarrasse la chaudière de temps en temps. Mais le meilleur moyen de les prévenir consiste dans l'emploi des condensateurs tubulaires de M. Beslay, qui font arriver dans la chaudière l'eau presque aussi pure que l'eau distillée.

Pour prévenir les dangers d'explosion dus à un abaissement de niveau, on a inventé différentes espèces de *flotteurs* qui, par des dispositions ingénieuses, indiquent de combien le niveau s'abaisse dans l'intérieur de la chaudière.

Insistons sur quelques détails.

On appelle *soupape de sûreté* un bouchon métallique qui ferme hermétiquement un trou creusé à travers la paroi et qui est maintenu dans cet état par un levier. La soupape n'est pas seulement propre à indiquer la pression de la vapeur, comme le fait un manomètre, mais elle est surtout destinée à se soulever quand la tension arrive à une certaine limite, et à donner issue à toute la vapeur qui se peut former dans ces circonstances, afin d'éviter tout excès de tension par accumulation de vapeur nouvelle. Il y a donc cette différence entre le manomètre et la soupape de sûreté : le manomètre ne fait que signaler le danger; la soupape de sûreté est destinée à le prévenir et à en faire disparaître la cause.

Il en résulte que la section de la soupape de sûreté doit dépendre de l'étendue de la surface de chauffe, et qu'elle doit lui être proportionnelle; car une surface de chauffe double produisant dans le même temps et sous les mêmes conditions une quantité de vapeur double, il faut une section double pour lui donner issue lorsqu'elle a à la fois la même *densité et la même pression*. On sait que les lois de l'écoulement des fluides élastiques ne sont qu'imparfaitement connues lorsqu'il s'agit de différences de pressions considérables; il était donc nécessaire de faire des expériences directes sur la vitesse d'écoulement de la vapeur, dans les diverses conditions que peuvent présenter les chaudières. Ces expériences ont été faites par les soins de l'autorité; les détails n'en sont point publiés, mais les résultats ont servi de base aux prescriptions qui sont contenues dans les ordonnances relatives aux machines à vapeur (ordonnance du 22 mai 1843). C'est ainsi que l'on exige, pour 1 mètre de surface de chauffe, que les soupapes aient les dimensions suivantes, à raison des pressions :

Pression en atmosphères.	2;	3;	4;	5;	6;
Diamètres des soupapes en centimètres. .	2c, 063;	1c, 616;	1c, 372;	1c, 214;	1c, 100

Ces dimensions une fois données pour 1 mètre de surface de chauffe, il est facile de trouver celles qui correspondent à une surface de 10, 20 ou 25 mètres. Pour 25 mètres, par exemple, les diamètres des soupapes devront être 5 fois plus grands, puisque les sections sont comme les carrés des diamètres. Pour 2 atmosphères, le diamètre de la soupape serait donc 10c,315, c'est-à-dire 10 centimètres et $\frac{1}{4}$; pour 6 atmosphères, seulement 5 centimètres et demi, etc.

On pourrait croire que ces déterminations sont peu nécessaires, et qu'il n'y aurait aucun danger à mettre partout des soupapes très-larges; mais il faut considérer que si l'on mettait sur une chaudière une soupape d'un trop grand diamètre, au moment où elle s'ouvrirait par un excès de pression, le liquide ne pourrait manquer de s'élancer de toutes parts contre les parois de la chaudière, et de produire peut-être, par sa force vive, les accidents que l'on veut éviter. En effet, si l'eau de la chaudière est, par exemple, à 153°, et que l'ouverture de la soupape réduise subitement la pression de 5 atmosphères à 2 ou 3 atmosphères, il n'y aurait pas une simple ébullition, mais une projection violente du liquide dans toutes les directions; c'est un vrai coup de bélier qui viendrait frapper les parois et peut-être les briser. Il est donc indispensable de modérer les sections des soupapes, et de les faire assez grandes pour donner issue à la vapeur, mais assez petites pour ne pas réduire trop brusquement la pression.

Les trois moyens de sûreté, le thermomètre, le manomètre et la soupape de sûreté, peuvent être efficaces contre la seconde cause de l'explosion, c'est-à-dire la surchauffe générale de toute la masse d'eau de la chaudière; cependant ils n'offrent pas des garanties certaines, parce que la chaudière peut avoir des vices de construction; elle peut, en quelques points, s'affaiblir par l'usage, et devenir incapable d'opposer à la vapeur une résistance suffisante. Il n'est même pas impossible que, dans des circonstances données, et par des propriétés de l'eau et de la vapeur encore trop peu connues, une chaudière en bon état fasse explosion par surchauffe générale, malgré ces appareils.

Quant à la premiere cause d'explosion, elle agit d'une manière si subite qu'il n'y a qu'un moyen d'en empêcher l'effet : c'est de la prévenir, c'est de prendre assez bien ses précautions pour que la surchauffe accidentelle des parois soit impossible.

On prévient les incrustations de diverses manières :

1° En faisant l'alimentation de la chaudière avec de l'eau distillée. On a imaginé pour cela des condenseurs tubulaires, qui sont de vrais appareils de distillation : en sortant de la machine, la vapeur vient dans ces tubes mêmes, qui sont enveloppés d'eau froide ; elle s'y condense, et l'eau qui en résulte est reprise par la pompe alimentaire, pour être renvoyée dans la chaudière. C'est ainsi la même eau qui sert toujours : on supplée aux pertes par un appareil particulier. M. Beslay a beaucoup perfectionné ces sortes de condenseurs ; il y a des localités où les eaux sont si mauvaises qu'il y aurait de grands avantages à les employer.

2° En jetant dans la chaudière, tantôt des pommes de terre, tantôt une argile assez fine. La présence de ces corps étrangers empêche l'agrégation des dépôts, qui ne forment alors qu'une espèce de boue, dont on débarrasse la chaudière de temps à autre. Il y a des chaudières qui n'exigent rien de tout cela ; alimentées avec des eaux assez bonnes, il suffit simplement de les nettoyer avec soin toutes les semaines.

Pour compléter ces notions indispensables, il nous reste à parler du *cheval-vapeur*. On est convenu d'appeler force d'un cheval, ou cheval-vapeur, la force qui est nécessaire pour élever d'un mouvement continu un poids de 75 k. à 1^{m} de hauteur en 1''. Cette définition exige quelques développements. Imaginons, pour plus de simplicité, que le volant fasse 60 tours par minute, ou 1 tour par seconde, et supposons que sur son arbre il porte un tambour de 1 mètre de circonférence, sur lequel s'enroule une corde qui descend dans un puits ; à cette corde, que nous supposerons sans pesanteur, est attaché un poids de 750 k. On met la machine en train ; elle prend sa vitesse de régime, et bientôt le poids s'élève régulièrement, à raison de 1^{m} en 1''. Il y a là une certaine résistance vaincue, un certain travail fait, et ce travail est défini lorsqu'on donne à la fois la valeur du poids et la vitesse avec laquelle il est élevé ; il ne le serait pas si l'on ne donnait que le poids sans la vitesse ; car il n'y a pas le même travail fait quand le poids est monté à raison de 1 mètre par seconde, ou à raison de 1 mètre par heure. On voit que le travail fait est à la fois proportionnel au poids élevé et à l'espace que ce poids parcourt en 1 seconde, en montant verticalement ; par conséquent il est égal au produit du poids par l'espace. Or on a trouvé commode de prendre un de ces produits pour unité, et d'appeler *un cheval* la force qui est capable d'accomplir ce travail ; par là on définit en même temps la résistance et la puissance, parce qu'en effet l'une est la mesure de l'autre. Le produit que l'on a choisi pour l'unité est 75 × 1, ou 75 k. élevés à 1 m. en 1''. Comme ce produit reste le même, quand ces deux facteurs changent dans un rapport inverse, on voit qu'il faut le même travail pour élever, par exemple, 25 k. à 3^{m} en 1'' ; ou 3 k. à 25^{m} en 1'' ; ou 1 k. à 75^{m} en 1'', ou, etc. ; que par conséquent il faudra, dans tous ces cas divers, la même puissance de 1 cheval. Il en résulte que, si l'on représente, en général, par p le poids à élever, par m le nombre des mètres qu'il doit parcourir en 1 seconde, en s'élevant verticalement, le travail à faire est pm ; et si l'on veut avoir le nombre c des chevaux nécessaires pour accomplir ce tratravail, on aura

$$c = \frac{pm}{75}$$

Par exemple, on veut, dans une mine, en une journée de 10 heures, élever 1800 tonnes de houille, dans un puits de 27 mètres, combien faut-il de chevaux ? $p = 1,800,000^{k}$, $m = \frac{27}{36000}$; d'où $c = 18$. Il faut donc 18 chevaux effectifs.

Quand les machines servent seulement à élever l'eau, on peut, en les supposant parfaites, déterminer leur force par le produit qu'elles donnent. La pompe à feu de Chaillot, qui fait monter 1750 hectolitres d'eau par heure à 36 mètres, ce qui revient à 1750 litres ou kilogrammes à 1 mètre par seconde, a donc pour puissance $\frac{1750}{75} = 24$ chevaux à peu près. La magnifique machine à feu de Marly peut élever 24,000 hectolitres par jour à 162 mètres de hauteur ; ce qui revient à 4500 kil., ou 4$^{m.c.}$, 5 par seconde ; on lui trouve ainsi une force de 60 chevaux.

On emploie les machines à basse ou à haute pression selon le but qu'on se propose. Les premières sont préférées quand on se propose une régularité parfaite dans le mouvement, comme dans les filatures, où l'uniforme tension des fils est de rigueur. Dans des machines à haute pression, une très-petite variation de température en introduit une très-grande dans la tension de la vapeur, et par suite dans la rapidité du mouvement ; le même inconvénient n'a pas lieu dans les machines à basse pression. De plus, on peut, dans les machines à terre, établir de très-grands et très-lourds volants, qui sont des réservoirs de force, et contribuent à entretenir la régularité. Mais dans d'autres circonstances, le volant n'est pas possible. Dans les bateaux à vapeur, on se tient généralement au même système de la basse pression ; la raison principale en est sans doute qu'on a l'eau de condensation sous la main. Les locomotives, au contraire, doivent être à haute pression, pour n'avoir pas la charge et de l'eau de condensation et du condenseur lui-même. En général, on préférera toujours la haute pression là où l'on ne pourra avoir de l'eau en abondance; mais on la préfère aussi en général, comme donnant un travail plus économique. En effet, on sait qu'une même quantité de calorique et de combustible par conséquent, peut élever la vapeur à une température quelconque, ou, ce qui revient au même, à une force élastique quelconque; on obtient donc pour le même prix une plus grande somme de travail. Mais les machines à haute pression sont beaucoup plus altérables que les autres, il faut beaucoup plus de perfection dans le jeu des pièces, et les réparations sont beaucoup plus fréquentes. Si l'on considère d'ailleurs que les chaudières sont éprouvées à proportion de la pression intérieure qu'elles devront supporter, et si l'on envisage de plus la nature des causes d'explosion que nous avons signalées, on reconnaît que les machines à haute pression ne présentent pas plus de danger d'explosion que les autres. On pourrait même dire, en un sens, qu'elles en offrent moins, parce que les mêmes causes d'explosion possible étant données, les chaudières des machines à basse pression offriront moins de résistance.

Machines locomotives. — Une locomotive se compose d'une chaudière et de deux machines à vapeur agissant à la pression de 4 atmosphères $\frac{1}{2}$ ou 5 atmosphères et sans condensation. Cet ensemble est porté sur un grand *cadre* ou *châssis horizontal* de bois ou de fer, qui repose lui-même sur les essieux de deux paires ou de trois paires de roues. Dans la plupart des locomotives le *cadre est extérieur*, c'est-à-dire qu'il porte sur l'extrémité même des essieux, et l'on a les *roues en dedans*; quelquefois cependant il est *intérieur*, et laisse les *roues en dehors*; dans ce cas, les coussinets sur lesquels il porte embrassent l'essieu près de la face intérieure des moyeux des roues.

Les deux machines à vapeur sont toujours symétriquement placées à l'*avant* de la locomotive; chaque piston porte une bielle, et chaque bielle agit sur une manivelle. Quelquefois, dans les locomotives à cadre intérieur, ce sont les rayons des deux *roues* correspondantes qui servent eux-mêmes de *manivelles*; alors la bielle et la tige du piston sont en dehors. La puissance de la vapeur, en imprimant aux pistons le mouvement alternatif, imprime le mouvement de rotation aux *roues motrices* ou aux roues qui servent de manivelles; mais elles ne tournent pas sur place; l'adhérence des roues sur les rails force la circonférence à se développer, comme si le rail était une crémaillère et la roue elle-même une roue dentée. De là résulte le mouvement de translation dans tout le système. La vitesse dépend du nombre des coups de piston et du diamètre des roues motrices : pour chaque double coup, la roue fait un tour, et la locomotive s'avance de tout le développement de la roue, c'est-à-dire d'une circonférence, à moins qu'il n'y ait un *peu de glissement* de la roue sur le rail, ou de *temps perdu*, ce qui arrive quelquefois par les givres et les brouillards, ou quand on charge la locomotive de conduire un train qui offre trop de résistance.

Soit d le diamètre de la roue exprimé en mètres, $d\pi$ sa circonférence, n le nombre des coups doubles de piston par seconde, le chemin parcouru par la locomotive est

$$nd\pi^{\text{met.}} \text{ en } 1''; \; 3600 \; nd\pi^{\text{met.}} \text{ en } 1^{\text{h}}, \text{ et } 3,6 \; nd\pi^{\text{kilom.}} \text{ en } 1^{\text{h}}.$$

On a ordinairement $d = 1^{\text{m}},40$; $d\pi = 4^{\text{m}},40$; ainsi pour un coup double par seconde, la locomotive fait 15 k. 84 ou environ 16 kilomètres à l'heure, et il faut donner 3 coups doubles par seconde pour obtenir 48 kilomètres ou 12 lieues à l'heure. La course du piston est de 40 centimètres dans les petites machines, et de 45 centimètres dans les machines ordinaires; pour un coup double, c'est 0^{m} 90, et pour 3 coups doubles 2^{m}, 7. Ainsi, dans les locomotives à grande vitesse, la vitesse du piston est d'environ 2 mètres et demi ou 3 mètres par seconde, c'est le triple de la vitesse du piston dans les machines ordinaires.

La surface de chauffe est plus efficace dans les locomotives que dans les chaudières ordinaires, soit à cause de la nature du combustible, soit à cause de l'activité du tirage, soit à cause de la forme elle-même de la chaudière. On estime que 1 mètre carré de chauffe directe dans le foyer donne 120 à 180 kilogrammes de vapeur par heure, tandis que 1 mètre de chauffe indirecte dans les tubes donne seulement les $\frac{3}{10}$, c'est-à-dire à peu près 40 à 50 kilogrammes. Or, dans la chaudière que nous décrivons, la surface du foyer est d'environ 5 mètres, la surface totale des tubes est d'environ 40 mètres, ce qui donne pour la surface réduite des tubes $40 \times \frac{3}{10} = 12$ mètres, et par conséquent, en somme, 17 mètres de surface de chauffe. La force correspondante serait d'environ 17 chevaux, si c'était une chaudière ordinaire; mais ici la force devient triple ou quadruple, elle est de 60 ou 70 chevaux, suivant que le feu est poussé avec plus ou moins d'activité.

Le poids total de la machine est de 12 tonnes ou 12,000 kilogrammes, en y comprenant l'eau, la chaudière, les essieux, les roues, le cadre et le mécanisme. C'est un poids peu considérable pour une telle puissance : en mettant la force de la machine moyennement à 60 chevaux, on voit qu'un cheval de force ne pèse en définitive que 200 kilogrammes. Il n'y a pas besoin de calcul pour voir qu'on ne serait jamais parvenu à un tel résultat sans l'invention des chaudières tubulaires, où la flamme passe dans les tubes; elles seules pouvaient, avec peu de poids et de volume, donner une surface de chauffe suffisante. Cette belle invention est due à M. Seguin aîné, qui en a eu le premier l'idée; mais le mérite de l'exécution et du succès appartient à M. George Stephenson, qui construisit en 1829 la première locomotive puissante de ce système, celle qui a appris à notre siècle tous les prodiges que l'on devait attendre des chemins de fer.

Remarque sur la résistance des convois et sur la limite de puissance des machines. — On a reconnu, par expérience, que sur les voies *de niveau*, et pour des wagons en bon état, l'effort nécessaire pour mouvoir un convoi est $\frac{1}{250}$ de son poids, ou 4 kilogrammes par tonne de 1000 kilogrammes, c'est-à-dire qu'une corde sans pesanteur attachée au convoi horizontalement, et passant sur une poulie pour descendre dans un puits, mettrait le convoi en mouvement lorsqu'elle serait tirée par un poids d'autant de fois 4 kilogrammes qu'il y a de tonnes dans le convoi. Ainsi il est facile de trouver quelle est en chevaux la puissance nécessaire pour mener un convoi de 100 tonnes, par exemple, à raison de 36 kilomètres à l'heure, sur un chemin de niveau.

L'effort est 400 kilogrammes; l'espace parcouru en 1" est $\frac{36000}{3600}=10$.

Par conséquent le nombre des chevaux est $\frac{4000}{75}=53\frac{1}{3}$. Le nombre des chevaux serait donc proportionnel à la vitesse, s'il n'y avait pas de courbes, pas de vent, pas de modification dans les frottements, pas de changement dans la résistance de l'air. Le coefficient de 4 *kil.* par tonne suppose ces influences prises dans leur état moyen.

Il y a une limite à l'effort de la locomotive, parce qu'il y a une limite à l'adhérence des roues sur les rails; on conçoit en effet que si, la locomotive était amarrée, en donnant la vapeur, les roues tourneraient sur place; si, au lieu d'être amarrée, elle avait seulement à traîner un certain poids trop considérable, les roues tourneraient encore sur place. Il faut donc que le poids soit réduit jusqu'à une certaine limite pour que la circonférence de la roue se développe, et que le mouvement de translation s'établisse. Cette limite est variable : dans un beau temps sec, l'adhérence est à peu près $\frac{1}{7}$ du poids qui porte sur les roues motrices; la locomotive pèse 12 tonnes; le poids est réparti de telle sorte que les roues motrices portent à peu près 5 tonnes; l'adhérence est donc $\frac{5000^k}{7}=715$ kil.: or, 1 tonne de convoi exigeant un effort de 4 kil., la locomotive pourra entraîner un convoi de $\frac{715}{4}=$ 179 tonnes. Dans le mauvais temps, quand les rails sont *gras*, par la brume ou le givre, l'adhérence n'est que $\frac{1}{20}$ du poids qui charge les roues motrices ou $\frac{5000}{20}=250$ kilogrammes : la locomotive alors ne peut donc entraîner que $\frac{250}{4}=62$ tonnes.

Ces résultats ne s'appliquent qu'aux voies de niveau, pour les rampes, il faut non-seulement avoir égard à l'augmentation de poids qui résulte de l'obliquité, mais encore tenir compte de plusieurs autres circonstances.

Autres applications faites ou à faire de la vapeur. — Les applications de la vapeur ne se bornent pas à la locomotion. Les épuisements, l'approvisionnement des eaux, l'exploitation des mines, la fabrication des métaux, la filature, le tissage, l'art des constructions, l'agriculture, et, en un mot, tous les procédés mécaniques des arts industriels empruntent aujourd'hui la force motrice de la vapeur. La vapeur intervient aussi comme agent physique et chimique dans des opérations telles que le blanchissage, le tannage, la teinture, la préparation de la gélatine, le chauffage, la concentration des sirops, la purification des matières animales, etc., opérations où sa force mécanique ne joue aucun rôle. Elle a été employée avec succès contre l'incendie, dans des établissements exposés au feu, et où l'on a besoin de vapeur. En un mot, elle semble destinée à devenir l'agent le plus puissant des progrès de la technologie moderne. L'avantage majeur que procure son emploi résulte de ce que les combinaisons chimiques qui ont lieu pendant la combustion du charbon développent dans la vapeur d'eau une force motrice beaucoup plus considérable que celle qui a été nécessaire pour l'extraction de ce charbon et pour l'élévation de l'eau alimentaire. L'homme puise donc à un réservoir de force que la Providence lui a préparé de longue main, et dont la durée paraît devoir s'étendre au delà de périodes séculaires capables d'effrayer l'imagination la plus hardie. C'est par cet emprunt à la puissance de la nature que l'homme a constitué définitivement son empire sur le globe terrestre où il est libre de développer maintenant à son gré, en tout temps, la force vive nécessaire à ses besoins et à ses jouissances.

Rien ne saurait l'arrêter désormais dans la carrière indéfinie qu'il s'est ouverte à l'aide de ce puissant auxiliaire. La vitesse des vents était insuffisante à son gré; il a emprunté la force de la vapeur, et voici qu'il franchit en moins de deux semaines l'Océan qui sépare l'ancien et le nouveau monde. Sur un chemin de fer convenablement tracé, il se meut plus rapidement que le souffle impétueux de la tempête. Mais la croûte du globe est encore hérissée d'aspérités et d'obstacles; tantôt il l'aplanira pour y ouvrir une libre voie à ses courses rapides; ailleurs, après une préparation moins parfaite, il circulera en remplaçant l'action des moteurs animés par celle du moteur universel. La vapeur elle-même interviendra dans ces modifications gigantesques au sol de notre planète. Déjà elle creuse les ports, les canaux et les rivières; bientôt, sans doute, on la verra employée à couper les montagnes, à combler les vallées. Développée sur une grande échelle, elle groupe autour de centres puissants d'action des populations industrieuses qui n'ont d'autre occupation que de surveiller et de diriger ses mouvements et d'alimenter sa puissance motrice. Souvent elle est fractionnée au point de ne produire qu'une force à peu près équivalente à celle d'un cheval ordinaire, et, sous cette forme, elle s'introduit dans la chambre de l'ouvrier, dans la chaumière du cultivateur. Source inépuisable de richesses pour les États pendant la paix elle est destinée à levenir leur plus puissant auxiliaire pendant la guerre. Déjà nous voyons s'accomplir sous nos yeux les premières phases de la révolution qu'elle doit introduire dans la tactique navale. La rapidité des mouvements qu'elle prêterait à des armées assure l'inviolabilité d'un territoire couvert d'un réseau convenable de voies de communication. Il est probable qu'elle contribuera un jour à la défense des places et au gain des batailles, soit en lançant des projectiles à l'aide de volants doués d'une grande vitesse, soit en donnant aux mouvements de l'artillerie une rapidité qui est d'une si haute importance, soit enfin en dirigeant elle-même, sur les bataillons ennemis, des masses destinées à les rompre, suivant un mode d'action analogue à celui des chars armés de faux, qui ont joué un si grand rôle dans les guerres de l'antiquité. En un mot, la vapeur, asservie à tous les besoins, à toutes les convenances d'un grand peuple, doit l'élever à un degré de puissance et de prospérité dont l'histoire ne saurait nous donner aucun exemple, et, renversant les barrières posées par la nature, elle finira par réaliser parmi les nations ces principes de paix et de fraternité encore trop éloignés de l'état actuel du monde, mais dont le règne arrivera un jour sur la terre.

VARIATIONS DIURNES du baromètre. *Voy.* BAROMÈTRE.

VARIATIONS DIURNES et VARIATIONS ANNUELLES de la quantité de vapeur d'eau. *Voy.* VAPEUR (*phys.* et *météor.*)

VARIATION LUNAIRE. *Voy.* LUNE.

VARIATIONS des orbites. *Voy.* PERTURBATIONS DES PLANÈTES.

VASES de Pascal. *Voy.* HYDROSTATIQUE.

VASISTAS. *Voy.* FUMÉE.

VÉGÉTATION DES MONTAGNES. — L'abaissement de la température suivant la hauteur a la plus grande influence sur la vie des êtres organisés dans les montagnes. Dans les plaines de la Suisse, au pied des Alpes, on admire la plus belle végétation, dès vergers, des céréales et des prairies destinées à nourrir pendant l'hiver les bestiaux qui paissent dans les montagnes pendant l'été. On y trouve des plantes des hautes Alpes, et provenant de graines amenées par des torrents, qui manquent complétement en France et en Allemagne. Exemples : *Pirethrum alpinum*, *Lepidium alpinum*, *Linaria alpina*. Au pied des montagnes sont de belles forêts de hêtres, de sapins, et quelquefois de pins.

Si l'on s'élève de cinq à six cents mètres, on trouve l'oreille d'ours (*Primula auricula*), qui recouvre les rochers de ses fleurs d'un jaune soufré ; la gentiane sans tige (*Gentiana acaulis*), dont la grande corolle, d'un bleu d'outre-mer, s'incline vers la terre ; l'aconit napel (*Aconitum napellus*), la renoncule à feuilles d'aconit (*Ranunculus aconitifolius*), le *Trollius europæus*, etc., etc. Vers la hauteur de 1000 mètres, la soldanelle (*Soldanella alpina*) croît dans les bas-fonds arrosés par la neige fondante, qu'elle encadre dans une bordure violette. Le *Crocus vernus* se trouve dans les mêmes localités, et passe aussi vite que la soldanelle. Les pentes sont couvertes de rhododendrons (*Rhododendron ferrugineum* et *R. hirsutum*), arbrisseaux chargés de fleurs rouges du plus bel effet, et qui tapissent souvent de grandes surfaces.

A la hauteur de 2000 mètres, la plupart des végétaux de la plaine ont disparu et ne sauraient se propager. Dans la Suisse septentrionale, la vigne ne s'élève pas au delà de 550 mètres; sur le versant méridional des Alpes et dans le Valais, elle atteint 650 mètres; et dans quelques localités favorables, telles que le Val-Sésia au pied du Mont-Rose, on la trouve encore à la hauteur de 1000 mètres. Il en est de même des céréales, plus on s'élève, plus la récolte est tardive. En juillet 1832, la moisson était terminée dans les plaines de la Suisse, mais elle était encore sur pied dans le Haut-Valais, aux environs de Munster et d'Obergestlen. Dans les villages élevés, on est souvent forcé de suspendre les gerbes à des échalas, afin de mûrir le grain artificiellement. On emploie aussi un moyen particulier pour faire disparaître la neige ; on la couvre de terre noire qui, absorbant la chaleur, hâte sa fusion. De Saussure a vu mettre ce moyen en usage dans la vallée de Chamounix. Dans le nord de la Suisse, les céréales peuvent s'élever à 1100 mètres; mais on ne compte sur une récolte certaine que jusqu'à 900 mètres environ. Le maïs mûrit encore à 870 mètres. Les localités ont ici une grande influence; ainsi, dans la vallée de Luguetz (canton des Grisons), on trouve, près de Vrin, des céréales à 1500 mètres. Sur le revers septentrional du Mont-Rose, l'orge cesse à la hauteur de 1300 mètres ; sur le revers méridional, elle monte dans quelques points jusqu'à 1950. Il en est de même des arbres fruitiers. Dans la Suisse septentrionale ils n'existent plus au-dessus de 880 mètres ; seulement, dans quelques localités favorables, près de Disentis, par exemple, on les trouve encore à 1070. Les cerisiers montent plus haut : les derniers qu'on trouve en plein vent sur le Rigi, sont à l'Unter Daechli (953^{m}). C'est avec beaucoup de peine que les capucins du couvent de Marie-à-la-Neige peuvent les faire mûrir quelquefois, en espalier à 1310^{m} au-dessus de la mer. Les noyers (*Juglans regia*), qui, dans les plaines, sont des arbres magnifiques, disparaissent vers 800 mètres ; le châtaignier (*Castanea vesca*) n'existe plus à 780 mètres. On peut donc regarder 877^{m} comme la limite moyenne des cultures.

Il est inutile d'insister sur les circonstances locales qui peuvent modifier cette limite, et sur son abaissement à mesure qu'on s'avance vers le nord. En Laponie, elle est à une centaine de mètres au-dessus du niveau de la mer Dans l'Amérique du Sud, le maïs s'élève à 2270 mètres, mais il n'est dominant qu'entre 1000 et 2000; depuis 2000 jusqu'à 3000, on trouve des céréales de l'Europe : le froment dans les zones inférieures, le seigle et l'orge dans les régions supérieures; de 3000 à 4000, on ne cultive que la pomme de terre.

En Suisse, l'homme a porté la houe aussi haut que possible, et il a profité de chaque portion de terrain cultivable. Toutefois, à une certaine élévation les bois deviennent dominants et finissent par occuper toute la superficie du sol; mais la physionomie même des arbres change avec la hauteur. L'épicéa élancé (*Abies excelsa*) se transforme en une pyramide; ses branches inférieures, qui en forment la base, reposent sur le sol; la structure du bois varie aussi, les couches annuelles sont plus minces et le bois plus dur. Sur une branche d'épicéa de 27 millimètres de diamètre on a compté 60 couches annuelles. Enfin les arbres disparaissent tout à fait. Dans le nord de la Suisse le hêtre ne s'élève pas au-dessus de 1300 mètres; l'épicéa s'arrête à 1800 mètres. Sur le versant méridional du Mont-Rose, les arbres montent jusqu'à 2270; ce sont des mélèzes (*Larix europæa*), des épicéas (*Abies excelsa*), le cembro (*Pinus cembra*) des aunes (*Alnus viridis*) et des bouleaux (*Betula alba*). Au nord, les arbres verts ne dépassent pas 2000 mètres. Ces derniers varient aussi beaucoup; sur le versant nord des Alpes, les épicéas s'élèvent le plus haut; sur le versant sud, ce sont les mélèzes; sur l'Ararat, les bouleaux finissent à 2530 mètres; dans le Caucase, à 2360. Sur le revers méridional des Pyrénées, les pins (*Abies pectinata*) finissent à 2570; au nord les pins (*Pinus silvestris*) s'arrêtent à 2420. En Laponie le bouleau nain (*Betula nana*) est le dernier arbre, il cesse de croître à 585 mètres.

Au-dessus de la région des forêts, on trouve dans les Alpes celle des pins rabougris (*Krummholz*, *Pinus mugho*), des rhododendrons, des saules herbacés (*Salix herbacea*, *S. reticulata*, *S. serpillifolia*, etc.), des aunes (*Alnus viridis*) et des genévriers (*Juniperus communis*). Dans les Carpathes, c'est aussi le pin mugho, et sur l'Ararat un genévrier (*Juniperus oxycedrus*) et le *Cotoneaster uniflora*, qui disparaissent les derniers.

Cette région des forêts et celle qui la suit immédiatement constituent la partie productive des hautes Alpes. Pendant l'été elle nourrit de nombreux troupeaux qui montent à mesure que la neige disparaît. Il en est de même pour les Alpes Scandinaves, où le Lapon nomade erre avec ses immenses troupeaux de rennes.

Le pin mugho disparaît dans les Alpes à la hauteur de 2270 mètres; les pâturages montent jusqu'à 2600 mètres et plus haut; les saules nains et des plantes herbacées couvrent le sol. On y observe les androsaces (*Androsace alpina*, *A. helvetica*, *A. pennina*, etc.) le carnillet moussier (*Silene acaulis*), des saxifrages (*Saxifraga muscoïdes*, *S. bryoïdes*, *S. aizoïdes*, *S. stellaris*, etc.), des gentianes (*Gentiana verna*, *G. bavarica*, *G. glacialis*, *G. nivalis*); à côté des ces plantes sociales, le *Cerastium latifolium*, les alchemilles (*Alchemilla alpina*, *A. pentaphylla*) et les renoncules (*Ranunculus glacialis*, *R. pyrenæus*) vivent plus isolés.

Plus nous nous élevons et plus le nombre des phanérogames diminue proportionnellement aux cryptogames. Sur le Mont Blanc, la dernière phanérogame trouvée par de Saussure était le *Silene acaulis*, à 3469 mètres (1); M. de Welden, sur le Mont-Rose, a cueilli le *Pyrethrum alpinum* rabougri, et le *Phyteuma pauciflorum* au milieu du glacier de Lys, à l'endroit appelé le Nez, à 3683 mètres. Plus haut on ne trouve plus que des lichens qui recouvrent le rocher dénudé. Je ne donnerai pas l'énumération complète des plantes particulières à ces régions végétales : je me suis contenté de nommer les plus caractéristiques et les plus apparentes. J'ajouterai seulement quelques remarques sur leur *habitus*.

Peu de plantes montent depuis la plaine jusqu'aux sommets les plus élevés. Celles qui sont dans ce cas se modifient singulièrement à mesure qu'elles s'élèvent. Quelques plantes résistent à ces influences; ainsi Ramond avait déjà observé que la gentiane printanière (*Gentiana verna*) avait le même *habitus* à toutes les hauteurs des Pyrénées. Mais ce ne sont ici que des exceptions : souvent une plante se rabougrit à mesure qu'elle s'élève. Ainsi la primevère farineuse (*Primula farinosa*) atteint quelquefois une longueur de 10 à 15 centimètres dans les plaines de la Suisse, et ses feuilles sont droites. Sur le Rigi, la plante n'a plus que 8 à 10 centimètres de haut; les feuilles sont étalées et les fleurs d'une couleur plus foncée. Sur le Faulhorn (2683 mètres) toute la plante atteint à peine deux centimètres de haut; la rosette est élevée sur le sol et l'ombelle semble sessile.

Des changements anatomiques correspondent à ces modifications extérieures. Les feuilles qui s'étalent sur le sol deviennent plus petites et moins charnues; elles se couvrent de poils, leurs racines sont très-fortes. La fleur seule conserve les mêmes dimensions, mais elle paraît plus grande, parce que la plante est plus petite, et la couleur de la corolle plus foncée. Tous les voyageurs sont frappés du bleu intense que prennent les fleurs du *Myosotis silvestris* rabougri, qu'on a décrit souvent sous le nom de *Myosotis nana*.

Une autre différence réside dans la durée des plantes; à mesure qu'on monte, le nombre des annuelles et des bisannuelles diminue, tandis que celui des végétaux vivaces va sans cesse en augmentant proportionnellement. Dans les hautes régions, les plantes annuelles manquent presque totale-

(1) M. Bravais a vu la même plante à 900 mètres au-dessus de la mer dans les environs de Bosekop lat. 69°58'.

ment, et dans les régions moyennes on ne les trouve que dans le voisinage des chalets, où elles ont été apportées par l'homme. En effet, les graines de ces plantes n'arrivant pas tous les ans à maturité dans un climat aussi rigoureux, l'espèce disparaît. Il n'en est point de même des végétaux vivaces, qui peuvent persister sans mûrir leurs fruits et même sans porter de fleurs : ou bien leur tige résiste aux froids de l'hiver, ou bien si elle périt, de nouveaux rejetons partent de la racine. Ajoutez à cela que les branches couchées des végétaux alpins et des saules en particulier émettent des racines, et peuvent alors se séparer de la plante-mère. De là ces gazons épais et touffus où les tiges entrelacées étroitement permettent à peine d'isoler quelques échantillons complets. Le *Silène acaulis* en est un exemple frappant, et c'est fâcheux, car, suivant la remarque de Ramond, on ne saurait se faire une idée de la beauté de cette plante, si on ne l'a pas vue sur les sommets neigeux, qu'elle embellit de ses touffes épaisses toutes parsemées de fleurs.

VEINE FLUIDE. *Voy.* HYDRODYNAMIQUE.

VENT. — Tant que la densité de l'air est partout la même, l'atmosphère reste en repos ; mais dès que cet équilibre est rompu par une cause quelconque, il en résulte un mouvement qui prend le nom de *vent*. Si, dans une partie de l'atmosphère, l'air devient plus dense, il s'écoule vers celles où la densité est moindre, de la même manière que l'air comprimé dans un soufflet s'échappe par son orifice. Ce déplacement de l'air est tout à fait analogue à celui de l'eau dans les rivières, c'est un écoulement de l'océan aérien d'une région vers une autre.

Ces courants, dont nous allons étudier les lois, jouent un grand rôle dans la nature. Ils favorisent la fécondation des fleurs en agitant les rameaux des plantes et en transportant le pollen à de grandes distances. Ils renouvellent l'air des villes, et adoucissent les climats du nord en leur apportant la chaleur du midi. Sans eux les pluies seraient inconnues dans l'intérieur des continents, qui se transformeraient en déserts arides.

Vitesse du vent.—La force inégale du vent est un fait d'observation journalière ; nous trouvons toutes les transitions imaginables entre une fraîcheur à peine sensible et les ouragans qui renversent des murailles et déracinent les plus gros arbres. D'après leur rapidité on les divise en vent faible (petite brise), vent modéré (jolie brise), vent assez fort (brise fraîche), vent violent (grand frais), coup de vent et tempête.

Mais pour obtenir des mesures exactes, il faut avoir recours à un *anémomètre*.

De tous les anémomètres celui de Woltmann paraît le mieux imaginé. Qu'on se figure une girouette ordinaire, munie, du côté tourné vers le vent, d'un axe horizontal qui porte deux petites ailes de moulin. Le courant aérien donne d'abord à la girouette une direction convenable ; puis il met les ailes en mouvement. Celles-ci tournent d'autant plus rapidement que le vent est plus fort. Pour compter les tours, l'axe porte une vis sans fin qui s'engrène avec une roue dentée. Si l'on note sa position au commencement et à la fin de l'observation, on en conclut facilement le nombre de tours accomplis dans une minute. Pour en déduire la vitesse du vent, il suffit de choisir un jour calme et de parcourir dans une voiture ou sur un chemin de fer une distance connue dans un temps donné. Il est évident que l'effet sera le même que si, l'instrument restant en repos, l'air était en mouvement. Alors on construit une table qui nous apprend quelle est la vitesse du vent qui fait tourner les ailes 40, 50 ou 60 fois dans une minute. On pourrait aussi, à la rigueur, régler l'instrument en le plaçant sur une plaine découverte et en observant à quelle distance le vent transporte en une minute des corps légers, tels que des petits morceaux de papier, du duvet ou des feuilles.

Causes des vents. — Comme les vents sont toujours produits par une rupture d'équilibre dans l'état de l'atmosphère, il semblerait au premier abord qu'ils dussent reconnaître un nombre infini de causes. Mais une analyse plus détaillée montre que toutes ces causes se réduisent à des différences de température entre des pays voisins. Supposons que deux colonnes d'air aient la même température dans toute leur hauteur, elles seront en équilibre ; mais si la terre sur laquelle elles reposent s'échauffe inégalement, l'équilibre sera rompu.

Si deux régions voisines sont inégalement échauffées, il se produira dans les couches supérieures un vent allant de la région chaude à la région froide, et à la surface du sol un courant contraire.

Telle est la cause de tous les vents que nous observons. La petite expérience suivante, due à Franklin, représente très-bien ce qui se passe dans l'atmosphère. Ouvrez en hiver une porte qui fasse communiquer une chambre chaude avec un appartement froid ; il y aura deux courants : l'un, supérieur, de la chambre chaude à l'appartement froid ; l'autre, inférieur, en sens contraire.

Différences que présentent les vents dans les différentes régions du globe. — En examinant les vents dans toutes les parties du monde, on trouve des différences importantes qui servent à caractériser les climats. Sur les bords de la mer, principalement entre les tropiques, on observe tous les jours une période assez régulière. A certaines heures déterminées, le vent souffle de la mer, c'est une brise marine ; à d'autres heures le vent vient de la terre. Sur l'Atlantique et le grand Océan, le long de la ligne équatoriale, les vents soufflent pendant toute l'année du même point de l'horizon ; ceux qui viennent de l'est sont appelés vents *alizés*. Dans l'Inde et les mers avoisinantes, nous observons une période annuelle dans la direction du vent. Pendant six mois le vent souffle constamment d'un point de l'horizon, et pendant six autres mois d'un autre point. Ces vents variables sont les *moussons*. Dans les latitudes plus élevées tous les vents sont variables, et rarement le même dure pendant plusieurs jours de suite.

Vents alizés. — Peu de phénomènes ont excité autant d'étonnement parmi les premiers navigateurs qui, dans le XVe siècle, se hasardèrent dans l'Océan Atlantique, que les vents d'est qui soufflent régulièrement entre les tropiques. Les compagnons de Colomb furent frappés de terreur lorsqu'ils se virent poussés par des vents d'est continus, qui semblaient leur présager qu'ils ne pourraient jamais retourner dans leur patrie. Pendant plusieurs siècles on s'efforça vainement de les expliquer; enfin Halley et Hadley proposèrent la théorie suivante:

Les régions qui bordent l'équateur sont les plus chaudes de la terre, puisque le soleil s'éloigne peu de leur zénith; mais, à partir de ces zones, la température va en diminuant à mesure qu'on avance vers les pôles. Il se forme donc un courant supérieur de l'équateur vers les deux pôles, un autre inférieur des pôles à l'équateur. L'air des pôles se réchauffe dans le voyage de l'équateur, monte, et retourne de nouveau vers les extrémités de l'axe terrestre. D'après cela, nous devons trouver un vent du nord dans l'hémisphère boréal, un vent du sud dans l'hémisphère austral; mais ces deux directions se combinant avec le mouvement de la terre d'occident en orient, il en résulte un vent de N.-E. pour notre hémisphère, et un vent de S.-E., pour l'autre. En effet, le diamètre des cercles parallèles allant toujours en diminuant à mesure qu'on s'éloigne de l'équateur, et tous les points situés sur un même méridien tournant en 24 heures autour de l'axe terrestre, il en résulte qu'ils se meuvent avec une vitesse d'autant plus grande qu'ils sont plus rapprochés de la ligne équinoxiale. Mais les masses d'air qui du nord affluent vers l'équateur ont une vitesse acquise moindre que celle des régions vers lesquelles elles se dirigent; elles tournent donc moins vite que les points situés vers l'équateur, et opposent aux parties qui s'élèvent au-dessus de la surface du globe une résistance analogue à celle d'un vent de N.-E. bien caractérisé. Par la même raison le vent alizé de l'hémisphère austral souffle du S.-E.

Moussons (du malais *moussin*, saison). — En janvier, la température de l'Afrique méridionale est à son *maximum*, celle de l'Asie à son *minimum*. La partie septentrionale de l'Océan Indien est plus chaude que le continent, mais moins chaude que la partie méridionale du même Océan à latitude égale. Nous trouverons donc, dans l'un et l'autre hémisphère, des vents d'est dirigés vers les points les plus échauffés. D'octobre en avril l'alizé du S.-E. règne dans l'hémisphère austral; l'alizé du N.-E. souffle dans l'hémisphère opposé, et il prend le nom de *mousson de N.-E.*; entre deux est la région des calmes. Quand le soleil s'avance vers le nord, les températures du continent et de la mer tendent à s'équilibrer; aussi vers l'équinoxe du printemps n'y a-t-il plus de vents régnant dans l'hémisphère boréal, mais des vents variables alternant avec des calmes plats et des ouragans; tandis que la *mousson* de S.-E. règne pendant toute l'année dans l'hémisphère sud. A mesure que la déclinaison boréale du soleil augmente, la température de l'Asie s'élève plus que celle de la mer, tandis qu'elle baisse dans la Nouvelle-Hollande et dans l'Afrique méridionale. Cette différence de température atteint son *maximum* en juillet et en août, mois pendant lesquels nous trouvons, dans la partie septentrionale de l'Océan Indien, des brises de mer constantes. En examinant la position relative des deux continents dont les différences de températures sont les plus marquées, et en se rappelant que les masses d'air qui s'éloignent de l'équateur doivent devancer le mouvement de rotation de la terre dans le sens de l'est, on se convaincra que ce courant doit venir du S.-O.; aussi cette mousson règne-t-elle depuis le mois d'avril jusqu'en octobre. Ainsi, tandis que dans l'hémisphère austral l'alizé de S.-E. règne pendant toute l'année, on trouve au nord de l'équateur la mousson de N.-E. en hiver, celle de S.-O. en été.

Vents de la Méditerranée. — Cette succession de vents réguliers se rencontre dans d'autres contrées, quoiqu'elle ne soit nulle part aussi remarquable que dans l'Océan Indien. Toutefois la Méditerranée a aussi ses moussons connues déjà des anciens, qui avaient indiqué leur dépendance des saisons par la dénomination de vents *étésiens* (Ἔτος, année, saison).

Au sud du bassin méditerranéen s'étend l'immense désert de Sahara. Dépourvu d'eau, composé uniquement de sable ou de cailloux roulés, il s'échauffe fortement sous l'influence d'un soleil presque vertical, tandis que la Méditerranée conserve sa température habituelle. Aussi en été l'air s'élève au-dessus du désert de Sahara avec une grande rapidité et s'écoule surtout vers le nord, tandis que dans le bas on a des vents du nord qui s'étendent jusqu'en Grèce et en Italie. Dans le nord de l'Afrique, au Caire, à Alexandrie et dans d'autres endroits, on ne trouve, suivant le témoignage unanime des voyageurs, que des vents de nord. Tous les navigateurs savent qu'en été la traversée d'Europe en Afrique est plus prompte que le retour; en hiver, au contraire, où le sable rayonne fortement, l'air du désert est plus froid que celui de la mer, et en Egypte on sent un vent du sud très-froid, mais infiniment moins fort que les vents du nord en été.

Abaissement du vent d'ouest des couches supérieures dans les latitudes moyennes. — A mesure que ce contre-courant des vents alizés arrive dans les latitudes plus élevées, il perd de sa vitesse et de sa chaleur, et s'abaisse vers le 30e parallèle. Telle est l'origine des vents de S.-O. qui règnent jusque vers le pôle dans l'hémisphère boréal. Sur la mer, ces vents soufflent avec une régularité telle, que le voyage d'Amérique en Europe est beaucoup plus facile que le retour. Ainsi, d'après une moyenne de six ans, les paquebots mettent 40 jours pour aller de Liverpool à New-York, et seulement 23 jours pour revenir de New-York à Liverpool.

C'est une règle presque générale que les coups de vent ne se font sentir que dans les parages où les vents réguliers ne règnent pas : par exemple, dans la région des calmes ou bien dans la mer des Indes, lorsque les moussons changent. Il en est de même de nos contrées. Ceci confirme cette thèse générale, que si deux courants coulent l'un à côté de l'autre, mais dans une direction opposée, on trouve sur la limite qui les sépare, des eaux parfaitement calmes ou bien des tourbillons. Examinez le confluent de deux fleuves dans l'angle que forment les deux courants : l'eau est tantôt parfaitement unie, puis agitée, pour redevenir ensuite tout à fait calme. De même lorsque le N.-E. règne en bas, le S.-O. en haut, il se forme à leur limite des tourbillons violents qui descendent jusqu'à la surface de la terre et sont doués souvent d'une force prodigieuse.

Vents froids. — Dans le sud de l'Europe, les vents du nord sont célèbres par leur violence et leur âpreté. L'opposition entre la température élevée de la Méditerranée et celle des Alpes couvertes de neige, donne lieu à des courants aériens d'une extrême rapidité. Si leur effet s'ajoute à celui d'un vent du nord général, il en résulte une *brise* d'une violence dont on ne se fait pas d'idée. En Istrie et en Dalmatie ce vent est connu sous le nom de *bora*, et sa force est telle qu'il renverse quelquefois des chevaux et des charrettes. Il en est de même dans la vallée du Rhône, où règne souvent un vent du sud très-froid, qui se nomme le *mistral*, et qui n'est pas moins redoutable que le vent du nord, connu en Espagne sous le nom de *gallego*.

Vents chauds. — Les grands déserts et les plaines couvertes de peu de végétation engendrent des vents très-chauds, qui ont donné lieu à des récits fort merveilleux et à des explications plus extraordinaires encore. Ces vents règnent dans les vastes déserts de l'Asie et de l'Afrique, où l'on ne trouve que çà et là quelques oasis de végétation, dans des vallons étroits où l'humidité peut se conserver quelque temps. Des tribus nomades traversent ces déserts. Le long des grands fleuves, tels que le Nil, l'Euphrate et le Tigre, la terre est cultivée, et là se trouvent des centres commerciaux existant de toute antiquité, mais qui ne peuvent communiquer entre eux qu'en traversant le désert.

En Arabie, en Perse et dans la plupart des contrées de l'Orient, le vent brûlant du désert se nomme *samoun, simoum, sémoum*, de l'arabe *samma*, qui veut dire à la fois chaud et vénéneux. On le nomme aussi *samiel*, qui vient de *samm*, poison. En Egypte on l'appelle *chamsin* (cinquante), parce qu'il souffle pendant cinquante jours, depuis la fin d'avril jusqu'en juin, au commencement de l'inondation du Nil. Dans la partie occidentale du Sahara il est connu sous le nom d'*harmattan*. Le nom *samoun* est le plus généralement employé; mais les traducteurs ont toujours insisté sur le sens de *poison*, sans réfléchir que, semblables aux enfants, les peuples non civilisés appellent poison tout ce qui est désagréable ou dangereux.

Le sol aride de ces contrées s'échauffe prodigieusement, mais sans que la chaleur pénètre profondément, parce que le sable quartzeux qui les recouvre est un mauvais conducteur de la chaleur; aussi voit-on quelquefois le thermomètre monter jusqu'à 50° à l'ombre d'une tente. Si le vent s'élève, il doit être brûlant et transporter du sable et de la poussière qui obscurcissent les rayons du soleil. *Plus pâle que la lune*, sa lumière ne projette plus d'ombre, le vert des arbres paraît d'un bleu sale, les oiseaux sont inquiets, et les animaux effrayés errent de toutes parts.

L'évaporation rapide qui se fait à la surface du corps sèche la peau, enflamme le gosier, accélère la respiration et cause une soif violente. L'eau contenue dans les outres s'évapore, et la caravane est en proie à toutes les horreurs de la soif. C'est ainsi que, depuis l'expédition de Cambyse, plus d'une caravane a péri dans ce désert ; mais il faut ranger parmi les contes arabes ces histoires de vents pestilentiels dont le contact cause la mort, et qui, semblables à un boulet de canon, traversent une troupe et choisissent leur victime. Si les Arabes se couvrent la face, c'est afin que le sable ne pénètre ni dans les yeux ni dans la bouche. C'est pour la même raison que les chameaux tournent la tête du côté opposé au vent ; jamais ils ne font cette manœuvre lorsqu'il n'y a pas de sable dans l'air. « En juin 1813, dit Burckardt, je fus surpris, en allant de Siout à Esné, par le *samoun*, dans la plaine qui sépare Farschiout de Berdys. Lorsque le vent s'éleva, j'étais seul, monté sur mon dromadaire, loin de tout arbre et de toute habitation. Je m'efforçai de garantir mon visage en l'enveloppant d'un mouchoir. Pendant ce temps, le dromadaire, auquel le vent chassait le sable dans les yeux, devint inquiet, se mit à galoper et me fit perdre les étriers. Je restai couché par terre sans bouger de place, car je n'y voyais pas à la distance de 10 mètres, et m'enveloppai de mes vêtements jusqu'à ce que le vent se fût apaisé. Alors j'allai à la recherche de mon dromadaire, que je trouvai à une assez grande distance, couché près d'un buisson, qui protégeait sa tête contre le sable enlevé par le vent. » Burckardt n'a jamais éprouvé rien de particulier chaque fois qu'il a été exposé au *samoun*. Malcolm et Morier, qui ont traversé les déserts de la Perse ; Ker-Porter, qui a visité celui qui est à l'est de l'Euphrate, sont d'accord avec lui sur ce point. Dans ce dernier pays, les habitants s'enduisent le corps de boue humide, et ceux de l'Afrique occidentale s'oignent de graisse, pour empêcher la peau de se gercer par suite d'une évaporation trop rapide.

Théorie de M. Lartigues. — M. Lartigues, capitaine de corvette, a publié en 1840 un ouvrage important intitulé : *Exposition du système des vents.* Nous croyons faire plaisir au lecteur en lui donnant une analyse de ce système.

La théorie de M. Lartigues repose sur un principe de physique admis par tous les savants, principe qui, suivant lui, explique les courants d'air qui se dirigent des pôles vers l'équateur, et auxquels il a donné, comme tous les autres qui ont écrit sur ce sujet, le nom de *vents polaires.*

Il ne faudrait pas conclure de cette dénomination que tous ces courants d'air eussent réellement leur origine aux pôles mêmes, car leur point de départ est quelquefois près des tropiques. Par exemple, il arrive fréquemment que les vents d'ouest soufflent dans le golfe de Gascogne, tandis que sur les côtes du Portugal ce sont les vents du nord qui parviennent jusque dans la zone torride.

Les vents polaires inclinent vers l'ouest à mesure qu'ils approchent de la zone torride, où ils prennent la direction du nord-est à l'est ou du sud est à l'est, suivant l'hémisphère dans lequel ils règnent ; ils forment ainsi ce qu'on appelle les *vents alizés.*

Les vents polaires se forment en même temps dans plusieurs régions ; mais ils n'occupent qu'un certain espace ; et il existe, dans l'intervalle qui les sépare, d'autres courants d'air qui, des tropiques, se dirigent vers les pôles. Ces courants d'air, que M. Lartigues nomme *vents tropiques,* suivent des directions telles, qu'en se combinant avec les vents polaires et alizés, ils forment des vents circulaires qui embrassent une étendue plus ou moins considérable.

Les vents alizés des deux hémisphères ne se réunissent qu'à une grande distance des continents, et dans les espaces qui les séparent il règne d'autres vents que M. Lartigues nomme *vents variables de la zone torride.*

Les vents polaires, les vents alizés, les vents tropiques et les vents variables de la zone torride, sont, suivant M. Lartigues, les seuls vents réguliers qui existent sur la surface du globe. M. Lartigues désigne par les noms de *vents naturels* et *primitifs* les vents polaires et alizés ; et par opposition, il donne le nom de *vents secondaires* aux vents tropicaux et aux vents variables de la zone torride.

Les vents polaires et tropicaux se déplacent de l'est à l'ouest, les vents alizés des deux hémisphères se déplacent du nord au sud et réciproquement.

La limite occidentale des vents variables de la zone torride s'éloigne des continents à mesure que s'élargit l'espace qui sépare les vents alizés des deux hémisphères ; en sens contraire, par conséquent, cette limite se rapproche des continents à mesure que diminue la largeur de la bande qui sépare les vents alizés.

Suivant M. Lartigues, le mouvement de rotation de la terre autour de son axe est la cause première de la direction de l'est à l'ouest que prennent les vents polaires en s'approchant de l'équateur. L'influence de ce mouvement peut être très-faible ; mais aussitôt qu'il y a une très-faible déviation vers l'ouest, cette déviation doit augmenter peu à peu, et finir par constituer la direction de l'est à l'ouest. Dans les mers où ne se joignent pas les vents alizés des deux hémisphères, la configuration des terres et le mouvement diurne du *soleil,* joints à l'influence du mouvement de rotation de la terre, sont les causes qui déterminent les courants polaires à prendre la déviation de l'est à l'ouest, même par des latitudes assez élevées.

M. Lartigues croit pouvoir déduire le peu d'influence du mouvement diurne de ce que cette influence ne se fait pas sentir dans les lieux où elle devrait être la plus grande possible, c'est-à-dire près de l'équateur.

Il faut remarquer qu'en effet les vents d'ouest sont plus fréquents depuis la côte occidentale d'Afrique jusqu'à une distance de 60 à 80 lieues des côtes de la Guyane, et depuis la côte occidentale de l'Amérique jusqu'à 135° de longitude ouest, et enfin depuis les côtes orientales d'Afrique jusqu'aux Moluques, et même au-delà.

M. Lartigues a conclu d'un certain nombre de faits une grande analogie entre les courants d'air et les courants d'eau. Il signale l'existence des contre-courants d'air ; et comme les vents tropicaux et les vents variables de la zone torride tirent leur origine des vents alizés des deux hémisphères, comme ils suivent à peu près les mêmes lois que les contre-courants d'eau, il suppose que les vents tropicaux sont précisément les contre-courants des vents polaires, et que l'air des pôles qui se porte vers l'équateur est remplacé par celui que ces contre-courants transportent des tropiques vers les pôles. L'auteur suppose, d'après le même motif, que les vents variables de la zone torride ne sont que des contre-courants, qui sont d'autant plus considérables que ceux qui forment les vents tropicaux le sont moins, et réciproquement.

Parmi les causes qui président aux variations des vents, M. Lartigues a étudié d'une manière particulière l'action solaire. Il lui a paru que le mouvement annuel de la terre et la configuration générale de la partie solide de la surface du globe se traduisaient dans le déplacement régulier des vents polaires et tropicaux.

Utilité des vents. — La vue des désastres trop réels causés quelquefois par ces terribles météores ne doit pas nous faire douter de la providence ou de la sagesse de Dieu. Pour porter un jugement équitable sur les événements que nous appelons *fléaux,* ne faudrait-il pas avoir compris l'ensemble de la création ? Et quel est l'homme qui peut se flatter d'avoir atteint ce haut degré de science?

Souvent au contraire un peu d'attention suffit pour nous révéler la bonté du Créateur jusque dans les causes qui peuvent exciter nos plaintes aveugles. Car, sans entrer dans des considérations morales, bien dignes cependant de fixer l'attention d'un esprit raisonnable, cette même puissance, quelquefois si redoutable, laissée à la nature, n'est-elle pas aussi une source féconde d'avantages inappréciables? C'est ainsi par exemple qu'on peut, à côté des rares accidents occasionnés par la force des vents, placer les innombrables services qu'ils nous rendent tous les jours.

N'est-ce pas leur ministère qui rassemble en nuages les vapeurs aqueuses s'élevant de la surface des mers, qui promène ensuite et disperse sur l'étendue des continents ces nuées bienfaisantes qui tempèrent les ardeurs du soleil, rafraîchissent les campagnes desséchées, conservent ou rendent la vie aux plantes, entretiennent les sources des fleuves et des rivières? Les vents ne sont-ils pas chargés de maintenir la salubrité au milieu des populations, en remplaçant par un air pur un air vicié par toutes sortes d'exhalaisons malfaisantes? Le vent est le moteur qui fait marcher la plupart de ces machines où se broient les fruits et les grains nécessaires au soutien de notre vie; il est un auxiliaire puissant autant que peu coûteux de l'industrie et de la navigation, et, malgré la découverte du pouvoir de la vapeur, que de voiles qui s'enflent encore majestueusement et s'enfleront toujours au souffle des vents!

Observation sur la cause des vents. — Nous avons rapporté l'opinion commune des météorologistes sur l'origine des vents périodiques, alizés, etc. La première explication que l'on ait donnée de cette tendance générale qu'ont les vents alizés à se porter de l'est à l'ouest, est la suivante: l'air froid des régions polaires va remplacer à l'équateur l'air chaud, qui s'élève et se déverse de droite et de gauche vers les pôles de la terre. L'air froid arrive donc dans des lieux où la vitesse de rotation du globe est de plus en plus grande, et alors il paraît marcher en sens contraire, c'est-à-dire d'orient en occident, la terre le heurtant par l'effet de son mouvement d'occident en orient.

Ce raisonnement, s'il était juste, s'appliquerait à merveille à l'air de nos régions tempérées, où la chaleur et le mouvement de rotation croissent beaucoup plus rapidement que vers l'équateur; en sorte que nous devrions éprouver un vent, que dis-je? un ouragan perpétuel dirigé de l'est à l'ouest; mais, au contraire, le vent dominant marche de l'ouest à l'est.

Pour résoudre cette difficulté, on a prétendu que l'air qui, dans la zone torride, s'élève et se déverse vers les pôles produit, dans les hautes régions de l'atmosphère, un vent contraire à celui qui règne dans les couches inférieures; et que ce vent, s'abaissant de proche en proche, finit par atteindre la surface de la terre, à peu près vers 40 degrés de latitude.

Mais, à égalité de chaleur du sol, le décroissement de température des couches d'air à l'équateur est six fois trop lent pour que les couches inférieures puissent monter vers le ciel. D'ailleurs, si ces couches montaient, elles se refroidiraient par leur expansion, et il n'y aurait pas de motif pour qu'elles se déversassent sur des couches demeurées plus chaudes. On donnait donc une très-fausse idée de ces mouvements, lorsqu'on les assimilait à ceux de l'air dans une cheminée.

Toutes les agitations de l'atmosphère résultent naturellement des actions mutuelles de ses molécules. Sans doute les molécules placées à l'équateur tournent plus vite que celles de nos régions; mais elles ne peuvent échanger leurs places, sans échanger en même temps leurs vitesses. Les vents ne varieraient ni en direction ni en intensité, si, toutes les autres circonstances demeurant invariables, la terre ne tournait pas sur son axe, ou bien changeait la rapidité et le sens de son mouvement diurne.

Conduit par d'autres considérations, l'astronome Halley avait déjà rejeté l'explication précédente des vents alizés. Il croyait que le soleil échauffant l'atmosphère d'orient en occident, produisait un vent dans cette direction; mais il oubliait que les actions qui se passent entre les molécules d'air sont nécessairement réciproques, en sorte qu'une molécule qui en repousse une autre vers l'ouest, doit être repoussée par celle-ci vers l'est avec une force égale.

Les vents alizés ont assurément pour cause principale les températures si variées de la surface du globe; mais, jusqu'à présent, on n'a pu faire un pas dans le développement de cette théorie, sans heurter quelques lois de la mécanique. Quant aux vents périodiques, même évidence pour leur cause générale, même incertitude dans la marche du phénomène.

Ainsi le vent mousson est toujours dirigé vers l'hémisphère que le soleil échauffe le plus de ses rayons; ou mieux, le vent suit cet astre dans sa marche de l'un à l'autre solstice. Il change de direction, quand le soleil passe par la verticale du lieu que l'on considère. En sorte qu'une mousson ne dure pas un temps égal pour tous les lieux situés du même côté de l'équateur; mais elle commence plus tard et finit plus tôt, à mesure que le lieu est plus éloigné de l'équateur. Cette marche progressive des moussons est encore la même dans la partie centrale de l'Afrique. On dit alors que l'air de l'hémisphère qui se refroidit se porte par le bas vers l'hémisphère qui se réchauffe, et que l'air de ce dernier repasse par le haut sur le premier.

On raisonne de même pour les brises. Vers neuf heures du matin, quand la chaleur du sol commence à dépasser la moyenne température, qui est toujours à peu près celle de la mer, l'air qui repose sur celle-ci souffle vers le sol; et réciproquement il reflue vers la mer, quand le sol est retombé, après neuf heures du soir, au-dessous de la température moyenne.

L'explication vulgaire des vents alizés, des moussons et des brises, repose donc sur ce fait général, que l'air froid coule par le bas vers l'air chaud, et que celui-ci se déverse par le haut sur le premier. A l'appui de cette théorie, on cite l'exemple suivant : deux chambres contiguës étant inégalement échauffées, si l'on vient à ouvrir une porte de communication, il s'y établit aussitôt deux courants d'air : l'un inférieur, qui va de la chambre froide à la chambre chaude; l'autre supérieur, qui marche en sens contraire, et tous deux pouvant être rendus sensibles par les directions que prennent les flammes de deux chandelles placées dans ces courants.

Il résulterait de là que, dans tous les lieux peu élevés au-dessus du niveau des mers, on ne devrait ressentir que des vents froids se dirigeant des pôles vers l'équateur; et, sur les hautes montagnes ou dans les couches supérieures de l'atmosphère, des vents chauds marchant en sens contraire. Mais, dans tous les pays, on éprouve indistinctement des vents chauds et des vents froids, non-seulement d'une saison à l'autre, mais encore à des époques très-rapprochées ; et ces vents peuvent être excessivement chauds, aussi bien qu'excessivement froids. *Voy.* Atmosphère.

Vents, leur influence sur les conditions hygrométriques de l'atmosphère. *Voy.* Vapeurs (*physique et météor.*).

VENTOUSES. *Voy.* Fumée.

VÉNUS. — C'est à la vue la plus belle des planètes : ce qui lui a fait donner le nom qu'elle porte. On la nomme aussi l'*Etoile du jour*, *Lucifer*, *Phosphore*, lorsqu'elle précède le lever du soleil, et l'*Etoile du soir*, ou *du Berger*, *Vesper*, quand on la voit à son coucher. Sa lumière est plus blanche que celle des autres corps célestes : son volume et sa proximité de la terre, à de certaines époques, la rendent si brillante qu'on la voit en plein jour.

Quelques jours après sa conjonction avec le soleil, on la voit d'abord le matin à l'ouest du soleil, sous la forme d'un beau croissant, dont la convexité est tournée vers lui. Elle se dirige à l'ouest, et à mesure qu'elle avance, son mouvement se ralentit et son croissant augmente, jusqu'à ce qu'enfin elle arrive en un point où elle s'arrête quelque temps : elle forme alors un demi-cercle; ensuite elle reprend sa course vers l'est, avec une rapidité graduellement accélérée, jusqu'à ce qu'elle ait atteint le soleil.

Sa distance moyenne du soleil est de 27,500,000 lieues ; son diamètre apparent varie de 30'', à 184'', sa rotation sur son axe s'accomplit en 23^h 21' 19'', et la durée de sa révolution autour du soleil est de 224 j. 16 h. 49'; son orbite est inclinée de 3° 24', sur l'écliptique, et reste toujours renfermée dans l'orbe de la terre.

Vénus a, comme Mercure, des passages sur le disque du soleil, et comme lui elle se dessine alors sous la forme d'une tache. Ces phénomènes sont très-rares, et les astronomes en profitent pour mesurer sa distance avec précision. On est aussi parvenu à obtenir, au moyen de ces passages, la parallaxe du soleil à un dixième de seconde près. *Voy.* Parallaxe.

Lorsque cette planète se projette sur le disque du soleil, elle s'y dessine sous la forme d'une petite tache ronde et noire. Sa figure est donc sphérique, et sa lumière empruntée du soleil, comme nous étions déjà autorisés à le conclure du phénomène de ses phases.

La durée de son mouvement de rotation a été déterminée, comme pour Mercure, par l'observation des aspérités qu'elle porte à sa surface, et qui, interceptant la lumière qu'elle réfléchit, donnent une forme tronquée aux cornes de son croissant. Il a suffit pour cela de calculer l'intervalle qui s'écoule entre deux retours de la troncature observée. Cette planète est enveloppée d'une atmosphère : un astronome allemand l'avait reconnu en calculant les lois de la dégradation de sa lumière, et il est constant que sa partie éclairée est plus grande qu'elle ne devrait l'être, s'il n'y avait là un effet de réfraction.

Quoique à peu près aussi grande que la terre, Vénus se meut avec plus de rapidité que la terre, parce qu'elle est plus voisine du soleil. Cet astre lui apparaît presque deux fois aussi grand qu'à la terre, et Mercure est son étoile du matin et du soir, comme elle l'est elle-même pour nous.

La chaleur et la lumière y sont deux fois plus grandes que sur notre globe. Vénus nous apparaît le matin pendant 40 semaines et le soir pendant la même durée

Les variations que présentent les cornes de cette planète ont attesté l'existence de très-hautes montagnes; et si l'on doit ajouter foi à certaines observations dont le résultat nous semble exagéré, ces élévations seraient de 34,000 mètres. Elle n'a pas d'aplatissement sensible.

VERGLAS. *Voy.* Pluie.

VERNIER (du nom de l'inventeur). — Comme il est très-important, dans les opérations astronomiques, d'avoir avec précision les plus petites fractions de degrés, on se sert, pour les lire sur le limbe, d'un petit appareil décrit en 1631 par un géomètre français nommé *Vernier*, d'après un principe posé antérieurement par un autre géomètre, *Nonius*, dont il prend aussi quelquefois le nom.

Développons ce principe, et montrons le parti que l'on en tire.

Soit un cercle de 1 mètre de diamètre, sa circonférence sera de 3 mètres 14, rapport approché de ces deux dimensions; et puisqu'elle sera nécessairement divisée en 360 parties ou degrés, cela donne pour la valeur de chaque degré 8 millimètres 72 ; chaque minute équivaudra au quotient de 8 millimètres 72 divisé par 60, c'est-à-dire à 0, 14 centièmes de millimètre, valeur qui, divisée elle-même par 60, donnera pour la seconde 0,002 millièmes de millimètre. Mais si le cercle n'a que 1/4 de mètre de diamètre, comme notre théodolite, par exemple, la seconde ne vaudra plus que 5/10 millièmes de millimètre, quantité si petite qu'elle ne peut être indiquée sur le limbe de notre cercle, et que cependant nous sommes obligés d'évaluer, parce que, dans les recherches astronomiques, elle répond à des valeurs numériques considérables, puisque un objet qui sous-tend un angle d'une seconde est à une distance de 206,000 fois son diamètre.

Il faut donc que nous trouvions un moyen de lire sur le limbe des divisions infiniment plus petites que celles qui y sont portées; car enfin l'alidade peut s'arrêter entre deux des divisions principales, divisions trop petites, trop rapprochées pour que l'on ait pu tracer entre elles leurs subdivisions d'une manière précise et facile à lire, ce que du reste l'on n'aurait pu faire non plus sur l'alidade, en admettant qu'on l'ait tenté pour dégager le limbe. C'est là le problème résolu par Nonius et par Vernier.

Au lieu donc de mettre un trait sur l'alidade, prenons sur elle un arc d'une étendue sensible, égale, par exemple, à neuf divisions du limbe. Vernier divise cette étendue en dix parties : que résultera-t-il de là? C'est que chacune des nouvelles divisions équivaudra aux 9/10es de celles du cercle, et que, si l'alidade a d'abord été fixée de manière que deux points coïncident, les nouvelles divisions seront au-dessous de leurs correspondantes du limbe, successivement de 1/10, 2/10, 3/10, etc. Chaque fois donc que deux divisions coïncideront, il suffira de lire le chiffre que porte celle de l'arc gradué pour savoir de quelle quantité, exprimée ici en dixièmes, l'arc mesuré surpasse la division principale du limbe qui en donne la valeur. Si 5 de l'arc gradué correspond, par exemple, à l'une des divisions principales du cercle, c'est que le zéro de l'alidade s'est avancé au delà de la division qui le précède sur le limbe de 5/10mes de degré. On peut donc apprécier ainsi les 10mes de degré. Mais en prenant sur le cercle 19 parties et les divisant en 20, ou mieux encore 99 parties et les divisant en 100, on aurait les 100mes. Or, dans ce système, les degrés seront égaux à 300/100mes, c'est-à-dire que 3 secondes seront représentées par 1/1000e de millimètre.

Cet arc gradué, qui présente tant d'avantages dans l'évaluation des parties minimes de la division du cercle, est ce que l'on appelle *le Vernier*. Dans les instruments, il est toujours placé à l'extrémité de l'alidade, et il se meut avec elle de manière à montrer sans cesse ses divisions vis-à-vis de celles du limbe. Afin de faciliter les lectures, on place une loupe au-dessus de chaque Vernier, lequel est en outre ombragé par un verre dépoli qui empêche les reflets de lumière, et permet au jour de n'y arriver que par transparence.

VERRES ARDENTS. — Si une lentille offre une surface de 10 décimètres carrés, et qu'exposée au soleil elle rassemble les rayons dans un espace circulaire d'un centimètre, les rayons concentrés dans un espace 1000 fois plus petit produiront une température qui serait 1000 fois plus considérable, s'il n'y avait perte par réflexion et absorption, mais qui, dans tous les cas, est beaucoup plus de 500 fois supérieure à celle que produisent par eux-mêmes les rayons solaires dans l'atmosphère. On peut donc produire de la sorte plusieurs milliers de degrés. Les lentilles sont plus puissantes que les miroirs, à dimensions égales, parce qu'il y a beaucoup moins de rayons éteints ou perdus; et en second lieu, s'il est fort difficile de travailler des lentilles de grand diamètre, quand on les veut d'un seul morceau de verre et sans défaut, comme l'exigent les astronomes, il est très-facile d'en exécuter avec des verres courbés comme les verres de montre, accolés par leurs bords, et contenant de l'eau, ou un liquide transparent quelconque, dont les stries et les bulles n'auront pas d'influence sur le pouvoir comburant. On cite parmi les plus fameux appareils de ce genre les lentilles de Tschirnausen et de l'abbé Trudaine : cette dernière, formée de deux glaces accolées, présentait un diamètre de 14 décimètres, et au foyer, situé à 3^{m},25, se dessinait un cercle ardent de 34 millimètres de largeur, étendue qu'on réduisait à moitié, au moyen d'une lentille moindre. Il en résultait que les rayons tombant sur la grande lentille étaient concentrés dans un espace 5000 fois plus petit; et, en évaluant les pertes à ¼, on avait, au second foyer, une chaleur quatre mille fois plus forte que celle que donnait directement le soleil. L'intérieur de la lentille était rempli par 130 litres d'alcool. Cette pièce produisait des effets prodigieux de combustion et de fusion; toutefois, elle ne put fondre ni le platine ni le cristal de roche. *Voy.* Lentille.

VÉSICULAIRE (état). *Voy.* Sphéroïdal.

VÉSICULES d'eau. *Voy.* Brouillard.

Vésicules. *Voy.* Nuages.

VESPER. *Voy.* Vénus.

VESSIE NATATOIRE des poissons. *Voy.* Hydrostatique.

VESTA, une des quatre planètes télescopiques, fut découverte par un des élèves d'Olbers le 29 mars 1807. Elle décrit, en 3 ans 66 jours 4 heures, son orbite, qui paraît fort irrégulière et qui s'incline sur l'écliptique de 7° 8'. Cette petite planète est fort peu connue. Observée par Herschell avec un instrument d'un pouvoir amplificatif puissant, elle ne donna pas l'apparence d'un disque, mais parut comme un point brillant. On la croit à 91,000,000 de lieues du soleil.

VIBRATION (*acoustique*). — Mouvement rapide alternatif d'allée et de venue dont les corps élastiques sont seuls susceptibles. Lorsque les particules des corps élastiques sont subitement ébranlées par une impulsion, elles retournent à leur position naturelle par une série de vibrations isochrones, dont la rapidité, la force et la permanence dépendent de l'élasticité, de la forme et du mode d'agrégation qui unit les particules du corps. Ces oscillations sont communiquées à l'air, en vertu de l'élasticité duquel elles excitent des condensations et des dilatations successives dans les couches fluides les plus voisines du corps vibrant : de là elles sont propagées à une certaine distance. Lorsqu'on tire de côté et qu'on lâche subitement une corde ou un fil d'archal tendu entre deux épingles, cette corde ou ce fil métallique vibre jusqu'à ce que sa propre rigidité et la résistance de l'air le réduisent au repos. Ces oscillations peuvent être rotatoires, s'accomplir dans tous les plans, ou être limitées à un seul, selon la manière dont le mouvement est communiqué. Dans le piano-forté, où les cordes sont frappées à l'une de leurs extrémités par un marteau, les vibrations consistent probablement en un renflement qui se manifeste alternativement des deux côtés de la corde en la parcourant successivement dans toute son étendue.

Le même corps sonore peut fournir divers modes de vibration. Supposez qu'une corde vibrante donne l'*ut* le plus bas du piano, qui est la note *fondamentale de la corde*; *si* on la touche légèrement juste en son milieu, de manière à maintenir ce point à l'état de repos, chaque moitié vibre alors deux fois aussi vite que la corde tout entière, mais dans des directions opposées; les renflements se produisent alternativement au-dessus et au-dessous de la position naturelle de la corde, et la note résultante est l'octave au-dessus d'*ut*. Lorsque le point situé au tiers de la longueur de la corde est maintenu en repos, les vibrations sont trois fois aussi vives que celles de la corde tout entière, et donnent la douzième au-dessus d'*ut;* quand le point de repos est au quart de la longueur totale de la corde, les oscillations sont quatre fois aussi vives que celles de la note fondamentale; elles donnent alors la double octave, et ainsi de suite. Ces sons aigus sont appelés les harmoniques de la note fondamentale. Il est évident, d'après ce qui a été établi, que la corde vibrant ainsi ne pourrait pas donner ces harmoniques, si elle ne se partageait spontanément vers ses parties aliquotes en deux, trois, quatre, ou même en un plus grand nombre de segments en état de vibration, opposés et séparés par des points en repos. Ce qui le prouve, c'est que des morceaux de papier placés sur la corde, à la moitié, au tiers, au quart, ou autres points aliquotes, suivant le son harmonique correspondant, restent sur cette corde durant sa vibration, tandis que si on les place sur des points intermédiaires, ils s'en éloignent à l'instant. Les points de repos, appelés points nodaux de la corde, sont une pure conséquence de la loi des interférences; car si une corde fixée par l'une de ses extrémités est ébranlée par un mouvement de va-et-vient à l'autre extrémité, de manière à transmettre dans toute sa longueur une succession d'ondulations égales, ces ondulations seront successivement réfléchies, lorsqu'elles arriveront à l'autre extrémité de la corde près du point fixe, et, en revenant en arrière, elles interféreront quelquefois avec celles qui s'avancent; et comme à de certains points ces ondulations opposées se détruiront mutuellement, le point de la corde auquel cette interférence aura lieu restera en repos. Ainsi sera produite une série de nœuds et de segments renflés, dont le nombre dépendra de la tension et de la fréquence des mouvements alternes communiqués à l'extrémité mobile. Quand une corde fixée à ses deux extrémités est mise en mouvement par un choc soudain, en l'un quelconque de ses points, l'impulsion primitive se divise en deux mouvements qui se dirigent en sens opposés, et sont totalement réfléchis aux extrémités; puis, revenant de nouveau en arrière sur toute la longueur de la corde, ces mouvements sont de nouveau réfléchis vers les autres extrémités. Ils continuent ainsi à se précipiter en avant et en arrière, se croisant à chaque rencontre, et interférant quelquefois de manière à produire des nœuds; de sorte que le mouvement d'une corde attachée par ses *deux extrémités* consiste en une ondulation ou *battement*, *revenant continuellement* sur lui-même par l'effet de la réflexion qui s'opère aux extrémités fixes.

Il arrive très-souvent que les notes harmoniques coexistent dans le même corps vibrant avec le son fondamental. Si l'on vient à frapper l'une des cordes les plus basses du piano, on peut non-seulement, en écoutant avec attention, entendre la note fondamentale, mais encore toutes ses harmoniques, quoique cependant avec une intensité décroissante à mesure que le ton devient plus haut. Selon la loi des ondulations coexistantes, la corde entière et chacune de ses parties aliquotes sont en même temps dans des états de vibration différents et indépendants les uns des autres; et comme toutes les notes résultantes sont entendues simultanément, non-seulement l'air, mais aussi l'oreille, vibre au même instant à l'unisson avec chacune de ces notes.

L'harmonie consiste en une combinaison agréable de sons. Deux cordes sont à l'unisson quand elles accomplissent leurs vibrations dans le même temps. Mais quand leurs vibrations sont dans un rapport tel qu'après un petit nombre d'oscillations elles se trouvent avoir une période commune, alors elles produisent l'accord. Ainsi, lorsque les vibrations de deux cordes ont entre elles une relation très-simple, comme, par exemple, lorsque l'une d'elles fait deux, trois, quatre; etc., vibrations dans le temps que l'autre en fait une; ou trois, quatre, etc., vibrations tandis que l'autre en fait deux, il en résulte un accord, lequel est d'autant plus parfait que la période commune est plus courte. Dans les dissonances, au contraire, l'on entend distinctement les battements, ce qui produit un effet désagréable et dur, parce que les vibrations n'ont pas entre elles une relation simple, ainsi que cela a lieu quand l'une des deux cordes fait huit vibrations, par exemple, tandis que l'autre en fait quinze. Le docteur Young attribue la sensation agréable qui résulte de l'harmonie à une certaine prédilection pour l'ordre et le retour régulier des sensations, naturelle à l'esprit humain, qui se trouve satisfait par la régularité parfaite et le retour rapide des vibrations. Il suppose aussi que l'amour de la poésie et de la danse doit être attribué en partie au rhythme de l'une et à la régularité des mouvements de l'autre.

Un courant d'air passant sur l'extrémité ouverte d'un tube, comme dans les chalumeaux; sur un trou placé de côté, comme dans la flûte; ou par une anche ou ouverture à languette flexible, comme dans la clarinette, met la colonne d'air intérieure dans un état de vibrations longitudinales, en raison des condensations ou raréfactions alternatives de ses particules. Au même instant la colonne se partage spontanément en nœuds, entre lesquels l'air vibre aussi longitudinalement, mais avec une vitesse inversement proportionnelle à la longueur des divisions, donnant la note fondamentale ou l'une de ses harmoniques. Les nœuds sont produits d'après le principe des interférences, par la réflexion des ondulations longitudinales de l'air, s'opérant aux extrémités du tuyau, comme dans la corde musicale, excepté que dans l'un des cas les ondulations sont longitudinales, tandis qu'elles sont transversales dans l'autre.

Un tuyau, soit ouvert, soit fermé, par ses deux extrémités, vibre dans toute son étendue, ou se partage spontanément en deux, trois, quatre, etc., segments séparés par des nœuds, quand on lui fait rendre un son. La colonne entière donne la note fondamentale par des ondulations ou vibrations de la même longueur que le tuyau. La première harmonique est produite par des ondes d'une longueur égale à la moitié du tube, la seconde harmonique par des ondes d'une longueur égale au tiers du tube; ainsi de suite. Le nombre des segments harmoniques est le même dans un tuyau ouvert et dans un tuyau fermé, seulement ils n'y sont pas placés de la même manière. Un tuyau fermé est terminé par des nœuds à ses deux extrémités, tandis qu'un tuyau ouvert est terminé à chaque extrémité par un demi-segment, parce que l'air avoisinant ces points n'est ni raréfié ni condensé, par suite de son contact avec l'air extérieur. Si l'on venait à fermer l'une des extrémités du tuyau ouvert, sa note fondamentale serait d'une octave plus basse, l'air se diviserait en trois, cinq, sept, etc., segments, et l'ondulation qui produit sa note fondamentale serait deux fois aussi longue que le tuyau, de sorte qu'elle se replojerait sur elle-même. Toutes ces notes peuvent être produites séparément, en modifiant de diverses manières l'intensité du courant d'air. En soufflant doucement et d'une manière soutenue, l'on parvient à faire résonner la note fondamentale; si l'on souffle plus fort, la note saute d'une octave tout à coup; et si l'on vient a souffler plus fort encore, c'est la douzième que l'on entend. En continuant ainsi à augmenter l'intensité du vent, on peut obtenir également les autres harmoniques, mais l'on ne parvient jamais à produire une note intermédiaire. Les harmoniques d'une flûte peuvent s'obtenir de cette manière, depuis l'*ut* ou le *ré* le plus bas jusqu'au plus haut, sans changer de doigté, et simplement en augmentant l'intensité du vent et en modifiant la position des lèvres. Des tuyaux de plomb, de verre ou de bois, donnent, dans les mêmes circonstances, le même degré d'élévation du ton, pourvu seulement qu'ils soient de mêmes dimensions, ce qui prouve que c'est l'air seul qui produit le son.

Quand on courbe des lames métalliques, fixées par l'une de leurs extrémités, elles s'efforcent, par une suite de vibrations, à revenir à l'état de repos, ce qui donne des sons très-agréables. Tel est l'effet produit par les boîtes à musique. On a inventé récemment divers instruments composés d'un certain nombre de lames métalliques qu'un courant d'air suffit pour faire entrer en vibration.

La sirène est un instrument très-ingénieux, imaginé par M. Cagniard de la Tour, pour déterminer le nombre de vibrations correspondant par seconde à tous les tons possibles : les notes sont produites par des jets d'air qui s'échappent par de petites ouvertures disposées circulairement et à distances égales entre elles sur le côté d'une boîte devant laquelle on fait tourner un disque percé du même nombre de trous. Pendant que le disque accomplit une révolution, les courants se trouvent alternativement interceptés et libres, autant de fois qu'il y a d'ouvertures dans le disque. Le ton du son produit dépend de la vitesse de la rotation.

Lorsqu'on frappe une verge métallique ou de verre à l'une de ses extrémités, ou qu'on la frotte avec un doigt mouillé dans le sens de sa longueur, elle vibre longitudinalement, comme une colonne d'air, en vertu de la condensation et de la dilatation alternatives de ses particules constituantes, ce qui produit une note musicale sonore et pure, et d'un ton élevé, par suite de la rapidité avec laquelle ces substances transmettent le son. Les verges, les surfaces, et en général tous les corps ondulants, se décomposent en nœuds; mais dans les surfaces, les parties qui restent en repos durant leurs vibrations sont des lignes courbes ou planes, selon la substance, sa forme, et le mode de vibration. Si l'on projette un peu de sable fin, bien sec, sur la surface d'une plaque de verre ou de métal, et si l'on excite des ondulations en promenant l'archet d'un violon sur l'un des bords de la plaque, elle rend un son musical, et le sable se place immédiatement de lui-même dans les lignes nodales, seuls points sur lesquels il s'accumule, et où il reste en repos, parce que les segments de la surface situés de chaque côté de ces lignes nodales sont dans des états différents de vibration, l'un ayant un mouvement d'élévation, tandis que l'autre a un mouvement de dépression ; et comme ces deux mouvements se rencontrent dans les lignes nodales, ils se neutralisent réciproquement. Ces lignes varient en forme et en position avec la partie sur laquelle on promène l'archet, et le point par lequel la plaque est soutenue. Le mouvement du sable indique dans quelle direction les vibrations s'opèrent : si elles sont perpendiculaires à la surface, le sable est violemment agité dans le sens vertical, jusqu'à ce qu'il trouve les points de repos ; si elles sont tangentielles, le sable se traîne seulement vers les lignes nodales. Quelquefois les ondulations sont obliques, ou composées des deux précédentes. Si l'on promène un archet sur l'un des angles d'une plaque carrée de verre ou de métal solidement soutenue par le centre, le sable s'arrange de lui-même sur deux lignes droites, parallèles aux côtés de la plaque, et se croisant à son centre, de manière à la partager en quatre carrés égaux, dont les mouvements sont contraires entre eux. Deux des carrés diagonalement opposés accomplissent leurs mouvements sur l'un des côtés de la plaque, tandis que les deux autres font leurs vibrations sur son autre côté. Ce mode de vibration donne le ton le plus bas que les plaques soient susceptibles de produire. La plaque étant toujours soutenue par son centre, si l'on passe l'archet sur le milieu de l'un de ses côtes, les vibrations deviennent plus rapides et le ton est alors d'un cinquième plus haut que dans l'exemple précédent ; dans ce cas, le sable se dispose de lui-même sur les diagonales, et dispose la plaque en quatre triangles égaux, dont chaque paire vibre sur les côtés opposés de la plaque. Les lignes nodales et le ton varient non-seulement avec le point sur lequel on applique l'archet, mais avec le point aussi par lequel la plaque est soutenue ; ce point étant à l'état de repos, détermine nécessairement la direction de l'une des lignes de repos. Les formes que prend le sable sur les plaques carrées sont extrêmement variées et correspondent à tous les modes de vibrations qu'on peut imaginer. Les lignes qui se forment sur les plaques circulaires sont encore plus remarquables par leur symétrie, et peuvent être divisées en trois systèmes, savoir : le système diamétral, le système concentrique, le système composé. Dans le premier, les figures consistent en diamètres, plus ou moins nombreux, qui partagent la circonférence de la plaque en parties égales, dont chacune est dans un état de vibration différent de celui des parties voisines. Deux diamètres, par exemple, qui coupent la plaque à angles droits, partagent la circonférence en quatre parties égales ; trois diamètres la partagent en six ; quatre la partagent en huit, et ainsi de suite. Ces divisions peuvent s'élever à trente-six ou quarante dans une plaque métallique. Vient ensuite le système concentrique, dans lequel le sable s'arrange en cercles, dont le centre est le même que celui de la plaque ; puis enfin, le système composé, dans lequel les figures qui sont un mélange de celles des deux autres systèmes, présentent des formes aussi compliquées qu'élégantes. On croit que Galilée fut le premier qui indiqua les points de repos et de mouvement qui existent dans la table d'harmonie d'un instrument de musique ; mais c'est à Chladni que la science est redevable de la découverte complète des formes symétriques que prennent les lignes nodales dans les plaques vibrantes. *M. Wheatstone* a démontré, dans un mémoire lu en 1833 à la Société royale de Londres, que toutes les figures de Chladni, de même que toutes les figures nodales des surfaces vibrantes, résultent de certains modes de vibration d'une simplicité extrême, oscillant isochroniquement, et superposés les uns aux autres, la figure résultante variant avec les modes constituants de vibration, le nombre de superpositions, et les angles sous lesquels elles s'opèrent. Si, par exemple, on fait vibrer une plaque carrée de manière à ce que le sable s'y dessine en lignes droites parallèles à l'un des côtés de la plaque, et si l'on vient ensuite à exciter des vibrations telles que, par leur nature, elles auraient été susceptibles de déterminer des lignes perpendiculaires aux premières si la plaque eût été en repos, il résulterait de cette combinaison de vibration que le sable formera deux lignes diagonales perpendiculaires l'une à l'autre.

La forme de tous les solides qui résonnent lorsqu'on frappe dessus, tels que les cloches, les gobelets, etc., est momentanément et forcément altérée par le choc ; et, par suite de leur élasticité, ou tendance à reprendre leur forme naturelle, il se produit une suite d'ondulations dues aux condensations et aux raréfactions alternatives des particules de la matière solide. Ici encore on retrouve des tons harmoniques, et par conséquent des nœuds. En général, quand un système rigide, d'une forme quelconque, vibre, soit longitudinalement, soit transversalement, il se divise, en un certain nombre de parties qui accomplissent leurs vibrations sans se nuire mutuellement. Ces parties sont à chaque instant dans des états alternatifs d'ondulation, et comme les points ou lignes où elles se joignent participent de l'un et de l'autre de ces deux états, elles restent en repos, les mouvements contraires se détruisant réciproquement.

L'air, malgré sa rareté, peut transmettre ses ondulations lorsqu'il est en contact avec un corps susceptible de les admettre et de les exciter. C'est ainsi que des ondulations sympathiques sont excitées par un corps vibrant placé près de cordes tendues isolées, capables de suivre ses ondulations, soit en vibrant dans toute leur étendue, soit en se partageant en leurs divisions harmoniques. Si l'on tend deux cordes également, dont l'une soit deux ou trois fois plus longue que l'autre, qu'on les place l'une à côté de l'autre, et que l'on fasse résonner la plus courte, l'air communique ses vibrations à l'autre, qui entre dans un état de vibration tel, qu'elle se partage spontanément en segments d'une longueur égale à la corde la plus courte. Quand on fait résonner un diapason, et qu'on le pose ensuite sur un piano-forté durant qu'il est en vibration, chaque corde qui, par sa longueur naturelle ou par ses subdivisions spontanées, est susceptible d'exécuter des vibrations correspondantes, répond par une note sympathique. Quelques-unes des notes d'un orgue sont généralement à l'unisson avec l'une des vitres, ou avec le chassis tout entier d'une fenêtre voisine ; de sorte que cette vitre ou ce chassis retentit quand ces notes résonnent. Un fort bruit de tonnerre produit souvent le même effet. Le son des tuyaux d'orgue, quand ils sont très-grands, ne peut, en général, s'entendre que lorsque l'air est mis en mouvement par les ondulations de quelques-uns des accords supérieurs; leur son devient alors extrêmement énergique. Les vibrations successives exercent quelquefois entre elles une influence réciproque sur la durée de leurs périodes. Par exemple: deux tuyaux d'orgue voisins, et qui sont à peu près à l'unisson, peuvent se contraindre mutuellement à s'accorder, de même qu'on a vu deux horloges, dont la marche différait considérablement lorsqu'elles étaient séparées, s'accorder parfaitement quand elles étaient fixées au même mur. On a même été jusqu'à voir le pendule d'une horloge mis en mouvement par une autre horloge, par cela seul qu'elles étaient toutes deux placées sur le même support. Ces oscillations forcées, dont les périodes correspondent à celles de la cause excitante, doivent se retrouver dans chacune des diverses branches de la physique. Les marées rentrent dans ce cas, puisqu'elles suivent constamment le soleil et la lune dans tous leurs mouvements et dans toutes leurs périodes. La nutation de l'axe terrestre correspond aussi à la période des nœuds de la lune, dont elle représente le mouvement; elle est en quelque sorte réfléchie en arrière vers la lune, et peut être déterminée par la nutation de l'orbite lunaire. L'accélération du mouvement moyen de la lune enfin, représente l'action des planètes sur la terre renvoyée par le soleil et la lune.

Par suite de la facilité de l'air à transmettre les ondulations, on peut représenter tous les phénomènes des plaques vibrantes au moyen d'un peu de sable que l'on répand sur du papier ou du parchemin, tendu sur un harmonica, ou sur un gobelet à orifice évasé. Mais pour donner à ce papier ou à ce parchemin une tension convenable, il y a plusieurs précautions à prendre : il faut d'abord le mouiller, puis le tendre sur le verre, et le gommer autour des bords, ensuite le laisser sécher, et enfin le vernir, pour empêcher que sa tension ne varie par suite de l'état plus ou moins hygrométrique de l'atmosphère. Si l'on présente au-dessus de cet appareil, et dans une position qui lui soit concentrique, un disque de verre, dont le plan soit parallèle à la surface du papier, et qu'on le fasse entrer en vibration en promenant un archet sur son bord, de manière à faire prendre au sable répandu sur sa surface quelques-unes des figures de Chladni, le sable répandu sur le papier prend la même forme, par suite de la transmission des vibrations du disque, communiquées au papier par l'air. Quand le disque est éloigné lentement et dans une direction horizontale, les figures représentées sur le papier correspondent à celles du disque, jusqu'à ce que la distance devienne trop grande pour que l'air puisse continuer à transmettre les vibrations. Si, durant que le disque est en état de vibration, on vient à l'incliner graduellement au plan de l'horizon, les figures représentées sur le papier varient progressivement; et quand enfin le disque vibrant devient perpendiculaire à l'horizon, le sable répandu sur le papier se dessine en lignes droites parallèles à la surface du disque, en se traînant sur la surface, au lieu de sauter. Si, pendant que le disque est en état de vibration, on vient à le faire tourner autour de son diamètre vertical, les lignes nodales du papier tournent en suivant exactement le mouvement du disque. D'après cette expérience, il demeure évident que les mouvements des molécules aériennes qui s'exécutent dans chacun des points d'une ondulation sphérique, émise par un corps vibrant placé à son centre, sont parallèles entre eux, et non pas divergents comme les rayons d'un cercle. Quand on joue un air lent sur la flûte auprès de cet appareil, chaque note détermine successivement une forme particulière dans l'arrangement du sable. Le mouvement du sable décèle certains sons, dont sans lui l'existence resterait tout à fait ignorée. Il est arrivé quelquefois que des assiégés ont pu reconnaître, par les vibrations du sable répandu sur un tambour, la direction suivant laquelle travaillait les mineurs assiégeants. M. Savart, à qui l'on est redevable de ces belles expériences, ayant employé cet appareil pour essayer de découvrir des lignes nodales dans des masses d'air, a trouvé que l'air d'une chambre, mis en état d'ondulation par le son continu d'un tuyau d'orgue ou par quelque autre moyen, se partage en masses séparées par des courbes nodales à double courbure, telles que des spirales, de chaque côté desquelles l'air est en état de vibration opposé. Il a même déterminé le chemin que prennent ces lignes en sortant par une fenêtre ouverte, jusqu'à une distance considérable en plein air. Le sable s'agite violemment vers les points où les ondulations de l'air sont les plus grandes, tandis qu'il demeure en repos sur les lignes nodales. M. Savart a observé que lorsque, cessant de faire face à une ligne de repos, il venait à tourner la tête vers la droite, le son lui paraissait venir du côté droit, de même que lorsqu'il la tournait vers la gauche il lui semblait venir du côté gauche, ce qui est dû à la différence des états de mouvement dans lesquels se trouvent les molécules aériennes de chaque côté de la ligne de repos.

Une corde musicale rend un son très-faible quand elle vibre seule, par suite de la petite quantité d'air qu'elle met en mouvement. Mais, lorsqu'elle est fixée à une table d'harmonie, comme dans la harpe et le piano, elle communique ses *ondulations* à cette surface, et de là à chaque partie de l'instrument; de sorte que tout le système vibre isochroniquement; et si l'on donne à cette surface vibrante une étendue assez considérable pour qu'elle puisse communiquer ses ondulations à une grande masse d'air, le son se trouve par là singulièrement renforcé. L'intensité du son dépend aussi de la direction des vibrations de la corde ou du corps sonore, par rapport à la table d'harmonie; elle est un maximum quand les vibrations sont perpendiculaires à la table d'harmonie, et un minimum quand elles s'accomplissent dans le même plan. La table d'harmonie du piano est mieux disposée que celle d'aucun autre instrument à cordes, parce que les marteaux frappent les cordes de manière à les faire vibrer perpendiculairement à son propre plan. Dans la guitare, au contraire, les cordes sont attaquées obliquement, ce qui affaiblit beaucoup le son, à moins que les côtés, qui agissent aussi comme table d'harmonie, ne soient très-grands. Il est évident que la table d'harmonie et tout l'instrument sont ébranlés en même temps par toutes les vibrations superposées, excitées par les notes simultanées ou consécutives, qui sont produites, chacune avec son effet total et indépendant des autres. Une table d'harmonie rend non-seulement les divers degrés du ton, mais encore toutes ses diverses qualités; c'est ce qui a été admirablement démontré par le professeur Wheatstone, dans une suite d'expériences faites au moyen de conducteurs solides sur la transmission des sons musicaux, que ces sons proviennent, soit de la harpe, ou du piano, du violon, de la clarinette, etc. Il a trouvé que toutes les différentes variétés de ton, de qualité et d'intensité, se transmettent parfaitement avec leurs gradations relatives, et qu'elles peuvent se communiquer, au moyen de fils métalliques ou de verges extrêmement longues, à une table d'harmonie disposée convenablement dans un appartement éloigné. Les sons d'un orchestre entier peuvent se transmettre et se réfléchir en faisant communiquer une verge métallique, d'une part, avec une table d'harmonie placée près de l'orchestre, de manière à ce qu'elle puisse répéter les sons de tous les instruments, et de l'autre, avec la table d'harmonie d'un piano, d'une harpe, ou d'une guitare, placés dans un appartement éloigné. M. Wheatstone observe que « l'effet de cette expérience est des plus agréables, quoique les sons aient une intensité si faible qu'on les entend à peine, pour peu qu'on soit éloigné de l'instrument qui les réfléchit; mais si on place l'oreille tout contre cet instrument, on entend d'une manière distincte, quoique affaiblie, chacun de ceux qui composent l'orchestre, avec toutes les qualités qui le caractérisent; les pianos et les fortés, les crescendos et les diminuendos, conservant leurs contrastes relatifs. Comparé à un orchestre ordinaire dont l'exécution serait transmise par l'air à une certaine distance, l'effet ainsi produit est semblable à celui d'un paysage vu en miniature à l'aide d'une lentille concave, et comparé au même paysage vu, à l'œil nu, à travers une atmosphère nébuleuse. » (1).

VIBRATIONS DE LA LUMIÈRE. — Jadis on admettait que les *vibrations* de l'éther, c'est-à-dire les mouvements de va-et-vient qui constituent l'onde lumineuse, se faisaient dans la direction même du rayon. Mais aujourd'hui les vibrations de la lumière sont considérées comme se faisant dans une direction perpendiculaire au rayon.

On donne une image parfaite des *vibrations lumineuses* en secouant une corde par l'un de ses bouts; car on voit alors des ondes se propager en serpentant jusqu'à l'autre bout: la propagation se fait le long de la corde, mais les vibrations s'exécutent en travers. Les ondes lumineuses sont de même formées par des *vibrations transversales*.

La *couleur* d'un rayon de lumière résulte du nombre des vibrations faites dans un temps déterminé. Ainsi, les points du rayon violet font cinq vibrations, pendant que les points du rayon rouge n'en font que trois.

La *longueur* d'une onde, c'est-à-dire l'espace qu'occupe le long du rayon le va-et-vient des molécules d'éther, est au contraire plus grande pour le rouge que pour le violet, dans le rapport de 5 à 3. Cette longueur est pour le rouge de 620 millioniémes de millimètre; en sorte que, dans une seconde, chaque molécule d'éther va et vient le nombre immense de fois représenté par 507,680,000,000,000.

Une lumière *simple* ou *homogène* est celle où toutes les vibrations se font dans le même temps, où toutes les longueurs d'ondes se trouvent être les mêmes. Une lumière *composée* ou *hétérogène* résulte de la réunion de plusieurs lumières simples.

Jamais une lumière simple ne peut se transformer en une autre lumière; mais on a trouvé le moyen de séparer les rayons élémentaires d'une lumière composée.

(1) M. Savart, au moyen d'une roue dentée d'un grand diamètre portant jusqu'à 720 dents, fait passer 24,000 dents par seconde, ce qui donne 48,000 vibrations simples, et le son qui en résulte est encore perceptible, quoiqu'excessivement aigu. Ainsi notre organe est constitué avec une si merveilleuse délicatesse, qu'il peut entendre et distinguer les uns des autres tous les sons qui se trouvent compris entre 15 vibrations et 48,000 vibrations par seconde. Encore ne peut-on pas dire que ce sont là les vraies bornes de sa sensibilité : nous pensons avec M. Savart que, hors de ces limites, il y a encore des sons qui deviendraient perceptibles, s'ils avaient assez d'intensité.

Le *blanc* n'est pas une lumière homogène, c'est la réunion d'une multitude de rayons simples, parmi lesquels on a distingué les sept nuances, *rouge*, *orange*, *jaune*, *vert*, *bleu*, *indigo*, *violet*. Le *noir* n'est pas une couleur, mais l'absence de la lumière.

Une lumière, soit simple, soit composée, est dite *naturelle* quand il se fait autant de vibrations dans une direction que dans une autre, tout autour du rayon ou du faisceau. Elle est dite *partiellement polarisée*, quand il y a plus de vibrations en une direction qu'en chacune des autres; enfin elle est *complétement polarisée*, quand les vibrations ne s'exécutent plus que dans une seule direction, dans un seul plan.

La *polarisation*, complète ou partielle, peut être imprimée à toutes les espèces de rayons lumineux. Une lumière polarisée ne se conduit pas comme une lumière naturelle. La première pénètre entièrement, ou bien se trouve réfléchie en totalité, là où la seconde n'éprouve que des transmissions et des réflexions partielles. *Voy.* LUMIÈRE, ONDULATIONS, POLARISATION, etc.

VIBRATIONS de l'éther, mesure de leur fréquence pour chaque couleur. *Voy.* ANNEAUX DE NEWTON.

VIS MICROMÉTRIQUE. *Voy.* SPHÉROMÈTRE.

VISION. — La manière dont les objets se peignent dans l'œil offre une application remarquable des lois de l'optique et en particulier de celles de la réfraction. On sait que l'œil proprement dit est un globe logé dans l'orbite et protégé par les paupières. Son diamètre, chez l'homme, est de 24 millimètres environ (un peu moins d'un pouce). En avant il présente une portion plus convexe que le reste, formée par une membrane épaisse, d'une transparence parfaite, qu'on appelle la *cornée*. Une membrane fort épaisse aussi, mais blanche et opaque, appelée *sclérotique*, complète avec la cornée une sphère dont la cavité est divisée en deux parties très-inégales par un diaphragme qui répond à la conjonction de la cornée avec la sclérotique. Ce diaphragme, appelé *iris*, à cause de la variété de ses couleurs, se voit à travers la cornée. Il est percé à son centre d'un trou qui est la *pupille* ou la prunelle. L'espace compris entre la cornée et l'iris se nomme chambre antérieure de l'œil; cet espace est rempli par l'*humeur aqueuse*, liquide très-peu différent de l'eau. Derrière l'iris se trouve la cavité postérieure que remplit une masse transparente ressemblant à du verre fondu, et qu'on appelle le *corps vitré*. Dans sa partie antérieure, précisément derrière la pupille, se trouve enchâssé le cristallin, espèce de lentille fort épaisse autour de laquelle rayonnent les procès ciliaires. Sur tout le corps vitré s'étend une membrane d'un blanc grisâtre, qui est la rétine; elle résulte de l'épanouissement du nerf optique, dont l'insertion n'a pas lieu précisément vis-à-vis la pupille. Entre la rétine et la sclérotique se trouve la *choroïde*, membrane formée presque entièrement de vaisseaux: elle est revêtue d'un *pigmentum* noir sur la face qui répond à la rétine. Les procès ciliaires sont des plis très-épais que forme la choroïde en avant.

Signalons rapidement les principaux avantages de la construction de l'œil. D'abord on voit que la cornée, à cause de sa forte courbure, remplit les fonctions d'un verre périscopique; elle reçoit perpendiculairement les rayons des objets placés dans un angle de plus de 90. Observons du reste que sans l'humeur aqueuse elle ne ferait pas converger les rayons, elle les ferait plutôt diverger; car par elle-même ce n'est qu'un ménisque divergent comme un verre de montre.

On sait que la pupille s'élargit quand les objets sont peu éclairés, et se rétrécit au grand jour; c'est un moyen de compenser la faiblesse de la lumière ou de modérer son intensité. Quand on la modère en rapprochant les paupières, on diminue beaucoup le champ de la *vision*; le rétrécissement de la *pupille* n'a pas cet inconvénient, à cause de la position de l'iris dans l'intérieur de l'œil. Un autre avantage de ce rétrécissement, c'est de faire voir plus nettement les objets rapprochés.

A cause de la moindre réfringence des bords du cristallin, les aberrations de *sphéricité* et de *réfrangibilité* se trouvent, en partie du moins, corrigées. Les courbures de cette lentille doivent être très-fortes, parce que les milieux qui l'entourent n'ont pas des indices bien différents du sien. Un avantage de cette faible différence dans les indices, c'est qu'il y a très-peu de lumière perdue par la réflexion. L'accroissement graduel de réfringence des couches profondes fait que le rayon se dévie peu à peu, et non pas d'une manière brusque. Comme le corps vitré est un peu plus réfringent que l'humeur aqueuse, la *déviation* serait plus faible à la sortie qu'à l'entrée, si la face postérieure du cristallin n'était pas plus courbe que l'antérieure.

La rétine a pour fonction de recevoir l'impression de la lumière: cela résulte évidemment de sa disposition et surtout de son origine nerveuse. Nous remarquerons que sa partie centrale est libre, l'insertion du nerf optique se faisant au-dessous et en dedans de l'axe de l'œil; cette disposition est importante, puisque la partie de la rétine qui répond à l'entrée du nerf est insensible à la lumière. Le *pigmentum* noir de la choroïde paraît destiné à détruire les rayons qui ont traversé la rétine; car chez les *Albinos*, où il manque, la lumière, pour peu qu'elle soit vive, produit une impression douloureuse.

Il est aisé maintenant de se faire une idée de la marche de la lumière dans l'œil. Les rayons qui viennent à la cornée sont réfractés en pénétrant dans l'œil; de divergents qu'ils étaient, ils deviennent convergents; leur convergence augmente en traversant le cristallin, de sorte qu'ils vont aboutir à un point de la rétine, où ils forment une peinture de l'obj t d'où ils son partis. L'iris, comme un diaphragme, ne laisse passer que la partie centrale du faisceau lumineux ; il arrête les rayons extérieurs qui sont particulièrement affectés par les aberrations de sphéricité et de réfrangibilité.

Il est évident, par la construction précédente, que dans l'œil l'image est renversée, ce qui ne nous empêche pas de voir les objets droits. Il est évident aussi que sa grandeur est à celle de l'objet dans le même rapport que les distances au centre optique. Ainsi elle est contenue dans la grandeur de l'objet autant que la distance de celui-ci contient de fois 14 millimètres. Il résulte de là que, pour une même ouverture de la pupille, la clarté de l'image ne change pas, quelle que soit la distance de l'objet ; c'est-à-dire qu'une bougie, par exemple, n'est pas plus brillante à un mètre qu'à dix mètres. En effet, si dans le second cas l'on reçoit cent fois moins de lumière, en revanche l'image sur le fond de l'œil a une surface cent fois plus petite ; la clarté, qui a pour mesure la quantité de lumière reçue par l'unité de surface, reste donc la même. Cependant, quand les objets sont très-éloignés, le défaut de transparence de l'air diminue notablement la clarté.

On sait qu'une chambre noire ne peut pas donner à la fois une image distincte des objets éloignés et des objets proches. D'après cela, comment concevoir que l'œil puisse nous faire voir nettement à quelques pouces et à plusieurs lieues? Cela s'explique par diverses causes : 1° il n'est pas nécessaire que la concentration de chaque faisceau de rayons se fasse en un point mathématique pour que l'image soit sensiblement nette ; 2° plus une chambre noire est petite, et plus est grande l'étendue dans laquelle on peut déplacer l'objet sans que l'image cesse d'être nette : ainsi une lentille d'un pouce de foyer donne une image sensiblement aussi nette des objets placés à un demi-mètre, et des objets placés à une distance plus grande, quelle qu'elle soit ; 3° la pupille se rétrécit quand on regarde de très-près ; alors le faisceau qui doit peindre chaque point étant fort étroit, son intersection avec la rétine se réduit presque à un point. Pour s'assurer de l'influence de ce rétrécissement, on n'a qu'à regarder à travers un trou d'épingle ; on voit alors aussi distinctement à 4 ou 5 pouces qu'à une distance quelconque ; seulement la lumière est affaiblie ; 4° enfin, l'œil peut se modifier de manière à faire converger en un point de la rétine des rayons qui, pour son état ordinaire, auraient trop de divergence. Qu'on regarde un point à travers deux trous d'épingle dont l'écartement soit moindre que le diamètre de la pupille ; à 5 ou 6 pouces, par exemple, les rayons seront trop divergents pour que la réfraction les fasse concourir en un seul point de la rétine, de sorte qu'on voit alors deux points. Mais, par un certain effort, on parvient à faire coïncider les deux images. On a beaucoup disputé sur la modification que l'œil éprouve dans ce cas ; mais ce qu'il y a de plus probable, c'est que la choroïde, et particulièrement les procès ciliaires, qui sont presque entièrement composés de vaisseaux, ont la propriété de se tuméfier par le sang, comme beaucoup d'autres organes, ce qui produit une plus grande plénitude de l'œil, et surtout une pression autour du cristallin, lequel alors s'avance un peu et devient plus convexe ; les couches extérieures, étant presque fluides, permettent aisément ce changement de forme. On peut produire une modification analogue sur l'œil en exerçant une légère pression avec les bords d'un tube d'un diamètre convenable, et on parvient ainsi à voir distinctement les objets placés très-près.

On appelle *optomètres* ou *opsiomètres* (1) les instruments destinés à mesurer l'étendue de la vue distincte. On en fait un très-simple avec une règle d'un mètre environ couverte d'un velour noir sur lequel on tend un fil de soie blanche. La règle étant très-près de l'œil, si on regarde dans la direction de la longueur, on voit la partie voisine du fil sous la forme d'un angle très-aigu dont le sommet se trouve à une certaine distance qui est la première limite de la vision distincte. La portion qui suit ce point paraît nette et d'un blanc mat ; sur une certaine longueur ensuite elle reparaît sous la forme d'un angle opposé au premier, dont le sommet détermine la seconde limite de la vision distincte, et l'intervalle entre ces deux points est ce qu'on appelle le champ de la vision distincte. Un appareil convenable fixe la position de l'œil et donne le moyen de mesurer les distances. D'après les expériences de M. Lehot, on peut admettre 30 centimètres pour la distance moyenne de la vue distincte ; le champ comprend quelques centimètres en deçà et au delà. Mais il y a de grandes différences, suivant les individus ; généralement même les limites sont différentes pour les deux yeux. Nous remarquerons que les verres de convergence rétrécissent le champ, et que les verres de divergence l'agrandissent.

Il est d'ailleurs important de noter que la distance de la vue distincte dépend des dimensions de l'objet : on lit très-bien un gros caractère à la distance où un petit devient illisible ; les maisons, les arbres, se voient très-distinctement, de très-loin ; seulement les détails échappent. En définitive, l'image nous paraît nette quand ses dimensions surpassent de beaucoup la largeur de l'auréole diffuse que produit autour d'elle le défaut de concentration des rayons.

La vision indistincte donne lieu à plusieurs phénomènes remarquables. Ainsi un point, à moins qu'il ne soit très-brillant, disparaît quand il est trop près ou trop loin de l'œil, parce que, dans les deux cas, son image sur la rétine se réduit à un petit cercle de lu-

(1) ὄψις, vue, μέτρον, mesure.

mière diffuse. Une ligne ne disparaît pas à la même distance, parce que les images diffuses de chacun de ses points se renforcent en se superposant. Les effets de la vision indistincte sont surtout remarquables pour les astres dont les rayons, sensiblement parallèles pour chaque point, se trouvent concentrés avant d'arriver à la rétine, non-seulement dans les yeux myopes, mais dans tous les yeux qui ne sont pas fortement presbytes. Il en résulte que les étoiles paraissent élargies; si elles sont très-voisines, elles se confondent. Les diamètres des planètes sont agrandis : Vénus en croissant paraît ronde ; il en est de même de Saturne, malgré son anneau. Une étoile très-voisine de la lune paraît en dedans du limbe, au moment où elle est couverte par l'auréole qui élargit le disque. La même apparence peut avoir lieu avec un télescope, s'il ne donne pas une image parfaitement nette.

Après avoir étudié la vision chez l'homme, nous indiquerons quelques particularités remarquables de l'œil des animaux. Chez les mammifères, la pupille, au lieu d'être ronde, est souvent en forme de fente, tantôt verticale, comme chez les chats, tantôt transversale comme chez les ruminants. Il est évident que la forme de l'ouverture n'a pas d'influence sur la forme de l'image. Sur une partie de la choroïde, dans un très-grand nombre d'espèces, on trouve, au lieu du *pigmentum*, une membrane chargée de couleurs nacrées, qu'on appelle le *tapis*. Le tapis est jaune orangé dans le chat, blanc dans le chien, bleu dans le bœuf, violacé dans le cheval, etc. On peut le considérer comme un appareil de renforcement, car il donne encore de la lumière à la rétine. Ses couleurs sont visibles pendant la vie quand le fond de l'œil est suffisamment éclairé. Chez les carnassiers, qui ont une vue très-parfaite, comme le chat, le tigre, etc., les procès ciliaires sont très-grands, et la choroïde devient un véritable tissu caverneux dont l'épaisseur varie beaucoup, suivant la quantité de sang qu'elle contient.

Chez les oiseaux, les procès ciliaires sont aussi très-développés, et la choroïde offre un prolongement connu sous le nom de peigne, qu'on peut assimiler à un grand procès ciliaire. Dans la chouette, le cristallin est presque sphérique; mais en général chez les oiseaux il est très-peu convexe, et par cela même sa courbure peut facilement augmenter. Quant à la cornée, sa convexité est très-forte : autour d'elle on trouve des plaques osseuses qui forment un cercle complet dans l'aigle et quelques autres oiseaux. Le globe de l'œil est très-aplati en arrière; mais la partie postérieure de la sclérotique est mince et dépressible, de sorte que, suivant la plénitude de l'organe, le fond peut être plus ou moins éloigné du cristallin. Il est à noter que la rétine présente beaucoup de plis. En résumé, l'œil des oiseaux paraît fait surtout pour voir de loin, mais il possède de nombreux moyens de s'adapter aux petites distances.

Dans les poissons, la cornée est presque plane; sa convexité aurait été peu utile, puisque l'humeur aqueuse a presque le même indice de réfraction que l'eau. En revanche, le cristallin est sphérique, et comme dès lors sa courbure ne peut pas beaucoup augmenter, les procès ciliaires sont peu marqués. On trouve dans la choroïde un plexus veineux qui occupe un tiers de la cavité de l'œil; c'est ce qu'on a appelé la glande choroïde. Le corps vitré est très-petit. Il existe une espèce de tapis d'un blanc argenté. Chez quelques poissons, notamment dans la dorade, il y a un petit muscle qui tire le cristallin en avant.

VITESSE DE L'ÉLECTRICITÉ. — Ecoutons M. Pouillet : « Les expériences que j'ai faites en 1837 prouvent que dans $\frac{1}{2500}$ de seconde un courant se propage avec toute son intensité dans le circuit qui lui est offert; d'autres expériences analogues m'ont démontré que cette propagation intégrale se fait encore dans $\frac{1}{5000}$ et même dans $\frac{1}{7000}$ de seconde. La nature et l'étendue des circuits ne paraissent aucunement modifier ces résultats : que le courant ait à traverser quelques centaines de mètres ou plusieurs milliers de mètres d'un fil métallique, ou plusieurs mètres d'un très-mauvais conducteur comme une fine colonne d'eau, l'expérience réussit également bien. On ne peut pas avoir *a priori* la certitude absolue que la vitesse de propagation est proportionnelle à la conducibilité du circuit; mais, en admettant ce principe comme extrêmement probable, il en résulterait que, dans certains cas du moins, la vitesse de l'électricité est beaucoup plus grande que celle de la lumière : car, en admettant seulement en nombres ronds que dans $\frac{1}{5000}$ de seconde le courant parcourt une colonne d'eau d'un mètre, dans le même temps il parcourrait un fil de cuivre de même section que l'eau et de deux mille millions de mètres de longueur, ou de deux millions de kilomètres : ainsi sa vitesse serait environ dix mille fois plus grande que celle de la lumière.

« On a fait des expériences sur ce point par d'autres procédés : M. Wheatstone a, par exemple, employé un appareil des plus ingénieux, qui peut incontestablement servir à mesurer des intervalles de temps excessivement petits ; mais l'usage qu'il a fait de cet appareil pour déterminer la vitesse de l'électricité ne me paraît aucunement atteindre ce but. »

Ainsi que nous l'avons dit ailleurs, la vitesse de l'électricité serait, selon M. Wheatstone, de 115,000 lieues par seconde.

VITESSE INCONNUE des courants voltaïques. *Voy.* ÉLECTRODYNAMIQUE.

VITESSE du refroidissement des corps. *Voy.* CALORIQUE RAYONNANT.

VITESSE des corps tombant dans le vide. *Voy.* PESANTEUR.

VITESSE des corps tombant dans l'air. *Voy.* CHUTE des corps dans l'air.

VITESSE du son. *Voy.* SON.

VITESSE DE LA LUMIÈRE.—Au mot Lumière, nous avons exposé le procédé astronomique au moyen duquel Roëmer a calculé la vitesse du fluide lumineux. De nouvelles et récentes expériences ont été faites par M. Fizeau, dans le but de confirmer ou de rectifier, s'il y avait lieu, la découverte du physicien danois. M. Desdouits, qui porte dans les matières scientifiques les plus complexes et les plus difficiles à saisir, une lucidité parfaite, ce qui est un mérite rare parmi les savants, a décrit de la manière suivante les observations fort remarquables de M. Fizeau.

« Nous allons essayer de donner une idée nette d'une expérience magnifique, qui fera époque dans l'histoire des sciences. Elle est due à un jeune physicien, M. Hippolyte Fizeau, déjà célèbre par d'ingénieuses et utiles découvertes. Il ne s'agissait de rien moins que de mesurer la vitesse de la lumière, vitesse connue, à la vérité, depuis un siècle, par la discussion de phénomènes astronomiques embrassant une période d'une année, mais que M. Fizeau mesure par une expérience de cabinet n'exigeant que quelques instants d'observation, et dont les résultats présentent un accord remarquable avec les chiffres fournis par les études de Roëmer. Cet accord confirme les faits acquis par les deux méthodes, et témoigne de l'exactitude du procédé physique imaginé par M. Fizeau. Nous avions d'abord intention de transcrire la note présentée à l'Académie par ce physicien; mais, comme beaucoup de nos lecteurs ne sont pas encore de l'Académie, la rédaction de cette note, qui ne présente pas toute la clarté désirable, pourrait laisser dans leur esprit quelques nuages que nous voulons dissiper. Au risque donc de paraître un peu long sur l'exposé et la théorie de cette expérience, nous allons entrer dans tous les détails qui nous semblent nécessaires pour la faire bien comprendre.

« Tous nos lecteurs, — académiciens ou non, — savent que la lumière est une série de molécules susceptibles de mouvement, ébranlées par certains corps qui les poussent contre d'autres corps à la surface desquels elles se réfléchissent en partie et dans des proportions diverses : c'est cette réflexion des molécules lumineuses qui nous rend les objets visibles, par l'impression qu'elles produisent en choquant la rétine qui tapisse le fond de notre œil. Si nous considérons un objet lointain qui puisse nous être caché au moyen d'un écran, et que cet écran soit écarté, l'objet nous apparaît tout à coup de telle sorte, qu'aucun intervalle ne semble s'écouler entre la suppression de l'obstacle et l'apparition de l'objet. Il faut en conclure, ou que la lumière que cet objet nous envoie au moment où l'écran interposé s'efface, se propage instantanément ou sans employer à cet effet une durée quelconque, ou bien que, dans la limite de nos expériences, le champ de l'espace qu'elle parcourt est trop petit pour que la durée du mouvement soit appréciable à nos procédés de mesure. En d'autres termes, la propagation du mouvement pourrait être successive, mais d'une rapidité telle, qu'elle équivaudrait pour nous à l'instantanéité. Jusqu'au milieu du dernier siècle, l'opinion de la propagation instantanée avait prévalu, sous réserves du moins, lorsque l'astronome danois Roëmer remarqua dans la comparaison des époques d'éclipses des satellites de Jupiter une irrégularité manifeste, mais une de ces irrégularités qui se montrent assujetties à des lois constantes, et qui mettent les observateurs réfléchis sur la voie des découvertes. La durée qui sépare deux entrées successives du satellite dans l'ombre de sa planète, et les deux émersions qui les suivent, cette durée, dis-je, étant sensiblement constante, il s'ensuit que si l'astronome enregistre la date de toutes les émersions successives, à l'heure, la minute et la seconde, on trouvera, à toute époque de l'année, un intervalle constant entre deux émersions consécutives, quarante-deux heures tout juste, par exemple. C'est ce qu'on trouvera, du moins dans l'hypothèse d'une propagation instantanée du fluide lumineux; car si les émersions se suivent par intervalles de temps égaux, nous reverrons le satellite à de pareilles périodes, puisque la lumière qu'il nous envoie ne mettra aucun temps à parcourir l'espace qui le sépare de nous au moment où il sort de l'ombre de sa planète. Or, c'est justement ce qui n'a point lieu. Si l'on rapproche les dates enregistrées, on reconnaît que les intervalles ne sont point constants; qu'ils varient d'une manière continue, en suivant deux progressions, l'une croissante, l'autre décroissante, dont l'ensemble constitue une période annuelle qui se renouvelle sans cesse. Ainsi, par exemple, au lieu de 42 heures, on trouvera un jour 41 h. 25 m.; à l'émersion suivante, 41 h. 26 m.; puis 41 h. 27 m.; 41 h. 28 m... et ainsi de suite, jusqu'à 42 h.; puis l'augmentation continuera par minutes jusqu'à 42 h. 35 m., par exemple. A partir de là, il y aura décroissance, par minutes successives, en repassant par 42 m. jusqu'à 41 h. 25 m., et la période croissante se rencontrera en passant par les mêmes termes. A partir d'un certain point de la série des dates, on trouve que la progression croissante et la progression décroissante sont sensiblement égales et embrassent une période d'une année. Ces phénomènes n'ont aucune explication dans l'hypothèse de la propagation instantanée de la lumière tandis qu'ils sont une conséquence obligée d'une propagation successive. En effet, supposons la terre au point de son orbite où Jupiter est pour elle par delà le soleil : elle s'avancera vers cette planète en cheminant dans l'écliptique, et, au bout de six mois environ, elle se trouvera entre le soleil et Jupiter; ce sera sa moindre distance à ce dernier astre. A partir de ce point elle s'éloignera de Jupiter en décrivant le reste de sa courbe, et, au bout d'un an, elle se retrouvera au point de départ et à sa *plus* grande distance de Jupiter. Donc, pendant une moitié de l'année, sa distance à Jupiter aura été en décroissant successivement, et pendant l'autre moitié il y aura eu au contraire accroissement progressif de distance. Donc, puisque ces espaces varient, et varient d'une manière continue, il y aura également variation, variation continue et progressive dans les durées qu'emploiera la lumière pour arriver à notre globe, en partant de Jupiter, ou (ce qui revient au même) de son satellite, après chaque émersion. Telle est l'explication naturelle et nécessaire des faits ; et en discutant les rapports qui existent entre les positions successives de la terre, les distances qui en résultent et les époques de réapparition du satellite qui leur correspond, on trouve un parfait accord entre ces divers éléments. Ainsi, la lumière se propage d'une manière successive, et, en comparant les dates correspondantes aux positions extrêmes de notre globe par rapport à Jupiter, positions séparées par le diamètre moyen de l'écliptique, on trouve que le retard d'émersion pour l'une par rapport à l'autre est de 16 minutes 26 secondes. Ce diamètre moyen étant de 76 millions de lieues métriques parcourues par la lumière en 986 secondes, il en résulte par seconde une vitesse de 77,500 lieues environ. Cette vitesse est à peu près 800 mille fois celle d'un boulet de 24 au sortir de la pièce ; et, à ce compte, une molécule lumineuse ferait en une seconde à peu près huit fois le tour de la terre.

« Cette vitesse, qu'on n'a pu saisir jusqu'à présent que sur une vaste échelle de temps et d'espace, c'est elle que M. Fizeau a réussi à mesurer sur une échelle exiguë avec un remarquable degré de précision. Or, voici d'abord le principe sur lequel il s'appuie :

« Imaginons un cercle tournant autour de son centre avec une grande rapidité, et considérons un des rayons de ce cercle. Si la rotation dure une seconde, ou autrement, si l'extrémité de ce rayon met une seconde à parcourir une circonférence entière en un millième de seconde, elle parcourra un millième de circonférence. Si notre cercle était appliqué à une roue dentée composée de 500 dents alternant avec autant d'espaces vides ou fenêtres d'égale largeur, chacune de celles-ci occuperait un millième de la circonférence, et notre rayon mobile emploierait juste un millième de seconde à traverser cette fenêtre ou à passer d'un bord à l'autre. Réciproquement, si le cercle et le rayon étant immobiles, c'était la roue dentée qui tournait autour de son centre, chaque fenêtre emploierait un millième de seconde à passer de bord à bord devant le rayon immobile ou devant un fil tendu dans sa direction.

« Ne considérons plus maintenant que la roue dentée et ce fil de repère. Pendant que nous ferons tourner cette roue devant l'œil, qu'il y ait à une distance quelconque au delà, à une lieue, par exemple, un point brillant qui nous envoie un rayon de lumière, et supposons que la lumière mette à parcourir cet espace tout juste le même temps que la fenêtre met à passer devant le fil : si le rayon lumineux part du point brillant au moment précis où le bord-droite de la fenêtre est devant le fil, le rayon arrivera à l'œil au moment précis où le bord-gauche viendra à son tour se placer dans le repère. Si la vitesse de la lumière était double, le rayon arriverait à l'œil quand le milieu de de la fenêtre passerait devant le fil. Si elle était décuple, au moment où elle arriverait à l'œil, le fil correspondrait à un point de la fenêtre situé à droite, au dixième seulement de sa largeur. En général, les parties de la largeur de la fenêtre qui auraient passé devant le fil au moment où la lumière arriverait, seraient en raison inverse des vitesses de la lumière. *Si, au contraire*, au lieu de supposer que celle-ci parcourt une lieue dans un temps égal ou moindre que celui employé par la fenêtre pour passer en entier devant le repère, on admet qu'elle met un temps un peu plus considérable, il est évident qu'à l'instant où le rayon lumineux nous arrivera, au lieu de rencontrer le vide de cette fenêtre qui a déjà passé tout entière, il se heurtera à une dent solide de la roue et ne parviendra pas à notre œil : le point brillant nous sera donc invisible. La vitesse de rotation augmentant encore, le rayon lumineux continuera à battre contre cette dent, mais la rencontrera en des points de plus en plus éloignés de la première fenêtre, de plus en plus rapprochés du bord-droite de la seconde; et il est manifeste que quand la vitesse de rotation de la roue deviendra tout juste double de ce que nous l'avons supposé d'abord, au moment où le rayon lumineux nous arrivera, il rasera le bord-gauche de la dent solide, ou, ce qui est la même chose, le bord-droite de la seconde fenêtre, et recommencera à frapper notre œil. Le point brillant redeviendra visible, et il le sera tant que la vitesse augmentera, jusqu'à ce qu'elle devienne égale à 3; car alors le rayon rencontrera la seconde fenêtre, un des points qui approcheront de plus en plus de son bord-gauche. On reconnaît de la même manière qu'entre la vitesse de rotation 3 et la vitesse 4, le rayon lumineux battra contre la seconde dent en la parcourant du bord-droite au bord-gauche, et que, pendant ce temps-là, le point brillant redeviendra invisible. La vitesse de rotation passant de 4 à 5, le point brillant apparaîtra par la troisième fenêtre; entre la vitesse 5 et la vitesse 6, il y aura nouvelle éclipse, le rayon battant à son arrivée contre la troisième dent, et ainsi de suite.

« D'où il résulte qu'en nous tenant dans nos conditions initiales, c'est-à-dire, en plaçant le point lumineux à une lieue ou plutôt à une distance quelconque qui fût parcourue par la lumière en un millième de seconde, en supposant que la fenêtre mobile occupât 1 millième de la circonférence et passât devant le fil-repère en 1 millième de seconde, ce qui suppose que la roue fait une rotation par seconde; le point brillant serait visible pour cette vitesse et pour toutes les vitesses moindres, celle-là étant la limite supérieure; que la roue ayant une vitesse comprise entre 1 et 2, ou entre une seconde de durée et une demi-seconde, le point brillant serait toujours éclipsé. Entre 2 et 3 vitesses, c'est-à-dire entre une demi-seconde et un tiers de seconde, le point brillant serait visible; puis il serait éclipsé, tant que la vitesse de la roue serait comprise entre un tiers et un quart de seconde, ce qui revient à dire, quand la roue ferait plus de trois et moins de quatre tours par seconde, et ainsi de suite. Mais le point essentiel à considérer est la vitesse ou le nombre de tours de roue par seconde qui commence à donner la première éclipse. Supposons en effet qu'en faisant d'abord tourner lentement la roue, et augmentant progressivement sa vitesse, la première éclipse complète du point brillant se produise à 15 tours par seconde, et qu'il redevienne visible à 30 tours, il s'ensuit qu'une fenêtre ou qu'une dent parcourt le millième de la *circonférence* 15 fois en *un millième de seconde*, ou une fois en un quinze millième de seconde. Donc un quinze-millième de seconde est le temps pendant lequel la lumière parcourt la *distance qui la sépare de l'œil, et que* nous avons supposée une lieue ou 4000 mètres; donc, dans une seconde entière, elle parcourrait 15,000 fois cet espace, ou 15 mille *lieues métriques*.

« Si, au lieu d'avoir un point *brillant* situé à une certaine distance de l'œil, on plaçait ce point près de l'œil lui-même et qu'un réflecteur quelconque fût substitué à la première place de l'*objet*, de *manière* à renvoyer nettement son image à l'*œil*, la *théorie* serait la même, mais la distance parcourue par la lumière étant alors double, on aurait une expérience faite sur une plus grande échelle, ce qui favoriserait la précision des résultats.

« Il reste à décrire maintenant le dispositif de l'appareil employé par M. Fizeau, et à donner les *véritables* chiffres fournis par l'expérience.

« Deux lunettes astronomiques de 6 centimètres d'ouverture étaient placées, l'une sur le belvédère d'une maison située à Suresnes, l'autre en un point de la hauteur de Montmartre, à une distance évaluée approximativement 8622 mètres. Ces deux lunettes se regardaient, en ayant leurs axes exactement sur une même ligne droite; de sorte que l'objectif de chacune formait son image au foyer de l'autre. Au foyer de la lunette de Montmartre on avait placé un miroir qui réfléchissait vers Suresnes l'image de l'objectif de l'autre lunette et toute lumière émanant du foyer de celle-ci. Or, dans la lunette de Suresnes, entre le foyer et l'oculaire, se trouvait placée une glace transparente inclinée à 45° sur l'axe, de manière à réfléchir dans la direction de celui-ci vers l'objectif la lumière très-vive d'une lampe placée latéralement. Cette lumière renvoyée vers Montmartre sur l'axe commun des deux lunettes tombait sur le miroir situé dans celle de Montmartre, et était reflétée par ce miroir vers la lunette de Suresnes, dans laquelle elle rentrait, arrivait au foyer, puis, traversant la glace transparente, parvenait à l'œil par l'oculaire, après avoir parcouru en chemin le double de la distance des deux stations, ou 17,666 mètres. En fait, on apercevait très-distinctement de Suresnes, à travers l'objectif de la lunette de Montmartre, un *point lumineux semblable* à une étoile.

« Un peu en avant de l'œil était placé un disque denté portant 720 dents, et autant de fenêtres, dont *chacune* était par conséquent de 1/1440 de la circonférence, ou d'un quart de degré. Le disque recevait d'un rouage mû par des poids, et fourni par l'habile constructeur M. Froment, un *mouvement* de rotation, de vitesse variable à volonté, et qu'appréciait un compteur. En tâtant la vitesse par accroissements *progressifs*, M. Fizeau trouva que la première éclipse complète du point lumineux se produisait pour une vitesse de *rotation d'environ 13 tours par* seconde (plus exactement 12,6). Pour une vitesse double le point brille de nouveau; pour une vitesse triple, ou 38 tours, il y a nouvelle éclipse, et ainsi de suite. Considérant le *premier nombre 13, nous en concluons* que l'espace 17,666 mètres est parcouru par la lumière en un temps de 13 fois moindre que 1/1440 de seconde, ou 1/18,720 de seconde. Donc, en une seconde entière, la vitesse *serait* 17,729 fois 17,666 mètres. En remplaçant *le nombre* approché 13 par le nombre plus exact 12,6, on a le nombre 18,144 au lieu de 18,720; multipliant par 17,666 mètres et divisant par 4000, valeur de la lieue métrique, on trouva 80,133 lieues. L'expérience répétée plusieurs fois a donné des résultats très-peu différents, et tels que la moyenne des 28 premières opérations est représentée par le nombre 78,831, qui se rapproche beaucoup de celui 77,450, donné par *les observations* astronomiques. Il est possible que ces *premiers essais* soient perfectionnés par la rectification de certains éléments qu'une étude plus intime pourra ramener à des valeurs plus précises, et que la différence entre les chiffres *obtenus* par les deux méthodes soit encore atténuée. » *Voy.* LUMIÈRE, VIBRATIONS (*opt.*), ONDULATIONS.

VOIE LACTÉE (*Via lactea*).—Il n'est personne qui, en jetant les regards au ciel, n'ait remarqué, au milieu de cette multitude d'astres irrégulièrement disséminés dans l'espace, une immense zone lumineuse, blanchâtre, irrégulière, qui s'étend partout d'un bord de l'horizon à l'autre. Cette espèce de ceinture céleste, qui a reçu le nom de *Voie Lactée*, n'est autre chose qu'une nébuleuse résoluble du genre de celles dont nous avons parlé à l'article NÉBULEUSES.

Les anciens en avaient été vivement frappés, et Manilius décrit longuement, dans son poëme, les constellations qu'elle traverse.

Du reste, la plupart des explications qu'ils en avaient données méritent à peine d'être examinées.

Les mythologues, que peu de chose embarrassait, lui eurent bientôt trouvé une origine. Les uns prétendent que c'est le chemin que les dieux tiennent pour se rendre au palais de Jupiter ; que c'est la route suivie par Phaéton lorsque le Soleil lui confia imprudemment son char, route qu'il marqua d'une longue traînée de cendres ; que c'est la région que traversent les âmes des héros allant au séjour de l'immortalité. Les autres écrivent de leur côté qu'à la prière de Minerve, Junon ayant fait taire un instant sa haine pour Hercule, alla même jusqu'à lui donner de son lait ; puis, que l'enfant l'ayant mordue, elle en laissa tomber assez pour former dans le ciel cette traînée blanchâtre qui reçut, de son origine, le nom qu'elle porte. Les explications les plus sérieuses ne valent guère mieux. Aristote définit la Voie Lactée, en termes vagues : un météore lumineux contenu dans la moyenne région du ciel. OEnopidès et Métrodore la croient une trace ineffaçable de la route que le soleil abandonna jadis en se rapprochant de sa marche zodiacale actuelle. Théophraste, au rapport de Macrobe, pensait que *c'était la ligne suivant laquelle les deux hémisphères* ont été soudés. Mais il est, parmi les anciens, un homme, Démocrite, qui avait avancé que la Voie Lactée était simplement le résultat d'amas d'étoiles trop pressées, vu leur prodigieuse *distance*, pour qu'on *puisse les* discerner une à une. L'opinion des modernes est précisément celle du philosophe d'Abdère ; le télescope a rendu sensible ce qu'il n'avait fait que soupçonner.

Un phénomène dont on a toujours lieu d'être surpris est *l'inégale répartition* des étoiles dans l'espace. Quelques parties en offrent à l'observateur par milliers, tandis que d'autres en paraissent presque dépourvues. Nulle part cela n'est plus saillant que dans les différentes régions traversées par la Voie Lactée. Ici, elles se pressent accumulées au point de rendre leur dénombrement impossible.

Mais ce n'est pas là le seul caractère de la Voie Lactée. Elle fait le tour entier du firmament, elle est un grand cercle de la sphère ; et si on prend un amas quelconque d'étoiles, cet amas ne sera pas un grand cercle. Ceci a besoin d'être expliqué avec d'autant plus de soin que le phénomène est plus remarquable.

Il y a une centaine d'années que l'on a commencé à s'occuper de la *forme* que présente la Voie Lactée, et voici l'explication à laquelle on s'est arrêté. Elle a été attribuée à Herschell, mais il faut rendre à chacun ce qui lui revient. Wright est le premier qui l'ait essayée ; Kant et Lambert s'en occupèrent ensuite ; puis enfin Herschell, qui reprit l'examen de la question et l'expliqua d'une manière complète. Voici le résumé de son travail :

Supposons un amas de millions d'étoiles, compris entre deux plans parallèles très-rapprochés, et prolongés à d'immenses distances, formant comme une couche, une strate, une *meule de moulin*. Imaginons que cette couche soit parsemée de points lumineux, d'étoiles, uniformément répandus, et supposons que nous soyons placés dans l'intérieur de la meule : qu'arrivera-t-il ? Si l'on regarde dans la direction de la circonférence, l'œil rencontrera partout une multitude d'étoiles, ou du moins il passera tellement dans leur voisinage, qu'elles paraîtront se toucher ; dans le sens d'une perpendiculaire à la meule, le nombre des étoiles visibles sera au contraire comparativement plus petit, et précisément dans le rapport de la demi-épaisseur aux autres dimensions de la meule ; enfin, dans des directions obliques, il y aura à cet égard un changement brusque, leur nombre deviendra plus considérable que dans le second cas, moins que dans le premier. Tout cela a-t-il été légitimé par l'expérience ? l'observation conduit-elle à ce résultat ? Oui. Herschell a exécuté seul et en peu d'années, pour vérifier cette théorie, un travail considérable. La méthode qu'il a suivie a acquis, par ses résultats, une grande célébrité. Elle était d'ailleurs très-simple, et consistait, suivant l'expression pittoresque de l'illustre auteur, à *jauger les cieux* (gaging the heavens). Pour déterminer en étoiles les richesses comparatives moyennes de deux régions quelconques du firmament, le grand astronome se servit d'un télescope dont le champ embrassait un cercle de quinze minutes de diamètre, c'est-à-dire une surface égale au quart du soleil. Vers le milieu de la première de ces régions, il comptait successivement le nombre d'étoiles renfermées dans dix champs contigus, ou du moins très-rapprochés. Il additionnait ces nombres et divisait la somme par dix. Le quotient était la richesse moyenne de la région explorée. La même opération, le même calcul numérique lui donnait un résultat analogue pour la seconde région. Quand ce dernier résultat était double, triple......, décuple du premier, il en déduisait légitimement la conséquence, qu'à égalité d'étendue, l'une des régions contenait deux fois, trois fois....., dix fois plus d'étoiles que l'autre. Qu'est-il arrivé ? En jaugeant suivant une perpendiculaire à la meule, le nombre moyen d'étoiles qu'embrassait le champ du télescope était quelquefois d'*une* seulement, et il en fallut souvent *quatre* successifs pour embrasser *trois* étoiles. En se rapprochant de la Voie Lactée, c'est-à-dire en jaugeant dans des directions obliques, ces mêmes aires circulaires de 15 minutes de diamètre contenaient 300, 400, 500 et même 588 étoiles ! Dans la Voie Lactée, l'œil appliqué à l'oculaire en voyait dans le court intervalle d'un quart d'heure 116,000.

Les plus grandes dimensions de la strate, de la meule, se trouvent ainsi accusées, ou, si l'on veut, dessinées sur le firmament par une condensation apparente d'étoiles, par un maximum de lumière manifeste, par un aspect lacté; enfin ce maximum de lumière paraîtra être un grand cercle de la sphère céleste, puisque la terre peut être considérée comme le centre de cette sphère, puisque la strate est un de ses plans diamétraux, et que tout plan diamétral d'une sphère, tout plan passant par son centre, la partage nécessairement en deux parties égales.

En un point de son développement, on la voit se bifurquer et former un arc secondaire, qui, après être resté séparé de l'arc principal, dans l'étendue d'environ 120 degrés, se confond de nouveau avec lui. Sa largeur semble très-inégale : dans quelques places elle n'excède pas 5°; dans d'autres, cette largeur est de 10° et même de 16°. Ses deux branches entre le Serpentaire et Antinoüs s'étalent sur plus de 22° de la sphère.

Si l'on emploie un télescope qui atteigne jusqu'aux dernières limites de la *couche stellaire*, le nombre des étoiles contenues dans le champ visuel du télescope indiquera l'éloignement des différentes limites de la couche. Herschell ayant *jaugé* notre nébuleuse, ayant apprécié sa richesse dans toutes les directions, a pu, d'après cela, en déduire les dimensions rectilignes correspondantes. D'après le tableau qu'il a donné de ces dimensions, on voit que, *sans être sorti* du cadre des observations directes, la nébuleuse se trouve *cent fois* plus étendue dans une dimension que dans l'autre. Il s'est servi de ces nombres pour donner une coupe et même une figure sur trois dimensions, de la vaste nébuleuse dans laquelle le système solaire est englobé, de la nébuleuse où notre soleil figure comme une insignifiante étoile, et la terre comme une imperceptible grain de poussière.

Et pour montrer que ces expressions n'ont rien d'exagéré, rappelons-nous que la lumière parcourt 78,000 lieues par seconde. Eh bien! pour venir d'un des bords de notre nébuleuse à l'extrémité opposée, on a démontré qu'elle emploierait 60 années.

Mais notre nébuleuse est-elle la plus grande? Cela serait singulier et n'est pas probable. Il est plus raisonnable de croire que si les autres nébuleuses répandues à travers les cieux sont si petites comparativement à l'immense étendue de la Voie Lactée, cela tient à ce qu'elles sont situées à des distances incomparablement plus grandes, et puis à ce que nous sommes placés dans l'intérieur de celle à laquelle nous appartenons. Il y a des nébuleuses qui sous-tendent un angle de 10'. La lumière ne les traverserait pas en moins d'un millier d'années. Elles pourraient être éteintes ou anéanties que nous les verrions encore, tant est grande la distance qui nous en sépare.

Quelque effrayante que soit pour l'imagination l'immensité de ces espaces, gardons-nous de croire que nous soyons arrivés aux dernières limites de l'univers, comme s'il n'y avait rien au delà de ce que nos sens et nos instruments peuvent nous faire apercevoir : car qui oserait dire qu'avec des instruments plus parfaits encore nous ne découvrirons pas de nouveaux astres, de nouveaux mondes? La puissante main du Créateur les sema dans l'espace avec profusion ; il les fit innombrables comme les grains de sable qui couvrent les rivages des mers. *Voy.* Étoiles et Nébuleuses.

VOIES PUBLIQUES. *Voy.* Frottement.

VOIX HUMAINE. — La voix est produite par des vibrations aériennes dans cette partie du larynx qu'on appelle la *glotte* ou les *cordes vocales*. On l'a prouvé cent fois en ouvrant la trachée-artère au-dessous de la glotte : alors la voix est perdue jusqu'à ce que la plaie se soit cicatrisée. Il n'en est pas de même quand l'ouverture artificielle est faite au-dessus de la glotte : dans ce dernier cas, le son persiste après la blessure, quelque considérable que soit celle-ci. D'un autre côté, si l'on met la glotte à découvert, les vibrations des lèvres de cette ouverture sont faciles à observer. La glotte joue donc le principal rôle dans la formation de la voix, et il est certain que ce phénomène est dû à l'action de l'air qui, venant des poumons, se modifie en traversant cette étroite ouverture et emporte au loin les ondes sonores formées par la vibration des lèvres de la glotte : car, lorsqu'on passe de l'air dans la trachée-artère de divers animaux, après leur mort, en ayant soin de comprimer le larynx, de manière que les lèvres de la glotte se touchent, on obtient toujours un son absolument analogue à la voix de l'animal.

Les physiciens et les physiologistes se sont partagés sur la question de savoir si le larynx était un instrument à vent ou un instrument à cordes.

Sans entrer ici dans le détail historique de de toutes les explications plus ou moins vagues qui ont été données pour expliquer la formation de la voix, nous nous contenterons de rapporter deux opinions entre lesquelles les physiciens semblent encore partagés. Les uns considèrent l'organe de la voix comme un instrument analogue aux instruments à anche; les autres le considèrent comme un instrument analogue aux réclames.

Pour assimiler le son de la voix au son d'une anche, on suppose que, pendant l'*expiration*, l'air poussé dans la trachée-artère, et pressé dans le passage étroit du larynx, ne peut pas sortir sans frotter les lèvres de la glotte et sans les mettre en vibration : ces lèvres, dit-on, vibrent alors comme la languette d'une anche; elles vibrent toutes deux, ce qui donne au son plus d'intensité ; ensuite l'épiglotte, le pharynx, le voile du palais, les fosses nasales, la langue, les dents, l'ouverture de la bouche et la disposition des lèvres, donnent au son, ainsi formé, un accent et un timbre particuliers, comme le tuyau d'écoulement de l'anche donne, suivant sa forme, un timbre particulier au son qui résulte des vibrations de la languette. Le son restant le même, quant à l'intensité et au ton, pourra recevoir des modifications sans nombre, dans l'accent et le timbre, parce que toutes les pièces dont nous venons de parler peuvent elles-mêmes être modifiées, par la volonté, d'une infinité de manières. Un seul son une fois expliqué, toutes les nuances des sons que la voix humaine peut produire s'expliquent aisément : car un petit mouvement de la rasette change la longueur de la languette, et fait rendre à l'anche ordinaire un son plus grave ou plus aigu. Il suffit donc de donner aux lèvres de la glotte un peu plus ou un peu moins de tension, pour que la voix parcoure successivement plusieurs octaves ascendantes ou descendantes ; et même, ajoute-t-on, nous avons pour cela deux moyens, car nous pouvons non-seulement changer la tension des lèvres de la glotte, mais nous pouvons encore changer leur longueur, puisque l'ouverture de la glotte est tellement faite qu'il suffit d'un acte de la volonté pour l'agrandir ou pour la fermer presque complétement.

Ces considérations ingénieuses semblent fortifiées par quelques expériences directes. M. Magendie a mis le larynx à découvert sur des chiens vivants, et il a vu les lèvres de la glotte entrer en vibration dès que ces animaux poussaient des cris ; il a pu constater aussi, dans les mêmes expériences, que les lèvres de la glotte se rapprochent pour les sons aigus, et qu'elles restent au contraire plus ou moins éloignées pour les sons graves. Plusieurs observateurs ont fait des expériences analogues sur des larynx d'animaux récemment privés de la vie : en soufflant avec un fort soufflet dans la trachée-artère, ils ont obtenu des sons plus ou moins analogues à ceux que pouvaient rendre ces animaux.

Pour assimiler le son de la voix aux sons des *réclames*, on regarde les ventricules du larynx comme une espèce de tambour rempli d'air, et les deux glottes comme deux ouvertures correspondantes pratiquées dans les deux bases de ce tambour : ainsi, les ventricules et les deux glottes forment un véritable réclame. L'air poussé par les poumons dans la trachée sort avec plus ou moins de vitesse par le larynx ; il entraîne dans son mouvement une partie de l'air des ventricules, et bientôt, la pression étant devenue trop faible, l'air extérieur se précipite dans les cavités des ventricules ; puis il est de nouveau entraîné au dehors, etc., exactement comme dans les réclames. Ces alternatives produisent un son plus ou moins aigu, suivant la rapidité avec laquelle elles se succèdent. Dans cette hypothèse, comme dans la précédente, l'accent et le timbre dépendent des vibrations des lèvres de la glotte, et de toutes les parties qui peuvent prendre diverses formes ou divers mouvements, depuis l'arrière-bouche jusqu'aux lèvres.

Les sons différents seront produits, soit par diverses formes que les cavités des ventricules peuvent prendre, soit par diverses dimensions des ouvertures de la glotte, soit enfin par divers degrés de tension dans les lèvres de la glotte et dans toutes les parties du larynx et de l'arrière-bouche. Savart a fait plusieurs expériences qui semblent fortifier cette hypothèse.

Ces deux opinions paraissent sans doute plus différentes qu'elles ne le sont en effet ; mais, quoique liées par des rapports intimes, elles ne peuvent pas encore, dans leur ensemble, donner une explication complète du phénomène de la voix. On doit les considérer comme des aperçus heureux qui pourront un jour conduire à la vérité.

Quoi qu'il en soit, l'organe vocal est si parfait, il a des résultats si merveilleux et si divers, qu'on serait tenté de croire qu'il jouit de l'admirable privilége de se transformer incessamment en une multitude d'instruments différents. La *voix de poitrine* et la *voix de fausset* ne semblent-elles pas deux registres substitués l'un à l'autre? On a acquis la certitude qu'elles sont parfaitement distinctes, et ne sont pas la continuation immédiate l'une de l'autre. En effet, dans le voisinage du point de jonction de ces deux voix, il y a plusieurs notes que l'on peut produire également en employant chacune d'elles. Les deux voix, *pleine* et *de fausset*, offrent chacune dans leur timbre deux variétés principales : le timbre clair et le timbre sombre, ou voix blanche et voix sombrée. Lorsque la voix humaine monte du grave à l'aigu, tant dans la voix de poitrine qu'avec la voix de fausset-tête, le larynx s'élève graduellement, le voile du palais est constamment abaissé. Il n'en est pas de même du timbre sombre : en montant des sons les plus graves de ce registre aux sons les plus élevés dans la voix pleine ou de poitrine, le larynx demeure constamment fixé dans sa position la plus basse, et le voile du palais est relevé. Il en est de même dans la production, en timbre sombre, de la partie la plus basse de la voix de fausset, ou de celle dont les notes peuvent être également produites avec la voix pleine ; mais lorsque le chanteur passe, toujours en timbre sombre, de la partie la plus élevée de la voix du fausset à celle qui est spécialement désignée par les artistes sous le nom de *voix de tête*, le larynx monte un peu, mais bien moins qu'il ne le fait lorsque cette même voix de tête est produite par le timbre clair. On conclut de là que l'organe vocal humain peut donner les mêmes sons avec des longueurs très-différentes du tuyau vocal, par un simple changement de timbre. Les différentes longueurs de ce tuyau n'ont donc pas nécessairement, sur la détermination des sons, toute l'influence qui leur a été attribuée ; ces différences sont constamment en rapport avec l'existence du timbre clair ou du timbre sombre de la voix.

Il existe quelquefois dans la voix humaine un registre inférieur, pour la gravité des sons, aux notes les plus basses qui peuvent être données par les basses-tailles en voix de poitrine. Ce registre, appelé *registre de contre-basse* par M. Garcia, n'a encore été observé dans son plein développement que chez quelques chanteurs employés en Russie pour le chant religieux. Dans les sons graves de poitrine, le larynx s'abaisse au-dessous de sa position de repos; dans les sons bien plus graves du registre de contre-basse, le larynx, au contraire, est porté à la plus grande élévation possible.

Enfin, la voix humaine peut à elle seule représenter un assemblage d'instruments différents les uns des autres, et dont les modifications mystérieuses se rétablissent et se succèdent avec une célérité admirable, selon la volonté d'un chanteur exercé. Si, ensuite, cessant de considérer l'organe vocal comme instrument musical, nous entrons dans la considération de tous les sons non musicaux qu'il peut produire par la variété des sons de la parole, par l'imitation de certains bruits, ou des cris de certains animaux, on ne pourra qu'être profondément étonné de la multiplicité des changements de mécanisme dont est susceptible cet organe, en apparence si simple dans sa structure.

On rencontre trois genres de voix chez l'homme adulte :

1° La voix de basse, qui s'étend du second *sol* au-dessous des lignes jusqu'au *fa* du premier intervalle entre les lignes;

2° La voix de baryton, qui s'étend du second *la* au-dessous des lignes jusqu'au *fa* ou au *sol* du premier intervalle entre les lignes;

3° La voix de ténor, qui commence au second *ut* au-dessous des lignes et monte jusqu'à l'*ut* entre les lignes.

Chez les femmes, on trouve deux genres de voix correspondantes aux voix de basse et de ténor des hommes :

1° La voix de contre-alto, qui va depuis le *fa* au-dessous des lignes jusqu'au *fa* sur la dernière ligne;

2° La voix de soprano, qui s'étend depuis le premier *ut* au-dessous des lignes jusqu'à l'*ut* au-dessus (1).

Il n'y a rien d'absolu dans toutes ces délimitations, ni pour les individus différents, ni pour le même individu, car la voix change encore à partir de la puberté : par l'exercice elle gagne en étendue, soit dans le haut, soit dans le bas, suivant les études du chanteur ou d'autres circonstances physiologiques. A la puberté, il se fait toujours une *métamorphose* complète dans la voix. L'enfant a ordinairement une voix de soprano; vers quatorze à quinze ans, la voix perd toute flexibilité, elle devient même enrouée : on dit alors qu'elle *mue;* puis elle se transforme, soit en voix de basse, soit en voix de ténor.

Le timbre de la voix vient de la conformation du larynx; mais les circonstances qui le rendent agréable n'ont pas encore été bien appréciées. La force de la voix dépend principalement du pouvoir expirateur, de l'amplitude des poumons et de l'énergie des muscles qui chassent l'air qu'ils contiennent. L'exercice, qui ne peut guère modifier le timbre, a une grande influence sur le volume de la voix. Duprez est un exemple remarquable de ce que le travail peut conquérir; et Lablache, de ce que la nature peut donner de puissance à la voix d'un artiste

VOLANT. *Voy.* Chute des corps dans l'air et Technologie.

VOLCANS. *Voy.* Température.

VOLTA; sa théorie de la grêle. *Voy.* Paragrêle.

Z

ZACH (François, baron de), né le 24 juin 1754 à Presbourg en Hongrie, parvint au grade de général dans le duché de Saxe-Gotha, mais s'occupa toujours avec ardeur des sciences mathématiques et de l'astronomie. En 1787 il fut chargé de la direction de l'Observatoire élevé au mont Seeberg, et il y déploya beaucoup de zèle et d'habileté. Sa *Correspondance astronomique*, publiée à Gênes en français, ses *Éphémérides géographiques*, ont contribué aux progrès des sciences.

ZODIACALE (lumière). — Ce phénomène consiste en une sorte de fuseau d'une lumière faible et d'une couleur pâle, appuyé par sa base sur l'équateur solaire et paraissant quelquefois longue de plus de cent degrés. « Quiconque, dit M. de Humboldt, aura passé des années entières dans la zone des palmiers, conservera toute sa vie un doux souvenir de cette pyramide de lumière qui éclaire une partie des nuits toujours égales des tropiques. Il m'est arrivé de la voir aussi brillante que la Voie lactée dans le sagittaire, non pas seulement sur les cimes des Andes, à ces hauteurs de 3,000 ou de 4,000 mètres, où l'air est si pur et si rare, mais aussi dans les immenses prairies (*Llanos*) de Vénézuéla, et au bord de la mer, sous le ciel toujours serein de Cumana. Quelquefois, pourtant, un petit nuage se projette sur la lumière zodiacale, et tranche d'une manière pittoresque sur le fond lumineux du ciel; alors le phénomène devient d'une grande beauté. Ce jeu de l'atmosphère se trouve signalé dans mon journal de voyage, lors de mon trajet de Lima à la côte occidentale du Mexique : « Depuis trois « ou quatre nuits (par 10 et 14° de latitude « septentrionale), j'aperçois la lumière zo- « diacale avec une magnificence toute nou- « velle pour moi. L'éclat des étoiles et des né- « buleuses peut faire croire que, dans cette « partie de la mer du Sud, la transparence de « l'atmosphère est extraordinaire. Du 14 au « 19 mars, très-régulièrement trois quarts « d'heure après le coucher du soleil, il était

(1) La voix d'homme s'étendant en général du *sol* 2 au *sol* 4, et la voix de femme du *ré* 3 à l'*ut* 5, les nombres des vibrations sont dans le premier cas, 595 et 1584, et, dans le second, 594 et 2112, ainsi l'organe de la voix humaine exécute 396 vibrations par seconde en formant les sons musicaux les plus graves, et 2112 en formant les sons les plus aigus.

« impossible d'apercevoir la moindre trace de « la lumière zodiacale, et pourtant l'obscurité « était complète. Une heure après le coucher « du soleil, elle paraissait tout à coup avec un « grand éclat, entre Aldébaran et les Pléiades. « Le 18 mars, elle atteignit 39° 5' de hauteur. « Çà et là, près de l'horizon, s'étendaient de « petits nuages allongés qui se détachaient sur « un fond jaune ; plus haut, d'autres nuages « diapraient l'azur du ciel de leurs couleurs « changeantes : on aurait dit un second cou- « cher du soleil. Alors, vers cette partie de la « voûte céleste, la clarté de la nuit augmentait « jusqu'à égaler presque celle du premier « quartier de la lune. A dix heures, la lumière « zodiacale était déjà très-affaiblie, et à minuit « j'en voyais à peine une trace dans cette par- « tie de la mer du Sud. Le 16 mars, au moment « où elle brillait de son éclat le plus vif, on aper- « cevait à l'orient une faible réverbération. » Il en est autrement dans nos climats du Nord, dans ces régions brumeuses qu'on appelle tempérées : la lumière zodiacale n'y est visible d'une manière distincte que vers le commencement du printemps, après le crépuscule du soir, au-dessus de l'horizon occidental ; et vers la fin de l'automne, à l'orient, avant le crépuscule du matin.

« On comprend à peine qu'un phénomène aussi remarquable n'ait point attiré l'attention des physiciens et des astronomes avant le milieu du XVIIe siècle, et qu'il ait échappé aussi aux Arabes, qui ont tant observé dans l'ancienne Bactriane, sur les rives de l'Euphrate et dans le midi de l'Espagne. Au reste, la tardive découverte des deux nébuleuses d'Andromède et d'Orion, que Simon Marius et Huyghens décrivirent les premiers, n'est pas moins surprenante. C'est dans la *Britannia Baconica* de Childrey, en 1661, que l'on trouve la première description bien nette de la lumière zodiacale. La première observation peut remonter à deux ou trois années auparavant ; mais à Dominique Cassini revient le mérite incontestable d'avoir, le premier, soumis le phénomène à un examen approfondi (dans le printemps de 1683). Quant à la lumière qu'il vit à Bologne en 1668, et que voyait aussi, à la même époque, le célèbre voyageur Chardin (les astrologues de la cour d'Ispahan ne l'avaient jamais remarquée auparavant ; ils la nommaient *nyzek*, petite lance), ce n'était point la lumière zodiacale, comme on l'a si souvent supposé ; c'était l'énorme queue d'une comète dont la tête était cachée sous l'horizon, et qui devait présenter une grande analogie d'aspect et de position avec la longue comète de 1843. Mais il est impossible de ne pas reconnaître la lumière zodiacale dans la brillante lueur qu'on vit en 1509, pendant quarante nuits consécutives, monter comme une pyramide au-dessus de l'horizon oriental du plateau mexicain. C'est dans un manuscrit des anciens Aztèques appartenant à la Bibliothèque royale de Paris (*Codex Telleriano-Remensis*) que j'ai découvert la mention de ce curieux phénomène.

« Ainsi la lumière zodiacale a existé de tout temps, quoique sa découverte ne remonte, en Europe, qu'à Childrey et à Dominique Cassini. On a voulu l'attribuer à une certaine atmosphère du soleil ; mais cette explication est inadmissible : car, d'après les lois de la mécanique, l'aplatissement de cette atmosphère ne peut dépasser celui d'un sphéroïde dont les axes seraient dans le rapport de 2 à 3 ; par conséquent, les couches extrêmes ne sauraient s'étendre au delà des $\frac{9}{20}$ du rayon de l'orbite de Mercure. Ces mêmes lois fixent aussi les limites équatoriales de l'atmosphère d'un corps céleste tournant sur lui-même, au point où la pesanteur fait équilibre à la force centrifuge ; là seulement le temps de la révolution d'un satellite serait égal au temps de la rotation de l'astre central. Cette limitation si restreinte de l'atmosphère *actuelle* de notre soleil devient surtout frappante lorsqu'on la compare à celle des étoiles nébuleuses. Herschell en a trouvé plusieurs dont le diamètre apparent atteint 150" : or, en admettant pour ces astres une parallaxe un peu inférieure à 1", on trouve que la distance de l'étoile centrale aux dernières couches de la nébulosité équivaut à 150 rayons de l'orbite terrestre. Si donc une de ces étoiles nébuleuses occupait la place de notre soleil, non-seulement son atmosphère comprendrait l'orbite d'Uranus, mais elle s'étendrait encore huit fois plus loin.

« Ainsi, l'atmosphère solaire est renfermée dans des limites beaucoup plus restreintes que celles où s'étend la lumière zodiacale. Ce phénomène s'explique mieux si l'on suppose qu'il existe entre l'orbite de Vénus et celle de Mars un anneau très-aplati, formé de matières nébuleuses et tournant librement dans les espaces célestes. Peut-être ce anneau n'est-il pas sans rapport avec la matière cosmique que l'on croit plus condensée dans les régions voisines du soleil ; peut-être s'augmente-t-il continuellement des nébulosités abandonnées dans l'espace par les queues des comètes : il est aussi difficile de prononcer à cet égard que d'assigner les véritables dimensions de l'anneau, dimensions variables, sans doute, puisqu'il semble parfois compris tout entier dans l'orbite de la terre. Les particules des nébulosités dont cet anneau se compose peuvent être lumineuses par elles-mêmes, ou réfléchir seulement la lumière du soleil. La première supposition ne paraît pas inadmissible : on pourrait citer, en effet, le remarquable brouillard de 1783, qui, en pleine nuit, à l'époque de la nouvelle lune, produisait une lumière phosphorique assez intense pour éclairer les objets et les rendre nettement visibles, même à une distance de 200 mètres.

« Dans les régions tropicales de l'Amérique du Sud, les variations d'intensité de la lumière zodiacale ont souvent excité mon étonnement. Comme je passais alors, pendant des mois entiers, les nuits en plein air, sur le bord des fleuves ou dans les prairies (*Llanos*), j'eus de fréquentes occasions d'observer le phénomène avec soin. Lorsque la lumière zodiacale avait atteint son maximum d'intensité, il lui arrivait, quelques minutes après, de s'affaiblir notablement, puis elle reprenait soudain son éclat primitif. Je n'ai jamais vu, comme le veut Mairan, de coloration rougeâtre, ni d'arc inférieur obscur, ni même de scintillation ; mais j'ai remarqué plusieurs fois que la pyramide lumineuse était traversée par une rapide ondulation. Faut-il croire à des changements réels dans l'anneau nébuleux? Ou bien n'est-il pas plus probable qu'au moment même où, près du sol, mes instruments météorologiques n'accusaient aucune variation de température ou d'humidité dans les régions inférieures de l'atmosphère, il s'opérait cependant, à mon insu, dans les couches plus élevées, des condensations capables de modifier la transparence de l'air, ou plutôt son pouvoir réfléchissant? Des observations d'une nature toute différente justifieraient au besoin ce recours à des causes de nature météorologique agissant à la limite de l'atmosphère. Olbers, en effet, a signalé « les changements « d'éclat qui se propagent, en quelques se- « condes, comme des pulsations, d'un bout à « l'autre de la queue d'une comète, et qui, « tantôt en augmentent, tantôt en diminuent « l'étendue de plusieurs degrés. Or, les di- « verses parties d'une queue longue de quel- « ques millions de lieues sont très-inégale- « ment distantes de la terre ; par conséquent, « la propagation graduelle de la lumière ne « nous permettrait pas d'apercevoir, en un « si court intervalle de temps, les change- « ments réels qui pourraient survenir dans « un astre occupant une si vaste étendue. »

« Disons-le, toutefois, ces remarques ne contredisent nullement la réalité des variations que l'on a observées dans les queues des comètes ; elles n'ont pas davantage pour but de nier que les changements d'éclat si soudains de la lumière zodiacale, puissent provenir, soit d'un mouvement moléculaire à l'intérieur de l'anneau nébuleux, soit d'une altération subite de son pouvoir réfléchissant : j'ai seulement voulu distinguer, dans ces phénomènes, la part qui revient à la substance cosmique elle-même, de celle qu'on doit restituer à notre atmosphère, intermédiaire obligé de toutes nos perceptions lumineuses. Quant à ce qui se passe à cette limite supérieure de l'atmosphère, limite si souvent controversée pour d'autres motifs, des faits bien observés montrent combien il est difficile d'en rendre un compte satisfaisant. Par exemple, les nuits de 1831, si merveilleusement claires en Italie et dans le nord de l'Allemagne, qu'on pouvait lire à minuit les caractères les plus fins, sont en contradiction manifeste avec tout ce que les recherches les plus nouvelles et les plus savantes ont pu nous apprendre sur la théorie des crépuscules et sur la hauteur de l'atmosphère. Les phénomènes lumineux dépendent de conditions peu connues, dont les variations imprévues nous surprennent, qu'il s'agisse de la hauteur des crépuscules ou de la lumière zodiacale. »

ZODIAQUE. — C'est une zone céleste, traversée dans son milieu par l'écliptique, et terminée par deux cercles qui lui sont parallèles, à la distance de 8 à 9° des deux côtés. Les *signes* ou constellations déterminent douze divisions égales dans le zodiaque, auxquels on a imposé les noms suivants :

Printemps.	*Automne.*
Bélier.	Balance.
Taureau.	Scorpion.
Gémeaux.	Sagittaire.
Eté.	*Hiver.*
Ecrevisse	Capricorne.
Lion.	Verseau.
Vierge.	Poissons.

Pour aider la mémoire, on a compris ces douze signes en deux vers latins, où ces noms viennent dans l'ordre où le soleil y parcourt les signes :

Sunt Aries, Taurus, Gemini, Cancer, Leo, Virgo,
Libraque, Scorpius, Arcitenens, Caper, Amphora,
[Pisces.

Le soleil est dans le signe du Bélier à l'instant de l'équinoxe du printemps : sa longitude et son ascension droite sont nulles ; il entre dans le signe du Taureau un mois environ après, quand il a décrit 30° ; dans les Gémeaux quand il en a parcouru 60° ; l'astre entre dans l'Ecrevisse au solstice d'été, à 90° degrés de longitude, etc. ; puis, continuant sa route, arrive à la Balance à l'équinoxe d'automne, et au Capricorne à l'instant du solstice d'hiver. L'époque où chaque mois le soleil entre dans un nouveau signe dépend de la vitesse de son mouvement et de la nature de l'orbite. C'est du 19 au 23 de chaque mois que ce passage arrive.

Les quatre saisons sont d'inégales durées, ce qui suit de la variation de vitesse et de distance du soleil. Le printemps est plus court que l'été et plus long que l'automne ; l'hiver est la moins longue des saisons.

ZODIAQUES DE DENDERAH ET D'ESNÉ. — On a prétendu qu'indépendamment des connaissances astronomiques qu'ils ont pu avoir, les Egyptiens ont laissé des monuments, tels, par exemple, que les zodiaques de Denderah et d'Esné, monuments qui portent, par l'état du ciel qu'ils représentent, une date certaine, et qui, en même temps, ruinent, par sa haute antiquité, la chronologie mosaïque. Le premier, sculpté dans le grand temple de Denderah, montre, dit-on, le solstice d'été dans le Lion, c'est-à-dire à soixante degrés du point qu'il occupe maintenant : d'où il résulte que, depuis la construction de ce zodiaque jusqu'à nous, le solstice aurait rétrogradé de soixante degrés ; et, comme il rétrograde d'un degré par soixante-douze ans, il s'ensuit qu'il a dû précéder notre âge de quatre mille trois cent vingt ans. L'autre zodiaque, découvert dans Esné, présente le solstice d'été dans la Vierge, c'est-à-dire à quatre-vingt-dix degrés du point où il est maintenant ; ce qui donne à ce zodiaque une antiquité de six mille quatre cent quatre-vingts ans. Mais si les Egyptiens étaient assez avancés dans l'astronomie, il y a environ six mille ans, pour tracer un zodiaque et y déterminer les points solsticiaux, ils devaient exister depuis bien des siècles, car il en a fallu un grand nombre pour arriver à ce progrès astronomique; ce qui est dire que les dates chronologiques du monde données par la Genèse sont complétement erronées.

Présentons d'abord une courte description de ces zodiaques; nous l'empruntons à Cuvier, qui l'a prise lui-même dans le grand ouvrage sur l'Egypte.

« Ainsi, à Denderah (l'ancienne Tentyris) ville au-dessous de Thèbes, dans le portique du grand temple dont l'entrée regarde le nord, on voit au plafond les signes du zodiaque marchant sur deux bandes, dont l'une est sur le côté oriental, et l'autre du côté opposé : elles sont embrassées chacune par une figure de femme aussi longue qu'elles, dont les pieds sont vers l'entrée, la tête et les bras vers le fond du portique; par conséquent les pieds sont au nord et les têtes au sud.

« Le Lion est en tête de la bande qui est à l'occident; il se dirige vers le nord ou vers les pieds de la figure de femme, et il est lui-même vers le mur oriental. La Vierge, la Balance, le Scorpion, le Sagittaire et le Capricorne le suivent, marchant sur une même ligne. Ce dernier se trouve vers le fond du portique et près des mains et de la tête de la grande figure de femme. Les signes de la bande orientale commencent à l'extrémité où ceux de l'autre bande finissent, et se dirigent par conséquent vers le fond du portique, ou vers les bras de la grande figure. Ils ont les pieds vers le mur latéral de leur côté, et les têtes en sens contraire de celles de la bande opposée. Le Verseau marche le premier, suivi des Poissons, du Bélier, du Taureau, des Gémeaux. Le dernier de la série, qui est le Cancer ou plutôt le Scarabée, car c'est par cet insecte que le Cancer des Grecs est remplacé dans les zodiaques d'Egypte, est jeté de côté sur les jambes de la grande figure. A la place qu'il aurait dû occuper est un globe posé sur le sommet d'une pyramide composée de petits triangles qui représentent des espèces de rayons, et devant la base de laquelle est une grande tête de femme avec de petites cornes. Un second scarabée est placé de côté et en travers sur la première bande, dans l'angle que les pieds de la grande figure forment avec le corps et en avant de l'espace où marche le Lion, lequel est un peu en arrière. A l'autre bout de cette même bande, le Capricorne est très-près du fond ou des bras de la grande figure, et sur la bande à gauche le Verseau en est assez éloigné; cependant le Capricorne n'est pas répété comme le Cancer. La division de ce zodiaque, dès l'entrée, se fait donc entre le Lion et le Cancer, ou si l'on pense que la répétition du Scarabée marque une division de signe, elle a lieu dans le Cancer lui-même; mais celle du fond se fait entre le Capricorne et le Verseau.

« Dans une des salles intérieures du même temple était un planisphère circulaire inscrit dans un carré, celui-là même qui a été apporté à Paris par M. Lelorrain et que l'on voit à la bibliothèque du Roi. On y remarque aussi les signes du zodiaque, parmi beaucoup d'autres figures qui paraissent représenter des constellations.

« Le Lion y répond à l'une des diagonales du carré; la Vierge, qui le suit, répond à une ligne perpendiculaire qui est dirigée vers l'orient; les autres signes marchent dans l'ordre connu jusqu'au Cancer, qui, au lieu de compléter la chaîne, en répondant au niveau du Lion, est placé au-dessus de lui, plus près du centre du cercle, en sorte que les signes sont une ligne un peu spirale.

« Ce Cancer ou plutôt ce Scarabée marche en sens contraire des autres signes. Les Gémeaux répondent au nord, le Sagittaire au midi et les Poissons à l'orient, mais pas très-exactement. Au côté oriental de ce planisphère est une grande figure de femme, la tête dirigée vers le midi et les pieds vers le nord comme celle du portique.

« On pourrait donc aussi élever quelque doute sur le point de ce second zodiaque où il faudrait commencer la série des signes. Suivant que l'on prendra une des perpendiculaires ou une des diagonales, vers l'endroit où une partie de la série passe sur l'autre partie, on le jugera divisé au Lion, ou bien entre le Lion ou le Cancer, ou bien enfin aux Gémeaux.

« A Esné (l'ancienne Latopolis), ville placée au-dessus de Thèbes, il y a des zodiaques aux plafonds des deux temples différents.

« Celui du grand temple, dont l'entrée regarde le levant, est sur deux bandes contiguës et parallèles l'une à l'autre le long du côté sud du plafond.

« Les figures de femmes qui les embrassent ne sont pas sur leur longueur, mais sur leur largeur, en sorte que l'une est en travers près de l'entrée, ou à l'orient, la tête et les bras vers le nord, et les pieds vers le mur latéral ou vers le sud, et que l'autre est dans le fond du portique, également en travers et regardant la première.

« La bande la plus voisine de l'axe du portique ou du nord présente d'abord, du côté de l'entrée ou de l'orient et vers la tête de la figure de la femme, le Lion, placé un peu en arrière et marchant vers le fond, les pieds du côté du mur latéral; derrière le Lion, à l'origine de la bande, sont deux lions plus petits; au devant de lui est le Scarabée, et ensuite les Gémeaux marchant dans le même sens; puis le Taureau et le Bélier, et les Poissons, rapprochés les uns des autres, placés en travers sur le milieu de la bande; le Taureau, la tête vers le mur latéral, le Bélier vers l'axe. Le Verseau est plus loin, et reprend la même direction vers le fond que les trois premiers signes.

« Sur la bande la plus voisine du mur latéral et du nord, l'on voit d'abord, mais assez loin du mur du fond ou de l'occident, le

Capricorne, qui marche en sens contraire du Verseau, et se dirige vers l'orient ou l'entrée du portique, les pieds tournés vers le mur latéral. Tout près de lui est le Sagittaire, qui répond ainsi aux Poissons et au Bélier. Il marche aussi vers l'entrée; mais ses pieds sont tournés vers l'axe et en sens contraire de ceux du Capricorne.

« A une certaine distance en avant, et près l'un de l'autre, sont le Scorpion et une femme tenant la Balance; enfin, un peu plus en avant, mais encore assez loin de l'extrémité antérieure ou orientale, est la Vierge, qui est précédée d'un sphinx. La Vierge et la femme qui tient la Balance ont aussi les pieds tournés vers le mur, en sorte que le Sagittaire est le seul qui soit placé la tête à l'envers des autres signes.

« Au nord d'Esné est un petit temple isolé, également dirigé vers l'orient et dont le portique a encore un zodiaque : il est sur deux bandes latérales et écartées; celle qui est le long du côté sud commence par le Lion, qui marche vers le fond ou vers l'occident, les pieds tournés vers le mur ou le sud; il est précédé du Scarabée, et celui-ci des Gémeaux, marchant dans le même sens. Le Taureau, au contraire, vient à leur rencontre, se dirigeant à l'orient; mais le Bélier et les Poissons reprennent la direction vers le fond ou vers l'occident.

« A la bande du côté du nord, le Verseau est près du fond ou de l'occident, marchant vers l'entrée ou l'orient, les pieds tournés vers le mur précédé du Capricorne et du Sagittaire, qui marchent dans le même sens. Les autres signes sont perdus; mais il est clair que la Vierge devait marcher en tête de cette bande du côté de l'entrée.

« Parmi les figures accessoires de ce petit zodiaque, on doit remarquer deux béliers ailés placés en travers, l'un entre le Taureau et les Gémeaux, l'autre entre le Scorpion et le Sagittaire, et chacun presque au milieu de sa bande, le second cependant un peu plus avancé vers l'entrée.

« On avait pensé d'abord que, dans le grand zodiaque d'Esné, la division de l'entrée se fait entre la Vierge et le Lion, et celle du fond entre les Poissons et le Verseau. Mais M. Hamilton, MM. de Jollois et Villiers ont cru voir dans le sphinx qui précède la Vierge une répétition analogue à celle du Cancer dans le grand zodiaque de Denderah; en sorte que, selon eux, la division aurait lieu dans le Lion. En effet, sans cette explication, il n'y aurait que cinq signes d'un côté et sept de l'autre.

« Quant au petit zodiaque du nord d'Esné, on ne sait si quelque emblème analogue à ce sphinx s'y trouvait, parce que cette partie est détruite (1). »

Après ces détails, qui jettent beaucoup de jour sur la question, nous répondons que les raisons sur lesquelles nos adversaires se fondent pour attribuer à ces zodiaques une antiquité aussi reculée, sont, les unes, très-contestables au moins, et les autres certainement erronées. Nous allons essayer de le prouver.

D'abord, de ce qu'on a remarqué que parmi ces zodiaques les uns représentent le solstice d'été dans le Lion et les autres dans la Vierge, on a cru pouvoir en conclure que ces monuments remontaient à une haute antiquité. Or ce raisonnement n'est pas à l'abri de tout reproche; on peut en contester légitimement la validité. « Dans les deux premiers zodiaques, remarque très-judicieusement M. Letronne, le signe initial paraît être le Lion; dans les deux autres, c'est celui de la Vierge. Cette circonstance fit d'abord croire que ces monuments étaient fort anciens; en leur appliquant la précession des équinoxes, on crut pouvoir démontrer que ces monuments remontaient au delà des temps historiques, et détruisaient de fond en comble la chronologie biblique. D'autres, au contraire, prétendirent y reconnaître une époque beaucoup plus récente. Chacun donna ses raisons, toutes plus ou moins arbitraires; et ce qu'on en conclut de bien positif, c'est que personne ne savait au juste ni la date ni l'objet de ces monuments (2). » Ainsi, en supposant que la question fût uniquement circonscrite dans ces limites, elle serait au moins douteuse, personne n'aurait le droit d'inférer la haute antiquité de ces zodiaques; mais, comme elle offre plusieurs autres points de vue sous lesquels on doit l'envisager, ce sont surtout ces autres points de vue qui paraissent peu favorables à la prétention de nos adversaires, comme on va le voir.

Une seconde preuve en faveur de notre thèse, c'est que les Egyptiens ne connaissaient pas autrefois la longueur de l'année (*Voy.* EGYPTIENS). Or, si, depuis quatre mille ans, ils eussent possédé des zodiaques assez perfectionnés pour marquer les points équinoxiaux et solsticiaux, ils auraient eu infailliblement cette connaissance.

De plus, les astronomes égyptiens, quoi qu'on puisse dire de leur habileté, ne connaissaient pas avant Hipparque la précession des équinoxes. Or, s'ils avaient eu sous les yeux ces deux zodiaques, ils auraient conclu très-facilement cette précession.

Ajoutons que, suivant Champollion, le grand temple de Denderah étant de la troisième époque de l'art, vu l'indécision des contours, les articulations grossièrement indiquées, etc., doit être regardé comme un des monuments les plus modernes des Egyptiens. Or, si le temple sur lequel est construit le pavillon qui renfermait le zodiaque circulaire n'est pas antérieur au règne d'Auguste, ce zodiaque lui-même ne saurait être d'une date plus ancienne.

Ce n'est pas tout, les inscriptions grecques

(1) *British Review*, février 1817, p. 136; et à la suite de la Lettre critique sur la Zodiacomanie, p. 35; Cuvier, *Disc.*, p. 2 0, etc.

(2) Letronne, *Recherches pour servir à l'hist. de l'Egypte pendant la domination des Grecs et des Romains.*

trouvées sur les temples mêmes où étaient ces zodiaques trahissent une date moderne; c'est du moins le sentiment de M. Letronne. Ce savant archéologue dit en effet : « Enfin, l'examen attentif de quelques inscriptions grecques, gravées sur la façade ou dans l'intérieur des temples où les zodiaques avaient été trouvés, m'apprit que ces édifices avaient été construits et achevés sous les empereurs romains, et, par exemple, que le pronaos de Denderah avait été construit sous Tibère, et celui d'Esné sculpté sous Antonin. M. Champollion le Jeune, au moyen de l'alphabet hiéroglyphique qu'il découvrit, reconnut la vérité du fait que j'avais avancé, et trouva en outre que le planisphère de Denderah date du temps de Néron, et le zodiaque d'Esné du temps de Claude.

« Il resta donc démontré, par le fait, que les quatre fameux zodiaques égyptiens ont été exécutés du temps de la domination romaine, entre Tibère et Antonin.

« Ainsi toutes ces représentations zodiacales ont été exécutées dans l'espace de moins d'un siècle, entre les années 57 et 147 de notre ère. Et, pour apprécier toute la valeur de cette donnée, il faut remarquer que ces zodiaques sont les seuls qui aient été découverts en Egypte; qu'on n'en a trouvé dans aucun des temples de la Nubie, dont l'époque est antérieure aux Romains, dans aucune des momies que nous connaissons. D'où nous devons conclure que les représentations zodiacales n'étaient ni dans les usages religieux, ni dans les habitudes nationales de l'ancienne Egypte. » (Id., *ibid.*, p. 456.)

Enfin, ce qui prouve la nouveauté des zodiaques, et montre en même temps que cette division en tel ou tel signe n'a aucun rapport à la précession des équinoxes, ni au déplacement du solstice, c'est un cercueil de momie rapporté dans ces derniers temps de Thèbes par M. Caillaud. Ce cercueil, qui contient, d'après l'*inscription* grecque très-lisible, le corps d'un jeune homme mort la dix-neuvième année de Trajan, 116 ans après Jésus-Christ (1), offre en effet un zodiaque divisé au même point que ceux de Denderah (2). Or, d'après toutes les apparences, cette division marque quelque thème astrologique relatif à ce jeune homme : *conclusion qui doit aussi, ce semble, s'appliquer à* la division des quatre zodiaques qui nous occupent en ce moment. Ainsi, elle marque ou le thème astrologique du moment de leur érection, ou celui du prince pour le salut duquel ils avaient été votés, ou tel autre instant semblable relativement auquel *la* position du soleil aura paru importante à noter.

« Ainsi se sont évanouies pour toujours les conclusions que l'on avait voulu tirer de quelques monuments mal expliqués contre la nouveauté des continents et des nations, et nous aurions pu nous dispenser d'en traiter avec tant de détail, si elles n'étaient pas si récentes et n'avaient pas fait assez d'impression pour conserver encore leur influence sur les opinions de quelques personnes (3). »

(1) Letronne, *Observations critiques et archéologiques sur l'objet des représentations zodiacales qui nous restent de l'antiquité*, etc., p. 30.

(2) Letronne, *ibid.*, p. 48.

(3) Cuvier, *Disc.*, etc., p 279.

FIN.

NOTES ADDITIONNELLES.

NOTE I

WILLIAM HERSCHELL. — MOYENS D'OBSERVATION. — ASTRONOMIE STELLAIRE.

(*Extrait de la Notice publiée par* F. Arago, dans l'Annuaire du Bureau des Longitudes pour l'an 1842.)

En 1759, William Herschell, âgé alors de vingt-un ans, se rendit en Angleterre, non pas en compagnie de son père, comme on l'a toujours imprimé par erreur, mais avec son frère Jacob, dont les relations dans ce pays semblaient devoir faciliter ses débuts. Cependant, ni Londres, ni les comtés, ne lui offrirent d'abord de ressources, et les deux ou trois premières années qui suivirent son expatriation furent marquées par des privations cruelles, du reste très-noblement supportées. Un heureux hasard mit enfin le pauvre Hanovrien en meilleure position : Lord Durham l'engagea comme instructeur du corps de musique d'un régiment anglais qui était en garnison sur les frontières de l'Écosse. A partir de ce moment, le musicien Herschell acquit une réputation qui s'étendit de proche en proche, et, dans le courant de 1765, il fut nommé organiste à Halifax (Yorkshire). Les émoluments de cette place, des leçons particulières données en ville et à la campagne, procurèrent au jeune William une certaine aisance. Il en profita pour refaire, ou plutôt pour achever sa première éducation. C'est alors qu'il apprit le latin et l'italien, sans autre secours qu'une grammaire et un dictionnaire; c'est alors aussi qu'il se donna lui-même une légère teinture de grec. Tel était le besoin de savoir dont Herschell était dévoré pendant son séjour à Halifax, qu'il trouva moyen de faire marcher de front avec ses pénibles exercices de linguistique, une étude approfondie de l'ouvrage savant, mais fort obscur, de R. Smith, sur la théorie mathématique de la musique. Cet ouvrage supposait, soit explicitement, soit implicitement, des connaissances d'algèbre et de géométrie qu'Herschell n'avait pas, et dont il se rendit complétement maître en très-peu de temps.

En 1766, Herschell obtint l'emploi d'organiste de la chapelle octogone de Bath. C'était une place plus lucrative que celle d'Halifax, mais aussi de nouvelles obligations vinrent fondre sur l'habile pianiste. Il avait à se faire entendre sans cesse dans les *oratorios*, dans les salons de réunion des baigneurs, au théâtre, dans les concerts publics. Au centre du monde le plus *fashionable* de l'Angleterre, Herschell ne pouvait guère refuser les nombreux élèves qui voulaient s'instruire à son école. On conçoit à peine qu'au milieu de tant d'occupations, de tant de distractions de toute nature, Herschell soit parvenu à continuer les études qui déjà, dans la ville d'Halifax, avaient exigé de sa part une volonté, une constance, une force d'intelligence peu communes. On l'a déjà vu, c'est par la musique qu'Herschell arriva aux mathématiques; les mathématiques à leur tour le conduisirent à l'optique, source première et féconde de sa grande illustration. L'heure sonna, enfin, où ces connaissances théoriques devaient guider le jeune musicien dans des travaux d'application, complétement en dehors de ses habitudes, et dont l'éclatant succès, dont l'excessive hardiesse, exciteront un juste étonnement.

Un télescope, un simple télescope de deux pieds anglais de long, tombe entre les mains d'Herschell pendant son séjour à Bath. Cet instrument, tout imparfait qu'il est, lui montre dans le ciel une multitude d'étoiles que l'œil nu n'y découvre pas; lui fait voir quelques-uns des astres anciens sous leurs véritables dimensions; lui révèle des formes que les plus riches imaginations de l'antiquité n'avaient pas même soupçonnées. Herschell est transporté d'enthousiasme. Il aura sans retard un instrument pareil, mais de plus grandes dimensions. La réponse de Londres se fait attendre quelques jours; ces quelques jours sont des siècles. Quand la réponse arrive, le prix que l'opticien demande se trouve fort au-dessus des ressources pécuniaires d'un simple organiste. Pour tout autre c'eût été un coup de foudre. Cette difficulté inattendue inspire au contraire à Herschell une nouvelle énergie : il ne peut pas acheter de télescope, il en construira un de ses mains. Le musicien de la chapelle octogone se lance aussitôt dans une multitude d'essais, sur les alliages métalliques qui réfléchissent la lumière avec le plus d'intensité, sur les moyens de donner aux miroirs une figure parabolique, sur les causes qui, dans l'acte du *polissage*, altèrent la régularité de la figure *doucie*, etc. Une si rare persévérance reçoit enfin son prix. En 1774, Herschell a le bonheur de pouvoir examiner le ciel avec un télescope newtonien de cinq pieds anglais de foyer, exécuté tout entier de ses mains. Ce succès l'excite à tenter des entreprises encore plus difficiles. Des télescopes de 7, de 8, de 10 et même de 20 pieds de distance focale, couronnent ses ardents efforts. Comme pour répondre d'avance à ceux qui n'eussent pas manqué de taxer de superfluité d'apparat, le luxe inutile, la grandeur des nouveaux instruments et les soins minutieux de leur exécution, la nature accorda au musicien-astronome, le 13 mars 1781, l'honneur inouï de débuter dans la carrière de l'observation par la découverte d'une nouvelle planète, située aux confins de notre système solaire. A dater de ce moment, la réputation d'Herschell, non plus en sa qualité de musicien mais à titre de constructeur de télescopes et d'astronome, se répandit dans le monde entier. Le roi Georges III, grand amateur des sciences, fort enclin d'ailleurs à protéger les hommes et les choses d'origine hanovrienne, se fit présenter Herschell. Il fut charmé de l'exposé simple, lucide, modeste, que celui-ci traça de ses longues tentatives; il entrevit tout ce qu'un observateur si persévérant pourrait jeter de gloire sur son règne, lui assura une pension viagère de trois cents guinées, et, de plus, une habitation voisine du château de Windsor, d'abord à Clay-Hall et ensuite à Slough. Les prévisions de Georges III se sont complétement réalisées. On peut dire hardiment du jardin et de la petite maison de Slough, que c'est le lieu du monde où il a été fait le plus de découvertes. Le nom de ce village ne périra pas : les sciences le transmettront à nos derniers neveux.

La vie anecdotique d'Herschell est maintenant terminée. Le grand astronome ne quittera plus guère son observatoire que pour aller soumettre à la Société royale de Londres les sublimes résultats de ses veilles laborieuses. Ces résultats sont contenus dans *soixante-neuf* Mémoires; ils forment une des principales richesses de la collection célèbre connue sous le nom de *Philosophical Transactions*.

PERFECTIONNEMENTS DES MOYENS D'OBSERVATION.

Les perfectionnements apportés par Herschell dans la construction et dans le maniement des télescopes ont contribué trop directement aux découvertes dont ce grand observateur a enrichi l'astronomie pour que nous puissions hésiter à les placer en première ligne.

Méthode dont Herschell faisait usage pour travailler les miroirs de ses télescopes. — Avant d'avoir trouvé des moyens directs certains de donner aux miroirs la forme de sections coniques, il fallait bien qu'Herschell, comme tous les opticiens ses prédécesseurs, cherchât à atteindre le but en tâtonnant. Seulement, ses essais étaient dirigés de telle sorte qu'il ne pouvait y avoir de pas rétrograde. Dans son mode de travail, le mieux, quoi qu'en dise un ancien adage, n'était jamais l'ennemi du bien. Quand Herschell entreprenait la construction d'un télescope, il fondait et façonnait plusieurs miroirs à la fois : dix, par exemple. Celui de ces miroirs auquel des observations célestes faites dans des circonstances favorables assignaient le premier rang était mis de côté, et l'on retravaillait les neuf autres. Lorsqu'un de ceux-ci devenait fortuitement supérieur au miroir réservé, il en prenait la place jusqu'au moment où, à son tour, un autre le primait, et ainsi de suite. Est-on curieux de savoir sur quelle large échelle marchaient ses opérations, même à l'époque où, dans la ville de Bath, Herschell n'était qu'un simple amateur d'astronomie? Il fit jusqu'à deux cents miroirs newtoniens de 7 pieds anglais de foyer; jusqu'à cent cinquante miroirs de 10 pieds, et environ quatre-vingts miroirs de 20 pieds.

Télescope de 39 pieds anglais de long et de 4 pieds 10 pouces de diamètre.—Les avantages qu'Herschell avait trouvés en 1783, 1784 et 1785 dans l'emploi de télescopes de 20 pieds à larges diamètres, lui firent désirer d'en construire de beaucoup plus grands encore. La dépense devait être considérable; le roi Georges III y pourvut. Le travail, commencé vers la fin de 1785, fut fini en août 1789. Toutefois, la description ne parut qu'en 1795. Cet instrument avait un tuyau cylindrique en fer de 39 pieds 4 pouces anglais de long (12 mètres) et de 4 pieds 10 pouces de diamètre (1 mètre 47). De telles dimensions sont énormes, comparées à celles des télescopes exécutés jusque-là. Elles paraîtront cependant bien mesquines aux personnes qui ont entendu parler d'un prétendu bal donné dans le télescope de Slough. Les propagateurs de ce bruit populaire avaient confondu l'astronome Herschell avec le brasseur Meux, et un cylindre dans lequel l'homme de la plus petite taille pourrait à peine se tenir debout, avec certains tonneaux en bois, grands comme des maisons, où l'on fabrique, où l'on conserve la bière à Londres.

Pieds des télescopes d'Herschell. —Les astronomes praticiens savent pour quelle large part les pieds des lunettes et des télescopes contribuent à l'exactitude des observations. La difficulté d'une installation solide et cependant très-mobile augmente rapidement avec les dimensions et le poids des instruments. On peut donc concevoir qu'Herschell eut à surmonter bien des obstacles pour monter convenablement un télescope dont le seul miroir pesait plus de 20 quintaux anciens. Ce problème, il le résolut à son entière satisfaction, à l'aide d'une combinaison de mâts, de poulies, de cordages dont il serait impossible de donner ici une idée exacte sans le secours de figures. Nous nous bornerons à affirmer que ce grand appareil et les pieds d'un tout autre genre qu'Herschell imagina pour les télescopes de moindres dimensions, assignent à cet illustre observateur une place distinguée parmi les plus ingénieux mécaniciens de notre temps.

Le grand télescope de 39 pieds n'a pas été inutile à la science. Pourquoi Herschell ne l'a-t-il pas plus souvent employé? — Les personnes du monde, je dirai même la plupart des astronomes, ne savent pas quel rôle le grand télescope de 39 pieds a joué dans les travaux, dans les découvertes d'Herschell. On ne se trompe pas moins quand on imagine que l'observateur de Slough se servait sans cesse de ce télescope, qu'en soutenant avec M. de Zach (Voyez *Monatliche correspondenz, januar* 1802) que l'instrument colossal n'a été d'aucune utilité, qu'il n'a pas servi à une seule découverte, qu'on doit le considérer comme un simple objet de curiosité. Ces assertions sont formellement contredites par les propres paroles d'Herschell. Dans le volume des *Transactions philosophiques* de l'année 1795 (page 350), je lis, par exemple : « Le 28 août 1789, ayant « dirigé mon télescope (de 39 pieds) vers le ciel, *je « découvris le sixième satellite* de Saturne, et j'aper« çus les taches de cette planète mieux que je « n'avais pu le faire jusque-là. » (*Voir* aussi, quant à ce sixième satellite, les *Transactions philosophiques* de 1790, page 10.) Dans ce même volume de 1790, page 11, je trouve : « La grande lumière de mon « télescope de 39 pieds était alors si utile, que le « 17 septembre 1789, je remarquai le septième « satellite, situé alors à sa plus grande élongation « occidentale. »

Le 10 octobre 1791, Herschell vit l'anneau de Saturne et le quatrième satellite en regardant à l'œil nu, *sans oculaire d'aucune sorte*, dans le miroir de son télescope de 39 pieds.

Disons les vrais motifs qui détournaient Herschell de se servir plus souvent de l'immense télescope de 39 pieds. Malgré la perfection du mécanisme, la manœuvre de cet instrument exigeait le concours continuel de *deux hommes de peine* et celui d'une personne chargée de prendre l'heure à la pendule. Dans les nuits à changements de température un peu considérables, le télescope, à cause de sa grande masse, était toujours en retard thermométrique sur la variation que subissait l'atmosphère, ce qui nuisait beaucoup à la netteté des images.

Herschell trouvait qu'en Angleterre il n'y a pas dans l'année plus de cent heures pendant lesquelles on puisse observer fructueusement le ciel avec un télescope de 39 pieds armé d'un grossissement de *mille fois*. Cette remarque conduisit le célèbre astronome à reconnaître que, pour faire avec son grand instrument une revue du ciel tellement combinée que le champ eût été dirigé un seul instant vers chaque point de l'espace, il ne faudrait pas moins de 800 ans.

Herschell explique d'une manière fort naturelle la rareté des circonstances où il est possible de faire utilement usage d'un télescope de 39 pieds à *très-large* ouverture.

Un télescope ne grossit pas seulement les objets réels, il grossit aussi les irrégularités apparentes provenant des réfractions atmosphériques ; or, toutes choses égales, ces irrégularités de réfraction doivent être d'autant plus *fortes*, d'autant plus fréquentes, que la couche d'air à travers laquelle les rayons ont passé pour aller former l'image, a plus de largeur (1).

Grossissements comparatifs des anciennes lunettes et des télescopes d'Herschell. — Les lunettes que construisit Galilée, celles qui lui servirent à découvrir les satellites de Jupiter, les phases de Vénus, et à observer les taches du soleil, grossirent successivement *quatre, sept et trente-deux fois* les dimensions linéaires des astres. Ce dernier nombre, l'illustre astronome de Florence ne le dépassa pas. En remontant, autant que je l'ai pu faire, aux sources où je devais espérer de trouver *quelques données* précises sur les instruments à l'aide desquels Huyghens et J.-D. Cassini firent leurs belles observations, je vois que les lunettes de 12 et de 23 pieds de long (de 4 mètres et de 7, 5 mètres), de 2 pouces un tiers d'ouverture (63 millim.) qui conduisirent Huyghens à *la découverte du premier satellite de Saturne* et à la détermination de la vraie forme de l'anneau, grossissaient quarante-huit, cinquante et quatre-vingt-douze fois. Rien ne prouve que ces illustres observateurs aient jamais appliqué à leurs immenses lunettes, des grossissements linéaires de plus de cent cinquante fois. Auzout, qui en même temps astronome et artiste, était parfaitement au courant de l'état de l'optique pratique à son époque (1664), cite les meilleures lunettes du célèbre Campani, des lunettes de 17 pieds de long (5,5 mètres) qui supportaient sur le ciel un grossissement de cent cinquante fois. Il cite encore une lunette de 35 pieds (11,5 mètres), sortie des ateliers de Rives, présentée en cadeau par le roi d'Angleterre au duc d'Orléans, et dont le grossissement maximum s'élevait à cent fois ; une lunette de Hooke de 12 pieds (4 mètres) de long où le grossissement n'était pas porté au delà de 74 ; une lunette de lui-même (Auzout) de 31 pieds (10 mètres), armée d'un grossissement de cent quarante ; enfin, une lunette, travaillée aussi par Auzout, et qui, avec la colossale longueur focale de 300 pieds (97, 5 mètres) ne grossissait

(1) Les journaux anglais ont rendu compte des dispositions que la famille de William Herschell vient d'adopter pour assurer la conservation des restes du télescope de 39 pieds anglais.

Le tube en bronze de l'instrument, portant à son extrémité le miroir de 4 pieds 10 pouces de diamètre, récemment nettoyé, a été placé horizontalement, suivant la ligne méridienne, sur de solides piliers en maçonnerie, au milieu du cercle où jadis existait le mécanisme nécessaire à sa manœuvre. Le 1er janvier 1840, sir John Herschell, sa femme, leurs enfants, au nombre de sept, quelques anciens serviteurs de la famille, se réunirent à Slough. A *midi précis*, l'assemblée fit plusieurs fois processionnellement le tour du monument ; ensuite elle s'introduisit dans le tube, se plaça sur des banquettes préparées d'avance pour la recevoir, et entonna un *Requiem* en vers anglais, composé par sir John Herschell lui-même. Après sa sortie, la société se rangea en cercle autour du tuyau, et l'ouverture fut scellée hermétiquement. La journée se termina par une fête de famille.

Je ne sais si les personnes qui veulent tout apprécier du point de vue particulier où les circonstances les ont placées, ne trouveront pas quelque chose d'étrange dans divers détails de la cérémonie dont je viens de rendre compte. J'affirme, du moins, que le monde entier applaudira au sentiment pieux qui a dirigé sir John Herschell. Tous les amis des sciences le remercieront d'avoir consacré par un monument plus expressif, dans sa simplicité, que des pyramides, que des statues, l'humble jardin où son père a exécuté tant d'immortels travaux.

que six cents fois. Après l'invention de l'achromatisme, ces nombres, à parité de longueur des lunettes, furent notablement dépassés. Cependant, les astronomes éprouvèrent une surprise extrême, lorsqu'en 1782, ils apprirent qu'Herschell avait appliqué à un *télescope à réflexion* de 7 pieds anglais de longueur (2,1 mètres), des grossissements linéaires de mille, de mille deux cents, de deux mille deux cents, de deux mille six cents et même de six mille fois. Ce sentiment, la Société royale de Londres l'éprouva, et Herschell reçut officiellement l'invitation de donner de la publicité aux moyens dont il avait fait usage pour reconnaître dans ses télescopes l'existence de pareils grossissements. Tel fut l'objet d'un mémoire inséré dans le 72e tome des *Transactions philosophiques*, et qui dissipa tous les doutes. Personne ne s'étonnera qu'on ne voulût pas croire légèrement à des grossissements qui semblaient devoir montrer les montagnes de la lune, comme la chaîne du Mont-Blanc se voit de Mâcon, de Lyon et même de Genève. On ignorait qu'Herschell ne s'était guère servi avec succès des grossissements de trois mille et de six mille fois, qu'en observant de brillantes étoiles; on n'avait pas songé que la lumière réfléchie par les corps planétaires est trop faible pour supporter nettement les mêmes amplifications que la lumière propre des fixes.

Attentions indispensables dans l'observation des objets très-faibles ou très-rapprochés les uns des autres. — Tout le monde a remarqué que si, en venant du grand jour, on passe dans un lieu faiblement éclairé, on a besoin d'un temps assez long pour y apercevoir les objets. L'œil, plus ou moins ébloui par l'action d'une forte lumière, ne revient que peu à peu à l'état normal; la sensibilité de la rétine une fois émoussée ne se rétablit que graduellement.

Ces faits, quoique connus de longue date, n'avaient joué aucun rôle dans les observations célestes avant les travaux d'Herschell. Le scrupuleux astronome reconnut le premier que de faibles lumières vues dans des lunettes donnent lieu aussi à des éblouissements momentanés, sous l'influence desquels des lumières plus faibles encore deviennent complétement invisibles.

« Quand je venais du jour (ceci signifie, je crois, « d'un lieu éclairé par une bougie ou par une lampe), « dit Herschell, il s'écoulait vingt minutes avant « que ma vue fût suffisamment reposée pour me « permettre de discerner dans le télescope les ob- « jets très-délicats. Les observations du passage « d'une étoile de deuxième ou de troisième grandeur « à travers le champ de l'instrument, dérangeaient « également mon œil, à tel point qu'il lui fallait à « peu près le même intervalle de vingt minutes pour « le rétablissement de sa *tranquillité*. » (*Trans. philos.* 1800, pag. 54 et 55.) Ces phénomènes se passaient avec un télescope de 20 pieds anglais de long, dans lequel le diamètre du faisceau émergent de rayons parallèles provenant d'une étoile, ne surpassait pas $\frac{12}{100}$ de pouce anglais, nombre évidemment au-dessous du diamètre qu'a la pupille la nuit. Les changements d'ouverture de cet organe n'exerçaient donc ici aucune action : tout dépendait d'une fatigue, d'une paralysie partielle et momentanée de la rétine; un long séjour dans l'obscurité était le seul moyen de remédier à ce défaut de sensibilité.

Herschell raconte qu'une fois l'impressionnabilité de son œil était telle, que l'approche de Sirius s'annonça dans le champ du grand télescope de 39 pieds anglais, comme le soleil quand il va atteindre l'horizon, par un crépuscule d'une intensité graduellement croissante, et qu'au moment où l'étoile entra dans le champ, il fut contraint de fermer l'œil, ainsi que l'eût exigé un beau soleil levant.

Sir John Herschell dit, dans un mémoire de 1834, inséré au tome VIII du Recueil de la Société astronomique de Londres, que pour apercevoir avec ses puissants télescopes les *satellites d'Uranus*, « il était « obligé de rester l'œil appliqué à l'oculaire pendant « *un gros quart d'heure*, et de se garantir très-soigneu- « sement de l'action de toute lumière extérieure. » Avis à ceux qui prétendent apprécier la force d'une lunette en un clin d'œil et qui prononcent avec la même rapidité sur les découvertes de leurs prédécesseurs.

Quels sont les plus petits objets dont les meilleurs télescopes connus puissent nous faire apprécier les formes? — Aussitôt que Piazzi, Olbers, Harding, eurent découvert trois des quatre planètes télescopiques, Herschell se proposa d'en déterminer les grandeurs réels, mais les télescopes n'ayant point été encore appliqués à la *mesure* d'angles d'une excessive petitesse, il devint nécessaire, pour se garantir de toute illusion, de tenter quelques expériences propres à donner la mesure de la puissance de ces instruments. Tel est le travail de l'infatigable astronome de Slough, dont ce chapitre renfermera une analyse très-abrégée.

L'auteur rapporte d'abord qu'en 1774, il essaya de déterminer expérimentalement, à l'œil nu et à la distance de la vision distincte, quel angle *un cercle* doit sous-tendre pour se distinguer, *par sa forme*, d'un carré de même dimension. L'angle ne fut jamais de moins de 2' 17"; ainsi, dans son *maximum*, il était environ le quatorzième de l'angle que soutend le diamètre moyen de la Lune.

Herschell n'a dit, ni de quelle nature étaient les cercles et carrés de papier dont il faisait usage, ni sur quel fond ils se projetaient. C'est une lacune regrettable, car dans ces phénomènes l'intensité de la lumière doit jouer un rôle essentiel. Quoi qu'il en soit, le scrupuleux observateur n'osant pas étendre à la vision télescopique ce qu'il avait trouvé pour la vision à l'œil nu, il entreprit de lever tous les doutes par des observations directes.

En examinant avec un télescope de 10 pieds anglais des têtes d'épingle placées au loin et en plein air, Herschell voyait aisément que ces corps étaient ronds, quand les angles sous-tendus devenaient, *après leur grossissement*, 2' 19". C'est presque exactement le résultat obtenu à l'œil nu.

Lorsque les globules étaient plus sombres ; lorsqu'on employait, au lieu de têtes d'épingle, de petits globules de cire d'Espagne, la *forme* sphérique ne commençait à être nettement visible qu'au moment où l'angle naturel multiplié par le grossissement atteignait 5 minutes.

Dans une dernière série d'expériences ; des globules d'*argent*, placés très-loin de l'observateur, laissèrent voir leur forme ronde, même quand l'angle amplifié restait au-dessous de 2 minutes.

A égalité d'angle sous-tendu, la vision télescopique avec de forts grossissements s'est donc montrée supérieure à la vision à l'œil nu. Ce résultat n'est pas sans importance.

Si l'on tient compte de grossissements employés par Herschell dans ces laborieuses recherches, grossissements qui furent souvent de plus de cinq cents fois, il demeurera établi que les télescopes dont les astronomes modernes disposent, peuvent servir à constater la *forme* de corps ronds éloignés, la forme des corps célestes, alors même que les diamètres de ces corps ne sous-tendent pas naturellement (à l'œil nu), des angles de plus de *trois dixièmes de seconde;* 500 multipliés par $\frac{3}{10}$ de seconde donnent en effet 2' 30".

De la puissance des télescopes dans l'observation des objets très-éloignés ou peu lumineux. — Les lunettes *n'étaient encore que des instruments incompris*, fruit du hasard, sans théorie certaine, qu'elles servaient déjà à dévoiler de brillants phénomènes astronomiques. Leur théorie, autant qu'elle dépendait de la géométrie et de l'optique, fit des progrès rapides. Ces deux premières faces du problème laissent aujourd'hui peu à désirer ; il n'en est pas de même d'une troisième, jusqu'ici assez négligée, qui touche à la physiologie, au mode d'action de la lumière sur le système nerveux. Ainsi, l'on chercherait vainement dans les anciens traités d'optique et d'astronomie une discussion sévère, complète, du rôle comparatif que la grandeur et l'intensité des images que le grossissement et l'ouverture d'une lunette, d'un télescope, peuvent jouer, de nuit et de jour, dans la visibilité des astres les plus faibles. Cette lacune, Herschell essaya de la remplir en 1799 : tel fut le but du mémoire intitulé : *Sur la puissance que les télescopes possèdent pour pénétrer dans l'espace.*

Ce mémoire, *On the power of penetrating into space by telescopes*, renferme d'excellentes choses ; il est loin cependant d'épuiser la matière. L'auteur, par exemple, y laisse entièrement de côté les observations faites de jour. La partie hypothétique de la discussion n'est peut-être pas assez nettement séparée de la partie rigoureuse ; des chiffres contestables, quoique donnés jusqu'à la précision des moindres décimales, figurent mal comme termes de comparaison de certains résultats qui, eux au contraire, sont appuyés sur des observations d'une évidence mathématique.

Quoi qu'il en puisse être de ces remarques, l'astronome, le physicien, qui voudront traiter de nouveau la question de la visibilité à travers les lunettes, trouveront dans le mémoire d'Herschell des faits importants et des observations ingénieuses très-propres à leur servir de guides.

La rétine est loin de jouir d'une *sensibilité indéfinie*. De même que des sons très-faibles n'affectent pas sensiblement l'oreille, certaines lumières ne produisent sur l'œil aucun effet appréciable. Ainsi, au-dessous de la septième grandeur, une *étoile isolée* n'est plus *visible à l'œil nu*. Je viens de dire une *étoile isolée*, car une *agglomération d'étoiles* de 8e, de 9e grandeur et même d'un ordre encore très-inférieur peut être parfaitement visible.

Après avoir réfléchi à la manière dont la vision s'opère; après avoir reconnu que *chaque point* d'un objet a une image particulière et distincte sur la rétine, on est étonné de trouver qu'*un corps* soit visible dans son ensemble, quand ses éléments ne le sont pas. Comme preuve du fait, Herschell cite :

La tache blanchâtre qu'un œil pénétrant aperçoit, quand la nuit est bien sereine, dans la garde de l'épée de Persée (*aucune des étoiles de cette nébuleuse ne se verrait sans le secours d'une lunette ou d'un télescope*);

La nébuleuse découverte par Messier, un peu au nord et à l'orient de H des Gémeaux (*les étoiles de ce groupe, plus faibles que celles de la nébuleuse de Persée, ne se verraient certainement pas à l'œil nu prises isolément, tandis que leur ensemble s'aperçoit quand le ciel est bien pur*)

La nébuleuse comprise entre η et ζ d'Hercule (*les étoiles qui la composent sont plus petites encore que celles des deux précédentes nébuleuses*).

Ce n'est pas seulement dans les observations à l'œil nu, que la visibilité dépend, suivant Herschell, de *la lumière totale* concourant à la formation de l'image de l'objet et non de celle de chacune de ses parties : les observations faites avec les instruments d'optique offrent des phénomènes analogues. Ainsi, l'auteur du mémoire rapporte qu'en 1776, dans ses premiers essais d'un télescope newtonien de 20 pieds, il voyait parfaitement, le soir, avec cet instrument, un clocher dont on ne soupçonnait pas même l'existence *à l'œil nu*, quoiqu'il sous-tendît un angle considérable.

Dans ce mémoire, Herschell *suppose* qu'en général toutes les étoiles sont à peu près d'égale grandeur et que leur espacement est aussi le même. Ainsi, les étoiles de seconde grandeur seraient éloignées les unes des autres et des étoiles de première grandeur, comme ces dernières sont éloignées du soleil. Cette distribution s'étendrait aux étoiles de troisième comparées aux étoiles de seconde, et ainsi de suite.

Dans cette *hypothèse*, Sirius, la plus brillante

étoile du firmament, deviendrait une belle étoile de seconde grandeur, s'il était transporté à une distance double de sa distance actuelle, c'est-à-dire quand son intensité serait réduite au quart.

Il deviendrait de 3e à la distance 3, ou quand sa lumière serait réduite au neuvième;

. . . .

Il deviendrait de 7e à la distance de 7, ou quand il ne lui resterait plus que la 49e partie de son intensité primitive.

En continuant l'analogie, Sirius serait de 100e, de 1,000e grandeur aux distances 100 et 1,000.

Par une *série* de considérations, contre lesquelles il ne serait guère possible d'élever des doutes sérieux que dans leur application à la visibilité des planètes, Herschell trouva :

Qu'avec son télescope de 20 pieds, on pouvait pénétrer dans l'espace 75 fois *plus loin* qu'à l'œil nu, le diamètre de la pupille étant supposé *égal* à $\frac{2}{10}$ de pouce anglais.

Ce pouvoir de pénétrer dans l'espace s'élevait à 96 avec un télescope de 25 pieds.

Enfin, les mêmes considérations montraient qu'une étoile qui, tout juste, est visible à l'œil nu à une certaine distance, pourrait encore être *aperçue 192 fois plus loin à l'aide du télescope de 39 pieds.*

Les dernières étoiles visibles à l'œil nu appartenant à la 7e grandeur, il est évident, d'après la classification d'Herschell, que le télescope de 39 pieds devait permettre *d'aller jusqu'aux étoiles* isolées de la 1344e grandeur : 1344 est égal, en effet, à 7 multiplié par 192.

En *supposant* toujours la visibilité proportionnelle à l'*intensité totale* de la lumière qui *frappe l'œil*, *un groupe très-resserré* de 25,000 étoiles du 1344e ordre, se verrait à une distance où chaque étoile serait devenue 25,000 fois plus faible, à une distance 158 fois plus grande que la limite dont nous venons d'assigner la valeur pour les étoiles isolées.

Un rayon de lumière, malgré son excessive vitesse de 77 mille lieues (308 mille kilomètres) à la seconde, ne pourrait pas franchir la distance d'une semblable nébuleuse à la terre en moins d'un *demi-million d'années*. (La limite n'étant que de 3 ans pour une étoile de 1re grandeur, s'élève déjà à 4000 pour une étoile de la 1344e. Quand il s'agit de la nébuleuse, la limite, 158 fois plus grande, devient 632 mille années.) Ainsi, les changements qu'éprouveront les nébuleuses de cet ordre auront plus d'un demi-million d'années d'antiquité quand nous les apercevrons; ainsi, une semblable nébuleuse disparaîtrait, s'éteindrait aujourd'hui, qu'elle se verrait encore de la terre pendant plus d'un demi-million d'années. En ce sens, il est permis de dire que les télescopes servent à sonder le temps aussi bien que l'espace.

En 1781, vingt ans avant la publication de son mémoire sur la *Puissance pénétrante des télescopes*, Herschell présentait l'augmentation de grossissement comme un moyen de voir les plus petites étoiles. Les observations sur lesquelles il se fondait sont les suivantes :

La petite étoile voisine de celle qui suit *ε* de l'Aigle ne s'aperçoit pas avec un grossissement de 227 fois, et devient visible quand le même télescope porte un grossissement de 460;

La plus petite des deux étoiles qui accompagnent *k* de l'Aigle est invisible avec 227 et visible avec 460;

Les petites étoiles voisines de *α* de la Lyre, de *μ* d'Hercule, invisibles avec 227, deviennent visibles avec 460, etc.

Des circonstances qui favorisent les observations astronomiques. — Les astronomes praticiens les plus habiles ont souvent lieu d'être étonnés que, par un ciel dont la pureté *semblerait* devoir être très-favorable à l'étude de la constitution physique des astres, les grands instruments fonctionnent imparfaitement. Les circonstances qui rendent les images télescopiques diffuses, mal terminées, ondulantes, ne sont encore ni complétement connues, ni surtout exactement définies. Les nombreux mémoires d'Herschell renferment sur cet objet diverses remarques détachées.

Aucune observation délicate, c'est-à-dire aucune observation exigeant une force amplificative un peu grande, ne réussira, si on tente de la faire en regardant par la fenêtre d'un appartement, ou à travers la trappe du toit d'un observatoire.

Il est bon d'éviter les lieux abrités, même quand le télescope est placé en plein air.

S'il fait du vent, les images télescopiques ne sont pas, en général, très-distinctes. Le vent doit produire ce mauvais effet en mêlant entre elles des couches atmosphériques de différentes températures.

Les aurores boréales nuisent quelquefois aux observations astronomiques, elles semblent rendre tous les objets ondulants. Le plus ordinairement elles sont sans effet.

S'il était vrai, comme Herschell l'admet avec plusieurs météorologistes, que les aurores boréales fussent l'indice (cause ou effet) de grands changements de température dans les différentes régions de l'atmosphère, leur influence pourrait être assimilée à celle du vent.

Un astre ne paraît jamais bien terminé quand les rayons qui nous le font voir ont passé à une petite hauteur au-dessus du toit d'un édifice. Au-dessus d'un toit, il y a toujours, en effet, un mouvement atmosphérique provenant du mélange de couches inégalement échauffées.

Quand l'atmosphère est sèche, les télescopes fonctionnent mal.

Quand, au contraire, l'atmosphère est très-chargée d'humidité, les images des astres ont une *netteté* remarquable.

Cette *netteté* existe aussi par un ciel brumeux, et particulièrement par un temps de brouillard. Le brouillard laisse aux images télescopiques toute la *pureté* de leurs contours, jusqu'au moment où, par voie d'obscurcissement, il les fait totalement disparaître.

Quelquefois il arrive que, par un temps en apparence très-favorable, les astres ont des contours mal définis. Ceci, dit Herschell, peut tenir à la présence d'une atmosphère sèche qu'un vent d'est a apportée dans les hautes régions, ou dépendre du mélange des couches de différentes températures, résultat du conflit de vents supérieurs diversement orientés.

Quand une gelée subite vient de succéder à un temps doux ; quand un dégel subit vient de succéder à une longue gelée, les *télescopes* terminent mal les astres.

On ne doit pas non plus s'attendre à de bons résultats au moment où un *télescope* vient d'être transporté d'une pièce chaude en plein air.

Pour généraliser, il faut dire que si le miroir de l'instrument n'est pas à la température de l'air qui l'entoure, la vision sera imparfaite ; alors on ne pourra pas employer utilement de forts grossissements.

Le fait se rattache d'ailleurs à une cause physique évidente. Tout le monde comprendra, en effet, qu'un miroir de télescope, pendant qu'il se réchauffe dans sa monture, ou pendant qu'il se refroidit, n'a pas la même température sur tous ses points ; que la suite nécessaire de cette inégale distribution de la chaleur doit être une déformation de la surface polie et réfléchissante du miroir, et une imperfection dans l'image focale.

On rend compte de la même manière de l'*allongement* de foyer qu'Herschell remarquait dans ses télescopes *à miroirs métalliques*, quand il les appliquait à l'observation du soleil. Cette explication, le célèbre astronome l'a confirmée, en plaçant près du miroir, en avant ou en arrière, un petit boulet de fer chaud. Les rayons caloriques partant du boulet échauffaient inégalement le miroir de métal, et le déformaient en allongeant son foyer.

Sur les comparaisons théoriques des télescopes et des lunettes. — Quand on veut comparer théoriquement, sous le rapport de la clarté, un télescope à une lunette ; en d'autres termes, quand on veut savoir si un instrument, où l'image destinée à l'amplification se forme par voie de réflexion sur un miroir courbe, donne plus ou moins de lumière qu'un autre instrument dans lequel cette même image s'engendre par réfraction à travers une lentille de verre, il faut soigneusement tenir compte des pertes qui s'opèrent dans la transmission à travers les verres et dans l'acte de la réflexion sur les miroirs. Celui qui ne se préoccuperait que des *ouvertures réelles* des deux instruments, arriverait à des résultats très-erronés. Herschell a fait, d'après les méthodes photométriques de Bouguer, des expériences qui fournissent les éléments nécessaires pour réduire, à l'aide du calcul, le télescope à la lunette. Ces éléments, les voici :

Si 100,000 rayons tombent à peu près perpendiculairement sur un miroir plan, parfaitement poli, et de l'espèce d'alliage qu'Herschell employait dans ses télescopes, il ne s'en réfléchira que 67,300.

Après une autre réflexion également rectangulaire sur un second miroir, si l'absorption s'opérait dans la même proportion, il ne resterait plus que 45,200 rayons sur les 100,000 dont se composait le faisceau incident.

Les transmissions à travers des verres sont une cause de perte de lumière beaucoup moins forte. Herschell a trouvé, en opérant sur une lame de verre ordinaire à faces parallèles, parfaitement polie et d'une épaisseur à peu près égale à celle des oculaires d'un fort grossissement, *que de* **100,000** *rayons* qui tombent perpendiculairement sur un pareil verre, il en passe 94,800.

On trouve dans le tome X, page 505, des Mémoires de l'Académie des sciences, quelques remarques d'Huyghens sur le télescope à réflexion de Newton. Une d'elles est ainsi conçue : « Je compte pour un « troisième avantage, que, *par la réflexion du miroir* « *de métal*, IL NE SE PERD POINT DE RAYONS, comme « aux verres qui en réfléchissent une quantité nota« ble par chacune de leurs surfaces, et en intercep« tent encore une partie par l'obscurité de leur ma« tière. »

Huyghens n'avait donc, en 1672, aucune idée de l'*absorption* qu'éprouve la lumière dans l'acte de la réflexion sur des miroirs métalliques !

Sur les moyens d'affaiblir l'image du soleil dans les observations télescopiques. — L'œil ne peut pas endurer la vive lumière de l'image solaire qui se forme au foyer d'une lunette ou d'un télescope ; les astronomes regardent donc cette image focale à travers un verre coloré, ordinairement rouge ou vert, qui communique sa teinte aux rayons lumineux. Ainsi l'astre ne se voit pas dans son état naturel. Il serait facile de citer des cas où cette coloration est un inconvénient.

Le choix des verres colorés dont il faut se servir pour atténuer l'intensité des images télescopiques du soleil, a une grande importance. Il en est de même de la position qu'on assigne à ces verres affaiblissants. Faute d'avoir donné à cette branche de l'art d'observer une attention suffisante, divers astronomes, voués à l'étude de la constitution physique du soleil, sont devenus aveugles. Herschell ne pouvait laisser passer une pareille question sans en faire l'objet d'expériences développées. Il en a publié les résultats dans le volume des *Transactions* pour 1800. Voici les principaux :

Les *verres rouges*, lors même qu'ils ont affaibli la lumière solaire de manière qu'on puisse aisément la supporter, transmettent une grande quantité de rayons calorifiques dont l'œil de l'observateur souffre beaucoup.

Les *verres verts* interceptent la majeure partie de la chaleur ; mais, à moins d'une épaisseur démesurée, ils laissent à la lumière une intensité blessante.

Le faisceau de lumière qui sort de l'oculaire, étant *très-condensé*, communique au verre coloré qu'il traverse une chaleur locale intense; de là, des dilatations brusques, le craquement du verre, la destruction de son poli. On évite ces effets en établissant le verre coloré entre l'oculaire et l'objectif, dans une place où le faisceau lumineux n'a pas encore subi l'extrême condensation dont il vient d'être fait mention. Tel est l'artifice qui réussit à Herschell, même avec des télescopes à larges ouvertures. Il doit avoir un très-grave inconvénient, celui d'altérer la netteté de l'image (car les verres colorés sont rarement exempts de stries), et de soumettre ensuite les altérations au grossissement des oculaires. Dans la place usuelle du verre coloré, quand ce verre est en dehors des oculaires, les défauts dont il peut être la cause ne sont point grossis; l'image focale conserve toute la pureté que le télescope comporte; elle n'est pas plus déformée que si on la regardait à travers le verre, *à l'œil nu.*

Herschell a proposé de substituer au verre coloré le liquide qu'on obtient en faisant passer de l'encre étendue d'eau à travers un filtre de papier. Ce liquide laisse au soleil sa teinte blanche de neige. Les inégalités, ou, si on le préfère, les accidents de lumière dont la surface de cet astre est parsemée, se voient alors beaucoup mieux. J'ajouterai que la teinte blanche doit aussi permettre d'étudier dans toute leur extension les phénomènes dépendant de la force dispersive de l'atmosphère.

Il est une circonstance importante qu'Herschell dit avoir constatée. Suivant cet observateur, le liquide en question absorbe la majeure partie des rayons *calorifiques* qui sont mêlés à la lumière solaire. L'œil appliqué à l'oculaire se trouve ainsi soustrait à une cause d'inflammation qui a été fatale à plus d'un astronome.

L'encre filtrée qu'Herschell substituait au verre coloré était contenue dans un petit récipient terminé par deux glaces planes, polies et à faces parallèles. Le tout se plaçait un peu en avant de l'oculaire, de telle sorte que les rayons arrivaient à l'image focale déjà affaiblis.

Le moyen de perfectionner les observations solaires proposé par Herschell, malgré tout l'avantage que l'auteur semblait s'en promettre, n'est pas devenu usuel.

ASTRONOMIE STELLAIRE.

Classification des étoiles suivant l'ordre de leurs intensités. — Avant William Herschell, *la constitution physique* des astres paraissait peu occuper les astronomes. Quoi, cependant, de plus intéressant que de rechercher, par exemple, si les étoiles brillent d'une lumière constante? Supposez cette lumière variable: notre soleil, étant évidemment une étoile, ira se ranger sous la règle commune; dans les siècles passés, il aura pu régner sur la terre une température très-supérieure à celle de notre temps; aux siècles futurs sera réservé de voir le soleil s'éteindre, de voir l'ensemble des planètes circuler autour d'une masse toujours énorme, mais désormais impropre à porter la vie à quarante millions de lieues de distance. Pour expliquer divers phénomènes, les géologues auront le droit de recourir hardiment à une cause dont auparavant ils osaient à peine faire mention, tant elle paraissait hypothétique, etc., etc.

De si importantes considérations ne devaient pas échapper à l'esprit investigateur du savant astronome de Slough; aussi résolut-il de joindre l'étude de l'éclat des étoiles à tant d'autres recherches qui absorbaient ses jours et ses nuits. Malheureusement, ni lui, ni les physiciens ses prédécesseurs, n'avaient trouvé aucun moyen de déterminer l'*intensité absolue* de lumières aussi peu *abondantes* que celles dont brillent les étoiles; Herschell fut donc forcé de se borner à des intensités relatives: il compara chaque étoile à celles qui, situées dans son voisinage, étaient vues du même coup d'œil sans le secours d'aucun instrument, et les plaça ensuite toutes par ordre d'éclat. Supposons qu'à une certaine époque, sept étoiles, A, B, C, D, E, F, G, aient été rangées, quant à leur intensité, dans l'ordre alphabétique, A, B, C, D, E, F, G; si, à une seconde époque, l'ordre est changé pour une étoile seulement, pour l'étoile D, par exemple; si l'observation oblige de remplacer l'ancienne classification par la nouvelle série A, B D, C, E, F, G, ou par A, B, C, E, D, F, G, ou, *a fortiori*, par des séries dans lesquelles D se trouvera éloigné de sa place primitive de plus d'un rang, il sera presque indubitable que D aura changé d'éclat.

La méthode d'Herschell est, au fond, celle dont Bayer fit usage en 1603. Ce jurisconsulte astronome désigne dans ses cartes, par la première lettre de *l'alphabet grec*, par α, l'étoile la plus brillante de chaque constellation; par la deuxième lettre β, l'étoile la plus brillante après; par la troisième lettre γ, la troisième étoile du même groupe, toujours dans l'ordre d'intensité, et ainsi de suite. Les tables contenues dans les Mémoires d'Herschell diffèrent donc peu, théoriquement parlant, des classifications qu'offrent les cartes de l'astronome allemand; seulement les séries y sont plus nombreuses; les comparaisons embrassent quelquefois des étoiles de diverses constellations; tout y porte l'empreinte de l'exactitude, des attentions les plus minutieuses.

Pour se faire une idée précise des difficultés que rencontre un observateur quand il entreprend de classer les étoiles dans l'ordre de leurs intensités comparatives, on doit songer aux erreurs qui peuvent résulter des inégalités périodiques d'éclat, aux diaphanéités dissemblables des couches de l'atmosphère diversement élevées au-dessus de l'horizon, à l'influence affaiblissante de la lumière crépusculaire et de celle de la lune, aux effets de la scintillation, etc.

Il s'opère des changements dans l'intensité de la lumière de certaines étoiles. — A l'aide de ses précieuses tables, quoique les termes de comparaison fussent peu éloignés, Herschel crut avoir reconnu des changements réels d'intensité dans la trentième partie des étoiles observées; je veux dire dans une étoile sur trente. Au reste, ce travail doit être apprécié bien plus à raison des résultats qu'il promet aux astronomes qui, dans l'avenir, le prendront pour terme de comparaison, qu'à cause des résultats qu'il a déjà fournis.

La classification de Bayer, pour l'année 1603, semble pouvoir être adoptée avec confiance, *à l'égard des quatre ou cinq premières étoiles* au moins de chaque astérisme. On court peu de risque de se tromper en admettant que l'étoile à laquelle, sur les cartes et dans chaque constellation, la lettre α se trouve accolée, était la plus brillante du groupe au commencement du XVIIe siècle; que β, γ, δ, ε occupaient alors respectivement les second, troisième, quatrième et cinquième rangs. Toutes les fois qu'en refaisant de nos jours le travail de Bayer, on trouvera quelque changement dans l'ordre alphabétique $\alpha\ \beta\ \gamma\ \delta\ \varepsilon$, il sera permis d'affirmer que plusieurs des étoiles ont changé d'intensité. Ceci posé, je vais transcrire quelques lignes d'un Mémoire d'Herschell, de l'année 1796. Cette simple citation prouvera que certaines étoiles ne brillent pas d'une lumière constante, à quiconque aura toujours présent à l'esprit que *l'ordre alphabétique* $\alpha\ \beta\ \gamma\ \delta\ \varepsilon$ était l'ordre de grandeur du temps de Bayer.

12 mai 1783.	*Ordre de grandeurs.*
Bouvier	$\alpha\varepsilon\gamma\beta\delta$
Lion	$\alpha\gamma\beta\delta\varepsilon$
Dragon	$\gamma\beta\delta\alpha$
Cygne	$\alpha\gamma\varepsilon\beta\delta$
Hercule	$\beta\alpha\delta\varepsilon$

Dans *Cassiopée*, l'ordre des grandeurs était, en 1796 . . . . . $\beta\alpha$

Dans le *Cancer*	$\beta\alpha$
Dans l'*Aigle*	$\alpha\gamma\delta\beta\varepsilon$
Dans la *Baleine*	$\beta\alpha$
Dans le *Triangle*	$\beta\alpha$
Dans le *Sagittaire*	$\gamma\delta\beta\alpha$
Dans *Andromède*	$\delta\varepsilon$
Dans le *Capricorne* (27 sept. 1782)	$\delta\beta\alpha\gamma$

Changements d'intensité dans les étoiles, confirmés par les observations des astronomes grecs. — Les anciennes descriptions du ciel elles-mêmes, malgré leurs imperfections, me serviront à corroborer les divers résultats des astronomes de notre époque touchant la lumière des étoiles.

Je laisserai de côté le poëme d'*Aratus*, où je trouverais le vague, l'indécision, l'inexactitude de tous les écrivains de l'antiquité ou des temps modernes, qui n'ont connu les phénomènes naturels que par ouï-dire, qui ne se sont jamais donné la peine de les étudier de leurs propres yeux. Je puiserai à une meilleure source.

Eratosthène (né 276 ans avant notre ère) disait, en parlant des étoiles du Scorpion :

« Elles sont précédées par la plus belle de toutes, la brillante de la serre boréale! » Or maintenant la serre boréale est moins brillante que la serre australe, et, surtout, qu'Antarès.

Il y a donc eu des *changements* d'intensité dans la constellation du Scorpion depuis le temps d'Eratosthène.

Il y a des étoiles qui diminuent. — Tout dérangement dans l'ordre d'intensité relatif des diverses étoiles d'un groupe peut également s'expliquer par l'augmentation des unes et par l'affaiblissement des autres. Quand $\alpha\ \beta$ devient $\beta\ \alpha$, rien ne dit si l'étoile α s'est affaiblie ou si l'étoile β s'est ranimée. Il est encore possible que les deux variations se soient opérées dans le même sens, mais suivant des proportions différentes. Sous ce rapport, les comparaisons des *grandeurs absolues*, assignées aux étoiles à diverses époques, donnent d'utiles résultats.

Avant de passer à quelques citations, rappelons que les étoiles visibles à l'œil nu sont classées dans les cartes, dans les catalogues, en six ordres de grandeurs; que les étoiles les plus brillantes constituent la première grandeur; que les étoiles de deuxième, de troisième grandeur viennent ensuite, etc.; que la sixième grandeur compose, enfin, la dernière série entièrement visible à l'œil nu.

α de la grande Ourse ne pourrait aujourd'hui, à aucun titre, être classée parmi les étoiles de première à deuxième grandeur, comme du temps de Flamsteed. Cette étoile a donc diminué.

Flamsteed marquait les deux premières de l'Hydre comme de quatrième. Herschell ne les trouvait plus que de huitième à neuvième.

β du Lion, que Bayer rangeait dans la première grandeur, est aujourd'hui inférieure à beaucoup d'étoiles de la seconde.

α du Dragon figurait dans l'atlas de Bayer comme de deuxième grandeur ; maintenant on le marquerait de troisième au plus.

Je trouverai, je crois, la preuve la plus incontestable de la diminution d'intensité d'une étoile, dans une très-ancienne remarque d'Hipparque.

Cet illustre astronome, qui vivait à Alexandrie cent vingt ans avant notre ère, disait, en critiquant Aratus : « L'étoile du pied de devant du Bélier est *belle et remarquable.* » De nos jours, l'étoile du pied de devant du Bélier n'est que de quatrième grandeur.

Vainement voudrait-on, pour échapper à la conséquence que cette observation entraîne, changer la forme de l'animal : le pied s'étendrait même jusqu'au nœud des Poissons, qu'on n'aurait rien gagné, puisque la plus brillante de ce nœud n'est aussi que de quatrième grandeur.

Etoiles perdues ou dont la lumière s'est complétement éteinte. — Nous avons déjà cité des étoiles dont l'intensité va en s'affaiblissant. Nous parlerons maintenant d'étoiles qui ont complétement disparu.

Je ne m'arrêterai pas à la septième des Pléiades, dont la disparition coïncida, dit on, avec l'embrasement de Troie, et j'arriverai, sans autre intermédiaire, aux observations d'Herschell. Cet astronome trouvait le nombre des étoiles perdues fort considérable, à une époque où l'*Atlas céleste* ne lui inspirait aucune défiance. Mais, ayant eu recours ensuite aux observations originales de Flamsteed, il découvrit dans l'*Atlas céleste* et dans le *Catalogue britannique* des erreurs nombreuses, qui l'obligèrent de modifier ses premiers résultats. On comprendra la nécessité de ce travail laborieux, si je dis que le catalogue renfermait jusqu'à cent onze étoiles imaginaires, qui s'y étaient introduites par des erreurs de calcul ou de copie ; et que d'autre part, cinq à six cents étoiles exactement observées avaient été oubliées

Postérieurement à la révision dont il vient d'être parlé, Herschell plaçait au nombre des étoiles qui se sont complétement éteintes depuis Flamsteed :

La 9e du Taureau, de 6e grandeur (*Catalogue britannique*);

La 10e du Taureau, de 6e grandeur (*Idem*).

Voici qui est plus circonstancié, plus net :

La 55e d'Hercule, placée sur le col de la figure, a été insérée dans le catalogue de Flamsteed comme une étoile de 5e grandeur. Le 10 octobre 1781, W. Herschell la vit distinctement et nota qu'elle était rouge; le 11 avril 1782, il l'aperçut de nouveau, et l'inscrivit dans son journal comme une étoile ordinaire. Le 24 mai 1791, il n'en restait plus aucune trace. Des essais répétés le 25, et plus tard, ne donnèrent pas un autre résultat : ainsi, la 55e d'Hercule a disparu.

Il y a des étoiles dont l'intensité va en augmentant. — Dans un mémoire, lu le 26 février 1796 devant la Société royale de Londres, Herschell plaçait :

β des Gémeaux
β de la Baleine
ζ du Sagittaire;

parmi les étoiles dont l'intensité *augmente* graduellement ; mais il n'a jamais développé, du moins à ma connaissance, les considérations sur lesquelles cette conclusion s'appuyait.

Je passe à des faits plus explicites.

La 1e du *Dragon* était, suivant Flamsteed, de 7e grandeur à la fin du XVIIe siècle; Herschell la plaçait, en 1783, parmi les étoiles de quatrième.

La 14e du Lynx, de 7e suivant Flamsteed, était montée à la 5e grandeur d'après les observations d'Herschell.

Il y a, près de ζ de la grande-Ourse, une étoile actuellement très-visible. On admet qu'elle a augmenté, en se fondant sur cette circonstance singulière que les Arabes l'appellent *Alcor*, mot qui suppose dans la personne qui voyait l'étoile une *vue perçante*.

Quoi de plus curieux que de savoir si les millions de soleils dont l'espace est parsemé, et, dès lors, si notre soleil, sont arrivés à un état permanent ; si les hommes doivent compter sur une durée indéfinie de la chaleur bienfaisante qui entretient la vie à la surface de la terre; s'ils ont à craindre des changements d'intensité lumineuse ou calorifique, rapides, brusques, mortels.

Ces grands problèmes avaient fixé l'attention de divers astronomes, avant qu'Herschell en fit l'objet de ses puissantes investigations. Sans parler des astres plus ou moins fabuleux, qui, de temps à autre, se sont montrés subitement; sans parler :

De l'étoile nouvelle qu'observa Hipparque (vers l'an 125 avant notre ère);

De l'étoile nouvelle qui se montra sous le règne de l'empereur Adrien (vers l'an 130 de notre ère);

De l'étoile nouvelle aperçue vers l'Aigle, au temps de l'empereur Honorius (la date est incertaine, entre 388 et 398);

De l'étoile immense observée par Albumazar, dans le IXe siècle, au 15e degré du Scorpion;

De l'étoile observée sous l'empereur Othon Ier, en 945, entre Cassiopée et Céphée;

De l'étoile qui, en 1264, se montra, aussi, près de Cassiopée ;

Sans parler de la célèbre étoile nouvelle de 1572, assidûment observée par Tycho-Brahé;

De l'étoile nouvelle de 1604, à l'occasion de laquelle Képler donna si largement carrière à sa brillante imagination ;

De l'étoile nouvelle découverte dans le Cygne, en 1670, par le père Anthelme, et qui, circonstance singulière, parut se ranimer plusieurs fois avant de disparaître entièrement ;

Sans m'arrêter, dis-je, à tous ces faits, je remarquerai :

Que dès l'année 1437, dans la préface de son catalogue, Ulug-Beg disait :

Qu'une étoile du Cocher;

Que la onzième du Loup;

Que six étoiles, parmi lesquelles quatre de troisième grandeur, voisines du Poisson austral;

Toutes marquées dans les catalogues de Ptolomée et d'Abd-el-Rahman-el-Suphi, ne se voyaient plus

Que, vers la fin du XVIIe siècle,

J. D. Cassini annonçait que l'étoile placée par Bayer auprès de ε de la petite Ourse avait disparu;

Que l'étoile ξ d'Andromède s'était considérablement affaiblie;

Qu'en 1709, Maraldi ne voyait avec la lunette, ni une ancienne étoile de sixième grandeur située dans la poitrine du Lion et marquée *i* en 1603;

Ni une autre étoile de 6e grandeur placée par Bayer au-dessous de la main australe de la Vierge;

Ni une étoile de 6e grandeur qui, dans les cartes de l'astronome allemand, figurait dans le bassin occidental de la Balance, etc., etc.

Etoiles changeantes ou périodiques. A qui revient l'honneur de les avoir signalées le premier. — Il existe des étoiles dont l'éclat change périodiquement. Dans quelques-uns de ces astres singuliers, le passage du *maximum* au *minimum* d'intensité, et le retour du *minimum* au *maximum*, s'opèrent en peu de temps

Dans d'autres étoiles, au contraire, ces périodes sont assez longues.

La première observation qu'on ait faite d'une variation d'intensité sur une étoile périodique, remonte à près de deux siècles et demi.

Dans l'année 1596, le 13 août, David Fabricius aperçut au *col de la Baleine* une étoile de 3e grandeur qui disparut en octobre de la même année. Jusque-là c'était, en petit, le phénomène de l'*étoile nouvelle* de 1672, de l'étoile de Tycho.

En 1603, Bayer dessina au col de la Baleine, à la place même où l'étoile de David Fabricius s'était évanouie, une étoile de 4e grandeur qu'il appela ο (omicron de l'alphabet grec).

Bayer n'ayant pas rapproché son observation, je veux dire celle de la *réapparition* de ο de la Baleine, de l'observation de *disparition* enregistrée par David Fabricius, manqua l'occasion d'attacher son nom à une des belles découvertes de l'astronomie moderne.

La découverte me semble appartenir à un savant Hollandais, à Jean Phocylides Holwarda, professeur à Franecker.

Cet astronome vit l'étoile de la Baleine au commencement de décembre 1638, pendant une éclipse de lune. Elle surpassait alors les étoiles de 3e grandeur. Quand la lumière solaire l'effaça, elle était déjà descendue jusqu'à la 4e grandeur. Vers le milieu de l'été de 1639, Holwarda n'en put retrouver aucun vestige. Plus tard, le 7 novembre 1639, il la revit à son ancienne place.

Phocylides Holwarda prouva ainsi, par ses seules observations, que des étoiles pouvaient être soumises à des alternatives périodiques de disparition et de réapparition.

Les observations d'Holwarda furent suivies de celles de Fullenius, également professeur à Franecker. En 1641, l'étoile ne commença à devenir visible qu'à partir du 23 septembre. Un an après, le 23 septembre 1642, elle se voyait de nouveau. En août 1644 on n'en apercevait aucune trace. Jungius marquait l'étoile de 3e grandeur en février 1647, et la cherchait vainement de juillet à novembre 1648. Vinrent ensuite les observations assidues, détaillées, minutieuses d'Hévélius. Une première suite embrassa l'intervalle compris entre les années 1648 et 1662. Elle est consignée dans le mémoire intitulé : *Historiola miræ stellæ*. Pendant ces quinze années, l'étoile *admirable* fut plusieurs fois de 3e grandeur et plusieurs fois invisible. La curieuse conséquence tirée des premières observations d'Holwarda se trouvait ainsi confirmée irrévocablement.

Le temps nécessaire à l'accomplissement d'une période entière d'augmentation et de diminution d'intensité de ο de la Baleine est-il constant, et, dans ce cas, quelle en est la durée? Les augmentations et les diminutions se font-elles avec une égale rapidité ? Combien de jours l'étoile reste-t-elle à son *maximum* et combien de temps est-elle invisible? Dans ses *maxima* successifs a-t-elle toujours le même éclat ? Ces questions n'étaient presque pas posées, elles n'étaient pas du moins résolues quand Boulliaud les aborda en 1667.

A l'aide d'une discussion attentive d'observations embrassant l'intervalle compris entre 1638 et 1666, l'auteur de l'*Astronomie philolaïque* trouva :

Pour le temps qui s'écoule entre deux éclats ou entre deux disparitions successives de ο de la Baleine, 333 jours ;

Pour la durée, à peu près invariable, de la plus grande clarté, environ 15 jours ;

Boulliaud reconnut de plus que le moment où l'étoile, après sa disparition, commence à atteindre la 6e grandeur, est celui de la plus rapide variation d'intensité.

Il fut encore constaté :

Que l'étoile variable de la Baleine n'arrive pas aux mêmes grandeurs dans toutes ses périodes ; qu'elle va quelquefois jusqu'à la 2e grandeur, et que plus souvent elle s'arrête à la 5e :

Que la *durée* de son apparition est changeante ; changeante à ce point que, dans certaines années, on a vu l'étoile pendant trois mois consécutifs seulement, et dans d'autres années pendant plus de quatre mois ;

Que le temps de la période ascendante de lumière n'est pas toujours égal au temps de la période descendante ; que l'étoile emploie à aller de la 6e grandeur à son *maximum* d'intensité, tantôt plus et tantôt moins de temps que pour revenir, en s'affaiblissant, de ce *maximum* à la 6e grandeur.

Travaux d'Herschell sur les étoiles périodiques. — J'ai cru devoir tracer l'histoire détaillée des découvertes faites dans le XVIIe siècle touchant les changements périodiques d'intensité de certaines étoiles. Suivant moi, il régnait à ce sujet un peu de vague, de confusion dans les meilleurs traités d'astronomie. Ce curieux phénomène excita vivement, et de bonne heure, l'attention d'Herschell. Le *premier mémoire* de l'illustre observateur qui ait été présenté à la Société royale de Londres, et inséré dans les *Transactions philosophiques*, traite précisément des changements d'intensité de l'étoile ο du col de la Baleine.

Ce mémoire était encore daté de Bath, mai 1780. Onze ans après, dans le mois de décembre 1791, Herschell communiqua une seconde fois à la célèbre Société anglaise les remarques qu'il avait faites en dirigeant quelquefois ses télescopes vers l'étoile mystérieuse. Aux deux époques l'attention de l'observateur s'était principalement portée sur les valeurs absolues des *maxima* et des *minima* d'intensité. Les résultats avaient de l'importance :

Maxima.

En octobre 1779, l'étoile atteignit presque la *première grandeur* (elle surpassait du Bélier et n'était que peu inférieure à Aldébaran).

En . . . . 1780, l'étoile ne s'éleva pas au-dessus de la 3e grandeur (son intensité égalait celle de δ de la Baleine).

En . . . . 1781, éclat un *peu inférieur* à celui de 1780 (restée toujours plus faible que δ de la Baleine).

En . . . . 1782, dans son *maximum*, o monta jusqu'à la 2e grandeur (aussi brillante que β de la Baleine).

En . . . . 1783, pas tout à fait de 3e grandeur (moins brillante que δ).

En . . . . 1789, de 3e à 2e grandeur (un tant soit peu plus vive que α du Bélier).

Le 21 oct. 1790, de 2e à 3e grandeur (presque égale à α de la Baleine).

Minima.

Le 20 oct. 1777, invisible.

En . . . . 1783, invisible même avec un télescope qui montrait les étoiles de 10e grandeur.

En . . . . 1784, Herschell l'observa avec son télescope de 20 pieds à une époque où elle ne surpassait pas la 8e grandeur.

Durée des éclats.

En . . . . 1779, un mois entier.

En . . . . 1782, plus de vingt jours.

Il résulte du tableau précédent que l'étoile ne revient pas toujours au même éclat. (Cela se trouve déjà *dans les anciens observateurs*, comme on l'a dit plus haut. Hévélius prétendait même que l'étoile était restée invisible depuis le mois d'octobre 1672 jusqu'au 3 décembre 1676.)

On savait que l'étoile s'éteignait ordinairement aux époques de ses *minima*, pour l'astronome muni d'une lunette médiocre, et à plus forte raison pour celui qui étudiait le ciel à l'œil nu; mais il n'était pas démontré qu'elle dût également disparaître dans les plus puissants télescopes. Sous ce rapport, les observations d'Herschell offrent un véritable intérêt.

Les observations de Slough des années 1779 et 1782, montreraient elles seules que *les durées des éclats* de o de la Baleine sont irrégulières; mais cela ressort avec plus d'évidence encore de la comparaison des résultats anciens et modernes.

Herschell trouvait, comme on l'a vu :

Des durées d'un mois entier (en 1779),

Et de plus de vingt jours (en 1782).

Boulliaud fixait cette durée à quinze jours seulement.

Suivant la discussion de Boulliaud, l'étoile variable de la Baleine employait 333 jours à revenir à son *maximum* d'éclat.

Jean Cassini donna un jour de plus. Il *supposa* qu'entre le 13 août 1596, date de l'observation de Fabricius, et le 1er janvier 1678, date d'un éclat observé, il y avait eu 89 périodes entières. Divisant alors par ce nombre les 29,725 jours compris entre les deux dates, il trouva le quotient 334 jours, au lieu de 333 adopté avant lui.

Suivant Herschell, la période de 334 jours ne s'accorde pas avec les époques des éclats déterminées vers la fin du XVIIIe siècle, même en rapprochant le point de départ jusqu'au *maximum* observé en août 1703. Herschell croyait ne pouvoir parvenir à faire concorder raisonnablement les diverses dates de *maxima* inscrites dans les collections académiques, qu'à l'aide d'une période encore plus courte que celle de Boulliaud, et qu'il fixait à 331 jours. Cette courte période laisserait planer le soupçon d'erreurs très-considérables sur les observations de 1596 et de 1678, soit qu'on supposât entre ces deux époques 89 ou 90 éclats. Il resterait à admettre que l'intervalle compris entre deux retours de l'étoile à son *maximum* d'intensité, n'est pas le même dans tous les siècles; mais en ce cas, pourquoi procéder par voie de moyennes? pourquoi supposer dans les calculs une exactitude que le phénomène serait loin de comporter? pourquoi ne pas se borner à fixer la durée de la période pour chaque époque, d'après les observations les plus rapprochées possibles?

La changeante de la Baleine n'est pas la seule étoile périodique dont Herschell se soit occupé. Ses observations de 1795 et de 1796 lui prouvèrent que d'Hercule appartient aussi à la catégorie des étoiles variables; que dans son *maximum* d'éclat elle est de 3e grandeur, et dans son *minimum* de 4e; qu'enfin, la durée de la période, ou, si on l'aime mieux, que le temps nécessaire à l'accomplissement de tous les changements d'intensité et au retour de l'étoile à un état donné, est de 60 jours $\frac{1}{4}$.

Quand Herschell arriva à ce résultat, on connaissait déjà une dixaine d'étoiles changeantes, mais elles étaient toutes à très-longues ou à très-courtes périodes.

Dans la première classe on trouvait :

o de la Baleine avec une période de . . . 334 jours, avec une variation entre la 2e grandeur et la disparition entière.	Périodicité découverte par Holwarda; Période déterminée par Boulliaud.
χ du col du Cygne; période de. . . 404 jours, avec une variation de la 5e à la 11e grandeur.	Périodicité reconnue par Kirch; Période déterminée par Maraldi.
Etoile de l'Hydre; période de . . . 494 jours. Elle varie entre la 4e grandeur et la disparition.	Périodicité découverte par Maraldi; Période déterminée par Maraldi et mieux ensuite par Pigott.

Dans les étoiles à courtes périodes :

Algol ou β de Persée. Période de 2 jours 20 h 48 m.	*Reconnue invariable* entre la 2e et la 4e grandeur par Montanari et Maraldi. Période déterminée par Goodricke.
δ de Céphée. Période de . . . 5j 8h 37m variation de la 3e à la 5e grandeur au plus	Période reconnue et déterminée par Goodricke.

β de la Lyre. Période de. . . 6j 9h 0m; variation de la 3e à la 5e grandeur au plus.	Période reconnue et déterminée par Goodricke.
η d'Antinoüs. Période de . . . 7j 4h 15m avec une variation de la 4e à la 5e grandeur.	Période reconnue et déterminée par Pigott.

Quelle est la cause physique des variations d'intensité des étoiles changeantes. — Herschell estimait qu'en introduisant entre deux groupes à si courtes et à si longues périodes une étoile qui emploie 60 jours à accomplir toutes ses variations d'intensité, il avait fait faire un pas essentiel à la théorie de ces phénomènes : à celle du moins qui consiste à tout attribuer à un mouvement de rotation que les étoiles éprouveraient autour de leurs centres. Le savant astronome ne s'étant pas expliqué sur l'origine de cette théorie, il est peut-être convenable de suppléer à son silence.

Lorsque *l'étoile nouvelle* (je ne dis pas périodique) et si brillante de 1572 fit inopinément et *brusquement* son apparition dans Cassiopée, la doctrine péripatéticienne de l'incorruptibilité des cieux n'était pas aussi judaïquement admise qu'on l'a supposé. Plusieurs astronomes, entre autres Tycho-Brahé, soutinrent, *en effet, que cette étoile était le résultat de* la récente agglomération d'une portion de matière diffuse répandue dans tout l'univers ; ils la considéraient comme une *création nouvelle.*

Des scrupules scolastiques et religieux éloignèrent beaucoup d'astronomes de l'opinion professée par Tycho. Les cieux, disaient-ils, on été créés tout d'un coup dans leur entière perfection : rien ne s'y modifie, rien n'y éprouve de transformation. L'étoile appelée nouvelle était donc aussi ancienne que le monde. En soi, elle ne brillait pas plus dans l'année 1572 qu'aux époques antérieures ; seulement, à ces époques de non-visibilité, l'étoile était considérablement plus éloignée de la Terre. Pour devenir visible, éclatante, il avait suffi qu'elle se rapprochât beaucoup. Elle s'était ensuite graduellement affaiblie jusqu'à la disparition totale, en retournant à sa première place. Ces mouvements, d'abord vers la Terre et plus tard en sens opposé, s'étaient effectués exactement en ligne droite, puisque dans les seize mois que durèrent les observations, l'étoile nouvelle conserva rigoureusement la même position au milieu des étoiles anciennes qui l'entouraient.

Je viens d'expliquer comment Jérôme Fracastor, comment J. Dée, comment Elie Camérarius rendaient compte de l'apparition et de la disparition de l'étoile de Cassiopée. Tycho croyait opposer aux idées de ses contemporains une objection entièrement décisive, en disant : « Le mouvement en ligne droite n'est pas naturel aux corps célestes. » Mais il faut observer que les phénomènes n'impliquaient pas un déplacement de l'étoile *mathématiquement rectiligne.* En substituant à la ligne droite une orbite *elliptique* très-allongée, une orbite courbe dont l'axe transversal serait assez petit pour devenir insensible à la distance de l'étoile à la Terre, il n'y aurait en effet rien de changé dans les apparences, et l'objection de Tycho s'évanouirait.

Ceux-là soulevaient une difficulté plus grave qui disaient : L'étoile se trouve à peu près dans les mêmes conditions quand elle se rapproche de la Terre et quand elle s'en éloigne; les deux excursions doivent être faites avec des vitesses égales. Il n'y a aucune cause qui ait pu rendre la période d'augmentation d'intensité différente de la période de décroissement. Or l'étoile de Cassiopée, après s'être montrée *tout à coup*, employa douze mois à descendre de la première à *la septième grandeur.* Cette seule remarque renverse de fond en comble l'explication tirée de prétendus changements de distance, du moins pour ceux qui croient que l'étoile se montra tout à coup ; pour ceux qui admettent qu'une étoile nouvelle de troisième et de deuxième grandeur n'aurait pas échappé des semaines entières, même à des astronomes non avertis de son apparition.

Si les astronomes du temps de Tycho avaient connu la vitesse de la lumière et pu porter dans leurs observations de parallaxe, la précision dont les modernes se piquent avec raison, ils auraient *sans doute déduit de l'hypothèse d'un changement de distance, considérée comme un moyen de rendre* compte des variations d'intensité de l'étoile de 1572, des conséquences devant lesquelles, suivant moi, les plus hardis auraient reculé. Le lecteur va en juger.

L'étoile de 1572 se trouvant dans la région des étoiles ordinaires, sa distance à la Terre était *au moins* égale à celle que la lumière parcourt en trois ans avec la vitesse uniforme de 77 mille lieues par seconde.

En point de fait, au moment de sa brusque apparition et plusieurs mois après, l'étoile nouvelle surpassait les plus brillantes étoiles de première grandeur anciennement connues. Pour qu'une étoile de première grandeur devienne de seconde en s'éloignant *directement de la Terre,* il faut qu'elle ait cheminé d'une *quantité égale à sa distance* primitive. Ainsi l'étoile de première grandeur de 1572 ne se serait affaiblie jusqu'au deuxième ordre, qu'après avoir rétrogradé d'un nombre de lieues au moins égal à celui que la lumière franchit en *trois ans.* Six ans, au moins, se seraient écoulés entre le dernier jour de la période durant laquelle l'étoile brilla de tout son éclat, et le premier jour où on ne l'aurait plus vue que de seconde grandeur, *quand même la vitesse de translation de l'étoile eût été égale à celle de la lumière.* Il aurait fallu, en effet, trois ans pour le passage de l'étoile de la position de première à la position de seconde grandeur, et trois ans pour le trajet de la lumière entre cette seconde position et la première. Et maintenant toujours la même supposition sur la vitesse du corps volumineux de l'étoile, le passage de la deuxième grandeur à la troisième aurait exigé un nouvel intervalle de six ans.

et ainsi de suite jusqu'à la septième grandeur.

En résumé, l'astre du milieu de novembre 1572, s'éloignant de la Terre avec la vitesse de la lumière, n'aurait passé, par l'effet de son changement de distance d'une grandeur à la grandeur suivante, qu'en six ans. Il eût employé trente-six ans entiers à descendre de la première à la septième grandeur. Rapprochons ces calculs des résultats des observations.

En mars 1573, l'étoile nouvelle de Cassiopée était encore de 1re grandeur.

Un mois après, en avril 1573, elle était déjà descendue à la 2e grandeur.

Vainement, pour expliquer une si rapide variation d'intensité à l'aide d'un simple changement de distance, aurait-on doué l'étoile d'une vitesse plus grande que la vitesse de la *lumière*, ou si l'on veut d'une vitesse infinie ; cette dernière supposition elle-même ne réduirait que de moitié les nombres trouvés.

Il est sans doute inutile de pousser ces considérations plus loin. J'ajouterai seulement un fait, en faveur de ceux que de semblables calculs peuvent intéresser. L'étoile nouvelle, de 1re grandeur en mars 1573, était descendue à la septième grandeur en mars 1574 ; alors, en effet, aucun astronome ne la voyait plus à l'œil nu.

Lorsque Cardan soutenait que l'étoile nouvelle de 1572 était celle qui *se montra aux mages et les* conduisit à Bethléem ; lorsque Théodore de Bèze, embrassant la même hypothèse, ajoutait que cette apparition annonçait le second avénement du Christ, comme l'*apparition biblique* avait *précédé le premier*, ils faisaient, l'un et l'autre, de l'*astrologie* et non de l'astronomie. Je puis donc m'en tenir à cette simple mention d'une si étrange aberration de deux esprits supérieurs.

J'aurais presque le droit de qualifier avec la même sévérité le système que Vallesius Covarrobianus imagina pour expliquer comment l'étoile nouvelle pouvait avoir existé depuis l'origine des choses, dans la place même qu'elle occupait en 1572 et être devenue subitement si brillante, tout en restant au fond très-petite. Cet auteur prétendait que l'éclat extraordinaire, exceptionnel de l'étoile, avait été l'effet de l'interposition d'*une partie plus dense de quelque orbe céleste*.

Ainsi les orbes solides, emboîtés les uns dans les autres, les sphères de cristal des anciens, se présentaient encore comme une réalité à l'esprit des astronomes de la fin du XVIe siècle. Si je comprends bien la pensée de Covarrobianus, les orbes, dans leurs points de renflement, auraient agi comme les lentilles de nos phares, en empêchant les rayons de l'étoile de diverger, en les ramenant au parallélisme et les jetant dans cet état jusqu'aux dernières limites de l'espace. Enlevait-on vraiment quelque chose au ridicule de la conception, en remplaçant, avec divers auteurs, le renflement de la sphère cristalline par un amas lenticulaire de vapeurs ?

De toutes les causes auxquelles il était possible de recourir pour expliquer l'apparition, les disparitions de certaines étoiles et leurs changements graduels d'intensité, celle qui consistait à doter ces astres de faces diversement lumineuses, et de mouvements de rotation autour de leurs centres, aurait dû, *suivant nos idées*, s'offrir la première et le plus naturellement à l'esprit des astronomes du XVIe siècle. Pourquoi n'en fut-il pas ainsi ? La réponse à cette question n'est pas difficile à trouver. Avant le commencement du XVIIe siècle, avant la découverte des lunettes, on n'avait aperçu ni les taches du soleil, ni les taches beaucoup plus faibles qui se montrent quelquefois à la surface des planètes ; aucun *astre* ne s'était donc offert encore aux yeux des astronomes avec un mouvement de rotation sur son centre. Copernic, il est vrai, dans son mémorable traité *De revolutionibus*, faisait tourner la Terre ; mais l'assimilation, sous un pareil rapport, de notre globe au soleil ou aux étoiles, était une de ces témérités que les hommes de génie ont seuls le droit de se permettre.

Ce que je viens de nommer une témérité se trouve en toutes lettres dans la dissertation que Képler publia à l'occasion de l'étoile nouvelle de 1604. « Il est croyable, disait le grand astronome, que toutes « les planètes *et les fixes* tournent autour de leurs « axes. » Plus tard, en 1629, il étendit sa conjecture au soleil. Le 52e chapitre de l'immortel ouvrage : *De motibus stellæ Martis*, renferme ce passage : « Le corps du soleil est magnétique ; *il tourne autour* « *de lui-même.* »

La glace était alors rompue. Les lunettes allaient d'ailleurs vérifier les prédictions de Képler, et mettre définitivement les astronomes en possession d'un nouveau moyen d'expliquer certains phénomènes du ciel étoilé. Cependant cinquante années s'écoulèrent avant qu'ils songeassent à en faire usage.

Pour rendre compte de l'apparition des étoiles de 1572 et de 1604, sans enfreindre la maxime de l'incorruptibilité des cieux, sans regarder ces étoiles comme des créations nouvelles, Riccioli supposa (*Almagestum novum*, 1651) qu'il existe au firmament certaines étoiles qui, de toute éternité, sont lumineuses seulement dans une moitié de leur surface, et obscures dans l'autre moitié. Bérose le Chaldéen avait déjà constitué la Lune de cette manière, à l'occasion d'une explication absurde des phases. Riccioli ajoutait : Quand Dieu veut montrer aux hommes quelques signes extraordinaires, il fait tourner brusquement une de ces étoiles sur son centre ; par une semblable révolution l'étoile se dérobe à nos regards soit subitement, soit seulement peu à peu, comme la Lune dans son décours, suivant les circonstances du mouvement.

Ce passage de l'Almageste se rapportait aux *étoiles nouvelles* et nullement aux étoiles *évidemment périodiques*. C'est à Boulliaud qu'était réservé l'honneur d'envisager celles ci d'un point de vue vraiment philosophique. Dans un mémoire de 19 pages sur l'étoile de la Baleine, Boulliaud fait de cet astre un globe doué d'un mouvement de rotation *régulier et continuel* autour d'un de ses diamètres. En ajoutant à cette première donnée la supposition que le globe est obscur sur la plus grande partie de sa surface et lumineux dans le reste, l'astronome français croyait pouvoir satisfaire à toutes les circonstances du phénomène.

Après avoir tant hésité à recourir à des mouvements de rotation pour expliquer les changements d'intensité réguliers et rapides qu'offrent les *étoiles périodiques*, on est allé jusqu'à faire dépendre de la même cause les apparitions des *étoiles nouvelles*. Ainsi, les étoiles, citées par des historiens, qui se montrèrent en 945 et en 1264, dans la région du ciel comprise entre Céphée et Cassiopée, seraient d'anciennes apparitions de l'étoile de 1572.

Il est naturel d'opposer à cette hypothèse que les trois époques ne sont pas également espacées; que de 945 à 1264 on compte 319 années, et que de 1264 à 1572 il y en a 308 seulement. A cela voilà la réponse : des étoiles périodiques à courts intervalles, et fréquemment observées, ont présenté des irrégularités *proportionnellement* aussi fortes.

Si 300 et quelques années constituent la durée de la révolution de l'étoile nouvelle de Tycho, pourquoi ne la vit-on pas dans le VIIe siècle? On pourrait ici se réfugier dans le peu de valeur des arguments négatifs. Il est mieux de faire remarquer que la plupart des étoiles changeantes ne reviennent pas au même éclat dans toutes leurs périodes; que la différence, à cet égard, va quelquefois jusqu'à près de deux grandeurs; qu'en supposant, enfin, que l'étoile de Cassiopée ne se soit élevée dans quelques-uns de ses éclats qu'au niveau des étoiles de 7e grandeur, les observateurs privés de lunettes n'en ont pas pu tenir note.

Je dois dire que les astronomes Keill et Pigott, au lieu d'attribuer à l'étoile de 1572 une période de 300 et quelques années, trouvaient préférable d'adopter la moitié de ce nombre ou environ 150 ans. Une période de 150 ans, sans soulever d'autres difficultés que la période double, aurait sur celle-ci l'avantage de se rapprocher beaucoup plus des périodes reconnues dans des étoiles variables proprement dites. Herschell, comme je l'ai déjà rappelé, crut faire une découverte essentielle, le jour où il intercala α d'Hercule avec ses 60 jours de révolution, entre des étoiles de trois à 7 jours et des étoiles de 400 jours. Ici le chaînon intermédiaire entre ces premières étoiles et l'étoile de 150 ans de période, serait l'étoile située dans la poitrine du Cygne, découverte en 1600 par Jansonius. Suivant Pigott, en effet, la durée de tous les changements d'intensité de cette étoile, pour les périodes croissante et décroissante réunies, s'élèverait à *dix-huit ans*.

Quoi qu'il en soit de ces divers rapprochements, je m'appuierai tout à l'heure sur des observations certaines, quoique d'une nature assez délicate, pour établir que l'étoile de 1572 ne pourrait pas, sans d'importantes restrictions, être assimilée aux vraies étoiles périodiques.

Conséquences qui se déduisent de l'observation des étoiles changeantes. — En profitant de cette circonstance pour écrire une histoire si détaillée des étoiles nouvelles et des étoiles variables, je me suis proposé, autant qu'il était en moi, d'appeler sur cet objet l'attention des amateurs d'astronomie. J'ai désiré signaler à leur attention une mine très-riche dont les astronomes de profession, distraits par d'autres travaux, ne se sont guère occupés, et qui me semble pouvoir être exploitée sans le secours d'aucun grand instrument : une lunette commune doit suffire. Il n'en faudra pas davantage pour pénétrer dans des régions qui se rattachent intimement à ce que les sciences modernes offrent de plus grand et de plus profond. De courtes explications justifieront ces paroles; elles montreront à quel point on se tromperait en considérant l'étude des variations de lumière de certaines étoiles comme un simple objet de curiosité.

Les rayons de différentes couleurs se meuvent dans les espaces célestes avec la même vitesse. — La lumière blanche est un composé de rayons de différentes couleurs; ces rayons se meuvent-ils dans l'espace avec la *même vitesse?* On citerait difficilement une question de physique dont la solution puisse conduire à des conséquences plus nettes sur la constitution des espaces célestes. Les observations des étoiles périodiques permettent de la résoudre complétement.

En effet, sans nous occuper pour le moment de la *cause physique* qui détermine les changements d'intensité de l'étoile o de la Baleine, nous pouvons affirmer avec certitude qu'à certaines époques cette étoile nous envoie beaucoup de lumière; qu'à d'autres époques elle ne nous envoie rien, ou presque rien; qu'enfin, le passage de ce dernier état au premier se fait graduellement et avec assez de rapidité.

L'étoile qui, aujourd'hui je suppose, n'envoie aucun rayon à la terre, deviendra quelque temps après luisante. Alors elle nous lancera des rayons blancs, puisque sa teinte naturelle est blanche; autrement dit, qu'on me passe l'assimilation, elle nous dépêchera simultanément et à chaque instant, sept courriers de diverses couleurs. Si le courrier rouge est le plus rapide, ce sera lui qui arrivera le premier pour témoigner de la réapparition de l'étoile : la réapparition se fera donc avec une teinte rouge. Cette teinte se modifiera à mesure que les autres couleurs prismatiques, orangées, jaunes, vertes, bleues, indigo, violettes, arriveront à leur tour et iront se mêler au rouge qui les avait précédées. Le mélange du rouge et de l'orangé; celui de ces deux premières couleurs et du jaune; la couleur qui résulte des trois précédentes unies au vert; le résultat de la combinaison des quatre couleurs les moins réfrangibles, d'abord avec le bleu seul, ensuite, avec le bleu et l'indigo; enfin avec le bleu, l'indigo et le violet, ce qui constitue le blanc, voilà quelles seront les teintes successives d'une étoile naissante. Les choses se reproduiront dans l'ordre inverse pendant l'affaiblissement.

Si tels doivent être *en general* les phénomènes de l'apparition et de la disparition d'une étoile périodique blanche, dans le cas où les rayons de diverses couleurs se meuvent avec différentes vitesses, il n'est pas moins évident que si le rouge, le vert, le violet, etc., traversent l'espace avec une égale rapidité, l'étoile variable restera constamment blanche, depuis sa première apparition jusqu'au maximum d'intensité, et pendant la période décroissante, depuis le maximum d'intensité jusqu'à la disparition.

Entre des phénomènes si dissemblables qu'a statué l'observation?

Depuis qu'il me vint à la pensée que les étoiles variables seraient un moyen de trancher la question, si controversée, de l'égalité ou de l'inégalité de vitesse des rayons lumineux de diverses couleurs, j'ai souvent examiné des étoiles périodiques blanches dans tous leurs degrés d'intensité, sans y remarquer de coloration appréciable. Je me suis assuré, en outre, qu'aucun des astronomes modernes voués à ce genre de recherches n'a mentionné de colorations réelles dans les phases d'une étoile périodique quelconque. Les témoignages sont d'autant plus précieux, qu'en faisant leurs observations, Maraldi, Herschell, Goodricke, Pigott, etc., ne songeaient nullement au parti qu'on pourrait en tirer pour résoudre les questions relatives à la vitesse de la lumière des divers rayons du spectre.

Ce ne serait pas ici le lieu de déterminer numériquement le degré de précision auquel cette méthode permettrait d'arriver avec telle ou telle étoile changeante : il me suffira de dire que cette précision est très-grande, et d'indiquer une application singulière qu'on peut faire du résultat.

La densité de la matière qui remplit les espaces célestes ne saurait dépasser une limite dont les observations des étoiles changeantes peuvent assigner la valeur. — Dans le système newtonien de l'émission, le seul que je considérerai pour le moment, les rayons lumineux de diverses couleurs traversent les corps diaphanes solides, liquides ou gazeux, avec des vitesses différentes. Dans le vide, les rayons rouges sont toujours les plus rapides; les rayons violets toujours les plus lents; les orangés, les jaunes, les verts, les bleus, les indigos, ont toujours des vitesses intermédiaires entre celles des rayons rouges et des rayons violets.

La différence de vitesse entre les divers rayons du spectre n'est pas constante : elle varie avec la nature, avec la densité des milieux traversés.

Les espaces célestes, tout le monde en convient, sont remplis d'une matière très-rare. Assimilons cette matière, quant à ses propriétés réfringentes, aux gaz terrestres dans lesquels les rayons rouges et les rayons bleus, par exemple, ont les vitesses les moins dissemblables. Cherchons ensuite quelle devrait être *la densité de ce gaz* pour que deux rayons, l'un rouge et l'autre bleu, partis en même temps d'une étoile changeante, arrivassent à la terre *à peu près* simultanément, malgré la prodigieuse épaisseur de la matière traversée, malgré la durée du trajet qui ne saurait être au-dessous de trois ans; le résultat du calcul étonnera l'imagination par sa petitesse.

Déterminer, à l'aide d'un simple phénomène de coloration, la limite supérieure de la densité que peut avoir l'éther répandu dans les espaces célestes, m'a paru une chose assez curieuse pour justifier les explications qu'on vient de lire.

Je ferai suivre cette application, déjà réalisée, des phénomènes présentés par les étoiles changeantes, d'une application, simplement en projet, et susceptible de conduire à d'importantes conséquences celui qui saura ajouter quelque nouveau degré de précision à la mesure des intensités des étoiles.

Une observation attentive des phases d'Algol pourra servir à déterminer directement la vitesse de la lumière de cette étoile. — Algol ou β de Persée est ordinairement de *deuxième* grandeur : quelquefois cette étoile s'affaiblit jusqu'à n'être plus que de quatrième. Le passage d'un de ces états à l'autre s'effectue en 3 h. 1/2 environ. Un second intervalle de 3 h. 1/2 ramène Algol de la quatrième à la seconde grandeur.

Près du *maximum* et du *minimum* le changement d'intensité de l'étoile s'opère lentement. Il est, au contraire, rapide à certaine époque intermédiaire entre celles qui correspondent aux deux états extrêmes, je veux dire, quand Algol, soit en diminuant, soit en augmentant d'éclat, passe par la troisième grandeur. Les moments de ces passages pourront être saisis avec plus d'exactitude que les autres phases; c'est par l'observation des 3es grandeurs que la période d'Algol sera surtout bien déterminée, du moins quand les *maxima* et les *minima* resteront constants.

En 105 minutes (moitié de 3 h. 1/2), Algol s'élève de la 4e à la 3e grandeur : il ne faut que 105 minutes pour que l'éclat de cette étoile double. Si la variation était proportionelle au temps, à chaque minute correspondrait $\frac{1}{105}$ d'augmentation; mais au moment où l'astre est de 3e grandeur, s'opèrent les plus rapides changements. Peut-être même la variation, à cette époque, arrive-t-elle à être double de la variation moyenne; peut-être monte-t-elle à $\frac{1}{52}$ par minute : $\frac{1}{52}$ est une variation d'intensité saisissable à la simple inspection ; ainsi l'on pourrait déterminer les moments de la phase intermédiaire d'Algol, les moments du passage de cette étoile par la 3e grandeur, à la précision d'une minute. Quelques perfectionnements dans les moyens de mesure photométrique permettraient probablement d'aller jusqu'à la moitié ou au quart de cette quantité.

Nous voilà presque arrivés à la précision dont les observations des éclipses des trois derniers satellites de Jupiter sont susceptibles. Rien n'empêchera donc que nous ne reproduisions, à l'aide des observations d'Algol, les combinaisons qui conduisirent Roëmer à la détermination de la vitesse de la lumière. Seulement, le célèbre astronome opérait sur de la lumière réfléchie, et il ne sera ici question que de la lumière directe ; seulement, les satellites donnaient la vitesse d'une lumière venant du Soleil, et nous trouverons la vitesse de la lumière venant d'une étoile.

Les causes, quelle qu'en soit la nature, qui, dans la région d'Algol, font passer successivement cette étoile de la 2e à la 3e grandeur, ou de la 4e à la 3e, se manifestent à nous *après un temps* égal à celui que la lumière emploie à venir de cette région à la Terre. Il faut bien, en effet, pour que nous apprenions le changement survenu aux confins du firmament, attendre l'arrivée du courrier lumineux qui nous en apporte la nouvelle. Ainsi, il y a lieu à distinguer soigneusement le moment où, par sa rotation, où par l'interposition d'un corps opaque, etc., l'étoile devient de la 3e grandeur réellement, et celui où elle le devient pour la Terre. Le premier moment est celui du phénomène réel, l'autre le moment du phénomène apparent.

Supposons que l'étoile et la Terre soient immobiles, le temps de la transmission de la lumière restera constant. Dans le cas contraire, il y aura variation. Ainsi, la Terre s'éloigne-t-elle graduellement de l'étoile, le temps écoulé entre le *phénomène réel* et le *phénomène observé* deviendra de plus en plus grand. L'inverse aura lieu évidemment, si la Terre et l'astre se rapprochent.

La Terre est-elle une planète, dans son mouvement annuel elle s'éloignera d'Algol pendant six mois consécutifs; elle s'en rapprochera pendant les six mois restants.

Observons l'instant du passage de l'étoile par la 3e grandeur, le jour où la Terre est le plus près possible de cet astre. Observons la même phase à six mois de là, ou quand la Terre se trouve à son maximum de distance de l'étoile. Rapportée, comparée *au phénomène réel*, cette seconde observation sera *plus tardive* que la première, *de tout le temps que la lumière aura employé à parcourir le nombre de kilomètres dont la Terre s'est éloignée de l'étoile entre la première et la seconde station*. En retranchant la première observation de la seconde, on trouvera donc pour résultat l'*intervalle réel* qui s'est écoulé entre les deux phases, AUGMENTÉ du temps que la lumière a dû employer à parcourir un chemin égal au nombre de kilomètres exprimant la différence entre la plus grande et la moindre distance de la Terre à Algol.

Si l'on prenait pour *première observation* celle qui serait faite au maximum de distance de la Terre à l'étoile, *et pour seconde* l'observation correspondante au minimum de distance *suivant*, la différence des deux serait égale à l'*intervalle* réel des deux phases, DIMINUÉ cette fois du temps dont la lumière a besoin pour parcourir la différence entre ces distances maximum et minimum.

L'*intervalle* qui sépare deux phases *réelles* d'Algol, vu l'immense distance de cette étoile, doit être totalement indépendant de la position de la Terre dans son orbite. En effet, à de pareilles distances, l'action de notre globe sur l'étoile ne saurait être appréciable. La supposition contraire put se présenter à l'esprit quand, à l'origine, on discuta les éclipses des satellites de Jupiter, car ces astres sont beaucoup moins éloignés; ici elle serait d'emblée insoutenable. Ainsi l'*intervalle réel* compris entre une phase d'Algol correspondant au moment où cette étoile est à sa moindre distance de la Terre, et la phase qui arrivera *six mois plus tard*, quand la distance de la Terre à l'astre aura acquis sa valeur maximum ; cet intervalle, disons-nous, sera égal, *en moyenne*, à l'intervalle que l'on trouverait en prenant les termes de départ en sens inverse : en prenant pour premiers termes les phases réelles des distances maximum, et pour seconds termes les observations de six mois plus tardives et correspondantes aux distances minimum.

Les intervalles *réels* entre les phases étant égaux, les intervalles *observés* ne pourront différer entre eux qu'à raison de la vitesse de la lumière. Or, nous le savons aujourd'hui, dans l'espace de six mois la Terre *s'éloigne* d'Algol d'un si grand nombre de kilomètres, que la lumière ne les parcourt qu'en 15'12". Dans les six mois suivants, les deux corps se *rapprochent* précisément de la même quantité. Pour avoir l'intervalle compris entre une phase *observée* la nuit de la moindre distance de la Terre à Algol, et la phase *observée* la nuit de la distance maximum, il faudrait *ajouter* 15'12" à *l'intervalle réel* s'il nous était connu. Ce *même* intervalle réel inconnu, *diminué* de 15' 12", donnerait la valeur de l'intervalle observé entre une *première* phase correspondante au maximum, et une *seconde* phase observée au minimum. Mais si un nombre, quel qu'il puisse être, connu ou inconnu, subit ces deux opérations : si d'une part on l'*augmente* de 15' 12", si de l'autre on le *diminue* de ces mêmes 15' 12", la somme et la différence ainsi calculées différeront entre elles du *double* de 15' 12", c'est-à-dire de 30' 24".

30 minutes et 24 secondes, telle sera donc la différence entre les deux séries d'intervalles de phases d'Algol, observées aux époques des maxima et des minima de distances, et discutées suivant les conditions indiquées. Cette quantité est beaucoup au-dessus des erreurs auxquelles on sera exposé dans les observations. Il semble donc très-possible de déterminer *directement* la vitesse de la lumière d'une étoile.

Outre la détermination importante dont il vien

d'être question; outre les chances imprévues qu'offre toute recherche scientifique, l'étude photométrique des étoiles changeantes permettra probablement de se prononcer entre les trois hypothèses qui ont été faites pour expliquer ce phénomène.

La première, la plus ancienne de ces hypothèses, celle de Boulliaud, consiste, comme nous l'avons déjà dit, à supposer que les étoiles changeantes ne sont pas également lumineuses dans toute l'étendu de leur surface, et qu'elles tournent sur elles-mêmes de manière à présenter successivement à la Terre des hémisphères entièrement lumineux, et des hémisphères plus ou moins parsemés de taches obscures.

Suivant une autre explication, l'étoile n'aurait nullement besoin d'être douée d'un mouvement de rotation. Ses éclipses totales ou partielles, ses changements apparents d'intensité, seraient l'effet de l'interposition plus ou moins complète, entre l'astre périodique et la Terre, de quelque corps opaque circulant autour de cet astre comme les planètes de notre système circulent autour du Soleil.

Enfin, d'après une conjecture de Maupertuis, dans le nombre infini des étoiles il s'en trouve de *très-aplaties* ou de semblables à des *meules ;* elles se présentent à nous tantôt *par la tranche*, et tantôt par la large surface, ce qui suffit amplement à l'explication de leur changement d'éclat.

Les trois suppositions peuvent également satisfaire à l'*ensemble* des phénomènes observés. En est-il de même des détails? Or les détails sont la pierre de touche des théories. C'est aux détails qu'il faut aujourd'hui *s'élever* dans la question des étoiles changeantes; c'est par des observations d'intensité faites chaque jour, à de courts intervalles, qu'on reconnaîtra s'il ne serait pas indispensable, suivant les cas, de varier l'explication, de choisir tantôt celle-ci, tantôt celle-là, tantôt leur combinaison ; si les phénomènes n'impliquent point des changements considérables et rapides, soit dans la position des pôles de rotation des étoiles, soit dans la situation des plans contenant les orbites des planètes opaques qui circulent autour d'elles, etc. En mettant à profit dans la discussion de ces phénomènes, quand ils auront été suivis avec un photomètre, ce que nous savons aujourd'hui touchant les rayonnements des corps solides, des corps liquides, des corps gazeux incandescents, sous le double rapport de l'intensité et de la polarisation, on pénétrera fort avant dans la constitution physique des étoiles. La prodigieuse distance de ces astres, l'excessive petitesse de leurs diamètres apparents ne seront pas des obstacles insurmontables.

J'ai annoncé plus haut que je puiserais dans certaines observations délicates la preuve que l'étoile nouvelle de 1572 ne saurait être, sans d'importantes restrictions, rangée dans la catégorie des étoiles changeantes; je vais accomplir ma promesse.

Nous avons reconnu que les rayons lumineux de différentes couleurs se meuvent avec la même vitesse. Les circonstances les plus favorables n'amènent et ne peuvent amener aucune coloration dans les phases d'une étoile variable proprement dite ; témoin les étoiles à courte ou à longue période, Algol, o de la Baleine. Discutons sous ce point de vue les observations de l'étoile de 1572.

Le 11 novembre 1572,	jour où l'étoile se montra subitement, où Tycho l'aperçut pour la première fois, *elle était blanche*. Tout le monde la compara, en effet, pour la nuance, à Sirius, à Jupiter et à Vénus ; elle surpassait en *intensité* les deux premiers de ces astres.
En décembre 1572,	l'étoile, déjà diminuée, était, pour l'intensité et la nature de la lumière, comme Jupiter.
En Janvier 1573,	l'étoile, inférieure à Jupiter, *semblait un peu jaunâtre*.
A la fin de mars 1573,	les astronomes assimilaient l'étoile nouvelle à Aldébaran (étoile rougeâtre). Ils lui attribuaient unanimement une couleur semblable à celle de Mars. La teinte rouge n'était donc pas équivoque.
Au mois de mai 1573,	elle avait perdu la teinte rouge. Sa nuance était alors le blanc de la planète Saturne.
En janvier 1574,	de 5ᵉ grandeur ; blanche.
En mars 1574,	invisible à l'œil nu. Les lunettes n'étaient pas encore inventées.

Pour concilier la coloration en rouge de l'étoile, dans les premiers mois de l'année 1573, avec ce que nous savons de l'égalité de vitesse des rayons de différentes couleurs, ou avec ce que nous a offert l'observation des étoiles périodiques proprement dites, nous devons admettre qu'il *s'opéra des changements physiques considérables* sur l'étoile nouvelle ; à moins, toutefois, qu'on ne veuille supposer, suivant l'idée d'un astronome célèbre, qu'un milieu imparfaitement diaphane, qu'une sorte de *nuage cosmique* voyageant dans les espaces célestes, s'interposa entre Cassiopée et la Terre, et que la portion de ce nuage traversée par les rayons venant de l'étoile nouvelle était plus épaisse en mars qu'à toutes les autres époques.

Ceux qui lisent les ouvrages de Képler sans une attention suffisante, sans un sévère esprit de critique, s'imaginent que l'étoile nouvelle de 1604 ou du Serpentaire présente des phénomènes de coloration extraordinaires, les plus divers et les plus prononcés ; c'est une erreur qu'il importe de relever.

Képler parle de teintes jaunes, safran, pourprées, rouges; mais, puisqu'on ne les voyait qu'à travers les vapeurs de l'horizon, elles n'avaient rien de réel A une certaine hauteur l'étoile était blanche ; seule ment elle présentait alors successivement toutes les couleurs *qui jaillissent d'un diamant à facettes exposé au soleil.* C'est là le caractère principal, le caractère essentiel de la scintillation d'une étoile brillante. Sous ce rapport encore, l'astre nouveau du Serpentaire n'offrit donc rien qui le distinguât des étoiles ordinaires.

Les plus anciens observateurs avaient déjà remarqué qu'il existe des *étoiles rougeâtres.* Ptolomée, par exemple, rangeait dans cette catégorie *Aldébaran, Pollux, le cœur du Scorpion* (*Antarès*), et *l'épaule d'Orion.*

Certaines étoiles sont *bleues* ou *vertes*. Ces couleurs ne paraissent avoir été remarquées que par les modernes. Le premier ouvrage dans lequel, à ma connaissance, il soit fait mention d'étoiles *constamment bleues*, est le *Traité des couleurs* de Mariotte, publié en 1686. « Il y a, dit ce physicien, des étoiles « bleues..... Les étoiles *qui paraissent bleues* ont une « lumière faible, mais pure et sans mélange. » Mariotte s'arrête là ; son traité ne renferme aucune désignation spéciale d'étoiles bleues.

Les Catalogues d'étoiles de William Herschell offrent, au contraire, par leur nom ou par leur position, un bon nombre de ces astres auxquels le savant astronome attribue des teintes bleues ou vertes prononcées. Dans les combinaisons binaires, quand la petite étoile semble très-bleue ou très-verte, la grande est jaune ou rouge. Il ne paraît pas que William Herschell se soit suffisamment préoccupé de la circonstance singulière dont je viens de faire mention. Je ne trouve, en effet, nulle part, que l'accouplement presque constant de deux couleurs complémentaires (du jaune et du bleu, du rouge et du vert) l'ait conduit à soupçonner qu'une de ces couleurs pouvait n'avoir rien de réel, n'être souvent qu'une illusion, qu'un résultat de *contraste.*

La considération du *contraste* fut introduite pour la première fois dans ce genre de phénomènes en 1825 (*Connaissance des Temps de* 1828). Il est vrai que l'auteur de l'article de la *Connaissance des Temps* reconnut aussitôt l'impossibilité de rapporter à cette cause les teintes bleues ou vertes de *toutes* les étoiles : l'impossibilité était évidente, par exemple, partout où se montrait une étoile verte ou bleue sans qu'il existât dans le voisinage d'autres étoiles colorées en jaune ou en rouge. Citons quelques exemples de cette espèce, car il en résultera rigoureusement la conséquence que le firmament est non-seulement parsemé de *soleils rouges* et *jaunes*, comme le savaient les anciens, mais encore de *soleils bleus et verts.*

Exemples tirés des premiers catalogues de William Herschell.

μ du Cygne.... Grande, *blanche;* petite, *bleuâtre* (étoiles considérablement inégales).

β du Cygne.... Grande, *rouge* PALE ; petite, BEAU bleu (considérablement inégales).

π d'Andromède. Grande, *blanche;* petite, *bleuâtre* (extrêmement inégales).

λ d'Ophiuchus.. Grande, *blanche;* petite, *bleu tranché* (considérablement inégales).

Exemples tirés des catalogues de MM. John Herschell South et Dunlop.

λ du Bélier........ Grande, *blanche;* petite, *bleue.*

59me d'Andromède... Grande, *bleuâtre;* petite, *bleuâtre.*

62me de l'Eridan..... Grande, *blanche;* petite, *bleue.*

δ du Bouvier.......... Grande, *blanche;* petite, *bleu* FONCÉ

δ du Serpent....... Grande, *bleue;* petite, *bleue.*

ψ du Cygne....... Grande, *blanche;* petite, *bleu assez vif.*

ε du Poisson volant.. Grande, *blanche;* petite, *bleue.*

Il y a dans le ciel austral un groupe de 3 minutes 1/2 de diamètre où *toutes* les étoiles sont bleuâtres, suivant M. Dunlop.

Il résulte incontestablement de ce tableau que *le bleu est la couleur réelle de certaines étoiles.* Sir John Herschell a *adopté* cette conséquence. Il en est de même de l'idée que le contraste peut être *quelquefois* la cause des couleurs observées dans les étoiles doubles.

Y a-t-il un seul exemple bien constaté de changements de couleur dans la lumière des étoiles. — Le rouge est la seule couleur que les anciens aient jamais distinguée du blanc dans leurs catalogues d'étoiles. Ceux de ces astres auxquels Ptolomée attribuait une teinte rougeâtre (*Aldébaran, Pollux, Antarès, l'épaule d'Orion*) sont rouges aujourd'hui comme il y a 1700 ans. Sirius semblerait seul faire exception à la règle.

Sirius a changé de nuance, *si*, comme on l'affirme, Aratus, Ptolomée, Cicéron, Horace, Sénèque, lui attribuent une teinte rougeâtre. Il suffira donc de vérifier, de discuter les textes anciens, car l'étoile est maintenant d'une blancheur manifeste incontestable.

Thomas Barker, le premier, je crois, qui se soit livré à ce travail, me servira de guide.

Dans Aratus on trouve, à l'occasion de Sirius, ποικίλος. Divers passages de l'Iliade et de l'Odyssée semblent bien établir que ce mot signifiait littéralement, bariolé plutôt que *rouge.* Cependant, c'est l'acception de rouge que Cicéron lui a donnée. Si, en substituant *rutilus* au terme grec, l'orateur romain renonçait à dessein à la fidélité, qui, en pareille matière, est le principal mérite, il faudrait supposer que lui-même avait reconnu les propriétés rutilantes de la lumière de l'étoile.

Horace, dans sa seconde Satire, a évidemment entendu qualifier une étoile rouge en employant le mot *rubra;*

Sénèque (*Quæst. Nat.*) faisait la teinte rouge de l'étoile *caniculaire*, plus foncée que celle de Mars;

Ptolomée, enfin, disait expressément que l'*étoile*

du grand Chien, était de la même couleur que *le cœur du Scorpion*.

Que peut-on opposer à des témoignages si concordants? Le voici :

En parlant du grand Chien dans l'ouvrage intitulé *Poeticon astronomicon*, Hyginus y signale deux étoiles remarquables : l'une, située sur la langue, s'appelle *le Chien*, dit l'affranchi d'Auguste ; l'autre, désignée vaguement comme se trouvant sur la tête, portait le nom de *Sirion*. C'est à Sirion qu'Hyginus appliquait les expressions *flammæ candorem;* donc Sirius était jadis blanc.

Barker répond que le passage de Ptolomée s'applique *textuellement* à la *gueule* du Chien, à l'étoile que tout le monde appelle aujourd'hui Sirius, et nullement au Sirion situé au-dessus de l'oreille du Chien, nullement à une étoile qui pouvait être remarquable du temps d'Hyginus et avoir déjà cessé de briller du temps de Ptolomée. Au surplus, on pourrait citer de nombreux passages empruntés aux anciens auteurs, et dans lesquels *candor* est employé pour désigner l'éclat plutôt que la nuance d'une lumière.

Un savant anglais fort versé dans la littérature ancienne, M. Th. Forster, a soutenu, il y a quelques années (en 1817), contre l'opinion de son compatriote Barker, qu'on ne peut arriver à rien de *démonstratif, de précis, touchant l'ancienne couleur* des astres, à l'aide de passages empruntés aux auteurs classiques. M. Forster prouve très-bien que les écrivains de l'antiquité, que les poëtes surtout, ont usé avec une bien grande latitude des termes destinés à caractériser la couleur des corps. Il a certainement raison d'être surpris que l'expression *purpureus* (pourpre) soit appliquée par un même écrivain, par Virgile, à une rose, à une violette, *aux flots de l'Adriatique*, etc. ; mais je ne devine pas comment de telles remarques pourraient jeter du doute sur cette affirmation de Sénèque : Sirius est plus rouge que Mars ; sur l'ὑπόκιῤῥος (*rougeâtre*) appliqué en même temps par Ptolomée à Antarès, à l'épaule d'Orion, à Aldébaran et à Sirius.

Tout bien examiné, tout bien pesé, il semble donc que Sirius était jadis rougeâtre et qu'en moins de 2000 ans il est passé de cette teinte au blanc le moins équivoque.

Intensités comparatives des étoiles de différentes grandeurs. Distances comparatives de ces diverses étoiles à la Terre. — La division, *en ordres de grandeurs*, des étoiles dont le firmament est parsemé, a été faite par les astronomes de l'antiquité d'une manière arbitraire et sans aucune prétention à l'exactitude. D'après la nature des choses, ce vague s'est continué dans les catalogues modernes.

Les cartes les plus accréditées offrent aujourd'hui un nombre total de 17 étoiles de première grandeur, pour les deux hémisphères. Pourquoi 17 et non pas 16 ou 15? Pourquoi 17 et non pas 18 ou 19? Personne ne saurait le dire. Les 17 étoiles de première grandeur sont loin d'avoir toutes la même intensité. La dernière de la première grandeur et la première de la seconde ne diffèrent pas tellement d'éclat, que l'une n'eût pu descendre à la classe immédiatement inférieure, ou l'autre remonter à la classe immédiatement plus élevée. Ces mêmes remarques s'appliquent, à plus forte raison, aux nombreuses étoiles des ordres inférieurs.

La sixième grandeur composait, chez les anciens, le dernier ordre d'étoiles visibles à l'œil nu. Aujourd'hui plusieurs étoiles observables sans instruments sont rangées dans la septième grandeur. C'est donc la septième grandeur qui est réellement le terme de démarcation entre les étoiles visibles à l'œil nu et les étoiles télescopiques.

Herschell essaya d'introduire des chiffres dans cette classification ; il s'appliqua à déterminer en nombres le rapport entre l'intensité d'une étoile de première grandeur et l'intensité d'une étoile de seconde, de troisième, etc. Voici comment il opéra :

Deux télescopes de sept pieds, exactement pareils, et qui donnaient conséquemment deux images également intenses des étoiles de même éclat, furent placés l'un à côté de l'autre, de telle sorte que l'observateur pouvait, en une seconde de temps environ, se transporter de l'oculaire du premier télescope à l'oculaire du second. Des ouvertures circulaires en carton, de différents diamètres, réduisaient graduellement, à volonté et suivant des rapports connus, la quantité de lumière qui formait, dans un des deux télescopes, l'image de *la plus brillante des deux étoiles qu'on voulait comparer*. On s'arrêtait, en opérant cette réduction, au moment où l'image ainsi affaiblie paraissait égale à l'image sans affaiblissement de la seconde étoile vue dans l'autre télescope. Cette échelle de réduction ne descendait jamais audessous du quart. On n'était pas obligé ainsi d'employer des ouvertures qui, à raison de leur petitesse, auraient changé par voie de diffraction *les dimensions de l'image*. Seulement, quand il fallait opérer sur des étoiles dont l'une était en intensité moins du quart de l'autre, au lieu de faire une comparaison directe, on passait, comme repère, par des étoiles d'un éclat intermédiaire.

Ce procédé pèche en un point essentiel : les images des deux étoiles ne se voyant pas *simultanément* ne peuvent pas être *égalisées* avec une grande précision. Toutefois, comme un observateur tel qu'Herschell a dû certainement tirer bon parti même d'une méthode imparfaite, je rapporterai ici ses principaux résultats :

α d'Andromède, la Polaire, γ de la Grande Ourse, δ de Cassiopée (toutes étoiles de deuxième grandeur), sont exactement *le quart d'Arcturus*

La lumière s'affaiblissant dans le rapport des carrés des distances,

Arcturus, étoile de *première grandeur*, transportée au double de sa distance actuelle, serait donc de *seconde grandeur*.

α d'Andromède est égal à quatre fois *μ* de *Pégase*,

Arcturus, égal à son tour à quatre fois α *d'Andromède*, est conséquemment égal à seize fois μ de *Pégase*.

μ de *Pégase* est porté dans les catalogues comm de quatrième grandeur;

Arcturus, de première grandeur, deviendrait de quatrième si on le portait *au quadruple* de sa distance actuelle.

Le quart de μ *de Pégase*, ou 64e *d'Arcturus*, est égal à *q de Pégase*, marqué dans les catalogues comme de cinquième à sixième grandeur.

Arcturus, transporté à huit fois sa distance actuelle, serait encore grandement visible à l'œil nu, puisque son intensité, restée égale à celle de *q* de Pégase, n'aurait pas tout à fait baissé jusqu'à la sixième grandeur.

En prenant pour point de départ, *non plus Arcturus*, mais *la Chèvre*, qui appartient aussi au premier ordre de grandeur des étoiles, Herschell trouva :

β du Taureau, β du Cocher } de 2e gr., égales au $\frac{1}{4}$ de la Chèvre ;
ζ du Taureau, ι du Cocher } de 4e *id.*, égales au $\frac{1}{16}$ de la Chèvre ;
e de Persée, Il des Gém. } de 5e à 6e *id.*, égales au $\frac{1}{64}$ de la Chèvre ;
d des Gém., de 6e grand., *égale* au $\frac{1}{100}$ de la Chèvre ;

La Chèvre, transportée à dix fois sa *distance* actuelle, serait donc encore visible à l'œil nu.

La Lyre donne précisément les mêmes résultats que la Chèvre.

Pour Sirius, on trouve, sa distance à la Terre étant 1,

qu'il serait égal à	la Chèvre	à la distance	$1\frac{1}{2}$
	Procyon	à —	$1\frac{1}{2}$
	β du Taureau	à —	3
	ι du Cocher	à —	6
	Il des Gémeaux	à —	12
	g des Gémeaux	à —	15

Prenant une sorte de moyenne entre les divers résultats extrêmes, on trouve que, *dans leur ensemble*, les étoiles de première grandeur pourraient être transportées *douze fois* plus loin que leur distance actuelle, *sans cesser d'être visibles à l'œil nu*, *sans être réduites au-dessous de la sixième grandeur.*

Herschell essaya d'étendre aux observations télescopiques l'échelle de visibilité qu'il avait formée pour l'œil nu. Après avoir préparé une série de lunettes et de télescopes qui recevaient respectivement :

2 multipl. par 2, ou 4 fois
3 *id.* 3, ou 9 *id.*
4 *id.* 4, ou 16 *id.* } plus de lumière que l'œil nu,
5 *id.* 5, ou 25 *id.*
etc. etc. etc.

il dirigea le plus faible de ces instruments sur la tache blanchâtre située dans la garde de l'épée de Persée.

L'œil ne distinguait là aucune étoile. S'il y en avait, elles étaient nécessairement plus faibles que ne le seraient les étoiles de première grandeur transportées à 12 fois leur distance actuelle. Le petit instrument en montra un grand nombre. Admettons que dans ce grand nombre il se trouvait, comme cela est probable, d'aussi fortes étoiles que la Chèvre, la Lyre, etc. ; ces étoiles, pour devenir tout juste visibles après que leur intensité avait *quadruplé*, devaient être 2 fois plus loin que les dernières étoiles visibles à l'œil nu, c'est-à-dire 24 fois plus loin que Sirius, que la Lyre, que la Chèvre, etc.

Le second instrument, celui qui augmentait la lumière dans le rapport de 9 à 1, qui rapprochait les objets 3 *fois*, faisait voir des étoiles dont le premier ne dévoilait aucune trace. Ces étoiles étaient en intensité ce que deviendraient Sirius, la Chèvre, etc., à 36 fois leur distance actuelle.

En arrivant, *toujours par degrés*, jusqu'au télescope de 10 pieds avec toute son ouverture, l'observateur apercevait des étoiles pareilles à ce que seraient *les étoiles de* première grandeur à 344 fois la distance qui maintenant les sépare de nous. Le télescope de 20 pieds étendait sa puissance jusqu'à 900 fois cette même distance des étoiles de première grandeur et il était évident qu'un télescope plus fort aurait montré des étoiles plus éloignées encore.

Pour échapper aux conséquences numériques que *je vais déduire de ces résultats d'Herschell*, *il faudrait* supposer que, parmi le nombre prodigieux d'étoiles que chaque télescope ajoute dans certaines régions *du ciel à celles que montrait le télescope d'une* puissance inférieure, *il n'en* existe aucune d'aussi brillante que la Chèvre ou la Lyre ; il faudrait admettre, en un mot, qu'il ne s'est formé d'étoiles de première grandeur que près de notre système solaire. Une pareille supposition ne mérite certainement pas d'être réfutée.

J'analyserai tout à l'heure une méthode à l'aide de laquelle on s'est assuré *mathématiquement* que, sur le pied de 77 *mille lieues par* seconde, il n'y a aucune étoile de première grandeur dont la lumière nous parvienne en moins de trois ans. D'après cela les lumières des étoiles de différents ordres, aussi grandes en réalité que la Chèvre, que la Lyre, etc., seraient à de telles distances de la Terre que la lumière ne saurait les parcourir :

pour les étoiles de deuxième, en moins de 6 ans.
— de quatrième, de 12
— de sixième, de 36

. . . .

pour les dernières étoiles visibles avec le télescope de 10 pieds.... en moins de 1042
pour les dernières étoiles visibles avec le télescope de 20 pieds.......en moins de 2760

Diamètres apparents, diamètres corrigés, grandeurs réelles des étoiles. — Je trouve dans un des premiers mémoires d'Herschell la preuve que les diamètres apparents des étoiles sont en majeure partie factices, même lorsqu'on fait usage des télescopes les mieux travaillés. Les diamètres évalués en secondes, c'est-à-dire réduits à raison du grossissement, diminuent quand ce grossissement augmente. De pareils résultats ont trop d'importance pour que je doive me contenter de les énoncer. Voici de quelle manière on peut les établir :

ε du Bouvier est une étoile double composée de deux étoiles inégales. Lorsque Herschell l'examinait, en septembre 1779, à l'aide d'un grossissement de 460 fois, l'intervalle obscur compris entre les bords lumineux des images des deux étoiles, paraissait égal à 1 diamètre $\frac{1}{4}$ de la plus grande. Supposons les deux diamètres réels comme ceux des planètes : une augmentation de grossissement ne changera rien à la proportion précédente, car les disques et leur intervalle obscur varieront dans le même rapport; un *diamètre et quart* de la grande étoile sera, avec tous les instruments, avec tous les grossissements possibles, la dimension de l'espace obscur compris entre les bords des disques des deux étoiles. Ce n'est pas ainsi que les choses se passent.

Nous avons trouvé qu'à un grossissement de 460 correspondait une séparation obscure égale à 1 diamètre $\frac{1}{4}$ de la grande étoile;

Avec 932, on trouverait une séparation de 2 diamètres;

Avec 2010, la *séparation était devenue* de 2 $\frac{4}{5}$.

Il n'en faut pas davantage pour prouver que les disques apparents des étoiles sont factices, du moins en partie. L'observateur qui, au lieu de se borner à de *simples évaluations*, aurait appliqué *un micromètre* ordinaire à fils à la mesure du diamètre de la grande étoile, se serait bientôt aperçu que la valeur donnée par l'instrument et exprimée en fractions de seconde, allait graduellement en diminuant quand le grossissement *augmentait*; mais de là, qu'on le remarque bien, ne découle pas nécessairement la conséquence que *l'image de l'étoile au fond de l'œil, que sa peinture sur la rétine* diminuait aussi dans les mêmes circonstances. Il y a sur ce point un calcul à faire. Ce calcul, très-important dans sa simplicité sous le double rapport de la physiologie et de la photométrie, va nous prouver que, nonobstant la diminution graduelle du *diamètre angulaire* de l'étoile, à mesure que le pouvoir amplificatif du télescope grandit, ce diamètre au fond de l'œil occupe au contraire des espaces de plus en plus étendus.

Reprenons le tableau des observations d'Herschell.

Avec 460 de grossissement, les deux étoiles composant ε du Bouvier, se présentaient dans le télescope comme *deux disques* circulaires lumineux et inégaux, séparés, de bord à bord, par un intervalle obscur égal à 1 diamètre $\frac{1}{4}$ du plus grand disque.

Doublons le grossissement. Si ce nouvel oculaire doublait tout, l'*intervalle obscur compris* entre les deux bords en regard des disques des deux étoiles, serait exactement le double du précédent. Si les disques sont *moins que doublés* (et ceci est déjà reconnu) *l'espace obscur aura plus que doublé* pour un grossissement exactement double. Le même raisonnement s'appliquera évidemment à des grossissements triples, quadruples, quintuples, etc., etc.

Revenons à l'observation d'Herschell, et supposons un moment que l'augmentation de grossissement laisse les disques lumineux invariables.

Le second grossissement, 932, était plus du double du premier, 460 ; dans le passage de 460 à 932, l'intervalle obscur compris entre les bords des deux étoiles aurait dû plus que doubler, soit à cause du rapport de ces deux nombres, soit parce que nous examinons l'hypothèse de l'invariabilité des disques lumineux. Le diamètre du plus grand disque, employé à mesurer l'espace obscur, y aurait été contenu *plus de* deux fois, c'est-à-dire que la mesure aurait été de plus de 2 $\frac{1}{2}$ de ces diamètres. L'observation donna seulement 2; donc il n'est point vrai qu'en passant de 460 à 932, le disque de la grande étoile soit resté stationnaire : ce disque a grandi.

Le grossissement 2010, comparé au grossissement 460, conduit au même résultat avec plus d'évidence encore. Le premier nombre est environ 4,4 fois le second. En passant de 460 à 2010 de grossissement, si les disques des étoiles restaient d'un diamètre constant, l'intervalle obscur devrait devenir d'une dimension plus de 4,4 fois supérieure. D'abord, avec 460 de grossissement, cet intervalle était égal à 1 diamètre $\frac{1}{4}$ du plus grand disque. Avec 2010 on aurait dû trouver 5,5 de ces mêmes diamètres. L'observation ne donna que 2,8 : le diamètre apparent de l'étoile avait donc augmenté avec le grossissement.

Je viens d'analyser, à l'occasion des observations d'Herschell, un des adages les plus connus mais en même temps les moins bien compris de l'astronomie : *Les diamètres des étoiles diminuent à mesure que les grossissements des lunettes ou des télescopes augmentent!*

Oui : si le diamètre apparent télescopique d'une étoile sous-tend un certain angle avec un grossissement donné, il sera de *moins de deux* fois cet angle avec un grossissement double du précédent; de moins de trois fois le même angle, avec un grossissement triple du premier, etc., etc. Aussi, quand on divisera l'angle amplifié par le grossissement, pour avoir l'angle qu'on trouverait à l'œil nu si l'image était nette, division qui, au reste, s'effectue d'elle-même dans certains micromètres (car elle est partie intégrante du mode d'observation), on trouvera des résultats d'autant plus petits que la lunette ou le télescope employé aura grossi davantage. Cela, comme on voit, n'empêche pas que l'*angle apparent ou amplifié de l'étoile* n'aille en augmentant avec le grossissement; que l'image sur la rétine ne s'étende sans cesse, qu'elle n'y occupe d'autant plus de houppes nerveuses que le grossissement est plus fort.

Il serait maintenant très-facile, à l'aide du micromètre extérieur à double réfraction dont j'ai fait usage pour d'autres recherches et pour celles-ci mêmes, de déterminer exactement les changements de diamètre apparent des étoiles doubles, simples e *de toute grandeur*. En attendant que ce travail s'exécute avec les détails convenables, il est peut-être bon de faire voir que les résultats auxquels nous sommes arrivés d'après les seules observations de ε du Bouvier, auraient pu également se déduire des apparences de plusieurs autres étoiles doubles.

	Grossissement.	Intervalle obscur mesuré en diamètres de la plus brillante des étoiles.
α des Gémeaux	222 fois	: un peu plus de 1 diam.
	450	près de 2 diam.
	750	2 diam.
	932	plus de 2 diam.
	1536	3 diam.
α d'Hercule.	222	$1\frac{1}{2}$ diam.
	932	un peu plus de 3 diam.
ε de la Lyre. Un des groupes :	227	presque $1\frac{1}{2}$
Celui des deux étoiles égales.	460	un peu plus de $1\frac{3}{4}$
	932	2
	2010	$2\frac{1}{2}$
ζ du Verseau...	227	$1\frac{1}{4}$
	449	$1\frac{1}{3}$
	460	2
	932	$2\frac{1}{2}$

Si les images des étoiles ne sont *ni nettes ni fidèles*, c'est que notre œil a des aberrations de sphéricité et de réfrangibilité sensibles ; c'est que les mêmes défauts existent à un certain degré dans les meilleurs télescopes, dans les *lunettes les plus parfaites* ; c'est que l'atmosphère a une force dispersive très-appréciable ; c'est que les rayons lumineux, qui rasent les bords des ouvertures circulaires des tuyaux des instruments et des diaphragmes, éprouvent une déviation assez forte, connue sous le nom de *diffraction*. Toutes ces causes, sans *exception* aucune, tendent à augmenter les diamètres apparents des étoiles. Les plus petits de ces diamètres observés devront donc être adoptés de préférence.

Les éléments d'après lesquels on peut déterminer la grandeur réelle d'une étoile sont sa distance et l'angle que *sous-tend son disque*. Si cet angle devient double, triple, décuple, les dimensions calculées de l'astre augmenteront dans le même rapport. Citons quelques-unes des évaluations des diamètres angulaires apparents des étoiles, données par les anciens astronomes, et l'on verra dans quelles erreurs on serait tombé en les adoptant.

Avant la découverte des lunettes,
Képler attribuait à Sirius 240 secondes de diamèt.
Tycho plus de 120
Albategnius 45
Après la découverte des lunettes,
Gassendi donnait à Sirius 10 sec. ;
Jean Cassini (avec une lunette de 34 pieds) 5 sec.

Tycho n'attribuait un diamètre angulaire de 120" qu'aux étoiles de première grandeur : c'était un résultat moyen. Les étoiles *moins brillantes* lui paraissaient sensiblement *plus petites*. Ainsi, en moyenne,

Les étoiles de seconde grandeur, avaient	90"
Les étoiles de troisième,	65"
Les étoiles de quatrième,	45"
Les étoiles, de cinquième,	30"
Celles de sixième,	20"

L'illusion d'optique, qui donnait de l'étendue, de l'ampleur aux images des étoiles, allait donc rapidement en diminuant à mesure que la lumière s'affaiblissait.

Les énormes différences que présentèrent d'abord les valeurs du diamètre d'une même étoile données par divers astronomes, soit qu'on l'eût observée à l'œil nu, soit qu'on se fût servi de lunettes, étaient bien propres à faire supposer que les disques de ces astres n'avaient rien de réel. Hévélius parvint, lui, à rendre les formes des étoiles constantes, rondes, bien terminées, bien définies, en plaçant devant l'objectif de sa lunette une plaque métallique percée d'un trou rond de petit diamètre. Il se persuada alors avoir triomphé de la difficulté du problème. Cependant, en remplaçant la premièie ouverture par une plus resserrée, il aurait vu ses disques s'agrandir sans rien perdre de leur netteté.

Ce qu'Hévélius gagnait en exactitude par l'affaiblissement de la lumière des étoiles, par la réduction de l'objectif de sa *lunette* à une très-petite ouverture, surpassait de beaucoup ce que lui faisait perdre l'inflexion des rayons sur les bords du trou circulaire du diaphragme. Aussi trouva-t-il seulement :

Pour le diamètre de Sirius,		6" 3
Pour le diamètre de la Chèvre,		6" 0
Pour le diamètre de Régulus,		5" 1
Pour les étoiles de seconde grandeur,		4" 5
—	de troisième,	3" 8
—	de quatrième,	3" 2
—	de cinquième,	2" 5
—	de sixième,	2" 0.

Plusieurs astronomes, depuis la découverte des lunettes, cherchèrent, *par des expériences*, à défalquer quelque chose de l'angle *illégitimement* amplifié que les étoiles sous-tendent dans ces instruments.

Galilée trouva que la Lyre devait avoir, malgré les apparences, un diamètre de moins de 5 secondes. Voici comment il opéra :

Il suspendit verticalement une ficelle, se plaça de manière que, vue d'un seul œil, elle se projetât sur la Lyre, et chercha à quelle distance cette étoile était exactement cachée. A cette distance, toute correction faite à raison des dimensions sensibles de la pupille, le diamètre de la ficelle ne sous-tendait qu'un angle de 5 secondes : c'était moins que la Lyre ne conservait de diamètre dans les meilleures lunettes de l'époque.

Voici une seconde méthode, plus ingénieuse encore, et dans laquelle l'observateur peut employer des lunettes ou des télescopes, quels que soient les pouvoirs amplificatifs de ces instruments.

La Lune se meut à travers les constellations zodiacales, de l'occident à l'orient, avec la vitesse d'environ *une demi-seconde* de degré par seconde de temps. Un astre, entièrement ou à peu près privé de mouvement propre, se trouve, vers l'orient, exactement sur la route que le centre de la Lune parcourt. Veut-on savoir le temps qui s'écoulera entre le moment où le bord oriental mobile de notre satellite semblera toucher le bord occidental fixe de l'astre en question, et celui où il parviendra au bord opposé ? veut-on connaître, en d'autres termes, le temps que l'astre emploiera à se plonger en totalité sous le corps opaque de la Lune? Il suffira de de prendre le diamètre de l'astre, et de compter ensuite autant de secondes de temps qu'il se trouvera dans ce diamètre de demi-secondes de degré. Jupiter, je suppose, a un diamètre de 40 secondes de degré, ou de 80 *demi*-secondes : ce sera 80 secondes de temps que durera son *immersion ;* il en sera de même de son *émersion*, car, à la sortie de derrière le corps opaque de la Lune, les phénomènes doivent se passer comme à l'entrée. Quand Mars a un diamètre de 10 secondes, c'est 20 secondes qu'il emploie à s'éclipser sous le bord de la Lune, etc., etc.

Supposons, maintenant, qu'une étoile zodiacale, de première grandeur, ait *deux secondes* de degré de diamètre réel. Le diamètre a beau être dans la lunette, confus, *mal défini*, la Lune n'en emploiera pas moins *quatre secondes* de temps à le parcourir. Pendant la durée de ces quatre secondes, la portion visible de l'étoile ira graduellement en diminuant. Une diminution de la portion visible d'un astre doit être *inévitablement* accompagnée d'une diminution d'intensité. Parvenue au bord de la Lune, la plus brillante étoile passera donc graduellement, dans l'intervalle de quatre secondes de temps, par la 2e, la 3e, la 4e, etc., grandeurs, avant de disparaître entièrement. A sa sortie elle suivra la progression inverse. Presque imperceptible à l'instant mathématique de l'émersion, l'étoile s'élèvera bientôt jusqu'à la première grandeur. Ce n'est pas ainsi que les choses se passent : une étoile conserve tout son éclat jusqu'au moment même de sa disparition; elle reparaît subitement aussi avec toute son intensité. Nous étions donc partis d'une fausse hypothèse : les étoiles, malgré les apparences contraires, n'ont pas 2 secondes de diamètre réel.

Si, au lieu de 2 secondes de diametre, nous avions pris *une* seconde pour base de notre raisonnement, nous aurions trouvé que les mêmes changements d'intensité devraient s'opérer en deux secondes de temps. Deux secondes forment une période pendant la durée de laquelle l'œil saisirait, sans aucun doute, des changements d'éclat portant graduellement une étoile de la 1re à la 10e grandeur, ou réciproquement. Ainsi les étoles zodiacales de première grandeur n'ont pas même *une seconde* de diamètre réel.

Quoique la méthode dont je viens de donner l'analyse ne soit applicable qu'aux étoiles situées dans le zodiaque ou que la Lune peut éclipser, elle m'a paru assez utile, assez ingénieuse, pour mériter qu'on recherchât à qui elle était due. En ce moment voici ce que je découvre de plus ancien :

Dans le cahier des *Transactions philosophiques* des mois de juillet, d'août et de septembre 1718, je lis, page 853, que l'étoile *Palilicium* (Aldébaran) émergea de dessous le bord obscur de la Lune à 9h 58m 20s, qu'elle recouvra toute sa clarté en un clin d'œil, et qu'un pareil résultat *démontra* que le diamètre de cette étoile de première grandeur était presque nul. Cette note est, je crois, de Halley.

On trouve une observation analogue dans le vol. de l'Académie des Sciences de 1720.

Le 21 avril de cette même année 1720, Jacques Cassini observa l'immersion de γ de la Vierge sous le bord de la Lune. Cette étoile est double. Dans la lunette de 5,3 mètres (non achromatique) dont l'astronome faisait usage, l'intervalle obscur compris entre les deux étoiles paraissait tout au plus *égal* au diamètre de chacune d'elles. La première et la seconde étoile disparurent *subitement*, c'est-à-dire en moins *d'une demi-seconde ;* mais l'intervalle entre les temps des deux disparitions s'éleva *à trente secondes*. Ainsi le bord de la Lune, qui semblait n'avoir eu besoin que d'une demi-seconde pour se transporter d'un bord au bord opposé d'un certain disque lumineux, employa 30s à parcourir un espace obscur de même étendue apparente. Cet espace était donc plus grand qu'il ne le paraissait ; les deux étoiles retrécissaient l'espace réel à raison de l'élargissement de leurs diamètres ; cet élargissement donnait à chaque étoile un diamètre 30 fois au moins plus considérable que le diamètre véritable.

Il est juste de remarquer que la lunette de Cassini n'étant pas achromatique, devait par cette seule raison présenter les étoiles considérablement dilatées. Aujourd'hui l'observation ne donnerait pas à beaucoup près le résultat extraordinaire consigné dans le Mémoire de Cassini.

Herschell essaya, en 1804, d'approfondir la question si compliquée des diamètres factices des étoiles. Il dirigea pour cela ses puissants télescopes, armés successivement des grossissements les plus divers, sur les images du Soleil, réflechies à la surface de sphérules d'argent ou de globules de mercure. Les diamètres des images factices de ces points lumineux lui offrirent une particularité singulière : ils changaient de grandeur suivant que les rayons qui formaient les images provenaient seulement des bords du miroir télescopique, seulement du centre, et, enfin, de la surface totale. Les rayons du bord donnaient le plus petit diamètre ; les rayons de la partie centrale, le plus grand ; les rayons de l'ensemble, un diamètre intermédiaire entre les deux précédents.

Ce système d'observation, appliqué à la Lyre, à α des Gémeaux, donna les mêmes résultats.

Au contraire, en visant à un objet terrestre d'une certaine grandeur, l'angle restait constant dans les trois circonstances.

Sans s'expliquer l'origine de ces étranges effets, Herschell présentait sa remarque comme un moyen infaillible de distinguer les disques factices des disques réels. Malheureusement, quand les astres sont faiblement lumineux, comme Cérès, Pallas, Junon et Vesta, la méthode est peu applicable.

Sans vouloir anticiper sur ce que j'aurai un jour à publier moi-même relativement à ces importants phénomènes, je ferai remarquer qu'Herschell modifiait l'ouverture de son télescope avec des diaphragmes de carton ; qu'au moment où *il* excluait la lumière du centre, les rayons qui formaient l'image passaient par une ouverture *annulaire* ; que, dans l'expérience avec la seule partie centrale, les rayons remplissaient une *ouverture circulaire réduite* ; qu'enfin, dans sa dernière combinaison, c'était aussi une ouverture circulaire qu'il fallait considérer, mais une *ouverture circulaire très-grande*, l'ouverture totale du télescope. Or, il est évident que les conditions de diffraction ou d'interférence des rayons ne peuvent pas être les mêmes dans ces trois cas.

L'extrême régularité qu'Herschell parvint à donner à ses miroirs de télescope le conduisit, relativement aux étoiles de première grandeur, à des diamètres fort au-dessous de ceux qu'on avait trouvés avant lui par des *mesures directes ou indirectes*. Ces diamètres méritent d'êtres conservés.

En octobre 1781, le diamètre angulaire de la Lyre, mesuré à l'aide du micromètre à lampe et avec un grossissement de 6500 fois, n'était, suivant Herschell, que de 36 centièmes de seconde (0" 36).

Arcturus fut examiné par Herschell le 7 juillet 1780, à travers un brouillard de plus en plus épais ; son diamètre apparent éprouva une diminution graduelle. A la fin des observations (dans le brouillard le plus dense), ce diamètre apparent de l'étoile n'excédait certainement pas *deux dixièmes de seconde*. Peut-être, ajoute le célèbre astronome, était il au-dessous de. . . . . 0" 1.

(*Trans. phil.* 1803, p. 225).

Je disais tout à l'heure qu'il y avait une importance extrême à faire la part exacte des illusions de la vue dans la valeur du diamètre sous lequel nous voyons les étoiles soit à l'œil nu, soit à l'aide des lunettes et des meilleurs télescopes. Cette assertion est maintenant justifiée. Prenez pour disques réels les disques vus à l'œil nu, les disques factices entourés d'une large *crinière*, comme disait Galilée, et certaines étoiles auront jusqu'à 9000 millions de lieues de diamètre, et les évaluations les plus modérées seront de 1700 millions. En effet, il est prouvé par des observations de parallaxe, par des observations dans lesquelles les *diamètres apparents* ne jouent aucun rôle, et qui, dès lors, ne donnent point d'ouverture au reproche de cercle vicieux, qu'à la distance des étoiles les plus voisines, une seconde correspondrait au moins à 38 millions de lieues. Or, les résultats limites que je viens de citer sont, en nombres ronds, les produits de 38 millions par 240" et par 45, c'est-à-dire par les nombres de seconde que Képler et Albatégnius donnaient au diamètre de Sirius.

Les déterminations, déjà si réduites, de Gassendi et de Cassini, laisseraient encore aux étoiles des diamètres d'au moins 380 millions de lieues et de la moitié de ce nombre.

Enfin, on vient de voir que le dernier résultat d'Herschell réduit pour Arcturus ce diamètre limite inférieure à près de 4 millions de lieues, ce qui est encore 11 fois environ le diamètre de notre Soleil.

Distances des étoiles à la terre. — Nous avons déjà donné quelques évaluations *très-probables*, mais seulement très-probables, des distances qui nous séparent des étoiles de différentes grandeurs. Dans ce chapitre il ne sera plus question de probabilités, d'hypothèses, de conjectures ; la méthode dont nous avons à parler sera toute géométrique.

La Terre étant une planète décrit chaque année autour du Soleil, et dans le plan qui s'appelle le *plan de l'écliptique*, une courbe presque circulaire, dont le rayon moyen est d'environ 38 *millions de lieues*. Le point qu'elle occupe chaque jour est éloigné de 76 millions de lieues de celui où elle se trouvera au bout de six mois.

Considérons, pour fixer les idées, le moment où la Terre parcourt la partie *méridionale* de son orbite. Un jour donné, choisissons alors pour sujet de nos observations une étoile *boréale* contenue dans un plan *perpendiculaire* au plan de l'écliptique, passant par la position actuelle de l'observateur, et, de plus, par celle où il sera au bout de six mois. De l'étoile abaissons une perpendiculaire sur le plan de l'écliptique : cette perpendiculaire, la ligne menée de son pied à l'observateur et le rayon visuel joignant l'observateur et l'étoile, formeront les trois côtés d'un triangle rectangle. Ce dernier côté (le rayon visuel), opposé à l'angle droit, est l'hypoténuse. Nous appellerons *hauteur* du triangle le côté perpendiculaire au plan de l'écliptique. La *base* sera le troisième côté, c'est-à-dire la ligne droite comprise, dans le plan de l'écliptique, entre le pied de la hauteur et le lieu que l'observateur occupe.

Supposons également, pour fixer les idées, que l'angle formé par la ligne visuelle et par l'écliptique, en d'autres termes, par l'hypoténuse et la base du triangle, soit aujourd'hui de 45°.

Au bout de six mois, la Terre se retrouvera sur un point de l'ancienne base, mais à 76 millions de lieues de sa première position vers le nord. Si on reforme le triangle, l'angle droit et la hauteur seront restés les mêmes, mais la base *aura diminué* de 76 *millions* de lieues. Un pareil changement doit inévitablement en amener de correspondants dans les valeurs de l'angle à l'étoile et de l'angle à l'œil de l'observateur. Qu'était, en effet, dans la première position, l'angle à l'œil de l'observateur, l'angle de 45°? C'était l'angle sous-tendu par la hauteur du triangle, par la perpendiculaire menée de l'étoile sur le plan de l'écliptique. Quel sera l'angle à l'œil de l'observateur dans la seconde position? L'angle sous-tendu *par la même hauteur*, mais vu de 76 millions de lieues plus près : cet angle devra donc surpasser les 45° trouvés dans la première observation ; l'étoile aura paru s'élever au-dessus du plan de l'écliptique.

Si 76 millions de lieues sont une portion aliquote sensible de la distance de l'observateur au pied de la perpendiculaire menée de l'étoile sur l'écliptique, ou de la distance de l'étoile à l'observateur, l'angle de 45° aura *sensiblement* varié. Afin qu'il n'y ait pas pour cet angle de différence appréciable entre les valeurs trouvées à la première et à la seconde station, il faudra que 76 millions de lieues soient une quantité presque infiniment petite relativement à la distance de l'étoile à la Terre.

Il est facile de voir, à l'aide de la plus simple figure, que *la variation* qu'éprouve l'angle de 45° entre la première et la seconde station, est *exactement* la valeur de l'angle compris entre deux lignes visuelles partant de l'étoile et dirigé vers les deux extrémités de la base de 76 millions de lieues. La moitié de cet angle à l'étoile, la *moitié* de l'angle appuyé sur *le diamètre* de l'orbite terrestre, est à très-peu près *l'angle tout entier appuyé sur l'un des deux rayons de l'orbite* ; c'est ce qu'on appelle la *parallaxe annuelle.*

Dans le triangle formé par le diamètre de l'orbite terrestre et les lignes visuelles joignant les deux extrémités de ce diamètre à l'étoile, on connaît les deux angles à la base : ils ont été mesurés, le premier, un certain jour, le second, six mois après ; on connaît, dès lors, la double *parallaxe*, car elle se déduit des deux angles à la base par une simple soustraction. La base a 76 millions de lieues : donc tout est déterminé et calculable ; donc on peut obtenir, à l'aide de la trigonométrie, la distance de l'étoile à la Terre.

Telle est, en substance, la célèbre méthode des *parallaxes*. Malgré les attentions les plus minutieuses, malgré l'excellence et la grandeur des instruments employés, aucun astronome n'est encore parvenu à constater nettement une parallaxe d'une seule seconde ; personne n'a prouvé qu'il existe une étoile, même de la première grandeur, assez voisine de la Terre pour que les lignes, partant de son centre et aboutissant aux deux extrémités d'un *rayon* de l'orbite terrestre, forment entre elles, dans la position la plus favorable de ce rayon, un angle d'une seule seconde. La trigonométrie nous apprend qu'une ligne, vue exactement de face, sous-tend un angle d'une seconde, quand on en est éloigné de 206 mille fois sa longueur. Le rayon de l'orbite terrestre, vu des étoiles, étant *de moins d'une seconde*, il en résulte que la distance rectiligne de ces astres à la Terre *surpasse* le produit de 206,000 par le rayon de l'orbite exprimé en lieues ; le produit de 206,000 par 38,000,000, est, en nombres ronds, 8 millions de millions de lieues.

Ce résultat, quoiqu'il n'exprime qu'une limite de distance *en deçà* de laquelle les étoiles ne sont pas placées, étonnera tout le monde par sa grandeur. Herschell, cependant, ne s'en contenta pas : il voulut porter la limite encore plus loin, ou plutôt, sortant du cercle des simples limites, il voulut *déterminer une distance même*. Tel était le but du *système* d'observation que le grand astronome proposa et développa en 1781.

J'ai expliqué comment le déplacement de l'observateur le long de l'orbite terrestre amène un changement dans la *hauteur angulaire* d'une étoile rapportée au plan de l'écliptique ; comment ce changement est lié à la distance de l'étoile à la Terre ; comment il doit être insensible, si l'étoile est prodigieusement éloignée, et s'agrandir à mesure que l'éloignement diminue. Cela bien compris, la méthode se développera d'elle-même.

Reprenons la supposition de la col. 1524. L'observateur, situé dans la partie méridionale de l'orbite terrestre, vise dans la région du nord, et, *pour fixer les idées*, sous un angle de 45° avec l'écliptique, non pas *une* seule étoile, mais *deux* étoiles paraissant presque se toucher. Ces deux étoiles, quoique voisines en apparence, peuvent être *à des distances de la Terre très-différentes* ; il est possible qu'elles ne semblent se toucher que par un effet de projection, qu'elles se trouvent fortuitement situées sur une même ligne visuelle, l'une près, l'autre loin.

Quand, au bout de six mois, l'observateur se sera déplacé vers le nord de 76 millions de lieues, ce mouvement aura *plus influé* sur la position de l'étoile voisine que sur la position de l'étoile éloignée; celle-ci se sera moins élevée parallactiquement au-dessus de l'écliptique que l'étoile voisine ; les *situations relatives* des deux étoiles auront donc changé.

L'observation des *positions relatives* de deux étoiles, continuée pendant toute l'année, deviendra, comme on voit, un moyen d'arriver à la connaissance des parallaxes, quand le hasard aura fait tomber le choix de l'astronome sur deux étoiles très-diversement éloignées de la Terre. Le moyen de se rendre le hasard favorable sera de ne comparer deux à deux que des étoiles d'intensités très-dissemblables. Evidemment l'inégalité de grandeur devra coïncider, sinon toujours, du moins le plus ordinairement, avec une notable inégalité de distance.

La méthode ordinaire des parallaxes procède, ainsi que je l'ai expliqué, par des quantités absolues; celle-ci n'emploie que des différences. Comment donc peut-elle être avantageuse ? Voici la réponse : Les positions absolues des astres, quand on les rapporte au plan de l'écliptique, sont affectées par la réfraction que les rayons lumineux éprouvent en traversant l'atmosphère, par l'aberration de la lumière, par la nutation de l'axe terrestre. Pour avoir les positions vraies, les corrections dépendantes de ces trois causes doivent être appliquées en toute rigueur. Des erreurs considérables dans les tables de réfraction, de nutation, d'aberration, seraient au contraire sans influence appréciable sur la détermination des positions relatives de deux *étoiles très-voisines.*

A ces avantages, signalés par Herschell, il faut en ajouter un autre plus capital encore, ce me semble.

La recherche de la parallaxe absolue exige des instruments d'une très-grande dimension; sans cela les secondes de degré ne seraient pas visibles sur la graduation. Ces instruments doivent, de plus, rester *parfaitement invariables de l'hiver à l'été*, car il faut que les hauteurs angulaires au-dessus de l'écliptique, destinées à être comparées, soient faites à six *mois* de distance. Les observations de positions relatives ne supposent pas, au contraire, l'intervention d'instruments fixes. Une lunette ou télescope et un micromètre suffisent. Herschell avait donc grandement raison, en 1781, de recommander cette méthode, d'en signaler tous les avantages, de former laborieusement un catalogue des étoiles qui semblaient devoir *le mieux se prêter à son application.* Aujourd'hui que la méthode a complétement réussi dans les mains habiles de M. Bessel, il semble convenable de remonter à sa source, de rechercher qui l'a imaginée *le premier.*

Cette méthode est très-nettement indiquée dans un passage des célèbres Dialogues de Galilée. *Giornata terza.* (*Opere di Galileo Galilei*, édition de Milan, tome XII, page 206.)

Pour trouver une seconde mention de la méthode parallactique *procédant par positions relatives* d'étoiles voisines l'une de l'autre et de grandeurs inégales, il faut descendre jusqu'à l'année 1675. Le 24 juin il fut donné lecture à la Société royale de Londres d'une lettre de Gregory d'Edimbourg, renfermant la description la plus précise et la plus nette de la méthode en question. La lettre a été insérée dans l'*Histoire de la Société royale*, publiée en anglais par Thomas Birch, 1757, tome III, p. 225.

Le Dr Long paraît être *le premier qui* ait soumis la méthode à l'épreuve de l'expérience. Les observations, que je n'ai pas maintenant sous les yeux, doivent avoir été faites vers le milieu du siècle dernier. Elles ne réussirent pas et ne devaient pas réussir, car le savant professeur de Cambridge avait commis la faute impardonnable de choisir dans le nombre considérable de combinaisons binaires que le firmament lui offrait, trois étoiles doubles, α des Gémeaux, γ de la Vierge et γ du Bélier, qui sont des couples d'étoiles d'intensités peu différentes entre elles.

Herschell se garda bien de tomber dans une pareille erreur. Les groupes binaires, à l'aide desquels il comptait fermement résoudre la question des parallaxes se composaient d'étoiles le plus dissemblables possible en intensité. En outre, dans chaque groupe les deux astres se touchaient presque, en sorte qu'on pouvait espérer d'apercevoir, d'apprécier les variations d'écartement provenant du déplacement annuel de la Terre, sans même recourir aux micromètres. Mais la nature se joue de nos combinaisons les plus élaborées. La circonstance d'un extrême rapprochement entre les deux étoiles à comparer, d'où semblait devoir découler une grande facilité, une grande exactitude dans les observations, fut précisément ce qui les fit échouer. Il arrive, toute vérification faite, que le principe dont nous sommes partis n'est pas aussi *général* qu'on l'avait supposé; que les étoiles de diverses grandeurs, lorsqu'elles paraissent concentrées sur un espace *excessivement resserré*, sont dans une dépendance mutuelle, qu'elles forment des systèmes; qu'en ce cas leur différence d'intensité dépend d'une dissemblance de grandeur, de constitution physique, et non pas d'une grande inégalité dans les distances à la Terre. Au reste, en cherchant la parallaxe qu'il ne trouva pas, Herschell fit une découverte encore plus importante, dont nous parlerons tout à l'heure.

La méthode de Galilée, l'observation des positions relatives d'étoiles d'inégales intensités, n'a conduit à la détermination certaine de la distance d'un de ces astres à la Terre, que récemment (d'août 1837 à mars 1840). C'est à M. Bessel que la science est redevable de ce succès.

A l'aide d'un puissant héliomètre, avec des soins, une persévérance, une habileté infinis, l'illustre directeur de l'Observatoire de Kœnigsberg a comparé assidûment les deux étoiles de 6me grandeur de la constellation du Cygne, marquées 61 dans les catalogues, à deux étoiles très-faibles et éloignées d'elles, l'une d'environ 8', et l'autre de près de 12'. La distance angulaire des deux 61mes à cette troisième étoile a été non-seulement changeante dans tout le cours de l'année, mais le changement s'est rigoureusement opéré dans le sens et suivant les quantités relatives que le déplacement graduel de la Terre le long de son orbite exigeait impérieusement. Après avoir groupé les observations avec toute l'adresse qu'on devait attendre d'un géomètre si ingénieux, M. Bessel a trouvé définitivement pour la parallaxe de la 61e du Cygne *un tiers de seconde*, ou plus exactement 0'', 31. La parallaxe 0'', 31 correspond à une distance de la Terre, qui surpasse 600 mille fois l'intervalle de la Terre au Soleil, à une distance que la lumière ne franchirait, avec sa vitesse de 77 mille lieues par seconde, qu'en 10 ans.

Ce résultat, je le répète, doit être soigneusement distingué de ceux que nous avons déjà déduits de suppositions plus ou moins plausibles sur la répartition des astres dans le firmament, sur les intensités comparatives des étoiles, sur la visibilité de lumières isolées ou groupées. Ici tout a été géométrique, les opérations n'ont pas différé au fond de celles dont les ar penteurs eux-mêmes font usage dans les plus simples levées des plans ; seulement l'arpentage du ciel a été effectué avec des instruments de très-grandes dimensions, d'une délicatesse extrême, offrant les combinaisons les plus subtiles, les plus élaborées que le génie de l'homme ait créées.

Des mouvements propres des étoiles. — Les étoiles s'appelaient jadis les *fixes*, d'après l'opinion généralement admise qu'elles restaient toujours dans les mêmes positions relatives. Pour ceux qui n'observaient le ciel qu'à l'œil nu, les constellations conservaient, en effet, perpétuellement les mêmes grandeurs et les mêmes formes. Quelques astronomes, afin de se fortifier dans ces idées, notèrent sur les globes tracés d'après les plus anciens catalogues, diverses combinaisons de trois étoiles, qui, situées exactement sur un grand cercle de la sphère, devaient sembler rangées en lignes droites, et ils s'assurèrent que de leur temps cette même disposition rectiligne existait. Riccioli citait, dans son *Astronomia reformata*, vingt-cinq de ces combinaisons ternaires, formant des lignes droites ; par exemple, la Chèvre, le pied précédent du Cocher et Aldébaran ; Castor, Pollux et le cou de l'Hydre ; le bassin austral de la Balance, Arcturus et la moyenne de la queue de la Grande Ourse, etc., etc. Mais ce n'étaient là que des approximations grossières. Il est maintenant bien établi que certaines étoiles ont un mouvement propre, appréciable, qu'elles finiront à la longue par sortir des constellations où on les voit aujourd'hui ; que la dénomination de *fixes* ne leur convient plus en toute rigueur.

Halley est le premier qui ait *soupçonné*, en 1718, le mouvement propre d'Aldébaran, de Sirius et d'Arcturus. Les observations imparfaites de latitudes d'étoiles, dues à Aristille et à Timocharis, à Hipparque et à Ptolomée, c'est-à-dire les seuls termes de comparaison alors possible, ne pouvait guère légitimer dans l'esprit du célèbre astronome anglais que de simples doutes.

Bientôt le résultat fut appuyé de toute l'autorité d'observations faites avec des lunettes. En comparant la latitude d'Arcturus, obtenue à Cayenne, en 1672, par Richer, à celles qui se déduisaient des travaux analogues, exécutés à Paris jusqu'en 1738, Jacques Cassini trouva un déplacement de l'étoile qui semblait parfaitement certain.

Ce déplacemment tenait-il à quelque oscillation inconnue de l'écliptique ? Le doute semblait d'autant plus légitime, que les étoiles, à toutes les époques, avaient été rapportées à ce plan. Cassini trancha la difficulté d'une manière péremptoire : tandis qu'en 152 ans la latitude d'Arcturus avait changé de 5 minutes, η du Bouvier, situé dans son voisinage, n'avait pas bougé. Un déplacement du plan de comparaison aurait donné aux deux étoiles la même apparence de mouvement.

Cassini ajouta l'étude des variations en longitude à celle des variations en latitude, la seule dont Halley eût parlé. Les mouvements propres ne semblèrent pas moins évidents dans cette direction que dans l'autre. La constellation de l'Aigle en offrit un exemple frappant, mis en relief à la fois par Cassini et par l'historien de l'Académie. « Il y a une étoile « dans l'Aigle (α), disait Fontenelle, qui, si toutes « choses continuent leur cours, aura à son occident, « après un grand nombre de siècles, une autre étoile « qu'elle a présentement à son orient. » Il ajoutait : « Toutes les fixes sont autant de soleils, « centres, comme notre Soleil, chacun de son tourbillon, mais centres seulement à peu près, et qui « peuvent se mouvoir autour d'un autre point central « général. *Le soleil pourrait lui-même se mouvoir de « cette façon.* »

Le troisième nom que je dois tracer dans cette histoire du mouvement propre des étoiles est celui de Bradley. Le grand observateur ne figurera ici que pour une conjecture, mais on la trouvera digne de son génie.

A la fin de l'immortel Mémoire de 1748 sur la nutation, je lis le passage que je vais traduire : « Si « l'on conçoit que *notre système solaire change de place « dans l'espace absolu*, il sera possible qu'à la longue « cela amène une variation apparente dans la distance « angulaire des étoiles fixes. En ce cas, la position « des étoiles voisines étant plus affectée que celle « des étoiles très-éloignées, leurs situations relatives pourront sembler altérées, quoique toutes les « étoiles soient restées réellement immobiles. D'un « autre côté, si notre système est en repos et quelques étoiles réellement en mouvement, cela fera « varier aussi les positions apparentes, d'autant plus « que les mouvements seront plus rapides, plus convenablement dirigés pour être bien vus, et que la « distance des étoiles à la Terre se trouvera moindre. « Les changements de dispositions relatives des étoiles « pouvant dépendre d'une si grande variété de causes, « il faudra peut-être les observations de beaucoup de « siècles avant qu'on arrive à en découvrir les lois. »

Tobie Mayer, une des plus hautes notabilités astronomiques du siècle dernier, prit aussi la question du mouvement propre des étoiles pour sujet de ses veilles laborieuses. En 1760, il présenta à la Société royale de Gœttingue un Mémoire contenant la comparaison des observations faites par lui-même en 1756, aux observations de Roëmer plus anciennes d'un demi-siècle. Jusqu'à Mayer, les recherches, les calculs des astronomes, n'avaient porté que sur quelques étoiles principales ; dans le travail de Mayer le nombre des comparaisons s'éleva à 80.

Comme Bradley, Mayer remarquait dans son Mémoire qu'on pouvait également expliquer les mouvements observés, soit en supposant les étoiles mobiles elles-mêmes, soit en admettant que le Soleil changeait sans cesse de place avec le cortége de planètes qui circulent autour de lui. Il n'oubliait pas non plus de dire, dans cette dernière hypothèse, qu'en regardant le déplacement des étoiles comme de purs effets de parallaxe, comme de simples conséquences du mouvement du Soleil dans l'espace, les constellations vers lesquelles ce mouvement serait dirigé augmenteraient graduellement de dimensions, tandis que les constellations opposées diminueraient. C'est ainsi, ajoutait le savant astronome, que, dans une forêt, les arbres à la rencontre desquels marche le promeneur lui semblent progressivement s'écarter entre eux, alors que les arbres situés à l'opposite paraissent au contraire se rapprocher. Il est évident, au surplus, que Mayer n'entendait parler de l'explication du mouvement propre des étoiles, fondée sur l'hypothèse du mouvement du Soleil, qu'à titre de simple possibilité, et qu'il n'y croyait pas.

A l'époque dont nous parlons, les connaissances déjà acquises sur la petitesse de la parallaxe annuelle combinées avec certains calculs photométriques, prouvaient que le Soleil, transporté dans la région des étoiles, ne serait lui-même qu'une étoile par la dimension et par l'éclat. Les étoiles ayant des mouvements propres, il était assurément naturel d'attribuer un mouvement de même nature au Soleil. Divers astronomes, cependant, jugèrent que, dans une question aussi grave, de simples analogies ne suffisaient pas, et ils cherchèrent à s'appuyer sur des bases plus solides.

L'attraction, disait Lambert dans ses *Lettres cosmologiques* (1761), étend son empire sur tout ce qui est matériel. Les étoiles elles-mêmes gravitent les unes vers les autres, et il doit inévitablement en résulter des déplacements. Là où la force d'attraction sera contre-balancée par une force centripète convenable, les étoiles parcourront sans cesse les mêmes courbes, et le système sera stable.

Lambert regrettait qu'on ne pût pas *démontrer* que tout corps exécutait un mouvement de rotation sur lui-même, et nécessairement doué d'un mouvement de translation. Supposons la démonstration trouvée, et ce dernier mouvement, je veux dire celui de translation, ne saurait être refusé au Soleil, puisqu'il a évidemment le premier.

La démonstration que l'illustre géomètre Lambert n'avait pas pu découvrir paraissait à Lalande, en 1776, une chose très-facile. Le mouvement de rotation du Soleil, disait-il, a dû être produit par une *impulsion* qui n'était pas dirigée vers le centre de gravité de l'astre; mais une force ainsi dirigée n'engendre pas seulement un mouvement giratoire : un mouvement de translation est la conséquence tout aussi nécessaire de son action.

En adoptant les idées cosmogoniques que ces paroles supposent; en admettant que le Soleil, déjà condensé dans sa forme actuelle, fût tiré de l'immobilité par une seule et même impulsion ; en assimilant, sous ce rapport, le centre, le régulateur des mouvements planétaires à ce pauvre globe terrestre qu'un illustre poëte (M. de Lamartine) fait *lancer dans l'espace d'un coup de pied dédaigneux*, tout ce que dit Lalande est d'une vérité rigoureuse; il faut ajouter seulement que la conception ne méritait plus ni les éloges qu'Herschell et d'autres astronomes lui accordèrent, ni la vive satisfaction que Lalande en éprouva. Jean Bernoulli n'avait-il pas, en effet, *calculé* à quelles distances des centres de la Terre, de la Lune, de Mars, supposés sphériques et homogènes, durent passer, à l'origine des choses, des forces d'impulsion, pour donner à ces astres les mouvements de translation et de rotation qu'on leur connaît?

Lambert, quand il parlait de la difficulté du problème, l'envisageait d'un point de vue bien plus général : il admettait sans doute que les mouvements de rotation des corps célestes pouvaient ne pas avoir été engendrés d'un seul coup, par une impulsion unique et après la consolidation entière de ces corps. Peut-être même le célèbre géomètre de Mulhouse entrevoyait-il déjà quelque chose du système que Laplace a postérieurement développé touchant la condensation successive d'une matière diffuse rotative, condensation dont le dernier terme aurait été le Soleil actuel. Lambert, au surplus, ne doutait pas du déplacement de cet astre. On en trouve la preuve dans ce passage remarquable du *Système du Monde*, rédigé en 1770 par Mérian, d'après les idées de son ami : « Comme le déplacement « apparent des étoiles fixes dépend du mouvement du « Soleil, aussi bien que du leur propre, *il y aura peut-« être moyen de conclure de là vers quelle région du « ciel notre Soleil prend sa course.* »

La question était arrivée à ce point, lorsque Herschell s'en saisit pour la première fois, au commencement de l'année 1783. Le célèbre astronome désirait établir, sur des preuves incontestables, le déplacement du système solaire, et tracer avec toute la précision possible la direction de ce mouvement. Le problème était très-délicat. Celui qui se serait obstiné à rattacher à une seule et même direction *tous les mouvements particuliers des étoiles*, aurait perdu son temps et sa peine. Il ne fallait opérer que par voie d'ensemble, il fallait négliger les exceptions. Les mouvements observés ne pouvaient être qu'une sorte de combinaison, d'amalgame du mouvement propre réel de chaque étoile et du mouvement parallactique apparent résultant du déplacement de l'observateur. Ici, ce dernier mouvement annulerait le premier, et une étoile semblerait immobile; là, les deux effets conspireraient, et le mouvement observé serait au contraire considérable; ailleurs, la compensation du mouvement apparent et du mouvement réel ne se faisant qu'en un seul sens, on verrait les déplacements des étoiles s'opérer dans des directions perpendiculaires ou parallèles au plan de l'écliptique, dans des directions perpendiculaires ou parallèles au plan de l'équateur. Au fond, si le Soleil et la Terre occupaient toujours la même région de l'espace; si l'astronome était immobile (car le déplacement elliptique annuel peut être négligé), nous verrions, dans chaque région des étoiles mobiles (ce seraient en général les plus voisines), et des étoiles, soit complétement, soit presque immobiles (ce seraient en général les plus éloignées). Toutes les directions de mouvement semblant également possibles, chaque région offrirait à la fois des étoiles tendant au nord, au sud, à l'est, à l'ouest, etc., etc.

Cela bien convenu, plaçons au milieu de ces astres, mobiles dans tous les sens, un observateur qui marche aussi et constamment sur la même ligne. Le mouvement de l'observateur fera naître dans les étoiles des déplacements apparents, des déplacements de perspective (autrement dits de parallaxe), *dépendants de la grandeur qu'on assignera à ce mouvement et de sa direction.* L'intervention de l'observateur mobile détruit donc l'uniformité, la régularité que le phénomène nous avait d'abord présentée dans tout le firmament ; elle lui donne un caractère spécial. Pour saisir ce caractère et en faire jaillir la direction du mouvement de notre système, il ne suffisait pas de posséder des connaissances mathématiques, il fallait de plus un tact particulier. Ce tact, Herschell le possédait à un degré éminent. Aussi le résultat déduit du nombre très-restreint de mouvements propres qui étaient connus au commencement de 1783, s'est trouvé à peu près d'accord avec celui que d'habiles astronomes ont obtenu récemment par l'application de formules analytiques subtiles à un nombre considérable d'observations précises.

Herschell estime que notre système marche vers l'étoile de la constellation d'Hercule, ou, plus exactement, vers un point qui, en 1783, était situé par 257° d'ascension droite et par 25° de déclinaison boréale.

En discutant, au commencement de 1837, jusqu'à 390 mouvements propres d'étoiles, à l'aide de la méthode des moindres carrés, M. Argelander a trouvé pour la position de ce même point du ciel vers lequel le Soleil s'avance avec son cortége de planètes :

	Ascension droite.	Déclinaison,
En 1792,	260° 46', 6	31° 17', 7
En 1800,	260° 50', 8	31° 17', 3

Le point que ces éléments désignent est peu éloigné d'une étoile de 6me grandeur, numérotée 143 dans la XVIIe heure du catalogue de Piazzi.

En résumé, les mouvements propres des étoiles sont reconnus, constatés depuis plus d'un siècle, et Fontenelle disait déjà, en 1738, que le Soleil peut-être se mouvait de même. L'idée d'attribuer en partie les déplacements des étoiles à un mouvement du Soleil s'était offerte à Bradley et à Mayer. Lambert, surtout, avait été à cet égard d'une netteté remarquable. Jusque-là, cependant, on restait dans le domaine des conjectures, des simples probabilités. Herschell franchit ces limites. Il *prouva*, lui, que le Soleil se meut en effet ; que, sous ce rapport aussi, cet astre éblouissant, immense, doit être rangé parmi les étoiles ; que les irrégularités, en apparence inextricables de tant de mouvements propres stellaires, tiennent en grande partie au déplacement du système solaire ; qu'enfin le point de l'espace vers lequel nous nous avançons chaque année est situé dans la constellation d'Hercule.

Ces résultats sont magnifiques. La découverte du mouvement propre de notre système comptera toujours parmi les plus beaux titres de gloire d'Herschell, même, après la mention détaillée que mon devoir d'historien m'a conduit à faire, des conjectures antérieures si nettes, si ingénieuses, et si injustement oubliées, de Fontenelle, de Bradley, de Mayer, de Lambert.

Herschell n'abandonnait aucun sujet de recherches sans l'avoir examiné sous toutes les faces, sans avoir porté ses investigations aussi loin que l'état des sciences à son époque le permettait. Il ne faut pas s'étonner qu'après s'être assuré que notre Soleil n'est pas immobile dans l'espace, Herschell ait désiré rattacher le mouvement de cet astre, déduit de l'ensemble des observations, à l'action attractive de quelque groupe stellaire.

Dès les premières lignes de calcul, la recherche sembla devoir conduire à un résultat négatif. En effet, faisons de Sirius un astre égal au Soleil, supposons sa parallaxe annuelle *d'une demi*-seconde ; calculons ensuite de combien, par l'action de l'étoile, le Soleil se déplacera en un an : ce déplacement sera si petit, que, vu perpendiculairement, il ne sous-tendrait pas de Sirius un angle égal à la *cinq cent millionième partie d'une seconde.* Sirius, cependant, vu de la Terre, se meut, en un an, de plus d'une seconde. L'action du Soleil, d'une seule étoile, est donc beaucoup trop faible pour expliquer les faits.

Des *groupes* d'étoiles ne pourraient-ils pas être suffisants ? En cherchant dans le ciel la solution de ce doute, Herschell tomba sur une petite tache blanchâtre, découverte par Halley en 1714, dans laquelle personne n'avait jamais aperçu une seule étoile et où le télescope de 39 pieds en fit voir plus de 14,000 qui auraient pu être comptées.

A quelque distance de cette première agglomération se trouve une autre tache aperçue par Messier en 1781, et dans laquelle le grand télescope démontrait aussi l'existence d'une multitude d'étoiles excessivement rapprochées.

Il y a sans doute loin encore d'une trentaine de mille étoiles à ce qu'il en faudrait pour produire dans notre système le mouvement reconnu. Aussi, quoique les deux groupes dont il vient d'être question soient précisément situés dans la partie du firmament vers laquelle notre Soleil se dirige, Herschell se garda bien d'insister sur cette coïncidence. Pour ne point décourager, cependant, ceux qui voudraient tenter de rattacher les étoiles les unes aux autres malgré les prodigieuses distances qui les séparent, il leur rappelait que certaines parties de la Voie lactée offrent, dans des espaces fort resserrés, des centaines de mille et même des mil tions de ces astres. Les régions où les deux branches de la Voie lactée vont se réunir, d'une part vers Céphée et Cassiopée, de l'autre, vers le Scorpion et le Sagittaire, lui semblaient particulièrement pouvoir être des centres d'attraction puissants et mériter toute l'attention des astronomes.

Etoiles doubles. — Nous voici arrivés à la découverte d'Herschell, qui semble avoir le plus d'avenir. Les résultats qu'elle permet d'espérer seront d'une extrême importance. Cependant je pourrai ne lui consacrer ici que très-peu de lignes, puisque j'ai déjà fait de cette découverte l'objet d'une notice spéciale et très-développée, dans *l'Annuaire* de 1834.

Herschell reconnut que les couples d'étoiles, de grandeurs ordinairement inégales et très-voisines les unes des autres, dont le ciel fourmille, ne se trouvent pas, en général, réunies ainsi dans un espace excessivement resserré par un simple effet de perspective. Il s'assura qu'il y a dans ces groupes autre chose que des étoiles *indépendantes*, situées *fortuitement* sur des lignes visuelles excessivement rapprochées; il *démontra* que ces étoiles sont liées les unes aux autres, qu'elles forment de véritables systèmes; il établit que les petites étoiles circulent autour des grandes, précisément comme la Terre, Mars, Jupiter, Saturne, etc., circulent autour du Soleil; et, chose remarquable, que certains de ces soleils tournant autour d'autres soleils, font leurs révolutions en moins de temps que n'en emploie Uranus à parcourir son orbite.

Herschell annonça sa découverte au monde savant en 1803. Je puis rechercher, j'espère, si elle fut aussi inattendue qu'on l'a prétendu, sans craindre que personne m'accuse d'avoir voulu en atténuer le mérite.

Les *Lettres cosmologiques* de Lambert, cet ouvrage si éminemment remarquable par la profondeur et la hardiesse des aperçus, nous offrira déjà, à la date de 1761, ces paroles prophétiques : En observant les groupes où les étoiles sont très-condensées, « on décidera peut-être s'il n'y a pas des « fixes qui fassent en assez peu de temps leurs ré« volutions autour d'un centre de gravité commun. »

Michell, celui-là même qui eut la première pensée de l'appareil à l'aide duquel Cavendish détermina la densité moyenne de la Terre, s'avisa d'appliquer le calcul des probabilités à la répartition des astres dans le firmament. Il trouva ainsi (*Trans. phil.*, 1676, p. 249) : « Qu'il y a une très-grande probabilité, « qu'il y a presque une entière certitude que les « étoiles doubles, multiples, dont les parties con« stituantes semblent très-rapprochées les unes des « autres (forment des systèmes) où les étoiles sont « en réalité rapprochées et sous l'influence de « quelque loi générale. »

Le physicien, qui pénétrait avec tant de bonheur et par une si singulière route les mystères de la constitution de l'univers, comptait *sur des étoiles tournant les unes autour des autres*, pour résoudre divers problèmes d'astronomie physique (p. 238).

Le même savant disait, enfin, en 1784 : « Quoi« qu'il ne soit pas improbable qu'un petit nombre « d'années nous apprendra que dans le grand nombre « d'étoiles doubles, triples, etc., observées par « Herschell, il y en a qui sont des systèmes de « corps tournant les uns autour des autres, etc. » (*Trans.*, tome LXXIV, page 53.)

On a certainement le droit de considérer les passages que j'ai cités de Lambert, de Michell, comme les premiers germes de la belle découverte d'Herschell. Je n'en dirai pas autant des deux mémoires que l'abbé Christian Mayer publia en 1778 et 1779, quoique les titres allemand et latin annoncent l'un et l'autre qu'il y est question des *satellites des étoiles.* Veut-on savoir, en effet, où Mayer plaçait les satellites d'*Arcturus ?* Non pas à quelques secondes, mais à 2° 30', à 2° 40' et jusqu'à 2° 55' de distance angulaire de cette étoile. Il n'en fallait pas davantage pour faire rejeter les prétendus satellites stellaires de l'astronome de Manheim. L'erreur méritait certainement des critiques amères, les sorties acerbes dont les journaux se rendirent les organes, soit qu'elle provînt de l'inhabileté, de la légèreté de l'observateur, soit qu'elle dût être rangée parmi les annonces que certaines personnes ont l'habitude de lancer *au hasard* dans le monde scientifique, comme une sorte de main mise sur des découvertes futures. Une seule de ces réfutations a été conservée. On la trouve, à la date de 1780, dans le tome IV des *Acta* de l'*Académie impériale* de Pétersbourg. Son auteur, Nicolas Fuss, fit preuve d'un grand savoir. Il eut seulement le tort, alors très-commun à la vérité, de s'appuyer quelquefois sur les causes finales. Afin de montrer, par un nouvel exemple, le danger qu'il y a à juger de la fausseté ou de l'exactitude d'une observation d'après le fameux *cui bono*, je ferai suivre ce que nous avons rapporté de parfaitement avéré, de parfaitement certain touchant des soleils qui circulent les uns autour des autres, de divers passages empruntés au mémoire du savant académicien de Pétersbourg :

« A quoi bon des révolutions de corps lumineux « autour de leurs semblables ? — Le Soleil est la « source unique où (les planètes) puisent la lumière « et la chaleur. — Là où il y aurait des systèmes « entiers de soleils maîtrisés par d'autres soleils ..... « leur voisinage et leur mouvement seraient sans « but, leurs rayons sans utilité. (Les soleils) n'ont « pas besoin d'emprunter à des corps étrangers ce « qu'ils ont reçu eux-mêmes en partage. — Si les « étoiles secondaires sont des corps lumineux, quel « est le but de leur mouvement ? »

Voilà ce qu'on regardait comme de profondes objections en 1780. Eh bien ! des choses qui, il y a soixante ans, ne semblaient *bonnes à rien*, qui paraissaient *sans but, sans utilité*, existent réellement et ont pris place parmi les plus belles, les plus incontestables vérités de l'astronomie.

Etoiles nébuleuses. — Il faut bien se garder de confondre les astres qu'Herschell a décrits sous ce nom avec ceux qu'on appelait ainsi dans les anciens ouvrages, dans le *Traité d'astronomie* de Jacques Cassini, par exemple. Pour Simon Marius, pour Boulliaud, pour Huyghens, etc., l'agglomération blanchâtre, découverte près de la ceinture d'*Andromède*, dont la longueur apparente s'élève à une trentaine de minutes et la largeur à quinze ou vingt, était une étoile *nébuleuse;* ce sont des étoiles proprement dites, entourées des nébulosités *dépendant d'elles, faisant corps avec elles.* Cette dernière limitation a trait aux étoiles qui se projettent sur des nébulosités plus éloignées, ou en face desquelles vient s'interposer une nébulosité plus voisine. En d'autres termes, la limitation se rapporte aux étoiles qui ne sont nébuleuses qu'en apparence. Mais comment distinguer en ce genre l'apparence de la réalité? comment décider si la nébulosité dont une étoile semble entourée lui appartient en propre comme une sorte d'atmosphère, ou seulement par un effet de projection, par un effet de perspective?

Cette question étonnera, sans doute, ceux qui ont lu dans le tome XXXVIII des *Transactions philosophiques*, année 1733, un mémoire où Derham déclare « avoir *aperçu* (perceived), en observant la « grande nébuleuse d'Orion, que les quelques étoiles « qu'on y remarque sont plus près de la Terre que « la nébulosité; » où l'on trouve ensuite ces paroles encore plus explicites : « Je reconnus parfai« tement que la matière nébuleuse est partout à une « certaine distance au delà des étoiles qui semblent « l'entourer.... Cette matière paraît être, enfin, « tout autant par delà les étoiles fixes que les étoi« les sont éloignées de la Terre. »

Herschell, malgré la force de ses instruments, n'a pu vérifier, comme on doit s'y attendre, les prétendues *observations* de Derham. Ces observations n'avaient, en effet, rien de réel : elles étaient de simples jeux d'imagination. Dès que les objets sont éloignés d'un millier de fois la longueur d'un télescope, cet instrument ne fournit aucune notion sur les distances; des millions, des centaines de millions, des milliards de lieues, c'est tout un : les images se forment au même foyer, sans différence appréciable. Par quel artifice l'astronome, aux yeux duquel les objets se manifestent seulement à l'aide des images focales, parviendrait-il à discerner si les rayons qui concourent à la formation de ces images viennent de près ou de loin? D'ailleurs, au lieu d'admettre que toujours les étoiles nébuleuses sont beaucoup en deçà des nuages laiteux dont elles semblent entourées, Herschell trouve dans l'étude de diverses circonstances relatives à la forme et à l'éclat de ces astres problématiques, de puissantes raisons de croire que le noyau brillant et la faible clarté environnante forment un ensemble, un tout, un système unique.

Herschell aperçoit, en janvier 1785, une étoile brillante, entourée, jusqu'à la distance de deux minutes à deux minutes et demie, d'*une nébulosité qui s'affaiblit graduellement en s'éloignant du centre.* Voilà, dit-il, un indice non douteux de la connexion de l'étoile et de la nébulosité. Cette connexion, il la fait résulter, le 13 novembre 1790, de la position qu'occupe une étoile de huitième grandeur, *précisément au centre* d'une atmosphère laiteuse exactement circulaire de trois minutes de diamètre, d'une *lumière uniforme et extrêmement faible.*

Peut-être, sans rien ajouter d'essentiel aux observations du célèbre astronome de Slough, et par une forme de discussion qui déjà a été employée avec succès dans l'étude des étoiles doubles, serait-il possible de donner de l'importante question qui nous occupe, sinon une solution mathématique que la matière ne comporte pas, du moins une solution fondée seulement sur des considérations de probabilité, et propre néanmoins à porter la conviction dans tous les esprits. Voici quelles en seraient les bases :

Le 6 janvier 1785, Herschell aperçut une étoile à peu près *au centre* d'une nébulosité de 4 à 5 minutes d'étendue, *qui s'affaiblissait graduellement vers les bords.* Le 17 janvier 1787, il découvrit une autre étoile de neuvième grandeur, qui, elle aussi, était au *centre* d'une nébulosité assez intense, mais *très-peu étendue.* Deux autres étoiles, semblables en tout à celle du 17 janvier, furent découvertes le 3 novembre 1787 et le 5 mars 1790. Maintenant, qu'en tenant compte du petit nombre de nébuleuses rondes et resserrées que l'ensemble du firmament renferme; qu'en prenant aussi note de l'extrême rareté de ces lueurs isolées dans les régions où se trouvent les quatre étoiles dont il vient d'être question, on cherche la probabilité que, par un simple effet de projection, quatre étoiles de huitième ou de neuvième grandeur occuperont précisément les centres de quatre de ces petites nébuleuses rondes, et la probabilité sera tellement petite qu'aucune personne raisonnable ne pourra refuser de s'associer aux idées d'Herschell; et chacun demeurera convaincu qu'il existe réellement des étoiles brillantes, entourées d'atmosphères immenses, lumineuses par elles-mêmes; et la supposition, qu'en se condensant graduellement ces atmosphères peuvent, à la longue, se réunir aux étoiles centrales et accroître leur éclat, deviendra très-plausible; et le souvenir de la lumière zodiacale, de cet immense zone lumineuse dont l'équateur solaire est entouré et qui s'étend au delà de l'orbite de Vénus, s'emparera de notre esprit comme un nouveau trait de ressemblance entre certaines étoiles et notre soleil; et les nébuleuses dont il était tout à l'heure question, au centre desquelles on aperçoit des condensations plus ou moins prononcées qui leur donnent l'apparence de têtes de comètes, s'offriront à l'imagination comme les premières *ébauches* des étoiles, comme un état de la matière lumineuse, intermédiaire entre celui des *nébuleuses* également brillantes dans toute leur étendue et l'état des *étoiles nébuleuses* proprement dites; comme la seconde phase à distinguer dans chaque groupe de cette matière, pendant son passage de la période uniformément diffuse à l'état d'étoile ordinaire. Ces vues grandioses d'Herschell ne tendent à rien moins qu'à nous faire supposer qu'il se forme sans cesse des étoiles, que nous assistons à la naissance lente, progressive, de *nouveaux soleils*. Un tel résultat mérite bien que les astronomes varient les observations qui pourraient ajouter encore à sa grande probabilité actuelle (1).

Pour atteindre ce but, il faudra principalement, ce me semble, déterminer les *positions absolues* des étoiles nébuleuses, avec toute l'attention qu'on a seulement accordée jusqu'ici à la position des étoiles les plus brillantes. Admettons, comme il est naturel de le croire, qu'elles aient un *mouvement propre*, appréciable, et que, malgré cela, elles se conservent chacune au centre de sa nébulosité : il en résultera que la nébulosité a un mouvement propre, *exactement égal* à celui de l'étoile. Or, une pareille égalité équivaudra à une démonstration de la dépendance, de la liaison de l'étoile et de la nébulosité, soit que le mouvement observé provienne d'un déplacement réel, soit qu'il faille le ranger parmi les mouvements parallactiques, c'est-à-dire parmi ceux qui peuvent dépendre de la marche de notre système solaire dans l'espace. Je ne pense pas que l'étude des changements d'éclat ou d'étendue de la nébulosité puisse conduire au résultat désiré, ni aussi promptement ni avec une égale certitude.

Les mesures qu'Herschell a données des rayons de quelques-unes des atmosphères des étoiles conduisent déjà à de curieux résultats. Admettons, par exemple, comme tout nous autorise à le faire, que l'étoile nébuleuse découverte le 6 janvier 1785, et dont il a été question précédemment, n'ait pas une seconde de parallaxe annuelle; en d'autres termes, supposons qu'à la distance qui nous sépare de cette étoile, le rayon de l'orbite terrestre ne sous-tende pas une seule seconde : comme le rayon de la nébulosité se présente à nous sous un angle de 150 secondes, il s'ensuivra que les dernières limites de la matière laiteuse sont éloignées de l'étoile centrale de plus de 150 fois la distance du soleil à la terre. Si le centre de cette étoile coïncidait avec celui du Soleil, son atmosphère engloberait l'orbe d'Uranus et irait huit fois au delà. Je ne pouvais pas oublier de consigner dans cette notice de si magnifiques résultats.

Herschell s'est demandé si les atmosphères stellaires ne seraient pas des *atmosphères* gazeuses ordinaires, éclairées par la lumière de l'astre central et nous la reflétant en partie. Cette question, il la résout négativement, mais d'après des considérations qui me paraissent manquer de justesse. « De « la lumière réfléchie, dit l'illustre astronome, ne « pourrait jamais nous atteindre à l'immense distance où nous sommes de ces objets. » (*Transac. philos.* 1791, page 85.) En examinant la question avec soin, à l'aide des principes de la photométrie, on reconnaîtra que la distance ne saurait apporter aucune diminution à l'éclat apparent de l'atmosphère éclairée de l'étoile. Cet éclat, comment, en effet, le constaterait-on? A deux distances très-différentes, aux deux distances un et un million, je suppose, on dirigerait vers l'atmosphère de l'étoile un tuyau dont l'ouverture circulaire sous-tendrait, vu de l'extrémité opposée, de l'extrémité où s'appliquerait l'œil de l'observateur, un angle constant, un angle d'une minute, par exemple. En passant de la première à la seconde distance, la quantité de lumière que *chaque point* de l'atmosphère exactement situé dans la direction du tuyau, enverrait dans son ouverture circulaire et de là dans l'œil, s'affaiblirait indubitablement dans le rapport du carré de 1 au carré de un million; mais, d'autre part, *le nombre de points* de la même atmosphère que l'œil découvrirait par l'ouverture en question, serait plus grand à la station éloignée qu'à la station voisine, précisément dans le même rapport du carré d'un million au carré de un; tout, quant à l'intensité, se trouverait ainsi compensé.

Cette permanence, cette égalité *d'éclat* dans un objet *sous-tendant un angle sensible*, à toutes les distances qui peuvent nous en séparer; l'affaiblissement, au contraire, en raison du carré des distances, de la lumière d'un simple point, conduit, ce me semble, à considérer certaines nébuleuses dites planétaires sous un jour nouveau.

Considérons une étoile nébuleuse. L'étoile proprement dite est un centre; elle ne sous-tend pas un angle sensible. La nébulosité environnante occupe, au contraire, un espace angulaire assez considérable. Cette sorte de vapeur, de matière gazeuse, peut être lumineuse par elle-même ou nous réfléchir seulement la lumière de l'astre central : les résultats seront exactement les mêmes.

A la distance *un*, la lumière de l'étoile centrale l'emportera de beaucoup, je suppose, sur la lumière de la nébulosité. A la distance 2, l'intensité de l'étoile se trouverait réduite *au quart*, et celle de la nébulosité *ne serait pas altérée*. Par le changement de distance, la nébulosité n'aurait subi de variation que sous le rapport des dimensions angulaires; un rayon de 2 minutes, par exemple, serait devenu *une minute*.

Aux distances 3, 4, ..., 10, ..., 100, l'étoile se trouverait successivement réduite au 9e, au 16e, ..., au 100, ..., au 10,000[e] de son intensité primitive. Pendant que l'étoile subirait ces énormes affaiblissements, la nébulosité deviendrait 3, 4, ..., 10, ..., 100 fois plus petite qu'à l'origine, mais en conservant toujours le même éclat intrinsèque.

Quelles que soient donc primitivement (je veux

(1) Nous sommes ici sur un terrain qui présente de grandes difficultés et matière à de sérieuses objections. Voir la note IIe ci-après. L.-F. J.

dire relativement à une première distance) les intensités comparatives d'une étoile et de son atmosphère, on peut toujours concevoir une seconde distance dans laquelle l'étoile, excessivement affaiblie, ne prédominera plus sur la nébulosité. Il suffirait toujours d'un simple changement de distance pour faire passer une *étoile nébuleuse* à l'état apparent de nébuleuse proprement dite, de nébuleuse sans noyau, sans centre lumineux.

On a mille raisons d'admettre la plus grande variété, la plus grande dissemblance, dans les distances à la terre des astres dont le firmament est parsemé. Il est donc très-probable que, parmi les nébuleuses à lumière presque uniforme, qui figurent dans les catalogues, plusieurs deviendraient des étoiles nébuleuses si nous en étions plus près.

Pourquoi même ne supposerait-on pas que toutes les nébuleuses à formes parfaitement régulières, que les nébuleuses *rondes dites planétaires*, sont dans ce cas? Cette hypothèse s'accorderait avec ce que nous pouvons conjecturer sur le mode physique de formation de ces astres problématiques.

Mairan est le premier, je crois, qui ait regardé les nébulosités dont quelques étoiles sont entourées, comme *leurs atmosphères*. En 1731, il aperçut un cercle régulier de clarté autour de l'étoile *d* qu'Huyghens plaçait en 1656 complétement au-dehors de la belle nébuleuse d'Orion. « Cette clarté, ajou« tait-il, serait toute semblable à celle que produi« rait, comme je crois, l'atmosphère de notre « soleil, si elle devenait assez dense et assez éten« due pour être visible avec des lunettes *à une pa« reille distance.* » (*Traité de l'Aurore boréale*, 2e édition, page 263.)

On voit que Mairan commet ici la même erreur de photométrie qu'Herschell : la *distance* n'apporterait aucun changement à la *clarté* intrinsèque de l'atmosphère solaire.

Lacaille n'adopta pas les idées de son confrère à l'Académie des Sciences. Suivant lui, les étoiles nébuleuses « n'étaient que des étoiles qui se trou« vaient, par rapport à nous, dans la ligne droite « suivant laquelle nous regardons les taches nébu« leuses. » (*Académie des Sciences*, 1755, page 195.) Un esprit aussi lucide, aussi net, aussi pénétrant, aurait bien vite renoncé à toute explication de ces phénomènes, fondée sur la perspective, si le mot de probabilité avait frappé son oreille; si un seul instant s'était offerte à lui la pensée d'examiner sous ce point de vue la découverte qu'il venait de faire, au *cap de Bonne-Espérance*, de *quatorze* étoiles nébuleuses simples ou multiples. Il y a dans le petit catalogue de Lacaille une remarque que les observations d'Herschell semblent avoir confirmée, si je ne me trompe : l'absence de nébulosité dans toute étoile d'un éclat supérieur à la *sixième grandeur*. Ce résultat, qui entraînerait des conséquences cosmogoniques si fécondes, n'est peut-être pas complétement établi. Il serait possible que l'éclat des étoiles, quand elles sont comprises entre la première et la cinquième grandeur, suffit pour effacer, dans les meilleures lunettes, la faible lumière des atmosphères. Ces atmosphères, il faudra donc chercher à les apercevoir au moment où l'étoile centrale sera cachée par un diaphragme. Les astronomes comprendront, sans plus de détails, toute l'importance des observations que je leur recommande ici.

NOTE II.

Dans l'art. Nébuleuses de ce Dictionnaire, nous avons exposé l'opinion jusqu'ici à peu près universelle des astronomes sur ces apparences célestes extraordinaires, mais, nous l'avouons, ce n'a pas été sans une *sorte* de répugnance. Dès 1840, dans la première édition de notre *Nouveau Traité des Sciences géologiques*, au chap. de la *Géogénie*, nous regardions les nébuleuses comme vraisemblablement toutes résolubles en étoiles distinctes. Cette matière diffuse, nébulaire, cosmique, *actuellement* existante dans l'espace et se solidifiant progressivement, nous a toujours paru une chose improbable. On sait à quel point les faiseurs de systèmes ont donné carrière à leur imagination, et combien de théories ils ont enfantées au moyen de cette matière élémentaire, à laquelle ils font subir tant de transformations. Les cosmogonistes orthodoxes aussi bien que les matérialistes et les panthéistes sont à peu près tous partis de la même hypothèse : la matière diffuse, phosphorescente, répandue dans les régions immenses de l'espace, à la manière de nuages ou de brouillards, tantôt revêtant les formes les plus capricieuses, tantôt se concentrant comme une atmosphère cométaire autour de certains astres.

W. Herschell, qui mit le premier ces nuages cosmiques à la mode, avait d'abord été conduit à une conclusion tout opposée. Etant parvenu, à l'aide de son grand télescope de 40 pieds, à décomposer en étoiles des amas de matière lumineuse, il avait admis qu'il ne devait y avoir d'autres différences essentielles entre les nébuleuses les plus dissemblables dans leur forme, qu'un plus ou moins grand éloignement des étoiles composantes. Plus tard Herschell crut devoir changer d'opinion et supposer qu'il y a des nébulosités qui ne sont pas de nature stellaire.

Son illustre fils, dans son *Traité d'astronomie*, publié il y a vingt ans, affirmait que *ce dont on ne saurait guère douter, c'est que la plus grande partie d'entre les nébuleuses se composent d'étoiles*, et il n'admet que d'une manière dubitative l'existence de la matière phosphorescente (Chap. XII, n° 622).

Il y a 4 à 5 ans, un astronome amateur, lord Ross.

est parvenu à construire un télescope à réflexion de deux mètres d'ouverture. Toutes les fois que l'on a dirigé ce gigantesque instrument vers une des nébuleuses du ciel, elle a complétement changé d'aspect, et s'est si souvent transformée en étoiles distinctes, qu'on ne peut plus raisonnablement douter qu'elles ne soient toutes résolubles, ainsi que le grand Herschell l'avait d'abord supposé.

On peut voir dans le journal l'*Institut*, n° du 30 oct. 1844, la description du gigantesque télescope de lord Ross.

Dans le même journal (n° 620, 19 nov. 1845), on trouve le compte-rendu suivant de quelques expériences faites à l'aide de ce merveilleux instrument.

« *Sur la nébuleuse 25 de Herschell ou 61 du catalogue de Messier*, par le comte Ross. — Sir John Herschell dit à ce sujet qu'il ne trouve pas de terme pour exprimer à la Section les sentiments qu'il a éprouvés en revoyant cette vieille connaissance sous la nouvelle forme que lui donne le puissant instrument de lord Ross. Il esquisse ensuite l'aspect sous lequel on aperçoit généralement cette nébuleuse, qui est celle d'un noyau entouré par une lumière nébuleuse, en forme d'anneau, avec une courbe nébuleuse s'étendant d'une partie de l'anneau jusqu'à la partie opposée. Cette forme lui avait aussi ôt suggéré l'idée que notre système d'étoiles, entouré par la Voie lactée, le divisant en deux grandes bandes, devait présenter le même aspect si on l'examinait à une distance suffisante. Aujourd'hui, cette nébuleuse est représentée sous un nouvel aspect, qui modifie grandement, sinon complétement, les premières impressions. En premier lieu, l'examen sous le plus puissant instrument fait voir que le noyau se résout en étoiles constituantes, que son télescope n'a pas été assez fort pour séparer, et il en est résulté que l'apparence qu'il avait prise pour une seconde branche de l'anneau était un prolongement nébuleux qui s'étendait de la principale nébuleuse et servait à la relier avec une nébuleuse voisine plus petite. C'est pour lui un nouveau trait dans l'histoire des nébuleuses. L'aspect général de la nébuleuse, telle qu'elle se présente aujourd'hui, offre bien plutôt les traits principaux de la coquille d'un escargot que celle d'un anneau. Il éprouve un charme inexprimable à la pensée des découvertes qu'il sera possible de faire avec ce splendide télescope, et des scènes nouvelles qu'il fournira sans aucun doute de la grandeur de la création.

« . . . . . En terminant, lord Ross présente les images de quelques nébuleuses telles qu'elles ont été figurées par Herschell, et telles qu'elles sont apparues dans le nouveau télescope. — Fig. 88 d'Herschell ou 2 de Messier. Un grand nombre des étoiles dans lesquelles cette nébuleuse se réduit par le télescope sont aussi grandes que celles de première grandeur à l'œil nu. — Fig. 81 d'Herschell. La nébuleuse brillante près ζ du Taureau, figurée par Herschell comme parfaitement elliptique et résoluble, mais où il n'a apparu aucune étoile, est vue dans le télescope, avec une ouverture de 3 pieds, comme un amas un peu ovale d'étoiles avec des files d'étoiles qui en rayonnent; quelques-unes de ces files s'étendent considérablement de manière à donner en quelque sorte l'apparence d'un scorpion. — Fig. 29 d'Herschell. La nébuleuse annulaire de la Lyre présente avec le télescope de 3 pieds d'ouverture sept étoiles dont une triple. C'est un amas annulaire avec franges et le noyau nébuleux subdivisé. — Fig. 26 d'Herschell. La *Dumbell nebula* est vue comme un amas irrégulier ou plutôt comme deux *amas juxtaposés et ne présentant rien* de la configuration elliptique exacte de la fig. d'Herschell. »

Enfin, M. Arago, présentant à l'Académie des sciences l'opuscule dans lequel le docteur Robinson rendait compte des brillantes observations qu'on avait faites avec le télescope de lord Ross, a reconnu que la résolution des nébuleuses en étoiles était pour lui une vérité incontestable.

Voilà, il faut l'avouer, des découvertes assez gênantes pour certains théoriciens qui ont fait jouer un rôle si commode pour leurs systèmes aventureux à la matière nébulaire dans leurs cosmogonies antimosaïques ou soi-disant mosaïques.

Nous nous proposons de publier prochainement sur ce grave sujet un travail qui aura pour titre :

LES COSMOGONISTES

OU

Examen des théories sur la Matière, l'Organisation de l'univers et la Création mosaïque

FIN DES NOTES.

TABLE ANALYTIQUE [1].

(1) Le lecteur trouvera dans cette table l'indication de beaucoup de faits ou de lois, d'observations et de détails, qui n'ont pas été portés dans l'ordre alphabétique du Dictionnaire.

D

E

F

T

U

V

W

Z

FIN DE LA TABLE.

Ex typis MIGNE, au Petit-Montrouge

www.ingramcontent.com/pod-product-compliance
Ingram Content Group UK Ltd.
Pitfield, Milton Keynes, MK11 3LW, UK
UKHW012138240726
13966UKWH00001B/38